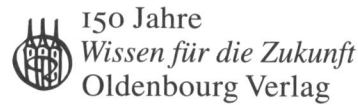

150 Jahre
Wissen für die Zukunft
Oldenbourg Verlag

Das neue Lexikon der Betriebswirtschaftslehre

Kompendium und Nachschlagewerk mit
200 Schwerpunktthemen,
6.000 Stichwörtern,
2.000 Literaturhinweisen sowie
1.300 Internetadressen

Band N–Z

Herausgegeben von
Prof. Dr. Siegfried G. Häberle

Unter Mitarbeit von 200 Wissenschaftlern an Universitäten,
Hochschulen, Akademien und Instituten in Deutschland,
Österreich und der Schweiz

Oldenbourg Verlag München Wien

Bibliografische Information der Deutschen Nationalbibliothek

Die Deutsche Nationalbibliothek verzeichnet diese Publikation in der Deutschen
Nationalbibliografie; detaillierte bibliografische Daten sind im Internet über
<http://dnb.d-nb.de> abrufbar.

© 2008 Oldenbourg Wissenschaftsverlag GmbH
Rosenheimer Straße 145, D-81671 München
Telefon: (089) 4 50 51-0
oldenbourg.de

Lektorat: Wirtschafts- und Sozialwissenschaften, wiso@oldenbourg.de
Herstellung: Anna Grosser
Coverentwurf: Kochan & Partner, München
Cover-Illustration: Hyde & Hyde, München
Gedruckt auf säure- und chlorfreiem Papier
Gesamtherstellung: Kösel, Krugzell

ISBN 978-3-486-58305-2

Inhaltsübersicht

Band

N – Z

N

Nachfragefunktion

→ Funktion, die die nachgefragte Menge x eines Gutes in Abhängigkeit vom Stückpreis p ausdrückt: $x = x(p)$. Oftmals wird auch eine $p(x)$-Darstellung verwendet, bei der der Stückpreis in Abhängigkeit von der nachgefragten Menge beschrieben wird. In der Praxis werden häufig lineare Funktionen verwendet.

Nachfragerbezogene Rückkopplung

siehe → Rückkopplung, nachfragerbezogene.

Nachgeschalteter Eigentumsvorbehalt

siehe → Eigentumsvorbehalt.

Nachhaltige Entwicklung

(*allgemeine Charakterisierung*). Nachhaltige Entwicklung (*Nachhaltigkeit*) wird zunehmend auch in den Wirtschaftswissenschaften als neues Paradigma/Leitbild zur Beurteilung von ökonomischen Wachstumsprozessen und ihrer Vereinbarkeit mit den natürlichen Lebensgrundlagen akzeptiert. Es besteht aus drei miteinander verknüpften Säulen: Ökonomische Dimension (= Wertschöpfung, Arbeitsplätze etc.), ökologische Dimension (= Ressourcenschonung/-einsparung, Schadstoffreduzierung etc.) und sozial-gesellschaftspolitische Dimension (= Intra- und Intergenerationsgerechtigkeit, Menschenrechte, Kinderarbeit, Bestechung etc.).
Siehe auch → Corporate Citizenship (mit Literaturangaben).

Nachhaltige Entwicklung

(*ökologische Charakterisierung*). Nachhaltige Entwicklung (*zukunftsfähige Entwicklung*; *sustainable development*) ist seit der Übereinkunft der Weltumweltkonferenz 1992 in Rio de Janeiro das umfassende Leitbild für zukünftiges Wirtschaften. Es bedeutet so zu leben, dass alle zukünftigen Generationen die gleichen Entwicklungschancen haben wie die jetzige Generation (intergenerative Gerechtigkeit) und so zu leben, dass alle Menschen weltweit die gleichen Entwicklungschancen haben (intragenerative Gerechtigkeit). Basierend auf der Knappheit nichtregenerativer Ressourcen, der Nutzung regenerativer Ressourcen und den Belastungsgrenzen der globalen Ökosysteme können quantitative Vorgaben abgeleitet werden, die eingehalten werden müssen, wenn eine nachhaltige Entwicklung erreicht werden soll.
Siehe auch → Umweltmanagement, → Umweltprogramm, betriebliches, → Umweltmanagementsystem, betriebliches, → Umweltprüfung, betriebliche.

Nachhaltige Unternehmensführung

ist eine markt-, umwelt- und sozialgerichtete Konzeption zur Führung eines Unternehmens. Es erweitert die traditionellen markt- oder ressourcenorientierten Ansätze der Unternehmensführung auf die Be-

reiche Umwelt und Gesellschaft. Die nachhaltige Unternehmensführung orientiert sich in ihren Entscheidungen und Aktivitäten einerseits an den Erfordernissen aktueller und potenzieller Märkte und andererseits (zusätzlich) an den ökologischen und sozialen Herausforderungen dieser Welt. Wertschöpfungs- und Austauschprozesse werden markt-, umwelt- und gesellschaftsorientiert gestaltet. Dabei ist eine möglichst umfassende Integration der drei Zielbereiche Ökonomie, Ökologie und Soziales anzustreben.
Siehe auch → Umweltmanagement und → Ökologie-Marketing, jeweils mit Literaturangaben.

Nachhaltigkeit
siehe → Nachhaltige Entwicklung.

Nachsicht
steht i.A. für hinausgeschobene (spätere) Zahlung ab einem bestimmten Datum. Der Zeitraum der hinausgeschobenen Zahlung wird als Nachsichtfrist bezeichnet. Beispiele: (1) → Nachsichtwechsel, der eine bestimmte Frist nach dem Tag der Akzeptleistung (z.B. 90 Tage nach Sicht) zur Zahlung fällig ist. (2) → Nachsichtakkreditiv (→ Akkreditiv mit hinausgeschobener Zahlung), bei dem der akkreditivbegünstigte Exporteur Zahlung nicht zum Zeitpunkt der Einreichung der Dokumente bei der Bank erhält, sondern zu einem späteren, um die Nachsichtfrist hinausgeschobenen Zeitpunkt.

Nachsichtakkreditiv
Oberbegriff für → Akkreditiv mit hinausgeschobener Zahlung und → Akzeptakkreditiv. Der „hinausgeschobene" Zeitraum wird in Anlehnung an das Wechselrecht als Nachsichtfrist bezeichnet; siehe auch → Nachsichtwechsel; siehe auch → Dokumentenakkreditiv.

Nachsichtfrist
siehe → Nachsicht.

Nachsicht-Inkassi
Oberbegriff für → Dokumente gegen Akzept-Inkasso und für → Dokumente gegen Erteilung eines unwiderruflichen Zahlungsauftrag-Inkasso. Manchmal werden Nachsicht-Inkassi auch als Deferred-Payment-Inkassi bzw. als Inkassi mit hinausgeschobener Zahlung bezeichnet.

Nachsichtwechsel
Bei einem Nachsichtwechsel wird der Verfalltag in Abhängigkeit zum Tag der Annahmeerklärung (Akzeptleistung) des Bezogenen definiert: Die Annahmeerklärung des Bezogenen hat auch den Tag zu bezeichnen, an dem diese erfolgt ist (sog. Sichtvermerk). Ausgehend von diesem Tag (Sichtvermerk) wird unter Einbeziehung der Nachsichtfrist (z.B. 90 Tage nach Sicht) der Verfalltag des Nachsichtwechsels errechnet. Nachsichtwechsel spielen bei → Dokumenteninkassi eine Rolle.

Nachtragsbericht
(→ *Jahresabschluss*). Als Teilbereich des → Lageberichtes umfasst der Nachtragsbericht alle Vorgänge, die nach dem Schluss des Geschäftsjahres von besonderer Bedeutung waren.

Naked Call Writing
siehe → Optionen.

Naked Warrants
siehe → Optionsscheine.

Name Dropping
vorkommend im Rahmen von → Pseudo Key Account Management, wenn bestimmte Kunden lediglich als Key Accounts tituliert sind (ohne es tatsächlich zu sein), damit Außen- und Innendienst diesen eine größere Aufmerksamkeit schenken oder sich selbst in ihrer Verkaufstätigkeit aufgewertet sehen. Man spricht dann auch von „name dropping". Siehe auch → Key Account Management.

Namensaktie

(*deutsches Recht*) nennt in der → Aktienurkunde und im → Aktienregister den namentlich bezeichneten → Aktionär mit seinem Anteil an der → Aktiengesellschaft. Sie ist geborenes → Orderpapier. Sie ist girosammelverwahrfähig (→ Aktienurkunde); siehe auch → Aktienarten und → vinkulierte Namensaktie.

Internetadresse: (Vor- und Nachteile, Statistik) http://www.die-namensaktie.de.

Namensaktie

(*österreichisches Recht*). Namensaktien sind Aktien, die auf den Namen des Berechtigten oder dessen Order lauten (*Orderpapiere*) und durch *Indossament* (Eintragung des neuen Berechtigten auf der Rückseite des Wertpapiers) und Übergabe des Wertpapiers übertragen werden. Die Inhaber von Namensaktien sind in ein eigenes Verzeichnis, das *Aktienbuch* der Gesellschaft, einzutragen. Vgl. im Gegensatz dazu → *Inhaberaktien*; in der *Satzung* der → AG ist festzulegen, ob die Aktien in Form von Namens- oder Inhaberaktien ausgegeben werden (§ 17 Z 3 öAktG).

Namens-Konnossement

siehe → Rekta-(Namens-)Konnossement; siehe auch → Konnossement.

Nanosite

siehe → Microsite.

NASDAQ

Abk. für National Association of Securities Dealers Automated Quotation System. Die NASDAQ ist eine Aktienbörse für kleine und mittelgroße (insbesondere) Wachstumsunternehmen in den USA. Sie ist, gemessen an der Anzahl der notierten Unternehmen, die größte Aktienbörse der USA.

National Association of Securities Dealers Automated Quotation System (NASDAQ)

ist die Bezeichnung für die mit dem gleichnamigen elektronischen Handelssystem ausgestattete Computer-Börse in den USA. An der NASDAQ sind fast 3.300 Unternehmen (Stand: Juni 2005) gelistet. Dabei handelt es sich vor allem um besonders innovative und wachstumsorientierte Unternehmen. Die Marktkapitalisierung dieser Unternehmen beträgt fast drei Billionen Dollar (Stand: Juni 2005). Seit 2003 besteht eine Kooperation mit der → New York Stock Exchange (NYSE), die bis dato zu den größten Konkurrenten der NASDAQ zählte. Die Wertentwicklung der an der NASDAQ gehandelten Papiere wird in dem Aktienindex NASDAQ-Composite wiedergegeben.

Internet: http://www.nasdaq.com.

Nationale Unternehmung

solche Unternehmungen, deren nachhaltige Aktivitäten (Strategien und Maßnahmen) sich ausschließlich oder hauptsächlich auf ihren nationalen Markt beziehen.

Nationales Recht

umfasst die Vorschriften, die innerhalb des Territoriums eines Staates gelten; siehe auch → Außensteuerrecht, nationales.

Nationalitätsprinzip

(*nationality principle*; → Steuerrecht, Internationales). Die → unbeschränkte Steuerpflicht kann auch von der Nationalität abhängig gemacht werden. In diesem Fall ist eine natürliche Person in dem Staat unbeschränkt steuerpflichtig, dessen Staatsangehörigkeit sie besitzt, auch wenn sie dort weder einen → Wohnsitz noch ihren gewöhnlichen Aufenthalt hat. Dieses Prinzip wird beispielsweise von den USA angewandt.

Siehe auch → Steuerrecht, Internationales (mit Literaturangaben).

Nationality Principle

siehe → Nationalitätsprinzip.

Natürliches Monopol
siehe → Monopol, natürliches.

Near-the-job
umfasst alle Maßnahmen der → Personalentwicklung, durch die Entwicklungsprozesse eines Mitarbeiters durch eine vorübergehende Ausgliederung aus dem Tagesgeschäft angeregt werden sollen. In Abgrenzung zu Maßnahmen → *off-the-job* wird hier jedoch versucht, den Problemlösungsbezug zur Arbeitsaufgabe so weit wie möglich beizubehalten. Zu den Maßnahmen gehören bspw. Qualitätszirkel und → Lernstatt.

Nebenbücher
dienen der weitergehenden Differenzierung der Aufzeichnungen im Rahmen der Buchführung, die vom Grundbuch und Hauptbuch nicht geleistet werden können. Wichtige Nebenbücher sind das → Anlagenbuch und das → Kontokorrentbuch.

Nebenkostenstelle
Kostenstelle, deren Kosten zwar auf grundsätzlich marktfähige Endprodukte umgelegt werden können, welche aber nicht dem Kernleistungsprogramm des Unternehmens zuzurechnen sind (z.B. Kantine, betriebliche Sozialeinrichtungen).
Siehe auch → Kostenstellenrechnung.

Nebenleistungsaktie
(*österreichisches Recht*). Nebenleistungsaktien (§ 50 öAktG) sind → vinkulierte → Namensaktien, die den Aktionär neben den finanziellen Einlagen auf das → Grundkapital zusätzlich zu wiederkehrenden, nicht in Geld bestehenden Leistungen verpflichten (z.B. Lieferung von Rohstoffen, Überlassung von Erfindungen etc.).

Negative Einkünfte
(*deutsches Steuerrecht*) liegen vor, wenn die Einnahmen geringer sind als die im Ermittlungszeitraum erzielten Ausgaben. Sie können im Rahmen des → *Verlustausgleiches* grundsätzlich mit anderen positiven Einkünfte verrechnet werden.

Negative Publizität
(*Handelsregister*). Ein → Kaufmann, in dessen Angelegenheiten eine Tatsache im Handelsregister einzutragen war, aber nicht eingetragen wurde, kann diese Tatsache einem Dritten nur dann entgegenhalten, wenn er beweist, dass der Dritte die einzutragende Tatsache kannte (§ 15 Abs. 1 HGB).

Negativerklärung
Die Negativerklärung kommt im Rahmen der Gewährung von → *Blankokrediten* vor, d.h. einer Kreditgewährung ohne die ausdrückliche Bestellung von Kreditsicherheiten für den Kreditgeber. Der Kreditnehmer hat jedoch häufig eine Negativerklärung zu unterzeichnen, in der er sich verpflichtet, sein Vermögen weder anderen Kreditgebern als Kreditsicherheit zur Verfügung zu stellen noch dieses Vermögen zu veräußern (deswegen auch Nichtbelastungs- bzw. Nichtveräußerungserklärung genannt).

Negotiable FIATA Combined Transport Bill of Lading
Andere Bezeichnungen mit – im Allgemeinen gleichem Vorstellungsinhalt – sind: FIATA Konnossement des kombinierten Transports, FBL-Dokument bzw. FIATA Multimodales Transportdokument/Multimodales Konnossement, Negotiable FIATA Multimodal Transport Bill of Lading; siehe auch → Multimodales Konnossement.

Negoziationskredit
siehe → Negoziierungskredit.

Negoziierbares Akkreditiv

(*Negoziierungsakkreditiv*) ermöglicht die Negoziierung (Bevorschussung, Kreditierung) eines → *Dokumentenakkreditivs* – eventuell auf Grundlage einer → Tratte – durch eine Bank an den Akkreditivbegünstigten.

Negoziierung

siehe → Negoziierungskredite; → negoziierbares Akkreditiv.

Negoziierungskredit

(gleichbedeutend: *Negoziationskredit, Bevorschussungskredit*). Die Begriffe „negoziieren" bzw. „Negoziierungskredit" u.Ä. werden in der Literatur ebenso wie in der betrieblichen Praxis mit unterschiedlichen Vorstellungsinhalten verbunden. Als gemeinsames Kriterium kristallisiert sich heraus, dass der Vorgang des Negoziierens eine Kreditgewährung (Bevorschussung, Beleihung) z.B. eines Exportgeschäftes bzw. von (Export-)Dokumenten umfasst, aber auch die Bevorschussung oder den Ankauf von (Export-)Forderungen bzw. die Diskontierung von Wechseln. Siehe z.B. → negoziierbares Akkreditiv.

Nennbetrag

ist in einer Kreditvereinbarung die Berechnungsgrundlage für andere Vertragsbestandteile, beispielsweise für die Höhe der Zinszahlungen. Der Nennbetrag weicht häufig von dem ausgezahlten Kreditbetrag ab, wobei die Differenz als → Agio bzw. → Disagio bezeichnet wird. In seltenen Fällen kann der Nennbetrag auch vom Rückzahlungsbetrag abweichen. Zum Nennbetrag von Anleihen siehe → Anleihe.

Nennbetragsaktie

(*Nennwertaktie*, deutsches Recht) muss auf einen ziffernmäßig festgelegten Betrag lauten. Dies ist der Nennbetrag und bezeichnet den Betrag der auf die → Aktie zu leistenden Einlage. Die Aktien müssen einen Mindestnennbetrag von einem Euro ausweisen und auf einen vollen Eurobetrag lauten, § 8 Abs. 2 AktG (deutsches Recht). Eine → AG kann auch Aktien mit unterschiedlichen Nennbeträgen ausgeben. Eine Nennbetragsaktie verkörpert den Anteil am Grundkapital in dem Verhältnis des Nennbetrages einer Aktie zum Nennbetrag des Grundkapitals.
Siehe auch → Aktiengesellschaft, deutsche bzw. österreichische und → Aktiengesellschaft, Kleine.

Nennbetragsaktie

(*Nennwertaktie*, österreichisches Recht). Als *Nennbetrags-* oder *Nennwertaktien* werden solche → Aktien bezeichnet, bei denen der von ihnen verkörperte Umfang der Beteiligung am → Grundkapital der → AG in einem Geldwert (Nennbetrag; ein Euro oder ein Vielfaches davon, § 8 Abs. 2 öAktG) ausgedrückt wird. Der wirtschaftliche Wert der Aktie spiegelt sich dagegen nicht im Nennwert wieder, sondern ergibt sich aus dem Markt- oder Börsenpreis, der bei einem erfolgreichen Unternehmen über dem Nennbetrag der → Aktie liegt. Vgl. im Unterschied dazu → *Stückaktien (nennwertlose Aktien)*. Nennbetragsaktien und Stückaktien können nicht nebeneinander ausgegeben werden (§ 17 Z 4 öAktG).

Nennwertaktie

siehe → Nennbetragsaktie.

Nennwertlose Aktie

siehe → Stückaktie (österreichisches Recht).

Neobehaviorismus

theoretischer Ansatz, nach dem es zwischen den beobachtbaren Reizen der Umwelt und dem beobachtbaren Verhalten → intervenierende psychische Prozesse gibt. Dem Neobehaviorismus liegt das → S-O-R-Modell zugrunde, siehe auch → Konsumentenverhalten.

Net Operating Profit after Tax (NOPAT)
bezeichnet das → operative Ergebnis nach Steuern. Das operative Ergebnis vor Zinsen und Steuern (→ Earnings before Interest and Tax, EBIT) ergibt sich aus den Umsatzerlösen zuzüglich sonstigen und außerordentlichen Erträgen abzüglich Herstellungs-, Vertriebs-, allgemeinen und Verwaltungskosten sowie Abschreibungen. Die im NOPAT vom operativen Ergebnis abzuziehenden Unternehmenssteuern werden so bestimmt, dass sie mit der Ausgangsgröße und deren jeweiliger Verwendung übereinstimmen. Bei Verwendung des NOPAT im Rahmen des Entity-Ansatzes werden etwaige Steuervorteile des Fremdkapitals, in der Regel im Kapitalkostensatz (Weighted Average Cost of Capital, WACC) berücksichtigt, so dass der Steuerabzug im NOPAT von der Fiktion von keinerlei Steuerersparnis durch Fremdkapital ausgeht. Nicht im NOPAT enthalten sind Erträge aus Beteiligungen und Wertpapierbesitz. Nach Hinzuzählung dieser Erträge und Rückgängigmachung des Steuerabzugs ergäbe sich das Ergebnis vor Zinsen und Steuern

Net present Value
englische Bezeichnung für → Barwert bzw. → Kapitalwert.

Net-Change-Planung
(in der → *Materialwirtschaft*). Die Bedarfsplanung wird nur für Artikel durchgeführt, die seit dem letzten Bedarfsplanungslauf einer dispositorischen Veränderung im System unterworfen waren.

Net-present-Value-Method
siehe → Barkapitalwertmethode (der → Investitionswirtschaft).

Netting
ist die stichtagsbezogene Aufrechnung von tatsächlich bestehenden Forderungen und Verbindlichkeiten zwischen den Teileinheiten einer Unternehmensgruppe mit dem Ziel, die Kapitalverkehrskosten und den Float zu minimieren. Unterscheiden lassen sich das bilaterale Netting zwischen jeweils zwei Unternehmen und das multilaterale Netting zwischen mehreren oder allen Unternehmen einer Gruppe. Die Begleichung der Salden erfolgt unmittelbar zwischen den Gesellschaften oder durch die Einbeziehung einer zentralen Clearingstelle, bei der es sich auch um ein externes Kreditinstitut handeln kann. Wesentlicher Gestaltungsparameter des Netting ist die Zeitspanne, die zwischen zwei Abrechnungsstichtagen liegt. Je länger diese gewählt wird, desto höher sind i.d.R. die genannten Einsparungen. Eine Erweiterung erfährt das Netting in Form des → Matching, in das auch Dritte, die durch einen regelmäßigen Leistungs- und/oder Finanzaustausch mit Unternehmen der Gruppe verbunden sind, einbezogen werden.
Siehe auch → Cash Management.

Nettobarwertmethode
siehe → Barkapitalwertmethode (der → Investitionswirtschaft).

Nettobedarf
(→ Materialwirtschaft). Das ist die für die Beschaffung oder Herstellung benötigte Menge, die sich nach Abzug des Lagerbestandes vom → Bruttobedarf (Auflösung der im → Primärbedarf festgelegten Erzeugnisse) ergibt. Siehe auch → Materialbedarfsplanung.

Netto-Leasing
Form des → Leasing. Maßgebliche Besonderheit: Der Leasinggeber stellt nur den Leasinggegenstand zur Verfügung, ohne jedoch Serviceleistungen (Unterhaltungs- und Reparaturleistungen) am Leasinggegenstand zu übernehmen. Im Gegensatz zum Netto-Leasing steht das → Maintenance-Leasing (Full-Service-Leasing), bei dem der Leasinggeber auch – im Leasingvertrag genau zu definierende – Unterhaltungs- und Reparaturaufwendungen am Leasinggegenstand übernimmt.

Nettoprinzip
(*Einkommensteuer*) berücksichtigt die objektive und subjektive Leistungsfähigkeit des Steuerpflichtigen.
Das *objektive* Nettoprinzip berücksichtigt die persönliche Leistungsfähigkeit des Steuerpflichtigen bei der Erzielung von Einkünften. Er kann somit Aufwendungen, die im Zusammenhang mit der Erzielung von Einnahmen stehen, steuermindernd berücksichtigen.
Beim *subjektiven* Nettoprinzip wird hingegen die persönliche Situation des Steuerpflichtigen bei der Ermittlung des zu versteuernden Einkommens z.B. durch den Ansatz von → *Sonderausgaben* und → *außergewöhnliche Belastungen* erfasst.
Siehe auch → Einkommensteuer, deutsche (mit Literaturangaben).

Nettoreiseintensität
siehe → Reiseintensität.

Nettosekundärbedarf
(in der → *Materialwirtschaft*), → Bruttosekundärbedarf abzüglich verfügbaren Lagerbestands.

Nettoveräußerungserlös
Unter dem Nettoveräußerungserlös (*net realizable value*) versteht man den voraussichtlichen, unter normalen Geschäftsbedingungen zu erzielenden Verkaufspreis abzüglich der geschätzten Kosten, die bis zur endgültigen Fertigstellung und für den Verkauf noch anfallen werden.
Siehe auch → Umlaufvermögen (mit Literaturangaben).

Netweaver, Integrationsplattform
siehe → mySAP ERP.

Network Information Center (NIC)
übernimmt die Registrierung, Vergabe und Katalogisierung von → Domainnamen (z.B. www.nic.de für Deutschland).

Networking
siehe → Business Networking (mit Literaturangaben).

Netzplan
(insbesondere bei → *Operations Research*). Die graphische Darstellung eines komplexen Prozesses, der in einzelne Arbeitsabläufe aufgegliedert ist, heißt Netzplan. Er besteht aus Pfeilen und Knoten, die die logische Reihenfolge der Teilprozesse (Arbeitsabläufe) sowie ihre Wechselbeziehungen untereinander darstellen. Es gibt zwei wesentliche Darstellungsformen des Netzplanes: das → Vorgangspfeilnetz und das → Vorgangsknotennetz. Die Elemente eines Netzplanes heißen → Vorgang, → Ereignis und → Anordnungsbeziehung.
Siehe auch → Netzplantechnik, → Operations Research und → Projektmanagement.

Netzplan
(insbesondere im → *Projektmanagement*). Der Netzplan ist die graphische Beschreibung eines aus Vorgängen bestehenden Projekts. Im Gegensatz zum → Gantt-Diagramm sind im Netzplan die Vorgänge noch nicht terminiert. Er baut auf folgenden Prinzipien auf: Es gibt eine Nachfolger-Beziehung zwischen Vorgängen. Eine Tätigkeit kann erst begonnen werden, wenn die als Voraussetzung notwendigen Tätigkeiten abgeschlossen sind. Siehe auch → Netzplantechnik.

Netzplantechnik
(insbesondere bei → *Operations Research*) Ein wesentliches Teilgebiet des → Operations Research, besonders geeignet für die Planung, Steuerung, Überwachung und Kontrolle komplexer Prozesse und Projekte, ist die Netzplantechnik.

Die klassischen Methoden sind die → Methode des kritischen Weges (Critical Path Method, CPM, USA, 1957-59), die Methode → PERT (Project Evaluation and Review Technique, US-Navy, 1958) und die → Metra-Potenzial-Methode (MPM, Firmenverband METRA, Frankreich, 1958). Die graphische Darstellungsform ist der → Netzplan.

Die Netzplantechnik dient der Analyse und Beschreibung von zeit-, kosten- und kapazitätsabhängigen Prozessen. Dazu werden die sich unter bestimmten konkreten Bedingungen ergebende, objektiv logische Reihenfolge von Teilprozessen herausgearbeitet und die Abhängigkeiten und Wechselbeziehungen zwischen den Teilprozessen im Rahmen der → Ablaufplanung dargestellt. Mit ihrer Hilfe sollen Schwerpunkte und Engpässe im zeitlichen Ablauf von Prozessen erkannt und die kürzeste Zeitdauer bei minimalen Kosten und gegebener Kapazität ermittelt werden. Die wesentliche mathematische Grundlage der Netzplantechnik ist die → Graphentheorie.

Siehe auch → Operations Research und → Projektmanagement, jeweils mit Literaturangaben.

Literatur: Domschke, W., Drexl, A.: Einführung in Operations Research, 6. Auflage, Springer Berlin Heidelberg New York 2005; Luhn, K.: Zur rationellen Durchführung der Zeit-Kosten-Optimierung. Ilmenau: Wissenschaftliche Zeitschrift der TH Ilmenau, Seite 29, Heft 1, 1980; Nieswandt, A.: Operations Research , 3. Auflage, Verlag Neue Wirtschaftsbriefe Herne Berlin 1994; Schwarze, J.: Netzplantechnik, 8. Auflage, Herne Berlin 2001.

Internetadressen: http://www.gor-ag-pm.de.ms (GOR - Arbeitsgruppe Projektmanagement), http://vwww10.hrz.tu-darmstadt.de/bwl3/OR-Lexikon.pdf (Prof. Domschke, TU-Darmstadt: wisu-Lexikon Operations Research)

Netzplantechnik

(insbesondere im → *Projektmanagement*), Die Netzplantechnik ist die Methode, um im Rahmen des Projektmanagements Terminpläne zu erstellen. Auf der Basis der zu bearbeitenden Vorgänge, z.B. aus den → Arbeitspaketen des → Arbeitsstrukturplans, kann ein Netzplan erstellt werden. Dazu ist der Arbeitsstrukturplan allerdings so zu gliedern, dass die verwendeten Arbeitspakete wohldefinierte Dauern haben. Falls notwendig, werden projektbegleitende Arbeitspakete noch unterteilt.

Netzwerkexternalität

Produktionstechnische Besonderheit, die bei vielen Medien auftritt: Je mehr Nutzer ein Medium aufweist, umso größer wird der Nutzen für alle Nutzer des Mediums. Beispielhaft für Netzwerkexternalitäten ist das Telefon: Je mehr Menschen ein Telefon besitzen, umso größer ist der Kreis der Personen, die man mit einem Telefon erreichen kann, und umso größer ist damit dann auch der Nutzen für alle Besitzer eines Telefons.

Aus der Existenz von Netzwerkexternalitäten folgt typischerweise ein exponentielles Wachstum eines Mediums in der Frühphase seiner Nutzung: Man beginnt mit wenigen Nutzern, denen bald weitere folgen und damit das neue Medium für weitere neue, potentielle Nutzer attraktiver machen. Ab einem bestimmten Punkt steigen die Nutzerzahlen dann exponentiell, allerdings nur bis zur Marktsättigung, danach flacht das Wachstum dann ab bzw. stagniert.

Siehe auch → Medienökonomie (mit Literaturangaben).

Netzwerkmodell

Das Netzwerkmodell ist ein → Datenmodell, das eine Weiterentwicklung des → hierarchischen Modells darstellt. In ihm wurde die Beschränkung auf baumartige Strukturierung der Daten aufgehoben, so dass sich die Daten gemäß diesem Modell in Form von nahezu beliebigen Graphen anordnen lassen. Die Bedeutung des Netzwerkmodells ist seit den 90er Jahren stark rückläufig.

Netzwerkorganisation

Zusammenschluss von relativ autonomen Mitgliedern (Einzelpersonen, Gruppen, Institutionen), die langfristig durch gemeinsame Ziele miteinander verbunden sind und koordiniert zusammenarbeiten. Eine Netzwerkorganisation kann u.a. in Form eines → Joint Ventures, des → Franchising, der Subunternehmerschaft oder einer → virtuellen Organisation realisiert werden.

Neue Medien
Um die neueren Entwicklungen in der Medientechnik von den herkömmlichen, so genannten klassischen Medien abzugrenzen, wurde schon frühzeitig der Begriff der Neuen Medien eingeführt. Die Bedeutung des Begriffs Neue Medien unterliegt jedoch dem jeweiligen technologischen Entwicklungsstand. Mitte der 80er Jahre fasste man das Kabelfernsehen als Neues Medium auf. Zu Beginn des dritten Jahrtausends umfasst der Begriff alle Medientechnologien, die auf der Digitaltechnik basieren. Exemplarisch seien hier genannt: CD-ROM, DVD, Kiosksysteme, Digitales/Interaktives Fernsehen, Internet, aber auch die aktuellen Mobilfunktechnologien.
Siehe auch → Digitales Marketing, → Medienökonomie und → Mobile Commerce, jeweils mit Literaturangaben.

Neurolinguistisches Programmieren
geht auf Richard Bandler und John Grinder und deren Untersuchung besonders erfolgreicher Therapeuten zurück. Neurolinguistisches Programmieren ist ein Konglomerat psychologischer Instrumente, mit deren Hilfe innere Prozesse der Informationsgewinnung und -verarbeitung und unbewusste Strategien des Entscheidens und Handelns erkannt, systematisch beeinflusst und ggfs. „umprogrammiert" werden können. Wesentliche Instrumente sind z.B. Pacing und Leading, Ankern sowie Reframing.
Siehe auch → Personalentwicklung (mit Literaturangaben).

Neutraler Aufwand
entsteht dann, wenn die Aufwandsposition betriebsfremd (Spenden an gemeinnützige Organisationen o.Ä.), periodenfremd (Steuernachzahlungen o.Ä.), außerordentlich (Feuerschaden o.Ä.) oder bewertungsbedingt (bilanzielle Abschreibungen höher als kalkulatorische) ist.
Siehe auch → Kostenartenrechnung.

New York Stock Exchange (NYSE)
Die New York Stock Exchange ist neben der Computer-Börse → National Association of Securities Dealers Automated Quotation System (NASDAQ) die größte Wertpapierbörse der USA. Hier sind ca. 2800 Unternehmen (Stand: Juni 2006) aus aller Welt gelistet (siehe auch → Dual Listing). Die Marktkapitalisierung dieser Unternehmen beträgt rund 20 Billionen Dollar (Stand: Juni 2005). Die NYSE wurde 1792 gegründet und wird wegen ihres dortigen Sitzes auch „Wallstreet" genannt. Der Leitindex ist der Dow Jones Industrial Average.
  Internet: http://www.nyse.com.

NGO
Abk. für *Non Governmental Organizations* (Nicht-Regierungsorganisationen).
NGOs haben innerhalb der verschiedenen Bezugsgruppen/ → stakeholder vor allem auch durch die Bestrebungen eines „Global Governance" stark an Bedeutung gewonnen, obwohl sie direkt keine Befugnis zu allgemein verbindlichen politischen Entscheidungen haben. Die etwa 10.000 bis 20.000 NGOs umfassen ein buntes Feld von Interessen-, Umwelt-, Entwicklungs- und Menschenrechtsorganisationen.

NIC
Abk. für Network Information Center. NIC übernimmt die Registrierung, Vergabe und Katalogisierung von → Domainnamen (z.B. www.nic.de für Deutschland).

Nichtbelastungserklärung
siehe → Negativerklärung und → Blankokredit.

Nichtgemeinschaftsware
siehe → Drittlandsgut.

Nicht-Regierungsorganisationen
siehe → NGO.

Nichtveräußerungserklärung
siehe → Negativerklärung und → Blankokredit.

Nichtzahlung
(*Nichtzahlungsfall*) ist die Feststellung der Tatsache, dass eine Forderung bei Fälligkeit vom Schuldner nicht bezahlt worden ist. In den Bedingungen des Bundes für → Exportkreditgarantien (sog. Hermes-Deckungen) ist bei einigen Deckungsformen der „versicherbare" Nichtzahlungsfall (protracted default) als Schadenstatbestand aufgenommen, der definitorisch darauf abhebt, dass die Exportforderung einen festgelegten Zeitraum nach ihrer Fälligkeit nicht erfüllt worden ist. Auch in den Bedingungen für → Kreditversicherungen wird z.T. statt von → Zahlungsverzug oder → Zahlungsunwilligkeit verallgemeinernd von Nichtzahlung gesprochen.

Niederlassungsfreiheit
(*Europäisches Gesellschaftsrecht*). Nach Art. 43 EGV haben die Staatsangehörigen eines jeden Mitgliedstaats das Recht, sich auf dem Gebiet eines anderen Mitgliedstaats niederzulassen und dort einer selbstständigen Tätigkeit nachzugehen. Art. 48 EGV erstreckt dieses Recht auf Gesellschaften, die nach den Rechtsvorschriften eines Mitgliedstaats gegründet wurden oder ihren Sitz innerhalb der Gemeinschaft haben. Geschützt ist zum einen das Recht, den Schwerpunkt der unternehmerischen Tätigkeit, die Hauptniederlassung, zu verlagern (primäre Niederlassungsfreiheit), zum anderen aber auch die Möglichkeit, Agenturen, Zweigniederlassungen oder Tochtergesellschaften zu gründen (sekundäre Niederlassungsfreiheit). Geschützt wird darüber hinaus auch die Freiheit, sich an bereits bestehenden Unternehmen im EU-Ausland zu beteiligen; insoweit überschneidet sich die Niederlassungsfreiheit mit der Kapitalverkehrsfreiheit nach Art. 56 EGV.
Siehe auch → Gesellschaftsrecht, Europäisches (mit Literaturangaben).

Literatur: *Bayer*, Die EuGH-Entscheidung „Inspire Art" und die deutsche GmbH im Wettbewerb der europäischen Rechtsordnungen, BB 2003, 2357ff.; *Diego*, Die Niederlassungsfreiheit von Scheinauslandsgesellschaften in der Europäischen Gemeinschaft, Berlin 2004; *Eidenmüller (Hrsg.)*, Ausländische Kapitalgesellschaften im deutschen Recht, München 2004; *Hirte/Bücker (Hrsg.)*, Grenzüberschreitende Gesellschaften, Köln 2005; *Horn*, Deutsches und europäisches Gesellschaftsrecht und die EuGH-Rechtsprechung zur Niederlassungsfreiheit – Inspire Art, NJW 2004, 893ff.; *Jüttner*, Gesellschaftsrecht und Niederlassungsfreiheit nach Centros, Überseering und Inspire Art, Frankfurt a.M. 2005; *Lutter (Hrsg.)*, Europäische Auslandsgesellschaften in Deutschland, Köln 2005.

Niederlassungsprokura
Bei einer Niederlassungsprokura ist die → Prokura auf den Betrieb einer Zweigniederlassung beschränkt (§ 50 Abs. 3 HGB).

Niederstwertprinzip
(*deutsches Recht*). Das Niederstwertprinzip (§ 253 Abs. 2 und 3 HGB) leitet sich aus dem → Vorsichtsprinzip und aus dem → Imparitätsprinzip ab. Man unterscheidet:
(1) Das *gemilderte* Niederstwertprinzip, § 253 Abs. 2 S. 3 HGB: Bei Vermögensgegenständen des Anlagevermögens besteht grundsätzlich ein Wahlrecht zwischen der Bewertung zu Anschaffungs- und Herstellungskosten und dem am Abschlussstichtag beizulegenden niedrigeren Wert. Wenn es sich allerdings um eine dauernde Wertminderung handelt, liegt eine Pflicht zur außerplanmäßigen Abschreibung gem. § 253 Abs. 2 S. 3 letzter Halbsatz HGB vor. Bei Kapitalgesellschaften gilt jedoch gem. § 279 Abs. 1 HGB ein Abschreibungsverbot bei einer nur vorübergehenden Wertminderung von immateriellen Anlagegütern und Sachanlagen.
(2) Das *strenge* Niederstwertprinzip, § 253 Abs. 3. Bei Vermögensgegenständen des Umlaufvermögens ist stets der niedrigere Wert anzusetzen. Bei der Bewertung von Verbindlichkeiten trifft das → Höchstwertprinzip zu. Das Niederstwertprinzip berücksichtigt den Gläubigerschutz – Konsequenz daraus ist die mögliche Entstehung stiller Reserven. Das Niederstwertprinzip gilt auch für → Steuerbilanz. Das steuerliche Wahlrecht, auf den niedrigeren → Teilwert abzuschreiben, § 6 Abs. 1 Nr. 1 u. Nr. 2 EStG, ist über die → Maßgeblichkeit der Handelsbilanz für die Steuerbilanz, § 5 Abs. 1 EStG, dann zwingend, wenn das strenge Niederstwertprinzip anzuwenden ist.
Siehe auch → Jahresabschluss, deutscher und → Umlaufvermögen, jeweils mit Literaturangaben.

Niederstwertprinzip
(*international*). Auch international gibt es das Niederstwertprinzip (principle-of-lower-of-cost-or-market). Es leitet sich aus dem Prinzip des → „conservatism" ab. Es führt insbesondere in → US-GAAP zu einer besonderen Bewertungskonzeption bei den Vorräten. Siehe auch → Umlaufvermögen (mit Literaturangaben).

Niedrigverzinsliche Anleihe
(*Discount Bond*), → Anleihe mit einer deutlich unterhalb des Marktniveaus liegenden Verzinsung, die – ähnlich wie ein → Zerobond – mit einem hohen → Disagio emittiert wird.

NIF
Abk. für → Note Issuance Facility.

NLP
Abk. für → Neurolinguistisches Programmieren.

No Names
Form/Typ der → Handelsmarken; Synonym für Gattungsmarken.

NOK
ISO-Code für Norwegische Krone.

Nominalzins
ist der auf den → Nennbetrag bezogene und vertraglich zugesicherte Zinssatz. Der Nominalzins kann bei *Krediten* über die gesamte Kreditlaufzeit festgeschrieben (Festzinskredit) oder an eine Variable (z.B. an → EURIBOR) gekoppelt sein (variabel verzinslicher Kredit). Zum Nominalzins bei *Anleihen* siehe → Anleihe und → Rendite.

Non Governmental Organizations
siehe → NGO.

Non Profit-Marketing
(*Non Business-Marketing*) konzentriert sich auf die speziellen Marketinganforderungen nicht-kommerzieller Institutionen, bei denen nicht die Gewinnerzielung, sondern die Leistungsbereitstellung im Vordergrund steht. Zu diesen Institutionen gehören u.a. Parteien, Theater, Museen, Bildungseinrichtungen, Behörden, Sozialorganisationen und Glaubensgemeinschaften. Besonderheiten im Bereich des Non Profit-Marketing sind u.a. die Schwierigkeiten bei der Abgrenzung des → relevanten Markts, bei der Charakterisierung der → Produkte/Leistungen und bei der Bestimmung der Nachfrager/Konsumenten bzw. Empfänger/Verwender.
Häufig sind soziale Ideen bzw. Ziele Gegenstand des Non Profit-Marketings anstelle von Produkten oder Leistungen, das Standardisierungspotential ist meist gering und eine Gegenleistungspolitik ist bei „kostenlosen" bzw. kostenlos dem Empfänger zur Verfügung gestellten Leistungen schwierig. Zudem gibt es auf Kunden- und Anbieterseite häufig Ressentiments gegenüber einer „Vermarktung". Einen ganz besonderen Stellenwert bei der Leistungserbringung haben die Mitarbeiter, die in einigen Fällen ehrenamtlich tätig sind.
Siehe auch → Marketing, Grundlagen (mit Literaturangaben).

Non-E-Procurement
bezeichnet Beschaffungsprozesse ohne den Einsatz elektronischer Beschaffungslösungen. Aufgrund des starken Trends hin zum E-Business ist dieser Sourcing-Typ mittlerweile schon die Ausnahme. Siehe auch → E-Application-Strategie.

Non-Recourse-Financing
Finanzierungsmodell bei → Projektfinanzierungen, wonach der Projektträger den projektfinanzierenden Banken für die Verzinsung und Tilgung des Projektkredits nicht haftet. Maßgebliche Sicherheit für die finanzierenden Banken sind der Vermögenswert des Projekts (der Investition) und der daraus erwirtschaftete Cash-Flow sowie eine eventuelle → Hermes-Deckung. Siehe auch → Limited-Recourse-Financing.

NOPAT
Abk. für → Net Operating Profit after Tax.

Normal-Gemeinkosten
arithmetischer oder gewogener Durchschnitt der → Ist-Gemeinkosten einer vorgegeben Anzahl bereits abgerechneter Perioden. Die Normalisierung dient der Glättung von saisonalen Schwankungen oder Daten-„Ausreißern". Siehe auch → Kostenstellenrechnung.

Normalinvestition
Kennzeichnend für die Normalinvestition als eine spezielle Form der Investition ist die → Zahlungsreihe: Sie fängt mit einer bzw. mehreren Auszahlungsüberschüssen an, es folgen dann nur noch Einzahlungsüberschüsse. Die Zahlungsreihe einer Normalinvestition weist also genau einen Vorzeichenwechsel auf (→ interner Zins). Siehe auch → Investitionsrechnungen (Investionsentscheidungen).

Normal-Kosten
arithmetischer oder gewogener Durchschnitt der → Ist-Kosten einer vorgegeben Anzahl bereits abgerechneter Perioden. Die Normalisierung dient der Glättung von saisonalen Schwankungen oder Daten-„Ausreißern". Siehe auch → Kostenstellenrechnung.

Normallinie
siehe → Steuerbilanzpolitik.

Normallinie, geneigte
siehe → Steuerbilanzpolitik.

Norming
ist die Phase im Rahmen des → Teamentwicklungsprozesses, in der Aufgabenverteilung, Teamregeln, → Teamrollen usw. vereinbart werden.

Normung
bezeichnet die planmäßige, durch die interessierten Kreise (z.B. Branchenvereinigungen) gemeinschaftlich durchgeführte, Vereinheitlichung von materiellen und immateriellen Gegenständen zum Nutzen der Allgemeinheit. Ziel ist die Förderung der Rationalisierung und Qualitätssicherung. Sie dient der Sicherheit von Menschen und Sachen.

Notadresse
(Benachrichtigungsadresse, Notify Party), z.B. in Transportdokumenten (→ Konnossement). Der Frachtführer benachrichtigt die Notadresse von wesentlichen Ereignissen, z.B. von der (verspäteten) Ankunft der Ware. Die Angabe einer Notadresse ist auch in → Dokumenteninkassi möglich.

Note Issuance Facility (NIF)
ist ein *hybrides Finanzinstrument*. Das Attribut „hybrid" soll ausdrücken, dass verschiedenartige Finanzmarktelemente zweckdienlich kombiniert werden.
Bei der Note Issuance Facility trifft ein Kreditnehmer mit einer Bank bzw. mit mehreren Banken eine langfristige (Re-)Finanzierungsvereinbarung, in deren Rahmen Geldmarktpapiere mit kurzer Laufzeit (bis zu sechs Monaten) emittiert werden. Damit aber der langfristige Kapitalbedarf gedeckt werden

kann, muss die Emission von Geldmarktpapieren revolvierend erfolgen, also jeweils im Anschluss an die Fälligkeit der vorausgegangen Emission.

Siehe auch → Hybride Finanzierungsinstrumente.

Notify Party

siehe → Notadresse.

Notional nominal

(*notional principal*), siehe → Forward-Rate-Agreements (mit Anwendungsbeispiel);
siehe auch → Swaps und → Zinsmanagement.

NPT

Abk. für → Netzplantechnik.

Nullbesteuerung

bedeutet, dass weder → Quellenstaat noch → Ansässigkeitsstaat besteuern. Dies tritt u.a. aufgrund von Qualifikationskonflikten oder einer Nichtbesteuerung im Quellenstaat bei Fehlen einer → Switch-over-Klausel im → Doppelbesteuerungsabkommen (DBA) ein (→ weiße Einkünfte);
siehe auch → Steuerrecht, Internationales.

Null-Fehler-Ziel

Zielsetzung innerhalb des → Total Quality Managements, durch Maßnahmen zur Fehlervermeidung und durch hohes Qualitätsbewusstsein bei den Mitarbeitern erst keine Fehler entstehen zu lassen, die aufwendig gefunden und korrigiert werden müssen (Six-Sigma-Ansatz).

Nullkuponanleihe

Eine Nullkuponanleihe (auch → *Zero-Bond* genannt) ist eine Sonderform des verzinslichen Wertpapiers. Dabei gibt es keine Kupons (d.h. keine laufende Zinszahlung) und nur eine Auszahlung am Ende der Laufzeit der Anleihe. Der Gewinn für den Anleger besteht damit in der Differenz zwischen dem Erwerbskurs und dem Rückzahlungspreis bzw. Verkaufskurs.

Numéraire-Problem

(*Onassis-Paradox*) beruht auf der Feststellung, dass es scheinbar von der Wahl der Recheneinheit (z.B. EUR oder USD) abhängt, ob eine Handlungsalternative als sicher oder als unsicher von einem Entscheidungssubjekt beurteilt wird und ob sie dem Entscheidungssubjekt überhaupt vorteilhaft erscheint. Damit wird die Wahl der Recheneinheit, also des Numéraire, zu einem relevanten Entscheidungsproblem.

Die Ursache für dieses paradox anmutende Ergebnis liegt letztlich in der unvollständigen Abbildung des Entscheidungsfelds des Entscheidungsträgers begründet, wenn man sich auf die bloße Erfassung von Zahlungsströmen beschränkt. Tatsächlich muss man die hinter den Zahlungen stehenden Konsummöglichkeiten berücksichtigen. Das Numéraire-Problem entsteht, wenn der Konsumnutzen aus einer Geldeinheit zustandsabhängig ist, weil die Preise der Konsumgüter (hierzu gehört als Determinante auch der → Wechselkurs) abhängig vom vorliegenden Umweltzustand sind.

Will man trotzdem in monetären Größen statt in Konsumgrößen rechnen, dann muss die zugrunde gelegte Nutzenfunktion zur Bewertung von Geldbeträgen ebenfalls zustandsabhängig sein. Wird dies beachtet, dann ist die Beurteilung der Vorteilhaftigkeit einer Handlungsalternative unabhängig von der Wahl der Recheneinheit möglich. Ferner liegt bei Berücksichtigung der realen Konsummöglichkeiten die adäquate Wahl des Numéraire zur Beurteilung der Risikoträchtigkeit einer Handlungsalternative eindeutig fest, wobei eine separate Messung der Risikoträchtigkeit für die Entscheidungsfindung aber ohnehin entbehrlich ist.

Für das unternehmerische → Devisenmanagement ergibt sich aus der Diskussion des N.-P. die Empfehlung, dass die Unternehmensleitung bei ihren Entscheidungen auf die Konsumpräferenzen der Kapitalgeber Rücksicht nehmen sollte. Das Numéraire-Problem scheint auch in vielen anderen Zusammen-

hängen auf, beispielsweise wenn es um die monetäre Bewertung von Investitionsmöglichkeiten bei unsicheren Inflationsraten geht.
Siehe auch → Währungsmanagment (mit Literaturangaben).
Literatur: Breuer, W.: Unternehmerisches Währungsmanagement, 2. Auflage, Wiesbaden 2000.

Nummerung

ist das „Bilden, Erteilen, Verwalten und Anwenden von Nummern" für Nummerungsobjekte (DIN 6763). Nummerungsobjekte im Sinne dieser Definition können Gegenstände, Datenträger, Personen oder Sachverhalte sein. Eine Nummer im Sinne der Nummerung ist eine festgelegte Folge von Zeichen wie Buchstaben, Ziffern und Sonderzeichen.

Nutzenerwartungswert-Maxime
siehe → Entscheidungsmaxime.

Nutzenfunktion

(→ *Wirtschaftsmathematik*), → Funktion, die den Nutzen U, den ein mit der Menge x konsumiertes Gut stiftet, quantifiziert: $U = U(x)$. In der Praxis hängen Nutzenfunktionen oftmals von mehr als einer → Variablen ab: $U = U(x_1, x_2, \ldots, x_n)$. Üblicherweise erfüllen Nutzenfunktionen die Bedingungen $U' > 0$ (je größer x, desto größer der gestiftete Nutzen) und $U'' < 0$ (abnehmender Grenznutzen, vgl. → Grenzfunktion).

Nutzenfunktion

(*allgemeine Charakterisierung*) ordnet jeder in Rede stehenden Alternative (oder dem einer Alternative zugehörigen Ergebnis) einen Nutzenwert zu. Bei Annahme der → Rationalität im Sinne der Axiome rationalen Verhaltens resultiert als relevante Zielgröße der Erwartungswert des unsicheren Nutzenwerts einer Handlungsalternative (der so genannte → Erwartungsnutzen) und als Zielkriterium die Maximierung des Erwartungsnutzens.

Nutzenpreis
siehe → value pricing.

Nutzenwert-Maxime
siehe → Entscheidungsmaxime.

Nutzschwelle
siehe → Break-Even-Menge; siehe auch → kritischer Wert.

Nutzschwellenanalyse
siehe → Break-Even-Analyse (BEA).

Nutzungspfand
siehe → Pfand (Faustpfand).

Nutzungsprämie
variable *Entgeltkomponente*. Bezugsgrößen sind z.B. Warte-, Leerlauf-, Nutzungs-, Wartungs- und Reparaturzeiten, sodass eine zeitliche und kapazitative Optimierung der Nutzung der Betriebsmittel unterstützt wird. Siehe auch → Lohn- und Gehaltsmodelle.

Nutzwertanalyse

von Professor Klaus W. ter Horst
Fachhochschule Bonn-Rhein-Sieg – Fachbereich Wirtschaft

1. Definition

Die Nutzwertanalyse ist eine Methode der Entscheidungsfindung bei mehrfacher Zielsetzung. Sie kommt zum Einsatz, soweit die erwarteten Zielbeiträge (Konsequenzen) von Projektalternativen, z.B. Investitionsvorhaben, unübersichtlich sind und nicht in Geldgrößen gemessen werden können. Nachfolgend ein Beispiel.

2. Zielbereiche

Ein Unternehmen plant die Erneuerung seiner Produktionsanlagen. Die Modernisierung verfolgt das Ziel, mehr Produktvarianten herzustellen, die Produktqualitäten zu stabilisieren, die Durchlaufzeiten zu verkürzen und den Produktionsprozess zu vereinfachen. Zwei in der Technologie grundsätzlich unterschiedliche Gestaltungsvorschläge liegen vor. Produktionssystem A bedeutet eine moderne, aber eher traditionelle Fließbandfertigung, Produktionssystem B gehört zur Gruppe der flexiblen, automatisierten Fertigungssysteme. Die beiden Handlungsalternativen sollen in vier voneinander getrennten Zielbereichen bewertet werden (siehe Abbildung 1):

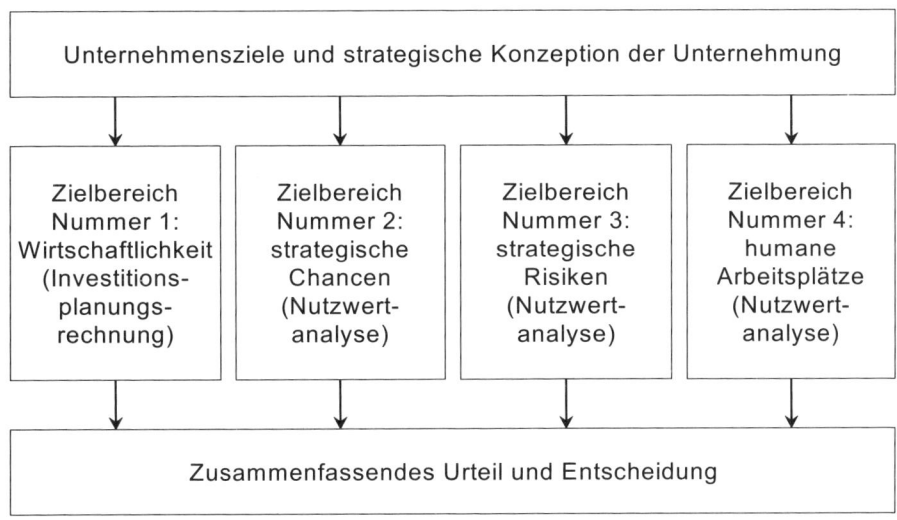

Abb. 1: Zielbereiche im Rahmen einer Nutzwertanalyse

Die Nutzwertanalyse wird im Weiteren exemplarisch für die Investitionsvariante A und den Zielbereich „strategische Chancen" erklärt.

3. Festlegung der Bewertungskriterien

Die nachfolgende Tabelle enthält in der ersten Spalte Bewertungskriterien, mit denen die Unternehmensleitung den Zielbereich „strategische Chancen" konkretisiert hat. Generell unterliegt die Festlegung der Teilziele (Bewertungskriterien) folgenden Anforderungen. Sie müssen

- zu Oberzielen in einer Zweck-Mittel-Beziehung stehen,
- die Präferenzen der Entscheidungsträger abbilden,
- verständlich und so konkret formuliert sein, dass die Konsequenzen der Handlungsalternativen beschrieben werden können,
- vollständig, überschneidungsfrei und widerspruchsfrei sein,
- „nutzenunabhängig" sein, d.h. die Realisierung eines Ziels darf nicht die Realisierung eines anderen voraussetzen.

4. Gewichtung der Bewertungskriterien

Die Bewertungskriterien werden in Spalten und Zeilen angeordnet. Beginnend mit Zeile 1 wird spaltenweise festgelegt, ob das jeweilige Spaltenkriterium wichtiger oder weniger wichtig als das Zeilenkriterium sein soll. Ist das Zeilenkriterium wichtiger als das Spaltenkriterium, so wird die Nummer des Zeilenkriteriums in die obere Hälfte der betreffenden Zeile eingetragen; andernfalls kommt die Nummer des Spaltenkriteriums in die untere Hälfte. Beim Vergleich eines Kriteriums mit sich selbst kommt die Nummer des Zeilenkriteriums in die obere Hälfte. Werden zwei Kriterien für gleich wichtig gehalten, erfolgt kein Eintrag. Nach Abschluss der paarweisen Gegenüberstellung der Kriterien zählt man, wie oft ein Kriterium in der Matrix vermerkt ist. In Relation zur Gesamtzahl (in diesem Fall 50) können dann in der letzten Spalte die Gewichte in Dezimalzahlen errechnet werden (siehe Abbildung 2).

Kriterien	Nr.	1	2	3	4	5	6	7	8	9	10	absolut	relativ
Produktivität	1	1	2	3	4	5	6	7	8	1	1	3	0,06
Typen-Flexibilität	2		2	2	2	2			2	2	2	8	0,16
Sortenwechsel-kosten	3			3	3	3	6	7	3 / 8			5	0,10
Mengen-Flexibilität	4				4	5	6	4 / 7	4		10	4	0,08
Entwicklungs-Flexibilität	5					5	6	7	5 / 8	5	10	4	0,08
kurze Lieferzeiten	6						6	6	6	6	6	9	0,18
Qualitäts-sicherung	7							7	7	7	7	8	0,16
Lager-bestände	8								8	8	8	6	0,12
Imagewirkung nach außen	9									9	10	1	0,02
Arbeitsplatz-attraktivität	10										10	2	0,04
										Summen		50	1

Abb. 2: Halbmatrix zur Bestimmung der Zielgewichte

5. Schätzung der Erfüllungswerte

Die erwarteten Konsequenzen der Alternativen werden nun pro Kriterium beschrieben und als Punktwerte, z.B. auf einer Skala zwischen 0 und 10, abgebildet (zweite Spalte der folgenden Tabelle). Erleichtert wird die Schätzung der Erfüllungsfaktoren, wenn man mehrere Handlungsalternativen vergleichend gegenüberstellt (siehe Abbildung 3).

Ziele	Gewicht	Investitionsvariante A		Investitionsvariante B	
		Wirkung (max. 10)	Wirkung · Gewicht	Wirkung (max. 10)	Wirkung · Gewicht
Produktivität	0,06	5	0,30	3	0,18
Typen-Flexibilität	0,16	9	1,44	10	1,60
Sortenwechselkosten	0,10	8	0,80	6	0,60
Mengen-Flexibilität	0,08	7	0,56	9	0,72
Entwicklungs-Flexibilität	0,08	6	0,48	8	0,64
kurze Lieferzeiten	0,18	9	1,62	9	1,62
Qualitätssicherung	0,16	8	1,28	7	1,12
Lagerbestände	0,12	7	0,84	9	1,08
Imagewirkung	0,02	4	0,08	7	0,14
Arbeitsplatzattraktivität	0,04	5	0,20	8	0,32
			7,60		**8,02**

Abb. 3: Bewertungsvorgang

6. Multiplikation der Erfüllungswerte mit den Zielgewichten
Durch Multiplikation der Erfüllungswerte mit den Zielgewichten (zweite Spalte) entstehen die gewichteten Erfüllungswerte (dritte Spalte). Deren Addition ergibt den Nutzwert der geprüften Investitionsvarianten A und B. Produktionssystem B ist demnach unter dem Aspekt „strategische Chancen" vorzuziehen.

7. Darstellung der Ergebnisse über alle Zielbereiche

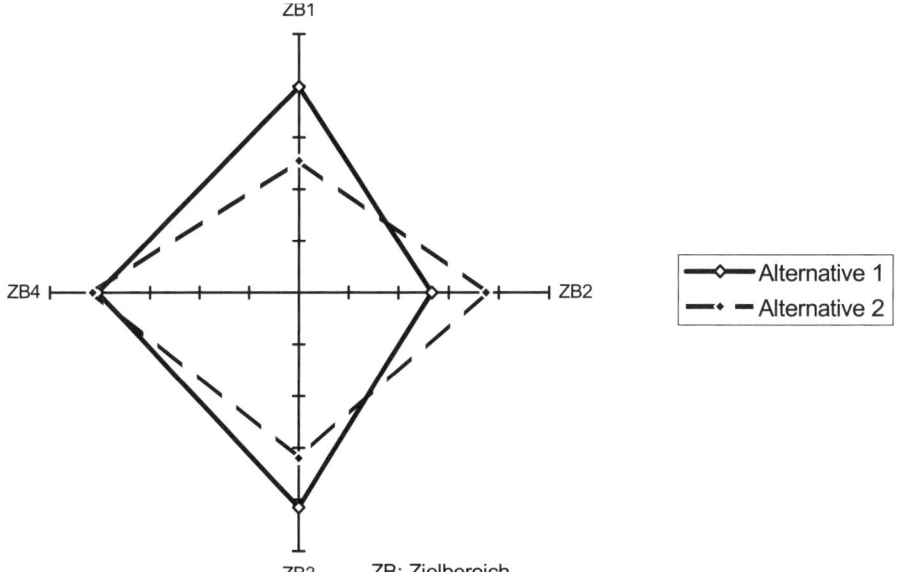

Abb. 4: Grafische Zusammenfassung der Gesamtbewertung

Man kann nun auch die anderen Zielbereiche (siehe Schritt 1) zueinander gewichten und so für jede Handlungsalternative einen Gesamtnutzwert berechnen. Damit würde die Nutzwertanalyse zweistufig. Verzichtet man auf diese Verdichtung auf der Ebene der Oberziele und belässt es bei der isolierten Wertermittlung für jeden Zielbereich, kann man das Ergebnis netzförmig darstellen. Die vorstehende Abbildung zeigt das Beispiel einer Darstellung für zwei Handlungsalternativen und vier Zielbereiche.

8. Empfindlichkeitsanalyse

Sowohl die Festlegung der Zielgewichte (Schritt 2) als auch die Schätzung der Erfüllungswerte (Schritt 3) ist subjektiv geprägt und unsicher. Mit einer Empfindlichkeitsanalyse kann man zeigen, wie sich Veränderungen der Zielgewichte und der Erfüllungswerte auf das Ergebnis auswirken. Bleibt die Rangfolge der Handlungsalternativen in einem realistischen Schwankungskorridor der Zielgewichte und Erfüllungswerte stabil, kann der Entscheidungsprozess fortgeführt werden. Verändert sich die Rangfolge, so muss man in die Einzelheiten der Bewertung zurück, die Zielgewichte und Erfüllungswerte kritisch überprüfen und ggf. korrigieren.

9. Anwendung

Die Nutzwertanalyse ist immer dann hilfreich, wenn im Planungs- und Entscheidungsprozess Handlungsalternativen (z.B. Investitionen, Marketingprogramme, Organisationssysteme, Standorte, DV-Konzepte usw.) bei mehrfacher Zielsetzung und bei unübersichtlichen und nicht in Geld messbaren Zielwirkungen zu bewerten sind. Das Verfahren zwingt die am Planungs- und Entscheidungsprozess Beteiligten, sich mit den Zielen und Zielwirkungen auseinanderzusetzen und Werturteile, die sich auf die einzelnen Teilziele beziehen, in ein Gesamturteil zu integrieren. Der Bewertungsprozess wird systematisiert, die Diskussion widerstreitender Interessen transparent und die Findung von Kompromissen erleichtert.

Die Grenzen des Verfahrens liegen in der Schwierigkeit,

- die Zielkriterien aus den Oberzielen der Unternehmung so abzuleiten, dass sie zu diesen in einem Zweck-Mittel-Verhältnis stehen,
- die Zielkriterien widerspruchsfrei anzuordnen und zu gewichten,
- die Konsequenzen der Handlungsalternativen so zu beschreiben, dass sie in Punktwerte übersetzt werden können.

Hinweis

Zu den angrenzenden Wissensgebieten bzw. zu Anwendungsbereichen siehe u.a. → Analysemethoden, betriebswirtschaftliche, → Entscheidung, betriebswirtschaftliche, → Finanzmathematik, → Investitionswirtschaft, → Marketing, Grundlagen, → Logistik, → Ökonometrie, → Operations Research, → Optimierung, → Optimierungsmodelle, mathematische, → Portfoliomanagement, → Produktionsmanagement, → Statistik, → Wirtschaftsmathematik.

Literatur: Blohm, H., Lüder, K., Schaefer, Ch.: Investition, Schwachstellenanalyse des Investitionsbereichs und Investitionsrechnung, 9. Auflage, München 2006; Hoffmeister, W.: Investitionsrechnung und Nutzwertanalyse, Stuttgart Berlin Köln 2000; Schneeweiß, C.: Kostenwirksamkeitsanalyse, Nutzwertanalyse und multiattributive Nutzentheorie, in: WiSt – Wirtschaftswissenschaftliches Studium, München/Frankfurt 1990, S. 13-18; Zangemeister, C.: Nutzwertanalyse in der Systemtechnik, 4. Auflage, München 1976.

Website des Autors: www.fb01.fh-brs.de/terHorst.html

NVE

Die Nummer der Versandeinheit (NVE) dient der eindeutigen Identifikation von Sendungen innerhalb der → Supply Chain. Mit Hilfe der NVE können Artikeleinheiten über die gesamte Wertschöpfungskette, also vom Hersteller über Logistikunternehmen bis hin zum Händler, verfolgt werden.

NYSE
Abk. für New York Stock Exchange. Per Ende 2004 sind in etwa 2750 Unternehmen an der NYSE gelistet. Gemessen an der Anzahl an Unternehmen ist sie damit die zweitgrößte Aktienbörse in den USA. Siehe auch → NASDAQ.

NZD
ISO-Code für Neuseeland-Dollar.

O

öAktG
Abk. für österreichisches Aktiengesetz.

öArbVG
Abk. für österreichisches Arbeitsverfassungsgesetz.

Obergesellschaft
selten benutztes Synonym für → Mutterunternehmen.

öBGBl
Abk. für österreichisches Bundesgesetzblatt.

Objektfaktoren
(in der → *Produktions- und Kostentheorie*) bezeichnen diejenigen → Produktionsfaktoren, an denen eine Dienstleistung ausgeübt wird. Solche Träger von Dienstleistungsprozessen können Gegenstände (z.B. ein Kleidungsstück für die Schnellreinigung) oder Personen (z.B. der in der Arztpraxis behandelte Patient oder der in der Schule unterrichtete Schüler) sein.
Siehe auch → Produktions- und Kostentheorie (mit Literaturangaben).

Objektidentität
(Steuerrecht) sagt aus, dass es sich um denselben Steuergegenstand handelt.
Nach herrschender Meinung müssen die Steuertatbestände miteinander vergleichbar sein. Eine völlige Übereinstimmung ist nicht notwendig.

Objektive Qualität
besteht aus objektiv messbaren technischen Maßstäben, Grenzwerten oder Stichproben → siehe Arten und Ausprägungsformen der Qualität; siehe auch → Qualitätscontrolling.

Objektivität
(*allgemeine Definition*), methodisches Gütekriterium zur Evaluation der Eignung von Verfahren. Dabei wird gemessen, inwieweit Verfahren frei von subjektiven Einflüssen sind.

Objektivität
(insbesondere in der → *Personalauswahl*). Im allgemeinen Sprachverständnis bedeutet der Begriff eine strenge sachliche Vorgehens- und Darstellungsweise und Vermeidung aller subjektiven Einflüsse. Bei der Personalauswahl ist Objektivität zwar wichtig, gleichzeitig sind Subjektivitäten für die erfolgreiche Integration von Mitarbeitenden auch relevant. Eine Personalauswahl darf deshalb nicht rein objektiv erfolgen. Hingegen sollen nicht stellenrelevante Subjektivitäten ausgeschaltet werden.

Objektprinzip
siehe → Fließprinzip (Produktion).

Objektzentralisation

ist die Zusammenfassung von gleichartigen Teilaufgaben auf eine Organisationseinheit nach dem Kriterium gleichartiger Objekte.
Siehe auch → Verrichtungszentralisation, → Dezentralisation, → Zentralisation, → Stelle, → Analyse-Synthese-Konzept und → Aufbauorganisation (mit Literaturangaben).

Obligation

Obligationen gehören zusammen mit → Anleihen, sog. Rentenpapieren und → Pfandbriefen zu den *festverzinslichen Wertpapieren*. Als Obligation bezeichnet man auch ein Schuldverhältnis zwischen zwei Personen. Mit Hilfe von Obligationen verschafft sich der → Emittent Fremdkapital. Wenn ein Investor eine Obligation kauft, leiht er dem → Emittenten Geld. Der Emittent oder der Verkäufer der Obligation ist der Schuldner und der Investor oder Käufer der Obligation ist sein Gläubiger.
Der Preis, den der Investor für die Obligation bezahlt, entspricht dem Fremdkapital, das der Emittent leiht. Wie bei anderen Darlehen schuldet der Emittent Zinsen, solange das Darlehen nicht zurückbezahlt ist. Bereits bei Ausgabe der Obligation wird der Zinssatz festgelegt und bekannt gegeben, nach wie vielen Jahren die Tilgung beginnt und wie lange es dauert, bis die eingegangene Schuld vollständig getilgt ist.
Siehe auch → Rendite (Errechnungsmethoden).

OECD

Abk. für Organization for Economic Cooperation and Development, Organisation für wirtschaftliche Zusammenarbeit und Entwicklung.

OECD Guidelines for Multinational Enterprises

(→ OECD *Principles for Transnational Companies*). Bislang einzig multilateral anerkannte Empfehlungen für unternehmerisch verantwortungsvolles Verhalten (z.B. zu: Informations- und Offenlegungspolitik, Beziehungen zu Mitarbeitern und Sozialpartnern, Umweltschutz, Korruptionsbekämpfung, Berücksichtigung von Verbraucherinteressen, Technologietransfer, Wettbewerbsverhalten und Besteuerung), die auf die Durchsetzung und Einhaltung von sozialen Mindeststandards abzielen. Der Geltungsbereich der Leitsätze ist weltweit. Erstmals Ende der 90er Jahre formuliert, letzte umfassende Überarbeitung 2000: nun erstmals eine explizite Aufforderung zur Einhaltung der Menschenrechte und zur Einhaltung der acht Kernarbeitsnormen der → ILO.
Siehe auch → Corporate Citizenship (mit Literaturangaben).

OECD Principles for Transnational Companies

siehe → OECD Guidelines for Multinational Enterprises. Siehe auch → Corporate Citizenship (mit Literaturangaben).

OECD-Musterabkommen

(*internationales Steuerrecht*) ist ein von der → OECD formuliertes Abkommen, das häufig den Verhandlungen zu → Doppelbesteuerungsabkommen (DBA) zugrunde gelegt wird. Es stellt eine Empfehlung des Steuerausschusses der OECD zur Gestaltung von → DBA dar, hat aber keine rechtliche Bindungswirkung. Es dient der größeren Harmonisierung von → bilateralen Abkommen.
Siehe auch → Steuerrecht, Internationales (mit Literaturangaben).

OEG

Abk. für → Offene Erwerbsgesellschaft (österreichische).

öEGG

Abk. für österreichisches Erwerbsgesellschaftengesetz.

öEWIVG

Abk. für österreichisches → EWIV-Ausführungsgesetz.

öFBG
Abk. für österreichisches Firmenbuchgesetz.

Off-balance-sheet transaction
siehe → Swaps.

Offene Erwerbsgesellschaft (OEG), österreichische
(§ 1 Z 1 öEGG, §§ 2 ff öEGG, subsidiär OHG-Recht, vgl. § 4 Abs 1 öEGG); ab 1.1.2007 keine Neugründungen mehr möglich, siehe → Handelsrechtsreform, österreichische.
Die OEG wurde in § 1 öEGG definiert als eine auf einen gemeinschaftlichen Erwerb oder auf die Nutzung und Verwaltung eigenen Vermögens gerichtete Gesellschaft, zu deren Zweck eine → OHG nicht gegründet werden kann. Sie gehört wie die → KEG zu den sog. *(Eingetragenen) Erwerbsgesellschaften*. Diese wurden 1990 in der Absicht geschaffen, auch minder- oder nichtkaufmännisch bzw. freiberuflich Tätigen eine der Organisations-, Vermögens- und Haftungsstruktur von → OHG und → KG ähnliche Gesellschaftsform zur Verfügung zu stellen. Schließlich waren jene nach der Konzeption des öHGB auf den Betrieb eines Vollhandelsgewerbes beschränkt. Vor Geltung des EGG blieb Nicht- und Minderkaufleuten damit nur der Typus der → GesbR. Diese ist aber weder rechtsfähig, noch für längerfristige Projekte konzipiert und gerade aus diesem Grund für unternehmerisches Handeln ungeeignet.
Literatur: *Dehn*, Wilma, UGB. Das neue Unternehmensgesetzbuch, Manz Verlag (2006); *Dehn/Krejci* (Hrsg.), Das neue UGB. SWK-Sonderheft, Linde Verlag (2005); *Krejci*, Heinz, Gesellschaftsrecht, Band I: Allgemeiner Teil und Personengesellschaften, Manz Verlag (2005); *Nowotny*, Georg, Gesellschaftsrecht, Verlag Österreich (2005); *Schummer*, Gerhard, Personengesellschaften, 6. Auflage, Orac-Rechtsskriptum, Verlag LexisNexis ARD Orac (2006).
Siehe auch Quellenverzeichnis (Bücher, Zeitschriften und Internetadressen) beim Stichwort „→ Gesellschaftsformen, österreichische".

Offene Gesellschaft (OG), österreichische
(§§ 105 ff öUGB).
(1) *Definition:* Die OG des neuen *Unternehmensgesetzbuches* ist die überarbeitete Form der → OHG des mit 31.12.2006 außer Kraft tretenden öHGB (→ *Handelsrechtsreform, österreichische*) und wird definiert als unter eigener Firma geführte gesamthandschaftliche Personenverbindung, deren Mitglieder allesamt Gesellschaftsgläubigern gegenüber unbeschränkt haften (§ 105 Satz 1 öUGB). Von ihrer Vorgängerin unterscheidet sie sich vor allem dadurch, dass sie für *jede erlaubte Tätigkeit* gegründet werden (§ 105 Satz 3 öUGB) kann. Die OG steht damit sowohl zu gewerblichen, beruflichen, sonstigen wirtschaftlichen oder bloß vermögensverwaltenden wie auch zu ideellen Zwecken zur Verfügung.
(2) *Rechtsnatur, Gründung:* Genau wie die alte Rechtsform der → OHG ist auch die OG eine *Gesamthandschaft*. Das Gesetz erklärt die OG *ausdrücklich* für *rechtsfähig* (§ 105 Satz 2 öUGB). Die *Gründung* der OG erfolgt mit formfreiem Abschluss des *Gesellschaftsvertrages*. Als rechtsfähige Gesellschaft *entstanden* ist sie aber erst nach Anmeldung zum → *Firmenbuch*, die zwingend vorzunehmen ist (§§ 106, 123 öUGB). Sowohl natürliche als auch juristische Personen (→ AG, → GmbH, → Genossenschaft etc.) und Gesamthandsgesellschaften (OG, → KG) dürfen *Gesellschafter* der OG sein. Die → *Firma* der OG kann Personen-, Sach- oder Fantasiefirma sein oder sich an die Geschäftsbezeichnung anlehnen, hat jedoch zwingend den Zusatz „Offene Gesellschaft" bzw. „OG" zu enthalten. Ist keiner der unbeschränkt haftenden Gesellschafter eine natürliche Person, muss dies in der Firma ersichtlich gemacht werden (§ 19 öUGB). Die Namen anderer Personen als *persönlich haftender Gesellschafter* dürfen in die Firma nicht aufgenommen werden (§ 20 öUGB). Wird in Form der OG eine freiberufliche Tätigkeit betrieben, ist in die Firma ein Hinweis auf den ausgeübten freien Beruf aufzunehmen. Auch kann dann anstelle des Zusatzes „OG" die Bezeichnung „Partnerschaft" geführt werden (§ 19 öUGB).
Literatur: *Dehn*, Wilma, UGB. Das neue Unternehmensgesetzbuch, Manz Verlag (2006); *Dehn/Krejci* (Hrsg.), Das neue UGB. SWK-Sonderheft, Linde Verlag (2005); *Krejci*, Heinz, Handelsrecht, 3. Auflage, Manz Verlag (2005); *Krejci*, Heinz, Gesellschaftsrecht, Band I: Allgemeiner Teil und Personengesellschaften, Manz Verlag (2005); *Schummer*, Gerhard, Personengesellschaften, 6. Auflage, Orac-Rechtsskriptum, Verlag LexisNexis ARD Orac (2006).

Weiterführende Informationen siehe auch Quellenverzeichnis (Bücher, Zeitschriften und Internetadressen) beim Stichwort „→ Gesellschaftsformen, österreichische".

Offene Handelsgesellschaft (OHG)

(*deutsches Recht*), gesetzlich im HGB geregelte und eng an die → Gesellschaft bürgerlichen Rechts angelehnte → Personengesellschaft mit mindestens zwei Gesellschaftern (natürliche oder juristische Personen). Ihr Zweck ist der Betrieb eines Handelsgewerbes (Personenhandelsgesellschaft) bei persönlichem Arbeitseinsatz der → Gesellschafter unter einer gemeinschaftlichen Firma. Gegenüber den Gesellschaftsgläubigern haften neben dem Gesellschaftsvermögen alle Gesellschafter gesamtschuldnerisch unbeschränkt mit ihrem gesamten eigenen Vermögen.

Die OHG ist keine juristische Person, aber wie die → Kommanditgesellschaft nach außen rechtlich verselbständigt und kann insbesondere unter ihrer Firma Rechte erwerben, Grundstücke erwerben (Grundbuchfähigkeit), Verbindlichkeiten eingehen und vor Gericht klagen und verklagt werden. Alle Gesellschafter sind zur Geschäftsführung und je einzeln zur organschaftlichen Vertretung der Gesellschaft nach außen berechtigt und verpflichtet (Grundsatz der Selbstorganschaft). Die Gesellschafter verbindet eine besondere Treuepflicht, aus der auch das gesetzliche Wettbewerbsverbot der Gesellschafter abgeleitet wird.

Die Offene Handelsgesellschaft ist nicht selbst Steuersubjekt, vielmehr wird nur der Gewinn einheitlich festgestellt, den die Gesellschafter als Mitunternehmer versteuern.

Siehe auch → Offene Handelsgesellschaft (OHG), österreichische.

Literatur: Klunzinger, E.: Grundzüge des Gesellschaftsrechts, 14. Auflage, München 2006; Schmidt, C.R. und Zagel, S.: Die OHG, KG und PublikumsG, Freiburg i.Br. 2004; Schmidt, K.: Gesellschaftsrecht, 4. Auflage, Köln 2002.

Internetadresse: (HGB online) http://www.gesetze-im-internet.de

Offene Handelsgesellschaft (OHG), österreichische

(§§ 105 ff öHGB) mit Geltung des → UGB ab 1.1.2007 durch die Rechtsform der → Offenen Gesellschaft (OG) (§§ 105 ff öUGB) ersetzt; siehe → Handelsrechtsreform, österreichische.

Die österreichische OHG hatte ihren Ursprung im deutschen Recht (Einführung der Vorschriften des dHGB durch die 4. öEVHGB 1939) und wurde definiert als Zusammenschluss zweier oder mehrerer unbeschränkt haftender Gesellschafter zum *Betrieb eines Handelsgewerbes* unter gemeinschaftlicher Firma (§ 105 öHGB). Gemäß § 4 Abs. 2 öHGB musste es sich dabei um ein vollkaufmännisches Gewerbe handeln, d.h. die Unternehmung musste von solcher Größe sein, dass sie „einen in kaufmännischer Weise eingerichteten Geschäftsbetrieb (d.h. Buchführung, Arbeitsteilung und Bankverkehr) erfordert" (§ 4 Abs. 1 öHGB). Für minder- und nichtkaufmännische Tätigkeiten stand dagegen die „kleine Schwester" → OEG zur Verfügung.

Siehe auch → Offene Handelsgesellschaft (OHG) (deutsches Recht).

Literatur: *Dehn*, Wilma, UGB. Das neue Unternehmensgesetzbuch, Manz Verlag (2006); *Dehn/Krejci* (Hrsg.), Das neue UGB. SWK-Sonderheft, Linde Verlag (2005); *Krejci*, Heinz, Handelsrecht, 3. Auflage, Manz Verlag (2005); *Krejci*, Heinz, Gesellschaftsrecht, Band I: Allgemeiner Teil und Personengesellschaften, Manz Verlag (2005); *Nowotny*, Georg, Gesellschaftsrecht, Verlag Österreich (2005); *Schummer*, Gerhard, Personengesellschaften, 6. Auflage, Orac-Rechtsskriptum, Verlag Lexis-Nexis ARD Orac (2006); *Straube*, Manfred (Hrsg.), Kommentar zum Handelsgesetzbuch mit einschlägigen Rechtsvorschriften in zwei Bänden, 3. Auflage, Manz Verlag (2003). Siehe auch Quellenverzeichnis (Bücher, Zeitschriften und Internetadressen) beim Stichwort „→ Gesellschaftsformen, österreichische".

offene Position

(ungesicherte Position), siehe → Position, offene.

Öffentliche Anleihe

siehe → Anleihe der öffentlichen Hand.

Öffentlichkeitsarbeit
(*Public Relations, PR*) bezeichnet die *Politik des Werbens um das Vertrauen der Öffentlichkeit* durch das Management von Informations- und Kommunikationsprozessen zwischen Unternehmen (oder allgemeiner Organisationen) einerseits und ihren externen oder internen Umwelten (Teilöffentlichkeiten) andererseits. Sie wendet sich an die gesamte Öffentlichkeit und zielt darauf ab, Unternehmensziele besser realisieren zu können.
Öffentlichkeitsarbeit steht für *öffentliche Kommunikation*, die für eine Organisation Funktionen wie Information, Kommunikation und Persuasion erfüllt und besonders auf langfristige Ziele wie den Aufbau und Erhalt eines konsistenten Images und somit von Vertrauen abzielt, an einem Konsens mit den Teilöffentlichkeiten in der Umwelt der Organisation interessiert ist und so auch im Fall von Konflikten glaubwürdiges Handeln der Organisation ermöglichen soll. Besondere Aufmerksamkeit wird dabei allen Stakeholdern der Organisation zuteil, also etwa Bürgern, Bürgerinitiativen, dem Gesetzgeber, Kapitalgebern, Kunden, Lieferanten, Medien, Mitarbeitern usw.
Hierzu stehen in der Praxis eine Reihe von *Kommunikationsinstrumenten* zur Verfügung: Pressearbeit (z.B. Pressemitteilung, Pressekonferenz, Beantwortung von Presseanfragen, Interview), Mediengestaltung (z.B. Geschäftsbericht, Broschüre, Newsletter), Veranstaltungsorganisation (z.B. Konferenz, Seminar, Verbraucherveranstaltung), interne Kommunikation (z.B. Mitarbeiterzeitschrift und -veranstaltung) und diverse Sponsoringaktivitäten.
Siehe auch → Kommunikationspolitik und → Sponsoring, jeweils mit Literaturangaben.
Literatur: Broom, G., Center, A., Cutlip, S.: Effective Public Relations, 7. Auflage, Prentice-Hall, New Jersey 1994; Faulstich, W.: Grundwissen Öffentlichkeitsarbeit, UTB, München 2001; Kunczik, M.: Public Relations – Konzepte und Theorien, UTB, Köln, 2002; Kocks, K., Merten, K.: Das Handwörterbuch der PR, Frankfurter Allgemeine Buch, Frankfurt am Main 2000; Röttger, U.: Theorien der Public Relations, Verlag für Sozialwissenschaften, Wiesbaden 2004.
Internetadressen: www.dapr.de (Deutsche Akademie für Public Relations); www.dprg.de (Deutsche Public Relations Gesellschaft); www.drpr-online.de (Deutscher Rat für Public Relations); www.gpra.de (Gesellschaft Public Relations Agenturen); www.prime-europe.org (PRIME - European Association of PR & Communications Students); www.prva.at (Public Relations Verband Austria); www.ipra.org (International Public Relations Association); www.prsa.org (The Public Relations Society of America).

Öffentlich-rechtlicher Rundfunk
siehe → Rundfunk, Öffentlich-rechtlicher.

Offertgarantie
siehe → Bietungsgarantie.

Office-Anwendungen
Im betrieblichen Umfeld auf fast jedem Arbeitsplatz anzutreffende Computeranwendungen sind die heute gängigen Office-Systeme, die neben Textverarbeitungsprogrammen zum Schreiben von Textdokumenten in der Regel Kalkulationssoftware und Präsentationsanwendungen enthalten. Bekannte Produkte sind die Office-Pakete von Microsoft, Lotus Smartsuite von der Firma Lotus, Staroffice von der Firma Sun u.v.m. Diese Systeme bieten vielfältige nützliche Funktionalitäten im betrieblichen Alltag, von denen einige in der Folge genannt werden: Einbinden von Marketingdaten in Textdokumente, z.B. die Anbindung einer Kundendatenbank an ein Textverarbeitungsprogramm für die Erstellung eines Serienbriefes mit Hilfe der Serienbrieffunktion zu Zwecken des Direktmarketings.
Visualisierung der Marketingdaten mittels Präsentationsanwendungen in Form von aussagekräftigen Charts und Grafiken z.B. zur Vorbereitung von Marketingentscheidungen.
Erstellen von Kalkulationen und Planungen mittels Kalkulationssoftware auf Basis der Marketingdaten.

Offline-Kanal
Der Vertrieb in den Absatzwegen läuft über → *Vertriebskanalstufen*. Bei den Kanälen zu unterscheiden sind *Offline-Kanäle* (Außendienst, Innendienst, eigene Niederlassungen, Handelsvertreter, Groß- und Einzelhandel, klassischer Versandhandel, Call-Center und *Online-Kanäle* (Hotline, eCommerce, mobi-

les Internet, T-Commerce (Fernsehverkauf)). Der Trend geht heute zum → *Multi-Channel-Marketing* (→ *Multikanalvertrieb*).

Siehe auch → Vertriebspolitik, dort Abschnitt „Vertriebskanalpolitik" sowie → Multi-Kanal-Dialog-Marketing, jeweils mit Literaturangaben.

Off-Price Store

ist ein aus den USA stammendes neues Konzept. Hierbei handelt es sich um Einzelhandelsbetriebe mit Verkaufsflächen von etwa 500-3.000m², in denen hochwertige Markenartikel aus dem Bereich der Non-Food-Produkte, so Bekleidung, Porzellan etc., zu Preisen verkauft werden, die dauerhaft deutlich unterhalb des im klassischen Einzelhandel, so in Warenhäusern oder in Fach- und Spezialgeschäften, üblichen Preisniveaus liegen.

Im Gegensatz zu → Fabrikläden (→ Factory Outlet Center) werden in Off-Price Stores meist breitere Sortimente vorwiegend qualitativ hochwertiger Ware angeboten, die auch ein paralleles Angebot von Artikeln mehrerer Markenartikelhersteller vorsehen. Die Zusammenfassung mehrerer Off-Price Stores führen zu Off-Price-Centern oder -Malls.

Siehe auch → Vertriebswege, Neuere (mit Literaturangaben).

Offset-Geschäft

Form eines → Kompensationsgeschäfts, vor allem im öffentlichen Beschaffungsbereich, z.B. bei Militärgütern, bei denen der Auftrag an ausländische Lieferanten mit der Auflage vergeben wird, einen bestimmten Anteil an lokaler Wertschöpfung sicherzustellen. Dies kann z.B. durch Vergabe von Systemkomponenten an lokale Subunternehmer oder durch lokale Lizenzfertigungen geschehen.

Offshore-Domizile

sind Länder bzw. Regionen, die eine möglichst geringe Regulierung und günstige Steuergesetze aufweisen. Hierzu zählen vor allem die Cayman-Inseln, die Jungfern-Inseln und die Bermuda-Inseln.

Offshore-Gesellschaft

ist eine Form der → Basis-/Zwischengesellschaft. Staaten wie z.B. Panama bieten besondere Steuerbedingungen für Gesellschaften an, die zwar ihren → Sitz im jeweiligen Land haben, aber in diesem Land keinerlei geschäftliche Aktivitäten entfalten. In der Regel ist die Gründung dieser Gesellschaften über im Land ansässige Anwälte für jedermann ohne persönliche Anwesenheit oder ähnliches möglich.

Im Weiteren werden ertragreiche wirtschaftliche Betätigungen in steuergünstigere Jurisdiktionen verlagert.

Die geschäftliche Oberleitung obliegt häufig einem im Sitzstaat ansässigen (Stroh-)Direktor. Die wesentlichen Geschäftsführungsmaßnahmen werden i.d.R. auf turnusmäßigen Gesellschafterversammlungen getroffen, zu denen der inländische (deutsche) Steuerpflichtige sich „Offshore" aufhält.

Siehe auch → Steuerrecht, Internationales (mit Literaturangaben).

Off-the-job

umfasst alle Maßnahmen der → *Personalentwicklung*, die mit Distanz zum konkreten Arbeitsumfeld des Mitarbeiters durchgeführt werden. Gemeinsames Merkmal ist die ein- bis mehrtägige Durchführung der Maßnahmen fern vom Arbeitsplatz in Schulungsräumen innerhalb oder außerhalb des Unternehmens. Typische off-the-job Maßnahmen sind bspw. Fachseminare, Verhaltenstraining oder → Outdoor Training.

OG

Abk. für → Offene Gesellschaft (österreichische).

öGenG

Abk. für österreichisches Genossenschaftsgesetz.

öGmbHG

Abk. für österreichisches → GmbH-Gesetz.

OHG

Abk. für Offene Handelsgesellschaft. Siehe auch → Offene Handelsgesellschaft (deutsches Recht) und → Offene Handelsgesellschaft, österreichische, jeweils mit Literaturangaben.

öHGB

Abk. für österreichisches Handelsgesetzbuch.

Ohne-Kosten-Vermerk

Mit diesem Vermerk verzichtet derjenige, der diesen oder einen ähnlichen Vermerk (z.B. „ohne Protest" o.Ä.) auf einem → Wechsel anbringt, auf die Protesterhebung (siehe auch → Wechselprotest). Im Einzelfall ist zu prüfen, gegenüber welchen Beteiligten der Protestverzicht wirkt.

Ohne-Protest-Vermerk

siehe → Ohne-Kosten-Vermerk; siehe auch → Wechsel .

öKartG 2005

Abk. für österreichisches Kartellgesetz 2005.

Öko-Audit

siehe → Umweltbetriebsprüfung, Umweltmanagementsystem-Audit.

Öko-Audit-Verordnung

siehe → EMAS.

Ökobilanzierung, Grundsätze

siehe → Grundsätze der Ökobilanzierung.

Ökocontrolling

siehe → Ökologiecontrolling.

Öko-Design

umfassende Maßnahme zur Entwicklung und Gestaltung von umweltverträglichen Produkten. Dem Öko-Design kommt eine entscheidende Bedeutung im → Umweltmanagement zu, da von den Produkten und ihrer Nutzung, der Produktion und den logistischen Prozessen die wesentlichen Umweltauswirkungen verursacht werden. Ziel des Öko-Design ist es, die Energieeffizienz und die Materialeffizienz von Produktion, Produkten und Logistik zu erhöhen und materialeffektive Prozesse zu entwickeln und umzusetzen, bei denen eine Schließung von technischen und biologischen Kreisläufen für Produkte und Materialien erreicht wird. Bei der Nutzung von Materialien und Energieträgern wird eine nachhaltige Nutzung des Naturkapitals berücksichtigt.

Beim Öko-Design erfolgt eine Produktlinienorientierung, so dass die Ziele für den gesamten Produktlebenszyklus erreicht werden, d.h. nicht nur für die Produktion und das Produkt selbst, sondern auch für alle dem Produkt vor- und nachgelagerten Produktstadien, z.B. der Rohstoffgewinnung, der Vorprodukterstellung, der Materialwiederverwendung, den logistischen Prozessen.

Siehe auch → Umweltmanagement (mit Literaturangaben); → Umweltprogramm, betriebliches; → Umweltmanagementsystem, betriebliches, → Umweltprüfung, betriebliche.

Literatur: ENGELFRIED J., Das umweltverträgliche Produkt, Veröffentlichung in Vorbereitung; HOPFENBECK W., JASCH C., Ökodesign, Verlag Moderne Industrie, Landsberg (1995).

Öko-Kennzahlen

Aus der → Ökologiebilanzierung können für das → Controlling aussagekräftige → Kennzahlen abgeleitet werden, beispielsweise zur Ökoeffizienz der spezifische Energieverbrauch (Energieverbrauch in kWh/Jahr in Relation zum Output Endprodukte in t) oder zur Ökoeffektivität die Anzahl der eingesetzten Gefahrstoffe. Die ausschließliche Steuerung des Unternehmens mit Öko-Kennzahlen birgt allerdings die Gefahr in sich, dass eine zu kurzfristige und allein quantitative Sichtweise angelegt wird.

Verbesserung verspricht eine → Balanced Scorecard, die eine mehr strategische Ausrichtung gewährleistet.

Siehe auch → Ökologiebilanz, → Grundsätze der Ökobilanzierung, → umweltbezogenes betriebliches Rechnungswesen und → Ökologiecontrolling (mit Literaturangaben).

Ökologie, betriebswirtschaftliche

Zur Ökologie in der Betriebswirtschaftslehre siehe → Umweltmanagement, → Ökologie-Marketing (Ökologisches Marketing) sowie → Ökologiecontrolling (einschließlich Ökologiebilanz und Ökologie-Rechnungswesen), jeweils mit Literaturangaben.

Ökologiebilanzen

Unter Ökologiebilanzen (*Ökobilanzen*) wird allgemein ein betriebliches Informationssystem zur Abbildung und Bewertung ökologischer Wirkungen von Unternehmensaktivitäten verstanden. Dabei sollen Ökologiebilanzen eine interne Funktion erfüllen, in dem sie die Entwicklung umweltverträglicherer Produkte und Geschäftsprozesse durch eine umweltbezogene Planung und Kontrolle unterstützen. Außerdem sorgen sie für einen verbesserten Dialog zwischen Unternehmen und Umfeld (externe Funktion).

Zur Ökobilanzierung gibt es verschiedene Ansätze, die jedoch alle auf einer Stoff- und Energiebilanzierung in zunächst physikalischen Einheiten beruhen. Dabei werden in einer Input-Output-Bilanz folgende Größen gegenübergestellt:

Stoff- und Energiebilanz	
Input	Output
I. Roh-, Hilfs-, Betriebsstoffe	I. Produkte
II. Energieeinsatz 1. gasförmig 2. flüssig 3. fest	II. Stoffliche Emissionen 1. Abfall 2. Abwasser 3. Abluft
	III. Energetische Emissionen 1. Abwärme 2. Lärm

Die Struktur einer derartigen Ökologiebilanz (Sachbilanz) kann nun auf eine *Betriebsbilanz*, *Prozessbilanzen*, *Produktbilanzen* und eine *Substanzbilanz* (für das eingesetzte Anlage-/Umlaufvermögen) übertragen werden. Besondere Probleme verursacht die Aufstellung von → Produktbilanzen. Die Stoff- und Energiebilanzierung in physikalischen Einheiten sagt noch nichts über die ökologischen Folgen der untersuchten Prozesse aus. Hierzu ist eine → *Wirkungsbilanz* erforderlich.

Siehe auch → Grundsätze der Ökologiebilanzierung sowie → Ökologiecontrolling, → umweltbezogene Kosten- und Leistungsrechnung und → umweltbezogenes betriebliches Rechnungswesen.

Ökologiecontrolling

Ökologiecontrolling (Ökocontrolling)

von Professor Dr. Armin Müller
Fachhochschule Ingolstadt

1. Kontext und Aufgabenschwerpunkte des Ökologiecontrollings
Die Forderung nach einer umweltverantwortlichen bzw. nachhaltigen Unternehmensführung wird an Unternehmen spätestens seit der Rio-Konferenz 1992 von verschiedenen → Stakeholdern, wie z.B. Banken, Kunden, Mitarbeitern und Umweltverbänden, verstärkt gestellt. Das Ökocontrolling hat dabei eine nachhaltige Unternehmensführung insbesondere durch den Aufbau eines aussagefähigen Umweltinformationssystems zu unterstützen.
Hierbei nimmt das Ökocontrolling nicht nur eine Lotsenfunktion für das Erreichen einer besseren Umweltperformance wahr, sondern es fördert ebenso ein neues Denken und Handeln, das die Natur als wesentlichen Wertschöpfungspartner des Wirtschaftens erkennt.

2. Das Betriebliche Rechnungswesen als Umweltinformationssystem
Die Schaltzentrale für das Ökocontrolling bildet ein Umweltinformationssystem. Zunächst bietet es sich an, das Betriebliche Rechnungswesen als Informationslieferanten zu nutzen.
Informationen aus einem → umweltbezogenen Betrieblichen Rechnungswesen sind jedoch nur sehr eingeschränkt geeignet, die Umwelteinwirkungen von Unternehmen umfassend abzubilden. Der größte Teil der Umweltkosten versteckt sich in verschiedenen Kostenarten und kann durch das herkömmliche Rechnungswesen nicht transparent gemacht werden. Zwar können mit einer → Flusskostenrechnung umweltrelevante Hauptprozesse, wie z.B. „Sonderabfälle beseitigen" oder „umweltfreundliche Rohstoffe beschaffen", analysiert werden. Doch werden hier, wie auch bei der handels- und steuerrechtlichen Bilanzierung, die Grenzen der monetären Bewertung allzu deutlich aufgezeigt. Umweltinformationen sind nämlich durch eine Reihe von Besonderheiten gekennzeichnet:

- hohe Dynamik und Unsicherheit,
- interdisziplinäre Erkenntnisse und
- schwierige bzw. sogar unmögliche Quantifizierbarkeit.

3. Erweiterung um eine Ökobilanzierung
Letztendlich muss das herkömmliche Rechnungswesen um Analysen der Realgüterströme erweitert werden. Die wesentliche Grundlage dafür verkörpern → *Ökologiebilanzen (Ökobilanzen)*. Mit ihrer Hilfe werden im wesentlichen Stoff- und Energieströme (Input/Throughput/Output) auf ihre ökologischen Auswirkungen hin untersucht. Die Abbildung und Bewertung der Realgüterströme kann sich dabei auf komplette Institutionen (z.B. einen Produktionsbetrieb), einzelne Prozesse (z.B. Transportvorgänge), Produkte (z.B. Verpackungen) oder Stoffe (z.B. PVC) beziehen.

4. Anforderungen an eine Ökobilanzierung
Ähnlich den „Grundsätzen ordnungsgemäßer Buchführung und Bilanzierung" (→ GoB) im Rahmen der handelsrechtlichen Bilanzierung sind bei der Aufstellung von → Ökologiebilanzen vergleichbare → Grundsätze der Ökobilanzierung einzuhalten. Für die Standardisierung und damit Vergleichbarkeit der Ökobilanzen eignen sich → Internationale Normen wie DIN EN ISO 14040 ff. und die 2001 überarbeitete → EMAS.

5. Aufbau der Ökobilanzierung
Die Ökologiebilanzierung beinhaltet die Ableitung einer Sachbilanz, in der die Stoff- und Energieströme bzw. Vermögensgegenstände in physikalischen Einheiten (t, l, kwh, m, etc.) periodenbezogen ermittelt werden. In diesen Input-Output-Analysen tritt der Bilanzgedanke im Sinne eines Gleichgewichts deutlich zutage. Eine Analogie findet sich auch im 1. Thermodynamischen Gesetz wieder, das besagt,

dass Materie nicht „verzehrt" wird, sondern einen Umwandlungsprozess erfährt. Die Bewertung der Umwelteinwirkungen aus der Sachbilanz erfordert eine Art → Wirkungsbilanz.

6. Ausgestaltung des Ökologiecontrolling

Am besten kann das Ökologiecontrolling seine Aufgabenstellungen erfüllen, wenn es als System aufgefasst wird (siehe Abbildung 1). Ökologische Ziele müssen dabei in das Unternehmenszielsystem integriert werden. Die Umweltziele werden dann in einer Art *Regelkreis* mit Hilfe der Stoff- und Energiebilanzierung weiter konkretisiert und die Zielerreichung kann systematisch gemessen und damit kontrolliert werden. Eventuelle Gegensteuerungsmaßnahmen können darauf aufbauend angestoßen werden, um die Verwirklichung der ökologischen Ziele zu gewährleisten. Damit wird der Lotsenfunktion des Controllings am ehesten Rechnung getragen.

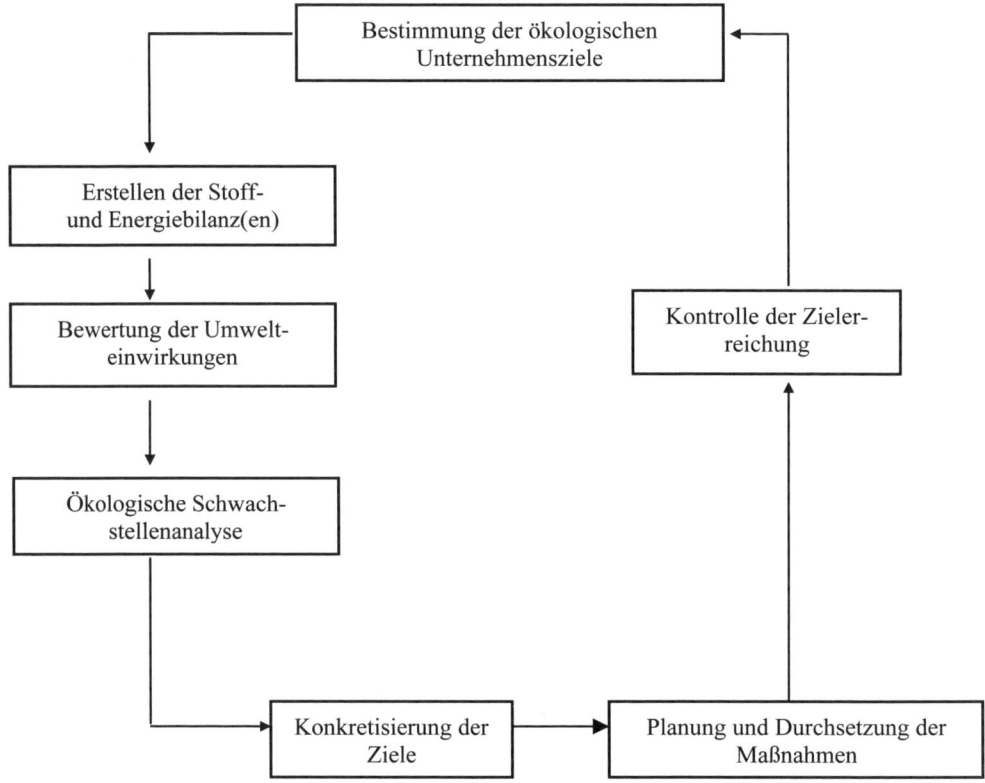

Abb. 1: Das Ökologiecontrolling-System

Hinweis
Zu den angrenzenden Wissensgebieten siehe → Controlling, Grundlagen, → Controlling, Informationssysteme, → Controlling, Internationales, → Corporate Citizenship, → Corporate Governance, → Marketingcontrolling, → Ökologie-Marketing, → Qualitätsmanagement, → Umweltmanagement, → Unternehmensethik.

Literatur: Bayerisches Staatsministerium für Landesentwicklung und Umweltfragen et al. (Hrsg.), EMAS. Das neue EG-Öko-Audit in der Praxis, 2001; Ensthaler, J. et al., Umweltauditgesetz. EMAS-Verordnung, 2. Auflage, 2002; Gay, J., Stoff- und Energieflussrechnung. Ein Ansatz industrieller Kostenrechnung für eine kostensenkende und umweltorientierte Unternehmensführung, 1998; Hopfenbeck, W./Jasch, C., Öko-Controlling. Umdenken zahlt sich aus! Audits, Umwelt-Berichte und Ökobilanzen als betriebliche Führungsinstrumente, 1993; Meffert, H./Kirchgeorg, M., Marktorientiertes Umweltmanagement. Konzeption – Strategie – Implementierung mit Praxisfällen, 3. Auflage, 1998; Müller, A., Controlling-Konzepte. Kompetenz zur Bewältigung komplexer Problemstellungen, 2002; Müller, A., Umweltorientiertes betriebliches Rechnungswesen, 2. Aufl., 1995; Müller-Wenk, R., Die ökologische Buchhaltung. Ein Informations- und Steuerungsinstrument für umweltkonforme Unternehmenspolitik, 1978; Stahlmann, V., Ökocontrolling, in: Müller, A. et al. (Hrsg.), Controlling für Wirtschafts-Ingenieure, Ingenieure und Betriebswirte, 2003, S. 363 – 384.

Internetadressen: http://www.umweltbundesamt.de/; http://www.bmu.de/wirtschaft_und_umwelt/; http://www.intebis.iao.fraunhofer.de/; http://www.emas.at/; http://www.tycohealth.de/; umweltschutz@hipp.de

Website des Autors: http://www.prof-arminmueller.de

Ökologie-Marketing

Ökologie-Marketing (Ökologisches Marketing)

von Univ.-Professor Dr. Ingo Balderjahn
Lehrstuhl für Betriebswirtschaftslehre mit dem Schwerpunkt Marketing
Universität Potsdam

1. Ökologie-Marketing als Führungskonzept

Ökologisches Marketing hat als Teil eines umfassenden betrieblichen → *Umweltmanagements* bzw. als Teil einer → *nachhaltigen Unternehmensführung* die Aufgabe, in allen Phasen des Produkt- bzw. Wertschöpfungslebenszyklus, also „von der Wiege bis zur Bahre", unter wirtschaftlichen Bedingungen für eine nachhaltige, über die gesetzlichen und sozialen Normen hinausgehende Verringerung bzw. Vermeidung von schädlichen Belastungen für Mensch und Umwelt zu sorgen.

Bedingt durch eine konsequent ökologische Ausrichtung unterscheidet sich das ökologische Marketing vom klassischen → Marketing (1) durch die Verpflichtung zum Nachhaltigkeitsprinzip (→ Sustainable Development), (2) durch eine in der Berücksichtigung des ökologischen Produktlebenszyklus (→ Produktlebenszyklus, ökologischer) und der Forderungen relevanter Anspruchsgruppen zum Ausdruck kommende ganzheitliche strategische Ausrichtung sowie (3) durch eine auf die Schaffung von Vertrauen und Glaubwürdigkeit gerichtete strategische Marketing-Konzeption. Bevor das ökologische Marketing eine umfassende ökologische Ausrichtung erfährt, durchläuft es in der Praxis häufig verschiedene Stufen, von einzelnen, eher sporadischen ökologieorientierten Marketingaktivitäten (z.B. Produktwerbung mit Umweltschutzargumenten) über ökologieorientierte Teilkonzepte des Marketing (z.B. Entsorgungskonzepte) bis hin zur umfassenden Übernahme gesellschaftlicher Verantwortung. Ökologisches Marketing erhebt den Umweltschutz in den Rang eines Unternehmensleitbildes (→ *Corporate Social Responsibility*, → *Corporate Citizenship*). Ökologisches Marketing findet statt im Spannungsfeld zwischen der Notwendigkeit der Befolgung gesetzlicher Umweltschutzbestimmungen sowie Forderungen relevanter Anspruchsgruppen (→ *Ökologie-Push*) einerseits und ökologieorientierten Markt- und Wettbewerbsanforderungen (→ *Ökologie-Pull*) andererseits.

2. Elemente des Ökologie-Marketing

Elemente des ökologischen Marketing sind: (1) Ökologieorientierte Potenzial- und Umfeldanalyse (Analyse von Markt, Umwelt und Gesellschaft), (2) Formulierung von ökologieorientierten Marketingzielen, (3) Festlegung von ökologieorientierten Marketing-Strategien, (4) Ausgestaltung des ökologieorientierten Marketing-Mix (Instrumente des Ökologie-Marketing) und (5) Implementierung und Kontrolle der Maßnahmen (→ Ökologiecontrolling).

3. Ökologieorientierte Analyse

Zur Analyse unternehmensinterner ökologischer Potenziale und Schwachstellen (Stärken-/Schwächen-Analyse) sowie zur Einschätzung externer Entwicklungen (Chancen-/Risiken-Analyse) werden Planungs- und Analysemethoden eingesetzt. Ökologieorientierte Potenziale und Schwachstellen des Unternehmens lassen sich durch ökologische Kennzahlen, → Stoff- und Energiebilanzen sowie → Öko-Bilanzen erfassen. Zur möglichst frühzeitigen Identifikation umweltschutzbedingter Marktchancen und -risiken können z.B. die Szenario-Technik, die → Cross-Impact-Analyse, die Anspruchsgruppenanalyse und die → Issue-Analyse eingesetzt werden.

4. Ziele des Ökologie-Marketing

Seit Beginn der 90er Jahre gilt das Prinzip des nachhaltigen Wirtschaftens (→ Sustainable Development) in Theorie und Praxis als Leitbild marktorientierten → Umweltmanagements und des ökologischen Marketing. Dieses Leitbild wird auf betrieblicher Ebene auf die Erreichung ökologischer, ökonomischer und sozialer Ziele übertragen. Neben den *Umweltschutzzielen*, wie z.B. die Substitution nicht-regenerativer Ressourcen durch regenerative Ressourcen, werden im ökologischen Marketing somit auch ökonomische und soziale Ziele mitverfolgt.

Ökonomische Marketingziele richten sich auf die Entwicklung und das Angebot von wettbewerbsfähigen umweltverträglichen Produkten und Dienstleistungen. Es geht um die schwierige Profilierung der Umweltverträglichkeit als wichtiger Wertbestandteil (→ Umweltqualität als Zusatznutzen) bzw. als wichtiges Bewertungs- und Kaufkriterium eines Produktes (siehe auch → Konsumentenverhalten).

Soziale bzw. gesellschaftspolitische Marketingziele sind u.a. die Achtung sozialer Normen und die Einhaltung sozialer Standards sowie die Schaffung von Transparenz für die interessierte Öffentlichkeit.

5. Strategien des Ökologie-Marketing

Ökologieorientierte Marketingstrategien sind mittel- bis langfristig angelegte Grundsatzentscheidungen zur Umsetzung des Leitbilds der Nachhaltigkeit und des Umweltschutzes im Unternehmen. Diese Strategien legen einen Handlungsspielraum für geeignete Maßnahmen fest, um gesetzte ökonomische, ökologische und soziale Marketingziele erreichen zu können.

Aus konzeptioneller Sicht kann zwischen defensiven und offensiven Marketing-Strategien bei der Integration ökologischer Aspekte unterschieden werden. Während *defensive* ökologische Marketingstrategien den Umweltschutz stärker als Risiko oder notwendiges Übel und weniger als Chance begreifen, sind *offensive* ökologische Marketingstrategien chancen- und marktorientiert. Ökologische Marketingstrategien können auf das eigene Unternehmen (z.B. Mitarbeiterschulung), die Umwelt (z.B. Steigerung der Ressourceneffizienz), den Markt (z.B. Schaffung einer → Öko-Marke, → Marke) oder auf die Gesellschaft (z.B. Beitritt zum → Global Compact) gerichtet sein.

6. Instrumente des Ökologie-Marketing

Der Schwerpunkt des ökologischen Marketing liegt in der Ausgestaltung der marketingpolitischen Instrumente (→ Produktpolitik, → Preispolitik, → Kommunikationspolitik, → Vertriebspolitik). Dabei wird das bekannte Marketinginstrumentarium in Hinblick auf ökologieorientierte Fragestellungen interpretiert und entsprechend ergänzt.

- Die *ökologieorientierte Produktpolitik* zielt auf die Entwicklung und Vermarktung → umweltfreundlicher Produkte und Verpackungen sowie die Schaffung von → Öko-Marken (→ Marke) im Rahmen des → *Product Stewardship* Leitbildes. Ansätze dazu sind: (1) Langzeitprodukte durch modulares Design, (2) kreislaufgerechte Produktentwicklung und -konstruktion und (3) Substitution materieller Produktteile durch immaterielle Dienstleistungen.
- Insgesamt muss die *ökologieorientierte Preispolitik* darauf gerichtet sein, → umweltfreundliche Produkte entweder zu vergleichbaren Preisen anzubieten wie herkömmliche Alternativen oder höhere Preise durch die Profilierung eines herausragenden ökologischen Produktnutzens im Rahmen einer Öko-Marke abzusichern. Solange umweltverträgliche Produkte und Dienstleistungen bei

gleicher Qualität nicht teurer sind als die anderen, werden sie erfolgreich sein. Je höher aber die Preisdifferenz zwischen umweltverträglichem und herkömmlichem Produkt ist, desto weniger beeinflusst die → Umweltqualität die Kaufentscheidung (siehe auch → Konsumentenverhalten).

- Das zentrale Thema der *ökologieorientierten Kommunikationspolitik* ist die Schaffung von Glaubwürdigkeit und Vertrauen in die ökologische Vorteilhaftigkeit eines Angebots. Dies resultiert informationsökonomisch gesehen daraus, dass sich das Wissen über die ökologische Qualität eines Produktes ungleich auf Hersteller und Käufer verteilt und die → Umweltqualität für den Käufer den Charakter einer *Vertrauenseigenschaft* besitzt. Das hat zur Folge, dass das subjektiv wahrgenommene Kaufrisiko steigt und sich Misstrauen gegenüber den Absichten der Anbieter von → umweltfreundlichen Produkten einstellt. Kommunikative Maßnahmen zur Schaffung von *Vertrauen* sind insbesondere (1) die Verwendung von → Umweltzeichen (z.B. → Blauer Engel), (2) Umweltsponsoring (z.B. Kooperation mit Umweltgruppen), (3) Dialoge mit kritischen Anspruchsgruppen und (4) ökologieorientierte *Public Relations* zur ökologischen Positionierung und Vertrauensbildung in der Öffentlichkeit (z.B. Erstellung von Umwelt- bzw. Nachhaltigkeitsberichten).
- Zu dem Bereich der *ökologieorientierten Distributionspolitik* gehört das ökologieorientierte vertikale Marketing gegenüber den Händlern. Es beinhaltet eine Kooperation in der Gestaltung der Marktwege zwischen Produktion und Konsum und trägt der Tatsache Rechnung, dass dem Handel in der Diffusion von Waren und Informationen eine bedeutende *gatekeeper-Position* zukommt.

7. Implementierung des Ökologie-Marketing

Das ökologische Marketing bedarf einer Implementierung und Kontrolle seiner Maßnahmen. Der besondere Charakter ökologischer Sachverhalte, wie z.B. Langfristigkeit und Komplexität, erfordert die Entwicklung spezieller Maßnahmen, die nach innen und außen gerichtet sein können (→ Ökologiecontrolling).

8. Probleme

Die Erfolge der Praxis bei der Vermarktung umweltverträglicher Produkte und Dienstleistungen an Endverbraucher sind insgesamt recht enttäuschend. Auch nimmt das → Umweltbewusstsein in der bundesrepublikanischen Bevölkerung seit Anfang der 90er Jahre stetig ab. Die Erfahrung hat gezeigt, dass das Marktsegment der umweltbewussten Käufer (siehe auch → Konsumentenverhalten) in vielen Fällen zu klein für eine wirtschaftliche Bearbeitung ist. Aus diesem Grund sollte sich das ökologische Marketing auf die Käufersegmente konzentrieren, die (noch) nicht regelmäßig umweltverträgliche Produkte anderen Produkten vorziehen. Die Grenzen des ökologischen Marketing liegen einerseits im Problem des sozialen Dilemmas (→ Umweltdilemma) und andererseits darin, dass die Umweltqualität mit anderen kaufentscheidungsrelevanten Merkmalen eines Produktes konkurriert.

Hinweise

Zu den angrenzenden bzw. vertiefenden Wissensgebieten siehe → Corporate Citizenship, → Corporate Governance, → Handelsmarketing, → Kommunikationspolitik, → Kommunikationspolitik, ökologieorientierte, → Konsumentenverhalten, → Konsumentenverhalten, umweltfreundliches, → Markenführung, → Marketing, Grundlagen, → Marketing, Internationales, → Marktforschung, → Preispolitik, → Preispolitik, ökologieorientierte, → Produktpolitik, → Produktpolitik, ökologieorientierte, → Produktinnovation, → Ökologiecontrolling (einschließlich Ökologiebilanz und Ökologie-Rechnungswesen), → Umweltmanagement, → Unternehmensethik, → Vertriebspolitik.

Literatur: Balderjahn, I.: Nachhaltiges Marketing-Management, Stuttgart 2004. Balderjahn, I./Will, S.: Umweltverträgliches Konsumentenverhalten. Wege aus einem sozialen Dilemma, in: Marktforschung & Management, 41. Jg., 1997, S. 140–145. Belz, F.M.: Integratives Öko-Marketing, Wiesbaden 2001. Hansen, U./Bode, M.: Marketing & Konsum. Theorie und Praxis von der Industrialisierung bis ins 21. Jahrhundert, Kapitel Ökologieorientiertes Marketing, München 1999, S. 416–433. Kaas, K.P.: Marketing für umweltfreundliche Produkte, in: Die Betriebswirtschaft, 52. Jg., 1992, S. 473–487.

Website des Autors: http://www.ls-balderjahn.de; balderja@rz.uni-potsdam.de

Ökologieorientierte Cross-Impact-Analyse
siehe → Cross-Impact-Analyse, ökologieorientierte.

Ökologieorientierte Distributionspolitik
siehe → Distributionspolitik, ökologieorientierte.

Ökologieorientierte Kommunikationspolitik
siehe → Kommunikationspolitik, ökologieorientierte.

Ökologieorientierte Preispolitik
siehe → Preispolitik, ökologieorientierte.

Ökologieorientierte Produktpolitik
siehe → Produktpolitik, ökologieorientierte.

Ökologieorientierte Szenario-Technik
siehe → Szenario-Technik, ökologieorientierte.

Ökologie-Pull
Nach der Art der Betroffenheit eines Unternehmens von Forderungen nach Umweltschutz kann zwischen Ökologie-Pull- und Ökologie-Push-Effekten (siehe → *Ökologie-Push*) unterschieden werden. Diese Effekte sollen zum Ausdruck bringen, inwieweit ein Unternehmen durch Forderungen einzelner → Anspruchsgruppen, ökologisch zu wirtschaften, einem Sanktionspotenzial ausgesetzt ist. Erwartet der Markt, insbesondere die Nachfrager, dass Produkte und Dienstleistungen umweltverträglich sein sollen, so wird von Ökologie-Pull gesprochen. Diesem Begriff liegt das Bild zugrunde, dass umweltfreundliche Produkte und Dienstleistungen von den Nachfragern in den Markt „gezogen" werden.
Siehe auch → Umweltmanagement und → Ökologie-Marketing, jeweils mit Literaturangaben.

Ökologie-Push
Nach der Art der Betroffenheit eines Unternehmens von Forderungen nach Umweltschutz kann zwischen Ökologie-Pull- (siehe → *Ökologie-Pull*) und Ökologie-Push-Effekten unterschieden werden (siehe → Umweltmanagement und → Ökologie-Marketing). Diese Effekte sollen zum Ausdruck bringen, inwieweit ein Unternehmen durch Forderungen einzelner Anspruchsgruppen, ökologisch zu wirtschaften, einem Sanktionspotenzial ausgesetzt ist. Üben Politik und gesellschaftliche Anspruchsgruppen (z.B. → NGOs) sowie die Öffentlichkeit (z.B. Medien) auf private Unternehmen Druck aus, Umweltschutz zu betreiben, so wird von Ökologie-Push gesprochen. Diesem Begriff liegt das Bild zugrunde, dass umweltfreundliche Produkte und Dienstleistungen von gesellschaftlichen Institutionen und Anspruchsgruppen in den Markt „hineingedrückt" werden.
Siehe auch → Umweltmanagement und → Ökologie-Marketing, jeweils mit Literaturangaben.

Ökologische Flusskosten(rechnung)
siehe → Flusskostenrechnung, ökologische.

Ökologische Produktbilanzen
Die Ableitung ökologischer Produktbilanzen bereitet massive Probleme, da hier eine zu großzügige Systemabgrenzung letztendlich zu einer Weltbilanz führen würde. Sinnvoll ist es, in diesem Zusammenhang nur die Größen in die Produktbilanz zu nehmen, die auch beeinflusst werden können, z.B. die Auswahl umwelt-orientierter Zulieferer. Zudem ist eine Gewichtung der unterschiedlichen Umweltbelastungsarten, beispielsweise Kohlendioxidemissionen in die Luft im Vergleich zu Sonderabfällen, kaum objektiv machbar. Hier wird in der Praxis zum Teil mit → Ökopunkten gearbeitet.
Siehe auch → Ökologiecontrolling, → Umweltmanagement und → Ökologie-Marketing, jeweils mit Literaturangaben.

Ökologische Produkte
siehe → umweltfreundliche Produkte.

Ökologische Wirkungsbilanz
siehe → Wirkungsbilanz, Ökologische.

Ökologischer Produktlebenszyklus
siehe → Produktlebenszyklus, ökologischer.

Ökologisches Rechnungswesen
siehe → umweltbezogenes betriebliches Rechnungswesen; siehe auch → Ökologiecontrolling und → Ökologiebilanz.

Ökomanagement
siehe → Umweltmanagement; siehe auch → Umweltprogramm, betriebliches; → Umweltmanagementsystem, betriebliches, → Umweltprüfung, betriebliche.

Öko-Marken
sind Produkte, die als Markenartikel dem Kunden eine (relativ) hohe Umweltverträglichkeit versprechen bzw. garantieren (→ Marken). Markenartikel sollen glaubwürdig eine Produktpersönlichkeit verkörpern, die auf den Konsumenten sympathisch wirkt und mit der er sich identifizieren kann. Der Aufbau von Öko-Marken ist ein wesentliches Element einer ökologischen Profilierungs- und Differenzierungsstrategie und beinhaltet insbesondere die Markierung eines → umweltverträglichen Produktes (→ Ökologie-Marketing).
Siehe auch → Ökologie-Marketing (mit Literaturangaben).

Ökonometrie

Ökonometrie

von Professor Dr. Heinz Cremers – HfB Hochschule für Bankwirtschaft, Frankfurt a.M.
und Dipl.-Math. Thilko Lünemann – J. W. Goethe-Universität, Frankfurt a.M.

1. Charakterisierung
Ökonometrie ist ein Teilgebiet der Wirtschaftswissenschaften, das Beziehungen zwischen ökonomischen Variablen in funktionaler Form bestimmen will. Insofern stellt die Ökonometrie eine Verbindung her zwischen ökonomischen Fragestellungen und hochentwickelten statistischen Methoden, die teilweise den Einsatz der EDV erfordern. Ist ein theoretisch fundierter Zusammenhang entdeckt, wird er mit empirischen Daten geprüft und konkretisiert.

2. Geschichte
Die Ökonometrie entstand als eigenständige Disziplin im Jahre 1930 durch die Gründung der „Econometric Society" in Cleveland, Ohio. Seitdem hat sie ständig an Bedeutung zugenommen. Bald schon zeigte sich, dass die statistischen Methoden zur Lösung der sehr speziellen Problemstellungen nicht ausreichten, so dass in der Folgezeit für die Weiterentwicklung der Statistik wesentliche Impulse von der Ökonometrie ausgingen.

3. Ökonomisches Modell
Zur quantitativen Analyse der Zusammenhangsstruktur ökonomischer Variablen $x_1, ..., x_L$ setzt man

ein Gleichungssystem an:

$$f_1(x_1, ..., x_L) = 0$$
$$\vdots$$
$$f_K(x_1, ..., x_L) = 0$$

Dabei ist zunächst zu entscheiden, welche Variablen durch das Modell erklärt werden sollen (die soge-nannten *endogenen* Variablen) und welche Variablen als erklärende auftreten (die sogenannten *exoge-nen* Variablen), die also ihre Bestimmung außerhalb des Modellzusammenhangs haben. Variablen mit zeitlicher Dimension können dabei auf den Modellzeitpunkt t bezogen verzögert (Zeiten $t-1, t-2,...$) oder unverzögert (Zeit t) eingehen. Es ist üblich, alle exogenen Variablen und die ver-zögerten endogenen Variablen unter dem Begriff der vorherbestimmten Variablen zusammenzufassen. Die unverzögerten endogenen Variablen werden dann als gemeinsam abhängige Variablen bezeichnet. Da ein ökonomisches Modell i.A. nicht alle Einfluss nehmenden Größen erfasst und Beobachtungen von Variablen immer mit einer gewissen Unschärfe erfolgen, kann ein Modell die Realität nur unzurei-chend abbilden. Die Modellgleichungen weisen somit eine zufällige Abweichung U auf:

$f_k(x_1,...,x_L)+U_k=0$ für $k=1,...,K$. Mit dieser stochastischen Korrektur, die man auch Störterm oder Residuum nennt, ist der Übergang vom ökonomischen zum ökonometrischen Modell vollzogen.

4. Typen ökonometrischer Modelle

Zunächst lassen sich Modelle nach der ökonomischen Zielsetzung unterscheiden. Während Erklä-rungsmodelle auf die Analyse ökonomischer Strukturen ausgerichtet sind, dienen Prognosemodelle der Vorhersage bestimmter endogener Variablen.

Die wesentlichen Unterscheidungskriterien zur Modellabgrenzung sind aber nicht ökonomischen Ur-sprungs sondern rein formaler Art. Entsprechend der Anzahl K der Gleichungen spricht man von Ein-gleichungsmodellen ($K=1$) oder Mehrgleichungsmodellen ($K>1$). Dabei können sich in Mehr-gleichungsmodellen die gemeinsam abhängigen Variablen gegenseitig beeinflussen (interdependente Modelle) oder nicht (rekursive Modelle oder Modelle mit unverbundenen Gleichungen). Sind alle en-dogenen Variablen unverzögert, liegt ein statisches Modell vor; dagegen nennt man ein Modell mit verzögerten endogenen Variablen dynamisch. Nach dem Funktionstyp der Modellgleichungen unter-scheidet man lineare und nicht-lineare ökonometrische Modelle: Linear ist ein Modell, wenn sämtliche Gleichungen sowohl bzgl. der Variablen als auch bzgl. der Parameter linear sind. Modelle, die in den Parametern linear, aber nicht-linear in den Variablen sind, können durch die Definition neuer Variablen in lineare transformiert werden: So wird z.B. aus der Modellgleichung eines Polynoms $y=\beta_0+\beta_1 x+\beta_2 x^2+\beta_3 x^3$ durch Transformation $x_1=x, x_2=x^2, x_3=x^3$ die lineare Gleichung $y=\beta_0+\beta_1 x_1+\beta_2 x_2+\beta_3 x_3$. Aber auch Modelle, die sowohl in den Parametern als auch in den Vari-ablen nicht-linear sind, lassen sich häufig linearisieren. Ein Beispiel hierfür ist die Exponentialglei-chung $y=\alpha\cdot\exp(\beta/x)$, die durch Logarithmieren in die lineare Form $v=a+bu$ mit $v=\ln y, a=\ln\alpha, b=\beta, x=1/u$ übergeht. Weiter werden Querschnitts- und Zeitreihenmodelle un-terschieden, wenn die Beobachtungen entsprechenden Ursprungs sind. Das letzte Kriterium betrifft die Fehlspezifikation des Modells: Sind diese allein auf den Erklärungsansatz der Gleichungen zurückzu-führen, so handelt es sich um ein sogenanntes Modell mit Fehlern in den Gleichungen; können dagegen die Variablen nicht genau beobachtet werden, liegt ein sogenanntes Modell mit Fehlern in den Variab-len vor.

5. Eingleichungsmodelle

Setzt man in das ökonomische Modell $y=\beta_0+\beta_1 x_1+\cdots+\beta_M x_M$ für die erklärenden Variablen N Beobachtungen $x_{1,n},...,x_{M,n}$ ($n=1,...,N$) ein, so erhält man ein lineares Modell der Ökonometrie:

$$y_1=\beta_0+\beta_1 x_{1,1}+\cdots+\beta_M x_{M,1}+U_1$$

$$\vdots$$

$$y_N=\beta_0+\beta_1 x_{1,N}+\cdots+\beta_M x_{M,N}+U_N$$

Dabei gleichen die Residuen $U_1, \dots, U_N$ die zufälligen Abweichungen des Erklärungsansatzes zur y-Variablen aus, wobei $E(U_1) = \dots = E(U_N) = 0$ vorausgesetzt wird. Mit der Design-Matrix $\mathbf{X}$ den Beobachtungen $(x_{m,n})$, dem Parametervektor $\boldsymbol{\beta} = (\beta_0, \dots, \beta_M)^T$, dem Vektor der Residuen $\mathbf{U} = (U_1, \dots, U_N)^T$ und dem Vektor der erklärten Variaben $\mathbf{y} = (y_1, \dots, y_N)^T$ schreibt sich das Modell in Matrixform:

$$\mathbf{y} = \mathbf{X} \cdot \boldsymbol{\beta} + \mathbf{U}$$

Sind sämtliche Residuen unkorreliert mit gleicher Varianz $\sigma^2 > 0$, so ist $\sigma^2 \mathbf{I}$ ($\mathbf{I}$ = Einheitsmatrix) die Kovarianzmatrix von $\mathbf{y}$, und man spricht von einem einfachen linearen Modell (ELM). Hat die Kovarianzmatrix von $\mathbf{y}$ dagegen die Form $\sigma^2 \mathbf{V}$ mit unbekanntem Parameter σ^2 und bekannter symmetrischer Matrix $\mathbf{V}$, liegt ein verallgemeinertes lineares Modell (VLM) vor.

a) Schätzverfahren
Sind Realisierungen $\mathbf{y}$ des Modells bekannt, erfolgt die Bestimmung der unbekannten Parameter mit der Methode der kleinsten Quadrate, wenn die Verteilung der Residuen vollständig unbekannt ist, und mit dem Maximum Likelihood Verfahren, wenn die Verteilungsklasse bekannt ist. Sind die Residual-größen normalverteilt, liefern beide Verfahren für $\boldsymbol{\beta}$ das gleiche Ergebnis:

$$\hat{\boldsymbol{\beta}}_{ELM} = (\mathbf{X}^T \mathbf{X})^{-1} \mathbf{X}^T \mathbf{y}$$

im einfachen linearen Modell (auch *Gauß-Schätzer* oder *OLSE = Ordinary Least Squares Estimator* genannt) und

$$\hat{\boldsymbol{\beta}}_{VLM} = (\mathbf{X}^T \mathbf{V}^{-1} \mathbf{X})^{-1} \mathbf{X}^T \mathbf{V}^{-1} \mathbf{y}$$

im verallgemeinerten linearen Modell (auch Aitken-Schätzer oder GLSE=Generalized Least Squares Estimator genannt). Sowohl $\hat{\boldsymbol{\beta}}_{ELM}$ als auch $\hat{\boldsymbol{\beta}}_{VLM}$ sind erwartungstreu mit minimaler Varianz in der Klasse der linearen Schätzverfahren (Satz von Gauss-Markoff). Bei normalverteilten Residuen haben $\hat{\boldsymbol{\beta}}_{ELM}$ und $\hat{\boldsymbol{\beta}}_{VLM}$ sogar minimale Varianz in der Klasse aller erwartungstreuen Schätzverfahren. Eine erwartungstreue Schätzung für σ^2 ergibt sich dann zu

$$\hat{\sigma}^2_{ELM} = \frac{1}{N - M} \left(\mathbf{y} - \mathbf{X} \hat{\boldsymbol{\beta}}_{ELM} \right)^T \left(\mathbf{y} - \mathbf{X} \hat{\boldsymbol{\beta}}_{ELM} \right)$$

$$\hat{\sigma}^2_{VLM} = \frac{1}{N - M} \left(\mathbf{y} - \mathbf{X} \hat{\boldsymbol{\beta}}_{VLM} \right)^T \mathbf{V} \left(\mathbf{y} - \mathbf{X} \hat{\boldsymbol{\beta}}_{VLM} \right)$$

Auch hier haben bei normalverteilten Residuen beide Schätzverfahren minimale Varianz in der Klasse der erwartungstreuen Schätzverfahren. Zu Bereichsschätzverfahren und Testverfahren wird auf die angegebene Literatur verwiesen.

b) Friktionen

Bei der Modellierung können mehrere Probleme auftreten. (1) Identifizierbarkeit: Gibt es zwei verschiedene Parametervektoren β_1 und β_2, für die aber die Verteilungen von $Y(\beta_1)$ und $Y(\beta_2)$ gleich sind, so ist β im linearen Modell nicht identifizierbar bzw. gleichbedeutend: β ist nicht linear schätzbar. Identifizierbarkeit kann aber durch zusätzliche Beobachtungen erreicht werden. (2) Multikolinearität: In diesem Fall gibt es lineare Abhängigkeiten zwischen den (Beobachtungen der) erklärenden Variablen $x_1, \ldots, x_M$. Damit ist die Matrix $X^T X$ nicht invertierbar, und OLSE bzw. GLSE können nicht berechnet werden. Eine Reduktion der Parameter bietet hier die Möglichkeit zur Korrektur. (3) Autokorrelation: Zwischen den Residuen bestehen Abhängigkeiten, d.h. $E(U_k U_n) \neq 0$ für $k \neq n$ ist möglich. Lassen sich diese durch einen autoregressiven Prozess 1. Ordnung (mit $|\rho| < 1, \varepsilon_n \approx N(0; \sigma_\varepsilon^2), E(\varepsilon_k, \varepsilon_n) = 0$ für $k \neq n$) modellieren, gestaltet sich die Kovarianzmatrix von y besonders einfach und kann aus den Daten geschätzt werden. (4) Heteroskedastie: Im einfachen linearen Modell ist die Bedingung gleicher Varianzen der Residuen nicht erfüllt. Da für jeden Parameter σ_n i.A. nur eine Beobachtung vorliegt, sind die Möglichkeiten der Parameterbestimmung stark eingeschränkt. Einen beachtenswerten Ansatz zur allgemeinen Schätzung von Varianzkomponenten stellt C. R. Rao mit dem MINQUE-Verfahren vor (Minimum Norm Quadratic Estimator).

6. Mehrgleichungsmodelle

Wie bei den Eingleichungsmodellen wird auch hier meist Linearität in den Parametern vorausgesetzt. Zu deren Bestimmung finden wieder die Methode der kleinsten Quadrate und – falls das Verteilungsgesetz der Störvariablen bekannt ist – die Maximum Likelihood Methode Anwendung. Zu den – teilweise recht aufwendigen – Details wird auf die angegebene Literatur verwiesen.

Hinweis

Zu den angrenzenden Wissensgebieten siehe → Finanzmathematik, → Operations Research, → Optimierungsmodelle, mathematische, → Portfoliomanagement, → Statistik, → Wirtschaftsmathematik.

Literatur: Poddig, Th., Dichtl, H., Petersmeier, K.: Statistik, Ökonometrie, Optimierung, Methoden und ihre praktischen Anwendungen in Finanzanalyse und Portfoliomanagement, Uhlenbruch Verlag, Bad Soden/Ts. 2003; Seber, G.A.F., Wild, C.J.: Nonlinear Regression, John Wiley, New York 1989; Frohn, J.: Grundausbildung in Ökonometrie, de Gruyter, Berlin 1995; Schneeweiß, H.: Ökonometrie, Physik-Verlag, Heidelberg 1990; Hübler, O.: Ökonometrie, Gustav Fischer Verlag, Stuttgart 1989; Rao, R.C.: Linear Statistical Inference and its Applications, John Wiley 1973.

Ökonometrische Modelle

siehe → Ökonometrie, insbes. Kap. 3 ff.

Ökonomisches Risiko

siehe → Risiko, ökonomisches.

ökonomisches Wechselkursrisiko
siehe → Wechselkursrisiko, ökonomisches.

Ökopunkte
Vor allem in schweizerischen Unternehmen und öffentlichen Einrichtungen gibt es seit etlichen Jahren Erfahrungen mit der Bewertung von Umweltbelastungen mittels Ökopunkten. Grundlage dafür ist das Konzept der Ökologischen Buchhaltung von Ruedi Müller-Wenk. Danach wird ähnlich der Finanzbuchhaltung die (ökologische) Knappheit der Güter mittels Äquivalenzkoeffizienten (Ökopunkten) gemessen. Probleme entstehen dabei insbesondere durch die fehlende Messbarkeit vieler Umweltbelastungsarten und deren „Gleichmacherei" anhand der Ökopunkte, die wie eine einheitliche Währung wirken.
Siehe auch → Ökologiecontrolling (mit Literaturangaben).

OLAP
(Abk. für *On-Line Analytical Processing*) ist eine Softwaretechnologie zur Gewinnung von Informationen in → Managementunterstützungssystemen (MUS). Die Datenanalyse erfolgt gerichtet, d. h. der Anwender muss vor der eigentlichen Untersuchung wissen, welche Anfragen er an die Datenbasis stellen möchte. Die Daten werden dabei über eine breite Palette angebotener Sichten auf die vorhandenen Daten analysiert, die über schnelle, konsistente und interaktive Zugriffe direkt nutzbar sind. Charakteristisch für OLAP sind dynamische, mehrdimensionale Analysen auf konsolidierten Datenbeständen.
Man kann mehrere Typen des OLAP unterscheiden: (1) das relationale OLAP (ROLAP), bei dem der Anwender auf eine relationale Datenbank zugreift, (2) das multidimensionale OLAP (MOLAP), (3) das hybride OLAP (HOLAP) als Mischform von ROLAP und MOLAP sowie (4) das Desktop-OLAP (DOLAP), bei dem die Basisdaten zunächst lokal in ein Client-System importiert werden, um dort eine lokale Analyse vollziehen zu können. Die einzelnen Typen weisen unterschiedliche Eigenschaften auf: Das MOLAP kann z. B. → Aggregationen schnell berechnen, erzeugt dabei allerdings große Datenmengen. ROLAP benötigt den wenigsten Platz und skaliert besser, ist dafür aber langsamer als MOLAP.
OLAP-Werkzeuge sind häufig durch ihre Multidimensionalität charakterisiert, d. h. relevante betriebswirtschaftliche → Kennzahlen (siehe auch → Fakt) wie z. B. Umsatz- oder Kostengrößen können anhand unterschiedlicher Dimensionen wie z. B. Kunden, Regionen und Zeit, mehrdimensional betrachtet und bewertet werden. Zur bildlichen Darstellung werden dabei → Hypercubes verwendet.
Siehe auch → Data Warehouse (mit Literaturangaben).

OLSE
Abk. für *Ordinary Least Squares Estimator*; siehe → Ökonometrie, Abschnitt 5 a) Schätzverfahren.

OLTP
Abk. für *On-Line Transaction Processing*, ist eine Softwaretechnologie zur Verwaltung operativer Datenbestände, wobei die effiziente und möglichst redundanzfreie Speicherung der Daten im Vordergrund steht. Mithilfe eines Transaktionskonzeptes wird die Integrität einzelner Transaktionen gewährleistet, indem diese entweder vollständig oder gar nicht ausgeführt werden. Im Unterschied zum → OLAP wird beim OLTP nur der Zeitpunkt als Attribut zur jeweiligen Transaktion erfasst, d. h., die Zeit als Auswertungsdimension spielt beim OLTP keine Rolle. Kennzeichnend für OLTP ist außerdem eine i.d.R. hohe Zahl von Zugriffen auf die Daten bei kurzen Zugriffszeiten und geringen Volumina der übertragenen Daten.

Ombudsmann
(Versicherungswirtschaft), von einzelnen Versicherungsgesellschaften unabhängige private Streitschlichter, die auf Zeit bestellt werden, und bis zu einem bestimmten Streitwert Entscheidungen treffen können.
Internetadresse: http://www.versicherungsombudsmann.de

Onassis-Paradox
siehe → Numéraire-Problem.

One-Stop-Shopping
bedeutet die Komplettlieferung von Produkten und Dienstleistungen aus einer Hand. Der moderne Handel kommt der Bequemlichkeit des Kunden entgegen, indem er eine möglichst breite Produktpalette anbietet und es dem Kunden so ermöglicht, an einem Anlaufpunkt (One Stop) mehrere komplementäre Bedürfnisse zu befriedigen. Auch eine Agglomeration mehrerer Einzelhandels- oder Dienstleistungsbetriebe aus sich ergänzenden Branchen, so in → Shopping-Centern oder durch → Shop-in-Shop-Konzepte, zielen auf die Ermöglichung eines One-Stop-Shopping für die Konsumenten.
Siehe auch → Handelsmarketing (mit Literaturangaben).

One-to-Many-Marketing
(*Gießkannenprinzip*), Bezeichnung für eine unpersönliche Ansprache der Kunden, z.B. über Fernseh-, Radio- oder Zeitungswerbung, mit dem Risiko hoher Streuverluste. Gegensatz → One-to-One-Marketing.

One-to-One-Marketing
bedeutet die Abkehr vom Massenmarketing als einem → *One-to-Many-Marketing* (Gießkannenprinzip). Unternehmen sprechen dabei ihre Kunden nicht mehr unpersönlich über Fernseh-, Radio- oder Zeitungswerbung, sondern mit Hilfe der Direktmarketing-Instrumente über direkte Kanäle (siehe → Multi-Kanal-Dialogmarketing) möglichst direkt und persönlich unter Vermeidung oder starker Reduzierung von Streuverlusten an.
Die ideale Form des *One-to-One-Marketing* ist unbestritten der persönliche Verkauf, die allerdings auch die kostenintensivste ist. Daher wählen Unternehmen andere effiziente Wege, die ebenfalls eine möglichst individuelle Ansprache der (potenziellen) Kunden ermöglichen. E-Mail, Telefonat/Fax, SMS/MMS oder adressierter Brief eignen sich besonders gut dazu.
In letzter Konsequenz wird mit Hilfe des One-to-One-Marketing versucht, dem Kunden ein möglichst individuelles Kauf- oder Dienstleistungsangebot zu unterbreiten. Das Produkt- oder Dienstleistungsangebot kann somit auch nicht mehr ausschließlich den Gesetzen der Massenproduktion folgen, sondern muss weitgehend individuell auf den Kunden zugeschnitten sein (z.B. Individual-Software, individuelle Musik-CD...). Hierbei handelt es sich um (Mass) Customizing oder Postponement (Kundenindividualisierung auf später Produktionsstufe) bzw. Customized Marketing.
Siehe auch → Multi-Kanal-Dialogmarketing (mit Literaturangaben).

One-to-One-Marketing
Interaktion im → *Direktmarketing* mit einer individuell bekannten Person (Segment of One).

On-Line Analytical Processing
abgek. → OLAP.

Online Banking
Begriff für die Abwicklung der täglichen Bankgeschäfte über das → Internet. Diese Geschäfte umfassen z. B. Kontoabfragen, Überweisungen oder das Einrichten von Daueraufträgen. Die einzelnen Transaktionen werden mit Hilfe eines speziellen Sicherheits- und Verschlüsselungsverfahrens durchgeführt. Online-Banking wird sowohl für Privat- wie auch für Geschäftskunden angeboten.
Siehe auch → E-Commerce (mit Literaturangaben).

Online Katalog
siehe → Elektronischer Produktkatalog.

Online Purchasing
siehe → Electronic Procurement.

On-Line Transaction Processing
abgek. → OLTP.

Online-Auktionen
sind über das Internet veranstaltete Versteigerungen. Für das → *Electronic Procurement* sind insbesondere Einkaufsauktionen bzw. → Online-Ausschreibungen (engl. → *Reverse Auction*) relevant.

Online-Ausschreibungen
dienen der Vorbereitung einer Auftragsvergabe und eignen sich zur Ermittlung des aktuellen Marktpreises sowie zur Lieferantenselektion. Die elektronische Abbildung des Ausschreibungsprozesses erfolgt über eine Internetplattform (→ *Electronic Procurement System*), die entweder vom Ausschreibenden selbst oder einem → Procurement Service Provider betrieben werden kann. Ausgewählte Lieferanten werden aufgefordert, innerhalb einer bestimmten Frist Angebote zu einem spezifizierten Bedarf über die Internetplattform abzugeben. Dabei können die Ausprägungen → RFI, → RFP und → RFQ unterschieden werden.
Siehe auch → Electronic Procurement (mit Literaturangaben).

Online-Börsen
stellen eine Erweiterung von Online-Auktionen dar. Auf einer elektronischern Plattform stehen mehrere Nachfrager mehreren Anbietern gegenüber. Betrifft hauptsächlich Rohstoffe und Massengüter, die auch traditionell an Börsen gehandelt werden.

Online-Kanal
Der Vertrieb in den Absatzwegen läuft über → *Vertriebskanalstufen*. Bei den Kanälen zu unterscheiden sind *Offline-Kanäle* (Außendienst, Innendienst, eigene Niederlassungen, Handelsvertreter, Groß- und Einzelhandel, klassischer Versandhandel, Call-Center und *Online-Kanäle* (Hotline, eCommerce, mobiles Internet, T-Commerce (Fernsehverkauf)). Der Trend geht heute zum → *Multi-Channel-Marketing* (→ *Multikanalvertrieb*).
Siehe auch → Vertriebspolitik, dort Abschnitt „Vertriebskanalpolitik" sowie → Multi-Kanal-Dialog-Marketing, jeweils mit Literaturangaben.

Online-Kommunikation
siehe → Internet-Kommunikationspolitik.

Online-Marketing
siehe → Internet-Kommunikationspolitik.

Online-Pooling
bezeichnet einen → Pooling-Service, der über eine Webschnittstelle angeboten wird.

Online-Shopping
bezeichnet den Einkauf von Produkten und Dienstleistungen unter Inanspruchnahme elektronischer Medien, insbesondere das → Internet durch Endkonsumenten (→ Business-to-Consumer). Bei gewerblichen Einkäufern wird von → E-Procurement gesprochen. Die Voraussetzungen für das Online-Shopping sind ein → PC, Computersoftware und der Zugang zum → Internet bzw. den → Servern, auf denen sich die Produktangebote befinden. Die Angebote können direkt von Online-Händlern abgerufen oder mit Hilfe sog. → Suchmaschinen gesucht und verglichen werden. Die Vorteile des Online-Shopping gegenüber dem klassischen Versandhandel liegen aus Kundensicht in der Zeitersparnis und Bequemlichkeit des Einkaufes (zeit- und ortsunabhängig, mitunter einfacherer Bestellvorgang), der Aktualität der Angebotspräsentation sowie einem effizienteren Selektionsprozess der Angebote (Möglichkeit des schnellen Angebots- und Preisvergleichs, größere Markttransparenz). Nachteilig werden vor allem die mangelnde physische Warenpräsenz zur Qualitätsprüfung, die noch immer unsicheren elektronischen Zahlungsweisen (→ elektronischen Zahlungsverkehr) und die oft noch mangelhafte Abwicklung und Zustellung der elektronische Bestellung (→ E-Fulfillment) empfunden.
Die beliebtesten Online-Produkte aus Kundensicht sind Bücher, Musik-CDs, Bekleidung, Computer-Software oder Angebote aus dem Bereich Tourismus, wie Hotel- oder Reisebuchungen (z.B. www.tui.de) sowie Flugtickets (www.lufthansa.com). Beispielhafte Online-Shops sind der Internet-

Buchhandel Amazon (www.amazon.de) sowie typische Versandhändler wie Otto (www.otto.de) oder Quelle (www.quelle.de).
Siehe auch → E-Commerce (mit Literaturangaben).

Online-Werbung
siehe → Internet-Kommunikationspolitik (mit Literaturangaben).

On-Set Placement
siehe → Product Placement (mit Literaturangaben).

On-the-job
umfasst alle Maßnahmen der → *Personalentwicklung*, bei denen der Mitarbeiter an seinem eigenen Arbeitsplatz neue bzw. zusätzliche Qualifikationen erwirbt. Hierzu ist es notwendig, den Arbeitsplatz entsprechend einzurichten. Dennoch entsteht für den Mitarbeiter oft das Dilemma, den Lernprozess mit dem laufenden Tagesgeschäft in Einklang zu bringen. Typische Beispiele sind Einarbeitung, Einweisung, Wahrnehmung einer Stellvertretung.

Operating Income
engl. für → *Betriebsergebnis*, operatives Ergebnis, Operating Profit.

Operating Leverage
Aus dem Anteil der → Fixkosten an den Gesamtkosten des Betriebs ergibt sich seine Flexibilität gegenüber Nachfrageschwankungen (sog. operating leverage); siehe auch → Fixkosten und → Kostenstellenrechnung (mit Literaturangaben).

Operating Profit
engl. für → *Betriebsergebnis*, operatives Ergebnis, Operating Income.

Operating-Leasing
Form des → Leasing. Maßgebliche Besonderheit des Operating-Leasing: Die im Leasingvertrag vereinbarte Grundmietzeit (die unkündbare erste Mietperiode) ist kurzfristig. Das Investitionsrisiko liegt beim Operating-Leasing i.W. beim Leasinggeber und steht damit im Gegensatz zum → Finance-Leasing, das eine mittel- bis langfristige Grundmietzeit aufweist. Wegen der kurzen Grundmietzeit und dem für den Leasinggeber damit verbundenen Investitionsrisiko kommt Operating-Leasing nur bei marktgängigen Leasinggütern, z.B. bei Fahrzeugen, vor.

Operational Data Store
ist eine Datenbasis innerhalb eines Data-Warehouse-Systems (siehe auch → Data Warehouse), in die ein sehr kleiner und zeitpunktaktueller Teil entscheidungsunterstützender Daten aus operativen Systemen übertragen wird. Meist ist die Struktur dieser Daten dabei bereits an die Anforderungen der → Anwendungsprogramme zur Datenanalyse (siehe auch → OLAP, → Data Mining) angepasst. Ein Operational Data Store dient dazu, Entscheidungsträger während der zwischen den Datenübernahmen in das Data Warehouse (siehe auch → ETL-Prozess) entstehenden Zeitspanne mit zeitpunktaktuellen, aber auch über kurze Zeiträume verdichteten Informationen zu versorgen.
Siehe auch → Data Warehouse (mit Literaturangaben).

Operational Risk
im Deutschen häufig als *operationelles Risiko* bezeichnet, stammt begrifflich aus dem Bankenbereich, wo es als ursprünglich als residuales Risiko (alle Risiken außer Markt- und Kreditrisiko) definiert wurde. Inzwischen hat sich die Definition durchgesetzt, dass das Operational Risk aus dem Versagen interner Prozesse oder ihrer unangemessenen Ausgestaltung, dem Versagen von Menschen, dem Versagen von Systemen oder durch externe Ereignisse entsteht. Diese Definition schließt gesetzliche Risiken ein, gesamtwirtschaftliche Risiken, strategische Risiken oder das Risiko des Reputationsverlustes aber aus. In der Versicherungsbranche sind in verschiedenen Studien Betrug, unzureichende Rückversicherung,

Versagen von IT-Systemen oder internen Kontrollen als treibende Risikofaktoren des Operational Risk identifiziert worden.

Siehe auch → Versicherungsbetriebslehre und → Risikocontrolling, jeweils mit Literaturangaben.

Operationalisierung

ist der Vorgang, mit dem zunächst nicht unmittelbar messbare Begriffe und Konzepte empirisch erfassbar gemacht werden, um sie in der Realität prüfen zu können. Soll etwa der Zusammenhang zwischen bestimmten Arbeitsbedingungen und der Arbeitszufriedenheit geprüft werden, muss man das Konstrukt Arbeitszufriedenheit operationalisieren. Operationalisierungen müssen den Ansprüchen der → Validität und der → Reliabilität genügen. Probleme mit der Operationalisierung erschweren die empirische Forschung im Bereich der Wirtschaft.

Operations Research

Operations Research

von Univ.-Professor Dr. Udo Bankhofer und Univ.-Professor Dr. Karl Luhn
Fachgebiet für Quantitative Methoden der Wirtschaftswissenschaften
Technische Universität Ilmenau

1. Charakterisierung

Operations Research ist ein interdisziplinärer Wissenszweig, der sich mit der Analyse und Lösung realer, komplexer Entscheidungsprobleme befasst. Hauptgegenstand der Anwendung ist dabei die Entscheidungsvorbereitung, die im günstigsten Falle optimale → Entscheidungen ermöglichen soll. Zu diesem Zweck wird eine Abbildung des realen Entscheidungsproblems durch ein mathematisches Planungsmodell vorgenommen, das durch die Anwendung quantitativer → Analysemethoden gelöst wird. Letztendlich sollen daraus Handlungsempfehlungen resultieren, die gegebene Bewertungskriterien zur Beurteilung der Konsequenzen unternehmerischen Handelns optimieren.

An Stelle des Begriffs Operations Research werden in der deutschsprachigen Literatur auch andere, i.W. synonyme Begriffe wie Optimalplanung, quantitative Unternehmensplanung, Unternehmensforschung, Entscheidungsforschung, Ablauf- und Planungsforschung, mathematische Planungsrechnung, Operationsforschung und Optimierungsrechnung verwendet, die sich aber nicht allgemein durchgesetzt haben.

2. Historische Entwicklung des Operations Research

Abgesehen von einigen Vorläufern des Operations Research (beispielsweise → Warteschlangenmodelle, Losgrößenformel 1915) wird seine Entstehung auf die Zeit ab 1940 datiert. In dieser Zeit wurden überwiegend in den USA und in Großbritannien mathematische Methoden zur Analyse und Vorbereitung militärstrategischer Entscheidungen angewendet. Nach dem Ende des Zweiten Weltkrieges begann schrittweise die Anwendung der Methoden des Operations Research im privatwirtschaftlichen Bereich.

Es wurden Gesellschaften gegründet, zum Beispiel ORSA (Operations Research Society of America, USA, 1952), ORS (Operational Research Society, Großbritannien, 1954), SOFRO (Société Française de Recherche Opérationelle, Frankreich, 1956), AKOR (Arbeitskreis Operational Research, Deutschland, 1957), DGU (Deutsche Gesellschaft für Unternehmensforschung, Deutschland, 1961). Letztere schlossen sich 1971 zur → DGOR (Deutsche Gesellschaft für Operations Research) zusammen. Parallel dazu existierte die → GMÖOR (Gesellschaft für Mathematik, Ökonomie und Operations Research). Dabei hatte sich die DGOR überwiegend mit dem Anwendungsaspekt des Operations Research befasst, während sich die GMÖOR im Wesentlichen der Weiterentwicklung der mathematischen Theorien des Operations Research verschrieben hatte. 1998 erfolgte der Zusammenschluss von DGOR und GMÖOR zur → GOR (Gesellschaft für Operations Research). Inzwischen gibt es in nahezu allen Industrieländern nationale Vereinigung dieser Art, die sich 1958 zur IFORS (International Federation of Operational Research Societies) vereinigt haben.

3. Modellbildung und Lösungsmethoden des Operations Research

Ausgehend von einem realen Problem mit Entscheidungs- und Handlungsbedarf müssen zunächst realistische Zielvorstellungen und Handlungsalternativen bestimmt werden. Durch Abstraktion und strukturerhaltende Abbildungen mit Hilfe von (Zufalls-)Variablen, Funktionen, Gleichungen, Ungleichungen etc. wird anschließend ein mathematisches Planungsmodell formuliert, das ein i.A. vereinfachtes Abbild des realen Systems darstellt. Nach der Erhebung problemrelevanter Daten erfolgt die Analyse und Lösung des Modells.

Neben exakten Algorithmen, die zu einer exakten Modelllösung führen, können auch approximative Verfahren, die Näherungslösungen mit abschätzbaren Abweichungen zur Optimallösung erzeugen, → Heuristiken, die systematische Suchverfahren zur Generierung nicht notwendigerweise optimaler, aber zumeist zufrieden stellender Modelllösungen darstellen, sowie → Simulationsverfahren, die einen eher experimentellen Charakter besitzen, unterschieden werden.

Mit der Beurteilung der erhaltenen Ergebnisse wird schließlich eine Entscheidungshilfe für das reale Ausgangsproblem gegeben, wobei hier auch ggf. die bei der Modellbildung vernachlässigten Aspekte näher zu analysieren sind.

4. Teilgebiete des Operations Research

In der einschlägigen Literatur existiert eine Reihe von Systematisierungsansätzen für den Bereich des Operations Research. Im Wesentlichen sind in diesem Zusammenhang die Systematisierungen nach dem Modelltyp sowie nach den Anwendungsgebieten zu nennen. Aus der Sicht des zugrunde liegenden Modelltyps resultieren vor allem die folgenden Teilgebiete des Operations Research: lineare, nichtlineare, ganzzahlige und dynamische → Optimierung, → Graphentheorie und → Netzplantechnik, Stochastik (→ Lagerhaltungsmodelle, → Warteschlangenmodelle, → Simulation u. a.).

Stellt man demgegenüber die Anwendungsgebiete der (quantitativen) Unternehmensplanung in den Vordergrund der Betrachtung, dann können unter anderem die folgenden Teilbereiche des Operations Research unterschieden werden: → Entscheidungstheorie, → Spieltheorie, → Warteschlangentheorie, → Zuverlässigkeitstheorie, → Projektmanagement, → Lagerhaltungsprobleme, → Transportprobleme, → Zuordnungsprobleme und → Reihenfolgeprobleme.

5. Betriebswirtschaftliche Anwendungen des Operations Research

Methoden des Operations Research kommen in nahezu allen betrieblichen Funktionsbereichen mehr oder weniger umfangreich zur Anwendung.

Im Beschaffungsbereich stehen vor allem die Bestimmung optimaler Bestellmengen sowie die Lagerdisposition im Vordergrund der Betrachtung. Ein Hauptanwendungsfeld von Methoden des Operations Research ist sicherlich der Produktionsbereich. Neben der Bestimmung optimaler Produktionsprogramme sind hier vor allem Mischungs- und Verschnittprobleme, die Ermittlung optimaler Losgrößen, die Layoutplanung und der innerbetriebliche Transport, Maschinenbelegungsprobleme sowie der Bereich Wartung und Instandhaltung zu nennen. Im Absatzbereich können beispielsweise die Bestimmung des optimalen Absatzprogramms sowie Transport- und Tourenplanungsprobleme mittels Methoden des Operations Research gelöst werden.

Weitere Anwendungen sind im Personalbereich beispielsweise Personaleinsatzprobleme oder Stundenplanoptimierungen und im Investitions- und Finanzierungsbereich beispielsweise Investitionsprogrammentscheidungen oder simultane Investitions- und Finanzplanungsprobleme.

Hinweis

Zu den angrenzenden Wissensgebieten siehe → Analysemethoden, betriebswirtschaftliche, → Beschaffungsmanagement, → Entscheidung, betriebswirtschaftliche, → Finanzmathematik, → Logistik, → Nutzwertanalyse, → Ökonometrie, → Optimierung, → Optimierungsmodelle, mathematische, → Portfoliomanagement, → Produktionsmanagement, → Projektmanagement, → Prozessmanagement, → Statistik, → Unternehmensplanung, → Wirtschaftsmathematik.

Literatur: Domschke, W., Drexl, A.: Einführung in Operations Research, 6. Auflage, Springer Berlin Heidelberg New York 2005; Domschke, W., Scholl, A.: Grundlagen der Betriebswirtschaftslehre: eine

Einführung aus entscheidungsorientierter Sicht, 3. Auflage, Springer Berlin Heidelberg 2005; Gal, T., Gehring, H.: Betriebswirtschaftliche Planungs- und Entscheidungstechniken, De Gruyter-Verlag Berlin New York 1981; Hauke, W., Opitz, O.: Mathematische Unternehmensplanung, 2. Auflage, Books on Demand GmbH 2003; Klein, R., Scholl, A.: Planung und Entscheidung: Konzepte, Modelle und Methoden einer modernen betriebswirtschaftlichen Entscheidungsanalyse, Vahlen München 2004; Müller-Merbach, H.: Operations Research, Methoden und Modelle der Optimalplanung, 3. Auflage, Verlag Franz Vahlen München, 10. Nachdruck 1992; Neumann, K., Morlock, M.: Operations Research, 2. Auflage, Carl Hanser Verlag München Wien 2002; Nieswandt, A.: Operations Research , 3. Auflage, Verlag Neue Wirtschaftsbriefe Herne Berlin 1994; Runzheimer, B.: Operations Research, Lineare Planungsrechnung, Netzplantechnik, Simulation und Warteschlangentheorie, 8. Auflage, Betriebswirtschaftlicher Verlag Dr. Th. Gabler GmbH Wiesbaden 2005; Schneeweiß, Ch.: Planung 2, Konzepte der Prozeß- und Modellgestaltung, Springer Berlin Heidelberg New York 1998; Zimmermann, W., Stache, U.: Operations Research, Quantitative Methoden zur Entscheidungsvorbereitung, 10. Auflage, Oldenbourg Verlag München Wien 2001.

Internetadressen: http://gor-ev.de (Gesellschaft für Operations Research), http://www.oegor.at (Österreichische Gesellschaft für Operations Research), http://www.svor.ch (Schweizerische Vereinigung für Operations Research), http://www.vvs-or.nl (Vereniging voor Statistiek en Operationele Research/ Netherlands Society for Statistics and Operations Research), http://www.euro-online.org (The Association of European Operational Research Societies), http://www.ifors.org . (International Federation of Operational Research Societies), http://vwww10.hrz.tu-darmstadt.de/bwl3/OR-Lexikon.pdf (Prof. Domschke, TU-Darmstadt: wisu-Lexikon Operations Research), http://carbon.cudenver.edu/ ~hgreenbe/glossary/index.php (Greenberg: Mathematical Programming Glossary), http://www.fh-augsburg.de/informatik/projekte/mebib/fai/informatik/or.html (FH Augsburg: Lernprogramme zu Operations Research), http://www.ruhr-uni-bochum.de/or/index.htm?main_service_unilinks.htm; navi_lehrstuhl.htm (Ruhr-Uni Bochum: Übersicht und Adressen zu Operations Research an Hochschulen).

Website der Autoren: http://www.wirtschaft.tu-ilmenau.de/deutsch/institute/wi/Stat-OR/index.html

Operations Risk Index (ORI)

Teilindex innerhalb des → Business-Environment-Risk-Index (BERI-Index).

Operationsforschung

manchmal in der deutschsprachigen Literatur synonym verwendeter Begriff für Operations Research. Siehe auch → Operations Research (mit Literaturangaben).

Operative Holding

Bei der Operativen Holding nimmt die konzernleitende Einheit alle Funktionen eines Unternehmens wahr. Es handelt sich um ein direkt am Markt tätiges Unternehmen, das auch die operativen Funktionen der Leistungserstellung und -verwertung wahrnimmt. Neben rechtlich unselbständigen Abteilungen beinhaltet das Unternehmen auch rechtlich selbständige Teilbereiche. Ein derartiges Unternehmen, das ein operatives Stammgeschäft betreibt und darüber hinaus an anderen Unternehmen Beteiligungen hält, wird als Stammhaus, der sich insgesamt ergebende Konzern auch als Stammhauskonzern bezeichnet. Das Stammgeschäft dominiert hierbei, die Tochtergesellschaften sind gewöhnlich wesentlich kleiner und üben meistens eine ergänzende oder unterstützende Funktion aus. Siehe auch → Holdingorganisation und → Konzernabschluss, jeweils mit Literaturangaben.

Operatives Ergebnis

siehe → *Betriebsergebnis*.

Operatives Qualitätscontrolling

hat einen kurz- bis mittelfristigen Zeithorizont. Hier kann z.B. festgelegt sein, mit welchen Methoden und Instrumenten Qualität gemessen wird oder es werden bereichsspezifische Qualitätskennzahlen vor-

gegeben, welche Produktions- oder Dienstleistungsbereiche zu erfüllen haben. Qualitätskennzahlen können sein: Anzahl der Rücklieferungen wegen Beschädigung in Prozent.
Siehe auch → Qualitätscontrolling (mit Literaturangaben).

Operatives System

(auch: *Transaktionssystem*) ist ein → Anwendungssystem der → *Wirtschaftsinformatik* zur Unterstützung von Routineaufgaben, wobei wegen der zumeist hohen Zugriffshäufigkeit die effiziente Speicherung bzw. Verarbeitung von → Daten im Vordergrund steht.

öPSG

Abk. für österreichisches Privatstiftungsgesetz.

OPT

Abk. für → *Optimized Production Technology*.

Optimalplanung

manchmal in der deutschsprachigen Literatur synonym verwendeter Begriff für Operations Research.
Siehe auch → Operations Research (mit Literaturangaben).

Optimierung, dynamische

Methode zur Lösung von Optimierungsproblemen, die im Rahmen des → Entscheidungsbaumverfahrens zur Anwendung kommt. Die dynamische Optimierung geht auf die Optimierung von Computerprogrammen zurück. Ist eine Variable eines Programmes während eines gewissen Zeitraumes der Ausführung konstant, so kann man das Programm so kompilieren, als wäre die Variable tatsächlich eine Konstante, wodurch das Programm häufig rascher ablaufen kann.
Siehe auch → Optimierung, Grundlagen und → Optimierungsmodelle, mathematische, jeweils mit Literaturangaben.

Optimierung, Grundlagen

Grundlagen der betriebswirtschaftlichen Optimierung

von Univ.-Professor Dr. Uwe H. Suhl
Institut für Wirtschaftsinformatik und Operations Research – Freie Universität Berlin

1. Charakterisierung

Zur Entscheidungsunterstützung bei der Lösung komplexer Entscheidungs- und Planungsprobleme spielt die mathematische Optimierung in der Praxis seit Jahrzehnten eine wichtige Rolle. Das Entscheidungsproblem wird in einem mathematischen Modell (→ *Optimierungsmodelle, mathematische*) abgebildet, das dann in einem Computermodell implementiert wird und durch → *Optimierungssoftware* gelöst wird. Für die betriebliche Praxis sind die Modellklassen *Lineare Optimierungsmodelle* (LP-Modelle, siehe → Optimierungsmodelle, mathematische) und → *gemischt-ganzzahlige Optimierungsmodelle* (IP-Modelle, siehe → Optimierungsmodelle, mathematische) am wichtigsten, da es viele Anwendungen und hocheffiziente Standardsoftware gibt.

2. Anwendungsbereiche

Praktische Anwendungen werden häufig im Rahmen eines Entscheidungsunterstützenden Systems realisiert, bei dem Datenhaltung, Modellgenerierung, Modelloptimierung und Ergebnisvisualisierung in einem anwenderfreundlichen Softwaresystem implementiert werden.
Traditionell werden Optimierungsmodelle in der Mineralöl-, Petrochemischen- und Grundstoffindustrie eingesetzt. Anwendungen umfassen Einkaufs-, Produktions-, Mischungs-, Lagerhaltungs- und Transportprobleme. Zunehmend wird Optimierung auch bei strategischen und operativen Planungsproblemen in der Lieferkette eingesetzt. Linienfluggesellschaften setzen Optimierung für die Flug-, Rotati-

ons- und Dienstplanung ein. Auch bei der Optimierung (Auswahl und Platzierung) von Filialsortimenten erreicht man mit Optimierung signifikante Vorteile.

Während sich auch sehr große LP-Modelle mit hunderttausenden von Variablen und Restriktionen in der Regel ohne Probleme lösen lassen, ist die Situation bei → IP-Modellen anders.

Obwohl IP-Modelle formal eine große Ähnlichkeit zu LP-Modellen aufweisen, gehören sie (bis auf Ausnahmen) einer Modellklasse an, für die keine effizienten Algorithmen bekannt sind. Alle erfolgreichen Softwaresysteme zur Lösung von IP-Modellen basieren auf → Branch-and-Bound/Cut-Algorithmen, bei denen sukzessive LP-Modelle gelöst werden, die sich nur durch verschärfte untere bzw. obere Schranken für einzelne ganzzahlige Variablen unterscheiden. Wesentliche Fortschritte bei der Lösung von IP-Modellen in der letzten Dekade basieren auf dem Konzept der → strengen LP-Relaxation im Rahmen des → IP-Preprocessing.

3. Gemischt-ganzzahlige Optimierungsmodelle

Für die Lösung großer gemischt-ganzzahliger Optimierungsmodelle sind folgende Einflussfaktoren von entscheidender Bedeutung:

1. eine mathematische Modellformulierung, die zu einer *strengen → LP-Relaxation* führt;
2. ein effektives → *LP-Preprocessing*, um redundante Modellteile zu entfernen und damit eine schnellere LP-Optimierung zu ermöglichen;
3. hocheffiziente LP-Optimierungskerne, da heutige Systeme viele → *LP-Relaxationen* lösen müssen;
4. ein effektives IP-Preprocessing, um eine möglichst *strenge → LP-Relaxation* zu erzeugen. Das interne Modell kann dabei durch viele → *Cuts* stark vergrößert werden;
5. Im → *Branch-and-Bound/Cut-Algorithmus* sind auch die Auswahlregeln für Branching-Variablen und die zu betrachtenden Teilmodelle (*Knotenauswahl*) sehr wichtig.

Ein Benchmark Modell Oil mit ca. 5500 Restriktionen, 6000 Variablen und 35000 Nichtnullelementen zeigt am Beispiel der Optimierungssoftware MOPS, welche Fortschritte auf einem PC erreicht wurden. Die linke Tabelle zeigt die Lösungszeit für das Lösen des Anfangs-LPs des IP-Modells Oil. Die Laufzeit ist im Laufe der letzten 12 Jahre unter ein Prozent gesunken. In der rechten Tabelle wird das Modell Oil als IP-Modell gelöst. Dies beinhaltet die Lösung des Anfangs-LPs, das → *IP-Preprocessing* und die Lösung des modifizierten IP-Modells mit einem → *Branch-and-Cut-Algorithmus*.

Jahr	Oil (5563 x 6181)	Sek.	Jahr	Oil (5563 x 6181)	Sek.
1991	I486 (25 MHz)	612,4	1994	PII (500 MHz)	1794,3
1995	P133	20,7	1995	PII (500 MHz)	450,1
1998	PIII (400 MHz)	5,1	2001	PIV (2,2 GHz)	75,2
2000	PIII (500 MHz)	3,9	2003	PIV (2,2 GHz)	39,6
2005	PIV (3,06 GHz)	0,6	2005	PIV (3,06 GHz)	13,9

Die in den Tabellen dargestellte Laufzeitentwicklung basiert auf erheblichen Verbesserungen sowohl in der Hardware als auch in der Software. Der größte Teil der Verbesserungen, insbesondere bei der Lösung von Oil als IP-Modell, stammt jedoch aus verbesserten Algorithmen, die auf jeder Systemplattform realisierbar sind.

4. Zusammenfassung und Ausblick

Ständige Leistungssteigerungen bei Rechnern und Optimierungssoftware verbessern die Voraussetzungen für den praktischen Einsatz von Optimierungstechnologien. Vor allem bei gemischt-ganzzahliger Optimierung wurden in der letzten Dekade enorme Fortschritte bei den Algorithmen erzielt: Viele gemischt-ganzzahlige Modelle werden durch schnellere Algorithmen und Hardware mindestens um den Faktor 100 schneller gelöst. Allerdings werden Modelle aus praktischen Anwendungen immer größer, so dass Optimierungssoftware immer wieder an Grenzen stößt. Weitere Fortschritte in der Lösung großer und schwieriger IP-Modelle sind bei der Weiterentwicklung von → Branch-and-Cut-Algorithmen sichtbar.

Zwischenzeitlich sind Hochleistungs-PCs hinsichtlich Speicher und Rechenleistung prädestiniert für solche Anwendungen. In Verbindung mit komfortablen Benutzeroberflächen steigt damit Einsatzpotenzial und Akzeptanz der Applikationen. Hochentwickelte → Modellierungssoftware erleichtert die Implementierung eines mathematischen Modells.

Natürlich gibt es immer wieder Modelle, die nicht schnell genug oder gar nicht gelöst werden können. In der Praxis ist aber in den wenigsten Fällen ein Beweis der Optimalität einer Lösung erforderlich. Wenn nur eine „gute Lösung" bestimmt werden soll, so lässt sich die Laufzeit häufig drastisch verkürzen. Die Kombination aus Heuristik und Optimierungssoftware ermöglicht das schnelle Finden von ganzzahligen Lösungen mit dem Vorteil, Schranken für die Qualität einer Lösung zu erhalten.

Hinweis
Zu den angrenzenden Wissensgebieten bzw. zu Anwendungsbereichen siehe u.a. → Analysemethoden, betriebswirtschaftliche, → Beschaffungsmanagement, → Beschaffungslogistik, → Distributionslogistik, → Entscheidung, betriebswirtschaftliche, → Industriemanagement, → Logistik, → Nutzwertanalyse, → Ökonometrie, → Operations Research, → Optimierungsmodelle, mathematische, → Portfoliomanagement, → Produktionsmanagement, → Prozessmanagement, → Statistik, → Supply Chain Management, → Wirtschaftsmathematik.

Literatur: Kallrath J. and J.M. Wilson, Business Optimisation using Mathematical Programming, Macmillan Press, 1997; Suhl, U.H. and H. Hilbert, A Branch-and-Cut-Algorithm for solving generalized Steiner Problems in Graphs, Networks 31(4), 273-282, 1998; Suhl, U.H. and Suhl, L.M., Solving Airline Fleet Scheduling Problems with Mixed-Integer Programming, in „Operational Research in Industry", Eds. T. Ciriani, S. Gliozzi, E.L. Johnson and R. Tadei, MacMillan Press Ltd., 135-156, 1999; Suhl, U.H., MOPS - Mathematical OPtimization System, OR News, 8, 11-16, 2000; Suhl, U.H., IT-gestützte, operative Sortimentsplanung, in „IT-gestützte betriebswirtschaftliche Entscheidungsprozesse", (Eds. B. Jahnke und F. Wall), Gabler, 175-194, 2001.

Internetadressen: http://www.wiwiss.fu-berlin.de/suhl/; http://www-fp.mcs.anl.gov/otc/Guide/; http://www.ilog.com/products/cplex/; http://www.dashoptimization.com/; http://www.mops-optimizer.com/

Website des Autors: http://www.wiwiss.fu-berlin.de/suhl/

Optimierungsmodelle, Lösungen
Eine *Lösung* eines Optimierungsmodells ist eine Wertzuweisung an die Variablen des Modells, d.h. ein n-Vektor $\underline{x} \in \Re^n$. $f(\underline{x})$ wird als der *Zielfunktionswert* einer Lösung bezeichnet.

Man unterscheidet folgende Lösungsarten: (a) eine *Zulässige Lösung* erfüllt alle Restriktionen des Modells; (b) eine *Optimallösung* ist eine zulässige Lösung, die einen optimalen Zielfunktionswert hat, d.h. ihr Zielfunktionswert ist bei Minimierung kleiner oder gleich den Zielfunktionswerten aller anderen zulässigen Lösungen. Es kann mehrere Optimallösungen geben; (c) eine *nahezu optimale Lösung garantierter Qualität* ist eine zulässige Lösung, die höchstens ε Prozent vom Optimum entfernt ist, wobei ε klein ist, z.B. 5%.

Die Optimierung eines Modells kann zu folgenden Ergebnissen führen: (1) Für ein Modell kann eine *optimale Lösung* bestimmt werden; (2) ein Model weist keine zulässigen Lösungen auf, d.h. die Restriktionen sind in ihrer Gesamtheit nicht zu erfüllen; (3) die Zielfunktion ist nicht beschränkt, daher gibt es keine Optimallösung; (4) es kann (nur) eine Lösung mit *garantierter Qualität* bestimmt werden; (5) es kann nur eine *zulässige Lösung* bestimmt werden, deren Güte unklar ist; (6) es kann *keine Lösung* bestimmt werden, ohne dies zu beweisen.

Die letzten drei Fälle können eintreten, wenn die Optimierungssoftware wegen eines Zeitlimits oder numerischer Probleme nicht einen der drei erstgenannten Zustände erreicht.

Siehe auch → Optimierung, Grundlagen und → Optimierungsmodelle, mathematische, jeweils mit Literaturangaben.

Optimierungsmodelle, mathematische

Mathematische Optimierungsmodelle

von Univ.-Professor Dr. Uwe H. Suhl

Institut für Wirtschaftsinformatik und Operations Research – Freie Universität Berlin

1. Charakterisierung

Ein Optimierungsmodell enthält vier Hauptkomponenten:

- Entscheidungsvariablen, die unter der Kontrolle der Planer sind, z.B. „Wann und wie viele Teile sollen von welchem Lieferanten bestellt werden?"
- Restriktionen für die Entscheidungsvariablen, z.B. die begrenzte Produktionskapazität eines Fertigungssystems;
- eine Zielfunktion dient zur Bewertung der Entscheidungen, wobei Freiheitsgrade der Restriktionen ausgenutzt werden, z.B. die Kostenminimierung der Entscheidungsvariablen;
- Parameter und Daten (Konstanten), die zwar konstant sind, jedoch von der Zeitperiode und dem betrachteten Objekt abhängen können, z.B. die Einkaufspreise für Rohmaterialien (€/ME) oder die Fertigungszeit eines Produktes auf einer Maschine (ZE/ME).

Die allgemeine Form eines *deterministischen Optimierungsproblems* mit *einer* Zielfunktion lautet: minimiere oder maximiere f(x) unter den Nebenbedingungen $g_i(x)$ $\{\leq, =, \geq\}$ b_i, $b_i \in \Re$, i=1,..,m, $x=(x_1,..,x_n)$, $x \in X$, $X \subset \Re^n$, wobei $\Re$ die Menge der reellen Zahl ist. Je nach Art der Variablen, Restriktionen und der Zielfunktion unterscheidet man lineare, nichtlineare und Modelle mit diskreten Variablen. Im Folgenden werden lineare Modelle (LP) bzw. gemischt-ganzzahlige Optimierungsmodelle (IP) betrachtet. Formal wird die zu betrachtende Modellklasse folgendermaßen definiert: min/max $c^T x$, $Ax \leq b$, $l \leq x \leq u$, x_j ganzzahlig für $j \in J_I \subseteq \{1,..,n\}$, wobei x, c, l, u $\in \Re^n$, b $\in \Re^m$ und A eine reelle (m,n)-Matrix ist.

Ein Optimierungsmodell muss im Rahmen eines Anwendersystems implementiert und mit → *Optimierungssoftware* gelöst werden. Eine *Lösung eines Optimierungsmodells* (→ Optimierungsmodelle, Lösungen) besteht aus einer Wertzuweisung an die Variablen des Modells, d.h. ein n-Vektor $\underline{x} \in \Re^n$. $f(\underline{x})$ wird als der *Zielfunktionswert* einer Lösung bezeichnet.

2.. Lineare Optimierungsmodelle

Bei linearen Optimierungsmodellen (LP) sind Zielfunktion und Restriktionen lineare Funktionen der Entscheidungsvariablen. Jede Variable darf nur Werte in einem reellen Intervall [l,u] annehmen. Im Normalfall ist l = 0; einzelne l und u können auch $-\infty$ oder $+\infty$ sein.

3. Lösung linearer Optimierungsmodelle

Die Lösungsverfahren basieren entweder auf der Simplexmethode oder Innere-Punkte-Verfahren, die ursprünglich auf die Arbeiten von G.B. Dantzig bzw. N. Karmarkar zurückgehen. Beide Verfahren weisen unterschiedliche Vor- und Nachteile auf und ergänzen sich. Die Simplexmethode unterteilt sich in primale und duale Simplex-Algorithmen. Es gibt Modellklassen, bei denen jeder der drei Algorithmen die schnellste Laufzeit aufweist. Die folgende Tabelle zeigt die Laufzeiten dieser Algorithmen bei zwei LP-Modellen mit MOPS.

PTV: n=129295, m=16060, nz=264698			Ken-18: n=154699, m=105127, nz=358171		
Typ	LP-Iterationen	time (secs)	Typ	LP-Iterationen	time (secs)
Primal	226696	1970.1	Primal	122009	867.1
Dual	16708	17.8	Dual	53708	29.6
IPM	36 (4414)	160.1	IPM	20 (2601)	22.7

In diesem Beispiel ist für das Modell PTV der duale Simplex am schnellstens, während für das Modell Ken-18 das Innere-Punkte-Verfahren schneller ist. Einen wesentlichen Einfluss auf die Lösungszeit von LP- und IP-Modellen haben auch Techniken des → *LP-Preprocessing*.

4. Gemischt-ganzzahlige Optimierungsmodelle (IP-Modelle)

Dies sind LP-Modelle, bei denen einige oder alle Variablen ganzzahlige Werte annehmen müssen. Im Unterschied zu LP-Modellen gehören IP-Modelle (bis auf spezielle Ausnahmen) mathematisch zur Klasse der NP-harten Probleme, für die keine effizienten Algorithmen bekannt sind. Es gibt relativ kleine Modelle, die bereits sehr schwierig zu lösen sind. Weiterhin kann die Art der Modellierung bei IP-Modellen über deren Lösbarkeit entscheiden. Die wichtigste Modellklasse sind gemischte 0-1-Modelle. Eine Vielzahl von Modellierungstechniken, unter anderem auch für Nichtlinearitäten und logische Verknüpfungen von Entscheidungen über 0-1-Variablen, erlauben es, fast jedes deterministische Entscheidungsproblem in einem IP-Modell abzubilden.

5. Lösung gemischt-ganzzahliger Optimierungsmodelle

Alle Softwaresysteme zur Lösung von IP-Modellen basieren auf → *Branch-and-Bound/Cut-Algorithmen*. Nach dem → *LP-Preprocessing* des IP-Modells wird das zugehörige Anfangs-LP gelöst. Danach erfolgt ein erstes → *IP-Preprocessing (Supernode Processing)*, um eine möglichst strenge → *LP-Relaxation* des IP-Modells zu erreichen. Optional kann dann eine → Heuristik zur Bestimmung einer ganzzahligen Anfangslösung ausgeführt werden. Danach wird das IP-Modell mit einem → *Branch and Bound/Cut-Algorithmus* optimiert.

Hinweis

Zu den angrenzenden Wissensgebieten bzw. zu Anwendungsbereichen siehe u.a. → Analysemethoden, betriebswirtschaftliche, → Beschaffungslogistik, → Beschaffungsmanagement, → Distributionslogistik, → Entscheidung, betriebswirtschaftliche, → Industriemanagement, → Logistik, → Nutzwertanalyse, → Ökonometrie, → Operations Research, → Optimierung, Grundlagen, → Portfoliomanagement, → Produktionsmanagement, → Prozessmanagement, → Statistik, → Supply Chain Management, → Wirtschaftsmathematik.

Literatur: Bixby R.E., Solving real-world linear programs: a decade and more of progress, Operations Research 50(1), 3-15, 2002; Maros, I., Computational Techniques of the Simplex Method, Kluwer's International Series, 2003; Padberg, M.W., Linear optimization and extensions, Springer, 1995; Vanderbei, Robert J., Linear Programming: Foundations and Extensions, Kluwer Academic Publishers, 1997; Wright, S.J., Primal Dual Interior Points Methods, Society for Industrial & Applied Mathematics, 1997; Mészáros, C. and U.H. Suhl, Advanced preprocessing techniques for linear and quadratic programming, OR Spectrum, 25(4), 575-595, 2003; Kallrath, J., Gemischt-ganzzahlige Optimierung: Modellierung in der Praxis, vieweg, 2002; Johnson, E.L., Nemhauser, G.L. and Savelsbergh, M.W.P., Progress in Linear Programming-Based Algorithms for Integer Programming: An Exposition, INFORMS Journal on Computing, 12(1), 2-23, 2000; Suhl, U.H. and Szymanski, R., Supernode Processing of Mixed-Integer Models, Computational Optimization and Applications 3, 317-331, 1994; Suhl, U.H. und. Waue, V, Fortschritte bei der Lösung gemischt-ganzzahliger Optimierungsmodelle, in „Quantitative Methoden in ERP und SCM" (Eds. L. Suhl und S. Voss), DSOR Beiträge zur Wirtschaftsinformatik, 35-53, 2004; Wolsey, L.A., Integer Programming, John Wiley, 1998; Kallrath, J. (Hrsg.), Modeling Languages in Mathematical Optimization, Springer, 2004; Fourer, R., Gay, D., Kernighan, B., AMPL - A Modeling Language for Mathematical Programming, The Scientific Press, 1993; Williams, H. P., Model Building in Mathematical Programming, John Wiley & Sons, Inc., 1991.

Internetadressen: http://www.wiwiss.fu-berlin.de/suhl/; http://www-fp.mcs.anl.gov/otc/Guide/; http://www.ilog.com/products/cplex/; http://www.dashoptimization.com/; http://www.mops-optimizer.com/

Website des Autors: http://www.wiwiss.fu-berlin.de/suhl/

Optimierungsrechnung

manchmal in der deutschsprachigen Literatur synonym verwendeter Begriff für *Operations Research*. Siehe → Operations Research (mit Literaturangaben); siehe auch → Optimierung und → Optimierungsmodelle.

Optimierungssoftware

Die praktische Lösung großer → LP bzw. IP-Modelle erfolgt durch Standardsoftware. Weltweit gibt es nur wenige konkurrenzfähige Systeme zur Lösung großer LP- und IP-Modelle. Zu den bekanntesten kommerziellen Systemen gehört Cplex von Ilog und Xpress-MP von Dash. Die Entwicklung solcher Optimierungssoftware ist komplex und erfordert hohes spezifisches Wissen über mathematische Konzepte, Algorithmen, Datenstrukturen und Software-Entwicklung. Das System MOPS entstand durch 20-jährige Forschung und Entwicklung an der Freien Universität Berlin und wird gemeinsam mit dem DS&OR-Lab der Universität Paderborn weiterentwickelt.
Siehe auch → Optimierung, Grundlagen und → Optimierungsmodelle, mathematische, jeweils mit Literaturangaben.

Optimistic Case Szenario

Methode zur Prüfung eines Szenariums (Fallstudie, künftige bzw. denkbare Situation usw.): Ein „optimistic case scenario" steht für die günstigste Entwicklung (ein „pessimistic case scenario" steht für eine negative Entwicklung und ein „most likely scenario" für eine am wahrscheinlichsten gehaltene Entwicklung).

Optimized Production Technology (OPT)

Der gesamte Produktionsablauf wird simuliert. Dabei werden die Engpässe in Abhängigkeit des Produktionsprogramms sowie von zuvor definierten Störgrößen ermittelt. Aus den Ergebnissen lassen sich Verbesserungsmaßnahmen für eine Planungsoptimierung ableiten. Siehe auch → Losgrößenplanung (Planungsmodelle).

Optimized Production Technology (OPT)

Im Rahmen des Konzepts der Optimized Production Technology, das als Ansatz einer zentralen Planung anzusehen ist, erfolgt die Fertigungssteuerung (→ *Produktionsplanung und -steuerung*) engpassorientiert, wobei neben betrieblichen Engpassfaktoren wie Maschinen, Arbeitskräften o.Ä. gegebenenfalls auch solche mit überbetrieblicher Dimension (z.B. Absatz- oder Beschaffungsmärkte) Berücksichtigung finden können. Siehe auch → Losgrößenplanung (Planungsmodelle).
Siehe auch → Poduktionsmanagement und → Produktionsplanung, jeweils mit Literaturangaben.

Opt-in

Registrierungsverfahren im Rahmen des → Permission Marketing.

Option, amerikanische

siehe → Optionen, Kap. 2.

Option, europäische

siehe → Optionen, Kap. 2.

Optionen

Optionen

von Univ.-Professor Dr. Rainer Stöttner
Lehrstuhl für Allgemeine Betriebswirtschaftslehre, Finanzierung, Banken und Versicherungen
an der Universität Kassel

Vorbemerkung

Die nachstehenden Ausführungen zum Wissensgebiet „Optionen" tragen allgemein gültigen Charakter. Die aufgenommenen Beispiele beziehen sich zwar primär auf Finanzoptionen, die vermittelten Erkenntnisse sind jedoch auf alle weiteren Bereiche, Instrumente, Objekte, Produkte usw., bei denen Optionen in Erscheinung treten, anwendbar.

1. Allgemeine Charakterisierung

Obwohl (Finanz-)Optionen bereits seit geraumer Zeit existieren und insofern nicht eigentlich neu sind, gelten sie noch immer als innovativ. Die Ursache hierfür liegt einmal in der Flexibilität dieses Instruments, das sich in immer neuen Varianten und Kombinationen für die vielfältigsten Zwecke nutzbar machen lässt. Da hierfür die „Grundstrategien" des Optionsgeschäfts als konstruktive Bauelemente (*building block approach*, siehe auch → Finanzinnovationen) eingesetzt werden, ist deren Kenntnis Voraussetzung für das Verständnis komplexer Innovationen. Eine (Finanz-)Option ist eine vertragliche Vereinbarung zwischen dem Käufer und Verkäufer (→ Stillhalter) über die Abnahme bzw. Lieferung eines Finanzprodukts (→ Basisobjekt, Underlying) zu einem zukünftigen Zeitpunkt.

2. Basisstrategien des Optionsgeschäfts

Es lassen sich vier prinzipielle Varianten des Optionsgeschäfts („Basisstrategien") unterscheiden.
(1) Durch den *Kauf einer Kaufoption* (*Long Call*) und Bezahlung des Optionspreises erwirbt der Käufer das Recht, vom Verkäufer der Option ein bestimmtes Finanzprodukt (z.B. Aktie, Anleihe, Devisen) zu einem festgelegten Preis, dem sog. → Basispreis (strike price), zu einem bestimmten (zukünftigen) Zeitpunkt (*europäische Option*) zu beziehen.
(2) Durch den *Verkauf einer Kaufoption* (*Short Call*) verpflichtet sich der Verkäufer (→ Stillhalter in Wertpapieren etc.), das Basisobjekt zum vereinbarten Basispreis und zum vereinbarten Termin an den Käufer zu liefern, sofern dieser die Lieferung wünscht.
(3) Durch *Kauf einer Verkaufsoption* (*Long Put*) und Bezahlung des Optionspreises erwirbt der Käufer das Recht, vom Verkäufer Abnahme des Basisobjekts zum vereinbarten Basispreis und zum vereinbarten zukünftigen Zeitpunkt zu verlangen.
(4) Durch den *Verkauf einer Verkaufsoption* verpflichtet sich der Verkäufer (→ Stillhalter in Geld) zur Abnahme des Basisobjekts zum vereinbarten Basispreis und zum vereinbarten Zeitpunkt in der Zukunft.

Der Käufer als aktiver Partner des Optionsgeschäfts hat somit eine flexiblere Stellung als der Verkäufer (→ Stillhalter), denn er hat die Wahl (Option), bei Fälligkeit des Optionskontraktes auf Erfüllung zu bestehen oder aber auf Erfüllung zu verzichten. Der Optionsverkäufer hingegen muss als passiver Partner abwarten („stillhalten"), bis der Käufer sich entscheidet.

Bei der Kaufoption (Call) hat der Käufer zu wählen zwischen Abnahme der Basisobjekte (vom Verkäufer) oder Verzicht auf Abnahme. Bei der Verkaufsoption (Put) hat der Käufer zu wählen zwischen Lieferung der Basisobjekte (an den Verkäufer) oder Verzicht auf Lieferung. Man spricht deshalb auch von einem bedingten (asymmetrischen) → Termingeschäft.

Neben der Ausübung des Optionsrechts zu einem fixierten Fälligkeitstag in der Zukunft (*europäische Option*) kennen die Optionsmärkte auch die Möglichkeit der Ausübung während der gesamten Laufzeit der Option (*amerikanische Option*). Der weitaus überwiegende Teil der Optionskontrakte ist jedoch vom europäischen Typus.

3. Motive des Optionsgeschäfts

Es lassen sich drei Motive für Optionsgeschäfte unterscheiden.

(1) An erster Stelle ist das Motiv der *Risikobegrenzung bzw. -ausschaltung* zu nennen (→ Hedging). Dabei kann man sich sowohl gegen das Risiko steigender Kurse (*Long Hedge*) als auch gegen das Risiko fallender Kurse (*Short Hedge*) absichern. Wer z.B. steigende Kurse einer Aktie erwartet, die Aktie aber aufgrund momentanen Geldmangels (noch) nicht kaufen will, kann durch Kauf einer Kaufoption mit dieser Aktie als Basisobjekt das Kurssteigerungsrisiko für die Dauer der Laufzeit der Option ausschalten. Steigt der Aktienkurs, wie befürchtet, dann kann der Käufer der Option die Aktie zum vergleichsweise niedrigen Basispreis, der bei Abschluss der Kontraktes festgelegt wurde, beziehen, die zwischenzeitlich eingetretene Kurssteigerung belastet ihn somit nicht. Wer hingegen fallende Kurse einer Aktie erwartet und trotzdem die Aktien nicht verkaufen will, kann das Kursverlustrisiko durch Erwerb einer entsprechenden Verkaufsoption ausschließen. Fallen die Kurse, wie befürchtet, dann verliert sein Aktienbestand zwar an Wert, diesen Wertverlust kann er aber auf zweierlei Weise ausgleichen: Entweder er stellt die Verkaufsoption glatt (→ Glattstellung) und realisiert hierdurch einen Gewinn aus dem Optionsgeschäft, der ausreicht, seine Verluste im Aktienbestand zu kompensieren. Oder er kauft die im Kurs verfallenen Aktien am Kassamarkt und verkauft sie an seinen Optionsgeschäftspartner zum (deutlich höheren) Basispreis. Der hierdurch realisierte Gewinn wird wiederum zum Verlustausgleich verwendet.

(2) Das zweite Motiv von Optionsgeschäften ist das der *Spekulation*. So kann man z.B. einen Aktien-Call erwerben, auch wenn man gar nicht die Absicht hat, die als Basisobjekt fungierenden Aktien jemals zu erwerben. Vielmehr hat man lediglich die Realisierung spekulativer Gewinne im Sinn. Steigt die Aktie, wie erwartet, stellt man die Option glatt (→ Glattstellung) oder verkauft sie am Sekundärmarkt. In beiden Fällen wird ein Gewinn realisiert, der sich aus der Kursdifferenz zwischen Aktienkurs am Glattstellungs-/Verkaufstag und dem Basispreis, multipliziert mit der Anzahl der optionierten Aktien und abzüglich des verausgabten Optionspreises ergibt. Steigt der Kurs, kann man prinzipiell unbegrenzt hohe Gewinne erzielen. Steigt der Kurs nicht oder fällt er sogar, lässt der Optionskäufer den Call verfallen. Sein Verlust bleibt auf den bezahlten Optionspreis begrenzt. Analoge Spekulationen sind durch Erwerb von Puts darstellbar, indem man auf fallende Kurse spekuliert, was im Eintrittsfalle Glattstellungsgewinne einbringt und im Falle der Fehlspekulation zum kompensationslosen Verlust des bezahlten Optionspreises führt. Während sich für den Optionskäufer die Verlustrisiken also in überschaubaren Grenzen halten, kann der Optionsverkäufer in existenzbedrohende Verlustfallen tappen. Angenommen, ein Spekulant rechnet mit stagnierenden oder fallenden Kursen und verkauft („schreibt") deshalb Calls auf eine bestimmte Aktie. Steigt der Kurs der Aktie nun dramatisch an („Kursexplosion"), dann muss der Call-Verkäufer, der nun mit Sicherheit mit der Optionsausübung seitens des Call-Käufers rechnen kann, die im Kurs stark gestiegenen Aktien am Kassamarkt kaufen, um überhaupt erst lieferfähig zu werden. Vom Call-Käufer bekommt er nur den „lächerlich" niedrigen Basispreis. Dieser dramatische Fall kann freilich nur eintreten, wenn der Call-Verkäufer leichtsinnigerweise einen „nackten Call" (*naked call writing*) geschrieben hat. Häufig verfügt der Call-Schreiber bereits über die Aktien und er möchte durch das Call-Schreiben und die damit verbundene Vereinnahmung des Optionspreises ein „Zubrot" verdienen, mit dem er die ansonsten üblicherweise recht magere Rendite seines Aktienbestandes aufbessern kann. Beim Schreiben gedeckter Calls (*covered call writing*) kann dann lediglich ein Opportunitätsverlust eintreten, d.h. der Call-Schreiber kann dann nicht an den eingetretenen Kurssteigerungen gewinnbringend partizipieren; diese Gewinne muss er dem Call-Käufer überlassen.

(3) Das dritte Motiv für Optionsgeschäfte ist *Arbitrage*. Darunter versteht man die risikolose Ausnutzung von Preisdifferenzen, die zu einem bestimmten Zeitpunkt zwischen gleichen (Finanz-)Produkten bestehen. Eine Aktien-Kaufoption lässt sich duplizieren (*Duplizierung, Put-Call-Parität*) durch den kreditfinanzierten Kauf der betreffenden Aktie und der Verkaufsoption auf diese Aktie, d.h. der gekaufte Call („*Long Call*") produziert dieselben Cash Flows wie die gekaufte Aktie („Aktie long") und die gekaufte Verkaufsoption („*Long Put*"). In einem effizienten Markt müssen daher beide Varianten gleich viel kosten. Ist dies nicht der Fall, so werden Arbitragetransaktionen ausgelöst (Kauf der billigen bei gleichzeitigem Verkauf der teuren Variante).

Hinweis
Zu den angrenzenden Wissensgebieten siehe → Außenhandelsfinanzierung (Internationale Zahlungs-, Sicherungs- und Finanzierungsinstrumente), → Finanzinnovationen, → Portfoliomanagement, → Risikocontrolling, → Swaps, → Währungsmanagement, → Zinsmanagement.

Literatur: Cuthbertson, K., Nitzsche, D.: Financial Engineering: Derivatives and Risk Management, Chichester, New York etc. 2001; Hull, J.C.: Options, Futures & Other Derivatives, 4th edition, London, Sydney etc. 2000; Stöttner, R.: Investitions- und Finanzierungslehre, Frankfurt, New York 1998; Stöttner, R.: Option, in rororo Betriebswirtschaft (hrsg. von Horst Günter), Reinbek bei Hamburg 2004.

Website / Internetadresse des Autors: www.uni-kassel.de; stoettner@wirtschaft.uni-kassel.de

Optionsanleihe
→ Anleihe, die neben den üblichen Gläubigerrechten in Form von Zins- und Rückzahlung das Recht gewährt, eine bestimmte Anzahl von Aktien (Stock Warrant Bond) oder Anleihen (Bond Warrant) zu einem bereits bei der → Emission fixierten Kurs und Zeitpunkt zu erwerben.

Im Gegensatz zur → Wandelanleihe geht das durch die Anleihe verbriefte Gläubigerrecht bei Ausübung des Optionsrechts nicht unter, sondern bleibt weiterhin bestehen. Das durch die Emission der Anleihe eingeworbene Fremdkapital bleibt dem Unternehmen damit auch nach Ausübung der Option erhalten. Zusätzlich bekommt das Unternehmen weiteres Fremdkapital (Bond Warrant) bzw. zusätzliches Eigenkapital (Stock Warrants Bond) zugeführt.

Die zur Ausgabe einer Optionsanleihe benötigte bedingte Kapitalerhöhung (→ Aktiengesellschaft) muss durch die Hauptversammlung genehmigt werden. Den Aktionären stehen → Bezugsrechte zu, die sie entweder verkaufen können oder mit denen sie entsprechend ihrer Beteiligungsquote Aktien erwerben können. Die → Anleihebedingungen sind um den Basispreis, das Optionsverhältnis und die Optionsfrist zu erweitern.

Siehe auch → Optionsscheine.

Optionsanleihe
siehe → Optionsscheine.

Optionsbewertung
siehe → Black-Scholes-Formel.

Optionsgeschäfte
(*allgemein*), siehe → Optionen.

Optionsgeschäfte
(*Devisen*), siehe → Devisenoptionen.

Optionsprämie
steht für den Preis einer → Kauf- oder einer → Verkaufsoption. Dieser ist vom Käufer der Option für den Erhalt des Optionsrechts zu leisten. Siehe → Optionen (mit Literaturangaben).

Optionsscheine
werden typischerweise als Bestandteil einer Optionsanleihe emittiert. Diese wird von Unternehmen begeben, die sich zinsgünstig Fremdkapital beschaffen wollen.

Der Zinsvorteil entsteht dadurch, dass mit der Anleihe ein Zusatzrecht „verkauft" wird, das darin besteht, mit den der Anleihe anhaftenden Optionsscheinen während einer festgelegten Optionsfrist Aktien zu bestimmten Bezugsbedingungen zu erwerben bzw. bei fehlendem Bezugsinteresse die Optionsscheine zu verkaufen. Es ist auch möglich, Optionsscheine ohne diese ursprüngliche Bindung an eine Anleihe zu emittieren. In diesem Fall spricht man von nackten Optionsscheinen (naked warrants). Der Emittent ist mit dem → Stillhalter eines normalen Optionsgeschäftes zu vergleichen.

Das Emittentenrisiko nackter Optionsscheine lässt sich in vielfältiger Weise begrenzen. Ein Weg besteht in der Unterlegung der Optionsscheine mit dem → Basisobjekt. In diesem Fall hat man es mit gedeckten Optionsscheinen (covered warrants) zu tun. Außerdem besteht die Möglichkeit, Optionsscheine durch Optionen oder Futures abzusichern. Auch an eine Deckelung ist zu denken (capped warrants). In diesem Fall wird der maximale Gewinn, den der Optionsscheinkäufer erreichen kann, von vorne herein begrenzt, wodurch das Risiko des Emittenten entsprechend begrenzt ist.
Siehe auch → Optionen und die dort angegebene Literatur.

Optionszeit
(bei Devisentermingeschäften), siehe → Devisentermingeschäfte.

OR
Abk. für Operations Research. Siehe → Operations Research (mit Literaturangaben).

Oracle
ERP-Anbieter mit dem zweitgrößten Marktanteil nach SAP (→ mySAP ERP). Das in den USA ansässige Unternehmen bietet neben dem eigenen → ERP-System auch Lösungen der aufgekauften und vormals ebenfalls bedeutenden Unternehmen Peoplesoft und JD Edwards an.
Internetadresse: (Oracle) http://www.oracle.com.

Orderbuch
(im *Going Public*). In einem Orderbuch werden die Volumina und Preise von Kauf- und Verkaufsaufträgen für ein bestimmtes Handelsinstrument gesammelt. Bei einem Going Public (siehe → Going Public, Durchführungsphase) nimmt der → Lead Manager (→ Book Runner) diese Aufgabe war.

Orderkonnossement
Ein → Konnossement wird nur durch den ausdrücklichen Zusatz „oder (dessen) Order", „to the order of" o.Ä. beim Namen des Empfängers oder durch Orderstellung ohne Empfängerangabe zum Orderkonnossement. Fehlt eine solche Orderklausel, dann liegt ein → Rekta-(Namens-)Konnossement vor. Das Konnossement ist folglich kein „geborenes" Orderwertpapier, also kein Orderwertpapier kraft Gesetz, sondern ein „gekorenes" Orderwertpapier kraft ausdrücklich aufgenommener Orderklausel. (2) „Zur Empfangnahme der Güter legitimiert ist der, ... auf den das Konnossement, wenn es an Order lautet, durch Indossament übertragen ist" (§ 648 Abs. 1 HGB).

Ordermessen
siehe → Messeformen; siehe auch → Messemarketing.

Orderpapier, geborenes
Orderpapiere sind Wertpapiere, die dem Inhaber die Möglichkeit geben, die verbrieften Rechte durch die besondere Form des Indossaments (Übertragungsvermerk auf einem Orderpapier) mit erhöhter Sicherheit für den Erwerber zu übertragen. *Gesetzlich* vorgesehene Orderpapiere wie die → Namensaktie werden auch geborene Orderpapiere genannt.

Orderscheck
Die Übertragung der Rechte eines Orderschecks, der durch den Zusatz bei der Angabe des Scheckempfängers „... oder Order", „... or order" o.Ä. gekennzeichnet ist, erfolgt nicht allein durch Übergabe des Schecks, sondern zusätzlich durch Indossament. Ein Scheckberechtigter hat sich bei Orderschecks – im Gegensatz zu → Inhaber-(Überbringer-)schecks – durch eine lückenlose Kette von Indossamenten auszuweisen.

Ordinary Least Squares Estimator (OLSE)
siehe → Ökonometrie, Abschnitt 5 a) Schätzverfahren.

Ordnungsethik

ist die Ethik der Regeln, die in einer staatlich gesetzten Wirtschaftsordnung verankert sind. Siehe auch → Wirtschaftsethik; → Unternehmensethik.

Organhaftung

Nach § 31 BGB haben alle juristischen Personen (z.B. AG, GmbH) sowie OHG, KG und die Vor-GmbH, für unerlaubte Handlungen ihrer Organe, d.h. des Vorstandes, der Vorstandsmitglieder, der Geschäftsführung und sonstiger verfassungsmäßig berufener Vertreter, einzustehen.

Literatur: Palandt, Kommentar zum Bürgerlichen Gesetzbuch, 63. Aufl., § 31, Rn. 1 ff.

Organic Listung

Fundstellenliste, siehe auch → Suchmaschinenmarketing.

Organigramm

(*Organisationsschaubild*), Zweck ist die graphische Darstellung der Organisationsstruktur. Das Organigramm gibt Auskunft über die Art der Aufgabengliederung, die hierarchische Einordnung der → Stellen und Stelleninhaber und den Dienstweg.

Siehe auch → Organisation, Grundlagen sowie → Aufbauorganisation, jeweils mit Literaturangaben.

Organisation, divisionale

häufig synonyme Bezeichnung für → Profit Center-Organisation.

Organisation, funktionale

siehe → funktionale Organisation.

Organisation, Grundlagen

Grundlagen der Organisation

von Univ.-Professor Dr. Walter Schertler
Wirtschaftswissenschaftliche Fakultät an der Universität Trier

1. Begrifflichkeit

Das Verständnis von Organisation muss in den Kontext der Gesellschaftswissenschaften gebettet werden. Innerhalb dieser sucht die Organisationstheorie die Grundlagen der Ordnung in sozialen Systemen zu beschreiben. Ordnung und Ordnungsmuster sind nicht nur Voraussetzung für zielorientiertes und koordiniertes Verhalten der Organisationsmitglieder, sondern auch für das Entstehen von Identität und Differenzierung sozialer Systeme. Daraus leitet sich der *institutionelle Organisationsbegriff* ab: Unter Organisation versteht man eine Institution. Ein Unternehmen ist in diesem Sinn eine Organisation. Organisationen sind aber keine Abstraktionen, sondern soziale Systeme, die sich teilweise mit und teilweise auch ohne menschliche Absicht verändern. Ordnungsmuster in Organisationen dürfen nicht erstarren; sie unterliegen einem steten Wandel durch die Vernetzung mit ihrer allgemeinen und relevanten Umwelt (→ Netzwerkorganisation, → virtuelle Organisation).

Der Dynamik der Austauschbeziehungen zwischen Institution und Umwelt entspringt ein dynamischer Organisationsbegriff im Sinne von → Organisationsentwicklung. Lern- und Anpassungsfähigkeiten müssen entwickelt, Strategien des Bewahrens und Veränderns definiert und umgesetzt werden. Daraus leitet sich der *funktional-instrumentelle Organisationsbegriff* ab: Unternehmen werden organisiert oder organisieren sich selbst, um im Wettbewerb mit anderen zu bestehen und ihre Überlebensfähigkeit langfristig zu sichern. Führungskräfte intervenieren dazu direkt in die Prozesse des menschlichen Zusammenwirkens. Organisation bezeichnet dann eine Führungsfunktion: Um bestimmte Ziele effizienter und schneller erreichen zu können, schaffen Manager Ordnung. Sie (re-)organisieren das Unternehmen nach ihren Interessen und Vorstellungen, indem sie einen Organisationsplan (→ Organigramm) erstellen und bestimmte Organisationsinstrumente, -methoden und -techniken bei der Analyse, Implementierung und Realisierung einsetzen. Moderne Informations- und Kommunikationstechnologie kommt dabei ebenso zum Einsatz wie → Kreativitätstechniken und Gruppenmoderation. Ein Unternehmen hat in diesem Sinn eine Organisation.

Diesem Verständnis einer machbaren Ordnung muss aber kritisch begegnet werden, denn Ordnung muss nicht immer das Ergebnis menschlicher Absicht sein. Friedrich v. Hajek stellt einer solchen exogenen Ordnung die endogene Ordnung in sozialen Systemen gegenüber, wenn Organisationsmitglieder über Normenvereinbarung ohne direkte Beeinflussung durch Führungskräfte sich spontan organisieren. Daraus leitet sich der unternehmenskulturell-*systemische Organisationsbegriff* ab: Das System entwickelt eine Identität und erkennt selbst die Notwendigkeit der Veränderung und Innovation. Als Organisation kann ein Zustand der Selbstorganisation bzw. ein Prozess des Sich-selbst-Organisierens bezeichnet werden. Ein Unternehmen lebt seine Organisationskultur.

2. Organisationstheorie

Die unterschiedlichen Organisationsbegriffe spiegeln auch die Tatsache wider, dass es nicht einen, sondern mehrere Ansätze einer Theorie der Organisation geben muss. Dem institutionellen Organisationsbegriff folgend liefert die Unternehmenstheorie („theory of the firm"), die Situations- und → Interaktionstheorie sowie die Neue → Institutionenökonomie mit ihrer → Verfügungsrechte-, → Transaktionskosten- und → Agenturkostentheorie wichtige theoretische Fundierungen der → Organisationstheorie.

Funktional-instrumentell sind es die Theorie der administrativen Verwaltung und Unternehmensführung, die → präskriptive Entscheidungstheorie, der machttheoretische Ansatz, der Informationsverarbeitungsansatz sowie der → ressourcenbasierte Ansatz, die aus unterschiedlichsten Perspektiven das Phänomen Organisation betrachten.

Dem kulturell-systemischen Organisationsbegriff folgend sind es in erster Linie die → Systemtheorie, die Evolutions- (→ evolutionstheoretischer Ansatz) und → Selbstorganisationstheorie, die auf systemische Entwicklung eingehen und vor allem die Machbarkeit von Organisation in Frage stellen. So wird der formalen Organisation die informelle gegenübergestellt und das vernetzte, dynamische Beziehungsgefüge zum Strukturprinzip erhoben. Die Grenzen der Machbarkeit von Organisation zu verstehen, ist für das Verständnis des Funktionierens von Unternehmen als soziale Systeme wichtig. Im Zusammenhang mit Management stehen aber die organisatorischen Gestaltungsmöglichkeiten im Vordergrund.

3. Organisation als Führungsfunktion (Organisationsmanagement)

Unter Managementfunktionen fallen in der Regel die Aufgaben der Gestaltung und Planung, der Steuerung/Lenkung und der Entwicklung von Ressourcen im Unternehmen. Organisationsmanagement differenziert konsequenterweise in → Organisationsplanung, → Organisationssteuerung und → Organisationsentwicklung. Die → Organisationsplanung beinhaltet die Anpassung der Organisation an die Ziele und Geschäftsstrategien des Unternehmens im Sinne einer strategieadäquaten Organisation: Die Aufgaben-, Kompetenz- und Verantwortungsverteilung muss sich nach den Erfolgsfaktoren der einzelnen Geschäftsstrategien orientieren, d.h. wenn der strategische Erfolgsfaktor „Geschwindigkeit der Kundenprozesse" lautet, dann muss die Organisation die Aufgaben und Prozesse genau so bereitstellen, dass die Umsetzung der Kundenprozesse schneller als bisher gewährleistet ist.

Daraus wird ersichtlich, dass Führungsstrukturen und -prozesse keinem idealtypischen Muster folgen dürfen, sondern spezifisch dem Zweck der Zielerreichung und der Strategieumsetzung dienen müssen. Organisation ist dann ein Regelwerk zur Steuerung strategischer Erfolgsfaktoren auf Geschäfts- und Konzernebene. Wie das Instrument der → Balanced Scorecard zeigt, ist die Ertragssteuerung nicht nur über → Finanzkennzahlen, sondern auch über umfangreiche Prozess- und Aufgabenoptimierungen im Sinne einer → Organisationssteuerung verbunden und findet in Lernprozessen eine nachhaltige Festlegung. Initiativen der → Organisationsentwicklung sind notwendig, um die Fähigkeits- und Kompetenzbasis für eine erfolgreiche Strategieumsetzung zu liefern und sie langfristig sicherstellen zu können.

4. Organisationsziele

Ziele des Organisationsmanagements sind im Einzelnen

(a) die *Erhöhung der Produktivität,* z.B. durch Vermeidung von Doppelspurigkeiten in der Aufgabenerfüllung, die Vermeidung von Leerkapazitäten und Engpässen, die klare Abgrenzung von Aufgaben- und Kompetenzbereichen der Organisationsmitglieder, die Erzielung von Routine in Arbeits- und Informationsprozessen, die Vermeidung von Spannungen und Konflikten zwischen den Organisationsmitgliedern oder die Fixierung der Verhaltenserwartungen der Mitarbeiter.

(b) *Erhöhung der Flexibilität und Anpassungsfähigkeit,* z.B. die Erhöhung der Innovationsfähigkeit, die Unterstützung kreativer Prozesse durch bestimmte Arbeitstechniken und Arbeitshilfsmittel, die Erfassung von Änderungspotentialen, die einer organisatorischen Lösung bedürfen (z.B. Bereich der betrieblichen Aus- und Weiterbildung, Produktentwicklung) oder die Informationsbeschaffung (Datenzugriff) und schnelle Weitergabe von Informationen (z.B. → Berichtswesen, → Planungssysteme).

(c) *Erhöhung der Sicherheit der Organisationsmitglieder,* z.B. die Abgrenzung der Verhaltenserwartungen durch klare Aufgabenteilung, die klare Bestimmung von Kontrollmaßnahmen (Zeitpunkt, Häufigkeit), der Aufbau von Vertrauensverhältnissen oder die Transparenz über Bewertungskriterien bei der Leistungsbeurteilung.

(d) *Erhöhung des Reifegrades der Organisationsmitglieder,* z.B. die konsequente Realisierung des Delegationsprinzips, die Erfassung von Aus- und Weiterbildungspotentialen, das Schaffen von (Entscheidungs-)Freiheitsräumen in der Arbeitssituation oder die Betonung der Ergebnis- statt Fortschrittskontrolle.

Da es Führungskräfte sind, die mit Organisationsmanagement diese Ziele verfolgen, handelt es sich immer um Interessens-, Macht- und subjektive Zielsetzungen. Daher ist Organisation als Führungsfunktion ein hoch politischer Prozess der Willensbildung und -durchsetzung.

5. Organisationsprozess

Der Prozess des Organisierens beginnt mit der Analyse der Ausgangssituation. Über ein funktionstüchtiges Organisationscontrolling werden spezifische Handlungsfelder identifiziert, in denen organisatorische Änderungen (Reorganisation, Reengineering) notwendig werden. Treibende Faktoren für Reorganisationsprozesse sind z.B. die Entwicklungen in der Informations- und Kommunikationstechnologie, die → Globalisierung der Märkte, Prozesskostenoptimierungen, → Wissensmanagement oder Unternehmenszusammenschlüsse (→ Mergers & Acquisitions, → Fusionen). Der Entwurf einer Soll-Konzeption soll organisatorische Lösungsmöglichkeiten der Aufbau- und Ablauforganisation für permanent anfallende, aber auch zeitlich begrenzte (→ Projektorganisation) Gestaltungsprobleme bereitstellen, die es in der nächsten Phase zu implementieren gilt.

Weil Unternehmen soziale Systeme sind, ist die Umsetzung von Organisationskonzepten immer ein komplexer, machtpolitischer Prozess des geplanten organisatorischen Wandels von Unternehmen (→ Change Management Prozess), dessen Erfolg entscheidend vom Ausmaß an Änderungswiderstand der Organisationsmitglieder abhängt.

6. Organisationsmethoden und -techniken

Ein breites Sortiment an Organisationsmethoden und -techniken (auch → organisatorische Hilfsmittel) steht dem Management beim Organisieren zur Verfügung, das in die Gruppen Analysetechniken, Erhebungstechniken und Darstellungstechniken eingeteilt werden kann:

(a) *Analysetechniken* dienen häufig der Zerlegung der Organisationsaufgabe in Teilaufgaben. Dabei werden Einzelaufgaben mit den Kriterien „Verrichtung" und „Objekt" gekennzeichnet und somit bestimmt, „was" „woran" getan wird. Dadurch wird eine vollständige, systematische und übersichtliche Darstellung (Und-/Oder-Gliederung) erreicht. Das Ergebnis ist ein Aufgabengliederungsplan.

Bei der Multimomentaufnahme wird mit Hilfe von Stichproben ermittelt, welche Ablaufarten zu verschiedenen Zeitpunkten beobachtet werden können, wodurch zusätzlich Informationen über Verteilzeiten und Erholungszeiten erhalten werden können.

Ferner unterscheidet man noch die Informationsanalysetechnik, bei der der Informationsbedarf von → Stellen anhand der zu erledigenden Aufgaben ermittelt wird, und die Kommunikationsanalyse, die der Erhebung der Art und Intensität des Informationsaustausches dient.

(b) *Erhebungstechniken* dienen der Erfassung von Informationen über eine Organisation. Wichtige Erhebungstechniken sind Befragung, Beobachtung und Selbstaufschreibung.

Bei der Befragung wird wie folgt differenziert: Einmalige Befragung und Panelbefragung, mündliche und schriftliche Befragung, standardisierte und nicht-standardisierte Befragung, harte und weiche Befragung, offene und geschlossene Fragestellung, direkte und indirekte Fragestellung.

Bei der Beobachtung unterscheidet man offene und verdeckte Beobachtung, strukturierte und unstrukturierte Beobachtung, aktiv teilnehmende und nicht aktiv teilnehmende Beobachtung.

Bei der Selbstaufschreibung wird von regelmäßigen, standardisierten Tagesberichten und einmaligen, weniger standardisierten Tätigkeitsberichten gesprochen.

(c) *Darstellungstechniken* für Organisationen sind graphischer oder textlicher Art. Sie können sowohl zur Dokumentation der Erhebung, zur Unterstützung der Analyse aber auch zur Bewertung und Präsentation von Lösungen eingesetzt werden. Man unterscheidet Organisationsschaubild (→ Organigramm), Stellenbeschreibung, → Kommunikationsdiagramm, → Funktionendiagramm, Entscheidungstabelle und → Netzplantechnik.

Hinweis

Zu den angrenzenden Wissensgebieten siehe → Ablauforganisation, → Aufbauorganisation, → Balanced Scorecard, → Business Intelligence, → Category Management, → Change Management, → Controlling, → ERP-Systeme (Enterprise Resource Planning-Systeme), → Organisationstheorien, → Profit Center, → Projektmanagement, → Prozessmanagement, → Strategisches Management, → Supply Chain Management, → Unternehmensplanung, → Workflow Management.

Literatur: Bea, F.X., Göbel, E.: Organisation, 2. A., Stuttgart 2002; Bleicher, K.: Unternehmensentwicklung und organisatorische Gestaltung, Stuttgart/New York 1979; Brosch, D., Mehlich, H.: E-Government und virtuelle Organisation, Wiesbaden 2005; Bühner, R.: Betriebswirtschaftliche Organisationslehre, 10. A., München 2004; Hayek, F.A. v.: Freiburger Studien – Gesammelte Aufsätze, Tübingen 1969; Kasper, H., Mayrhofer, W. (Hrsg.): Personalmanagement, Führung, Organisation, 3.A., Wien 2002; Kieser, A., Walgenbach, P.: Organisation, 4. A., Stuttgart 2003; Kubicek, H.: Bestimmungsfaktoren der Organisationsstruktur, in: RKW-Handbuch, Führungstechnik und Organisation, Berlin 1980, S. 3-63; Picot, A., Reichwald, R., Wigand R.T.: Die grenzenlose Unternehmung. 5. A., Wiesbaden 2003; Picot, A., Dietl H., Franck E.: Organisation – Eine ökonomische Perspektive, 4. A., Stuttgart 2005; Schertler, W.: Unternehmensorganisation, 7. A., München 1998; Schreyögg, G.: Organisation – Grundlagen moderner Organisationsgestaltung. 4. A., Wiesbaden 2003; Wolf, J.: Organisation, Management, Unternehmensführung – Theorien und Kritik, 2. A., Wiesbaden 2005.

Organisation, Lernende

siehe → Lernende Organisation (mit Literaturangaben).

Organisation, verrichtungsorientierte

siehe → funktionale Organisation.

Organisationales Lernen

siehe → Lernen, organisationales und → Lernende Organisation (mit Literaturangaben).

Organisationales Wissen

Organisationales Wissen ist Teil der → organisationalen Wissensbasis eines Unternehmens. Es entsteht, wenn das → individuelle Wissen einzelner Mitarbeiter innerhalb des Unternehmen zur Verfügung steht. Organisationales Wissen wird von mehreren Mitarbeitern gemeinsam gestaltet und in den Arbeitsprozessen genutzt. Dabei erweitert sich nicht nur das organisationale Wissen, sondern gleichzeitig auch das individuelle Wissen der beteiligten Mitarbeiter.

Siehe → Wissensmanagement (mit Literaturangaben).

Organisationseinheit

Sammelbezeichnung für sämtliche durch Zusammenfassung und Zuordnung von (Teil-)Aufgaben zu Arbeitspersonen entstehenden organisatorischen Einheiten (→ Stellen, → Abteilungen, Arbeitsgruppen). Die Organisationseinheiten erfassen die zu erfüllende Aufgabe und die zur Erfüllung dieser Aufgabe eingesetzten Personen und Sachmittel.

Organisationsentwicklung

Entwicklungsprozess von Organisationen. Sie ist eine Form geplanten Wandels. Sie verfolgt das Ziel, die organisatorische Leistungsfähigkeit und die Qualität des Arbeitslebens für die Mitarbeiter zu verbessern. Siehe → Organisation, Grundlagen (mit Literaturangaben), siehe auch → Change Management, Kapitel 2.2 und → Lernende Organisation.

Organisationsgrad

Ausmaß, in dem das Verhalten der Organisationsteilnehmer durch Vorschriften, Normen und Regeln formalisiert ist. Der Organisationsgrad gibt das Verhältnis von Fremdbestimmung und Selbstbestimmung an: Die Bestimmung des für den Einzelfall best geeigneten Organisationsgrades ist ein Optimierungsproblem, das wegen der Komplexität insbesondere qualitativer Einflussfaktoren mit mathematischen Verfahren nur eingeschränkt angegangen werden kann. Es werden daher heuristische Verfahren herangezogen.
Siehe auch → Organisation, Grundlagen (mit Literaturangaben).

Organisationsimplementierung

Überführung der geplanten in eine realisierte Organisationsstruktur im Rahmen des → Organisationsprozesses. Dabei wird primär die Frage nach der Durchsetzbarkeit organisatorischer Änderungen gestellt, welche an strukturellen, technischen und personellen Problemen scheitern kann.
Siehe auch → Organisation, Grundlagen.

Organisationskontrolle

Kontrollaktivitäten werden über Soll-Ist-Vergleiche, die einen geplanten mit einem realisierten Zustand (Ergebnis) vergleichen, durchgeführt und entsprechen nur dann ihrem Zweck, wenn Schlussfolgerungen z.B. im Sinne von Korrekturmaßnahmen das Ergebnis von Abweichungsanalysen darstellen. Der Kontrollprozess umfasst die Aktivitäten: Erteilung eines Auftrages zur → Organisationskontrolle (Verantwortung), Planung des Vorgehens bei der → Organisationskontrolle (Effizienz), Beschaffung von Realisationsinformationen (Ist-Aufnahme), Systematisierung und Verdichtung der Realisationsinformationen (Ist-Analyse), Vergleich mit Daten der → Organisationsplanung und Organisationszielen (Ist-Kritik, Abweichungsanalyse), Analyse der Vergleichsergebnisse, Dokumentation der Kontrollergebnisse, Überleitung der Kontrollergebnisse in zielorientierte Folgeaktivitäten (im Rahmen neuer → Organisationsplanungsaktivitäten).
Siehe auch → Organisation, Grundlagen (mit Literaturangaben).

Organisationsplanung

vorausschauendes, systematisches Durchdenken und Formulieren von Zielen und Handlungsalternativen im → Organisationsprozess, die Orientierung an zukünftigen Einflussgrößen, die Suche nach Bewertungskriterien für die Alternativenauswahl und die Festlegung von Vorgehensweisen.
Siehe auch → Organisation, Grundlagen (mit Literaturangaben).

Organisationsprozess

die verschiedenen, einer logischen Sequenz folgenden Aktivitäten der → Organisation zur Erfüllung ihrer Zweck- und Zielsetzungen. Man teilt den Organisationsprozess in die folgenden voneinander abhängigen Stufen: → Organisationsplanung, → Organisationsimplementierung, → Organisationsrealisierung und → Organisationskontrolle ein. Jede Stufe dieses Prozesses, der dem allgemeinen Problemlösungs- und Entscheidungsprozess folgt, beinhaltet die Merkmale der Zielsetzung-Mittel-Kapazitäts-Bestimmung (Finanzen, Personen, Zeit, Raum) und Verfahrensbestimmung (Methodenwahl).
Siehe auch → Organisation, Grundlagen (mit Literaturangaben).

Organisationsrealisierung

längerfristige Bewährung der Reorganisationsmaßnahmen in den vielfältigen Transformations- und Kommunikationsprozessen eines Unternehmens. Diese Stufe des → Organisationsprozesses zielt auf die Stabilisierung eines neuen organisatorischen Gleichgewichts ab. Die neuen aufbau- und ablauforganisatorischen Elemente der Reorganisation müssen vertraut und selbstverständlich werden, die neu erlernten Verhaltensweisen der Organisationsmitglieder haben sich wieder in relativ stabilen und dauerhaften Beziehungsmustern zu finden.

Siehe auch → Organisation, Grundlagen (mit Literaturangaben).

Organisationssteuerung

die Konkretisierung und Kontrolle einer → Organisation.

Organisationstheorien

Organisationstheorien

von Privatdozentin Dr. Elisabeth Göbel, Universität Trier

1. Begriff der Organisationstheorie

Als *Theorie* bezeichnet man im engeren Sinne ein System von Aussagen über gesetzmäßige Ursache-Wirkungs-Zusammenhänge, die im Idealfall raum-zeitlich unbeschränkt gelten und von der Realität noch nicht widerlegt wurden. Im weiteren Sinne zählen auch die präzise Beschreibung von Untersuchungsgegenständen, Begriffsbildungen, Definitionen, Typenbildungen und Systematisierungen zur Theorie. Beziehen sich solche methodisch gewonnenen Beschreibungen und Erklärungen auf den Bereich der Organisation (siehe → Organisation, Grundlagen), dann handelt es sich um Organisationstheorie. Wie die Überschrift dieses Artikels schon anzeigt, gibt es nicht die eine gültige Organisationstheorie. Vielmehr stehen viele Organisationstheorien, auch organisationstheoretische Ansätze genannt, nebeneinander. Dies ergibt sich nahezu zwangsläufig aus der Komplexität und Interpretationsbedürftigkeit des Untersuchungsobjektes „Organisation". Hinzu kommt, dass sich Forscher aus vielen verschiedenen Disziplinen wissenschaftlich mit der Organisation auseinandersetzen. Neben Betriebs- und Volkswirten zählen bspw. Soziologen, Psychologen und Ingenieure zu den bekannten Organisationsforschern.

2. Überblick über organisationstheoretische Ansätze

Zur Strukturierung der Vielfalt der Ansätze werden hier zwei große Gruppen unterschieden, und zwar nach dem Kriterium des hauptsächlichen Forschungsinteresses:

(a) Die erste Gruppe wird von den Ansätzen gebildet, deren Ausgangspunkt die Frage nach der Art und Weise der Entstehung von Ordnung in sozialen Gebilden ist.

Der → entscheidungslogische Ansatz geht von der Grundüberzeugung aus, dass die Organisation das Ergebnis eines rationalen Entscheidungsprozesses von Organisatoren ist bzw. sein sollte. Der Ansatz versucht, auf der Grundlage von Modellannahmen der *Entscheidungstheorie* (→ Entscheidung, betriebswirtschaftliche) die Organisatoren anzuleiten, wie sie die optimale Organisationsalternative wählen.

Auch der → entscheidungsprozessorientierte Ansatz interessiert sich für Entscheidungsabläufe in Organisationen. Er geht aber empirisch vor, erforscht also die realen Entscheidungsabläufe. Ein Hauptergebnis dieses Ansatzes war die Erkenntnis, dass sowohl Entscheidungen über Organisationsalternativen als auch allgemein Entscheidungen in Organisationen viel irrationaler und chaotischer ablaufen, als es der Idealvorstellung der normativen Entscheidungstheorie entspricht.

Gegen die Vorstellung, dass die Ordnung in einem Unternehmen von bestimmten Organisatoren rational geschaffen und dann von den Organisationsmitgliedern passiv übernommen wird, wendet sich der Selbstorganisationsansatz (→ Selbstorganisationstheorie). Nach der Überzeugung seiner Vertreter wirken die Organisationsmitglieder erstens an der sie betreffenden Ordnung mit (autonome Selbstorganisation) und entwickelt sich zweitens Ordnung in einem Unternehmen stets auch unintendiert, wie „von selbst" (autogene Selbstorganisation).

Dieser Ansatz integriert wiederum die Erkenntnisse verschiedener anderer Ansätze. So war es eine zentrale Erkenntnis des → Human-Relations-Ansatzes, dass die Organisationsmitglieder selbst eine → informale Organisation ausbilden, welche die formale Organisationsstruktur (→ formale Organisation) teilweise ergänzt, aber teilweise auch außer Kraft setzt.

Der → evolutionstheoretische Ansatz rückt die Organisationsprozesse gar in die Nähe natürlicher biologischer Entwicklungsprozesse, in welche der Mensch so gut wie gar nicht gezielt eingreifen kann. Zum Selbstorganisationsansatz passen schließlich auch die Erkenntnisse des → interpretativen Ansatzes. Sein Erkenntnisinteresse geht dahin zu erforschen, wie die Organisationsmitglieder in teils unbewusst ablaufenden Prozessen eine gemeinsame Interpretation der Organisationswirklichkeit schaffen und ihre Weltsicht sowie bestimmte Denk- und Verhaltensweisen aneinander angleichen.

(b) Für die zweite Gruppe von Ansätzen steht die Frage nach der Entstehung von Ordnung nicht so im Vordergrund. Implizit setzen sie voraus, dass Organisationsstrukturen bewusst und rational geplant werden können. Ihr Interesse gilt dann mehr der Frage, wie die entstandenen Organisationsstrukturen aussehen und ob man bestimmte Organisationsmodelle empfehlen kann.

Als Modell einer gut funktionierenden, hocheffizienten Organisation galt lange Zeit die Bürokratie, wie sie im → Bürokratieansatz als Idealtyp herausgearbeitet wurde.

Auch der → tayloristische Ansatz empfiehlt bestimmte Organisationsprinzipien als optimal. Sein Begründer, der Ingenieur F. W. Taylor, stützte seine Erkenntnisse auf sehr umfangreiche empirische Forschungsergebnisse im Bereich konkreter Arbeitsabläufe.

Maßgeblich von Betriebswirten wurde der → strukturtechnische Ansatz entwickelt, der manchmal auch als betriebswirtschaftlich-pragmatischer Ansatz bezeichnet wird. Er gibt zum einen dem Organisator einen Vorgehensleitfaden für das Strukturieren an die Hand (Analyse-Synthese-Konzept). Zum anderen zeigt er ein Spektrum von Organisationsalternativen auf (bspw. *Spezialisierung* nach Funktionen oder Objekten, *Zentralisierung* oder *Dezentralisierung* von → Entscheidungen).

An die Vielgestaltigkeit der organisatorischen Gestaltungsformen knüpft auch der → situative Ansatz an. Durch empirische Forschung sollen Unterschiede in den Organisationsstrukturen verschiedener Unternehmen durch Unterschiede in deren Kontext (Situation) erklärt werden. Weitergehend soll aus solchen Befunden abgeleitet werden, welche Strukturen zu welcher Situation besonders gut passen und daher empfehlenswert sind.

In jüngerer Zeit machen insbesondere die auf der → *Mikroökonomik* basierenden institutionenökonomischen Ansätze (→ Institutionenökonomie) von sich reden. Auch ihre Intention ist es, situativ angepasste organisatorische Lösungen, sog. institutionelle Arrangements, zu empfehlen. Allerdings basieren diese Ansätze nicht auf empirischer Forschung, sondern leiten aus bestimmten Modellprämissen logisch ab, welches institutionelle Arrangement unter welchen Bedingungen besonders empfehlenswert erscheint.

Als weitere Ansätze sind zu nennen: → Administrativer Ansatz, Anreiz-Beitrags-Theorie, Humanressourcen-Ansatz (→ Human-Relations-Ansatz), neo-institutionalistischer Ansatz. Die Aufzählung der Ansätze ist keineswegs erschöpfend. Überdies können fast alle hier genannten Ansätze noch tiefer in unterschiedliche Teilansätze differenziert werden und greifen ihrerseits auf weitere Theoriebausteine aus anderen Forschungsbereichen (bspw. Soziologie, Psychologie, Biologie, Physik) zu, so dass sich eine kaum überblickbare Fülle von Einzeltheorien ergibt.

3. Gewinnung von Organisationstheorien

Um zu theoretischen Aussagen zu kommen, sind systematische Verfahren der Erkenntnisgewinnung notwendig. Die wissenschaftlichen Methoden, die in der Organisationsforschung eingesetzt werden, sind sehr unterschiedlich. So stehen reine → Modellanalysen, also logische Ableitungen aus einem Kranz von als wahr vorausgesetzten Prämissen, neben Methoden der → Empirie wie bspw. Befragungen, → Experimente, Beobachtungen oder Dokumentenanalyse. Man kann zu einem Zeitpunkt mehrere Organisationen untersuchen und vergleichen (Querschnittanalyse), aber auch eine Organisation über längere Zeit erforschen (Längsschnittanalyse).

Die empirische Forschung hat im Bereich der Organisation insbesondere mit dem Problem der → Operationalisierung, also Messbarmachung, der untersuchten Phänomene zu kämpfen. Da Organisationen von Menschen geschaffene und belebte Gebilde sind, wandeln sie sich außerdem ständig. Trotz der Vielzahl der Ansätze ist es deshalb bis heute nicht gelungen, empirisch gehaltvolle und gut bewährte Gesetzesaussagen im strengen Sinne zu finden. Allenfalls verfügt man über raum-zeitlich begrenzte Quasi-Theorien, Trendaussagen, Erklärungsskizzen und gewisse regelmäßige Muster.

4. Anwendung von Organisationstheorien
Die BWL interessiert sich für die Organisationstheorien als Grundlage für eine rationale Organisationsgestaltung, insbesondere in privatwirtschaftlichen *Unternehmen*. Vorstellungen über Ursache-Wirkungs-Zusammenhänge werden bei der Gestaltung in Ziel-Mittel-Zusammenhänge transformiert. Da es die eine, einzig wahre Organisationstheorie nicht gibt, greift man in der Praxis für verschiedene Gestaltungsfragen pragmatisch auf unterschiedliche Theoriebausteine zu.

Hinweis
Zu den angrenzenden Wissensgebieten siehe → Ablauforganisation, → Aufbauorganisation, → Change Management, → Controlling, → Entscheidung, betriebswirtschaftliche, → Organisation, Grundlagen, → Profit (Cost) Center-Organisation, → Projektmanagement, → Prozessmanagement, → Strategisches Management, → Unternehmensplanung, → Workflow Management.

Literatur: Bea, F.X., Göbel, E.: Organisation, 3. Auflage, Stuttgart 2006; Göbel, E.: Organisationstheorie, in: Das Wirtschaftsstudium (WISU), 21. Jg. (1992), S. 117-122; Kieser, A. (Hrsg.): Organisationstheorien, 6. Auflage, Stuttgart, Berlin, Köln 2006; Ortmann, G., Sydow, J., Türk, K. (Hrsg.): Theorien der Organisation, 2. Auflage, Wiesbaden 2000; Schreyögg, G.: Organisationstheorie, in: Schreyögg, G., Werder, A. v. (Hrsg.): Handwörterbuch Unternehmensführung und Organisation, 4. Auflage, Stuttgart 2004, Sp. 1069-1088; Weik, E., Lang, R. (Hrsg.): Moderne Organisationstheorien, Band 1, Wiesbaden 2001; Weik, E., Lang, R. (Hrsg.): Moderne Organisationstheorien, Band 2, Wiesbaden 2003.

Website der Autorin: http://www.uni-trier.de/uni/fb4/apo/lehrstuhl.html

Organization for Economic Cooperation and Development (OECD)
Organisation für wirtschaftliche Zusammenarbeit und Entwicklung.

ORI
Abk. für *Operations Risk Index*, siehe → Business-Environment-Risk-Index (BERI-Index).

Origin principle
siehe → Ursprungslandprinzip.

Originäre Zahlungsreihe
siehe → Zahlungsreihe (Investitionsrechnung).

Originärer Firmenwert
siehe → Firmenwert, originärer.

Originator
ist jener Akteur bei der Asset Backed Securities-Transaktion, der die Forderungen ursprünglich erworben hat bzw. im Rahmen des Kreditgeschäfts erworben hat. Der Originator verkauft diese erworbenen Forderungen ganz oder teilweise aus seinem Bestand an die → Zweckgesellschaft (Special Purpose Vehicle, SPV).
Siehe auch → Asset Backed Securities (mit Literaturangaben).

Örtliche Kosten
siehe → lokale Kosten.

Ortsbezogene Dienste

(*Location Based Services, LBS*) sind Dienste im Rahmen des → *Mobile Commerce*, die (a) über → *mobile elektronische Kommunikationstechniken* (typischerweise → *Mobilfunk*) zur Verfügung gestellt werden, (b) für deren Ausführung der aktuelle Standort des den Dienst aufrufenden Nutzers (und/oder eines anderen Nutzers) bekannt sein muss und (c)deren Ausführung abhängig von diesem Standort erfolgt. Eine Kategorisierung ortsbezogener Dienste kann mit Hilfe des → *Location-L* vorgenommen werden.

öSCEG

Abk. für österreichisches Societas Cooperativa Europaea-Gesetz.

öSEG

Abk. für österreichisches Societas Europaea-Gesetz.

öSpG

Abk. für österreichisches Sparkassengesetz.

öUGB

Abk. für österreichisches Unternehmensgesetzbuch, öBGBl. I Nr. 120/2005 *(Handelsrechts-Änderungsgesetz – HaRÄG).*

Outbound-Sachverhalt

(auch *Outbound-Beziehung*) erfasst v.a. die Investitionen bzw. Tätigkeiten von Steuerinländern im Ausland sowie die Entsendung inländischer Arbeitnehmer ins Ausland; siehe auch → Steuerrecht, Internationales.

Outdoor Training

Bei einem Outdoor Training werden die Teilnehmer in der freien Natur, häufig unter äußerst erschwerten Bedingungen, mit Aufgaben konfrontiert, die das → Teamwork verbessern sollen. Im Mittelpunkt steht das ganzheitliche Lernen mit vielen erlebnis- und erfahrungsreichen Elementen, um individuelle Änderungen auf Teamebene zu initiieren. Es werden bewusst Grenzüberschreitungen in die Trainingsmaßnahmen eingebaut, um beim Einzelnen oder dem gesamten Team nützliche Ressourcen zu aktivieren und Selbstbewusstsein aufzubauen. Das Lernumfeld soll als Metapher für die reale Arbeitssituation dienen. Bsp. in einer Aufgabe Mut unter Beweis zu stellen, hat Symbolwert für die berufliche Tätigkeit, in der es darum gehen kann, „mutige Entscheidungen" zu treffen.
Siehe auch → Personalentwicklung (mit Literaturangaben).

Out-of-stocks

Bestandslücken im Regal, siehe auch → Efficient Replenishment.

Outpacing Strategie

siehe → Wettbewerbsstrategie (Industrie und Einzelhandel).

Outplacement

bezeichnet die systematische Beschäftigung mit den durch die Trennung von Mitarbeitern (Kündigung o.Ä.) entstehenden Problemen. Outplacement kann dabei auf die materielle Absicherung der Betroffenen, die Unterstützung bei der Bewältigung der psycho-sozialen Konsequenzen der Trennung, die berufliche Neuorientierung und/oder die Unterstützung bei der Suche nach einem neuen Arbeitsplatz ausgerichtet sein.

Output

bezeichnet die Ausbringungsseite eines Produktionsvorgangs. Diese umfasst einerseits erwünschte Produktionsergebnisse („Produkte") und andererseits unerwünschte, zu beseitigende Abprodukte („Redukte"). Siehe auch → Input und → Güter sowie → Produktions- und Kostentheorie (mit Literaturangaben).

Outright-Devisentermingeschäft
ist die einfachste Variante von Devisenmarkttransaktionen, die lediglich entweder aus dem simplen Terminkauf oder -verkauf von → Devisen besteht, ohne dass simultan weitere Transaktionen stattfinden. Outright-Devisentermingeschäfte sind sehr gebräuchlich im Rahmen des internationalen Handels, da sie für die Ansprüche von Exporteuren und Importeuren völlig genügen. Siehe auch → Devisentermingeschäfte und → Devisenterminkurse sowie → Währungsmanagement (mit Literaturangaben).

Outside Resource Using
abgek.: → Outsourcing.

Outside-In-Approach
Beim Outside-In-Approach wird der Blick von der Umwelt auf die Unternehmung gerichtet. Gegensatz: Beim → Inside-Out-Approach wird der Blick von der Unternehmung auf ihre Umwelt gerichtet.

Outsourcing

Outsourcing

von Professor Dr. Max-Michael Bliesener
Universität Lüneburg

1. Charakterisierung
Outsourcing ist ein Begriff, der aus dem amerikanischen Wirtschaftsleben kommt. Er ist eine Abkürzung von *Outside Resource Using* und bedeutet die Nutzung außerhalb des Unternehmens liegender Ressourcen. Unter Outsourcing wird die Verlagerung von selbst durchgeführten Leistungen auf externe Dienstleister verstanden. Dabei kann es sich um technische oder andere Leistungen handeln.
Outsourcing stellt eine Teilproblematik der übergeordneten Thematik → *Make-or-Buy* dar: während die Make-or-Buy-Problematik eine Entscheidung über Eigenfertigung oder Fremdbezug von Produkten oder Leistungen beinhaltet, befasst sich Outsourcing nur mit der Verlagerung bisher intern durchgeführter Dienstleistungen. Ein weiterer wesentlicher Unterschied ergibt sich aus der zeitlichen Betrachtung: Make-or-Buy-Entscheidungen können bereits in einem sehr frühen Stadium der Produktentwicklung getroffen werden, Outsourcing-Überlegungen setzen i.d.R. immer ein „Make" voraus .

2. Arten von Outsourcing
Grundsätzlich kann zwischen internem und externem Outsourcing unterschieden werden. Unter *internem Outsourcing* versteht man die Verlagerung von Tätigkeiten von einem Bereich auf einen anderen Bereich des Unternehmens verstehen. Der die Leistungen übernehmende Bereich kann im Unternehmen integriert sein; er kann aber auch in unterschiedlichem Ausmaß selbstständig sein, z.B. eine (Service-) Tochtergesellschaft oder eine Beteiligungsgesellschaft.
Handelt es sich um ein rechtlich und kapitalmäßig unabhängiges Unternehmen, so spricht man von *externem Outsourcing*.

3. Ziele des Outsourcing
Zwei wesentliche Ziele werden mit Outsourcing verfolgt: *Kostensenkung* und langfristige *Wettbewerbsvorteile*. Der Aspekt „Kostensenkung" kann der operativen Ebene zugerechnet werden, der Gesichtspunkt „langfristige Wettbewerbsvorteile" der strategischen Dimension.
Durch den Fremdbezug von strategisch unbedeutenden Dienstleistungen sollen primär Kosteneinsparungen, durch Outsourcing strategisch bedeutender Dienstleistungen vorrangig Wettbewerbsvorteile erreicht werden.

Strategisch unbedeutende Dienstleistungen tangieren die → Kernkompetenzen des Unternehmens nicht; für sie kann mit Hilfe von Kostenvergleichsrechnungen die Vorteilhaftigkeit des Fremdbezuges ermittelt werden.

Durch die Vergabe selbst erstellter Leistungen an einen externen Dienstleister werden im eigenen Unternehmen Fixkosten abgebaut, die beim externen Dienstleister nur entsprechend der Inanspruchnahme bezahlt werden müssen. Man spricht in diesem Zusammenhang von einer Variabilisierung der Fixkosten.

Je dichter eine Leistung am Kerngeschäft von Unternehmen liegt, umso höher ist deren strategische Bedeutung und umso schwieriger wird der Outsourcingprozess.

Weitere Ziele des Outsourcing können die Reduzierung von → Komplexitätskosten sowie die Erhöhung der Qualität und der Flexibilität durch spezialisierte Dienstleister sein.

4. Outsourcing-Entscheidungen

Bei auf der operativen Ebene outzusourcenden Leistungen sind erzielbare *Kostenvorteile* entscheidend. Zur Ermittlung der Höhe möglicher Einsparungen werden Kostenvergleichsrechnungen erforderlich. Um richtige Entscheidungen zu treffen, müssen die relevanten Kosten festgestellt werden. Relevant sind die Kosten, die einerseits bei Entscheidung für eine Handlungsalternative zusätzlich in Kauf genommen werden müssen und die andererseits bei Entscheidung gegen eine Maßnahme nicht mehr anfallen, bzw. gar nicht erst entstehen. Außerdem müssen die relevanten Kosten der jeweiligen Alternative direkt zurechenbar sein.

Typische *Dienstleistungsbereiche*, die für Outsourcing in Frage kommen, werden oft als sogenannte zentrale Dienste bezeichnet. Dazu gehören beispielsweise Empfang, Sicherheit, Reinigung, Boten, soziale Dienste oder Bürodienste; zum umfassenderen Begriff des → Facility-Management werden auch noch die technischen Dienste wie Hausmeister, Instandhaltung, Winterdienst usw. gerechnet. Diese Leistungen können Randbereiche darstellen oder aber schon dichter am Kerngeschäft des Unternehmens liegen.

Je enger eine Verbindung von einer outzusourcenden Leistung zum eigentlichen Kerngeschäft ist, umso sorgfältiger ist die Auswahl eines externen Dienstleisters durchzuführen. Hat eine Leistung eine direkte *Verbindung zum Kerngeschäft*, so ist in jedem Fall eine → strategische Lieferantenpartnerschaft anzustreben. Typische Beispiele dafür sind die Verlagerung der Datenverarbeitung oder der Logistik. Umfangreiche Marktanalysen im Hinblick auf qualifizierte Dienstleistungsbetriebe sind unerlässlich. Projektorganisation und mehrstufiges Vorgehen werden erforderlich. Ein über mehrere Jahre laufender, zwischen beiden Parteien ausgehandelter Kooperationsvertrag steht am Ende des Prozesses.

5. Chancen des Outsourcing

Wesentliche *Chancen* beim Outsourcing sind:

(1) Konzentration auf das Kerngeschäft: Unter strategischen Gesichtspunkten ist zu beachten, dass sich das outsourcende Unternehmen auf seine Kernaktivitäten konzentrieren kann. Betriebswirtschaftlich nicht notwendige Funktionen werden verlagert. Betriebswirtschaftlich notwendige Funktionen, charakterisiert durch strategische Erfolgsfaktoren, können intensiver verfolgt werden. Sollte in einem Unternehmen noch Kapazität in diesem Bereich vorhanden sein, kann auch ein → Insourcing in Betracht gezogen werden.

(2) Stärkere Kundenorientierung: Die Kooperation mit einem qualifizierten Dienstleister kann auch absatzwirtschaftliche Vorteile bringen: Starke Kundenorientierung und guter Service können zu zusätzlichen Aufträgen führen.

(3) Kosteneinsparung: Unter operativen Aspekten kann durch Outsourcing einer Leistung ein kostengünstigerer und qualitativ besserer Zukauf erreicht werden. Dies liegt an der Spezialisierung des Dienstleisters, dessen → Kernkompetenz die Erstellung dieser Leistung ist.

(4) Verhinderung von Ausgaben für Investitionen: neue Geräte, Anlagen, Software oder zusätzliches Personal werden nicht benötigt.

(5) Risikominimierung: Der Dienstleister verfügt oft über langjährige Erfahrungen, leistungsfähige Anlagen und qualifizierte Mitarbeiter. Da die Flexibilität des Dienstleisters in der Regel hoch ist, kann er Bedarfsspitzen befriedigen und Terminschwierigkeiten überwinden; dadurch werden Risiken vom outsourcenden Unternehmen auf den Dienstleister verlagert.

6. Risiken des Outsourcing

Es kann zwischen *betriebswirtschaftlichen* und allgemeinen *Risiken* unterschieden werden.

(1) Enge Kernkompetenz-Definition: Durch eine zu enge Festlegung der → Kernkompetenzen besteht die Gefahr eines Abflusses von oft unwiederbringlichem Know-how. Langfristig können Schlüsselpositionen in der Wertschöpfungskette verloren gehen. Die Abhängigkeit vom Outsourcing-Partner kann als größtes Risiko angesehen werden.

(2) Fehlerhafte Kostenvergleiche: Die Kernkompetenzdefinition ist oft einseitig an Kosteneinsparpotenzialen orientiert. Kostenvergleichsrechnungen werden – bewusst oder unbewusst – fehlerhaft durchgeführt. Für die Bestimmung der Eigenfertigungskosten sollte die → Prozesskostenrechnung (PKR) eingesetzt werden; bei den Kosten des Fremdbezuges sollte das Prinzip des → Total Cost of Ownership (TCO) angewandt werden. In einer zu erstellenden Kostenvergleichsrechnung muss die Abbaufähigkeit der Fixkosten berücksichtigt werden.

(3) Nicht realisierbare Kosteneinsparungen: Teilweise unvorhersehbare Mehrkosten können eine mögliche Kostensenkung überkompensieren. Als Beispiele seien eine schlechte logistische Anbindung der Lieferanten oder steigende Umweltschutzauflagen genannt, wodurch hohe Beschaffungs- oder Entsorgungskosten verursacht werden können.

(4) Schwieriges Schnittstellen-Management: Eine erfolgreiche Kooperation setzt voraus, dass an den Verbindungsstellen der Partner wichtige Entscheidungen auch langfristig getroffen werden können. Aufgaben, Befugnisse und Verantwortlichkeiten müssen im Vorfeld definiert und abgegrenzt werden. Unnötige und lange Kommunikationswege können vermieden werden, wenn jede Partei nur einen Ansprechpartner benennt.

(5) Qualitätsmängel: Qualitätsmängel bei zugekauften Produkten oder Leistungen können den Ablauf in nachgelagerten Fertigungsstufen erheblich beeinträchtigen: Terminverzögerungen durch Neulieferungen oder Nacharbeit führen zu einer schlechten Termintreue des Endproduktherstellers gegenüber seinen Kunden. Werden Qualitätsmängel, die auf fehlerhafte Kaufteile zurückgehen, erst beim Kunden entdeckt, können Image und Wettbewerbsposition schlechter werden. Problematisch bleibt immer die Weitergabe von Qualitäts-Know-how, da ansonsten die geforderte Qualität nie erreicht werden kann.

(6) Preissteigerungen: In Abhängigkeit von den Markt- und Machtverhältnissen kann langfristig die Gefahr kontinuierlicher Preissteigerungen bestehen, die bei einer Outsourcingentscheidung nicht vorherzusehen war.

Wesentliche *allgemeine Risiken*, insbesondere bei der Verlagerung von Leistungen ins Ausland, sind: (1) Sprache: Sprachen sind lernbar; in Verträgen werden aber auch juristische Sprachkenntnisse verlangt. (2) Mentalität: Der Umgang mit fremden Mentalitäten kann schwierig sein. (3) Personalqualifikation: Führungskräfte müssen gefunden werden, die bereit sind, ins Ausland zu gehen. Es entstehen → Transaktionskosten. Die Quantität und die Qualität des am Standort vorhandenen Personals muss geprüft werden. (4) Kostensteigerungen am Standort: Mit zunehmender Arbeit entsteht am Standort mehr Wohlstand; Kaufkraft und Löhne steigen; der Lohnkostenvorteil verringert sich. Weitere Probleme können sich aus der politischen Situation, der Rechtsverfassung, den Eigentumsverhältnissen, der Kapitalausstattung und den Möglichkeiten der Kreditaufnahme ergeben.

Die *Risiken* auf der Seite *des Dienstleisters* bestehen in einer starken Abhängigkeit möglicherweise auch bis zur Beherrschung durch den Abnehmer. Sein Image kann darunter leiden. Es können Verluste von Kunden und Aufträgen entstehen. Es besteht auch die Gefahr, dass der Abnehmer die verlagerte Leistung wieder ins eigene Unternehmen zurückholt (*Insourcing*).

Hinweis

Zu den angrenzenden Wissensgebieten siehe → Ablauforganisation, → Aufbauorganisation, → Beteiligungscontrolling, → Controlling, → Dienstleistungen, → Dienstleistungsmanagement, → Enterprise Resource Planning-(ERP-)Systeme, → E-Procurement, → Globalisierung, → Kostenartenrechnung, → Kostenstellenrechnung, → Mergers & Acquisitions, → Organisation, Grundlagen, → Produktionsmanagement, → Profit Center, → Projektmanagement, → Prozessmanagement, → Strategisches Management, → Supply Chain Management, → Unternehmensplanung.

Literatur: Bliesener, M.-M.: Outsourcing als mögliche Strategie zur Kostensenkung, in: Betriebswirtschaftliche Forschung und Praxis, 4/94, S. 277-290; Bliesener, M.-M.: Risiken des Outsourcing, in: Beschaffung aktuell 11/98, S.59-60; Bliesener, M.-M.: Outsourcing-Entscheidungen, in: Zukunftsfähiges Controlling, Festschrift zum 60. Geburtstag von Prof. Dr. Reichmann, München, 1998, S.232-243; Bliesener, M.-M.: Verträge sind gut, Vertrauen ist besser, in: Beschaffung aktuell 10/2003, S.49-50; Bruch, H.: Outsourcing. Konzepte und Strategien, Chancen und Risiken, Wiesbaden 1998; Köhler-Frost, W. (Hrsg.): Outsourcing: eine strategische Allianz besonderen Typs, Berlin 1993; Koppelmann, U.: Grundsätzliche Überlegungen zum Outsourcing, Stuttgart 1996; Prahalad, C.K; Hamel, G.: Nur Kernkompetenzen sichern das Überleben, in: Harvardmanager II/1991, S. 66-78. Reichmann, T.; Palloks, M.: Make-or-Buy-Entscheidungen, in: Controlling, 1995, S. 4-11.

Internetadressen: www.outsourcing-center.com; Informative Rubrik auf www.ephorie.de - Das Management-Portal; www.ie.iwi.unibe.ch/forschung/outsourcing/links.php; Verbände: www.bme.de; www.bvl.de; www.ism.ws

Website/Internetadresse des Autors: www.uni-lueneburg.de/fbw2/index.php?id=207; bliesener@uni-lueneburg.de

Over Allotment Option
Mehrzuteilungsoption (*Green Shoe Option*), siehe → Going Public, Durchführungsphase, Kap. 4.

Over-all-limitation
(→ *Steuerrecht, Internationales*) ist der konträre Ansatz zur → *per-country-limitation*. Für die Anrechnung werden sämtliche ausländischen Einkünfte und die anzurechnenden ausländischen Steuern zusammengerechnet.

Over-engineering
siehe → value pricing.

Overhead Value Analysis
siehe → Gemeinkostenwertanalyse (GWA).

Overhedge
Übersicherung; siehe → Hedging.

Overshooting
siehe → Überschießen.

P

Packing Credit
Packing Credits (Anticipatory Credits, Bevorschussungskredite) sind → *Dokumentenakkreditive*, in denen die akkreditiveröffnende Bank („Importeurbank") eine andere Bank durch eine Klausel ermächtigt, dem begünstigten Exporteur aus dem Akkreditiv einen Vorschuss auszuzahlen.

Packung
ist untrennbar mit dem Produkt verbunden, zu dem sie gehört. Beispiele sind die Shampooflasche oder die Cola-Büchse oder die Spraydose. Insofern ist die Packung das Ergebnis der dauerhaften Vereinigung von Packgut (Produkt, das gepackt ist) und Packmittel. Die Packung umschließt das Packgut und wird von Abnehmern gemeinsam mit dieser als Verkaufseinheit angesehen. Siehe auch → Verpackung.

Page Impression (PI)

entspricht dem Seitenabruf bzw. dem Seitenkontakt: Zahl der qualifizierten Zugriffe auf eine → HTML-Seite, unabhängig von der Zahl der auf ihr befindlichen Elemente. Qualifizierte Zugriffe kennzeichnen sich durch einen vollständigen und technisch einwandfreien Abruf aus. Abrufe nicht graphikfähiger Browser werden herausgefiltert. Es muss sichergestellt sein, dass einzelne Frames nicht als HTML-Seiten gezählt werden. Siehe auch → Website.

Page visits

Begriff aus der Mediaplanung in der Online-Werbung; bezeichnet einen zusammenhängenden Nutzungsvorgang (Besuch) eines Internet-Angebots.

Panel

ist ein gleich bleibender Kreis von Auskunftspersonen, die zu ein und demselben Thema mehrfach, zu verschiedenen Untersuchungszeitpunkten befragt werden. Panelerhebungen stellen keine eigenständige Erhebungstechnik dar, sondern sind eine spezielle Form der Erhebung, die schriftlich, mündlich, telefonisch oder computergestützt durchgeführt werden kann.
Siehe auch → Marktforschungsmethoden und → Marktforschung (mit Literaturangaben).

PangV

Abk. für Preisangabenverordnung.

Papier, elektronisches

siehe → elektronisches Papier.

PAQ

Abk. für → *Position Analysis Questionnaire*. Im Rahmen des PAQ werden mittels Fragebögen an die Stelleninhaber und Vorgesetzten die Arbeitselemente beschrieben, denen der Stelleninhaber bei Ausübung seiner Stelle gerecht werden muss.
Siehe auch → Lohn- und Gehaltsmodelle (mit Literaturangaben).

Parallel-Geschäft

auch *Junktim-Geschäft* bzw. *Counter-Purchase* genannte Form von → Kompensationsgeschäften in Form zweier getrennter Liefergeschäfte für sog. → Hardware und sog. → Software, jeweils mit Geldzahlungen als Gegenleistung. Auf diese Weise kann das Hardware-Liefergeschäft finanziert und → kreditversichert werden bzw. die Liefer- und Abnahmepflicht der sog. → Software an Dritte übertragen werden. Die getrennten Lieferverträge werden i.d.R. durch Vertragsstrafen verknüpft.

Parent Country Nationals

(*Angehörige des Stammlandes*), Bezeichnung von Arbeitnehmern in einer Klassifizierung nach Herkunft bei internationalen Unternehmen. Weitere Klassifizierungen sind *Host Country Nationals* (Angehörige des Gastlandes) und *Third Country Nationals* (Angehörige eines Drittlandes), d.h. Arbeitnehmer aus Ländern, in denen weder das Stammhaus noch die Auslandsgesellschaft ihren Sitz haben.
Siehe auch → Personalmanagement, Internationales und → Interkulturelles Management, jeweils mit Literaturangaben.

Pareto-Effizienz

beschreibt eine Allokation von Ressourcen, so dass keine weitere Allokation existiert, die ein Wirtschaftssubjekt besser stellt, ohne gleichzeitig mindestens ein Wirtschaftssubjekt schlechter zu stellen.

pari

(bei *Devisen*). Als „pari" wird eine Kurskonstellation bezeichnet, die keinen Unterschiedsbetrag (keinen → Deport, → Report bzw. → Swapsatz) zwischen dem → Devisenkassakurs und dem → Devisenterminkurs einer Währung ausweist. „Pari" bedeutet somit, dass der Terminkurs und der Kassakurs einer Währung gleich sind.

pari

(bei *Wertpapieren*). Pari bedeutet, dass der Kurs eines → Wertpapiers exakt dem → Nennbetrag entspricht. Wird ein Wertpapier zu pari gehandelt, so bedeutet dies, dass es zu 100 % seines Nennbetrages verkauft wird. Siehe auch → unter pari und → über pari.

Paritätsbeziehungen, internationale

Relationen im Gleichgewicht auf vollkommenen Kapital-, Devisen- und Gütermärkten zwischen → Kassa- und → Terminwechselkursen sowie Preisniveaus und Zinssätzen des In- und Auslands. Die fünf wichtigsten internationalen Paritätsbeziehungen sind: (absolute bzw. relative) Kaufkraftparitätentheorie, (gedeckte) Zinsparitätentheorie, Terminkurstheorie der Wechselkurserwartung, Internationaler Fisher-Effekt und Nationaler Fisher-Effekt.

Literatur: Breuer, W.: Unternehmerisches Währungsmanagement, 2. Auflage, Wiesbaden 2000.

Partiefertigung

→ *Fertigungstyp*, bei dem qualitative Unterschiede des Fertigungsmaterials zu qualitativ unterschiedlichen Endprodukten führen. Eine Partie ist dabei eine in sich vergleichsweise homogene Rohstofflieferung z.B. landwirtschaftlicher Produkte wie Baumwolle. Siehe auch → Produktion, Formen, → Produktionsmanagement sowie → Produktionsplanung und -steuerung.

Partielle Faktorvariation

bezeichnet den Verlauf des → Output bei Variation eines bzw. eines Teils der → Produktionsfaktoren. Typische Verlaufsformen bei partieller Faktorvariation sind das → *„Gesetz vom abnehmenden Ertragszuwachs"* (nach *v. Thünen*) und das → *„Ertragsgesetz"* (nach *Turgot*).

Partizipation

bezeichnet den Grad der Teilhabe an Entscheidungen durch die Mitarbeiter (Entscheidungspartizipation); siehe auch → Personalführung.

Partner Relationship Marketing (PRM)

siehe → kooperatives Customer Relationship Management (CRM) sowie → Customer Relationship Management (CRM), mit Literaturangaben.

Partnerschaftsgesellschaft

(*deutsches Recht*), dem Zusammenschluss von Freiberuflern zur gemeinsamen Berufsausübung eröffnete → Gesellschaftsform auf der Basis des Partnerschaftsgesellschaftsgesetzes und mit der Firmierung „und Partner" o.Ä. Auf die Partnerschaftsgesellschaft sind die Vorschriften der → GbR anwendbar. Wichtig ist, dass die *Haftung* für Schäden wegen fehlerhafter Berufsausübung gesetzlich auf die mit der Bearbeitung des Auftrags tatsächlich befassten Partner beschränkt ist.

Literatur: Klunzinger, E.: Grundzüge des Gesellschaftsrechts, 14. Auflage, München 2006.

Passive Rechnungsabgrenzung

Rechnungsabgrenzungsposten dienen der periodengerechten Gewinnermittlung. Auf der Passivseite sind passive Rechnungsabgrenzungsposten (PRAP) auszuweisen, sofern es sich um Einnahmen vor dem Bilanzstichtag handelt, die Ertrag für eine bestimmte Zeit nach dem Bilanzstichtag darstellen. Gegensatz: Auf der Aktivseite (→ Aktive Rechnungsabgrenzungsposten, abgek. ARAP) sind Ausgaben auszuweisen, sofern sie Aufwendungen nach dem Bilanzstichtag darstellen. Siehe auch → antizipative und → transitorische Posten.

Passives Sourcing

Kontaktmöglichkeiten für potenzielle Lieferanten, z.B. auf der Webseite eines Unternehmens.

Passivmehrung/-minderung

siehe → Aktiv-/Passivmehrung sowie → Aktiv-/Passivminderung. Siehe auch → Aktivtausch, → Passivtausch, → Buchführung und → Jahresabschluss.

Passivtausch

Tausch zwischen zwei Passivposten der Bilanz. Beispiel: Wir überweisen fällige Liefererrechnung von unserem überzogenen Bankkonto. (1) Minderung des Passivpostens „Verbindlichkeiten aus Lieferungen und Leistungen" (= Buchung im Soll), (2) Mehrung des Passivpostens „Verbindlichkeiten gegenüber Kreditinstituten" (= Buchung im Haben). Siehe auch → Aktivtausch, → Aktiv-/Passivmehrung, → Aktiv-/Passivminderung, → Buchführung und → Jahresabschluss.

Pass-Through-Struktur

Bezeichnung für ein Fondzertifikatkonzept bei → Asset Backed Securities-Finanzierungen.

Patent

Gewerbliches Schutzrecht, das nach Prüfung durch die jeweiligen nationalen Patentämter für neue technische Erfindungen und Verfahren erteilt wird. Siehe auch → Gewerblicher Rechtschutz.

Pauschalreise

Eine Vollpauschalreise ist ein Dienstleistungspaket, bestehend aus mindestens zwei aufeinander abgestimmten Reisedienstleistungen, das im voraus für einen noch nicht bekannten Kundenkreis erstellt wurde und geschlossen zu einem Gesamtpreis vermarktet wird, so dass die Preise der Einzelleistungen nicht mehr identifizierbar sind. „Pauschal" sind insofern sowohl der Gesamtpreis (Pauschalpreis für mehrere Einzelleistungen) als auch die einheitliche Leistung (im Prinzip gleiche Leistung für alle Kunden einer bestimmten Pauschalreise). Von einer Teilpauschalreise spricht man hingegen, wenn nur eine einzelne Reisedienstleistung von einem Veranstalter angeboten wird.
Pauschalreisende sind demnach Personen, die (Voll- oder Teil-)Pauschalreisen in Anspruch nehmen; Individualreisende hingegen Personen, die ihre Urlaubsreisen selbst organisieren, also keine Reiseveranstalterleistungen in Anspruch nehmen.
Siehe auch → Tourismusbetriebslehre (mit Literaturangaben).

Pauschbetrag

(*blanket deduction*; siehe auch deutsche → Einkommensteuer) erspart dem Steuerpflichtigen und der Finanzverwaltung den belegmäßigen Nachweis bzw. die Überprüfung von Aufwendungen (Arbeitserleichterung). Pauschbeträge können bei der Ermittlung auch abgezogen werden, wenn der Steuerpflichtige überhaupt keine bzw. geringe Aufwendungen gehabt hat. Sie dürfen maximal bis zu einer Bemessungsgrundlage von Null Euro angesetzt werden.

Pause

siehe → Arbeitszeit.

Pay back

(*Private Equity*) investierter Betrag eines → Private Equity Investors plus → Capital gain, realisiert beim → Exit.

Pay-as-you-earn

beispielsweise im Leasinggeschäft vorkommender Effekt, wonach die (monatlich oder vierteljährlich) zu entrichtenden Leasingraten aus den mit dem Leasinggegenstand vom Leasingnehmer erwirtschafteten Erträgen bezahlt werden (können). Siehe auch → Leasing.

Pay-back-time

(*Investitionsrechnung*), siehe → Amortisationsrechnung, dynamische und → Amortisationsrechnung, statische.

Pay-back-time, statische

(in der → *Investitionswirtschaft*). Die statische Pay-back-time (Amortisationsdauer, Amortisationszeit, → Kapitalrückflusszeit oder → Kapitalwiedergewinnungszeit) einer Investition ist die Zeitspanne, in der die Anschaffungsausgaben sowie Zinsen auf das durchschnittlich gebundene Kapital durch Rückflüsse zurück gewonnen werden. Rückflüsse sind die jährlichen Differenzen der Einzahlungen und Auszahlungen (bei Neu- und Erweiterungsinvestitionen) oder Auszahlungsersparnisse (bei Rationalisierungs- und Ersatzinvestitionen).

Die (statische) pay-back-time (Amortisationsdauer) zeigt an, wie lange die Investition mindestens durchhalten muss, damit kein Verlust entsteht.

Siehe auch → Amortisationsrechnung, statische sowie → Investitionswirtschaft (mit Literaturangaben).

Payment Guarantee
siehe → Zahlungsgarantie.

Payment-Systeme
Bezeichnung für die Zahlungsabwicklung im → Internet. Hierbei existieren mehrere Anbieter, die jeweils mit unterschiedlichen Systemen eine anonyme Zahlung im Internet ermöglichen. Die bekanntesten Payment-Systeme sind z.B. eCash, MilliCent, CyberCash, NetCheque, Geldkarte, Mondex, First Virtual oder die Zahlung über Kreditkarte, deren Nummer mit einer kryptographischen Verschlüsselung übermittelt wird. Siehe auch → SWIFT und → TARGET.

Pay-Through-Struktur
Bezeichnung für ein Anleihekonzept bei → Asset Backed Securities-Finanzierungen.

Pay-TV
Fernsehprogramm, das sich ausschließlich über Gebührenzahlungen seiner Abonnenten finanziert. Man unterscheidet zwischen Pay-per-view (der Nutzer zahlt nur für die von ihm auch konsumierten Programme) und Pay-per-channel (pauschale Bezahlung für einen oder mehrere Kanäle, die man nach Bedarf nutzt).

Zur Nutzung des Pay-TV ist bei analogen Fernsehern ein sogenannter Dekoder (Settop-Box) notwendig, der die verschlüsselt ausgestrahlten Programme dekodiert. Angesichts der Vielzahl gebührenfinanzierter (→ Rundfunk, Öffentlich-rechtlicher) und rein werbefinanzierter (→ Free TV) Sender war Pay-TV in der Bundesrepublik bisher wenig erfolgreich. Eine übliche Strategie der Pay-TV-Sender besteht darin, ihre Kunden mit attraktiven Spielfilmen sowie exklusiven Sportübertragungen zu gewinnen, allerdings mit geringen Erfolgen: In den meisten europäischen Staaten haben Pay-TV-Sender bisher massive Verluste eingefahren.

Siehe auch → Medienökonomie (mit Literaturangaben und Internetadressen).

PC
Abk. für Personal Computer.

PCAOB
Abk. für → *Public Company Accounting Oversight Board.*

PDA
Abk. für → *Personal Digital Assistant.*

PE
Abk. für → *Personalentwicklung.*

PE
Abk. für → Private Equity.

Peak Load Pricing
siehe → Preisdifferenzierung.

Peitschenschlageffekt
(*bullwhip-, whiplash-, whipsaw-effect*), Bezeichnung für die Verstärkung von Auftragsschwankungen innerhalb fragmentierter → Supply Chains, auf die Forrester erstmals hingewiesen hat. Leichte Schwankungen der Endkundennachfrage von 3 – 5 % schaukeln sich über die → Supply Chain bis zu den Rohstofflieferanten zu Ausschlägen von 30 – 50 % hoch, wenn die Informationen über die Nachfrage der Kunden eines Unternehmens nicht direkt an die Lieferanten weitergegeben werden.
Die zunehmende Varianz der Nachfrage hat dabei zweierlei Kostenwirkungen. Einerseits führt die Unsicherheit über die Nachfrage der direkten Abnehmer zu höheren Lagerkosten oder Überkapazitäten. Andererseits ist die Versorgung mit Inputfaktoren unsicher, was dort zu Lagerkosten für Sicherheitsbestände oder Fehlmengenkosten führen kann. Der Peitschenschlageffekt ist umso größer, je mehr Stufen die → Supply Chain umfasst und je schlechter die Aktivitäten zwischen den Unternehmen abgestimmt sind. Daraus ergibt sich die Notwendigkeit einer sorgfältigen Koordination innerhalb der → Supply Chain.
Die Supply Chain-Partner müssen direkten Zugriff auf die Nachfrageinformationen hinsichtlich der Endkunden haben. Entsprechend wird im → Supply Chain Management die Implementierung eines gemeinsamen Informations- und Kommunikationssystems gefordert, das die Informationen über die Endkundennachfrage allen Partnern ohne Zeitverlust bereitstellt, um eine schnelle Stabilisierung und geringere Oszillation der Logistikkette zu erreichen.
Siehe auch → Supply Chain Management (mit Literaturangaben).
   Literatur: Vahrenkamp, R. (2000): Logistikmanagement, 4., verbesserte Auflage, München/Wien: Oldenbourg. Corsten, H./Gössinger, R. (2001): Einführung in das Supply Chain Management, München/ Wien: Oldenbourg.

Penetration-Strategie
Strategie der → Preispolitik bei Einführung von Produktinnovationen in einen Markt. In der *Penetration-Strategie* führt man das neue Produkt mit einem relativ niedrigen Preis in den Markt ein; in den späteren Perioden folgen dann möglicherweise Preiserhöhungen. Durch den niedrigen Einstiegspreis soll das Marktpotential der Innovation schnell erschlossen werden, um insbesondere Nachfrager, die bei ihren Kaufentscheidungen den Marktverbreitungsgrad der Innovation bzw. den Marktanteil eines Anbieters als Kaufkriterium beachten (sog. Imitatoren), wirkungsvoll anzusprechen. Für diese Käufergruppe signalisiert ein hoher Marktanteil Qualitätssicherheit. Hat sich ein Unternehmen durch einen hohen Marktanteil ein solches akquisitorisches Potential geschaffen, besitzt es im „Kampf" um das noch freie Marktpotential einen strategischen Wettbewerbsvorteil gegenüber Konkurrenten mit geringeren Marktanteilen.
Einzelheiten und weitere Preisstrategien siehe → Preispolitik, Kapitel 3 (mit Literaturangaben).

Pensionenprinzip
Unterform des → Wohnsitzprinzips (Steuerrecht).

Pensionsfonds
Durchführungsweg der *betrieblichen Altersversorgung* in Rechtsform eines → VVaG oder einer AG. Der Pensionsfonds unterliegt der Versicherungsaufsicht. Die gesetzlichen Regelungen finden sich im VII. Abschnitt des → VAG sowie in speziellen Verordnungen zur Kapitalanlage, Kapitalausstattung und Deckungsrückstellungsberechnung, die aufgrund des im Vergleich zu anderen Gefäßen niedrigeren Garantieniveaus notwendig werden.

Pensionsrückstellungen
sind Rückstellungen für ungewisse Verbindlichkeiten i.S. des § 249 Abs. 1 HGB, die gebildet werden, wenn Arbeitnehmern im Rahmen der betrieblichen Altersvorsorge Zusagen auf Rentenzahlungen gemacht werden. Wegen der Bedeutung der gegebenen Pensionsverpflichtung ist die Pensionsrückstellung nicht mit den sonstigen Rückstellungen, sondern gem. § 266 Abs. 3 HGB gesondert als Pensionsrückstellung auszuweisen.

Die Höhe der Pensionsrückstellungen ist nach versicherungsmathematischen Methoden zu ermitteln, wobei die in § 6a EStG für die Steuerbilanz aufgestellten Regeln auch für die Handelsbilanz übernommen werden.

Ist ein Arbeitgeber nach Beendigung des Arbeitsverhältnisses zur Zahlung einer Rente verpflichtet, so hat er nach → IFRS diese zukünftige Leistungsverpflichtung der Rentenzahlung als Schuld zu passivieren (IAS 19.54). Die Höhe der auszuweisenden Schuld richtet sich nach dem Barwert der zukünftigen Leistungen unter Berücksichtigung entstandener versicherungsmathematischer Gewinne oder Verluste (*actuarial gains and losses*).

Nach → US-GAAP besteht ebenfalls die Verpflichtung, Pensionsverpflichtungen zu passivieren, soweit diese nicht durch Fondsvermögen gedeckt sind. Versicherungsmathematische Gewinne oder Verluste dürfen nicht berücksichtigt werden.

Siehe auch Übersichtsbeitrag → Rückstellungen (mit Literaturangaben).

PER

Abk. für *Price Earning Ratio*; siehe → Kurs-Gewinn-Verhältnis.

Percentage-of-completion-Methode

eine Methode zur Bewertung (langfristiger) Fertigungsaufträge. Danach werden die Gewinne aus dem Fertigungsauftrag entsprechend des Fertigstellungsgrades erfolgswirksam ausgewiesen. International die bevorzugte Bewertungsmethode. In Deutschland wird auf Grund des → Vorsichtsprinzip die → Completed-Contract-Methode angewendet.

Siehe auch → Umlaufvermögen (mit Literaturangaben).

Per-country-limitation

(→ *Steuerrecht, Internationales*). Sind im Welteinkommen (siehe auch → Universalitätsprinzip) Einkünfte aus der Tätigkeit in mehreren ausländischen Staaten enthalten, wird die Anrechnung für jeden Staat getrennt durchgeführt. Anrechnungsüberhänge dürfen somit nicht zwischen den einzelnen Staaten verrechnet werden. Diese getrennte Anrechnung erfolgt zum Beispiel in Deutschland gem. § 68a Satz 2 EStDV i.V.m. § 34c Abs. 7 Nr. 1 EStG.

Perfect Hedge

ist eine Maßnahme der Risikoreduktion durch den Einsatz von Sicherungsinstrumenten, bei der die vollständige Eliminierung des Risikos erreicht wird. In der Praxis lässt sich eine derartige Risikobeseitigung nur in Ausnahmefällen erzielen. Beispielsweise kann für sichere Fremdwährungseinzahlungen ein Perfect Hedge durch den vollständigen Terminverkauf der Fremdwährungsposition realisiert werden. Immer dann, wenn durch den Einsatz von Sicherungsinstrumenten ein Perfect Hedge ermöglicht wird, ist der Einsatz weiterer Sicherungsinstrumente unter dem Aspekt des → Hedging redundant, da durch diese (offensichtlich) kein zusätzlicher Sicherungseffekt erzielbar ist.

Siehe auch → Währungsmanagement (mit Literaturangaben).

Perfect Hedge

vollständige Risikoabsicherung; siehe → Hedging.

Performance Bond

siehe → Vertragserfüllungsgarantie; siehe auch → Liefergarantie.

Performance Guarantee

siehe → Vertragserfüllungsgarantie; siehe auch → Liefergarantie.

Performance Management

ist ein Managementansatz, der an der Unternehmensstrategie ausgerichtet ist und dank einer systematischen Steuerung der Leistungen und Prozesse sicherstellen soll, dass die erzielten Leistungen und Ergebnisse den Anforderungen oder Erwartungen entsprechen und somit die dauerhafte Wettbewerbsfähigkeit gegeben ist. Neben finanziellen Gesichtspunkten werden auch nichtfinanzielle Größen integ-

riert, um eine ganzheitliche Planung und Steuerung der Organisation zu ermöglichen. Die Prozesse werden über gemeinsame Zielfestlegungen und Erfolgskontrollen gesteuert.
Siehe auch → Management by Objectives (mit Literaturangaben).

Performance Measurement
Der englische Begriff wird zunehmend verwendet, um ein umfassendes Leistungsmessungs- und Leistungssteuerungssystem im Unternehmen zu beschreiben. Siehe auch → Controlling, → Erfolgscontrolling, → Kennzahlensysteme und → Balanced Scorecard, jeweils mit Literaturangaben.

Performance Surety Undertaking
Absichts- oder Verpflichtungserklärung einer Bank, die beispielsweise in Verbindung mit einer → Bietungsgarantie die Bereitschaft dieser Bank dokumentiert, im Fall des Zuschlags an den Bieter eine → Liefer-/Erfüllungsgarantie zu übernehmen; siehe auch → Bankgarantien.

Performance-Index
siehe → Aktienindex.

Performancemessung
ist ein zentrales Controllingkonzept. Es hat die Messung des Unternehmenserfolgs mit Hilfe von Kennzahlen oder → Kennzahlensystemen zum Ziel, um die Unternehmenssteuerung zu vereinfachen und zu verbessern. Moderne Formen der Erfolgsmessung basieren dabei nicht mehr ausschließlich auf finanziellen Kennzahlen, sondern integrieren qualitative, weiche, nichtmonetäre Informationen. Ein Beispiel für ein aktuelles, ausgewogenes Konzept der Performancemessung ist die → Balanced Scorecard.
Siehe (gleichbedeutend): → *Performance Measurement*.

Performing
wird die Produktivphase im Rahmen des → Teamentwicklungsprozesses bezeichnet.

Periodenabgrenzung
(→ *Jahresabschluss*). Gem. § 252 Abs. 1 Nr. 5 soll eine Aufwands- und Ertragsbildung nach der wirtschaftlichen Verursachung und nicht nach dem Zahlungszeitpunkt geschehen.

Permission Marketing
Auf der Erkenntnis, dass Marketing- bzw. Werbeaktivitäten der Werbetreibenden vom Empfänger als unerwünscht empfunden werden können, basiert die Konzeption des sog. „Permission Marketing" mit dem Ansatz „Fremde zu Freunden und Freunde zu lebenslangen Konsumenten" zu machen.
Nicht nur die Reizüberflutung sondern auch rechtliche Hürden (z.B. bei Fax-, E-Mail- oder SMS-Werbung) im Zusammenhang mit der unverlangten Zusendung der Werbung führt zu diesem neueren Marketingansatz, denn viele Direktmarketingmaßnahmen sind heutzutage nur noch nach vorheriger Zustimmung des Adressaten möglich und damit auch wirklich sinnvoll.
Daher werden die Adressaten der Werbung zuvor um ihre Erlaubnis gefragt: So wird aus der sog. „Push-Kommunikation" eine sog. „Pull-Kommunikation", die nicht mehr auf Ablehnung stößt. Als Gegenleistung für die Einwilligung, z.B. eine E-Mail-Werbung (Newsletter) zu empfangen, werden heutzutage u.a. kostenlose E-Mail-Dienste, Webmiles oder andere Incentives erteilt. Als extremes Beispiel ist die sog. „Pay-for-Surf" oder „Activity-Response-Werbung" im Internet zu betrachten, die auch mit dem deutschen Begriff „Geld-für-Klicks" beschrieben wird. Hierbei erhalten Werbeadressaten sogar Geldgutschriften für das Lesen von Werbung.
Siehe auch → Direktmarketing, → Multi-Kanal-Dialogmarketing und Internet-Kommunikationspolitik, jeweils mit Literaturangaben.

Personal Digital Assistant (PDA)
ist ein Handheld-Computer, dessen Kernfunktionalität einem Persönlichen Informationsmanager (PIM) in der Bürokommunikations-Standardsoftware (beispielsweise Microsoft Outlook) entspricht und vor allem Terminkalender, Adressbuch und Aufgabenverwaltung umfasst. Auf modernen Geräten kommen

eine Online- und Offline-Mailfunktionalität sowie je nach verwendetem Betriebssystem eine Vielzahl sonstiger Programme hinzu. Die wichtigsten Betriebssysteme sind „Microsoft Pocket PC" und „Palm". Immer häufiger sind PDA mit integriertem → *Mobilfunk* und weiteren → *mobilen elektronischen Kommunikationstechniken* ausgestattet, weshalb sie für den → *Mobile Commerce* relevant sind.

Personalarbeit

Die Personalarbeit kennzeichnet den funktionalen Aspekt der Tätigkeit im Personalbereich und gilt deshalb als Bezeichnung für sämtliche Personalfragen. Anmerkung: Häufig werden die Begriffe Personalarbeit, → Personalmanagement und → Human Resource Management synonym verwendet.

Personalauswahl, Grundlagen

Grundlagen der Personalauswahl

von Professor Dr. Thomas Schwarb
Leiter Forschung und Fachbereich Personalmanagement
Fachhochschule Solothurn

1. Charakterisierung

Der Begriff Personalauswahl steht für zwei unterschiedlich breite Begriffsverständnisse: (1) Für die Auswahl der geeignetsten Person aus einer kleinen Zahl von Bewerbenden mittels Personalauswahlinstrumenten (→ Personalauswahl, Instrumente). (2) Für den gesamten Personalgewinnungsprozess von der Vakanz bis zur Einführung. Hier wird die breite Definition verwendet, da sie die enge auch mit einschließt.

Bei der Personalauswahl handelt es sich um einen Entscheidungsprozess. Dabei ist sowohl die Dimension der Entscheidfindung als auch des Prozesses von größter Bedeutung. Bei der Entscheidfindung geht es vorrangig um die Informationsgewinnung und -verarbeitung, beim Prozess um die Verknüpfung von Phasen und Informationen sowie um die Interaktionen.

2. Strategische Dimension der Personalauswahl

Die Personalauswahl ist ein grundlegendes Instrument des → Personalmanagements. Die Leistungserbringung eines Unternehmens baut zuallererst auf dem vorhandenen Personal auf. Entsprechend hängt der Erfolg des Personalmanagement maßgeblich davon ab und hat eine hohe strategische Bedeutung. Die wesentlichen strategischen Fragen sind Fristigkeit der Mitarbeitendenbindung, Spezialisierung, kompetitives Leistungsniveau, Flexibilität, Potenzial/Qualifikationsorientierung. Stellen wir uns ein Unternehmen mit einer Qualitätsführerschaftsstrategie in Nischenmärkten vor, so bedeutet dies in der Tendenz längerfristige Mitarbeitendenbindung und Mitarbeitendenpotenzialorientierung. Bei einer Preisführerschaftsstrategie in einem Massenmarkt ist in der Tendenz eine hohe Leistungsorientierung, geringere Mitarbeitendenbindung und Qualifikationsorientierung gegeben.

3. Elemente des Entscheidungsprozesses

Der Entscheidungsprozess kann in folgende Phasen unterteilt werden: 1. Stellenanalyse (Überprüfung der Vakanz und Analyse der Aufgaben und Stellenanforderungen), 2. Wahl des Arbeitsmarkts (insbes. zwischen internem oder externem Arbeitsmarkt), 3. Ermittlung des Personalgewinnungskanals (Bewerbendenansprache- oder Werbemedium), 4. Umsetzung der Kommunikationsmaßnahme (z.B. Stelleninserat), 5. Vorauswahl (z.B. anhand der eingereichten Unterlagen), 6. Personalauswahl im engeren Sinn (Auswahl mittels eines Personalauswahlinstrumentes (→ Personalauswahl, Instrumente) wie Interview (→ Bewerbungsinterview), → Assessment Center, → biographischer Fragebogen), 7. Vertragsvereinbarung & Anstellung, 8. Probezeit und Einführung

Zwei Elemente sind hier von vorrangiger Bedeutung: (1) Werden in vorgelagerten Phasen Fehler gemacht, so können diese nicht mehr kompensiert werden. Wird bspw. der Stelle ein unzweckmäßiges Aufgabenbündel zugeordnet oder wird sie im falschen Medium ausgeschrieben, so kann mit dem sorgfältigsten Selektionsvorgehen nicht die bestgeeignete Person ausgewählt werden. (2) Es handelt sich um einen sozialen Prozess. Das heißt, es finden Interaktionen statt und es müssen zwei Parteien entscheiden. Wenn die Bewerbenden also für ihren eigenen Entscheid für oder gegen die Stelle nicht genügende oder gar falsche Informationsgrundlagen haben, erfolgen nochmals Fehlentscheide.

Genau gleich wirken sich sozial schlecht gestaltete Vorgehensweisen aus (z.B. Respektlosigkeit, Behandlung wie eine Sache). Erstaunlich ist, dass die Wissenschaft bisher die Phasen vor der Auswahl im engeren Sinn sowie die Gestaltung der sozialen Entscheidungssituation kaum erforscht hat, sondern vor allem Auswahlinstrumente entwickelt und untersucht hat.

4. Good Practice

Die Qualität und Qualitätskriterien der Personalauswahl fokussieren auf zwei Fragen: (1) Wie gut eignen sich die ausgewählten Personen tatsächlich? (2) Wie gut wurde der Prozess gestaltet? Dabei hängt die Ergebnisqualität stark von der Prozessqualität und diese wiederum stark von psychologischen Faktoren (→ soziale Validität) ab.

Genau wie im Finanzbereich ist eine Erfolgsevaluation der Personalauswahl notwendig. Sie muss dabei alle Phasen des Personalauswahlprozess einbeziehen.

5. Diversität, Selektion und Diskriminierung

Personalauswahl ist ein Balanceakt zwischen Einengung und Offenheit bezüglich der Anforderungen an die Bewerbenden. Werden beim Anforderungsprofil zu enge oder zu hohe Ansprüche definiert, so führt das dazu, dass viel weniger Bewerbende in Frage kommen und gut geeignete Personen aufgrund eines ungeschickten Anforderungsprofils ausgeschlossen werden. Deshalb geht es neben der Qualität und der Fairness bei der Personalgewinnung darum, eine Balance zwischen der Suche nach den passenden und jener nach ergänzenden (vielleicht sogar unpassenden) Mitarbeitenden zu finden. Selektion heißt also nicht nur Einengung, sondern auch Erweiterung in jeder Hinsicht. Diese Perspektive hat einerseits eine strategische Komponente, die es der Organisation erlaubt, ihre Kompetenzen und ihre Problemlösungsfähigkeiten zu sichern. Andererseits hat sie auch die gesellschaftliche und juristische Komponente der Nichtdiskriminierung, da aktiv auf Vielfalt geachtet wird.

Hinweis

Zu den angrenzenden Wissensgebieten siehe → Arbeitsrecht, → Interkulturelles Management, → Lohn- und Gehaltsmodelle, → Managing Motivation, → Management by Objectives, → Personalauswahl, Instrumente, → Personalentwicklung, → Personalführung, → Personalmanagement, Grundlagen, → Personalmanagement, Internationales → Unternehmensethik, → Unternehmensführung, Grundlagen.

Literatur: Funke, U., Schuler, H. & Moser, K. (1995): Nutzenanalyse zur ökonomischen Evaluation eines Personalauswahlprojekts für Industrieforscher. In T.J. Gerpott & S.H. Siemers (Hrsg.), Controlling von Personalprogrammen (S. 139-171). Stuttgart: Schäffer-Poeschel; Hornke, L. & Winterfeld, U. (2003): Eignungsbeurteilungen auf dem Prüfstand: DIN 33430 zur Qualitätssicherung. Heidelberg: Spektrum Akademischer Verlag; Kleinmann, M. (2003): Assessment Center. Göttingen u.a.: Hogrefe; Schuler, H. & Stehle, W. (1990): Biographische Fragebogen als Methode der Personalauswahl. Stuttgart: Verlag für Angewandte Psychologie; Schuler, H. (2000): Psychologische Personalauswahl. Einführung in die Berufseignungsdiagnostik. 3. Aufl., Göttingen u.a.: Hogrefe; Schuler, H. (2002): Das Einstellungsinterview. Göttingen u.a.: Hogrefe; Schuler, H., Farr, J. L. & Smith, M. (1993): Personnel Selection and Assessment: Individual and Organizational Perspectives. New Jersey: Erlbaum; Schwarb, Th.M. (1990): Das Arbeitszeugnis als Instrument der Personalpraxis, WWZ-Studie Nr. 21, 1. Aufl., Basel: WWZ Universität Basel; Schwarb, Th.M. (1994): Das graphologische Gutachten in der Personalauswahl im Licht aktueller betriebswirtschaftlicher Forschung. In: WWZ-News, Nr. 16/17, S. 23-30; Schwarb, Th.M. (1996): Die wissenschaftliche Konstruktion der Personalauswahl. München u.a.: Rainer Hampp; Siemers, S.H. (1995): Klassische Modelle zur Kosten-Nutzen-Analyse von Personalauswahlverfahren. In T.J. Gerpott & S.H. Siemers (Hrsg.), Controlling von Personalprogrammen (S. 115-138). Stuttgart: Schäffer-Poeschel.

Internetadressen: Richtlinie 2000/78/EG des Rates vom 27. November 2000 zur Festlegung eines allgemeinen Rahmens für die Verwirklichung der Gleichbehandlung in Beschäftigung und Beruf zur Festlegung eines allgemeinen Rahmens für die Verwirklichung der Gleichbehandlung in Beschäftigung und Beruf (Abl. Nr. L 180/22 vom 19.07.2000) http://europa.eu.int/comm/employment_social/news/2001/jul/directive78ec_de.pdf
Schweizerische Rechtsquellen, Studien und Publikationen zur Gleichstellung von Frau und Mann in der Schweiz http://www.equality-office.ch/d/index.htm

Website des Autors: www.fhso.ch, www.schwarb.net.ms

Personalauswahl, Instrumente

Instrumente der Personalauswahl

von Professor Dr. Thomas Schwarb
Leiter Forschung und Fachbereich Personalmanagement
Fachhochschule Solothurn

1. Personalauswahlinstrumente

Unter Personalauswahlinstrumenten verstehen wir Entscheidungstechniken für die Personalauswahl (siehe auch → Personalauswahl, Grundlagen), um aus einer Bewerbendengruppe die Bestgeeigneten zu identifizieren. Zum Beispiel Analyse der → Bewerbungsunterlagen, Interview (siehe → Bewerbungsinterview), → graphologisches Gutachten, → psychologische Tests, → biographischer Fragebogen, → Arbeitsproben, Einzel- → Assessment, → Assessment Center, Referenzauskünfte. Außer der Analyse der Bewerbungsunterlagen sind alle Personalauswahlinstrumente nach der Vorauswahl angesiedelt.

2. Entwicklung

Praktisch alle heute bekannten Instrumente der Personalauswahl wurden bereits zu Beginn des 20. Jahrhunderts entwickelt. Selbst die Einschätzung der Auswahlinstrumente ist praktisch unverändert geblieben. Verfahren, die kontrolliert überprüft wurden und deren Ergebnisse quantitativ waren, galten seit jeher als brauchbar und wissenschaftlich qualifiziert, während unstrukturierte, qualitative Verfahren, wie beispielsweise das unstrukturierte Interview oder die Graphologie, als unzulänglich und unwissenschaftlich verworfen wurden. Weiterentwicklungen haben vor allem bezüglich der Messung und der statistischen Auswertung stattgefunden. Der größte Fortschritt wurde wahrscheinlich mit der Einführung der Metaanalyse erreicht. Mit dieser Methode ist es möglich geworden, verschiedene Primärstudien zu vereinigen, wesentlich besser abgesicherte Aussagen zu machen und Einflussfaktoren zu identifizieren, welche in einer Einzelstudie nicht nachweisbar sind.

3. Qualität, insbesondere Validität

Die Qualität von Auswahlinstrumenten wird vor allem an den Kriterien Validität (Gültigkeit), Objektivität und Reliabilität (Zuverlässigkeit) sowie mit sozialen und ethischen Kriterien (z.B. → soziale Validität) beurteilt.

Die → Validität eines Verfahrens ist das wichtigste Gütekriterium. Es geht um die Frage, wie genau die Eignung von Bewerbenden gemessen resp. prognostiziert wird. Die Validität wird als Korrelationskoeffizient angegeben. Sehr gute Auswahlinstrumente erreichen im Durchschnitt eine Validität von ungefähr 0,6. Eine Validität von 0 bedeutet, dass die Voraussage rein zufälligen Charakter hat. Ein Auswahlverfahren, welches auf (perfektem) Würfeln beruht, hätte eine Validität von 0. Es macht wenig Sinn, durchschnittliche Validitäten von Auswahlinstrumenten vorzustellen, da diese je nach Mitarbeitendenkategorie, Unternehmen und Stellenanforderungen höchst unterschiedlich valide sind.

Zulässig ist jedoch folgende Klassifikation der Personalauswahlinstrumente (siehe Tabelle 1):

Tab. 1: Beurteilung der Validität verschiedener Auswahlinstrumente

Eher geringe bis keine Validität	Eher höhere Validität
Bewerbungsunterlagen	Arbeitsproben
Arbeitszeugnisse, Referenzen	Leistungsbeurteilung, Probezeit
Schulnoten (zur Prognose des Berufserfolgs)	Schulnoten (zur Prognose des Ausbildungserfolgs)
Personalfragebogen	Biographischer Fragebogen
Unstrukturiertes Auswahlinterview	Strukturiertes, anforderungsbezogenes Auswahlinterview
Persönlichkeitstests	Kognitive Fähigkeitstests (Intelligenztests)
Graphologische Gutachten, Physiognomie, Astrologie	Assessment Center

(in Anlehnung an Schuler 1998, S. 169)

4. Wirtschaftlichkeit und Praktikabilität

Man kann beobachten, dass die Praxis den Empfehlungen der Wissenschaft nur sehr bedingt folgt und beispielsweise weiterhin wenig zuverlässige Auswahlinstrumente einsetzt. Selbst die Studien über die Erfolgswirkung und den Nutzen von Personalauswahlinstrumenten zeigen zwar, dass schon kleine Validitätssteigerungen den Einsatz eines teuren Instruments lohnend machen; sie werden jedoch auch nicht beachtet. Offenbar ist es so, dass den wissenschaftlichen Berechnungen nicht gefolgt werden kann oder ihnen nicht geglaubt wird. Es kommt hinzu, dass gewisse Instrumente beschränkt praktikabel sind. Praktikabilität heißt, die eingesetzten Instrumente dürfen

- nicht teurer (unter Berücksichtigung des nachweisbaren, zusätzlichen Nutzens),
- nicht zeitaufwendiger (insbesondere für die Unternehmungsmitglieder),
- nicht komplizierter und
- für die mit der Durchführung betrauten Unternehmungsmitglieder nicht unangenehmer

sein als herkömmliche Verfahren.

Hierzu gibt es noch keine Forschungen. Es ist aber zu erwarten, dass dies in der Praxis die entscheidende Hürde für den Einsatz von Auswahlinstrumenten darstellt.

Hinweis

Zu den angrenzenden Wissensgebieten siehe → Arbeitsrecht, → Lohn- und Gehaltsmodelle, → Managing Motivation, → Management by Objectives, → Personalauswahl, Grundlagen, → Personalentwicklung, → Personalführung, → Personalmanagement, Grundlagen, → Personalmanagement, Internationales → Unternehmensethik, → Unternehmensführung, Grundlagen.

Literatur: Funke, U., Schuler, H. & Moser, K. (1995): Nutzenanalyse zur ökonomischen Evaluation eines Personalauswahlprojekts für Industrieforscher. In T.J. Gerpott & S.H. Siemers (Hrsg.), Controlling von Personalprogrammen (S. 139-171). Stuttgart: Schäffer-Poeschel; Hornke, L. & Winterfeld, U. (2003): Eignungsbeurteilungen auf dem Prüfstand: DIN 33430 zur Qualitätssicherung. Heidelberg: Spektrum Akademischer Verlag; Kleinmann, M. (2003): Assessment Center. Göttingen u.a.: Hogrefe; Schuler, H. & Stehle, W. (1990): Biographische Fragebogen als Methode der Personalauswahl. Stuttgart: Verlag für Angewandte Psychologie; Schuler, H. (2000): Psychologische Personalauswahl. Einführung in die Berufseignungsdiagnostik. 3. Aufl., Göttingen u.a.: Hogrefe; Schuler, H. (2002): Das Einstellungsinterview. Göttingen u.a.: Hogrefe; Schuler, H., Farr, J. L. & Smith, M. (1993): Personnel Selection and Assessment: Individual and Organizational Perspectives. New Jersey: Erlbaum; Schwarb, Th.M. (1990): Das Arbeitszeugnis als Instrument der Personalpraxis, WWZ-Studie Nr. 21, 1. Aufl., Basel: WWZ Universität Basel; Schwarb, Th.M. (1994): Das graphologische Gutachten in der Personalauswahl im Licht aktueller betriebswirtschaftlicher Forschung. In: WWZ-News, Nr. 16/17, S. 23-30; Schwarb, Th.M. (1996): Die wissenschaftliche Konstruktion der Personalauswahl. München u.a.: Rainer Hampp; Siemers, S.H. (1995): Klassische Modelle zur Kosten-Nutzen-Analyse von Personalauswahlverfahren. In T.J. Gerpott & S.H. Siemers (Hrsg.), Controlling von Personalprogrammen (S. 115-138). Stuttgart: Schäffer-Poeschel.

Internetadressen: Richtlinie 2000/78/EG des Rates vom 27. November 2000 zur Festlegung eines allgemeinen Rahmens für die Verwirklichung der Gleichbehandlung in Beschäftigung und Beruf zur Festlegung eines allgemeinen Rahmens für die Verwirklichung der Gleichbehandlung in Beschäftigung und Beruf (Abl. Nr. L 180/22 vom 19.07.2000) http://europa.eu.int/comm/employment_social/news/2001/jul/directive78ec_de.pdf
Schweizerische Rechtsquellen, Studien und Publikationen zur Gleichstellung von Frau und Mann in der Schweiz http://www.equality-office.ch/d/index.htm

Website des Autors: www.fhso.ch, www.schwarb.net.ms

Personalbeschaffung

Die Personalbeschaffung als Teil der → Personalplanung zielt auf eine quantitative und qualitative Bereitstellung von benötigtem Personal ab. Personalbeschaffungsbedarf liegt vor, wenn der für die Zukunft ermittelte Bedarf an Arbeitskräften den aktuellen Personalbestand überschreitet. Der Planungsprozess umfasst zunächst eine quantitative Bedarfs- und Bestandsplanung. Aus diesen Planungen resultiert der tatsächlich benötigte Netto-Personalbedarf.

Die Methoden der Personalbeschaffung können nach interner oder externer Ausrichtung unterschieden werden. Interne Personalbeschaffungsmethoden richten sich an Mitarbeiter, die bereits im Unternehmen angestellt sind. Entsprechend dem §93 BetrVG kann der Betriebsrat eine interne Ausschreibung vakanter oder neuer Stellen im Unternehmen verlangen. Die externe Personalbeschaffung richtet den Fokus auf den außerbetrieblichen Arbeitsmarkt. In Abhängigkeit von der Dringlichkeit des Bedarfs, den vorhandenen finanziellen Ressourcen und der Arbeitsmarktlage wird eine aktive Personalsuche (Personalmarketing) oder ein passives Verhalten (Aufbau bzw. Nutzung einer vorhandenen Bewerberkartei, Auswertung von Stellengesuchen, Anfrage bei staatlichen Arbeitsvermittlungsstellen) gewählt.
Siehe auch → Personalmanagement (mit Literaturangaben).

Personalbeurteilung

bezeichnet einen institutionalisierten Prozess, in dem planmäßig und formalisiert Informationen über Leistungen und/oder Potenziale von Unternehmensmitgliedern durch dazu beauftragte Personen erhoben werden. Beurteilungsgrundlagen sind in der Regel arbeitsplatzrelevante Leistungs- und Verhaltenskriterien.

Die *Leistungsbeurteilung* fokussiert auf die (beobachtbare) Leistung eines Mitarbeiters oder einer Gruppe. Eine outputorientierte Beurteilung setzt dabei an dem Arbeitsergebnis an und vergleicht die Ist-Leistung mit der Soll-Leistung. Der Grad der Übereinstimmung bzw. Abweichung wird als Indikator für die Leistung betrachtet. Dafür muss die Leistung einer Person zugerechnet und in nachvollziehbarer, möglichst objektiver Weise gemessen werden können. Eine inputorientierte Beurteilung basiert auf der Annahme, dass Leistung maßgeblich von Eigenschaften, Qualifikation und Verhalten der Mitarbeiter geprägt ist. Auch hier kommt es zu einem Abgleich des Soll- und des Ist-Verhaltens als Leistungsindikator.

Während die Leistungsbeurteilung aus einer Ex-post-Perspektive erfolgt, stellt die *Potenzialbeurteilung* auf die Bildung von Erwartungen für die Zukunft durch eine Abschätzung individueller und kollektiver Leistungspotenziale ab.
Siehe auch → Personalführung (mit Literaturangaben).
Literatur: Becker, F.: Grundlagen betrieblicher Leistungsbeurteilungen, 3. Aufl., Stuttgart 1998.

Personalcontrolling

Das Personalcontrolling zielt darauf ab, das Humankapital eines Unternehmens transparent und messbar darzustellen. Um personalwirtschaftliche Tätigkeiten erfolgreich überwachen, steuern und auf das unternehmerische Gesamtziel ausrichten zu können, muss das Personalcontrolling als eine Aktivität verstanden werden, die sich über die gesamte → Personalplanung spannt und entsprechend alle Planungsfunktionen berücksichtigt. Das Personalcontrolling wurde erstmals in den 70er Jahren als Teilfunktion des Unternehmenscontrollings in das betriebliche Planungs- und Kontrollsystem integriert. Dabei unterscheidet sich das Personalcontrolling von alternativen Controlling-Disziplinen in einer besonderen Beachtung qualitativer Aspekte.

Die *Methoden* des Personalcontrollings lassen sich in klassische, kostenorientierte und leistungsorientierte Methoden unterscheiden. *Klassische Methoden* tragen dem Umstand Rechnung, dass die Personalarbeit im betrieblichen Rechnungswesen lediglich einer Aufwandserfassung (Löhne, Gehälter, Sozialleistungen) entspricht. Leistungen von und Erträge durch Mitarbeiter werden weder in der Bilanz noch in der GuV eines Unternehmens berücksichtigt. Klassische Methoden versuchen deshalb, das Personal als Vermögenswert darzustellen (Humanvermögensrechnung) und die sozialen Leistungen eines Unternehmens zu erfassen (Sozialbilanz). *Kostenorientierte Methoden* basieren auf verfügbaren Informationen aus dem internen Rechnungswesen. Die Analyse dieser betriebswirtschaftlichen Daten dient als Grundlage für eine Steuerung der Personalarbeit. *Leistungsorientierte Methoden* erfassen zusätzlich die Qualität des Personalmanagements anhand einer Bewertung durch seine Kunden (Auditierung) und übertragen die erfassten Kundenanforderungen in Abstimmung mit den Unternehmenszielen in Kennzahlensysteme. Siehe auch → Personalmanagement (mit Literaturangaben).

Personalentwicklung

Personalentwicklung

von Professor Dr. Ulrich Bertram
Fachhochschule der Wirtschaft (FHDW) Hannover

1. Charakterisierung

Die Personalentwicklung umfasst die betriebliche Ausbildung (→ Berufsausbildung), Fortbildung und Weiterbildung sowie die generelle Mitarbeiterförderung. Personalentwicklung wird immer dann erforderlich, wenn Diskrepanzen zwischen Fähigkeiten und Anforderungen nicht über die Personalbeschaffung bzw. Personalfreisetzung ausgeglichen werden können oder sollen.

2. Ziele

Personalentwicklung kann sowohl Unternehmenszielen (bspw. Sicherung des notwendigen Bestands an Fach- und Führungskräften, mehr Arbeitsmarktunabhängigkeit, Leistungs- und Flexibilitätssteigerung der Mitarbeiter) als auch Mitarbeiterzielen (bspw. Grundlage für Karriere, Sicherung der erreichten Position, Chance zur Selbstverwirklichung) dienen. Ansatzpunkte für Maßnahmen lassen sich aus den Unternehmenszielen bzw. den festgestellten Fähigkeitslücken gewinnen, beispielsweise aus dem Ziel „Kundenorientierung" lässt sich das Entwicklungsobjekt „Einstellung des Verkäufers gegenüber Kunden" ableiten.

3. Entwicklungsmaßnahmen

Der Fokus der Entwicklungsmaßnahmen kann in den Bereichen Wissen (kognitiver Bereich), Fähigkeiten (kognitiver und/oder psychomotorischer Bereich) und Einstellungen (affektiver Bereich) liegen. Der konkrete individuelle Entwicklungsbedarf eines Mitarbeiters ergibt sich dann aus dem Abgleich von Anforderungs- und Fähigkeitsprofilen. Das notwendige Gegenstück zum festgestellten Entwicklungsbedarf ist ein entsprechendes Entwicklungspotenzial als individuelle Entwicklungsmöglichkeit des jeweiligen Mitarbeiters, das z.B. über Expertenurteile der Führungskräfte oder spezielle Testverfahren wie Potenzialanalysen im Rahmen von Einzel-Assessments ermittelt werden kann.

4. Entwicklungspotenzial

Da Unternehmen dem Wirtschaftlichkeitspostulat unterliegen, wird durch Personalentwicklung nicht immer das gesamte Entwicklungspotenzial ausgeschöpft. Das tatsächliche Entwicklungsvolumen hängt auch von (1) den zur Personalentwicklung bereitstehenden Ressourcen, (2) der Entwicklungsstrategie auf der strategischen Ebene und (3) den individuellen Entwicklungszielen ab.

5. Entwicklungsadressaten

Entwicklungsadressaten können nach verschiedenen Prinzipien ausgewählt werden: (1) Chancengleichheit, d.h. Auswahl unabhängig von Leistungspotenzial/Fähigkeitslücke, (2) Privilegierung, d.h. Beschränkung auf bestimmte Gruppen, z.B. Führungskräfte, (3) Begabtenförderung, d.h. Auswahl von Mitarbeitern mit hohem Entwicklungspotenzial, (4) Engpassregel, d.h. Auswahl danach, wie groß der zu erwartende Schaden von nicht geschlossenen Fähigkeitslücken für das Unternehmen ist. In der Praxis dominiert zunächst die Beseitigung von Engpässen, bevor andere Regeln greifen.

Hinweis

Zu den angrenzenden Wissensgebieten siehe → Arbeitsrecht, → Corporate Citizenship, → Corporate Governance, → Interkulturelles Management, → Lohn- und Gehaltsmodelle, → Managing Motivation, → Management by Objectives, → Personalauswahl, Grundlagen, → Personalauswahl, Instrumente, → Personalführung, → Personalmanagement, Grundlagen, → Personalmanagement, Internationales, → Unternehmensethik, → Unternehmensführung, Grundlagen.

Literatur: Becker, M.: Personalentwicklung, 2. Aufl. Stuttgart 1999; Neuberger, O.: Personalentwicklung, 2. Aufl. Stuttgart 1994; Riekhof, H.-C.: Strategien der Personalentwicklung, 5. Aufl. Wiesbaden 2002; Rauen, C. (Hrsg.): Handbuch Coaching, 2. Aufl. Göttingen 2002; Sarges, W.: Management-Diagnostik, 2. Aufl. Göttingen u. a. 1995;

Internetadressen: Verbände o.Ä.: http://www.dgfp.de, http://www.gfuero.org, http://www.gabal.de, http://www.dgsv.de, http://www.dvnlp.de, http://www.ihk.de, Medien: http://www.personalmagazin.de, Bildungsinstitutionen: http://www.zfuw.uni-kl.de/human-ressourcen/pe-top.html, http://www.systemische-personalentwicklung.de

Website des Autors: www.fhdw.de (Standort Hannover)

Personalfreisetzung

Übersteigt der aktuelle Personalbestand den Bedarf an Arbeitskräften, liegt ein negativer Netto-Personalbedarf und somit ein *Personalfreisetzungsbedarf* vor. Die Planung der Personalfreisetzung wird in der betriebswirtschaftlichen Literatur nach ihrem (zeitlichen) Planungshorizont in zwei Formen unterschieden. Antizipative Personalfreisetzungsplanung versucht, Ursachen für einen möglichen Personalüberhang vorherzusehen, zu beeinflussen und damit den Freisetzungsbedarf zu vermeiden oder durch weiche Maßnahmen (Nutzung der natürlichen Fluktuation) zu verringern. Reaktive Freisetzungsplanung liegt hingegen vor, wenn bereits ein Personalüberhang besteht und eine vorausschauende Planung und Vermeidung harter Maßnahmen kaum mehr möglich ist.

Personalfreisetzungsmaßnahmen können nach ihrer Härte differenziert werden. So genannte sanfte Maßnahmen, die Kündigungen umgehen, lassen sich in kurzfristige Beschäftigungsvariation (z.B. Reduktion von Mehrarbeit, Lagerproduktion oder Ausweitung der Auftragsproduktion), Arbeitszeitvariation (z.B. Verkürzung der betrieblichen Arbeitszeit, Umwandlung von Voll- in Teilzeitarbeitsplätze oder Langzeiturlaub) und Personalbestandsvariation (z.B. Einstellungsstopp oder Aufhebungsverträge) unterscheiden. Dabei führt lediglich die Personalbestandsvariation zu einer Veränderung der Stammbelegschaft, jedoch ohne Aussprache einer Kündigung.

Die *Kündigung* ist die härteste Personalfreisetzungsmaßnahme. Durch die Aussprache einer einseitigen Willenserklärung kann das Arbeitsverhältnis ordentlich unter Beachtung gesetzlicher Kündigungsfristen oder außerordentlich und somit fristlos beendet werden. Die Kündigung unterliegt zahlreichen gesetzlichen Bestimmungen.

Siehe auch → Personalmanagement (mit Literaturangaben).

Personalführung

von Dr. Stefan Süß, Lehrstuhl für Betriebswirtschaftslehre, insbesondere Organisation
und Planung, FernUniversität in Hagen und
Dipl.-Ök. Katharina Jörges-Süß, Lehrstuhl für Allgemeine Betriebswirtschaftslehre,
insbesondere Personalwirtschaft, Universität Duisburg-Essen

1. Charakterisierung

Der Begriff „Führung" („Leadership") wird in der Literatur in unterschiedlichen Zusammenhängen verwendet: Zum einen wird darunter die → Unternehmensführung gefasst, zum anderen ist die Personalführung gemeint. Letztere stellt ein interdisziplinäres Phänomen dar, mit dem sich neben der Betriebswirtschaftslehre unter anderem die Soziologie, die Politologie und die Psychologie auseinandersetzen. *Personalführung* wird verstanden als eine zielorientierte, wechselseitige Verhaltensbeeinflussung von Mitarbeitern, die dazu bewegt werden sollen, Ziele des Unternehmens zu verfolgen. In dieser Definition kommt zum Ausdruck, dass mit dem „Führen" das „Geführtwerden" verbunden ist und der Geführte einen nicht unerheblichen Einfluss auf den Führer ausübt. Da Mitarbeiter sich nicht ausschließlich von Unternehmenszielen leiten lassen, sondern auch eigene Ziele realisieren möchten, muss durch Führung die Verfolgung der Unternehmensziele sichergestellt werden, auch wenn diese den individuellen Zielen widersprechen. Um eine hinreichende → Motivation der Mitarbeiter zu schaffen, ist dabei aber die Berücksichtigung individueller Ziele anzustreben. Vor diesem Hintergrund lassen sich als grundlegende Aufgaben der Führung (1) die → Motivation der Mitarbeiter durch die Gewährung von → Anreizen (siehe auch → Anreizsystem) und die Ermöglichung der Bedürfnisbefriedigung sowie (2) die Koordination des arbeitsteiligen Handelns und seine Kontrolle unterscheiden.

Personalführung stellt die direkte, interaktive Einflussbeziehung zwischen Führer und Geführtem dar. Daneben weist sie eine strukturelle Dimension auf, die in generalisierten Regelungen zum Ausdruck kommt. Zentrale Ansatzpunkte dafür sind die Unternehmens- bzw. Führungskultur, Organisationsstrukturen und die strukturelle Gestaltung von → Anreizsystemen bzw. → Personalbeurteilungen. Strukturelle Führung reduziert den Bedarf an interaktiver Führung, weshalb sie häufig auch als Substitut der direkten, interaktiven Führung bezeichnet wird. Sie bildet den Handlungsrahmen, in dem Vorgesetzte (interaktiv) führen. Das verdeutlicht, dass beide Dimensionen der Führung nicht unabhängig voneinander sind, sondern jeweils in einer konkreten Führungssituation Bedeutung aufweisen.

2. Theoretische Perspektiven

Führungstheorien haben die Aufgabe, Führungsbeziehungen zu erklären und Empfehlungen für ihre Gestaltung zu geben. Jedoch existiert nicht „die Theorie der Führung", sondern es gibt eine Reihe von Ansätzen. Einflussfaktoren auf die Personalführung liegen demnach in der Person des Führers, der Person des Geführten, in der Interaktion zwischen Führer und Geführtem und in der Führungssituation:

(1) *Führerzentrierte Ansätze* betrachten die Person des Führenden als wesentliche Variable zur Erklärung einer Führungsbeziehung. Zu dieser Gruppe zählen die → Eigenschaftstheorie der Führung sowie als besondere Form der Eigenschaftstheorie die → charismatische Führung.

(2) *Geführtenorientierte Ansätze* sehen in der Person des Geführten den zentralen Einflussfaktor auf den Führungserfolg. Zu dieser Gruppe werden die → Weg-Ziel-Theorie, → Attributionstheorien und die → Reifegradtheorie der Führung gerechnet.

(3) *Interaktionsorientierte Führungstheorien* konzentrieren sich auf den Austausch zwischen Vorgesetztem und Mitarbeitern. Hierzu werden die → dyadische Führungstheorie und die → Idiosynkrasie-Kredit-Theorie gezählt.

(4) Das Problem der Vernachlässigung von situativen Rahmenbedingungen auf die Führung wird von den *Situationstheorien* behoben; sie betrachten den Führungserfolg als eine von einer Vielzahl unternehmens- und umweltbezogener Einflussfaktoren abhängige Variable. In diesem Zusammenhang sind das → Kontingenzmodell der Führung und die → Substitutionstheorie der Führung bekannt geworden.

3. Gestaltung der Führung

a) Führungsgrundsätze

Führungsgrundsätze sind allgemeine Verhaltensempfehlungen für die Zusammenarbeit von Unternehmensmitgliedern (Führer und Geführte). Sie stellen Normen und Regeln dar, die zum einen in Form von ungeschriebenen, nicht formalisierten und daher häufig auch individualisierten Erwartungen bestehen können. Zum anderen existieren sie als generalisierte, formal festgeschriebene und unternehmensweit gültige Verhaltensrichtlinien, die einen Rahmen abstecken, in dem Führung erfolgen soll. Damit begrenzen sie den individuellen Entscheidungsspielraum des Vorgesetzten, und das Führungsverhalten soll – durch die Transparenz der Grundsätze – für alle Unternehmensmitglieder nachvollziehbar und akzeptabel werden. Da Führungsgrundsätze situationsunabhängig Gültigkeit haben, bilden sie abstrakte, generelle Richtlinien, die im konkreten Einzelfall der Operationalisierung bedürfen.
Schwerpunkte von Führungsgrundsätzen liegen in der Entscheidungsbeteiligung (Partizipation), der Auswahl und Gestaltung von Führungsinstrumenten sowie den Grundwerten der Führung. Sie stehen in einem interdependenten Verhältnis zur → Unternehmenskultur, die einerseits ihre Formulierung prägen kann. Andererseits ist die → Unternehmenskultur zugleich von den in Führungsgrundsätzen ausgedrückten Werten und Verhaltensweisen beeinflusst. Die Formulierung der Führungsgrundsätze stellt Vorgesetzte vielfach vor Probleme, sodass ihre konsequente, unternehmensweite Verbreitung und Verinnerlichung an Grenzen stößt.

b) Führung durch Zielvereinbarungen

Von den Konzeptionen, die Führung durch Zielvereinbarungen vorsehen, hat das → Management by Objectives (MbO) die stärkste Verbreitung gefunden. Es wurde mit zunehmendem Reifegrad (→ Reifegradtheorie der Führung) und steigender Qualifikation der Mitarbeiter in den 1950er und 1960er Jahren in den Industrieländern populär. Im Gegensatz zu der Zielvorgabe ist mit Zielvereinbarungen die Erweiterung der Möglichkeiten zur Partizipation im Unternehmen verbunden.
Im Rahmen der Zielformulierung werden bestimmte Anforderungen an Ziele gerichtet: Zum einen müssen sie realistische Herausforderungen und klare, eindeutige Vorgaben enthalten. Hier ist eine Beachtung der Fähigkeiten des Stelleninhabers erforderlich, wobei jedoch Entwicklungsmöglichkeiten bestehen sollten, um Motivationsdefizite durch Unterforderung zu vermeiden. Zum anderen müssen eindeutige Angaben über den Zeitpunkt der Zielerreichung gemacht werden, nur dadurch ist im Rahmen der Personalbeurteilung eine Kontrolle des Zielerreichungsgrads möglich. Um durch die Vorgabe langfristiger und eindeutiger Ziele den Handlungsspielraum der Mitarbeiter nicht einzuengen und die Flexibilität des Unternehmens nicht zu gefährden, muss ein kontinuierlicher Prozess der Zielanpassung initiiert werden.
Führung durch Zielvereinbarungen betont im Wesentlichen die strukturelle Führungsdimension und substituiert dadurch teilweise interaktive Aspekte der Führung. Probleme sind vor allem in dem erheblichen Zeitaufwand zu sehen, der für die Erstellung eines umfassenden, konsistenten Zielsystems sowie die Kontrolle der Zielerreichung erforderlich ist.

c) Führungsstil und Führungsverhalten

Der durch Führungsgrundsätze und Zielvereinbarungen geschaffene Rahmen bedarf der interaktiven Ausgestaltung durch die einzelne Führungskraft. Zum Tragen kommt dabei der individuelle *Führungsstil*. Dieses langfristig relativ stabile, nur in einer schmalen Bandbreite variable Verhaltensmuster eines Vorgesetzten ist durch seine persönliche Grundeinstellung (z.B. Philosophie, Ideologie, Menschenbild) geprägt. Der Führungsstil markiert Grenzen, in denen das individuelle *Führungsverhalten* stattfindet. Es bezeichnet modifizierbare Verhaltensweisen, die auf eine zielorientierte Einflussnahme in bestimmten Arbeitssituationen ausgerichtet sind.
In der Literatur werden Führungsstile verschiedenartig abgebildet. Besondere Bekanntheit und Verbreitung hat das *eindimensionale Führungsstilkontinuum* von Tannenbaum/Schmidt erlangt. Führungsstile werden dabei nach dem vom Vorgesetzten gewährten Grad an Partizipation differenziert: Während bei einem autoritären Führungsstil die Entscheidungsmacht beim Vorgesetzten liegt, fungiert er im Rahmen der demokratischen Führung als Koordinator einer Gruppenentscheidung. Zwischen diesen gegen-

sätzlichen Ausprägungen bestehen weitere alternative Führungsstile mit graduellen Unterschieden in der Entscheidungsbeteiligung.

Darüber hinaus sind *zweidimensionale Konzepte* populär geworden, die Führungsstile in der Regel durch die Dimensionen „Aufgabenorientierung" und „Mitarbeiterorientierung" charakterisieren. Ein mitarbeiterorientierter Führer achtet auf das Wohlergehen seiner Mitarbeiter, ist um ein gutes Verhältnis zu ihnen bemüht, unterstützt sie und setzt sich für sie ein. Demgegenüber legt ein aufgabenorientierter Vorgesetzter Wert auf die Arbeitsmenge, übt Druck auf seine Mitarbeiter aus und tadelt schlechte Leistungen. Aufbauend auf diesen Überlegungen haben Blake/Mouton das populäre Konzept des Verhaltensgitters entworfen, in dem die Aufgabenorientierung und die Mitarbeiterorientierung mit jeweils neun verschieden starken Ausprägungen dargestellt werden. Während die jeweils geringste Ausprägung zu einer minimalen Einwirkung auf Arbeitsleistung und Mitarbeiter führt, wird durch die maximale Ausprägung beider Dimensionen eine hohe Arbeitsleistung von engagierten Mitarbeitern erbracht, die gemeinsam mit dem Vorgesetzten ein Ziel verfolgen. Ein solcher Führungsstil stellt ein anzustrebendes Ideal dar, das sich in der Praxis nur schwer realisieren lässt.

Es ist weitgehend unumstritten, dass kein Führungsstil in jeder Situation erfolgreich ist. Vor diesem Hintergrund nimmt das Entscheidungsmodell von Vroom/Yetton eine Klassifikation von Führungsstilen vor, die sich primär im Partizipationsgrad unterscheiden. Welche Handlungsmöglichkeiten ein Vorgesetzter wählt, hängt von der konkreten Situation ab, die durch (1) die gewünschte Qualität der Entscheidung, (2) die Verfügbarkeit notwendiger Informationen, (3) den Strukturierungsgrad des Entscheidungsproblems, (4) die Bedeutung der Akzeptanz der Entscheidung bei den Mitarbeitern, (5) deren individuelle Zielsetzungen und (6) die Konfliktträchtigkeit der Entscheidung charakterisiert ist. Durch Anwendung verschiedener Entscheidungsregeln wird ein situationsadäquater Führungsstil ausgewählt. Die Möglichkeiten reichen von einer autoritären Entscheidung bis hin zu einer Gruppenentscheidung.

4. Fazit

Personalführung stellt einen zentralen Aspekt der → Unternehmensführung dar; sie weist eine hohe Bedeutung auf, um Mitarbeiterpotenziale gezielt zu erschließen. Die umfassende Literatur zur Führung bietet zahlreiche Ansatzpunkte zur Erklärung und Gestaltung von Führungsbeziehungen. Herausforderungen für die Personalführung ergeben sich aber daraus, dass Bedürfnisse, Motive und Verhaltensweisen von Personen nicht konstant sind, sondern aus verschiedenen Gründen, z.B. dem → Wertewandel, Veränderungen unterliegen. Dem muss durch eine entsprechend angepasste Führung begegnet werden, um die damit verbundenen Zielsetzungen zu erreichen. Besondere Bedeutung wird vor diesem Hintergrund zukünftig dem Mitunternehmertum zugeschrieben. Außerdem geht man davon aus, dass solche Führungsstile immer wichtiger werden, die Mitarbeiter inspirieren und motivieren sowie auf individuelle Besonderheiten eingehen (z.B. die → transformationale Führung).

Hinweis

Zu den angrenzenden Wissensgebieten siehe → Arbeitsrecht, → Corporate Citizenship, → Corporate Governance, → Interkulturelles Management, → Lohn- und Gehaltsmodelle, → Managing Motivation, → Management by Objectives, → Personalauswahl, Grundlagen, → Personalauswahl, Instrumente, → Personalentwicklung, → Personalmanagement, Grundlagen, → Personalmanagement, Internationales → Unternehmensethik, → Unternehmensführung, Grundlagen.

Literatur: Blake, R./Mouton, J.: Verhaltenspsychologie im Betrieb, Düsseldorf und Wien 1968; Kieser, A./Reber, G./Wunderer, R. (Hrsg.): Handwörterbuch der Führung, 2. Aufl., Stuttgart 1995; Neuberger, O.: Führen und Führen lassen, Stuttgart 2002; Rosenstiel, L.: Grundlagen der Organisationspsychologie, 4. Aufl., Stuttgart 2000; Scherm, E./Süß, S.: Personalmanagement, München 2003; Weibler, J.: Personalführung, München 2001; Staehle, W.: Management, 8. Aufl., München 1999; Tannenbaum, R./Schmidt, W.: How to Choose a Leadership Pattern, in: Harvard Business Review 36 (2/1958), S. 95-101; Vroom, V./Yetton, P.: Leadership and Decision-Making, Pittsburgh 1973; Wunderer, R.: Führung und Zusammenarbeit. Eine unternehmerische Führungslehre, 5. Aufl., Neuwied und Kriftel 2002.

Internetadressen: (Führungsgrundsätze ausgewählter Unternehmen): www.drk-berlin.de/leitbild.htm#Fuehrung; www.boehringer-ingelheim.de/job/fuehrungsgrunds.jsp (Deutsche Gesellschaft für Personalführung): www.dgfp.de

Websites der Autoren: (Dr. Stefan Süß): www.fernuni-hagen.de/BWLOPLA/welcome.htm; www.personallehrbuch.de; (Katharina Jörges-Süß): www.uni-due.de/personal/

Personalmanagement

Personalmanagement

von Privatdozentin Dr. Anja Tuschke und Dipl.-Kauffrau Carina Gebhart
Universität Passau

1. Charakterisierung

Märkte, Technologien und Werte in der Gesellschaft verändern sich immer rascher und erschweren es Unternehmen, wettbewerbsfähig zu bleiben. Aus diesem Grund steigt die Bedeutung, schwer imitierbares Know-how aufzubauen sowie vorhandenes Spezialistenwissen und Managementpotenzial zielorientiert zu nutzen. Das Personal als Bezeichnung für die Beschäftigten eines Unternehmens wird somit zu einer Ressource, das Personalmanagement zu einer gesamtunternehmerischen, aktiven und effizienzführenden Aufgabe. Strategische Entscheidungen müssen mit Personalfunktionen abgestimmt werden, um das Personalmanagement im Sinne des Unternehmensziels durchführen, steuern und kontrollieren zu können.

2. Begriffliche Abgrenzungen:

Die Begriffe *Human Resource Management* und *Personalmanagement* werden heute in der Regel synonym verwendet. Beide Bezeichnungen stehen für ein modernes Verständnis der Personalarbeit und eine Betonung der Managementfunktion. Entscheidungen und Prozesse werden auf die Unternehmensstrategie ausgerichtet und die personalwirtschaftliche Arbeit wird zu einem arbeitsteiligen, integrativen Element des unternehmerischen Managementprozesses. Personalmanagement und Human Resource Management umfassen somit alle Fragestellungen bezüglich des Einsatzes von Personal. In der personalwirtschaftlichen Literatur finden sich weiterhin die Begriffe *Personalarbeit, Personalverwaltung, Personalwesen* und *Personalwirtschaft.*
Die *Personalarbeit* kennzeichnet den funktionalen Aspekt der Tätigkeit und gilt deshalb als Bezeichnung für sämtliche Personalfragen. Die weiteren Bezeichnungen beziehen sich in der Regel auf einen Aufgabenbereich oder betonen eine spezielle Ausrichtung der Personalarbeit. So konzentriert sich die *Personalverwaltung* auf die rein administrative Tätigkeit im Personalbereich. Die Bezeichnung *Personalwesen* grenzt sich vom heutigen Personalmanagement ebenfalls durch die Betonung der verwaltenden, passiven Elemente ab, gilt jedoch als veralteter Ausdruck. *Personalwirtschaft* hingegen beschreibt den Umgang mit Personal vor einer ökonomischen Ausrichtung und Zielsetzung. Verhaltenswissenschaftliche Aspekte werden unter dieser Bezeichnung nicht berücksichtigt. Im Folgenden sollen die Begriffe Personalarbeit, Personalmanagement und Human Resource Management synonym verwendet werden.

3. Entwicklungslinien des Personalmanagements

Die Praxis der Personalarbeit hat in den vergangenen Jahrzehnten einen Wandel von der reinen Administration zur systematischen Unternehmensfunktion mit Wertschöpfungscharakter erlebt.
Scholz (2000) definiert sechs tendenzielle Entwicklungsphasen der Personalarbeit: Während bis 1960 das Personalwesen noch durch eine rein administrative Tätigkeit (→ Personalverwaltung), eine rudimentäre Personaleinsatzplanung sowie lediglich ersten Einflüssen durch Gewerkschaften gekennzeichnet war, versuchten Unternehmen ab 1960, Personalarbeit und Personalplanung durch Schaubilder und Kontrollberichte zu vereinfachen. In den 70er Jahren etablierten sich erste Ansätze der → Personalentwicklung und Personalbetreuung. Inspiriert von japanischen und amerikanischen Modellen rückte ab

1980 erstmals die Personalstrategie in den Vordergrund. Betriebliche Personalarbeit wurde als Wettbewerbsfaktor mit Wertschöpfungspotenzial verstanden. Ab 1990 begannen Unternehmen, ihre Personalaufgaben über alle betrieblichen Funktionsbereiche zu verteilen. Auf diese Weise wurde das Management des Personals in den Aufgaben- und Verantwortungsbereich der Führungskräfte übertragen. Seit 2000 ist eine so genannte Personalkompetenzintegration zu beobachten, d.h. personalwirtschaftliche Kernkompetenzen werden zusammengefasst, um eine Professionalisierung in den Bereichen zu ermöglichen.

4. Rahmenbedingungen des betrieblichen Personalmanagements

Veränderte Rahmenbedingungen erfordern stets auch ein verändertes Personalmanagement. Durch das Umfeld werden jedoch nicht nur personalwirtschaftliche Entscheidungen beeinflusst. Die Rahmenbedingungen sind auch als Herausforderungen zu betrachten, welche durch entsprechende Anpassungsmaßnahmen zu bewältigen sind.

(a) Das *politisch-rechtliche Umfeld* hat einen erheblichen Einfluss auf die Ausgestaltungsmöglichkeiten und -notwendigkeiten des Personalmanagements eines Unternehmens. Im Rahmen der politischen Entwicklungen sind dabei sowohl die Globalisierung und die Bildung von politischen und ökonomischen Gemeinschaften (EU) als auch die nationale Arbeitsmarkt-, Bildungs- und Sozialpolitik entscheidend. Das rechtliche Umfeld ist in Deutschland von einer Vielzahl von Bestimmungen geprägt, die nicht nur den Betrieb im Allgemeinen, sondern auch dessen Personalarbeit im Speziellen beeinflussen. So genannte zwingende Gesetzesbestimmungen wie das Grundgesetz, das Bürgerliche Gesetzbuch (BGB), das Mitbestimmungs- und Betriebsverfassungsgesetz sowie Arbeitnehmerschutzrechte werden durch tarifliche Regelungen (gültig für Unternehmen, die in den Geltungsbereich des Tarifvertrags fallen), Bestimmungen aus Betriebsvereinbarungen und Inhalte der einzelnen Arbeitsverträge ergänzt und setzen auf diese Weise Grenzen für die Personalarbeit.

(b) Das *technologische Umfeld* ist geprägt durch die Entwicklungen im Bereich der Produktions- und Informationstechnologie. Neue Technologien insbesondere in den Bereichen der Kommunikation und Information, ein immer schneller werdender technologischer Wandel und der Trend zur Automatisierung vereinfachen zwar organisatorische Abläufe und ermöglichen eine globale Unternehmensausrichtung. Gleichzeitig erhöhen sie jedoch die Anforderungen an die Qualifikation der Mitarbeiter, denen im Rahmen der Personalentwicklung Rechnung zu tragen ist.

(c) Steigende *Direktinvestitionen* im Ausland belegen die zunehmende Internationalisierung der Märkte. Damit steigt der Druck auf hiesige Unternehmen, sich auch über nationale Grenzen hinweg strategisch zu positionieren. Für das Personalmanagement ergeben sich hierdurch besondere Herausforderungen hinsichtlich einer Bereitstellung von Mitarbeitern mit interkultureller Kompetenz, der Gestaltung eines Wissensaustausches über Unternehmens- und Landesgrenzen hinweg sowie dem Umgang mit unterschiedlichen, landesspezifischen Werten, Normen und Verhaltensweisen.

(d) Mit dem *gesellschaftlichen Umfeld* wirken Werte und Normen der Bevölkerung auf die Gestaltung der Personalarbeit ein. Seit den 60er Jahren ist ein deutlicher Wertewandel von Pflicht- und Akzeptanzwerten wie Disziplin, Fleiß und Pflichterfüllung hin zu Selbstentfaltungswerten wie Autonomie, Kreativität und Selbstverwirklichung zu beobachten. Im Rahmen der Personalarbeit ist deshalb verstärkt auf die Gestaltung international orientierter, abwechslungsreicher und verantwortungsreicher Tätigkeiten zu achten.

5. Systematik des Personalmanagements

Das Personalmanagement kann nach Bühner (2005) in zwei Begriffsteile unterschieden werden (vgl. Abbildung 1: Systematik des Personalmanagements).

Das *Personalmanagement* im Sinne einer unternehmensübergreifenden Querschnittsfunktion stellt sicher, dass die → Personalstrategie Anbindung an die Unternehmensstrategie findet. Auf diese Weise wird die auf der Personalstrategie basierende → Personalplanung mit den Funktionen → Personalmarketing, → Personalbeschaffung, → Personalfreisetzung, → Personalentwicklung und Personaleinsatz auf das unternehmerische Gesamtziel ausgerichtet. Die Formulierung der *Personalstrategie* stellt somit auf die Verfügbarkeit personeller Kapazitäten in qualitativer, quantitativer und zeitlicher Hinsicht ab. Die so genannte personalfunktionsübergreifende Querschnittsfunktion des Personalmanagements beinhaltet die Aktivitätsfelder Entgelt und → Arbeitszeitmanagement, Gruppenarbeit, → Personalführung (und Motivation) sowie → Personalcontrolling. Im Rahmen dieser Aktivitätsfelder wird die Ressourcenverwendung über alle Personalplanungsfunktionen hinweg geplant, gesteuert und kontrolliert.

Die *Personalorganisation* bezieht sich auf die Gestaltung der Aufbau- und Ablauforganisation im Personalbereich. Die Aufbauorganisation definiert sowohl die funktionale Gliederung des Personalbereichs als auch seine hierarchische Einordnung in das gesamte Unternehmen. Die Ablauforganisation legt die Arbeits- und Entscheidungsprozesse fest. Durch die Personalorganisation wird der Zusammenhalt zwischen den unterschiedlichen Aktivitätsfeldern des Personalmanagements sichergestellt. Sie bildet demnach die strukturelle Grundlage für eine erfolgreiche Umsetzung der Personalstrategie.

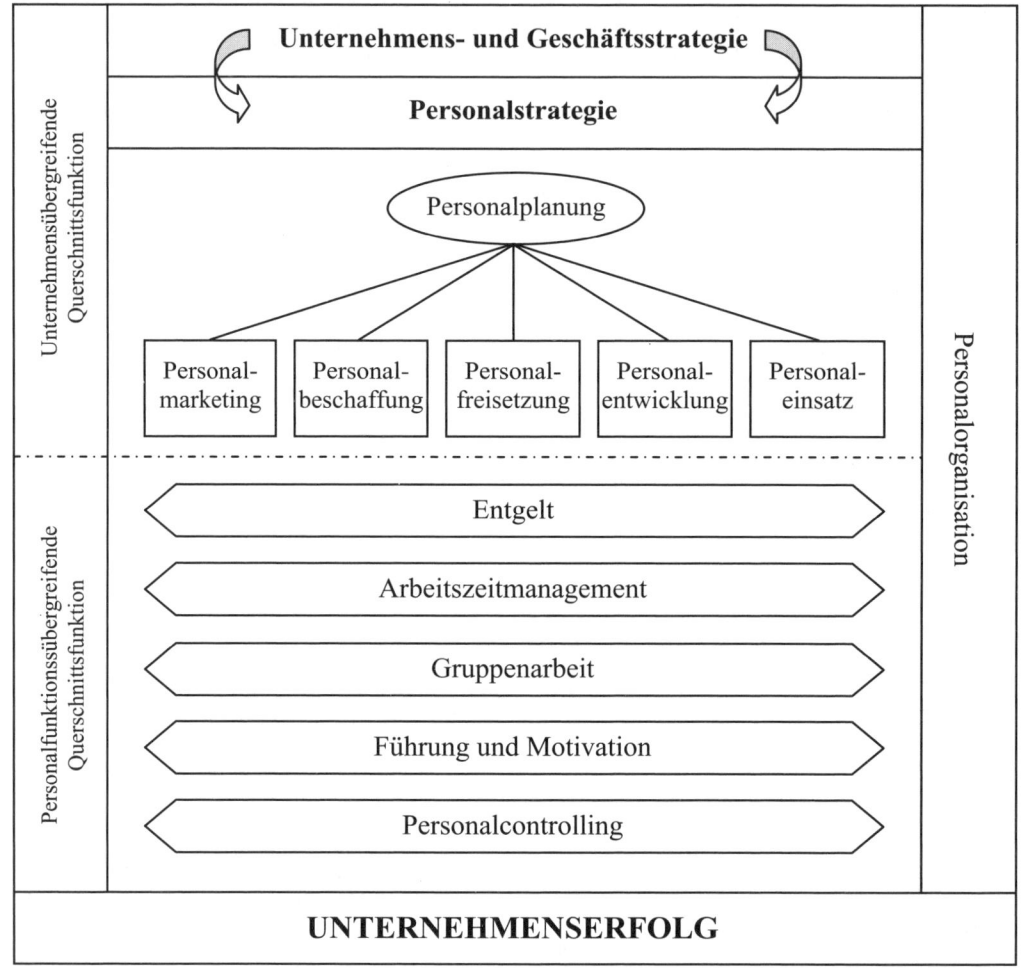

Abb. 1: Systematik des Personalmanagements

Quelle: Bühner, R.: Personalmanagement, 3., überarbeitete und erweiterte Auflage, München und Wien 2005.

6. Personalökonomik

Die Personalökonomik hat sich in den letzten Jahren als neue Disziplin zwischen Arbeitsmarktökonomik und Personalmanagement etabliert. Ziel dieses Forschungs- und Lehrbereichs ist eine (mikro-)ökonomische Analyse personalwirtschaftlicher Problemstellungen, um darauf aufbauend Lösungsansätze zu präsentieren und eine ökonomisch fundierte Personalstrategie zu formulieren. Schwerpunkte in diesem Bereich sind in erster Linie Umfang und Wirkung von Weiterbildungsmaßnahmen, Entscheidungen zu Entlassungsmaßnahmen und Abfindungsangeboten, Motivationswirkungen einer Beförderungspolitik, Gestaltung eines Leistungswettbewerbs, Zusammensetzung von und Anreizgestaltung in Teams sowie Gewährung und Gestaltung nicht-monetärer Vergütungskomponenten.

Hinweis
Zu den angrenzenden bzw. vertiefenden Wissensgebieten siehe → Arbeitsrecht, → Balanced Scorecard, → Change Management, → Corporate Citizenship, → Corporate Governance, → Humanressourcen-Portfolio, → Interkulturelles Management, → Lohn- und Gehaltsmodelle, → Managing Motivation, → Management by Objectives, → Personalauswahl, Grundlagen, → Personalauswahl, Instrumente, → Personalentwicklung, → Personalführung, → Personalmanagement, Internationales, → Prozessmanagement, → Strategisches Management, → Unternehmensethik, → Unternehmensführung, Grundlagen.

Literatur: Bühner, R.: Personalmanagement, 3., überarbeitete und erweiterte Auflage, München und Wien 2005; Berthel, J., Becker, F. G.: Personal-Management – Grundzüge für Konzeptionen betrieblicher Personalarbeit, 7., überarbeitete und erweiterte Auflage, Stuttgart 2003; Drumm, H.J.: Personalwirtschaft, 5., überarbeitete und erweiterte Auflage, Berlin et al. 2005; Scholz, Chr: Personalmanagement, 5., neubearbeitete und erweiterte Auflage, München 2000; Wunderer, R., Dick, P.: Personalmanagement – quo vadis? Analysen und Prognosen zu Entwicklungstrends bis 2010, Neuwied 2000; Lazear, E. P.: Personnel Economics for Managers, New York et al. 1998; Backes-Gellner, U., Lazear, E. P., Wolff, B.: Personalökonomik – Fortgeschrittene Anwendungen für das Management, Stuttgart 2001.

Internetadressen: www.dgfp.com; www.iao.fraunhofer.de; www.abwf.de; www.bibb.de

Website der Autoren: www.uni-passau.de/lehrstuehle/buehner

Personalmanagement, Internationales

Internationales Personalmanagement

von Dr. Stefan Süß, Lehrstuhl für Betriebswirtschaftslehre, insbesondere
Organisation und Planung, FernUniversität in Hagen

1. Charakterisierung
Die → Internationalisierung der Wirtschaft hat in den letzten Jahr(zehnt)en erheblich an Dynamik gewonnen. Jede grenzüberschreitende Geschäftstätigkeit bringt eine Reihe von Veränderungen für die Unternehmensführung und damit auch für das Personalmanagement mit sich; das grundsätzliche Ziel des Personalmanagements, rechtzeitig und in ausreichender Menge Personal mit benötigter Qualifikation bereitzustellen, sodass die Unternehmensziele erreicht werden, bleibt von der Internationalität eines Unternehmens jedoch unberührt. Aus dieser Zielsetzung leiten sich verschiedene Aufgaben ab: Personalbeschaffung und -auswahl, Personalentwicklung, Anreizgestaltung (→ Anreizsystem) und Personalbeurteilung. Hinzu kommen der grenzüberschreitende Personaleinsatz als spezifische Aufgabe, die jedoch verschiedene Elemente der anderen Aufgabenbereiche beinhaltet, sowie internationale Arbeitsbeziehungen.

2. Spezifische Rahmenbedingungen
Der zentrale Unterschied zwischen dem Personalmanagement im nationalen und im → internationalen Unternehmen besteht in den komplexeren unternehmensexternen und unternehmensinternen Rahmenbedingungen: *Unternehmensexterne Rahmenbedingungen* sind vom einzelnen Unternehmen nicht oder nur wenig zu beeinflussen. Eine wesentliche unternehmensexterne Rahmenbedingung des internationa-

len Personalmanagements stellt die Landeskultur dar, die prägend auf individuelles Verhalten wirkt und – je nach Kulturkreis – erheblich differieren kann. Daneben bedürfen gesetzliche Rahmenbedingungen der Beachtung, die im individuellen Arbeits- und Sozialrecht, aber auch auf kollektivrechtlicher Ebene zu sehen sind und deren Nichtbeachtung Sanktionen zur Folge hat. In engem Zusammenhang dazu stehen internationale Organisationen (z.B. → EU, → IWF, → OECD, → WTO), die verbindliche Gesetze oder Vorschriften erlassen sowie unverbindliche Vorschläge machen (können). Besondere Relevanz für internationale Arbeitsbeziehungen haben die internationalen Arbeitgeber- und Arbeitnehmerorganisationen (z.B. → EGB, → IBFG, → IBS, → ILO, → WGB, → WKA). Das zentrale Instrument der Regulierung grenzüberschreitender Unternehmenstätigkeit durch internationale Organisationen bilden → Verhaltenskodizes.

Unternehmensinterne Rahmenbedingungen wurden lange Zeit auf das → EPRG-Konzept Perlmutters verkürzt, das grundlegende Orientierungen des Managements widerspiegelt. Daneben beeinflussen aber auch andere unternehmensinterne Faktoren das internationale Personalmanagement: (1) Die Form und der Zeitpunkt des internationalen Markteintritts bestimmen den Personalbedarf maßgeblich. Während der selbstständige Eintritt, z.B. in Form einer → Direktinvestition, einen hohen Bedarf an entsprechend qualifizierten Mitarbeitern im Gastland zur Folge hat, verringert sich dieser, wenn bei einem kooperativen Eintritt auch Partnerunternehmen Mitarbeiter einbringen. (2) Die Konfiguration der Wertschöpfung legt fest, wo welche Aktivitäten angesiedelt sind. Das wirkt sich auf den quantitativen und qualitativen Personalbedarf an den einzelnen Standorten aus. (3) Ebenso berührt die strategische Frage nach Standardisierung oder Differenzierung das Personalmanagement. Die Antwort darauf bestimmt, ob personalwirtschaftliche Ziele, Systeme und Instrumente unternehmensweit vereinheitlicht oder in den einzelnen Niederlassungen spezifisch gehandhabt werden. Diese strategischen und strukturellen Aspekte stehen in einer wechselseitigen Beziehung zur → Unternehmenskultur, die auch im → internationalen Unternehmen prägend auf Ziele und Verhalten der Unternehmensmitglieder wirkt.

3. Spezifische Problemfelder im internationalen Personalmanagement

a) Personalbeschaffung und -auswahl
Zukünftige Mitarbeiter werden im Rahmen der *Personalbeschaffung* ausgewählt. Dabei unterscheidet man üblicherweise die unternehmensinterne und die unternehmensexterne Rekrutierung. International kommt die Herkunft des Arbeitnehmers als weiterer Aspekt hinzu: Es stehen grundsätzlich (1) Angehörige des Stammlands (Parent Country Nationals), (2) Angehörige des Gastlands (Host Country Nationals) und (3) Angehörige eines Drittlands (Third Country Nationals), d.h. Länder, in denen weder das Stammhaus noch die Auslandsgesellschaft ihren Sitz haben, zur Verfügung. Die externe Beschaffung führt im → internationalen Unternehmen zu einer Reihe zusätzlicher (operativer) Schwierigkeiten. So sind z.B. gleiche oder ähnliche formale Qualifikationen nicht zwangsläufig gegeben oder über Ländergrenzen hinweg nicht vergleichbar. Hinzu kommen unterschiedliche Arbeitsmarktbedingungen und divergierende Erwartungen der Arbeitnehmer sowie landesspezifische Beschaffungspraktiken.

Im Rahmen der internationalen → *Personalauswahl* gilt es für Mitarbeiter, die im Ausland tätig sein sollen oder deren Aufgabe in einer anderen Weise von der internationalen Unternehmenstätigkeit bestimmt ist, neben fachlichen und sozialen Qualifikationsmerkmalen zwei weitere Anforderungskategorien zu berücksichtigen. Das ist zum einen die nach außen gerichtete kulturbezogene oder → interkulturelle Kompetenz und zum anderen die mehr nach innen gerichtete Schnittstellenkompetenz.

b) Personalentwicklung
Adressat internationaler → Personalentwicklung sind alle international tätigen Mitarbeiter eines Unternehmens, d.h. neben Führungskräften und Entsendungskandidaten alle Fachkräfte, die von der Internationalität betroffen sind. Zwischen den Entwicklungskandidaten können systematische Unterschiede im Entwicklungsbedarf bestehen, die vor allem aus den unterschiedlichen Bildungssystemen, -inhalten und -niveaus in verschiedenen Ländern resultieren. Daneben führen landesspezifische Bedingungen dazu, dass der Entwicklungsbedarf national differenziert werden muss und die Maßnahmenwahl eingeschränkt sein kann. Dazu gehören verschiedene Lernstile sowie kulturbedingte Unterschiede im Verhalten und der Anpassungsfähigkeit. Zentrale Maßnahme internationaler Personalentwicklung ist das → interkulturelle Training.

c) Anreizsystem und Personalbeurteilung

Im internationalen Kontext stellt sich die Frage, ob länderübergreifend ein einheitliches → *Anreizsystem* etabliert oder durch eine länderspezifische Gestaltung nationalen und kulturellen Besonderheiten Rechnung getragen werden soll. Es sind Einschränkungen zu beachten, die aus internationalen Unterschieden in → Arbeitsrecht, Arbeitsmarktsituation und Lohnniveau resultieren. Eine weltweite Standardisierung des Anreizsystems reduziert den verwaltungstechnischen Aufwand und erhöht die unternehmensweite Vergleichbarkeit der → Anreize. Sie stößt jedoch an Grenzen, da Erwartungen und Bedürfnisse im internationalen Kontext variieren und die Anreizwirkung interkulturell nicht immer prognostiziert werden kann. Demgegenüber stellen differenzierte Anreizsysteme auf „typische" kulturgeprägte Erwartungen und Bedürfnisse ab, womit eine stärkere Anreizwirkung verbunden sein kann. Sie verringern aber auch die internationale Vergleichbarkeit des Anreizniveaus. Die Folge können als ungerecht empfundene Unterschiede im internationalen Vergleich sein. Es entstehen zudem Probleme, wenn Führungskräfte grenzüberschreitend tätig werden (müssen) und die Anreizniveaus im Entsendungs- und Gastland stark divergieren. Dann sollten im Rahmen der Nettovergleichsrechnung Lebenshaltungskostenunterschiede und Auslandszulagen berücksichtigt werden.

Die → *Personalbeurteilung* ist eine zentrale Voraussetzung für die nicht willkürliche Gewährung von → Anreizen. Im → internationalen Unternehmen stellt sich dabei die Frage, (1) durch wen Mitarbeiter beurteilt werden und (2) nach welchen Kriterien und mit welchen Methoden das erfolgt. Beurteilt analog zur nationalen Personalbeurteilung der direkte lokale Vorgesetzte einen Mitarbeiter, unterscheiden sich diese beiden nicht selten durch ihren kulturellen Hintergrund. Das hat Einfluss auf die Ergebnisse und die Wirksamkeit einer Beurteilung. Zum Tragen kommen hier kulturbedingt unterschiedliche Rollen- und Verhaltenserwartungen, die eine valide Beurteilung erschweren. Bei einer Beurteilung seitens des Stammhauses besteht das Problem, dass lokale Anforderungen und situative Einflüsse nicht erkannt oder falsch eingeschätzt werden. Demgegenüber führt eine grenzüberschreitend auf gleichen Kriterien und Methoden beruhende Personalbeurteilung länderübergreifend nur zu vergleichbaren Ergebnissen, wenn neben dem Leistungsbegriff auch die Attribution der Leistungsursachen übereinstimmt. Das kann jedoch nicht unterstellt werden. Zum einen ist die Definition von Leistung keineswegs kulturinvariant, zum anderen ergeben sich kulturbedingte Unterschiede in der Zuschreibung von (Miss-)Erfolgen. Während in westlichen Kulturen der Einzelne dafür verantwortlich gemacht wird, bezieht sich die Kontrolle in kollektivistischen Kulturen (z.B. Japan) auf die (Arbeits-)Gruppe. Vom Vorgesetzten verlangt die internationale Leistungsbeurteilung somit höchste Sensibilität, da interkulturell deutliche Unterschiede bestehen und die Bewertung der individuellen Leistung in einigen Ländern (z.B. Japan) sogar als Beleidigung verstanden und abgelehnt wird. Vor diesem Hintergrund kann es nicht das Ziel sein, ein einheitliches Beurteilungssystem für alle Mitarbeiter zu entwickeln. Das ist auch in der Regel gar nicht möglich, da jede Beurteilung landesspezifischen Rahmenbedingungen, z.B. → Mitbestimmungsregelungen, unterliegt. Für international tätige Führungs(nachwuchs)kräfte sollte aber versucht werden, die Beurteilung zu vereinheitlichen, um ihren grenzüberschreitenden Einsatz zu erleichtern.

4. Fazit

Eine internationale Unternehmenstätigkeit schlägt sich im gesamten Spektrum personalwirtschaftlicher Aufgaben nieder und zieht eine Reihe von zusätzlichen, spezifisch internationalen personalwirtschaftlichen Problemen nach sich. Diesen muss man sich stellen, da die Mitarbeiter gerade für die internationalen Aktivitäten und deren Erfolg eine zentrale Voraussetzung sind. Zu einem Erfolgsfaktor werden sie aber nur, wenn sie ausreichend qualifiziert und motiviert sind. Ist das nicht der Fall, können der (erfolgreichen) → Internationalisierung eines Unternehmens enge Grenzen gesteckt sein.

Hinweis

Zu den angrenzenden Wissensgebieten siehe → Arbeitsrecht, → Balanced Scorecard, → Corporate Citizenship, → Corporate Governance, → Globalisierung, → Interkulturelles Management, → Lohn- und Gehaltsmodelle, → Managing Motivation, → Management by Objectives, → Personalauswahl, Grundlagen, → Personalauswahl, Instrumente, → Personalentwicklung, → Personalführung, → Personalmanagement, Grundlagen, → Unternehmensführung, Grundlagen.

Literatur: Festing, M.: Internationales Personalmanagement, in: Gaugler, E./Oechsler, W./Weber, W.: Handwörterbuch des Personalwesens, 3. Aufl., Stuttgart 2004, Sp. 963-978; Hofstede, G.: Interkulturelle Zusammenarbeit, Wiesbaden 1993; Scherm, E.: Internationales Personalmanagement, 2. Aufl., München und Wien 1999; Scherm, E./Süß, S.: Internationales Management. Eine funktionale Perspektive, München 2001; Süß, S.: Internationales Personalmanagement, München und Mering 2004; Weber, W. et al.: Internationales Personalmanagement, 2. Aufl., Wiesbaden 2001.

Internetadressen: (internationale Organisationen) EU: http://europa.eu.int/index_de.htm; OECD: http://www.oecd.org/; WTO: http://www.wto.org/ IBFG: http://www.icftu.org/ ILO: http://www.ilo.org/

Website des Autors: (Dr. Stefan Süß) www.fernuni-hagen.de/BWLOPLA/welcome.htm; www.managementlehrbuch.de

Personalmarketing

Das Personalmarketing ist aus funktionaler Sicht ein Teilelement der Personalplanung, das die Umsetzung der Personalstrategie unterstützt. Das Personalmarketing findet seinen Ursprung in den 60er Jahren, als das Marketingverständnis aus den Absatz- und Vertriebsbereichen der Unternehmen auf die Personalarbeit übertragen wird. Dabei stellt der Arbeitsplatz das zu vermarktende Produkt dar, Kunde ist der Mitarbeiter.

Der Begriff Personalmarketing wird unterschiedlich weit gefasst. Die enge Definition umfasst lediglich Aktivitäten zur langfristigen Erschließung des externen Arbeitsmarktes und zur Sicherstellung von benötigten Personalressourcen. Ein positives Image des Unternehmens auf dem Arbeitsmarkt soll dabei zu möglichst vielen qualifizierten Bewerbungen führen. Die weiter gefasste Definition beinhaltet alle Aktivitäten der Personalpolitik, z.B. interne Maßnahmen der Personalentwicklung und eine interne Personalwerbung, die auf eine langfristige Mitarbeiterbindung abzielt. Das Personalmarketing unterstützt auf diese Weise in jedem Fall die Teilplanungsfunktion Personalbeschaffung.

Siehe auch → Personalmanagement (mit Literaturangaben).

Personalorganisation

Gestaltung der Aufbau- und Ablauforganisation im Personalbereich. Siehe auch → Personalmanagement (mit Literaturangaben).

Personalplanung

Die Personalplanung beschreibt die Umsetzung der → Personalstrategie durch die Konkretisierung von Zielen und die hierfür notwendigen Maßnahmen. Die Personalplanung als Teil der Unternehmensplanung wird sowohl von internen als auch von externen Faktoren beeinflusst.

Unternehmensintern wirken die betrieblichen Teilpläne (z.B. Absatz- und Investitionsplan) auf die Zielsetzung. Als externe Einflussfaktoren können die Rahmenbedingungen des Personalmanagements wie das politisch-rechtliche, das technologische und das gesellschaftliche Umfeld sowie die Internationalisierung betrachtet werden. Während die langfristige Planung auf Basis der → Personalstrategie anzuwendende Methoden und Maßnahmen festlegt, beinhaltet die kurzfristige Ausrichtung eine operative Planung und entsprechend konkrete Handlungsempfehlungen.

Siehe auch → Personalmanagement (mit Literaturangaben).

Personalstrategie

Die Personalstrategie zielt darauf ab, die Impulse aus der Unternehmensstrategie in den Personalbereich zu transferieren und dort umzusetzen. Sie hat demnach die Verfügbarkeit personeller Kapazitäten im Sinne des Unternehmensziels sicherzustellen. Siehe auch → Personalmanagement (mit Literaturangaben).

Personalverwaltung

bezieht sich auf die rein administrative Tätigkeit im Personalbereich. Umfassende Begriffe sind dagegen → Personalarbeit, → Personalmanagement und → Human Resource Management, die i.A. synonym verwendet werden.

Personalwesen

grenzt sich vom heutigen → Personalmanagement durch die Betonung der verwaltenden, passiven Elemente ab, gilt jedoch als veralteter Ausdruck. Umfassende Begriffe sind → Personalarbeit, → Personalmanagement und → Human Resource Management, die i.A. synonym verwendet werden.

Personalwirtschaft

beschreibt den Umgang mit Personal vor einer ökonomischen Ausrichtung und Zielsetzung. Verhaltenswissenschaftliche Aspekte werden unter dieser Bezeichnung nicht berücksichtigt. Umfassende Begriffe sind → Personalarbeit, → Personalmanagement und → Human Resource Management, die i.A. synonym verwendet werden.

Personengesellschaft

(*allgemeine Definition*), → Gesellschaft, bei der die Gesellschafter selbst geschäftsführend tätig werden (Prinzip der Selbstorganschaft). Oberbegriff für die → GbR, → OHG, → KG, → GmbH & Co. KG, → stille Gesellschaft, → EWIV.

Personengesellschaft

(*österreichische*). Die Differenzierung in *Personen- und Kapitalgesellschaften* ist die am häufigsten gewählte Form der Einteilung von Gesellschaftsformen. Entscheidend in diesem Zusammenhang ist, inwieweit die Gesellschafter in das Gesellschaftsgeschehen einbezogen sind.
In einer *Personengesellschaft* gestalten die Gesellschafter die Tätigkeit der Gemeinschaft aktiv mit. Sie leisten im Regelfall nicht nur Kapital, sondern erbringen ebenso Arbeitsleistungen für die Gesellschaft. Auch Geschäftsführung und Vertretung liegen in ihrer Hand (*Selbstorganschaft*). Im Gegenzug haben alle Gesellschafter für die Verbindlichkeiten der Gesellschaft einzustehen. Sie haften für diese unbeschränkt, d.h. auch mit ihrem Privatvermögen.
Für Personengesellschaften gilt das Prinzip der *geschlossenen Mitgliedschaft*. Die Gesellschafterstellung ist in der Regel eng an die Person der Gründer geknüpft und grundsätzlich nicht übertragbar oder vererblich. Das Recht der Personengesellschaften ist jedoch überwiegend *dispositiv*, sodass im Gesellschaftsvertrag anderes vereinbart werden kann. Die Mehrheit der Personengesellschaften sieht die Möglichkeit eines Gesellschafterwechsels vor. Zu den *Personengesellschaften* gehören → GesbR, → OG, → KG, → stG und → EWIV.

Persönlicher Verkauf

(*Face to Face-Verkauf*), siehe → Verkauf, persönlicher.

Persönlichkeitstest

siehe → psychologische Tests, siehe auch → Personalauswahl, Instrumente und die dort angegebene Literatur.

PERT

Abk. für *Project Evaluation and Review Technique*. Hierbei handelt es sich um ein ereignisbezogenes Netzplanmodell. Wie bei → CMP sind die kreisförmigen Knoten die → Ereignisse, die Pfeile die → Vorgänge. Die Vorgangsdauern werden über optimistische, pessimistische und wahrscheinliche Zeitschätzungen bestimmt, mit denen die günstigsten, ungünstigsten und die bei der Planung unter normalen Bedingungen zu erwartenden Vorgangsdauern zum Ausdruck gebracht werden. Aus diesen Schätzungen werden dann der Erwartungswert und die Varianz der Vorgangsdauern berechnet. Die

Erwartungswerte der frühestmöglichen und der spätest möglichen Ereignistermine werden analog zu → CPM bestimmt.

Der wesentliche Unterschied zu den anderen Methoden der → Netzplantechnik besteht darin, dass die Auswertung ausschließlich ereignisbezogen erfolgt, beispielsweise durch Berechnung der Wahrscheinlichkeiten dafür, dass Ereignisse kritisch werden oder dass Plantermine der Ereignisse eingehalten werden können.

Pessimistic Case Szenario

Methode zur Prüfung eines Szenariums (Fallstudie, künftige bzw. denkbare Situation usw.): Ein „pessimistic case szenario" steht für eine negative Entwicklung (ein „optimistic case szenario" für die günstigste Entwicklung und ein „most likely szenario" für eine am wahrscheinlichsten gehaltene Entwicklung).

PESTEL-Analyse

Die PESTEL-Analyse umfasst die internationale Umfeldanalyse (das Makroumfeld) eines Unternehmens mit den Kriterien: (1) *Political* – politisches Umfeld: Regierungshaltung, Politische Stabilität, Schutz intellektueller Rechte (Patente, IP, ...); (2) *Economic* – Ökonomisches Umfeld: Relatives Wachstum, Wohlstands- und Einkommensverteilung, Währungsstabilität, Wechselkurse, Regeln zur Repatriierung des Unternehmenseinkommens; (3) *Social-cultural* – sozial-kulturelles Umfeld: Konsumenteneinstellungen und -verhalten, kulturelle Unterschiede, Bildungstand, Einstellungen ggü. ausländischen Unternehmen und Mitarbeitern, Arbeitseinstellungen; (4) *Technological* – technologische Rahmenbedingungen: Telekommunikationssystem, Kapazität und Stabilität der Energieversorgung, Transportinfrastruktur, Zuliefererstruktur; (5) *Environmental* – Umwelt: natürliche Ressourcen, Umweltqualität, mögliche langfristige Einflüsse des Klimawandels.

Siehe auch → Controlling, Internationales (mit Literaturangaben).

Petri-Netze

Sowohl Vorgänge = Prozesse als auch Ereignisse = Zustände sind Knoten. Der logische Zusammenhang wird durch die Pfeile vermittelt. Dieses Netz ist komplexer als ein → Netzplan, aber sehr flexibel bezüglich der möglichen Bedeutung der Knoten und der Steuerung der Abläufe. Durch Marken und Einzelbelegung oder Zählmarken lassen sich auch komplexe Abläufe (Steuerung) modellieren. Siehe auch → Workflow-Management.

Pfand

(*Faustpfand*). Das Pfandrecht verleiht dem Pfandnehmer das Recht, im Sicherungsfall, d.h. bei Nichtzahlung der Forderung, den geschuldeten Geldbetrag durch die Versteigerung einer beweglichen Sache – des Pfands – zu erlangen (§§ 1204, 1235 BGB). Das Sicherungsmittel Pfand kann nicht nur der Schuldner selbst, sondern auch ein von diesem unterschiedener Eigentümer bestellen (§ 1205 BGB).

Das Pfandrecht kann sowohl an beweglichen Sachen (darunter auch Tieren, § 90a BGB), als auch an Forderungen, Wertpapieren, Geschäftsanteilen aber auch an Patent- Urheber-, Gebrauchs- und Geschmacksmusterrechten bestehen (§ 1273 ff. BGB). Das Pfandrecht an beweglichen Sachen ist im Deutschen Recht als Faustpfandrecht ausgestaltet, d.h. es ist nur wirksam, wenn der Pfandgegenstand in den unmittelbaren Besitz des Sicherungsnehmers übergeht (§§ 1205f. BGB) und dort während der Pfandzeit verbleibt (§ 1253 BGB). Im Gegensatz zur → Sicherungsübereignung verliert der Sicherungsgeber eines Pfandes somit seine Nutzungsmöglichkeit. Nur ausnahmsweise können die Parteien die Nutzung der Pfandsache (sog. *Nutzungspfand*) vereinbaren (§§ 1213 f. BGB).

Dem Sicherungs-, d.h. Pfandnehmer obliegen Obhutspflichten zum Schutze des Erhalt des für ihn fremden Eigentums (§ 1215 BGB).

Das Pfandrecht ist wie die → Hypothek oder die → Bürgschaft *akzessorisch*; d.h. sein Bestand und seine Höhe hängen unmittelbar von dem jeweiligen Bestand und der jeweiligen Höhe der mit ihm gesicherten Forderung ab (siehe: § 1252, 1204, 1210 BGB).

Speziell das Handelsrecht enthält eine Vielzahl gesetzlicher Pfandrechte und sichert so Ansprüche aus vielfältigen, unterschiedlichen Rechtsgeschäften: Kommissionärs-Pfand § 397, § 404 HGB, Frachtführer-Pfand § 441 ff. HGB, Spediteur-Pfand § 464, Lagerhalter-Pfand 475b HGB. Hinzu treten die spe-

ziellen gesetzlichen Pfandrechte etwa des See- und Binnenschifffahrts(transport)rechts (siehe §§ 623, 674, 726, 752, 755 HGB) und des Binnenschifffahrts- (§§ 89, 97, 103) und Flößerei-Gesetzes (§ 22, 28) oder des Düngemittel-Gesetzes (§ 1).
In der Praxis entsteht das Pfandrecht nicht nur durch einen entsprechenden Vertrag oder per Gesetz. Es kann auch durch Allgemeine Geschäftsbedingungen wirksam zwischen den Parteien vereinbart sein. Häufig nutzen Banken und Kreditinstitute diese Möglichkeit der Pfandrechtsbestellung.
Siehe auch → Kreditsicherheiten (mit Literaturangaben).
    Literatur: Hans-Jürgen Lwowski, Wolfgang Gößmann, Helmut Merkel: Kreditsicherheiten. Recht der Wirtschaft (RdW), Band 1 Grundzüge für Studium und Praxis, Schmitt Eich Verlag 2005; Karl H. Schwab, Hanns Prütting, Friedrich Lent: Sachenrecht. Juristische Kurz-Lehrbücher. Ein Studienbuch. 32. Aufl., München 2006; Dieter Krimphove: Das Europäische Sachenrecht: Eine rechtsvergleichende Analyse nach der Komparativen Institutionenökonomik (S. 536) Eul-Verlag Lohmar (März 2006).

Pfandbrief
von einer Hypothekenbank oder einem öffentlich-rechtlichen Kreditinstitut (Sparkassen und Landesbanken) emittierte → Anleihe, die durch Grundpfandrechte besichert ist und der Finanzierung von Realkrediten dient. Siehe auch → Schuldverschreibung.

Pfandrecht
siehe → Pfand (Faustpfand); siehe auch → Kreditsicherheiten.

Pflichtenheft
(z.B. beim → *Projektmanagement*) ist die Zusammenfassung aller geforderten Eigenschaften des Projektergebnisses (Spezifikation). Häufig wird darunter auch die Zusammenfassung der Anforderungen an das Projektergebnis (→ Lastenheft) verstanden.

Pflichtenkatalog
beinhaltet die Beschreibung der Art und Weise der Realisierung aller Anforderungen des Lastenhefts. Anmerkung: Das Lastenheft umfasst z.B. in der → *Produktpolitik* die Zusammenstellung relevanter Kundenwünsche bzw. -probleme als Vorgabe für die Produktpolitik. Es beschreibt vor allem funktionale, strukturelle und ästhetische Eigenschaften sowie Anforderungen hinsichtlich des Liefer- und Leistungsumfangs.

Phantom Stocks
siehe → Phantomaktien.

Phantomaktien
(*Phantom Stocks*) sind ein Vergütungsinstrument auf Aktienbasis und werden immer dann eingesetzt, wenn das Unternehmen aus gesellschaftsrechtlicher Sicht nicht in der Lage ist, Aktien auszugeben. Es wird dann häufig ein Verfahren eingesetzt, mit dem der Unternehmenswert und dessen Veränderung gemessen werden können. Siehe auch → Lohn- und Gehaltsmodelle.

Physisch wirkende Reize
sind Reize, die durch physische Elemente → Aktivierung auslösen. Die wichtigsten physisch wirkenden Reize sind Größe und Farbe, weitere sind Kontraste, dynamische Darstellung und laute Töne. Siehe auch → Konsumentenverhalten (mit Literaturangaben).

Physisches Modell
(in der → *Wirtschaftsinformatik*) ist die Abbildung eines Systems, die an eine bestimmte Form der physischen Realisierung (→ Implementierung) gebunden ist. Siehe auch → Logisches Modell.

PIPO
Abk. für → Privatization Initial Public Offerings.

PKR
Abk. für → Prozesskostenrechnung.

Plain Vanilla Swaps
Bezeichnung für „reine" Swaps, die z.B. reine → Zinsswaps oder reine → Währungsswaps sein können (im Gegensatz zu kombinierten Swaps, die z.B. einen → Zinsswap mit einem → Währungsswap verbinden).
Siehe → Swaps (mit Literaturangaben).

Plan-Bilanz
Die Plan-Bilanz ist Bestandteil der Unternehmensplanung. In ihr werden auf der Aktivseite die geplanten Vermögenswerte und auf der Passivseite die geplante Kapitalstruktur eines Unternehmens zu bestimmten zukünftigen Bilanzierungszeitpunkten gegenübergestellt. Die Plan-Bilanz zeigt die Struktur der Vermögensgegenstände eines Unternehmens auf und gibt Auskunft über deren angestrebte Finanzierung. Die Gliederung der Plan-Bilanz sollte sich an den gesetzlichen Erfordernissen für den Jahresabschluss (z.B. HGB, IFRS, US GAAP) orientieren.

Plandatenbasis
Planinformationen werden heute in der Regel in relationalen Datenbanken (z.B. Microsoft Access) gehalten, die sowohl numerische (Umsätze, Kosten, Stücklisten) als auch nichtnumerische (Beschreibung Planungsprozedur, Planungskalender, Dokumentation des strategischen Managements) Daten enthalten. Den numerischen Daten liegt oft das Konzept eines mehrdimensionalen Datenquaders zugrunde (z.B. Microsoft Excel). Die Daten werden nach Angabe der Bedeutung und des Gültigkeitsbereichs (Metadaten) in einem → Data Warehouse abgelegt, woraus sie je nach Benutzerwünschen (Operationen des „Drill Down", „Pull Up", „Slicing" und „Dicing") ausgewählt, aggregiert und mehrdimensional ausgewertet werden können.
Die Verwendung von Datenmodellen (*ERM* → *Entity Relationship Modell* oder *UML Unified Modeling Language*) bei der Konstruktion der Plandatenbasis sorgt für die Datenkonsistenz und verhindert Mehrdeutigkeiten, Mehrfacherfassungen und Erhebungsfehler. Die Konsistenz über die Planungsarten ist allerdings begrenzt, weil sich z.B. bei der Aggregation von operativen Daten nur in begrenztem Umfang strategische Daten ergeben. Die Daten der Planungsarten haben oft eine unterschiedliche Qualität und Bedeutung. Ein *DSS (Decision Support System)* unterstützt den Planer bei der Entscheidungsvorbereitung durch Standardmodelle, -methoden (*quantitative Planungstechniken*) und Berichtsformate. Ein *EIS (Executive Information System)* gestattet insbesondere grafische Auswertungen und Kreuztabulationen von strategischen Daten für das Top-Management.
Siehe auch → Unternehmensplanung und → Strategisches Management (mit Literaturangaben).
Literatur: Stahlknecht, P., Hasenkamp, U.: Einführung in die Wirtschaftsinformatik, 11. Auflage, Heidelberg 2005.

Plan-GuV-Rechnung
Die Planung der Gewinn- und Verlustrechnung stellt eine zukunftsgerichtete → Planerfolgsrechnung dar, die die geplanten Erträge und die geplanten Aufwendungen eines Unternehmens (oder eines Projekts) für einen bestimmten Planungszeitraum (üblicherweise 1 bis max. 5 Jahre) gegenüberstellt. Ziel der Plan-GuV-Rechnung ist es, den wirtschaftlichen Erfolg eines Geschäftsvorhabens für einen Planungszeitraum zu ermitteln und die Komponenten des Erfolgs zu erkennen.
Im → Businessplan dient die Plan-GuV-Rechnung einem doppelten Zweck. Einerseits kann deutlich gemacht werden, ob die dargestellte Geschäftsidee wirtschaftlich tragfähig ist, d.h. Gewinn zu erwirtschaften vermag. Zum anderen lässt sich aus der GuV-Planung erkennen, wann voraussichtlich die Gewinnschwelle eines Unternehmens (Break-Even Punkt) erreicht wird.
Die Form der Plan-GuV-Rechnung ist nicht fixiert, sollte sich aber wegen der besseren Vergleichbarkeit an den gesetzlichen Formvorschriften für den Jahresabschluss (z.B. HGB/IFRS/US-GAAP) orientieren.

Plankostenrechnung

ist ein System der Kostenrechnung, bei dem Kosten auf geplanten Mengen und Preisen beruhen. Im Wesentlichen werden drei Formen unterschieden: (1) starre Plankostenrechnung, (2) flexible Plankostenrechnung auf Vollkostenbasis und (3) flexible Plankostenrechnung auf Teilkostenbasis. Die flexiblen Formen lassen eine Anpassung der Kosten an Beschäftigungsänderungen zu, die starre Form hingegen nicht.

Planmäßige Abschreibungen

(*depreciation and amortization charges*) sind bei allen → Vermögensgegenständen des abnutzbaren → Anlagevermögens vorzunehmen. Determinanten der Abschreibungsraten sind der Abschreibungsausgangsbetrag, die Nutzungsdauer und die → Abschreibungsmethode. Mit den planmäßigen Abschreibungen werden alle normalerweise vorhersehbaren Wertminderungsursachen durch technischen und wirtschaftlichen Verschleiß erfasst.
Siehe auch → Abschreibungsmethoden und → Anlagevermögen.

Planned Organizational Change (POC)

siehe → Change Management, Kapitel 2.1.

Plant-Leasing

siehe → Anlagenleasing; siehe auch → Leasing.

Planungsfunktion

(im Dienstleistungscontrolling), siehe → Dienstleistungscontrolling, Funktionen.

Planungsrechnung, mathematische

manchmal in der deutschsprachigen Literatur synonym verwendeter Begriff für Operations Research. Siehe → Operations Research (mit Literaturangaben).

Planungssystem

Gesamtheit der Planungen (Pläne) eines Unternehmens.

Planungsvariablen

Die Outputgrößen oder -variablen eines Planes oder eines in Gleichungsform formulierten Planungsmodells sind endogene Variablen (z.B. Forderungen$_t$, Gewinne, Rentabilitäten, freier Cashflow). Sie werden auf der Basis anderer endogener, exogener, zufälliger Variablen (z.B. Abgänge$_t$) und Entscheidungsvariablen (z.B. Zugänge$_t$) und ihrer zu einer gegebenen Zeit t bereits vorherbestimmten Werte zur Zeit t-τ , mit $\tau \geq 1$, (z.B. Umsätze, Kosten, Investitionen) und Planungshypothesen bzw. Gleichungen errechnet.
Beispiel:

$$\text{Forderungen}_t = \text{Forderungen}_{t-1} + \text{Zugänge}_t - \text{Abgänge}_t$$

Exogene Variablen sind Planungsgrößen (z.B. Inflationsraten, Währungsparitäten), die außerhalb des Planungskontextes erhoben oder festgelegt werden. Sie können von unternehmerischen Entscheidungen nicht beeinflusst werden. Entscheidungsvariablen (z.B. Preise, Werbebudgets, Investitionen) beschreiben hypothetische unternehmerische Entscheidungen, deren Auswirkungen auf Zielvariablen eines Planes entweder durch die Beantwortung von → *What If-Fragen* oder durch → *Zielfragen* geprüft werden. Planmodelle werden zu stochastischen Modellen, wenn sie explizit Zufallsvariablen enthalten. Dies ist oft im → *Risikomanagement* der Fall. Zufallsvariablen gehorchen statistischen Verteilungen, die als bekannt vorausgesetzt und auf dem Computer über Generatoren für eine → *Monte-Carlo-Analyse* erzeugt werden.

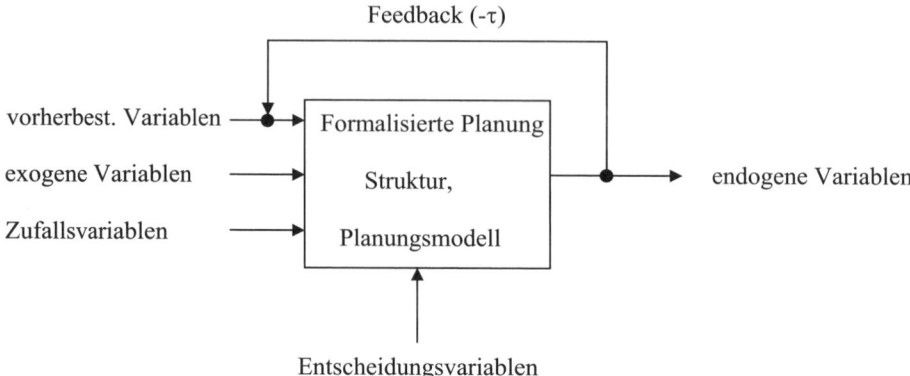

Siehe auch → Unternehmensplanung und → Strategisches Management, jeweils mit Literaturangaben.

Platzierung
Unter Platzierung versteht man die Unterbringung (den Verkauf) von Wertpapieren beim → Anleger-publikum. Siehe auch → Private Placement und → Going Public.

Platzierungsrisiko
Übernahmerisiko; siehe → Going Public, Durchführungsphase.

PLN
ISO-Code für Polnischer Zloty.

PMI
Abk. für → Post Merger Integration; siehe auch → Mergers & Acquisitions.

POC
Abk. für *Planned Organizational Change*; siehe → Change Management, Kapitel 2.1.

POI
Abk. für → *Point of Interest;* Anwendungsbeispiel siehe → POS-/POI-Terminals.

Point of Interest (POI)
Anwendungsbeispiel siehe → POS-/POI-Terminals.

Point of no Return
(im *Investitionsprozess*). Komplexe multipersonale Entscheidungsprozesse – wie beispielsweise Inves-titionsentscheidungen – erstrecken sich über eine gewisse Zeitspanne. Idealtypischerweise erfolgt nach der Entscheidung die Umsetzung. Manchmal fließt jedoch die Entscheidung in die Umsetzung über. In-terne und externe Sachzwänge führen die Realisierung gleitend herbei. Im amerikanischen Sprach-gebrauch wird der Zeitpunkt, an dem die Vorteile einer Handlungsumsetzung die Nachteile der Nicht-handlung übersteigen, als Point of no return bezeichnet.
Siehe auch → Investionsprozess (mit Literaturangaben).

Point of no Return
(im *Projektmanagement*) bezeichnet einen → Meilenstein z.B. im Rahmen des → Projektmanagements bzw. des → Eventmanagements, ab dem eine Absage des Projektes bzw. des → Events nicht mehr oder nur noch unter verhältnismäßig hohen Anstrengungen erfolgen kann, da beispielsweise schon eine

Kommunikation nach außen erfolgte, Gäste bereits eingeladen wurden oder auch Programmpunkte bereits fest gebucht wurden. Siehe auch → Projektmanagement (mit Literaturangaben).

Point of Purchase (PoP)
gleichbedeutend → Point of Sale (PoS).

Point of Sale (PoS)
oder *Point of Purchase (PoP)* bedeutet wörtlich übersetzt Kauf- oder Einkaufsstelle. Die synonymen Begriffe bezeichnen den Ort des Angebots, oder nur den Standort einer Ware oder Warengruppe im Verkaufsraum. Da am PoS die Konfrontation des Konsumenten mit dem Handelsunternehmen erfolgt, trägt dieser wesentlich zur Händler- bzw. zur Ladenpersönlichkeit und zu Kaufverhaltensbeeinflussung bei.

Point-of-Purchase-Werbung
(*PoP-Werbung*) Werbemaßnahmen, die von Herstellern und vom Handel unmittelbar am Ort des Verkaufs durchgeführt werden, bezeichnet man oft als Point-of-Purchase- oder *Point-of-Sale-Werbung*. Die Übergänge zwischen der Point-of-Purchase-Werbung und der Verkaufsförderung sind oftmals nicht trennscharf, ebenso wie die Übergänge zum persönlichen Verkauf und zum Direktmarketing (→ Kommunikationspolitik des Handels).
Als Werbemittel der Point-of-Purchase-Werbung, in die Hersteller eingebunden werden können (so durch Werbekostenzuschüsse) können herausgestellt werden: Schaufenster, Display-Material, Sonderausstellungen, Produktvorführungen, Fensterstreifen und Preisplakate, Lautsprecherwerbung, Regalstopper etc. Neue Optionen bieten die modernen Informations- und Kommunikationstechniken, so in Form multimedialer Point-of-Sale-Systeme.
Siehe auch → Handelsmarketing, Kommunikationspolitik und → Werbung, jeweils mit Literaturangaben.

Political Risk Index (PRI)
Teilindex innerhalb des → Business-Environment-Risk-Index (BERI-Index).

Politics to Citizen und Government to Business
abgek. G2B; siehe auch → Electronic Government (mit Literaturangaben).

Politisches Risiko
(1) wird durch Maßnahmen von Regierungen und Behörden, aber auch durch Revolution, Aufruhr, Krieg u.Ä. verursacht. In der Regel liegen die Ursachen politischer Risiken im Ausland (im Importland), ausnahmsweise auch im Inland (z.B. bei einem Embargo des Inlandes). Politische Risiken werden häufig auch als Länderrisiken bezeichnet; siehe auch → Länderrisikokonzepte. (2) Politische Risiken betreffen insbesondere Investoren, Importeure und Exporteure. (3) Für Exporteure treten die politischen Risiken in allen Abwicklungsphasen eines Exportgeschäftes in Erscheinung: (a) Als politisch verursachtes → Fabrikationsrisiko, (b) als politisch verursachte warenbezogene Risiken (Beschlagnahme, Beschädigung, Vernichtung; siehe auch → Warenabnahmerisiko) und (c) als politisch verursachte forderungsbezogene Risiken (→ Zahlungsverbot, → Moratorium, → Konvertierungs- bzw. Transferbeschränkungen/-verbote; siehe auch → Delkredererisiko).

Polynom
spezielle Form der mathematischen → Funktion in Form einer Linearkombination von positiven, ganzzahligen Potenzen aller auftretenden → Variablen. Im Falle einer Variablen x lässt sich ein Polynom n-ten Grades in der Form $a_n x^n + a_{n-1} x^{n-1} + \ldots + a_1 x^1 + a_0$ schreiben.

Polyzentrische Orientierung
Unternehmen bearbeiten Kundensegmente aus unterschiedlichen Länderclustern mit differenzierten Konzepten; typischerweise wird die Anpassung an die Besonderheiten des Kundensegments durch die Gründung von Tochtergesellschaften mit einem hohen Maß an Entscheidungsfreiheit erreicht.

Pönale
Eine Pönale dient beispielsweise dem Ausgleich für angefallene Aufwendungen eines Geschäftspartners, die der andere Geschäftspartner zu ersetzen hat, wenn dieser einen Vertrag nicht erfüllt bzw. nicht erfüllen kann.

Pooling
(im *Einkauf*) ermöglicht es kleineren Organisationen, Einkaufskonditionen wie Großunternehmen zu erzielen. Dazu werden die Beschaffungsaufträge der Unternehmen bei einem Intermediär (→ Procurement Service Provider) gebündelt und die resultierenden größeren Einkaufsvolumina zur Durchsetzung attraktiver Konditionen genutzt.

Pooling
(*liquide Mittel*), Konsolidierung von Zahlungsverkehrskonten gegen ein Zielkonto als Element des → Cash-Management-Systems.

PoP
Abk. für Point of Purchase; siehe auch → Point-of-Purchase-Werbung.

Pop-under
siehe → Pop-up-Ads.

Pop-up-Ads
Die Werbung erscheint nicht integriert in der Site des Werbeträgers, sondern in einem eigenen kleinen Fenster mit der standardisierten Größe von 200x300 Pixel. Das Pop-up kann dabei als → Microsite gestaltet sein. Eine abgewandelte Form des Pop-up ist das *Pop-under*, das sich unter das bereits geöffnete Browserfenster legt und in der Regel erst beim Verlassen des Browsers wahrgenommen wird. Mehr zu Bannern unter → Bannerwerbung; zur Internet-Werbung siehe → Internet-Kommunikationspolitik (mit Literaturangaben).

POR
Abk. für *Profit Opportunity Recommendation*, siehe → Business-Environment-Risk-Index (BERI-Index).

Portable Devices
siehe → Remote Ordering.

Portal
bezeichnet eine über einen Webbrowser zugreifbare Benutzeroberfläche, die Inhalte und Funktionen bündelt und themen- oder prozessorientiert strukturiert. Häufig lässt sich ein Portal an die Bedürfnisse von einzelnen Personen oder Rollen anpassen (personalisieren).

Portfolio
(*allgemeine Charakterisierung*) bezeichnet den Gesamtbestand an Vermögensgegenständen, den ein Anleger besitzt. Siehe auch → Portfoliomanagement.

Portfolio

(insbesondere bei *Hedgefonds*) bezeichnet die Gesamtheit an Finanzanlagen, die sich im Besitz eines privaten oder institutionellen Anlegers befinden. Portfolio wird auch als Begriff für die Zusammensetzung eines → Hedgefonds oder Investmentfonds benutzt.

Portfolio: μ-σ-Dominanz

liegt für ein Wertpapierportfolio 1 gegenüber einem Wertpapierportfolio 2 vor, wenn das Wertpapierportfolio 1 über keine geringere → erwartete Rendite und simultan über keine höhere → Renditevarianz als das Wertpapierportfolio 2 verfügt und beide Wertpapierportfolios nicht in der erwarteten Rendite und der Renditevarianz übereinstimmen.
Siehe auch → Portfoliomanagement (mit Literaturangaben).

Portfolio: μ-σ-Effizienz

liegt für ein Wertpapierportfolio P vor, wenn kein weiteres Wertpapierportfolio existiert, das das Portfolio P > μ-σ-dominiert.
Siehe auch → Portfoliomanagement (mit Literaturangaben).

Portfolio: μ-σ-Prinzip

bezeichnet die Präferenzstruktur eines Anlegers, der seiner Entscheidungsfindung ausschließlich die → erwartete Rendite und die → Renditestandardabweichung zugrunde legt. Hinreichende Gründe für ein Handeln nach dem μ-σ-Prinzip liegen vor, wenn die Renditen aller Wertpapiere (multivariat) normalverteilt sind oder wenn die → Nutzenfunktion des Anlegers quadratisch ist.
Siehe auch → Portfoliomanagement (mit Literaturangaben).

Portfolioanalyse

(im → *Marketing*). Eine Portfolioanalyse ist ein Instrument der strategischen → Situationsanalyse, mit dem die gegenwärtige Marktposition von → strategischen Geschäftseinheiten (SGEs), → Produkten, Kunden, Wettbewerbern und anderen Analyseobjekten sowie deren Entwicklungsmöglichkeiten untersucht und visualisiert werden können. Mit Hilfe der Portfolioanalyse können Schlussfolgerungen für eine strategische Neuorientierung dieser Analyseobjekte gezogen werden, und sie unterstützt die Entscheidung des Managements, welche → strategischen Geschäftseinheiten (SGEs) oder → Produkte ausgebaut, welche erhalten und welche abgebaut werden sollen. Die bekanntesten Ausprägungen der Portfolioanalyse sind das → *Marktwachstums-Marktanteils-Portfolio* der Boston Consulting Group (BCG-Portfolio, BCG-Matrix, 4-Felder-Matrix) sowie das → *Wettbewerbsvorteils-Marktattraktivitäts-Portfolio* (McKinsey/GE-Portfolio) der Unternehmensberatung McKinsey & Co.

Portfolio-Insurance

stellt eine meist optionsbasierte Anlagestrategie dar, die den Wert eines Portfolios aus Vermögensgegenständen für einen bestimmten Zeithorizont dagegen absichert, dass der Portfoliowert unter ein bestimmtes Niveau sinkt. Bei Einsatz der Portfolio-Insurance soll die Teilnahme an positiven Marktentwicklungen bei gleichzeitiger Begrenzung des Verlustrisikos für negative Marktentwicklungen gewährleistet werden.
Eine typische Portfolio-Insurance-Strategie beschreibt der → Protective Put. Neben Portfolio-Insurance-Strategien, die den Einsatz von → Verkaufsoptionen zugrunde legen, existieren mit der → Constant Proportional Portfolio Insurance und der linearen Investmentregel Maßnahmen der Verlustbegrenzung, die auf der Umschichtung des betrachteten Portfolios basieren.
Siehe auch → Portfoliomanagement (mit Literaturangaben).

Portfolio-Insurance-Strategie, dynamische

beschreibt eine Anlagestrategie im Rahmen der → Portfolio-Insurance, bei der die Portfoliostruktur über den gesamten Anlagezeitraum umgeschichtet wird, um gegenüber einem in Rede stehenden Referenzkurs ein konvexes Vermögensprofil zu erzielen. Dabei stimmen die dynamischen Portfolio-Strategien in einem prozyklischen Anlageverhalten überein, da bei Wertsteigerung (Wertsenkung) des riskanten Teilportfolios gegenüber dem risikolosen Teilportfolio eine Umschichtung zugunsten des ris-

kanten (risikolosen) Teilportfolios vorgenommen wird. Auf diese Weise hängt der Wert des Portfolios nicht ausschließlich von der Marktsituation im Planungshorizont, sondern auch von der Wertentwicklung im Anlagezeitraum ab. Aus diesem Grund spricht man auch von einer pfadabhängigen Strategie. Beispiele für dynamische Portfolio-Insurance-Strategien sind die → Lineare Investmentregel und die → Constant Proportion Portfolio-Insurance (CPPI).
Siehe auch → Portfolio-Insurance-Strategie, statische und → Portfoliomanagement (mit Literaturangaben).

Portfolio-Insurance-Strategie, statische

beschreibt eine Anlagestrategie im Rahmen der → Portfolio-Insurance, bei der die anfänglich gewählte Portfoliostruktur über den gesamten Anlagezeitraum nicht verändert wird. Aus diesem Grund spricht man auch von Buy-and-Hold-Strategien. Der Anlagezeitraum kann dabei – wie beispielsweise beim → Protective Put – am Anfang des Anlagezeitraums fixiert werden oder – wie beispielsweise bei der → Stop-Loss-Strategie – durch ein externes Ereignis (z.B. Unterschreitung einer Kursmarke) beendet werden.
Siehe auch → Portfolio-Insurance-Strategie, dynamische und → Portfoliomanagement (mit Literaturangaben).

Portfolioinvestitionen

kurz- bis mittelfristig orientierter Transfer von Finanzressourcen, meist aus spekulativen Gründen.
Siehe auch → Direktinvestitionen.

Portfoliomanagement

Portfoliomanagement

von Univ.-Professor Dr. Marc Gürtler
Inhaber des Lehrstuhls für Betriebswirtschaftslehre, insbesondere Finanzwirtschaft
Technische Universität Braunschweig

1. Charakterisierung

Portfoliomanagement behandelt grundsätzlich die Frage, wie ein Investor seine verfügbaren finanziellen Mittel zweckmäßigerweise in die am Kapitalmarkt gehandelten → *Wertpapiere* anlegen sollte. Die gewählte Zusammenstellung der Kapitalanlagen wird als → *Portfolio* des Investors bezeichnet. Dabei hängt es von den individuellen Präferenzen ab, welches Portfolio von dem jeweiligen Anleger als optimal erachtet wird, wobei sowohl die zu erzielende (erwartete) → *Rendite* als auch das durch das Portfolio erzeugte → *Risiko* in die Präferenzstruktur des Anlegers eingeht.
Wenngleich in ökonomischen Situationen von einem *risikoaversen Verhalten* (→ Risikoaversion) aller Anleger ausgegangen werden kann, differiert das Anlageverhalten aufgrund unterschiedlich ausgeprägter Risikoaversionsgrade. So wird ein extrem risikoaverser Investor in aller Regel die Investition seiner Mittel in ein (nahezu) risikoloses Wertpapier (wie beispielsweise Staatsanleihen) vorsehen, während ein weniger risikoaverser Anleger ein größeres Ausmaß an risikobehafteten Wertpapieren (wie beispielsweise Aktien) als Portfoliobestandteil wählen wird.

2. Die klassische Portfoliotheorie

Zur Entwicklung von Handlungsempfehlungen für eine optimale *Portfolioselektion* ist zunächst die Präferenzstruktur und damit insbesondere das Risikoverständnis zu konkretisieren. Die theoretischen Grundlagen der so genannten *klassischen Portfoliotheorie* gehen zurück auf die Arbeiten von *Tobin*, *Markowitz* und *Sharpe*, die nach wie vor sowohl in der portfoliotheoretischen Literatur als auch in der Praxis eine große Bedeutung besitzen. Die klassische Portfoliotheorie geht davon aus, dass sich ein Investor allein an → *Erwartungswert* μ und → *Varianz* σ^2 (bzw. → Standardabweichung σ) der Rendite seines jeweiligen Gesamtportfolios orientiert, also so genannte μ-σ-*Präferenzen* zugrunde gelegt werden. Die Renditevarianz ist in diesem Zusammenhang als relevantes → *Risikomaß* zu interpretieren und geht negativ in die Präferenzen des als risikoavers angenommenen Investors ein, während der Renditeerwartungswert positiv in den Anlegerpräferenzen enthalten ist. Betrachtet man vor diesem Hintergrund zunächst die ausschließliche Verfügbarkeit riskanter Wertpapiere am Kapitalmarkt, so ergibt sich als erste Erkenntnis das Diversifikationsphänomen, wonach das Risiko eines aus mehreren Wertpapieren bestehenden Portfolios geringer als das Durchschnittsrisiko der einzelnen Wertpapiere ist. Grund für diesen Sachverhalt ist die häufig vorliegende gegenläufige Preisentwicklung unterschiedlicher Wertpapiere, die zum (zumindest partiellen) Ausgleich der Wertpapierrisiken führt.

In der graphischen Darstellung kann dieser Sachverhalt in einem μ-σ-*Diagramm* visualisiert werden, in dem alle durch Wertpapierportfolios erreichbaren μ-σ-Kombinationen dargestellt sind (siehe Abbildung 1). Diese werden durch die Fläche innerhalb einer nach rechts geöffneten Parabel charakterisiert, wobei nur der obere Ast dieser Parabel Portfolios repräsentiert, die für die Anlage geeignet sind. Letzteres resultiert, da für die Portfolios unterhalb dieses Asts stets ein Alternativportfolio existiert, das über eine höhere erwartete Rendite und eine geringere Renditevarianz verfügt. Aus diesem Grund bezeichnet man die Portfolios des oberen Asts auch als (μ-σ-)effiziente Portfolios.

Wird gegenüber dieser Situation davon ausgegangen, dass die Anleger neben den risikoträchtigen Wertpapieren zusätzlich über eine Möglichkeit zur sicheren Anlage und Verschuldung verfügen, so ergibt sich der Sachverhalt der → *Tobin-Separation*, wonach die optimale Zusammenstellung des riskanten Teilportfolios unabhängig von den konkreten Risikopräferenzen der Anleger vorliegt und daher von der Festlegung des Ausmaßes risikoloser Anlage/Verschuldung separiert werden kann.

Auch dieser Sachverhalt kann in einem μ-σ-Diagramm verdeutlicht werden, da die Menge der μ-σ-effizienten Portfolios bei Berücksichtigung der risikolosen Anlage/Verschuldung zu einem Zinssatz i auf der Geraden zwischen rein risikoloser Anlage und riskanter Anlage verläuft, die die Menge der μ-σ-Kombinationen der riskanten Wertpapiere tangiert. Das *optimale Teilportfolio* P* wird durch den *Tangentialpunkt* charakterisiert.

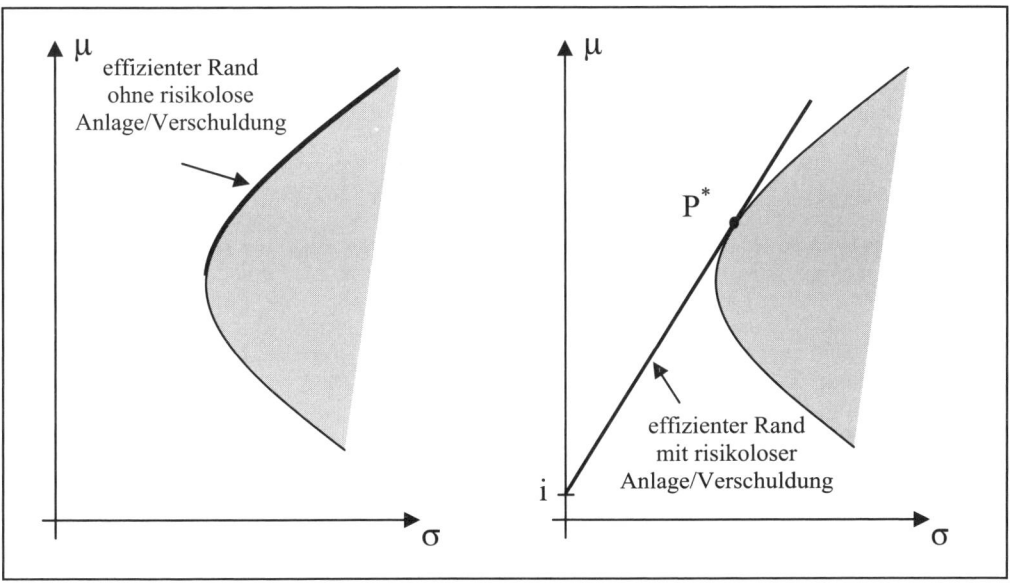

Abb. 1: μ-σ-Diagramm mit und ohne Berücksichtigung der risikolosen Anlage/Verschuldung

Ein Anleger wird somit unabhängig von dem *Grad seiner Risikoaversion* als riskantes Teilportfolio das Portfolio P* wählen. Seine konkreten Präferenzen kommen erst durch die Positionierung auf der → *Effizienzlinie* zum Ausdruck, die durch das Ausmaß risikoloser Anlage/Verschuldung bestimmt wird. Die

Wertpapieranteile, die das präferenzunabhängige Portfolio P* charakterisieren, lassen sich bei Kenntnis der → Renditeerwartungswerte und der → Renditevarianzen aller Wertpapiere sowie der Renditekovarianzen zwischen allen Wertpapieren ohne weiteres analytisch ermitteln, so dass bei sachgerechter Schätzung dieser Größen die Zusammenstellung des riskanten Portfolios möglich ist.

3. Das Capital Asset Pricing Model (CAPM)

Betrachtet man die beschriebene Situation der klassischen Portfoliotheorie bei vorliegendem → *semivollkommenen Kapitalmarkt* im Gleichgewicht und geht davon aus, dass alle Marktteilnehmer nach dem μ-σ-Prinzip handeln, so werden alle rationalen Marktteilnehmer (aufgrund fehlender Informationskosten) über *homogene Erwartungen* verfügen und insbesondere die in Rede stehenden Renditemomente identisch schätzen. Auf diese Weise liegt die oben dargestellte Grafik, und damit auch die Struktur des optimalen Teilportfolios P*, für alle Investoren identisch vor und muss daher im → *Kapitalmarktgleichgewicht* von der Struktur her dem Marktportfolio entsprechen. Die Effizienzlinie wird im Kapitalmarktgleichgewicht als → *Kapitalmarktlinie* bezeichnet und ist zusammen mit der so genannten → *Wertpapiermarktlinie* zentraler Bestandteil des CAPM.

4. Passives und aktives Portfoliomanagement

Akzeptiert man die recht strengen Annahmen des CAPM, so resultiert als optimale riskante Anlagestrategie die Investition in das Marktportfolio. Zu diesem Zweck müssen im Rahmen einer auf dem CAPM basierenden Anlagestrategie die Relationen der Kapitalisierungen aller riskanten Wertpapiere ermittelt und gemäß diesen die Anteile der entsprechenden Wertpapiere festlegt werden. Bei Veränderung der Wertpapierpreise ändert sich das derart zusammengestellte Portfolio entsprechend der Entwicklung des Marktportfolios, und man hält weiterhin die Marktstruktur, so dass man „passiv" stets das μ-σ-effiziente Portfolio im Bestand hat und ausschließlich die individuell optimale Kombination mit der risikolosen Anlage/Verschuldung selbständig bilden muss.

Das Problem dieses Vorgehens ist allerdings – neben einer denkbaren Verletzung der CAPM-Annahmen – darin zu sehen, dass das Marktportfolio wohl nicht exakt zu beobachten ist und somit allenfalls eine *Portfolioapproximation* möglich ist. Eine Approximation des beschriebenen passiven Anlageverhaltens führt allerdings bei Marktpreisänderung zu einer Entfernung vom Marktportfolio, so dass im Zeitablauf stets eine *aktive Adjustierung* der Portfolioanteile an das Marktportfolio erfolgen muss.

Das zentrale Problem der auf diese Weise begründeten passiven Anlagestrategie liegt jedoch in der Erfüllung der Annahmen, die dem CAPM zugrunde liegen. Insbesondere die Annahme der → *Informationseffizienz*, wonach homogene Erwartungen der Anleger vorliegen, kann als sehr kritisch gewürdigt werden. Empirische Tests auf Informationseffizienz wurden in aller Regel nur für nationale Marktindizes und Aktien großer Gesellschaften durchgeführt, so dass heterogene Informationen für Unternehmen mittlerer Größe und bezogen auf das Zusammenspiel internationaler Märkte ohne weiteres vorliegen können. Insofern könnte es Sinn machen, aktiv die Portfoliogewichte mittlerer Unternehmen zu ermitteln oder aktiv die Ländergewichtung innerhalb des riskanten Teilportfolios festzulegen und auf diese Weise von der passiven Gewichtung auf Basis der Kapitalisierung abzuweichen. Auf letztere Weise gelangt man zum → *Top-Down-Ansatz*, der im Rahmen des aktiven Portfoliomanagements dem so genannten → *Bottom-Up-Ansatz* gegenübersteht.

5. Portfoliomanagement unter Berücksichtigung alternativer Präferenzen

Neben der Problematik nicht vorliegender Informationseffizienz ist ferner zweifelhaft, ob sich die Anlegerpräferenzen durch das μ-σ-Prinzip abbilden lassen. So zeigen empirische Studien zum Anlegerverhalten das plausible Phänomen *fallender* → *absoluter Risikoaversion*, wonach ein Investor mit steigendem Vermögen den absoluten Anlagebetrag steigert, der in riskante Wertpapiere investiert wird. Unter Berücksichtigung des → *Rationalverhaltens* der Anleger im Sinne von von Neumann-Morgenstern impliziert dieses unmittelbar den Wunsch nach so genannten → *rechtsschiefen Renditeverteilungen*, bei denen zwar die Wahrscheinlichkeit einer Erwartungswertunterschreitung größer als 50 % ist, die aber gegenüber weniger rechtsschiefen Verteilungen eine geringere Wahrscheinlichkeit negativer Extremwerte besitzen. Insofern wird auf diese Weise dem Wunsch nach Verhinderung extrem ungünstiger Renditeentwicklungen nachgekommen.

Denkbare Strategien zur Erreichung einer rechtsschiefen Renditeverteilung bietet die → *Portfolio-Insurance*, die durch den Einsatz von *derivativen Finanzinstrumenten* (→ Derivate) eine Versicherung gegen genannte Extremrisiken bietet. Übliche Portfolio-Insurance-Strategien sind → statische Strategien wie → *Stop-Loss-Strategien* und die Strategie des → *Protective Put* sowie → dynamische Strategien wie die → *lineare Investment Regel* und die → *Constant Proportion Portfolio-Insurance* (CPPI).

Hinweis
Zu den angrenzenden Wissensgebieten siehe → Analysemethoden, betriebswirtschaftliche, → Anlagevermögen, → Asset Backed Securities, → Beteiligungscontrolling, → Bilanzanalyse, → Entscheidung, betriebswirtschaftliche, → Finanzinnovationen, → Finanzmathematik, → Nutzwertanalyse, → Ökonometrie, → Operations Research, → Optimierung, → Optimierungsmodelle, mathematische, → Optionen, → Risikocontrolling, → Statistik, → Swaps, → Währungsmanagement, → Wirtschaftsmathematik, → Zinsmanagement.

Literatur: Breuer, W./Gürtler, M./Schuhmacher, F.: Portfoliomanagement I, 2. Auflage, Wiesbaden 2004; Bruns, C./Meyer-Bullerdiek, F.: Professionelles Portfoliomanagement, 3. Auflage, Stuttgart 2003; Elton, E.J./Gruber, M.J./Brown, S.J./Goetzmann, W.N.: Modern Portfolio Theory and Investment Analysis, 6. Auflage, New York 2003; Hagen, U. E.: Portfolio-Insurance-Strategien, Wiesbaden 2002; Kleeberg, J./Rehkugler, H.: Handbuch Portfoliomanagement, 2. Auflage, Bad Soden/Ts. 2002; Levy, H./Post, T.: Investments, Harlow/England und New York 2005; Poddig, T./Brinkmann, U./Seiler, K.: Portfoliomanagement, Bad Soden/Ts. 2005; Sharpe, W.F./Alexander, G.J./Bailey, J.V.: Investments, 2. Auflage, Upper Saddle River/New Jersey 1999; Spremann, K.: Portfoliomanagement, 2. Auflage, München und Wien 2003; Steiner, M./Bruns, C.: Wertpapiermanagement, 8. Auflage, Stuttgart 2002.

Internetadressen: (Börsen) http://www.deutsche-boerse.de/, http://www.nyse.com/, http://www.londonstockexchange.com/, http://www.tse.or.jp/english/index.shtml; (Börsen- und Wertpapierinformationen) http://www.boerse.de/, http://www.maxblue.de/; http://www.onvista.de/, (Statistische Daten der Bundesbank) http://www.bundesbank.de/statistik/statistik.php, (Kapitalmarktinformationen und Publikationen zu Aktiengrundlagenwissen) http://www.dai.de/, (Zeitungen) http://www.ftd.de/, http://www.faz.net/, http://www.boersenzeitung.de/, (Informationsdienste) http://www.reuters.de/, http://www.bloomberg.com/; (Aktiencharts) http://www.stockcharts.com/

Website des Autors: http://www.fiwi.tu-bs.de/

Portfoliotheorie
siehe → Portfoliomanagement (mit Literaturangaben).

Portfoliounternehmen (PU)
Bezeichnung für Unternehmen, an denen sich eine Venture Capital-Gesellschaft mit Eigenkapital beteiligt. Siehe → Venture Capital und → Venture Capital-Beteiligungsvertrag.

PoS
Abk. für → Point-of-Sale, Verkaufsort.

PoS-/PoI-Terminals
PoS steht für *Point of Sale* (Kaufhäuser, Shopping Center...) bzw. PoI für *Point of Interest* (Bahnhof, Rathaus...).
An diesen viel *frequentierten Orten* können besonders gut (potenzielle) Kunden angesprochen werden. Dies wird mit Hilfe elektronischer Terminals versucht, die offline oder online genutzt werden können. Die Kunden erhalten meist Informationen, die zu direkten Kaufentscheidungen führen (z.B. Ticket) oder zumindest Kaufentscheidungen vorbereiten (z.B. Kinoprogramm, Fahrplan, Öffnungszeiten...).

POSDCORB-Modell

auf den US-Amerikaner Luther Halsey Gulick (1865 – 1918) zuückgehendes Modell zur Beschreibung von Management-Funktionen. Als Vertreter einer Prozessauffassung der Führungslehre ergänzt Gulick in Fortentwicklung der Administrationslehre Henri Fayols die Funktionen planning, organizing, staffing, directing, coordinating und reporting ausdrücklich um die Funktion budgeting.

Position, offene

(*Exposure*), Maßstab für die Beeinflussung des Wertausweises finanzieller Positionen (in Inlandswährung) durch vorhandene Risikofaktoren. Quantifizieren lässt sich die offene Position als Regressionskoeffizient einer linearen Regression des EUR-Wertes der betrachteten finanziellen Position auf den Risikofaktor. Bei Betrachtung sicherer Fremdwährungszahlungen etwa entspricht die offene Position im Hinblick auf den künftigen → Kassawechselkurs gerade der Höhe der Fremdwährungszahlung. Über den Einsatz von → Kurssicherungsinstrumenten lassen sich offene Positionen reduzieren oder sogar ganz beseitigen.

Siehe auch → Währungsmanagement (mit Literaturangaben).

Literatur: Breuer, W.: Unternehmerisches Währungsmanagement, 2. Auflage, Wiesbaden 2000.

Positionierung

(im → *Marketing*) wird als „psychologisches Marktmodell" bezeichnet, da sie sich mit der mehrdimensionalen Darstellung der unterschiedlichen Leistungen bzw. → Marken eines → relevanten Marktes in der Wahrnehmung der Kunden beschäftigt. Unter Positionierung wird dabei die aktive Planung, Gestaltung und Kontrolle der Außenwahrnehmung von → Produkten, → Marken, Geschäftsfeldern (→ strategisches Geschäftsfeld) oder Unternehmen auf Basis des → Marketingmix verstanden. Positionierung stellt einen zentralen Schwerpunkt der → Marketingplanung dar und ist Teil des → STP-Marketing.

Positionierung

Die Positionierung bezeichnet die Verankerung der Unternehmensleistung in der Wahrnehmung der Zielgruppe entlang der für diese relevanten Beurteilungskategorien. Die Positionierung geht dabei von der Abbildung eines Beurteilungsgegenstandes (Unternehmen, Produkt oder Dienstleistung) in einem psychologischen Marktmodell aus. Als konstitutive Elemente eines solchen Marktmodells gelten 1.) die im Wettbewerb stehenden Angebote, 2.) die zu deren Unterscheidung notwendigen, von den Kunden als relevant empfundenen Beurteilungskategorien, die die Koordinatenachsen des Marktmodells bilden, sowie 3.) Angaben der Kunden zu ihren Präferenzen bezüglich der im Wettbewerb stehenden Angebote und bezüglich der Idealleistung.

Unternehmen definieren entsprechend eine gewünschte Soll-Positionierung, um in der Einschätzung der Konsumenten z. B. eine Idealposition oder aber auch bislang nicht bediente Marktnischen mit speziellen Leistungen zu besetzen. Anbieterseitig meint Positionierung somit auch, sich im Verhältnis zu den Mitbewerbern einen Konkurrenzvorteil zu verschaffen, indem man das eigene Angebot deutlich vom Wettbewerb abhebt (→ Unique Selling Proposition). Positionierung basiert somit auf Vergleichen und drückt sich weniger in Superlativen aus.

Die Analyse der Positionierung, die in der Unternehmenspraxis durch den Einsatz verschiedener statistischer Methoden wie Multidimensionale Skalierung, Faktorenanalyse oder Conjoint-Measurement (→ Marktforschung) erfolgt, zeigt auf, inwieweit sich die aktuelle Ist-Positionierung von der angestrebten Soll-Positionierung unterscheidet. Unternehmen verstehen so, welche Position sie bzw. ihre Produkte im Bewusstsein des Marktes einnehmen, und haben auf Basis dieser Analyse dann die Möglichkeit, die Beurteilung der realen Leistung durch die Konsumenten durch kommunikationspolitische Maßnahmen (→ Kommunikationspolitik) an die gewünschte Soll-Positionierung anzunähern bzw. das eigene Angebot durch gezielten Ressourceneinsatz in die gewünschte Richtung zu verändern.

Siehe auch → Kommunikationspolitik, → Marketing, Grundlagen und → Marktforschung, jeweils mit Literaturangaben.

Literatur: Lewin, K.: Feldtheorie in den Sozialwissenschaften, Huber, Bern/Stuttgart, 1963; Myers, J.: Segmentation and Positioning for Strategic Marketing Decisions, South-Western Educational Publishing, Belmont (CA), 1996; Ries, A., Trout, J.: Positioning – The Battle for Your Mind, 3. Auflage, McGraw-Hill, New York, 2001; Wolfersberger, H.P.: Strategische Positionierung im Finanzdienstleistungsbereich, Gabler, Wiesbaden, 2004; Spiegel, B.: Die Struktur der Meinungsverteilung im sozialen Feld – Das psychologische Marktmodell, Huber, Stuttgart, 1961.

Positionierungsanalyse

Die Positionierungsanalyse ist ein Instrument zur weiteren → Segmentierung von Märkten und zur Unterstützung markenstrategischer Überlegungen. Sie orientiert sich an den von Konsumenten subjektiv wahrgenommenen Leistungsmerkmalen eines Produkts, wobei davon ausgegangen wird, dass Konsumenten Produkte anhand der für sie wichtigsten Kaufentscheidungskriterien wahrnehmen und beurteilen. Die Kaufwahrscheinlichkeit steigt, je geringer die Distanz der für die Kaufentscheidung wichtigsten Produkteigenschaften vom Idealprodukt ist. Mit dieser Analyse können Informationen für die Entwicklung von Produktinnovationen, Produktvariationen und für Produktdifferenzierungen gewonnen werden. Zudem können noch nicht besetzte Marktnischen entdeckt und die Notwendigkeit zur stärkeren Differenzierung von Konkurrenzprodukten erkannt werden. Siehe auch → Positionierung und → Marketing, Grundlagen.

Positive Publizität

(Handelsregister). Eine im → Handelsregister eingetragene und bekannt gemachte Tatsache kann jedem Dritten entgegengehalten werden, es sei denn, die Rechtshandlung wird innerhalb von 15 Tagen nach der Bekanntmachung vorgenommen und der Dritte kann beweisen, dass er die Tatsache weder kannte noch kennen musste (§ 15 Abs. 2 HGB).

Post Merger Integration (PMI)

Zusammenwachsen von fusionierten bzw. übernommenen Unternehmen. Siehe auch → Mergers & Acquisitions.

Posttest

Beispiel: In der → Werbung lassen sich nach dem Testzeitpunkt von → Werbemitteln → Pretests und Posttests unterschieden. Posttests werden erst dann durchgeführt, wenn die Werbung bereits im Markt angelaufen ist. Häufig verwendete Formen von Posttests sind der Day-After-Recall-Test und das Werbetracking. Siehe auch → Kommunikationspolitik und → Werbung, jeweils mit Literaturangaben.

Potentialanalyse

Als Potentialanalyse wird ein Verfahren der strategischen Situationsanalyse bezeichnet, bei dem das Potential eines Unternehmens im Hinblick auf seine Ressourcen (z.B. Kompetenz, Produktionsmöglichkeiten, Kapitalkraft) überprüft wird. Dabei werden Verfügbarkeit, Ausmaß und Relevanz der Ressourcen für strategische Entscheidungen betrachtet.

Potentialbeurteilung

siehe → Personalbeurteilung.

Potentialcontrolling

(bei → *Dienstleistungen*). Dem Controlling der Leistungspotentiale kommt bei Dienstleistungen besondere Bedeutung zu, weil sich aus der Potentialqualität wesentliche Weichenstellungen für die Qualität der Leistungserstellungsprozesse, und damit auch der Leistungsergebnisse, ergeben. Als Instrumente stehen z.B. der → SERVQUAL-Ansatz, die Penalty-Reward-Faktoren-Analyse oder auch Qualitätsaudits zur Verfügung (→ Dienstleistungsmanagement; siehe auch → Qualitätscontrolling bei Dienstleistungen).
Ebenfalls große Bedeutung hat das Controlling der Kosten der Leistungspotentiale. Diese dominieren als Bereitschaftskosten (z.B. in Form von Gehältern, Gebäudemieten) in den meisten Dienstleistungsunternehmungen gegenüber den sich mit der Ausbringungsmenge verändernden Kosten und haben zudem überwiegend Gemeinkostencharakter (→ Kostencontrolling bei Dienstleistungen).
Siehe auch → Dienstleistungscontrolling (mit Literaturangaben).

Potentialfaktoren
(*stock inputs*) bezeichnen → Produktionsfaktoren, die ein langfristig nutzbares Potential von Leistungen verkörpern. Dieses Leistungspotential verbraucht sich nicht, wie bei → Repetierfaktoren, in einem einmaligen Produktionsprozess, sondern nutzt sich über viele Produktionsvorgänge in der Zeit ab. Neben der → *menschlichen Arbeit* ist bei der Gruppe von → *Betriebsmitteln* an die langlebigen Faktoren mit Anlagevermögens-Charakter zu denken, wie z.B. das Betriebsgrundstück, die Werkshalle, die Bearbeitungsmaschine, das Lagerbediengerät usw.
Siehe auch → Produktions- und Kostentheorie (mit Literaturangaben).

Power-Center
sind Ausprägungsformen von → Shopping Center, die sich i.d.R. dadurch auszeichnen, dass mindestens drei Magnetbetriebe einen flächenmäßigen Anteil des gesamten Einkaufszentrums von ca. 75 % belegen. Die Leitbetriebe sind dabei i.d.R. Fachmärkte. Power-Center sind v.a. in Ballungsgebieten angesiedelt, da sie ein großes Einzugsgebiet benötigen und sie zählen zu den neueren Handelsformen in den USA (→ Vertriebswege, neuere). Im deutschsprachigen Raum sind Fachmarktzentren damit vergleichbar.
Siehe auch → Vertriebswege, Neuere (mit Literaturangaben).

ppa.
Abk. für per procura (lat. für „in Vollmacht"). Indem ein → Prokurist dieses Kürzel seinem Namen voranstellt, kommt er der gesetzlichen Verpflichtung nach (§ 51 HGB), seine Schreiben mit einem auf die Prokura hinweisenden Zusatz zu zeichnen.

PPS
Abk. für → Produktionsplanung und -steuerung; siehe auch → Produktionsmanagement.

PR
Abk. für Public Relations, siehe → Öffentlichkeitsarbeit.

Präferenznachweis
siehe → Warenverkehrsbescheinigung.

Präferenzzoll
im → Zolltarif gelistete reduzierte Zollbelastung für bestimmte Waren aus bestimmten Wirtschaftsgebieten (z.B. Entwicklungsländern).

Prämie
Optionsprämie (bei Devisen), siehe → Devisenoptionen.

Prämie
siehe → Versicherungsprämie.

Prämienlohn
variable *Entgeltkomponente,* die in Abhängigkeit von festgelegten Kriterien, z.B. Qualität, vergeben wird. Siehe auch → Mengenleistungsprämie, → Qualitätsprämie, → Nutzungsprämie, → Ersparnisprämie, → Kombinierte Prämie sowie → Lohn- und Gehaltsmodelle (mit Literaturangaben).

Prämienlohnlinie
Je nach angestrebtem Effekt auf die Arbeitsleistung ist der Verlauf der Prämienlohnlinie festzulegen. Dabei kann zwischen einem proportionalen, degressiven, progressiven oder stufenförmigen Verlauf unterschieden werden. Siehe auch → Lohn- und Gehaltsmodelle (mit Literaturangaben).

Präskriptive Entscheidungstheorie
Die präskriptive Entscheidungstheorie verfolgt, wie die normale Entscheidungstheorie, das Ziel, die Bedingungen rationaler Präferenzentscheidungen zu begründen. Sie berücksichtigt aber zusätzlich die

Erkenntnisse der empirischen Entscheidungsforschung bei der Formulierung von Axiomen der Ratio-nalität.
Siehe auch → Entscheidung, Betriebswirtschaftliche (mit Literaturangaben).

Pre Sales-Service

Die Einteilung von Kundendienstleistungen (produktbegleitenden Dienstleistungen) kann unter dem Kriterium der Zeit in Relation zum Kaufakt, mit dem die Kundendienstleistung in Verbindung steht, als Pre sales-Service (z.B. Schaufensterauslage, Anproberäume, Inzahlungnahme), At sales-Service (z.B. kostenloses Parken, Restaurant, Kreditierung) und After sales-Service (z.B. Zustellung, Verpackung, Änderung, Aufstellung, Nachnahmelieferung) definiert werden.

Predatory Pricing

Kampfpreisunterbietungsstrategie: Ein Anbieter versucht durch eine gezielte Preisunterbietung einen Konkurrenten vom Markt zu drängen. Fährt ein marktbeherrschendes Unternehmen eine solche Preis-strategie in seiner → Preispolitik, handelt es sich in der Regel um Verstöße gegen das Gesetz gegen Wettbewerbsbeschränkungen (GWB) und das Gesetz gegen unlauteren Wettbewerb (UWG).
Siehe auch → Preispolitik (mit Literaturangaben).
Literatur: Pechtl, H. (2005): Preispolitik, Stuttgart.

Preis-/Qualitätszusammenhang

Aus verhaltenswissenschaftlicher Sicht (→ behavioral pricing) gibt es Anhaltspunkte, dass Nachfrager aus einem höheren Preis für ein Produkt ceteris paribus auf eine höhere Produktqualität schließen. Dies gilt vor allem dann, wenn die Konsumenten in der Warengruppe nur geringe Sachkenntnis besitzen. Für die → Preispolitik folgt hieraus eine doppelte Rolle des Preises: Zum einen impliziert er die Höhe des finanziellen Opfers, das der Nachfrager zu erbringen hat, zum anderen weist der Preis eine positive qualitätsfördernde Wirkung auf.
Siehe auch → Preispolitik (mit Literaturangaben).
Literatur: Diller, H. (2000): Preispolitik, 3. Auflage, Stuttgart. Pechtl, H. (2005): Preispolitik, Stutt-gart.

Preis-Absatz-Funktion

Marktreaktionsfunktion, die den Zusammenhang zwischen Verkaufspreis (Angebotspreis, p) und der hierauf zu erwartenden Absatzmenge (x) eines Produkts abbildet, was formal durch die Beziehung $x=x(p)$ zum Ausdruck kommt. In der Regel ist ceteris paribus zu unterstellen, dass ein höherer Ver-kaufspreis mit einer geringeren absetzbaren Menge am Markt korrespondiert („Gesetz der Nachfrage"), wenngleich dieser Zusammenhang nicht linear ($x=a-b\cdot p$, mit a, b > 0) sein muss, sondern vielfältige funktionale Formen denkbar sind (z.B. $x=a\cdot p-b$, mit: a, b > 0, sog. → Cobb-Douglas-Funktion). Aus der Preis-Absatz-Funktion lässt sich mit Hilfe der → Preiselastizität quantifizieren, wie preissensibel die Nachfrager auf Preisänderungen des betrachteten Produkts reagieren.
Für die Bestimmung des Angebotspreises in der → Preispolitik liefert die Preis-Absatz-Funktion Aus-sagen zum → Umsatz, den das Unternehmen mit einem spezifischen Verkaufspreis erzielt. Zur empiri-schen Bestimmung der Preis-Absatz-Funktion bieten sich ökonometrische Verfahren auf Grundlage von beobachteten Preis-/Mengenkombinationen oder die Messung der → maximalen Zahlungsbereit-schaften von Nachfragern (repräsentative Stichprobe) an. Trotz einer möglichen empirischen Validie-rung stellt die Preis-Absatz-Funktion vor allem ein analytisches und weniger ein praktisch einsetzbares Planungsinstrument in der Preispolitik dar.
Siehe auch → Preispolitik (mit Literaturangaben).
Literatur: Pechtl, H. (2005): Preispolitik, Stuttgart.

Preisabweichung

(→ *Erfolgscontrolling*). Die Differenz zwischen geplanten und realisierten Preisen für die eingesetzten Güter ist die Preisabweichung; siehe auch → Plankostenrechnung und → Abweichungsanalyse.

Preisanpassungsstrategie

siehe → Preispolitik.

Preisbewusstsein
siehe → value pricing.

Preisbündelung
Bei der Preisbündelung fasst der Anbieter mehrere eigenständig marktfähige Angebotsleistungen zusammen und offeriert dieses Produktbündel zu einem Gesamtpreis. In der Praxis finden sich für ein solches → Preissystem Begriffe wie Paketpreis, Komplettpreis, Pauschalangebot, Abonnement, Systempreis, Kombipreis oder Menüpreis. Bei der reinen Preisbündelung (pure bundling) bietet das Unternehmen die Komponenten des Leistungsbündels nur als Komplettpaket an, da die Leistungen bzw. Produkte nicht einzeln erhältlich sind bzw. keine Einzelpreise ausgewiesen werden. In der gemischten Preisbündelung (mixed bundling) verkauft das Unternehmen neben dem Gesamtpaket mit dem Bündelpreis auch einzelne oder alle Komponenten zu Einzelpreisen. Zielsetzung hierbei ist, zumindest einzelne Komponenten an diejenigen Nachfrager zu verkaufen, die zum Erwerb des gesamten Bündels nicht bereit sind.
Siehe auch → Preispolitik (mit Literaturangaben).
Literatur: Priemer, V. (2003): Preisbündelung, in: Handbuch Preispolitik, hrsg. v. Diller, H. /Herrmann, A., Wiesbaden, S. 503-519.

Preis-Controlling
Das Preis-Controlling beschäftigt sich als Bereichs- bzw. Instrumental-Controlling im Rahmen der → Preispolitik zum einen mit der Preisdurchsetzung: Geprüft wird, ob die geplanten Preise am Markt bzw. gegenüber dem Kunden auch realisiert wurden, bzw. welche Ursachen etwaige Abweichungen verursacht haben. Zum anderen versorgt das Preis-Controlling die Entscheidungsträger mit relevanten Informationen zur Unterstützung der Preiskalkulation und überprüft im Sinne einer Nachkalkulation die getroffenen Preisentscheidungen sowie die Sinnhaftigkeit und den Anpassungsbedarf der → Preissysteme des Unternehmens. Damit sollen Fehler reduziert und Umsatz- bzw. Gewinnchancen in der Preiskalkulation genutzt werden.
Siehe auch → Preispolitik (mit Literaturangaben).
Literatur: Diller, H. (2000): Preispolitik, 3. Auflage, Stuttgart. Link, J. / Gerth, N. / Voßbeck, E. (2000): Marketing-Controlling, München.

Preisdifferenzierung
Der wahrgenommene Nutzen eines Produkts, der sich in der maximalen Zahlungsbereitschaft der Nachfrager konkretisiert, deren Kaufkraft oder die Wettbewerbsverhältnisse auf einem Markt können sich in vielfacher Weise unterscheiden: Hieraus resultieren in der → Preispolitik Ansatzpunkte für eine Preisdifferenzierung: Unter bestimmten Konstellationen setzt der Anbieter dann unterschiedliche Preise für die (annähernd) gleiche Produktleistung an.
Siehe auch → Predatory pricing und → Preispolitik (mit Literaturangaben).
Literatur: Pechtl, H. (2005): Preispolitik, Stuttgart. Skiera, B. (1999): Mengenbezogene Preisdifferenzierung bei Dienstleistungen, Wiesbaden.

Preis-Effekt
bezeichnet die in der mikroökonomischen Theorie üblicherweise unterstellte positive Beziehung zwischen dem monetären Anreiz und der Arbeitsleistung. Eine Aktivität wird ceteris paribus gesteigert, wenn sich der dafür erzielbare Preis (im Vergleich zu anderen Preisen) erhöht.
In der mikroökonomischen Theorie wird üblicherweise der zum Preis-Effekt gegenläufige Verdrängungseffekt nicht berücksichtigt: Ist eine intrinsische Motivation vorhanden, kann ein monetärer Anreiz die Leistung verringern. Siehe auch → Managing Motivation.
Literatur: Frey, B.S.: Markt und Motivation. Wie ökonomische Anreize die (Arbeits-)Moral verdrängen. München 1997.

Preiselastizität
Eine zentrale Frage in der → Preispolitik bei der Preiskalkulation beinhaltet, wie stark sich der Absatz bei einer Preisänderung verändert: Diese Daten, $\Delta x = x_2 - x_1$ mit $x_1 = x(p_1)$ bzw. $x_2 = x(p_2)$ und $\Delta p = p_2 -$

p_1, erhält man aus beobachteten Preis-/Mengenkombinationen oder allgemein aus der → Preis-Absatz-Funktion.

Häufig ist es jedoch zweckdienlich, Preis- und Absatzveränderungen simultan in *einer* Kenngröße zu erfassen. Zudem erscheint es aussagekräftiger zur Beurteilung der Höhe einer Absatz- bzw. Preisänderung, das Ausgangsniveau der Veränderung von Absatz bzw. Preis zu berücksichtigen, d.h. die relative anstelle der absoluten Veränderung zu betrachten. Beide Anforderungen erfüllt das Konzept der Preiselastizität der Nachfrage (ε), die als relative Mengenänderung im Verhältnis zur relativen Preisänderung definiert ist: Sind der Preis p_1 bzw. die Menge x_1 das Ausgangsniveau, gilt für die Preiselastizität der Nachfrage:

$$\varepsilon = \frac{\dfrac{\Delta x}{x_1}}{\dfrac{\Delta p}{p_1}} = \frac{\Delta x}{\Delta p} \cdot \frac{p_1}{x_1}$$

Vereinfacht bringt die Preiselastizität zum Ausdruck, um wieviel „Prozent" sich die Absatzmenge bei einer Preisänderung um einen gewissen „Prozentsatz" verändert. Formal korrekt stellt die obige Bedingung die sog. Bogen- oder Streckenelastizität dar. In vielen analytischen Fragestellungen, z.B. marginalanalytische Preisbestimmung (→ Amoroso-Robinson-Relation), interessiert hingegen die Punktelastizität. Sie ist dahingehend definiert, dass die Preisänderung marginal klein wird, d.h. $\Delta p = (p_2 - p_1) \rightarrow 0$ geht. Aus dem Differenzenquotienten $\Delta x / \Delta p$ wird der Differentialquotient dx/dp. Allgemein stellt der Term dx/dp die Veränderung des Absatzes bei einer marginalen bzw. infinitesimal kleinen Änderung des Preises dar. Dies entspricht graphisch der Steigung der Preis-Absatz-Funktion. Die Punktelastizität lautet folglich

$$\varepsilon = \frac{dx}{dp} \cdot \frac{p}{x}$$

und gibt die Preiselastizität für eine bestimmte Preis-/Mengenkombination (p; x) auf der Preis-/Absatzfunktion an. Da aufgrund des Gesetzes der Nachfrage mit einer Preiserhöhung (Preissenkung) eine Absatzverminderung (Absatzerhöhung) einhergeht, sind der Term $dx/dp < 0$ und damit auch die Preiselastizität der Nachfrage negativ ($\varepsilon < 0$). Je „negativer" der Wert für die Preiselastizität ausfällt, desto empfindlicher reagieren die Nachfrager auf den Preis bzw. desto „preissenibler" ist der Markt. Häufig wird dies aber dadurch zum Ausdruck gebracht, dass die Preiselastizität – betragsmäßig ($|\varepsilon|$) – ansteigt.

Siehe auch → Preispolitik (mit Literaturangaben).

Literatur: Diller, H. (2000): Preispolitik, 3. Auflage, Stuttgart. Pechtl, H. (2005): Preispolitik, Stuttgart.

Preisführerschaft
siehe → Preispolitik.

Preisgefahr
siehe → Gefahrtragung.

Preisimage
ist die subjektive Einschätzung eines Nachfragers bezogen auf die Preisgünstigkeit oder Preiswürdigkeit der offerierten Produkte in einem Geschäft sowie des „Preisgebahrens" (z.B. Preisehrlichkeit) eines Anbieters (→ behavioral pricing). Das Preisimage stellt einen Teil des Geschäftsstättenimages dar und besitzt damit im vereinfachten Entscheidungsverhalten von Nachfragern als Entscheidungskriterium eine große Bedeutung. Im Einzelhandel geht man davon aus, dass es einzelne spezifische Produkte (Eck- oder Schlüsselartikel) im Sortiment gibt, die ein Nachfrager bevorzugt für die Herausbildung des Preisimages eines Geschäfts heranzieht.

Siehe auch → Preispolitik (mit Literaturangaben).

Preiskartell
siehe → Preispolitik.

Preislage

spezifische Preis-/Qualitätskombination eines Produkts. Traditionell unterscheidet man die gehobene Preisklasse (höchste Preislage), die Konsumpreisklasse (mittlere Preislage) und die Niedrigpreisklasse (niedrigste Preislage). Die Preislagenwahl impliziert die strategische Positionierung eines Produkts und spielt im → Produktlinien-Pricing eine große Rolle.
Siehe auch → Preispolitik (mit Literaturangaben).

Preisnotierung

(bei Devisen). Vor der Einführung des Euro erfolgte die Kursfeststellung für → Devisen und → Sorten als sog. Preisfeststellung (Preisnotierung, direkte Notierung). Der notierte Kurs (Preis) gab seinerzeit bezogen auf die DM an, wie viele inländische Währungseinheiten (welcher Preis in DM) für 1, 100 oder 1000 ausländische Währungseinheit(en) beim Kauf bezahlt werden mussten bzw. bei einem Verkauf gezahlt wurden. Siehe auch → Mengennotierung.

Preispolitik

Preispolitik

von Univ.-Professor Dr. Hans Pechtl – Universität Greifswald

1. Aufgabenbereiche der Preispolitik

Der Preis ist der von einem Käufer (Nachfrager; Kunden) zu einem bestimmten Zeitpunkt für eine bestimmte Menge eines spezifischen Wirtschaftsguts an den Verkäufer (Anbieter; Unternehmen) zu zahlende Geldbetrag. Traditionelle Aufgabe des Preismanagements im Rahmen des Marketingmanagements bzw. Marketing-Mixes ist die Bestimmung der Höhe der monetären Gegenleistung, die ein Nachfrager für ein Produkt des Anbieters zu erbringen hat (Preiskalkulation). Hierbei lassen sich drei konzeptionelle Ansätze unterscheiden: Bei der kostenorientierten Preiskalkulation wird der Produktionsprozess analysiert und die Leistungserstellung monetär mit Kosten bewertet. Dies erlaubt die Quantifizierung der Stückkosten für eine Leistungseinheit (Produkteinheit), d.h. derjenigen Höhe an Kosten, die der Anbieter der Erstellung einer Leistungseinheit zuordnet. Auf diesen Sockelbetrag schlägt der Anbieter einen Gewinnzuschlag auf (cost-plus-pricing), woraus dann der Angebotspreis resultiert. Die nachfrageorientierte Preispolitik fokussiert auf die Mengenreaktion der Nachfrager, die bei einem bestimmten Preis, den der Anbieter für sein Produkt setzt, auftritt, was formal in der → Preis-Absatz-Funktion zum Ausdruck kommt. Nachfrageorientierte Preispolitik impliziert nicht, dass die Kostenseite unbeachtet bleibt. Vielmehr ermöglicht das Gewinnkalkül eine simultane Betrachtung von Absatz- bzw. Umsatz- und Kostenwirkung eines spezifischen Preises. Eine konzeptionelle Neuorientierung der nachfrageorientierten Preiskalkulation beinhaltet die wertorientierte Preispolitik (→ value pricing). Die konkurrenzorientierte Preispolitik berücksichtigt explizit den Tatbestand des Wettbewerbs unter den Anbietern, die sich gegenseitig durch preispolitische Aktionen Kunden „abjagen" können. Damit werden die spezifischen preispolitischen Aktionen und Reaktionen von Konkurrenten zu einer Determinante der Bestimmung des eigenen Preises. Hier stehen vor allem Preisstrategien im Vordergrund, die ein optimales Agieren in bestimmten Wettbewerbssituationen charakterisieren.
In der Regel offeriert der Anbieter nicht nur ein einziges Produkt; ferner muss keineswegs in allen Transaktionen der gleiche Preis für eine Produkteinheit gelten. Aus beiden Tatbeständen resultiert, dass in der Preiskalkulation zumeist → Preissysteme auszugestalten sind.
In einer weiter gefassten Interpretation der Aufgaben der Preispolitik rechnen hierzu auch die Gestaltung der Zahlungsbedingungen, wie der Zahlungsform bzw. der Art der Zahlungsmittel (Fakturierung) und das Einräumen von Zahlungszielen (Absatzkreditpolitik). Damit ist die Preispolitik Teil der Kontrahierungspolitik des Anbieters. Hierunter ist die Gesamtheit der Transaktionsbedingungen zu verstehen, die neben der Festlegung des Preises vor allem die Lieferungs- und Haftungsbedingungen (z.B. Lieferzeitpunkt, Gefahrenübergang, siehe auch → Incoterms; Garantien, siehe auch → Produkthaftung) umfassen.

2. Bestimmung des gewinnoptimalen Preises

Der Preis besitzt mehrere sog. Treiberwirkungen: Die Absatztreiberwirkung beinhaltet die Absatzverminderung (-erhöhung), die eine Preiserhöhung (-senkung) auslöst, was aus der → Preis-Absatz-Funktion erkennbar ist. Zugleich resultiert aus einer preisbedingten Absatzveränderung in der Regel eine Veränderung des Umsatzes (Umsatztreiberwirkung). Je nach Art der unterstellten Preis-Absatz-Funktion und der „Position" der Preisveränderung auf der Preis-Absatz-Funktion kann eine Preiserhöhung hierbei eine Umsatzerhöhung oder eine Umsatzverminderung implizieren. Eine Veränderung der Absatzmenge korrespondiert aber auch mit einer Veränderung der Produktionskosten (Kostentreiberwirkung), wobei eine Reduzierung (Erhöhung) der Absatz- bzw. Produktionsmenge in der Regel eine Verminderung (Erhöhung) der Gesamtkosten bewirkt. Der Gewinn ist die Differenz von Umsatz und Kosten. Daher besitzt eine Preisveränderung über ihre Umsatz- und Kostentreiberwirkung eine Gewinntreiberwirkung. Ein konzeptionelles Ziel in der Preispolitik kann hierbei sein, denjenigen Preis für das betrachtete Produkt zu setzen (finden), bei dem der Gewinn maximal wird.

Das Kalkül der Bestimmung des gewinnoptimalen Preises besteht darin, zu prüfen, ob es sich – bspw. ausgehend von einem „sehr hohen" Preis – lohnt, den Preis um eine Einheit (marginal) zu senken. Dies ist dann vorteilhaft, wenn die Umsatzsteigerung aufgrund der Absatzerhöhung (Grenzumsatz) größer als die zusätzlichen Produktionskosten (Grenzkosten) ist. Dann tritt eine Erhöhung des Gewinns auf (positiver Grenzgewinn). Der optimale Preis ist folglich erreicht, wenn sich Grenzumsatz und Grenzkosten einer preisbedingten Absatzveränderung entsprechen. Eine formale Umformung dieses Marginalkalküls beinhaltet die → Amoroso-Robinson-Relation.

3. Preisstrategien

Eine Preisstrategie ist ein an den langfristigen Unternehmens- und Marketingzielen (z.B. Maximierung des Gewinnbarwerts über den Planungshorizont) ausgerichtetes Handlungskonzept, das die Festlegung der Preishöhe eines Produkts und deren (zeitliche) Veränderung sowie die Ausgestaltung von → Preissystemen betrifft. Preisstrategien sind normative Empfehlungen auf Grundlage von Erfahrungswissen oder analytischen Überlegungen, um ein optimales Agieren eines Unternehmens in bestimmten Markt- und Wettbewerbskonstellationen im Bereich der Preissetzung zu gewährleisten. Für manche Problemstellung existieren allerdings unterschiedliche, durchaus konträre Preisstrategien, weshalb die Rahmenbedingungen des Entscheidungsproblems genau zu analysieren sind, um die „richtige" Preisstrategie zu wählen.

Hinsichtlich der *Einführung von Innovationen* in einen Markt lassen sich drei unterschiedliche Preisstrategien unterscheiden:

Die (1) *Skimming-Strategie* impliziert in der Einführungsphase des neuen Produkts einen relativ hohen Preis, der im Laufe der weiteren Markteinführung und späteren Phasen des Produktlebenszyklus gesenkt wird. Die Logik der Skimming-Strategie basiert auf der zeitlichen → Preisdifferenzierung, die ein stärkeres Abschöpfen der → Konsumentenrente ermöglicht: Zum Startpreis erwerben nur Nachfrager mit hoher maximaler Zahlungsbereitschaft das Produkt. Ist dieses Segment abgearbeitet, d.h. deren Konsumentenrente abgeschöpft, wird der Preis gesenkt, weshalb das Produkt nunmehr Nachfrager anspricht, die eine etwas geringere maximale Zahlungsbereitschaft besitzen. Zudem ermöglicht ein relativ hoher Startpreis bereits bei der Markteinführung eine Kostendeckung. Ferner assoziieren uninformierte Nachfrager mit einem hohen Preis möglicherweise eine gute Produktqualität, was die Vermarktungschancen der Innovation erhöht (→ Preis-/Qualitätszusammenhang).

In der (2) *Penetration-Strategie* führt man hingegen das Produkt mit einem relativ niedrigen Preis in den Markt ein; in den späteren Perioden folgen dann möglicherweise Preiserhöhungen. Durch den niedrigen Einstiegspreis soll das Marktpotential der Innovation schnell erschlossen werden, um insbesondere Nachfrager, die bei ihren Kaufentscheidungen den Marktverbreitungsgrad der Innovation bzw. den Marktanteil eines Anbieters als Kaufkriterium beachten (sog. Imitatoren), wirkungsvoll anzusprechen. Für diese Käufergruppe signalisiert ein hoher Marktanteil Qualitätssicherheit. Hat ein Unternehmen durch einen hohen Marktanteil ein solches akquisitorisches Potential geschaffen, besitzt es im „Kampf" um das noch freie Marktpotential einen strategischen Wettbewerbsvorteil gegenüber Konkurrenten mit geringeren Marktanteilen. Zudem erlaubt das akquisitorische Potential Preiserhöhungen, ohne nennenswerte Absatzeinbußen hinnehmen zu müssen. Verluste zu Beginn der Markteinführung, da der Verkaufspreis unter den variablen Stückkosten liegen dürfte, sind deshalb Investitionen in die Markterschließung. Aus Kostensicht sinken aufgrund des Erfahrungskurveneffekts die variablen Stückkosten jedoch rasch, so dass trotz des niedrigen Startpreises mittelfristig die Chance zur Kostendeckung bzw. Gewinnerzielung gegeben ist. Dies gilt vor allem dann, wenn in den späteren Phasen des Produktlebenszyklus der Preis erhöht wird.

In der (3) *Strategie des äußerst niedrigen Anfangspreises* liegt der Markteinführungspreis noch unter demjenigen in der Penetration-Strategie, wobei dieser sehr niedrige Preis im Laufe der weiteren Markteinführung beibehalten wird. Der sehr niedrige Einstiegspreis soll Konkurrenten solange von einem Markteintritt abhalten, bis das Produkt eine marktbeherrschende Stellung erreicht hat und dann aufgrund dieser Markteintrittsbarriere Konkurrenten vom Markt fernbleiben. Treten dennoch Konkurrenten auf, vermag der Anbieter seine aufgrund des Erfahrungskurveneffekts deutliche bessere Kostenposition auszuspielen und die Preise auf ein für die Konkurrenten kostenmäßig nicht tragbares Niveau zu senken (sog. *„entry limit pricing"*).

Bezogen auf das *Verhalten gegenüber Wettbewerbern* ist zwischen Anpassungs- und Überlegenheitsstrategien zu unterscheiden:

Bei einer (1) *Preisanpassungsstrategie* reagiert der Anbieter lediglich auf die Preisentscheidungen der Konkurrenten: Er kann versuchen, sich innerhalb der von der Konkurrenz gesetzten Rahmenbedingungen bestmöglich mit seinem Preis anzupassen, oder er hält im Sinne einer starren Reaktion einen bestimmten Preisabstand zu einem bestimmten Konkurrenten ein (z.B. immer 5% günstiger als der Marktführer). Damit erübrigt sich häufig die Notwendigkeit einer eigenständigen Preiskalkulation.

In der (2) *Überlegenheitsstrategie* antizipiert der Anbieter die Konkurrenzreaktionen auf eigene Entscheidungen, weshalb er unter Berücksichtigung der Konkurrenzreaktionen die für ihn selbst beste „Preisaktion" wählt. Ein Anbieter mit Überlegenheitsstrategie steuert mit seinen Preisentscheidungen – zum eigenen Vorteil – die Konkurrenten in ihren Preisentscheidungen. Eine sehr wettbewerbsaggressive Variante der Überlegenheitsstrategie ist das → *„predatory pricing"*: Hier versucht ein Anbieter, durch eine gezielte Preisunterbietung einen Konkurrenten vom Markt zu drängen.

Im Zusammenhang mit der Wahl → Preislage ist die *Kosten-/Preisführerschaft* („...billiger als die Konkurrenz sein zu wollen...") bekannt. Der Anbieter offeriert ein Produkt deshalb zu einem günstigeren Preis als die Konkurrenz, weil er durch einen hohen Standardisierungsgrad oder hohe Bestellmengen Kostenvorteile besitzt bzw. in Qualität und Service Abstriche macht. Letzterer Aspekt ist als Discount-Politik im Handel bekannt. In der Preispolitik im Einzelhandel lässt sich ferner im Zusammenhang mit Preispromotions zwischen der HILO- (high-low-) und EDLP-(every-day-low-price)-Strategie differenzieren. Die HILO-Strategie unterscheidet zwischen Normal- und Sonderangebotsphasen für ein Produkt, während die EDLP-Strategie auf ein konstantes Preisniveau setzt, das niedriger als der Normalverkaufspreis, aber höher als der Sonderangebotspreis der HILO-Strategie ist. Beide Preisstrategien sprechen in ihren Einkaufsgewohnheiten unterschiedliche Marktsegmente an.

4. Informationsgrundlagen der Preispolitik

Preisentscheidungen erfordern fundierte Informationen über das Nachfragerverhalten, das sich bspw. in der → Preis-Absatz-Funktion operationalisieren lässt, die Kostensituation im Unternehmen (Kostenfunktionen) und das Konkurrenzverhalten. Dies gilt hinsichtlich der Entscheidungsvorbereitung wie auch bezogen auf die Kontrolle der getroffenen Preisentscheidungen, was den Aufgabenbereich des → Preis-Controllings bildet. Verhaltenswissenschaftliche Grundlagen zum Nachfragerverhalten gegenüber dem Preis liefert das → behavioral pricing.

5. Rechtliche Rahmenbedingungen der Preispolitik

Im Wettbewerb zwischen den Unternehmen auf einem Markt gehört der Preiswettbewerb zu den wesentlichen Elementen, zumal die Nachfrager gegenüber dem Preis unter allen Marketinginstrumenten die höchste Reaktionsempfindlichkeit, operationalisiert bspw. in der → Preiselastizität, zeigen. Ferner gilt das Marketinginstrument Preis als „scharfes Schwert" im Wettbewerb, weshalb schwächere Wettbewerber vor bestimmten preispolitischen Aktivitäten starker Wettbewerber (marktbeherrschende Unternehmen; marktmächtige Unternehmen) geschützt werden müssen. Die Gesetzgebung hat daher den preispolitischen Spielraum vor allem durch das Gesetz gegen Wettbewerbsbeschränkungen (GWB) und das Gesetz gegen unlauteren Wettbewerb (UWG) geregelt: So sind horizontale Preisabsprachen zwischen Unternehmen (Preiskartell) und vertikale Preisbindungen (der Hersteller schreibt dem Handel den Verkaufspreis vor) verboten. Marktmächtigen Unternehmen ist ein dauerhaftes Angebot von Artikeln unter Einstandspreis verboten, wenn sie auf Märkten mit kleinen und mittleren Unternehmen tätig sind. Marktbeherrschende Unternehmen dürften ihre Marktstellung nicht zu überhöhten Preisen (Ausbeutungsmissbrauch der Nachfrager) oder zur sachlich nicht gerechtfertigten preislichen Diskriminierung von Kunden oder Zulieferern verwenden. Ferner sind ihnen Preisstrategien wie das → *predatory pricing* (siehe auch → Preisdifferenzierung) untersagt.

Hinweis
Zu den angrenzenden bzw. vertiefenden Wissensgebieten siehe → Dienstleistungsmanagement, → E-Commerce, → Electronic Procurement, → Handelsbetriebslehre, Grundlagen, → Handelsforschung, → Handelsmarketing, → Industriegütermarketing, → Kommunikationspolitik, → Konsumentenverhalten, → Kundenzufriedenheit, → Markenführung, → Marketingcontrolling, → Marketing, Grundlagen, → Marketing, Internationales, → Marktforschung, → Produktpolitik, → Vertriebspolitik.

Literatur: Diller, H. (2000): Preispolitik, 3. Auflage, Stuttgart. Pechtl, H. (2005): Preispolitik, Stuttgart.

Website/Internetadresse des Autors: www.rsf.uni-greifswald.de/bwl/marketing; pechtl@uni-greifswald.de

Preispolitik des Handels
Die Preispolitik des Handels umfasst die Gestaltung von Preisen und Preisstrategien auf Basis unternehmerischer Ziele. Auch im Handel gilt: Preise sind kurzfristig variierbar, Preisänderungen wirken stärker als Variationen anderer Marketing-Instrumente und die Wirkungen sind vielfältig, so Profilierungs-, Image-, Anlock-, Mengen-, Macht- oder Ausgleicheffekte (Diller 2000, S. 463 ff.).
Die Preispolitik des Einzelhandels unterliegt zumindest vier Besonderheiten: (1) Seit den siebziger Jahren legt der Handel die Preise autonom fest, d.h. entscheidet über die Handelsspanne, die als Differenz zwischen Einkaufs- und Verkaufspreis, i.d.R. als Prozentsatz vom Verkaufspreis angegeben wird. (2) Aufgrund der umfangreichen Sortimente bildet die Preispolitik eine höchst komplexe Aufgabe des → Handelsmarketing. (3) In Deutschland sind Konsumenten enorm preissensibel und der Wettbewerb basiert massiv auf dem Preis. (4) Der Preis bildet ein Profilierungsinstrument (Preisstrukturpolitik) und erfordert zugleich zunehmend tägliche Veränderungen (→ Sonderangebotspolitik).
Bedingt durch die Konkurrenzorientierung sind im Handel Preisverlaufsprinzipien relevant, die die zeitliche Abstimmung von Preisänderungen zwischen Artikeln bzw. mit anderen (z.B. kommunikativen) Instrumenten umfassen: (1) Bei Preiskonstanz wird der Preis für Sortimente über einen Zeitraum konstant gehalten. Dem Konsumenten wird das Gefühl eines gleich bleibenden Preis-/Qualitätsverhältnisses geben. Das Prinzip findet sich bei der → Dauerniedrigpreispolitik oder bei → Handelsmarken, was relativ einfach ist, da diese nicht direkt mit Herstellermarken vergleichbar sind. (2) Flexible Preise werden determiniert durch Kostenfaktoren, die im Rahmen der Kalkulation bei jeder Variation zur entsprechenden Preisänderung führen, und marktbedingte Faktoren, wobei die Ausschöpfung der Marktpotenziale im Fokus steht. Hier ist auf Absatzschwankungen und auf den zeitlichen Abfolgen von Preisaktionen basierende Preisflexibilität zu unterschieden → Sonderangebotspolitik.
Siehe auch → Handelsmarketing und → Preispolitik, jeweils mit Literaturangaben.
Literatur: Diller, H.: Preispolitik, 3. Auflage, Stuttgart – Berlin – Köln 2000.

Preispolitik, ökologieorientierte
Die *ökologieorientierte* → *Preispolitik* muss darauf gerichtet sein, → umweltfreundliche Produkte entweder zu vergleichbaren Preisen anzubieten wie herkömmliche Alternativen oder höhere Preise durch die Profilierung eines herausragenden ökologischen Produktnutzens im Rahmen einer Öko-Marke abzusichern.
Solange umweltverträgliche Produkte und Dienstleistungen bei gleicher Qualität nicht teurer sind als die anderen, werden sie erfolgreich sein. Je höher aber die Preisdifferenz zwischen umweltverträgli-

chem und herkömmlichem Produkt ist, desto weniger beeinflusst die → Umweltqualität die Kaufent-scheidung (→ Konsumentenverhalten).
Siehe auch → Ökologie-Marketing (mit Literaturangaben).

Preispremium

Ein Preispremium entsteht, wenn eine → Marke, in die verschiedene Markeninvestitionen wie z.B. Werbung vorgenommen wurden, gegenüber einer Referenzmarke mit keinen oder minimalen Marken-investitionen (näherungsweise eine schwach profilierte → Handelsmarke oder als Extremfall ein nicht markiertes Produkt) am Markt einen höheren Preis (Preispremium) erzielen kann. Werden unter beiden Marken die (prinzipiell) gleichen Produkte angeboten, so stellt ein Preispremium unmittelbar ein Maß für → markenspezifische Zahlungen dar.
Siehe auch → markenspezifische Zahlungen sowie → Markenbewertung (mit Literaturangaben).

Preisstrategie

Eine Preisstrategie ist ein an den langfristigen Unternehmens- und Marketingzielen (z.B. Maximierung des Gewinnbarwerts über den Planungshorizont) ausgerichtetes Handlungskonzept im Bereich der → Preispolitik, das die Festlegung der Preishöhe eines Produkts, deren (zeitliche) Veränderung sowie die Ausgestaltung von → Preissystemen betrifft. Preisstrategien sind normative Empfehlungen auf Grundlage von Erfahrungswissen oder analytischen Überlegungen, um ein optimales Agieren eines Un-ternehmens in bestimmten Markt- und Wettbewerbskonstellationen im Bereich der Preissetzung zu ge-währleisten.
Zu den verschiedenen Preisstrategien siehe → Preispolitik, Kapitel 3 (mit Literaturangaben)..

Preissystem

geordnete Menge von Preisen, die ein Anbieter setzt; Preissysteme basieren auf den Prinzipien der → Preisdifferenzierung, → Preisbündelung, → mehrteiligen Tarifen oder der Berücksichtigung von Sortimentsinterdependenzen. Die Ausgestaltung eines Preissystems ist zentrale Aufgabe der Preiskal-kulation im Rahmen der Preispolitik.
Siehe auch → Preispolitik (mit Literaturangaben).

Preisvergleichsmethode

(bei *Verrechnungspreisen*). Sie ist eine Standardmethode des → Fremdvergleichs, bei der der → Ver-rechnungspreis auf Basis von Marktpreisen gebildet wird. Wenn das Geschäft, auf dem der Vergleich beruht, gleichartig ist, kann der Preis übernommen werden, sonst muss eine Anpassung vorgenommen werden. Siehe auch → Verrechnungspreise, internationale, → Wiederverkaufspreismethode und → Kostenaufschlagsmethode.
Siehe auch → Erfolgscontrolling (mit Literaturangaben).

Preisvergleichsmethode

(*im Steuerrecht*) (*comparable uncontrolled price method*) ist eine Methode zur Ermittlung des Fremd-preises (siehe → Verrechnungspreis). Dabei wird der zwischen den beteiligten, nahe stehenden Unter-nehmen vereinbarte Preis mit dem marktüblichen Preis zwischen unabhängigen Dritten verglichen. Man unterscheidet den äußeren Preisvergleich und den inneren Preisvergleich. Beim äußeren Preisver-gleich wird der Preis, der bei Verkäufen zwischen voneinander unabhängigen Dritten vereinbart wird, zum Vergleich mit dem vereinbarten Verrechnungspreis herangezogen. Dem gegenüber wird beim in-neren Preisvergleich der Verrechnungspreis dem realisierten Preis aus Transaktionen mit fremden Drit-ten gegenübergestellt.
Siehe auch → Steuerrecht, Internationales (mit Literaturangaben).

Preisverlaufsprinzipien

siehe → Preispolitik des Handels.

Preiswechselkurs
ist der → Wechselkurs, der den Preis einer Einheit Auslandswährung in Inlandswährung angibt, also beispielsweise EUR pro USD aus Sicht eines Deutschen.

Premium Bundling
siehe → Preisbündelung.

Premiummarke
ist an die Spitze der Leistungshierarchie platziert und repräsentiert diese auch im Preis. In dem Maße, wie sich daraus ein hochwertiges Image ableitet, nutzt der Handel dies jedoch zur Profilierung der eigenen Geschäftsstätte, was zumeist über Sonderangebote erfolgt. Dadurch wird das Produkt popularisiert. Da zudem generell ein steigendes Anspruchsniveau im Konsum zu verzeichnen ist, steigt die Nachfrage danach an. In gleichem Maße aber wird das Produkt „herunter gezogen". An der Spitze der Pyramide wird somit Platz frei für eine neue Premiummarke, welche die Stelle der alten einnimmt – bis auch diese eine vorher zwar nicht beabsichtigte, aber wohl unvermeidliche Marktbreite erhält und ihrerseits Platz für eine neue Premiummarke schafft.
Siehe auch → Erstmarke, → Luxusmarke, → Zweitmarke, → Drittmarke, → Gattungsware sowie → Markenarten, → Marke und → Markenbewertung (mit Literaturangaben).

Preparation-Aktivitäten
dienen dazu, den → Leistungserstellungsprozess vorzubereiten. Dagegen sind Facility-Aktivitäten den Preparation-Aktivitäten logisch und zeitlich vorgelagert (Beschaffung von Potenzial- und Verbrauchsfaktoren). Siehe auch → Implementierungslinie (Line of implementation), → ServiceBlueprint, → Dienstleistungen und → Dienstleistungsmanagement.

Prepayment Guarantee
siehe → Anzahlungsgarantie.

Prepayment Risk
Unter Prepayment Risk wird das Risiko der vorzeitigen Tilgung (einer Anleihe, eines Kredits usw.) durch den Schuldner bezeichnet.

Pre-Sales-Phase
Die Pre-Sales-Phase, die z.B. die Übermittlung von Informationsmaterial umfasst, ist die erste Teilphase in der Einteilung von → Kaufphasen. Die anschließende → Sales-Phase umfasst die Kundenbedienung, die → After-Sales-Phase umfasst die Nachkaufberatung.

Present Value
(*Barwert*), Formeln siehe → Finanzmathematik.

President´s Management Scorecard
siehe → MIS, President´s Management Scorecard.

Presse-Grosso
Der Einzelhandel bekommt die Presseprodukte zu vom Verlag festgesetzten Preisen vom Presse-Grosso. Pressegrossisten sind eine Distributionsstufe zwischen Verlagen und Einzelhandel. Sie sind regionale Gebietsmonopolisten. Die Grossisten haben die Auflage, alle Objekte zu vertreiben (Neutralitätspflicht) und sind an die Preisgestaltung der Verlage gebunden (Preisbindung). Das Absatzrisiko tragen allerdings die Verlage, da die Einzelhändler das Recht haben, nicht verkaufte Exemplare an den Grossisten zurückzugeben (Remissionsrecht). 2003 gab es rund 80 Grosso-Firmen, die 2,9 Milliarden Euro Umsätze erwirtschafteten und rund 116.000 Verkaufsstellen beliefert haben.

Pressepost
Bezeichnung für die Dienstleistungen der Post für die Presse, die Presseerzeugnissen besondere Tarife einräumen. Abonnement-Exemplare von Zeitungen oder Zeitschriften werden als Postvertriebsstücke verschickt; presseähnliche Produkte werden als Pressesendung verschickt; Einzelexemplare von Zeitungen oder Zeitschriften werden als Streifbandzeitung verschickt.

Pretest
Beispiel: In der → Werbung lassen sich nach dem Testzeitpunkt von → Werbemitteln Pretests und → Posttests unterschieden. Pretests werden vor der eigentlichen Schaltung der Werbung vorgenommen, um vorab Hinweise auf den möglichen Werbeerfolg zu erhalten bzw. um das Risiko des Misserfolgs zu reduzieren, indem noch rechtzeitig Anpassungsmaßnahmen vorgenommen werden können.

PRI
Abk. für *Political Risk Index*, siehe → Business-Environment-Risk-Index (BERI-Index).

Price Earning Ratio (PER)
siehe → Kurs-Gewinn-Verhältnis (KGV).

PricewaterhouseCoopers AG
Die Bundesrepublik Deutschland hat als Mandatare die Euler Hermes Kreditversicherungs-AG und die PricewaterhouseCoopers AG Wirtschaftsprüfungsgesellschaft beauftragt und ermächtigt, alle die Exportkreditgarantien des Bundes betreffenden Erklärungen abzugeben und entgegenzunehmen. Federführend ist die Euler Hermes Kreditversicherungs-AG; siehe auch → Exportkreditgarantien des Bundes (Hermes-Deckungen) und → Euler Hermes Kreditversicherungs-AG.

Pricing
siehe → Preispoltik (mit Literaturangaben); siehe auch → Behovioral pricing, → Customized pricing, → Entry limit pricing, → Preisdifferenzierung, → Predatory pricing, → Produktlinien-Pricing, → Value pricing, Yield-Pricing.

Primanota
(in der → *Buchführung*), siehe → Grundbuch.

Primärbedarf
(in der → *Materialwirtschaft*), Bedarf an Fertigprodukten und Ersatzteilen für den Absatzmarkt. Siehe auch → Sekundärbedarf, → Tertiärbedarf und → Materialbedarfsplanung.

Primäre Gemeinkosten
sind Kosten für vom Markt (von unternehmensexternen Leistungserbringern) bezogene Ressourcen (z.B. Material, Personal, Fremddienstleistungen). Für diese Kostenarten stellt sich aufgrund des Vorhandenseins von Marktpreisen kein Wertermittlungsproblem, sondern nur ein Verteilungsproblem auf die → Kostenstellen. Siehe auch → Kostenstellenrechnung.

Primärer Sektor
umfasst die sog. Urproduktion wie zum Beispiel die Land-, Forst- und Fischereiwirtschaft und den Bergbau. Gegensatz (mit Definitions- und Abgrenzungsproblemen): → Sekundärer Sektor (industrieller Sektor) und → Tertiärer Sektor (Dienstleistungssektor)
    Internetadresse: (Statistischen Bundesamt) http://www.destatis.de.

Primärforschung
Die Primärforschung ist auf die Generierung neuen, originären Datenmaterials ausgerichtet. Gegensatz: → Sekundärforschung, die auf bereits vorhandenes unternehmensinternes und unternehmensexternes Datenmaterial zurückgreift.
Siehe auch → Marktforschung (mit Literaturangaben).

Primärmarkt
(*Going Public*). Der Markt für die Emission von Wertpapieren (auch Emissionsmarkt) wird als Primärmarkt bezeichnet. Bei einem Going Public (→ Going Public, Vorbreitungsphase; → Going Public, Durchführungsphase) endet der Primärmarkt am Tag vor dem ersten Handelstag an der Börse. Gegensatz zu → Sekundärmarkt.

Primärplatzierung
siehe → Equity Carve-out.

Primary Offering
engl. für Primärplatzierung, siehe → Equity Carve-out.

Primatkollegialität
Bei der Primatkollegialität gibt der Vorsitzende einer Leitungsgruppe bei Stimmengleichheit den Ausschlag. Siehe auch → Kollegialprinzip, → Direktorialprinzip und → Aufbauorganisation.

Principal-Agent-Ansatz
(*allgemeine Charakterisie*rung). Der Principal-Agent-Ansatz befasst sich mit Anreizproblemen und Fragen asymmetrischer Information. Die Leitidee ist die Bewältigung von Vertragsproblemen zwischen einem Prinzipal (Auftraggeber) und einem Agenten (Auftragnehmer). Der Prinzipal setzt einen Agenten ein, um von dessen Expertenwissen zu profitieren. Entweder verfügt der Prinzipal selbst nicht über dieses Wissen oder es ist für ihn effizienter, die Aufgaben nicht selbst zu übernehmen und einen Agenten einzuschalten. Aus dieser Arbeitsteilung resultieren die Informationsasymmetrie zwischen dem Prinzipal und dem Agenten und die Unsicherheit des Prinzipals, dass der Agent den Informationsvorsprung opportunistisch ausnutzen könnte.

Principal-Agent-Ansatz
(insbesondere in der *Organisationstheorie*). Der Principal-Agent-Ansatz gehört zu den institutionenökonomischen Ansätzen (→ Institutionenökonomie). Er befasst sich mit den Problemen, die auftreten, sobald ein Auftraggeber (Prinzipal) einem Auftragnehmer (Agenten) eine Aufgabe überträgt. Vorausgesetzt wird eine Informationsasymmetrie zwischen Prinzipal und Agent, d.h. der Agent hat einen Informationsvorsprung. Kommen Zieldivergenzen zwischen den Parteien hinzu, dann kann der Agent diesen Vorsprung opportunistisch ausnutzen und dem Prinzipal schaden.
Der Principal-Agent-Ansatz wird zu den Ansätzen der → Organisationstheorie gerechnet, obwohl er auch in vielen anderen Bereichen der BWL, vor allem im Personalbereich, anwendbar ist. Insbesondere weist er auf die Probleme der Delegation hin. Man kann kritisieren, dass er mit seinem negativen Menschenbild zu kontrollbetonten Organisationsformen neigt. Man könnte die Informationsasymmetrie zwischen Vorgesetzten und Mitarbeitern auch positiv als Wissensvorsprung des Agenten ansehen, welcher durch betont vertrauensvolle Organisationsformen besser genutzt werden kann.
Siehe auch → Organisationstheorien (mit Literaturangaben).
Literatur: Göbel, E.: Neue Institutionenökonomik, Konzeption und betriebswirtschaftliche Anwendungen, Stuttgart 2002.

Principal-Agent-Konflikt
aus der Neuen Institutionenökonomik stammendes Modell, das der Beschreibung der Beziehung zwischen Auftraggeber (*Principal*) und Auftragnehmer (*Agent*), primär dem Anteilseigner (*Principal*) und dem Management (*Agent*), dient und in den Wirtschaftswissenschaften vielfache Verwendung findet.
Der Konflikt wird virulent, soweit die Agenten über eigene Interessen verfügen und diese aufgrund von Informationsasymmetrien entgegen der Ziele der Principale verfolgen.(moral hazard). Dabei können verschiedene Formen des Konflikts auftreten (*hidden characteristics, hidden action, hidden infomations, adverse selection*), die stets mit der Folge eines suboptimalen Ergebnisses für die Principale verbunden sind.

Diesen Nachteilen kann u.a. durch Kontrollmechanismen oder durch → Anreizsysteme entgegen gewirkt werden, durch die jedoch ebenfalls Kosten (*agency costs*) entstehen, so dass aus Sicht der Principale stets nur eine zweitbeste Lösung erreicht werden kann.

Printmedien

(1) *Erscheinungsformen*: Printmedien sind periodisch erscheinende Druckschriften (Ausnahme: Bücher). Sie lassen sich unterscheiden nach Aktualität und Erscheinungsrhythmus, Größe des Adressaten-Themenkreises und regionale Verbreitung. Man kann unterscheiden zwischen regionalen und überregionalen Tageszeitungen, Sonntagszeitungen, Straßenverkaufszeitungen, Nachrichtenmagazinen, Wochenzeitungen, Fach- und Publikumszeitschriften und Anzeigenblättern.

(2) *Finanzierung*. Während sich Zeitungen in der Regel aus bis zu zwei Dritteln aus Anzeigen und zu einem Drittel aus Verkaufserlösen finanzieren, schwankt die Erlösstruktur der Zeitschriften und Magazine je nach regionaler und thematischer Ausrichtung. Neben der Werbefinanzierung finanzieren sich Zeitungen auch durch Inserate, so genannte Rubrikenmärkte (Stellenangebote, Immobilien- und Kfz-Anzeigen), die zunehmend ins Internet abwandern.

(3) *Der Markt*. Im Jahr 2004 wurden insgesamt rund 22 Millionen Tageszeitungsexemplare verkauft, knapp 2 Millionen Wochenzeitungen, und 4,2 Millionen Exemplare Sonntagszeitungen. Bei den Tageszeitungen ist der Axel-Springer-Verlag mit 22 Prozent der Auflage (2004) Marktführer, gefolgt von der Verlagesgruppe WAZ (6 Prozent) und der Verlagsgruppe Stuttgarter Zeitung (5 Prozent). Bei den Abonnementszeitungen liegt die WAZ-Gruppe (7,7 Prozent) vor der Verlagsgruppe Süddeutsche Zeitung/Rheinpfalz/Südwestpresse (6,4 Prozent) und dem Axel Springer-Verlag (6 Prozent). Bei den Kaufzeitungen führt der Axel-Springer-Verlag mit 81 Prozent vor der Verlagsgruppe Dumont-Schauberg (4,4 Prozent). Insgesamt haben Tageszeitungen 2003 rund 23 Prozent der Gesamtwerbeaufwendungen in Deutschland vereinnahmt, Wochen- und Sonntagszeitungen 1,2 Prozent und Publikumszeitschriften 9,7 Prozent.

(4) *Wettbewerb und Konzentration*. Der Zeitungsmarkt ist hochkonzentriert, Neugründungen von Unternehmen oder neue Titel sind hier die Ausnahme (so beispielsweise die Gründung der Financial Times Deutschland im Jahr 2000). Ausdruck dieser Entwicklung ist die Zunahme der sogen. Einzeitungskreise, also Regionen, in denen nur eine lokale Tageszeitung ohne Konkurrenz erscheint. In Deutschland wird mittlerweile in mehr als der Hälfte aller Kreise und kreisfreien Städte nur noch eine regionale Tageszeitung angeboten. Dynamischer hingegen ist der Markt für Zeitschriften und Magazine, ebenso wie der Markt für Werbekunden, hier sind die Substitutionsbeziehungen zwischen den einzelnen Medien als Werbeträger wesentlich höher.

Siehe auch → Medienökonomie (mit Literaturangaben und Internetadressen).

Literatur: Beck, Hanno: Medienökonomie, 2. Auflage, Springer Verlag Heidelberg, New York (2005); Röper, Horst: Bewegung im Zeitungsmarkt 2004, in: Media-Perspektiven 6/2004, S. 268 – 283; Röper, Horst: Zeitungsmarkt in der Krise – ein Fall für die Medienregulierung, in: Aus Politik und Zeitgeschichte, B 12 – 13 (2004), S. 7–13.

Prinzipal-Agenten-Beziehung

(*Beispiele*) ist eine Beziehung zwischen Auftragnehmer und Auftraggeberin, bei der eine Informationsasymmetrie zwischen beiden besteht und die Handlungen des Auftragnehmers nicht nur sein eigenes, sondern auch das Nutzenniveau der Auftraggeberin beeinflusst. Beispiele sind die Beziehungen zwischen Arbeitnehmer und Arbeitgeberin, Vorstand und Aufsichtsrat, Aufsichtsrat und Aktionärin, Ärztin und Patient. Wer Prinzipal und wer Agent ist, kann nur situationsbezogen entschieden werden. Siehe auch → Principal-Agent-Ansatz, → Managing Motivation und → Multi-Task-Problem.

Prinzipal-Agenten-Theorie

siehe → Principal-Agent-Ansatz und → Principal-Agent-Konflikt.

Priorität

(Firma). Bei der Vergabe der → Firma gilt der Grundsatz der Priorität: Wer zuerst ins Handelsregister eingetragen ist, darf die Firma benutzen, selbst wenn die Firma z.B. aus dem Eigennamen desjenigen besteht, der als Zweiter die Firma eintragen lassen will (§ 30 HGB, österreichisches).

Private Equity

von Dr. Wolfgang Weitnauer, M.C.L. und Dr. Nicola Esser, Rechtsanwälte
Weitnauer Rechtsanwälte Steuerberater Wirtschaftsprüfer, München – Berlin – Heidelberg

1. Begriff

Der Begriff Private Equity beschreibt die außerbörsliche (private) Beteiligung an Unternehmen in Form von haftendem Eigenkapital (equity). Anders als bei einer Fremdkapitalfinanzierung durch Darlehen, die gegen Verzinsung und Besicherung erfolgt, wird der Private Equity-Investor nicht Gläubiger, sondern Gesellschafter mit entsprechenden Vermögens- und Mitwirkungsrechten. Vor allem vor dem Hintergrund, dass nach → Basel II die Eigenkapitalquote, also das Verhältnis von Eigenkapital zur Bilanzsumme, einen entscheidenden Bonitätsindikator für die Vergabe von Fremdkapital darstellt, gewinnt die Stärkung der Eigenkapitalbasis durch Private Equity-Investments gerade auch für mittelständische Unternehmen besondere Bedeutung.

Private Equity bildet den Oberbegriff für verschiedene Formen der Eigenkapitalfinanzierung. Im weiteren Sinne beinhaltet Private Equity deshalb auch die Frühphasenfinanzierung (early stage) durch einen → Business Angel oder durch → Venture Capital-Fonds. Überwiegend gebraucht wird der Begriff Private Equity aber im engeren Sinne für die → Spätphasenfinanzierung, bei der Investoren durchaus auch Mehrheitsbeteiligungen anstreben. Ergänzt wird die Private Equity-Finanzierung durch → Mezzanine Finanzierungsinstrumente (Nachrangkapital).

2. Erscheinungsformen von Private Equity

a) Wachstumsfinanzierung (Growth Private Equity)
In der Wachstumsphase ist das Unternehmen mit seinem Produkt bereits auf dem Markt und erzielt erste Umsätze. Das Unternehmen benötigt Kapital, um bedeutende Entwicklungsschritte, wie die Schaffung von zusätzlichen Produktionskapazitäten, eine Produktdiversifikation oder den Eintritt in einen neuen regionalen Markt bzw. die Internationalisierung zu finanzieren.

b) Restrukturierungsfinanzierung (Turn-around Financing)
Das Unternehmen bedarf in der Krise der Eigenkapitalzufuhr zum Ausgleich von Verlusten und zur Rückkehr in die Gewinnzone. Dies wird in der Regel verbunden sein mit einem Sanierungskonzept (→ Restart).

c) Gesamterwerbsfinanzierung (Buy-Out Private Equity)
Im Gegensatz zur Wachstumsfinanzierung geht es bei der Gesamterwerbsfinanzierung nicht um eine Beteiligung an einem Unternehmen durch Beitritt eines weiteren Gesellschafters, sondern es wird ein Unternehmen als Ganzes erworben und findet ein Gesellschafterwechsel statt. Es kann aber auch nur ein Unternehmensteil erworben und dann als eigenständiges Unternehmen weitergeführt werden (→ Spin Off). Besondere Formen der Gesamterwerbsfinanzierung sind → MBO/ → MBI.

3. Private Equity Gesellschaften und Fonds

Die Private Equity Gesellschaften sind in der Regel als Partnerschaften organisiert und gründen als Initiatoren Fonds, für die sie das → Fundraising übernehmen. Die Fonds sind in der Regel als vermögensverwaltende GmbH & Co. KG organisiert, an der die Anleger als Kommanditisten beteiligt werden und deren Geschäftsführung von der Private Equity Gesellschaft über eine eigene Managementgesellschaft als geschäftsführender Kommanditistin übernommen wird.

Die Beteiligungsunternehmen (targets) stehen bei Gründung des Fonds meist noch nicht fest (blind pool), sondern werden von der Private Equity Gesellschaft nach Prüfung im Rahmen einer → Due Diligence ausgewählt. Entscheidende Investitionskriterien sind Marktposition und Wettbewerbsstärke eines Unternehmens, Markterfolgspotential, Qualität des Managements, aussagekräftiges Controlling- und Berichtswesen (Transparenz) sowie eine schlüssige Strategie und Unternehmensplanung. Auf die künftige Entwicklung des Beteiligungsunternehmens kann der Fonds als Investor unterschiedlich starken Einfluss ausüben, → Hands on oder → Hands off.

Der Fonds zieht seine Rendite (→ Return on Investment) aus der Wertsteigerung seiner Beteiligungen an den Portfoliounternehmen (→ Capital Gain). Realisiert wird dieser Wertzuwachs durch den Verkauf der Beteiligungen im Rahmen der Desinvestition. Reinvestitionen sind, wenn die steuerliche Gewerblichkeit vermieden werden soll, ausgeschlossen (Verbot einer revolvierenden Anlage).

Die Private Equity Gesellschaften erhalten in der Regel eine jährliche Verwaltungsgebühr (Management fee) und darüber hinaus eine Gewinnbeteiligung (→ Carried interest).

4. Rechtliche Gestaltung der Beteiligung

Der Zufluss von Private Equity erfolgt üblicherweise im Wege einer Kapitalerhöhung, durch die die Beteiligungen von Altgesellschaftern „verwässert" werden, sowie durch die Zahlung eines Aufgelds/Agios, § 272 Abs. 2 Nr. 1 HGB oder einer anderen Zuzahlung in die Kapitalrücklage, § 272 Abs. 2 Nr. 4 HGB.

In einem Beteiligungsvertrag werden die Konditionen des Ein- und Ausstiegs des Investors geregelt, wie etwa durch Garantien der Altgesellschafter, → Ratchet-Regeln, Verwässerungsschutz (Anti Dilution)-Klauseln, die einen Ausgleich zugunsten des Investors bei sinkender Bewertung in künftigen Finanzierungsrunden vorsehen, oder auch durch Vorzugsrechte des Investors an einem Liquidations- oder Veräußerungserlös (Liquidation Preference). Ferner kann ein besonderes → Exit Right für den Investor vorgesehen werden.

Das künftige Miteinander von Alt- und Neugesellschaftern wird üblicherweise in einer weiteren separaten Gesellschaftervereinbarung außerhalb der Satzung geregelt. Hierin bedingt sich der Private Equity-Investor in der Regel besondere Informations- und Zustimmungsrechte zu bestimmten Geschäftsführungsmaßnahmen oder grundlegenden Gesellschafterbeschlüssen aus (ggf. kombiniert mit einem Sitz im Aufsichts- oder Beirat der Gesellschaft); ferner werden standardmäßig Beschränkungen für eine Anteilsveräußerung vorgesehen, wie etwa Vinkulierung, Vorkaufs-, Mitnahme- oder Mitveräußerungsrechte (→ Co-Sale Right).

5. Desinvestition (→ Exit)

a) Börsengang (→ Going Public)

Der Börsengang schafft große Fungibilität aller Anteile, also auch der Anteile des Private Equity-Investors. Für das Beteiligungsunternehmen wird durch die Börsennotierung aber auch der öffentliche Kapitalmarkt und damit der Zufluss von Public Equity erschlossen. Die Möglichkeit eines Börsengangs ist jedoch abhängig von den jeweiligen Rahmenbedingungen am Kapitalmarkt.

b) Verkauf des Unternehmens (→ Trade Sale)

Eine Alternative zum Börsengang ist der Verkauf des Unternehmens an einen industriellen Investor (→ Mergers & Aquisitions), der sich meist über die Beteiligung Zugang zu neuen Technologien oder Märkten zu verschaffen sucht. Vollzogen wird der Verkauf des Unternehmens entweder durch den Verkauf der Anteile (→ Share Deal) oder aber durch den Verkauf der einzelnen Wirtschaftsgüter (→ Asset Deal).

c) Verkauf an eine andere Private Equity Gesellschaft (→ Secondary Purchase) oder an Altgesellschafter (→ Buy-back)

Weitere Varianten der Desinvestition sind, die Anteile an eine andere Private Equity Gesellschaft oder an Altgesellschafter zu veräußern. Diese Varianten sind jedoch seltener und eher ein „Notausstieg".

Hinweis

Zu den angrenzenden Wissensgebieten siehe → Abschluss nach US-GAAP, → Aktiengesellschaft, deutsche, → Aktiengesellschaft, österreichische, → Bilanzanalyse, → Corporate Governance, → Due Diligence, → Eigenkapital, → Gesellschaftsformen, österreichische, → Gesellschaftsrecht, europäisches, → Going Public (Vorbereitungsphase), → Going Public (Durchführungsphase), → Hedgefonds, → Internationale Rechnungslegung nach IFRS, → Jahresabschluss nach deutschem Recht, → Jahresabschluss nach schweizerischem Recht, → Mergers & Acquisitions, → Ratingmethoden, kreditwirtschaftliche, → Sanierungsmanagement, → Unternehmensbewertung, → Unternehmensethik, → Venture Capital.

Literatur: Jesch, T.: Private-Equity-Beteiligungen – Wirtschaftliche, rechtliche und steuerliche Rahmenbedingungen aus Investorensicht, Wiesbaden 2004; v. Jugel, S.: Private Equity Investments – Praxis des Beteiligungsmanagements, Wiesbaden 2003; v. Kofler, G. (Hrsg.): Private Equity and Venture Capital – Finanzwirtschaftliche, steuerliche und rechtliche Aspekte der Finanzierung mit Risikokapital, Wien 2002; Leopold, G./Fromann, H./Kühr, T.: Private Equity – Venture Capital – Eigenkapital für innovative Unternehmer, München 2003; Lerner, J./Hardymon, F./Leamon, A.: Venture Capital and Private Equity – A Casebook, 3. Auflage, 2004; v. Salis-Lütolf, U.: Private Equity - Finanzierungsverträge. Funktion – Recht – Steuern, Baden-Baden 2002; Weitnauer, Handbuch Venture Capital, 2. Aufl., München 2001; ders., Management Buy-Out, München 2003.

Internetadressen: www.bvk-ev.de; www.evca.com; www.private.equity.com .

Website der Autoren: www.weitnauer.net; www.weitnauer-vc.de

Private Equity Investor
siehe → Private Equity.

Private Equity-Fonds
siehe → Private Equity.

Private Label
ist eine andere Bezeichnung für → *Handelsmarke* bzw. gleichbedeutend für → *Eigenmarke*. Private Labels tragen Waren- oder Firmenkennzeichen, mit denen ein Handelsbetrieb oder eine Handelsorganisation einzelne Waren oder Warengruppen ihres Sortiments versieht bzw. vom Hersteller versehen lässt.

Private Limited Company (Ltd.)
ist das englisches Pendant zur → Gesellschaft mit beschränkter Haftung. In Deutschland auf dem Vormarsch, weil nach der Rechtsprechung des Europäischen Gerichtshofs (Urteile „Überseering" und „Inspire Art") eine Gesellschaft, die ihren Verwaltungssitz aus dem EU-Ausland nach Deutschland verlegt, als ausländische Gesellschaft nach dem Recht ihres Gründungsstaates anerkannt werden muss. Dies gilt selbst für Scheinauslandsgesellschaften, die im EU-Auslandsstaat nie tätig waren.
Vorteile der Limited sind, dass die Gründungskosten gering sind und kein Mindestkapital (Nennkapital oft nur ein englisches Pfund) erforderlich sind (Stichwort „GmbH ohne Mindestkapital"). Allerdings enthält das englische Recht Regelungen zum Gläubigerschutz, die eine Durchgriffshaftung auf den Geschäftsführer und die Gesellschafter ermöglicht. Die in Deutschland tätige Limited muss in England zumindest ein Registered Office unterhalten und dort ihre gesetzlichen Pflichten erfüllen (insbesondere Erstellen des Jahresabschlusses nach englischem Recht und dessen Einreichen beim Handelsregister), was die Attraktivität der Private Limited Company erheblich schmälert. Der Gesellschaftsvertrag besteht aus zwei Dokumenten: (1) Memorandum of Association und (2) Articles of Association. Pflichtorgane sind (1) der Director und (2) der Secretary (häufig ein Rechtsanwalt).
Die Eintragung der Private Limited Company im deutschen Handelsregister erfolgt nach den Regeln für ausländische Zweigniederlassungen. Auf Geschäftsbriefen sind Rechtsform, Handelsregisterdetails, Geschäftsführer und Unternehmenssitz anzugeben.
Siehe auch → Gesellschaft mit beschränkter Haftung (deutsches Recht) und → Gesellschaft mit beschränkter Haftung (österreichisches Recht).
Literatur: Happ W. und Holler L.: Limited statt GmbH?, in Deutsches Steuerrecht 2004, 730; Just, C.: Die englische Limited in der Praxis, München 2005; Memento Gesellschaftsrecht für die Praxis 2006, Freiburg i.Br. 2005
Internetadresse: (englisches Handelsregister) http://www.companieshouse.gov.uk

Private Placement

(Private Platzierung), direkter Verkauf von Wertpapieren (zum Beispiel Aktien) an institutionelle Investoren, wie Banken, Fonds, Versicherungen oder andere Unternehmen. Stellt den Gegensatz zu einem Public Offering (öffentliches Angebot) dar, welches in der Regel auch an kleine Investoren (Retail Investoren) gerichtet ist. Ein Going Public (→ Going Public, Vorbereitungsphase) beinhaltete praktisch immer ein öffentliches Angebot. In manchen Fällen wird aber zusätzlich auch eine gewisse Menge an Aktien über ein Private Placement verkauft.

Private Platzierung

siehe → Private Placement.

Privater Rundfunk

siehe → Rundfunk, Privater.

Privatisierung

Im Staatsbesitz befindliche Unternehmen werden zur Gänze oder teilweise in privates Eigentum überführt. Neben der Möglichkeit einen Verkauf an institutionelle Investoren durchzuführen (→ Private Placement), wird bei größeren Unternehmen häufig ein *Going Public* für die Privatisierung gewählt (→ Going Public, Vorbereitungsphase; → Going Public, Durchführungsphase). Insbesondere die letzen beiden Jahrzehnte waren global gesehen durch eine Fülle so genannter → *Privatization* → *Initial Public Offerings* (PIPO) gekennzeichnet.

Die häufig genannten Hauptgründe für Privatisierungen sind: (1) Kapitalaufbringung für das Budget, (2) Erhöhung der operativen Effizienz des Unternehmens, (3) Reduktion der staatlichen Einflussnahme, (4) Erhöhung des Aktienbesitzes in der Bevölkerung und (5) Steigerung des Wettbewerbs. Verschiedene Untersuchungen belegen, dass die Privatisierung von Staatsbetrieben tatsächlich mit einer im Schnitt signifikanten Verbesserung der operativen Performance verbunden ist. Dies gilt für westliche Industriestaaten und Emerging Markets gleichermaßen. In → Transformationsökonomien ist allerdings zu beachten, dass diese positiven Effekte nicht sofort, sondern erst nach einigen Jahren eintreten. Der Grund liegt in den fehlenden oder nicht adäquaten marktwirtschaftlichen Rahmenbedingungen.

Beim Going Public von Staatsbetrieben haben sich zwei große Varianten etabliert: (1) *Case-by-Case Privatisierung* (die übliche Form in westlichen Industriestaaten), bei der jeder Staatsbetrieb einzeln und nach einander an die Börse gebracht wird, und (2) → *Massenprivatisierungsprogramme*, bei der viele Unternehmen gleichzeitig privatisiert und an der Börse notiert werden.

Siehe auch → Going Public, Vorbereitungsphase.

Privatization Initial Public Offering (PIPO)

Initial Public Offerings von Staatsbetrieben. Über ein Going Public (→ Going Public, Vorbereitungsphase) wird ein Staatsbetrieb teilweise oder zur Gänze privatisiert.

Privatscheck

Die Bezeichnung „Privatscheck" besagt, dass dieser Scheck von einer Privatperson, von einem Unternehmen o.Ä. (sog. Nichtbanken), nicht aber von einer Bank ausgestellt ist. Der Privatscheck steht im Gegensatz zum → Bankscheck, der von einer Bank ausgestellt ist.

Privatstiftung, österreichische

siehe → Stiftung, österreichische.

PRM

Abk. für *Partner Relationship Marketing*. Siehe auch → kooperatives → Customer Relationship Management (CRM).

Pro rata-Zahlung(en)
Bezeichnung für (Abschlags-/Raten-)Zahlungen an einen Zahlungsempfänger entsprechend einem festgelegten Modus, z.B. entsprechend der von einem Hersteller einer Anlage erbrachten Lieferungen und/oder Leistungen.

Procurement Service Provider
unterhalten → *Electronic Procurement Systeme* für die situative (z.B. → Online Auktion) oder dauerhafte (z.B. → Hosted Buy-Side) Nutzung durch ihre Auftraggeber.

ProdHaftG
Abk. für Produkthaftungsgesetz, siehe auch → Produkthaftung.

Product Franchising
siehe → Franchising.

Product Placement
Placement ist die bewusste Platzierung eines markierten Produkts, einer Dienstleistung, einer abgestimmten Information oder einer Firma im Rahmen eines Spielfilms, einer Fernsehsendung oder einer ähnlichen Darbietungen, ohne dass dies für den Medienkonsumenten als von einer Interessengruppe bezahlte werbliche Kommunikation zu erkennen ist.
Entsprechend kann in Product Placement, Service Placement, Information Placement und Corporate Placement unterschieden werden: (1) *Product Placement* ist die häufigste Form des Placement. Hierbei platziert ein Unternehmen sein Produkt in einem Massenmedium. Product Placement wird heute hauptsächlich von Unternehmen angewandt, die Markenartikel herstellen. (2) Beim *Service Placement* wird die Nutzung der beworbenen Dienstleistung im entsprechenden Massenmedium dargestellt. (3) *Information Placement* wird für redaktionelle Beiträge in Informationssendungen, Magazinen oder im Internet verwendet. (4) Beim *Corporate Placement* steht nicht das Produkt im Vordergrund, sondern die Firma beziehungsweise das Unternehmen an sich. Hier wird beispielsweise das Unternehmen direkt genannt oder es wird ein Logo gezeigt.
Placement wird als *Generic Placement* (es wird nur eine bestimmte Produktgattung gezeigt oder genannt, ohne dass das Markenlogo des platzierten Produkts zu sehen ist oder der Hersteller genannt wird), *On-Set Placement* (das Produkt wird nicht in den Handlungsablauf integriert und tritt nur am Rande sowie für einen kurzen Zeitraum auf), *Visual Placement* (die Marke wird nicht erwähnt, sondern nur gezeigt) oder *Verbal Placement* (das Produkt oder die Marke wird in den Handlungsdialog eingebaut) umgesetzt.
    Literatur: Galician, M.-L.: Handbook of Product Placement in the Mass Media, Harworth Press, Binghampton (NY), 2004; Morlock, F., Schäffler, R., Schaffer, Ph., Rennhak, C.: Product Placement – Systematisierung, Potenziale und Ausblick, Reutlinger Diskussionsbeiträge zu Marketing & Management, Heft 1/2006; Pießkalla, M., Leitgeb, St.: Product Placements im Fernsehen – Schleichwerbung ohne Grenzen? Kommunikation & Recht 2005, S. 433-435; Ramme, I., Waldner, A. (Hrsg.): Product Placement Monitor 2005 – International Dimensions, Nürtinger Hochschulschriften, Nr. 25/2006; Schultze, R.: Product Placement im Spielfilm, Beck, München, 2001; Shrum, L. J.: The Psychology of Entertainment Media – Blurring the Lines Between Entertainment and Persuasion, Lawrence Erlbaum, Mahwah (NJ), 2004
    Internetadressen: www.hollywoodproductplacement.com; www.productplacement.biz; www.waldner.tv

Product Stewardship
ist das grundlegende Prinzip für die nachhaltige und ökologieorientierte Produktpolitik Dieses Prinzip fordert von allen an der Wertkette des → Produktlebenszyklus beteiligten Akteure (Lieferanten, Hersteller, Handel) eine unternehmensübergreifende Übernahme der Verantwortung für die Gesundheits-, Sozial- und Umweltverträglichkeit von ihnen hergestellter und vermarkteter Produkte und Dienstleistungen.
Siehe auch → Ökologie-Marketing und → Produktpolitik, jeweils mit Literaturangaben.

Produkt

(im → *Marketing*). *1. Begriff:* Ein Produkt ist aus Kundenperspektive ein Mittel zur Bedürfnisbefriedigung und somit zur Nutzengewinnung. Es werden der substantielle, der erweiterte und der generische Produktbegriff unterschieden.

Der *substantielle Produktbegriff* bezieht sich auf das sogenannte Kernprodukt, welches ein Bündel physisch-technischer Eigenschaften darstellt und somit lediglich den Bereich physischer Produkte (→ Sachgüter) abdeckt. Dienstleistungen sind in diesem Produktbegriff nicht mit eingeschlossen.

Der *erweiterte Produktbegriff* umfasst ein Leistungspaket, das aus physischen Produkten und/oder immateriellen Leistungen (Dienstleistungen) besteht und mit dem die umfassende Befriedigung funktionaler Kundenbedürfnisse erreicht werden soll. Auch hier steht der funktionale Kundennutzen im Vordergrund, allerdings kann nach diesem Verständnis ein Produkt auch teilweise oder ausschließlich immateriell sein.

Der *generische Produktbegriff* hat die weiteste Perspektive und umfasst sämtliche materiellen und immateriellen Produktfacetten. Dieses Begriffsverständnis bezieht nicht nur den funktionalen Nutzen, sondern auch andere Nutzenkategorien wie den emotionalen und den sozialen Nutzen mit ein.

2. Produkttypen: Eine grundlegende Produkttypologisierung geht zunächst gemäß der Materialität der Produkte von einer Unterscheidung zwischen → *Sachgütern* und *Dienstleistungen* aus. Der Sachgüterbereich kann nach Art der Kunden weiter in → *Konsumgüter* (Endkunden) und → *Investitionsgüter (in jüngerer Zeit häufig auch Industriegüter)* (organisationale Kunden) unterteilt werden. Konsumgüter werden nach ihrer Nutzungsdauer in *Verbrauchs- und Gebrauchsgüter* eingeordnet, während Industriegüter gemäß ihrer Komplexität bzw. dem Grad der Individualisierung des Leistungsangebots in *Güter des Produkt-, Anlagen, System- und Zuliefergeschäfts* differenziert werden.

Auch der Dienstleistungsbereich wird nach Art der Kunden in *konsumptive* und *investive* → *Dienstleistungen* unterteilt. Konsumptive Dienstleistungen können *kontinuierlich* erstellt werden (im Rahmen einer Mitgliedschaft oder ohne formale Beziehung) oder *gelegentlich* (im Rahmen einer Mitgliedschaft oder ohne formale Beziehung) und im Bereich der investiven Dienstleistungen werden *industrielle* und rein *investive* Dienstleistungen unterschieden.

Neben dieser Typologisierung gibt es noch weitere Kriterien zur Differenzierung verschiedener Produktarten: Nutzungshäufigkeit (Waren des täglichen Bedarfs vs. Waren des aperiodischen Bedarfs), Markenbildung (Markenprodukte vs. unmarkierte Produkte), Kaufgewohnheit (Convenience Goods, die mit relativ geringem zeitlichen und gedanklichem Aufwand verbunden sind – z.B. Lebensmittel, Shopping Goods, die relativ selten und nach sorgfältigem Vergleich von Qualität und Preisen gekauft werden – z.B. Mode- und Specialty Goods, die selten und mit hohem → Involvement des Kunden gekauft werden – z.B. Immobilien) und Wertschöpfungsstufe der Leistung im Produktionsprozess (Rohstoffe, Zwischen- oder Fertigprodukte).

Siehe auch → Marketing, Grundlagen (mit Literaturangaben).

Produkt-/Markt-Matrix

Darstellungsform des → Produktlebenszyklus.

Produktbegriffe

siehe → Produkt.

Produktbeobachtungsfehler

liegt vor, wenn der Hersteller seine → Produktbeobachtungs- und → Instruktionspflicht verletzt.

Produktbeobachtungspflicht

Das einmal auf dem Markt befindliche Produkt, muss ständig auf seine Bewährung in der praktischen Verwendung beobachtet und sämtliche wissenschaftliche Erkenntnisse und Erfahrungswerte gesammelt werden.

Siehe auch → Produkthaftung (mit Literaturangaben).

Literatur: BGHZ 80, 186 ff., „Apfelschorle I"; BGHZ 80, 199 ff., „Apfelschorle II".

Produktbilanzen, ökologische

siehe → ökologische Produktbilanzen.

Produktdesign
planvolle Gestaltung von Produkten, Produktelementen oder Packungen mit starken ästhetischen Bezügen. Dies kann als ganzheitliche Formgebung bzw. Gestaltung aller Qualitätsbestandteile eines Produkts verstanden werden. Design hat eine praktische Dimension als eine die Benutzbarkeit erleichternde ergonomische Gestaltung, eine ästhetische Dimension als wahrnehmungsbezogene individuelle Anmutung und eine symbolische Dimension als Kommunikationsfähigkeit (soziale Anmutung). Dabei können verschiedene Designrichtungen unterschieden werden, z.B. ästhetischer Funktionalismus, Technizismus, demonstrativer Ästhezismus, Luxus-Design.
Design betrifft die Entwicklung neuer (Innovations-Design) und die Optimierung bestehender (Re-Design), industriell gefertigter bzw. zu fertigender Produkte/Produktsysteme für die physischen und psychischen Bedürfnisse der Benutzer auf Basis ästhetischer, wirtschaftlicher und ergonomischer Analysen mit Hilfe von Form, Farbe, Material und Zeichen. Die Ästhetik von Produkten ist im Rahmen der Lebensstil-Gesellschaft ein wichtiger Differenzierungsfaktor und bringt die eigenen kulturellen Ansprüche an das Umfeld zum Ausdruck. Es soll die effiziente Gestaltung von Aufwand und Nutzen erreichen.
Siehe auch → Produktpolitik (mit Literaturangaben).

Produktdifferenzierung, emotionale
Differenzierung von Produkten durch emotionale Erlebnisse. Siehe auch → Konsumentenverhalten.

Produkte
siehe → Güter (→ Produktions- und Kostentheorie).

Produkte, ökologische
siehe → umweltfreundliche Produkte.

Produkte, umweltfreundliche
siehe → umweltfreundliche Produkte.

Produktelimination
bedeutet die dauerhafte Streichung eines Produkts aus dem Programm. Zur Eliminierung sollte eine Kriterienliste zugrunde gelegt werden (etwa als Punktbewertungsverfahren), anhand derer jedes einzelne Produkt in regelmäßigen Zeitabständen, oder auch anlassbezogen, beurteilt wird. Sofern Produkte dabei bestimmte Punktsummen nicht erreichen, sind sie eliminierungsverdächtig. Die Bewertung wird sinnvollerweise durch Experten vorgenommen, die Auswahl und Anzahl der Kriterien ist markt- und unternehmensabhängig.
Siehe → Produktpolitik (mit Literaturangaben).

Produktgrafik
fasst Typographie und Farbe als Variable zusammen. Dies ist vor allem für die Packungsgestaltung von Bedeutung. Dass die Farbe ein entscheidender Erfolgsfaktor des Produkts ist, ist unstreitig. Dabei sind vielfache Farbabstufungen denkbar, die jedoch von Kulturraum zu Kulturraum in ihrer Interpretation variieren.

Produkthaftung

Produkthaftung

von Rechtsanwalt Dr. Andreas Schubert und Rechtsanwältin Ulrike Wehmeyer
KLS Rechtsanwälte Partnergesellschaft, Köln

1. Charakterisierung

Unter „Produkthaftung" (auch „Produzentenhaftung") im herkömmlichen Sinne werden Sachverhalte zusammengefasst, in denen es aufgrund eines fehlerhaften Produktes zu einem Personen- oder Sachschaden kommt, für den der Hersteller des Produkts zu Verantwortung gezogen werden kann. Im Gegensatz zu einer weit verbreiteten Ansicht, ergibt sich die Produkthaftung allerdings nicht nur aus dem sog. *Produkthaftungsgesetz*. Das deutsche Produkthaftungsrecht setzt sich vielmehr aus vier verschiedenen Bereichen zusammen: auf privatrechtlicher Ebene aus der *vertraglichen Produkthaftung*, §§ 437 ff. BGB, der *deliktischen Produkthaftung*, §§ 823 ff. BGB, der *Haftung nach dem Produkthaftungsgesetz*, §§ 1 ff. ProdHaftG sowie auf behördlicher Ebene aus der *Haftung nach dem neuen Geräte- und Produktsicherheitsgesetz*, §§ 1 ff. GPSG. Die jeweiligen Haftungsgrundlagen stehen nebeneinander und ergänzen sich. Allerdings kann jeder dieser Ansprüche auch wieder *verjähren*, *erlöschen* oder einem *Haftungsausschluss* unterliegen.

Literatur: Heck, H.J., Produkthaftung, 1990; Katzenmeier, C., Entwicklungen des Produkthaftungsrechts, in: Juristische Schulung, 2003, 943; Kullmann, H.J., Rechtsprechungsübersicht, in: Neue Juristische Wochenschrift, 2003, S. 1908; Looschelders, D., Rechtsprechungsübersicht, in: Juristische Rundschau, 2003, S. 309; Rolland, W., Kommentar zum Produkthaftungsrecht, 1990; Schubert/ Robyn, in Häberle, S.G.: Handbuch für Kaufrecht, Rechtsdurchsetzung und Zahlungssicherung im Außenhandel, München und Wien 2002, Kapitel 2; Staudinger, Kommentar zum Bürgerlichen Gesetzbuch, § 823 Rn. 157 ff.; v. Westphalen, Produkthaftungshandbuch Band 1, 2. Aufl., 1997; Band 2, 2. Aufl., 1999; **Internetadressen:** Gesetze: www.gesetze-im-internet.de; Entscheidungen des BGH: www.bundesgerichtshof.de

2. Vertragliche Produkthaftung

Zunächst kann ein sog. vertraglicher Haftungsanspruch für Folgeschäden entstehen. Grundlage hierfür ist der zwischen dem Produzenten und dem Geschädigten geschlossene → Kauf- oder → Werkvertrag. Der Anspruch erwächst aus einer Pflichtverletzung des zugrundeliegenden Vertrags. Grundsätzlich kann der Produzent nur durch seinen Vertragspartner zur Verantwortung gezogen werden. Nur ausnahmsweise liegen Fallgestaltungen vor, in denen geschädigte Dritte in den Schutzbereich des Vertrages einbezogen sind (sog. Vertrag mit Schutzwirkung für Dritte). Der Kaufvertrag zwischen Produzent und Händler hat in aller Regel keine Schutzwirkung zugunsten der Endverbraucher. Relevanz hat die vertragliche Produkthaftung daher lediglich für Ansprüche der Hersteller gegen ihre Zulieferer bzw. zwischen Hersteller und → Vertriebshändler. Hier empfiehlt es sich zur beiderseitigen Absicherung sog. → Qualitätssicherungsvereinbarungen zu schließen.

Literatur: Schubert/ Robyn, in Häberle, S.G.: Handbuch für Kaufrecht, Rechtsdurchsetzung und Zahlungssicherung im Außenhandel, München und Wien 2002, Kapitel 2.2.

3. Deliktische Haftung §§ 823 ff. BGB

Ein Delikt ist ein rechtswidriges, schuldhaftes Verhalten, das grundsätzlich mit einer Schadensersatzpflicht verbunden ist. Um diesen Schaden geltend zu machen, stehen dem Geschädigten fünf verschiedene Anspruchsgrundlagen zur Verfügung: §§ 823 Abs. 1, 823 Abs. 2, §§ 826, 831 und §§ 823 Abs. 1 i.V.m. 31 BGB die sog. → Organhaftung. Im Gegensatz zur vertraglichen Haftung ist jeder Geschädigte geschützt - gleichgültig ob es sich um den Abnehmer des Produkts, einen sonstigen Benutzer oder einen unbeteiligten Dritten handelt. Der Schadensumfang ist unbegrenzt und erstreckt sich auf Personen-, Sach-, und teilweise auf Vermögensschäden sowie auf Schmerzensgeld § 847 BGB und entgangene Dienste § 845 BGB. Adressat des Haftungsanspruchs sind grundsätzlich die Rechtsträger des Unternehmens (AG, GmbH) und nicht die verantwortlichen oder handelnden Personen.

Wichtigste Haftungsgrundlage ist § 823 Abs. 1 BGB. Der Hersteller haftet für die Verletzung seiner Verkehrsicherungspflichten. Worin im konkreten Fall seine Verkehrsicherungspflicht besteht, hängt davon ab, ob es sich um einen Konstruktions-, Fabrikations-, → Instruktions-, oder Produktbeobachtungsfehler handelt, d.h. in welcher Produktionsphase der Fehler entstanden ist und welche Sicherungspflichten dem Hersteller jeweils obliegen. Darüber hinaus wird nach dem Haftungsadressaten unterschieden, denn ein Hersteller haftet nach anderen Maßstäben als ein → Quasi-Hersteller, → Assembler, Importeur (→ Einführer) oder dergleichen. Grundsätzlich muss der Geschädigte das Vorliegen der Voraussetzungen beweisen. Unter bestimmten Umständen kommt es jedoch zu einer Beweislastumkehr zu Lasten des Herstellers, da dieser aufgrund seiner Nähe zum Herstellungsprozess sämtliche Betriebsabläufe kontrollieren und den Sachverhalt aufklären kann.

Die Ersatzansprüche aus § 823 Abs. 2 BGB stehen dem Geschädigten zu, soweit zusätzlich ein → Schutzgesetz im Sinne dieser Vorschrift (z.B. Arzneimittelgesetz) verletzt ist. Eine Besonderheit gegenüber Absatz 1 ist, dass auch reine Vermögensschäden ersatzfähig sind. Gleiches gilt für § 826 BGB. Dieser erfasst die Fälle einer sittenwidrigen vorsätzlichen Schädigung (z.B. Sabotage durch einen Mitarbeiter). Während die vorgenannten Vorschriften die Schadensersatzpflicht auf diejenigen Personen beschränkt, die selbst schuldhaft gehandelt haben, statuiert § 831 BGB eine Haftung des Unternehmers für → Verrichtungsgehilfen. Dem Unternehmer wird ein → Auswahl- und Überwachungsverschulden vorgeworfen. Allerdings hat der Unternehmer die Möglichkeit, sich durch Führung des dezentralisierten Entlastungsbeweises dieser grundsätzlich vermuteten Haftung wieder zu entziehen.

Literatur: Medicus, Bürgerliches Recht, 19. Aufl., Rn. 650 ff.; Palandt, Kommentar zum Bürgerlichen Gesetzbuch, 63. Aufl., § 823, Rn. 165-184; Schubert/ Robyn, in Häberle, S.G. Handbuch für Kaufrecht, Rechtsdurchsetzung und Zahlungssicherung im Außenhandel, München und Wien 2002, Kapitel 2.2.2.

4. Haftung nach dem Produkthaftungsgesetz

Die EG-Produkthaftungsrichtlinie (PHRL) von 1985 ist durch das Produkthaftungsgesetz (ProdHaftG) vom 15.12.1985 in deutsches Recht umgesetzt worden. Es handelt sich dabei um eine verschuldensunabhängige (Gefährdungs-) Haftung des Herstellers i.S.d. ProdHaftG für Schäden aus der Benutzung eines von ihm in den Verkehr gebrachten fehlerhaften Produkts. Diese „Plus" an Haftungsstrenge wird allerdings durch ein „Minus" im Haftungsumfang kompensiert, da die Haftung für Personenschäden auf 85 Mio. EUR beschränkt und die Haftung für Sachschäden ist einer Selbstbeteiligung i.H.v. 500 EUR unterworfen ist. Darüber hinaus besteht neuerdings auch ein Anspruch auf Schmerzensgeld gemäß § 8 Satz 2 ProdHaftG. Das ProdHaftG stellt auf den Schutz des privaten Endverbraucher ab. Gewerbliche Produktabnehmern steht gem. § 1 Abs.1 Satz 2 kein Schadensersatzanspruch zu.

Die Haftung nach dem ProdHaftG greift dann, wenn durch einen Fehler eines Produkts jemand getötet, sein Körper oder seine Gesundheit verletzt oder eine Sache beschädigt wird. Fehlerhaft ist ein Produkt immer dann, wenn es nicht die Sicherheit bietet, die unter Berücksichtigung aller Umstände berechtigterweise erwartet werden konnte. Hierbei ist nicht auf die Sicherheitserwartung des jeweiligen Produktbenutzers abzustellen, sondern auf die objektive Verkehrsauffassung im Zeitpunkt des → Inverkehrbringens. Neben diesen im ProdHaftG ausdrücklich erwähnten Umständen, sind für die Sicherheitserwartung der Allgemeinheit im wesentlichen die Natur des Produkts, der Stand von Wissenschaft und Technik, der Produktpreis und die Zielregion, in welcher das Produkt eingesetzt werden soll, maßgebend. Sind mehrer Hersteller i.S.d. ProdHaftG zum Schadensersatz verpflichtet, haften sie als Gesamtschuldner (§ 5 ProdHaftG).

Literatur: Kuhlmann, H.J., Kommentar zum Produkthaftungsgesetz, 2. Aufl., 1997, S. 23 ff; Palandt, Kommentar zum Bürgerlichen Gesetzbuch, 63. Aufl., Einführung zum Produkthaftungsgesetz, S. 2731.

Internetadresse: www.gesetze-im-internet.de/prodhaftg/

5. Haftung nach dem neuen Geräte- und Produktsicherheitsgesetz

Am 1. Mai 2004 ist das neue Geräte- und Produktsicherheitsgesetz (GSPG) in Kraft getreten. Dadurch wurde die zweite EG-Produktsicherheitsrichtlinie 2001/95EG in nationales Recht umgesetzt. Es löst das bisherige Gerätesicherheitsgesetz sowie das Produktsicherheitsgesetz ab und führt eine einheitliche Regelung für die Sicherheit technischer Produkte ein. Darüber hinaus kommen neue Vorschriften hinzu, die die Verantwortlichkeit von Herstellern i.S.d. GSPG, Bevollmächtigten, → Einführer und die Händlerpflichten zum Teil deutlich verschärfen. Der Unterschied zu der privatrechtlichen Inanspruchnahme ist, dass der Hersteller auch auf öffentlich-rechtlicher Ebene durch eine Behörde wegen des → Inverkehrbringens fehlerhafter, bzw. nicht „sicherer" Produkte in Anspruch genommen werden kann. Zum anderen will das GSPG möglichen Schäden präventiv vorbeugen. Zu diesem Zweck legt es dem Hersteller zahlreiche Pflichten auf und räumt den Behörden ein breites Instrumentarium an Sicherheitsmaßnahmen für den Fall der Zuwiderhandlung ein. Besondere Pflichten für das → Inverkehrbringen von Produkten sind: → Produktinformation, Identifikation des Verpflichteten, Schaffung erforderlicher Informationen für den Rückruf-Fall, Produktbeobachtung § 5 Abs.1 Nr. 2 und Anzeigepflicht § 5 Abs. 2. Schließlich besteht die Möglichkeit ein GS-Zertifikat (§ 7 GSPG) und eine → CE-Kennzeichnung § 6 GSPG anzubringen.

Internetadressen: Gesetzestext: www.gesetze-im-internet.de/gpsg;
EG-Richtlinie 2001/95/EG: http://www.sidiblume.de/info-rom/europa/2001/2001_95.htm;
Info: www.arbeitsschutz.nrw.de/bp/good_practice/SichereProdukteUndAnlagen/GPSG-Informationen/;
http://ec.europa.eu/consumers/dyna/rapex/rapex_en.cfm

6. Verjährung und Erlöschen des Anspruchs

Verjährung bedeutet, den durch Zeitablauf eintretende Verlust der Durchsetzbarkeit von Rechten und Forderungen. D.h. ein verjährter Anspruch besteht weiterhin, jedoch kann der Schuldner nach Eintritt der Verjährung die Leistung verweigern (§ 214 BGB). Folgende Verjährungsfristen gelten in der Produkthaftung: vertragliche Produkthaftungsansprüche: 2 Jahre ab Ablieferung bzw. Abnahme (§ 438 I Nr. 3 BGB); deliktische Produkthaftung: 3 Jahre, bzw. 10 Jahren – je nach Entstehung des Anspruch und Kenntnis des Schadens (§§ 195, 199 BGB), bei Verletzung des Lebens, des Körpers, der Gesundheit oder der Freiheit nach 30 Jahren (§ 199 Abs. 2 BGB); Haftung nach dem Produkthaftungsgesetz: 3 Jahre – für den Beginn der Verjährungsfrist reicht das bloße „Kennenmüssen" des Ersatzpflichtigen und des Schadens (§ 12 ProdHaftG). Ersatzansprüche aus dem ProdHaftG erlöschen nach 10 Jahren (§13 ProdHaftG).

Internetadresse: www.urbs.de/thema/change.htm?frist.htm

7. Haftungsbegrenzungen

Nur im Bereich der vertraglichen Produkthaftung besteht die Möglichkeit einer vertraglichen Haftungsfreizeichnung und -beschränkung. Die verwendete Klausel muss dafür klar und deutlich den Umfang des Haftungsausschlusses erkennen lassen.
Im Bereich des ProdHaftG sind Ausschluss und Beschränkung der Haftung im voraus unzulässig (§ 14 ProdHaftG). Sowohl im Rahmen von §§ 823 ff. BGB als auch nach dem ProdHaftG kann der Hersteller einer Haftung allerdings dann entgehen, wenn er nachweist, dass sich mit Eintritt des Schadens ein Entwicklungsrisiko verwirklicht hat oder den Geschädigten ein Mitverschulden (§§ 254 BGB, 6 ProdHaftG) trifft. Schließlich entfällt das in der deliktischen Haftung erforderliche Verschulden auch dann, wenn ein sog. Ausreißer vorliegt.

Hinweis

Zu den angrenzenden Wissensgebieten siehe → Handelsrecht, → Industriemanagement, → Kaufrecht, → Produktinnovation, → Produktionsmanagement, → Produktpolitik, → Qualitätscontrolling, → Qualitätsmanagement, → Risikocontrolling, → Total Quality Management.

Literatur und Internetadressen: siehe jeweils am Ende der Kapitel.

Website der Autoren: www.kls-law.de

Produkthaftungsgesetz (ProdHaftG)
siehe → Produkthaftung.

Produktinformationen
(in der → *Produkthaftung*). Die Verpflichteten haben dafür Sorge zu tragen, dass den Produkten verständliche Warnhinweise und Benutzungs- bzw. Bedienungsanleitungen in deutscher Sprache beigefügt

sind. Hierdurch soll für den Verbraucher erkennbar werden, ob und welche Gefahren von einem bestimmten Produkt ausgehen, um so das Gefahrenpotenzial abschätzen zu können und adäquat dagegen vorzugehen (§§ 4 Abs. 2, 5 Abs. 1 → GPSG).
Siehe auch → Produkthaftung (mit Literaturangaben).

Produktinnovation
Produktinnovation ist die Markteinführung eines neuen Produkts oder Anfahren eines neuen Prozesses. Innovation i.w.S. schließt auch die Invention und die Markteinführung selbst mit ein.
Nach den Dimensionen der Innovation kann man unterscheiden in (1) Marktinnovation, d.h., ein entsprechendes Angebot ist erstmals überhaupt am Markt verfügbar (absolute Innovation), (2) Unternehmensinnovation, d.h., ein Angebot ist nur für das betreffende Unternehmen selbst neuartig, nicht aber für den Markt als solchen (relative Innovation), (3) Produktinnovation, d.h., es handelt sich um ein neues, marktfähiges Angebot, das am Markt absolut oder relativ neu ist, (4) Verfahrensinnovation, d.h., es handelt sich um eine neue Methode zur Erstellung eines marktfähigen Angebots, die selbst nicht marktfähig ist.
Nach dem Stellenwert der Innovation wird unterschieden in die (1) Elementarinnovation der Grundlagenforschung anhand wissenschaftlicher Erkenntnisse. Sie ist gekennzeichnet durch hohen Ressourcenaufwand, langfristige Amortisation, hohes Risiko, aber auch überproportionale Steigerung der Wettbewerbsfähigkeit. (2) Anwendungsinnovation der Forschung anhand von Prototypen. Sie ist gekennzeichnet durch mittelhohen Ressourcenaufwand, mittelfristige Amortisation, mittleres Risiko und immerhin eine nennenswerte Wettbewerbsverbesserung. (3) Routineentwicklung der Anwendungstechnik anhand von Detailänderungen. Sie ist gekennzeichnet durch geringen Ressourcenaufwand, kurzfristige Amortisation, geringes Risiko und allenfalls hinreichende Wettbewerbssteigerung. (4) Initiativentwicklung hinsichtlich Erzeugnis, Verfahren, Einsatz oder Leistung, die in Musterbau und Erprobung als ihrer konkreten Umsetzung mündet.
In der Innovationsphase des Lebenszyklus ist das Marktwachstum sehr hoch, wenngleich auf kleiner Basis. Die Preiselastizität der Nachfrage ist niedrig und bietet die Chance zu Abschöpfungspreisen. Die Zahl der Konkurrenten bleibt gering, wenn es sich nicht sogar um ein temporäres Monopol handelt. Das Betriebsergebnis ist infolge der Vorkosten noch negativ. Hier erfolgt die Marktetablierung bzw. Produkteinführung. Zu Beginn gibt es kaum Wettbewerb. Die Nachfrager sind Innovatoren, die aus ihrem Selbstverständnis heraus immer das Neueste haben wollen. Andere Anbieter müssen den Marktzugang ggfs. erzwingen. Das Preisniveau ist hoch, um die Konsumentenrente abzuschöpfen, obwohl es zum Teil auch niedrige Probierpreise (Penetrationsstrategie) gibt. Die Distribution ist selektiv, da Produktions- und Absatzkapazitäten erst noch sukzessiv aufgebaut werden. Die Werbung richtet sich an Meinungsbildner über Special interest-Pressetitel und den Handel zur Listungs- und Platzierungsunterstützung. Insgesamt sind die absatzpolitischen Aktivitäten eher hoch anzusetzen. Der Markt ist durch Übernachfrage gekennzeichnet. Noch sind hohe Produktionskosten bei niedrigerem Standardisierungsgrad gegeben. Produkte werden erst noch in die Großserienreife überführt. Der Absatz erfolgt über spezialisierte Absatzkanäle. Es kommt zu intensiver Produktverbesserung durch Design- und Werkstoffwechsel mit der Folge hoher Forschungs- und Entwicklungs-Kosten. Es besteht ein großes Innovationsrisiko. Trotz Abschöpfungspreispolitik bleiben kaum Gewinne. Die Strategie ist auf Marktanteilswachstum gerichtet.
Siehe auch → Produktlebenszyklus (mit Abbildung), → Lebenszyklus, → Produktpolitik (mit Literaturangaben) und → Innovations- und Technologiemanagement (mit Literaturangaben).
    Literatur: Hermann, Andreas: Produktmanagement, München 1998; Hüttel, Klaus: Produktpolitik, 3. Auflage, Ludwigshafen 1998; Pepels, Werner: Produktmanagement, 4. Auflage, München-Wien 2003; Sabisch, Helmut: Produktinnovationen, Stuttgart 1991; Specht, Günter/Beckmann, Christoph: F&E-Management, Stuttgart 1996; Vahs, Dietmar/Burmester, Ralf: Innovationsmanagement, 3. Auflage, Stuttgart 2004.

Produktion, Formen
Eine Vielzahl von Ausprägungen lassen sich im Hinblick auf die Produkte und die Produktion unterscheiden. In einer umfassenden Übersicht haben Blohm u.A. eine Systematisierung vorgenommen, bei der die gewählten Kriterien drei Klassen zugeordnet sind (vgl. die modifizierte Abbildung unten):

Merkmale		Wichtige Ausprägungen (Elementartypen)				
- Produkt- eigenschaften	Güterart	Materielle Produkte		Immaterielle Produkte		
	Beweglichkeit der Güter	Mobilien		Immobilien		
	Spezifizierungs- grad des Produkts	Standardisierte Produkte		Kundenindividuell gestaltete Produkte		
- Programm- eigenschaften	Anzahl der Produktarten	Eine Produktart		Mehrere Produktarten		
	Fertigungstyp	Massen- fertigung	Sorten- fertigung	Serien- fertigung	Einzel- fertigung	Chargen- fertigung
	Beziehungen der Produktion zum Absatzmarkt	Marktproduktion		Kunden-(Auftrags-)produktion		
- Produktions- struktur	Organisationstyp der Fertigung	Fließ- fertigung	Gruppen- fertigung	Werkstatt- fertigung	Baustellen- fertigung	
	Automatisierungs- grad	Nichtautomatisierte Produktion	Teilautomatisierte Produktion		Vollautomatisierte Produktion	
	Art der Stoff- verwertung	Analytische Stoffverwertung	Synthetische Stoffverwertung	Durchlaufende Stoffverwertung	Austauschende Stoffverwertung	
	Kontinuität des Materialflusses	Kontinuierliche Produktion		Diskontinuierliche Produktion		
	Ortsbindung der Produktion	Örtlich ungebundene Produktion		Örtlich gebundene Produktion		
	Zahl der Arbeitsgänge	Einstufige Produktion		Mehrstufige Produktion		
	Variierbarkeit der Bearbeitungsfolge	Vorgegebene Bearbeitungsfolge		Variierbare Bearbeitungsfolge		
	Verbundenheit der Produktion	Unverbundene Produktion		Verbundene Produktion (Kuppelproduktion)		
	Struktur der Ferti- gungseinrichtungen	Einzweckanlagen		Mehrzweckanlagen		
	Anteile der Einsatzgüterarten	Material- intensive Produktion	Anlagen- intensive Produktion	Arbeits- intensive Produktion	Informations- intensive Produktion	
	Konstanz der Werkstoffqualität	Werkstoffbedingt wiederholbare Produktion		Partieproduktion (Werkstoffbedingt nicht wiederholbare Produktion)		

Produkteigenschaften nehmen auf die Spezifika der hergestellten Güter Bezug, wobei insbesondere die Differenzierung zwischen materiellen und immateriellen Produkten (z. B. Dienstleistungen) wesentlich ist; *Programmeigenschaften* beziehen sich auf das Produktionsprogramm und beinhalten auch unterschiedliche *Fertigungstypen (→ Fertigungsverfahren)*; die eigentlichen Produktionsverfahren sind schließlich angesprochen im Rahmen der *Produktionsstruktur*, wenn neben den *Organisationstypen der Fertigung* Kriterien wie beispielsweise der Automatisierungsgrad, die Kontinuität des Materialflusses oder die Variierbarkeit der Bearbeitungsfolge aufgeführt werden.

Eine Einteilung nach technischen Kriterien ist in der Abbildung allerdings nicht explizit vorgenommen worden. In diesem Zusammenhang ließen sich nach der DIN 8580 Bearbeitungsformen wie Umformen, Trennen, Beschichten u.Ä. nennen.

Siehe auch → Produktionsmanagement sowie → Produktionsplanung und -steuerung, jeweils mit Literaturhinweisen.

Literatur: Blohm, H.; Beer, T.; Seidenberg, U.; Silber, H.: Produktionswirtschaft, 3. Aufl., Herne, Berlin 1997, S. 243.

Produktions- und Kostentheorie

Produktions- und Kostentheorie

von Univ.-Professor Dr. Reinhard Haupt
Lehrstuhl für Allg. Betriebswirtschaftslehre und Produktion/Industrie
an der Friedrich-Schiller-Universität Jena

1. Grundlagen der Produktions- und Kostentheorie

Produktion ist als Kombination von → *Inputs* und deren Transformation in → *Outputs* zu verstehen. Diese abstrakte Definition wird grundlegenden Bedingungen der Fertigung in allen denkbaren Wirtschaftszweigen gerecht. Insbesondere wird damit auch die Leistungserstellung in Dienstleistungsbranchen (z.B. Bank, Unternehmensberatung) erfaßt.

Der Einsatz von → Input bedeutet Verzehr von → *Produktionsfaktoren* (z. B. Energieverbrauch, Materialeinsatz, Nutzung menschlicher Arbeitsleistungen), der Ausstoß von → Output bedeutet Ausbringung von → *Gütern* oder *Produkten*. Dabei ist zu bedenken, daß Output, neben erwünschten Produkten, auch unerwünschte Produktionsergebnisse („Übel") oder *Abprodukte* (Abwasser, Abfall etc.) umfassen kann. (Entsprechend ist symmetrisch auf der Inputseite, außer an den unerwünschten Faktorverbrauch, auch an die erwünschte Beseitigung von „Übeln" (z.B. beim *Recycling* und der anschließenden Wiederverwendung von Altstoffen) zu denken; analog zu Produkten bzw. zur Produktion werden solche recyclingfähige Abprodukte als „Redukte" und deren Wiederaufbereitung als „Reduktion" bezeichnet.)

Die Aufgabe der Produktions- und Kostentheorie ist darin zu sehen, einen Zusammenhang zwischen der mengen- bzw. wertmäßigen Ausbringung und dem mengen- bzw. wertmäßigen Einsatz zu begründen. (Dabei wird im folgenden von unerwünschten Abprodukten und erwünschten Redukten abgesehen.)

In einer sehr allgemeinen, axiomatischen Form der Produktionstheorie werden die technisch realisierbaren Produktionsmöglichkeiten durch die → *Aktivitätsanalyse* beschrieben. Unter den technisch möglichen sind besonders die effizienten Produktionen von Interesse (→ *Effizienz*), die bei gegebenem Output einen minimalen Input beanspruchen bzw. bei gegebenem Input ein maximales Produktionsvolumen ausbringen. Diese effizienten Technologien (→ *Technologiemenge*) finden ihren Ausdruck in der → Produktionsfunktion.

Im einfachsten Fall geht die → Produktionsfunktion von einem einzigen Bearbeitungsvorgang aus, durch den Inputs in Outputs transformiert werden. Allerdings entstehen in der Realität Produkte in aller Regel aus einer Vielzahl von sukzessiven und simultanen Arbeitsschritten. Eine solche mehrstufige Fertigungsstruktur wird durch die → *Input-Output-Analyse* wiedergegeben, bei der zwischen der → *Transformationsfunktion*, d. h. der Input-Output-Beziehung einer einzelnen Stelle (Arbeitsplatz, Arbeitsgang, Kostenstelle u. ä.), und der eigentlichen → Produktionsfunktion als dem Netz von Liefer- und Fertigungsbeziehungen zwischen verschiedenen Stellen unterschieden werden muss. Im weiteren wird aber eine einstufige Bearbeitung unterstellt, für welche die → Transformationsfunktion dieser einen Stelle mit der → Produktionsfunktion gleichzusetzen ist.

Die möglichen → Aktivitäten der → Technologiemenge weisen auf ein Substitutionsproblem hin: Das gleiche Outputvolumen kann ggf. durch eine Vielzahl alternativer effizienter Aktivitäten hervorgebracht werden. Wenn man sich vergegenwärtigt, dass im Einzelfall unendlich viele, alternative Aktivitäten zur Verfügung stehen, m.a.W. dass Einsätze von → Produktionsfaktoren beliebig teilbar sind und daher in marginalen Schritten verändert werden können, gelangt man zu → *substitutionalen* Faktoreinsatzbedingungen.

Substitutionsbeziehungen der Inputs bezeichnen einen zentralen Tatbestand empirischer Beobachtungen: z.B. lässt sich bei Kanalisationsarbeiten das zeitliche Ausmaß maschinellen (Kleinbagger-)Einsatzes durch einen entsprechend zeitlich längeren Input manueller Tiefbauarbeit praktisch stetig ersetzen.

Ausdruck der Faktorsubstitutionsbeziehung ist die → *Isoquante*. Schrumpft die Isoquante auf einen Punkt zusammen, so gehen → substitutionale in → *limitationale* Faktoreinsatzbedingungen über. In diesem Fall kommt ein Produktionsvorgang durch eine einzige, technisch determinierte Faktorkombination zustande. Solche limitationalen Produktionsbedingungen sind z.B. für Einsätze von → Werkstoffen typisch. So setzt etwa die Ausbringungen von 1 Tonne Karbid genau den Einsatz von 875 kg Kalk und von 563 kg Koks voraus; ein Mehreinsatz von Kalk ermöglicht z.B. nicht, anders als bei substitutionalen Verhältnissen, einen Mindereinsatz an Koks.

2. Produktions- und Kostenfunktionen auf der Basis substitutionaler Faktoreinsatzbedingungen
Mit der beliebigen Teilbarkeit der → Produktionsfaktoren, die mit → substitutionalen Faktoreinsatzbedingungen verbunden ist, lassen sich eine Fülle von denkbaren Mustern von → Produktionsfunktionen herleiten. Unter den vielen möglichen haben zwei ausgeprägte, typische Produktionsfunktionsprofile in theoretischer Analyse und empirischer Beobachtung eine besondere Bedeutung erlangt. Diese unterscheiden sich durch die Art der → *partiellen Faktorvariation*.
Zum einen wird ein unterproportional (degressiv) wachsender Output (a), zum anderen ein „S"-förmiger, d. h. zunächst überproportional (progressiv), dann unterproportional (degressiv) und schließlich ggf. rückläufig (regressiv) wachsender Output (b) bei Vermehrung des variierten Input angenommen.

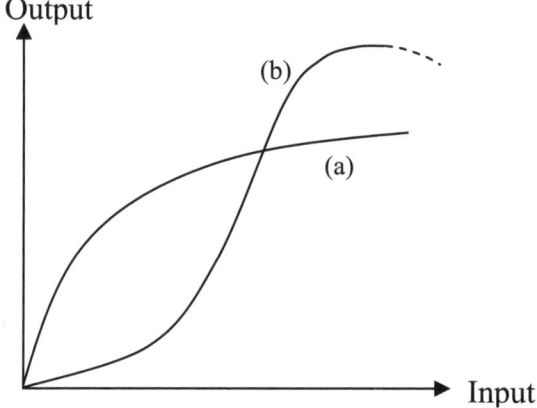

Beide Varianten einer → partiellen Faktorvariation sind vielfach als plausible Input-Output-Zusammenhänge der landwirtschaftlichen Bodenbearbeitung untersucht worden: Sie stellen den Verlauf des Ernteertrags in Abhängigkeit von variablen Inputs wie Saatgut, Düngemittel oder Arbeitseinsatz (bei Konstanz z. B. des Inputs „Anbaufläche") dar und sind im Fall (a) als → „Gesetz vom abnehmenden Ertragszuwachs" von *v. Thünen*, im Fall (b) als → "Ertragsgesetz" von *Turgot* bestätigt und später auf typische Verhältnisse industrieller Bearbeitungen übertragen worden.
Beide Verläufe der → partiellen Faktorvariation lassen sich jeweils als Teilansicht bzw. Ausschnittbetrachtung einer umfassenden Produktionsfunktion verstehen, und zwar als Partialschnitt
● einer → *„Cobb-Douglas"-Funktion* im Fall (a) bzw.
● eines → *„Ertragsgebirges"* im Fall (b).
Der von *Gutenberg* eingeführte Ausdruck → *"Produktionsfunktion vom Typ A"* bezeichnet eine Input-Output-Beziehung auf substitutionaler Basis mit einer *ertragsgesetzlichen* Verlaufskontur (b) bei partieller Faktorvariation. Dieser Abgrenzung wird (nicht zwingend, aber) charakteristischerweise das → Ertragsgebirge gerecht.
Das Mengengerüst der *produktionstheoretischen* Beziehungen ist Grundlage für eine *kostentheoretische* Analyse. Wenn man bei der Herleitung der *Kostenfunktion* aus der Produktionsfunktion von der freien Variierbarkeit aller Inputs ausgeht, so muß zunächst die jedem Ausbringungsumfang entsprechende günstigste, kostenminimale Faktorkombination bestimmt werden. Dann erst ist durch Multiplikation der Faktormengen (der jeweiligen → *Minimalkostenkombination*) mit den Faktorpreisen die

Kostenfunktion ableitbar. Bei *linearhomogenen* Produktionsfunktionen entspricht dem linearen Verlauf bei → totaler Faktorvariation eine lineare Kostenfunktion.

Umgekehrt erklärt die → „Produktionsfunktion vom Typ A" nichtlineare, „S"-förmige Kostenfunktionen als Ergebnis der Kostenanalyse einer → partiellen Faktorvariation: Die „ertragsgesetzliche" partielle Faktorvariation (b) führt zur gespiegelten Umkehrfunktion des Input in Abhängigkeit vom Output (zunächst unterproportionaler, dann überproportionaler Anstieg) und damit zu einer entsprechenden Verlaufsform der Funktion der Kosten (als bewerteter Input) in Abhängigkeit vom Output.

Anders als die an der landwirtschaftlichen Bodenbearbeitung orientierte → „Produktionsfunktion vom Typ A" setzt die → *„Engineering Production Function"* an technisierten, industriellen Fertigungsbedingungen an. Sie befaßt sich mit ingenieurwissenschaftlichen Gesetzmäßigkeiten der Input-Output-Beziehung.

3. Produktions- und Kostenfunktionen auf der Basis limitationaler Faktoreinsatzbedingungen

Zu den bedeutenderen Produktionsmodellen der → *Limitationalität* gehört zum einen die → *Leontief-Funktion*, die von einer unmittelbaren Beziehung zwischen → Input und → Output ausgeht, wie dies für den Faktoreinsatz von → Werkstoffen charakteristisch ist. Zum anderen ist hier aber vor allem die → *Gutenberg-Funktion* bzw. die von ihm so bezeichnete → *„Produktionsfunktion vom Typ B"* zu nennen. Diese sieht die Höhe des Faktoreinsatzes nicht unmittelbar durch das Volumen des → Output bestimmt, sondern betrachtet einerseits die Abhängigkeit des → Input von Eigenschaften der Fertigungseinrichtungen (Maschinen, Anlagen, Verfahren), während andrerseits diese Eigenschaften, insbesondere die → *Intensität* oder der → *Leistungsgrad* der Anlagensysteme, in einer Beziehung zum → Output gesehen werden. Dieser nur mittelbare Input-Output-Zusammenhang ist typisch für betriebsmittelabhängige → *Repetierfaktoren*, also für → Betriebsstoffe (z.B. Energie- oder Schmiermittelverbräuche), deren Einsatz etwa mit der Drehzahl oder Laufgeschwindigkeit einer Maschine variiert. Die → *Gutenberg-Funktion* hat daher mit der → *Engineering Production Function* den industriellen technisierten Hintergrund der modernen Produktionswelt gemeinsam und grenzt sich entsprechend von den manuellen (handwerklichen) oder agraren Produktionsbedingungen der → *„Produktionsfunktion vom Typ A"* ab.

Im Zusammenwirken der zwei bedeutsamen → *Anpassungsformen* an Beschäftigungsschwankungen, der Zeit und der Intensität, wird vorrangig von der → *zeitlichen Anpassung* und nachrangig von der → *intensitätsmäßigen Anpassung* Gebrauch gemacht. Eine Produktionspolitik mit der Verknüpfung dieser beiden Optionen hat einen mit wachsendem → Output linearen Kostenanstieg im Bereich der → zeitlichen Anpassung und einen progressiven Kostenanstieg im Bereich der → intensitätsmäßigen Anpassung zur Folge.

4. Zukünftige Entwicklungen der Produktions- und Kostentheorie

Gegenwärtig werden Weiterentwicklungen der Produktions- und Kostentheorie diskutiert, die z.B. *umwelt*orientierten Bedingungen der Produktion (Emissionen und Abprodukte, Recycling und Entsorgung), den besonderen Eigenschaften der *Dienstleistungs*produktion oder schließlich der Einbeziehung von Politiken des *Ablaufmanagements* (z.B. Auftragsreihenfolge- oder Losgrößenentscheidungen) bei der Bestimmung des Faktorverzehrs gerecht werden.

Hinweis

Zu den angrenzenden Wissensgebieten siehe → Ablauforganisation, → Aufbauorganisation, → Dienstleistungen, → Dienstleistungsmanagement, → Betriebsabrechnung, → Controlling, → Industriemanagement, → Innovations- und Technologiemanagement, → Kostenartenrechnung, → Kostenstellenrechnung, → Organisation → Produktionsmanagement, → Produktionsplanung und -steuerung, → Strategisches Management, → Unternehmensplanung, → Wirtschaftsmathematik.

Literatur: Adam, D.: Produktions-Management, 9. Aufl., Wiesbaden 1998; Dinkelbach, W./Rosenberg, O.: Erfolgs- und umweltorientierte Produktionstheorie, 4. Aufl., Berlin, Heidelberg usw. 2002; Dyckhoff, H.: Grundzüge der Produktionswirtschaft, Einführung in die Theorie betrieblicher Wertschöpfung, 4. Aufl., Berlin, Heidelberg usw. 2003; Dyckhoff, H.: Neukonzeption der Produktionstheorie, in: ZfB, 73. Jg. (2003), S. 705-732; Ellinger, Th./Haupt, R.: Produktions- und Kostentheorie, 3. Aufl., Stuttgart 1996; Fandel, G.: Produktion I, Produktions- und Kostentheorie, 6. Aufl., Berlin, Heidelberg usw. 2005; Fandel, G. / Lorth, M. / Blaga, St.: Übungsbuch zur Produktions- und Kostentheorie, 2. Aufl., Berlin, Heidelberg usw. 2005; Gutenberg, E.: Grundlagen der Betriebswirtschaftslehre, Erster Band: Die Produktion, 24. Aufl., Berlin, Heidelberg usw. 1983; Schweitzer, M./Küpper, H.-U.: Produktions- und Kostentheorie, Grundlagen - Anwendungen, 2. Aufl., Wiesbaden 1997; Steven, M.: Produktionstheorie, Wiesbaden 1998.

Website des Autors: www.wiwi.uni-jena.de/pil/index.php

Produktions- und Verwertungsgenossenschaften, landwirtschaftliche
siehe → Ländliche Genossenschaften.

Produktionsfaktor Wissen
stellt in der modernen Unternehmenspraxis neben den klassischen betriebswirtschaftlichen Produktionsfaktoren Personal, Werkstoffe und Betriebsmittel die für den Erfolg des Unternehmens entscheidende Ressource dar. In vielen Unternehmen ist der Einsatz von Wissen bereits der dominierende Produktionsfaktor. Wettbewerbsvorteile werden über die Nutzung der → organisationalen Wissensbasis erlangt. Die Planung, Steuerung und Kontrolle des Produktionsfaktors Wissen ist Aufgabe des Wissensmanagements.
Siehe auch → Wissensmanagement (mit Literaturangaben).
  Literatur: Stewart, T. A.: Der vierte Produktionsfaktor – Wachstum und Wettbewerbsvorteile durch Wissensmanagement, München 1998.

Produktionsfaktoren
Die Produktionsfaktoren lassen sich zu 3 Gruppen von → Inputs zusammenfassen, zur → *menschlichen Arbeit*, zu → *Betriebsmitteln* und zu → *Werkstoffen*.
Die Leistungen der → *menschlichen Arbeit* können in leitende, „dispositive" und verrichtende, elementare Aufgaben unterschieden werden: Dabei bezeichnen die elementare Arbeit ausführende (körperliche oder geistige) Tätigkeiten und die dispositive Arbeit die Managementleistung der Kombination der übrigen Faktoren, also Leitungs-, Planungs- und Organisationsaufgaben im Unternehmen.
Die Gruppe der → *Betriebsmittel* umfasst zum einen Faktoren, die in einem einzigen Produktionsvorgang verzehrt werden (→ *Betriebsstoffe*, z.B. Energie oder Kühlmittel) und zum anderen solche, die für viele Produktionsvorgänge im Zeitablauf eingesetzt werden können (z.B. Werkshalle, Maschine oder Werkzeugsystem). Diese Abgrenzung entspricht der Unterscheidung in kurzlebige → *Verbrauchsfaktoren* und langlebige → *Gebrauchsfaktoren* bzw. in → *Repetierfaktoren* (→ *flow inputs*) und → *Potentialfaktoren* (→ *stock inputs*).
Die → *Werkstoffe* beinhalten Roh- und Hilfsstoffe, Halbfabrikate sowie Zulieferteile und weisen damit → *Verbrauchs*- oder → *Repetierfaktor*-Charakter auf.
Im Blick auf die Besonderheiten von Dienstleistungsvorgängen muss die bisherige Gliederung von Inputs noch um fremdbezogene Dienstleistungen als Zusatzfaktoren (z.B. die Marktrecherche eines Marktforschungsinstituts) und um → *Objektfaktoren* als den Trägern der erstellten Dienstleistung (z.B. der in einer Arztpraxis zu behandelnde Patient) ergänzt werden.
Siehe auch *Übersichtsbeitrag* → Produktions- und Kostentheorie (mit Literaturangaben).
  Literatur: Zur weiteren Vertiefung siehe die Literaturangaben beim Schwerpunktstichwort → Produktions- und Kostentheorie (Univ.-Professor Dr. Reinhard Haupt).

Produktionsfunktion
bezeichnet die mathematische Abhängigkeit zwischen → Output und → Input. Dabei können beide Beziehungsrichtungen sinnvoll sein: Die inputorientierte Version, bei der der → Output als abhängig vom → Input betrachtet wird, ist für gesamtwirtschaftliche Beziehungen sinnvoll, wenn z. B. das Sozialprodukt aus der Kenntnis der Arbeitskräfte, der Kapitalausstattung usw. prognostiziert werden soll. Die outputorientierte Version, bei der der → Input als abhängig vom → Output betrachtet wird, ist für

einzelwirtschaftliche Beziehungen sinnvoll, wenn z. B. die für ein geplantes Produktionsprogramm benötigten → Produktionsfaktoren bestimmt werden müssen.

Aus der Sicht der → *Aktivitätsanalyse* kann man die Produktionsfunktion als den effizienten Extremfall der → *Technologiemenge* bezeichnen.

Aus der Sicht der → *Input-Output-Analyse* drückt die Produktionsfunktion die gesamte mehrstufige Einsatz-Ausbringungs-Beziehung aus, während die Einsatz-Ausbringungs-Beziehung eines einzelnen Arbeitsplatzes als → *Transformationsfunktion* bezeichnet wird.

Siehe auch → Produktionsfunktion vom Typ A und Typ B, → Cobb-Douglas-Funktiion, → Leontief-Funktion, → Verbrauchsfunktion, → Anpassungsformen.

Siehe auch *Übersichtsbeitrag* → Produktions- und Kostentheorie (mit Literaturangaben).

Literatur: Zur weiteren Vertiefung siehe die Literaturangaben beim Schwerpunktstichwort → Produktions- und Kostentheorie (Univ.-Professor Dr. Reinhard Haupt).

Produktionsfunktion

(*Wirtschaftsmathematik*) → Funktion, die die produzierte Menge x eines Gutes in Abhängigkeit von einem oder mehreren Inputfaktoren ausdrückt: $x = x(r)$ bzw. $x = x(r_1, r_2, \ldots, r_n)$. Sehr verbreitete Modelle sind die Produktionsfunktionen nach → Cobb-Douglas (z.B. bei zwei Inputfaktoren $x(r_1, r_2) = c r_1^a r_2^{1-a}$ mit $0 < a < 1$) und ertragsgesetzliche Produktionsfunktionen (spezielle Polynome dritten Grades).

Produktionsfunktion vom Typ A

Der von Gutenberg eingeführte Begriff bezeichnet Produktionsbeziehungen mit → *substitutionalen* Faktoreinsatzbedingungen und zugleich einer → *partiellen Faktorvariation* in der Art eines → *Ertragsgesetzes* (Verlauf (b) in Abb. 1), welches von *Turgot* als charakteristisch für landwirtschaftliche Produktionen begründet wurde. Der ertragsgesetzliche, „S"-förmige Verlauf bei → *partieller* Faktorvariation lässt sich als Ausschnittbetrachtung eines umfassenderen, total betrachteten Produktionszusammenhangs (→ *totale Faktorvariation*) verstehen, wie er in Abb. 2 dargestellt ist.

Dieser Zusammenhang, ein → *„Ertragsgebirge"*, ist durch das Zusammentreffen von zwei bedeutsamen Eigenschaften gekennzeichnet, nämlich einer (1) „S"-förmigen → *partiellen* Faktorvariation sowie zugleich (2) linearen → *totalen* Faktorvariation. Das → Ertragsgebirge ist damit eine besonders anschauliche und praktisch bedeutsame Version der Gutenberg'schen Produktionsfunktion vom Typ A.

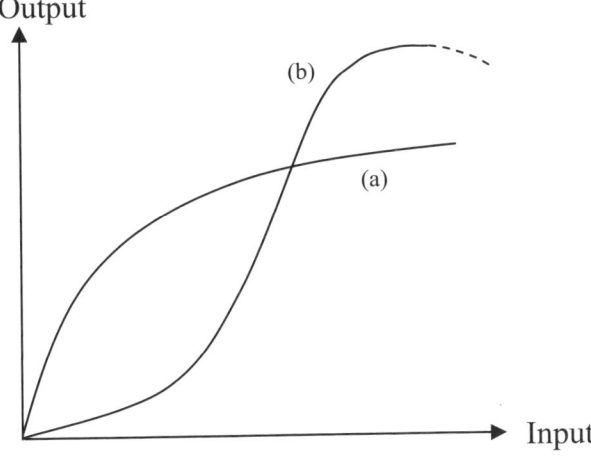

Abb. 1

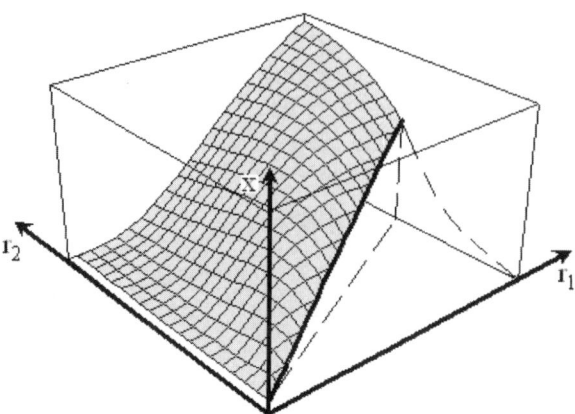

Abb. 2

Literatur: Zur Vertiefung siehe die Literaturangaben beim Schwerpunktstichwort → Produktions-
und Kostentheorie (Univ.-Professor Dr. Reinhard Haupt).

Produktionsfunktion vom Typ B

Diese von *Gutenberg* entwickelte → Produktionsfunktion stellt den → Input in eine mittelbare Beziehung zum → Output. Sie betrachtet Eigenschaften des Fertigungssystems als derartige Mittlergrößen
zwischen Faktoreinsatz und Ausbringung. Zu diesen Eigenschaften der Anlage, von denen der
Verbrauch an → *Betriebsstoffen* (z.B. Energie) abhängt, gehören etwa der *Abnutzungsgrad* oder der
→ *Leistungsgrad* des Systems. Während allerdings der Abnutzungsgrad z.B. kurzfristig als konstant
angesehen werden kann, unterliegt der → Leistungsgrad laufenden Schwankungen im Betrieb der Anlage. Diese kurzfristig relevante Beziehung, die Abhängigkeit des Verbrauchs an → Repetierfaktoren
(insbesondere an → Betriebsstoffen) vom → Leistungsgrad, wird als → *Verbrauchsfunktion* bezeichnet. Sie steht im Zentrum der Produktionsfunktion vom Typ B.
Siehe auch *Übersichtsbeitrag* → Produktions- und Kostentheorie (mit Literaturangaben).

Literatur: Zur weiteren Vertiefung siehe die Literaturangaben beim Schwerpunktstichwort → Pro-
duktions- und Kostentheorie (Univ.-Professor Dr. Reinhard Haupt).

Produktionsgeschwindigkeit

siehe → Leistungsgrad.

Produktionslogistik

(*Fertigungslogistik*). Die Produktionslogistik beschäftigt sich mit der Planung und Durchführung von
Maßnahmen zur optimalen Gestaltung des Energie-, Material- und Warenflusses von der Übernahme
der bereitgestellten Produktionsfaktoren bis zur Abgabe der gefertigten Erzeugnisse an das Absatzlager
oder die Distribution. Siehe auch → Produktionsplanung und -steuerung.

Produktionslos

siehe → Losgröße; siehe auch → Losgrößenplanung.

Produktionsmanagement

von Professor Dr. Folker Roland, Hochschule Harz, Wernigerode
Privatdozentin Dr. Anke Daub, Universität Göttingen

1. Definition, Ziele sowie Entscheidungsbereiche und -ebenen

Produktionsmanagement beinhaltet Tätigkeiten zur Planung, Organisation, Durchführung und Kontrolle der betrieblichen Funktion „Produktion". Unter Produktion wird dabei der gelenkte Einsatz von Gütern und Dienstleistungen, den so genannten Produktionsfaktoren, zum Abbau von Rohstoffen oder zur Herstellung bzw. Fertigung von Gütern und zur Erzeugung von Dienstleistungen verstanden (vgl. Abbildung 1).

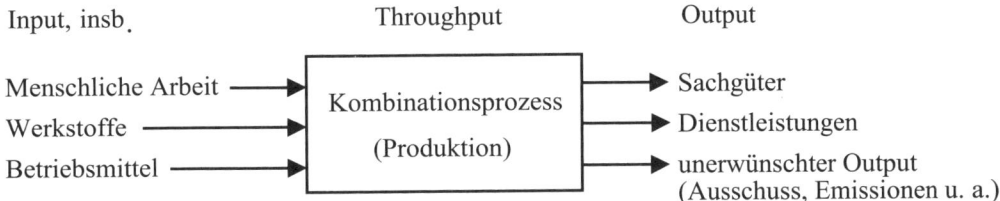

Abb. 1: Produktion als Kombinationsprozess

Dabei ist die Erreichung der Produktionsziele mit Hilfe von Produktionsstrategien und Konzepten zu ihrer Umsetzung zu verfolgen, die aus dem System der Unternehmensziele abzuleiten sind. Typische Produktionsziele sind geringe (Stück-)Kosten, hohe Outputmengen, eine hohe Produktqualität, eine weit gehende Termineinhaltung und hohe Auslastung der Fertigungsbereiche (oder einzelner Anlagen/Maschinen) sowie geringe Durchlaufzeiten. Die Aufgaben des Produktionsmanagement betreffen entsprechend der Vorgehensweise der → *Produktionsplanung und -steuerung* das Produktionsprogramm (→ *Produktionsprogrammplanung*), die Bereitstellung der benötigten Produktionsfaktoren (→ *Bereitstellungsplanung*) und die Durchführung der Produktion (→ *Durchführungsplanung*). Die Entscheidungen des Produktionsmanagements lassen sich nach ihrer Reichweite und Bedeutung der strategischen, taktischen und operativen Ebene zurechnen, wobei im Folgenden Entscheidungen hinsichtlich des Personals unberücksichtigt bleiben, da sie grundsätzlich für alle Unternehmensbereiche zu treffen sind (→ *Personalmanagement*).

2. Strategisches Produktionsmanagement

Zu den Entscheidungen, die dem strategischen Produktionsmanagement zuzuordnen sind, zählen die Festlegung der Branchen und Produktfelder (Gesamtheit der Erzeugnisse, die sich auf ein Grundprodukt zurückführen lassen), in denen das Unternehmen langfristig tätig sein will. Hiervon ausgehend sind Produktionsstandorte und -kapazitäten sowie Produktionstechnologien (→ *Produktion, Formen*) und -abläufe (→ *Fertigungsverfahren*) festzulegen. Darüber sind die Material- und Informationsflüsse (→ *Bereitstellungsplanung*, → *Logistik*, → *Supply Chain Management*) grundlegend zu strukturieren.

3. Taktisches Produktionsmanagement

Im Rahmen des taktischen Produktionsmanagements werden die Breite (Zahl der angebotenen Basisprodukte) und Tiefe des Produktionsprogramms (Zahl der angebotenen Varianten der Basisprodukte) sowie die Zeitpunkte von Produkteinführung, -modifikation und -elimination festgelegt. Auf dieser Basis sind grobe Mengenplanungen vorzunehmen, Entscheidungen über Eigenfertigung und Fremdbezug zu treffen und in der Folge die Kapazitäten der Fertigungseinrichtungen festzulegen. Diese wiederum bilden die Grundlage für die innerbetriebliche Layoutplanung, die die Fertigungs- und Logistikeinheiten mit der zugehörigen Investitions- und Instandhaltungsplanung umfasst. Im Hinblick auf die Beschaffung ist der Abschluss von Rahmenverträgen für wesentliche Rohstoffe und Komponenten sowie die Festlegung des Zulieferkonzeptes der taktischen Ebene zuzuordnen.

4. Operatives Produktionsmanagement

Die operative Produktionsprogrammplanung als Teil der → *Produktionsplanung und -steuerung* beschäftigt sich mit der kurzfristigen Festlegung der Produktionsmengen (Primärbedarf) sowie der Ermittlung, Beschaffung und Bereitstellung der hierfür benötigten Roh- und Hilfsstoffe, Teile und Komponenten. Im Zusammenhang mit der → *Durchführungsplanung* ist unter Berücksichtigung der vorgegebenen Termine und Kapazitäten über Fertigungslosgrößen (→ *Losgrößenplanung*) sowie Auftragsreihenfolgen und Maschinenbelegungen (→ *Ablaufplanung*) zu entscheiden. Im Rahmen der Fertigungssteuerung sind die Produktionspläne umzusetzen, wobei ggf. auf Störereignisse reagiert werden muss.

5. Übergreifende Konzepte und Instrumente

Das Produktionsmanagement ist in unternehmensweite Konzepte und Instrumente eingebunden. Zu ihnen zählt das ursprünglich eher technisch fokussierte *Computer Integrated Manufacturing (siehe* → *CIM)*, zu dem als betriebswirtschaftliche Komponente die Produktionsplanungs- und Produktionssteuerungssysteme (PPS-Systeme) gehören. Gleichzeitig sind PPS-Systeme auch Teil von → *Enterprise Resource Planning (ERP)-Systemen*, die eine unternehmensweite, bereichsübergreifende Planung, Steuerung und Auswertung betrieblicher Abläufe ermöglichen. Parallel ist die Produktion in die Koordinierung von Material-, Informations- und Finanzflüssen über Bereichs- und Unternehmensgrenzen hinweg (→ *Supply Chain Management*) einzubeziehen. Interdependenzen bestehen auch zwischen dem Produktionsmanagement und qualitätsorientierten Konzepten wie dem → *Total Quality Management* sowie zu logistikorientierten Konzepten wie z.B. der → Just-in-time-Zulieferung und -Produktion.

Hinweis

Zu den angrenzenden bzw. vertiefenden Wissensgebieten siehe → Ablauforganisation, → Aufbauorganisation, → Beschaffungsmanagement, → Controlling, → ERP-Systeme (Enterprise Resource Planning-Systeme), → Industriemanagement, → Innovations- und Technologiemanagement, → Logistik, → Materiallogistik, → Operations Research, → Organisation, Grundlagen, → Personalmanagement, → Produktion, Formen, → Produktions- und Kostentheorie, → Produktionsplanung und -steuerung, → Prozessmanagement, → Qualitätscontrolling, → Qualitätsmanagement, → Supply Chain Management, → Total Quality Management, → Unternehmensplanung, → Workflow Management.

Literatur: Adam, D.: Produktions-Management, 7. Aufl., Wiesbaden 1993; Bloech, J.; Bogaschewsky, R.; Götze, U.; Roland, F.: Einführung in die Produktion, 5. Aufl., Berlin u. a. 2004; Corsten, H.: Gestaltungsbereiche des Produktionsmanagements, in: Corsten, H. (Hrsg.): Handbuch Produktionsmanagement, Wiesbaden 1994, S. 5 – 21; Günther, H.-O.; Tempelmeier, H.: Produktion und Logistik, 6. Aufl., Berlin u. a. 2005; Krajewski, L.J.; Ritzman, L.P.: Operations Management, 7th ed., Upper Saddle River u. a. 2005; Schneider, H.: Produktionsmanagement in kleinen und mittleren Unternehmen, Stuttgart 2000; Vahrenkamp, R.: Produktionsmanagement, 5. Aufl., München 2004; Zahn, E.; Schmid, U.: Produktionswirtschaft I: Grundlagen und operatives Produktionsmanagement, Stuttgart 1996.

Internetadressen: http://prodman.wu-wien.ac.at/download/skriptum2000/text [Universität Wien]; http://www.advanced-planning.de [Tempelmeier, H.]; http://www-pm.fh-reutlingen.de/modules.php?name=actual_projects [Fachhochschule Reutlingen]; http://www.psi.de/index.php?id=production [PSI AG, Berlin]; http://iswww.bwl.uni-mannheim.de/Lehre/veranstaltungen/pm/v_pps.htm [Universität Mannheim]; http://www.automagazine.de/management.php [verlag moderne industrie]; http://www.ptwissenswert.de/ [Institut für Produktionsmanagement, Technologie und Werkzeugmaschinen, Technische Universität Darmstadt].

Produktionsplanung und -steuerung

Produktionsplanung und -steuerung

von Professor Dr. Folker Roland, Hochschule Harz, Wernigerode
Privatdozentin Dr. Anke Daub, Universität Göttingen

1. Definition
Im Rahmen der Produktionsplanung und -steuerung sind verschiedene Planungskomponenten zu identifizieren, die in Abhängigkeit von der strategischen oder operativen Ausrichtung zu unterschiedlichen Planungsfragen führen. Zu diesen Komponenten zählen die → *Produktionsprogrammplanung*, die Mengenplanung, die Grob- und schließlich die Feinterminierung, wobei im Folgenden die operativen Aspekte im Mittelpunkt der Betrachtung stehen.

2. Produktionsprogrammplanung
Die *Produktionsprogrammplanung* erfolgt auf der Basis von festen Kundenaufträgen und/oder Absatzprognosen für die im Planungszeitraum zu fertigenden Produktarten und ist daher eng mit der Absatzplanung verknüpft. Das Ergebnis besteht in der Festlegung des geplanten Primärbedarfs, also der am Markt abzusetzenden Enderzeugnisse und Ersatzteile.

3. Mengenplanung
Auf der Basis des Produktionsprogramms wird im Rahmen der *Mengenplanung* die Bedarfsermittlung für den Sekundärbedarf vorgenommen. Dieser umfasst die für die Herstellung des Primärbedarfs benötigten Rohstoffe, Zulieferteile und Halbfabrikate. Zur Mengenplanung gehört ebenfalls die Planung der Bestellmengen, -termine und -häufigkeiten.

4. Grob- und Feinterminierung
Während die Mengenplanung auch der Beschaffung bzw. der Materialwirtschaft zugeordnet werden kann, stehen die Grob- und Feinterminierung in engem Zusammenhang mit der → *Ablaufplanung* und sind daher stark vom *Organisationstyp der Fertigung* (siehe → *Produktion, Formen*, → Fertigungsverfahren, → Fließfertigung, → Werkstattfertigung etc.) abhängig. Im Fall der Werkstattfertigung werden bei der *Grobterminierung* den Betriebsmitteltypen (z.B. Dreh- oder Fräsmaschinen) ausgehend von den Arbeitsplänen der Aufträge Arbeitsgänge zugeordnet (Kapazitätsterminierung). Reicht die Kapazität eines Betriebsmitteltyps in einem bestimmten Zeitraum nicht aus, sind Maßnahmen des Kapazitätsabgleichs vorzunehmen. Zu ihnen zählen neben Überstunden und erhöhten Produktionsgeschwindigkeiten auch Fremdvergaben von Teilaufträgen.
Bei der *Feinterminierung* wird für die einzelnen Anlagen/Maschinen die Auftragsreihenfolge (mit konkreten Zeiten) festgelegt und den Aufträgen die Maschinenbelegung zugeordnet. Ziele dieser Planung bestehen in geringen Durchlaufzeiten und geringen Lagerbeständen, hohen Kapazitätsauslastungen, hohen Produktivitäten, geringen Terminüberschreitungen sowie geringen Herstellkosten.
Im Rahmen des zeitlichen Ablaufes der Planungsschritte sind verschiedene Aspekte zu berücksichtigen. Bereits bei der Produktionsprogrammplanung werden Überlegungen hinsichtlich der zu beschaffenden Objekte (mit Mengenabschätzungen) und der zur Verfügung stehenden Betriebsmittel angestellt, da nur so Liefertermine abgeschätzt und Vorlaufzeiten eingeplant werden können. Zusätzlich sind die Fertigungslosgrößen (→ *Losgrößenplanung*) als eine weitere Grundlage der Mengen- und Zeitplanung festzulegen.

5. Vorgehensweisen der Planung
Grundsätzlich sind bei der *Produktionsplanung* unterschiedliche Vorgehensweisen denkbar: Die Sukzessivplanung, bei der die Produktionsprogramm- und Mengenplanung sowie die Grob- und Feinterminierung nacheinander erfolgen, ist zwar relativ unaufwändig, kann aber zu verschiedenen Problemen führen. Dagegen berücksichtigen Simultanmodelle die Abhängigkeiten zwischen den Planungsbereichen, sind aber häufig sehr komplex und daher in der Praxis nicht einsetzbar. Als Kompromiss bieten

sich Ansätze wie die Hierarchische Produktionsplanung an, bei der auf oberster Planungsebene eine Simultanplanung vorgenommen wird. Deren Ergebnis wird als Vorgabe von den unteren Planungsebenen übernommen, die ihre Teilaufgaben dann aber weitgehend unabhängig von den übrigen Planungsproblemen der gleichen Ebene lösen.

6. Produktionssteuerung

Als *Produktionssteuerung* kann die Durchsetzung der Ergebnisse der Produktionsplanung unter Berücksichtigung von Störereignissen verstanden werden, wobei unter Umständen eine Anpassung der Planung an die sich verändernde Situation oder sogar eine komplette Revidierung der Planungen vorgenommen werden muss.

7. Übergreifende Konzepte und Instrumente

Im Zusammenhang mit der Produktionsplanung und -steuerung (PPS) sind für unterschiedliche Fertigungssituationen eine Reihe unterschiedlicher Konzepte entwickelt worden. Zu ihnen zählen die *Belastungsorientierte Auftragsfreigabe*, die → *Retrograde Terminierung*, das → *Fortschrittszahlenkonzept*, die → *Optimized Production Technologie* sowie → *Just-in-time-* und → *KANBAN*-Konzepte.

Während die PPS verschiedene Teilplanungen verbindet, ist sie wiederum das betriebswirtschaftliche Modul eines auch technische Aspekte umfassenden Gesamtkonzeptes. Eine Zusammenführung wird beispielsweise im Rahmen des *Computer Integrated Manufacturing* (siehe → CIM) realisiert. Hierbei spielt der Einsatz der EDV eine entscheidende Rolle. Dies gilt sowohl für die Umsetzung der Konzepte mit Hilfe computergestützter PPS-Systeme wie auch für übergreifende EDV-Lösungen wie → *Enterprise Resource Planning*-Systeme (z. B. SAP R/3) oder Abstimmungen entlang der gesamten Wertschöpfungskette mit Hilfe von Tools zur Unterstützung eines → Supply Chain Managements.

Hinweis

Zu den angrenzenden bzw. vertiefenden Wissensgebieten siehe → Ablauforganisation, → Aufbauorganisation, → Beschaffungsmanagement, → Controlling, → ERP-Systeme (Enterprise Resource Planning-Systeme), → Industriemanagement, → Logistik, → Materiallogistik, → Operations Research, → Organisation, Grundlagen, → Personalmanagement, → Produktion, Formen, → Produktions- und Kostentheorie, → Produktionsmanagement, → Prozessmanagement, → Qualitätscontrolling, → Qualitätsmanagement, → Supply Chain Management, → Total Quality Management, → Unternehmensplanung, → Workflow Management.

Literatur: Bloech, J.; Bogaschewsky, R.; Götze, U.; Roland, F.: Einführung in die Produktion, 5. Aufl., Berlin u. a. 2004; Glaser, H.; Geiger, W.; Rohde, V.: PPS - Produktionsplanung und -steuerung, 2. Aufl., Wiesbaden 1992; Kistner, H.-P.; Steven, M.: Produktionsplanung, 3. Aufl., Heidelberg 2001; Kurbel, K.: Produktionsplanung und -steuerung, München, Wien 2003; Luczak, H.; Eversheim, W.: Produktionsplanung und Produktionssteuerung, Berlin u. a. 1999.

Internetadressen: http://www.ercis.de/imperia/md/content/wi-information_systems/lehrveranstaltungen/lehrveranstaltungen/pps/ss2003/v07_pps_skript_20030709.pdf [Holten, R.]; http://www.sfb467.uni-stuttgart.de/veroeff/veroeff2C1/veroeff2C1.html#fertigung [Wiendahl, H.-H.]; http://www.ecommerce.wiwi.uni-frankfurt.de/lehre/00ws/wm/Kapitel07_StratProduktionsplanung.pdf [Universität Frankfurt]; http://www.fbi.fh-karlsruhe.de/~drma0001/skripte/PPS_SS04.pdf [Fachhochschule Karlsruhe]; http://www.gfh-mbh.de/txt30000.htm [Gesellschaft für Fertigungsprozessplanung mbH, Deggendorf]; http://www.transfact.de/software-produktionsplanung.html [Fa. Transfact, Dortmund]; http://www.gfq.de/deutsch/default.asp [GFQ Akademie GmbH, Rheinböllen]; http://www.ecs.fh-osnabrueck.de/2490+M56327175074.html [Fachhochschule Osnabrück].

Produktionsprogrammplanung

Die Produktionsprogrammplanung legt fest, welche Produkte in welchen Mengen zu welchen Zeitpunkten bzw. in welchen Zeiträumen hergestellt werden sollen. Hierbei lässt sich die strategische, taktische und operative Produktionsprogrammplanung unterscheiden, die im Sinne einer prozessorientierten Unternehmensplanung mit den jeweiligen Planungsebenen der Absatz-, Finanz-, → *Durchführungs-* und → *Bereitstellungsplanung* zu verzahnen ist.

Siehe auch → Produktionsmanagement sowie → Produktionsplanung und -steuerung (mit Literaturangaben).

Literatur: Bloech, J.; Bogaschewsky, R.; Götze, U.; Roland, F.: Einführung in die Produktion, 5. Aufl., Berlin u. a. 2004; Jacob, H.: Die Planung des Produktions- und Absatzprogramms, in: Jacob, H. (Hrsg.): Industriebetriebslehre, 4. Aufl., Wiesbaden 1990, S. 401 - 590; Zahn, E.; Schmid, U.: Produktionswirtschaft I: Grundlagen und operatives Produktionsmanagement, Stuttgart 1996.

Internetadressen: http://www.produktion-und-logistik.de/produktionundlogistik-136.htm [Tempelmeier, H.]; http://prodman.wu-wien.ac.at/download/skriptum2000/text/kap06.htm [Universität Wien].

Produktionssynchrone Lieferung

siehe → Just-in-time-Lieferung (JIT-Lieferung).

Produktivgenossenschaften, Gewerbliche

siehe → Gewerbliche Genossenschaften.

Produktivgenossenschaften, landwirtschaftliche

siehe → Ländliche Genossenschaften.

Produktlebenszyklus

(*allgemeine Charakterisierung*). Der Produktlebenszyklus stellt die zeitliche Entwicklung eines einzelnen Produkts oder einer Produktklasse am Markt dar. Es wird angenommen, dass, unabhängig von der absoluten Lebensdauer des Produkts, der Verlauf des Produktlebenszyklus einer gesetzmäßigen Entwicklung folgt und jedes Produkt bestimmte Phasen durchläuft. Diese Phasen sind Markteinführung, Wachstum, Reife, Sättigung und Degeneration oder Verfall. Gründe für die begrenzte Lebensdauer eines Produkts können u.a. Änderungen der Nachfrage, eine Ausschöpfung des Nachfragpotenzials oder technologische Entwicklungen sein. Schlüsse über die Art der Marktbearbeitung werden im Rahmen der → Lebenszyklusanalyse gezogen.

Produktlebenszyklus

(*ökologischer*). Im Unterschied zum klassischen Produktlebenszyklus der Marketinglehre (→ Marketing), der sich nur auf die Marktpräsenzzeit eines Produkts bezieht, erfasst der ökologische Produktlebenszyklus alle *Wertschöpfungsphasen* (z.B. Rohstoffbeschaffung, Produktion, Service), die Nutzungs- bzw. Konsumphase und alle Verwertungs- und Wertvernichtungsphasen (z.B. Entsorgung). Es liegt also eine Betrachtung „von der Wiege bis zur Bahre" (*cradle to grave*) diesem Konzept zugrunde. Zur Entwicklung → umweltfreundlicher Produkte und Dienstleistungen (→ Ökologie-Marketing) müssen die Konsequenzen von Produktions-, Konsum- und Verwertungsprozessen sowohl auf die natürliche Umwelt (z.B. Ressourcenabbau und Umweltverschmutzung) als auch auf den Menschen (z.B. Gesundheit) und die soziale Gemeinschaft (z.B. familiäre Strukturen) identifiziert und bewertet werden.

Produktlebenszyklus

(Produkt-/Markt-Matrix). Mit dem Produktlebenszyklus wird die Phasenentwicklung eines Produktes und dessen Umsatzentwicklung vereinfacht beschrieben (siehe Abbildung 1). Analog zu einer Investition entstehen zu Beginn eines Produktes Entwicklungskosten, denen nur geringe Umsätze gegenüber stehen. Nach der Einführung des Produktes in den Markt ergeben sich grössere finanzielle Deckungsbeiträge in Abhängigkeit von Marktwachstum und -durchdringung (Produktphase Wachstum und Reife). Nach der Phase der Marktsättigung, die mit stagnierenden Umsätzen verbunden ist, gehen die Produktumsätze oft zurück, was nach dem Konzept der Lebenskurve mit sinkenden Deckungsbeiträgen des Produkts verbunden ist. Dies führt im Unternehmen zur Verfolgung von Defensiv- oder Desinvestitionsstrategien (Normstrategien) im entsprechenden Produkt-/Marktbereich.

Das von führenden Management Consulting Unternehmen (Boston Consulting Group, McKinsey) eingeführte Instrument der Produktlebenskurve hilft, den Ist-Zustand der Produkte und Märkte in der Form eines Portfolios darzustellen und zukünftige Strategien festzulegen (z.B. Marktwachstum, Angehen neuer Märkte, Entwicklung neuer Produkte). Das Konzept der Erfahrungskurve spielt in den Phasen des Marktwachstums und der Sättigung eines Produktes oder einer Dienstleistung implizit ebenfalls eine Rolle: die Annahme eines Kostenverlaufs nach der Erfahrungskurve besagt, dass die Stückkosten eines Produktes bei einer Verdoppelung der Produktionsmenge oder -erfahrung jeweils mit etwa 20-30 % absinken.

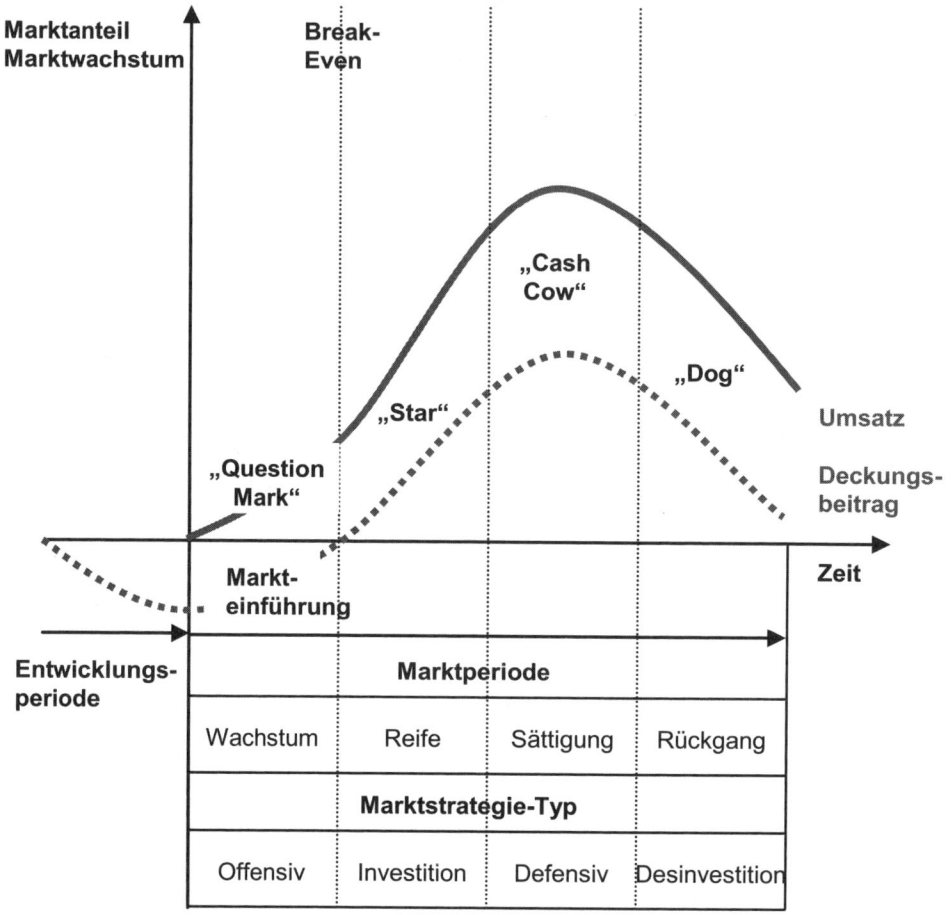

Abb. 1: Phasen des Produktlebenszyklus in Relation zu Marktperioden und -strategien
Siehe auch → Strategisches Management sowie → Marketing, → Produktpolitik und → Produktinnovation.
Literatur: Welge, M. K., Al-Laham, A.: Strategisches Management , 4. Auflage, Wiesbaden 2003.
Internet: www.bcg.com ; www.mckinsey.com

Produktlebenszyklusrechnung
In einer Produktlebenszyklusrechnung werden die gesamten Ein- und Auszahlungen für ein Produkt berücksichtigt. Sie dient dem → Zielkostenmanagement als Informationsgrundlage.

Produktlinien-Pricing

Zwei preispolitische Fragen stellen sich im Rahmen der Preiskalkulation für eine Produktlinie: Welche Qualitäts- und damit korrespondierend Preislevels sollen die einzelnen Ausprägungen einer Produktlinie besetzen („Preislagenpolitik")? Welche Preise gelten für die „Mitglieder" der Produktlinie?

Traditionell unterscheidet man drei → Preislagen: die gehobene Preisklasse (höchste Preislage), die Konsumpreisklasse (mittlere Preislage) und die Niedrigpreisklasse (niedrigste Preislage). Ein Überspannen aller drei Preislagen mit einer Produktlinie erscheint jedoch für Aufbau und Pflege eines prägnanten (Preis-)Images der Marke häufig nicht förderlich. In der Niedrigpreisklasse dominiert das Discount-Prinzip mit Zugeständnissen in der Produktqualität, in der gehobenen Preisklasse herrschen Premium- bzw. Qualitätsdenken vor. Deshalb erscheint es empfehlenswert, dass sich eine Produktlinie auf eine Preisklasse bzw. eine spezifische Bandbreite von Qualitäts- und Preisniveaus konzentriert und innerhalb dieser „Range" dann Qualitätsvarianten offeriert.

Häufig bildet ein Basis- oder Grundmodell den „unteren Endpunkt" (Anfangsglied) der Produktlinie, auf das dann in Produktleistung und -qualität bis zur „high end"-Variante (Endglied) „aufgesattelt" wird. Die ordinalen Qualitätsunterschiede in der Produktlinie spiegeln sich dann in korrespondierenden ordinalen Preisunterschieden wider.

Siehe auch → Preispolitik (mit Literaturangaben).

Literatur: Diller, H. (2000): Preispolitik, 3. Auflage, Stuttgart. Pechtl, H. (2005): Preispolitik, Stuttgart.

Produkt-Manager bzw. Produkt-Management

umfasst als Form der hybriden Organisation eine Stelle im Betrieb mit der Objektorientierung „Produkt" im operativen Bereich.

Zu den wesentlichen Aufgaben gehören folgende: Sammlung aller für das betreute Produkt relevanten Informationen, Entwicklung von kurz-, mittel- und langfristigen Strategien für das Produkt, Erstellung von Plänen für das Marketing-Mix, Entwicklung von Prognosen hinsichtlich der Umsätze, Marktanteile etc. des Produkts, Zusammenarbeit mit beauftragten Werbeagenturen, Koordination der Aktivitäten anderer relevanter Bereiche des Unternehmens, Überwachung der Einhaltung von Plänen, Entwicklung von Vorschlägen zur Verbesserung des Marketing-Mix, Entwicklung von Vorschlägen für neue Produkte.

Siehe auch → Produktpolitik und → Produktinnovation.

Produktpolitik

Produktpolitik

von Professor Dipl.-Kaufmann Werner Pepels

Fachhochschule Gelsenkirchen – Fachbereich Wirtschaft Bocholt

1. Charakterisierung

Die Angebotsgestaltung im Marketing ergibt sich neben der Produktpolitik auch aus der Programmpolitik. Das Teilinstrument der *Produktpolitik* umfasst

- die *Produkteinführung* (Innovation),
- die *Produktfortführung*,
- die *Produktveränderung* (Variation)
- und die *Produkteinstellung* (Elimination).

2. Produkteinführung

Zur Produkteinführung bedarf es zunächst einer neuen *Angebotsidee*. Diese kann intern oder auf externe Anregung hin entstanden sein. Sind nicht genügend tragfähige Ideen für Neuprodukte vorhanden, dienen Kreativitätstechniken (wie → Brainstorming, → Methode 6-3-5, → Morphologischer Kasten etc.) zur zusätzlichen Ideengenerierung. Diese Ideen werden anschließend gesichtet und bewertet. Im Screening erfolgt eine Vorauswahl (Shortlist), im Scoring eine Priorisierung anhand von Beurteilungskriterien.

Um aus der Idee (siehe → Ideenquellen) ein letztlich vermarktbares Angebot werden zu lassen, bedarf es der grundlegenden oder anwendungsorientierten *Forschung* sowie der *Entwicklung* und funktionalen *Erprobung* (Handmuster, Prototyp, Vorserie). Diese mündet in einer Nullserie, die dann zumeist einem Markttest unterzogen wird. Bei positivem Ergebnis kommt es zur *Markteinführung* (*Launch*), bei negativem Ergebnis zur Modifikation bzw. einem erneuten Test oder zum Rückzug der Idee.

Wichtig ist, von Anbeginn der Marktpräsenz an eine hohe und konstante *Qualität* zu sichern. Dazu dienen ausgiebige Verfahren des Qualitätsmanagement. Die Qualität darf sich nicht nur auf die Verarbeitung (→ Total Quality Management, Zertifizierung nach DIN EN ISO 9000:2000 ff.), sondern muss sich auch auf die Konstruktion beziehen (zur Vermeidung von Produkthaftung und Produktrückrufen). Dabei geht es um Vorbeugemaßnahmen zur Vermeidung von Fehlqualität und um den Wegfall von Kostenbelastungen ansonsten erforderlicher Prüfmaßnahmen zur Ermittlung von Fehlern sowie um Selektionsmaßnahmen zur Minimierung von Ausschuss, Nachbearbeitung und Garantieleistung. Hin und wieder ist jedoch auch eine bewusste Qualitätsverschlechterung (künstliche Veralterung durch Lebensdauerbegrenzung oder Sozialtechnik) anzutreffen.

3. Produktfortführung

Zur Produktfortführung ist die kontinuierliche Angebotspflege unverzichtbar. Sie wird organisatorisch durch das Produktmanagement getragen und beinhaltet die stetige Optimierung des → Marketing-Mix. Zumeist wird dabei ein Produktlebenszyklus (siehe auch → Lebenszyklus) als zeitbezogenes Marktreaktionsmodell zugrunde gelegt. Er durchläuft idealtypisch (Glockenkurvenform) die Phasen der Vorbereitung, der Einführung, des Wachstums/der Reife, der Sättigung, des Verfalls/Absterbens oder ggf. des Wiederanstiegs. Ziel ist dabei eine Verlängerung der Marktpräsenz, damit sich die immer höheren Vorlaufaufwendungen besser über die Laufzeit verteilen. In der Vorbereitungsphase wird das Angebot noch nicht marktwirksam. In der Einführungsphase ist das Marktwachstum sehr hoch, wenngleich auf niedriger Basis. In der Wachstums-/Reifephase erfolgt eine bessere Marktdurchdringung, die Wachstumsrate des Gesamtmarkts ist hoch, verläuft jedoch bald degressiv. In der Sättigungsphase normalisiert sich die Wachstumsrate und stagniert schließlich, die Gewinne erreichen ihr Maximum und verfallen danach infolge hoher Nachfrageelastizität und Wettbewerbsintensität. In der Verfalls-/Absterbephase brechen Umsatz und Gewinn ein, Verluste laufen auf, der → Cash-flow wird negativ und Anbieter scheiden vom Markt aus.

4. Produktveränderung

Von Zeit zu Zeit ist jedoch auch eine Produktmodifikation erforderlich. Je nach deren Ausmaß kann es sich dabei um eine einfache Produktpflege (Product care) oder um eine erkennbare Produktaufwertung (→ Facelift) handeln. Liegt hingegen eine umfassende konzeptionelle Umpositionierung (→ Relaunch) vor, geht die Produktmodikation in eine Produktvariation über. Diese erfolgt durch Ablösung des bestehenden durch ein gleichartiges neues Produkt auf einem höheren Niveau (→ Up grading), d.h. mit mehr Leistung zum gleichen bzw. einem geringfügig höheren Preis, oder auf einem niedrigerem Niveau (→ Down grading), d.h. mit gleicher bzw. geringfügig geringerer Leistung zu einem geringeren Preis.

5. Produkteinstellung

Schließlich ist eine Produkteinstellung notwendig, wenn das Angebot aus internen (z.B. Kosten) oder externen Gründen (z.B. Wettbewerb, Nachfrage) nicht mehr tragfähig ist. Sehr häufig kommt es infolge unausgereifter Produkte oder Vermarktungskonzepte auch zu einem unfreiwilligen, vorzeitigen Flop. Bei jeder Elimination sind jedoch potenzielle Verbundeffekte des eliminierten zu verbleibenden Produkten im Programm zu antizipieren (sachlicher Verbund, räumlicher Verbund, zeitlicher Verbund, formaler Verbund).

6. Packung und Kundendienst

Weitere wichtige Aspekte der Produktpolitik betreffen die → *Packung* mit ihren essentiellen Funktionen der Rationalisierung (→ Logistik, Dimensionierung, Information), der Kommunikation (Präsentation, Verkaufserleichterung, Qualitätsauslobung) und der Verwendungserleichterung. Als Wechselvokabeln werden oft die Begriffe Verpackung, Umverpackung oder Ausstattung eingesetzt. Vor allem die → Entsorgung ist dabei in den Mittelpunkt des Interesses gerückt.

Ebenso ist der → *Kundendienst* als produktverbundene Dienstleistungen, vorwiegend technischer oder kaufmännischer Natur sowie in mehr oder minder enger Beziehung zur eigentlichen Transaktion stehend, relevant. Gerade dadurch ist angesichts zunehmender objektiver Austauschbarkeit von Angeboten noch eine positive Differenzierung im Markt möglich

7. Absatzprogramm

Innerhalb des Teilinstruments der → *Programmpolitik* geht es um die Breite und Tiefe des Absatzprogramms (nicht hingegen des Produktionsprogramms). Das Absatzprogramm enthält neben den selbstproduzierten Produkten auch solche, die nicht selbst hergestellt, sondern fremd zugekauft werden (Handelsware). Das Produktionsprogramm enthält neben den selbst verkauften Produkten auch solche, die nicht selbst abgesetzt, sondern fremd abgegeben werden (OEM). Die Entscheidung über Eigenfertigung oder Fremdbezug (Make or buy) ist in diesem Zusammenhang von zahlreichen Einflussgrößen abhängig.

Das Programm ist in zwei *Dimensionen* gestaltbar, der Breite und der Tiefe. *Breite* bedeutet dabei die Anzahl verschiedenartiger Produktlinien (Einzelprodukte) innerhalb eines Programms, *Tiefe* die Anzahl verschiedener Ausprägungen einer Produktlinie im Programm. Folglich sind in der Breitendimension eine Programmausweitung bzw. eine Programmeinengung möglich sowie in der Tiefendimension eine Programmverkürzung bzw. eine Programmverlängerung. In der Breite führt die Programmausweitung zur Angebotsproliferierung (auch Produktdiversifizierung genannt, meist aus Gründen der Synergienutzung oder der Risikoreduktion), die Programmeinengung zur Angebotsunifizierung (meist aus Gründen der Fokussierung auf die Kernkompetenz). In der Tiefe führt die Programmverkürzung zur Angebotsstandardisierung (meist aus Gründen der Komplexitätsreduktion in der Produktion und Organisation), die Programmverlängerung zur *Angebotsdifferenzierung* (auch *Produktdifferenzierung* genannt, meist aus Gründen der Individualisierung der Nachfrage).

Hinweise

- Zu den vertiefenden Wissensgebieten siehe u.a. → Entsorgung, → Handelsmarke, → Ideenquellen (Produktinnovation), → Kreativitätstechniken (→ Bionik, → Brainstorming, → Eigenschaftsliste, → Fragenkatalog, → Funktional-Analyse, → Methode 6-3-5, → Mind mapping, → Morphologischer Kasten, → Synektik), → Kundendienst, → Lebenszyklus, → Markenarten, → Markennamen, → Produkt, → Produktdesign, → Produktinnovation, → Programmpolitik, → Wertschöpfung, → Wertschöpfungsspanne.
- Zu den angrenzenden Wissensgebieten siehe → Dienstleistungsmanagement, → E-Commerce, → Electronic Procurement, → Händlermarke, → Handelsbetriebslehre, Grundlagen, → Handelsforschung, → Handelsmarketing, → Industriegütermarketing, → Innovations- und Technologiemanagement, → Kommunikationspolitik, → Konsumentenverhalten, → Konsumentenverhalten, umweltfreundliches, → Kundenzufriedenheit, → Markenbewertung, → Markenführung, → Marketingcontrolling, → Marketing, Grundlagen, → Marketing, Internationales, → Marktforschung, → Ökologie-Marketing, → Qualitätsmanagement, → Total Quality Management, → Vertriebspolitik.

Literatur: Becker, Jochen: Marketing-Konzeption, Grundlagen des strategischen Marketing-Management, 7. Auflage, München 2002; Bliemel, Friedhelm/Fassott, Georg: Produktmanagement, in: Tietz, Bruno/Köhler, Richard/Zentes, Joachim (Hrsg.): Handwörterbuch des Marketing, Stuttgart 1995, Sp. 2120 – 2135; Brockhoff, Klaus: Forschung und Entwicklung, 4. Auflage, München-Wien 1994; Brockhoff, Klaus: Produktpolitik, 3. Auflage, Stuttgart-Jena 1993; Haedrich, Günther/Tomczak, Torsten: Produktpolitik, Stuttgart et al 1996; Hermann, Andreas: Produktmanagement, München 1998;

Hüttel, Klaus: Produktpolitik, 3. Auflage, Ludwigshafen 1998; Meffert, Heribert: Marketing, 9. Auflage, Wiesbaden 2000; Nieschlag, Robert/Dichtl, Erwin/Hörschgen, Hans: Marketing, 19. Auflage, Berlin 2002; Pepels, Werner: Produktmanagement, 4. Auflage, München-Wien 2003.

Website des Autors: werner.pepels@fh-gelsenkirchen.de

Produktpolitik, ökologieorientierte
Die *ökologieorientierte Produktpolitik* zielt auf die Entwicklung und Vermarktung → umweltfreundlicher Produkte und Verpackungen sowie die Schaffung von → Öko-Marken (→ Marken) im Rahmen des → *Product Stewardship* Leitbildes. Ansätze dazu sind: (1) Langzeitprodukte durch modulares Design, (2) kreislaufgerechte Produktentwicklung und -konstruktion und (3) Substitution materieller Produktteile durch immaterielle Dienstleistungen. Siehe auch → Ökologie-Marketing.

Produktpositionierungsanalyse
siehe → Positionierungsanalyse.

Produktqualität
besteht aus vielen einzelnen Formen der Qualität wie z.B. die funktionale und technische Qualität; siehe auch → Qualitätscontrolling, → Qualitätsmanagement und → Total Quality Management.

Produkttypen
siehe → Produkt.

Produktvariation
bedeutet die Ablösung eines Produkts durch ein neues. Ausgangspunkt ist dafür die kontinuierliche Produktbetreuung, d.h. die Aktualisierung und Feinjustierung im Marketing-Mix.

Produzentenrente
Maß für die Vorteilhaftigkeit, die ein Anbieter aus dem → Gleichgewichtspreis im → Marktgleichgewicht zieht, weil ihm ein niedrigerer Preis erspart bleibt.

Produzierendes Gewerbe
umfasst in der Abgrenzung der *amtlichen Statistik* der Bundesrepublik Deutschland die Bereiche Bergbau und Gewinnung von Steinen und Erden, → Verarbeitendes Gewerbe, Energieversorgung und Baugewerbe.
Eine Unterscheidung kann nach der Wertschöpfungsstufe der Unternehmen erfolgen in: (1) *Grundstoff- und Produktionsgütergewerbe*: Erzeugnisse zur weiteren Be- oder Verarbeitung in der gewerblichen Wirtschaft oder in der Bauwirtschaft; (2) *Investitionsgüter produzierendes Gewerbe*: zur Anlage in anderen Wirtschaftsbereichen oder -zweigen bestimmte Maschinen, Geräte, Fahrzeuge und sonstige Produktionsmittel; (3) *Verbrauchsgüter produzierendes Gewerbe*: zum Gebrauch oder Verbrauch außerhalb des Produktionsbereiches im Haushalt bestimmt; (4) *Nahrungs- und Genussmittelgewerbe*: Verzehrgüter gewerblicher Herkunft.
In die statistischen Erhebungen werden alle → Industrieunternehmen mit 20 und mehr Beschäftigten sowie die Unternehmen, deren Inhaber oder Leiter in die Handwerksrolle eingetragen sind (Produzierendes Handwerk), einbezogen. Zur Darstellung der Entwicklung im Produzierenden Gewerbe werden als wichtigste Indikatoren der Index des Auftragseingangs (nur für ausgewählte Wirtschaftszweige des → Verarbeitenden Gewerbes), der Produktionsindex sowie absolute Zahlen über Betriebe und Beschäftigte herangezogen.
Siehe auch → Industriemanagement (mit Literaturangaben).
Internetadresse: (Statistischen Bundesamt) http://www.destatis.de.

Profilierungs-Category
Unter Profilierungs-Category sind Warengruppen zu verstehen, die ein Handelsunternehmen als primäre Einkaufsstätte der Zielkonsumenten ausweisen, indem ein dauerhafter und überdurchschnittlicher

Verbrauchernutzen geboten wird. Die Profilierungs-Categories sollten das Image eines Handelsunternehmens maßgeblich stärken. Nur einem vergleichsweise geringen Anteil des Sortimentes sollte eine Profilierungsaufgabe übertragen werden.

Siehe auch → Category Management und → Efficient Consumer Response, jeweils mit Literaturangaben.

Profit Center

Profit Center

von Professor Dr. Peter Schuster
Fachbereich Wirtschaft – Fachhochschule Schmalkalden

1. Einführung

Die Wahl der Organisationsform gehört zu den weit reichenden Entscheidungen eines Unternehmens. Im Falle der weitgehenden Verteilung von Aufgaben und insbes. unternehmerischen Entscheidungen auf Unternehmensteile/ Organisationseinheiten (Dezentralisation) stellt die *Profit Center-Organisation* (häufig synonym: *„Geschäftsbereichsorganisation"*, *„Spartenorganisation"* oder *„divisionale Organisation"*) eine typische Ausprägungsform dar.

Die Einteilung des Unternehmens in so genannte Profit Center geschieht dabei in der Weise, dass eine Abgrenzung absatzbezogen z.B. nach Produkten, Kunden oder Regionen vorgenommen wird und der *Profit Center-Manager* für das Bereichsergebnis, d.h. sowohl für die Kosten als auch für die Erlöse seines Bereiches verantwortlich ist. Profit Center sind somit *ergebnisverantwortliche Zieleinheiten* eines Unternehmens.

2. Ziele und Voraussetzungen

Durch die Konzentration der Bereiche sollen die spezifische Qualifikationen besser genutzt, schnellere Reaktionen auf Marktveränderungen ermöglicht und eine höhere Motivation und Anteilnahme der Bereichsmanager und Mitarbeiter erreicht werden. Allgemeiner formuliert ist der Gedanke des „Unternehmers im Unternehmen" Motivation zur Einführung einer dezentralen Organisationsform.

Andererseits steigt dadurch der Koordinationsbedarf der Unternehmensleitung, wird die Erfolgsermittlungsfunktion wichtiger (da die Bereiche an ihren Ergebnissen gemessen und beurteilt werden) und gewinnt die Steuerung der Bereiche durch die Unternehmensleitung (Verhaltenssteuerungsfunktion) (z.B. durch die geeignete Wahl von → Verrechnungspreisen an Bedeutung.

Anreizeffekte durch das Gewähren von ergebnisabhängigen Vergütungsbestandteilen lassen sich durch die Profit Center-Organisation häufig leichter erreichen, da eine vom Bereichsgewinn abhängige Prämie größere Verhaltenswirkungen zeigen kann als eine Prämie in Abhängigkeit von der Höhe des Unternehmensgewinns.

Die genannten Wirkungen setzt eine weitgehende Zurechnung und Beeinflussbarkeit von Aufwendungen und Erträgen voraus. Damit werden die "optimale" Delegation von Entscheidungskompetenzen sowie ein angemessener Kontroll- und Koordinationsumfang zum zentralen Gestaltungspunkt dieser Organisationsformen.

3. Formen

Die Bezeichnung „Profit Center-Rechnung" greift im Grunde zu kurz, da es auch andere, wenngleich mit geringerer Bedeutung in der Praxis versehene Abgrenzungskonzepte gibt, beispielsweise Cost Center, Expense Center, Revenue Center, Investment Center, die sich im Umfang der Autonomie, den typischen Unternehmensbereich, in dem sie zum Einsatz kommen und in den geeigneten Instrumenten zur Performancemessung und Leistungsbeurteilung unterscheiden (vgl. Tabelle 1, entnommen aus Schuster/Mähler 2002, S. 72, in Anlehnung an Ewert/Wagenhofer, 2005, S. 408):

Tab. 1: Verantwortlichkeit in dezentralen Organisationen

Organisationsform	Verantwortlichkeit/ Entscheidungsbefugnisse	Instrumente zur Leistungsbeurteilung
Cost Center	Kosten (Effizienz der Leistungserstellung soll gemessen werden); typisch in Produktions- oder Servicebereichen.	Analyse der Kostenabweichungen
Expense Center	Ausgaben (die zur Erstellung einer betreffenden Leistung getätigt werden), gemessen über Budgets; häufig im Bereich F& E oder Marketing.	Budgetkontrolle
Revenue Center	Erlöse (ohne Kosten, die in anderen Verantwortungsbereichen verursacht werden), selten in reiner Form zu finden; z.B. im Marketingbereich	Analyse der Erlösabweichungen
Profit Center	Gewinne (Kosten und Erlöse); lediglich Investitions- und Finanzierungsentscheidungen bleiben der Unternehmenszentrale vorbehalten	Analyse der Kosten-, Erlös- und Deckungsbeitragsabweichungen, zusätzl. Ggf. ROI, Residualeinkommen, EVA (Economic Value Added)
Investment Center	wie Profit Center, aber auch über Finanzierungsentscheidungen	ROI (Return on Investment), Residualeinkommen, EVA

Die *Koordination* mehrerer Profit Center in Bezug auf die Unternehmensziele kann im Zuge der Koordinationsrechnung durch → Budgetierung oder über die → Verrechnungspreise erfolgen.

Hinweis

- Zu den vertiefenden Wissensgebieten siehe auch → Verrechnungspreise, → Verrechnungspreise, duale, → Verrechnungspreise, internationale, → Verrechnungspreise, kostenorientierte, → Verrechnungspreise, marktorientierte, → Verrechnungspreise, verhandlungsorientierte.
- Zu den angrenzenden Wissensgebieten siehe auch → Ablauforganisation, → Aufbauorganisation, → Balanced Scorecard, → Category Management, → Change Management, → Controlling, → ERP-Systeme (Enterprise Resource Planning-Systeme), → Erfolgscontrolling, → Kostenstellenrechnung, → Management by Objectives, → Organisation, Grundlagen, → Organisationstheorien, → Projektmanagement, → Prozessmanagement, → Strategisches Management, → Unternehmensführung, → Unternehmensplanung, → Verrechnungspreise, Verrechnungspreise, internationale.

Literatur: Berndt, Ralph; Fantapié Altobelli, Claudia; Schuster, Peter (Hrsg.) (1998): Springers Handbuch der Betriebswirtschaftslehre 1 + 2, Berlin et al.; Ernst, Christian; Riegler, Christian; Schuster, Peter (2007): Kostenrechnung - schnell erfasst, Heidelberg et al.; Ewert, Ralf; Wagenhofer, Alfred (2005): Interne Unternehmensrechnung, 5. Aufl., Heidelberg et al.; Frese, Erich (1998): Dezentralisierung um jeden Preis?, in: Betriebswirtschaftliche Forschung und Praxis, 50. Jg., 1998, S. 169 – 188; Frese, Erich (1995): Profit Center und Verrechnungspreise, in: Zeitschrift für betriebswirtschaftliche Forschung, 47. Jg., 1995, S. 942 – 954; Frese, Erich; Lehmann, Patrick (2002): Profit Center, in: Küpper, Hans-Ulrich; Wagenhofer, Alfred (Hrsg.): Handwörterbuch Unternehmensrechnung und Controlling, 4. Aufl., Stuttgart, Sp. 1540 – 1551; Schuster, Peter (1998): Interne Unternehmensrechnung, in: Berndt, Ralph; Fantapié Altobelli, Claudia; Schuster, Peter (Hrsg.): Springers Handbuch der Betriebswirtschaftslehre 2, Berlin et al., S. 99 – 148; Schuster, Peter; Mähler, Daniela (2002): Verrechnungspreise bei Profit Center-Organisation, in: Pepels, Werner; Vollmuth, Hilmar (Hrsg.) (2002): Kosten senken und Leistungen steigern, Renningen-Malmsheim, S. 71 – 80; Spicer, Barry H., Ballew, Volker (1983): Management Accounting Systems and the Economics of Internal Organization, in: Accounting, Organizations and Society, Vol. 8, 1983, No. 1, S. 73 – 96.

Website / Internetadresse des Autors: http://www.ff-schmalkalden.de/Wirtschaft; Schuster@Fh-Schmalkalden.de.

Profit Margin

(*Gewinnmarge*), häufig Gleichsetzung mit → Umsatzrentabilität, bei der im Zähler entweder das → Betriebsergebnis (→ EBIT) oder der Jahresüberschuss (→ Jahresabschluss) stehen und im Nenner die Umsatzerlöse. Siehe auch → Kennzahlen, finanzwirtschaftliche.

Profit Opportunity Recommendation (POR)

Spitzenkennzahl im → Business-Environment-Risk-Index (BERI-Index), die Werte zwischen 0 (hohes Investitionsrisiko) und 100 (geringes Investitionsrisiko) annehmen kann.

Profit or Loss from Ordinary Activities

siehe → Ergebnis der gewöhnlichen Geschäftstätigkeit.

Proforma-Rechnung

Proforma-Rechnungen stellt der Exporteur zeitlich vor dem Exportgeschäft aus, und zwar mit den analogen Daten einer Handelsrechnung (Einzelheiten schreiben die Importländer häufig vor). Proforma-Rechnungen umfassen keine Zahlungsaufforderung an den Importeur. Vielmehr dienen die Proforma-Rechnungen dem Importeur in erster Linie dazu, bei seinen Behörden die notwendige Einfuhrgenehmigung zu erlangen bzw. die erforderlichen Devisen zugeteilt zu bekommen.
Proforma-Rechnungen werden auch über kostenlose Mustersendungen, bei vorübergehender Verwendung von Waren im Ausland und über unentgeltliche Ersatzteillieferungen ausgestellt. Die Proforma-Rechnung ist in diesen Fällen Grundlage für die zollrechtliche Bearbeitung.

Prognose

bezeichnet die Vorhersage numerischer Werte für bestimmte Objekte. Werden nicht numerische Werte, d.h. Ausprägungen eines metrischen Merkmals, sondern vorgegebene Klassen, d.h. Ausprägungen eines nominalen Merkmals vorhergesagt, so spricht man im Kontext des → Business Intelligence auch von → Klassifikation.

Prognose markenspezifischer Zahlungen

siehe → markenspezifische Zahlungen, Prognose; siehe auch → Markenbewertung.

Prognosebericht

(→ *Jahresabschluss*). Als Teilbereich des → Lageberichtes ist der Progonosebericht als Fortsetzung des Wirtschaftsberichts anzusehen. Es handelt sich hierbei um Vorhersagen.

Programm

(auch: *Software*) ist eine Menge von maschinenverständlichen Anweisungen, die von einem Prozessor verarbeitet werden und der Lösung einer Aufgabe dienen.

Programmbreite

wird überwiegend extern determiniert, also weniger durch das Wollen des Unternehmens selbst als vielmehr durch das Vorhandensein von Marktbarrieren für die Verbreitung oder Einengung des Programms. Die Entscheidung ist insofern zwischen spezialisiertem (engem) und universellem (breitem) Engagement zu treffen. Dabei unterscheidet man zwei Erschwernisse: beim Markteintritt Markteintrittsschranken (Barriers to entry) und beim Marktaustritt Marktaustrittsschranken (Barriers to exit).
Siehe auch → Programmpolitik.

Programmdifferenzierung

Bei der Programmdifferenzierung erhöht sich, im Gegensatz zur Programmvariation, bei der ein Nachfolgeprodukt ein Vorgängerprodukt ablöst, die Programmtiefe. Oft sind damit auch eine Preisdifferen-

zierung oder Differenzierungen bei den anderen Marketing-Mix-Parametern Distribution und Kommunikation verbunden, sofern es gelingt, den Markt zu segmentieren.
Siehe auch → Programmpolitik.

Programmdiversifizierung

bedeutet die Ausweitung des Unternehmensprogramms um neue Produkte und Märkte. Als Gründe für die Diversifizierung werden allgemein die Verminderung der Abhängigkeit von einzelnen Märkten (Risikostreuung), die verbesserte Kapazitätsauslastung, die Erschließung von Synergiepotenzialen, die Anlage freier Finanzmittel, die Partizipation an Wachstumsmärkten, das Streben nach Prestige/Macht, persönliche Neigungen im Management und die Absehbarkeit von Wachstumsgrenzen in bestehenden Märkten angesehen.
Siehe auch → Programmpolitik.

Programmpolitik

(in der → *Produktpolitik*) befasst sich mit der (1) Gestaltung der Programmbreite (Programmdiversifizierung als Verbreiterung des Programms bzw. Programmunifizierung als Einengung des Programms). Ersteres soll vor allem die Marktabdeckung verbessern und damit über mehr Kontaktchancen zu Nachfragern die Wahrscheinlichkeit der Umsatzerzielung mit diesen erhöhen, Letzteres soll vor allem durch eine bessere Konzentration auf das verbleibende Angebot und dessen höhere Übereinstimmung mit den Markterfordernissen die Umsatzchancen stärker steigern als es dem ausfallenden Umsatz der nicht mehr angebotenen Produkte entspricht.
(2) Gestaltung der Programmtiefe (Programmdifferenzierung als Ausweitung des Programms bzw. Programmstandardisierung als Abflachung des Programms). Inhalt der Programmbreite sind jeweils Produkte, z.B. nach verschiedenen Funktionen unterschieden. Inhalt der Programmtiefe (Produktlinie) sind hingegen Einzelartikel, d.h. die Anzahl verschiedenenartiger Ausprägungen eines Programmelements, z.B. nach Gestaltung einer Präsentation (z.B. Light, Luxus) oder einer Konsistenz (z.B. Geschmack, Ingredienzen).
Das Programm kann aber nicht nur in Breite und Tiefe verändert, sondern auch bereinigt werden (= Programmbereinigung). Dies erfolgt durch (3) Programmaustausch als Innovation und Elimination von Produkten (auch Einzelartikeln). Eine erhöhte Programmbreite/-tiefe ergibt sich, wenn mehr neue Produkte/Einzelartikel hinzukommen als bestehende wegfallen, eine verringerte Programmbreite/-tiefe, wenn mehr bestehende Produkte/Einzelartikel wegfallen als neue hinzukommen, eine gleich bleibende Programmbreite/-tiefe ergibt sich, wenn gleichviel neue Produkte/Einzelartikel hinzukommen wie bestehende wegfallen. (4) Programmvariation als Ablösung bestehender durch nachfolgende Produkte.
Das Programm kann auch unverändert bleiben (*Programmkonstanz*). Dies impliziert Aktivitäten zur stetigen Pflege der Produkte zur Erhaltung ihrer Wettbewerbsfähigkeit. Dabei wird die bestehende Mischung des Programm-Portefeuilles als optimal angesehen, so dass jede Veränderung nur eine Verschlechterung der Situation bewirken könnte.
Siehe auch → Programmbreite, → Programmdiversifizierung, → Programmdifferenzierung, → Programmtiefe, → Programmunifizierung sowie → Produktpolitik (mit Literaturangaben).

Programmtiefe

bezieht sich auf die zeitgleiche Anzahl voneinander abgehobener Versionen des gleichen Basisprodukts im Programm. Die Bedeutung der Programmtiefe tritt im Rahmen der Programmpolitik hinter der der Programmbreite zurück. Dennoch können auch hierbei die beiden Aktivitäten der Ausweitung (Programmdifferenzierung) und Abflachung (Programmstandardisierung) unterschieden werden.
Siehe auch → Programmpolitik.

Programmunifizierung

beschreibt die gegenläufige Entwicklung zur Diversifizierung durch eine Verringerung der (1) Produktsparten (Divisions) innerhalb des Programms, (2) Produktgruppen (Categories) je Sparte, (3) Produktfamilien (Ranges) je Gruppe, (4) Einzelprodukte (Brands) je Familie. Sie führt damit zu einer geringeren Programmbreite, also zu einem engen Programm, im Extrem zum Einproduktunternehmen. Dem liegen verschiedene Ursachen zugrunde.
Siehe auch → Programmpolitik.

Progress Payment

Bezeichnung für (Abschlags-/Zwischen-/Raten-)Zahlungen an einen Zahlungsempfänger (Ersteller einer Anlage) entsprechend dem (innerbetrieblichen) Produktionsfortschritt.

Progressionseffekte

(*Steuerrecht*). Bei den steuerlichen Wirkungen auf Entscheidungen unterscheidet man Progressionseffekte, sowie → *Bemessungsgrundlageneffekte* und → *Zinseffekte*. Eine herausragende Rolle spielen diese Effekte im Rahmen der → *Steuerbilanzpolitik*.

Die Steuerprogression ergibt sich aus dem → *Einkommensteuertarif*. Der Tarif bezeichnet den mathematischen Zusammenhang zwischen Steuersatz und jeweiliger Steuerbemessungsgrundlage. Dabei spielen auch die jeweils vorhandenen Freibeträge und Freigrenzen eine Rolle. Bei progressivem Tarifverlauf steigt der Grenz- und der Durchschnittssteuersatz mit steigender Bemessungsgrundlage. Es ist dann c.p. (insbesondere bei Vernachlässigung der → *Zinseffekte*) vorteilhaft, die Schwankung der Steuerbemessungsgrundlagen im Zeitablauf möglichst zu vermeiden, diese also zu glätten. Je gleichmäßiger die Steuerbemessungsgrundlagen im Zeitablauf verteilt werden, desto geringer ist nämlich die Summe der (nicht abgezinsten) Steuerzahlungen.

Siehe → Steuerlehre, Betriebswirtschaftliche (mit Literaturangaben).

Progressionsvorbehalt

(→ *Steuerrecht, Internationales*). Ausländische Einkünfte werden im Inland zwar nicht in die steuerliche Bemessungsgrundlage miteinbezogen, aber bei der Ermittlung des Steuersatzes berücksichtigt, um keine unangemessenen steuerlichen Vorteile durch das Aufsplitten der Einkünfte auf zwei (oder mehrere) Staaten zu ermöglichen.

Werden bei der Ermittlung des Durchschnittssteuersatzes ausländische Verluste berücksichtigt, spricht man von einem negativen Progressionsvorbehalt.

Progressives Wachstum

Form des Wachstums einer → Funktion, bei dem die ersten beiden → Ableitungen positiv sind: f' > 0, f'' > 0.

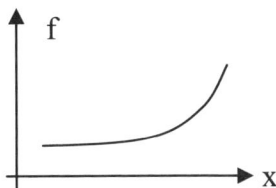

Project Evaluation and Review Technique

abgek. → PERT.

Projektcontrolling

bedeutet die Projektüberwachung im Laufe des Projekts als Basis für die Projektsteuerung (auch synonym für die Projektsteuerung verwendet). Siehe auch → Projektmanagement (mit Literaturangaben).

Projektdauer

(minimal mögliche), in der → Netzplantechnik das Maximum des frühesten Endzeitpunktes über alle Vorgänge.

Projektdreieck

Das „magische" Projektdreieck wird durch die Ecken gebildet, die die Determinanten des Projekts darstellen:

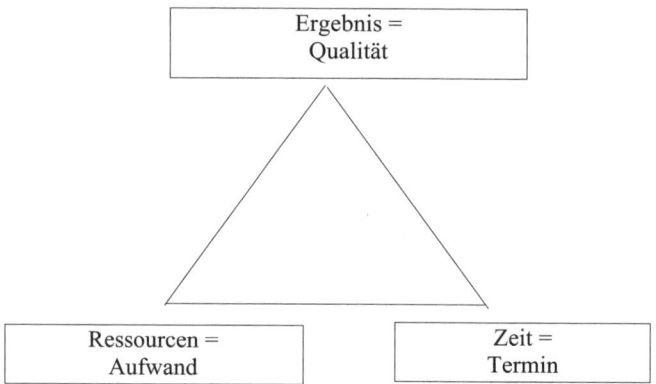

Siehe auch → Projektmanagement (mit Literaturangaben).

Projekterfolg

Ein Projekterfolg wird in der → *Investitionsrechnung* berechnet, er zeigt die Vermögensänderung an, die entsteht, wenn das geplante Projekt realisiert wird.

Projektfinanzierung

(1) Charakterisierung: Im allgemeinen Sinne umfasst eine Projektfinanzierung (ein Projektkredit) bei internationalen Geschäften einen zweckgebundenen (Groß-)Kredit zur Realisierung einer *Großinvestition* (z.B. eine Fabrikanlage, ein Kraftwerk usw.) Bei einer Projektfinanzierung im speziellen Sinne hat die Investition (das Projekt) selbst jedoch weitere Merkmale zu erfüllen: Das Projekt muss (sollte) eine sich selbst tragende Wirtschaftseinheit sein. Dies bedeutet, dass aus dem Projekt ein Cash-Flow zu erwirtschaften ist, der die Betriebskosten und den Schuldendienst deckt. Ob ein Projekt diese Voraussetzungen erfüllt bzw. ob ein Projekt technisch und wirtschaftlich "machbar" ist, wird i.A. anhand einer *Feasibility-Studie* geprüft. Das Projekt wird in der Regel von einer rechtlich selbständigen, für das Projekt gegründeten Gesellschaft betrieben (*Special Purpose Company*).

(2) Sicherstellung: Im Mittelpunkt der Sicherstellung der finanzierenden Bank(en) steht der Vermögenswert des Projekts und der mit dem Projekt erwirtschaftete Cash-Flow. Je nach vertraglicher Vereinbarung kann der Rückgriff der Bank(en) auf den Projektträger entweder ganz ausgeschlossen sein (sog. *Non-Recourse-Financing*) oder nur in festgeschriebenen Situationen und in genau definiertem (begrenztem) Umfang (*Limited-Recourse-Financing*) möglich sein. Die zuletzt genannte Begrenzung des Rückgriffs kann sich auch auf eventuelle Garanten beziehen.

(3) Pflichten des Exporteurs: Bei Projektfinanzierungen haben die Exporteure Pflichten zu übernehmen, die sich – nach Lage des Einzelfalls – von der Vorlage aller für die Prüfung des Projekts relevanten Unterlagen, Wirtschaftlichkeitsrechnungen usw. bis zur Verantwortung für den Betrieb der Anlage erstrecken können. Im Extrem hat der Exporteur für einen festgelegten Zeitraum unternehmerähnliche Funktionen und Risiken zu übernehmen (sog. → *Build-Own-Operate-Transfer-Modell*; BOOT-Modell).

Projektgesellschaft

(engl. *Special Purpose Company*), siehe → Projektfinanzierung.

Projektive Tests

Im Allgemeinen müssen Versuchspersonen Wahrnehmungen (z.B. Bilder, Objekte) interpretieren. Diese Projektionen werden dann vom Versuchsleiter in der Regel qualitativ und wenig strukturiert, interpretiert. Diese Tests wurden vor allem für den klinischen Einsatz konzipiert und der Einsatz dieser Verfahren für die Personalauswahl wird mehrheitlich abgelehnt. Beispiele sind: Rorschachtest, Thematic-Apperception-Test (TAT), Szondi-Test, Lüscher-Farb-Test.
Siehe auch → Personalauswahl, Instrumente (mit Literaturangaben).

Projektkredit
siehe → Projektfinanzierung.

Projektmanagement

Projektmanagement

von Professor Dr. Ulrich Holzbaur
Hochschule für Technik und Wirtschaft Aalen

1. Einführung

Durch den schnellen Wandel und die zunehmende Komplexität in den Organisationen und ihren Aufgaben werden Projekte gegenüber den Routine-Aufgaben immer wichtiger. Projektmanagement ist ein ganzheitlicher Ansatz zum Management (siehe auch → Unternehmensführung) von Projekten (abgeschlossenen Aufgaben). Es beinhaltet

- Zielorientierte Projektinitiierung, -planung, -durchführung und -abschluss;
- Techniken der Planung und Steuerung, Werkzeuge zum Projektmanagement, insbesondere den → Arbeitsstrukturplan und die → Netzplantechnik;
- Managementtechniken zum Projektmanagement: Prozesse gestalten und Menschen führen.

2. Grundlagen

Ein Projekt ist eine abgeschlossene komplexe und in ihrer Gesamtheit einmalige Aufgabe, deren Dauer und Ressourcen begrenzt sind.

- Projekte zu managen bedeutet: einmalige Aufgaben vorzubereiten, zu planen, abzuschätzen und zu organisieren; diese Aufgaben im Team zielgerichtet durchführen, mit den Beteiligten zu kommunizieren; die Aufgabenerfüllung zu überwachen und die Zielerreichung sicherzustellen und das Projekt erfolgreich abschließen und zur Zufriedenheit aller abzuschließen.
- Die Erfolgsfaktoren des Projektmanagers liegen in einer ganzheitlichen Kombination von (a) Fachkompetenz: Fachwissen, Sachwissen, Faktenwissen, (b) Methodenkompetenz: Methoden, Anwendung, (c) Problemlösungskompetenz, (d) Sozialkompetenz: Umgang mit Menschen, Verantwortung und Durchsetzungsfähigkeit, (e) Eigenkompetenz: persönliche Kompetenz, → Motivation, Selbstmanagement.
- Projektmanagement ist das systematische Vorgehen bei der Abwicklung und Leitung von Projekten. Der Projektansatz hat das Ziel, das Ergebnis (Ziel des Projekts) effektiv, effizient und risikoarm zu erreichen, insbesondere die Qualität des Ergebnisses und die Erreichung der Projektziele sicherzustellen, die Termineinhaltung zu gewährleisten und den Terminverzug zu minimieren, die effiziente Nutzung der Ressourcen sicherzustellen und die Kostenexplosion zu bekämpfen, die Unsicherheit zu reduzieren.

Projekte bewirken eine vorübergehende organisatorische Änderung und Neufestlegung von Kompetenzen im Unternehmen. Im Mittelpunkt eines Projekts steht das Projektteam.

Planung ist eine modellbasierte Vorwegnahme der Zukunft (siehe auch → Unternehmensplanung). Im Projektmanagement, wo die Ergebnisse und Prozesse neu sind, spielen Modelle eine besonders wichtige Rolle. Bedeutende Modelle für die Planung eines Projekts sind das Projektdreieck, der → Arbeitsstrukturplan, Phasenmodelle und der → Netzplan.

3. Projektdreieck

Das „magische" Projektdreieck wird durch die drei Ecken gebildet, die das Projekt bestimmen:

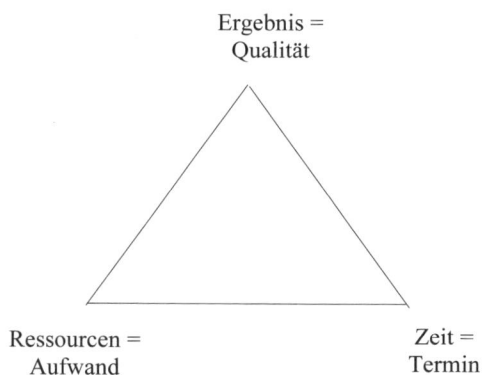

Die Determinanten des Projekts sind die Ecken des Projektdreiecks: Qualität, Ergebnis, Ziele: Vision, Endprodukt, positiver Beitrag des Projekts; Ressourcen, Geld, Aufwand: Kosten für die Ressourcen, benötigte Ressourcen: Personal (Ausbildung, Kenntnis, Motivation, Verfügbarkeit, Flexibilität), Material, Infrastruktur; Termin: Zeit: Kalenderzeit (Monate, Tage), Termineinhaltung (Exaktheit, Verlässlichkeit). Keine Ecke des Projektdreiecks kann alleine geändert werden, ohne die beiden anderen zu beeinflussen. Für jede Ecke gibt es externe Vorgaben (Ziel, zur Verfügung stehende Ressourcen, Plantermin) und die sich aus der (zum jeweiligen Zeitplan gültigen) Planung ergebenden Planwerte.

Das Projektdreieck wird berücksichtigt bei Projektplanung: keine Ecke kann alleine geplant werden; Projektcontrolling: die Überwachung macht nur in der jeweiligen Relation der Ecken Sinn; Projektsteuerung: Eingriffe müssen alle Ecken berücksichtigen; Projektabschluss: der Erfolg kann nur in der Gesamtrelation bewertet werden.

4. Phasen und Meilensteine

Phasenkonzepte spielen für das Projektmanagement eine wichtige Rolle. Betrachtet werden hier meist die Phasen der Projektdurchführung. Das Projektmanagement selbst umfasst die Phasen der Projektinitialisierung, Projektplanung und Projektorganisation, Projektdurchführung mit Projektüberwachung und Projektsteuerung, Projektabschluss.

Die frühen Phasen sind extrem wichtig, da hier Weichen gestellt und Entscheidungen getroffen werden. Die → Meilensteine dienen der Terminierung und später der Terminüberwachung des Projekts.

5. Organisation

Bei der Projektorganisation unterscheiden wir die interne und externe Organisation.

Die interne Organisation legt die projektinterne Leistungs- und Kommunikationsstruktur fest. Wichtige Elemente sind die Zuordnung von Teilverantwortlichen und Arbeitspaketverantwortlichen (siehe auch → Arbeitspakete).

Die externe Organisation beschreibt die Einbettung des Projekts in die Gesamtorganisation. Sie ist für den Zugriff auf Personal und andere Ressourcen und für die Effizienz des Projekts bedeutend.

6. Weitere Bereiche

Projektmanagement umfasst viele Aufgaben, die in ähnlicher Form auch außerhalb von Projekten vorkommen: Management und Mitarbeiterführung (siehe auch → Unternehmensführung und → Management by Objectives), → Qualitätsmanagement (siehe auch → Qualitätscontrolling), Risikomanagement (siehe auch → Risikocontrolling), → Kostenrechnung, → Budgetierung.

Hinweis

Zu den angrenzenden Wissensgebieten siehe → Ablauforganisation, → Aufbauorganisation, → Balanced Scorecard, → Change Management, → Controlling, → Enterprise Resource Planning- (ERP)-Systeme,

→ Innovations- und Technologiemanagement, → Netzplantechnik, → Operations Research, → Organisation, Grundlagen, → Organisationstheorien, → Produktionsmanagement, → Profit Center, → Prozessmanagement, → Qualitätsmanagement, → Risikocontrolling, → Supply Chain Management, → Strategisches Management, → Unternehmensplanung, → Workflow Management.

Literatur: Boy, J., Dudek, C., Kuschel, S.; Projektmanagement, GABAL, 2003; Burghardt, M.: Projektmanagement – Leitfaden für die Planung, Überwachung und Steuerung von Entwicklungsprojekten. Publicis, 2002; Kendrick, Tom: The Project Management Tool Kit. AMACOM, NY, 2000; Kessler, H., Winkelhofer, G.: Projektmanagement – Leitfaden zum Steuern und Führen von Projekten. Springer, 2002; Project Management Institute: A Guide to the Project Management Body of Knowledge (PMBOK Guide) Madauss, B.J.: Projektmanagement, Schäffer Poeschel, Stuttgart, 2000.

Internetadressen: http://www.gpm-ipma.de/; http://www.projektmagazin.de/glossar/ http://www.de.wikipedia.org/wiki/Projektmanagement

Website des Autors : www.htw-aalen.de

Projektorganisation
zeitlich befristete, aufgabenorientierte Struktur eines Unternehmens. Wichtigste Kriterien der Projektorganisation in diesem Sinne sind ihr abteilungsüberschreitender Charakter und die Zuordnung von Entscheidungskompetenzen an den Projektleiter. Je nach Art der Projektorganisation ist das Verhältnis der Kompetenzen der Linieninstanzen zu den Kompetenzen des Projektleiters unterschiedlich: Entweder dominiert die Linie oder der Projektleiter (Projektmatrixorganisation) oder es besteht ein ausgeglichenes Verhältnis (Projektkoordination) oder das Projekt wird ausgegliedert und verselbständigt (reine Projektorganisation).
Siehe auch → Organisation, Grundlagen und → Projektmanagement, jeweils mit Literaturangaben.

Projektportfolio
dient im Multiprojektmanagement zur Darstellung der Gesamtheit aller (zu einem Termin, von einer Organisationseinheit, durch einen Projektmanager) durchgeführten Projekte. Die Koordinaten können für Abschlusstermin, Priorität, Bedeutung für die Organisationseinheit, Budget oder Umfang stehen, während das Volumen für den Umfang der Projekte steht.
Siehe auch → Projektmanangement (mit Literaturangaben).

Prokura
ist eine besondere Art der Vollmacht, welche der Inhaber eines → Handelsgeschäfts oder sein gesetzlicher Vertreter einem Angestellten erteilt. Die Prokura ermächtigt zu allen Arten von gerichtlichen und außergerichtlichen Geschäften und Rechtshandlungen, die der Betrieb eines Handelsgewerbes mit sich bringt (§ 49 Abs. 1 HGB, deutsches). Der Prokurist ist allerdings nicht ermächtigt zur Veräußerung und Belastung von Grundstücken, es sei denn, ihm wurde diese Befugnis besonders erteilt (§ 49 Abs. 2 HGB, deutsches).

Prokurist
siehe → Prokura.

Prolongationswechsel
Wechsel(ausstellung) mit späterer Fälligkeit zur Verlängerung eines demnächst fälligen → Wechsels mit denselben Wechselbeteiligten (Aussteller, Bezogener und Akzeptant). Der Diskonterlös des später fällig gestellten Prolongationswechsels dient i.A. der Einlösung des aktuell fälligen Wechsels. Eine Wechselprolongation bedeutet somit eine Verlängerung des Zahlungsziels, das der Lieferant (Wechselaussteller) seinem Kunden (Wechselbezogener und Akzeptant) gewährt.

Promissory Note
Eine Promissory Note umfasst grundsätzlich eine schriftliche Zahlungsverpflichtung des Ausstellers zum Beispiel mit der Formulierung: "... against this promissory note I (We) promise to pay ...". Die Promissory Note im strengen Wortsinne trägt nicht die Bezeichnung → (Eigener) Wechsel, ist aber – betriebswirtschaftlich gesehen – mit dem Solawechsel vergleichbar. In den USA hat eine Promissory Note als Wertpapier / Handelspapier („commercial paper") dem „Uniform Commercial Code" (UCC) zu entsprechen.

Property Rights
siehe → Verfügungsrechte.

Property Rights-Theorie
siehe → Verfügungsrechtetheorie (Organisationstheorie).

Property,Plant and Equipment
engl. für → Sachanlagevermögen.

Property-Rights-Theorie
siehe → Verfügungsrechtetheorie.

Proportionalität
einer → Aktivität bedeutet, dass auch ein beliebiges Vielfaches einer → Aktivität (z.B. eine Verlänge-rung oder Verkürzung der Maschinenlaufzeit) technisch realisierbar ist und damit zur → Technologie-menge gehört.

Prosument
siehe → Prosumer.

Prosumer
(*Prosument*), Bezeichnung für Kunden, die mit ihren Wünschen und Anregungen quasi in die Produk-tionstätigkeit der Unternehmen eingebunden werden. Beispielsweise liefert der Prosument bei einer in-dividuellen Kleidungsherstellung z.B. seine Körpermaße, Sonderwünsche, die Stoffart und Stoffquali-tät. So kommt es quasi zu einer *Integration von Konsument und Produzent*. Um nicht alle Produkti-onsmengenvorteile („economies of scale") zu verlieren, versuchen Unternehmen im Rahmen des Postponement die vom Kunden gewünschte Spezialproblemlösung erst auf einer möglichst späten Wertschöpfungsstufe zu realisieren.

Protective Put
der → Portfolio-Insurance zugehörige Sicherungsstrategie, die durch den Einsatz von → Verkaufsopti-onen die Wertentwicklung eines Portfolios gegen negative Marktentwicklungen absichert und damit das Verlustrisiko begrenzt. Während der gesamten Anlageperiode wird ein Mindestniveau für den Portfoliowert sichergestellt, da der potentielle Verlust der auf den → Basispreis der Option abgesicherten Position auf die Höhe der → Optionsprämie beschränkt ist. Zugleich ist die Partizipation an positiven Wertentwicklungen des Portfolios weiterhin möglich.
In der Praxis sind bei der Strategie eines Protective Puts häufig die mangelnde Verfügbarkeit von Ver-kaufsoptionen mit entsprechender Laufzeit sowie anfallende Transaktionskosten problematisch. In die-sem Fall bietet sich die Konstruktion synthetischer Optionen an.
Siehe auch → Portfoliomanagement (mit Literaturangaben)

Protect-Zertifikate
siehe → Side-Step-Zertifikate.

Protest
siehe → Wechselprotest.

Protestverzicht
siehe → Ohne-Kosten-Vermerk; siehe auch → Wechsel und → Wechselprotest.

Protracted Default
siehe → Nichtzahlung (Nichtzahlungsfall).

Provenue
(*Versicherungswirtschaft*), Anspruch auf ein versichertes Objekt, für das von der Versicherung Ersatz geleistet worden ist.

Provision
(*Handelsrecht*). Ein → Handelsvertreter hat Anspruch auf eine Provision für Geschäfte, die er vermittelt oder im Namen eines anderen Unternehmers abgeschlossen hat (§ 87 Abs. 1 Satz 1 HGB, deutsches). Ferner können z.B. → Kaufleute einen Provisionsanspruch haben (§ 354 Abs. 1 HGB).

Prozedurale Fairness
siehe → Fairness.

Prozess, betriebswirtschaftlicher
Ein Prozess ist die inhaltlich abgeschlossene, zeitliche und sachlogische Abfolge von Aktivitäten, die zur Bearbeitung eines betriebswirtschaftlich relevanten Objekts notwendig sind. Ein solches Objekt wird aufgrund seiner zentralen Bedeutung für den → Prozess als prozessprägendes Objekt bezeichnet. Weitere Objekte können in den Prozess einfließen. So wird bspw. der Prozess der Rechnungsprüfung durch das Objekt der Rechnung geprägt. Weitere Objekte, die in den Prozess einfließen, sind z.B. die Bestellung und der Lieferschein.
Siehe auch → Prozessmanagement (mit Literaturangaben).

Prozessbürgschaft
siehe → Prozessgarantie.

Prozesscontrolling
(bei Dienstleistungen) lässt sich differenzieren in Elemente des (1) *Effektivitätscontrollings* und (2) des *Effizienzcontrollings*.
Während sich das Effektivitätscontrolling mit der Frage der Prozessqualität beschäftigt, ist Gegenstand des Effizienzcontrollings die Wirtschaftlichkeit der Prozesse, wobei insbesondere die Kosten im Vordergrund stehen (→ Kostencontrolling bei Dienstleistungen).
Das Effektivitätscontrolling bedient sich dem entsprechend der prozessbezogenen Instrumente zur *Messung der Dienstleistungsqualität*, z.B. Sequentielle Ereignismethode, Critical Incident Technique, Beschwerdeanalyse, Frequenz-Relevanz-Analyse (→ Dienstleistungsmanagement; siehe auch → Qualitätscontrolling bei Dienstleistungen, → Controllinginstrumente bei Dienstleistungen). Als zentrales Instrument des Effizienzcontrolling ist die *Prozesskostenrechnung* zu nennen.
Siehe auch → Dienstleistungscontrolling (mit Literaturangaben).

Prozesse, aktivierende
Vorgänge, die mit inneren Erregungen und Spannungen verbunden sind und das Verhalten antreiben. Siehe auch → Konsumentenverhalten.

Prozesse, kognitive
sind gedankliche Vorgänge, durch die Informationen aufgenommen, verarbeitet und gespeichert werden. Siehe auch → Konsumentenverhalten.

Prozessgarantie
Prozessgarantien (andere Bezeichnung: Gerichtsgarantien) werden im Auftrag der Prozessbeteiligten von Banken zu Gunsten von Gerichten übernommen. Mit Prozessgarantien sichern die Gerichte An-

sprüche auf Zahlung von Prozesskosten oder auferlegte Zahlungen an die gegenerische Partei. An der Stelle von Prozessgarantien kommen auch Prozessbürgschaften (Gerichtsbürgschaften) vor.

Prozesskostenrechnung (PKR)

Die Prozesskostenrechnung hat sich aus Unzulänglichkeiten bei der Berücksichtigung von Gemeinkosten in der Kalkulation ergeben. Bei der Zuschlagskalkulation auf Vollkostenbasis waren es insbesondere die Fertigungsgemeinkosten, die eine andere Art der Verrechnung benötigten: Gemeinkostenzuschlagssätze von 400 – 1000% waren für Kalkulation und Controlling nicht tragbar. Es sollte Transparenz über die Entstehung und damit auch über die Verursachung dieser Kosten geschaffen werden.

Dazu ist es notwendig, die Fertigung in einzelne Gemeinkostenbereiche, z.B. in Kostenstellen aufzuteilen und innerhalb dieser Kostenstellen diejenigen Aktivitäten zu bestimmen, die zur Erfüllung ihrer Aufgabe dienen. Diesen Prozessen werden die damit verbundenen Kosten zugeordnet. Die den Leistungen zugeordneten Kosten bezeichnet man als „leistungsmengeninduzierte" (lmi) Kosten. Kosten, die einer Leistungsmenge nicht direkt zugeordnet werden können, wie z.B. die Leitung einer Kostenstelle, werden als „leistungsmengenneutrale" (lmn) Kosten bezeichnet.

In einem weiteren Schritt sind die Kostentreiber zu bestimmen: es sind die Leistungen, die die Kosten eines Bereiches am stärksten beeinflussen. Wenn die Leistungsmengen erfasst werden können, so lassen sich durch eine einfache Bezugsgrößenkalkulation die Kosten pro Prozessmengeneinheit bestimmen. Dadurch wird es dem Unternehmen ermöglicht, die Entstehung von Gemeinkosten einem → Controlling zu unterziehen.

Siehe auch → Kostenartenrechnung und → Kostenstellenrechnung, jeweils mit Literaturangaben.

Prozesslernen

siehe → Deutero learning.

Prozessmanagement

Prozessmanagement

von Univ.-Professor Dr. Jörg Becker
European Research Center for Information Systems (ERCIS) – Universität Münster

1. Prozessmanagement

Die Orientierung von Unternehmen an der effizienten Ausführung von Einzelfunktionen hat in den vergangenen Jahrzehnten zur lokalen Optimierung und Perfektionierung von Funktionsbereichen geführt (vgl. hierzu und im Folgenden Becker, Kahn, 2005, S. 6ff.). Technologische und organisatorische Entwicklungen haben beispielsweise in den Bereichen Rechnungswesen, Logistik und Produktion durch den Einsatz von neuen Informations- und Kommunikationstechnologien sowie durch Realisierung von organisatorischen Konzepten signifikante Steigerungen von Produktivität und Qualität ermöglicht. Gleichzeitig ist durch die lokale Optimierung der Gesamtzusammenhang der betrieblichen Funktionen in den Hintergrund getreten. Je stärker die Autonomie der Funktionsbereiche ist, umso stärker steigen die Kosten für die Abstimmung und Koordination zwischen den einzelnen Bereichen der Unternehmen. Um ein Unternehmen in seiner Gesamtheit zu stärken und vorhandene organisatorische Schnittstellen abzubauen, ist eine Fokussierung auf die → Prozesse des Unternehmens notwendig, worauf NORDSIECK bereits in den 30er Jahren hingewiesen und dies 1972 fortgeführt hat:

„[Für die Gliederung der Unternehmensaufgaben] anzustreben ist in jedem Fall eine klare Prozeßgliederung. Dies ist die dem Ziele, der Entwicklung des [Prozeß-]Objektes und insbesondere dem Rhythmus der Aufgaben gemäße Gliederung" (Nordsieck, 1934, S. 77).

„[...]Der Betrieb [ist] in Wirklichkeit ein fortwährender Prozeß, eine ununterbrochene Leistungskette [...]. Die wirkliche Struktur des Betriebes ist die eines Stromes. Immerfort schafft und verteilt er im Durchlauf neue Produkte und Dienstleistungen auf Grund der gleichen oder nur wenig sich wandelnder Aufgaben. [...] Wie kann man angesichts solcher durchgängiger Vorstellungen die Aufgaben eines Betriebes anders gliedern als nach den natürlich technischen Prozeßabschnitten?" (Nordsieck, 1972, S. 9).

Die Ausrichtung der Anwendungssystem- und Organisationsgestaltung im Unternehmen an dessen → Geschäftsprozessen ist der Kerngedanke des Prozessmanagements. Hierunter wird die Planung, Steuerung und Kontrolle von inner- und überbetrieblichen → Prozessen verstanden, wobei sowohl → Kern- als auch → Supportprozesse Gegenstand des Prozessmanagements sind (vgl. Becker, Kahn, 2005, S. 8). Dabei steht stets die Effizienzsteigerung der → Ablauf- und → Aufbauorganisation des Unternehmens im Mittelpunkt.

Verschiedene wissenschaftliche und seitdem aus Praxisprojekten erwachsene Ansätze lassen sich dem Prozessmanagement zuordnen, welche sämtlich die Verbesserung der existenten Prozessstrukturen zum Ziel haben. Dabei werden zwei Stoßrichtungen unterschieden, die sich insbesondere durch den Umfang der Prozessverbesserungsmaßnahmen unterscheiden.

So genannte revolutionäre Ansätze betonen, dass im Rahmen des Prozessmanagements radikale Veränderungen notwendig seien, die zu Quantensprüngen hinsichtlich der Unternehmenseffizienz führen. Dabei sollen bisherige Organisationsstrukturen fundamental in Frage gestellt werden, um die Implementierung neuer Denkstrukturen und Organisationsprinzipien zu ermöglichen („Grüne Wiese-Ansatz"; vgl. Kugeler, 2000, S. 65) Zu diesen Ansätzen zählen u. a.:

- *Business Reengineering* (vgl. Hammer, Champy, 1993)
- *Business Process Reengineering* (vgl. Johannson et al., 1993)
- *Process Reengineering* (vgl. Harbour, 1993)
- *Process Innovation* (vgl. Davenport, 1993)
- *Business Process Improvement* (vgl. Harrington, 1991)
- *Business Reconfiguration* (vgl. Venkatraman, 1994)
- *Business Redesign* (vgl. Krickl, 1994)

Evolutionäre Ansätze fokussieren hingegen eine kontinuierliche, inkrementelle Verbesserung bestehender Prozessstrukturen. Bekannte Ansätze sind z. B.:

- *Continuous Improvement* (vgl. Chang, 1994; Hodgetts, 1993)
- → *Kaizen* (vgl. Imai, 1997a; Imai, 1997b)
- *Kontinuierlicher Verbesserungsprozess* (vgl. z.B. Jacobi, 1997)

Sowohl die Bezeichnungen der revolutionären als auch der evolutionären Ansätze werden synonym zum Begriff des Prozessmanagements verwendet. Weitere Synonyme sind z. B. *prozessorientierte Reorganisation* bzw. *prozessorientierte Anwendungssystem- und Organisationsgestaltung.*

Seit Anfang der 90er Jahre hat sich das Prozessmanagement – in Anlehnung an die verschiedenen wissenschaftlichen und praxisnahen Ansätze – als fester Bestandteil der Anwendungssystem- und Organisationsgestaltung zahlreicher Unternehmen etabliert. Im Folgenden wird exemplarisch ein Prozessmanagement-Ansatz vorgestellt, der theoretische und praktische Anforderungen an das Prozessmanagement vereint und seit Ende der 90er Jahre in mehreren Praxisprojekten angewendet worden ist.

2. Vorgehensmodell für Prozessmanagement-Projekte

Dieser Ansatz nach BECKER, KUGELER und ROSEMANN sieht sowohl eine radikale Neugestaltung als auch einen sich daran anschließenden kontinuierlichen Verbesserungsprozess vor. Kennzeichnend für diesen Ansatz ist die konsequente Ausrichtung an → Informationsmodellen, die als Wissensträger und Kommunikationsmedium den prozessorientierten Reorganisationsprozess unterstützen. Um eine effiziente Koordination der im Rahmen des Prozessmanagements typischerweise durchzuführenden Teilaufgaben zu ermöglichen, werden diese in ein umfassendes Vorgehensmodell eingeordnet (vgl. Abbildung 1; vgl. Becker, Berning, Kahn, 2005, S. 22):

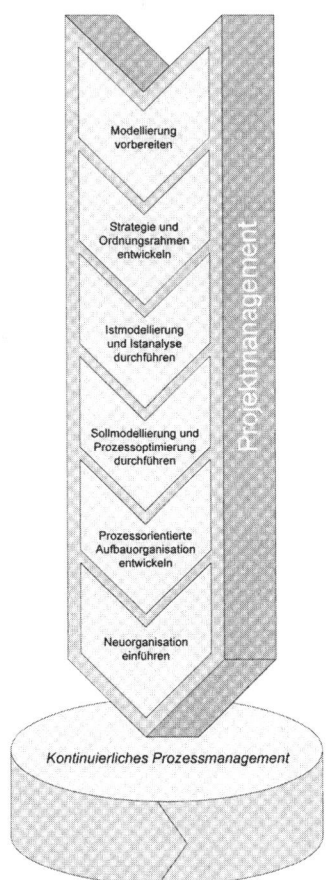

Abbildung 1: Vorgehensmodell für die prozessorientierte Reorganisation

a) Projektmanagement (vgl. Becker, Berning, Kahn, 2005)
Die Basis für die erfolgreiche Durchführung eines jeden Projekts ist das → Projektmanagement. In dessen Rahmen müssen sowohl die Projekt-Teilaufgaben als auch der Personen- und Ressourceneinsatz zielgerichtet organisiert, geplant, gesteuert und kontrolliert werden (vgl. z.B. Krüger, 1994, S. 374).
Den Ausgangspunkt für die Planungs-, Steuerungs- und Kontrollaktivitäten bildet die Bestimmung von Projektzielen. Diese sind zum einen in Hinblick auf den Projektzweck (bspw. Reorganisation) im Sinne eines Leistungsziels, zum anderen in formaler Hinsicht (Kosten, zeitliche Terminierung) zu definieren. Die Einhaltung der Zielvorgaben ist durch das Projektcontrolling zu gewährleisten.
Als erfolgskritisch stellt sich im Rahmen des → Projektmanagements vor allem die unternehmensinterne Etablierung dar. Erstens bedeutet dies, dass die Unterstützung des Projekts durch die Unternehmensleitung sichergestellt werden muss. Zweitens sind ausreichende Kapazitäten auf Seiten der Mitarbeiter freizuhalten. Darüber hinaus ist deren Motivation sicherzustellen. Dies kann bspw. dadurch gefördert werden, dass die Mitarbeiter in den Ideenfindungsprozess und die Umsetzung einbezogen werden. Auch auf diesem Wege kann die für den Erfolg des Projekts notwendige Bereitschaft zur Veränderung geschaffen werden. Die prozessorientierte Organisationsgestaltung erfordert die transparente Darstel-

lung der zu untersuchenden betrieblichen Abläufe, was durch die Nutzung von → Prozessmodellen erreicht werden kann.

b) Vorbereitung der Prozessmodellierung (vgl. Roscmann, Schwegmann, Delfmann, 2005)
Grundlage für erfolgreiche Prozessmanagementprojekte sind qualitativ hochwertige → Prozessmodelle. Ein Maß für die Qualität von → Prozessmodellen ist neben ihrer syntaktischen Korrektheit ihre Passgenauigkeit auf die Anforderungen der am Projekt beteiligten Adressatengruppen. Diese Anforderungen sind zu erheben, um daraus Eigenschaften der zu verwendenden → Modellierungstechniken abzuleiten. Des Weiteren sind Modellierungskonventionen zu entwickeln, um eine einheitliche Verwendung der Modellierungstechniken sicherzustellen. Die auf diese Weise konfigurierten Modellierungstechniken werden in einem Modellierungswerkzeug umgesetzt und dienen als standardisierte Grundlage für die → Prozessmodellierung. Neben Modellierungstechniken, -konventionen und -werkzeug ist eine einheitliche Verwendung der im Unternehmen geltenden Begriffe für die allgemeine Verständlichkeit der → Prozessmodelle essentiell. Im Rahmen der Modellierungsvorbereitung werden diese Begriffe – z.B. in Form von Fachbegriffsmodellen (vgl. zu den Fachbegriffsmodellen z.B. Kugeler, Rosemann, 1997) – spezifiziert und miteinander in Beziehung gesetzt.

c) Strategie und Ordnungsrahmen (vgl. Becker, Meise, 2005)
Als Startpunkt für die Prozessmodellierung wird aus der Unternehmensstrategie ein Ordnungsrahmen abgeleitet und erstellt. Ein Ordnungsrahmen gliedert als relevant deklarierte Elemente und Beziehungen eines Originals auf einer hohen Abstraktionsebene nach einer gewählten Strukturierungsweise in einer beliebigen Sprache. Der Zweck eines Ordnungsrahmens besteht darin, einen Überblick über das Original zu vermitteln und bei der Einordnung von Elementen und Beziehungen untergeordneter Detaillierungsebenen deren Bezüge zu anderen Elementen und Beziehungen des Ordnungsrahmens offen zu legen. In Prozessmodellierungsprojekten dient der Ordnungsrahmen als Top-Level-Modell vornehmlich dem Einstieg zur Navigation in den Prozessmodellen.

d) Istmodellierung und Istanalyse (vgl. Schwegmann, Laske, 2005)
Im Rahmen der Istmodellierung und Istanalyse wird der aktuelle Stand der Prozesse erfasst. Die Istmodellierung dient nicht nur der Bestandsaufnahme, sondern hat auch den Zweck, das Projektteam und die Mitglieder der Fachabteilungen, die dem Projektteam angehören, mit den Methoden und Werkzeugen der Modellierung vertraut zu machen. Durch die Istanalyse werden vorhandene Schwachstellen aufgezeigt und Verbesserungspotenziale beschrieben.

e) Sollmodellierung und Prozessoptimierung (vgl. Speck, Schnetgöke, 2005)
Die Sollmodellierung hat zur Aufgabe, die aufgezeigten Prozessoptimierungspotenziale aus der → Istanalyse zu erschließen. Neue Abläufe werden entwickelt und modelliert. Gegebenenfalls sind mehrere Schritte durchzuführen, um vom Ist zum Soll zu gelangen, oder es wird explizit zwischen Soll- (dem, was unter den kurzfristig nicht aufhebbaren Restriktionen möglich ist) und Idealmodell (dem, was theoretisch am besten ist, sich aber nur mittel- bis langfristig realisieren lässt) unterschieden.

f) Prozessorientierte Aufbauorganisationsgestaltung (vgl. Kugeler, Vieting, 2005)
Im Anschluss an die Sollmodellierung ist die → Aufbauorganisation des Unternehmens an der neu gestalteten → Ablauforganisation auszurichten. Dabei bestimmt die → Ablauforganisation die Ausgestaltung der → Aufbauorganisation, um eine optimale Ausführung der Prozesse sicherzustellen. Gestaltungskriterium ist folglich die Minimierung der aufbauorganisatorischen Schnittstellen. Als Grundlage der prozessorientierten Aufbauorganisationsgestaltung dienen die Sollprozesse, aus deren Varianten zunächst organisatorische Einheiten abgeleitet werden. Ausgehend von den zu erfüllenden Teilaufgaben innerhalb der Prozesse werden auf Grundlage der notwendigen Qualifikationen und Kompetenzen organisatorische Rollen modelliert, die nach Ermittlung des Kapazitätsbedarfs zu Stellen zusammengefasst und den ermittelten Organisationseinheiten zugeordnet werden. Ferner ist das zukünftige Leitungssystem festzulegen, die noch bestehenden aufbauorganisatorischen Schnittstellen sind zu beschreiben und zu optimieren.

g) Einführung der Prozesse (vgl. Hansmann, Laske, Luxem, 2005)
Die Realisierungsphase ist der Umsetzung der erarbeiteten Prozessverbesserungen gewidmet, d.h. bei einem Reorganisationsprojekt der Änderung der Abläufe und der damit einhergehenden Änderung der → Aufbauorganisation. Neben der Wahl einer geeigneten Einführungsstrategie (Big-bang, Step-by-step

oder Pilot) sind in dieser Phase insbesondere Aktivitäten zur Akzeptanzschaffung unter den von der Reorganisation betroffenen Mitarbeitern, zur Wahl eines für das Projekt adäquaten Kommunikationskonzeptes sowie eines Schulungskonzeptes durchzuführen. Ebenso sind Hilfsmittel zur personellen Umsetzung der Veränderungen und zur technischen Realisierung der Informationsbereitstellung für die Mitarbeiter zu bestimmen.

h) Kontinuierliches Prozessmanagement (vgl. Neumann, Probst, Wernsmann, 2005)
Aufgabe des kontinuierlichen Prozessmanagements ist nach Abschluss der eigentlichen Reorganisation die beständige inkrementelle Verbesserung der → Ablauforganisation, die als Reaktion auf veränderliche Umweltbedingungen notwendig werden kann. Hierzu ist eine kontinuierliche Beobachtung der laufenden Prozesse hinsichtlich der Erreichung der im Rahmen des → Projektmanagements formulierten Ziele notwendig. Bei Abweichung der beobachteten Werte von den Vorgabewerten muss entschieden werden, ob der jeweilige Prozess neu zu gestalten ist bzw. ein neues umfassendes Reorganisationsprojekt notwendig wird.

Hinweis
Zu den angrenzenden Wissensgebieten siehe → Ablauforganisation, → Aufbauorganisation, → Balanced Scorecard, → Change Management, → Category Management, → Controlling, → Enterprise Resource Planning-(ERP-)Systeme, → Industriemanagement, → Logistik, → Organisation, Grundlagen, → Organisationstheorien, → Produktionsmanagement, → Projektmanagement, → Supply Chain Management, → Strategisches Management, → Unternehmensplanung, → Workflow Management.

Literatur: Becker, J.; Berning, W.; Kahn, D.: Projektmanagement. In: Becker, J.; Kugeler, M.; Rosemann, M. (Hrsg.): Prozessmanagement. Ein Leitfaden zur prozessorientierten Organisationsgestaltung. 5. Auflage, Berlin et al. 2005, S. 17-44. Becker, J.; Kahn, D.: Der Prozess im Fokus. In: Becker, J.; Kugeler, M.; Rosemann, M. (Hrsg.): Prozessmanagement. Ein Leitfaden zur prozessorientierten Organisationsgestaltung. 5. Auflage, Berlin et al. 2005, S. 3-16. Becker, J.; Meise, V.: Strategie und Ordnungsrahmen. In: Becker, J.; Kugeler, M.; Rosemann, M. (Hrsg.): Prozessmanagement. Ein Leitfaden zur prozessorientierten Organisationsgestaltung. 5. Auflage, Berlin et al. 2005, S. 105-154. Becker, J.; Schütte, R.: Handelsinformationssysteme. 2. Auflage, Frankfurt am Main 2004. Chang, R. Y.: Continuous Process Improvement. A Practical Guide to Improving Processes for Measurable Results. Irvine 1994. Davenport, T. H.: Process Innovation. Reengineering Work through Information Technology. Boston 1993. Hammer, M.; Champy, J.: Reengineering the Corporation. A Manifesto for Business Revolution. New York 1993. Hansmann, H.; Laske, M.; Luxem, R.: Einführung der Prozesse – Prozess-Roll-out. In: Becker, J.; Kugeler, M.; Rosemann, M. (Hrsg.): Prozessmanagement. Ein Leitfaden zur prozessorientierten Organisationsgestaltung. 5. Auflage, Berlin et al. 2005, S. 269-298. Harbour, J. L.: The Process Reengineering Work Book. New York 1993. Harrington, H. J.: Business Process Improvement. New York 1991. Hodgetts, R. M.: Blueprints for Continuous Improvement. Lessons from the Baldrige Winners. New York 1993. Holten, R.: Entwicklung einer Modellierungstechnik für Data-Warehouse-Fachkonzepte. In: Schmidt, H. (Hrsg.): Modellierung betrieblicher Informationssysteme. Proceedings der MobIS-Fachtagung 2000, S. 3-21. Imai, M. (1997a): Gemba Kaizen. A Commonsense, Low-cost Approach to Management. München 1997. Imai, M. (1997b): Kaizen. Der Schlüssel zum Erfolg der Japaner im Wettbewerb. 7. Auflage, Frankfurt am Main et al. 1997. Jacobi, J.-M.: Kontinuierlich verbessern: Jeder kann kreativ sein: Das neue BVW. 2. Aufl., Stuttgart 1997. Johannson, H. J.; McHugh, P.; Pendlebury, A. J.; Johansson, H.; Wheeler, W. A.: Business Process Reengineering. Breakpoint Strategies for Market Dominance. Chichester et al. 1993. Körmeier, K.: Prozessorientierte Unternehmensgestaltung. Wirtschaftswissenschaftliches Studium 24 (1995) 5, S. 259-261. Krickl, O. C.: Business Redesign. In: Krickl, O. C. (Hrsg.): Geschäftsprozeßmanagement. Prozeßorientierte Organisationsgestaltung und Informationstechnologie. Heidelberg 1994, S. 17-38. Krüger, W.: Organisation der Unternehmung. 3. Auflage, Stuttgart, Berlin, Köln 1994. S. 374. Kugeler, M.: Informationsmodellbasierte Organisationsgestaltung. Modellierungskonventionen und Referenzvorgehensmodell zur prozessorientierten Reorganisation. Berlin 2000. Kugeler, M.; Vieting, M.: Gestaltung einer prozessorientiert(er)en Aufbauorganisation. In: Becker, J.; Kugeler, M.; Rosemann, M. (Hrsg.): Prozessmanagement. Ein Leitfaden zur prozessorientierten Organisationsgestaltung. 5. Auflage, Berlin et al. 2005,

S. 221-267. Kugeler, M.; Rosemann, M.: Fachbegriffsmodellierung für betriebliche Informationssysteme und zur Unterstützung der Unternehmenskommunikation. In: Informationssystem-Architekturen. Hrsg.: Fachgruppe 5.2 der Gesellschaft für Informatik. e. V. (GI). 5 (1998) 2, S. 8-15. Neumann, S.; Probst, C.; Wernsmann, C.: Kontinuierliches Prozessmanagement. In: Becker, J.; Kugeler, M.; Rosemann, M. (Hrsg.): Prozessmanagement. Ein Leitfaden zur prozessorientierten Organisationsgestaltung. 5. Auflage, Berlin et al. 2005, S. 299-325. Nordsieck, F.: Betriebsorganisation. Lehre und Technik. Tafelband. 2. Auflage, Stuttgart 1972. Nordsieck, F.: Grundlagen der Organisationslehre. Stuttgart 1934. Rosemann, M.; Schwegmann, A.; Delfmann, P.: Vorbereitung der Prozessmodellierung. In: Becker, J.; Kugeler, M.; Rosemann, M. (Hrsg.): Prozessmanagement. Ein Leitfaden zur prozessorientierten Organisationsgestaltung. 5. Auflage, Berlin et al. 2005, S. 45-103. Schwegmann, A; Laske, M.: Istmodellierung und Istanalyse. In: Becker, J.; Kugeler, M.; Rosemann, M. (Hrsg.): Prozessmanagement. Ein Leitfaden zur prozessorientierten Organisationsgestaltung. 5. Auflage, Berlin et al. 2005, S. 155-184. Speck, M.; Schnetgöke, N.: Sollmodellierung und Prozessoptimierung. In: Becker, J.; Kugeler, M.; Rosemann, M. (Hrsg.): Prozessmanagement. Ein Leitfaden zur prozessorientierten Organisationsgestaltung. 5. Auflage, Berlin et al. 2005, S. 185-220. Strahringer, S.: Metamodellierung als Instrument des Methodenvergleichs. Eine Evaluierung am Beispiel objektorientierter Analysemethoden. Aachen 1996. Venkatraman, N.: IT-Induced Business Reconfiguration. In: Scott Morton, M. S. (Hrsg.): The Corporation of the 1990s. Information Technology and Organizational Transformation. New York, Oxford 1991, S. 122-158. Weidner, W.; Freitag, G.: Organisation in der Unternehmung. Aufbau- und Ablauforganisation. Methoden und Techniken praktischer Organisationsarbeit. 6. Auflage, München, Wien 1998.

Internetadressen: http://www.ercis.de/; http://www.bpmi.org/; http://www.bpmg.org/; http://www.processworld.de/; http://www.bpm-guide.de/; http://www.brint.com/BPR.htm; http://www.bptrends.com/; http://www.wfmc.org/; http://www.omg.org/; http://de.wikipedia.org/wiki/Prozessmanagement/

Website des Autors: European Research Center for Information Systems (ERCIS) http://www.ercis.de/

Prozessmodell

Unter einem Prozessmodell als spezielles → Informationsmodell wird die Repräsentation des betrieblichen Objektsystems aus Sicht der in ihm ablaufenden → Prozesse für Zwecke des Anwendungssystem- und Organisationsgestalters verstanden. Siehe auch → Prozessmanagement (mit Literaturangaben).

Prozessmodellierung

Die Prozessmodellierung umfasst sämtliche Aktivitäten, die für die Erstellung und Wartung von → Prozessmodellen notwendig sind. Siehe auch → Prozessmanagement (mit Literaturangaben).

Prozessorganisation

häufig verwendetes (neueres) Synonym für → Ablauforganisation (mit Literaturangaben).

Prozessqualität

bezeichnet die Qualität der Prozesse mit der ein qualitativ hochwertiges Produkt hergestellt wird. Hierbei können störungsfreie und hochwertige Maschinen und Anlagen eine große Rolle spielen. Siehe auch → Qualitätscontrolling (mit Literaturangaben).

Prüferbefähigungs-Richtlinie

(84/253/EWG) *(Abschlussprüfer-Richtlinie)* vom 10.4.1984 regelt die Mindestvoraussetzungen, die ein Jahresabschlussprüfer erfüllen muss. Siehe → Gesellschaftsrecht, Europäisches (mit Literaturangaben).
Quelle: ABl.EG L 126 vom 12.5.1984, S. 20; abrufbar bei Eur-Lex unter: http://eur-lex.europa.eu.

Pseudo Key Account Management

liegt z.B. vor, wenn im Rahmen einer regulären Außendiensttätigkeit bestimmte Kunden lediglich als Key Accounts tituliert sind, damit Außen- und Innendienst diesen eine größere Aufmerksamkeit schen-

ken oder sich selbst in ihrer Verkaufstätigkeit aufgewertet sehen. Man spricht dann auch von „name dropping".
Siehe auch → Key Account Management.

Psychologische Tests
Bei psychologischen Tests handelt es sich um standardisierte, diagnostische Verfahren zur Erfassung von Persönlichkeitsmerkmalen und Verhaltensweisen. Etabliert hat sich die Klassifikation von Brickenkamp (1975), welche folgende Unterscheidungen macht: (1) Leistungstests (Entwicklungs-, Intelligenz-, allg. Leistungs , Schul-, spez. Funktionsprüfungs und Eignungstests), (2) Psychometrische Tests (Persönlichkeits-Struktur-, Einstellungs- und Interessen-, klinische Tests) und (3) Persönlichkeits-Entfaltungsverfahren (Formdeuteverfahren, Verbal-thematische-Verfahren, zeichnerische & Gestaltungsverfahren).
Mehrheitlich basieren psychologische Tests auf auszufüllenden Fragebögen oder anderen schriftlichen Aufgaben; heute zunehmend mit Computerunterstützung. Mittlerweile steht eine Vielzahl von Tests zur Verfügung, welche in wissenschaftlichen Studien validiert wurden.
Siehe auch → Personalauswahl, Instrumente und die dort angegebene Literatur.

Psychometrischer Test
siehe → psychologische Tests, siehe auch → Personalauswahl, Instrumente und die dort angegebene Literatur.

PU
Abk. für → Portfoliounternehmen.

Public Company Accounting Oversight Board (PCAOB)
Das PCAOB ist ein privatrechtlich organisiertes Aufsichtsgremium in den USA. Das Aufgabenspektrum des PCAOB umfasst die Verabschiedung von Ethik-, Unabhängigkeits-, Prüfungs- sowie Qualitätskontrollstandards für die Prüfung von in den USA gelisteten Unternehmen (siehe auch → US-Kapitalmarkt, Publizitätsanforderungen). Zudem müssen sich alle dem → Sarbanes-Oxley Act of 2002 (SOX oder SOA) unterliegenden Wirtschaftsprüfer und Wirtschaftsprüfungsgesellschaften beim PCAOB registrieren lassen. Dem PCAOB wurde das Recht eingeräumt, Qualitätskontrollen bei den registrierten Abschlussprüfern durchzuführen.
Internetadresse: http://www.pcaob.org.

Public Marketing
siehe → Marketing für öffentliche Betriebe; siehe auch → Non Profit-Marketing.

Public Relations (PR)
siehe → Öffentlichkeitsarbeit.

Publikums-AG
typische Erscheinungsform einer vor allem → Inhaberaktien ausgebenden → Aktiengesellschaft. Sie ist Sammelbecken für teilweise sehr kleine Kapitalbeiträge einer Vielzahl von kleinen, zumeist anonym bleibenden Kapitalanlegern, wobei kein → Aktionär oder eine kleine Gruppe von Aktionären die Gesellschaft beherrscht. Siehe auch → Familien-AG und → Aktiengesellschaft, majorisierte.

Publikumsgesellschaft
(*deutsche*). Eine Publikumsgesellschaft kann rechtlich eine Personengesellschaft oder → Kapitalgesellschaft sein. Ziel einer solchen Massengesellschaft ist es, eine Gesellschaft mit einer unbestimmten Vielzahl von Anteilseignern zu gründen.

Publikumsgesellschaft
(*österreichische*). Als Publikumsgesellschaft wird eine Gesellschaft bezeichnet, die über eine große Zahl reiner Anlegergesellschafter verfügt. Diese nehmen ihre (auf ein Minimum beschränkten) Gesell-

schafterrechte meist gar nicht selbst wahr, sondern werden von einem *Treuhänder* vertreten. Zentrales Motiv für die Wahl der Struktur einer Publikumsgesellschaft ist die Möglichkeit der Sammlung von Kapital zur Projektfinanzierung. Die wichtigsten Erscheinungsformen der Publikumsgesellschaft sind die *Publikums-KG* und die *Publikums-AG*.

Publikums-KG

siehe → Kommanditgesellschaft.

Publizität

(Handelsregister), siehe → negative Publizität und → positive Publizität.

Publizitätsgesetz

(*deutsches*), Gesetz über die Rechnungslegung von bestimmten Unternehmen und Konzernen vom 15.08.1969 zur Aufstellung, Prüfung und Publizität eines → Jahresabschlusses. Bei Personengesellschaften müssen bestimmte Größenklassen erreicht werden. Kleine und mittelgroße Kapitalgesellschaften unterliegen einer abgestuften Publizität.

Publizitäts-Richtlinie

(*europäische*) (68/151/EWG) (*Register-Richtlinie*) vom 9.3.1968 regelt die Form und die Pflicht zur Offenlegung rechtlicher Verhältnisse von Kapitalgesellschaften wie der Satzung, Kapitalausstattung, Bilanz, Gewinn- und Verlustrechnung, Sitzverlegung und Liquidation sowie der Bestellung oder Abberufung von vertretungsberechtigten Personen und Mitgliedern des Kontrollorgans. Siehe → Gesellschaftsrecht, Europäisches.

Quelle: ABl.EG L 65 vom 14.3.1968, S. 8; abrufbar bei Eur-Lex unter: http://eur-lex.europa.eu.

Pull-Kommunikation

(Gegensatz: Push-Kommunikation); Anwendungsbeispiel siehe → Permission Marketing.

Pull-Prinzip

siehe → Holprinzip (Materialflussprinzip), siehe auch → Bringprinzip.

Pull-Prinzip

(Holprinzip z.B. im → Supply Chain Management). Hiernach soll ein Unternehmen stromaufwärts in einer → Supply Chain eine Leistung erst produzieren, wenn sie ein Kunde stromabwärts anfordert. Alle Aktivitäten in einer Wertschöpfungskette werden erst auf Kundenwunsch ausgelöst; der Kunde zieht die → Supply Chain mit seiner Nachfrage. Damit wird die Notwendigkeit einer umfassenden Lagerhaltung reduziert. Alle Wertschöpfungsstufen müssen dafür so synchronisiert sein, dass taktgenau die Menge geliefert wird, die auch bestellt wurde.

Siehe auch → Supply Chain Management (mit Literaturangaben).

Purchasing Card

stellt eine Sonderform der elektronischen Beschaffung (→ *Electronic Procurement*) dar. Anfang der 90er Jahre wurden die ersten Purchasing-Card-Systeme, welche eine durchgängige Einbindung des Zahlungsverkehrs in Beschaffungsprozesse ermöglichen, entwickelt. Zu den führenden Anbietern zählen in Deutschland derzeit Lufthansa AirPlus, VISA sowie die Dresdner Bank. Das Konzept verlagert die Beschaffung von → C-Gütern oder → MRO-Artikeln auf dezentrale Bedarfsträger (Mitarbeiter) im Unternehmen. Im Rahmen ihrer Autorisierung beschaffen diese Waren oder Dienstleistungen direkt und eigenverantwortlich bei vorab festgelegten Lieferanten.

Der Ansatz bezieht neben dem bestellenden Unternehmen und dem Lieferanten eine dritte Partei (Third-Party-Processor) ein, die als Autorisierungsstelle für Bestellungen fungiert. Sowohl auf Besteller- als auch auf Lieferantenseite zielt der Einsatz einer Purchasing-Card auf eine Effizienzsteigerung sowie Kostensenkung bei Einkaufs- und Zahlungsprozessen ab.

Pure Bundle

Produktbündel, das nicht aufzuknüpfen ist. Pure bundles ermöglichen eine vereinheitlichte Leistungserstellung (Standardisierung), die angesichts der ansonsten vorherrschenden Heterogenität des Angebots betriebswirtschaftliche Vorteile bietet (Kapazitätsplanung, Leerkostenvermeidung, Mengendegression etc.). Mixed bundles schränken diesen Vorteil zwar ein, ermöglichen dafür aber ein individuelleres Eingehen auf die Bedürfnisse der Nachfrager.
Siehe auch → Produktpolitik (mit Literaturangaben).

Pure Bundling
siehe → Preisbündelung.

Push-Prinzip
(Bringprinzip z.B. im → Supply Chain Management). Tätigkeiten innerhalb der Wertschöpfungskette werden durch Auslastungsprioritäten auf den einzelnen Wertschöpfungsstufen angeschoben. Unabhängig von der tatsächlichen Nachfrage wird auf Verkäufermärkten Ware in die → Supply Chain gedrückt, bis die Läger gefüllt sind. Wegen der Transformation vieler Verkäufer- zu Käufermärkten sollte aber die → Supply Chain nach dem → Pull-Prinzip gezogen werden.
Siehe auch → Supply Chain Management (mit Literaturangaben).

Push-Prinzip
siehe → Bringprinzip (Materialflussprinzip), siehe auch → Holprinzip.

Put
engl. Verkaufsoption, siehe auch → Optionen.

Put-Call-Parität
(*Duplizierung, replication*), siehe → Optionen, Kap. 3 Absatz 3.

Put-Option
(bei Devisen), siehe → Devisenoptionen.

Putoptionen
(bei → *Venture Capital*), siehe → Call- und Putoptionen (Venture Capital).

Q

QR
Abk. für → Quick Response.

Qualität, Merkmale
siehe → Finanzqualität, → funktionale Qualität, → kulturelle Qualität, → Mitarbeiterqualität, → objektive Qualität, → Produktqualität, → Prozessqualität, → stofflich-technische Qualität, → subjektive Qualität.
Siehe auch → Qualitätsbegriff, → Qualitätscontrolling (mit Literaturangaben) und → Qualitätskennzahlen.

Qualität-Normenfamilie DIN EN ISO 9000ff:2000
siehe → ISO 9000:2000.

Qualitätsbegriff
Der Qualitätsbegriff wird leider nicht einheitlich verwendet. Außer von subjektiven Vorstellungen und kulturellen Einflüssen, hängt er nämlich auch noch vom Bezugsobjekt ab, auf das sich die Qualität be-

zieht. So kann zwischen einer technischen, einer funktionalen und einer kundenseitig empfundenen Qualität differenziert werden.

Wissenschaft und Normenreihen haben darüber hinaus ihre eigenen Begriffe geprägt. So wird in der Literatur unter anderem zwischen Struktur-, Prozess- und Ergebnisqualität unterschieden. Im Folgenden werden einige dieser Definitionen – ohne Wertung – aufgeführt. (1) Die frühere ISO 8402 definierte: „Qualität ist die Gesamtheit von Merkmalen einer Einheit bezüglich ihrer Eignung, festgelegte und vorausgesetzt Erfordernisse zu erfüllen". (2) In der neuen ISO-Familie 9000 ff.:2000 sind die Begriffsdefinitionen in der ISO 9000:2000 hinterlegt. Qualität ist der „Grad, in dem ein Satz inhärenter Merkmale Anforderungen erfüllt. Anmerkung1: Die Benennung „Qualität" kann zusammen mit Adjektiven wie gut, schlecht oder ausgezeichnet verwendet werden. Anmerkung2: „inhärent" bedeutet im Gegensatz zu „zu geordnet" „einer Einheit innewohnend", insbesondere als ständiges Merkmal." (3) Donabedian definierte Qualität bereits vor 40 Jahren, nicht nur aus technischer, sondern vor allem aus medizinischer Sicht, als den Grad der Konformität, der zwischen der tatsächlichen Behandlung und den Anforderungen besteht. (4) Garvin unterteilt Qualität nach ihrem Verständnis als transzendent, produktbezogen, kundenbezogen, wertorientiert und fertigungsbezogen. (5) Um die sprachliche Divergenz zwischen den verschiedenen Qualitätsdefinitionen und dem TQM-Ansatz auszugleichen, wird im *EFQM-Modell* die Qualität durch die Bezeichnung „Excellence" ersetzt.

Siehe auch → Qualitätsmanagement (mit Literaturangaben).

Literatur: Kamiske Gerd F. / Brauer Jörg-Peter: Qualitätsmanagement von A bis Z, 5. aktualisierte Auflage, 2006 Karl Hanser Verlag, München Wien; Garvin D.A.: Die acht Dimensionen der Produktqualität, In: Harvard Manager 1998; Juran Josef M: Handbuch der Qualitätsplanung in Handelsblatt Management Bibliothek: Die besten Managementbücher A-K, Band 1, 2005, Campus Verlag, Frankfurt/New York.

Internetadressen: http://www.q-m-a.de (Qualitätsdefinitionen), http://www.wikipedia.org (Qualität), http://www.quality.de/lexikon.htm (Qualität, Qualitätmanagement), http://www.quality.de/lexikon/qualitaet.htm, http://www.quality.de/quality-forum/1999/messages/19824.htm, http://www.wikipedia.de (Qualität), http://lernundenter.com/interaktion/qualitaet/definitionen/donabedian.htm

Qualitätscontrolling

Qualitätscontrolling

von Professor Dr. Helmut Wannenwetsch – Berufsakademie Mannheim,
University of Cooperative Education

1. Ziele und Instrumente des Qualitätscontrolling

Im internationalen Wettbewerb nimmt das Qualitätsmanagement für kleine, mittlere und große Unternehmen eine immer größere Bedeutung ein. Die materielle wie auch immaterielle Qualität der Produkte eines Unternehmens gewinnt eine Schlüsselstellung beim Verkaufserfolg eines Produktes bzw. einer Dienstleistung. Der Begriff → *Total Quality Management (TQM)* wird hier oftmals als übergreifende Qualitätsphilosophie verwendet.

Neben einer wirtschaftlichen Bewertung im Sinne von TQM spielt die Beurteilung bzw. das Controlling der Zufriedenheit von Mitarbeitern, Kunden und Gesellschaft eine wichtige Rolle. Die Zufriedenheit der Kunden kann durch Anwendung und Umsetzung von Maßnahmen wie (1) → *Kontinuierlicher Verbesserungsprozess (KVP)* und (2) → *Total Customer Care* wesentlich beeinflusst werden.

Nur durch ein konsequentes und umfassendes Qualitätscontrolling können die einzelnen Qualitätsinitiativen und Qualitätskonzepte auf ihre Wirkung und ihren Erfolg gemessen werden. Durch die im → *Six-Sigma-Konzept* geforderte Orientierung am ökonomischen Erfolg, ist der Bedarf nach einem effektiven Qualitätscontrolling weiter gestiegen. Zur Überwachung der Wirtschaftlichkeit, der Effektivität und der eingeleiteten Maßnahmen stehen dem Qualitätscontrolling eine Reihe von Instrumenten und Methoden zur Verfügung wie z.B. (1) → *Qualitätskennzahlen*, (2) *Qualitätsberichtswesen*, (3) → *Benchmarking*, (4) → *Total-Cost-of-Ownership*, (5) → *Target Costing* oder (6) → *Fehler-Möglichkeits- und Einfluss-*

analyse (FMEA). So wurde z.B. festgestellt, dass über 70 Prozent aller Fehler bereits in der Entwicklungsphase eines Produktes ihren Ursprung haben.

2. Organisation und Funktionen des Qualitätscontrolling

Das → Controlling ist in vielen Unternehmen organisatorisch im kaufmännischen Bereich, beim Rechnungswesen, angesiedelt. Das Qualitätscontrolling ist dabei Teil des Unternehmenscontrollings und bildet eine Querschnittsfunktion, welche alle Unternehmensbereiche und den gesamten Wertschöpfungsprozess umfasst. Das Qualitätscontrolling wird dabei als ein zentraler Erfolgsfaktor betrachtet und unterstützt das Qualitätsmanagement durch eine wirtschaftliche und leistungsorientierte Betrachtungsweise.

Das Qualitätscontrolling kann dem zentralen Controlling zugeordnet sein und damit ein Teil des Gesamtcontrollings sein. Das Qualitätscontrolling kann auch eine Teilfunktion des Qualitätsmanagements sein. In großen Unternehmen kann sogar ein zentrales Qualitätscontrolling in der Unternehmenszentrale angesiedelt sein. Dezentrale Organisationseinheiten des Qualitätscontrolling finden sich dann in den einzelnen in- und ausländischen Werken. Das zentrale Qualitätscontrolling kann den dezentralen Organisationseinheiten gegenüber weisungsbefugt sein und bestimmte Richtlinien vorgeben wie z.B. die Zertifizierung der Lieferanten nach → *ISO TS16949 oder* → *ISO 9000 ff.*

Daneben kann das Qualitätscontrolling in ein (1) → *strategisches* und in ein (2) → *operatives* Qualitätscontrolling unterteilt werden.

Das Qualitätscontrolling kann folgende Funktionen beinhalten: (1) *Koordinationsfunktion,* (2) *Informationsfunktion, (3) Planungsfunktion* und (4) *Kontrollfunktion*; siehe → Qualitätscontrolling, Funktionen.

3. Die Arten und Ausprägungsformen der Qualität

Der → Qualitätsbegriff kann unterschiedlich interpretiert werden und teilweise sehr subjektiv sein. Die Qualität eines Produktes ist beispielsweise über einen längeren Zeitraum völlig gleich geblieben, es sind aber vergleichbare Produkte mit einem höheren technischen Standard auf den Markt gekommen. Dadurch hat aus Sicht der Kunden die Qualität des älteren Produktes abgenommen. Qualität kann also auch das Ergebnis von subjektiven Nutzenerwartungen sein. Die Qualität kann nach folgenden Kriterien eingeteilt werden, in die (1) → *stofflich-technische* Qualität,(2) kundenseitig empfundene → *subjektive* Qualität, (3) → *objektive* Qualität, (4) → *funktionale* Qualität und die (5) → *kulturelle* Qualität. Weiterhin kann zwischen der (1) → *Mitarbeiter-,* (2) → *Prozess-,* (3) → *Produkt-* und der (4) → *Finanzqualität* unterschieden werden.

4. Bestandteile der Qualitätskosten

Nach DIN 55350 versteht man unter *Qualitätskosten* alle Kosten, die durch Tätigkeiten der Fehlerverhütung, der planmäßigen Qualitätsprüfung sowie durch intern oder extern festgestellte Fehler verursacht werden.

Fehlerverhütungskosten sind Kosten die zur Fehlerverhütung oder zu anderweitigen vorbeugenden Maßnahmen der Qualitätssicherung aufgebracht werden. Der Anteil der Fehlerverhütungskosten an den gesamten Kosten der Qualitätssicherung beträgt ca. 5-10 Prozent.

Unter *Qualitätsprüfkosten* fallen alle Personal- und Sachkosten für Qualitätsprüfungen innerhalb und außerhalb des Qualitätswesens. Durch den hohen Anteil an weltweiter Beschaffung (Global Sourcing) nimmt der Anteil der externen Prüfkosten zu. Insgesamt beträgt der Anteil 20 – 35 Prozent der gesamten Qualitätskosten.

→ Interne Fehlerkosten werden aufgewendet bei der Aufdeckung interner Fehler bzw. um diese Fehler zu beseitigen. Der Anteil der internen Fehlerkosten an den gesamten Qualitätskosten beträgt ca. 45 Prozent.

→ Externe Fehlerkosten haben einen Anteil von ca. 15 Prozent und fallen für Ausschuss, Gewährleistung und Produzentenhaftung an. Durch die hohen Kosten der Rückrufaktionen in der Automobilbranche dürften dort die externen Fehlerkosten einen erheblich größeren Umfang einnehmen.

Hinweis

Zu den angrenzenden Wissensgebieten siehe → Beschaffungsmanagement, → Controlling, Grundlagen, → Controlling, Internationales, → Einkaufscontrolling, → Erfolgscontrolling, → Industriemanagement, → Innovations- und Technologiemanagement, → Marketingcontrolling, → Organisation, Grundlagen, → Produkthaftung, → Produktionsmanagement, → Produktionsplanung und -steuerung, → Projektmanagement, → Prozessmanagement, → Outsourcing, → Qualitätsmanagement, → Risikocontrolling, → Total Quality Management, → Strategisches Management, → Unternehmensplanung.

Literatur: Eversheim, Walter: Qualitätscontrolling, Berlin 1997; Schmitz, Jochen: Qualitätscontrolling und Unternehmensperformance, München 2000; Reichmann, Thomas: Controlling mit Kennzahlen und Managementberichten, 5. Auflage, München 1997; Pfeifer T.: Qualitätsmanagement, München 2001; Rothlauf, Jürgen: Total Quality Management, München-Wien 2001; Wannenwetsch, Helmut (Hrsg.): Integrierte Materialwirtschaft und Logistik, 3. Auflage, Heidelberg-Berlin 2006; Wannenwetsch, Helmut (Hrsg.): Vernetztes Supply Chain Management, Heidelberg-Berlin 2005; Wannenwetsch, Helmut (Hrsg.): Erfolgreiche Verhandlungsführung in Einkauf und Logistik, Heidelberg-Berlin 2004; Hummel, Thomas; Malorny Christian: Total Quality Management, München-Wien 2002; Schroeder, Richard; Harry, Mikel: Six Sigma. Frankfurt-New-York 2000.

Internetadressen: www.quality.de/lexikon/qualitaet.html; www.qm-trends.de/fb0203.html; www.qibb.de/230.98.html; www.tuev-akademie.de/consulting/extras/qualitaet.html; www.talessin.descripte/qm/qualitätskosten.html; www.stcstracke.de/controlling/prod11.htm; www.ivv-achen.de/psv/html/psvq.html; www.mkonetzny.de/aufsatz/qualctr.html

Website / Internetadresse des Autors: www.ba-mannheim.de; wannenwetsch@ba-mannheim.de.

Qualitätscontrolling

(bei → *Dienstleistungen*). Die Dienstleistungsqualität unterliegt auf Grund der Leistungseigenschaften von → Dienstleistungen, insbesondere auf Grund der Integrativität erheblichen Schwankungen. Da viele Dienstleistungen sowohl auf Seiten des Anbieters als auch auf Seiten des Nachfragers personalintensiv sind, können die Qualitätsschwankungen durch einen der beiden Marktpartner bedingt sein, aber auch das häufig interaktionsintensive Zusammenspiel der am Austauschprozess Beteiligten birgt erhebliche Qualitätsunsicherheiten. Aufgabe des Dienstleistungscontrollings ist es, das → Dienstleistungsmanagement bei der Planung, Gestaltung und Überwachung der Dienstleistungsqualität zu unterstützen und insbesondere geeignete Methoden und Instrumente zur Verfügung zu stellen (→ Controllinginstrumente bei Dienstleistungen).

Ein zielgerichtetes Qualitätscontrolling bei Dienstleistungen lässt sich in *vier Schritte* gliedern: (1) Identifikation von Merkmalen, die die Qualität der Dienstleistungen bestimmen; (2) Messung und Bewertung der Qualitätsmerkmale; (3) Aufdecken von Abweichungen zwischen Qualitätsanforderungen und erreichtem Qualitätsniveau; (4) Analyse der Abweichungen und Erarbeiten von Verbesserungskonzepten. Dabei richtet sich das Qualitätscontrolling auf die Potenzial- (→ Potenzialcontrolling bei Dienstleistungen), die Prozess- (→ Prozesscontrolling bei Dienstleistungen) und die Ergebnisqualität (→ Ergebniscontrolling bei Dienstleistungen).

Siehe auch → Dienstleistungscontrolling (mit Literaturangaben).

Literatur: Bruhn, M.: Qualitätsmanagement für Dienstleistungen, 3. Aufl., Berlin et al. 2001.

Qualitätscontrolling, Funktionen

Das Qualitätscontrolling umfasst folgende Funktionen: (1) Die Koordinationsfunktion beinhaltet die Abstimmung sämtlicher Qualitätsplanungen untereinander sowie die Koordination der Qualitätsplanung mit den Planungen der anderen Unternehmenszweige. (2) Die Informationsfunktion bezieht sich auf die Einführung eines qualitätsbezogenen Informationssystems sowie die Aufbereitung und Interpretation aller qualitätsrelevanten monetären und nichtmonetären Daten. (3) Planungsfunktion: Stellt die Bereitstellung und Nutzung entscheidungsunterstützender Instrumente wie z.B. Qualitätskostenrechnung, → Target-Costing oder → Benchmarking in den Vordergrund. (4) Die Kontrollfunktion beinhaltet den Vergleich von Soll- und Istwerten zur Durchführung eine Abweichungsbehebung oder Plananpassung.

Siehe auch → Qualitätscontrolling (mit Literaturangaben).

Qualitätskennzahlen

zeigen dem → Qualitätscontrolling z.B. wie gut die Prozesse im Unternehmen beherrscht werden. So wird bei Lieferungen den Lieferanten die Zahl „ppm = 50" vorgegeben. Dies bedeutet, dass von einer Million gelieferter Teile (parts per million) nur 50 Teile fehlerhaft sein dürfen. Die Qualitätskennzahlen können auch als → Benchmark vorgegeben werden.

Siehe auch → Qualitätscontrolling (mit Literaturangaben).

Literatur: Reichmann, Thomas: Controlling mit Kennzahlen und Managementberichten, 5. Auflage, München 1997

Qualitätskontrolle

ist die fortlaufende bzw. stichprobenweise Überwachung der Qualität von Produkten und erbrachten Dienstleistungen am Ende des Produktionsprozesses.

Siehe auch → Qualitätsmanagement (mit Literaturangaben).

Internetadresse: http://www.mkonetzny.de/aufsatz/qualctr.htm

Qualitätskosten

siehe → Qualitätscontrolling, Kap. 4.

Qualitätsmanagement

Qualitätsmanagement

von Professor Dr. Johann Lachhammer
Fachhochschule Augsburg

1. Der Ansatz des Total-Quality-Managements und dessen Realisierung

Qualität, Qualitätsmanagement und *Qualitätsmanagementsystem* waren – wie die *Historische Entwicklung des Qualitätsmanagements* zeigt – einem steten Wandel unterworfen. Will man die Entwicklungsschritte in eine Zeitreihe bringen, so verläuft der Weg von der *Qualitätskontrolle* über die integrative *Qualitätssicherung* hin zum visionären, programmatischen Total-Quality-Management (TQM).

Dieser philosophische Ansatz bedurfte natürlich nicht nur der Umsetzung in einem *Qualitätsmanagementsystem*, sondern auch einer externen Bestätigung. Das Ergebnis war ein Zweifaches: zum einen wurden *Referenzmodelle des Qualitätsmanagements* entwickelt, die im Sinne einer Normenreihe beim Aufbau eines *Qualitätsmanagementsystems* Hilfestellung leisten sollten, zum anderen waren die in diesen Modellen festgelegten Normen gleichzeitig aber auch die Basis für die Selbst- und Fremdbewertung *(Audit)* des implementierten *Qualitätsmanagementsystems*.

Alle diese Modelle weisen jedoch aus heutiger Sicht zwei Mängel auf, die es notwendig machen, den TQM-Ansatz zu erweitern und in ein daraus abgeleitetes, neues Referenzmodell für ein *Qualitätsmanagementsystem* zu überführen.

- So setzt der vom TQM verwendete Qualitätsbegriff voraus, dass zwischen Kunde und Unternehmung eine direkte Preis-/Nutzen-Beziehung besteht. Der Kunde zahlt dem „Lieferanten" direkt den Preis für den Nutzen (1:1-Beziehung). Leider versagt diese Definition dort, wo keine direkte Beziehung besteht, wie dies in sozialen bzw. öffentlichen Einrichtungen meist der Fall ist. Das Beispiel Krankenhaus zeigt dies: Der Patient zahlt an die Krankenkasse, die Leistung erbringt das Krankenhaus und den Preis für die Leistung, die der Patient erhält, zahlt die Krankenkasse. Statt der 1:1-Beziehung ergibt sich eine 1:n-Beziehung (im Beispiel eine 1:2-Beziehung).
- Der zweite Mangel des TQM sowie der darauf aufbauenden Referenzmodelle ergibt sich dadurch, dass die geforderte Zielfixierung ohne jegliche systematische Thematisierung der ihr zugrunde liegenden Wertefindung erfolgt. Ohne ein stabiles, thematisiertes Wertesystem gibt es aber über-

haupt keine feste Richtschnur für Ziele und Handlungen. Die moderne Gehirnforschung bestätigt dies.

Im Folgenden soll daher der Ansatz eines *wertebasierten* Qualitätsmanagements (einer wertebasierten Qualitätsphilosophie) entwickelt werden, in dessen Mittelpunkt der neu zu definierende Qualitätsbegriff steht. Daran anschließend wird diese Qualitätsphilosophie in ein Referenzmodell übergeführt, das Grundlage für die organisatorische Realisation dieser Philosophie im *Qualitätsmanagementsystem* ist.

2. Der Ansatz eines wertebasierten Qualitätsmanagements

2.1. Der Qualitätsbegriff

Der Begriff *Qualität* wird im Folgenden aus betriebswirtschaftlicher Sicht definiert und hat sowohl für Profit- als auch → Non-Profit-Organistionen (z.B. karitative Einrichtungen) Gültigkeit. Um *Qualität* nach Inhalt und Umfang abzugrenzen, muss zunächst das diesem Begriff zugrunde liegende betriebswirtschaftliche Modell der Unternehmung bestimmt werden. Betriebswirtschaften werden hier als Systeme definiert, die aus der Innen- und Außensicht betrachtet werden können.

Gemäß dieser systemtheoretischen Definition hat das, diesem Beitrag zugrunde liegende Modell der Unternehmung, die folgenden Teilsysteme:

- ein Entscheidungssystem mit Zielsystem auf der Basis von Anspruchsniveaus
- ein Informations-/Kommunikationssystem,
- ein sozio-technisches System und
- ein Prozess-/Transformationssystem.

Diese Teilsysteme sind offen und stehen sowohl untereinander als auch mit anderen Organisationsteilnehmern (Umwelt) in Beziehung. Teilsysteme und Umwelt sind aber niemals statisch, sondern dynamisch, d.h. sie ändern sich im Zeitablauf. Die Teilsysteme sind durch ihre Systemelemente, die verschiedene Eigenschaften und Eignungen aufweisen, charakterisiert.

Aufgrund obiger modelltheoretischer Annahmen kann folgende These formuliert werden: Der Grad der Zielerreichung einer Betriebswirtschaft wird durch die Eigenschaften und Eignungen der Systemelemente bestimmt. Je besser diese Eigenschaften und Eignungen ausgeprägt sind und in den Prozessen umgesetzt werden, umso wahrscheinlicher ist es, dass die vorgegebenen Ziele einer Betriebswirtschaft erreicht werden. Damit verlangen aber vorgegebene Ziele bestimmte Ausprägungen der notwendigen Eigenschaften und Eignungen der Systemelemente und damit der *Qualität* einer Betriebswirtschaft.

Somit kann *Qualität* wie folgt definiert werden: *Qualität* umfasst die Ausprägungen all jener Eigenschaften und Eignungen der Systemelemente, die notwendig sind, um die vorgegebenen Ziele einer Betriebswirtschaft zu erreichen. Die Ausprägungen bestimmen das Qualitätsniveau. *Qualität* in diesem weiten, zielbezogenen Sinne, beinhaltet auch die betrieblichen Risiken, die Arbeitssicherheit, die Ökologie, usw.

2.2. Qualitätsmanagement als Total-Value-Management

Es ist einleuchtend, dass weder eine Betriebswirtschaft für sich (Innensicht), noch die mit ihr interagierende Umwelt (aus ihrer Außensicht auf das Unternehmen) den Alleinvertretungsanspruch bei der Definition der relevanten Eigenschaften und Eignungen der Systemelemente und damit der Qualitätsniveaus erheben dürfen.

Sicherlich wäre es – um keinen Konflikt zwischen Innen- und Außensicht entstehen zu lassen - am besten, alle Systemeigenschaften und -eignungen einer Betriebswirtschaft als qualitätsrelevant zu definieren. Das würde jedoch dem Grundsatz des wirtschaftlichen Einsatzes der Teilsysteme widersprechen und jede verträgliche Kostendimension sprengen.

Erst ein Abgleich zwischen der Triade *Qualität*, Kosten und Nutzen ergibt die qualitätsrelevanten Eigenschaften und Eignungen der Teilsysteme mit ihren spezifischen Qualitätsniveaus. Diese sind gleichzeitig auch Basis für das Anspruchsniveau des Entscheidungssystems bei der Zielvorgabe (Zielniveau). Das Qualitätsniveau ist somit Ergebnis des Konsenses zwischen Innen- und Außensicht.

Damit stellt sich aber die Frage, wie ein solcher Konsens gefunden werden kann. Die Antwort lautet: Nur auf der Basis einer Übereinstimmung von Werten innerhalb der 1:n Beziehung kann die Grundlage eines von allen Seiten akzeptierten Qualitätsniveaus gefunden werden. Dieser Wertekonsens findet seinen Ausdruck in einem wertebasierten Zielsystem in Form von Anspruchsniveaus. Dieses wertebasierte

Zielsystem ist Ausdruck des Übergangs einer Betriebswirtschaft von einer *Zweckgemeinschaft* hin zu einer *Sinngemeinschaft*.

Ein Qualitätsmanagement, das nach Inhalt und Umfang Ergebnis einer Konsensfindung im oben definierten Sinne ist und das seinen Ausdruck in einem wertebasierten Zielsystem findet, soll hier als *Total-Value-Management* (*TVM*) bezeichnet werden. Es ist fundamentaler Bestandteil der Kultur von „*Sinngemeinschaften*". Diese Qualitätsphilosophie wird zur Grundlage eines qualitätsorientierten Unternehmensführungskonzeptes. Sie wird im → *Qualitätsmanagement-Handbuch (QMH)* niedergeschrieben.

Dieser Qualitätsmanagementansatz erfordert auch eine Erweiterung des Kundenbegriffs. Kunden sind demnach Einzelpersonen und/oder Organisationen, welche die Außensicht und Innensicht auf das Unternehmen entscheidend prägen und für die Konsensfindung von Bedeutung sind. Auf die Außensicht bezogen interagieren sie mit der Betriebswirtschaft - direkt oder indirekt - als Prioritätspartner.

Total-Value-Management – im hier definierten Sinne – steht zwar am Ende einer kontinuierlichen Qualitätsstrategie, ist aber auf jeder Entwicklungsstufe zu berücksichtigen. Aufgrund der weiten Qualitätsdefinition werden deshalb in diesem Ansatz nicht nur Aussagen zur *Qualitätskontrolle, Qualitätspolitik*, Qualitätsplanung, Qualitätslenkung, *Qualitätssicherung* und Qualitätsverbesserung gemacht. Er beinhaltet zusätzlich, unter dem Aspekt der 1:n-Beziehung, die werteorientierte Führungsphilosophie, die Grundlagen des Wertekonsenses zwischen Innen- und Außensicht, die strategischen Rahmenbedingungen und das wertebasierte Zielsystem.

Die These, dass die Konsensfindung zwischen Innen- und Außensicht nur auf der Basis nicht konkurrierender Werte gelöst werden kann, unterstreichen auch die neuesten Erkenntnisse der Gehirnforschung. So schreibt z.B. Dambmann, dass die Orbitalregion des Gehirns als höchste moralische Entwicklungsstufe gilt. „Sie ist der Verarbeitungsbereich für Normen, soziale Regeln und Ziele. Dies bedeutet, dass persönliche Entscheidungen ... immer auch eine Frage der Sozialverträglichkeit sind." Dabei legen die Entscheidungsträger die Werte nicht a priori auf ganz bestimmte Ziele fest. Vielmehr haben sie stets die Möglichkeit, zielbezogen aus mehreren Alternativen die Beste zu wählen. Je klarer die sozio-kulturellen und die daraus abgeleiteten persönlichen Werte ausgeprägt sind, umso leichter ist die Formulierung von Zielen, anhand derer die richtigen Handlungen ausgewählt und realisiert werden können.

Diese Erkenntnisse der modernen Gehirnforschung - übertragen auf das Qualitätsmanagement von Betriebswirtschaften - besagen, dass die in 1:n-Beziehungen am wirtschaftlichen, politischen und sozialen Leben Teilnehmenden, ihr wertebasiertes Zielsystem an sozio-kulturellen und damit auch persönlichen Werten auszurichten haben.

Es darf allerdings nicht davon ausgegangen werden, dass Werte – auch wenn sie eine biologische Basis haben – für alle Menschen Eindeutigkeit besitzen. Sie unterliegen vielmehr einem Verhandlungsprozess. Zum Beispiel kann das Grundbedürfnis nach sozialer Gerechtigkeit unterschiedlich interpretiert werden: Bezahlung nach Leistung oder gleicher Lohn für alle. Erst der Konsens führt zum gesellschaftlich akzeptierten Wert. Die im Konsens gefundenen Werte werden dann mit Prioritäten versehen und ergeben das *Wertesystem des Total-Value-Managements*.

Diese Werte sind unentbehrliche Maßstäbe, an denen sich die Menschen nicht nur orientieren, sondern sie so verinnerlichen, dass sie zu persönlichen Werten werden. Wertesysteme sind zwar immer kulturspezifisch, befähigen aber den einzelnen Menschen, sich so zu verhalten, dass er von den anderen „richtig" verstanden wird. Der Zugang zu anderen Kulturen mit stark divergierenden Wertesystemen wird dadurch erschwert, unmöglich oder schnell wieder zunichte gemacht. Dies dürfte auch ein Hauptproblem der Globalisierung sein. Hier werden nämlich die bisher definierten 1:n Beziehungen innerhalb eines Kulturraumes, zu Kultur übergreifenden, multiplen 1:n Beziehungen.

3. Die Grundstruktur eines werteorientierten Qualitätsmanagementsystems

Im *Qualitätsmanagementsystem* (QMS) findet die organisatorische Realisation des *Total-Value-Managements* statt. Wie wichtig und nutzbringend für die Umsetzung dabei die Werte der Qualitätsphilosophie sind, zeigt eine Untersuchung von Paul Osterman. Ihr zufolge setzen Organisationen sehr viel weniger innovative Technologien und Systeme ein, wenn sozio-kulturelle Werte nicht die Basis ihres Handelns sind.

Die Grundstruktur dieses QM-Systems ergibt sich sowohl aus der Definition von Betriebswirtschaften als System, als auch aus dem *Total-Value-Management* Ansatz. Folgende Qualitätsbereiche sind dabei zu berücksichtigen:

- die werteorientierte Führungsphilosophie,
- die strategischen Rahmenbedingungen,
- die Beziehungen zu den Organisationsmitgliedern und –teilnehmern,
- das Entscheidungssystem mit wertebasiertem Zielsystem,
- das Informations- und Kommunikationssystem,
- das sozio-technische System und
- das Transformationssystem.

Darüber hinaus können in einem eigenen Bereich Sonderaussagen zum Qualitätsverständnis des Unternehmens gemacht werden.

Selbstverständlich müsste nun ein solches wertebasiertes Zielsystem dargestellt werden. Nur, ein allgemein gültiges und verbindliches wertebasiertes Zielsystem gibt es nicht. Denn dieses ist – wie schon gezeigt wurde – immer Ergebnis des vorgelagerten Wertekonsenses. Dieser unterliegt aber einem Verhandlungsprozess, der – gemäß der Definition von Unternehmungen – selbst dynamisch ist. D.h. die Werte vermitteln zwar Stabilität und eröffnen Zukunftsperspektiven, legen den Entscheidungsträger aber nicht auf eindeutige Ziele fest.

Die Konsensfindung zu einem wertebasierten Zielsystem hängt jedoch nicht nur von der Dynamik einer Betriebswirtschaft, sondern gleichermaßen von der Dynamik gesellschaftlicher Werteveränderungen selbst ab. Dies ist ein weiterer Grund, weshalb es kein allgemein gültiges, wertebasiertes Zielsystem geben kann.

Um den Grad der Zielerreichung (der Erreichung der vorgegebenen, vernetzten Anspruchsniveaus) der Betriebswirtschaft evaluieren zu können, bedarf es eines Informationssystems. Aufgrund des erweiterten Qualitätsbegriffs, der sich im Modellansatz des TVM wieder findet, ist dieses System im Sinne eines umfassenden strategischen und operativen *Qualitätscontrollings* (QC) aufzubauen, das auch das traditionelle Controlling einschließt und damit zum *werteorientierten Qualitätscontrolling* wird. Inhalt und Umfang des QC's werden deshalb vor allem durch das wertebasierte Zielsystem und die Qualitätsniveaus der qualitätsrelevanten Eigenschaften und Eignungen bestimmt.

4. Die neue Führungskultur – Basis der Realisation des TVM

Eine derartige strategische, werteorientierte Qualitätsphilosophie bedarf natürlich auch eines „neuen Führungsverhaltens".

Diese Führungskultur ist nach Noel M. Tichy dadurch gekennzeichnet, dass Führungskräfte

- Ansichten und Eigenschaften haben, die andere emotional berühren; so z.B. Visionen und Ideen für die Zukunft, Werte, nach denen die Organisation leben soll, und Überzeugungen, für die sie einstehen;
- ihre Visionen und Ideen durch eigene Erlebnisse personalisieren und dadurch die MitarbeiterInnen mitreißen und führen;
- bereit sind, eingefahrene Wege zu verlassen;
- vermittelbare Techniken entwickelt haben wie Coaching, Weitergeben von Erfahrungen und Problemlösungen.

Die Einführung eines TVM kann daher auch nur erfolgreich sein, wenn sie auf eine ausgeprägte „Führungskultur" trifft. Eine solche neue, „werteorientierte Führungskultur" setzt aber den Einsatz bestimmter Methoden und Verfahren (Sachebene) sowie sozial- und kommunikationsspezifische Kompetenzen (Beziehungsebene) voraus. Diese sind letztlich in einem Change-Management zu bündeln. Das impliziert ein straffes → Projektmanagement mit Projektdefinition, Projektorganisation, Individual- und Gruppen-Coaching, Workshops, Konfliktmanagement, Motivationstraining usw. Schließlich aber – und dies vor allem – die Einbindung aller MitarbeiterInnen in den Veränderungsprozess. Nur wenn die Einführung eines *Total-Value-Management*s das entsprechende → Change-Management als Basis hat, wird sie von Erfolg gekrönt sein und – unter Berücksichtigung der Veränderungen in Unternehmen und Umwelt – Lebenszykluscharakter erlangen.

Hinweise

- Zu den vertiefenden Wissensgebieten siehe u.a. → Audit, → Deming (kontinuierlicher Verbesserungsprozess), → EFQM, → Gemba Kaizen, → ISO 9000:2000, → Qualitätsbegriff, → Qualitätskontrolle, → Qualitätsmanagement-Handbuch (QMH), → Qualitätsmanagementsystem (QM-System), → Qualitätspolitik, → Qualitätssicherung, → Qualitätsziel, → Qualitätszirkel, → Rezertifizierungsaudit, → Sinngemeinschaft, → Toyota Production System, → Überwachungsaudit, → Witnessaudit, → Zertifizierung, → Zweckgemeinschaft.

- Zu den angrenzenden Wissensgebieten siehe → Ablauforganisation, → Aufbauorganisation, → Benchmarking, → Beschaffungsmanagement, → Change Management, → Customer Relationship Management (CRM), → Dienstleistungen, → Industriemanagement, → Innovations- und Technologiemanagement, → Organisation, Grundlagen, → Produkthaftung, → Produktionsmanagement, → Produktionsplanung und -steuerung, → Projektmanagement, → Prozessmanagement, → Outsourcing, → Qualitätscontrolling, → Total Quality Management, → Strategisches Management, → Unternehmensplanung → Workflow Management.

Literatur: Damasio, A.R.: Descartes' Irrtum. Fühlen, Denken und das menschliche Gehirn. München, 2000; Dambmann, U.M.: Erfolgsfaktor Gehirn oder die Auflösung des Widerspruchs zwischen Gefühl und Verstand. Münster, 2004; Doppler, Klaus, Fuhrmann, Hellmuth, Lebbe-Waschke, Birgitt, Voigt, Bert: Unternehmenswandel gegen Widerstand, Campus Verlag 2002; Hunter, L.W.: Wahlmöglichkeiten und High Performance-Systeme. In: IMD International Lausanne/London Business School/The Wharton School of the University of Pennsylvania, (Hrsg.): Das MBA-Buch mastering Management Stuttgart, 1998; Kamiske Gerd F. (Hrsg.): Die hohe Schule des Total Quality Management, Springer-Verlag, Berlin, Heidelberg 1994; Knapp, K.: Interpersonale und interkulturelle Kommunikation. In: Bergemann, N. / Sourisseaux, A. L. J., (Hrsg.): Interkulturelles Management, Heidelberg, 2003; Lachhammer, J.(2001): Total Value Management – Ein werteorientiertes Modell für die Zukunft. In: König, J./ Oerthel, C./ Puch, H.J., (Hrsg.): Wege zur neuen Fachlichkeit, Qualitätsmanagement und Informationstechnologien – Con Sozial 2000, Starnberg, 2001; Peterander Franz, Speck Otto (Hrsg.): Qualitätsmanagement in sozialen Einrichtungen, Ernst Reinhardt Verlag München Basel 2004; Tichy, N. M. / Cohen, E.: The Leadership Engine – How Winning Companies Build Leaders at Every Level. New York, 1997; Wittmann, St.: Gewinn und Ethik müssen kein Widerspruch sein. In: io Management Zeitschrift, Nr. 7/8, 1996; Zimmermann, T.: Shareholder Value und Stakeholder Value: Alternative Unternehmensführungskonzepte? In: http://home.tonline.de/home/thomasalexander.zimmermann/t-a-shhv.htm (25.03.2004)

Internetadressen: http://www.q-m-a.de (Qualitätsmanagement, Qualitätsdefinitionen), http://www.schmidma.de/bibliothek/management/skript.htm, http://www.quality.de/quality-forum/1999/messages/18924.htm (Qualität, Qualitätsziel), http://www.dresing-pehl.de/moderation.htm (Qualitätskirkel), http://www.wikipedia.de (Qualität, Six Sigma), http://www.quality.de/lexikon/qualitaet.htm, http://www.quality.de/lexikon.htm (Qualität, Qualitätsmanagement, Qualitätsmanagementsystem, Qualitätspolitik, KTQ), http://www.google.de (Define: Qualitätsmanagement), http://www.qm-trends.de/fb0323.htm, http://www.mkonetzny.de/aufsatz/qualctr.htm, http://www.qm- trends.de/fb0203.htm, http://www.deming.de/deming/deming4.html, http://www.olev.de/t/tqm.htm (TQM), http://www.deutsche-efqm.de/inhseiten/247.htm, http://deming.de/efqm/modell2000-1.html, http://www.deming.de/lep/lep.html, http://www.qualitaetspreise.denkeler-qm.de/Welt/USA/usa.htm, http://hvbg.de/d/bgp/qm/qm4.html, http://www.deming.de/iso9000/iso_tqm.html (TQM), http://www.ktq.de (Fremdbewertung), http://www.qm-trends.de/fb030102.hml

Qualitätsmanagement-Handbuch (QMH)

Es handelt sich um die niedergeschriebene Qualitätsphilosophie sowie deren Umsetzung im Unternehmen. („Dokument, in dem das Qualitätsmanagement-System einer Organisation festgelegt ist". (DIN EN ISO 9000:2000))

In diesem Dokument werden der Geltungsbereich des *Qualitätsmanagement-Systems (QMS)* festgelegt sowie die Zuständigkeiten und Verantwortlichkeiten geklärt. Darüber hinaus werden über Querverweise die Abläufe der Prozesse und deren Schnittstellen sowie die damit verbundenen Tätigkeiten in Ver-

fahrens- und Arbeitsanweisungen beschrieben. Außerdem sind Aussagen über die Aktualisierung und Verwaltung des Handbuchs sowie die Weiterentwicklung des *QMS* zu machen. Das QMH ist Grundlage für die *Audits* und die Zertifizierung.
Siehe auch → Qualitätsmanagement (mit Literaturangaben) .
    Literatur: Kamiske Gerd F. / Brauer Jörg-Peter: Qualitätsmanagement von A bis Z, 5. aktualisierte Auflage, 2006 Karl Hanser Verlag, München Wien.
    Internetadresse: www.quality.de/lexikon/qualitätsmanagement-handbuch.htm

Qualitätsmanagementsystem (QM-System)
nach → ISO 9000:2000 ein „Managementsystem zum Leiten und Lenken einer Organisation bezüglich Qualität". Mit der Einführung eines Qualitätsmanagementsystems wird die organisatorische Realisation des Qualitätsmanagements / der Qualitätsphilosophie vollzogen.
Siehe auch → Qualitätsmanagement (mit Literaturangaben) .
    Literatur: Kamiske Gerd F. / Brauer Jörg-Peter: Qualitätsmanagement von A bis Z, 5. aktualisierte Auflage, 2006 Karl Hanser Verlag, München Wien; DGQ-Deutsche Gesellschaft für Qualität (Hrsg.): DGO-Schrift 12-01: Schlanke Prozesse im Unternehmen, Beuth Verlag, Berlin 2001.
    Internetadresse: http://www.quality.de/lexikon/htm (Qualitätsmanagementsystem)

Qualitätspolitik
„übergeordnete Absichten und Ausrichtung einer Organisation zur Qualität, wie sie von der obersten Leitung formell ausgedrückt wird" (DIN EN → ISO 9000:2000).
Siehe auch → Qualitätsmanagement (mit Literaturangaben).
    Literatur: : Reichwald Ralf, Dietel Bernhard: Produktionswirtschaf, In: Heinen Edmund (Hrsg.) Industriebetriebslehre, Wiesbaden 1991.
    Internetadresse: http://www.quality.de/lexikon.htm (Qualitätspolitik)

Qualitätsprämie
variable *Entgeltkomponente*. Bei der Qualitätsprämie wird der Gütegrad der Produkte als Bemessungsgröße zugrunde gelegt.
Siehe auch → Lohn- und Gehaltsmodelle (mit Literaturangaben).

Qualitätssicherung
„Teil des Qualitätsmanagements, der auf das Erzeugen von Vertrauen darauf gerichtet ist, dass Qualitätsanforderungen erfüllt werden" (ISO 9000:2000). Im Gesundheitswesen der Bundesrepublik Deutschland spielt die Qualitätssicherung eine zentrale Rolle. Dabei wird zwischen interner und externer Qualitätssicherung differenziert. Vor allem die externe Qualitätssicherung in Form des Benchmark-Verfahrens nimmt dabei eine Mittelpunktstellung ein. Dabei werden qualitätsrelevante Daten standardisiert dokumentiert und einrichtungsübergreifend statistisch ausgewertet. Anhand des Vergleichs der eigenen Ergebnisse mit diesen Qualitätsindikatoren, können so dann Verbesserungsprozesse eingeleitet werden (interne Qualitätssicherung).
Siehe auch → Qualitätsmanagement (mit Literaturangaben) .
    Literatur: Pfeifer, T.: Qualitätsmanagement, 3. Auflage, München, Carl Hanser Verlag 2001; Pfeifer, T.: Praxishandbuch Qualitätsmanagement. 2. Auflage, München, Carl Hanser Verlag, 2001.
    Internetadresse: www.quality.de/lexikon/qualitaetssicherung.htm, www.wikipedia.org (Qualitätssicherung)

Qualitätssicherungsvereinbarung (QSV)
(in der → *Materialwirtschaft* bzw. → *Beschaffung*), Vereinbarungen mit Lieferanten, wobei grundsätzlich alle notwendigen Produktspezifikationen, Ausführungsvorschriften, die Merkmale, die für die Qualitätssicherung von besonderer Bedeutung sind, und die beizustellenden Zertifikate, Prüfzeugnisse usw. produktbezogen definiert und detailliert beschrieben werden. Im Rahmen einer Qualitätssicherungsvereinbarung und von Just-in-time-Verträgen wird zunehmend auf die technische Prüfung verzichtet.
Siehe auch → Qualitätscontrolling, → Qualitätsmanagement und → Total Quality Management, jeweils mit Literaturangaben.

Qualitätssicherungsvereinbarungen

(im *Produkthaftungsrecht*). Hierin vereinbaren die Parteien eine konkrete Pflichten- und Haftungsverteilung. Beispiele für Qualitätssicherungsvereinbarungen siehe nachstehende Literatur.
Siehe auch → Produkthaftung (mit Literaturangaben).
  Literatur: Schubert/ Robyn, in Häberle, S.G.: Handbuch für Kaufrecht, Rechtsdurchsetzung und Zahlungssicherung im Außenhandel, München und Wien 2002, Kapitel 2.2.1.

Qualitätszertifikate

Die Bezeichnungen der von den Experten(gesellschaften) ausgestellten Zertifikate sind unterschiedlich: Qualitätszertifikat und/oder Quantitätszertifikat, Inspektionszertifikat, Analysenzertifikat, Gesundheitszertifikate, Clean Report of Findings usw. Qualitätszertifikate werden von Sachverständigen bzw. Expertengesellschaften ausgestellt. Qualitätszertifikate werden zur Sicherheit des Käufers (Importeurs) ausgestellt, insbesondere bei Zahlungsbedingungen, die eine Prüfung der Ware durch den Importeur vor der Bezahlung nicht zulassen (z.B. bei Vorauszahlungen, → Dokumentenakkreditiven und → Dokumenteninkassi). Außerdem ist in den Importbestimmungen einiger Schwellen- und Entwicklungsländer die Vorlage von Qualitätszertifikaten vorgeschrieben. Die Art eines Qualitätszertifikats ist von den zu prüfenden und zu bescheinigenden Kriterien ebenso bestimmt wie von den Eigenarten der jeweiligen Güter. Entsprechend vielgestaltig sind die Erscheinungsformen und der Inhalt von Qualitätszertifikaten. Grob können Qualitätszertifikate untergliedert werden in (1) Analysenzertifikate, (2) Inspektionszertifikate und (3) Gesundheitszertifikate.
Anbieter: Neben einer Vielzahl von amtlich zugelassenen Sachverständigen, die auf die verschiedensten Gebiete spezialisiert sind, und den primär auf die Technik ausgerichteten Prüfinstitutionen (wie z.B. TÜV und DEKRA) sind für den internationalen Handel insbesondere SGS Controll-Co.m.b.H. sowie Bureau Veritas (BIVAC) von Bedeutung. Weitere international tätige Anbieter sind: Inspectorate Griffith, Cotecna International Limited, Intertek Testing Services, Socotec International Inspection.

Qualitätsziel

„etwas bezüglich Qualität Angestrebtes oder zu Erreichendes." (ISO 9000:2000). Qualitätsziele können strategisch, dispositiv oder operativ sein. Sie sind nach Inhalt, Umfang und zeitlichem Bezug festzulegen, zu operationalisieren und in eine Rangreihe zu bringen (Priorität oder Posteriorität). Durch die Vernetzung der Ziele in Form von Kennzahlen können Werttreiberbäume gebildet werden. Bei einem universell gefassten Qualitätsbegriff, werden alle Ziele zu Qualitätszielen.
Siehe auch → Qualitätsmanagement (mit Literaturangaben) .
  Literatur: Lachhammer Johann: Total-Value-Management – Mittelpunkt einer Qualitätsoffensive in sozialen Einrichtungen, In: Peterander/Speck (Hrsg.) Qualitätsmanagement in sozialen Einrichtungen, 2. Aufl., Reinhard Verlag
  Internetadresse: http://www.quality.de/quality-forum/1999/messages/18924.htm

Qualitätszirkel

auf freiwilliger Initiative in Organisationen gegründete Kleingruppe (6 bis 9 MitarbeiterInnen) für einen kontinuierlichen und problembezogenen Erfahrungsaustausch um Qualitätsprobleme zu lösen. Geleitet werden sie von einem Moderator. Qualitätszirkel arbeiten nach dem Prinzip der Selbstevaluation. Zwar ist die Themenstellung frei wählbar, doch sollten Bereiche gewählt werden, die im Zusammenhang mit der Forderung nach kontinuierlicher Verbesserung stehen. Im medizinischen Bereich setzen sich die Qualitätszirkel meist aus mulitprofessionellen Teams zusammen.
Siehe auch → Qualitätsmanagement (mit Literaturangaben).
  Literatur: Strombach, M.E. / Johnson G.: Qualitätszirkel im Unternehmen – Ein Leitfaden für Praktiker, Deutscher Instituts-Verlag Köln, 1983; Zink K.J., Schuck G.: Quality Circles, Band 1 Grundlagen, 2. Aufl., München, Hauser Verlag 1987.
  Internetadresse: http://www.dresing-pehl.de/moderation.htm

Quasi-Hersteller

sind Handelsunternehmer, die zwar nicht tatsächlich Hersteller sind, jedoch fremdhergestellte Erzeugnisse unter eigenem Namen vertreiben oder mit ihrer Handelsmarke, ihrem Warenzeichen oder Fir-

mennamen versehen. Eine Haftung kommt nur in Betracht, wenn der Verbraucher dem Namen der Handelsmarke oder dem Warenzeichen des Quasi-Herstellers ein besonderes Vertrauen entgegenbringt, aufgrund dessen er Vorsichtsmaßnahmen unterlässt, die er sonst getroffen hätte.
Siehe auch → Produkthaftung (mit Literaturangaben).

Literatur: BGH, in: Versicherungsrecht, 1977, S. 839, „Autokran"; Heck, H.-J., Produkthaftung 1990, S. 31.

Quellenprinzip
(*Steuerrecht*) ist eine Unterform des → Ursprungsprinzips für Einkünfte, die nicht unter das Belegenheits-, Betriebsstätten-, Tätigkeits(ort)-, Tantiemen- oder Kassenprinzip fallen. Nach dem Quellenprinzip werden zum Beispiel Zinsen besteuert.

Quellenstaat
(→ *Steuerrecht, Internationales*) bezeichnet den Staat, in dem der Steuerpflichtige zwar keinen Wohnsitz (siehe auch → Wohnsitzprinzip und → Wohnsitzstaat) oder gewöhnlichen Aufenthalt hat, aber eine Einkommens- bzw. Vermögensquelle unterhält.

Quellensteuer
(*tax of source, with-holding-tax*) liegt vor, wenn aus Gründen der Verwaltungsvereinfachung und Sicherung des *Steueraufkommens* z.B. die → *Einkommensteuer* teilweise bereits an der Quelle erhoben wird. Hierzu gehören bspw. In Deutschland die → *Lohnsteuer*, die → *Kapitalertragsteuer* und der → *Zinsabschlag*.

Quellensteuer
(*with-holding-tax*) bezeichnet eine Erhebungstechnik, bei der die Steuer direkt an der Einkunftsquelle einbehalten wird.

Querschnittsfunktion
zielt auf eine bereichsübergreifende Planung, Realisierung und Kontrolle von spezifischen Teilaufgaben. Die einheitliche Zielsetzung einer Querschnittsfunktion ersetzt oder ergänzt die zum Teil divergierenden Zielsetzungen der einzelnen Funktionsbereiche. Durch die Ergänzung der → funktionalen Organisationsstruktur um Querschnittsfunktionen können vorhandene → Schnittstellen überwunden werden; gleichzeitig wird eine Koordination der einzelnen Funktionsbereiche erreicht. Weit verbreitete, organisatorisch institutionalisierte Querschnittsfunktionen sind die Logistik, das Controlling, die Qualitätssicherung und das Umweltmanagement.
Siehe auch → Aufbauorganisation (mit Literaturangaben).

Queuing Systems
siehe → Warteschlangenmodelle.

Quick Ratio
engl. für → Liquidität II. Grades.

Quick Response
Mit Hilfe moderner Informations- und Kommunikationstechnologien (z.B. Strichcodes, Scanning und → EDI können Bestellsysteme, so genannte Quick Response-Systeme geschaffen werden. Ähnlich dem → Just in Time-Konzept handelt es sich dabei um ein Bestellsystem mit hoher Reaktionsfähigkeit durch artikelgenaue Strichcodeauszeichnung. Das zentrale Ziel ist es, Synergieeffekte zwischen Industrie und Handel zu nutzen und so den Warenfluss zu beschleunigen. Anwendungen finden derartige Systeme zum Beispiel im Textilhandel.

Quotenkonsolidierung
Aktiva und Passiva aus der Bilanz eines → *Gemeinschaftsunternehmens* werden nicht vollständig, sondern nur nach Maßgabe der entsprechenden Anteile am Kapital des Gemeinschaftsunternehmens, den

Quoten, mit denen der übrigen → Konzernunternehmen verrechnet. Analog erfolgt die Konsolidierung der Gewinn- und Verlustrechnung (GuV).
Siehe auch → Konzernabschluss (mit Literaturangaben).
    Literatur: Gräfer, H., Scheld, G.A.: Grundzüge der Konzernrechnungslegung, 9. Auflage, Berlin 2005; Küting, K., Weber, C.-P.: Der Konzernabschluss – Lehrbuch zur Praxis der Konzernrechnungslegung, 9. Auflage, Stuttgart 2005.
    Internetadresse: http://www.drsc.de.

R

R/2
ist ein seit Beginn der 1980er Jahre von der SAP angebotenes ERP-System, das für Großrechner konzipiert wurde. R/2 unterstützt keine modernen IT-Architekturen wie das → Client-Server-Prinzip oder das → Internet. Siehe auch → mySAP ERP.

R/3
ist ein seit Anfang der 1990er Jahre von der SAP angebotenes ERP-System (Nachfolger von → R/2). R/3 basiert auf dem → Client-Server-Prinzip und unterstützt grafische Benutzeroberflächen. Siehe auch → mySAP ERP.

Radar, Strategisches
siehe → Strategisches Radar.

Radikale Innovationen
(*Breakthrough Innovations*), die sich unter dem Kriterium des Neuigkeitsgrades von den → inkrementalen Innovationen unterscheiden, sind regelmäßig mit *neuen „dominanten Designs"* verbunden, d.h. ein neuer Markt- und/oder Technologiestandard wird kreiert, an den sich die Wettbewerber anpassen müssen.
Siehe auch → Innovations- und Technologiemanagement (mit Literaturangaben).

Radio Frequency Identification (RFID)
ist ein Erfassungssystem für Waren, das aus einer Sende- und einer Empfangseinheit besteht. Die Sendeinheiten können auf Paletten, Kartons oder auch Artikeln angebracht werden und übermitteln Informationen über die Ware. RFID kann die Warenwirtschaft entscheidend verbessern, Prozessschritte in der Logistik optimieren, die Bestandsführung präzisieren und Inventurdifferenzen verringern.

Rahmentarifvertrag
siehe → Manteltarifvertrag.

Raiffeisenbank
siehe → Volks- und Raiffeisenbanken.

Rangemarke
bedeutet, dass hinter der Marke mehrere differenzierte Produkte stehen, die neben verschiedenen Ausprägungen auch in verschiedenen Versionen offeriert werden. Dies setzt die Sicherstellung von ähnlichen Marketing-Mix-Strategien, konstanter Qualität und Affinität der Produkte voraus. Dabei kann das Programm nur aus einer Range bestehen oder aus zwei oder mehr Ranges nebeneinander, jeweils mit einer oder mehreren weiteren oder ohne weitere Monomarken.
Unter Range wird regelmäßig nur eine Familie verwandter Produkte verstanden, wobei diese emotionale (konnotative) Gemeinsamkeiten aufweisen, die auf hinkunfts-, herkunfts- oder betriebsbezogenen Elementen aufbauen. Man spricht auch von der Treueorientierung des Programms. Meist handelt es

sich einerseits um unechte Rangemarken, die eine Monomarke als Ursprung haben und im Laufe der Zeit erst durch Produktdifferenzierung entstanden sind.

Echte Rangemarken sind andererseits sogleich als solche am Markt angetreten. Dies ist allerdings selten, vielmehr besteht eine Tendenz zur Ausweitung von Monomarken durch weitere Produkte zu Rangemarken. Diese erhalten nicht selten ihrerseits Sub-Ranges (→ Flankers) in verschiedenen Märkten, die wiederum aus verschiedenen Produktlinien (→ Extenders) bestehen oder die in verschiedenen Versionen angeboten werden (vertikale Produktdifferenzierung, z.B. durch Darreichungsform).

Siehe auch → Markenarten.

Rangfolgeverfahren

summarisches Verfahren der *Arbeitsbewertung*. Es erfolgt eine Reihung aller Stellen nach der Gesamtschwierigkeit. Je höher der Rang, desto höher die Bewertung und desto höher das Grundentgelt.

Siehe auch → Lohn- und Gehaltsmodelle (mit Literaturangaben).

Rangordnungsverfahren

Verfahren der *Leistungsbeurteilung*, das dem mangelnden Differenzierungsvermögen des Beurteilers sowie den mit dem Einsatz von Einstufungsverfahren verbundenen Urteilstendenzen entgegenwirken soll.

Siehe auch → Lohn- und Gehaltsmodelle (mit Literaturangaben).

Rangreihenverfahren

analytisches *Arbeitsbewertungsverfahren*. Es werden für jede Teilanforderungsart Rangreihen aller zu bewertenden Stellen gebildet, angefangen vom höchsten bis zum niedrigsten Anforderungsgrad. Die jeweilige Position einer Stelle innerhalb der Rangreihen ergibt für jeden Arbeitsplatz Teilarbeitswerte, die im Anschluss zu einem Gesamtwert addiert werden.

Siehe auch → Lohn- und Gehaltsmodelle (mit Literaturangaben).

Ranke-Heinemann-Institut

Das Institut Ranke-Heinemann ist die Vertretung des Australischen Hochschulverbundes IDP Education Australia und die Vertretung aller neuseeländischen Universitäten in *Deutschland* und *Österreich*. Einzelheiten siehe Institut Ranke-Heinemann.

Siehe auch → Auslandstudium, Institutionen, Stipendien und Auslandspraktika (mit Internetadressen und Literaturangabe).

Internetadresse: www.ranke-heinemann.de

Ratchet

siehe → Sliding scale.

Ratchets

Bonus-/Malus-Regelung; Regelungselement des → Venture Capital-Beteiligungsvertrages einer Eigenkapitalfinanzierung. Siehe auch → Bewertungsanpassung (Venture Capital) und → Venture Capital (mit Literaturangaben).

Ratingagenturen

(i.V. mit → Asset Backed Securities). Ratingagenturen übernehmen im Zusammenhang mit → Asset Backed Securities die Einschätzung von Ausfallsrisiken, die Einschätzung der Bonität des Forderungspools, der Sicherungsleistungen, der Struktur der Asset Backed Securities-Transaktion und der Qualität der einzelnen involvierten Parteien im Zusammenhang mit denen an sie übertragenen Aufgaben. Zu den bekanntesten Ratingagenturen zählen Moody's, Standard & Poor's und Fitch.

Rating-Agenturen

sind Unternehmen, deren Geschäftszweck darin besteht, die Bonität anderer Unternehmen einzustufen. Marktführend sind die drei großen internationalen Rating-Agenturen Standard & Poors, Moody's Investors Service und Fitch. Da die Kosten eines Ratings in einer Größenordnung um 100.000 EUR liegen, kommt ein Rating von diesen Agenturen nur für große, börsennotierte Unternehmen in Betracht. Daneben gibt es auch Rating-Agenturen, die sich auf mittelständische Unternehmen spezialisiert haben wie z.B. die GBB-Rating in Köln.

Siehe auch → Rating-Methoden, kreditwirtschaftliche (mit Literaturangaben).

Internetadressen: (Rating-Agenturen) http://www.standardandpoors.com, http://www.moodys.com, http://www.fitchratings.com, http://www.gbb-rating.de.

Rating-Methoden, kreditwirtschaftliche

Kreditwirtschaftliche Rating-Methoden

von Univ.-Professor Dr. Thomas Hartmann-Wendels
Seminar für Bankbetriebslehre der Universität zu Köln

1. Basel II und Rating

Mit der Umsetzung von Basel II Anfang 2007 wird das Rating von Kreditnehmern zu einer zentralen Größe im Kreditvergabeprozess. Ein Kernelement von Basel II ist, dass Banken Kredite nicht mehr wie zur Zeit vorgeschrieben (Basel I) pauschal mit 8 % haftendem Eigenkapital unterlegen müssen, sondern die Höhe der → Eigenmittelunterlegung von dem Ausfallrisiko des Schuldners abhängt. Für die Umsetzung dieses Grundgedankens sind zwei unterschiedliche Ansätze vorgesehen: Im Kreditrisiko-Standardansatz (KSA) von Basel II wird das Ausfallrisiko des Kreditnehmers durch das Rating einer externen → Rating-Agentur gemessen. Liegt die Rating-Einstufung im Bereich AAA bis AA-, so beträgt der Eigenmittelunterlegungssatz lediglich 0,2 · 8 % = 1,6 %, bei geringerer Rating-Einstufung kann der Satz auf bis zu 1,5 · 8 % = 12 % ansteigen. Da in Deutschland nur wenige Unternehmen geratet sind, dürfte diesem Ansatz keine große Bedeutung zukommen.

Der „Auf Internen Ratings Basierende Ansatz" (IRBA) sieht vor, dass Kreditinstitute jedem Kreditnehmer durch ein bankinternes Rating-System eine einjährige Ausfallwahrscheinlichkeit zuordnen. Diese Ausfallwahrscheinlichkeit bildet dann neben dem zu erwartenden Verlust im Insolvenzfall (→ Loss Given Default) die Grundlage für die Ermittlung der Eigenmittelunterlegung.

2. Rating-Grundlagen

Das Ziel eines Ratings besteht darin, die Bonität eines Kreditnehmers zu beurteilen, indem dieser in eine Rating-Klasse eingeordnet wird. Liegt eine ausreichende Anzahl an empirischen Beobachtungen vor, kann anhand der historischen Ausfallraten jeder Rating-Klasse eine einjährige Ausfallwahrscheinlichkeit zugeordnet werden. Auf die gleiche Weise können auch Übergangswahrscheinlichkeiten ermittelt werden, die angeben, mit welcher Wahrscheinlichkeit ein Schuldner innerhalb eines Jahres von einer Rating-Klasse in eine andere wechselt. Da die Bonitätseinschätzung immer nur auf Basis der gegenwärtig verfügbaren Informationen aufbauen kann, sind Ratings regelmäßig, d.h. mindestens einmal jährlich zu aktualisieren.

Welche Informationen in ein Rating eingehen, hängt vom Kreditnehmertyp ab. Für das Rating von Privatkunden sind Faktoren wie monatliches Einkommen, freies Vermögen, Höhe bestehender Verbindlichkeiten, Beschäftigungsdauer, Familienstand und Lebensalter von Bedeutung, das Rating von Unternehmen basiert vorrangig auf Größen, die aus dem Jahresabschluss abgeleitet werden. Typische aus dem Jahresabschluss abgeleitete Kennzahlen sind der → Verschuldungsgrad, die → Gesamtkapital- und → Umsatzrendite sowie das Verhältnis von → Cash Flow zu Fremdkapital. Daneben werden häufig auch Rechtsform, Unternehmensgröße, Branche sowie eine Beurteilung der Managementqualität, der Wettbewerbsposition und der Produktpalette in die Bonitätseinschätzung einbezogen.

Für börsennotierte Unternehmen kommt auch in Betracht, das Verhältnis aus Aktienkurs und Höhe der Verbindlichkeiten als Eingangsgröße für die Rating-Einstufung zu verwenden. Hinter diesem auch als Credit Monitor Model bekannten Ansatz steckt die Idee, dass Insolvenz dann gegeben ist, wenn der Unternehmenswert die Höhe der Verbindlichkeiten unterschreitet. Nimmt man den Aktienkurs als Grundlage für die Ermittlung des Unternehmenswertes, so ist die Insolvenzwahrscheinlichkeit um so geringer, je höher der Aktienkurs ist, je niedriger dessen Volatilität ist und je niedriger die Verbindlichkeiten sind. Aus dem Verhältnis dieser Größen kann mit Hilfe einer Datenbank, die historische Ausfall-raten enthält, eine Insolvenzwahrscheinlichkeit abgeleitet werden.

3. Rating-Methoden

3.1 Expertenurteile

Um die bonitätsrelevanten Informationen zu einer Rating-Klassifizierung zu verdichten, stehen unter-schiedliche Methoden zur Verfügung. Möglich ist, dass die Verdichtung aufgrund eines Expertenurteils erfolgt. Diese Vorgehensweise ist unumgänglich, wenn nicht genügend Daten über ausgefallene Kre-ditnehmer und deren Merkmale vorliegen. Vorteil eines Expertenurteils ist, dass die individuellen Ver-hältnisse eines Kreditnehmers berücksichtigt werden können. Nachteilig ist, dass die Einschätzungen intersubjektiv nur bedingt überprüfbar sind und die Qualität des Ratings stark von den Fähigkeiten des Analysten abhängt.

3.2 Scoring-Verfahren

Um subjektive Ermessensspielräume einzuschränken, kann ein stärker formalisiertes Verfahren einge-setzt werden. Grundlage hierfür sind Scoringverfahren. Hierbei werden die Kreditnehmer mittels genau festgelegter Kriterien bzw. Merkmale beschrieben, diesen Kriterien werden (Transformations-)Werte zugeordnet und diese werden dann zu einem Scorewert aggregiert. Anhand der Scorewerte kann die Zuordnung zu einer Ratingklasse erfolgen, möglich ist aber auch, einen Trennscore festzulegen, anhand dessen über Annahme oder Ablehnung eines Kreditantrags entschieden wird. Die einfachste Form, ei-nen Scorewert zu ermitteln, ist ein additives Modell der Form:

$$S(x_i) = \sum_{j=1}^{p} w_j \cdot T_j(x_{ij})$$

mit x_{ij} : Realisation des Merkmals j beim Kreditsuchenden i

$T_j(x_{ij})$: transformierter Wert des j-ten Merkmals

w_i : Gewichtungsfaktor des j-ten Merkmals

Im ersten Schritt müssen die relevanten Kriterien festgelegt und die Ausprägungen der Merkmale beim zu beurteilenden Kreditnehmer erhoben werden. Für die Ermittlung der Transformationswerte und Ge-wichtungsfaktoren kann wiederum auf subjektives Expertenwissen zurückgegriffen werden, möglich ist aber auch, hierfür mathematisch-statistische Methoden einzusetzen oder eine Kombination beider Ver-fahren zu wählen.

3.3 Lineare Diskriminanzanalyse

Bei der linearen Diskriminanzanalyse wird die Gewichtung der Merkmale in der Weise vorgenommen, dass anhand der sich ergebenden Scorewerte bestmöglich zwischen guten und schlechten Kreditneh-mern getrennt werden kann. Dazu werden die Kreditengagements der Vergangenheit in zwei Gruppen eingeteilt. Die eine Gruppe enthält die ordnungsgemäß abgewickelten Engagements, die andere Gruppe die notleidend gewordenen Kredite. Mit Hilfe der Diskriminanzanalyse werden die Gewichtungsfakto-ren derart bestimmt, dass die Häufigkeitsverteilungen der Scorewerte möglichst wenig Überlappung aufweist (vgl. Abb. 1).

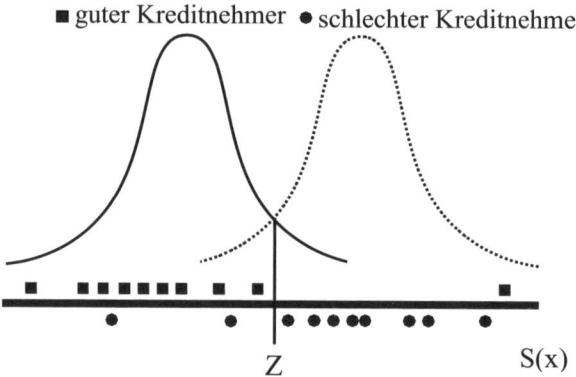

Abb. 1: Häufigkeitsverteilung der Scorewerte „guter" und „schlechter" Kreditnehmer

Beim Trennscore Z wird die Anzahl der Fehlklassifikationen minimiert. Wird der Trennscore weiter nach links verlegt, so sinkt zwar die Wahrscheinlichkeit, einen schlechten Kreditnehmer zu akzeptieren (α-Fehler), es steigt aber auch die Anzahl der guten Kreditnehmer, deren Kreditantrag abgelehnt wird (β-Fehler). Wird der Trennscore nach rechts verlegt, steigt die Zahl der α-Fehler, dafür sinkt die Gefahr eines β-Fehlers. Um den optimalen Trennscore zu bestimmen, müssen die Kosten beider Fehlerarten gegeneinander abgewogen werden.

3.4 Logistische Regression

Das Verfahren der logistischen Regression beruht auf der Annahme, dass die bedingte Wahrscheinlichkeit für den Eintritt der Insolvenz bei gegebener Ausprägung der Merkmale x ($P(y_i=1|x)$) durch eine standard-logistisch verteilte Zufallsvariable modelliert werden kann. Hierdurch können auch nichtlineare Zusammenhänge zwischen Merkmalen und Ausfallraten berücksichtigt werden. Die Werte für die Gewichtungsfaktoren werden so bestimmt, dass die geschätzten Wahrscheinlichkeiten $P(y_i=1|x)$ möglichst gut an die beobachtbaren Ausprägungen $y_i=1$ (= Insolvenz) bzw. $y_i=0$ (= keine Insolvenz) angepasst sind. Abbildung 2 verdeutlicht die Vorgehensweise anhand des Merkmals Verschuldungsgrad:

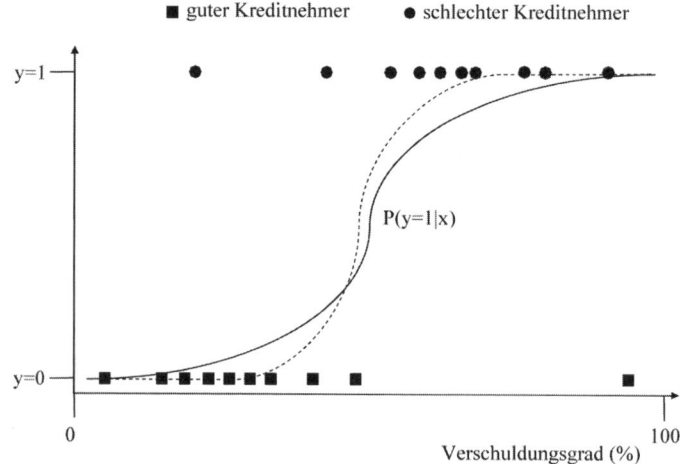

Abb. 2: Parameterschätzung bei der logistischen Regression

Bei der durchgezogenen Kurve sind die Werte für den Gewichtungsfaktor und für die Konstante weniger gut gewählt als bei der gestrichelten Kurve, die eine bessere Anpassung der Verteilung des Verschuldungsgrades für die guten und schlechten Kreditnehmer darstellt.

3.5 Kalibrierung von Scorewerten auf Ausfallwahrscheinlichkeiten

Eine Kalibrierung der Scorewerte auf Ausfallwahrscheinlichkeiten umfasst zwei Schritte. Abbildung 3 verdeutlicht die Vorgehensweise: Zunächst werden alle Kreditnehmer des Datensatzes anhand ihres Scorewertes geordnet und in (z.B. 50) gleich große Gruppen (Buckets) eingeteilt. Für jede Gruppe wird die empirische Ausfallrate als relative Häufigkeit der insolventen Kreditnehmer an der Gesamtzahl der Kreditnehmer dieser Gruppe bestimmt. In einem zweiten Schritt wird der funktionale Zusammenhang zwischen Scorewert und Ausfallwahrscheinlichkeit durch statistische Verfahren geschätzt. Die Kalibrierungskurve in Abbildung 3 ist so gewählt, dass die geschätzten Ausfallwahrscheinlichkeiten sich gut an die empirischen Ausfallraten anpassen.

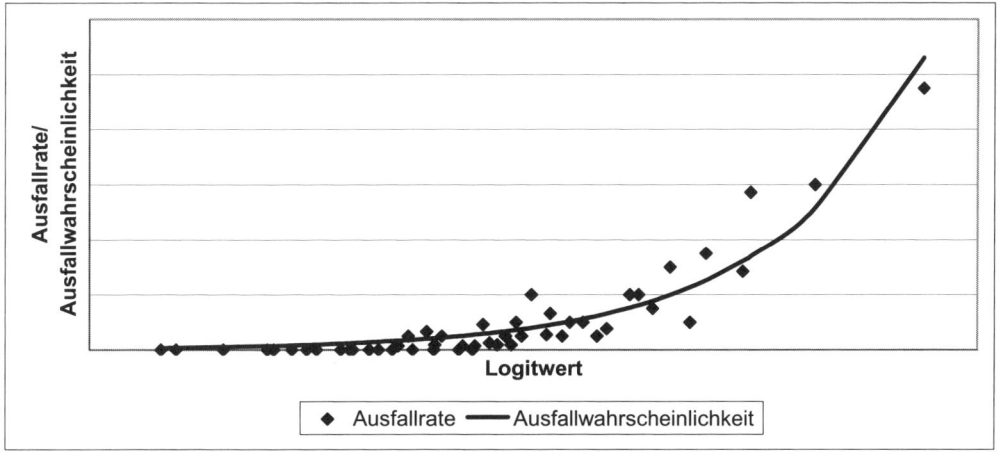

Abb. 3 Kalibrierung von Scorewerten auf Ausfallwahrscheinlichkeiten

Hinweis
Zu den angrenzenden Wissensgebieten siehe → Bilanzanalyse, → Cash Flow, → Finanzcontrolling, → Finanzinnovationen, → Finanzwirtschaft, betriebliche, → Kennzahlen, finanzwirtschaftliche, → Kreditfinanzierung, kurzfristige, → Kreditfinanzierung, langfristige, → Kreditsicherheiten, → Währungsmanagement, → Zinsmanagement.

Literatur: Carey, M., Hrycay, M.: Parameterizing Credit Risk Models with Rating Data, in: Journal of Banking & Finance, Vol. 25, 2001 S. 197-270; Escott, P., Glormann, F., Kocagil, A.: Moody's RiskCalc[TM] für nicht börsennotierte Unternehmen: das deutsche Modell, Moody's Investors Service, New York 2001; Falkenstein, E.: Credit Scoring for Corporate Debt, in: Ong, M. K. (Hrsg.): Credit Ratings – Methodologies, Rationale and Default Risk, London 2002, S. 169-188; Falkenstein, E.; Boral, A. K.; Carty, L. V.: RiskCalc[TM] for Private Companies: Moody's Default Model, Moody's Investors Service, New York 2000; Feidicker, M.: Kreditwürdigkeitsprüfung, Düsseldorf 1992; Hartmann-Wendels, T., Lieberoth-Leden, A., Mählmann, T., Zunder, I.: Entwicklung eines Ratingsystems für mittelständische Unternehmen und dessen Einsatz in der Praxis, in: Neupel, J., Rudolph, B., Hahnenstein, L. Aktuelle Entwicklungen im Bankcontrolling: Rating, Gesamtbanksteuerung und Basel II, Sonderheft 52 der ZfbF, Düsseldorf, Frankfurt 2005, S. 1-29; Hartmann-Wendels, T., Pfingsten, A., Weber, M.: Bankbetriebslehre, 3. Aufl., Berlin et al. 2004; Kaiser, U., Szczesny, A.: Logit- und Probit-Modelle für Kreditrisiken, in: Schröder, M. (Hrsg.): Finanzmarkt – Ökonometrie, Stuttgart 2002, S. 359-396; Lennox, C.: Identifying Failing Companies: A Reevaluation of the Logit, Probit and DA Approaches, in:

Journal of Economics and Business, Vol. 51, 1999, S. 347-364; Szczesny, A.: Risikoindikatoren, Rating und Ausfallwahrscheinlichkeit im Kreditgeschäft, Baden-Baden 2003.

Internetadressen: (Rating-Agenturen) http://www.standardandpoors.com, http://www.moodys.com, http://www.fitchratings.com, http://www.gbb-rating.de; (Institutionen der Bankenaufsicht) http://www.bundesbank.de, http://www.bis.org, http://www.bafin.de.

Ratingskala

bildet die in der → *Marktforschung* am häufigsten eingesetzte Skalierungsmethode. Der Befragte gibt seine Position durch Antwort auf eine Frage zu einer interessierenden Merkmalsdimension selbst auf einem numerischen, grafischen oder daraus kombinierten Maßstab an, der durch zwei gegensätzliche Pole beschränkt ist. Obwohl das Messniveau hier nur ordinal ist, wird aufgrund der Äquidistanz der einzelnen Messpunkte bei Ratingskalen oft eine "Quasi-Intervallskalierung" (→ Messniveau) unterstellt, was den Einsatz leistungsfähigerer Analysemethoden (→ Datenanalyse) ermöglicht.
Siehe auch → Marktforschungsmethoden und → Marktforschung (mit Literaturangaben).

Rational Unified Process

siehe → Unified Process.

Rationalverhalten

eines Investors liegt vor, wenn er von mehreren zur Auswahl stehenden Portfolioalternativen diejenige wählt, die zum größten (individuellen) Zielerreichungsgrad führt. Dieses allgemeine Rationalitätsverständnis kann konkretisiert werden, indem das Zielkriterium festgelegt wird. In der ökonomischen Literatur wird (unbeschränkte) Rationalität häufig mit einem Handeln entsprechend der Axiome rationalen Verhaltens identifiziert, wonach das Kriterium der Maximierung des → Erwartungsnutzens als adäquates Zielkriterium abgeleitet werden kann.
Siehe auch → Portfoliomanagement (mit Literaturangaben).

RBV

Abk. für Ressource Based View nach Prahalad und Hamel; siehe auch → Strategisches Management und die dort angegebene Literatur.

Reaktanz

Im Rahmen der → *Personalauswahl* und der Testanwendung wird damit der (mögliche) Widerstand der Testperson gegen das Verfahren bezeichnet. Die Verweigerung der Kooperation kann zu Verfälschungen der Ergebnisse führen.

Reaktivität

In der Psychologie die Bezeichnung für ein Verhalten, das unmittelbar auf Umweltreize hin eintritt. Ein reaktives Personalauswahlverfahren führt dazu, dass sich der Bewerber aufgrund des Auswahlverfahrens oder dass sich das Verfahren im Zusammenhang mit dem Bewerber verändert (z.B. wenn ein Bewerber aufgrund eines → Assessment Center-Erlebnisses sein Diskussionsverhalten verändert).
Siehe auch → Personalauswahl (mit Literaturangaben).

Real Asset Value Enhancer (RAVE)

von der *Boston Consulting Group* entwickelter Ansatz des Value Based Managements. RAVE baut auf dem → Cash Value Added (CVA) auf und berücksichtigt zusätzlich personal- und kundenorientierte Steuerungskennzahlen.
Siehe auch → Kennzahlen, wertorientierte und die dort angegebene Literatur.

Real Estate Investment Trusts

abgek. Reits. Bei Reits werden Immoblien in eine börsennotierte Aktiengesellschaft eingebracht. Die Erträge daraus werden (zu einem Großteil) an die Aktionäre ausgeschüttet.

Realer Wechselkurs
siehe → Wechselkurs, realer.

Realisationsprinzip
(→ *Jahresabschluss, deutscher*). Gewinne dürfen in der Bilanz erst zum Ansatz gebracht werden, wenn sie durch Umsatz realisiert sind. Nicht realisierte Gewinne dagegen dürfen nicht ausgewiesen werden, § 252 Abs. 1 Nr. 4 HGB. Das Realisationsprinzip hat wichtige Konsequenzen für die Bewertung, danach dürfen Wertsteigerungen des Vermögens nicht gewinnerhöhend wirken; siehe auch → Anschaffungswertprinzip.

Realisationsprinzip
(*handelsrechtlich, betriebswirtschaftlich*). Das Realisationsprinzip besagt, dass Gewinne aus der unternehmerischen Leistung erst dann erfolgswirksam erfasst werden dürfen, wenn sie realisiert sind. Als Realisationszeitpunkt wird nach herrschender Meinung der Zeitpunkt angesehen, zu dem eine Lieferung vollzogen (= Gefahrenübergang) oder eine Leistung erbracht wurde. Das Realisationsprinzip verhindert den Ausweis unrealisierter Gewinne aus der unternehmerischen Leistung. Es führt damit zu einer vorsichtigen Bilanzierung und gilt daher – neben dem → Imparitätsprinzip – auch als inhaltliche Ausgestaltung des → Vorsichtsprinzips.
Besondere Probleme bereitet das Realisationsprinzip bei (langfristigen) Fertigungsaufträgen, die bis zur Fertigstellung als unfertige Erzeugnisse bilanziert werden. Ein Gewinnausweis ist nach dem HGB erst möglich, wenn der Kunde die Leistung (bzw. eine definierte Teilleistung) abgenommen hat (→ completed-contract Methode). Das führt dazu, dass bei vielen Projekten über lange Zeit gar kein Gewinn ausgewiesen wird. In der Periode der Fertigstellung wird dann der ganze Gewinn gezeigt, obwohl er über eine längere Zeit erwirtschaftet wurde.
International wendet man dagegen die → *percentage-of-completion* Methode an, die den Gewinn in Abhängigkeit vom Fertigstellungsgrad eines Produktes erfolgswirksam ausweist. Natürlich kommt es dabei zum Ausweis unrealisierter Gewinne. Das ist aber gewollt, weil international das Realisationsprinzip (realization principle) nicht aus dem → Vorsichtsprinzip, sondern aus dem → accrual principle abgeleitet wird.

Realisationsprinzip
(*Steuerrecht*) (*realization prinziple*) im *Steuerrecht* stellt auf den Zeitpunkt des Wertzuwachs oder des Wertverzehrs ab. Die erfolgswirksamen Vorgänge werden dem Besteuerungszeitraum zugewiesen, in dem sie wirtschaftlich entstanden sind. Diese periodenverursachungsgemäße Genauigkeit der wirtschaftlichen Zuordnung von Einnahmen und Ausgaben ist dem → *Zu- und Abflussprinzip* fremd.

Realkredit
ist ein langfristiger Kredit, der gegen Eintragung eines Grundpfandrechtes (→ Kreditsicherheiten) gesichert ist und im Rahmen der → Beleihungsgrenze gewährt wird. Bei Realkrediten beträgt die Beleihungsgrenze 60 % des → Beleihungswertes.

Realteilung
(*österreichischem Recht*). Von einer Realteilung wird gesprochen, wenn Gesellschafter im Zuge ihres Ausscheidens aus einer → Personengesellschaft oder bei Beendigung einer Gesamthandsgesellschaft anstatt Ausgleichszahlungen reale Vermögenswerte der Gesellschaft (Teilbetriebe oder Mitunternehmeranteile) in Höhe ihres Gesellschaftsanteils übertragen erhalten. Die *steuerrechtlichen Begleitvorschriften* (steuerneutrale Behandlung von → Umgründungen) dazu enthält Art V (§§ 27 ff) öUmgrStG.

Received for Shipment Bill of Lading
siehe → Übernahmekonnossement; siehe auch → Konnossement.

Rechnungsabgrenzungsposten
dienen der periodengerechten Gewinnermittlung. Auf der Aktivseite (ARAP) sind Ausgaben auszuweisen sofern sie Aufwendung nach dem Bilanzstichtag darstellen. Auf der Passivseite sind passive Rech-

nungsabgrenzungsposten (PRAP) auszuweisen, sofern es sich um Einnahmen vor dem Bilanzstichtag handelt, die Ertrag für eine bestimmte Zeit nach dem Bilanzstichtag darstellen.
Siehe auch → antizipative und → transitorische Posten.

Rechnungslegung nach IFRS
siehe → Internationale Rechnungslegung nach IFRS.

Rechnungslegungs Interpretations Committee (RIC)
Gewählt vom Vorstand aus dem Kreis der Rechnungsleger auf maximal vier Jahre bildet ein Vorsitzender zusammen mit sechs weiteren Mitgliedern das Rechnungslegungs Interpretations Committee. Dabei besitzt der Vorsitzende des Rechnungslegungs Interpretations Committees kein Stimmrecht und hat zugleich die Position des Generalsekretärs des → DRSC inne. Alle anderen Mitglieder haben je eine, unabhängig von der Interessenlage des jeweiligen Herkunftsunternehmens auszuübende Stimme. Zur Beschlussfassung ist eine Stimmenmehrheit von 75 Prozent erforderlich. Der → DSR besitzt bezüglich der Entscheidungen des Rechnungslegungs Interpretations Committees eine Vetoposition.
In Kooperation mit dem → International Financial Reporting Interpretations Committee (IFRIC) des → IASB und den adäquaten Ausschüssen der anderen nationalen Liaison-Partner ist es Aufgabe des Rechnungslegungs Interpretations Committees, auf eine international übereinstimmende Interpretation grundlegender Fragen der Rechnungslegung hinzuarbeiten und eine Beurteilung von spezifisch nationalen Zusammenhängen aus dem Blickwinkel der geltenden → IFRS und im Abgleich mit den → DRS vorzunehmen.

Rechnungslegungsrecht, schweizerisches
siehe → Jahresabschluss nach schweizerischem Recht, siehe auch → Swiss GAAP FER.

Rechnungslegungsstandards
siehe → Deutsche Rechnungslegungsstandards (DRS).

Rechnungswesen, ökologisches
siehe → umweltbezogenes betriebliches Rechnungswesen; siehe auch → Ökologiecontrolling und → Ökologiebilanz.

Recht, nationales
siehe → nationales Recht; siehe auch → Außensteuerrecht, nationales.

Rechtsgemeinschaft, Schlichte
siehe → Schlichte Rechtsgemeinschaft, österreichische (communio incidens, §§ 825ff ABGB).

Rechtsgutachten
siehe → Legal Opinion.

Rechtskauf
Sonderform des Kaufvertrages, bei dem keine körperlichen Waren (Sachen) entgeltlich übertragen werden, sondern Rechte. Beispiele sind Wertpapiere wie Aktien, Wechsel und ähnliches. Die Abgrenzung von Sach- und Rechtskauf kann problematisch werden, wenn die Mehrheit der Anteile an einem Unternehmen gekauft wird. Hier treten Probleme vor allem auf, wenn die Unternehmensanteile dem Erwerber nicht die erwartete Position verschaffen oder das Unternehmen aus betriebswirtschaftlichen Gründen nicht die erwartete Qualität hat. Nach der Reform des deutschen BGB im Jahre 2002, das im Hinblick auf die Gewährleistung den Sach- und Rechtskauf gleichstellt, hat diese Frage zumindest in Deutschland an Bedeutung verloren.
Siehe auch → Kaufrecht (mit Literaturangaben).

Rechtsquellen, steuerliche
siehe → Steuerlehre, Betriebswirtschaftliche und die dort angegebene Literatur.

Rechtsschutz, Gewerblicher
siehe → Gewerblicher Rechtsschutz; siehe auch → Markenrecht und → Wettbewerbsrecht.

Reconciliation
Überleitungsrechnung, z.B. zwischen dem Jahresergebnis nach deutschem Recht und dem Jahresergebnis nach → US-GAAP, mit dem Ziel, Differenzen bzw. Unterschiede transparent zu machen.

Recycling
siehe → Entsorgung.

Redistribution
ist die Ausgestaltung aller Tätigkeiten der Überbrückung von Konsumrückständen vom Anfallort bis zum Ort der erstmaligen (Weiter-)Verarbeitung oder (Wieder-)Bearbeitung Die Beseitigungskapazitäten sind jedoch weder quantitativ noch qualitativ ausreichend. Marktregulierend greift die Verpackungsverordnung (VO) ein. Hinzu treten die Altautoverordnung, die Verordnungen für Elektronikschrott, Batterien, Altpapier und Baurestabfälle. Herstellern wird insoweit die Verantwortung nicht nur für die Packung, sondern für das ganze Produkt während seines gesamten Lebenszyklus zugewiesen. Der Logistik kommt dabei eine zentrale Rolle zu. Sie schließt im Teilbereich der Redistribution den Stoffkreislauf zwischen Produktgebrauch/-verbrauch und Recycling durch Rückführung von Altprodukten bzw. deren Rückständen in die Produktion (Verwertung) oder den erneuten Gebrauch (Verwendung).

Redukt
siehe → Güter (→ Produktions- und Kostentheorie).

Reduzierungsklausel
vorkommend beispielsweise bei → Anzahlungsgarantien, wonach sich der Betrag der Anzahlungsgarantie einer Bank entsprechend dem Wert geleisteter Lieferungen absolut oder prozentual reduziert bzw. die Garantie erlischt.

Referenzielle Integrität
Unter referenzieller Integrität versteht man im Rahmen des → Relationalen Datenmodells eine Klasse von → Integritätsbedingungen, durch die postuliert wird, dass es sich bei den Werten in einer bestimmten Spalte einer Tabelle um eine Teilmenge der Werte, die in einer anderen Spalte derselben oder einer anderen Tabelle handeln muss, wobei es sich bei der Spalte in letzterer Tabelle um einen Schlüssel handeln muss. Mit Hilfe von referenzieller Integrität lässt sich die Abhängigkeit der Existenz von Objekten in der → Datenbank von der Existenz anderer Objekte in der Datenbank auf elegante Weise postulieren.
Siehe auch → Datenbanksysteme (mit Literaturangaben).

Regionalisierung
kennzeichnet die intrakontinentale Verdichtung von Wirtschaftsbeziehungen im Sinne eines immer engeren Zusammenwachsens regionaler Ländergruppen, wie etwa der Europäischen Union (EU) und der Nordamerikanischen Freihandelszone (NAFTA). Regionalisierung kann sowohl als Reaktion auf eine exzessiv gesteigerte → Globalisierung, wie auch als mögliche Voraussetzung für eine fortschreitende → Globalisierung betrachtet werden.
Auf der Unternehmungsebene wird die Notwendigkeit einer stärkeren Beachtung lokaler und regionaler Aspekte in letzter Zeit offenbar ebenfalls deutlicher erkannt und berücksichtigt. Dafür spricht u. a. das Bekenntnis von Coca-Cola: „Wir haben verstanden, dass wir lokal denken und lokal handeln müssen. Dabei ist gerade unser Unternehmen ein Beispiel für erfolgreiche Geschäfte auf globaler Basis."
Es erscheint allerdings problematisch, Regionalisierung als eine Art Gegenpol der Globalisierung gegenüberzustellen. Vielmehr scheint im politischen wie ökonomischen Bereich eine Entwicklung aussichtsreicher, die Aspekte der Globalisierung mit solchen der Regionalisierung zu verbinden sucht.
Siehe auch → Globalisierung (mit Literaturangaben).

Registergericht
ist das Amtsgericht, welches das → Handelsregister führt (§ 8 HGB).

Register-Richtlinie
(68/151/EWG), siehe → Publizitäts-Richtlinie und die dort angegebene Quelle.

Regression, logistische
Anwendungsbeispiel siehe → Rating-Methoden, kreditwirtschaftliche, Kap. 3.4. (mit Literaturangaben).

Regressionsanalyse
Die Regressionsanalyse ist ein häufig eingesetztes Analyseverfahren (→ Datenanalyse), das sowohl für die Beschreibung und Erklärung von Zusammenhängen als auch für die Durchführung von Prognosen große Bedeutung besitzt. Untersucht werden die Wirkungsbeziehungen zwischen einer abhängigen Variablen (Regressand) und einer oder mehreren unabhängigen Variablen (Regressoren). Die Regressionsanalyse ist anwendbar, wenn sowohl die abhängige als auch die unabhängige Variablen metrisches Skalenniveau (→ Messniveau) besitzen.
Ein Beispiel für die Anwendung der Regressionsanalyse bildet die Frage, ob und wie die Absatzmenge eines Produktes vom Preis (und ggf. zusätzlich von den Werbeausgaben und der Zahl der Verkaufsstätten) abhängt. Nach der Anzahl der einbezogenen Variablen wird zwischen der einfachen (zwei Variablen) und der multiplen Regressionsanalyse (mehr als zwei Variablen) unterschieden. Ferner wird nach der Art der Zusammenhänge zwischen linearer und nicht-linearer Regressionsanalyse differenziert.
Literatur: Backhaus K., Erichson B., Plinke W., Weiber R.: Multivariate Analysemethoden. Eine anwendungsorientierte Einführung, 10. Auflage, Springer, Berlin u.a., 2003.

Regulation S-K
Verlautbarung der → Securities and Exchange Commission (SEC), die die Publizität von qualitativen Informationen regelt, die zusammen mit den Abschlüssen bei der SEC einzureichen sind.
Internet: http://www.sec.gov/divisions/corpfin/forms/regsk.htm.

Regulation S-X
Verlautbarung der → Securities and Exchange Commission (SEC), die Form, Inhalt und Prüfung der bei der SEC einzureichenden Abschlüsse vorschreibt.
Internet: http://www.sec.gov/divisions/corpfin/forms/regsx.htm.

Reichweite
Kennzahl der *Mediaplanung* die beschreibt, in welchem Ausmaß Werbeadressaten erreicht werden. Man unterscheidet zwischen quantitativer Reichweite (Zahl der erreichten Personen) und qualitativer Reichweite (Zahl der erreichten Personen in der Zielgruppe) sowie Brutto- (Zahl der insgesamt erreichten Kontakte; Doppelzählung der erreichten Personen möglich) und Nettoreichweite (Zahl der erreichten Personen; keine Doppelzählungen).
Siehe auch → Medienökonomie (mit Literaturangaben).

Reifegradtheorie
(*Führung*). Nach der Reifegradtheorie wird der Führungserfolg durch den aufgabenbezogenen und sozialen Reifegrad des Mitarbeiters bestimmt. Maßgeblich dafür sind seine Fähigkeiten und seine Motivation, wofür Ausbildung, Erfahrung, Leistungswille und -fähigkeit sowie die psychologische Reife (Selbstvertrauen, Verantwortungsbereitschaft) wichtige Indikatoren darstellen. Der Führungsstil (→ Personalführung) des Vorgesetzten variiert zwischen klaren Anweisungen bei fachlich und psychologisch unreifen Mitarbeitern und gelegentlichen unterstützenden Eingriffen und Kontrollen bei reifen Mitarbeitern.
Siehe auch → Personalführung und → Unternehmensführung, jeweils mit Literaturangaben.

Reihen, arithmetische
siehe → Finanzmathematik.

Reihen, geometrische
siehe → Finanzmathematik.

Reihenfertigung
siehe → Fließfertigung.

Reihenfolgeprobleme
resultieren dadurch, dass beispielsweise die Bearbeitungsreihenfolge von Aufträgen an einer oder mehreren Maschinen oder die Besuchsreihenfolge von Orten durch Personen oder Fahrzeuge optimal festgelegt werden sollen. Maschinenbelegungsprobleme und Rundreiseprobleme (Traveling Salesman Probleme) stellen damit spezielle Reihenfolgeprobleme dar, die mit entsprechenden Lösungsmethoden des *Operations Research* gelöst werden können.
Siehe auch → Operations Research (mit Literaturangaben).

Reintermediation
siehe → Intermediation.

Reiseaufkommen
Anzahl der Personen, die in einer Periode mindestens eine Reise unternommen haben (gemessen an der Gesamtbevölkerung ergibt dies die → Reiseintensität) bzw. Anzahl der Reisen, die von diesen Personen unternommen wurden. Da eine Person mehrere Reisen pro Periode unternehmen kann, ergibt sich für die Bundesrepublik eine durchschnittliche Reisehäufigkeit von ca. 1,3.
Siehe auch → Tourismusbetriebslehre (mit Literaturangaben).

Reisebüro
siehe → Reisemittler.

Reiseintensität
Anteil der Personen, die mindestens eine Reise in der betrachteten Periode unternommen haben, an der Gesamtbevölkerung. In Anlehnung an die Definition der Reiseanalyse des ehemaligen Studienkreises für Tourismus bzw. der touristischen Forschungsgemeinschaft F.U.R. wird unter Reiseintensität (RI) der prozentuale Anteil der Bevölkerung ab 14 Jahren verstanden, der im Laufe eines Kalenderjahres mindestens eine Urlaubsreise von fünf Tagen/Nächten oder länger unternommen hat.
Manche Autoren konkretisieren diese Kennzahl als *„Nettoreiseintensität" (NRI)*. Mit Hilfe der NRI lässt sich somit das Marktvolumen in Personen (→ Reiseaufkommen) beschreiben.
Siehe auch → Tourismusbetriebslehre (mit Literaturangaben).

Reisemittler
Unternehmen, das Leistungen von Reiseveranstaltern sowie touristische Grundleistungen (z.B. nur Beförderung durch ein Verkehrsunternehmen) in fremdem Namen und auf fremde Rechnung verkauft, somit also Leistungen Dritter *vermittelt* und - unter reiserechtlichen Aspekten - hinsichtlich der Durchführung der Reisen keine Haftung übernimmt. Auch als „Retailer" bezeichnet bzw. umgangssprachlich oft als „Reisebüro", wobei der Begriff „Büro" die räumliche Dimension (Ladenlokal) betont. Ein Reisebüro kann also durchaus auch als Reiseveranstalter tätig sein.
Siehe auch → Tourismusbetriebslehre (mit Literaturangaben).

Reiseveranstalter
(Tour-Operator), Unternehmung, die eigene Leistungen sowie Leistungen Dritter (=Leistungsträger) zu marktfähigen touristischen Angeboten (Pauschalreisen) kombiniert und – i.d.R. mittels des Trägermediums Reisekatalog – für deren Vermarktung sorgt, wobei diese Pauschalreisen in eigenem Namen, auf eigene Rechnung und unter reiserechtlichen Aspekten auf eigenes Risiko angeboten werden.
Siehe auch → Tourismusbetriebslehre (mit Literaturangaben).

Reits

Abk. für *Real Estate Investment Trusts*. Bei Reits werden Immoblien in eine börsennotierte Aktiengesellschaft eingebracht. Die Erträge daraus werden (zu einem Großteil) an die Aktionäre ausgeschüttet.

Reize, emotional wirkende

sind Reize, die Emotionen im Menschen wecken, z.B. Schlüsselreize, Personen-, Landschafts- oder Tierabbildungen. Siehe auch → Konsumentenverhalten (mit Literaturangaben).

Reize, kognitiv wirkende

sind Reize, die durch gedankliche Konflikte, durch Widersprüche und Überraschungen wirken; stellen die Wahrnehmung vor unerwartete Aufgaben und stimulieren dadurch die → Informationsverarbeitung. Siehe auch → Konsumentenverhalten (mit Literaturangaben).

Reize, physisch wirkende

sind Reize, die durch physische Elemente → Aktivierung auslösen. Die wichtigsten physisch wirkenden Reize sind Größe und Farbe, weitere sind Kontraste, dynamische Darstellung und laute Töne. Siehe auch → Konsumentenverhalten.

Rekta-(Namens-)Konnossement

Wird im → Konnossement der Empfänger (consignee) ohne ausdrücklichen Ordervermerk aufgeführt, dann liegt ein Rektakonnossement vor (vgl. auch § 647 HGB, deutsches). Der Anspruch auf Auslieferung der Güter steht beim Rektakonnossement dem bezeichneten Warenempfänger zu. Dieser Rechtsanspruch kann vom Begünstigten (Empfänger) nur durch Abtretungserklärung auf einen Dritten übertragen werden, nicht aber durch Indossament. In der Praxis kommt deswegen überwiegend das → Orderkonnossement vor.

Rektaindossament

Durch den Zusatz "nicht an Order" o.Ä. im → Indossament entsteht ein Rektaindossament. Dies bewirkt, dass die Haftung des Indossanten nur gegenüber seinem unmittelbaren Indossatar gilt, nicht dagegen gegenüber eventuellen weiteren Indossanten.

Rektawechsel

Ein → Wechsel kann den Vermerk "nicht an Order" tragen, mit der Folge, dass ein solcher Wechsel (der als Rektawechsel bezeichnet wird) nur noch in Form und mit den Wirkungen einer gewöhnlichen Abtretung übertragbar ist.

Relationales Datenmodell

Das Relationale Datenmodell hat seinen Namen von mathematischen Begriff der Relation und geht auf einen Vorschlag von Edward F. Codd zurück. Es ist unter allen Datenmodellen dasjenige Modell, das einerseits auf den festesten formalen Grundlagen beruht und das andererseits für den Benutzer am leichtesten zu verstehen und damit zu nutzen ist.

Jede Art von Daten ist im Relationalen Datenmodell in Form von Tabellen organisiert, d.h. dass sowohl Objekte, Vorgänge und Individuen (also alle Entities im Sinne des → Entity-Relationship-Modells) als auch Beziehungen zwischen diesen (also Relationships im Sinne des → Entity-Relationship-Modells) mit Hilfe von Tabellen dargestellt werden. Das Relationale Datenmodell ist ein werte-orientiertes Modell, was bedeutet, dass jede Art von inhaltlichen Zusammenhängen zwischen Objekten gleicher oder verschiedener Art ausschließlich durch Gleichheit bzw. Ungleichheit von Werten zu geeigneten → Attributen in den Zeilen einer oder mehrerer Tabellen zum Ausdruck gebracht werden kann.

Das zweite wesentliche Element des Relationalen Datenmodells neben der Tabelle ist der Begriff der Integritätsbedingung. Zwar gibt es Integritätsbedingungen auch in anderen → Datenmodellen, jedoch in keinem anderen → Datenmodell ist die Möglichkeit zur Formulierung von Integritätsbedingungen in derart allgemeiner und systematischer Form in das Modell integriert worden; dadurch wird es möglich, Gesetzmäßigkeiten, die im jeweiligen Anwendungszusammenhang gelten, in natürlicher Weise in die

Spezifikation der Daten zu übertragen und so die Überwachung dieser Gesetzmäßigkeiten auf das Datenbankverwaltungssystem zu übertragen.

Siehe auch → Datenbanksysteme (mit Literaturangaben).

Literatur: Codd, E.F.: A Relational Model for Large Shared Data Banks, Communications of the ACM, vol. 13, no. 6 (1970), pp. 377 - 387.

Relationship-Marketing

umfasst alle Aktivitäten zum Aufbau, zur Sicherung und zur Weiterentwicklung von persönlichen Beziehungen zu Kunden und Kooperationspartnern sowie unter Mitarbeitern. Das nach dieser Begriffsbestimmung sich entwickelnde Geflecht von Beziehungen, Netzwerken und Interaktionen steht im Widerspruch zum Paradigma des kopflastigen betriebswirtschaftlichen „Entscheidungsträgers" (des sog. homo oeconomicus), der bei seinen Entscheidungen emotionslos eine Zielfunktion optimiert.

Das vor allem auf *Berry* (1983) zurückgehende Relationship-Konzept nimmt die Priorität für Neukundengewinnung und kurzfristige Umsatzzielerreichung zurück Eine Ära des Beziehungsmarketing löst das auf Sammeln von Verkaufsabschlüssen ausgerichtete und von den Erfolgsgrößen Preis, Lieferzeit und Provisionseinnahmen beherrschte Vorteilsmarketing oder Transaktionsmarketing ab, bei dem nur der aktuelle Verkaufsvorgang (ein Deal; deshalb im Finanzwesen auch *Deal-based Marketing* genannt) im Vordergrund des Verkäuferinteresses steht.

Ein gutes Bild für *Transaktionsmarketing* ist der Zeitungskauf eines anonymen Reisenden am Bahnhofskiosk. Er verkörpert die Laufkundschaft. Oder drastischer gesagt: den Kunden anhauen, umhauen, abhauen (Hit-and-run-Philosophie). Ziele des Relationship-Marketing sind in letzter Konsequenz balancierte werthaltige Beziehungen auf Kunden- wie auf Lieferantenseite, auch *Win-Win-Beziehungen* oder *Wertschöpfungspartnerschaften* genannt.

Siehe auch → Customer Relationship Management (CRM) (mit Literaturangaben).

Relationware

siehe → Kooperatives Customer Relationship Management (CRM) sowie → Customer Relationship Management (CRM) (mit Literaturangaben).

Relative Value

marktneutrale Strategie von → Hedgefonds, siehe auch → Hedgefonds-Strategien.

Relativer Kapitalwert

siehe → Kapitalwertrate (Investitionsrechnung).

Relaunch

betrifft die Modifikation wesentlicher Marketinginstrumente und bedeutet eine grundlegende Änderung auch der Positionierung.

Dabei wird der Versuch unternommen, die Überlebenschancen durch gebrauchstechnische Veränderungen (der → Produkte bzw. → Dienstleistungen), also in Bezug auf die Funktionserfüllung, durch affektive Veränderungen, also in Bezug auf Gefallen, oder durch komparative Veränderungen, also in Bezug auf Wettbewerbsposition, zu erhöhen. Zur Umsetzung sind zwei Richtungen denkbar: Up grading bedeutet eine generelle Verbesserung der Qualitätsdimension, Down grading bedeutet eine generelle Verbesserung der Preisdimension.

Siehe auch → Up grading, → Down grading sowie → Produktpolitik (mit Literaturangaben).

Releasewechsel

beschreibt die Aktualisierung von → Standardsoftware. Sie erfolgt durch die Installation einer vom Hersteller ausgelieferten, neuen Version.

Relevanter Markt

siehe → Markt, relevanter.

Reliabilität

kennzeichnet den Grad der formalen Genauigkeit (Zuverlässigkeit), mit dem gemessen wird. Messergebnisse sind reliabel, wenn bei wiederholter Messung unter vollkommen gleichen Bedingungen dasselbe Ergebnis resultiert. Die Reliabilität bezieht sich dabei auf Zufallsfehler (unsystematische, variable Fehler). (Negativ-)Beispiel: Ein Metermaß ist aus einem verformbaren Material gefertigt und ändert seine Länge in Abhängigkeit von Umwelteinflüssen. Siehe auch → Gütekriterien und → Validität.

Relief from Royalty

siehe → *Lizenzpreisanalogien*; siehe auch → Markenbewertung (mit Literaturangaben).

Rembours

bedeutet, dass eine Bank, die eine andere Bank beispielsweise mit einer Auszahlung, einer Garantieübernahme, einer Akzeptleistung oder einer Akkreditivbestätigung beauftragt, dieser anderen Bank diese (Vor-)Leistungen ersetzen muss. Diese andere Bank erwirbt einen Remboursierungsanspruch an diejenige Bank, die sie beauftragt hat; siehe auch → *Remboursakkreditiv*.

Remboursakkreditiv

Form des → *Akzeptakkreditivs*, bei dem die sog. andere Bank (nicht die akkreditiveröffnende Bank) das Akzept auf der → *Tratte* des akkreditivbegünstigten Exporteurs leistet und bei Fälligkeit dieses → *Bankakzept* bezahlt. Dadurch erwirbt diese andere Bank einen Remboursierungsanspruch an die akkreditiveröffnende Bank, der die Bezeichnung Remboursakkreditiv erklärt.
Siehe auch → Dokumentenakkreditiv (mit Literaturangaben).

Remittance-Base-Klausel

(→ *Steuerrecht, Internationales*). Der eine Staat verliert nur dann sein Besteuerungsrecht, wenn das Steuergut tatsächlich in den anderen Staat überwiesen wurde. Diese Klausel gilt vor allem für → Doppelbesteuerungsabkommen (DBA) mit Staaten die ausschließlich gemäß dem → Territorialitätsprinzip besteuern.

Remote Ordering

Unter Remote Ordering werden verschiedene, v.a. durch neue Medien ermöglichte Formen des Versandhandels zusammengefasst, bei der die Angebote an die Kunden mittels Katalog, Prospekt, Anzeige, elektronischer Medien oder auch durch Außendienstmitarbeiter übermittelt werden (→ *Vertriebswege, Neuere*).
Im Remote Ordering kann die Bestellung schriftlich, mündlich bzw. telefonisch erfolgen, aber auch mittels neuerer Bestellformen wie PC-gestützt (e-mail, WWW). Weiterhin sind zukünftige und technisch gestützte Optionen des Remote Ordering hervorzuheben, wie (1) Home Scanning (Handscanner, anhand derer die Kunden durch Einscannen des Barcodes Bestellvorgänge auslösen), (2) Automatic Replenishment (Bestellsysteme, bei denen die Bestellung automatisch ausgelöst wird, wenn ein bestimmter Mindestbestand erreicht bzw. unterschritten wird), (3) Portable Devices (Bestellsysteme, die anhand von Scansystemen über tragbare Devices (Handheld PC, Handy etc.) ausgelöst werden), (4) elektronische Kiosksysteme.
Unter logistischen Gesichtspunkten sind zwei, allerdings oft für das Remote Ordering Erfolgsentscheidende, grundsätzliche Varianten zu unterscheiden: (1) Zustellvarianten (nach Hause, ins Büro („at work") etc.) und (2) Abholvarianten bzw. Pic-up-Services (verkehrsorientiert an Bahnhöfen, Tankstellen und sonstigen Stationen inklusive so genannter Shopping Boxen oder wohnortnahe an Postämtern, Banken etc.).
Siehe auch → Vertriebswege, Neuere und → Handelsmarketing, jeweils mit Literaturangaben.
    Literatur: Liebmann, H.-P., Zentes, J., Swoboda, B.: Handelsmanagement, 2. Aufl., München 2007.

Rendite

(Errechnungsmethoden) Die Rendite bestimmt den Erfolg einer Investition über einen bestimmten Zeitraum T bezogen auf das eingesetzte Kapital. Je nach Berechnung liegt eine der folgenden Renditeformen vor:

1. Wertorientierte Rendite

Gibt es außer den Zahlungen V_a (Anfangswert) und V_b (Endwert) keine weiteren Mittelzu- bzw. -abflüsse des Investors (externe Zahlungen) und werden während der Laufzeit alle Rückflüsse der Investition (interne Zahlungen) reinvestiert, so berechnet sich die Wert-orientierte Rendite (time weighted return) in ihrer diskreten bzw. kontinuierlichen Form wie folgt:

$$R_d = \frac{V_e - V_a}{V_a} \text{ bzw. } R_c = \ln\frac{V_e}{V_a} = \ln(1 + R_d)$$

Beide Formen der Berechnung rechtfertigen sich durch ihre speziellen Eigenschaften. Für die diskrete Rendite gilt: Die Rendite eines Portfolios ist gleich der Summe der gewichteten Einzelrenditen. Das Gewicht einer Teilinvestition bestimmt sich dabei als ihr Anfangswert bezogen auf den Gesamtwert. Für die kontinuierliche Rendite gilt: Die Rendite über einen Gesamtzeitraum ist gleich der Summe der einzelnen Zeiträume. Da kontinuierliche Renditen unterschiedlicher Zeiträume (nahezu) unkorreliert sind, ist mit dem Zentralen Grenzwertsatz die Annahme normalverteilter Renditen begründet.

Ist $t_a = t_0 < t_1 < ... < t_{N-1} < t_N = t_e$ und liegen in den Zeitpunkten t_n, n=1,...,N-1, weitere externe Zahlungen CF_n des Investors vor, wird für jeden Teilzeitraum (t_{n-1}, t_n) die kontinuierliche Rendite separat berechnet:

$$R_{c,n} = \ln\frac{V_n}{V_{n-1} + CF_n}$$

Damit ist $R_c = R_{c,1} + ... + R_{c,N}$ die kontinuierliche und $R_d = \exp(R_c) - 1$ die diskrete Rendite des Gesamtzeitraumes $T = (t_a, t_e)$.

2. Cashflow-orientierte Rendite

Ausgehend von einer Anfangsinvestition A zum Zeitpunkt t_0 und Rückflüssen CF_n, n=1,...,N, zu den Zeitpunkten t_n ist die Cashflow-orientierte Rendite (money weighted return) definiert als Zinssatz R, für den die Summe der diskontierten Rückzahlungen gleich A ist:

$$\sum_{n=1}^{N} \frac{CF_n}{(1 + R)^{t_n - t_0}} = A$$

Der Wert R wird auch Interne Rendite oder Effektivzins genannt. Die Laufzeiten $t_n - t_0$ sind dabei in Jahren gerechnet (→ Tageberechnung).

Während die Cashflow-orientierte Rendite nur von den externen Zahlungen (Cashflows CF_n) des Investors abhängt, geht in die Berechnung der Wert-orientierten Rendite die Wertentwicklung der Investition ein.

Ein Investor entscheidet sich bei zwei Möglichkeiten zur Investition nach dem Renditekriterium, wenn er bei sonst gleichen Bedingungen die Investition mit der höheren Internen Rendite wählt.

Siehe auch → Finanzmathematik (mit Literaturangaben).

Rendite

(Wertpapiere), siehe → Wertpapierrendite.

Rendite, erwartete

entspricht dem → Erwartungswert einer → Rendite.

Renditestandardabweichung

entspricht der → Standardabweichung einer → Rendite.

Renditevarianz
entspricht der → Varianz einer → Rendite.

Renditeverteilung
entspricht der Wahrscheinlichkeitsverteilung einer → Rendite.

Renditeverteilung, linksschiefe
entspricht der → Wahrscheinlichkeitsverteilung einer → Rendite, die über eine negative → Schiefe verfügt. Solche Renditeverteilungen werden auch als rechtssteil bezeichnet und von Investoren mit fallender → absoluter Risikoaversion ceteris paribus gegenüber rechtsschiefen Renditeverteilungen abgelehnt.

Renditeverteilung, rechtsschiefe
entspricht der → Wahrscheinlichkeitsverteilung einer → Rendite, die über eine positive → Schiefe verfügt. Solche Renditeverteilungen werden auch als linkssteil bezeichnet und von Investoren mit fallender → absoluter Risikoaversion ceteris paribus gegenüber → linksschiefen Renditeverteilungen bevorzugt.

Rentabilitätskennzahlen
Instrumente der Rentabilitätsanalyse. Bei einer Rentabilitätskennzahl wird eine Ergebnisgröße in Bezug zu einer Einflussgröße gesetzt. Als Ergebnisgrößen kommen verschiedene Gewinnmaße aus der Gewinn- und Verlustrechnung, wie das betriebliche Ergebnis, das Ergebnis der gewöhnlichen Geschäftstätigkeit oder Jahresergebnis (vor oder nach Steuern), bereinigte Ergebniszahlen oder alternativ auch Cash Flow-Größen (→ Cash Flow / Cash Flow Management) in Betracht. Als Einflussgrößen können die Umsatzerlöse, das Eigenkapital (meist entsprechend aufbereitet gemäß einer → Strukturbilanz), das Gesamtkapital, das betriebsnotwendige Vermögen oder das Capital Employed herangezogen werden. Typische Erscheinungsformen von Rentabilitätskennzahlen sind daher Umsatzrentabilität, Eigenkapital- und Gesamtkapitalrentabilität, Betriebsrentabilität und Return on Capital Employed. Auch die Kennzahl Cash Flow Return on Investment (CFROI) rechnet zu den Rentabilitätskennzahlen (→ Cash Flow / Cash Flow Management).
Siehe auch → Kennzahlen, wertorientierte und → Kennzahlen, finanzwirtschaftliche, jeweils mit Literaturangaben.

Rentenrechnung
siehe → Finanzmathematik, insbes. Kap. 2 b).

Repetierfaktoren
(*flow inputs*) bezeichnen → Produktionsfaktoren, die sich in einem einmaligen Produktionsvorgang verzehren und daher „wiederholt", laufend neu beschafft und eingesetzt werden müssen. Dazu zählen → *Betriebsstoffe* (zum Betrieb einer Anlage), z.B. Energie, Schmier- und Kühlmittel usw. und → *Werkstoffe*. Das Beispiel des elektrischen Stroms etwa macht deutlich, dass die dem Stromnetz entnommene Energie im Moment der Nutzung verzehrt wird und laufend neu entnommen werden muss.
Siehe auch → Produktions- und Kostentheorie (mit Literaturangaben).

Replacement Capital
ein Altgesellschafter eines Unternehmens erwirbt Unternehmensanteile eines anderen Altgesellschafters, der aussteigen möchte. Siehe auch → Private Equity (mit Literaturangaben).

Report
Als Report (Aufschlag) wird der Unterschiedsbetrag zwischen dem (niedrigeren) → Devisenkassakurs einer Währung und dem höheren → Devisenterminkurs dieser Währung bezeichnet.
Siehe auch → Deport; → Swapsatz.

Reporting

(*Berichtswesen*). Um die laufende und zukünftige Entwicklung von Kennzahlen, Plänen, Entscheidungen und Projekten eines Unternehmens verfolgen zu können, wird ein System von Berichten im Sinne eines umfassenden Berichtswesens eingerichtet. Dieses Berichtswesen entspricht oft dem → Controlling System eines Unternehmens.

Repository

(auch: *Data Dictionary, Informationskatalog*), Instrument zur Unterstützung beim Zugriff auf die im → Data Warehouse enthalten Daten, das die im System enthaltenen Daten mithilfe entsprechender → Metadaten beschreibt.

Repräsentativität

Forderung von Strukturgleichheit bezüglich → Stichprobe und → Grundgesamtheit. Eine Stichprobe ist dann repräsentativ, wenn sie in der Verteilung aller untersuchungsrelevanten Merkmale der Grundgesamtheit entspricht, d.h. ein zwar verkleinertes, aber wirklichkeitsgetreues Abbild der Grundgesamtheit darstellt.
Siehe auch → Marktforschungsmethoden (mit Literaturangaben).

Request for Information

abgek. RFI. Anfrage, um Basisinformationen über ein Produkt einzuholen. Dient primär der Sondierung des Marktes. Die abgegebenen Angebote sind nicht verbindlich. Siehe auch → Electronic Procurement (mit Literaturangaben).

Request for Proposal

abgek. RFP. Reguläre Ausschreibung, bei der die abgegebenen Angebote verbindlich sind. Siehe auch → Electronic Procurement (mit Literaturangaben).

Request for Quotation

abgek. RFQ. Eine Preisanfrage um detaillierte Informationen über Preise und Konditionen auf Basis einer konkreten Spezifikation einzuholen. Siehe auch → Electronic Procurement (mit Literaturangaben).

Resale Price Method

siehe → Wiederverkaufspreismethode, siehe auch → Verrechnungspreis.

Reserven, Stille

siehe → Stille Rücklagen.

Residence Principle

siehe → Wohnsitzstaatprinzip (im *Internationalen Steuerrecht*)

Residenzprinzip

Der Kunde muss sich zum Kauf in die Einkaufsstätte des Anbieters (= Residenz) begeben (stationärer → Einzelhandel).

Residual Income

engl. für → Residualgewinn.

Residualerfolg

Der Residualerfolg ist eine absolute → Kennzahl, mit der ermittelt wird, ob ein Unternehmen einen Überschuss über die Kapitalkosten erwirtschaftet hat: vom → Erfolg vor Zinsen werden die Kapitalkosten subtrahiert. Eine spezielle Form des Residualerfolgs ist der → Economic Value Added (EVA).

Residualgewinn

(*Übergewinn, Residual Income*). Als Residualgewinn wird der Gewinn einer Periode abzüglich der Verzinsung des Investierten Kapitals bezeichnet. Je nachdem, ob der Residualgewinn im Equity Ansatz oder im Entity Ansatz Verwendung findet, werden als Kapitalgrößen Eigenkapital- bzw. Gesamtkapitalkosten angesetzt. In der Praxis liegt das Konzept des Residualgewinns den unterschiedlich verwendeten Wertbeitragskennzahlen, wie z.B. → Economic Value Added (EVA), Cash Value Added (CVA) oder Economic Profit zugrunde.

Siehe auch → Kennzahlen, wertorientierte und die dort angegebene Literatur.

Respekttage

sind zusätzliche Tage, die die Banken bei der Errechnung der Zinstage beispielsweise bei der Diskontierung von Auslandswechseln (siehe auch → Wechseldiskont) den Laufzeittagen der Wechsel hinzurechnen. Länderweise gibt es Unterschiede über die Anzahl der hinzu geschlagenen Respekttage. Begründet sind die Respekttage durch die in einigen Ländern längeren Vorlegungsfristen der Wechsel sowie durch den Zeitraum bis zum Eingang des Wechselgegenwerts aus dem Ausland.

Response

(im → *Marketing*). Eine Response ist eine erwünschte Reaktion/Antwort eines (potenziellen) Kunden auf ein Marketingangebot (Reize bzw. Stimuli). Im *Dialog-Marketing* beispielsweise versucht man Kunden so individuell wie möglich in seinen Interessensgebieten anzusprechen, so dass eine gewünschte Reaktion (Nachfrage, Kataloganforderung, Registrierung, Bestellung, Buchung o.ä.) erfolgt.

Im Rahmen des *Response Marketing* wird schon bei der Festlegung der Marketingstrategie und des Marketing-Mix die Zielerreichung, nämlich eine Response-Erzielung, berücksichtigt. Alle Maßnahmen sind darauf gerichtet, Informationen über (potenzielle) Kunden zu gewinnen sowie diese Informationen zu sichern und weiter zu verarbeiten, um sie aufbereitet für künftige Kommunikationsmaßnahmen nutzen zu können.

Response Management umfasst die lückenlose Erfassung der Response. Zu erfassende positive Response sind beispielsweise Nachfragen, Teilnahme an Wettbewerben oder Preisrätseln, Prospekt- oder Kataloganforderungen, Registrierungen, Bestellungen, Informationsersuchen usw. Zu erfassende negative Response sind u.a. Reklamationen.

In einer zentralen Datenbank werden alle Informationen gespeichert, um allen Beteiligten jederzeit den Zugang zu allen Daten zu ermöglichen. Besonders wichtig ist die ständige Pflege der Daten und lückenlose, zeitnahe Erfassung aller Kundenkontakte.

Aus diesen umfassenden und aktuellen Daten lassen sich dann u. a. Konsumentenprofile ableiten, die eine Klassifizierung von Kunden nach Interesse, Bonität (Scoring-Modelle), Wert (Customer Value, Customer Lifetime Value) oder Kaufvorhersagen (Ersatz- oder Zusatzbeschaffung, zukünftiger Umsatz) ermöglicht.

Siehe auch → Marketing, Grundlagen, → Konsumentenverhalten und → Multi-Kanal-Dialogmarketing, jeweils mit Literaturangaben.

Response Management

siehe → Response.

Response Marketing

siehe → Response.

Responsible Care

weltweites Nachhaltigkeitsprogramm der Chemischen Industrie. Ihren Ursprung hatte die Initiative 1985 in Kanada, 1995 erstes Responsible-Care-Programm in Deutschland. Zur Zeit haben sich 40 nationale Chemieverbände dem Responsible Care-Programm angeschlossen.

Ressortkollegialität

Bei einer Ressortkollegialität ist jedes Mitglied einer Leitungsgruppe für einen bestimmten Bereich zuständig, etwa für einen Funktions- oder Geschäftsbereich. Die Mitglieder der obersten Unternehmens-

leitung sind häufig in Personalunion gleichzeitig Leiter einer nachgeordneten Abteilung des Unternehmens.
Siehe auch → Aufbauorganisation (mit Literaturangaben).

Ressourcen
siehe → Kernkompetenzen.

Ressourcenbasierter Ansatz
Ansatz zur Erklärung von Wettbewerbsvorteilen im → Strategischen Management durch das Vorhandensein und die Nutzung organisationsspezifischer, einzigartiger Ressourcen. Wettbewerbsvorteile schaffen Ressourcen besonders dann, wenn sie knapp, nicht substituierbar, schwer imitierbar und wertstiftend sind.
Siehe auch → Organisation, Grundlagen und → Organisationstheorien, jeweils mit Literaturangaben.

Restart
aufgrund der schlechten Lage eines Unternehmens wird (durch einen beteiligten Private Equity Fonds) ein neues Unternehmenskonzept erstellt; siehe auch → Private Equity (mit Literaturangaben).

Restbuchwert
ist die Differenz zwischen den Anschaffungs- oder Herstellungskosten eines Vermögensgegenstandes und den kumulierten → planmäßigen und → außerplanmäßigen Abschreibungen, an einem bestimmten Abschlussstichtag.

Restrukturierungsfinanzierung
(*Turn-around Financing*). Vorkommen beispielsweise im Rahmen von → Private Equity durch Einbringung von Eigenkapital in ein in der Krise befindliches Unternehmen zum Ausgleich von Verlusten und zur Rückkehr in die Gewinnzone. Die Restrukturierungsfinanzierung wird in der Regel verbunden mit einem Sanierungskonzept (siehe → Restart).

Restrukturierungsrückstellung
Eine Restrukturierungsrückstellung ist nach IAS 37 für eine Restrukturierungsmaßnahme zu bilden. Diese Maßnahme ist ein Programm, das vom Management geplant und kontrolliert wird und entweder (a) das von dem Unternehmen abgedeckte Geschäftsfeld oder (b) die Art, in der dieses Geschäft durchgeführt wird, wesentlich verändert. Das Vorliegen einer rechtlichen Verbindlichkeit ist keine Voraussetzung für diese Rückstellung.
Siehe auch Übersichtsbeitrag → Rückstellungen (mit Literaturangaben).

Restschuldbefreiung
Auch wenn die Erlöse aus der Verwertung des Schuldnervermögens verteilt sind und ein Insolvenzverfahren beendet wurde, erlöschen die dann noch nicht beglichenen Forderungen der Gläubiger gegen den Insolvenzschuldner nicht. Das heißt, dass der Schuldner im Durchschnitt noch mehr als 90% seiner Schulden begleichen müsste. Für viele natürliche Personen würde dies bedeuten, dass sie bis zum Ende ihres Lebens noch Schulden bezahlen müssen und kein Vermögen mehr aufbauen können. Unter den Voraussetzungen der §§ 286 bis 303 Insolvenzordnung (InsO) können daher natürliche Personen nach Ablauf einer Frist von 6 Jahren, in der sie ihr gesamtes pfändbares Vermögen ihren Gläubigern zur Verfügung stellen, von ihren noch bestehenden Verbindlichkeiten befreit werden. Voraussetzung dafür ist, dass ein Antrag auf Restschuldbefreiung gestellt wurde und der Schuldner sich wohl verhält. Das heißt nichts tut, was den Gläubigern schaden könnte.
Siehe auch → Insolvenzrecht, deutsches und → Sanierungsmanagement, jeweils mit Literaturangaben.

Reststoffe
sind wiederverwertbare Rückstände aus dem Produktionsprozess, die einem Recycling zugeführt werden können. Siehe auch → Materialwirtschaft (mit Literaturangaben) .

Restwert
ist der am Ende der Nutzungsdauer eines Vermögensgegenstands des abnutzbaren → *Anlagevermögens* voraussichtlich erzielbare Erlös abzüglich voraussichtlicher Demontage- und Veräußerungskosten.

Retail Brand
siehe → Händlermarke (mit Hinweisen und Literaturangaben).

Retailer
(*Tourismus*), siehe → Reisemittler, siehe auch → Tourismusbetriebslehre (mit Literaturangaben).

Retrodistributionslogistik
(*Entsorgungslogistik*), Rückführung der zur Entsorgung oder Wiederverwendung anstehenden Rückstände, insbesondere die Entsorgung von Abfällen (z.B. aus Hilfs- oder Betriebsstoffen), Verpackungsmaterialien und nicht mehr benötigten Gebrauchsgütern. Mit der Entsorgung oder Wiederverwendung sind häufig umfangreiche Sammel-, Lager- und Transportprozesse verbunden. Zusätzlich sind damit auch Sortier-, Trenn- oder Demontageprozesse erforderlich.
In der Praxis sind im Rahmen der Retrodistributionslogistik sehr unterschiedliche Systeme zur Rücknahme von „Altgütern" entstanden, die zudem noch länderspezifische Besonderheiten aufweisen. Beispiele: „Altstoff Recycling Austria AG" (ARA) die Sammlung und Verwertung von Verpackungsabfällen in ganz Österreich finanziert und organisiert. „Duales System Deutschland AG" (DSG), das sich als Unternehmen nach der Einführung der Verpackungsverordnung als Verbund in Deutschland tätiger Unternehmen um die Sammlung und anschließende Verwertung von Verpackungsabfällen der Lebensmittel- und Verpackungsbranche kümmert.
Siehe auch → Distributionslogistik (mit Literaturangaben).

Retrograde Methode
(*Lagerwirtschaft*). Die Verbrauchsmengen werden durch Rückrechnung aus den erstellten Halb- und Fertigerzeugnissen abgeleitet.

Retrograde Terminierung
Die Retrograde Terminierung stellt ein von Adam entwickeltes Verfahren der Fertigungssteuerung dar, das auf so genannte Steuereinheiten Bezug nimmt, sowohl zentrale als auch dezentrale Planungskomponenten enthält und – insbesondere im Bereich der Werkstattfertigung und bei vernetzten Produktionsstrukturen – anderen Konzepten im Hinblick auf Zielgrößen wie die Kapazitätsauslastung, Auftragsdurchlaufzeiten oder Liefertermineinhaltung (→ *Ablaufplanung, Produktion*) überlegen ist.
Siehe auch → Produktionsplanung und -steuerung und die dort angegebene Literatur.

Return on Assets (ROA)
siehe → Return On Investment.

Return on Capital (ROC)
siehe → Return on Invested Capital.

Return on Capital Employed (ROCE)
andere Bezeichnung: *Return on Invested Capital (ROIC)*, ist eine gewinnbasierte Rentabilitätskennzahl. ROCE ist eng verwandt mit der Kennzahl → Return on Invested Capital (ROIC). Beide differieren nur aufgrund unterschiedlicher Ermittlungsvorschriften für die Berechnungsbestandteile → Net Operating Profit after Tax (NOPAT) und Investiertes Kapital.

Return on Equity (ROE)
engl. für → Eigenkapitalrentabilität.

Return on Gross Investment (ROGI)
ist eine auf dem Cash Flow basierende Rentabilitätskennzahl, die definiert wird als

$$\text{Return on Gross Investment} = \frac{\text{Brutto Cash Flow}}{\text{Brutto Investitionen}}$$

Der Brutto Cash Flow entspricht weitestgehend dem $\rightarrow$ Cash Flow aus der laufenden Geschäftstätigkeit, die Brutto Investitionen dem Investierten Kapital zum Anschaffungswert. Der Vorteil dieser Kennzahl besteht darin, dass sich für ein gegebenes Investitionsobjekt die Basis des Return on Gross Investment nicht verändert und sich damit die Berechnungsbasis - im Gegensatz zu vielen üblichen Rentabilitätskennzahlen - nicht verändert. Ein spezieller Return on Gross Investment ist der Cash Flow Return on Investment (CFROI).
Siehe auch $\rightarrow$ Kennzahlen, finanzwirtschaftliche und die dort angegebene Literatur.

Return on Invested Capital (ROIC)

(engl. für *Gesamtkapitalrendite*) ist eine gewinnbasierte Rentabilitätskennzahl, die den Gewinn vor Fremdkapitalzinsen nach adaptierten Steuern ($\rightarrow$ Net Operating Profit after Tax, NOPAT) auf das Investierte Kapital bezieht.

$$\text{ROIC} = \frac{\text{NOPAT}}{\text{Investiertes Kapital}}$$

Im Gegensatz zur Bestimmung der $\rightarrow$ Eigenkapitalrentabilität im Equity Ansatz erfolgt die Ermittlung des ROIC im Entity Ansatz. Dadurch dass keine Fremdkapitalzinsen in der Gewinngröße enthalten sind, wird eine Rendite unabhängig von der Kapitalstruktur ermittelt. In der Praxis wird der ROIC unter verschiedenen Bezeichnungen, wie $\rightarrow$ Return on Capital (ROC), Return on Capital Employed (ROCE) oder Return on Net Assets (RONA) verwendet. Die dabei hinter den Bezeichnungen stehenden Unterschiede resultieren aus unterschiedlichen Berechnungsarten hinsichtlich der Gewinngröße im Zähler bzw. Kapitalgröße im Nenner.
Siehe auch $\rightarrow$ Kennzahlen, finanzwirtschaftliche und die dort angegebene Literatur.

Return on Investment (ROI)

(*allgemeine Charkterisierung*) (engl. *Return on Assets*) ist eine gewinnbasierte Rentabilitätskennzahl. Der ROI entspricht der Rendite auf das Investierte Kapital, und ist definiert als Quotient aus Gewinn und Gesamtkapital.

$$\text{ROI} = \frac{\text{Gewinn}}{\text{Gesamtkapital}}$$

Der ROI, traditionell auf Geschäftsbereichsebene als interne Steuerungsgröße eingesetzt, wurde zunehmend durch andere, wertorientierte Kennzahlen ersetzt. Ein wesentlicher Problempunkt beim ROI besteht - neben den allen Rentabilitätskennzahlen anhaftenden Schwächen – in der inkonsistenten Ermittlung der Gewinn- und Kapitalgrößen. Im Nenner wird der Buchwert des Gesamtkapitals und im Zähler der Gewinn (Jahresüberschuss) nach Fremdkapitalzinsen angesetzt, so dass sich Fremdkapital aufgrund des Zinsabzugs im Gewinn senkend auf den ROI auswirkt.
Siehe auch $\rightarrow$ Cash Flow Return on Investment sowie $\rightarrow$ Kennzahlen, finanzwirtschaftliche und die dort angegebene Literatur.

Return on Investment (ROI)

(insbesondere im *Beteilingscontrolling*), zur Beurteilung von Geschäftsfeldern bzw. Beteiligungen entwickelte Spitzenkennzahl, an die ein durch mathematische Operationen verknüpftes Kennzahlensystem (Rechensystem) anknüpft, das als ROI-Kennzahlensystem oder – nach dem Unternehmen, in dem es zwischen 1915 und 1918 entwickelt und erstmalig eingesetzt wurde – als *DuPont-Kennzahlensystem* bezeichnet wird.
Der ROI berechnet sich als Quotient des Unternehmenserfolgs und des zu seiner Erwirtschaftung eingesetzten Kapitals. Auf der ersten Ebene des Kennzahlensystems werden dazu die Umsatzrentabilität und der Kapitalumschlag miteinander multipliziert. Zu beachten ist, dass in der ursprünglichen Konzeption die betrieblichen Erträge vor Finanzierungsaufwendungen in Relation zum ursprünglich investierten Kapital, d.h. den Vermögenswerten zu Anschaffungskosten gesetzt wurden. Somit handelt es

sich um ein modernen wertorientierten Kennzahlen wie dem CFROI und dem EVA® nahe stehendes Konzept.
Siehe auch → Cash Flow Return on Investment, → Beteiligungscontrolling sowie → Kennzahlen, finanzwirtschaftliche und die dort angegebene Literatur.

Return on Net Assets (RONA)
siehe → Return on Invested Capital.

Return on Sales (ROS)
siehe → Umsatzrentabilität.

Revenue Center
dezentrale Organisationsform, bei der die Erlöse, nicht aber die Kosten im Vordergrund stehen. Der Revenue Center Leiter hat also eine geringere Entscheidungskompetenz als bei der häufiger zu findenden Profit Center Organisation. Revenue Center sind selten in reiner Form zu finden.
Einzelheiten und Literaturangaben siehe → Profit Center Organisation, Kap.3.

Revenue Premium
siehe → Umsatzpremium.

Revenue Sharing
Aufteilung eines Entgeltes zwischen Mobilfunk- und Dienstanbieter im → *Mobile Commerce*.

Revenue-Management
siehe → Yield-Pricing.

Revers-Charge-Verfahren
Verfahren der Umsatzsteuer(erhebung). Siehe → Umsatzsteuer (Europäische Union).

Reverse Auction Modelle
Hierbei handelt es sich um eine besondere Form der Auktion. Der Nachfrager eines Produktes stellt seinen genau definierten Bedarf ins Internet. Im Anschluss daran unterbieten sich die Anbieter im Rahmen des Auktionsprozesses, bis der Nachfrager den Preis akzeptiert. Man bezeichnet diese Form der Auktion auch als Käuferauktion.
Siehe auch → E-Commerce (mit Literaturangaben).

Reverse Auctioning
ist eine spezielle Form der → Online-Auktion. Siehe auch → Online-Ausschreibung.

Review
(z.B. beim → *Projektmanangement*) ist die geplante und systematische Überprüfung eines Projektergebnisses (→ Deliverable, Dokument) im Rahmen eines Audits. Das Review dient als Abschluss des Arbeitspakets „Erstellung des Teilergebnisses" und stellt sicher, dass die → Qualität des Teilergebnis ausreichend ist.

Revolvierende Einzeldeckung des Bundes
(Deutschland), Form der sog. Hermes-Deckungen zur Sicherung deutscher Exportgeschäfte; siehe auch → Exportkreditgarantien des Bundes. Revolvierende Einzeldeckungen des Bundes (Hermes Revolvierende Einzeldeckung) decken für deutsche Exporteure bestimmte Risiken von kurzfristigen Exportforderungen aus Ausfuhrverträgen mit laufend belieferten ausländischen Bestellern. Siehe auch → Einzeldeckung des Bundes, → Ausfuhr-Pauschal-Gewährleistung (APG) des Bundes sowie → Ausfuhr-Pauschal-Gewährleistung-light (APG-light) des Bundes.

Revolvierende Finanzierung
siehe → Finanzierung, revolvierende.

Revolvierende Hermes-Deckung
siehe → Revolvierende Einzeldeckung des Bundes.

Revolvierendes Dokumentenakkreditiv
(*Revolving Credit*) lautet über einen Akkreditivbetrag, der innerhalb eines bestimmten Zeitraums vom Begünstigten mehrmals (erneut, wieder auflebend, revolvierend) in Anspruch genommen werden kann, bis ein festgelegter Höchstbetrag erreicht ist. Bei der Inanspruchnahme des revolvierenden Akkreditivbetrags kann der Begünstigte gemäß den jeweiligen Akkreditivbedingungen an bestimmte (Spätest-)Termine gebunden sein oder aber davon frei sein. Hinsichtlich der betraglichen Inanspruchnahme revolvierender Akkreditive sind kumulativ revolvierende → *Dokumentenakkreditive* und nichtkumulativ revolvierende Dokumentenakkreditive zu unterscheiden.
      Literatur: Häberle S.G.: Handbuch der Akkreditive, Inkassi, Exportdokumente und Bankgarantien, München und Wien 2002.

Revolving Credit
siehe → revolvierendes Dokumentenakkreditiv.

Rezertifizierungsaudit
Verläuft ein externes → *Audit* durch eine Zertifizierungsgesellschaft positiv, erhält das Unternehmen ein Zertifikat. Dieses hat eine Gültigkeit von 3 Jahren, wird aber jedes Jahr – im Rahmen eines *Überwachungsaudits* – auf seine Gültigkeit hin überprüft. Nach 3 Jahren erfolgt das *Rezertifizierungsaudit*. Danach hat das Zertifikat weitere 3 Jahre – mit den entsprechenden Überwachungsaudits – Gültigkeit. Dieser Zyklus wiederholt sich alle 3 Jahre. Einzelheiten siehe → ISO 9000:2000.

R-Factor
Teilindex innerhalb des → Business-Environment-Risk-Index (BERI-Index).

RFI
Abk. für *Request for Information*. Anfrage, um Basisinformationen über ein Produkt einzuholen. Dient primär der Sondierung des Marktes. Die abgegebenen Angebote sind nicht verbindlich.
Siehe auch → Electronic Procurement (mit Literaturangaben).

RFID
Abk. für → Radio Frequency Identification.

RFP
Abk. für *Request for Proposal*. Reguläre Ausschreibung, bei der die abgegebenen Angebote verbindlich sind. Siehe auch → Electronic Procurement (mit Literaturangaben).

RFQ
Abk. für *Request for Quotation*. Eine Preisanfrage um detaillierte Informationen über Preise und Konditionen auf Basis einer konkreten Spezifikation einzuholen. Siehe auch → Electronic Procurement (mit Literaturangaben).

RFx
zusammenfassende Abk. für → RFI, → RFP und → RFQ.

RIC
Abk. für Rechnungslegungs Interpretations Committee.

Rich-Media-Banner
multimedialer Banner, der mehrere Medienarten (Animation, Ton) miteinander verknüpft. Mehr zu Bannern unter → Bannerwerbung. Zur Internet-Werbung siehe → Internet-Kommunikationspolitik (mit Literaturangaben).

Richtlinie zur grenzüberschreitenden Verschmelzung

(2005/56/EG) *(Grenzüberschreitende Verschmelzungs-Richtlinie)* vom 26.10.2005 regelt die Verschmelzung von Kapitalgesellschaften aus verschiedenen EG-Mitgliedstaaten und die damit verbundene Mitbestimmungsproblematik.
Siehe → Gesellschaftsrecht, Europäisches (mit Literaturangaben).
Quelle: ABl.EG L 310 vom 25.11.2005, S. 1; abrufbar bei Eur-Lex unter: http://eur-lex.europa.eu.

Right of First Refusal

(→ *Venture Capital*), Vorkaufsrecht, vorkommend u.a. als Regelungselement des → Venture Capital-Beteiligungsvertrages einer Eigenkapitalfinanzierung mit → Venture Capital.

Risiko

(1. allgemeine Definition) beschreibt die *Unsicherheit* der Realisation einer betrachteten Größe in Abhängigkeit des Eintritts verschiedener, künftiger Umweltzustände. In Abgrenzung zur *Ungewissheit* sind die Eintrittswahrscheinlichkeiten der möglichen Zustände sicher und objektiv bekannt. Risiko lässt sich mithilfe so genannter → Risikomaße quantifizieren.
Siehe auch → Risikoanalyse, → Analysemethoden, betriebswirtschaftliche und → Risikocontrolling (mit Literaturangaben).

Risiko

(2. allgemeine Definition) ist die Abweichung der tatsächlichen Ausprägung einer vorhergesagten Größe (z.B. Gewinn) vom einem Referenzwert (z.B. vom Nullgewinn, vom erwarteten Gewinn). Die negative Abweichung (Verlustgefahr) wird auch als *Risiko i.e.S.* bezeichnet. Die positive Abweichung bezeichnet man als *Chance*.
Siehe auch → Risikoanalyse, → Analysemethoden, betriebswirtschaftliche und → Risikocontrolling (mit Literaturangaben).

Risiko

(insbesondere im → *Außenhandel*). Das Risiko stellt die mit jeder wirtschaftlichen Betätigung verbundene Verlustgefahr dar. Vor allem im → Außenhandel verbergen sich aufgrund sich ändernder oder gar unbekannter Rahmenbedingungen und den großen Distanzen zwischen den Handelspartnern allgemeine wirtschaftliche Risiken wie das Zahlungsrisiko (Delkredererisiko) und spezifische Außenhandelsrisiken wie z.B. das Währungsrisiko. Um eine Existenzbedrohung durch solche Risiken zu vermeiden, setzen die betroffenen Unternehmen in einem angepassten Risiko-Management vor allem Instrumente wie Vorauszahlungen, → dokumentäre Zahlungsbedingungen, → Kreditversicherungen, → Devisentermingeschäfte, → Transportversicherungen und → Bankgarantien ein.
Siehe auch → Außenhandelsfinanzierung und → Währungsmanagement, jeweils mit Literaturangaben.

Risiko, ökonomisches

bezeichnet das gesamte *zahlungsstrombezogene* Risiko einer Unternehmung. Es wird erfasst über die simultane Betrachtung aller künftigen unsicheren Ein- und Auszahlungen eines Unternehmens und deren Verdichtung über die Bildung ihres (ungewissen) Kapitalwerts in einer einzigen unsicheren Kenngröße. Das durch die Unsicherheit dieser Kennzahl ausgedrückte (ökonomische) Risiko einer Unternehmung stellt demnach eine gesamthafte Abbildung der unternehmerischen Risikosituation dar.

Risiko, versicherungstechnisches

wird im Englischen häufig auch als Underwriting Risk bezeichnet. Versicherungsunternehmen übernehmen mit der Zeichnung von Versicherungsverträgen Risiken ihrer Kunden. Die damit verbundenen Risiken entstehen aus den spezifischen Gefahren, gegen die der Kunde abgesichert wird sowie aus den mit der Risikoübernahme verbundenen Geschäftsprozessen. Diese Begriffsfassung, die auf die Risikoklassifikation der → IAA zurück geht, ist weiter als die in der deutschen Literatur übliche. Hier bezeichnet man die Tatsache dass der realisierte Gesamtschaden vom erwarteten (und auch einkalkulierten) Gesamtschaden abweichen kann, als versicherungstechnisches Risiko.

Als mögliche Ursachen hierfür werden der Zufall (*Zufallsrisiko*), die Veränderung der Kalkulationsgrundlagen über die Zeit (*Änderungsrisiko*) und die Möglichkeit einer Misskalkulation beruhend auf einem Irrtum über die zugrunde liegenden Zufallsprozesse (*Irrtumsrisiko*) angeführt. Die etwas weitere angelsächsische Definition, die auch von der EU-Kommission genutzt wird, schließt dagegen auch Risiken aus fehlerhafter Risikopolitik, mangelnder Reservierung oder einem sich ändernden gesamtwirtschaftlichen Umfeld mit ein.

Siehe auch → Versicherungsbetriebslehre, Grundlagen (mit Literaturangaben).

Risikoanalyse

ermöglicht, unsichere Erwartungen bei Entscheidungen zu berücksichtigen (siehe auch → Sensitivitätsanalyse). Sie wurde zuerst für Investitionsentscheidungen entwickelt und wird heute im Risikocontrolling genutzt, um Verlustrisiken zu quantifizieren. Sie eignet sich, um → Risiken und Chancen von Alternativen aufzuzeigen. Absicht ist es, aus den Wahrscheinlichkeitsverteilungen sämtlicher Einflussgrößen von Zielgrößen auf die Wahrscheinlichkeitsverteilung der Zielgröße (Einzahlungen/Auszahlungen oder Erlöse/Kosten) zu schließen. Dazu kann die analytische Risikoanalyse (z.B. Varianz-Kovarianz-Ansatz) und die simulative Risikoanalyse (z.B. Monte-Carlo-Simulation) eingesetzt werden.

Siehe auch → Analysemethoden, betriebswirtschaftliche und → Risikocontrolling, jeweils mit Literaturangaben.

Literatur: Burger, A., Buchhardt A., Risiko-Controlling, München-Wien 2002; Hoitsch, H.J., Winter, P., Die Cash Flow at Risk-Methode als Instrument eines integriert-holistischen Risikomanagements, in: Controlling & Management 2004, S. 235-246; Kruschwitz, L., Investitionsrechnung, 9. Auflage, München-Wien 2003, S. 314-329 (Risiko- und Sensitivitätsanalyse); Martin, T., Bär, T., Grundzüge des Risikomanagements nach KonTraG, München-Wien 2002.

Risikoaversion

im Rahmen der *Portfoliotheorie* liegt vor, wenn ein sicheres Wertpapier einem unsicheren Wertpapier mit gleicher → erwarteter Rendite vorgezogen wird. Ein solches Verhalten ist für ökonomische Entscheidungssituationen typisch und kann in der Theorie beispielsweise durch eine konkave → Nutzenfunktion beschrieben werden. Siehe auch → Risikofreude und → Risikoneutralität.

Siehe auch → Portfoliomanagement und → Risikocontrolling, jeweils mit Literaturangaben.

Risikoaversion, absolute

siehe → Arrow-Pratt-Maß der *absoluten* Risikoaversion.

Risikoaversion, hyperbolische absolute

bezeichnet die Risikopräferenz eines nach dem Zielkriterium der → Erwartungsnutzen-Maximierung agierenden Investors, dessen Kehrwert des → Arrow-Pratt-Maßes der absoluten Risikoaversion durch eine lineare Funktion beschrieben werden kann. Man spricht auch von einer HARA-Nutzenfunktion (*hyperbolic absolute risk aversion*). Besondere Relevanz besitzt die HARA-Nutzenfunktion aufgrund der im Rahmen der → Erwartungsnutzen-Maximierung resultierenden Eigenschaft der → Tobin-Separation.

Siehe auch → Portfoliomanagement und → Risikocontrolling, jeweils mit Literaturangaben.

Risikoaversion, relative

siehe → Arrow-Pratt-Maß der *relativen* Risikoaversion.

Risikobericht

(→ *Jahresabschluss*). Als Teilbereich des → Lageberichtes umfasst der Risikobericht Risiken, die ihren Ursprung oder ihre möglichen Auswirkungen in den Bereichen aus dem Wirtschaftsbericht haben.

Risiko-Checkliste

Mittels Risiko-Checklisten werden Sachverhalte anhand vorgegebener Prüfungsraster systematisch nach Risiken überprüft. Es handelt sich dabei um standardisierte Fragebögen, die entweder nur grobe Anhaltspunkte oder vollständige Ausformulierungen enthalten.

Verwendet man mehrere Checklisten parallel und fasst man diese zusammen, so kommt man zu einem *Risikokatalog*. Risiken werden hier nach unterschiedlichen Kriterien mehrfach erfasst, womit eine implizite Vollständigkeitskontrolle möglich wird.

Checklisten sind einfach handhabbar und weit verbreitet. Sie sind unternehmensindividuell gestaltbar und vor allem für die regelmäßige Erfassung von Risiken aus Routineprozessen des Unternehmens einsetzbar. Probleme können dann auftreten, wenn die Erfassung statische oder vergangenheitsorientierte Größen stark fokussiert. Ferner verlangt die Dynamik der Umwelt eine regelmäßige Anpassung der Risiko-Checklisten.

Siehe auch → Risikocontrolling (mit Literaturangaben).

Literatur: Burger, A. / Buchhart, A: Risiko-Controlling, München und Wien 2002.

Risikocontrolling

Risikocontrolling

von Univ.-Professor Dr. Anton Burger und Dr. Philipp R. Ulbrich

Katholische Universität Eichstätt-Ingolstadt

1. Zum Risikoverständnis

Umgangssprachlich wird mit dem Begriff des Risikos ein Verlust- oder Schadenspotenzial verbunden. In der Entscheidungstheorie steht Risiko für eine spezifische Art der Umweltzustände: Während man in einer Situation der Sicherheit vom sicheren Eintreten eines einzigen künftigen Umweltzustandes ausgeht, hält man bei Unsicherheit den Eintritt mehrerer Umweltzustände für möglich: Eine Situation des Risikos liegt dabei dann vor, wenn der Entscheidungsträger in der Lage ist, den abgegrenzten Umweltzuständen Wahrscheinlichkeiten zuzuordnen, während eine Situation der Ungewissheit bedeutet, dass der Entscheidungsträger derartige Wahrscheinlichkeiten für Zustände nicht angeben kann.

In neoklassischen Ansätzen zur Finanzierungstheorie wird Risiko im Sinn einer Streuung des Zukunftserfolgs verstanden, die sowohl positiv als auch negativ sein kann. Der Trennung von Investition und Finanzierung folgend werden zum einen leistungswirtschaftliche Risiken von Unternehmen, wie z.B. durch das Capital Asset Pricing Model, und zum anderen finanzwirtschaftliche Risiken vornehmlich aus der Kapitalstruktur, wie z.B. durch das Modigliani-Miller-Modell, untersucht.

Aus Sicht des Controllings stehen die Struktur und die Eigenschaften von Risiken im Vordergrund. Eine Differenzierung nach der Richtung der Abweichung führt zu endogenen und exogenen Risiken. Eine nach der Möglichkeit einer negativen Abweichung führt zu einem engen Risikobegriff (asymmetrisches Verständnis), der lediglich die Gefahr einer negativen Abweichung sieht, und zu einem weiten Risikobegriff (symmetrisches Verständnis), der sowohl negative als auch positive Abweichungen im Sinne von Chancen einbezieht. Eine Differenzierung nach der Quantifizierbarkeit führt zu zahlenmäßig abbildbaren und nicht abbildbaren Risiken; von der Quantifizierbarkeit der Risiken hängt der Einsatz verschiedener Erfassungs-, Analyse-, Bewertungs- und Steuerungsinstrumente ab. Aus dem Blickwinkel der Risikobeziehungen kann man zwischen Einzelrisiken und einem Gesamtrisiko im Sinne einer Aggregation von Einzelrisiken unterscheiden, bei der kumulative und/oder kompensatorische Effekte auftreten können.

2. Risikomanagement und Risikocontrolling

Die systematische Auseinandersetzung mit Risiken im Unternehmen ist unverzichtbar; Gründe sind ein internationalisierter Güter- und Dienstleistungswettbewerb, eine zunehmende Dynamik von Produktentwicklungen und -lebenszyklen, zunehmende Preisvolatilitäten auf Faktormärkten, der Wettbewerb auf Kapitalmärkten, der Druck zur Steigerung des Unternehmenswertes und nicht zuletzt das Gesetz zur Kontrolle und Transparenz im Unternehmensbereich (KonTraG), das u.a. von der Unternehmensführung Maßnahmen fordert, um unternehmensgefährdende Entwicklungen bzw. Risiken in einem frühen Stadium erkennen zu können. Während in Finanzdienstleistungsunternehmen das Management unternehmerischer Risiken Teil der Leistungserstellung, also integraler Bestandteil der Unternehmensführung ist und Risiko daher symmetrisch gesehen wird, steht in Industrie-, Handels- und Dienstleistungsunternehmen eher das Verlustrisiko und damit ein eng gefasster Risikobegriff im Vordergrund.

Risikocontrolling und Risikomanagement sollen zu einer risikooptimalen Unternehmensposition führen. Das Ziel lautet nicht, alle Risiken vollständig zu eliminieren, vielmehr sollen entsprechend den Risikopräferenzen die Wechselwirkungen zwischen Entscheidungen des Risiko- und des Ertragsmanagements optimiert werden.

Risikocontrolling kann als unterstützender Teil des Risikomanagements gesehen werden. Es liefert eine methodische, instrumentelle und informatorische Unterstützung der Unternehmensführung und schafft damit auch ein entsprechendes Risikobewusstsein in der Unternehmensführung.

Das Risikocontrolling nimmt eine systembildende Aufgabe wahr, d.h. es gestaltet Organisations- und Prozessstrukturen für die Erfassung, Bewertung, Steuerung und Kontrolle von Risiken; im Vordergrund stehen der Aufbau und die Pflege eines Instrumentenkastens. Die Systembildung kann sich an Geschäftsfeldern, an selbstständigen Teileinheiten oder an Risikoarten orientieren. Die systemkoppelnde Aufgabe liegt in der Koordination der Phasen des Risikomanagement-Prozesses, der die Identifikation, die Bewertung, die Steuerung, die Kontrolle und das Reporting von Risiken umfasst. Diese Phasen sind in ein strategisches Rahmenkonzept eingebettet, nämlich in die generelle Risikopolitik des Unternehmens, die einen Teil der Unternehmensstrategie darstellt. Risikopolitik bedeutet, risikopolitische Grundsätze zu formulieren und ein Risikobewusstsein im gesamten Unternehmen zu verankern.

Aus prozessualer Sicht beschäftigt sich das Risikocontrolling primär mit der Erfassung, Bewertung und Kontrolle von Risiken sowie mit dem dazugehörigen Reporting. Das Risikomanagement ist primär mit der Steuerung von Risiken beschäftigt; auf der Grundlage der vom Risikocontrolling präsentierten Informationen trifft das Risikomanagement Entscheidungen; die grundsätzlichen Steuerungsentscheidungen liegen in der Akzeptanz von Risiken (keine Steuerungsmaßnahmen), in der Überwälzung von Risiken auf Vertragspartner (z.B. Finanzderivate, Versicherungen, → Outsourcing), in der Vermeidung von Risiken (z.B. Rückzug aus einem Geschäftsfeld) und in der Verminderung bzw. Kompensation von Risiken (z.B. Limitierungen, Diversifikationen). Die folgende Abbildung 1 veranschaulicht das Verhältnis von Risikocontrolling und Risikomanagement.

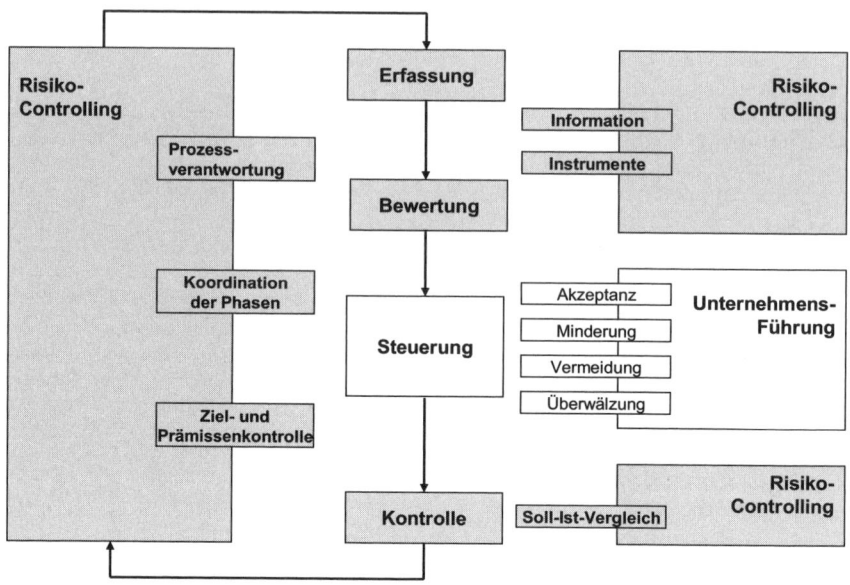

Abb. 1: Einbindung des Risikocontrollings in den Risikomanagement-Prozess

Risikocontrolling und Risikomanagement lassen sich allerdings kaum vollständig trennen: Die einzelnen Phasen des Gesamtprozesses sind nicht immer eindeutig voneinander zu separieren oder es werden diese Aufgaben in integrierten Systemen wahrgenommen. Die Einrichtung des Instrumentenkastens ist auch Ausfluss der Risikopräferenzen der Unternehmensführung. Über die Erfassung und Bewertung von Risiken und damit über die Bereitstellung der informatorischen Basis beeinflusst das Risikocontrolling u.U. maßgeblich die folgenden Führungsentscheidungen zur Steuerung. Vielmals sind die Träger, also die Institutionen des Risikocontrollings und des Risikomanagements, identisch.

3. Die Identifikation und Erfassung von Risiken

a) Zum Inhalt dieser Phase

Im Rahmen der Identifikation von Risiken sind alle relevanten Risiken der Unternehmenstätigkeit zu erfassen, es ist eine systematische bzw. strukturierte Erhebung durchzuführen. Das Interesse ist dabei auf bestehende und auf potenzielle Risiken gerichtet. Wichtig ist, dass stets Bruttogrößen ausgewiesen, also Risiken und Chancen getrennt voneinander betrachtet werden, und dass eine Trennung von den Steuerungsmaßnahmen erfolgt, damit in der Folge deren Wirkung kontrolliert werden kann.

Bei der Identifikation und Erfassung von Risiken sind folgende Schritte notwendig: (1) Vorgabe eines Grob-Analyserasters, (2) Erfassung aller Einzelrisiken auf operativer Ebene, (3) Bestimmung von Einflussparametern für die Einzelrisiken, (4) Gliederung nach den Kriterien der Quantifizierbarkeit und der Asymmetrie/Symmetrie, (5) Gliederung nach der Eintrittswahrscheinlichkeit, (6) Selektion der Einzelrisiken nach ihrem Gefährdungspotenzial, (7) Gesamtunternehmenssicht auf Basis des Grobrasters.

Die anzuwendende Systematik der Risiken ist unternehmensindividuell zu bestimmen. Möglich erscheint z.B. die Unterscheidung von Risiken im Unternehmensumfeld und von Risiken im Unternehmen; eine andere Differenzierung fokussiert externe Risiken (Politik, Gesetze, Technologie), leistungswirtschaftliche Risiken (Beschaffung, Produktion, Absatz, Logistik), finanzwirtschaftliche Risiken (Liquidität, Schuldendeckungsfähigkeit, Bonität, Rating) und Risiken aus Management und Organisation (Personal, Organisationsstruktur, Qualität des Managements). Aus dem Blickwinkel der Generierung von Überschüssen interessieren die negativen und positiven Wirkungen auf die unternehmerischen Cash flows.

Die risikoorientierten Betrachtungen der Unternehmensumwelt und des Unternehmens selbst sind ihrer wechselseitigen Abhängigkeiten wegen zusammenzuführen. Eine Möglichkeit hierzu bilden → Risikomodule.

Die Erfassungsphase schafft die Basis für die weiteren Schritte des Risikomanagementprozesses, also für die Aufbereitung, Bewertung und letztlich die Steuerung. Der Risikoerfassung ist daher hohe Aufmerksamkeit zu schenken. Zum einen besteht das Problem der Selektion von Risiken: Dem Grundsatz der Wesentlichkeit und damit der Effizienz folgend werden nur jene Risiken erhoben, die der Entscheidungsträger für die Risikosteuerung benötigt; da Erfassung und Steuerung meist nicht von denselben Personen durchgeführt werden, existiert hier ein wichtiger Koordinationsbedarf. Zum anderen besteht das Problem der Vollständigkeit der relevanten Risiken, d.h. relevante Risken werden unbewusst nicht identifiziert und nicht erfasst. Dementsprechend sind Analyseraster und Erfassungskriterien laufend anzupassen; auch Informationen aus der Risikokontrolle dienen hierzu.

b) Instrumente zur Identifikation, Erfassung und Analyse von Risiken

Die Dynamik und die Unsicherheit über Entwicklungen, kaum beschreibbare Ursache-Wirkungs-Zusammenhänge und die große Vielfalt an Risiken machen diese Phase komplex. Einschlägige Instrumente sollen derart flexibel sein, dass sie der Heterogenität der Risiken gerecht werden.

Zentrale Instrumente zur Identifikation, Erfassung und Analyse von Risiken sind: → Brainstorming, → Frühwarnsysteme, → Risiko-Checklisten, → Risikoinventare und → Szenario-Analysen. Diese Instrumente schließen einander nicht aus, vielmehr wird in der Regel ein Instrumenten-Mix eingesetzt.

4. Die Beurteilung, Bewertung und Messung von Risiken

a) Zum Inhalt dieser Phase

In dieser Phase sind zunächst die Ursachen der erfassten Risiken zu bestimmen, d. h. es sollen jene Faktoren erkannt werden, die auf die jeweiligen Risiken wirken; u.U. gelingt es, funktionale Zusammenhänge explizit zu formulieren. In einem zweiten Schritt erfolgt die eigentliche Bewertung der Risiken, d.h. man versucht, vornehmlich Wahrscheinlichkeiten und Ausmaße von Risiken zu bestimmen. Im Fall quantifizierbarer Risiken können Wahrscheinlichkeiten, Schadenspotenziale, Streumaße u.ä. errechnet werden; im Fall qualitativ erfassbarer Risiken kann man Risikoklassen bilden. Die Festlegung von → Schwellenwerten erleichtert die weitere Handhabung von Risiken.

b) Instrumente zur Bewertung von Risiken

Im Rahmen der Bewertung wird die Informationsbasis der Erfassungsphase verarbeitet und damit eine Entscheidungsgrundlage geschaffen. Bei der Bewertung sind Interdependenzen zwischen Risiken, d.h. kompensatorische und verstärkende Wirkungen zu berücksichtigen, die Bewertung soll eine gewisse Objektivität aufweisen, z.B. durch einen Marktbezug, ferner soll die Bewertung unternehmensweit nach einheitlichen Standards und Methoden erfolgen und letztlich sollen Instrumente bereitstehen, die eine weitgehende Quantifizierung von Risiken ermöglichen.

Zentrale Instrumente zur Bewertung von Risiken sind: → Value at Risk, → Cash flow at Risk, → Risikoklassen, → Scoring-Modelle, → Sensitivitätsanalysen, → Szenario-Analysen, → Risikoprofile und → Risiko-Portfolios.

Handelt es sich um nicht quantifizierbare Risiken, so kann eine Klassifizierung vorgenommen werden, d. h. man kommt zu unterschiedlichen Risikoklassen. Im Fall quantifizierbarer Risiken steht eine ganze Reihe von Möglichkeiten zur Verfügung, um die beiden Parameter Eintrittswahrscheinlichkeit und potenzielles Schadensausmaß in ihrer Wirkung auf die Erfolgs- bzw. Vermögensposition des Unternehmens abzubilden. So können periodisierte, insbesondere annualisierte Erwartungswerte errechnet oder Sensitivitätsanalysen durchgeführt werden, um den Einfluss von Einzelrisiken zu separieren, ferner kann man durchschnittliche Markt- und Preisrisiken mit einem Value at Risk oder Unternehmensrisiken mit einem Cash flow at Risk abbilden, die die maximale negative Veränderung einer Risikogröße für ein bestimmtes Konfidenzintervall in einem vorgegebenen Zeitraum darstellen. Zur Bewertung extremer Risikoausprägungen können → Crash Tests eingesetzt werden.

5. Die Steuerung von Risiken

Die erfassten und bewerteten Risiken werden zwar auch in Bezug auf verstärkende bzw. kompensierende Effekte untersucht, allerdings sind mögliche Gestaltungsmaßnahmen noch nicht einbezogen. Das Risikocontrolling liefert die Informationsbasis, auf die die Maßnahmen des Risikomanagements aufbauen. Die entscheidenden Parameter sind die Eintrittswahrscheinlichkeit und das Schadenspotenzial. Die Möglichkeiten der Steuerung (Akzeptanz, Überwälzung, Vermeidung, Verminderung bzw. Kompensation) werden in der Regel zu einem Mix zusammengefasst. Die Steuerungsmaßnahmen sollen zur präferierten Gesamtrisikoposition des Unternehmens führen.

6. Die Überwachung und Kontrolle von Risiken

In der Phase der Risikosteuerung kommt man zu Plan-Risikopositionen. In der Kontrollphase sind die geplanten Risikopositionen den Sollgrößen gegenüberzustellen, es sind Abweichungen zu ermitteln und Abweichungsanalysen durchzuführen. In Abhängigkeit von → Schwellenwerten sind Korrekturmaßnahmen einzuleiten.

Bei der Abweichungsanalyse stehen die Ursachen für Soll-Ist-Abweichungen im Mittelpunkt. Zum Teil werden diese Ursachen um Vollständigkeitskontrollen in Bezug auf die erfassten Risiken ergänzt, um auch Risiken zu erkennen, die im Erfassungsprozess nicht identifiziert werden konnten bzw. die bewusst nicht berücksichtigt wurden. Die Abweichungsanalyse richtet sich primär auf die Wirkungen der Maßnahmen der Steuerung und anderer Phasen; z.B. kann die Wirkung von Steuerungsmaßnahmen falsch eingeschätzt werden oder Bewertungsmethoden vermitteln kein richtiges Bild der Risiken, so dass letztlich Soll-Ist-Abweichungen eintreten.

Zu kontrollieren sind allerdings nicht nur die Risikopositionen selbst, sondern auch die dahinter stehenden Prozesse. Sie sind auf ihre → Effektivität und → Effizienz hin zu überprüfen. Eine derartige Kontrolle wird auch als strategisches Risikoradar bezeichnet. Ferner sind zentrale Prämissen des Risikomanagementprozesses zu prüfen. Diese Kontrolle bezieht Ziele zur Risikoposition des Unternehmens, zu Ursache-Wirkungs-Verknüpfungen und festgelegte Schwellenwerte ein. Diese Prämissen sind Ausdruck des risikoorientierten Rahmenkonzepts. Die interne Aufteilung von Kontrollaufgaben kann derart erfolgen, dass die Prüfung der Risikopositionen und die prozessendogene Kontrolle (einschließlich Prämissen) durch ein Risikocontrolling wahrgenommen werden und dass die prozessexogene Überwachung der internen Revision obliegt.

7. Risiko-Reporting

In einem Risiko-Report werden Informationen über die Art der Risiken, die Einflussfaktoren der Risiken, über ihren zeitlichen Verlauf, das Gefährdungspotenzial der Einzelrisiken, das Zusammenwirken der Einzelrisiken und damit über das Gefährdungspotenzial der aggregierten Risiken gegeben. Das Risiko-Reporting kann als Bindeglied zwischen den operativen Einheiten, den Entscheidungsträgern und den Kontrollorganen gesehen werden. Es erfüllt die Funktionen der Entscheidungsunterstützung und der Dokumentation, auf diese Weise werden Risikosituationen prüfbar und es kann Rechenschaft gegenüber Dritten abgelegt werden. Beim Risiko-Reporting ist zwischen regelmäßiger und Ad hoc-Berichterstattung zu unterscheiden. Zentrale Instrumente des Risiko-Reporting sind die → Risk Engine und die → Risk Map.

8. Strategisches Risikocontrolling

Beim strategischen Risikocontrolling geht es um die langfristige Festlegung der Risikoziele und der Gesamtrisikoposition. Eine zweidimensionale strategische Gestaltung der Gesamtrisikoposition kann durch Portfoliobildung erfolgen. Dabei werden die einzelnen Geschäftsfelder auf eine Matrix mit den Dimensionen Intensität der Auswirkung und Ergebniswahrscheinlichkeit aufgetragen; auf diese Weise wird die Gesamtrisikoposition plakativ abgebildet. Weitere Instrumente sind → Risikowürfel und → risikoorientierte → Balanced Scorecards, ferner die Berücksichtigung von Risiko in den Kapitalkosten (wacc) eines Unternehmens, die Errmittlung eines → Discouted Risk Value (DRV), Bilanzsimulationen und wertorientierte Kennzahlensysteme (→ Kennzahlen, wertorientierte).

Hinweis
Zu den angrenzenden Wissensgebieten siehe → Abschlusserstellung nach US-GAAP, → Balanced Scorecard, → Beteiligungscontrolling, → Bilanzanalyse, → Cash flow, → Controlling, Grundlagen, → Controlling, Informationssysteme, → Controlling, Internationales, → Dienstleistungscontrolling, → Erfolgscontrolling, → Finanzcontrolling, → Finanzinnovationen, → Internationale Rechnungslegung nach IFRS, → Investitionscontrolling, → Jahresabschluss nach deutschem Recht, → Jahresabschluss nach schweizerischem Recht, → Kennzahlen, finanzwirtschaftliche, → Kennzahlen, wertorientierte, → Konzernabschluss, → Logistikcontrolling, → Marketingcontrolling, → Optionen, → Qualitätscontrolling, → Rating-Methoden, kreditwirtschaftliche, → Supply Chain Controlling, → Swaps, → Versicherungsbetriebslehre.

Literatur: Burger, A. / Buchhart, A: Risiko-Controlling, München und Wien 2002; Gebhardt, G. / Mansch, H. (Hrsg): Risikomanagement und Risikocontrolling in Industrie- und Handelsunternehmen, zfbf-Sonderheft 46, Düsseldorf und Frankfurt 2001.

Websites der Autoren: www.ku-eichstaett.de/Fakultaeten/WWF/Lehrstuehle/ABWL-UR
www.beteiligungs-controlling.com

Risikoentscheidung
→ Entscheidung, in der das Umweltverhalten und die Umweltentwicklung nicht sicher vorausgesagt werden können. Der → Aktor muss deshalb von mehreren möglichen Umweltzuständen ausgehen, denen er (im Gegensatz zur → Ungewissheitsentscheidung) Eintretenswahrscheinlichkeiten zuordnen kann. In einer Risikoentscheidung haben die → Varianten zumindest teilweise unsichere → Konsequenzen.
Siehe auch → Entscheidung, Betriebswirtschaftliche (mit Literaturangaben).

Risikofreude
im Rahmen der Portfoliotheorie liegt vor, wenn ein unsicheres Wertpapier einem sicheren Wertpapier mit gleicher → erwarteter Rendite vorgezogen wird. Ein solches Verhalten ist für ökonomische Entscheidungssituationen tendenziell nicht zu beobachten und kann in der Theorie beispielsweise durch eine konvexe → Nutzenfunktion beschrieben werden. Siehe auch → Risikoaversion und → Risikoneutralität.

Risikofrüherkennungssysteme
(a) Unterbegriff von → Management-Informationssysteme (MIS); (b) ein spezifisches MIS zur Früherkennung von Risiken, in Deutschland von börsennotierten Unternehmen zwingend zu implementieren aufgrund von → Corporate Governance Regelungen.
Siehe auch → Risikocontrolling (mit Literaturangaben).

Risikoinventar
Im Risikoinventar werden jene Informationen zu Risiken verarbeitet, die man z.B. mittels → Risiko-Checklisten generierte. Dabei wird das Augenmerk auf die Bereinigung von Mehrfacherfassungen und Überschneidungen, auf die Analyse von Beziehungen, auf die Prüfung der Plausibilität und auf eine systematische Einordnung gelegt. Das Risikoinventar kann auch erste Bewertungselemente, wie z.B. Eintrittswahrscheinlichkeiten und Schadensausmaße, enthalten.
Das Risikoinventar gibt damit einen Überblick über die erfassten Risiken unter Berücksichtigung von Interdependenzen zwischen Risiken. Es nimmt eine Selektion nach → Schwellenwerten vor, ist auf verschiedenen Entscheidungsebenen anwendbar und liefert eine homogene Entscheidungsgrundlage.
Siehe auch → Risikocontrolling (mit Literaturangaben).

Risikokatalog
siehe → Risiko-Checkliste; siehe auch → Risikocontrolling.

Risikoklasse

Risikoklassen erlauben die Einordnung, Unterscheidung und den Vergleich von Einzelrisiken. Es erfolgt eine Klassifizierung und damit eine grundlegende Bewertung von Risiken, die auch als Basis für weitere Bewertungen dienen kann. Risiken können z. B. in die vier Risikoklassen geringes, mittleres, größeres und existenzbedrohendes Risiko eingeteilt werden. Wichtig ist das Kriterium, das der Bildung der Risikoklassen zugrunde liegt. Es kann sich dabei um die Gefährdung des Erfolges, um Cash flow-Größen u.Ä. handeln. Risikoklassen stellen ein stark vereinfachtes Instrument dar, das zu einer subjektiven Einordnung von Risiken führt und das nur eine erste Bewertung liefert, d.h. für Maßnahmen der Steuerung sind in der Regel weiter gehende Analysen notwendig.
Siehe auch → Risikocontrolling (mit Literaturangaben).

Risikomanagement

Das Risikomanagement ist heute vielfach Teil der → Unternehmensplanung und kann nach Inhalt und Zeithorizont ähnlich klassifiziert werden. Nach dem Gesetz zur Kontrolle und zur Transparenz im Unternehmensbereich (KonTraG 1998) ist das Risikomanagement in Deutschland sogar vorgeschrieben. Allerdings werden Risiken dabei negativ als reine Risiken oder dem Unternehmen drohende Gefahren verstanden. Wenn Risiken als spekulative Risiken verstanden werden, dann beschäftigt sich die Unternehmensplanung mit der Schaffung von Geschäftschancen und der Vermeidung von Gefahren in einer unsicheren Umgebung, d.h. einer Umgebung, in der die Ergebnisse von unternehmerischen Entscheidungen nicht mit Sicherheit vorhergesagt werden können. Ein Downside Risk ist die Wahrscheinlichkeit einer negativen, ein Upside Risk die Wahrscheinlichkeit einer positiven Abweichung von den Zielen und Plänen.
Das Risikomanagement besteht üblicherweise aus den Schritten (1) Ausarbeitung einer Risikostrategie, (2) Identifikation von Unternehmensrisiken, (3) Analyse und Bewertung der Risiken, (4) Implementierung und Risikosteuerung sowie (5) dem Risikocontrolling.
Siehe auch → Unternehmensplanung und → Risikocontrolling, jeweils mit Literaturangaben.
    Literatur: Rosenkranz, F., Missler-Behr, M.: Unternehmensrisiken erkennen und managen, Heidelberg 2005.
    Internetadressen: Nücke H, Feinendegen St (1998) Integriertes Risikomanagement http://www.kpmg.de/library/brochures_surveys/pdf/irm.pdf (Stand 12/2004), KPMG, Berlin

Risikomaß

ist ein Maßstab zur Quantifizierung von → Risiken. Hierzu zählen Methoden zur Ermittlung der Streuung wie die Standardabweichung und die Varianz. Darüber hinaus existieren Risikomaße, die lediglich negative Abweichungen von einem gewissen Zahlungsstromziel berücksichtigen. Hierzu zählen die so genannten Lower Partial Moments (LPM) wie die Ausfallwahrscheinlichkeit und die Ausfallerwartung. Ferner ermöglicht die → Schiefe die Quantifizierung extrem negativer Zahlungskonsequenzen. Darüber hinaus kann der Einfluss von Marktgrößen auf die unternehmerischen Zahlungsströme anhand der → Duration (für den Einfluss des Marktzinsniveaus) und des Beta-Faktors (für den Einfluss eines Markindexes) gemessen werden, wobei der Beta-Faktor im Rahmen der → Wertpapiermarktlinie Relevanz besitzt.
Siehe auch → Portfoliomanagement (mit Literaturangaben).

Risiko-Modul

Ein Risiko-Modul fasst externe Risiken im Unternehmensumfeld (Makro- und Wettbewerbsumwelt) mit Risken im Unternehmen zusammen. Zunächst werden die Einzelrisiken erfasst, im nächsten Schritt stellt man Interdependenzen zwischen diesen her. In der Folge werden die Wirkungen aus dieser Zusammenführung abgebildet. Den externen und internen Risiken stellt man schließlich das Aktionspotenzial des Unternehmens gegenüber, woraus sich letztlich Chancen und Risiken für das Unternehmen ableiten lassen.
Siehe auch → Risikocontrolling (mit Literaturangaben).

Risikoneutralität
im Rahmen der Portfoliotheorie liegt vor, wenn ein Investor die Portfolioselektion ausschließlich auf Basis der erzielbaren erwarteten Rendite vornimmt. Das Ziel lautet demnach Erwartungswertmaximierung und kann in der Theorie beispielsweise durch eine lineare → Nutzenfunktion beschrieben werden. Siehe auch → Risikoaversion und → Risikofreude.

Risikoorientierte Balanced Scorecard
siehe → Balanced Scorecard, risikoorientierte.

Risiko-Portfolio
Risiko-Portfolios veranschaulichen die Risikostruktur von Geschäftsfeldern oder Unternehmensbereichen. Die Ordinate und die Abszisse können ordinal oder numerisch skaliert werden. Risiko-Portfolios können z. B. mit den Achsen Eintrittswahrscheinlichkeit und Schadenspotenzial arbeiten. Im Rahmen der Analysefunktion des Portfolios trägt man Projekte oder Geschäftsfelder in den aufgespannten Raum ein. Im Rahmen der Handlungsfunktion versucht man Normstrategien abzuleiten.
Während diese Risiko-Portfolios asymmetrische Risiken abbilden, kann man Portfolios auch zur Bewertung symmetrischer Risiken einsetzen. Hier ist der Fokus nicht nur auf Verlustgefahren, sondern auch auf Ertragschancen gerichtet. Ein Ausprägung hierzu ist das → Risk-Reward-Portfolio.
Siehe auch → Risikocontrolling (mit Literaturangaben).
Literatur: Burger, A. / Buchhart, A: Risiko-Controlling, München und Wien 2002.

Risiko-Profil
Ein Risiko-Profil bildet die zwei Parameter Eintrittswahrscheinlichkeit und Schadenspotenzial graphisch in Form von Profilen ab; entscheidend ist auch bei diesem Bewertungsinstrument des → *Risikocontrollings* die verwendete Verteilungsfunktion. Es können Einzelrisiken und aggregierte Risiken betrachtet werden.
Literatur: Burger, A. / Buchhart, A: Risiko-Controlling, München und Wien 2002.

Risiko-Reporting
siehe → Risikocontrolling.

Risikosegmentierung
(*Versicherungswirtschaft*), Teilung des Kollektivs ins einzelne Risikoklassen oder Risikosegmente; siehe auch → Risiko, versicherungstechnisches sowie → Versicherungsbetriebslehre (mit Literaturangaben).

Risikostrategie
siehe → Risikocontrolling.

Risikowürfel
Der Risikowürfel dient der übersichtlichen Darstellung der Gesamtrisikoposition. Durch Querschnittsbetrachtungen können Informationen für unterschiedlichste Analysezwecke gewonnen werden. Der Risikowürfel hat folgende drei Dimensionen: (1) Einfluss von Risiken auf finanzielle Größen wie den → Cash flow, (2) Projekt bzw. Unternehmensbereich und (3) Risikofaktoren, die die Risikoposition bestimmen. Eine erste Querschnittsbetrachtung betrifft das Verhältnis zwischen Risikoposition und Unternehmensbereichen, eine weitere jenes zwischen Risikofaktoren und Risikoposition und eine dritte jenes zwischen Unternehmensbereichen und Risikofaktoren.
Für Betriebsvergleiche, auch im Sinne eines → Benchmarking, können Risikowürfel mit den Dimensionen Zahlungsgrößen, Risikoarten und Wettbewerber eingesetzt werden. Handlungsbedarf wird hier dann signalisiert, wenn z.B. ein Mitbewerber höhere Ergebnisse bei einer vergleichbaren Risikoposition oder gleiche Ergebnisse bei einer geringeren Risikoposition erreicht.
Siehe auch → Risikocontrolling (mit Literaturangaben).

Risikozuschlag

(Versicherungswirtschaft) wird im Rahmen der Festsetzung des Preises für die Risikoübernahme erhoben, wenn die Risikoprüfung ergibt, dass das zu übernehmende Risiko einer anderen Schadenverteilung mit höherem Schadenerwartungswert folgt als in der ursprünglichen Kalkulation angenommen. Siehe auch → Risiko, versicherungstechnisches und → Prämie (Versicherungswirtschaft).

Risk-Engine

Eine Risk-Engine fasst Vorgänge und eingesetzte Instrumente des Risikomanagements und → Risikocontrollings zusammen. Sie enthält Erfassungs-, Bewertungs- und Steuerungselemente. Im Allgemeinen weist sie folgende Bestandteile auf: Sie enthält (1) ein Business Risk-Modell, das Zusammenhänge zwischen Risikofaktoren und finanziellen Zielgrößen abbildet, und zwar ex post und ex ante, (2) eine Marktplanung, d. h. Marktszenarien und -einschätzungen. Sie gibt (3) Steuerungsmaßnahmen und ihre prognostizierten Wirkungen auf Risikopositionen wieder.

Als Ergebnis zeigt die Risk-Engine die Risikopositionen nach Steuerungsmaßnahmen auf der Basis einer traditionellen Ergebnis-, Vermögens- und Kapitalflussrechnung. Im Sinne einer → Szenario-Analyse können auch mehrere Risk-Engines parallel eingesetzt werden.

Siehe auch → Risikocontrolling (mit Literaturangaben).

Risk-Map

Vielfach wird der Begriff der Risk-Map synonym mit jenem des → *Risiko-Portfolios* verwendet. Unterschiede bestehen aber insofern, als Risk-Maps in der Regel auf einer qualitativen Ebene verbleiben und darüber hinaus im operativen Bereich angesiedelt sind. Die Risk-Map stellt eine informative Übersicht über jene Sachverhalte dar, aus denen die einzelnen Risiken resultieren. Sie enthalten Elemente der Identifikation, der Bewertung und der Steuerung von Risiken. Die Risk-Map stellt insofern eine Dokumentation des Prozesses des Risikomanagements dar, und zwar in Bezug auf Projekte, Geschäftsfelder oder das gesamte Unternehmen; im Rahmen des Risiko-Reportings dient sie primär internen Informationsinteressen.

Siehe auch → Risikocontrolling (mit Literaturangaben).

Risk-Reward-Portfolio

Das Risk-Reward-Portfolio baut auf einem symmetrischen Risikoverständnis auf und bildet Risikopositionen dreidimensional ab. Die drei Dimensionen sind die Eintrittswahrscheinlichkeit, das Ergebnispotenzial und das Risikopotenzial. Das Portfolio kann für die Situation vor und für jene nach Maßnahmen der Risikosteuerung abgeleitet werden. Auf diese Weise wird augenscheinlich, welche Wirkungen Maßnahmen auf das Schadens-, aber durch ihre Kosten auch auf das Ertragspotenzial zeitigen.

Siehe auch → Risikocontrolling (mit Literaturangaben).

ROA

Abk. für *Return on Assets*; siehe → Return on Investment.

Roadshows

Im Zuge eines *Going Public* (*Durchführungsphase*) werden in den letzten Wochen vor dem ersten Handelstag Roadshows für das Intensivmarketing der Emission verwendet. Dabei präsentieren die Unternehmensleitung und Vertreter des Bankenkonsortiums die wesentlichen Eckpunkte der Emission vor institutionellen Investoren, wie zum Beispiel Vertretern von Investment- oder Pensionsfonds. Wenn es gelingt diese Anlegergruppe von der Attraktivität einer Aktie zu überzeugen, ist der Erfolg eines Going Publics schon fast gesichert.

Roadshows sind für die Unternehmensleitung und die → Emissionsbanken sehr arbeitsintensiv. Innerhalb weniger Tage gilt es, die für die Emission wichtigen Finanzzentren (oft weltweit) zu besuchen. Präsentationen finden in Gruppen oder in Vier-Augen-Gesprächen statt und dauern in der Regel nicht länger als 15 bis 30 Minuten. Die Investoren erwarten, dass der → Emittent auch ganz spezifische Fragen beantworten kann.

Ein wesentlicher Aspekt von Roadshows besteht im Feedback der institutionellen Investoren. Dadurch erhalten die Emissionsbanken und der Emittent einen ersten wertvollen Eindruck, wie der „Markt"

(wichtige potenzielle Investorengruppen) die Emission einschätzt und in welcher Bandbreite sich der → Emissionspreis bewegen könnte.
Siehe auch → Going Public, Durchführungsphase (mit Literaturangaben).

ROGI
Abk. für → Return on Gross Investment.

Roh-, Hilfs- und Betriebsstoffe
Rohstoffe sind Stoffe, die als Hauptbestandteil in die Fertigfabrikate eingehen, z.B. Holz bei einem Schrank. *Hilfsstoffe* sind Güter, die zwar auch Bestandteil der Fertigfabrikate werden, die aber wert- oder mengenmäßig eine geringe Rolle spielen, z.B. Leim bei der Möbelproduktion. *Betriebsstoffe* werden bei der Produktion verbraucht, gehen aber nicht in das Fabrikat ein, z.B. Strom.
Bilanzierung: Bei der Bewertung ist das strenge → Niederstwertprinzip zu beachten. Danach sind bei einem normalen Bestand an Roh-, Hilfs- und Betriebsstoffen die → Anschaffungskosten mit dem Wiederbeschaffungswert (Beschaffungsmarkt) zu vergleichen und mit dem niedrigeren Wert zu bilanzieren. Bei Überbeständen an Roh-, Hilfs- und Betriebsstoffen sind die Anschaffungskosten mit dem → Nettoveräußerungserlös zu vergleichen (Absatzmarkt) und mit dem niedrigeren Wert zu bilanzieren (Grundsatz der verlustfreien Bewertung).
Siehe auch → Umlaufvermögen (mit Literaturangaben).

Rohstoffe
(in der → *Materialwirtschaft*) gehen unmittelbar in das zu fertigende Erzeugnis ein und bilden dessen Hauptbestandteile.

ROI
Abk. für → Return on Investment.

ROIC
Abk. für → Return on Invested Capital.

ROI-System
(*DuPont-System*). Das Kennzahlensystem dient der *Ursachenanalyse*, die sich in der Kennzahlenanalyse bzw. Rentabilitätsanalyse an die *Beurteilung* durch einen betriebswirtschaftlichen Vergleich anschließt. An der Spitze steht eine → Kapitalrentabilität, die auf der zweiten Ebene in die multiplikativ verknüpften Komponenten → Umsatzrentabilität und → Kapitalumschlagshäufigkeit zerlegt wird. Ab der dritten Ebene findet eine Zerlegung in absolute Kennzahlen statt, die z.B. in der → Bilanzanalyse für die Aufwands- und Ertragsanalyse und Vermögens- und Kapitalanalyse nutzen lassen.
Siehe auch → Kennzahlen, finanzwirtschaftliche, → Kennzahlen, wertorientierte und → Analysemethoden, jeweils mit Literaturangaben.

Rokeach-Value-Survey
von Milton Rokeach entwickeltes System der Werteforschung, das mit 18 „terminal values" (existenzielle Werte) und 18 „instrumental values" (instrumentelle Werte) zwei grundlegende Wertgruppen unterscheidet. Existenzielle Werte geben an, was ein Individuum in seinem Leben errreichen will (z.B. innere Harmonie, Weisheit, ein aufregendes Leben). Instrumentelle Werte umfassen als Eigenschaftswörter formulierte Verhaltensweisen, die ein Individuum nutzen kann, um seine Lebensziele zu erreichen (z.B. ehrlich, phantasievoll, unabhängig).

ROL
ISO-Code für Rumänischer Leu.

ROLAP
Abk. für das relationale → OLAP (On-Line Analytical Processing), bei dem der Anwender auf eine relationale → Datenbank zugreift.

Roll up

ist eine Operation im Rahmen des On-Line Analytical Processing (→ OLAP). Dabei bewegt sich der Nutzer in der Dimensionshierarchie aufwärts, d h. zu Elementen mit einem höheren Verdichtungsniveau, um durch die → Aggregation einzelner Elemente die Komplexität der Sicht auf die Datenbasis zu verringern. Siehe auch → Drill Down.

Roll-back-Verfahren

ist ein Verfahren zur Ermittlung der erwartungswertmaximalen Alternative, das im Rahmen des → Entscheidungsbaumverfahrens zur Anwendung gelangt. Durch retrogrades Vorgehen („Rollback"), d.h. ausgehend von den Endknoten, wird bei mehrstufigen Entscheidungsproblemen unter Unsicherheit die optimale Entscheidungsfolge bestimmt.

Roll-out

bedeutet, dass bei mehreren Standorten ein Anwendungssystem sukzessive eingeführt wird. Zunächst wird für einen Pilotbereich ein Mastersystem erstellt und eingeführt. Anschließend werden weitere Standorte sukzessive im Rahmen lokaler Big Bangs umgestellt. Siehe → Big Bang und → Big Bang, lokaler.

Roll-over-Eurokredite

sind mittel- bis langfristige, am Eurogeldmarkt aufgenommene (Groß-)Kredite mit Zinsfestschreibung für jeweils nur kurze Zeiträume und entsprechender viertel- oder halbjährlicher Zinsanpassung auf Grundlage von → LIBOR oder eines anderen repräsentativen Zinssatzes.

RON

ISO-Code für Rumänischen Leu (neu).

Rorschachtest

siehe → Projektive Tests und → Personalauswahl, Instrumente.

ROS

Abk. für Return on Sales; siehe → Umsatzrentabilität.

Router

siehe → Call Center (Communication Center).

Routine-/Pflicht-Category

Unter Routine-/Pflicht-Category sind Warengruppen zu verstehen, die den Händler als die bevorzugte Einkaufsstätte etablieren, indem es Konsumenten dauerhaft ermöglicht wird, ihre täglichen Konsumentenbedürfnisse zu befriedigen. Siehe auch → Category Management (mit Literaturangaben).

RUB

ISO-Code für Russischer Rubel.

Rückfallklausel

siehe → Subject-to-tax-Klausel.

Rückgarantie

siehe → Gegengarantie.

Rückkaufswert

ist der bei der Kündigung einer *Lebensversicherung* dem Versicherungsnehmer von der Versicherungsgesellschaft zu erstattender Geldbetrag. Der Rückkaufswert kann in den ersten Jahren negativ sein. Daher ist das Versicherungsunternehmen verpflichtet, seinen Kunden aussagekräftig über die Rückkaufswerte zu informieren.

Rückkopplung, anbieterbezogene
Marketingentscheidungen in bezug auf ein oder mehrere Zielmärkte führen zu Veränderungen der Rahmenbedingungen innerhalb des anbietenden Unternehmens. Diese unternehmensinternen Veränderungen wirken sich auf die Marketingentscheidungen auf anderen internationalen Zielmärkten aus. Siehe auch → Marketing, Internationales (mit Literaturangaben).

Rückkopplung, institutionelle
Durch Interdependenzen zwischen Zielmärkten, die rechtlicher oder politischer Natur sind (z.B. Embargos), führt die Erschließung eines neuen Zielmarktes zu Veränderungen der Marketingentscheidungen in bezug auf die bereits bearbeiteten Märkte. Siehe auch → Marketing, Internationales (mit Literaturangaben).

Rückkopplung, konkurrenzbezogene
Marketingentscheidungen des eigenen oder konkurrierender Unternehmen in Bezug auf ein oder mehrere Zielmärkte führen zu Veränderungen der Wettbewerbsposition eines Unternehmens. Siehe auch → Marketing, Internationales (mit Literaturangaben).

Rückkopplung, nachfragerbezogene
Marketingentscheidungen in Bezug auf ein oder mehrere Zielmärkte führen zu Veränderungen im Verhalten der Nachfrager auf anderen Zielmärkten (z.B. durch den Austausch von Informationen zwischen den Nachfragern oder durch Arbitrage zwischen Ländermärkten). Siehe auch → Marketing, Internationales (mit Literaturangaben).

Rücklage für eigene Anteile
Werden auf der Aktivseite der Bilanz → eigene Anteile ausgewiesen, muss in gleicher Höhe eine Rücklage für eigene Anteile gebildet werden, da bei einer Liquidation, die eigenen Anteile keine Vermögenswerte darstellen. Diese Rücklage dient daher dem Gläubigerschutz. Siehe auch → Eigenkapital (mit Literaturangaben)

Rücklage, Satzungsgemäße
siehe → Satzungsmäßige Rücklage.

Rücklagen
siehe → Kapitalrücklage, → Gewinnrücklage, → Gesetzliche Rücklage, → Satzungsmäßige Rücklage, → Andere Rücklagen; siehe auch → Stille Rücklagen (Reserven) und → Eigenkapital (mit Literaturangaben).

Rücklagen, Stille
siehe → Stille Rücklagen.

Rücklagenanteil
siehe → Sonderposten mit Rücklagenanteil.

Rücklagenbildung
Das deutsche Gesetz schreibt für die Bilanz die Einstellung einer gesetzlichen Rücklage als Teil der Gewinnrücklage und einer → Kapitalrücklage vor. Die Summe aus beiden Rücklagen muss 10 Prozent des Grundkapitals oder einen in der → Satzung bestimmten höheren Anteil betragen.
Siehe auch → Rücklagen, → Eigenkapital (mit Literaturangaben) sowie → Aktiengesellschaft, österreichische.

Rücklagenpolitik
Rücklagenpolitik bezeichnet die bei Kapitalgesellschaften bestehende Möglichkeit, den Ausschüttungsbetrag durch die Auflösung oder Bildung von → Gewinnrücklagen oder Gewinnvorträgen zu beeinflussen.

Bei Aktiengesellschaften, deren Jahresabschluss durch Vorstand und Aufsichtsrat festgestellt wird, bestimmen diese den Bilanzgewinn oder Bilanzverlust nach dem angegebenen Buchungsschema.

	Jahresüberschuss
+	Gewinnvortrag aus dem Vorjahr/ – Verlustvortrag aus dem Vorjahr (I)
+	Auflösung von Rücklagen (II)
–	Bildung von Gewinnrücklagen (III)
=	Bilanzgewinn/Bilanzverlust

Die Posten nach (I) sind dabei zwingend in die Rechnung einzubeziehen. Über die Posten (II) und (III) entscheiden demgegenüber Vorstand und Aufsichtsrat autonom, allerdings im Rahmen von Restriktionen, die sich aus Gesetz (z.B. §§ 58 u. 150 AktG) und Satzung ergeben.

Über die „Verwendung" eines so ermittelten Bilanzgewinns entscheidet dann die Hauptversammlung, wobei im Falle eines (teilweisen) Ausschüttungsverzichtes die buchtechnischen Möglichkeiten bestehen, in entsprechendem Umfang einen Gewinnvortrag für das Folgejahr oder weitere Gewinnrücklagen zu bilden. Ein etwaiger Bilanzverlust führt demgegenüber zwangsläufig zu einem Verlustvortrag für das Folgejahr; Ausschüttungen sind in diesem Fall nicht möglich.

Für die Versuche des Managements, den Ausschüttungsbetrag zu beeinflussen (→ Selbstfinanzierung), bestehen somit folgende Ansatzpunkte: (1) Beeinflussung des Jahresüberschusses durch Maßnahmen der Jahresabschlusspolitik. (2) Ausnutzung der nach Gesetz und Satzung gegebenen Spielräume zur Auflösung oder Bildung von Rücklagen (Rücklagenpolitik i.e.S.). (3) Einwirken auf die Hauptversammlung, bei der Entscheidung über den Bilanzgewinn Rücklagen oder Gewinnvorträge zu bilden, anstatt eine Ausschüttung vorzusehen (Rücklagenpolitik i.w.S.).

Je nach der Ausgestaltung des Steuersystems können mit einem durch Rücklagenpolitik erreichten Ausschüttungsverzicht (siehe auch → Selbstfinanzierung, → Cash Flow, → Cash Flow-Management) zugleich auch steuerliche Effekte verbunden sein, die den mit dem Ausschüttungsverzicht erreichten finanziellen Effekt noch verstärken (höhere Besteuerung ausgeschütteter Gewinne) oder abschwächen (niedrigere Besteuerung ausgeschütteter Gewinne).

Siehe auch → Abschlusserstellung nach US-GAAP, → Cash Flow, → Cash Flow-Management, → Internationale Rechnungslegung nach IFSR, → Jahresabschluss nach deutschem Recht, → Jahresabschluss nach schweizerischem Recht, → Eigenkapital und → Rücklagen, jeweils mit Literaturangaben.

Rückruf

Der → Hersteller i.S.d. GPSG ist verpflichtet eine ausreichende Infrastruktur für den Fall einer Warn- oder Rückrufaktion zu schaffen. Er muss durch Risikomanagement und vorherige Organisation sicherstellen, dass die gefährlichen Produkte im Ernstfall so effektiv und sicher wie möglich aus dem Verkehr gezogen werden können (§ 5 Abs. 1 2., Abs. 2 → GPSG). Hierfür eignet sich neben Kennzeichnung der Produkte mit Typen- und Seriennummern auch die Führung einer Kundendatei.

Siehe → Produkthaftung (mit Literaturangaben).

Rückstellungen

Rückstellungen

von Professor Dr. Joachim S. Tanski, Fachhochschule Brandenburg und
Diplom-Betriebswirt (FH) Christian Förster, Hamburg

1. Rückstellungsbegriff

Führen Aufwendungen der laufenden Periode, die hinsichtlich ihrer Höhe und ihres Fälligkeitszeitpunktes ungewiss sind, erst in einer späteren Periode zu Auszahlungen (oder Ausgaben), so sind die späteren Auszahlungen als Rückstellung zu passivieren und die korrespondierenden Aufwendungen erfolgswirksam zu erfassen. Rückstellungen haben daher die Aufgabe, Aufwendungen periodengerecht abzubilden. Für die Bildung einer Rückstellung kommt es aus betriebswirtschaftlicher Sicht nicht auf das Vorliegen einer rechtlichen Verpflichtung an, sondern auf eine wahrscheinliche Auszahlung (Nutzenabfluss) in einer späteren Periode, die wirtschaftlich in der laufenden Periode begründet ist. Der wahrscheinliche Mittelabfluss kann dabei entweder seine Ursache in Forderungen haben, die zukünftig an das Unternehmen gestellt werden, oder in erkennbaren, zukünftigen negativen Erfolgsbeiträgen. Rückstellungen sind so lange zu bilanzieren, wie ein Nutzenabfluss droht.

2. Rückstellungen nach HGB, IFRS, US-GAAP

Gemäß § 249 HGB müssen bzw. dürfen Rückstellungen gebildet werden für

- Ungewisse Verbindlichkeiten (→ Rückstellungen für ungewisse Verbindlichkeiten, siehe auch → Pensionsrückstellungen),
- Drohende Verluste aus schwebenden Geschäften (→ Rückstellungen für drohende Verlusten aus schwebenden Geschäften),
- Unterlassene Instandhaltungsaufwendungen, die im folgenden Geschäftsjahr nachgeholt werden (→ Rückstellungen für unterlassene Instandhaltungsaufwendungen),
- Unterlassene Aufwendungen für Abraumbeseitigung, die im folgenden Geschäftsjahr nachgeholt werden (→ Rückstellungen für unterbliebene Aufwendungen),
- Gewährleistungen, die ohne rechtliche Verpflichtungen erbracht werden (→ Rückstellungen für Gewährleistungen ohne rechtliche Verpflichtung),
- Bestimmte Aufwendungen, die dem Geschäftsjahr oder einem früheren Geschäftsjahr zuzurechnen sind (→ Rückstellungen für bestimmte Aufwendungen).

Nach dem → Imparitätsprinzip des HGB ergibt sich eine generelle Pflicht zum Ansatz einer Rückstellung, wenn in einer späteren Periode Aufwendungen zu erwarten sind, die ihre Verursachung in der abzuschließenden Periode haben. Die Bewertung von Rückstellungen hat gem. § 253 (1) HGB nach vernünftiger kaufmännischer Schätzung zu erfolgen.

In den → International Financial Reporting Standards (IFRS) ist eine Rückstellung (*provision*) eine Verpflichtung, die gegenwärtig besteht und auf einem verpflichtenden Ereignis der Vergangenheit beruht, das einen Abfluss von Ressourcen erwarten lässt (IAS 37.14). Hinsichtlich der verpflichtenden Ereignisse der Vergangenheit wird unterschieden zwischen rechtlichen und faktischen Verpflichtungen (→ Verbindlichkeitsrückstellungen). Für eine Rückstellung ist – wie im HGB – charakteristisch, dass der Zeitpunkt oder die Höhe des erwarteten Ressourcenabflusses unbestimmt sind. Die Rückstellungen grenzen sich von den Verbindlichkeiten (*liabilities*) daher durch ihre immanente Unsicherheit ab, die entweder (1) hinsichtlich ihrer Höhe, (2) hinsichtlich ihrer Fälligkeit oder (3) hinsichtlich ihres Bestehens gegeben ist. Die Höhe einer zu bildenden Rückstellung muss zuverlässig schätzbar sein. Ist eine Rückstellung nicht zuverlässig schätzbar, darf sie nicht angesetzt werden und es ist ggf. eine Eventualschuld (*contingent liability*) im Anhang (*notes*) anzugeben. Die Bewertung erfolgt nach bestmöglicher Schätzung der zukünftigen Ausgabe (IAS 37.36).

Bei den US-GAAP existiert keine eigenständige Bilanzposition der Rückstellungen. Rückstellungen werden gemeinsam mit den Verbindlichkeiten unter der Position „liabilities" zusammengefasst. Unter einer liability ist eine gegenwärtige Verpflichtung zu verstehen, die zu einem Ressourcenabfluss führen wird. Ist eine liability unsicher bezüglich ihrer Höhe oder ihres Bestehens, fällt sie unter den Rückstellungsbegriff. Zu Bilanzierung führen nur Verpflichtungen gegenüber Dritten. Der Ansatz von reinen Aufwandrückstellungen ist daher nicht zulässig. Verpflichtungen sind solange zu bilanzieren, bis sie erfüllt worden sind oder der Tatbestand, der zur Bilanzierung geführt hat, nicht mehr vorliegt.

Hinweis

Zu den angrenzenden Wissensgebieten siehe → Abschlusserstellung nach US-GAAP, → Anlagevermögen, → Bilanzanalyse, → Buchführung, → Eigenkapital (auch → Rücklagen), → Finanzierung aus Rückstellungen, → Internationale Rechnungslegung nach IFRS, → Jahresabschluss nach deutschem Recht, → Jahresabschluss nach schweizerischem Recht, → Kapitalflussrechnung, → Körperschaftsteuer, → Konzernabschluss, → Steuerrecht, Internationales, → Swiss GAAP FER, → Umlaufvermögen.

Literatur: Hachmeister, D.: Verbindlichkeiten nach IFRS, München 2005; Tanski, J.: Internationale Rechnungslegungsstandards – IFRS/IAS Schritt für Schritt, 2. Auflage, München 2005.

Internetadressen: http://www.iasb.com; http://www.drsc.de; http://iasplus.de; http://www.ifrs-portal.com

Website des Autors: www.fh-brandenburg.de/~tanski/home.htm

Rückstellungen für bestimmte Aufwendungen

dürfen (Wahlrecht) nach HGB für Aufwendungen gebildet werden, die ihrer Eigenart genau umschrieben sind, dem laufenden oder einem früheren Geschäftsjahr zurechenbar und am Abschlussstichtag wahrscheinlich oder sicher sind. Unter diese Art von Rückstellungen fallen in der Praxis häufig Rückstellungen für Großreparaturen, die in berechenbaren Zeitabständen oder Leistungsabschnitten anfallen, sofern es sich bei den Aufwendungen um Erhaltungsaufwand und nicht um (zukünftige) Herstellungskosten handelt.

In den → IFRS sind derartige Rückstellungen zwar unzulässig, jedoch wird teilweise ein ähnlicher Effekt einer Aufwandsverteilung auf Perioden vor der Auszahlung durch die getrennte Abschreibung einzelner Komponenten eines Anlagegutes nach dem sog. Komponentenansatz (IAS 16.43) erreicht.

Siehe auch Übersichtsbeitrag → Rückstellungen (mit Literaturangaben).

Rückstellungen für drohende Verluste aus schwebenden Geschäften

Schwebende Geschäfte liegen bei zweiseitig verpflichtenden Rechtsgeschäften zwischen Vertragsschluss und Erfüllungszeitpunkt vor. Stehen sich Anspruch und Verpflichtung aus dem schwebenden Geschäft in gleicher Höhe gegenüber oder wird ein Erfolgsbeitrag erwartet, besteht ein Rückstellungsverbot. Erwartet der Bilanzierende aus dem schwebenden Geschäft hingegen einen Verlust, ist dieser in der zu bildenden Rückstellung in voller Höhe zu berücksichtigen.

Auch nach den Regelungen der → IFRS sind Rückstellungen für drohende Verluste aus schwebenden Geschäften anzusetzen. Die → IFRS verwenden in diesem Zusammenhang den Begriff des belastenden Vertrages (*onerous contract*). Im → US-GAAP-Abschluss sind Rückstellungen für drohende Verluste aus schwebenden Geschäften ebenfalls anzusetzen.

Siehe auch Übersichtsbeitrag → Rückstellungen (mit Literaturangaben).

Rückstellungen für Gewährleistungen ohne rechtliche Verpflichtung

Erbringt ein Unternehmen Gewährleistungen, ohne dass dazu eine rechtliche Verpflichtung besteht, so muss dafür eine Rückstellung für Gewährleistung (sog. → Kulanzrückstellung) angesetzt werden. Dabei kommt es hinsichtlich der Rückstellungshöhe entweder auf den konkreten Einzelfall an, oder die Rückstellung kann durch vorliegende Erfahrungswerte aus der Vergangenheit pauschal gebildet werden. Gewährt ein Unternehmen diese Kulanz, so muss es auch nach → IFRS eine Rückstellung ansetzen. Dies hat seinen Grund in der Regelung, dass auch faktische Verpflichtungen aus Ereignissen der Vergangenheit bei Rückstellungen anzusetzen sind. Wenn daher in der Vergangenheit ein Kaufmann durch sein Geschäftsgebaren oder durch Ankündigung die Übernahme von Kulanzen ohne rechtliche Verpflichtung bei Dritten geweckt hat, liegt darin eine faktische Verpflichtung (→ Verbindlichkeitsrückstellung).

Wie bei den → IFRS sind auch nach → US-GAAP faktische Verpflichtungen, die gegenüber Dritten bestehen, rückstellungspflichtig; daher sind auch in der anglo-amerikanisch-orientierten Rechnungslegung Kulanzrückstellungen anzusetzen.

Siehe auch Übersichtsbeitrag → Rückstellungen (mit Literaturangaben).

Rückstellungen für Pensionen

siehe → Pensionsrückstellungen.

Rückstellungen für ungewisse Verbindlichkeiten

Ungewisse Verbindlichkeiten zeichnen sich durch ihren Schuldcharakter aus sowie die Ungewissheit über Bestehen, Entstehen und/oder Höhe der Verbindlichkeit. Für die Bildung einer → Rückstellung für ungewisse Verbindlichkeiten muss der die Rückstellung begründende Sachverhalt in der Periode der Rückstellungsbildung liegen, ansonsten ist eine Rückstellung unzulässig. In der Praxis werden häufig Tatsachen zur Bildung von Rückstellungen für ungewisse Verbindlichkeiten erst nach dem Bilanzstichtag und vor der Bilanzaufstellung bekannt. Diese wertaufhellenden Tatsachen sind bei der Bildung der Rückstellung zu berücksichtigen.

Nach → IFRS sind Rückstellungen für ungewisse Verbindlichkeiten ebenfalls zu bilden, weil eine Rückstellung aufgrund eines rechtlich verpflichtenden Ereignisses der Vergangenheit anzusetzen ist. Rechtlich verpflichtende Ereignisse entstehen durch gesetzliche Verpflichtungen oder Verträge, die das bilanzierende Unternehmen abgeschlossen hat.

Nach den → US-GAAP sind Rückstellungen für ungewisse Verbindlichkeiten anzusetzen, da wie bei den → IFRS rechtlich verpflichtende Ereignisse der Vergangenheit, die wahrscheinlich zu einem Ressourcenabfluss führen, eine Rückstellungsbildung erfordern.

Siehe auch → Pensionsrückstellungen und Übersichtsbeitrag → Rückstellungen (mit Literaturangaben).

Rückstellungen für unterbliebene Aufwendungen

Werden im Geschäftsjahr unterbliebene Aufwendungen z.B. für Abraumbeseitigung im folgenden Geschäftsjahr nachgeholt, so muss dafür eine Rückstellung gebildet werden. Nach → IFRS und → US-GAAP besteht für diese Art von Rückstellungen ein Passivierungsverbot, soweit sich der zugrunde liegende Sachverhalt nicht als eine faktische Verbindlichkeit (→ Verbindlichkeitsrückstellung) darstellen lässt.

Siehe auch Übersichtsbeitrag → Rückstellungen (mit Literaturangaben).

Rückstellungsfinanzierung

vereinfachender Begriff der Praxis für → Finanzierung „aus Rückstellungen"; siehe auch → Innenfinanzierung und → Cash Flow (mit Literaturangaben).

Rückversicherungsunternehmen

ist ein Versicherungsunternehmen, dessen Kerngeschäft darin besteht, Risiken von → Erstversicherungsunternehmen zu übernehmen.

Rufbereitschaft

Zeit, in der ein → Arbeitnehmer für den → Arbeitgeber erreichbar und in der Lage sein muss, gegebenenfalls innerhalb kurzer Zeit seine Arbeitstätigkeit aufzunehmen. Im Gegensatz zum → Bereitschaftsdienst zählt die Rufbereitschaft nicht zur Arbeitszeit, kann bei Vorliegen entsprechender Vereinbarungen aber zu vergüten sein.

Siehe auch → Arbeitsrecht (mit Literaturangaben)

Rügepflicht

siehe → Untersuchungs- und Rügepflicht.

Ruhepausen

siehe → Arbeitszeit und → Arbeitsrecht und die dort angegebene Literatur.

Ruhezeit

siehe → Arbeitszeit.

Rule-Shopping

(→ *Steuerrecht, Internationales*). Im Fall des Rule-Shopping erreicht der Steuerpflichtige eine Umqualifizierung von Einkünften durch (missbräuchliche) Sachverhaltsgestaltung derart, dass diese unter eine vom Steuerpflichtigen als günstiger angesehene Abkommensvorschrift fallen („Sich-Einkaufen" in eine → Doppelbesteuerungsabkommen-Regel).

Rundfunk

(1) *Definition*: Rundfunk sind laut Rundfunkstaatsvertrag Darstellungen in Wort, Ton, und Bild, die unter Benutzung elektromagnetischer Schwingungen ohne Verbindungsleitungen oder Leiter der Allgemeinheit dargebracht werden, also Hörfunk und Fernsehen (inklusive → Pay-TV). In Deutschland ist

der Rundfunk im sogenannten → dualen Rundfunksystem, bestehend aus gebührenfinanzierten Öffentlich-Rechtlichen Anbietern (→ Rundfunk, Öffentlich-rechtlicher) und privaten Rundfunkveranstaltern (→ Rundfunk, Privater) organisiert.

(2) *Der Markt.* *(a) Fernsehmarkt*: Gemessen an den Netto-Werbeumsätzen (Gesamtvolumen 2002: 3,8 Milliarden Euro) wird der Fernsehmarkt dominiert von den Senderfamilien ProSiebenSat 1 (rund 48 Prozent) und RTL (45 Prozent); die Öffentlich-Rechtlichen vereinnahmen rund 7 Prozent der Netto-Werbeumsätze. Gemessen an Zuschauermarktanteilen liegen die Öffentlich-Rechtlichen mit rund 44 Prozent vorne; RTL und ProSiebenSat 1 haben Zuschauermarktanteile von jeweils rund 25 Prozent.

(b) Radiomarkt: Die Werbeerlöse im Rundfunkmarkt liegen bei knapp 750 Millionen Euro; das ist ein Marktanteil am Gesamtwerbemarkt von rund drei Prozent. Den 59 öffentlich-rechtlichen Hörfunkprogrammen stehen 181 kommerzielle Rundfunkanbieter gegenüber; der Marktanteil der Öffentlich-Rechtlichen Sender (ARD-Werbung) liegt bei rund einem Drittel.

Siehe auch → Medienökonomie (mit Literaturangaben und Internetadressen).

Literatur: Breuning, Christian: Radiomarkt in Deutschland: Entwicklung und Perspektiven, in: Media Perspektiven 9 / 2001, S. 450 – 470. Heinrich, Jürgen: Medienökonomie, Band 2: Hörfunk und Fernsehen, Westdeutscher Verlag, Wiesbaden (1999).

Rundfunk, Öffentlich-rechtlicher

(1) *Begriff*: Öffentlich-rechtliche Fernsehsender sind juristische Personen des öffentlichen Rechts, die dem staatlichen Einfluss weitgehend entzogen sein sollen. Ihre Finanzierung erfolgt über Gebühren, die von der Gebühreneinzugszentrale (GEZ) eingezogen werden.

(2) *Entstehung:* Nach dem Krieg wurden unter dem Einfluss der Alliierten in den einzelnen Bundesländern Landesrundfunkanstalten geschaffen, die 1950 die Arbeitsgemeinschaft der öffentlich-rechtlichen Rundfunkanstalten der Bundesrepublik Deutschland (ARD) gründeten, in der die Zusammenarbeit der Länderanstalten koordiniert wird. Ab 1963 begannen die Landesrundfunkanstalten der ARD, neben dem ersten Programm auch eigenständige dritte Programme auszustrahlen. 1961 haben die Bundesländer auf Basis eines Staatsvertrags das Zweite Deutsche Fernsehen (ZDF) gegründet.

(3) *Organisation:* Die ARD ist ein föderal strukturierter Verband; jede Landesrundfunkanstalt hat ihren eigenen Rundfunkrat, Verwaltungsrat und Intendanten. Der Rundfunkrat, der aus gesellschaftlich relevanten Gruppen zusammengesetzt ist, vertritt die Interessen der Allgemeinheit und wählt den Intendanten, der die Anstalt nach innen und außen vertritt und das Programm verantwortet. Dem Verwaltungsrat obliegt die Kontrolle der Verwaltung und der Finanzen. Die Geschäftsführung der ARD wechselt jährlich zwischen den einzelnen Anstalten. Im Unterschied zur ARD ist das ZDF zentralistisch organisiert. Die Organisationsstruktur entspricht mit einem Intendanten, einem Verwaltungsrat und einem Fernsehrat in etwa derjenigen der Landesrundfunkanstalten.

(4) *Finanzierung:* Die öffentlich-rechtlichen Anstalten finanzieren sich zu rund 80 Prozent aus Gebühren; die in etwa zu 30 Prozent an das ZDF, zu 70 Prozent an die ARD-Anstalten gehen. Zwischen den ARD-Anstalten werden diese nach Maßgabe des Wohnsitzprinzips zugeteilt; zusätzlich erfolgt ein ARD-interner Finanzausgleich. Die Ermittlung des Finanzbedarfes der öffentlich-rechtlichen Anstalten erfolgt durch die unabhängige Kommission zur Ermittlung des Finanzbedarfs (KEF).

Siehe auch → Medienökonomie (mit Literaturangaben und Internetadressen).

Literatur: Pürer, Heinz: Publizistik- und Kommunikationswissenschaft, UVK Verlagsgesellschaft Konstanz (2003); Kommission zur Ermittlung des Finanzbedarfs (KEF), 14. Bericht, Mainz 2003.

Internetadressen: www.alm.de, www.kef-online.de.

Rundfunk, Privater

(1) *Begriff*: Privater Rundfunk wird von erwerbswirtschaftlichen Unternehmen in privater Rechtsform mit der Absicht, Gewinne zu erzielen, betrieben. Die Betreiber finanzieren sich hauptsächlich durch Werbentgelte oder direkte Nutzungsentgelte (→ Pay-TV). Mit dem technisch bedingten Ende der Frequenzknappheit und einem Urteil des Bundesverfassungsgerichtes aus dem Jahr 1986, in dem das Nebeneinander von öffentlich-rechtlichem und privatem Rundfunk für verfassungskonform erklärt wurde, war Mitte der achtziger Jahre der Weg frei für private Rundfunkanbieter, die seit 1984 bereits in zeitlich befristeten Kabelpilotprojekten getestet wurden.

(2) *Rechtlicher Rahmen:* Die wichtigsten Rechtsgrundlagen für den privaten Rundfunk sind die jeweiligen Landesmediengesetze, Urteile des Bundesverfassungsgerichtes und dem jeweils gütigen Medienstaatsvertrag. Die Landesmedienanstalten entscheiden über die Erteilung, die Rücknahme und den Widerruf von Sendelizenzen der privaten Anbieter und kontrollieren die Einhaltung der Programmvorschriften. Die Kommission zur Ermittlung der Konzentration im Rundfunkwesen (KEK) achtet darauf, dass durch die Lizenzvergabe keine vorherrschende Meinungsmacht entsteht.

(3) *Der Markt:* Das Gesamtangebot des privaten Rundfunks umfasst rund 200 Hörfunkprogramme sowie 120 Fernsehprogramme; darunter 20 bundesweit empfangbare Programme.
Zu den einzelnen Anbietern siehe → Medienökonomie (mit Literaturangaben). Siehe auch → Rundfunk, Öffentlich-rechtlicher.

Literatur: Hesse, A.: Rundfunkrecht, 3. Auflage München 2003; Pürer, Heinz: Publizistik- und Kommunikationswissenschaft, UVK Verlagsgesellschaft Konstanz (2003).

Internet-Adressen: www.alm.de; www.kek-online.de; www.vprt.de.

Rundfunksystem, Duales
siehe → Duales Rundfunksystem.

Rundreiseproblem
siehe → Reihenfolgeproblem.

Rüstzeit
fertigungsunabhängige Zeit für die Vorbereitung und den Abschluss einer Operation.

RVS
Abk. für → Rokeach-Value-Survey.

S

SA 8000
Abk. für Social Accountability Standard 8000. Erstes weltweite Zertifizierungssystem für Arbeitsstandards in der Beschaffungskette (z.B. Einsatz beim Otto-Versand). Als eine Selbstverpflichtung in den USA von Social Accountability International (SAI), Non-Profit-Partner des Council on Economic Priorities (CEP) entwickelt. Das Managementsystem lehnt sich an die Qualitäts- und Umweltmanagementsysteme wie ISO 9000 und ISO 14001 an. Die Mitgliedsfirmen unterwerfen sich bezüglich bestimmter Kriterien in acht Schlüsselfeldern (wie Höchstarbeitszeiten, Verbot von Kinder- und Zwangsarbeit, Versammlungs- und Vereinigungsfreiheit etc.) einer unabhängigen Kontrolle und Zertifizierung durch Dritte. Das SA 8000 könnte sich als freiwilliger weltweiter Standard für soziale Managementsysteme durchsetzen.
Siehe auch → Corporate Citizenship (mit Literaturangaben).

Internetadresse: http://www.cepaa.org/introduction.htm

Sachanlagevermögen
(*property, plant and equipment*) umfasst alle Vermögensgegenstände bzw. Vermögenswerte des → Anlagevermögens mit physischer Substanz, die ungeachtet der juristischen Eigentumsverhältnisse, im → wirtschaftlichen Eigentum des Unternehmens sind, und die das Unternehmen langfristig, das heißt in der Regel länger als ein Jahr nutzen will.
Die Ausweisvorschriften des HGB unterscheiden nicht zwischen betriebsnotwendigen und nicht betriebsnotwendigen Sachanlagen. Insofern vermitteln → Jahresabschlüsse nach den internationalen Grundsätzen einen besseren Einblick in die Vermögenslage: Nach → IAS/IFRS sind als → Finanzanlagen gehaltene Immobilien (investment property) unter den Finanzanlagen auszuweisen.

Das Sachanlagevermögen nach den → US-GAAP umfasst nur betriebsnotwendige Sachanlagen. Als Finanzanlagen gehaltene Immobilien sind als *other investments*, sonstige betrieblich nicht (mehr) oder noch nicht genutzte Anlagen sind als *other assets* gesondert auszuweisen.
Siehe auch → Anlagevermögen (mit Literaturangaben).

Sachgründung

(*allgemeine Definition*) kann durch Einbringung einzelner Vermögensgegenstände (z.B. Gebäude) oder ganzer Unternehmen erfolgen. Im zweiten Fall wird die Gründungs- i.d.R. zur Umwandlungsbilanz.
Siehe auch → Gründungsbilanzen, → Umwandlungsbilanzen sowie → Sonderbilanzen, jeweils mit Literaturangaben.

Sachgründung

(*österreichisches Recht*). Wird das → Stammkapital einer → GmbH bzw das → Grundkapital einer → AG nicht ausschließlich durch Barmittel, sondern auch unter Einbringung bewertbarer Vermögensgegenstände (*Sacheinlagen*) aufgebracht, so handelt es sich um eine *Sachgründung*. Um sicherzustellen, dass die überantworteten Gegenstände auch wirklich den genannten Wert aufweisen und die Gesellschaft damit tatsächlich über das vom Gesetz vorgeschriebene Startkapital verfügt, unterliegt diese Form der Gründung strengen Vorschriften. So müssen bei sonstiger Ungültigkeit sowohl der Gegenstand der Sacheinlage als auch sein Geldwert (§ 6 Abs. 4 öGmbHG) bzw der Nennwert der dafür übernommenen Aktien (§ 20 Abs. 1 öAktG) in den Gesellschaftsvertrag bzw die Satzung aufgenommen werden. Das AktG ordnet darüber hinaus die Durchführung einer formellen *Gründungsprüfung* (§ 25 ff. öAktG) an. → GmbH wiederum unterliegen der sog *Hälfteklausel* (§ 6a Abs. 1 öGmbHG): Mindestens die Hälfte ihres → Stammkapitals ist bar aufzubringen (zu den Ausnahmen davon siehe § 6a Abs. 2-4 öGmbHG).

Sale-and-lease-back-Verfahren

Der (künftige) Leasingnehmer ist bisher Eigentümer eines gebrauchten oder (seltener) neuen Investitionsgutes (einer Immobilie), das an eine Leasinggesellschaft verkauft (sale) und sodann im Rahmen eines Leasingvertrags vom bisherigen Eigentümer (zurück-)gemietet wird (lease-back). Das sale-and-lease-back-Verfahren findet u.a. Anwendung im Sanierungsfall, um dem Verkäufer/Leasingnehmer damit liquide Mittel zu verschaffen. In einigen Fällen sind steuerrechtliche Gründe für die Anwendung des sale-and-lease-back-Verfahrens ausschlaggebend.
Siehe auch → Leasing (mit Literaturangaben).

Sales Promotion

siehe → Verkaufsförderung.

SalesCycle

Der SalesCycle (*Verkaufsprozess, Verkaufszyklus*) ist das Organigramm des Verkaufsprozesses. Ein *SalesCycle* unterteilt den Gesamtprozess des Verkaufens - von der Kundenansprache bis zur Umsatzgenerierung und Nachbetreuung - in kaufrelevante Phasen und bestimmt für die Phasen Tätigkeiten und organisatorische Zuständigkeiten. Zuweilen wird auch vom *CRM-Cycle* gesprochen. Die Phasen des SalesCycle umfassen (1) potenzielle Kunden (Leads) suchen, (2) Interessenten (Leads) ansprechen (Kontaktmanagement), (3) den Kunden verstehen, Chancen bewerten, (4) anbieten, überzeugen, gewinnen, (5) den Kunden beliefern (Processing), (6) den Kunden nachbetreuen, qualifizieren, binden, (7) den Kunden weiterentwickeln (Up- und Cross Selling), (8) den Kunden eventuell zurückgewinnen. Man sollte im Zusammenhang dem SalesCycle aber nicht nur an Verkaufstätigkeiten denken. Kundendienst bzw. Service werden immer wichtiger. Der *SalesCycle* ist deshalb durch einen *ServiceCycle* zu ergänzen. Der ServiceCycle bringt sämtliche kundenbindende Betreuungsaktivitäten in einen Prozesszusammenhang. SalesCycle und ServiceCycle sind parallel zu synchronisieren.
Siehe auch → Customer Relationship Management (CRM), → Vertriebspolitik und → Vertriebssteuerung, jeweils mit Literaturangaben.

Sales-minus-method

siehe → Wiederverkaufspreismethode, siehe auch → Verrechnungspreis.

Sales-Phase

Die Sales-Phase, die die Kundenbedienung umfasst, ist die zweite Teilphase in der Einteilung von → Kaufphasen. Die erste Teilphase ist die → Pre-Sales-Phase, die z.B. die Übermittlung von Informationsmaterial umfasst, die dritte Teilphase ist die → After-Sales-Phase und umfasst die Nachkaufberatung.

Sammelbewertung

(*Bilanzierung*). Die Sammelbewertung setzt gleichartige Vorräte voraus. Die Vorräte werden mit Durchschnittspreisen (→ Durchschnittsmethode) oder → Verbrauchsfolgefiktionen bewertet. Die → Verbrauchsfolgefiktionen sind nur anwendbar, wenn sie nicht im Widerspruch zur Realität stehen. Nach dem Zeitpunkt des Lagerzugangs der Vorräte unterscheidet man die Verbrauchsfolgefiktionen → Fifo (first in - first out) und → Lifo (last in - first out). Nach der Höhe des Beschaffungsentgeltes differenziert man in → Hifo (highest in - first out) und → Lofo (lowest in - first out).
Siehe auch → Umlaufvermögen (mit Literaturangaben).

Sampson-Snape-Box

In als Vier-Felder-Matrix konzipierten Sampson-Snape-Box werden Dienstleistungen nach den → Mobilitätsanforderungen, die sie an Anbieter und Kunde stellen, klassifiziert (Stauss 1995, S. 455ff.).
Typ I („across-the-border trade") liegt vor, wenn Anbieter und Kunde gleichermaßen immobil sind (z.B. in der Telekommunikationsbranche). In dieser Situation wird oft die Markteintrittsstrategie „Direktexport" gewählt.
Typ II („foreign-earnings trade") liegt bei im Auslandsmarkt präsenten Anbietern und immobilen Kunden vor. Typ II kann nach dem Grad der Intangibilität, der Interaktionsintensität und der kulturellen Spezifität des Faktoreinsatzes weiter in Typ IIa (Intangibilität, Interaktionsintensität und kulturelle Spezifität hoch; Typ „Consulting") und Typ IIb (Intangibilität, Interaktionsintensität und kulturelle Spezifität niedrig; Typ „Fast food") unterteilt werden.
Ist der Kunde mobil, der Anbieter aber immobil, spricht man von Typ III („domestic-establishment trade"). Bei diesen Dienstleistungen werden im Inland Leistungen für ausländische Kunden (z.B. das Catering für internationale Fluggesellschaften) erbracht.
Bei Typ IV („third-country trade") schließlich sind sowohl Kunde als auch Anbieter mobil und treffen sich in einem Drittland (z.B. deutsche Messegesellschaften, die → Messen im Ausland organisieren).

Sanierung

Der Begriff Sanierung (*Unternehmenssanierung*) hat seine etymologischen Wurzeln im lateinischen *sanare* und bedeutet im weitesten Sinne Heilung. Die Sanierung umfasst die Sicherung einer gefährdeten bzw. die Wiedererlangung einer verlorenen Lebensfähigkeit eines Unternehmens durch Maßnahmen, die auf eine vollständige Beseitigung von Gefährdungstatbeständen ausgerichtet sind. Unter Sanierung wird hier nicht allein die kurzfristige Verlustbeseitigung, sondern ein Bündel von außergewöhnlichen Maßnahmen verstanden, die einem in Schwierigkeiten geratenen Unternehmen bei der Überwindung der Probleme helfen sollen. Dabei wird zwischen formeller und materieller Sanierung unterschieden.
Bei der *formellen* Sanierung wird das Bilanzbild wieder der betrieblichen Realität angeglichen, die entstandenen Verluste werden buchtechnisch z.B. durch Auflösung stiller Rücklagen, Verwendung vorhandener Rücklagen oder Herabsetzung des Nominalkapitals beseitigt.
Die *materielle* Sanierung umfasst finanzwirtschaftliche (→ Sanierung, finanzwirtschaftliche) und leistungswirtschaftliche (→ Sanierung, leistungswirtschaftliche) Maßnahmen zur Wiederherstellung der Zahlungs- und Ertragsfähigkeit des Unternehmens sowie zur Verbesserung seiner Struktur. Art und Umfang der unter dem Begriff Sanierung subsumierten Maßnahmen wurden in der Literatur unterschiedlich weit gefasst. Mittlerweile betrachtet das Schrifttum ausschließlich finanzwirtschaftliche Maßnahmen als Sanierung im engeren Sinne, während die Sanierung im weiteren Sinne die Gesamtheit aller erforderlichen leistungs- und finanzwirtschaftlichen Maßnahmen zur Überwindung der Krise beinhaltet. Da jedoch nur in den seltensten Fällen rein finanzwirtschaftliche Maßnahmen zur Sicherung der Lebensfähigkeit eines Unternehmens ausreichen, erscheint eine weite Sichtweise zweckmäßiger.

Siehe auch → Sanierungsmanagement (mit vielen Literaturangaben und Internetadressen), → Unternehmenskrise und → Insolvenztatbestand.

Literatur: Feldbauer-Durstmüller, B./Stiegler, H.: Sanierung; in: Küpper, H.-U./Wagenhofer, A. (Hrsg.): Handwörterbuch Unternehmensrechnung und Controlling, 4. Auflage, Stuttgart 2002, Sp. 1727-1735; Wagenhofer, A.: Unternehmenssanierung, in: Wittmann, W. et al. (Hrsg.): Handwörterbuch der Betriebswirtschaft, Bd. 3, 5. Auflage, Stuttgart 1993, Sp. 4380-4392; Stiegler, H.: Sanierungsmanagement. Controllingbeiträge zu Reorganisation und Sanierung marktwirtschaftlicher (= konkursfähiger) Unternehmungen, in: Seicht, G. (Hrsg.): Jahrbuch für Rechnungswesen und Controlling '98, Wien 1998, S. 385-404.

Sanierung, finanzwirtschaftliche

Die finanzwirtschaftliche Sanierung ist eine Form der materiellen → Sanierung und beinhaltet alle finanziellen Maßnahmen, welche die Zahlungs- und Ertragsfähigkeit des Unternehmens wiederherstellen. Zu den finanzwirtschaftlichen Sanierungsmöglichkeiten gehören (1) im Bereich des Eigenkapitals: Kapitalerhöhung, Kapitalherabsetzung mit folgender Kapitalerhöhung, Gewährung von Gesellschafterdarlehen und Nachschüssen, Zutritt (neuer) Gesellschafter, (2) im Bereich des Fremdkapitals: Stundung von Verbindlichkeiten, Zinsenfreistellung, Aufnahme neuer Kredite, Reduktion von Verbindlichkeiten durch (teilweisen) Verzicht der Gläubiger, Umwandlung von Forderungen in Beteiligungen.

Siehe auch → Sanierungsmanagement (mit Literaturangaben), → Sanierung sowie → Unternehmenskrise.

Sanierung, leistungswirtschaftliche

Die leistungswirtschaftliche Sanierung ist eine Form der materiellen Sanierung und entspricht einer Strukturverbesserung des Unternehmens im Führungs-, Beschaffungs-, Produktions-, Absatz- und Finanzbereich. Leistungswirtschaftliche Sanierungsbemühungen können sehr vielfältig sein. Beispiele sind Neuverteilung der Kompetenzen, Motivation der Belegschaft, Änderungen der Organisationsstruktur, Überprüfung der Einkaufskonditionen, Optimierung der Lagerhaltung, Verbesserung der Produktionsqualität, Optimierung der Durchlaufzeiten und Kapazitätsauslastung, Überprüfung der Preis- und Zahlungskonditionen, Abverkauf hoher Lagerbestände, Implementierung von Controlling-Instrumenten, Desinvestitionen, → Sale and lease back und → Factoring.

Siehe auch → Sanierungsmanagement (mit Literaturangaben), → Sanierung sowie → Unternehmenskrise.

Literatur: Baur, W.: Sanierungen, Wiesbaden 1978, S. 130 ff.; Wagenhofer, A.: Unternehmenssanierung, in: Wittmann, W. et al. (Hrsg.): Handwörterbuch der Betriebswirtschaft, Bd. 3, 5. Auflage, Stuttgart 1993, Sp. 4380-4392.

Sanierungsbedürftigkeit

Sanierungsbedürftigkeit wird im Rahmen der → Sanierungsprüfung untersucht und liegt vor, wenn das Unternehmen nicht mehr in der Lage ist, die Krise aus eigener Kraft zu überwinden.

Siehe auch → Sanierungsmanagement (mit Literaturangaben), → Sanierung sowie → Unternehmenskrise.

Sanierungsfähigkeit

Die Prüfung der Sanierungsfähigkeit erfolgt im Zuge einer → Sanierungsprüfung. Sie ist gegeben, wenn das Unternehmen geeignet ist, eine stabile wirtschaftliche Basis wiederzuerlangen und diese auch dauerhaft zu erhalten. Dies wird angenommen, wenn der Ertragswert (als Barwert) der Fortführung den Liquidationswert des Unternehmens übersteigt. Die Sanierungsfähigkeit kann nur im Zusammenhang mit einer Analyse der → Krisenursachen, der zukünftigen Entwicklung des Unternehmens und den zu setzenden Sanierungsmaßnahmen beurteilt werden. Eine positive Beurteilung der Sanierungsfähigkeit setzt voraus, dass das Unternehmen noch über genügend Erfolgspotenziale zur Sicherung der Wettbewerbsfähigkeit am Markt verfügt. Dazu zählen beispielsweise zukunftsträchtige Produkte (Kundenproblemlösungen), zukunftsträchtiges FuE-Potenzial, zukunftsträchtige Technologien, zukunftsorientierte Märkte/Marktsegmente sowie qualifizierte Mitarbeiter und Führungskräfte.

Siehe auch → Sanierungsmanagement (mit Literaturangaben), → Sanierung sowie → Unternehmenskrise.

Sanierungsmanagement

Sanierungsmanagement

von Univ.-Prof. Dr. Birgit Feldbauer-Durstmüller und Dr. Christine Mitter
Institut für Controlling und Consulting an der Universität Linz/Donau, Österreich

1. Einleitung

Betrachtungsobjekt des Sanierungsmanagements sind Unternehmungen in der *Krise*. Eine → Unternehmenskrise liegt vor, wenn Gefahr besteht, für den Fortbestand des Unternehmens wichtige Ziele nicht zu erreichen und das Unternehmen somit partiell oder global in seiner Existenz bedroht ist. Wesentliche Voraussetzung eines erfolgreichen Sanierungsmanagements ist die rasche Überwindung der Krise (→ Sanierung des Unternehmens) mit Hilfe bestimmter Sanierungsmaßnahmen.

2. Formen der Unternehmenskrise

Im Rahmen der Definition „Unternehmenskrise" muss zwischen → Unternehmenskrise im engeren Sinne und → Unternehmenskrise im weiteren Sinne differenziert werden. Bei der engeren Auffassung bezeichnet die Unternehmenskrise die Situation eines Unternehmens, in der es bereits zu bedrohlichen erfolgs- und liquiditätsmäßigen Engpässen kommt. Bei der Unternehmenskrise im weiteren Sinne liegt hingegen nur eine latente Bedrohung von Erfolgspotenzialen bzw. Erfolgspositionen vor.

Von großer Bedeutung ist diesbezüglich die Kenntnis, dass Unternehmenskrisen nicht unmittelbar auftreten, sondern schrittweise entstehen, wobei verschiedene *Stufen der Existenzgefährdung* durchlaufen werden. Wichtige Phasen sind in diesem Zusammenhang die potentielle Unternehmenskrise, die latente Unternehmenskrise und letztendlich die akute Unternehmenskrise. Je früher die → *Krisensymptome* erkannt werden und entsprechende Gegenmaßnahmen eingeleitet werden, desto geringer ist die Gefahr, dass es tatsächlich zu einer akuten Unternehmenskrise kommt, bei der Erfolg und Liquidität erheblich beeinträchtigt sind. Unternehmenskrisen können in jenen Fällen, in denen die Gefahr rasch erkannt und bekämpft wird, sogar eine Chance zur Erneuerung und Entwicklung des Unternehmens sein. Nach dem Entwicklungsmodell von Unternehmen nach *Bleicher* ist jeder Übergang zur nächsten Phase der Unternehmensentwicklung durch Krisen gekennzeichnet.

Neben der nach dem zeitlichen Ablauf orientierten Kategorisierung des Begriffes „Unternehmenskrise" kann auch eine sachliche Differenzierung in *Strategiekrise*, *Erfolgskrise* und *Liquiditätskrise* erfolgen.

3. Krisensymptome und Krisenursachen

Unternehmenskrisen kündigen sich in der Regel durch unterschiedliche → *Krisensymptome* an, die in den verschiedenen Phasen der Krise (→ Unternehmenskrise) sehr unterschiedlich ausgestaltet sind. Speziell in den Frühphasen einer Unternehmenskrise sind die Krisensymptome nicht offensichtlich, sondern häufig nur für Experten wahrnehmbar. Für Unternehmer ist es einerseits im Sinne der Früherkennung sehr wichtig, die Krisensymptome zu orten, um die Gefährdung des Unternehmens zu begreifen. Darüber hinaus gilt es herauszufinden, welche Faktoren (→ Krisenursachen) die Krise herbeiführten, da effektive Gegensteuerungsmaßnahmen Kenntnis und sorgfältige Analyse der Krisenursachen voraussetzen.

4. Sanierungsprüfung

Für die Entscheidung, ob ein Unternehmen saniert werden kann oder ob es liquidiert werden muss, ist eine sorgfältige → Sanierungsprüfung notwendig. Der Zweck der Sanierungsprüfung besteht darin, Aussagen über die künftige Leistungsfähigkeit des Unternehmens und somit auch über die Eignung der geplanten Sanierungsmaßnahmen zu treffen.

Im Blickpunkt jeder Sanierungsprüfung stehen die Aspekte → *Sanierungsbedürftigkeit*, → *Sanierungsfähigkeit* und → *Sanierungswürdigkeit*, die in der angegebenen Reihenfolge geprüft werden. Im Rahmen der Sanierungsbedürftigkeitsprüfung ist dabei das Ausmaß der Unternehmenskrise zu untersuchen. Bei der Sanierungsfähigkeitsprüfung wird eine Analyse und Prognose der Unternehmenssituation unter rein betriebswirtschaftlichen Aspekten vorgenommen und im Rahmen der Sanierungswürdigkeitsprüfung werden schließlich die einzelnen Interessenspositionen der am Sanierungsprozess beteiligten Parteien gegenübergestellt.

5. Sanierungsmaßnahmen

Bezüglich der Sanierungsmaßnahmen muss zwischen der formellen Sanierung und der materiellen Sanierung (→ Sanierung) unterschieden werden. Das Sanierungsverfahren kann dabei sowohl außergerichtlich als auch gerichtlich abgewickelt werden.

Die *formelle Sanierung* sollte einen Offenbarungseid darstellen und nicht als einfache „Bilanzkosmetik" missverstanden werden. Das Bilanzbild sollte dabei durch Maßnahmen wie etwa der Auflösung stiller Reserven, der Verwendung vorhandener Rücklagen und Kapitalherabsetzungen ohne gleichzeitige Kapitalrückzahlung der betrieblichen Realität angeglichen werden.

Im Rahmen der *materiellen Sanierung* muss weiter differenziert werden zwischen finanzwirtschaftlicher und leistungswirtschaftlicher Sanierung. Die *finanzwirtschaftliche* Sanierung (→ Sanierung, finanzwirtschaftliche) umfasst die Summe aller finanziellen Maßnahmen, die die Zahlungs- und Ertragsfähigkeit des Unternehmens wiederherstellen. Bei einer einseitigen Konzentration auf die Bekämpfung finanzwirtschaftlicher Probleme werden jedoch nicht alle → Krisenursachen berücksichtigt und die eigentlichen Ursachen der Krisenentstehung vernachlässigt. Ein Unternehmen bleibt deshalb ohne eine Neuausrichtung im Rahmen der *leistungswirtschaftlichen* Sanierung (→ Sanierung, leistungswirtschaftliche) weiter gefährdet. Diese umfasst Maßnahmen zur Strukturverbesserung des Unternehmens z.B. durch Desinvestition, Neuinvestition, Organisationsverbesserung, Implementierung von Controlling-Instrumenten, Umfinanzierung etc.

Für die Abwicklung einer Unternehmenssanierung ist grundsätzlich sowohl eine außergerichtliche als auch gerichtliche Sanierungsform denkbar. Bei einer *außergerichtlichen Sanierung* einigt sich der Schuldner mit den Gläubigern im Rahmen privatrechtlicher Verträge ohne Einschaltung der Gerichte. Dies ist in der Regel mit geringerer Publizität verbunden. Vereinbarungen zwischen Schuldner und Gläubigern können darüber hinaus auch bereits vor Eintreten eines Insolvenztatbestandes getroffen werden und sehen meist eine Stundung der Forderungen und/oder einen Forderungsnachlass seitens der Gläubiger vor. *Gerichtliche Sanierungsverfahren* sind einzuleiten, wenn ein Insolvenztatbestand vorliegt. Sowohl Insolvenztatbestände als auch Ablauf und Verfahrensregeln differieren dabei je nach Nation. Obwohl gerichtliche Sanierungsverfahren heute in der Regel als vorrangiges Ziel die Unternehmensfortführung anstreben, kann sich im Rahmen des Sanierungsprozesses auch die Notwendigkeit zur Liquidation des betroffenen Unternehmens ergeben.

Hinweise

Zu den angrenzenden Wissensgebieten siehe → Abschlusserstellung nach US-GAAP, → Aktiengesellschaft, deutsche, → Aktiengesellschaft, österreichische, → Bilanzanalyse, → Businessplan, → Due Diligence, → Existenzgründung, → Finanzplanung, → Gesellschaftsformen, österreichische, → Gesellschaftsrecht, europäisches, → Hedgefonds, → Insolvenzrecht (deutsches), → Internationale Rechnungslegung nach IFRS, → Jahresabschluss nach deutschem Recht, → Jahresabschluss nach schweizerischem Recht, → Kennzahlen, finanzwirtschaftliche, → Kennzahlen, wertorientierte, → Konzernabschluss, → Mergers & Acquisitions, → Private Equity, → Rating-Methoden, kreditwirtschaftliche, → Sonderbilanzen, → Unternehmensbewertung, → Venture Capital.

Literatur: Albach, H./Hahn, D./Mertens, P.: Frühwarnsysteme, in: ZfB, Ergänzungsheft 2/1979; Bleicher, K.: Das Konzept Integriertes Management, 2. Auflage, Frankfurt/Main 1992; Bratschitsch, R./Schnellinger, W. (Hrsg.): Unternehmenskrisen – Ursachen, Frühwarnung, Bewältigung: Bericht über die Pfingsttagung, Juni 1979, des Verbandes der Hochschullehrer für Betriebswirtschaft e. V., Stuttgart 1981; Feldbauer-Durstmüller, B./ Schlager, J.: Krisenmanagement, Wien 2006; Feldbauer-Durstmüller, B./Stiegler, H.: Sanierung; in: Küpper, H.-U./Wagenhofer, A. (Hrsg.): Handwörterbuch Unternehmensrechnung und Controlling, 4. Auflage, Stuttgart 2002, Sp. 1727-1735; Feldbauer-Durstmüller, B.: Sanierungsmanagement, in: zfo 3/2003, S. 128-132; Heintzen, M./Kruschwitz, L.

(Hrsg.): Unternehmen in der Krise, Berlin 2004; Mitter, C.: Distressed Investing und Unternehmenssanierung, Wien 2006; Stiegler, H.: Krisenmanagement marktwirtschaftlicher Unternehmungen, in: Schimpf, O./Stiegler, H. (Hrsg.): Jahrbuch des Rechnungswesens 83/84, Wien 1984, S. 9-35; Stiegler, H.: Überblick zu Krisenmanagement, in: Feldbauer-Durstmüller, B./Stiegler, H. (Hrsg.): Krisenmanagement: Früherkennung – Sanierung – Insolvenzrecht, Linz 1994, S. 8-23; Stiegler, H.: Sanierungsmanagement, in: Seicht, G. (Hrsg.): Jahrbuch für Controlling und Rechnungswesen '98, Wien 1998, S. 385-404; Swoboda, P.: Instrumente der Unternehmenssanierung aus betriebswirtschaftlicher Sicht, in: Ruppe, H.-G. (Hrsg.): Rechtsprobleme der Unternehmenssanierung. Wien 1983, S. 3-25.

Internetadressen:
(1) *Allgemeine Informationen zu Krisenprävention, Krisenbewältigung, Krisenmanagement sowie hilfreiche Links und Glossare).*
Deutschland: http://www.akademie.de/fuehrung-organisation/management/links/krisenmanagement/index.html; http://www.existenzgruender.de/imperia/md/content/pdf/gz22.pdf; http://www.infoquelle.de/Management/Krisenmanagement/index.cfm; http://www.insolvenzrecht.info; http://www.krisennavigator.de; http://www.rostock.ihk24.de/HROIHK24/HROIHK24/produktmarken/index.jsp?url=http%3A//www.rostock.ihk24.de/HROIHK24/HROIHK24/produktmarken/starthilfe/krisenmanagement/recht_krise/Krisenmanagement.jsp
Österreich: http://www.help.gv.at/Content.Node/188/Seite.1880000.html; http://www.unternehmer-innot.at/.
(2) *Konkursstatistiken.*
Deutschland: http://www.kreditversicherungsnetz.de/htm-bin/informationen.html; http://www.destatis.de/basis/d/insol/insoltab1.php; http://www.destatis.de/indicators/d/ins110ad.htm; http://www.bda-online.de/www/bdaonline.nsf/id/856D196097B37EB8C1256F6C0050ED0D/$file/Insolvenzstatistik_2004.pdf.
Österreich: http://www.myksv.at/ksv_edit/KSV/de/03_news/05_statistiken/01_insolvenz/index.html.
Schweiz: aktuelle Konkursstatistik via e-mail an udemo@bfs.admin.ch erhältlich.
(3) *Studien und Beiträge zum Thema Krisen- und Sanierungsmanagement*: http://www.krisennavigator.de; http://www.mittelstandsportal.de/management/Insolvenz.pdf; http://www.wieselhuber.de/diverses/form_studien.html; (*Homepage der Verfasser*): http://www.controlling.jku.at;
(4) *Interessante Links zum Thema Krisenmanagement finden sich unter:* http://www.controlling.jku.at/links/hotlinks.htm#Krisenmanagement
(5) *Weitere Lehrstühle und Studiengänge, die sich mit dem Thema Krisen- und Sanierungsmanagement befassen*: http://www.fh kufstein.ac.at/ksmx/de/_i.php?m=allgemein/allg.php; http://rrwnw1.wiwi.uni-regensburg.de/ebene2/2_0.html?cmd=4; http://www.wiwi.uni-regensburg.de/drukarczyk/; http://www.people.hbs.edu/sgilson/; http://www.stern.nyu.edu/salomon/creditdebtmarkets/

Website der Autoren: http://www.controlling.jku.at/links/hotlinks.htm#Krisenmanagement

Sanierungsprüfung
Für die Entscheidung, ob ein Unternehmen saniert werden kann oder ob es liquidiert werden muss, ist eine sorgfältige Sanierungsprüfung notwendig. Die Sanierungsprüfung dient dazu, Aussagen über die künftige Leistungsfähigkeit des Unternehmens und somit auch über die Eignung der geplanten Sanierungsmaßnahmen zu treffen. In diesem Sinne werden die → Sanierungsbedürftigkeit, → Sanierungsfähigkeit und → Sanierungswürdigkeit des betroffenen Unternehmens untersucht.
Siehe auch → Sanierungsmanagement (mit Literaturangaben), → Sanierung sowie → Unternehmenskrise.
Literatur: Bertl, R.: Die Sanierungsprüfung – ein spezieller Fall der Prüfung zukünftiger Ereignisse, in: Bertl, R./Mandl, G. (Hrsg.): Rechnungswesen und Controlling: Festschrift für Anton Egger, S. 457-474; Dörner, D.: Sanierungsprüfung, in: Institut der Wirtschaftsprüfer in Deutschland e. V. (Hrsg.): Wirtschaftsprüfer-Handbuch 1998. Handbuch für Rechnungslegung, Prüfung und Beratung, Bd. II, Düsseldorf 1998, S. 299-491; Friedrich, M. G.: Sanierungsprüfung – Herausforderung für Unternehmensführung und Gutachter, in: Der Betrieb, Heft 5 vom 31.1.2003, S. 223-229; Feldbauer-Durstmüller, B.: Sanierungsfähigkeitsprüfung, in: Felbauer-Durstmüller, B./Schlager, J., Krisenma-

nagement – Sanierung – Insolvenz, Wien 2002, S. 445-487; Feldbauer-Durstmüller, B.: Sanierungsmanagement, in: zfo 3/2003, S. 128-132; Wegmann, J.: Die Sanierungsprüfung. Bergisch Gladbach 1987.

Sanierungswürdigkeit

Bei der *Sanierungswürdigkeitsprüfung* stehen die Interessen der Sanierungsbeteiligten (Alteigentümer, Geschäftspartner, neue Gesellschafter, Banken, Lieferanten, Staat) im Mittelpunkt. Während die Sanierungsfähigkeit größtenteils aufgrund objektiv messbarer Fakten beurteilt wird, dominieren bei der Sanierungswürdigkeitsprüfung subjektive, wenn auch teilweise ökonomisch berechenbare, Überlegungen. Die Sanierungsbeteiligten müssen entscheiden, ob es für sie vorteilhafter ist, Sanierungsmaßnahmen zu unterstützen oder darauf zu verzichten und damit den Untergang des Unternehmens zu riskieren. Die Lage des Unternehmens wird bei der Beurteilung der Sanierungswürdigkeit demnach aus der Sicht der Beteiligten analysiert, letztendlich können nur sie aufgrund ihrer subjektiven Risikoneigung die Frage der Sanierungswürdigkeit beantworten.
Siehe auch → Sanierungsmanagement (mit Literaturangaben), → Sanierung sowie → Unternehmenskrise.

SAP

siehe → mySAP ERP.

SAP Solution Manager

ist eine von SAP bereitgestellte Software, welche die Einführung und den Betrieb von → mySAP ERP methodisch unterstützen. Wichtige Bestandteile sind Vorgehensmodelle, Projektplanungsinstrumente, Geschäftsprozessmodelle sowie Werkzeuge zur Durchführung des → Customizing. Weitere Funktionen des Systems sind die Dokumentation der Ergebnisse und Einstellungen sowie der Zugang zum Support von SAP.

SAR

ISO-Code für Saudi Riyal.

Sarbanes-Oxley Act of 2002 (SOX oder SOA)

Der Sarbanes-Oxley Act of 2002 wurde als Reaktion auf verschiedene Bilanzskandale in den USA (z.B. Enron und Worldcom) als Bundesgesetz erlassen. SOX gilt für alle Unternehmen, die einen der → Securities and Exchange Commission (SEC) als Börsenaufsicht unterliegenden Kapitalmarkt in Anspruch nehmen, sowie deren Tochtergesellschaften. Deutsche, österreichische und schweizerische Unternehmen, deren Aktien in den USA gehandelt werden fallen somit unter den Geltungsbereich. Abschlussprüfer, die Prüfungsleistungen für diese Unternehmungen erbringen, sind ebenfalls von SOX betroffen.
Internet: (Gesetzestext) http://www.law.uc.edu/CCL/SOact/soact.pdf.

SAS

Abk. für → Statement(s) of Auditing Standards.

SAS

Abk. für Statistical Analysis System. Siehe auch → Datenanalyse (Marktforschung).

Satzung

Gesellschaftsvertrag (Statut) einer Gesellschaft; insbesondere für die → Aktiengesellschaft und die → Gesellschaft mit beschränkter Haftung verwendeter Begriff. Die Satzung ist die von den Gründern aufgestellte Grundordnung der Gesellschaft. Sie hat einen gesetzlichen Mindestinhalt und stets den jeweiligen gesetzlichen Rahmen zu beachten.

Satzungsänderung

erfolgt bei der → AG durch die → Hauptversammlung. Der Beschluss über die Satzungsänderung bedarf grundsätzlich mindestens drei Viertel des bei Beschlussfassung vertretenen Grundkapitals (deutsches Recht). Die Satzungsänderung muss notariell beurkundet und ins Handelsregister eingetragen werden.

Satzungsmäßige Rücklage

Ist in der Satzung des bilanzierenden Unternehmens bestimmt, dass eine Rücklage gebildet werden muss, so ist diese unter diesem Posten zu bilanzieren.

SCC

Abk. für → Supply Chain Controlling.

SCE

Abk. für Societas Cooperativa Europaea, andere Bezeichnung für → Europäische Genossenschaft (EU-GEN).

SCE

Abk. für Societas Cooperativa Europaea; → Europäische Genossenschaft.

Schaden

ist jeder unfreiwillige Nachteil, den jemand an einem geschützten Rechtsgut erleidet. Die Rechtsprechung unterscheidet zwischen: 1) materiellem Schaden (§§ 249-252 BGB), wie Personenschaden (jemand wird an Körper oder Gesundheit verletzt), Sachschaden (eine Sache wird beschädigt) oder reinem Vermögensschaden (jemand wird wirtschaftlich geschädigt); 2) immateriellem Schaden (Schmerzensgeld §§ 253, 847 ff. BGB).

Literatur: Palandt, Kommentar zum Bürgerlichen Gesetzbuch, 63. Aufl.; Vorbemerkung vor § 249 BGB, Rn. 7, 8.

Schätzverfahren

siehe → Ökonometrie, insbes. Kap. 5 a)

Scheck

Schecks können nach den folgenden Merkmalen untergliedert werden, wobei jeder Scheck eine Kombination von Merkmalen aus diesen Kategorien umfasst.

(1) *Privatschecks und Banschecks:* Die Bezeichnung → Privatscheck besagt, dass dieser Scheck von einer Privatperson, von einem Unternehmen o.Ä. (sog. Nichtbanken), nicht aber von einer Bank ausgestellt ist. Dagegen ist Aussteller eines → Banschecks stets ein Kreditinstitut. Im Auslandsgeschäft werden Banschecks von den Banken im Auftrag von zahlungspflichtigen Importeuren ausgestellt und häufig auch in deren Auftrag direkt den zahlungsempfangenden Exporteur gesandt.

(2) *Orderschecks und Inhaber-(Überbringer-)Schecks:* Die Rechte aus einem → Orderscheck können nur durch Indossament des jeweils Berechtigten (zunächst des eingetragenen Scheckempfängers) sowie durch Übergabe des Schecks an einen Dritten übertragen werden. Ein → Inhaber-(Überbringer-)scheck ist dagegen an den jeweiligen Inhaber des Schecks zahlbar, der seine Berechtigung nicht durch eine geschlossene Kette von Indossamenten nachweisen muss.

(3) *Barschecks und Verrechnungsschecks:* Grundsätzlich kann ein → Barscheck von jeder Bank (d.h. von der bezogenen Bank oder von jeder anderen Bank), der er vorgelegt wird, eingelöst werden. Dagegen ist die Barauszahlung von → Verrechnungsschecks untersagt, was bedeutet, dass Verrechnungsschecks nur durch Verrechnung von Konto zu Konto gutzuschreiben bzw. einzulösen sind.

Literatur: Häberle, S.G.: Handbuch der Außenhandelsfinanzierung, 3. Auflage, München und Wien 2002; HAUFE EXPORT OFFICE, CD-ROM, Freiburg i.Br. o.J. (laufende Ergänzungslieferungen).

Scheinauslandsgesellschaft

siehe → Private Limited Company.

Scheinkaufmann

ist eine Person, die als → Kaufmann auftritt, obwohl sie weder im Handelsregister als Kaufmann eingetragen noch kraft Gesetzes Kaufmann ist. Aufgrund des von ihr gesetzten Rechtsscheins wird sie gutgläubigen Dritten gegenüber wie ein Kaufmann behandelt.

Scheinselbstständigkeit

Verrichtung einer Dienstleistung als → Arbeitnehmer und nicht, wie es der Vertrag suggeriert, auf der Grundlage eines freien Dienstvertrags. Folge dieser aus objektiver Sicht anhand bestimmter Kriterien vorzunehmenden Unterscheidung ist das Eingreifen des Arbeitsrechts und insbesondere der darin enthaltenen zwingenden Arbeitnehmerschutzvorschriften sowie gegebenenfalls der Sozialversicherungspflicht nach den Bestimmungen des Sozialgesetzbuchs.

Schema

siehe → Datenbankschema.

Schiedsgerichtsbarkeit

siehe → Schiedsverfahren, → Schiedsgerichtshof, → Deutsche Institution für Schiedsgerichtsbarkeit.
Internetadressen: www.iccwbo.org; www.dis-arb.de

Schiedsgerichtshof

der → Internationalen Handelskammer in Paris, ICC. Siehe auch → Schiedsverfahren.
Internetadresse: www.iccwbo.org

Schiedsverfahren

ist eine im Geschäftsverkehr zwischen → Kaufleuten häufig anzutreffende Art der Konfliktregelung. Voraussetzung dafür ist ein Schiedsvertrag, in dem sich die Vertragsparteien verpflichten, alle oder einzelne Streitigkeiten, die zwischen ihnen in Bezug auf ein bestimmtes Rechtsverhältnis entstanden sind oder künftig entstehen, der Entscheidung durch ein Schiedsgericht zu unterwerfen. Im Streitfall ist dann nur ein Schiedsverfahren und nicht zusätzlich noch ein Verfahren vor den staatlichen Gerichten möglich.
Gesetzlich geregelt ist das schiedsrichterliche Verfahren in den §§ 1025 bis 1065 Zivilprozessordnung (ZPO, österreichische).
Internetadressen: www.iccwbo.org (Schiedsgerichtshof der → Internationalen Handelskammer in Paris, ICC); www.dis-arb.de (Deutsche Institution für Schiedsgerichtsbarkeit).

Schiefe

drittes zentrales Moment einer → Wahrscheinlichkeitsverteilung, Maß für die Asymmetrie einer Wahrscheinlichkeitsverteilung.
Eine Schiefe von Null charakterisiert eine symmetrische Wahrscheinlichkeitsverteilung. Dies ist beispielsweise bei einer Normalverteilung der Fall. Verteilungen mit positiver Schiefeausprägung (→ rechtsschiefe oder linkssteile Verteilungen) führen ceteris paribus zu eher niedriger gewichteten hohen Extremwerten, allerdings besitzen diese Verteilungen eine geringere Gefahr ungünstiger Extremwerte und gewähren somit einen Schutz vor hohen Verlusten.
Demgegenüber verfügen Verteilungen mit negativer Schiefe (→ linksschiefe oder rechtssteile Verteilungen) über eine höhere Wahrscheinlichkeit ungünstiger Extremwerte. Aus diesem Grund werden risikoaverse Unternehmer Zahlungsstrukturen mit positiver Schiefe solchen mit negativer Schiefe ceteris paribus vorziehen.
Als Resultat empirischer Studien kann konstatiert werden, dass die Schiefe für die Entscheidungsfindung eine gegenüber der Varianz eher untergeordnete Bedeutung besitzt.
Siehe auch → Portfoliomanagement (mit Literaturangaben).

Schifffahrtsprinzip

Unterform des → Wohnsitzprinzips (Steuerrecht).

Schleusenwärter Rolle

siehe → Konzept der Gatekeeper (Schleusenwärter) Rolle.

Schlichte Rechtsgemeinschaft, österreichische

(*communio incidens*, §§ 825ff ABGB). Der Begriff der Schlichten Rechtsgemeinschaft (communio incidens) bezeichnet alle jene Eigentumsgemeinschaften, die anders als eine Gesellschaft (societas) nicht bewusst oder gewollt mittels Vertrages eingegangen werden, sondern durch Zufall, gesetzliche Anordnung oder letztwillige Verfügung entstehen. Die sie betreffenden gesetzlichen Bestimmungen (§§ 825 ff. ABGB) beschränken sich deshalb auch allein auf die Regelung des Erhaltens und Verwaltens des gemeinsamen Gutes. Ein darüber hinaus gehendes Zusammenwirken der Mitglieder der Gemeinschaft besteht nicht. Klassisches Beispiel ist die *Miteigentumsgemeinschaft mehrerer Erben*.

Schlichtungsstelle, Betriebliche

siehe → Einigungsstelle.

Schlüsselinformationen

sind Informationen, die für die Produktbeurteilung wichtig sind und die mehrere andere Informationen substituieren oder bündeln.

Schlüsseltechnologie

neu zur Verfügung gestelltes technisches Wissen, das einen spürbaren Fortschritt gegenüber dem Status quo der Erkenntnisse repräsentiert. Ein hohes Innovationspotenzial und eine relativ schnelle Umsetzung in marktfähige Leistungen sind dabei möglich. Dies sichert einen Wettbewerbsvorsprung durch Leistungs- und Kostendifferenzierung. Schlüsseltechnologien haben schon weite Verbreitung gefunden und bieten noch weiteres Differenzierungspotenzial.
Siehe auch → Forschung und Entwicklung, → FuE-Strategien sowie → Innovations- und Technologiemanagement (mit Literaturangaben).

Schlüter-Formel

(Fluktuationsrate), siehe → Fluktuation.

Schmalenbach-Gesellschaft für Betriebswirtschaft e.V.

Bei der Schmalenbach-Gesellschaft für Betriebswirtschaft e.V. handelt es sich um eine, als gemeinnütziger Verein firmierende, betriebswirtschaftliche Vereinigung, deren Hauptziel in der Förderung des Dialogs zwischen betriebswirtschaftlicher Forschung, Lehre und Praxis besteht. Die Gesellschaft geht auf den Betriebswirt Professor Dr. Dr. h.c. mult. Eugen Schmalenbach (1873 - 1955) zurück, der bestrebt war, die Entwicklung einer anwendungsorientierten Betriebswirtschaftslehre in enger Verbindung von Wirtschaftspraxis und -wissenschaft zu forcieren.
Internetadresse: http://www.schmalenbach.org

Schmerzensgeld

ist der Ersatz eines Nichtvermögensschaden für den Fall der Verletzung des Körpers, der Gesundheit oder Freiheitsentziehung (§ 847 BGB). Dient als Ausgleich der erlittenen, oftmals nicht mehr voll zu beseitigenden Schäden. Anderseits aber auch zur Genugtuung des Geschädigten wegen der erlittenen Nachteile. Die Höhe des Schmerzensgeld liegt im Ermessen des Gerichts.
Literatur: Katzenmeier, C., Die Neuregelung des Anspruchs auf Schmerzensgeld, in: Juristen-Zeitung, 2002, S. 1029; Palandt, Kommentar zum Bürgerlichen Gesetzbuch, 63. Aufl., § 847, Rn. 1 ff.

Schnelldreher

sind Artikel bzw. Produkte, die in großen Mengen umgeschlagen werden. Derartige Güter weisen somit eine hohe Umschlagshäufigkeit auf.

Schnittebene

siehe → Cut.

Schnittstelle

(insbesondere in der *Organisation*). Berührungspunkt zwischen verschiedenen Tätigkeits- bzw. Entscheidungsbereichen. Siehe auch → Querschnittsfunktion und → Aufbauorganisation.

Schnittstelle

(insbesondere in der *Wirtschaftsinformatik*) siehe → Benutzerschnittstelle, → Kommunikationsschnittstelle; siehe auch → Controlling-Informationssysteme.

Schrittmachertechnologien

können dem Markt erst zukünftig zugänglich gemacht werden. Einsatzgebiete lassen sich noch kaum konkret abschätzen. Es werden jedoch große Auswirkungen auf Produkte und Verfahren erwartet. Für Schrittmachertechnologien existieren bereits Pilot-/Testanwendungen, deren Entwicklung aber nicht genau vorhersagbar ist. Siehe auch → Forschung und Entwicklung, → FuE-Strategien sowie → Innovations- und Technologiemanagement (mit Literaturangaben).

Schuldbeitritt

Beim Schuldbeitritt, auch *Schuld(mit)übernahme* genannt, erhält der Gläubiger einen weiteren zusätzlichen Schuldner. Dies macht die Durchsetzung seines Anspruchs sicherer. Im Gegensatz zur Schuldübernahme i.S.d. § 414 ff. BGB – bei der die Parteien lediglich die Auswechslung des Schuldners vereinbaren – ist daher keine Zustimmung des Gläubigers erforderlich. Wie bei der → Bürgschaft erhält der Gläubiger im Fall des Schuldbeitritts einen weiteren Haftenden. Im Gegensatz zur Bürgschaft begründet der Beitretende keine akzessorische – d.h. von der fremden Schuld abhängige – Verpflichtung. Er geht vielmehr eine – neben der Schuld eines anderen bestehende – eigenständige Verpflichtung ein. Siehe auch → Kreditsicherheiten (mit Literaturangaben).

Literatur: Hans-Jürgen Lwowski, Wolfgang Gößmann, Helmut Merkel: Kreditsicherheiten. Recht der Wirtschaft (RdW), Band 1 Grundzüge für Studium und Praxis, Schmitt Eich Verlag 2005; Hans Brox, Wolf-Dietrich Walker: Allgemeines Schuldrecht. Grundrisse des Rechts München 2004.

Schuld(mit)übernahme

siehe → Schuldbeitritt; siehe auch → Kreditsicherheiten.

Schuldschein

Der Begriff des Schuldscheins ist im Gesetz nicht definiert. Ein Schuldschein ist kein Wertpapier, sondern lediglich ein beweiserleichterndes Dokument. Der Kreditnehmer bestätigt durch den Schuldschein, dass er den Kreditbetrag empfangen hat. Hierdurch wird die Beweislast vom Gläubiger auf den Schuldner verlagert; üblicherweise trägt der Schuldner die Beweislast.

Im Gegensatz zu Wertpapieren, bei denen das verbriefte Recht nicht ohne Innehabung des Papiers geltend gemacht werden kann, ist der Besitz des Schuldscheines zur Geltendmachung der Forderung nicht erforderlich.

Schuldscheindarlehen

ist ein anleiheähnlicher, langfristiger Großkredit, der von Kapitalsammelstellen – die nicht Kreditinstitute sind – gegen Ausstellung eines → Schuldscheins vergeben wird.

Der Schuldschein ist allerdings kein konstitutives Merkmal des Schuldscheindarlehens, sodass in der Praxis vielfach auf die Ausstellung des Schuldscheines verzichtet wird. Stattdessen wird ein individueller Kreditvertrag abgeschlossen („schuldscheinloses Schuldscheindarlehen"). Obwohl es sich damit nicht mehr um ein Schuldscheindarlehen im engeren Sinne handelt, wurde der Terminus des Schuldscheindarlehens für bei Kapitalsammelstellen aufgenommene langfristige Großkredite beibehalten.

Grundsätzlich können alle Unternehmen unabhängig von der Rechtsform Schuldscheindarlehen aufnehmen. Da es sich bei den kreditgebenden → Kapitalsammelstellen aber vorwiegend um Versicherungsunternehmen (insbesondere Lebensversicherungsunternehmen) handelt, entscheiden letztendlich die Versicherungen bzw. ihre Aufsichtsbehörde über die „Schuldscheinfähigkeit" eines Unternehmens. Zentrales Kriterium ist die Eignung des Schuldscheindarlehens für den → Deckungsstock der Versicherungsunternehmen. Die Anforderungen an die Deckungsstockfähigkeit führen dazu, dass Schuldscheindarlehen überwiegend durch erstrangige Grundschulden abgesichert werden und dazu, dass der Kreis der Unternehmen, denen ein Schuldscheindarlehen gewährt wird, erfahrungsgemäß auf erste Adressen (öffentliche Institutionen, bedeutende Industrieunternehmen) beschränkt ist.

Schuldverschreibung

(engl. *Bond*). Als Schuldverschreibung bezeichnet man mittel- bis langfristige Kredite, die am → Kapitalmarkt durch → Emission von Wertpapieren aufgenommen und in handelbaren Teilschuldverschreibungen verbrieft werden. Die klassischen Formen sind die mittelfristige → *Obligation* und die langfristige → *Anleihe*, die mit einer laufenden Zinszahlung in Form eines jährlich einzulösenden Kupons (franz. coupon) ausgestattet sind und → endfällig getilgt werden.

Schutzgesetz

ist jede Rechtsnorm, die nicht nur die Allgemeinheit, sondern unmittelbar den Schutz eines einzelnen bezweckt (z.B. Arzneimittelgesetz, Geräte- und Produktsicherheitsgesetz, Lebensmittelgesetz, Medizingeräteverordnung, §§ 223, 224 StGB).
Literatur: Palandt, Kommentar zum Bürgerlichen Gesetzbuch, 63. Aufl., § 823, Rn. 56-72.

Schutzrechte, gewerbliche

Sammelbezeichnung für Rechtspositionen bei → Patenten, → Gebrauchsmuster, → Geschmacksmuster, → Warenzeichen und → Marken (siehe auch → Markenrechte). Diese beinhalten innerhalb der jeweiligen nationalen Rechtsordnung einen Anspruch auf Unterlassung und Schadensersatz gegen den Verletzer dieser Schutzrechte. Der Inhaber der Schutzrechte kann diese, ebenso wie das → Know-How im Rahmen von → Lizenzgeschäften vermarkten.
Siehe auch → Gewerblicher Rechtsschutz.

Schutzzoll

siehe → Zoll.

Schwache Signale

stellen bestimmte Beobachtungsgrößen aus den verschiedensten betrieblichen Teil- und Funktionsbereichen dar, die laufend kontrolliert werden und bei Ausscheren aus einem definierten Toleranzbereich Handlungsbedarf signalisieren. Als Beobachtungsbereiche bietet sich dabei eine Gliederung in folgende Bereiche an: (1) Generelle externe Beobachtungsbereiche (z.B. Konjunktur, Politik, Technologie), (2) Unternehmensindividuelle Beobachtungsbereiche (z.B. Produkte, Kunden, Konkurrenten), (3) Interne Beobachtungsbereiche im Hinblick auf Gefährdungen und Chancen (Produktprogramm, Mitarbeiter, maschinelle Ausrüstung), (4) Funktionsorientierte interne Beobachtungsbereiche (z.B. Forschung und Entwicklung, Absatz, Produktion und Beschaffung, Verwaltung).
Siehe auch → Früherkennung, ungerichtete und → Strategisches Radar.
Literatur: Ansoff, H.I.: Die Bewältigung von Überraschungen und Diskontinuitäten – Strategische Reaktionen auf schwache Signale, in: Steinmann, H., Planung und Kontrolle: Probleme der strategischen Unternehmensführung, München 1981, S. 233-264.

Schwachstellenanalyse

ist ein heuristisches Verfahren zur Annäherung an optimale Zustände und dient der Feststellung von Unzulänglichkeiten in der Unternehmung. Sie beginnt mit der (1) Ermittlung der Schwachstellen (Istanalyse mit Hilfe von Katalogen oder Checklisten), setzt sich mit der (2) Ursachenanalyse (Gegenüberstellung von Unzulänglichkeiten und Ursachen in einer Matrix) fort und schließt mit der (3) Entwicklung von Maßnahmen ab. Auch die → Kennzahlen- oder → Bilanzanalyse dient der Analyse von Schwachstellen.
Siehe auch → Analysemethoden, betriebswirtschaftliche (mit Literaturangaben) und → Heuristik.

Schweigen im Rechtsverkehr

Abweichend vom allgemeinen Zivilrecht gilt im → Handelsrecht Schweigen als Annahme eines Antrags, sofern ein Kaufmann, dessen Gewerbebetrieb die Besorgung von Geschäften für andere mit sich bringt, nicht unverzüglich auf einen Antrag über die Besorgung solcher Geschäfte antwortet, der von einer Person gestellt wurde, mit der er in Geschäftsverbindung steht (§ 362 Abs. 1 HGB, deutsches).

Schweizerisches Rechnungswesen

siehe → Bilanzzierung nach schweizerischem Recht, → Buchführungsrecht, schweizerisches, → Jahresabschluss, schweizerisches Recht, → Rechnungslegungsrecht, schweizerisches, → Swiss GAAP FER.

Schwerpunktstreik

gezielte Arbeitsniederlegung in Schlüsselbereichen eines → Betriebs oder einer Branche, um durch minimierten Einsatz einen größtmöglichen Druck auf die Arbeitgeber oder ihre Verbände auszuüben; siehe auch → Arbeitskampf.

Scientific Management

(*wissenschaftliche Betriebsführung*), vom US-amerikanischen Ingenieur Frederick Winslow Taylor (1856 - 1915) entwickelter Ansatz (1911) zur optimalen Gestaltung des Produktionsprozesses. Der Mensch als Arbeitnehmer sollte hierbei so effizient und effektiv wie möglich als „verlängerter Arm" der Maschine eingesetzt werden. Beeinflusst vom Scientific Management führte bspw. Henry Ford die Fließbandfertigung ein; in Deutschland entstanden während der 1920er Jahre mit REFA und RKW eigene Institutionen zur Umsetzung der wissenschaftlichen Betriebsführung, d.h. der Rationalisierung. Siehe auch → Unternehmensführung (mit Literaturangaben).

SCM

Abk. für → Supply Chain Management (mit Literaturangaben).

SCOR

Abk. für *Supply Chain Operations Reference Model*. SCOR ist ein innovatives Werkzeug zur Optimierung von Supply-Chain-Prozessen des → Supply Chain Councils. Siehe auch → Supply Chain Management und → Logistik, Grundlagen (Logistikmanagement).

Scoring-Modell

Scoring-Modelle sind qualitative Bewertungsverfahren; sie bewerten Sachverhalte durch die Zuordnung von Wertungspunkten. Auf diese Weise lassen sich auch heterogene Sachverhalte zusammenfassen. Entscheidend sind die Wahl der Kriterien sowie deren Unabhängigkeit und Gewichtung. Beispielsweise werden für jedes Kriterium Punkte von 0 bis 10 vergeben, die jeweils erreichten Punkte gewichtet und zu einem Punktewert addiert, der die Gesamtbewertung verkörpert.
Beispielsweise können Scoring-Modelle im → Risikocontrolling bei Investitionsprojekten oder auch im Bereich des Kreditgeschäfts eingesetzt werden. Das Verfahren wird verwendet, um qualitative Aussagen operationalisierbar zu machen.

Scoring-Verfahren

Anwendungsbeispiel siehe → Rating-Methoden, kreditwirtschaftliche, Kap. 3.2. (mit Literaturangaben).

SCOR-Modell

siehe → Supply Chain Operations Reference Model.

SDS

Abk. für → SEDAS-Daten-Service.

SE

Abk. für Societas Europaea, andere Bezeichnung für Europäische (Aktien)Gesellschaft bzw. → Europa-AG.

Sea Waybill
siehe → Seefrachtbrief.

SEC
Abk. für → Securities and Exchange Commission.

Sechs „r" der Logistik
bestimmen die richtige Menge, der richtigen Objekte (Güter, Personen, Energie, Informationen), am richtigen Ort (Quelle oder Senke) im System, zum richtigen Zeitpunkt, in der richtigen Qualität, zu den richtigen Kosten.

SECI
Abk. für Socialization, Externalization, Combination, Internalization; siehe auch → SECI-Modell.

SECI-Modell
Das SECI-Modell zeigt auf, wie Wissen innerhalb eines Unternehmens zwischen den Ausprägungen → explizites Wissen und → implizites Wissen erzeugt und genutzt werden kann. Zentrale Aussage des Modells ist es, dass neues Wissen nicht nur durch die Verarbeitung von bereits existierenden Informationen entsteht, sondern auch vom → individuellen Wissen der Mitarbeiter eines Unternehmens geprägt ist.
Siehe auch → Wissensmanagement (mit Literaturangaben).
    Literatur: Nonaka, I., Takeuchi, H.: The Knowledge-Creating Company, New York/Oxford 1995.
    Internetadresse: (Wikipedia-Eintrag) http://de.wikipedia.org/wiki/SECI-Modell.

Secondary Offering
engl. für Sekundärplatzierung, siehe → Equity Carve-out.

Secondary Public Offering (SPO)
Von einem Secondary Public Offering (SPO) wird gesprochen, wenn ein bereits börsenotiertes Unternehmen (z.B. nach Durchführung einer *Kapitalerhöhung*) erneut Aktien an der Börse anbietet *(Zweitplatzierung)*.

Secondary Purchase
(→ *Venture Capital*). Instrument einer Venture Capital-Gesellschaft zur Desinvestition als Abschluss einer Beteiligungsfinanzierung durch Verkauf der Beteiligung an einen Finanzinvestor bzw. eine andere Venture Capital-Gesellschaft, die das Unternehmen an dem die Beteiligung besteht, in einer folgenden Finanzierungsphase betreut. Siehe auch → Venture Capital und → Private Equity.

Secured Distribution
siehe → Multi-Channel-Distribution.

Securities Act of 1933
Der Securities Act of 1933 wurde als Reaktion auf den Börsenkrach 1929 und die anschließende Weltwirtschaftskrise als US-Bundesgesetz erlassen und regelt die Anforderungen an die Registrierung und die erstmalige Notierung eines Wertpapiers an einer Börse in den USA.
    Internet: (Gesetzestext) http://www.sec.gov/divisions/corpfin/33act/index1933.shtml.

Securities and Exchange Commission (SEC)
Die Securities and Exchange Commission (SEC) wurde 1934 aufgrund eines Bundesgesetzes, dem → Securities Exchange Act of 1933, als Bundesaufsichtsbehörde für den Wertpapierhandel innerhalb der USA eingesetzt. Die SEC besitzt legislative, judikative und exekutive Kompetenzen und stellt dadurch eine starke Machtbündelung dar.
    Literatur: Merkt, H., Securities and Exchange Commission (SEC), in: Handwörterbuch der Rechnungslegung und Prüfung, Stuttgart 2002, Sp. 2181-2187.
    Internet: http://www.sec.gov.

Securities Exchange Act of 1934

Der Securities Exchange Act of 1934 regelt als Bundesgesetz in Ergänzung zum → Securities Act of 1933 die Handelsbedingungen von Wertpapieren an einer Börse in den USA sowie die damit verbundenen Publizitätsanforderungen. Zudem wurde durch den Act die → Securities and Exchange Commission (SEC) als Aufsichtsbehörde geschaffen.

Internet: (Gesetzestext) http://www.sec.gov/divisions/corpfin/34act/index1934.shtml.

Securitisation

Der Begriff Securitisation leitet sich aus dem englischen Ausdruck für Effekten ab. Securitisation bedeutet Zertifizierung, Verbriefung, wertpapiermäßige Unterlegung und Absicherung von Forderungen zwecks Handelbarkeit.

Siehe auch → Asset Backed Securities (mit Literaturangaben).

SEDAS-Daten-Service (SDS)

Das SDS ist ein Mailbox-System, das von den Interessensverbänden der Industrie und des Handels getragen wird. Die multilaterale Kommunikation der Marktteilnehmer zwischen Absendern und Empfängern wird indirekt über das Mailbox-System gesteuert. So können Synergieeffekte besser genutzt werden, da beispielsweise viele kleinere Nachbestellungen durch einzelne Händler in der Mailbox gesammelt werden und dann als wöchentliche Großbestellung an den Hersteller weitergegeben werden.

Siehe auch → Distributionslogistik (mit Literaturangaben).

Sedas-Informationssatz

siehe → SIN-FOS (Sedas-Informationssatz).

Seed Finanzierung

Frühphase einer Unternehmensgründung mit Finanzierung (z.B. mit → *Venture Capital*) der Ausreifung und Umsetzung einer Idee in verwertbare Resultate bis hin zum Prototyp. Der Schwerpunkt liegt in der (Beteiligungs-)Finanzierung von Forschungsinvestitionen und Produktentwicklung bei Unternehmen in Gründung.

Seefrachtbrief

Der Seefrachtbrief (Sea Waybill) dokumentiert einen Frachtvertrag, der einen Seetransport umfasst. Im Gegensatz zum → Konnossement ist der Seefrachtbrief jedoch kein Wertpapier. In der Bezeichnung der Seefrachtbriefe wird dem durch Zusätze wie „not negotiable", „non negotiable", „nicht begebbar" o.ä. Rechnung getragen.

Segment reporting

siehe → Segmentberichterstattung.

Segmentation

siehe → Segmentierung (Marketing).

Segmentberichterstattung

(*segment reporting*) hat die Aufgabe über die Geschäftsbereiche und deren Bedingtheiten zu informieren, um die wirtschaftliche Leistung des Konzerns besser verstehen und die Ertrags- und Finanzkraft sowie die Risiken und Chancen der verschiedenartigen Geschäftsfelder zutreffender einschätzen und damit differenzierter beurteilen zu können (vgl. → DRS 3).

Siehe auch → Konzernabschluss und → Abschlusserstellung nach US-GAAP, jeweils mit Literaturangaben.

Segmentierung

(auch *Clustering* genannt, insbesondere in der *Wirtschaftsinformatik*) dient der Einteilung des Datenbestandes in Klassen ähnlicher Objekte. Die Klassen werden während der Analyse auf Basis von Ähnlichkeitsmaßen gebildet, so dass innerhalb einer Klasse homogene Teilmengen entstehen, deren Objekte eine geringe Unähnlichkeit aufweisen. Dadurch können z.B. gezielte Maßnahmen für ein kundenspezifisches → Cross-Selling bzw. → Up-Selling abgeleitet werden.

Segmentierung

(*Marktsegmentierung, Segmentation*). Unter Marktsegmentierung versteht man die Aufteilung eines Marktes in intern homogene und extern heterogene Teilmärkte. Hauptziel der Segmentierung ist die Realisierung eines möglichst hohen Maßes an Übereinstimmung zwischen einer bestimmten Art und Zahl von Käufern bzw. → Zielgruppe einerseits und dem angebotenen → Produkt einschließlich seines Vermarktungskonzepts andererseits. Es können verschiedenste Segmentierungskriterien herangezogen werden, wobei drei übergeordnete Gruppen von Kriterien unterschieden werden - demographische Kriterien (soziale Schicht, Familienlebenszyklus, geographische Kriterien), psychographische Kriterien (allgemeine Persönlichkeitsmerkmale, produktspezifische Kriterien) und kaufverhaltensbezogene Kriterien (Preisverhalten, Mediennutzung, Einkaufsstättenwahl, Produktwahl).
Generell gilt, dass die Trennschärfe von Marktsegmenten mit der jeweils adäquaten Zahl bzw. der sinnvollen Kombination unterschiedlicher Merkmale wächst. Es sollen jene Zielgruppen (Segmente) erfasst werden, die eine möglichst ähnliche Reaktion auf den Einsatz der → Marketinginstrumente bzw. den gesamten → Marketingmix zeigen. Eng verbunden mit der Marktsegmentierung ist die Auswahl der Zielmärkte bzw. -segmente (→ Targeting) und die → Positionierung der Produkte in den Zielsegmenten. Im englischsprachigen Raum wird in diesem Zusammenhang häufig von → STP-Marketing gesprochen.
Siehe auch → Marketing, Grundlagen (mit Literaturangaben).

Segmentierung, direkte

Eine direkte Segmentierung im internationalen Marketing (→ Marketing, Internationales) liegt vor, wenn Konsumenten aus unterschiedlichen Kulturkreisen zu → transkulturellen Zielgruppen zusammengefasst werden, ohne dass die Herkunftsländer zuvor zu → Länderclustern zusammengefasst wurden.
Siehe auch → Marketing, Internationales (mit Literaturangaben).

Segmentierung, indirekte

Werden im internationalen Marketing (→ Marketing, Internationales) zunächst → Ländercluster zusammengestellt, in denen dann transnationale Zielgruppen identifiziert werden, spricht man von indirekter Segmentierung.
Siehe auch → Marketing, Internationales (mit Literaturangaben).

SEK

ISO-Code für Schwedische Krone.

Sekundärbedarf

(→ *Materialwirtschaft*). Er wird aus dem → Primärbedarf der herzustellenden Erzeugnisse ermittelt. Durch Stücklistenauflösung oder durch statistische Verfahren wird der Bedarf an Werkstoffen ermittelt. Unter Nutzung von Losgrößenverfahren und Bestandsstrategien werden Materialbedarfe ermittelt, die dann zu Bestellaufträgen für Zulieferungen werden. Siehe auch → Primärbedarf, → Tertiärbedarf und → Materialbedarfsplanung.

Sekundäre Gemeinkosten

sind Kosten für unternehmensintern (von den → Hilfskostenstellen) erstellte Leistungen (z.B. eigene Werkstätten, innerbetriebliche Logistik). Sie werden lediglich von den Hilfskostenstellen auf andere → Kostenstellen umverteilt und nicht direkt auf die Kostenträger geschlüsselt. Es sind für die Bemessung der Kosten auch keine Marktpreise ableitbar. Deshalb müssen für diese Kosten zunächst innerbetriebliche Verrechnungspreise ermittelt werden, bevor anhand derer eine Kostenverteilung auf die → Kostenstellen erfolgen kann.

Die Abgrenzung gestaltet sich zum Teil schwierig, wenn Kostenstellen sowohl → innerbetriebliche Leistungen als auch Marktleistungen erbringen (z.B. der Fuhrpark sowohl Transporte für Dritte als auch innerbetriebliche Transportleistungen durchführt).
Siehe auch → Kostenstellenrechnung (mit Literaturangaben).

Sekundärer Sektor

umfasst in der institutionellen Abgrenzung der amtlichen Statistik das → Produzierende Gewerbe (synonym: industrieller Sektor). Charakteristisch für den sekundären Sektor ist die Weiterverarbeitung von Gütern und Stoffen aus der Urproduktion (Primärer Sektor), etwa der Land-, Forst- und Fischereiwirtschaft und dem Bergbau. Gegensatz (mit Definitions- und Abgrenzungsproblemen): → Tertiärer Sektor (Dienstleistungssektor).
Internetadresse: (Statistisches Bundesamt) http://www.destatis.de.

Sekundärforschung

Die Sekundärforschung greift auf bereits vorhandenes Datenmaterial zurück. Die Quellen von Sekundärmaterial sind vielfältig und können einerseits *unternehmensinterne Informationen* (z.B. Umsatzstatistiken, Berichte von Außendienstmitarbeitern) sowie andererseits *unternehmensexterne Informationen* (z.B. amtliche Statistiken, Online-Datenbanken) umfassen. Gegensatz: → Primärforschung, die auf die Generierung neuen, originären Datenmaterials ausgerichtet ist.
Siehe auch → Marktforschung (mit Literaturangaben).

Sekundärkostenrechnung

häufig begrifflich gleichgesetzt mit → innerbetrieblicher Leistungsverrechnung und → Betriebsabrechnung (Kapitel 1).

Sekundärmarkt

(*Aktienmarkt*). Der Sekundärmarkt ist der Markt, an dem bereits ausgegebene Wertpapiere gehandelt werden. Aktien werden zum Beispiel nach ihrer Ausgabe an einer Aktienbörse gehandelt. Gegensatz zu → Primärmarkt.

Sekundärplatzierung

siehe → Equity Carve-out.

Selbstbehalt

siehe → Selbstbeteiligung (Versicherungswirtschaft).

Selbstbeteiligung

(*Versicherungswirtschaft*) liegt vor, wenn sich der Versicherungsnehmer nach im Vertrag festgelegten Regeln explizit am Schaden selbst beteiligt. Hierbei unterscheidet man drei Grundformen: beim (prozentualen) *Selbstbehalt* trägt der Versicherungsnehmer einen festgesetzten Prozentsatz des Schadens selbst. In der Praxis wird hier häufig eine Obergrenze vereinbart. Bei der *Abzugsfranchise* zahlt der Versicherungsnehmer von jedem Schaden den im Vertrag festgelegten Geldbetrag (Franchise) selbst und der Versicherer leistet nur den übersteigenden Betrag. Bei der *Integralfranchise* zahlt der Versicherungsnehmer alle Schäden bis zur Höhe der vereinbarten Franchise selbst. Übersteigt ein Schaden die vereinbarte Franchise leistet das Versicherungsunternehmen in vollem Umfang Schadenersatz.
Siehe auch → Versicherungsbetriebslehre, Grundlagen (mit Literaturangaben).

Selbstemission

Form des Verkaufs von → Wertpapieren, bei der sich der → Emittent direkt an die potenziellen Wertpapierkäufer (Kreditgeber) wendet. Voraussetzung sind entsprechend gute Kontakte und genaue Marktkenntnisse, denn es müssen nicht nur genügend Käufer gefunden werden, sondern unter anderem auch die Konditionen (Nominalzins, Ausgabekurs, etc.) und der Emissionszeitpunkt eigenständig festgelegt werden; Gegenteil → Fremdemission.

Selbstfinanzierung
wird als Bezeichnung für die finanziellen Konsequenzen verwendet, die daraus resultieren, dass der tatsächliche Ausschüttungsbetrag eines Unternehmens kleiner ausfällt als ein Referenzwert; als Referenzwert wird dabei zumeist der Jahresüberschuss gewählt. Ein solcher, auch als „Thesaurierung" bezeichneter Verzicht auf eine „Vollausschüttung" kann Konsequenz gesetzlicher (gesetzliche → Rücklage) und satzungsmäßiger Vorgaben sein oder auf Beschlüsse der zuständigen Gesellschaftsorgane (→ Rücklagenpolitik, → Cash Flow, → Cash Flow-Management) zurückgehen.
Die primären finanziellen Konsequenzen eines derartigen Ausschüttungsverzichtes hängen davon ab, in welcher Weise eine höhere Ausschüttung finanziert worden wäre. Dabei sind als Grenzfälle die folgenden beiden Konstellationen in Betracht zu ziehen:
(1) Das Unternehmen verfügt in hinlänglichem Ausmaß über freie liquide Mittel. Der Ausschüttungsverzicht hat dann zur Konsequenz, dass dem Unternehmen entsprechend mehr Mittel zur freien Verfügung verbleiben als im Fall der Vollausschüttung. Aus der Verwendung der in diesem Sinne eingesparten Finanzmittel können sich dann als Sekundäreffekt die unterschiedlichsten Handlungsmöglichkeiten eröffnen, die von der Haltung höherer Liquiditätsreserven über die Finanzierung weiterer Investitionen bis hin zur zusätzlichen Tilgung von Schulden reichen.
(2) Das Unternehmen verfügt über keine weiteren freien liquiden Mittel, so dass eine zusätzliche Ausschüttung die Beanspruchung anderer Quellen, z.B. von Bankkrediten, erfordert hätte. In diesem Falle eröffnet ein Ausschüttungsverzicht die Möglichkeiten, entweder ersatzlos auf die entsprechenden Finanzierungsmaßnahmen zu verzichten, oder sie dennoch durchzuführen, die daraus gewonnenen Mittel jedoch – analog zu (1) – anderen Verwendungsmöglichkeiten zuzuführen.
Zu verkürzt ist demgegenüber die im älteren Schrifttum vertretene Sichtweise, wonach die Selbstfinanzierung als eine unmittelbare Quelle zur Beschaffung zusätzlicher Finanzierungsmittel angesehen wird.
Siehe auch → Cash Flow, → Cash Flow-Management, → Eigenkapital, → Gewinnrücklage, → Rücklagenpolitik.
    Literatur: Bitz, M.: Finanzierung als Marktprozeß – Reflexionen zu Inhalt und Differenzierung des Finanzierungsbegriffs, in: Gerke, W. (Hrsg.): Planwirtschaft am Ende – Marktwirtschaft in der Krise?, Festschrift für Wolfram Engels, Stuttgart 1994, S. 187-216; Bitz, M., Terstege, U.: Grundlagen des Cash-Flow-Managements, in: Krimphove, D., Tytko, D. (Hrsg.): Praktiker-Handbuch Unternehmensfinanzierung – Kapitalbeschaffung und Rating für mittelständische Unternehmen, Stuttgart 2002, S. 343-372.

Selbstkosten
Berechnungsschema siehe → Zuschlagskalkulation, Kap. 2.

Selbstorganisationstheorie
beschreibt die Entstehung von Ordnung durch selbstbestimmten ordnenden Eingriff aller Organisationsmitglieder, im Unterschied zur Fremdorganisation, die durch ordnenden Eingriff von bestimmten mit Ordnungsgewalt ausgestatteten Personen entsteht.
Siehe auch → Organisation, Grundlagen und → Organisationstheorien, jeweils mit Literaturangaben.

Selbstorganschaft
bei der → Personengesellschaft bestehendes Prinzip, wonach grundsätzlich ein Gesellschafter → geschäftsführendes Organ ist.

Selbstschuldnerische Bürgschaft
siehe → Bürgschaft; siehe auch → Kreditsicherheiten (mit Literaturangaben).

Selbstselektion
(*Personalwirtschaft*). Darunter wird der Entscheid des Bewerbers, eine Stelle abzulehnen oder sich nicht mehr weiter am Auswahlprozess zu beteiligen, verstanden. Unerwünscht ist die Selbstselektion, wenn der Bewerber geeignet gewesen wäre. Erwünscht ist sie, wenn der Bewerber aufgrund eigener Überlegungen die Stelle ablehnt und auch „tatsächlich" nicht geeignet gewesen wäre.

Siehe auch → Personalauswahl, Grundlagen und → Personalauswahl, Instrumente (mit Literaturangaben).

Selective Pricing
siehe → Preisdifferenzierung.

Seller's Notes
(→ *Private Equity*), Kaufpreisstundungen. „Stehen gelassene" Kaufpreisforderungen seitens der Verkäufer; quasi ein Verkäuferdarlehen (ggf. mit Bindung an Zielerreichungsgrad).

Sell-off
ist die klassische Form der → Desinvestition, bei der im Rahmen eines → asset deals oder eines → share deals ein vollständiger Übergang der Eigentumsanteile an einem Unternehmen stattfindet und somit das Control-Verhältnis beendet wird. Zur Vorbereitung des Sell-offs ist eine Unternehmensbewertung erforderlich. Die Gegenleistung erfolgt bei einem → cash deal in Form einer Barzahlung und bei einem → share deal durch die Hingabe von Anteilen.
In Abhängigkeit von der Stellung der Käufer zum veräußerten Unternehmen wird zwischen traditionellen → Sell-offs, → Employee Buy-outs, → Management Buy-outs und → Management Buy-ins unterschieden.
Erfolgt die Kaufpreisfinanzierung überwiegend durch eine Fremdkapitalaufnahme, wird von einem → Leveraged Buy-out gesprochen.
Siehe auch → Beteiligungscontrolling, → Hedgefonds und → Private Equity, jeweils mit Literaturangaben.

Sell-Side
siehe → Lieferantenzentrierte Systeme.

Semantisches Schema
ist ein Bestandteil der Wissensbeschreibung im → *Wissensmanagement*. Durch semantische Schemata wird die einheitliche Zuordnung von Symbolen zu Konzepten sichergestellt. Ein Schema zählt eine Menge von Konzepten auf und definiert diese inhaltlich in natürlicher Sprache. Für die maschinenlesbare Abbildung semantischer Schemata eignet sich insbesondere die Auszeichnungsmetasprache XML.

Semi-vollkommener Kapitalmarkt
siehe → Kapitalmarkt, semi-vollkommener.

Sensitivitätsanalyse
(*allgemeine Charakterisierung*) erlaubt unsichere Erwartungen bei Entscheidungen (z.B. Investitionsentscheidungen) zu berücksichtigen. Im Unterschied zur → Risikoanalyse bleiben dabei Wahrscheinlichkeitsverteilungen der möglichen Daten explizit unberücksichtigt. Es lässt sich damit die Empfindlichkeit (Sensitivität) des Entscheidungskriteriums (z.B. Kosten, Rentabilität, Kapitalwert) hinsichtlich verschiedener Einflussgrößen ermitteln. Dabei wird meistens nur der Wert einer einzigen Einflussgröße variiert (ceteris-paribus-Bedingung).
Ermittelt man → kritische Werte, kann man diese mit der pessimistischen, der wahrscheinlichsten und der optimistischen Erwartung vergleichen. Ergibt sich nur beim pessimistischen Wert ein unzulässiger Wert für das Entscheidungskriterium, können subjektive Wahrscheinlichkeitseinschätzungen den Ausschlag geben, ob eine Alternative noch als vorteilhaft anzusehen ist.
Siehe auch → Analysemethoden, betriebswirtschaftliche (mit Literaturangaben).

Sensitivitätsanalyse
(im → *Risikocontrolling*). Mittels einer Sensitivitätsanalyse wird der Einfluss einzelner Risiken auf ökonomische Größen untersucht. Im Fall von finanziellen Marktrisiken lassen sich Bewertungsmodelle formulieren. Auf dieser Grundlage kann man untersuchen, zu welchen Wirkungen die Veränderung

von einzelnen Einflussvariablen führt; wird die gleichzeitige Veränderung mehrerer Variablen betrachtet, so kommt man zur → Szenario-Analyse.

Sensitivitätsanalysen weisen dort ein hohes Anwendungspotenzial auf, wo die Auswirkungen verschiedener Parameter relativ genau bekannt ist und der Einfluss eines stark variierenden Faktors analysiert werden soll. Ein derartiger Modellkontext liegt vielfach bei Wechselkurs-, Zins- und Marktpreisrisiken vor (siehe auch → Währungsmangement und → Zinsmanagement). Im Fall betrieblicher Risiken fehlt dieser dagegen vielfach; wird dieser empirisch ermittelt oder geschätzt, so leidet darunter die Validität der Ergebnisse der Sensitivitätsanalyse.

Siehe auch → Risikocontrolling (mit Literaturangaben).

Literatur: Burger, A. / Buchhart, A: Risiko-Controlling, München und Wien 2002.

Sensitivitätsanalyse

(in der → *Investitionsrechnung*) stellt eine Ergänzung zur → *Investitionsrechnung unter Unsicherheit* dar, indem sie den Einblick in die Struktur des Investitionsprojektes verbessert und die Auswirkungen der Unsicherheit darstellt.

Es können im Rahmen der Sensitivitätsanalyse zwei verschiedene Fragestellungen beantwortet werden:
(1) Wie stark dürfen sich eine oder mehrere Inputgrößen verändern, ohne dass dadurch die Outputgröße eine vorgegebene Benchmark über- bzw. unterschreitet (lokale Sensitivitätsanalyse, Verfahren zur Ermittlung der zulässigen Abweichung, Verfahren der kritischen Werte)? Wird ein Investitionsobjekt etwa anhand des Kapitalwertkriteriums (siehe → Kapitalwertmethode), beurteilt, so wird im Rahmen der lokalen Sensitivitätsanalyse untersucht, inwieweit die ursprünglichen Werte der erwarteten Inputgrößen (z.B. Einzahlungen, Auszahlungen, → Kalkulationszinssatz) abweichen dürfen, ohne dass der → Kapitalwert einen vorgegebenen Grenzwert unterschreitet und damit die Investitionsentscheidung revidiert werden muss. Es stellt sich die Frage, bei welcher Ausprägung der betrachteten Inputgrößen der Kapitalwert Null wird. Werden alle anderen Inputgrößen konstant gehalten, so ergibt sich jeweils ein sog. „Kritischer Punkt". Werden gleichzeitig mehrere Inputgrößen variiert, ergeben sich kritische Wertkombinationen.
(2) Welche Ausprägung nimmt die Outputgröße an, wenn die Ausprägung einer oder mehrerer Inputgrößen in vorgegebenem Ausmaß variiert wird (globale Sensitivitätsanalyse, Verfahren zur Ermittlung der Outputänderung bei vorgegebener Inputänderung)? Wurde für ein Investitionsobjekt etwa der Kapitalwert ermittelt, können die als unsicher erachteten Inputgrößen (z.B. Absatzmenge, Verkaufspreis, Materialkosten) variiert werden, um festzustellen, wie stark der Kapitalwert darauf reagiert, womit die Investitionsentscheidung eventuell zu revidieren wäre. Die Inputgrößen werden im Regelfall um einen gleichbleibenden Prozentsatz verändert. Damit wird ein Bereich ermittelt, in welchem der Kapitalwert des Investitionsobjektes mit großer Wahrscheinlichkeit letztendlich liegen wird, wodurch das mit der Investitionsentscheidung verbundene Ausmaß an Unsicherheit deutlicher wird.

Siehe auch → Investitionsrechnungen (Investitionsentscheidungen) unter Unsicherheit (mit Literaturangaben).

Literatur: Drosse, V.: Investition, Intensivtraining, 2. Auflage, Wiesbaden 1999; Götze, U., Bloech, J.: Investitionsrechnung, Modelle und Analysen zur Beurteilung von Investitionsvorhaben, 4. Auflage, Berlin et al 2004; Heinhold, M.: Investitionsrechnung, Studienbuch, 7. Auflage, München und Wien 1996.

SEP

Abk. für → Strategische Erfolgpotenziale, siehe auch → Strategisches Management (mit Literaturangaben).

Sequentielle Entscheidung

siehe → Entscheidungssequenz.

Sequentielle Ereignismethode

im Rahmen des → Dienstleistungsmanagements verwendeter *ereignisorientierter* Messansatz zur Ermittlung der → Dienstleistungsqualität. Der Kunde bewertet die → Dienstleistung mittels Schilderung seiner Erlebnisse an den einzelnen → Kundenkontaktpunkten im Rahmen des → Leistungserstellungsprozesses.

Sequenzanalyse

Transaktionen in einer Datenbasis bestehen häufig aus einer Objektmenge und einem Transaktionszeitpunkt. Nicht selten können dabei Transaktionen direkt einzelnen Kunden zugeordnet und somit deren Verhalten über die Zeit abgebildet werden. Sequenzanalysen untersuchen nun diese Transaktionen unter Berücksichtigung zeitlicher Beziehungen und stellen somit im Gegensatz zur → Assoziationsanalyse keine Zeitpunktanalyse sondern eine Zeitraumanalyse dar.

Sequenzlieferung

ist die spezielle Form der → Just-in-time-Lieferung (JIT-Lieferung), die auch die *Reihenfolge* des Verbrauchs berücksichtigt. Sie wird auch als *"JIS"(just-in-sequence)* oder *"SILS"(Supply in line sequence)* bezeichnet. Dabei enthält der Abruf *Menge und Reihenfolge* des Bedarfs. Er wird im Idealfall für eine Transportmittelladung (z.B. LKW-Ladung) oder sogar einzeln im Takt der Montagelinie übertragen.

Die Sortierung in die Verbrauchsfolge erfolgt schon beim Lieferanten, oft „First in first out". Bei Transport- oder Ladehilfsmitteln, die ein „Durchladen" nicht erlauben, muss „Last in first out" abgerufen werden, was eine umgekehrte Beladung z.B. eines LKW-Trailers erfordert und die komplexeste Form der → Just-in-time-Lieferung (JIT-Lieferung) darstellt.

Gerade bei größeren und variantenreichen Modulen ist eine Sequenzlieferung notwendig, wenn eine sehr umfangreiche Lagerhaltung beim Abnehmer und die häufige Lieferung von nicht benötigten Varianten vermieden werden sollen.

Siehe auch → Beschaffungslogistik und → Supply Chain Management, jeweils mit Literaturangaben.

Literatur: Eichler, Bernd: Beschaffungsmarketing und -logistik, Herne/Berlin 2003, S. 241-243; Graf, Hartmut; Christoph Hartmann: JIT, JIS, in: Taschenbuch der Logistik, hrsg. von Reinhard Koether, München/Wien 2004, S. 128-132; Wildemann, Horst: Das Just-in-time Konzept, Frankfurt/M. 1988 und Produktionssynchrone Beschaffung, München 1995.

Serienfertigung

Bei diesem → *Fertigungstyp* werden qualitativ verwandte, fertigungstechnisch aber teilweise unterschiedliche Produkte auf den gleichen Maschinen hergestellt. Die Zwischen- bzw. Endprodukte einer Serie sind dabei – wie bei der Möbelproduktion – homogen. Von Serienproduktion wird aber häufig auch gesprochen, wenn – wie bei der Automobilproduktion - die Zwischenprodukte zu unterschiedlichen Varianten, Produkten und Produkttypen kombiniert werden, ohne dass jedes Endprodukt speziell konstruiert wird. Da die Maschinen nach der Fertigung einer Serie häufig umgerüstet werden müssen, ist die Festlegung der Losgrößen (→ *Losgrößenplanung*) von besonderer Bedeutung.

Je nach Losgröße wird zwischen der Großserien- und der Kleinserienfertigung unterschieden, wobei die Übergänge zwischen der Großserienfertigung und der → *Massenfertigung* sowie der Kleinserienfertigung und der (wiederholten) → *Einzelfertigung* fließend sind.

Siehe auch → Produktion, Formen, → Produktionsmanagement sowie → Produktionsplanung und -steuerung, jeweils mit Literaturangaben.

Server

ist ein Computer in einem Netzwerk, der die Verwaltung des Netzwerksystems übernimmt sowie Daten und Anwendungen für andere Computer bereithält. Es gibt unterschiedliche Arten von Server, wie z.B. Druckerserver, New-Server, Mail-Server oder Anwendungsserver. Server im → Internet sind öffentlich zugänglich, während Server im → Intranet oder → Extranet nur für berechtigte Nutzer zugänglich sind.

Service

siehe → Dienstleistungen (mit Literaturangaben).

Service Agent
(*Servicer*). Der Service Agent übernimmt im Rahmen von → Asset Backed Securities-Transaktionen regelmäßig die laufende Verwaltung der Kredite, d.h. die Kreditüberwachung, den Einzug von Tilgungen und Zinsen, das Mahnwesen und im Störungsfall die Verwertung der Sicherheiten.

Service Center
siehe → Dienstleistungsstelle; siehe auch → Dienstleistungen und → Dienstleistungsmanagement.

Service Key Account Management
Beim Service Key Account Management werden die Key Account Manager (Schlüsselkundenbetreuer) nicht akquisitorisch tätig, sondern erbringen vielmehr spezielle Service- und Dienstleistungen für die Accounts. Im Gegensatz zum echten Key Account Management haben die Service-Key-Accounter dann keine Umsatz- und Ergebnisverantwortung für die Schlüsselkunden mehr.
Siehe auch → Key Account Management.

Service Management
gleichbedeutende Bezeichnung für → Dienstleistungsmanagement.

Service Placement
siehe → Product Placement.

Service Quality
siehe → Dienstleistungsqualität; siehe auch → SERVQUAL-Methode.

Service Quality-Methode
siehe → SERVQUAL-Methode; siehe auch → Dienstleistungsqualität.

ServiceBlueprint
Instrument des → Dienstleistungsmanagements zur Analyse, Gestaltung und Steuerung von → Dienstleistungsprozessen. Ein Blueprint enthält die chronologische Darstellung aller im → Leistungserstellungsprozess einer → Dienstleistung anfallenden *Aktivitäten*. Die Aktivitäten werden durch fünf sog. Linien einzelnen analytischen Ebenen zugeordnet: (1) Die *Kundeninteraktionslinie* (Line of interaction) trennt die Kundenaktivitäten von den Anbieteraktivitäten. (2) Die *Sichtbarkeitslinie* (Line of visibility) trennt die für den Kunden sichtbaren von den für ihn unsichtbaren Anbieteraktivitäten. (3) Mit Hilfe der *internen Interaktionslinie* (Line of internal interaction) lassen sich unterstützende Support-Aktivitäten von Backstage-Aktivitäten trennen. (4) Die *Vorplanungslinie* (Line of order penetration) trennt die Aktivitäten des → Leistungserstellungsprozesses von den Aktivitäten des → Leistungspotenzials. (5) Die *Implementierungslinie* (Line of implementation) trennt die Aktivitäten innerhalb des Leistungspotenzials wiederum in die Preparation-Aktivitäten und in Facility-Aktivitäten (vgl. auch → Dienstleistung).
Siehe auch → Dienstleistungsmanagement (mit Literaturangaben).
  Literatur: Fließ, S./Kleinaltenkamp, M.: Blueprinting the Service Company: Managing Service Processes Efficiently; in: Journal of Business Research, Vol. 57, No. 4 (2004), S. 392-404.

Service-Controlling
wird als Begriff zum Teil synonym zum Terminus → Dienstleistungscontrolling verwendet. Zum Teil wird der Begriff aber auch allein auf die durch Industrieunternehmungen erbrachten (oft so genannten „produktbegleitenden") Dienstleistungen bezogen.
Das Service-Controlling steht in der Industrie häufig im Schatten des Produktionscontrolling, bedarf aber angesichts der unter Vermarktungsgesichtspunkten zunehmend großen Bedeutung der Services der Beachtung, damit das Controlling seinen Aufgabenstellungen (→ Controlling, Grundlagen) vollständig gerecht werden kann. Die Problemfelder sind dabei ähnlich gelagert wie im allgemeinen → Dienstleistungscontrolling. Allerdings tritt in der Praxis noch das in Industriebetrieben häufig zu beobachtende

Fehlen einer „Service-Kultur" hinzu, wodurch die Auseinandersetzung mit Fragen des Service-Controllings be- oder sogar verhindert wird.
Siehe auch → Dienstleistungscontrolling (mit Literaturangaben).
    Literatur: Kinkel, S./Jung Erceg, P./Lay, G. (Hrsg.): Controlling produktbegleitender Dienstleistungen, Heidelberg 2003.

ServiceCycle

Der ServiceCycle umfasst sämtliche kundenbindende Betreuungsaktivitäten in einen Prozesszusammenhang. Zur analogen Darstellung des SalesCycle als Organigramm siehe → SalesCycle. ServiceCycle und SalesCycle sind parallel zu synchronisieren. Siehe auch → Customer Relationship Management (CRM) (mit Literaturangaben).

Service-Leasing

siehe → Maintenance-Leasing; siehe auch → Leasing.

Service-oriented Architecture (SOA)

(*serviceorientierte Sotwarearchitektur*) ist ein Ansatz, bei dem ein Anwendungssystem aus kleinen Programmbausteinen zusammengesetzt wird. Die Bausteine können angepasst, untereinander und mit Programmen anderer Hersteller kombiniert werden. Die Kommunikation der Module erfolgt nach einem Dienstleistungsverhältnis: Ein Baustein fordert von einem anderen eine Leistung an, z.B. das Berechnen eines Liefertermins oder das Verbuchen einer Rechnung. Die aufgerufene Komponente stellt das Ergebnis anschließend zur Verfügung.

Servicepolitik des Handels

Liebmann/Zentes (2001) zählen die Servicepolitik zu den neueren Instrumenten des → Handelsmarketing und betonen damit die Relevanz des Service als eigenständiges Profilierungsinstrument. Serviceleistungen können die Attraktivität eines Handelsunternehmens erhöhen, zumal sie durch Kombinationsmöglichkeiten einen größeren Handlungsspielraum bieten. Darauf aufbauende Wettbewerbsvorteile bieten einen Imitationsschutz. Unternehmen können sich durch ein am Kundennutzen ausgerichtetes Servicepaket dem Preiswettbewerb partiell entziehen.
Im Handel können die Serviceleistungen nach bekannten Kriterien systematisiert werden: (1) Nach dem Leistungsinhalt – produktbezogene, technische Serviceleistungen (Reparatur-, Wartungsservices) und personenbezogene, kaufmännische Serviceleistungen (Beratungsleistungen, Parkplätze). (2) Nach der Erwartungshaltung der Abnehmer – Branchenübliche Muss-, Soll- und Kann-Serviceleistungen (letztere erweitern die Attraktivität des Angebotes, da sie nicht Branchentypisch sind, von Kunden nicht erwartet werden etc.). (3) Nach der Leistungsbasis – Serviceleistung erfolgt auf freiwilliger, vertraglicher oder gesetzlicher Basis.
Aus Kundensicht kann eine steigende Erwartung an den Service des Handels hervorgehoben werden, wenngleich diese u.a. von der Handelsbranche, vom Betriebstyp oder der Preisstellung des Unternehmens determiniert werden.
Neuere Entwicklungen folgen dem Gedanken des Einsatzes von Serviceleistungen in den einzelnen Kaufphasen mit dem Ziel der Kundenbindung, so in der → Pre-Sales-(Informationsmaterial), der → Sales-(Bedienung) und der → After-Sales-Phase (Nachkaufberatung) (→ Kundenpolitik). Neuerungen ermöglichen die Individualisierung im Zuge eines → One-to-One-Marketing, so des Lieferservice. Schließlich werden neuere Vertriebs- und Betriebstypen (→ Vertriebwege, neuere) von Handelsunternehmen zur Befriedigung der Kaufbedürfniseim im Zuge eines → Multi-Channel-Retailing genutzt.
Siehe auch → Handelmarketing und → Dienstleistungsmangament, jeweils mit Literaturangaben.
    Literatur: Liebmann, H.-P., Zentes, J., Swoboda, B.: Handelsmanagement, 2. Aufl., München 2007.

Servicer

siehe → Service Agent.

Services

gleichbedeutende Bezeichnung für → Dienstleistungen (mit Literaturangaben).

SERVQUAL-Methode

(*Service Quality-Methode*), im Rahmen des → Dienstleistungsmanagements verwendeter *merkmalsorientierter* Messansatz zur Ermittlung der → Dienstleistungsqualität. Als multiattributivem Verfahren liegt der SERVQUAL-Methode die Annahme zugrunde, dass globale Beurteilungen der → Dienstleistungsqualität das Ergebnis subjektiver Einschätzungen verschiedener Qualitätsmerkmale einer → Dienstleistung sind. Es werden dabei die folgenden Merkmalsdimensionen zu Grunde gelegt: (1) Annehmlichkeit des tangiblen Umfelds, (2) Zuverlässigkeit, (3) Reaktionsfähigkeit, (4) Leistungskompetenz und (5) Einfühlungsvermögen. Mithilfe einer Doppelskala werden für diese Dimensionen sowohl die Erwartungen der Kunden (Soll-Profil) als auch die tatsächlich erlebte Qualität der Dienstleistung (Ist-Profil) erhoben.

Siehe auch → Dienstleistungsmanagement und → Marketingcontrolling, jeweils mit Literaturangaben.

Literatur: Bruhn, M.: Qualitätsmanagement für Dienstleistungen: Grundlagen, Konzepte, Methoden, 5. Auflage, Berlin 2004; Parasuraman, A. /Zeithaml, V./Berry, L.: SERVQUAL: A Multiple-Item Scale for Measuring Consumer Perceptions of Service Quality; in: Journal of Retailing, Vol. 64, No. 1 (1988), S. 12-40; Parasuraman, A. /Zeithaml, V./Berry, L.: Refinement and Reassessment of the SERVQUAL Scale; in: Journal of Retailing, Vol. 67, No. 4 (1991), S. 420-450.

SFA

Abk. für Sales Force Automation; siehe → Computer Aided Selling (CAS).

SFAS

Abk. für → Statements of Financial Accounting Standards; siehe auch → Financial Accounting Standards Board und → US-GAAP.

SFE

Abk. für Société Fermée Européene, andere Bezeichnungen: Europäische Privatgesellschaft (EPG) oder European Private Company (EPC); siehe → Gesellschaftsrecht, Europäisches (mit Literaturangaben).

SG

Abk. für → Schmalenbach-Gesellschaft für Betriebswirtschaft e.V.

SGD

ISO-Code für Singapur-Dollar.

SGE

Abk. für Strategische Geschäftseinheit, siehe → Strategische Geschäftsfelder sowie → Strategisches Management (mit Literaturangaben).

SGF

Abk. für → Strategische Geschäftsfelder (mit Literaturangabe), siehe auch → Strategisches Management (mit Literaturangaben).

Share Deal

(*allgemeine Definition*) ist die Veräußerung der Anteile an einem Unternehmen mit der Folge, dass sowohl die wirtschaftliche Substanz als auch die rechtliche Unternehmenseinheit an den Veräußerer übergehen, während beim → *asset deal* die rechtliche Einheit beim Verkäufer verbleibt. Die Bezeichnung Share Deal findet auch in Bezug auf die Differenzierung von Unternehmenskäufen nach der Art der Bezahlung Verwendung und bezeichnet solche Transaktionen, bei der die Kaufpreiszahlung in Form von Anteilen erfolgt, während beim → *Cash Deal* eine Barzahlung stattfindet.

Siehe auch → Beteilgungscontrolling (mit Literaturangaben).

Share Deal

(insbesondere *Mergers & Acquisitions*). Erwerb einer Anteilsmehrheit im Rahmen einer → Unternehmensakquisition durch Übernahme von *Kapitalanteilen des Gesellschaftskapitals* eines Unternehmens (*Share Deal*) (bzw. alternativ: durch den *Erwerb von Vermögensanteilen* als Asset Deal).
Siehe auch → Mergers & Acquisitions (mit Literaturangaben).

Share Deal

(insbesondere *Private Equity*), Verkauf eines Unternehmens im Rahmen von → Private Equity an einen industriellen Investor (→ Mergers & Aquisitions), vollzogen durch den Verkauf der Anteile (Share Deal); alternativ: vollzogen durch den Verkauf einzelner Wirtschaftsgüter (Asset Deal).
Siehe auch → Private Equity (mit Literaturangaben).

Shareholder Value

Die auf Shareholder Value ausgerichtete Unternehmenspolitik bzw. Managementstrategie der → Aktiengesellschaft soll den Kurswert der → Aktien (Shares) am → Aktienmarkt maximieren. Shareholder Value soll nicht eine kurzfristige Steigerung des Börsenkurses erzielen, sondern das Unternehmen langfristig wettbewerbsfähig und profitabel machen.

Shareholder Value Added

(1) Der Shareholder Value Added (SVA) nach *Rappaport* stellt eine absolute Wertbeitragskennzahl dar, die gemäß → Entity Ansatz wie folgt definiert werden kann:

$$SVA_t = \frac{\Delta NOPAT_t}{WACC} \cdot (1 + WACC) - NI_t$$

Der SVA_t repräsentiert den SVA der Periode t, $\Delta NOPAT_t$ die Veränderung des operativen Ergebnisses nach Steuern (→ Net Operating Profit after Tax) im Vergleich zur Vorperiode, der WACC den als konstant angenommenen durchschnittlich gewichteten Kapitalkostensatz (Weighted Average Cost of Capital) sowie NI_t als den Nettoinvestitionen der Periode. Der SVA ist eine Maßgröße für die Ertragswertsteigerung nach Nettoinvestitionen und misst somit den hypothetischen Wertzuwachs des Unternehmens für den Fall, dass die Änderung im NOPAT permanent ist. Der SVA findet sowohl in der Investitionsplanung Anwendung (Shareholder Value Ansatz) als auch als Bemessungsgrundlage für Anreizsysteme.
(2) Der Shareholder Value Added nach *Arthur Andersen* stellt einen dem → Cash Value Added (CVA) ähnlichen → Residualgewinn dar. Die Berechnung erfolgt dabei wie die des CVA. Der Unterschied besteht lediglich darin, dass Abschreibungen nicht explizit verrechnet, sondern in einem entsprechend höheren Capital Charge berücksichtigt werden.
Siehe auch → Kennzahlen, wertorientierte sowie → Jahresabschluss und → Bilanzanalyse, jeweils mit Literaturangaben.

Shareholder Value Ansatz

Der Shareholder Value Ansatz beschreibt nach *Rappaport* ein spezielles Wertsteigerungskonzept im Rahmen des Value Based Management. Ziel des Shareholder Value-Ansatzes nach Rappaport ist, eine Unternehmenseinheit so zu führen, dass der Marktwert des Eigenkapitals (Shareholder Value) nachhaltig gesteigert wird. Der Shareholder Value selbst ist hierbei ein Maß zur Bewertung von Strategien und Investitionen. Er berechnet sich als Differenz aus Unternehmenswert (Corporate Value) und Fremdkapital (Debt) zu Marktwerten.
Siehe auch → Shareholder Value Added sowie → Kennzahlen, wertorientierte und die dort angegebene Literatur.

Shareholder Value Return

Der Shareholder Value Return (SVR) ist eine Maßgröße für die prozentuale Veränderung des Shareholder Value in einer Periode. Unter der Annahme eines informationseffizienten Kapitalmarktes entspricht der SVR dem Eigenkapitalkostensatz des Unternehmens.

Shareholder-Ansatz
aus dem US-amerikanischen Raum stammender Ansatz, der primär auf eine Einflussgruppe der Unternehmensführung, die Kapitaleigner, fokussiert. Ihm folgend haben lediglich die Shareholder (Aktionäre [Anteilseigner]) ein legitimes, d.h. berechtigtes Interesse am Unternehmen. Entsprechend sind es auch ihre Interessen, an denen die Entscheidungen des Unternehmens bzw. des professionellen Managements auszurichten sind. Der Shareholder-Ansatz begreift dabei die Maximierung des → Shareholder-Values als seine alleinige Handlungsmaxime (wertorientierte Unternehmensführung).

Shareholder-Marketing
siehe → Finanzmarketing.

Shareholders' Meeting
Versammlung der Aktionäre, siehe → Kapitalgesellschaft, amerikanische sowie → Board-Modell. Siehe auch → Hauptversammlung (deutsche) und → Aktiengesellschaft, deutsche bzw. österreichische.

Shipped on Board Bill of Lading
siehe → Bordkonnossement; siehe auch → Konnossement.

Shop-in-Shop-System
Unter Shop-in-Shop-Systemen - auch als *Shop-in-Store-Konzepte* bezeichnet - werden Ladenkonzepte verstanden, bei denen bestimmte Sortimentsteile als Spezialabteilungen durch ihre Anordnung und Darbietung optisch vom Umfeld herausgehoben werden. Ziel einer derartigen Warenpräsentation ist es häufig, Produkte für bestimmte Kundensegmente oder bestimmte Hersteller bzw. deren Marken in einem abgegrenzten Bereich gebündelt zu präsentieren, i.d.R. in Verbindung mit einem besonderen Service, einer besonderen Ladengestaltung oder über spezielle Displays. Shop-in-Shop-Konzepte finden sich vielfach in Warenhäusern im Bereich der Modesortimente. Hier besteht die Verkaufsfläche aus kleinen abgegrenzten Flächen, auf denen bestimmte Marken im Boutiquenstil präsentiert werden, häufig unter Kontrolle bzw. unter Ausführung der Hersteller. Statt der klassischen Abteilungen finden sich dann Markenshops, in denen alle Sortimentsteile einer Marke angeboten werden. Vordringliches Ziel ist eine Profilierung des Anbieters bzw. des Herstellers und seiner Marke.
In der jüngeren Vergangenheit zeigt sich eine Ausweitung dieses Konzeptes, indem auf den bestehenden Flächen von Handelsunternehmen Shops mit kontrastierenden oder gar branchenfremden Sortimenten entstehen, bspw. ein Bankshop im Verbrauchermarkt oder eine Wäscherei, eine Bäckerei oder ein Telekomshop im Baumarkt.
Bei den Shop-in-Shop-Konzepten ist zu unterscheiden zwischen reinen Shop-in-Shop-Konzepten, bei denen sich spezielle Shopecken auf der Verkaufsfläche befinden und solche, bei denen sich außerhalb der Kernverkaufsfläche bestimmte Anbieter bzw. Shops in separaten Bereichen angesiedelt haben, bspw. in der Ladenstraße von großen SB-Warenhäusern. Bei den sog. reinen Shop-in-Shop-Konzepten ist zwischen permanenten und temporären Shops, die im Rahmen einer Aktion → Rotationsflächen nutzen, zu unterscheiden. Permanente Shops mit branchenfremden Sortimenten zielen u.a. auf eine Sortimentsausweitung des Handelsunternehmens, um den Konsumenten ein → One-Stop-Shopping zu ermöglichen.
Siehe auch → Handelsmarketing und → Vertriebswege, Neuere, jeweils mit Literaturangaben.
    Literatur: Liebmann, H.-P., Zentes, J., Swoboda, B.: Handelsmanagement, 2. Aufl., München 2007; Zentes, J., Swoboda, B.: Grundbegriffe des Marketing, Stuttgart 2001.

Shopping Center (SC)
bzw. *Einkaufszentren* (EZ) stellen eine Agglomeration von Einzelhandelsbetrieben und Dienstleistungsbetrieben unterschiedlicher Art und Größe dar. Man unterscheidet dabei zwischen gewachsenen EZ, d.h. Agglomerationen von Betrieben, die sich durch im Zeitablauf vollzogene Ansiedlungsprozesse nicht geplanter Art entwickelt haben, die auch als Geschäftszentren bezeichnet werden, und künstlich entstandene, einheitlich geplante SC. Die geplanten EZ werden zudem unterschieden bezüglich ihrer Standortwahl. Zum einen existieren integrierte SC, d.h. es findet eine Eingliederung in City- bzw. In-

nenstadtlagen statt. Die zweite Möglichkeit stellen die nicht-integrierten SC dar, die sich dadurch auszeichnen, dass sie auf der „Grünen Wiese", also in Stadtrand- bzw. Peripherielagen, errichtet werden. Einheitlich geplante SC kennzeichnen sich durch bestimmte Merkmale: (1) Die SC werden einheitlich verwaltet und treten als administrative Einheit im Außenauftritt auf. Die Verwaltung und Koordination erfolgt durch ein zentrales Center Management. Dieses übernimmt die Auswahl der Einzelhandels- und Dienstleistungsbetriebe für das Zentrum, die Standortwahl und Standortzuordnung, Aufgaben im Bereich Gemeinschaftsmarketing und die Koordination von Gemeinschaftsaufgaben und gemeinsamen Veranstaltungen. (2) Es erfolgt eine Abstimmung auf das Einzugsgebiet und die Kundenstruktur bezüglich der Lage, der Größe und der Angebotsstruktur des jeweiligen Umfeldes. (3) Es besteht in der Regel eine ausgeprägte Autokundenorientierung. Auf Grund dieser Tatsache wird deshalb ein umfassendes Parkplatzangebot zur Verfügung gestellt. (4) Es werden zumeist gemeinsame Veranstaltungen und Maßnahmen der in dem SC integrierten Betriebe durchgeführt, so gemeinsame Werbung oder gemeinsame Aktionen.

Einheitlich geplante SC können in unterschiedlichen Ausprägungsformen umgesetzt werden. Zum einen können sie als „Shopping Mall" realisiert werden. Die Einzelhandelsbetriebe werden dabei in Form einer Ladenstraße in überdachten Gebäudekomplexen angeordnet. Meist werden dabei am Ende der Ladenstraße Warenhäuser oder Kaufhäuser als Kundenmagneten platziert. Eine andere Möglichkeit stellen die „Open Air Strip Center" dar, bei denen es sich um offene Ladenstraßen handelt (Falk 1998, S. 15). Wird ein SC eher von Gastronomie- und großen Unterhaltungsbetrieben dominiert, so spricht man von einem → Urban Entertainment Center. Die Zahl der SC hat sich in Deutschland (laut BAG) über zwei Stück im Jahre 1965, 65 (1980) auf 338 (2004) erhöht, wobei die durchschnittliche Geschäftsfläche je Center im Jahre 2004 ca. 32.000 m² betrug.

Siehe auch → Vertriebswege, Neuere (mit Literaturangaben).

Literatur: Falk, B.: Shopping Center, in: Falk, B. (Hrsg.): Das große Handbuch Shopping Center, Landsberg a. L. 1998, S. 13-48; Swoboda, B., Morschett, D.: Urban Entertainment Center, in: Wirtschaftswissenschaftliches Studium, 30. Jg., 2001, Nr. 2, S. 105-108.

Short Covering
Unter Short Covering wird das Eindecken einer → Short Position verstanden. Die Eindeckung einer Short Position in Aktien kann beispielsweise durch Aktienkäufe an der Börse erfolgen. Der → Lead Manager bei einem Going Public (siehe → *Going Public, Durchführungsphase*) kann die Short Position des Emissionskonsortiums entweder durch ausüben der → Mehrzuteilungsoption oder durch Aktienkäufe am → Sekundärmarkt abdecken.

Short Hedge
siehe → Optionen, Kap. 3 (mit Literaturangaben).

Short Message Service (SMS)
ist der Kurznachrichtendienst des Mobilfunkstandards → *GSM*. Die Nachrichten, die selbst ebenfalls als „SMS" bezeichnet werden, bestehen aus bis zu 140 Byte, was je nach Zweck die Übermittlung von 70 bis 160 Zeichen ermöglicht. Neuere Mobiltelefone heben diese Grenze scheinbar auf, teilen aber in Wirklichkeit eine längere Nachricht in mehrere Einzelnachrichten auf und versenden diese nacheinander.

Short Position
Eine Short Position ist eine offene Verkaufsposition. Man spricht auch von einem so genannten Leerverkauf, bei dem (zum Beispiel) Wertpapiere verkauft werden ohne sie zu besitzen. Das Eindecken einer Short Position wird als → Short Covering bezeichnet. Dieser Vorgang ist unter anderem beim Going Public (siehe → Going Public, Durchführungsphase) beobachtbar.

Short Selling
ist der englische Fachbegriff für den Leerverkauf von Wertpapieren. Dabei will der Investor von fallenden Kursen profitieren, indem er Wertpapiere, z.B. Aktien, ausleiht und sie über die Börse verkauft.

Bei fallenden Kursen kann er sie später wieder günstiger erwerben, um sie dann an den Verleiher zurückzugeben.

Short Selling kann aber auch über → Derivate erfolgen, die über Terminbörsen gekauft und verkauft werden können. Hier ist eine Leihe nicht notwendig.

Sichere Entscheidung

Entscheidung, in der das Umweltverhalten und die Umweltentwicklung sicher vorausgesagt werden können und deshalb auch die → Konsequenzen der → Varianten sicher voraussagbar sind.
Siehe auch → Entscheidung, Betriebswirtschaftliche (mit Literaturangaben).

Sicherheiten

siehe → Kreditsicherheiten (mit Literaturangaben); siehe auch → Bürgschaft, → Eigentumsvorbehalt, → Garantievertrag, → Grundschuld, → Hypothek, → Pfand (Faustpfand), → Sicherungsübereignung, → Schuldbeitritt.

Sicherheitsbestand

(in der → *Materialwirtschaft*), Bestand, unter welchen der Lagerbestand planerisch nie fallen sollte. Er dient zum Auffangen von mengenmäßigen und terminlichen Schwankungen der Lagerzugänge und -abgänge.

Sicherheitsbestand

(in der *Lagerwirtschaft*), Puffer bei Zulieferschwierigkeiten, Ausfällen oder unsicherer Planung, der nicht verplant wird. Siehe auch → Lagereinrichtungen, → Lagerorganisation, → Lagerlogistik, → Lagerbestandsführung und → Lagerhaltungspolitik.

Sicherheitserwartung

(in der → *Produkthaftung*). Es ist objektiv darauf abzustellen, ob das Produkt diejenige Sicherheit bietet, die die Allgemeinheit nach der Verkehrsauffassung in dem entsprechenden Bereich im Zeitpunkt des → Inverkehrbringens für erforderlich hält. In Einzelfällen kann auf die objektive Erwartungshaltung eines durchschnittlichen Produktbenutzers abgestellt werden.

Sicherungsgrundschuld

siehe → Grundschuld.

Sicherungsinstrumente, internationale

siehe → Außenhandelsfinanzierung (mit Literaturangaben).

Sicherungsübereignung

Im Fall der Sicherungsübereignung vereinbaren die Parteien den Übergang des Eigentums auf den Gläubiger und Sicherungsnehmer, während der unmittelbare Besitz beim Schuldner verbleibt (sog. *Besitzkonstitut*). Im Gegensatz zum Pfandrecht (siehe auch → Pfand/Faustpfand) behält also der Sicherungsgeber die Nutzungsmöglichkeit der Sache. Der Sicherungsnehmer hat – als Eigentümer der Sache – auch das Recht, den Sicherungsgegenstand im Sicherungsfall (siehe auch → Kreditsicherheiten) für sich zu behalten, ihn zu verwerten oder ihn zu verkaufen. Erfüllt der Schuldner seine Verpflichtung gegenüber dem Gläubiger, fällt – je nach Ausgestaltung der Sicherungsabrede – das Eigentum an ihn automatisch zurück, oder den Eigentümer und Sicherungsnehmer trifft lediglich die schuldrechtliche Verpflichtung es an den Sicherungsgeber nach § 929 Satz 2 BGB zurückzuübertragen.
Das Auseinanderfallen von Eigentum und unmittelbaren Besitz erhöht erheblich die Gefahr der unberechtigten Weiterveräußerung des Gegenstandes insbesondere durch den besitzenden Sicherungsgeber. Der Eigentümer und Sicherungsnehmer verliert durch den gutgläubigen Erwerb Dritter sein Eigentumsrecht. Um diesen Gefahren vorzubeugen, schließen die meisten Rechtsordnungen Europas die Vereinbarung einer Sicherungsübereignung als Kreditsicherungsmittel aus.
Siehe auch → Kreditsicherheiten (mit Literaturangaben).

Literatur: Hans-Jürgen Lwowski, Wolfgang Gößmann, Helmut Merkel: Kreditsicherheiten. Recht der Wirtschaft (RdW), Band 1 Grundzüge für Studium und Praxis, Schmitt Eich Verlag 2005; Karl H Schwab, Hanns Prütting, Friedrich Lent: Sachenrecht. Juristische Kurz-Lehrbücher Ein Studienbuch 32 Aufl., München 2006; Dieter Krimphove: Das Europäische Sachenrecht: Eine rechtsvergleichende Analyse nach der Komparativen Institutionenökonomik (S. 536) Eul-Verlag Lohmar (März 2006).

Sicht
steht i.A. für (sofortige) Fälligkeit mit der Vorlegung eines Dokumentes. Beispiele: (1) → Sichtwechsel, der mit der Vorlegung beim Akzeptanten zur Zahlung fällig ist (Gegensatz: → Nachsichtwechsel). (2) → *Sichtakkreditiv*, bei dem der akkreditivbegünstigte Exporteur Zahlung unmittelbar nach Einreichung der Exportdokumente von der Bank erhält.

Sichtakkreditiv
Kurzbezeichnung für → *Sichtzahlungsakkreditiv*.

Sichtbarkeitslinie
(*Line of visibility*) trennt die sichtbaren von den für den Kunden unsichtbaren Anbieteraktivitäten. Siehe auch → ServiceBlueprint, → Dienstleistungen und → Dienstleistungsmanagement.

Sichtvermerk
siehe → Nachsichtwechsel.

Sichtwechsel
Ein Sichtwechsel ist bei der Vorlegung zur Zahlung fällig (Gegensatz: → Nachsichtwechsel); siehe auch → Wechsel.

Sichtzahlungsakkreditiv
begründet als unwiderrufliches unbestätigtes → *Dokumentenakkreditiv* die feststehende Verpflichtung der akkreditiveröffnenden Bank („Importeurbank") zur Zahlung an den akkreditivbegünstigten Exporteur bei Sicht, d.h. gegen Einreichung der im Akkreditiv vorgeschriebenen Dokumente. Kurzbezeichnung: Sichtakkreditiv. Sichtzahlungsakkreditive können – wie alle Dokumentenakkreditive – von einer sog. anderen Bank bestätigt werden (→ bestätigtes Dokumentenakkreditiv).
    Literatur: Häberle, S.G.: Handbuch der Akkreditive, Inkassi, Exportdokumente und Bankgarantien, München und Wien 2002.

Sicht(zahlungs)Inkasso
siehe → Dokumente gegen Zahlung-Inkasso; siehe auch → Dokumenteninkasso und → Sichtinkasso, Fälligkeiten.

Side-Step-Zertifikate
bieten attraktive Renditen selbst bei stagnierenden Kursen. Auch die Verwendung eines Sicherheitspuffers ist möglich (Protect-Zertifikate).
Dieser Zertifikate-Typ funktioniert wie folgt: Für die Laufzeit des Zertifikats werden bestimmte Bewertungsstichtage festgelegt, an denen der Kurs des → Underlying (Aktie, Aktienindex) verglichen wird mit dem entsprechenden Kurs im Emissionszeitpunkt des Zertifikats. Das Zertifikat wird vorzeitig fällig, wenn der Kurs des Basisobjekts an einem der Bewertungsstichtage (außer am letzten) über dem Emissionskurs liegt. Die Bewertungsstichtage liegen in der Regel ein Jahr auseinander. Somit kann es sein, dass bereits nach Ablauf eines Jahres das Zertifikat fällig wird. Der Anleger erhält dann den Anlagebetrag ausgezahlt zuzüglich eines Zinsbetrages, der deutlich höher ist als im Falle einer marktüblichen Verzinsung.
In den Genuss dieser Überschussrendite während der gesamten Laufzeit des Zertifikats kann dem Anleger nur gelangen, wenn der Kurs des Underlying erst am letzten Bewertungsstichtag über dem Emissionskurs liegt. Liegt der Kurs des Underlying an keinem Bewertungsstichtag über dem Emissionskurs, dann richtet sich die Rückzahlung am Laufzeitende nach dem Preis des Underlying. Es können also

durchaus auch empfindliche Kursverluste, im Extremfall sogar ein Totalverlust, eintreten, wenn nämlich das Underlying - und als Folge davon auch das Zertfikat - wertlos wird. Im Falle eines Sicherheitspuffers reduziert sich freilich der Verlust im Umfang dieses Puffers.

Side-Step-Zertifikate kommen auch unter Bezeichnung *MaxiRend-Zertifikate* und *Express-Zertifikate* vor. Siehe auch → Zertifikate.

Sieben-S-Management (7-S-Management)
von Richard T. Pascale und Anthony G. Athos entwickeltes Management-Modell. Siehe → Unternehmensführung, Grundlagen (Kapitel 3) (mit Literaturangaben) sowie → Fit-Denken.

Siedlungsgenossenschaften
siehe → Wohnungsgenossenschaften.

Signale, schwache
siehe → Strategisches Radar.

Signing
ist ein unterschiedlich verwendeter Begriff, unter dem meistens die Unterzeichnung von Verträgen verstanden wird, wogegen das → Closing, den eigentliche Gefahren- und Haftungsübergang umfasst.

SILS
Abk. für *supply in line sequence*, die sequenzgerechte Form der *produktionssynchronen* Lieferung; siehe → Sequenzlieferung.

Simulated Annealing
siehe → Metaheuristiken; siehe auch → Heuristiken.

Simulation
Hier wird die Realität durch wiederholtes Durchspielen der Prozesse mit Hilfe von Rechnerprogrammen nachgebildet. Durch Variationen der Eingangsparameter lassen sich optimierte Abläufe ermitteln. Siehe auch → Simulationsverfahren.

Simulationsverfahren
werden vor allem für mathematische Planungsprobleme eingesetzt, für die weder exakte Lösungsverfahren noch → Heuristiken sinnvoll zur Anwendung kommen können. Sie stellen eine Methodenklasse im → *Operations Research* dar, mit denen die in einem System ablaufenden Prozesse experimentell untersucht werden. Vor allem die stochastische Simulation besitzt eine große Bedeutung, da im Vergleich zur deterministischen Simulation Zufallseinflüsse und deren Auswirkungen auf die Modelllösung berücksichtigt und analysiert werden können.

Simultaneous Enineering (SE)
ist das gleichzeitige Entwickeln von Produkten und Produktionseinrichtungen mit Hilfe unternehmensinterner Projektteams unter weitgehender Einbeziehung von Zulieferern und Systemherstellern. Es zielt auf eine Verkürzung der Innovationszyklen und auf Leistungsverbesserungen durch frühzeitige Koordination ab (wird z.B. im Fahrzeugbau, in der elektrotechnischen Industrie und im Industrieanlagenbau eingesetzt). SE erfordert ein produkt-, funktions- und bereichsübergreifendes Denken und Handeln, insb. Kooperation, synchronisiert z.B. Vertrieb, Fertigung und Beschaffung und muss unternehmensübergreifend eingesetzt werden. Dabei müssen Lieferanten, Komplementär-Anbieter und Abnehmer (Verwender/Weiterverarbeiter) einbezogen und koordiniert werden. SE nutzt die Chancen computergestützter Koordination (CAD), Engineering (CAE), Fertigung (CAM) etc. u.a. mit Hilfe der Datenfernübertragung zwischen den beteiligten Einheiten. Es setzt insb. die herkömmlichen Methoden des Projektmanagement und der Projektorganisation ein und eröffnet Chancen im Bereich von Innovation, Qualität, Bindung von Lieferanten und Abnehmern. SE stellt aber auch hohe Ansprüche an Partner-

auswahl, Kooperation und Organisation. Es birgt Risiken aus wechselseitigen Abhängigkeiten und kann zur Folge haben, dass sich langfristige Geschäftsbeziehungen etablieren.

Simultanes Verfahren
siehe → Gleichungssystemverfahren (in der → Kostenstellenrechnung).

Simultanplanung
In der Simultanplanung werden verschiedene Teilaktivitäten parallel zueinander geplant. Eine Abstimmung erfolgt durch Iterationsschleifen. Das Ergebnis der Teilplanungen wird den anderen Planungsgruppen mitgeteilt, dadurch erfolgt eine Planungsanpassung, die wiederum mitgeteilt wird. Es können sich gleichzeitig → Top-Down- und → Bottom-Up-Strukturen entwickeln, welche solange durchlaufen werden bis das Endergebnis das gewünschte Anspruchsniveau erreicht hat.

SIN-FOS (Sedas-Informationssatz)
Der SIN-FOS ist ein zentraler Stammdatenpool, der den Artikelaustausch zwischen Industrie und Handel standardisiert und rationalisiert. Dieser Standard wurde unter anderem von der → CCG initiiert. Durch eine SIN-FOS-Workstation können Artikeldaten (z.B. → ID, Bezeichnung, Gewicht, Abmessungen, Steuersätze, Verpackungsstruktur usw.) standardisiert erfasst bzw. übermittelt werden.

Single Sourcing
(insbesondere im → *Beschaffungsmanagement*). Single sourcing (*sole sourcing*) bezeichnet eine monopolistische Anbietersituation, also eine erzwungene Konzentration auf nur einen Lieferanten. Beim single sourcing bezieht ein Abnehmer bestimmte Güter ausschließlich von nur einen Lieferanten. Faktisch führt die bewusste Konzentration auf nur eine Lieferquelle zu einem bilateralen Monopol. Im Vordergrund solcher Austauschbeziehungen steht das Ziel, die gesamten Beschaffungskosten (*Total Cost of Ownership*) – dabei insbesondere die Transaktionskosten – zu senken sowie eine hohe Qualität der Inputfaktoren durch den aktiven Aufbau eines leistungsstarken Lieferanten zu erzielen. Mit *dual sourcing* (Zweiquellenbezug) unternimmt die Beschaffungsseite den Versuch, von den Vorteilen des single sourcing zu profitieren, gleichzeitig aber die Abhängigkeit von nur einem Lieferanten zu verringern.
Siehe auch → Beschaffungsmanagement (mit Literaturangaben).

Single Sourcing
(insbesondere im → *Einkaufscontrolling*). Single Sourcing zählt zu den → Sourcingstrategien im Einkauf und ist von verwandten Konzepten, wie → Multiple Sourcing, → Double Sourcing und → Sole Sourcing abzugrenzen. Single Sourcing beschreibt die Beschaffung einer Materialart von nur einer Quelle. Ausgewählte Charakteristika von Single Sourcing sind der Aufbau einer dauerhaften Partnerschaft zwischen Lieferant und Kunde, die Abstimmung der Organisationen, die Übertragung von technischem Know-how an den Lieferanten, eine hohe Vorhersagegenauigkeit sowie ein Höchstmaß an Kooperationsbereitschaft zwischen den Partnern.
Zu den Vorteilen des Einquellenbezugs gehören die Ausschöpfung von Economies of Scale, eine Förderung gleichbleibender Qualität, die Verminderung von Beschaffungs- und Transportkosten sowie die Reduzierung der Kapitalbindung. Nachteile entstehen durch die hohe Abhängigkeit der Partner, den Wegfall von Wettbewerb, eine geringe Integration technischer Innovationen und die Schwierigkeit des Lieferantenwechsels.
Siehe auch → Beschaffungsmanagement und → Einkaufscontrolling, jeweils mit Literaturangaben.

Single Sourcing
(insbesondere im → *Supply Chain Management*). Die Beschaffung einer Materialart erfolgt nur von einer Quelle (Einquellenbezug), um eine dauerhaft angelegte Lieferanten-Kunden-Beziehung zu stabilisieren und deren Koordination vor allem hinsichtlich der Schnittstellenorganisation innerhalb einer → Supply Chain zu vereinfachen und damit Kosten zu reduzieren.
Siehe auch → Supply Chain Management (mit Literaturangaben).

Single-loop Learning
ist ein Prozess der Verhaltensanpassung, ohne die zugrunde liegenden Überzeugungen, Wertvorstellungen oder auch grundlegenden Zielsetzungen und Planungen in Frage zu stellen.
Siehe auch → Double-loop learning.

Sinngemeinschaft
Sinngemeinschaften leben nach einer Unternehmensphilosophie, deren ethische Basis ein Wir-Gefühl erzeugt. Deren immaterielle und zeitlose Werte sind im Unternehmensleitbild niedergelegt und bilden die verbindliche Grundlage des Denkens und Handelns von Allen - Führungskräften und MitarbeiterInnen. Sinngemeinschaften haben das Prinzip der „Leadership-Engine" (Tichy N.M.) verinnerlicht und setzen es täglich um.
Literatur: Lietz, J.H.: Von der Zweck-Gemeinschaft zur Sinn-Gemeinschaft. In: Kamiske, G.F., (Hrsg.): Die Hohe Schule des Total Quality Management, Berlin, Heidelberg, New York, 1994.

S-I-R-Modell
andere Bezeichnung für → Stimulus-Organism-Response-Modell (S-O-R-Modell). Siehe auch → Konsumentenverhalten (mit Literaturangaben).

SIT
ISO-Code für Slowenischer Tolar.

Site-Promotion
Unter dem Begriff Site-Promotion werden die Werbeaktivitäten zusammengefasst, die den Internetnutzer zu einer bestimmten → Website leiten sollen. Das eingesetzte Werbemittel ist dabei beliebig: Es kann sich beispielsweise um einen Werbebanner im Internet, um ein Online-Gewinnspiel, einen Web-Event oder aber um Hinweise in Printmedien oder im Radio handeln. Primäres Ziel der Site-Promotion ist die Erhöhung des Website-Traffic, also die Steigerung der Zugriffszahlen auf die eigene Website, um nachgelagerte Ziele wie Verkaufsförderung, Abverkauf, Imagebildung usw. zu erreichen.
Weitere Ausführungen zu den speziellen internetbasierten Werbeformen siehe → Internet-Kommunikationspolitik (mit Literaturangaben).

Situativer Ansatz
(→ *Organisationstheorie*). Der situative oder auch kontingenztheoretische Ansatz zielt darauf ab, durch vergleichende empirische *Organisationsforschung* Unterschiede zwischen den Organisationsstrukturen verschiedener Unternehmen zu erkennen und diese durch Unterschiede in deren Kontext (Situation) zu erklären. Diesen Ansatz der → Organisationstheorie interessiert also, ob bestimmte Situationsmerkmale und bestimmte Strukturmerkmale regelmäßig zusammen auftreten. Weiter gehend wird aus solchen Befunden dann gefolgert, dass bestimmte Strukturen zu bestimmten Situationen „passen" und dass dieser „Fit" die Effizienz der Unternehmung sicherstellt.
Siehe auch → Organisationstheorien (mit Literaturangaben).
Literatur: Bea, F. X., Göbel, E.: Organisation, 2. Auflage, Stuttgart 2002, S. 83-99; dieselben: Organisation, 3. Auflage, Stuttgart 2006; Schreyögg, G.: Umwelt, Technologie und Organisationsstruktur, Eine Analyse des kontingenztheoretischen Ansatzes, Bern, Stuttgart 1978; Scott, R. W.: Institutions and Organizations, 2. Auflage, Thousand Oaks 2001.

Sitz
(einer → juristischen Person, *Steuerrecht*), Ort, der durch Gesetz, Gesellschaftsvertrag, Satzung, Stiftungsgeschäft oder dergleichen bestimmt ist (§ 11 AO).

Six Sigma
stellt Fehler und Abweichungen in den Mittelpunkt der Betrachtung. Hierbei wird ein Wert definiert, der angibt wie viele Fehler noch akzeptabel sind. Um den Wert zu bestimmen wird die Standardabweichung der Prozessergebnisse herangezogen. Hierfür wird das griechische Symbol Sigma verwendet.

Das *Six-Sigma-Level* wird erreicht, wenn weniger als 3,4 Fehler pro 1 Million Fehlermöglichkeiten auftreten.
Literatur: Schroeder, Richard; Harry, Mikel: Six Sigma. Frankfurt-New-York 2000.

Skaleneffekt
Durch Erhöhung der Stückzahlen in Produktion und internationalen Absatz reduzieren sich die Fixkostenanteile je Stück (Economies of Scale, Stückkostendegression).

Skalenniveau
siehe → Messniveau, → Skalierung und → Marktforschungsmethoden.

Skalierung
Konstruktion einer Skala, durch deren Anwendung bei den Untersuchungseinheiten die Menge der möglichen Ausprägungen eines Merkmals gemessen werden kann sowie der Vorgang der Zuordnung von Zahlen zu diesen Merkmalsausprägungen.
Siehe auch → Marktforschungsmethoden und → Marktforschung (mit Literaturangaben).

Skill-Based-Pay
Bei Skill-Based-Pay-Systemen wird unter der Annahme gleichwertiger Anforderungen der Tätigkeiten innerhalb bestimmter organisatorischer Einheiten ein gleich hoher Grundlohn festgesetzt. Für das Erlernen weiterer Tätigkeiten in einem definierten Rahmen kann der Arbeitnehmer nun seinen Lohnsatz steigern. Dabei ist es nicht von Bedeutung, ob die geforderte Qualifikation auch tatsächlich durch das Unternehmen eingesetzt wird.
Siehe auch → Lohn- und Gehaltsmodelle (mit Literaturangaben).

Skill-Management-System
bildet die Kenntnisse, Erfahrungen und Kompetenzen der Mitarbeiter eines Unternehmens in strukturierter Form ab. Skill-Management-Systemen helfen z.B. bei der Besetzung von Projektteams, indem sie einen Abgleich von benötigten und im Unternehmen vorhandenen Kompetenzen schaffen. Ist ein exakter Abgleich aufgrund von Skilldefiziten im Unternehmen nicht möglich, so können → wissensbasierte Systeme eingesetzt werden, um zumindest die bestmögliche Personalbesetzung für ein Projektteam zu finden.
Siehe auch → Wissensmanagement (mit Literaturangaben).

Skimming-Strategie
Strategie der → Preispolitik bei Einführung von Produktinnovationen in einen Markt. Die *Skimming-Strategie* impliziert in der Einführungsphase des neuen Produkts einen relativ hohen Preis, der im Laufe der weiteren Markteinführung und späteren Phasen des → Produktlebenszyklus gesenkt wird. Die Logik der Skimming-Strategie basiert auf der zeitlichen → Preisdifferenzierung, die ein stärkeres Abschöpfen der → Konsumentenrente ermöglicht. Einzelheiten siehe → Preispolitik, Kap. 3 Preisstrategien (mit Literaturangaben).

SKK
ISO-Code für Slowakische Krone.

Skonto
Unter Skonto ist ein Preisnachlass zu verstehen, der bei frühzeitiger Zahlung der Rechnung gewährt wird. Skonto wird in der Regel für die ersten zwei Wochen ab dem Datum der Rechnung bzw. der Lieferung gewährt, wobei der Skontosatz oft zwischen 2% und 3% des Rechnungsbetrages beträgt.

Skontrationsmethode
(Lagerwirtschaft). Sie erfolgt, indem die Zugänge auf der Grundlage der Lieferscheine, die Abgänge durch die Materialentnahmescheine erfasst werden. Sie setzt das Vorhandensein einer Lagerbuchhaltung voraus.

Skyscraper

(*Cadillac-Banner*). Mit diesen Werbemittelformaten wurden Werbemittel der Übergröße geschaffen, die entweder die gesamte Fensterlänge oder aber die Fensterhöhe einnehmen. Die übergroßen Formate garantieren eine gesteigerte Aufmerksamkeit. Mehr zu Bannern unter → Bannerwerbung; zur Internet-Werbung siehe → Internet-Kommunikationspolitik (mit Literaturangaben).

Slack

ist ein Planungsproblem, das durch bewusste Fehlinformationen der zentralen durch die dezentralen Einheiten entsteht und zur Folge hat, dass die Planungen stille Reserven enthalten, d.h. die Teileinheiten die Planungsziele mit geringeren Anstrengungen erreichen können. Voraussetzung ist somit das Bestehen von Informationsasymmetrien.

Slicing

ist eine Operation im Rahmen des On-Line Analytical Processing (→ OLAP). Dabei wird eine Teilmenge von → Fakten einer multidimensionalen Datenbasis ausgewählt, indem von einer bestimmten → Dimension nur einzelne Ausprägungen betrachtet werden. Im Falle eines dreidimensionalen → Datenmodells werden so z.B. einzelne Scheiben aus dem → Hypercube „herausgeschnitten" und zur Gewinnung von entscheidungsrelevanten Informationen analysiert. Slicing reduziert die Komplexität der Datenstruktur und erzeugt auswertungsspezifische Sichten auf die Datenbasis. Siehe auch → Dicing.

Sliding Scale

(→ *Private Equity*), Bonus- und/oder Malusvereinbarung, bei der abhängig von der Zielerreichung des Unternehmens Eigenkapitalanteile zu Vorzugskonditionen von Verkäufer (Bonus) oder Käufer (Malus) erworben werden können.

Small & medium sized Enterprises, SME

siehe → Kleine und Mittlere Unternehmen (KMU); siehe auch → Mittelstandsökonomie, Kapitel 2, Tabelle und die dort angegebene Literatur.

Smartphone

wird häufig als Marketing-Instrument gebraucht und deshalb irreführend für verschiedenste Arten → *mobiler Endgeräte* verwendet, vom simplen → *2G*-Mobiltelefon mit Farbdisplay bis hin zum → *PDA* mit integrierter Mobilfunkfunktionalität. Da mobile Endgeräte zwischen dem Standard-Mobiltelefon und dem PDA jedoch eine Vielzahl von Ausprägungen annehmen können, ist eine trennscharfe Definition schwierig – das Smartphone befindet sich in etwa in der Mitte.

Man spricht typischerweise dann von einem Smartphone wenn ein Gerät in erster Linie als Mobiltelefon verwendet (und daher meist über eine Telefontastatur bedient) wird, aber dennoch über ein Betriebssystem verfügt, dass in wesentlichen Teilen dem eines PDA ähnlich ist. Damit bilden Smartphones eine eigene Gerätekategorie und sind mit Ihren speziellen Eigenschaften als eigenes Zielgerät für Anwendungen im → *Mobile Commerce* zu beachten. Typische Beispiele sind Mobiltelefone, auf denen ein „Pocket PC-", „Palm-" oder „Symbian"-Betriebssystem läuft.

Siehe auch → Mobile Commerce (mit Literaturangaben).

SME

Abk. für small & medium sized enterprises, siehe → Kleine und Mittlere Unternehmen (KMU); siehe auch → Mittelstandsökonomie, Kapitel 2, Tabelle und die dort angegebene Literatur.

SMS

Abk. für → Short Message Service.

Snowflake-Schema

ist ein relationales → Datenbankschema zur Speicherung multidimensionaler → Daten in relationalen Datenbanksystemen. Diese werden zunächst in zwei Gruppen klassifiziert: Faktdaten (siehe auch → Fakt) und Dimensionsdaten (siehe auch → Dimension).

Im Zentrum steht beim Snowflake-Schema die Fakttabelle mit den entsprechenden Faktdaten. Im Gegensatz zum → Star-Schema sind die Dimensionstabellen, die um diese Fakttabelle herum angeordnet werden, normalisiert. Dazu enthält jede Dimensionstabelle ein Schlüsselattribut für jede Ebene der Dimensionshierarchie, d.h. für jedes Dimensionselement. Die Schlüssel verknüpfen die jeweilige Dimensionstabelle sowohl mit der zentralen Faktentabelle als auch mit den Attributtabellen, welche die deskriptiven Informationen über die Dimensionselemente enthalten.

Zwar sind die Dimensionstabellen deshalb i.d.R. kleiner als beim → Star-Schema, die Komplexität des → Datenmodells nimmt durch die Verknüpfung der einzelnen Dimensionstabellen untereinander aber zu. Siehe auch → Galaxie-Schema.

Siehe auch → Data Warehouse (mit Literaturangaben).

SOA
Abk. für → Sarbanes-Oxley Act of 2002.

SOA
Abk. für → Service-oriented Architecture (*serviceorientierte Softwarearchitektur*).

Social Accountability Standard 8000
siehe → SA 8000.

Social Marketing
bezeichnet Marketing für aktuelle soziale Ziele bzw. für bestimmte Ideen oder Anliegen, die zum Nutzen der Gesellschaft verfolgt werden (sollten). Beispiele dafür sind der Einsatz von Marketing Know-How zur Reduktion des Zigaretten- oder Alkoholkonsums. Einen Teilbereich des Social Marketing bildet das → *Societal Marketing*.

Societal Marketing
ist eine Spielart des → *Social Marketing*. Hierbei steht das gesellschaftliche Anliegen nicht im Mittelpunkt der Überlegungen und Bemühungen, sondern bildet eine Restriktion bei der Verfolgung einzelwirtschaftlicher Ziele.

Societas Cooperativa Europaea (SCE)
mit Sitz in *Österreich* (SCE-VO, subsidiär österreichisches Ausführungsgesetz, subsidiär öGenG); siehe → Europäische Genossenschaft mit Sitz in Österreich.

Societas Cooperativa Europaea (SCE)
andere Bezeichnung für → Europäische Genossenschaft (EU-GEN).

Societas Europaea (SE)
mit Sitz in *Österreich* (SE-VO, subsidiär öSEG, subsidiär öAG-Recht); siehe → Europäische (Aktien-) Gesellschaft mit Sitz in Österreich.

Societas Europaea (SE)
andere Bezeichnung für Europäische (Aktien)Gesellschaft bzw. → Europa-AG. Siehe auch → Gesellschaftsrecht, Europäisches (mit Literaturangaben).

Société Fermée Européene (SFE)
andere Bezeichnungen: Europäische Privatgesellschaft (EPG) oder European Private Company (EPC); siehe → Gesellschaftsrecht, Europäisches (mit Literaturangaben).

Society for Worldwide Interbank Financial Telecommunications (SWIFT)
wurde 1973 mit dem Ziel gegründet, ein computergestütztes Leitungssystem zur Abwicklung von internationalen Zahlungsströmen sowie Gold- und Devisengeschäften und zur Informationsübermittlung einzurichten und zu betreiben. Aufgrund von Normierungsschwierigkeiten nahm das System erst im

Jahr 1977 seine Arbeit auf, gewann dann aber schnell an internationaler Bedeutung. Die Vorteile des Systems ergeben sich durch die immense Beschleunigung des Datenaustauschs, die starke Reduktion der anfallenden Kosten sowie die Verringerung der Gefahr von Missverständnissen nicht zuletzt aufgrund der eindeutigen Dokumentationen. Die von SWIFT entwickelten Normen werden zunehmend auch von anderen Organisationen übernommen, so dass sie inzwischen generelle Bedeutung erlangt haben.

Internetadresse: http://www.swift.com.

Sofortabschreibung

ist die Möglichkeit, unter bestimmten Voraussetzungen einen Vermögensgegenstand bei Zugang sofort voll abzuschreiben, dieser wird dann nicht mehr aktiviert. Sofortabschreibung kommt in Betracht bei den so genannten → geringwertigen Wirtschaftsgütern (GWG), aber auch bei der handelsrechtlich erlaubten Nicht- Aktivierung eines → derivativen Firmenwertes. Siehe auch → Abschreibungsmethoden und → Anlagevermögen (mit Literaturangaben).

SOFT

Abk. für *Strength, Opportunities, Failures, Threats*. Siehe auch → SWOT-Analyse.

Soft Commodities

(auch als → Software bezeichnet), im → *Kompensationsgeschäft* übliche Bezeichnung für Gegenlieferungswaren mit geringem internationalen Handelswert, z.B. Agrarprodukte und Waren geringer Qualität.

Software

(bei → *Kompensationsgeschäften*), im → Kompensationsgeschäft übliche Bezeichnung für Gegenlieferungswaren mit geringem internationalen Handelswert, z.B. Agrarprodukte und Waren geringer Qualität, auch Soft Commodities genannt.

Software

siehe → Programm.

Softwarearchitektur, serviceorientierte

(*Service-oriented Architecture, SOA*) ist ein Ansatz, bei dem ein Anwendungssystem aus kleinen Programmbausteinen zusammengesetzt wird. Die Bausteine können angepasst, untereinander und mit Programmen anderer Hersteller kombiniert werden. Die Kommunikation der Module erfolgt nach einem Dienstleistungsverhältnis: Ein Baustein fordert von einem anderen eine Leistung an, z.B. das Berechnen eines Liefertermins oder das Verbuchen einer Rechnung. Die aufgerufene Komponente stellt das Ergebnis anschließend zur Verfügung.

SOKRATES

ist die Kurzbezeichnung für das *Sokrates/Erasmus Programm der Europäischen Union*. Für die Förderung der Mobilität von Studierenden und Zusammenarbeit im Hochschulbereich gibt es neben diversen stipendiengebenden Einrichtungen das so genannte Sokrates/Erasmus Programm. Studierende aller Fachrichtungen ab dem 3. Semester erhalten Teilstipendien, die einen Teil der auslandsbedingten Mehrkosten decken sollen. Förderfähig sind ausschließlich Aufenthalte im Rahmen von Hochschulkooperationen innerhalb der EU. Die Beantragung erfolgt über die Hochschulen, entweder beim Akademischen Auslandsamt oder direkt über die Fakultäten.

Siehe auch → Auslandstudium, Institutionen, Stipendien und Auslandspraktika (mit Internetadressen und Literaturangabe).

Internetadresse: http://www.eu.daad.de

Solawechsel

siehe → Eigener Wechsel.

Sole Sourcing

zählt zu den → Sourcingstragien im Einkauf. Sole Sourcing stellt eine unfreiwillige Art des → Single Sourcings dar und entsteht aufgrund einer monopolistischen Anbietersituation.

Solidaritätszuschlag

siehe → Annexsteuer.

Soll-Ist Abweichungsanalyse

Der Soll-Ist Vergleich ist ein Instrument des Controlling, bei dem *geplante* Kennzahlen (= Soll) den tatsächlich *realisierten* Kennzahlen (= Ist) gegenübergestellt werden, um deren Zielerreichungsgrad zu prüfen und bei gravierenden Abweichungen entsprechende Gegensteuerungsmaßnahmen zu greifen.

Literatur: Liessmann, K. (Hrsg.): Gabler Lexikon Controlling und Kostenrechnung, Wiesbaden 1997, S. 601

Soll-Ist Vergleich

siehe → Soll-Ist Abweichungsanalyse.

Sollkosten

sind die auf die Istbeschäftigung umgerechneten Plankosten; siehe auch → Plankostenrechnung und → Abweichungsanalyse.

Sollmodellierung

(Anwendungsbeispiel siehe → *Prozessmanagement*). Die Sollmodellierung hat zur Aufgabe, die aufgezeigten Prozessoptimierungspotenziale aus der → Istanalyse zu erschließen. Neue Abläufe werden entwickelt und modelliert. Gegebenenfalls sind mehrere Schritte durchzuführen, um vom Ist zum Soll zu gelangen, oder es wird explizit zwischen *Sollmodell* (dem, was unter den kurzfristig nicht aufhebbaren Restriktionen möglich ist) und *Idealmodell* (dem, was theoretisch am besten ist, sich aber nur mittel- bis langfristig realisieren lässt) unterschieden. Siehe auch → Istmodellierung.

Sollzinssatzmethode

(Investitionsrechnung). Die Sollzinssatzmethode ermittelt den kritischen Sollzinssatz r_s, bei dem sich ein Vermögensendwert von Null ergibt. Die Methode gehört zu den Verfahren der dynamischen Investitionsrechnung (→ Investitionsrechnungen, dynamische). Das Verhältnis von Sollzinssatz zu Vermögensendwert entspricht in etwa dem von → internem Zins zu → Kapitalwert.

Bei der Ermittlung ergeben sich Probleme analog zur Ermittlung des internen Zinses. Näherungsweise kann der kritische Sollzinssatz $\hat{r}_s$ über lineare Interpolation ermittelt werden. Bei gegebenem Habenzins werden zuerst für zwei (willkürlich gewählte) Sollzinssätze i_s^1 und i_s^2 die Vermögensendwerte V_T^1 und V_T^2 ermittelt. Als Näherungslösung ergibt sich dann:

$$\hat{r}_s = i_s^1 - V_T^1 \cdot \frac{i_s^2 - i_s^1}{V_T^2 - V_T^1}$$

Die Rechnung kann sowohl bei Unterstellung des Kontenausgleichsverbots als auch des Kontenausgleichsgebots durchgeführt werden. Eine nach diesem Kriterium beurteilte *Einzelinvestition* ist vorteilhaft, wenn der kritische Sollzinssatz größer als der Sollzins ist. Bei der *Auswahlentscheidung* zwischen mehreren Investitionen ist diejenige zu wählen, die zu dem größten kritischen Sollzinssatz führt. Siehe auch → Investitionsrechnungen (Investitionsentscheidungen), statische bzw. *dynamische* bzw. unter Unsicherheit sowie → Investitionswirtschaft, jeweils mit Literaturangaben.

Solo Cap

siehe → Forward-Rate Agreement.

Solvabilität
ist ein aufsichtsrechtlicher Begriff, der beispielsweise die Zahlungsfähigkeit von Versicherungsunternehmen gemessen an einer ausreichenden Ausstattung mit Eigenmitteln bezeichnet.
Siehe auch → Versicherungsbetriebslehre (mit Literaturangaben).

Solvenz
siehe → Zahlungsfähigkeit.

Sonderabschreibung
(*Steuerrecht*). Neben den normalen Absetzungen für Abnutzung (AfA) (Abschreibungen) gibt es Sonderabschreibungen, die in der Anfangsphase einer Investition zusätzlich vorgenommen werden können (vgl. bspw. § 7a und § 7g EStG). Sonderabschreibungen sind ein Mittel der Wirtschaftspolitik.
Siehe auch → Sofortabschreibung und → Abschreibungsmethoden.

Sonderangebotspolitik des Handels
Sonderangebote werden im Handel im Rahmen der laufenden → Preispolitik des Handels als Nachweis der Leistungsfähigkeit eingesetzt. Aktive Sonderangebote werden vom Unternehmen bewusst und geplant eingesetzt, passive sind Reaktionen auf Preismaßnahmen der Konkurrenz. Zugleich bildet der Konsumentenwunsch günstig einzukaufen ein zentrales Datum im deutschen Handel.
Sonderangebote sind durch drei Merkmale charakterisiert: relative Niedrigpreisstellung, Kurzfristigkeit des Angebots und Beschränkung auf Sortimentsteile.
Bei der Gestaltung von Sonderangeboten ist zu berücksichtigen, dass durch die Preisreduktion ein Teil der Spanne verloren geht. Zur Kompensation sind größere Absatzmengen als vor der Reduktion abzusetzen oder Spill-over-Wirkungen über den jeweiligen Artikel hinaus zu realisieren.
Siehe auch → Handelsmarketing (mit Literaturangaben).

Sonderausgaben
(deutsche → *Einkommensteuer*). Sonderausgaben (*special personal deductions*) liegen grundsätzlich bei unbeschränkt → *Steuerpflichtigen* vor, wenn ihnen Aufwendungen entstehen, die im Gesetz aufgezählt sind (§§ 10, 10b EStG), die keine Betriebsausgaben oder Werbungskosten sind, die der Steuerpflichtige selbst schuldet und die der → *Steuerpflichtige* im *Kalenderjahr* selbst verausgabt hat (§ 11 Abs. 2 EStG).
Es wird zwischen unbeschränkt abziehbaren und beschränkt abziehbaren Sonderausgaben unterschieden. Zu den unbeschränkt abziehbaren Sonderausgaben gehören gem. § 10 Abs. 1 EStG Renten und dauernde Lasten (Nr. 1a), gezahlte Kirchensteuer (Nr. 4) und Steuerberatungskosten (Nr. 6). Zu den beschränkt abziehbaren Sonderausgaben gehören Unterhaltsleistungen an den Ehegatten (Nr. 1), Kinderbetreuungskosten (Nr. 5 und 8), Ausbildungskosten (Nr. 7), Schulgeld (Nr. 9), Zuwendungen und Beiträge (§ 10b EStG) und Vorsorgeaufwendungen im Rahmen bestimmter Höchstgrenzen (§ 10 Abs. 1 Nr. 2, 3 und § 10a EStG).
Siehe auch → Einkommensteuer und die dort angegebene Literatur.

Sonderbilanzen

Sonderbilanzen

von Professor Dr. oec. habil. Günter Janke
Westsächsische Hochschule Zwickau (WHZ)

1. Vorbemerkung
Eine Bilanz ist eine zusammenfassende, systematisch gegliederte Gegenüberstellung von Vermögen und Kapital eines Unternehmens zu einem bestimmten Zeitpunkt. Dabei bildet das Vermögen als Gesamtheit aller Wirtschaftsgüter die Aktiva, während die Summe aller Schulden (Fremdkapital) und des Eigenkapitals als Passiva bezeichnet werden. Die Bilanz eines Unternehmens ist also eine stichtagsbe-

zogene Vermögensübersicht, die in Geld bewertete Bestände an Aktiva (Vermögensübersicht) und Passiva (Finanzierungsübersicht) gegenüberstellt. Zu den wichtigsten Aufgaben der Bilanz zählen die Feststellung des Vermögens und die Darstellung der Vermögensstruktur und der Kapitalstruktur, die Ableitung der Liquiditätslage sowie die Ermittlung des Erfolgs. Diesbezüglich zeigt die Bilanz zwar den Erfolg in Form der Eigenkapitalveränderung zur Vorperiode, lässt jedoch nicht erkennen, wie dieser Erfolg zustande gekommen ist. Dies ist Gegenstand der Gewinn- und Verlustrechnung, die deshalb ebenfalls zum → Jahresabschluss aufzustellen ist.

Die Aufgaben und damit auch die Art der Bilanz sind letztlich abhängig vom Kreis der Bilanzadressaten (z.B. Unternehmensmanagement, Aktionäre, Gläubiger, Fiskus) und der Situation der Bilanzaufstellung.

2. Bilanzarten

Die im Rahmen der Geschäftsbuchführung zur externen Rechnungslegung aufzustellenden Bilanzen sollen primär der regelmäßigen Dokumentation im Sinne einer buchführungsgestützten Rechenschaftslegung über das abgelaufene Jahr und der Vermittlung von wahrheitsgetreuen und entscheidungsrelevanten Informationen über die Lage des Unternehmens, sowie der Ermittlung des Periodenerfolgs als Gewinnverteilungs- und Steuerbemessungsgrundlage dienen.

Hierzu finden i.R. die gem. § 242 HGB (bzw. gem. IAS 1 für Konzernabschlüsse kapitalmarktorientierter Unternehmen) aufzustellende *Handelsbilanz* sowie die gem. § 5 EStG aufstellende *Steuerbilanz* Verwendung.

Neben den üblichen Geschäftsvorfällen können im Lebenszyklus gewerblicher Unternehmen jedoch auch außerordentliche Ereignisse auftreten, die spezielle Informationen und dazu eine rechnungsmäßige Sonderbehandlung mit Aufstellung einer handelsrechtlichen *Sonderbilanz* erfordern. Derartige Sonderbilanzen werden i.R. nur zu außergewöhnlichen Anlässen, fallweise und unregelmäßig aufgestellt und erfüllen meist auch einmalige bzw. besondere Informationsinteressen, wie z.B. bei der Unternehmensliquidation.

Im Folgenden nicht weiter betrachtet werden sollen gesamtwirtschaftlich bedingte Sonderbilanzen, wie z.B. Währungsumstellungsbilanzen (DM- bzw. EURO-Eröffnungsbilanz), die nur seltene, aber letztlich relativ unkomplizierte Einmaleffekte widerspiegeln.

3. Sonderbilanzen im Steuerrecht

Auch das Steuerrecht kennt den Begriff der Sonderbilanz. Zum Betriebsvermögen einer Personengesellschaft gehören nicht nur das in ihrer Steuerbilanz enthaltene Gesamtbetriebsvermögen, sondern auch das Sonderbetriebsvermögen der einzelnen Gesellschafter (vgl. §§ 16 u. 34 EStG). Das sind im wesentlichen Wirtschaftsgüter, die einem Gesellschafter gehören, aber dem notwendigen Betriebsvermögen der Gesellschaft zuzurechnen sind. Die Sonderbetriebsvermögen einzelner Gesellschafter werden aber nicht in die Steuerbilanz der Gesellschaft aufgenommen. Sie sind in getrennten Sonderbilanzen nachzuweisen, die die Steuerbilanz der Personengesellschaft ergänzen. Das Handelsrecht – und somit auch die Handelsbilanz – kennen allerdings keinen getrennten Ausweis von Sonderbetriebsvermögen, deshalb wird diese Problematik hier auch nicht weiter betrachtet.

4. Sonderbilanzen im Handelsrecht

Die Bezeichnung handelsrechtliche Sonderbilanzen grenzt diese nur bei besonderen Anlässen zu erstellenden Bilanzen von den regelmäßig zum Geschäftsjahresbeginn sowie zum Quartals- bzw. Geschäftsjahresende zu erstellenden Bilanzen ab. Während diese Regelbilanzen der dynamischen Bilanzauffassung Schmalenbachs und des IASB folgend immer stärker dem Ausweis des Erfolges bzw. des Erfolgspotentials dienen, handelt es sich bei den außerordentlichen Sonderbilanzen meist um weitgehend statische Bilanzen zum Zweck der Vermögensfeststellung. Einzig Gründungs- und Umwandlungsbilanzen könnte man ggf. auch den gewinnorientierten Bilanzen zurechnen, da sie den Gläubigern Einblick in die Vermögenslage der neuen Gesellschaft geben und zugleich Eröffnungsbilanz für die Gewinnermittlung nach handels- und steuerrechtlichen Vorschriften sind.

Folgt man bei der Einteilung der Sonderbilanzen dem Lebenszyklus eines Unternehmens, so lassen sich diese in bei Unternehmenseröffnung aufzustellende Gründungsbilanzen, zwischenzeitlich ggf. aufzustellende Sonderbilanzen für spezielle Anlässe und bei Beendigung aufzustellende Liquidationsbilanzen untergliedern.

→ *Gründungsbilanzen* dienen der Darstellung der Vermögens- und Finanzlage gem. § 242 Abs.1 bei Neugründung eines Unternehmens.

Zwischenzeitlich aufzustellende Sonderbilanzen dienen der Informationsbereitstellung bzw. Widerspiegelung bei Sonderfällen der Unternehmensexistenz. Hierbei geht es im Wesentlichen um folgende Arten:

(1) Umwandlungsbilanzen, die Umstrukturierungen von Unternehmen abbilden. Das seit 1995 geltende Umwandlungsgesetz ermöglicht es Unternehmen ohne Liquidation durch Gesamtrechtsnachfolge, Sonderrechtsnachfolge oder Vollübertragung die Rechtsform zu verändern, sich miteinander zu verbinden oder sich zu teilen. Aus den im Gesetz unterschiedenen vier Grundformen der Umwandlung ergeben sich auch entsprechende Sonderbilanzen: Verschmelzungsbilanzen (→ Verschmelzung), die die Fusion mehrerer Unternehmen abbilden, Spaltungsbilanzen (→ Spaltung), die die Teilung eines Unternehmens reflektieren, Vermögensübertragungsbilanzen, die einen Rechtsträgerwechsel aufzeigen und Formwechselbilanzen (→ Formwechsel), die einen Rechtsformwechsel vorbereiten.

(2) → Überschuldungsbilanzen, mit denen – hinsichtlich insolvenzrechtlicher Konsequenzen – festgestellt werden soll, ob das Unternehmensvermögen bestehende Schulden abdeckt.

(3) → Insolvenzbilanzen, die der objektiven Abbildung der Finanz- und Vermögenslage des insolventen Unternehmens dienen, damit sich alle Interessenten (z.B. Gläubiger) ein Bild von Risiken und Chancen des Insolvenzverfahrens (in Form der Liquidation, Übertragung oder Sanierung) machen können.

(4) *Liquidationsbilanzen* (→ Liquidation, → Liquidationsgesellschaft) werden bei einer Auflösung von Unternehmen aufgestellt. Die Liquidation bzw. Abwicklung setzt der Erwerbstätigkeit (werbende Tätigkeit) eines Unternehmens ein Ende. Aus der Erwerbsgesellschaft wird eine Abwicklungsgesellschaft, deren Aufgabe in der Verwertung aller Vermögensgegenstände und deren Umwandlung in Geld besteht. Aus dem Erlös werden die Gläubiger und die Gesellschafter befriedigt. Da die Liquidation eines Unternehmens oft über mehrere Jahre läuft, ist ggf. in Liquidations-Eröffnungsbilanz, Liquidations-Jahres- oder Zwischenbilanz und Liquidationsschlussbilanz zu unterscheiden.

Insbesondere für Überschuldungs-, Insolvenz- und Liquidationsbilanzen gelten i.R. weder die handels- bzw. steuerrechtlichenrechtlichen Bewertungsvorschriften (wie etwa das → Going Concern Prinzip) noch muss die wertmäßige Bilanzkontinuität gewahrt werden.

5. Sonderbilanzen in US-GAAP und IAS/IFRS

Spezielle, weitgehend in sich geschlossene Regelungen zu Sonderbilanzen, wie in Deutschland existent, sind in der US-amerikanischen Rechnungslegung faktisch kaum zu finden. Dies ist im Zweck der Rechnungslegung nach → US-GAAP begründet, in deren Mittelpunkt die wahrheitsgetreue Information der Investoren börsennotierter Gesellschaften steht. Detaillierte Bilanzierungsvorschriften zur Gründung oder Liquidation solcher Unternehmens sind hier weniger notwendig, da derartige Vorgänge, während der Börsennotierung kaum auftreten, bzw. über die umfangreichen Offenlegungsverpflichtungen anders kommuniziert werden.

Lediglich für Unternehmenszusammenschlüsse existiert eine allgemeine Vorschrift im SFAS 141 („business combinations"), die wohl auch auf Umwandlungen und Liquidationen angewandt werden könnte. Im Kern geht es darum, dass business combinations seit Juli 2001 nur noch nach der purchase method (Erwerbsmethode) zu bilanzieren sind, wobei Vermögenswerte und Schulden zum fair value (beizulegender Zeitwert) zu bewerten sind. Hiermit sind umfangreiche Offenlegungspflichten verbunden. So sind neben einer zusammengefassten Eröffnungsbilanz der erworbenen Gesellschaft auch Erläuterungen zu den erworbenen Anteilen und zur Kaufpreisermittlung zu machen.

In den internationalen Rechnungslegungsnormen des IASB finden sich bislang ebenfalls noch kaum Aussagen zu Sonderbilanzen, wenn man vom IFRS 3 zur Bilanzierung von Unternehmenszusammenschlüssen absieht, der den bis 2004 gültigen IAS 22 ersetzt und sich weitgehend am SFAS 141 orientiert.

Das die IAS/IFRS allerdings ohnehin weitgehend auf Bewertungsansätze zum Zeit- bzw. Marktwert orientieren, ist die Notwendigkeit spezielle, bewertungsbedingte stille Reserven oder Lasten aufdeckende, Sonderbilanzen aufzustellen auch deutlich geringer.

Hinweis

Zu den angrenzenden Wissensgebieten siehe → Abschlusserstellung nach US-GAAP, → Anlagevermögen, → Beteiligungscontrolling, → Bilanzanalyse, → Eigenkapital, → Existenzgründung, → Insolvenzrecht (deutsches), → Internationale Rechnungslegung nach IFRS, → Jahresabschluss nach deutschem Recht, → Jahresabschluss nach schweizerischem Recht, → Kapitalflussrechnung, → Körperschaftsteuer, → Konzernabschluss, → Risikocontrolling, → Rückstellungen, → Sanierungsmanagement, → Steuerbilanzpolitik, → Steuerrecht, Internationales, → Swiss GAAP FER, → Umlaufvermögen.

Literatur: Baetge, J., Kirsch, H.-J.,Thiele, S.: Bilanzen, 6.Auflage, Düsseldorf 2002; Budde,W., Förschle, G.(Hrsg.): Sonderbilanzen, 3.Auflage, München 2002; Coenenberg, A.G.: Jahresabschluss und Jahresabschlussanalyse, 19.Auflage, Stuttgart 2003; Eisele, W.: Technik des betrieblichen Rechnungswesens, 7.Auflage, München 2002; Federmann, R.: Bilanzierung nach Handels- und Steuerrecht, 11.Auflage, Berlin 2000; Kresse, W., Leutz, N. (Hrsg.): Sonderbilanzen, Stuttgart 2003; Veit, K.-R. (Hrsg.): Sonderbilanzen, Herne/Berlin 2006.

Internetadressen: (Standards, Organisationen) http://www.iasb.org, http://www.idw.de, http://www.fasb.org, http://www.ifac.org, http://www.wpk.de; (weiterführende Informationen) http://www.iasifrs.de, http://www.ias-rechnungslegung.com

Website des Autors: guenter.janke@fh-zwickau.de

Sondereinzelkosten

Kosten, die dem Grunde nach → Gemeinkosten sind, da sie nicht einem einzelnen Produkt zurechenbar sind, wohl aber einer abgrenzbaren Gruppe von Produkten (Auftrag, Los, Serie). Aus diesem Grund werden sie wie → Einzelkosten behandelt und im Wege der einfachen Divisionskalkulation der Leistungsmenge direkt zugerechnet. Unterschieden werden Sondereinzelkosten der Fertigung (z.B. Baupläne, Formen, Prototypen, Spezialwerkzeuge) und Sondereinzelkosten des Vertriebs (z.B. Fracht, Provisionen, Verpackung, Zölle).
Siehe auch → Kostenstellenrechnung (mit Literaturangaben).

Sonderposten mit Rücklageanteil

Sonderposten mit Rücklageanteil (§ 247 (3) HGB, für Kapitalgesellschaften ergänzend: § 270 (1), § 273 und § 281 HGB) ergeben sich bei steuerrechtlichen Wahlrechten, die in der laufenden Periode zu einem geringeren Gewinn (und in späteren Perioden zu einem steuerpflichtigen Mehrgewinn) führen, als dies ohne das Wahlrecht der Fall wäre (z.B. § 6b EStG). Dieser Sonderposten umfasst dann eine unversteuerte (Eigenkapital-)Rücklage und eine zukünftige Steuerverbindlichkeit.
Siehe auch → Rücklagen und → Eigenkapital (mit Literaturangaben).

Sonn- und Feiertragsarbeit

siehe → Arbeitszeit und → Arbeitsrecht und die dort angegebene Literatur.

Sonstige Einkünfte

(*other income*; siehe auch → *Einkommensteuer*, deutsche) sind Einkünfte, die zu keiner anderen Einkunftsart gehören (→ *Subsidiaritätsprinzip*). Sie sind im § 22 EStG abschließend aufgezählt: Hierzu gehören Einkünfte aus wiederkehrenden Bezügen (§ 22 Nr. 1 EStG), die ab 01.01.2005 in Höhe des Besteuerungsanteil steuerpflichtig sind, Einkünfte aus Unterhaltsleistungen (§ 22 Nr. 1 a EStG) in Zusammenhang mit einer Wechselwirkung zu den Sonderausgaben gem. § 10 Abs. 1 Nr. 1 EStG, Einkünfte aus privaten Veräußerungsgeschäften (§ 22 Nr. 2 EStG), Einkünfte aus bestimmten Leistungen

(§ 22 Nr. 3 EStG), Abgeordnetenbezüge (§ 22 Nr. 4 EStG) und Leistungen aus Altersvorsorgeverträgen (§ 22 Nr. 5 EStG).

Sonstige Vermögensgegenstände

(*Bilanzierung*). Hierbei handelt es sich um eine Misch- und Sammelposition für alle die Vermögensgegenstände, die von keiner anderen Bilanzposition des Umlaufvermögens erfasst werden. Dazu gehören z.B. Schadensersatzansprüche und die aktiven antizipativen → Rechnungsabgrenzungsposten.
Siehe auch → Umlaufvermögen und → Jahresabschluss, deutscher, jeweils mit Literaturangaben.

S-O-R-Modell

Abk. für → *Stimulus-Organism-Response-Modell*, auf dem → Neobehaviorismus basierendes Modell, bei dem zwischen Reiz und Reaktion → intervenierende Variablen berücksichtigt werden (auch S-I-R-Modell genannt).
Siehe auch → Konsumentenverhalten (mit Literaturangaben).

Sorten

Bezeichnung für bare ausländische gesetzliche Zahlungsmittel (ausländische Banknoten und ausländische Münzen). Siehe auch → Devisen.

Sortenfertigung

Bei diesem → *Fertigungstyp* werden verschiedene Ausprägungen fertigungstechnisch weitgehend identischer Erzeugnisse in großen Mengen und über einen längeren Zeitraum produziert. Typische Beispiele für Produktarten der Sortenfertigung sind Zigaretten und Ziegel. Die Fertigung der Sorten kann dabei parallel oder zeitlich nacheinander auf den gleichen oder verschiedenen Aggregaten erfolgen. Findet die Produktion parallel auf verschiedenen Aggregaten statt, ergeben sich gleiche Planungsprobleme wie bei der → *Massenfertigung*. Werden die unterschiedlichen Sorten dagegen auf denselben Anlagen gefertigt, sind zusätzlich die Maschinenbelegungsplanung und die → *Losgrößenplanung* durchzuführen.
Siehe auch → Produktion, Formen, → Produktionsmanagement sowie → Produktionsplanung und -steuerung (mit Literaturangaben).

Sortenhandel

ist der Handel in Banknoten und Münzen ausländischer Währung.

Sortenkurs

ist ein → Wechselkurs für Sorten, d.h. Banknoten und Münzen in ausländischer Währung.

Sortiment

Gesamtheit aller Güter, die ein Unternehmen zu einem bestimmten Zeitpunkt auf dem Absatzmarkt anbietet.

Sortimentsgestaltung des Handels

Da die Artikel bzw. Warengruppen eines Handelssortiments mit ihren Größen, Farben etc. meist in unterschiedlicher Menge nachgefragt werden, versucht man bei der Gestaltung des Sortiments ein Artikelgleichgewicht anzustreben: Häufigkeitsverteilung der Nachfrage entspricht der Angebotsstruktur. Das Pendant dazu ist das Sortimentsgleichgewicht, das die Leistungsfähigkeit jedes Artikels kennzeichnet, im Rahmen betriebstypenspezifischer Sortimentsproportionen zum Umsatz beizutragen. Die Sortimentsgestaltung hängt vom → Standort, vom Betriebstyp sowie von der Verkaufsfläche ab (→ Sortimentspolitik). In Bezug auf die Rahmen- und Detailplanung des Sortiments unterscheidet man strategische und operative Leitlinien.
Die Rahmenplanung orientiert sich an folgenden Leitlinien (Theis 1999, S. 569; Liebmann/Zentes 2001): (1) Orientierung am Bedarf der Abnehmer, mit einem Wandel vom branchenspezifischen zum bedarfsorientierten Sortiment. Letzteres fasst Waren(gruppen) verschiedener Herkunft zu Bedarfs-/Erlebnisbereichen zusammen, wobei Bedarfsträger, Verwendungsanlässe oder Bedarfsverbünde die Grundlage bilden. Daneben sind warenbezogene Ausstrahlungseffekte zu beachten, d.h. bestimmte

Zeig- oder Prestigewaren bestimmen das Sortimentsimage ($\rightarrow$ Category Management). (2) Orientierung an den Mitbewerbern, zumal Handelsunternehmen durch die Sortimentsgestaltung den Kreis der Konkurrenten festlegen oder sich von den Mitbewerbern differenzieren. Gestaltungsprinzipien sind hier die positive Abhebung, die Anpassung und die Wettbewerbsmeidung. (3) Orientierung am konsumgerichteten Verhalten der Lieferanten, d.h. Nutzung der aufgrund umfassender Werbeausgaben der Konsumgüterindustrie bei den Verbrauchern „vorverkauften" Marken (Pull-Effekt).

Im Rahmen der Detailplanung des Sortiments werden operative Leitlinien für die Auswahl einzelner Artikel festgelegt, die zugleich die strategischen Leitlinien inhaltlich konkretisieren. Zur Entscheidungsunterstützung werden Checklisten herangezogen mit Auswahlkriterien wie Umsatz-/Kostenbeiträge, Spannen etc.

Siehe auch $\rightarrow$ Sortimentspolitik des Handels, $\rightarrow$ Handelsmarketing und $\rightarrow$ Produktpolitik, jeweils mit Literaturangaben.

Literatur: Liebmann, H.-P., Zentes, J., Swoboda, B.: Handelsmanagement, 2. Aufl., München 2007; Theis, H.-J.: Handels-Marketing, Frankfurt a.M. 1999.

Sortimentsimage

Angesichts der umfangreichen $\rightarrow$ *Sortimente* in Einzelhandelsunternehmen ist ein Konsument heute nicht mehr in der Lage, alle Artikel innerhalb einer Verkaufsstelle einzeln hinsichtlich ihres Nutzens und ihrer qualitativen Leistung zu evaluieren. Im Spannungsfeld zwischen einem bequemen und eines rationalen Einkaufes greifen Konsumenten vielfach zu Vereinfachungsstrategien. Das Sortimentsimage dient dem Konsumenten demnach als vereinfachendes und prägnanzschaffendes System von Vorstellungen und Meinungen, das vor allem der Komplexitätsreduktion und als Wissensersatz dient. Das Sortimentsimage umfasst sowohl direkt greifbare, tangible Komponenten (bspw. Produkte), aber auch nicht greifbare, intangible Komponenten (bspw. Preis-/Leistungsverhältnis).

Siehe auch $\rightarrow$ Category Management und $\rightarrow$ Efficient Consumer Response, jeweils mit Literaturangaben.

Sortimentsmanagement

Unter Sortimentsmanagement ist die Aufgabe zu verstehen, Produkte und Marken entsprechend der Kundenbedürfnisse und Kundengruppen auszuwählen, zu alloziieren, zu präsentieren und den Abverkauf so zu steuern, dass die finanziellen Ziele eines Unternehmens bestmöglich erfüllt werden (Einhorn 2005, S. 53.). Durch die Forderung, Sortimente kundenorientiert zu gestalten und zu steuern, unterstützt das Sortimentsmanagement Positionierung und Profilierung des Handelsunternehmens.

Siehe auch $\rightarrow$ Category Management und $\rightarrow$ Efficient Consumer Response, jeweils mit Literaturangaben.

Literatur: Einhorn, M. (2005), Effektive und effiziente Kundenorierung im Sortimentsmanagement – Nutzenorientierte Marktforschung zur Vermeidung von Information Overload, Nürnberg.

Sortimentspolitik des Handels

Das Sortiment eines Handelsunternehmens umfasst alle zum Verkauf angebotenen Waren; ihm entspricht die Produktlinie bzw. das Programm eines Herstellers. Zwei Fragestellungen sind bei diesem wichtigen Instrument des $\rightarrow$ Handelsmarketing vordringlich (Liebmann/Zentes 2001, S. 479 ff.). (1) Fragestellungen der Sortimentsstrukturpolitik betreffen dauerhafte Festlegungen, so die geführten Warenkategorien und Qualitätsniveaus, die angestrebte Bedeutung der konstanten und im Zeitablauf variablen Sortimentsbereiche oder auch die Aufnahme von $\rightarrow$ Handelsmarken. Die angestrebte Sortimentsbreite (Zahl der angebotenen Warengruppen) und die angestrebte Sortimentstiefe (Zahl der Artikel und Sorten innerhalb einer Warengruppe) sind Bestimmungsfaktoren der Betriebstypen des Handels. (2) Fragestellungen der Sortimentsablaufpolitik betreffen Entscheidungen über die Variation von Artikeln sowie über die für Sonderangebote und Aktionen benötigten Artikel ($\rightarrow$ Sonderangebotspolitik).

Da der Erfolg eines Handelsunternehmens weitgehend durch das Sortiment bestimmt wird, orientieren sich üblicherweise auch die Ziele der Sortimentspolitik an den Unternehmenszielen. Daher ist es zunächst Ziel der Sortimentspolitik, durch geeignete Auswahl des Warenangebots eine größtmögliche Anziehungskraft auf die Käufer auszuüben (akquisitorisches Potenzial). In ökonomischer Hinsicht verfolgen Handelsunternehmen mit der → Sortimentsgestaltung Umsatz- und Gewinnziele, wobei meist für die einzelnen Teilsortimente konkrete Ziele bezüglich der angestrebten Deckungsbeiträge definiert werden.

Voraussetzung hierfür ist eine Sortimentspolitik, die folgenden Teilzielen folgt: (1) Gestaltung eines klaren Erscheinungsbildes des Sortiments; (2) Pflege eines individuellen Sortimentsstils; (3) Festlegung einer guten Preislagenstufung des gesamten Sortiments.

Ziele der Kundenprofilierung oder Wettbewerberdifferenzierung lassen sich aber nur im Einklang mit den anderen absatzpolitischen Instrumenten des → Handelsmarketing realisieren.

Siehe auch → Sortimentspolitik des Handels, → Handelsmarketing und → Produktpolitik, jeweils mit Literaturangaben.

Literatur: Liebmann, H.-P., Zentes, J., Swoboda, B.: Handelsmanagement, 2. Aufl., München 2007.

Source Principle
siehe → Ursprungsprinzip.

Sourcingstrategien
(insbesondere → *Beschaffungsmanagement* und → *Logistik*), Sammelbezeichnung für verschiedene Hersteller-Zulieferer-Beziehungen. Sourcing-Strategien sind → Global-Sourcing, → Modular-Sourcing, → Single-Sourcing, → Outsourcing.
Siehe auch → Beschaffungsmanagement und → Logistik, jeweils mit Literaturangaben.

Sourcingstrategien
(insbesondere → *Einkaufscontrolling*) stellen Strategien der Versorgung im Einkauf dar und umfassen unterschiedliche Ansätze, wie → Single Sourcing, → Sole Sourcing, → Double Sourcing, → Multiple Sourcing, → Modular Sourcing und → Global Sourcing (→ Sourcing Toolbox). Siehe auch → Einkaufscontrolling (mit Literaturangaben).

Sourcing-Toolbox
Visualisierung der Kombinationsmöglichkeiten der Sourcing-Konzepte zu einer Beschaffungsstrategie.
Siehe → Beschaffungsmanagement, Kapitel 4 mit Abbildung einer Sourcing-Toolbox.

Souveränitätsprinzip
(*Steuerrecht*) umfasst das Recht jedes einzelnen Staates die Aufteilung der Besteuerungsrechte autonom zu regeln; siehe auch → Steuerrecht, Internationales.

SOX
Abk. für → Sarbanes-Oxley Act of 2002.

Soziale Kompetenz
Die sozialen Kompetenzen beinhalten kommunikative und kooperative Verhaltensweisen und Fähigkeiten, die das erfolgreiche Entwickeln oder Umsetzen von Zielen und Plänen in sozialen Interaktionssituationen erlaubt. Es werden u.a. Kommunikationsfähigkeit, Konfliktfähigkeit, Kooperationsfähigkeit, Teamfähigkeit und Durchsetzungsfähigkeit zu den sozialen Kompetenzen gezählt.
Siehe auch → Personalentwicklung (mit Literaturangaben).

Soziale Kosten
(*Umwelt*), siehe → Internalisierte Kosten.

Soziale Validität
Neben der statistischen ist bei der Personalauswahl die soziale Qualität bedeutend. In ihrem Konzept haben Schuler & Stehle (1983 & 1985) die folgenden vier Situationsparameter als die wichtigsten unabhängigen Variablen identifiziert, welche den Auswahlprozess zu einer sozial akzeptablen Situation machen: Die Information über die Tätigkeitsanforderungen, Merkmale der Unternehmung und das Auswahlverfahren; die Partizipation der Mitarbeiter an der Entwicklung und Anwendung der Auswahl-

verfahren; die Transparenz der Situation und schließlich die Urteilskommunikation hinsichtlich ihrem Inhalt und ihrer Form. Empirische Studien haben gezeigt, dass Verbesserungen der sozialen Validität die Ergebnisse der Personalauswahl verbessern.

Siehe auch → Personalauswahl, Grundlagen sowie → Personalauswahl, Instrumente und die dort angegebene Literatur.

Sozialethik
siehe → Institutionenethik.

Sozialleistungen, betriebliche
Sozialleistungen umfassen die vom Unternehmen den Mitarbeitern sowie deren Familienangehörigen gewährten Sachgüter, Dienstleistungen, Nutzungen und Geld, die über das vereinbarte Arbeitsentgelt hinausgehen. Die Gewährung dieser Leistungen erfolgt aufgrund der Zugehörigkeit zum Betrieb, nicht aufgrund der Arbeitsleistung.

Sozialplan
erzwingbare Vereinbarung zwischen Arbeitgeber und → Betriebsrat zum Ausgleich oder zur Milderung der wirtschaftlichen Nachteile der Arbeitnehmer im Falle einer Betriebsänderung (§§ 112, 112 a Betriebsverfassungsgesetz). Gegenstand eines Sozialplans, der die Rechtsnatur einer Betriebsvereinbarung hat, ohne allerdings dem Tarifvorbehalt des § 77 Abs. 3 BetrVG zu unterliegen, sind in der Regel finanzielle Ansprüche des Arbeitnehmers gegenüber dem Arbeitgeber als Ausgleich für den Verlust des Arbeitsplatzes (Abfindung). Möglich sind aber auch die Übernahme von Weiterbildungs- oder Schulungskosten, die Erstattung von Fahrtkosten, die durch einen weiter entfernten Beschäftigungsort entstehen, oder Trennungsgeldern, wenn eine doppelte Haushaltsführung erforderlich wird; siehe auch Interessenausgleich.

Siehe auch → Arbeitsrecht (mit Literturangaben).

Space Management
siehe → Flächenoptimierung.

Spaltung
(*deutsches Recht*). Unter Spaltung ist die Teilung von Unternehmen zu verstehen. Hierbei werden Vermögen und Schulden eines rechtlich selbständigen Unternehmens auf mindestens zwei - danach ebenfalls rechtlich selbständige - Unternehmen aufgeteilt. Grund dafür kann z.B. der Wunsch sein, ein Mehrspartenunternehmen in so viele Gesellschaften aufzuteilen, wie Sparten vorhanden sind. Das UmwG unterscheidet drei Spaltungsarten: → Aufspaltung (§ 123 Abs. 1 UmwG), → Abspaltung (§ 123 Abs. 2 UmwG) und → Ausgliederung (§ 123 Abs. 3 UmwG).

Siehe auch → Sonderbilanzen (mit Literturangaben).

Literatur (auch zur *Spaltungsbilanzierung*): Bula, T., Schlösser, J. in: Sagasser, B., Bula, T., Brünger, T.: Umwandlungen, 3.Auflage, München 2002; HFA 1/1998: Zweifelsfragen bei Spaltungen in: Fachgutachten des IDW auf dem Gebiet der Rechnungslegung und Prüfung, Düsseldorf 2000.

Internetadresse: http://www.idw.de

Spaltung
(*österreichisches Recht*). Im Zuge einer *Spaltung* überträgt eine → Kapitalgesellschaft (→ AG, → GmbH) ihr Vermögen zum Teil (*Abspaltung*, § 1 Abs. 2 Z 2 öSpaltG: die übertragende Gesellschaft besteht als solche fort) oder zur Gänze (*Aufspaltung*, § 1 Abs. 2 Z 1 öSpaltG: Erlöschen der übertragenden Gesellschaft, jedoch keine → Liquidation/Abwicklung) auf eine oder mehrere andere → Kapitalgesellschaften. Im Gegenzug erhalten die Teilhaber der übertragenden Gesellschaft *Anteile an den übernehmenden Verbänden* oder werden (bei *nicht-verhältniswahrender* oder *rechtsformwechselnder Spaltung*) *bar abgefunden*. Je nachdem, ob die empfangende Gesellschaft bereits besteht oder erst im Zuge der Spaltung errichtet wird, kann zwischen einer *Spaltung zur Aufnahme* (§ 17 öSpaltG) und einer *Spaltung zur Neugründung* (§§ 2 ff öSpaltG) unterschieden werden. Die *steuerrechtlichen Begleitvorschriften* (steuerneutrale Behandlung von → Umgründungen) enthält Art VI (§§ 32 ff öUmgrStG).

Spaltungsbilanz
siehe Literaturangaben zu → Spaltung, siehe auch → Aufspaltung, → Abspaltung, → Ausgliederung. Siehe auch → Sonderbilanzen (mit Literaturangaben).

Spaltungs-Richtlinie
(82/891/EWG) vom 17.12.1982 harmonisiert die einzelstaatlichen Vorschriften zur Aufspaltung, Abspaltung oder Ausgliederung durch Neugründung oder Aufnahme von Publikumskapitalgesellschaften. Siehe → Gesellschaftsrecht, Europäisches (mit Literaturangaben).
Quelle: ABl.EG L 387 vom 31.12.1982, S. 47; abrufbar bei Eur-Lex unter: http://eur-lex.europa.eu.

Span of control
(*Kontrollspanne*), siehe → Leitungsspanne. Siehe auch → Aufbauorganisation und → Organisation, Grundlagen, jeweils mit Literaturangaben.

Span of Control
siehe → Leitungsspanne (siehe auch → Organisation).

Spannweite
von Daten ist die Differenz aus dem größten und dem kleinsten vorkommenden Wert. Siehe auch → Statistik (mit Literaturangaben).

Sparkassenverein, österreichischer
(§§ 4 ff öSpG). Der *Sparkassenverein* ist eine nach dem öSpG gegründete Gesellschaft zur Errichtung einer *Sparkasse* (§ 4 öSpG). Die Bestimmungen des öVerG 2002 sind auf den Sparkassenverein nicht anzuwenden.
Sparkassen gehören zu den ältesten Kreditunternehmen Österreichs und waren ursprünglich als Kapitalsammelstellen für finanzschwache Personen konzipiert. Jedermann sollte dort auch kleinste Beträge möglichst risikolos veranlagen können.
Mittlerweile hat sich jedoch auch der Aufgabenbereich von Sparkassen wesentlich erweitert. Ihnen steht grundsätzlich der Betrieb aller in § 1 Abs. 1 öBWG angeführten *Bankgeschäfte* offen, sofern diese nicht *zwingend* die *Rechtsform einer* → *AG* voraussetzen (so ist etwa die Ausgabe von Pfandbriefen und Kommunalschuldverschreibungen, die Vergabe von Bausparddarlehen nach dem Bausparkassengesetz, die Verwaltung von Kapitalanlagefonds nach dem Investmentfondsgesetz oder die Errichtung bzw. Verwaltung von Beteiligungsfonds nach dem Beteiligungsfondsgesetz → AG vorbehalten; es besteht jedoch die Möglichkeit, Sparkassen in eine → AG einzubringen, § 1 Abs. 3 öSpG).
Neben Sparkassenvereinen können auch *Gemeinden* Sparkassen errichten (*Vereinssparkassen*; *Gemeindesparkassen*).
Literatur: *Chini/Frölichsthal*, Praxiskommentar zum Bankwesengesetz (mit Sparkassengesetz), 2. Auflage, Verlag Ueberreuter (1997); *Nickerl/Portisch/Riefel*, Praxiskommentar zum Sparkassengesetz, Verlag LexisNexis ARD Orac (2000).
Weiterführende Informationen siehe auch Quellenverzeichnis (Bücher, Zeitschriften und Internetadressen) beim Stichwort „ → Gesellschaftsformen, österreichische".
Siehe auch → Gesellschaftsrecht, Europäisches (mit Literaturangaben).
Internetadressen: Österreichische Finanzmarktaufsicht ~ http://www.fma.gv.at; Österreichische Nationalbank ~ http://www.oenb.at

Spartenaktien
sind Anteile, die Vermögensrechte (Gewinnanteil, Anteil am Liquidationserlös) an einem Unternehmensbereich verbriefen und somit eine besondere Eignung für die erfolgsabhängige Vergütung des Teilbereichsmanagements aufweisen. Rechtliche Restriktionen der Gestaltung bestehen v.a. in der Nichtteilbarkeit der Mitgliedschaftsrechte sowie der Haftung auch für die Verbindlichkeiten der Unternehmensteile, die nicht der Sparte zuzuordnen sind. Siehe auch → Aktie, → Aktienarten und → Aktiengesellschaft (mit Literaturangaben).

Spartenorganisation
häufig synonyme Bezeichnung für → Profit Center-Organisation (mit Literaturangaben).

Spätphasenfinanzierung
(*Later stage financing*), Finanzierung von Expansionen, Übernahmen, Überbrückungen etc. bei etablierten mittelständischen Unternehmen (z.B. durch → Private Equity-Fonds).

Special Purpose Company
engl. für Projektgesellschaft, siehe → Projektfinanzierung (mit Literaturangaben).

Special Purpose Vehicle
siehe → Zweckgesellschaft und → Asset Backed Securities (mit Literaturangaben).

Spediteur
siehe → Speditionsvertrag.

Spediteur-Pfand
siehe → Pfand (Faustpfand).

Spediteurübernahmebescheinigung, internationale
Andere Bezeichnungen – mit i.A. gleichem Vorstellungsinhalt – sind „FIATA Forwarders Certificate of Receipt" sowie die Kurzbezeichnung „FCR-Dokument".Die Internationale Spediteurübernahmebescheinigung dokumentiert den mit dem Spediteur geschlossenen Transportvertrag. Sie beruht auf einem von der FIATA (Fédération Internationale des Associations des Transporteurs et Assimilés, Zürich), also von der Internationalen Spediteurvereinigung autorisierten Text.

Spedition
Eine Spedition ist ein Unternehmen, das die Versendung von Gütern an bestimmte Zielorte besorgt (vgl. auch § 453 HGB). Sie bestimmt die Beförderungsmittel und den Beförderungsweg. Zu ihren Leistungen zählen weiter die Ausführung sonstiger vereinbarter auf die Beförderung bezogener Leistungen wie Versicherung und Verpackung des Gutes, Kennzeichnung und Zollbehandlung (vgl. §§ 454-466 HGB). Der physische Transport obliegt dem → Frachtführer. Führt die Spedition auch den Transport mit eigenem Personal und eigenen Fahrzeugen durch, so liegt ein Selbsteintritt (§ 458 HGB) vor.
Siehe auch → Logistik, Grundlagen (mit Literaturangaben).

Speditionsvertrag
ist ein Geschäftsbesorgungsvertrag, der die Versendung von Frachtgut für den Versender gegen Entgelt zum Inhalt hat (§ 453 HGB).

Spekulation
(*Währung*) ist eine Strategie der Risikosteuerung, die von dem Ziel der Risikominimierung (→ Hedging) mit dem Bestreben abweicht, die erwarteten unternehmerischen Einzahlungen positiv zu beeinflussen.
Siehe auch → Währungsmanagement (mit Literaturangaben).
Literatur: Breuer, W.: Unternehmerisches Währungsmanagement, 2. Auflage, Wiesbaden 2000.

Spezialhandel
Erfassungsform in der Außenhandelsstatistik, in der alle grenzüberschreitenden Warenbewegungen und zusätzlich die Einfuhr aus → Zollfreigebieten erfasst werden. Gegenbegriff: → Generalhandel.

Spezielle Betriebswirtschaftslehre
Die → Betriebswirtschaftslehre gliedert sich als wissenschaftliche Disziplin traditionell in die Allgemeine und in die Speziellen (Besonderen) Betriebswirtschaftslehren. Die Allgemeine Betriebswirtschaftlehre beschränkt sich auf die Untersuchung von wirtschaftlichen Tatbeständen, die für alle Mi-

kroeinheiten des Wirtschaftslebens, d.h. für alle Wirtschaftseinheiten gleichermaßen Gültigkeit haben. Sie ist damit das Fundament, auf dem die Speziellen (Besonderen) Betriebswirtschaftslehren aufbauen, wobei letztere vor allem nach institutionellen Gesichtspunkten (Betriebswirtschaftslehre der Banken, der Industrie, des Handels usw.) oder nach funktionellen/aspektorientierten Gesichtspunkten (Produktions-, Absatz-, Finanzierungslehre usw.) gegliedert werden.
Siehe auch → Beschaffungsmanagement, → Controlling, → Finanzwirtschaft, → Handelsbetriebslehre, → Handelforschung, → Industriemanagement, → Investitionswirtschaft, → Jahresabschluss, → Logistik, → Marketing, → Personalmanagement, → Produktionsmanagement, → Tourismusbetriebslehre, → Umweltmanagement, → Unternehmensethik, → Unternehmensführung, → Unternehmensplanung, → Versicherungsbetriebslehre, → Wirtschaftsinformatik u.v.a.m.
 Literatur u.Ä.: In diesen Grundlagenbeiträgen zur Speziellen Betriebswirtschaftslehre finden Sie *Literaturangaben*, *Internetadressen* und viele *Hinweise* auf vertiefende bzw. angrenzende – in diesem Lexikon vertretene – Wissengebiete.

Spezifikation
Oberbegriff für Norm (insbesondere von → Produkten und → Dienstleistungen), d.h. eine vom Gesetzgeber bzw. von einer Normungsinstitution definierte Spezifikation, Typ, d.h. eine hersteller- bzw. anwenderspezifische Spezifikation, und → Standard, d.h. von einer Vielzahl von/allen Marktteilnehmern akzeptierte Spezifikation.

Spin-off
ist eine Form der → Desinvestition (von Unternehmensanteilen), bei der die Anteile zunächst verhältniswahrend (pro rata) an die Eigentümer der Unternehmensgruppe übergehen, wodurch sich die Eigentumsverhältnisse ändern und aus Sicht der Spitzengesellschaft der Unternehmensgruppe das Control-Verhältnis beendet wird. Es ist keine Unternehmensbewertung erforderlich. Der Anteilsübergang löst keine Zahlungen aus. Der Spin-off eignet sich als Instrument der Entflechtung von Unternehmensgruppen. Im Anschluss ist eine Veräußerung der Anteile an Dritte möglich.
Siehe auch → Management Buy-In bzw. → Management Buy-Out sowie → Beteiligungscontrolling und → Private Equity, jeweils mit Literaturangaben.

Split-off
ist eine Form der → Desinvestition (von Unternehmensanteilen), bei der Anteile an einem Gruppenunternehmen gegen Anteile am Unternehmensverbund getauscht werden. Somit verändern sich die Eigentumsverhältnisse im Gegensatz zum → Spin-off. Das Control-Verhältnis in Bezug auf das Desinvestitionsobjekt besteht i.d.R. nicht fort. Es ist eine Bewertung sowohl des Desinvestitionsobjekts als auch des verbleibenden Unternehmensverbundes erforderlich, um das Tauschverhältnis der Anteile zu ermitteln.
Siehe auch → Management Buy-In bzw. → Management Buy-Out sowie → Beteiligungscontrolling und → Private Equity, jeweils mit Literaturangaben.

Split-off IPO
siehe → Equity Carve-out.

Split-up
ist eine Form der → Desinvestition (von Unternehmensanteilen), bei der für sämtliche Beteiligungen ein → Spin-off durchgeführt wird, bis die Verbundspitze keine eigenen Anteile mehr hält. Soweit diese keine eigene Geschäftstätigkeit ausübt, erfolgt im Anschluss i.d.R. deren Auflösung.
Siehe auch → Management Buy-In bzw. → Management Buy-Out sowie → Beteiligungscontrolling und → Private Equity, jeweils mit Literaturangaben.

Sponsoring

Sponsoring

von Professor Dr. Carsten Rennhak und Professor Dr. Gerd Nufer
SIB School of International Business – Hochschule Reutlingen

1. Charakterisierung

Unternehmen suchen im heutigen Kommunikationswettbewerb nach innovativen Wegen, informationsüberlastete Konsumenten anzusprechen. Dabei unterstützt und ergänzt (→ Integrierte Kommunikation) das Instrument des Sponsoring die anderen Kommunikationsinstrumente (→ Kommunikationspolitik) des Unternehmens, kann aber auch als Basis für solche fungieren. *Sponsoring* lässt sich definieren als die Planung, Organisation und Kontrolle sämtlicher Aktivitäten, die mit der Bereitstellung von Geld, Sachmitteln, Dienstleistungen oder Know-how durch Unternehmen und Institutionen zur Förderung von Personen und/oder Organisationen in den Bereichen Kunst/Kultur, Ökologie, Soziales, Sport, und/oder Wissenschaft verbunden sind, um damit gleichzeitig Ziele der Unternehmenskommunikation zu erreichen. Die wechselseitigen, zumeist vertraglich vereinbarten Beziehungen werden als *Sponsorship* bezeichnet.

Sponsoring spricht Zielgruppen in nichtkommerziellen Situationen an: Somit können durch Sponsoring Zielgruppen erreicht werden, die z.B. Werbung gegenüber negativ eingestellt oder durch klassische Kommunikationsinstrumente nicht erreichbar sind. Auch wird ein Sponsoringengagement in der Regel eher akzeptiert als klassische Werbung, da dem Sponsoring per se eine gewisse Förderabsicht zugrunde liegt. Der Sponsor setzt seine Fördermittel jedoch in der Erwartung ein, dafür vom Gesponserten eine Gegenleistung zu erhalten. Die übliche Gegenleistung des Gesponserten ist die Gewährung der kommunikativen Nutzung des Sponsoringverhältnisses. Weitere Möglichkeiten sind die Vergabe von Lizenzen, die Nutzung des Marken- oder Firmennamens des Sponsors zu werbewirksamen Zwecken in Verbindung mit dem Gesponserten sowie die Teilnahme des Gesponserten in der Kommunikation des Sponsors. Das öffentliche Interesse, oder die Sympathie, die dem Gesponserten entgegengebracht wird, soll auf den Sponsor transferiert werden.

Der Fördergedanke gegenüber dem Gesponserten kommt insbesondere dann zum Ausdruck, wenn sich der Sponsor auch inhaltlich mit den Aufgaben des Gesponserten identifiziert. Durch den Förderungscharakter kann ein Sponsor somit in einem größeren Ausmaß Goodwill für sich generieren, als es über klassische Kommunikation möglich ist. Durch die Vielfalt an Bereichen und Möglichkeiten ermöglicht das Sponsoring kommunikative Wettbewerbsvorteile, da es z.B. in Verbindung mit gesponserten Veranstaltungen (→ Event-Sponsoring, → Ambush Marketing) den Aufbau einer emotionale Erlebniswelt und eine Differenzierung von Werbemaßnahmen der Konkurrenz ermöglicht. Ein Sponsoringengagement erlaubt es einem Unternehmen auch, rechtliche Kommunikationsbarrieren wie z.B. ein Tabakwerbeverbot zu umgehen.

2. Sponsoring-Ziele

Ebenso wie andere Maßnahmen, die Unternehmen im Rahmen der → Kommunikationspolitik einsetzen zielt auch Sponsoring auf die Steuerung von Meinungen, Einstellungen, Erwartungen und Verhaltensweisen der Zielgruppe ab. Sponsoring wird dabei in erster Linie zur Steigerung des Bekanntheitsgrades von Unternehmen, Produkten und Marken (z. B. durch Kommunikation von Firmenname und/oder Logo) und zur Erreichung von Imagezielen (z. B. durch Transfer der positiven Imagemerkmale des Gesponserten auf den Sponsor) eingesetzt. Daneben wird – gerade in der Kombination mit Events (→ Eventmanagement, → Event-Sponsoring) – der direkte Kundenkontakt (z.B. durch Hospitality-Maßnahmen) gesucht und dadurch die Kundenbindung intensiviert, die Mitarbeitermotivation erhöht (z.B. durch eine sponsoring-bedingte erhöhte Identifikation der Mitarbeiter mit dem Unternehmen), Leistungen eigener Produkten sowie des Unternehmens und auch gesellschaftliche Verantwortung demonstriert.

3. Erscheinungsformen

Mit dem Aufkommen des Sportsponsoring in den 70er Jahren begann die Entstehung und Entwicklung des Sponsoring als Element der Unternehmenskommunikation. Gefolgt wurde es vom Kulturssponsoring in den 80er Jahren und darauf vom Sozial- und Ökosponsoring. Eine neuere Sponsoringart ist z. B. das Wissenschaftssponsoring.

Gegenüber allen anderen Erscheinungsformen nimmt das *Sportsponsoring* eine dominante Stellung ein. Begründet ist dies im hohen Sportinteresse der Konsumenten und der breiten gesellschaftlichen Akzeptanz von entsprechenden Sponsoringmaßnahmen: Nach wie vor wird der Sport mit Tugenden wie Fairness, Teamgeist, Leistungsorientierung oder Leidenschaft, Attraktivität und Emotionen assoziiert. Die zunehmende Verbreitung und Akzeptanz des Sportsponsorings folgt auch der generellen Tendenz, verstärkt Freizeitinteressen der Bevölkerung für Zwecke der Unternehmenskommunikation zu nutzen. Sportsponsoring kann nach den Kriterien Sportart (z.B. Fußball, Radsport, Motorsport, Golf usw.), organisatorische Einheit (Verband, Verein, Mannschaft, Einzelsportler, Veranstaltung usw.) und Leistungsebene (Profi-, Amateur- und Freizeitsport) untergliedert werden. Da das Sponsoring ein gewisses Medieninteresse voraussetzt, profitieren vor allem medienpräsente Sportarten.

Einem Unternehmen, das sich für ein Engagement im *Kunst- oder Kulturssponsoring* interessiert, bietet sich eine breite Auswahl unterschiedlicher Kulturfelder und Wirkungsbereiche: In den letzten Jahren hat sich der Begriff des Kulturssponsoring v. a. in den Bereichen Bildende Kunst/Museum, Musik, Theater und Film aber auch für die Unterstützung von Festivals und Aktivitäten der Denkmalpflege etabliert. Differenziert werden Kulturssponsoringengagements nach unterschiedlichen Leistungsebenen wie z. B. die Qualifizierung als Arrivierte Kunst oder Alltagskunst oder Nachwuchsförderung. Neben der Dokumentation gesellschaftlicher Verantwortung dient Kulturssponsoring hauptsächlich dem Imagetransfer von Attributen der gesponserten Veranstaltung auf das Unternehmen.

Sozio- oder Sozialsponsoring zielt wie das *Ökosponsoring* auf die Demonstration gesellschafts- und sozialpolitischer Verantwortung durch den Sponsor. Bei den Gesponserten handelt es sich zumeist um Organisationen (z. B. karitative Einrichtungen, Selbsthilfegruppen und Wohlfahrtsorganisationen und -verbände), die nicht-kommerziell soziale oder humanitäre Probleme thematisieren und zu lösen suchen. Gesponsert werden im Rahmen des Ökosponsoring Projekte und Organisationen, die sich dem Schutz der Umwelt verschrieben haben. Kritisch ist bei dieser Erscheinungsform des Sponsoring insbesondere die Glaubwürdigkeit des Sponsoringengagements.

Im Rahmen des *Wissenschaftssponsoring* unterstützen Sponsoren Organisationen aus Wissenschaft und Forschung durch eine umfassende Finanzierung der Forschungstätigkeit ohne vorab definierte Ergebnisse, wie dies etwa im Rahmen der Drittmittelforschung üblich ist, einzufordern.

Oftmals wird in diesem Zusammenhang als weitere Sponsoringform das *Programmsponsoring* (Mediensponsoring, TV-Presenting) erwähnt. Beim Programmsponsoring tritt ein Unternehmen bzw. eine Marke als Präsentator einer Fernsehsendung auf, was insbesondere bei Sport-Live-Übertragungen häufig anzutreffen ist. Unmittelbar vor und nach der Übertragung sowie in eventuellen Pausen wird ein kurzer Trailer eingeblendet, der auf die Verbindung von Marke und Programm hinweist (z.B. „Das nachfolgende Spiel der Fußball-Weltmeisterschaft wird Ihnen präsentiert von ZDF und BITBURGER"). Bei dieser Vorgehensweise handelt es sich jedoch nicht um Sponsoring im Sinne der zuvor getroffenen Definition, da hier weder Sport, Kultur, Umwelt noch sonstige Objekte gefördert werden, sondern vielmehr um eine Sonderwerbeform (→ Werbung).

4. Erfolgsfaktoren

Entscheidend für den Erfolg eines Sponsoringengagements ist zunächst dessen Glaubwürdigkeit. Kritisch ist hier eine starke Affinität, d. h. eine nachvollziehbare Verbindung zwischen Sponsor und Gesponsertem aufgrund gemeinsamer Imagekomponenten. Gestützt wird die Glaubwürdigkeit daneben durch die Kontinuität, Langfristigkeit und Regelmäßigkeit des Engagements. Ein Sponsoringengagement ohne detaillierte, zielorientierte Planung (und Kontrolle) sowie eine Integration in den → Marketing-Mix des Sponsors, der Nutzung sämtlicher sponsoringspezifischer Kommunikationsmaßnahmen und der Vernetzung mit anderen Instrumenten wird nur eine geringe kommunikative Wirkung erzielen (→ Integrierte Kommunikation).

5. Trends

Der Anteil des Sponsoring am Marketingbudget wird wie der Anteil anderer nicht-klassischen Maß-nahmen weiter zulegen. Sponsoring gehört heute zu einem festen Bestandteil im Marketing vieler Un-ternehmen und hat sich in der Branche etabliert. 83% der 2.500 umsatzstärksten Unternehmen in Deutschland setzten im Jahr 2004 Sportsponsoring ein, 82% Kultursponsoring und 56% Soziosponso-ring, 28% Wissenschaftssponsoring und 18% Ökosponsoring. Im Bereich des Sportsponsoring rücken Trendsportarten wie Segeln, Beachvolleyball, Marathon und Triathlon sowie Golf weiter in den Vor-dergrund.

Die größten Perspektiven im Kultursponsoring haben Rock- und Pop-Konzerte. Hauptgrund für eine positive Entwicklung in den Bereichen Sozial-, Öko- und Wissenschaftssponsoring ist ein steigendes Engagement im Bildungs- und Wissenschaftssponsoring und dabei besonders bei Schulen und Hoch-schulen. Der Vernetzungsgrad von Sponsoringmaßnahmen mit anderen Werbeformen wird weiter stark ansteigen. Prognostiziert wird, dass das Sponsoringengagement am stärksten mit der Öffentlichkeits-arbeit vernetzt und vermehrt im Rahmen von Events und der Mitarbeiterkommunikation verwendet wird.

Hinweis

Zu den angrenzenden bzw. vertiefenden Wissensgebieten siehe → Eventmanagement, → Eventmarke-ting, → Handelsbetriebslehre, → Handelsmarketing, → Internationales Marketing, → Kommunikati-onspolitik, → Konsumentenverhalten, → Kundenzufriedenheit, → Markenführung, → Marketing, Grundlagen, → Marktforschung, → Medienökonomie, → Ökologie-Marketing, → Produktpolitik, → Werbung.

Literatur: Bayerl, S., Rennhak, C.: Entwicklungslinien Sponsoring, in: Rennhak, C. (Hrsg.): Unter-nehmenskommunikation 2.0 – Neue Wege im Marketing, Ibidem, Hannover, 2006, S. 123-137; Bruhn, M.: Sponsoring – Systematische Planung und integrativer Einsatz, 4. Auflage, Gabler, Wiesbaden, 2003; Hermanns, A.: Sponsoring – Grundlagen, Wirkungen, Management, Perspektiven, 2. völlig über-rarb. und erw. Aufl., Vahlen, München, 1997; Hermanns, A., Riedmüller, F.: Sponsoring und Events im Sport, Vahlen, München, 2003; Hübner, L., Rennhak, C.: Anwendungsbeispiele Kultursponsoring, in: Rennhak, C. (Hrsg.): Unternehmenskommunikation 2.0 – Neue Wege im Marketing, Ibidem, Han-nover, 2006, S. 167-173; Ladegast, St., Rennhak, C.: Kommunikationsinstrument Sportsponsoring, in: Rennhak, C. (Hrsg.): Unternehmenskommunikation 2.0 – Neue Wege im Marketing, Ibidem, Hanno-ver, 2006, S. 139-151; Mesch, F., Rennhak, C.: Kultursponsoring – der State of the Art, in: Rennhak, C. (Hrsg.): Unternehmenskommunikation 2.0 – Neue Wege im Marketing, Ibidem, Hannover, 2006, S. 153-166; Nufer, G.: Event-Marketing. Theoretische Fundierung und empirische Analyse unter be-sonderer Berücksichtigung von Imagewirkungen, 2., überarb. u. erw. Aufl., Gabler, Wiesbaden 2006; Nufer, G.: Wirkungen von Sportsponsoring. Empirische Analyse am Beispiel der Fußball-Weltmeisterschaft 1998 in Frankreich unter besonderer Berücksichtigung von Erinnerungswirkungen bei jugendlichen Rezipienten, Mensch und Buch, Berlin 2002; Nufer, G.: Erinnerungsleistungen an Sponsoren der Fußball-Weltmeisterschaft 1998 – Ergebnisse einer empirischen Untersuchung, in: GfK-Jahrbuch der Absatz- und Verbrauchsforschung, Heft 2, 2002, S. 149-171; Nufer, G.: Sport und Kultur – Lehren für die Strategie, in: Simon H. (Hrsg.): Strategie International, Frankfurter Allgemeine Zei-tung, 07.09.2002, S. 57; Nufer, G.: Wirkungen von Event-Sponsoring – Ergebnisse empirischer Analy-sen zur Fußball-Weltmeisterschaft 1998, in: Horch, H.-D., Heydel, J., Sierau, A. (Hrsg.): Events im Sport. Marketing, Management, Finanzierung, Köln 2004, S. 239-255; Nufer, G.: Ambush Marketing – Angriff aus dem Hinterhalt oder eine Alternative zum Sportsponsoring? in: Horch, H.-D., Hovemann, G., Kaiser, S., Viebahn, K. (Hrsg.): Perspektiven des Sportmarketing. Besonderheiten, Herausforde-rungen, Tendenzen, Köln 2005, S. 209-227; Nufer, G.: Die Wirkung klassischer Bandenwerbung, in: Bank und Markt – Zeitschrift für Retailbanking, Heft 7, 2006, S. 33-35.

Internetadressen: www.esb-online.com (Europäische Sponsoring Börse); www.faspo.de (Fach-verband Sponsoring); www.sponsorpool.com; www.sponsors.de (Magazin); www.sponsorship.com (IEG Sponsorship Report); www.stiftung-sponsoring.de (Magazin Stiftung& Sponsoring).

Website der Autoren: http://www.sib.reutlingen-university.de

Sponsorship

siehe → Sponsoring (mit Literaturangaben).

Sprecherausschuss

nach den Bestimmungen Sprecherausschussgesetzes (SprAuG) vom 20.12.1988 zu errichtendes Gremium zur Wahrnehmung der Belange der *leitenden Angestellten* eines Betriebs. Siehe auch → Sprecheraustauschgesetz sowie → Arbeitsrecht (mit Literaturangaben).

Sprecherausschussgesetz

siehe → Sprecherausschuss, → Mitbestimmung; siehe auch → Unternehmensführung, Grundlagen (mit Literaturangaben).

Sprinkler-Strategie

siehe → Markteintrittsstrategie, simultane.

Sprint-Zertifikate

Mit einem Sprint-Zertifikat partizipiert der Anleger überproportional an Kurssteigerungen des → Basisobjekts (in der Regel ein Index oder eine Aktie). Die Gewinnpartizipation ist allerdings auf den Bereich zwischen Basispreis (strike price, Schwellenkurs) und eine festgelegte Obergrenze des Kurses das Basisobjekts begrenzt. An Kurssteigerungen, die darüber hinausgehen, partizipiert der Zertifikatseigner nicht mehr. Diese Eigenschaft haben Sprint-Zertifikate mit → Diskont-Zertifikaten gemein. Die Gemeinsamkeit erstreckt sich auch auf den Fall, dass der Kurs unter den Schwellenkurs fällt. Daran partizipiert der Anleger im Verhältnis 1:1, also proportional. Geeignet sind Sprint-Zertifikate für Anleger, die mit einer moderaten Kurssteigerung des Basisobjekts rechnen und davon überproportional profitieren wollen.

Siehe auch → Zertifikate.

SPSS

Abk. für Statistical Package for the Social Sciences bzw. Superior Performing Software System. Siehe auch → Datenanalyse (Marktforschung).

SPV

Abk. für Special Purpose Vehicle; siehe → Zweckgesellschaft.

SQL

Die Datenbanksprache SQL hat ihre Wurzeln in der Anfangszeit des → Relationalen Datenmodells in den frühen 70er Jahren und hat sich seitdem zu einem Standard entwickelt, ohne den kein relationales → Datenbankverwaltungssystem auskommt. SQL ist in den vergangenen zwei Jahrzehnten von der → ISO genormt worden und umfasste in seiner ersten Version nur die allerwichtigsten Konstrukte einer → Datendefinitionssprache und einer → Datenmanipulationssprache, die auf weniger als 100 Druckseiten definiert werden konnten. Seitdem hat sich SQL zu einer aus zahlreichen, weitgehend frei kombinierbaren Modulen zusammensetzenden Sprache entwickelt, deren vollständige Definition mehrere Tausend Druckseiten füllt.

Siehe auch → Datenbanksysteme (mit Literaturangaben).

Literatur: Melton, J.: Advanced SQL: 1999, San Francisco, CA, 2003. Melton, J., Simon, A.R.:SQL: 1999 Understanding Relational Language Components, San Francisco, CA, 2002.

Squeeze out

(*deutsches Recht*). Auf Verlangen eines → Hauptaktionärs einer → Aktiengesellschaft, dem unmittelbar oder mittelbar → Aktien in Höhe von mindestens 95% des → Grundkapitals gehören, kann die → Hauptversammlung gegen Zahlung einer vom Hauptaktionär festzulegenden und von den Gerichten überprüfbaren Barabfindung die Übertragung der Aktien der → Minderheitsaktionäre auf den Hauptaktionär verlangen. Auf die Übertragung folgt das Going private. Siehe auch → Aktiengesellschaft,

→ Going Public, → Hedgefonds, → Private Equity, → Unternehmensbewertung, → Venture Capital, jeweils mit Literaturangaben.

Squeeze-out

(insbesondere in Verbindung mit der → *Unternehmensbewertung*) bezeichnet den Vorgang eines zwangsweisen Ausschlusses von Minderheitsgesellschaftern aus einem Unternehmen durch den Hauptgesellschafter mittels Anteilserwerb gegen Gewährung einer angemessenen Barabfindung. Ziel des Hauptgesellschafters ist es dabei, die alleinigen Kontrollrechte über die Gesellschaft zu erlangen. Die Bemessung der Entschädigung für die Minderheitsgesellschafter ist mit Hilfe einer → Unternehmensbewertung zu ermitteln. Der Begriff „Squeeze-out" stammt aus dem US-amerikanischen Sprachgebrauch und bedeutet wörtlich „hinausquetschen".
Siehe auch → Aktiengesellschaft, → Going Public, → Hedgefonds, → Private Equity, → Unternehmensbewertung, → Venture Capital, jeweils mit Literaturangaben.

Squeeze-out

(*österreichischem Recht*), engl. für „Hinausdrücken", Fachausdruck für den erlaubten zwangsweisen Ausschluss von Minderheitsaktionären aus einer Aktiengesellschaft gegen Barabfindung bei Übernahme des Unternehmens durch einen Mehrheitsgesellschafter, der 90% oder mehr der Geschäftsanteile hält (§ 1 öGesAusG).
Siehe auch → Aktiengesellschaft, → Going Public, → Hedgefonds, → Private Equity, → Unternehmensbewertung, → Venture Capital, jeweils mit Literaturangaben.

SRM

Abk. für Supplier Relationship Management (Management der Beziehungen zu Lieferanten); siehe auch → Beschaffungsmanagement und → Supply Chain Management, jeweils mit Literaturangaben.

S-R-Modell

Abk. für *Stimulus-Response-Modell*, auf dem → Behaviorismus basierendes Modell, das auf einem Reiz-Reaktions-Mechanismus basiert. Die wichtigsten S-R-Theorien sind die klassische Konditionierung und die instrumentelle (bzw. operante) Konditionierung. Siehe auch → Konsumentenverhalten (mit Literaturangaben).

SSA Global

drittgrößter, in den USA beheimateter Anbieter von → ERP-Software. SSA Global kaufte die bezüglich ihrer Verbreitung bedeutenden ERP-Hersteller Baan und Infinium auf.
Internetadresse: (SSA Global) http://www.ssaglobal.com.

St. Galler Management-Modell

siehe → Unternehmensführung, Grundlagen (Kapitel 3) sowie → Fit-Denken.

Staatsanleihe

siehe → Anleihe der öffentlichen Hand.

Stablinienorganisation

die → Leitungsstellen werden um → Stabsstellen ergänzt. Siehe auch siehe → Linienorganisation sowie → Aufbauorganisation und → Organisation, Grundlagen, jeweils mit Literaturangaben.

Stab-Linien-Organisation

siehe → Linienorganisation.

Stabsstelle

Stabsstellen sind spezialisierte Leitungshilfsstellen mit fachspezifischen Aufgaben und ohne Fremdentscheidungs- und Weisungskompetenzen. Eine Stabsstelle muss immer an eine → Leitungsstelle angebunden sein; sie erfüllt dabei Funktionen, die zum Aufgabenbereich der Leitungseinheit gehören, der

sie zugeordnet ist. Sie soll in erster Linie die Informationsverarbeitungs- und Entscheidungskapazität der → Leitungsstelle erhöhen. Sie ist im Entscheidungsprozess entweder in der Phase der Entscheidungsvorbereitung oder in der Kontrollphase beteiligt. Die Entscheidung selbst bleibt der → Leitungsstelle, die Durchführung den Ausführungsstellen überlassen.
Siehe auch → Aufbauorganisation (mit Literaturangaben).

Stakeholder

Unternehmen unterhalten als komplexe, soziale Systeme innerhalb und ausserhalb der Unternehmensgrenzen Interaktionen zu einzelnen Personen und zu Gruppen. Je nach Bedeutung dieser Interaktionen, haben deshalb die Ansprüche und Vorstellungen dieser Bezugspersonen bzw. -gruppen (engl. Stakeholder) einen Einfluss auf die Kultur, Ziele und Strategien des Unternehmens. Typische Stakeholder sind: Mitarbeiter, Management, Kapitalgeber, Gesellschaft, Kunden, Lieferanten. Insbesondere die Sicht und Ansprüche der Kapitalgeber sind mit dem → Shareholder Value-Ansatz in den Vordergrund des strategischen Management gerückt worden.
Über Themen wie die „Corporate Governance" setzt sich das → Strategische Management heute mit den Interessen und allfälligen Konflikten der verschiedenen Anspruchsgruppen auseinander.
Siehe auch → Shareholder, → Corparate Governance, → Strategisches Management und → Unternehmenesführung, jeweils mit Literaturangaben.
    Literatur: Meier-Scherling, Ph.: Shareholder Value Analyse vs. Stakeholder Management, Fribourg, 1996.

Stakeholder-Ansatz

Ansatz, der neben den Interessen der Anteilseigner sowie jenen der Manager auch Ansprüche anderer Gruppen, hierbei insbesondere Arbeitnehmer, Kunden und Gläubiger als legitime Orientierungspunkte bezüglich der Ausrichtung der Unternehmensführung betrachtet. Traditionell gilt insbesondere das deutsche Wirtschaftswesen als eher Stakeholder-orientiert und damit aufgrund der Konfliktvermeidungswirkung tendenziell als konsensbetonend.
Siehe auch → Shareholder, → Corparate Governance, → Strategisches Management und → Unternehmenesführung, jeweils mit Literaturangaben.

Stammaktie

ist der Normalfall der → Aktie. Die Stammaktie gewährt dem → Aktionär die Mitgliedschaftsrechte entsprechend dem Anteil am Grundkapital. Das Gegenteil ist die → Vorzugsaktie; siehe auch → Aktienarten und → Akteingesellschaft (mit Literaturangaben).

Stammeinlage

(*deutsches Recht*) ist der von einem → Gesellschafter einer → GmbH übernommene Teil des im Gesellschaftsvertrag bestimmten → Stammkapitals der GmbH. Sie muss mindestens 100 Euro betragen und durch 50 teilbar sein.

Stammkapital

(*deutsches Recht*) muss bei der Gründung der → Gesellschaft mit beschränkter Haftung derzeit mindestens 25.000 € betragen. Seine Höhe muss im → Gesellschaftsvertrag festgeschrieben sein.

Stammkapital

(*österreichisches Recht*), Kapital, zu dessen Aufbringung sich die Gesellschafter einer → GmbH bei deren Gründung verpflichten (muss in Österreich mindestens EUR 35.000 betragen, vgl § 6 öGmbHG). Die Zahlungsverpflichtung des einzelnen Gesellschafters heißt → *Stammeinlage*.

Stand von Wissenschaft und Technik

(in der *Produkthaftung*). Es gilt der Stand der Wissenschaft und Technik zum Zeitpunkt des → Inverkehrbringens. Ein Produkt hat nicht schon deshalb einen Fehler, weil später ein verbessertes Produkt mit erhöhtem Sicherheitsstandart auf den Markt kommt. Darüber hinausgehend die deliktischen Haftung in den Fällen von → Produktbeobachtungsfehler.
    Siehe auch → Produkthaftung (mit Literaturangaben).

Standard

Eine von einer Vielzahl oder von allen Marktteilnehmern akzeptierte → Spezifikation (eines Produkts, einer Dienstleistung usw.), die ein Anbieter mit Marktgeltung dafür erreicht hat oder an die er sich anpasst (De facto-Standard). Es handelt sich um einen externen Standard, im Unterschied zu innerbetrieblichen (internen) Standards. Um die Diffusion zu erhöhen, kann ein Anbieter freizügig Lizenzen, welche die technischen Bedingungen des Standards offen legen, vergeben (z.B. Java, MS-DOS).
Ein Standard ist also eine innerhalb einer Branche übliche Norm, die für gewöhnlich von der Typung eines dominanten Herstellers ausgegangen ist, ohne dass dem eine ausdrückliche Vereinbarung zugrunde liegt. Wegen des raschen technischen Fortschritts ist ein Produkt zum Zeitpunkt der faktischen Standardisierung allerdings meist technisch bereits überholt. Insofern ist im Entscheidungszeitpunkt durchaus ungewiss, welcher Standard sich zur Norm erheben wird. Dennoch verbessern Standards den Informationsstand und reduzieren das Risiko der Nachfrager.

Standard & Poors

Rating-Agentur, deren Geschäftszweck darin besteht, die Bonität anderer Unternehmen, jedoch auch Staaten (insbesondere als Emittenten) einzustufen. Siehe auch → Rating-Methoden, kreditwirtschaftliche.
> Internetadresse: http://www.standardandpoors.com

Standard & Poors Ratings Group

siehe → Rating-Agenturen.
Internetadresse: www.standardandpoors.com

Standardabweichung

entspricht der Wurzel aus der → Varianz einer Zufallsvariable.

Standardfactoring

ist die in der Praxis am häufigsten vorkommende Form des Factoring und umfasst die Übernahme aller Funktionen durch die Factoringgesellschaft, also die Finanzierungsfunktion, die Delkrederefunktion sowie die verschiedenen Dienstleistungsfunktionen.
Siehe auch → Factoring (mit Literaturangaben).

Standardisierung

Bezeichnung aller Formen der Gleichartigkeit bzw. Vereinheitlichung von Leistungen (z.B. Sachgüter oder → Dienstleistungen) und Leistungsbestandteilen sowie Prozessen und Prozessbestandteilen. Eine Standardisierung von → Dienstleistungen geht auf der Ebene des → Dienstleistungsprozesses mit einer Ausweitung des durch den Dienstleistungsanbieter autonom disponierbaren → Leistungspotenzials einher.

Standardisierung, internationale

identische Multiplikation eines Konzeptes auf den internationalen Zielmärkten mit dem bewussten Verzicht auf lokale, nationale oder kulturelle Differenzierung.
Siehe auch → Marketing, Internationales (mit Literaturangaben).

Standardsoftware

ist eine Software, die im Unterschied zur → Individualsoftware für eine größere Anzahl von Nutzern mit vergleichbaren Anforderungen entwickelt wird. Der Anpassung von Standardsoftware auf eine nutzerspezifische Problemstellung im Rahmen des sog. Customizing, z.B. durch Parametrisierung oder Auswahl von Funktionen und Prozessen, kommt deshalb besondere Bedeutung zu.
Siehe auch → Wirtschaftsinformatik, Grundlagen (mit Literaturangaben).

Standby Letter of Credit

zählt gemäß den → ERA zu den *Akkreditiven* (→ Dokumentenakkreditiv) und umfasst wie jedes Akkreditiv ein Zahlungsversprechen (Schuldversprechen) der eröffnenden Bank. Standby Letters of Credit, die manchmal als Standby-Akkreditive bezeichnet werden, finden Anwendung als garantieähnliche Instrumente: In der reinen Form des Standby Letter of Credit wird die Zahlung der eröffnenden Bank (wie bei → Bankgarantien) durch eine schriftliche Erklärung (written statement) des Begünstigten oder eines (neutralen) Dritten ausgelöst. Bei Standby Letters of Credit, die als dokumentäre Garantieinstrumente eingesetzt werden, hat der Begünstigte zur Inanspruchnahme eines Standby Letter of Credit neben der angesprochenen schriftlichen Erklärung zusätzlich (Export-) Dokumente einzureichen, die im Standby Letter of Credit vorgeschrieben sind, und die üblicherweise den bei anderen → Dokumentenakkreditiven geforderten Dokumenten entsprechen.

Literatur: Häberle S.G.: Handbuch der Akkreditive, Inkassi, Exportdokumente und Bankgarantien, München und Wien 2002.

Standby-Akkreditiv

Kurzbezeichung für → Standby Letter of Credit.

Standortpolitik des Handels

Die Standortpolitik, als wesentlicher Teil des → Handelsmarketing, bezieht sich auf die marktorientierte Wahl eines geografischen Ortes, an dem ein Unternehmen Produktionsfaktoren einsetzt, um Leistungen zu erstellen.

Daten der Standortpolitik des Handels sind Standortanalysen, welche auf der prognostischen Betrachtung der Einzugsbereiche, der Kundengruppen etc. basieren. Erwähnenswert sind in diesem Zusammenhang auch Kundenstromanalysen (Kundenfrequenzanalysen, Kundenlaufstudien), welche die qualitative und quantitative Erfassung der Personenbewegungen innerhalb eines Ladens oder in einer Agglomeration, z.B. eines Einkaufszentrums, Geschäfts- oder Stadtzentrums, zum Gegenstand hat. Bestimmt werden hierdurch die Frequentierung eines Standortes durch bestimmte Kunden- bzw. Zielgruppen, das Potenzial dieses Standortes für bestimmte Betriebstypen oder Sortimentsbereiche etc.

Des Weiteren bildet die Baunutzungsverordnung ein Datum, das u.a. restriktiv auf die Schaffung bzw. Erweiterung großflächiger Betriebstypen des Handels wirkt. In den letzten Dekaden lassen sich Standortverlagerungen im deutschen Handel feststellen (Zentes/Swoboda 1999, S. 89 ff.).

Im weiteren Sinne gehören zur Standortpolitik des Handels auch die Festlegung der räumlichen Struktur der einzelnen Abteilungen bzw. Warengruppen sowie der Verkaufs- und Werbehilfen (→ In-Store-Marketing).

Siehe auch → Handelsmarketing (mit Literaturangaben).

Literatur: Zentes, J, Swoboda, B.: Standort und Ladengestaltung, in: Dichtl, E., Lingenfelder, M. (Hrsg.): Meilensteine im deutschen Handel, Frankfurt a.M. 1999.

Star-Schema

ist ein relationales → Datenbankschema zur Speicherung multidimensionaler → Daten in relationalen Datenbanksystemen. Diese werden zunächst in zwei Gruppen klassifiziert: Faktdaten und Dimensionsdaten. Im Zentrum steht beim Star-Schema die Fakttabelle mit den entsprechenden Faktdaten. Um diese Fakttabelle herum ist für jede repräsentierte Dimension jeweils eine Tabelle angeordnet, wobei die Dimensionstabellen untereinander nicht in Beziehung stehen. Im Gegensatz zum → Snowflake-Schema sind die Dimensionstabellen oft nicht normalisiert und umfassen deshalb oft sehr viele Datensätze. Siehe auch → Galaxie-Schema.

Start-up Finanzierung

Beteiligung an einer Unternehmensgründung (z.B. durch → Venture Capital-Gesellschaften). Bei weitgehend abgeschlossener Produktentwicklung liegt der Schwerpunkt der (Beteiligungs-) Finanzierung auf ersten Marketingschritten und Produktionsvorbereitungen von Unternehmen im Aufbau, die ihr Produkt bislang noch nicht verkauft haben.

Siehe → Ventur Capital (mit Literaturangaben).

Statement of Changes in Equity

siehe → Eigenkapitalveränderungsrechnung.

Statements of Auditing Standards (SAS)
vom → American Institute of Certified Public Accountants (AICPA) erlassene Interpretationen zu den Generally Accepted Auditing Standards (GAAS), den Prüfungsstandards für US-amerikanische Wirtschaftsprüfer; Prüfungsstandards für börsennotierte Unternehmen werden aber seit 2003 vom auf Grundlage des → Sarbanes-Oxley Act of 2002 (SOX oder SOA) geschaffenen → Public Company Accounting Oversight Board (PCAOB) verabschiedet.

Statements of Financial Accounting Concepts (CON)
Die insgesamt sieben Statements of Financial Accounting Concepts (CON) wurden zwischen 1978 und 2000 von dem → Financial Accounting Standards Board (FASB) veröffentlicht. Sie bilden ein quasi-theoretisches Rahmenwerk (Conceptual Framework) für die → Statements of Financial Accounting Standards (SFAS), die wiederum die wichtigsten Regelungen der US-GAAP darstellen (siehe auch → Abschlusserstellung nach US-GAAP). Die CON dienen dem FASB als Basis für die Konsistenz der Standardentwicklung und den Abschlusserstellern als Basis zur Lösung von Rechnungslegungsproblemen.

Statements of Financial Accounting Standards (SFAS)
sind verbindliche Regelungen der → US-GAAP, die vom → Financial Accounting Standards Board (FASB) in einem → due process erlassen werden.

Statisch-deskriptive Methode
des institutionenorientierten Ansatzes.Beschreibung und Systematisierung (Typisierung und Klassifizierung) z.B. der Erscheinungsformen des → Handels (→ Handelsbetrieb, → Handelssystem).

Statische Analyse
siehe → Analyse, statische.

Statistik

Statistik

von Univ.-Professor Dr. Karl Mosler
Lehrstuhl für Statistik und Ökonometrie an der Universität zu Köln
Präsident der Deutschen Statistischen Gesellschaft

1. Einführung

Der Begriff „Statistik" hat im Deutschen mehrere Bedeutungen: Erstens das Ergebnis einer Datenerhebung und -auswertung, zweitens die entsprechende Aktivität, drittens die Gesamtheit der mit dieser Aktivität befassten Institutionen, und viertens die wissenschaftliche Disziplin Statistik. Um letztere hauptsächlich geht es im Folgenden.

Statistik als wissenschaftliche Disziplin ist die Lehre von der *methodischen Erhebung und Auswertung von Daten*. Zu ihren Aufgaben gehören

- die methodische Erhebung und Bereinigung der Daten,
- die graphische Darstellung,
- das Charakterisieren durch Kennzahlen,
- das Schätzen unbekannter Parameter,
- das Testen von Hypothesen,
- die Prognose künftiger Entwicklungen.

Sie gliedert sich in zwei große Bereiche, die beschreibende Statistik und die schließende Statistik. Die letzten drei Aufgaben und Teile der ersten werden der schließenden Statistik, die übrigen der beschreibenden Statistik zugerechnet.

Die betriebswirtschaftliche Theorie macht Aussagen über ökonomische Größen und ihre Beziehungen untereinander. Diese Aussagen beziehen sich auf reale Sachverhalte. Ihre Gültigkeit kann anhand von

Beobachtungen des wirtschaftlichen Geschehens überprüft und quantifiziert werden. Beobachtungen müssen zunächst einmal beschrieben und gemessen werden. Die Beobachtung und Messung des wirtschaftlichen Geschehens und die Sammlung der so gewonnenen Daten sind die Aufgaben der *Wirtschaftsstatistik*. Die *beschreibende Statistik*, auch *deskriptive Statistik* genannt, dient dazu, die Daten unter bestimmten Aspekten zu beschreiben und die in den Daten enthaltene Information auf ihren – für eine gegebene Fragestellung – wesentlichen Kern zu reduzieren. Die *schließende Statistik* stellt darüber hinaus Methoden bereit, um Aussagen der Theorie anhand von Beobachtungsdaten als Hypothesen zu widerlegen oder zu bestätigen. Außerdem umfasst sie Methoden, um unbekannte Modellparameter zu schätzen und um künftige Entwicklungen zu prognostizieren.

2. Beschreibende (deskriptive) Statistik

Eine Grundaufgabe der beschreibenden Statistik ist die Charakterisierung der Daten durch *Kennzahlen*. Die wichtigsten Kennzahlen sind Maße der Lage, der Streuung, und der Schiefe sowie, bei mehreren Merkmalen, des Zusammenhangs. Eine weitere Grundaufgabe der beschreibenden Statistik besteht darin, die Daten in Graphiken übersichtlich und anschaulich darzustellen. Der Datenerhebung voraus geht die sinnvolle Auswahl der Beobachtungseinheiten. Die Erkennung und etwaige Elimination von extremen oder untypischen Beobachtungen, so genannten *Ausreißern*, ist ebenfalls eine Aufgabe der Statistik. Bei Zeitreihendaten ist ggf. die *Saisonfigur* zu bestimmen und die *Zeitreihe* um die Einflüsse der Saison zu bereinigen.

3. Schließende (induktive) Statistik

Die *schließende Statistik* nennt man auch *induktive Statistik* oder *statistische Inferenz*. Sie bietet eine spezielle Art von Logik, die es erlaubt, aus Beobachtungsdaten Schlüsse zu ziehen. Allerdings gelten die betreffenden Folgerungen nicht mit Sicherheit, sondern nur „mit großer Wahrscheinlichkeit" und unter bestimmten Annahmen über die Entstehung der Daten. In der statistischen Inferenz werden die beobachteten Daten als Ergebnisse von Zufallsvorgängen angesehen und im Rahmen von Wahrscheinlichkeitsmodellen analysiert. Die → *Wahrscheinlichkeitsrechnung* bildet deshalb die Grundlage der statistischen Inferenz.

4. Datenerhebung

Ausgangspunkt jeder statistischen Untersuchung ist die Festlegung einer → *Grundgesamtheit* (Beispiel: Börsentage eines Jahres, Betriebe einer Branche) und eines oder mehrerer beobachtbarer Merkmale, über die etwas ausgesagt werden soll. Grundlegend für die Auswertung ist das *Skalenniveau* der Merkmalswerte (=Daten). Man spricht von *metrisch skalierten Daten*, wenn die Merkmalswerte Zahlen sind und ihre Differenzen sinnvoll verglichen werden können (Beispiel: Temperatur, Beschäftigtenzahl), von *ordinal skalierten Daten*, wenn die Merkmalswerte sinnvoll der Größe nach geordnet werden können; ansonsten von *nominal skalierten Daten*.

Bei einer *Totalerhebung* werden die Daten aller Einheiten der Grundgesamtheit beobachtet, bei einer *Teilerhebung* nur eine Stichprobe davon. Eine solche Stichprobe muss nach allgemeinen Prinzipien ausgewählt werden: Bei der *reinen Zufallsauswahl* hat jede Einheit der → Grundgesamtheit die gleiche Chance, in die Stichprobe zu kommen. Bei der *geschichteten Zufallsauswahl* wird die Grundgesamtheit zunächst in Schichten (bspw. die Wohnbevölkerung in In- und Ausländer) zerlegt und dann in jeder Schicht eine Zufallsauswahl durchgeführt. Die *Quotenauswahl* ist eine nichtzufällige, systematische Auswahl, bei der bestimmte vorgegebene Anteile (bspw. an Männern und Frauen und an Altersgruppen) eingehalten werden.

Wenn die Daten eigens für die Untersuchung erhoben werden, liegt eine *Primärerhebung* vor, ansonsten eine *Sekundärerhebung*. *Längsschnittdaten* beziehen sich auf einen Merkmalsträger zu verschiedenen Zeiten, *Querschnittsdaten* auf mehrere Merkmalsträger zu einem Zeitpunkt; *Paneldaten* stellen eine Kombination von Längsschnitt- und Querschnittdaten dar.

5. Auswertung / Methoden

Ein erster Schritt der Auswertung ist die *Häufigkeitstabelle*; sie enthält alle möglichen Werte eines Merkmals und die absoluten (oder relativen) Häufigkeiten, mit denen sie in den Daten vorkommen; sie heißt auch *diskrete Klassierung* und lässt sich graphisch auf vielerlei Weise (etwa als *Säulendiagramm*) veranschaulichen. Wenn lediglich die Häufigkeiten gezählt werden, mit denen die Merkmalswerte in bestimmte Intervalle fallen, spricht man von *stetiger Klassierung*; sie ist mit einem Informationsverlust gegenüber den ursprünglichen Daten verbunden. Ein *Lageparameter* spiegelt Verschiebungen der Daten sowie Änderungen der Maßeinheit wieder. Wichtigster Lageparameter für metrische Daten ist das arithmetische Mittel (→ Mittelwerte), für ordinale Daten der → Median, für nominale der → Modus. Ein Skalenparameter ändert sich nicht bei einer Verschiebung der Daten, jedoch bei einer Änderung der Maßeinheit. Wichtigste Skalenparameter für metrische Daten sind *Standardabweichung* und *Spannweite*, für ordinale Daten der *Quartilsabstand* (→ Median). Weitere Kennzahlen der Verteilung eines Merkmals sind Schiefeparameter, die die Asymmetrie, sowie Wölbungsparameter, die die Masse auf den äußeren Flanken der Verteilung messen (→ empirische Momente).

Werden zwei Merkmale zugleich betrachtet, bildet man zuerst eine (zweidimensionale) Tabelle der gemeinsamen Häufigkeiten, auch *Kontingenztafel* genannt. Ihre Zeilen- bzw. Spaltensummen bilden die Randhäufigkeiten, das sind die gewöhnlichen Häufigkeiten der einzelnen Merkmale. Der Zusammenhang zweier Merkmale wird durch den *Korrelationskoeffizienten* gemäß Bravais-Pearson (bei metrischen Daten), den *Rangkorrelationskoeffizienten* gemäß Spearman (bei ordinalen Daten) und den *Kontingenzkoeffizienten* (bei nominalen Daten) gemessen. Dabei ist zu beachten, dass der Korrelationskoeffizient nur etwaige lineare Zusammenhänge der Merkmale misst; ein nicht-linearer, etwa quadratischer Zusammenhang bleibt unbeachtet.

Wichtigste Methode, den Zusammenhang zweier Merkmale zu quantifizieren, ist die *Regression*. Die lineare Regression unterstellt einen linearen Zusammenhang zwischen dem Merkmal Y (der „erklärten Variablen") und dem Merkmal X (der „erklärenden Variablen"), was graphisch einer Geraden in der XY-Ebene entspricht. In der multiplen linearen Regression wird ein Merkmal Y in entsprechender Weise durch mehrere Merkmale $X_1, ..., X_m$ erklärt.

Im Unterschied zur beschreibenden Statistik bezieht die schließende Statistik Begriffe und Modelle der *Wahrscheinlichkeitsrechnung* in ihre Methoden ein. Man unterstellt, dass die erhobenen Daten Ergebnisse eines Zufallsvorgangs, das heißt, Realisationen von Zufallsvariablen sind. Dabei werden Annahmen über diesen Zufallsvorgang – etwa, dass es sich um eine einfache Zufallsstichprobe handelt – und über die in Frage kommenden Wahrscheinlichkeitsverteilungen der Zufallsvariablen getroffen. Aus den beobachteten Daten zieht man dann mit Hilfe der Wahrscheinlichkeitsrechnung Folgerungen über die konkret vorliegende Verteilung, insbesondere über Erwartungswert, Varianz und anderen Parametern dieser Verteilung. Weiterhin ist es möglich, Wahrscheinlichkeitsaussagen über die Genauigkeit von Schätzern und die Gültigkeit von Hypothesen zu treffen.

Etwa im Fall der linearen Regression unterstellt man, dass die Abweichungen zwischen dem beobachteten Y und dem erklärten linearen Zusammenhang normalverteilt sind. Dann lässt sich mit Hilfe eines Signifikanztests entscheiden, ob die Hypothese, dass die Steigung der Geraden von Null verschieden ist, statistisch gesichert werden kann. Ebenso lässt sich für jeden der beiden Parameter der Regression, Steigung und Ordinatenachsenabschnitt, ein Konfidenzintervall angeben, durch das der unbekannte Parameter mit einer vorgegebenen Wahrscheinlichkeit (z.B. von 95%) überdeckt wird.

6. Spezialgebiete und Hinweise

Statistische Methoden sind universell; sie hängen grundsätzlich nicht vom Gebiet ihrer Anwendung ab. Einige Spezialgebiete der Statistik sind jedoch von besonderer Bedeutung für die Betriebswirtschaftslehre: Zeitreihenanalyse, Prognoseverfahren, Regressions- und Korrelationsanalyse, Clusteranalyse, Ereignisanalyse, Statistische Qualitätskontrolle; s.u. eine Auswahl aus der Literatur.

Hinweise

- Zu den vertiefenden Wissensgebieten siehe u.a. → Deutsche Statistische Gesellschaft, → empirische Momente, → Grundgesamtheit, → Indexzahlen, → Median, → Mittelwerte, → Statistik, Ausbildung, → Statistik, Institutionen, → statistische Software, → Wahrscheinlichkeitsrechnung, → Zufallsvariable.
- Zu den angrenzenden Wissensgebieten siehe → Finanzmathematik, → Ökonometrie, → Operations Research, → Optimierung, → Optimierungsmodelle, mathematische, → Portfoliomanagement, → Wirtschaftsmathematik.

Allgemeine Einführungen in die Statistik für Betriebswirte (Auswahl): Bamberg, G., Baur, F. (2002): Statistik. Oldenbourg, München, 12. Auflage; Lippe, P. von der (1996): Wirtschaftsstatistik. Amtliche Statistik und Volkswirtschaftliche Gesamtrechnungen. Lucius & Lucius, Stuttgart, 5. Auflage; Mosler, K., Schmid, F. (2005): Beschreibende Statistik und Wirtschaftsstatistik. Springer, Berlin, 3. Auflage; Mosler, K., Schmid, F. (2006): Wahrscheinlichkeitsrechnung und schließende Statistik. Springer, Berlin, 2. Auflage.; Rinne, H., (1996): Wirtschafts- und Bevölkerungsstatistik: Erläuterungen, Erhebungen, Ergebnisse. Oldenbourg, München, 2. Auflage; Schira, J.(2005): Statistische Methoden der VWL und BWL. Pearson Studium, München, 2. Auflage.

Einführungen in relevante Spezialgebiete (Auswahl): Blossfeld, H.-P., Hamerle, A., Mayer, K.U. (1989): Event history analysis, Lawrence Erlbaum Assoc. Inc.; Fahrmeir, L., Hamerle, A. Tutz, G. (1996): Multivariate statistische Verfahren, DeGruyter, Berlin, 2. Auflage; Pokropp, F. (1996): Stichproben: Theorie und Verfahren. Oldenbourg, München; Rinne, H., Specht, K. (2002): Zeitreihen.

Internetadressen: Viele Internetadressen finden sich bei den Stichworten „ → Statistik, Institutionen" sowie „ → statistische Software".

Website des Autors: http://www.uni-koeln.de/wiso-fak/wisostatsem/mosler

Statistik, Ausbildung

Im Rahmen des Studiums der Betriebswirtschaftslehre an den deutschsprachigen Universitäten und Fachhochschulen gehört eine Grundausbildung in → *Statistik* zum Pflichtprogramm. Sie umfasst in der Regel sowohl beschreibende als auch schließende Methoden. Grundständige Studiengänge des Fachs Statistik bieten die Universitäten Dortmund und München sowie die Berliner Freie Universität gemeinsam mit der Humboldt-Universität Berlin. An den meisten Hochschulen ist innerhalb des Studiums der Mathematik eine Vertiefung in statistischen Methoden möglich.
Siehe auch → Statistik (mit Literaturangaben).

Statistik, Institutionen

(*mit Internetadressen*). Zur *amtlichen* → *Statistik* in Deutschland gehört das Statistische Bundesamt (http://destatis.de), die statistischen Ämter der Länder und Kommunen sowie die statistischen Abteilungen weiterer Behörden, etwa der Deutschen Bundesbank (http://www.bundesbank.de), der Bundesagentur für Arbeit (http://www.arbeitsagentur.de) und des Bundesministeriums der Finanzen (http://www.bundesfinanzministerium.de).
Zur *nichtamtlichen Statistik* zählt man die unabhängigen Wirtschaftswissenschaftlichen Institute: Das Institut für Weltwirtschaft in Kiel (http://www.uni-kiel.de/ifw), das Deutsche Institut für Wirtschaftsforschung in Berlin (http://www.diw.de), das Hamburger Weltwirtschaftliche Archiv (http://www.hwwa.de), das IFO-Institut für Wirtschaftsforschung (http://www.ifo.de), das Rheinisch-Westfälische-Institut für Wirtschaftsforschung (http://www.rwi-essen.de) und das Institut für Wirtschaftsforschung Halle (http://www.iwh-halle.de). Zur nichtamtlichen Statistik gehören auch die Wirtschaftsforschungsinstitute von Interessenverbänden sowie unabhängige Institutionen wie der Sachverständigenrat zur Begutachtung der gesamtwirtschaftlichen Entwicklung (http://www.sachverstaendigenrat-wirtschaft.de/), die Monopolkommission (http://www.monopolkommission.de) und Umfrageinstitute wie INFAS (http://www.infas.de) und das Institut für Demoskopie Allensbach (http://www.ifd-allensbach.de).
Weitere nützliche Datenquellen bieten die internationalen Institutionen, insbesondere EUROSTAT (http://www.europa.eu.int/comm/eurostat), die OECD (http://www.oecd.org) und die Vereinten Nationen (http://www.un.org).
Siehe auch → Statistik (mit Literaturangaben).

Statistische Software

(*mit Internetadressen*). Viele einfache statistische Berechnungen lassen sich bereits mit einem Tabellenkalkulationsprogramm wie EXCEL durchführen; eine Einführung dazu bietet das Lehrbuch Mosler/Schmid, Beschreibende Statistik und Wirtschaftsstatistik, Berlin 2005.

Die kommerziellen Programmsysteme SPSS (http://www.spss.com/de) und S-Plus (http:www.insightful.com) enthalten eine Vielzahl von über Menüs zugänglichen höheren statistischen Verfahren; ihr sinnvoller Einsatz setzt beim Benutzer allerdings eine genaue Kenntnis der verwendeten Methoden und ihrer spezifischen Voraussetzungen voraus. Das Gleiche gilt für die Programmsysteme Stata (http://www.stata.com) und SAS (http://www.sas.de), die weitere flexible Möglichkeiten der statistischen Analyse bieten. Speziell für die Analyse von Zeitreihen und ökonometrischen Problemen wurde das Programmsystem Eviews (http://www.eviews.com) entwickelt. Eine nichtkommerzielle, kostenlose Alternative zu S-Plus bietet das Projekt R (http://www.r-project.org). Siehe auch → Statistik (mit Literaturangaben).

Statut

(bei → *Genossenschaften*), Verfassung (Satzung) der *eingetragenen Genossenschaft* (eG, siehe → Genossenschaft). Sie enthält die für die körperschaftlichen Rechtsverhältnisse der eG wesentlichen Festlegungen (§§ 6 ff. GenG).

Stelle

Eine Stelle bildet die kleinste aufbauorganisatorische Einheit. Sie entsteht durch die dauerhafte Zuordnung von Aufgaben auf eine oder mehrere Personen. Die Stelle gilt als Grundelement (Basiselement) der Aufbauorganisation. Die Stelle ist als abstrakte Einheit definiert und von einem konkreten Arbeitsplatz als Ort der Funktionserfüllung zu unterscheiden.
Bei der Zuweisung von Aufgaben, Kompetenzen und Verantwortung ist das → Kongruenzprinzip zu beachten. Bezüglich der verschiedenen Stellenarten werden Ausführungsstellen, → Leitungsstellen, → Stabsstellen, → Assistenzstellen und → Dienstleistungsstellen unterschieden.
Die *Stellenbildung* kann funktionsorientiert, prozessorientiert oder personenorientiert erfolgen.
Siehe auch → Aufbauorganisation, → Ablauforganisation sowie → Organisation, Grundlagen (jeweils mit Literaturangaben).

Stellen

(bei Devisen), Abk. für sog. Dezimalstellen, siehe → Swapsatz.

Stellenbeschreibung

formalisierte verbale Beschreibung einer Stelle hinsichtlich ihrer Ziele und Aufgaben, → Kompetenzen und Verantwortlichkeiten sowie ihrer wichtigsten Beziehungen zu anderen Stellen. Die Stellenbeschreibung soll personenneutral, das heißt ohne Berücksichtigung des jeweiligen Stelleninhabers und dessen Qualifikation erstellt werden. Die Stellenbeschreibung wird oft um ein Anforderungsprofil und um Beurteilungskriterien erweitert.

Stellenbildung

siehe → Stelle.

Steuerbelastung, Einzelunternehmen und Personengesellschaften

Bezeichnet s^{ek} die prozentuale Belastung mit Einkommensteuer und s^{ge} die prozentuale Belastung mit Gewerbesteuer, so ergibt sich für die kombinierte Ertragsteuerbelastung, die alle einkommen- und gewerbesteuerlichen Interdependenzen mitberücksichtigt, der folgende Faktor:

$$s^{komb, EU / PersG} = s^{ek} + s^{ge} - s^{ek} \cdot s^{ge} - 1{,}8 \cdot m \cdot (1 - s^{ge})$$

Dabei wird im dritten Term die Wirkung aus der Abzugsfähigkeit der Gewerbesteuer bei der Einkommensteuer dargestellt. Der vierte Term drückt die → *Gewerbesteueranrechnung* aus.
Siehe auch → Steuerlehre, Betriebswirtschaftliche und → Steuerpolitik, jeweils mit Literaturangaben.

Literatur: Schneeloch, Dieter: Besteuerung und betriebliche Steuerpolitik. Band 2: Betriebliche Steuerpolitik, 2. Aufl., München 2002, S. 291 ff.; Wagner, Franz W.: Besteuerung, in: Vahlens Kompendium der Betriebswirtschaftslehre, Band 2, hrsg. v. Michael Bitz u.a., München 2005, S. 433 ff.

Internetadressen: http://www.bundesfinanzhof.de, http://www.bundesfinanzministerium.de, http://www.forum-steuern.de, http://www.gesetze-im-internet.de, http://www.sis-verlag.de, http://www.stiftung-marktwirtschaft.de

Steuerbelastung, Kapitalgesellschaften
(deutsches Recht). Deutsche Kapitalgesellschaften unterliegen neben der → *Gewerbesteuer* der → *Körperschaftsteuer.* Der Solidaritätszuschlag wird hier aus Vereinfachungsgründen vernachlässigt. Man erhält als Steuerbelastung auf Unternehmensebene:

$$s^{komb,\,KapG;\,Unternehmensebene} = s^k + s^{ge} - s^k \cdot s^{ge}$$

Literatur: Schneeloch, Dieter: Besteuerung und betriebliche Steuerpolitik. Band 2: Betriebliche Steuerpolitik, 2. Aufl., München 2002, S. 291 ff.; Wagner, Franz W.: Besteuerung, in: Vahlens Kompendium der Betriebswirtschaftslehre, Band 2, hrsg. v. Michael Bitz u.a., München 2005, S. 433 ff.

Steuerbilanz
ist die auf Grund zwingender steuerrechtlicher Vorschriften aufgestellte Bilanz. Die Steuerbilanz wird aus der Handelsbilanz abgeleitet (*derivative Steuerbilanz*). Sie beruht auf handelsrechtlichen Bilanzierungs- und Bewertungsvorschriften, sofern keine zwingenden steuerrechtlichen Vorschriften entgegenstehen; siehe auch → Maßgeblichkeitsprinzip.
Siehe auch → Jahresabschluss, deutscher sowie → Steuerlehre, Betriebswirtschaftliche, jeweils mit Literaturangaben.

Steuerbilanzpolitik

Steuerbilanzpolitik

von Steuerberater Professor Dr. Clemens Wangler
Berufsakademie Villingen-Schwenningen – Staatliche Studienakademie

Stand 2005

1. Charakterisierung
Steuerbilanzpolitik ist die Optimierung des zeitlichen Anfalls der Steuerbemessungsgrundlagen von bilanzierenden Unternehmen und deren Gesellschaftern durch Gestaltung der Steuerbilanz. Es kommt zu zeitlichen Einkommensverlagerungen und -gestaltungen auch bei der Gewinnermittlung nach § 4 Abs. 3 EStG (→ *Einnahmenüberschussrechnung*) und bei den → *Haushaltseinkunftsarten* (Schneeloch, 2002, S. 136 ff.); siehe auch → Einkommensteuer.

2. Instrumente der Steuerbilanzpolitik
Die wichtigsten Instrumente der Steuerbilanzpolitik sind Wahlrechte, Ermessensspielräume und sachverhaltsgestaltende Maßnahmen. Dadurch entsteht eine steuerliche Manövriermasse, die in den legal vorgegebenen Grenzen auf die Planungsperioden verteilt werden kann. Ein Wahlrecht besteht z. B. dann, wenn der Bilanzierende kraft ausdrücklicher gesetzlicher Regelung zusätzlich zu einer AfA nach § 7 Abs. 1 EStG eine → *Sonderabschreibung* oder eine → *Ansparabschreibung* nach § 7g EStG in Anspruch nehmen kann. Ein Ermessensspielraum ist z.B. bei der Schätzung der voraussichtlichen Nutzungsdauer einer Maschine für Abschreibungszwecke oder bei zu einer Frage ungeklärter Rechtslage vorhanden.
Bilanzierungs- und Bewertungsentscheidungen können aufgrund der Maßgeblichkeit (→ *Maßgeblichkeitsgrundsatz*) und der → *umgekehrten Maßgeblichkeit* in Handels- und Steuerbilanz grundsätzlich nur einheitlich getroffen werden.

3. Vorgehensweise der Steuerbilanzpolitik
Aufgrund des Bilanzzusammenhangs gleichen sich die Gewinnminderungen in bestimmten Perioden und die Gewinnerhöhungen in anderen Perioden über die Totalperiode eines Unternehmens aus. Beim Vorziehen von Abschreibungen kommt es später zu entsprechend niedrigeren Abschreibungsbeträgen

oder zu höheren Veräußerungsgewinnen. Durch die Steuerbilanzpolitik lassen sich daher in der Summe keine → *Bemessungsgrundlageneffekte* erzielen. Es geht i.d.R. „nur" um die zeitliche Verteilung von Gewinnen und Verlusten. Ausnahmen von diesem Grundsatz ergeben sich bei Auflösung von steuerfreien Rücklagen (§§ 6b, 7g EStG), wenn entsprechende „Strafsteuern" anfallen (vgl. bspw. § 6b Abs. 7 EStG).

Meist wird die frühzeitige Minderung von ertragsteuerlichen Bemessungsgrundlagen angestrebt, so dass es zu sog. Steuerstundungseffekten (→ *Zinseffekte*) kommt. Diese Überlegungen wären abschließend, wenn lediglich proportionale Steuertarife gegeben wären und Gewinnverlagerungen keine nichtsteuerlichen Konsequenzen auslösen würden.

→ *Progressionseffekte* sind rechtsformabhängig zu untersuchen. Insbesondere der progressive Einkommensteuertarif, der bei Personengesellschaften üblicherweise zum Tragen kommt, bietet interessante Gestaltungsmöglichkeiten. Vernachlässigt man zunächst → *Zinseffekte*, so erfolgt eine Gewinnnivellierung als Zielsetzung. Von Vogt stammt das grundlegende Konzept. Man spricht von Gesetz der → Vogt'schen Normallinie. Zwangsläufig führt die gleichmäßige Verteilung der Steuerbemessungsgrundlagen auf die einzelnen Perioden zur Minimierung der Steuerlast in der Totalperiode des Unternehmens. Der Mangel dieser Betrachtung ist offenkundig die Vernachlässigung des zeitlichen Anfalls der Steuerzahlungen.

Werden → *Zinseffekte* mitberücksichtigt, kommt man zur sog. „geneigten Normallinie". Dann wird eine im Zeitablauf leicht ansteigende Gewinnreihe angestrebt. Die Modellierung dieser Problematik geht auf Marettek und Siegel zurück. Man minimiert die Summe der Steuerbarwerte bei Konstanz der nichtsteuerlichen Zahlungsüberschüsse. Die Optimumbedingung ist gegeben, wenn die Barwerte der Grenzsteuersätze aller Perioden sich entsprechen.

4. Strategien der Steuerbilanzpolitik

Es sind folgende Strategien der Steuerbilanzpolitik bekannt:

- Natürliche Personen mit hohen Einkünften und Kapitalgesellschaften streben eine maximale Gewinnnachverlagerung an. Voraussetzung ist bei letzteren, dass diese Politik keine nachteiligen Folgen bei nichtsteuerlichen Kriterien (Ausschüttungspolitik, Rating etc.) auslösen. Auch die konkreten Regelungen zur Managementanreizsetzung in einem Unternehmen können diese Strategie deutlich verkomplizieren.
- Natürliche Personen mit niedrigen Einkünften verlagern Gewinne nur solange in die Zukunft, wie der positive Zinseffekt negative Progressionseffekte überkompensieren kann. Unter Einbeziehung der Erbschaftsteuer ergibt sich eine weitergehende Gewinnnachverlagerung als bei deren Vernachlässigung.
- Bei Kapitalgesellschaften besteht auf Unternehmensebene zunächst ein proportionaler Steuertarif. Sollen mit der Steuerbilanzpolitik aber rationale Entscheidungen getroffen werden, ist die Gesellschafterebene mit zu berücksichtigen. Dann unterliegen die Ausschüttungen dem progressiven → *Einkommensteuertarif* gemäß dem → *Halbeinkünfteverfahren*.

Außerordentlich kompliziert sind Verlustsituationen. Im Schrifttum wird z.T. die Ansicht vertreten, dass in Verlustsituationen eine Politik der maximalen Gewinnnachverlagerung nicht sinnvoll sei. Begründet wird dies damit, dass es keinen Sinn ergebe, Verluste, die im Jahr ihrer Entstehung einem Steuersatz von 0 % unterliegen, durch eine Politik der maximalen Gewinnnachverlagerung noch zu erhöhen. Auf diese Art könne keine Steuerentlastung erreicht werden, vielmehr würden spätere Entlastungsmöglichkeiten verringert (vgl. dazu kritisch: Schneeloch, 2002, S. 169 ff.).

5. Einordnung der Steuerbilanzpolitik

Die bisherigen Ausführungen beruhen auf einer steuerbilanzpolitischen Partialbetrachtung. Bilanzpolitische Ziele nichtsteuerlicher Art sind somit nicht berücksichtigt worden. Derartige bilanzpolitische Ziele nichtsteuerlicher Art können aber im Einzelfall von außerordentlich großer Bedeutung sein. Sie beziehen sich regelmäßig primär nicht auf die Gestaltung der Steuer-, sondern der Handelsbilanz bzw. des Jahresabschlusses. Von besonderer Bedeutung ist dabei die Informationspolitik sowie die Zielsetzung der Erhaltung oder Steigerung der Kapitalbeschaffungsmöglichkeiten. Wichtig ist auch, die erbschaft- bzw. schenkungsteuerlichen Wirkungen nicht aus den Augen zu lassen.

Hinweise

- Zu den angrenzenden steuerrechtlichen Wissensgebieten (nach deutschem Steuerrecht) siehe → Einkommensteuer, → Gewerbesteuer, → Körperschaftsteuer, → Steuerlehre, Betriebswirtschaftliche → Steuerrecht, Internationales, → Umsatzsteuer.
- Zu den angrenzenden Wissensgebieten siehe → Abschlusserstellung nach US-GAAP, → Bilanzanalyse, → Cash flow, → Internationale Rechnungslegung nach IAS/IFRS, → Jahresabschluss nach deutschem Recht, → Jahresabschluss nach schweizerischem Recht, → Kapitalflussrechnung, → Kennzahlen, finanzwirtschaftliche, → Kennzahlen, wertorientierte, → Konzernabschluss, → Sanierungsmanagement, → Sonderbilanzen, → Swiss GAAP FER.

Literatur: Baetge, Jörg / Kirsch, Hans-Jürgen / Thiele, Stefan: Bilanzanalyse, 2. Auflage, Düsseldorf 2004; Elschen, Rainer: Managementanreize und steuerpolitische Optimierung, DBW 1995, S. 303-322; Haberstock, Lothar / Breithecker, Volker: Einführung in die Betriebswirtschaftliche Steuerlehre, 13. Auflage, Berlin 2005, S. 168 ff.; Hundsdoerfer, Jochen: Tariffantasien des Gesetzgebers und der optimale Steuerbilanzgewinnpfad, StuW 2000, S. 18-32; Kudert, Stephan / Bartel, Stephanie / Jaunich, Markus / Lindner, Moritz: Steuerbarwertminimierung mithilfe kombinierter Ertragsteuersätze, DB 2005, S. 961-963; Küting, Karlheinz / Weber, Claus-Peter: Die Bilanzanalyse, 7. Auflage, Stuttgart 2004; Marettek, Alexander: Steuerbilanzplanung, Herne/Berlin 1980; Schneeloch, Dieter: Besteuerung und betriebliche Steuerpolitik. Band 2: Betriebliche Steuerpolitik, 2. Aufl., München 2002, S. 113 ff.; Siegel, Theodor: Verfahren zur Minimierung der Einkommensteuer-Barwertsumme, BFuP 1972, S. 65-80; Vogt, Fritz Johannes: Bilanztaktik, 6. Auflage, Heidelberg 1963, S. 16-31.

Internetadressen: http://www.bundesfinanzhof.de http://www.bundesfinanzministerium.de, http://www.forum-steuern.de, http://www.sis-verlag.de; www.stiftung-marktwirtschaft.de; www.gesetze-im-internet.de

Website des Autors: www.ba-vs.de/

Steuerfreie Rücklage
siehe → Ansparabschreibung.

Steuergestaltungslehre
siehe → Steuerlehre, Betriebswirtschaftliche und die dort angegebene Literatur.

Steuergewalt
siehe → Steuerhoheit.

Steuerhoheit
ist das Recht einer öffentlich-rechtlichen Körperschaft (im Internationalen Steuerrecht: eines Staates), Steuern zu erheben. Siehe auch → Steuerrecht, Internationales (mit Literaturangaben).

Steuerlehre, Betriebswirtschaftliche

Betriebswirtschaftliche Steuerlehre

von Steuerberater Professor Dr. Clemens Wangler
Berufsakademie Villingen-Schwenningen – Staatliche Studienakademie

Stand 2005

1. Charakterisierung
Betriebswirtschaftliche Steuerlehre ist ein Teilgebiet der Betriebswirtschaftslehre. Nach Wagner untersucht die Betriebswirtschaftslehre einzelwirtschaftliche Entscheidungen, insbesondere im Hinblick auf deren Vorteilhaftigkeit hinsichtlich ihrer finanziellen Zielbeiträge (Wagner, 2005a, S. 408).

2. Hauptaufgaben und Inhalte der Betriebswirtschaftlichen Steuerlehre

Den Steuerpflichtigen erwachsen aus der Besteuerung grundsätzlich zwei Arten von Pflichten: Erstens die Pflicht zur Zahlung von Steuern, diese beinhaltet ggf. auch steuerliche Nebenleistungen wie z.B. Säumniszuschläge oder Zinsen, und zweitens die Pflicht zur Erbringung von Dienstleistungen wie Buchführung, Bilanzierung, Erstellung von Steuererklärungen, Berechnung, Einbehaltung und Abführung von Lohnsteuer etc.

Gegenstand der Betriebswirtschaftlichen Steuerlehre sind die durch die Besteuerung hervorgerufenen Wirkungen auf ökonomische Entscheidungen von Steuerpflichtigen. Die Analyse von Steuerwirkungen hat sowohl einen deskriptiven als auch einen normativen Aspekt. Im deskriptiven Sinne verfolgt die Betriebswirtschaftliche Steuerwirkungslehre das Ziel, durch zusätzliche Berücksichtigung oder Änderung steuerlicher Parameter in betriebswirtschaftlichen Planungsmodellen (siehe z.B. → *Kapitalwertformel vor und nach Steuern*) die Wirkung der Besteuerung oder von Änderungen der Besteuerung auf das Verhalten von Steuerpflichtigen zu beschreiben. Dagegen verfolgt die Betriebswirtschaftliche Steuerplanungs- oder Steuergestaltungslehre einen eher normativen Zweck, indem sie die Frage zu beantworten versucht, wie sich Steuerpflichtige vor dem Hintergrund ihrer Zielsetzungen unter Berücksichtigung der relevanten steuerlichen Rahmenbedingungen verhalten sollen (*König*, 2004, S. 260).

Meist werden drei Hauptaufgaben der Betriebswirtschaftlichen Steuerlehre unterschieden:

- Beschreibung des Einflusses der Besteuerung auf einzelwirtschaftliche Entscheidungen (Steuerwirkungslehre)
- Steuerorientierte Entscheidungsunterstützung (Steuergestaltungslehre)
- Auf den Ergebnissen der beiden genannten Hauptaufgaben aufbauende kritische ökonomische Analyse von Steuerrecht und Steuerrechtsprechung de lege lata und de lege ferenda. Im Rahmen dieser normativen Betriebswirtschaftlichen Steuerlehre werden insbesondere auch Steuerreformüberlegungen vorgenommen.

Diese drei Aufgaben behandeln und anwenden kann nur, wer die einschlägigen steuerlichen Normen kennt. Insofern widmet sich jedes Lehrbuch zur Betriebswirtschaftlichen Steuerlehre zunächst propädeutisch dem konkreten Steuerrecht (Steuerrechtspropädeutik) (→ *Einkommensteuer*, → *Körperschaftsteuer*, → *Gewerbesteuer*, → *Umsatzsteuer*).

Die Rechtsquellen, die jeder betriebswirtschaftlichen Analyse des Steuerrechts zu Grunde liegen, sind die relevanten Gesetze und Rechtsverordnungen, die Rechtsprechung der zuständigen Gerichte und eingeschränkt die Verwaltungsanweisungen.

Daraus ergeben sich die traditionellen Inhalte der Betriebswirtschaftlichen Steuerlehre. Zunächst müssen die Grundlagen des Rechnungswesens und des Steuerrechts gelegt sein. Sodann ist einerseits der Steuereinfluss auf die Führungsfunktionen von Unternehmen (bspw. Steuereinfluss auf Rechtsform) und andererseits auf die klassischen betrieblichen Funktionen (bspw. Steuereinfluss auf Investitions- und Finanzierungsentscheidungen) zu analysieren. Zum Einfluss der Besteuerung auf Investitionsentscheidungen siehe → Investition sowie → *Kapitalwertformeln vor und nach Steuern*. Zum Einfluss der Besteuerung auf Finanzierungsentscheidungen vgl. die einschlägige Literatur; besonders *Bieg/Kußmaul*, 2000, S. 71 ff.

Des Weiteren finden sich mehr oder weniger verbreitete Spezialinhalte der Betriebswirtschaftlichen Steuerlehre. Dazu zählen unter anderem

- das Internationale Steuerrecht (→ *Steuerrecht, Internationales*),
- der Einfluss der Besteuerung auf Kapitalanlagen und
- der Einfluss der Besteuerung auf die Unternehmens- und Vermögensnachfolge.

Die im Zusammenhang mit der Einkommenserzielung stehende Entscheidung von Individuen über die Aufteilung ihrer insgesamt verfügbaren Zeit in Arbeitszeit einerseits und Freizeit andererseits wird in der Regel ausgeklammert. Vielmehr wird angenommen, dass diese Entscheidung vorab getroffen wurde.

Die engen Beziehungen zu den beiden verwandten Disziplinen (Rechtswissenschaft und Finanzwissenschaft) sind selbstredend. Die enge Verbindung zur Rechtswissenschaft ergibt sich in mustergültiger Weise im Zusammenhang mit der Auslegung von steuerlich relevanten Rechtsnormen. Die Finanzwissenschaft als die Ökonomie staatlichen Handelns muss sich zwangsläufig mit der Besteuerung auseinandersetzen, da staatliches Handeln ohne Steuern praktisch undenkbar ist. In Deutschland ist die Betriebswirtschaftliche Steuerlehre als eigenständige Disziplin unbestritten. In nahezu allen nicht deutschsprachigen Ländern ist dies anders. Was wir in Deutschland als Steuerplanung verstehen, wird in den USA häufig von den juristischen Fakultäten abgedeckt. Steuersystemvergleiche übernehmen dann die Finanzwissenschaftler (*Jacobs*, 2004, S. 252). Jüngst hat sich in den USA jedoch auch eine Disziplin „Tax Accounting" entwickelt, die der deutschsprachigen Betriebswirtschaftlichen Steuerlehre relativ nahe steht (vgl. dazu ausführlich und mit den relevanten Quellenangaben *Wagner*, 2004).

3. Zentrale Steuerarten der Betriebswirtschaftlichen Steuerlehre

Die in der Literatur regelmäßig analysierten Steuerarten sind die Ertragsteuern, also Einkommen- und Körperschaftsteuer, sowie die Gewerbesteuer. Dies widerspricht nur auf den ersten Blick den vom Bundesfinanzministerium regelmäßig veröffentlichten Statistiken, aus denen hervorgehen, dass die seit Jahrzehnten aufkommensstärksten Steuern die *Umsatzsteuer* (USt), die → *Lohnsteuer* (LSt) und die Mineralölsteuer sind.

Die USt ist aus ökonomischer Sicht eine Verbrauchsteuer, da sie nach dem Willen des Gesetzgebers nur vom Endverbraucher getragen wird. Insofern ist sie bei Unternehmern ein durchlaufender Posten und mit Ausnahme geringfügiger Zinseffekte nicht entscheidungserheblich. Die LSt fällt an, wenn ein Steuerpflichtiger Einkünfte aus nichtselbständiger Arbeit bezieht. Insofern ist die LSt nichts anderes als der Teil der ESt, der als Vorauszahlung durch Quellenabzug beim Arbeitgeber einbehalten, abgeführt und beim Steuerpflichtigen auf seine ESt angerechnet wird. Die Mineralölsteuer belastet als spezielle Verbrauchsteuer den Verbrauch von Mineralölprodukten. Auch sie wird nach dem Willen des Gesetzgebers vom Endverbraucher getragen.

Es bleiben damit zu Recht für die betriebswirtschaftliche Analyse die großen Ertragsteuern, also die → *Einkommensteuer* (ESt), die → *Körperschaftsteuer* (KSt) sowie die → *Gewerbesteuer* (GewSt). Die ESt besteuert das Einkommen natürlicher Personen nach einem progressiven Tarif. Die KSt besteuert dagegen das Einkommen der juristischen Personen. Seit 2001 kennt das deutsche Körperschaftsteuerrecht einen definitiven Steuersatz von 25 %, der sowohl im Ausschüttungs- als auch im Thesaurierungsfall zum Tragen kommt. Die GewSt ist für → *Kapitalgesellschaften* proportional ausgestaltet, für → *Einzelunternehmen* und → *Personengesellschaften* aufgrund des sog. → *Staffeltarifs* progressiv.

Des Weiteren ist für bestimmte Gestaltungen die Erbschaftsteuer (ErbSt) von großer Bedeutung. Das gilt in besonderem Maße für die Unternehmens- und Vermögensnachfolge.

Hinweise

- Zu den angrenzenden steuerrechtlichen Wissensgebieten (nach deutschem Steuerrecht), siehe → Einkommensteuer, → Gewerbesteuer, → Körperschaftsteuer, → Steuerbilanzpolitik, → Steuerrecht, Internationales, → Umsatzsteuer.
- Zu den angrenzenden Wissensgebieten der Rechnungslegung siehe → Abschlusserstellung nach US-GAAP, → Bilanzanalyse, → Handelsrecht (deutsches), → Internationale Rechnungslegung nach IFRS, → Jahresabschluss nach deutschem Recht, → Jahresabschluss nach schweizerischem Recht, → Kapitalflussrechnung, → Konzernabschluss (Konzernrechnungslegung), → Sonderbilanzen, → Swiss GAAP FER.

Literatur: Bieg, Hartmut / Kußmaul, Heinz: Investitions- und Finanzierungsmanagement. Band III: Finanzwirtschaftliche Entscheidungen, München 2000; S. 71–81; Busch, Jochen: Steueroptimierte Wertpapieranlage im Rahmen der privaten Vermögensverwaltung, BB 2005, S. 1765 – 1771; Haberstock, Lothar / Breithecker, Volker: Einführung in die Betriebswirtschaftliche Steuerlehre, 13. Auflage, Berlin 2005; Jacobs, Otto H.: Stand und Entwicklungstendenzen der Betriebswirtschaftlichen Steuerlehre, StuW 2004, S. 251 – 259; Kaminski, Bert / Strunk, Günther: Einfluss von Steuern auf unternehmerische Entscheidungen, München/Neuwied 2003; König, Rolf: Theoriegestützte betriebswirtschaftliche Steuerwirkungs- und Steuerplanungslehre, StuW 2004, S. 260 – 266; Schneeloch, Dieter: Besteuerung und betriebliche Steuerpolitik. Band 2: Betriebliche Steuerpolitik, 2. Aufl., München 2002; Schneider, Dieter: Steuerlast und Steuerwirkung, München/Wien 2002; Wagner Franz W.: Gegenstand und Methoden betriebswirtschaftlicher Steuerforschung, StuW 2004, S. 237 – 250; Wagner Franz W. (2005a): Besteuerung, in: Vahlens Kompendium der Betriebswirtschaftslehre, Band 2, hrsg. v. Michael Bitz u.a., München 2005, S. 407 - 477; Wagner Franz W. (2005b): Steuervereinfachung und Entscheidungsneutralität – konkurrierende oder komplementäre Leitbilder für Steuerreformen?, StuW 2005,

S. 93 – 108; Wangler, Clemens: Fall Rock und Zock: Klausur zum Thema Einkünfte aus Kapitalvermögen, SteuerStud 2000, S. 395 – 400; Wangler, Clemens: Abfindungsregelungen in Gesellschaftsverträgen. Rechtsgrundlagen – Ökonomische Analyse – Steuerliche Einflüsse, Bielefeld 2003, S. 138 – 148.

Internetadressen: http://www.bundesfinanzhof.de; http://www.bundesfinanzministerium.de; http://www.forum-steuern.de; http://www.sis-verlag.de; www.stiftung-marktwirtschaft.de; www.gesetze-im-internet.de

Website des Autors: www.ba-vs.de

Steuerliche Effekte

siehe → Bemessungsgrundlageneffekte, → Progressionseffekte, → Zinseffekte.

Steuermesszahl

(*deutsche Gewerbesteuer*). Die Ermittlung der Gewerbesteuer aus der Bemessungsgrundlage → Gewerbeertrag erfolgt zweistufig: Zunächst wendet man in einem ersten Schritt die sog. Steuermesszahl an, um zum Gewerbesteuermessbetrag zu gelangen. Dieser wird im sog. Gewerbesteuermessbescheid festgestellt.
Die Steuermesszahlen sind bei Einzelunternehmen und Personengesellschaften von 1 % bis 5 % progressiv gestaffelt. Bei Kapitalgesellschaften wird stets die Messzahl von 5 % angewendet.
Auf den Steuermessbetrag wendet die jeweilige Gemeinde in einem zweiten Schritt ihren individuellen Hebesatz (→ Gewerbesteuerhebesatz) an.
Siehe auch → Gewerbesteuer (mit Literaturangaben).

Steuern, direkte

siehe → direkte Steuern.

Steuerobjekt

Steuerobjekte sind bei der → *Umsatzsteuer* die Haupttatbestände Lieferung und sonstige Leistung sowie der innergemeinschaftliche Erwerb und die Einfuhrumsatzsteuer. Allen muss als grundlegendes Merkmal ein Leistungsaustausch zugrunde liegen, der eine wirtschaftliche Verknüpfung („inneres Band") von Leistung und Gegenleistung darstellt. Reinen Schenkungen und echtem Schadensersatz fehlen diese wirtschaftlichen Verknüpfungen.
Lieferungen beziehen sich auf Gegenstände, die im Leistungsaustausch zwischen zwei Beteiligten ausgetauscht werden. Sonstige Leistungen sind Dienstleistungen oder das Dulden oder Einräumen einer Rechtsposition. Innergemeinschaftliche Erwerbe sind Lieferungen von Unternehmern aus dem übrigen EU-Gebiet an einen deutschen Unternehmer für sein Unternehmen. Die Einfuhrumsatzsteuer belegt den Import von Gegenständen aus dem nicht EU-Ausland mit der deutschen Umsatzsteuer um so eine gleichmäßige Besteuerung von im Inland erzeugten und in den Verkehr gebrachten Gegenständen und aus dem Ausland importierten Gegenständen sicher zu stellen. Der Export von Gegenständen in das Ausland ist in der Regel steuerbefreit.
Das Gesetz definiert zusammenfassend in § 1: Der Umsatzsteuer unterliegen Lieferungen und sonstige Leistungen, die ein Unternehmer im Inland gegen Entgelt im Rahmen seines Unternehmens ausführt. Das Merkmal „im Inland" ist wichtig für die Frage, ob ein Umsatz als nichtsteuerbar qualifiziert werden muss.
Siehe auch → Umsatzsteuer (mit Literaturangaben).

Steuerparadoxon

(*Investitionsrechnung*). In bestimmten Fällen können Investitionen, die einen *negativen* → *Kapitalwert vor Steuern* aufweisen, bei einer *Nachsteuerbetrachtung vorteilhaft* sein. In diesen Fällen spricht man vom Steuerparadoxon, welches sich wie folgt erklärt: (1) Die Berücksichtigung von Steuern führt zu Steuerzahlungen, damit sinkt c.p. der Kapitalwert. (2) Bei Zahlungsreihen, die anfänglich zu nur niedrigen Zahlungsüberschüssen führen, ergeben sich – bedingt durch die Abschreibungen als Periodisierung der Anschaffungsauszahlung – negative Gewinngrößen, die ihrerseits wiederum zu Steuerrückerstattungen in frühen Perioden führen. Durch diese Einzahlungen steigt der Kapitalwert. (3) Der unter 2. angesprochene Effekt überkompensiert – unter Berücksichtigung der Zinseffekte – letztlich den unter 1. erwähnten, in der Summe steigt der Kapitalwert. Voraussetzung für das Steuerparadoxon ist also ein steuerlich wirksamer Verlust in mindestens einer (frühen) Periode.

Siehe auch → Investitionsrechnungen, dynamische (mit Literaturangaben).

Steuerpflicht
siehe → beschränkte Steuerpflicht und → unbeschränkte Steuerpflicht.

Steuerpflichtiger
(*taxable person*) ist gem. § 33 deutscher Abgabenordnung, wer ihm durch Steuergesetze auferlegte Pflichten zu erfüllen hat, d.h. wer eine Steuer schuldet, für eine Steuer haftet, eine Steuer für Rechnung eines Dritten einzubehalten und abzuführen hat, Sicherheiten zu leisten oder Bücher und Aufzeichnungen zu führen hat.

Steuerplanung
siehe → Steuerlehre, Betriebswirtschaftliche und die dort angegebene Literatur.

Steuerrecht, Internationales

Internationales Steuerrecht

von StB Univ.-Professorin Dr. Dr. Christiana Djanani, StB Dr. Gernot Brähler und
StB Dr. Christian Lösel – Lehrstuhl für Allgemeine Betriebswirtschaftslehre
und Betriebswirtschaftliche Steuerlehre – Wirtschaftswissenschaftliche Fakultät der Katholischen
Universität Eichstätt-Ingolstadt

1. Charakterisierung / Begriff
Der Begriff *Internationales Steuerrecht* ist weder kodifiziert noch systematisch konzipiert. Es ist teilweise sogar umstritten, ob man überhaupt von einem „internationalen" Steuerrecht sprechen kann. Unter „Internationalem Steuerrecht" verstehen einige Autoren nur jene Normen, die ihrer Quelle nach völkerrechtlicher Natur sind. Dadurch wird der Begriff sehr eng gefasst und ist auf die Herkunft des Rechts bezogen. Wird in diesem Zusammenhang der Begriff gegenständlich definiert, handelt es sich um das Recht der Abgrenzung der Steuergewalten (→ Steuerhoheit), weil lediglich → Kollisionsnormen zum Internationalen Steuerrecht zählen. Unter dem Begriff Kollisionsnormen sind Rechtsnormen zu verstehen, die Rechtsansprüche der Staaten gegeneinander abgrenzen.

Hinsichtlich des Ursprungs seiner Normen wird das Internationale Steuerrecht unterschieden in das „Internationale Steuerrecht im engeren Sinne" und das „Internationale Steuerrecht im weiteren Sinne":

- Das Internationale Steuerrecht im engeren Sinne umfasst nur die steuerlich relevanten Normen des → Völkerrechts, die das staatliche → Kollisionsrecht betreffen. Dabei geht es in erster Linie um diejenigen Normen, welche der Beschränkung und Abgrenzung sich überschneidender Steueransprüche dienen. Zum Internationalen Steuerrecht im engeren Sinne zählen daher (1) das nicht kodifizierte völkerrechtliche Gewohnheitsrecht mit steuerlicher Relevanz, (2) geschlossene → Doppelbesteuerungsabkommen, (3) weitere → bilaterale sowie multilaterale Abkommen mit steuerlichem Bezug, wie zum Beispiel Amts- und Rechtshilfeabkommen, (4) steuerlich relevante Normen des EU-/EG-Vertrages oder der WTO (vormals GATT) und (5) steuerlich bedeutende Entscheidungen internationaler Gerichte (z.B. EuGH).

- Das Internationale Steuerrecht im weiteren Sinne beinhaltet zudem alle Normen des nationalen Steuerrechts, die sich mit den Überschneidungen der Besteuerungsansprüche von Staaten befassen und diese zu regeln versuchen (→ Außensteuerrecht, nationales). Wie jedoch bereits oben angeführt, ist es umstritten, ob das nationale Außensteuerrecht dem Internationalen Steuerrecht zugeordnet werden soll.

Es findet sich auch die Auffassung, dass zum Internationalen Steuerrecht alle Normen zählen, die ausländische oder grenzüberschreitende Sachverhalte zum Gegenstand haben. Diese Normen können der Quelle nach entweder nationales oder internationales Recht sein.

Darüber hinaus kann man den Begriff des Internationalen Steuerrechts in zwei weitere Ordnungsbegriffe aufteilen. Dabei lassen sich all jene Normen, die sich mit der Vermeidung der → Doppelbesteuerung befassen, als Doppelbesteuerungsrecht und alle übrigen als → Außensteuerrecht bezeichnen. Quelle des Außensteuerrechts ist das → nationale Recht, wohingegen Quelle des Doppelbesteuerungsrechts das → Völkerrecht ist.

Das Internationale Steuerrecht wird somit auch als Oberbegriff für das Außen- und Doppelbesteuerungsrecht verstanden und erfasst damit alle Rechtsnormen, die steuerliche Sachverhalte mit Auslandsbeziehungen betreffen und der Quelle nach entweder nationales oder internationales Recht sind. Ein Auslandsbezug liegt dann vor, wenn sich der Steuerpflichtige einerseits und das Steuergut andererseits auf verschiedenen Hoheitsgebieten (→ Steuerhoheit) befinden und/oder mehrere Staaten auf denselben Steuerpflichtigen oder dasselbe Steuergut zugreifen.

Das Internationale Steuerrecht bedarf stets eines Bezuges zu bestimmten Rechtsordnungen. Jeder Staat hat somit sein eigenes Internationales Steuerrecht, das demzufolge auch jeweils aus der Perspektive dieses Staates betrachtet werden muss.

2. Bedeutung / Ziel des Internationalen Steuerrechts

Das Internationale Steuerrecht beschäftigt sich mit der Frage, unter welchen Voraussetzungen und mit welchen Folgen ein grenzüberschreitender Sachverhalt steuerliche Wirkung im Inland und/oder im betreffenden ausländischen Staat entfaltet. Grenzüberschreitende Sachverhalte können dabei sowohl inländische Steuerpflichtige mit Auslandsbeziehungen (→ Outbound-Sachverhalte) als auch ausländische Steuerpflichtige mit Inlandsbeziehungen (→ Inbound-Sachverhalte) betreffen. Das Internationale Steuerrecht befasst sich mit der Begründung, den laufenden und der Beendigung der einzelnen nationalen Steuerpflichten unter Einbeziehung der zwischenstaatlichen Normen.

Mit Hilfe des Internationalen Steuerrechts, insbesondere durch → Doppelbesteuerungsabkommen (DBA), sollen → *Doppelbesteuerungen* vermieden oder zumindest gemindert werden. Da eine mehrfache Steuerbelastung die Rentabilität jeder Tätigkeit zusätzlich senkt, würden Doppelbesteuerungen zu einer Beschränkung der Aktivitäten der Wirtschaftssubjekte auf das Inland führen. Die Folgen wären weniger Wettbewerb und, damit einhergehend, sinkendes Wirtschaftswachstum.

Aus diesem Grund sind die betroffenen Staaten daran interessiert, Mehrfachbelastungen durch Steuern zu vermeiden. Zwar stiege kurzfristig das Steueraufkommen, auf lange Sicht sänke es jedoch. Zudem verletzt eine mehrfache Besteuerung desselben Sachverhaltes bei demselben Steuerpflichtigen das Leistungsfähigkeitsprinzip.

Zur Vermeidung der → Doppelbesteuerung werden von Staaten → *Doppelbesteuerungsabkommen* (DBA) geschlossen. Deutschland hatte zum 01.01.2006 auf dem Gebiet der Steuern vom Einkommen und Vermögen 88 → DBA. Besteht kein DBA, und finden daher keine bilateralen Kollisionsnormen Anwendung, kann eine Vermeidung der Doppelbesteuerung im → nationalen Recht geregelt werden, wobei diese → unilateralen Maßnahmen i.d.R. allerdings weniger weitreichend sind. Für Deutschland ist hier § 34c Abs. 1 bis 5 EStG oder § 26 Abs. 1 KStG beispielhaft.

Trotz der grundsätzlichen Absicht, grenzüberschreitende Wirtschaftstätigkeiten nicht zu behindern, sollen die → *Kollisionsnormen* keine missbräuchlichen oder zumindest vom Gesetzgeber nicht gewollten Steuergestaltungen ermöglichen. Aus diesem Grund wird von den vertragsschließenden Staaten nicht nur eine Vermeidung der → Doppelbesteuerung angestrebt, sondern auch eine Unterbindung steuersparender Gestaltungsmöglichkeiten (Minderbesteuerung, → Nullbesteuerung). Diesen Bestrebungen wird in Deutschland insbesondere im nationalen Außensteuerrecht (→ Außensteuerrecht, nationales), zum Beispiel durch (1) § 2a Abs. 1 EStG, (2) die → Treaty-Shopping-Regelung in § 50d Abs. 3 EStG, (3) das Außensteuergesetz sowie (4) bestimmte Klauseln in → Doppelbesteuerungsabkommen Rechnung getragen. Solche Klauseln sind vor allem (1) → Aktivitätsklauseln, (2) → Subject-to-tax-Klauseln, (3) → Remittance-Base-Klauseln oder (4) → Switch-over-Klauseln.

Schwerpunkte der Steuergestaltung sind insbesondere → Verrechnungspreise und Gesellschaftskonstruktionen im Ausland.

Die Bedeutung von *Verrechnungspreisen* nimmt aufgrund der steigenden internationalen Verflechtung von Unternehmenstätigkeiten zu. Durch Verrechnungspreise haben international tätige Unternehmen die Möglichkeit, Gewinne in niedrigbesteuernde Länder zu verschieben. Um einer solchen Verschiebung entgegenzuwirken, verschärfen in den letzten Jahren insbesondere die Hochsteuerländer ihre Vorschriften zur Bestimmung der Angemessenheit von Verrechnungspreisen.

Durch *Gesellschaftskonstruktionen* versuchen natürliche und juristische Personen, Teile ihres steuerpflichtigen Einkommens in Niedrigsteuerländer oder Steueroasen umzuleiten, um das internationale Steuergefälle zu nutzen.

3. Prinzipien der Besteuerung

Zu Überschneidungen von Steueransprüchen kommt es als Folge der Anwendung von gleichen oder unterschiedlichen Prinzipien der Besteuerung.

Aufgrund des *Souveränitätsprinzips* kann ein Staat Besteuerungsansprüche geltend machen. Unter Berücksichtigung des Völkergewohnheitsrechts macht er dies nur bei Vorliegen eines Anknüpfungsmerkmals. Vom gewählten Anknüpfungsmerkmal hängt i.d.R. der Umfang des Besteuerungsanspruches ab. Knüpft der Staat den Besteuerungsanspruch an ein Steuergut, so besteuert er aufgrund des → *Territorialitätsprinzips* nur die auf seinem Steuergebiet realisierten Erträge bzw. das dort belegene Vermögen; knüpft er den Besteuerungsanspruch an die Person, so besteuert er aufgrund des → *Universalitätsprinzips* das Welteinkommen, -vermögen oder die -erbschaft.

Das Souveränitätsprinzip wird somit flankiert vom (1) Territorialitätsprinzip und Universalitätsprinzip. Des Weiteren werden (2) das → *Wohnsitzstaatprinzip* und → *Nationalitätsprinzip*, (3) das → *Wohnsitzprinzip* und → *Ursprungsprinzip*, (4) das → *Bestimmungslandprinzip* und → *Ursprungslandprinzip* sowie (5) das *Freistellungsprinzip* und *Anrechnungsprinzip* unterschieden.

In den meisten Staaten wird der Besteuerung sowohl das → *Wohnsitzstaatprinzip* als auch das → *Ursprungsprinzip* zugrunde gelegt; manche Staaten besteuern ausschließlich nach dem Ursprungsprinzip. Die Besteuerung nach dem Wohnsitzstaatprinzip in einem Staat kollidiert zwangsläufig mit einer Besteuerung nach dem Ursprungsprinzip im anderen Staat. Die Anwendung von kollidierenden Besteuerungsnormen bewirkt, soweit keine Vereinbarungen zwischen den Staaten diesbezüglich getroffen werden, → *Doppelbesteuerungen*. Um diese zu vermeiden, ergreifen die beteiligten Staaten → kollisionsauflösende Maßnahmen, die entweder im → Doppelbesteuerungsrecht (→ bilaterale Abkommen) oder im → nationalen Recht (→ unilaterale Regelungen) enthalten sind.

Hinweise

- Zu den angrenzenden *steuerrechtlichen Wissensgebieten* (nach deutschem Steuerrecht) siehe → Einkommensteuer, → Gewerbesteuer, → Körperschaftsteuer, → Steuerbilanzpolitik, → Steuerlehre, Betriebswirtschaftliche, → Umsatzsteuer.
- Zu den angrenzenden Wissensgebieten, insbesondere der *Rechnungslegung*, siehe → Abschlusserstellung nach US-GAAP, → Bilanzanalyse, → Internationale Rechnungslegung nach IFRS, → Jahresabschluss nach deutschem Recht, → Jahresabschluss nach schweizerischem Recht, → Kapitalflussrechnung, → Konzernabschluss, → Sonderbilanzen, → Swiss GAAP FER.
- Zum *Gesellschaftsrecht* sowie zu den verschiedenen Gesellschafts- bzw. Rechtsformen siehe u.a. → Aktiengesellschaft, deutsche, → Aktiengesellschaft, kleine, → Europäisches Gesellschaftsrecht (→ Europa AG, → Europäische Genossenschaft usw.), → Genossenschaft, deutsche, → Gesellschaftsformen, österreichische (→ Aktiengesellschaft, österreichische, → GmbH, österreichische usw.), → GmbH, deutsche sowie viele weitere Gesellschafts- bzw. Rechtsformen.

Literatur: Djanani, Christiana / Brähler, Gernot, Internationales Steuerrecht, 3. Aufl., Wiesbaden 2006; Frotscher, Gerrit, Internationales Steuerrecht, München 2001; Groß-Bölting, Klaus, Internationales Steuerrecht, 2. Aufl., Köln 2004; Grotherr, Siegfried / Herfort, Claus / Strunk, Günter / Kaminski, Bert / Rundshagen, Helmut, Internationales Steuerrecht, 2. Aufl., Bremen 2003; Jakobs, Otto H., Internationale Unternehmensbesteuerung, 5. Aufl., München 2002; Kluge, Volker, Das Internationale Steuerrecht, 4. Aufl., München 2000; Reith, Thomas, Internationales Steuerrecht, München 2004; Rose, Gerd, Internationales Steuerrecht, 6. Aufl., Berlin 2004; Schaumburg, Harald, Internationales Steuerrecht, 2. Aufl., Köln 1998; Wilke, Kay-Michael, Lehrbuch des internationalen Steuerrechts, 7. Aufl., Berlin 2002.

Internetadressen: http://www.internationales-steuerrecht.de/; http://www.stb-web.de/fachartikel/ istr/index.php; http://www.univie.ac.at/steuerrecht/internat.htm; http://www.estv.admin.ch/data/dba/d/; http://www.swionline.at; http://www.bundesfinanzministerium.de/cln_01/nn_318/DE/Steuern/Veroef fentlichungen_zu_Steuerarten/Internationales_Steuerrecht/node.html_nnn=true; http://www.oecd.org/ home/; http://europa.eu.int/cj/de/index.htm; http://www.judicialis.de/; http://www.international-tax-law.at; http://steuer-newsletter.de/themen/istr/; http://europa.eu.int/comm/taxation_customs/taxation/ company_tax/parents-subsidiary_directive/index_de.htm.

Website der Autoren: http://www.ku-eichstaett.de/Fakultaeten/WWF/Lehrstuehle/ABWL-ST

Steuersatz, marginaler
siehe → Grenzsteuersatz.

Steuerschuldner (taxable person)
wird derjenige bezeichnet, der die Steuer an die Finanzbehörde abzuführen hat (→ *Steuerzahler*), d.h. zu ihrer Entrichtung verpflichtet ist und somit den *Steuerbescheid* erhält. Bei der → *Einkommensteuer* hat der → *Steuerpflichtige* die Steuer selbst zu berechnen und abzuführen.

Steuerstundungseffekte
siehe → Steuerbilanzpolitik.

Steuersubjekt
(*deutsche Umsatzsteuer*). Steuersubjekt bei der Umsatzsteuer ist der Unternehmer. § 2 UStG definiert den Unternehmer als denjenigen, der eine gewerbliche oder berufliche Tätigkeit selbständig ausübt. Hierbei ist es ausreichend wenn Einnahmen erzielt werden. Ob dabei auch ein Gewinn entsteht, ist für Zwecke der Umsatzsteuererhebung nicht notwendig.

Als Steuersubjekt hat der Unternehmer alle Verwaltungs- und Zahlungspflichten gegenüber der Finanzverwaltung zu erbringen. Die Angaben in der Steuererklärung, der buch- und belegmäßige Nachweis der Umsätze, die Abgabe der Steuererklärung, die Einhaltung der Fristen und letztlich die Zahlung der Umsatzsteuerschuld obliegen dem Unternehmer. Der Endverbraucher zahlt zwar im Preis die Umsatzsteuer an den Unternehmer und trägt sie somit wirtschaftlich, aber das Steuersubjekt mit allen Rechten und Pflichten ist der Unternehmer.

Da die Definition des Unternehmers sehr allgemein gehalten ist, greift diese sehr früh. Selbst bei Tätigkeiten, die ansonsten eher dem Privatbereich zuzuordnen sind. So würden z.B. Flohmarktverkäufe oder mehrmalige Verkäufe in Internetplattformen die Voraussetzungen erfüllen, das derjenige, der dieses ausführt umsatzsteuerlich als Unternehmer mit allen Rechten und Pflichten zu qualifizieren ist. Hier hat der Gesetzgeber allerdings Befreiungsregeln für sogenannte Kleinunternehmer geschaffen. Wer dauerhaft nicht mehr als 17.500 € Umsatz im Kalenderjahr erwirtschaftet, wird automatisch als Kleinunternehmer behandelt. Von seinen Umsätzen wird keine Umsatzsteuer erhoben, dafür kann er auch keine Vorsteuererstattung für seine Einkäufe in den unternehmerischen Bereich beantragen.

Siehe auch → Umsatzsteuer (mit Literaturangaben).

Steuertarif / Erhebungsmethode
(*deutsche Umsatzsteuer*). Das deutsche Umsatzsteuergesetz hat einen *linearen Tarif* in Form von zwei *Steuersätzen*. Der Regelsteuersatz beträgt 19% und der ermäßigte Steuersatz 7%. Wie bereits angedeutet, kommt dieser ermäßigte Satz bei Umsätzen von Gütern zur Grundversorgung zum Einsatz. Daneben existieren noch ein Reihe von Befreiungen von der Umsatzsteuer im Bereich des Gesundheitswesens, der Geldversorgung , des Wohnens u.a. Die Regelsteuersätze in Deutschland sind von 1968 bis heute von 10% auf 19%, die ermäßigten Steuersätze von 5% auf 7% gestiegen.

Die *Erhebung der Umsatzsteuer* und die Erstattung der Vorsteuer werden in einem Verfahrensschritt erledigt. Der Unternehmer hat als Steuersubjekt monatlich Umsatzsteuervoranmeldungen abzugeben.

In diesen hat er die Umsatzsteuer auf Grund seiner Ausgangsumsätze selbst zu berechnen und mit der von ihm gezahlten Umsatzsteuer auf eingekaufte Vorleistungen (Vorsteuer) zu saldieren. Ein positiver Betrag ist an das Finanzamt abzuführen, ein negativer Betrag wird vom Finanzamt erstattet.
Siehe auch → Umsatzsteuer (mit Literaturangaben).

Steuerträger
ist derjenige, der die Steuer letztendlich trägt, d.h. durch die Steuer wirtschaftlich belastet ist. Steuerträger und → *Steuerschuldner* müssen nicht identisch sein. Bei den → *direkten Steuern* sind Steuerträger und → *Steuerschuldner* identisch. Bei den → *indirekten Steuern* sind Steuerträger und → *Steuerschuldner* nicht identisch.

Steuerunterliegensklausel
siehe → Subject-to-tax-Klausel.

Steuerwirkungslehre
siehe → Steuerlehre, Betriebswirtschaftliche und die dort angegebene Literatur.

Steuerzahler
(*taxpayer*) wird derjenige bezeichnet, der gesetzlich zur Zahlung der Steuer verpflichtet ist. Steuerzahler und → *Steuerschuldner* sind immer identisch. Jedoch müssen → *Steuerträger* und → *Steuerschuldner* nicht identisch sein.

Stichprobe
Gesamtheit jener Elemente, die in die → Teilerhebung einbezogen werden. Dabei müssen die Merkmalsträger so ausgewählt werden, dass sie hinsichtlich der Untersuchungsmerkmale → repräsentativ sind, um einen Schluss von der Stichprobe auf die Grundgesamtheit zu ermöglichen.
Siehe auch → Marktforschungsmethoden (mit Literaturangaben).

Stichtagsbezogenheit
(*Stichtagsprinzip*). Die Verhältnisse am Bilanzstichtag sind maßgebend für die Bewertung § 252 Abs. 1 Nr. 4 HGB. Nur Ereignisse, die am Bilanzstichtag eingetreten waren, die sog. → wertaufhellenden Tatsachen sind zu berücksichtigten, wohingegen die → wertbeeinflussenden Tatsachen nicht zu berücksichtigen sind. Siehe auch → Jahresabschluss, deutscher (mit Literaturangaben).

Stiftung für Fachempfehlungen zur Rechnungslegung
(Schweiz), abgek.: FER, siehe auch → Swiss GAAP FER sowie → Jahresabschluss nach schweizerischem Recht.

Stiftung, österreichische
(§§ 1ff öPSG). Eine *(Privat)Stiftung* ist keine → *Gesellschaft (societas)*, sondern ein eigentümerloses Vermögen mit *Rechtspersönlichkeit (juristische Person)*, das auf Dauer einem bestimmten wirtschaftlichen oder gemeinnützigen Zweck gewidmet ist und für diesen verwendet bzw verwaltet wird. Der große Vorteil der Stiftung besteht in ihrer Unabhängigkeit vom Willen/Schicksal des Gründers (*Stifter*) bzw. der von ihm bedachten Personen (*Begünstigte*). Keiner von ihnen kann Einfluss auf die Entwicklung des Vermögens nehmen. Die Verwaltung und Verwendung des Kapitals erfolgt ausschließlich durch Personen, denen daran selbst keine finanziellen Interessen zustehen
Literatur: *Arnold*, Nikolaus, Privatstiftungsgesetz. Kommentar, Verlag LexisNexis ARD Orac (2002); *Arnold/Stangl/Tanzer*, Privatstiftungs-Steuerrecht. Systematische Kommentierung, Verlag LexisNexis ARD Orac (2006); *Doralt/Nowotny/Kalss*, Privatstiftungsgesetz. Kommentar zu den zivilrechtlichen Bestimmungen, Linde Verlag (1995); *Fischer*, Martin, Die Organisationsstruktur der Privatstiftung, Springer Verlag (2004); *Gassner/Göth/Gröhs/Lang* (Hrsg.), Privatstiftungen. Gestaltungsmöglichkeiten in der Praxis, Manz Verlag (2000).

Stille Gesellschaft

(*deutsches Recht*) ist eine nicht nach außen auftretende zweigliedrige und im HGB geregelte Innengesellschaft als Sonderform der → Gesellschaft bürgerlichen Rechts, auf die aber auch einzelne Vorschriften der → Offenen Handelsgesellschaft angewandt werden.

Bei der Stillen Gesellschaft beteiligt sich ein Dritter (nur einer) an dem von seinem Inhaber betriebenen Handelsgewerbe. Der Inhaber kann mehrere Stille Gesellschaften nebeneinander haben. Die Stille Gesellschaft hat kein gemeinschaftliches Gesellschaftsvermögen, sondern die Einlage des stillen Gesellschafters geht in das Vermögen des tätigen Gesellschafters über. Die Stille Gesellschaft ist nicht rechtsfähig, führt keine Firma und wird nicht in das Handelsregister eingetragen.

Die Stille Gesellschaft besteht in zwei Arten: (1) typische Stille Gesellschaft, bei der der stille Gesellschafter nicht an stillen Reserven und Geschäftswert beteiligt ist und er nicht Mitunternehmer ist und (2) atypische Stille Gesellschaft, bei der der stille Gesellschafter als Mitunternehmern an stillen Reserven und Geschäftswert beteiligt ist.

Literatur: Klunzinger, E.: Grundzüge des Gesellschaftsrechts, 14. Auflage, München 2006; Memento, Gesellschaftsrecht für die Praxis 2006, Freiburg 2005.

Internetadresse: (BGB und HGB online) http://www.gesetze-im-internet.de

Stille Gesellschaft

(stG, *österreichische*) (§§ 179 ff öUBG). *Definition, Rechtsnatur, Vermögenssituation:* Beteiligt sich eine natürliche oder juristische Person, Gesamthandschaft oder → GesbR am Unternehmen (§ 179 öUGB) eines anderen, ohne dass ihre gesellschaftliche Beziehung zum *Inhaber* des Unternehmens nach außen hin in Erscheinung tritt, so liegt eine stille Gesellschaft vor. Diese gehört zur Gruppe der → *Personengesellschaften* und ist nach traditioneller Auffassung *zweigliedrig*: Gesellschafter sind immer nur ein Geschäftsherr und ein stiller Gesellschafter. Hat ein Unternehmen mehrere stille Teilhaber, so liegen entsprechend viele stG vor.

Die stG entsteht durch formfreien Abschluss des *Gesellschaftsvertrags*. Als reine *Innengesellschaft* besitzt sie keine Rechtsfähigkeit, wird nicht im Firmenbuch registriert, muss nicht nach außen vertreten werden und hat kein *Gesellschaftsvermögen*. Auch die *Einlage* des stillen Gesellschafters, die sowohl in Geld-, Sach- oder Arbeitsleistungen bestehen kann, kommt nicht der stG zu, sondern geht vollständig in das Vermögen des Geschäftsinhabers über. Genauso sind die im Rahmen des Geschäftsbetriebs entstehenden *Rechte* und *Verbindlichkeiten* ausschließlich solche des Unternehmens (§ 179 Abs. 2 öUGB). Der stille Gesellschafter selbst wird daraus Dritten gegenüber weder berechtigt noch verpflichtet. Er trägt lediglich das wirtschaftliche Risiko des gänzlichen oder teilweisen Verlustes seiner Einlage.

Literatur: *Krejci*, Heinz, Gesellschaftsrecht, Band I: Allgemeiner Teil und Personengesellschaften, Manz Verlag (2005); *Nowotny*, Georg, Gesellschaftsrecht, Verlag Österreich (2005); *Schummer*, Gerhard, Personengesellschaften, 6. Auflage, Orac-Rechtsskriptum, Verlag LexisNexis ARD Orac (2006); *Straube*, Manfred (Hrsg), Kommentar zum Handelsgesetzbuch mit einschlägigen Rechtsvorschriften in zwei Bänden, 3. Auflage, Manz Verlag (2003). Weiterführende Informationen siehe auch Quellenverzeichnis (Bücher, Zeitschriften und Internetadressen) beim Stichwort „ → Gesellschaftsformen, österreichische".

Siehe auch → Gesellschaftsrecht, Europäisches (mit Literaturangaben).

Stille Reserven

siehe → Stille Rücklagen.

Stille Rücklagen

sind in der → Bilanz eines Unternehmens nicht erkennbares → Eigenkapital. Sie entstehen durch Unterbewertung von → Vermögen oder durch Überbewertung von → Rückstellungen. Stille Reserven entstehen als Willkürreserven durch das legale Ausnutzen von Bilanzierungs- und Bewertungswahlrechten, oder als Zwangsreserven, wenn die Rechnungslegungsvorschriften einen Wertansatz zu einem über dem → Buchwert liegenden → Verkehrswert verbieten.

Jahresabschlüsse nach HGB können aufgrund des ausnahmslos geltenden → Anschaffungskostenprinzips sowie aufgrund einer Reihe von Bilanzierungswahlrechten (z.B. → Aktivierungswahlrecht für einen → derivativen Firmenwert) und Bewertungswahlrechten (z.B. Einbeziehungswahlrechte für bestimmte Gemeinkosten in die Herstellungskosten selbst erstellter Vermögensgegenstände) und aufgrund der Umkehrung der → Maßgeblichkeit (Investitionsanreize in Form steuerlicher Abschreibungsvergünstigungen können nur bei gleichzeitigem Ansatz in der Handelsbilanz genutzt werden) in erheblichem Umfang Zwangs- und Willkürreserven enthalten.

In Jahresabschlüssen nach → IAS/IFRS besteht die Möglichkeit ihrer Offenlegung durch Anwendung der → Neubewertungsmethode.

Siehe auch → Rücklagen sowie → Eigenkapital und → Jahresabschluss (mit Literaturangaben).

Stiller Gesellschafter
siehe → Stille Gesellschaft (deutsches Recht).

Stillhalter
Der Stillhalter eines Optionsgeschäfts ist stets der Verkäufer der Option. Im Falle einer Kaufoption ist der Verkäufer Stillhalter in Wertpapieren, da er bei Ausübung der Option die Wertpapiere (Aktien, Anleihen) liefern muss. Im Falle einer Verkaufsoption ist der Verkäufer Stillhalter in Geld, da er bei Ausübung Wertpapiere abnehmen (bezahlen) muss. Siehe auch → Devisenoptionen, → Optionen (mit Literaturangaben) und → Zeitwert.

Stilllegung
ist eine Form der → Desinvestiton ohne Fortführung des *Unternehmens*, bei der die operative Tätigkeit eingestellt wird. Zu unterscheiden sind die temporäre Stilllegung, bei der die technischen Kapazitäten und Humanressourcen aufrecht erhalten werden, d. h. weiterhin Kapazitätskosten anfallen, und die endgültige Stilllegung, die eine Dispensation der Kapazitäten zur Folge hat und i.d.R. in eine Liquidation übergeht.

Stimmverbot
(für Beschlüsse, § 136 AktG, *deutsches Recht*). In Fällen, in denen die vermögensrelevanten persönlichen Interessen des Aktionärs direkt im Gegensatz zu den vermögensrelevanten Interessen der AG stehen können, ist das Stimmrecht der Aktionäre wegen möglichen Interessenwiderstreits ausgeschlossen. Siehe auch → Aktiengesellschaft, österreichische und → Aktiengesellschaft, Kleine, jeweils mit Literaturangaben.

Stimulus-Organism-Response-Modell (S-O-R-Modell)
auf dem → Neobehaviorismus basierendes Modell, bei dem zwischen Reiz und Reaktion → intervenierende Variablen berücksichtigt werden (auch S-I-R-Modell genannt). Siehe auch → Konsumentenverhalten (mit Literaturangaben).

Stimulus-Response-Modell (S-R-Modell)
auf dem → Behaviorismus basierendes Modell, das auf einem Reiz-Reaktions-Mechanismus basiert. Die wichtigsten S-R-Theorien sind die klassische Konditionierung und die instrumentelle (bzw. operante) Konditionierung. Siehe auch → Konsumentenverhalten (mit Literaturangaben).

Stipendien für Auslandsstudium und -praktika
siehe → Auslandstudium, Institutionen, Stipendien und Auslandspraktika (mit Internetadressen und Literaturangabe).

Stock Appreciation Rights
siehe → Wertsteigerungsrechte.

Stock Inputs
(*Potentialfaktoren*) bezeichnen → Produktionsfaktoren, die ein langfristig nutzbares Potential von Leistungen verkörpern. Dieses Leistungspotential verbraucht sich nicht, wie bei → Repetierfaktoren, in einem einmaligen Produktionsprozess, sondern nutzt sich über viele Produktionsvorgänge in der Zeit ab.

Neben der → *menschlichen Arbeit* ist bei der Gruppe von → *Betriebsmitteln* an die langlebigen Faktoren mit Anlagevermögens-Charakter zu denken, wie z.B. das Betriebsgrundstück, die Werkshalle, die Bearbeitungsmaschine, das Lagerbediengerät usw.
Siehe → Produktions- und Kostentheorie (mit Literaturangaben).

Stock Option

gewährt bei der → Aktiengesellschaft einem begrenzten Kreis von Bezugsberechtigten, insbesondere Mitgliedern des → Vorstands, ein Bezugsrecht zum Bezug von → Aktien im Wege der bedingten → Kapitalerhöhung (Sonderform der effektiven Kapitalerhöhung). Eine Stock Option ist oft Bestandteil der Gesamtvergütung.
Siehe auch → Lohn- und Gehaltsmodelle (mit Literaturangaben).
> Literatur: Kessler, M. und Sauter, T.: Handbuch Stock Options, München 2003.
> Internet: http://www.konzern-steuerrecht.de/estg6.html

Stock Sourcing

Vorratsbeschaffung. Gegensatz → Demand tailored sourcing.

Stock Warrant Bond

siehe → Optionsanleihe.

Stockholder-Ansatz

siehe → Shareholder-Ansatz.

Stoff- und Energiebilanzen

dienen auch der Aufdeckung ökologischer Schwachstellen. Sie stellen Inputfaktoren (z.B. Material und Energie) einerseits und Outputfaktoren (z.B. Produkte, Emissionen, Abfall) andererseits für einzelne Prozesse oder ganze Betriebe gegenüber und liefern einen Einblick in die betrieblichen Stoff- und Energieflüsse (Stoffstromanalyse). Stoff- und Energiebilanzen bilden die Grundlage von → Ökologie-Bilanzen, Öko-Audits und Umweltverträglichkeitsprüfungen. Das → Ökologiecontrolling und Umweltmanagementsysteme (z.B. → EMAS) greifen hierauf zu.
Siehe auch → Ökologie-Marketing, → Ökologiecontrolling und → Umweltmanagement, jeweils mit Literaturangaben.

Stofflich-technische Qualität

wird als die qualitative Qualität, die Güte und die hohe Verarbeitungsqualität eines Gebrauchsgutes verstanden; siehe auch → Qualitätscontrolling (mit Literaturangaben).

Stop-Loss-Strategie

beschreibt eine Strategie im Rahmen der → Portfolio-Insurance für marktgehandelte → Portfolios, bei der so genannte Stop-Loss-Regeln eingesetzt werden. Erreicht der Wert eines zu sichernden Portfolios eine vorher festgelegte Preisuntergrenze, so werden Verkäufe des Portfolios ausgelöst, und der Erlös wird am Kapitalmarkt risikolos angelegt. Auf diese Weise sichert man das Vermögen auf ein Mindestniveau in Höhe der festgelegten Preisuntergrenze ab.

Store Erosion

Ansatz von Sylvia Berger (1977), die sich mit dem Lebenszyklus von Einkaufsstätten und dem Ladenverschleiß befasst und so den Wandel von Betriebsformen erklärt. Store Erosion (Ladenverschleiß) bedeutet, dass Leistungskomponenten der Einkaufsstätten verschleißen und damit die Einkaufsstätten nicht mehr den Kundenvorstellungen entsprechen.
Endogene Bestimmungsfaktoren des Ladenverschleißes sind die sachlichen Betriebsmittel (z.B. technischer Verschleiß, Veralterung), die finanziellen Mittel (zunehmender Bedarf als Spiegelbild der Erosion), der personelle Bereich (z.B. die Arbeitshaltung der Mitarbeiter: „Ausruhen auf vergangenen Erfolgen"), die Ware (z.B. Verwässerung des Sortimentes, überholte Produkte) sowie Strukturmerkmale

(z.B. Betriebsgröße, Betriebsalter). Exogene Bestimmungsfaktoren sind Standortfaktoren, Gesetzesänderungen sowie die allgemeine wirtschaftliche Entwicklung.
Siehe auch → Handelsbetriebslehre, Grundlagen, → Handelsmarketing und → Vertriebswege, Neuere, jeweils mit Literaturangaben.

Storming
ist die Phase im Rahmen des → Teamentwicklungsprozesses, in der die Klärung unterschiedlicher Zielpositionen und Meinungen erreicht werden soll.

STP-Marketing
Besonders im englischsprachigen Raum wird im Rahmen der Planungsphase des Marketingmanagement-Prozesses (siehe auch → Marketing, Grundlagen des) häufig von STP-Marketing gesprochen. STP steht für Segmentation (→ Segmentierung), → Targeting (Auswahl der Zielsegmente) und Positioning (→ Positionierung) und bezeichnet die wichtigsten Schritte des Planungsprozesses. Zunächst wird der Markt in intern homogene und extern heterogene Segmente unterteilt. Danach werden diese Segmente bewertet und Zielsegmente bzw. → Zielgruppen ausgewählt. Schließlich erfolgt mit Hilfe der → Marketinginstrumente eine Positionierung der Leistungen in der Wahrnehmung der Kunden innerhalb der Zielsegmente.
Siehe auch → Marketing, Grundlagen (mit Literaturangaben).

Strahlen-Strategie
siehe → Markteintrittsstrategie, selektive.

Straßenfertigung
Die Straßen- oder Linienfertigung stellt eine Ausprägung der → *Fließfertigung* dar, die Fließfertigung ohne Zeitzwang. Hierbei sind die einzelnen Fertigungsstationen nicht durch eine Zeitvorgabe (Fertigungstakt) miteinander verbunden. Pufferlager fangen die Zeitdifferenzen bei der Bearbeitung zwischen den benachbarten Stationen auf.
Siehe auch → Produktion, Formen, → Produktionsmanagement sowie → Produktionsplanung und -steuerung (mit Literaturangaben).

Strategic Business Unit (SBU)
englischer Begriff für → Strategische Geschäftseinheit.

Strategic Intelligence
synonym verwendeter Begriff für → Business Intelligence (mit Literaturangaben).

Strategie des äußerst niedrigen Einstiegspreises
zu dieser und zu den weiteren Preisstrategien siehe → Preispolitik, Kap.3. (mit Literaturangaben).

Strategielandkarte
(*Strategy Map*). Eine Strategielandkarte ist eine wichtige Komponente des *Balanced-Scorecard-Konzepts*. Sie visualisiert die Strategie eines Unternehmens. Diese wird als ein System von kausal miteinander verbundenen Hypothesen darüber verstanden, wie sich Wert schaffen lässt. Ob Wert entsteht oder vernichtet wird, zeigt in letzter Konsequenz die finanzielle Situation eines Unternehmens.
Ursächlich für den finanziellen Erfolg oder Misserfolg sind die Kunden, die nur dann kaufen, wenn ihre Ansprüche zufriedengestellt sind. Die Kundenzufriedenheit hängt ihrerseits von dem Leistungsangebot des Unternehmens ab, welches mit der Qualität der internen Geschäftsprozesse steht und fällt. Funktionierende Prozesse setzten wiederum voraus, dass sie von ausgebildeten und motivierten Mitarbeitern ausgeführt und von adäquater Technik unterstützt werden.
Die Strategielandkarte erstreckt sich typischerweise über die vier Perspektiven, die auch eine *Balanced Scorecard* charakterisieren. Neben der Finanzperspektive sind das die Kundenperspektive, die Perspektive der internen Geschäftsprozesse sowie die Lern- und Entwicklungsperspektive, welche gelegentlich auch als Potenzialperspektive bezeichnet wird. Als Teil einer Balanced Scorecard wird eine Strategie-

landkarte über Kennzahlen, welche die strategischen Themen repräsentieren, operationalisiert und zum Steuerungsinstrument erweitert.

Siehe auch → Balanced Scorecard (mit Literaturangaben).

Literatur: Kaplan, R.S., Norton, D.P.: The Strategy-Focused Organization – How Balanced Scorecard Companies Thrive in the New Business Environment, Boston (Mass.) 2001; Kaplan, R.S., Norton, D.P.: Strategy Maps – Converting Intangible Assets into Tangible Outcomes, Boston (Mass.) 2004.

Strategien, Emergente

siehe → Emergente Strategien; siehe auch → Strategisches Management (mit Literaturangaben).

Strategische Allianzen

längerfristig angelegte, ggfs. exklusive Kooperation zweier oder mehrerer Partner mit dem Ziel, einen Nutzen-/Effienzgewinn für die Kooperationspartner (Win-Win) zu erzielen. Zumindest für einen der Partner ist die Kooperation potentiell von signifikanter Bedeutung für die zukünftige Wettbewerbssituation im Kerngeschäft, z.B. Marketing-Kooperationen mit hoher Außenwirkung oder Produkt- bzw. Technologieentwicklungskooperationen. Siehe auch → Kooperationen.

Literatur: Child, Joh / Faulkner, David O. / Tallman, Stephen: Cooperative Strategy, Oxford University Press, 2nd edition, 2005; Schmoll, G.A.: Kooperationen, Joint Ventures, Allianzen, Deutscher Wirtschaftsdienst, 2001; Zentes, Joachim / Swoboda, Bernhard / Morschett, Dirk (Hrsg.): Kooperationen, Allianzen und Netzwerke, Gabler, 2. überarb. u. erw. Aufl. 2005.

Strategische Analyse

bereitet die Strategiefindung (Alternativensuche, Entscheidung) vor und wird auf Unternehmensebene (→ Portfolioanalyse) und auf der Ebene der strategischen Geschäftsfelder durchgeführt. Sie dient der Beurteilung der strategischen Erfolgspotentiale und umfasst die → Lückenanalyse sowie interne und externe Unternehmensanalyse. Sie liefert die Fakten, die zusammen mit den Zielvorstellungen (Vision, Leitbild, Ziele) in die Strategiefindung eingehen.

Siehe auch → Analysemethoden, betriebswirtschaftliche und → Portfoliomanagement (mit Literaturangaben).

Literatur: Bea, F.X., Externe Unternehmensanalyse, in: HWU, Sp. 805-819; Hahn, D., Unternehmensanalyse, in: Szyperski, N., Winand, U. (Hrsg.), Handwörterbuch der Planung, Stuttgart 1989, Sp. 2074-2088 Küpper, H.U., Wagenhofer, A., Handwörterbuch Unternehmensrechnung und Controlling (HWU), 4. Auflage, Stuttgart 2002; Schreyögg, G., Marktanalyse und Konkurrenzanalyse, in: HWU, Sp. 1254 – 1264; Welge, M.K,, Interne Unternehmensanalyse, in: HWU, Sp. 806 – 819; Welge, M.K., Al Laham, A., Strategisches Management, 4. Auflage, Wiesbaden 2003.

Strategische Erfolgspotenziale (SEP)

Als strategische Erfolgspotenziale bezeichnet man Produkt- und Marktkombinationen, die für ein Unternehmen den Nährboden und das Umfeld für ihre Unternehmens- und SGE-Strategien bilden. Für die erfolgreiche Realisierung der Potenziale müssen im Unternehmen Erfolgsfaktoren vorhanden sein, auf die es einen direkten Einfluss hat: durch die Anordnung seiner Ressourcen, ihrer Wertschöpfung sowie durch seine Wettbewerbsstrategien. Auf mittelfristige und lange Sicht ist es für ein Unternehmen – analog zu den → Produktlebenszyklen einzelner Produkte und Dienstleistungen – wichtig, über ein profitables und ausgeglichenes → Portfolio von bestehenden und neuen erfolgsversprechenden SEP zu verfügen. Dies erklärt auch, wieso systematische F&E-Aktivitäten, sowie eine hohe Investitionsintensität in den PIMS-Studien einen hohen langfristigen Einfluss auf den Unternehmenserfolg zeigen.

Siehe auch → Strategisches Management (mit Literaturangaben).

Literatur: Wilde, K.D.: Bewertung von Produkt-Markt-Strategien, Berlin 1985.

Strategische Geschäftseinheit (SGE)

(insbesondere im → *Marketing*) (*Strategisches Geschäftsfeld - SGF, Strategic Business Unit – SBU*). Strategische Geschäftseinheiten sind gedankliche Konstrukte, die voneinander abgegrenzte heterogene Tätigkeitsfelder eines Unternehmens repräsentieren und eigenständige (Markt-)Aufgaben zu erfüllen haben. Sie werden durch folgende spezifische Abgrenzungskriterien charakterisiert: (1) sie umfassen ein eindeutig definierbares und dauerhaftes Kundenproblem (=spezifische Produkt/Marktkombination) als relativ autonome Einheit mit eigenen Chancen, Bedrohungen und Tendenzen, (2) die spezifische Produkt/Marktkombination hebt sich im Bezug auf Kundenbedürfnisse, Marktverhältnisse und Kostenstrukturen klar von anderen Kombinationen ab (=intern homogen, extern heterogen), (3) es können für die Produkt/Marktkombination unabhängige Strategien geplant und realisiert werden und (4) die Produkt/Marktkombination nutzt vorhandene → Wettbewerbsvorteile oder kann solche aufbauen. Siehe auch → Marketing, Grundlagen (mit Literaturangaben).

Strategische Geschäftseinheit (SGE)
(insbesondere im → *Strategischen Management*), siehe → Strategische Geschäftsfelder (SGF) sowie → Strategisches Management und → Aufbauorganisation, jeweils mit Literaturangaben.

Strategische Geschäftsfelder (SGF)
(insbesondere im → *Strategischen Management*). Strategische Geschäftsfelder (Strategische Geschäftseinheiten, abgek. SGE) beschreiben ein Produktportfolio mit den zugehörigen Märkten und Kundensegmenten, in denen ein Unternehmen tätig ist. In diesem Sinne sind die SGF das Betätigungsfeld eines Unternehmens. SGF sind voneinander klar abgrenzbare Bereiche, die von den Unternehmen mit entsprechenden Produkt/Markt- und Wettbewerbsstrategien bearbeitet werden. Aus Unternehmenssicht bedeutet dies, dass ein Unternehmen entsprechend seiner SGEs organisiert und segmentiert wird und in dieser Organisationsform seine Produkt-/Marktstrategien verfolgt. Produkte und Dienstleistungen der SGEs bilden damit das unternehmenseigene Gegenstück zu den SGF. Siehe auch → Strategisches Management und → Aufbauorganisation, jeweils mit Literaturangaben.
Literatur: Müller-Stewens, G., Lechner, Ch.: Strategisches Management, 3. Auflage, Stuttgart 2005.

Strategische Holding
siehe → Managementholding.

Strategische Lieferantenpartnerschaft
stellt eine kooperative Art der Zusammenarbeit dar, in der Einkaufsabteilungen mit wenigen Schlüssellieferanten eng zusammenwirken, um gegenseitig langfristig Wettbewerbsvorteile zu erreichen; sie sind gekennzeichnet durch langfristige Vereinbarungen, Austausch vertraulicher Informationen, gemeinsame kontinuierliche Verbesserungsbemühungen und gemeinsame Übernahme von Chancen und Risiken. Abnehmer können die Produktionskosten des Zulieferers erheblich senken, indem sie Produktionspläne zur Verfügung stellen, größere Aufträge vergeben und gemeinsame Wertanalysen mit dem Zulieferer durchführen. Durch Nutzung der Designer-Fähigkeiten des Zulieferers kann dieser entweder selbständig Produkt- oder Prozess-Innovationen entwickeln oder auch gemeinschaftlich mit dem Abnehmer. Siehe auch → Outsourcing (mit Literaturangaben).

Strategisches Geschäftsfeld (SGF)
(insbesondere im → *Marketing*), siehe → Strategische Geschäftseinheit (SGE) (insbesondere im → *Marketing*).

Strategisches Management

Strategisches Management
von Univ.-Professor Dr. Friedrich Rosenkranz und
lic. oec. publ. Bobby S. Zarkov – Wirtschaftswissenschaftliches Zentrum der Universität Basel

1. Inhalte
Das strategische Management beschäftigt sich mit der Aufgabe, wie der zukünftige Bestand und Erfolg eines Unternehmens nachhaltig gesichert werden kann. Damit bildet es einen wesentlichen Inhalt und den Rahmen für die Aktivitäten der → *Unternehmensplanung*. Was unter Unternehmenserfolg verstan-

den wird, hängt dabei massgeblich davon ab, welchen Zweck das Unternehmen verfolgt und welchen Anspruchsgruppen (→ *Stakeholdern* wie Kapitaleignern, Management, Mitarbeiter, Gesellschaft) es Nutzen bringen soll. Das Strategische Management steht im Spannungsfeld der Ausrichtung des Unternehmens auf externe Märkte, die angebotenen Produkte und Dienstleistungen (*MBV* Market Based View nach Porter) und den internen Bedingungen (verfügbare Kernkompetenzen und Ressourcen, → *Geschäftsprozesse RBV* Ressource Based View nach Prahalad und Hamel). Dieses Verhältnis wird stark geprägt durch die

- Dynamik der Umwelt (permanente Entwicklung der Märkte, Kunden, Produkte und Technologien),
- nur begrenzt mögliche Prognostizierbarkeit der Umweltentwicklungen und die
- Mehrdeutigkeit (Vielfalt, Widersprüchlichkeit, Wechselwirkungen und Abhängigkeiten der Umweltvariablen) der vom Unternehmen empfangenen Umweltsignale, die seine Handlungsgrundlage bilden.

Das Strategisches Management beinhaltet einen komplexen Führungsprozess, der insbesondere bei den international tätigen Grossunternehmen nach einer Formalisierung verlangte. Früh hat die Managementlehre deswegen Modelle und Strukturkonzepte mit dem Zweck entwickelt, die Komplexität der Strategieausarbeitung zu ordnen und zu bewältigen. Bereits zu Beginn des 20. Jahrhunderts hat Fayol (vgl. Rühli 1985, S. 18) den Begriff der „Leitung" definiert und dabei die folgenden Funktionen unterschieden: Planung, Organisation, Auftragserteilung, Koordination und Kontrolle. Die meisten ganzheitlichen Ansätze des strategischen Managements folgen auch heute dieser logischen Grundstruktur: das gilt sowohl für die ersten Modelle, welche in den 60er Jahren (Harvard Business School und Ansoff (Müller-Stewens 2001, S. 43)) vorgelegt wurden, als auch für die Darstellungen in den aktuellen Lehrbüchern. Aufgabe des Strategischen Managements ist es, Vorgaben für die strategische Planung auszuarbeiten. Nach der Definition der wesentlichen Zielsetzungen eines Unternehmens folgt die Analyse möglicher Unternehmensstrategien, die Strategieentscheidung und Aktivitäten zu deren Umsetzung. Nachfolgend wird auf die einzelnen Schritte dieses Führungsprozesses eingegangen (vgl. Abbildung 1).

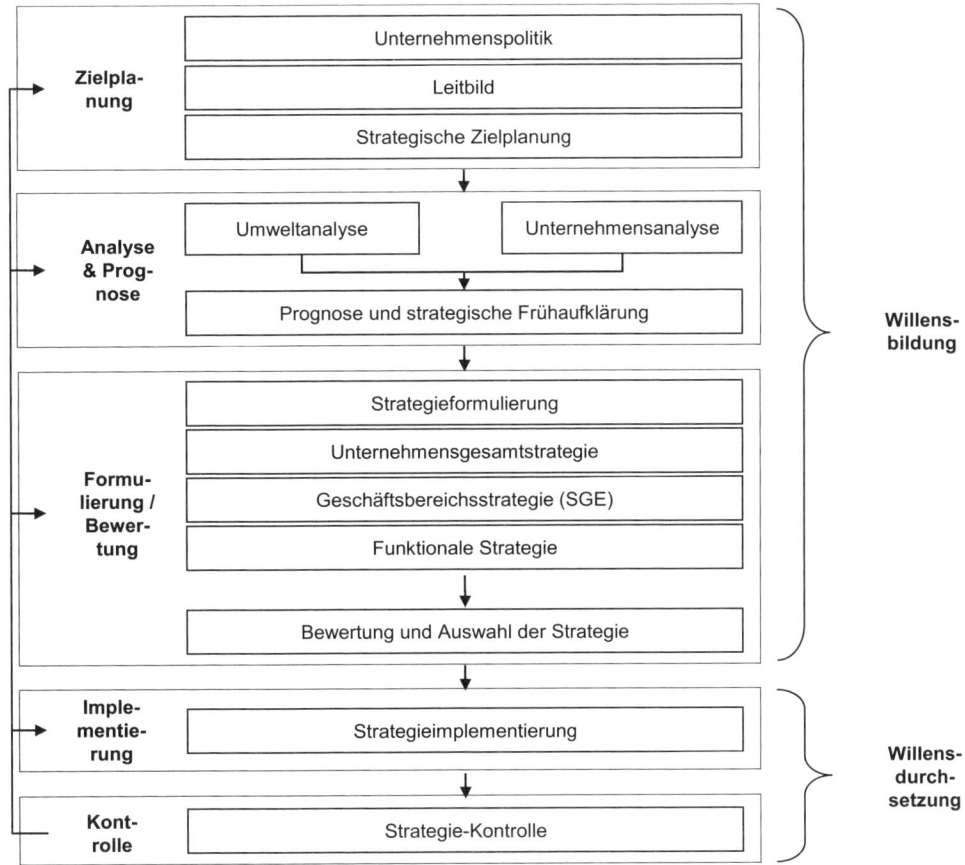

Abb. 1: Klassisch geprägte Konzeption des Prozesses des strategischen Managements

Die frühen Modelle des Strategischen Managements sahen die Herausforderung des Prozesses vor allem in der Strategie-Formulierung und endeten zumeist mit der Entscheidungsphase - in der vielfach falschen Annahme, dass die ebenso komplexe Strategie-Umsetzung nur noch eine Pflichtübung darstelle. Wie Umfragen in der Praxis zeigen, hat sich an der Grundstruktur dieses klassischen Strategie-Prozesses bis heute wenig geändert (vgl. empirische Resultate von 1994 bei Welge/Al-Laham 2003 und Zarkov/Rosenkranz 2006).

2. Unternehmenspolitik und Leitbild

Die Inhalte dieser Aktivitäten bestehen meist in der Ausarbeitung und Formulierung eines relativ grob gefassten Selbstverständnisses des Unternehmens (Geschäftsgrundsätze) und der Beschreibung einer erwünschten Entwicklung in Form einer „zukunftsorientierten Visitenkarte". Folgende Funktionen werden damit meist abgedeckt: Kommunikation des Grundzwecks der wirtschaftlichen Tätigkeit, der Ziele und der Verhaltensgrundsätze in Bezug auf die *Stakeholder* und die Umwelt einer Unternehmung. Motivation und Inspiration der Mitarbeiter durch die Vermittlung der Unternehmensvision und -mission sowie die grobe Vorgabe von Orientierungshilfen für unternehmerische Entscheidungen.

3. Strategische Zielplanung

Mehrheitlich werden die obersten Ziele des Unternehmens nur als grobe Vorgaben festgehalten und konkretisiert. Damit soll für die nachfolgende Strategieformulierung eine gewisse Handlungsfreiheit gewährleistet werden. In der Regel werden grobe finanzwirtschaftliche (Profitabilität, Renditen), leistungswirtschaftliche (Märkte, Produkte, Dienstleistungen) und soziale Ziele (Mitarbeiter, Gesellschaft) definiert. Die finanzwirtschaftlichen Ziele haben üblicherweise die höchste Priorität.

4. Strategische Analyse / Lagebeurteilung

Hier werden die notwendigen Informationen über das Umfeld und das eigene Unternehmen zusammengefasst, aufgrund deren dann Strategie-Optionen formuliert werden. Unter *Unternehmensanalyse* wird typischerweise die → *SWOT-Analyse* (Analysis of Strengths, Weaknesses, Opportunities and Threats → *Unternehmensplanung*) verstanden. Diese aggre-gierte Darstellung beinhaltet gegenüber der strategischen Zielplanung weit detailliertere Informationen zu den folgenden Planungsebenen:

- *Finanzebene:* Profitabilität und Renditen je definiertem Unternehmensbereich
- *Marktebene:* Marktattraktivitäten, eigene Marktanteile und Kundenzufriedenheiten
- *Produktebene*: Produkte in den Phasen des → *Produktlebenszyklus*
- *Wertschöpfungsebene* (→ *Wertschöpfungskette*, Value Chain): Auslegung der Umsatz-Beiträge und Kosten je → *Geschäftsprozess* und Organisationseinheit
- *Ressourcenebene:* Beurteilung eigener → *Kernkompetenzen* und materieller sowie immaterieller Ressourcen

In der Regel werden die Ergebnisse der strategischen Analyse einem Vergleich mit den Vorgaben der Märkte und der Konkurrenz unterzogen (→ *Benchmarking* und Performance Measurement). Die *Umweltanalyse* beurteilt dabei die für das Unternehmen relevanten Bereiche. Folgende Dimensionen werden dabei angesprochen: Politik/Regulatorien, Technologie, Demographie/Ökologie, Absatzmärkte (Kunden, Märkte, Branche, Konkurrenten), Beschaffungsmärkte (Lieferanten, Märkte), Kapitalmärkte. Die strategische Analyse erarbeitet nicht nur Planungsinformationen, sondern bewertet und prognostiziert diese auch. In diesem Sinne sind sowohl vergangenheitsbezogene Informationen als auch zukunftsbezogene Aspekte Inhalt der Analyse. Die *strategische Frühaufklärung* befasst sich mit der systematischen Beobachtung der Umwelt, damit im Sinne eines Chancen- und Risikomanagements frühzeitig Signale für Chancen und Risiken aufgenommen und gegebenenfalls Massnahmen eingeleitet werden können.

5. Strategieformulierung

Strategien sind rational geplante, in sich stimmige Massnahmenbündel, die zur Erreichung der Unternehmensziele formuliert werden. Je nach Unternehmensebene kann man verschiedene Strategietypen unterscheiden.

a) SGE-Strategien:

Strategische Geschäfts-Einheiten segmentieren das Unternehmen ähnlich wie die Betrachtung der vom Unternehmen bearbeiteten Geschäftsfelder und Märkte. Auf der Stufe SGE spielt sich meist der Wettbewerb zwischen den Unternehmen ab, weshalb SGE-Strategien meist auch als *Wettbewerbsstrategien* oder Produkt-/Marktstrategien (*Produktportfolio*, → *Produkt-/Markt-Matrix*, → *Produkt-Lebenszyklen, Erfahrungskurve*) verstanden werden. Die Frage, woran sich der Wettbewerbsvorteil und damit der Erfolg einer SGE-Strategie orientieren soll, ist durch die zwei zentralen Forschungsansätze der marktorientierten *MBV* und der ressourcenorientierten *RBV* untersucht worden. Beide setzen den Markt- und Produkterfolg zur Unternehmensorganisation und den eingesetzten Ressourcen in Verbindung. Beim MBV beruht der Erfolg auf einer erfolgsversprechenden Positionierung der SGE in attraktiven Märkten. Im Sinne von Chandlers (vgl. Chandler 2001) „structure follows strategy" richtet sich die Unternehmensorganisation daran aus. Insbesondere Porter hat in den 80-er Jahren mit seinen Werken (→ *Wettbewerbsstrategien: Kosten-, Differenzierungs- und Nischenstrategien*) massgeblichen Einfluss auf die Bildung des MBV-Paradigmas gehabt. Beim RBV geht man bei der Planung hingegen von einzigartigen → *Kernkompetenzen* (Wissen, Fertigkeiten, Patente, Prozesse etc.) aus, welche dem Unternehmen auf den Märkten den entscheidenden und einzigartigen Wettbewerbsvorteil ermöglichen („strategy follows structure"). Die Planung befasst sich damit, wie die Wettbewerbsvorteile ausgebaut und die eigenen Schwächen verringert werden können. Aus Sicht der Praxis können die MBV- und RBV-Ansätze bei den Unternehmen dabei eine jeweils unterschiedliche Relevanz besitzen, was in der Planung zu einer unterschiedlichen Gewichtung führt. Dementsprechend zeigen empirische Untersuchungen, dass die Unternehmen in der Praxis meist keine reinen, sondern hybride Strategien zwischen MBV und RBV verfolgen (Welge/Al-Laham 2003, Zarkov/Rosenkranz 2006). Seit 1986 ist zudem mit dem Aufkommen des Ansatzes des → *Shareholder-Value* durch Rappaport eine wichtige Erweiterung der strategischen Perspektive erfolgt, die das *Value Based Management (VBM)* oder die wertorientierte Unternehmensführung und damit auch den Einsatz von Strategie-Instrumente wie der populären → *Balanced Scorecard* eingeleitet hat. Vor dem Hintergrund, dass ein langfristig erfolgreiches Unternehmen für alle Beteiligten und Stakeholder eine positive Entwicklung nehmen muss, ist die langfristige Optimierung des Unternehmenswertes (→ *Discounted Cash Flow (DCF)*, → *Discounted Free Cash Flow (DFCF)*) aus der üblichen Sicht des strategischen Managements keineswegs verwerflich. Rappaport merkt hierzu an "cash is a fact, profit an opinion". VBM kann die oben dargestellten markt- und auch ressourcenorientierten Überlegungen in die wertorientierte Strategieformulierung integrieren. Das VBM ist heute bei nahezu allen börsenkotierten Unternehmen zur Grundlage der strategischen Ausrichtung und Strategie-Formulierung geworden. Die nachfolgende Abbildung 2 zeigt die skizzierten Zusammenhänge:

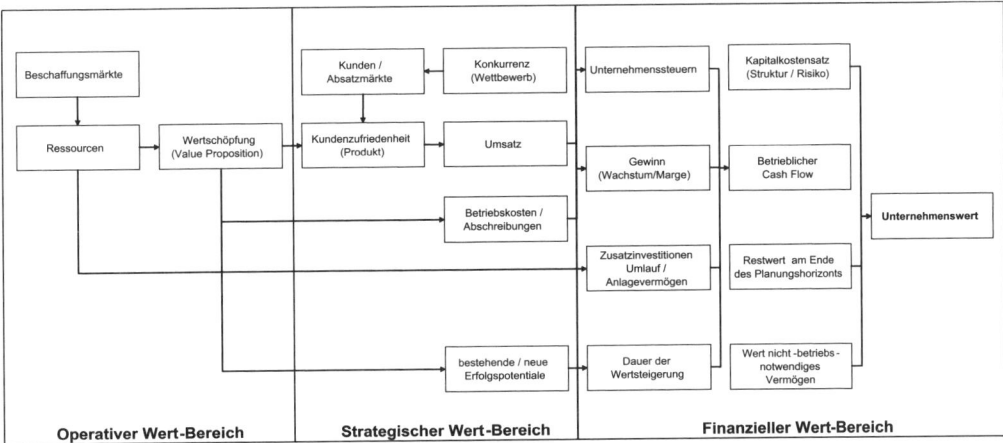

Abb. 2: Darstellung eines wertorientierten Führungsmodells (Zarkov 2005)

b) Unternehmensstrategien
Unternehmen, die auf mehreren strategischen Geschäftsfeldern tätig sind, werden organisatorisch meist in mehrere entsprechende SGEs aufgeteilt. Bei der übergeordneten Unternehmensstrategie geht es vor allem darum, aus Portfolio-Sicht Synergien und Werte durch die Auswahl und Anordnung der SGE zu erreichen. Dies hat Einfluss auf Entscheidungen über die Vorwärts- oder Rückwärtsintegration von Unternehmensbereichen und deren (De-)Zentralisation. Analog zu den Überlegungen auf der Stufe SGE (→ *Produktlebenszyklen*) können bei der Unternehmensstrategie Geschäftsfeldfeldzyklen oder Normstrategien aus Investitions-/Wachstumsstrategie, Abschöpfungs-/Desinvestitions-strategie, Selektionstrategien (→ *Wettbewerbsstrategien*) unterschieden werden. In diesem Sinne fliessen ebenso markt- (*Strukturanalyse der Branche*) wie ressourcenorientierte Überlegungen (*Ressourcen,* → *Kernkompetenzen*) über SGEs in die Unternehmensstrategie ein.

c) Operative Strategien
Während die vorangehend beschriebenen Strategietypen primär auf Produkt-/Marktüberlegungen und Wettbewerbsvorteile abzielen, geht es bei der Verfolgung von Operationsstrategien eher um die Realisierung von nach innen gerichteten Massnahmenbündeln mit folgendem Ziel: wie soll das Unternehmen bzw. die SGE effektiv aufgebaut sein, um die geplanten Strategien auch operativ umsetzen zu können. Im Vordergrund stehen hier vor allem organisatorische und prozessuale Überlegungen und die

Fragen nach den dafür notwendigen Mitteln (z.B. Qualifikation der Mitarbeiter, Leistungsfähigkeit der → *Geschäftsprozesse*). Operative Strategien sind in diesem Sinne sehr konkret und befassen sich unmittelbar mit dem Abschöpfen und Umsetzen der in den SGE- und Unternehmesstrategien dargestellten Potenziale. Strategien werden im täglichen, operativen Geschäft umgesetzt. Erhellend über den Zusammenhang von strategischen und operativen Aktivitäten ist die Bemerkung von Drucker: „... the major problem ... is fundamentally the confusion between *effectiveness* (Anm. der Autoren „der strategischen Ebene") and *efficiency* (Anm. der Autoren „der operativen Ebene") that stands between *doing the right things* and *doing the things right*. There is surely nothing quite so useless as doing with great efficiency what should not be done at all" (Drucker, 1963, S. 54). Beide Ebenen sind folglich für den nachhaltigen Erfolg eines Unternehmens entscheidend: allein operative Effizienz genügt nicht, wenn diese nicht mit dem entsprechenden Produkt- und Markterfolg verbunden ist und vice versa.

6. Strategieimplementierung

Die Strategieimplementierung setzt zumeist bei den operativen Strategien an: mit gezielten Massnahmen werden die notwendigen operativen Veränderungen in den einzelnen Bereichen und Funktionen des Unternehmens eingeleitet. Je nachdem wie gross und radikal der dadurch hervorgerufene Strategiewechsel ist, erfolgt die Umsetzung im Rahmen von spezifischen *strategischen Initiativen und Projekten*. Zu deren Management wird entweder zeitweise eine Sekundärorganisation im Unternehmen begründet oder das Management der Initiativen wird in die normale Unternehmensorganisation (Primärorganisation) und die Erledigung der täglichen Aufgaben integriert. Bei der Umsetzung der Initiativen ist die Ausrichtung aller Beteiligten an die übergeordneten strategischen Ziele besonders wichtig. Diese werden mit der Ausgestaltung von *strategisch orientierten Anreizsystemen* in mitarbeiter- bzw. organisationsorientierte Ziele zerlegt. Verschiedene empirische Untersuchungen zeigen, dass die Umsetzung der Strategien kein einfaches Unterfangen ist und oft nur mangelhaft erfolgt. Die Untersuchungen zeigen auch, dass die strategischen Vorarbeiten dabei oft zu wenig detailliert geplant werden. Daraus erwächst das Risiko, dass entweder die falschen Umsetzungsmassnahmen getroffen werden, oder dass wesentliche Abhängigkeiten und Risiken, wie die Akzeptanz der Massnahmen im Unternehmen und Durchsetzungsprobleme, nicht richtig erkannt werden.

7. Controlling und Kennzahlen

Der Schritt der Steuerung und Kontrolle des strategischen Managements schliesst den Führungsprozess ab. Im Schritt des Controllings werden beim nächsten (üblicherweise jährlichen) Strategie-Prozess Konsequenzen aus der vergangenen Strategie-Formulierung und -implementierung gezogen. In den letzten Jahren hat sich in der Praxis dabei als Instrument der Messung der strategischen Leistungsfähigkeit eines Unternehmens insbesondere die → *Balanced Scorecard* durchgesetzt. Die Scorecard baut notwendigerweise auf vollständigen und aufeinander abgestimmten Strategieformulierungen (SGE- und Operationsstrategien) auf. An den erfolgskritischen Stellen wird mit sinnvollen finanziellen und nicht-finanziellen Kennzahlen die Effektivität der Strategien während der Umsetzung auf allen Stufen gemessen. Im Bereich des strategischen Controllings sind das *Risk Management* (siehe auch → *Risikocontrolling*), die Nutzenverfolgung während der Strategie-Implementierung und die Überprüfung der strategischen Prämissen von grosser Bedeutung.

Für die Durchführung des strategischen Managements ist eine fast unüberblickbare Vielzahl an Methoden und Techniken erarbeitet worden. Dies darf nicht darüber hinwegtäuschen, dass das strategische Management trotzdem nicht einfacher geworden ist. Strategieprozesse werden aufgrund ihrer Komplexität nie vollständig strukturier- und steuerbar sein; gewollte und ungewollte Abweichungen zwischen Strategie-Formulierung und -Implementierung sind in der Praxis ein Phänomen, das von Mintzberg (1978) mit dem Begriff der → *emergenten Strategien* eindrücklich beschrieben worden ist.

8. Entwicklungstrends

Mit der „New Economy" und der zunehmenden Bedeutung von immateriellen Werten in den Unternehmen stellen sich auch dem strategischen Management neue Herausforderungen. Insgesamt heben Internet und neue Informations- und Kommunikationstechnologien mitsamt der damit verbundenen Informationsflut die Mehrdeutigkeit und Dynamik des strategischen Managements auf ein noch komplexeres Niveau. Der schrittweise Aufbau der Aktivitäten des strategischen Managements beinhaltet in Zukunft weniger die Verfolgung von strategischen Rezepten, Normstrategien und reinen Strategien, sondern bereiten das Unternehmen auf schlecht prognostizierbare Umweltentwicklungen vor, die neue Chancen und Risiken eröffnen. Diesen sind beim Management vorwiegend situative Strategien angemessen, die identifiziert, analysiert sowie gelernt und eingeübt werden müssen. Das strategische Management schafft die Denk- und Arbeitskategorien, mit denen diese Situationen von einer Organisation gemeistert werden können.

Hinweis

Zu den angrenzenden Wissensgebieten siehe auch → Balanced Scorecard, → Change Management, → Controlling, → ERP-Systeme (Enterprise Resource Planning-Systeme), → Erfolgscontrolling, → Finanzplanung, → Marketing, Grundlagen, → Marketingplanung, → Organisation, Grundlagen, → Prozessmanagement, → Risikocontrolling, → Unternehmensplanung, → Workflow Management.

Literatur: Welge, M. K., Al-Laham, A.: Strategisches Management , 4. Auflage, Wiesbaden 2003; Müller-Stewens, G., Lechner, Ch.: Strategisches Management, 3. Auflage, Stuttgart 2005; Hitt, A.: Strategic Management: Concepts and Cases, 6th ed. Mason Thomson/South-Western 2005; Drucker, P. F.: Managing for Business Effectiveness, in Harvard Business Review, 1963; Abell, D. F.: Managing with dual strategies, New York 1993; Hahn, D., Taylor, B. (Hrsg.): Strategische Unternehmensplanung, strategische Unternehmensführung, 8. Auflage, Heidelberg 1999; Rosenkranz, F.: Unternehmensplanung, 3. Auflage, München und Wien 1999; Chandler, A.: Strategy and Structure, 22. Auflage, Cambridge 2001; Mintzberg, H.: Patterns in Strategy Formation, Mai 1978; Management Science, Vol. 24, No. 9, S. 934-948; Rappaport A.: Creating Shareholder Value - The new standard for Business Performance, Chicago 1986; Bruhn, M. et al. (Hrsg.): Wertorientierte Unternehmensführung, Wiesbaden 1998; Coenenberg, A., Salfeld, R.: Wertorientierte Unternehmensführung, Stuttgart 2003; Porter M.: Wettbewerbsstrategie, 10. Auflage, Frankfurt 1999; Porter, M.: Wettbewerbsvorteile, 6. Auflage Frankfurt 2003; Prahalad, C. K., Hamel, G.: The Core Competence of the Corporation, in: Harvard Business Review, 1990; Rosenkranz, F., Missler-Behr, M.: Unternehmensrisiken erkennen und managen, Heidelberg 2005; Rosenkranz, F.: Geschäftsprozesse, 2. Auflage, Heidelberg 2006; Rühli, E.: Unternehmensführung und Unternehmnspolitik, Band 1, 2. Auflage, Bern 1985; Kaplan, R. S., Norton, D. P.: Die strategiefokussierte Organisation, Stuttgart 2001; Müller, A.: Strategisches Management mit der Balanced Scorecard, 2. Auflage, Stuttgart 2005.

Internetadressen: Harvard Business School - Michael Porter: http://www.isc.hbs.edu/index.html; Mc Gill University - Henry Mintzberg: http://www.mintzberg.org/; Universität Basel - Planung: www.wwz.unibas.ch/planung/; Universität St. Gallen: http://www.strategylab.ch/; Strategic Management Journal: http://www3.interscience.wiley.com/cgi-bin/jhome/2144; Long Range Planning: http://www.lrp.ac/; Value Based Management: http://www.valuebasedmanagement.net; Stern Stewart - Economic Value Added: http://www.eva.com; The Strategic Planning Institute (PIMS): http://www.pimsonline.com/; Balanced Scorecard (R. Kaplan / D. Norton): http://www.bscol.com; Balanced Scorecard: http://www.balanced-scorecard.de/ Strategische Initiativen und Projekte: http://www.pm-handbuch.com/index.htm

Websites der Autoren: Universität Basel - Planung: http://www.wwz.unibas.ch/planung/; http://www.wwz.unibas.ch/planung/forschung (B. S. Zarkov, R. Rosenkranz: Management von strategischen Initiativen, Basel 15.05.2006).

Strategisches Qualitätscontrolling

bedeutet die langfristige Erzielung von Kosten- und Wettbewerbsvorteilen durch bestimmte Strategien wie niedrige Fehlerraten bzw. sehr wenig Qualitätsmängel. Siehe → Qualitätscontrolling (mit Literaturangaben).

Strategisches Radar

Systeme der dritten Generation von → Frühwarnsystem (im Rahmen des Risikocontrolling) werden auch als *strategisches Radar* bezeichnet. Mit ihrer Hilfe sollen nur vage abschätzbare Informationen genutzt werden, um Diskontinuitäten in der Umweltentwicklung zu erkennen. Man betrachtet hierbei schwache Signale ohne feste Ausrichtung. Diese Systeme scannen das unternehmerische Umfeld nach schwachen Signalen, die einem laufenden Monitoring unterstellt werden. Man prüft dabei die Relevanz für das Unternehmen leitet ggf. Maßnahmen ab.

Siehe auch → Risikocontrolling (mit Literaturangaben).

Strategy Map

siehe → Strategielandkarte (→ *Balanced Scorecard*).

Streaming Video Ads

Auslieferung eines gestreamten Werbefilms auf einem Banner. Mehr zu Bannern unter → Bannerwerbung. Zur Internet-Werbung siehe → Internet-Kommunikationspolitik (mit Literaturangaben).

Streik

kollektive Zurückbehaltung der Arbeitsleistung zum Zwecke der Druckausübung auf den Arbeitgeber und seine Verbände; siehe auch → Arbeitskampf.

Strenge LP-Relaxation

eines IP-Modells. Im → *IP-Preprocessing* wird versucht, durch automatische Reformulierung des IP-Modells ein äquivalentes IP-Modell zu bestimmen, dessen → *LP-Relaxation* einen kleineren → *Lösungsraum* als die LP-Relaxation des Originalmodells aufweist. Aus dem IP-Modell werden gültige Ungleichungen *(→ Cuts)* abgeleitet, die zwar von allen zulässigen, ganzzahligen Lösungen erfüllt werden, jedoch nicht von der LP-Lösung der zugehörigen LP-Relaxation. Gültige Ungleichungen sind also nicht explizit im ursprünglichen IP-Model enthalten.

Siehe auch → Optimierung, Grundlagen und → Optimierungsmodelle, Mathematische, jeweils mit Literaturangaben.

Streubesitz

Zum Streubesitz zählen jene Aktien einer Unternehmung, die sich nicht in festen Händen befindet und damit frei an der Börse handelbar sind. Man spricht auch vom so genannten → Free Float. Je geringer der Streubesitz einer Aktiengesellschaft ist, umso enger ist auch der Markt ihrer Aktien und umgekehrt.

Strike-Price

(bei *Devisen*) (*Striking-Preis, Basis-Preis*), siehe → Devisenoptionen.

Struktur

Ordnung von miteinander in Beziehung stehender Elementen eines Systems; siehe auch → Aufbauorganisation (mit Literaturangaben).

Strukturbilanz

Ergebnis, der im Rahmen einer → Bilanzanalyse meist durchgeführten Aufbereitung des Analysematerials. Ziel ist, die Daten der Bilanz so aufzubereiten, dass sie unmittelbar als Basis für die Berechnung von Kennzahlen herangezogen werden können. Umgang und Inhalt der Aufbereitung hängen dabei entscheidend vom Zweck der Analyse und von der beabsichtigten weiteren Verwendung von Kennzahlen ab.

Maßnahmen, die für die Aufstellung einer Strukturbilanz in Betracht kommen, sind: (1) Aufschlüsselungen von Posten, z.B. Aufspaltung von Verbindlichkeiten (Fremdkapital) in kurzfristige und langfristige Bestände; (2) Saldierungen von Posten, z.B. werden eigene Anteile, so sie im → Umlaufvermögen ausgewiesen werden, gemeinhin vom → Eigenkapital in Abzug gebracht; (3) Rückführungen von Saldierungen, z.B. wenn mit den → Vorräten saldierte Anzahlungen in die Verbindlichkeiten umgegliedert werden; (4) Änderungen der Zuordnung von Posten, z.B. werden aktive Rechnungsabgrenzungsposten meist nicht, wie dies der Bilanzgliederung nach HGB (→ Jahresabschluss nach deutschem Recht) entspricht, als gesonderte Hauptposition geführt, sondern vereinfachend in das → Umlaufvermögen einbezogen.

Siehe auch → Bilanzanalyse (mit Literaturangaben).

Strukturtabelle

siehe → Strukturbilanz.

Strukturtechnischer Ansatz

(*Organisationstheorie*). Die deutsche betriebswirtschaftliche *Organisationslehre* wurde stark durch den strukturtechnischen Ansatz geprägt, wie er insbesondere von Fritz Nordsieck und Erich Kosiol (1899-1990) entwickelt wurde. Ein zentrales Anliegen war für diesen Ansatz der → Organisationstheorie die Entwicklung einer Strukturtechnik, also einer Verfahrensweise zur strukturierenden Gestaltung der Unternehmung.

Kosiol schlägt ein Vorgehen in drei Schritten vor: 1. Die gegebene Sachaufgabe der Unternehmung (bspw. Produktion von Autos) ist in Teilaufgaben zu zerlegen (*Analyse*). Teilaufgaben können bspw. gebildet werden nach der Verrichtung (Einkauf, Produktion, Verwaltung...), nach Objekten (Produkte, Kunden, Regionen...), nach Rang (entscheiden, ausführen) oder nach Phase (planen, realisieren, kontrollieren). 2. Dann werden die Teilaufgaben zu Aufgabenbündeln zusammengefasst (*Synthese*). Die Synthese führt zu → Stellen, die einem Aufgabenträger zugedacht sind, bspw. zu Stellen wie Vertriebsleiterin oder Lagerarbeiter. Mit der Stellenbildung entstehen das Verteilungs- und Leitungssystem der Organisation. → Stellen als kleinste Aktionseinheiten der Organisation können unter einheitlicher Leitung weiter zu → Abteilungen, mehrere Abteilungen zu Sparten zusammengefasst werden. 3. Schließlich werden die Stellenaufgaben bestimmten Personen übertragen (Verteilung).

Siehe auch → Organisation, Grundlagen und → Organisationstheorien, jeweils mit Literaturangaben.

Literatur: Bea, F. X., Göbel, E.: Organisation, 2. Auflage, Stuttgart 2002, S. 73-82; dieselben: Organisation, 3. Auflage, Stuttgart 2006; Kosiol, E.: Organisation der Unternehmung, Wiesbaden 1962.

Strukturvertrieb

(bei *Versicherungsunternehmen*), versicherungseigene oder unabhängige Vertriebsorganisation, deren Vertriebsaktivitäten in der Regel auf den Abschluss von Versicherungsgeschäften konzentriert sind.

Stückaktie

(*deutsches Recht*). Alle Stückaktien sind im gleichen Umfang am Grundkapital beteiligt. Jede → Aktie stellt einen gleich großen Bruchteil am → Grundkapital dar. Für die Bestimmung der von den Gründern zu leistenden Einlage muss das → Grundkapital durch die Anzahl der Stückaktien geteilt werden, § 8 Abs. 3 AktG (deutsches Recht). Gegensatz: → *Nennbetragsaktie*. Siehe auch → Aktienarten, → Aktiengesellschaft, deutsche bzw. österreichische und → Aktiengesellschaft, Kleine, jeweils mit Literaturangaben

Stückaktie

(*nennwertlose Aktie, österreichisches Recht*). Als *Stückaktien* oder *nennwertlose Aktien* werden solche → Aktien bezeichnet, bei denen der von ihnen verkörperte Umfang der Beteiligung am → Grundkapital der → AG nicht in einem Geldwert (Nennbetrag) ausgedrückt ist, sondern sich aus dem Verhältnis einer Aktie zur Gesamtzahl der ausgegebenen Aktien ergibt. Der auf die einzelne Aktie entfallende anteilige Betrag muss jedoch auch hier jedenfalls einen Euro betragen (§ 8 Abs 3 öAktG). Vgl. im Unterschied dazu → *Nennbetragsaktien (Nennwertaktien)*. Nennbetragsaktien und Stückaktien können nicht nebeneinander ausgegeben werden (§ 17 Z 4 öAktG). Siehe auch → Aktienarten.

Stücklisten

sind (in der → *Materialwirtschaft*) formalisierte Verzeichnisse der in einer Baugruppe bzw. in einem Erzeugnis enthaltenen Elemente und deren Menge.

Stückzinsen

Zinsbetrag, der bei → *Anleihen* in der Zeit vom letzten Zinstermin bis zum Kauftag aufgelaufen ist und vom Käufer an den Verkäufer zu zahlen ist, da sich der im → Zinsschein verbriefte Zinsanspruch auf den gesamten Zeitraum zwischen zwei Zinsterminen bezieht. Erfolgt ein Anleihekauf zwischen zwei Zinsterminen – bei jährlicher Zinszahlung am 31.12. zum Beispiel am 1.8. – so bekommt der Käufer zum nächsten Zinstermin (31.12.) zwar die Zinsen für den gesamten Zeitraum zwischen den Zinsterminen (hier Januar bis Dezember) ausgezahlt, die Zinsen für den Zeitraum zwischen dem letzten Zinstermin und dem Kaufdatum (Januar bis Juli) stehen aber nicht dem Käufer, sondern dem bisherigen Anleiheinhaber (dem Verkäufer) zu. Der entsprechende Zinsbetrag ist beim Kauf der Anleihe (01.08.) zwischen Käufer und Verkäufer zu verrechnen.

Studium im Ausland

siehe → Auslandstudium, Institutionen, Stipendien und Auslandspraktika (mit Internetadressen und Literaturangabe).

Stufenleiter- oder Treppenverfahren

(*Kostenstellenrechnung*). Dieses Verfahren der → Innerbetriebliche Leistungsverrechnung (IBLV) wird in dem konkreten Spezialfall angewandt, wenn die → Hilfskostenstellen derart angeordnet werden können, dass bereits abgerechnete keine oder nur wertmäßig nachrangige Leistungen von noch nicht abgerechneten Hilfskostenstellen empfangen haben. Es muss also ein derart asymmetrischer Leistungsaustausch vorliegen, dass bestimmte Hilfskostenstellen reine Leistungserbringer und andere reine Leistungsempfänger sind. Siehe auch → Betriebsabrechnung mit Anwendungsbeispiel in Kapitel 4. sowie → Kostenstellenrechnung (mit Literaturangaben).

Literatur: Graumann, M.: Kostenrechnung und Kostenmanagement, 3. Aufl., Wiesbaden 2004.

Subject-to-tax-Klausel

Übt ein Staat das ihm durch ein → Doppelbesteuerungsabkommen (DBA) überlassene Besteuerungsrecht nicht aus, so lebt das im betreffenden → DBA ausgeschlossene Besteuerungsrecht des anderen Staates wieder auf. Grundsätzlich profitiert von einer Subject-to-tax-Klausel der → Ansässigkeitsstaat, der sein Besteuerungsrecht gem. Art. 23 → OECD-Musterabkommen zugunsten des → Quellenstaates eingeschränkt hatte.

Es gibt keine einheitliche Rückfallklausel. Es ist somit immer die jeweilige DBA-Formulierung heranzuziehen.

Subjektidentität

(*Steuerrecht*) sagt aus, dass es sich um denselben Steuerpflichtigen handelt.

Subjektive Qualität

ist die Qualität aus der Sicht des Kunden. Die Qualität ist oft mehr vom Geltungs- als vom Gebrauchsnutzen des Kunden bestimmt wie z.B. Statussymbole, Image oder ansprechendes Produktdesign. Siehe auch → Qualitätscontrolling (mit Literaturangaben).

Internet: www.quality.de/lexikon/qualitaet.htm

Subleasing

Form des → *Leasing*. Maßgebliche Besonderheit des Subleasing: Eine (inländische) Leasinggesellschaft schließt über einen ihr gehörenden Leasinggegenstand mit einer anderen (ausländischen) Leasinggesellschaft einen Leasingvertrag. Diese andere (ausländische) Leasinggesellschaft vermietet diesen Leasinggegenstand an einen (ausländischen) (End-) Leasingnehmer im Rahmen eines (Sub-) Leasingvertrags. Siehe auch → Leasing (mit Literaturangaben).

Subordinated Debt

nachrangiges Darlehen. Die Nachrangigkeit wird durch einen Rangrücktritt gegenüber anderen Fremdkapitalgebern oder der Gesellschaft vereinbart. Siehe auch → *Mezzanine Finanzierung*.

Subordinationsspanne
siehe → Leitungsspanne.

Subsidairy IPO
ist eine Form der → Desinvestition (von Unternehmensanteilen), bei der die Mehrheit der Stimmrechte durch deren Emission am Kapitalmarkt i.d.R. im Rahmen eines Sekundärangebots (Secondary Offering) abgegeben wird. Die Eigentumsverhältnisse an der Gesellschaft verändern sich derart, dass ein Control-Verhältnis nicht mehr fortbesteht. Die Bemessung des Zeichnungskurses erfordert eine Unternehmensbewertung.
Siehe auch → Equity Carve-out und → Beteiligungscontrolling (mit Literaturangaben).

Subsidiaritätsprinzip
(deutsche → Einkommensteuer) regelt die Vor- bzw. Nachrangigkeit der Einkunftsarten des § 2 Abs. 1 EStG. Nach diesem Prinzip sind grundsätzlich *Einnahmen* nur dann den *Nebeneinkunftsarten* zuzuordnen, soweit sie nicht zu den *Haupteinkunftsarten* gehören. Daraus ergibt sich folgende Vor- bzw. Nachrangigkeit: Haupteinkünfte haben Vorrang vor Nebeneinkünften, Vermietung und Verpachtung hat Vorrang vor Kapitalvermögen und Kapitalvermögen hat Vorrang vor sonstigen Einkünften.

Subsidiärmarke
(*Ingredient brand*), Marke eines im Herstellungsprozess als Vorprodukt einbezogenen, unselbstständigen Produkts. Dennoch kann darin von Nachfragern eine Qualitätszusage gesehen werden. Man unterscheidet begleitende Subsidiärmarken, die selbstständig im Endprodukt erhalten bleiben (Intel-Mikroprozessoren, Valvo-Röhren, Styropor, Hostalen etc.), und untergehende Subsidiärmarken, die im Endprodukt nicht mehr separierbar sind (Nutrasweet, Goretex etc.).
Siehe auch → Markenarten sowie → Marke und → Markenführung, jeweils mit Literaturangaben.

Substanzwert
siehe → Substanzwertverfahren (in der → Unternemensbewertung).

Substanzwertverfahren
Substanzwertverfahren zählen im Zusammenhang mit Unternehmensbewertungen zu den Einzelbewertungsverfahren. Bei Substanzwertverfahren wird der Unternehmenswert durch eine isolierte Betrachtung der einzelnen Vermögensgegenstände und Schulden zu einem bestimmten Stichtag ermittelt. Zur Bewertung der Vermögensgegenstände und Schulden können verschiedene Bewertungsmaßstäbe unterschieden werden.
Bei der *(1) Substanzwertermittlung auf Basis von Liquidationswerten* geht man von einer Zerschlagung (Liquidation) des Unternehmens aus. Die einzelnen Vermögensgegenstände werden mit den im Rahmen der Auflösung des Unternehmens erwarteten Verwertungserlösen bewertet, die zu bedeckenden Schulden werden abgezogen. Der so ermittelte Liquidationswert kann als Unternehmenswert herangezogen werden, falls dieser den Unternehmenswert bei Fortführung des Unternehmens übersteigt.
Bei der *(2) Substanzwertermittlung auf Basis von Reproduktionswerten* wird von einer Fortführung des Unternehmens ausgegangen. Die betriebsnotwendigen Vermögensgegenstände werden zu Reproduktionswerten angesetzt, der Wertansatz richtet sich nach jenem Wert, der aufzuwenden wäre, um das Unternehmen nachzubauen. Die Erfassung von sämtlichen zum Nachbau erforderlichen Vermögensgegenständen und Schulden ergibt den Vollreproduktionswert. Dazu wären alle Vermögenswerte des Unternehmens mit einzubeziehen, unabhängig davon, ob sie in der Handelsbilanz aufscheinen oder nicht, also auch alle immateriellen Vermögensgegenstände, wie selbst geschaffene Patentrechte, Kundenstock oder Qualität der Mitarbeiter. Eine derartige Bewertung ist allerdings nicht realistisch, und man muss sich bei der Substanzwertermittlung auf einen Teilreproduktionswert beschränken. Nach → IDW ES 1 n.F. kommt dem Substanzwert bei der Unternehmenswertermittlung keine eigenständige Bedeutung zu.
Von den Substanzwertverfahren konzeptionell zu unterscheiden ist der „*Substanzwert als vorgeleistete Ausgaben*". Durch vorhandene Vermögensgegenstände im Unternehmen erspart sich der potenzielle Erwerber des Unternehmens im Vergleich zu einer Neuerrichtung Ausgaben. Die Barwertdifferenz zwischen den Ausgaben bei Erwerb und Neuerrichtung (=Substanzwert als vorgeleistete Ausgaben)

kann unter bestimmten Voraussetzungen als Entscheidungsgrundlage für Erwerb oder Neuerrichtung von Unternehmen dienen.

Siehe auch → Unternehmensbewertung (mit Literaturangaben).

Literatur: *Helbling, C.*: Unternehmensbewertung und Steuern, 9. Auflage, Düsseldorf 1998; Mandl, G./Rabel, K.: Unternehmensbewertung, Wien 1997, Sieben, G./Maltry, H.: Der Substanzwert der Unternehmung, in: Peemöller, V. (Hrsg.): Praxishandbuch der Unternehmensbewertung, 3. Auflage, Herne/Berlin 2005, S. 377 – 401.

Substitutionale Faktoreinsatzbedingungen

siehe → Substitutionalität.

Substitutionalität

(in der → *Produktions- und Kostentheorie*) bezeichnet Fertigungsbedingungen, unter denen verschiedene Technologien bei Erzielung der gleichen Ausbringung (stetig) gegeneinander austauschbar sind. Dabei ist diejenige Austauschbeziehung effizient, bei welcher der Mehreinsatz des einen → Produktionsfaktors durch eine Einsparung bei anderen Faktoren kompensiert wird.

Substitutionstheorie

(*Führung*). In der Substitutionstheorie der Führung wird die These vertreten, dass unter bestimmten Bedingungen ein unmittelbarer Einfluss des Führers kontraproduktiv und ineffizient ist. Aufbauend auf der Annahme, dass eine Führungssituation durch die Dimensionen Geführter, Aufgabe und Organisation gekennzeichnet ist, bestehen nach Aussage der Theorie zwei Möglichkeiten, um die Mitarbeiterleistung zu beeinflussen: Zum einen kann dies über die Bereitstellung von Informationen zur Aufgabenerkennung, -bewältigung und -bewertung erfolgen, zum anderen können motivierende Anreize (→ Anreizsystem) gesetzt werden. Die Aufgabe des Führers liegt darin, durch adäquates Verhalten den Mitarbeitern zur Realisierung organisationaler Ziele zu verhelfen. Neben interaktiver Führung sind dazu auch Führungssubstitute (z. B. Aufgabenstruktur, Arbeitsorganisation, Personalbeurteilung) geeignet. Siehe auch → Personalführung und → Unternehmensführung, jeweils mit Literaturangaben.

Suchmaschinen

sind Computersysteme, die vollautomatisch Millionen von Web-Seiten (→ Website) durchforsten. Die Adressen und der Seiteninhalt werden von Programmen in eine Datenbank einsortiert, die regelmäßig aktualisiert wird. Gibt ein Nutzer ein Suchwort ein, so wird dieser Begriff nicht im → Internet, sondern in der Datenbank gesucht.

Beispiele für Suchmaschinen sind www.fireball.de oder www.google.com.

Suchmaschinen

siehe auch → Suchmaschinenmarketing.

Internetquellen: www.suchfibel.de, www.espotting.de, www.overture.de, http://www.google.de/intl/de/ads/

Suchmaschinenmarketing

Die meisten neuen Websites werden von den Internetnutzern nach wie vor über Suchmaschinen und Internetverzeichnisse/-kataloge gefunden. Es gibt mehrere Möglichkeiten, in diesen „Findmaschinen" präsent zu sein:

Zunächst gilt es, die eigene Website für die Findbarkeit in Suchmaschinen und Katalogen zu optimieren, um im so genannten Organic Listung, also der Fundstellenliste, als Eintrag auf den obersten Rängen zu erscheinen. Hierzu stehen dem Online-Marketer mehrere Instrumente zur Verfügung: Auf der Website müssen aussagekräftige Metatags hinterlegt werden (ein → HTML-Code, der für den normalen Internetuser nicht sichtbar ist), die z.B. angeben, unter welchen Schlüssel- bzw. Suchbegriffen die Site gefunden werden soll (so genannte Keywords) sowie eine Kurzbeschreibung der Site, die häufig bei den Suchergebnissen der Suchmaschinen wiedergegeben wird („Description"). Ferner ist es wichtig, einige statische Seiten in dem Internetangebot zu verwenden, denn nur diese können (im Gegensatz zu den dynamischen oder rein „graphischen" Seiten) von den Suchmaschinen indiziert werden.

Doch damit ist die Arbeit noch nicht getan: Die Website muss bei allen relevanten Suchmaschinen und Internetverzeichnissen angemeldet werden. Hier gilt es insbesondere auch herauszufinden, inwiefern branchenspezifische Suchmaschinen und Linklisten existieren. Inzwischen haben sich einige Agenturen auf das komplexe Feld des Suchmaschinenmarketings spezialisiert. Neben dem unsicheren Ranking im Organic Listing besteht die Möglichkeit, Einträge im so genannten Paid Listing bzw. Payed Placement zu kaufen. In der Regel sind diese Einträge an bestimmte Suchbegriffe gebunden und erscheinen in ausgewiesenen Bereichen. Nicht zu verwechseln ist diese Form der Werbeschaltung mit dem so genannten Keyword Advertising. Bei dieser Werbeform werden in Abhängigkeit von den Suchbegriffen Werbebanner bei den Suchmaschinen eingeblendet. Die → Click-Through-Rate dieser Werbeform ist bis zum Faktor zehn größer als bei regulärer Bannerwerbung.
Siehe auch Internet-Kommunikationspolitik (mit Literaturangaben).

Internetquellen: www.suchfibel.de (Überblick Suchmaschinenmarketing), www.espotting.de (Suchmaschinen-Werbevermarkter), www.overture.de (Suchmaschinen-Werbevermarkter), http://www.google.de/intl/de/ads/ (Werbeangebote von Google).

Sukzessivplanung

In der operativen betrieblichen Praxis werden Standardprozesse in Teilprozesse gegliedert und sukzessiv geplant sowie abgearbeitet. Es bildet sich eine vordefinierte Sukzessivplanung. Dabei wird mit einem Teilplan begonnen, beispielsweise mit einem Absatzplan. Hieraus ergeben sich die ausschlaggebenden Inputvariablen für andere Teilpläne wie Lagerplan, Produktionsplan und Investitionsplan.
Siehe auch → Investionsprozess (mit Literaturangaben).

Sullivan Principles

Pastor Sullivan gründete 1964 in den USA die Opportunities Industrialization Centers (OICs), ein Selbsthilfe-Ausbildungsprogramm. 1977 entwickelte er einen Code of Conduct („Sullivan Principles") für in Südafrika operierende Unternehmen. Erweiterter Code 1999 von der UN: „Global Sullivan Principles of Corporate Social Responsibility", der Unternehmen aufruft, eine aktive Rolle in der Entwicklung und Verbreitung der Menschenrechte und sozialer Gerechtigkeit zu übernehmen.
Siehe auch → Corporate Citizenship (mit Literaturangaben).

Summalytische Verfahren

sind eine Kombination von summarischen und analytischen *Arbeitsbewertungsverfahren*, um die Treffsicherheit der Verfahren zu erhöhen. Siehe auch → Lohn- und Gehaltsmodelle (mit Literaturangaben).

Supernode Processing

siehe → IP-Preprocessing. Siehe auch → Optimierung, Grundlagen und → Optimierungsmodelle, mathematische, jeweils mit Literaturangaben.

Superstitial

weiterentwickeltes → PopUp-Ad mit der Möglichkeit, schnell große Multimedia-Elemente wie Flash etc. abzuspielen. Das besondere der Technologie ist dabei das Laden der multimedialen Elemente im Hintergrund, so dass die Wiedergabe verzögerungsfrei stattfinden kann. Mehr zu Bannern unter → Bannerwerbung. Zur Internet-Werbung siehe → Internet-Kommunikationspolitik (mit Literaturangaben).

Supervision

ist ein Beratungsformat, das zur Sicherung und Verbesserung der Qualität beruflicher Arbeit eingesetzt wird. In der Supervision werden Fragen, Problemfelder, Konflikte und Fallbeispiele aus dem beruflichen Alltag thematisiert. Dabei wird die berufliche Rolle und das konkrete Handeln der Supervisand/innen in Beziehung gesetzt zu den Aufgabenstellungen und Strukturen der Organisation und zu der Gestaltung der Arbeitsbeziehungen mit Kund/innen und Klient/innen. Es gibt verschiedene Formen der Supervision: Einzel-, Gruppen- und Teamsupervision bzw. Organisationssupervision.
Siehe auch → Personalentwicklung (mit Literaturangaben).

Internetadresse: www.dgsv.de

Supplier Relationship Management (SRM)

Management der Beziehungen zu Lieferanten; siehe auch → Beschaffungsmanagement und → Supply Chain Management, jeweils mit Literaturangaben.

Supply Chain

ist die Bezeichnung für eine Liefer-, Versorgungs- oder unternehmensübergreifende Wertschöpfungskette, die sich meist als *Netzwerk* verschiedener Organisationen darstellt. Die Organisationen erstellen gemeinsam ein Produkt und transportieren es zum Endkunden. Eine Differenzierung in eine Supply Chain (Interaktion mit Lieferanten) und eine Demand Chain (Interaktion mit Kunden) wird i.d.R. nicht vorgenommen. Supply Chain dient als Oberbegriff und umfasst alle Netzwerkunternehmen und ihre intraorganisationalen Wertketten von der Rohstoffquelle bis zum Endkunden. Der Unterschied zur klassischen Logistikkette liegt darin, dass bei letzterer die Unternehmen nach einzelwirtschaftlichen Kalkülen isoliert entscheiden, während dem Supply Chain Management ein ganzheitliches Kettendesign zugrunde liegt.

Siehe auch → Supply Chain Management (mit Literaturangaben).

Supply Chain Controlling

(insbesondere im → *Einkaufscontrolling*) beschäftigt sich mit Planung, Steuerung und Kontrolle integrierter Unternehmensaktivitäten von Versorgung, Entsorgung und Recycling, inklusive begleitender Geld- und Informationsströme. Das Supply Chain Controlling ist ein Subsystem des (Supply Chain) Managements.

Siehe auch → Einkaufscontrolling, → Supply Chain Management und → Beschaffungsmanagement, jeweils mit Literaturangaben.

Supply Chain Controlling (SCC)

(insbesondere im → *Supply Chain Management*), Unterstützungsfunktion des → Supply Chain Management (SCM) bei der Erarbeitung und Umsetzung der Supply Chain-Strategie durch einen unternehmensübergreifenden Planungs-, Steuerungs- und Kontrollprozess und eine gemeinsame Informationsversorgung. Das strategische SCC bringt die Unternehmensstrategien mit der Supply Chain-Strategie in Einklang, identifiziert Optimierungspotentiale und erarbeitet Maßnahmenvorschläge. Dafür ist die Schaffung von Transparenz und eines gemeinsamen Prozess-Verständnisses wichtig. Im operativen Controlling geht es um die Strategieimplementierung, die Kontrolle der Zielerreichung sowie um das Monitoring der Kettenfunktionsfähigkeit und des Work-flows. Zuweilen wird hier auch von → Supply Chain Event Management gesprochen, wobei dieses über die SCC-Aufgaben hinaus die (ereignisgesteuerte) Maßnahmenergreifung bei Soll-Ist-Abweichungen beinhaltet.

Wichtige *Instrumente* des SCC sind die Supply Chain Map bzw. das Supply Chain Operations Reference Model, das → Beziehungscontrolling, die unternehmensübergreifende Prozesskostenrechnung, interorganisatorische Kennzahlen(-systeme) und die Balanced Scorecard.

Die Supply Chain Map in Kombination mit einem Beanspruchungs-Belastbarkeitsportfolio, das die Belastbarkeit der Beanspruchung eines Kettengliedes gegenüberstellt, dient zur Schaffung eines gemeinsamen Prozess-Verständnisses und zur Aufdeckung von Optimierungspotentialen. Alternativ lässt sich das Supply Chain Operations Reference Model heranziehen, das zudem eine Performance-Messung von Prozessketten und so ein → Benchmarking ermöglicht. Denkbar ist auch die Anwendung der Porterschen Wertschöpfungskettenanalyse. Das → Beziehungscontrolling widmet sich den im → SCM erfolgskritischen weichen Faktoren (z.B. Vertrauen). Eine unternehmensübergreifende Prozesskostenrechnung ist für eine ganzheitliche Kettenoptimierung unabdingbar. Interorganisatorische Kennzahlen (-systeme) erlauben eine Fokussierung auf die Engpässe der → Supply Chain, wobei auf innerbetriebliche Kosten- und Leistungsgrößen zurückgegriffen werden muss, was einen intensiven Informationsaustausch zwischen den Partnern erfordert. Mit der → Balanced Scorecard lassen sich alle Erfolgsfaktoren ausgewogen darstellen.

Siehe auch → Supply Chain Management und → Balanced Scorecard, jeweils mit Literaturangaben.

Literatur: Weber, J. (2002): Logistik- und Supply Chain Controlling, 5. aktualisierte und völlig überarbeitete Auflage, Stuttgart: Schäffer-Poeschel Verlag. Kuhn, A./ Hellingrath, B. (2002): Supply

Chain Management. Optimierte Zusammenarbeit in der Wertschöpfungskette, Berlin/ Heidelberg/ New York: Springer-Verlag.

Supply Chain Controlling (SCC)
(insbesondere in der → *Logistik*). Das Supply Chain Controlling stellt eine Erweiterung des → Logistikcontrollings dar. Im Gegensatz zum Logistikcontrolling werden beim Supply Chain Controlling unternehmensübergreifende Aktivitäten in die Betrachtung einbezogen. Das Ziel des SCC ist, die enge Zusammenarbeit von rechtlich und wirtschaftlich selbstständigen Unternehmen zu unterstützen und den erfolgreichen Fortbestand der Kooperation zu sichern.
Siehe auch → Logistik, Grundlagen (Logistikmanagement) sowie → Supply Chain Management, jeweils mit Literaturangaben.

Supply Chain Council
ist eine unabhängige gemeinnützige Organisation, die das Ziel hat, einen branchenübergreifenden Standard zur Darstellung unternehmensübergreifender Supply Chains zu schaffen. Siehe auch → Supply Chain Operations Reference Model (SCOR), → Supply Chain Management und → Logistik, Grundlagen (Logistikmanagement).

Supply Chain Event Management
siehe → Supply Chain Controlling.

Supply Chain Management

Supply Chain Management

von Professor Dr. Alexander Eisenkopf und Dipl.-Kfm. Christian R. Schnöbel
Lehrstuhl für Allgemeine Betriebswirtschaftslehre & Mobility Management
Zeppelin-University Friedrichshafen

1. Begriff
Unter Supply Chain Management (SCM) versteht man die integrative, strikt kundenorientierte Planung, Steuerung und Kontrolle des gesamten Material- und Dienstleistungsflusses einschließlich der damit verbundenen Informations- und Geldflüsse innerhalb eines Netzwerks von Unternehmen, die im Rahmen von aufeinander folgenden Stufen der Wertschöpfungskette an der Entwicklung, Erstellung und Verwertung von Sachgütern und/oder Dienstleistungen partnerschaftlich zusammenarbeiten, um Effektivitäts- und Effizienzsteigerungen durch ganzheitlich optimierte Prozessstrukturen unter Zuhilfenahme moderner IT-Lösungen zu erreichen.
In der Literatur findet sich eine Vielzahl unterschiedlicher Definitionen. Dies resultiert daraus, dass sich SCM in der Unternehmenspraxis und nicht aus einem theoretisch fundierten betriebswirtschaftlichen Konzept entwickelt hat. Gleichwohl besteht Einigkeit über seine Kernelemente, nämlich die strikte Kundenorientierung, die unternehmensübergreifende Prozessoptimierung sowie die kooperative Zusammenarbeit der Partner unter Nutzung moderner IT-Lösungen. I.e.S. richtet sich SCM auf den Material-, Güter- und Informationsfluss; i.w.S. werden alle Wertschöpfungsprozesse einbezogen. Letzteres ist der Regelfall der Begriffsverwendung.

2. Veränderte Rahmenbedingungen der Logistik
Die Veränderungen der wirtschaftlichen Rahmenbedingungen im Zuge der Globalisierung mit erweiterten Beschaffungs- und Absatzmärkten, steigenden Kundenanforderungen in Bezug auf Kosten, Zeit und Qualität, sich stetig verkürzenden Produktlebenszyklen sowie die rasante Entwicklung der Informations- und Kommunikations-Technologien (IKT) verschärfen das wettbewerbliche Umfeld der Unternehmen. Diese versuchen, auf jene Herausforderungen durch eine Konzentration auf ihre Kernkompetenzen zu reagieren, was zu einer Reduktion der jeweiligen Fertigungstiefe und so zur Desintegration der zugrunde liegenden Wertschöpfungskette führt. Mit dieser Fragmentierung geht eine steigende An-

zahl der an einer → Supply Chain beteiligten Unternehmen und damit eine sich verschärfende Schnittstellenproblematik einher, die sich im → Peitschenschlageffekt widerspiegelt. Hinzu kommt die aufgrund des Wandels vieler Verkäufer- zu Käufermärkten nötige Veränderung vom Push-Prinzip (→ Bringprinzip) zum Pull-Prinzip (→ Holprinzip) der unternehmerischen Wertschöpfung. Das SCM widmet sich diesen veränderten Markt- und Produktionsstrukturen. Seiner Grundidee nach lassen sich Effektivitäts- und Effizienzgewinne nur durch eine *ganzheitliche* Optimierung der → Supply Chain erzielen, die beim Endkunden ansetzt und bis zu den Rohstoffquellen geht.

3. Abgrenzung gegenüber dem klassischen Logistikmanagement

Vergleicht man die Definition des SCM mit der des Logistikmanagements, so erscheinen die Grenzen zwischen beiden Konzepten fließend. Während sich aber das Logistikmanagement auf die optimale Gestaltung der Material- und Informationsflüsse *innerhalb* eines Unternehmens sowie zwischen diesem und seinen *direkten* Lieferanten und Abnehmern bezieht, nimmt das SCM eine integrative Betrachtung des *gesamten* Wertschöpfungsprozesses über *alle* Kettenglieder bis hin zum Endkunden und der entsprechenden Schnittstellen vor. Zudem konzentriert sich das Logistikmanagement auf die physische Distribution von Rohstoffen, Waren, Dienstleistungen und Informationen. Das SCM deckt darüber hinaus noch regelmäßig die zugehörigen monetären Ströme ab.

4. Ziele

Oberstes Ziel ist die Erschließung unternehmensübergreifender Erfolgspotentiale vor allem durch die Verbindung getrennter Prozesse sowie die Vermeidung von Ineffizienzen an den Schnittstellen. Im Fokus stehen Kosten-, Zeit- und Qualitätsziele. Monetäres Ziel ist die Steigerung des gesamten Kettenwertes unter Beachtung hinreichender Liquidität.

(1) Kostenvorteile lassen sich durch eine Senkung der Lagerbestände realisieren. Die Notwendigkeit hoher Lagerbestände in den Kettengliedern resultiert aus Unsicherheiten hinsichtlich Nachfragemengen, Lieferzeiten und Produktqualitäten, welche sich auch im → Peitschenschlageffekt widerspiegeln. Diese Unsicherheiten können durch einen effizienten Informationsaustausch und eine verbesserte Koordination von Angebot und Nachfrage innerhalb der → Supply Chain reduziert werden. Kostenvorteile lassen sich zudem durch Skalen- und Verbundeffekte über eine engere Zusammenarbeit der Unternehmen im Einkauf, in der Produktion und im Vertrieb realisieren. (2) Zeitaspekte sind für alle betrieblichen Funktionen relevant. Auftrags- und Durchlaufzeiten können durch die Integration vor- und nachgelagerter Kettenglieder verkürzt werden. Zeitvorteile können zudem durch ein optimiertes Bestandsmanagement sowie eine verbesserte Planung der Produktion und des Transports realisiert werden. In der Produktentwicklung lassen sie sich durch eine frühzeitige Einbindung der Lieferanten und Kunden (Simultaneous Engineering) erzielen. Flexibilitätsverbesserungen erhöhen die Anpassungsfähigkeit und -geschwindigkeit der einzelnen Glieder und damit der gesamten → Supply Chain. (3) Qualitätsvorteile lassen sich durch eine engere Kooperation der Supply Chain-Partner bei der Erstellung gemeinsamer Qualitätsanforderungs- und Qualitätssicherungskonzepte erreichen. Zudem erhöht eine Reduktion der Informationsasymmetrien innerhalb der → Supply Chain die Produktqualität bzw. das Serviceniveau für den Endkunden.

5. Aufgabenbereiche

Auf der strategischen Ebene des SCM geht es um die unternehmensübergreifende Planung und Konfiguration der gesamten → Supply Chain, auf der operativen Ebene um die Planung der Beschaffungs-, Produktions-, Distributions- und Transportprozesse sowie um die Steuerung derselben. Das SCM wird in seiner Aufgabenerfüllung vom → Supply Chain Controlling unterstützt.

Die intensive Kooperation der Supply Chain-Parnter ist die zentrale Voraussetzung, um die Kundenwünsche bestmöglich zu erfüllen und eine optimale Gestaltung der gesamten Wertschöpfung zu gewährleisten. Daher ist das *Kooperationsmanagement* für das SCM hochrelevant. Es muss die Basis für gegenseitiges Vertrauen schaffen und die Vorteile betonen, die eine gegenseitige Einsichtnahme in die internen Prozesse der Partner bringt. Erfolgreiche Kooperationen bedürfen eines gemeinsamen Zielsystems. Hierfür und um opportunistische Verhaltensweisen der Partner auszuschließen, ist die Etablierung adäquater Anreiz- und Kontrollmechanismen notwendig. Das Kooperationsmanagement hat die

Aufgabe, die Komplexität des Unternehmensnetzwerks beherrschbar zu machen. Synergien sollen genutzt, Zeitbedarf und Kosten gesenkt sowie die Qualität der Produkte bzw. Dienstleistungen erhöht werden.

Die zweite Dimension betrifft das *Prozessmanagement*. Wegen der Vielzahl von Schnittstellen in fragmentierten → Supply Chains, die Reibungs- und Zeitverluste in den Informations-, Material- und Produktionsflüssen nach sich ziehen können, hat die Verzahnung und gezielte Ausrichtung der Geschäftsprozesse innerhalb der Kooperation auf die Bedürfnisse der Endkunden zentrale Bedeutung. Hierfür bedarf es eines spezialisierten → Supply Chain Controllings, das die unternehmensinternen und -übergreifenden Prozesse plant, steuert und kontrolliert.

Das *IT-Management* bildet die dritte Säule des SCM, da ein *durchgängiger Informationsaustausch zwischen den Partnern* entscheidend für die wirkungsvolle Zusammenarbeit über mehrere Wertschöpfungsstufen ist. Schließlich führt die vernetzte Kooperationsstruktur zu einer hohen Komplexität und damit zu einem enormen Koordinationsbedarf. Mittels moderner Informations- und Kommunikationstechnologie (IKT) sollen diese Komplexität und die Dynamik der Kooperationsinnen- und -umwelt steuerbar gemacht werden. Die technologische Dimension betrifft die hard- und softwaremäßige Unterstützung der Integration, Synchronisation und Koordination sämtlicher Transaktionsprozesse, um die jeweiligen Bedarfe, Kapazitäten und Bestände transparent zu machen. Ein großes Problem sind dabei die interorganisatorischen Schnittstellen, da die Supply Chain-Partner oft unterschiedliche IT-Systeme verwenden. Dieses Problem kann durch einheitliche Datenübertragungsprotokolle, wie etwa → EDI (Electronic Data Interchange), oder durch die Abwicklung über das Internet entschärft werden. Die Informationserfassung lässt sich durch Barcode-Systeme (Scanning-Technologien) unterstützen. Zur laufenden Überwachung bieten sich auch → Tracking- & Tracing-Systeme (Sendungsidentifikations-/ -verfolgungssysteme) an.

6. Industrie- und handelsgetriebene Ausprägungen

Von der Vielzahl der in der Unternehmenspraxis vorzufindenden *industriegetriebenen Ausprägungen* des SCM können beispielhaft Strategien des Sourcing, der Beschaffung und des Postponement genannt werden.

→ *Sourcingstrategien* betreffen die Bezugsquellen von Ressourcen und lassen sich grundsätzlich nach den Kriterien Komplexität des Inputfaktors, Größe des Marktraumes, Ort der Wertschöpfung, Aufbau der beschaffenden Organisation sowie Anzahl der Bezugsquellen differenzieren. Beispiele sind das → Single-Sourcing, → Modular Sourcing und das → Global Sourcing. Unter *Beschaffungsstrategien* wird die konkrete Steuerung des Warenflusses, wie etwa nach dem → Kanban-Prinzip, das auch als Element von → Just-In-Time-Konzepten Verwendung findet, verstanden. *Postponementstrategien* sind Verzögerungsstrategien, wodurch produktdifferenzierungsbezogene Aktivitäten in der → Supply Chain solange bewusst verzögert werden, bis sichere Kundenwünsche vorliegen. Dadurch werden „differenzierungsneutrale" Lagerbestände ermöglicht, was letztlich eine Reduktion der Komplexitätskosten erlaubt. Im Gegensatz dazu bezieht sich das SCM im *Bereich des Handels* vor allem auf Distributionsprozesse und Weiterentwicklungen der klassischen Handelslogistik, um möglichst alle Kostensenkungspotentiale in einem sich stetig verschärfenden Preiswettbewerb auszuschöpfen. Eine solche Weiterentwicklung stellt etwa das → Efficient Consumer Response dar.

7. Jüngere Entwicklungen:

Mit der Weiterentwicklung der Informations- und Kommunikationstechnologie und des Internets eröffnen sich neue Möglichkeiten zur Gestaltung bzw. Unterstützung des SCM, da diese schnellere und vor allem günstigere Interaktionen mit den Supply Chain-Partnern erlauben. So wurde durch die Zusammenführung von SCM mit herkömmlichen E-Business-Konzepten das sog. E-SCM entwickelt. Elemente des E-SCM sind z.B. das → E-Procurement oder → E-Fulfillment.

Hinweis

Zu den angrenzenden Wissensgebieten siehe → Beschaffungslogistik, → Beschaffungsmanagement, → Distributionslogistik, → Electronic Procurement, → ERP-Systeme (Enterprise Resource Planning-Systeme), → Industriemanagement, → Logistik (Logistikmanagement), → Marketing, Grundlagen,

→ Marketing, Internationales, → Materiallogistik, → Materialwirtschaft, → Optimierung, → Produktionsmanagement, → Prozessanalyse, → Retrodistributionslogistik (Entsorgungslogistik), → Supply Chain Controlling, → Unternehmensplanung, → Vertriebspolitik, → Vertriebssteuerung.

Literatur: Busch, A./ Dangelmaier, W. (Hrsg.): Integriertes Supply Chain Management. Theorie und Praxis effektiver unternehmensübergreifender Prozesse, Wiesbaden: Gabler. Cooper, M./ Lambert, D./ Pagh, J. (1997): Supply Chain Management: More Than a New Name for Logistics, in: The International Journal of Logistics Management, Vol. 8, Nr. 1, S. 1 – 14. Eisenkopf, A. (1994): Just-In-Time-orientierte Fertigungs- und Logistikstrategien – Charakterisierung, transaktionskostentheoretische Analyse und wettbewerbspolitische Würdigung veränderter Zuliefer-Abnehmer-Beziehungen am Beispiel der Automobilindustrie, Hamburg: Deutscher Verkehrs-Verlag. Corsten, H./ Gössinger, R. (2001): Einführung in das Supply Chain Management, München: Oldenbourg Verlag. Walther, J./ Bund, M. (Hrsg.): Supply Chain Management – Neue Instrumente zur kundenorientierten Gestaltung integrierter Lieferketten, Frankfurt a. M.: FAZ Verlagsbereich Buch. Wildemann, H. (Hrsg.): Supply Chain Management, München: TCW Transfer-Centrum-Verlag.

Website der Autoren: http://www.zeppelin-university.de

Supply Chain Operations Reference Model (SCOR)
ist ein innovatives Werkzeug zur Optimierung von Supply-Chain-Prozessen des → Supply Chain Councils. Siehe auch → Supply Chain Management und → Logistik, Grundlagen (Logistikmanagement).

Supply Management
(*Versorgungsmanagement*). Eine Einordnung bzw. Definition grundlegender Begriffe und Konzepte des Supply Management erfolgt mittels zweier Dimensionen: (1) Dimension 1 unterscheidet zwischen einem akquisitorischen (marktlich-verfügungsrechtliche Ebene) und einem physischen Supply Management (inner- und zwischenbetriebliche Behandlung). (2) Dimension 2 unterscheidet strategische und operative Elemente des Supply Management. Das Beschaffungsmanagement bildet den Kernbereich des Supply Management.
Einzelheiten siehe → Beschaffungsmanagement; siehe auch → Supply Chain Management (jeweils mit Literaturangaben).

Supply Side
Logistikorientierter → Efficient Consumer Response (ECR)-Ansatz. Fokus auf effizienten Warennachschub durch die Optimierung von Waren-, Informations-, und Geldflüssen entlang der Wertkette (→ *Supply Chain Management)*. Ziel ist es Strategien und Kooperationsmöglichkeiten zu finden, die der Reduzierung der Kosten von Lieferung und Lagerung dienen. Eine Trennung- auch nur rein sprachlich - in Supply Side und → *Demand Side* steht, obwohl oftmals in der Literatur verwendet, allerdings im Widerspruch zur Idee des → *ECR* als ein durchgängiges, integriertes und prozessorientiertes Konzept. Siehe auch → Efficient Consumer Response (ECR) und → Supply Chain Management, jeweils mit Literaturangaben.

Supply-in-line-sequence (SILS)
ist die sequenzgerechte Form der produktionssynchronen Lieferung; siehe → Just-in-time-Lieferung (JIT-Lieferung), siehe auch → Sequenzlieferung.

Supportprozess
Ein Supportprozess ist ein → Prozess, dessen Aktivitäten aus Kundensicht zwar nicht wertschöpfend, jedoch notwendig sind, um einen → Kernprozess ausführen zu können. Die Trennung zwischen → Kern- und Supportprozessen ist fließend, da in unterschiedlichen Kontexten und für unterschiedliche Unternehmen derselbe → Prozess → Kern- oder Supportprozess sein kann. Supportprozesse können ferner in → Kernprozesse übergehen. So nehmen Handelsunternehmen im → Kernprozess der

Zentralregulierung keine logistischen Aufgaben mehr wahr, sondern konzentrieren sich auf Regulierungsaktivitäten, die im typischen Lagergeschäft Supportprozesse darstellen.
Siehe auch → Prozessmanagement (mit Literaturanaben).

Supranationale Maßnahmen
sind Regelungen, die von überstaatlichen Organisationen verbindlich für alle Mitgliedstaaten vorgeschrieben werden.

Surrogatsforderung
Schadensersatzforderung, die z.B. ein Verkäufer (Exporteur) gegen den Käufer (Importeur) wegen Nichtabnahme bestellter Waren erwirbt; siehe auch → Warenabnahmerisiko und → Delkredererisiko.

Sustain Ability
Unternehmensberatungsfirma in London mit Schwerpunkten im Nachhaltigkeitsmanagement, Reporting etc. Siehe auch → nachhaltige Entwicklung und → Corporate Citizenship (mit Literaturanaben).

Sustainable Consumption
(*nachhaltiger Konsum*); siehe auch → Sustainable Development, → nachhaltige Unternehmensführung und → Konsumentenverhalten, umweltfreundliches.

Sustainable Development
ist ein gesellschaftspolitisches Leitbild für eine nachhaltige Entwicklung und für das nachhaltige Wirtschaften, wonach sich einerseits die Lebenschancen zukünftiger Generationen nicht gegenüber den Möglichkeiten der derzeitigen Generation verschlechtern dürfen (*intergenerative Gerechtigkeit*) und wonach sich andererseits ein Wohlstandsausgleich zwischen armen und reichen Ländern einstellen soll (*intragenerative Gerechtigkeit*). Siehe auch → nachhaltige Entwicklung (auch als zukunftsfähige Entwicklung bezeichnet) und → Corporate Citizenship.

Sustainable Development
siehe → nachhaltige Entwicklung und → Corporate Citizenship.

SVA
Abk. für → Shareholder Value Added.

SVR
Abk. für → Shareholder Value Return.

Swapgeschäfte
siehe → Swaps (mit Literaturangaben) und → Swapsatz.

Swaps

Swaps

von Univ.-Professor Dr. Rainer Stöttner
Lehrstuhl für Allgemeine Betriebswirtschaftslehre, Finanzierung, Banken und Versicherungen
an der Universität Kassel

1. Allgemeine Charakterisierung
Swaps zählen inzwischen zweifellos zu den innovativsten und am schnellsten wachsenden Gattung von Finanzprodukten. Die Fülle der Gestaltungsmöglichkeiten ist unübersehbar. Doch auch bei Swaps gilt: Reduziert man sie auf das Wesentliche, so sind sie leicht zu durchschauen. Im Grunde ist ein Swap, wörtlich übersetzt, ein Tauschgeschäft. Zwar kommen Swaps auch auf der Ebene der → Basisobjekte

vor, z.B. der Tausch bestimmter Anleihen (debt to debt swap) oder der Tausch von Anleihen/Schulden gegen Aktien, also Fremd- gegen Eigenkapital (debt-to-equity swap). Die besonders innovativen Swap-Varianten sind jedoch wiederum im Bereich der → Derivate zu finden. Auf dieser Ebene haben Swaps i.e.S. (financial swaps) große Ähnlichkeit mit → Termingeschäften. Im Grunde sind Swaps nichts anderes als mehr oder weniger komplexe Kombinationen von Terminkontrakten.

2. Zinsswap

Vielleicht die einfachste Variante von Swaps i.e.S. sind die Zinsswaps (interest rate swaps). Getauscht werden hier Zinszahlungsströme, deren Zinsberechnungsmodalitäten verschieden sind. Grob lässt sich unterscheiden zwischen festen Zinsen und variablen Zinsen. Letztere sind in dem Sinne variabel, dass sie in kurzen Intervallen - quartalsweise oder halbjährlich - an die Marktzinsentwicklung angepasst werden. Siehe auch → Zinsmanagement.

Angenommen, zwei Schuldner (A und B) haben jeweils einen Kredit über 1 Mio. US-$ aufgenommen. Beide Kredite haben noch eine Laufzeit von 5 Jahren. A verfügt über einen Festzinskredit und erwartet, dass die Zinsen in den kommenden 5 Jahren fallen. B verfügt über einen variabel verzinslichen Kredit und erwartet, dass die Zinsen in den kommenden fünf Jahren steigen. A und B haben offensichtlich gegensätzliche Zinserwartungen. Deshalb bietet es sich an, dass sie ihre Zinszahlungsverpflichtungen tauschen, d.h., A übernimmt die variablen Zinszahlungsverpflichtungen des B und B übernimmt die fixen Zinszahlungsverpflichtungen des A. Die jeweiligen Kreditsummen brauchen nicht getauscht zu werden, da sie ja ohnehin übereinstimmen. Die jeweiligen Gläubiger von A und B werden in der Regel von dem Zinsswap nichts erfahren. Auch in der Bilanz taucht der Swap nicht auf (off balance sheet transaction), wodurch deren Informationsgehalt maßgeblich eingeschränkt wird.

3. Währungsswap

Ein weiterer sehr bedeutsamer Swaptyp ist der Währungsswap (currency swap), mit dem sich Währungsrisiken auch sehr langfristig absichern lassen. So kann beispielsweise ein amerikanischer Investor A, der in der Eurozone investieren möchte und diese Investition nach 10 Jahren liquidieren möchte, mit einem Investor B aus der Eurozone, der für 10 Jahre in den USA investieren und dann die Investitionssumme wieder in die Eurozone zurückführen möchte, einen Währungsswap abschließen. Siehe auch → Währungsmanagement.

Angenommen die Investitionssumme betrage jeweils 125 Mio. US-$ und 100 Mio. Euro. Bei Abschluss des Swapgeschäfts betrage der Wechselkurs 1,25 US-$ je Euro. A liefert 125 Mio. US-$ an B und B 100 Mio. Euro an A. Beide können die geplanten Investitionen durchführen. Nach Ablauf von 10 Jahren tauschen beide die Beträge zurück, also A zahlt 100 Mio. Euro an B und B zahlt 125 Mio. US-$ an. Weder A noch B sind also infolge der (befristeten) Direktinvestition im Ausland irgend ein Währungsrisiko eingegangen. Swaps, die entweder reine Zinsswaps oder Währungsswaps darstellen, heißen auch *plain vanilla swaps*. Selbstverständlich können auch beide Grundformen kombiniert werden (*kombinierte Swaps*).

4. Swapmotive

Der Abschluss eines Swapgeschäfts bietet sich an, wenn die Swappartner unterschiedlichen Erwartungen im Hinblick auf Zins- und/oder Wechselkursänderungen haben. Es können aber auch Kosteneinsparungspotenziale Anlass für Swapvereinbarungen sein.

Angenommen, die beiden Kreditnehmer A und B benötigen einen Euro-Kredit im Volumen von 10 Mio. A präferiert einen Festzinskredit, B einen variabel verzinslichen Kredit. Wenn nun aber A aufgrund seiner Marktstellung (Kontakt zu bestimmten Banken, etc.) auf dem Markt für variabel verzinsliche Kredite besonders günstige Konditionen erzielen kann, während B auf dem Markt für festverzinsliche Kredite das bessere "Standing" besitzt und deshalb besonders günstige Konditionen aushandeln kann, dann bietet sich ein Swapgeschäft zwischen A und B an: A nimmt den variabel verzinslichen Kredit auf, B nimmt des Festzinskredit auf und anschließend tauschen A und B im Rahmen eines Zinsswaps die jeweiligen Zinszahlungsverpflichtungen. Die Einsparungen, die durch die getauschten Rollen bei der Kreditaufnahme zustande kommen, werden unter den Swappartnern einvernehmlich aufgeteilt. Somit profitieren beiden Swappartner von dem Swapgeschäft.

Um Konditionsverbesserungen zu erzielen, ist es übrigens nicht erforderlich, dass ein Partner auf dem einen Markt und der andere Partner auf dem anderen Markt absolute Konditionenvorteile besitzt. Es genügt, wenn komparative Vorteile existieren, also z.B. der Kreditnehmer A sich auf beiden Märkten günstiger finanzieren kann als B, dass aber die Finanzierungskostenvorteil des A etwa auf dem Markt für varibel verzinsliche Kredite größer ist als auf dem Markt für festverzinsliche Kredite (komparativer Finanzierungskostenvorteil).

5. Bewertung von Swaps

Die Swap-Bewertung stellt eine komplexe Aufgabe dar. Das Bewertungsprinzip ist jedoch recht einfach.

Angenommen, A und B schließen ein Zinsswap ab, aufgrund dessen A nun feste Zinsen und B variable Zinsen zahlen muss. Was der Wechsel des A weg von der variablen hin zur festen Zinszahlungsverpflichtung wert ist, hängt davon ab, mit welchen zukünftigen Zinssätzen man rechnet. Nimmt man das Urteil des Marktes zu Hilfe, dann erwartet man künftige Kassa-Zinssätze ($\rightarrow$ Kassa-Zinssatz) in Höhe der heute vom Markt herausgebildeten Terminzinssätze ($\rightarrow$ Termin-Zinssatz). Zum Zeitpunkt des Kontrakt-Abschlusses kann man also ausrechnen, wieviel an Zinsaufwand A einspart durch den Wechsel zum fixen Zinszahlungsmodus, wenn der Markt mit seiner Erwartung zukünftig steigender Zinsen recht behält. Umgekehrt wird B im selben Umfang verlieren. B kann also von A einen entsprechenden Ausgleich verlangen.

Zu einem guten bzw. schlechten Geschäft entwickelt sich der Swapkontrakt für A bzw. B nur dann, wenn die künftige Zinsentwicklung von der erwarteten abweicht. Steigen z.B. die Zinsen in Zukunft stärker als erwartet, profitiert offenbar A hiervon, während B hierdurch belastet wird. Das Umgekehrte gilt bei einer unterhalb der Erwartung liegenden Zinssteigerung oder gar bei fallenden Zinsen. Was der Swap für den einen oder anderen Partner wert ist, richtet sich also nach der faktischen Zinsentwicklung während der Swaplaufzeit.

Hinweis

Zu den vertiefenden bzw. angrenzenden Wissensgebieten siehe $\rightarrow$ Außenhandelsfinanzierung (Internationale Zahlungs-, Sicherungs- und Finanzierungsinstrumente), $\rightarrow$ Finanzinnovationen, $\rightarrow$ Optionen, $\rightarrow$ Portfoliomanagement, $\rightarrow$ Risikocontrolling, $\rightarrow$ Währungsmanagement, $\rightarrow$ Zinsmanagement.

Literatur: Cuthbertson, K., Nitzsche, D.: Financial Engineering: Derivatives and Risk Management, Chichester, New York, etc. 2001; Eckl, S., Robinson, J.N., Thomas, D.C.: Financial Engineering: A Handbook of Derivative Products, Oxford 1991; Hull, J.C.: Options, Futures & Other Derivatives, 4th edition, London, Sidney, etc. 2000; Stöttner, R.: Swap, in rororo Betriebswirtschaft (hrsg. von Horst Günter), Reinbek bei Hamburg 2004.

Website / Internetadresse des Autors: www.uni-kassel.de; stoettner@wirtschaft.uni-kassel.de

Swapsatz

(1) *Charakterisierung*: Oberbegriff für $\rightarrow$ Deport und $\rightarrow$ Report, d.h. Oberbegriff für die Unterschiedsbeträge zwischen dem $\rightarrow$ Devisenkassakurs einer Fremdwährung und dem $\rightarrow$ Devisenterminkurs dieser Währung. Der Ausdruck Swapsatz kommt von Devisengeschäften (Swapgeschäften), die insbesondere Banken durch Tausch (swap) von Devisenkassageschäften (siehe auch $\rightarrow$ Devisenkassakurse) gegen $\rightarrow$ Devisentermingeschäfte oder umgekehrt bzw. durch Tausch von Devisentermingeschäften mit unterschiedlichen Fälligkeiten in derselben Währung vollziehen.

(2) *Formel*: Die Höhe des Swapsatzes einer Fremdwährung wird maßgeblich von den Zinsunterschieden dieser Fremdwährung zum Euro-Zinsniveau am Bankengeldmarkt bestimmt. Der Swapsatz (Deport, Report) einer Fremdwährung kann deswegen ausgehend von deren Kassakurs unter Einbeziehung der angesprochenen Zinsdifferenz und der Laufzeit eines Termingeschäfts mit Hilfe einer Formel (näherungsweise) errechnet werden:

$$\text{Swapsatz} = \frac{\text{Kassakurs} \cdot \text{Zinsdifferenz} \cdot \text{Zeit}}{100 \cdot \text{Basis}}$$

In dieser Formel sind: (a) Zeit = Laufzeit des Devisentermingeschäftes (errechnet nach der am Euro-geldmarkt üblichen genauen Auszählung der Kalendertage). (b) Basis = Anzahl der Tage, die das Zins-jahr definieren (am Eurogeldmarkt für die meisten Währungen mit 360 Tagen anzusetzen).
(3) *Dezimalstellen*: Diese Formel führt zu sog. Dezimalstellen (sog. Stellen), die (a) als Deport vom ak-tuellen Kassakurs der betreffenden Fremdwährung abzuziehen sind, bzw. die (b) als Report dem aktuel-len Kassakurs der betreffenden Fremdwährung hinzuzurechnen sind, um zum Devisenterminkurs der betreffenden Fremdwährung zu kommen.
Siehe auch → Swaps und → Währungsmanagement, jeweils mit Literaturangaben.

Swaption

ist eine Kombination aus → Swap und → Option. Mit dem Kauf einer Swaption erwirbt man das Recht, während einer bestimmten zukünftigen Zeitspanne einen Swap-Kontrakt abzuschließen. Das → Basisobjekt einer Swaption ist also ein Swap-Kontrakt. Der Verkäufer einer Swaption ist der → Stillhalter, indem er sich verpflichtet, den Gegenpart des Swaption-Käufers zu übernehmen, falls dieser tatsächlich in das Swapgeschäft einsteigen möchte.
Siehe auch → Swaps (mit Literaturangaben).

SWIFT

Abk. für "Society for Worldwide Interbank Financial Telecommunication". Es handelt sich um ein in-ternationales Datenübertragungsnetz von Kreditinstituten in den maßgeblichen Handelsländern. Ge-genstand der standardisierten und verschlüsselten SWIFT-Nachrichten sind beispielsweise Zahlungs-anweisungen sowie weitere auslandsbezogene Nachrichten, die sich u.a. auf → Dokumentenakkrediti-ve, → Dokumenteninkassi, Devisen-, Geldmarkt- und Effektengeschäfte der Banken beziehen.

Swiss GAAP FER

Swiss GAAP FER

von Univ.-Prof. Dr. Max Boemle, em. Ordinarius, Universität Fribourg
und Honorarprofessor Universität Lausanne / lic. rer. pol. Ralf Lutz

1. Entstehung der FER

Normen zur Rechnungslegung können vom Gesetzgeber oder von einem privaten Fachgremium festge-legt werden. Nachdem es sich bei der Teilrevision des Aktienrechts von 1936 gezeigt hat, dass es dem Gesetzgeber schwer fällt, das staatliche Regelwerk den sich rasch wandelnden Ansprüchen an die fi-nanzielle Berichterstattung anzupassen, ist es naheliegend, ein fachlich ausgewiesenes und repräsenta-tiv zusammengesetztes, privates Rechnungslegungsgremium als Standardsetter einzusetzen. Aus die-sem Grund hat die Organisation der Wirtschaftsprüfer (Schweizerische Treuhand-Kammer) in den 1980er Jahren die Initiative zur Gründung einer unabhängigen Institution ergriffen, welche sich mit der Entwicklung von Rechnungslegungsstandards in der Schweiz befassen soll. Die seit 1984 tätige Fach-kommission für Empfehlungen zur Rechnungslegung FER – seit 2001 als Swiss GAAP FER bezeich-net – hatte sich die Aufgabe gestellt, einerseits die rudimentären aktienrechtlichen Rechnungslegungs-vorschriften zu ergänzen und andererseits insbesondere die Rechnungslegung schweizerischer Konzer-ne dem international üblichen Niveau anzunähern. In der Folge wurde das Schwergewicht auf die An-gleichung an die IFRS gelegt, allerdings ohne deren Form und Inhalt umfassend zu übernehmen.
Die Tätigkeit der FER stiess in der Anfangsphase bei der Wirtschaft auf Zurückhaltung. Erst die Be-stimmung der FER zum Mindestinhalt der Rechnungslegung von börsenkotierten Firmen durch die Schweizer Börse SWX brachte 1996 den Durchbruch. Für im Hauptsegment der SWX kotierte Gesell-schaften genügt jedoch ab 2005 ein Abschluss nach Swiss GAAP FER nicht mehr. → IFRS oder → US-GAAP sind zwingend. Die grosse Mehrheit der Konzerne hatte jedoch bereits früher freiwillig auf einen der beiden internationalen Standards umgestellt.

Die Zielsetzung einer Annäherung der Swiss GAAP FER an → IFRS ist für börsenkotierte Gesellschaften damit hinfällig geworden. Deshalb hat sich das schweizerische Rechnungslegungsgremium neu positioniert.

2. Swiss GAAP FER als modulares Konzept

Das Regelwerk trägt damit den unterschiedlichen Bedürfnissen der Anwender Rechnung, indem auf dem Fundament des Rahmenkonzepts eine differenzierte Lösung mit *Kern-FER* und *Best Practice FER* bereitgestellt wird.

Nachdem die rudimentären Rechnungslegungsvorschriften des Aktienrechts 1991 nicht mehr zeitgemäss sind und auch die Reformvorschläge 2005 kein True-and-fair View-Konzept zwingend verlangen, betrachtet es die Fachkommission FER als ihre Aufgabe, für auf den einheimischen Finanzmarkt ausgerichtete börsenkotierte Gesellschaften (Local Cap Segment der SWX) sowie für kleine und mittlere Unternehmen ein einfaches und damit kostengünstig anzuwendendes Regelwerk für eine transparente finanzielle Berichterstattung zur Verfügung zu stellen. Oberziel ist, in Abweichung von den gesetzlichen Vorschriften, eine True and Fair View. Der rechtlich massgebende Einzelabschluss nach OR wird zur Unterscheidung vom Swiss GAAP FER-Abschluss als statutarische Jahresrechnung bezeichnet.

Das 2005 in Kraft gesetzte *Rahmenkonzept von Swiss GAAP FER* behandelt die Grundlagen der Jahresrechnung, die Definitionen von fünf Grössen der Rechnungslegung, die zulässigen Bewertungskonzepte von Aktiven und Verbindlichkeiten, die qualitativen Anforderungen sowie den Inhalt des Jahresberichts. Der Jahresabschluss umfasst zusätzlich zu den vom Gesetz geforderten drei Bestandteilen auch eine *Geldflussrechnung* und einen *Eigenkapitalnachweis*.

„Kleine" FER-Anwender, welche zwei der nachstehenden Kriterien in zwei aufeinanderfolgenden Jahren nicht überschreiten (Bilanzsummen von CHF 10 Millionen, Jahresumsatz 20 Millionen, 50 Vollzeitstellen im Jahresdurchschnitt), können sich auf die sechs Kernstandards beschränken: Grundlage, Bewertung, Darstellung und Gliederung, Geldflussrechnung, Ausserbilanzgeschäfte und Anhang. *„Grosse" FER-Anwender* (mittelgrosse Unternehmen und Kleinkonzerne mit nationaler Ausstrahlung) haben zudem auch alle sog. Best Practice Standards anzuwenden. Diese umfassen Standards zu allen wesentlichen Teilbereichen der Rechnungslegung (z.B. immaterielle Werte, Steuern, Vorräte, Leasing, Sachanlagen, Wertbeeinträchtigungen, langfristige Fertigungsaufträge, Rückstellungen, Eigenkapital, Transaktionen mit Aktionären usw.). *Branchenspezifische Standards* (Versicherungen, Vorsorgeeinrichtungen, Non-Profit-Organisationen) und ein Standard für die Konzernrechnung runden das Regelwerk ab.

Das modulare Konzept tritt auf 1. Januar 2007 in Kraft. Es ist nicht anzunehmen, dass das IASB mit dem geplanten Standard für SMEs den auf die besonderen Bedürfnisse der schweizerischen mittelständischen Wirtschaft ausgerichteten Swiss GAAP FER verdrängen wird.

3. Rechtsnatur

Die Rechtsnatur von privaten Rechnungslegungsnormen, sogenannte *Soft Law*, im Gegensatz zum Hard Law (Obligationenrecht und Spezialgesetze), wird nicht einheitlich beurteilt. Es ist jedoch unbestritten, dass Soft-Law keine Gesetzeskraft hat, da es nicht durchgesetzt werden kann und Sanktionen fehlen (ausgenommen für die dem Börsengesetz unterstellten Anwender). Bislang fehlt ein höchstrichterliches Urteil zur Rechtsnatur von durch Selbstregulierung erlassenen Rechnungslegungsnormen. Der Gesetzgeber hat de lege lata, mit Ausnahme der Vorschriften für die Rechnungslegung von Personalvorsorgeeinrichtungen, Swiss GAAP FER nicht als verbindlich erklärt. De lege ferenda (Gesetzesvorentwurf 2005 zur Rechnungslegung → Jahresabschluss nach schweizerischen Recht)sollen börsenkotierte Gesellschaften, wirtschaftlich bedeutsame Genossenschaften, Vereine, sowie Stiftungen verpflichtet werden, ihren Abschluss nach einem privaten Regelwerk zu erstellen, wobei die anwendbaren Regelwerke vom Bundesrat bestimmt werden.

Hinweis

Zu den angrenzenden Wissensgebieten siehe → Abschlusserstellung nach US-GAAP, → Bilanzanalyse, → Internationale Rechnungslegung nach IFRS, → Jahresabschluss nach deutschem Recht, → Jahresabschluss nach schweizerischem Recht, → Kapitalflussrechnung (deutsches Recht), → Konzernabschluss (deutsches Recht), → Rückstellungen, → Sonderbilanzen (deutsches Recht), → Steuerrecht, Internationales (deutsches Recht), → Währungsmanagement.

Literatur: FER (Stiftung für Fachempfehlungen zur Rechnungslegung): Swiss GAAP FER 2005/2006 (Zürich 2005).

Internetadresse: www.fer.ch

Website der Autoren: http://www.unifr.ch/finanzmanagement/

Switch-over-Klausel

(→ *Steuerrecht, Internationales*). Die im → Doppelbesteuerungsabkommen grundsätzlich normierte Freistellungsmethode wird durch die Anrechnungsmethode ersetzt, um eine Minderbesteuerung oder → Nullbesteuerung zu verhindern.

SWOT-Analyse

(*allgemeine Charakterisierung*) dient der Problemfeststellung in der strategischen Planung. Die SWOT-Analyse (SWOT: *Strengths-Weaknesses-Opportunities-Threats*; auch SOFT: *Strength, Opportunities, Failures, Threats*) ist der Abschluss der strategischen Umfeld- und Unternehmensanalyse.
Die im Risiko-Chancen-Katalog der externen Unternehmensanalyse enthaltenen Daten sind mit dem Stärken- Schwächen-Profil der internen Unternehmensanalyse zu vergleichen, um den Deckungsgrad der Chancen und Risiken mit den Stärken und Schwächen festzustellen. Die dabei möglichen Konstellationen und die daraus resultierenden Strategien können in einer SWOT-Analyse zusammengefasst werden.
Einzelheiten und Beispiel zur SWOT-Analyse siehe → Analysemethoden, betriebswirtschaftliche, dort insbesondere Abbildung 1.

SWOT-Analyse

(insbesondere im → *Marketing*). SWOT steht für Strengths (Stärken), Weaknesses (Schwächen), Opportunities (Chancen), Threats (Risiken) und bezeichnet ein Konzept zur Zusammenfassung der Ergebnisse der strategischen Situationsanalyse. Die SWOT-Analyse kombiniert Verfahren der Umwelt-, Markt- und Unternehmensanalyse, indem sie externe Chancen und Risiken des Marktes und der Umwelt den internen Stärken und Schwächen des Unternehmens gegenüberstellt. Dabei zeichnet sie sich durch ihre Einfachheit und Integrativität aus.

SWOT-Analyse

(insbesondere in der → *Unternehmensplanung*). Sie beschäftigt sich mit der Erfassung der Stärken (**S**trengths) und Schwächen (**W**eaknesses) des eigenen Unternehmens aus interner Sicht oder der Sicht der → *Geschäftsprozesse* sowie der Chancen (**O**pportunities) und Risiken (**T**hreats) aus Markt- oder Kundensicht. Die über die SWOT-Analyse identifizierten Ist-Eigenschaften der Geschäftsfelder und Geschäftsprozesse sollen nach Plan geändert werden. Hierzu dienen strategische Projekte oder Initiativen, deren Auswirkungen sich durch *Ziel- und → Kennzahlensysteme* und den Ansatz der → *Balanced Scorecard* mit konkreten Planvorgaben beurteilen und steuern lassen.

Synektik

(→ *Kreativitätstechnik*), gesteuerte Verfremdung einer Aufgabenstellung durch Bildung zielgerichteter natürlicher, persönlicher, symbolischer und direkter Analogieketten sowie deren erzwungener Rückbezug auf das definierte Ausgangsproblem.
Im methodischen Ablauf wird versucht, den eher unbewusst ablaufenden kreativen Prozess zu simulieren, also nicht sofort Lösungen zu suchen, sondern zunächst Gesichtspunkte zu sammeln und möglichst großen Abstand von Bekanntem zu gewinnen, vergleichbar einer natürlichen Inkubationszeit. Das Problem wird zunächst verfremdet, um dann durch Konfrontation unabhängiger Strukturen eine Verknüpfung zu finden, die neuartig ist.

Die Ablaufphasen sind allerdings kompliziert und verlangen ein spezielles Training. Sie lauten im Einzelnen: (1) Problemdarstellung und -analyse, d.h. Darlegung des Problems und Vertiefung dessen Verständnisses durch Hilfe eines Experten, der (auch im Detail) erklärt, worauf es ankommt (30 Min.), (2) Spontanreaktionen festhalten, um übliche Lösungen zu nennen, zu bewerten und zu rechtfertigen, dies schafft eine Atmosphäre, in der außergewöhnliche Ideen gedeihen können (10 Min.), (3) neudefiniertes Problem, d.h. nach einer gründlichen Erforschung wird eine Wiederholung der Problemstellung oder auch einer Zielvorstellung des Problems vorgenommen (15 Min.), (4) direkte Analogien bilden und auswählen, wenn dabei schon eine erfolgversprechende Lösung gefunden wird, ist der Kreativitätsprozess hier beendet, ansonsten folgen weitere Phasen (20 Min.), (5) natürliche Analogien bilden und auswählen (20 Min.), (6) persönliche Analogien bilden und auswählen (20 Min.), (7) symbolische Analogien bilden und auswählen (10 Min.), (8) direkte (problemlösungsbezogene) Analogien bilden und auswählen (20 Min.), (9) Analyse der ausgewählten Analogie und deren Erklärung bzw. Beschreibung (20 Min.), (10) Projektion auf das Ausgangsproblem (20 Min.), (11) Lösungsbezug herstellen, d.h. es werden neue Gesichtspunkte entwickelt, aus denen verschiedene Problemlösungen resultieren (10 Min.).

Synergien

(griechisch synergia = *Zusammenarbeit*) treten auf, wenn der Marktwert aus der gemeinsamen Nutzung mehrerer Aktivitäten oder Ressourcen größer ist als die Summe der einzelnen Marktwerte. Synergien haben ihre Ursache in Economies of Scale und Economies of Scope. Synergien führen zu einem Zurechnungsproblem der verschiedenen Outputs zum gemeinsamen Input und zu Quasi-Renten. Als *Quasi-Rente* bezeichnet man die Differenz zwischen dem Wert einer Investition in der aktuellen Verwendung und dem Wert der Investition in der nächst besten Verwendung. Synergien bzw. Quasi-Renten begründen wechselseitige Abhängigkeitsverhältnisse und stellen die Ursache für die Existenz von Firmen dar.
Literatur: Frost, J.. Märkte in Unternehmen. Organisatorische Steuerung und Theorien der Firma, Wiesbaden 2005; Kräkel, M.: Synergien. In: Küpper, H.-U., Wagenhofer, A. (Hrsg): Handbuch der Unternehmensrechnung, Stuttgart 2002, Sp. 1910-1918.

System Sourcing

Bei *system* bzw. *modular sourcing* übernimmt ein Lieferant die Aufgabe der (Vor-)Montage und sogar Entwicklungsaufgaben. Er liefert ein komplexes, mehr oder weniger umfassendes Leistungsbündel. Einzelheiten siehe → Modular Sourcing. Siehe auch → Beschaffungsmanagement und → Supply Chain Management, jeweils mit Literaturangaben.

Systemarchitektur

ist die Struktur eines Objektsystems und stellt in der Wirtschaftsinformatik zumeist ein abstraktes Modell von → Anwendungssystemen bzw. → Informations- und Kommunikationssystemen dar. Die Systemarchitektur beschreibt die einzelnen Elemente des Systems und die Beziehungen zwischen ihnen sowie die in das System eingebetteten Abläufe. Siehe auch → Wirtschaftsinformatik, Grundlagen und → Data Warehouse, jeweils mit Literaturangaben.

Systementwicklung

befasst sich mit der Analyse, dem Entwurf und der Realisierung von → Informations- und Kommunikationssystemen. Die Neuentwicklung, Erweiterung oder Umstellung der Systeme orientiert sich dabei i.d.R. an Vorgehensmodellen und unter Verwendung rechnergestützter Werkzeuge (siehe auch → CASE). Die Systementwicklung vereint sechs Aufgabenbereiche, die aufeinander aufbauen und eng miteinander verknüpft sind: Geschäftsprozessmodellierung, Requirements Engineering, Entwurf, Implementierung, Test und Change-Management.
Im Rahmen der *Geschäftsprozessmodellierung* wird auf Basis einer Analyse der bestehenden Geschäftsprozesse ein Soll-Konzept für deren informationstechnische Unterstützung erstellt. Ergebnis des *Requirements Engineering* ist anschließend eine möglichst vollständige und konsistente Anforderungsspezifikation für das zu erstellende Informations- und Kommunikationssystem, dessen → Systemarchitektur in der *Entwurfsphase* entwickelt wird. Die *Implementierung* setzt diese Systemarchitektur in ein

Informations- und Kommunikationssystem um, das in einer *Testphase* anhand vorher definierter Spezifikationen und Testfälle geprüft wird. Das → *Change Management* begleitet die Einführung des Systems im Anwendungsgebiet, z.B. durch Benutzerschulungen.
Siehe auch → Wirtschaftsinformatik, Grundlagen (mit Literaturangaben).

Systemkopf
Teil eines Systems, welcher koordiniert und Entscheidungen durchsetzt, z.B. → Systemzentrale in einem Franchisesystem. Siehe auch → Franchising (mit Literaturangaben).

Systemtheorie
eine interdisziplinäre Wissenschaft, die eine für alle biologischen, sozialen und mechanischen Systeme geltende formale Theorie zu entwickeln bestrebt ist. Grundlage ist die Erkenntnis quantitativer Strukturen in sozialen Systemen. Als betriebswirtschaftliche Systemtheorie hat sie Bedeutung, da sich Unternehmen einer instabilen Unternehmensumwelt gegenübersehen und diese Dynamik durch die Systemtheorie abgebildet werden kann (Fließgleichgewicht, Selbstbezugfähigkeit).

Systemzentrale
Kernstück eines Franchisesystems. Von hier aus entwickelt und erbringt der → Franchisegeber sämtliche Leistungen für seine → Franchisenehmer. Die Systemzentrale wird auch als → Systemkopf bezeichnet. Siehe auch → Franchising (mit Literaturangaben).

Szenario-Analyse
Mittels der Szenario-Analyse wird die künftige Unternehmensentwicklung anhand konsistenter Szenarien abgebildet. Entsprechend den Entwicklungen in der Makro- und Wettbewerbsumwelt sowie den Handlungen im Unternehmen – wobei beide Bereiche interdependent sind – kommt man zu unterschiedlichen Szenarien des Unternehmens.
Im Rahmen der Szenario-Analyse werden in der Regel neben einem normal case Extremszenarien betrachtet, d.h. zum einen ein bad oder worst case-Szenario und zum anderen ein good oder best case-Szenario. Die Anzahl der einzubeziehenden Szenarien hängt auch vom Risikoverständnis, d.h. von der Frage ab, ob lediglich Schadenspotenziale oder auch Chancen analysiert werden. Die analysierten Einzelrisiken können qualitativ oder quantitativ abgebildet sein.
Die Szenario-Analyse ist flexibel einsetzbar, sie erleichtert die Bewertung von aggregierten Risiken und die Generierung von Steuerungsmaßnahmen. Die Eignung der Szenarios hängt wesentlich von der Vollständigkeit der einbezogenen Risiken und der Verarbeitung der z.T. heterogenen Risiken zu konsistenten Szenarien ab.
Siehe auch → Risikocontrolling (mit Literaturangaben).
    Literatur: Burger, A. / Buchhart, A.: Risiko-Controlling, München und Wien 2002.

Szenario-Technik, ökologieorientierte
Die Szenario-Technik ist ein sehr aussagekräftiges und ein in der strategischen Unternehmensanalyse recht beliebtes, aber auch sehr aufwendiges Instrument der *Trendanalyse*. Diese Technik kann zur strategischen Umweltanalyse ausgesprochen gut eingesetzt werden, da sie Bilder denkbarer sozialer und ökologischer Zukünfte entwirft.
Szenarien sind hypothetische Situationen, Welten oder Zukünfte, die sich als Konsequenzen der Entwicklung oder Veränderung bestimmter Wirkgrößen bzw. alternativer Rahmenbedingungen ergeben können, aber nicht müssen. Sie bündeln die vielfältigsten Umfeldeinflüsse und -entwicklungen zu möglichen Zukunftsbildern und dienen dem Unternehmen dazu, rechtzeitig auf zukünftige Herausforderungen eingerichtet zu sein. Darüber hinaus wird versucht, die den Entwicklungen zugrunde liegenden kausalen Prozesse zu erkennen.
Die mit der Zeitperspektive zunehmende Unsicherheit zukünftiger Entwicklungen wird durch den *Szenariotrichter* dargestellt, dessen Grenzen oft durch → best-case- und → worst-case-Betrachtungen festgelegt sind.
Siehe auch → Umweltmanagement und → Ökologie-Marketing, jeweils mit Literaturangaben.

Szenariotrichter

Instrument der Szenario-Technik (siehe auch → Szenario-Technik, ökologieorientierte). Die mit der Zeitperspektive zunehmende Unsicherheit zukünftiger Entwicklungen wird durch den *Szenariotrichter* dargestellt, dessen Grenzen oft durch → best-case- und → worst-case-Betrachtungen festgelegt sind.

Szondi-Test

siehe → Projektive Tests und → Personalauswahl, Instrumente.

T

Tablet-PC

ist ein Computer, der in einen berührungsempfindlichen Flachbildschirm („Touch-Screen") eingebaut ist und etwa die Größe eines Laptop-Computers besitzt. Seine Bedienung erfolgt typischerweise mit einem speziellen Stift, es gibt jedoch auch Modelle mit einer ausklappbaren Tastatur. Je nach Einsatzzweck werden diese als → *mobiles Endgerät* oder aber wie ein Laptop-Computer eingesetzt.

Tabu Search

siehe → Metaheuristiken; siehe auch → Heuristiken.

Tag-Along-Right

(*Mitveräußerungsrecht*), Regelungselement des → Venture Capital-Beteiligungsvertrages einer Eigenkapitalfinanzierung mit → Venture Capital. Siehe auch → Co-Sale-Right (einfaches Mitveräußerungsrecht).

Tageberechnung

(→ *Finanzmathematik*, → *Zinsrechnung*). Die Tageberechnung bestimmt die Länge eines Zeitraumes (t_1, t_2) in Jahren:

$$T(t_1, t_2) = \frac{\text{Tage}(t_1, t_2)}{\text{Jahreswert}}$$

Übliche Tageszählmethoden an Finanzmärkten sind (1) $\text{Tage}(t_1, t_2) = $ actual : tatsächliche Anzahl von Tagen zwischen t_1 und t_2, wobei genau einer der beiden Tage t_1, t_2 mitgezählt wird. (2) $\text{Tage}(t_1, t_2) = 30\text{E}$: ganze Monate zählen stets zu 30 Tagen. Übliche Jahreswerte sind 360, 365 und 365,25. Während der Geldmarkt bei unterjährigen Laufzeiten meist im Modus actual/360 rechnet, verwendet der Kapitalmarkt im überjährigen Bereich i.d.R. die einfache Tageberechnung 30E/360.

Tagesgeld

täglich (von Tag zu Tag) fälliges Geld im Handel unter Banken, das i.A. „bis auf weiteres" überlassen wird. Entsprechend der Marktzinsentwicklung mit einem unter Umständen täglich wechselnden Zinssatz; siehe auch → *Geldmarktkredit* und → *Geldmarktkonto*.

Tagesordnung

Sie gibt die Versammlungs- und Beschlussgegenstände z.B. der → Hauptversammlung einer → Aktiengesellschaft in der Reihenfolge an, in der sie behandelt werden sollen. Sie wird in der Bekanntmachung der Einberufung aufgeführt. Der → Aktionär muss sich anhand der dort gemachten Angaben ohne Rückfragen ein Bild davon machen können, welche Tagesordnungspunkte behandelt werden und zu welchen ein Beschluss gefasst werden soll. Siehe auch → Aktiengesellschaft, deutsche bzw. österreichische.

Tagwechsel

Zeitwechsel. Lautet die Verfallzeit eines → Wechsels auf einen bestimmten Tag, dann wird dieser Wechsel als Tagwechsel, manchmal auch als Zeitwechsel bezeichnet.

TAI

Abk. für → Tätigkeits-Analyse-Inventar. Mit Hilfe des TAI werden Tätigkeiten nicht für sich alleine, sondern modulartig als Bestandteil eines komplexen Beschäftigungsbildes untersucht.

Talon

siehe → Erneuerungsschein.

Tangentialportfolio

beschreibt den geometrischen Ort im μ-σ-Diagramm, an dem die → Effizienzlinie bei Verfügbarkeit der Möglichkeit zur risikolosen Anlage/Verschuldung die Menge der μ-σ-Kombinationen riskanter Teilportfolios tangiert. Dieses Portfolio ist μ-σ-effizient und stellt bei Zugrundelegung des μ-σ-Prinzips unabhängig von den konkreten Investorpräferenzen das optimale riskante Teilportfolio des Investors dar.

Siehe auch → Tobin-Separation und → Portfoliomanagement (mit Literaturangaben).

Tankstellen-Shops

sind in den letzten Jahren v.a. in Deutschland – und hier vor dem Hintergrund limitierter Öffnungszeiten und der Convenience-Orientierung der Verbraucher – gewachsene neue Handelsformen (→ Vertriebswege, neuere). Sie erfüllen die Convenience-Anforderungen, so bezüglich eines bequemen, stressfreien und schnellen Einkaufs bestimmter, problemloser Waren des täglichen Bedarfs, d.h. insbesondere Lebensmittel. Das Umsatzvolumen (ohne Kraftstoff) der rund 15.000 Tankstellen in Deutschland übersteigt das der rund viermal so vielen Kiosken und Imbisshallen.

Je nachdem welcher Sortimentsbestandteil den Hauptfrequenzbringer darstellt, unterscheidet man auch zwischen G-Stores, also Gasoline-Stores, bei denen der Schwerpunkt auf dem Kraftstoffverkauf liegt, und C-Stores, also → Convenience Stores, bei denen das Shopgeschäft dominiert. Neuere (ehemalige) Tankstellen-Shops können an verkehrsgünstigen Lagen auch ohne das Kraftstoffgeschäft auskommen und bilden damit eine neue Form der C-Stores.

Siehe auch → Vertriebswege, Neuere (mit Literaturangaben).-

Target Costing

geht von der Frage aus: Was darf ein Produkt kosten, damit es genau den Wünschen des Kunden entspricht? Hierbei wird z.B. bei der Entwicklung von neuen Produkten der maximal wettbewerbsfähige Zielpreis (target price) vorgegeben, den ein Produkt kosten darf. Weiterhin werden ebenfalls die Zielkosten (target costs) bestimmt, die nach Abzug der Gewinnspanne die vom Markt erlaubten Produktkosten darstellen (allowable costs).

Literatur: Wannenwetsch Helmut (Hrsg.): Erfolgreiche Verhandlungsführung in Einkauf und Logistik, Berlin-Heidelberg 2004.

Target Costs

Zielkosten; siehe → Target Costing.

Target Price

(wettbewerbsfähiger) Zielpreis; siehe → Target Costing.

Targeting

(*Marketing*). Unter Targeting wird die Bewertung und Auswahl der Zielsegmente bzw. Zielgruppen verstanden, auf die sich die Marketingaktivitäten eines Unternehmens konzentrieren sollen. Targeting ist Teil des → strategischen Marketing und folgt auf die → Segmentierung. Besonders im englischsprachigen Raum wird Targeting als Teil des → STP Marketing hervorgehoben. Eine Kernfrage im Rahmen des Targeting ist, ob der Markt differenziert (*Marktsegmentierungsstrategie*) oder undifferenziert (*Massenmarktstrategie*) bearbeitet werden soll.

Noch mehr in die Tiefe geht die Frage nach der Marktabdeckung, wobei verschiedene Möglichkeiten bestehen: (1) *Gesamtmarktabdeckung*, was der Massenmarktstrategie entspricht, (2) *Nischenspezialisierung* mit Fokus auf einen Teilmarkt und einen Produktbereich, (3) *Marktspezialisierung*, bei der ein gesamtes Produktprogramm einem einzigen Segment angeboten wird, (4) *Produktspezialisierung*, wobei der Schwerpunkt auf einem Produktbereich liegt, der verschiedenen Segmenten bzw. Teilmärkten zugänglich gemacht wird und (5) *differenzierte Spezialisierung*, bei der ausgewählte Teilmärkte mit ausgewählten Produkten anvisiert werden, um möglichst attraktive Produkt/Marktkombinationen auszuschöpfen. Nischenspezialisierung und Marktspezialisierung können auch als *konzentriertes Marketing* bezeichnet werden.

Eine weitere Möglichkeit bietet das *kundenindividuelle Marketing*, welches voraussetzt, dass ein Unternehmen ein maßgeschneidertes Angebot für jeden Kunden erbringt. Diese Form des Marketing findet sich vor allem im Investitionsgüterbereich (Investitionsgütermarketing). Durch die Fortschritte der Technologie bei Produktion und Kommunikation kann dieses Konzept heute auch im Konsumgüterbereich eingesetzt werden, wo es als *Mass Customization* bezeichnet wird.

Siehe auch → Marketing, Grundlagen (mit Literaturangaben).

TARGET-Überweisungssystem

TARGET ist die Bezeichnung für Trans-European Automated Real-time Gross Settlement Express Transfer System. TARGET verbindet die nationalen → Echtzeit-Bruttosysteme (RTGS-Systeme) der EU-Zentralbanken und den Zahlungsverkehrsmechanismus der EZB. TARGET ist somit vor allem das Instrument zur Durchführung der Geldpolitik des Europäischen Systems der Zentralbanken (ESZB) und somit ein Großzahlungssystem.

Tarifautonomie

verfassungsrechtlich garantiertes Recht (Art. 9 Abs. 3 GG) der Tarifvertragsparteien, die Arbeits- und Wirtschaftsbedingungen innerhalb ihres Zuständigkeitsbereiches (→ Tarifzuständigkeit) frei von staatlicher Einflussnahme durch den Abschluss entsprechender Tarifverträge gestalten zu können.

Siehe auch → Arbeitsrecht (mit Literaturangaben).

Tarifbindung

zwingende Geltung eines → Tarifvertrags für ein Arbeitsverhältnis.

Tarifeinheit

siehe → Tarifkonkurrenz.

Tariffähigkeit

Recht der → Tarifvertragsparteien, einen → Tarifvertrag abschließen zu dürfen und damit normatives Recht für die tarifunterworfenen Arbeitsvertragsparteien zu schaffen.

Tarifgebundenheit

siehe → Tarifbindung.

Tarifkommission

aus Vertretern von Gewerkschaften und/oder Arbeitgeberverbänden bestehende Arbeitsgruppe zur Beratung und Vereinbarung von → Tarifverträgen.

Tarifkonkurrenz

Anwendbarkeit mehrerer → Tarifverträge auf ein bestimmtes Arbeitsverhältnis. Eine Tarifkonkurrenz kann entstehen durch die gleichzeitige Bindung des Arbeitgebers und Arbeitnehmers an mehrere Tarifverträge (→ Tarifbindung) oder das Zusammentreffen eines für allgemeinverbindlich erklärten Tarifvertrags (Allgemeinverbindlichkeit) mit einem → Haustarifvertrag. Da ein Arbeitsverhältnis nur einem Tarifvertrag unterfallen kann ("Grundsatz der „Tarifeinheit"), ist in diesem Fall zu klären, welchem Tarifvertrag der Vorzug zu geben ist.

Siehe auch → Arbeitsrecht (mit Literaturangaben).

Literatur: Hromadka, W; Maschmann, F.: Arbeitsrecht, Band 2 Kollektivarbeitsrecht und Arbeitsstreitigkeiten, 3. Auflage, Preis, U.: Arbeitsrecht Praxis-Lehrbuch zum Kollektivarbeitsrecht, Köln 2003.

Tarifparteien

siehe → Tarifvertragspartei.

Tarifpluralität

mögliche Geltung miteinander kollidierender → Tarifverträge innerhalb eines → Betriebs infolge mehrfacher → Tarifbindung des Arbeitgebers (z.B. infolge Zugehörigkeit zu einem Arbeitgeberverband, der gleichgelagerte Tarifverträge mit der IG-Metall und einer Berufsgewerkschaft des Christlichen Gewerkschaftsbundes abgeschlossen hat). Umstritten ist, ob in diesen Fällen hinsichtlich des jeweiligen Arbeitsverhältnisses auf den Tarifvertrag abzustellen ist, der infolge der Verbandszugehörigkeit des Arbeitnehmers eingreift, so dass im Betrieb ggf. mehrere Tarifverträge nebeneinander Platz greifen („Tarifpluralität"), oder ob auch in diesem Fall nach dem Grundsatz der Tarifeinheit (→ Tarifkonkurrenz) vorzugehen ist (so das Bundesarbeitsgericht), wonach in einem Betrieb regelmäßig nur ein Tarifvertrag gelten soll.
Siehe auch → Arbeitsrecht (mit Literaturangaben).
Literatur: Hromadka, W; Maschmann, F.: Arbeitsrecht, Band 2 Kollektivarbeitsrecht und Arbeitsstreitigkeiten, 3. Auflage, Preis, U.: Arbeitsrecht Praxis-Lehrbuch zum Kollektivarbeitsrecht, Köln 2003.

Tarifrecht

Gesamtheit aller geltenden Tarifverträge sowie aller gesetzlicher Bestimmungen, aus denen sich die Rechte und Pflichten der → Tarifvertragsparteien ergeben.

Tarifregister

bei dem Bundesministerium für Wirtschaft und Arbeit sowie den zuständigen Landesministerien geführtes Verzeichnis über den Abschluss, die Änderung, die Aufhebung und die mögliche Allgemeinverbindlichkeit von → Tarifverträgen.

Tarifvertrag

privatrechtlicher Vertrag zwischen zwei oder mehreren tariffähigen Parteien (Tarifvertragsparteien) zur Regelung der Arbeits- und Wirtschaftsbedingungen in bestimmten Bereichen. Inhaltlich umfasst ein Tarifvertrag den „schuldrechtlichen Teil", durch den die Rechte und Pflichten der Tarifvertragsparteien geregelt werden (z.B. Laufzeit des Tarifvertrags, Kündigungsmöglichkeiten oder die → Friedenspflicht), sowie den „normativen Teil", der die für die tarifunterworfenen Arbeitsparteien zwingenden Vorschriften enthält. Zu unterscheiden sind hier Normen, die den Abschluss, den Inhalt und die Beendigung von Arbeitsverhältnissen betreffen, Regelungen zu betrieblichen und betriebsverfassungsrechtlichen Fragen sowie die Schaffung gemeinsamer Einrichtungen, wie beispielsweise einer Urlaubskasse.
Siehe auch → Arbeitsrecht (mit Literaturangaben).
Literatur: Hromadka, W; Maschmann, F.: Arbeitsrecht, Band 2 Kollektivarbeitsrecht und Arbeitsstreitigkeiten, 3. Auflage, Preis, U.: Arbeitsrecht Praxis-Lehrbuch zum Kollektivarbeitsrecht, Köln 2003.

Tarifvertragspartei

tariffähige Partei eines Tarifvertrags. Gemäß den Regelungen des Tarifvertragsgesetzes (TVG) sowie der Handwerksordnung (HandwO) sind tariffähig und damit mögliche Partei eines Tarifvertrags Gewerkschaften (§2 Abs. 1 TVG), Vereinigungen von Arbeitgebern (Arbeitgeberverbände) und einzelne Arbeitgeber (§ 2 Abs. 1 TVG), deren Spitzenorganisationen (§ 2 Abs. 3 TVG), Handwerksinnungen (§ 54 Abs. 3 HandwO) sowie Innungsverbände (§§ 82, 85 Abs. 2 HandwO).
Siehe auch → Arbeitsrecht (mit Literaturangaben).

Literatur: Hromadka, W; Maschmann, F.: Arbeitsrecht, Band 2 Kollektivarbeitsrecht und Arbeitsstreitigkeiten, 3. Auflage, Preis, U.: Arbeitsrecht Praxis-Lehrbuch zum Kollektivarbeitsrecht, Köln 2003.

Tarifvorbehalt

in § 77 Abs. 3 Betriebsverfassungsgesetz (BetrVG) veranker ter Grundsatz, wonach mittels einer → Betriebsvereinbarung nicht von einem → Tarifvertrag abgewichen werden darf, es sei denn, der Tarifvertrag enthält eine entsprechende Öffnungsklausel.

TAT

Abk. für Thematic-Apperception-Test; siehe → Projektive Tests und → Personalauswahl, Instrumente.

Tätiger Gesellschafter

siehe → Stille Gesellschaft (deutsches Recht).

Tätigkeits(ort)prinzip

(*Steuerrecht*) ist eine Unterform des → Ursprungsprinzips für Einkünfte aus selbständiger und nichtselbständiger Arbeit.

Tausenderpreis

Begriff der Mediaplanung. Der Tausenderpreis gibt Auskunft über das Verhältnis von Kosten einer Anzeige im Verhältnis zu ihrer Reichweite. Er errechnet sich, indem man die Kosten der Anzeige mit 1000 multipliziert und durch die Anzahl potentiell erreichbarer Personen (Tausenderkontaktpreis), die Zahl der Leser (Tausend-Leser-Preis) oder die Auflage (Tausend-Auflage-Preis) dividiert.
In der Online-Werbung dividiert man durch die Anzahl der sogen. Ad-clicks, der angeklickten Banner (qualitativer Tausendkontaktpreis) oder die Anzahl der Sichtkontakte (quantitativer Tausendkontaktpreis).
Siehe auch → Medienökonomie (mit Literaturangaben und Internetadressen).

Tax Due Diligence

Gegenstand einer Tax Due Diligence ist die Identifizierung und Quantifizierung steuerlicher Risiken aus der Vergangenheit sowie die Erwerbsstrukturierung (vgl. Hogh in Kneip/Jänisch 2005, S. 16). In Bezug auf die Vergangenheit sind nach einer Durchsicht der Steuererklärungen und -bescheide sowie der letzten Betriebsprüfungsberichte die noch ausstehender Steuerzahlungen einzuschätzen. Gegenstand der Tax Due Diligence in Bezug auf die Erwerbsstrukturierung ist die Wahl zwischen → Asset Deal und Share Deal, die Höhe und Verteilung von Buchwertaufstockungen sowie die Abschreibung der Mehrwerte in den Folgejahren, die Schaffung der Voraussetzungen für eine steuerliche Organschaft, die steuerliche Behandlung der Finanzierungskosten sowie die Nutzung von Verlustvorträgen.
Siehe auch → Due Diligence (mit Literaturangaben).
Literatur: Berens, W., Brauner, H.U., Strauch, J. (Hrsg.): Due Diligence bei Unternehmensakquisitionen, 4. Auflage, Stuttgart 2005; IDW (Hrsg.): Wirtschaftsprüfer-Handbuch 2002, Bd. II, 12. Auflage, Düsseldorf 2002; Kneip, C., Jänisch, C. (Hrsg.): Tax Due Diligence, München 2005; Löffler, C.: Tax Due Diligence beim Unternehmenskauf, Düsseldorf 2002.

Tax Shield

bezeichnet die Steuerersparnis aus der steuerlichen Abzugsfähigkeit der Fremdkapitalzinsen.

Tax-CAPM

Das Tax-Capital Asset Pricing Model (Tax-CAPM) berücksichtigt im Gegensatz zum CAPM die persönliche Besteuerung. Man erhält dadurch eine Renditeforderung der Eigenkapitalgeber nach persönlichen Steuern (Nachsteuerrendite). Dabei wird die unterschiedliche Besteuerung von Dividenden und Kursgewinnen berücksichtigt.
Literatur: Jonas, M./Löffler, A./Wiese, J.: Das CAPM mit deutscher Einkommensteuer, in: WPg 2004, S. 898 – 906.

Tayloristischer Ansatz

Der Taylorismus zählt zu den Ansätzen der *Organisationstheorie*. Sein Begründer, der Amerikaner Frederick Winslow Taylor (1856-1915), gilt als Erfinder der sog. wissenschaftlichen Betriebsführung (Scientific Management). Als ausgebildeter Maschinenbauer und Ingenieur sah Taylor das Unternehmen als eine Art Maschine an und die Organisationsmitarbeiter quasi als Rädchen im Getriebe. Durch wissenschaftliche Betriebsführung wollte Taylor diese „Maschine" optimieren um den allgemeinen Wohlstand zu steigern.

Siehe auch → Organisationstheorien (mit Literaturangaben).

Literatur: Bea, F. X., Göbel, E.: Organisation, 2. Auflage, Stuttgart 2002, S. 54-63; dieselben: Organisation, 3. Auflage, Stuttgart 2006; Taylor, F. W.: Die Grundsätze der wissenschaftlichen Betriebsführung, Reprint der Ausgabe von 1913, neu herausgegeben und eingeleitet von W. Bungard und W. Volpert, Weinheim 1995.

TCO

Abk. für → Total Cost of Ownership.

TCP/IP

Abk. für → Transmission Control Protocol/Internet Protocol.

Teamarbeit

Ein *Team* ist (1) eine kleine, funktionsgegliederte Arbeitsgruppe aus zwei oder mehr Personen, (2) deren Fähigkeiten sich gegenseitig ergänzen, (3) mit einer gemeinsamen Zielsetzung, (4) die relativ intensive wechselseitige Beziehungen haben, (5) in einer spezifischen Arbeitsform (*teamwork*) zusammenarbeiten und die (6) einen ausgeprägten Gemeinschaftsgeist pflegen (*teamspirit*).

Teams werden dann gebildet, wenn Aufgaben zu komplex oder umfangreich sind, um sie in den vorhandenen Strukturen lösen zu können. Häufig werden auch verteilte Kompetenzen, Erfahrungen und Informationen als Gründe für die Bildung von Teams angeführt. Durch Teamarbeit kann erreicht werden, dass Entscheidungen müssen von mehreren Personen voll getragen werden (Bsp. Teamarbeit ist Teil einer umfassenden Restrukturierung).

Einzelarbeit („normale" Organisation) ist dann der Teamarbeit vorzuziehen, wenn es sich (1) um reine Routineaufgaben handelt, die rasch erledigt werden müssen, (2) Aufgaben vorliegen, die per Anweisung, Vereinbarung bzw. „Regeln von oben" definiert sind oder (3) Aufgaben zu erledigen sind, die wenig Abhängigkeit zu anderen Aufgaben bzw. Personen haben.

Siehe auch → Teamentwicklung und → Personalentwicklung (mit Literaturangaben).

Teamentwicklung

Erfahrungen mit → Teamarbeit haben gezeigt, dass Teams nicht aus dem Stand produktiv sind. Vielmehr durchlaufen Teams einen Entwicklungsprozess bis die volle Leistungsfähigkeit erreicht ist. Idealtypisch wird dieser Prozess mit den Phasen → forming, → storming, → norming und → performing beschrieben. Der Durchlauf der ersten drei Phasen dauert im besten Fall nur eine Stunde, kann bei schwierigen Teamkonstellationen aber durchaus mehrere Tage in Anspruch nehmen. Es hat sich als hilfreich erwiesen, wenn diese Entwicklungsprozesse durch teamexterne Experten moderiert werden.

Teamfindung

siehe → Forming.

Teamwork

siehe → Teamarbeit.

Technical Intelligence

synonym verwendeter Begriff für → Business Intelligence (mit Literaturangaben).

Technische Analyse
(Chartanalyse bei *Aktien*). Die Technische Analyse, in ihren einfachen Varianten häufig auch als *Chartanalyse* bezeichnet, ist ein von der Praxis für die Praxis entwickeltes Verfahrensspektrum zur Beurteilung und Prognose von Preis- und Kursentwicklungen. Die ursprüngliche und zugleich einfachste Variante besteht darin, Kursgraphiken im Hinblick auf erkennbare Trendlinien (Unterstützungs- bzw. Widerstandslinien) abzusuchen, was häufig durch schlichtes Anlegen eines Lineals an Tief- bzw. Hochpunkte einer Kursgraphik („Chart") geschieht („Lineal-Chartismus"). Etwas anspruchsvoller, aber unverändert den illustrativ-plakativen Zugang wählend, ist die Formationsanalyse, die nach bestimmten, häufig zumindest in ähnlicher Form wiederkehrenden, Kursbildern („patterns") sucht, denen prognostische Aussagekraft nachgesagt wird.
Zur sog. modernen Technischen Analyse, die auch als *Markttechnische Analyse* bezeichnet wird, sowie zu den Grenzen der Aussagekraft der verschiedenen Methoden siehe Literatur. Siehe auch → Fundamentalanalyse sowie → Finanzinnovationen und die dort angegebene Literatur.
   Literatur: Pring, M.: Handbuch Technische Kursanalyse, Darmstadt 2001; Stöttner, R.: Finanzanalyse: Grundlagen der markttechnischen Analyse, München, Wien, New York 1989; Welcker: Technische Aktienanalyse, 7. Auflage, München 2000
   Internetadressen: http://www.boersenlexikon.de, http://www.technical-newsletter.de, http://www.tradesignal.com, http://www.stockcharts.com

Technologiefolgenabschätzung
(*Technology assessment*) betrifft die Schnittmenge zwischen Technologiefolgenforschung als wissenschaftlicher Erforschung und Technikbewertung als entscheidungsorientierter Sichtweise. Es handelt sich genauer um das planmäßige, systematische, organisierte Vorgehen, das den Stand einer Technik und ihre Entwicklungsmöglichkeiten analysiert, unmittelbare und mittelbare technische, wirtschaftliche, gesundheitliche, ökologische, humane, soziale und andere Folgen dieser Technik und möglicher Alternativen abschätzt, aufgrund definierter Ziele und Werte diese Folgen beurteilt oder auch weitere wünschenswerte Entwicklungen fordert, Handlungs- und Gestaltungsmöglichkeiten daraus herleitet und ausarbeitet, so dass begründete Entscheidungen ermöglicht und ggf. durch geeignete Institutionen getroffen und verwirklicht werden können (VDI-Richtlinie 3780,2). Unternehmen stehen dabei nicht selten im Konflikt zwischen ökonomischer Rationalität und gesellschaftlicher Verantwortung.
Siehe auch → Innovations- und Technologiemanagement (mit Literaturangaben).

Technologiemanagement
siehe → Innovations- und Technologiemanagement (mit Literaturangaben).

Technologiemenge
bezeichnet die endliche Menge bzw. Gesamtheit aller → Aktivitäten eines Unternehmens. Siehe auch → Aktivitätsanalyse und → Produktions- und Kostentheorie.

Teilamortisationsleasing
Form des → Leasing. Maßgebliche Besonderheit des Teilamortisationsleasing: Im Gegensatz zum → Vollamortisationsleasing führt Teilamortisationsleasing zu einer nur teilweisen Amortisation der Aufwendungen für die Investition, für die Finanzierung und für die sonstigen Aufwendungen des Leasinggebers durch die vom Leasingnehmer bezahlten Leasingraten während der unkündbaren (ersten) Vermietungsphase. Teilamortisationsleasing führt tendenziell zu niedrigeren Leasingraten als Vollamortisationsleasing.
Siehe → Leasing (mit Literaturangaben).

Teilerhebung
nur bei einem Teil der → Grundgesamtheit wird die Erhebung durchgeführt.
Siehe auch → Marktforschungsmethoden (mit Literaturangaben).

Teilschuldverschreibung
→ Anleihe, die sich aus der Stückelung des oft mehrere 100 Mio. Euro umfassenden Anleihevolumens in einzelne Teileforderungen ergibt. Übliche Stückelungen sind Nennbeträge von 100, 500, 1.000, 5.000 oder 10.000 Euro.

Teilung
(von Unternehmen), siehe → Spaltung und → Sonderbilanzen (mit Literaturangaben).

Teilwert
Das (deutsche) Steuerrecht kennt neben den Anschaffungs- und Herstellungskosten einen eigenen Bewertungsmaßstab, das steuerrechtliche Pendant zum handelsrechtlichen beizulegenden Wert, den Teilwert. Der Teilwert ist der Betrag, den ein Erwerber des ganzen Betriebes im Rahmen des Gesamtkaufpreises für das einzelne Wirtschaftsgut ansetzen würde; dabei ist davon auszugehen, dass er den Betrieb fortführt § 6 Abs. 1 Nr. 1 S. 3 EStG.

Telefonmarketing
Telefon- bzw. Telemarketing ist ein Instrument des Direkt- bzw. Dialogmarketings. Mit Hilfe eines (Mobil-)Telefons sollen Kunden/Interessenten zu bestimmten gewünschten Reaktionen bewegt werden. Das kann aktiv mit Hilfe sog. „Outbound"-Telefonmaßnahmen (Push-Marketing) oder passiv mit Hilfe von sog. „Inbound"-Telefonmaßnahmen (Pull-Marketing) erfolgen.
Beim *aktiven* Telefonmarketing werden Kunden bzw. Interessenten direkt per Telefon angesprochen, um zu informieren, zu werben oder zu verkaufen, um Daten zu sammeln oder zu verifizieren, um zu Mahnen oder Kunden zu reaktivieren, um zu befragen oder Stammkunden zu betreuen...; die Zielpersonen sind meist Geschäftskunden oder Handelspartner, denn Privatpersonen dürfen meist nur sehr eingeschränkt angerufen werden (Schutz der Privatsphäre).
Im Rahmen eines *passiven* Telefonmarketings werden Kunden/Interessenten über die Kontaktmöglichkeit zum Unternehmen mittels Werbemaßnahmen informiert. So können diese dann im Call Center anrufen (oder Fax/E-Mail ... an ein Communication Center senden), um Bestellungen oder Reservierungen vorzunehmen, Informationen oder Auskünfte abzurufen, sich zu beschweren oder Hilfestellung zu erbitten (Hotline, Helpdesk...) u.v.m.
Siehe auch → Call Center Management und → Direktmarketing jeweils mit Literaturangaben.

Telemarketing
siehe → Telefonmarketing; siehe auch → Call Center Management (mit Literaturangaben).

Teleologische Ethik
siehe → Utilitarismus.

Tele-Shopping
Nutzung von Informations- und Kommunikationstechnologien, um Einkäufe von zu Hause aus zu tätigen. Der Konsument wählt das Produkt seiner Wahl im TV oder im Internet aus und kann dieses per Telefon, Fax, Online-Shop (→ Online-Shopping) oder → E-Mail bei einem Händler bestellen. Dieser stellt die Waren zusammen, hält sie zur Abholung bereit oder übernimmt die Zustellung.
Siehe auch → E-Commerce (mit Literaturangaben).

Tendenzbetrieb
siehe → Tendenzunternehmen.

Tendenzunternehmen
Unternehmen und Betriebe, deren Unternehmens- oder Betriebszweck unter dem besonderen Schutz des Grundgesetzes steht. Hierzu zählen Unternehmen und Betriebe mit politischen, koalitionspolitischen, konfessionellen, karitativen, erzieherischen oder künstlerischen Aufgaben oder Unternehmen und Betriebe, die der Meinungsbildung oder Berichterstattung dienen. Genießt ein Unternehmen oder

Betrieb „Tendenzschutz", sind die Beteiligungsrechte des → Betriebsrats eingeschränkt und findet eine → Unternehmensmitbestimmung nicht statt.

Tender Bond
siehe → Bietungsgarantie.

Tender Guarantee
siehe → Bietungsgarantie.

Termingeschäfte
sind Fixgeschäfte in dem Sinne, dass sie auf jeden Fall von beiden Partner (Käufer und Verkäufer) erfüllt werden müssen. Sie unterscheiden sich insoweit von den Optionsgeschäften (→ Optionen), bei denen der Käufer zwischen Erfüllung und Nicht-Erfüllung wählen kann. Allen Termingeschäften ist gemeinsam, dass die Bedingungen des Austauschs eines (Finanz-)Produkts in der Gegenwart („heute") vertraglich festgelegt werden, während die Vertragserfüllung erst in Zukunft erfolgt. So wird beispielsweise in einem Devisenterminkontrakt heute vereinbart, welche Währungsbeträge (z.B. US-$ und Yen) zu welchem zukünftigen Termin (z.B. in sechs Monaten) zu welchem (Termin-)Kurs (z.B. 120 Yen je US-$) getauscht werden.
Siehe auch → Derivate, → Forwards, → Futures, → Optionen (mit Literaturangaben).

Terminkalendermodell
ein Modell des für Topmanager typischen Terminkalenders; entwickelt als Bezugssystem zur Ableitung von Aussagen zu Aufgabeninhalten, Aufgabenprozessen, Informationsbedarf und Informationsversorgung auf der Topmanagement-Ebene (siehe auch → Management, Aufgaben, → Informationsbedarf, → Informationsversorgung).
Literatur: Rechkemmer, K.: Corporate Governance, München, Wien 2003.

Terminkurstheorie der Wechselkurserwartung
ist eine der internationalen → Paritätsbeziehungen. Sie stellt einen Zusammenhang zwischen dem heute herrschenden → Terminwechselkurs und dem in Zukunft gültigen → Kassawechselkurs her. Im Fall der Sicherheit behauptet sie gerade die Gleichheit des Terminkurses und des zukünftigen Kassakurses. Wäre diese Gleichheit nicht erfüllt, so bestünde für gegebene Wechselkurse die Möglichkeit risikoloser Gewinne (Arbitrage) in beliebigem Umfang. Im Gleichgewicht vollkommener Märkte ist eine solche Situation nicht denkbar. Im Falle eines ungewissen Kassakurses fordert die Terminkurstheorie der Wechselkurserwartung die Gleichheit des Erwartungswertes des zukünftigen Kassakurses mit dem aktuellen Terminkurs. Wäre diese Gleichheit nicht gegeben, so bestünde für gegebene Wechselkurse die Möglichkeit zur Erzielung erwarteter Gewinne in beliebigem Umfang. Im Gleichgewicht vollkommener Märkte bei allgemeiner → Risikoneutralität ist eine solche Situation nicht denkbar.
Die Terminkurstheorie der Wechselkurserwartung eröffnet einen echten Ansatz zur Prognose künftiger Kassakursentwicklungen auf der Grundlage aktueller Terminkurse. Für das unternehmerische → Währungsmanagement ergibt sich aus ihrer Gültigkeit die Unmöglichkeit der → Spekulation mit unbedingten Devisenterminverkäufen und -käufen. Diese lassen sich bei gültiger Terminkurstheorie der Wechselkurserwartung lediglich noch zu Zwecken des → Hedging einsetzen.
Indes ist die empirische Evidenz der Terminkurstheorie der Wechselkurserwartung sehr gering. Ein Grund ist der Umstand, dass sie sich bei Risiko und allgemein risikoscheuen Marktteilnehmern schon theoretisch nicht mehr begründen lässt. Außerdem ist sie selbst bei allgemeiner Risikoneutralität im Fall mit Risiko dem Problem des → Siegel-Paradox ausgesetzt. Eine Rechtfertigung zur Nutzung der Terminkurstheorie der Wechselkurserwartung im Rahmen des unternehmerischen Währungsmanagements ergibt sich gleichwohl aus dem Fehlen geeigneter Alternativen. Ein Marktteilnehmer mit nur geringem Informationsstand kann für Prognosezwecke i.W. nur auf beobachtbare Marktdaten und damit vor allem auf den augenblicklich herrschenden → Terminwechselkurs zurückgreifen.
Siehe auch → Währungsmanagement (mit Literaturangaben).

Terminologie

ist ein Bestandteil der Wissensbeschreibung im → Wissensmanagement. Sie unterstützt die → Wissensanwendung, indem sie eine Menge von Symbolen festlegt, die beim Austausch von Wissen verwendet werden. Wissen kann nur genutzt werden, wenn einem Kommunikationspartner die vom jeweils anderen Partner verwendeten Symbole bekannt sind. Innerhalb der Systemgrenzen der Terminologie ist so ein Wissensaustausch auf Symbolebene problemlos möglich. Integrationsprobleme aufgrund eines inkompatiblen Vokabulars treten bei gemeinsam festgelegten Terminologien nicht auf. Siehe auch → Wissensmagement (mit Literaturangaben).

Terminwechselkurs

ist der Wechselkurs, der bei einem (unbedingten) → Devisentermingeschäft zugrunde gelegt wird.

Termin-Zinssatz

Im Gegensatz zum → Kassa-Zinssatz bezieht sich der Termin-Zinssatz auf in der Zukunft liegende Ausleihperioden. Angenommen, jemand benötigt einen Kredit über 1 Mio. in einem Jahr für die Dauer eines Jahres. Für den in einem Jahr beginnende und in zwei Jahren (ab heute gerechnet) fälligen Kredit kann man bereits heute die Konditionen aushandeln, den. sog. Termin-Zinssatz. Dieser lässt sich zumeist aus am Kapitalmarkt vorhandenen Finanzinstrumenten berechnen, also z.B. aus der Rendite eines in zwei Jahren fälligen und der Rendite eines in einem Jahr fälligen → Zero-Bonds. Notiert der zweijährige Zero-Bond bei 93,75 und der einjährige Zero-Bond bei 97,50, dann beträgt die Zweijahresrendite (per Verfall) (100/93,75) - 1 = 6,67 %, die Einjahresrendite hingegen (100/97,50) - 1 = 2,56 %. Der Termin-Zinssatz für das zweite Jahr ist dann (1,0666667/1,025641) - 1 = 4 %. Siehe auch → Swaps (mit Literaturangaben).

Terms of Trade

statistisches Verhältnis des Exportpreisindex zum Importpreisindex. Diese volkswirtschaftliche Messgröße gibt an, wie viele Mengeneinheiten eines Exportguts hergegeben werden müssen, um eine bestimmte Menge eines Importgutes zu erhalten. Steigen z.B. die Exportpreise werden weniger Exportgutmengen benötigt, um die gleiche Menge eines Importgutes zu erhalten

Territorialitätsprinzip

(*territoriality principle*; → *Steuerrecht, Internationales*) begrenzt den Umfang des Steueranspruchs, den ein Staat auf ein bestimmtes Steuergut hat. Es besteht nur ein Steueranspruch auf den inländischen Teil (z.B. inländisches Einkommen oder Vermögen) des Steuergutes. Dies entspricht in Deutschland der → beschränkten Steuerpflicht.

Territoriality principle

siehe → Territorialitätsprinzip.

Territorialprinzip

siehe → Territorialitätsprinzip

Tertiärbedarf

(→ *Materialwirtschaft*), Bedarf an Hilfs- und Betriebsstoffe sowie an Verschleißwerkzeugen, der entsprechend dem Primärbedarf der herzustellenden Erzeugnisse ermittelt wird. Häufig werden verbrauchsorientierte Verfahren eingesetzt. Siehe auch → Primärbedarf, → Sekundärbedarf und → Materialbedarfsplanung.

Tertiärer Sektor

umfasst die Dienstleistungen einer Volkswirtschaft, synonym: Dienstleistungssektor. Gegensatz (mit Definitions- und Abgrenzungsproblemen): → Primärer Sektor (Urproduktion) und → Sekundärer Sektor (industrieller Sektor).
Internetadresse: (Statistischen Bundesamt) http://www.destatis.de.

Test, psychologischer
siehe → psychologische Tests; siehe auch → Personalauswahl, Instrumente und die dort angegebene Literatur.

Testbatterien
Kombination verschiedener Tests.

TETRA
Abk. für *Terrestrial Trunked Radio*, europäischer Mobilfunkstandard der zweiten Generation, der für sicherheitsrelevante Anwendungen bei Behörden und Organisationen mit Sicherheitsaufgaben (BOS) vorgesehen ist. Siehe auch → Mobilfunk.

Text Mining
Unter Text Mining versteht man die Übertragung von Techniken des → Data Mining zur (teil)automatischen Extraktion von Informationen aus unstrukturierten Texten.

The Prince of Wales Business Leaders Forum
1990 gegründete internationale Wohltätigkeitsorganisation, die als Forum dient, um unter MNCs „socially responsible business practices" zu fördern, die der Wirtschaft und der Gesellschaft dienen und um eine nachhaltige Entwicklung zu erreichen.
Siehe auch → Corporation Citizenship (mit Literaturangaben).

Thematic-Apperception-Test (TAT)
siehe → Projektive Tests und → Personalauswahl, Instrumente.

Theorie
Als Theorie bezeichnet man im engeren Sinne ein System von Aussagen über gesetzmäßige Ursache-Wirkungs-Zusammenhänge, die im Idealfall raum-zeitlich unbeschränkt gelten und von der Realität noch nicht widerlegt wurden. Im weiteren Sinne zählen auch die präzise Beschreibung von Untersuchungsgegenständen, Begriffsbildungen, Definitionen, Typenbildungen und Systematisierungen zur Theorie.
Siehe auch → Organisationstheorien (mit Literaturangaben).

Theorien der Wechselkurserklärung
siehe → Wechselkurserklärung, Theorien.

Thesaurierung
siehe → Selbstfinanzierung; → Rücklagenpolitik.

Third Country Nationals
(*Angehörige eines Drittlandes*), Bezeichnung von Arbeitnehmern in einer Klassifizierung nach Herkunft bei internationalen Unternehmen, d h. Arbeitnehmer aus Ländern, in denen weder das Stammhaus noch die Auslandsgesellschaft ihren Sitz haben. Weitere Klassifizierungen sind *Parent Country Nationals* (Angehörige des Stammlandes) und *Host Country Nationals* (Angehörige des Gastlandes).
Siehe auch → Personalmanagement, Internationales und → Interkulturelles Management, jeweils mit Literaturangaben.

Third Party Logistics Provider
Der Third Party Logistics Provider (Kontraktlogistik) bietet neben den klassischen Transportleistungen (siehe auch → Frachtführer und → Spedition) weitere Dienstleistungen an, wie z.B. Kommissionierung und Verpackung oder IT-Dienstleistungen. Dienstleistungen können z.B. auch die Montage von Komponenten, die Endmontage, Lagerbestandsführung, Preisauszeichnung und Regalpflege oder die Logistikplanung sein.

Tie-Breaker-Regel
siehe → Tie-Breaker-Rule/-Clause.

Tie-Breaker-Rule/-Clause
(→ *Steuerrecht, Internationales*). Ist eine Person in beiden Vertragsstaaten ansässig, wird die Tie-Breaker-Rule gem. Art. 4 Abs. 2 bzw. 3 → OECD-Musterabkommen angewendet, damit nur einer der beiden Staaten als → Ansässigkeitsstaat i.S.d. → Doppelbesteuerungsabkommen (DBA) gilt. Der andere Staat muss in seinem Rang zurücktreten und gilt als → Quellenstaat des DBAs. Die Frage des Umfangs der Steuerpflicht wird davon i.d.R. nicht berührt.

Tilgungsdarlehen
Kredit bei dem der Kreditnehmer eine gleichbleibende Tilgungsleistung erbringt. Da die Zinsbelastung mit jeder Ratenzahlung sinkt, die Tilgung aber gleichbleibend ist, sinkt die aus Zinszahlung und Tilgungsleistung bestehende Rate.
Siehe auch → Kreditfinanzierung, langfristige (mit Literaturangaben).

Tilgungsrechnung
siehe → Finanzmathematik, insbes. Kap. 2.c).

Time weighted Return
(*wertorientierte Rendite*); Formeln siehe → Rendite, siehe auch → Finanzmathematik (mit Literaturangaben).

Titel
siehe → Vollstreckungstitel und → Zwangsvollstreckung (deutsches Recht, mit Literaturangaben).

TO WHOM IT MAY CONCERN-Auskunft
Empfehlungsschreiben (z.B. von Banken), das mehreren Empfängern vorgelegt werden kann und deswegen im Anschriftfeld die Formulierung „TO WHOM IT MAY CONCERN" aufweist.

Tobin's q
setzt den Marktwert eines Vermögensgegenstands in Bezug zu seinen Wiederbeschaffungskosten und wird im Rahmen der → Wissensbewertung eingesetzt. Vermögensgegenstände mit einem Tobin's q kleiner als 1 lohnen keine Neuanschaffung bzw. sollten aus dem Vermögensbestand entfernt werden. Je höher Tobin's q wird, desto rentabler ist der Einsatz des Vermögensgegenstandes für das Unternehmen.
Siehe auch → Wissensmanagement (mit Literaturangaben).

Tobin-Separation
beschreibt den Sachverhalt im Rahmen der Portfolioselektionsentscheidung bei Verfügbarkeit von riskanten Wertpapieren und einer Möglichkeit zur sicheren Anlage und Verschuldung, demzufolge die Entscheidung über die optimale Zusammenstellung des riskanten Teilportfolios von der Entscheidung über das Ausmaß risikoloser Anlage und Verschuldung separiert werden kann. Diese Situation liegt beispielsweise vor, wenn ein Anleger nach dem μ-σ-Prinzip handelt, da in diesem Fall die Menge der μ-σ-effizienten Portfolios stets einer Kombination aus → Tangentialportfolio und der risikolosen Anlage/Verschuldung entspricht. Somit wird der Anleger unabhängig von seinen konkreten Präferenzen das Tangentialportfolio wählen. Seine konkreten Präferenzen kommen durch den gewählten Umfang der risikolosen Anlage/Verschuldung zum Ausdruck.
Siehe auch → Portfoliomanagemen (mit Literaturangaben).

Tobin-Steuer
J. Tobin, Nobelpreisträger für Wirtschaft des Jahres 1985, beklagt immer wieder die zunehmende Spekulationsorientierung der Finanzmärkte. Hierdurch werden, so seine These, erhebliche Finanzmittel im Finanzsektor gebunden, die dann im Realsektor, dem einzig produktiven Sektor, der Wirtschaft fehlen. Folglich unterbleiben Realinvestitionen, es kommt zu Produktionsausfällen und letztlich zu

Wohlstandseinbußen. Deshalb müsse dem schädlichen spekulativen Treiben ein Ende bereitet werden. Um dies zu erreichen, schlägt Tobin vor, spekulative Transaktionen bzw. deren Gewinne hoch zu besteuern, um den Anreiz für spekulative Kapitalbewegungen zu beseitigen. Die Konzeption dieser sog. Tobin-Steuer gilt als wenig operabel, weshalb die Steuer bislang auch nicht eingeführt wurde.

Kritisch anmerken kann man zunächst, dass nicht alle Länder der Welt die Steuer einführen werden. Deshalb verfügt das international vagabundierende Spekulationskapital („*Kasino-Kapitalismus*") vermutlich immer noch über ausreichend viele steuerfreie Rückzugsgebiete. Außerdem wäre die Steuer im Falle von Steuersätzen, die unter 100 % liegen, unwirksam, da selbst (z.B.) 1 % eines Spekulationsgewinns besser sind als überhaupt kein Spekulationsgewinn.

Siehe auch → *Finanzinnovationen* (mit Literaturangaben).

Tochtergesellschaft

(*allgemeine Charakterisierung*). Das abhängige Unternehmen im Rahmen eines → *(Unterordnungs)Konzerns* wird als *Tochtergesellschaft* bezeichnet, das beherrschende Unternehmen wird → *Muttergesellschaft* genannt.

Siehe auch → *Tochterunternehmen* (insbesondere im → *Konzernabschluss*)

Tochterunternehmen

(*Tochtergesellschaft*, insbesondere im → *Konzernabschluss*) ist ein rechtlich selbstständiges Unternehmen in der Rechtsform einer Kapital- oder Personengesellschaft, das von einem anderen Unternehmen (→ Mutterunternehmen) einheitlich geleitet oder beherrscht bzw. kontrolliert wird. Tochterunternehmen werden gemäß der → *Vollkonsolidierung* in den Konzernabschluss einbezogen, es sei denn, es bestehen Konsolidierungswahlrechte.

Top Down Planung

Es handelt sich dabei um einen Teil des Planungsprozesses, bei dem die oberen Managementebenen auf der Basis aggregierter finanzieller Resultate der strategischen, mittelfristigen und kurzfristigen Planung Ziele für die unteren planenden Organisationseinheiten vorgeben. Bei der Plandekomposition müssen Kompromisse geschlossen werden, einmal weil nicht ohne weiteres ersichtlich ist, wie ein Oberziel in Unterziele nach Organisationseinheiten zerlegt werden muss, zum anderen, weil sich die Natur der Plandaten bei der Dekomposition von rein finanziellen Daten zu Mengengerüsten ändert.

Siehe auch → *Plandatenbasis* und → *Unternehmensplanung* (mit Literaturangaben).

Top-Down-Ansatz

(im → *Portfoliomanagement*) entspricht einer Anlagestrategie im Rahmen des aktiven Portfoliomanagements. Im Rahmen des Top-Down-Ansatzes weicht ein Investor von der passiven Strategie einer Nachbildung des Marktportfolios ab, indem er aktiv die Ländergewichtung oder die Wertpapier-Klassen-Gewichtung innerhalb seines Portfolios festlegt. Innerhalb der Länderklassen bzw. der Wertpapier-Klassen verhält sich der Investor passiv, indem er die einzelnen Wertpapiere innerhalb der Klassen gemäß den jeweiligen Kapitalisierungsverhältnisse gewichtet. Siehe auch → *Bottom-Up-Ansatz*.

Top-Down-Struktur

(*Bottom-Up-Struktur*). Entscheidungssysteme in hierarchischen Strukturen betreffen eine Vielzahl von Personen, die bei der Entscheidungsfindung beteiligt werden. Ziele werden in Kennzahlen quantifiziert und entsprechend der personellen Organisation hierarchisch strukturiert. Die Definition der Planzahlen kann → Top-Down erfolgen, indem von der Führungsspitze Vorgaben von oben nach unten weitergegeben werden. Je nach Organisation sind die Planungsgrößen über Divisionen, Abteilungen, Gruppen bis zur Einzelperson aufzubrechen. Die Definition der Planungszahlen erfolgt Bottom-Up, wenn in umgekehrter Richtung die Kenngrößen von unten nach oben zunehmend aggregiert werden. Häufig erfolgt die Unternehmensplanung iterativ, das heißt dass Kennzahlensystem wird zunächst Bottom-Up ausgefüllt und in der Führungsspitze strategisch abgeglichen um alsdann Top-Down zu Vorgaben für die untergeordneten Organisationseinheiten zu gelangen. Dieser Vorgang wird mehrfach wiederholt. Das Ergebnis sind Planzahlen mit denen sich jeder Mitarbeiter identifizieren kann.

Siehe auch → *Investitionsprozess* (mit Literaturangaben).

Topic Maps
sind abstrakte Modelle zur Formulierung von Wissensstrukturen, auch Ontologien genannt, und dienen der Sammlung von Wissen über Subjekte wie z.B. von Personen, Orte, oder Ereignissen.

Top-Management
umfasst im engsten Sinne die Mitglieder der Geschäftsführung eines Unternehmens; im erweiterten Sinne insbesondere bei größeren und Großunternehmen auch die Inhaber von Positionen auf der zweiten Hierarchieebene, d.h. der Kreis jener leitenden Angestellten, welche unmittelbar und regelmäßig mit der eigentlichen Geschäftsführung zusammenarbeiten. Siehe auch → Mittleres Management und → Unteres Management sowie → Unternehmensführung und → Industriemanagement, jeweils mit Literaturangaben.

Topmanagement-Informationssysteme
(a) Unterbegriff von → Management-Informationssysteme (MIS); (b) ein spezifisches MIS für das obere und Spitzenmanagement (→ MIS, computergestützte).
Siehe auch → Management-Informationssysteme (MIS);
   Literatur: Rechkemmer, K.: Topmanagement-Informationssysteme. Betriebswirtschaftliche Grundlagen. Stuttgart 1999.

Total Cashflow
Berechnungsbeispiel siehe → Discounted-Cashflow-Verfahren.

Total Cost of Ownership (TCO)
(*allgemeine Charakterisierung*) stellt einen funktions- und Unternehmens übergreifenden Kostenmanagement Ansatz dar. Es werden dabei auch Kosten für Entwicklung, Beschaffung. Lagerung und Recycling erfasst. Die Kosten umfassen den gesamten Lebenszyklus eines Produktes.
   Literatur: Wannenwetsch H. (Hrsg.): Erfolgreiche Verhandlungsführung in Einkauf und Logistik, Berlin-Heidelberg 2004.

Total Cost of Ownership (TCO)
(insbesondere bei *Investionen*). Dieses Berechnungsverfahren soll Unternehmen dabei helfen, die Kosten und Nutzen bei der Anschaffung von Investitionsgütern besser abzuschätzen. Es werden nicht nur die Anschaffungskosten berücksichtigt, sondern auch alle Kosten, die mit der späteren Nutzung verbunden sind, z.B. Schulungskosten, Energiekosten, Reparaturkosten, Kosten der Sicherheit und des Service. Siehe auch → Outsourcing.

Total Customer Care
versteht die konsequente Ausrichtung aller Leistungsprozesse, Produkte und Mitarbeiter auf die Zufriedenheit und Erwartung der Kunden. Siehe auch → Kundenzufriedenheit und → Total Quality Management.

Total Quality Management (TQM)

Total Quality Management (TQM)
von Professor Dr. rer. pol. Jürgen Rothlauf
Fachhochschule Stralsund – University of Applied Sciences

Um ein Unternehmen langfristig auf die unterschiedlichen Herausforderungen einer auf Wettbewerb basierenden Weltwirtschaft vorzubereiten, bedarf es eines ganzheitlichen Managementkonzeptes, innerhalb dessen die Interessen aller relevanten Gruppen beachtet und alle denkbaren Maßnahmen zur Qualitätsverbesserung ergriffen werden. Ausgerichtet an den Bedürfnissen der Kunden, die letztendlich über den Erfolg eines Unternehmens entscheiden, gilt es dabei, divergierenden internen wie externen Erwartungshaltungen zu entsprechen.

1. Zur Begriffsbestimmung von Total Quality Management

Das Total Quality Management (TQM) zeichnet sich dadurch aus, dass es als ein langfristig integriertes Konzept anzusehen ist, das dazu dient, die Qualität von Produkten und Dienstleistungen einer Unternehmung in allen Bereichen und Funktionen zu optimieren. Durch die Mitwirkung aller Mitarbeiter wird darüber hinaus sichergestellt, dass eine termingerechte Fertigstellung zu günstigen Kosten gewährleistet sowie eine kontinuierliche Verbesserung mit dem Ziel angestrebt wird, eine optimale Bedürfnisbefriedigung der Konsumenten zu ermöglichen.

Als oberstes Ziel von TQM wird daher der Kunde und seine Zufriedenheit angesehen. Alle Prozesse und Denkweisen in einem Unternehmen müssen auf dieses Ziel ausgerichtet sein. Das neue Qualitätsverständnis verlangt, dass die Qualität nicht nur auf die Produkte beschränkt bleibt, sondern dass das Unternehmen, das Management, die Mitarbeiter und die Prozesse sich ausschließlich an dieser Prämisse orientieren.

Betrachtet man die drei begrifflichen Bestandteile von TQM, dann steht „Total" für die Einbeziehung aller an der Wertschöpfungskette beteiligten Personen, „Qualität" wird als eine umfassende zielgerichtete Qualitätsorientierung nach innen wie nach außen verstanden und das „Management" sorgt nicht nur für sinnorientiertes Handeln, sondern wirkt in seiner Vorbildfunktion stilbildend für alle Mitarbeiter.

2. Zur Philosophie des Total Quality Management

Total Quality Management steht nicht nur für einen umfassenden Denk- und Handlungsansatz, sondern zugleich für eine Unternehmensphilosophie, dessen Führungskonzept das ganze Unternehmen mit einbezieht. TQM steht dabei für Qualitätsbewusstsein und Qualitätssicherung in allen Phasen der Wertschöpfungskette, zielt auf Mitarbeiter- und Kundenorientierung ab und richtet sich in seiner Prozessorientierung an alle am Unternehmensgeschehen und seinem Erfolg beteiligten Personen (siehe Abbildung 1).

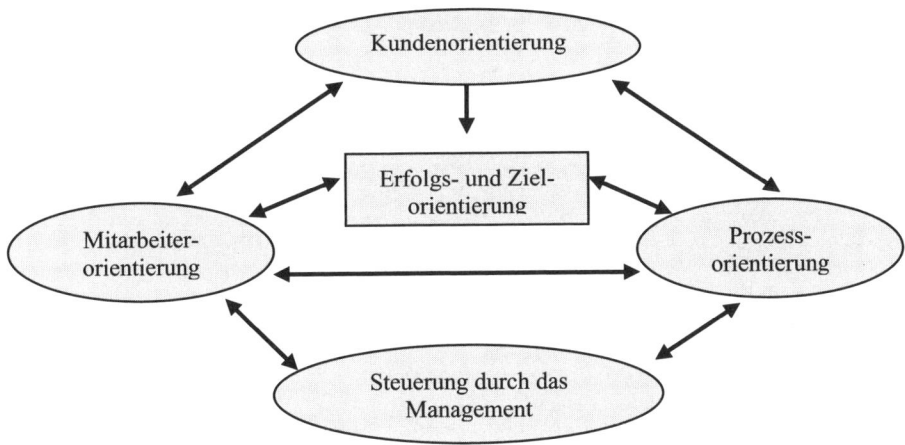

Abb. 1: Zur Philosophie des TQM

a) Kundenorientierung
Der Kunde ist der Schlüssel zum Erfolg eines jeden Unternehmens. Er allein bestimmt, ob die angebotenen Produkte oder Dienstleistungen seinen Anforderungen genügen und ihn zufrieden stellen. Ausgehend von dieser Prämisse gehört die absolute Kundenorientierung zu den Kernaufgaben von TQM. Alle Prozesse und Abläufe im Unternehmen sind auf den Kunden ausgerichtet. Um dieses Ziel zu erreichen, muss das Unternehmen die Anforderungen und die Erwartungen der Kunden kennen und es muss wissen, inwieweit seine Bemühungen ausreichend sind, um die Kunden damit tatsächlich zu erreichen.

Bei der Kundenorientierung geht es vor allem darum, der veränderten Wahrnehmungswelt des Kunden zu entsprechen und durch differenzierte Angebote sich vom Wettbewerber zu unterscheiden. Die Unternehmen sind deshalb gezwungen, den Forderungen und Erwartungen ihrer Klientel nach eindeutiger Differenzierung zu entsprechen, indem sie Anreize schaffen, die über den primären Nutzen eines Produktes oder einer Leistung hinausgehen.

b) Mitarbeiterorientierung

→ Mitarbeiterorientierung ist ein weiterer zentraler Baustein im TQM-Konzept und kann als eine Grundhaltung betrachtet werden, bei der versucht wird, das Problemlösungs- und Kreativitätspotential eines jeden einzelnen Mitarbeiters zu aktivieren. Dabei sind folgende Fragestellungen als wesentlich zu erachten:

- Wie werden Mitarbeiterressourcen gezielt geplant und verbessert?
- Wie werden die Kompetenzen und Stärken der einzelnen Mitarbeiter bei Personalplanung, -auswahl, und -entwicklung erhalten und weiterentwickelt?
- Wie wird die Teilnahme aller Mitarbeiter am Prozess der ständigen Verbesserung gefördert?
- Wie werden Mitarbeiter ermutigt, kompetent selbst zu handeln?
- Wie können Projektteams und Mitarbeiter Ziele vereinbaren und ständig die Leistung gemeinsam prüfen?
- Wie wird eine effektive gemeinsame Kommunikation über Hierarchieebenen hinweg erzielt und wie kann diese ständig verbessert werden?

c) Prozessorientierung

Bei der Prozessorientierung wird das ganze betriebliche Handeln als eine Kombination von Prozessen bzw. Prozessketten betrachtet. Da jede Aktivität als ein Prozess aufgefasst wird, ergeben sich durch eine derartige Fokussierung ein ständiges Verbesserungspotential, das einen entscheidenden Beitrag zur Steigerung von Qualität und Produktivität leistet.

Das Überwinden von Funktions- und Bereichsdenken und das Hinwenden zu bereichsübergreifenden Geschäftsprozessen steht hierbei im Mittelpunkt. Damit wird das Ziel verfolgt, die Bearbeitungs- und Durchlaufzeiten zu senken bei gleichzeitiger Verringerung der Fehlerquoten und der entsprechenden Lieferzeiten.

d) Managementverantwortung

Der treibende Motor, der gewährleistet, dass Kunden-, Mitarbeiter- und Prozessorientierung Eingang in das Unternehmen findet, stellt das Management dar. „Qualität ist Managementverantwortung" lautet hierbei eine wichtige Regel für den Erfolg von TQM. Von daher stellt TQM besonders hohe Ansprüche an die jeweiligen Führungskräfte. Sie sind letztendlich verantwortlich, dass ein ganzheitliches Denken und Handeln stattfindet. Damit es gelingt, die Mitarbeiter zu umfassender Qualität zu verpflichten und die Kunden zufrieden zustellen, sind folgende Punkte wesentlich für das Führungsverhalten:

- Das deutliche Engagement und die Vorbildfunktion in Bezug auf umfassende Qualität.
- Ein unmittelbares Würdigen der Anstrengungen und Erfolge von Einzelpersonen und Projektteams.
- Eine kontinuierliche unmittelbare TQM-Kultur.
- Die Förderung von TQM durch Bereitstellen passender Ressourcen und Hilfen.
- Ein intensives Engagement bei Kundenkreis und Lieferanten.
- Die aktive Förderung von umfassender Qualität auch außerhalb des Unternehmens.

Ein auf der TQM-Philosophie basierender Ansatz verlangt von den Führungskräften einen kooperativen Führungsstil, um ein „Qualitätsklima" im ganzen Unternehmen zu fördern.

Nicht mehr die richtungsgebundene Führungsrolle zeichnet das Managementverhalten der Zukunft aus, sondern die unterstützende Führungsrolle, die in der Aktivierung der Mitarbeiter und ihrer Potentiale liegt, wird dem neuen Anspruch gerecht.

Hinweis

Zu den angrenzenden Wissensgebieten siehe → Industriemanagement, → Innovations- und Technologiemanagement, → Organisation, Grundlagen, → Produkthaftung, → Produktionsmanagement, → Produktionsplanung und -steuerung, → Projektmanagement, → Prozessmanagement, → Qualitätscontrolling, → Qualitätsmanagement, → Strategisches Management, → Unternehmensplanung.

Literatur: Binner, Hartmut F., Prozessorientierte TQM-Umsetzung, August 2002; Gucanin, Ane, Total Quality Management mit dem EFQM-Modell, November 2003; Hummel, Thomas, Malorny Christian, Total Quality Management, April 2002; Rothlauf, J., Total Quality Management in Theorie und Praxis, 2001; Rothlauf, J., Total Quality Management in Theorie und Praxis, 2. Auflage, 2004; Thaller, Georg E., Von ISO 9001 zu TQM, September 2001; Zink, Klaus J., TQM als integratives Managementkonzept, Februar 2004.

Internetadressen: www.manager-magazin.de; http://www.tqm.odl.org; http://www.dhutton.com/tqm/tqm.html.

Websites des Autors: http://www.baltic-management.de/rothlauf.html; http://www.fh-stralsund.de/mitarbeiter/...html

Total Shareholder Return

Der Total Shareholder Return bezeichnet die Aktienrendite einer Periode. Der TSR einer Periode (TSR_t) kann wie folgt definiert werden:

$$TSR_t = \frac{Aktienkurs_t + Dividende_t - Aktienkurs_{t-1}}{Aktienkurs_{t-1}}$$

Totale Faktorvariation

bezeichnet den Verlauf des → Output bei proportionaler Variation aller → Produktionsfaktoren. Typische Verlaufsformen bei totaler Faktorvariation sind die Überlinearität („*increasing* returns to scale"), Linearität („*constant* returns to scale") und Unterlinearität („*decreasing* returns to scale"). Von großer Bedeutung, weil vielfach beobachtbar, ist der *lineare* Verlauf bei totaler (proportionaler) Faktorvariation. Diese Eigenschaft ist z. B. für die → *Cobb-Douglas-Funktion* und das → *Ertragsgebirge* charakteristisch.
Siehe auch → Produktions- und Kostentheorie (mit Literaturangaben).

Totalgewinn

siehe → Gewinnkonzept der Rechnungslegung und → Totalperiode.

Totalitätsprinzip

(*Welteinkommensprinzip,* → *Universalitätsprinzip*) kommt grundsätzlich bei → *unbeschränkt Steuerpflichtigen* zur Anwendung. Es soll gewährleisten, dass der Staat alle in- und ausländischen *Einkünfte* (Welteinkommen) einer *natürlichen Person*, die sich innerhalb seines Hoheitsgebietes aufhält, steuerlich erfassen kann.
Da in der Regel nicht nur der Wohnsitzstaat, sondern auch der Quellenstaat Besteuerungsrechte erhebt, kann es zu einer zweifachen Besteuerung, also zu einer → *Doppelbesteuerung* kommen.
Siehe auch → Einkommensteuer, deutsche und → Steuerrecht, Internationales, jeweils mit Literaturangaben.

Totalperiode

(*Steuerrecht, Handelsrecht*). Periode, die die gesamte Lebensdauer eines Unternehmens umfasst. Der in dieser Periode anfallende Gewinn (oder Verlust) heißt → Totalgewinn.

Tourismus

Gesamtheit der Erscheinungen und Beziehungen, die sich aus der Reise und dem Aufenthalt von Personen ergeben, die für mindestens 24 Stunden Orte besuchen, die außerhalb ihres hauptsächlichen Wohn- und Arbeitsbereiches liegen und deren Reisemotiv entweder dem Bereich der Freizeit (Erholung, Urlaub, Gesundheit, Bildung, Religion, Sport, u.ä.) oder den Bereichen Geschäft, Familie, Mission oder Konferenz entspringen. Temporäre Besucher, die sich weniger als 24 Stunden an o.g. Orten aufhalten, werden hingegen als Ausflügler bezeichnet.
Siehe auch → Tourismusbetriebslehre (mit Literaturangaben).

Tourismusbetriebslehre

Tourismusbetriebslehre

von Professor Dr. Torsten Kirstges
Fachhochschule in Wilhelmshaven

1. Besonderheiten der Leistungserstellung im → Tourismus

Touristische Leistungen bilden eines der typischen Beispiele für die Besonderheiten von → Dienstleistungen. Diese zeichnen sich – gegenüber Sachleistungen – durch folgende konstitutive Eigenschaften aus: (1) → Immaterialität (2) Integration eines externen Faktors (3) Simultaneität von Produktion und Konsum. Aus diesen drei Eigenschaften lassen sich zahlreiche weitere ableiten (siehe vertiefend: Kirstges, Expansionsstrategien).

Dies hat u.a. zur Folge, dass es bei Reiseveranstaltern keine eigenständige Produktionsabteilung gibt. Als einzige „echte" Produktionstätigkeit im klassischen Sinne dürfte die Herstellung der Reiseunterlagen in Frage kommen. Damit wird die traditionelle betriebswirtschaftliche Disziplinenaufteilung durchbrochen. Ebenso kommt Trägermedien, allen voran der Reisekatalog, zur Visualisierung des Dienstleistungsversprechens eine besondere Bedeutung zu.

2. Die touristische Nachfrage

a) Reiseentscheidungsprozess
Der Kauf einer Reise ist das Ergebnis eines komplexen, problemlösenden Entscheidungsprozesses. Dieser umfasst eine Reihe von Teilentscheidungen, die häufig zu unterschiedlichen Zeitpunkten gefällt werden:

- Teilentscheidungen erster Ordnung: (1) Generelle Entscheidung für oder gegen eine Urlaubsreise, (2) Grobe Festlegung des Reisezeitpunkts, (3) Dauer der Reise, (4) Zusammensetzung der Teilnehmerstruktur/Reisepartie, (5) Anvisiertes Urlaubsbudget.
- Teilentscheidungen zweiter Ordnung: (1) Reiseart und Urlaubsmotiv, (2) Landschaftsform bzw. Zielregion.
- Teilentscheidungen dritter Ordnung: (1) konkretes Zielland/Zielort, (2) Unterkunftsart, (3) Verpflegungsart, (4) Verkehrsmittel, (5) Organisationsform der Reise (selbst organisiert oder über Reiseveranstalter), (6) Genaue Festlegung der Reisezeit.
- Teilentscheidungen vierter Ordnung: (1) Buchungszeitpunkt, (2) Buchungsstelle (Reisebüro, Internet, ...).

Der aufgezeigte Verlauf bei der Entscheidung für eine bestimmte Urlaubsreise ist ohne Zweifel idealtypisch. In der Realität kommt es oft vor, dass viele der Teilentscheidungen simultan fallen.

Bei ihrer Reiseentscheidung treten große Teile der Bevölkerung als mündige Verbraucher auf. So wird beim Urlaubskomfort ein gewisses Niveau erwartet, das sich an den Gegebenheiten des eigenen Zuhauses orientiert. Die gestiegenen Ansprüche umfassen insbesondere einen hohen Qualitätsanspruch, der sich auch bei „Massenzielgebieten" feststellen lässt.

b) Reisevolumen
Um das Volumen des Tourismusmarktes zu bestimmen, finden verschiedene Kennzahlen Verwendung: (1) → Reiseintensität, (2) → Reiseaufkommen in Teilnehmern („Paxe") bzw. in Reisen, (3) Umsatz. Die Reiseintensität der Deutschen liegt seit Ende der 1990er Jahre mehr oder weniger konstant bei etwa 75%. Das Reiseaufkommen in Teilnehmern beträgt etwa 50 Mio., die Zahl der längeren Urlaubsreisen liegt bei ca. 65 Mio. p.a.. Die deutschen → Reiseveranstalter führen jährlich 36 Mio. Reisen durch und erwirtschaften damit 22 Mrd. EUR Umsatz.

3. Die Anbieterseite

In der Regel ist es eine Vielzahl von Einzelorganisationen, die zum Zustandekommen des touristischen Endprodukts, beispielsweise also einer → Pauschalreise, beitragen. Angesichts der Komplexität der touristischen Leistung erscheint es durchaus gerechtfertigt, von einer „Tourismusindustrie" zu sprechen. So ist die Tourismusbranche seit 2003 auch im → BDI vertreten.

Der klassische Weg sowie alternative Formen der Distribution touristischer Leistungen innerhalb dieser touristischen Wertschöpfungskette werden in nachfolgender Abbildung 1 dargestellt:

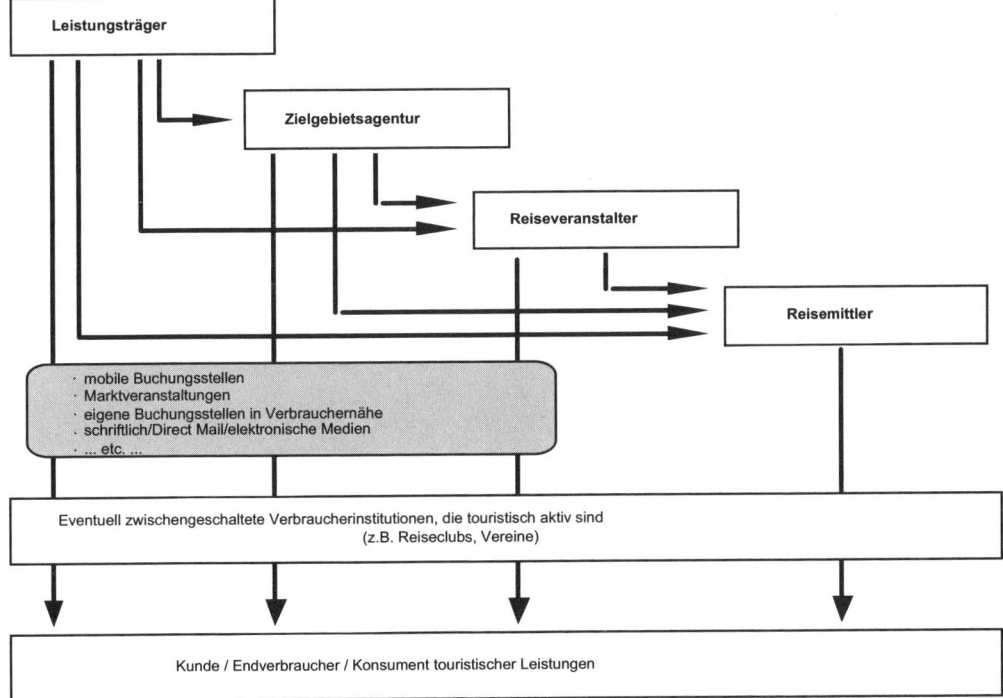

Abb. 1: Alternative Distributionswege touristischer Leistungen

In den → Destinationen ansässige Zielgebietsagenturen unterstützen oft die Leistungsträger bei der Vermarktung ihrer Leistungen und übernehmen weitere Aufgaben (z.B. Gästebetreuung vor Ort). Als wesentliche Veranstalterfunktionen können die Bereitstellung einer „gebündelten" Problemlösung sowie die Risikoübernahme gesehen werden. Sie kombinieren also Einzelleistungen zu marktfähigen Angeboten (Pauschalreisen). Das so erstellte, marktfähige Angebot wird schließlich vermarktet. Träger dieses Prozesses sind i.d.R. die Reiseveranstalter, wobei im Rahmen der Distribution den → Reisemittlern (Retailern) eine zentrale Rolle zukommt.

4. Weitere Besonderheiten der Tourismus-BWL

Die Spezifika der Tourismusbranche führen auch in anderen Bereichen der Betriebswirtschaftslehre zu Besonderheiten, von denen im folgenden einige erwähnt werden. Eine ausführliche Behandlung dieser speziellen Aspekte der Tourismus-BWL kann an dieser Stelle nicht erfolgen; der interessierte Leser sei auf die fachspezifische Literatur verwiesen: (1) Im Rahmen des Personalmanagements hat die Personaleinsatzplanung damit zu kämpfen, dass z.B. bei → Reisemittlern der Arbeitsanfall sehr ungleichmäßig und nur schwer vorhersehbar auftritt. Den Reiseleitern als besondere Mitarbeitergruppe kommt eine spezielle Bedeutung zu. (2) Die (Reise-)Preiskalkulation wird durch die Problematik der Prognose des richtigen Auslastungsgrades bestimmt. (3) Im Finanzmanagement kommen aufgrund des i.d.R. hohen Auslandsgeschäfts gerade bei Reiseveranstaltern den Möglichkeiten der Devisenabsicherung eine besondere Rolle. Während bei kapitalintensiven Teilbranchen der Tourismusindustrie (Airlines, z.T. Hotellerie) die Finanzierungsformen hohe Relevanz haben, verfügen Reiserveranstalter und z.T. auch Reisemittler aufgrund von Kundenanzahlungen, die den Auszahlungen an Leistungsträger um Wochen vorgelagert sind, i.d.R. über eine hohe Liquidität, so dass diese ein besonderes Augenmark auf attraktive Geldanlagemöglichkeiten legen. Entsprechend hoch ist das positive Zinsergebnis in der GuV dieser Unternehmen. Um die Illusion einer kontinuierlich hohen Liquidität zu vermeiden, kommt in diesen Teilbranchen der (kurzfristigen) Liquiditätsplanung eine besondere Bedeutung zu. (4) Für die Finanzbuchhaltung sind eigene Kontenrahmen entwickelt worden (z.B. Kontenrahmen des DRV (Deutscher ReiseVerband). Diese tragen u.a. dem Umstand Rechnung, dass z.B. bei → Reisemittlern ein großer Teil der Einnahmen nur durchlaufende Posten (zur Weiterleitung an Reiseveranstalter bzw. Leistungsträger) darstellen. (5) Für das → Controlling gibt es, neben den üblichen betriebswirtschaftlichen, eine Reihe speziell tourismuswirtschaftlicher Controlling-Kennzahlen. (6) Die Leistungspolitik kann in hohem Maße negative externe Effekte, insbesondere in den → Destinationen, verursachen. Der Ansatz eines sog. Sanften Tourismus (nachhaltiger Tourismus) versucht dem entgegenzuwirken. (7) Es gibt spezielle Schnittstellen zwischen Tourismus und anderen wissenschaftlichen bzw. gesellschaftlichen Bereichen (z.B. Tourismuspsychologie, Tourismussoziologie, Tourismus & Gesundheit(spolitik), → Tourismus- & Wirtschaftspolitik). (8) Eine objektive Bestimmung der Qualität ist im Rahmen des Qualitätsmanagements kaum möglich. (9) Dem Reklamations- und Krisenmanagement (z.B. bei Naturkatastrophen, von denen Reisende betroffen sind) kommt eine besondere Bedeutung zu. (10) Dem → Yield Management kommt aufgrund der Auslastungsproblematik und insbesondere bei stark vertikal integrierten Tourismuskonzernen eine besondere Bedeutung zu. (11) Es gibt eine Reihe steuerlicher Besonderheiten (insbes. das Prinzip der Margenbesteuerung im Umsatzsteuergesetz). (12) Es gibt eine Reihe zivilrechtlicher (insbes. Reiserecht (§651 BGB), Insolvenzabsicherungspflicht, Informationsverordnung u.a.) sowie handelsrechtlicher Besonderheiten (Vertragsverhältnis zwischen den Unternehmen auf den unterschiedlichen touristischen Wertschöpfungsstufen, insbes. Agenturvertrags- und Handelsvertreterregelungen zwischen Reisemittler und Reiseveranstalter). (13) EDV-Systeme und Informationstechnologie (insbes. Inhouse-CRS) stellen strategische Erfolgsfaktoren dar, da gerade die als Vermittler tätigen Teile der Branche primär mit Informationen wirtschaften.

Hinweis

Zu den angrenzenden Wissensgebieten siehe → Dienstleistungen, → Direktmarketing, → E-Commerce, → Globalisierung, → Kommunikationspolitik, → Konsumentenverhalten, → Kundenzufriedenheit, → Marketing, Grundlagen, → Marketing, Internationales, → Marktforschung, → Preispolitik, → Vertriebspolitik.

Literatur: Hofmann, Wolfgang: (Flugpauschalreise), Die Flugpauschalreise, in: Mundt (Hrsg.), Reiseveranstaltung, S. 123 – 164; Kaspar, Claude: Die Tourismuslehre im Grundriss, Bern/Stuttgart/Wien 1996; Kirstges, Torsten, (Direktmarketing-Ansätze), Direkt zum Kunden - kein leichter Weg, Warum zahlreiche Direktmarketing-Ansätze scheitern, Flops und Tops am Beispiel der Tourismusbranche, in: Direkt Marketing, Zeitschrift für Dialogmarketing und Integrierte Kommunikation, Nr. 11/1995, S. 44 – 46; Kirstges, Torsten: (Expansionsstrategien), Expansionsstrategien im Tourismus, 3. Auflage, Wilhelmshaven 2005; Kirstges, Torsten: (Management), Management von Tourismusunternehmen - Organisation, Personal- und Finanzwesen bei Reiseveranstaltern und Reisemittlern, 2. Auflage, München/Wien 2000; Kirstges, Torsten: (Sanfter Tourismus), Sanfter Tourismus - Chancen und Probleme der Realisierung eines ökologieorientierten und sozialverträglichen Tourismus durch deutsche Reiseveranstalter, 3. Auflage, München/Wien 2003; Kirstges, Torsten: (Strukturanalyse 2003), Strukturanalyse des Reiseveranstaltermarktes 2003: Konsequenzen der Marktkonzentration für den Mittelstand, Wilhelmshaven 2004; Kirstges, Torsten/Lück, Michael (Hrsg.): Global Ecotourism Policies and Case Studies, Perspectives and Constraints, Channel View Publications, Clevedon/New York/Ontario 2003; Kirstges, Torsten/Schröder, Christian/Born, Volker: Destination Reiseleitung, Leitfaden für Reiseleiter – aus der Praxis für die Praxis, München/Wien 2001; Luft, Hartmut: Grundlegende Tourismusbetriebslehre, Limburgerhof 1996; Pompl, Wilhelm: (Touristikmanagement 1), Touristikmanagement 1 - Beschaffungsmanagement, Berlin/Heidelberg/New York 1994; Pompl, Wilhelm: (Touristikmanagement 2), Touristikmanagement 2 - Qualitäts-, Produkt- Preismanagement, Berlin/Heidelberg/New York 1996.

Internetadressen: Deutscher ReiseVerband: www.drv.de; Bundesverband mittelständischer Reiseunternehmen: www.asr-berlin.de; Bundesverband der Deutschen Tourismuswirtschaft: www.btw.de; Forschungsgemeinschaft Urlaub und Reisen: www.fur.de; Deutscher Tourismusverband: www.deutschertourismusverband.de; Prof. Dr. Torsten Kirstges (Literatur zum Download etc.): www.Kirstges.de

Website des Autors: www.Kirstges.de

Tourismuspolitik
bewusste Förderung und Gestaltung des → Tourismus durch Einflussnahme auf die touristisch relevanten Gegebenheiten durch i.d.R. öffentlich-rechtliche Träger (Staat, Gemeinde). Bezieht sich meist auf eine → Destination, kann jedoch auch nationale oder internationale Dimensionen umfassen (tourismusrelevante EU-Gesetzgebung).

Tourist-Shopping
siehe → CEFFT-Shopping.

Tour-Operator
siehe → Reiseveranstalter.

Toyota Production System (TPS)
Lean Production (Schlanke Produktion) ist die gängige Übersetzung von TPS. Lean Production umfasst nicht nur die „reine Produktion", sondern auch die Produktentwicklung, die Lieferantenkoordination und das Kundenmanagement. Siehe auch → Qualitätsmanagement (mit Literaturangaben).
    Literatur: Jones, Daniel T.: Schlanke Produktion in Handelsblatt Management Bibkliothek Die Besten Management-Tools1: Strategie und Marketing, Band 8, 2005, Campus Verlag, Frankfurt/New York; Shook J./Rother M.: Sehen lernen. Mit Wertstromdesign die Wertschöpfung erhöhen und Verschendung beseitigen, Stuttgart 2000; Womack James P./ Jones Daniel T.: Lean Thinking. Ballast abwerfen, Unternehmensgewinn steigern, Frankfurt/New York, 2004
    Internetadresse: http://www.ebz-beratungszentrum.de/organisation/toyota.htm, www.simpler.com

TPS
Abkürzung für Transaction Processing Systems; siehe → Management-Informationssysteme (mit Literaturangaben).

TQM
Abk. für → Total Quality Management (mit Literaturangaben).

Track Record
Erfolgs- und Erfahrungsgeschichte einer Beteiligungsgesellschaft (z.B. einer → *Private Equity Gesellschaft*) bzw. eines Unternehmens oder auch eines Managers.

Tracking Stocks
siehe → Spartenaktien.

Tracking & Tracing
von Logistikdienstleistern angebotene Statusverfolgungssysteme von transportierten Waren- und Briefsendungen. Tracking & Tracing-Systeme werden beispielsweise bei der Post, bei Zustelldiensten und bei Speditionen eingesetzt. Dabei werden unter *Tracking* die Bearbeitungsschritte, die für die Verfolgung von Waren aufgewendet werden müssen, und unter *Tracing* die Ablaufverfolgung von Logistikprozessen, verstanden.

Trade Sale
(→ *Private Equity*), Verkauf eines Unternehmens im Rahmen von Private Equity an einen industriellen Investor (siehe → Mergers & Aquisitions), der sich meist über die Beteiligung Zugang zu neuen Technologien oder Märkten zu verschaffen sucht. Vollzogen wird der Verkauf des Unternehmens entweder durch den Verkauf der Anteile (→ Share Deal) oder aber durch den Verkauf der einzelnen Wirtschaftsgüter (→ Asset Deal).

Trade Sale
(→ *Venture Capital*), Instrument einer Venture Capital-Gesellschaft zur Desinvestition als Abschluss einer Beteiligungsfinanzierung durch Veräußerung der Beteiligung an einen industriellen Investor, der entweder auf dem Gebiet der Gesellschaft bereits tätig ist oder diversifizieren möchte.
Siehe auch → Venture Capital und → Private Equity.

Trading Rules
beziehen sich auf Handelsregeln (Anlagestrategien) für die Wertpapiermärkte.

Trading Securities
sind Gläubigerpiere oder Eigentümerpapiere, die zum baldigen Verkauf bestimmt sind. Demnach sind sie immer im → Umlaufvermögen auszuweisen. Sowohl nach IAS/IFRS als auch nach US-GAAP sind sie stets mit ihrem beizulegenden Wert (fair value) zu bilanzieren. Das ist – wie bei den → available-for-sale securities – nach US-GAAP der repräsentative Marktwert (FAS 115.3), während nach IAS/IFRS der fair value auch anhand eines Bewertungsmodells ermittelt werden kann (IAS 39.96). Wertschwankungen sind nach FAS 115.13 und IAS 39.103 unmittelbar in der laufenden Periode erfolgswirksam zu erfassen.
Siehe auch → Umlaufvermögen (mit Literaturangaben).

Traditional Franchising
siehe → Franchising (mit Literaturangaben).

Trainee-Programm
dienen dazu, dass Hochschulabsolventen systematisch die verschiedenen Funktionsbereiche eines Unternehmens kennen lernen. Sie sind zumeist auf einen Zeitraum von ein bis zwei Jahren befristet. Trainee-Programme können allgemein, d.h. ohne Zielposition ausgerichtet sein oder auch spezialisiert auf Tätigkeiten in bestimmten Bereichen wie Marketing/Vertrieb oder Controlling/Finanzen vorbereiten.
Siehe auch → Personalentwicklung (mit Literaturangaben).

Training, interkulturelles
siehe → Interkulturelles Training.

Tranche
Als Tranche bezeichnet man den Teilbetrag einer Wertpapieremission, wenn diese nicht in einem Zug, sondern in mehreren Teilbeträgen, zu verschiedenen Terminen und gegebenenfalls unterschiedlichen Zinssätzen vorgenommen wird.

Transaction Processing Systems (TPS)
(a) Unterbegriff von → Management-Informationssysteme (MIS); (b) ein spezifisches MIS für die operative Management-Ebene.
    Literatur: Laudon, K. C., Laudon, J. P. Management Information Systems, Managing The Digital Firm, 9th ed., Upper Saddle River 2006; Mertens, P., Griese, J.: Integrierte Informationsverarbeitung 2, Planungs- und Kontrollsysteme in der Industrie, 9. Auflage, Wiesbaden 2002.

Transactive Banner
liefern Nutzwert und Funktionalität (z.B. Produktinfos + Sales-Services) auf einem Banner. Der Nutzer wird in die Lage versetzt, Transaktionen auf einem Banner auszuführen (z.B. Bestellung eines Newslet-

ters). Mehr zu Bannern unter → Bannerwerbung; zur Internet-Werbung siehe → Internet-Kommunikationspolitik (mit Literaturangaben).

Transaktion

(in der *Datenverarbeitung*). Eine Transaktion ist eine von einem menschlichen Benutzer oder einem Anwendungsprogramm ausgelöste Verarbeitungseinheit, die vom Datenbankverwaltungssystem als eine unteilbare Operation auf den Daten begriffen wird und für die die → ACID-Eigenschaften gelten.

Literatur: Gray, J., Reuter, A.: Transaction Processing: Concepts and Techniques, San Francisco, 1993.

Transaktionale Führung

Bei transaktionaler Führung steht der Tausch von durch den Vorgesetzten gewährten Belohnungen (→ Anreizsystem) gegen Leistung der Mitarbeiter im Vordergrund. Gegensatz: Ein → *transformationaler* Führungsstil zeichnet sich dadurch aus, dass die Führungskraft Mitarbeiter inspiriert, Visionen aufzeigt, intellektuell anregt und auf die individuellen Besonderheiten der Betroffenen eingeht.

Siehe auch → Personalführung und → Unternehmensführung, jeweils mit Literaturangaben.

Transaktionskosten

entstehen durch Transaktionen, die die Grenzen der Unternehmung überschreiten; sie werden deshalb auch *Marktaustauschkosten* genannt. Darunter fallen beispielsweise die Kosten für Suche, Auswahl und Kontrolle eines qualifizierten Dienstleisters, Reisekosten, Verhandlungen, Vertragsabschlüsse.

Transaktionskostenansatz

(→ *Handelsbetriebslehre*). Bei Transaktionen zwischen Verkäufer und Käufer fallen Kosten der Kommunikation und Information für die Anbahnung, Vereinbarung, Abwicklung, Kontrolle und Anpassung des Leistungsaustausches an. Die Höhe der Transaktionskosten (TAK) beeinflusst die Art und Weise der Aufbau- und Ablauforganisation wirtschaftlicher Tätigkeit. Sie ist von der Spezifität der zu erbringenden Leistung bzw. von der Unsicherheit der Leistungsbeziehung abhängig.

Mit Hilfe des Transaktionskostenansatzes lassen sich die Existenz des → Handels und seine Effizienz untersuchen (Picot 1986), indem die Kosten des direkten Vertriebs (ohne → Handel) und des indirekten Vertriebs (mit → Handel) gegenübergestellt werden. Für den Fall, dass beim indirekten Vertrieb die Summe der gesparten Transaktionskosten des → Handels und der Nachfrager größer ist als die Summe der Transaktionskosten und Produktionskosten des → Handels, ist der → Handel effizient.

Siehe auch → Handelsbetriebslehre (mit Literaturangaben).

Transaktionskostentheorie

Teil der Forschungsansätze der Neuen → Institutionenökonomie. Ziel ist die Erklärung von Struktur, Wandel und Verhaltenswirkungen von Institutionen. Institutionen bilden den Rahmen, in dem die ökonomischen Austauschprozesse vollzogen werden. Beispiele für ökonomische Institutionen sind Märkte, Organisationen und Rechtsnormen. Die Transaktionskostentheorie sucht zu erklären, warum bestimmte Transaktionen in bestimmten institutionellen Arrangements effizienter vollzogen werden können als in anderen.

Grundannahme ist dabei, dass diejenige Organisationsform am vorteilhaftesten für eine bestimmte Transaktion ist, bei der die Summe aus Produktionskosten und Transaktionskosten minimal ist. Transaktionskosten sind dabei z.B. Kosten der Anbahnung, Abschluss, Durchsetzung und nachträgliche Änderung der Verträge. Transaktionskosten entstehen nicht nur bei Transaktionen über den Markt, sondern können z.B. auch bei Transaktionen innerhalb der Organisation entstehen.

Siehe auch → Organisation, Grundlagen und → Organisationstheorien, jeweils mit Literaturangaben.

Transaktionsmerkmal

(→ *Handelsbetriebslehre*) beschreibt die Besonderheit von → Handelsbetrieben, dass sie Güter kaufen, um diese (weitgehend) unverändert weiterzuveräußern.

Transaktionsrisiko

siehe → Umwechslungsrisiko.

Transaktionssystem
(auch: *Operatives System*) ist ein → Anwendungssystem der → *Wirtschaftsinformatik* zur Unterstützung von Routineaufgaben, wobei wegen der zumeist hohen Zugriffshäufigkeit die effiziente Speicherung bzw. Verarbeitung von → Daten im Vordergrund steht.

Transfer Price
siehe → Verrechnungspreis (im → Steuerrecht, Internationales).

Transferbeschränkungen/-verbote
sind staatliche Maßnahmen eines (Import-)Landes, die das Verbot oder Beschränkungen umfassen, Zahlungen in das Ausland zu transferieren. Transferbeschränkungen bzw. -verbote, mit denen insbesondere Kapitalflucht verhindert werden soll, können sich auf die Landeswährung, aber auch auf Fremdwährungen (z.B. auf Devisenguthaben von Inländern oder Ausländern bei inländischen Banken) beziehen; siehe auch → Konvertierungsbeschränkungen/-verbote.

Transfermarke
Übertragung einer Marke aus einem Produktbereich in einen verwandten anderen des gleichen Herstellers. Hinter dieser Technik steht das Bemühen, das Potenzial eines Markennamens voll auszuschöpfen. Notwendige Voraussetzung ist allerdings eine starke, tragfähige Stammmarke.
Der Transfer zielt auf eine Kapitalisierung des Markenpotenzials ab, denn dieses stellt das wahre Vermögen eines Unternehmens dar. Dies geschieht durch einen (internen) horizontalen Markentransfer. Darunter versteht man die Erweiterung eines vorhandenen Basisprodukts um Produktversionen, die unter demselben Markennamen andere Marktsegmente bedienen (Line extenders).
Es gibt aber auch (interne) vertikale Markentransfers, d.h. Ausweitungen des Gültigkeitsbereichs von Marken über den angestammten Bereich hinaus in (konnotativ) verbundene andere Bereiche (Flankers). Siehe auch → Lizenzmarke und → Markenarten.

Transferpreise
andere Bezeichnung für → Verrechnungspreise.

Transferstraße
mehrere durch Einrichtungen der Werkstückförderung verkettete Fertigungseinrichtungen, oft unter Einbeziehung von Spezialmaschinen mit geringer Flexibilität. Transferstraßen zeichnen sich weiter durch einen getakteten Transport und einen gerichteten Materialfluss (→ *Fließfertigung*) aus. Einer hohen Produktivität steht eine geringe Flexibilität mit wenigen, teilweise aufwendigen Umrüstmöglichkeiten gegenüber.
Siehe auch → Produktion, Formen, → Produktionsmanagement sowie → Produktionsplanung und -steuerung, jeweils mit Literaturangaben.

Transformation
(bei → *Dienstleistungen*) ist die am → externen Faktor im Rahmen des → Leistungserstellungsprozesses einer *Dienstleistung* erbrachte Wirkung. Die Wirkung der Dienstleistung kann sowohl in der Veränderung als auch in der Sicherstellung bzw. Wiederherstellung einzelner Eigenschaften des externen Faktors liegen. Die Transformation des externen Faktors stiftet für den Nachfrager den Nutzen der Dienstleistung.

Transformational Outsourcing
umfasst grundsätzlich die Effizienzsteigerung aller betrieblichen Bereiche und Prozesse, wozu das herkömmliche → Outsourcing ein Instrument sein kann, jedoch nicht ausschließlich sein muss.

Transformationale Führung
Der transformationale Führungsstil steht dem transaktionalen Führungsstil gegenüber. Während bei transaktionaler Führung der Tausch von durch den Vorgesetzten gewährten Belohnungen (→ Anreizsystem) gegen Leistung der Mitarbeiter im Vordergrund steht, zeichnet sich ein transformationaler Füh-

rungsstil dadurch aus, dass die Führungskraft Mitarbeiter inspiriert, Visionen aufzeigt, intellektuell anregt und auf die individuellen Besonderheiten der Betroffenen eingeht.
Siehe auch → Personalführung und → Unternehmensführung, jeweils mit Literaturangaben.

Transformationsfunktion

bezeichnet die Einsatz-Ausbringungs-Beziehung einer einzelnen Stelle (Arbeitsplatz, Kostenstelle usw.) im Rahmen einer mehrstufigen Fertigung. Für eine einstufige Bearbeitung geht die Transformationsfunktion dieser einen Stelle in die → Produktionsfunktion des ganzen Unternehmens über.
Siehe auch → Produktions- und Kostentheorie (mit Literaturangaben).

Transformationsökonomien

Bezeichnung für Übergangsökonomien in Zentral- und Osteuropa.

Transithandel

Beim Transithandel, einer Form des → Außenhandels, wird ein internationales Liefergeschäft von einem Transithändler initiiert, der seinen Sitz in einem Drittland, nicht Herkunftsland noch Bestimmungsland der Ware hat. Aus Sicht des Drittlandes ist dies aktiver Transithandel, aus Sicht des Herkunfts- und Bestimmungslandes ist dies passiver Transithandel. Die Waren können dabei durchaus unmittelbar vom Herkunftsland ins Bestimmungsland befördert werden, sog. direkter Transithandel. Beim sog. indirekten Transithandel dagegen erfolgt eine Zwischenlagerung im → Zollfreigebiet des Landes des Transithändlers oder die Ware passiert effektiv das Wirtschaftsgebiet des Drittlandes, sog. Durchfuhr.
Wird während der Zwischenlagerung noch eine Bearbeitung, Umsortierung oder Neuverpackung vorgenommen bzw. wird die Ware an einen weiteren Transithändler im Drittland verkauft, liegt ein sog. gebrochener Transithandel vor.
Die wichtigsten Motive des Transithandels sind wirtschaftspolitische Gründe wie z.B. das Umgehen von → Handelshemmnissen bzw. Ausnutzen von Präferenzregeln, die strategische Lage von Warenumschlagplätzen wie Häfen und fehlendes Absatz-Know-how im Herkunftsland der Ware.
Siehe auch → Außenhandel (mit Literaturangaben).

Transitorische Posten

sind aktive oder passive Bilanzposten, die gebildet werden, wenn Zahlungsvorgänge in einem früheren Geschäftsjahr erfolgen als die sie begründenden Erfolgsvorgänge, z.B. Mietvorauszahlungen im Geschäftsjahr 01, deren Gegenleistung erst nach dem Abschlussstichtag erbracht werden wird. Sie werden gemäß § 250 HGB in der Bilanz als → Rechnungsabgrenzungsposten ausgewiesen. Der Ausweis erfolgt auf der Aktivseite für Ausgaben vor dem Abschlussstichtag, soweit sie Aufwand für eine bestimmte Zeit nach diesem Tag darstellen (§ 250 Abs.1 HGB); er erfolgt auf der Passivseite für Einnahmen vor dem Abschlussstichtag, soweit sie Ertrag für eine bestimmte Zeit nach diesem Tag darstellen (§ 250 Abs.2 HGB).
Siehe auch → Buchführung (mit Literaturangaben).

Transkulturelle Zielgruppe

Konsumenten aus unterschiedlichen Kulturkreisen werden direkt einer Segmentierung unterzogen und zu transkulturellen Zielgruppen (→ Cross-Cultural Groups).

Translationsrisiko

siehe → Umrechnungsrisiko.

Transmission Control Protocol/Internet Protocol (TCP/IP)

Beim TCP/IP handelt es sich um einen → De-facto-Standard, der evolutionär in der Praxis entstanden ist und ursprünglich für Unix-Netze entwickelt wurde. Dieser Standard gilt als das allgemeine Netzwerkprotokoll des → Internet und gliedert sich in zwei Komponenten. Hierbei ist das Transmission Control Protocol (TCP) für die Behandlung der Daten zuständig, wohingegen das Internet Protocol (IP) für die Adressierung und Weiterleitung der Daten zwischen Sender und Empfänger zuständig ist.

Das TCP zerlegt die zu versendende Datei in einzelne kleine Pakete und verschickt diese getrennt voneinander über das Internet. Diese Pakete können verschiedene Knotenpunkte im Internet durchlaufen, da an jedem Knotenpunkt der optimale Weg für das Datenpaket neu bestimmt wird. Auf Grund der möglichen unterschiedlichen Wege der einzelnen Datenpakete erreichen sie den Zielrechner in der Regel nicht in der ursprünglichen Reihenfolge. Daher besteht eine weitere Aufgabe des TCP darin, die Datenpakete wieder in ihrer ursprünglichen Reihenfolge zusammenzusetzen.

Das Internet Protocol (IP) regelt die korrekte Adressierung der Datenpakete, damit die im Internet agierenden Computer eindeutig identifiziert werden können. Somit wird die Ankunft der versendeten Daten bzw. Datenpakete beim richtigen Zielrechner gewährleistet.

Siehe auch → E-Commerce (mit Literaturangaben).

Transnationale Unternehmung

Unternehmung, die als internationales Netzwerk organisiert ist: Alle Aktivitäten werden über nationale Grenzen hinweg koordiniert, um mögliche Synergien auf einem globalen Niveau erzielen zu können. Die Märkte werden als miteinander vernetzt betrachtet. Mitarbeiter werden häufig zwischen den einzelnen Ländern ausgetauscht und fühlen sich meist dem Unternehmen stärker als ihrem jeweiligen Einsatzland zugehörig. Als Beispiel für ein transnationales Unternehmen wird oft Unilever genannt.

Siehe auch → Marketing, Internationales (mit Literaturangaben).

Transnationale Zielgruppe

(→ *Marketing, Internationales*). Auf der Basis z.B. von psychographischen oder sozioökonomischen Segmentierungsvariablen werden transnationale Zielgruppen (→ Cross-National Groups) innerhalb eines → Länderclusters gebildet, die alle einem Kulturkreis zugeordnet werden können. Da Kulturkreis und Nation nicht zusammenfallen müssen, wird auch von „*transregionalen Zielgruppen*" gesprochen.

Transportgeschäfte

Zu den Transportgeschäften zählt man die → Fracht-, die Speditions- und die → Lagerverträge (§§ 407 bis 475 h HGB). Siehe auch → Handelsrecht.

Transportlogistik

Die Transportlogistik beschäftigt sich mit der organisatorischen Gestaltung von Transportsystemen. Neben dem reinen Transport werden auch die Be- und Entladungsaktivitäten zur Transportlogistik gezählt. Siehe auch → Frachtführer und → Spedition.

Transportprobleme

lassen sich allgemein dadurch charakterisieren, dass Güter von bestimmten Angebotsorten aus zu entsprechenden Nachfragerorten transportiert werden sollen. Dabei sollen die Transportwege und -mengen so bestimmt werden, dass die Gesamttransportkosten unter Berücksichtigung der angebotenen und nachgefragten Mengen an Gütern minimiert werden. Durch die Anwendung entsprechender Methoden des → *Operations Research* können derartige Probleme gelöst werden.

Transregionale Zielgruppe

siehe → Transnationale Zielgruppe.

Tratte

Die Tratte ist ein vom Wechselaussteller auf den Bezogenen gezogener → Wechsel, den der Bezogene noch nicht angenommen (noch nicht akzeptiert) hat. Tratten kommen bei → Dokumenteninkassi (meistens) als Nachsichttratten (→ Nachsichtwechsel) vor.

Traveling Salesman Problem

siehe → Reihenfolgeproblem.

Treasury
ist im angelsächsischen Sprachraum der Funktionsbereich beziehungsweise Organisationsteil einer (Staats)Verwaltung (GB: Treasury = Schatzamt/Finanzministerium) oder einer Unternehmung bezeichnet, der sich mit der Beschaffung, Verwaltung und Optimierung der finanziellen Mittel auseinandersetzt. Häufig ist der Treasury-Bereich neben dem Controlling ein Hauptbestandteil des dem Finanzvorstand beziehungsweise Chief Financial Officer unterstellten Verantwortungsbereiches Finanzen. Üblicherweise umfasst das Aufgabenspektrum unter anderem die Entwicklung und Überwachung der allgemeinen Finanzpolitik des Unternehmens, die Finanzplanung, das Management der Bank- bzw. Kapitalgeberbeziehungen, die Kapitalbeschaffung, das Cash Management und das Management von Zins-, Währungs- und Ausfallrisiken sowie der internationalen Zahlungsströme.
Siehe auch → Cash Flow Management, → Corporate Finance, jeweils mit Literaturangaben.

Treaty-Override
(→ *Steuerrecht, Internationales*). Grundsätzlich sind die in → Doppelbesteuerungsabkommen (DBA) vereinbarten Regelungen für beide Vertragspartner bindend. Der nationale Gesetzgeber kann jedoch nach Abschluss eines → DBAs Regelungen beschließen, die mit dem geschlossenen Doppelbesteuerungsabkommen nicht im Einklang stehen und dieses aushebeln (z.B. AStG).

Treaty-Shopping
(→ *Steuerrecht; Internationales*). Im Fall des Treaty-Shopping („Sich-Einkaufen" in ein → Doppelbesteuerungsabkommen, DBA) gestaltet der Steuerpflichtige seine Verhältnisse so, dass er unter den Anwendungsbereich eines bestimmten DBAs fällt. Er kann auf diese Weise Vorteile dieses → DBAs beanspruchen, die ihm aufgrund der fehlenden → Ansässigkeit nicht zustünden. Um in den Genuss des Abkommens zu kommen, erfolgt die Zwischenschaltung einer Gesellschaft, die nur den Zweck verfolgt, die Abkommensvorteile in Anspruch zu nehmen. Das Treaty-Shopping ist die meist verbreitete Gestaltung einer (missbräuchlichen) Abkommensanwendung.

Treffprinzip
Nachfrager und Anbieter treffen sich an einem Ort außerhalb ihres Domizils und ihrer Residenz (z.B. Wochenmärkte, Verkaufsmessen).

Trennungsmodell
aus dem deutschen Rechtskreis stammendes Modell zur Strukturierung der Organe einer → *Aktiengesellschaft* (auch „Vorstand-Aufsichtsrat-Modell"). So ist die Aktiengesellschaft nach deutschem Recht (Aktiengesetz) organschaftlich in Vorstand, Aufsichtsrat und Hauptversammlung, d.h. in die „Gewalten" Exekutive, Judikative und Legislative zu gliedern.
Siehe auch → Unternehmensführung, Grundlagen (mit Literaturangaben) und (anglo-amerikanisches) → Vereinigungsmodell.

Treppenverfahren
siehe → Stufenleiter- oder Treppenverfahren; siehe auch → Betriebsabrechnung mit Anwendungsbeispiel in Kapitel 4 und → Kostenstellenrechnung (mit Literaturangaben).

True and Fair View
siehe → fair presentation.

Trustcompany
Treuhandgesellschaft; siehe auch → Trustee.

Trustee
(*Treuhänder*) ist beispielsweise im Rahmen von → *Asset Backed Securities*-Transaktionen eine Drittpartei (z.B. spezialisierte Treuhandgesellschaft, Teil einer Bank), die im Interesse der Investoren die Kontrolle über die Sicherheiten und die ordnungsgemäße Abwicklung aller Zahlungsströme wahrnimmt. Der Treuhänder agiert im eigenen Namen aber auf fremde Rechnung. Der Treuhänder erhält

regelmäßig Berichte über die Entwicklung des zugrunde liegenden Forderungsportfolios, um sicherzu-stellen, dass Investoren ihre Gelder termingerecht und in planmäßiger Höhe erhalten.

TRY
ISO-Code für Neue türkische Lira.

TSR
Abk. für → Total Shareholder Return.

Turn-around Financing
(*Restrukturierungsfinanzierung*), vorkommend beispielsweise im Rahmen von → Private Equity durch Einbringung von Eigenkapital in ein in der Krise befindliches Unternehmen zum Ausgleich von Ver-lusten und zur Rückkehr in die Gewinnzone. Die Restrukturierungsfinanzierung wird in der Regel ver-bunden mit einem Sanierungskonzept (→ Restart).

TWD
ISO-Code für Neuer Taiwan-Dollar.

Typ
hersteller- bzw. anwenderspezifische Spezifikation für *Fertigerzeugnisse*. Ein Typ ist eine von einem Hersteller erarbeitete Schnittstelle zwischen unterschiedlichen Komponenten des Herstellers selbst oder zur Außenwelt. Komponenten anderer Hersteller können zu diesem Typ, zumindest in Bezug auf die wichtigsten Funktionen, kompatibel ausgelegt sein, sodass sie problemlos angeschlossen werden kön-nen (Plug compatible manufacturers/PCM) oder zu diesem identisch sein, sodass sie anstelle des Origi-nalprodukts innerhalb einer Konfiguration eingesetzt werden können (Clones). Normen- und Typenkar-telle sind vom generellen Kartellverbot des GWB ausgenommen.
Siehe auch → Produkt sowie → Produktpolitik (mit Literaturangaben).

Typung
bezeichnet die Vereinheitlichung ganzer Erzeugnisse oder Aggregate hinsichtlich Arten, Größen, Aus-führungsformen (Überbetriebliche Kooperation branchengleicher Unternehmen, innerbetrieblich als Festlegung von Baukästen). Vom Wesen her entspricht der Vorgang der Typung dem Vorgang der Normung.

U

UAC
Abk. für → User Advisory Council.

UBA
Abk. für Umweltbundesamt.

über pari
ein → Wertpapier wird zu einem Kurs oberhalb des → Nennbetrages, also über 100 % des Nennbetra-ges gehandelt; siehe auch → Agio sowie → unter pari und → pari.

Überarbeit
siehe → Überstunden.

Überbrückungsfinanzierung
(→ *Bridge Financing*), finanzielle Mittel, die einem Unternehmen zur Vorbereitung eines Börsengangs (→ *Going Public*) oder dem Erreichen einer Wachstumsschwelle vor einem Verkauf zur Verfügung ge-

stellt werden. Zu dieser Vorbereitung eines Börsengangs (→ Going Public) zählt auch, sofern es sich bei dem Unternehmen nicht bereits um eine Aktiengesellschaft oder KGaA handelt, die Umwandlung in eine Aktiengesellschaft oder KGaA. Das zur Finanzierung bereitgestellte Kapital wird in der Regel aus den Emmissionserlösen zurückbezahlt.

Siehe auch → Private Equity (mit Literaturangaben).

Übergewinn

in der Praxis gebräuchliche Bezeichnung für → Residualgewinn.

Überlegenheitsstrategie

Strategie der → Preispolitik. In der Überlegenheitsstrategie antizipiert der Anbieter die Konkurrenzreaktionen auf eigene Entscheidungen, weshalb er unter Berücksichtigung der Konkurrenzreaktionen die für ihn selbst beste „Preisaktion" wählt. Ein Anbieter mit Überlegenheitsstrategie steuert mit seinen Preisentscheidungen – zum eigenen Vorteil – die Konkurrenten in ihren Preisentscheidungen. Eine sehr wettbewerbsaggressive Variante der Überlegenheitsstratege ist das → „*predatory pricing*": Hier versucht ein Anbieter, durch eine gezielte Preisunterbietung einen Konkurrenten vom Markt zu drängen. Gegensatz: → Anpassungsstrategie.

Einzelheiten und weitere Preisstrategien siehe → Preispolitik, Kapitel 3 (mit Literaturangaben).

Übernahme

(*Takeover, österreichisches Recht*). Als Übernahme wird der Erwerb eines bedeutenden Teils der Aktien einer börsenotierten → AG bezeichnet. In einem solchen Fall hat der Übernehmer (*Bieter*) auch den verbleibenden (Minderheits)Gesellschaftern ein angemessenes Kaufangebot für ihre Anteile zu machen (*Pflichtangebot*), um ihnen die Möglichkeit zu bieten, aus der Gesellschaft auszusteigen. Die entsprechenden Vorschriften dazu finden sich im öÜbG.

Internetadressen: Österreichische Übernahmekommission: http://www.takeover.at

Übernahme eines Unternehmens

siehe → Unternehmensübernahme.

Übernahme, Feindliche

siehe → Feindliche Übernahme und → Mergers & Acquisitions (mit Literaturangaben).

Übernahme, Freundliche

siehe → Freundliche Übernahme und → Mergers & Acquisitions (mit Literaturangaben).

Übernahmeangebots-Richtlinie

(2004/25/EG) (*Übernahme-Richtlinie*) vom 21.4.2004 eröffnet den nationalen Gesetzgebern zur Ausgestaltung von Übernahmen zahlreiche Wahlrechte insbesondere im Hinblick auf den Abbau von Verteidigungsmaßnahmen, die Reziprozitätsregelung, die Ausgestaltung des Pflichtangebots (Frist, Preis), sowie des übernahmerechtlichen Squeeze-Out (Schwellenwert, Abfindung) und Sell-Out.

Siehe → Gesellschaftsrecht, Europäisches (mit Literaturangaben).

Quelle: ABl.EG L 142 vom 30.4.2004, S. 12; abrufbar bei Eur-Lex unter: http://eur-lex.europa.eu.

Übernahmekonnossement

Andere Bezeichnungen sind „Empfangen-zur-Verschiffung-Konnossement", „Received for Shipment Bill of Lading". Das Übernahmekonnossement umfasst die Bestätigung der Reederei (bzw. deren Agent) über den Empfang der Güter (in äußerlich guter Verfassung) zum Transport. Die Güter werden gelagert bis geeigneter Schiffsraum zur Verfügung steht. Damit steht das Übernahmekonnossement im Gegensatz zum → Bordkonnossement, in dem die Reederei die bereits erfolgte Verladung der Güter auf ein bezeichnetes Schiff bestätigt.

Die Änderung eines Übernahmekonnossements in ein Bordkonnossement ist durch einen datierten Vermerk auf dem Konnossement nach erfolgter Verladung der Güter auf Schiff möglich. Siehe auch → Konnossement.

Übernahmekonsortium
siehe → Konsortium.

Übernahme-Richtlinie
(2004/25/EG), siehe → Übernahmeangebots-Richtlinie und die dort angegebene Quelle.

Überschießen
(*Overshooting*), Phänomen, dass → Wechselkurse auf exogene Störungen in der kurzen Frist „überreagieren", d.h., kurzfristige Abwertungen (Aufwertungen) werden langfristig durch gegenläufige Aufwertungen (Abwertungen) partiell wieder neutralisiert.

Überschuldung
ist ein Insolvenzeröffnungsgrund im Sinne von § 19 Insolvenzordnung (InsO). Sie liegt vor, wenn bei juristischen Personen die Verbindlichkeiten das Vermögen übersteigen. Dies ist nach der Bilanz einer juristischen Person / eines Unternehmens zu ermitteln.
Siehe auch → Insolvenzrecht, deutsches und → Sanierungsmanagement, jeweils mit Literaturangaben, und → Überschuldungsbilanz, → bilanzielle Überschuldung und → Sonderbilanzen (mit Literaturangaben).

Überschuldung, bilanzielle
siehe → bilanzielle Überschuldung

Überschuldungsbilanz
Mittels einer Überschuldungsbilanz soll festgestellt werden, ob das Unternehmensvermögen bestehende Schulden abdeckt. Bei einer AG oder GmbH stellt nach der Insolvenzordnung neben dem allgemeinen Insolvenzgrund Zahlungsunfähigkeit (§17 InsO) im Interesse des Gläubigerschutzes auch die Überschuldung einen Grund zur Eröffnung eines Insolvenzverfahrens gem. § 92 AktG dar. Überschuldung als Auslöser eines Insolvenzverfahrens liegt nach § 19 Abs.2 Satz 1 InsO vor, wenn das Vermögen des Schuldners die bestehenden Schulden nicht mehr deckt. Hierzu sind verwertbares Vermögen und Schulden in einer internen Bilanz (auch Überschuldungsstatus genannt) einander gegenüberzustellen, damit das Management überprüfen kann, ob ein Insolvenzantrag gestellt werden muss.
Basis einer Überschuldungsbilanz ist häufig das Erkennen einer Verlustsituation anhand der Handelsbilanz (Graduierungen: → Verlustbilanz, → Unterbilanz, → bilanzielle Überschuldung nicht durch Eigenkapital gedeckter Fehlbetrag). Die Ermittlung einer insolvenzrechtlich relevanten Überschuldung basiert dann jedoch nicht auf der handelsrechtlichen Bilanzierung, sondern geschieht primär unter dem Aspekt der Werthaltigkeit bzw. Verwertbarkeit des vorhandenen Vermögens und kann ggf. in die Insolvenzbilanz überleiten.
Siehe auch → Sonderbilanzen und → Insolvenzrecht, jeweils mit Literaturangaben.
Literatur: Balz, M., Lanfermann, H-G.: Die neuen Insolvenzgesetze, Düsseldorf 1995; Beck, M., Möhlmann, T.(Hrsg.): Sanierung und Abwicklung in der Insolvenz, Herne/Berlin 2000; Braun, E., Uhlenbruck,W.: Unternehmensinsolvenz, Düsseldorf 1997; Haarmeyer, H., Wutzke, W., Förster, K.: Handbuch zur Insolvenzordnung, 3.Auflage, München 2001; Zisowski, U.: Grundsätze ordnungsmäßiger Überschuldungsrechnung, Bielefeld 2001; Insolvenzordnung v. 5.10.1994 (BGBL I S.2866), zuletzt geändert durch Gesetz v. 15.12.2004 (BGBL I S.3396).
Internetadressen: (Insolvenzinformationen und -statistiken) http://www.destatis.de, http://www.gbi.de, http://www.edikte2.justiz.gv.at

Überschusseinkünfte
siehe → Überschusseinkunftsarten; siehe auch → Einkommensteuer.

Überschusseinkunftsarten

(→ *Einkommensteuer*) gehören die → *Einkünfte aus nichtselbständiger Arbeit*, die → *Einkünfte aus Kapitalvermögen* und die → *Einkünfte aus Vermietung und Verpachtung* sowie die → *sonstigen Einkünfte*. Sie ermitteln sich aus dem Überschuss der → *Einnahmen* gem. § 8 EStG abzüglich der → *Werbungskosten* (§ 2 Abs. 2 Nr. 2 EStG).

Überstunden

vorübergehende Verlängerung der vom → Arbeitnehmer zu leistenden regelmäßigen → Arbeitszeit.

Überwachungsaudit

Verläuft ein externes → *Audit* durch eine Zertifizierungsgesellschaft positiv, erhält das Unternehmen ein Zertifikat. Dieses hat eine Gültigkeit von 3 Jahren, wird aber jedes Jahr – im Rahmen eines *Überwachungsaudits* – auf seine Gültigkeit hin überprüft. Nach 3 Jahren erfolgt das *Rezertifizierungsaudit*. Danach hat das Zertifikat weitere 3 Jahre – mit den entsprechenden Überwachungsaudits – Gültigkeit. Dieser Zyklus wiederholt sich alle 3 Jahre. Einzelheiten siehe → ISO 9000:2000. Siehe auch → Qualitätsmanagement (mit Literaturangaben).

Überwachungsverschulden

siehe → Auswahl- und Überwachungsverschulden.

Überweisung

umfasst den Kapitaltransfer mittels der Verrechnungsnetze der Banken vom Bankkonto des Auftraggebers der Überweisung auf das Bankkonto des Zahlungsempfängers; → Überweisungsgesetz, → EUROPA-Überweisungsauftrag, → TARGET-Überweisungssystem, AZV-Überweisungssystem, → Zahlungsauftrag im Außentwirtschaftsverkehr.

Überweisungsgesetz

vom 21. Juli 1999 regelt sowohl den inländischen als auch den grenzüberschreitenden Überweisungsverkehr, soweit sich dieser auf Überweisungen in Mitgliedsstaaten der Europäischen Union (EU) sowie in Vertragsstaaten des Europäischen Wirtschaftsraums (EWR) bezieht. Das Überweisungsgesetz regelt u.a. die Ausführungsfristen bei grenzüberschreitenden Überweisungen. Bei Leistungsstörungen trifft die Banken eine weit reichende Haftung, die auch eine verschuldensunabhängige Erstattung einschließt. Außerdem sind Beschwerdestellen eingerichtet worden.

Ubiquität

Eigenschaft des → Internet, welche die jederzeitige Verfügbarkeit von Informationen und Angeboten an jedem Ort bezeichnet.

Ubiquitous Computing (UC)

leitet sich aus dem englischen Begriff „ubiquitous" (allgegenwärtig) her. Computer werden dabei zwar allgegenwärtig, treten aber gleichzeitig in den Hintergrund, indem sie mit Alltagsgegenständen verschmelzen und nicht mehr ohne weiteres als Computer erkennbar sind *(Background Assistance)*. Ein Beispiel hierfür könnte ein elektronischer Notizblock sein, der sich dem Benutzer gegenüber wie Papier mit erweiterten Eigenschaften verhält („digitales Papier"). Die dem UC verwandten Schlagworte *Disappearing Computer* und *Computing without Computers* beschreiben ebenfalls die Tendenz zum „verschwindenden Computer", während *Pervasive Computing* auf das Eindringen der Computertechnologie in alle Lebensbereiche zielt.
Realisiert wird dies vor allem durch drei technologische Entwicklungen, nämlich den immer kleiner, leichter und leistungsfähiger werdenden Prozessoren, Sensoren und Displays sowie Modulen zur drahtlosen Kommunikation. Diese UC-Technologien sind Schlüsseltechnologien für den *Mobile Commerce*. Siehe auch → Mobile Commerce (mit Literaturangaben).

UC

Abk. für → Ubiquitous Computing.

UCP
Abk. für Uniform Customs and Practice for Documentary Credits der Internationalen Handelskammer (→ ICC). Siehe → Einheitliche Richtlinien und Gebräuche für Dokumenten-Akkreditive (ERA). Siehe auch → Dokumentenakkreditiv (mit Literaturangaben).

UEC
Abk. für → Urbain Entertainment Center.

Umbrella Brand
engl. für *Dachmarke*; siehe → Dachmarkenstrategie und → Markenführung.

Umgekehrte Maßgeblichkeit
(*Steuerrecht, Handelsrecht*), Grundsatz, nach dem ein nach Steuerrecht zulässiges Ansatz- oder Bewertungswahlrecht davon abhängig gemacht wird, dass in der Handelsbilanz analog verfahren wird (§ 5 Abs. 1 Satz 2 EStG). Durch diesen Grundsatz tritt die Informationsfunktion des handelsrechtlichen Jahresabschlusses in den Hintergrund. Siehe auch → Maßgeblichkeitsgrundsatz.

Umgründung
(österreichisches Recht). Der Begriff *Umgründung* umfasst sämtliche Maßnahmen der Umstrukturierung von Gesellschaften, also → Verschmelzung, → Umwandlung, → Einbringung/Zusammenschluss, → Realteilung und → Spaltung (vgl. § 202 öUGB sowie das öUmgrStG, das die entsprechenden steuerrechtlichen Begleitvorschriften enthält).

UML
Abk. für Unified Modeling Language; siehe auch → Plandatenbasis (in der → Unternehmensplanung) sowie → Workflow-Management (mit Literaturangaben).

Umlageschlüssel
(*Gemeinkosten*), Maßgrößen zur Verteilung der → primären Gemeinkosten auf die betrieblichen → Kostenstellen im Rahmen der → Betriebsabrechnung idealerweise entsprechend der Inanspruchnahme der jeweiligen Leistungen durch diese. Häufig liefern Umlageschlüssel aber nur eine grobe Annäherung des tatsächlichen Verbrauchs.
Siehe auch → Kostenstellenrechnung (mit Literaturangaben).

Umlaufvermögen

Umlaufvermögen

von Professorin Dr. Beate Kremin-Buch
Fachhochschule Ludwigshafen am Rhein – Hochschule für Wirtschaft

1. Charakterisierung

a) deutsches Recht
Nach deutschem Recht (HGB) wird das Umlaufvermögen nicht eigens definiert, sondern als Oberbegriff für solche Vermögensgegenstände verstanden, die nicht zum → Anlagevermögen gehören und keinen aktiven (transitorischen) → Rechnungsabgrenzungsposten darstellen. Anders ausgedrückt, umfasst das Umlaufvermögen also die Vermögensgegenstände, die dem Geschäftsbetrieb nicht dauernd dienen sollen. Nach § 266 (2) HGB ist das Umlaufvermögen wie folgt gegliedert:
I.   → Vorräte
II. → Forderungen und sonstige Vermögensgegenstände
III. → Wertpapiere
IV. → Liquide Mittel

b) IAS/IFRS

Im Gegensatz zum deutschen Recht können Unternehmen bei der Anwendung von IAS/IFRS (siehe → Internationale Rechnungslegung nach IFRS) wählen, ob sie zwischen → Anlagevermögen (non-current assets) und Umlaufvermögen (current assets) unterscheiden wollen (IAS 1.53). Machen Unternehmen von dieser Unterscheidung Gebrauch, dann bestimmt IAS 1.57, wann ein → asset als Umlaufvermögen zu klassifizieren ist.

Alle assets, auf die die Klassifikation als Umlaufvermögen nicht zutrifft, sind als → Anlagevermögen einzustufen.

Im Anhang des IAS 1 ist folgende beispielhafte Gliederung des Umlaufvermögens angegeben:

- → Vorräte (inventories)
- → Forderungen aus Lieferungen und Leistungen und sonstige Forderungen (trade and other receivables)
- Vorauszahlungen (prepayments)
- Zahlungsmittel und Zahlungsmitteläquivalente (→ cash and cash equivalents).

c) US-GAAP

Nach → US-GAAP fallen unter das Umlaufvermögen solche assets, die innerhalb des gewöhnlichen Geschäftszyklusses (operating circle) eines Unternehmens (meist ein Jahr) verkauft, verbraucht oder in Geld umgewandelt werden (ARB 43 ch. 3A.4). Nach US-GAAP ist kein festes Gliederungsschema für das Umlaufvermögen vorgegeben. Börsennotierte Unternehmen müssen sich allerdings an die Vorschriften der SEC bezüglich der Bilanzgliederung halten (Regulation S-X, Rule 5-02). Danach ist in der Reihenfolge der Liquidierbarkeit zu gliedern, wobei im Gegensatz zum HGB mit der am leichtesten zu liquidierenden Position begonnen wird.

Folgende Hauptpositionen werden gefordert:

- → Liquide Mittel (cash and cash equivalents)
- Marktfähige → Wertpapiere (marketable securities)
- → Forderungen (receivables)
- → Vorräte (inventories)
- Kurzfristiger → Rechnungsabgrenzungsposten (prepaid expenses)
- → Sonstige Vermögensgegenstände (other current assets).

Insbesondere nach US-GAAP fällt auf, dass der aktive (transitorische) → Rechnungsabgrenzungsposten nicht wie nach dem HGB unter dem Umlaufvermögen, sondern im Umlaufvermögen ausgewiesen wird. Das ist auch nach IAS/IFRS der Fall. Der Grund hierfür besteht darin, dass die Definition von assets wegen des fehlenden Kriteriums der Einzelverkehrsfähigkeit weiter ist, als die des deutschen Vermögensgegenstandes, d.h. der Rechnungsabgrenzungsposten als asset angesehen wird.

2. Bewertung

a) Rechnungslegung nach deutschem Recht

Die *deutsche Rechnungslegung* ist wegen der Finanzierungsstruktur deutscher Unternehmen – es überwiegt das Fremdkapital – am Gläubiger orientiert (Gläubigerschutz). Das hat u.a. zur Folge, dass alle Vermögensgegenstände – also auch die des Umlaufvermögens – maximal mit ihren Anschaffungsbzw. Herstellungskosten zu bewerten sind. Dadurch wird der Ausweis unrealisierter Gewinne verhindert. Alternativ zu den Anschaffungs- bzw. Herstellungskosten können niedrigere Wertansätze geboten sein. Das ist immer dann der Fall, wenn ein Vermögensgegenstand des Umlaufvermögens an Wert verloren hat, z.B. weil Vorräte verdorben oder altmodisch geworden sind oder der Kurs von Wertpapieren verfallen ist. Tritt eine derartige außerplanmäßige Wertminderung ein, ist der Vermögensgegenstand zwingend auf den niedrigeren Wert abzuschreiben. Das gilt unabhängig davon, ob die eingetretene Wertminderung als dauerhaft oder vorübergehend einzustufen ist. Geregelt wird dies durch das strenge → Niederstwertprinzip, das das auf Grund der Gläubigerschutzorientierung in der deutschen Rechnungslegung dominante → Vorsichtsprinzip konkretisiert. Darüber hinaus gewährt das Handelsrecht zwei zusätzliche Abschreibungswahlrechte. Nach § 253 (3) S. 3 HGB dürfen Abschreibungen vorgenommen werden, um zu verhindern, dass in der nächsten Zukunft – d.h. innerhalb der nächsten zwei Jahre – der Wertansatz von Vermögensgegenständen des Umlaufvermögens auf Grund von Wertschwankungen geändert werden muss (Verlustantizipation). Außerdem erlaubt der § 254 HGB auch im Umlaufvermögen den Ansatz eines niedrigeren Wertes, der auf einer nur steuerlich zulässigen Abschreibung beruht (umgekehrte → Maßgeblichkeit). Sind die Gründe für eine in früheren Jahren vorgenommene außerplanmäßige Abschreibung entfallen, müssen Kapitalgesellschaften im Ausmaß der Wertaufholung bis maximal zu den Anschaffungs- bzw. Herstellungskosten zuschreiben (§ 280 (1) HGB). Einzelunternehmen und Personengesellschaften haben dagegen ein Wertaufholungswahlrecht (§ 253 (5) HGB).

b) Rechnungslegung nach IAS/IFRS bzw. US-GAAP

IAS/IFRS (→ Internationale Rechnungslegung nach IFRS) und *US-GAAP* (→ Abschlusserstellung nach US GAAP) sind wegen der Finanzierungsstruktur internationaler Unternehmen – es überwiegt das → Eigenkapital – nicht am Gläubiger, sondern am Investor orientiert. Ihn gilt es mit entscheidungsrelevanten Informationen zu versorgen (decision usefulness). Das kann im Umlaufvermögen zum Ausweis unrealisierter Gewinne führen. Die folgenden Beispiele verdeutlichen das. So werden etwa Handelspapiere (trading securities) als Wertpapierkategorie im Umlaufvermögen sowohl nach IAS/IFRS als auch nach US-GAAP stets mit ihrem fair value bilanziert (FAS 115.3, IAS 39.96), der idealerweise dem repräsentativen Marktwert entspricht. Wenn der Marktwert über den Anschaffungskosten liegt, wird sowohl nach IAS/IFRS als auch nach US-GAAP mit dem höheren fair value bilanziert (FAS 115.3, IAS 39.96). Der Wertzuwachs wird unmittelbar in der laufenden Periode erfolgswirksam erfasst. Ein anderes Beispiel ist die Bewertung (langfristiger) Fertigungsaufträge im Rahmen der Vorräte. Nach deutscher Rechnungslegung ist hier die → completed-contract-Methode anzuwenden. Sie erlaubt einen Gewinnausweis erst dann, wenn die Leistung (bzw. eine definierte Teilleistung) fertig gestellt ist und die Rechnung geschrieben ist (→ Realisationsprinzip). Bei (langfristiger) Fertigung führt das dazu, dass die Unternehmen bei den einzelnen Projekten über mehrere Perioden keine Gewinne ausweisen können und der volle Gewinn des Projektes in der Periode seiner Fertigstellung gezeigt wird. Aus internationaler Sicht wird der Investor mit dieser Bilanzierung nicht sachgerecht informiert. Denn der Gewinn aus einem → (langfristigen) Fertigungsauftrag wird nicht allein in der Periode der Fertigstellung, sondern in allen Perioden bis zur Fertigstellung des Projektes erwirtschaftet. Daher werden solche Fertigungsaufträge nach IAS/IFRS und US-GAAP nach der → percentage-of-completion-Methode bilanziert, sofern das Ergebnis zuverlässig geschätzt werden kann. In diesem Fall wird der Gewinn nach dem Fertigstellungsgrad des Auftrages schon während der Projektlaufzeit ausgewiesen (IAS 11.22, SOP 81-1.23). Damit werden aber unrealisierte Gewinne gezeigt, die sich am Ende des Projektes nicht notwendigerweise realisieren lassen (z.B. wegen Kostenüberschreitungen).

Bei *Wertminderungen* gilt nach IAS/IFRS und US-GAAP wie beim HGB das strenge → Niederstwertprinzip. Es wird also bei einem Wertverlust unabhängig von seiner erwarteten Dauer auf den niedrigeren Wert abgeschrieben. In den meisten Bereichen des Umlaufvermögens sehen IAS/IFRS bei späteren Wertaufholungen ein Wertaufholungsgebot bis zu den fortgeführten Anschaffungs- bzw. Herstellungskosten vor, während nach US-GAAP hier ein Wertaufholungsverbot besteht.

Hinweis

Zu den angrenzenden Wissensgebieten siehe → Abschlusserstellung nach US-GAAP, → Anlagevermögen, → Bilanzanalyse, → Eigenkapital, → Finanzinnovationen, → Internationale Rechnungslegung nach IFRS, → Jahresabschluss nach deutschem Recht, → Jahresabschluss nach schweizerischem Recht, → Kapitalflussrechnung, → Kennzahlen, → Körperschaftsteuer, → Konzernabschluss, → Risikocontrolling, → Rückstellungen, → Sonderbilanzen, → Steuerrecht, Internationales, → Swiss GAAP FER, → Währungsmanagement.

Literatur: Buchholz, R.: Internationale Rechnungslegung, 4. Aufl., Berlin 2004; Coenenberg, A. G.; Jahresabschluss und Jahresabschlussanalyse, 19. Aufl., Stuttgart 2003; Federmann, R. / IASCF (Hrsg.): IAS/IFRS – stud., 2. Aufl., Berlin 2004; Hayn, S.; Graf Waldersee, G.: IFRS / US-GAAP / HGB im Vergleich, 5. Aufl., Stuttgart 2004; Heyd, R.: Internationale Rechnungslegung, Stuttgart 2003; Hohenstein, G., Kremin-Buch, B.: Fachbegriffe Internationale Rechnungslegung inkl. IAS und US-GAAP, Englisch/Deutsch / Deutsch-Englisch, 2. Aufl., Wiesbaden 2002; KPMG Deutsche Treuhand-Gesellschaft (Hrsg.): Rechnungslegung nach US-amerikanischen Grundsätzen, 3. Aufl., Düsseldorf

2003, Kremin-Buch, B.: Internationale Rechnungslegung, 3. Aufl., Wiesbaden 2002, Kremin-Buch, B. et al.(Hrsg.): Internationale Rechnungslegung, Aspekte und Entwicklungsperspektiven, Bd. 4 der Managementschriften der Fachhochschule Ludwigshafen, Sternenfels 2003.

Internetadressen: http://www.anleger-lexikon.de/wissen/umlaufvermoegen.php; http://www.steuer lexikon-online,de/Umlaufvermögen.html; http://unister.de/Unister/wissen/sf_lexikon/ausgabe_stich-wort8133_154.html

Website der Autorin: http://www.fh-ludwigshafen.de/kremin-buch

Umrechnungsrisiko

(*Translationsrisiko*) steht für das → Wechselkursrisiko im Zusammenhang mit der Umrechnung von originär in Fremdwährung ausgedrückten Bilanzpositionen. Das Umrechnungsrisiko manifestiert sich in den Schwankungen des Wertausweises des Eigenkapitals in Abhängigkeit vom → Wechselkurs, die aus einer Umrechnung von Bilanzpositionen zu Stichtagskursen in Inlandswährung resultieren. Hierbei ist das Verfahren relevant, das festlegt, welche Bilanzpositionen unter welchen Voraussetzungen zu Stichtagskursen umgerechnet werden.

Umsatzfunktion

siehe → Erlösfunktion.

Umsatzpremium

(*Revenue Premium*) ist eine Kombination aus → Preis- und → Mengenpremium und entsteht durch die Multiplikation von → Preis- und → Mengenpremium. Siehe auch → markenspezifische Zahlungen sowie → Markenbewertung (mit Literaturangaben).

Umsatzrendite

Die Umsatzrendite ist definiert als Differenz aus ordentlichem Betriebsergebnis abzüglich Zinsaufwand, dividiert durch die Umsatzerlöse.

Umsatzrentabilität

(*Return on Sales ROS, Profit Margin*), gewinnbasierte Rentabilitätskennzahl, die angibt, wie hoch der Kapitalertrag ist, der pro Einheit erwirtschaftetem Umsatz erzielt wurde.

$$\text{Umsatzrentabilität} = \frac{\text{Gewinn}}{\text{Umsatzerlöse}}$$

Die Umsatzrentabilität kann auch als Gewinnmarge bezogen auf den Umsatz interpretiert werden. Im Zähler stehen entweder das → Betriebsergebnis (EBIT) oder der Jahresüberschuss, im Nenner die Umsatzerlöse. Da die Umsatzerlöse nicht durch betriebsfremde und außerordentliche Aktivitäten beeinflusst werden, korrespondiert das Betriebsergebnis im Zähler mit der Nennergröße Umsatzerlöse besser als der Jahresüberschuss.

Umsatzsteuer (deutsche)

Umsatzsteuer

von Steuerberater Professor Dr. Uwe Schramm
Leiter des Studiengangs Steuern und Prüfungswesen an der Berufsakademie Stuttgart

1. Charakterisierung

Die Umsatzsteuer wird in der steuerlichen Klassifikation als indirekte Steuer und als Verkehrsteuer eingeordnet. Als indirekte Steuer deshalb, weil Steuerschuldner (Steuersubjekt) und Steuerträger auseinanderfallen. Während der Unternehmer die über den Preis eingenommene Umsatzsteuer an die Finanzverwaltung abführen muss, trägt der Endverbraucher mit der Zahlung des Bruttopreises wirtschaftlich die Steuerlast. Als Verkehrsteuer wird die Umsatzsteuer klassifiziert, da sie an alle Vorgänge anknüpft, die ein „In den wirtschaftlichen Verkehr bringen" darstellen. Hierbei sind nicht nur körperliche Gegenstände gemeint, sondern auch Dienstleistungen und das Dulden und Verschaffen von Rechtspositionen.

2. Gesamtwirtschaftliche Einordnung

Die Umsatzsteuer knüpft an den *Konsum* im Sinne der volkswirtschaftlichen Einkommensverwendungsgleichung an (Y = C + S). Der Staat knüpft bei der Suche nach Steuerquellen sowohl auf der linken Seite der Gleichung (Y) in Form der Ertragsteuern (Einkommen-, Körperschaft- und Gewerbesteuer) an als auch auf der rechten Seite beim Konsum in Form der Verkehrssteuern (Umsatz- und Grunderwerbsteuer) und in Form der Verbrauchssteuern (Mineralöl-, Tabak-, Branntwein-, Bier-, Kaffeesteuer u.v.m). Lediglich das Sparen selbst (S) bleibt nach der Aussetzung der Vermögenssteuererhebung ohne Steuerzugriff. Allerdings führt das Nutzen von Erspartem (Vermögen) wiederum zu Einkommen, das dann dem Steuerzugriff unterliegt. Bei der Steuererhebung vom Konsum kann anders als bei der Steuererhebung vom Einkommen die persönliche Situation des Steuerpflichtigen nicht berücksichtigt werden. Gleichsam ist aber bekannt, dass Bezieher geringerer Einkommen mehr für den Konsum ausgeben müssen um den Grundkonsum zu befriedigen. Um dennoch dem Postulat der Besteuerung nach der Leistungsfähigkeit und der Gleichmäßigkeit der Besteuerung zu genügen, gibt es bei der Umsatzsteuererhebung Bereiche, die von der Umsatzsteuer befreit sind, bzw. die mit einem verminderten Umsatzsteuersatz belegt werden. So sind z.B. die Gesundheitsleistungen (ärztliche Behandlung, Medikamente) und das Wohnen umsatzsteuerbefreit. Die Güter des Grundkonsums (Grundnahrungsmittel, Grundinformationsmittel u.a.) werden mit dem verminderten Steuersatz von 7% besteuert, während die restlichen Umsätze einem regulären Steuersatz von 19% ab 1.1.2007 unterliegen.

Gemessen am *Aufkommen* erbringt die Umsatzsteuer ein Volumen von ca. 160 Mrd. €. Das sind etwa 35% des gesamten Steueraufkommens aller steuererhebenden Ebenen (Staat, Länder, Gemeinden). Als Gemeinschaftssteuer wird das Aufkommen zwischen den drei Ebenen aufgeteilt. Hierbei entfallen auf Bund und Länder mehr als 95%. Der Rest geht an die Gemeinden. Ein Prozent Erhöhung der Umsatzsteuer bringt ein Mehraufkommen von z. Zt. ca. 7,5 Mrd. €.

3. Steuererhebung

a) Allphasen-Nettoumsatzsteuer

Die Umsatzsteuer ist in Deutschland als *Allphasen-Nettoumsatzsteuer mit Vorsteuerabzug* ausgestaltet. Allphasen bedeutet, dass in alle Phasen des volkswirtschaftlichen Produktionsprozesses Umsatzsteuer erhoben wird. So wird auf der Ebene der Urproduktion (z.B. Erzbergwerksunternehmen) über die klassischen Produktionsunternehmen bis zu den Handelsstufen (Großhandel, Einzelhandel) auf jeder Stufe Umsatzsteuer erhoben, gezahlt und an die Finanzverwaltung abgeführt. Nettoumsatzsteuer bedeutet in diesem Zusammenhang, dass die Bemessungsgrundlage der Nettopreis ist auf den der Steuersatz anzuwenden ist. Wichtig in diesem System ist der Vorsteuerabzug, der letztlich dafür sorgt, dass in der Unternehmerkette über die Produktionsstufen hinweg die Umsatzsteuer in der Regel keinen Kostenfaktor darstellt. Vorsteuerabzug bedeutet, dass ein Unternehmer die Umsatzsteuer, die er beim Einkauf seiner Vorleistungen für die Produktion zwar erst dem Lieferanten bezahlt, dann aber von der Finanzverwaltung wieder zurück erstattet bekommt. Lediglich dem Endverbraucher bleibt dieser Vorsteuerabzug verwehrt mit der Folge, dass die im Bruttopreis für eine Ware oder Dienstleistung gezahlte Steuer endgültig zur Belastung führt.

b) Anwendungsbeispiel

Folgendes Beispiel soll das verdeutlichen: Das Erzbergwerk liefert an den Stahlproduzenten Eisenerz. Der Stahlproduzent schmilzt hieraus den Stahl und bearbeitet ihn zu verschiedenen Formen. Diese werden an den Großhändler zur weiteren Distribution geliefert. Beim Großhändler kauft schließlich der Baustoffhändler die Stahlplatten, die in sein Sortiment passen.

Bei der Lieferung des Eisenerzes stellt das Bergwerksunternehmen dem Stahlproduzenten eine Rechnung über 100.000 GE (Geldeinheiten) plus 19% USt = 119.000 GE. Der Stahlproduzent zahlt die 119.000 GE an das Bergwerk. Dieses muss 19.000 GE an das FA überweisen, gleichzeitig beantragt der Stahlproduzent die Erstattung von 19.000 GE Vorsteuer beim FA. Das Finanzamt erstattet ihm diesen Betrag. In der Kasse des Bergwerkes sind somit 100.000 GE mehr, in der Kasse des Stahlunternehmers sind 100.000 GE weniger und in der Kasse des Finanzamtes sind keine GE. Dieser Vorgang wiederholt sich bei den nächsten Produktionsstufen. Solange kein Verkauf an einen Endverbraucher stattfindet kommt kein Geld endgültig in die Kassen des Finanzamtes.

Der Endverbraucher E kauft für die Einfassung seines Schwedenofens ein Edelstahlplatte, damit der Boden durch die Hitze und eventuellen Funkenflug keinen Schaden nimmt. Er kauft die Platte in dem Baustoffhandel für 500 GE plus 19% USt = 595 GE. Der Baustoffhandel muss 95 GE an das FA abführen. Der Endverbraucher hat keinen Anspruch auf Vorsteuererstattung. Erst jetzt hat das FA endgültig einen Geldbetrag in der Kasse. Die Unternehmer in der Kette davor sind von der Umsatzsteuer wirtschaftlich nicht belastet.

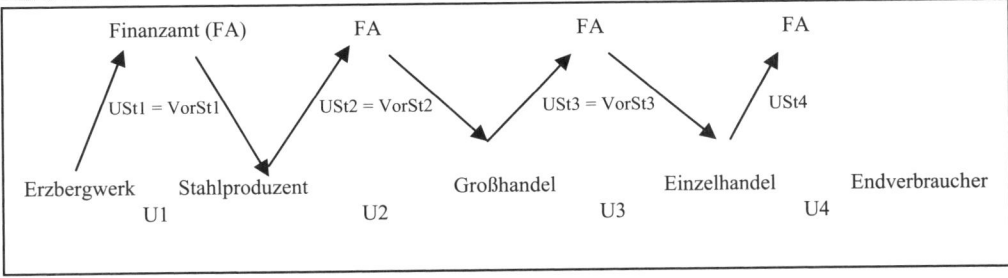

Dieses Beispiel zeigt, dass das Allphasen-Nettoumsatzsteuersystem mit Vorsteuerabzug neutral hinsichtlich von Konzentrationswirkungen ist. Dies war ein wesentlicher Grund dafür, dass es zum 1.1.1968 in Deutschland eingeführt wurde. Umsatzsteuer wurde in Form von Güterabgaben und Zöllen zu allen Zeiten wirtschaftlichen Handelns erhoben. In Deutschland gab es vor 1968 ein Allphasen-Bruttoumsatzsteuerverfahren mit zwar geringen Sätzen (< 1% bis 4%), dafür kumulierte sich die steuerliche Belastung über die Produktionsstufen hinweg. Es gab eine Tendenz in der Wirtschaft möglichst viele Produktionsstufen unter einem Dach zu haben um die Steuerkumulation zu vermeiden. Das heutige System ist in diesem Punkt neutral.

4. Rechts- und Besteuerungsgrundlagen

Das deutsche Umsatzsteuergesetz regelt in enger Verzahnung mit der 6. Mehrwertsteuer-Richtlinie der EU die Rechtsgrundlagen für die Erhebung der Umsatzsteuer und die Erstattung der Vorsteuer. Im Folgenden soll an den vier Merkmalen Steuersubjekt, Steuerobjekt, Bemessungsgrundlage und Tarif die Wirkungsweise des Gesetzes in der grundlegenden Struktur aufgezeigt werden.

- *Steuersubjekt* bei der Umsatzsteuer ist der Unternehmer. § 2 UStG definiert den Unternehmer als denjenigen, der eine gewerbliche oder berufliche Tätigkeit selbständig ausübt. Hierbei ist es ausreichend wenn Einnahmen erzielt werden. Ob dabei auch ein Gewinn entsteht, ist für Zwecke der Umsatzsteuererhebung nicht notwendig. Einzelheiten siehe → Steuersubjekt, Umsatzsteuer.

- *Steuerobjekte* sind die Haupttatbestände Lieferung und sonstige Leistung sowie der innergemeinschaftliche Erwerb und die Einfuhrumsatzsteuer. Allen muss als grundlegendes Merkmal ein Leistungsaustausch zugrunde liegen, der eine wirtschaftliche Verknüpfung („inneres Band") von Leistung und Gegenleistung darstellt. Einzelheiten siehe → Steuerobjekt, Umsatzsteuer.

- *Bemessungsgrundlage* ist die Basis für die Anwendung des Tarifs. Das Erfordernis der Entgeltlichkeit bei der Umsatzsteuerpflicht führt unmittelbar zur Bemessungsgrundlage. Diese stellt das Entgelt dar, das alles einschließt was der Erwerber dem Veräußerer zukommen lässt. Die Umsatzsteuer selbst zählt wegen dem Nettoprinzip nicht zur Bemessungsgrundlage. Einzelheiten siehe → Bemessungsgrundlage, Umsatzsteuer.

- *Steuertarif:* Das deutsche Umsatzsteuergesetz hat einen *linearen* Tarif in Form von zwei Steuersätzen. Der Regelsteuersatz beträgt (ab 01.01.2007) 19% und der ermäßigte Steuersatz 7%. Der ermäßigte Satz kommt bei Umsätzen von Gütern zur Grundversorgung zum Einsatz. Daneben existieren noch ein Reihe von Befreiungen von der Umsatzsteuer im Bereich des Gesundheitswesens, der Geldversorgung, des Wohnens u.a. Einzelheiten siehe → Steuertarif/Erhebungsmethode, Umsatzsteuer.

- Siehe auch → *Umsatzsteuer (Europäische Union)*.

Hinweis

Zu den angrenzenden steuerrechtlichen Wissensgebieten (nach deutschem Steuerrecht), siehe → Einkommensteuer, → Gewerbesteuer, → Körperschaftsteuer, → Steuerbilanzpolitik, → Steuerlehre, Betriebswirtschaftliche, → Steuerrecht, Internationales.

Literatur: Hahn/Kortschak: Lehrbuch Umsatzsteuer, 10. Auflage Herne/Berlin 2006; Hoffrichter-Dahl/Moecker: Umsatzsteuer, 7. Auflage München 2005; Völkel/Karg: Umsatzsteuer, 13. Auflage Stuttgart 2004.

Internetadresse: bundesfinanzministerium.de

Website des Autors: http://www.ba-stuttgart.de

Umsatzsteuer

(*Europäische Union*). Im europäischen Kontext ist die Umsatzsteuer die Steuer, die im Rahmen der Harmonisierung die weitest gehende Reglementierung erfahren hat. Die einzelnen Mitgliedsstaaten können ihr nationales Umsatzsteuergesetz nur im Rahmen der Vorgaben der 6. EU Richtlinie ausgestalten. Trotzdem ist Europa von einem einheitlichen Umsatzsteuersystem noch weit entfernt. So differieren die Regelsteuersätze zwischen 15% (Zypern und Luxemburg) und 25% (Dänemark und Ungarn).
Auch die Regeln für den grenzüberschreitenden Warenverkehr werden unterschiedlich gehandhabt, je nach dem ob als Erwerber ein Unternehmer für sein Unternehmen oder ein Endverbraucher für Konsumzwecke erwirbt. Im Rahmen der unternehmerischen Lieferungen gilt in der Regel das Bestimmungslandprinzip, bei den Verbrauchern das Ursprungslandprinzip. Unternehmer versteuern Einkäufe für ihr Unternehmen im EU-Ausland nach dem deutschen Umsatzsteuersatz während Verbraucher den im Ausland gültigen Umsatzsteuersatz zahlen müssen.
Gerade im unternehmerischen Bereich hat sich das bestehende System als missbrauchsanfällig erwiesen. Durch sog. Karussellgeschäfte soll das Umsatzsteueraufkommen in Deutschland um einen knapp zweistelligen Milliardenbetrag geschädigt worden sein. Daher gibt es, ausgehend von einigen Mitgliedsstaaten der Gemeinschaft, die Initiative, die Steuerschuldnerschaft generell dem Leistungsempfänger zuzuschreiben. Dies wird als *Reverse-Charge-Verfahren* diskutiert und im Inland bei Bauleistungen bereits praktiziert.
Siehe auch → Umsatzsteuer (mit Literaturangaben).

Umsatzsteuer, Bemessungsgrundlage

siehe → Bemessungsgrundlage (Umsatzsteuer), siehe auch → Umsatzsteuer.

Umsatzsteuer, Erhebungsmethode

siehe → Steuertarif / Erhebungsmethode der Umsatzsteuer; siehe auch → Umsatzsteuer.

Umsatzsteuer, Steuerobjekt

siehe → Steuerobjekt (Umsatzsteuer), siehe auch → Umsatzsteuer.

Umsatzsteuer, Steuersubjekt

siehe → Steuersubjekt (Umsatzsteuer), siehe auch → Umsatzsteuer.

Umsatzsteuer, Steuertarif

siehe → Steuertarif / Erhebungsmethode der Umsatzsteuer; siehe auch → Umsatzsteuer.

Umschlaghäufigkeit

(*Debitoren / Kreditoren*)
Die Kennzahl Umschlaghäufigkeit bzw. Umschlagsdauer gibt an, mit welcher Häufigkeit Vermögensposten in einer Periode umgeschlagen werden, während die Umschlagsdauer Aufschluss darüber gibt, in welcher Zeit der Bestand einmal umgeschlagen wird.

$$\text{Umschlaghäufigkeit der Debitoren} = \frac{\text{Umsatz}}{\varnothing\ \text{Debitorenstand}}$$

$$\text{Umschlagdauer der Debitoren} = \frac{365\ \text{(Tage)}}{\text{Umschlaghäufigkeit der Debitoren}}$$

$$\text{Umschlaghäufigkeit der Kreditoren} = \frac{\text{Gesamteinkauf}}{\varnothing\ \text{Kreditorenstand}}$$

$$\text{Umschlagdauer der Kreditoren} = \frac{365\ \text{(Tage)}}{\text{Umschlaghäufigkeit der Kreditoren}}$$

UMTS

Abk. für *Universal Mobile Telecommunications System*, europäischer Mobilfunkstandard der dritten Generation. Siehe auch → Mobilfunk und → Mobilfunknetz.

Umverpackung

Bündelung von Einzelprodukten aus logistischen Gründen. Sie ist nicht Bestandteil des Produkts, sondern dient der leichteren Lagerung und dem besseren Transport bereits abgepackter Produkte sowie für Werbezwecke, aber auch zur Erschwerung von Diebstählen. Beispiele sind die Blisterhülle um mehrere kleine Schokoladenriegel, die ansonsten nur schwer zu handhaben sind, oder die Kartonage um den Sixpack Bierdosen, der dadurch mit einem Griff zu tragen ist, oder der Stangeneinschlag für zehn Zigarettenpackungen. Man spricht hier auch vom Packstück, das als solches lager- und versandfähig ist. Siehe auch → Verpackung und → Packung.

Umwandlung

(*österreichisches Recht*). Rechtsformwechsel einer Gesellschaft werden als Umwandlung bezeichnet. Bleibt die Vereinigung dabei als Rechtsträger erhalten, handelt es sich um eine bloß *formwandelnde (identitätswahrende) Umwandlung*. Eine solche kann vom Gesetz angeordnet (vgl § 8 Abs 3 öUGB: → GesbR, die den Schwellenwert des § 189 Abs 1 Z 2 öUGB überschreiten, sind zur Eintragung als → OG verpflichtet) oder freiwillig durchgeführt werden (z.B. Möglichkeit der Umwandlung einer → AG in eine → GmbH und umgekehrt, §§ 239 ff, §§ 245 ff öAktG). Geht das Vermögen der Gesellschaft im Zuge der Umwandlung hingegen im Wege der Gesamtrechtsnachfolge über und löst sich die Gesellschaft als solche auf, liegt eine *übertragende Umwandlung* nach öUmwG vor, die wiederum entweder als *verschmelzende Umwandlung* (dabei wird das Vermögen einer → Kapitalgesellschaft auf den mit mindestens 90% beteiligten Hauptgesellschafter übertragen, §§ 2 bis 4 öUmwG) oder *errichtende Umwandlung* (hier geht das Vermögen einer → Kapitalgesellschaft auf eine neue errichtete → Personengesellschaft des Unternehmensrechts über, an der die Halter von 90% des Stammkapitals der Vorgängergesellschaft wieder im gleichen Umfang beteiligt sein müssen; § 5 öUmwG) erfolgen kann. Die entsprechenden *steuerrechtlichen Begleitvorschriften* (steuerneutrale Behandlung von → Umgründungen) enthält Art II (§§ 7 ff) öUmgrStG.

Umwandlungsbilanzen
bilden die Umstrukturierungen von Unternehmen ab. Das seit 1995 geltende Umwandlungsgesetz ermöglicht es Unternehmen ohne Liquidation durch Gesamtrechtsnachfolge, Sonderrechtsnachfolge oder
Vollübertragung die Rechtsform zu verändern, sich miteinander zu verbinden oder sich zu teilen.
Aus den im Gesetz unterschiedenen vier Grundformen der Umwandlung ergeben sich auch entspre-
chende Sonderbilanzen: Verschmelzungsbilanzen (→ Verschmelzung), die die Fusion mehrerer Unter-
nehmen abbilden, Spaltungsbilanzen (→ Spaltung), die die Teilung eines Unternehmens reflektieren,
Vermögensübertragungsbilanzen, die einen Rechtsträgerwechsel aufzeigen und Formwechselbilanzen
(→ Formwechsel), die einen Rechtsformwechsel vorbereiten.
Siehe auch → Sonderbilanzen (mit Literaturangaben).

Umwechslungsrisiko
(*Transaktionsrisiko*) bezeichnet die Unsicherheit über den Erlös in Inlandswährung aus dem (Kassa-)
Verkauf ausgewählter künftiger Fremdwährungseinzahlungen oder über den Mittelbedarf in Inlands-
währung aus der Devisenbeschaffung (am Kassamarkt) zur Abdeckung ausgewählter künftiger Fremd-
währungsauszahlungen. Dabei bezieht sich das Umwechslungsrisiko auf einzelne Zahlungspositionen.
Auch Schwankungen der eigentlichen (unsicheren) Fremdwährungszahlungen in Abhängigkeit vom
→ Wechselkurs können als Ausdruck des Umwechslungsrisiko bezeichnet werden. Zum Teil wird der
Begriff des Umwechslungsrisiko aber auch enger gefasst und lediglich auf den unsicheren Gegenwert
in Inlandswährung von im Betrachtungszeitpunkt bereits vertraglich fixierten künftigen Zahlungen in
Fremdwährung bezogen.
Siehe auch → Währungsmanagement (mit Literaturangaben).

Umweltarbeitsanweisungen
sind Regelungen für komplexe Tätigkeiten in den Prozessen, innerhalb von Abteilungen bzw. für einzelne Arbeitsplätze.
Siehe auch → Umweltmanagementsystem, betriebliches und → Umweltmanagement (mit Literaturangaben).

Umweltbetriebsprüfung
(*environmental audit*), → Öko-Audit, Umweltmanagementsystem-Audit; ist die systematische, dokumentierte, regelmäßige und objektive Bewertung der Umweltleistung des Unternehmens, des Umweltmanagementsystems und der Verfahren zum Schutz der Umwelt.
Die Durchführung der Umweltbetriebsprüfung erfolgt in einem Umweltbetriebsprüfungsverfahren.
Dies ist ein Instrument zur Bewertung der Umweltleistung des Unternehmens, des Umweltmanagementsystems und der Verfahren zum Schutz der Umwelt in Bezug auf die Umsetzung der → betrieblichen Umweltpolitik und des → Umweltprogramms und beschreibt, wie die Umweltbetriebsprüfung durchgeführt werden soll.
In der Umweltbetriebsprüfung sind u.a. folgende Sachverhalte zu prüfen: die Einhaltung der Verantwortlichkeiten und der Dokumentenlenkung für jede Tätigkeit bzw. jedes Dokument (→ Umweltmanagementsystem), die Einhaltung der Ausführung der → Umweltverfahrens- und → Umweltarbeitsanweisungen, mögliche Differenzen zwischen den Ergebnissen der → Umweltprüfung und der festgelegten → Umweltpolitik bzw. dem festgelegten und → Umweltprogramm einschließlich einer Ermittlung
von Gründen, sofern Differenzen festgestellt wurden. Die Umweltbetriebsprüfung sollte jährlich, maximal in Intervallen von drei Jahren durchgeführt werden.
Siehe auch → Umweltmanagement (mit Literaturangaben); → Umweltprogramm, betriebliches;
→ Umweltmanagementsystem, betriebliches, → Umweltprüfung, betriebliche.

Umweltbezogene Kosten- und Leistungsrechnung
Direkte Erlöse aus Umweltschutzaktivitäten, wie z.B. Recycling-Erlöse, lassen sich ohne große Probleme erfassen. Die indirekten Auswirkungen, wie die auf das Image, können nur sehr schwer messbar
gemacht werden – hier müssen Kundenbefragungen eingesetzt werden. Bei den → internalisierten Kosten in Form von Abgaben etc. ist eine Erfassung und Zuordnung ebenfalls unproblematisch, da die aus
der Umweltbeanspruchung resultierenden Kosten ausschließlich an konkrete Vorgänge anknüpfen.

Minder- und Mehrkosten durch weniger Input bzw. gestiegene Mehrkosten dagegen sind wegen umfangreicher und komplexer Überwälzungsmechanismen kaum greifbar.
Siehe auch → Ökologiecontrolling (mit Literaturangaben) und → Ökologiebilanzen.

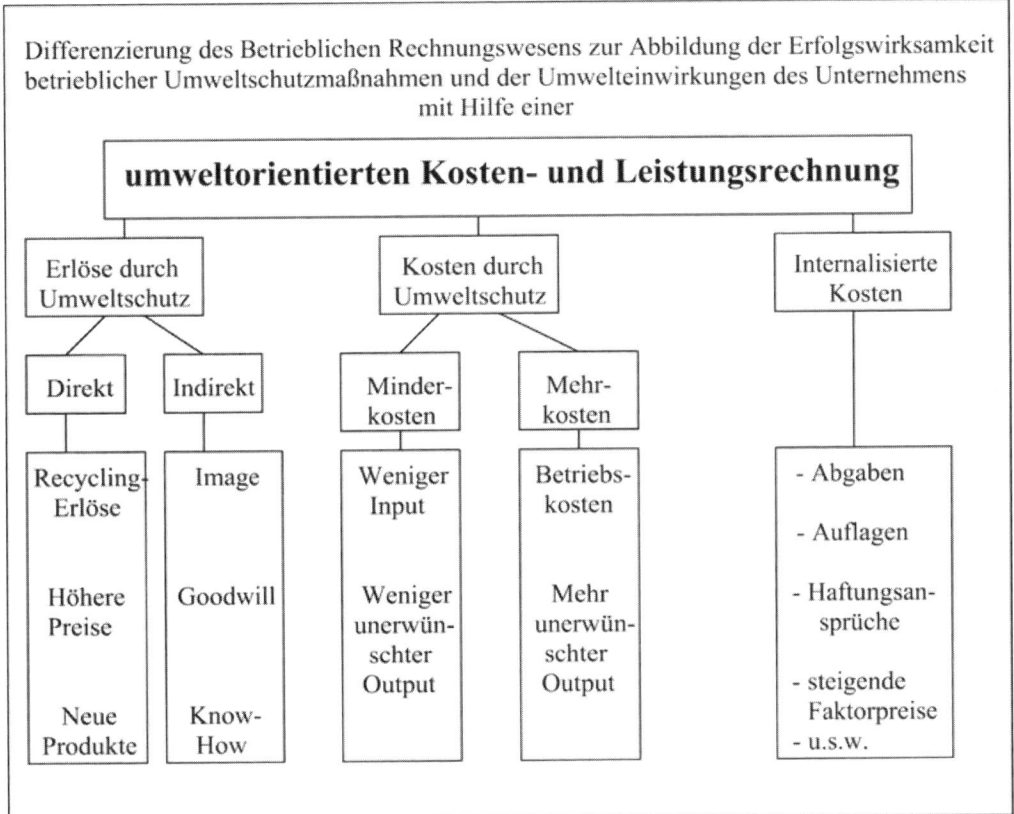

Differenzierung des Betrieblichen Rechnungswesens zur Abbildung der Erfolgswirksamkeit betrieblicher Umweltschutzmaßnahmen und der Umwelteinwirkungen des Unternehmens mit Hilfe einer

umweltorientierten Kosten- und Leistungsrechnung

Erlöse durch Umweltschutz
- Direkt
  - Recycling-Erlöse
  - Höhere Preise
  - Neue Produkte
- Indirekt
  - Image
  - Goodwill
  - Know-How

Kosten durch Umweltschutz
- Minder-kosten
  - Weniger Input
  - Weniger unerwünschter Output
- Mehr-kosten
  - Betriebs-kosten
  - Mehr unerwünschter Output

Internalisierte Kosten
- Abgaben
- Auflagen
- Haftungsansprüche
- steigende Faktorpreise
- u.s.w.

Umweltbezogenes betriebliches Rechnungswesen
Grundsätzlich enthält der Jahresabschluss keine gesonderten Hinweise zu den Einwirkungen des Unternehmens auf die natürliche Umwelt. Allerdings können auf freiwilliger Basis die direkten finanziellen Folgewirkungen aus den betrieblichen Umweltbeziehungen im Rahmen der Bilanz, Gewinn- und Verlustrechnung sowie dem Lagebericht erfasst und ausgewiesen werden.
Denkbar wäre beispielsweise unter der Bilanzposition „Sachanlagen" der Ansatz von „Technische Anlagen und Maschinen, die dem Umweltschutz dienen"; in der GuV könnten z.B. „Abschreibungen auf Umweltschutzanlagen" angegeben werden. Einige Unternehmen haben in ihren Geschäftsbericht auch einen Umweltbericht aufgenommen. In einer → umweltbezogenen Kosten- und Leistungsrechnung könnten ebenfalls entsprechende Kosten und Erlöse separiert ausgewiesen werden. Eine umfassende Bewertung der Umwelteinwirkungen ist damit jedoch nicht möglich.
Siehe auch → Ökologiecontrolling (mit Literaturangaben) und → Ökologiebilanz.

Umweltdilemma
Die Kollektivguteigenschaft einer intakten Umwelt bringt → umweltfreundliche Konsumenten oft in eine Dilemma-Situation, denn sie tragen persönlich die oft höheren Kosten → umweltfreundlicher Produkte (z.B. höhere Produktpreise). Der Nutzen daraus für Umwelt und Gesellschaft kommt aber der

Allgemeinheit insgesamt kostenlos zugute (z.B. bessere Luftqualität). Die Umwelt als Kollektivgut erfordert zu ihrem Schutz kooperatives Verhalten der Menschen.
Siehe auch → Ökologie-Marketing (mit Literaturangaben).

Umwelterklärung

(*environmental statement*) ist eine vom Unternehmen abgefasste Erklärung, die alle wesentlichen relevanten Aspekte zum Umweltschutz des Unternehmens enthält und gemäß → EMAS für die Öffentlichkeit erstellt wird. Sie muss verschiedene formale (u.a. verständlich, klar, eindeutig, unmissverständlich, unverfälscht, nicht irreführend) und inhaltliche Anforderungen erfüllen (z.B. die → betriebliche Umweltpolitik, das → Umweltprogramm, eine Beschreibung des → Umweltmanagementsystems, eine Zusammenfassung der Zahlenangaben über die Energie- und Stoffströme, einschließlich einer Angabe über die produzierte Gütermenge sowie deren Bewertung enthalten).
Siehe auch → Umweltmanagement (mit Literaturangaben); → Umweltprogramm, betriebliches; → Umweltmanagementsystem, betriebliches, → Umweltprüfung, betriebliche.

Umweltfreundliche Produkte

sind solche Produkte oder Dienstleistungen, die bei der Herstellung, Verteilung, Verwendung, Verwertung und Entsorgung, also „von der Wiege bis zur Bahre", bei vergleichbarem Grundnutzen die natürliche Umwelt deutlich weniger belasten als konventionelle Alternativen derselben Produktgruppe.
Die Entwicklung und Gestaltung umweltfreundlicher Produkte und Dienstleistungen ist Aufgabe der ökologieorientierten Produktpolitik (→ Ökologie-Marketing, → Produktpolitik) und erfolgt unter dem Prinzip einer umfassenden Produktverantwortung (→ Product Stewardship). Zur Entwicklung und Konstruktion umweltfreundlicher Produkte werden ökologieorientierte Planungsinstrumente (z.B. → Öko-Bilanzen) eingesetzt. Darüber hinaus liegen verschiedene Gestaltungshinweise und Richtlinien einschlägiger Organisationen vor (z.B. Deutsches Institut für Normung DIN, VDI-Richtlinien).
Merkmale umweltfreundlicher Produkte und Dienstleistungen sind (1) Minimaler Material- und Energieeinsatz sowie Einsatz von Sekundärrohstoffen, (2) Verwendung ökologisch und gesundheitlich unbedenklicher Materialien, (3) geringe Materialvielfalt und Verzicht auf Verbundstoffe, (4) Kennzeichnung der verwendeten Materialien und Produktkennzeichnung (→ Umweltzeichen), (5) recyclinggerechte Konstruktion (*Design for Recycability*), (6) demontagegerechte Konstruktion (*Design for Disassembly*), (7) Langlebigkeit durch (a) modulares Design, (b) Mehrfachnutzungs- und Mehrfachverwendungsmöglichkeiten, (c) lange Haltbarkeit (*Design for Durability* u.a. durch Instandhaltung, Erhöhung der Zuverlässigkeit), (8) Umweltverträglichkeit in der Verwendung, (9) geringe Schadstoffemissionen in der Herstellungs- und Verwendungsphase, (10) hohe Dienstleistungsanteile durch (a) additive Dienstleistungen (z.B. ökologieorientierter Kundendienst), (b) integrierte Dienstleistungen (z.B. Öko-Leasing) und (c) substituierende Dienstleistungen (der gewünschte Kundennutzen, nicht das dazu verwendete Sachgut, wird vom Anbieter bereitgestellt).
Siehe auch → Ökologie-Marketing (mit Literaturangaben).

Umweltfreundliches Konsumentenverhalten

siehe → Konsumentenverhalten, umweltfreundliches; siehe auch → Ökologie-Marketing.

Umweltgutachter / Umweltgutachterorganisation

(*environmental verifier*) nimmt im Rahmen von → EMAS die → Validierung von Umweltmanagement bzw. Umweltmanagementsystemen vor. Der Prozess der → Validierung wird auch als → Validierungsaudit bezeichnet.

Umweltmanagement

von Professor Dr. Justus Engelfried

Hochschule Merseburg (FH)

1. Charakterisierung

Umweltmanagement (andere Bezeichnungen: environmental management, eco-management, → Öko-management, → betriebliches Umweltmanagement) berücksichtigt bei der Planung, Durchsetzung und Kontrolle der Unternehmensaktivitäten in allen Bereichen Umweltschutzziele zur Vermeidung und Verminderung von Umweltbelastungen und zur langfristigen Sicherung der Unternehmensziele. Es ist jener Teil des gesamten Managementsystems, der die Organisationsstruktur, Planungstätigkeiten, Verhaltensweisen, Vorgehensweisen, Verfahren und Mittel für die Festlegung, Durchführung, Verwirklichung, Überprüfung und Fortführung der → betrieblichen Umweltpolitik betrifft.

2. Merkmale

Merkmale von Umweltmanagement sind:

(1) *Mehrdimensionale Zielausrichtung*, d.h. keine ad hoc- und keine punktuellen Umweltschutz-Einzelmaßnahmen, sondern aufbauend auf einer Analyse des Unternehmens ein systematisch geplantes, systematisch umgesetztes und kontrolliertes Umweltschutzverhalten zur Vermeidung von Umweltbelastungen als ein Unternehmensziel im Kontext der gesellschaftlichen, umweltbezogenen und ökonomisch-wettbewerblichen Anforderungen an das Unternehmen. Die Analyse der gesamten Umweltauswirkungen des Unternehmens erfolgt dabei auf Basis einer interdisziplinären Erfassung und Bewertung der Stoff- und Energieströme in den Vorstadien der Produktion, der eigentlichen Produktionsphase, der Konsumphase und der Phase der Kreislaufschließung.

(2) *Funktionsübergreifender Charakter*, d.h. alle betrieblichen Funktionen, z.B. Beschaffung, Produktion, Absatz etc., werden in die Umweltschutzaktivitäten des Unternehmens einbezogen. Somit erhält das Umweltmanagement einen prozessorientierten und vernetzten Charakter, möglichst orientiert an den betrieblichen Wertschöpfungsprozessen, auf der Basis lernfähiger bzw. evolutionärer organisatorischer Konzepte. Umweltmanagement wird zur Querschnittsfunktion im Unternehmen.

(3) *Unternehmensübergreifender Charakter*, d.h. es sollen vertikale Allianzen mit vor- und nachgelagerten Unternehmen und branchenbezogene, kooperative horizontale Allianzen angestrebt werden, um Umweltschutz zu ermöglichen.

(4) *Proaktives Verhalten*, d.h. Umweltmanagement reagiert nicht auf vorgegebene Randbedingungen (z.B. → *Umweltrecht*, Wettbewerber, öffentliche Meinung), sondern entwickelt (innovative) Lösungen und setzt diese um, bevor das Umfeld das Unternehmen zum Reagieren zwingt. Umweltmanagement bedeutet somit eine langfristige, strategische Ausrichtung des Unternehmens unter gesellschaftlichen, umweltbezogenen und ökonomisch-wettbewerblichen Aspekten.

(5) Ausrichtung an den Zielen einer → *nachhaltigen Entwicklung*, d.h. alle umweltbezogenen Ziele orientieren sich an den Erfordernissen einer → nachhaltigen Entwicklung.

3. Leitbilder

Umweltmanagement orientiert sich an folgenden Leitbildern:

(1) für den Umgang mit Ressourcen ist ein Wandel zu bewirken, weg von Energieverschwendung hin zu Energieeffizienz, weg von Materialverschwendung einer Durchflusswirtschaft hin zu Materialeffizienz und Kreislaufwirtschaft, der Schließung von technischen und biologischen Kreisläufen, der Materialeffektivität,

(2) die bisherige Produktorientierung soll durch eine Funktionsorientierung abgelöst werden, bei der statt des Produktes die Funktion des Produktes als Nutzenstiftung in das Zentrum der Betrachtung und des wirtschaftlichen Handelns rückt,

(3) der Verbrauch von Naturkapital soll durch eine nachhaltige Nutzung von Naturkapital abgelöst werden, was z.B. neben der Nutzung von Energieträgern auch für Meere, Wälder und auch für die Flächennutzung gelten soll,

(4) für die Gestaltung der Produktionsprozesse, einschließlich der logistischen Prozesse, soll gelten, dass der nachsorgende Umweltschutz, d.h. der Einsatz additiver Umweltschutztechnik oder sogenannter „End-of-pipe-Umweltschutzmaßnahmen", durch vorsorgenden Umweltschutz in Form eines produktionsintegrierten Umweltschutzes abgelöst wird,

(5) für die Entwicklung und Gestaltung der Produkte soll gelten, dass der nachsorgende Umweltschutz in Form der Abfalltechnik durch vorsorgenden Umweltschutz in Form eines produktintegrierten Umweltschutzes abgelöst wird; → *Öko-Design*.

(6) für die Emissionen und die damit zusammenhängenden Umweltwirkungen gilt eine Orientierung am regionalen und globalen Absorptions- und Reaktionsvermögen der Ökosysteme,

(7) anstatt der bisherigen Naturbeherrschung soll eine Orientierung an der Natur und den Grundprinzipien ihrer Stoffumsätze erfolgen.

4. Vorteile für Unternehmen

Für Unternehmen liegen die Vorteile des Umweltmanagements u.a. in der Optimierung der betrieblichen Abläufe, in der Reduzierung von Energie- und Materialeinsatz und der Reduzierung des Abwasseranfalls und des Abfallaufkommens und der damit verbundenen Kosten einschließlich Einsparung von Umweltsteuern bzw. -abgaben, der (möglichen) Unabhängigkeit der Produktion von begrenzten Ressourcen durch erfolgte Umstellung auf die Verwendung regenerativer Ressourcen und Umsetzung von Kreislaufschließung, der Sensibilisierung der Beschäftigten und Erhöhung der Motivation, der Erhöhung der Rechtssicherheit bzw. Reduzierung des Haftungsrisikos, und in Umsatzerhöhungen bzw. Verkaufserfolgen durch strategische, umweltorientierte Positionierung und durch Imagegewinn in der Öffentlichkeit. Insgesamt ergeben sich für Unternehmen Wettbewerbsvorteile durch Umweltmanagement, die mögliche Nachteile von Umweltmanagement, z.B. kurzfristige Liquiditätsengpässe oder Kosten der Einführung, überwiegen.

5. Umsetzung

Ausgangspunkt der Umsetzung von Umweltmanagement ist ein Entschluss im Topmanagement des Unternehmens zur Umsetzung, da Umweltmanagement alle betrieblichen Bereiche bzw. Funktionen beeinflusst. Dieser Entschluss basiert auf der Festlegung einer umweltbezogenen Positionierung des Unternehmens als Ausgangssituation, die aus einer Beurteilung der umweltbezogenen Stärken und Schwächen des Unternehmens und einer Beurteilung der umweltbezogenen Chancen und Risiken in der Unternehmensumwelt abgeleitet wird.

Aus dieser Positionierung heraus werden umweltorientierte Unternehmensziele entwickelt, im ersten Schritt umweltorientierte Unternehmensgrundsätze und Leitlinien, die → *betriebliche Umweltpolitik*, einschließlich der Bestimmung des Verhältnisses von Umweltschutzzielen zu den anderen Unternehmenszielen, im zweiten Schritt die Operationalisierung dieser Ziele, d.h. die Erstellung des → *Umweltprogramms*. Anschließend erfolgt die Formulierung umweltbezogener Unternehmensstrategien einschließlich der Basisstrategien hinsichtlich Marktpositionierung und Marketing. Den Überlegungen zum *Öko-Marketing* (→ Ökologiemarketing) kommt daher eine Schlüsselstellung bei der Einführung von Umweltmanagement zu.

6. Maßnahmen und Instrumente

Die anschließenden Maßnahmen und Instrumente zum Umweltschutz, d.h. ein umweltverträgliches Produkt, eine umweltverträgliche Produktion und eine umweltverträgliche Distributions- und Redistributionslogistik, eine umweltorientierte Kommunikationspolitik, eine umweltorientierte Kontrahierungspolitik, eine umweltorientierte Investitions- und Finanzpolitik, eine umweltorientierte Personalpolitik und eine umweltorientierte Forschungs- und Entwicklungspolitik, münden in der Erstellung und Implementierung der umweltorientierten organisatorischen Maßnahmen, d.h. eines → *Umweltmanagementsystems* einschließlich einer regelmäßigen → *Umweltbetriebsprüfung* zur Überprüfung und Weiterentwicklung des Umweltmanagements und der kontinuierlichen Reduzierung der Umweltauswirkungen, *Öko-Controlling* (→ Ökologiecontrolling).

Zur Umsetzung von Umweltmanagement bzw. → Umweltmanagementsystemen liegen zwei Bezugsgrundlagen vor: → *EMAS* und → *ISO 14001*. Diese enthalten detaillierte Anforderungen an das Umweltmanagementsystem und seine einzelnen Elemente → betriebliche Umweltpolitik, → Umweltprogramm, → Umweltprüfung, → Umweltmanagementsystem, → Umweltbetriebsprüfung und → Umwelterklärung. Die Anforderungen von → EMAS gehen über die der → ISO 14001 hinaus.

Nachdem das Unternehmen diese Elemente umgesetzt hat, kann es zur Erhöhung der Glaubwürdigkeit sein Umweltmanagement bzw. → Umweltmanagementsystem von einem unternehmensexternen Sachverständigen überprüfen lassen, der → *Validierung* nach → EMAS, der → *Zertifizierung* nach → ISO 14001.

Da neben dem → Umweltmanagementsystem üblicherweise noch andere betriebliche Managementsysteme vorliegen, z.B. Sicherheits-, Arbeitsschutz- oder → Qualitätsmanagement, empfiehlt es sich, diese Systeme zu vereinheitlichen und in einem integrierten Handbuch zusammenzufassen, um Synergien zu nutzen.

Hinweis
Zu den angrenzenden Wissensgebieten siehe → Corporate Citizenship, → Corporate Governance, → Ökologiecontrolling (einschließlich Ökologiebilanz und Ökologie-Rechnungswesen), → Ökologie-Marketing, → Qualitätsmanagement, → Total Quality Management, → Unternehmensethik, → Unternehmensführung, Grundlagen.

Literatur: ENGELFRIED J. (2004) Nachhaltiges Umweltmanagement, Oldenbourg Verlag, München/Wien; HOPFENBECK W. (1994) Umweltorientiertes Management und Marketing, 3. Auflage, verlag moderne industrie, Landsberg; MEFFERT H., KIRCHGEORG M. (1998) Marktorientiertes Umweltmanagement, 3., überarb. und erw. Auflage, Schäffer-Poeschel Verlag, Stuttgart; MICHAELIS P. (1999) Betriebliches Umweltmanagement, (Betriebswirtschaft in Studium und Praxis), Verlag Neue Wirtschafts-Briefe, Herne/Berlin; MÜLLER-CHRIST G. (2001) Umweltmanagement, Verlag Franz Vahlen, München; SIETZ M. (2001) Umweltmanagementsysteme, Loseblattsammlung, WEKA-Media GmbH, Augsburg; WINTER G. (1998) Das umweltbewusste Unternehmen, 6., vollst. neubearb. u. erw. Auflage, Verlag Franz Vahlen, München; HOLZBAUR U., KOLB M., ROSSWAG H. (Hrsg.) (1996) Umwelttechnik und Umweltmanagement – Ein Wegweiser für Studium und Praxis, Spektrum, Akademischer Verlag, Heidelberg/Berlin/Oxford.

Internetadressen: www.umweltgutachterausschuss.de; www.umweltbundesamt.de; www.bmu.de; www.ihk-umkis.de; http://europa.eu.int/comm/environment/emas/index_en.htm.

Website des Autors: www.hs-merseburg.de/~engelfri

Umweltmanagementhandbuch
ist die schriftliche Dokumentation des → Umweltmanagementsystems.

Umweltmanagementsystem, betriebliches
(*environmental management system*), ist der Teil des gesamten Managementsystems, der die Organisationsstruktur, Planungstätigkeiten, Verhaltens- und Vorgehensweisen, Verfahren und Mittel für die Festlegung und Umsetzung, Überprüfung und Fortführung der betrieblichen Umweltpolitik betrifft. Die Dokumentation des Umweltmanagementsystems erfolgt als → *Umweltmanagementhandbuch*.

Das Umweltmanagementsystem besteht aus vier generellen Systemelementen: 1. ein Organigramm, in dem alle umweltrelevanten Unternehmensbereiche bzw. Funktionen (Positionen) aufgeführt und miteinander in Beziehung gesetzt sind. 2. eine generelle Beschreibung für die Regelung der Verantwortlichkeiten für die einzelnen Tätigkeiten, d.h. die Ablauforganisation im Unternehmen. Sie enthält für jede Tätigkeiten eine Aussage zur Verantwortung und Stellvertretung, zur Durchführung und Stellvertretung, zur Kontrolle und Stellvertretung und zu Informationsweitergabe (wer gibt weiter) und Informationserhalt (wer erhält). 3. eine generelle Beschreibung der Dokumentenlenkung. Sie enthält für jedes Dokument eine Aussage hinsichtlich Erstellen, Herausgeben, Ändern, Aufbewahren, Beseitigen, Archivieren (einschl. Sicherung gegen unbefugte Änderung) und Stellvertretung, hinsichtlich Überprüfen/Genehmigen und Stellvertretung und hinsichtlich dem Verteiler (wer erhält das Dokument). 4. eine

generelle Beschreibung der Erstellung und des Zwecks von → *Umweltverfahrensanweisungen* und von → *Umweltarbeitsanweisungen*.
Siehe auch → Umweltmanagement (mit Literaturangaben); → Umweltprogramm, betriebliches; → Umweltprüfung, betriebliche.

Umweltpolitik, betriebliche

siehe → betriebliche Umweltpolitik; siehe auch → Umweltmanagement (mit Literaturangaben).

Umweltprogramm, betriebliches

(*environmental programme*), beschreibt die Umweltzielsetzungen und detaillierte, möglichst quantifizierte, an den Zielvorgaben der → nachhaltigen Entwicklung orientierte Umwelteinzelziele des Unternehmens. Mit der Zielformulierung verbunden ist die Festlegung von Maßnahmen zur Zielerreichung der Ziele, Verantwortlichkeiten und Mittel, einschließlich festgelegter Zeitvorgaben und Prioritätenfestsetzung. Ziel des Umweltprogramms ist es, die Umweltauswirkungen zu reduzieren, die betriebliche Effizienz zu steigern, z.B. den Energieeinsatz pro Produkteinheit zu reduzieren, und effektiv zu wirtschaften, d.h. z.B. die Schließung von technischen bzw. biologischen Kreisläufen bei den Produkten zu ermöglichen.
Siehe auch → Umweltmanagement (mit Literaturangaben); → Umweltmanagementsystem, betriebliches, → Umweltprüfung, betriebliche.

Umweltprüfung, betriebliche

(*environmental review*), ist eine umfassende erste und in der Folgezeit turnusgemäße Untersuchung der Umweltfragen und Umweltauswirkungen des Unternehmens, eine Art umfassende Bestandsaufnahme.
Die Durchführung der Umweltprüfung erfolgt in einem Umweltprüfungsverfahren. Dies ist ein Instrument zur umfassenden Untersuchung der Umweltfragen und Umweltwirkungen und beschreibt, wie die Umweltprüfung durchgeführt werden soll. Alle umweltrelevanten Unternehmensbereiche und Tätigkeiten an einem Standort oder im gesamten Unternehmen sind in die Umweltprüfung einzubeziehen, wobei folgende Umweltauswirkungen sind am Standort zu ermitteln und zu beurteilen sind: Energieeinsatz und Art der Energieträger, Materialeinsatz und Art der Materialien, Wassereinsatz und Herkunft des Wassers, Flächenverbrauch bzw. -einsatz einschließlich Kontamination von Böden, Wirkungen auf die Biodiversität, Emissionen und deren Zusammensetzung einschließlich Gerüchen, Transport-/Verkehrsaufkommen für Güter und Beschäftigte und die Art der Verkehrsmittel, Abfallaufkommen und dessen Zusammensetzung, Abwasseranfall und dessen Inhaltsstoffe, „Lärm"-Emissionen und deren Profil sowie weitere Aspekte wie Abwärme, Strahlung, Licht, Mikroklima (z.B. Schattenwurf, Wind, Licht), Erschütterungen, optische Einwirkungen.
Die Vorgehensweise zur Ermittlung und Beurteilung der Umwelteinflüsse soll analog der Methode der *Ökobilanz* (→ Ökologiebilanz) erfolgen, hier bezogen auf den Standort bzw. das Unternehmen. Neben den Umweltauswirkungen sind z.B. das umweltbezogene Qualifikationsniveau der Mitarbeiter, die Einhaltung der umweltrechtlichen Vorgaben und die eingesetzte Technik zu untersuchen.
Siehe auch → Umweltmanagement (mit Literaturangaben); → Umweltprogramm, betriebliches; → Umweltmanagementsystem, betriebliches.

Umweltqualität

Die Umweltqualität misst den Grad der Eignung eines Produkts oder einer Dienstleistung, die natürliche Umwelt während des gesamten → Produktlebenszyklus – von der Wiege bis zur Bahre – nicht zu gefährden (→ Umweltmanagement, → Ökologie-Marketing). Sie erstreckt sich auf alle Eigenschaften bzw. Merkmale eines Produkts bzw. einer Dienstleistung und des Herstellungsprozesses, die geeignet sind, Gefahren und Schäden für die natürliche Umwelt zu vermeiden bzw. zu reduzieren.
Die Umweltqualität eines Produktes ist immer relativ, d.h., sie ist immer nur hinsichtlich vergleichbarer Substitute und auf der Grundlage des aktuellen Kenntnis- und Methodenstandes sowie akzeptierter Bewertungsstandards zu beurteilen. Darüber hinaus ist sie in der Regel für den Konsumenten eine *Vertrauenseigenschaft*, ein Merkmal also, dessen Vorliegen der Konsument selbst nicht überprüfen kann. Aber auch die Hersteller sowie öffentliche Einrichtungen (z.B. Überwachungsbehörden) sind aufgrund der selten bekannten, sehr komplexen sozialen und ökologischen Wirkungszusammenhänge oft nicht in

der Lage, die Umweltqualität von Produkten und Dienstleistungen genau zu bestimmen. Hier fehlen oft praktikable, standardisierte und allgemein akzeptierte Messverfahren.
Siehe auch → Ökologie-Marketing (mit Literaturangaben).

Umweltrecht
umfasst alle internationalen, nationalen und kommunal geltenden Gesetze, Verordnungen, Satzungen etc., die den (umwelt)rechtlichen Rahmen für das Unternehmen vorgeben. Die Einhaltung dieser Vorgaben gilt als Mindeststandard im Rahmen von → Umweltmanagement.

Umweltverfahrensanweisungen
sind Regelungen für komplexe übergeordnete Tätigkeiten, z.B. für ganze Prozesse bzw. für abteilungsübergreifende Tätigkeiten. Siehe auch → Umweltmanagementsystem, betriebliches und → Umweltmanagement (mit Literaturangaben).

Umweltzeichen
dienen der Markierung (→ Marke) von solchen Produkten und Dienstleistungen, die insgesamt bzw. hinsichtlich einzelner Merkmale umweltverträglicher sind als andere Angebote innerhalb einer Produktgruppe. Während Umweltzeichen von Unternehmen als Mittel der nachhaltigkeitsorientierten Profilierung eingesetzt werden können (→ Ökologie-Marketing), dienen sie dem Handel und den Konsumenten als praktische Orientierungs- und Entscheidungshilfe.
Von den gesetzlich vorgeschriebenen Warenkennzeichnungen (z.B. Symbole nach der Gefahrstoffverordnung) und den (freiwilligen) Güte- bzw. Umweltzeichen, die nach bestimmten Vergabekriterien von unabhängigen Prüfinstituten vergeben werden (z.B. der → „Blaue Engel"), sind firmen- und verbandseigene Umweltzeichen (z.B. Öko-Tex Standard 100) zu unterscheiden.
Geprüfte Umweltzeichen sind z.B. der → *Blaue Engel* (das deutsche Umweltzeichen) und die zwölfblättrige Euro-Margerite (das europäische Umweltzeichen).
Siehe auch Ökologie-Marketing (mit Literaturangaben).

Umweltzustand
(in der betriebswirtschaftlichen → *Entscheidung*). Falls die zukünftigen Werte der → unkontrollierbaren Situationsvariablen in einem → Entscheid nicht sicher vorausgesagt werden können, ergeben sich mehrere denkbare Umweltzustände. Sie beeinflussen zumindest einen Teil der → Konsequenzen der → Varianten. Je nachdem, ob für die unsicheren Umweltzustände Eintretenswahrscheinlichkeiten angegeben werden können oder nicht, ergibt sich eine → Risikoentscheidung oder eine → Ungewissheitsentscheidung.
Siehe auch → Entscheidung, Betriebswirtschaftliche (mit Literaturangaben).

UmwStG
Abk. für Umwandlungssteuergesetz.

UN/ECE
Abk. (engl.) für United Nations Economic Commission for Europe (dt. Wirtschaftskommission der Vereinten Nationen für Europa); siehe → EDIFACT und → UN/EDIFACT.

UN/EDIFACT
Abk. für United Nations Electronic Data Interchange For Administration, Commerce and Transport. UN/EDIFACT ist ein internationaler Standard für das Format von → EDI-Nachrichten. Der UN/EDIFACT Standard bietet Strukturdefinitionen für etwa 200 verschiedene Nachrichtentypen, z.B. Bestellung, Produktdaten, Lieferschein, Rechnung und Zahlungsanweisung. Siehe auch → EDIFACT.

Unbeschränkte Steuerpflicht
Gem. § 1 Abs. 1 Satz 1 EStG sind natürliche Personen, die im Inland einen → Wohnsitz oder ihren gewöhnlichen Aufenthalt haben, in Deutschland unbeschränkt steuerpflichtig, d.h. sie unterliegen mit ihrem Welteinkommen (§ 2 EStG) der deutschen Besteuerung (Welteinkommensprinzip, → Universali-

tätsprinzip). Analog sind juristische Personen im Inland unbeschränkt steuerpflichtig, wenn sie dort ihren Sitz oder den Ort der Geschäftsleitung haben. Jeder Staat regelt die unbeschränkte Steuerpflicht selbständig.
Siehe auch → Steuerrecht, Internationales (mit Literaturangaben).

Unbundling
bewusste Entkopplung seither nur verbunden angebotener Teilleistungen. Unbundling ist dann lukrativ, wenn eine geringe individuelle Attraktivität einzelner Teilleistungen im gesamten Bundle Nachfrager davon abhält, dieses in Anspruch zu nehmen und damit auch die Verkäuflichkeit von ansonsten attraktiven Teilleistungen unterbleibt, weil sie nicht einzeln zugänglich sind. Durch das Aufknüpfen des Pakets können solche Teilleistungen auch getrennt in Anspruch genommen werden.
Problematisch ist dies, wenn dadurch zwangsläufig anfallende (verbundene), wenig attraktive Teilleistungen nicht mehr oder vermindert gekauft werden. Dann müssen deren Kosten überwälzt werden, wodurch an sich attraktive Teilleistungen nicht selten so teuer werden, dass ihre Nachfragewirkung leidet. Sinnvoll ist dies aber nur angesichts heterogener Präferenzen der Nachfrager, die zu stark abweichender Akzeptanz von Teilleistungen führen. Das Unbundling kann sich (horizontal) auf die Anzahl der Leistungsmodule beziehen oder (vertikal) auf das Niveau einzelner Leistungsmodule.
Siehe auch → Produktpolitik (mit Literaturangaben).

UNCITRAL
Abk. für United Nations Commission on International Trade Law, deren im Jahr 1980 verabschiedetes internationales Warenkaufrecht → Kaufverträge im Außenhandel regelt.
   Internetadresse: www.uncitral.org

Underhedge
Untersicherung, siehe auch → Hedging.

Underlying
siehe → Basisobjekt.

Underperformance
siehe → Long-Run Underperformance.

Underpricing
(→ *Going Public, Durchführungsphase*). Für Unternehmen, deren Aktien erstmals an einer Börse gehandelt werden, können im wesentlichen zwei Preisphänomene beobachtet werden: (1) die Emissionspreise liegen im Schnitt signifikant unter den Marktpreisen am ersten Handelstag (*Underpricing*) und (2) die Performance über die ersten drei bis fünf Jahre nach dem Going Public ist in sehr vielen Märkten im Durchschnitt schlechter als jene von Vergleichsunternehmen (→ *Long-Run Underperformance*).

Underwriter
(Aktienemission), siehe → Emissionskonsortium und → Emissionsbanken.

Underwriting Risk
siehe → Risiko, versicherungstechnisches und → Unterwriting.

Underwriting
stammt begrifflich aus der ersten Zeit der Seetransportversicherung. Mit der Unterschrift (den Namen) unter eine Risikobeschreibung (Underwriting) wurde eine Beteiligung an dem beschriebenen Risiko vertraglich bestätigt. Heute im angelsächsischen Sprachgebrauch der Begriff für die Bestimmung des angetragenen Risikos eines potenziellen Kunden. Im deutschen Sprachgebrauch heute häufig als Begriff für den gesamten Prozess bis zur Vertragsunterzeichnung gebraucht.

Unechte Arbeitnehmerüberlassung
siehe → Arbeitnehmerüberlassung.

Unfertige Erzeugnisse

(auch *Halbfabrikate* bzw. *Halbfertigteile*). Es handelt sich um be- oder verarbeitete Stoffe, deren Produktionsprozess noch nicht beendet ist. In Arbeit befindliche Fertigungsaufträge stellen bis zur Abnahme durch den Kunden unfertige Erzeugnisse dar. Unfertige Bauten auf fremdem Grund und Boden sind nach dem Grundsatz der wirtschaftlichen Betrachtungsweise als unfertige Erzeugnisse beim Hersteller zu bilanzieren, auch wenn sie juristisch (§§ 93, 946 BGB) Eigentum des Auftraggebers sind.
Siehe auch → Umlaufvermögen (mit Literaturangaben).

Unfertige Leistungen

fallen insbesondere bei Dienstleistungsunternehmen an. Ein Beispiel für eine unfertige Leistung ist ein Beratungsauftrag, der noch nicht beendet ist. Rechtlich sind unfertige Leistungen im Gegensatz zu den unfertigen Erzeugnissen keine Sachen, sondern → Forderungen.
Siehe auch → Umlaufvermögen (mit Literaturangaben).

Ungewissheitsentscheidung

→ Entscheidung, in der das Umweltverhalten und die Umweltentwicklung nicht sicher vorausgesagt werden können. Der → Aktor muss deshalb von mehreren möglichen Umweltzuständen ausgehen, denen er (im Gegensatz zur → Risikoentscheidung) keine Eintretenswahrscheinlichkeiten zuordnen kann. In einer Ungewissheitsentscheidung haben die → Varianten zumindest teilweise unsichere → Konsequenzen.
Siehe auch → Entscheidung, Betriebswirtschaftliche (mit Literaturangaben).

UNICE

Abk. für Union der Industrie- und Arbeitgeberverbände.

Unified Modeling Language (UML)

Die Unified Modeling Language (UML) ist eine von der Object Management Group (OMG) entwickelte und standardisierte Beschreibungssprache, um Strukturen und Abläufe in objektorientierten Softwaresystemen darzustellen.
Siehe auch → Workflow-Management (mit Literaturangaben).

Unified Process

Das zentrale Merkmal des Unified Process oder auch Rational Unified Process ist das Prinzip der iterativen Softwareentwicklung. Ergebnis jeder Iteration ist stets ein getestetes und lauffähiges System, das mit zunehmender Iterationszahl lediglich umfassender, leistungsfähiger und facettenreicher wird. Das Ergebnis dieser Konstruktion ist der Übergang zu dem operativen System, welches den Praxisansprüchen gerecht wird.

Uniform Customs and Practice for Documentary Credits (UCP)

siehe → Einheitliche Richtlinien und Gebräuche für Dokumenten-Akkreditive (ERA); siehe auch → ICC und → Dokumentenakkreditiv (mit Literaturangaben).

Uniform Ressource Locator

abgek. URL. Die URL bezeichnet die eindeutige Adresse, unter der eine bestimmte Datei im Internet gefunden werden kann. Die Startseitenadresse einer → Website ist in diesem Sinne eine URL, allerdings nur eine bestimmte innerhalb einer Domain (→ Domainname) neben vielen anderen.

Uniform Rules for Collections (URC)

siehe → Einheitliche Richtlinien für Inkassi (ERI).

Uniform Rules for Demand Guarantees

siehe → Einheitliche Richtlinien für auf Anfordern zahlbare Garantien.

Unilaterale Maßnahmen

(→ *Steuerrecht, Internationales*). Zur Vermeidung der → Doppelbesteuerung werden von einem Staat, regelmäßig vom → Wohnsitzstaat, einseitig Regelungen im → nationalen Recht für die in seinem Staatsgebiet ansässigen Steuerpflichtigen getroffen. Bei ausländischen Einkünften kommt es aufgrund des Welteinkommensprinzips (→ Universalitätsprinzip) regelmäßig zur Doppelbesteuerung, da auch der ausländische → Quellenstaat das Besteuerungsrecht beansprucht. Unilaterale Maßnahmen beinhalten üblicherweise einen (teilweisen) einseitigen Verzicht eines Staates auf die ihm aufgrund des Welteinkommensprinzips zustehenden Steueransprüche.

Unique Selling Proposition (USP)

Der Ausdruck Unique Selling Proposition (USP), dt. *Alleinstellungsmerkmal*, wurde 1940 von Reeves in die Marketingwissenschaft eingeführt. Eine Unique Selling Proposition ist ein ‚einzigartiges Verkaufsversprechen', das in der Werbebotschaft kommuniziert wird. Das ‚einzigartige Verkaufsversprechen' zeigt die Besonderheit (den ganz speziellen Nutzen) des Unternehmens, eines Produktes oder einer Dienstleistung für die Zielgruppe auf. Zudem zeigt es, wie sich dieses Angebot von denen des Wettbewerbs unterscheidet. Der in Anspruch genommene Nutzen kann dabei physischer, psychischer, sozialer, örtlicher, zeitlicher oder monetärer Art sein.

Die derart angesprochene Zielgruppe soll dadurch Präferenzen für das beworbene Produkt bilden und es letztlich auch erwerben. Einzig und allein entscheidend ist hier die Sicht des Kunden: Es kommt also darauf an, dass das Produkt aus der Perspektive des Kunden in mindestens einem Aspekt, der für den Kunden wichtig ist, über ein Alleinstellungsmerkmal verfügt. Dieses kann in jedem Teilbereich des marketingpolitischen Instrumentariums angesiedelt sein und z.B. in einer neuartigen, so bisher nicht verfügbaren Produkteigenschaft (siehe → Produktpolitik einschl. Produktinnovation), im niedrigsten angebotenen Preis (siehe → Preispolitik) oder in der höchsten Verfügbarkeit (siehe → Vertriebspolitik / Distributionspolitik) bestehen. Oftmals wird es sich auch um eine Kombination von Alleinstellungsmerkmalen handeln. Das Alleinstellungsmerkmal ist typischerweise die Grundlage einer Werbekampagne für ein Produkt, in der klar transportiert werden soll, warum der Konsument ausgerechnet das beworbene Produkt kaufen soll (und kein anderes).

Siehe auch → Kommunikationspolitik (mit Literaturangaben).

Literatur: Reeves, R.: Reality in Advertising, Knopf, New York, 1961; Ries, A., Trout, J.: Positioning – The Battle for Your Mind, 3. Auflage, McGraw-Hill, New York, 2001

Unit Sourcing

siehe → Objektstrategie (Beschaffung).

United States Generally Accepted Accounting Priniciples (US-GAAP)

siehe → Abschlusserstellung nach US-GAAP (mit Literaturangaben).

Univariate Analyse

Analysiert wird *eine einzige Variable*. Dargestellt werden können Häufigkeitsverteilungen (absolute, relative, kumulierte relative Häufigkeiten). Typische Maßzahlen sind Lokalisationsmaße (z.B. arithmetisches Mittel, Median, Modus) und Streuungsmaße (z.B. Varianz, Standardabweichung, Variationsbreite). Siehe auch → Datenanalyse (*Marktforschung*) und → Marktforschungsmethoden (mit Literaturangaben).

Univariate Methode

siehe → univariate Analyse; siehe auch → Datenanalyse (*Marktforschung*).

Universal Currency Hedging

steht für eine Theorierichtung, die sich mit der Herleitung von allgemeinen Voraussetzungen befasst, unter denen optimale Kurssicherungsentscheidungen nicht von der Währung abhängen, in der die Preise der von einem Entscheidungssubjekt nachgefragten Güter ausgewiesen sind. Dies sind diejenigen Situationen, in denen das → Numéraire-Problem nicht zum Tragen kommt. Praktisch bedeutsam sind die Erkenntnisse des Universal Currency Hedging insbesondere für multinationale Unternehmen mit Kapi-

talgebern aus verschiedenen Ländern. Indes sind die Bedingungen, unter denen Einmütigkeit aller Kapitalgeber im Hinblick auf die adäquaten Kurssicherungsentscheidungen hergeleitet werden kann, vergleichsweise eng.
Siehe auch → Währungsmanagement (mit Literaturangaben).

Universalisten

Bezeichnung für Vertreter der *„culture-free-These"*, die behaupten, dass Managementprinzipien unabhängig von den kulturellen Umweltfaktoren allgemeine Gültigkeit besitzen. Das – meist in den USA entwickelte – Management-Know-how sei universell und könne daher leicht von einer Kultur in eine andere übertragen werden. Gegensatz: → Kulturisten.
Siehe auch → Interkulturelles Management (mit Literaturangaben).

Universalitätsprinzip

(*world-wide principle*; → *Steuerrecht, Internationales*). Wie das → Territorialitätsprinzip regelt das Universalitätsprinzip den Umfang des Steueranspruchs eines Staates auf ein Steuergut. Hierbei bezieht sich der Anspruch auf das weltweite Steuergut (z.B. das Welteinkommen oder Weltvermögen). Dies entspricht der → unbeschränkten Steuerpflicht.
Ausnahmen vom Universalitätsprinzip können sein: (1) Fiskalimmunität, (2) Verlustausgleichsbeschränkung, (3) Steuerfreistellung durch → Doppelbesteuerungsabkommen und (4) Steuerfreistellung nach innerstaatlichem Recht.

Universalmessen

siehe → Messeformen; siehe auch → Messemarketing (mit Literaturangaben).

Universalprinzip

siehe → Universalitätsprinzip.

UN-Kaufrecht

Abk. für Wiener Übereinkommen der Vereinten Nationen über Verträge über den internationalen Warenkauf vom 11. 4. 1980; → Convention on International Sale of Goods (CISG). Das UN-Kaufrecht ist ein internationales Abkommen, das Regelungen für Verträge über den internationalen Warenkauf enthält. Die Bundesrepublik Deutschland ist diesem Abkommen beigetreten.
Siehe auch → Handelsrecht (mit Literaturangaben).

Unkontrollierbare Situationsvariable

Variable, die der → Aktor nicht beeinflussen kann, die aber einen Einfluss auf die → Konsequenzen der → Varianten in einer → Entscheidung ausübt. Häufig kann der Aktor den zukünftigen Wert der unkontrollierbaren Situationsvariablen nicht voraussagen, sondern muss von mehreren möglichen Werten ausgehen. Die unsicheren unkontrollierbaren Situationsvariablen werden zu unsicheren → Umweltzuständen zusammengefasst.
Siehe auch → Entscheidung, Betriebswirtschaftliche (mit Literaturangaben).

Unkontrollierbares Situationselement

siehe → unkontrollierbare Situationsvariable.

Uno-actu-Prinzip

Beispiel: Es herrscht eine Synchronität von Produktion bzw. Dienstleistungserstellung und Inanspruchnahme (Absatz/Konsum) der Produkte bzw. der → Dienstleistung.

Unpersönlicher Verkauf

siehe → Verkauf, unpersönlicher (mediengeführt).

Unsichere Entscheidung

siehe → Risikoentscheidung.

Unsicherheitsvermeidung

beschreibt als → Kulturdimension den Grad, in dem sich Mitglieder einer Gesellschaft durch ungewisse oder unbekannte Situationen bedroht fühlen. Siehe auch → Interkulturelles Management (mit Literaturangaben).

unter pari

Unter pari bedeutet, dass ein → Wertpapier zu einem Kurs unterhalb des → Nennbetrages, also unter 100 % des Nennbetrages gehandelt wird; siehe auch → Disagio sowie → über pari und → pari.

Unterbeteiligung

Eine Unterbeteiligung ist eine Beteiligung am Gesellschaftsanteil eines Dritten. Der Unterbeteiligte ist dabei nur mit dem Beteiligten rechtsgeschäftlich verbunden. Mit der Gesellschaft selbst steht er in keinem Rechtsverhältnis. Die Unterbeteiligung tritt nicht nach außen hin in Erscheinung. Sie ist als *reine Innengesellschaft* zu qualifizieren und in der Regel als → *GesbR* oder → *Stille Gesellschaft* (nach österreichischem Recht) organisiert.

Unterbilanz

ist gegeben, wenn die Verluste die offenen Rücklagen übersteigen und rechnerisch nur noch durch Teile des gezeichneten Kapitals abgedeckt werden können. Wenn die Verluste mehr ausmachen, als die Hälfte des gezeichneten Kapitals, muss der Vorstand einer AG gem. § 92 Abs.1 AktG unverzüglich die Hauptversammlung einberufen und unterrichten.
Siehe auch → Überschuldungsbilanz und → Sonderbilanzen (mit Literaturangaben).

Unteres Management

Vertreter der unteren Managementebene sind die Stellen- oder Gruppenleiter sowie die Meister und Vorarbeiter, die mit operativen Entscheidungen die taktischen Leistungspotenziale kurzfristig ausschöpfen und optimieren. Beispielsweise wird im Rahmen der operativen → Produktionsplanung und -steuerung durch Zuordnung der Aufträge zu den Maschinen das Produktionsprogramm gefertigt. Siehe auch → Top-Management und → Mittleres Management sowie → Unternehmensführung und → Industriemanagement, jeweils mit Literaturangaben.

Unternehmen, assoziiertes

siehe → assoziiertes Unternehmen.

Unternehmen, Internationales

siehe → Internationales Unternehmen.

Unternehmen, kapitalmarktorientiertes

siehe → kapitalmarktorientiertes Unternehmen.

Unternehmen, verbundene

siehe → verbundene Unternehmen.

Unternehmensakquisition

(Unternehmensübernahme), siehe → Acquisition. Siehe auch → Mergers & Acquisitions (mit Literaturangaben).

Unternehmensbewertung

von o. Univ.-Prof. Dkfm. Dr. Gerwald Mandl, Vorstand des Instituts für
Revisions-, Treuhand- und Rechnungswesen, Karl-Franzens-Universität Graz und
Mag. Alexandra Schrempf, Mitarbeiterin des Instituts für
Revisions-, Treuhand- und Rechnungswesen, Karl-Franzens-Universität Graz

1. Übersicht

Die Unternehmensbewertung dient der Ermittlung von Werten ganzer Unternehmen bzw. von Unternehmensanteilen. Historisch gesehen erfolgte in Theorie und Praxis eine Entwicklung von einer objektiven, über eine subjektive hin zu einer zweckabhängigen (funktionalen) Bewertung von Unternehmen. Unter den Verfahren dominieren mittlerweile die Gesamtbewertungsverfahren, wobei die → Ertragswertverfahren zunehmend von den → Discounted-Cashflow-Verfahren abgelöst werden. Das Fachgebiet der Unternehmensbewertung weist Verbindungen zu den betriebswirtschaftlichen Themenbereichen der → Finanzierung, der → Investition, der Kapitalmarkttheorie sowie der → Unternehmensplanung auf.

2. Zweckabhängigkeit der Unternehmensbewertung

Vor jeder Unternehmensbewertung ist zunächst der Zweck der Bewertung zu klären, da davon die grundlegende Vorgangsweise und die anzuwendende Bewertungsmethode abhängig sind. Der Bewertungszweck ist wiederum von den zahlreichen und vielschichtigen Bewertungsanlässen abhängig.

a) Bewertungsanlässe

Bewertungsanlässe können zunächst in transaktionsbezogene und nicht transaktionsbezogene Anlässe unterteilt werden. *Transaktionsbezogene Anlässe* liegen dann vor, wenn die Bewertung aufgrund einer tatsächlichen oder geplanten Änderung der Eigentumsverhältnisse am Bewertungsobjekt erfolgt. Beispiele hierfür sind die Bewertung im Rahmen von Kauf- bzw. Verkaufssituationen oder Bewertungen bei geplanten Verschmelzungs- oder Einbringungsvorgängen. Innerhalb dieser Kategorie kann weiters zwischen dominierten und nicht dominierten Konfliktsituationen differenziert werden. Eine *dominierte Konfliktsituation* liegt dann vor, wenn eine Partei einseitig, das heißt auch gegen den Willen der anderen Partei, auf vertraglicher oder gesetzlicher Grundlage eine Änderung der Eigentumsverhältnisse am Bewertungsobjekt herbeiführen kann, was beispielsweise beim Recht auf Ausscheiden aus einer Gesellschaft (z.B. Kündigung eines Gesellschafters) oder beim zwangsweisen Ausschluss von Gesellschaftern (z.B. → Squeeze-out) der Fall ist. Im Gegensatz dazu besteht eine *nicht dominierte Konfliktsituation* in jenen Fällen, in denen eine Veränderung der Eigentumsverhältnisse nicht ohne Zustimmung der anderen Partei durchgesetzt werden kann, wie dies etwa bei typischen Kauf- bzw. Verkaufssituationen der Fall ist. Im Unterschied zu den transaktionsbezogenen kommt es bei den *nicht transaktionsbezogenen Anlässen* zu keiner Veränderung der Eigentumsverhältnisse: Hier sind beispielsweise Bewertungen im Zusammenhang mit Substanzbesteuerung, Kreditwürdigkeitsprüfungen oder Sanierungsmaßnahmen zu nennen.

b) Bewertungszwecke

Ausgehend von den unterschiedlichen Bewertungsanlässen können verschiedene Bewertungszwecke abgeleitet werden: Die *(1) Ermittlung von Entscheidungswerten* zählt zu den zentralen Bewertungszwecken. Der hierfür ermittelte Unternehmenswert soll die Grenze der Konzessionsbereitschaft für potenzielle Käufer und Verkäufer bestimmen. Für einen potenziellen Käufer wird die Preisobergrenze, und für einen potenziellen Verkäufer die Preisuntergrenze ermittelt. Dabei kann zwischen individuellen und marktorientierten → Entscheidungswerten differenziert werden. Ein weiterer bedeutender Bewertungszweck ist die *(2) Ermittlung von Schiedswerten*. Solche sind dann zu bestimmen, wenn zwischen divergierenden Interessen von Parteien (z.B. zwischen Käufer und Verkäufer) zu vermitteln ist, um eine Einigung über die Konditionen der Transaktion herbeizuführen, wobei das Erreichen eines fairen und angemessenen Interessensausgleichs im Mittelpunkt steht. Sind bei der Bewertung rechtliche Normen zu beachten, wie es beispielsweise bei der Ermittlung von Abfindungen für ausgeschlossene Minderheitsgesellschafter der Fall ist, besteht der Bewertungszweck in der *(3) Ermittlung von normorientierten Werten*. Ziel der *(4) Ermittlung von Argumentationswerten* ist es, Argumente für diverse Zwecke, z.B. für Kauf- oder Verkaufsverhandlungen oder zur Unterstützung von Positionen im Rahmen von gerichtlichen Auseinandersetzungen zu finden. Bei der *(5) Ermittlung von potenziellen Marktpreisen* soll eine Unternehmensbewertung Aufschluss darüber geben, welcher Preis bei einer Veräußerung des zu bewertenden Unternehmens auf einem bestimmten Markt erzielt werden kann. Schließlich kann der Bewertungszweck auch in der *(6) Ermittlung von Bilanzansätzen* unter Beachtung diverser Bewertungsvorschriften bestehen, wie z.B. im Rahmen des Impairment-Tests für die Prüfung der Werthaltigkeit des Goodwill nach den IAS/IFRS. Die Maßgeblichkeit des Bewertungszwecks wird auch im → IDW S 1 bekräftigt.

3. Bewertungsverfahren

Theorie und Praxis der Unternehmensbewertung sind von einer breiten Methodenvielfalt gekennzeichnet, was darauf zurückzuführen ist, dass sich die Anforderungen an Unternehmensbewertungen im Zeitablauf verändert haben und der Erkenntnisfortschritt in der Betriebswirtschaftslehre zur Entwicklung neuer Bewertungskonzeptionen und –verfahren geführt hat. Der Zweckorientierung der Unternehmensbewertung folgend, fordern verschiedene Zwecke der Unternehmensbewertung die Anwendung unter Umständen konzeptionell unterschiedlicher Methoden. Auch der technische Fortschritt in der Datenverarbeitung und die Existenz neuartiger Möglichkeiten der Informationsbeschaffung haben zur Entwicklung und zum verstärkten Einsatz neuer Bewertungsmethoden geführt. Die einzelnen Bewertungsmethoden unterscheiden sich nach den erfassten Zielen, der Art der Wertermittlung und dem Grad der Marktorientierung.

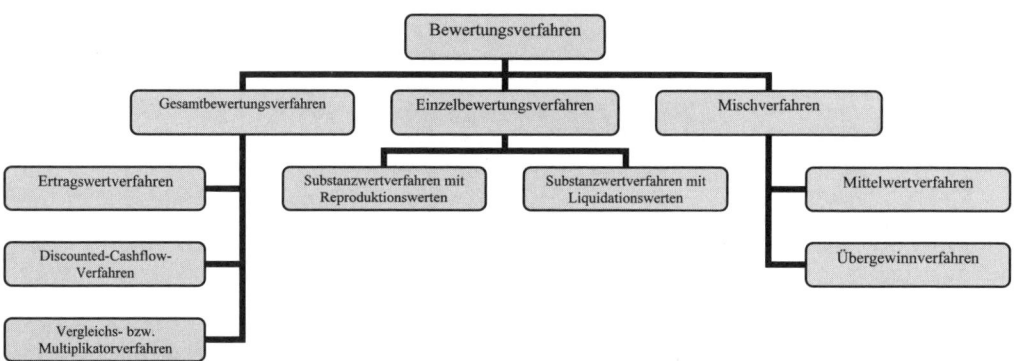

Grundsätzlich können drei Verfahrensgruppen hinsichtlich der ihnen zugrunde liegenden Konzeptionen unterschieden werden. Bei der Anwendung von *(1) Gesamtbewertungsverfahren* wird das zu bewertende Unternehmen als Bewertungseinheit betrachtet. Der Unternehmenswert wird dabei durch den Gesamtertrag bestimmt, der aus dem Unternehmen künftig erwartet wird. Eine Gesamtbewertung erfolgt losgelöst von den isolierten Einzelwerten der realen Bestandteile des Unternehmens und bezieht sich auf das Unternehmen als Gesamtkomplex. Zu den Gesamtbewertungsverfahren sind das → Ertragswertverfahren, die → Discounted-Cashflow-Verfahren (DCF-Verfahren) und die → Vergleichs- bzw. Multiplikatorverfahren zu zählen. Im Gegensatz dazu wird bei den *(2) Einzelbewertungsverfahren* der Unternehmenswert aus der Summe der Werte der einzelnen Unternehmensbestandteile (Vermögensgegenstände und Schulden) berechnet. Dabei müssen zunächst die individuellen Werte der einzelnen Vermögensgegenstände bestimmt werden, bevor diese Einzelwerte zum Unternehmenswert zusammengerechnet werden können. Zur Kategorie der Einzelbewertungsverfahren sind die einzelnen Erscheinungsformen der → Substanzwertverfahren zu zählen. *(3) Mischverfahren* enthalten Elemente von

Gesamt- und Einzelbewertungsverfahren. Zu dieser Kategorie zählen das Mittelwertverfahren und das Übergewinnverfahren.

4. Bewertung von Unternehmensanteilen

Es gibt zahlreiche Fälle, in denen nicht der Wert des gesamten Unternehmens, sondern nur der Wert von Unternehmensanteilen berechnet werden muss. Der Anteilswert kann mittels direkter oder indirekter Methode ermittelt werden. Bei der *(1) direkten Methode* wird der Anteilswert unmittelbar aus den Zahlungsströmen zwischen Anteilseignern und Unternehmen abgeleitet. Bei der *(2) indirekten Methode* erfolgt eine Ableitung des Anteilswerts aus dem Gesamtwert des Unternehmens. In einem ersten Schritt erfolgt eine Bewertung des gesamten Unternehmens, um in einem zweiten Schritt durch Multiplikation mit der Anteilsquote den Anteilswert zu errechnen.

5. Relevanz von Börsenkursen

Ein nach allgemein anerkannten Grundsätzen der Unternehmensbewertung ermittelter Unternehmenswert ist zu unterscheiden von Börsenkursen bzw. einer auf Basis von Börsenkursen ermittelten Börsenkapitalisierung. Unternehmensbewertungen basieren auf detailliert analysierten Daten zum Bewertungsobjekt, während Börsenkurse Tagespreise auf dem Aktienmarkt darstellen, die sich aufgrund aufeinandertreffender Nutzeneinschätzungen der Aktienanbieter und -nachfrager bilden. Falls Börsenkurse für Unternehmensanteile zur Verfügung stehen, können sie zur Plausibilitätsbeurteilung einer nach anerkannten Grundsätzen durchgeführten Unternehmensbewertung dienen. Bestehen beträchtliche Abweichungen, sollten die Ursachen dafür analysiert werden. Nach deutscher höchstrichterlicher Rechtsprechung darf bei speziellen Unternehmensbewertungsanlässen (z.B. bei Ermittlung von Abfindungen für ausscheidende Gesellschafter) der Wert von Unternehmensanteilen nicht ohne Rücksicht auf den Börsenkurs festgelegt werden und zwar insofern, als der Börsenkurs die Untergrenze des Anteilswerts darstellt. Dies gilt jedoch nicht, wenn der Börsenkurs – aus diversen Gründen, wie beispielsweise durch Marktverzerrungen oder Marktenge – nicht dem → Verkehrswert der Aktien entspricht. Wird der Börsenkurs herangezogen, ist nicht auf einen Stichtagskurs abzustellen, sondern ein geeigneter Durchschnittskurs zu ermitteln, wobei die Länge des Referenzzeitraums von den Umständen des Einzelfalls abhängt.

6. Bewertungsstichtag

Bei der Durchführung einer Unternehmensbewertung gilt das Stichtagsprinzip, d.h. Unternehmenswerte sind zeitpunktbezogen zu ermitteln. Fallen der Bewertungsstichtag und der Zeitpunkt der Durchführung der Bewertung auseinander, ist nur jener Informationsstand bewertungsrelevant, der bei angemessener Sorgfalt zum Bewertungsstichtag hätte erlangt werden können. Der Wurzeltheorie zufolge dürfen Nachstichtagsentwicklungen in die Prognose miteinbezogen werden, wenn sie in der Zeit bis zum Stichtag wurzeln.

Hinweise

Zu den angrenzenden Wissensgebieten siehe → Abschlusserstellung nach US-GAAP, → Aktiengesellschaft, deutsche, → Aktiengesellschaft, österreichische, → Cash flow, → Corporate Governance, → Due Diligence, → Gesellschaftsformen, österreichische, → Gesellschaftsrecht, europäisches, → Going Public (Vorbereitungsphase), → Going Public (Durchführungsphase), → Hedgefonds, → Internationale Rechnungslegung IFRS, → Jahresabschluss nach deutschem Recht, → Jahresabschluss nach schweizerischem Recht, → Kapitalflussrechnung, → Markenbewertung, → Mergers & Acquisitions, → Private Equity, → Sanierungsmanagement, → Sonderbilanzen, → Venture Capital.

Literatur: Ballwieser, W.: Unternehmensbewertung, Stuttgart 2004; Drukarczyk, J.: Unternehmensbewertung, 4. Auflage, München 2003; Hommel, M./Braun, I.: Unternehmensbewertung case by case, Frankfurt 2005; IDW (Hrsg.): IDW Standard ES 1 n.F.: Grundsätze zur Durchführung von Unternehmensbewertungen (IDW S 1), WPg 2005, S. 28 – 46; Koller, T./Goedhart, M./Wessels, D.: Valuation – Measuring and Managing the Value of Companies, 4th ed., New York u.a. 2005; Mandl, G./Rabel, K.: Unternehmensbewertung, Wien 1997; Moxter, A.: Grundsätze ordnungsmäßiger Unternehmensbewertung, 2. Auflage, Wiesbaden 1983; Peemöller, V. (Hrsg.): Praxishandbuch der Unternehmensbewertung, 3. Auflage, Herne/Berlin 2005; Richter, F.: Kapitalmarktorientierte Unternehmensbewertung, Frankfurt a. M. u.a. 2002; Schultze, W.: Methoden der Unternehmensbewertung, 2. Auflage, Düsseldorf 2003.

Internetadresse: www.damodaran.com

Website des Autors: www.rtrinfo.at

Unternehmensentwicklung
siehe → Change Management, Kapitel 3 (mit Literaturangaben).

Unternehmensethik

Unternehmensethik

von Professor Dr. Bernd Noll
Hochschule Pforzheim

1. Charakterisierung und Abgrenzung der Unternehmensethik

Unternehmensethik ist Teilbereich der → Wirtschaftsethik, der sich mit moralischen Fragestellungen des wirtschaftlichen Handelns von Unternehmen auseinandersetzt. Das übergreifende Anliegen der Unternehmensethik dokumentiert sich in der Frage, wie Unternehmen moralische Normen und Werte unter den Bedingungen eines marktwirtschaftlichen Systems entwickeln und implementieren können. Allgemeines gesellschaftspolitisches Engagement ist hingegen nicht Gegenstand der Unternehmensethik; so mögen Spenden für karitative Zwecke Ausdruck ethischen Bemühens sein, dennoch ist hiermit kein spezifisches unternehmensethisches Anliegen benannt. Umgekehrt kann sich Befassung mit Unternehmensethik und Einführung eines → Ethik-Management nicht (allein) auf Einhaltung staatlichen Rechts beschränken, sondern wird weitergehende unternehmerische Selbstbindungen beinhalten (z.B. durch Inkraftsetzung strengerer Sicherheitsstandards oder schärferer Emissionsgrenzwerte in der Produktion), da gesetzliche Legalität und moralische Legitimität auseinander fallen können.

Dem Unternehmen kommt als ganzheitlicher, zielorientiert agierender Organisation ein „moralischer Status" zu. Dagegen ließe sich einwenden, Unternehmen seien lediglich ein Vertragsgeflecht von Individuen, so dass Verantwortlichkeit letztlich wieder auf (natürliche) Personen zurückfallen müsse. Das ist insofern richtig, als ein Unternehmen keine moralische Person mit eigenem Selbstbewusstsein und Willen sein kann. Unternehmen tragen im Unterschied zu natürlichen Personen weder Selbstzweck noch Personenwürde in sich. Dennoch ist es sinnvoll, Unternehmen als eigenständige → moralische Akteure zu begreifen, sie stellen mehr als die Summe individuell zurechenbarer Handlungsvollzüge dar. Das zeigt sich auch ganz lebenspraktisch, wenn Aktivitäten nicht den einzelnen Mitarbeitern, sondern den Unternehmen selbst zugerechnet werden. Unternehmensethik steht daher als Metapher dafür, dass (moralische) Verantwortlichkeit gemeinsam zu tragen ist; man könnte deshalb auch von kollektiver oder Gruppenverantwortlichkeit sprechen.

2. Unternehmensethik – Notwendigkeit, Möglichkeiten und Grenzen

Moralische Anforderungen sollen zuallererst in der staatlichen Rahmenordnung (→ Ordnungsethik) verankert sein, um im Wettbewerb stehende Unternehmen möglichst weitgehend vor unauflöslichen moralischen Dilemmasituationen zu bewahren (Gefangenendilemma, → Wirtschaftsethik). Dann stellt sich die Frage, warum Unternehmen überhaupt moralische Verantwortung zugewiesen werden soll. So ist der einflussreiche amerikanische Nationalökonom und Nobelpreisträger *Milton Friedman* der Auffassung, in einer Marktwirtschaft gebe es nur eine legitime Forderung an ein Unternehmen, und die heißt *Gewinnmaximierung*. Aus dieser Perspektive wäre Unternehmensethik überflüssig. Diese Position greift indes zu kurz. Unbestritten ist, dass das Gewinnstreben der Unternehmen durch die marktwirtschaftliche Rahmenordnung (→ Ordnungsethik) in gemeinwohlverträgliche Bahnen gelenkt werden muss (z.B. Kartellverbot). Allerdings ist nicht davon auszugehen, dass die berechtigten moralischen Ansprüche aller Anspruchsgruppen in einer Gesellschaft auf der Ordnungsebene zureichend erfasst und zum Ausgleich gebracht werden, denn nur dann würden gesetzliche Legalität und moralische Legitimität stets zusammenfallen, für eine eigenständige Unternehmensethik wäre kein Bedarf. Die politisch gesetzte Rahmenordnung ist jedoch aus verschiedenen Gründen unvollkommen und defizitär. So formulieren Gesetze nur „äußere" Grenzen und belassen Handlungsspielräume für moralisch bedenkliches Verhalten (z.B. fragwürdige Werbestrategien), werden moralische Problemlagen erst allmählich wahrgenommen, so dass auch der Gesetzgeber nur verzögert reagieren kann (z.B. Begrenzung von Feinstaubemissionen) und kommen Politiker aufgrund ihrer Interessenlagen der Aufgabe nur unzureichend nach, eine effiziente und gerechte Rahmenordnung zu schaffen (z.B. fragwürdige Subventionspolitik aufgrund von Interventionen gewichtiger Interessengruppen). V. a. aber fehlt eine hinreichende supranationale Rahmenordnung (z.B. weltweites Verbot von Kinderarbeit, hinreichende Arbeitsschutzbestimmungen), auf die sich multinational agierende Unternehmen berufen könnten.

Hieraus ergibt sich ein erster systematischer Ansatzpunkt für Unternehmensethik. In allen Fällen einer unvollständigen und defizitären Rahmenordnung besteht ein Verantwortungsvakuum, das von den Unternehmen aus Selbstinteresse zu füllen ist. Unternehmen müssen sich in solchen Situationen um eine eigenständige moralische Rechtfertigung ihrer unternehmerischen Aktivitäten bemühen. Anderenfalls sind sie gegen ein Debakel, wie es *Shell* bei der beabsichtigten Versenkung der Brent Spar erlebte, nicht gefeit, auch wenn das Recht auf der Seite des Unternehmens stand. Das ist die *defensive, reaktive Begründung* für Unternehmensethik.

Daneben gibt es eine *positive, proaktive Antwort*. Für die Unternehmen bestehen - wenn auch durch den Wettbewerb in unterschiedlicher Weise begrenzte - Spielräume bzw. Ressourcen für moralisches Handeln. Zudem verfügen Unternehmen aufgrund ihrer Sachkenntnisse über besondere Kompetenzen, die sich auch für den kreativen Einsatz moralischer Anliegen (moralische → Innovationen) nutzen lassen. Die Beachtung moralischer Anliegen kann zwar kurzfristig vermehrt Kosten verursachen, sich aber langfristig als ökonomisch erfolgreiche Strategie herausstellen. Setzung, Einhaltung und konsequente Verfolgung moralischer Standards schafft Vertrauen, reduziert Transaktionskosten bei Vertragsabschlüssen und erleichtert und verbessert die Kommunikation mit den Stakeholdergruppen. Unternehmensethik ist aus dieser Perspektive eine Investition in den künftigen unternehmerischen Erfolg, in eine nachhaltig erfolgreiche Geschäftspolitik; Moral ist eine produktive Ressource.

Besteht Einigkeit darüber, dass unternehmensethische Fragestellungen bei fortschreitender → Globalisierung an Bedeutung gewinnen, so umstritten ist das Zuordnungsverhältnis von ökonomischer Ratio und ethischer Vernunftidee und die Antwort auf die daraus folgende Fragestellung, ob und inwieweit das Gewinnmaximierungsziel durch moralische Ansprüche begrenzt werden soll. Das wird auch an der heftig geführten Debatte um → Shareholder Value oder → Stakeholder Value deutlich. Folgendes bleibt aus dieser Debatte festzuhalten: In einem marktwirtschaftlichen System ist die Maximierung der Gewinne bei unternehmerischen Entscheidungen *legitime* Zielsetzung; sie ist gleichsam „Überlebensaufforderung" für im Wettbewerb stehende Unternehmen, und zwar unabhängig von ihren Eigentumsverhältnissen. Die Interessen der → Stakeholder werden grundsätzlich durch den Wettbewerb an den Güter-, Arbeits- und Kapitalmärkten geschützt und gewinnen damit faktisch Einfluss auf unternehmenspolitische Entscheidungen. Für das Gewinnprinzip spricht damit eine ethische „Richtigkeitsvermutung".

Daher kann das Ziel der Gewinnmaximierung nicht grundsätzlich durch eine multidimensionale Zielfunktion ersetzt werden, um die moralischen Anliegen aller relevanten Stakeholdergruppen (→ Stakeholderansatz) jeweils in einen unternehmenspolitischen Dialog (→ Diskursethik) einzubinden, um auf diesem Wege betriebswirtschaftliche Rationalität und Moral miteinander zu versöhnen. Dann wären ständig Grundsatzdiskussionen aller Betroffenen notwendig. Es entstünde ein „moralischer Dauerbegründungsstress" und die entlastende Funktion allgemeiner Regeln, in der moralische Konflikte gelöst werden können, würde nicht genutzt. Insbesondere würde auf die Arbeitsteilung zwischen den verschiedenen Ebenen der → Wirtschaftsethik verzichtet. Gesellschaftspolitische Anliegen sind sinnvoll auf der Ordnungsebene angesiedelt; dies folgt aus der Einsicht in den Primat der politischen Ethik vor der Logik des Marktes. Man verwischt die Verantwortlichkeitsebenen, wenn man den Unternehmen genuin öffentliche bzw. gesellschaftspolitische Aufgaben (z.B. für mehr Beschäftigung zu sorgen, religiöse Meinungen zu verbreiten, etc.) zuweisen wollte, die keinen engen unternehmerischen Bezug haben und an denen sie systematisch scheitern müssten. Würde man dies dennoch tun, wären sie gleichsam gesellschaftliche Institutionen mit öffentlicher Verantwortung, denen dann im Zweifel auch eine öffentliche Bestandsgarantie beim Scheitern gewährt werden müsste. Dies wäre aber der Weg in eine andere wirtschaftliche Ordnung.

3. Aufgabenfelder und Konfliktformen

Unternehmensethik ist auf allen Ebenen unternehmerischer Entscheidungsprozesse relevant. Dabei verlangt die ethische Sensibilisierung des Unternehmens, dass die Orientierung der Managementfunktionen an Effektivität und Effizienz jeweils unter ethischen Gesichtspunkten kritisch beleuchtet wird.

- Ethische Aspekte spielen demgemäss bereits bei Wahl des Produktprogramms wie bei Selektion der zu bedienenden Märkte eine Rolle, um die dauerhafte Akzeptanz des Unternehmens zu sichern. So ist zu entscheiden, ob auf die Produktion von Suchtmitteln zu verzichten ist. Oder es stellt sich die Frage, ob ein Produkt weiterhin hergestellt und vertrieben werden soll, auch wenn Sicherheitsmängel oder Gesundheitsgefahren festgestellt wurden; klärungsbedürftig ist schließlich, ob die Produkte auch in Ländern vertrieben werden sollen, in denen es zu Verletzungen der Menschenrechte kommt. Unternehmensethische Fragestellungen sind somit auf der Ebene der strategischen Entscheidungen und Zielsetzungen des Unternehmens einzubinden.

- Ethischer Reflexion bedürfen weiterhin alle unternehmerischen Entscheidungen, die darauf aufbauend bei der Wahl über den Einsatz geeigneter Instrumente bzw. Mittel zu treffen sind. Unternehmen stehen zur Zielerreichung in der Regel mehrere Mittel oder Wege zur Verfügung, die zumeist unterschiedliche – auch moralisch zu beurteilende Nebenwirkungen – aufweisen. Dies zeigt sich bei Wahl der Produktionsprozesse (psychische oder physische Belastungen durch Monotonie) wie beim Einsatz von Anlagen, die zur Gefährdung von Arbeitnehmern oder Anliegern führen können (Störfälle in der Chemieindustrie).

- Schließlich sind bei allen Entscheidungen der Unternehmensführung, die organisatorische Strukturen oder Personalangelegenheiten betreffen, ethische Fragen stets mit zu bedenken (→ Ethik-Management).
  In der unternehmerischen Praxis werden ethische Problemlagen in konkreten Entscheidungskonflikten praktisch, weil verschiedene Zielsetzungen und / oder Handlungsalternativen zumeist implizit oder explizit auf voneinander abweichenden Werten und Normen aufbauen. Die ethische Sensibilisierung eines Unternehmens muss somit vom Bewusstsein relevanter Entscheidungskonflikte mit und zwischen verschiedenen Stakeholdergruppen ausgehen. Zur Unterscheidung verschiedener Konfliktformen dient die Frage, inwieweit derartige Konflikte bei einer oder zwischen verschiedenen Personen und Institutionen auftreten:

- *Intrapersonelle Konflikte* sind Konflikte, die ein einzelner Mitarbeiter mit sich selbst austrägt; sie resultieren aus divergenten Erwartungen oder Interessenlagen, denen er sich ausgesetzt sieht (z.B. Beteiligung an illegalen Praktiken wie Schmiergeldzahlungen oder Preisabsprachen); sie stören das psychische Gleichgewicht und können zu Unzufriedenheit, Leistungsabfall bis zu öffentlichem Widerspruch (→ Whistle blowing) und Kündigung führen. Intrapersonelle Konflikte sind selten ausschließlich ein individualethisches Problem (→ Individualethik), sondern auch Konsequenz problematischer Organisationsstrukturen und / oder „starker" Unternehmenskulturen mit problematischen Werthaltungen.

- Innerorganisatorische Konflikte bzw. *intra-firm-Konflikte* bilden einen Schwerpunkt der Unternehmensethik; es geht um die Zusammenarbeit interner Stakeholdergruppen. Hier sind insbesondere all die aus dem → Personalmanagement bekannten Konflikte anzusiedeln (Diskriminierung von Minderheiten, sexuelle Belästigung, Mobbing); das Konfliktspektrum reicht aber weit darüber hinaus, wie z.B. die verschiedenen Formen unvollständiger oder verzerrter Informationsweitergabe zwischen verschiedenen Hierarchieebenen oder Abteilungen innerhalb eines Unternehmens dokumentieren.

- *Inter-firm-Konflikte* entstehen aus Beziehungen zwischen einem Unternehmen und seinen Marktpartnern (Fremdkapitalgeber, Zulieferer, Kunden). Asymmetrische Informationsbeziehungen zwischen den Beteiligten, auf die Vertragsbeziehung zugeschnittene spezifische Investitionen wie ein aus der jeweiligen Marktstellung resultierendes Machtgefälle machen diese Transaktionen anfällig für opportunistisches, ausbeuterisches Verhalten. Auch typische Principal-Agency-Probleme wie → Korruption gehören in diesen Kontext.

- Konflikte zwischen einem Unternehmen und der Gesellschaft bzw. gesellschaftlichen Gruppen wie z.B. Non Government Organizations (NGOs) werden als *extra-firm-Konflikte* bezeichnet. Ihre Relevanz ist spätestens mit der heftigen öffentlichen Diskussion zwischen *Shell* und *Greenpeace* anlässlich der Versenkung der Ölplattform Brent Spar offensichtlich geworden. Mögliche ethische Konfliktfelder stellen moralisch sensible Produkte (Alkohol, Zigaretten, etc.), Produktionsmethoden (Tierversuche in der Kosmetikindustrie), Transaktionen (Import von mit Kinderarbeit gefertigten Textilien) und Standortentscheidungen (Verlagerung umweltverschmutzender Produktion in Länder mit niedrigen Umweltstandards) dar.

4. Umsetzung in die Unternehmenspraxis: Ethik-Management

Unternehmensethik ist kein exklusives Thema der Geschäftsführung oder der obersten Führungsebenen. Ihnen kommt zwar – nicht zuletzt auf Grund ihrer größeren Entscheidungskompetenzen und ihrer Vorbildfunktion (→ Führungsethik) – eine besondere Bedeutung zu. Nur dann wird ein Unternehmen in einer komplexen und turbulenten Umwelt moralisch verantwortlich agieren, wenn Mitarbeiter aller Hierarchieebenen moralische Verantwortung wahrnehmen.

Das wirft die Frage nach der angemessenen Implementierung auf. Es reicht nicht aus, dass das Top-Management Unternehmenswerte entwickelt und anschließend per Erlass verkündet. Es bedarf eines → Ethik-Management, dass zielgerichtet, systematisch und aufeinander abgestimmt verbindliche moralische Handlungsmaßstäbe in alle unternehmerischen Entscheidungsprozesse einbringt. Dazu ist ein gewisses Maß an Institutionalisierung notwendig. Welche organisatorischen Strukturen (z.B. → Ethikbeauftragte, → Ethikkommissionen) und welche Prozesse (z.B. Ethik-Trainings) im Unternehmen sinnvollerweise zu verankern sind, ist nicht allgemeingültig zu beantworten, sondern von den jeweils spezifischen Randbedingungen abhängig, denen sich ein Unternehmen/Unternehmer ausgesetzt sieht. Insbesondere viele große U.S.-amerikanische Unternehmen (z.B. Boeing) haben inzwischen recht weit entwickelte Ethik-Programme etabliert, die als Anregungen für die Institutionalisierung in hiesigen Unternehmen hilfreich sein können.

Hinweis

Zu den angrenzenden Wissensgebieten siehe → Arbeitsrecht, → Corporate Citizenship, → Corporate Governance, → Lohn- und Gehaltsmodelle, → Personalauswahl, → Personalmanagement, Grundlagen, → Personalmanagement, Internationales, → Managing Motivation, → Management by Objectives, → Umweltmanagement, → Unternehmensführung.

Literatur: Brown, M. T., The Ethical Process. An Approach to Controversial Issues, 2nd ed., New Jersey 1999; Homann, K. / Blome-Drees, F., Wirtschafts- und Unternehmensethik, Göttingen 1992; Hemel, Ulrich, Wert und Werte, Ethik für Manager – ein Leitfaden für die Praxis, München, Wien 2005; Korff, W. et al. (Hrsg.), Handbuch der Wirtschaftsethik. Ethik wirtschaftlichen Handelns, 4 Bände, Gütersloh 1999; Kreikebaum, H., / Behnam, M./ Gilbert, D. U., Management ethischer Konflikte in international tätigen Unternehmen, Wiesbaden 2001; Noll, B., Wirtschafts- und Unternehmensethik in der Marktwirtschaft, Stuttgart 2002; Steinmann, H./ Löhr, A., Grundlagen der Unternehmensethik, 2. Auflage, Stuttgart 1994; Ulrich, P., Integrative Wirtschaftsethik. Grundlagen einer lebensdienlichen Ökonomie, 3. Auflage, Bern / Stuttgart /Wien 2001; Velasquez, M. G., Business Ethics. Concepts and Cases, 4th edition, Upper Saddle River, New Jersey 1998; Wieland, J., Formen der Institutionalisierung von Moral in amerikanischen Unternehmen. Die amerikanische Business-Ethics-Bewegung: Why and how they do it. Bern u.a. 1993.

Internetadressen: (Boeing) http://www.boeing.com/ ethics; (Caux Round Table) http://www.cauxroundtable.org; (Corporate Social Responsibility Europe) http://www.csreurope.org; (Deutsches Netzwerk Wirtschaftsethik Eben Deutschland e.V.; European Business Ethics Network, EBEN) http://www.dnwe.de; http://www.eben.org; (Ethics Officers Association) http://www.eoa.org; (Institute of global ethics / International Business Ethics Institution) http://www.business-ethics.org; (Transparency International) http://www.transparency.org/documents.

Website und Internetadresse des Autors: https://catalog.hs-pforzheim.de/profil/; bernd.noll@fh-pforzheim.de

Unternehmensforschung
manchmal in der deutschsprachigen Literatur synonym verwendeter Begriff für *Operations Research*. Siehe → Operations Research (mit Literaturangaben. Siehe auch → Innovations- und Technologiemanagement (mit Literaturangaben).

Unternehmensfortführung
siehe → Going-concern-Prinzip.

Unternehmensführung, Grundlagen

Grundlagen der Unternehmensführung

von Univ.-Prof. Dr. Michael-Jörg Oesterle
Lehrstuhl für Allgemeine Betriebswirtschaftslehre, insbesondere Internationales Management
Fachbereich Wirtschaftswissenschaft an der Universität Bremen

1. Dimensionen der Unternehmensführung

Unternehmensführung oder *Management* kann allgemein als die Gesamtheit jener grundsätzlichen Entscheidungen und Aktivitäten interpretiert werden, welche auf die Bestimmung, vor allem aber auf die Realisierung der von Unternehmen zu verfolgenden Oberziele gerichtet sind. Bereits mit dieser noch eher unspezifischen Definition dürften die zwei wesentlichen Dimensionen des Begriffs „Unternehmensführung" deutlich werden. Es handelt sich hierbei zunächst um einen institutionell orientierten Zugang, in dessen Mittelpunkt der mit Führungsentscheidungen und -aktivitäten befasste Kreis an Akteuren und deren hierarchische (→ Hierarchie) Ansiedlung bzw. Einbettung steht. Die definitorische Betonung von Führungsmaßnahmen grundsätzlicher Art verdeutlicht, dass diese Akteure die oberste Ebene von Unternehmen bilden. Unternehmensführung ist insofern Aufgabe des → Top-Managements. Das andere, instrumentale oder funktional-prozessuale Begriffsverständnis fokussiert demgegenüber auf die Prozesse, Methoden und Techniken der Unternehmensführung, wobei mit hieraus abgeleiteten Aufgaben im Sinne der Transmissionsfunktion von Hierarchie durchaus auch Akteure unterhalb des Top-Managements betraut werden können. In einem weiteren, den obigen Ausführungen implizit zugrunde liegenden Sinne lässt sich Unternehmensführung schließlich noch als Teildisziplin der Betriebswirtschaftslehre interpretieren. Deren Interesse ist hierbei insbesondere auf die systematische Beschreibung und Erklärung der institutionellen sowie instrumentalen Aspekte realer Unternehmensführung gerichtet. Hinzu kommt in Umsetzung eines Verständnisses als angewandte Wissenschaft auch das Bemühen um Erarbeitung von Gestaltungsempfehlungen. Die Betriebswirtschaftslehre des deutschsprachigen Raums hat sich allerdings erst nach dem Zweiten Weltkrieg in breiterem Umfang mit originären Fragen der Unternehmensführung auseinandergesetzt. Insofern ist es nachvollziehbar, dass sich das derzeitig verfügbare, im Folgenden kursorisch wiedergegebene Wissen (noch) stark aus Arbeiten US-amerikanischer Provenienz speist; in den USA wurde bereits ab ca. 1880 Management als universitäre Disziplin betrieben.

2. Unternehmensführung als Institution

Im modelltheoretischen Idealfall des „Ein-Mann-Unternehmens", demnach der extremen Form einer Identität von Eigentum und Verfügungsgewalt, könnte sich die institutionelle Dimension der Unternehmensführung stark auf personorientierte Fragen konzentrieren. In der Praxis bestünden dann entsprechende Herausforderungen nahezu ausschließlich darin, Nachfolgeprobleme zu klären. Im Sinne eines Forschungsinteresses wird „Personorientierung" jedoch weiter und unabhängig von Eigentumsverhältnissen sowie der zahlenmäßigen Besetzung der Geschäftsführung interpretiert. So geht es hierbei im Wesentlichen um Forschungsansätze, welche sich unter Rückgriff auf soziologische und/oder psychologische Theorien bzw. Methoden mit Geschlecht, Herkunft, Sozialisierung, Rekrutierung, Werten, Einstellungen, Normen und Fähigkeitsprofilen von Unternehmern auseinandersetzen und letztendlich auf die Entdeckung erfolgsrelevanter Zusammenhänge zielen. Erhöhtes betriebswirtschaftliches Interesse kommt dieser Ausrichtung vor allem in der so genannten Entrepreneurship-Forschung zu.

Angesichts der realwirtschaftlichen Bedeutung nicht-eigentümer- bzw. von mehreren Akteuren geführter Unternehmen stehen jedoch in Theorie und Praxis nicht personorientierte, sondern eher strukturelle Aspekte der institutionell definierten Unternehmensführung im Vordergrund. Zu deren Kerninhalten zählt unter der im deutschsprachigen Raum üblichen Bezeichnung „ → Unternehmensverfassung", seltener auch „Unternehmensordnung" zunächst die Auseinandersetzung mit freiwilligen und/oder gesetzlichen Regelungen in Bezug auf den Kreis derer, welche indirekt oder gar direkt an der Bestimmung und Ausrichtung des Unternehmenshandelns teilhaben bzw. teilhaben sollen. Vor dem Hintergrund faktisch interessenpluralistisch angelegter Unternehmen ist im Zusammenhang mit der Unternehmensordnung insbesondere zu klären, inwieweit Arbeitnehmer oder weitere Interessengruppen neben Eigentümern und Top-Managern die Zielsetzungen in Unternehmen sowie entsprechende Realisierungsmaßnahmen beeinflussen können (→ Mitbestimmung), und welche Rechte bzw. Einflussgrundlagen sowie Pflichten hierbei zu beachten sind. Vor allem bezogen auf große Kapitalgesellschaften reichen entsprechende Modelle der Unternehmensverfassung von einem eher interessenmonistischen, die faktische Interessenpluralität vernachlässigendem Ansatz anglo-amerikanischer Herkunft (Stockholder-/ → Shareholder-Ansatz) bis hin zu einem diese Pluralität der Interessen eher berücksichtigenden Modell (→ Stakeholder-Ansatz) deutscher Prägung.

Des Weiteren gilt es innerhalb der Thematik „Unternehmensverfassung" die Führungsorganisation so zu gestalten, dass die Unternehmensziele bestmöglich erreicht werden können. Mit Führungsorganisation oder -verfassung ist damit jener – mittlerweile häufig als → Corporate Governance bezeichnete – Teilbereich der Unternehmensverfassung angesprochen, der insbesondere die strukturelle Ausdifferenzierung von Leitungsorganen, deren interne Funktionsweise sowie deren Arbeitsbeziehungen zueinander regelt. Für Aktiengesellschaften lassen sich hierfür weltweit vor allem zwei Modelle nachweisen: das aus dem anglo-amerikanischen Rechtskreis stammende → Board-Modell (→ Vereinigungsmodell) sowie das aus dem deutschen Rechtskreis stammende → Vorstand-Aufsichtsrat-Modell (→ Trennungsmodell).

Eng mit der für Aktiengesellschaften typischen Trennung von Eigentum und Verfügungsgewalt ist schließlich noch ein weiterer Schwerpunkt der institutionell interpretierten Unternehmensführung verbunden. Ausgehend von der Interessendifferenz zwischen Aktionären und angestellten Managern sowie einer nur partiell möglichen, da nicht laufenden Kontrolle durch entsprechende Kontrollorgane bzw. -einheiten gilt es, Vorkehrungen zu treffen, wie Manager zu einer Orientierung an grundlegenden Aktionärsinteressen angehalten werden können. Aufbauend auf Erkenntnissen der → Prinzipal-Agenten-Theorie haben sich hierfür in der Unternehmenspraxis seit geraumer Zeit verstärkt Aktienoptionsprogramme für Top-Manager verbreitet.

3. Unternehmensführung als Funktion

Eine funktional interpretierte Unternehmensführung besteht im Kern aus den auf grundsätzliche Aspekte ausgerichteten Aktivitäten Planung, Realisation und Kontrolle. Die explizite Einnahme einer prozessorientierten Perspektive betont zusätzlich den Kreislaufcharakter i. S. eines stetigen Durchlaufens der entsprechenden Phasen. Unternehmensführung hat dabei sowohl als Gesamtfunktion wie auch in Form der einzelnen Prozesselemente die Gewinnerzielungsfähigkeit als entscheidenden Beitrag zur Existenzsicherung des Unternehmens zugrunde zu legen. Frühe wissenschaftliche, auf Beschreibung ausgerichtete Durchdringungen diesbezüglich bedeutsamer Detailfunktionen stammen von Henri Fayol, der bereits 1916 seine → Administrationslehre veröffentlichte sowie von Luther Halsey Gulick, der in den 1930er Jahren das so genannte → POSDCORB-Modell vorlegte. Beide Ansätze stellen wesentliche Vorläufer der klassischen, von Harold Koontz und Cyril O'Donnell während der 1950er Jahre erarbeiteten Gliederung der Management-Teilfunktionen in „planning", „organizing", „staffing", „directing/leading" sowie „controlling" dar. Als „the essence of managership" hat jedoch nach Koontz und O'Donnell „coordinating" zu gelten, da Koordination in arbeitsteiligen Mehrpersonen-Institutionen zunächst eine zentrale eigenständige Aufgabe darstellt. Zudem beinhalten alle einfachen Teilfunktionen der Unternehmensführung auch koordinative Elemente. Charakteristisch für diese Anfangsphasen der theoretischen Auseinandersetzung mit Unternehmensführung, aber auch ihres praktischen Vollzugs ist die Betonung einer eher unternehmensinternen Perspektive im Sinne einer möglichst optimalen Gestaltung der Betriebsprozessse und deren Abstimmung aufeinander. Bezogen auf einen einzelnen Unternehmensbereich, nämlich die Produktion, hat innerhalb der Bemühungen um eine konsistente Durchgestaltung der Binnendimension das → Scientific Management von Frederick Winslow Taylor zu Beginn des 20. Jahrhunderts besondere, da in erheblichem Maße praxisbeeinflussende Bedeutung erlangt. Mit der ab den 1960er Jahren in Theorie und Praxis verstärkt erfolgten Hinwendung zum → Strategischen Management erhält insbesondere das koordinative, nunmehr stark auch auf die Unternehmens-Umwelt-Beziehungen ausgerichtete Element der Unternehmensführung ein systematisch und methodisch reich angelegtes Fundament. Strategisches Denken soll vor allem angesichts intensivierten Wettbewerbs und stärkerer Schwankungen des Nachfragerverhaltens über systematische Planungen sowie auf Umweltbeeinflussung zielende Gestaltungsmaßnahmen zur Komplexitätsreduktion des wirtschaftlichen Handelns beitragen. Zusätzlichen Bedeutungszuwachs erfährt Koordination als zentrale Führungsaufgabe darüber hinaus im Zuge der zunehmenden Internationalisierung von Unternehmen. So gilt es bei heterogenisierten Handlungsfeldern, bspw. internationalen Absatzmärkten oder Produktion im Ausland, sich dennoch über Abstimmungsmaßnahmen tendenziell dem Ideal einer effizienzförderlichen Handlungseinheit zu nähern sowie Größeneffekte zu nutzen. Darüber hinaus bedarf es der Koordination, um genuine Vorteile des internationalen Geschäfts, etwa in Form der Nutzung von → Arbitragepotenzialen oder der Durchführung von → Leveragestrategien wahrnehmen zu können.

Kerninhalt der strategisch ausgerichteten Unternehmensführung bzw. des → Internationalen Managements ist jeweils die Überführung von Unternehmenszielen in umsetzbare Strategien. Über die Schritte „Analyse der gegenwärtigen und zukünftigen internen sowie externen Bedingungen", „Bestimmung der strategischen Stoßrichtung" und schließlich „Formulierung konkreter (i.d.R. produkt-, markt- oder ressourcenbezogener) Strategien" sowie den Einsatz jeweils zugehöriger Instrumente soll zur Sicherung der langfristigen Erfolgspotenziale des Unternehmens beigetragen werden. Bei idealtypischer Betrachtung können damit auch konkrete Einzelmaßnahmen taktischer und operativer Art konsistent aus der formulierten Strategie abgeleitet werden. Von besonderer Bedeutung für die Wirksamkeit erarbeiteter Strategien ist dabei im Bereich unterstützender bzw. ergänzender „Sphären" des Unternehmens die Etablierung einer stimmigen Organisationsstruktur sowie das Vorhandensein einer für die Strategie zumindest nicht dysfunktionalen Unternehmenskultur. Die diesbezügliche Forderung nach Passgenauigkeit der strategisch bedeutsamen Variablen auch in ihrem Verhältnis zueinander entspricht insofern dem sogenannten → Fit-Denken, welches im Bereich der betriebswirtschaftlichen Forschung vor allem unter der Bezeichnung → „Konfigurationsansatz" modelliert wird. Als prominente Beispiele für zumindest implizit dem Fit-Denken verpflichtete Gestaltungsversuche zur Realisierung guter, d.h. erfolgreicher Unternehmensführung und -entwicklung kann zum einen auf das während der 1970er Jahre entwickelte *St. Galler Management-Modell*, zum anderen auf das *7-S-Management* von Richard T. Pascale und Anthony G. Athos verwiesen werden, welches zu Beginn der 1980er Jahre vorgelegt wurde. Unabhängig von konkreten betriebswirtschaftlichen Gestaltungsansätzen muss aber in der Realität aufgrund unternehmensinterner und -externer Störgrößen sowie einer generell begrenzten Rationalität der Akteure von einer allenfalls begrenzten Machbarkeit der strategisch beabsichtigten, d.h. geplanten Unternehmensentwicklung ausgegangen werden.

Hinweis

Zu den angrenzenden Wissensgebieten siehe → Aktiengesellschaft, → Arbeitsrecht, → Balanced Scorecard, → Business Intelligence, → Change Management, → Corporate Citizenship, → Corporate Governance, → Interkulturelles Management, → Konzern(abschluss), → Lohn- und Gehaltsmodelle, → Management by Objectives, → Management Informationssysteme, → Managing Motivation, → Organisation, Grundlagen (sowie → Ablauforganisation und → Aufbauorganisation), → Personalauswahl, Grundlagen, → Personalauswahl, Instrumente, → Personalentwicklung, → Personalführung, → Personalmanagement, Grundlagen, → Personalmanagement, Internationales, → Prozessmanagement, → Strategisches Management, → Unternehmensethik, → Unternehmensplanung, → Wissensmanagement.

Literatur: Burr, W. et al: Unternehmensführung: Strategien der Gestaltung und des Wachstums von Unternehmen, München 2005; Fayol, H.: Administration industrielle et générale. Bulletin de la societé de l'industrie minérale, Paris 1916 (Deutsche Übersetzung: Allgemeine und industrielle Verwaltung,

München, Berlin 1929); Gulick, L. H.: Notes on the Theory of Organization, in: Papers on the Science of Administration, hrsg. von L. H. Gulick und L. F. Urwick, New York 1937, S. 1 – 47; Hungenberg, H., Meffert, J. (Hrsg.), Handbuch Strategisches Management, 2. Aufl., Wiesbaden 2005; Koontz, H., O'Donnell, C.: Principles of Management, New York 1955; Macharzina, K., Wolf, J.: Unternehmensführung. Das internationale Managementwissen. Konzepte, Methoden, Praxis, 5. Aufl., Wiesbaden 2005; Pascale, Richard. T., Athos, Anthony G.: The Art of Japanese Management, New York 1981; Taylor, F. W.: The Principles of Scientific Management, New York 1911 (Deutsche Übersetzung: Die Grundsätze wissenschaftlicher Betriebsführung, München, Berlin 1913); Schreyögg, G.: Unternehmensführung (Management), in: Handwörterbuch Unternehmensführung und Organisation, hrsg. von G. Schreyögg und A. v. Werder, 4. Aufl., Stuttgart 2004, Sp. 1520 – 1531; Steinmann, H., Schreyögg, G.: Management. Grundlagen der Unternehmensführung. Konzepte, Funktionen, Fallstudien, 6. Aufl., Wiesbaden 2005.

Internetadressen: http://www.corporate-governance-code.de/   http://www.ifb.unisg.ch/org/IfB/ifbweb.nsf/wwwPubInhalteGer/St.Galler+Management-Modell?opendocument   http://www.refaly.de/ http://www. rkw.de/

Website des Autors: http://www.wiwi.uni-bremen.de/intman/

Unternehmensführung, nachhaltige
siehe → nachhaltige Unternehmensführung.

Unternehmensfusion
→ Merger; siehe auch → Mergers & Acquisitions (mit Literaturangaben).

Unternehmensgründung
siehe → Existenzgründung (mit Literaturangaben); siehe auch → Gründungsbilanzen, → Bargründung, → Eröffnungsbilanz, → Eröffnungsinventur, → Mischgründung, → Sachgründung, → Businessplan sowie → Sonderbilanzen (mit Literaturangaben).

Unternehmensidentität
siehe → Corporate Identity.

Unternehmenskauf
siehe → Unternehmensübernahme.

Unternehmenskrise
Für die Vielfalt der in der Realität vorkommenden Krisenarten wurden in der Literatur unterschiedliche Typologien zur Klassifizierung von Krisen entwickelt. Aus prozessorientierter Sicht kann die Krise als Ergebnis eines Prozesses betrachtet werden, bei dem die Krise immer stärker zu Tage tritt und sich der Handlungsdruck erhöht. In diesem Sinne werden potentielle, latente und akute Unternehmenskrisen unterschieden. Auf das Zielsystem des Unternehmens bezogen differenziert eine andere Klassifizierung anhand des bedrohten Unternehmensziels in eine Strategiekrise, Erfolgskrise und Liquiditätskrise. Dabei verursacht die Strategiekrise in der Regel eine Erfolgkrise, die schließlich in eine Liquiditätskrise mündet.
Siehe auch → Krisensymptome und → Krisenursachen sowie → Sanierungsmanagement und die dort angegebene Literatur.
   Literatur: Krystek, U.: Unternehmungskrisen: Beschreibung, Vermeidung und Bewältigung überlebenskritischer Prozesse in Unternehmungen, Wiesbaden 1987; Müller, R.: Krisenmanagement in der Unternehmung: Vorgehen, Maßnahmen und Organisation, 2. Auflage, Frankfurt et al. 1986; Stiegler, H.: Überblick zu Krisenmanagement, in: Feldbauer-Durstmüller, B./Stiegler, H.: Krisenmanagement: Früherkennung – Sanierung – Insolvenzrecht, Linz, 1994, S. 8-23.

Unternehmenskultur

basiert auf geteilten, unbewussten, selbstverständlichen Anschauungen, Wahrnehmungen, Gedanken und Gefühlen sowie auf bekundeten Werten und wird in Artefakten, z.B. Strukturen und Prozessen des Unternehmens, sichtbar. Sie bezeichnet ein Muster von Grundprämissen, das die Unternehmensmitglieder im Umgang mit der externen und internen Umwelt erlernt haben; dieses Muster hat sich im Laufe der Zeit bewährt, gilt deshalb für die Mitarbeiter als bindend und hat damit eine koordinierende Wirkung.
Siehe auch → Interkulturelles Management (mit Literaturangaben).

Unternehmensleitsätze

(Ethik-Kodizes); siehe → Ethik-Kodex.

Unternehmensmitbestimmungsrecht

Beteiligung der Arbeitnehmer in den Organen größerer Kapitalgesellschaften durch Entsendung von Arbeitnehmervertretern in den Aufsichtsrat bzw. die Bestellung eines → Arbeitsdirektors.
Rechtsgrundlage für die Unternehmensmitbestimmung ist zunächst das Drittelbeteiligungsgesetz (DrittelbG) vom 18.05.2004, das Kapitalgesellschaften mit in der Regel mehr als 500 Arbeitnehmern erfasst und die Besetzung des Aufsichtsrates zu einem Drittel mit Arbeitnehmervertretern verlangt. Beschäftigt eine Kapitalgesellschaft demgegenüber mehr als 2000 Arbeitnehmer, unterfällt sie dem Mitbestimmungsgesetz (MitbestG) vom 04.05.1976, aus dem sich eine paritätische Besetzung des Aufsichtsrates mit einem Zweitstimmrecht des Aufsichtsratsvorsitzenden ergibt. Unternehmen des Bergbaus und der eisen- und stahlerzeugenden Industrie mit in der Regel mehr als 1000 Arbeitnehmern unterfallen schließlich dem Montanmitbestimmungsgesetz (Montan-Mitbestimmungsgesetz) vom 21.o5.1951, das zu einer gleichgewichtigen Besetzung des Aufsichtsrats mit Vertretern der Arbeitnehmer und der Anteilseigner unter dem Vorsitz eines neutralen Mitglieds führt und das über die Regelungen des Montan-Mitbestimmungsergänzungsgesetzes vom 07.08.1956 auch auf solche Unternehmen erstreckt wird, die als herrschende Unternehmen eines im Montanbereich angesiedelten Konzerns auftreten.
Nicht der Unternehmensmitbestimmung unterliegen in der Regel → Tendenzunternehmen und Einrichtungen der Kirchen.
Siehe auch → Betriebliche Mitbestimmung und → Arbeitsrecht (mit Literaturangaben).
Literatur: Hromadka, W; Maschmann, F.: Arbeitsrecht, Band 2 Kollektivarbeitsrecht und Arbeitsstreitigkeiten, 3. Auflage, Preis, U.: Arbeitsrecht Praxis-Lehrbuch zum Kollektivarbeitsrecht, Köln 2003.

Unternehmensnetzwerk

Das Konzept der (kooperativen) Unternehmensnetzwerke umfasst zwischen → Markt und → Hierarchie ein ganzes Spektrum institutioneller Arrangements zur → Koordination ökonomischer Aktivitäten von mehr als zwei Unternehmen, ohne die Endpunkte des Spektrums einzuschließen. Die im Netzwerk organisierten Unternehmen sind rechtlich selbständig, jedoch zumindest in Bezug auf den Kooperationsbereich wirtschaftlich nicht unabhängig, und es findet ein Austausch von Ressourcen zwischen den beteiligten Netzwerkpartnern statt. Die Beziehungen zwischen den Unternehmungen gehen über die rein marktliche Koordination hinaus, weil sie für eine gewisse Dauer angelegt sind und bestimmten Regeln folgen. Neben der Möglichkeit zur Kosteneinsparung bieten Unternehmensnetzwerke die Möglichkeit zur Nutzenmaximierung der Akteure, verursachen aber auch spezielle Netzwerkkosten.
Anwendungsbeispiel siehe → *Franchising* (mit Literaturangaben).
Literatur: Ahlert, D.; Evanschitzky, H. (2002): Dienstleistungsnetzwerke, Berlin und Heidelberg. Sydow, J. (1992): Strategische Netzwerke. Evolution und Organisation. Wiesbaden.

Unternehmensnetzwerke, globale

siehe → globale Unternehmensnetzwerke, siehe auch → Globalisierung (mit Literaturangaben).

Unternehmensordnung

siehe → Unternehmensverfassung; siehe auch → Unternehmensführung, Grundlagen (mit Literaturangaben).

Unternehmenspersönlichkeit
siehe → Corporate Identity.

Unternehmensplanung, Grundlagen

Grundlagen der Unternehmensplanung

von Univ.-Professor Dr. Friedrich Rosenkranz
Wirtschaftswissenschaftliches Zentrum der Universität Basel

1. Inhalte

Unter Unternehmensplanung versteht man die Aktivitäten, die mit der gedanklichen Vorwegnahme oder dem kreativen Entwurf und der Realisierung einer vom Management gewünschten Unternehmenszukunft zusammenhängen. Die Unternehmensplanung erfolgt über einen zielorientierten und unterstützenden → *Geschäftsprozess* (siehe auch → *Prozessmanagement*). Die Ziele betreffen u. a. das langfristige Überleben des Unternehmens, eine Steigerung des Unternehmenswertes durch die Realisierung von Erfolgspotenzialen, die Erzielung von Gewinnen und Rentabilitäten sowie die Absicherung des finanziellen Gleichgewichtes. Die Unternehmensplanung benötigt die Verwendung von → *kreativen Methoden* und von *Prognosemethoden*. Gewöhnlich werden heute die Aktivitäten des → *Risikomanagements* (siehe auch → Risikocontrolling) in die Unternehmensplanung integriert. Bei der Unternehmensplanung wirken verschiedene Personengruppen oder Stakeholder zusammen, die unterschiedliche Zielsetzungen haben. Der Planungsprozess definiert die Spielregeln, nach denen die Gruppen zusammenarbeiten und Lösungen oder Kompromisse bei der Gestaltung einer erwünschten Unternehmenszukunft suchen. Bezüglich der Organisationsstruktur des Unternehmens werden die Planungsaktivitäten entweder → *Top Down*, → *Bottom Up* oder als → *kombinierte Planung* nach dem Gegenstromprinzip ausgeführt. Letzteres ist heute die Regel. Die Aktivitäten der Unternehmensplanung werden entweder regelmässig oder nach Bedarf unregelmässig als → *Ad-Hoc-Planung* ausgeführt. Ersteres ist meist bei der Mittelfristplanung und bei der Kurzfristplanung der Fall. Sie erfolgen nach einem Planungskalender entweder auf Jahresbasis bis zu drei Jahren bzw. auf Quartals- oder Monatsbasis, meist bis zu einem Jahr. Die Ad-Hoc-Planung beinhaltet meist die strategischen Planungstätigkeiten, mehr und mehr aber auch Aktivitäten der mittelfristigen und kurzfristigen Planung.

Bezüglich Zielsetzungen, Planungsinhalten und -terminen, dem Planungshorizont sowie dem Aggregations- und Formalisierungsgrad unterscheidet die Unternehmensplanung das → *strategische Management* (2), die strategische Planung (3), die Mittelfristplanung (4) sowie die Kurzfristplanung (5). Diese Planungstypen sind miteinander verkettet und werden aufeinander abgestimmt (vgl. Abbildung 1). Zur Planung gehört das Controlling, das aber meist aus Gründen einer unabhängigen Überwachung und Steuerung institutionell von der Planung getrennt ist.

2. Strategisches Management

Das → *Strategische Management* beschäftigt sich mit der Ausarbeitung einer Unternehmens-vision, in der festgelegt wird, nach welchem Geschäftsmodell oder welcher Geschäftsidee das Unternehmen seinen Kunden über seine → *Geschäftsprozesse* ein Wertangebot an Produkten und Dienstleistungen macht. Dieses Wertangebot bezieht sich auf die wesentlichen Geschäftsfelder, Geschäftstätigkeiten und Kernkompetenzen des Unternehmens. Deren aussagefähige Definition und Abgrenzung bedeuten wegen der Unterschiede, aber auch der Kopplungen der Geschäftsfelder und Kernkompetenzen eine der wesentlichen praktischen Schwierigkeiten beim strategischen Management. Die Unternehmensvision definiert die qualitativen Ziele des Unternehmens (Überlebensziele, Marktziele, Rentabilitäts- und Effizienzziele) und sein Verhältnis zu den Lieferanten, Partnern, Abnehmern und den sonstigen → *Stakeholdern* des Unternehmens, wie z.B. Kapitaleigner und Mitarbeiter. Es definiert das Verhältnis zur soziopolitischen und ökologischen Umwelt sowie den Unternehmensstil. Die Planungsaktivitäten des strategischen Managements erfolgen weitgehend nach Bedarf und werden überwiegend verbal dokumentiert. Damit ergibt sich – gegenüber den anderen Planungstypen – ein geringer Formalisierungsgrad. Im Rahmen des strategischen Managements wird auch die Unternehmensstruktur und -organisation festgelegt, mit der die Unternehmensziele erreicht werden sollen. Das strategische Management bildet den Rahmen für die übrigen Planungstätigkeiten, insbesondere die der strategischen Planung.

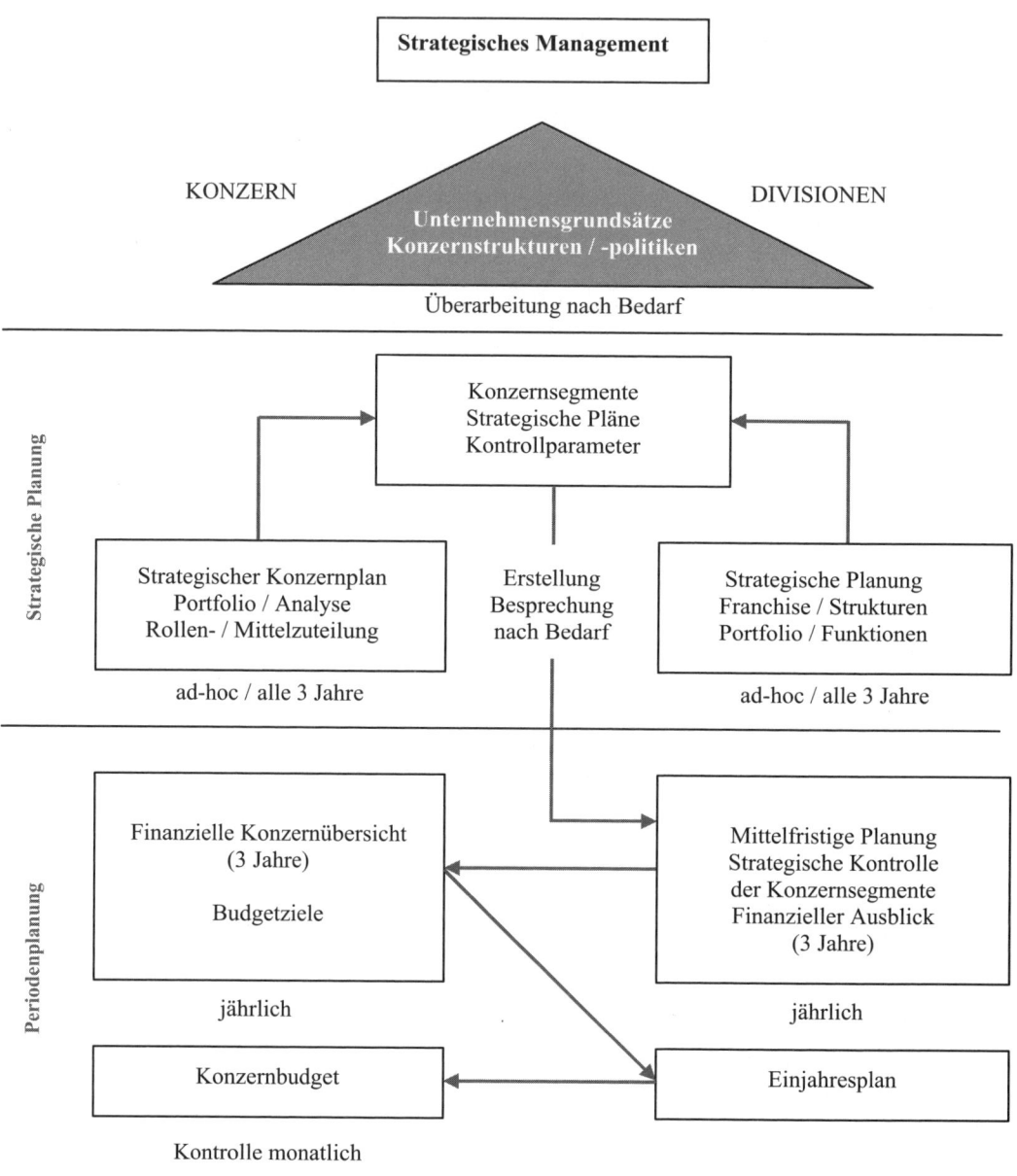

Abb. 1: Planungsprozess

3. Strategische Planung

Die strategische Planung hat das Ziel, langfristige Erfolgspotenziale und Risiken für die Geschäftsfelder, Tätigkeiten und Kernkompetenzen des Unternehmens zu identifizieren und über strategische Projekte oder strategische Initiativen aufzuzeigen, durch welche Aktivitäten, wann und mit welchem Ergebnis die vorher bewerteten und verabschiedeten strategische Ziele erreicht werden können. Mit verschiedenen → *Planungsvariablen* wird verbal oder analytisch beschrieben, welche Kausalitäten den Plänen zugrunde liegen und wie definierte Planziele erreicht werden können. Alternative Planungen werden über → *What If* oder → *Zielfragen (What to do to Achieve)* untersucht. Die strategische Planung beinhaltet eine Umwelt- und Wettbewerbsanalyse, eine Analyse der Stärken und Schwächen aus unternehmensinterner Sicht bzw. aus Prozesssicht (*RBV Ressource Based View* nach Prahalad und Hamel) und eine Analyse der Chancen und Risiken aus unternehmensexterner Sicht bzw. aus der Sicht möglicher Umweltentwicklungen (*MBV Market Based View* nach Porter). Auf dieser → *SWOT-Analyse* aufbauend, werden im nächsten Schritt des Planungsprozesses die für die einzelnen Geschäftsfelder, Kernkompetenzen und Wertschöpfungsketten zu befolgenden Strategien ausgearbeitet (z.B. Marktführerschaft, Kostenführerschaft, Preisstrategie, Konzentrations- oder Diversifikationsstrategie, Zahl neu eingeführter Produkte, Time-to-Market). Ein Aktionsplan mit strategischen Projekten oder Initiativen beschreibt, wie die SWOT-Strategien operationalisiert werden. Auch eine Überprüfung und Rechtfertigung der jährlich oder ad-hoc vorzunehmenden Investitionen gehört in diesen Zusammenhang. Der Ansatz der → *Balanced Scorecard* erlaubt die Definition von *Ziel- und* → *Kennzahlensystemen*, mit denen Fortschritte beim Erreichen strategischer Ziele, auf operativen und nichtfinanziellen Grössen aufbauend, gemessen und nach der Verabschiedung gesteuert und kontrolliert werden können.

4. Mittelfristplanung

Die Mittelfristplanung soll die wesentlichen Treiber für die Entstehung von Gewinnen und Rentabilitäten auf Jahresbasis über einen Planungshorizont von meist drei Jahren aufzeigen. Sie erhält ihre Zielvorgaben aus der strategischen Planung. Diese Ziele werden für die operativen Einheiten eines Unternehmens → *Top Down* zerlegt und nach Möglichkeit bei der Planerstellung → *Bottom Up* erfüllt. Die Planungslücke entspricht der Differenz zwischen den vorgegebenen Zielen und der Resultate der detailliert erarbeiteten Pläne. Sie wird nach Möglichkeit durch einen strategie- und aktionengestützten Planungsdialog über bewertete Kompromisse zwischen den Unternehmenseinheiten geschlossen. Der Mittelfristplan wird stufenweise integriert bzw. konsolidiert und bildet nach seiner Verabschiedung durch die Aufsichtsgremien die Basis für das Ergebniscontrolling (siehe auch → *Erfolgscontrolling*). Oft erfolgt die Mittelfristplanung in der zweiten Hälfte eines Planjahres nach der Verabschiedung oder einer Überprüfung der strategischen Planung und der ersten Ausarbeitung eines Investitionsplanes. Die finanzielle Mittelfristplanung erfolgt vielfach in der Form von Planbilanzen, Planerfolgsrechnungen und Planfinanzflussrechnungen. Sie ist stark formalisiert und erfolgt in der Regel computer-gestützt unter Verwendung von Planungssoftware, wie z.B. Excel. Bei der formalen Beschreibung eines Planes beschreiben → *Planungsvariablen* Positionen der Bilanz- und Erfolgsrechnung in Gleichungsmodellen. So werden im Rahmen einer → *What If* oder einer *Zielanalyse* z.B. die Konsequenzen von Umsatzänderungen beschrieben. Sie haben etwa proportionale Kostenänderungen in der Erfolgsrechnung zur Folge, während sie auf der Aktivseite der Bilanz zu meist ebenfalls proportionalen Änderungen der liquiden Mittel, des Forderungs- und Lagerbestandes sowie auf der Passivseite zu proportionalen Änderungen der kurzfristigen Verbindlichkeiten führen. Aus Umsatzänderungen ergibt sich so ein finanzieller Mehrbedarf oder die Freisetzung finanzieller Mittel, was die Finanzierung des Unternehmens und die horizontale und vertikale Bilanzstruktur beeinflusst. Unter Verwendung von *Ziel- und* → *Kennzahlensystemen* – etwa des → *ROI-Schemas* nach Dupont oder einer Berechnung alternativer diskontierter freier → *Cash-Flows* – zeigt die Mittelfristplanung die Bedingungen für eine gleichgewichtige finanzielle Entwicklung des Unternehmens und die Einhaltung von Struktur- und Finanzierungsregeln auf. Neben dem mittelfristigen → *Finanzplan* arbeiten viele Unternehmen auch mit Mengengerüsten für den mittelfristigen Absatz- und Produktionsplan (→ *ERP*, → *MRP I und II*) und das Management Development (u.a. Personal- und Ausbildungsplan; siehe auch → *Personalmanagement*).

5. Kurzfristplanung

Die Kurzfristplanung oder Budgetierung erfolgt auf der Basis des von der Mittelfristplanung vorgegebenen Rahmens und arbeitet meist mit einem Planungshorizont von einem Jahr auf Monatsbasis. Das Jahresbudget wird bei den meisten Unternehmen gegen Ende eines Geschäftsjahres nach Verabschiedung der Mittelfristplanung von den Aufsichtsgremien genehmigt. Die Zielsetzung der Kurzfristplanung ist überwiegend operativ und an Effizienzzielen ausgerichtet. Bei der Finanzplanung steht die Liquiditätsplanung, das Cash-Management sowie die Planerfolgsrechnung im Mittelpunkt. Bei der Planung der Leistungserstellung oder Produktionsplanung wird teilweise auf Stundenbasis beschrieben, wie Rohprodukte eingekauft und Aufträge mehrstufig gefertigt, gelagert sowie ausgeliefert werden. Bedarfsprognosen werden häufig mit *Prognoseverfahren* erzeugt. Im Rahmen der *quantitativen Planungstechniken* und des *MRP (→ Material Requirements Planning I und II)* stehen Maschinenauslastungen, Nutzungs- und Beschäftigungsgrade sowie die Kosten und der durch Läger sichergestellten Lieferbereitschaft im Mittelpunkt. Bei der Marketingplanung werden detailliert Einsatzpläne für den Aussendienst und die Werbemedien erarbeitet. In der Personalplanung wird der erforderliche Personalbestand unter Berücksichtigung der geplanten Leistungsprozesse und Einsatzplänen bestimmt. In computerintegrierter Form führen diese Planungen zum *ERP (→ Enterprise Resource Planning)*. Das Unternehmenscontrolling weist auf der Basis der Kurzfristplanung frühzeitig auf wichtige Abweichungen von den Plänen hin und regt bei den beteiligten Organisationseinheiten Korrekturmassnahmen an. Dies geschieht auch häufiger über ein internes oder externes → *Benchmarking*.

6. Entwicklungstrends

Angesichts der zunehmenden Volatilitäten auf den Unternehmensmärkten, der immer besser verfügbaren und leichter auswertbaren → *Plandatenbasis*, Planungssoftware (→ *DSS*, → *EIS*, → *ERP*) und *quantitativen Planungstechniken* einerseits, der Notwendigkeit, die Kosten der Unternehmensplanung zu senken und einer Bürokratisierung der Planung andererseits vorzubeugen, beobachtet man in den letzten Jahren, dass die Unternehmen zunächst den Zeithorizont der Mittelfristplanung auf maximal drei Jahre verkürzt haben. In der Folge hat dann die Budgetierung und Kurzfristplanung bei vielen Unternehmen die eigentliche Mittelfristplanung ersetzt. Das Ideal der Unternehmensplanung ist heute ein Planungsprozess, der ad-hoc ausgelöst werden kann und dann mit geringem Aufwand durch die Modellierung der für die Erfolgsentwicklung verantwortlichen Treibergrössen ein zuverlässiges Bild des Unternehmensstatus und der Entwicklungstrends liefert. Hierzu müssen die planenden Organisationseinheiten verpflichtet werden, unabhängig vom Planungszyklus und -kalender, eine jeweils aktuelle Plandatenbasis und Auswertungsmodelle bereit zu halten. Die → *MBV* und die → *RBV* werden bei der Planung von Wertschöpfungsketten unter Berücksichtigung von kollaborativen → *Geschäftsprozessen* gleichzeitig vereinigt, aber auch überwunden. Die Planung beschreibt den Wettbewerb von → *Wertschöpfungsketten*, bei denen sowohl die Kundenprozesse als auch die internen Geschäftsprozesse mit ihren Kernkompetenzen eine gleichberechtigte Rolle spielen.

Hinweis

Zu den angrenzenden Wissensgebieten siehe → Balanced Scorecard, → Change Management, → Controlling, → ERP-Systeme (Enterprise Resource Planning-Systeme), → Finanzplanung, → Kennzahlen, → Marketingplanung, → Organisation → Prozessmanagement, → Risikocontrolling, → Strategisches Management, → Workflow Management.

Literatur: Rosenkranz, F., Missler-Behr, M.: Unternehmensrisiken erkennen und managen, Heidelberg 2005; Rosenkranz, F.: Geschäftsprozesse, 2. Auflage, Heidelberg 2006; Rosenkranz, F. Unternehmensplanung, 3. Auflage, München und Wien 1999; Szyperski, N. (Hrsg.): Handwörterbuch der Planung, Stuttgart 1999; Hahn, D., Taylor, B. (Hrsg.): Strategische Unternehmensplanung, strategische Unternehmensführung, 8. Auflage, Heidelberg 1999. Porter, M.: Competitive Advantage, New York 1985; Prahalad, C. K., Hamel, G.: The Core Competence of the Corporation, in: Harvard Business Review, 1990, Heft 3, S. 79-91 in Hahn, Taylor (Hrsg.), S. 969-987; Kaplan, R. S., Norton, D. P.: Die strategiefokussierte Organisation, Stuttgart 2001.

Internetadressen: siehe → Strategisches Management.

Website des Autors: www.wwz.unibas.ch/planung/

Unternehmensplanung, quantitative
manchmal in der deutschsprachigen Literatur synonym verwendeter Begriff für *Operations Research*. Siehe → Operations Research (mit Literaturangaben); siehe auch → Unternehmensplanung und → Strategisches Management, jeweils mit Literaturangaben.

Unternehmensprozess
häufig verwendetes (neueres) Synonym für → Ablauforganisation (mit Literaturangaben).

Unternehmenssanierung
siehe → Sanierung und → Sanierungsmanagement (mit Literaturangaben).

Unternehmenssoftware
(*Anwendungssystem, Business Software, Enterprise Software*) bezeichnet ein Computerprogramm, das für ein konkretes betriebliches Anwendungsgebiet zum Einsatz kommt.

Unternehmensübernahme
(Unternehmensakquisition), siehe → Acquisition. Siehe auch → Mergers & Acquisitions (mit Literaturangaben).

Unternehmensübernahme
insbesondere einer → Aktiengesellschaft, vor allem im Wege des Unternehmenskaufs durch Erwerb der Mehrheit oder aller → Aktien. Wie bei der → Fusion wird vor Abschluss des Übernahmevertrages eine betriebswirtschaftliche und rechtliche Überprüfung des Zielunternehmens (→ Due Diligence) durchgeführt. Die Übernahme eines börsennotierten Unternehmens ist im Wertpapierübernahmegesetz und der bis spätestens Mai 2006 in nationales Recht umzusetzenden EU-Übernahmerichtlinie (Richtlinie 2004/25/EG vom 21.4.2004) geregelt. Maximen sind dabei Gleichbehandlung der Aktionäre der Zielgesellschaft, umfassende Transparenz, rasches Verfahren und eine angemessene Gegenleistung; siehe auch → Squeeze Out und → Unternehmensbewertung.
   Literatur: Picot, G. u.a.: Die Aktiengesellschaft bei Unternehmenskauf und Restrukturierung, München 2003; Schuster, M.: Feindliche Übernahmen deutscher Aktiengesellschaften, Berlin 2004.
   Internetadressen: (Wertpapierübernahmegesetz online) http://www.gesetze-im-internet.de; (EU-Recht online) http://europa.eu.int/eur-lex/

Unternehmensveräußerung gegen Leibrente
siehe → Progressionseffekte (Steuerrecht).

Unternehmensverfassung
Unter formalen Gesichtspunkten stellt die „Unternehmensverfassung" (auch als „*Unternehmensordnung*" bezeichnet) die Gesamtheit der rechtlich verbindlichen, demnach gesetzlichen und freiwillig-vertraglichen Regelungen (→ Tarifvertrag; → Betriebsvereinbarung) dar, welche auf das Zusammenwirken der am Unternehmen Interessierten gerichtet sind. In Analogie zu einer modernen Staatsverfassung geht es demnach um die Definition von Rechten und Pflichten.
Inhaltlich setzt sich die Unternehmensverfassung in Abhängigkeit von der jeweiligen Rechtsform des Unternehmens aus z.T. höchst unterschiedlichen Bestandteilen zusammen. Als am umfangreichsten und vom Gesetzgeber bereits weit ausgestaltet hat in Bezug auf Deutschland die Unternehmensverfassung im Falle von → Aktiengesellschaften zu gelten. Da die Aktiengesellschaft typische Rechtsform der wirtschaftlich und gesellschaftlich besonders bedeutsamen Großunternehmen ist, soll mit den weit reichenden Regelungen der Unternehmensverfassung eine besonders sorgfältige, unterschiedlichen Anspruchsgruppen (bspw. Eigentümer, Gläubiger, Arbeitnehmer) genügende Form der → Unternehmensführung gewährleistet werden. So schreibt das Aktiengesetz zunächst eine der Gewaltenteilung ähnliche Ausdifferenzierung der Organe in Hauptversammlung (Legislative), Aufsichtsrat (Judikative) sowie Vorstand (Exekutive) vor (→ Trennungsmodell). Zudem gilt für größere Aktiengesellschaften die → Mitbestimmung auf Unternehmensebene.

Inhaltlich weisen die vom deutschen Gesetzgeber für Aktiengesellschaften bzw. mitbestimmte Unternehmen vorgegebenen Bestandteile im Sinne einer Orientierung am Interessenpluralismus Züge des → Stakeholder-Ansatzes auf. Einem interessenmonistischen, den (vermeintlich) alleinigen Absichten der Kapitaleigner dienenden Verfassungsentwurf, d.h. dem → Shareholder-Ansatz (→ Shareholder-Value) wird damit eher eine Absage erteilt.

Siehe auch → Unternehmensführung (mit Literaturangaben).

Unternehmensverschmelzung

siehe → Merger; siehe auch → Mergers & Acquisitions (mit Literaturangaben).

Unternehmenswert

siehe → Unternehmensbewertung (mit Literaturangaben).

Unternehmer

(*deutsches Recht*) ist nach § 14 Abs. 1 BGB eine natürliche oder juristische Person oder eine rechtsfähige Personengesellschaft, die bei Abschluss eines Rechtsgeschäfts in Ausübung ihrer gewerblichen oder selbständigen beruflichen Tätigkeit handelt.

Unternehmer / Unternehmen

(*österreichisches Recht*). *Unternehmer* iSd § 1 öUGB und damit Normadressat des österreichischen *Unternehmengesetzbuches* ist, wer ein *Unternehmen* betreibt, worunter „jede auf Dauer angelegte Organisation selbständiger wirtschaftlicher (kostendeckender) Tätigkeit, mag sie auch nicht auf Gewinn gerichtet sein", verstanden wird. Der Begriff des Unternehmers ersetzt (→ *Handelsrechtsreform, österreichische*) den antiquierten und kompliziert aufgebauten Begriff des *Kaufmanns*, auf dem das alte öHGB basiert, und ist bewusst *größenunabhängig* definiert und *weit gefasst*, um allen Erscheinungsformen des modernen Wirtschaftslebens gerecht zu werden.

Den *Freien Berufen* sowie den *Land- und Forstwirten* hat man jedoch ihre historisch gewachsene Sonderstellung belassen: Sie sind nur dann als Unternehmer zu qualifizieren, wenn sie sich ins → *Firmenbuch* eintragen lassen. → AG, → GmbH, → Erwerbs- und Wirtschaftsgenossenschaften, → VVaG, Sparkassen, → EWIV, → SE und → SCE gehören unabhängig von ihrer tatsächlichen Tätigkeit immer der Gruppe der Unternehmer an *(sog. Unternehmer kraft Rechtsform)*. Daneben gibt es *Unternehmer kraft unzulässiger Firmenbucheintragung* und *Scheinunternehmer kraft Auftretens*.

Unternehmungen, Globale

siehe → Globale Unternehmungen; siehe auch → Globalisierung (mit Literaturangaben).

Unternehmungen, Internationale

siehe → Internationale Unternehmungen.

Unterstützungsprozess

(in der → *Ablauforganisation*). Unterstützungsprozesse sind meist auf unternehmensinterne Nutzer ausgerichtete Abläufe, die als Dienstleistung für die Kernprozesse fungieren. Beispiele: Lohnbuchhaltung, Reiskostenabrechnung, EDV (sofern es sich nicht um ein Softwarehaus oder Hardwarehersteller handelt), → Facility Management, → Controlling oder Human Ressources.

Da es sich nicht um Kernkompetenzen des Unternehmens handelt, eigenen sich Unterstützungsprozesse zur Auslagerung an spezialisierte Lieferanten und Dienstleister. Diese können aufgrund von Größenvorteilen oft bessere Leistungen zu niedrigeren Preisen anbieten.

Untersuchungs- und Rügepflicht

Ist der Kauf ein → beiderseitiges Handelsgeschäft, so hat der Käufer die Ware unverzüglich nach der Ablieferung durch den Verkäufer, soweit dies nach ordnungsgemäßem Geschäftsgange tunlich ist, zu untersuchen. Wenn sich ein Mangel zeigt, muss er dem Verkäufer unverzüglich Anzeige machen. Geschieht dies nicht, gilt die Ware als genehmigt (§ 377 HGB).

Siehe auch → Handelsrecht und → Produkthaftung, jeweils mit Literaturangaben.

Up Grading

Produktaufwertung, die auf mehrerlei Art erfolgen kann. Die Produktausstattung kann verbessert werden durch Verwendung eines wertigeren Materials oder durch besondere Zusätze, durch eine modernere Form, auch durch mehr Funktionen und eine höhere Leistung. So stellen neue Automobile für gewöhnlich eine Produktaufwertung gegenüber dem vorherigen Standard dar.

Parallel ist damit meist eine Preiserhöhung verbunden, die durch die Produktaufwertung auch vertretbar erscheint. Einerseits sind dadurch Kosten involviert, andererseits ermöglicht das Mehrangebot eine Preiserhöhung bei gleichbleibendem Preis-Leistungs-Verhältnis.

Das Up grading kann aber auch zum Anlass genommen werden, den Absatzkanal zu wechseln, vor allem eine selektivere Distribution zu betreiben. Diese bietet durch bessere Platzierung, kompetentere Beratung und attraktiveres Verkaufsumfeld die Chance, die Anmutung der Marke und damit die Preisbereitschaft der Nachfrager zu steigern. Schließlich kann auch ein neuer Werbeauftritt gewählt werden. Dies ist einerseits notwendig, um den Neuigkeitscharakter der variierten Marke zu betonen, und andererseits, um deren Wahrnehmung zu steigern.

Siehe auch → *Down grading* und → Produktpolitik (mit Literaturangaben).

Up-Selling

bezeichnet im Verkauf das Bestreben des Anbieters, dem Kunden ein hochwertigeres, teureres Produkt bzw. die umfassendere und teurere Dienstleistung anzubieten.

Up-Stream-Merger

(*Verschmelzung, up stream*). Im Rahmen eines Up-Stream-Merger wird das Unternehmen der → *Tochtergesellschaft* in Form einer → *Verschmelzung zur Aufnahme* auf die → *Muttergesellschaft* übertragen; siehe dazu auch → *Down-Stream-Merger*.

Urban Entertainment Center (UEC)

sind als spezifische, neuere Form der Einkaufzentren (→ Shopping Center) aufzufassen, wobei der Hauptunterschied im Angebotsmix liegt.

UEC stellen i.d.R. eine geplante Agglomeration von Einzelhandels-, Unterhaltungs- und Gastronomieangeboten dar, wobei ihr Aufkommen mit der zunehmenden Erlebnis-, Freizeit- und Fun-Orientierung der Konsumenten verbunden ist (Swoboda/Morschett 2001). Bis zu zwei Drittel der Fläche werden für Unterhaltungszwecke und Themenrestaurants reserviert, ein Drittel verbleibt für den Einzelhandel. Die breite Mischung umfasst Einzelhandels- und Dienstleistungsbetriebe, v.a. aber Gastronomie- und große Unterhaltungsbetriebe (z.B. Multiplex-Kinos, Erlebnisgastronomie), die auch zu den Magneten des UEC zählen. Hinsichtlich der Standorte werden Citylagen und außerstädtische Gebiete betrachtet. In diesem Fall sind etwa Mega Malls auf der „Grünen Wiese" als UEC anzusehen. Ihr Einzugsgebiet beträgt nicht selten mehrere hundert Kilometer.

Ein Beispiel im Mutterland der UEC ist der Ontario Mills-Erlebnishandelskomplex (Kalifornien), wo auf einer Fläche von 180.000 m^2 verschiedene Arten von Handel, Gastronomie und Entertainment verbunden sind und jährlich etwa 15 Mio. Einwohnern und 2 Mio. Touristen hinkommen.

Siehe auch → Vertriebswege, Neuere (mit Literaturangaben).

Literatur: Swoboda, B., Morschett, D.: Urban Entertainment Center, in: Wirtschaftswissenschaftliches Studium, 30. Jg., 2001, Nr. 2, S. 105-108.

URC

Abk. für Uniform Rules for Collections; siehe → Einheitliche Richtlinien für Inkassi (ERI), siehe auch → Dokumenteninkasso.

URL

Abk. für Uniform Ressource Locator wird irrtümlicherweise in der Umgangssprache mit dem → Domainnamen gleichgesetzt. Die URL bezeichnet jedoch die eindeutige Adresse, unter der eine bestimmte Datei im Internet gefunden werden kann. Die Startseitenadresse einer → Website ist in diesem Sinne eine URL, allerdings nur eine bestimmte innerhalb einer Domain neben vielen anderen.

Ursprungslandprinzip
(*origin principle*; → *Steuerrecht, Internationales*). Beim grenzüberschreitenden Waren- und Dienstleistungsverkehr belastet der Exportstaat die Lieferungen und Leistungen mit indirekten Steuern.

Ursprungsprinzip
(*source principle*; → *Steuerrecht, Internationales*) besagt, dass dem Staat, aus dem die Einkünfte stammen bzw. in dem sich das Vermögen befindet, durch das die Einkünfte entstehen (→ Quellenstaat, → Lagestaat), das primäre Besteuerungsrecht zusteht. Das Ursprungsprinzip lässt sich weiter in (1) das Belegenheitsprinzip, (2) das Betriebsstättenprinzip, (3) das Tätigkeits(ort)prinzip, (4) das Tantiemenprinzip, (5) das Kassenprinzip und (6) das → Quellenprinzip untergliedern.

Ursprungsstaat
siehe → Ursprungslandprinzip.

Ursprungszeugnis
Ursprungszeugnisse sind Dokumente, die die Herkunft der Ware bzw. der darin enthaltenen Teile oder Rohstoffe oder deren wesentliche Veränderung im Exportland beweisen. Der Exporteur hat insbesondere Anlass, die Ausstellung eines Ursprungszeugnisses zu beantragen, wenn in den Zollvorschriften des Importlandes die Vorlage eines Ursprungszeugnisses verlangt bzw. im Kaufvertrag festgelegt ist und/oder wenn in einem zu seinen Gunsten eröffneten → Dokumentenakkreditiv die Einreichung eines Ursprungszeugnisses vorgeschrieben ist. Exporte aus Deutschland werden von Ursprungszeugnissen auf einem Vordruck der Europäischen Gemeinschaft begleitet, der auf Antrag des Exporteurs i.A. von der zuständigen Industrie- und Handelskammer unterzeichnet wird.

USD
ISO-Code für US-Dollar.

User
bezeichnet den Anwender einer Software, Nutzer eines Computers oder Teilnehmer des → World Wide Web (WWW) bzw. des → Internet.

User Advisory Council (UAC)
Beratergruppe aus der Analysepraxis, die seit 2003 das → Financial Accounting Standards Board (FASB) bei seiner Arbeit unterstützt.

US-GAAP
Abk. für United States Generally Accepted Accounting Priniciples; siehe → Abschlusserstellung nach US-GAAP (mit Literaturangaben).

USP
Abk. für Unique Selling Proposition; siehe z.B. → Discounter und → Händlermarke.

Utilitarismus
ist wichtigste Variante einer *teleologischen Ethik*, der zufolge bei allem Handeln die guten gegenüber den möglichen schlechten Folgen abzuwägen sind und die Handlung ausgewählt wird, bei der die Folgen für das Wohlergehen aller Betroffenen optimal sind. Siehe auch → Unternehmensethik (mit Literaturangaben).

UWG
Abk. für Gesetz gegen unlauteren Wettbewerb; siehe → Wettbewerbsrecht.

UYU
ISO-Code für Uruguayischer Peso.

V

VAG
Abk. für Versicherungsaufsichtsgesetz; siehe auch → Versicherungsbetriebslehre (mit Literaturangaben).

Validierung
(betriebliches *Umweltmanagement*) bedeutet eine Überprüfung des → Umweltmanagements bzw. des → Umweltmanagementsystems auf Konformität mit → EMAS durch einen vom Unternehmen bestellten → Umweltgutachter bzw. einer Umweltgutachterorganisation; → Validierungsaudit. Bei Konformität kann das Unternehmen das EU-Zeichen „EMAS - geprüftes Umweltmanagement" führen.

Validierungsaudit
(betriebliches Umweltmanagement) ist die Tätigkeit des → Umweltgutachters im Rahmen einer → Validierung nach → EMAS.

Validität
(*allgemeine Charaktersierung*) meint die *Gültigkeit* einer → Operationalisierung, also ob mit dem gemessenen Kriterium auch tatsächlich das eigentlich interessierende Phänomen abgebildet wird. So kann bspw. in Zweifel gezogen werden, ob die Fluktuationsrate in einem Unternehmen ein valides Maß für die Arbeitszufriedenheit darstellt oder ob ein bestimmter psychologischer Test valide bestimmte Charaktereigenschaften eines Menschen anzeigt. Siehe auch → Gütekriterien.

Validität
(*Gültigkeit*, in der *Personalauswahl*). Bei Personalauswahlinstrumenten wird mit der Validität mehrheitlich angegeben, wie hoch die Korrelation zwischen dem vorausgesagten und der tatsächlichen Eignung der Bewerbenden ist. Wir unterscheiden zwischen Kriteriumsvalidität (Zusammenhang zwischen dem Testergebnis und der festzustellenden Grösse) der inhaltlichen Validität (Werden relevante Kriterien erhoben?) und der Konstruktvalidität (Basiert das Instrument auf einer fundierten Theorie?). Eine Sonderform ist die face validity oder Augenscheinvalidität, das heisst, ist das Funktionieren Instrument den Beteiligten einsichtig.
Siehe auch → Personalauswahl, Grundlagen und → Personalauswahl, Instrumente, jeweils mit Literaturangaben.

Value added Service (VAS)
ergibt in Kombination mit einer Primärleistung ein Leistungsbündel, das zumindest einzelnen Abnehmergruppen einen zusätzlichen Nutzen gegenüber anderen Angeboten mit gleicher Primärleistung verspricht und damit dem einzelnen Anbieter eine positive Differenzierung ermöglicht.

Value Added-Reporting
Beim Value Added-Reporting wird das im Unternehmen verwendete wertorientierte Steuerungskonzept (siehe → Kennzahlen, wertorientierte) extern publiziert. Geforderte sowie erreichte Zielrenditen der Kapitalgeber, die in einer Periode realisierten Wertbeiträge und das zukünftige Wertsteigerungspotential werden im Rahmen der Berichterstattung veröffentlicht. Forderungen nationaler und internationaler Standard-Setter werden somit erfüllt. Die Vergleichbarkeit durch die Diversität der verwendeten wertorientierten Konzepte ist allerdings schwierig.

Value Analysis
siehe → Wertanalyse.

Value at Risk (VaR)
(*allgemeine Charakterisierung*). Der Value at Risk ist ein Konzept zur Bewertung von Markt- bzw. Preisrisiken. Es misst die maximale negative Veränderung einer Risikoposition für ein bestimmtes

Konfidenzintervall in einem vorgegebenen Zeitraum; es stellt also die maximale negative Abweichung vom Erwartungswert für ein bestimmtes Konfidenzintervall dar und kann aus der Wahrscheinlichkeitsverteilung der Risikoposition direkt abgeleitet werden.

Die Qualität des Value at Risk hängt stark von der zugrunde gelegten Wahrscheinlichkeitsverteilung ab. Seine Aussage ist gut kommunizier- und interpretierbar und bei Überschreiten von → Schwellenwerten kann er Maßnahmen der Risikosteuerung auslösen. Inwieweit er eine objektivierte Größe darstellt, hängt von der verwendeten Methodik, insbesondere davon ab, wie die Wahrscheinlichkeitsverteilung hergeleitet wird. Subjektive Elemente des Value at Risk sind das Konfidenzintervall und der Betrachtungszeitraum. Nur eingeschränkt anwendbar ist er bei qualitativen Risiken.

Siehe auch → Risikocontrolling (mit Literaturangaben).

Literatur: Burger, A. / Buchhart, A.: Risiko-Controlling, München und Wien 2002.

Value at Risk (VaR)

(*Anwendungsbeispiele*). Der Value at Risk bezeichnet die in Geldeinheiten ausgedrückte, maximale Wertminderung einer Vermögensposition, die in einem bestimmten Zeitraum mit einer festgelegten Wahrscheinlichkeit (z.B. 95%) nicht überschritten wird. Der Value at Risk kann somit auch als „wahrscheinlicher Höchstschaden" bezeichnet werden.

Von zentraler Bedeutung ist der Value at Risk auch hinsichtlich der Ermittlung der erforderlichen Eigenkapitalunterlegung von Kreditinstituten gemäß → Basel II.

Value Chain

siehe → Wertschöpfungskette.

Value Chain Analysis

siehe → Wertschöpfung.

Value Control Chart

siehe → Wertgestaltung.

Value pricing

beinhaltet ein qualitatives Paradigma der nachfrageorientierten Preiskalkulation in der → Preispolitik. Das „value pricing" fordert, dass sich der Preis für ein Produkt mit seinen spezifischen Eigenschaftsausprägungen (Wertkomponenten) am vom Nachfrager wahrgenommenen Wert (Nutzenpreis) ausrichten sollte, da die → Konsumentenrente bzw. der „customer value", hier Wertgewinn genannt, den entscheidenden Kaufanreiz des Nachfragers darstellen. Unter Einbeziehung des Wettbewerbs muss die offerierte Preis-Wertkomponenten-Kombination aus Sicht des Nachfragers einen höheren „customer value" als die Angebote der Konkurrenten besitzen. Ein ausreichend hoher „customer value" (Wertgewinn) lässt sich hierbei durch entsprechend „werthaltige" Produkte, d.h. Produkte mit Eigenschaftsausprägungen, die einen hohen Bruttonutzen beim Nachfrager stiften, und/oder mit einem niedrigen Preis realisieren.

Siehe auch → Preispolitik (mit Literaturangaben).

Literatur: Bliemel, F. / Adolphs, K. (2003): Wertorientierte Preisstrategien, in: Handbuch Preispolitik, hrsg. v. Diller, H. / Hermann, A., Wiesbaden, S. 137-154. Pechtl, H. (2005): Preispolitik, Stuttgart.

Value Production

ist Ausdruck einer neuen Kundenwertbetrachtung. Diese vergibt Kundenprioritäten danach, welche Wertepotenziale ein Anbieter bei dem Kunden generieren kann (*Value Production*).

Siehe auch → Customer Value, → Kundenwertmanagement sowie → Kundenwert, klassischer.

Value-Spread-Formel

Berechnungsformel für den → Residualgewinn (RG) einer Periode. Im Entity Ansatz wird der Residualgewinn als relative Kennzahl berechnet als Produkt aus der Differenz zwischen Gesamtkapitalrendite r und dem gewichteten Kapitalkostensatz (Weighted Average Cost of Capital, WACC) und dem Investierten Kapital (Net Operating Assets, NOA):

Residualgewinn = (r – WACC) · NOA

Dabei entspricht r der Rendite auf das Investierte Kapital und errechnet sich als Quotient aus → Net Operating Profit after Tax (NOPAT) und Net Operating Assets (NOA). Im Rahmen von Ansätzen des Value Based Managements werden in der Regel Anpassungen (Conversions) externer Rechnungslegungsvorschriften bei der Ermittlung des Investierten Kapitals (NOA) und des der Gesamtkapitalrendite r zugrundeliegenden Gewinns vorgenommen. Als alternative Berechnungsformel im Sinne einer absoluten Kennzahl erweist sich – bei konsistenter Ermittlung der Berechnungsbestandteile – die Capital-Charge-Formel. Bei Verwendung der Value-Spread-Formel ist zu beachten, dass eine Aussage über die absolute Höhe der Wertschaffung nicht möglich ist, da keine Verbindung zum Investierten Kapital hergestellt wird.

Valutastellung

(1) Bei Devisengeschäften bedeutet „Valutastellung", dass trotz "sofortiger" Erfüllung bei Kassageschäften regelmäßig die Usance "Valutastellung 2 Arbeitstage" gilt. Dies bedeutet, dass zwischen dem Tag des Abschlusses und dem Tag der Erfüllung von Devisenkassageschäften zwei Arbeitstage liegen.

(2) Bei der Kontoführung der Banken bedeutet die Valutastellung (Wertstellung) den Tag, an dem ein Buchungsposten (eine Gutschrift oder ein Lastschrift) in die Zinsrechnung der Bank für dieses Konto eingeht. Bei (Scheck-)Gutschriften auf dem Konto des Begünstigten wird von der Bank nicht immer mit dem Buchungstag „valutiert", sondern eine Valuta festgelegt, die einen oder mehrere Tag später liegt. Analoges gilt für Lastschriften auf dem Konto des Zahlungspflichtigen.

(3) Beim Ankauf (Diskontierung) von Wechseln sowie bei Forfaitierungen ist die Valuta der Tag, von dem bei der Errechnung der Laufzeittage (Zinstage) (und damit der Errechnung der Zinsen/Diskontzinsen) ausgegangen wird.

Vanity Number

Sog. Vanity-Nummern (Vanity = Eitelkeit) machen sich die Belegung der Zahlen auf dem Telefonwahlfeld mit Buchstaben zu Nutze, denn jedem Buchstaben lässt sich eindeutig eine Zahl zuordnen. Üblich sind solche Telfonnummern wie z.B. 0800-Pizzaservice oder 0800-XYHotel insbesondere in Nordamerika, aber sie finden auch in Deutschland allmählich Verbreitung (z.B. 0800 NotfonD als zentrale Notrufnummer der Autoversicherungen: 0800 6683663 oder 0800 Ruf dtms).

VaR

Abk. für → Value at Risk.

Variabilisierung von Fixkosten

Beispiel: Durch die Vergabe bislang selbst erstellter Leistungen an einen externen Dienstleister werden im eigenen Unternehmen Fixkosten abgebaut, die beim externen Dienstleister nur entsprechend der Inanspruchnahme bezahlt werden müssen. Man spricht in diesem Zusammenhang von einer Variabilisierung der Fixkosten. Siehe auch → Outsourcing (mit Literaturangaben).

Variable

Größe, die verschiedene (Zahlen-)Werte annehmen kann und als Eingangsgröße einer mathematischen → Funktion fungiert. In einer → Kostenfunktion K = K(x) fungiert die Ausbringungsmenge x als Variable, die Kostenfunktion selbst ordnet einer Ausbringungsmenge die entsprechenden (Gesamt-)Kosten zu.

Variable Kosten

proportional zur betrieblichen Ausbringungsmenge anfallende Kosten wie z.B. Roh- und Hilfsstoffe. Im Rahmen der → Deckungsbeitragsrechnung bilden diese zugleich die kurzfristige Preisuntergrenze bei nicht voll ausgelasteten Kapazitäten. Die Differenz der variablen Kosten zum Stückerlös wird als Deckungsbeitrag bezeichnet; dieser stellt die maßgebliche Steuerungsgröße für preis- und produktpolitische Entscheidungen des Managements dar.

Siehe auch → Kostenstellenrechnung (mit Literaturangaben).

Variante
Eine Variante ist eine Möglichkeit des Aktors um ein Entscheidungsproblem zu lösen. Eine Variante stellt eine Kombination von je einer Ausprägung der → Entscheidungsvariablen des Entscheidungsproblems dar.

Variantenstückliste
Materialliste, in der alternative Materialien für mehrere Varianten aufgeführt sind.

Varianz
(*Definition*) entspricht dem → Erwartungswert der quadratischen Abweichungen einer Zufallsvariablen von ihrem Erwartungswert.

Varianz
(*Statistik, Wahrscheinlichkeitsrechnung*). (1) in der beschreibenden Statistik, siehe dazu → Statistik (mit Literaturangaben) und → Empirische Momente; (2) in der Wahrscheinlichkeitsrechnung, siehe dazu → Wahrscheinlichkeitsrechung und → Zufallsvariable.

Variation margin
siehe → margining.

VC
Abk. für → Venture Capital (mit Literaturangaben).

VCG
Abk. für Venture Capital-Gesellschaft; siehe auch → Venture Capital (mit Literaturangaben).

VEB
ISO-Code für Venezuelanischer Bolivar.

Vektor
Spezialfall der → Matrix mit nur einer Spalte bzw. einer Zeile (Spalten- bzw. Zeilenvektor).

Vendor Managed Inventory (VMI)
(inbesondere in der → *Distributionslogistik*). Beim VMI handelt es sich um ein zwischen dem Hersteller und dem Handel stattfindendes Kooperationsprogramm, das einen automatisierten und kontinuierlichen Warenfluss gewährleisten soll. Dabei liegt die Verantwortung über den Warennachschub beim Hersteller, der ein permanentes Angleichen von Angebot und Nachfrage verfolgt. Zentrales Ziel ist es, überflüssige → Sicherheitsbestände in den Lagern des Handels zu reduzieren und so die Effizienz des Warenflusses zu steigern.

Vendor Managed Inventory (VMI)
(insbesondere bei → *Efficient Consumer Response* bzw. → *Category Management*). Das Vendor Managed Inventory stellt einen Liefer- und Lagerprozess im Rahmen des → *Efficient Replenishment* dar, bei dem das Herstellerunternehmen die Koordination von Produktion als auch Logistik vollständig übernimmt. Im Idealfall verwaltet der Hersteller die Bestandsdaten der gesamten Logistikkette. Bestellungen und Nachlieferungsaufträge für die Handelsunternehmen werden durch den Hersteller koordiniert.

Venture Capital

von Univ.-Professor Dr. Michael Schefczyk

SAP-Stiftungslehrstuhl für Entrepreneurship und Innovation

an der Technischen Universität Dresden

1. Begriff und Charakterisierung

Venture Capital (VC) ist ein Oberbegriff für die Eigenkapital- bzw. Beteiligungsfinanzierung von Unternehmen außerhalb formal organisierter Kapitalmärkte. Das Verhältnis zwischen den Begriffen VC und → Private Equity (PE) wird in der Literatur und Praxis unterschiedlich beurteilt. Hier werden beide Begriffe synonym verwendet.

In eine typische VC-Finanzierung sind Akteure auf drei Ebenen involviert: Investoren stellen VC-Gesellschaften (VCG) Mittel bereit. VCG treten als Finanzintermediäre auf und investieren diese Mittel ihrerseits in eine Mehrzahl von Portfoliounternehmen (PU). Allgemein zeichnen sich VC-Finanzierungen durch fünf Charakteristika aus:

(1) *Eigenkapitalfinanzierung:* Im Zentrum einer VC-Finanzierung steht in aller Regel voll haftendes Eigenkapital. Dies wird z. T. ergänzt bzw. ersetzt durch beteiligungsähnliche Genussscheine, stille Einlage mit begrenzter Laufzeit oder nachrangiges Fremdkapital, oft in Verbindung mit Wandlungsrechten. Durch Vermeidung fester Zins- und Rückzahlungsverpflichtungen wird das Insolvenzrisiko des PU begrenzt.

(2) *Minderheitsbeteiligungen:* VCG gehen im Normalfall Minderheitsbeteiligungen ein. Mehrheitsbeteiligungen kommen lediglich in Ausnahmefällen für begrenzte Zeiträume vor, z. B. zu Beginn einer Beteiligung oder bei Veränderungen im Gesellschafterkreis. Somit wird der Charakter der PU als selbstständige Unternehmen, häufig mit hoher Eigeninitiative des Gründers, erhalten.

(3) *Zeitlich begrenztes Engagement:* Obwohl das zugrunde liegende Beteiligungsverhältnis i. d. R. mit unbegrenzter Laufzeit eingegangen wird, verfolgen VCG primär zeitlich befristete Beteiligungsabsichten von z. B. 5 bis 10 Jahren, da sie sich stärker an Kapitalgewinnen als an – lebenszyklusbedingt oft noch gar nicht vorhandenen – laufenden Gewinnausschüttungen orientieren.

(4) *Kontroll- und Mitspracherechte:* VCG lassen sich umfangreiche, über den kapitalmäßigen Anteil hinausgehende, Kontroll- und Mitspracherechte, bezogen auf grundlegende, strategische Entscheidungen und die Verwendung der eingebrachten Mittel, einräumen. Hierdurch soll sichergestellt werden, dass die PU im Sinne der VCG handeln.

(5) *Managementfunktionen:* Parallel zur Finanzierungsfunktion nehmen VCG zur Sicherung und Steigerung des Wertes ihrer Beteiligungen und zur Risikominimierung durchweg auch beratende Managementfunktionen wahr, z.B. inhaltliche Beratung in Fachfragen, prozessuale Unterstützung im Einzelfall oder laufend durch Einbindung in Gremien sowie ggf. auch Übernahme operativer Funktionen.

Dabei stellt das zeitlich begrenzte Engagement mit Ausrichtung auf Kapitalgewinne (im Gegensatz zu Dividenden- oder Zinseinnahmen) den wichtigsten Unterschied zwischen VC-Finanzierungen und dem „normalen" Erwerb einer Minderheitsbeteiligung eines Unternehmens an einem anderen Unternehmen dar. Insgesamt erscheinen die Unterschiede zwischen beiden Finanzierungsarten eher graduell als stetig.

Neben der Einschaltung von VCG als Finanzintermediäre existieren verwandte Finanzierungsformen, v.a. das (1) *Coprorate Venturing,* bei dem Unternehmen VC bereitstellen, dabei aber i.d.R. ergänzende Ziele verfolgen, die renditeorientierten VCG fremd sind (z.B. Sicherung von Absatz- und Beschaffungsmärkten, Zugang zu Technologien sowie Forschungs- und Entwicklungskapazitäten, Flexibilisierung der Organisation) und (2) das *informelle Venture Capital,* welches nicht börsenreifen Unternehmen von privaten Investoren („Business Angels") ohne Einschaltung von Intermediären zur Verfügung gestellt wird.

2. Phasen der VC-Finanzierung

VC-Finanzierungen können in verschiedenen Lebenszyklusphasen von PU erfolgen. Zur Charakterisierung dieser Phasen bzw. Anlässe hat sich auch im deutschen Sprachraum die angloamerikanische Terminologie durchgesetzt:

(1) *Seed:* Frühphase einer Unternehmensgründung mit Finanzierung der Ausreifung und Umsetzung einer Idee in verwertbare Resultate bis hin zum Prototyp. Der Schwerpunkt liegt hier in Forschungsinvestitionen und Produktentwicklung bei Unternehmen in Gründung.

(2) *Start-up:* Beteiligung an einer Unternehmensgründung. Bei weitgehend abgeschlossener Produktentwicklung liegt der Schwerpunkt auf ersten Marketingschritten und Produktionsvorbereitungen von Unternehmen im Aufbau, die ihr Produkt bislang noch nicht verkauft haben.

(3) *Expansion:* Finanzierung von Produktionsbeginn oder Wachstumsschritten für ein Unternehmen am Break-even-point. Schwerpunkt ist die Verbesserung der Eigenkapitalquote bei der Produktions- und Absatzausweitung, der Produktdifferenzierung oder der Marktentwicklung.

(4) *Bridge:* Überbrückungsfinanzierung, bei der einem Unternehmen Kapital zur Vorbereitung eines Börsengangs oder zur Überwindung von Wachstumsschwellen vor Verkauf an einen industriellen Investor zur Verfügung gestellt wird.

(5) *MBO/MBI:* Finanzierung der Übernahme eines Unternehmens durch das vorhandene MBO (→ Management Buy-Out) bzw. ein externes MBI (→ Management Buy-In) Management.

(6) *LBO (→ Leveraged Buy-Out):* Übernahme eines Unternehmens durch Eigenkapitalinvestoren mit erheblichem Fremdfinanzierungsanteil und einer Kapitalbeteiligung des Managements von weniger als 10 %.

(7) *Replacement Capital:* Kauf von Anteilen eines Unternehmens von einem Altgesellschafter, speziell von einer anderen Beteiligungsgesellschaft.

(8) *Turnaround:* Finanzierung eines Unternehmens, das sich nach einer Verlustphase/Sanierung im wirtschaftlichen Wiederaufstieg befindet.

Diejenigen Finanzierungsphasen, die sich klar in einen zeitlichen Ablauf einordnen lassen, sind in der folgenden Abbildung zusammengefasst. Die Phasen Seed und Start-up werden häufig insgesamt als „Early Stage" bezeichnet. Bridge und MBO/MBI, die kurzfristige eher alternative Finanzierungsphasen darstellen, werden „Late Stage" genannt. Die auf das Ausscheiden von Altgesellschaftern gerichteten Finanzierungsphasen LBO und Replacement Capital entsprechen nicht streng der Definition von VC, werden aber in der Praxis zunehmen von deutschen VCG angeboten. Die Turnaround-Finanzierung stellt einen Sonderfall dar, der sich ebenfalls nicht in den zeitlichen Ablauf einordnen lässt.

Kapital-akquisition	Beteiligungs-akquisition ("Deal Flow")	Beteiligungs-würdigkeits-prüfung	Beteiligungs-verhandlung	Manage-mentunter-stützung	Des-investition
• Kommunika-tion der Beteiligungspolitik in den Markt • Einwerbung von Kapital	• Beschaffung von Informationen über potentielle Portfoliounternehmen	• Abgleich mit Beteiligungskriterien • I. d. R. mehrstufiger Entscheidungsprozess	• Abstimmung der Konditionen mit Portfoliounternehmen • Ggf. Abschluss der Beteiligung	• Kontrollfunktionen primär im Interesse der Kapitalgeber • Beratungsfunktionen nach Bedarf	• Veräußerung von Beteiligungen, ggf. anteilig

Quelle: In Anlehnung an Schröder (1992), S. 40 und Zemke (1995), S. 103.

Abb. 1: Phasenorientiertes Geschäftsmodell von VCG

Derzeit werden größere Spätphasenfinanzierungen auch als PE (→ *Private Equity*) bezeichnet. Das teilweise vertretene Begriffsmodell von PE als Oberbegriff für VC, (→ Leveraged) Buy Outs und → Mezzaninefinanzierungen erweist sich bei näherer Betrachtung allerdings als äußerst problematisch, und zwar insbesondere in der in Deutschland gelegentlich vertretenen Variante, die VC und PE (= größere Buy Outs und Mezzaninefinanzierungen) als auf einer Ebene nebeneinander stehende und trennscharf voneinander unterscheidbare Gegensätze interpretieren will. Diese Orientierung des Begriffs PE muss auch als Konsequenz einer Abkehr von Frühphasenfinanzierungen für innovative Unternehmen nach dem Abklingen der boomartigen Überhitzung 1999/2000 gewertet werden, im Zuge derer sich VCG lieber als PE-Fonds bezeichnen wollten. Gleichwohl ist auch die angloamerikanische Sichtweise mit PE als Oberbegriff für VC, Buy Outs und Mezzaninefinanzierungen wenig konsequent. Dies gilt unter anderem deshalb, weil Mezzanineinstrumente zunehmend auch für Frühphasenfinanzierungen eingesetzt werden und tatsächlich managementorientierte MBO/MBI-Transaktionen oft hinsichtlich ihrer Personenbezogenheit und Größe eher den VC- als den PE-Finanzierungen zuzuordnen sein werden.

3. Gruppen der Venture Capital-Gesellschaften (VCG)

Die typischen, auf dem deutschen Markt aktiven VCG lassen sich in drei Gruppen einteilen: *Frühphasenorientierte Kapitalbeteiligungsgesellschaften* (auch: Early Stage-Gesellschaften) nehmen als Kerngeschäft die Finanzierung von Unternehmen wahr, die noch im Aufbau oder erst seit kurzem im Geschäft sind. *Spätphasenorientierte Beteiligungsgesellschaften* (auch: Later Stage-Gesellschaften) nehmen als Kerngeschäft die Finanzierung von Unternehmen wahr, die die Gewinnschwelle erreicht oder überschritten haben bzw. eine Überbrückungsfinanzierung zur Vorbereitung eines Börsengangs oder einer Veräußerung an einen Industrieinvestor benötigen. *Öffentlich geförderte Kapitalbeteiligungsgesellschaften* nehmen als Kerngeschäft die Bereitstellung von Kapital aus öffentlichen Quellen, z. B. dem ERP-Beteiligungsprogramm, wahr.

4. Operative Schritte und Desinvestition

Zu den wesentlichen operativen Schritten im VC-Geschäft gehören die Beteiligungsprüfung, der Abschluss eines → Venture Capital-Beteiligungsvertrages und die laufende Managementunterstützung.
Zur Desinvestition von PU stehen prinzipiell fünf verschiedene Wege (auch als „Exit-Kanäle" bezeichnet) zur Verfügung:

(1) → *Buy Back:* Verkauf der Unternehmensanteile an Gesellschafter des PU oder Rückzahlung von Gesellschafterdarlehen. Problematisch ist der bei den Erwerbern entstehende Finanzierungsbedarf;

(2) → *Trade Sale*: Veräußerung der Beteiligung an einen industriellen Investor, der entweder auf dem Gebiet der Gesellschaft bereits tätig ist oder diversifizieren möchte;

(3) → *Secondary Purchase*: Verkauf der Beteiligung an einen Finanzinvestor bzw. eine andere VCG, die das PU in einer folgenden Finanzierungsphase betreut;

(4) → *Going Public*: Einführung des PU an der Börse ggf. nach einer Umwandlung in eine Aktiengesellschaft. Ein Going Public wird häufig mit einer Barkapitalerhöhung verbunden, die dem Unternehmen parallel zum Verkauf alter Aktien neues Eigenkapital zuführt;

(5) *Liquidation/Kündigung*: Ausscheiden aus dem PU durch Liquidation bzw. Kündigung des Gesellschaftsvertrages. Abgesehen von der vereinzelten Kündigung stiller Beteiligungen oder Kommanditbeteiligungen zur Desinvestition handelt es sich um (Total-)Verluste.

Die ersten vier Desinvestitionsalternativen bewirken, dass der VCG das in einem PU gebundene Kapital in liquider Form zur Verfügung steht. Dabei muss eine Desinvestition nicht in jedem Fall alle von der VCG gehaltenen Anteile umfassen, sondern kann auch als Teildesinvestition angelegt sein. Beim Going Public ergibt sich regelmäßig ein zeitlicher Versatz durch die Lock-up-Periode. Betrachtet man die vier konstruktiven Desinvestitionskanäle, so wird im deutschen Markt traditionell größtenteils durch → Trade Sale und → Buy Back desinvestiert, wobei die Transaktionen für den Fall des Buy Back in der Regel kleiner sind. Die größten Veräußerungsvolumina lassen sich beim Going Public realisieren, das allerdings derzeit wieder untypisch ist.

Hinweis

Zu den angrenzenden Wissensgebieten siehe → Businessplan, → Corporate Governance, → Due Diligence, → Eigenkapital, → Existenzgründung, → Going Public (Vorbereitungsphase), → Going Public (Durchführungsphase), → Hedgefonds, → Mergers & Acquisitions, → Private Equity, → Ratingmethoden, kreditwirtschaftliche, → Sanierungsmanagement, → Unternehmensbewertung.

Literatur: Gomper P./Lerner J.: The Venture Capital Cycle, Cambridge 2004; Leopold G./Frommann H./Kühr T.: Private Equity – Venture Capital, 2. Auflage, München 2003; Schefczyk M.: Erfolgsstrategien deutscher Venture Capital-Gesellschaften, 3. Auflage, Stuttgart 2004; Schefczyk M./Pankotsch F.: Betriebswirtschaftslehre junger Unternehmen, Stuttgart 2003; Weitnauer W.: Handbuch Venture Capital, 2. Auflage, München 2001.

Internetadressen: (Verbände) http://www.bvk-ev.de, http://www.evca.com, http://www.nvca.org; (Förderbanken) http://www.kfw-mittelstandsbank.de; (Business Angels) http://www.business-angels.de; (ausgewählte Venture Capital-Gesellschaften) http://www.tvmvc.com, http://www.earlybird.com, http://www.atlasventure.com, http://www.t-venture.de, http://www.accera.de, http://www.baytech venturecapital.de, http://www.baybg.de, http://www.bayernkapital.de

Website des Autors: http://www.gruenderlehrstuhl.de

Venture Capital-Beteiligungsvertrag

Instrument zur Regelung der Konditionen einer Eigenkapital- bzw. Beteiligungsfinanzierung (siehe → *Venture Capital* und → *Private Equity*) zwischen Kapitalgeber (z.B. Venture Capital-Gesellschaft) und -nehmer (Venture Capital-finanziertes Unternehmen).

Den Kern des Beteiligungsvertrages bilden Vereinbarungen zur Bewertung des Unternehmens, zur Beteiligungshöhe, zu den einzusetzenden Finanzierungsinstrumenten sowie zu Informations- und Kontrollrechten. Die Kombination der drei erstgenannten Faktoren impliziert dann, welchen Anteil am Gesellschaftskapital die Investoren erwerben. Ebenfalls im Kern des Vertrages steht die gesellschaftsrechtliche Umsetzung der Beteiligung, üblicherweise durch eine Kapitalerhöhung mit Bezugsrechtsausschluss der Altgesellschafter und mit Einzahlungsverpflichtung der Investoren. Weiterhin wird der Beteiligungsvertrag um ergänzenden Regelungen geprüft, die das Verhältnis von Kapitalgeber und -nehmer während der Investitions-, Management- und Veräußerungsphase bestimmen.

Die in Beteiligungsverträgen verwendeten Regelungen fallen typischerweise in eine von fünf Kategorien: (1) *Tranchenbildung und Bewertung:* Festlegung von Meilensteinen, → Bewertungsanpassungen (Bonus-/Malus-Regelungen) und → Verwässerungsschutz. (2) *Weitere Kapitalmaßnahmen:* Einrichtung von Mitarbeiterbeteiligungsprogrammen sowie Vereinbarung von → Call- und Putoptionen. (3) *Garantieerklärungen:* Vollständigkeits- und Richtigkeitsversprechen zugunsten der Kapitalgeber. (4) → *Governance Regeln:* Regelungen zur Geschäftsführung und Organisation sowie zur Einrichtung eines Beirates und zu dessen Kompetenzen. (5) *Veräußerungsregeln:* Vereinbarung von → Vorkaufsrechten, einfachen und qualifizierten Mitveräußerungsrechten und -pflichten, anderen Veräußerungspflichten und von Liquidationspräferenzen.

Insgesamt bergen die typischen Regelungen erhebliches Problempotential, da sie den Charakter der Kapitalüberlassung verändern, die Komplexität und juristische Risiken erhöhen sowie Altgesellschafter für Frühphaseninvestoren demotivieren können.

Siehe → Venture Capital und → Private Equity, jeweils mit Literaturangaben.

Veränderungslernen

siehe → Double-loop learning.

Veranlagungsarten

(deutsche → *Einkommensteuer*). Grundsätzlich unterliegen alle natürlichen Personen nach dem im Einkommensteuerrecht herrschenden → *Individualprinzip* der Einzelveranlagung gem. § 25 Abs. 1 EStG, so dass eine Einzelveranlagung des Steuerpflichtigen durchgeführt wird.

Von diesem Grundsatz wird nur abgewichen, wenn eine besondere Veranlagungsart für Ehegatten in Betracht kommt. Vorraussetzung ist, dass die Ehegatten beide unbeschränkt einkommensteuerpflichtig sind und nicht dauernd getrennt leben und bei denen diese beiden Vorraussetzungen zu Beginn des *Veranlagungszeitraumes* (Abk.: VZ) vorgelegen haben oder im Laufe des VZ eingetreten sind. Liegen die Vorraussetzungen nicht vor, ist auch für Ehegatten die Einzelveranlagung anzuwenden. Erfüllen die Ehegatten die Vorraussetzungen des § 26 Abs. 1 EStG, haben sie ein Wahlrecht zwischen getrennter Veranlagung (§ 26a EStG), Zusammenveranlagung (§ 26b EStG) und der besonderen Veranlagung für den Veranlagungszeitraum der Eheschließung (§ 26c EStG). Die Einzelveranlagung kommt dann nicht mehr in Betracht.
Siehe auch → Einkommensteuer und die dort angegebene Literatur.

Veranlagungssteuer
(*assessed tax*) ist im Gegensatz zu einer → *Abzugssteuer* eine Steuer, bei der eine *Steuererklärung* abgegeben werden muss, auf deren Grundlage das Finanzamt nachträglich eine *Veranlagung* vornimmt. Veranlagungssteuern sind die → *Einkommensteuer*, die → *Körperschaftsteuer*, die → *Gewerbesteuer* und die → *Umsatzsteuer*.

Verarbeitendes Gewerbe
umfasst als Teil des → *Produzierenden Gewerbes* die Unternehmen, die Rohstoffe zu Gütern bearbeiten, umwandeln, veredeln etc.
Das Statistische Bundesamt unterscheidet in seiner *Klassifikation der Wirtschaftszweige* im Verarbeitenden Gewerbe folgende → *Branchen*: Ernährungsgewerbe und Tabakverarbeitung; Textil- und Bekleidungsgewerbe; Ledergewerbe; Holzgewerbe; Papier-, Verlags- und Druckgewerbe; Kokerei, Mineralölverarbeitung, Herstellung und Verarbeitung von Spalt- und Brutstoffen; Herstellung von chemischen Erzeugnissen; Herstellung von Gummi- und Kunststoffwaren; Glasgewerbe, Herstellung von Keramik, Verarbeitung von Steinen und Erden; Metallerzeugung und -bearbeitung, Herstellung von Metallerzeugnissen; Maschinenbau; Herstellung von Büromaschinen, Datenverarbeitungsgeräten und -einrichtungen, Elektrotechnik, Feinmechanik und Optik; Fahrzeugbau; Herstellung von Möbeln, Schmuck, Musikinstrumenten, Sportgeräten, Spielwaren und sonstigen Erzeugnissen, Recycling; Energie- und Wasserversorgung; Baugewerbe.
Siehe auch → Industriemanagement (mit Literaturangaben).
    Internetadresse: (Statistischen Bundesamt) http://www.destatis.de.

Verbal Placement
siehe → Product Placement.

Verbandstarifvertrag
siehe → Tarifvertrag.

Verbandswesen, Genossenschaftliches
siehe → Genossenschaftliches Verbandswesen.

Verbesserungsprozess, kontinuierlicher
siehe → Deming, kontinuierlicher Verbesserungsprozess (mit Literaturangaben und Internatadressen).

Verbindlichkeitsrückstellung
Die Begriffe Verbindlichkeitsrückstellung und Aufwandsrückstellung wurden im deutschen Bilanzrecht geprägt. Danach liegt eine Verbindlichkeitsrückstellung vor, wenn eine (zu einem späteren Zeitpunkt) einklagbare Verbindlichkeit gegenüber einer anderen Person vorliegt (rechtliche Verbindlichkeit). Bei einer Aufwandsrückstellung mangelt es an einer rechtlichen Verbindlichkeit, jedoch ist in einer späteren Periode ein Aufwand mit ausreichend hoher Wahrscheinlichkeit zu erwarten, wie beispielsweise bei erwarteten Kulanzleistungen (§ 249 Abs. 1, S. 2 Nr. 1 und 2 HGB).

In der anglo-amerikanisch geprägten Rechnungslegung sind diese Begriffe nicht bekannt. Überträgt man jedoch die deutschen Begriffe, so ist festzustellen, dass reine Aufwandsrückstellungen nicht zulässig sind, während der Umfang der Verbindlichkeitsrückstellung stark ausgeweitet ist. IAS 37 bezieht in die Rückstellungspflicht nicht nur die rechtlichen Verbindlichkeiten sondern auch aus rechtlichen Verbindlichkeiten folgende, implizite Verbindlichkeiten sowie zukünftige Aufwendungen aus bisher üblichem Geschäftsgebaren (z.B. übliche Kulanz) ein. Nach IAS 37 sind somit alle externen Verbindlichkeiten rückstellungspflichtig, auch wenn sie auf keiner rechtlichen Verpflichtung beruhen, weshalb sich insoweit die HGB-Rückstellung und die IFRS-Rückstellung im Ergebnis nicht sehr unterscheiden.

Siehe auch Übersichtsbeitrag → Rückstellungen sowie → Internationale Rechnungslegung nach IFRS, jeweils mit Literaturangaben.

Verbraucherinsolvenz

Die Verbraucherinsolvenz ist ein spezielles in §§ 304 ff. Insolvenzordnung (InsO) geregeltes Verfahren für Verbraucher und Kleininsolvenzen mit vereinfachten Verfahrensregeln. Siehe auch → Insolvenzrecht, deutsches (mit Literaturangaben).

Verbrauchsabweichung

(→ *Erfolgscontrolling*) ist die Differenz zwischen den preisbereinigten Istkosten und den → Sollkosten. Sie gilt als Gradmesser für unwirtschaftliches Verhalten in einer Kostenstelle; siehe auch → Plankostenrechnung und → Abweichungsanalyse.

Verbrauchsfaktoren

(in der → *Materialwirtschaft*) sind die Materialien, die zur Erstellung der Produkte benötigt werden (→ Roh-, → Hilfs- und → Betriebsstoffe, → Zulieferteile und → (Handels-)Waren). Siehe auch → Repetierfaktoren.

Verbrauchsfolgefiktionen

Vorstellungen, welche Vorräte zuerst im Produktionsprozess verbraucht werden. Nach dem Zeitpunkt des Lagerzugangs unterscheidet man → Fifo (first in – first out) und → Lifo (last in – first out). Nach der Höhe des Beschaffungsentgeltes differenziert man in → Hifo (highest in – first out) und → Lofo (lowest in – first out).

Siehe auch → Umlaufvermögen (mit Literaturangaben).

Verbrauchsfunktion

bezeichnet den Zusammenhang zwischen dem Verbrauch an → Repetierfaktoren, insbesondere → *Betriebsstoffen* (z. B. Energie), und dem → *Leistungsgrad* eines Fertigungssystems im Rahmen der *Gutenberg-Funktion* (→ Produktionsfunktion vom Typ B).

Literatur: Zur Vertiefung siehe die Literaturangaben beim Schwerpunktstichwort → Produktions- und Kostentheorie (Univ.-Professor Dr. Reinhard Haupt).

Verbrauchsgüterkauf

Ein Verbrauchsgüterkauf liegt nach § 474 BGB (deutsches) vor, falls ein *Verbraucher* eine bewegliche Sache von einem Unternehmer kauft. Wer als Verbraucher und Unternehmer im Sinne des BGB zu qualifizieren ist, bestimmen die §§ 13 und 14 BGB. Die Vorschriften des Verbrauchsgüterkaufs dienen in erster Linie dem *Verbraucherschutz*. Der Unternehmer muss Verbraucher stärker über typische Verbraucherrechte wie beispielsweise Rücktritts- und Widerrufsrechte informieren. Zugunsten des Verbrauchers werden zudem Beweiserleichterungen bei Gewährleitungsfällen und ähnliches vorgesehen.

Siehe auch → Kaufrecht (mit Literaturangaben).

Verbrauchssynchrone Lieferung

siehe → Just-in-time-Lieferung (JIT-Lieferung).

Verbundene Unternehmen

(*allgemeine Definition*). Die verbundenen Unternehmen stellen die intensivste Form der Beziehung von Unternehmen dar. Sie sind gem. § 290 Abs.1 und Abs.2 HGB dadurch gekennzeichnet, dass eine Muttergesellschaft (1) die einheitliche Leitung über sonst rechtlich selbstständige Unternehmen ausübt (*Konzept der → einheitlichen Leitung*) oder (2) bei dem bzw. den anderen Unternehmen über die Mehrheit der Stimmrechte, über das Recht zur Besetzung der Verwaltungs-, Leitungs- oder Aufsichtsorgane oder infolge eines Beherrschungsvertrages bzw. einer Satzungsbestimmung einen beherrschenden Einfluss ausübt (→ *Control-Konzept*).

Verbundene Unternehmen

(*Bilanzierung von Forderungen*). Hat ein Unternehmen eine Forderung gegenüber einem anderen Unternehmen, an dem es mit über 50% beteiligt ist, so ist diese Forderung als „Forderung gegen verbundene Unternehmen" zu bilanzieren. Dieser Ausweis geht dem Ausweis aus anderen Positionen (z.B. Forderungen aus Lieferungen und Leistungen) vor, um die finanzielle Verpflichtung der Unternehmen zu offenzulegen.

Verbundgruppe

(*allgemeine Charakterisierung*), Sammelbegriff für Zusammenschlüsse rechtlich und wirtschaftlich selbständig bleibender Betriebe zum Zwecke der zwischenbetrieblichen → Kooperation durch Gründung von Trägerbetrieben, sog. Verbundgruppenzentralen. Die Kooperation betrifft die Beschaffungs-, Absatz-, Investitions- und Finanzierungsbereiche oder auch die Verwaltungen der angeschlossenen Unternehmen.

Literatur: Ausschuss für Begriffsdefinitionen aus der Handels- und Absatzwirtschaft [Hrsg.] (1995): „Katalog E: Begriffsdefinitionen aus der Handels- und Absatzwirtschaft", 4. Auflage, Köln; Olesch, G. (1998): Kooperation im Wandel – Zur Bedeutung und Entwicklung der Verbundgruppen, Frankfurt am Main; Olesch, G.; Ewig, H. (2003): Das Management von Verbundgruppen, Neuwied, Köln, München.

Verbundgruppe

(insbesondere in der → *Handelsbetriebslehre*) ist ein Sammelbegriff für Zusammenschlüsse rechtlich und wirtschaftlich selbstständiger → Handelsbetriebe zum Zwecke der zwischenbetrieblichen → Kooperation. Zu den Verbundgruppen zählen z.B. → Einkaufsgemeinschaften des Groß- und Einzelhandels und → freiwillige Ketten.

Verbundpräsentation

Bei der Verbundpräsentation handelt sich um die Zusammenführung von Artikeln, die für den Kunden in einem engen Verwendungs-/Bedarfszusammenhang stehen (→ In-Store-Marketing), was anregend wirkt und zur Orientierungsfreundlichkeit beiträgt. Die Artikel können einander in ihrer Wertigkeit entsprechen (Rock und Bluse) oder es können Rangunterschiede bestehen (Kamera und Film). Es gibt eine Vielzahl von Bedarfszusammenhängen, die in der Vielschichtigkeit der menschlichen Bedürfnisstruktur begründet liegen.

Siehe auch → Handelsmarketing (mit Literaturangaben).

Verdeckte Gewinnausschüttung

siehe → Körperschaftsteuer; Kapitel „4. Bemessungsgrundlage für die Körperschaftsteuer"; siehe auch → Gesellschaft mit beschränkter Haftung (deutsches Recht).

Veredelungsverkehr

Im → Außenhandel liegt Veredelung vor, wenn eine Ware ins Ausland zur Bearbeitung, Verarbeitung oder Reparatur geschickt wird und anschließend ins Inland zurückgesandt wird. Aus Sicht des Auslands gilt dieser Vorgang als aktiver Veredelungsverkehr entweder als → Eigenveredelung oder als → Lohnveredelung, aus Sicht des Inlands als passiver Veredelungsverkehr.

Die Motive für die Veredelung sind Kapazitätsengpässe im passiven Veredelungsland, das Lohnkostengefälle und die Konzentration von Produktions-Know-how im aktiven Veredelungsland. Zoll-

rechtlich erfolgt i.d.R. nur eine einmalige Belastung des Veredelungsverkehrs, und zwar bei Rücksendung der veredelten Ware als sog. Differenzverzollung, dagegen keine Belastung im Land der aktiven Veredelung.
Siehe auch → Außenhandel (mit Literaturangaben).

Vereinigungsmodell

aus dem anglo-amerikanischen Rechtskreis stammendes Modell zur Strukturierung der Organe einer Kapitalgesellschaft (corporation). Das Vereinigungsmodell schreibt eine Zweiteilung der Organe in die Versammlung der Aktionäre (Shareholders' Meeting) sowie in eine gleichzeitig Management- und Kontrollaufgaben wahrnehmende Einheit, den Board of Directors, vor. Siehe auch → Kapitalgesellschaft, amerikanische (Organe).

Verfahren der kritischen Ereignisse

(bei der *Leistungsbeurteilung*). Im Rahmen der Verfahren der kritischen Ereignisse haben sich insbesondere die Verfahren der kritischen Arbeitsinhalte (*critical job elements*) bewährt. Im Mittelpunkt dieses Leistungsbeurteilungsverfahrens stehen diejenigen Aspekte beobachtbaren Arbeitsverhaltens, die zum Erfolg der zu erfüllenden Aufgabe von wesentlicher Bedeutung sind.
Siehe auch → Lohn- und Gehaltsmodelle (mit Literaturangaben).

Verfügbarer Bestand

(*Lagerwirtschaft*), einsetzbare Materialien zu einem bestimmten Termin, entspricht dem → Lagerbestand zzgl. offene Bestellungen abzgl. Reservierungen. Siehe auch → Lagereinrichtungen, → Lagerorganisation, → Lagerlogistik, → Lagerbestandsführung und → Lagerhaltungspolitik sowie → Materiallogistik, Kapitel 4.

Verfügungskompetenz

Die Verfügungskompetenz als Form der → Durchführungskompetenz beinhaltet das Recht, Arbeitsobjekte, Sachmittel und Informationen anzufordern und darüber zu verfügen.

Verfügungsrechte

(*Property Rights*) stellen ein Rechtsbündel dar, das aus einem oder mehreren Einzelrechten besteht: (1) Dem Recht, ein Gut zu nutzen (ius usus); (2) dem Recht, seine Erträge einzubehalten (ius usus fructus); (3) dem Recht, Form und Substanz des Gutes zu ändern (ius abusus); (4) dem Recht, das Gut einschließlich der daran bestehenden Verfügungsrechte ganz oder teilweise Dritten zu überlassen (ius successionis).
Bei der Betrachtung wird davon ausgegangen, dass nicht die physischen oder immateriellen Güter selbst, sondern die Verfügungsrechte an Ressourcen und/oder Gütern einen wirtschaftlichen Nutzen konstituieren. Auf Märkten werden daher im Rahmen von Markttransaktionen einzelne Verfügungsrechte übertragen. Unterschiedliche Ausgestaltungen von Verfügungsrechten können dabei beispielsweise zur Differenzierung der angebotenen Leistung dienen.
Bei → Dienstleistungen werden dem Anbieter einzelne Verfügungsrechte partiell und zeitlich eingeschränkt übertragen, wobei der Nachfrager die Art der Nutzung und Veränderung genau spezifizieren und an Bedingungen knüpfen kann. Sofern der → externe Faktor nicht nur in den → Leistungserstellungsprozess integriert, sondern in diesem auch transformiert (→ Transformation) wird, erhält der Anbieter z.B. auch das Recht, die Form des externen Faktors zu verändern (ius abusus). Aus der Sicht des Nachfragers einer Dienstleistung verbleiben die Verfügungsrechte zwar bei ihm; er verzichtet aber partiell und vorübergehend zugunsten des Anbieters auf sie.
Siehe auch → Dienstleistungsmanagement (mit Literaturangaben).
    Literatur: Richter, Rudolf/Furubotn, Eirik G. (2003): Neue Institutionenökonomik: Eine Einführung und kritische Würdigung, 3. Auflage, Tübingen 2003.

Verfügungsrechtetheorie

(*Property-Rights-Theorie*) analysiert, welche Verfügungsrechte in einer Wirtschaftsordnung existieren, wie diese die Handlungen der Individuen beeinflussen und damit die gesellschaftliche Wohlfahrt

bestimmen. Verfügungsrecht ist dabei das Recht, eine Ressource zu nutzen, zu veräußern, andere von der Nutzung auszuschließen und sich Gewinne aus der Nutzung anzueignen.
Siehe auch → Organisation, Grundlagen und → Organisationstheorien, jeweils mit Literaturangaben.

Verfügungsrechtsansatz

„Als Verfügungsrecht im Sinne der Verfügungsrechtstheorie gilt jede Art von Berechtigung, über Ressourcen (materielle oder immaterielle) zu verfügen, sei es von Gesetzes wegen, aus Vertrag oder aufgrund sozialer Verpflichtungen" (Göbel 2002, S. 67). Es geht um die Frage, welche Verteilung von Verfügungsrechten sich wie auf das Verhalten der Individuen auswirken wird. Dabei liegt z.B. ein Motivationsproblem vor, wenn die Verteilung der Verfügungsrechte an einer Person oder Sache vor dem Hintergrund unterschiedlicher Interessenslagen erfolgt. Die Bewältigung des Problems ist z.B. durch eine Veränderung der Verfügungsrechtspositionen möglich (z.B. Umwandlung des Gemeineigentums in Privateigentum).
Literatur: Göbel, E.: Neue Institutionenökonomik: Konzeption und betriebswirtschaftliche Anwendungen, Stuttgart 2002.

Vergleichsverfahren

(→ *Unternehmensbewertung*). Vergleichs- bzw. Multiplikatorverfahren zählen konzeptionell zu den Gesamtbewertungsverfahren innerhalb der Unternehmensbewertung. Sie ermitteln den Wert eines zu bewertenden Unternehmens durch Ableitung aus Börsenkurswerten, aus realisierten Marktpreisen oder aus branchenspezifischen Erfahrungssätzen, die aus realisierten Transaktionen vergleichbarer Unternehmen gewonnen werden. Die Bewertung erfolgt anhand von „Multiplikatoren" („multiples"), weshalb die Vergleichsverfahren auch „Multiplikatorverfahren" genannt werden. Innerhalb der Vergleichsverfahren kann zwischen der *(1) Multiplikatormethode auf Basis vergleichbarer Unternehmen (Comparative Company Approach)* und der *(2) Multiplikatormethode auf Basis von Erfahrungssätzen* unterschieden werden.
Siehe auch → Unternehmensbewertung (mit Literaturangaben).
Literatur: Ballwieser, W.: Unternehmensbewertung, Stuttgart 2004; Ernst, D./Schneider, S./Thielen, B.: Unternehmensbewertungen erstellen und verstehen, München 2003; Krolle, S./Schmitt, G./Schwetzler, B.(Hrsg.): Multiplikatorverfahren in der Unternehmensbewertung, Stuttgart 2005.

Verhalten, risikoaverses

siehe → Risikoaversion.

Verhalten, risikofreudig

siehe → Risikofreude.

Verhalten, risikoneutral

siehe → Risikoneutralität.

Verhaltensbeobachtungsskalen

(bei der *Leistungsbeurteilung*). Diese Skalen bauen auf Leistungsdimensionen auf, die anhand von Einzelaussagen beschrieben werden und auf rein beobachtbares Arbeitsverhalten beschränkt sind.
Siehe auch → Lohn- und Gehaltsmodelle.

Verhaltenserwartungsskalen

(bei der *Leistungsbeurteilung*). Diese Skalen enthalten Beschreibungen tätigkeitsrelevanter Verhaltensweisen, die positive, neutrale oder negative Ausprägungen von wichtigen Beurteilungsaspekten aufweisen können. Siehe auch → Lohn- und Gehaltsmodelle (mit Literaturangaben).

Verhaltenskodizes

stellen das zentrale Instrument internationaler Organisationen zur Regulierung grenzüberschreitender Unternehmenstätigkeit dar. Verhaltenskodizes sind Prinzipien- und Normensysteme, die unverbindliche Regeln für ein erwünschtes Wohlverhalten insbesondere → internationaler Unternehmen festlegen.

Ihr Ziel liegt vor allem darin, internationalen Unternehmen Verhaltensleitlinien zu bieten, damit diese in Harmonie mit den jeweiligen nationalen Regierungen und sozialen Anforderungen agieren können. Durch die Kodizes wird ein Rahmen vorgegeben, innerhalb dessen die einzelnen Länder gesetzliche, tarifvertragliche oder unternehmensspezifische Regelungen schaffen.
Siehe auch → Interkulturelles Management und → Personalmanagement, jeweils mit Literaturangaben.

Verhaltenswissenschaften
Wissenschaften, die sich auf das menschliche Verhalten beziehen, z.B. Psychologie, Soziologie, Sozialpsychologie, physiologische Verhaltenswissenschaften, vergleichende Verhaltensforschung (Verhaltensbiologie). Siehe auch → Konsumentenverhalten (mit Literaturangaben).

verhandlungsorientierte Verrechnungspreise
siehe → Verrechnungspreise, verhandlungsorientierte.

Verkauf, distanzpersönlicher
(mediengestützt). Der Besuchsverkauf ist mit Besuchskosten im dreistelligen Bereich die teuerste Kontaktart. Also kann der Weg beschritten werden, das *Face-to-the-Customer-Prinzip* in ein *Voice-to-the-Customer-Prinzip* zu wandeln; obwohl eine Videokonferenzschaltung auch eine Situation von Angesicht zu Angesicht schafft. Die körperliche Anwesenheit wird über eine räumliche Distanz mit Hilfe eines Mediums simuliert. Das Spiel der Stimmen und evtl. der Bilder gestaltet den Dialog weiterhin interaktiv.
(1) Von herausragender Bedeutung ist dabei der *Telefonverkauf.* Betriebsinterne oder -externe → Call-Center entlasten Innen- und Außendienste. Manchmal ersetzen sie sie auch durch → Outsourcing. Das → Direktmarketing hat diese Verkaufsform perfektioniert, um Kaufinteressenten ausfindig zu machen, Potenziale zu klären, Besuchstermine zu vereinbaren und Folgebedarfe in Aufträge zu überführen.
(2) Stark verbesserte technische Möglichkeiten fördern den Trend zu besuchskostensparenden *Videokonferenzen.* Es handelt sich um die Kombination von Telefonkontakt mit Bildkommunikation; in erster Linie über Computer. Die persönliche Nähe wird simuliert, doch lässt sich das Face-to-Face-Feeling nicht ersetzen. Großbildleinwände heben die Begrenzung der bisherigen PC-Systeme auf. Bei etablierten Geschäftsbeziehungen lassen sich Routinebesuche und allgemeine Beratungsgespräche teilweise gut auf Videokonferenzen verlagern.
Siehe auch → Verkauf, persönlicher, → Verkauf, unpersönlicher (mediengeführt) sowie → Vertriebspolitik und → Vertriebspolitik, jeweils mit Literaturangaben.

Verkauf, persönlicher
(*Face to Face-Verkauf*). Der persönliche Besuchsverkauf mit seinen Spielarten erhält seine überragende Bedeutung für den Markterfolg durch Wahrnehmungen und Energien einer körperlichen Nähe zwischen Marktpartnern. Der persönliche Verkauf bewährt sich insbesondere beim Vertrieb erklärungsbedürftiger Produkte und beim Verkauf von Dienstleistungen.
Üblicherweise werden folgende Spielarten des persönlichen Verkaufens unterschieden: (1) Beim *Besuchs- oder Außendienstverkauf* finden die Verkaufsgespräche in den Räumlichkeiten des Kunden statt (Domizilprinzip). Folglich kommt es darauf an, im Büro oder in der Privatsphäre des Kunden willkommen geheißen zu werden. Beim Haustürverkauf (Drückerverkauf) wird da auch schon einmal etwas nachgeholfen. Das Domizilprinzip ist vorherrschend für den Vertrieb technischer Güter, die nicht selten sogar in der Fabrikhalle des Kunden präsentiert werden. (2) Der Begriff *stationärer Verkauf* fasst Ladenverkauf, Schauraumverkauf, Schalterhallenverkauf und Kioskverkauf zusammen. Für alle Unterformen gilt das Residenzprinzip. Der → *Point of Sale* (POS) befindet sich beim Verkäufer. Die Verkaufsräume müssen folglich ausreichend attraktiv sein, um den Kunden in das Ladengeschäft, in eine Bank oder in einen Auto-Schauraum „zu locken". (3) Beim *Treffprinzip* finden Verkaufskontakte an wechselnden POS statt. Lieferant und Kunde führen die Verkaufsgespräche auf → Messen, Promotions, → Events, auf Partys (Verkaufsveranstaltungen) oder auf Märkten. Es macht den Reiz langjähriger Geschäftsbeziehungen aus, dass man sich auch in Hotels, Restaurants oder auf Kongressen austauscht.
Siehe auch → Verkauf, distanzpersönlicher (mediengestützt), → Verkauf, unpersönlicher (mediengeführt) sowie → Vertriebspolitik und → Vertriebspolitik, jeweils mit Literaturangaben.

Verkauf, unpersönlicher

(mediengeführt). Beim unpersönlichen Verkauf fehlt das interaktive Element der persönlichen Nähe. Der Kunde hat i.d.R. keinen persönlichen Kontakt zum Verkäufer. Die Interaktion wird vollständig auf ein Medium übertragen (Distanzprinzip).

(1) Von dominierender Bedeutung ist in diesem Zusammenhang der *Versandhandel* durch die Groß- und Spezialversender. Ein *Customer Care Service* (Innendienstverkauf) prägt die Qualität der Geschäftsbeziehung. Die Beziehung ist im traditionellen Ansatz passiv. Am Ort der Kaufentscheidung hat der Anbieter keine Kontrolle über das Kaufverhalten, auch nicht über den Zeitpunkt des Kaufs.

(2) Deshalb wird zunehmend versucht, mit Hilfe des *elektronischen Versandhandels* (→ E-Commerce) einen zwar nicht persönlichen, aber doch interaktiven Dialog mit dem Kunden zu erreichen. Bei diesem Dialog spielen z.B. *Interactive Selling Routinen* eine zukunftsweisende Rolle. Der Computer analysiert das Kundenverhalten und gibt automatisiert Anstöße für eine Kundenansprache.

(3) Das *Tele-Shopping* verbindet Fernsehen mit Telefon. Zukünftig ist das Fernsehen mit dem PC vernetzt. Kundenaufträge werden direkt über den digitalen Kabelkanal eingegeben. Ein neuer Begriff ist im Kommen: *T-CRM*.

(4) Für niedrigpreisige Produkte des täglichen Bedarfs ist auch ein Verkauf durch *Automaten* geeignet. Ohne verkäuferischen Personaleinsatz wird eine hohe Flächendistribution erreicht. Für den Verkauf von Zigaretten, Süßwaren, Getränken, Fahrkarten oder zuweilen auch Blumen kommen Innen- und Außenautomaten oder Automatenläden mit vollständiger Selbstbedienung zum Einsatz.

Siehe auch → Verkauf, persönlicher, → Verkauf, distanzpersönlicher (mediengestützt) sowie → Vertriebspolitik und → Vertriebspolitik, jeweils mit Literaturangaben.

Verkäufermarkt

Verkäufermärkte sind geprägt durch Angebotsknappheit im Vergleich zu Nachfrageüberschuss.

Verkaufsförderung

(*Sales Promotion*). Die Verkaufsförderung ist ein zeitlich und marktsegmentspezifisch gezielt einzusetzendes Instrument der Kommunikationspolitik. Sie dient der Aktivierung der Marktbeteiligten (Vertrieb, Händler, Kunden) zur Erhöhung der Verkaufsergebnisse durch personen- und sachbezogene erweiterte Leistungen zum Angebot. Man unterscheidet entsprechend: (1) *Außendienst-Promotion*: Die Zielgruppe ist der eigene Vertrieb. Durch Schulungen, Fahrzeug, Fortbildungen, Unterstützungsmaßnahmen (z.B. Prospekte) und Motivation (z.B. Prämien, Außendienstwettbewerbe) sollen die Verkäufer zur intensiveren Marktbearbeitung angeregt werden. (2) *Händler-Promotion*: Die Händler erhalten spezielle Infos über Produkte oder zur Ladengestaltung, Aufsteller und Displays, Aktion zum Abverkauf von Neuprodukten oder Mietzuschüsse bzw. Bonussysteme. (3) *Kunden-Promotion*: Ergänzung der Händlerunterstützung etwa durch Preisausschreiben, Sonderpackungen, Packungen mit Zusatznutzen, Proben und Verkostung im Einzelhandel oder Auslandstagungen im Industrievertrieb (Investitionsgütermarketing). Beim Endverbraucher soll verstärkt Nachfrage erzeugt werden.

Durch Verkaufsförderung soll insbesondere die Media-Werbung (→ Werbung) ergänzt sowie die Effektivität des Handels erhöht werden. Käufer werden am POS (→ POS) mit speziellen Maßnahmen und Methoden direkt angesprochen.

Siehe auch → Point-of-Purchase-Werbung (→ *Handelsmarketing*) und → Kommunikationspolitik (mit Literaturangaben)

Literatur: Baun, D.: Impulsives Kaufverhalten am Point of Sale, Gabler, Wiesbaden 2003; Blattberg, R. C., Neslin, S. A.: Sales Promotion – Concepts, Methods, and Strategies, Prentice Hall, Upper Saddle River (NJ) 1995; Fuchs, W., Unger, F.: Verkaufsförderung – Konzepte und Instrumente im Marketing-Mix, 2. Auflage, Gabler, Wiesbaden 2003; Gedenk, K.: Verkaufsförderung, Vahlen, München 2002; Görtz, G.: Verbraucherspezifische Promotionwirkung, Gabler, Wiesbaden 2006, Tellis, G. J.: Advertising and Sales Promotion Strategy, Prentice Hall, Upper Saddle River (NJ) 1998

Internetadressen: www.isp.org.uk (Institute of Sales Promotion); www.posma.de (POS Marketing Association e.V.); www.sp-mag.com (Sales Promotion Magazine).

Verkaufsformen

siehe → Verkauf, persönlicher, → Verkauf, distanzpersönlicher (mediengestützt), → Verkauf, unpersönlicher (mediengeführt), siehe auch → Vertriebspolitik, Kap. 4 Vertriebssystem (mit Literaturangaben).

Verkaufsoption, amerikanische

verbrieft das Recht, einen Vermögensgegenstand (Basistitel) bis zu einem bestimmten Termin (Ausübungszeitpunkt) zu einem festgesetzten Preis (Basispreis) zu verkaufen. Siehe auch → europäische Verkaufsoption, → Kaufoption und → Optionen (mit Literaturangaben).

Verkaufsoption, europäische

verbrieft das Recht, einen Vermögensgegenstand (Basistitel) an einem bestimmten Termin (Ausübungszeitpunkt) zu einem festgesetzten Preis (Basispreis) zu verkaufen. Siehe auch → amerikanische Verkaufsoption, → Kaufoption und → Optionen (mit Literaturangaben).

Verkaufsprozess

(CRM-Verkaufsprozess), siehe → SalesCycle.

Verkaufsprozess

siehe → Verkaufszyklus (SalesCycle); siehe auch → Vertriebspolitik (mit Literaturangaben).

Verkaufsraumgestaltung

Die Verkaufsraumgestaltung als Teil des → Handelsmarketing umfasst Instrumente wie das Ladenlayout, die Raumzuteilung sowie die atmosphärische Ladengestaltung und damit zentrale Teile des → In-Store-Marketing.

Mit der Erlebnis- und Versorgungsorientierung sind hier zwei Ausgangspunkte zu differenzieren (Liebmann/Zentes 2001): (1) Erlebniswerte können vielfach vermittelt werden, wobei die Ladengestaltung eine Schlüsselposition einnimmt. Sie soll zur Erhöhung der Kundenzahl, der Einkaufssumme und zur Optimierung der Kundenfrequenzen beitragen und damit zur Erhöhung der Verkaufsflächenrentabilität. Wichtig ist die atmosphärische Ladengestaltung, bei der Reize auf alle Sinne des Konsumenten gerichtet sind. (2) Die funktionsgerechte Verkaufsraumgestaltung ermöglicht die ökonomische Bedarfsdeckung und rückt v.a. Preisvorteile in den Vordergrund, so bei Discountern und Fachmärkten. Dem → Ladenlayout kommt die Schlüsselaufgabe zu.

Siehe auch → Handelmarketing (mit Literaturangaben).

Literatur: Liebmann, H.-P., Zentes, J., Swoboda, B.: Handelsmanagement, 2. Aufl., München 2007.

Verkaufszyklus

(CRM-Verkaufsprozess), siehe → SalesCycle.

Verkaufszyklus

Das Aufgabengebiet des Verkaufens kann durch die Arbeitsschritte eines *Verkaufsprozesses* (*SalesCycle*) beschrieben werden. Es sind diese in einem 10-Stufen-Konzept: (1) *Kundensuche* (Lokalisierung potenzieller Kunden) inkl. Vorqualifizierung, d.h. Herausfiltern von Interessenten (Leads) aus Adressen, Empfehlungen und Kontakten, (2) *Kontaktaufnahme* mit potenziellen Kunden (Kundenansprache), (3) *Analyse der Kundenerwartungen* und -wünsche und Abschätzen der Auftragschancen (Beginn der Kundenqualifizierung), (4) bedürfnisgerechtes *Anbieten* mit Nachweis der eigenen Produktvorteile im Vergleich zu Konkurrenzprodukten, (5) *Preis- und Vertragsverhandlung* (*Contracting*), (6) *Kaufabschluss* (*Closing*), (7) *Auftragsbearbeitung, Auslieferung und Fakturierung (Processing),* (8) *Nachbetreuung* mit dem Ziel einer verstärkten Kundenbindung, (9) *Weiterentwicklung* des Kunden, z.B. in Richtung *Up- und Cross-Selling* (10) und gegebenenfalls *Kundenrückgewinnung.*

Siehe auch → Vertriebspolitik und → Vertriebssteuerung, jeweils mit Literaturangaben.

Verkauf-und-leas(e)-zurück-Verfahren

siehe → Sale-and-lease-back-Verfahren; siehe auch → Leasing (mit Literaturangaben).

Verkehrssicherungspflichten
(bei der → Produkthaftung). Der Hersteller muss alle objektiv erforderlichen und zumutbaren (Sicherheits-) Maßnahmen ergreifen, um die Verletzung Dritter durch sein Produkt auszuschließen. Er muss dabei verschiedene Kategorien von Verkehrsicherungspflichten beachten. Dies sind: die Pflicht zur ordnungsgemäßen Konstruktion (→ Konstruktionsfehler), Fabrikation (→ Fabrikationsfehler), Instruktion oder Warnung (→ Instruktionsfehler), Produktbeobachtung (→ Produktbeobachtungsfehler) und schließlich die → Befundsicherungspflicht.
Siehe auch → Produkthaftung (mit Literaturangaben).
  Literatur: Schubert/ Robyn, in Häberle, S.G.: Handbuch für Kaufrecht, Rechtsdurchsetzung und Zahlungssicherung im Außenhandel, München und Wien 2002, 2.2.2.1.2.1.1; Palandt, Kommentar zum Bürgerlichen Gesetzbuch, 63. Aufl., § 823, Rn. 45-55. OLG Köln, in: Neue Juristische Wochenschrift, 2004, 521, „Haftung für Verletzung durch eine in Toast eingebackene Schraubenmutter".

Verkehrswert
ist der Preis, der im täglichen Verkehr für Güter gleicher Art und Beschaffenheit am Markt bezahlt wird. Schwierig ist seine Ermittlung dann, wenn kein Markt für das Gut besteht oder der gegebene Markt sehr eng ist. Als Synonym für Verkehrswert wird auch gemeiner Wert verwendet.

Verlängerter Eigentumsvorbehalt
siehe → Eigentumsvorbehalt.

Verlustabzug
siehe → Verlustverrechnung (Einkommensteuer).

Verlustausgleich
(*loss set-off*; siehe auch deutsche → Einkommensteuer). Nach Ermittlung der → *Einkünfte* der sieben → *Einkunftsarten* ergibt sich durch deren Addition die *Summe der Einkünfte* (§ 2 Abs. 1 und 3 EStG). Der Begriff der → *Einkünfte* umfasst nicht nur positive, sondern auch negative → *Einkünfte*. Steuerpflichtige, die im Veranlagungszeitraum negative → *Einkünfte* erzielen, die nicht einem Verlustausgleichsverbot unterliegen, können diese mit positiven → *Einkünften* verschiedener → *Einkunftsarten* des gleichen *Veranlagungszeitraumes* ausgleichen. Der Ausgleich der Verluste durch positive → *Einkünfte* vermindert also die *Summe der Einkünfte* und damit automatisch auch die Höhe des *zu versteuernden Einkommens*. Diese Verfahrensweise wird als Verlustausgleich bezeichnet.
Man unterscheidet zwischen dem → *horizontalen Verlustausgleich* und dem → *vertikalen Verlustausgleich*.
Siehe auch → Verlustverrechnung und → Einkommensteuer, deutsche (mit Literaturangaben).

Verlustausgleich
siehe → Verlustverrechnung (Einkommensteuer).

Verlustbilanz
ist gegeben, wenn die Handelsbilanz zwar einen Verlust ausweist, dieser jedoch durch den Gewinnvortrag oder durch die offenen Rücklagen gedeckt ist.

Verlustrücktrag
siehe → Verlustverrechnung und → Einkommensteuer, deutsche.

Verlustverrechnung
(deutsche → *Einkommensteuer*, *loss offsetting*) ist der → *Verlustausgleich* negativer Einkünfte, die im Verlustentstehungsjahr bei der Ermittlung der Summe der Einkünfte nicht mit positiven Einkünften ausgeglichen werden können, § 10d EStG. Diese verbleibenden negativen Einkünfte (Verluste) sind vom Gesamtbetrag der Einkünfte des unmittelbar vorangegangenen Veranlagungszeitraum vorrangig vor Sonderausgaben, außergewöhnlichen Belastungen und sonstigen Abzugsbeträgen abzuziehen (Verlustrücktrag). Siehe auch → Verlustausgleich.

Verlustvortrag

Der verbliebene Bilanzverlust des Vorjahres ist in der Bilanzposition „ → Eigenkapital" als Verlustvortrag auszuweisen.

Vermietungsgenossenschaften

→ Wohnungsgenossenschaften, die nach Aufhebung des Wohnungsgemeinnützigkeitsgesetzes weiterhin von der Körperschaft- und Gewerbesteuer befreit bleiben, solange mindestens 90 % der Einnahmen aus dem Vermietungsgeschäft erzielt werden.

Vermittlerzentrierte Systeme

sind → elektronische Markplätze, bei denen die Katalogverantwortlichkeit sowie die Bereitstellung der Procurement Software (→ *Electronic Procurement Systeme*) einem → Procurement Service Provider obliegt.

Vermögensgegenstand, immaterieller

siehe → immaterieller Vermögensgegenstand.

Verpackung

ist abtrennbar mit dem Produkt verbunden und muss/kann vor dessen Ge- bzw. Verbrauch entfernt werden. Beispiele sind das Einschlagpapier einer Schokoladentafel, die Stanniolhülle bei portioniertem Speiseeis oder die Cellophanierung bei abgepacktem Obst. Kombinationsverpackungen sind dabei aus verschiedenen Werkstoffen (Verbundstoffen) hergestellt. Siehe auch → Umverpackung.

Verrechnungspreis

(*transfer price*; im → *Steuerrecht, Internationales*). Verrechnungspreis ist der Preis, zu dem Güter und Dienstleistungen innerhalb eines Unternehmens(verbundes) angesetzt werden. Verrechnungspreise werden oft (steuer-)gestaltend eingesetzt. Besonders international tätige Unternehmen versuchen durch den Einsatz von Verrechnungspreisen Gewinne auf Unternehmensteile im niedrigbesteuernden Ausland zu verlagern.
Die betroffenen Staaten versuchen, den Gewinnverlagerungen entgegenzuwirken. Aus diesem Grund wurden Methoden zur Überprüfung der Angemessenheit von Verrechnungspreisen entwickelt. Ein Verrechnungspreis ist angemessen, wenn die Preise für den Güter- und Dienstleistungsaustausch zwischen den einzelnen Unternehmen einem Fremdvergleich (→ *Dealing-at-arm's-length-Regel*) standhalten. Falls dies nicht der Fall ist, werden sie entsprechend korrigiert.
Siehe auch → Steuerrecht, Internationales (mit Literaturangaben).
    Literatur: Djanani, Christiana / Brähler, Gernot, Internationales Steuerrecht, 2. Aufl., Wiesbaden 2004; Frotscher, Gerrit, Internationales Steuerrecht, München 2001.
    Internetadressen: http://www.steuer-newsletter.de/themen/istr/article.php/id/1081; http://www.pwc.com/extweb/service.nsf/docid/BD5D372030A7C85D80256C150050DD29

Verrechnungspreise

(*Transferpreise, Lenkpreise; allgemeine Charakterisierung*) sind Werte, die in einem Unternehmen für Leistungen angesetzt werden, die zwischen organisatorischen Bereichen (Divisionen, Sparten) ausgetauscht werden. Häufig handelt es sich bei den organisatorischen Bereichen um relativ selbstständig handelnde Einheiten. Wichtige Funktionen von Verrechnungspreisen sind die Erfolgsermittlung und die Koordination: Die Divisionen sollen einerseits ihren Anteil am Gesamterfolg des Unternehmens erkennen und andererseits sollen die Aktivitäten der Divisionen aufeinander abgestimmt werden.
Verrechnungspreise können auf Basis von Marktpreisen gebildet werden, wenn es für die Leistung einen Markt gibt und die Divisionen beide einen Marktzugang haben. Sie erfüllen dann die beiden Funktionen Erfolgsermittlung und Koordination. Liegen die Voraussetzungen für Marktpreise nicht vor, dann werden in den Unternehmen Verrechnungspreise auf Basis von Kosten gebildet. Theoretisch gibt es zwar die Möglichkeit, Verrechnungspreise auf Basis von Grenzkosten zu bilden, die Unternehmen machen jedoch von dieser Variante kaum Gebrauch. Meistens werden Verrechnungspreise auf Basis von Vollkosten gebildet. Es ist jedoch auch möglich, dass Verrechnungspreise auf Grund von Verhand-

lungen festgelegt werden, häufig werden solche Verhandlungen auf der Basis von Marktpreisen bzw. Kosten geführt.

Siehe auch → Erfolgscontrolling (mit Literaturangaben), → Profit Center (mit Literaturangaben), → Verrechnungspreise, → Verrechnungspreise, duale, → Verrechnungspreise, internationale, → Verrechnungspreise, kostenorientierte, → Verrechnungspreise, marktorientierte, → Verrechnungspreise, verhandlungsorientierte.

Verrechnungspreise duale

Wertansätze für innerbetriebliche Leistungen dezentral organisierter Unternehmen, bei denen unterschiedliche Preise für den liefernden und empfangenden Bereich angesetzt werden. Dies sieht vor, dass der empfangende Bereich die durchschnittlichen Vollkosten (pro Stück) des abgebenden Bereichs bezahlt, während der abgebende Bereich den durchschnittlichen Deckungsbeitrag (vor Kosten der innerbetrieblichen Leistung) des empfangenden Bereichs erhält. Es führt dazu, dass der durch das Produkt, in den die innerbetriebliche Leistung einfließt, entstehende Gewinn bei beiden Bereichen ausgewiesen wird und setzt gleichzeitig voraus, dass die Zentrale den Ausgleichsverlust trägt.

Siehe auch → Erfolgscontrolling (mit Literaturangaben), → Profit Center (mit Literaturangaben), → Verrechnungspreise, → Verrechnungspreise, internationale, → Verrechnungspreise, kostenorientierte, → Verrechnungspreise, marktorientierte, → Verrechnungspreise, verhandlungsorientierte.

Verrechnungspreise, internationale

Im internationalen Konzern kommt zu den zwei Funktionen von → Verrechnungspreisen eine dritte Funktion hinzu: die Steuerminimierung. Sie ist immer möglich, wenn der Austausch von Leistungen zwischen Ländern mit unterschiedlichen Steuersätzen stattfindet. Gelingt es dem Unternehmen, den Erfolg von einem Hochsteuer- in ein Niedrigsteuerland zu verlagern, verringert sich die Steuerlast im gesamten Konzern.

Der → Verrechnungspreis muss allerdings dem so genannten → Fremdvergleich genügen: Die einzelnen Konzernunternehmen gelten als selbstständige Unternehmen, ein Geschäft innerhalb des Konzerns ist genauso zu behandeln wie mit einem konzernfremden Unternehmen. Im Musterabkommen der OECD zur → Doppelbesteuerung ist der Fremdvergleichsgrundsatz enthalten, dort sind auch die Standardmethoden des → Fremdvergleichs geregelt. Siehe auch → Erfolgscontrolling (mit Literaturangaben), → Profit Center (mit Literaturangaben), → Steuerrecht, Internationales (mit Literaturangaben) und → Verrechnungspreise (allgemeine Charakterisierung).

Verrechnungspreise, marktorientierte

Wertansätze für innerbetriebliche Leistungen dezentral organisierter Unternehmen, bei der der Marktpreis, der für eine Leistung am Markt existiert, die der innerbetrieblichen Leistung äquivalent ist, als Ausgangsbasis zugrunde gelegt wird.

Zur Verwendung eines marktorientierten Verrechnungspreises müssen u.a. folgende Bedingungen beachtet werden: Es muss überhaupt ein Markt für diese Leistung existieren und ein einheitlicher Marktpreis identifizierbar sein.

Ein Vorteil dieses Verrechnungspreistypus ist die geringe Manipulierbarkeit, da er nicht von den (besseren) Informationen der Bereichsmanager abhängt, sondern eine "objektivierte" Größe darstellt. Er ist außerdem aus steuerlicher Sicht am ehesten zur Lösung des Gewinnaufteilungsproblems rechtlich selbstständiger Unternehmen anerkannt.

Siehe auch → Erfolgscontrolling (mit Literaturangaben), → Profit Center (mit Literaturangaben), → Verrechnungspreise, → Verrechnungspreise, duale, → Verrechnungspreise, internationale, → Verrechnungspreise, kostenorientierte, → Verrechnungspreise, verhandlungsorientierte.

Verrechnungspreise, verhandlungsorientierte

Wertansätze für innerbetriebliche Leistungen dezentral organisierter Unternehmen, bei der die Unternehmensleitung auf die Vorgabe von Verrechnungspreisen verzichtet und es den Bereichen freistellt, wie sie zu für alle betroffenen Bereiche akzeptablen Verrechnungspreisen kommen. Diese sind dann das Ergebnis von Verhandlungen zwischen den Bereichen, die mit der internen Leistung zu tun haben.

Grundvoraussetzung ist in diesem Fall, dass sich die Bereiche weigern können, interne Geschäfte durchzuführen, d.h., die Unternehmensbereiche können ihre Leistungen also auch nur am externen Markt verkaufen bzw. beziehen. Die Unternehmensleitung entscheidet hier nur, ob die Anwendung der verhandlungsorientierten Verrechnungspreise grundsätzlich oder nur für bestimmte Fälle in Frage kommt und wie die grundlegenden Prinzipien des Einigungsverfahrens aussehen.

Dieser Typus Verrechnungspreis spiegelt das Streben nach größtmöglicher Autonomie der Bereiche wider. Damit sind verschiedene Vor- und Nachteile verbunden, die u.a. (typischerweise) zu einer höheren Motivation und einer besseren Informationsausnutzung der Bereiche führen, aber i.d.R. auch mit dem Nichterfüllen der Koordinationsfunktion sowie der Gefahr, Konflikte im Unternehmen auszulösen, verbunden sind. Verhandelte Verrechnungspreise haben, ähnlich wie Verrechnungspreise, die einen Gewinnaufschlag enthalten, den Nachteil, dass u.U. sinnvolle Investitionen eines Bereiches (z.B. in kostensenkende Maßnahmen) nicht erfolgen, da der investierende Bereich zwar die gesamten Kosten zu tragen hat, aber nur einen Teil des Erfolgs erhält. Insofern ist ein verhandlungsorientierter Verrechnungspreis aus Sicht der Unternehmensleitung nur dann sinnvoll, wenn die Vorteile die Nachteile überwiegen.

Siehe auch → Erfolgscontrolling (mit Literaturangaben), → Profit Center (mit Literaturangaben), → Verrechnungspreise, → Verrechnungspreise, duale, → Verrechnungspreise, internationale, → Verrechnungspreise, kostenorientierte, → Verrechnungspreise, marktorientierte.

Verrechnungspreise, kostenorientierte

Wertansätze für innerbetriebliche Leistungen dezentral organisierter Unternehmen, die auf Basis von Kosten der erstellten internen Leistung gebildet werden und in der Praxis der am häufigsten zu findende Typus darstellen. Sie umfassen eine relativ heterogene Menge unterschiedlicher Verrechnungspreistypen, nämlich auf Basis von Istkosten oder Standardkosten, Grenzkosten oder Vollkosten, Kosten oder Kosten "plus" Aufschlag, die neben den Kosten ein Aufschlag beinhalten, der bei dem leistenden Bereich zu einem Gewinn führen soll.

Verrechnungspreise auf Istkostenbasis sind mit dem Problem verbunden, dass das Risiko von Kostenschwankungen ausschließlich der beziehende Bereich zu tragen hat. Die Verwendung von Grenzkosten führt u.a. zu einem zu niedrigen Erfolgsausweis des abgebenden Bereichs und zu einem zu hohe des empfangenden Bereichs. Bei Kapazitätsknappheit müssten darüber hinaus Opportunitätskosten ermittelt und angesetzt werden. Die Grundidee der Vollkosten-Verrechnungspreise besteht in der Überlegung, dass die gesamten Kosten abgedeckt werden sollen. Bezüglich der Gewinnaufteilung durch die Transaktion führen aber auch diese Verrechnungspreise zu einer willkürlichen Aufteilung des Gesamtgewinns auf die beitragenden Bereiche. Außerdem sind die grundsätzlichen Schwierigkeiten von Vollkosten für kurzfristige Entscheidungen enthalten, besonders problematisch ist die Tatsache, dass aus (umgeschlüsselten) Fixkosten nun durch diese Verrechnungspreise plötzlich variable Kosten werden.

Siehe auch → Erfolgscontrolling (mit Literaturangaben), → Profit Center (mit Literaturangaben), → Verrechnungspreise, → Verrechnungspreise, duale, → Verrechnungspreise, internationale, → Verrechnungspreise, marktorientierte, → Verrechnungspreise, verhandlungsorientierte.

Verrechnungsscheck

Der Vermerk „Nur zur Verrechnung" oder ein gleichbedeutender Vermerk quer auf der Vorderseite des Schecks untersagt, dass dieser Scheck bar ausgezahlt wird. Ausländische Schecks tragen statt des deutschen Verrechnungsvermerks „Nur zur Verrechnung" im Allgemeinen einen sog. Kreuzungsvermerk (Kreuzvermerk, Crossing-Vermerk), d.h. zwei gleichlaufende Striche auf der Vorderseite des Schecks, zwischen denen meistens der Vermerk „& Cie" bzw. „& Co" steht. Die bezogene Bank darf einen Verrechnungsscheck nur durch Gutschrift (Verrechnung) einlösen.

Jeder Scheckinhaber kann einen → Barscheck durch einen entsprechenden Vermerk zum Verrechnungsscheck machen, aber nicht umgekehrt.

Verrichtungsgehilfe

ist i.d.R. ein Arbeiter oder Angestellter, der derart in die Organisationsstruktur eines Unternehmens eingebunden ist, dass der Geschäftsherr die Tätigkeit jederzeit aufheben, beschränken, erweitern oder anderweitig wie ändern kann (sog. Weisungsgebundenheit).

Verrichtungsorientierte Organisation
siehe → funktionale Organisation.

Verrichtungsprinzip
Beim Verrichtungs- oder Funktionsprinzip erfolgt die Organisation nach dem Grundsatz, gleiche Tätigkeiten/Arbeitsoperationen und damit gleichartige Fertigungseinrichtungen zusammen zu fassen. Beispiel für die Umsetzung des Verrichtungsprinzips ist die → *Werkstattfertigung*, bei der sich gleichartige Arbeitsverrichtungen z.B. in einer Dreherei, Fräserei, Gießerei oder Lackiererei finden lassen.
Siehe auch → Produktion, Formen, → Produktionsmanagement sowie → Produktionsplanung und -steuerung, jeweils mit Literaturangaben.

Verrichtungszentralisation
ist die Zusammenfassung von gleichartigen Teilaufgaben auf eine Organisationseinheit nach dem Kriterium gleichartiger Verrichtungen. Siehe auch → Objektzentralisation, → Dezentralisation, → Zentralisation, → Stelle, → Analyse-Synthese-Konzept und → Aufbauorganisation.

Versandverpackung
Transportverpackung, die mehrere Einzelverpackungen enthält und auf Mehrweg oder Einweg ausgelegt sein kann. Siehe auch → Verpackung.

Verschiffungsrate
siehe → Dokumentenrate.

Verschleierte Sachgründung
siehe → Gesellschaft mit beschränkter Haftung (deutsches Recht).

Verschleißwerkzeuge
sind Werkzeuge, die nicht zum dauerhaften Gebrauch bestimmt sind, da sie sich abnutzen und ersetzt werden müssen oder nur für einen speziellen Auftrag bestimmt sind und danach verschrottet werden. Siehe auch → Materialwirtschaft (mit Literaturangaben).

Verschlüsselung
ist die Bezeichnung für die Umwandlung von Informationen durch die Kommunikationspartner in eine für außenstehende Personen nicht verständliche Form. Ziel ist die Sicherung der Vertraulichkeit der übersandten Informationen. Durch die Anwendung von Verschlüsselungsverfahren werden die übertragenen Daten während des Transports unlesbar gemacht und in einen Geheimtext transformiert. Das Wiederherstellen der ursprünglichen Informationen aus dem Geheimtext wird als *Entschlüsselung* bezeichnet.

Verschmelzung
(*deutsches bzw. europäisches Recht*). Durch eine Verschmelzung werden mehrere Unternehmen zu einem Unternehmen zusammengefasst. Gründe sind meist erhoffte Synergieeffekte (von der Erweiterung der Kapitalbasis über Verwaltungskostenreduzierung bis zu Steuerspareffekten) durch Unternehmenskonzentration. § 2 des Umwandlungsgesetzes (UmwG v. 1995) sieht die Verschmelzung durch Aufnahme und die Verschmelzung durch Neugründung vor. Das Gesetz zur Einführung der Europäischen Gesellschaft (SEEG v. 29.12.2004) ermöglicht europaweit tätigen Unternehmen, grenzüberschreitend zur Form der → Societas Europaea zu verschmelzen.
Literatur (auch zur *Verschmelzungsbilanzierung*): Bula, T. ,Schlösser, J. in: Sagasser, B., Bula, T., Brünger, T.: Umwandlungen, 3.Auflage, München 2002 ; Diers,F-U.: Umwandlungsbilanzen in: Veit, K.-R. (Hrsg.):Sonderbilanzen, Herne/Berlin 2004; Kallmayer, H.: Umwandlungsgesetz, 2.Auflage, Köln 2001; HFA 2/1997 Zweifelsfragen der Rechnungslegung bei Verschmelzungen in: Fachgutachten des IDW auf dem Gebiet der Rechnungslegung und Prüfung, Düsseldorf 2000; Verordnung(EG) Nr.2157/2001 des Rates v. 8.10.2001 über das Statut der Europäischen Gesellschaft (SE) in: ABL.L 294 v.10.11.2001, S.1 ff.

Internetadressen: (Standards, Organisationen) http://www.iasb.org , http://www.idw.de , http://www.fasb.org , http://www.standardsetter.de/drsc/docs ; (Europäische Gesellschaft) http://members.a1.net/w.vatter/2157-2001VO.pdf

Verschmelzung

(Fusion, österreichisches Recht). Im Rahmen einer Verschmelzung (Fusion) werden die Vermögen zweier oder mehrerer → Kapitalgesellschaften oder → Erwerbs- und Wirtschaftsgenossenschaften im Wege der *Gesamtrechtsnachfolge* miteinander vereinigt, wobei die jeweils übertragenden Gesellschaften ohne → Liquidation (Abwicklung) erlöschen und deren Gesellschafter zum Ausgleich Anteile an der übernehmenden Gesellschaft erhalten.

Für die übernehmende Gesellschaft ist die Verschmelzung als *Sacheinlage* anzusehen. Handelt es sich um eine *Verschmelzung zur Aufnahme,* erfolgt die Übertragung der Vermögenswerte auf eine bereits bestehende Gesellschaft, bei einer *Verschmelzung zur Neugründung* gehen diese auf eine neu geschaffene Gesellschaft über. Bestehende Gesellschaften haben in der Regel eine *Kapitalerhöhung* durchzuführen, um an die neuen Gesellschafter Anteile ausgeben zu können.

Zur *Verschmelzung von* → *GmbH* siehe §§ 96 ff öGmbHG, zur *Verschmelzung von* → *AG* siehe §§ 219 ff öAktG, zur *Verschmelzung einer* → *GmbH mit einer* → *AG* siehe § 234 öAktG. Die *Verschmelzung von Genossenschaften* ist im öGenVG geregelt, → *VVaG* verschmelzen nach §§ 59, 72 öVAG. Die *steuerrechtlichen Begleitvorschriften* (steuerneutrale Behandlung von → Umgründungen) enthält Art I (§§ 1 ff) öUmgrStG. *Grenzüberschreitende Verschmelzungen* unterliegen den Bestimmungen der *Fusionsrichtlinie 2005/56/EG.*

Verschmelzung

siehe → Merger und → Mergers & Acquisitions (mit Literaturangaben). Siehe auch → Verschmelzung (deutsches bzw. europäisches Recht) und → Verschmelzung (österreichisches Recht).

Verschmelzungsbilanz

siehe Literaturangaben zu → Verschmelzung (deutsches bzw. europäisches Recht); siehe auch → Sonderbilanzen (mit Literaturangaben).

Verschmelzungs-Richtlinie

(78/855/EWG) *(Fusions-Richtlinie)* vom 9.10.1978 harmonisiert die Verschmelzung durch Aufnahme und Neugründung sowie fusionsähnlicher Vorgänge von Publikumskapitalgesellschaften innerhalb eines EG-Mitgliedstaats. Siehe → Gesellschaftsrecht, Europäisches (mit Literaturangaben).

Quelle: ABl.EG L 295 vom 20.10.1978, S. 36; abrufbar bei Eur-Lex unter: http://eur-lex.europa.eu.

Verschuldungsgrad

Der Verschuldungsgrad stellt eine Kennzahl der Kapitalstruktur dar. Er ist definiert als Quotient aus Fremdkapital und Eigenkapital und liefert eine Aussage darüber, in welchem Verhältnis das Unternehmen eigen- bzw. fremdfinanziert ist.

$$\text{Verschuldungsgrad} = \frac{\text{Fremdkapital}}{\text{Eigenkapital}}$$

Eine Allgemeinaussage über den optimalen Verschuldungsgrad eines Unternehmens kann nicht getroffen werden, da es an theoretisch fundierten Finanzierungsregeln mangelt. Es sind lediglich Tendenzaussagen in der Form möglich, dass mit einem wachsenden Verschuldungsgrad die Eigenkapitalrendite zunimmt, solange der Fremdkapitalzinssatz geringer ist als die Gesamtkapitalrentabilität (→ Leverage-Effekt). Gleichzeitig steigt damit jedoch aus das Kapitalstrukturrisiko.

Siehe auch → Kennzahlen, finanzwirtschaftliche sowie → Rating-Methoden, kreditwirtschaftliche und die dort angegebene Literatur.

Verschuldungsgrad, dynamischer

Der Dynamische Verschuldungsgrad gibt an, in wievielen Jahren die → Effektivverschuldung durch die im Umsatzprozess erwirtschafteten finanziellen Mittel (→ Cash Flow aus der laufenden Geschäftstätigkeit) zurückgezahlt wird.

$$\text{Dyn. Verschuldungsgrad} = \frac{\text{Effektivverschuldung}}{\text{Cash Flow aus der laufenden Geschäftstätigkeit}}$$

Ein Unternehmen gilt als um so kreditwürdiger, je geringer der dynamische Verschuldungsgrad ist. Ein Wert von weniger als 3,5 Jahren wird in der Praxis als Richtschnur für ein solides Unternehmen gesehen.

Siehe auch → Kennzahlen, finanzwirtschaftliche und die dort angegebene Literatur.

Versendungskauf

besondere Form der Geschäftsabwicklung beim Kauf. Der Versendungskauf hat insbesondere spezielle Regelung hinsichtlich der → Gefahrtragung. Nach dem deutschen BGB (§ 447) geht die Leistungsgefahr beim Versendungskauf in dem Moment den Käufer, in dem der Verkäufer die zu liefernde Ware an eine geeignete Transportperson übergibt. Zugleich geht die Gegenleistungsgefahr auf den Käufer mir der Folge über, dass dieser den vereinbarten Kaufpreis selbst dann zu zahlen hat, wenn die Ware auf dem Transport zerstört wird oder sonst untergeht.

Siehe auch → Kaufrecht (mit Literaturangaben).

Versicherungsaufsicht

Sammelbegriff für die staatlichen Regelungen zur Beaufsichtigung von Versicherungsunternehmen und Versicherungsgeschäft; häufig synonym für Aufsichtsbehörde (→ BaFin) verwendet. Der Versicherungsaufsicht (kurz: Aufsicht) unterliegen alle Unternehmen, die das Versicherungsgeschäft betreiben und nicht Träger der Sozialversicherung sind sowie Pensionsfonds. Unterstützungskassen, öffentliche Versorgungswerke und Unternehmen mit engem örtlichem Wirkungskreis unterliegen nicht der Aufsicht.

Siehe auch → Versicherungsbetriebslehre (mit Literaturangaben).

Versicherungsbeitrag

siehe → Versicherungsprämie.

Versicherungsbetriebslehre, Grundlagen

Grundlagen der Versicherungsbetriebslehre

von Professor Dr. Frank Görgen / Professorin Dr. Christiane Jost
Fachhochschule Wiesbaden, Studiengang Insurance & Finance

1. Charakterisierungen

Versicherungsbetriebslehre ist die Lehre des Wirtschaftens im privaten Versicherungsunternehmen. Hauptgegenstand sind Versicherungsgeschäfte, die Versicherungsunternehmen unter Aufwendung von Abschluss- und Verwaltungskosten produzieren, über Märkte absetzen und die vom Versicherungsnehmer nutzenstiftend verwendet werden. Damit ist die Versicherungsbetriebslehre ein Zweig der speziellen Betriebswirtschaftslehre.

Versicherungen übernehmen gegen eine → Prämie für einen vertraglich festgelegten Zeitraum die finanzielle Absicherung eines Versicherungsnehmers, gegen eine ihrer Natur nach zufällige, ebenfalls vertraglich vordefinierte Gefahr für seine oder eine dritte Person, sein Vermögen, seine Aktiva oder Passiva (Haftungsansprüche). Das Versicherungsgeschäft erfüllt demnach eine Schutzfunktion und ist eine zeitraumbezogene Dienstleistung. Eine Geldzahlung des Versicherungsunternehmens erfolgt erst im Schadenfall resp. im Erlebensfall zum vorher vereinbarten Zeitpunkt und ist nur ein Bestandteil der Leistung. Die → Prämie fällt in der Regel vorschüssig für die gesamte Versicherungsdauer an. Die Höhe der Prämie bemisst sich in der Individualversicherung nach dem → Äquivalenzprinzip und kann eine → Selbstbeteiligung des Versicherungsnehmers mit einschließen. Ratenzahlungen sind gegen Aufschlag möglich und üblich. Durch diese vorschüssige Zahlung ist die Kapitalanlagetätigkeit von Versicherungsunternehmen Bestandteil des Versicherungsgeschäfts und steht mit diesem in unmittelbarem Zusammenhang.

2. Versicherungsunternehmen und Versicherungssparten

Versicherungsunternehmen sind formgebundene ökonomische Organisationen mit eigener Rechtspersönlichkeit, die Versicherungsprodukte herstellen und damit in unmittelbarem Zusammenhang stehende Geschäfte betreiben. Sie unterscheiden sich nach Rechtsform, Versicherungssparte, Absatzstufe und Kundenkreis und unterliegen der → Versicherungsaufsicht. Nach der *Rechtsform* unterscheidet man zwischen Versicherungsaktiengesellschaften, → Versicherungsvereinen auf Gegenseitigkeit (→ VVaG) und öffentlich-rechtlichen Versicherungsunternehmen.
Nach *Versicherungssparten* unterscheidet man zwischen Schaden-/Unfall-, → Kranken- und Lebensversicherungsunternehmen. Diese Versicherungssparten müssen nach deutschem Recht getrennt voneinander betrieben werden (Spartentrennungsgebot). Dies begünstigt die Konzernbildung, da dann innerhalb eines Allsparten-Konzerns alle Absicherungsbedürfnisse des Kunden aus einer Hand bedient werden können. Um Kunden schließlich alle Altervorsorgeprodukte aus einer Hand anbieten zu können oder um Cross-Selling Potenziale zu erschließen, haben sich aus den Allsparten-Konzernen zum Teil → Finanzkonglomerate entwickelt.

3. Erstversicherungs- und Rückversicherungsunternehmen

Bei der Unterscheidung nach Absatzstufe unterscheidet man zwischen → Erstversicherungsunternehmen und → Rückversicherungsunternehmen. *Erstversicherungsunternehmen* zeichnen direkt Geschäft mit dem Kunden und geben Teile der so übernommenen Risiken gegen Prämienzahlung an einen anderen Versicherer weiter, den *Rückversicherer*. Da der Erstversicherer als Geschäftspartner des Rückversicherers selbst mit dem Versicherungsgeschäft vertraut ist, geht man davon aus, dass er keines besonderen Schutzes bedarf. Professionelle Rückversicherungsunternehmen unterliegen daher nur eingeschränkt der Versicherungsaufsicht. Das Versicherungsvertragsgesetz gilt für Rückversicherungsverträge nicht.
Beim → Erstversicherungsgeschäft unterscheidet man zwischen Privatkunden- bzw. Massengeschäft einerseits und gewerblichem bzw. Industriegeschäft andererseits, wobei sich gewerbliches und Industriegeschäft formal i.d.R. lediglich nach dem Umsatzvolumen unterscheiden, inhaltlich sind jedoch unterschiedliche Kundenbedürfnisse mit diesen Geschäftstypen verbunden. Weitere spezielle Organisationsformen in der Versicherungsbranche, bei denen sich Versicherungsunternehmen zusammen schließen, sind die → Mitversicherung und → Versicherungspools. Die beiden Formen unterscheiden sich primär nach der Dauer des Zusammenschlusses. Während → Mitversicherung fallweise zur Ausdehnung der Zeichnungskapazität erfolgt, sind → Versicherungspools auf dauerhafte Zusammenarbeit ausgelegt.

4. Vermittler u.A.

Betriebe, deren Tätigkeit überwiegend in der *Vermittlung von Versicherungsgeschäften* liegt. Zu unterscheiden sind Vermittlerbetriebe, die an eine Versicherungsgesellschaft über den Agenturvertrag gebunden sind (→ Einfirmenvertreter), Kooperationsabkommen mit mehreren Versicherungsgesellschaften haben (Mehrfirmenvertreter) oder unabhängig von einzelnen Versicherungsgesellschaften am Markt auftreten, d.h. bei jedem neuen Versicherungsgeschäft nach dem → Best-Advice-Prinzip im Auftrag des Kunden den bestmöglichen Versicherungsschutz vermitteln (→ Versicherungsmakler). Eine Sonderform stellt der sog. → Captive Broker dar, der als Industrieversicherungsmakler nur für einen Kunden, d.h. meist einen Konzern, tätig wird. Versicherungsgesellschaften, die ohne Versicherungsvermittler arbeiten, werden → Direktversicherer genannt.

5. Tätigkeitsbereiche nach betrieblichen Funktionen

Primäre Aktivitäten der Versicherungsunternehmen sind alle Aktivitäten innerhalb der Wertschöpfungskette, die unmittelbar mit der Herstellung und dem Vertrieb der → Versicherungsprodukte verbunden sind:

- *Produktentwicklung und Tarifierung* erfolgt in der Regel in interdisziplinären Projektgruppen, in die sowohl Vertreter der Außenorganisation als auch Controller, Juristen und → Aktuare mit einbezogen werden. Dabei obliegt es den Vertretern der Außenorganisation die Nachfrage abzuschätzen und/oder Versicherungsbedarf aufzuzeigen. Aufgabe der Juristen ist es, das berechnete Produkt in eine justiziable Vertragsform zu fassen und dabei sicher zu stellen, dass die rechtlichen Vorgaben (BGB, → VVG, → VAG) eingehalten werden. → Aktuare berechnen auf Basis statistischer Daten mit versicherungsmathematischen Methoden aus der Schadenverteilung das Risiko, das der Versicherer mit dem entsprechenden Produkt übernimmt, und leiten daraus sowie aus den Schätzungen des notwendigen Sicherheitszuschlags und den Betriebskosten eventuell unter Ansatz eines Gewinnzuschlags den Tarif ab. Aus dem Tarif kann dann die jeweils konkrete individuelle Prämie abgeleitet werden, die sich von der Tarifprämie durch einen Zuschlag für ein individuell erhöhtes Risiko (Risikozuschlag) unterscheiden kann. Auch sind Zuschläge aufgrund individuell gewählter Zahlungsweise möglich (Ratenzuschlag).
- *Absatz/Vertrieb*: Sowohl Vertriebswege als auch Vertriebssteuerung sind in der Versicherungsbranche durch Besonderheiten gekennzeichnet. Im Personenversicherungsgeschäft hat insbesondere der Vertrieb über unternehmensgebundene Absatzorgane (→ Einfirmenvertreter), → Versicherungsmakler und über Banken (→ Allfinanz) eine große Bedeutung. Auch → Strukturvertriebe als unternehmensgebundene oder unabhängige Vermittler sind üblich. Im Industrieversicherungsgeschäft erfolgt der Vertrieb in der Regel über Industrieversicherungsmakler und im Falle großer Konzernkunden auch über sog. → Captive Broker. Im Innendienst werden absatzbezogene Aufgaben zunehmend durch interne Callcenter übernommen. Zu den wichtigsten Instrumenten der Vertriebssteuerung gehören die verschiedenen Formen der Vermittlungsprovision.
- *Risikoprüfung* ist integraler Bestandteil des → Underwriting. Hierbei werden die Risiken bewertet, die übernommen werden. Eine Mitwirkung des Versicherungsnehmers ist dabei unerlässlich. Im Privatkundengeschäft ist es üblich, dass der Versicherungsnehmer vor Vertragsabschluss Fragen zum Risiko beantwortet, die als Grundlage für die Risikobewertung dienen. Im Personenversicherungsgeschäft kann zusätzlich eine ärztliche Untersuchung gefordert werden. Im Sachversicherungsgeschäft ist eine Ortsbegehung zur Inaugenscheinnahme häufig Teil der Risikoprüfung. Im gewerblich-industriellen Geschäft geht der eigentlichen Risikoprüfung zunächst eine Risikoanalyse voraus, bei der die Unternehmensrisiken systematisch erfasst, häufige Schadenursachen ermittelt und betriebliche Schadenpotenziale aufgedeckt werden. Auf dieser Basis entscheidet der Unternehmer, welche Risiken versichert werden sollen, während der Versicherer die Annahmemöglichkeit prüft. Da dieser Prozess sehr aufwändig und komplex ist, haben einige Versicherungsunternehmen hierfür spezialisierte Einheiten ausgegründet zu Risk-Management-Gesellschaften.
- *Kapitalanlagetätigkeit* folgt einerseits unmittelbar aus der vorschüssigen Prämienzahlung und andererseits kann sie, wie in der kapitalbildenden Lebensversicherung, Produktbestandteil und Dienstleistung sein. Die Erträge aus Kapitalanlagen gehen in den Rohüberschuss ein, der wiederum zur Verteilung an Eigentümer und Kunden zur Verfügung steht. Siehe auch → Anlageverordnung, in der die im → VAG postulierten Anlagegrundsätze definiert sind.
- *Schadenbearbeitung* ist Teil der Leistungserstellung und umfasst alle Prozesse vom Eingang der Schadenmeldung bis zur Entscheidung über den Versicherungsschutz und gegebenenfalls das Exkasso. Die Schadenbearbeitung umfasst die Entgegennahme der Schadenmeldung mit der Anlage der Schadenakte, die Prüfung des Versicherungsfalls, die Regulierung und die Endbearbeitung.

Zu den obigen primären Aktivitäten treten sekundäre Aktivitäten, die die Herstellung und den Vertrieb der Versicherungsprodukte unterstützen. Sie haben Versorgungs- und Steuerungsfunktion. Wesentliche sekundäre Aktivitäten im Versicherungsunternehmen sind Organisation und Personal, Informationstechnologie, Rechnungswesen, Controlling und Risikomanagement.

Hinweis

Zu den angrenzenden Wissensgebieten siehe → Controlling, Grundlagen, → Dienstleistungen, → Direktmarketing, E-Commerce, → Globalisierung, → Incoterms, → Konsumentenverhalten, → Kundenzufriedenheit, → Marketing, Grundlagen, → Marketing, Internationales, → Marktforschung, → Produkthaftung, → Ratingmethoden, kreditwirtschaftliche, → Risikocontrolling, → Vertriebspolitik, → Warenkreditversicherung.

Literatur: Farny, D., Entwicklungen der Versicherungsbetriebslehre. ZVersWiss 88/1999, S. 567 – 609; Farny, D., Versicherungsbetriebslehre, 3. Aufl., Verlag Versicherungswirtschaft 2000; Görgen, F., Versicherungsmarketing, Kohlhammer 2000; Görgen, F., Marketingstrategien europäischer Versicherer nach der Deregulierung, in: Kamenz, U. (Hrsg.), Applied Marketing. Anwendungsorientierte Marketingwissenschaft der deutschen Fachhochschulen, Springer 2003, S. 261 – 274; Harrington, S. E. / Niehaus, G. R., Risk Management and Insurance, McGraw-Hill 1999; Koch, P., Versicherungswirtschaft – ein einführender Überblick, Verlag Versicherungswirtschaft 1998; Lach, H., Vertikales Marketing von Versicherungsunternehmen, Duncker & Humblot 1995; Schradin, H.R., Erfolgsorientiertes Versicherungsmanagement, Verlag Versicherungswirtschaft 1994; Schulenburg, J.-M. Graf von der, Versicherungsökonomik, Verlag Versicherungswirtschaft 2005; Versicherungsaufsichtsgesetz (VAG) zuletzt geändert durch Gesetz zur Änderung des Versicherungsaufsichtsgesetzes und anderer Gesetze vom 15. Dezember 2004, BGBl I 2004 Nr. 69, S. 3416 – 3428; Zweifel, P. / Eisen, R., Versicherungsökonomie, Springer 2000.

Internetadressen: http://europa.eu.int/comm/internal_market/insurance; http://www.actuaries.org; http://www.bafin.de; http://www.ceiops.org; http://www.versicherungsombudsmann.de

Versicherungsmakler

sind Handelsmakler im Sinne der §§ 93ff., 98 HGB. Ihre Tätigkeit umfasst die Anbahnung, Vermittlung oder den Abschluss von Versicherungsgeschäften ohne ständig hiermit beauftragt zu sein. Außerdem übernehmen V. häufig typische Aufgaben der Vertragsverwaltung. Sie sind im Gegensatz zu sog. Einfirmenvertretern von einzelnen Versicherungsgesellschaften institutionell unabhängig und bestimmen bei der entsprechenden Gelegenheit, bei welchen Versicherungsunternehmen sie die Risiken ihrer Kunden platzieren.

Siehe auch → Versicherungsbetriebslehre (mit Literaturangaben).

Versicherungspools

Konsortium von → Erstversicherungsunternehmen zur regelmäßigen Tragung von Großrisiken, in der Regel in Form der Gesellschaft bürgerlichen Rechts. In Deutschland gibt es beispielsweise die Deutsche Kernreaktor-Versicherungsgemeinschaft oder den Pharma-Rückversicherungspool. Bei Rückversicherungspools bringt ein Mitglied das Risiko ein und der Pool verteilt das Risiko auf die anderen beteiligten Gesellschaften zu zuvor festgelegten Anteilen. Bei einem Mitversicherungspool treten die Mitglieder demgegenüber auch nach außen mit ihren Anteilen in Erscheinung.

Siehe auch → Versicherungsbetriebslehre (mit Literaturangaben).

Versicherungsprämie

(synonym Versicherungsbeitrag) ist das Entgelt, das ein Kunde eines Versicherungsunternehmens für die Übernahme seines Risikos zahlt. In der → Individualversicherung wird die Prämie auf Basis des → Äquivalenzprinzips kalkuliert und setzt sich aus einem Risikoteil, einem Verwaltungs- und Abschlusskostenteil, ev. einem Sparteil, sowie einem Gewinnaufschlag zusammen. Je nach Sparte fällt zudem Versicherungssteuer oder Feuerschutzsteuer an.

Den Risikoteil bezeichnet man in der Praxis auch als Bruttorisikoprämie, die sich aus der Nettorisikoprämie (syn. Schadenbedarfsprämie) und dem → Sicherheitszuschlag zusammensetzt. Die Nettorisikoprämie besteht aus dem Schadenerwartungswert (syn. aktuarisch faire Prämie) und wird bei individuell höherem Risiko gegebenenfalls durch einen dementsprechenden → Risikozuschlag ergänzt. Der Sparteil fällt nur bei → Versicherungsprodukten an, die einen Sparteil enthalten. Er ist residual definiert. Die gesamte Prämie einschließlich Steuerkomponenten bezeichnet man in der Praxis auch als Brutto-

prämie im Gegensatz zur Nettoprämie (syn. Prämie für eigene Rechnung), bei der die Rückversicherungsprämien abgezogen werden.
Siehe auch → Versicherungsbetriebslehre (mit Literaturangaben).

Versicherungsverein auf Gegenseitigkeit (VVaG)
Rechtsform für Versicherungsunternehmen, deren Statuten das → VAG regelt. Grundlage des VVaG ist das Personalitätsprinzip „von Mitgliedern für Mitglieder". Die Versicherungsnehmer eines VVaG sind gleichzeitig dessen Vereinsmitglieder. Organe des VVaG sind Vorstand, Aufsichtsrat und Mitglieder- resp. Delegiertenversammlung. Der VVaG finanziert sich durch Beiträge und hat keinen eigenen Kapitalmarktzugang.
Siehe auch → Versicherungsbetriebslehre (mit Literaturangaben).

Versorgungsmanagement
siehe → Supply Management. Zu den Einzelheiten siehe → Beschaffungsmanagement; siehe auch → Supply Chain Management, jeweils mit Literaturangaben.

Verteilungsverfahren
(im → *Insolvenzrecht*). Im Verteilungsverfahren (§§ 187 ff. Insolvenzordnung) werden die auf die einzelnen → Insolvenzgläubiger entfallenden Anteile aus der Verwertung des Schuldnervermögens vom Insolvenzverwalter ausgezahlt.

Vertikale elektronische Markplätze
sind spezielle Branchenmarktplätze, welche Lieferanten innerhalb eines eng umfassten Kontextes vereinen. Innerhalb der Branche oder Nutzergruppe werden verschiedene Geschäfsprozesse durch den Marktplatz unterstützt und ggf. branchenspezifische Zusatzdienstleistungen (z.B. Finanzierung bei Automobilmarktplätzen) angeboten.
Siehe auch → Electronic Procurement (mit Literaturangaben).

Vertikale Handelssysteme
sind solche → Handelssysteme, bei denen die das System bildenden → Handelsbetriebe teilweise der Groß- und teilweise der Einzelhandelsstufe angehören. Merkmale zur Unterscheidung vertikaler Handelssysteme (auch mehrstufige → Handelssysteme) können sein: die Art der Verknüpfung von Groß- und Einzelhandelsstufe (z.B. → filialisierende Handelssysteme oder → kooperierende Handelssysteme), die Verteilung der Aufgaben zwischen beiden Stufen und die Verhaltensabstimmung beider Stufen (z.B. → Franchisesystem, System der → Vertriebsbindung).
Siehe auch → Handelsbetriebslehre (mit Literaturangaben).

Vertikale Integration
bedeutet, dass ein Unternehmen vor- oder nachgelagerte Wertschöpfungsstufen in das Unternehmen eingliedert, welche zuvor von eigenständigen Marktakteuren erbracht wurden. Es handelt sich also um eine bestimmte Art von → Unternehmenszusammenschluss.

Vertikale Kooperation
ist die Zusammenarbeit zwischen Unternehmungen, die verschiedenen Wirtschaftsstufen angehören, wie z.B. zwischen Industrie und Großhandel, Industrie und Einzelhandel, Großhandel und Einzelhandel. Siehe auch → Handelsbetriebslehre (mit Literaturangaben).

Vertikale Strukturierung
(*Organisation*), Strukturierung von → Stellen im Sinne einer hierarchischen Über- und Unterordnung. Während bei der → horizontalen Strukturierung eine Differenzierung in Teilaufgaben angestrebt wird, so werden bei der vertikalen Strukturierung Kompetenzen zur Willensdurchsetzung nach bestimmten Strukturformen der Leitungsbeziehungen differenziert. Das Verhältnis von Vorgesetztem und Mitarbeitern lässt sich einerseits als permanente Strukturform als → Linienorganisation, → Stab-Linien-

Organisation oder → Matrixorganisation gestalten, andererseits als zeitlich befristete Strukturform als → Projektorganisation.
Siehe auch → Organisation, Grundlagen (mit Literaturangaben).

Vertikaler Verlustausgleich

(*Steuerrecht*) ist die Verrechnung von positiven Einkünften mit negativen Einkünften aus verschiedenen Einkunftsarten innerhalb eines Ermittlungszeitraumes. Nach Durchführung des → *horizontalen* → *Verlustausgleichs* ist zu prüfen, ob zusätzlich ein vertikaler Verlustausgleich durchgeführt werden muss.
Siehe auch → Einkommensteuer (deutsche) (mit Literaturangaben).

Vertragserfüllungsgarantie

(1) Im Allgemeinen gleichbedeutende Bezeichnungen: Erfüllungsgarantie, Performance Bond. Anmerkung: wobei die Abgrenzung zur → Liefergarantie bzw. zur → Gewährleistungsgarantie nicht immer eindeutig ist. (2) Mit einer vom Verkäufer (Exporteur) zu besorgenden Vertragserfüllungsgarantie einer Bank (siehe → *Bankgarantien*) sichert sich der Käufer (Importeur) gegen die finanziellen Folgen von Risiken ab, die im Zusammenhang mit der vom Verkäufer (Exporteur) geschuldeten Lieferung, Leistung und häufig auch der Gewährleistung stehen.

Vertragshändler

ist ein → Kaufmann, der im eigenen Namen und für eigene Rechnung den Vertrieb von Waren eines bestimmten Herstellers übernimmt. Siehe auch → Handelsrecht (mit Literaturangaben).

Vertragshändler

selbständiger Kaufmann, der aufgrund eines Vertrages im eigenen Namen und auf eigene Rechnung Waren eines Herstellers oder eines von diesem eingesetzten Zwischenhändlers in einem bestimmten Vertragsgebiet ständig vertreibt sowie dessen Absatz fördert. Er ist in die Vertriebsorganisation des Herstellers derart eingegliedert, dass er verpflichtet ist, sich nach der Konzeption des Herstellers zu richten und im Geschäftsverkehr die Herstellermarke neben der eigenen Firma herauszustellen. Üblich sind Absatzbindungen, wie Mindestmengen, die Bereitstellung bestimmter Dienstleistungen oder die Verpflichtung, keine Konkurrenzgüter zu führen (Exklusivvertrieb). Vertragshändlersysteme kommen beispielsweise in Automobilvertrieb und Benzinabsatz zum Einsatz.
Literatur: Ahlert, D. (1996): Distributionspolitik, 3. Auflage, Stuttgart und Jena; Ulmer, P (1969): Der Vertragshändler, München.

Vertreterversammlung

siehe → Generalversammlung (Genossenschaft).

Vertrieb

Vertrieb ist ein wichtiger Teilbereich des auf die Absatzmärkte bezogenen → Marketing. Der Begriff geht somit über die reine Verkaufsfunktion hinaus und kann als Kundenmanagement mit dem Ziel des Verkaufens bezeichnet werden (funktionelle Sicht).
Zum anderen wird unter Vertrieb jene organisatorische Einheit eines Unternehmens verstanden, die die vertriebspolitische Ziele, Strategien und Maßnahmen koordiniert und umsetzt. Der Vertrieb bildet somit die Schnittstelle zum Kunden (institutionelle Sicht).
Siehe auch → Vertriebspolitik und → Vertriebssteuerung, jeweils mit Literaturangaben.
Literatur: Ahlert D.; Evanschitzky, H.; Hesse, J.; Salfeld, A. [Hrsg.] (2004): Exzellenz in Markenmanagement und Vertrieb, Wiesbaden; Hesse, J. (2004): Erfolgsforschung im Vertrieb, Wiesbaden.

Vertriebsbindung

eine Form der Abschlussbindung, die dem Abnehmer einer Ware vorschreibt, wie er mit dieser Ware umzugehen hat. Da Abschlussbindungen die Gestaltungsfreiheit von Verträgen einschränken, unterliegen sie der Missbrauchsaufsicht der Kartellbehörden. Vertriebsbindungen schreiben dem Abnehmer (Händler) vor, an wen, wohin und wann dieser die Produkte des Lieferanten weiterzuvertreiben hat. Mit

einer derartigen Bindung kann sich der Lieferant vor einem unerwünschten Intrabrand-Wettbewerb zu schützen versuchen.
Siehe auch → Handelbetriebslehre (mit Literaturangaben).

Vertriebshändler

ist, wer die Ware vertreibt. Er ist nicht am Herstellungsprozess beteiligt. Er ist grundsätzlich zur Sichtprüfung der Ware, ihrer ordnungsgemäßen Lagerung, Verpackung und zur Kundeberatung verpflichtet.
Siehe auch → Handelsbetriebslehre und → Produkthaftung, jeweils mit Literaturangaben.

Vertriebskanal

siehe → Absatzkanal.

Vertriebskanalpolitik

gleichbedeutende Bezeichnung für „Vertriebswegepolitik"; siehe auch → Vertriebspolitik (mit Literaturangaben), dort Abschnitt „Vertriebskanalpolitik".

Vertriebskanalstufen

Der Vertrieb in den Absatzwegen läuft über *Vertriebskanalstufen*. Bei den Kanälen zu unterscheiden sind *Offline-Kanäle* (Außendienst, Innendienst, eigene Niederlassungen, Handelsvertreter, Groß- und Einzelhandel, klassischer Versandhandel, → Call-Center und *Online-Kanäle* (Hotline, → E-Commerce, mobiles Internet, T-Commerce = Fernsehverkauf). Der Trend geht heute zum → *Multi-Channel-Marketing* (→ *Multikanalvertrieb*).
Im Rahmen von *mehrstufigen Vertriebswegen/Absatzkanälen* wird immer dann von einer Kanalstufe gesprochen, wenn auf einer Vertriebsstufe ein Vertriebspartner weitgehend autonome kundenbezogene Entscheidungen fällen kann. Eine eigene *Vertriebsniederlassung* ist folglich nicht als eine Vertriebsstufe zu sehen, wohl aber eine wirtschaftlich selbständig operierende Tochtergesellschaft. Ein *Großhändler* und von diesem betreute *freie Händler* stellen z.B. zwei Vertriebsstufen dar (*zweistufiger Vertrieb*). Werden Großhändler zudem durch freie Handelsvertreter betreut, liegt dreistufiger Vertrieb vor. Die Praxis sieht das oftmals anders und bezeichnet den klassischen indirekten Vertrieb über den Großhandel an Einzelhändler oder das Fachhandwerk als dreistufig.
Die Koordination aller Vertriebswege mit Abstimmung aller Kanalstufen führt zum → *Multikanalvertrieb*. Siehe auch → Vertriebssteuerung und → Vertriebspolitik.
Siehe auch → Vertriebspolitik, dort Abschnitt „Vertriebskanalpolitik", → Vertriebssteuerung sowie → Multi-Kanal-Dialog-Marketing, jeweils mit Literaturangaben.

Vertriebsleasing

Form des → Leasing. Maßgebliche Besonderheit des Vertriebsleasing: Leasinggeber ist eine Leasinggesellschaft (→ institutionelles Leasing), die jedoch in eng mit dem Vertrieb des Herstellers des Leasinggegenstandes zusammenarbeitet; siehe auch → Herstellerleasing und → Leasing (mit Literaturangaben).

Vertriebsmanagement

Das Vertriebsmanagement umfasst funktional alle Maßnahmen und Instrumente zur Führung der Vertriebsorganisation und verantwortet institutionell die → Vertriebspolitik. Häufig erfolgt eine Gleichsetzung des Begriffs „Vertriebsmanagement" mit den Begriffen Vertriebspolitik und/oder Vertriebssteuerung.
Siehe auch → Vertriebspolitik und → Vertriebssteuerung (jeweils mit Literaturangaben).

Vertriebspolitik

Vertriebspolitik

von Professor Dr. Peter Winkelmann
Fachbereich Betriebswirtschaft – Marketing und Vertrieb, insbes. Vertriebssteuerung
Fachhochschule Landshut

1. Vertriebspolitik

Die Vertriebspolitik umfasst alle Maßnahmen zur unmittelbaren Gewinnung von Aufträgen (Umsatzgenerierung) und zur Warenbereitstellung, (1) durch eine geeignete Gestaltung des Vertriebssystems, bestehend aus Vertriebsorganisation, Verkaufsform und Vertriebssteuerung, (2) durch die Gewinnung, Pflege und Sicherung (Bindung) von Kunden (Verkaufspolitik i.e.S. als die akquisitorische Komponente des Vertriebs) (3) und die Bereitstellung von Gütern und Dienstleistungen in der richtigen Menge am richtigen Ort zur richtigen Zeit (zur logistischen Komponente des Vertriebs → Distributionslogistik, Vertriebslogistik oder seltener Marketing-Logistik). (4) Mit der Vertriebspolitik ist in vielen Märkten die Aufgabe der Gewinnung und Führung von Vertriebspartnern und der Organisation der Absatzwege verbunden (Vertriebskanalpolitik, Absatzwegepolitik, Vertriebspartnerpolitik, Multi Channel Marketing).

Das *Vertriebsmanagement* umfasst funktional alle Maßnahmen und Instrumente zur Führung der Vertriebsorganisation und verantwortet institutionell die Vertriebspolitik.

2. Distributionspolitik

Die *Distributionspolitik* gilt als eine der vier Instrumentalsäulen des → *Marketing-Mix* (nach McCarthy bilden Product/Price/Place/Promotion den Marketing-Mix). Doch der Begriff Distributionspolitik trägt den Anforderungen eines modernen Vertriebsmanagements nicht mehr Rechnung. Modernes Verkaufen hat heute nichts mehr mit Distribuieren zu tun, sondern mit dem Aufbau werthaltiger Lieferanten-/Kundenbeziehungen im technischen Vertrieb, mit Beratung und Service im höherwertigen Konsumgüterverkauf und speziell mit Wertegenerierung im → Dienstleistungsmanagement. Verkäufer werden zu Marktmanagern, indem sie die Funktionen (1) Problemlöser (2) und Partner für den Kunden sowie (3) Koordinator betriebsinterner Prozesse erfüllen - und dies mit der Denkhaltung des *Relationship Marketing*.

Folgt man der von *Meffert* geprägten weiten Begriffsauslegung des Marketing (Marketing als marktorientierte Unternehmensführung), dann wird die *Vertriebspolitik zum würdigen Nachfolger des althergebrachten Marketingmix-Instrumentes Distributionspolitik.*

3. Die Bereiche (Elemente) der Vertriebspolitik

Die *Vertriebspolitik* besteht aus den Bereichen *Vertriebssystem, Verkaufspolitik, Vertriebslogistik* sowie der *Vertriebskanalpolitik* (*Absatzwegepolitik*); siehe Abbildung 1. In der Praxis ist die Logistik (physische Distribution) meist nicht dem Vertrieb zugeordnet. Auf die Vertriebslogistik (→ Distributionslogistik) wird hier deshalb auch nicht eingegangen. Für
die Umsetzung der Vertriebspolitik und die personelle Führung der Vertriebsorganisation ist das → *Vertriebsmanagement* zuständig.

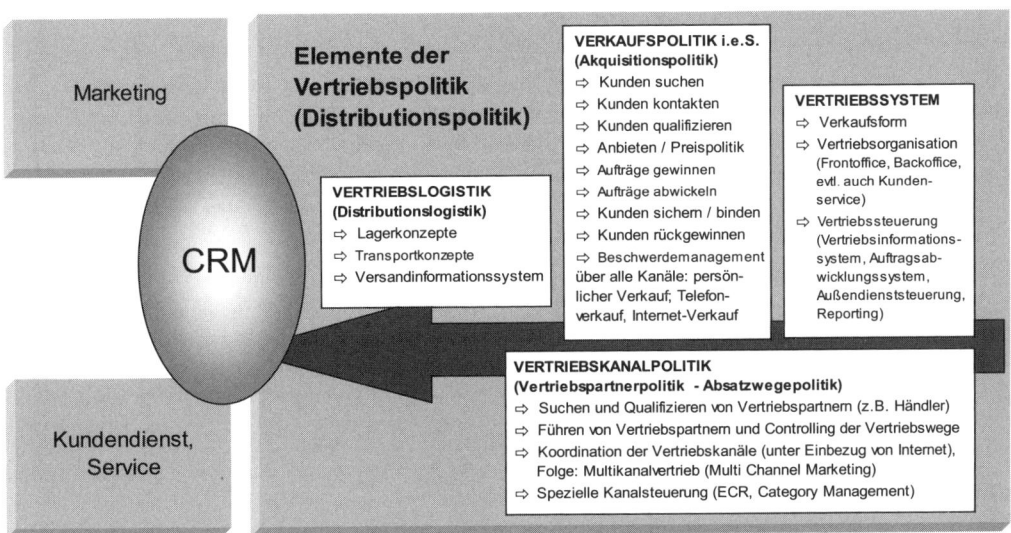

Abb. 1: Bereiche / Elemente der Vertriebspolitik

4. Vertriebssystem

Das Vertriebssystem schafft den ordnenden Rahmen für die operativen Elemente der Vertriebspolitik. Zunächst sind die für ein branchengerechtes Angebotsprogramm bzw. für die Zielkundensegmente geeigneten *Verkaufsformen* festzulegen. Entsprechend der Verkaufsformen sind dann die Mitarbeiter für den Außendienst (→ *Frontoffice*), Innendienst (→ *Backoffice*) und Service in Anzahl und Qualität zu bestimmen. Wer ist allein oder im Team für welche Kunden bzw. Kundengruppen zuständig? Haben die *Innendienste* früher als Nachbereiter der Verkäufer Angebote erstellt und Aufträge abgewickelt, so nehmen sie heute zunehmend auch eigenverantwortlich beratende und verkäuferische Tätigkeiten wahr. Im Rahmen der *Verkaufsorganisation* werden die Vertriebsmitarbeiter zu Gruppen und Abteilungen zusammengefasst. Die *Strukturorganisation des Vertriebs* regelt die Über- und Unterstellungen der Führungskräfte und Mitarbeiter mit ihren Verantwortungen und Kompetenzen. Prägnante Organisationsformen sind z.B. der *Flächenvertrieb* für Konsumgüter, im Rahmen dessen sog. Bezirksreisende in regelmäßigen Touren feste Kundenstämme (die Outlets des Handels) abfahren. Zumeist werden innerhalb des Flächenvertriebs noch *Regionalvertriebseinheiten* differenziert. Es gilt das *Generalistenprinzip*. Im Gegensatz hierzu steht das → *Key Account Management* mit seinen *Spezialistenprinzip*: Besonders prädestinierte, hochqualifizierte Beratungsverkäufer betreuen im Konsumgütergeschäft die von ACNielsen definierten Key Accounts des Handels (z.B. Metro, Aldi) oder im technischen Geschäft (→ BtoB = Business to Business) die wichtigen Großkunden (Schlüsselkunden).

Moderne Vertriebsorganisationen werden nicht auf Zuruf oder mittels Formularen geführt. Kunden- und Produktdatenbanken sowie Softwaretools für den Verkauf, das Marketing, für den Kundendienst und das Vertriebscontrolling bilden heute die Grundlage für eine computergestützte Vertriebssteuerung. Hier haben sich die Konzeptionen des → *Computer Aided Selling* (CAS) und weiterreichend des → *Customer Relationship Managements (CRM)* durchgesetzt.

Die Ablauforganisation des Vertriebs regelt die Arbeitsabläufe zwischen den Mitarbeiterstellen und Abteilungen und die Arbeitsmittel. Dabei ist vertriebliches Arbeiten ohne Einsatz der modernen Kommunikationsmittel und des Internets heute undenkbar.

5. Verkaufspolitik

Die Mitarbeiter des Verkaufs übernehmen die Verantwortung für Umsatz, Ergebnis, Marktanteil und Kundenzufriedenheit. Der Erfolg kommt nicht von allein. Es gilt, die → *Wirkungskette des Markter-*

folgs zu beherrschen, um Neugeschäfte, Folgegeschäfte, Mehrgeschäfte und werthaltigere Geschäfte zu initiieren. Dazu nimmt der Verkauf potenzielle Interessenten ins Visier, um sie in mehreren Schritten letztlich zu *Stammkunden* zu entwickeln (→ Kundenstatus).

Drei wesentliche Ausprägungen der Verkaufspolitik sind zu unterscheiden: Beim *Ad-hoc-Verkauf* wird situativ jeder Kundenanfrage nachgegangen (z.B. Verkauf von Versicherungen), beim *Tourenverkauf* wird von einem Verkäufer (Reisenden) ein weitgehend fester Stamm von Kunden betreut, beim → *Key Account Management* steht die konzeptionelle Betreuung von Schlüsselkunden im Vordergrund und beim *Projektverkauf* gilt es, Großvorhaben oder Anlagen im Rahmen zahlreicher Partner und Interessentengruppen zu vermarkten (z.B. Verkauf von Bauleistungen beim Bau einer Autobahn).

6. Der Blick auf den Kunden

Wichtig für den Vertrieb ist ein umfassendes Wissen über den Kunden, seine Bedürfnisse und sein Kaufverhalten. Durch die → *Kundenidentifizierung* ergibt sich ein *360-Grad-Blick auf den Kunden*. Die Strategien der Kundenansprache differieren danach, ob es sich bei einem Interessenten oder Kunden um einen *Firmenkunden* (BtoB: eine Firma kauft), einen *Geschäftskunden* (→ BtoB oder → BtoC, je nach Rechnungsbeziehung) oder um einen privaten *Endkunden* (→ BtoC = Business to Consumer) handelt. Letztlich sind noch indirekte Kundenbeziehungen zu beachten, z.B. kundenähnliche Beziehungen zu Handwerks- oder Handelskunden bzw. -partnern, die an Endkunden weiterverkaufen. Die ganzheitliche Erfassung eines Kunden liefert dann die Grundlage für die Kundenqualifizierung.

7. Kundenqualifizierung

Die Kundenqualifizierung hat zu klären, wer zu den wichtigen und wer zu den unwichtigen Kunden zählt. Die Notwendigkeit zu einem Setzen von *Kundenprioritäten* ergibt sich vor allem daraus, dass (vor allem in BtoB) Lieferanten in Kundenbeziehungen investieren müssen. Diese Investitionssichtweise lässt anraten, Kundenprioritäten nicht aus dem Bauch heraus, sondern auf Grund einer systematischen *Kundenbewertung* vorzunehmen. Bei der Kundenqualifizierung bzw. Kundenbewertung sind *ökonomische Werte* (→ Kundenwert, klassischer, *Customer Equity* und → *Customer Value*), *strategische Werte*, *Referenzwerte* (Kunde als Referenzgeber) und *Informationswerte* (Kunden als Know-how-Geber) zu unterscheiden.

8. Verkaufszyklus / SalesCycle

Das Aufgabengebiet des Verkaufens kann durch die Arbeitsschritte eines Verkaufsprozesses (→ Verkaufszyklus, *SalesCycle*) beschrieben werden. Es sind diese in einem 10-Stufen-Konzept: (1) *Kundensuche* (Lokalisierung potenziellen Kunden) inkl. Vorqualifizierung, d.h. Herausfiltern von Interessenten (Leads) aus Adressen, Empfehlungen und Kontakten, (2) *Kontaktaufnahme* mit potenziellen Kunden (Kundenansprache), (3) *Analyse der Kundenerwartungen* und -wünsche und Abschätzen der Auftragschancen (Beginn der Kundenqualifizierung), (4) bedürfnisgerechtes *Anbieten* mit Nachweis der eigenen Produktvorteile im Vergleich zu Konkurrenzprodukten, (5) *Preis- und Vertragsverhandlung* (*Contracting*), (6) *Kaufabschluss* (*Closing*), (7) *Auftragsbearbeitung, Auslieferung und Fakturierung* (*Processing*), (8) *Nachbetreuung* mit dem Ziel einer verstärkten Kundenbindung, (9) *Weiterentwicklung* des Kunden, z.B. in Richtung *Up- und Cross-Selling* (10) und gegebenenfalls *Kundenrückgewinnung*.

9. Vertriebskanalpolitik (Vertriebswegepolitik)

Ein *Vertriebskanal (auch Vertriebsweg)* stellt die Gesamtheit aller ineinandergreifenden Organisationen dar, die am Prozess beteiligt sind, um ein Produkt oder eine Dienstleistung zur Verwendung oder zum Verbrauch verfügbar zu machen.

Das *Vertriebskanal-Management* (klassisch: *Vertriebswegepolitik*) hat folgende Entscheidungen zu fällen: (1) in *vertikaler Hinsicht*: aus welchen (autonomen) Distributionsstufen (Verteilungs- und Verkaufsstufen) sich ein Absatzweg zusammensetzt, (2) auf *horizontaler Ebene*: welche und wie viele Vertriebspartner (Groß-, Einzelhandel, Fachhandel, Fachhandwerk, Distributoren, Makler etc.), Standorte, Lager, Transportsysteme auf jeder Stufe einbezogen werden sollen; (3) aus *Prozess-Sicht*: wie die Informationen und Abläufe zwischen den Stufen, horizontal und vertikal, laufen sollen, (4) aus *Führungssicht*: wie Vertriebspartner ausgesucht (qualifiziert) und gewonnen werden sollen und welches

Klima, Stil des Umgangs, Machtverteilung und -ausübung zwischen Hersteller und Vertriebspartnern angestrebt werden.

Der Vertrieb in den Absatzwegen läuft über → *Vertriebskanalstufen*. Bei den Kanälen zu unterscheiden sind *Offline-Kanäle* (Außendienst, Innendienst, eigene Niederlassungen, Handelsvertreter, Groß- und Einzelhandel, klassischer Versandhandel, → Call-Center und *Online-Kanäle* (Hotline, → E-Commerce, mobiles Internet, T-Commerce = Fernsehverkauf).

Der Trend geht heute zum → *Multi-Channel-Marketing* (→ *Multikanalvertrieb*). Im Sinne der → *CRM-Philosophie* sind die Vertriebskanäle zu orchestrieren. Dies umfasst die komplexe Aufgabe, Vertriebskanäle strategisch richtig auszuwählen, geeignete Kanalkonzepte zu entwickeln sowie diese strategisch- und ergebnisorientiert zu steuern. Dies ist notwendig, weil Kunden immer mehr selbst entscheiden, welchen Weg zum Kunden sie suchen. Deswegen müssen alle Kanalinstanzen über die gleichen Kunden- und Vorgangsinformationen verfügen. Ein Multikanalvertrieb soll die Vision von der "Kundenansprache aus einem Guss" verwirklichen

Hinweise

- Die Grundbausteine und Funktionalitäten der *Vertriebssteuerung* sowie die Einbindung von → CRM-Systemen in die Vertriebssteuerung sind ausführlich im Stichwort → Vertriebssteuerung vorgestellt.
- Zu den angrenzenden Wissensgebieten siehe → Business Intelligence, → Call Center Management, → Category Management, → Customer Relationship Management (CRM), → Digitales Marketing, → Direktmarketing, → Distributionslogistik, → E-Commerce, → Efficient Consumer Response, → E-Procurement, → Handelsbetriebslehre, → Handelsmarketing, → Kundenzufriedenheit, → Marketing, Grundlagen, → Internationales Marketing, → Marktforschung, → Mobile Commerce, → Multi-Kanal-Dialog Marketing, → Prozessanalyse, → Supply Chain Management, → Vertriebssteuerung, → Vertriebswege, neuere.

Literatur: Ackerschott, H.: Strategische Vertriebssteuerung, 2. Aufl., Wiesbaden 2000; Belz, Ch.; Reinhold, M.: Internationales Vertriebsmanagement für Industriegüter, St. Gallen – Wien 1999; Biesel, H. H.: Kundenmanagement im Multi-Channel-Vertrieb, Wiesbaden 2002; Bruhn, M.; Homburg, Ch. (Hrsg.): Handbuch Kundenbindungsmanagement, Grundlagen – Konzepte – Erfahrungen, 2. Aufl., Wiesbaden 1999; Czech-Winkelmann, Vertrieb, Berlin 2003; Dannenberg, H.: Vertriebsmarketing: Wie Strategien laufen lernen, Neuwied u.a. 1997; Dehr, G.; Donath, P.: Vertriebs-Management, München – Wien 1999; Hofbauer, G.; Hellwig, C.: Professionelles Vertriebsmanagement, Erlangen 2005; Hoppen, D.: Vertriebsmanagement, München u. Wien 1999; Kleinaltenkamp, M.; Plinke, W. (Hrsg.): Technischer Vertrieb, Heidelberg – New York 1995; Krafft, M.: Kundenbindung und Kundenwert, Heidelberg 2001; Krumb, U.: Kundenbeziehungen erfolgreich managen, Frankfurt 2002; Marzian, S.; Smidt, W.: Vom Vertriebsingenieur zum Market-Ing. – Kunden gewinnen mit System, 2. Auflage, Berlin – Heidelberg, 2002; Miller, B.; Heiman, St.E. mit Tad Tuleja: Schlüsselkunden-Management, Landsberg am Lech, 1992; Pinczolits, K.: Der befreite Vertrieb, Frankfurt – New York 2003; Preißner, A.: Marketing- und Vertriebssteuerung, München – Wien 2000; Reichheld, F.F.: Der Loyalitäts-Effekt, Frankfurt – New York 1997; Scharnbacher, K.; Kiefer, G.: Kundenzufriedenheit – Analyse, Messbarkeit und Zertifizierung, 2. Aufl., München – Wien 1998; Scheitlin, V.: So verkaufen Sie professionell, Landsberg am Lech 1995; Sidow, H.D. Key Account Management, 7. Aufl., Landsberg am Lech 2002; Siebel, Th. M.; Malone, M.S.: Die Informationsrevolution im Vertrieb, Wiesbaden 1998; Tomczak, T.; Belz, Ch. (Hrsg.): Kundennähe realisieren, St. Gallen 1994; Wagner, H.: Die Wiederentdeckung des Verkäufers, München 1998; Wagner, P.: Kundenorientierung, 2. Auflage, Renningen-Malmsheim 2002; Wessling, H.: Network Relationship Management, Wiesbaden 2002; Winkelmann, P.: Marketing und Vertrieb, 5. Aufl., München – Wien 2006; Winkelmann, P.: Vertriebskonzeption und Vertriebssteuerung, 3. Auflage, München 2005; Wischnewski, E.: Modernes Verkaufsmanagement, Braunschweig – Wiesbaden 1994; Witt, J.: Prozessorientiertes Verkaufsmanagement, Wiesbaden 1996

Internetadressen: www.absatzwirtschaft.de; www.acquisa.de; www.acquisa-crm-expo.de; www.businessvillage.de; www.cdh.de; www.ceo-ag.de; www.cgi.de; www.client-server-magazin.de; www.competence-site.de; www.computerwoche.de; www.crm-expert-site.de; www.crm-expertenrat.

de; www.crm-expo.com; www.crm-scan.de; www.ddv.de; www.direktportal.de; www.erfolg-im-verkauf.de; www.fh-landshut.de; www.itara.de; www.jekoo.com; www.kundenmonitor.de; www.oxygon.de; www.pinczolits.at; www.salesbusiness.de; www.seminarmarkt.de; www.verkaufs management-aktuell.de; www.vertriebs-experts.de; www.vertriebssteuerung.de; www.wiwi-online.de

Websites des Autors: www.vertriebssteuerung.de; www.crm-scan.de

Vertriebssteuerung

Vertriebssteuerung

von Professor Dr. Peter Winkelmann
Fachbereich Betriebswirtschaft – Marketing und Vertrieb, insbes. Vertriebssteuerung
Fachhochschule Landshut

1. Softwarebausteine der Vertriebssteuerung

Die Verkaufstätigkeiten wie auch die Führungsaufgaben des Vertriebsmanagements werden durch umfangreiche Software-Funktionalitäten im Rahmen von *CAS-Systemen* (→ Computer Aided Selling) und/oder *CRM-Systemen* (→ Customer Relationship Management) unterstützt. Siehe Abbildung 1 „Überblick über die Funktionalitäten eines Vertriebssteuerungssystems (Grundbausteine/Funktionalitäten eines CRM/CAS-Systems)". Insoweit erweist sich die Vertriebspolitik als ein umfangreicher Werkzeugkasten von Methoden und Software-Bausteinen.

Es ist Aufgabe der Führungskräfte im Vertrieb, zu entscheiden, welche Softwarebausteine sie mit welchen Datenfeldern und welchen Arbeitsprozeduren zur Erfüllung der Marktstrategie und der operativen Planziele benötigen.

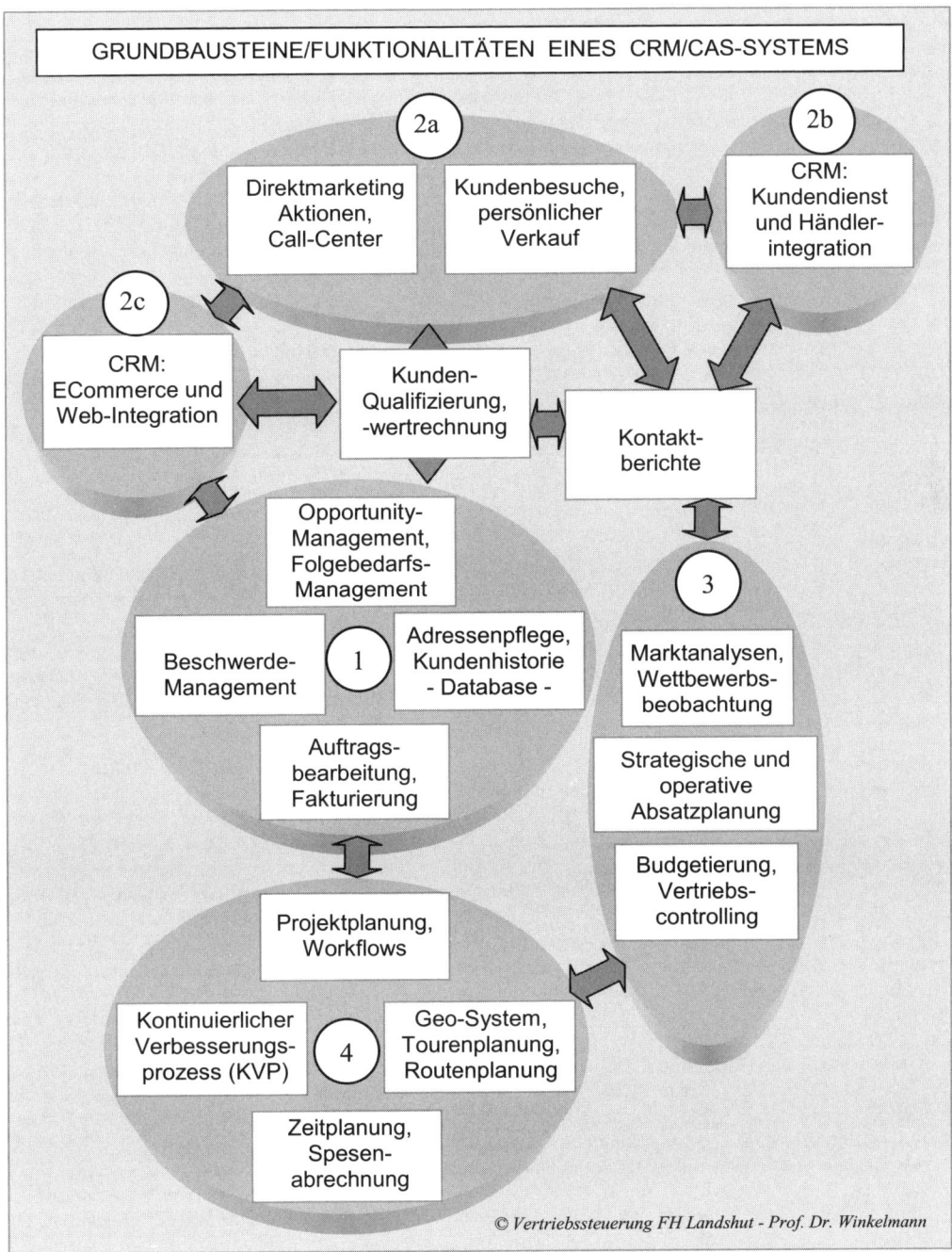

Abb. 1: Überblick über die Funktionalitäten eines Vertriebssteuerungssystems

2. Funktionalitäten der Vertriebssteuerung

Im Zentrum bilden die *Auftragsbearbeitung* (Warenwirtschaft) und die *Fakturierung* sowie die Firmenadressen mit Ansprechpartnern und *Kundenhistorie* die Herzklappen des Vertriebs.

Sinnvoll sind die Angliederungen eines *Beschwerdemanagements* und einer *Angebotsverfolgung* mit *Opportunity-Management* sowie die Erfassung von Folgebedarf (Ersatzbedarf). Letztere Tätigkeitsbereiche bilden die Brücke zur *Aktionssteuerung*, wobei eine *Kundenqualifizierung* als Filter zwischengeschaltet ist.

Die *Besuchstätigkeit* des Außendienstes ist mit den vertriebsunterstützenden Direktmarketing-Maßnahmen zu koordinieren. Im Sinne von CRM sind auch der Kundendienst und die kundenbetreuenden Vertriebspartner an das Aktionsmodul anzuschließen. Gleiches gilt für den Internet-Vertrieb (→ E-Commerce), allerdings stärker in Richtung → Backoffice gelagert. Die *Kontaktberichte* (Besuchsberichtswesen) von Außen-, Innendienst und Service werden zur Informations- und Ideenquelle für das *Planungs- und Analysemodul*. → *Marktforschung, Wettbewerbsanalysen*, die lang- und kurzfristige Vertriebsplanung und ein *Vertriebscontrolling* sind hier angesiedelt.

Zukünftig werden für diese Analysebereiche die Begriffe *analytisches* → *CRM*, → *Business Intelligence (BI)* oder auch *Sales Intelligence* stärker aufkommen. Die Analyse des *Kundenverhaltens (Kundenprofile)* ist durch den Begriff → *Datamining* belegt. Letztlich erhalten die Kundenbetreuer Unterstützung durch eine Reihe praktischer Werkzeuge zur computergestützten *Planung* und *Abwicklung von Projekten*, durch *Workflow-Generatoren*. *GIS-Gebietsanalyse* und *Produktkonfiguratoren* sowie durch nützliche Arbeitshilfen wie *Kalenderfunktionen, Touren- und Routenplanung, Reisekostenabrechnung*.

Hinweis

Zu den angrenzenden Wissensgebieten siehe → Business Intelligence, → Call Center Management, → Category Management, → Customer Relationship Management (CRM), → Digitales Marketing, → Direktmarketing, → Distributionslogistik, → E-Commerce, → Efficient Consumer Response, → E-Procurement, → Handelsbetriebslehre, → Handelsmarketing, → Kundenzufriedenheit, → Marketing, Grundlagen, → Internationales Marketing, → Marktforschung, → Mobile Commerce, → Multi-Kanal-Dialog Marketing, → Projektmanagement, → Prozessmanagement, → Supply Chain Management, → Vertriebspolitik, → Vertriebswege, neuere, → Workflow Management.

Literatur: Ackerschott, H.: Strategische Vertriebssteuerung, 2. Aufl., Wiesbaden 2000; Belz, Ch.; Reinhold, M.: Internationales Vertriebsmanagement für Industriegüter, St. Gallen – Wien 1999; Biesel, H. H.: Kundenmanagement im Multi-Channel-Vertrieb, Wiesbaden 2002; Bruhn, M.; Homburg, Ch. (Hrsg.): Handbuch Kundenbindungsmanagement, Grundlagen – Konzepte – Erfahrungen, 2. Aufl., Wiesbaden 1999; Czech-Winkelmann, Vertrieb, Berlin 2003; Dannenberg, H.: Vertriebsmarketing: Wie Strategien laufen lernen, Neuwied u.a. 1997; Dehr, G.; Donath, P.: Vertriebs-Management, München – Wien 1999; Hofbauer, G.; Hellwig, C.: Professionelles Vertriebsmanagement, Erlangen 2005; Hoppen, D.: Vertriebsmanagement, München und Wien 1999; Kleinaltenkamp, M.; Plinke, W. (Hrsg.): Technischer Vertrieb, Heidelberg – New York 1995; Krafft, M.: Kundenbindung und Kundenwert, Heidelberg 2001; Krumb, U.: Kundenbeziehungen erfolgreich managen, Frankfurt 2002; Marzian, S.; Smidt, W.: Vom Vertriebsingenieur zum Market-Ing. – Kunden gewinnen mit System, 2. Auflage, Berlin – Heidelberg, 2002; Miller, B.; Heiman, St.E. mit Tad Tuleja: Schlüsselkunden-Management, Landsberg am Lech, 1992; Pinczolits, K.: Der befreite Vertrieb, Frankfurt – New York 2003; Preißner, A.: Marketing- und Vertriebssteuerung, München – Wien 2000; Reichheld, F.F.: Der Loyalitäts-Effekt, Frankfurt – New York 1997; Scharnbacher, K.; Kiefer, G.: Kundenzufriedenheit – Analyse, Messbarkeit und Zertifizierung, 2. Aufl., München – Wien 1998; Scheitlin, V.: So verkaufen Sie professionell, Landsberg am Lech 1995; Sidow, H.D. Key Account Management, 7. Aufl., Landsberg am Lech 2002; Siebel, Th. M.; Malone, M.S.: Die Informationsrevolution im Vertrieb, Wiesbaden 1998; Tomczak, T.; Belz, Ch. (Hrsg.): Kundennähe realisieren, St. Gallen 1994; Wagner, H.: Die Wiederentdeckung des Verkäufers, München 1998; Wagner, P.: Kundenorientierung, 2. Auflage, Renningen-Malmsheim 2002; Wessling, H.: Network Relationship Management, Wiesbaden 2002; Winkelmann, P.: Marketing und Vertrieb, 5. Aufl., München – Wien 2006; Winkelmann, P.: Vertriebskonzeption und Vertriebssteuerung, 3. Auflage, München 2005; Wischnewski, E.: Modernes Verkaufsmanagement, Braunschweig – Wiesbaden 1994; Witt, J.: Prozessorientiertes Verkaufsmanagement, Wiesbaden 1996.

Internetadressen: www.absatzwirtschaft.de; www.acquisa.de; www.acquisa-crm-expo.de; www.businessvillage.de; www.cdh.de; www.ceo-ag.de; www.cgi.de; www.client-server-magazin.de; www.competence-site.de; www.computerwoche.de; www.crm-expert-site.de; www.crm-expertenrat.de;; www.crm-expo.com; www.crm-scan.de; www.ddv.de; www.direktportal.de; www.erfolg-im-verkauf.de; www.fh-landshut.de; www.itara.de; www.jekoo.com; www.kundenmonitor.de; www.oxygon.de; www.pinczolits.at; www.salesbusiness.de; www.seminarmarkt.de; www.verkaufsmanagement-aktuell.de; www.vertriebs-experts.de; www.vertriebssteuerung.de; www.wiwi-online.de

Websites des Autors: www.vertriebssteuerung.de; www.crm-scan.de

Vertriebssystem

Von Vertriebssystemen wird gesprochen, wenn die Beziehungen zwischen Hersteller und Absatzmittlern innerhalb des Absatzkanals eine bestimmte Struktur angenommen haben. Es handelt sich um auf Dauer angelegte, vertraglich geregelte Organisationsformen der Distribution. Die vertraglichen Regelungen können ein Spektrum von einzelnen Vertriebsvereinbarungen bis hin zu kompletten Bindungssystemen, wie zum Beispiel Vertragshändlersystemen (→ Vertragshändler) oder Franchisesystemen (siehe → Franchising, mit Literaturangaben) umfassen. Siehe auch → Vertriebspolitik und → Vertriebssteuerung, jeweils mit Literaturangaben.

Literatur: Ahlert, D. (1981): Vertragliche Vertriebssysteme zwischen Industrie und Handel, Wiesbaden.

Vertriebsweg

gleichbedeutende Bezeichnung für „Vertriebskanal" (manchmal auch → Absatzkanal); siehe auch → Vertriebspolitik, dort Abschnitt „Vertriebskanalpolitik".

Vertriebswege, Neuere

Neuere Vertriebswege

von Univ.-Professor Dr. Bernhard Swoboda und Diplom-Kaufmann Frank Hälsig
Professur für Marketing und Handel – Universität Trier

1. Charakterisierung

Als Vertriebs- oder Absatzweg (Absatzkanal, Distributionskanal) wird die Abfolge von Institutionen bezeichnet, die eine Ware oder Dienstleistung vom Hersteller zum Verwender bzw. Verbraucher dispositiv und/oder physisch durchläuft. Dieses Entscheidungsproblem der Distributionspolitik bezieht sich auf die Wahl zwischen direktem und indirektem Absatz- bzw. Vertriebsweg (siehe auch → Vertriebspolitik und → Vertriebssteuerung).

2. Abgrenzung indirekter und direkter Vertrieb

Beim direkten Vertrieb übernimmt der Hersteller alle oder den überwiegenden Teil der Funktionen, die beim Absatz der Leistungen bis zum Endkäufer anfallen, selbst oder durch von ihm wirtschaftlich abhängige Absatzorgane. Wesentlich ist hierbei, dass er den Einsatz der Marketinginstrumente bis zum Endkunden steuern und kontrollieren kann.

Indirekter Vertrieb liegt aus Sicht eines Herstellers dann vor, wenn über die Glieder der Absatzkette, durch Zwischenschaltung rechtlich und wirtschaftlich selbstständiger Absatzorgane, z.B. Handelsbetriebe, die Steuerungs- und Kontrollmöglichkeiten hinsichtlich des Einsatzes der Marketinginstrumente beim Endkunden weitgehend verloren gehen.

3. Facetten der neueren Vertriebswege

Die schwierige Abgrenzung neuerer Vertriebswege hat zwei Facetten:

(1) I.w.S. wird darunter die Nutzung von für das Unternehmen oder die Branche neuer bzw. neuerer Vertriebswege gesehen (Schögel/Tomczak 1999, S. 17 ff.). Hierzu zählen beispielsweise neue Formen des Direktvertriebs der Hersteller, der neben den traditionellen Einsatz von Außendienstmitarbeitern tritt, so eigene Verkaufsstellen oder → Shop-in-Shop-Systeme, → Fabrikläden, → Factory Outlet Center, → E-Commerce (→ Remote Ordering) etc. Hierzu zählen aber auch bisher ungenutzte indirekte Vertriebswege, z.B. Versicherungen oder Reisen bei Kaffeeröstern. Für Externe ist es oftmals nicht zu erkennen, ob diese neue Vertriebswege des „Herstellers" (im Zuge der → Multi-Channel-Distribution) oder Sortimentserweiterungen bzw. Betriebs- oder Vertriebstypenerweiterungen des Handels sind (→ Multi-Channel-Retailing).

(2) I.e.S. zählen zu den neueren Vertriebswegen echte, bisher nicht bekannte Vertriebsinnovationen, neu an Bedeutung gewinnende Standorte oder Vertriebs- bzw. Betriebstypen des Handels. Exemplarisch könnten hier die Optionen durch moderne Informations- und Kommunikationstechnologien genannt und mit dem Schlagwort → E-Commerce (als indirekter oder direkter Vertrieb) belegt werden (Zentes/Swoboda 1999). Es handelt sich hier vornehmlich um neue Kommunikationskanäle im Zuge des aus dem Versandhandel bekannten → Remote Ordering. Neue bisher nicht in dem Maße für den Vertrieb bekannte Standorte sind Airports, Bahnhöfe, Clubs, Eventveranstaltungen (→ Eventmanagement, → Eventmarketing), Fanshops etc. (→ Airport-, → Bahnhof-, → CEFFT-Shopping) oder auch → Urbain Entertainment Center als eine spezielle Ausprägung der → Shopping Center. Dem Convenience Trend des Konsumentenverhaltens folgen insb. → Convenience Stores.

Neuere Vertriebswege sind auch Ausdruck einer Bedeutungsreduktion oder -verlagerung zwischen bisherigen Vertriebswegen, so im direkten Vertrieb oder in den Betriebs-/Vertriebstypen des Handels (z.B. → Store Erosion). Da neuere Vertriebswege aus Hersteller- wie Handelssicht relevant sind, führt deren Nutzung aus Sicht der Hersteller zur zunehmenden → Multi-Channel-Distribution (Schögel/Tomczak 1999) und aus Sicht des Handels zum zunehmenden → Multi-Channel-Retailing (Schramm-Klein 2003) (→ Handelsmarketing).

4. Ausprägungsformen neuerer Vertriebswege

Unter den neueren Vertriebswegen, aber auch Vertriebs- und Betriebsformen sind im Wesentlichen folgende zu subsumieren: (1) → Fabrikläden, → Factory Outlet Center, → Off-Price Stores, → Shop-in-Shop-Systeme; (2) → Flagship Stores oder Direktvermarktung (auch → Landwirtschaftliche Direktvermarktung); (3) → Airport- und → Bahnhof-Shopping sowie → CEFFT-Shopping (Club-, Event-, Fun-, Fan- und Tourist-Shopping); (4) → Convenience Stores, → Tankstellen-Shops und → Consumer Catering; (5) → Shopping Center, → Urbain Entertainment Center und → Power Center; (6) → Remote Ordering (oft nur auf das → E-Commerce begrenzt), d.h. neuere Bestellformen (wie printmedial, telefonisch, PC- or portable devices basiert, auch home scanning, automatic replenishment) und Auslieferungsformen bzw. Zustell- und Abholvarianten (wie Direct Distribution, Pic-up-Services, Shopping-Boxes, At-Work-Delivery).

In dieser Aufzählung sind die beiden erstgenannten Punkte eher den neueren Optionen der (Konsumgüter-)Hersteller zuzurechnen. Die folgenden drei Punkte repräsentieren neuere Standorte oder aufgrund eines veränderten Konsumverhaltens in ihrer Bedeutung gewachsene Betriebs- bzw. Vertriebsformen des Handels. Der letzte Punkt schließlich steht für Vertriebsinnovationen. Er ist sowohl aus Sicht der Hersteller wie der Absatzmittler von Bedeutung.

Hinweis

Zu den angrenzenden Wissensgebieten siehe → Category Management, → Customer Relationship Management (CRM), → Direktmarketing, → E-Commerce, → Efficient Consumer Response, → Eventmanagement, → Eventmarketing, → Franchising, → Handelsbetriebslehre, Grundlagen, → Handelsforschung, → Handelsmarketing, → Internationales Marketing, → Kommunikationspolitik, → Konsumentenverhalten, → Kundenzufriedenheit, → Marketing, Grundlagen, → Marketing, Internationales, → Marktforschung, → Mobile Commerce, → Multi-Kanal-Dialog Marketing, → Vertriebspolitik, → Vertriebssteuerung.

Literatur: Barth, K., Hartmann, M., Schröder, H.: Betriebswirtschafslehre des Handels, 5. Auflage, Wiesbaden 2002; Liebmann, H.-P., Zentes, J., Swoboda, B.: Handelsmanagement, 2. Auflage, München 2007; Schögel, Marcus, Tomczak, T.: Alternative Vertriebswege – Neue Wege zum Kunden, in: Tomczak, T. u.a. (Hrsg.): Alternative Vertriebswege, St. Gallen 1999, S. 40-58; Schramm-Klein, H.: Multi-Channel-Retailing, Wiesbaden 2003; Swoboda, B., Morschett, D.: Electronic Business im Handel – Gestaltungsoptionen der marktorientierten Kernprozesse des Handelsmanagements, in: Weiber, R. (Hrsg.) Electronic Business, 2. Aufl., Wiesbaden 2002, S. 775-807; Zentes, J., Swoboda, B.: Neue Vertriebswege aus Sicht des Einzelhandels – Erscheinungsformen, Herausforderungen und Strategieoptionen des Handels, in: Tomczak, T. u.a. (Hrsg.): Alternative Vertriebswege, St. Gallen 1999, S. 40-58; Zentes, J., Swoboda, B.: Handels*M*onitor I/98: Wo wird Handel im Jahre 2005 `gemacht´?, Frankfurt/Main 1998.

Website der Autoren: http://www.muh.uni-trier.de

Vertriebswegepolitik
gleichbedeutende Bezeichnung für „Vertriebskanalpolitik"; siehe auch → Vertriebspolitik, dort Abschnitt „Vertriebskanalpolitik", mit Literaturangaben.

Vertriebsystem
siehe → Vertriebspolitik, Kap. 4 Vertriebssystem, mit Literaturangaben.

Verwässerungsschutz
(→ *Venture Capital*), vorkommend u.a. als Regelungselement des → Venture Capital-Beteiligungsvertrages einer Eigenkapitalfinanzierung mit → Venture Capital. Synonym: Anti-Dilution Protection.

VG Wort
Die VG Wort verwaltet die urheberrechtlichen Nutzungsrechte an Sprachwerken und der Rechte an Eigenillustrationen von Autoren wissenschaftlicher Werke. Sonstige Bildrechte werden von der VG Bild-Kunst verwaltet. Die Gebühren für die Nutzung des geistigen Eigentums ihrer Mitglieder kassiert die VG Wort über Einzelverträge, Rahmenverträge und Inkassostellen. Verteilt werden die Einnahmen an die Mitglieder anhand von Meldungen von Journalisten, Autoren und Verlagen und anhand statistischer Erhebungen über das Kopierverhalten von Behörden, Schulen, Firmen oder Copy-Shops. Gezahlt wird zudem für Pressespiegel, Lesezirkel zahlen Abgaben, darüber hinaus gibt es eine Repro-Abgabe auf Kopierer und eine Abgabe auf Copy-Shops und Bildungseinrichtungen.

Vier-PL-Dienstleister
siehe → Fourth Party Logistics Provider.

View-time
Begriff aus der Mediaplanung in der Online-Werbung; bezeichnet die Zeit, die ein Nutzer mit einem Internet-Angebot verbringt.

Vinkulierte (gebundene) Aktie
(*österreichisches Recht*). Vinkulierte (gebundene) Aktien (§ 62 öAktG) sind → Namensaktien, deren Übertragung an die Zustimmung der Gesellschaft (in der Regel erteilt durch den Vorstand) gebunden ist. Die Zustimmung darf nur aus wichtigem Grund verweigert werden.

Vinkulierte Namensaktie
(*deutsches Recht*), siehe → Namensaktie, die zu ihrer Übertragung zwingend der Zustimmung der → Aktiengesellschaft bedarf. Sie dient vor allem dem Schutz vor Überfremdung und der Kontrolle des Aktionärskreises; siehe auch → Aktienarten.

Virales Marketing
Unter dem Stichwort Virales Marketing oder *Virus Marketing* werden Strategien zusammengefasst, die in besonderer Form die Netzeffekte des Internet zu Marketingzwecken nutzen. Einzelpersonen werden in die Lage versetzt und motiviert, Marketing-Meldungen an ihr persönliches Umfeld zu verbreiten.

Häufig geschieht dies in Form von digitalen Geschenken wie z.B. Online-Spielen (Moorhuhn) oder Filmsequenzen (z.B. Rexona). Durch die „Mund-zu-Mund-Propaganda" wird die Marketing-Information höchst glaubwürdig übermittelt und erreicht unaufdringlich die Zielgruppe. Dieses höchst effiziente Instrument ist allerdings in seiner epidemischen Ausbreitung schwer planbar und bedarf viel Erfahrung beim Einsatz.
Siehe auch Internet-Kommunikationspolitik (mit Literaturangaben).

Virtual-Teaming-System
ermöglicht die Zusammenarbeit von Projektteams über räumliche Grenzen hinweg. Anwendungen umfassen die gemeinsame Dokumentenablage, die Durchführung verteilter Projekttreffen oder Konferenzen sowie die Unterstützung von Diskussionsforen.
Siehe auch → Wissensmanagement und → Projektmanagement, jeweils (mit Literaturangaben).

Virtuelle Organisation
(virtuelle bedeutet „so als ob"). Eine virtuelle Organisation entsteht durch die zeitlich begrenzte enge Kooperation verschiedener Unternehmen, die so als ob sie physisch zusammenarbeiten würden, zusammen wirken. Dabei kommt es zum Einsatz von Informations- und Kommunikationstechnologie, die zur Substitution und Abstraktion von der räumlichen Lage der Kooperationspartner führen. Unternehmensgrenzen werden zur problembezogenen, dynamischen Verknüpfung von Ressourcen zur Bewältigung spezifischer Aufgaben aufgelöst.
Siehe auch → Netzwerkorganisation, → Organisation, Grundlagen sowie → Aufbauorganisation, jeweils mit Literaturangaben.

Virtueller Marktplatz
siehe → Marktplatz, virtueller und → Elektronischer Markt.

Virtuelles Call Center
siehe → Call Center, Virtuelles.

Virus Marketing
siehe → Virales Marketing.

Visual Placement
siehe → Product Placement.

VMI
Abk. für → Vendor Managed Inventory.

V-Modell
Der Begriff V-Modell hat in der Systementwicklung zwei Bedeutungen: (1) Das V-Modell des Bundes zur IT-Entwicklung. (2) Das V-Modell ist ein Vorgehensmodell für die Entwicklung von Systemen, insbesondere für die Software-Entwicklung. Es beschreibt das Zusammenspiel von Phasen und Dokumenten. Das Vorgehensmodell beschreibt die Aktivitäten (Tätigkeiten) und Produkte (Ergebnisse), die während der Entwicklung von Software durchzuführen bzw. zu erstellen sind. Methoden und Anforderungen an Werkzeuge. Das Vorgehensmodell ist vor allem im öffentlichen Bereich verbreitet und wird in der Industrie als interne Vorgabe verwendet.
Internetadresse: http://www.v-modell.iabg.de/

VOFI
Abk. für → Vollständiger Finanzplan (siehe → Investitionsrechnungen, dynamische, Kapitel 4.c) „Der vollständige Finanzplan"), mit Literaturangaben.

Vogt'sche Normallinie
Begriff der → Steuerbilanzpolitik. Vernachlässigt man die Wirkung von Zinseffekten, so erhält man als Optimumbedingung für die zeitliche Anordnung von Steuerbemessungsgrundlagen bei einem progressiven Steuertarif diese auf Fritz Johannes Vogt zurückgehende Linie. Danach soll der steuerliche Gewinnausweis in allen Perioden identisch sein (Progressionsglättung).

Voice-Marketing
andere Bezeichnung für → Telefonmarketing (Telemarketing). Instrument des → Direkt- bzw. → Dialogmarketings. Siehe auch → Call Center Management (mit Literaturangaben).

Voice-to-the-Customer-Prinzip
siehe → Verkauf, distanzpersönlicher (mediengestützt).

Volatilität
Die Volatilität misst die Schwankungsanfälligkeit der Preise bzw. von Renditen von Anlageobjekten, z.B. Aktien. Weit verbreitet ist die Volatilitätsmessung mit Hilfe der Varianz oder der Standardabweichung (von Aktienkursen bzw. Aktienrenditen). Da hierbei die Streuung (um den Durchschnittskurs bzw. die Durchschnittsrendite) gemessen wird, ist die Volatilität zugleich auch ein Maß das → Risiko von Finanzanlagen. Anleger sind in der Regel risikoscheu (risikoavers) und versuchen daher, das Risiko zu vermeiden oder zumindest zu begrenzen (Diversifikation, → Hedging, → Portfoliomanagement). Andererseits sind dem Risiko eines → Basisobjekts auch positive Seiten abzugewinnen, da es z.B. die Chancen gekaufter → Optionen und damit den → Zeitwert von Optionen erhöht.
Siehe auch → Finanzinnovationen und → Optionen, jeweils mit Literaturangaben.

Völkerrecht
legt das Verhältnis souveräner Staaten zueinander fest. Dazu gehören das völkerrechtliche Gewohnheitsrecht, die allgemeinen Rechtsgrundlagen der Kulturvölker und völkerrechtliche Verträge. Das Völkerrecht ist beispielsweise für das Internationale Steuerrecht eine Rechtsquelle.
Siehe auch → Steuerrecht, Internationales (mit Literaturangaben).

Volks- und Raiffeisenbanken, deutsche
Auf der untersten Ebene der deutschen → genossenschaftlichen Bankengruppe befinden sich die 1.290 Volks- und Raiffeisenbanken (einschließlich Sparda-Banken und PSD Banken) als Primärbanken, die über ein Filialnetz mit insgesamt 12.310 Zweigstellen verfügen. Sie betreiben größtenteils das Geschäft mit Privatkunden sowie mittelständischen Unternehmungen und sind Eigentum der 15,7 Mio. Mitglieder (alle Zahlenangaben: Stand Ende 2005).
Siehe auch → Genossenschaft (mit Literaturangaben).

Vollamortisationsleasing
Form des → Leasing. Maßgebliche Besonderheit des Vollamortisationsleasing: Die im Leasingvertrag vereinbarte Grundmietzeit langfristig. Im Gegensatz zum → Teilamortisationsleasing führt Vollamortisationsleasing deswege zu einer vollen Amortisation der Aufwendungen für die Investition, für die Finanzierung und für die sonstigen Aufwendungen des Leasinggebers durch die Leasingraten des Leasingnehmers während der unkündbaren (ersten) Vermietungsphase.
Siehe auch → Leasing (mit Literaturangaben).

Vollerhebung
liegt vor, wenn bei allen Elementen der → Grundgesamtheit die interessierenden Sachverhalte erhoben werden. Siehe auch → Marktforschungsmethoden (mit Literaturangaben).

Vollindossament
siehe → Indossament (bei Wechseln).

Vollkommener Kapitalmarkt
Diese Form des Kapitalmarkts zeichnet sich durch drei *zentrale Merkmale* aus: (1) Kapital ist ein homogenes Gut. Es steht in immer gleich bleibender Qualität zur Verfügung. Eine Unterscheidung nach Eigen- und Fremdkapital sowie z.B. der Bonität der Kunden findet nicht statt. (2) Jeder Kapitalanbieter und jeder Kapitalnachfrager hat freien und in der Höhe unbeschränkten Zugang zum Kapitalmarkt. (3) Es herrscht vollkommene Markttransparenz. Es existiert ein einheitlicher, sich im Zeitablauf nicht verändernder Zinssatz, der Soll- entspricht dem Habenzins.
Der vollkommene Kapitalmarkt ermöglicht eine starke *Vereinfachung des Entscheidungsfelds* in der dynamischen Investitionsrechnung (→ Investitionsrechnungen, dynamische). Die Interdependenzen zwischen Investition und Finanzierung werden aufgehoben, beide Entscheidungsbereiche werden voneinander getrennt (→ Fisher Separation). Da Kapital kein knappes Gut ist, entfällt darüber hinaus auch das Liquiditätsproblem.
Siehe auch → Investitionsrechnungen, dynamische und → Portfoliomanagement, jeweils (mit Literaturangaben).

Vollkonsolidierung
Im → Konzernabschluss werden → *verbundene Unternehmen* (Mutter-Tochter-Beziehungen) vollkonsolidiert, d.h., die Aktiva und Passiva aus den Einzelbilanzen der Mutter- und Tochterunternehmen werden vollständig aufsummiert und unter Verrechnung der Beteiligungen der Muttergesellschaft mit den entsprechenden Anteilen am Eigenkapital der Töchter und unter Saldierung der gegenseitigen Forderungen und Verbindlichkeiten sowie unter Eliminierung der Zwischengewinne und -verluste zusammengefasst ausgewiesen. Analog erfolgt die Konsolidierung der Konzern-GuV.
Siehe auch → Konzernabschluss (mit Literaturangaben).
Literatur: Gräfer, H., Scheld, G.A.: Grundzüge der Konzernrechnungslegung, 9. Auflage, Berlin 2005; Küting, K., Weber, C.-P.: Der Konzernabschluss – Lehrbuch zur Praxis der Konzernrechnungslegung, 9. Auflage, Stuttgart 2005.
Internetadresse: http://www.drsc.de.

Vollmachtsindossament
(auch *Inkassoindossament*). Das Vollmachtsindossament weist den Zusatz „Wert zur Einziehung", „zum Inkasso" o.Ä. auf. Damit beauftragt und bevollmächtigt der Indossant eine Bank mit dem Einzug des Wechsels und mit der Gutschrift nach Eingang des Gegenwerts. Der Bevollmächtigte kann alle Rechte aus dem Wechsel geltend machen. Er kann den Wechsel aber nur durch ein weiteres Vollmachtsindossament übertragen (vgl. Art. 18 Abs.1 WechselG); siehe auch → Indossament (bei Wechseln).

Vollständig fixer Wechselkurs
siehe → Wechselkurs, vollständig fixer.

Vollständig flexibler Wechselkurs
siehe → Wechselkurs, vollständig flexibler.

Vollständiger Finanzplan (VOFI)
siehe → Investitionsrechnungen, dynamische, Kapitel 4.c) „Der vollständige Finanzplan", (mit Literaturangaben).

Vollständiger Kapitalmarkt
siehe → Kapitalmarkt, vollkommener.

Vollständigkeitsgebot
Nach § 246 Abs. 1 HGB hat der → *Jahresabschluss* sämtliche Vermögensgegenstände, Schulden, Rechnungsabgrenzungsposten. Aufwendungen und Erträge zu enthalten, soweit gesetzlich nichts anderes bestimmt ist.

Vollstreckungsmaßnahme

(*deutsches Recht*). Eine Vollstreckungsmaßnahme dient dem Ziel den zivilrechtlichen Anspruch eines Gläubigers durchzusetzen. Zu diesem Zweck übt ein → Vollstreckungsorgan hoheitlichen Zwang aus. Dem Schuldner wird mit staatlicher Gewalt ein Bestandteil seines Vermögens weggenommen, der zur Befriedigung des Anspruchs seines Gläubigers erforderlich ist. Vollstreckungsmaßnahmen können sehr unterschiedlichen Charakter haben. Sie reichen von der allgemein bekannten Pfändung und Verwertung von Vermögenswerten des Schuldners bis zur Eintragung einer Zwangshypothek im Grundbuch oder der Anordnung von Beugehaft gegen einen Schuldner, der verpflichtet ist, eine bestimmte Handlung vorzunehmen, dies aber freiwillig nicht tut.
Siehe auch → Zwangsvollstreckung (mit Literaturangaben).

Vollstreckungsorgane

(*deutsches Recht*). Die Vollstreckungsorgane führen das eigentliche → Zwangsvollstreckungsverfahren durch. Sie greifen im Auftrag des Gläubigers in das Schuldnervermögen ein und erfüllen den Anspruch des Gläubigers.
Vollstreckungsorgane nehmen Sonderrechte des Staates wahr und sind Träger hoheitlicher Verwaltung. Es gibt in Deutschland vier Vollstreckungsorgane (1) den *Gerichtsvollzieher*, (2) das *Vollstreckungsgericht* (3) das *Grundbuchamt*, (4) das *Prozessgericht* des ersten Rechtszugs.
Jedes dieser Vollstreckungsorgane ist für ein oder mehrere spezielle Vollstreckungsverfahren zuständig. Verstöße gegen diese Zuständigkeitsvorschriften sind schwere Fehler eines Verfahrens und führen in der Regel zur Nichtigkeit einer Vollstreckungsmaßnahme.
Siehe auch → Zwangsvollstreckung (mit Literaturangaben).

Vollstreckungstitel

(*deutsches Recht*) oder kurz *Titel* sind öffentliche Urkunden, aus denen sich mit hinreichender Bestimmtheit ergibt, dass ein materiellrechtlicher Anspruch besteht und im Wege der Zwangsvollstreckung durchgesetzt werden kann. Der aus der Sicht des Gesetzgebers wichtigste Vollstreckungstitel ist das rechtskräftige Endurteil. Das Gesetz, vor allem die Zivilprozessordnung (ZPO), aber auch andere Gesetze wie die → Insolvenzordnung (InsO), kennen aber weitere Vollstreckungstitel. Beispielsweise sind Schiedssprüche nationaler und internationaler → Schiedsgerichte, Vergleiche oder bestimmte notarielle Urkunden zu nennen.
Siehe auch → Zwangsvollstreckung (mit Literaturangaben).

Vollstreckungsverfahren

siehe → Zwangsvollstreckung (mit Literaturangaben).

Vollversammlung

bezeichnet die → Hauptversammlung einer → Aktiengesellschaft bei Anwesenheit aller Aktionäre, die auch vertreten werden können. Auch Vorzugsaktionäre ohne Stimmrecht müssen anwesend oder vertreten sein. Bei einer Vollversammlung können Beschlüsse auch ohne Einhaltung der gesetzlichen Einberufungsbestimmungen gefasst werden, es sei denn, ein → Aktionär widerspricht der Beschlussfassung, was zur Nichtigkeit des Vollversammlungsbeschlusses führt.
Siehe auch → Aktiengesellschaft und → Aktiengesellschaft, Kleine, jeweils mit Literaturangaben).

Vor-AG

Sie entsteht mit notarieller Beurkundung der → Satzung und endet mit Eintragung der → AG. Sie ist ein eigenständiger Rechtsträger, und das Aktiengesetz findet bereits in soweit Anwendung, als die Vorschriften die Eintragung nicht voraussetzen. Allerdings ist sie noch keine → juristische Person.

Vorausklage, Einrede der

siehe → Bürgschaft (mit Literaturangaben).

Vorausplanungslinie

(*Line of order penetration*) trennt die Aktivitäten des → Leistungserstellungsprozesses von den Aktivitäten des → Leistungspotenzials. Sie bildet die Trennlinie zwischen den Aktivitäten der integrativen Disposition (→ Disposition, integrative) und der autonomen Disposition (→ Disposition, autonome) eines Anbieters.

Siehe auch → ServiceBlueprint, → Dienstleistungen und → Dienstleistungsmanagemen, jeweils mit Literaturangaben.

Vorauszahlungsgarantie

siehe → Anzahlungsgarantie.

Vorfälligkeitsentschädigung

Entschädigung, die ein Kreditnehmer seinem Kreditinstitut zu zahlen hat, wenn er einen Kredit mit einem über die Laufzeit festgeschriebenen Zins vorzeitig, das bedeutet vor Vertragsende, zurückzahlen möchte.

Vorgang

(beim → *Netzplan*). Ein Vorgang ist ein zeiterforderndes Geschehen innerhalb eines Prozesses oder Projektes. Anfang und Ende müssen eindeutig definierbar sein. Der Vorgang basiert auf dem gleichmäßigen Einsatz von Arbeitskräften und Nutzungsgütern, beansprucht Verbrauchsgüter und verursacht Kosten. Die Vorgänge werden mit → Vorgangsdauern, Kapazitätsbeanspruchung, Inanspruchnahme von Verbrauchsgütern und Kosten bewertet. Die zwischen den Vorgängen vorhandenen Abhängigkeiten heißen → Anordnungsbeziehungen. Siehe auch → Netzplantechnik.

Vorgangsdauer

(beim → *Netzplan*). Jeder → Vorgang besitzt eine Vorgangsdauer, die in der Regel eine deterministische Zeitgröße darstellt, die fest ist oder in bestimmten Intervallen liegen kann (→ CPM, → MPM). Sie kann aber auch als Zufallsgröße angenommen werden, die durch Erwartungswert und Varianz der Zeitinanspruchnahme des Vorgangs definiert ist (insbesondere bei → PERT).

Vorgangsknotennetz

(beim → *Netzplan*). Im Vorgangsknotennetz sind die Knoten die → Vorgänge, → Ereignisse sind nur indirekt den Vorgängen zugeordnet. Die → Anordnungsbeziehungen werden durch Pfeile im Netzplan dargestellt.

Vorgangspfeilnetz

(beim → *Netzplan*). Im Vorgangspfeilnetz werden die → Vorgänge und die → Anordnungsbeziehungen als Pfeile dargestellt, die Knoten heißen → Ereignisse und kennzeichnen Anfang und Ende eines Vorgangs oder einer → Anordnungsbeziehung.

Vorgesellschaft

(*deutsches Recht*), siehe → Gesellschaft mit beschränkter Haftung (deutsches Recht).

Vorgesellschaft

(*deutsches Steuerrecht*). Mit Abschluss eines formgültigen, notariell beurkundeten Gesellschaftsvertrags entsteht die Vorgesellschaft. Die Körperschaftsteuerpflicht beginnt mit der Entstehung der Vorgesellschaft, falls zusätzlich noch folgende Bedingungen erfüllt sind (1) Vorhandensein von Vermögen, (2) keine ernsthaften Hindernisse für die Eintragung in das (Handels-)Register, (3) alsbaldiges Nachfolgen der Eintragung, (4) Aufnahme einer nach außen gerichteten Geschäftstätigkeit (H 2 KStH).

Vorgesellschaft

(*österreichisches Recht*). Zwischen Abschluss des Gesellschaftsvertrages und Eintragung im → *Firmenbuch* wird eine registrierungspflichtige Gesellschaft als *Vorgesellschaft* bezeichnet. Sie ist zu diesem Zeitpunkt noch nicht fertig entstanden, handelt oftmals aber bereits im Namen der späteren Gesellschaft. Dies wirft Fragen nach der Zuordnung dieser Handlungen auf. Die h. M. sieht die *Vorgesellschaft einer* → *Kapitalgesellschaft* als eine eigenständige, vorübergehend bestehende gesellschaftliche Organisation an, der bereits Rechtsfähigkeit zukommt und die durch die Geschäftsführer der späteren Gesellschaft vertreten wird. Sie untersteht dabei einem Sonderrecht, das aus dem Gesellschaftsvertrag, den gesetzlichen Gründungsvorschriften und dem Recht des fertigen Verbandes besteht, soweit dieses nicht die tatsächliche Entstehung der Gesellschaft voraussetzt. Rechte und Verbindlichkeiten der Vorgesellschaft gehen mit Entstehung der tatsächlichen Gesellschaft auf diese über, da es sich de facto um ein und dieselbe Gemeinschaft handelt (Kontinuitäts- bzw. *Identitätstheorie*).

Um sicherzustellen, dass die junge Gesellschaft trotz jener „Vorbelastungen" über einen angemessenen Haftungsfonds verfügt, trifft die Gründungsgesellschafter eine sog. *Vorbelastungshaftung* (§ 2 öGmbHG, § 34 öAktG). Sie haften der Gesellschaft gegenüber in dem Umfang, in dem das Gesellschaftsvermögen im Zeitpunkt der Entstehung hinter dem gesetzlich vorgeschriebenen Stammkapital zurückbleibt.

Die *Vorgesellschaft einer Gesamthandschaftsgesellschaft* (→ OG, → KG) ist hingegen als *nicht rechtsfähige* → *GesBR* zu qualifizieren. Handlungen, die während ihres Bestehens gesetzt werden, sind den Gesellschaftern selbst als gesamthandschaftlich verbundenen *Mitunternehmern* zuzurechnen. Nach ihrer Eintragung ins Firmenbuch tritt die fertige Gesellschaft in jene Rechtsverhältnisse ein (§ 123 Abs. 2 öUGB).

Vorgründungsgesellschaft

(*deutsches Recht*), siehe → Gesellschaft mit beschränkter Haftung (deutsches Recht).

Vorgründungsgesellschaft

(*deutsches Steuerrecht*). Die Vorgründungsgesellschaft erstreckt sich auf den Zeitraum zwischen der Vereinbarung über die Einrichtung einer Kapitalgesellschaft bis zur notariellen Beurkundung des Gesellschaftsvertrags. Sie ist weder mit der Vorgesellschaft noch mit der später entstehenden Kapitalgesellschaft identisch.

Die Vorgründungsgesellschaft ist im Regelfall nicht körperschaftsteuerpflichtig, sondern die hinter dieser stehenden Gesellschafter sind mit dem auf sie entfallenden Gewinn- bzw. Verlustanteil körperschaft- oder einkommensteuerpflichtig. Ausnahmsweise ist die Vorgründungsgesellschaft körperschaftsteuerpflichtig, wenn ein größerer Kreis von Gesellschaftern, eine Verfassung und besondere Organe vorhanden sind (Steuerpflicht nach § 3 Abs. 1 KStG). Siehe auch → Körperschaftsteuer und → Einkommensteuer.

Vorgründungsgesellschaft

(*österreichisches Recht*). Schließen sich Personen in der Absicht zusammen, in naher Zukunft eine Gesellschaft zu gründen (und betreiben sie bereits deren Geschäfte), so liegt eine *Vorgründungsgesellschaft* vor. Diese ist in der Regel als → *GesbR* zu qualifizieren und *mit der späteren Gesellschaft nicht ident*. Insbesondere kann die fertige Gesellschaft durch die Tätigkeit der Vorgesellschaft nicht wirksam berechtigt oder verpflichtet werden (kein automatischer Übergang eingegangener Rechtsverhältnisse im Wege der Gesamtrechtsnachfolge!).

Vorkauf

(im → *Kaufrecht*). Der Vorkauf (§§ 463 BGB, deutsches) verschafft dem Vorkaufsberechtigten das Recht, einen Gegenstand im Wege des Kaufs zu erwerben, sobald der Verkäufer mit einem Dritten einen Kaufvertrag über den betroffenen Gegenstand geschlossen hat. Der Vorkaufsberechtigte tritt dann in den Vertrag des Verkäufers mit dem Dritten ein. Er muss, wenn er sein Vorkaufsrecht ausübt, die zwischen Verkäufer und dem Dritten vereinbarten Vertragsinhalte übernehmen. Der Verkäufer kann in diesem Fall seine Verpflichtung gegenüber dem Dritten nicht mehr erfüllen. Der Verkäufer sollte daher den Dritten bei Vertragschluss darüber informieren, dass an dem verkauften Gegenstand ein Vorkaufsrecht existiert.

Nach § 469 BGB muss der Verkäufer oder der Dritte den Vorkaufsberechtigten unverzüglich darüber informieren, dass ein Kaufvertrag über den von dem Vorkaufsrecht betroffenen Gegenstand geschlossen wurde. Um die Interessen des Dritten und des Verkäufers zu schützen, hat der Vorkaufsberechtigte innerhalb einer festgelegten Frist, die bei Grundstückskäufen zwei Monate, bei anderen Objekten eine Woche beträgt, zu erklären, ob er von seinem Vorkaufsrecht Gebrauch macht. Das Vorkaufsrecht besteht nicht, falls die Veräußerung des betroffenen Gegenstandes im Rahmen eines Zwangsvollstreckungs- oder Insolvenzverfahrens erfolgt. Siehe auch → Kaufrecht (mit Literaturangaben).

Vorkaufsrecht

(→ *Venture Capital*), vorkommend u.a. als Regelungselement des → Venture Capital-Beteiligungsvertrages einer Eigenkapitalfinanzierung mit → Venture Capital. Synonym: *Right of First Refusal*.

Vorkostenstelle

Zulieferstellen bzw. unterstützende Stelle, deren Leistungen nicht auf den Markt gelangen. Die Kosten der Vorkostenstelle werden auf die → Endkostenstellen (→ Hauptkostenstellen) umgelegt, von denen aus die Kosten auf die Leistungseinheiten verrechnet werden. Analog → Hilfskostenstelle. Siehe auch → Kostenstellenrechnung (mit Literaturangaben).

Vorräte

(1) Vorräte (*nach HGB)* sind Teil des → Umlaufvermögens und umfassen die Bestände an → Roh-, Hilfs- und Betriebsstoffen, → unfertigen Erzeugnissen und unfertige Leistungen, → fertigen Erzeugnissen und → Waren, sowie die geleisteten Anzahlungen auf Vorräte. Vorräte sind nach dem strengen → Niederstwertprinzip mit dem niedrigeren Wert aus Anschaffungs- bzw. Herstellungskosten und dem → beizulegenden Wert am Bilanzstichtag zu bewerten. Die Ermittlung der Anschaffungs- oder Herstellungskosten ist problematisch, wenn es im Verlauf der Lagerung und Produktion von Vorräten zu einer Vermischung (z.B. bei Flüssigkeiten) kommt. Bei sich ändernden Preisen ist es dann nicht mehr möglich zu sagen, welche Partien verbraucht wurden und welche noch im Bestand sind. Die Paragraphen §§ 240 und 256 HGB lassen deshalb → Bewertungsvereinfachungen zu. Zu den → Bewertungsvereinfachungen gehören die → Festbewertung, die → Gruppenbewertung und die → Sammelbewertung.
(2) Vorräte (*nach IAS/IFRS*). Nach → IAS/IFRS sind Vorräte (→ assets), die entweder im Rahmen des normalen Geschäftsablaufs zum Verkauf gehalten werden, die sich im Herstellungsprozess für einen derartigen Verkauf befinden oder die im Herstellungsprozess von Gütern und Dienstleistungen verbraucht werden (IAS 2.4). In IAS/IFRS gibt es kein starres Gliederungsschema für die Vorräte. Eine gebräuchliche Unterscheidung ist jedoch die Folgende: Handelsware (merchandise), → Hilfs- und Betriebsstoffe (production supply), Rohstoffe (materials), → unfertige Erzeugnisse/Leistungen (work in process) und → Fertigerzeugnisse (finished goods) (IAS 1.73, i.V. mit IAS 2.35). Siehe auch → Internationale Rechnungslegung nach IFRS.
(3) Vorräte (*nach US-GAAP*). Nach → US-GAAP werden Vorräte nahezu so wie nach → IAS/IFRS abgegrenzt. ARB 43 ch. 4.3 empfiehlt, die Vorräte wie folgt zu gliedern: Rohstoffe (raw materials), Hilfs- und Betriebsstoffe (supplies), unfertige Erzeugnisse (work in process) und Fertigerzeugnisse (finished goods) bzw. Handelswaren (merchandise). Siehe auch Abschlusserstellung nach US-GAAP. Siehe auch → Umlaufvermögen (mit Literaturangaben).

Vorratsaktie

(*österreichisches Recht*). Als Vorratsaktien werden Aktien einer AG bezeichnet, die von der betreffenden → AG selbst oder einem Dritten für Rechnung jener → AG oder ihrer Tochtergesellschaft originär übernommen werden. Ein solche (faktische) Übernahme → *eigener Aktien* ist nach österreichischem Recht grundsätzlich nicht zulässig (§ 51 öAktG).

Vorsichtsprinzip

dominanter Rechnungslegungsgrundsatz der deutschen Rechnungslegung. Die Dominanz ergibt sich aus der Finanzierungsstruktur deutscher Unternehmen, die vorwiegend durch → Fremdfinanzierung gekennzeichnet ist. Das Vorsichtsprinzip besagt, dass die Rechnungslegung keinen zu optimistischen Eindruck der Lage des Unternehmens vermitteln soll. Als inhaltliche Ausgestaltung des Vorsichtsprin-

zips gelten das → Realisations- und das → Imparitätsprinzip. Das → Imparitätsprinzip wirkt sich auf der Aktivseite der Bilanz in Form des → Niederstwertprinzips.
International dominiert nicht das Vorsichtsprinzip, sondern das → accrual principle.
Siehe auch → Umlaufvermögen (mit Literaturangaben).

Vorstand

Der Vorstand ist neben → Aufsichtsrat und → Hauptversammlung eines der drei Pflichtorgane der → Aktiengesellschaft. Er leitet unter eigener Verantwortung die Aktiengesellschaft, führt deren Geschäfte und vertritt diese gerichtlich und außergerichtlich. Dabei gilt die Sorgfaltspflicht eines ordentlichen, gewissenhaften und verschwiegenen Geschäftsleiters. Der Begriff ist für die Aktiengesellschaft (und daneben für die Genossenschaft) reserviert; demgegenüber leitet die → Gesellschaft mit beschränkter Haftung der → Geschäftsführer. Der Vorstand wird durch den Aufsichtsrat und durch den Aktionär in der → Hauptversammlung kontrolliert. Er hat dem Aufsichtsrat Bericht zu erstatten und dem Aktionär Auskunft zu erteilen. Der Aktiengesellschaft haftet der Vorstand für Pflichtverletzungen.
Siehe auch → Aktiengesellschaft, deutsche bzw. österreichische, jeweils mit Literaturangaben.
    Literatur: Arbeitshandbuch für Vorstandsmitglieder, hrsg. von Semler J. und Peltzer, M., München 2005; Ragus, G.: Der Vorstand einer Aktiengesellschaft, Berlin 2005.

Vorstand-Aufsichtrat-Modell
(*Trennungsmodell*), aus dem deutschen Rechtskreis stammendes Modell zur Strukturierung der Organe einer → *Aktiengesellschaft*. So ist die Aktiengesellschaft nach deutschem Recht (Aktiengesetz) organschaftlich in Vorstand, Aufsichtsrat und Hauptversammlung, d.h. in die „Gewalten" Exekutive, Judikative und Legislative zu gliedern. Siehe auch → Unternehmensführung (mit Literaturangaben), Grundlagen und (anglo-amerikanisches) → Vereinigungsmodell

Vorweggeschäft
siehe → Vorwegkauf; siehe auch → Dreiecksgeschäft und → Kompensationsgeschäft.

Vorwegkauf
auch *Vorweggeschäft* bzw. *Advance-Purchase* genannte Form eines → Dreiecksgeschäfts, bei dem vorab die sog. → Software an den Kompensationshändler geliefert und von diesem vermarktet wird (siehe auch → Kompensationsgeschäft). Den Erlös zahlt er auf ein Treuhandkonto (engl. *Escrow account*) ein, das zur Deckung eines → Akkreditivs zu Gunsten des Lieferanten der sog. → Hardware dient. Die Auszahlung dieses → Akkreditivs erfolgt dann gegen Vorlage der → Dokumente (z.B. → Bill of Lading der sog. → Hardware). Damit ist das Hardware-Liefergeschäft optimal abgesichert.

Vorzugsaktie
(*deutsches Recht*) räumt dem → Aktionär in irgendeiner Weise ein Vorrecht ein, insbesondere einen Vorzug auf den Bilanzgewinn. Dabei ist es gesetzlich verboten, einen Vorzug beim → Aktienstimmrecht zu gewähren.
Siehe auch → Aktienarten sowie → Aktiengesellschaft, deutsche (mit Literaturangaben).

Vorzugsaktie
(*österreichisches Recht*). Vorzugsaktien vermitteln neben den normalen Mitgliedschaftsrechten an der → AG besondere Vorrechte im Hinblick auf Gewinnverteilung (z.B. vorrangige Befriedigung mit bestimmtem Prozentsatz) und/oder Beteiligung am Liquidationserlös. Praktisch bedeutsam sind sie vor allem als sog *stimmrechtslose Vorzugsaktien* (§§ 115 ff öAktG), die keine Stimmrechte in der Hauptversammlung verbriefen und damit die Durchführung einer Kapitalerhöhung ohne Beeinträchtigung des Einflusses bisheriger Aktionäre ermöglichen.
Siehe auch → Aktienarten sowie → Aktiengesellschaft, österreichische (mit Literaturangaben).

Voucher
alte Bezeichnung für → Zertifikat.

VRIO-Kriterien
(von Barney), Abk. für V = valuable, R = rare, I = inimitable, O = organizationally oriented; siehe auch → Kernkompetenzen und die dort angebene Literatur.

VVaG
Abk. für → Versicherungsverein auf Gegenseitigkeit.

VVG
Abk. für Versicherungsvertragsgesetz, siehe auch → Versicherungsbetriebslehre (mit Literaturangaben).

W

WA
Abk. für Warenannahme; siehe auch → Wareneingang.

WACC
(*weighted average cost of capital*; *gewogener Kapitalkostensatz*)
Der WACC ist ein Mischzinsfuß, mit dem im Rahmen der Unternehmenswertermittlung beim → WACC-Ansatz, der eine spezielle Ausprägung der → DCF-Verfahren darstellt, die → Free Cashflows diskontiert werden. Der WACC soll den gewichteten Durchschnittskosten von Eigen- und Fremdkapitalgebern entsprechen.
Er wird wie folgt berechnet:

$$ c^{WACC} = r(FK) * (1-s) * \frac{FK}{GK} + r(EK)_v * \frac{EK}{GK} $$

c^{WACC}	=	gewogener Kapitalkostensatz
FK	=	Marktwert des verzinslichen Fremdkapitals
EK	=	Marktwert des Eigenkapitals
GK	=	Marktwert des Gesamtkapitals
s	=	Ertragssteuersatz auf Unternehmensebene
r(FK)	=	Kosten des Fremdkapitals bzw. Renditeforderung der Fremdkapitalgeber
$r(EK)_v$	=	Renditeforderung der Eigenkapitalsgeber für das verschuldete Unternehmen

Da die → Free Cashflows unter der Fiktion eines rein eigenfinanzierten Unternehmens ermittelt werden, werden die Steuerersparnis durch Fremdfinanzierung (→ Tax Shield) und die tatsächliche Finanzierungsstruktur beim Diskontierungssatz WACC berücksichtigt.
Siehe auch → WACC-Ansatz und → Unternehmensbewertung (mit Literaturangaben).

WACC-Ansatz
Der WACC-Ansatz mit Free Cashflows ist eines der gängigsten → Discounted-Cashflow-Verfahren und zählt daher innerhalb der → Unternehmensbewertung zu der Kategorie der Gesamtbewertungsverfahren. Bewertungsrelevanter Cashflow ist in diesem Fall der → Free Cashflow (FCF), d.h. der Cashflow bei fiktiver Eigenfinanzierung. Die tatsächliche Finanzierung (Kapitalstruktur) des Unternehmens und deren Kosten sowie die steuerliche Auswirkung der Fremdfinanzierung finden erst im gewogenen Kapitalkostensatz → WACC ihren Niederschlag. Der Marktwert des Gesamtkapitals wird durch Diskontierung der FCF mit dem → WACC ermittelt:

$$ GK = \sum_{t=1}^{T} \frac{FCF_t}{(1+WACC)^t} + \frac{CV_T}{(1+WACC)^T} + N_0 $$

GK = Marktwert des Gesamtkapitals
FCF = $\rightarrow$ Free Cashflow in der Periode t
WACC = $\rightarrow$ Weighted Average Cost of Capital
T = Planungshorizont
CV_T = Continuing Value (Fortführungswert) zum Zeitpunkt T
N_0 = Barwert der erwarteten Liquidationserlöse aus der Veräußerung des $\rightarrow$ nicht betriebsnotwendigen Vermögens.

Wird vom Marktwert des Gesamtkapitals der Marktwert des verzinslichen Fremdkapitals abgezogen, erhält man den Marktwert des Eigenkapitals ($\rightarrow$ Shareholder Value).

Siehe auch $\rightarrow$ WACC und $\rightarrow$ Unternehmensbewertung (mit Literaturangaben).

Literatur: Copeland, T./Koller, T./Murrin, J.: Valuation – Measuring and Managing the Value of Companies, 3rd ed., New York u.a. 2000; Drukarczyk, J.: Unternehmensbewertung, 4. Auflage, München 2003; Spremann, K.: Valuation – Grundlagen moderner Unternehmensbewertung, München-Wien 2004.

Wagniskosten

sind in der $\rightarrow$ *Kostenartenrechnung* die Kosten für die nicht versicherbaren Wagnisse der Unternehmenstätigkeit. Hierzu zählen $\rightarrow$ Beständewagnisse, Wechselkurswagnisse, Anlagenwagnisse, Gewährleistungswagnisse oder Entwicklungswagnisse. In der Regel werden Wagniskosten als prozentualer Aufschlag auf andere Kostenarten berücksichtigt. So kann bspw. das Beständewagnis (Diebstahl, Untergang, Entwertung) als Aufschlag auf die Materialkosten verrechnet werden.

Siehe auch $\rightarrow$ Kostenartenrechnung (mit Literaturangaben).

Wahlzwangverfahren

(bei der Leistungsbeurteilung). Der Beurteiler bekommt verschiedene Aussagen zur Leistung vorgelegt und muss zwischen den Aussagen wählen. Siehe auch $\rightarrow$ Lohn- und Gehaltsmodelle (mit Literaturangaben).

Wahrscheinlichkeitsrechnung

Die Wahrscheinlichkeitsrechnung dient der Quantifizierung des möglichen Auftretens von Ereignissen. Grundmodell ist der Zufallsvorgang, das ist ein Vorgang, dessen Ergebnis im Voraus nicht feststeht. Jedem von endlich vielen möglichen Ergebnissen wird eine Zahl zwischen Null und Eins, seine Wahrscheinlichkeit, zugeordnet; die Wahrscheinlichkeiten aller Ergebnisse addieren sich zu Eins. Im Rahmen der Wahrscheinlichkeitsrechnung werden abhängige und unabhängige Zufallsvorgänge, Folgen von Zufallsvorgängen und numerische Ergebnisse von Zufallsvorgängen ($\rightarrow$ Zufallsvariable) untersucht. Es werden Wahrscheinlichkeiten abgeleiteter Ereignisse berechnet und Wahrscheinlichkeitsverteilungen von Zufallsvariablen durch geeignete Parameter charakterisiert. Die Wahrscheinlichkeitsrechnung erstreckt sich auch auf Zufallsvariable mit unendlich vielen Ergebnissen. Er erlaubt approximative Berechnungen von Wahrscheinlichkeiten im Rahmen von sogenannten Grenzwertsätzen.

Siehe auch $\rightarrow$ Statistik (mit Literaturangaben).

Einführende Literatur zur Wahrscheinlichkeitsrechung für Betriebswirte: Bamberg, G., Baur, F. (2002): Statistik. Oldenbourg, München, 12. Auflage. Mosler, K., Schmid, F. (2005): Wahrscheinlichkeitsrechnung und schließende Statistik. Springer, Berlin, 2. Auflage.

Wahrscheinlichkeitsverteilung

gibt an, mit welcher Wahrscheinlichkeit eine Zufallsvariable bestimmte Werte annimmt. Eine Wahrscheinlichkeitsverteilung wird vollständig durch eine kumulative Verteilungsfunktion F(x) charakterisiert, die die Wahrscheinlichkeit angibt, dass die in Rede stehende Zufallsvariable den Wert x nicht überschreitet.

Siehe auch $\rightarrow$ Portfoliomanagement und $\rightarrow$ Statistik, jeweils mit Literaturangaben.

Währungsanleihe

siehe $\rightarrow$ Fremdwährungsanleihe.

Währungsarbitrage
(*Currency Arbitrage*), Spezialfall der Arbitrage, bei der es konkret um die Ausnutzung von ungleichgewichtigen Preisen in verschiedenen Devisenmarktsegmenten geht.

Währungskorb
(*Currency Basket, Currency Cocktail*), Portfolio mit festgelegten Anteilen verschiedener Währungen wie z.B. die → European Currency Unit.

Währungsmanagement

Währungsmanagement
von Universitätsprofessor Dr. Wolfgang Breuer
Rheinisch-Westfälische Technische Hochschule Aachen

1. Einordnung

Das unternehmerische Währungs- oder Devisenmanagement ist ein Teilgebiet des internationalen Finanzmanagements, bei dem die Analyse der finanzwirtschaftlichen Konsequenzen aus unternehmerischer Tätigkeit in verschiedenen Währungsräumen im Vordergrund des Interesses steht. Ausgangspunkt der Betrachtung bilden unternehmerische Grundgeschäfte als Ausdruck der gewöhnlichen Geschäftstätigkeit und die hieraus resultierenden finanziellen Positionen.

Im Rahmen des Währungsmanagements soll auf das mit diesen finanziellen Positionen verbundene → Wechselkursrisiko zielgerichtet Einfluss genommen werden. Verschiedene Entscheidungssituationen und daraus ableitbare Verhaltensempfehlungen kann man unterscheiden (1) nach der Maßeinheit der betrachteten finanziellen Positionen, (2) nach der Art der betrachteten finanziellen Positionen, (3) nach der Art der zum Währungsmanagement eingesetzten Instrumente und (4) nach der konkret zugrunde gelegten Zielfunktion im Rahmen des unternehmerischen Währungsmanagements.

2. Die Maßeinheit der betrachteten finanziellen Positionen

Grundsätzlich wird der Gedanke am nächstliegenden sein, alle finanziellen Positionen in der jeweiligen Heimatwährung des Entscheiders darzustellen. Aus der Diskussion des Stützelschen → Onassis-Paradox ist indes bekannt, dass als Recheneinheit eine einzelne Währung nur dann in Frage kommt, wenn der jeweilige Entscheider lediglich ein festes Güterbündel mit festen künftigen Preisen in der jeweiligen Währung konsumiert.

In allen anderen Fällen wäre ein konsumorientiertes Währungsmanagement als adäquater Ansatzpunkt zu wählen. Hierbei werden finanzielle Positionen nicht in einer bestimmten Währung, sondern in Kaufkrafteinheiten ausgedrückt, also letztlich in erwerbbaren Umfängen eines normierten Warenkorbs mit Gütern aus verschiedenen Währungsgebieten. Im Weiteren werde indes zur Vereinfachung von in EUR umgerechneten finanziellen Positionen ausgegangen. Damit wird implizit unterstellt, dass die betrachteten Entscheidungsträger lediglich Güter mit festen Preisen in EUR konsumieren.

3. Die Art der betrachteten finanziellen Positionen

Typischerweise unterscheidet man drei grundsätzliche Arten finanzieller Positionen und damit drei wesentliche Formen von Wechselkursrisiken: das an Bilanzpositionen orientierte *Translations*- oder → Umrechnungsrisiko, das an einzelnen, ausgewählten Zahlungen in Fremdwährung ansetzende → *Transaktions*- oder → Umwechselungsrisiko und das auf den Kapitalwert in Inlandswährung aller künftigen unternehmerischen Einzahlungen abstellende ökonomische → Wechselkursrisiko.

Als sachgerechter Ansatzpunkt für Maßnahmen des Währungsmanagements erweist sich im Regelfall eine Mischform aus Transaktions- und ökonomischem Risiko in Form der Betrachtung des Kapital- oder Endwerts von in EUR ausgedrückten Einzahlungen aus ausgewählten Grundgeschäften.

4. Die zum Währungsmanagement eingesetzten Instrumente

→ Kurssicherungsinstrumente kann man danach unterscheiden, ob sie ohne Hinzuziehung Dritter, d.h. nicht am abzusichernden Grundgeschäft beteiligter Parteien, abgewickelt werden können oder nicht. Im ersteren Fall spricht man von internen, im letzteren Fall von externen → Kurssicherungsinstrumenten.

(1) Die *internen Instrumente* werden weiterhin danach differenziert, ob man sie durch einseitige Willenserklärung, also ohne Zustimmung der Vertragspartner aus den Grundgeschäften, abschließen kann oder nicht. In der erstgenannten Situation spricht man von monolateralen → Kurssicherungsinstrumenten, in der letztgenannten Situation von multilateralen. → Leading und → Lagging sind Beispiele für monolaterale Instrumente, die Wahl der Fakturierungswährung, also der Währung, in der Lieferungen oder Leistungen zu begleichen sind, ist ein Beispiel für ein multilaterales Instrument.

(2) Im Zusammenhang mit den *externen Instrumenten* kann man → Devisentermingeschäfte, → Fremdwährungskredite und -anlagen sowie sonstige Maßnahmen wie Forderungsverkäufe unterscheiden. Beim Einsatz von Fremdwährungskrediten oder → Fremdwährungsanlagen spricht man von → Finanzhedging. Solche Maßnahmen können als Substitut für → Devisenforwardgeschäfte aufgefasst werden. Devisenforwardgeschäfte stellen die nicht-börsenmäßig gehandelte Spielart unbedingter Devisentermingeschäfte dar. Die börsenmäßig gehandelte Variante wird → Devisenfuturesgeschäft genannt. Während unbedingte Termingeschäfte nach ihrem Abschluss in der Gegenwart zu einem späteren künftigen Zeitpunkt auf jeden Fall abzuwickeln sind, ist bei bedingten Devisentermingeschäften vor deren Abwicklung noch der Eintritt einer bestimmten Bedingung erforderlich. Typischerweise handelt es sich hierbei um eine positive Willensäußerung eines der beteiligten Vertragspartner. In diesem Fall spricht man von → Devisenoptionen. Auch diese können börsenmäßig handelbar sein oder nicht.

5. Die mit dem Währungsmanagement verfolgten Ziele

Geht man zunächst von einem einzelnen, rational agierenden Unternehmer aus, so ist der Einsatz von Kurssicherungsinstrumenten mit dem Ziel der Maximierung des unternehmerischen Erwartungsnutzens, also ein Handeln nach dem Bernoulli-Prinzip, der nächstliegende Ansatz. Die einzelnen zur Auswahl stehenden Kurssicherungsmaßnahmen unterscheiden sich dabei nach den jeweils erzielbaren erwarteten Einzahlungen in Inlandswährung sowie nach dem mit den ungewissen Zahlungen jeweils verbundenen Risiko.

Unter → Hedging versteht man diejenige erwartungsnutzenmaximierende Strategie, die sich unter der Annahme eines unbeeinflussbaren Erwartungswertes künftiger EUR-Einzahlungen ergibt, also risikominimierend ist.

Im Falle sicherer Fremdwährungseinzahlungen ist durch geeignete Devisenforwardgeschäfte ein → Perfect Hedge möglich.

Sind Devisentermingeschäfte nur auf andere Fremdwährungen verfügbar als die der abzusichernden finanziellen Position, besteht lediglich die Möglichkeit zu einem → Cross Hedging.

Welches Maß zur Risikomessung resultiert, hängt von der konkret angenommenen Risikonutzenfunktion ab. Ist diese quadratisch in den Einzahlungen in Inlandswährung, dann resultiert die Varianz der künftigen EUR-Zahlungen als Risikomaß, und Hedging kann als Varianzminimierung verstanden werden. Hierbei lassen sich Hedgingstrategien über Regressionskoeffizienten beschreiben, bei denen eine lineare Regression der ungesicherten EUR-Einzahlungen aus dem Grundgeschäft auf die Zahlungsstruktur des eingesetzten Kurssicherungsinstrumentes erfolgt. Generell reduzieren Hedgingmaßnahmen das → Exposure der Unternehmung auf Null und führen → offene Positionen somit über in geschlossene.

Mit → Spekulation bezeichnet man jedes Abweichen von der Hedging-Lösung. Motiv für Spekulationsmaßnahmen ist folglich die Möglichkeit der Steigerung der erwarteten Einzahlungen gegen bewusste Inkaufnahme höherer Risiken. Voraussetzung für die Möglichkeit einer Spekulation mit → Devisenforwardgeschäften etwa ist demnach die Ungültigkeit der → Terminkurstheorie der Wechselkurserwartung.

Nutzenorientiertes Währungsmanagement ist bei mehreren Entscheidungsträgern ohne weiteres nur einsetzbar, wenn man identische Präferenzstrukturen unterstellt. Bei multinationalen Unternehmen mit zahlreichen Anteilseignern aus mehreren Ländern kann hiervon kaum ausgegangen werden. Unter der

Voraussetzung eines vollkommenen Kapitalmarktes jedoch kann die Maximierung des Unternehmenswertes (Marktwertmaximierung) und die damit verbundene Maximierung der Reichtumsposition aller Kapitalgeber als adäquates Ziel für finanzwirtschaftliche Maßnahmen und damit auch für das unternehmerische Währungsmanagement gerechtfertigt werden. Freilich erweist sich unternehmerisches Währungsmanagement auf dem vollkommenen Kapitalmarkt wie jede andere finanzwirtschaftliche Aktivität gemäß dem Modigliani/Miller-Theorem als irrelevant: Auf dem vollkommenen Kapitalmarkt sind finanzwirtschaftliche Maßnahmen auf Unternehmensebene nicht bedeutsam, da sie durch jeden privaten Kapitalmarktteilnehmer im Rahmen eigener Transaktionen neutralisiert oder nachgeahmt werden können.

Marktwertorientiertes Währungsmanagement kann daher nur sinnvoll betrachtet werden, wenn gewisse Marktunvollkommenheiten eingeführt werden, die zwar nicht die Adäquanz der Marktwertmaximierung in Frage stellen, wohl aber verhindern, dass private finanzwirtschaftliche Maßnahmen als perfekte Substitute für finanzwirtschaftliche Transaktionen auf Unternehmensebene dienen. Insbesondere ist an Insolvenzkosten zu denken, also an unternehmerische Mehrauszahlungen und Mindereinzahlungen infolge einer Insolvenz. Deren Existenz führt zur Äquivalenz zwischen Maximierung des Unternehmenswertes und Minimierung des Marktwertes der Insolvenzkosten. Bei Risikoneutralität der Marktbewertung und unabhängig vom Ausmaß der Zahlungsunfähigkeit vorliegender Höhe von Insolvenzkosten erhält man als Ziel die Minimierung der Insolvenzwahrscheinlichkeit, was man im → Portfoliomanagement auch als ein Verhalten nach dem Roy-Kriterium bezeichnet. Schätzt man Insolvenzwahrscheinlichkeiten mit Hilfe der Tschebyscheffschen Ungleichung ab und geht man von der Unmöglichkeit zur Spekulation mit Kurssicherungsinstrumenten aus, dann entspricht die Minimierung (einer Obergrenze) der unternehmerischen Insolvenzwahrscheinlichkeit der Minimierung der Varianz der künftig erwarteten Einzahlungen in Inlandswährung.

6. Schlussbemerkungen

Weitere Untergliederungen von Entscheidungssituationen im Rahmen des unternehmerischen Währungsmanagements sind möglich. Beispielsweise kann man Ein- und Mehr-Perioden-Probleme voneinander abgrenzen. Mehr-Perioden-Probleme ergeben sich bereits beim Einsatz von Devisenfutures unpassender Fristigkeit T zur Absicherung einer in einem Zeitpunkt t anfallenden Fremdwährungszahlung. Ist die Fristigkeit zu kurz, wird kurzfristig revolvierendes Hedging relevant, ist sie hingegen zu lang, erhält man als Hedging-Resultat bei der Absicherung sicherer Fremdwährungszahlungen eine sehr charakteristische Lösung für die → Hedge-Ratio, die sich als Regressionskoeffizient aus einer linearen Regression des künftigen → Kassawechselkurses des Zeitpunktes t auf den korrespondierenden Terminwechselkurs des Zeitpunktes t mit Fälligkeit im späteren Zeitpunkt T beschreiben lässt. Alles in allem bieten die modernen internationalen Kapital- und Devisenmärkte vielfältige Möglichkeiten, → Wechselkursrisiken zu begegnen.

Hinweise

- Zu den vertiefenden Wissensgebieten dieses Beitrags siehe u.a. → Basisrisiko, → Clearing-Stelle, → Devisenforwardgeschäft, → Devisenfuturesgeschäft, → Devisenoption, → Europäisches Währungssystem, → Finanzhedging, → Hedging, → J-Kurven-Effekt, → Kaufkraftparitätentheorie, absolute, → Kaufkraftparitätentheorie, relative, → Kurssicherungsinstrument (Übersicht), → Lagging, → Leading, → Numéraire-Problem, → Outright-Devisentermingeschäft, → Paritätsbeziehungen, internationale, → Swapsatz, → Terminkurstheorie der Wechselkurserwartung, → Umrechnungs(Translations)risiko, → Umwechselungs(Transaktions)risiko, → Wechselkurs (direkter, effektiver, realer, fixer, flexibler), → Wechselkurserklärung, Theorien, → Wechselkursrisiko sowie die in diesen Stichwörtern angegebenen Verweisstichwörter.
- Zu den angrenzenden Wissensgebieten siehe → Abschlusserstellung nach US-GAAP, → Außenhandel, → Außenhandelsfinanzierung (Internationale Zahlungs- Sicherungs- und Finanzierungsinstrumente), → Corporate Finance, → Finanzinnovationen, → Finanzwirtschaft, betriebliche, → Internationale Rechnungslegung nach IFRS, → Jahresabschluss nach deutschem Recht, → Jahresabschluss nach schweizerischem Recht, → Konzernabschluss, → Optionen, → Portfoliomanagement, → Rating-Methoden, kreditwirtschaftliche, → Risikocontrolling, → Swaps, → Zinsmanagement.

Literatur: Adam, Axel F. A.: Internationale Unternehmensaktivität, Wechselkursrisiko und Hedging mit Finanzinstrumenten, Heidelberg 1995. Breuer, W.: Unternehmerisches Währungsmanagement, 2. Auflage, Wiesbaden 2000. Breuer, W.: Konsumorientiertes Währungsmanagement, in: WiSt – Wirtschaftswissenschaftliches Studium, 30. Jg. (2001), S. 122-126. Breuer, W.: Konsumorientiertes Währungsmanagement bei der International AG, in: WiSt - Wirtschaftswissenschaftliches Studium, 30. Jg. (2001), S. 178-180. Breuer, W./Gürtler, M./Schuhmacher F.: Risikomanagement, in: Breuer, W./Gürtler, M. (Hrsg.), Internationales Management, Wiesbaden 2003, S. 449-492. Breuer, W./Stotz, O.: „Real" Risk Management, in: Frenkel, M./Hommel, U./Rudolf, M. (Hrsg.), Risk Management. Challenge and Opportunity, 2. Auflage, Berlin 2005, S. 679-698. Broll, U.: Internationaler Handel, 2. Auflage, München 1997.

Internetadressen: http://www.imf.org; http://www.swift.com.

Website des Autors: http://www.bfw.rwth-aachen.de.

Währungsoptionen
(*Currency Options*), siehe → Devisenoptionen.

Währungspolitik
umfasst alle staatlichen Maßnahmen zur Gestaltung des Geldwesens eines Landes. Die institutionierende Währungspolitik bezieht sich auf die Schaffung einer neuen und die Änderung einer bestehenden Geldverfassung. Hierdurch wird der Bezugsrahmen der funktionellen Währungspolitik definiert, die laufende Maßnahmen der Währungspolitik bezeichnet. Dabei versteht man unter „Geldpolitik" alle Maßnahmen der funktionellen Währungspolitik, die nicht unmittelbar auf die Gestaltung der Währungsbeziehungen mit dem Ausland gerichtet sind.
Siehe auch → Währungsmanagement (mit Literaturangaben).

Währungsswap
(*Anwendungsbeispiel*). Währungsswaps (*currency swaps*) dienen der Absicherung vor Währungsrisiken, und zwar auch von sehr langfristigen Währungsrisiken. So kann beispielsweise ein amerikanischer Investor A, der in der Eurozone investieren möchte und diese Investition nach 10 Jahren liquidieren möchte, mit einem Investor B aus der Eurozone, der für 10 Jahre in den USA investieren und dann die Investitionssumme wieder in die Eurozone zurückführen möchte, einen Währungsswap abschließen. Anwendungsbeispiel siehe → Swaps, Kapitel 3; siehe auch → Währungsmanagement, jeweils mit Literaturangaben.

Währungsswap
(*Currency Swap, allgemeine Definition*) ist eine Kombination des aktuellen Tauschs von Währungen zwischen zwei Kontrahenten zu einem bestimmten → Kassawechselkurs mit der Abrede des späteren verbindlichen Rücktauschs zu einem heute schon fixierten → Terminwechselkurs. Reine Währungsswaps kommen nur selten vor. Häufiger ist die kombinierte Variante eines → Zins-Währungsswaps, bei dem auch die Zinszahlungen mit in den Swap einbezogen werden.
Siehe auch → Währungsmanagment (mit Literaturangaben).

Währungssystem, Europäisches
siehe → Europäisches Währungssystem.

Währungssystem, Internationales
Beziehungsgeflecht zwischen den Währungen verschiedener Länder auf der Grundlage des Wirkens reiner Marktkräfte oder von internationalen Währungskooperationen. Siehe auch → Währungsmanagement (mit Literaturangaben).

Waldregel
siehe → Maximin-Regel.

Wandelanleihe
(*Convertible Bond*). Neben den normalen Gläubigerrechten – Zinszahlung und Rückzahlung – wird dem Anleger ein zusätzliches Recht auf *Umtausch* der Anleihe in Aktien gewährt. Durch das Umtauschrecht wird aus dem ursprünglichen Gläubigerverhältnis ein Beteiligungsverhältnis, da das mit der Wandelanleihe aufgenommene Fremdkapital in Eigenkapital (siehe → Aktien und → Aktienarten) umgewandelt wird.
Die → Emission einer Wandelanleihe bedarf der Zustimmung der Hauptversammlung, da zur Wahrung des Umtauschrechtes eine bedingte Kapitalerhöhung notwendig ist. Eine Finanzierung über Wandelanleihen ist somit → Aktiengesellschaften vorbehalten. Bei einer Emission von Wandelanleihen steht den Aktionären der kreditsuchenden Aktiengesellschaft → ein Bezugsrecht zu. Die Aktionäre können entweder entsprechend ihrem Bezugsrecht Wandelanleihen beziehen oder ihre Bezugsrechte verkaufen. Bei Ausgabe von Wandelanleihen sind in den → Anleihebedingungen zusätzlich das → Wandlungsverhältnis, etwaige → Zuzahlungen und die → Wandlungsfrist aufzunehmen.

Wandlungsfrist
Frist innerhalb der eine → *Wandelanleihe* in → *Aktien* umgetauscht werden kann.

Wandlungspreis
→ Nennbetrag der eingetauschten → *Wandelanleihe* je → *Aktie*, gegebenenfalls erhöht um → Zuzahlungen.

Wandlungsverhältnis
bei → *Wandelanleihen* das Verhältnis zwischen dem Nennbetrag der Wandelanleihe und dem Nennbetrag des bedingten Kapitals. Ein Wandlungsverhältnis von 4:1 besagt, dass Wandelanleihen im Nennbetrag von 400 Euro in → *Aktien* im Nennbetrag von 100 Euro umgetauscht werden können (siehe auch → Bezugsverhältnis).

WAP
Abk. für → Wireless Application Protocol.

Warenabnahmerisiko
umfasst das Risiko der (vertragswidrigen) Nichtabnahme bestellter Waren durch einen Käufer (Importeur), z.B. wegen dessen Zahlungsunfähigkeit oder wegen dessen Lossagung vom Kaufvertrag bzw. dessen Verstoß gegen den Kaufvertrag (während der Liefer-/Versandphase eines Exportgeschäfts). Die wegen Nichtabnahme bestellter Waren eventuell entstehende Schadensersatzforderung des Exporteurs an den Importeur wird (manchmal) als Surrogatsforderung bezeichnet.

Warenannahme
siehe → Wareneingang.

Wareneingang
ist die Bezeichnung für den betrieblichen Bereich, in dem Material und Waren etc. im Betrieb ankommen und entgegengenommen werden („Vereinnahmung"). Damit ist die zwischenbetriebliche Lieferung abgeschlossen und es beginnt die innerbetriebliche Logistik, z.B. mit einem *Wareneingangslager*. Dort werden die gelieferten Güter so lange bevorratet, bis der Bedarfszeitpunkt eine Bereitstellung verlangt. So werden Mengen- und Zeitunterschiede zwischen Anlieferung und Verbrauch ausgeglichen. Bei zeitnahen → Just-in-time-Lieferungen (JIT-Lieferungen) werden die Güter hingegen *direkt zum Verbrauchsort* gebracht und dort vereinnahmt.
Falls Art oder Qualität, Menge oder → Liefertermin nicht der Bestellung entsprechen bzw. nicht akzeptiert werden, ist bei Wareneingang eine *Reklamation* notwendig. Daher ist er meist mit einer *Wareneingangsprüfung*/-kontrolle verbunden, die verschiedene Prüfzwecke abdeckt:

Die oft als „Selbstverständlichkeit" angesehene wichtige (1) *Identifikation* der Lieferung („Artprüfung") dokumentiert den Zugang der Lieferung und der gelieferten Objekte zur Deckung des Bedarfs. Dabei lässt sich auch die → Liefertreue des Lieferanten ermitteln.

Die (2) *Mengenprüfung* sichert die quantitative Übereinstimmung der Lieferung mit Lieferschein und Bestellung und damit von Realität und Buchung.

Die (3) *Qualitätsprüfung* (→ Qualitätsmanagement) steht oft im Zentrum der Aktivitäten der Wareneingangsprüfung. und soll die Einhaltung der vereinbarten oder erwarteten Qualitätsanforderungen überwachen und sichern.

Siehe auch → Beschaffungsmanagement, → Beschaffungslogistik, → Materiallogistik und → Materialwirtschaft, jeweils mit Literaturangaben.

Literatur: Eichler, Bernd: Beschaffungsmarketing und -logistik, Herne/Berlin 2003, S. 239f.

Wareneingangsprüfung/-kontrolle
siehe → Wareneingang.

Warenkredit
siehe → Handelskredit.

Warenkreditversicherung
siehe → Kreditversicherungen, privatwirtschaftliche.

Warenverkehrsbescheinigung
Für die Gewährung bzw. Erlangung von Zollbegünstigungen / Zollpräferenzen (die in zwischenstaatlichen Präferenzabkommen festgelegt sind; so bezüglich des Warenverkehrs mit Staaten, mit denen die EU Freihandels-, Präferenz- bzw. Kooperationsabkommen abgeschlossen hat) ist Voraussetzung, dass die Ursprungseigenschaft der Waren gegenüber der Zollbehörde des Empfängerlandes dokumentiert wird. Dazu dienen als Präferenznachweise unter anderem die Warenverkehrsbescheinigungen. Formen bzw. Formulare sind z.B. EUR.1, EUR 2. und A.TR.

Warenwechsel
Dem Warenwechsel, der häufig auch als Handelswechsel bezeichnet wird, liegt ein Warengeschäft zugrunde, was bei einem gezogenen → Wechsel bedeutet, dass der Warenverkäufer als Wechselaussteller einen Wechsel auf den Warenkäufer als Bezogenen einen Wechsel zieht, den der Bezogene akzeptiert und damit unwiderruflich bei Fälligkeit zu bezahlen hat. Der Bezogene (Warenkäufer) erhält – entsprechend der Laufzeit des Wechsels – ein Zahlungsziel, das es ihm ermöglicht, den Wechsel bei Fälligkeit aus dem Weiterverkaufserlös der Waren zu bezahlen.

Warenwirtschaftssysteme (WWS)
stellen das immaterielle und abstrakte Abbild der warenorientierten dispositiven, logistischen und abrechnungsbezogenen Prozesse für die Durchführung der Geschäftsprozesse eines Handelsunternehmens dar. Dabei besteht das Ziel eines WWS darin, Mengen und Werte des Warenflusses lückenlos zu erfassen. Ein effizientes Warenwirtschaftssystem basiert auf einer Software zur integrierten Steuerung und Verwaltung von Warenflüssen in vielfältigen kaufmännischen Bereichen (z.B. Verkauf, → Lagerhaltung, Einkauf).

Warenzeichen
gewerbliches → Schutzrecht für Wort- und Bildelemente zur Charakterisierung eines Produkts, welches durch Eintragung in die Warenzeichenrolle des Patentamts gewährt wird. Siehe auch → Gewerblicher Rechtsschutz (mit Literaturangaben).

Warnstreik

zeitlich begrenzte Arbeitsniederlegung zur Demonstration der Kampfbereitschaft der Arbeitnehmer während laufender Tarifverhandlungen; siehe auch → Arbeitskampf.

Warteschlangenmodelle

Warteschlangensysteme können als Intput-Output-Systeme beschrieben werden und bestehen aus einem Wartebereich, in dem Personen, Fahrzeuge Aufträge etc. eintreffen und einem Bedienungsbereich, in dem die Abfertigung dieser Einheiten an einer oder mehreren Bedienungsstellen erfolgt. Die von den ankommenden Einheiten gestellten Forderungen auf Bedienung bilden den Eingangsstrom. Eine Forderung des Eingangsstroms wird sofort bedient (mindestens eine Bedienungsstelle ist frei) oder in die Warteschlange eingereiht (alle Bedienplätze sind besetzt, mindestens ein Warteplatz ist frei) oder abgewiesen (alle Bedien- und Warteplätze sind besetzt). Die Menge der abgefertigten (bedienten) Einheiten bildet dann den Ausgangsstrom.
Siehe auch → Operations Research (mit Literaturangaben).
  Literatur: Neumann, K., Morlock, M.: Operations Research, 2. Auflage, Carl Hanser Verlag München Wien 2002; Schassberger, R.: Warteschlangen, Springer Berlin 1973; Taha, H.A.: Operations Research – An Introduction, 7. Aufl., Prentice Hall New York 2003.
  Internetadressen: http://www.advanced-planning.de/advancedplanning-127.htm

Warteschlangentheorie

siehe → Warteschlangenmodelle.

Wasserfallmodell

Das Wasserfallmodell beschreibt den Entwicklungsprozess von Software als sequenziellen Ablauf von Phasen. Jede Phase liefert Dokumente als überprüfbare Ergebnisse und muss vollständig abgeschlossen sein, bevor die nächste begonnen werden darf (Krause 2003, S. 242).
  Literatur: Krause, M.: Software-Engineering, in Disterer, G., Fels, F., Hausotter, A. (Hrsg.): Taschenbuch der Wirtschaftsinformatik, 2. Auflage, München/Wien 2003.

Wasserfall-Strategie

siehe → Markteintrittsstrategie, sukzessive.

WE

Abk. für → Wareneingang.

Web Content Mining

ist eine spezielle Ausrichtung des → Web Mining und befasst sich mit der Analyse von im Netz befindlichen Daten. Dazu gehören textuelle und multimediale Informationen jeglichen Formats und auch die Verbindungen (Links) zu den Nachbarseiten. Damit steht die inhaltliche Analyse von Web-Sites im Vordergrund. Bei der Analyse der textuellen Informationen der Web-Sites verwendet das Web Content Mining Ansätze des → Data Mining bzw. des → Text Mining, um in den Dokumenten Muster zu finden bzw. die Dokumente zu klassifizieren und zu segmentieren.

Web Log Mining

ist eine spezielle Ausrichtung des → Web Mining und dient ausschließlich der Analyse der Protokolldateien der Web-Server zur Aufdeckung des Nutzungsverhaltens der anonymen Nutzer einer Web-Site.

Web Mining

Unter Web Mining versteht man die Übertragung von Techniken des → Data Mining zur (teil)automatischen Extraktion von Informationen aus dem Internet, speziell dem World Wide Web. Dabei können die Inhalte (→ Web Content Mining), die Struktur der Verlinkung (→ Web Structure Mining) sowie das Benutzerverhalten (→ Web Usage Mining) von Interesse sein.

Web Structure Mining

ist eine spezielle Ausrichtung des → Web Mining und dient der Aufdeckung der Topologie von Web-Sites („Webometrie"), d.h. der Art und Weise sowie der Qualität ihrer Hyperlinks.

Web Usage Mining

ist eine spezielle Ausrichtung des → Web Mining und analysiert das (Navigations-)Verhalten einzelner Nutzer(-gruppen) auf Basis der Logfiles (→ Klickstromanalyse). Somit steht hier die Interaktion des Benutzers mit dem Internet im Zentrum der Fragestellungen.

WebEDI

ist eine Form des → elektronischen Datenaustauschs, bei der das Internet als Kommunikationsmedium sowie entsprechende → Übertragungsprotokolle verwendet werden.

Website

Unter den Begriffen Website oder Homepage fasst man umgangssprachlich die Informationsangebote von Unternehmen, Organisationen oder Personen im World Wide Web (WWW) zusammen.
Der Begriff *Homepage* hat zwei Bedeutungen. Homepage bezeichnet zum einen die Einstiegsseite, die beim Start eines Browsers (z.B. Explorer, Firefox) standardmäßig aufgerufen wird. In der zweiten Verwendung bezeichnet die Homepage die Startseite eines Internetangebotes, die vom Anwender in der Regel als erstes aufgerufen wird (über die Eingabe der → URL). Die Homepage, die oft Multimediaelemente zur Gestaltung einsetzt und einen Überblick über die nach gelagerten Seiten gibt, verweist mit Hilfe von Hyperlinks (Verweisen) auf andere Seiten innerhalb des eigenen Angebots oder aber auf andere Anbieter im World Wide Web (WWW).
Die *Website* (auch kurz „Site" genannt oder Webpräsenz) bezeichnet dagegen das komplette Informationsangebot eines Anbieters im WWW. Die Website umfasst also die Homepage eines Internetauftritts sowie alle nachfolgenden Seiten unter dem gleichen → Domainnamen. Die Website wird physikalisch auf dem Webserver gespeichert, ein Rechner (Server), der direkt im Internet liegt und bei Benutzeranfragen die entsprechenden → HTML-Seiten an den Rechner des Benutzers ausliefert. Der Webbrowser auf dem Benutzerrechner gibt die ausgelieferte HTML-Seite entsprechend wieder.
Websites können eine Vielzahl von *Kommunikationszielen* für Unternehmen erfüllen. Dabei lassen sich die Ziele grob in die inhaltlichen Hauptkategorien Image, Information, Wissen und Unterhaltung einteilen. Beispiele solcher Ziele können sein: (1) Erreichung bzw. Stützung von Imagezielen der generellen Marketing-Kommunikation (2) Erhöhung der Unternehmensbekanntheit (3) Verbreitung von Produktinformationen (4) Aufbau von Wissen z.B. über die Produktverwendung (5) Unterhaltsame Auseinandersetzung mit den Produkten z.B. in Form von Online-Spielen. Neben diesen Einsatzspektren kann die Marketing-Kommunikation dahingehend differenziert werden, dass sie für unterschiedlich kommunikative Zielgruppen eingesetzt wird. Beispielsweise sind hier zu nennen (1) Kommunikation mit Neukunden (2) Kommunikation mit Bestandskunden (3) Kommunikation mit Investoren (4) Kommunikation mit internen Zielgruppen/Mitarbeitern (5) Kommunikation mit der Presse (6) Kommunikation mit Geschäftspartnern (Zulieferer, Dienstleister). Siehe auch → Domainname.
Siehe auch → E-Commerce, → Electronic Procurement und → Internet-Kommunikationspolitik, jeweils mit Literaturangaben.

Literatur: Schulmeyer, Christian; Theobald, Elke: Strategische Markenführung im Internet – E-Branding: Marken im Netz. – In: Gaiser, Brigitte; Linxweiler, Richard ua. (Hrsg.) Praxisorientierte Markenführung. Neue Strategien, innovative Instrumente und aktuelle Fallstudien. Gabler Verlag 2005, S. 387-401. Chaffey, Dave et. al.: Internet-Marketing. Pearson Studium 2001.

Wechsel

Ein Wechsel weist folgende Merkmale (Bestandteile) auf:
(1) Ein Wechsel muss (von seltenen Ausnahmen bei Auslandswechseln abgesehen) ausdrücklich die Bezeichnung „Wechsel", „Bill of Exchange", „Lettre de Change" o.Ä. tragen. Mehrere Ausfertigungen eines Wechsels kommen nur noch selten vor.
(2) Der gezogene Wechsel muss die unbedingte Zahlungsanweisung enthalten, eine bestimmte Geldsumme zu bezahlen, z.B. „Gegen diesen Wechsel zahlen Sie ...", „Pay against this Bill of Exchange ...".

(3) Die Wechselurkunde muss, um rechtsgültig zu sein, den Namen des Bezogenen enthalten. Bei Inlandswechseln ist darüber hinaus in aller Regel bereits das Akzept des Bezogenen eingeholt, bevor sie in Verkehr gebracht werden. Im Auslandsgeschäft kommen dagegen auch Wechsel vor, die noch nicht akzeptiert sind, und die als → Tratten bezeichnet werden (so z.B. bei → Dokumenteninkassi gegen Akzept).

(4) Die Verfallzeit eines Wechsels kann alternativ lauten (a) auf einen bestimmten Tag (→ Tagwechsel, Zeitwechsel); (b) auf eine bestimmte Zeit nach der Ausstellung des Wechsels (→ Datowechsel); (c) auf Sicht (→ Sichtwechsel); (d) auf eine bestimmte Zeit nach Sicht (→ Nachsichtwechsel).

(5) In der Praxis werden Wechsel in aller Regel bei Banken zahlbar gestellt, und zwar i.A. bei der Hausbank des Bezogenen. Diese Bank wird als Domizilstelle bezeichnet. Zahlungsort des Wechsels ist dann der Ort der Niederlassung der Domizilstelle.

(6) I. A. setzt sich der Aussteller eines gezogenen Wechsels selbst als Wechselnehmer (Wechselbegünstigter, Remittent) ein, und zwar beispielsweise mit dem Zusatz „an eigene Order", „an uns" o.Ä.

(7) Der Ausstellungsort eines Wechsels bestimmt das anzuwendende Landesrecht, sofern die Wechselerklärungen in diesem Gebiet unterschrieben worden sind (Art. 93 Abs. 2 WechselG). Davon ausgenommen ist die Verpflichtungserklärung des Akzeptanten, für die das Recht des Zahlungsortes des Wechsels gilt; im Übrigen sind bei Auslandswechseln auch davon abweichende Normen zu beachten. Anzugeben ist neben dem Ausstellungsort der Ausstellungstag.

(8) Die Unterschrift des Ausstellers begründet seine Haftung für die Annahme (Akzeptleistung des Bezogenen) und für die Zahlung des Wechsels.

Grundsätzlich und soweit übertragbar gelten diese Normen bzw. Gestaltungsmöglichkeiten auch für den → eigenen Wechsel (Solawechsel).

Die Übertragung der Wechselrechte erfolgt durch Übergabe des Wechsels und mittels → Indossament. Mit einem protestierten Wechsel (→ Wechselprotest) eröffnet sich dem jeweiligen Inhaber die Möglichkeit, im sog. → Wechselprozess bzw. im Wechselmahnverfahren gegen die übrigen Wechselverpflichteten vorzugehen.

Literatur: Häberle, S.G.: Handbuch der Außenhandelsfinanzierung, 3. Auflage, München und Wien 2002; HAUFE EXPORT OFFICE, CD-ROM, Freiburg i.Br. o.J. (laufende Ergänzungslieferungen).

Wechsel, Eigener
andere Bezeichnung: Solawechsel; siehe → Eigener Wechsel und → Wechsel.

Wechsel, gezogener
siehe → Wechsel.

Wechselaval
siehe → Wechselbürgschaft.

Wechselbürgschaft
(Wechselaval). Die Übernahme der Wechselbürgschaft erfolgt durch Unterschrift des Bürgen (im Allgemeinen) auf der Vorderseite des → Wechsels mit dem Zusatz „per Aval", „als Bürge" o.Ä. (sowie der Angabe der Anschrift des Bürgen). Dabei ist anzugeben, für wen die Bürgschaft geleistet wird, d.h. beim gezogenen Wechsel in der Regel für den Bezogenen/Akzeptanten.

Wechseldiskont
(1) Der Wechseleinreicher (Wechselaussteller bzw. Indossant) schließt mit der Bank einen Diskontkreditvertrag, der eine Kreditlinie (ein Diskontkontingent) umfasst, die in der Regel revolvierend in Anspruch genommen werden kann. Bei Diskontkrediten ist die Bank im Fall der Nichteinlösung eines diskontierten → Wechsels zum Rückgriff auf den Wechseleinreicher berechtigt. (2) Die diskontierende Bank berechnet für den Zeitraum vom Tag der Diskontierung bis zum Verfalltag des Wechsels Diskontzinsen und schreibt dem Wechseleinreicher den Wechselbetrag abzüglich der Diskontzinsen als Diskonterlös auf seinen Konto gut. Bei Auslandswechseln sind einige Besonderheiten zu beachten (siehe → Respekttage, siehe → Zinsberechnungsmethode, internationale). (3) Die Diskontierung von Wechseln hat für den Wechseleinreicher mehrere Vorteile: (a) Sofortige Liquiditätsbeschaffung,

(b) vergleichsweise zinsgünstige Refinanzierung, (c) häufig ohne die Stellung zusätzlicher Sicherheiten für die diskontierende Bank, (d) Bei Fremdwährungswechseln: Überwälzung des Wechselkursrisikos auf die diskontierende Bank sowie (e) Bilanzentlastung.

Wechselkredit
siehe → Wechseldiskontkredit.

Wechselkurs
ist *allgemein* ein Austauschverhältnis zwischen zwei Währungen, d.h. der Preis der einen Währung in Einheiten der anderen, etwa Preis des USD in EUR. Man unterscheidet → Preiswechselkurs und → Mengenwechselkurs. Siehe auch → Währungsmanagement (mit Literaturangaben).

Wechselkurs, direkter
ist ein Austauschverhältnis zwischen zwei Währungen bei unmittelbarem Umtausch von der einen in die andere Währung ohne den Umweg über das Tauschen in eine Drittwährung. Den Gegensatz hierzu bildet der → Kreuzwechselkurs. Siehe auch → Währungsmanagement (mit Literaturangaben).

Wechselkurs, effektiver
ist ein gewogener Durchschnitt verschiedener bilateraler → Wechselkurse. Der effektive Wechselkurs des EUR etwa, der von der Europäischen Zentralbank berechnet wird, ist ein gewogenes geometrisches Mittel der Wechselkurse des EUR gegenüber den Währungen der 13 wichtigsten Handelspartner des EUR-Währungsgebiets. Siehe auch → Währungsmanagement (mit Literaturangaben).

Wechselkurs, realer
ist der Quotient aus dem „tatsächlichen" Wechselkurs und dem inländischen Preisniveau. Der reale Wechselkurs entspricht bei Gültigkeit der absoluten → Kaufkraftparitätentheorie dem Kehrwert des ausländischen Preisniveaus. Exogen gegebenes ausländisches Preisniveau zusammen mit der Gültigkeit der absoluten Kaufkraftparitätentheorie bedingen daher die Konstanz des realen Wechselkurses. Siehe auch → Währungsmanagement (mit Literaturangaben).

Wechselkurs, vollständig fixer
ist ein → Wechselkurs, der im Extrem administrativ unwiderruflich auf einen bestimmten eindeutigen Wert festgelegt wurde. Da dieser Wert typischerweise nicht stets mit demjenigen übereinstimmen wird, der das Devisenangebot und die Devisennachfrage der privaten Subjekte zum Ausgleich bringt, werden staatliche Eingriffe, vor allem von Seiten der Zentralbanken, erforderlich, die eine Abweichung des tatsächlichen Wechselkurses auf dem → Devisenmarkt vom vorgegebenen Wert verhindern. Siehe auch → Währungsmanagement (mit Literaturangaben).

Wechselkurs, vollständig flexibler
ist ein → Wechselkurs, der sich im Extrem allein aus dem Zusammenspiel von Devisenangebot und Devisennachfrage privater Subjekte ergibt, d.h., der Staat enthält sich hierbei jeglicher Eingriffe ins Marktgeschehen. Als Anbieter von → Devisen kommen vor allem Exporteure und ausländische Kapitalgeber in Betracht, als Nachfrager nach Devisen vor allem Importeure und inländische Kapitalanleger mit Anlageinteressen im Ausland. Eine dritte wichtige Quelle von Devisenangebot und -nachfrage stellen unentgeltliche Übertragungen dar, also Zuwendungen von Ausländern an Inländer, wodurch ein Devisenangebot bedingt wird, und Zuwendungen von Inländern an Ausländer, die mit einer entsprechenden Devisennachfrage einhergehen. Siehe auch → Währungsmanagement (mit Literaturangaben).

Wechselkurserklärung, Theorien
Ansätze, die das Ziel verfolgen, die Determinanten der Bildung von (gleichgewichtigen) Wechselkursen zu einem Zeitpunkt oder im Zeitablauf zu identifizieren. Theorien der Wechselkurserklärung haben grundsätzlich unmittelbare Bedeutung für das unternehmerische → Währungsmanagement, da sie letztlich vor allem die Möglichkeiten der → Spekulation mit → Devisentermingeschäften bestimmen. Die

praktische Relevanz von Theorien der Wechselkurserklärung ist aber bislang wegen in der Regel begrenzter empirischer Evidenz und mangelnder Operationalität der hieraus gewinnbaren Erkenntnisse eher gering. Insbesondere in der kurzen Frist scheinen sich Wechselkurse schlicht gemäß der Random-Walk-These zu entwickeln.
Siehe auch → Währungsmanagement (mit Literaturangaben).

Wechselkurserwartung

siehe → Terminkurstheorie der Wechselkurserwartung.

Wechselkursparität

ist ein rechnerischer → Wechselkurs zwischen den Währungen zweier Länder, der sich generell aufgrund exogener administrativer Wertdefinitionen der Währungen ergibt und als Bezugspunkt für die Fixierung von Bandbreiten „zulässiger" Wechselkursentwicklungen im Zusammenhang mit internationalen Währungskooperationen dient. Siehe auch → Währungsmanagement (mit Literaturangaben).

Wechselkursprognose

bezeichnet die Einschätzung der zukünftigen Entwicklung eines → Wechselkurses. Wechselkursprognosen sind eine wesentliche Grundlage des unternehmerischen → Devisenmanagements und sollten aus Theorien der → Wechselkurserklärung hergeleitet werden. Siehe auch → Währungsmanagement (mit Literaturangaben).

Wechselkursrisiko

(*allgemeine Charakterisierung*) ist das unternehmerische Risiko, das sich aufgrund der Unsicherheit zukünftiger Wechselkursausprägungen ergibt. Das Wechselkursrisiko kommt in der Wahrscheinlichkeitsverteilung zukünftiger ungewisser → Wechselkurse zum Ausdruck, durch die der Wertausweis (in Inlandswährung) unternehmerischer finanzieller Positionen beeinflusst wird. Dabei kann die Wirkung der Wechselkursunsicherheit direkt vorliegen, da sich Teile zukünftiger unternehmerischer Einzahlungen in Auslandswährung realisieren. Jedoch sind auch indirekte Einflüsse denkbar, die sich in einer veränderten inländischen Konkurrensituation als Folge einer Wechselkursanpassung widerspiegeln. Je nachdem, welche finanziellen Positionen eines Unternehmens betrachtet werden, unterscheidet man zwischen → Umrechnungsrisiko, → Umwechslungsrisiko und ökonomischem → Risiko.
Siehe auch → Währungsmanagement (mit Literaturangaben).
Literatur: Breuer, W.: Unternehmerisches Währungsmanagement, 2. Auflage, Wiesbaden 2000.

Wechselkursrisiko

(im *Außenhandel*, speziell im *Export*). (1) Das Wechselkursrisiko (häufig auch als Währungsrisiko bezeichnet) umfasst aus der Sicht eines Exporteurs das Risiko der Abwertung der Fremdwährung, in der er Zahlung erlangen soll, gegenüber seiner eigenen Währung. Analoges gilt für Kapitalanleger, die in fremder Währung anlegen. Aus der Sicht eines Importeurs liegt das Wechselkursrisiko in der Aufwertung der Fremdwährung, in der er zahlen muss, gegenüber seiner eigenen Landeswährung. Analoges gilt für Kreditnehmer, die Kredite in fremder Währung aufgenommen haben. (2) Politisch verursacht ist das Wechselkursrisiko eines Exporteurs, wenn das Importland beispielsweise die Devisenzuteilung bzw. den Devisentransfer behindert und der vom Importeur in seiner Landeswährung ersatzweise bei der Zentralnotenbank hinterlegte Landeswährungsbetrag gegenüber der im Kaufvertrag vereinbarten Währung abgewertet wird. (3) Unter bestimmten Voraussetzungen trägt der Exporteur darüber hinaus ein Wechselkursrisiko als Angebots- bzw. Wettbewerbsrisiko: Sofern der Exporteur in seiner Landeswährung (oder in einer Drittlandwährung) anbietet und der Importeur mit einer Aufwertung dieser Währung gegenüber seiner eigenen Lamndeswährung rechnet, läuft der Exporteur Gefahr, aus Gründen des Wechselkurses (der erwarteten Aufwertung der Angebotswährung) den Auftrag nicht zu erhalten.
Siehe auch → Außenhandel, → Swaps, → Optionen und → Währungsmagement, jeweils mit Literaturangaben.

Wechselkursrisiko, ökonomisches
ist ein Risiko das sich aufgrund einer unsicheren Wechselkursentwicklung realisiert; siehe auch → Risiko, ökonomisches.

Wechselkurssicherung
siehe → Devisentermingeschäfte (Outright-Geschäfte); → Swap-Geschäfte; → Devisenoptionen; → Fremdwährungskonten; → Geldmarkkredit (in Fremdwährung); → Forfaitierung; → Diskontierung von Auslandswechseln sowie → Optionen, → Swaps und → Währungsmanagement, jeweils mit Literaturangaben.

Wechselmahnverfahren
siehe → Wechselprozess.

Wechselprolongation
siehe → Prolongationswechsel; siehe auch → Wechsel.

Wechselprotest
Feststellung der Nichtzahlung bzw. Nichtakzeptierung eines → Wechsels durch eine dazu berechtigte Person (Deutschland: Notare, Gerichtsbeamte; vgl. Art. 79 ff. Wechselgesetz).

Wechselprozess
Mit einem protestierten Wechsel (→ Wechselprotest) eröffnet sich dem jeweiligen Inhaber die Möglichkeit, im Wechselprozess bzw. analog im Wechselmahnverfahren gegen die übrigen Wechselverpflichteten vorzugehen. Diese gerichtlichen Verfahren weisen – nach deutschem Wechselrecht – einige Vorteile auf: Urkundenprozess, beschränkte Einreden des Beklagten, kurze Einlassungsfristen, sofort vollstreckbares Urteil.

Weg-Ziel-Theorie
(*Personalführung*). Ausgangspunkt der Weg-Ziel-Theorie der → Personalführung ist die Annahme, dass ein effektives und effizientes Führungsverhalten von der Fähigkeit des Führers abhängt, seine Mitarbeiter zu motivieren. Als entscheidend dafür erweist sich die Akzeptanz des Führungsverhaltens auf Seiten der Mitarbeiter. Dem Führer kommt daher vor allem die Rolle des Motivators zu, der den Mitarbeitern Mittel und Wege aufzeigt, die zur Zielereichung und zu Belohnungen (→ Anreizsystem) führen.
Siehe auch → Personalführung und → Unternehmensführung, jeweils mit Literaturangaben.

Weighted Average Cost of Capital
abgek. → WACC.

Weiße Einkünfte
(→ *Steuerrecht, Internationales*) sind aufgrund von zum Beispiel Qualifikationskonflikten oder einer Nichtbesteuerung im → Quellenstaat bei Fehlen einer → Switch-over-Klausel im → Doppelbesteuerungsabkommen (DBA) weder im → Quellen- noch im → Ansässigkeitsstaat besteuerte Einkünfte.

Weitergegebener Eigentumsvorbehalt
siehe → Eigentumsvorbehalt.

Weiterverwendung
(von Produkten), siehe → Entsorgung.

Weiterverwertung
(von Produkten), siehe → Entsorgung.

WEK
Abk. für Wareneingangskontrolle, siehe → Wareneingang.

Weltabschlussprinzip
bedeutet, dass in den → *Konzernabschluss* sämtliche → Konzernunternehmen einzubeziehen sind, auch wenn sie ihren Sitz im Ausland haben. Eine Ausnahme besteht lediglich bei Inanspruchnahme der Konsolidierungswahlrechte gem. § 296 HGB.

Welteinkommensprinzip
siehe → Totalitätsprinzip (Steuerrecht).

Welteinkommens-/Weltvermögensprinzip
siehe → Universalitätsprinzip.

Weltinnenpolitik
siehe → Global Governance.

WEP
Abk. für Wareneingangsprüfung, siehe → Wareneingang.

Werbeagentur
siehe → Werbung.

Werbebudget
ist die Gesamtheit der zur Verfügung gestellten Werbemittel für eine Planungsperiode. Der Umfang wird im Rahmen der → Werbebudgetierung errechnet. Damit sollen bestimmte → Werbeziele erreicht werden. Es wird auf die verschiedenen → Werbeträger aufgeteilt. Die Begriffe Werbebudget und Werbeetat werden meistens synonym verwendet. Siehe auch → Medienökonomie und → Werbung, jeweils mit Literaturangaben.

Werbebudgetierung
(1) *Aufgaben*: Werbebudgetierung umfasst drei Teilaufgaben: die Bestimmung des Werbebudget-Umfangs (→ Werbebudget) sowie seine sachliche und zeitliche Aufteilung auf die verschiedenen → Werbeträger. Damit werden wichtige Planungs- und Kontrollgrößen für Werbeaktivitäten fixiert. Die Optimierung der Werbebudgetierung verlangt eigentlich eine simultane Lösung der Teilaufgaben, weil diese nicht unabhängig sind, sondern sich wechselseitig beeinflussen. Es gibt hierzu auch theoretisch Lösungen, die aber nicht praktikabel sind. In der Praxis wird daher sukzessiv entschieden. Zunächst wird der Umfang des Werbebudgets bestimmt, dann erfolgen die sachliche und zeitliche Verteilung der Mittel.
(2) *Methoden*: Zur genauen Bestimmung des Werbebudget-Umfangs müsste der Zusammenhang zwischen den Werbeausgaben und den Werbezielen bekannt sein, d.h. die Werbewirkungsfunktion. Dieser Zusammenhang kann aber nur unter bestimmten Rahmenbedingungen und mit erheblichem Aufwand errechnet werden. In der Praxis sind daher heuristische Verfahren verbreitet, z.B. durch Orientierung am Umsatz (Prozentsatz vom Umsatz), an der Konkurrenz oder an der Verkaufseinheit (jeder Verkaufseinheit wird ein tragbarer Betrag für Werbezwecke zugewiesen).
Die sachliche und zeitliche Aufteilung des Werbebudgets werden durch Kosten-Nutzen-Analysen sowie durch operative und strategische Zielsetzungen beeinflusst.
Siehe auch → Werbung und → Medienökonomie (jeweils mit Literaturangaben).

Werbeerfolgskontrolle
(1) *Grundlagen*: Werbeerfolgskontrolle ist eine notwendige Ergänzung der → Werbeplanung. Durch die Planung werden Sollwerte festgelegt (→ Werbeziele). Im Rahmen der Kontrolle werden die Istwerte ermittelt und mit den Sollwerten verglichen. Daraus ergeben sich Hinweise auf den Werbeerfolg. Noch wichtiger ist jedoch die Abweichungsanalyse. Dadurch werden Fehler in der Planung und Marktveränderungen schnell erkannt; Störungen und deren Ursachen können frühzeitig ermittelt und Korrekturmaßnahmen rechtzeitig eingeleitet werden. Außerdem liefern Kontrollen wichtige Informationen für

die Unternehmensführung. Die Plandurchsetzung wird dadurch überwacht; Sanktions- und Motivationsmaßnahmen können mit Hilfe dieser Daten gezielt eingesetzt werden.

(2) *Messwerte:* Der Werbeerfolg ist eine komplexe Größe. Es müssen daher Daten aus verschiedenen Bereichen berücksichtigt werden. Individualpsychologische Daten erhält man vor allem durch Testverfahren. Durch → Pretests erhält man vor dem Einschalten der Kampagne Hinweise auf den möglichen Erfolg. → Posttests überprüfen die Kampagne nachträglich. Die Marktforschung liefert aggregierte Marktdaten. Basis der ökonomischen Werbeerfolgskontrolle ist die Analyse und Verrechnung von Kosten- und Ertragswerten. Siehe auch → Werbung und → Medienökonomie (jeweils mit Literaturangaben).

Werbeetat
siehe → Werbebudget.

Werbekonzept
Die Begriffe Werbekonzeption, Werbekonzept und Werbestrategie werden häufig synonym verwendet. Das Werbekonzept ist eine Leitlinie für die Planung, Ausgestaltung und Durchführung von Werbung. Hier werden wesentliche Eckpunkte gesetzt, die später konkretisiert und detailliert werden. Dazu gehören als Ausrichtungspunkte das Werbeobjekt und das Werbebudget, die zu verfolgenden Werbeziele, die Zielgruppen und der zeitliche Einsatz. Werbemittel und einzusetzende Werbemedien hängen auch von der Werberealisation ab. Daher können hierzu in der Werbekonzeption nur grobe Annahmen gemacht und Wünsche geäußert werden.
Siehe auch → Medienökonomie und → Werbung, jeweils mit Literaturangaben.

Werbemedium
siehe → Werbeträger.

Werbemittel
umfassen alle Instrumente, die in der Werbung zur Erfüllung der Werbeziele eingesetzt werden, z.B. Anzeigen, Werbespots im Hörfunk, Fernsehen und Kino, Plakate, Werbebriefe, Beilagen, Flugblätter usw. Dadurch werden Werbebotschaften materialisiert, also sinnlich wahrnehmbar gemacht. Für die Erreichung bestimmter Werbeziele sind sie unterschiedlich gut geeignet und müssen daher zielorientiert ausgewählt werden. Für Imagewerbung reichen beispielsweise kurze Kontakte, für erklärungsbedürftige Produkte werden Werbemittel benötigt, die der Werbeempfänger genauer ansehen und aufbewahren kann. Die Begriffe Werbemittel und → Werbeträger werden häufig verwechselt.
Siehe auch → Medienökonomie und → Werbung, jeweils mit Literaturangaben.

Werbeplanung
Planung ist vorausschauendes Denkhandeln. Im Vorfeld einer Entscheidung werden Handlungsmöglichkeiten und zukünftige Ereignisse durchdacht, um Fehlentscheidungen zu vermeiden. Dabei werden verschiedene Planungsphasen unterschieden. Ausgangspunkt der Werbeplanung ist eine Bestandsaufnahme. Sie liefert Daten für die Zielgruppenbestimmung und die Festlegung der → Werbeziele. Dabei werden übergeordnete Unternehmens- und Marketingziele sowie finanzielle und andere Restriktionen berücksichtigt. Für die an der Werbung beteiligten Personen, insbesondere auch für die beteiligte Werbeagentur, werden die Aufgabenstellung und alle wichtigen Planungsdaten im → Briefing schriftlich zusammengefasst. Auf dieser Basis wird die Entwicklung und Beurteilung von Lösungsalternativen geplant. Die beste Lösung soll umgesetzt und gestreut werden, d.h., die Zielgruppe soll mit der Werbebotschaft konfrontiert werden. Dafür ist eine Mediaplanung notwendig. Die Zielerreichung wird durch die → Werbeerfolgskontrolle überprüft. Dies sollte auch rechtzeitig geplant werden.
Siehe auch → Werbung und → Medienökonomie, jeweils mit Literaturangaben.

Werberealisation
Im Mittelpunkt der Werberealisation steht die in der Regel von Werbeagenturen durchgeführte Werbemittelgestaltung. Dabei muss die Wahrnehmungssituation der Werbeempfänger berücksichtigt werden, insbesondere das → Involvement, denn bei hohem Involvement kann und muss das → Werbemit-

tel anders gestaltet werden als bei niedrigem Involvement. Außerdem ist auf die Eigenständigkeit (Abgrenzung von der Konkurrenz) und die Integration über alle Werbemittel und im Zeitablauf zu achten (vgl. → integrierte Kommunikation).
Siehe auch → Werbung und → Medienökonomie, jeweils mit Literaturangaben.

Werbestrategie
siehe → Werbekonzept.

Werbeträger
sind Medien zur Übermittlung von Werbebotschaften. Im Gegensatz zum → Werbemittel, das die Werbebotschaft selbst darstellt bzw. beinhaltet, ist der Werbeträger das Transportinstrument für Werbemittel. Als Werbeträger fungiert also alles, was → Werbemittel transportiert. Das können sowohl Personen als auch Dinge wie Verpackungen oder Massenkommunikationsmittel (Printmedien, elektronische Medien, Außenwerbung, Internet, Direktwerbung) sein. Dadurch wird die Werbebotschaft gestreut. Man spricht daher auch von Streumedien oder allgemein von Werbemedien. Für die Erreichung bestimmter Werbeziele sind sie unterschiedlich gut geeignet und müssen daher zielorientiert ausgewählt werden. Werbebriefe sind beispielsweise streugenauer als das Fernsehen; Tageszeitungen können zeitlich und örtlich genauer eingesetzt werden als Zeitschriften.
Siehe auch → Werbung und → Medienökonomie, jeweils mit Literaturangaben.

Werbewirkung
beschreibt den Einfluss von → Werbung auf Werbeempfänger. Eine ganzheitliche Erfassung ist nicht möglich. Es werden immer nur Aspekt gemessen, z.B. ökonomische, psychische und soziale Werbewirkungen. Verbreitet ist eine Zweiteilung in ökonomische (z.B. Umsatz, Marktanteil) und außerökonomische (psychologische oder verhaltenswissenschaftliche Konstrukte, z.B. Bekanntheitsgrad, → Einstellung) Werbewirkungen (vgl. hierzu auch → Werbeerfolgskontrolle). Werbewirkungen hängen stark vom → Involvement ab. Siehe auch → Werbung und → Medienökonomie, jeweils mit Literaturangaben.

Werbeziel
Werbeziele sind angestrebte Zustände, die durch werbliche Maßnahmen erreicht werden sollen. Sie werden durch → Werbewirkungen erreicht und wie Werbewirkungen häufig in zwei Klassen eingeteilt: ökonomische und außerökonomische Werbeziele. Zu den ökonomischen Zielen gehören beispielsweise Umsatz und Marktanteile. Sie lassen sich gut zu den anderen ökonomischen Zielen der Unternehmung in Beziehung setzen, sind aber als Kontrollinstrumente für Werbemaßnahmen problematisch, weil eine direkte Zuordnung der durch das → Werbebudget erzielten → Werbewirkungen zu den ökonomischen Werbezielen kaum möglich ist. Zu den außerökonomischen Werbezielen zählen beispielsweise der Bekanntheitsgrad, die → Einstellung, das Image und Produktkenntnisse. Sie sind als Kontrollinstrumente für Werbemaßnahmen geeignet, weil die Veränderung dieser Größen fast ausschließlich von Werbemaßnahmen abhängt. Außerökonomische Werbeziele können daher relativ gut zum Werbebudget in Beziehung gesetzt werden. Ökonomische und außerökonomische Werbeziele ergänzen sich folglich.
Siehe auch → Werbung und → Medienökonomie, jeweils mit Literaturangaben.

Werbung

Werbung

von Univ.-Professor Dr. Gerold Behrens
Universität Wuppertal

1. Begriff
Werbung steht seit dem 19. Jahrhundert für „sich um etwas kümmern; jemanden für einen Dienst gewinnen". Nach dem Ersten Weltkrieg wurde dieser Begriff einige Zeit parallel zu den Begriffen Re-

klame und Propaganda verwendet, begann dann aber eine Eigenbedeutung zu entwickeln. Werbung wurde zunehmend als ein allgemeiner Ausdruck empfunden, während Reklame mehr die wirtschaftliche und Propaganda die politische und die religiöse Werbung bezeichnete. Für die inhaltliche Abgrenzung war bis in die 60er Jahre die Definition von Seyffert richtungsweisend: „Werbung ist eine Form der seelischen Beeinflussung, die durch bewussten Verfahrenseinsatz zum freiwilligen Aufnehmen, Selbsterfüllen und Weiterpflanzen des von ihr dargebotenen Zweckes veranlassen will". (Seyffert 1966, S. 7) Diese Definition hat eine aus der Entwicklung des Werbebegriffs verständliche ideologische Komponente, mit der negative Aspekte der Werbung ausgegrenzt werden: Nur das wird zur Werbung gezählt, was freiwillig aufgenommen wird und folglich auch kritisch beurteilt werden kann. Dies immunisiert gegen Werbekritik, denn der Konsument kann entscheiden, welche Werbebotschaften er aufnehmen möchte und welche nicht.

In den 70er und 80er Jahren verlagerte sich die begriffliche Bestimmung der Werbung von einer normativen zu einer wirkungsbezogenen Ausrichtung. Heute wird Werbung als eine planmäßige Verhaltensbeeinflussung aufgefasst, die in der Regel mittels besonderer Kommunikationsmittel über die Beeinflussung psychischer Prozesse und psychologischer Konstrukte erfolgt. Häufig wird die Beeinflussung auf absatzwirtschaftliche Ziele eingegrenzt und dann Wirtschaftswerbung genannt. Danach zählen weder Verkaufsgespräche zur Werbung, weil keine besonderen Kommunikationsmittel eingesetzt werden, noch zählt die zufällig geäußerte werbliche Argumentation dazu, weil sie nicht planmäßig ist.

2. Einordnung in die Kommunikationspolitik

→ Kommunikationspolitik wird manchmal synonym mit Werbung verwendet, aber meistens als ein übergeordneter Begriff, der neben der Werbung andere Beeinflussungsformen einschließt, insbesondere auch nicht-klassische Werbung (→ Below-the-Line-Werbung). Werbung im engeren Sinne bezieht sich dann auf die klassische Werbung (→ Above-the-Line-Werbung).

Die Trennlinien zwischen diesen Begriffen sind nicht eindeutig. Es können aber inhaltliche Schwerpunkte unterschieden werden. Bei der → Verkaufsförderung steht in Abgrenzung zur Werbung nicht die langfristige Beeinflussung psychischer Größen wie Kenntnisse und → Einstellungen im Vordergrund, sondern Maßnahmen, die den Absatz kurzfristig und unmittelbar stimulieren sollen. Public Relations (→ Öffentlichkeitsarbeit) unterscheidet sich von Werbung durch seine Ausrichtung. Sie zielt nicht auf bestimmte Märkte und Absatzerfolge, sondern allgemein auf die Öffentlichkeit. Es geht letztlich darum, in der Öffentlichkeit ein positives Bild von der Unternehmung zu schaffen.

Diese Abgrenzungen verhindern aber nicht Überschneidungen innerhalb der Kommunikationspolitik und mit anderen Marketinginstrumenten. Die → Point-of-Purchase-Werbung kann beispielsweise zur Verkaufsförderung gezählt werden, wird in der Literatur aber häufig im Zusammenhang mit Werbung behandelt. Preiswerbung kann der → Preispolitik, aber auch der Werbung zugeordnet werden.

3. Formen der Werbung

Man differenziert zahlreiche Formen der Werbung. Die Differenzierung erfolgt z.B. nach der Anzahl der Werbetreibenden (Individualwerbung und → Kollektivwerbung), nach Werbeobjekten (Konsumgüterwerbung, Investitionsgüterwerbung, Dienstleistungswerbung), nach → Werbezielen, → Werbemitteln, → Werbeträgern, → Werbewirkungen u.a.m. Die verschiedenen Formen rücken unterschiedliche Aspekte der Werbung in den Vordergrund.

4. Arbeitsablauf

Der Arbeitsablauf der Werbung kann in vier Phasen unterteilt werden: Werbekonzeption (→ Werbekonzept), → Werbeplanung, → Werberealisation und → Werbeerfolgskontrolle. Dieser lineare Ablauf ist idealtypisch. In der Realität gibt es viele Überlappungen und auch Rückkopplungen. So enthält die Werbekonzeption als Leitlinie Eckdaten über alle Phasen der Werbung und Teile der Werbeplanung können erst durchgeführt werden, wenn genauere Informationen über die Werberealisation vorliegen.

An der Durchführung einer Werbekampagne sind in der Regel verschiedene Institutionen beteiligt. Auf der einen Seite die Werbe- oder Marketingabteilung einer Unternehmung, auf der anderen Seite eine Werbeagentur. Zusätzlich werden manchmal Unternehmensberater eingeschaltet. Von den Unternehmen kommen die konkreten Aufgabenstellungen und grundlegende Informationen, insbesondere auch zu den Zeitvorgaben und über das → Werbebudget (vgl. → Briefing). Das originäre Geschäft der Werbeagenturen ist die Gestaltung von Werbemaßnahmen. Sie bieten aber auch zunehmend Marketingberatung an.

Hinweis

Zu den angrenzenden Wissensgebieten siehe → Dienstleistungsmanagement, → Digitales Marketing, → Direktmarketing, → E-Commerce, → Efficient Consumer Response, → Eventmanagement, → Eventmarketing, → Handelsmarketing, → Internationales Marketing, → Internet-Kommunikationspolitik, → Kommunikationspolitik, → Konsumentenverhalten, → Kundenzufriedenheit, → Markenbewertung, → Markenführung, → Marketingcontrolling, → Marketing, Grundlagen, → Marktforschung, → Medienökonomie, → Messemarketing, → Mobile Commerce, → Multi-Kanal-Dialog Marketing, → Ökologie-Marketing, → Preispolitik, → Produktpolitik, Sponsoring, → Vertriebspolitik, → Vertriebswege, neuere, → Werbebudgetierung.

Literatur: Behrens, G., Werbung: München 1996; Behrens, G., Esch, R.R., Leischner, E., Neumaier, M., Hrsg.: Gabler Lexikon der Werbung, Wiesbaden 2001; Bruhn, M.: Kommunikationspolitik, 3. Aufl., München 2005; Fill, C.: Marketing-Kommunikation, 2. Aufl., München 2001; Kroeber-Riel, W., Esch, R.: Strategie und Technik der Werbung, 6. Aufl., Stuttgart 2004; Rogge, H.J.: Werbung, 6. Auflage, Ludwigsburg 2004; Schweiger, G., Schrattenecker, G.: Werbung, 6. Aufl., Stuttgart 2005; Vergossen, H.: Marketing-Kommunikation, Ludwigshafen 2004.

Internetadressen: http://www.gwa.de/modules/effie/db.php, http://www.markenlexikon.de, http://www.medialine.de, http://www.werbesongliste.de, http://www.wuv.de.

Website des Autors: http://www.wiwi.uni-wuppertal.de/behrens.

Werbung, klassische
siehe → Above-the-Line-Werbung.

Werbungskosten
(*expenses for the production of income*; siehe auch deutsche → *Einkommensteuer*) sind Aufwendungen, die zur Erzielung, Erhaltung und Sicherung der Einnahmen dienen. Eine beispielhafte Aufzählung für bestimmte Arten der Werbungskosten befindet sich in § 9 EStG. Hierzu zählen u.a. Finanzierungskosten, öffentliche Abgaben, Versicherungen, Arbeitsmittel, Beiträge an Berufsverbände und Pauschbeträge für Fahrten zur Arbeitsstätte.
Werbungskosten werden nur im Rahmen der Ermittlung der → Überschusseinkünfte berücksichtigt. Anstelle der tatsächlichen Werbungskosten kann der Steuerpflichtige bei bestimmten Überschusseinkünften einen Werbungskostenpauschbetrag gem. § 9a EStG steuermindernd berücksichtigen. Ab dem Veranlagungszeitraum 2006 können → Kinderbetreuungskosten gem. § 9 Abs. 5 EStG wie Werbungskosten abzugsfähig sein.

Werkbankfertigung
Die Werkbankfertigung zeichnet sich dadurch aus, dass die Betriebsmittel, Werkzeuge und Werkstoffe um den Arbeitsplatz eines Menschen oder die Arbeitsplätze einer Gruppe von Menschen angeordnet sind. Typisch ist ein derartiger Organisationstyp für den Arbeitsplatz eines Handwerkers (Schuster, Goldschmied etc.) oder für Spezialbereiche der industriellen Produktion (z.B. den Werkzeug- und Modellbau), bei denen die manuelle, teilweise künstlerische Fertigung im Mittelpunkt steht.
Siehe auch → Produktion, Formen, → Produktionsmanagement sowie → Produktionsplanung und -steuerung, jeweils mit Literaturangaben.

Werklieferungsvertrag
siehe → Kaufrecht, Abschnitt 2.2., mit Literaturangaben.

Werkstattfertigung

Die Werkstattfertigung stellt einen Organisationstyp der Fertigung dar (→ *Fertigung, Organisationstypen der*), bei dem eine Gruppe funktionsgleicher Maschinen nach dem → *Verrichtungsprinzip* räumlich zusammengefasst wird. Eine derartige Konzentration gleichartiger Arbeitsverrichtungen findet sich z.B. in der Dreherei, der Fräserei, der Gießerei oder der Lackiererei.

Siehe auch → Produktion, Formen, → Produktionsmanagement sowie → Produktionsplanung und -steuerung, jeweils mit Literaturangaben.

Literatur: Bloech, J./ Bogaschewsky, R./ Götze, U./ Roland, F.: Einführung in die Produktion, 5. Auflage, Berlin u. a. 2004; Daub, A.: Ablaufplanung, Bergisch Gladbach, Köln 1994.

Werkstoffe

(in der → *Produktions- und Kostentheorie*) sind Rohstoffe (z.B. Holz in der Möbelindustrie) und Hilfsstoffe (z.B. Kleineisenteile in der Möbelindustrie). Darüber hinaus gehören fremdbezogene Komponenten (z. B. Polsterelemente in der Möbelindustrie) dazu. Werkstoffe sind, wie → *Betriebsstoffe*, ebenfalls → *Repetierfaktoren*.

Siehe auch → Produktions- und Kostentheorie (mit Literaturangaben).

Werkvertrag

ist ein gegenseitiger Vertrag, durch den sich der Unternehmer zur Herstellung des versprochenen Werks und der Besteller zur Entrichtung der vereinbarten Vergütung verpflichtet (§ 631 BGB). Siehe auch → Kaufrecht (mit Literaturangaben).

Literatur: Palandt, Kommentar zum Bürgerlichen Gesetzbuch, 63. Aufl., § 631 BGB, Rn. 1ff.

Wertadditivität

siehe → Beteiligungscontrolling.

Wertanalyse

ist eine Methode zur Rationalisierung (Verbesserung der Erlös-Kosten-Relation). Es sollen bei Nutzung von Kreativitätstechniken Alternativen zu herkömmlichen Problemlösungen gefunden werden, die es erlauben, die wesentlichen bisherigen Funktionen des untersuchten Objekts mit geringeren Kosten zu realisieren. Das Verfahren kann zum einen auf (laufende) Produkte, Produktionsfaktoren und Produktionsorganisationen angewendet werden (siehe auch → Gemeinkostenwertanalyse). Die Funktionen des Objektes werden daraufhin untersucht, welchen Wert sie für den Nutzer bringen. Nach der Norm DIN 69910 besteht die Wertanalyse aus sechs Grundschritten.

Siehe auch → Analysemethoden, betriebswirtschaftliche (mit Literaturangaben).

Literatur: Bogaschewsky, R., Wertanalyse, in: Küpper, H.U., Wagenhofer, A., Handwörterbuch Unternehmensrechnung und Controlling, 4. Auflage, Stuttgart 2002, Sp. 2111-2120; Roever, M., Gemeinkostenwertanalyse, in: Zeitschrift für Organisation 1982, S. 249-253.

Wertaufhellende Tatsachen

Nur Sachverhalte, die am Bilanzstichtag objektiv bestanden haben, von denen man jedoch erst nach dem Bilanzstichtag, aber vor der Bilanzerstellung Kenntnis erlangte, sind bei der Bilanzerstellung zu berücksichtigen; siehe auch → Stichtagsbezogenheit und → Jahresabschluss (mit Literaturangaben).

Wertaufholung

ist die Erhöhung des Buchwertes eines Vermögensgegenstandes durch → Zuschreibung. Nach HGB kommt eine Wertaufholung nur nach Wegfall der Gründe für eine frühere außerplanmäßige Abschreibung in Betracht. Für die Kapitalgesellschaft gilt ein → Wertaufholungsgebot, für andere Rechtsformen ein Beibehaltungswahlrecht.

Die → IAS/IFRS enthalten ein Wertaufholungsgebot nach Wegfall der Gründe für außerplanmäßige Abschreibungen. Wird die alternativ zulässige Neubewertungsmethode angewendet, sind Wertaufholungen auch ohne vorherige außerplanmäßige Abschreibungen geboten.

Die → US-GAAP enthalten ein Wertaufholungsverbot nach Wegfall der Gründe für → außerplanmäßige Abschreibungen. Zuschreibungen kommen nur bei den → *available-for-sale securities* in Betracht, die jeweils mit ihrem → fair value anzusetzen sind.
Siehe auch → Anlagevermögen und → Jahresabschluss, jeweils mit Literaturangaben.

Wertaufholungsgebot

ist die Pflicht, den Buchwert eines Vermögensgegenstandes durch → Zuschreibung zu erhöhen; siehe
auch → Wertaufholung.

Wertbeeinflussende Tatsachen

Vorgänge, die sich nach dem Bilanzstichtag ereignen und Tatsachen geschaffen haben, die am Bilanzstichtag objektiv noch nicht gegeben waren, dürfen bei der Bilanzerstellung nicht berücksichtigt werden. siehe auch → Stichtagsbezogenheit und → Jahresabschluss (mit Literaturangaben).

Wertewandel

(insbesondere bei *Mitarbeitern*). Mit dem Stichwort Wertewandel wird ein Prozess umschrieben, wonach sich Werte, Einstellungen und Verhalten von Menschen im Zeitablauf (langfristig) verändern. Die
Arbeit in Unternehmen bleibt davon nicht unberührt. Erwartungen, die Menschen an die Arbeit richten,
werden maßgeblich durch individuelle und gesellschaftliche Werte bestimmt und nehmen Einfluss auf
die → Motivation der Mitarbeiter und ihre Identifikation mit Arbeit und Unternehmen.
Dem Wertewandel muss insbesondere im Rahmen der → Personalführung sowie der Gestaltung von
→ Anreizsystemen entsprochen werden.
Siehe auch → Personalführung (mit Literaturangaben).

Wertkette

Die Wertkette bildet den vom Unternehmen insgesamt geschaffenen Wert (als → Produkte oder
→ Dienstleistungen) ab. Ihre Bestandteile sind die Wertaktivitäten (die in einer Unternehmung ausge-
führten Tätigkeiten) und die Gewinnspanne.
Man unterscheidet *primäre* Aktivitäten (unmittelbar für die Leistungserstellung erforderlich wie Produktion, Logistik, Absatz, Kundendienst) und *sekundäre* Aktivitäten (erfüllen unterstützende und steuernde Funktionen wie Beschaffung, Forschung und Entwicklung, Organisation und Rechnungswesen).
Siehe auch (z.T. gleichbedeutende bzw. mit ähnlichem Wissen belegte Stichwörter) → Wertkettenanalyse, → Wertnetzwerk (insbesondere bei → *Dienstleistungen*), → Wertschöpfung, → Wertschöpfungsanalyse, → Wertschöpfungskette, → Analysemethoden, betriebswirtschaftliche (mit Literaturangaben)
und → Kennzahlen, wertorientierte (mit Literaturangaben).
   Literatur: Porter, M.: Wettbewerbsvorteile. Spitzenleistungen erreichen und behaupten, 6. Auflage,
Frankfurt 2000.

Wertkettenanalyse

(*allgemeine Charakterisierung*) untersucht systematisch alle in einer Unternehmung vollzogenen Aktivitäten und ihre wechselseitigen Abhängigkeiten. Durch den Vergleich mit den → Wertketten von
Konkurrenten sollen Chancen für Wettbewerbsvorteile in den Geschäftsfeldern aufgespürt werden.
Jede Tätigkeit bietet Anknüpfungspunkte für die Schaffung von Kostenvorteilen (Kostenführerstrate-
gie) oder Differenzierungsvorteilen (Differenzierungsstrategie). Die Analyse beschränkt sich nicht nur
auf isolierte Wertaktivitäten, sondern bezieht auch die Verknüpfungen in der Wertkette (z.B. auch vertikale Verknüpfungen mit Wertketten der Lieferanten) ein, da die Ausführung einer Tätigkeit Einfluss
auf Kosten und Qualität anderer Aktivitäten hat.
Siehe auch (z.T. gleichbedeutende bzw. mit ähnlichem Wissen belegte Stichwörter) → Wertnetzwerk
(insbesondere bei → *Dienstleistungen*), → Wertschöpfung, → Wertschöpfungsanalyse, → Wertschöpfungskette und → Analysemethoden, betriebswirtschaftliche (mit Literaturangaben).
   Literatur: Porter, M.E., Wettbewerbsvorteile, 6. Auflage, Frankfurt 1999; Gutschelhofer, A., Wertkette, in: Küpper, H.U., Wagenhofer, A. (Hrsg.), Handwörterbuch für Unternehmensrechnung und
Controlling , 4. Auflage, Stuttgart 2002, Sp. 2120-2130.

Wertnetzwerk

(insbesondere bei → *Dienstleistungen*), Geschäftsmodell, bei dem die Wert schöpfenden Aktivitäten auf die Zusammenführung von verschiedenen Nachfragern ausgerichtet sind (z.B. bei Telekommunikationsdienstleistungen, Banken etc.). Der Anbieter der → Dienstleistung übernimmt als Intermediär die Etablierung, Überwachung und Beendigung der Kontakte zwischen den Nachfragern. Die Aktivitäten werden anders als bei der → Wertkette oder dem → Wertshop weitgehend *simultan* bzw. *parallel* abgewickelt. Die Basis der Leistungserbringung bilden: (1) Die Infrastruktur (z.B. Bereitstellung von elektronischen Zahlungssystemen zwischen Banken), (2) die Netzwerkpromotion (z.B. Akquisition von weiteren Kunden und Vermarktung der Angebote der Bank) und (3) die Netzwerkservices (z.B. Ausführung des Leistungsspektrums der Bank).

Siehe auch (z.T. gleichbedeutende bzw. mit ähnlichem Wissen belegte Stichwörter) → Wertkettenanalyse (*allgemeine Charakterisierung*), → Wertschöpfung, → Wertschöpfungsanalyse, → Wertschöpfungskette.

sowie → Wertschöpfungskette.

Literatur: Stabell, C./Fjeldstad, O.: Configuring Value for Competitive Advantage: On Chains, Shops, and Networks; in: Strategic Management Journal, 19 (1998), S. 413-437.

Wertorientierte Rendite

(*Time weighted return*); Formeln siehe → Rendite; siehe auch → Finanzmathematik.

Wertpapier

Urkunde, die ein privates Recht auf etwas derart verbrieft, dass der Besitz der Urkunde zur Geltendmachung des Rechts erforderlich ist.

Wertpapiere

(Bilanzierung im → *Umlaufvermögen*). Nach § 266 (2) *HGB* sind die Wertpapiere des Umlaufvermögens wie folgt zu gliedern: Anteile an → verbundenen Unternehmen, → Eigene Anteile, Sonstige Wertpapiere. Die Bewertung der im → Umlaufvermögen ausgewiesenen Wertpapiere erfolgt grundsätzlich zu den Anschaffungskosten (einschließlich der Nebenkosten wie Provisionen). Wertpapiere der gleichen Art werden i.a. zu Durchschnittskosten bewertet. Sofern der Börsenkurs am Bilanzstichtag unter den Anschaffungskosten liegt, muss nach dem strengen → Niederstwertprinzip auf den niedrigeren Wert abgeschrieben werden (§ 253 (3) und S. 2 HGB). Sofern die Kurse später wieder steigen, müssen Kapitalgesellschaften im Ausmaß der Wertaufholung zuschreiben, allerdings maximal bis zu den Anschaffungskosten (§ 280 (1) HGB). Einzelunternehmen und Personengesellschaften haben dagegen ein Wertaufholungswahlrecht, natürlich auch nur bis maximal zu den Anschaffungskosten. Werden in nächster Zukunft (bis zu zwei Jahren) Kursverluste erwartet, darf das durch eine Abschreibung antizipiert werden (§ 253 (3) S. 3 HGB).

Nach *IAS/IFRS* und *US-GAAP* gliedern sich die Wertpapiere in folgende Kategorien (IAS 39, FAS 115): trading securities, available-for-sale securities, held-to-maturity-securities. Im Gegensatz zum deutschen Recht, nach dem die Bewertung der Wertpiere von der Zugehörigkeit zum Anlagevermögen (mildes → Niederstwertprinzip) oder zum → Umlaufvermögen (strenges → Niederstwertprinzip) abhängt, ist sie international von der Zugehörigkeit zur Wertpapierkategorie abhängig.

Siehe auch → Internationale Rechnungslegung nach IFRS, → Abschlusserstellung nach US-GAAP und → Umlaufvermögen, jeweils mit Literaturangaben.

Wertpapierkennnummer

Die Wertpapierkennnummer ist eine Zahl, über die ein Wertpapier eindeutig identifiziert werden kann (ähnlich dem Fingerabdruck eines Menschen). Seit einigen Jahren wird die so genannte → ISIN als internationale Wertpapierkennnummer verwendet. Die ISIN enthält neben Zahlen auch Buchstaben, unter anderem um eine leichtere Differenzierung zwischen Ländern vornehmen zu können.

Wertpapiermarktlinie

steht für den Zusammenhang zwischen (erwarteter) Rendite μ_W und Standardabweichung σ_W eines beliebigen Wertpapiers W im Rahmen des → Capital Asset Pricing Model (CAPM). Insofern stellt die

Wertpapiermarktlinie eine Verallgemeinerung der → Kapitalmarktlinie dar, die sich ausschließlich auf den in Rede stehenden Zusammenhang für effiziente Wertpapierportfolios bezieht. Konkret gilt der Zusammenhang $\mu_W = i + (\mu_M - i) \cdot \beta_{WM}$, wobei μ_M und σ_M für die jeweiligen Momente des Marktportfolios stehen, i den Zinssatz für periodische risikolose Anlage und Verschuldung und β_{WM} den so genannten Beta-Faktor des Wertpapiers W beschreibt.

Siehe auch → Portfoliomanagement (mit Literaturangaben).

Wertpapierrendite

Die Rendite eines Wertpapiers bezogen auf eine Referenzperiode entspricht dem Verhältnis aus Vermögenssteigerung (= Vermögen am Ende der Periode – Anfangsvermögen) und Anfangsvermögen. Um die Renditen unterschiedlicher Anlagezeiträume vergleichbar zu machen, werden sie in der Regel annualisiert, d.h. auf die Periodenlänge eines Jahres bezogen.

Wertschöpfung

Summe der Roherträge, verringert um die Vorleistungen, die zugekauft werden. Sie entspricht der Summe der Arbeitserträge, Steuern/Abgaben und Kapitalerträge oder der Differenz zwischen den Einstandspreisen aller extern eingekauften Leistungen und den Verkaufserlösen aller eigenen Marktleistungen. Bei den eingekauften Leistungen handelt es sich um Güter/Dienste, die fremderstellt sind, bei den verkauften Leistungen um Güter/Dienste, die aus diesen Vorleistungen und eigenen Leistungen zusammengesetzt sind. Die Wertschöpfung deckt also den eigenen Faktoreinsatz und den Gewinn ab.

Eine höhere Wertschöpfung bedeutet allerdings nicht zwangsläufig mehr Gewinn, nämlich immer dann nicht, wenn Leistungen extern kostengünstiger eingekauft als selbsterstellt werden können. Dann führt eine höhere Fertigungs- bzw. Vertriebstiefe gerade zu vergleichsweise geringerer Rentabilität.

Siehe auch (z.T. gleichbedeutende bzw. mit ähnlichem Wissen belegte Stichwörter) → Wertkette, → Wertkettenanalyse, → Wertschöpfungsanalyse, → Wertschöpfungskette, → Wertschöpfungsspanne sowie → Kennzahlen, wertorientierte.

Wertschöpfungsanalyse

Kategorie der erfolgswirtschaftlichen Bilanzanalyse (→ Bilanzanalyse, erfolgswirtschaftliche). Bei der Wertschöpfungsanalyse wird die Ergebniserzielung eines Unternehmens nicht aus der Perspektive der Eigentümer (→ „Shareholder"), sondern aus dem umfassenderen Blickwinkel sämtlicher an der betrieblichen Wertschöpfung Beteiligter (→ „Stakeholder") betrachtet. Unter Wertschöpfung versteht man dabei die um bezogene Vorleistungen gekürzte → Gesamtleistung eines Unternehmens. Gegenstand der Analyse kann neben der Entstehung der Wertschöpfung auch die Verteilung der Wertschöpfung an die einzelnen Gruppen von Stakeholdern (Kapitalgeber, Personal und Staat) sein.

Siehe auch (z.T. gleichbedeutende bzw. mit ähnlichem Wissen belegte Stichwörter) → Wertkette, → Wertkettenanalyse, → Wertschöpfung, → Wertschöpfungskette, → Wertschöpfungsspanne sowie → Bilanzanalyse und → Kennzahlen, wertorientierte, jeweils mit Literaturangaben.

Wertschöpfungskette

Die Wertschöpfungskette (*Value Chain*) oder Wertkette ist ein Instrument, mit dem der eigentliche Prozess der Leistungserstellung bei einem der Unternehmen strukturiert werden kann.

Bei der Unternehmensanalyse lässt die Wertkette erkennen, welche Aktivitäten welchen Beitrag zum Markterfolg bzw. zur Gewinnmarge des Unternehmens erbringen. Dabei werden nach Porter die so genannten primären Aktivitäten von den unterstützenden oder sekundären Aktivitäten unterschieden (siehe Abbildung 1). Erstere sind Schlüsselaktivitäten in den Kernprozessen bzw. Faktortransformationen, die bei der Leistungserstellung von Produkten und Dienstleistungen ausgeführt werden, letztere sind mehr unterstützender Natur. Es hängt vom Typ des Unternehmens ab, welches Kern- und welches Nebenprozesse sind. So kann der Beschaffungsprozess für eine Warenhauskette z.B. der wichtigste Kernprozess sein.

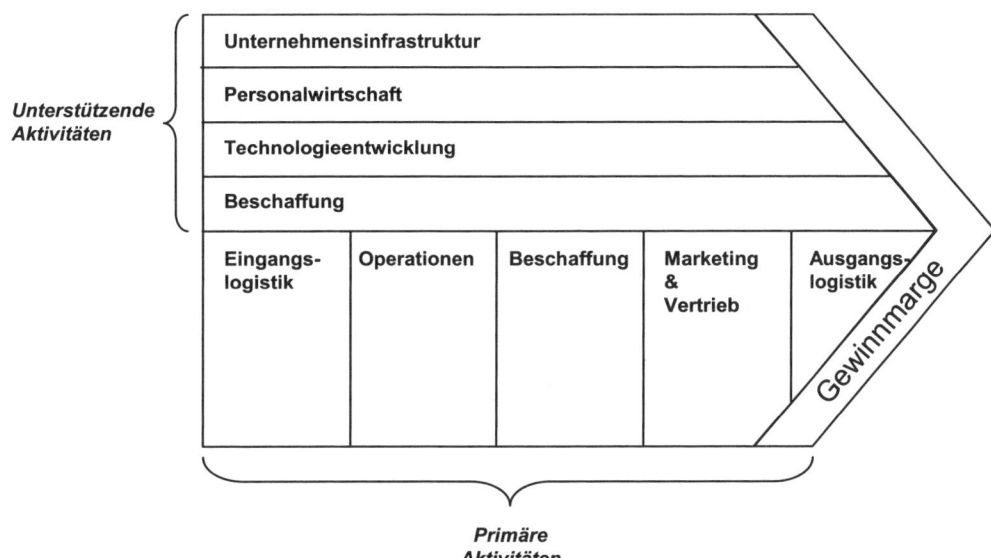

Abb. 1: Generische Wertschöpfungskette eines Unternehmens

Unternehmensanalysen orientieren sich primär an den wertschöpfenden Aktivitäten. Für diese ist die Differenz von Absatz- und (externe und interne) Erstellungskosten positiv. Durch die Analyse können die wesentlichen Werttreiber der → *Geschäftsprozesse* ermittelt werden. In die Analyse können auch wertkettenübergreifende Überlegungen (z.B. Zentralisationen, → Outsourcing) eingebunden werden.

Bei Unternehmen mit einer Prozessorganisation entsprechen die Geschäftsprozesse der Leistungserstellung der Wertkette. Bei allen anderen Unternehmen (z.B. divisionale oder funktionale) unterscheidet sich die Aufbauorganisation von der Wertkettendarstellung. Sie wirkt deshalb in der Handhabung etwas komplexer. Insbesondere im Rahmen einer wertorientierte Führung (Value Based Management, VBM) ist die Wertkette ein wertvolles Instrument der Analyse, das in der Grundstruktur auch die → *Balanced Scorecard* geprägt hat.

Siehe auch → Wertkette, → Wertkettenanalyse, → Wertnetzwerk, → Wertschöpfung, → Wertschöpfungsanalyse, → Wertschöpfungsspanne sowie → Blanced Scorecard und → Strategisches Management (mit Literaturangaben).

Literatur: Porter, M.: Wettbewerbsvorteile, 6. Auflage Frankfurt 2003.

Wertschöpfungspartner

sind Zulieferer, die System- und Problemlösungskapazität sowohl für Produkte und Bauteile als auch für Prozessinnovationen anbieten. Wertschöpfungspartner sind selbständige Unternehmen, die enge vertragliche Bindungen mit den Abnehmern eingehen. Die enge Kooperation zwischen Zulieferern und Herstellern ermöglicht die vergleichsweise schnelle und kostengünstige Einführung innovativer Produkte und Prozesse.

Wertschöpfungsprozess

häufig verwendetes (neueres) Synonym für → Ablauforganisation (mit Literaturangaben).

Wertschöpfungsspanne

Eine Kürzung der Wertschöpfungsspanne wird durch Eingangsseparation (Upstream) erreicht, d.h. eine Vergabe von Operationen an vorgelagerte Wirtschaftsstufen. Zu denken ist vor allem an betriebsfremde Beschaffungshelfer für Akquisition und Logistik. Alternativ dazu ist die Ausgangsseparation (Downstream) möglich, d.h. eine Vergabe von Operationen an nachgelagerte Wirtschaftsstufen. Zu denken ist vor allem an betriebsfremde Aufgaben wie Catering, Reinigung, Instandhaltung etc. In beiden Fällen steigt das Einkaufsvolumen, gleichzeitig werden Teile des Beschaffungs- und Absatzprogramms ausgelagert.

Eine Verlängerung der Wertschöpfungsspanne erfolgt als Rückwärtsintegration auf vom Betrieb aus gesehen vorgelagerte Wirtschaftsstufen der gleichen Branche. Dies bezieht sich vor allem auf die Sicherung und Beeinflussung der Lieferquellen. Dabei ist bezeichnend, dass die Fertigungstiefe zunimmt, d.h. der Anteil der eigenerstellten Werte am Endprodukt. Damit steigt auch die Wertschöpfung des Betriebs. Oder als Vorwärtsintegration. Sie bezieht sich auf vom Betrieb aus gesehen nachgelagerte Wirtschaftsstufen der gleichen Branche. Sie richtet sich vor allem auf die Sicherung und Beeinflussung der Absatzstellen.

Siehe auch → Wertschöpfung.

Wertshop

Geschäftsmodell, bei dem die Wert schöpfenden Aktivitäten auf die Lösung eines Kundenproblems fokussiert sind. Anders als bei der → Wertkette ist nicht die sequentielle Abfolge von Aktivitäten, sondern die *iterative, zyklische* und häufig *interaktive* Aktivitätenfolge kennzeichnend für den Wertshop. Grundlage der Werterzeugung ist die Lösung von Kundenproblemen z.B. durch individualisierte → Dienstleistungen. Die Lösung der Kundenprobleme lässt sich in die folgenden Phasen unterteilen: (1) Problemfindung und Akquisition, (2) Entwicklung von Lösungsalternativen, (3) Auswahl und Durchführung der besten Problemlösungsalternative, (4) Evaluation der Umsetzung.

Literatur: Stabell, C./Fjeldstad, O.: Configuring Value for Competitive Advantage: On Chains, Shops, and Networks; in: Strategic Management Journal, 19 (1998), S. 413-437.

Wertsteigerungsrechte

(*Stock Appreciation Rights*) sind Vergütungsinstrumente, die auf Aktienkursentwicklungen beruhen. Sie beruhen häufig auf einem Vergleich zu einem Index von Konkurrenzunternehmen, und die Vergütung wird dann direkt ausgezahlt, wenn dieser Vergleichsindex übertroffen wird. Siehe auch → Erfolgscontrolling und → Lohn- und Gehaltsmodelle, jeweils mit Literaturangaben.

Wertzahlenverfahren

analytisches *Arbeitsbewertungsverfahren*. Die festgelegten Teilanforderungen werden nach einem gewichteten Schema bewertet. Der Gesamtwert einer Stelle ergibt sich dann durch die Addition der Wertzahlen einzelner Teilanforderungsarten. Siehe auch → Lohn- und Gehaltsmodelle (mit Literaturangaben).

Wettbewerbsrecht

Das *Wettbewerbsrecht* ist im „Gesetz gegen den unlauteren Wettbewerb (UWG)" geregelt. Es ist vom *Kartellrecht* abzugrenzen, welches im „Gesetz gegen Wettbewerbsbeschränkungen (GWB)" geregelt ist.

Beide Gesetze schützen den Wettbewerb, aber unter unterschiedlichen Aspekten. Das GWB will sicherstellen, dass es überhaupt einen Wettbewerb gibt (also Monopole und Preisabsprachen in Märkten mit nur wenigen Anbietern verhindern), das UWG will unlautere Wettbewerbshandlungen einzelner Anbieter in einem funktionierenden Markt bekämpfen. Zwischen diesen beiden Gesetzen gibt es nicht nur inhaltliche, sondern auch strukturelle Unterschiede: Beim GWB wachen Behörden über die Einhaltung des Gesetzes, nämlich das Bundeskartellamt, die Wirtschaftministerien der Länder und bezüglich europäischer Kartellrechtsbestimmungen die Europäische Kommission. Im Anwendungsbereich des UWG gibt es dagegen keine Überwachungsbehörde. Einzige Sanktionsmöglichkeit ist die Klage eines Konkurrenten und von im Gesetz näher bestimmten Verbänden gegen sittenwidrige Wettbewerbshandlung.

Wichtigste Norm im UWG ist die Generalklausel in § 3 UWG. Dort heißt es: „Unlautere Wettbewerbshandlungen, die geeignet sind, den Wettbewerb zum Nachteil der Mitbewerber, der Verbraucher oder der sonstigen Marktteilnehmer nicht nur unerheblich zu beeinträchtigen, sind unzulässig." Konkrete Beispiele für Wettbewerbsverstöße werden in den §§ 4 bis 7 UWG aufgezählt. Das Wettbewerbsrecht ist ein Teilgebiet des → Gewerblichen Rechtsschutzes.

Wettbewerbsstrategie

(*Industrie und Einzelhandel*). Michael Porter diskutiert drei allgemeine Strategietypen, mit Hilfe derer Unternehmen eine erfolgreichere Marktposition einnehmen können als ihre Konkurrenten: Umfassende Kostenführerschaft („overall cost leadership"), Differenzierung („differentiation") und Konzentration auf Schwerpunkte („focus"), wobei die Schwerpunkte entweder mit der Kostenführerschafts- oder mit der Differenzierungsstrategie bearbeitet werden sollen.
Die These, dass Kostenführer bzw. Differenzierer erfolgreicher sind als solche Unternehmen, die sich weder für die eine noch die andere Strategie entscheiden können und damit laut Porter „zwischen den Stühlen sitzen", kann im Prinzip durch empirische Forschung bestätigt werden. Allerdings kann im Zuge der Marktevolution der Erfolg von der Fähigkeit des Unternehmens abhängen, einen Kosten- und Differenzierungsvorteil *zugleich* zu realisieren (= Outpacing Strategie). Outpacing-Unternehmen verbessern also entweder erst die Leistung und streben dann Kostenreduktionen an oder sie gehen in umgekehrter Reihenfolge vor.
Siehe auch → Marketing, Internationales (mit Literaturangaben).

Wettbewerbsstrategien

Eines der bekanntesten Konzepte sind die generischen Wettbewerbsstrategien für strategische Geschäftseinheiten (*SGE*s) von Porter. Nach Porter muss sich jedes Unternehmen nach entsprechender Analyse zwischen einer von drei generischen Strategie-Typen entscheiden, damit es eine optimale Wettbewerbsposition einnehmen kann: entweder eine Strategie der Kostenführerschaft, der Differenzierung über den Kundennutzen oder der Konzentration auf Schwerpunkte (Kostenführerschafts- bzw. Differenzierungsstrategie, wobei das Unternehmen seine Aktivitäten auf wenige Marktsegmente konzentriert).
Die Fokussierung auf einen dieser drei Grundtypen der Unternehmensstrategie soll nach Porter dazu führen, dass das Unternehmen eine erfolgversprechende Position gegenüber anderen Wettbewerbern erreicht. Das gleichzeitige Anstreben von Differenzierung und Kostenführerschaft versetzt ein Unternehmen lediglich in eine „Position zwischen den Stühlen (stuck in the middle)" mit unterdurchschnittlichem Markterfolg (siehe Abbildung). Auch wenn das Konzept von Porter einleuchtend und konsistent ist, zeigen empirische Untersuchungen, dass die empfohlene Fokussierung in der Praxis kaum nachgewiesen werden kann: Die Kosteneffizienz ist z.B. bei allen Unternehmen ein permanentes strategisches Thema - neben anderen strategischen Themen. Für den Wettbewerbserfolg ist nach heutiger Erkenntnis nicht die Verfolgung reiner Strategien, sondern eher die Mischung situativer hybrider Strategien erfolgversprechend. Siehe auch → Strategisches Management und → Preispolitik.

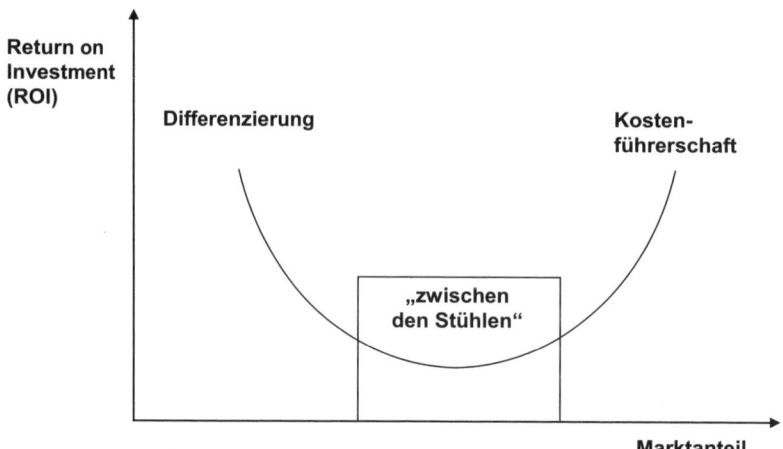

Siehe auch → Strategisches Management (mit Literaturangaben).
  Literatur: Porter M.: Wettbewerbsstrategie, 10. Auflage, Frankfurt 1999.

Wettbewerbsverbot

(*Arbeitsverhältnis*). Ein Wettbewerbsverbot liegt vor, wenn der → Kaufmann mit seinem Angestellten eine Vereinbarung schließt, nach welcher der Angestellte für einen bestimmten Zeitraum nach der Beendigung des Arbeitsverhältnisses in seiner gewerblichen Tätigkeit beschränkt wird (§ 74 Abs. 1 HGB).

Wettbewerbsvorteils-Marktattraktivitäts-Portfolio

Das Wettbewerbsvorteils-Marktattraktivitäts-Portfolio (9-Felder-Matrix, McKinsey/GE-Portfolio) wurde von der Unternehmensberatung McKinsey & Co. entwickelt und gehört mit dem → Marktwachstums-Marktanteils-Portfolio zu den bekanntesten Ausprägungen der → Portfolioanalyse. Bei diesem Ansatz werden die zwei Dimensionen relative Wettbewerbsvorteile und Marktattraktivität kombiniert. Die Erhebung dieser Dimensionen erfolgt durch eine große Zahl von Einzelindikatoren. Der Merkmalsraum zwischen den zwei Achsen wird in neun Felder unterteilt und verdeutlicht graphisch je nach Position der → strategischen Geschäftseinheiten (SGEs) oder → Produkte die abzuleitenden Normstrategien.
Siehe auch → Marketing, Grundlagen (mit Literaturangaben).

WfMS

Abk. für Workflow-Management-System; siehe auch → Workflow-Management (mit Literaturangaben).

WGB

Abk. für Weltgewerkschaftsbund.

What If-Fragen

Die Planung über die Beantwortung von What If-Fragen quantifiziert die Auswirkungen von hypothetischen unternehmerischen Entscheidungen über gerechnete Szenarien. Sei U_t der Umsatz zur Zeit t eine endogene → Planungsvariable, dann würde
$$U_t = U_0(1+r)^t = (1+r)U_{t-1}$$
über seinen Anfangswert U_0 und die Zuwachsrate r beschrieben. Über die Wahl verschiedener U_0 und r als Entscheidungsvariablen folgen verschiedene Entwicklungsszenarien für U_t. What If-Fragen sind die häufigsten Fragen, mit denen bei der Planerstellung und -simulation gearbeitet wird. Sie sind rechentechnisch meist wesentlich einfacher als → *Zielfragen* zu bearbeiten.
Siehe auch → Unternehmensplanung (mit Literaturangaben).

What to do to achieve
→ Zielfragen und → Unternehmensplanung, Kap. 3 (mit Literaturangaben).

Wheel of Retailing
Ansatz von Malcolm McNair (1931), der den Wandel von Betriebsformen im Zeitablauf erklärt. Jede Betriebsform im → Einzelhandel durchläuft danach die vier Phasen von Entstehung, Aufschwung, Annäherung und Rückzug oder Integration, wobei sich die → Preispolitik und sonstige Instrumente im Zeitablauf ändern. Insbesondere der → Preispolitik wird eine wesentliche Rolle in der Entwicklung zugeschrieben: In der Entstehungs- und Aufschwungphase zeichnen sich die Betriebe durch eine aggressive → Preispolitik aus, während in der Annäherungsphase andere Instrumente im Vordergrund stehen. In der Rückzugs- oder Integrationsphase drängen neue Betriebsformen mit aggressiver → Preispolitik in den Markt ein und verdrängen die alte Betriebsform.
Siehe auch → Handelsbetriebslehre (mit Literaturangaben).

When-Issued Market
(→ Going Public, Durchführungsphase). Ein interessanter Indikator für die Emissionspreisfestsetzung sind die Marktpreise von → Initial Public Offerings im so genannten When-Issued Market (*Handel per Erscheinen*). Dieser außerbörslich stattfindende Handel wird von unabhängigen Börsenmaklern betrieben (siehe Internetadressen). Er startet nach der Festsetzung der Bookbuildingspanne und endet knapp vor dem ersten Handelstag. Für Investoren bietet der When-Issued Market die Möglichkeit schon vor dem ersten Handelstag Aktien des betreffenden Unternehmens kaufen und verkaufen zu können.

Whiplash-effect
(*Peitschenschlageffekt, bullwhip-, whipsaw-effect*), Bezeichnung für die Verstärkung von Auftragsschwankungen innerhalb fragmentierter → Supply Chains. Einzelheiten siehe → Peitschenschlageffekt; siehe auch → Supply Chain Management.

Whistle Blowing
(„mit der Pfeife pfeifen"), bei denen der Mitarbeiter eines Unternehmens über unmoralische oder gefährliche Handlungen außerhalb des Dienstweges Bericht erstattet bzw. sich an die Öffentlichkeit wendet. Siehe auch → Unternehmensethik (mit Literaturangaben).
    Literatur: de George, Richard T., Whistle-Blowing, in: G. Enderle u.a. (Hrsg.), Lexikon der Wirtschaftsethik, Freiburg, Basel und Wien 1993, Sp. 1275 – 1278; Noll, B., Wirtschafts- und Unternehmensethik in der Marktwirtschaft, Stuttgart 2002.

Wiederbeschaffungskosten
siehe → Wiederbeschaffungswert.

Wiederbeschaffungswert
(im → *Jahresabschluss*) entspricht den Anschaffungskosten des gleichen oder eines vergleichbaren Vermögensgegenstandes am Bilanzstichtag.
Siehe auch → Anlagevermögen und → Jahresabschluss (mit Literaturangaben).

Wiederbeschaffungswert
(in der *Kostenrechnung*). Der Wiederbeschaffungswert eines Vermögensgegenstandes ist der Anschaffungswert zum Zeitpunkt der Wiederbeschaffung. Dieser wird in der Kostenrechnung für die Berechnung der periodischen Abschreibungswerte zugrunde gelegt. Die Bewertung des Materialverbrauchs kann anhand von Wiederbeschaffungswerten geschehen. Mit der Einbeziehung von Wiederbeschaffungswerten wird in der Kostenrechnung versucht, einer Substanzaufzehrung des Unternehmens in Zeiten steigender Preise entgegenzuwirken. Während der Wiederbeschaffungswert von Materialien relativ einfach zu ermitteln sind, gestaltet sich dies bei Gegenständen des Anlagevermögens schwieriger, da die (unterstellte identische) Ersatzbeschaffung in der Regel erst in einigen Jahren sein wird.
Siehe auch → Kostenartenrechnung (mit Literaturangaben).

Wiederbeschaffungszeit

nennt man die → *Lieferzeit* bei permanenten bzw. wiederholenden Lieferbeziehungen. Da der Lieferant hier i.d.R. auf Grund von Vorabinformationen davon ausgeht, dass er liefern muss, deckt sie meist nur einen Teil der notwendigen Logistikkette/-aktivitäten ab. Wiederbeschaffungszeiten hängen oft sehr stark von der zu liefernden Menge ab, da vorhersehbare Bestellungen meist kurzfristig erfüllt werden können, während umfangreichere Aufträge, insbesondere bei Kapazitätsengpässen, zu drastischen Verlängerungen der Wiederbeschaffungszeit führen.
Siehe auch → Beschaffungslogistik (mit Literaturangaben).

Wiederverkaufspreismethode

(bei *Verrechnungspreisen*). Sie ist eine Standardmethode des → Fremdvergleichs, bei der der → Verrechnungspreis auf dem Wiederverkaufspreis des abnehmenden Konzernunternehmens beruht, von dem die Kosten bis zum Wiederverkauf und ein Gewinnaufschlag abgezogen wird. Siehe auch → Verrechnungspreise, internationale, → Preisvergleichsmethode und → Kostenaufschlagsmethode sowie → Erfolgscontrolling (mit Literaturangaben).

Wiederverkaufspreismethode

(im *Steuerrecht*). Die Wiederverkaufspreismethode *(resale price method, sales minus method)* ist eine Methode zur Ermittlung des Fremdpreises (siehe → Verrechnungspreis). Ausgangspunkt dieser Ermittlungsmethode ist der Preis, zu dem die Waren, die von einem verbundenen Unternehmen gekauft wurden, an einen unabhängigen, fremden Abnehmer weiterverkauft werden (Wiederverkaufspreis). Durch einen Abschlag vom Wiederverkaufspreis in Höhe der branchenüblichen Handelsspanne wird der angemessene Einkaufspreis vom verbundenen Unternehmen ermittelt. Dieser angemessene Einkaufspreis stellt den Verrechnungspreis für die ursprüngliche Lieferung zwischen den verbundenen Unternehmen dar. Diese Methode ist besonders bei reinen Handelsgeschäften geeignet.
Siehe auch → Steuerrecht, Internationales (mit Literaturangaben).

Wiederverwendung

(von Produkten), siehe → Entsorgung.

Wiederverwertung

(von Produkten). siehe → Entsorgung.

Wiener Kaufrecht

Bezeichnung für das → Convention on International Sale of Goods (CISG). Siehe auch → Kaufrecht (mit Literaturangaben).

Window Dressing

(„in das Schaufenster legen"). Beispiel: Verstärktes Gewinnmanagement bzw. erhöhter Gewinnausweis eines Unternehmens vor dem Gang an die Börse. Siehe auch → Windows of Opportunity, → Long-Run Underperformance und → Going Public, Durchführungsphase.

Windows of Opportunity

Beispiel: Gang an die Börse eines Unternehmens nach einer überdurchschnittlich guten betrieblichen Entwicklung, die sich nach dem → Going Public wieder auf ein normales Niveau zurückbildet (*Windows of Opportunity*). Siehe auch → Window Dressing, → Long-Run Underperformance und → Going Public, Durchführungsphase.

Win-Win-Beziehungen

siehe → Relationship-Marketing.

Wireless Application Protocol (WAP)

ist – entgegen seinem Namen – kein einzelnes Protokoll. Vielmehr handelt es sich um einen Standard für die Übertragung und Darstellung von Daten auf mobilen Endgeräten, speziell *Mobiltelefonen*. Der wesentliche Zweck besteht dabei in der Bereitstellung einer einheitlichen Kommunikationsumgebung auf unterschiedlichen drahtlosen Technologien, der maximal möglichen Verlagerung von Rechenlast auf den Server und der Optimierung für die eingeschränkten Darstellungs- und Bedienungsmöglichkeiten sowie geringen Datenübertragungsraten, die auf → *mobilen Endgeräten* zur Verfügung stehen. WAP ist eine wichtige Realisierungstechnik im → *Mobile Commerce*.

Literatur: Pousttchi, K., Turowski, K.: Mobile Commerce – Grundlagen und Techniken, Heidelberg 2004.

Wireless LAN

ist eine → *mobile elektronische Kommunikationstechnik* auf lokaler Ebene. Teilweise als Sammelbegriff für jede durch drahtlose Technologie realisierte lokale Vernetzung zu finden, bezeichnet der Begriff WLAN jedoch eigentlich ein drahtloses lokales Netz nach einer der IEEE 802.11 Spezifikationen. Die Spezifikationen erstrecken sich auf die Ebenen 1 und 2 des ISO/OSI-Referenzmodells und sind damit der Ethernet-Spezifikation IEEE 802.3 vergleichbar.

Wirkungsbilanz, ökologische

In einer Wirkungsbilanz wird versucht, die in der Sachbilanz erfassten Stoff- und Energieströme einer Bewertung hinsichtlich ihrer Umweltrelevanz zu unterziehen. Als Grundlage dienen intensive und umfassende naturwissenschaftlich-technische Forschungen, die allerdings von einem einzelnen Unternehmen nicht geleistet werden können. Allgemein muss festgestellt werden, dass unzureichendes Wissen über ökotoxikologisches Verhalten von Stoffen und stofflich-energetische Transformationsprozesse in Ökosystemen vorherrscht. Unternehmen behelfen sich zwangsläufig mit Näherungslösungen bei der Bewertung von Umwelteinwirkungen. Hierbei können verschiedene Bewertungsverfahren (in Kombination) zum Einsatz kommen, beispielsweise

- verbal-argumentative Kommentare von Expertenteams,
- relativ abstufende quantitativ/qualitative Bewertung mit z.B. der → Nutzwertanalyse,
- numerisch quantifizierende, naturwissenschaftlich orientierte Bewertungsmethoden, z.B. nach → Ökopunkten.

Siehe auch → Ökologiebilanz, → Grundsätze der Ökobilanzierung und → Ökologiecontrolling.

Wirkungskette des Markterfolgs

Die Wirkungskette des Markterfolgs geht davon aus, dass zunächst aus einer persönlichen (d.h. verkäufergetriebenen) oder einer unpersönlichen (d.h. marketinggetriebenen) *Kundennähe* heraus die → *Kundenzufriedenheit* (statisch: mit einem Kaufakt; dynamisch: mit einer Geschäftsbeziehung) zu beobachten und zu steuern ist. Eine Kundenzufriedenheit ist dann letztlich Grundvoraussetzung für eine Kundenbindung, die auf Präferenzen beruht. Man spricht dann auch von *Kundentreue* oder *Kundenloyalität* (Unterformen: *Marken-/Produktloyalität*, *Lieferanten-/Herstellerloyalität*, *Verkäuferloyalität*, *Einkaufsstättenloyalität*), der wertvollsten Ausprägung der Kundenbindung (im Gegensatz zur sog. *harten Kundenbindung*, die auf Verträgen, technischen oder ökonomischen Zwängen beruht).

Siehe auch → Customer Relationship Management (mit Literaturangaben).

Wirtschaftliche Beteiligung

siehe → Beteiligung, Wirtschaftliche.

Wirtschaftliches Eigentum

an einem Vermögensgegenstand liegt vor, wenn dieser genutzt und weiter veräußert werden kann und wenn das Risiko für den Verlust des oder die Fehlinvestition in den Vermögensgegenstand getragen wird. Fallen juristisches und wirtschaftliches Eigentum auseinander (z.B. bei bestimmten Leasingverträgen, Verkauf unter Eigentumsvorbehalt, Bauten auf Pachtgrundstücken), erfolgt die Bilanzierung beim wirtschaftlichen Eigentümer.

Siehe auch → Anlagevermögen und → Jahresabschluss, jeweils mit Literaturangaben.

Wirtschaftsauskunft

Wirtschaftsauskünfte (andere Bezeichnung: Büroauskünfte) werden von Auskunfteien über Unternehmen und andere Wirtschaftssubjekte erteilt. Die großen in Deutschland tätigen Auskunfteien sind (1) Bürgel Wirtschaftsinformationen GmbH & Co. KG, (2) Creditreform - Verband der Vereine Creditreform e.V., (3) Dun & Bradstreet Deutschland GmbH. Diese Auskunfteien bieten einen zeitlich und inhaltlich gestaffelten Kreditinformationsdienst an, zum Teil aufgeteilt in Datenelemente, die vom Anfragenden festgelegt und online abgerufen werden können. Ebenso wie die Banken (siehe → Bankauskunft) schließen die Auskunfteien die Haftung für die erteilten Auskünfte (soweit möglich) aus.

Literatur: Häberle, S.G.: Handbuch der Außenhandelsfinanzierung, 3. Auflage, München und Wien 2002; HAUFE EXPORT OFFICE, CD-ROM, Freiburg i.Br. o.J.

Internetadressen: (Auskunfteien) www.buergel.de, www.creditreform.de, www.dnb.com.us.

Wirtschaftsbericht

(zum → *Jahresabschluss*). Als Teilbereich des → Lageberichtes befasst der Wirtschaftsbericht sich mit der Entwicklung des Unternehmens im Geschäftsjahr und die Stellung am Geschäftsjahresende.

Wirtschaftsethik

befasst sich nach allgemeinem Verständnis mit der auf den Kultursachbereich Wirtschaft anzuwendenden Ethik. Leitthema der Wirtschaftsethik ist, welches wirtschaftliche Handeln moralisch zu rechtfertigen ist und welches nicht und wie das als „richtig" oder „gut" erkannte Handeln gefördert werden kann. Zur Kennzeichnung wie Abgrenzung hilfreich ist die Untergliederung der Wirtschaftsethik in → Ordnungs-, → Unternehmens- und → Individualethik, der die Unterteilung in Makro-, Meso- und Mikroebene entspricht. Damit sind die Ebenen benannt, auf denen moralische Ansprüche in einer modernen Gesellschaft zur Geltung gebracht bzw. „verortet" werden können und jeweils andere Adressaten (→ moralische Akteure) für Beachtung bzw. Umsetzung von Normen und Werten verantwortlich zu machen sind.

Moderne Wirtschaftsethik setzt primär auf → Institutionenethik, d.h. Gestaltung der marktwirtschaftlichen Rahmenordnung wie der unternehmerischen Organisationsstrukturen und nicht auf die Moral des Einzelnen, die → Individualethik, um die Wirtschaftsakteure von moralischen Konflikten zu entlasten. Siehe → Unternehmensethik (mit Literaturangaben).

Literatur: Homann, K. / Blome-Drees, F., Wirtschafts- und Unternehmensethik, Göttingen 1992; Noll, B., Wirtschafts- und Unternehmensethik in der Marktwirtschaft, Stuttgart 2002; Suchanek, A., Ökonomische Ethik, Tübingen 2001.

Wirtschaftsinformatik, Grundlagen

Grundlagen der Wirtschaftsinformatik

von Univ.-Professor Dr. Andreas Hilbert und Dipl.-Wirtsch.-Informatiker Tobias von Martens
Technische Universität Dresden, Professur für Wirtschaftsinformatik,
insbes. Informationssysteme im Dienstleistungsbereich

Die Wirtschaftsinformatik (abgek. WI) ist eine anwendungsorientierte Wissenschaftsdisziplin, die sich mit dem Entwurf, der Entwicklung und dem Einsatz von → Informations- und Kommunikationssystemen in Wirtschaft und Verwaltung befasst.

1. Einordnung

Als interdisziplinäres Fachgebiet integriert die WI Erkenntnisse aus der Betriebswirtschaftslehre und der Informatik. Sie weist einen starken Bezug zur Organisationslehre auf und diskutiert Fragestellungen mit Anlehnung an weitere Disziplinen, wie z.B. Recht (insb. Datenschutz), Soziologie, Psychologie (insb. Ergonomie), Mathematik siehe auch → Wirtschaftsmathematik), → Operations Research und → Statistik. Oft wird die WI auch als sozial- und wirtschaftswissenschaftliches Fach mit ingenieurwissenschaftlicher Durchdringung angesehen.

So ist die WI einerseits eine Realwissenschaft, denn sie beschäftigt sich mit Phänomenen der Wirklichkeit, insb. Informations- und Kommunikationssystemen in Wirtschaft und Verwaltung. Andererseits ist die WI auch eine Formalwissenschaft, da für die Beschreibung, Erklärung und Gestaltung der Informations- und Kommunikationssysteme formale Beschreibungsverfahren und Theorien notwendig sind. Und letztlich ist die WI auch eine Ingenieurwissenschaft, die zur Konzeption und Entwicklung von Informations- und Kommunikationssystemen eine ingenieurstypische Konstruktionssystematik nutzt.

2. Entwicklung

Frühe Beiträge der WI zur betrieblichen Datenverarbeitung finden sich bereits Ende der 50er Jahre mit ersten größeren → Anwendungssystemen in Unternehmen und Lehrveranstaltungen an deutschsprachigen Universitäten. 1968 wurden an der Hochschule für Sozial- und Wirtschaftswissenschaften in Linz und 1970 an der Universität Erlangen/Nürnberg erste Lehrstühle mit Ausrichtung auf betriebliche Datenverarbeitung eingerichtet. 1975 etablierte sich die WI als „Wissenschaftliche Kommission Wirtschaftsinformatik (WKWI)" im Verband der Hochschullehrer für Betriebswirtschaft e.V. und 1978 zunächst als Fachausschuss, später als Fachbereich, in der Gesellschaft für Informatik e. V. Nachdem die WI 1971 im 2. Datenverarbeitungsförderungsprogramm der BRD im Vergleich zur Informatik nur unzureichend berücksichtigt worden war, profitierte sie im Zeitraum 1985-1990 vom ersten übergreifenden Forschungsprogramm der Deutschen Forschungsgemeinschaft e. V. Seit Anfang der 90er Jahre wurden eigenständige WI-Diplomstudiengänge an zahlreichen deutschen Universitäten eingerichtet.

1993 verabschiedete die WKWI ein Profil der WI, um Untersuchungsgegenstand, Ziele und Methodik der WI abzugrenzen. Bemerkenswert ist, dass gegenüber ihrer nordamerikanischen Schwesterdisziplin „(Management) Information Science" die WI eine weitgehend eigenständige Entwicklung nahm. Gemeinsam sind beiden zwar der Untersuchungsgegenstand Informations- und Kommunikationssysteme im betrieblichen bzw. organisationalen Umfeld, jedoch steht in Nordamerika die quantitative empirische, behavioristische Forschung im Vordergrund, während im deutschsprachigen Raum vorwiegend eine konstruktive Forschungsmethodik anzutreffen ist.

WI ist heutzutage als Studienfach an fast allen wirtschafts- und sozialwissenschaftlichen Fakultäten, teilweise auch als eigener Studiengang (oft unter Beteiligung von Informatik-Fachbereichen oder -Fakultäten), vertreten. Der Schwerpunkt der Forschung liegt derzeit vor allem auf Methoden und Systemen zur Entscheidungsunterstützung (→ Business Intelligence), zur Unterstützung von Gruppenarbeit sowie zur Nutzung von Methoden der künstlichen Intelligenz. Daneben werden Anwendungen im Bereich Produktionsplanung und -steuerung, Logistik sowie Rechnungswesen und Controlling untersucht. Auch das Software-Engineering (siehe auch → CASE) und die Modellierung betrieblicher Informationssysteme sowie das Informations- und Datenbankmanagement (→ Data Warehouses) stellen Forschungsgebiete dar.

3. Untersuchungsgegenstand

Im Fokus der WI stehen Informations- und Kommunikationssysteme in Wirtschaft und Verwaltung. Mit Bezug auf diesen Betrachtungsgegenstand untersucht die WI die Teilgebiete → Informationsverarbeitung und Kommunikation in Betrieben und Institutionen, → Systementwicklung, → Informationsmanagement, Informationsmarkt sowie die für Informations- und Kommunikationssysteme relevanten Basistechnologien.

Bei der *Informationsverarbeitung* stehen betriebswirtschaftliche → Anwendungssysteme in verschiedenen Bereichen (bspw. Industrie, Handel, Dienstleistungen, öffentliche Verwaltung), die Bürokommunikation und individuelle Datenverarbeitung, wissensbasierte Systeme sowie Schnittstellen zwischen Systemen zur Fertigungsautomation im Vordergrund.

Gegenstand der *Systementwicklung* ist dagegen der Entwurf von Anwendungssystemen unter Nutzung der Prinzipien, Methoden und Werkzeuge des Software Engineering und des → Projektmanagements sowie unter Berücksichtigung ökonomischer Rahmenbedingungen.

Mit dem Einsatz der Anwendungssysteme im organisationalen Umfeld und grundsätzlichen Fragen der Planung, Steuerung und Kontrolle von Informations- und Kommunikationssystemen beschäftigt sich das *Informationsmanagement*. Betrachtet werden u.a. die Aufbauorganisation im Hinblick auf Informationsverarbeitungsaufgaben, der Betrieb von Anwendungssystemen, Prinzipien und Methoden, auf denen die Informationsverarbeitung basiert, sowie organisatorische Maßnahmen zu Datenschutz und Datensicherung.

Der *Informationsmarkt* bietet aus Sicht der WI eine Plattform zum Austausch von Produkten und Dienstleistungen im Umfeld von Informations- und Kommunikationssystemen. Im Fokus der Betrachtung steht dabei vor allem betriebswirtschaftliche → Standardsoftware, d. h. Anwendungssysteme, die von Software-Anbietern unabhängig von tatsächlichen Nachfragern entwickelt wurden und informationsverarbeitenden Einheiten in Wirtschaft und Verwaltung zur Lösung ihrer Problemstellung zur Verfügung stehen.

Relevant für die WI sind letztlich auch die *Basistechnologien*, die den Informations- und Kommunikationssystemen als Anwendungs- und Kommunikationsinfrastruktur zugrunde liegen, insb. Rechnersysteme, Kommunikationsnetze und Basissoftware.

4. Ziele

Neben der Entwicklung von Methoden und Werkzeugen zur wissenschaftlichen Betrachtung des soziotechnischen Untersuchungsgegenstandes strebt die WI die Gewinnung von intersubjektiv nachprüfbaren Erkenntnissen über Informations- und Kommunikationssysteme und deren Anwendung in Wirtschaft und Verwaltung mit allen technischen, organisatorischen und sozialen Aspekten an (Erkenntnisziel). Zweck der entwickelten Theorien, Methoden und Werkzeuge ist dabei die Unterstützung der menschlichen Aufgabenträger durch eine sinnvolle Teil- oder Vollautomation, d.h. die Übernahme von Informationsverarbeitungsaufgaben durch Anwendungssysteme unter Beachtung relevanter Kriterien, wie z.B. Zeit, Kosten und Qualität (Gestaltungsziel). Daneben ist auch die horizontale und vertikale → Integration der verschiedenen Systeme der Informationsverarbeitung, bspw. in der industriellen Fertigung (siehe auch → CIM), eine Zielstellung der WI.

5. Aufgaben

Die WI liefert einen Beitrag zur Beschreibung von Informations- und Kommunikationssystemen durch die Schaffung eindeutiger terminologischer Grundlagen, die eine verteilte wissenschaftliche Arbeit erst ermöglichen.

Darüber hinaus versucht die WI den Untersuchungsgegenstand zu erklären und das Systemverhalten zu prognostizieren, indem Modelle, Theorien und Hypothesen zu Informations- und Kommunikationssystemen entwickelt und empirisch überprüft werden.

Neben Beschreibung, Erklärung und Prognose (Erklärungsaufgabe) stehen die Gestaltung von Anwendungssystemen und die ingenieurwissenschaftliche Erstellung von geeigneten Gestaltungshilfsmitteln, z.B. Methoden, Werkzeugen und Prototypen, für die Systementwickler in Wirtschaft und Verwaltung (Gestaltungsaufgabe) im Vordergrund.

Aus einer am Lebenszyklus von Anwendungssystemen orientierten Perspektive lassen sich der WI die Aufgaben Konzeption, Entwicklung, Einführung, Wartung und Nutzung von Anwendungssystemen als automatisiertem Teil betriebswirtschaftlicher Informations- und Kommunikationssysteme zuordnen.

Durch die Einbettung von Anwendungssystemen in einen organisatorischen Kontext müssen zusätzlich die Auswirkungen des Systemeinsatzes auf die Steuerungs-, Kosten- und Wertschöpfungsstrukturen in Wirtschaft und Verwaltung untersucht werden.

6. Methoden

Um die Ziele zu erreichen und die daraus abgeleiteten Aufgaben zu erfüllen, wendet die WI Methoden und Werkzeuge aus anderen Real-, Formal- und Ingenieurwissenschaften an und entwickelt diese weiter. Bei der Auswahl und Kombination dieser Methoden und Werkzeuge müssen dabei neben der technischen Wirksamkeit auch die ökonomische und soziale Einsetzbarkeit geprüft werden. Hierzu sind aus dem Bereich der Soziologie und Psychologie Kenntnisse über das Verhalten von Menschen als Aufgabenträger und Benutzer innerhalb von Informations- und Kommunikationssystemen notwendig. Darüber hinaus setzt die Systemplanung einen Überblick über Zielhierarchien, Strategien, Organisationsstrukturen, Prozesse und Methoden in den Einsatzbereichen der Anwendungssysteme voraus. Weiterhin werden grundlegende Konzepte der Informatik, insb. Methoden und Werkzeuge der Systementwicklung, deren Evaluierung, Auswahl und Einsatz, von der WI aufgegriffen und weiterentwickelt.

Hinweis

Zu den angrenzenden Wissensgebieten siehe → Business Intelligence, → Business Networking, → Controlling-Informationssysteme, → Change Management, → Data Warehouse, → Datenbanksysteme, → E-Commerce, → Electronic Government, → E-Procurement, → ERP-Systeme (Enterprise Resource Planning-Systeme), → Management-Informationssysteme (MIS), → Operations Research, → Organisation, Grundlagen, → Projektmanagement, → Statistik, → Wirtschaftsmathematik, → Wissensmanagement, → Workflow-Management.

Literatur: Abts, D. / Mülder, W.: Grundkurs Wirtschaftsinformatik – Eine kompakte und praxisorientierte Einführung; 5. Aufl., Vieweg, Wiesbaden 2004; Balzert, H.: Lehrbuch der Software-Technik, Teil 1: Software-Entwicklung; 2. Aufl., Spektrum, Heidelberg u. a. 2000; Ferstl, O. / Sinz, E. J.: Grundlagen der Wirtschaftsinformatik; 5. Aufl., Oldenbourg, München 2006; Hansen, H. R. / Neumann, G.: Wirtschaftsinformatik, Teil 1: Grundlagen und Anwendungen; 9. Aufl., Lucius & Lucius, Stuttgart 2005; Mertens, P. / Bodendorf, F. / König, W. / Picot, A. / Schumann, M. / Hess, T.: Grundzüge der Wirtschaftsinformatik; 9. Aufl., Springer, Berlin et al. 2005; Sommerville, I.: Software-Engineering; 6. Aufl., Pearson Studium, München 2001; Stahlknecht, P. / Hasenkamp, U.: Einführung in die Wirtschaftsinformatik; 11. Aufl., Springer, Berlin et al. 2005.

Internetadressen: Gesellschaft für Informatik, Fachbereich Wirtschaftsinformatik: http://www.gi-ev.de/fachbereiche/fb-5/; Zeitschrift Wirtschaftsinformatik: http://www.wirtschaftsinformatik.de; Zeitschrift HMD – Praxis der Wirtschaftsinformatik: http://hmd.dpunkt.de; American Society for Information Science & Technology: http://www.asis.org

Website der Autoren: http://wiid.wiwi.tu-dresden.de

Wirtschaftskommunikation, interkulturelle
siehe → Interkulturelle Wirtschaftskommunikation.

Wirtschaftsmathematik

Wirtschaftsmathematik in der Betriebswirtschaftslehre

von Professor Dr. Christian Führer

Studiengang Dienstleistungsmarketing – Berufsakademie Mannheim

1. Charakterisierung

Aufgabe der Wirtschaftsmathematik ist die Bereitstellung mathematischer Verfahren zur Lösung betriebs- und volkswirtschaftlicher Probleme. Die Wirtschaftsmathematik bedient sich dabei in weiten Teilen des Begriffs der mathematischen → *Funktion*, der es ermöglicht, Beziehungen zwischen zwei oder mehr betriebs- oder volkswirtschaftlichen Größen modellhaft zu beschreiben. Daneben verwendet die Wirtschaftsmathematik auch Methoden der Linearen Algebra, die eine wichtige Grundlage des → Operations Research und der linearen Optimierung (→ Optimierung, → Optimierungsmodelle, mathematische) bilden.

2. Begriff der mathematischen Funktion

Eine mathematische → *Funktion* f einer unabhängigen → *Variablen* x ist eine Zuordnungsvorschrift, die jedem Element einer Ausgangsmenge genau ein Element einer Zielmenge zuordnet: f = f(x). Die Berechnungsvorschrift für f(x) ist dabei ein mathematischer Term in x, in der betriebswirtschaftlichen Theorie und Praxis häufig ein → Polynom. Mithilfe eines kartesischen Koordinatensystems (x-Werte auf der waagerechten, f-Werte auf der senkrechten Achse) können Funktionen einer unabhängigen Variablen als Kurven graphisch dargestellt werden.

Die große Bedeutung von Funktionen für die Wirtschaftswissenschaften ist darauf zurückzuführen, dass sie Ursache-Wirkung-Beziehungen zwischen einer Eingangsgröße (der unabhängigen Variablen x)

und einem Outputwert (der abhängigen Variablen f = f(x)) herstellen und so zahlreiche Prozesse der Betriebs- und Volkswirtschaftslehre beschreiben.

Typische Beispiele sind → *Angebotsfunktionen* und → *Nachfragefunktionen*, → *Erlös-* bzw. *Umsatzfunktionen*, → *Produktionsfunktionen*, → *Kostenfunktionen* und → *Gewinnfunktionen*.

Aus betriebswirtschaftlicher Sicht ebenfalls wichtig sind → *Durchschnittsfunktionen*, die als Quotient aus Funktionswert f(x) und Variablenwert x gebildet werden.

Hängen die Funktionswerte einer Funktion f von mehr als einer unabhängigen Variablen ab, spricht man von einer *Funktion mehrerer (unabhängiger) Variabler*: $f = f(x_1, x_2, \dots, x_n)$.

3. Differenzieren von Funktionen

Um das Änderungsverhalten einer *Funktion einer unabhängigen Variablen* x in einem Punkt x_0 zu verstehen, wird die Funktion → *differenziert*, d.h. der → *Differenzialquotient* von f in x_0 gebildet, der das *absolute Änderungsverhalten* von f in x_0 misst. Das Ergebnis $f'(x_0)$ wird als → *Ableitung* von f in x_0 bezeichnet und gibt an, wie sich f bei einer (kleinen) Änderung von x_0 ändert. Wird eine Funktion f in allen Punkten ihres Definitionsbereichs differenziert (vorausgesetzt, dies ist möglich), entsteht die Ableitungsfunktion f', die in der Betriebswirtschaft auch als → *Grenzfunktion* bekannt ist. Mithilfe ihrer Ableitung kann eine Funktion f auf → *Monotonie* untersucht werden, wobei f' > 0 streng monoton steigendes Verhalten, f' < 0 streng monoton fallendes Verhalten anzeigt.

Die *zweite Ableitung* $f''(x_0)$ einer Funktion f in einem Punkt x_0 beschreibt das Änderungsverhalten der (ersten) Ableitung f' in x_0 und gestattet damit vertiefte Einblicke in das Änderungsverhalten von f selbst. Steigt eine Funktion f streng monoton an (f' > 0) und ist zusätzlich f'' > 0, nimmt auch die Steigung von f selbst zu, f wächst progressiv (→ *progressives Wachstum*). Im Falle f' > 0 und f'' < 0 wächst f hingegen degressiv (→ *degressives Wachstum*), d.h. das Wachstum von f nimmt mit steigendem x ab, obwohl f selbst weiterhin ansteigt.

Eine zweimal differenzierbare Funktion f einer unabhängigen Variablen x kann mithilfe ihrer ersten und zweiten Ableitungen auf → *Extremwerte* hin untersucht werden. Hat f in x_0 einen Extremwert, sind die Funktionswerte von f in einer Umgebung von x_0 entweder größer als $f(x_0)$ (d.h. $f(x_0)$ ist Minimalwert, f hat in x_0 ein lokales → *Minimum*) oder entsprechend kleiner (d.h. $f(x_0)$ ist Maximalwert, f hat in x_0 ein lokales → *Maximum*).

In vielen betriebswirtschaftlichen Anwendungen wird auch das *relative Änderungsverhalten* einer Funktion f in x betrachtet, was zum Begriff der → *Elastizität* von f bzgl. x führt. Im Gegensatz zum → *Differenzialquotienten* setzt die Elastizität die relativen Änderungen von f und x zueinander in Relation und erlaubt damit eine Aussage darüber, wie sich f in x_0 relativ bei einer (kleinen) relativen Änderung von x_0 ändert. Elastizitäten werden z.B. bei → *Nachfragefunktionen* berechnet, wo sie die relative Änderung der Nachfragemenge x in Reaktion auf eine relative Preisänderung angeben.

Ist eine *Funktion mehrerer unabhängiger Variabler* nach einer Variablen x_i differenzierbar (alle anderen Variablen werden wie Konstante behandelt), kann die *partielle Ableitung* (siehe → *Ableitung*) nach x_i gebildet werden. Sie beschreibt das absolute Änderungsverhalten von f bzgl. x_i und kann wie bei Funktionen einer Variablen dazu verwendet werden, das Monotonieverhalten von f bzgl. x_i zu untersuchen. Ebenso können partielle → *Elastizitäten* nach einzelnen Variablen gebildet werden, die das relative Änderungsverhalten von f bzgl. x_i beschreiben. Die Ermittlung von → *Extremwerten* gestaltet sich bei Funktionen mehrerer Variabler erheblich komplizierter als in einer Dimension, kann aber auch auf Basis erster und zweiter partieller Ableitungen bewerkstelligt werden.

4. Integration von Funktionen

Die Integration einer → Funktion f kann als Umkehrung des → Differenzierens verstanden werden und erlaubt z.B. die Ermittlung einer Funktion aus ihrer → Grenzfunktion. Wichtige Anwendungen in den Wirtschaftswissenschaften sind die Berechnung der → *Konsumentenrente* und → *Produzentenrente*. In beiden Fällen geht es darum, die Vorteilhaftigkeit, die ein Nachfrager bzw. Anbieter aus dem im → *Marktgleichgewicht* erzielten → *Gleichgewichtspreis* zieht, zu berechnen. Bei stetigen Verteilungen in der → *Statistik* erlaubt eine Integration der → *Dichtefunktion* zwischen zwei Zahlenwerten a und b die Ermittlung der Wahrscheinlichkeit, dass eine *stetige* → *Zufallsvariable* einen Zahlenwert in diesem Intervall annimmt.

5. Lineare Algebra

Die Lineare Algebra nimmt in der Betriebswirtschaftslehre vor allem die Rolle einer Hilfswissenschaft in den Bereichen → *Operations Research* und lineare → *Optimierung* ein. Lineare Algebra erlaubt eine effiziente Beschreibung von Problemen, bei denen eine große Anzahl von Einzelgrößen gleichartiger Herkunft linear miteinander verknüpft werden muss. Lassen sich diese Einzelgrößen mithilfe eines Parameters indizieren, können sie in Form von → *Vektoren* (a_i) angeordnet werden ($1 \leq j \leq n$), bei zwei Parametern in Form von *Matrizen* (a_{ij}, $1 \leq i \leq m$, $1 \leq j \leq n$); siehe auch → Matrix. Die (m,n)-Matrix A mit den Einträgen a_{ij} hat dabei m Zeilen und n Spalten und lässt sich in einem rechteckigen Tableau darstellen.

Das wichtigste Grundproblem der Lineare Algebra ist die Lösung → *linearer Gleichungssysteme* der Form Ax = b, bei denen A eine (m,n)-Matrix, b ein Vektor mit m Einträgen und x der gesuchte Lösungsvektor mit n Einträgen ist. Die Lösung kann mithilfe des → *Gauß'schen Eliminationsverfahrens* bestimmt werden, bei großen Problem (m und n „groß") wird in der Praxis meist auf computergestützte Verfahren zurückgegriffen.

Hinweis

Zu den angrenzenden Wissensgebieten siehe → Finanzmathematik, → Ökonometrie, → Operations Research, → Optimierung, → Optimierungsmodelle, mathematische, → Portfoliomanagement, → Statistik.

Literatur: Bosch, K.: Mathematik für Wirtschaftswissenschaftler, 14. Auflage, München/Wien, 2003; Eichholz, W., Vilkner, E.: Taschenbuch der Wirtschaftsmathematik, 3.Auflage, Leipzig, 2002; Führer, C.: Wirtschaftsmathematik, Ludwigshafen am Rhein, 2006; Holland, D., Holland, H.: Mathematik im Betrieb, 7.Auflage, Wiesbaden, 2004; Mohr, R., Plappert, P.: Mathematik für Wirtschaftsinformatiker, Alfdorf, 2004; Peters, H.: Wirtschaftsmathematik, Düsseldorf, 2003; Schwarze, J.: Mathematik für Wirtschaftswissenschaftler, Bd.1-3, Herne/Berlin, 2000; Tietze, J.: Einführung in die angewandte Wirtschaftsmathematik, 11.Auflage, Braunschweig/Wiesbaden, 2003.

Website des Autors : http://www.dienstleistungsmarketing.de/index.php?id=548

Wissen, explizites

siehe → explizites Wissen, siehe auch → Wissensmanagement (mit Literaturangaben).

Wissen, implizites

siehe → implizites Wissen, siehe auch → Wissensmanagement (mit Literaturangaben).

Wissen, individuelles

siehe → individuelles Wissen, siehe auch → Wissensmanagement (mit Literaturangaben).

Wissen, interorganisatorisches

siehe → interorganisatorisches Wissen, siehe auch → Wissensmanagement (mit Literaturangaben).

Wissen, organisationales

siehe → organisationales Wissen, siehe auch → Wissensmanagement (mit Literaturangaben).

Wissensanwendung

ist Ziel und Zweck des → Wissensmanagements und ein Bestandteil des → Wissensmanagement-Prozesses. Die Wissensanwendung beschreibt den produktiven Einsatz des → organisationalen

Wissens zum Nutzen des Unternehmens. Die Anwendung von Wissen, das ein Mitarbeiter nicht als → individuelles Wissen empfindet, wird durch verschiedene → Wissensbarrieren behindert.
Siehe auch → Wissensmanagement (mit Literaturangaben).

Wissensbarrieren

behindern den Erfolg des → Wissensmanagements. Mögliche Ursachen für Wissensbarrieren liegen in streng hierarchischen Unternehmensstrukturen, der fehlenden Unterstützung durch die Unternehmensleitung, einer zu starken technischen Fokussierung, fehlenden Anreize für die Weitergabe von Wissen, fehlenden Verantwortlichkeiten, mangelndem Budget, fehlenden Erfahrungen mit Wissensmanagement und vor allem in Befürchtungen der Mitarbeiter bei der Weitergabe → individuellen Wissens.
Siehe auch → Wissensmanagement (mit Literaturangaben).

Wissensbasierte Systeme

(1) *Definition:* Wissensbasierte Systeme werden für Aufgaben eingesetzt, die üblicherweise menschliche Intelligenz voraussetzen. Dazu nutzen sie die Techniken und Methoden der → *Künstlichen Intelligenz,* die kognitive Prozesse des Menschen durch Software abbilden. Sie zeichnen sich durch die eigenständige, zweckorientierte Verarbeitung vernetzter Informationen durch den Computer zur → Wissenserzeugung oder → Wissensanwendung aus. Wissensbasierte Systeme werden in der Betriebswirtschaftslehre zur Entscheidungsunterstützung, für Klassifikations- und Bewertungsaufgaben sowie für Prognose- und Beratungstätigkeiten eingesetzt.
(2) *Arten:* → *Expertensysteme* sind wissensbasierte Systeme zur Entscheidungsunterstützung, die die Beratungs- und Problemlösungsfähigkeit menschlicher Experten abbilden. Die Kompetenz zumindest eines menschlichen Fachmanns auf einem abgegrenzten Spezialgebiet wird in einer Wissensbasis modelliert, eine Problemlösungskomponente wendet das Wissen zur Aufgabenbewältigung an. Systeme des → *Case Based Reasoning* bearbeiten Aufgaben auf Basis bekannter Lösungen für ähnliche Probleme über einen Vergleich der „neuen" Problemstellung mit bereits gespeicherten Fällen.
Mit neueren wissensbasierten Techniken des *Soft Computing* werden Verfahren entwickeln, die sich insbesondere für komplexe Problemstellungen eignen, die wegen Unsicherheit und nur teilweise vorhandener Information mit herkömmlichen mathematischen und kombinatorischen Methoden nicht oder nur begrenzt gelöst werden können. → *Fuzzy-Logic-Systeme* erweitern die klassische zweiwertige Logik. In der klassischen Logik trifft eine Eigenschaft entweder vollständig oder überhaupt nicht zu, eine Aussage ist entweder wahr oder falsch. Fuzzy-Logic-Systeme ermöglichen dagegen Werte zwischen wahr und falsch, um Unschärfen und Unsicherheiten in den Modellierungsprozess einbeziehen zu können.
→ *Künstliche Neuronale Netze* (KNN) sind parallel arbeitende Systeme, deren Aufbau sich an der Funktionsweise des menschlichen Gehirns orientiert. Ein Künstliches Neuronales Netz wird nicht programmiert, sondern mit Trainingsdaten parametrisiert. Es liefert Ergebnisse auch bei algorithmisch schwer formulierbaren Problemen.
→ *Genetische Algorithmen* bilden evolutionäre Mechanismen mithilfe mathematischer Algorithmen ab. Sie imitieren dabei grundlegende evolutionstheoretische Prinzipien, z.B. die natürliche Selektion oder die Mutation. Genetische Algorithmen werden im z.B. im Bankbereich zur Generierung von Regeln im Börsenhandel, zur Unterstützung von Hedging-Entscheidungen, zur Portfoliobewertung sowie zur Bewertung von Optionen eingesetzt.
Siehe auch → Wissensmanagement (mit Literaturangaben).
Literatur: Bodendorf, F.: Daten- und Wissensmanagement, Berlin 2005.

Wissensbasis, organisationale

setzt sich aus → individuellem Wissen und → organisationalem Wissen zusammen. Die Wissensbasis eines Unternehmens umfasst darüber hinaus die Daten und Informationen, auf die individuelles und organisationales Wissen aufbaut.
Siehe auch → Wissensmanagement (mit Literaturangaben).

Wissensbewertung

dient dazu, Fehlentwicklungen im → Wissensmanagement eines Unternehmens frühzeitig zu erkennen und entsprechende Korrekturmaßnahmen einzuleiten. Je nach Art des → Wissensziels existieren Ansätze zur normativen, strategischen und operativen Wissensmessung. Die normative Wissensbewertung, z.B. anhand von Mitarbeiterbefragungen oder -beobachtungen zielt darauf ab, Verbesserungen in der → Unternehmenskultur durch Wissensmanagement-Maßnahmen zu beurteilen.

Die strategische Wissensbewertung gibt Aufschluss über die Entwicklung des → organisationalen Wissens auf allen Unternehmensebenen. Beispielhafte Methoden der strategischen Wissensbewertung sind der → Calculated Intangible Value, die → Markt-Buchwert-Relation, → Tobin's q, der → Intangible Assets Monitor, der → Intellectual Capital Navigator oder die → Balanced Scorecard.

Auf operativer Ebene nutzt die Wissensbewertung Instrumente des Projektcontrollings für die Bewertung von Teams oder Projektgruppen. Die individuelle Wissensbewertung einzelner Mitarbeiter unterstützen Fähigkeitsprofile (siehe → Skill-Management-System).

Siehe auch → Wissensmanagement (mit Literaturangaben).

Wissensbilanz

Ziel der Wissensbilanzierung ist die Darstellung und Bewertung allgemein schwer oder nicht zu erfassender, immaterieller Unternehmenswerte und deren interne und externe Kommunikation. Wissensbilanzen fassen systematisch und strukturiert Informationen über unterschiedliche Formen von wissensbasierten Ressourcen zusammen.

Eine Wissensbilanz besteht formal aus qualitativen Beschreibungen sowie aus der Darstellung und verbalen Interpretation von Indikatoren. Die Bestandteile einer Wissensbilanz umfassen Posten aus dem Humankapital, Strukturkapital und Beziehungskapital eines Unternehmens.

Das Humankapital charakterisiert Kompetenzen, Fertigkeiten, Motivation und Lernfähigkeit der Mitarbeiter. Das Strukturkapital beinhaltet jene Strukturen, Prozesse und Abläufe, welche die Mitarbeiter benötigen um produktiv zu sein. Diese sind jedoch nicht direkt an einzelne Mitarbeiter gebunden. Das Beziehungskapital umfasst Kennzahlen, die das Netzwerk an sozialen Beziehungen des Unternehmens beschreiben.

Siehe auch → Wissensmanagement (mit Literaturangaben).

Literatur: Edvinsson, L., Brünig, G.: Aktivposten Wissenskapital – Unsichtbare Werte bilanzierbar machen, Wiesbaden 2000; Österreichische Rektorenkonferenz (Hrsg.): Wissensbilanz: Bilanz des Wissens? Die Wissensbilanz für Universitäten im UG 2002, Wien 2003; Stewart, T. A.: Der vierte Produktionsfaktor – Wachstum und Wettbewerbsvorteile durch Wissensmanagement, München 1998; Sveiby, K. E.: Wissenskapital – das unentdeckte Vermögen, Landsberg/Lech 1998.

Internetadresse: (Arbeitskreis Wissensbilanz) http://www.akwissenbilanz.org

Wissenscontrolling

überwacht allgemein den Erfolg von Wissensmanagement-Maßnahmen. Neben der angemessenen Formulierung von → Wissenszielen umfasst das Wissenscontrolling vor allem die → Wissensbewertung. Siehe auch → Wissensmanagement (mit Literaturangaben).

Wissensentdeckung in Datenbanken

siehe → Knowledge Discovery in Databases.

Wissenserzeugung

ist ein Bestandteil des → Wissensmanagement-Prozesses und umfasst sowohl die Wissensentwicklung im Unternehmen selbst als auch den Erwerb von Wissen auf verschiedensten Wissensmärkten. Individuelle Wissensentwicklung beruht auf Kreativität und Problemlösefähigkeit. Der Erfolg kollektiver Wissensentwicklung hängt von einer angemessenen Kommunikationsintensität innerhalb des Entwicklungsteams ab. Kollektive Wissensentwicklung in einer offenen und vertrauensvollen Umgebung ist der individuellen Wissensentwicklung überlegen.

Siehe auch → Wissensmanagement (mit Literaturangaben).

Wissensidentifikation

ist ein Bestandteil des → Wissensmanagement-Prozesses. Aufgabe der Wissensidentifikation ist es, Transparenz über kritische Wissensbestände zu schaffen, um ineffiziente Entscheidungen zu vermeiden und Ansatzpunkte für die Erfüllung der → Wissensziele zu identifizieren. Die Wissensidentifikation

betrifft sowohl das → individuelle Wissen der Mitarbeiter als auch das → organisationale Wissen des Unternehmens. Identifizierte Wissenslücken und Fähigkeitsdefizite bilden den Ausgangspunkt für die → Wissenserzeugung.
Siehe auch → Wissensmanagement (mit Literaturangaben).

Wissenskreislauf
umfasst die Aktivitäten → Wissenserzeugung, → Wissensspeicherung, → Wissensverteilung und → Wissensanwendung im Rahmen des → Wissensmanagement-Prozesses. Siehe auch → Wissensmanagement (mit Literaturangaben).

Wissensmanagement

Wissensmanagement
(Knowledge Management)

von Dr. Manfred Schertler-Rock
Lehrstuhl Wirtschaftsinformatik II, Universität Erlangen-Nürnberg

1. Charakterisierung
Wissensmanagement ist ein systematischer Prozess zur Planung, Steuerung und Kontrolle des Einsatzes des *Produktionsfaktors Wissen* im Unternehmen. Wissensmanagement hilft die vorhandene → organisationale Wissensbasis des Unternehmens zu erschließen, optimal zu nutzen, weiterzuentwickeln und in Produkten, Prozessen und Geschäftsfeldern umzusetzen. Ein zentraler Aspekt umfasst dabei die Transformation von → *individuellem Wissen* in → *organisationales Wissen*.
Wissensmanagement ist kein einheitliches Konzept, sondern integriert eine Vielzahl von Methoden und Techniken, um Unternehmenswissen effizient zu erfassen, zu organisieren und den Zugang zu Wissen zu erleichtern.

2. Wissensarten
Daten sind die Grundlage von Information und Wissen. Sie werden nach definierten Syntaxregeln aus Zeichen zusammengesetzt. Daten werden zu Information, wenn eine Bedeutungszuweisung (Semantik) und eine Kontexteinbettung stattfinden. Wissen entsteht aus Informationen, die miteinander vernetzt werden.
Mögliche Dimensionen für die Kategorisierung von Wissen sind der Explikationsgrad (→ explizites Wissen und → implizites Wissen) sowie die Lokalisierung von Wissen (→ individuelles Wissen, → organisationales Wissen und → interorganisationales Wissen). Das → *SECI-Modell*, bestehend aus den Prozessen Sozialisation (implizit zu implizit), Externalisierung (implizit zu explizit), Kombination (explizit zu explizit) und Internalisierung (explizit zu implizit), verbindet die beiden Dimensionen. Das Wissen innerhalb einer Organisation wird gemäß den SECI-Prozessen von individuellem bis hin zu interorganisationalem Wissen entwickelt.

3. Wissensbeschreibung
Zur Sicherung der Wiederverwendbarkeit von Wissen im Unternehmen ist eine Abstimmung über die Wissenssemantik notwendig. Semantische Konflikte entstehen, wenn beim Auslesen des in der → organisationalen Wissensbasis des Unternehmens gespeicherten Wissens (1) nicht dieselben Symbole bei der Wissensbeschreibung verwendet werden, (2) die Zuordnung von Konzepten zu Symbolen inkonsistent ist oder (3) Konzepten nicht dieselbe Bedeutung zugemessen wird. Eine Einigung auf gemeinsam bekannte Symbole erfolgt über → *Terminologien*. → *Semantische Schemata* erleichtern die richtige Interpretation von Wissen anhand der Zuordnung zwischen Symbolen und Konzepten. Unterschiede in der Bedeutungszumessung werden durch → *Ontologien* geklärt.

4. Wissensmanagement-Prozess

Der → Wissensmanagement-Prozess umfasst die Aktivitäten Formulierung von → Wissenszielen, → Wissensidentifikation, → Wissenserzeugung, → Wissensspeicherung, → Wissensverteilung und → Wissensanwendung.

Die Aktivitäten Formulierung von Wissenszielen und Wissensidentifikation stoßen den Kernprozess an und kontrollieren ihn. Die weiteren Aktivitäten bilden als → Wissenskreislauf den Kernprozess des Wissensmanagements ab.

Die → Wissensziele leiten sich aus den Unternehmenszielen ab. Sie sind die Voraussetzung für die Überprüfung des Wissenserfolgs, z. B. anhand von → Wissensbilanzen oder mit Ansätzen zur → Wissensbewertung (z. B. → Calculated Intangible Value, → Markt-Buchwert-Relation, → Tobin's q, → Intangible Assets Monitor, → Intellectual Capital Navigator, → Balanced Scorecard). Wissensziele werden normativ, strategisch oder operativ formuliert. Die → Wissensidentifikation schafft interne Wissenstransparenz. Das Wissensumfeld einer Organisation wird dazu systematisch begutachtet.

Individuelle → Wissenserzeugung beruht auf Kreativität und Problemlösungsfähigkeit. Der Erfolg kollektiver Wissenszeugung hängt von angemessener Kommunikationsintensität, Offenheit und Vertrauen zwischen den Beteiligten ab. Die → Wissensspeicherung setzt die Selektion von Wissen voraus und bedarf einer regelmäßigen Aktualisierung. Hauptaufgabe der → Wissensverteilung ist die Wissensmultiplikation, die eine gesteuerte und schnelle Verteilung des Wissens auch an große Zielgruppen erlaubt. Die → Wissensanwendung als produktiver Einsatz des individuellen und organisationalen Wissens für das Unternehmen schließt den → Wissenskreislauf, der im Anschluss erneut mit der Wissenserzeugung beginnt.

5. Gestaltungsfelder

Die *Unternehmenskultur* beeinflusst den Erfolg des Wissensmanagements. Anreize für eine aktive Beteiligung der Mitarbeiter am → Wissensmanagement-Prozess überwinden mögliche → Wissensbarrieren. Das → *Personalmanagement* sorgt für die Qualifikation und Motivation der Mitarbeiter. Die → *Unternehmensführung* lebt den → Wissensmanagement-Prozess selbst vor und fördert so die positive Einstellung der Mitarbeiter zu einer wissensorientierten Organisation. Ein durchgängiges → *Prozessmanagement* verbessert den Wissensfluss im Unternehmen. Das → *Wissenscontrolling* gibt Auskunft darüber, ob → Wissensziele angemessen formuliert und Maßnahmen des Wissensmanagements erfolgreich durchgeführt wurden.

6. Technologien

Informations- und Kommunikationssysteme leisten einen bedeutenden Beitrag zur Umsetzung des Wissensmanagements im Unternehmen. Unter Leitung des → *Chief Information Officers* (→ CIO) werden z. B. → Content-Management-Systeme, → Data Mining, → Data Warehouses, → Datenbanksysteme, → Dokumenten-Management-Systeme, → Groupware, → Information-Filtering-Systeme, → Skill-Management-Systeme, → Suchmaschinen, → Virtual-Teaming-Systeme, → Workflow-Management-Systeme, → Expertenverzeichnisse oder verschiedene → *wissensbasierte Systeme* (z. B. → Expertensysteme, → Fuzzy Logic, → Künstliche Neuronale Netze) eingesetzt.

Hinweis

Zu den angrenzenden Wissensgebieten siehe → Balanced Scorecard, → Business Intelligence, → Business Networking, → Controlling-Informationssysteme, → Data Warehouse, → Datenbanksysteme, → Electronic Government, → ERP-Systeme (Enterprise Resource Planning-Systeme), → Lernende Organisationen, → Management-Informationssysteme (MIS), → Personalmanagement, → Prozessmanagement, → Unternehmensführung, → Wirtschaftsinformatik, Grundlagen, → Workflow-Management.

Literatur: Bellmann, M., Krcmar, H., Sommerlatte, T. (Hrsg.): Praxisbuch: Wissensmanagement, Düsseldorf 2002; Bodendorf, F.:Daten- und Wissensmanagement, Berlin 2005; Drucker, P. F.: Management Challenges for the 21st Century, New York 2004; Haun, M.: Handbuch Wissensmanagement, Berlin 2006; Krallmann, H. (Hrsg.): Wettbewerbsvorteile durch Wissensmanagement, Stuttgart

2000; Nonaka, I., Takeuchi, H.: The Knowledge-Creating Company, New York/Oxford 1995; North, K.: Wissensorientierte Unternehmensführung, Wiesbaden 2005; Pawlowsky, P., Reinhardt, R. (Hrsg.): Wissensmanagement für die Praxis, Neuwied 2001; Probst, G. J. B., Raub, S., Romhardt, K.: Wissen managen, Wiesbaden 2006; Senge, P. M.: The Fifth Discipline, New York 1994.

Internetadressen: (Zeitschriften) http://www.wissensmanagement.net, http://www.kmmagazine.com, http://www.kmworld.com; (Einrichtungen) http://www.gfwm.de, http://know.unige.ch; (Studiengänge) http://www.studium-wissensmanagement.de, http://web.iuw.fh-darmstadt.de; (Foren, Communities) http://www.community-of-knowledge.de, http://www.knowledgeboard.com; (Sonstiges) http://www. competencesite.de/wissensmanagement.nsf.

Website des Autors: (Dr. Manfred Schertler-Rock) http://www.wi2.uni-erlangen.de

Wissensmanagement-Prozess

umfasst die Aktivitäten Formulierung von → Wissenszielen, → Wissensidentifikation, → Wissenserzeugung, → Wissensspeicherung, → Wissensverteilung und → Wissensanwendung.
Siehe auch → Wissensmanagement (mit Literaturangaben).

Wissensmanagement-System

(*Knowledge Management System*) ist meistens eine Kombination aus verschiedenen Informations- und Kommunikationssystemen. Darunter fallen z.B. → Content-Management-Systeme, → Data Mining, → Data Warehouses, → Datenbanksysteme, → Dokumenten-Management-Systeme, → Groupware, Information-Filtering-Systeme, → Skill-Management-Systeme, → Suchmaschinen, Virtual-Teaming-Systeme, → Workflow-Management-Systeme, → Expertenverzeichnisse oder verschiedene → wissensbasierte Systeme. Siehe auch → Wissensmanagement (mit Literaturangaben).

Wissensspeicherung

ist eine elementare Aufgabe des → Wissensmanagements und ein Bestandteil des → Wissensmanagement-Prozesses. Die Wissensspeicherung basiert auf drei Grundprozessen des Wissensmanagement: (1) die Sektion des bewahrungswürdigen und später nutzbaren Wissens, (2) die eigentliche Speicherung des Wissens in der → organisationalen Wissensbasis des Unternehmens sowie (3) die Aktualisierung des Wissens zur Vermeidung von Überalterung des gespeicherten Wissens. Siehe auch → Wissensmanagement (mit Literaturangaben).

Wissensverteilung

ist ein Bestandteil des → Wissensmanagement-Prozesses. Die Hauptaufgabe der Wissensverteilung ist die Multiplikation des Wissens, die eine bewusst gesteuerte und schnelle Verteilung des Wissens an größere Zielgruppen verfolgt. Ziel der Wissensverteilung ist immer, dass jeder Mitarbeiter den Zugang zu dem Wissen erhält, das er für seine Aufgabenerfüllung im Unternehmen benötigt.
Siehe auch → Wissensmanagement (mit Literaturangaben).

Wissensziel

Die Formulierung von Wissenszielen ist ein Bestandteil des → Wissensmanagement-Prozesses. Wissensziele steuern die Aktivitäten des Wissensmanagement, um existierende und neu entstehende Wissensbedürfnisse zu erfüllen, vorhandenes Wissen in optimaler Weise für das Unternehmen zu nutzen und in neuen Produkten, Prozessen und Geschäftsfeldern einzusetzen. Wissensziele ermöglichen darüber hinaus die Überprüfung von Erfolg bzw. Misserfolg von Wissensmanagement-Aktivitäten.
Wissensziele können auf normativer, strategischer und operativer Ebene formuliert werden: (1) normative Ziele sind visionäre auf die Unternehmenskultur und die grundlegende Unternehmenspolitik ausgerichtet; (2) strategische Ziele betreffen die langfristige Umsetzung der normativen Vision; (3) operative Ziele setzen die normativen und strategischen Wissensziele im Tagesgeschäft des Unternehmens um.
Siehe auch → Wissensmanagement (mit Literaturangaben).

With-holding-tax
siehe → Quellensteuer.

Witnessaudit
Zertifizierungsgesellschaften werden – nach einem feststehenden Antragsverfahren – von der Trägergemeinschaft für Akkreditierung (TGA) in Frankfurt berufen (akkreditiert). Sie müssen in bestimmten
Zyklen ihre eigene Befähigung nachweisen. Dies geschieht z.B. im Rahmen eines *Witnessaudits*
(Überwachung der akkreditieren Zertifizierungsgesellschaft), bei dem ein Mitarbeiter der TGA, bei einem von der Zertifizierungsgesellschaft durchgeführten → *Audit*, eine Vor-Ort-Überprüfung durchführt. Siehe auch → ISO 9000:2000 und → Qulitätsmanagement (mit Literaturangaben).

WKA
Abk. für Weltkonzernausschüsse.

WLAN
siehe → Wireless LAN.

WMS
Abk. für Workflowmanagementsysteme; siehe auch → Workflow-Management (mit Literaturangaben)
sowie → Dokumenten- und Workflowmanagementsysteme.

Wohnsitz
(*Steuerrecht*). Einen Wohnsitz hat jemand dort, wo er eine Wohnung unter Umständen innehat, die darauf schließen lassen, dass er die Wohnung beibehalten und benutzen wird (§ 8 AO). Es wird auf die tatsächliche Gestaltung abgestellt. Die objektiven Umstände und die tatsächliche Handlung sind von Bedeutung. Der Wohnsitz muss nicht gleichbedeutend mit dem Lebensmittelpunkt sein.
Siehe auch → Steuerrecht, Internationales.

Wohnsitzprinzip
(*Steuerrecht*). Grundsätzlich unterliegt das Steuergut im → Wohnsitzstaat der Besteuerung, auch wenn
es in einem anderen Staat entstanden bzw. belegen ist. Unterformen hierzu sind das Schifffahrtsprinzip
und das Pensionenprinzip.

Wohnsitzstaat
(*Steuerrecht*) ist der Staat, in dem der Steuerpflichtige einen → Wohnsitz hat. Analog gilt dies auch für
den Sitz von Körperschaften.

Wohnsitzstaatprinzip
(*residence principle*; → *Steuerrecht, Internationales*). Gemäß dem Wohnsitzstaatprinzip besteht die
→ unbeschränkte Steuerpflicht (→ Universalitätsprinzip) in dem Staat, in dem eine natürliche Person
ihren → Wohnsitz oder gewöhnlichen Aufenthalt hat bzw. der Sitz oder die Geschäftsleitung von juristischen Personen ist. Dieses Prinzip der Bestimmung der unbeschränkten Steuerpflicht liegt dem deutschen Steuerrecht zugrunde.

Wohnungsgenossenschaften
Wohnungs- oder Wohnungsbaugenossenschaften in Deutschland fördern als → Genossenschaften ihre
Mitglieder bei der Wohnraumversorgung. Dies geschieht beispielsweise und in Deutschland überwiegend durch die dauerhafte Überlassung von Wohnraum gegen Entgelt. Vielfach nannten sich die Wohnungsgenossenschaften auch Bauvereine, Bau- und Sparvereine, Baugenossenschaften oder Siedlungs-
genossenschaften. In heutiger Zeit haben sich weitgehend die Begriffe Wohnungsgenossenschaften und
Wohnungsbaugenossenschaften durchgesetzt.
Heute existieren ungefähr 1.800 Wohnungsgenossenschaften (davon rund 1.100 in den alten und 700 in
den neuen Ländern, wobei sich die Bestände hälftig auf die alten und die neuen Länder verteilen), die
ca. 2,1 Mio. Wohnungen zur Verfügung stellen. Dies entspricht einem Marktanteil von ungefähr 10 %

des deutschen Mietwohnungsmarktes. Bei der Mehrzahl (zwei Drittel) der Wohnungsgenossenschaften handelt es sich um kleine Unternehmen mit weniger als 1.000 Wohnungen. Eine kleine Anzahl (knapp 40 Wohnungsgenossenschaften) verbindet Sparen, Bauen und Wohnen durch den Betrieb einer *Spareinrichtung*. Für diese ist eine Teilbanklizenz erforderlich, da es sich bei dem Einlagengeschäft um ein Bankgeschäft handelt.

Siehe auch → Genossenschaft, deutsche und → Erwerbs- und Wirtschaftsgenossenschaft, österreichische, jeweils mit Literaturangaben.

Literatur: Bundesministerium für Verkehr, Bau- und Wohnungswesen (Hrsg.): Wohnungsgenossenschaften – Potenziale und Perspektiven, Berlin 2004; König, B.: Stadtgemeinschaften. Das Potenzial der Wohnungsgenossenschaften für die soziale Stadtentwicklung, Berlin 2004; Leinemann, U.: Möglichkeiten zur Verbesserung der Wohnraumversorgung durch Wohnungsbaugenossenschaften, Nürnberg 1999; Mändle, M.: Existenz und Entwicklung von Wohnungsgenossenschaften, Stuttgart-Hohenheim 2000.

Work Breakdown Structure
siehe → Arbeitstrukturplan, siehe auch → Projektmanagement (mit Literaturangaben).

Workflow-Management

Workflow-Management

von Dr. Axel Kalenborn
Wirtschaftsinformatik I an der Universität Trier

1. Einführung

Das Workflow-Management (WfM) ist dem Bereich des → *Computer Supported Cooperative Work (CSCW)* zuzuordnen. Ziel des Workflow-Management ist es, Geschäftsprozesse abzubilden und zu automatisieren bzw. durch Informationstechnik in der Abwicklung zu unterstützen. Das Workflow-Management dient damit der technischen Umsetzung des Geschäftsprozess-Managements.

Das Workflow-Management umfasst folglich alle Aufgaben, die bei der Modellierung, Spezifikation, Simulation sowie bei der Ausführung und Steuerung der Workflows erfüllt werden müssen. Im Rahmen der Modellierung dienen → Computer-Aided Software Engineering Werkzeuge (CASE) zur Abbildung und Simulation von Workflows, die Ausführung übernehmen Workflow-Management-Systeme.

2. Geschäftsprozesse und Workflows

Basis des Workflow-Managements sind Betriebswirtschaftliche Prozesse oder Geschäftsprozesse. Ein Geschäftsprozess ist eine Folge von Aktivitäten, die auf die Erreichung eines betriebswirtschaftlichen Ziels ausgerichtet sind. Eine Aktivität oder auch Aufgabe kann in diesem Zusammenhang als „eine betriebliche Funktion mit bestimmbaren Ergebnis" definiert werden.

Ein Geschäftsprozess hat einen definierten Anfang, einen organisierten Ablauf und ein definiertes Ende. Allgemein sind Geschäftsprozesse organisationsweite oder auch organisationsübergreifende arbeitsteilige Abläufe, in denen die anfallenden Tätigkeiten von Personen bzw. Software-Systemen koordiniert werden. Als Workflow wird die technische Beschreibung eines Geschäftsprozesses bezeichnet. Geschäftsprozesse und Workflows bilden Arbeitsabläufe vorauskoordiniert ab, indem sie Handlungsfolgen vor deren Ausführung beschreiben und systematisieren. Damit grenzt sich das Workflow-Management auch von anderen Methoden der → Computer Supported Cooperative Work ab, die insbesondere der ad hoc Koordination oder der Kommunikation zwischen den handelnden Akteuren dienen.

3. Modellierung von Geschäftsprozessen

Zur Modellierung von Geschäftsprozessen sind insbesondere im Bereich der Wirtschaftsinformatik verschiedenen Methoden entwickelt werden, die eine systematische Darstellung von Geschäftsprossen ermöglichen. Diese bilden Geschäftsprozesse anhand verschiedener Aspekte, wie z.B. Organisatorische-Aspekte, Ressourcen-Aspekte usw., ab. Genannt werden sollen hier beispielhaft → Ereignisorientierte-Prozessketten (EPK) oder → Perti-Netze.

4. Workflow-Management-System

Ein Workflow-Management-System (WfMS) dient der EDV technischen Abarbeitung von Workflows und deren aktiver Steuerung. Geschäftsprozesse werden von Workflow-Management-Systemen zu Geschäftsvorfällen instaziiert und abgearbeitet. Workflow-Management-Systeme steuern somit die Ausführung von Geschäftsprozessen in dem sie die zur Abarbeitung von Aufgaben notwendigen Informationen an ausführende Personen übergeben und sie damit von manuellen Koordinationstätigkeiten entlasten. Des Weiteren übernehmen Workflow-Management-Systeme auch die Steuerung der in die Geschäftsprozessabwicklung integrierten Anwendungen indem Sie von diesen benötigte Daten anfordern oder an diese übergeben. Basis für das Workflow-Management sind damit strukturierte Aufgaben und Prozesse. → Groupware-Systeme unterstützen hingegen eher unstrukturierte Prozesse oder und grenzen sich dadurch ab.

Auf technischer Ebene kann eine zunehmende Integration der Funktionalitäten von Workflow-Management-Systemen (WfMS), → Computer Supported-Cooperative-Work-Systemen (CSCW), → Dokumentenmanagement-Systemen (DMS), → Enterprise-Content-Management-Systemen (ECM) im Rahmen des → Enterprise Resource Planning (ERP) und der → Enterprise Application Integration (EAI) beobachtet werden.

Vielfach bringen die oben genannten Systeme eigenständige Workflow Komponenten mit, die der Steuerung von Aktivitäten im Kontext ihrer Anwendungsdomäne dienen. Damit ist zwar die Koordination und Steuerung von Aktivitäten innerhalb einer Anwendung vereinfacht, eine anwendungsübergreifende Koordination bleibt jedoch nach wie vor schwierig.

5. Ziele des Workflow-Managements

Mit der Einführung von Workflow-Management-Systemen werden allgemein eine Reihe von betriebswirtschaftlichen Zielen verfolgt. Die Qualität der abgebildeten Prozesse soll verbessert und vereinheitlicht werden. Die Bearbeitungszeiten von Prozessen sollen verkürzt werden, indem insbesondere die Transport- und Liegezeiten reduziert werden. Dadurch sollen auch die Kosten der Prozessbearbeitung reduziert werden. Dies soll erreicht werden, in dem Medienbrüche im Rahmen der Prozessbearbeitung vermieden und die Informationsverfügbarkeit erhöht wird. Des Weiteren soll die Flexibilität der Prozesse erhöht werden und sich für die Mitarbeiter ein besseres Verständnis der Gesamtprozesse ergeben.

Hinweis

Zu den angrenzenden Wissensgebieten siehe → Business Intelligence, → Business Networking, → Change Management, → Controlling, → Controlling-Informationssysteme, → Data Warehouse, → Datenbanksysteme, → Electronic Government, → ERP-Systeme (Enterprise Resource Planning-Systeme), → Management-Informationssysteme (MIS), → Organisation, Grundlagen, → Prozessmanagement, → Wirtschaftsinformatik, Grundlagen, → Wissensmanagement.

Literatur: Becker, Jörg ; Luczak, Holger: Workflowmanagement in der Produktionsplanung und -steuerung - Qualität und Effizienz der Auftragsabwicklung steigern, 2003; Brahm, Markus; Pargmann, Hergen: Workflow-Management mit SAP WebFlow, 2002; Herrmann, Thomas; Scheer, August-Wilhelm; Weber, Herbert: Verbesserung von Geschäftsprozessen mit flexiblen Workflow-Management-Systemen / Erfahrungen mit Implementierung, Probebetrieb und Nutzung von Workflow-Management-Anwendungen, 1999; Jablonski, Stefan: Workflow-Management-Systeme: Modellierung und Architektur, 1995; Jablonski, Stefan; Böhm, Markus; Schulze, Wolfgang: Workflowmanagement: Entwicklung von Anwendungen und Systemen - Facetten einer neuen Technologie, Systematische Einführung in Modellierung und Technik, 1997; Keller, Gerhard; Nüttgens, Markus; Scheer, August-Wilhelm: Semantische Prozessmodellierung auf Grundlage „Ereignisgesteuerter Prozessketten (EPK)", 1992; Müller, Joachim: Workflow-based Integration, Grundlagen, Technologien und Management: Für Entscheider und Entwickler (www.workflow-based-integration.de), 2004; Österle, Heinz: Business Engineering. Prozess und Systementwicklung, Band 1, 1995; Rickayzen, Alan; Dart, Jocelyn; Brennecke,

Carsten; Schneider, Markus: Workflow-Management mit SAP. Effektive Geschäftsprozesse mit SAPs WebFlow-Engine, 2002; Schulze, Wolfgang: Workflow-Management für CORBA-basierte Anwendungen – Systematischer Architekturentwurf eines OMG-konformen Workflow-Management-Dienstes, 2000.

Internetadressen: BPM Guide, www.bpm-guide.de; JBoss jBPM, www.jbpm.org; Object Management Group, www.omg.org; Unified Modeling Language, www.uml.org; Workflow-Management Coalition, www.wfmc.org.

Website des Autors: http://www.wi.uni-trier.de

Workflowmanagementsysteme

siehe → Dokumenten- und Workflowmanagementsysteme; siehe auch → Workflow-Management (mit Literaturangaben).

Working Capital Management

Das Working Capital umfasst das für den betrieblichen Ablauf erforderliche, kurzfristig gebundene Vermögen. Hierzu zählen insbesondere die Lagerbestände, die Forderungen aus Lieferungen und Leistungen sowie die zur Aufrechterhaltung der Liquidität notwendigen flüssigen Mittel; von diesem Working Capital wird durch Abzug der kurzfristigen Verbindlichkeiten, die den durchschnittlichen Kapitalbedarf aufgrund ihres Finanzierungscharakters reduzieren, das Net Working Capital errechnet.

Das Working Capital Management zielt auf die Minimierung der Kapitalbindung beziehungsweise der Netto-Kapitalkosten des kurzfristig gebundenen Netto-Vermögens unter der Nebenbedingung jederzeitiger Versorgungssicherheit beziehungsweise Liquidität ab. Ansätze hierfür sind die Optimierung der Bestellmengen bzw. die Reduzierung der Lagerbestandserfordernisse durch strukturelle bzw. logistische Massnahmen (z.B. → Just-in-Time), die zeitliche Minimierung von Kundenforderungen durch Zahlungsbedingungen und optimiertes Mahnwesen, die optimierte Inanspruchnahme von Zahlungszielen und -bedingungen, sowie professionelle Liquiditätsplanung und Anlage von nicht-benötigten Barmitteln.

Siehe auch → Corporate Finance (mit Literaturangaben).

Working Capital

Als Working Capital wird die (positive) Differenz zwischen dem (kurzfristig gebundenen) Umlaufvermögen (Vorräte, Forderungen sowie weitere geldnahe Vermögensgegenstände) und dem kurzfristigen Fremdkapital (Verbindlichkeiten aus Lieferungen und Leistungen, kurzfristige Kredite) bezeichnet. Bildet man einen Quotienten aus „Umlaufvermögen : kurzfristigen Verbindlichkeiten", so spricht man auch von der *„Working-Capital-Ratio"*.

Diese Kennzahl soll somit eine Aussage darüber ermöglichen, in welchem Umfang die bei normalem Geschäftsgang verhältnismäßig leicht liquidierbaren Vermögensteile zur Disposition stehen und nicht für die Tilgung der kurzfristigen Schulden bereitgestellt werden müssen. Die Existenz eines positiven Working Capital lässt zugleich den Umkehrschluss zu, dass das Unternehmen die „Goldene Bilanzregel im weiteren Sinne" eingehalten hat, d. h. das langfristige Kapital muss höher sein als das Anlagevermögen. Das Working Capital repräsentiert insofern einen Fonds langfristig finanzierter Vermögensteile, die innerhalb eines Jahres in Geld umgewandelt werden könnten, also als Liquiditätsreserve des Unternehmens anzusehen sind. Das in Forderungen und Vorräten gebundene Kapital muss aber aus dem Blickwinkel des Erwerbsstrebens kritisch betrachtet werden; so sind Rationalisierungsbestrebungen häufig auf dessen Reduzierung gerichtet (Factoring, Verbesserung der Lagerwirtschaft etc.).

Betrachtet man das Working Capital im Zeitvergleich zwischen zwei Bilanzstichtagen, so bedeutet (in Relation zur Entwicklung der Bilanzsumme) (1) eine Erhöhung des Working Capital, dass ein größerer Teil des Umlaufvermögens langfristig finanziert wurde, sich zugleich der Anlagendeckungsgrad verbessern ließ, (2) eine Abnahme des Working Capital, dass die kurzfristigen Verbindlichkeiten relativ gestiegen sind, die Investitionen des jeweiligen Geschäftsjahres nicht fristenkongruent finanziert wurden, der Anlagendeckungsgrad sich entsprechend verschlechtert hat..

Im Vergleich zwischen verschiedenen Unternehmen spielt die Kennziffer Working Capital z.B. im Rahmen des → Rating eine Rolle, dabei sind neben der jeweiligen Branche auch Größe und Standort des Unternehmens als Einflussfaktoren zu berücksichtigen.

Siehe auch → Net Working Capital, → Working Capital Management, → Finanzplanung (mit Literaturangaben), Finanzplan, kurzfristiger (Liquiditätsplan), → Finanzplan, langfristiger, → Cash Management, → Corporate Finance und → Kennzahlen, finanzwirtschaftliche.

Working Capital Ratio
engl. für → Liquidität III. Grades.

World Trade Organization
abgek. → WTO, Welthandelsorganisation.

World Wide Web (www)
Das im Jahr 1992 entstandene World Wide Web ist ein globales Hypertext-System und basiert auf dem → Hypertext Transfer Protocol (http), das definiert, wie eine Anwendung Daten, die auf einem anderen, mit dem Internet verbundenen Computer gespeichert sind, aufgefunden werden kann. Ein Großteil der Dokumente im WWW sind in der → Hypertext Markup Language (HML) programmiert. Aufgrund seiner grafischen und leicht zu bedienenden Benutzeroberfläche bietet das WWW die Möglichkeit, Text, Grafiken sowie Video- und Audio-Applikationen mit hoher Qualität zu übermitteln und ist damit zur dominierenden Komponente des Internets geworden. Die Navigation im WWW erfolgt vornehmlich über → Hyperlinks, welche die Internetseiten bzw. Inhalte auf einzelnen Internetseiten miteinander verknüpfen.

World Wide-Principle
siehe → Universalitätsprinzip.

World-Value-Survey
von Ronald Inglehart entwickeltes Verfahren der internationalen Wertemessung, das in 43 Ländern in repräsentativen Studien eingesetzt wurde. Nach dem WVS können Nationen anhand von zwei wesentlichen Achsen charakterisiert werden: traditionelle Autorität (charakterisiert z.B. durch Items wie „Bedeutung der Religion", „Gehorsamkeit") – rational-legale Autorität (z.B. „Verantwortung", „Politik-Interesse") und knappe Ressourcen („Geld", „harte Arbeit" – Postmodernismus (z.B. Bedeutung von Freizeit und Selbstverwirklichung)).

Siehe auch → Marketing, Internationales (mit Literaturangaben).

Worst Case-Szenario
siehe → Szenario-Analyse.

Written Statement
umfasst die schriftliche Erklärung eines dazu Berechtigten; vorkommend z.B. als schriftliche Erklärung des Begünstigten beim → Standby Letter of Credit sowie bei der Inanspruchnahme von → Bankgarantien durch den Garantiebegünstigten.

WTO
Abk. für World Trade Organization; aus dem → GATT 1995 hervorgegangene Institution zur Öffnung der Märkte und Steigerung des Welthandels mit Sitz in Genf.

Internetadresse: www.wto.org

WÜRV
Abk. für Wiener Übereinkommen über das Recht der Verträge; siehe auch → Kaufrecht (mit Literaturangaben).

WVK
Abk. für Wiener Konvention über das Recht der Verträge; siehe auch → Kaufrecht (mit Literaturangaben).

WVRK
Abk. für Wiener Vertragsrechtskonvention; siehe auch → Kaufrecht (mit Literaturangaben).

WVS
Abk. für → World-Value-Survey.

WWS
Abk. für → Warenwirtschaftssystem.

www
Abk. für → World Wide Web, siehe auch → Internet.

WYSIWIG
Abk. für „What you see is what you get", Gestaltung von Druckvorlagen am Bildschirm, von denen anschließend unmittelbar Drucke (z.B. Kataloge, Werbematerialen usw.) hergestellt werden können; siehe auch → DTP-Programme.

X

XAG
ISO-Code für Silber.

XAU
ISO-Code für Gold.

XDR
ISO-Code für Sonderziehungsrechte.

XML-Webservices
sind eine neue Technologie, welche auf offenen Internetstandards basiert und zur Integration von Geschäftsanwendungen (→ Anwendungsintegration) verwendet werden kann.

XPD
ISO-Code für Palladium.

XPT
ISO-Code für Platin.

XYZ-Analyse
(in der → *Materialwirtschaft*) umfasst die Klassifizierung der Materialien nach dem Grad der Vorhersagegenauigkeit ihrer Bedarfsmenge und nach den Verbrauchsstrukturen. Dabei gilt: X-Materialien mit regelmäßigem Verbrauch und hoher Vorhersagegenauigkeit, Y-Materialien mit saisonalen Schwankungen oder Trendverläufen und mittlerer Vorhersagegenauigkeit, Z-Materialien mit unregelmäßigem Verbrauch und geringer Vorhersagegenauigkeit. Siehe auch → ABC-Analyse.

Y

Yellow Pages
siehe → Expertenverzeichnis.

Yield Management
(*allgemeine Charakterisierung*), Strategie der auslastungsabhängigen Konditionengestaltung; siehe auch → Yield-Pricing.

Yield-Management
(insbesondere im → *Dienstleistungsmanagement*), Methode im Rahmen des Dienstleistungsmanagements zur dynamischen Erlösoptimierung, bei der simultan → Preise und → Kapazitäten gesteuert werden. Sie wird angewandt, um die Kapazitäten des Anbieters einer → Dienstleistung möglichst vollständig auszunutzen, ohne jedoch mehr Erlösminderungen hinnehmen zu müssen als unbedingt notwendig. Yield-Management basiert auf unterschiedlichen Preisbereitschaften der Nachfrager, wobei die → Preise entsprechend der prognostizierten Nachfrage im Zeitablauf über verschiedene, voneinander durch Tarifrestriktionen (Fences) getrennte Preissegmente gesetzt werden. Typische Anwendungsbranchen sind z.B. Fluglinien, Hotels oder das Transportgewerbe.
Siehe auch → Dienstleistungsmanagement (mit Literaturangaben).

Yield-Pricing
Das Yield-Pricing (*Yield-Management*; *Revenue-Management*) beinhaltet eine Weiterentwicklung der Gedanken der zeitlichen → Preisdifferenzierung für Dienstleistungsunternehmen wie Fluglinien: Hier verfügt der Anbieter über kurzfristig nicht veränderbare Gesamtkapazitäten (Sitzplätze in einem Flugzeug), wobei die Grenzkosten einer Leistungseinheit unterhalb der Kapazitätsgrenze gering sind. Zudem existieren Nachfragersegmente mit unterschiedlicher → Preiselastizität und spezifischem Buchungsverhalten: Nachfrager (z.B. Privatreisende), die bereits lange im voraus einen Flug buchen, sind preissensibler als Kunden (z.B. Geschäftskunden), die mit geringerem zeitlichen Vorlauf ein Ticket erwerben. Zielsetzung des Anbieters ist es, seine vorhandene Kapazität möglichst auszulasten, um sich keine Umsätze durch „leere Plätze" entgehen zu lassen, aber zugleich die Kapazitätseinheiten nicht mit wenig zahlungsbereiten Kunden „überzubelegen", um dann zahlungskräftigere Nachfrager abweisen zu müssen.
Kern des Yield-Managements ist eine virtuelle Aufteilung der Gesamtkapazität in einzelne Kapazitätskontingente. So werden in einem Flugzeug mit 300 Sitzplätzen 100 Plätze für die Business-Class (420 €) reserviert, 150 Plätze für die Economy-Class (330 €) und 50 Plätze für den Holiday-Tarif (180 €). Sind die Tickets für den günstigen Holiday-Tarif (180 €) bereits verkauft, muss der Kunde zum höheren Tarif buchen. Später buchende Kunden, die zugleich eine tendenziell höhere maximale Zahlungsbereitschaft besitzen, müssen folglich höhere Preise bezahlen. Dadurch schöpft der Anbieter die → Konsumentenrente der Nachfrager stärker ab als bei einem Einheitspreis. Zudem verleihen sehr preisgünstige Tarife dem gesamten → Preissystem ein vorteilhaftes → Preisimage.
Analog kann ein Frühbucherrabatt gewährt werden, wenn der Nachfrager bis zu einem bestimmten Zeitpunkt vor der Leistungserbringung gebucht hat. Dies spricht preissensible Marktsegmente an. Danach erfolgt ein Verkauf der Dienstleistung zum Normalpreis. Sind kurz vor der Leistungserbringung noch freie Kapazitätseinheiten verfügbar, werden sie mit starkem Preisnachlass (last-minute-Angebote) verkauft, um noch Nachfrage zu generieren, da jeder Verkaufspreis über den Grenzkosten den Gewinn im Vergleich zu einer frei gebliebenen Kapazitätseinheit erhöht.
Siehe auch → Preispolitik (mit Literaturangaben).
Literatur: Pechtl, H. (2005): Preispolitik, Stuttgart. Tscheulin, D. K. / Lindenmeier, J. (2003): Yield-Management – Ein State-of-theArt, in: Zeitschrift für Betriebswirtschaft, (ZfB), Vol. 73, S. 629-662.

Z

Zahlungsauftrag

im Außenwirtschaftsverkehr ist der *Überweisungsauftrag* an eine Bank zur Zahlung in das Ausland, alternativ in Euro oder in Fremdwährung. Der Zahlungsauftrag kann mit Formular oder per PC oder in vereinfachter Form als → EUROPA-Zahlungsauftrag erteilt werden. Zu beachten sind die Meldevorschriften nach Außenwirtschaftsverordnung (AWV).

Zahlungsfähigkeit

(*Solvenz*). Eine Person oder Gesellschaft ist zahlungsfähig, wenn sie aufgrund eines ausreichenden Bestandes an Zahlungsmitteln in der Lage ist, ihre Verbindlichkeiten bei Fälligkeit sofort bzw. innerhalb eines angemessenen Zeitraums zu begleichen. Siehe auch → Finanzmittel, → Liquidität, → Insolvenzrecht (mit Literaturangaben).

Zahlungsgarantie

i.A. gleichbedeutende Bezeichnungen: Ausfall-Zahlungsgarantie, Payment Guarantee. Zahlungsgarantien der Banken (→ Bankgarantie) kommen wegen der Verschiedenartigkeit abzusichernder Zahlungsansprüche in unterschiedlichen Ausprägungen vor, insbesondere jedoch als Zahlungsgarantien zur Sicherung der Lieferanten vor Zahlungsausfällen.

Zahlungsinstrumente, internationale

siehe → Außenhandelsfinanzierung (Internationale Zahlungs-, Sicherungs- und Finanzierungsinstrumente).

Zahlungsreihe

(in der *Investitionsrechnung*). Die Zahlungsreihe ist die zeitliche Aneinanderreihung der Ein- und Auszahlungen für ein Investitionsobjekt, sie wird auch als originäre Zahlungsreihe bezeichnet (→ *Investitionsrechnungen, dynamische;* siehe auch → Zahlungsreihe, derivative).

Zahlungsreihe, derivative

(in der → *Investitionsrechnung*). Die derivative → Zahlungsreihe ergibt sich aus den Zahlungen, die aus den Anlage- und Finanzierungsmaßnahmen abgeleitet werden. Im Gegensatz zur originären → Zahlungsreihe wird die derivative Zahlungsreihe in den klassischen Partialmodellen der dynamischen Investitionsrechnung (→ Investitionsrechnungen, dynamische) nicht direkt berücksichtigt, sondern über den → Kalkulationszinssatz abgebildet. Im → vollständigen Finanzplan hingegen werden originäre und derivative Zahlungen explizit erfasst.
Siehe → Investitionsrechnungen, dynamische, Kapitel 4.c) „Der vollständige Finanzplan".

Zahlungsreihe, originäre

siehe → Zahlungsreihe (in der Investitionsrechnung).

Zahlungsunfähigkeit

(*betriebswirtschaftliche*). In betriebswirtschaftlichem Sinn drückt sich Zahlungsunfähigkeit eines Schuldners (Käufer, Kreditnehmer, Importeur, Garant usw.) im voraussichtlich dauernden Unvermögen aus, fällige Verbindlichkeiten zu erfüllen. Anhaltspunkte für drohende Zahlungsunfähigkeit eines Schuldners können beispielsweise Scheck- oder Wechselproteste sein. Verläuft darüber hinaus eine Zwangsvollstreckung in das Vermögen des Schuldners fruchtlos, dann ist der Schritt zur Zahlungseinstellung bis hin zur Eröffnung des Insolvenzverfahrens, d.h. zur amtlich festgestellten Zahlungsunfähigkeit eines Schuldners erfahrungsgemäß nicht mehr weit; siehe auch → Delkredererisiko.

Zahlungsunfähigkeit

(*Insolvenzrecht, deutsches*) ist ein Insolvenzeröffnungsgrund im Sinne von § 17 Insolvenzordnung (InsO). Sie liegt vor, wenn eine Person ihre Verbindlichkeiten dauerhaft nicht mehr erfüllen kann. Der

Schuldner selbst kann ein Insolvenzverfahren bereits dann beantragen, wenn eine Zahlungsunfähigkeit droht (§ 18 InsO). Damit soll dem Schuldner die Möglichkeit gegeben werden, seine Geschäfte rechtzeitig zu beenden, bevor er wirtschaftlich ruiniert ist und endgültig seine Verbindlichkeiten nicht mehr begleichen kann.
Siehe auch → Insolvenzrecht, deutsches (mit Literaturangaben).

Zahlungsunwilligkeit
liegt vor, wenn ein solventer Schuldner die Zahlung trotz Fälligkeit verweigert und dieses Verhalten nicht mit berechtigten Einreden begründet bzw. begründen kann. Siehe auch → Nichtzahlung, Nichtzahlungsfall.

Zahlungsverbot
(als → *politsches Risiko*, *Länderrisiko*), Maßnahme eines Schuldnerlandes, die i.A. selektiv auf Verbote von bestimmten Zahlungsvorgängen und/oder Zahlungsgründen und/oder Ländern usw. (eventuell zeitlich befristet) gerichtet ist; siehe auch → Moratorium, → Konvertierungsbeschränkungen/-verbote, → Transferbeschränkungen/-verbote

Zahlungsverkehr, elektronischer
siehe → Payment-Systeme; siehe auch → SWIFT und → TARGET.

Zahlungsverzug
eines Schuldners (Käufer, Kreditnehmer, Importeur, Garant usw.) liegt grundsätzlich bei jeder Überschreitung des eingeräumten Zahlungsziels bzw. eines vereinbarten Zahlungstermins vor. Der Zahlungsverzug des Schuldners bedarf der individuellen Beurteilung durch den Gläubiger: Zahlungsverzug kann in Zahlungsschwierigkeiten oder in der Nachlässigkeit des Schuldners ebenso begründet liegen, wie in dessen Strategie, die eigene Liquidität zu schonen. Siehe auch → Nichtzahlung, Nichtzahlungsfall (protracted default) sowie → Zahlungsunwilligkeit.

ZAR
ISO-Code für Südafrikanischen Rand.

ZDF
Abk. für Zweites Deutsche Fernsehen; siehe auch → Rundfunk, Öffentlich-rechtlicher.

Zeichnungserfolg
Unter Zeichnungserfolg wird bei einem Going Public (→ *Going Public, Durchführungsphase*) die Differenz zwischen den Marktpreisen am ersten Handelstag und dem → Emissionspreis verstanden. Der Zeichnungserfolg ist im Schnitt positiv und man spricht daher auch von → Underpricing.

Zeichnungsfrist
Zeitraum, in dem Investoren bei einer Wertpapieremission Kaufaufträge abgeben können. Bei einem Going Public (→ *Going Public, Durchführungsphase*) beträgt diese Zeitspanne in der Regel ein bis zwei Wochen.

Zeitarbeit
siehe → Arbeitnehmerüberlassung.

Zeitcontrolling
(bei → *Dienstleistungen*). Dienstleistungen werden in der Literatur auch als „Zeitverwendungsangebote" bezeichnet. Daher kommt dem Faktor „Zeit" im Dienstleistungscontrolling eine besondere Bedeutung zu. Das Zeitcontrolling bezieht sich auf objektiv messbare Zeiten (z.B. Prozessdauer, Termineinhaltung, Wartezeiten), aber auch auf die subjektive Zeitwahrnehmung der Kunden, die im Hinblick auf ein und denselben Prozess durchaus individuell sehr unterschiedlich sein kann. Diese *subjek-*

tive Zeitwahrnehmung prägt die Zufriedenheit des Kunden mit der Leistung häufig entscheidend mit, insbesondere wenn es sich um zeitsensible Nachfrager handelt.

Besonderes Augenmerk muss vor diesem Hintergrund auf die nicht im engeren Sinne der Leistungserstellung dienenden Zeitkomponenten gelegt werden, z.B. *Transferzeiten*, die der Kunde in Kauf nehmen muss, um an den Ort der Leistungserstellung zu gelangen, oder *Wartezeiten*, die vor Beginn der Leistungserstellung oder während derselben entstehen.

Siehe auch → Dienstleistungsmanagement und → Dienstleistungscontrolling, jeweils mit Literaturangaben.

Literatur: Stauss, B.: Dienstleister und die vierte Dimension, in: Harvard Manager, 13. Jg. (1991), Nr. 2, S. 81-89.

Zeitliche Anpassung

(in der → *Produktions- und Kostentheorie*) ist diejenige → Anpassungsform an Beschäftigungsschwankungen, bei der der günstigste → *Leistungsgrad* beibehalten und ggf. der *zeitliche* Einsatz des Fertigungssystems an Unterbeschäftigungen angepasst wird *(Kurzarbeit)*.

Zeitraumidentität

(*Steuerrecht*) sagt aus, dass es sich um denselben Besteuerungszeitraum handelt.

Zeitspar-Dienstleistungen

konsumtive → Dienstleistungen, bei welchen der Zeitaufwand des Kunden minimiert wird, damit dieser sein Zeitbudget nach seinen Präferenzen einsetzen kann. Hierbei führt die Inanspruchnahme der Dienstleistung für den Kunden zu einer Beschleunigung (z.B. Fast-Food-Restaurant) oder Einsparung von Aktivitäten (z.B. Textilreinigung).

Zeitvertreib-Dienstleistungen

konsumtive → Dienstleistungen, bei welchen die vom Kunden im → Leistungserstellungsprozess verbrachte Zeit für diesen einen Nutzen stiftet und daher entscheidender Bestandteil einer positiven Bewertung dieser Dienstleistungen ist (z.B. Konzertbesuch).

Zeitwechsel

siehe → Tagwechsel; siehe auch → Wechsel.

Zeitwert

(bei → *Optionen*). Der Zeitwert einer Option bildet zusammen mit dem → inneren Wert einer Option der Wert der Option. Der Zeitwert hängt primär von der Restlaufzeit einer Option ab. Außerdem beeinflussen der (Markt-)Zinssatz und die → Volatilität den Zeitwert. Siehe → Optionen (mit Literaturangaben).

Zentralgenossenschaften

sind regional oder national agierende genossenschaftliche Verbundunternehmen, welche die örtlichen Genossenschaften in ihrem Fördergeschäft unterstützen, jenes z. T. erweitern und gegebenenfalls eine Reihe weiterer Dienstleistungen übernehmen. Je nach landwirtschaftlicher Sparte bestehen regionale und z.T. auch nationale Warenzentralen, Molkereizentralen, Vieh- und Fleischzentralen oder Zentralkellereien. Im gewerblichen Bereich gibt es regionale Zentralgenossenschaften lediglich für Bäcker- und Konditorengenossenschaften. Bundesweite gewerbliche Zentralen übernehmen die Warenbeschaffung auf nationalen bzw. internationalen Märkten und häufig auch die Zentralregulierung und Ausfallbürgschaft. Nationales Zentralunternehmen der Kreditgenossenschaften ist die DZ BANK AG in Frankfurt a. M.; einzige regionale Zentralbank ist die WGZ-Bank eG in Düsseldorf.

Siehe auch → Genossenschaft, deutsche und → Erwerbs- und Wirtschaftsgenossenschaft, österreichische.

Zentralisation

(in der → *Organisation*). Die Zentralisation (auch Zentralisierung) ist die Zusammenfassung von gleichartigen Teilaufgaben auf eine Organisationseinheit nach bestimmten Kriterien. Wichtige Unterscheidung: (1) Verrichtungszentralisation (Zusammenfassung gleichartiger Verrichtungen); (2) Objektzentralisation (Zusammenfassung gleichartiger Objekte). Bei der *Dezentralisation* werden dagegen gleichartige Teilaufgaben verschiedenen Organisationseinheiten übertragen.

Die Begriffe werden oft ausschließlich zur Kennzeichnung der Verteilung der Entscheidungsbefugnisse verwendet, wobei Zentralisation Ausdruck dafür ist, dass eine Konzentration der Entscheidungsbefugnisse an der Spitze der Unternehmenshierarchie besteht. Siehe auch → Aufbauorganisation und → Organisation, Grundlagen, jeweils (mit Literaturangaben).

Zerobond

(auch → *Nullkuponanleihe*) ist eine festverzinsliche → *Anleihe,* bei der während der Laufzeit keine Zinsen gezahlt werden. Zinsen und Zinseszinsen werden thesauriert und erst bei Fälligkeit der Anleihe zusammen mit dem Anleihebetrag ausgezahlt. Da die Zinszahlung nur einmal am Ende der Laufzeit erfolgt, sind die Bonitätsanforderungen an den Anleiheschuldner höher als bei einer normalen Anleihe.

Zu unterscheiden ist zwischen (1) echten Zerobonds (siehe → Zerobond, echter) und (2) Zuwachsanleihen (Zinssammler).

Zerobond, echter

Form eines → Zerobond (→ Nullkuponanleihe), bei dem die Rückzahlung zu → pari erfolgt und der zu einem Kurs deutlich → unter pari ausgegeben wird, weil im Ausgabekurs bereits die Zinsen und Zinseszinsen durch einen entsprechenden Abschlag berücksichtigt wurden.

Zero-Defekt-Konzept

ein Konzept zur Erzielung von Null Fehlern z.B. im Rahmen der Servicestrategie. Durch derartige Konzepte können zum Beispiel Kommissionierfehler drastisch reduziert werden.

Zerstäuber-Strategie

siehe → Markteintrittsstrategie, selektive.

Zertifikat

Ein Zertifikat ist eine Schuldverschreibung, die allerdings nicht auf herkömmliche Weise verzinst wird (mit einem festen oder variablen Zinssatz). Mit Hilfe von Zertifikaten können Auszahlungsstrukturen auf vielfältige und innovative Weise variiert werden. Dabei wird die Rückzahlungsverpflichtung an bestimmte Bedingungen geknüpft. Bei einem → Index-Zertifikat, einer sehr einfachen Zertifikat-Variante, hängt die Höhe des Rückzahlungsbetrages vom Stand des zugrundeliegenden Indexes (etwa des DAX) bei Fälligkeit des Zertifikats ab. Es können aber auch wesentlich komplexere (nicht-lineare) Rückzahlungsmuster vereinbart werden, etwa durch Festlegung von Knock-out-Niveaus (→ Knock-out-Zertifikate), garantierten Rückzahlungsbeträgen (→ Garantie-Zertifikate), Bonus-Zahlungen (→ Bonus-Zertifikate), überproportionaler Gewinnpartizipation (→ Sprint-Zertifkikate), usw.

Siehe auch → Finanzinnovationen (mit Literaturangaben).

Literatur: Röhl, C. W./Heussinger, W. H.: Intelligent investieren mit Zertifikaten, 2. Aufl., München 2002; Röhl, C. W./Heussinger, W. H.: Generation Zertifikate, München 2003.

Internetadressen: http://boerse.ard.de, http://www.zertifikateweb.de, http://www.ubs.com

Zertifizierung

(*allgemeine Charkterisierung*). Durch eine Zertifizierung werden die Anforderungen der Kunden durch einen unabhängigen und anerkannten Dritten gleichsam stellvertretend geprüft. Das Zertifikat sagt aus, dass die in einem Referenzdokument und den Normen festgelegten Anforderungen erfüllt sind.

Zertifizierung

(*betriebliches → Umweltmanagement*) bedeutet eine Überprüfung des Umweltmanagements bzw. des Umweltmanagementsystems auf Konformität mit → ISO 14001 durch eine vom Unternehmen bestellte

→ Zertifizierungsorganisation; → Zertifizierungsaudit. Bei Konformität stellt die Zertifizierungsorganisation dem Unternehmen ein Zertifikat aus, indem die Einhaltung von → ISO 14001 bestätigt wird.

Zertifizierung
siehe → Audit und → ISO 9000:2000. Siehe auch → Qualitätsmanagement (mit Literaturangaben).

Zertifizierungsaudit
(betriebliches → *Umweltmanagement*) ist die Tätigkeit der → Zertifizierungsorganisation im Rahmen einer → Zertifizierung nach → ISO 14001.

Zertifizierungsorganisation
(betriebliches → *Umweltmanagement*) nimmt im Rahmen von → ISO 14001 die → Zertifizierung von Umweltmanagement bzw. Umweltmanagementsystemen vor. Der Prozess der → Zertifizierung wird auch als → Zertifizierungsaudit bezeichnet.

Ziel
Ein Ziel ist ein gewünschter und deshalb angestrebter Zustand. Ziele sind oft nicht völlig präzis, sondern nur vage umschrieben. Normalerweise verfügt der → Aktor über mehrere Ziele und besitzt damit ein → Zielsystem. Die Ziele bilden die Basis für die Entdeckung von Entscheidungsproblemen und für das Treffen von → Entscheidungen.
Siehe auch → Entscheidung, Betriebswirtschaftliche (mit Literaturangaben).

Zielarten
können Leistungsziele, Verhaltensziele oder z.B. auch persönliche Entwicklungsziele sein. Daneben unterscheidet man quantitative von qualitativen Zielen, bei denen es gewöhnlich schwerer fällt, den Zielinhalt und das Zielausmaß exakt anzugeben.
Siehe auch → Management by Objectives (mit Literaturangaben).

Zielbereiche
Anwendungsbeispiel siehe → Nutzwertanalyse.

Zielbeziehungen
können komplementärer (sich gegenseitig unterstützender), konfliktärer (andere Bezeichnung: konkurrierender, d.h. sich gegenseitig behindernder) und indifferenter (ohne Einfluss aufeinander) Art sein. Haupt- und Nebenziele besitzen demgegenüber eine unterschiedliche Wertigkeit, und im Konfliktfall hat das Hauptziel Vorrang. Mit Hilfe von Ober- und Unterzielen kann eine Ziel-Mittel-Hierarchie aufgebaut werden.
Siehe auch → Management by Objectives (mit Literaturangaben).

Zielbildung
als Prozess läuft meist hierarchisch und zunehmend standardisiert ab: Die übergeordnete Zielbildung für das Unternehmen erfolgt – abgeleitet von der Unternehmenspolitik und -strategie – in der Regel in Form von Ziel- und Strategiemeetings der Führungsspitze, Zielworkshops der Bereiche bzw. Teams und Zielgesprächen mit den Mitarbeitern. Siehe auch → Management by Objectives (mit Literaturangaben).

Zielfragen
(*What to do to Achieve*). Bei ihrer Beantwortung werden Zielwerte für endogene Planungsvariablen vorgegeben. Es wird nach den Werten der Entscheidungsvariablen gefragt, die zu den Zielwerten führen bzw. die mögliche Zielabweichungen minimieren. Sei U_t der Umsatz zur Zeit t eine endogene Planungsvariable, dann würde
$$U_t = U_0(1+ r)^t = (1+ r)U_{t-1}$$

über seinen Anfangswert U_0 und die Zuwachsrate r beschrieben. Sei $U_4 = 20$ ein Zielwert für den Umsatz nach vier Perioden und $U_0 = 10$ der Anfangswert der Umsatzentwicklung, dann kann die Planungsrelation nach der Zuwachsrate oder gesuchten Entscheidungsvariablen r über

$$\frac{U_4}{U_0} = (1 + r)^4 \text{ bzw. } (1 + r) = \left(\frac{U_4}{U_0}\right)^{1/4} \text{ oder } r = 0.189 \text{ bzw. } 18.9\ \% \text{ pro Periode}$$

aufgelöst werden. Bei mehreren gekoppelten Planungsrelationen kann sich die Auflösung nach den Entscheidungsvariablen schwieriger als die Lösung von → *What If-Fragen* gestalten und den Einsatz von Optimierungsmethoden erfordern.
Siehe auch → Unternehmensplanung und → Strategisches Management, jeweils mit Literaturangaben.

Zielgebietsagenturen
sind in den → Destinationen ansässige Tourismusunternehmen, die u.a. folgende Aufgaben erfüllen: (1) Unterstützung von Reiseveranstaltern bei deren touristischem Einkauf bzw. komplette Übernahme des Einkaufs für Reiseveranstalter, (2) Organisation von Transfers (z.B. vom Flughafen zum Hotel), (3) Gästebetreuung vor Ort; Ansprechpartner bei Problemen; Reiseleitung.

Zielgewichtung
Anwendungsbeispiel siehe → Nutzwertanalyse.

Zielgewinn
Um im Rahmen eines → Zielkostenmanagements die → Zielkosten zu ermitteln, ist der Zielgewinn auf Basis der Renditevorstellungen des Unternehmens festzulegen. Meist wird eine Umsatzrendite verwendet, da dies einfacher ist als eine Kapitalrendite.
Siehe auch → Erfolgscontrolling (mit Literaturangaben).

Zielgruppe
(Marketing). Als Zielgruppe wird ein Segment des Markts bezeichnet, auf das ein Unternehmen seine Marketingaktivitäten konzentriert. Die Unterteilung eines Marktes in intern homogene und extern heterogene Segmente erfolgt im Rahmen der → Segmentierung, während Bewertung und Auswahl der Zielgruppen im Zuge des → Targeting erfolgen. Beide Schritte sind Teil des → STP-Marketing, welches ein zentraler Aspekt der Planungsphase des Marketingmanagement-Prozesses ist.
Siehe auch → Marketing, Grundlagen (mit Literaturangaben).

Zielkosten
siehe → Zielkostenmanagement.

Zielkostenindex
siehe → Zielkostenmanagement.

Zielkostenmanagement
ist ein Verfahren des → Kostenmanagements, das sich primär auf die frühen Phasen des → Produktlebenszyklus richtet. Es ist ein Instrument des → Erfolgscontrollings, mit dem der Prozess der Forschung und Entwicklung gesteuert werden soll. Zielkosten sollen auf Basis der Kundenwünsche abgeleitet werden, die Marktorientierung des Verfahrens drückt sich daher dadurch aus, dass Kunden nach ihren Präferenzen und Preisvorstellungen für das neue Produkt befragt werden. Da in den frühen Phasen des Lebenszyklus die Möglichkeiten der Kostenbeeinflussung am höchsten sind, sind Informationen für diese Phasen besonders relevant.
(1) In einem ersten Schritt werden die Zielkosten für das Gesamtprodukt gebildet. Zielkosten sind die vom Markt erlaubten Kosten, sie werden aus der Differenz zwischen den Preisvorstellungen der Kunden (→ Zielpreis) und den Gewinnvorstellungen des Unternehmens (→ Zielgewinn) gebildet. An der Berechnung ist zu erkennen, dass Zielkosten keine echte Kostenkategorie darstellen, sondern eher ei-

nem → Budget ähnlich sind mit einer verbindlichen Kostenobergrenze. Da der gesamte Lebenszyklus eines Produktes betrachtet wird, sind alle zukünftig anfallenden Kosten zu berücksichtigen.
(2) Im zweiten Schritt werden die gesamten Zielkosten auf einzelne Komponenten des Produktes verteilt. Die Verteilung beruht auf den Kundenpräferenzen bezüglich der Funktionen des Produktes und Schätzungen eines internen Teams, wie hoch der Anteil der einzelne Komponente an der Funktionserfüllung ist. Beide Informationen ergeben die Bedeutung, die die Komponente für das Produkt hat. Auf der Basis der Bedeutung wird die Kostenverteilung vorgenommen.
Werden Zielkosten auf Basis vergangener Projekte geplant, ist es notwendig, die Kostenstrukturen mit den Bedeutungen der einzelnen Komponenten abzugleichen. Im Zielkostenindex wird der Kostenanteil einer Komponente an den Gesamtkosten ins Verhältnis zur Bedeutung gesetzt. Idealtypisch wird jede Abweichung von eins als untersuchungswürdig angesehen.
Siehe → Erfolgscontrolling (mit Literaturangaben).
   Literatur: Brühl, R.: Controlling. Grundlagen des Erfolgscontrollings, München, Wien, 2004; Sakurai, M.: Target Costing and how to use it, in: Journal of Cost Management, 3. Jg., 1989, S. 39-50; Seidenschwarz, W.: Target Costing, München, 1993.

Zielkostenspaltung
siehe → Zielkostenmanagement.

Zielpreis
(im → *Zielkostenmanagement).* Der Zielpreis wird zur Berechnung der Zielkosten benötigt. Er beruht auf Kundenbefragungen und der darauf aufbauenden Preisstrategie des Unternehmens.

Zielrate
Rate, die der Käufer (Importeur) im Rahmen des vom Lieferanten (Exporteur) gewährten (mittel- bis langfristigen) Zahlungsziels zu leisten hat.

Zielsetzungsverfahren
(bei der *Leistungsbeurteilung).* Die Beurteilung der Leistung erfolgt anhand der Erreichung vorher festgelegter Ziele. Siehe auch → Lohn- und Gehaltsmodelle (mit Literaturangaben).

Zielsystem
Ein → Aktor verfolgt in der Regel mehrere → Ziele gleichzeitig und besitzt damit ein Zielsystem. Es bildet die Basis für die Entdeckung von Entscheidungsproblemen und für das Treffen der → Entscheidungen. Das Zielsystem ist selten völlig präzis, sondern meist nur vage formuliert. Es kann sogar Widersprüche enthalten. Siehe → Entscheidung, Betriebswirtschaftliche (mit Literaturangaben).

Zielvereinbarung(sprozess)
Im Rahmen des → Management by Objectives führen Mitarbeiter und Vorgesetzter ein Zielvereinbarungsgespräch, in dem die Ziele und die angestrebten Zielwerte vereinbart werden. Wenn mit der Zielerreichung ein Vergütungsbestandteil verbunden ist, werden die Sanktionen der Zielerreichung mit vereinbart. Am Ende der vereinbarten Laufzeit der Ziele kommen Mitarbeiter und Führungskraft wieder zusammen, besprechen den Grad der Zielerreichung und meist auch die Ziele für die kommende Periode.
Siehe auch → Management by Objectives (mit Literaturangaben).

Zielvorgabe
Hinsichtlich der Mitwirkung der jeweils Betroffenen an der Zielermittlung und -festlegung sind die Zielvorgabe als eher autoritäre Version und die → Zielvereinbarung als kooperative Variante zu unterscheiden. Für reine Zielvorgaben spricht besonders in zeitkritischen Situationen, dass die Abstimmungsprozesse deutlich schlanker ausfallen. Siehe auch → Management by Objectives (mit Literaturangaben).

Zillmerung

nach A. Zillmer benanntes Verfahren zur Verteilung von Abschlusskosten über die Laufzeit von Versicherungsverträgen. Durch die Z. entsteht bei einem Lebensversicherungsvertrag zu Beginn der Laufzeit i.d.R. kein → Rückkaufswert.

Zins, interner

siehe → interner Zins.

Zinsabschlag

(*Steuerrecht*). Bei bestimmten Zinsen und zinsähnlichen Erträgen wird die → *Kapitalertragsteuer*, wenn sie der Gläubiger selbst trägt, in der Form eines Zinsabschlages erhoben (§ 43a Abs. 1 Nr. 4 EstG – sog. Zinsabschlag) und von der auszahlenden Stelle z.B. Kreditinstitut abgeführt. Abgeführter Zinsabschlag und → *Kapitalertragsteuer* sind bei der Einkommensteuerfestsetzung auf die → *Einkommensteuer* anzurechnen (§ 36 Abs. 2 Nr. 2 EstG).

Zinsänderungsrisiko

zur Ausschaltung von Zinsänderungsrisiken siehe → Forward-Rate Agreements (mit Anwendungsbeispiel), die der Festlegung von Zinssätzen für zukünftige Abrechnungsperioden dienen.
Siehe auch → Swaps und → Zinsmanagement.

Zinsausgleichsvereinbarung

wird beispielsweise getroffen im Rahmen eines → Forward-Rate Agreements (mit Anwendungsbeispiel). Siehe auch → Swaps und → Zinsmanagement.

Zinsberechnungsmethode, internationale

Die Zinsen für → *Geldmarktkredite* werden unter Anwendung der internationalen Zinsberechnungsmethode errechnet, die auch als Euro-Methode bezeichnet wird, wobei unter dem Ausdruck „Euro-Methode" i.A. die Methode „365/360" verstanden wird. Anmerkung: Die deutsche Zinsberechnungsmethode lautet in Ziffern ausgedrückt „360/360". (1) Die jeweils erste Ziffer dieser Bezeichnungen gibt an, nach welcher Methode die Zinszahlen (bzw. die Kreditlaufzeit) berechnet werden. „365" steht für die kalendermäßig genaue Auszählung der Tage (im Gegensatz zur deutschen Zinsberechnungsmethode, die volle Monate mit jeweils 30 Tagen pauschaliert und die deswegen als „erste Ziffer" die Zahl „360" aufweist). (2) Die jeweils zweite Zahl gibt an, mit wie vielen Tagen das Zinsjahr bei der Berechnung des Zinsdivisors anzusetzen ist (Zinsdivisor = Zinsjahr : Zinssatz).
Literatur: Häberle, S.G.: Handbuch der Außenhandelsfinanzierung, 3. Auflage, München und Wien 2002.

Zinseffekte

(*Steuerrecht*). Bei den steuerlichen Wirkungen auf Entscheidungen unterscheidet man Zinseffekte, sowie → *Progressionseffekte* und → *Bemessungsgrundlageneffekte*. Eine herausragende Rolle spielen diese Effekte im Rahmen der → *Steuerbilanzpolitik*.
Zinseffekte entstehen bei mehrperiodigen Betrachtungen. Steuerbemessungsgrundlagen sind über die → Totalperiode, für die eine Entscheidung Wirkungen entfaltet, häufig für alle unterschiedlichen Alternativen gleich hoch. In der Steuerbilanzpolitik geht es beispielsweise um die Entscheidung, ob Wirtschaftsgüter des Anlagevermögens planmäßig über die Nutzungsdauer abgeschrieben werden sollen oder ob sie im Rahmen der Ausübung der Bewertungsfreiheit des § 6 Abs. 2 EStG im Wirtschaftsjahr der Anschaffung, Herstellung oder Einlage in voller Höhe als Betriebsausgabe abgesetzt werden. Eine höhere Abschreibung im Anschaffungsjahr führt zwangsläufig zu niedrigeren Betriebsausgaben in den kommenden Perioden. Die Unterschiede in der zeitlichen Struktur der Bemessungsgrundlagen führen zu einer anderen Fälligkeit der Steuern. Durch die Abzinsung im Rahmen der Kapitalwertberechnung ergeben sich sog. Zinseffekte (Zeiteffekte).
Siehe auch → Steuerlehre, Betriebswirtschaftslehre (mit Literaturangaben).

Zinsmanagement

Zinsmanagement

von Professor Dr. Klaus Stocker
Fachhochschule Nürnberg – Fachbereich Betriebswirtschaft

1. Charakterisierung

Unter Zinsmanagement versteht man die *Operationalisierung, Quantifizierung* und *Steuerung* der Zins(änderungs)risiken im Unternehmen. Dem Zinsmanagement wurde ursprünglich hauptsächlich im Bankenbereich Aufmerksamkeit gewidmet, wo Aktiv- und Passivseite der Bilanz zum großen Teil aus Zins tragenden Forderungen und Verbindlichkeiten bestehen und daher den hauptsächlichen Kosten- und Ertragsfaktor darstellen. Industrie- oder Dienstleistungsunternehmen werden von Zinsrisiken weniger stark und im klassischen Fall überwiegend auf der Passivseite betroffen. Durch das Auftauchen derivativer Instrumente (→ Derivate) zur Steuerung von Zinsrisiken sowie die Globalisierung der Finanzmärkte ist es aber auch für letztere Unternehmen interessant geworden, sich Fragen des Zinsmanagements zu widmen.

2. Operationalisierung

Unter Zinsrisiko, manchmal auch Zinsänderungsrisiko genannt, versteht man das Risiko, dass Zinssätze für ein Darlehen oder eine Anlage während der Laufzeit sich ändern. Bei Zinsänderungen für Forderungen spricht man von einem *aktiven* (auch: aktivischen) *Zinsrisiko*, bei Zinsänderungen für Verbindlichkeiten von einem *passiven* (auch: passivischen) *Zinsrisiko*. Ein Zinsrisiko besteht auch, wenn die Zinsen der eigenen Darlehen und Forderungen zu Festsätzen abgeschlossen sind, während sich die Marktkonditionen verbessern.

Aus den Parametern (1) Zinsfixierung (fester/variabler Zins), (2) Restlaufzeit einer Position und (3) Währung ergeben sich folgende Typen von Zinsrisiken: Das *einfache Zinsrisiko* einer Änderung der Aktiv- und Passivzinsen, das *Zins-Strukturrisiko*, das auf einer unterschiedlichen Zusammensetzung von Aktiv- und Passivpositionen beruht. Das Strukturrisiko wird sich in einem internationalen Unternehmen ausweiten auf ein „*internationales Zinsrisiko*", das darin besteht, dass ein Ungleichgewicht der Währungen der abgeschlossenen Positionen mit unterschiedlicher Zins- und → Wechselkursentwicklung hinzukommen kann.

3. Quantifizierung

Zur Quantifizierung von Zinsrisiken gibt es verschiedene Ansätze, die aber im Wesentlichen darauf beruhen, dass Zins tragende aktive und passive Positionen hinsichtlich der drei o.g. Parameter (Zinsfixierung, Restlaufzeit, Währung) einander gegenüber gestellt werden.

Bei einer Bank bestehen diese Positionen aus Einlagen, Ausleihungen und Wertpapieren, bei einem anderen Unternehmen i.d.R. aus Handelsforderungen und Wertpapieren (Aktivseite) sowie langfristigen und kurzfristigen Krediten (Passivseite). Übersteigen die passiven Positionen die aktiven, so wird eine Zinserhöhung eine Gefahr für das Unternehmen darstellen, überwiegen die aktiven Positionen, so wird die Gefahr von einer Zinssenkung ausgehen. Auch von einer ausgeglichenen Bilanz werden Gefahren (wie auch Chancen) ausgehen, wenn Laufzeit und Währungen unterschiedlich sind.

Zum Erkennen von Ungleichgewichten stehen folgende Instrumente zur Verfügung: Die *Zinsbindungsbilanz*, welche alle diese Positionen wie eine Bilanz zu einem bestimmten Stichtag aufstellt und die *Durationsanalyse*, bei der die Positionen in einer Stromgrößenbetrachtung hinsichtlich ihrer Bindungsdauer (insbesondere Restlaufzeit) und der daraus resultierenden Zinsreagibilität betrachtet. Mit einer *Zinselastizitätenanalyse* können bei beiden Verfahren Zins- und Währungsszenarios simuliert werden, um beispielsweise in einer *value at risk Betrachtung* einen maximal zulässigen Verlust zu ermitteln und dem Management eine Gegensteuerung zu empfehlen, bevor dieser Punkt erreicht ist. Hierzu können auch Verfahren der Prognose eingesetzt werden, die insbesondere auf längerfristigen volkswirtschaftlichen Überlegungen basieren und die dementsprechend mit Unsicherheit behaftet sind.

4. Steuerung

Die Steuerung bzw. das Management des Zinsrisikos im engeren Sinne muss sich in das Zielsystem des Unternehmens einordnen, d.h. es muss entschieden werden, ob grundsätzlich jedes Risiko vermieden werden soll, ob Risiken nur partiell (z.B. bei längeren Fristen oder bestimmten Währungen) abgesichert werden sollen oder ob das Unternehmen etwa durch aktives Zinsmanagement bestehende Chancen aus Zinsänderungen wahrnehmen möchte.

Die *klassische Vermeidungsstrategie* stellt zunächst einmal ein Ausgleich von aktiven wie passiven Positionen hinsichtlich Volumen und Laufzeit dar. Dies wird zum großen Teil bei Banken angestrebt bzw. durch das Kreditwesengesetz (KWG) auch weitgehend gefordert. Bei Nichtbanken werden sich aber andere Zwecke im Vordergrund stehen, so dass ein Risikovermeider darauf angewiesen ist, für *aktive und passive Positionen Fest*zinsen abzuschließen. Hier ist das Management lediglich dem Risiko eines entgangenen Gewinns bei sich verbessernden Marktkonditionen ausgesetzt.

Heute stehen mit den derivativen Instrumenten aber *modernere Instrumente* zur Verfügung, bei denen Zinsrisiken nicht nur *partiell*, sondern auch nach Wunsch innerhalb einer *bestimmten Bandbreite abgesichert* oder „*gehedgt*" (→ Hedging) werden können. Diese Instrumente gibt es sowohl im Binnenmarkt als auch auf den internationalen Finanzmärkten; sie haben aber durch ihre Orientierung an internationalen Zinssätzen (wie dem → LIBOR, → EURIBOR etc.) meist einen globalen Charakter, auch wenn es sich um reine Euro-Finanzierungen handelt. Diese Instrumente kann man dem Kassamarkt, dem Terminmarkt und dem Optionsmarkt zuordnen. Dazu zählen in erster Linie: Zinsswaps (→ Swaps), Zins-/Währungsswaps, → Caps, → Floors und → Collars, → Forward-Rate Agreements (FRA), → Swaptions und Zins-Futures (→ Futures) in ihren verschiedenen Ausprägungen. Da es sich dabei um derivative Instrumente handelt, erwirbt man damit meist nur einen Anspruch bzw. eine Verpflichtung auf eine kompensatorische Zahlung bei Zinsänderungen und sie können isoliert vom jeweiligen Grundgeschäft gekauft und gehandelt werden. Die Instrumente unterscheiden sich in erster Linie hinsichtlich Preis und Absicherungswirkung. Es sind aber auch noch folgende Kriterien zu beachten:

- Nebenkosten
- Laufzeiten- und Volumenkongruenz mit dem abzusichernden Risiko.
- Handelbarkeit (Fungibilität oder marketability) eines Instruments.
- Haftung bei Ausfallrisiko durch Anbieter oder Clearingstelle.
- Liquiditäts- und Bilanzwirksamkeit.
- Erhöhung oder Verminderung anderer Risiken (zum Beispiel Wechselkursrisiko).
- Flexibilität und Reversibilität eines Instruments (zum Beispiel sind Zinsoptionen flexibler als Futures, aber auch teurer).

Da mit den meisten Instrumenten zunächst Kosten verbunden sind, steht die Frage der Kosten-/Nutzenrelation im Vordergrund, die im Lichte der allgemeinen Risikostrategie des Unternehmens beurteilt werden muss. Eine totale Absicherung aller Risiken wird nicht nur höhere Kosten als eine partielle Absicherung verursachen, sondern auch die Chancen von Gewinnmitnahmen ausschließen.

Hinweis

Zu den angrenzenden bzw. vertiefenden Wissensgebieten siehe → Cash Flow, → Derivate, → Finanzcontrolling, → Finanzinnovationen, → Forward-Rate Agreements (FRA), → Forwards, → Futures, → Heding, → Kapitalflussrechnung, → Optionen, → Portfoliomanagement, → Risikocontrolling, → Swaps (siehe ab Kapitel „2. *Zinsswaps*" ff.), → Swaption, → Währungsmanagement.

Literatur: Arnold, Glen, Corporate Financial Management, London 2005; Büschgen Hans E., Internationales Finanzmanagement, Frankfurt 1997; Wiedemann, Arndt, Hager, Peter, Zinsrisiko in Unternehmen: Die Entdeckung einer neuen Risikokategorie? In: Der Finanzbetrieb 11/04 S. 725-729; Stocker, Klaus, Internationales Finanzrisikomanagement, Wiesbaden 2006

Zinsrechnung

Wesentliche Parameter der Zinsrechnung sind der → Nominalzins p.a., die → Tageberechnung und die Zinstermine. Wird ein Kapital A zum Zeitpunkt t_0 angelegt und zum Zeitpunkt t_1 zurückgezahlt, ergeben sich je nach Spezifikation der Zinstermine verschiedene Modi der Zinsrechnung (Zinskalküle):

1. Einfache Verzinsung

Dieser an den Geldmärkten übliche Kalkül ist charakterisiert durch nur einen Zinsverrechnungstermin und einer Zinszahlung jeweils am Ende der Laufzeit zum Zeitpunkt t_1. Üblich sind Laufzeiten bis zu einem Jahr. Für den Zins Z und die Rückzahlung B gilt:

$$Z = A \cdot r \cdot T(t_0, t_1) \text{ und } B = A + Z = A\big(1 + r \cdot T(t_0, t_1)\big)$$

Dabei heißt $ZF = 1 + r \cdot T(t_0, t_1)$ Zinsfaktor der einfachen Verzinsung.

2. Ein-Coupon-Verzinsung

Bei diesem an den Kapitalmärkten üblichen Kalkül sind während der Laufzeit mehrere Zinsverrechnungstermine $s_1, \ldots, s_K = t_1$ vereinbart, aber nur eine Zahlung (Couponzahlung) am Ende der Laufzeit. Die zum Zeitpunkt s_k anfallenden Zinsen werden dem Kapital zugeschlagen (Kapitalisierung der Zinsen) und zum nächsten Termin mitverzinst (Zinseszinsen). Der Zinsfaktor der Ein-Coupon-Verzinsung ergibt sich somit durch iteriertes Aufzinsen zu den vereinbarten Zinsterminen. Liegen m Zinsverrechnungstermine im gleichen Abstand pro Jahr vor (etwa $m = 4$ mit vierteljährlichen Zinsperioden) ergibt sich bei einer → Tageberechnung 30E/360 und K Zinsperioden die Rückzahlung

$$B = A \cdot \left(1 + \frac{r}{m}\right)^K$$

mit dem Zinsfaktor $ZF = \left(1 + \dfrac{r}{m}\right)^K$.

3. Multi-Coupon-Verzinsung

Bei diesem Zinskalkül sind mehrere Zinsverrechnungstermine $t_1, \ldots, t_N$ vereinbart, die auch gleichzeitig Zinszahlungstermine sind. Der Zinsertrag Z ist damit eine Zahlungsreihe der Form

$$Z = \big(t_1, Z_1\big), \ldots, \big(t_{N-1}, Z_{N-1}\big), \big(t_N, Z_N\big)$$

wobei die Zinsen für jede Zinsperiode $\big(t_{n-1}, t_n\big)$ linear zur berechnen sind:

$$Z_n = A \cdot r \cdot T(t_{n-1}, t_n).$$ Die Zahlungen insgesamt bestehen aus Zinsen und Kapital:

$$B = \big(t_1, Z_1\big), \ldots, \big(t_{N-1}, Z_{N-1}\big), \big(t_N, A + Z_N\big)$$

mit endfälliger Kapitalrückführung A.

Siehe auch → Finanzmathematik (mit Literaturangaben).

Zinsrechnung

siehe → Finanzmathematik, insbes. Kap. 2 a), mit Literaturangaben.

Zinsschein

Bestandteil einer als effektives Stück vorliegenden → Anleihe, der den Zinsanspruch verkörpert. Der Anleihekäufer (Anleger) bekommt den fälligen Zinsbetrag ausgezahlt, wenn er am Zinstermin den entsprechenden Zinsschein vorlegt.

Zinsswap

(*interest rate swap*). Getauscht werden hier Zinszahlungsströme, deren Zinsberechnungsmodalitäten verschieden sind. Bei den Zinsberechnungsmodalitäten lässt sich grob unterscheiden zwischen festen Zinsen und variablen Zinsen. Letztere sind in dem Sinne variabel, dass sie in kurzen Intervallen – quartalsweise oder halbjährlich – an die Marktzinsentwicklung angepasst werden.
Anwendungsbeispiel siehe → Swaps, Kap. 2. „Zinsswap"; siehe auch → Zinsmanagement, jeweils mit Literaturangaben.

Zins-Währungsswap

(*Cross-Currency Interest Rate Swap*) ist eine Kombination eines → Währungs- mit einem Zinsswap insofern, als ein Kontrahent Kapitalbeträge und Zinszahlungen eines Forderungstitels in einer bestimmten Währung gegen die Kapitalbeträge und Zinszahlungen des zweiten Kontrahenten, die in einer anderen Währung denominiert sind, tauscht. Siehe → Währungsmanagement (mit Literaturangaben).

ZM-Risiken

Abk. für Risiken, die ein → Zahlungsverbot und/oder ein → Moratorium (und/oder ähnliche politische Risiken, Länderrisiken) umfassen.

Zoll

öffentlich rechtliche Abgaben im grenzüberschreitenden Warenverkehr zur Erzielung staatlicher Einnahmen (Finanzzölle) oder zum Schutz inländischer Wirtschaftszweige (Schutzzölle) i.d.R. beim Import der Ware als *Einfuhrzoll*, seltener bei der Ausfuhr als sog. *Ausfuhrzoll*.
Zölle benutzen als Bemessungsgrundlage den Wert der eingeführten Ware (Transaktionswert) als sog. Wertzoll oder physikalische Eigenschaften wie Gewicht, Volumen oder Stück als sog. spezifischer Zoll.
Die Höhe der erhobenen Zölle ist im → Zolltarif eines Landes festgelegt, daher als tarifäre → Handelshemmnisse bezeichnet. In der → Europäischen Gemeinschaft/Union gilt gegenüber Drittländern ein Gemeinsamer → Zolltarif (GZT). Dieser enthält für jede Warengruppe Regelzollsätze als Normalsatz und Begünstigungen wie → Zollaussetzungen bzw. → Präferenzzölle, die an Voraussetzungen wie Ursprungszeugnisse oder Fristen gebunden sind.
Das → GATT strebt weltweit eine Senkung der Zölle im → Außenhandel an.
Internetadresse: www.zoll.de

Zoll- und Steuerbürgschaften

Zoll- und Steuerbürgschaften werden von den Banken im Auftrag ihrer Kunden gegenüber den entsprechenden Behörden ausgestellt, z.B. wenn der Steuer- bzw. Zollpflichtige von der Behörde einen Aufschub für geschuldete Beträge erlangen möchte.

Zollanschlussgebiet

ausländisches Hoheitsgebiet, das auf Grund geografischer Gegebenheiten dem inländischen → Zollgebiet angeschlossen wird. Siehe auch → Zoll.

Zollausschluss

inländisches Hoheitsgebiet, das auf Grund geografischer Gegebenheiten einem ausländischen → Zollgebiet angeschlossen ist. Siehe auch → Zoll.

Zollaussetzung

zeitlich befristete Reduzierung bzw. Verzicht auf Erhebung von Zöllen. Siehe auch → Zoll.

Zollbefund

Dokumentation der → Zollbeschau. Siehe auch → Zoll.

Zollbeschau

zollrechtliche Überprüfung der Angaben einer Zollanmeldung, vor allem Menge und Beschaffenheit des → Zollguts, meist stichprobenartig. Das Ergebnis wird im → Zollbefund festgehalten. Siehe auch → Zoll.

Zollbescheid

Steuerbescheid als Aufforderung zur Zahlung der Einfuhrabgaben, d.h. → Zoll, → Einfuhrumsatzsteuer und gegebenenfalls Verbrauchssteuer.

Zollbürgschaft
siehe → Zollgarantie.

Zollfaktura
(*Customs Invoice*). Die Zollfaktura ist Grundlage für die Verzollung der Waren im Importland und wird auf einem Vordruck der Zollbehörde des Importlandes ausgestellt. Darin hat der Exporteur – neben den in Handelsrechnungen üblichen Daten – in der Regel eine (i.A. in der Sprache des Importlandes) vorgedruckte Erklärung zur Angemessenheit des berechneten Preises und zum Ursprung der Waren abzugeben. Viele Zollfakturen tragen deswegen die Bezeichnung „Combined Certificate of Value and Origin and Invoice".

Zollfreigebiet
abgetrennter Teil des → Zollgebiets, in dem keine Ein- und Ausfuhrabgaben erhoben und auch z.B. in Deutschland die Beschränkungen des → Außenwirtschaftsgesetzes nicht gelten. Dazu gehören vor allem die Freihäfen bzw. von den Zollbehörden genehmigte Freilager. Die statistische Erfassung der Warenbewegungen erfolgt als Generalhandel und → Spezialhandel. Siehe auch → Zoll.

Zollgarantie
engl.: *Customs Guarantee*. Die Zollgarantie einer Bank (siehe auch → Bankgarantie), die z.T. als Zollbürgschaft an der Stelle einer Zollgarantie ausgestaltet wird, sichert die finanziellen Ansprüche einer Zollbehörde. Solche Ansprüche entstehen beispielsweise, wenn die Zollbehörde bei vorübergehend eingeführten Gütern (z.B. Ausstellungsstücke, Muster, Vorführgeräte u.Ä.) auf die Erhebung eines Einfuhrzolls verzichtet und die Wiederausfuhr dieser Güter bis zu einem bestimmten Zeitpunkt nicht vollzogen wird. Zollgarantien sind in der Regel von Banken des Importlandes abzugeben.

Zollgebiet
Das Zollgebiet ist das von einer Zollgrenze umschlossene Hoheitsgebiet eines Staates unter Einschluss der → Zollanschlussgebiete und unter Ausschluss der → Zollausschlüsse und der → Zollfreigebiete. Für das deutsche Zollrecht ist dies im wesentlichen das Gebiet der Bundesrepublik Deutschland, für das Zollrecht der → Europäischen Gemeinschaft im wesentlichen die Summe der Gebiete der Mitgliedsstaaten. Siehe auch → Zoll.

Zollgrenze
siehe → Zollgebiet.

Zollgut
Begriff des deutschen Zollrechts für Waren, deren Zollverfahren noch nicht abgeschlossen ist. Im harmonisierten gemeinschaftlichen europäischen Zollrecht ist dafür der Begriff → Drittlandsgut gebräuchlich. Siehe auch → Zoll.

Zolltarif
Der Zolltarif legt für alle Waren die Zollsätze als Normalsatz oder als → Präferenzzoll fest. In der → Europäischen Gemeinschaft ist der sog. Gemeinsame Zolltarif (GZT) aufgebaut nach dem Produktionsprinzip gemäß dem weltweit harmonisierten System zur Bezeichnung und Codierung der Waren (HS). Siehe auch → Zoll.

Zu- und Abflussprinzip
(*cash method*) im *Steuerrecht* steht im Gegensatz zum → Realisationsprinzip. Es stellt auf den tatsächlichen Zu- oder Abfluss von Einnahmen bzw. Ausgaben ab. Einnahmen sind dem Empfänger zugeflossen, wenn er über die in Geld oder Geldeswert bestehenden Wirtschaftsgüter wirtschaftlich verfügen kann. Ausgaben fließen zum Zeitpunkt der Aufgabe der wirtschaftlichen Verfügungsmacht über die in Geld oder Geldeswert bestehenden Wirtschaftsgüter ab. Auf die Fälligkeit oder die Art der wirtschaftlichen Übertragung kommt es nicht an.

Zufallsauswahl
Jedes Element der → Grundgesamtheit hat eine von Null verschiedene, berechenbare Chance, in die → Stichprobe einbezogen zu werden. Unterschieden werden folgende Verfahren: (1) Einfache Zufallsauswahl: Aus einer Grundgesamtheit wird eine einzige Stichprobe nach dem Zufallsprinzip gezogen (Urnenmodell). (2) Geschichtete Auswahl: Eine heterogene Grundgesamtheit wird in mehrere homogene Schichten aufgeteilt, aus denen jeweils separate Stichproben gebildet werden. (3) Klumpenauswahl: Die Grundgesamtheit wird in Klumpen (natürliche Anhäufungen von Elementen) unterteilt. Die Auswahl von Klumpen erfolgt nach dem Zufallsprinzip. Alle Elemente innerhalb der gezogenen Klumpen gehen in die Untersuchung ein.
Siehe auch → Marktforschungsmethoden (mit Literaturangaben).

Zufallsrisiko
(Versicherungswirtschaft), siehe → Risiko, versicherungstechnisches.

Zufallsvariable
Eine Zufallsvariable X ist das numerische Ergebnis eines Zufallsvorgangs (→ Wahrscheinlichkeitsrechnung). Sie kann endlich oder unendlich viele Werte auf der Zahlengeraden annehmen. Die *Verteilungsfunktion* F(x) einer Zufallsvariablen X gibt für jede Zahl x die Wahrscheinlichkeit an, mit der X den Wert x nicht übersteigt. Wichtigste Parameter einer Zufallsvariablen X sind ihr *Erwartungswert* und ihre *Varianz*. Falls X nur endlich viele Werte $x_1, ..., x_k$ mit Wahrscheinlichkeiten $p_1, ..., p_k$ annimmt, ist sein Erwartungswert $E[X] = \sum_{i=1}^{k} x_i p_i$, also das mit den Wahrscheinlichkeiten gewichtete Mittel der Zufallsvariablen. Die Varianz $V[X]$ ist die - ebenfalls mit den Wahrscheinlichkeiten gewichtete - quadrierte Abweichung der Zufallsvariablen von ihrem Erwartungswert: $V[X] = \sum_{i=1}^{k} (x_i - E[X])^2 p_i$. Der Erwartungswert charakterisiert die Lage, die Varianz die Streuung einer Zufallsvariablen. Die Quadratwurzel aus der Varianz heißt *Standardabweichung*, $\sigma[X] = \sqrt{V[X]}$.
Siehe auch → Statistik (mit Literaturangaben).

Zugangsnetz
Teil eines → *Mobilfunknetzes*.

zukunftsfähige Entwicklung
(Umwelt), siehe → nachhaltige Entwicklung.

Zukunftstechnologien
Technologien, deren Know-how neu und auf dem Markt in dieser Form noch in keiner Weise verfügbar ist. Zwar sind bereits theoretische Ansätze für Problemlösungen gegeben, deren faktische Umsetzung am Markt hat aber noch gar nicht stattgefunden, ist jedoch zu erwarten. Die Verwertungsfähigkeit dieser Technologie ist ungewiss oder zumindest sehr langfristig angelegt. Für Zukunftstechnologien wird bislang lediglich Grundlagenforschung betrieben, die in diesem Stadium noch kaum vermarktbar ist.
Siehe auch → Produkinnovation sowie Innovations- und Technologiemanagement (mit Literaturangaben).

Zulassungserfordernisse
(*Börse*). Die Zulassungserfordernisse variieren zwischen den Börsen und den verschiedenen Marktsegmenten. Sie spielen unter anderem bei einem Going Public (→ *Going Public, Vorbereitungsphase*) für die Auswahl der Börse und des → Börsensegments eine wichtige Rolle. Das wichtigste Zulassungskriterium ist sicherlich die Unternehmensgröße (gemessen typischerweise an der Aktienanzahl, dem Aktienkapital und/oder dem Kurswert). Für den Amtlichen Handel an der Frankfurter Wertpapierbörse ist beispielsweise ein Mindestkurswert von EUR 1.25 Mio. erforderlich (Stand: April 2005).

Zulieferer

(bei der → *Produkthaftung*) ist, wer dem → (End-)Hersteller Produktteile liefert. Er ist selbst Produkthersteller und damit auch → Haftungsadressat.

Zulieferteile

(in der → *Materialwirtschaft*) sind Güter, die in die zu fertigenden Erzeugnisse eingehen (z.B. Motoren in der Automobilindustrie, Aggregate für Kühlschränke).

Zuordnungsprobleme

resultieren dadurch, dass beispielsweise Arbeitskräfte zu gegebenen Jobs, Bewerber zu offenen Stellen, Aufträge zu Maschinen, Maschinen zu entsprechenden Stellplätzen in einer Produktionshalle oder Lieferungen an Kunden zu einzelnen Fahrzeugen des Fuhrparks optimal zugeordnet werden sollen. Derartige Probleme können im Allgemeinen als lineare oder quadratische Optimierungsmodelle (→ Optimierung) formuliert werden, für die entsprechende Lösungsmethoden des → *Operations Research* verfügbar sind.

Zusammenschluss

(*österreichisches Recht*). Ein Zusammenschluss (§ 7 öKartG 2005) liegt immer dann vor, wenn ein Unternehmen wirtschaftlichen Einfluss über ein anderes Unternehmen erhält. Dies kann durch Unternehmenserwerb, Betriebsüberlassung, Geschäftsanteilserwerb, Organverflechtung oder jede sonstige Form der Verbindung der beiden Unternehmen geschehen. Überschreiten die beteiligten Unternehmen gewisse Umsatzgrenzen, müssen sie bei der österreichischen Wettbewerbsbehörde angemeldet werden (*Zusammenschlusskontrolle*, § 9 öKartG 2005). Führen Zusammenschlüsse zu einer marktbeherrschenden Stellung oder verstärken sie eine solche, sind sie zu untersagten (§ 12 öKartG 2005).

Zusatzbericht

(→ *Jahresabschluss*). Als Teilbereich des → Lageberichtes findet man hier in bestimmten Fällen eine Schlusserklärung, ansonsten freiwillige Informationen bis in den Bereich von Public Relations.

Zusatzkosten

siehe kalkulatorische Kosten; siehe auch → Kostenartenrechnung (mit Literaturangaben).

Zusatznutzen

Die Schaffung von Kundennutzen zur Erzielung von Wettbewerbsvorteilen (→ Unique Selling Proposition) ist eine der Hauptaufgaben des Marketing. Das Nutzenkonzept des Marketing folgt klassischerweise der Systematisierung nach dem „Nutzenschema der Nürnberger Schule". Dieses geht konzeptionell von einer hierarchischen Struktur verschiedener Nutzenarten aus, aus denen sich der Nutzen eines Produkts für den Kunden zusammensetzt: Zunächst sind stofflich-technischer Grundnutzen und psychologischer Zusatznutzen zu unterscheiden. Der Grundnutzen deckt dabei den Teil der Kundenbedürfnisse, die auf die physisch-funktionalen Eigenschaften eines Produktes abzielen.

Der Zusatznutzen teilt sich in Erbauungsnutzen (aus der persönlichen Sphäre) und Geltungsnutzen (aus der Sozialsphäre) auf. Der Erbauungsnutzen dient der Abdeckung der aus ästhetischen Produkteigenschaften resultierenden Kundenbedürfnisse (z. B. Ansprüche des Individuums an Design). Der Geltungsnutzen deckt die Kundenbedürfnisse ab, die auf die sozialen Eigenschaften eines Produkts (z.B. Prestige) abzielen. Erbauungsnutzen wiederum besteht aus den Unterkategorien Schaffensfreude (aus Leistung) und Zuversicht (aus Wertung), letztere setzt sich dann aus Harmonie (durch Ästhetik) und Ordnung (durch Ethik) zusammen.

Der Nutzenbegriff des Marketing findet u. a. in der → Konsumentenforschung oder auch im Rahmen der → Produktpolitik insbesondere beim Thema Produktinnovation Verwendung.

Siehe auch → Kommunikationspolitik und → Marktforschung, jeweils mit Literaturangaben.

Literatur: Bauer, H. H., Herrmann, A., Huber, F.: Eine entscheidungstheoretische Interpretation der Nutzenlehre von Wilhelm Vershofen, Wirtschaftswissenschaftliches Studium, 26. Jg., Nr. 6, 1997, S. 279-283; Satzinger, M.: Aktivierung von Normen durch Werbeappelle – Möglichkeiten der Aufwertung von Fast Moving Consumer Goods durch die Kommunikation sozialer Zusatznutzen, Josef Eul,

Lohmar, 2001; Vershofen, W.: Die Marktentnahme als Kernstück der Wirtschaftsforschung, Neuauflage, Heymanns, Berlin/Köln 1959.

Zuschlagskalkulation

1. Grundlagen

Kalkulationsverfahren, bei dem die → Gemeinkosten mittels Kalkulationssätzen (i.d.R. prozentuale Zuschläge auf die jeweiligen → Einzelkosten) verrechnet werden. Im Rahmen der → Kostenstellenrechnung wird für jede → Hauptkostenstelle ein Zuschlagssatz ermittelt, indem die dort aufgelaufenen Gemeinkosten (Summe aus → primären und → sekundären Gemeinkosten) ins Verhältnis zu den Einzelkosten gesetzt werden.

2. Bildung von Zuschlagssätzen

Die Grundform der Zuschlagssätze lautet demnach: Zuschlagssatz Hauptkostenstelle (z) = Gemeinkosten (z) / Einzelkosten (z) * 100 %.
Die Kalkulation verläuft somit nach folgendem Schema:

	Materialeinzelkosten (in EUR)
+	Materialgemeinkosten (Zuschlag in % der Materialeinzelkosten)
+	Fertigungseinzelkosten (in EUR)
+	Fertigungsgemeinkosten (Zuschlag in % der Fertigungseinzelkosten)
+	Sondereinzelkosten der Fertigung (in EUR)
=	Herstellkosten (in EUR)
+	Verwaltungsgemeinkosten (Zuschlag in % der Herstellkosten)
+	Vertriebsgemeinkosten (Zuschlag in % der Herstellkosten)
+	Sondereinzelkosten des Vertriebs (in EUR)
=	Selbstkosten (in EUR)

3. Kritische Würdigung

Die Anwendung der Zuschlagskalkulation ermöglicht jedenfalls, die → Herstell- bzw. Selbstkosten eines Kostenträgers schon bei Kenntnis nur der Einzelkosten zu berechnen. Hierbei wird allerdings - häufig unzutreffenderweise – unterstellt, dass die Gemeinkosten proportional zu den Einzelkosten eines Kostenträgers anfallen. Da im Übrigen in der Praxis die Gemeinkosten ein Vielfaches der Einzelkosten ausmachen, betragen die Zuschlagssätze folglich häufig mehrere Hundert Prozent, was bei schon kleinen Änderungen der Bezugsgröße „Einzelkosten" enorme Fehlkalkulationen nach sich ziehen kann.
Siehe auch → Kalkulation und → Kostenstellenrechnung, Kapitel 8 (mit Literaturangaben).
Literatur: Graumann, M.: Kostenrechnung und Kostenmanagement, 3. Aufl., Wiesbaden 2004.

Zuschlagssätze
siehe → Zuschlagskalkulation.

Zuschlagsteuer
siehe → Annexsteuer.

Zuschreibung
ist die Erhöhung des Wertansatzes eines Vermögensgegenstandes aufgrund einer Wertsteigerung über den Buchwert hinaus; siehe auch → Wertaufholung.

Zuverlässigkeit
charakterisiert die Eigenschaft eines technischen Systems (z.B. Maschine, Produktionsanlage), unter definierten umgebungs- und funktionsbedingten Beanspruchungen während einer vorgegebenen Zeitdauer unter Beibehaltung seiner Betriebskennwerte in vorgegebenen Grenzen bestimmten Anforderungen an seine Funktion zu entsprechen. Die Zuverlässigkeit eines Systems ist abhängig von der Zuverlässigkeit seiner Elemente. Daraus ergeben sich beispielsweise folgende Fragen: Wie wird die Systemzuverlässigkeit ermittelt, wenn die Zuverlässigkeiten seiner Elemente bekannt sind? Welche Zuverläs-

sigkeiten sind für die Elemente mindestens zu fordern, damit das System eine bestimmte vorgegebene Zuverlässigkeit besitzt? Wie kann die Zuverlässigkeit des Systems erhöht werden? Siehe auch → Zuverlässigkeitstheorie.

Siehe auch → Operations Research (mit Literaturangaben).

Zuverlässigkeitstheorie

Die Bereitstellung mathematischer Modelle und Methoden zur Analyse der → Zuverlässigkeit von Systemen ist Aufgabe der Zuverlässigkeitstheorie. Dabei kommen vor allem Methoden der Wahrscheinlichkeitsrechnung und der → Statistik zur Anwendung. Die wichtigsten Verteilungsfunktionen, die zur Beschreibung des Ausfalls und der Lebensdauer von Systemen benutzt werden, sind die Exponentialverteilung, die Gammaverteilung, die Weibullverteilung, die Normalverteilung und die Lognormalverteilung.

Siehe auch → Operations Research (mit Literaturangaben).

Literatur: Aven, T., Jensen, U.: Stochastic Models in Reliability. Springer Verlag, Berlin, 1999; Beyer, O., Girlich, H.-J., Zschiesche, H.-U.: Stochastische Prozesse und Modelle, Teubner-Verlag, Leipzig, 1988; Köchel, P.: Zuverlässigkeit technischer Systeme. Mathematische Methoden für den Anwender, Harri Deutsch, Thun, Frankfurt (Main), 1983; Kohlas, J.: Zuverlässigkeit und Verfügbarkeit. B.G. Teubner, Stuttgart, 1987.

Zuwachsanleihe

Form eines → *Zerobond*, der zu → pari ausgegeben wird, während die Rückzahlung zu einem Kurs deutlich → über pari erfolgt, denn im Rückzahlungskurs werden neben der Tilgung auch die Zinsen und Zinseszinsen erfasst.

Zuzahlung

Bei → *Wandelanleihen* wird neben der Inzahlungnahme der Anleihe vielfach eine gesonderte Zuzahlung gefordert, die die erwartete Wertsteigerung der Aktie berücksichtigen und zu einem frühen Umtausch anreizen soll. Entsprechend wird die Höhe der Zuzahlung bei einem frühzeitigen Umtausch geringer sein als bei einem Umtausch gegen Ende der Anleihelaufzeit.

ZVEI-Kennzahlensystem

Das ZVEI-Kennzahlensystem wählt als Systemkennzahl die → Eigenkapitalrentabilität. Inhaltlich zerfällt dieses System in eine Wachstumsanalyse und in eine Strukturanalyse. Das ZVEI-System eignet sich auch für Betriebsvergleiche. Siehe auch → Kennzahlen, finanzwirtschaftliche und → Kennzahlen, wertorientierte sowie die dort angegebene Literatur.

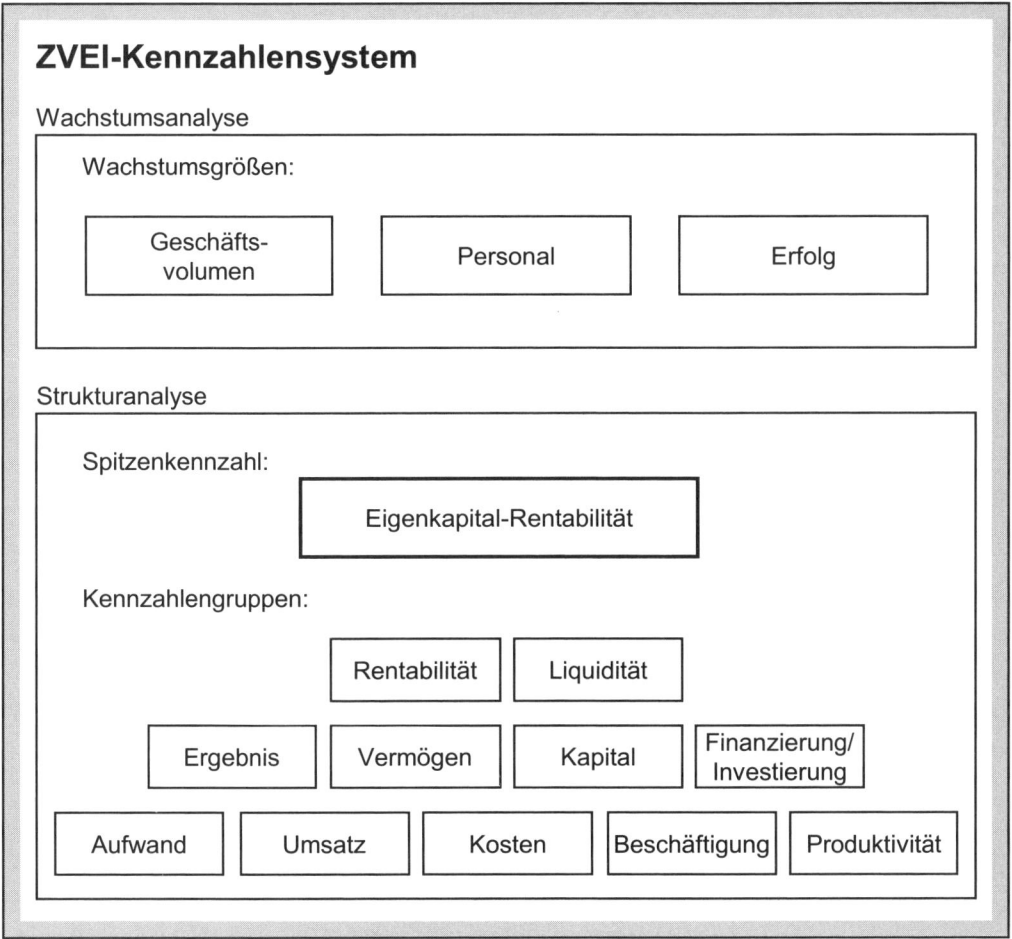

Siehe auch → Finanzcontrolling (mit Literaturangaben).

Zwangsvollstreckung (deutsches Recht)

Zwangsvollstreckung

von Professor Dr. Bernd E. Banke
SIB School of International Business – Hochschule Reutlingen

1. Charakterisierung

Ziel eines Zwangsvollstreckungsverfahrens ist die Durchsetzung eines zivilrechtlichen Anspruchs mit hoheitlichen Mitteln. Zwangsvollstreckungsrecht wird definiert als *„hoheitliche oder staatliche Tätigkeit zur Durchsetzung privater Rechte"*. Diese Definition enthält bereits die wichtigsten Informationen über dieses Verfahren und das gesamte Rechtsgebiet. Im Zwangsvollstreckungsrecht sind zwei große Rechtsgebiete miteinander verbunden, die größtenteils völlig unterschiedlichen Grundsätzen unterliegen. Dies führt in der Praxis häufig zu Rechtsproblemen in Zwangsvollstreckungsverfahren.

Das Zwangsvollstreckungsrecht integriert Aspekte des *Öffentlichen Rechts* und des *Zivilrechts,* um einen einheitlichen Lebenssachverhalt beurteilen zu können. Die Probleme, die dabei auftreten müssen, ergeben sich geradezu zwanghaft. Weitgehende Privatautonomie und Gestaltungsfreiheit der einzelnen Bürger und Unternehmen im Zivilrecht auf der einen Seite treffen auf ein staatliches Verfahren auf der anderen Seite, das durch Begriffe wie Rechtsstaatlichkeitsprinzipien, Gesetzesvorbehalt und Bestimmtheitsgrundsatz geprägt ist. Diesem Rechtsgebiet, dem öffentlichen Recht, ist die Gestaltungsfreiheit der Rechtssubjekte weitgehend fremd. Stattdessen wird dort stark mit Formalisierungen und Publizitätserfordernissen gearbeitet.

Anders als im → *Insolvenzverfahren* werden im *Einzelzwangsvollstreckungsverfahren* nur einzelne Ansprüche einzelner Gläubiger eines Schuldners durchgesetzt. Die Begriffe Einzelzwangsvollstreckungsverfahren und Einzelzwangsvollstreckung werden häufig synonym mit dem Wort *Zwangsvollstreckung* benutzt. Das → Insolvenzverfahren wird demgegenüber häufig als Gesamtvollstreckung oder *Gesamtvollstreckungsverfahren* bezeichnet.

2. Ablauf von Zwangsvollstreckungsverfahren

a) Vollstreckungstitel

Ein Zwangsvollstreckungsverfahren kann nur beginnen, wenn der Gläubiger einer Forderung, z.B. eines Kaufpreises, einer Mietforderung oder eines Darlehens einen → Vollstreckungstitel oder (kurz) Titel erwirkt hat. Dies ist beispielsweise ein Urteil oder eine notarielle Urkunde, aus der sich ergibt, dass einer Person ein vollstreckbarer Anspruch gegen eine andere Person zusteht.

Vollstreckungstitel oder kurz Titel sind *öffentliche Urkunden*, aus denen sich mit hinreichender Bestimmtheit ergibt, dass ein materiellrechtlicher Anspruch besteht und im Wege der Zwangsvollstreckung durchgesetzt werden kann. Der aus der Sicht des Gesetzgebers wichtigste Vollstreckungstitel ist das *rechtskräftige Endurteil.*

Das Gesetz, vor allem die Zivilprozessordnung (ZPO), aber auch andere Gesetze wie die → Insolvenzordnung (InsO), kennen aber weitere Vollstreckungstitel. Beispielsweise sind Schiedssprüche nationaler und internationaler → Schiedsgerichte, Vergleiche oder bestimmte notarielle Urkunden zu nennen.

b) Vollstreckungsorgane

Ein Vollstreckungstitel muss vom Gläubiger oder dessen Rechtsanwalt einem zuständigen → Vollstreckungsorgan zusammen mit dem Antrag vorgelegt werden, ein Vollstreckungsverfahren durchzuführen. Die Vollstreckungsorgane führen das eigentliche Zwangsvollstreckungsverfahren durch. Sie greifen im Auftrag des Gläubigers in das Schuldnervermögen ein und erfüllen den Anspruch des Gläubigers.

Vollstreckungsorgane nehmen Sonderrechte des Staates wahr und sind Träger hoheitlicher Verwaltung. Es gibt in Deutschland vier Vollstreckungsorgane (1) den *Gerichtsvollzieher,* (2) das *Vollstreckungsgericht* (3) das *Grundbuchamt,* (4) das *Prozessgericht* des ersten Rechtszugs.

Jedes dieser Vollstreckungsorgane ist für ein oder mehrere spezielle Vollstreckungsverfahren zuständig. Verstöße gegen diese Zuständigkeitsvorschriften sind schwere Fehler eines Verfahrens und führen in der Regel zur Nichtigkeit einer Vollstreckungsmaßnahme.

c) Vollstreckungsmaßnahme

Liegen alle Voraussetzungen für die Durchführung eines Zwangsvollstreckungsverfahrens vor, nimmt das zuständige Vollstreckungsorgan eine Vollstreckungsmaßnahme vor. Ob alle Voraussetzungen eines Vollstreckungsverfahrens erfüllt sind, prüfen die Vollstreckungsorgane in einem formalisierten Verfahren eigenverantwortlich.

Eine Vollstreckungsmaßnahme dient dem Ziel den zivilrechtlichen Anspruch eines Gläubigers durchzusetzen. Zu diesem Zweck übt ein Vollstreckungsorgan *hoheitlichen Zwang* aus. Dem Schuldner wird mit staatlicher Gewalt ein Bestandteil seines Vermögens weggenommen, der zur Befriedigung des Anspruchs seines Gläubigers erforderlich ist.

Vollstreckungsmaßnahmen können sehr unterschiedlichen Charakter haben. Sie reichen von der allgemein bekannten Pfändung und Verwertung von Vermögenswerten des Schuldners bis zur Eintragung einer Zwangshypothek im Grundbuch oder der Anordnung von Beugehaft gegen einen Schuldner, der verpflichtet ist, eine bestimmte Handlung vorzunehmen, dies aber freiwillig nicht tut.

Schließlich muss das jeweilige Vollstreckungsorgan dafür sorgen, dass der Gläubiger die Leistung erhält, zu der ihn der jeweilige Vollstreckungstitel berechtigt. Damit wird der Anspruch des Gläubigers erfüllt und das Vollstreckungsverfahren beendet.

d) Vollstreckungsrechtliches Rechtsschutzsystem

Die Rechtmäßigkeit des gesamten Zwangsvollstreckungsverfahrens unterliegt der Kontrolle durch die Gerichte. Zu diesem Zweck gibt es ein spezielles vollsteckungsrechtliches Rechtsschutzsystem.

Hinweise

Zu den angrenzenden Wissensgebieten siehe → Arbeitsrecht, → Handelsrecht, → Insolvenzrecht (deutsches Recht), → Kaufrecht, → Kreditsicherheiten (→ Bürgschaft, → Eigentumsvorbehalt, → Garantie, → Grundschuld, → Hypothek, → Insolvenzrecht, → Pfandrecht, → Schuldbeitritt, → Sicherungsübereignung).

Literatur: Lackmann, Rolf; Zwangsvollstreckungsrecht Mit Grundzügen des Insolvenzrechts, 7., überarb. Aufl., 2005; Salten, Uwe; Gräve, Karsten; Gerichtliches Mahnverfahren und Zwangsvollstreckungsrecht, 2. Aufl., 2005; Zwangsvollstreckungsrecht (ZVR) – Gesetzestexte, 3. Aufl. 2006.

Internetadressen: Gesetzestexte im Internet: http://www.gesetze-im-internet.de; Entscheidungen deutscher Gerichte: http://www.caselaw.de/; Übersichten: Europäisches Justizielles Netz für Zivil- und Handelssachen: http://europa.eu.int/comm/justice_home/ejn/index_de.htm

Website des Autors: http://www.hochschule-reutlingen.de/ „Fakultäten"; „School of International Business".

Zwangsvollstreckungsrecht

siehe → Zwangsvollstreckung, deutsches Recht (mit Literaturangaben).

Zweckaufwand

Der Zweckaufwand ist der Teil des Aufwandes, der mit den Kosten identisch ist (Grundkosten). Im Unterschied dazu führt der neutrale Aufwand nicht zu Kosten, da er betriebsfremd (Spenden an gemeinnützige Organisationen o.Ä.), periodenfremd (Steuernachzahlungen o.Ä.), außerordentlich (Feuerschaden o.Ä.) oder bewertungsbedingt (bilanzielle Abschreibungen höher als kalkulatorische) ist. Siehe auch → Kostenartenrechnung (mit Literaturangaben).

Zweckgemeinschaft

Zweckgemeinschaften sind durch ein Management gekennzeichnet, das leitet, aber nicht führt. (Führen bedeutet, Arbeitsbedingungen für Mitarbeiter schaffen, dass sie ihre Fähigkeiten voll einsetzen können). Vorgegebene Ziele sollen hierbei durch den Einsatz von Machtmitteln erreicht werden. Weder Sozialkompetenz noch sozio-ethische Kompetenz prägen die zwischenmenschlichen Beziehungen. Angst und/oder Opportunismus sind Basis einer von Egoismen geprägten Unternehmenskultur.

Literatur: Lietz, J.H.: Von der Zweck-Gemeinschaft zur Sinn-Gemeinschaft. In: Kamiske, G.F., (Hrsg.): Die Hohe Schule des Total Quality Management, Berlin, Heidelberg, New York, 1994.

Zweckgesellschaft

engl. *Special Purpose Vehicle (SPV)*. Die Zweckgesellschaft finanziert z.B. bei Asset Backed Securities-Transaktionen den Kaufpreis von Wertpapieren oder Schuldverschreibungen. Diese werden dann allgemein als → Asset Backed Securities bezeichnet.

ZweiG = 2G

Abk. für → *Mobilfunknetze* der zweiten Generation, insbesondere → GSM/ → GPRS.

Zweigniederlassungsbericht

(→ *Jahresabschluss*), als Teilbereich des → Lageberichtes, umfasst lückenlose Angaben zu sämtlichen Niederlassungen im In- und Ausland.

Zweigniederlassungs-Richtlinie

(89/666/EWG) vom 21.12.1989 verpflichtet Kapitalgesellschaften zur handelsrechtlichen Publizität von bestimmten Urkunden und von Angaben über Zweigniederlassungen, die sie in einem anderen EG-Mitgliedstaat errichten. Siehe → Gesellschaftsrecht, Europäisches (mit Literaturangaben).

Quelle: ABl.EG L 395 vom 30.12.1989, S. 36; abrufbar bei Eur-Lex unter: http://eur-lex.europa.eu.

Zweites Deutsche Fernsehen (ZDF)

siehe → Rundfunk, Öffentlich-rechtlicher.

Zweitmarke

ist in der Markenhierarchie unterhalb der Erstmarke positioniert und hat vor allem die Funktion der Absicherung der Erstmarke, um diese gegen einen Wechsel von Käufern zu preisaggressiven Konkurrenten zu immunisieren. Damit ist angesichts niedriger Deckungsbeiträge zumindest eine Unternehmensloyalität gegeben. Siehe auch → Drittmarke, → Gattungsware, → Erstmarke, → Premiummarke, → Luxusmarke, → Markenarten und → Marke.

Zwischengesellschaft

ist eine Form der → Basisgesellschaft bzw. die Bezeichnung des deutschen Außensteuergesetzes für eine von Inländern beherrschte ausländische Körperschaft, Personenvereinigung oder Vermögensmasse i.S.d. Körperschaftsteuergesetzes, die niedrigbesteuerte passive Einkünfte erzielt (§ 7 Abs. 1, § 8 AStG).

Zwischengesellschaften erfüllen in Deutschland den Tatbestand des Rechtsmissbrauchs (§ 42 AO), wenn keine wirtschaftlichen oder sonstigen beachtlichen Gründe für ihre Errichtung vorliegen, die Gesellschaften keine eigene wirtschaftliche Tätigkeit entfalten und über kein Mindestmaß an eigenen Ressourcen verfügen.

Siehe auch → Steuerrecht, Internationales (mit Literaturangaben).

Zwischenholding

Sonderform der → Holding. Siehe auch → Beteiligungscontrolling (mit Literaturangaben).

Zwischenschein

(*Interimsschein, österreichisches Recht*). Vor voller Einzahlung des Nennbetrages bzw. des allenfalls bestehenden höheren Ausgabebetrages erhalten die aus → *Inhaberaktien* Berechtigten lediglich → *Zwischenscheine (Interimsscheine)*. Diese müssen auf Namen lauten (§ 10 Abs 4 öAktG) und werden wie → *Namensaktien* übertragen (§ 61 Abs 6 öAktG, § 62 Abs 4 öAktG).

Logistik Band 1: Transport

Wolfgang Domschke

Logistik: Transport

Grundlagen, lineare Transport- und Umladeprobleme

5., überarb. Aufl. 2007 | XIV, 234 S. | Broschur
€ 34,80 | ISBN 978-3-486-58290-1
Oldenbourgs Lehr- und Handbücher der
Wirtschafts- u. Sozialwissenschaften

Die Bände zur Logistik beinhalten Problemformulierungen und Lösungsverfahren für die Transport-, Rundreise-, Touren- und Standortplanung. Sie sollen Studierende der Wirtschafts- und Ingenieurwissenschaften an quantitative Methoden zur Lösung logistischer Probleme heranführen. Er/sie soll lernen, Modelle so zu formulieren und Daten so aufzubereiten, dass sie den Anforderungen eines verfügbaren Verfahrens (bzw. Computer-Programmes) genügen. Er/sie soll ferner dazu angeregt werden, einfachere Verfahren selbst möglichst effizient zu programmieren. Zu jedem der beschriebenen Verfahren wird ein Beispiel gerechnet. Die Aufgaben am Ende jedes Kapitels sind so angelegt, dass sie in der Regel einen kleinen Schritt über den behandelten Stoff hinausführen. Dem Praktiker und dem OR-Fachmann wird neben bewährten, klassischen Verfahren der neueste Stand der Forschung bei der Lösung der betrachteten Probleme vermittelt.

Logistik Band 1: Transport
Logistik Band 2: Rundreisen
Logistik Band 3: Standorte

Prof. Dr. Wolfgang Domschke lehrt an der Technischen Universität Darmstadt am Institut für Betriebswirtschaftslehre.

Oldenbourg

Marketing – anschaulich und kompakt

Peter Runia, Frank Wahl, Olaf Geyer,
Christian Thewißen
Marketing
Eine prozess- und praxisorientierte Einführung
2., überarbeitete und erweiterte Auflage 2007.
XX, 314 Seiten, gebunden
€ 29,80, ISBN 978-3-486-58441-7

Dieses bei Studierenden beliebte Lehrbuch führt
praxisorientiert in das Marketing ein. Im Fokus
steht dabei das (klassische) Konsumgütermarketing.

In Teil I (Grundlagen des Marketings) werden Ba-
sisbegriffe und Entwicklungen der Marketingtheo-
rie und -praxis aufgezeigt. Teil II (Marketing-
analyse) stellt die Notwendigkeit einer ausführlichen Analyse von Unternehmen, Markt und Umwelt als Basis für Marketingkonzepte dar. In Teil III
(Strategisches Marketing) wird die Ziel- und Stra-
tegieebene des Marketing erläutert, welche einen
grundlegenden Handlungsrahmen für das operative Marketing schafft. Teil IV (Operatives Marketing) thematisiert ausführlich den klassischen
Marketing-Mix, d. h. das Zusammenspiel konkreter
Maßnahmen der Produkt-, Kontrahierungs-, Distri-
butions- und Kommunikationspolitik. Abschließend werden in Teil V (Marketingplanung und
-kontrolle) die diversen Ebenen in Form von Marketingkonzepten oder Marketingplänen zusammengeführt und auch auf die Bedeutung der
Marketingkontrolle hingewiesen.

Im Gegensatz zu so genannten Klassikerlehrbü-
chern mit zu hohem Umfang ist dieses Marketing-
buch leicht anwendbar, klar strukturiert und stellt
den relevanten Lerninhalt kompakt dar.

Oldenbourg

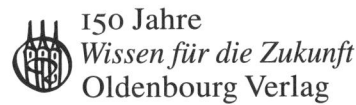

Das neue Lexikon der Betriebswirtschaftslehre

Kompendium und Nachschlagewerk mit
200 Schwerpunktthemen,
6.000 Stichwörtern,
2.000 Literaturhinweisen sowie
1.300 Internetadressen

Band F–M

Herausgegeben von

Prof. Dr. Siegfried G. Häberle

Unter Mitarbeit von 200 Wissenschaftlern an Universitäten,
Hochschulen, Akademien und Instituten in Deutschland,
Österreich und der Schweiz

Oldenbourg Verlag München Wien

Bibliografische Information der Deutschen Nationalbibliothek

Die Deutsche Nationalbibliothek verzeichnet diese Publikation in der Deutschen Nationalbibliografie; detaillierte bibliografische Daten sind im Internet über <http://dnb.d-nb.de> abrufbar.

© 2008 Oldenbourg Wissenschaftsverlag GmbH
Rosenheimer Straße 145, D-81671 München
Telefon: (089) 4 50 51-0
oldenbourg.de

Lektorat: Wirtschafts- und Sozialwissenschaften, wiso@oldenbourg.de
Herstellung: Anna Grosser
Coverentwurf: Kochan & Partner, München
Cover-Illustration: Hyde & Hyde, München
Gedruckt auf säure- und chlorfreiem Papier
Gesamtherstellung: Kösel, Krugzell

ISBN 978-3-486-58305-2

Inhaltsübersicht

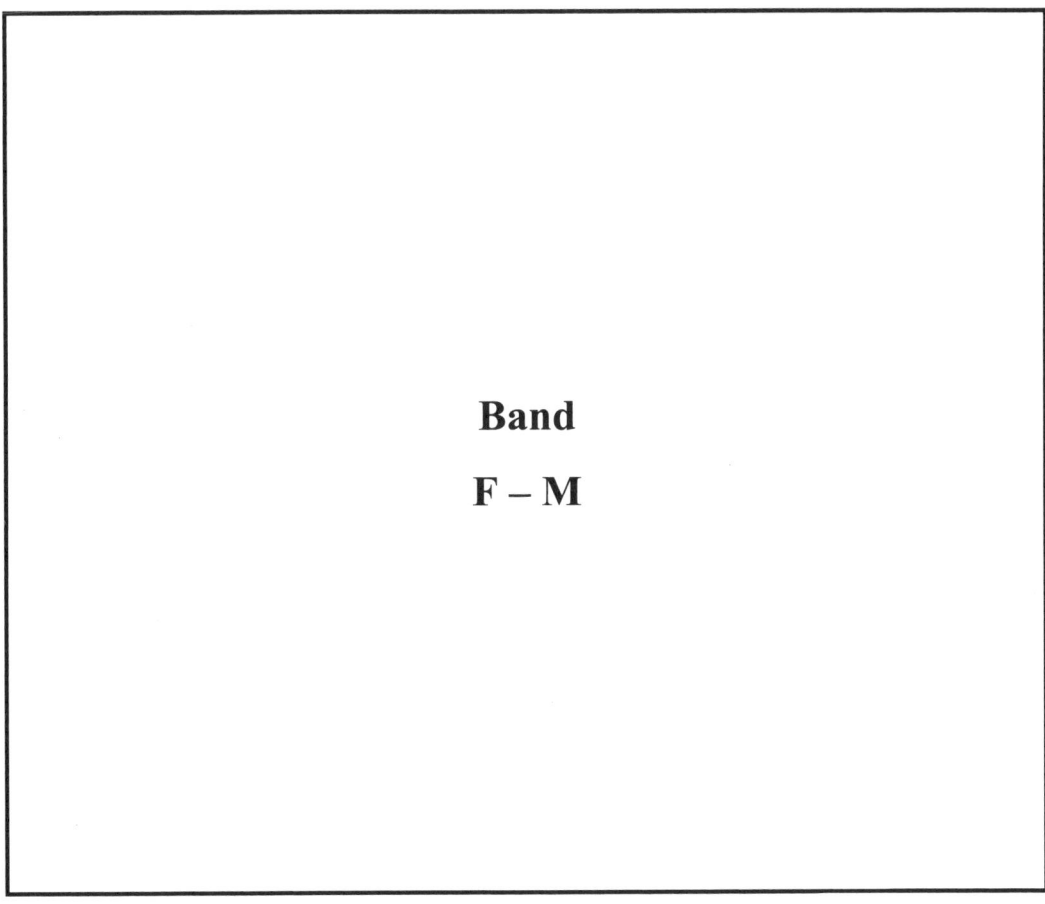

Band

F – M

F

Fabrikationsfehler

(→ *Produkthaftung*) entstehen durch technisches, menschliches oder organisatorisches Versagen während des Herstellungsprozesses. Nur vereinzelte Stücke sind betroffen.

Literatur: BGHZ 104, 323 ff, „Haarriss in Mineralwasserflasche".

Fabrikationsrisiko

(1) Das wirtschaftlich verursachte Fabrikationsrisiko umfasst die Notwendigkeit zum Abbruch der Fertigung bzw. zur Unterlassung des Versands, z.B. wegen Zahlungsunfähigkeit des Käufers (des Importeurs) oder wegen Lossagung vom Kaufvertrag bzw. wegen Verstoß gegen den Kaufvertrag durch den Käufer. (2) Bei Exportgeschäften tritt das politisch verursachte Fabrikationsrisiko hinzu, das die Notwendigkeit zum Abbruch der Fertigung bzw. zur Unterlassung des Versands umfasst, z.B. wegen politischer Umstände im Ausland (gesetzgeberische oder behördliche Maßnahmen, Krieg, Aufruhr, Revolution) oder wegen eines Embargos des Inlandes bzw. eines Zuliefer- oder Transitlandes. Politische Risiken können unter bestimmten Voraussetzungen durch → Exportkreditgarantien des Bundes (sog. Hermes-Deckungen) gesichert werden.

Fabrikationsrisikodeckung des Bundes
(Hermes-Fabrikationsrisikodeckung, Deutschland), Form der sog. Hermes-Deckungen zur Sicherung deutscher Exportgeschäfte; siehe auch → Exportkreditgarantien des Bundes. Mit einer Fabrikationsrisikodeckung des Bundes sichert ein deutscher Exporteur seine Produktionskosten für ein Ausfuhrgeschäft, insbesondere bei Insolvenz des ausländischen Bestellers sowie bei Eintritt → politischer Risiken.
Internetadressen: (AuslandsGeschäftsAbsicherung der BRD) www.agaportal.de, www.exportkredit garantien.de.

Fabrikläden
(*Manufacturer's Outlets*) sind Verkaufsstellen von Herstellern, i.d.R. in räumlicher Nähe zu den Produktionsbereichen, auf Endverbraucher ausgerichtet und mit Absatz von Waren zweiter Wahl, Über- oder Restbestände oder Retouren des Produktionsprogramms im Direktvertrieb (→ Vertriebswege, neuere). Im Vergleich zu den → Off-Price Stores ist das Sortiment schmäler und flacher, da i.d.R. nur ausgewählte Produkte eines Herstellers angeboten werden. Fabrikläden haben häufig Lagercharakter und weisen einen monolithischen Charakter auf.
Beispiele sind u.a. WMF in Geislingen, Esprit in Ratingen oder Hugo Boss in Metzingen, wo im Zeitablauf durch Ansiedlung weiterer Fabrikverkaufsläden in unmittelbarer Nähe ein → Factory Outlet Center entstand.
Siehe auch → Vertriebswege, Neuere (mit Literaturangaben).

Face lift
kleinere produktliche Änderungen. Da signifikante Modifikationen erhebliche investive Anforderungen stellen, denen selbst große Unternehmen nur in längeren Zeitabschnitten gewachsen sind, werden Detailänderungen vorgenommen, die schon ausreichen, ein Produkt neuartig erscheinen zu lassen, ohne dass sich substanziell etwas getan hätte. Dies ist besonders als vorläufige Antwort auf neue Konkurrenzprodukte üblich, auf die man erst mittelfristig reagieren kann. Siehe auch → Produktpolitik (mit Literaturangaben). .

Face to Face-Verkauf
(*persönlicher Verkauf*), siehe → Verkauf, persönlicher.

Face-to-the-Customer-Prinzip
siehe → Verkauf, distanzpersönlicher (mediengestützt).

Fachmessen
siehe → Messeformen; siehe auch → Messemarketing.

Fachspitzenverband
Zusammenschluss der Arbeitgeberverbände einer bestimmten Branche auf Bundesebene (z.B. „Gesamtmetall") und damit Spitzenverband der regionalen und auf Landesebene operierenden Fachverbände.

Fachverband
siehe → Arbeitgeberverband.

Facility Management
Der Begriff kommt aus der englischen Sprache; als facility oder facilities werden Einrichtungen und Anlagen bezeichnet. Dem zu Folge wird als Facility Management die Planung, Verwaltung und Bewirtschaftung von Gebäuden, Anlagen und Einrichtungen definiert. Die Durchführung kann sowohl unternehmensintern als auch von externen Anbietern gewährleistet werden.
In der Regel gehören Facility Prozesse nicht zu den → Kernkompetenzen eines Unternehmens; sie unterliegen daher oft Überlegungen zum → *Outsourcing*. Durch Verlagerung solcher Dienstleistungen

auf darauf spezialisierte Unternehmen können entsprechende Kosten (teilweise erheblich) gesenkt werden.

Facility-Aktivitäten
dienen der Beschaffung von Potenzial- und Verbrauchsfaktoren. Sie sind den → Preparation-Aktivitäten (die dazu dienen, den Leistungsprozess vorzubereiten) logisch und zeitlich vorgelagert. Siehe auch → Implementierungslinie (Line of implementation), → ServiceBlueprint, → Dienstleistungen und → Dienstleistungsmanagement.

Factoring

Factoring
von Professor Dr. Siegfried G. Häberle
SIB School of International Business – Hochschule Reutlingen

1. Charakterisierung
Aus der Sicht des Forderungsverkäufers (des sog. Anschlusskunden) ist Factoring als
laufender Verkauf von kurzfristigen Forderungen (Geldforderungen) an eine Factoringgesellschaft (an einen Factor) zu charakterisieren. Gegenstand des Factoring sind nur Forderungen aus Lieferungen und Leistungen an gewerbliche Abnehmer (Debitoren); Forderungen an Verbraucher werden von Factoringgesellschaften i.d.R. nicht angekauft.
Der Forderungsverkäufer schließt mit der Factoringgesellschaft einen Factoringvertrag, der den Verkauf aller oder einer bestimmten Kategorie der künftigen Forderungen des Forderungsverkäufers umfasst. I.A. weist dieser Vertrag eine mehrjährige Laufzeit auf.
Zu einer anderen, insbesondere im Auslandsgeschäft vorkommenden Form des Forderungsverkaufs siehe → Forfaitierung.

2. Funktionen des Factoring
(1) *Finanzierungsfunktion:* Der maßgebliche Grund für eine Teilnahme am Factoringverfahren ist für die meisten Forderungsverkäufer (sog. Anschlusskunden) die Finanzierungsfunktion. Unmittelbar nach der Entstehung einer Kundenforderung stellt die Factoringgesellschaft dem forderungsverkaufenden Unternehmen den Forderungsgegenwert – von einem geringen vorläufigen Sicherungseinbehalt abgesehen – zur freien Verfügung. Insbesondere im Vergleich zu den Zessionskrediten der Banken erweist sich Factoring unter Finanzierungsaspekten als die vorzugswürdigere Alternative, weil die Banken den Forderungsbestand ihrer Kunden nur mit einer vergleichsweise niedrigen Beleihungsquote kreditieren.
(2) *Delkrederefunktion:* In den meisten Factoringverträgen ist die Übernahme des Forderungsausfallrisikos (→ Delkredererisikos) durch die Factoringgesellschaft vereinbart. Die Übernahme des Delkredererisikos durch die Factoringgesellschaft erfolgt allerdings i.d.R. nur, wenn dieses Risiko auf der Zahlungsunfähigkeit der zahlungspflichtigen Kunden (Debitoren) beruht. Forderungsausfälle aus politischen Gründen – wie sie beim Exportfactoring vorkommen – schließen die Factoringgesellschaften dagegen in der Regel aus.
(3) *Dienstleistungsfunktionen:* (a) Sofern die Factoringgesellschaft das Forderungsausfallrisiko (→ Delkredererisiko) vom Forderungsverkäufer übernommen hat, umfasst diese Dienstleistungsfunktion auch die Prüfung der Bonität der Debitoren des Forderungsverkäufers einschließlich der laufenden Kreditüberwachung. (b) Außerdem übernehmen die Factoringgesellschaften in diesem Fall das Mahn- und Inkassowesen.

3. Factoringformen
Factoring tritt in unterschiedlichen Formen in Erscheinung. Zur Definition bzw. zur Unterscheidung der Factoringformen werden die verschiedenen Funktionen des Factoring zugrunde gelegt:

- *Full-Service-Factoring (auch als Standardfactoring bezeichnet):* Diese in der Praxis am häufigsten vorkommende Form des Factoring liegt vor, wenn die Factoringgesellschaft alle drei Funktionen, d.h. die Finanzierungsfunktion, die Delkrederefunktion sowie die Dienstleistungsfunktionen übernimmt.
- *Echtes Factoring:* Von echtem Factoring wird gesprochen, wenn die Factoringgesellschaft mit dem Ankauf der Forderungen das Delkredererisiko übernimmt. Praktisch entspricht das echte Factoring dem Full-Service-Factoring (Standardfactoring), weil – von Ausnahmen abgesehen – beim echten Factoring meistens auch die Übernahme der Finanzierungsfunktion sowie der Dienstleistungsfunktionen durch die Factoringgesellschaft eingeschlossen ist. Anmerkung: Die Factoringgesellschaften in Deutschland praktizieren seit Jahren fast ausschließlich das echte Factoring.
- *Unechtes Factoring:* Im Gegensatz zum echten Factoring entfällt beim unechten Factoring die Übernahme des Delkredererisikos durch die Factoringgesellschaft. Die Finanzierungsfunktion trägt bei dieser Factoringform lediglich Bevorschussungs-(Kredit-)charakter, weil das Risiko der Uneinbringlichkeit einer Forderung beim Forderungsverkäufer verbleibt.
- *Fälligkeitsfactoring:* Bei dieser Form des Factoring entfällt definitionsgemäß die Übernahme der Finanzierungsfunktion durch die Factoringgesellschaft. Diese übernimmt das Inkasso der Forderungen bei Fälligkeit, also das Debitorenmanagement, und stellt dem Anschlusskunden den Forderungsgegenwert nach Zahlungseingang zur Verfügung. In der Regel übernimmt der Factor jedoch beim Fälligkeitsfactoring auch das wirtschaftliche Delkredererisiko. Es kommt jedoch ausnahmsweise auch vor, dass das Fälligkeitsfactoring nur als reines Inkassofactoring gestaltet ist.
- *Offenes Factoring:* Beim offenen Factoring wird der Debitor von der Tatsache des Verkaufs der Forderung an den Factor in Kenntnis gesetzt. An den Debitor ergeht die Aufforderung, direkt an den Factor zu zahlen. Diese Information bzw. Aufforderung geschieht durch die Factoringgesellschaft oder durch den Forderungsverkäufer und ist – zumindest in Deutschland – die Regel.
- *Stilles Factoring:* Im Gegensatz zum offenen Factoring erhält der Debitor beim stillen Factoring keine Mitteilung über die Einschaltung einer Factoringgesellschaft. Der Debitor zahlt weiterhin an den Lieferanten, was einschließt, dass das Inkasso durch die Factoringgesellschaft bei dieser Variante das Factoring entfällt. Dagegen wird die Finanzierungsfunktion, manchmal auch die Delkrederefunktion von der Factoringgesellschaft übernommen. Der Anschlusskunde (Forderungsverkäufer) ist – entsprechend der vereinbarten Factoringform – verpflichtet, eingehende Zahlungen an den Factor weiterzuleiten.
- *Bulk- oder Inhouse-Factoring (Eigenservice-Factoring):* Die Besonderheit dieser Factoringform liegt darin, dass der Anschlusskunde (Forderungsverkäufer) bei der Factoringgesellschaft zwar die Finanzierung beansprucht und auch das wirtschaftliche Delkredererisiko auf den Factor überwälzt, jedoch im Gegensatz zum Standardfactoring die Debitorenverwaltung nach wie vor – treuhänderisch für den Factor – selbst vollzieht. Dieses sog. Inhouse-Factoring hat in jüngster Zeit an Bedeutung gewonnen.
- *Internationales Factoring (Export- und Importfactoring):* Exportfactoring umfasst Forderungen deutscher Exporteure (Anschlusskunden) an ausländische Debitoren. Von Importfactoring wird gesprochen, wenn ausländische Unternehmen (Anschlusskunden) die Leistungen eines deutschen Factors beanspruchen.

4. Anforderungen an die Forderungsverkäufer

Die Teilnahme am Factoringverfahren setzt die Erfüllung mehrerer Merkmale des Forderungsverkäufers (des Anschlusskunden) bzw. der zu verkaufenden Forderungen voraus:

- Der Jahresumsatz des Anschlusskunden sollte sich auf mindestens 1 bis 2 Millionen Euro belaufen; einige Factoringgesellschaften setzen ein jährliches Umsatzvolumen von mindestens 5 Millionen Euro voraus.
- Die einzelne Rechnung sollte bei Inlandsforderungen in der Regel nicht unter 1.000 Euro liegen; bei Auslandsforderungen gelten i.A. höhere Beträge.
- Der Abnehmerkreis des Forderungsverkäufers sollte keinem allzu starken Wandel ausgesetzt sein. Diese Voraussetzung gilt zumindest für das sog. Standardfactoring (Full-Service-Factoring, echtes Factoring), bei dem die Factoringgesellschaft das Delkredererisiko übernimmt und deswegen zuvor eine Bonitätsprüfung der Debitoren des Forderungsverkäufers durchführt. Bei Stammkunden

erfolgt diese umfassende Bonitätsprüfung einmalig, danach erfolgt eine weniger aufwändige Kreditüberwachung, so dass sich der Aufwand der Factoringgesellschaft verteilt.

- Die Laufzeit der zu verkaufenden Exportforderungen sollte 180 Tage nicht überschreiten; bei Inlandforderungen sind es i.A. 120 Tage.
- Die anzukaufenden Forderungen müssen frei von Rechten Dritter sein und bei ihrer Entstehung der Höhe nach einwandfrei feststehen.
- Die Bonität und die Seriosität des Forderungsverkäufers müssen gewährleistet sein, insbesondere unter dem Aspekt, dass die von der Factoringgesellschaft angekauften Forderungen tatsächlich bestehen bzw. Mängeleinreden o.Ä. der Debitoren Ausnahmen bleiben.

5. Kosten des Factoring

(a) Die *Factoringprovision* wird von der Factoringgesellschaft für die erbrachten Dienstleistungen erhoben, also insbesondere für die Kreditwürdigkeitsprüfung der Debitoren (wofür teilweise auch eine einmalige oder jährliche Prüfungsprovision gesondert in Rechnung gestellt wird), für die Verwaltung des Debitorenbestandes und für die Übernahme des Mahn- und Inkassowesens. (b) Die *Delkredereprovision* erhebt die Factoringgesellschaft für die Übernahme des Forderungsausfallrisikos. Anmerkung: Die meisten Factoringgesellschaften sind dazu übergegangen, die Delkredereprovision in die Factoringprovision einzubeziehen, und weisen somit nur noch einen einzigen Provisionssatz aus. (c) *Zinsen:* Für den Zeitraum zwischen dem Forderungsankauf und der Zahlung des Debitors berechnen die Factoringgesellschaften Zinsen, die dem Forderungsverkäufer (nachträglich) in Rechnung gestellt werden.

Hinweis

Zu den angrenzenden Wissensgebieten siehe → Asset Backed Securities, → Außenhandelsfinanzierung (Internationale Zahlungs-, Finanzierungs- und Sicherungsinstrumente), → Corporate Finance, → Finanzwirtschaft, betriebliche, → Finanzinnovationen, → Forfaitierung, → Kreditfinanzierung, kurzfristige, → Kreditfinanzierung, langfristige, → Kreditsicherheiten, → Optionen, → Rating-Methoden, kreditwirtschaftliche, → Swaps, → Währungsmanagement, → Zinsmanagement.

Literatur: Bette, K.: Das Factoringgeschäft in Deutschland – Recht und Praxis, Stuttgart 1999; Bette, K.: Factoring – Finanzdienstleistung für mittelständische Unternehmen, Köln 2001; Brink, U.: Der Factoringvertrag, alle Rechtsfragen des Factoringvertrages auf einen Blick ..., Köln 1998; Deutscher Factoring-Verband e.V.: Geschäftsberichte, Broschüren usw., Mainz, diverse Erscheinungsjahre; Häberle, S. G.: Handbuch der Außenhandelsfinanzierung, Dritte, durch Anhang aktualisierte und erweiterte Auflage, München und Wien 2002; Häberle, S. G. (Hrsg.): Handbuch für Kaufrecht, Rechtsdurchsetzung und Zahlungssicherung im Außenhandel, München und Wien 2002; Sommer, H. J., Hagenmüller, K. F., Brink, U. (Hrsg.): Handbuch des nationalen und internationalen Factoring, Frankfurt am Main 1997

Internetadressen: www.factoring.de (Deutscher Factoring-Verband e.V., mit den Internetadressen der Factoring-Gesellschaften), www.flf.de (Fachzeitschrift: FLF Finanzierung, Leasing, Factoring).

Website des Autors: http://www.sib.reutlingen-university.de

Factory Outlet Center (FOC)

bzw. *Factory Outlet Malls* als in Europa eher jüngere Konzepte (→ Vertriebswege, neuere) stellen eine Zusammenfassung mehrerer Factory Outlets (→ Fabrikläden) dar, d.h. Direktverkaufsstellen von Herstellern in denen i.d.R. Über- oder Restbestände des Produktionsprogramms abgesetzt werden. Z.T. sind auch „normale Läden" und/oder Freizeitangeboten in die FOC integriert, so dass sie den Charakter von → Shopping Centern, in Extremfall von → Urbain Entertainment Centern haben (können). FOC mit einem Angebot an hochwertigen Marken werden als Designer Outlet Center bezeichnet.

FOC sind in den USA – ihrem Geburtsland – sehr verbreitet. Oft in verkehrsgünstigen Bereichen angesiedelt werben sie aggressiv mit Slogans wie „Why pay retailing?" Ihre Verbreitung ist aber begrenzt, da Hersteller hier nur Waren zweiter Wahl, Über- oder Restbestände oder Retouren anbieten können. Das Angebot aktueller Waren/Kollektionen würde ihre traditionellen Vertriebswege kannibalisieren.

Siehe auch → Vertriebswege, Neuere (mit Literaturangaben).

Factory Outlets

siehe → Fabrikläden, siehe auch → Factory Outlet Center (FOC).

Factory-within-a-factory-Konzept

Montage von (gelieferten) Gütern direkt in das Endprodukt des Abnehmers durch den Lieferanten bzw. dessen Mitarbeiter (vgl. Arnold/Scheuing, 1997). Siehe → internal sourcing und → Beschaffungsmanagement und die dort angegebene Literatur.

Fair Presentation

(auch *True and Fair View*). Generalnorm der Rechnungslegung, wonach der → Jahresabschluss ein den tatsächlichen Verhältnissen entsprechendes Bild der Vermögens-, Finanz- und Ertragslage wiedergeben muss. In den → IAS/IFRS und → US-GAAP ist dieser Grundsatz vorherrschend, während er im deutschen Handelsrecht durch die Dominanz des → Vorsichtsprinzips (→ GoB) erheblich eingeschränkt wird.

Fair Value

(*beizulegender Zeitwert*) wird zur Bewertung marktgängiger Vermögenswerte (assets) und Schulden (liabilities) nach IAS/IFRS und US-GAAP verwendet und entspricht im Allgemeinen dem Betrag, zu dem unabhängige Vertragspartner mit Sachverstand und Abschlusswillen bereit wären, ein *asset* zu tauschen oder eine *liability* zu begleichen. Der *fair value* kann, anders als der → beizulegende Wert im Deutschen Handelsrecht, auch über → Anschaffungs- bzw. Herstellungskosten liegen.

Fairness

drückt die (nicht gesetzlich geregelte) Vorstellung von perzipierter Gerechtigkeit aus. Unterschieden werden verschiedene Fairness-Formen: Distributive, prozedurale und interaktive Fairness.
(1) Die *distributive* Fairness oder Verteilungsgerechtigkeit betrifft die Aufteilung von materiellen oder immateriellen Gütern oder Lasten. Je nach Situation werden unterschiedliche Prinzipien als fair erachtet. Gemäß dem *Leistungsprinzip* gelten Verteilungen als gerecht, wenn sie proportional zu den individuellen Beiträgen vorgenommen werden. Empirisch ist das meist in Situationen der Fall, wenn die Leistung genau gemessen und zugerechnet werden kann und wenn es sich um entfernte soziale Beziehungen handelt. Gemäß dem *Gleichheitsprinzip* erhalten alle relevanten Personen einen gleich hohen Anteil an Gütern oder Lasten. Empirisch gilt das Gleichheitsprinzip meist in engeren Sozialbeziehungen sowie in Situationen, in denen die Einzelleistung schlecht gemessen und zugerechnet werden kann. Gemäß dem *Bedarfsprinzip* misst sich Fairness daran, ob die spezifischen Bedürfnisse einer Person in die Entscheidung mit einbezogen werden. Das Bedarfsprinzip gilt meist nur in sehr engen sozialen Beziehungen wie etwa in der Familie.
(2) Die *prozedurale* Fairness betrifft die Verfahren, die zur Aufteilung von Gütern oder Lasten führen. Empirische Forschung hat gezeigt, dass ein Verfahren dann als fair betrachtet wird, wenn es die Merkmale der Konsistenz (für alle Personen in allen vergleichbaren Situationen wird dasselbe Verfahren angewandt), der Unparteilichkeit (die Stelle, welche die Entscheidung über eine Verteilung fällt, ist unvoreingenommen), der Korrigierbarkeit (es kann Einspruch erhoben werden, wenn gute Gründe dafür vorliegen), der Genauigkeit (die Entscheidung wird auf Grundlage aller relevanten Informationen gefällt) und der Partizipation (die vom Entscheid betroffenen Mitarbeiter haben eine Mitsprachemöglichkeit) aufweist.
(3) Die *interaktive* Fairness betrifft nicht die Ausgestaltung der Verfahren, sondern das Ausmaß der respektvollen Behandlung in Ausübung der Verfahren.
Siehe auch → Managing Motivation (mit Literaturangaben).
    Literatur: Greenberg, J. The quest for justice on the job: essays and experiments, London1996; Osterloh, M., Weibel, A. Investition Vertrauen, Gabler (im Druck); Tyler, T. R., Blader, S. L. Cooperation in Groups: Procedural Justice, Social Identity, and Behavioral Engagement, Philadelphia 2000. Internetadressen: http://www.fairness stiftung.de/ http://www.psych.nyu.edu/tyler/lab/

Fakt
(in der → *Wirtschaftsinformatik*) ist eine Größe mit konzentrierter Aussagekraft zur Diagnose, Überwachung und Steuerung eines Systems. Ein Fakt misst ein betriebliches Erfolgskriterium, z.B. den Absatz, mehrdimensional (siehe auch → Dimension), wobei beschreibende Attribute, z.B. Einheit und Wertebereich, notwendig sind. Fakten sind i.d.R. numerisch.

Faktor, externer
siehe → externer Faktor.

Fälligkeit
(HGB, BGB) ist der Zeitpunkt, zu dem der Schuldner nach Gesetz (dazu § 271 BGB) oder Vertrag zur Leistung verpflichtet ist.

Fälligkeitsfactoring
umfasst lediglich den Einzug der Forderungen (des sog. Anschlusskunden, Lieferanten, Exporteurs) beim zahlungspflichtigen Abnehmer (Käufer, Importeur) per Fälligkeit durch eine Factoringgesellschaft, nicht jedoch die Übernahme der Finanzierungsfunktion und i.A. auch nicht der Delkrederefunktion durch den Factor; siehe auch → Factoring.

Familien-AG
ist eine → Aktiengesellschaft, deren → Aktien entweder vollständig oder mehrheitlich (→ Aktiengesellschaft, majorisierte) von einer Familie oder mehreren Familienstämmen gehalten werden. Oft stellen Familienangehörige Mitglieder des → Vorstandes. Siehe auch → Publikums-AG.

Familienmarke
siehe → Familienmarkenstrategie und → Markenführung.

Familienmarkenstrategie
Bei der Familienmarkenstrategie werden mehrere Produkte unter einer Marke geführt. Es bestehen im Unternehmen jedoch noch weitere Einzel- oder Familienmarken. Die Unternehmensmarke bleibt in der Regel im Hintergrund (vgl. Sattler, 2001, S. 71). Dies ist z.B. bei Nivea und Tesa von Beiersdorf der Fall, wo die Unternehmensmarke nur als Absender erscheint.
Einzelheiten und weitere Markenstrategien sowie Literaturangaben siehe → Markenführung.

Fan-Shopping
siehe → CEFFT-Shopping.

FAS
frei Längsseite Schiff ... benannter Verschiffungshafen, free alongside ship ... named port of shipment. Vertragsformel der von der → Internationalen Handelskammer (ICC) entwickelten → Incoterms für Außenhandelsgeschäfte.

FASB
Abk. für → *Financial Accounting Standards Board*; unabhängige Organisation, deren Aufgabe in der Entwicklung von Rechnungslegungsstandards für US-Unternehmen besteht.

FASB Interpretations (FIN)
sind verbindliche Regelungen der → US-GAAP, die vom → Financial Accounting Standards Board (FASB) erlassen werden.

Faustpfand
siehe → Pfand (Faustpfand); siehe auch → Kreditsicherheiten.

Fayolsche Brücke

Kooperation zwischen untergeordneten Stellen/Teileinheiten (eines Betriebs) ohne Einbindung der übergeordneten Instanz.

FBL-Dokument

siehe → Negotiable FIATA Combined Transport Bill of Lading.

FCA

frei Frachtführer ... benannter Ort, free carrier ... named place. Vertragsformel der von der → Internationalen Handelskammer (ICC) entwickelten → Incoterms für Außenhandelsgeschäfte.

FCF

Abk. für → Free Cashflow.

FCR-Dokument

Kurzbezeichnung für Forwarders Certificate of Receipt; auch FIATA Forwarders Certificate of Receipt; siehe → Spediteurübernahmebescheinigung, internationale.

FDI

Abk. für Foreign Direct Investment (Ausländische Direktinvestition); siehe auch → Beteiligungscontrolling, internationales.

F&E

Abk. für Forschung und Entwicklung; siehe → Innovations- und Technologiemanagement (mit Literaturangaben).

Feasibility-Studie

Untersuchung über die technische und/oder wirtschaftliche "Machbarkeit" einer Investition bzw. eines Projekts; siehe auch → Projektfinanzierung.

Feedback

z.B. als Plan-Ist-Vergleich; siehe auch → Früherkennung, gerichtete sowie → Feedforward (Plan-Wird-Vergleich).

Feedforward

z.B. als Plan-Wird-Vergleich; siehe auch → Früherkennung, gerichtete sowie → Feedback (Plan-Ist-Vergleich).

Fehlerkosten

siehe → interne Fehlerkosten und → externe Fehlerkosten; siehe auch → Qualitätscontrolling.

Fehler-Möglichkeits- und Einflussanalyse (FMEA)

ist ein Instrument der präventiven Qualitätssicherung. Hierbei steht die frühzeitige Lokalisierung potenzieller Fehler bereits in der Planungs- und Konstruktionsphase im Vordergrund. Siehe auch → Qualitätscontrolling.

Literatur: Wannenwetsch H. (Hrsg.): Integrierte Materialwirtschaft und Logistik, 2. Auflage, Berlin-Heidelberg 2003

Fehlerverhütungskosten

fallen an für die Qualitätsplanung, Lieferantenbeurteilung, für Qualitätsaudits, Weiterbildung, Schulungen oder Qualitätslenkung; siehe auch → Qualitätscontrolling.

Fehlmengenkosten
entstehen, wenn das angeforderte Material zum Bedarfszeitpunkt in der Produktion nicht am gewünschten Ort in der gewünschten Menge und Qualität zur Verfügung steht (direkte Fehlmengenkosten). Wird die Gefahr des Auftretens einer Fehlmenge erkannt und werden geeignete Maßnahmen eingeleitet, die zur Vermeidung der Fehlmenge führen, so werden die hierdurch entstehenden Kosten ebenfalls als Fehlmengenkosten bezeichnet (indirekte Fehlmengenkosten).

Feindliche Übernahme
Die Übernahme bzw. der Übernahmeversuch bei Unternehmensakquisitionen (Unternehmensübernahmen) erfolgt gegen den Willen des Managements des zu übernehmenden Unternehmens. Siehe auch → Mergers & Acquisitions.

Femininität / Maskulinität
stellt als → Kulturdimension die Dualität der Geschlechter in den Mittelpunkt. *Maskulinität* kennzeichnet Gesellschaften mit deutlich abgegrenzten Geschlechterrollen. Männer haben „bestimmt", hart und materiell orientiert zu sein, während Frauen eher bescheiden, feinfühlig und eher immateriell orientiert sind. *Femininität* kennzeichnet zum einen die Überschneidung der Geschlechterrollen und zum anderen, dass feminine Werte durchaus geschätzt werden.

FER
Abk. für Stiftung für Fachempfehlungen zur Rechnungslegung (Schweiz); siehe auch → Swiss GAAP FER sowie → Jahresabschluss nach schweizerischem Recht.

Fernabsatzgesetz für Finanzdienstleistungen
ist die Umsetzung der Fernabsatzrichtlinie in nationales Recht. Mit dem Fernabsatzgesetz für Finanzdienstleistungen vom 30.6.2002 regelte der Gesetzgeber den Abschluss von Versicherungsverträgen mit Hilfe von Medien der Telekommunikation. Versicherungsnehmer müssen nach dem Fernabsatzgesetz bestimmte Informationen und Vertragsbedingungen erhalten. Dies betrifft vor allem die Identität und Anschrift des Anbieters, die Merkmale der angebotenen Finanzdienstleistung sowie Angaben zu Steuern, Zahlungsmodalitäten und zum Widerrufsrecht.

Fertigungsinsel
In einer Fertigungsinsel werden von einer Gruppe von Mitarbeitern mit den notwendigen Betriebsmitteln in einer räumlichen und organisatorischen Einheit (→ *Gruppenfertigung*) mehrere Fertigungsschritte bei der Erstellung eines Zwischen- oder Endproduktes vorgenommen. Charakteristisch ist dabei die Selbststeuerung der Arbeitsprozesse durch die in der Fertigungsinsel beschäftigten Mitarbeiter, wodurch auf eine starre Arbeitsteilung verzichtet werden kann. Die Gruppe nimmt dabei innerhalb der vorgegebenen Rahmenbedingungen automom sämtliche Planungs-, Entscheidungs- und Kontrollfunktionen wahr. Neben der eigentlichen Bearbeitung der Werkstücke werden auch indirekte Aufgaben wie die Instandhaltung oder die Qualitätssicherung übernommen.
Siehe auch → Produktion, Formen, → Produktionsmanagement sowie → Produktionsplanung und -steuerung, jeweils (mit Literaturangaben).

Fertigungslogistik
siehe → Produktionslogistik.

Fertigungssegmentierung
bedeutet die Einteilung der Produktion in abgrenzbare Teilbereiche, die an den Produkten ausgerichtet sind und sich organisatorisch abgegrenzt steuern lassen. Siehe auch → Produktion, Formen.

Fertigungstypen
Die *Fertigungstypen* stehen in einem engen Zusammenhang mit der Organisation der Fertigung. Dabei sind die Fertigungstypen → *Massenfertigung*, → *Sortenfertigung* und Großserienfertigung dem Organisationstyp → *Fließfertigung* und hier vor allem der Fließfertigung mit Zeitzwang, der → *Fließband-*

fertigung, zuzuordnen. Die Einzelfertigung und die Kleinserienfertigung sind eher als → *Werkstattfertigung*, → *Werkbankfertigung* oder → *Baustellenfertigung* organisiert, wobei für Teile der Serienfertigung auch Ausprägungen der → *Gruppenfertigung* gewählt werden können.
Siehe auch → Fertigungsverfahren und → Produktion, Formen.

Fertigungsverfahren

Teilt man *Fertigungsverfahren* nach der Homogenität der Produkte und der Häufigkeit der Leistungswiederholung ein, so lassen sich die → *Einzelfertigung*, die → *Serienfertigung*, die → *Sortenfertigung* und die → *Massenfertigung* unterscheiden.
Die *Fertigungstypen* stehen in einem engen Zusammenhang mit der Organisation der Fertigung. Dabei sind die Fertigungstypen → *Massenfertigung*, → *Sortenfertigung* und Großserienfertigung dem Organisationstyp → *Fließfertigung* und hier vor allem der Fließfertigung mit Zeitzwang, der → *Fließbandfertigung*, zuzuordnen. Die Einzelfertigung und die Kleinserienfertigung sind eher als → *Werkstattfertigung*, → *Werkbankfertigung* oder → *Baustellenfertigung* organisiert, wobei für Teile der Serienfertigung auch Ausprägungen der → *Gruppenfertigung* gewählt werden können.
Siehe auch → Produktion, Formen, → Produktionsmanagement sowie → Produktionsplanung und -steuerung, jeweils (mit Literaturangaben).

Festangebot
siehe → Festofferte.

Festbewertung
Nach § 240 (3) HGB dürfen Roh-, Hilfs- und Betriebsstoffe unter bestimmten Bedingungen mit einem Festwert angesetzt werden. Dieser Festwert wird i.d.R. alle drei Jahre überprüft. Zugänge werden unmittelbar als Materialaufwand gebucht. Zu den Bedingungen gehören der regelmäßige Ersatz der Vorräte, ihre nachrangige Bedeutung sowie eine geringe Veränderung des Bestandes.
Nach → IAS-/IFRS und → US-GAAP ist keine Festbewertung vorgesehen.
Siehe auch → Umlaufvermögen (mit Literaturangaben).

Festofferte
In einer Festofferte (in einem Festangebot) verpflichtet sich der Anbieter, die angebotenen Konditionen in den abzuschließenden Vertrag aufzunehmen, sofern das Angebot angenommen wird.

Festverzinsliches Wertpapier
siehe → Anleihe.

Festwertmethode
ist gemäß § 240 Abs. 3 HGB eine Bewertungsvereinfachung für Vermögensgegenstände des Sachanlagevermögens sowie der Roh-, Hilfs- u. Betriebsstoffe, wenn diese regelmäßig ersetzt werden, ihr Gesamtwert für das Unternehmen von nachrangiger Bedeutung ist und ihr Bestand in seiner Größe, Wert und Zusammensetzung nur geringen Schwankungen unterliegt. Sind diese Voraussetzungen erfüllt, erfolgt die Bewertung mit einem jährlich gleich bleibenden Wert, der, statt jährlich, alle drei Jahre durch Inventur zu überprüfen ist. Wird bei der Inventur ein um mehr als 10% abweichender Wert festgestellt, ist dieser als neuer Festwert anzusetzen.
Siehe auch → Anlagevermögen (mit Literaturangaben).

FfH
Abk. für Forschungsstelle für den Handel, Berlin; siehe auch → Handelsbetriebslehre und → Handelsforschung.

FIATA Konnossement des kombinierten Transports
Andere Bezeichnungen mit – i.A. gleichem Vorstellungsinhalt – sind: Negotiable FIATA Combined Transport Bill of Lading, FBL-Dokument bzw. FIATA Multimodales Transportdoku-

ment/Multimodales Konnossement, Negotiable FIATA Multimodal Transport Bill of Lading; siehe → Multimodales Konnossement.

FIBOR
Abk. für Frankfurt Interbank Offered Rate. Seit Einführung des Euro ersetzt durch → EURIBOR.

Fifo (first in – first out)
Das Verfahren unterstellt, dass die ältesten Bestände der Vorräte zuerst verbraucht oder veräußert werden. Das bedeutet, dass am Jahresende die zuletzt eingegangenen Vorräte an Lager liegen. Entsprechend sind sie mit ihren Einstandspreisen zu bewerten. Zu beachten ist allerdings, dass alle → Verbrauchsfolgefiktionen nur Vereinfachungsverfahren zur Ermittlung der Anschaffungs- bzw. Herstellungskosten sind. D.h. der ermittelte Wert ist zum Bilanzstichtag stets mit dem beizulegenden Wert zu vergleichen und es ist nach dem strengen → Niederstwertprinzip mit dem niedrigeren Wert zu bilanzieren. Fifo ist in Deutschland handelsrechtlich immer anerkannt. Steuerrechtlich allerdings nur, wenn die tatsächliche Verbrauchsfolge dem Verfahren entspricht (z.B. bei Silo-Lagerung).
Sowohl → IAS/IFRS als auch → US-GAAP lassen Fifo zu (IAS 2.21, ARB 43 ch. 4.6).

Fiktivkaufmann
ist eine Person, die mit ihrer Firma zu Unrecht im → Handelsregister eingetragen ist und ein Gewerbe betreibt, das jedoch kein Handelsgewerbe ist. Diese Person ist somit kein → Kaufmann (§ 1 Abs. 1 HGB). Sie wird aber wie ein Kaufmann behandelt (§ 5 HGB). Siehe auch → Handelsrecht.

Filialisierende Handelssysteme
(auch *integrierte Handelssysteme*). → Vertikales Handelssystem, bei dem Inhaberidentität von Groß- und Einzelhandelsstufe vorliegt. Damit sind die Betriebe auf der Einzelhandelsstufe grundsätzlich gebunden an die Weisungen der Systemzentrale. Die Zentrale eines filialisierenden Handelssystems kann ihren Betrieben wenig Freiräume (wie z.B. bei Schlecker, Aldi, Lidl) oder viel Freiräume bei der Gestaltung des Marketing vor Ort lassen (wie z.B. bei MediaMarkt). Je geringer die Freiräume sind, etwa bei der Gestaltung des Sortimentes, desto eher lassen sich Kostenvorteile realisieren (Standardisierung); je größer die Freiräume sind, desto flexibler können sich die Betriebe an die örtlichen Verhältnisse anpassen (Differenzierung).

Filialsystem
unternehmenseigene Absatzorganisation eines Hersteller-, (Groß-)Handels- oder Dienstleistungsunternehmens mit mehreren räumlich voneinander getrennten Verkaufsstellen (sog. Filialen), die unter einheitlicher Leitung stehen. Die Umsetzung der einheitlichen Unternehmenspolitik erfolgt durch weisungsgebundene Mitarbeiter.

FIN
Abk. für → FASB Interpretations; siehe auch → US-GAAP.

Finance Costs and Revenues
siehe → Finanzergebnis.

Finance-Leasing
(*Financing-Leasing, Financial-Leasing, Finanzierungsleasing*), Form des → Leasing. Maßgebliche Besonderheit des Finance-Leasing: Die im Leasingvertrag vereinbarte Grundmietzeit (die unkündbare erste Mietperiode) ist mittel- bis langfristig. Durch diese lange unkündbare Laufzeit liegt das Investitionsrisiko i.W. beim Leasingnehmer. Im Gegensatz zum Finance-Leasing steht das → Operating-Leasing, das eine kurze Grundmietzeit aufweist.

Financial Accounting Standards Board (FASB)
Das Financial Accounting Standards Board (FASB) ist eine privatrechtliche Organisation, die 1973 ihre Arbeit aufnahm. Es löste das → Accounting Principles Board (APB) als wichtigsten Standardsetter auf

dem Gebiet der Rechnungslegung und damit wichtigste Institution zur Entwicklung der → US-GAAP ab.

Literatur: Mueller, G., Financial Accounting Standards Board (FASB), in: Handwörterbuch der Rechnungslegung und Prüfung, Stuttgart 2002, Sp. 768-771.

Internet: http://www.fasb.org.

Financial Due Diligence

Im Rahmen der Financial *Due Diligence* wird die Ordnungsmäßigkeit der Rechnungswesens sowie die vergangene, gegenwärtige und zukünftige Vermögens-, Finanz- und Ertragslage des Zielunternehmens einer detaillierten Analyse unterzogen (vgl. Wagner/Russ in WP-Handbuch 2002, S. 1025). Hierbei soll festgestellt werden, ob alle bilanzierten Vermögensgegenstände tatsächlich vorhanden und zutreffend bewertet sind. Darüber hinaus sind die nachhaltigen Gewinne und → Cash Flows der Vergangenheit zu ermitteln. Hierfür müssen einmalige Erträge und Aufwendungen eliminiert, Änderungen von Bilanzierungs- und Bewertungsmethoden festgestellt sowie das Ausmaß der stillen Reserven aufgedeckt werden. Auf der Grundlage der während der Financial Due Diligence ausgewerteten Daten kann eine → Unternehmensbewertung vorgenommen werden.

Siehe auch → Due Diligence (mit Literaturangaben).

Literatur: Berens, W., Brauner, H.U., Strauch, J. (Hrsg.): Due Diligence bei Unternehmensakquisitionen, 4. Auflage, Stuttgart 2005; IDW (Hrsg.): Wirtschaftsprüfer-Handbuch 2002, Bd. II, 12. Auflage, Düsseldorf 2002.

Financial Engineering

(als → *Finanzinnovation*). Parallel zum Begriff "Finanzinnovation" konnte sich seit einiger Zeit der Begriff des Financial Engineering etablieren, der wiederum nicht nur sehr vielschichtig ist, sondern auch mit unterschiedlicher Breite verwendet wird. So verstehen viele Autoren unter Financial Engineering die Konzipierung und Umsetzung innovativer Finanzprodukte, andere wiederum rechnen innovative Finanzverfahren dazu. Auch ein Begriff des Financial Engineering, der dem Klassifikationsschema der Finanzinnovationen entspricht, findet Verwendung. Insofern stellen Finanzinnovationen und Financial Engineering synonyme Begriffe dar.

Weitere Definitionen des Begriffs „Financial Engineering" siehe → Finanzinnovationen, Kapitel 6.

Financial Engineering

(insbes. im Rahmen der → *Finanzmathematik*). Financial Engineering ist die Analyse bzw. Synthese komplexer Finanzpositionen mit einfachen Handelsprodukten. Ziel der Analyse ist (1) den Wert der Gesamtposition als Summe einfacher Einzelwerte zu berechnen und (2) das gesamte Risikopotenzial in die einzelnen Risikofaktoren zu zerlegen (→ Finanzmathematik). Ziel der Synthese ist die Konstruktion komplexer Positionen, die bei Eintreten der erwarteten Marktentwicklungen zum Erfolg führen.

Financial Services Action Plan (FSAP)

ist ein von der Europäischen Kommission 1999 verabschiedeter Plan, der – ursprünglich für den Zeitraum bis 2005 - verschiedene politische Ziele und Maßnahmen zur Verbesserung des Binnenmarktes für Finanzdienstleistungen vorschlägt. Insbesondere strebt die Kommission mit dem FSAP die Vollendung eines einheitlichen Firmenkundenmarktes für Finanzdienstleistungen, die Schaffung offener und sicherer Privatkundenmärkte und die Modernisierung der Aufsichtsregeln und der Überwachung an. Der Plan enthält hierzu zahlreiche Maßnahmen, deren Umsetzung in regelmäßigen Fortschrittsberichten kontrolliert wird.

Financial Statement Analysis

siehe → Bilanzanalyse.

Financial Swaps

siehe → Swaps.

Finanzanlagen
(*long-term financal assets, non-current financial assets*) sind der Teil des → Anlagevermögens, welcher alle Investitionen des bilanzierenden Unternehmens in andere Unternehmen oder öffentliche Betriebe sowie langfristige Ausleihungen und ggf. Investitionen in nicht betriebsnotwendige Immobilien erfasst.

Finanzbuchhaltungssystem
Die Finanzbuchhaltung ist ein klassisches Einsatzgebiet von → ERP-Systemen. Wichtige Bestandteile sind Programme für die (1) *Finanzbuchhaltung,* einschließlich Debitoren-, Kreditoren- und Sachbuchhaltung, die (2) *Kosten- und Leistungsrechnung bzw.* → *Controlling* sowie das (3) → *Finanzmanagement.* Siehe auch → mySAP ERP.

Finanzcontrolling

Finanzcontrolling

von Professor Dr. Uwe Schikorra – Hochschule Bremerhaven
und Dipl.-Betriebswirt Eberhard Ludwig – Hochschule Bremen

1. Charakterisierung
Das Finanzcontrolling hat die Aufgabe, durch sachgerechtes Gestalten und Pflegen eines Planungs-, Steuerungs- und Informationssystems dem Finanzmanagement ein Instrumentarium zur Führungsergänzung und Führungsunterstützung zur Verfügung zu stellen, um die Liquidität, das unternehmerische finanzielle Gleichgewicht und die Rentabilität zu sichern.
Entsprechend der integrativen Betrachtungsweise, dass auf Grund bestehender Interdependenzen Investition und Finanzierung die beiden Teilfunktionen der Finanzwirtschaft darstellen, bilden Investitionscontrolling zum einen und Finanzcontrolling zum anderen das finanzwirtschaftliche Controlling. Auch hier gilt bei durchaus gegebener einzelner isolierter Betrachtung das Erfordernis einer ganzheitlichen Sichtweise.

2. Das System des Finanzcontrollings
Abgeleitet aus der strategischen Aufgabenstellung des Finanzmanagements, für eine nachhaltige Unternehmenswertsteigerung Sorge zu tragen, sowie der operativen Aufgabenstellung, die Liquidität und somit die ständige Zahlungsbereitschaft sicherzustellen, leitet sich für das Finanzcontrolling, ausgehend von der notwendigen Verknüpfung von operativen und strategischen Maßnahmen unter Beachtung des Zeithorizontes durch die Systemelemente Planung, Analyse und Steuerung sowie Information das erforderliche Instrumentarium ab; siehe Abbildung 1.

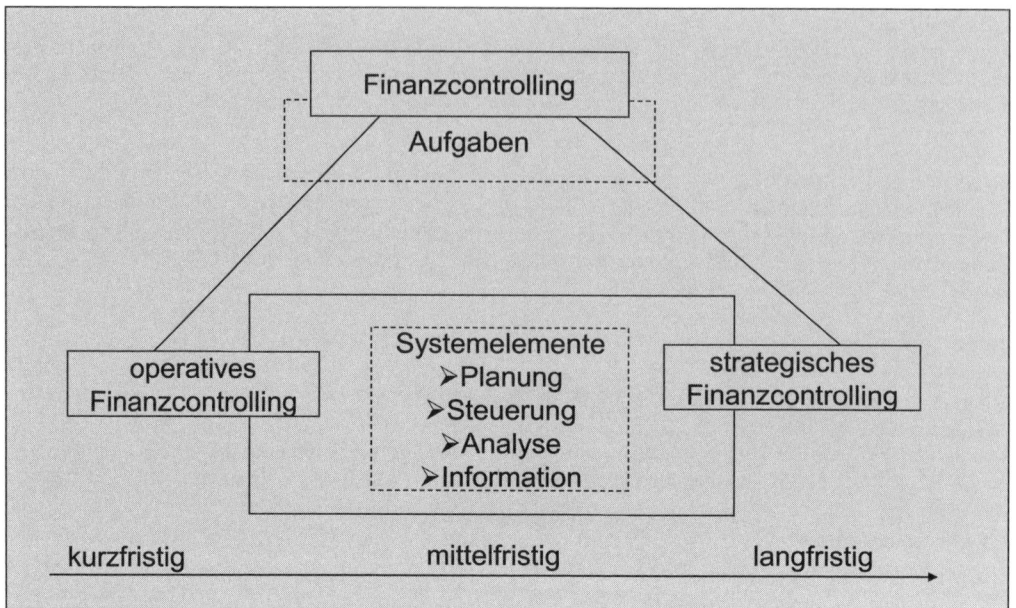

Abb. 1: Das System des Finanzcontrollings

3. Instrumente des Finanzcontrollings

Die betriebswirtschaftlichen Instrumente des Finanzcontrollings sind die kurz- und langfristige → Finanzplanung, die Finanzanalyse und -steuerung, das wertorientierte Controlling, die → Kapitalflussrechnung, die Finanzanalyse, das → Risikocontrolling und die Finanzbudgetierung. Sie zeigen gegenwärtige und zukünftige Ergebnisse bzw. Erwartungen sowie finanzielle Konsequenzen der Unternehmensaktivitäten auf und wirken koordinierend auf diese Aktivitäten zurück:

(a) *Finanzplanung im Rahmen des Finanzcontrollings:* Im Rahmen der Erfüllung finanzwirtschaftlicher Aufgaben stellt die → Finanzplanung mit ihren verschiedenen Instrumenten das zentrale Systemelement des Finanzcontrollings dar. Instrumente der Finanzplanung sind die → Finanzplanung im engeren Sinne, die → Liquiditätsplanung, die → Kapitalbindungsplanung und die → Kapitalflussrechnung.

Bei der Finanzplanung im engeren Sinne handelt es sich um die Planung der Ein- und Auszahlungen für den Zeitraum bis zu einem Jahr. Die → Liquiditätsplanung umfasst die eingehenden und ausgehenden Zahlungsströme der Budgetperiode. Sie leitet sich aus der Finanzplanung i.e.S. ab. Die monetären Konsequenzen der strategischen Unternehmensplanung finden ihren Niederschlag im → Kapitalbindungsplan. Die → Kapitalflussrechnung dient der Sicherung der Sichtbarmachung der Finanzströme nach Art und Umfang.

(b) *Finanzanalyse und Finanzsteuerung:* Die qualifizierte Bereitstellung von Informationen ist die Voraussetzung sachgerechter unternehmerischer Entscheidungen. Kennzahlen sowie Kennzahlensysteme ermöglichen aufgrund ihrer Quantifizierbarkeit ein Urteil über Sachverhalte einerseits und Zusammenhänge andererseits. Im Rahmen der Finanzanalyse und der Finanzsteuerung sind einzelne Kennzahlen und Kennzahlensysteme unverzichtbarer Bestandteil eines Finanzcontrollings. Eine Abkehr von der einseitigen Finanzausrichtung traditioneller Kennzahlen und Kennzahlensysteme stellt die → Balanced Scorecard dar.

Im Zuge der Ausrichtung der Unternehmenssteuerung auf die Steigerung des → Unternehmenswertes hat das Finanzcontrolling neben den gewinnorientierten Kennzahlen zunehmend auch → wertorientierte Kennzahlen zur Verfügung zu stellen.

4. Organisation und Abgrenzung zum Treasury

Die zentrale Bedeutung finanzwirtschaftlicher Entscheidungen für die Unternehmung führt dazu, dass das Finanzmanagement als Bestandteil einer Unternehmensleitung zu verankern ist. Das Finanzmanagement umfasst in zweiter Instanzebene das Controlling und das → Treasury.

Dem Treasury obliegt die Steuerung und Kontrolle der Geld- und Finanzströme sowie aller damit zusammenhängenden Aufgaben. Es kann sowohl als Service-Center als auch als Profit-Center geführt werden.

Zum Treasury gehören schwerpunktmäßig: (1) das Cash-Management (Steuerung des Zahlungsverkehrs), (2) das Liquiditäts-Management (Steuerung der kurz- und mittelfristigen Ein- und Auszahlungen), (3) das Währungs-, Zins- und Devisen-Management, (4) das Anlage- und Kredit-Management, (5) die Kapitalbeschaffung (einschließlich Emission und Investor Relations) und das (6) Risiko-Management.

5. Weitere Aufgaben und Informationsquellen

Weitere Aufgaben des Finanzcontrollings sind die Berichts- und Dokumentationsfunktion sowie die Systemgestaltungsfunktion zum Aufbau, zur Implementierung und zur Erhaltung der Controllinginstrumente. Die betriebswirtschaftliche Beratung und damit die Unterstützung der Entscheidungsträger ist ein weiterer Schwerpunkt des Finanzcontrollings.

Als Informationsquellen dienen vergangenheitsbezogene Zahlen des externen und des internen Rechnungswesens sowie zukunftsbezogene Informationen u.a. für die zu erstellenden Finanzpläne

Hinweis

Zu den angrenzenden Wissensgebieten siehe → Balanced Scorecard, → Cash Flow, → Controlling, Grundlagen, → Controlling, Informationssysteme, → Controlling, Internationales, → Finanzplanung, → Finanzwirtschaft, betriebliche, → Finanzplanung, → Investitionscontrolling, → Kapitalflussrechnung, → Kennzahlen, finanzwirtschaftliche, → Kennzahlen, wertorientierte, → Portfoliomanagement, → Rating-Methoden, kreditwirtschaftliche, → Risikocontrolling.

Literatur: Prätsch, J./Schikorra, U./Ludwig, E.: Finanzmanagement, 2. Auflage, München und Wien 2003; Hopfenbeck, W.: Allgemeine Betriebswirtschafts- und Managementlehre, 14. Auflage, Landsberg 2002; Horvath, O.: Controlling, 10. Auflage, München 2006; Jahrmann, F.-U.: Finanzierung, 4. Auflage, Herne und Berlin 1999; Perridon, L./Steiner, M.: Finanzwirtschaft der Unternehmung, 13. Auflage, München 2004; Walz, H./Gramlich, D.: Investitions- und Finanzplanung, 6. Auflage, Heidelberg 2004; Däumler, K.-D.: Betriebliche Finanzwirtschaft, 8. Auflage, Herne/Berlin 2002; Reichmann, Th.: Controlling mit Kennzahlen und Managementberichten, 7. Auflage, München 2005; Kaplan, R.S./Norton, D.P.: Balanced Scorecard, 1. Auflage, Stuttgart 1997; Günther, Th.: Unternehmensorientiertes Controlling, 1. Auflage, München 1997; Müller, A., Uecker, P. Zehbold, C. (Hrsg.): Controlling für Wirtschaftsingenieure, Ingenieure und Betriebswirte, München 2003; Bundesverband Deutscher Unternehmensberater (Hrsg.): Controlling, Berlin 2000; Scherm, E. Pietsch, G. (Hrsg.): Controlling, Theorie und Konzeptionen, München 2004; Freidank, C-Ch., Mayer, E.: Controlling-Konzepte, 6. Aufl. Wiesbaden 2003.

Internetadressen: www.controllakademie.de, www.controllermagazin.de, www.bvbc.de, www.controllerverein.de, www.controllerspielwiese.de, www.mycontrolling.net, www.controlling-portal.org,

Website der Autoren: www.bwl.hs-bremerhaven.de

Finanzdisposition

In enger Abstimmung mit der kurzfristigen Finanzplanung führt die Unternehmung eine Anpassung der Zahlungsmittelbestände auf den verschiedenen Geschäftskonten, ggf. in unterschiedlichen Währungen durch. Dabei sind grundsätzlich drei typische Formen der Finanzdisposition möglich:

(1) Geldbeschaffung im Falle eines aktuellen oder bevorstehenden Zahlungsmitteldefizit; in Abhängigkeit von der erwarteten Dauer des Geldbedarfs kann dabei z.B. ein Geldmarktkredit, eine Erhöhung des Kontokorrentspielraums oder eine Wechseldiskontierung zweckmäßig sein.

(2) Geldanlage am kurzfristigen Finanzmarkt im Falle eine vorübergehenden Finanzmittelüberschusses; in diesem Fall erfolgt die Anlage nach Möglichkeit in einer Form, die einen hohen Zinsgewinn aber auch eine hinreichende Flexibilität bietet (für den Fall eines wiederkehrenden Bedarfs).

(3) Ausgleich zwischen verschiedenen Konten des Unternehmens; so wäre es in aller Regel ungünstig, bei einzelnen Banken einen Negativ-, bei anderen aber einen Positivsaldo auf dem Kontokorrentkonto zu führen.. Durch gleichzeitigen Abbau minimal verzinslicher Guthaben und hoch verzinslicher Kreditbestände lässt sich das Ergebnis des Unternehmens unmittelbar positiv beeinflussen.

In einem weiteren Sinne lassen sich auch mittel- und langfristige Kapitalbeschaffungs- und Kapitalverwendungsmaßnahmen zu den Finanzdispositionen rechnen; diese finanzwirtschaftlichen Aktivitäten werden hier als Finanzierung und Investition gekennzeichnet.

Siehe auch → Finanzplanung, → Finanzplan, kurzfristiger und → Finanzplan, langfristiger.

Finanzergebnis

Das Finanzergebnis (*Finance Costs and Revenues*) bezeichnet den Saldo der aus dem Finanzbereich des Unternehmens zuzurechnenden Erträgen und Aufwendungen. Gemäß HGB und im wesentlichen auch IFRS wird das Finanzergebnis wie folgt ermittelt:

Erträge aus Beteiligungen
+ Erträge aus anderen Wertpapieren und Ausleihungen des Finanzanlagevermögens
+ Sonstige Zinsen und ähnliche Erträge
- Abschreibungen auf Finanzanlagen
- Abschreibungen auf Wertpapiere des Umlaufvermögens
- Zins- und ähnliche Aufwendungen
= Finanzergebnis

Das Finanzergebnis bildet zusammen mit dem → Betriebsergebnis das → Ergebnis aus der gewöhnlichen Geschäftstätigkeit des Unternehmens. Die Beurteilung des Finanzergebnisses hängt von der Branche des betreffenden Unternehmens ab – so wird beispielsweise eine Holding-Gesellschaft tendenziell eher höhere Beteiligungserträge ausweisen als ein Unternehmen aus dem produzierenden Gewerbe.

Siehe auch → Bilanzanalyse, → Jahresabschluss und → Kennzahlen, finanzwirtschaftliche bzw. wertorientierte, jeweils mit Literaturangaben.

Finanzhedging

steht für den Einsatz von → Fremdwährungskrediten oder -anlagen zu Zwecken der Wechselkursabsicherung. Über die Bildung einer zur offenen → Position in Form künftiger Fremdwährungszahlungen hinsichtlich Volumen, Währung und Laufzeit genau entgegengesetzten Position aus Fremdwährungskrediten oder -anlagen können die gleichen Sicherungspositionen aufgebaut werden wie mit (unbedingten) → Devisentermingeschäften.

Konkret kann eine Unternehmung einen Fremdwährungskredit aufnehmen, dessen Rückzahlung zu dem Zeitpunkt erfolgt, in dem der Unternehmung Einzahlungen in Fremdwährung zugehen. Der über den Kredit erhaltene Fremdwährungsbetrag kann aktuell (sicher) in Inlandswährung gewechselt und dann im Inland angelegt werden. Stimmt die Höhe der Kredittilgung mit der künftigen Einzahlung in Fremdwährung überein, so verbleibt dem Unternehmen ausschließlich der auf Inlandswährung lautende und damit vom Wechselkurs unabhängige verzinste Anlagebetrag. Relevant wird das Finanzhedging insbesondere dann, wenn geeignete Devisentermingeschäfte als Kurssicherungsinstrumente nicht verfügbar sind. Dies gilt in der Regel bei sehr langfristigem Absicherungsbedarf.

Siehe auch → Währungsmanagement (mit Literaturangaben).

Finanzholding

Die Finanzholding stellt das extreme Gegenstück zur → operativen Holding dar. Die Konzernzentrale überlässt nicht nur die operative Leitung vollständig den einzelnen Konzerntöchtern; es werden auch alle Funktionen und Kompetenzen der strategischen Leitung mit Ausnahme der Finanzfunktion an die jeweiligen Konzerntöchter delegiert. Eine Beherrschung oder koordinierende Einflussnahme auf die strategischen und operativen Entscheidungen der Tochtergesellschaften ist nicht vorgesehen. Die Konzernzentrale nimmt nur mittelbar durch die Vorgabe von finanziellen Zielgrößen (wie beispielsweise Rendite, Gewinn, → Cash flow), durch die Zuteilung von finanziellen Mitteln sowie durch die Besetzung der obersten Leitungspositionen Einfluss auf die Konzerntöchter.

Siehe auch → Holdingorganisation und → Konzernabschluss (mit Literaturangaben).

Finanzierung „aus Abschreibungen"

Der Begriff der Finanzierung „aus → Abschreibungen" kann im Zusammenhang mit der Analyse und Gestaltung der → Innenfinanzierung in dreifacher Weise interpretiert werden:

(1) Bei dem primär im Bereich der Jahresabschlussanalyse anzutreffenden Versuch, das Volumen der Innenfinanzierung als → Cash Flow auf indirektem Wege aus Jahresabschlussgrößen zu ermitteln, stellen Abschreibungen eine Korrekturgröße dar. Der Betrag der in die GuV-Rechnung als Aufwand eingegangenen Abschreibungen ist als nicht zahlungswirksame Aufwandsgröße zum Jahresüberschuss hinzuzuaddieren und damit letztlich aus der Rechnung zu eliminieren. Im Endeffekt wird dadurch erreicht, dass die Höhe der vorgenommenen Abschreibungen für den als Ergebnis der Rechnung zu ermittelnden Cash Flow ohne Bedeutung ist.

(2) Die Gestaltung von Abschreibungen stellt ein Instrument im Rahmen des → Cash Flow-Managements dar, mit dem versucht werden kann, über die Höhe der (steuerlichen) Abschreibung auf die Steuerbemessungsgrundlage der betrachteten Periode und damit – zeitlich versetzt – auch auf die Steuerzahlungen als einem Element der Negativkomponente des Innenfinanzierungssaldos einzuwirken. Wird der Innenfinanzierungsbegriff auf den nach Ausschüttungen verbleibenden Zahlungsüberschuss ausgeweitet, stellen Abschreibungen zugleich auch als Gestaltungsparameter der Ausschüttungspolitik (vgl. auch → Rücklagenpolitik) ein Instrument des Cash Flow-Managements dar.

(3) Im älteren Schrifttum werden Abschreibungen schließlich in gedanklicher Vermischung der unter (1) und (2) angesprochenen Gesichtspunkte als unmittelbare Finanzierungsquelle angesehen. Obwohl diese Darstellungsform in unreflektierter Adaption älterer Quellen gelegentlich auch noch in jüngeren Lehrbuchpräsentationen anzutreffen ist, muss sie mangels konzeptioneller Fundierung als nicht haltbar angesehen werden.

Siehe auch → Cash Flow (mit Literaturangaben) sowie → Abschreibungen und → Abschreibungsmethoden.

Literatur: Bitz, M.: Finanzierung als Marktprozeß – Reflexionen zu Inhalt und Differenzierung des Finanzierungsbegriffs, in: Gerke, W. (Hrsg.): Planwirtschaft am Ende – Marktwirtschaft in der Krise?, Festschrift für Wolfram Engels, Stuttgart 1994, S. 187-216; Bitz, M., Terstege, U: Grundlagen des Cash-Flow-Managements, in: Krimphove, D., Tytko, D. (Hrsg.): Praktiker-Handbuch Unternehmensfinanzierung – Kapitalbeschaffung und Rating für mittelständische Unternehmen, Stuttgart 2002, S. 343-372.

Finanzierung „aus Rückstellungen"

Der Begriff der Finanzierung „aus → Rückstellungen" kann im Zusammenhang mit der Analyse und Gestaltung der → Innenfinanzierung in dreifacher Weise interpretiert werden:

(1) Bei dem primär im Bereich der Jahresabschlussanalyse anzutreffenden Versuch, das Volumen der Innenfinanzierung als → Cash Flow auf indirektem Wege aus Jahresabschlussgrößen zu ermitteln, stellt die Veränderung der Rückstellungen eine Korrekturgröße dar. Der Betrag der in die GuV-Rechnung als Aufwand eingegangenen Erhöhung der Rückstellungen ist als nicht zahlungswirksame Aufwandsgröße zum Jahresüberschuss hinzuzuaddieren und damit letztlich aus der Rechnung zu eliminieren. Im Endeffekt wird dadurch erreicht, dass das Ausmaß der Rückstellungsbildung für den als Ergebnis der Rechnung zu ermittelnden Cash Flow ohne Bedeutung ist.

(2) Die Gestaltung von Rückstellungen stellt ein Instrument im Rahmen des → Cash Flow-Managements dar, mit dem versucht werden kann, über die Höhe der (steuerlichen) Abschreibung auf die Steuerbemessungsgrundlage der betrachteten Periode und damit – zeitlich versetzt – auch auf die Steuerzahlungen als einem Element der Negativkomponente des Innenfinanzierungssaldos einzuwirken. Wird der Innenfinanzierungsbegriff auf den nach Ausschüttungen verbleibenden Zahlungsüberschuss ausgeweitet, stellt die Bildung von Rückstellungen zugleich auch als Gestaltungsparameter der Ausschüttungspolitik (vgl. auch → Rücklagenpolitik) ein Instrument des Cash Flow-Managements dar.

(3) Im älteren Schrifttum wird die Bildung von Rückstellungen schließlich in gedanklicher Vermischung der unter (1) und (2) angesprochenen Gesichtspunkte als unmittelbare Finanzierungsquelle angesehen. Obwohl diese Darstellungsform in unreflektierter Adaption älterer Quellen gelegentlich auch noch in jüngeren Lehrbuchpräsentationen anzutreffen ist, muss sie mangels konzeptioneller Fundierung als nicht haltbar angesehen werden.

Siehe auch → Cash Flow sowie → Rückstellungen, jeweils mit Literaturangaben.

Literatur: Bitz, M.: Finanzierung als Marktprozeß – Reflexionen zu Inhalt und Differenzierung des Finanzierungsbegriffs, in: Gerke, W. (Hrsg.): Planwirtschaft am Ende – Marktwirtschaft in der Krise?, Festschrift für Wolfram Engels, Stuttgart 1994, S. 187-216; Bitz, M., Terstege, U: Grundlagen des Cash-Flow-Managements, in: Krimphove, D., Tytko, D. (Hrsg.): Praktiker-Handbuch Unternehmensfinanzierung – Kapitalbeschaffung und Rating für mittelständische Unternehmen, Stuttgart 2002, S. 343-372.

Finanzierung, fristenkongruente

Das von den Kapitalgebern zur Verfügung gestellte Kapital wird für die Gesamtlaufzeit des Kredits bereitgestellt, weist also die gleiche Laufzeit wie der Kredit auf. Beträgt die Laufzeit eines Kredites beispielsweise zehn Jahre, so stellen die Kapitalgeber ihr Kapital ebenfalls für zehn Jahre zur Verfügung; Gegenteil → revolvierende Finanzierung.

Finanzierung, revolvierende

Verschiedene Kreditgeber treten nacheinander in das Schuldverhältnis ein, weil das benötigte Kapital nicht für die Gesamtlaufzeit des Kredites bereitgestellt wird. Ein zehnjähriger Kredit kann beispielsweise derart finanziert werden, dass mehrere Kreditgeber zeitlich so aneinandergereiht werden, dass die beabsichtigte langfristige Finanzierung zustande kommt. Bei einer direkten Kreditgewährung trägt der Kreditnehmer das Risiko, dass die Anschlussfinanzierung nicht zustande kommt, während dieses Risiko bei einer indirekten Kreditgewährung vom Vermittler übernommen wird; Gegenteil → fristenkongruente Finanzierung.

Finanzierungsinstrumente, internationale

siehe → Außenhandelsfinanzierung und → Corporate Finance, jeweils mit Literaturangaben.

Finanzierungsleasing

siehe → Finance-Leasing; siehe auch → Leasing.

Finanzierungsregel, goldene

ist eine normative Kennziffer der Finanzanalyse. Im Hinblick auf die Zielsetzung der jederzeitigen Liquiditätssicherung des Unternehmens fordert die goldene Finanzierungsregel die Einhaltung des Grundsatzes der Fristenkongruenz. In der Praxis beschränkt man sich in der Regel auf zwei Fristenkategorien und differenziert lediglich zwischen lang- und kurzfristigem Vermögen bzw. Kapital. So soll beispielsweise langfristiges Vermögen auch langfristig finanziert werden, d.h. Anlagevermögen durch Eigenkapital bzw. Eigenkapital und langfristiges Fremdkapital. Vgl. auch → Anlagendeckungsgrad I und → Anlagendeckungsgrad II. Im Bankenbereich entspricht die goldene Finanzierungsregel der *goldenen Bankregel*, die besagt, dass kurzfristig aufgenommenes Geld nur kurzfristig ausgeliehen werden darf, während langfristig aufgenommenes Geld auch langfristig verliehen werden kann.

Siehe auch → Kennzahlen, finanzwirtschaftliche und die dort angegebene Literatur.

Finanzinnovationen

von Univ.-Professor Dr. Rainer Stöttner

Lehrstuhl für Allgemeine Betriebswirtschaftslehre, Finanzierung, Banken und Versicherungen an der Universität Kassel

1. Abgrenzungsproblem

Eine klare Abgrenzung des Begriffes "Finanzinnovation" gibt es nicht. Einigkeit über den Begriffsinhalt besteht nur insoweit, als deutlich wahrnehmbare Neuerungen im Finanzbereich der Wirtschaft gemeint sind.

Eine Analogie zum technischen Fortschritt drängt sich auf. Dieser wurde bereits von J. A. Schumpeter als vielschichtiges Phänomen begriffen und definiert. Nach seiner Klassifikation manifestiert sich technischer Fortschritt erstens als Produktinnovation, zweitens als Verfahrensinnovation, drittens als die Erschließung neuer Märkte und viertens als planerisch-organisatorische Innovation. Dabei ist die Unterscheidung zwischen Invention, der bloßen Erfindung, und Innovation, der marktmäßigen Verwertung der Erfindung, wichtig. Die Übertragung dieses, für den wirtschaftlichen Realbereich weithin akzeptierten, Klassifikationsschemas auf den Finanzbereich ist im wesentlichen unproblematisch.

2. Produktinnovationen

Finanzinnovationen vollziehen sich somit erstens im Bereich der Finanzprodukte. Zu den innovativen Finanzprodukten werden gemeinhin insbesondere derivative Finanzprodukte (→ Derivate) gezählt. Diese beziehen sich auf ein → Basisobjekt (Underlying), z.B. Aktien, Anleihen oder Devisen. Zu den Derivaten werden im wesentlichen → Optionen, → Swaps, → Forwards, → Forward-Rate Agreements und → Futures gerechnet sowie Kombinationen (z.B. die → Swaption) oder komplexe Weiterentwicklungen (z.B. exotic options). Derivate werden außerdem nicht nur untereinander kombiniert, sondern auch in vielfältiger Weise mit "traditionellen" Finanzinstrumenten (z.B. Anleihen) kombiniert, wodurch → hybride Finanzinstrumente, wie z.B. → Aktienanleihen, → Side-Step-Zertifikate, → Bonus-Zertifikate entstehen.

Insbesondere unter Verwendung derivativer Konstruktionselemente ist eine nahezu unübersehbare Fülle innovativer Finanzinstrumente entstanden, wobei diesbezüglich der schöpferische Impetus der Finanzbranche bislang keinerlei Schwächesymptome zeigt. Fast täglich wird der Markt mit – zumindest vordergründig – phantasievollen Kreationen überschwemmt. Die kreative Phantasie wurde angeregt durch den ausgeprägten Attentismus der Aktien-Anleger im Gefolge der im Frühjahr 2000 – vor allem an den europäischen Börsen – einsetzenden und bis zum Frühjahr 2003 sich dramatisch fortsetzenden Rückgangs der Aktienkurse.

Aktien-Investments scheinen aufgrund dieser Erfahrung für viele Anleger nur noch dann überlegenswert, wenn der Markt Instrumente anbietet, die neben hohen Renditechancen auch eine weitgehende Risikoabsicherung implizieren (oder zumindest suggerieren). Die Finanzbranche hat hierauf mit einer Fülle von angeblich chancenträchtiger und zugleich risikominimierender Instrumente reagiert (z.B. → Garantie-Zertifikate). Das Innovative dieser Produktkreationen liegt somit in ihrer neuartigen Strukturierung von Rendite/Risikoprofilen (→ Risiko) zum Nutzen der Anbieter (zumeist Banken) und Nachfrager (Anleger mit teilweise sehr spezifischen Präferenzstrukturen).

3. Verfahrensinnovationen

Zweitens zeigen sich Finanzinnovationen im finanzwirtschaftlichen Verfahrensbereich. Zu denken ist beispielsweise an Zahlungs- und Abrechnungssysteme (→ TARGET, → SWIFT), Clearingsysteme, Sicherungssysteme (→ Margining Systems), alternative Handelsplattformen (→ Alternative Trading Systems, → ATS), → hybride Handelssysteme usw.

4. Globalisierungsbedingte Innovationen

Drittens sind Finanzinnovationen zu beobachten im Rahmen der fortschreitenden Internationalisierung und Globalisierung von Finanzgeschäften (→ global financial village), insbesondere im Hinblick auf die Schaffung fairer Wettbewerbsbedingungen und Kontrollmechanismen im globalen Kontext (Basel I, → Basel II, → Rating-Methoden, kreditwirtschaftliche) und im Hinblick auf eine international abgestimmte und harmonisierte Finanzmarktpolitik zur Schaffung stabiler Finanzmarktstrukturen (financial arquitecture, internationales Schuldenmanagement, → Circuit Breakers)).

5. Planerisch-organisatorische und strategisch-taktische Innvotionen

Viertens schließlich gewinnen Finanzinnovationen zunehmende Bedeutung in einem Bereich, der mit Planung, Organisation und Kontrolle von Finanzgeschäften und deren strategisch-taktischer Umsetzung zu tun hat. Hierher gehören innovative Methoden der Finanzanalyse (→ Fundamentalanalyse, → technische Analyse), des Managements finanzieller Risiken (→ Hedging,), des → Portfoliomanagements und der regelgebundenen Vermögensverwaltung (siehe auch → Fonds, → Hedgefonds, → Trading Rules).

6. Financial Engineering

Parallel zum Begriff "Finanzinnovation" konnte sich seit einiger Zeit der Begriff des *Financial Engineering* etablieren, der wiederum nicht nur sehr vielschichtig ist, sondern auch mit unterschiedlicher Breite verwendet wird. So verstehen viele Autoren unter Financial Engineering die Konzipierung und Umsetzung innovativer Finanzprodukte, andere wiederum rechnen innovative Finanzverfahren dazu. Auch ein Begriff des Financial Engineering, der dem soeben skizzierten Klassifikationsschema der Finanzinnovationen entspricht, findet Verwendung. Insofern stellen Finanzinnovationen und Financial Engineering synonyme Begriffe dar.

Zuweilen wird unter Financial Engineering allerdings auch (oder ausschließlich) die Erarbeitung maßgeschneiderter, in der Regel innovativer, Lösungen für Finanzprobleme individueller Kunden (Mandanten) verstanden, wodurch der Begriff um eine spezifisch marketingpolitische und kundenorientierte Komponente angereichert wird.

Darüber hinaus ist der Financial-Engineering-Ansatz insofern hilfreich, weil er die abstrakt-theoretische Frage, was eigentlich das Attribut "innovativ" bedeutet, pragmatisch beantwortet. Finanzinnovationen können schwerlich in einem absoluten Sinne "neu" sein, denn sie gründen auf Bekanntem und Bewährtem. Bekannte Elemente lassen sich aber auf immer wieder neue, vielfältige Weise kombinieren. Somit sind nicht die Elemente, die "Bausteine", neu, sondern neu ist deren Kombination (*building-block approach*) aufgrund einer progressiv fortschreitenden Zweck- und Anwendungsdifferenzierung. Zuweilen findet freilich auch nur ein Etikettenschwindel statt, indem Altes neu verpackt wird, um Kunden mit scheinbar Neuem anzulocken ("alter Wein in neuen Schläuchen").

Hinweis

Zu den angrenzenden Wissensgebieten siehe → Asset Backed Securities, → Außenhandelsfinanzierung (Internationale Zahlungs-, Sicherungs- und Finanzierungsinstrumente), → Corporate Finance, → Hedgefonds, → Optionen, → Portfoliomanagement, → Private Equity, → Swaps, → Risikocontrolling, → Währungsmanagement, → Zinsmanagement.

Literatur: Cuthbertson, K., Nitzsche, D.: Financial Engineering: Derivatives and Risk Management, Chichester, New York, etc. 2001;. Eales, B.: Financial Engineering, London 2000; Eckl, S., Robinson, J.N., Thomas, D.C.: Financial Engineering: A Handbook of Derivative Products, Oxford 1991; Eilenberger, G.: Lexikon der Finanzinnovationen, 3. Aufl., München, Wien 1996; Ganz, D.: Eigenmittelunterlegung von Finanzinnovationen, Gabler Edition Wissenschaft, Wiesbaden 2001; Stöttner, R.: Investitions- und Finanzierungslehre, Frankfurt, New York 1998; Stöttner, R.: Financial Engineering, in rororo Betriebswirtschaft (hrsg. von Horst Günter), Reinbek bei Hamburg 2004

Internetadressen: http://www.behavioral-finance.de, http://www.finanznachrichten.de http://boerse.ard.de, http://www.zertifikateweb.de, http://www.ubs.com

Website / Internetadresse des Autors: www.uni-kassel.de; stoettner@wirtschaft.uni-kassel.de

Finanzintermediäre
sind Mittler zwischen Kapitalangebot und -nachfrage, die fragmentiertes Spar- bzw. Anlagekapital, beispielsweise Sparvermögen von Privathaushalten, bündeln und Kapitalnachfrager, beispielsweise Unternehmen, zur Verfügung stellen. Beispiel für Finanzintermediäre sind Banken und andere Kapitalsammelstellen wie Private Equity und Venture Capital Funds, aber auch Versicherungen. Die Finanzintermediäre nehmen volks- wie auch privatwirtschaftlich wichtige Transformationsfunktionen wahr. Unterschieden werden insbesondere die Losgrößen-, Fristen- und Risikotransformation: Durch die „Poolbildung" von Angebots- bzw. Nachfragekapital werden Diskrepanzen hinsichtlich individueller Kapitalangebots- und -nachfragebeträge, -fristen und -risiken kompatibel gemacht beziehungsweise ausgeglichen werden mit dem Effekt effizienterer Kapitalallokation.
Im weiteren Sinne wird der Begriff auch auf Dienstleister verwendet, die die Anbahnung von Transaktionen zwischen Kapitalgebern und -nehmern erleichtern, (z.B. durch Informationsbereitstellung), beziehungsweise direkt zwischen Investor und Kapitalnachfrager vermitteln, wie Börsenmakler und Finanzauktionare.
Siehe auch → Corporate Finance (mit Literaturangaben).

Finanzkonglomerate
umgangssprachlich häufig mit → Allfinanzkonzern gleichgesetzt. Eigentlich Begriff aus dem Aufsichtsrecht. Danach sind Finanzkonglomerate Gruppen von Unternehmen, denen mindestens ein Unternehmen der Versicherungsbranche und ein Unternehmen der Bank-/Wertpapierdienstleistungsbranche angehören. Eines dieser Unternehmen muss der Beaufsichtigung unterliegen. Rechtsgrundlage für die Aufsicht über Finanzkonglomerate ist die → Finanzkonglomeraterichtlinie, die bereits in deutsches Recht umgesetzt wurde.

Finanzkonglomeraterichtlinie
EU-Richtlinie zur Beaufsichtigung von → Finanzkonglomeraten mit dem Ziel, einen einheitlichen rechtlichen Rahmen für die Beaufsichtigung, gleiche Wettbewerbsbedingungen und Rechtssicherheit innerhalb der Mitgliedsstaaten der EU zu schaffen.
Internetadresse: http://europa.eu.int/comm/internal_market/financial-conglomerates

Finanzkredit, (liefer-)gebundener
siehe → gebundene Finanzkredite.

Finanzkreditdeckungen des Bundes
(Hermes-Finanzkreditdeckungen, Deutschland), Form der sog. Hermes-Deckungen zur Sicherung deutscher Exportgeschäfte; siehe auch → Exportkreditgarantien des Bundes. Finanzkreditdeckungen (Hermes-Finanzkreditdeckungen) übernimmt der Bund für Kredite deutscher (und u.U. ausländischer) Banken und Finanzierungsinstute an ausländische Schuldner (ausländische privatrechtlich organisierte Schuldner sowie ausländische öffentliche/staatliche Schuldner, die Besteller oder Banken sein können). Zu den (gebundenen) Finanzkrediten siehe auch → Bestellerkredite sowie → Bank-zu-Bank-Kredite.

Finanzmarketing
(*Shareholder-Marketing*). Das → Marketingkonzept wird in Form des Finanzmarketings zunehmend auch im Finanzbereich von Unternehmen angewendet. Im Mittelpunkt steht dabei die Kommunikation mit dem Kapitalmarkt zur Gewinnung von aktuellen und potentiellen Kapitalgebern.

Finanzmarktaufsichtsbehörde (FMA), österreichische
Anstalt öffentlichen Rechts mit eigener Rechtspersönlichkeit; unabhängige Aufsichtsbehörde, der die Überwachung von Kreditinstituten, Pensionskassen und Versicherungsunternehmen sowie die Beaufsichtigung des gesamten Bereichs Wertpapiere übertragen ist.
Internetadresse: Österreichische → Finanzmarktaufsicht ~ http://www.fma.gv.at

Finanzmathematik

Finanzmathematik

von Professor Dr. Heinz Cremers – HfB Hochschule für Bankwirtschaft, Frankfurt a.M. und
Dipl.-Math. Thilko Lünemann – J. W. Goethe-Universiät, Frankfurt a.M.

1. Charakterisierung

Finanzmathematik ist ein Teilgebiet der Wirtschaftsmathematik. In ihrer klassischen Form beschreibt sie die Entwicklung eines Kapitals durch Zinsen und Renten- bzw. Tilgungszahlungen. Durch die zunehmende Komplexität der Finanzprodukte hat sich die Thematik und Methodik in neuerer Zeit stark erweitert. An die Stelle des Kapitals tritt nun allgemeiner der Begriff der → Finanzposition, dessen Analyse und Steuerung umfangreiche mathematische Kenntnisse erfordert.

2. Klassische Finanzmathematik

Die Klassische Finanzmathematik basiert auf Anwendungen der arithmetischen und geometrischen Reihen, d.h.

$$\sum_{i=0}^{n} a_0 + i \cdot d = \frac{n+1}{2} \cdot (2a_0 + n \cdot d) \text{ und } \sum_{i=0}^{n} a_0 \cdot q^i = a_0 \cdot \frac{q^{n+1}-1}{q-1}$$

Wesentliche Teilgebiete sind Zinsrechnung, Rentenrechnung und Tilgungsrechnung.

a) Zinsrechnung

Zins ist eine Vergütung für die zeitweilige Überlassung von Kapital. Während ein Kredit Zinskosten verursacht, erzielt ein Guthaben einen Zinserlös. Die Höhe der Zinsen ist abhängig vom Kapital A, dem Zinssatz p pro Periode und der Laufzeit T gemessen in Perioden. Im Kalkül der einfachen Verzinsung werden die Zinsen linear berechnet: $Z = A \cdot p \cdot T$, wobei sich die Feststellung der Zinsen (Fälligkeit) auf das Laufzeitende bezieht. Dann wird der aufgezinste Betrag $A + Z = A(1 + pT)$ zurückgezahlt. Der Ausdruck $1 + pT$ heißt Aufzinsungsfaktor oder kurz Zinsfaktor. Im Kalkül der exponentiellen Verzinsung werden Zinsen jeweils zum Periodenende berechnet und dem Kapital zugeschlagen (Kapitalisierung der Zinsen). In diesem Fall vermehrt sich laufend die Schuld eines Kredites bzw. das Guthaben einer Einlage. Ein nicht unwesentlicher Teil der Kapitalmehrung ist darin begründet, dass in späteren Zinsperioden nicht nur für das ursprüngliche Kapital Zinsen anfallen, sondern auch für die kapitalisierten Zinsen – sogenannte Zinseszinsen. Entwickelt sich das Kapital in einem Konto, gilt für die Folge der Kontostände

$$K_t = A(1 + p)^t \text{ für } t = 0,1,\ldots,T$$

Damit ist der Zinsfaktor der exponentiellen Verzinsung $(1 + p)^T$, und aufgelaufene Zinsen berechnen sich zu

$$Z = K_T - K_0 = A \cdot \left((1+p)^T - 1\right)$$

Soll umgekehrt nach T Perioden ein Kapital K erreicht werden, ist zum Beginn der Laufzeit eine Anlage $A = K/(1 + p)^T$ notwendig. Dabei heißt A der Barwert von K. Den Übergang von K zu A nennt man Abzinsen bzw. Diskontieren, und $1/(1 + p)^T$ heißt der Diskontierungsfaktor der exponentiellen Verzinsung. Analog ist $1/(1 + pT)$ der Diskontierungsfaktor der einfachen Verzinsung.

Ist ein Jahreszins r vereinbart und ist das Jahr in m gleich lange Zinsperioden unterteilt, so spricht man von unterjähriger Verzinsung, wenn bereits am Ende jeder Teilperiode Zinsverrechnungen im Konto vorgesehen sind. Mit dem Periodenzins $p = r/m$ berechnet sich der Kontostand nach n Jahren, d.h. nach $m \cdot n$ Zinsperioden, zu

$$K_n = A(1+p)^{m \cdot n} = A(1+r/m)^{m \cdot n} = A(1+r_{eff})^n$$

Man nennt $r_{eff} = (1+r/m)^m - 1$ den effektiven Jahreszins.

b) Rentenrechnung

Zahlungen, die sich in regelmäßigen Abständen wiederholen, nennt man Rentenzahlungen. Je nachdem, ob die Zahlungen zum Beginn oder am Ende der Periode erfolgen, liegt eine vorschüssige bzw. nachschüssige Rente vor. Werden die aufgelaufenen Beträge in einem Konto mit exponentiellem Periodenzins p geführt (d.h. jeweils am Ende der Periode werden Zinsen fällig, die sich über das Konto kapitalisieren), berechnet sich der Kontostand K_t^{ns} bei nachschüssigen, konstanten Einzahlungen in Höhe von B ausgehend von $K_0^{ns} = 0$ durch

$$K_t^{ns} = \sum_{i=0}^{t-1} B(1+p)^i = B \frac{(1+p)^t - 1}{p} \text{ für } t=0,1,...,T$$

Analog gilt für den Kontostand K_t^{vs} vorschüssiger Einzahlungen B ausgehend von $K_0^{vs} = B$ nach t Perioden

$$K_t^{ns} = B(1+p) \frac{(1+p)^t - 1}{p} \text{ für } t=0,1,...,T$$

Der Barwert PV_T (Present Value) konstanter Rentenzahlungen berechnet sich mit den Rentenbarwertfaktoren

$$RBF_T^{ns} = \frac{(1+p)^T - 1}{p(1+p)^T} \text{ und } RBF_T^{vs} = \frac{(1+p)^T - 1}{p(1+p)^{T-1}}$$

zu $PV_T^{ns} = B \cdot RBF_T^{ns}$ bzw. $PV_T^{vs} = B \cdot RBF_T^{vs}$. Für den Barwert einer ewigen (nachschüssigen) Rentenzahlung B gilt schließlich $PV_\infty^{ns} = B/p$.

Werden von einem Konto mit Kapital $K_0 > 0$ regelmäßig Zahlungen B geleistet, gilt für den Kontostand K_T nach T Perioden

$$K_T = K_0(1+p)^T - B\frac{(1+p)^T - 1}{p}.$$

c) Tilgungsrechnung

Tilgung ist die Rückzahlung einer Schuld (Kredit). Erfolgt die Kapitalrückführung regelmäßig zum Periodenende über ein Konto mit exponentiellem Periodenzins p, können jeweils zum Periodenende folgende Größen bestimmt werden: (1) Die Tilgungsrate T_n der n-ten Periode, d.h. der Betrag, um den die Restschuld verringert wird. (2) Die Gesamtbelastung $B_n = T_n + Z_n$ der n-ten Periode (Kapitaldienst) als Summe von Tilgungsbetrag T_n und Zinszahlung Z_n. (3) Die Restschuld A_n nach der n-ten Periode.

Abhängig vom Tilgungsmodus wird zwischen Ratentilgung und Annuitätentilgung unterschieden. Ist der Tilgungsbetrag bei der Rückzahlung einer Schuld für alle Perioden gleich, liegt eine *Ratentilgung* vor. Soll die Schuld nach N Perioden getilgt sein, ergibt sich

$$T_n = A/N,$$
$$A_n = A(1 - n/N),$$
$$Z_n = Ap(1 + (n-1)/N),$$
$$B_n = A/N \cdot (1 + (N - n + 1)p).$$

Ist bei der Rückzahlung einer Schuld die Gesamtbelastung für alle Perioden gleich, liegt eine *Annuitätentilgung* vor. Soll die Schuld nach N Perioden getilgt sein, ergibt sich

$$B_n = B = A\frac{p(1+p)^N}{(1+p)^N - 1},$$
$$A_n = A(1+p)^n - B\frac{(1+p)^n - 1}{p},$$
$$Z_n = B + (Ap - B)(1+p)^{n-1},$$
$$T_n = (B - Ap)(1+p)^{n-1}$$

3. Neuere Finanzmathematik

In neuerer Auffassung erweitert sich das Aufgabengebiet der Finanzmathematik von der klassischen Geldanlage und -aufnahme zur Analyse beliebiger → Finanzpositionen. Damit rückt das Spektrum aller Finanzprodukte ins Blickfeld. Gleichzeitig erweitern sich die Anforderungen an die quantitativen Methoden (z.B. Differentialrechnung und weite Teile der Stochastik). Auch die Berechnung der Zinsen ist betroffen: Zu verschiedenen Möglichkeiten der → Tageberechnung für beliebige Laufzeiten treten weitere Kalküle der → Zinsrechnung. Methodisch gliedert sich die neuere Finanzmathematik in die folgenden drei Bereiche:

a) Cashflow-Analyse

Die Cashflow-Analyse beginnt mit der Darstellung zukünftiger → Zahlungen (engl. Cashflows; siehe auch → Cash Flow) zu bestimmten Zeitpunkten. Die graphische Darstellung erfolgt meist anhand eines Zahlenstrahls, auf dem die Zeitpunkte $t_0, ..., t_N$ mit den zugehörigen Zahlungen $CF_n = CF(t_n)$ für *n=1,...,N* angebracht sind. Zu einer Position aus Anleihen werden beispielsweise die einzelnen Coupon- und Kapitalzahlungen aufgeführt. Zahlungen komplexer Produkte sind dabei so weit wie möglich in Zahlungen einfacher Basisprodukte zu zerlegen. Sieht z.B. eine der Anleihen das Recht auf Wandlung in *a* Stück einer Aktie vor, wird die Schlusszahlung zerlegt in die Zahlung einer gewöhnlichen Anleihe und die Zahlung einer Kaufoption (Call) auf *a* Aktien, deren Basiswert gleich dem Nennwert der Anleihe ist. Damit erweist sich die Cashflow-Analyse als ein Teilgebiet des → Financial Engineering.

b) Bewertung

Ziel ist die Feststellung des heutigen Wertes (Barwert) sämtlicher Zahlungen einer Position *G*. Zur Bestimmung des Barwertes geht man von einem arbitragefreien Markt (→ Arbitrage) gehandelter Produkte aus und definiert als Barwert von *G* denjenigen Preis $V_0(G)$, der den um *G* erweiterten Markt arbitragefrei lässt. Man spricht von arbitragefreier Bewertung oder einer Bewertung Market-to-Market. Die Berechnung des Barwertes kann alternativ erfolgen (1) über eine Duplikation der Position (d.h. Konstruktion einer Handelsstrategie, deren Zahlungen zu allen Zeitpunkten mit der Position übereinstimmt) - $V_0(G)$ ist dann der Preis der Duplikation in t_0 - oder (2) über die Diskontierung (→ Zinsrechnung) der Zahlungen $CF_1,...,CF_N$ der Position mit den Diskontierungsfaktoren $DF_1,...,DF_N$ des Marktes; dabei entspricht dem Cashflow CF_n der Diskontierungsfaktor $DF_n = DF(t_0, t_n)$ gleicher Laufzeit:

$$V_0(G) = \sum_{n=1}^{N} CF_n \cdot DF_n$$

Diese Berechnung des Barwertes ist allerdings auf den Fall beschränkt, dass Beträge und Zeitpunkte der Cashflows zum Zeitpunkt t_0 bekannt sind. Ist eine Zahlung aus heutiger Sicht unbekannt – z.B. die Zahlung einer Option auf eine Aktie, die von der zukünftigen Kursentwicklung der Aktie abhängt –, müssen geeignete stochastische Modelle herangezogen werden - hier ein Kursmodell für die Aktie. Der heutige Wert einer unsicheren Position berechnet sich dann als diskontierter Erwartungswert der Zahlung. Da dieser nicht nur von den Marktgegebenheiten abhängt, sondern auch von dem verwendeten Modell, ist diese Form der Bewertung Mark to Market and Model.

Neben der arbirragefreien Bewertung gibt es auch die Möglichkeit eine Position nach der erzielten → Rendite zu beurteilen.

c) Risikoanalyse

Wird eine Position über die Zeit gehalten, entsteht ein Risiko aus möglichen negativen Wertänderungen (Verlusten). Der erste Schritt der Analyse ist die Identifizierung verschiedener Risikofaktoren, die den Wert der Position beeinflussen. Sind diese Faktoren Marktgrößen (z.B. Kurse oder Zinsen), so spricht man von Marktrisiken (Kursrisiko oder Zinsrisiko). Aber auch eine Verschlechterung der Bonität oder der Ausfall eines Kontrahenten kann zu Verlusten führen. Hält ein Investor z.B. eine Position aus festverzinslichen Industrieanleihen, kann sowohl ein allgemeiner Anstieg der Marktzinsen als auch eine negative Änderung der Bonitätsstufe des Emittenten zu Wertverlusten führen. Bonitätsrisiko und Ausfallrisiko werden zum Begriff Kreditrisiko zusammengefasst. Marktrisiken und Kreditrisiken zählen zu den Geschäftsrisiken eines Unternehmens. Dagegen werden Risiken, die mit dem Betriebsablauf verbunden sind, operationelle Risiken genannt. Dies sind insbesondere personelle und technische Risiken. Ziel der Risikoanalyse ist die Quantifizierung der Risiken. Einfachstes Verfahren hierzu ist die Szenarioanalyse. Diese bestimmt die Wertänderung einer Position, wenn gewisse Änderungen der Risikofaktoren eintreten. Dabei können als Standardszenarien marktübliche Änderungen oder als Stressszenarien extreme Ausschläge simuliert werden. Das am häufigsten verwendete Risikomaß ist aber der Value at Risk (VaR). Auf Basis der Verlustverteilung bestimmt er eine (minimale) obere Verlustschranke so, dass diese nur mit vorgegebener (kleiner) Risikowahrscheinlichkeit noch überschritten wird. Eine sinnvolle Ergänzung des Value at Risk ist der sogenannte Expected Shortfall, der den erwarteten Verlust für den Fall bestimmt, dass die Verlustschranke VaR überschritten wird. Geht man bei der Berechnung des VaR für Marktzinsen meist von normalverteilten Verlusten aus, trifft dies wegen der Asymmetrie von Verlusten im Kreditbereich nicht zu. Zur Berechnung eines entsprechenden VaR ist außerdem zu berücksichtigen, dass der erwartete Verlust (Expected Loss) als Risikokosten i.d.R. im Kreditzins eingepreist ist.

Auf Basis exakter Kalkulationen des Risikos können dann geeignete Steuerungsmaßnahmen zur Sicherung bzw. Reduktion der Position ergriffen werden, um das Risikopotenzial der Tragfähigkeit eines Unternehmens anzupassen.

Hinweise

- Zu den vertiefenden Wissensgebieten siehe → Cash Flow, → Diskontierungsfaktor, → Rendite (Berechnungsmethoden), → Tageberechnung, → Zinsrechnung.
- Zu den angrenzenden Wissensgebieten siehe → Investitionswirtschaft, → Kreditfinanzierung, langfristige, → Ökonometrie, → Operations Research, → Optimierungsmodelle, mathematische, → Portfoliomanagement, → Statistik, → Wirtschaftsmathematik.

Literatur: Bosch, K.: Finanzmathematik, Oldenbourg Verlag, München 1991; Cremers, H.: Mathematik für Wirtschaft und Finanzen I, Bankakademie Verlag, Frankfurt am Main 2002; Bronstein, I.N., Semendjajew, K.A., Musiol, G., Mühlig, H.: Taschenbuch der Mathematik, Verlag Harri Deutsch, Thun und Frankfurt am Main 2001; Baxter, M., Rennie, A.: Financial Calculus, Cambridge Universitiy Press, Cambridge 1956; 1996; Heidorn, Th.: Finanzmathematik in der Bankpraxis. Vom Zins zur Option, Gabler Verlag, Wiesbaden 2002; Jorion, P.: Value at Risk: the new benchmark for controlling market risk, Irwin, Chicago; Kruschwitz, L.: Finanzierung und Investition, Oldenbourg Verlag, 2004; Kruschwitz, L.: Finanzmathematik, Oldenbourg Verlag, 2005

Internetadressen: www.gloriamundi.com, www.defaultrisk.com

Finanzmittel

Buchhalterisch oder bilanztechnisch erfassbare monetäre Mittel und Zahlungsmitteläquivalente, die einem Unternehmen zur Verfügung stehen, um ihren Kapitalbedarf zu decken und/oder die → Liquidität zu gewährleisten. Finanzmittel können entweder extern über die Finanzmärkte aufgenommen oder intern erwirtschaftet werden. Sie sind stets in Währungseinheiten beschreibbar und können zeitpunkt- oder zeitraumbezogen disponiert werden. Siehe auch → Kapitalflussrechnung.

Finanzmittelfonds

siehe → Fonds (Finanzmittelfonds).

Finanzplan, Grundstruktur

Der Finanzplan ist eine sachlich und zeitlich gegliederte Gegenüberstellung der erwarteten Einzahlungen und der Auszahlungen eines Unternehmens. Er dient dazu, das finanzielle Gleichgewicht des Unternehmens zu gewährleisten, die erwarteten Ein- und Auszahlungen zu prognostizieren und zu optimieren und so jederzeitige Zahlungsfähigkeit des Unternehmens sicherzustellen.

Der Finanzplan besteht aus zwei Teilplanungen, dem → Kapitalbedarfsplan für Investitionen und dem → Liquiditätsplan, der der situativen Liquiditätssteuerung dient. Über die → Planbilanz und die → Planerfolgsrechnung werden beiden Pläne miteinander verknüpft. Als Ergebnis der Finanzplanung ergibt sich der voraussichtliche Kapitalbedarf für das Unternehmen (bzw. geplante Vorhaben).

Finanzpläne lassen sich nach ihrer Fristigkeit in kurzfristige (monatlich, quartalsweise), mittelfristige (jährlich) und langfristige (bis zu drei Jahren) Finanzpläne unterscheiden. Im → Businessplan sollte mit Hilfe des Finanzplanes dargelegt werden, wie groß das grundsätzliche Finanzierungsvolumen für das Projekt ist und dass die jederzeitige Zahlungsfähigkeit des Vorhabens gesichert ist. Darüber hinaus zeigt die Finanzplanung, welche Mittel das Projekt für mögliche noch zu tätigende Investitionen erwirtschaftet und ob die Verzinsung und Rückzahlung der aufgenommenen Kredite aus dem → Cash-Flow gesichert ist.

Siehe auch → Finanzplan, kurzfristiger (Liquiditätsplan), → Finanzplan, langfristiger sowie → Businessplan, jeweils mit Literaturangaben.

Literatur: Schierenbeck, H.: Grundzüge der Betriebswirtschaftslehre, 14. Aufl., München Wien 1999, S. 309 – 311; Wöhle, C.B.: Finanzplanung, in: Akademie Deutscher Genossenschaften ADG (Hrsg.) Reihe Bank Colleg Betriebswirtschaft, Wiesbaden 1999, Gruppe 21, S. 1 – 18.

Finanzplan, kurzfristiger (Liquiditätsplan)

Die kurzfristigen Finanzpläne einer Unternehmung besitzen nach allgemeinem Verständnis einen Planungshorizont bis zu einem Jahr und dienen in erster Linie der Sicherung der Zahlungsfähigkeit (Liquidität) mit dem Nebenziel einer Beachtung des Gewinnstrebens. Letzteres dokumentiert sich z.B. in einer möglichst geringen Kassenhaltung und Begrenzung der mit geringen Ertragspotentialen verbundenen Liquiditätsreserven.

Ausgehend von der Jahresfinanzplanung ist eine Unterteilung in Planmonate vor allem dort notwendig, wo die Zahlungsströme einer Unternehmung zyklischen Schwankungen unterworfen sind. Vollziehen sich die Leistungsprozesse verbunden mit entsprechenden Auszahlungen für Produktionsfaktoren etwa kontinuierlich über das Jahr hinweg, während Absatz und Einzahlungen seitens der Kunden sich auf bestimmte Perioden konzentrieren (z.B. Weihnachtsgeschäft), so kann das Unternehmen ex ante Monate mit einer starken Liquiditätsbelastung erkennen und über entsprechende Finanzdispositionen gegensteuern. Eine unterjährige Finanzplanung ist auch notwendig, um damit die Zeitpunkte außerordentlicher Zahlungen (z.B. Investitionsausgaben, Tilgungen, Steuertermine, Gratifikationen, Kapitalbeschaffungsmaßnahmen) bei der Monatsplanung berücksichtigen zu können.

Auch innerhalb eines Monats gibt es typische, zumindest teilweise ex ante bestimmbare Auszahlungs- und Einzahlungsspitzen, die eine weitere zeitliche Verfeinerung erforderlich machen – Wochen- oder Dekadenplanung sowie letztlich die tägliche Finanzplanung. Vor allem diese bedarf der kontinuierlichen Pflege in Abstimmung mit der Geschäftsentwicklung, den Zahlungsgewohnheiten der Kunden u.Ä., so dass hier eine tägliche Neuausrichtung in Form der rollenden oder rollierenden Planung angesagt ist.

Das grundsätzliche Problem der kurzfristigen Finanzplanung – Einzahlungen sind fremddeterminiert und insofern allenfalls prognostizierbar – erfordert dabei stets eine gewisse Liquiditätsreserve (i.d.R. nicht ausgeschöpfte Kreditlinien) sowie eine hohe Reaktionsgeschwindigkeit bei Planabweichungen. Der Aufbau eines kurzfristigen Finanzplanes kann wie folgt skizziert werden:

I. **Anfangsbestand der liquiden Mittel**
II. **Umsatzbereich**
   Betriebliche Einzahlungen (Umsatzerlöse, sonstige Erlöse)
   Betriebliche Auszahlungen (Material, Personal, Zinsen, Gebühren etc.)
   Saldo: Cash Flow
III. **Anlagenbereich**
   Einzahlungen aus dem Verkauf von Sach- und Finanzanlagen
   Auszahlungen aus dem Kauf von Sach- und Finanzanlagen
   Saldo: Investitionen
IV. **Finanzierungsbereich**
   Einzahlungen aus Kapitalerhöhung, Schuldverschreibungen und Darlehen
   Auszahlungen durch Entnahmen, Ausscheiden von Gesellschaftern und Tilgungen
   Saldo: Finanzierungen
   Saldo I.- IV.: Geldbedarf
V. **Geldbereich**
   Einzahlungen durch Aufnahme kurzfristiger Kredite und Wertpapierverkäufe
   Auszahlungen durch Rückzahlung kurzfristiger Kredite und Geldanlage
   Veränderung des Kontokorrentsaldos
   Saldo: Gelddeckung
   Saldo I – V: Endbestand der liquiden Mittel

VI. Liquiditätsreserven

Offene Kreditlinien

Kurzfristig liquidierbare Vermögenswerte

Summe der Liquiditätsreserven

Eine derartige Struktur – in der unternehmensspezifischen Anwendung hinreichend differenziert – kann grundsätzlich für alle Varianten des unterjährigen Finanzplanes verwendet werden (Monats-, Wochen- oder Tagesfinanzplan). Für alle Pläne gilt dabei die Notwendigkeit einer regelmäßigen Fortschreibung, d.h. Anpassung an möglicherweise geänderte Rahmenbedingungen und abweichende Erwartungen aus dem leistungswirtschaftlichen Bereich der Unternehmung.

Weitere Informationen zur Finanzplanung und zu den angrenzenden Wissensgebieten finden sich unter folgenden Stichworten: → Finanzplan, Grundstruktur, → Finanzplanung, → Finanzplan, langfristiger, → Finanzdispositionen, → Cash Management, → Kennzahlen, finanzwirtschaftliche, → Cash Flow, → Cash Flow Management sowie → Kapitalflussrechnung.

Finanzplan, langfristiger

Die langfristige → Finanzplanung einer Unternehmung hat die Aufgabe, den (Netto-) Kapitalbedarf mit den Möglichkeiten seiner Deckung abzustimmen, d.h. periodenbezogen deren Übereinstimmung unter Beachtung der sich dabei ergebenden Kapitalstruktur herbeizuführen.

Die Ermittlung des Kapital- bzw. Finanzbedarfs der Planperioden basiert auf der Investitionsplanung der Unternehmung bzw. ihrer Teilbereiche, den geplanten bzw. erwarteten Kapitalrückführungen (vor allem Tilgungen) und Veränderungen im → Working Capital.

Die Alternativen zur Deckung des Kapital- bzw. Finanzbedarfs sind abhängig von den Möglichkeiten der Unternehmung im Rahmen der Innen- und Außenfinanzierung. Ersteres setzt eine gleichzeitige Planerfolgsrechnung voraus, über die insbesondere die jährlich zu erwartenden → Cash Flows bestimmt werden können (teilweise wiederum abhängig von den jeweils durchgeführten Investitionen). Ob und in welchem Umfang Erhöhungen des Eigenkapitals einzubeziehen sind, dürfte vor allem vom aktuellen bzw. geplanten Zugang des Unternehmens zum Kapitalmarkt abhängen (siehe auch → Going Public). Die Möglichkeiten zur Fremdfinanzierung werden entscheidend durch ein (positives) Rating seitens der Kreditgeber determiniert, welches wiederum eine entsprechende Kapitalstrukturplanung des Unternehmens voraussetzt.

Der langfristige Finanzplan einer bestehenden Unternehmung ordnet den zukünftigen Finanzbedarf und die dafür bereitstehenden Deckungsmöglichkeiten für die einzelnen Planjahre in einer Grobstruktur, z.B. in folgender Form:

I. Finanzbedarf

(1) Investitionen in das Sachanlagevermögen

    Grundstücke und Gebäude

    Maschinen und maschinelle Anlagen

    Fahrzeuge

(2) Investitionen in das Finanzanlagevermögen

    Erwerb von Beteiligungen

    Finanzanlagen und Ausleihungen

    Erwerb eigener Aktien

(3) Kapitalrückführungen

    Ausscheiden von Gesellschaftern

    Tilgungen

(4) Zugänge im Working Capital

    Zunahme der Vorräte (+)

    Zunahme der Forderungen (+)

    Zunahme kurzfristiger Verbindlichkeiten (-)

Summe (1) – (4) ist der Finanzbedarf pro Planjahr

II. Deckung des Finanzbedarfs
(1) Cash Flow
  Gewinnthesaurierung
  Abschreibungsgegenwerte
  Veränderung der Rückstellungen
(2) Liquidation von Vermögensgegenständen
  Sachvermögen
  Finanzvermögen
(3) Erhöhung des Eigenkapitals
  Gezeichnetes Kapital
  Kapitalrücklagen
(4) Fremdkapitalbeschaffung
  Ausgabe von Schuldverschreibungen
  Schuldscheindarlehen
  Bankkredite
Summe (1) bis (4) ist die Deckung des Finanzbedarfs je Periode

Die hier dargestellten, pro Planjahr zu bestimmenden Positionen lassen sich als eine Art prospektive Bewegungsbilanz verstehen, an deren Anfang und Ende sich jeweils eine Planbilanz (bzw. Vorschaubilanz vor dem ersten Planjahr) befindet. Eine derartige Auflistung, die von jedem Unternehmen nach individuellen Bedürfnissen zu ergänzen ist, lässt erkennen, dass der Finanzplan kein Selbstzweck ist, sondern primär dazu dient, die übrigen Teilpläne aufeinander abzustimmen. Der Finanzplan kann dann ein Korrektiv zum Wachstumsstreben einer Unternehmung darstellen, wenn hohe Investitionsausgaben einzelner Perioden entweder nur unter großer Anstrengung zu finanzieren wären bzw. die sich durch dafür notwendige Kreditfinanzierungen eine nicht gewünschte Verschlechterung bilanzstruktureller Kennziffern ergeben würde.

Weitere Informationen zur Finanzplanung und zu den angrenzenden Wissensgebieten finden sich unter folgenden Stichworten: → Finanzplan, Grundstruktur, → Finanzplanung (mit Literaturangaben), → Finanzplan, kurzfristiger (Liquiditätsplan), → Finanzdispositionen, → Cash Management, → Kennzahlen, finanzwirtschaftliche, → Cash Flow, → Cash Flow Management sowie → Kapitalflussrechnung.

Finanzplanung

Finanzplanung

von Professor Dr. Klaus Amann
Hochschule Oldenburg-Wilhelmshaven

1. Planung

Planung stellt im Gegensatz zur Improvisation den Versuch dar, zukünftige Entwicklungen durch geeignete Prognoseverfahren zu antizipieren und daraufhin Entscheidungen der Unternehmung systematisch vorzubereiten zum Zwecke einer bestmöglichen Zielerfüllung. Die Finanzplanung als Teil der unternehmerischen Gesamtplanung dient damit ebenso wie alle anderen Unternehmenspläne dem gesamten Zielsystem, also dem Streben der Unternehmung bzw. ihrer Entscheidungsträger nach Erfolg, nach Sicherung der Unternehmensexistenz sowie weiteren Zielen, deren Gewichtung durch die jeweilige Entscheidungssituation geprägt ist. Siehe auch → Unternehmensplanung, Grundlagen sowie → Strategisches Management.

2. Finanzplanung

Der Finanzwirtschaft kommt dabei in Form der Finanzplanung insofern eine besondere Aufgabe zu, als die übrigen betrieblichen Teilpläne letztlich über den Finanzplan zu koordinieren sind.

Für den kurzfristigen Planungshorizont gilt dabei, dass Auszahlungen nur insoweit getätigt werden können, wie die Summe aus Bestand an Zahlungsmitteln und Einzahlungen, ggf. ergänzt um offene

Kreditlinien, in hinreichender Höhe verfügbar ist. Dies gilt grundsätzlich für jeden Zeitpunkt während der Existenz des Unternehmens, d.h. eine entsprechende Abstimmung ist zumindest arbeitstäglich durchzuführen. Sollte das Unternehmen fälligen Zahlungsverpflichtungen nicht nachkommen können, ist die Zahlungsfähigkeit (= Liquidität) des Unternehmens nicht mehr gegeben und es droht damit die Insolvenz, ggf. die Auflösung des Unternehmens.

Damit deutet sich schon an, dass für den finanzwirtschaftlichen Sektor das Sicherheitsstreben tendenziell eine stärkere Bedeutung als für andere Teilbereiche des Unternehmens besitzt, wenngleich auch das Erfolgsstreben seine Beachtung findet, indem z.B. die Liquiditätssicherung nicht allein durch eine übergroße Kassenhaltung verwirklicht werden darf. Die gleichzeitige Verfolgung von Gewinnstreben und Liquidität ist aber nur bei hoher Prognosegenauigkeit bezüglich der zukünftigen Zahlungsströme möglich; damit ist wiederum die Finanzplanung gefordert. Von einer *„optimalen Liquidität"* kann man dann sprechen, wenn gerade so viele Zahlungsmittel bereitgestellt werden, dass sich alle Ausgabeverpflichtungen jederzeit erfüllen lassen.

3. Arten und Anlässe der Finanzplanung

Finanzpläne werden in verschiedenen Phasen der Existenz eines Unternehmens einmalig (besondere Finanzpläne) oder periodisch wiederkehrend (reguläre Finanzpläne) erstellt (siehe auch → Finanzplan, kurzfristiger bzw. Liquiditätsplan und → Finanzplan, langfristiger).

Zu den besonderen Finanzplänen zählen diejenigen im Gründungsstadium, bei Auflösung oder in außergewöhnlichen Unternehmenssituationen (z.B. → Sanierung, Zusammenschlüsse, Ausgliederungen, wesentliche Betriebserweiterungen).

Reguläre Finanzpläne werden, i.d.R. rollierend, für die mittel- und langfristige Unternehmensperspektive mindestens jährlich, für die unmittelbar bevorstehende Zukunft täglich, wöchentlich bzw. dekadisch sowie monatlich erstellt. Die kurzfristigen Finanzpläne sind dabei unmittelbar verbunden mit der → Finanzdisposition (Geldbeschaffung und Geldanlage über das Bankensystem bzw. den Geldmarkt) und dem → Cash Management (Koordination der gesamten Finanzströme der Unternehmung).

4. Beurteilung

Eine zeitpunktgenaue Planung der Ein- und Auszahlungen ist nur für einen vergleichsweise kurzen Planungshorizont mit hinreichender Prognosesicherheit möglich. Aus diesem Grunde wird die über mehrere Jahre reichende mittel- und langfristige Finanzplanung i.d.R. darauf verzichten und stattdessen eine Planung des für einzelne Perioden (Jahre) zu veranschlagenden Kapitalbedarfs und dessen Deckungsmöglichkeiten vornehmen. Die Koordination der aus den übrigen Teilplänen stammenden Auszahlungswünsche (z.B. Investitionen) mit den Finanzierungsmöglichkeiten (→ Cash-Flow sowie Eigen- und Fremdkapitalbeschaffung) ist dabei innerhalb der jeweiligen Planperioden vorzunehmen unter Beachtung der über die zwischenzeitlich sichtbaren Planbilanzen einschließlich der dabei zu ermittelnden Kennzahlen.

Die langfristige Finanzplanung kann zwar nicht die Zahlungsfähigkeit der Unternehmung zu einem bestimmten Tag der Planperiode gewährleisten, übernimmt dafür aber die Aufgabe einer Sicherung der sogenannten strukturellen Liquidität, d.h. der Fähigkeit des Unternehmens, im Bedarfsfalle neue Kredite zu erhalten, um damit einer Illiquidität vorbeugen zu können. Eine entsprechende Planung der angestrebten Kapitalstruktur muss damit auch vor dem Hintergrund einer entsprechenden Erwartungshaltung aktueller und potentieller Kreditgeber des Unternehmens erfolgen, nicht zuletzt deshalb, weil diese ihrerseits Kreditvergaben und -konditionen von dem jeweiligen Risiko der Unternehmen abhängig machen. Eine weitgehend zielkonforme Entwicklung der leistungswirtschaftlichen Prozesse vorausgesetzt, wird in der langfristigen Perspektive der Liquidität also im wesentlichen durch eine geplante Sicherung der Kreditwürdigkeit entsprochen. Im übrigen dominiert in der langfristigen (strategischen) Planung der Unternehmung i.d.R. das Gewinnstreben, so dass die Sicherung der „strukturellen Liquidität" eher den Charakter eines Nebenziels annimmt.

Hinweis

Zu den vertiefenden bzw. angrenzenden Wissensgebieten siehe → Cash Flow, → Cash Flow Management, → Cash Management, → Existenzgründung, → Finanzcontrolling, → Finanzdisposition, → Finanzplan, kurzfristiger (Liquiditätsplan), → Finanzplan, langfristiger, → Insolvenzrecht (deutsches), → Kapitalflussrechnung, → Kennzahlen, finanzwirtschaftliche, → Kreditfinanzierung, kurzfristige, → Kreditfinanzierung, langfristige, → Rating-Methoden, kreditwirtschaftliche, → Sanierungsmanagement, → Unternehmensplanung.

Literatur: Amann, K.: Finanzwirtschaft – Finanzierung, Investition, Finanzplanung, Stuttgart u.a. 1993; Deppe, H.D.: Grundriß einer analytischen Finanzplanung, 2. Auflage, Göttingen 1993; Gramlich, D. und Walz, H.: Investitions- und Finanzplanung, 5. Auflage, Heidelberg 1997; Hauschildt, J. und Heldt, Ph.: Finanzorganisation, in HWF, 3. Auflage, Stuttgart 2001, Sp. 872 – 887; Lachnit, L.: Finanzplanung, in HWF, 3. Auflage, Stuttgart 2001, Sp. 887 – 900; Ottersbach, J.H.: Simultane Planung von Investition, Finanzierung und Besteuerung, Lohmar und Köln 2004; Perridon, L. und Steiner, M.: Finanzwirtschaft der Unternehmung, 11. Auflage, München 2002; Wöhe, G. und Bilstein, J.: Grundzüge der Unternehmensfinanzierung, 9. Auflage, München 2003.
Literatur zum → Cash Management: Böttger, U.: Cash-Management internationaler Konzerne, Wiesbaden 1995; Pausenberger, E. u. Glaum, M.: Electronic-Banking-Systeme und ihre Einsatzmöglichkeiten in internationalen Unternehmungen, in: ZfbF 1993, S. 41 – 68; Steiner, M.: Cash-Management, in: HWF, 3. Aufl., Stuttgart 2001, Sp. 465 – 479; Wehlen, E.: Das Cash-Management im Konzern, in: Handbuch der Konzernfinanzierung (Hrsg. Lutter, M. u.a.), Köln 1998, S. 745 – 776.

Website des Autors: www.fh-oow.de/fbw-whv

Finanzposition
Eine Finanzposition (kurz: Position) ist eine Folge zukünftiger → Zahlungen. Sind diese sämtlich positiv (Forderungen) bzw. negativ (Verpflichtungen), so spricht man von einer *Kaufposition* (*Long Position*) bzw. *Verkaufsposition* (*Short Position*). So hält z.B. der Investor in eine festverzinsliche Anleihe eine Kaufposition, der Emittent entsprechend eine Verkaufsposition. Als Finanzprodukt ist eine Finanzposition Gegenstand des Handels; als → Investition ist sie Gegenstand des → Asset Managements; das mit einer Finanzposition verbundene Risiko ist Gegenstand der Risikoanalyse (siehe auch → Finanzmathematik).

Finanzqualität
zeigt, wie sich die Kosten der Qualität in Umsatz, Gewinn, Deckungsbeitrag etc. auswirken.
Literatur: Hummel, Thomas; Malorny Christian: Total Quality Management, München-Wien 2002.

Finanzverbund, Genossenschaftlicher
siehe → Genossenschaftliche Bankengruppe.

Finanzwirtschaft, Betriebliche

Betriebliche Finanzwirtschaft – Grundlagen

von Univ.-Professor Dr. Guido Eilenberger
Lehrstuhl für Allgemeine Betriebswirtschaftslehre,
Bankbetriebslehre und Finanzwirtschaft an der Universität Rostock

1. Charakterisierung
Die Bearbeitung und Lösung von Problemen der Finanzierung, der Investition, der Kapital- und Vermögensstrukturierung, der Liquidität und der Steuerung von Zahlungsströmen von Unternehmen und Unternehmensverbunden (Konzernen) zählt zu den zentralen Aufgabenbereichen der betrieblichen Finanzwirtschaft. Im Gegensatz zum leistungswirtschaftlichen Bereich, bei dem Entscheidungen über Realgüter im Vordergrund stehen, betrifft die betriebliche Finanzwirtschaft den monetären Sektor eines Unternehmens und damit Entscheidungen über Nominalgüter (siehe dazu *Kosiol*). Als solche kommen sowohl ursprüngliche Nominalgüter in Form von Zentralbankgeld als auch davon abgeleitete Nominal-

güter als Ansprüche auf ursprüngliche Nominalgüter (also Giral- bzw. Buchgeld, neuerdings auch Elektronisches Geld) und Nutzungen von ursprünglichen Nominalgütern (Finanzmittelnutzungen) in Betracht. Zu berücksichtigen ist in diesem Zusammenhang schließlich auch, ob Entscheidungen über Nominalgüterbestände oder über Veränderungen von Nominalgüterbeständen (=Zahlungsströme) zu treffen sind.

Neben den genannten Objekten der betrieblichen Finanzwirtschaft sind die Subjekte der Finanzwirtschaft zu beachten, die entweder Führungsentscheidungen treffen (finanzielle Führung; Finanzmanagement) oder auf Ausführungsentscheidungen (ohne Führungscharakter) beschränkt, jedoch gleichwohl für die Funktionsfähigkeit der betrieblichen Finanzwirtschaft von Bedeutung sind.

Die Erkenntnis, dass Objekte der betrieblichen Finanzwirtschaft Nominalgüter und deren Veränderungen sind, erfordert eine konsequente Betrachtungsweise: Es reicht ebensowenig aus, die betriebliche Finanzwirtschaft nur durch ihre Zahlungsströme zu kennzeichnen (zahlungsstromorientiertes Konzept) oder die betriebliche Finanzwirtschaft isoliert unter kapitalorientierten Gesichtspunkten (kapitalwirtschaftliches Konzept) zu sehen (zu den Konzepten siehe *Benner*). Vielmehr ist eine Synthese der beiden Ansätze angebracht: Das Unternehmen nimmt von anderen Wirtschaftern Nominalgüter aller Art entsprechend seiner Bedürfnisse sowohl befristet (Kreditkapital) als auch unbefristet (Beteiligungskapital) oder in hybrider Form (Mischformen von Kredit- und Beteiligungskapital) in Anspruch.

In der Folge wandelt das Unternehmen diese Nominalgüter einerseits in Realgüter (= Realinvestitionen), andererseits in Nominalgüter anderer Art (= Finanzinvestitionen) um. Beide Verwendungsmöglichkeiten bewirken Veränderungen der Nominalgüterbestände, ausgedrückt durch Zahlungsströme. Analoges gilt für die Remonetisierung von Realgütern durch Verkauf von Investitionsobjekten und/oder über den Umsatzprozess (→ Cash Flow), die sich in einer Liquidisierung und damit in einer Erhöhung der Nominalgüterbestände (in Form von Kassenbeständen und Bankguthaben) manifestiert. Auch in diesen Fällen sind Zahlungsströme Ausfluss dieser Transaktionen (Aktivtausch). Die so gewonnenen Nominalgüter stehen gleichermaßen für Investitionen oder zur Rückführung befristet oder unbefristet aufgenommener Nominalgüter, also in Form der Rückzahlung von Schulden oder von → Eigenkapital (z.B. Aktienrückkaufprogramme), zur Verfügung. Werden aus den durch Liquidierung von Realgütern gewonnenen Nominalgütern erneut Investitionen in Realgüter vorgenommen, liegen – bezogen auf die ursprüngliche Investition – nun die Sachverhalte der Um-Investition oder Wieder-Investition (Re-Investition) vor.

Analoge Vorgänge der (internen) Bestandsveränderungen, wie sie auf der Vermögensseite in Erscheinung treten (Veränderungen der Vermögensstruktur), lassen sich auch auf der Kapitalseite erkennen (Veränderungen der Kapitalstruktur): Unterschiedlich befristete Nominalgüter werden ebenso ausgetauscht (Umfinanzierung innerhalb des Kreditkapitals) wie unbefristete Nominalgüter (Umwandlung von offenen Rücklagen in haftendes Kapital). Dazu kommen die Veränderungen in der Zusammensetzung des Gesamtkapitals durch zusätzliche Aufnahme entweder von Beteiligungskapital (Kapitalerhöhung) oder von Kreditkapital (Kreditfinanzierung; Schuldverschreibungen) aus externen Quellen.

2. Aufgaben der betrieblichen Finanzwirtschaft

Angesichts rechtlicher und betriebswirtschaftlicher Notwendigkeiten ist dafür Sorge zu tragen, dass der verfügbare Finanzmittelbestand (einschließlich des Zuflusses an Einnahmen) eines Unternehmens (Zahlungsmittelbestand) zu keinem Zeitpunkt seiner Existenz das Volumen der zwingend fälligen Ausgaben unterschreitet (Sicherung der Liquidität als Mindestaufgabe). Darüber hinaus hat die finanzielle Führung den Finanzmittelbedarf im Zusammenwirken mit den übrigen betrieblichen Teilbereichen zu ermitteln und die Finanzmittelbeschaffung entsprechend der Fristigkeiten der beabsichtigten Finanzmittelbindungen sicherzustellen

Übergreifend hat die finanzielle Führung zur Realisierung der Veränderungen von Nominalgüterbeständen im Zusammenwirken mit der Umwelt des Unternehmens Vorkehrungen zur rationellen, kostengünstigen, schnellen und sicheren Abwicklung des Zahlungsverkehrs zu treffen. Vom Finanzmanagement sind dabei sowohl die technischen Voraussetzungen durch Bereitstellung der Medien und Instrumente, mit deren Hilfe die Übertragung der Nominalgüterbestände erfolgen soll, zu schaffen, als auch die organisatorischen Rahmenbedingungen der Abwicklung festzulegen. Grundsätzlich zu entscheiden ist somit über die zu wählenden Zahlungsverkehrswege , die einzuschaltenden Zahlungsverkehrsmittler und das rentabilitätsorientierte Management von kurzfristigen Liquiditäten (über den

Geldmarkt) einschließlich des Abrechnungsverkehr unter Großunternehmen oder innerhalb von Konzernen.

3. Subjekte der betrieblichen Finanzwirtschaft

Dabei handelt es sich um Personen oder Personengruppen, denen entweder die Befugnis übertragen ist, über die Nominalgüterbestände einschließlich ihrer Veränderungen und über andere Personen innerhalb der betrieblichen Finanzwirtschaft treffen (Finanzmanagement; finanzielle Führung), oder die ausschließlich als Ausführungsorgane den Vollzug der vom Finanzmanagement veranlassten Entscheidungen bewirken. Der Entscheidungsspielraum der Ausführungsorgane ist daher erheblich eingeschränkt und bezieht sich allenfalls auf Detailentscheidungen, insbesondere technischer Natur, beim Vollzug von (Ausführungs-)Entscheidungen bezüglich der Objekte der betrieblichen Finanzwirtschaft.

Hinsichtlich des Finanzmanagements ist somit einerseits zwischen dem institutionellen Aspekt (Finanzorganisation), der das Positions-, Interaktions- und Kompetenzgefüge der Führungsentscheidungsträger betrifft, und andererseits dem Finanzmanagement als Führungsprozess zu unterscheiden. Letzterer bedeutet die zielgerichtete Steuerung und Regelung der betrieblichen Finanzwirtschaft unter Wahrnehmung der Funktionen der Finanzplanung, Finanzsteuerung, Finanzkontrolle bzw. des Finanz-Controllings.

Als Abgrenzungskriterien zwischen Führung und Ausführung können die Art und die Qualität der zu treffenden Entscheidungen herangezogen werden: Der Sachverhalt der Führung liegt immer dann vor, wenn das Entscheidungsfeld des finanzwirtschaftlichen Entscheidungsträgers andere Menschen (oder Gruppen) umfasst, die selbst Entscheidungen (Subjektentscheidungen) treffen. Damit gehören alle Entscheidungsträger oberhalb der auf reine Objektentscheidungen beschränkten Entscheidungsträger der Ausführungsebene des finanzwirtschaftlichen Führungssystems an, dem in unterschiedlicher Weise und in variierender Intensität Führungsaufgaben obliegen. Die Differenzierung nach Finanz-Führungsentscheidungen und Finanz-Ausführungsentscheidungen ist durch die Notwendigkeit der Arbeitsteilung der finanzwirtschaftlichen Entscheidungsprozesse bedingt.

Hinweis

Zu den vertiefenden Wissensgebieten der betrieblichen Finanzwirtschaft siehe → Asset Backed Securities, → Außenfinanzierung, → Außenhandelsfinanzierung (Internationale Zahlungs-, Sicherungs- und Finanzierungsinstrumente), → Cash Flow, → Cash Flow-Management, → Corporate Finance, → Factoring, → Finanzcontrolling, → Finanzierung aus Abschreibungen, → Finanzierung aus Rückstellungen, → Finanzinnovationen, → Finanzplanung, → Innenfinanzierung, → Kennzahlen, finanzwirtschaftliche, → Kennzahlen wertorientierte, → Kreditfinanzierung, kurzfristige, → Kreditfinanzierung, langfristige, → Kreditsicherheiten, → Optionen, → Rating-Methoden, kreditwirtschaftliche, → Rücklagenpolitik, → Selbstfinanzierung, → Swaps, → Währungsmanagement, → Zinsmanagement.

Literatur: Benner, W.: Betriebliche Finanzwirtschaft als monetäres System. Göttingen 1983; Eilenberger, G.: Betriebliche Finanzwirtschaft. Einführung in Investition und Finanzierung, Finanzpolitik und Finanzmanagement von Unternehmungen, 7. Auflage, München/Wien 2003; Kosiol, E.: Einführung in die Betriebswirtschaftslehre. Die Unternehmung als wirtschaftliches Aktionszentrum. Wiesbaden 1968.

Finanzwirtschaftliche Bilanzanalyse

siehe → Bilanzanalyse, finanzwirtschaftliche. Siehe auch → Kennzahlen, finanzwirtschaftliche.

Finanzwirtschaftliche Sanierung

siehe → Sanierung, finanzwirtschaftliche.

Finanzzoll

siehe → Zoll.

Firm Committment Offering

siehe → Fixpreisverfahren.

Firma

(*deutsches Recht*) ist der Name, unter dem ein → Kaufmann seine Geschäfte betreibt (§ 17 HGB).
Siehe auch → Handelsrecht, → Firmenbeständigkeit, → Firmenunterscheidbarkeit, → Firmenwahrheit,
→ Priorität (Firma).

Firma

(*österreichisches Recht*). Die Firma ist der in das → Firmenbuch eingetragene Name eines → Unternehmers, unter dem er seine Geschäfte betreibt und die Unterschrift abgibt (§ 17 öUGB). Je nachdem,
ob die Firma den Namen eines oder mehrer Gesellschafter enthält oder sich auf den Geschäftsgegenstand bezieht, wird zwischen *Personen-* und *Sachfirmen* unterschieden. Auch das Verwenden der *Geschäftsbezeichnung* oder das Führen einer *Fantasiefirma* ist möglich, sofern diese sich zur Kennzeichnung von Unternehmen eignet und nicht irreführend ist. Die Rechts- oder Gesellschaftsform des Unternehmens ist zwingend in die Firma aufzunehmen (§ 19 öUGB).

Firmenbeständigkeit

Um einem Unternehmen den erworbenen Ruf zu erhalten, darf die → Firma auch fortgeführt werden,
wenn sie den veränderten Verhältnissen nicht mehr entspricht (§§ 21 ff. HGB).

Firmenbuch

(österreichisches). Das österreichische *Firmenbuch* ist ein von den Gerichten im außerstreitigen Verfahren geführtes öffentliches Verzeichnis aller gemäß § 2 öFBG einzutragenden Rechtsträger. Es besteht aus *Hauptbuch* und *Urkundensammlung* und soll die für den Geschäftsverkehr mit jenen registrierten Unternehmen bedeutsamen Daten und Rechtsverhältnisse (§§ 3 ff öFBG) offen legen.

Firmenunterscheidbarkeit

Eine → Firma muss Unterscheidungskraft besitzen (§ 18 Abs. 1 HGB). Eine neue Firma muss sich ferner von allen an demselben Ort oder in derselben Gemeinde bereits bestehenden und in das Handelsregister oder in das Genossenschaftsregister eingetragenen Firmen deutlich unterscheiden (§ 30 Abs. 1
HGB).

Firmenwahrheit

Eine → Firma darf nicht irreführend sein (§ 18 Abs. 2 Satz 1 HGB). Die Firma darf daher keine Angaben enthalten, die geeignet sind, über geschäftliche Verhältnisse, die für die angesprochenen Verkehrskreise wesentlich sind, irrezuführen.

Firmenwert

(*Goodwill*) stellt die Summe einzeln nicht identifizierbarer immaterieller → Vermögenswerte eines Unternehmens, wie Ansehen, Namen, Know-how, Kundenstamm usw. dar.
Es ist zwischen dem → *originären* (selbst geschaffenen) und dem → *derivativen* (erworbenen) Firmenwert zu unterscheiden. Für den originären Firmenwert gilt nach HGB, IAS/IFRS und US- GAAP
ein → Aktivierungsverbot. Bei Kauf eines Unternehmens geht der ursprüngliche Firmenwert gegen
Entgelt in die Hand des Käufers über. Der Käufer leitet den derivativen Firmenwert aus dem Kaufpreis
abzüglich des Vermögens (zu → Verkehrswerten) und abzüglich der Schulden des übernommenen Unternehmens ab. Nach § 255 Abs. 4 HGB besteht ein → Aktivierungswahlrecht, steuerrechtlich gilt nach
§ 5 Abs. 2 EStG ein → Aktivierungsgebot für den derivativen Firmenwert. Ein aktivierter Firmenwert
ist nach § 255 Abs. 4 HGB in jedem Folgejahr zu mindestens einem Viertel abzuschreiben. Die → Abschreibung kann aber auch auf die Jahre der voraussichtlichen Nutzung verteilt werden. Damit kann der
Firmenwert handelsrechtlich wie steuerrechtlich linear über 15 Jahre (§ 7 Abs. 1 EStG) abgeschrieben
werden (Umkehrung der → Maßgeblichkeit).
Nach den IAS/IFRS und den US-GAAP gilt für den derivativen Firmenwert ein Aktivierungsgebot unter dem Posten *other long-term assets*. Er darf nicht planmäßig, sondern muss außerplanmäßig abgeschrieben werden, wenn im Rahmen einer mindestens jährlichen Werthaltigkeitsprüfung (*impairment
test*) eine Wertminderung festgestellt wird (IAS 36 (2004), IFRS 3, FAS 141, 142). Für die Werthaltig-

keitsprüfung ist der Firmenwert auf die so genannten → *cash generating units* (CGU) aufzuteilen. Eine Wertaufholung erfolgt nicht.

Siehe auch → Anlagevermögen, → Jahresabschluss und → Unternehmensbewertung, jeweils mit Literaturangaben.

Literatur: Buchholz, R.: Internationale Rechnungslegung, 5. Auflage, Berlin 2005; Coenenberg, A. G.: Jahresabschluss und Jahresabschlussanalyse, 20. Auflage, Stuttgart 2005;

Firmenwert, derivativer
siehe → derivativer Firmenwert.

Firmenwert, originärer
selbst geschaffener → Firmenwert. Er verkörpert die Gewinnchancen eines Unternehmens aufgrund seiner Reputation, seines Kundenstamms, seiner geografischen Lage etc. Es gilt national und international ein → Aktivierungsverbot.

First in – first out
siehe → Fifo.

First Tier Supplier
Lieferanten der ersten Stufe. Siehe auch → internal sourcing und → Beschaffungsmanagement.

First-copy-costs
sind die Kosten der Herstellung des ersten Exemplars eines Medienproduktes. Diese fallen unabhängig von der Anzahl der späteren Kopien an. Wegen der nicht-stofflichen Beschaffenheit von Informationen, die zur Herstellung von Medienprodukten notwendig sind, sind die Kosten der folgenden Kopien oft vernachlässigbar bzw. reduzieren sich auf die Kosten des Trägermediums (z.B. CD-Rohlinge).
Durch die hohen first-copy-costs und die geringen Kosten der Folgekopien besteht für den Produzenten ein hoher Anreiz, so viele Kopien wie möglich zu verkaufen bzw. viele Rezipienten wie möglich zu erreichen, da mit steigender Zahl der verkauften Kopien die Durchschnittskosten der Gesamtproduktion sinken, da die hohen Kosten der ersten Kopie am eine größere Anzahl von Folgekopien verteilt werden.
Dies kann in der Folge zur Entstehung eines → natürlichen Monopols führen.
Siehe auch → Medienökonomie (mit Literaturangaben)

FIS
Abk. für → Führungsinformationssysteme (*Executive Information Systems*). Siehe auch → Business Intelligence und → Management Informationssystem (MIS), jeweils mit Literaturangaben.,

Fishbone-Ansatz
im Rahmen des → Dienstleistungsmanagements verwendeter *unternehmensorientierter* Messansatz zur Ermittlung und Analyse der → Dienstleistungsqualität. Der Fishbone-Ansatz kann durch die Ermittlung von Ursache-Wirkungszusammenhängen die auslösenden Haupt- und Nebenursachen für Qualitätsprobleme einer → Dienstleistung aufdecken.

Fisher Separation
Aufhebung der Interdependenzen zwischen Investition und Finanzierung (Trennung der Entscheidungsbereiche zur Vereinfachung des Entscheidungsfeldes) bei Annahme eines → vollkommenen Kapitalmarktes in dynamischen Investitionsrechnungen (siehe auch Investitionsrechnungen, dynamische).

Fitch
Rating-Agentur, deren Geschäftszweck darin besteht, die Bonität anderer Unternehmen, jedoch auch Staaten (insbesondere als Emittenten) einzustufen. Siehe auch → Rating-Methoden, kreditwirtschaftliche.

Internetadresse: http://www.fitchratings.com

Fit-Denken

unterstellt zum einen die Vorteilhaftigkeit einer Abstimmung zwischen unternehmensspezifischen Elementen und der Umwelt; zum anderen wird eine solche Vorteilhaftigkeit auch bezüglich der internen Abstimmung der für das Unternehmenshandeln relevanten Parameter (beispielsweise Strategie, Struktur, Kultur) gesehen. Es wird also von der Möglichkeit universeller Führung abgesehen und stattdessen eine kontingenz- und situationsspezifische Ausgestaltung nahegelegt. Siehe auch → Unternehmensführung, Grundlagen (Kapitel 3.)

FIUSS

Abk. für → Führungsinformations- und Unternehmenssteuerungssysteme.

Fixed Income Arbitrage

zählt zu den marktneutralen Strategien von → Hedgefonds, siehe auch → Hedgefonds-Strategien.

Fixgeschäft

Geschäft, bei dem die Erfüllung zu einem bestimmten Termin oder innerhalb einer bestimmten Frist nach dem Vertrag wesentlich ist (§ 376 HGB).

Fixkosten

Kosten für die Bereitstellung der betrieblichen Infrastruktur, die unabhängig von der jeweiligen Ausbringung bzw. Auslastung in konstanter Höhe pro Periode anfallen, z.B. kalkulatorische Abschreibungen oder Zinsen. Fix sind Kosten, die innerhalb eines bestimmten, vorgegebenen Zeithorizonts aufgrund vertraglicher oder faktischer Bindungen nicht abbaubar sind, z.B. aufgrund von Arbeits-, Kredit- oder Lieferverträgen. Aus dem Anteil der Fixkosten an den Gesamtkosten des Betriebs ergibt sich seine Flexibilität gegenüber Nachfrageschwankungen (sog. *operating leverage*).
Siehe auch → Kostenstellenrechnung und → Kostenartenrechnung, jeweils mit Literaturangaben.

Fixkosten, Variabilisierung

siehe → Variabilsierung von Fixkosten.

Fixpreisverfahren

(*Aktienemission*). Bei diesem Emissionspreisverfahren werden → Emissionsvolumen und → Emissionspreis vor der → Zeichnungsfrist und damit bereits ein bis zwei Wochen vor dem ersten Handelstag fixiert. Für den → Emittenten hat dieses Verfahren den Vorteil, dass er schon zu einem frühen Zeitpunkt den exakten Verkaufserlös kennt. Der wesentliche Nachteil dieses Verfahrens besteht aber darin, dass die Preisfestsetzung schon zu einem Zeitpunkt erfolgt, zu dem die Nachfrage noch nicht gut abschätzbar ist. Dadurch erhöht sich für das → Emissionskonsortium das → Platzierungsrisiko. Das Fixpreisverfahren war in Mitteleuropa bis Mitte der neunziger Jahre sehr verbreitet, kommt aber heute nur mehr recht selten zur Anwendung. Es wird auch als → Firm Committment Offering bezeichnet.
Siehe auch → Going Public, Durchführungsphase (mit Literaturangaben).

Flächenoptimierung

Durch Flächenoptimierung, auch → *Space Management* genannt, werden Artikel möglichst effizient dem knappen Gut Regalfläche zugeordnet. Hersteller bieten die Durchführung von Regalplatzoptimierungen im Rahmen des *kooperativen* → Category Management häufig als Serviceleistung an.

Flächentarifvertrag

siehe → Tarifvertrag.

Flagship Stores

zählen zu den neueren Vertriebswegen von Hersteller- oder Handelsunternehmen (→ Vertriebswege, neuere), in denen die jeweiligen Unternehmen ihre gesamte Kompetenz präsentieren. Dies sind etwa die kompletten Produktlinien eines Herstellers in einem eigenen Outlet. Beim diversifizierten Handel ist es eine Bündelung aller Betriebstypen in einem Center.

Beispiele hierfür sind die Outlets von Nike an der Fifth Avenue in New York oder das House of Beauty (Douglas) in Frankfurt.

Eine alternative Form des Direktvertriebs bilden kleinere Filialeinheiten, so Café Nescafé (Nestlé), Nutelleria (Ferrero) etc.

Siehe auch → Vertriebswege, Neuere (mit Literaturangaben).

Flanker

Ausweitung des Programms in einen anderen Produktbereich durch Eigennutzung (oder auch Fremdvergabe/Lizenz); siehe auch → Extender.

Flat Rate

(in der → *Preispolitik*). Der Nachfrager bezahlt unabhängig von seinem Nutzungsumfang lediglich eine Grundgebühr für die Inanspruchnahme einer Leistung. Im Tourismusbereich ist dies auch als „all you can eat"-flat-rate oder „all inclusive"-Angebot bekannt. Allgemein beinhaltet ein → Preissystem mit einer „flat rate" einen Spezialfall eines → mehrteiligen Tarifs.

Fließbandfertigung

siehe → Fließfertigung.

Fließfertigung

Die Fließfertigung stellt einen Organisationstyp der Fertigung dar (siehe → Produktion, Formen), bei dem die Maschinenanordnung der technisch erforderlichen Arbeitsgangfolge entspricht. Zu unterscheiden ist hierbei die Fließfertigung mit Zeitzwang (eigentliche Fließfertigung) und die Fließfertigung ohne Zeitzwang (→ *Straßen-*, → *Linienfertigung*).

Bei der Fließfertigung mit Zeitzwang bildet der Zeittakt die Obergrenze der auf jeder Station zur Verfügung stehenden Bearbeitungszeit, in der die Arbeitsaufgabe ständig zu wiederholen ist. Hierdurch ist sichergestellt, dass es nur zu geringen Wartezeiten kommen kann und keine Zwischenlager notwendig sind.

Sind die Werkstücke fest mit dem Transportsystem verbunden und können in einem computergestützten, automatisierten Gesamtsystem nur simultan fortbewegt werden, so handelt es sich um eine → *Transferstraße*. Erfolgt die Verkettung durch selbständige Fördereinrichtungen, die die Werkstücke auch unabhängig voneinander transportieren, liegt → *Fließbandfertigung* vor.

Bei der Fließfertigung ohne Zeitzwang sind zwischen den Arbeitsstationen Pufferlager angeordnet, durch die unterschiedliche Bearbeitungszeiten benachbarter Fertigungsstationen ausgeglichen werden.

Die Stärke der Fließfertigung besteht darin, gleichartige Güter mit großer Auflage wirtschaftlich zu fertigen, da z.B. nur geringe Transportkosten anfallen und kurze Durchlaufzeiten erzielt werden können. Probleme entstehen vor allem durch die große Abhängigkeit der einzelnen Stationen untereinander. So können Maschinenausfälle oder Probleme bei der Materialbereitstellung zum Stillstand mehrerer Produktionseinrichtungen oder sogar der gesamten Produktion führen.

Auf Grund ihrer Ausrichtung auf die Herstellung großer Mengen gleichartiger Produkte ist die Fließfertigung vor allem mit der → *Massenfertigung* und der Großserienfertigung (→ *Serienfertigung*) wie z.B. bei der Automobilherstellung verknüpft.

Siehe auch → Produktionsmanagement sowie → Produktionsplanung und –steuerung, jeweils mit Literaturangaben.

Literatur: Bloech, J./Bogaschewsky, R./Götze, U./Roland, F.: Einführung in die Produktion, 5. Auflage, Berlin u. a. 2004; Daub, A.: Ablaufplanung, Bergisch Gladbach, Köln 1994; Hahn, D.: Prozesswirtschaft - Grundlegung, in: Hahn, D./Laßmann, G. (Hrsg.): Produktionswirtschaft – Controlling industrieller Produktion, Bd. 2, Heidelberg 1989, S. 5-237.

Floating Rate Note

→ Anleihe mit einer variablen Verzinsung, die keinen festen Nominalzins aufweist. Stattdessen wird die Verzinsung nach einem vorher festgelegten Rhythmus anhand eines Referenzzinssatzes neu festgesetzt. Als Referenzzins wird in der Regel auf kurzfristige Geldmarktzinssätze (z. B. → LIBOR oder

→ EURIBOR) zurückgegriffen, die für die Verzinsung der Anleihe um einen Auf- oder Abschlag korrigiert werden. Die Zinsanpassung findet erfahrungsgemäß alle drei bis sechs Monate statt.

Floor
Untergrenze, z.B. als festgelegte Zinsuntergrenze im Rahmen eines → Forward-Rate Agreement (dort mit Anwendungsbeispiel).

Flop
(Private Equity), totaler Fehlschlag der Beteiligung eines → Private Equity Fonds an einem Unternehmen. Gegensatz zu → High flyer.

Flow Inputs
(*Repetierfaktoren*) bezeichnen → Produktionsfaktoren, die sich in einem einmaligen Produktionsvorgang verzehren und daher „wiederholt", laufend neu beschafft und eingesetzt werden müssen. Dazu zählen → *Betriebsstoffe* (zum Betrieb einer Anlage), z.B. Energie, Schmier- und Kühlmittel usw. und → *Werkstoffe*. Das Beispiel des elektrischen Stroms etwa macht deutlich, dass die dem Stromnetz entnommene Energie im Moment der Nutzung verzehrt wird und laufend neu entnommen werden muss.

Flow to Equity
Berechnungsbeispiel siehe → Discounted-Cashflow-Verfahren.

Flow-Erlebnis
(engl. flow = fließen, strömen) bezeichnet das lustbetonte Gefühl des völligen Aufgehens in einer Tätigkeit. Die Tätigkeit hat ihre Zielsetzung in sich selbst und führt zu einem veränderten Gefühl für Zeitabläufe. Voraussetzungen sind, dass die Aktivität weder eine Über- noch eine Unterforderung beinhaltet und dass ein Gefühl von Kontrolle über die Aktivität entsteht.
    Literatur: Csikszentmihalyi, M.: Das Flow-Erlebnis. Jenseits von Angst und Langeweile im Tun aufgehen, 8. Aufl., Stuttgart 2000.

Fluktuation
In der Regel wird nicht die absolute Zahl der Fluktuation ermittelt, sondern die sogenannte Fluktuationsrate, i.W. der Anteil der austretenden Mitarbeitenden am Gesamtbestand. Es ist aber zu beachten, dass der Begriff der Fluktuation unterschiedlich aufgefasst wird. Zum Teil werden nur freiwillige, von den Mitarbeitenden alleine initiierte Austritte und zum Teil werden alle Austritte berücksichtigt. Beim Vergleich von Fluktuationsraten muss folglich sichergestellt werden, dass von den gleichen Grundlagen ausgegangen wird. Die Fluktuationsrate wird üblicherweise mit einer der beiden folgenden Formeln berechnet:

$$\text{Fluktuationsrate} = \frac{\text{(freiwillige) Austritte}}{\text{durchschnittl. Personalbestand}} \qquad (=\text{sog. 'BDA-Formel'})$$

oder

$$\text{Fluktuationsrate} = \frac{\text{(freiwillige) Austritte}}{\text{Anfangsbestand} + \text{Eintritte}} \qquad (=\text{sog 'Schlüter-Formel'})$$

Siehe auch → Personalauswahl (mit Literaturangaben).

Fluktuationsrate
siehe → Fluktuation.

Flusskostenrechnung, ökologische
Flusskosten verkörpern alle Kosten, die im Zusammenhang mit betrieblich verursachten Stoff- und Energieströmen des Unternehmens auftreten. Über die Reduktion von Stoff- und Energieströmen können sowohl Kostensenkungspotenziale als auch Minderungen von Umweltbelastungen erreicht werden. Da praktisch alle Prozesse im Unternehmen Einfluss auf die Stoff- und Energieströme haben, muss der Begriff Flusskosten genauer zugeordnet werden. Dazu bietet sich eine weitgehende Zusammenführung von → Ökobilanzierung und der Kostenrechnung an. Eine entsprechende Kostenartenrechnung benötigt demzufolge Informationen aus einer Ökologiebilanz auf Betriebsebene als physikalisches Pedant, die Kostenstellenrechnung aus Ökologiebilanzen auf Prozessebene und schließlich die Kostenträgerrechnung aus → Produkt-Ökologiebilanzen.

FMA
Abk. für → Finanzmarktaufsicht(sbehörde), österreichische.

FOB
frei an Bord ... benannter Verschiffungshafen, engl.: free on board ... named port of shipment. Vertragsformel der von der → Internationalen Handelskammer (ICC) entwickelten → Incoterms für Außenhandelsgeschäfte.

FOC
Abk. für → Factory Outlet Center.

Folgenethik
siehe → Utilitarismus.

Folgeschäden
sind solche Schäden, die nur mittelbar eintreten. Sie entstehen nicht an der Sache selbst, sondern als Folge des fehlerhaften Produkts, z.B. Körperverletzung, Gesundheits- und Sachschäden (z.B. Tiere verenden aufgrund des verwendeten Futtermittels) etc.

Fonds
(als *Kapitalanlage*). Als Fonds werden allgemein professionell verwaltete Vermögensmassen verstanden, wobei zwischen geschlossenen und offenen Fonds unterschieden wird.
Geschlossene Fonds rekrutieren eine begrenzte Teilnehmerzahl, die das Fondskapital aufbringt, mit dem die Fondsobjekte gekauft werden. Ist das notwendige Kapital beisammen, wird der Fonds geschlossen, d.h. es können keine neuen Teilnehmer mehr aufgenommen werden. Vorzugsweise anzutreffen ist diese Fonds-Konstruktion im Immobilienbreich (Immobilien-Fonds), aber auch in andere Bereiche (Medien-Fonds, Schiffs-Fonds, Windpark-Fonds, etc.) sind geschlossene Fonds vorgedrungen. Das Management wird einer fachlich möglichst kompetenten Verwaltungsgesellschaft übertragen. Nachteilig an diesem Fonds-Modell ist der erschwerte Ausstieg aus dem Fonds. Da ein funktionsfähiger → Sekundärmarkt in der Regel nicht existiert, können Anteile nur schwer verkauft werden.
Bei offenen Fonds hingegen ist die Teilnehmerzahl unbegrenzt. Die Fonds-Anteile können zwar nicht an der Böse gehandelt werden (von wenigen Ausnahmen abgesehen, z.B. der niederländische Rolinco-Fonds), sie können aber an die Fonds-Gesellschaft zurückgegeben werden, und zwar zum sog. Rücknahmepreis. Dieser liegt zumeist deutlich unter dem Ausgabepreis, da dieser einen sog. Ausgabeaufschlag von bis zu 8 % enthält. Auch offene Fonds werden professionell gemanagt, d.h. die Fonds-Eigentümer brauchen sich nicht selbst um die Verwaltung des Fondsvermögens zu kümmern. Offene Fonds sind in sehr vielen Vermögensbereichen tätig. So gibt es z.B. Rentenfonds, die nur in Anleihen investieren, Aktien-Fonds, die nur in Aktien investieren, und Immobilien-Fonds, deren Vermögens ausschließlich aus Immobilien besteht. Auch Misch-Fonds sind gebräuchlich, die neuerdings freilich verstärkt durch sog. Dach-Fonds abgelöst werden, die verschiedene "reine", aber auch gemischte Fonds, unter ihrem "Dach" vereinen.
Siehe auch → Finanzinnovationen (mit Literaturangaben).

Fonds

(Finanzmittelfonds) Generell werden in einem Fonds mehrere Bilanzpositionen zusammengefasst, wobei auch einzelne Bilanzposten bzw. anhand bestimmter Kriterien festgelegte Bestandsgrößen, die Teile von Bilanzposten ausmachen, als Fonds definiert werden können. Für den auf diese Weise abgegrenzten Fonds werden Finanzmittelzu- und -abgänge (→ Finanzmittel) während einer Abrechnungsperiode erfasst. Die Veränderungsrechnung des Fonds lässt sich grundsätzlich folgendermaßen darstellen:

	Fondsbestand am Anfang der Rechnungsperiode
+	Zahlungswirksame Veränderung des Fonds
+/-	Wechselkursbedingte Wertänderungen des Fonds
+/-	Sonstige Wertänderungen des Fonds
=	Fondsbestand am Ende der Rechnungsperiode

Die Fondsbildung zielt darauf ab, Ausmaß und Ursachen der Fondsveränderungen aufzuzeigen und mittels der fallspezifischen Fondsbestandteile zu erklären. Der Fonds ist demnach gewissermaßen als „Finanzmittelbestand" (→ Finanzmittel) charakterisierbar, der Veränderungen infolge bestimmter Investitions- und Finanzierungsmaßnahmen unterliegt.
Siehe auch → Cash and cash equivalents (Fonds) und → Kapitalflussrechnung (mit Literaturangaben).

Fonds Cash and Cash Equivalents
siehe → Cash and cash equivalents.

Förderhilfsmittel
sollen Transport und Lagerung von Gütern vereinfachen. Sie sollen möglichst leicht, kostengünstig und einfach zu handhaben sein.

Forderungen an verbundene Unternehmen
siehe → Verbundene Unternehmen (Bilanzierung von Forderungen).

Forderungen aus Lieferungen und Leistungen
Dazu zählen Ansprüche aus gegenseitigen Verträgen (Lieferungs-, Werks- oder Dienstleistungsverträge), die vom bilanzierenden Unternehmen erfüllt sind, bei denen aber die Bezahlung durch den Vertragspartner noch aussteht.
Eine Forderung aus Lieferungen und Leistungen, die sich gegen → verbundene Unternehmen oder Unternehmen richtet, mit denen eine Beteiligungsverhältnis besteht, ist nicht unter der Position Forderungen aus Lieferungen und Leistungen zu bilanzieren. Hier geht der Ausweis unter den Positionen „Forderungen gegen verbundene Unternehmen" und „Forderungen gegen Unternehmen, mit denen ein Beteiligungsverhältnis besteht" vor, um die finanziellen Verflechtungen der Unternehmen aufzuzeigen.
Siehe auch → Umlaufvermögen (mit Literaturangaben).

Forderungen gegen Beteiligungsunternehmen
siehe → Beteiligungsverhältnis (Bilanzierung von Forderungen gegen Unternehmen, mit denen ein Beteiligungsverhältnis besteht).

Forderungen und sonstige Vermögensgegenstände
(HGB). Zu den Forderungen und den sonstigen Vermögensgegenständen gehören nach § 266 (2) HGB → Forderungen aus Lieferungen und Leistungen, Forderungen gegen → verbundene Unternehmen, Forderungen gegen Unternehmen, mit denen ein Beteiligungsverhältnis besteht und die → sonstigen Vermögensgegenstände. Siehe auch → Umlaufvermögen (mit Literaturangaben.)

Forderungsgarantie
siehe → Garantievertrag.

Forderungsverkauf
siehe → Forfaitierung und → Factoring (mit Literaturangaben).

Forest Steward Council
Der FSC hat die nachhaltige Waldbewirtschaftung zum Ziel hat und zertifiziert entsprechende Wälder. Siehe auch → Corporate Citizenship.

Forfaitierung
1. Charakterisierung und Merkmale: Die Forfaitierung ist neben dem → Factoring eine Form des Forderungsverkaufs, die insbesondere bei Exportgeschäften Anwendung findet: Die Exporteure verkaufen mittel- bis langfristigen Exportforderungen à forfait, d.h. mit Überwälzung der Forderungsrisiken an Forfaiteure (Banken). Echte Forfaitierung liegt bei vorbehaltloser Übernahme aller mit der angekauften Exportforderung verbundenen Risiken (d.h. Übernahme des → Delkredererisikos, der → politischen Risiken und des → Wechselkursrisikos bei Fremdwährungsforderungen) durch den Forfaiteur vor. Die maximale Laufzeit ankauffähiger Exportforderungen ist wegen des politischen Risikos abhängig von jenem Land, in dem der Importeur bzw. die für die Zahlung haftende Bank den Sitz hat. Die Forfaiteure kaufen sowohl Euro-Exportforderungen als auch Fremdwährungs-Exportforderungen an. Der Mindestbetrag (die Höhe einer vom Importeur zu zahlenden Rate) sollte nicht unter 30.000 Euro bzw. Fremdwährungsgegenwert liegen. Die Forfaitierungskosten beruhen i.d.R. auf internationalen Zinssätzen, wie z.B. → LIBOR oder → EURIBOR zuzüglich einer Risikoprämie für die forfaitierende Bank. Die Risikoprämie ist gestaffelt nach Importländern, nach Laufzeiten der anzukaufenden Exportforderungen sowie nach weiteren Kriterien, die das Risiko der forfaitierenden Bank beeinflussen.
2. Sicherheiten zugunsten des Forfaiteurs: Neben den Zahlungsansprüchen an den Importeur sind für den forderungsankaufenden Forfaiteur i.A. weitere Sicherheiten bestellt: (1) Die zu forfaitierenden Exportforderungen sind meistens durch eine Zahlungsgarantie o.Ä. der Importeurbank bzw. einer anderen als solvent geltenden Bank abgesichert. (2) Sofern der Exporteur für die zu forfaitierende Exportforderung eine → Hermes-Deckung oder anderweitigen Versicherungsschutz erlangt hat, sind die Ansprüche an den Forfaiteur abzutreten. (3) Der forderungsverkaufende Exporteur haftet weiterhin für den rechtlichen Bestand der verkauften Exportforderung.
3. Funktionen der Forfaitierung: Die Forfaitierung umfasst aus der Sicht des forderungsverkaufenden Exporteurs eine Finanzierungsfunktion, eine Sicherungsfunktion sowie diverse Dienstleistungsfunktionen. Die Finanzierungsfunktion eröffnet dem forderungsverkaufenden Exporteur einen sofortigen und hohen Liquiditätszufluss, zumal die Forfaiteure Exportforderungen i.d.R. einschließlich der den Abnehmern (Importeuren) in Rechnung gestellten Zinsen ankaufen (→ Abnehmerzinsen) ankaufen. Im Rahmen der Sicherungsfunktion übernehmen Forfaiteure i.d.R. alle mit einer Exportforderung verbundenen wirtschaftlichen und politischen Risiken sowie bei Fremdwährungsforderungen auch das Wechselkursrisiko. Die Dienstleistungsfunktionen der Forfaiteure umfassen die Beratung des Exporteurs vor und bei Abschluss des Exportvertrags sowie Hilfestellungen bei der Risikoanalyse, die Einholung von Auskünften usw.
Literatur: Häberle, S.G.: Handbuch der Außenhandelsfinanzierung, 3. Auflage, München und Wien 2002; HAUFE EXPORT OFFICE, CD-ROM, Freiburg i.Br. o.J. (laufende Ergänzungslieferungen).

formale Organisation
Im Gegensatz zur → informalen Organisation umfasst die formale Organisation die bewusst von Organisatoren gesetzten, offiziell autorisierten und als verbindlich angesehenen Regelungen zur Steuerung der Organisationsmitglieder. Sie gibt die Soll-Struktur der Unternehmung wieder.

Forming
ist die Phase im Rahmen des → Teamentwicklungsprozesses, die dem Kennen lernen der Teammitglieder dient.

Formkaufmann

Bestimmte → Gesellschaftsformen (GmbH, AG, KGaA und EWIV) sind allein aufgrund ihrer Rechtsform, unabhängig von der Art und dem Umfang ihres Geschäftsbetriebs mit ihrer Eintragung in das Handelsregister → Kaufleute (§ 6 HGB).

Formwechsel

Bei der formwechselnden Umwandlung eines Unternehmens erfolgt keine Vermögensübertragung, d.h. der Rechtsträger besteht weiter, lediglich die Rechtsform ändert sich. Auch die Anteilsinhaber bleiben prinzipiell in unverändertem Umfang beteiligt. Die gesetzlichen Regelungen sind in den §§ 190-304 UmwG zu finden. Selbst bei einem Formwechsel von einer Kapitalgesellschaft hin zu einer → GbR liegt prinzipiell eine identitätswahrende Umwandlung vor.

Literatur: HFA 1/1996: Zweifelsfragen beim Formwechsel in: Fachgutachten des IDW auf dem Gebiet der Rechnungslegung und Prüfung, Düsseldorf 2000

Forschung und Entwicklung (F&E)

Alle Aktivitäten und Prozesse, die zu neuen materiellen und/oder immateriellen Gegenständen führen sollen. Sie ermöglichen neues natur- und ingenieurswissenschaftliches Wissen und eröffnen neue Anwendungsmöglichkeiten für vorhandenes Wissen, indem sie auf Theorien zurückgreifen. Das Management der Forschung und Entwicklung wird unter drei Teilbegriffe gefasst, das Innovationsmanagement i.e.S, das eigentliche FuE-Management und das Technologiemanagement, die allerdings nicht überschneidungsfrei gehandhabt werden.

Das FuE-Management befasst sich mit Grundlagenforschung, angewandter Forschung (Technologieentwicklung) und Entwicklung (Vorentwicklung und Erprobung).

Siehe → Innovations- und Technologiemanagement (mit Literaturangaben), siehe auch → Produktinnovation und → Produktpolitik.

Forschungsbericht

(→ *Jahresabschluss*). Als Teilbereich des → Lageberichtes umfasst der Forschungsbericht Angaben über Forschungs- und Entwicklungsaktivitäten. Er dient zur Beurteilung der künftigen Wettbewerbsfähigkeit und Marktposition des berichtenden Unternehmens.

Fortschrittszahlenkonzept

Das Fortschrittszahlenkonzept dient (insbesondere im Bereich der Großserienfertigung wie in der Automobilindustrie (→ *Serienfertigung*)) der Abstimmung aufeinanderfolgender Fertigungsstufen und verfolgt das Ziel, die Fertigungszeitpunkte auf den einzelnen Stufen so zu terminieren, dass die Bestände in den einzelnen Zwischenlägern möglichst gering gehalten werden. Die Planungsrichtung ist dabei retrograd, so dass – ausgehend von der letzten Fertigungsstufe – schrittweise die Fertigstellungstermine der jeweils vorgelagerten Stufen so vorgegeben werden, dass auf der Grundlage der mittleren Durchlaufzeiten eine Liefertermineinhaltung gewährleistet werden kann.

Siehe auch → Produktion, Formen, → Produktionsmanagement sowie → Produktionsplanung und -steuerung.

Forward sourcing

Entscheidungen, z.B. beschaffungslogistische Entscheidungen sind lange vor der tatsächlichen Lieferung zu treffen. Siehe auch → Beschaffungsmanagement und → Beschaffungslogistik.

Forwarders Certificate of Receipt

Kurzbezeichnung: FCR-Dokument; auch FIATA Forwarders Certificate of Receipt; siehe → Spediteurübernahmebescheinigung, internationale.

Forward-Rate Agreements (FRA)

Forward-Rate Agreements dienen der Festlegung von Zinssätzen für zukünftige Abrechnungsperioden. Zweck ist die Ausschaltung des Zinsänderungsrisikos.

Wer z.B. in einem Jahr für die Dauer von zwei Jahren einen Kredit über 1 Mio. Euro benötigt und glaubt, dass die Zinsen gegenwärtig recht günstig sind, hat ein Interesse daran, sich die momentan günstigen Zinsen für die zukünftige Kreditperiode zu sichern. Dies kann dadurch geschehen, dass man, z.B. mit einer Bank, für die künftige Ausleihperiode einen Kreditzins (Terminzinssatz) aushandelt. Hierbei werden die momentane Zinssituation die vom Markt erwartete zukünftige Zinsentwicklung zu beachten sein. Anstatt einen Terminzinssatz zu vereinbaren, kann auch eine Zinsausgleichsvereinbarung dergestalt getroffen werden, dass von dem Käufer (Kreditnehmer) und dem Verkäufer (Bank) eine *Zinsobergrenze (Cap)* sowie ein Kapitalbetrag vereinbart wird. Nimmt der Cap-Käufer beim Cap-Verkäufer (Bank) den variabel verzinslichen Kredit auf, dann kann die Bank die Zinsen höchsten bis zur Cap-Grenze erhöhen. Der Cap-Käufer ist somit gegen höhere Zinsbelastungen geschützt. Hat der Cap-Käufer den Kredit bei einer anderen Bank aufgenommen oder hat er (in spekulativer Absicht) überhaupt keinen Kredit aufgenommen (Solo Cap), so muss gleichwohl der Cap-Verkäufer Zinsausgleichszahlungen an den Cap-Käufer leisten. Diese richten sich nach der aufgrund eines Referenzzinssatzes festgestellten Überschießens des Marktzinssatzes über den Cap und basieren auf einem fiktiven Kapitalbetrag (*notional nominal* oder *notional principal*).

Analog lassen sich Zinssenkungsrisiken (für die Inhaber variabel verzinslicher Forderungen) ganz oder teilweise ausschließen durch Vereinbarung von Termin-(Haben-)Zinsen bzw. einer *Zinsuntergrenze (Floor)*. Auch die simultane Vereinbarung von *Cap und Floor (sog. Collar)* ist möglich. FRA erlauben somit ein flexibles Management von Zinsänderungsrisiken.

Siehe auch → Swaps, insbesondere Kap. „2. Zinsswaps" ff. (mit Literaturangaben).

Forwards

Forwards ist die englische Bezeichnung für → Termingeschäfte. Ein Termingeschäft wird zwischen einem Terminkäufer und einem Terminverkäufer geschlossen. Dabei werden die Bedingungen für den Kauf in der Gegenwart ("heute") vertraglich fixiert, die Erfüllung des Kontrakts erfolgt aber erst zu einem bestimmten Zeitpunkt in der Zukunft. Usancenbedingt beginnt die "Zukunft" in der Regel nach zwei oder drei Tagen ab heute. Geschäfte, die innerhalb dieser Zwei- oder Drei-Tage-Frist erfüllt werden, heißen Kassageschäfte, später erfüllte Geschäfte heißen Termingeschäfte.

Ist der Terminkontrakt, innerhalb der gesetzlichen Bestimmungen, frei gestaltbar (Vertragsfreiheit), spricht man von ein Forward(-Kontrakt) im engeren Sinne. Ist der Terminkontrakt hingegen standardisiert und nur über speziell hierfür vorgesehene Terminbörsen handelbar, dann spricht man von einem → Future(-Kontrakt).

Zu beachten ist, dass aufgrund des fixen Charakters der Terminvereinbarung das Termingeschäft zu den fixierten Bedingungen von beiden Kontraktpartnern erfüllt werden muss. In diesem Punkt unterscheiden sich (reine) Termingeschäfte von Optionsgeschäften (→ Optionen), bei denen der Käufer zwischen Erfüllung und Nicht-Erfüllung wählen kann. Durch Termingeschäfte wird sozusagen der Kaufpreis für beide Seiten zementiert. Damit ist die Preisunsicherheit zwar beseitigt, doch kein Kontraktpartner kann von einer für ihn günstigen Kassapreisentwicklung profitieren. Sind die Kassapreise gefallen, so muss der Terminkäufer trotzdem den hohen Terminkurs bezahlen. Aus der unbedingten Erfüllungspflicht resultiert auch, dass Termingeschäfte "Nullsummenspiele" darstellen. Der Verlust des Käufers ist der Gewinn des Verkäufers und umgekehrt.

Siehe auch → Futures, → Termingeschäfte, → Optionen (mit Literaturangaben) und → Swaps (mit Literaturangaben).

Literatur: Cuthbertson, K., Nitzsche, D.: Financial Engineering: Derivatives and Risk Management, Chichester, New York, etc. 2001; Eckl, S., Robinson, J.N., Thomas, D.C.: Financial Engineering: A Handbook of Derivative Products, Oxford 1991; Hull, J.C.: Options, Futures & Other Derivatives, 4th edition, London, Sydney, etc. 2000; Stöttner, R.: Termingeschäft, in rororo Betriebswirtschaft (hrsg. von Horst Günter), Reinbek bei Hamburg 2004

Fourth Party Logistics Provider

Der Fourth Party Logistics Provider soll auf der Basis der Informations- und Warenflüsse der an einer → Supply Chain beteiligten Unternehmen dafür sorgen, dass der Wertschöpfungsprozess optimal abläuft. Als Netzwerkintegration bietet er Gesamtlösungen zur Planung, Steuerung und Kontrolle von Aktivitäten über die komplette elektronische Supply Chain an. Oft bietet der Fourth Party Logistics

Provider ein ähnliches Leistungsspektrum an wie der → Third Party Logistics Provider, aber im Unterschied zu ihm verfügt er selber nicht über Ressourcen (Fuhrpark, Läger). Seine Tätigkeiten sind deshalb rein planend und koordinierend. Siehe auch → Logistik.

FRAU
Abk. für → Forward-Rate Agreement; siehe auch → Swaps.

Frachtfrei
... benannter Bestimmungsort, Kurzbezeichnung: CPT, engl.: carriage paid to ... named place of destination. Vertragsformel der von der → Internationalen Handelskammer (ICC) entwickelten → Incoterms.

frachtfrei versichert
... benannter Bestimmungsort, Kurzbezeichnung: CIP, engl.: carriage and insurance paid to ... named place of destination. Vertragsformel der von der → Internationalen Handelskammer (ICC) entwickelten → Incoterms.

Frachtführer
Ein Frachtführer führt die physischen Transporte von Gütern auf Land-, Wasser oder Luftwegen gewerbsmäßig durch. Gesetzliche Bestimmungen des Handelsgesetzbuches (§§ 407-452d HGB) sind zu beachten. Siehe auch → Frachtgeschäft.

Frachtführer-Pfand
siehe → Pfand (Faustpfand).

Frachtgeschäft
Durch den Frachtvertrag verpflichtet sich der Frachtführer, das Frachtgut zum Bestimmungsort zu befördern und dort an den Empfänger abzuliefern, und der Absender, das vereinbarte Frachtgeld zu bezahlen (§ 407 HGB). Siehe auch → Handelsrecht.

Frachtstundungsbürgschaft
Unternehmen, die ein hohes Frachtaufkommen bei der Deutschen Bahn AG haben, können mit einer Frachtstundungsbürgschaft ihrer Bank die für den Transport der Güter anfallenden Frachtkosten (gegenüber der Deutschen Verkehrs-Kredit-Bank AG, die als Abrechnungsunternehmen der Deutschen Bahn AG fungiert) stunden lassen.

Fragebogen, Biographischer
siehe → Biographischer Fragebogen.

Fragebogen
zentrales Instrument zur Datenerhebung. Der Aufbau eines Fragebogens soll die Teilnahmebereitschaft des Befragten fördern. Es empfiehlt sich folgende Fragebogenstruktur: (1) Einleitungsfragen, (2) Sachfragen, (3) Kontrollfragen, (4) persönliche Daten. Siehe auch → Marktforschungsmethoden und → Marktforschung.

Framework
(*Rahmenkonzept*) enthält die allgemeinen Grundsätze für den Jahresabschluss nach den → IAS/IFRS. Neben dem Framework sind zu beachten: (1) die International Accounting Standards (IAS) sowie die International Financial Reporting Standards (IFRS) und (2) die Interpretationen der Standards durch das → IFRIC (bisher SIC). Im Falle von Aussagekollisionen hat ein Standard bzw. eine Interpretation Vorrang vor dem Framework.

Franchise
(in der Versicherungswirtschaft), siehe → Selbstbeteiligung.

Franchise Extension

ist die Bezeichnung eines → Markentransfers in eine andere Produktkategorie als diejenige, aus der das etablierte Markenzeichen stammt.

Franchisegeber

Initiant eines multiplizierbaren Geschäftskonzeptes, der selbständigen Unternehmern oder Existenzgründern den Einstieg in das System ermöglicht (Franchisesystem); siehe auch → Franchising.

Franchisenehmer

Durch den Franchisevertrag gestattet der → Franchisegeber dem Franchisenehmer gegen Entgelt, seinen Namen, seine Marken und Schutzrechte usw. beim Vertrieb von Waren und Dienstleistungen zu nutzen. Ein bekanntes Beispiel für Franchise ist z.B. die Hamburger-Kette McDonald´s. Der Betreiber eines Ladenlokals (= Franchisenehmer) ist dabei ein rechtlich selbständiger Kaufmann. Er zahlt an den McDonalds´s-Konzern (= Franchisegeber) eine Lizenzgebühr und erhält von diesem die McDonald´s-typischen Waren geliefert.
Siehe auch → Franchising (mit Literaturangaben).

Franchisesystem

ist ein vertragliches Vertriebssystem. Ein Franchisegeber (Hersteller oder Großhändler) sucht Franchisenehmer (Groß- oder Einzelhändler), die als selbstständige Unternehmer mit eigenem Kapitaleinsatz unter dem einheitlichen Marketingkonzept des Franchisegebers dessen Waren oder Dienstleistungen anbieten. Rechte und Pflichten sind vertraglich geregelt. Siehe auch → Franchising.

Franchising

Franchising

von Geschäftsführer Dr. Martin Ahlert – Internationales Centrum für Franchising und Cooperation und Dipl.-Kfm. Steffen Herm – Lehrstuhl für Betriebswirtschaftslehre, insbes. Distribution und Handel im Marketing Centrum der Westfälischen Wilhelms-Universität Münster

1. Entwicklung des Franchising

Der historische Ursprung des Franchise-Begriffs ist im mittelalterlichen Frankreich zu finden. Im 12. Jahrhundert verstand man unter „chartes de franchise" Privilegien, die durch kirchliche und weltliche Machthaber verliehen wurden. Die gegenwärtige Form des Franchising entwickelte sich gegen Ende des 19. Jh. in den USA. Heute wird mit dem Begriff Franchisesystem eine spezielle Form systemkopfgesteuerter → Unternehmensnetzwerke bezeichnet. Seit den 60er Jahren des 20. Jh. gewinnt Franchising auch in Deutschland zunehmend an Bedeutung.

2. Grundprinzip des Franchising

In der Literatur werden vielfältige Einteilungsmöglichkeiten des Franchising vorgeschlagen (vgl. M. Ahlert 2001, S. 198 f.). So firmieren unter dem Franchisebegriff auch kooperative Distributionssysteme, die auf den reinen Warenvertrieb (siehe → Vertrieb) ausgerichtet sind (product oder traditional franchising). An dieser Stelle wird ausschließlich das so genannte Leistungsprogramm-Franchising näher betrachtet, welches auch als *„Business Format Franchising"* bezeichnet wird und sich auf die Überlassung umfassender Geschäftskonzeptionen an Franchisenehmer bezieht.
Franchising lässt sich als Form der vertikalen → Kooperation charakterisieren, bei der ein Franchisegeber aufgrund langfristiger, individualvertraglicher Vereinbarungen rechtlich selbständig bleibenden Franchisenehmern gegen Entgelt das Recht einräumt und die Pflicht auferlegt, genau bestimmte Sach- und/oder → Dienstleistungen unter Verwendung von Namen, → Marken, Ausstattung und sonstigen Schutzrechten sowie der technischen Ausstattung und gewerblichen Kenntnissen des Franchisegebers und unter Beachtung des von diesem entwickelten Absatz- und Organisationssystems auf eigene Rechnung an Dritte abzusetzen.

Franchising lässt sich nach dieser Begriffsbildung auch als die Vermarktung von geistigen und organisatorischen Leistungen beschreiben, da der Franchisegeber seinen selbständigen Franchisenehmern die Nutzung seiner multiplikations- und wettbewerbsfähigen Geschäftsidee im Zusammenhang mit einem spezifischen Beschaffungs-, Absatz- sowie Organisationskonzept sowie das Recht zur Führung der → Marke des Franchisesystems überlässt. Neben dem anfänglichen Transfer dieser – unter dem Begriff Franchisepaket zusammenfassbaren – Leistungen verpflichtet sich der Franchisegeber in der Regel zur fortlaufenden Erbringung weiterer Dienst- und Unterstützungsleistungen. In der Regel sind das Leistungen im Einkauf und in der Logistik (Gemeinschaftseinkauf, Warenwirtschaftssystem etc.), Leistungen im Marketingbereich (Werbung, Verkaufsförderung, Standortplanung und -gestaltung), Leistungen im Bereich des Rechnungswesens und Controlling, der fortdauernde Transfer von Wissen sowie die ständige Weiterentwicklung des Geschäftskonzepts.

Im Austausch für die oben genannten Leistungen erhält der Franchisegeber von den Franchisenehmern ein Entgelt, zum einen in Form einer Eintrittsgebühr, zum anderen in Form einer laufenden Gebühr. Der Franchisegeber hat zudem ein Weisungs- und Kontrollrecht, das es ihm ermöglichen soll, die Einhaltung des Geschäftskonzepts durch die Franchisenehmer sicherzustellen. Der Franchisenehmer hat das Recht auf Nutzung des Franchisekonzepts, gleichzeitig stellt dies aber auch seine wesentliche Verpflichtung dar. Er hat sich an die Vorgaben des Franchisegebers bzgl. → Corporate Identity, Qualitätsstandards und interner Organisation zu halten. Er ist verpflichtet, das → Sortiment bzw. Dienstleistungsprogramm des Franchisegebers zu vertreiben und dessen Absatz zu fördern. Er soll seine und die Arbeitskraft seiner Mitarbeiter zur Ausschöpfung des lokalen Absatzpotenzials einsetzen. Insbesondere ist der Franchisenehmer aber auch dazu verpflichtet, Bericht zu erstatten, d.h. er muss den Franchisegeber und andere Franchisenehmer mit Informationen über seinen lokalen Geschäftsbetrieb und regionale Marktentwicklungen versorgen (vgl. Abbildung 1).

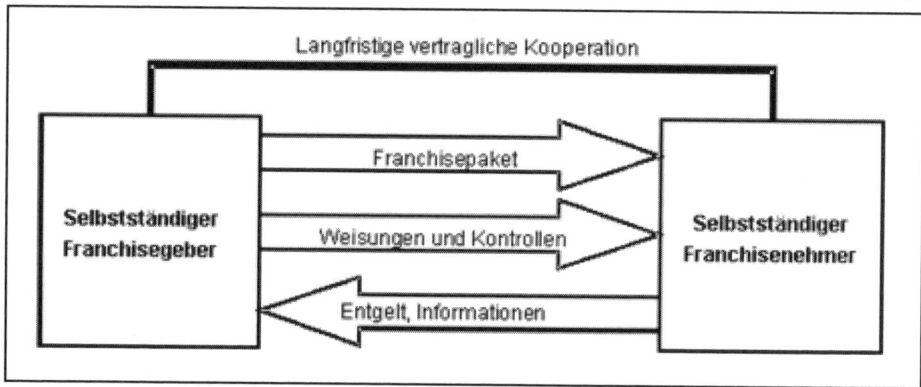

Abb. 1: Das Prinzip des Franchising (in Anlehnung an Sydow 1994, S. 96)

3. Konstitutive Merkmale des Franchising

Zur weiteren Charakterisierung des Business Format Franchising lassen sich konstitutive Merkmale beschreiben, die sich zu fünf Merkmalsklassen verdichten lassen (vgl. Meurer 1997):

- *Systembezogene Merkmale*: Ein Franchisesystem zeichnet sich dadurch aus, dass ein Beziehungsnetz zwischen Partnern verschiedener Marktstufen vorliegt (vertikale → Kooperation). Der Franchisegeber gehört grundsätzlich einer Marktstufe an, die als konsumferner einzuschätzen ist als diejenige, auf welcher der Franchisenehmer agiert. Des Weiteren muss beim Franchising eine kooperative Beziehung mit intensiver und nicht nur fallweiser Zusammenarbeit zwischen den Systempartnern vorliegen.

- Die *vertraglichen Merkmale* legen die rechtlichen Grundlagen des Franchisesystems fest. Charakteristisch ist ein dauerhaft bindender, schriftlicher Individualvertrag, welcher ein Dauerschuldverhältnis zwischen Franchisegeber und Franchisenehmer begründet.

- Die Stellung von Franchisegeber und Franchisenehmer zueinander wird durch die *statusbezogenen Merkmale* ausgedrückt. Zum einen sind beide Akteure wirtschaftlich und rechtlich selbständig, zum anderen ist in den Franchiseverträgen die Systemführerschaft des Franchisegebers kodifiziert. Der Franchisegeber trifft in der Funktion des Systemkopfes die für das System wesentlichen Entscheidungen, wobei er sich zur Absicherung seiner Systemführerschaft verschiedene Weisungs- und Kontrollrechte einräumen lässt.
- Die *marketingbezogenen Merkmale* kennzeichnen das Franchising als absatzmarktgerichtete Kooperationsform mit einem einheitlichen Marktauftritt. Dabei wird der einheitliche Marktauftritt durch eine systemweite, umfassende Standardisierung des Marketing-Mix erreicht, die sich vor allem in der intensiven Nutzung von Firmen-, Dienstleistungs- und Produktmarken (→ Marke), in der Durchsetzung einer → Corporate Identity in Bezug auf die Geschäftstätten und die sonstigen Bedienungs- und Kontaktmodalitäten sowie in der Gestaltung des Sortiments bzw. Dienstleistungsprogramms manifestiert.
- Die *funktionalen Merkmale* von Franchise-Systemen kennzeichnen die Aufgabenverteilung im System. Hierzu gehört das arbeitsteilige Leistungsprogramm und die dauerhaften bilateralen Rechte und Pflichten der Partner zur Erfüllung des Systemzwecks.

4. Einordnung und Abgrenzung des Franchising zu verwandten Systemen

Franchisesysteme sind eine besondere Form von Unternehmensnetzwerken, die hierarchische (→ Hierarchie) und marktliche (→ Markt) Koordinationsmechanismen miteinander verbinden. Sie kombinieren die zentralistisch effizienzorientierte Steuerung des Systemhintergrunds durch einen Systemkopf mit dem dezentralen Unternehmertum des Franchisenehmers vor Ort. Die Besonderheiten des Franchising werden im Folgenden durch eine Abgrenzung gegenüber anderen vertikalen Vertriebssystemen (→ Vertriebssystem, → Kooperation) nochmals verdeutlicht:

- In hierarchisch geführten → *Filialsystemen* ebenso wie in Franchisesystemen errichtet und betreibt eine → *Systemzentrale* ein Vertriebsnetz, verteilt Aufgaben und sorgt für einen einheitlichen Marktauftritt. Die wesentlichen Unterschiede zwischen Filial- und Franchisesystem sind die Eigentumsverhältnisse, die Freiheitsgrade der Führungskräfte der operativen Ebene und deren Motivationsstruktur. Ein Filialleiter, der rechtlich nicht selbständig ist, sondern als Angestellter weisungsgebunden handelt, ist normalerweise nicht finanziell an der Filiale beteiligt. Er trägt somit kein unmittelbares unternehmerisches Risiko und besitzt dadurch ein geringeres unternehmerisches Engagement. Im Gegensatz zum Franchisesystem scheiden Filialleiter aus dem System aus, ohne dass sich die Sachmittel- und Kapitalstruktur des Filialsystems ändert.
- *Vertragshändlersysteme* werden als Systeme mit dem höchsten Verwandtschaftsgrad zu Franchisingsystemen, insbesondere zu jenen in der Form des product oder traditional franchising, betrachtet. Der Begriff des → Vertragshändlers ist genauso wenig gesetzlich kodifiziert wie der Begriff des Franchising. Es kann aber davon ausgegangen werden, dass sich Franchisesysteme von Vertragshändlersystemen durch das Phänomen der Franchisegebühr, durch die Überlassung eines spezifischen Betriebs-Know-hows und das Ausmaß der laufenden Unterstützung durch den Franchisegeber unterscheiden. Infolgedessen besitzen Vertragshändler eine eher schwächere Bindung zum Systemkopf, und das einheitliche Auftreten der Systempartner ist in einem Franchisesystem durch die ausschließliche Benutzung der gemeinsamen Marke weitaus stärker ausgeprägt.
- Sowohl Franchise- und Vertragshändlersysteme als auch *Gewerbliche → Verbundgruppen* verfügen über ein dezentrales Absatzsystem mit rechtlich selbständigen Partnern Verbundgruppen haben aber, ähnlich den Vertragshändlersystemen, oftmals nur über ein schwächer ausgeprägtes Betriebstypenkonzept. Darüber hinaus bestehen in Verbundgruppen keine verbindlichen Festlegungen über Geschäftsausstattungen, Sortiment und gemeinschaftliche Kommunikation. Eine Verbundgruppenzentrale verfügt ferner nicht über die Weisungsrechte eines Systemkopfes. Verbundgruppenverträge sind zwar ebenfalls langfristig, eine Beendigung ist aber oftmals nicht eindeutig fixiert.

Für Franchisegeber stellen sich die Vorteile eines Franchisesystems vor allem durch die Ermöglichung einer schnellen Marktausdehnung mit selbständig initiativ werdenden, jedoch an das System gebundenen Unternehmern dar, ohne Kapitalrisiko für Ladenerwerb und Ladenausbau.

Für Franchisenehmer sind die Partizipation am Know-how und am Markenimage des Franchisegebers sowie eine weit reichende Aufgabenentlastung bei vielen Entscheidungen der Sortiments-, Preis- und Kommunikationspolitik die wesentlichen Vorteile eines Franchisesystems. Als Hauptrisiken des Franchising sind die starke gegenseitige Abhängigkeit der Systempartner und ein potentielles opportunistisches Verhalten der Systemmitglieder zu erwähnen.

Hinweis

Zu den angrenzenden Wissensgebieten siehe → Customer Relationship Management (CRM), → Dienstleistungsmanagement, → Direktmarketing, → Handelsbetriebslehre, Grundlagen, → Handelsforschung, → Handelsmarketing, → Kommunikationspolitik, → Konsumentenverhalten, → Kundenzufriedenheit, → Marke, → Markenbewertung, → Markenführung, → Marketing, Grundlagen, → Marketing, Internationales, → Marktforschung, → Preispolitik, → Produktpolitik, → Vertriebspolitik, → Vertriebssteuerung, → Vertriebswege, neuere.

Literatur

Literatur (Franchising allgemein): Ahlert, D. [Hrsg.] (2001): Handbuch Franchising and Cooperation. Das Management kooperativer Unternehmensnetzwerke, Neuwied und Kriftel; Sydow, J. (1994): Franchisingnetzwerke: Ökonomische Analyse einer Organisationsform der Dienstleistungsproduktion und -distribution, in: Zeitschrift für Betriebswirtschaft, Bd. 64, 1994, H. 1, S. 95-113. (*Unternehmensnetzwerke*): Ahlert, D.; Evanschitzky, H. (2002): Dienstleistungsnetzwerke, Berlin. (*Spezielle Aspekte in Franchisingnetzwerken*): Ahlert, M. (2001): Controllingkonzeptionen für Franchise-Systeme, in Ahlert, D. [Hrsg.]: Handbuch Franchising and Cooperation. Das Management kooperativer Unternehmensnetzwerke, Neuwied und Kriftel, S. 185-234; Meurer, J. (1997): Führung von Franchise-Systemen – Führungstypen – Einflußfaktoren – Verhaltens- und Erfolgswirkungen, Wiesbaden; Steiff, J. (2004): Opportunismus in Franchise-Systemen, Wiesbaden; Schlüter, H. (2001): Franchisenehmer-Zufriedenheit – Theoretische Fundierung und empirische Analyse, Wiesbaden; Wunderlich, M. (2005): Integriertes Zufriedenheitsmanagement in Franchisingnetzwerken Theoretische Fundierung und empirische Analyse, Wiesbaden.

Internetadressen

Internetadressen (Internetadressen der Autoren): http://www.franchising-und-cooperation.de; http://www.ifhm.marketing-centrum.de (*Verbände, Organisationen etc.*): http://www.dfv-franchise.de; http://www.franchise-net.de; http://www.eff-franchise.com; http://www.franchise-net.de/de/index.html

Websites der Autoren: http://www.franchising-und-cooperation.de; http://www.ifhm.marketing-centrum.de

Fraud Detection

behandelt die Aufdeckung von Betrugsfällen mittels → Data Mining-Methoden.

Free alongside Ship

... named port of shipment, Kurzbezeichnung: FAS, frei Längsseite Schiff ... benannter Verschiffungshafen. Vertragsformel der von der → Internationalen Handelskammer (ICC) entwickelten → Incoterms.

Free Carrier

... named place (FCA), frei Frachtführer ... benannter Ort. Vertragsformel der von der → Internationalen Handelskammer (ICC) entwickelten → Incoterms.

Free Cashflow

(in der → Unternehmensbewertung) ist der bei unterstellter vollständiger Eigenfinanzierung des Unternehmens, den Anteilseigner zur Verfügung stehende Cashflow (bewertungsrelevanter Cashflow), d.h. die an die Anteilseigner fließenden Zahlungen unter der Fiktion reiner Eigenfinanzierung. Berechnungsbeispiel siehe → Discounted-Cashflow-Verfahren.

Free Float

siehe → Streubesitz (Aktien).

Free on Board

... named port of shipment, Kurzbezeichnung: FOB, frei an Bord ... benannter Verschiffungshafen. Vertragsformel der von der → Internationalen Handelskammer (ICC) entwickelten → Incoterms.

Free-TV

frei empfängliches Fernsehen, das sich nicht aus direkten Zahlungen der Zuschauer finanziert, im Gegensatz zu → Pay-TV.

frei an Bord

... benannter Verschiffungshafen, Kurzbezeichnung: FOB, engl.: free on board ... named port of shipment. Vertragsformel der von der → Internationalen Handelskammer (ICC) entwickelten → Incoterms.

frei Frachtführer

... benannter Ort, engl.: FCA free carrier ... named place. Vertragsformel der von der → Internationalen Handelskammer (ICC) entwickelten → Incoterms.

frei Längsseite Schiff

... benannter Verschiffungshafen; Kurzbezeichnung: FAS; engl.: free alongside ship ... named port of shipment. Vertragsformel der von der → Internationalen Handelskammer (ICC) entwickelten → Incoterms.

Freibetrag

(*allowance*; siehe auch → Einkommensteuer) wird einem Steuerpflichtigen gewährt, sofern er bestimmte Tatbestandsmerkmale erfüllt. Bei Vorliegen der Voraussetzungen mindert ein Freibetrag die steuerliche Bemessungsgrundlage, maximal bis Null Euro.

Freigrenze

(*exempt threshold*; siehe auch → Einkommensteuer) bis zu dieser Grenze liegen steuerfreie Bemessungsgrundlagen vor. Wird die gesetzlich definierte Freigrenze überschritten, liegt keine Steuerbefreiung vor. Somit ist eine Steuerminderung bei einer Freigrenze nur gegeben, sofern diese nicht überschritten wird. Dagegen führt ein → Freibetrag immer zur Minderung der steuerlichen Bemessungsgrundlage.

Freigut

Begriff des deutschen Zollrechts für Waren, die zollrechtlich abgefertigt sind. Im harmonisierten gemeinschaftlichen europäischen Zollrecht ist dafür die Begriff der → Gemeinschaftsware gebräuchlich. Siehe auch → Zoll.

Freiverkehr

(bei *Devisen*). Die in den Wirtschaftszeitungen veröffentlichten Devisenkurse im Freiverkehr beziehen sich auf wenig gängige Währungen und beruhen auf Mitteilungen der Banken. Freiverkehrskurse bieten nur mehr oder weniger grobe Anhaltspunkte. Veröffentlichte Freiverkehrskurse sind i.d.R. → Kassakurse, für die in Deutschland seit der Einführung des Euro die → Mengennotierung gilt.

Freiverkehrskurse

(bei *Devisen*), siehe → Freiverkehr (bei Devisen).

Freiwahlverfahren

(bei der Leistungsbeurteilung). Der Beurteiler überprüft die in einer Liste enthaltenen Leistungsmerkmale dahingehend, ob sie bei der entsprechenden Person zutreffen oder nicht. Siehe auch → Lohn- und Gehaltsmodelle.

Freiwillige Kette

ist die → vertikale Kooperation einer → Großhandlung mit ausgewählten Einzelhändlern (Anschluss-kunden) und gleichzeitig die → horizontale Kooperation solcher Großhändler, um das Absatzgebiet der freiwilligen Kette um den regionalen Bereich einer → Großhandlung auszudehnen.

Fremdemission

Form des Verkaufs von → Wertpapieren, bei der ein Kreditinstitut in die → Emission mit einbezogen wird, um beratend zur Seite zu stehen und den Verkauf der Wertpapiere zu übernehmen. Beim Verkauf kann das Kreditinstitut lediglich als Vermittler zwischen Emittenten (Kreditnehmer) und Wertpapier-käufern (Kreditgeber) auftreten oder aber das gesamte Wertpapiervolumen auf eigene Rechnung fest übernehmen, um die Papiere dann selbst am Kapitalmarkt zu veräußern. Im letztgenannten Fall trägt das Kreditinstitut das Risiko, dass sich nicht genügend Wertpapierkäufer finden; Gegenteil → Selbst-emission.

Fremdenverkehrsorganisation

als „Kurverwaltung", „Tourismus GmbH", „Fremdenverkehrsverein" o.ä. organisierter Träger der tou-ristischen Aktivitäten einer (i.d.R. örtlich begrenzten) → Destination.
Siehe auch → Tourismusbetriebslehre (mit Literaturangaben).

Fremdorganschaft

bei der → Kapitalgesellschaft bestehendes Prinzip, wonach grundsätzlich ein Außenstehender (Nicht-gesellschafter) → geschäftsführendes Organ ist.

Fremdvergleich

(bei Verrechnungspreisen). Wenn in einem internationalen Konzern die Konzernunternehmen Leistun-gen austauschen, dann haben sie Preise zu vereinbaren, als wenn sie fremde Unternehmen wären (dea-ling at arm's length). Siehe auch → Verrechnungspreise, internationale, → Preisvergleichsmethode, → Wiederverkaufspreismethode und → Kostenaufschlagsmethode.

Fremdwährungsanlage

ist eine Anlage in einer von der Heimatwährung des Anlegers abweichenden ausländischen Währung. Fremdwährungsanlagen dienen unter anderem der internationalen → Diversifikation. Ferner können sie im Rahmen des → Finanzhedging in Kombination mit Verschuldung in Inlandswährung zur Reproduk-tion des Terminkaufs von → Devisen genutzt werden.
Siehe auch → Währungsmanagement (mit Literaturangaben).

Fremdwährungsanleihe

(Währungsanleihe), Anleihe, die auf eine andere Währung als die Heimatwährung des Emittenten lau-tet.
Siehe auch → Währungsmanagement (mit Literaturangaben).

Fremdwährungs-Geldmarktkredit

siehe → Geldmarktkredit..

Fremdwährungskredit

beschreibt eine Kreditaufnahme in einer von der Heimatwährung des Schuldners abweichenden auslän-dischen Währung. Fremdwährungskredite können im Rahmen des → Finanzhedging in Kombination mit einer Anlage in Inlandswährung zur Reproduktion des Terminverkaufs von → Devisen genutzt werden.
Siehe auch → Währungsmanagement (mit Literaturangaben).

Freundliche Übernahme
setzt bei Unternehmensakquisitionen (Unternehmensübernahmen) die Zustimmung des Managements und der Shareholder des zu übernehmenden Unternehmens voraus. Siehe auch → Mergers & Acquisitions.

Friedenspflicht
Aus einem gültigen → Tarifvertrag resultierende Verpflichtung der → Tarifvertragsparteien, während der Laufzeit des Tarifvertrags keine Arbeitskampfmaßnahmen gegeneinander zu führen; siehe auch → Arbeitskampf.

Friktionen
siehe → Ökonometrie, Abschnitt 5 b).

fristenkongruente Finanzierung
siehe → Finanzierung, fristenkongruente.

Front-End Fee
Einmalentgelt mit dem Charakter einer Bearbeitungsprovision (oder – seltener – einer Risikoprämie), die von den Banken bei der Gewährung mittel- und langfristiger Exportkredite berechnet wird.

Fronting
(in der Versicherungswirtschaft), Form der Kooperation im internationalen Versicherungsgeschäft, bei welcher zunächst eine Vorzeichnung des im Ausland liegenden Risikos durch ein ausländisches Versicherungsunternehmen erfolgt. Im Anschluss hieran wird das Risiko an das inländische Versicherungsunternehmen weitergeleitet. Für seine Bemühungen erhält das ausländische Unternehmen eine Frontinggebühr. Die Anwendung des Fronting ist in der Praxis selten.

Frontoffice
englischer Begriff für Außendienst. Ist Schnittstelle zum Kunden. Im Gegensatz hierzu ist der Innendienst (das → Backoffice) für die Abwicklung der dem Kundenkontakt nachgelagerten Aufgaben zuständig (Angebotserstellung, Auftragsbearbeitung, Fakturierung).

Frühanregung
bezeichnet das frühzeitige Aufspüren von künftigen positiven Ereignissen (Chancen). Siehe auch → Früherkennung, gerichtete, → Früherkennung, ungerichtet sowie → Analysemethoden, betriebswirtschaftliche.

Früherkennung
dient der frühzeitigen Erkennung, Analyse und Beurteilung von Phänomenen und umfasst → Frühwarnung und → Frühanregung. Früherkennung kann im Hinblick auf die Entwicklung des eigenen Unternehmens und im Hinblick auf die Entwicklung fremder Unternehmen erfolgen (z.B. Insolvenzprognose mit Hilfe der → Bilanzanalyse). Gerichtete Informationen lagen der Früherkennung in der 1. und 2. Generation zugrunde (→ Früherkennung, gerichtete). Ungerichtete Informationen werden in der 3. Generation verwendet (→ Früherkennung, ungerichtete).
Siehe auch → Analysemethoden, betriebswirtschaftliche (mit Literaturangaben).
    Literatur: Krystek, U., Bedeutung der Früherkennung für Unternehmensplanung und Kontrolle, in: Horváth, P., Gleich, R. (Hrsg.), Neugestaltung der Unternehmensplanung, Stuttgart 2003, S. 121-148; Böhler, H., Früherkennungssysteme, in: Küpper, H.U., Wagenhofer, A. (Hrsg.), Handwörterbuch für Unternehmensrechnung und Controlling (HWU), 4. Auflage, Stuttgart 2002, Sp. 1256-1270.

Früherkennung, gerichtete
Die erste und zweite Generation der Früherkennung ist „gerichtet", da sie vordefinierte Informationen verwendet.

In der *ersten Generation* wurde das Feedback (Plan-Ist-Vergleich) durch ein Feedforward (Plan-Wird-Vergleich) ergänzt, bei dem das Planergebnis mit dem auf das Periodenende hochgerechneten Istergebnis (Wirergebnis) zu vergleichen ist. Gefährdungen und Risiken sind häufig schon vor ihrem Eintreten latent vorhanden und kündigen sich in anderen vorauseilenden Erscheinungen (Frühwarnindikatoren) an.

Die *zweite Generation* der Früherkennung arbeitet in diesem Sinne mit zeitlich vorauseilenden Ersatzgrößen (z.B. → Indikatoren wie Auftragseingang für den späteren Umsatz). Um derartige leading indicators herzuleiten, muss man eine Kausalkette aufstellen (z.B. Lieferstopp Rohöl – Benzinverteuerung – weniger Wochenendausflüge – Umsatzeinbruch). Überschreiten „Key-Indicators" oder „Critical Success Factors" bestimmte Toleranzgrenzen, werden weitere Aktivitäten des Managements ausgelöst. Siehe auch → Früherkennung, → Früherkennung, ungerichtete sowie → Analysemethoden, betriebswirtschaftliche (mit Literaturangaben).

Früherkennung, ungerichtete
Während die erste und zweite Generation gerichtete Informationen (siehe → Früherkennung, gerichtete) verwenden, basiert die dritte Generation der Früherkennung auf ungerichteten Informationen und ist eher langfristig-strategisch orientiert. Der Grundgedanke ist es weniger → Frühwarnung als vielmehr → Frühanregung. Strategisch bedeutsame Umfeldentwicklungen sollen mit Hilfe eines sog. „strategischen Radars" erkennbar gemacht werden (z.B. aufgrund der Häufung gleichartiger Ereignisse). Beobachtungsobjekt sind sog. *schwache Signale* meist qualitativer Natur (z.B. Stellungnahmen exponierter Persönlichkeiten).

Die Schwierigkeit besteht darin, die gefilterten Informationen auf einem schmalen Grat zwischen Nichtbeachtung und Überinterpretation richtig zu deuten. Diese Aufgabe ist auch im Rahmen der strategischen Kontrolle als sog. ungerichtete strategische Überwachung wahrzunehmen.

Siehe auch → Früherkennung, → Früherkennung, gerichtete sowie → Analysemethoden, betriebswirtschaftliche (mit Literaturangaben).

Frühfluktuation
Es handelt sich um den Teil der → Fluktuation, welche schon bald nach dem Eintritt der Mitarbeitenden in das Unternehmen – bevor sie sich vollständig eingearbeitet und integriert haben – stattfindet.

Frühwarnindikatoren
siehe → Früherkennung, gerichtete.

Frühwarnsysteme
Im Rahmen des *Risikocontrollings* werden Frühwarnsysteme für eine frühzeitige, systematische Erfassung von Risken genutzt. Derartige Systeme verwenden Messwerte wie Kennzahlen oder Indikatoren, die in einem (vermuteten) Ursache-Wirkungs-Zusammenhang zur künftigen Entwicklung der Vermögens-, Finanz- und Ertragslage des Unternehmens stehen. Ihre Brauchbarkeit hängt entscheidend davon ab, ob eine ausreichende Zeitspanne zwischen dem Eintritt des Indikators und des Risikos liegt, denn diese Zeit steht für Maßnahmen der Risikosteuerung zur Verfügung. Frühwarnsysteme gibt es in drei sog. Generationen, wobei die neueren Generationen keineswegs die älteren ersetzen, vielmehr ergänzen sie diese durch einen anderen Betrachtungshorizont.

Die Systeme der ersten Generation arbeiten in einem operativen Kontext, sie verwenden häufig *Zeitreihen von Kennzahlen* und prognostizieren, z.B. aufgrund von Trendextrapolationen, zukünftige Entwicklungen; hierzu zählen auch *Insolvenzprognosemodelle,* die sich auf Kennzahlen des Jahresabschlusses stützen (siehe auch → Insolvenzrecht und → Sanierungsmanagement).

Systeme der zweiten Generation arbeiten mit längerfristig orientierten *Indikatormodellen.* Der Indikator soll eindeutig erfassbar sein, eine Gefährdung frühzeitig anzeigen und rechtzeitig sowie effizient verfügbar sein. Im System werden zunächst Beobachtungsbereiche festgelegt, dann werden hierfür Frühwarnindikatoren bestimmt, anschließend bildet man Sollwerte und Toleranzschwellen für die Indikatoren, um in der Folge die Ausprägungen der Indikatoren erfassen und verarbeiten zu können.

Systeme der dritten Generation werden auch als *strategisches Radar* bezeichnet. Mit ihrer Hilfe sollen nur vage abschätzbare Informationen genutzt werden, um Diskontinuitäten in der Umweltentwicklung zu erkennen. Man betrachtet hierbei schwache Signale ohne feste Ausrichtung. Diese Systeme scannen das unternehmerische Umfeld nach schwachen Signalen, die einem laufenden Monitoring unterstellt werden. Man prüft dabei die Relevanz für das Unternehmen leitet ggf. Maßnahmen ab.

Die Konstruktion von Frühwarnsystemen kann auf einer qualitativen oder quantitativen Basis erfolgen. Einsetzbar sind z. B. statistische Verfahren, künstliche neuronale Netze oder Kausalanalysen.

Siehe auch → Risikocontrolling (mit Literaturangaben).

Literatur: Burger, A. / Buchhart, A: Risiko-Controlling, München und Wien 2002.

Frühwarnung

bezeichnet das frühzeitige Erkennen von Ereignissen, die Risiken, Gefahren, Krisen oder Existenzgefährdungen vor ihren tatsächlichen Eintreten signalisieren können.

Siehe auch → Früherkennung, gerichtete, → Früherkennung, ungerichtet sowie → Analysemethoden, betriebswirtschaftliche.

FuE (F&E)

Abk. für → Forschung und Entwicklung.

Führen mit Zielen

ist die im deutschsprachigen Raum gebräuchliche sinngemäße Übersetzung von Management by Objectives. Siehe → Management by Objectives (mit Literaturangaben).

Führung

siehe → Personalführung (mit Literaturangaben).

Führung, charismatische

siehe → Charismatische Führung.

Führung, transaktionale

siehe → Transaktionale Führung.

Führung, transformationale

siehe → Transformationale Führung.

Führungsethik

setzt sich zum einen mit der unternehmensethischen Grundfrage auseinander, ob und inwieweit Führung überhaupt gerechtfertigt werden kann; in einer demokratischen Gesellschaft ist die allgemeine und unbedingte Anerkennung anderer Personen als „Wesen gleicher Würde" zentraler Imperativ, zugleich sind Unternehmen jedoch aus Effizienzgründen hierarchisch organisiert. Führung legitimiert sich zwar grundsätzlich durch den Konsens aller Beteiligten, gleichwohl bestehen für den Weisungsunterworfenen erhöhte Schutzbedürfnisse.

Führungsethik muss Grenzen und Gefährdungen von Führung herausarbeiten. Sie hat darüber hinaus die Funktion, normative Orientierungen für den Umgang aller Unternehmensmitglieder untereinander zu entwerfen und umzusetzen.

Siehe auch → Unternehmensethik (mit Literaturangaben).

Führungsinformations- und Unternehmenssteuerungssysteme (FIUSS)

(a) Unterbegriff von → Management-Informationssysteme (MIS); (b) ein modularer Ansatz des Performance Management aus dem wirtschaftsprüfungsnahen Beratungsbereich ausgehend von dem strategischen Zielsystem des Unternehmens.

Internetadressen: www.deloitte.com, www.ey.com, www.kpmg.com, www.pwc.com

Führungsinformationssysteme (FIS)

(*Executive Information Systems*) (allgemeine Charakterisierung). Führungsinformationssysteme (FIS) sind unternehmensspezifische und bereichsübergreifende, integrative und dynamische Informationssysteme zur informationellen Unterstützung der obersten Managementebene, die sich durch Flexibilität und hohen Bedienungskomfort auszeichnen. Im Gegensatz zu → Managementinformationssystemen basieren Führungsinformationssysteme auf hoch verdichteten, steuerungsrelevanten internen Daten sowie unternehmensexternen Informationen.

Siehe auch → Business Intelligence, → Data Warehouse und → Management-Informationssysteme, jeweils mit Literaturangaben.

Führungs-Informationssysteme (FIS)

(im Rahmen von → Management-Informationssystemen), (a) Unterbegriff von Management-Informationssysteme (MIS), (b) ein spezifisches MIS für die Führungsebene. Die FIS-Funktionalität entspricht gängig der → MIS-Funktionalität, was indes nicht zwingend ist.

Siehe auch → Management-Informationssysteme (MIS) (mit Literaturangaben).

Literatur: Laudon, K. C., Laudon, J. P. Management Information Systems, Managing The Digital Firm, 9th ed., Upper Saddle River 2006; Mertens, P., Griese, J.: Integrierte Informationsverarbeitung 2, Planungs- und Kontrollsysteme in der Industrie, 9. Auflage, Wiesbaden 2002.

Full-Service-Leasing

siehe → Maintenance-Leasing; siehe auch → Leasing.

Fund Raising

Startphase eines Fonds, in der institutionelle, industrielle oder private Anleger dafür gewonnen werden, Fondsanteile zu zeichnen. Siehe auch → Private Equity.

Fundamentalanalyse

Die Fundamentalanalyse ist neben der → technischen Analyse ein Verfahren der Finanzanalyse mit dem speziellen Ziel der Unternehmens- und Aktienbewertung. Im Gegensatz zur technischen Analyse ist die Fundamentalanalyse theoretisch begründbar. Sie versucht, alle wertgenerierenden und wertbeeinflussenden Faktoren zu identifizieren, der Bewertungsrelevanz theoretisch begründet werden kann.

Siehe auch → Finanzinnovationen

Literatur: Steiner, P., Uhlir, H.: Wertpapieranalyse, Physica-Verlag, 4. Aufl., Heidelberg 2001.

Fünftelungsregelung

Billigkeitsregelung des § 34 Abs. 1 EstG.

Funktion, mathematische

Eine mathematische Funktion f ist eine Zuordnungsvorschrift, die jedem Element x einer Ausgangsmenge *genau ein* Element f(x) einer Zielmenge zuordnet und damit eine mathematische Beziehung zwischen Ausgangs- und Zielmenge herstellt.

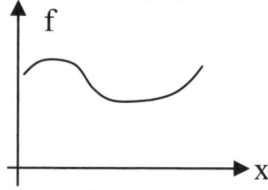

Der Funktionswert f(x) errechnet sich dabei als mathematischer Ausdruck in x, wobei in den Wirtschaftswissenschaften meist → Polynome in x auftreten (max. dritten Grades).

In der betriebswirtschaftlichen Anwendung verbreitete Grundtypen von Funktionen sind: (1) → *Angebotsfunktionen* und → *Nachfragefunktionen*, die die angebotene bzw. nachgefragte Menge x als Funktion des Preises p betrachten, d.h. x(p); alternativ wird auch der Preis als Funktion der Menge dargestellt: p(x). Wird unter x die tatsächlich abgesetzte Menge eines Gutes verstanden, wird x(p) zu einer → *Absatzfunktion*. (2) → *Produktionsfunktionen* stellen die produzierte Menge x als Funktion eines Produktionsfaktors r dar, sodass x = x(r); (Output x als Funktion des Inputs r; hier tritt x üblicherweise als Bezeichnung der Funktion selbst auf). (3) → *Kostenfunktionen* liefern die Gesamtkosten K als Funktion der produzierten Menge x, d.h. K = K(x). (4) → *Erlös-* oder *Umsatzfunktionen* stellen den Erlös bzw. Umsatz E in Abhängigkeit von der produzierten Menge x dar: E = E(x). Sind die Erlös- und Kostenfunktionen eines Unternehmens bekannt, kann daraus eine → *Gewinnfunktion* G(x) hergeleitet werden: G(x) = E(x) − K(x).

Bei *Funktionen mehrerer (unabhängiger) Variabler* hängt der Funktionswert von mehreren Inputvariablen x_1, x_2,..., x_n ab, wobei jeder Wertekombination (x_1, x_2,..., x_n) genau ein Funktionswert $f(x_1, x_2,..., x_n)$ zugeordnet wird.

Typische Beispiele für Funktionen mehrerer unabhängiger Variabler sind → *Nutzenfunktionen* $U(x_1, x_2,..., x_n)$, die den Nutzen U als Funktion der konsumierten Mengen x_j mehrerer Güter angeben ($1 \leq j \leq n$), sowie → *Kostenfunktionen* $K(x_1, x_2,..., x_n)$ und → *Produktionsfunktionen* $x(r_1, r_2,..., r_n)$.

Für den Fall n = 2 (d.h. $f(x_1, x_2)$) kann eine solche Funktion in einem dreidimensionalen kartesischen Koordinatensystem perspektivisch dargestellt werden (Funktionswerte f auf senkrechter Achse, die x_1- und x_2-Achse bilden eine dazu senkrechte Ebene). Alternativ kann auch der Funktionswert von f festgehalten (d.h. $f(x_1, x_2) = c$) und versucht werden, die so entstehende Gleichung nach x_1 oder x_2 aufzulösen und diese Variable dann wie eine Funktion der anderen Variablen graphisch darzustellen: $x_2 = x_2(x_1)$ bzw. $x_1 = x_1(x_2)$. Je nach Funktionstyp nennt man die so erhaltene Kurve → *Indifferenzkurve* (bei → Nutzenfunktionen), → *Isokostenkurve* (bei → Kostenfunktionen) oder → *Isoquante* (bei → Produktionsfunktionen).

Siehe auch → Wirtschaftsmathematik (mit Literaturangaben).

Funktional-Analyse

(→ *Kreativitätstechnik*). Betrifft die Aufgliederung eines Problems in Einzelfunktionen und die Suche nach denkbaren Alternative jeder Funktionserfüllung (Wie!). Für jede einzelne Funktion werden dann Listen mit allen denkbaren und bekannten Funktionsträgern in einer Matrix zusammengestellt und für eine optimale Lösung kombiniert.

Funktionale Organisation

Bei der funktionalen Organisation werden die Organisationseinheiten der zweiten Hierarchieebene nach dem Funktionsprinzip gebildet. Kennzeichnend für die funktionale Organisation (auch *verrichtungsorientierte Organisation*) ist die Gliederung in Funktionsbereiche. Die Leitung des Unternehmens erfolgt dabei nach dem → Einliniensystem, so dass die Funktionsbereiche als größte organisatorische Einheiten der obersten Unternehmensleitung direkt unterstellt sind.

Die funktionale Organisation ist die am meisten angewandte Organisationsform in Unternehmen; für kleine und mittlere Unternehmen ist es oftmals die einzig sinnvolle Möglichkeit. Sie erlaubt es, ähnliche Tätigkeiten zusammenzufassen und weitgehend zu vereinheitlichen. Dies ermöglicht ein hohes Maß an fachlicher Spezialisierung und fördert die Ansammlung von Erfahrungen und zusätzlichem Wissen. Durch die Zusammenfassung gleicher oder ähnlicher Aktivitäten lassen sich Größenvorteile in Form von Kostendegressionseffekten erzielen.

Siehe auch → Aufbauorganisation (mit Literaturangaben)

Funktionale Qualität

umfasst die Gebrauchstüchtigkeit, die Verkehrssicherheit, Störanfälligkeit und Haltbarkeit eines Produktes wie z.B. eines PKW; siehe auch → Qualitätscontrolling.

Funktioneller Handel

siehe → Handel, Funktioneller.

Funktionen des Dienstleistungscontrolling

siehe → Dienstleistungscontrolling, Funktionen.

Funktionendiagramm

Zweck ist die graphische Darstellung der Funktions- und Kompetenzverteilung auf organisatorische → Stellen zur Erfüllung bestimmter Aufgaben. Des Weiteren kann dadurch der Überblick über das Zusammenwirken mehrerer → Stellen geschaffen werden.

Funktionsprinzip
siehe → Verrichtungsprinzip.

Fun-Shopping
siehe → CEFFT-Shopping.

Fusion
engl. → Merger; siehe auch → Mergers & Acquisitions (mit Literaturangaben).

Fusion
(*österreichisches Recht*), siehe → Verschmelzung (österreichisches Recht).

Fusions-Richtlinie
(78/855/EWG), siehe → Verschmelzungs-Richtlinie und die dort angegebene Quelle.

Future Growth Value (FGV)
im → Economic Value Added-Ansatz (EVA-Ansatz) verwendete Maßzahl für das Wachstumspotential der Geschäftstätigkeit eines Unternehmens. Der Future Growth Value wird gemessen als Barwert aller zukünftig erwarteten Veränderungen des → Residualgewinns gegenüber dem in der betrachteten Periode erzielten, wobei der Residualgewinn als Economic Value Added gemessen wird. Der Marktwert des betrachteten Unternehmens ergibt sich als Summe der Future Growth Value und dem Current Operating Value.

Futures
Futures sind standardisierte → Termingeschäfte, die über eine Terminbörse abgewickelt werden. Die Standardisierung im Hinblick auf das → Basisobjekt (Underlying), das Kontraktvolumen und den Erfüllungstermin (März/Juni/September/Dezember) sorgt für die erforderliche Markttransparenz und die Schaffung gleichartiger (fungibler) Kontrakttypen.
Bei Future-Geschäften, im Unterschied zu Forward-Geschäften, treten die Kontraktpartner nicht unmittelbar in Kontakt. Vielmehr schiebt sich zwischen beide die Terminbörse in ihrer Eigenschaft als Clearingstelle. Diese gewährleistet, dass jeder Kontrakt stets über erfüllungswillige und erfüllungsfähige Partner verfügt. Damit ist das Erfüllungsrisiko, im Gegensatz zu Forwards (i.e.S.), ausgeschlossen. Bewerkstelligt wird dies über ein ausgeklügeltes Sicherungssystem (→ margining), das die Zahlungsfähigkeit jedes Kontraktpartners durch die Einforderung angemessener Sicherheitsleistungen sicherstellt.
Futures gibt es auf zahlreiche → Basisobjekte, die entweder physisch lieferbar sind, wie z.B. Anleihen, Aktien, Devisen, oder aber nur abstrakten Charakter haben, z.B. ein Aktienindex (Index-Futures). Physische Lieferung wird häufig, selbst wenn sie möglich ist, nicht verlangt, zumeist ist sie sogar unerwünscht. In diesem Fall – und bei Futures mit abstraktem Underlying ist dies zwangsläufig so – erfolgt die Vertragserfüllung bei Fälligkeit via Barausgleich ("Cash Settlement"). Derjenige Kontraktpartner, der am Erfüllungstag im Gewinn liegt, erhält diesen ausbezahlt (gutgeschrieben), während der Partner, der dann in die Verlustzone gerutscht ist, durch Zahlung einer dem Verlust entsprechenden Summe für Verlustausgleich sorgen muss. Abwicklungstechnisch sind die Verlustausgleichszahlungen bereits im Zuge und in dem Ausmaß der Verlustgenerierung während der Laufzeit des Future-Kontrakts aufgrund des obligatorischen → margining erfolgt.
Siehe auch → Forwards, → Optionen (mit Literaturangaben) und → Swaps (mit Literaturangaben).
    Literatur: Hull, J.C.: Options, Futures & Other Derivatives, 4th edition, London, Sydney, etc. 2000; Stöttner, R.: Investitions- und Finanzierungslehre, Frankfurt, New York 1998; Stöttner, R.: Termingeschäft, in rororo Betriebswirtschaft (hrsg. von Horst Günter), Reinbek bei Hamburg 2004.

Fuzzy-Logic-Systeme
sind eine Form der → wissensbasierten Systeme, die die klassische zweiwertige Logik erweitern. In der klassischen Logik trifft eine Eigenschaft entweder vollständig oder überhaupt nicht zu, eine Aussage ist entweder wahr oder falsch. Fuzzy-Logic-Systeme ermöglichen dagegen Werte zwischen wahr und

falsch, um Unschärfen und Unsicherheiten in den Modellierungsprozess einbeziehen zu können. Siehe auch → Wissensmanagement (mit Literaturangaben).

FX Option
siehe → Devisenoption.

G

GAAP FER
siehe → Swiss GAAP FER sowie → Jahresabschluss nach schweizerischem Recht.

GAAS
Abk. für → Generally Accepted Auditing Standard(s).

Galaxie-Schema
(auch: *Multi-Fakttabellen-Schema*) ist ein relationales → Datenbankschema zur Speicherung multidimensionaler → Daten in relationalen Datenbanksystemen. Das Galaxie-Schema stellt eine Erweiterung des → Star-Schema bzw. des → Snowflake-Schema dar, wenn die Faktdaten (siehe auch → Fakt) teils gleiche, teils unterschiedliche → Dimensionen aufweisen. Mehrere Fakttabellen werden dann über die gemeinsam verwendeten Dimensionen verknüpft.

Gang an die Börse
siehe → Going Public, Vorbereitungsphase; → Going Public, Durchführungsphase; → Initial Public Offering; → IPO.

Gantt-Diagramm
graphische Darstellung der Terminierung von Vorgängen der → Netzplantechnik in einem Balkenplan.

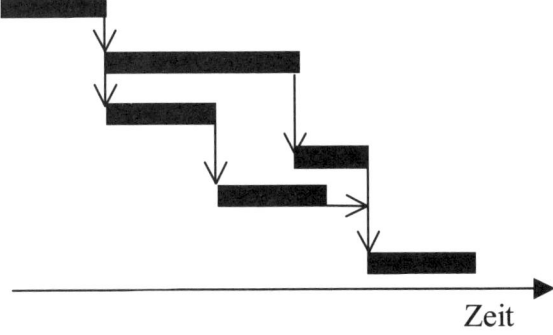

Zeit

Ganzzahlige Lösung
(IP-Modell), eine Lösung eines → IP-Modells, bei der die Lösungswerte der → LP-Relaxation die Ganzzahligkeitsbedingungen erfüllen.

GAP-Modell
(*Lücken-Modell*). In diesem Modell des → *Dienstleistungsmanagements* wird die Differenz zwischen der vom Kunden erwarteten und wahrgenommenen → Dienstleistungsqualität (GAP 1) auf das Auftreten von vier weiteren *Lücken* (GAPs) zurückgeführt: (1) Diskrepanz zwischen den Kundenerwartungen und deren Wahrnehmung durch das Management (GAP 2), (2) Diskrepanz zwischen der Wahrnehmung der Kundenerwartungen durch das Management und deren Umsetzung in Spezifikationen der → Dienst-

leistungsqualität (GAP 3), (3) Diskrepanz zwischen der Spezifikation der → Dienstleistungsqualität und der tatsächlich erstellten Leistung (GAP 4), (5) Diskrepanz zwischen erbrachter Dienstleistung und der an den Kunden gerichteten Kommunikation über diese Dienstleistung (GAP 5). Um die → Dienstleistungsqualität zu steigern, muss die Qualitätsbetrachtung des → Dienstleistungsmanagements die Lücken (2)–(5) systematisch kontrollieren und durch geeignete Maßnahmen schließen.

Literatur: Zeithaml, V./Parasuraman, A./Berry, L.: Qualitätsservice. Was Ihre Kunden erwarten – was Sie leisten müssen, Frankfurt 1992.

Garantendelkredererisiko

Das Garantendelkredererisiko umfasst die Gefahr, dass ein Garant (z.B. eine Bank) nicht willens oder nicht in der Lage ist, die übernommene (Haftungs-)Verpflichtung zu erfüllen. Das Garantendelkredererisiko besteht insbesondere bei Außenhandelsgeschäften, bei denen ausländische Banken häufig → Bankgarantien, → Dokumentenakkreditive oder andere Zahlungs- bzw. Schuldversprechen übernehmen. Z.T. übernehmen auch sog. Nichtbanken Garantien, Bürgschaften oder ähnliche Verpflichtungserklärungen zur Absicherung von Auslandsgeschäften; siehe auch → Kautionsversicherung.

Garantie des Bundes

(Hermes-Garantie, Deutschland). Form der sog. Hermes-Deckungen zur Sicherung deutscher Exportgeschäfte; siehe auch → Exportkreditgarantien des Bundes. Der Bund definiert die Hermes-Garantie mittels Abgrenzung von der → Hermes-Bürgschaft: Eine Hermes-Bürgschaft liegt vor, wenn der ausländische Vertragspartner des deutschen Deckungsnehmers (z.B. ein deutscher Exporteur) oder ein für das Forderungsrisiko voll haftender Garant ein Staat, eine Gebietskörperschaft oder eine vergleichbare Institution ist. Eine Hermes-Garantie liegt dagegen in allen Fällen anderer ausländischer Vertragspartner vor.

Internetadressen: (AuslandsGeschäftsAbsicherung der BRD) www.agaportal.de, www.exportkredit garantien.de.

Garantie

siehe → Bankgarantie und → Kautionsversicherung.

Garantievertrag

Mit dem Garantievertrag verspricht der Garantierende für den Eintritt eines bestimmten Erfolges einstehen zu wollen. Besteht dieser Erfolg in der Zahlung einer ausstehenden Forderung eines Dritten (Schuldners) an den Gläubiger, spricht man von der sog. *Forderungsgarantie.* Beispiel: Ein Gewährsmann übernimmt gegenüber einem Dritten die Garantie für die ordnungsgemäße Durchführung einer bestimmten Finanzierung eines Projekts.

Der Garantievertrag gleicht damit speziell dem Kreditsicherungsinstitut der → Bürgschaft (siehe auch → Kreditsicherheiten). Dennoch sind die Vorschriften der Bürgschaft auf den Garantievertrag nicht, auch nicht entsprechend, anwendbar. Das bedeutet insbesondere, weder die Garantieerklärung noch der Garantievertrag bedürfen zu ihrer Wirksamkeit einer Form. Das Garantieversprechen ist ferner *nicht akzessorisch.* Der Garantierende haftet somit auch bei bestehenden Einreden des Schuldners gegen die Forderung. Siehe auch → Bankgarantien.

Literatur: Hans Brox, Wolf-Dietrich Walker: Allgemeines Schuldrecht. Grundrisse des Rechts München 2004

Garantie-Zertifikat

Ein Garantie-Zertifikat bietet dem Anleger eine Partizipation an der Wertsteigerung einer Aktie oder eines Aktienmarktes und bietet zugleich eine Absicherung gegen Kursverluste.

Bei fester Garantie wird ein festgelegter Rückzahlungsbetrag gezahlt. So kann beispielsweise festgelegt werden, dass bei Fälligkeit des Zertifikats mindestens 90 % des Emissionspreises zurückgezahlt werden. Somit partizipiert der Zertifikats-Inhaber maximal bis zu 10 % an Verlusten des → Basisobjekts.

Bei der Airbag-Variante hingegen ist der Anleger bis zum Umfang eines bestimmten Prozentsatzes (vom Emissionspreis) gegen Kursverluste abgesichert. Die Verluste, die über diesen Airbag hinaus gehen, treffen den Anleger allerdings in voller Höhe.

Der Vorteil von Garantie-Zertifikaten gegenüber → Discount-Zertifikaten besteht generell darin, dass die Partizipation an Gewinnen nicht begrenzt ist. Finanztechnisch besteht ein Garantie-Zertifikat aus einer Garantiekomponente, mit der die Kapitalerhaltung im zugesagten Umfang sichergestellt wird, und einer Erfolgskomponente, die über ein Optionsgeschäft (→ Optionen) für den Anlageerfolg verantwortlich ist. Die Garantiekomponente wird zumeist über einen → Zero-Bond, die Erfolgskomponente über einen → Long Call auf eine Aktie bzw. einen Aktienindex implementiert.
Siehe auch → Zertifikate

GASC
Abk. für German Accounting Standards Comittee, → Deutsches Rechnungslegungs Standards Committee.

Gastland
alle jeweiligen Länder, in denen → internationale Unternehmungen außerhalb des → Mutterlandes dauerhaft geschäftliche Aktivitäten unterhalten (siehe auch → Auslandsquote). Siehe auch → Globalisierung.

Gatekeeper Rolle
siehe → Konzept der Gatekeeper (Schleusenwärter) Rolle.

Gateways
→ Entscheidungszäsuren in einem Projekt; siehe auch → Projektmanagement.

GATT
mehrfach revidiertes multilaterales Handelsabkommen mit dem Ziel der Liberalisierung und Ausweitung des Welthandels über die Reduzierung nicht-tarifärer → Handelshemmnisse und Zölle. Angestrebt wird die gegenseitige Meistbegünstigung, d.h. der Geberstaat gewährt jedem anderen Staat alle handelspolitischen Vorteile (z.B. Präferenzzölle), die er irgendeinem anderen Staat eingeräumt hat. Seit 1995 ist dieses Förderungsinstrument des → Außenhandels institutionalisiert in der World Trade Organization (WTO) mit Sitz in Genf.
Internetadresse: www.gatt.org; www.wto.org

Gattungsmarken
Form/Typ der → Handelsmarken.

Gattungsware
abgestripptes Produktangebot. Die Qualität bewegt sich auf Mindest- bzw. Standardniveau, die Verkehrsgeltung ist meist stark begrenzt. Gattungsware wird oft von Markenartikelherstellern auf identischen Anlagen mit nur unwesentlicher Qualitätsabstufung gefertigt. Die wesentlichen Kennzeichen von Gattungsware sind: Einfache Verpackung, die nur die Produktbezeichnung trägt und Preisgünstigkeit signalisiert; nach der Einführung nur noch schwache Bewerbung, um die Marketingkosten niedrig zu halten; hohe und gleichbleibende Qualität, die für Verbraucher klar erkennbar und gut einschätzbar ist sowie günstiger Preis, der alle Kostenvorteile aus der Rationalisierung an Endabnehmer weitergibt.
Siehe auch - → Erstmarke, → Premiummarke, → Luxusmarke, → Zweitmarke, → Drittmarke, → Markenarten.

Gauß'sches Eliminationsverfahren
Verfahren zur Lösung → linearer Gleichungssysteme. Durch Äquivalenzumformungen werden die einzelnen Gleichungen eines linearen Gleichungssystems solange verändert, bis die zugehörige → Matrix die Struktur einer oberen oder unteren Dreiecksmatrix hat. Dabei dürfen (1) Gleichungen vertauscht, (2) Gleichungen mit reellen Zahlen ≠ 0 multipliziert und (3) Gleichungen addiert bzw. voneinander subtrahiert werden. Das so entstandene lineare Gleichungssystem mit Dreiecksmatrix kann dann durch Rückwärtseinsetzen sukzessive gelöst werden.

Gauß-Schätzer

siehe → Ökonometrie, Kap. 5 a) Schätzverfahren.

G2B

Abk. für Government to Business sowie Politics to Citizen; siehe auch → Electronic Government (mit Literaturangaben).

GBB-Rating

Rating-Agentur, deren Geschäftszweck darin besteht, die Bonität anderer Unternehmen einzustufen. GBB-Rating Köln hat sich auf mittelständische Unternehmen spezialisiert. Siehe auch → Rating-Methoden, kreditwirtschaftliche.

Internetadresse: http://www.gbb-rating.de.

GBP

ISO-Code für Pfund Sterling.

GbR

Abk. für Gesellschaft bürgerlichen Rechts. Siehe → Gesellschaft bürgerlichen Rechts (deutsches Recht) bzw. (österreichisches Recht) sowie → Gesellschaftsrecht, jeweils mit Literaturangaben.

G2C

Abk. für Government to Citizen; siehe auch → Electronic Government (mit Literaturangaben).

GDV

Abk. für → Gesamtverband der Deutschen Versicherungswirtschaft.

GdW

Abk. für Bundesverband deutscher Wohnungs- und Immobilienunternehmen e. V., Berlin. Spitzenverband der ehemals gemeinnützigen Wohnungswirtschaft, u. a. der → Wohnungsgenossenschaften.

Internetadresse: http://www.gdw.de.

Gebrauchsfaktoren

siehe → Potentialfaktoren.

Gebrauchsmuster

Gewerbliches Schutzrecht, das ohne Prüfung für neue technische Erfindungen durch das nationale Patentamt registriert wird. Die Überprüfung erfolgt erst bei einem evtl. Einspruchsverfahren mit Dritten. Siehe auch → Gewerblicher Rechtschutz.

Gebundene Aktie

(*österreichisches Recht*), siehe → *vinkulierte Aktie, nach österreichischem Recht.*

Gebundene Finanzkredite

umfassen die an ein bestimmtes Exportgeschäft gebundene Kreditgewährung einer (i.A. im Land des Exporteurs ansässigen) Bank an den Importeur (Besteller) bzw. an die Bank des Importeurs. Der gebundene Finanzkredit wird in der Regel nicht an den Kreditschuldner (Importeur bzw. dessen Bank) ausgezahlt, sondern an den Exporteur auf Grundlage vorzulegender Bestätigungen über erfolgte Lieferungen/Leistungen (siehe auch → Progress Payment und → pro rata-Zahlung).

Gebundene Finanzkredite haben bei Exportgeschäften mit mittel- bis langfristigen Zahlungszielen zwei Ausprägungen: (1) Von → Bestellerkrediten wird gesprochen, wenn der Kredit der (Exporteur-)Bank dem Importeur (in seiner Eigenschaft als Besteller/Käufer) gewährt wird. (2) Dagegen liegt ein → Bank-zu-Bank-Kredit vor, wenn der Kredit von der (Exporteur-)Bank an eine Bank im Importland gewährt wird. Diese Bank schließt bei Bank-zu-Bank-Krediten ihrerseits einen analogen Kreditvertrag mit dem Importeur ab.

Siehe auch → Außenhandelsfinanzierung (mit Literaturangaben).

Gebundene Verfahren

Verfahren der *Leistungsbeurteilung* mit Vorgabe von Merkmalen. Gebundene Verfahren können differenziert werden in Einstufungsverfahren, in Rangordnungsverfahren, in Kennzeichnungsverfahren und Zielsetzungsverfahren.

Gefährdungshaftung

das Produkthaftungsgesetz (→ Produkthaftung) geht davon aus, dass hier dem Geschädigten nicht zumutbar ist, im Einzelfall ein Verschulden des Herstellers nachzuweisen. Der Haftungsgrund liegt bereits im Inverkehrbringen sicherheitsgefährdender Produkte, die geeignet sind, anderen Schaden zuzuführen.

Gefahrtragung

Die Regeln der Gefahrtragung bestimmen, welche Vertragspartei das Risiko der Zerstörung, anderer Formen des Untergangs und der Verschlechterung zu liefernden Ware übernehmen muss. Es wird zwischen der *Leistungs-* und der *Gegenleistungsgefahr* (*Preisgefahr*) unterschieden. Die Regeln der Leistungsgefahr bestimmen, ob der Lieferant, sollte Ware vor der Übergabe an den Abnehmer zerstört oder verschlechtert werden, nochmals intakte Ware liefern muss. Ist eine nochmalige Lieferung nicht möglich, haftet der Verkäufer dem Abnehmer in der Regel für die aus Nichtlieferung entstehenden Schäden.

Die Normen der Gegenleistungs- oder Preisgefahr legen fest, ob der Käufer / Abnehmer den vollen Preis bezahlen muss, obwohl die Ware nicht oder nicht vollständig erhalten hat. Hat beispielsweise bei einem → Versendungskauf der Verkäufer die Ware an eine geeignete Transportperson übergeben und wird die Ware auf dem Transport zerstört, muss der Käufer den vereinbarten Preis in voller Höhe bezahlen, da die Gegenleistungs- oder Preisgefahr bereits auf ihn übergegangen ist.

Siehe auch → Incoterms sowie → Kaufrecht (mit Literaturangaben).

Gefahrübergang

siehe → Gefahrtragung, siehe auch → Incoterms.

Gefangenendilemma

Bezeichnung für eine unauflösliche moralische Dilemmasituation. Siehe auch → Unternehmensethik.

Gegenakkreditiv

(Back-to-back-Akkreditiv) entsteht, indem ein Exporthändler (insbesondere als Zwischenhändler, Transithändler) oder ein Generalunternehmer auf Grundlage eines zu seinen Gunsten eröffneten → *Dokumentenakkreditivs* seine Bank beauftragt, back-to-back (Rücken-an-Rücken) zu diesem Akkreditiv (zum sog. Basisakkreditiv) ein (Gegen-)Akkreditiv zu Gunsten seines eigenen Vorlieferanten bzw. zu Gunsten eines Subunternehmers zu eröffnen. Zu beachten ist, dass es sich rechtlich um zwei getrennte Dokumentenakkreditive handelt.

Literatur: Häberle S.G.: Handbuch der Akkreditive, Inkassi, Exportdokumente und Bankgarantien, München und Wien 2002.

Gegengarantie

z.T. auch als → Rückgarantie bezeichnete Garantie, die eine Bank (Erstbank) zugunsten einer anderen Bank (Zweitbank) im Rahmen der Abwicklung von → Bankgarantien abgibt.

Gegengeschäft

siehe → Kompensationsgeschäft.

Gegenleistleistungsgefahr

siehe → Gefahrtragung.

Gegenwartsmethode

siehe → Barkapitalwertmethode (der → Investitionswirtschaft).

Gegenwartswert

Der Gegenwartswert entspricht der Summe der auf einen einheitlichen Bezugszeitpunkt auf- bzw. abgezinsten Zahlungen eines Investitionsobjekts. Der Gegenwartswert zum Beginn des Planungszeitraums entspricht dem → *Kapitalwert*, der – bezogen auf den Beginn des Planungszeitraums – auch mit dem → *Barwert* gleichgesetzt wird.

Gehalt

siehe → Lohn- und Gehaltsmodelle (mit Literaturangaben).

Geldkredit

Als Geldkredite werden solche Kredite- bzw. Darlehensgewährungen bezeichnet, bei denen die Bank dem Kreditnehmer (im Gegensatz zur → Kreditleihe der Banken) Zahlungsmittel in Form von Buch- und/oder Bargeld zur Verfügung stellt. Formen des Geldkredites sind z.B. → Kontokorrentkredite, → Wechselkredite und → Lombardkredite.

Geldkurs

(bei Devisen). Bei der sog. → Mengennotierung, die seit Einführung des Euro am Devisenmarkt gilt, ist der (niedrigere) Geldkurs der Verkaufskurs der Banken, d.h. jener Kurs, zu dem die Banken an ihre Kunden → Devisen und → Sorten verkaufen. Anmerkung: Bei Mengennotierung ist der → Briefkurs (Ankaufskurs der Banken) höher als der Geldkurs. Siehe auch → Preisnotierung (bei Devisen).

Geldleihe

siehe → Geldkredit.

Geldmarkt

Finanzmarktsegment für kurzfristige Ausleihungen mit Laufzeiten bis maximal ein Jahr. Siehe auch → Geldmarkkonto und → Geldmarktkredit (mit Literaturangaben).

Geldmarktkonto

Neben → *Geldmarktkrediten* mit fester Laufzeit und fester Zinsvereinbarung bieten international ausgerichtete Banken ihren Kunden die Möglichkeit, das Euro-Kontokorrenkonto bzw. ein gesondertes Euro-Geldmarktkonto mit Kontokorrentcharakter auf Geldmarktbasis zu führen. (1) Diese Vereinbarung hat zur Folge, dass die Zinsen für Guthaben und für beanspruchte Kredite auf einem solchen Konto auf Grundlage das Zinssatzes für täglich fälliges Geld (Tagesgeld, Overnight-Geld) am Geldmarkt berechnet werden. (2) I.A. wird als Referenzzinssatz für derartige Geldmarktkonten der von der Europäischen Zentralbank bei den → EURIBOR-Referenzbanken für Tagesgeld erhobene Zinssatz → EONIA (Euro Overnight Index Avarage) herangezogen. Entsprechend den Veränderungen dieses Zinssatzes für Tagesgeld erfahren folglich Euro-Geldmarktkonten eine variable Verzinsung. (3) Der den Bankkunden berechnete Kreditzins auf den Euro-Geldmarktkonten umfasst EONIA zuzüglich der kundenindividuellen Marge der kreditgewährenden Bank, wogegen der Guthabenzins für Euro-Geldmarktkonten ausgehend von EONIA einen Abschlag erfährt.

Literatur: Häberle, S.G.: Handbuch der Außenhandelsfinanzierung, 3. Auflage, München und Wien 2002; HAUFE EXPORT OFFICE, CD-ROM, Freiburg i.Br. o.J. (laufende Ergänzungslieferungen).

Internetadressen: (internationaler Geldmarkt, EONIA, EURIBOR, internationale Zinssätze) http://www.euribor.org/html/content/eonia, http://www.euribor.org/html/content/euribor, http://quotes.ubs.com/quotes... .

Geldmarktkredit

1. Charakterisierung und Bezeichnungen: Der Geldmarktkredit kann von Wirtschaftsunternehmen (sog. Nichtbanken) bei den international ausgerichteten Banken in Euro oder in den gängigen Fremdwährungen zu kurz- bis mittelfristigen Laufzeiten aufgenommen werden. Grundlage der Kreditgewährung ist der nationale und der internationale Bankgeldmarkt. Vor Einführung des Euro als Währung wurden Geldmarktkredite als Eurokredite, Euromarktkredite, Eurogeldmarktkredite oder als Eurofestsatzkredite bezeichnet.

2. Finanzierung und Kurssicherung: Geldmarktkredite dienen den Unternehmen zur zinsgünstigen Finanzierung ihres kurz- bis mittelfristigen Kapitalbedarfs für Inlandsgeschäfte und für Außenhandelsgeschäfte. Auf Euro lautenden Geldmarktkredite können – in Abhängigkeit von der Zinsentwicklung am Bankengeldmarkt – über lange Phasen erheblich kostengünstiger sein als beispielsweise auf Euro lautende Kontokorrentkredite. Geldmarktkredite in Fremdwährung ermöglichen nicht nur die Finanzierung, sondern auch die (kompensierende) Wechselkurssicherung von Exportforderungen, die auf Fremdwährung lauten. Die Mindestbeträge liegen – in Abhängigkeit von der kreditgewährenden Bank – bei etwa 100.000 Euro bzw. Fremdwährungsgegenwert.

3. Kreditlaufzeiten: Der Bankengeldmarkt kennt sowohl feste Laufzeitkategorien als auch täglich fälliges Geld. (1) Feste Laufzeiten umfassen z.B. eine Woche, zwei und drei Wochen sowie monatsbezogene Laufzeiten von 1, 2, 3, 6, 12 Monaten sowie in den gängigen Währungen bis zu 24 und 36 Monaten. (2) Daneben sind im Einzelfalls auch sog. krumme (gebrochene) Laufzeiten möglich, die zwischen den festen Laufzeitkategorien liegen und eine genaue zeitliche Anpassung an ein Handelsgeschäft ermöglichen. (3) Auf Grundlage des Tagesgeldes unter Banken gibt es darüber hinaus auch die Kreditüberlassung als täglich fälliges Geld, was praktisch auf eine Kreditgewährung "bis auf weiteres" hinaus läuft. I.A. werden solche Kredite auf einem → *Euro-Geldmarktkonto* gewährt. Entsprechend der Zinsentwicklung für Tagesgeld ändert sich der Zinssatz bei täglich fälligen Geldmarktkrediten ebenso täglich.

4. Zinsen: Die von der kreditgewährenden Bank berechneten Zinskosten beruhen auf dem sog. Einstandszinssatz (z.B. → *EURIBOR*, → *LIBOR*, → *EONIA*), zuzüglich eines Zinzuschlags der kreditgewährenden Bank. I.A. werden diese Komponenten in einem Zinssatz zusammengefasst. Bei fester Laufzeit des Geldmarktkredits gilt der vereinbarte Zinssatz i.d.R. fest für die gesamte Laufzeit. Als Referenzzinssatz für Euro-Geldmarktkonten bzw. -kredite wird meistens der von der Europäischen Zentralbank bei den EURIBOR-Referenzbanken für Tagesgeld erhobene Zinssatz → EONIA (Euro Overnight Index Average) herangezogen, zuzüglich der kundenindividuellen Marge der kreditgewährenden Bank. Bei länger laufenden Geldmarktkrediten (Laufzeiten über ein Jahr) wird dem Kreditnehmer manchmal die sog. Arrangement Fee in Rechnung gestellt, die als einmalig zu zahlender Provisionssatz auf den Kreditbetrag definiert ist. Die Zinsen für Geldmarktkredite werden in der Regel nach der internationalen Zinsberechnungsmethode (→ Zinsberechnungsmethode, internationale) berechnet, die auch als Euro-Methode bezeichnet wird.

Siehe auch → Außenhandelsfinanzierung (Internationale Zahlungs-, Sicherungs- und Finanzierungsinstrumente), mit Literaturangaben.

Literatur: Häberle, S.G.: Handbuch der Außenhandelsfinanzierung, 3. Auflage, München und Wien 2002; HAUFE EXPORT OFFICE, CD-ROM, Freiburg i.Br. o.J. (laufende Ergänzungslieferungen).

Internetadressen: (Geschäftsbanken; alle Zahlungs-, Finanzierungs- und Sicherungsinstrumente) http://www.deutsche-bank.de http://www.hypovereinsbank.de, http://www.ubs.com, http://www.baca.com; (internationaler Geldmarkt, internationale Zinssätze) http://www.bba.org.uk/public/libor, http://www.leitzinsen.com/zinsen/libors, http://www.euribor.org/html/content/euribor, http://www.euribor.org/html/content/eonia

Geleistete Anzahlungen

(Bilanzierung). In dieser Position werden Vorleistungen des Unternehmens auf schwebende Geschäfte dargestellt. D.h. unter dieser Position werden Zahlungen des Unternehmens an Dritte auf Grund abgeschlossener Lieferungs- oder Leistungsverträge bilanziert, für die die Lieferung oder Leistung noch aussteht.

Nach → IAS/IFRS und → US-GAAP sind geleistete Anzahlungen wie nach dem HGB aktivierungspflichtig. Im Unterschied zum HGB werden sie aber nicht als Unterposition der → Vorräte ausgewiesen, sondern in einem separaten Posten (*prepayments* bzw. *prepaid expenses*) innerhalb des → Umlaufvermögens.

geliefert ab Kai

... benannter Bestimmungshafen, engl.: DEQ delivered ex quay ... named port of destination, Vertragsformel der von der → Internationalen Handelskammer (ICC) entwickelten → Incoterms.

geliefert ab Schiff

... benannter Bestimmungshafen, Kurzbezeichnung: DES, engl.: delivered ex ship ... named port of destination. Vertragsformel der von der → Internationalen Handelskammer (ICC) entwickelten → Incoterms.

geliefert Grenze

... benannter Ort, Kurzbezechung: DAF, engl.: delivered at frontier ... named place. Vertragsformel der von der → Internationalen Handelskammer (ICC) entwickelten → Incoterms.

geliefert unverzollt

... benannter Bestimmungsort, Kurzbezeichnung: DDU, engl.: delivered duty unpaid ... named place of destination. Vertragsformel der von der → Internationalen Handelskammer (ICC) entwickelten → Incoterms.

geliefert verzollt

... benannter Bestimmungsort, Kurzbezeichnung: DDP delivered duty paid ... named place of destination. Vertragsformel der von der → Internationalen Handelskammer (ICC) entwickelten → Incoterms.

GEMA

Abk. für → Gesellschaft für musikalische und mechanische Vervielfältigungsrechte.

Gemba Kaizen

Gemba (japan.) ist in Unternehmungen der Ort der Wertschöpfung. Kaizen (japan.) bezeichnet die kontinuierliche Verbesserung. Gemba Kaizen ist ein kontinuierlicher Prozess, um Verschwendung (japanisch Muda) soweit wie möglich zu verhindern. Nach Einschätzung des Istzustandes in einem Assessment, werden in einem einwöchigen Gemba Kaizen Workshop konkrete Verbesserungsziele vereinbart.

    Literatur: Imai, Masaaki: Gemba-Kaizen. Permanente Qualitätsverbesserung, Zeitersparnis und Kostensenkung am Arbeitsplatz, München 1997; Imai, Masaaki: Kaizen. Der Schlüssel zum Erfolg im Wettbewerb, München 2001

    Internetadresse: http://www.gentinex.de/loesungen/prozess/gembakaizen/

Gemeiner Wert

siehe → Verkehrswert.

Gemeinkosten

sind Kosten, die den betrieblichen Kostenträgern (Produkte, Dienstleistungen) nicht eindeutig und unmittelbar dem Anfall und der Höhe nach zugerechnet werden können (z.B. Betriebsstoffe, Verwaltungskosten, Personalgemeinkosten). Sie müssen vielmehr mittels Umlageschlüsseln oder Zuschlagssätzen (siehe auch → Zuschlagskalkulation) auf diese verrechnet werden. Einen Sonderfall stellen die unechten Gemeinkosten dar. Hierbei handelt es sich dem Grunde nach um → Einzelkosten, sie werden aber aufgrund von Praktikabilitäts- und Wirtschaftlichkeitserwägungen wegen ihres nachrangigen Werts als Gemeinkosten behandelt (z.B. Kleinteile, Verbrauchsgüter).
Siehe auch → Kostenstellenrechnung und → Betriebsabrechnung.

Gemeinkostenwertanalyse (GWA)

(*Overhead Value Analysis*). Die GWA wird in Gemeinkostenbereichen eingesetzt zur Steigerung der Effizienz (gleiche Leistung mit geringeren Kosten, gleiche Kosten mit höherer Leistung). Der Schwerpunkt der GWA liegt darauf, unnötige Leistungen zu eliminieren bzw. bestehende durch kostengünstigere Verfahren zu ersetzen. Die GWA basiert auf der → Wertanalyse (gemäß DIN 69910) und läuft in 6 Phasen (Problemstellung, Suche, Burteilung, Entscheidung, Realisation, Kontrolle) ab. Die GWA beginnt mit einem anspruchsvollen Kostensenkungsziel, um dadurch Einsparungsvorschläge der Mitarbeiter zu motivieren. Dies führt erfahrungsgemäß zu Einsparungen von 50 % des angestrebten Ziels.
Siehe auch → Analysemethoden, betriebswirtschaftliche.

Gemeinschaftsunternehmen

(*Joint Venture*) ist ein Unternehmen, an dem mehrere Gesellschaften meist mit gleichem, zumindest aber nicht mit derart unterschiedlichem Recht beteiligt sind, dass eine allein das Gemeinschaftsunternehmen leiten oder beherrschen könnte. Vielmehr ist die *Leitung nur gemeinschaftlich* durch mehrere, teilweise nicht zum Konzern gehörende Unternehmen möglich. § 310 HGB bietet hier – alternativ zur → Equity-Methode – die Möglichkeit der → *Quotenkonsolidierung*.

Siehe → Joint Ventures und → Konzernabschluss, jeweils mit Literaturangaben.

Gemeinschaftswaren

sind Waren, die ihren Ursprung in den Mitgliedsstaaten der → Europäischen Gemeinschaft haben bzw. Waren, die als → Drittlandsgut zum freien Verkehr abgefertigt worden sind. Im deutschen Zollrecht ist dafür die Begriff des → Freiguts gebräuchlich.

Generalhandel

Erfassungsform in der Außenhandelsstatistik, in der alle grenzüberschreitenden direkten Warenbewegungen, zusätzlich die Einfuhren in ein → Zollfreigebiet und deren Wiederausfuhr ins Ausland erfasst werden. Gegenbegriff: → Spezialhandel

Generally Accepted Auditing Standards (GAAS)

vom → American Institute of Certified Public Accountants (AICPA) erlassene Prüfungsstandards für US-amerikanische Wirtschaftsprüfer.

Generalversammlung

Mitgliederversammlung der *eingetragenen Genossenschaft* (eG, → Genossenschaft). Sie beschließt u. a. über die Änderung des → Statuts, die Feststellung des Jahresabschlusses, die Verwendung des Jahresüberschusses, die Entlastung von Vorstand und Aufsichtsrat sowie über die Auflösung der eG (§§ 16 I, 48 I, 78 I → GenG). Bei Genossenschaften mit mehr als 1.500 Mitgliedern kann das Statut bestimmen, dass die Generalversammlung aus Vertretern der Genossen (Vertreterversammlung) besteht (§ 43 a I GenG).

Siehe auch → Genossenschaft, deutsche und → Erwerbs- und Wirtschaftsgenossenschaft, österreichische (mit Literaturangaben).

Generic Placement

siehe → Product Placement (mit Literaturangaben),

Generics

Form/Typ der → Handelsmarken; Synonym für Gattungsmarken.

Generisches Benchmarking

Kennzeichnend für das generische Benchmarking ist, dass es bei der Wahl der Vergleichsobjekte keinerlei Restriktionen setzt. Es werden vielmehr solche Organisationen bzw. Organisationseinheiten gesucht, die entsprechend dem zu untersuchenden Objekt den besten Lösungsansatz – the *Best-Practice* – entwickelt haben. Im Gegensatz zum generischen Benchmarking stehen beispielsweise das brachenbezogene Benchmarking und das konkurrenzbezogene Benchmarking, bei denen das Vergleichsobjekt die Branche bzw. die Konkurrenz ist. Siehe auch → Benchmarking (mit Literaturangaben).

Genetische Algorithmen

Genetische Algorithmen bilden evolutionäre Mechanismen mithilfe mathematischer Algorithmen ab. Sie imitieren dabei grundlegende evolutionstheoretische Prinzipien, z.B. die natürliche Selektion oder die Mutation. Genetische Algorithmen werden z.B. im Bankbereich zur Generierung von Regeln im Börsenhandel, zur Unterstützung von Hedging-Entscheidungen, zur Portfoliobewertung sowie zur Bewertung von Optionen eingesetzt.

Siehe auch → Metaheuristiken und → Heuristiken sowie → Wissensbasierte Systeme und → Wissensmanagement (mit Literaturangaben).

Genfer Schema

grundlegendes Schema der analytischen *Arbeitsbewertung*. Im Rahmen des Genfer Schemas werden geistige und körperliche Anforderungen sowie Verantwortung und Arbeitsbedingungen als Kriterien differenziert. Zu den Verfahren der analytischen Arbeitsbewertung siehe → Rangreihenverfahren und → Wertzahlverfahren; siehe auch → Lohn- und Gehaltsmodelle.

GenG

Abk. für Genossenschaftsgesetz, Kurzbezeichnung für *Gesetz betreffend die Erwerbs- und Wirtschafts-genossenschaften* (siehe auch → Genossenschaft). Siehe auch → Erwerbs- und Wirtschaftsgenossen-schaft, österreichische.

Genossenschaft

Genossenschaft

von Univ.-Professor Dr. Ulrich Fehl und Dr. Otto Korte
Universität Marburg

1. Charakterisierung

Eine *Genossenschaft* entsteht, wenn sich Wirtschaftssubjekte (die Mitglieder) einen Organbetrieb (die Genossenschaft) zulegen, durch den sie hinsichtlich eines wirtschaftlichen oder sozialen Zwecks gefördert werden. Konstitutiv für eine Genossenschaft ist somit der *Förderzweck*. Er kann darin bestehen, dass der Organbetrieb Güter und Dienstleistungen für die Mitglieder beschafft (Bezugsgenossenschaft) oder vertreibt (Absatzgenossenschaft). Die Mitglieder sind also gleichzeitig Gesellschafter und Kunden/Lieferanten der Genossenschaft *(Identitätsprinzip)*. Eine Genossenschaft im ökonomischen oder sozialen Sinne bezieht sich lediglich auf das Identitätsprinzip. Sie kann rechtlich in unterschiedlicher Form organisiert werden. Eine Genossenschaft im rechtlichen Sinne liegt vor, wenn das Rechtskleid der *eingetragenen Genossenschaft* (eG) gewählt wird. Wenn im Folgenden von der Genossenschaft die Rede ist, soll es sich um Genossenschaften im Sinne des → Genossenschaftsgesetzes (GenG) handeln.

2. Rechtliche Grundlagen

Die eG ist eine Gesellschaft von nicht geschlossener Mitgliederzahl, deren Zweck weniger auf eigene Gewinnerzielung als vielmehr darauf gerichtet ist, den Erwerb oder die Wirtschaft ihrer Mitglieder oder deren soziale oder kulturelle Belang durch gemeinschaftlichen Geschäftsbetrieb zu fördern (§ 1 I GenG). Sie ist ihrer Organisationsstruktur nach eine Körperschaft in Form eines rechtsfähigen wirtschaftlichen Vereins und gilt als Kaufmann im Sinne des Handelsgesetzbuchs (§ 17 II GenG, → Handelsrecht, Grundlagen). Ihren Gläubigern haftet grundsätzlich nur das Gesellschaftsvermögen (§ 2 GenG); die Möglichkeit, in der Satzung die Nachschusspflicht in der Insolvenz (→ Insolvenzrecht) zu beschränken oder ganz auszuschließen (§ 6 Nr. 3 GenG), stellt in der Praxis den Regelfall dar. Die eG wird in das → Genossenschaftsregister eingetragen (§ 10 I GenG). Ihre Firma muss die Bezeichnung „eingetragene Genossenschaft" oder „eG" enthalten (§ 3 I GenG).

Im Gegensatz zu den Kapitalgesellschaften (→ Aktiengesellschaft, → Gesellschaft mit beschränkter Haftung) unterliegt die eG keiner Pflicht zur Aufbringung und Erhaltung eines gesetzlich vorgegebenen Mindestkapitals. Der *Geschäftsanteil* ist anders als bei der Gesellschaft mit beschränkter Haftung nicht der Inbegriff der Mitgliedschaft, sondern der Höchstbetrag, bis zu dem sich die einzelnen Mitglieder mit Einlagen beteiligen können (§ 7 Nr. 1 GenG). Davon zu unterscheiden ist das *Geschäftsguthaben* als der Betrag, mit dem das jeweilige Mitglied tatsächlich an der eG beteiligt ist (§ 19 I GenG).

Die *Gründung* der eG erfolgt durch Aufstellung der Satzung durch mindestens drei Mitglieder (§ 4 GenG). Ihre *Organe* sind der Vorstand, der Aufsichtsrat und die → Generalversammlung, in der jedes Mitglied unabhängig von der Zahl seiner Anteile grundsätzlich nur eine Stimme hat (§ 43 III GenG). Dem Vorstand obliegen Geschäftsführung und Vertretung der eG (§ 24 I GenG). Er wird ebenso wie sein Kontrollorgan Aufsichtsrat von der Generalversammlung gewählt (§§ 24 II, 36 I GenG), wenn nicht – wie in der Praxis häufig – die Satzung eine Bestellung durch den Aufsichtrat vorsieht. Vorstands- und Aufsichtsratsmitglieder müssen grundsätzlich Mitglieder sein (§ 9 II GenG, Prinzip der Selbstorganschaft). Die eG unterliegt der sog. Pflichtmitgliedschaft in einem *genossenschaftlichen Prüfungsverband* (§ 54 GenG, → genossenschaftliches Verbandswesen).

Das *Mitglied* einer eG hat das Recht, im Rahmen des konkreten Förderzwecks an den gemeinschaftlichen Einrichtungen und Leistungen teilzunehmen. Es hat einen Anspruch auf Beteiligung am Gewinn (§ 19 I GenG), der allerdings durch die Satzung ausgeschlossen (§ 20 GenG) oder durch einen Anspruch auf Rückvergütung ersetzt werden kann. Die Kündigung der Mitgliedschaft zieht die grundsätzliche Pflicht zur Auszahlung des Geschäftsguthabens nach sich (§§ 65 I, 73 II GenG). Beim Tod eines Mitglieds geht die Mitgliedschaft mangels abweichender Satzungsregelungen bis zum Ende des Geschäftsjahres auf seine Erben über (§ 77 I GenG).

Als genossenschaftliche Rechtsform auf europäischer Ebene (siehe auch → Europäisches Gesellschaftsrecht) steht seit 2006 die → *Europäische Genossenschaft* (Societas Cooperativa Europaea, SCE) zur Verfügung.

3. Ökonomik der Genossenschaften

Genossenschaften basieren auf den sog. *genossenschaftlichen Prinzipien* der *Selbsthilfe,* der *Selbstverwaltung,* der *Selbstkontrolle* und schließlich der *Selbstverantwortung.* Ausgehend von diesen Grundsätzen hat sich im Laufe der Zeit ein komplexes Genossenschaftssystem entwickelt, das sich nach verschiedenen Kriterien ordnen und in seiner Funktionsweise beschreiben lässt.

(1) *Genossenschaftsarten:* Hierbei erfolgt die Gliederung nach der Stellung, die der Organbetrieb im Hinblick auf die Einfügung der Mitglieder in den Markt einnimmt. So fungiert die *Bezugsgenossenschaft* auf der Beschaffungsseite der Mitgliederbetriebe als Scharnier zum Markt, während dies bei der *Absatzgenossenschaft* umgekehrt für die Absatzseite zutrifft. Besorgt die Genossenschaft auf beiden Marktseiten die Scharnierfunktion, so liegt eine Produktivgenossenschaft vor (→ Gewerbliche Genossenschaften, → Ländliche Genossenschaften); in diesem Falle stellen die Mitglieder als Gesellschafter lediglich ihre Arbeitskraft der Genossenschaft zur Verfügung. Beschränkt der Organbetrieb seine Produktion hingegen lediglich auf Teile des Produktionsprozesses, liegen Bezugs- oder Absatzgenossenschaften vor.

(2) *Genossenschaftssparten:* Diese Einteilung bezieht sich auf die verschiedenen Wirtschaftsbereiche, in denen die Genossenschaften tätig sind. So unterstützen die → ländlichen Genossenschaften die landwirtschaftlichen Produzenten bei der Beschaffung von Produktionsfaktoren und bei der Vermarktung von Produkten. Zusätzlich nehmen sie als Raiffeisenkassen (→ Kreditgenossenschaft mit Warengeschäft, → Volks- und Raiffeisenbanken) eine zentrale Stelle bei der Kreditbeschaffung ein. Sie sind somit als → *Mehrzweckgenossenschaften* tätig. Das Pendant in eher städtischen Bereich stellen die → gewerblichen Genossenschaften dar, z.B. → Handwerkergenossenschaften. Ihnen zur Seite stehen die → Kreditgenossenschaften (Volksbanken i. S. von Schulze-Delitzsch). Weiterhin existieren Handelsgenossenschaften, die teils auf die Konsumvereine (→ Konsumgenossenschaften), teils auf die Bezugsgenossenschaften des Einzelhandels zurückgehen. Schließlich gibt es zahlreiche → Wohnungsgenossenschaften, die Wohnungsbau und/oder Wohnungsverwaltung organisieren. In der Gegenwart entstehen neue Genossenschaften vor allem im Bereich der Dienstleistungen.

(3) Eine weitere Einteilung der Genossenschaften orientiert sich an der Stellung der Genossenschaft im genossenschaftlichen Verbundsystem (→ genossenschaftliche Bankengruppe). Hier unterscheidet man Primär-, Sekundär- und Tertiärgenossenschaften. *Primärgenossenschaften* delegieren bestimmte Aufgaben an die *Sekundärgenossenschaft,* wenn diese eine höhere Effizienz als sie selbst verspricht. Ähnlich ist das Verhältnis zwischen Sekundär- und *Tertiärgenossenschaft,* wobei Sekundär- und Tertiärgenossenschaft nicht immer in der Rechtsform der eG organisiert sein müssen (z.B. genossenschaftliche Zentralbanken). Die Funktionsteilung zwischen Primär-, Sekundär- und Tertiärgenossenschaften folgt dem *Subsidiaritätsgedanken* als regulativem Prinzip (Dezentralität in der → genossenschaftlichen Bankengruppe). Im Großen und Ganzen gilt dies auch für die Organisation des genossenschaftlichen Verbundsystems, das neben den obligatorischen Prüfungsverbänden bestimmte Zentralinstitute inkorporiert, welche z. B. für den Zahlungsverkehr, das Versicherungswesen und das Bausparwesen im genossenschaftlichen Bereich verantwortlich zeichnen (→ Zentralgenossenschaften, genossenschaftliche Verbundunternehmen).

(4) *Genossenschaftstypen:* Die genossenschaftlichen Prinzipien können im Einzelnen durch gesetzliche oder statutarische Modifikationen unterschiedlich umgesetzt werden. So wird beispielsweise die Selbstverwaltung heute nicht mehr von den Mitgliedern selbst, sondern von einem mehr oder weniger professionellen Management durchgeführt. Auch die Selbstverantwortung ist ausgedünnt worden, weil man von der ursprünglichen Vollhaftung der Mitglieder abgewichen ist. Diese und andere Modifikationen, aber auch die Entwicklung des Wettbewerbs, denen die Genossenschaften im Markt ausgesetzt sind, haben dazu geführt, dass das Kräfteverhältnis zwischen Mitgliedern einerseits und Organbetrieb andererseits bei den existierenden Genossenschaften ganz unterschiedlich geartet ist. Hier setzt die von Eberhard Dülfer vorgeschlagene Typologie der Genossenschaft an. So spricht er von der *traditionellen Genossenschaft* oder dem *organwirtschaftlichen Kooperativ,* wenn eine relativ geringe Anzahl von Mitgliedern (Haushalte oder Unternehmen) einen Genossenschaftsbetrieb gründet oder betreibt. Hier sind die Mitglieder in aller Regel auf den Organbetrieb angewiesen, wenn sie sich im Markt behaupten wollen, andererseits haben sie auf die Willensbildung in der Genossenschaft den entscheidenden Einfluss. Die traditionelle Genossenschaft bestimmt das landläufige Bild von der Genossenschaft. Sie ist auch in der heutigen Zeit noch anzutreffen, und zwar insbesondere bei Neugründungen im Dienstleistungsbereich. Als weiteren Strukturtyp nennt Dülfer die *Marktgenossenschaft* oder das *Marktbeziehungskooperativ.* Hier sind die Mitglieder nicht mehr auf die Genossenschaft angewiesen, sondern können sich alternativen Partnern zuwenden, so dass eine Art von Marktbeziehung zwischen Mitgliedern und Genossenschaftsbetrieb entsteht. Da letzterer zugleich das sog. Nicht-Mitglieder-Geschäft betreibt, nimmt der Spielraum für das Management des Genossenschaftsbetriebes zu, was einem geringeren Einfluss der Mitglieder auf die genossenschaftliche Willensbildung gleichkommt. Schließlich gibt es noch die *integrierte Genossenschaft* oder das *integrierte Kooperativ.* Die Bindungen zwischen Mitgliedern und Genossenschaft werden hier wieder enger, allerdings kehrt sich die Dominanzrichtung gegenüber der traditionellen Genossenschaft um. Die Mitglieder werden nun über bindende Direktiven des Genossenschaftsmanagements gleichsam eingebunden. – Auf der Basis dieser Typologie können die Aussagen der Genossenschaftstheorie strukturell relativiert werden.

(5) Die *ökonomische Theorie der Genossenschaft* befasst sich mit der Entstehung und Struktur von Genossenschaften sowie den Prozessen, die in ihnen ablaufen. Dabei handelt es sich in aller Regel um angewandte Theorie, das heißt, man greift auf Theorien zurück, die in der Volks- und Betriebswirtschaftslehre bereits etabliert sind. So wendet man die Theorie der öffentlichen Güter und der kollektiven Aktion auf die Frage des Zustandekommens einer Genossenschaft als Form der kollektiven Selbsthilfe ebenso an wie auf die Analyse der Willensbildungsprozesse innerhalb einer bereits bestehenden Genossenschaft (Trittbrettfahrerprobleme, Frage der Autonomie des Managements). Weiterhin geht es um die Abgrenzung der Genossenschaft von anderen Kooperationsbeziehungen (z.B. Netzwerken). Die Preistheorie wird eingesetzt, um den Austauschprozess zwischen Mitgliedern und Genossenschaftsbetrieb zu erklären (genossenschaftliche Rückvergütungen/Verrechnungspreise). Die institutionenökonomische Betrachtung – basierend auf der Transaktionskostenökonomik – versucht zu ergründen, welche Faktoren die Stabilität und die Flexibilität von Genossenschaften beeinflussen, wie sich beide auf die Effizienz der Genossenschaft auswirken. Ähnlichen Fragen widmet sich die Wettbewerbstheorie, welche die Leistungsfähigkeit der Genossenschaft aus der Perspektive der Produktion und Verwertung von Wissen beleuchtet. Dabei wird zugleich versucht, die im vorigen Abschnitt benannten Strukturtypen aus dem Wettbewerbsprozess (unter Rückgriff auf die Unternehmenstheorie) heraus zu erklären. Darüber hinaus werden Größenvorteile bei der Gründung von Genossenschaften behandelt. Auch die Veränderung der Marktmacht als Folge des Auftretens von Genossenschaften wird thematisiert (Aufbau von Gegenmacht, Verbesserung der Wettbewerbsintensität). Schließlich gelingt es mit der Systemtheorie (Eberhard Dülfer), die Beziehungen zwischen Mitgliedern und Organbetrieb für die verschiedenen Strukturtypen besser zu verstehen.

(6) Die genannten Beispiele offenbaren die Bedeutung der ökonomischen Theorie für ein adäquates Verständnis der Genossenschaften. Dabei ist zu beachten, dass man in den angeführten Theorien vom sog. homo oeconomicus ausgeht. Dies war in der Genossenschaftslehre nicht immer so. Draheim und andere unterstellen stattdessen den homo cooperativus als spezifisch für Genossenschaften. Adäquate Definition des Förderauftrages und dessen gewissenhafte Umsetzung seien gewähr-

leistet, wenn homines cooperativi am Werke seien *(Harmoniethese)*. Daher gelte es, die Mitglieder der Genossenschaft nötigenfalls entsprechend zu erziehen. Die auf der Institutionenökonomik fußende Theorie der Genossenschaft setzt hingegen den homo oeconomicus voraus und behauptet einen grundsätzlichen Konflikt zwischen den Interessen der Mitglieder einerseits und den Interessen des Managements andererseits *(Konflikttheorie,* Prinzipal-Agent-Theorie). Um diesen Konflikt zu entschärfen, bedarf es aus dieser Sicht bestimmter institutioneller Vorkehrungen, z.B. Einrichtung von und Kontrolle durch laufende Förderberichte, um die Förderzweckbindung effizient zu realisieren.

Hinweise
- Zum Gesellschaftsrecht sowie zu den verschiedenen Gesellschafts- bzw. Rechtsformen siehe u.a. → Aktiengesellschaft, deutsche, → Aktiengesellschaft, kleine, → Europäisches Gesellschaftsrecht (→ Europa AG, → Europäische Genossenschaft usw.), → Gesellschaftsformen, österreichische (→ Aktiengesellschaft, österreichische, → Erwerbs- und Wirtschaftsgenossenschaft, österreichische, → GmbH, österreichische usw.), → GmbH, deutsche sowie viele weitere Gesellschafts- bzw. Rechtsformen.
- Zu den angrenzenden Wissensgebieten siehe → Abschlusserstellung nach US-GAAP, → Bilanzanalyse, → Handelsrecht, → Insolvenzrecht, → Internationale Rechnungslegung nach IFRS, → Jahresabschluss nach deutschem Recht, → Jahresabschluss nach schweizerischem Recht, → Konzernabschluss, → Sanierungsmanagement, → Swiss GAAP FER, → Unternehmensbewertung, → Unternehmensethik, → Venture Capital.

Literatur: Beuthien, V.: Genossenschaftsgesetz, 14. Auflage, München 2004; Brockmeier, T./Fehl, U. (Hrsg.): Volkswirtschaftliche Theorie der Kooperation in Genossenschaften, Göttingen 2006; Dülfer, E.: Betriebswirtschaftslehre der Genossenschaften und vergleichbarer Kooperative, 2. Auflage, Göttingen 1995; Dülfer, E./Laurinkari, J. (Hrsg.): International Handbook of Cooperative Organizations, Göttingen 1994; Fehl, U.: Die genossenschaftliche Praxis im Lichte der sich wandelnden Wirtschaftstheorie, in: Beuthien, V. (Hrsg.): Marburger genossenschaftswissenschaftliche Forschung – Fünfzig Jahre 1947-1997 –, Göttingen 1997, S. 81 ff.; Lang/Weidmüller: Genossenschaftsgesetz, 34. Auflage, Berlin 2005; Schreiter, C.: Evolution und Wettbewerb von Organisationsstrukturen. Ein evolutionsökonomischer Beitrag zur volkswirtschaftlichen Theorie der Unternehmung, Göttingen 1994; Steding, R.: Genossenschaftsrecht, Baden-Baden 2002; Theurl, T./Schweinsberg, A.: Neue kooperative Ökonomie. Moderne genossenschaftliche Governancestrukturen, Tübingen 2004; Zerche, J. et al.: Einführung in die Genossenschaftslehre, München 1998.

Internetadressen: Bundesverband der Deutschen Volks- und Raiffeisenbanken: http://www.bvr.de; Bundesverband deutscher Wohnungs- und Immobilienunternehmen e. V., Berlin: http://www.gdw.de; Deutscher Genossenschafts- und Raiffeisenverband e.V.: http://www.dgrv.de; weitere Internetadressen des genossenschaftlichen Verbandswesens u.a.: http://www.zgv-online.de; http://www.zdk-hamburg.de; Genossenschaftliche Verbundunternehmen u.a. R+V Versicherung AG: http://www.ruv.de; Union Asset Management Holding AG (Union Investment Gruppe): http://www.union-investment.de; Bausparkasse Schwäbisch Hall AG: http://www.schwaebisch-hall.de; Gesetze im Internet: http://www.gesetze-im-internet.de.

Genossenschaft, Europäische
siehe → Europäische Genossenschaft, Societas Cooperativa Europaea (SCE).

Genossenschaften, Gewerbliche
siehe → Gewerbliche Genossenschaften.

Genossenschaften, Ländliche
siehe → Ländliche Genossenschaften.

Genossenschaftliche Bankengruppe

(Deutschland). Die genossenschaftliche Bankengruppe (auch: *genossenschaftlicher Finanzverbund*) in Deutschland ist als dezentrales, mehrstufiges System aufgebaut. Den Mittelpunkt darin bilden die rechtlich und wirtschaftlich unabhängigen → Volks- und Raiffeisenbanken (Primärbanken). Auf den weiteren Stufen sind die WGZ-Bank eG (Düsseldorf) und die DZ BANK AG (Frankfurt a. M.) als genossenschaftliche Zentralbanken angesiedelt. Zur genossenschaftlichen Bankengruppe gehören darüber hinaus zahlreiche Verbundunternehmen. Die deutschen Kreditgenossenschaften sind in einem gemeinsamen Dachverband, dem Bundesverband der Deutschen Volks- und Raiffeisenbanken, organisiert und verfolgen im deutschen Drei-Säulen-Bankensystem eine einzigartige Zielsetzung.
Siehe auch → Genossenschaft, deutsche und → Erwerbs- und Wirtschaftsgenossenschaft, österreichische.

Genossenschaftlicher Finanzverbund

siehe → Genossenschaftliche Bankengruppe.

Genossenschaftliches Verbandswesen

(Deutschland). Das genossenschaftliche Verbandswesen ist mehrstufig organisiert. Regionalverbände führen in der Regel gesetzliche Prüfungen durch (genossenschaftliche Pflichtprüfung), sind aber auch betriebswirtschaftlich und (steuer)rechtlich beratend sowie in der Aus- und Weiterbildung tätig. Für einige Genossenschaftssparten gibt es indes spezielle Fachprüfungsverbände. Nationale Spitzenverbände der einzelnen Sparten vertreten und beraten ihre Mitglieder in wirtschaftlichen, rechtlichen und steuerlichen Fragen und sind darüber hinaus zumeist auch für die Aus- und Weiterbildung zuständig.
Im Einzelnen sind dies der Bundesverband der Deutschen Volksbanken und Raiffeisenbanken e.V. (BVR) in Berlin, der Deutsche Raiffeisenverband e. V. (DRV) in Bonn, der Zentralverband Gewerblicher Verbundgruppen e. V. (ZGV) in Berlin und der Zentralverband deutscher Konsumgenossenschaften e. V. (ZdK) in Hamburg. Dachverband der Genossenschaftsorganisation ist der Deutsche Genossenschafts- und Raiffeisenverband e. V. (DGRV) in Berlin. Außerhalb dieser Gruppe steht das wohnungsgenossenschaftliche Verbandswesen, mit eigenen Regionalverbänden und dem Bundesverband deutscher Wohnungs- und Immobilienunternehmen e. V. in Berlin (GdW) als nationalem Spitzenverband (→ Wohnungsgenossenschaften).
Siehe auch → Genossenschaft, deutsche und → Erwerbs- und Wirtschaftsgenossenschaft, österreichische.
Internetadressen: http://www.dgrv.de; http://www.bvr.de; http://www.zgv-online.de; http://www.zdk-hamburg.de; http://www.gdw.de.

Genossenschaftsbanken

siehe → Genossenschaftliche Bankengruppe.

Genossenschaftsgesetz

(deutsches). Kurzbezeichnung für *Gesetz betreffend die Erwerbs- und Wirtschaftsgenossenschaften* (GenG; siehe auch → Genossenschaft). Siehe auch → Erwerbs- und Wirtschaftsgenossenschaft, österreichische.

Genossenschaftsregister

beim örtlich zuständigen Amtsgericht geführtes öffentliches Verzeichnis zur Eintragung von → Genossenschaften und sie betreffenden Rechtstatsachen (z. B. Statut, Vorstandsmitglieder). Siehe auch → Erwerbs- und Wirtschaftsgenossenschaft, österreichische.

Genuine link

(→ Steuerrecht, Internationales) bezeichnet die Nahebeziehung zu einem Staat. Ein Staat hat nur einen rechtmäßigen Besteuerungsanspruch, wenn eine Verknüpfung zwischen dem inländischen Hoheitsgebiet und dem ausländischen Sachverhalt besteht. Dabei reicht bereits eine geringfügige Nahebeziehung aus.

Genussrecht
siehe → hybride Finanzinstrumente.

Genussrechtskapital
siehe → hybride Finanzinstrumente.

Genussschein
siehe → hybride Finanzinstrumente.

Genussscheine
Mischform zwischen Eigen- und Fremdkapital. Genussscheine verbriefen keinerlei Mitgliedschaftsrechte, d.h. weder Teilnahme- noch Stimmrechte auf der Hauptversammlung einer Aktiengesellschaft. Das Genussrecht gewährt nur Gläubigerrechte schuldrechtlicher Art, die sich auf die Beteiligung am Reingewinn und/oder Liquidationserlös richten. Neben der Gewinnbeteiligung wird in der Regel auch eine Beteiligung am Verlust des Unternehmens vereinbart.
Siehe auch → hybride Finanzinstrumente.

Geometrisch-degressive Abschreibung
Methode der → degressiven Abschreibung mit einem konstanten Prozentsatz vom jeweiligen Restbuchwert. Die Höhe des Prozentsatzes richtet sich nach dem voraussichtlichen Nutzenverbrauch des Vermögensgegenstandes. Für die deutsche Steuerbilanz gilt als Maximum ein Satz von 20% bzw. der doppelte Satz, der sich bei → linearer Abschreibung ergeben hätte. Die geometrisch-degressive Abschreibung führt nie zu einem Restbuchwert von Null. Entweder wird an Ende der → Nutzungsdauer der dann vorhandene Restbuchwert ausgebucht, oder es erfolgt zu einem bestimmten früheren Zeitpunkt ein Übergang zur → linearen Abschreibung. Der zum Übergangszeitpunkt vorhandene Restbuchwert wird dann in gleichen Jahresraten auf die Restnutzungsdauer verteilt. Siehe auch → Abschreibungsmethoden.

Geometrische Reihen
siehe → Finanzmathematik.

Geozentrische Orientierung
Unternehmen bearbeiten Kundensegmente aus unterschiedlichen Länderclustern oder unterschiedlichen cross-cultural groups mit einer standardisierten Marketingstrategie, um Economies of Scale erzielen zu können. Diese Betrachtung der verschiedenen Ländermärkte als einen gemeinsamen Markt ist typisch für viele Industriegütermärkte.

Geräte- und Produktsicherheitsgesetz (GSPG)
siehe → Produkthaftung.

Gerichtsgarantie
siehe → Prozessgarantie.

Gerichtsstand
Der Ort, an dem ein Gericht seinen Sitz hat. Der Gerichtsstand für ein bestimmtes Gerichtsverfahren wird in der Regel durch die Gesetze, insbesondere die Prozessordnung eines Staates vorgeschrieben. Im gewerblichen Bereich werden auch international häufig so genannte → Gerichtsstandsvereinbarungen zugelassen.

Gerichtsstandsvereinbarung
Vertragliche Vereinbarung zwischen den Parteien eines Rechtsstreites, durch die bestimmt werden soll, welches Gericht den Rechtsstreit entscheiden soll. Im gewerblichen Rechts- und Wirtschaftsverkehr werden Gerichtsstandsvereinbarungen in Deutschland und auch international von den Gerichten meist

akzeptiert. In Einzelfällen können nationale Rechtsordnungen Gerichtsstandsvereinbarungen aber auch ganz oder für bestimmte Fälle verbieten. Siehe auch → Kaufrecht.

Geringwertige Wirtschaftsgüter

(*low value equipment*) sind gemäß § 6 Abs. 2 EStG bewegliche, abnutzbare Gegenstände des → Anlagevermögens, die selbstständig nutzbar sind und deren Anschaffungs- bzw. Herstellungskosten ohne Vorsteuer 410,- Euro nicht übersteigen. Diese → Vermögensgegenstände können im Jahr der Anschaffung oder Herstellung in voller Höhe abgeschrieben werden. Nach § 254 HGB (Umkehrung der → Maßgeblichkeit) ist die Sofortabschreibung auch handelsrechtlich möglich. Die → IAS/IFRS und die → US-GAAP ermöglichen die Sofortabschreibung von GWG, sofern sie branchenbezogen wegen ihrer Häufigkeit nicht wesentlich sind, ohne eine Wertgrenze zu nennen.

Gesamtbetriebsrat

siehe → Betriebsrat und → Betriebliche Mitbestimmung.

Gesamtbewertungsverfahren

siehe → Unternehmensbewertung.

Gesamterwerbsfinanzierung

(Buy-Out Private Equity). Vorkommend beispielsweise im Rahmen von → Private Equity: Im Gegensatz zur Wachstumsfinanzierung geht es bei der Gesamterwerbsfinanzierung nicht um eine Beteiligung an einem Unternehmen durch Beitritt eines weiteren Gesellschafters, sondern es wird ein Unternehmen als Ganzes erworben und findet ein Gesellschafterwechsel statt. Es kann aber auch nur ein Unternehmensteil erworben und dann als eigenständiges Unternehmen weitergeführt werden (→ Spin Off). Besondere Formen der Gesamterwerbsfinanzierung sind → Management Buy-In bzw. → Management Buy-Out.

Gesamtkapitalrendite

Die Gesamtkapitalrendite ergibt sich als Verhältnis aus dem Überschuss vor Abzug von Zinsen und der Summe aus Eigen- und Fremdkapital. Siehe auch → Gesamtkapitalrentabilität.

Gesamtkapitalrentabilität (GKR)

Im Allgemeinen gleichbedeutende Bezeichnungen für die Gesamtkapitalrentabilität (GKR) sind *Return on Assets (ROA)* sowie *Return on Investment (ROI)*. GKR ist eine gewinnbasierte Rentabilitätskennzahl, die definiert ist als Quotient aus Gewinn vor Fremdkapitalzinsen und dem Gesamtkapital bzw. dem → Investierten Kapital:

$$\text{Gesamtkapitalrendite} = \frac{\text{Gewinn (nach Steuern)} + \text{Fremdkapitalzinsen}}{\text{Gesamtkapital}}$$

Für die Gesamtkapitalrentabilität existieren in der Praxis unterschiedliche Bezeichnungen wie z.B. → Return on Capital (ROC), → Return on Capital Employed (ROCE) oder → Return on Net Assets (RONA). Die hinter den einzelnen Bezeichnungen stehenden Unterschiede in der Berechnung der Gesamtkapitalrentabilität resultieren aus der Art der Gewinnermittlung (Zähler) und dem Gesamtkapital bzw. dem Investierten Kapitals (Nenner). Kennzeichen der Gesamtkapitalrentabilität ist die Bestimmung der Kapitalrentabilität im Entity-Ansatz im Gegensatz zur Bestimmung im Equity-Ansatz, bei dem man die → Eigenkapitalrentabilität als Ergebnis erhält.
Siehe auch → Bilanzanalyse, → Jahresabschluss und → Kennzahlen, finanzwirtschaftliche bzw. wertorientierte, jeweils mit Literaturangaben.

Gesamtkollegialität

Bei einer Gesamtkollegialität erfüllen die Mitglieder der Leitungsgruppe alle Aufgaben gemeinschaftlich. Eine Aufgaben- und Kompetenzaufteilung wird nicht vorgenommen. Die Mitglieder der Leitungsgruppe besitzen als Einzelpersonen keine Weisungsbefugnisse; ihre Beschlüsse werden als gemeinschaftliche Entscheidung gefasst. Siehe auch → Aufbauorganisation.

Gesamtkonsequenz
Im Falle einer → mehrwertigen Entscheidung und/oder im Falle einer → Risikoentscheidung oder → Ungewissheitsentscheidung ergibt jede → Variante mehrere → Konsequenzen. Diese können mit Hilfe von → Entscheidungsmaximen zur Gesamtkonsequenz der Variante zusammengefasst werden.

Gesamtleistung
Begriff der → Bilanzanalyse. Bei externer Bilanzanalyse (→ Bilanzanalyse, externe) setzt die Ermittlung der Gesamtleistung voraus, dass die Gewinn- und Verlustrechnung eines Unternehmens nach dem Gesamtkostenverfahren aufgestellt ist. Die Gesamtleistung kann dann als Summe der Größen Umsatzerlöse, Bestandsveränderungen und aktivierte Eigenleistungen ermittelt werden. Mitunter werden auch sonstige betriebliche Erträge – zur Gänze oder nur in Auszügen – in die Berechnung einbezogen. Die Gesamtleistung wird im Rahmen der erfolgswirtschaftlichen Analyse als Bezugsgröße bei der Bildung von Kennzahlen herangezogen, etwa anlässlich der Analyse der Aufwands- und Ertragsstruktur oder in der → Wertschöpfungsanalyse.

Gesamtprokura
Eine Gesamtprokura liegt vor, wenn die Erteilung der → Prokura an mehrere Personen gemeinschaftlich erfolgt (§ 48 Abs. 2 HGB). Die Prokuristen müssen dann bei jedem Rechtsgeschäft gemeinschaftlich handeln.

Gesamtverband der Deutschen Versicherungswirtschaft
1948 in Köln gegründeter Verband, dem die privaten Versicherungsunternehmen in Deutschland mehrheitlich angehören. Der GDV vertritt die Interessen der deutschen Versicherungswirtschaft gegenüber internationalen Gremien und richtet sich in seiner Öffentlichkeitsarbeit vor allem an Meinungsbildner in Politik, Wirtschaft und Gesellschaft sowie an die verschiedenen Verbrauchergruppen. Ein weiterer Bereich der Verbandsarbeit betrifft die Schadenverhütung und die Schadenforschung.
Siehe auch → Versicherungsbetriebslehre (mit Literaturangaben).

Gesamtvollstreckung
siehe → Insolvenzrecht.

Gesamtzusage
Ankündigung eines → Arbeitgebers gegenüber seinen → Arbeitnehmern, bestimmte Leistungen zu gewähren. Streitig ist, ob sich aus der Gesamtzusage eine unmittelbare Bindung des Arbeitgebers ergibt (normative Wirkung), oder ob die entsprechende Ankündigung ein an die Arbeitnehmerschaft gerichtetes Angebot darstellt, das diese durch die Entgegennahme der Leistung annehmen.

Geschäftsanteil
ist die Gesamtheit der mitgliedschaftlichen Rechte und Pflichten des → Gesellschafters (einer GmbH). Der Geschäftsanteil kann übertragen werden und ist vererbbar. Siehe auch Gesellschaft mit beschränkter Haftung (deutsches Recht).

Geschäftsbereichsorganisation
Die Gesamtorganisation wird in objektbezogene Teilbereiche (Divisionen, Geschäftsbereiche, Sparten, → Profit Center) aufgeteilt; die Teilbereiche können auf Produkte, Märkte oder Kunden ausgerichtet sein. Bei reiner Verwirklichung der Geschäftsbereichsorganisation werden alle objektbezogenen Entscheidungskompetenzen den jeweiligen Geschäftsbereichsleitern zugeordnet.

Geschäftsergebnis
siehe → Net Operating Profit after Tax (NOPAT).

Geschäftsfelder, Strategische
siehe → Strategische Geschäftsfelder (SGF; mit Literaturangabe), siehe auch → Strategisches Management.

Geschäftsführer
notwendiges Organ der → Gesellschaft mit beschränkter Haftung (deutsches Recht).

Geschäftsführerhaftung
siehe → Gesellschaft mit beschränkter Haftung (deutsches Recht).

Geschäftsleitung
(einer → juristischen Person, Steuerrecht). Die Geschäftsleitung ist der (tatsächliche) Mittelpunkt der geschäftlichen Oberleitung, d.h. der Ort, an dem die maßgeblichen unternehmenspolitischen Entscheidungen getroffen werden (§ 10 AO).

Geschäftsobjekt
ist ein tatsächlich vorhandener oder virtueller Gegenstand der Leistungserstellung in einem → Geschäftsprozess, z.B. Kunde, Auftrag und Material.

Geschäftsplan
siehe → Businessplan.

Geschäftsprozess
(*allgemeine Charkterisierung*). Der Geschäftsprozess besteht aus einer Menge logisch miteinander verknüpfter Aktivitäten, die in einer festgelegten Reihenfolge sequentiell oder parallel ausgeführt werden, um ein spezifisches Ergebnis zu erreichen und dabei für den Unternehmenserfolg von wesentlicher Bedeutung sind. Ein Geschäftsprozess erstreckt sich üblicherweise über mehrere traditionelle Funktionalbereiche, ist Wert schöpfend und wiederholbar. Geschäftsprozesse sollten wirksam, wirtschaftlich, kontrollierbar und flexibel sein.

Geschäftsprozess
(Charakterisierung im → *Prozessmanagement*). Ein Geschäftsprozess ist ein spezieller → Prozess, der der Erfüllung der obersten Ziele der Unternehmung (Geschäftsziele) dient und das zentrale Geschäftsfeld beschreibt. Wesentliche Merkmale eines Geschäftsprozesses sind die Schnittstellen des → Prozesses zu den Marktpartnern des Unternehmens (z.B. Kunden, Lieferanten). Beispiele für Geschäftsprozesse sind die Auftragsabwicklung in einem Produktionsbetrieb, das Streckengeschäft in einem Handelsunternehmen oder die Kreditvergabe in einer Bank.
Siehe auch → Prozessmanagement (mit Literaturangaben).

Geschäftsprozess
(Charakterisierung im → *Workflow Management*). Ein Geschäftsprozess ist eine Folge von Aktivitäten, die auf die Erreichung eines betriebswirtschaftlichen Ziels ausgerichtet sind. Eine Aktivität oder auch Aufgabe kann in diesem Zusammenhang als „eine betriebliche Funktion mit bestimmbaren Ergebnis" definiert werden.
Ein Geschäftsprozess hat einen definierten Anfang, einen organisierten Ablauf und ein definiertes Ende. Allgemein sind Geschäftsprozesse organisationsweite oder auch organisationsübergreifende arbeitsteilige Abläufe, in denen die anfallenden Tätigkeiten von Personen bzw. Software-Systemen koordiniert werden.
Als Workflow wird die *technische* Beschreibung eines Geschäftsprozesses bezeichnet. Siehe auch → Workflow-Management (mit Literaturangaben).

Geschäftsprozess

(Charakterisierung in der → *Organisation*). Der Geschäftsprozess ist als eine Kette von funktional zusammenhängenden Aktivitäten zu verstehen, die zu einem inhaltlich abgeschlossenen Ergebnis führen. In einem Geschäftsprozess sind alle Aktivitäten, die zur Erstellung und Vermarktung eines Produktes oder einer spezifischen Dienstleistung, zur Steuerung und Verwaltung von Ressourcen oder zur Beeinflussung der Umwelt (Kunden, Lieferanten, Öffentlichkeit) erforderlich sind, miteinander in Form einer Prozesskette verknüpft.

Siehe auch → Organisation, Grundlagen, → Aufbauorganisation, → Ablauforganisation, jeweils mit Literaturangaben.

Geschäftswert

siehe → Firmenwert. Siehe auch → Unternehmensbewertung (mit Literaturangaben).

Geschmacksmuster

Gewerbliches → Schutzrecht für das Design und die Gestaltung eines Produkts, das durch Hinterlegung beim Patentamt gewährt wird. Siehe auch → Gewerblicher Rechtschutz.

Gesellschaft

Zusammenschluss von → Gesellschaftern, die sich durch → Gesellschaftsvertrag zum Zweck der gemeinsamen Verfolgung eines wirtschaftlichen Zieles zusammengeschlossen haben. Es bestehen verschiedene Gesellschaftsformen. Gesellschaften können → Personengesellschaft oder → Kapitalgesellschaft sein.

Gesellschaft bürgerlichen Rechts

(*deutsches Recht*) ist ein vertraglicher Zusammenschluss mehrerer Personen (natürliche oder juristische Personen) zur Förderung eines gemeinsamen Zwecks (Gelegenheitsgesellschaft oder auf Dauer angelegte Gesellschaft). Sie ist die im BGB gesetzlich geregelte Grundform der → Personengesellschaft, auf die → Kommanditgesellschaft und die → Offene Handelsgesellschaft aufbauen. Der Gesellschaftsvertrag kann formfrei geschlossen werden.

Schließen sich Personen zu einer gemeinschaftlichen Zweckverfolgung zusammen, ist kraft Gesetzes eine Gesellschaft bürgerlichen Rechts entstanden, teilweise ohne dass die Beteiligten dies merken. Man unterscheidet zwei Arten der Gesellschaft bürgerlichen Rechts: (1) die Innengesellschaft, die nach außen nicht auftritt (z.B. fest vereinbarte Lotto-Tippgemeinschaft oder Fahrgemeinschaft), (2) die Außen-GbR, die nach außen in Erscheinung tritt (z.B. Bauherrengemeinschaft oder ARGE). Mit Erreichen des gemeinsamen Zwecks ist die Gesellschaft automatisch beendet.

Zu den Pflichten der Gesellschafter gehört vor allem die Beitragspflicht. Das Gesellschaftsvermögen steht den Gesellschaftern mit gesamthänderischer Bindung zu. Im Zweifel besteht für jedes Geschäft gemeinschaftliche Geschäftsführung. Die Vertretungsmacht steht ebenfalls allen Gesellschaftern gemeinsam zu, kann aber gesellschaftsvertraglich auf einen oder mehrere Gesellschafter beschränkt werden.

Die Außen-GbR ist nach jüngster höchstrichterlicher Rechtsprechung rechtsfähig, soweit sie durch Teilnahme am Rechtsverkehr eigene Rechte und Pflichten begründet. Daher ist sie parteifähig, scheck- und wechselfähig und erbfähig und kann sie als solche klagen und verklagt werden. Sie ist selbst Trägerin des Gesellschaftsvermögens. Der Gläubiger der Gesellschaft bürgerlichen Rechts hat die Wahl, die Gesellschaft selbst oder einen der im Zweifel gesamtschuldnerisch haftenden Gesellschafter persönlich auf Zahlung in Anspruch zu nehmen.

Die Gesellschaft bürgerlichen Rechts wird nicht in das Handelsregister eingetragen und führt keine Firma. Die Gesellschaft bürgerlichen Rechts ist nicht selbst Steuersubjekt, sondern die Gesellschafter unterliegen mit ihrem Gewinnanteil individuell der Einkommensteuer.

Siehe auch → Gesellschaft bürgerlichen Rechts (GesBR), österreichische.

Literatur: Klunzinger, E.: Grundzüge des Gesellschaftsrechts, 14. Auflage, München 2006; Memento, Gesellschaftsrecht für die Praxis 2006, Freiburg 2005

Internetadresse: (BGB online) http://www.gesetze-im-internet.de

Gesellschaft bürgerlichen Rechts (GesbR), österreichische

(§§ 1175 ff ABGB).

(1) *Definition:* Die Gesellschaft bürgerlichen Rechts stellt die Grundform der österreichischen Gesellschaft dar. Ihre gesetzliche Definition in § 1175 ABGB (eine durch Vertrag begründete Gemeinschaft, bei der zwei oder mehrerer Personen ihre Mühe oder ihre Sachen zum gemeinschaftlichen Nutzen vereinigen) entspricht im Großen und Ganzen der allgemeinen Umschreibung des Gesellschaftsbegriffes. GesbR-Recht ist bei vielen der übrigen österreichischen Gesellschaftsformen subsidiär anzuwenden.

(2) Gründung, Rechtsnatur: Die GesbR entsteht mit Abschluss des *Gesellschaftsvertrags.* Sowohl natürliche als auch juristische Personen bzw. Gesamthandschaften können sich an ihr beteiligen. Eine Registrierung im Firmenbuch erfolgt nicht, da die GesbR nach herrschender Lehre selbst weder *rechts- noch parteifähig* ist. Rechtsträger sind hier allein die Gesellschafter. Ihnen kommt das Eigentum am Gesellschaftsvermögen zu, nur sie können die Rechte der Gesellschaft durchsetzen und sie allein *haften* für die Verbindlichkeiten aus der Gesellschaftstätigkeit.

(3) Gesellschaftsvermögen, Haftung: Alles, was ausdrücklich der Verwirklichung des gemeinschaftlichen Zwecks gewidmet ist, macht das *Kapital* der GesbR aus (§ 1182 ABGB). Es bildet sich durch die Geld- und Sachbeiträge der Gesellschafter (*Einlagen*), wird durch Gewinn und Erwerb vermehrt und durch Verlust oder Veräußerung verringert. Das Gesellschaftsvermögen steht im *Miteigentum* (§§ 825 ff ABGB) der Gesellschafter, die zur Vermögensbildung beigetragen haben. Reine Arbeitsgesellschafter, die keine Einlage leisten, sind daran nicht beteiligt (§ 1183 letzter Satz ABGB). Schuldrechtlich sind die einzelnen ideellen Miteigentumsanteile an den Gesellschaftszweck gebunden. Kein Gesellschafter darf über seinen Anteil frei verfügen. Dem Gesellschaftsvermögen als *selbständigem Sondervermögen* steht das Privatvermögen der einzelnen Gesellschafter gegenüber (§ 1182 Satz 2 ABGB). Rechte und Verbindlichkeiten, die ein Dritter gegen einen einzelnen Gesellschafter hat, kann er nicht gegen die Gesellschaft geltend machen (§ 1203 ABGB). Die *Forderungen* der Gesellschaft sind nach herrschender Ansicht sog *Gesamthandforderungen*, d.h. sie stehen den Gesellschaftern gemeinsam zu. Der Schuldner leistet nur dann schuldbefreiend, wenn er seine Leistung allen Gesellschaftern gemeinsam zukommen lässt. Primäre Haftungsmasse für *Gesellschaftsverbindlichkeiten* ist das Gesellschaftsvermögen. Daneben kann aber auch jedes Mitglied der Gesellschaft für die gesamte Schuld in Anspruch genommen werden (*Solidarschuld*).

Literatur: *Dehn*, Wilma, UGB. Das neue Unternehmensgesetzbuch, Manz Verlag (2006); *Koziol* (Hrsg), Kurzkommentar zum ABGB, Springer Verlag (2005); *Krejci*, Heinz, Gesellschaftsrecht, Band I: Allgemeiner Teil und Personengesellschaften, Manz Verlag (2005); *Nowotny*, Georg, Gesellschaftsrecht, Verlag Österreich (2005); *Rummel* (Hrsg), Kommentar zum Allgemeinen Bürgerlichen Gesetzbuch, 3. Auflage, Manz Verlag (ab 2002); *Schummer*, Gerhard, Personengesellschaften, 6. Auflage, Orac-Rechtsskriptum, Verlag LexisNexis ARD Orac (2006); *Schwimann* (Hrsg), ABGB Praxiskommentar, 3. Auflage, Verlag LexisNexis ARD Orac (ab 2005). Weiterführende Informationen siehe auch Quellenverzeichnis (Bücher, Zeitschriften und Internetadressen) beim Stichwort „ → Gesellschaftsformen, österreichische".

Gesellschaft für Mathematik, Ökonomie und Operations Research (GMÖOR)

1998 zusammengeschlossen mit der DGOR (Deutsche Gesellschaft für Operations Research) zur GOR (Gesellschaft für Operations Research).

Gesellschaft für musikalische und mechanische Vervielfältigungsrechte (GEMA)

Aufgabe der GEMA ist die kollektive Wahrnehmung urheberrechtlicher Nutzungsrechte von Komponisten, Bearbeitern, Textern und Verlegern. Die GEMA lässt sich von den Nutzern der Musik bezahlen und schüttet ihre Einnahmen an ihre Mitglieder, deren Interessen sie wahrnimmt, aus. Die Höhe der Zahlungen richtet sich nach einem komplexen Punktesystem, das u.a. die Länge und Art des Werkes und der Zahl der potenziellen Hörer richtet.

Internet-Adresse: www.gema.de.

Gesellschaft für Operations Research (GOR)

1998 entstanden durch Zusammenschluss der Gesellschaft für Mathematik, Ökonomie und Operations Research (GMÖOR) und der Deutschen Gesellschaft für Operations Research (DGOR).

Internetadressen: http://gor-ev.de (Gesellschaft für Operations Research), http://www.oegor.at (Österreichische Gesellschaft für Operations Research), http://www.svor.ch (Schweizerische Vereinigung für Operations Research).

Gesellschaft mit beschränkter Haftung (deutsches Recht)

Gesellschaft mit beschränkter Haftung (deutsches Recht)

von Professor Dr. jur. Holger Buck
Professur für Internationales und Deutsches Wirtschaftsrecht –
HTW Hochschule für Technik und Wirtschaft des Saarlandes, Saarbrücken

1. Gesetzliche Grundlage

der Gesellschaft mit beschränkter Haftung (GmbH) ist das GmbH-Gesetz. Eine seit 2005 betriebene Gesetzesreform soll das → Mindeststammkapital von derzeit 25.000 Euro auf 10.000 Euro senken, um die GmbH im Wettbewerb der europäischen Gesellschaftsformen zu stärken, insbesondere um der englischen → Private Limited Company entgegenzutreten.

2. Wirtschaftliche Bedeutung und Wesensmerkmale

Die GmbH richtet sich insbesondere an kleine und mittlere Unternehmen. Sie ist die Rechtsform des Mittelstandes. Mit rund 1 Mio. Gesellschaften ist die GmbH die häufigste Form der → Kapitalgesellschaft in Deutschland.
Die GmbH weist die folgenden Wesensmerkmale auf:

- Die GmbH ist Handelsgesellschaft und eine auf Dauer angelegte und einen selbst bestimmten Zweck verfolgende → Kapitalgesellschaft.
- Die GmbH hat ein in → Stammeinlagen ihrer → Gesellschafter zerlegtes → Stammkapital.
- Die GmbH ist juristische Person. Sie hat eigene Rechtspersönlichkeit und ist selbst Trägerin von Rechten und Pflichten. Aus ihren Geschäften wird nur die GmbH verpflichtet.
- Für die Verbindlichkeiten der GmbH haftet grundsätzlich nur das Gesellschaftsvermögen (Trennungsprinzip). Deshalb sind gesetzliche Gläubigerschutzvorschriften unverzichtbar. Die persönliche Haftung des → Gesellschafters mit seinem Privatvermögen greift nur im Ausnahmefall unter den Voraussetzungen der Durchgriffshaftung ein.
- Kraft Rechtsform ist die GmbH Formkaufmann.
- Die GmbH führt eine eigene → Firma, die ausgeschrieben oder abgekürzt die Bezeichnung „Gesellschaft mit beschränkter Haftung" beinhalten muss.

3. Stammkapital, Stammeinlage, Geschäftsanteil und Gesellschafter

Das Gesellschaftskapital (→ Stammkapital) wird im → Gesellschaftsvertrag festgelegt und muss derzeit einen Mindestnennbetrag von 25.000 Euro aufweisen. Es dient der Aufbringung und Erhaltung des Gesellschaftsvermögens. Das Stammkapital ist die Summe der → Stammeinlagen, die die → Gesellschafter als Einlage erbringen müssen. Jeder Gesellschafter erbringt mindestens eine Stammeinlage. Dem Gesellschafter ist zu raten, den Nachweis über die Erbringung der Stammeinlage dauerhaft aufzubewahren. Die Stammeinlage erfolgt in der Regel als Bareinlage. Eine Sacheinlage muss bestimmten Formalien genügen. Eine verschleierte Sacheinlage führt dazu, dass der Gesellschafter wirtschaftlich zwei Mal leisen muss. Das zur Erhaltung des Stammkapitals erforderliche Vermögen darf nicht an die Gesellschafter ausgeschüttet werden (Rückzahlungsverbot). Der Geschäftsanteil des Gesellschafters ist begrifflich von der Stammeinlage zu trennen. Der → Geschäftsanteil korrespondiert mit der Höhe der Stammeinlage und bezeichnet die Gesamtheit der der Rechte und Pflichten des Gesellschafters, zu denen auch die Treuepflicht zählt. Der Geschäftsanteil ist Maßstab für Stimm- und Teilnahmerecht an der → Gesellschafterversammlung, Gewinnauszahlungsansprüche, Auskunfts- und Einsichtsrechte und für die Erbringung gesellschaftsvertraglicher Pflichten. Grundsätzlich ist der Gesellschafter nicht zu Nachschüssen verpflichtet. Wenn in einer Gesellschaftskrise ein ordentlicher Kaufmann seiner Gesellschaft weiteres Kapital zugeführt hätte, der Gesellschafter aber statt dessen ein Darlehen gewährt hat, wird dieses in der Insolvenz als eigenkapitalersetzendes Gesellschafterdarlehen mit Nachrang behandelt.

4. Verfassung, Organisation und Leitung

Die GmbH ist körperschaftlich strukturiert. Ihre Verfassung beruht auf → Gesellschaftsvertrag und Gesetz. Gesellschafterstellung und Unternehmensleitung sind grundsätzlich getrennt (Grundsatz der → Fremdorganschaft). Notwendige Organe der GmbH sind (1) die → Gesellschafterversammlung und (2) zumindest ein → Geschäftsführer. Fakultativ kann (3) ein Beirat oder → Aufsichtsrat gebildet werden, es sei denn, das Mitbestimmungsrecht schreibt einen Aufsichtsrat zwingend vor. Die Gesellschafterversammlung trifft die wesentlichen Entscheidungen der GmbH, die der Geschäftsführer nach außen umsetzt. Der Geschäftsführer führt die laufenden Geschäfte. Zu bestimmten Geschäftsführungsmaßnahmen bedarf der Geschäftsführer nach dem Gesellschaftsvertrag oder nach dem Gesetz der Zustimmung der Gesellschafterversammlung. Der Geschäftsführer unterliegt gesetzlichen Pflichten, vor allem Pflicht zur Einberufung der Gesellschafterversammlung, zur Aufstellung des Jahresabschlusses, zur ordnungsgemäßen Buchführung, zur Wahrung des Rückzahlungsverbots und zur Stellung eines etwa erforderlich werdenden Insolvenzantrages. Notfalls darf der Geschäftsführer Weisungen der Gesellschafter nicht Folge leisten, sonst droht im die persönliche Geschäftsführerhaftung. Der Geschäftsführer ist das einzige Vertretungsorgan der GmbH nach außen (gerichtlich und außergerichtliche Vertretung). Ist nur ein Geschäftsführer bestellt, vertritt er die Gesellschaft alleine (Alleinvertretungsberechtigung), sind mehrere Geschäftsführer bestellt, vertreten sie nach Festlegung des Gesellschaftsvertrags die Gesellschaft gemeinsam oder je einzeln (Einzelvertretungsberechtigung). Auch wenn sich der Geschäftsführer im Innenverhältnis an Weisungen der Gesellschafterversammlung halten muss, kann Dritten gegenüber seine Vertretungsmacht nicht beschränkt werden. Der Geschäftsführer unterliegt während seiner Tätigkeit einem Wettbewerbsverbot.

5. Gründung

Die Gründung der GmbH vollzieht sich in vier Schritten: (1) → Vorgründungsgesellschaft, die durch die formlose Gründungsabsprache der Gesellschafter entsteht; (2) → Vorgesellschaft mit Abschluss des notariellen → Gesellschaftsvertrages; (3) Bestellung des Geschäftsführers und Aufbringen des → Stammkapitals; (4) Eintragung der Gesellschaft ins Handelsregister führt zum automatischen Umwandeln der Vorgesellschaft mit allen Aktiva und Passive in die GmbH. Die Eintragung ins Handelsregister darf erst erfolgen, wenn mindestens ein Viertel jeder → Stammeinlage und die Hälfte des → Mindeststammkapitals eingezahlt sind. Ist im Zeitpunkt der Eintragung in das Handelsregister das Stammkapital nicht vollständig vorhanden, greift die persönliche Vorbelastungshaftung der für die GmbH handelnden ein.

6. Rechnungslegung und steuerliche Behandlung

Der Jahresabschluss besteht aus → Bilanz und → Gewinn- und Verlustrechnung nach allgemeinen handelsrechtlichen und speziellen GmbH-rechtlichen Bestimmungen. Die GmbH ist als selbständiges Steuersubjekt der Körperschaftsteuer unterworfen und ist gewerbesteuer- und umsatzsteuerpflichtig. Liegt eine verdeckte Gewinnausschüttung an einen → Gesellschafter-Geschäftsführer vor (unangemessen hohes Geschäftsführergehalt, Verzicht der GmbH auf Ansprüche gegenüber dem Geschäftsführer, Gewährung verbilligter Leistungen an den Geschäftsführer), entsteht bei der Gesamtbetrachtung der Besteuerung bei der GmbH und beim Geschäftsführer in aller Regel eine höhere Steuerbelastung.

Hinweis

- Zum Gesellschaftsrecht sowie zu den verschiedenen Gesellschafts- bzw. Rechtsformen siehe u.a. → Aktiengesellschaft, deutsche → Aktiengesellschaft, kleine, → Europäisches Gesellschaftsrecht (→ Europa AG, → Europäische Genossenschaft usw.), → Genossenschaft, deutsche → Gesellschaftsformen, österreichische (→ Aktiengesellschaft, österreichische, → GmbH, österreichische usw.), → GmbH, deutsche, → Private Limited Company (Ltd.) sowie viele weitere Gesellschafts- bzw. Rechtsformen.

- Zu den angrenzenden Wissensgebieten siehe → Businessplan, → Existenzgründung, → Going Public, → Jahresabschluss, deutsches Recht, → Jahresabschluss, schweizerisches Recht, → Sanierungsmanagement, → Sonderbilanzen.

Literatur: Gehrlein, M.: Rechtsprechungsübersicht zum GmbH-Recht in den Jahren 2001-2004, Betriebsberater 2004, 2361; Götte, W: Die GmbH – Darstellung anhand der Rechtsprechung des BGH, München 2002; Hueck, G. und Windbichler, C.: Gesellschaftsrecht, 20. Auflage, München 2003; Klunzinger, E.: Grundzüge des Gesellschaftsrechts, 14. Auflage, München 2006; Langenfeld, G: GmbH-Vertragspraxis, 5. Auflage, Köln 2006; Memento, Gesellschaftsrecht für die Praxis 2006, Freiburg 2005; Schmidt, K.: Gesellschaftsrecht, 4. Auflage, Köln u.a. 2002

Internetadressen: (GmbH-Gesetz online) http://www.gesetze-im-internet.de; (Bekanntmachungen im elektronischen Bundesanzeiger) http://www.ebundesanzeiger.de; (Verband der GmbH-Geschäftsführer e.V.) http://www.geschaeftsfuehrerverband.de

Website des Autors: http://www.htw-saarland.de/fb-bw/professoren/

Gesellschaft mit beschränkter Haftung, österreichische
siehe → GmbH, österreichische (mit Literaturangaben).

Gesellschaft, Stille
siehe → Stille Gesellschaft (deutsches Recht).

Gesellschafter
natürliche oder juristische Person, die neben mindestens einer weiteren Person (Ausnahme: → Ein-Mann-GmbH und → Einpersonen-AG) an einer → Gesellschaft mit einem vertraglich bestimmten Gesellschaftsanteil beteiligt ist. Nur bei der → Partnerschaftsgesellschaft kann eine juristische Person nicht Gesellschafter sein. Die Rechte und Pflichten des Gesellschafters ergeben sich aus dem Recht der jeweiligen → Gesellschaft.

Gesellschafterdarlehen
ist ein von privaten Kreditgebern gewährter langfristiger Kredit, der vor allem bei der Finanzierung einer GmbH Anwendung findet (siehe → GmbH). Da die Gesellschafter nicht bereit sind ihr Risiko durch die Zuführung von weiterem Eigenkapital zu erhöhen, gewähren sie der Gesellschaft einen Kredit.

Gesellschafter-Geschäftsführer
Der → Geschäftsführer einer Gesellschaft mit beschränkter Haftung (siehe → Gesellschaft mit beschränkter Haftung, deutsches Recht und → GmbH, österreichische) ist zugleich Gesellschafter.

Gesellschafterversammlung
Gesamtheit der → Gesellschafter. Sie ist zuständig für die interne Willensbildung und entscheidet über alle wesentlichen Angelegenheiten der → Gesellschaft.

Gesellschaftsblätter
sind die in der → Satzung festgeschriebenen Blätter für Bekanntmachungen, zu denen zwingend der Bundesanzeiger gehört. Siehe auch → Aktiengesellschaft und → Aktiengesellschaft, Kleine.

Gesellschaftsformen
deutsche, siehe → Aktiengesellschaft, → Aktiengesellschaft, Kleine, → Einzelkaufmann (eingetragener Kaufmann, e.K.), → Gesellschaft bürgerlichen Rechts (GbR), → Gesellschaft mit beschränkter Haftung, → Genossenschaft (jeweils mit Literaturangaben), Kommanditgesellschaft (KG), → Kommanditgesellschaft auf Aktien (KGaA), → Offene Handelsgesellschaft (OHG).

Siehe auch → Gesellschaftsformen, österreichische und → Gesellschaftsrecht, Europäisches (jeweils mit Literaturangaben).

Gesellschaftsformen, österreichische

Gesellschaftsformen, österreichische / Gesellschaft, österreichische (societas)

von Univ.-Professor Dr. iur. Michael Gruber, Professor für Unternehmensrecht und
Mag. iur. Alexandra Lindner, Wissenschaftliche Mitarbeiterin –
Universität Salzburg, Fachbereich für Arbeits-, Wirtschafts- und Europarecht, Österreichisches und Internationales Handels- und Wirtschaftsrecht

1. Gesellschaftsbegriff

Das österreichische Recht definiert die *Gesellschaft* (*societas*) ganz allgemein als eine durch Rechtsgeschäft begründete Gemeinschaft zweier oder mehrerer Personen, deren Ziel es ist, durch organisiertes Zusammenwirken einen bestimmten Zweck zu erreichen (vgl § 1175 ABGB und § 1 öVerG 2002).

a) Rechtsgeschäft
Das Rechtsgeschäft, auf dem jede Gesellschaft basiert, ist der sog *Gesellschaftsvertrag* (bei der → AG und gelegentlich auch bei → GmbH und → Genossenschaft *Satzung* oder *Statut* genannt). Er schafft die rechtliche Verbindung zwischen den einzelnen Mitgliedern der Gemeinschaft und bildet gleichzeitig die organisatorische Grundlage (*Verfassung*) der Gesellschaft (*Doppelnatur*). Form und Inhalt des Gesellschaftsvertrags sind teils frei gestaltbar (etwa bei der → GesbR), teils zwingenden gesetzlichen Bestimmungen unterworfen (vor allem bei der → AG).

b) Rechtsgemeinschaft
Die einzelnen Teilhaber der Gesellschaft bilden eine Gemeinschaft, innerhalb der ihnen sowohl Rechte (Beteiligung an Vermögen und Gewinn der Gesellschaft) als auch Verpflichtungen (Beitrag zum Gesellschaftszweck, beschränkte oder unbeschränkte Haftung) gegenüber der Gesellschaft und ihren Mitgliedern zukommen. Bestimmendes Element des Gesellschaftsverhältnisses neben der *Beitragspflicht* ist die gegenseitige *Treuepflicht*. Jeder Gesellschafter hat das gemeinsame Interesse über seine Eigeninteressen zu stellen.

c) Gesellschaftszweck
Je nach Art der Gesellschaft kann diese mit ihrer Tätigkeit (sog *Gegenstand der Gesellschaft*) einen ideellen/gemeinnützigen (→ Verein) oder materiellen, also auf die Erzielung von Gewinn gerichteten Zweck (Führen eines Unternehmens, Kapitalsammlung, Kapitalanlage, Erlangen einer Steuerbegünstigung) verfolgen.

d) organisiertes Zusammenwirken
Erreicht wird dieser Zweck durch organisiertes Zusammenarbeiten der Gesellschafter (gemeinsames Wirken – *affectio societatis*). Die Verteilung der verschiedenen Aufgaben erfolgt im Gesellschaftsvertrag. Als *Organisationsvertrag* der Gemeinschaft regelt dieser die Rechte und Pflichten der einzelnen Mitglieder, die Art und Weise der internen Willensbildung (Geschäftsführung) sowie die Vertretung der Gesellschaft nach außen. Je nachdem, ob die Gesellschafter selbst die Geschäfte der Gemeinschaft leiten (müssen) oder Dritte dazu bestellen (können), spricht man von *Selbstorganschaft* oder *Fremdorganschaft*.

2. Mögliche Gesellschaftsformen nach österreichischem Recht

a) Numerus Clausus
Die Zahl der nach österreichischem Recht möglichen Gesellschaftsformen ist begrenzt. Nur die vom Gesetz vorgesehenen Arten von Gesellschaften stehen künftigen Gesellschaftern zur Verfügung (sog. *numerus clausus* der österreichischen Gesellschaftsformen). Diese Geschlossenheit ist jedoch insofern nicht problematisch, als mit der → GesbR eine sehr flexible Gesellschaftsstruktur zur Verfügung steht,

der alle Gemeinschaften unterstellt werden können, die keinem anderen Typus entsprechen. Darüber hinaus besteht die Möglichkeit, bestehende Gesellschaftsformen in gewissem Umfang vertraglich auszugestalten oder atypisch abzuändern (Publikums-KG) bzw Grundtypen von Gesellschaftsformen zu mischen (GmbH & Co KG).

b) Die österreichische Rechtsordnung kennt im Einzelnen folgende Gesellschaftsformen:

(1) → Gesellschaft bürgerlichen Rechts, österreichische; → GesbR (Grundform, §§ 1175 ff ABGB)

(2) → Offene Gesellschaft; → OG (§§ 105 ff öUGB); sie löst mit 1.1.2007 die → Offene Handelsgesellschaft, österreichische; → OHG (§§ 105 ff öHGB) ab, → *Handelsrechtsreform, österreichische*

(3) → Kommanditgesellschaft, österreichische; → KG (§§ 161 ff öUGB; subsidiär OG-Recht)

(4) → stille Gesellschaft, österreichische; → stG (§§ 178ff öUGB)

(5) → Europäische wirtschaftliche Interessenvereinigung, österreichischen Ursprungs; → EWIV (EWIV-VO, subsidiär öEWIVG, subsidiär OG-Recht)

(6) → Gesellschaft mit beschränkter Haftung, österreichische; → GmbH (öGmbHG, subsidiär §§ 1176 ff ABGB)

(7) → Aktiengesellschaft, österreichische; → AG (öAktG, subsidiär §§ 1176 ff ABGB)

(8) → Europäische (Aktien-)Gesellschaft/ → Societas Europaea, österreichischen Ursprungs; → SE (SE-VO, subsidiär öSEG, subsidiär öAktG)

(9) → Genossenschaft/ → Erwerbs- und Wirtschaftsgenossenschaft (öGenG, öGenRevG 1997, öGenKonkVO)

(10) → Europäische Genossenschaft/ → Societas Cooperativa Europaea, österreichischen Ursprungs; → SCE (SCE-VO, subsidiär öSCEG, subsidiär öGenG); Gründungen ab 18.08.2006 möglich

(11) → Verein, österreichischer (öVerG 2002)

(12) → Sparkassenverein, österreichische (§§ 4 ff öSpG)

(13) → Versicherungsverein auf Gegenseitigkeit; → VVaG (§§ 26 ff öVAG mit Verweisen auf AG-Recht und §§ 62 ff öVAG)

(14) → Offene Erwerbsgesellschaft; → OEG (§ 1 Z 1 öEGG, §§ 2 ff öEGG, subsidiär OHG-Recht, vgl § 4 Abs 1 öEGG); ab 1.1.2007 keine Neugründungen mehr möglich, → *Handelsrechtsreform, österreichische*

(15) → Kommanditerwerbsgesellschaft; → KEG (§ 1 Z 2 öEGG, §§ 2 ff öEGG, subsidiär KG-Recht, vgl § 4 Abs 1 öEGG); ab 1.1.2007 kein Neugründungen mehr möglich, → *Handelsrechtsreform, österreichische*

c) Einteilung der Gesellschaften

Die Gesellschaftsformen des österreichischen Rechts können nach verschiedenen Gesichtspunkten unterschieden werden. Die Differenzierung in *Personen- und Kapitalgesellschaften* ist die am häufigsten gewählte Form der Einteilung. Entscheidend in diesem Zusammenhang ist, inwieweit die Gesellschafter in das Gesellschaftsgeschehen einbezogen sind: So gestalten die Mitglieder von → *Personengesellschaften* die Tätigkeit der Gemeinschaft aktiv mit. Sie leisten im Regelfall nicht nur Kapital, sondern erbringen ebenso Arbeitsleistungen für die Gesellschaft („Mühe", „Arbeit", §§ 1175, 1183, 1187, 1192 ABGB). Auch Geschäftsführung und Vertretung liegen in ihrer Hand (*Selbstorganschaft*). Im Gegenzug haben alle Gesellschafter für die Verbindlichkeiten der Gesellschaft einzustehen. Sie haften für diese unbeschränkt, dh auch mit ihrem Privatvermögen. Für → Personengesellschaften gilt das Prinzip der *geschlossenen Mitgliedschaft*. Die Gesellschafterstellung ist in der Regel eng an die Person der Gründer geknüpft und nach den Regelungen des öUGB grundsätzlich nicht übertragbar oder vererblich. Das Recht der → Personengesellschaften ist jedoch überwiegend *dispositiv*, sodass im Gesellschaftsvertrag anderes vereinbart werden kann. Die Mehrheit der → Personengesellschaften sieht die Möglichkeit eines Gesellschafterwechsels vor.

Während die → GmbH in mancher Hinsicht die Züge einer → Personengesellschaft trägt, ist die → AG der Prototyp einer → *Kapitalgesellschaft*. Sie hat eine große Zahl anonymer Teilhaber, die allesamt keine aktive Rolle im Gesellschaftsleben spielen, sondern deren Beitrag sich in der Leistung der Kapitaleinlage erschöpft. Die Aufgaben der Vertretung und Geschäftsführung der Gesellschaft werden Dritten überlassen (Möglichkeit der *Fremdorganschaft*). Auch den Gläubigern der Gesellschaft haften die Gesellschafter grundsätzlich nicht. Kreditbasis ist allein das Gesellschaftsvermögen. Der geringen persönlichen Bindung zwischen Gesellschaftern und Gesellschaft entsprechend ist auch die *Mitgliedschaft offen* ausgestaltet. Sie kann ohne Zustimmung der übrigen Teilhaber übertragen werden. Das Recht der → Kapitalgesellschaft ist weitgehend *zwingend*. Vor allem die *detaillierten Vorschriften zur Innenorganisation* der Gesellschaft können nur geringfügig verändert werden.

Zu den → *Personengesellschaften* gehören → GesbR, → OG, → KG, → stG und → EWIV. → GmbH, → AG und → SE sind → *Kapitalgesellschaften*. Auf die übrigen Körperschaften (→ Verein, → Genossenschaft) wird das Begriffspaar nicht angewendet.

3. Kriterien für die Wahl der geeigneten Gesellschaftsform

Bei der Wahl des für das eigene Vorhaben geeigneten österreichischen Gesellschaftstyps ist auf verschiedene Faktoren Bedacht zu nehmen: So stehen nicht alle Gesellschaften für jeden *Gesellschaftszweck* offen. Von der veranschlagten *Zahl an Gesellschaftern* genauso wie vom für Gesellschafter vorgesehenen *Umfang an Mitspracherechten* und der *Menge* an benötigtem *Kapital* wiederum wird abhängen, ob man sich für eine *personalistisch* ausgeprägte Gesellschaft oder eine *kapitalistisch* aufgebaute Form entscheidet. Daneben sind die gewünschte *Haftungssituation* der Gesellschafter (*beschränkt* oder *unbeschränkt*) und die unterschiedliche *steuerliche Belastung* der einzelnen Gesellschaftsformen mit zu berücksichtigen. Während → Personengesellschaften selbst keine Steuersubjekte sind und ihre Gewinne deshalb nur bei den Gesellschaftern als Mitunternehmern besteuert werden (*Einkommenssteuer,* je nach Tätigkeit der Gesellschaft handelt es sich um Einkünfte aus Land- und Forstwirtschaft, § 21 Abs 2 Z 2 öEStG, selbständiger Arbeit, § 22 Z 3 öEStG oder Gewerbebetrieb, § 23 Z 2 öEStG*)*, sind die Gewinne juristischer Personen *doppelt belastet*. Sie unterliegen neben der *Körperschaftssteuer* (Einkommenssteuer der Körperschaften, § 1 öKStG) auch noch der *Einkommensteuer* (Einkünfte aus Kapitalvermögen, § 27 öEStG*)* der Gesellschafter (*Doppelbesteuerung)*.

4. Wirtschaftliche Bedeutung der einzelnen Gesellschaftsformen in Österreich

Die beliebteste österreichische Gesellschaftsform Österreichs ist die → GmbH. Zum Stichtag 1.7.2006 gehörten 104.466 der insgesamt 175.931 im Firmenbuch eingetragenen Rechtsträger dieser Form an. Einen enormen Aufschwung hat auch die → KEG erlebt. Sie zählte Anfang Juli 2006 28.121 Stück. In beiden Fällen war dafür sicherlich in erster Linie die Möglichkeit der Haftungsbeschränkung verantwortlich. Auch die wirtschaftliche Bedeutung der → AG ist in Österreich groß, zahlenmäßig bleibt sie jedoch traditionell gering (2.018 Eintragungen). Die Anzahl der → OHG war in den letzten Jahren stark rückläufig, mit Erweiterung ihres Gesellschaftsgegenstands in Form der neuen → OG durch das öUGB wird sich das aller Voraussicht nach ändern. Zahlreiche österreichische Unternehmen aber sind überhaupt nicht in Gesellschaftsform organisiert, sondern agieren als kleine → *Einzelunternehmen* (derzeit 8.222 Registrierungen).

Literatur:

Dehn, Wilma, UGB. Das neue Unternehmensgesetzbuch, Manz Verlag (2006); *Dehn/Krejci* (Hrsg), Das neue UGB. SWK-Sonderheft, Linde Verlag (2005); *Doralt*, Werner, Steuerrecht 2006, 7. Auflage, Manz Verlag (2006); *Geymayer*, Ralf/*Tröthan*, Nikola, Die optimale Rechtsform. Unternehmensgründung nach dem UGB, Verlag LexisNexis ARD Orac (2006); *Jahn*, Harald (Hrsg), GesRZ-Sonderheft – Rechtsformgestaltung. Kriterien zur Wahl der optimalen Gesellschaftsform, Linde Verlag (2002); *Krejci*, Heinz, Gesellschaftsrecht, Band I: Allgemeiner Teil und Personengesellschaften. Band II: Kapitalgesellschaften, Genossenschaften, Vereine, Privatstiftungen, Manz Verlag (2005/2006); *Mader*, Peter, Kapitalgesellschaften, 5. Auflage, Orac-Rechtsskriptum, Verlag LexisNexis ARD Orac (2006); *Nowotny*, Georg, Gesellschaftsrecht, Verlag Österreich (2005); *Schummer*, Gerhard, Personengesellschaften, 6. Auflage, Orac-Rechtsskriptum, Verlag LexisNexis ARD Orac (2006); *Straube*, Manfred (Hrsg), Fachwörterbuch zum Handels- und Gesellschaftsrecht, Manz Verlag (2005);

Zeitschriften:

Der Gesellschafter - GesRZ - Zeitschrift für Gesellschafts- und Unternehmensrecht, Linde Verlag; *ecolex,* Manz Verlag*; GeS aktuell -* Zeitschrift für Gesellschafts- und Steuerrecht; für Beratungspraxis und Rechtsanwendung, Verlag Österreich; *JBl –* Juristische Blätter, Springer Verlag; *ÖJZ –* Österreichische Juristenzeitung (mit *EvBl*), Manz Verlag; *RdW* – Recht der Wirtschaft, Verlag LexisNexis; *wbl* – Wirtschaftsrechtliche Blätter, Springer Verlag

Internetadressen: Wirtschaftskammern Österreich ~ http://portal.wko.at/; Gründerservice der Wirtschaftskammern Österreich ~ http://www.gruenderservice.net; Informationen für Unternehmen auf der Homepage der Republik Österreich ~ http://www.oesterreich.at/portal/unternehmen/; Wegweiser durch die österreichischen Ämter und Behörden ~ http://www.help.gv.at; Rechtsinformationssystem des Österreichischen Bundeskanzleramtes ~ http://ris.bka.gv.at

Website der Autoren: http://www.uni-salzburg.at

Gesellschaftsrecht, Europäisches

Europäisches Gesellschaftsrecht

von Univ.-Professor Dr. Hans-Friedrich Müller, LL.M.
Universität Erfurt

1. Einleitung

Das Europäische Gesellschaftsrecht umfasst alle primären und sekundären Rechtsnormen der Europäischen Gemeinschaft, die sich mit privatrechtlichen Verbänden befassen.

Die Rechtsangleichung ist auf diesem Gebiet schon weit vorangekommen. Neben der Verabschiedung einer Reihe von gesellschaftsrechtlichen → *Richtlinien* (RL, siehe Kapitel 4.) kommt die Schaffung der → *Europäischen Wirtschaftlichen Interessenvereinigung,* der → *Europa-AG* und der → *Europäischen Genossenschaft* als → *supranationale Rechtsformen* durch Verordnungen (VO). Vor dem Hintergrund des Zusammenbruchs der Börsenhausse, vielfältiger Bilanzmanipulationen und Fehlverhalten des Managements hat die Kommission in ihrem *Aktionsplan* „Modernisierung des Gesellschaftsrechts und Verbesserung des → *Corporate Governance*" vom 21.5.2003 (siehe Kapitel 2.) vielfältige weitere Maßnahmen angekündigt, mit deren Verwirklichung zum Großteil bereits begonnen wurde.

Eine wichtige Rolle bei der Europäisierung des Gesellschaftsrechts spielt auch der Europäische Gerichtshof. In mehreren bahnbrechenden Urteilen hat er der → *Niederlassungsfreiheit* nach den Art. 43, 48 EGV gegen nationale Zuzugsbeschränkungen zur Geltung verholfen und damit für weitgehende Unternehmensmobilität innerhalb des Gemeinsamen Marktes gesorgt. In seiner Rechtsprechung zur Kapitalverkehrsfreiheit nach Art. 56 EGV hat er Regelungen der verschiedenen Mitgliedstaaten, durch die sich diese Einflussmöglichkeiten auf privatisierte Unternehmen vorbehalten (sog. „Golden Shares"), sehr engen Beschränkungen unterworfen. Damit ist der Wettbewerb der nationalen Gesellschaftsrechtsordnungen eröffnet. Zugleich wächst aber der Druck auf die Mitgliedstaaten zur weiteren Harmonisierung erheblich. Für die Bundesrepublik Deutschland bedeutet dies insbesondere, dass das bisherige Kapitalschutzsystem gelockert werden könnte. Der Gesetzgeber hat mit dem Referentenentwurf zur Modernisierung des GmbH-Rechts und zur Bekämpfung von Missbräuchen (MoMiG) vom 29.5.2006 bereits reagiert und u. a. die Herabsetzung des Mindestkapitals für die GmbH von 25.000 EUR auf 10.000 EUR vorgeschlagen. Mittelfristig steht aber auch die hiesige unternehmerische Mitbestimmung auf dem Prüfstand.

Literatur und Internetadresse: Bayer, Aktuelle Entwicklungen im Europäischen Gesellschaftsrecht, BB 2004, 1 ff.; *Drygala*, Stand und Entwicklung des europäischen Gesellschaftsrechts, ZEuP 2004, 337 ff.; *Grundmann*, Die Struktur des Europäischen Gesellschaftsrechts von der Krise zum Boom, ZIP 2004, 2401 ff.; *Habersack*, Europäisches Gesellschaftsrecht im Wandel, NZG 2004, 1 ff.; *ders.*, Das Aktiengesetz und das Europäische Recht, ZIP 2006, 445 ff.; *Hopt*, Europäisches Gesellschaftsrecht und deutsche Unternehmensverfassung, ZIP 2005, 461 ff.; *Maul*, Gesellschaftsrechtliche Entwicklungen in Europa, BB-Spezial 9, 2005, Heft 34, 2 ff.; *Merkt*, Die Pluralisierung des europäischen Gesellschaftsrechts, RIW 2004, 1 ff.; der Referentenentwurf des MoMiG ist abrufbar unter: http://www.bmj.bund.de; siehe hierzu *Noack*, Reform des deutschen Kapitalgesellschaftsrechts, DB

2006, 1475 ff.; *Seibert*, GmbH-Reform, ZIP 2006, 1157 ff.; *Römermann*, Der Entwurf des „MoMiG", GmbHR 2006, 673 ff.

2. Aktionsplan

- Mit ihrem *Aktionsplan* vom 21.5.2003 betreffend die Modernisierung des Gesellschaftsrechts und Verbesserung des Corporate Governance in der Europäischen Union, KOM(2003)284 endg., hat die EG-Kommission eine Vielzahl von Maßnahmen angekündigt, mit denen sie bis 2009 das Europäische Gesellschaftsrecht reformieren will. Der Aktionsplan greift dabei insbesondere die Vorarbeiten von zwei Expertengruppen, die Berichte der sog. SLIM-Group aus dem Jahre 1999 und der sog. High-Level- oder Winter-Group aus dem Jahre 2002, auf und führt sie fort. Bislang hat die EG-Kommission einige der angekündigten Maßnahmen bereits abgeschlossen. Hierzu zählen vor allem die zehnte, sog. *Grenzübergreifende Verschmelzungs-RL* vom 26.10.2005, die Richtlinie zur Deregulierung der zweiten, sog. *Kapital-RL* vom 13.7.2006 sowie die sog. *Abschlussprüfungs-RL* vom 17.5.2006, in der die vierte, sog. *Jahresabschluss-RL*, siebente, sog. *Konzernbilanz-RL* und achten, sog. *Prüferbefähigungs-RL* zu einer modernisierten Richtlinie konsolidiert wurden.

Folgende weitere Maßnahmen sind besonders erwähnenswert:

- Vorschlag für die sog. *Grenzüberschreitende Stimmrechtsausübungs-RL* vom 5.1.2006.
- Diskussion eines Vorschlages für die 14., sog. *Grenzüberschreitende Sitzverlegungs-RL*
- Prüfung der Schaffung weiterer *supranationaler Rechtsformen*
- Empfehlung der EG-Kommission zur Offenlegung und Kontrolle durch die Aktionäre hinsichtlich der Vergütung von Direktoren vom 14.12.2004 (2004/913/EG)
- Bildung des Europäischen Forums für Corporate Governance (ECGI=European Corporate Governance Institute) am 21.1.2005
- Empfehlung der EG-Kommission zu den Aufgaben von nicht geschäftsführenden Direktoren/Aufsichtsratsmitgliedern börsennotierter Gesellschaften vom 15.2.2005 (2005/162/EG)
- Berufung des Beratenden Ausschusses für Gesellschaftsrecht und Corporate Governance vom 28.4.2005 (2005/380/EG).

Die am 20.12.2005 von der EG-Kommission eingeleitete Konsultation zu den künftigen Prioritäten des Aktionsplans vom 21.5.2003 ist mit einer öffentlichen Anhörung am 4.5.2006 abgeschlossen worden.
Literatur und Internetadressen: Der Aktionsplan ist abgedruckt in NZG 2003, Sonderbeilage zu Heft 13; vgl. ferner http://europa.eu.int/comm/internal_market/company/index_de.htm. Zur Corporate Governance und den Empfehlungen der EG-Kommission vgl. *Maul/Lanfermann*, EU-Kommission nimmt Empfehlungen zu Corporate Governance an, DB 2004, 2407 ff.; *Spindler*, Die Empfehlungen der EU für den Aufsichtsrat, ZIP 2005, 2033 ff. Vgl. ferner die Literaturhinweise zur *Einleitung* (siehe Kapitel 1).

3. Supranationale Rechtsformen

Zur Rechtsvereinheitlichung (Vollharmonisierung) wurden bislang durch VO auf der *Ermächtigungsgrundlage* von Art. 308 EGV folgende drei supranationale Rechtsformen geschaffen:

- → *Europäische Wirtschaftliche Interessenvereinigung (EWIV)* zum 1.7.1989
- → *Europa-AG (Europäische (Aktien)Gesellschaft)* zum 8.10.2004; auch bezeichnet als *Societas Europaea (SE)*
- → *Europäische Genossenschaft (EU-GEN)* zum 18.8.2006; auch bezeichnet als *Societas Cooperativa Europaea (SCE)* oder *European Cooperative Society*.

Quellen: Bereits erlassene VO sind bei Eur-Lex (http://eur-lex.europa.eu/) abrufbar.

Ferner hat die EG-Kommission in Ergänzung zur → *Europäischen Genossenschaft* für die Unternehmen der sog. *Economie Sociale* VO für zwei weitere europäischen Rechtsformen vorgeschlagen, die zuletzt am 6.7.1993 geändert wurden:

- Europäischer Verein (EU-V); auch bezeichnet als European Association (AE); KOM(93)252 endg., (ABl.EG C 236 vom 31.8.1993, S. 1)
- Europäische Gegenseitigkeitsgesellschaft (EU-GGES); auch bezeichnet als European Provident Mutual Society (ME); KOM(93)252 endg., (ABl.EG C 236 vom 31.8.1993, S. 40)

Literatur und Internetadresse: http://www.europa.eu.int/comm/enterprise/entrepreneurship/coop/index. htm; *Theis*, Die Europäische Gegenseitigkeitsgesellschaft, Köln 2005; *Wagner*, Der Europäische Verein, Baden-Baden 2000.
In ihrem *Aktionsplan* (siehe Kapitel 2.) vom 21.5.2003 hat die EG-Kommission angekündigt, den derzeitigen Legislativprozess in diesem Bereich aktiv zu unterstützen.

Schließlich wird, ausgehend von einer Studie der CREDA (Chambre de commerce et d'industrie de Paris) in Zusammenarbeit mit der Universität Heidelberg aus dem Jahre 1997 und der nunmehr etablierten → *Europa-AG* auch die Schaffung einer europäischen Rechtsform für kleinere und mittlere Unternehmen diskutiert, der sog. *Europäischen Privatgesellschaft (EPG)*; auch bezeichnet als *European Private Company (EPC)* oder *Société Fermée Européene (SFE)*. Die von der EG-Kommission in ihrem *Aktionsplan* (siehe Kapitel 2.) vom 21.5.2003 angekündigte Machbarkeitsstudie wurde im Juli 2005 vorgelegt. Darin werden die Vor- und Nachteile eines möglichen europäischen Statuts für kleinere und mittlere Unternehmen bewertet. Mittelfristig (bis 2008) wird die Vorlage eines entsprechenden Verordnungsvorschlages ins Auge gefasst. Ferner hat die EG-Kommission angekündigt, den Bedarf an weiteren supranationalen Rechtsformen, insbesondere den einer *Europäischen Stiftung (European Foundation)*, ebenfalls mittelfristig (bis 2008) zu prüfen. Beide Rechtsformen wurden in der Konsultation zu den künftigen Prioritäten des *Aktionsplans* (Kapitel 2.) vom 21.5.2003 zur Diskussion gestellt.
Literatur und Internetadressen: Die Machbarkeitsstudie ist abrufbar unter: http://ec.europa. eu/enterprise/entrepreneurship/craft/craft-priorities/doc/de_resume_rapport_final.pdf; *Braun*, The European Private Company, German Law Journal 5 (2004), 1393 ff.; *Fischer*, Brücken zur Europäischen Privatgesellschaft, ZEuP 2004, 737 ff.; *Hommelhoff/Helms (Hrsg.)*, Neue Wege in die Europäische Privatgesellschaft, Köln 2001; *Hopt*, Die europäische Stiftung – Ein Plädoyer für eine neue europäische Rechtsform!, EuZW 2006, 161; *Wicke*, Die Euro-GmbH im „Wettbewerb der Rechtsordnungen", GmbHR 2006, 356 ff. Vgl. ferner die Hinweise zum *Aktionsplan* (siehe Kapitel 2).

4. Richtlinien
Die von den Organen der Europäischen Gemeinschaft erlassenen Richtlinien (RL) richten sich nach Art. 249 Abs. 3 EGV an die Mitgliedstaaten. Diese sind verpflichtet, das mit der RL angestrebte Ziel durch Erlass nationaler Gesetze umzusetzen, wobei der einzelne Mitgliedstaat hinsichtlich der Wahl von Form und Mittel grundsätzlich frei ist.

Auf dem Gebiet des Gesellschaftsrechts wurden bislang basierend auf der Ermächtigungsgrundlage des Art. 44 Abs. 2 lit g EGV folgende RL erlassen:
1. RL vom 9.3.1968 (68/151/EWG); sog. *Publizitäts-RL*, auch *Register-RL*
2. RL vom 13.12.1976 (77/91/EWG); sog. *Kapital-RL*, auch *Kapitalschutz-RL*
3. RL vom 9.10.1978 (78/855/EWG); sog. *Verschmelzungs-RL*, auch *Fusions-RL*
4. RL vom 25.7.1978 (78/660/EWG); sog. *Jahresabschluss-RL*, auch *Bilanz-RL*
6. RL vom 17.12.1982 (82/891/EWG); sog. *Spaltungs-RL*
7. RL vom 13.6.1983 (83/349/EWG); sog. *Konzernbilanz-RL*, auch *Konzernabschluss-RL*
8. RL vom 10.4.1984 (84/253/EWG); sog. *Prüferbefähigungs-RL*, auch *Abschlussprüfer-Richtlinie*
10. RL vom 26.10.2005 (2005/56/EG); sog. *RL zur grenzüberschreitenden Verschmelzung*
11. RL vom 21.12.1989 (89/666/EWG); sog. *Zweigniederlassungs-RL*
12. RL vom 21.12.1989 (89/667/EWG); sog. *Einpersonen-GmbH-RL*
13. RL vom 21.4.2004 (2004/25/EG); sog. *Übernahmeangebots-RL*, auch *Übernahme-RL*.
Die 4., 7. und 8. RL wurden mit der sog. *Abschlussprüfungs-RL* vom 17.5.2006 (2006/43/EG) zusammengefasst.
Darüber sind bzw. waren der Erlass folgender Richtlinien in der Diskussion:
5. RL; sog. AG-Struktur-RL
9. RL; sog. Konzernrechts-RL
14. RL; sog. Sitzverlegungs-RL
sog. RL zur grenzüberschreitenden Stimmrechtsausübung
sog. Liquidations-RL.

Quellen: Bereits erlassene RL sind bei Eur-Lex abrufbar unter: http://eur-lex.europa.eu. Vgl. ferner die Hinweise zum *Aktionsplan* (siehe Kapitel 2).

Hinweise

- Zum Gesellschaftsrecht sowie zu den verschiedenen Gesellschafts- bzw. Rechtsformen siehe u.a. → Aktiengesellschaft, deutsche → Aktiengesellschaft, kleine, → Europa AG, → Europäische Genossenschaft (EU-GEN), → Europäische Wirtschaftliche Interessenvereinigung (EWIV), → Genossenschaft, deutsche, → Gesellschaftsformen, österreichische (→ Aktiengesellschaft, österreichische, → GmbH, österreichische usw.), → GmbH, deutsche sowie viele weitere Gesellschafts- bzw. Rechtsformen.
- Zu den angrenzenden Wissensgebieten siehe → Abschlusserstellung nach US-GAAP, → Corporate Governance, → Due Diligence, → Going Public, → Handelsrecht, → Hedgefonds, → Insolvenzrecht (deutsches), → Internationale Rechnungslegung nach IFRS, → Jahresabschluss nach deutschem Recht, → Jahresabschluss nach schweizerischem Recht, → Kapitalflussrechnung, → Konzernabschluss, → Mergers & Acquisitions, → Private Equity, → Sanierungsmanagement, → Swiss GAAP FER → Unternehmensbewertung, → Unternehmensethik, → Venture Capital.

Literatur: *Behrens*, Gesellschaftsrecht, in: Handbuch des EU-Wirtschaftsrechts, Band 1, Abschnitt E.III, Loseblatt, Stand: August 2005, München; *Edwards*, EC Company Law, Oxford 1999; *Grundmann*, Europäisches Gesellschaftsrecht, Heidelberg 2004; *Habersack*, Europäisches Gesellschaftsrecht, 2. Aufl., München 2003; *Hopt/Wymeersch (Ed.)*, European Company and Financial Law, Texts and Leading Cases, 3nd. ed., Berlin New York 2004; *dies.*, Capital markets and company law, Oxford 2003; *Lutter*, Europäisches Unternehmensrecht, 4. Aufl., Berlin New York 1996; *Menjucq*, Droit international et européen des sociétés, Paris 2001; *Nagel*, Deutsches und europäisches Gesellschaftsrecht, München 2000; *Schwarz*, Europäisches Gesellschaftsrecht, Baden-Baden 2000; *Teichmann*, Binnenmarktkonformes Gesellschaftsrecht, Berlin New York 2006; *Wiesner*, Europäisches Gesellschaftsrecht, in: Münchner Handbuch des Gesellschaftsrecht, Band 3, 2. Aufl., München 2003.

Internetadressen nebst Anschriften der für das europäische Gesellschaftsrecht wichtigen Institutionen, deren Organe, Verbände und Datenbanken: *Europäische Kommission Binnenmarkt:* http://europa. eu.int/comm/internal_market/company/index_de.htm; *Europäischer Gerichtshof:* http://www.curia. eu.int/de/transitpage.htm; *Amtsblatt der Europäischen Union:* http://publications.eu.int/index_de.html sowie http://ted.europa.eu/; *Eur-Lex* - Europäische Rechtsvorschriften (u.a. Richtlinien, Verordnungen und EG-Vertrag): http://eur-lex.europa.eu; *Bundesvereinigung der Deutschen Arbeitgeberverbände e.V.:* http://www.bda-online.de/www/bdaonline.nsf/id/Publikationen; *Bundesverband der deutschen Industrie e.V.:* http://www.bdi-online.de/; *Bundesnotarkammer:* http://www.bnotk.de/Bundesnotarkammer/Ueberblick.BNotK.html; *Deutsches Aktieninstitut e.V. (DAI):* http://www.dai.de/internet/dai/dai-2-0.nsf/dai_publikationen.htm; *Deutscher Anwaltverein e.V. (DAV):* http://www.anwaltverein.de/bruessel/europa.html; *Aktuelle Entwicklung* (Links zu RL-Vorschlägen, Stellungnahmen, u.ä.): http://www.jura.uni-duesseldorf.de/dozenten/noack/gesetz.shtml#; (Stand vom 20.7.2006).

Website des Autors: http://www.uni-erfurt.de/zivil_wirtschaftsrecht/start.htm

Gesellschaftsvertrag

vertragliche Rechtsgrundlage der → Gesellschaft, u.U. notariell zu beurkunden. Inhalt und Form variieren je nach → Gesellschaftsform. Der Gesellschaftsvertrag regelt die Rechte und Pflichten der Gesellschafter und geht grundsätzlich dem Gesetz vor, es sei denn, er verletzt zwingendes Recht.

Gesetz gegen unlauteren Wettbewerb (UWG)

siehe → Wettbewerbsrecht.

Gesetz gegen Wettbewerbsbeschränkungen (GWB)

siehe → Kartellrecht.

Gesetz vom abnehmenden Ertragszuwachs

gibt nach den landwirtschaftlichen Untersuchungen von *v. Thünen* (19. Jhdt.) die Abhängigkeit des Ernteertrags von variablen → Produktionsfaktoren wie Saatgut, Düngemittel oder Arbeitseinsatz wieder. Es drückt einen charakteristischen Verlauf einer → *partiellen* Faktorvariation aus, und zwar einen unterproportional (degressiv) wachsenden → Output. Dieser Verlauf lässt sich als Ausschnitt eines Produktionszusammenhangs mit einer linearen → *totalen* Faktorvariation, nämlich einer → Cobb-Douglas-Funktion, verstehen.

Siehe auch → Produktions- und Kostentheorie (mit Literaturangaben).

Gesetzliche Rücklage

Nach § 150 (2) AktG (*deutsches Recht*) ist bei Aktiengesellschaften eine gesetzliche Rücklage von jährlich 5% des Jahresüberschusses (evtl. durch einen Verlustvortrag gemindert) in die gesetzliche Rücklage einzustellen, bis diese einschließlich der → Kapitalrücklage 10% des → gezeichneten Kapitals erreicht hat. Die Auflösung der Kapitalrücklage darf nur zum Ausgleich eines entstandenen Jahresfehlbetrag bzw. Verlustvortrags oder zur Durchführung einer Kapitalerhöhung aus Gesellschaftsmitteln vorgenommen werden (§ 150 (3) und (4) AktG).

Siehe auch → Eigenkapital und → Aktiengesellschaft, deutsche, → Aktiengesellschaft, österreichische (jeweils mit Literaturangaben).

Gewährleistung

Rechtsgebiet des Kaufrechts und anderer Verträge, in dem geregelt wird, welche Qualität der Ware oder Dienstleistung der Lieferant zu erbringen hat, um seine Lieferverbindlichkeit zu erfüllen. Zugleich bestimmt das Recht der Gewährleistung, welche Rechte und Möglichkeiten der Käufer bzw. Abnehmer hat, wenn die gelieferte Ware nicht den gesetzlichen oder vertraglich vereinbarten Standards entspricht.

Siehe auch → Kaufrecht (mit Literaturangaben).

Gewährleistungsgarantie

(1) i.A. gleichbedeutende Bezeichnung: Guarantee for Warranty Obligations. (2) Mit der vom Verkäufer zu besorgenden Gewährleistungsgarantie einer Bank (→ Bankgarantie) sichert der Käufer seinen Gewährleistungsanspruch an den Verkäufer, wie er durch Mängel an der gelieferten Ware entstehen kann. Die Absicherung des Gewährleistungsanspruchs des Käufers (Importeurs) kann in eine → Vertragserfüllungsgarantie einbezogen sein. (3) Ersetzt die Gewährleistungsgarantie die Einbehaltung von Teilen des Kaufpreises während der Gewährleistungsphase, dann ist in der Praxis manchmal statt von Gewährleistungsgarantie von Haftrücklassgarantie die Rede.

Gewerbebetrieb

Ein Gewerbebetrieb liegt vor bei einer selbständigen, planmäßig ausgeübten und auf Dauer ausgerichteten Tätigkeit am Markt, die nach außen erkennbar und die keine → freiberufliche Tätigkeit ist. Siehe auch → Handelsrecht.

Gewerbeertrag

(→ Gewerbesteuer). Ausgangsgröße für die Ermittlung des Gewerbeertrags (= gewerbesteuerliche Bemessungsgrundlage) ist der nach den einkommen- oder körperschaftsteuerlichen Vorschriften ermittelte Gewinn (§ 7 GewStG). Dieser Ausgangsgröße wird durch eine Vielzahl von Hinzurechnungen (§ 8 GewStG) und Kürzungen (§ 9 GewStG) modifiziert. Man erhält sodann den Gewerbeertrag. Siehe auch → Gewerbesteuer, → Einkommensteuer und → Körperschaftsteuer.

Gewerbesteuer

Gewerbesteuer

von Steuerberater Professor Dr. Clemens Wangler

Berufsakademie Villingen-Schwenningen – Staatliche Studienakademie

Stand 2005

1. Charakterisierung

Die Gewerbesteuer (GewSt) besteuert nach einem proportionalen (Kapitalgesellschaften) bzw. progressiven (Einzelunternehmen und Personengesellschaften) Tarif den Ertrag von Gewerbebetrieben. Steuerobjekt ist nach § 2 GewStG der Gewerbebetrieb. Dabei wird idealtypisch ein unverschuldeter Gewerbebetrieb besteuert, der Eigentümer des benutzten beweglichen Anlagevermögens ist. Diese Vorstellung wird vom Gesetz aber nicht stringent durchgehalten.

2. Bemessungsgrundlage

Ausgangsgröße für die Ermittlung des Gewerbeertrags (= gewerbesteuerliche Bemessungsgrundlage) ist der nach den einkommen- oder körperschaftsteuerlichen Vorschriften ermittelte Gewinn (§ 7 GewStG); siehe auch → Einkommensteuer und → Körperschaftsteuer. Dieser Ausgangsgröße wird durch eine Vielzahl von Hinzurechnungen (§ 8 GewStG) und Kürzungen (§ 9 GewStG) modifiziert. Man erhält sodann den Gewerbeertrag.

Die Ermittlung der Steuer aus der Bemessungsgrundlage Gewerbeertrag erfolgt zweistufig: Zunächst wendet man in einem ersten Schritt die sog. Steuermesszahl an, um zum Gewerbesteuermessbetrag zu gelangen. Dieser wird im sog. Gewerbesteuermessbescheid festgestellt. Die Steuermesszahlen sind bei Einzelunternehmen und Personengesellschaften von 1 % bis 5 % progressiv gestaffelt. Bei Kapitalgesellschaften wird stets die Messzahl von 5 % angewendet. Auf den Steuermessbetrag wendet die jeweilige Gemeinde in einem zweiten Schritt ihren individuellen Hebesatz an. Es resultiert dann die GewSt, die im Gewerbesteuerbescheid festgesetzt wird. Befinden sich Betriebsstätten in mehreren Gemeinden ist noch die sog. Zerlegung zwischenzuschalten. Hierbei wird der Gewerbesteuermessbetrag entsprechend dem Verhältnis der Lohnsummen auf die betroffenen Gemeinden aufgeteilt (zerlegt).

3. Betriebsausgabenabzug der Gewerbesteuer

Eine Besonderheit ist darin zu sehen, dass die GewSt steuerlich als Betriebsausgabe gemäß § 4 Abs. 4 EStG behandelt wird. damit ist sie faktisch bei der Ermittlung ihrer eigenen Bemessungsgrundlage abzugsfähig, was ihre Ermittlung verkompliziert. Die entsprechende formelmäßige Ableitung findet sich in allen seriösen Lehrbüchern zur → *Betriebswirtschaftlichen Steuerlehre*.

4. Die Gewerbesteuer in der politischen Diskussion

Die GewSt ist sowohl von ökonomischer wie auch von juristischer Seite beständig in der Kritik. Ihre Abschaffung wird seit Jahrzehnten diskutiert. Jedoch scheiterte dies bislang an den fiskalischen Interessen der Gemeinden. Der Gesetzgeber hat bereits in den 1990er Jahren erkannt, dass es nicht mehr zeitgemäß ist, Gewerbetreibende im Gegensatz zu Land- und Forstwirten sowie Beziehern von Einkünften aus selbständiger Arbeit (insb. Freiberufler) mit einer zusätzlichen Steuer zu belegen. Daher wurde seinerzeit der § 32c EStG eingeführt, der zwischenzeitlich durch § 35 EStG (→ *Gewerbesteueranrechnung*) ersetzt wurde, gegen den weniger verfassungsrechtliche Bedenken bestehen. Diese Vorschrift entlastet die Steuerpflichtigen mit gewerblichen Einkünften und einer gewerbesteuerlichen Vorbelastung bei der Einkommensteuer. Der Vergleich der Steuerlast auf gewerbliche Einkünfte mit derjenigen auf andere Einkunftsarten zeigt seither für die Normalfälle nur noch geringfügige Unterschiede. Dies gilt jedoch nicht für den Rechtsformvergleich, da Kapitalgesellschaften im Gegensatz zu Einzelunternehmen und Personengesellschaften vom § 35 EStG trotz gewerbesteuerlicher Vorbelastung nicht profitieren. Insofern gilt nach wie vor die Aussage, dass die Gewerbesteuer für den steuerlichen Rechtsformvergleich häufig das Zünglein an der Waage darstellt (siehe auch → Steuerlehre, Betriebswirtschaftliche).

Hinweise

- Zu den angrenzenden steuerrechtlichen Wissensgebieten (nach deutschem Steuerrecht) siehe → Einkommensteuer, → Körperschaftsteuer, → Steuerbilanzpolitik, → Steuerlehre, Betriebswirtschaftliche → Steuerrecht, Internationales, → Umsatzsteuer.
- Zu den angrenzenden (für deutsche gewerbesteuerpflichtige Betriebe relevanten) Wissensgebieten der Rechnungslegung siehe → Abschlusserstellung nach US-GAAP, → Bilanzanalyse, → Internationale Rechnungslegung nach IFRS, → Jahresabschluss nach deutschem Recht, → Kapitalflussrechnung, → Konzernabschluss (Konzernrechnungslegung), → Sonderbilanzen.

Literatur: Glanegger, Peter / Güroff, Georg / Seider, Johannes: Gewerbesteuergesetz, Kommentar, 6. Auflage, München 2006; Haberstock, Lothar / Breithecker, Volker: Einführung in die Betriebswirtschaftliche Steuerlehre, 13. Auflage, Berlin 2005, S. 76 ff.; Lenski, Edgar / Steinberg, Wilhelm: Gewerbesteuergesetz, Kommentar, 9. Auflage, Köln 1995, Stand: 12/2004; Reichert, Gudrun: Lehrbuch der Gewerbesteuer, 3. Auflage, Herne/Berlin 2003; Schneeloch, Dieter: Besteuerung und betriebliche Steuerpolitik. Band 2: Betriebliche Steuerpolitik, 2. Aufl., München 2002, S. 39 ff.; Wagner Franz W.: Vahlens Kompendium der Betriebswirtschaftslehre, Band 2, hrsg. v. Michael Bitz u.a., München 2005, S. 430 ff.; Wangler Clemens: Gewerblicher Grundstücks- und Wertpapierhandel – Wohin führen die Kriterien der Rechtsprechung?; DStR 1999, S. 184-187; Wüstenhöfer, Ulrich: Gewerbesteuer, 6. Auflage, München 2005.

Internetadressen: http://www.bundesfinanzhof.de http://www.bundesfinanzministerium.de, http://www.forum-steuern.de, http://www.sis-verlag.de;

Website des Autors: www.ba-vs.de/

Gewerbesteueranrechnung

Die Steuerermäßigung nach § 35 EStG löste § 32c EStG a.F. ab. Es bestehen für mit Gewerbesteuer vorbelastete Einzel- und Mitunternehmer nunmehr folgende Entlastungen: Betriebsausgabenabzug der Gewerbesteuer (siehe → Gewerbesteuer, Kapitel 3), Freibetrag und Staffeltarif (siehe → *Gewerbesteuer*, Kapitel 2), pauschalierte Anrechnung nach § 35 EStG.

Durch diese pauschalierte Anrechnung ermäßigt sich die → Einkommensteuer (ESt) um das 1,8-fache des (anteiligen) Gewerbesteuermessbetrags. Das Anrechnungsvolumen wird begrenzt auf die Höhe der tariflichen ESt, die anteilig auf die im zu versteuernden Einkommen enthaltenen gewerblichen Einkünfte entfällt. Die Ermäßigung läuft ins Leere, wenn keine Einkommensteuerschuld entsteht oder keine positiven gewerblichen Einkünfte vorliegen.

Gewerbesteuerfreibetrag

siehe → Gewerbesteuer.

Gewerbesteuerhebesatz

Auf den Gewerbesteuermessbetrag (siehe → Gewerbesteuer und → Gewerbesteuermessbetrag) wendet die jeweilige Gemeinde ihren individuellen Hebesatz an. Es resultiert dann die Gewerbesteuer, die im Gewerbesteuerbescheid festgesetzt wird.

Befinden sich Betriebsstätten in mehreren Gemeinden ist noch die sog. Zerlegung zwischenzuschalten. Hierbei wird der Gewerbesteuermessbetrag entsprechend dem Verhältnis der Lohnsummen auf die betroffenen Gemeinden aufgeteilt (zerlegt).

Gewerbesteuermessbetrag

Der Gewerbesteuermessbetrag ist Grundlagen zur Ermittlung der → Gewerbesteuer im Rahmen eines zweistufigen Verfahrens: Zunächst wendet man in einem ersten Schritt die sog. → Steuermesszahl an, um zum Gewerbesteuermessbetrag zu gelangen. Dieser wird im sog. Gewerbesteuermessbescheid festgestellt. Die Steuermesszahlen sind bei Einzelunternehmen und Personengesellschaften von 1 % bis 5 % progressiv gestaffelt. Bei Kapitalgesellschaften wird stets die Messzahl von 5 % angewendet.

Auf den Gewerbesteuermessbetrag wendet die jeweilige Gemeinde in einem zweiten Schritt ihren individuellen Hebesatz (→ Gewerbesteuerhebesatz) an. Es resultiert dann die GewSt, die im Gewerbesteuerbescheid festgesetzt wird.

Gewerbliche Genossenschaften

sind Genossenschaften, deren Mitglieder aus den gewerblichen Bereichen der Wirtschaft und den freien Berufen stammen. Im Einzelnen sind dies Großhandlungen, Dienstleistungsunternehmen und Industriebetriebe in genossenschaftlicher Trägerschaft von Groß- und Einzelhändlern (→ Einzelhandelsgenossenschaften), Handwerkern (→ Handwerkergenossenschaften), Angehörigen freier Berufe, z.B. Ärzten, Apothekern oder Steuerberatern (DATEV eG), sowie Verkehrsunternehmern (Verkehrsgenossenschaften). Ferner gehören hierzu gewerbliche Produktivgenossenschaften.

Mit Ausnahme der Bäcker- und Konditorengenossenschaften ist der gewerbliche Genossenschaftsverbund zweistufig aufgebaut, d. h. neben den örtlichen Genossenschaften existieren bundesweite → Zentralgenossenschaften. Ferner stehen nationale und regionale Genossenschaftsverbände den gewerblichen Genossenschaften prüfend und beratend zur Seite (→ genossenschaftliches Verbandswesen).

Siehe auch → Genossenschaft, deutsche und → Erwerbs- und Wirtschaftsgenossenschaft, österreichische.

Literatur: Aschhoff, G./Henningsen, E.: Das deutsche Genossenschaftswesen. Entwicklung, Struktur, wirtschaftliches Potential, 2. Auflage, Frankfurt a. M. 1995; Die deutschen Genossenschaften 2004, Entwicklungen – Meinungen – Zahlen, DG VERLAG, Wiesbaden.

Gewerblicher Rechtsschutz

ist ein von juristischen Fachschriftstellern entwickelter Sammelbegriff für verschiedene Schutzrechte, welche für einen Gewerbetreibenden von Bedeutung sein können. Der Begriff wird auch in Art. 73 Nr. 9 GG im Zusammenhang mit der ausschließlichen Gesetzgebungskompetenz des Bundes erwähnt, aber nicht definiert. Man zählt darunter das Patentrecht, das Gebrauchsmusterrecht (beide schützen technische Erfindungen), das Geschmacksmusterrecht (dieses schützt Formgestaltungen), das → Markenrecht (dieses schützt → Marken, also Bezeichnungen eines bestimmten Unternehmens für seine Produkte) und das → Wettbewerbsrecht.

Zuständige Behörde für den Erwerb dieser Schutzrecht ist – mit Ausnahme des Wettbewerbsrechts – das Deutsche Patent- und Markenamt (DPMA). Das DPMA ist eine Bundesbehörde mit Sitz in München, die dem Bundesjustizministerium untersteht.

Literatur: Gruber, J.: Gewerblicher Rechtsschutz und Urheberrecht. Eine kompakte Darstellung für den schnellen Einstieg, Altenberge 2006; Hubmann, H., Götting, H.-P., Gewerblicher Rechtsschutz, 7. Aufl., München 2002.

Internetadresse: www.dpma.de (Deutsches Patent- und Markenamt)

Gewinn

siehe → Jahresüberschuss, siehe auch → Gewinnkonzept der Rechnungslegung.

Gewinnausschüttung

siehe → Dividende.

Gewinnausschüttung, verdeckte

siehe → Körperschaftsteuer; Kapitel „4. Bemessungsgrundlage für die Körperschaftsteuer".

Gewinnbeteiligung

Bei der in der Praxis dominanten Form der Gewinnbeteiligung können unterschiedliche Formen des Gewinns (beispielsweise ausschüttungsfähiger Gewinn, Bilanzgewinn, Substanzgewinn usw.) als Bemessungsgrundlage herangezogen werden.

Siehe auch → Lohn- und Gehaltsmodelle (mit Literaturangaben).

Gewinneinkünfte

siehe → Gewinneinkunftsarten (Einkommensteuer).

Gewinneinkunftsarten

(deutsche → Einkommensteuer) sind → *Einkünfte aus Land- und Forstwirtschaft*, → *Einkünfte aus Gewerbebetrieb* und → *Einkünfte aus selbstständiger Tätigkeit* (§ 2 Abs. 2 Nr. 1 EStG). Sie sind durch vier Merkmale gekennzeichnet: Selbstständigkeit, Nachhaltigkeit, Gewinnerzielungsabsicht und Beteiligung am allgemeinen wirtschaftlichen Verkehr.

Gewinnermittlung

direkt und indirekte Methode, siehe → Betriebsstättenprinzip; siehe auch → Steuerrecht, Internationales.

Gewinnfunktion

→ Funktion, die den Gewinn G in Abhängigkeit von der abgesetzten Menge x eines Gutes ausdrückt: G = G(x). G ergibt sich durch Differenzbildung aus einer → Erlösfunktion E und → Kostenfunktion K gemäß G(x) = E(x) – K(x).

Gewinnkonzept der Rechnungslegung

Inhalt und Umfang des Gewinnes ist in jedem Rechnungslegungskonzept zu definieren und kann deshalb zwischen den verschiedenen Konzepten formal und materiell variieren. Allein in der deutschen steuerlichen Rechnungslegung ist zwischen dem Gewinn basierend auf einem Vermögensvergleich (§ 4 Abs. 1 EStG) und dem Gewinn resultierend aus einer Einnahmen-Überschuss-Rechnung (§ 4 Abs. 3 EStG) zu unterscheiden. Allgemein ist zwischen einem Gewinn basierend auf einer kaufmännischen Rechnungslegung, welche Erfolgsbeiträge im Zeitpunkt ihrer wirtschaftlichen Entstehung zeigt (HGB, IFRS; engl.: *accrual accounting*), und einer reinen Geldflussrechnung, welche Erfolgsbeiträge im Zeitpunkt ihrer Kassenwirksamkeit zeigt (*cash accounting*, hierzu gehört auch die sog. → Kapitalflussrechnung z.B. gem. § 297 Abs. 1 HGB und IAS 7), zu unterscheiden.

Während nach dem Kongruenzprinzip in der handelsrechtlichen Rechnungslegung sämtliche Erfolgsbeiträge (sog. *comprehensive income*) in der Gewinn- und Verlustrechnung auszuweisen sind, mit der Folge, dass die Summe der Jahresgewinne identisch ist mit dem → *Totalgewinn* eines Unternehmenslebens, wird in der anglo-amerikanisch geprägten Rechnungslegung in der Gewinn- und Verlustrechnung nur das sog. *net income* ausgewiesen. Das verbleibende *other comprehensive income* wird unter Umgehung der G+V direkt in das Eigenkapital gebucht und lediglich in der Eigenkapitalveränderungsrechnung gezeigt.

Siehe auch → Jahresabschluss (mit Literaturangaben).

Gewinnmarge

(*Profit Margin*), häufig Gleichsetzung mit → Umsatzrentabilität, bei der im Zähler entweder das → Betriebsergebnis (→ EBIT) oder der Jahresüberschuss (→ Jahresabschluss) stehen und im Nenner die Umsatzerlöse. Siehe auch → Kennzahlen, finanzwirtschaftliche.

Gewinnrücklage

In der Gewinnrücklage werden thesaurierte Gewinne angesammelt, die dem laufenden Geschäftsjahr oder früheren Perioden entstammen (§ 272 (3) HGB). Dazu gehören (1) die → gesetzliche Rücklage, (2) die → Rücklage für eigene Anteile, (3) die → satzungsmäßigen Rücklagen, (4) → andere Rücklagen. Siehe auch → Rücklagenpolitik.

Gewinnrücklagen, Andere

siehe → Andere Gewinnrücklagen.

Gewinnschuldverschreibung

→ Anleihe bei der der → Emittent entweder (1) einen festen → Nominalzins zuzüglich eines an die Dividende gekoppelten Gewinnanspruches oder (2) keinen festen Nominalzins, sondern nur einen gewinnabhängigen Zinsanteil zahlt. Die letztgenannte Alternative ist aus Anlegersicht mit dem Risiko verbunden, dass der Emittent in schlechten Jahren gegebenenfalls gar keine Zinsen zahlt oder das Anleger durch eine starke Gewinnthesaurierung benachteiligt werden.

Gewinnschwellenanalyse
siehe → Break-Even-Analyse (BEA).

Gewinnvergleichsrechnung
(in der *Investitionswirtschaft*) (1) *Definition:* Mit einer Gewinnvergleichsrechnung werden zwei oder mehrere Investitionsalternativen auf Basis der erwarteten jährlichen Gewinne (Erträge minus Kosten) verglichen. Bei Rationalisierungsinvestitionen tritt an die Stelle des Gewinns die durch die Investition verursachte Kostenersparnis. Können die Investitionen unterschiedliche Leistungsmengen abgeben, werden die jährlichen Gewinne (Kostenersparnisse) auf eine Leistungseinheit bezogen.

(2) *Anwendung als Entscheidungsregel:* Die Gewinnvergleichsrechnung ist relativ einfach zu handhaben und wird in der Praxis häufig genutzt. Die Grenzen des Verfahrens liegen in ihren Voraussetzungen: (a) Es muss möglich sein, den Investitionsvorhaben Erträge zuzurechnen. Bei Investitionen, die im Verbund mit anderen Vorgaben stehen, kann dies schwierig sein. Auch ist es denkbar, dass sich der Nutzen einer Investition nur qualitativ beschreiben lässt. Sind die Erträge nicht zu erfassen oder spielen sie für den Vergleich keine Rolle, tritt an die Stelle der Gewinnvergleichsrechung die → Kostenvergleichsrechnung. (b) Es werden für jedes Jahr der Investitionsdauer gleich hohe Gewinne angenommen. Von Jahr zu Jahr schwankende Daten (Preise, Verkaufsmengen, Kosten usw.) finden keine Beachtung. Entweder wird der Durchschnittswert aus den Jahresgewinnen der Investitionsdauer gebildet oder der Gewinn eines vermutlich typischen Nutzungsjahres als repräsentativ ausgewählt. Besonders problematisch ist der in der Praxis zu beobachtende Brauch, den Gewinn des ersten Nutzungsjahres für alle Nutzungsjahre als gleich anzunehmen. Oft sind gerade die Investitionswirkungen im ersten Nutzungsjahr nicht repräsentativ. (c) Der Kapitaldienst (die Summe der Abschreibungs- und Zinskosten) wird aus der Fiktion einer durchschnittlichen Kapitalbindung abgeleitet. Der zeitliche Verlauf der Kapitalbindung (durch Auszahlungen) und der Kapitalfreisetzung (durch Einzahlungen) findet keine Beachtung.

(3) *Praxis:* Die Gewinnvergleichsmethode sollte auf kleinere Erweiterungs- und Rationalisierungsinvestitionen, bei denen es nur auf einen überschlägige Kenntnis der Gewinnwirkungen ankommt, beschränkt werden. In anderen Fällen sollte man auf die so genannten dynamischen Methoden der Investitionsrechnung übergehen.

Siehe auch → Investitionsrechnungen (Investitionsentscheidungen), statische bzw. dynamische bzw. unter Unsicherheit sowie → *Investitionswirtschaft*, jeweils mit Literaturangaben.

Literatur: Blohm, H. / Lüder, K.: Investition, Schwachstellenanalyse des Investitionsbereichs und Investitionsrechnung 8. Auflage, München 1995; Däumler, K. D.: Anwendungen von Investitionsrechnungsverfahren in der Praxis, 4. Auflage, Herne / Berlin 1996; Kruschwitz, L.: Investitionsrechnung, 10. Auflage, Berlin 2006; Olfert, K., Reichel, Ch.: Investition, 10. Auflage, Ludwigshafen/Rhein 2006; ter Horst, K.: Investition, Stuttgart Berlin Köln 2001.

Gewinnvortrag
Der verbliebene Bilanzgewinn des Vorjahres ist in der Bilanzposition „ → Eigenkapital" als Gewinnvortrag auszuweisen.

Gewogener Kapitalkosteneinsatz
siehe → WACC (Unternehmensbewertung), weighted average cost of capital.

GewSt
Abk. für → Gewerbesteuer.

GewStG
Abk. für Gewerbesteuergesetz.

Gezeichnetes Kapital
Das gezeichnete Kapital heißt bei der Aktiengesellschaft Grundkapital (§ 6 AktG) und bei der GmbH Stammkapital (§ 5 GmbHG) und umfasst das von den Gesellschaftern (bei Gründung oder späterer Kapitalerhöhung) eingezahlte oder zugesagte Kapital. Das gezeichnete Kapital legt die Haftungsbegren-

zung der Gesellschafter fest und ist stets mit dem Nennwert zu bilanzieren. Ist von den Gesellschaftern das gezeichnete Kapital noch nicht voll erbracht, müssen die ausstehenden Einlagen auf der Aktivseite vor dem Anlagevermögen unter der Position „Ausstehende Einlagen auf das gezeichnete Kapital" ausgewiesen werden. Siehe auch → Eigenkapital.

Gezogener Wechsel
siehe → Wechsel.

GfK
Abk. für Gesellschaft für Konsumforschung.

GfK-Fernsehforschung
Die GfK-Fernsehforschung wird im Auftrag der Gesellschaft für Konsumforschung (GfK) mittels eigens entwickelter Messgeräte, die in rund 5500 Haushalten installiert sind, durchgeführt und liefert täglich sekundengenau Reichweitendaten zu den laufenden Fernsehprogrammen. Siehe auch → Medienökonomie.

GFS
Abk. für → Grenzrate der (Faktor-)Substitution.

G2G
Abk. für → Government-to-Government; siehe auch → Administration-to-Administration.

Gießkannenprinzip
(*One-to-Many-Marketing*), Bezeichnung für eine unpersönliche Ansprache der Kunden, z.B. über Fernseh-, Radio- oder Zeitungswerbung, mit dem Risiko hoher Streuverluste. Gegensatz → One-to-One-Marketing.

Girokonto
siehe → Kontokorrentkonto.

Glattstellung
bezeichnet die Neutralisierung einer Marktposition. Ist man z.B. "long" in einer Aktie, d.h., besitzt man diese Aktie, dann kann diese Long-Position dadurch aufheben, indem man "short" geht, also die Aktie verkauft. Eine Glattstellung bedeutet somit allgemein die Kombination einer Long-Position mit einer entsprechenden Short-Position. Dies gilt prinzipiell für alle Märkte, also nicht nur für → Basisobjekte, sondern auch für → Derivate.
So kann z.B. eine Future-Long-Position durch eine entsprechende Future-Short-Position neutralisiert werden. Wer einen Index-Future gekauft hat und damit in Verlust geraten ist, kann, wenn er weitere Verluste befürchtet, die Long-Position durch Kauf desselben Futures glattstellen. Faktisch besteht dann keinerlei Verpflichtung mehr, denn die Verpflichtung zum Kauf und die Verpflichtung zum Verkauf heben sich gegenseitig vollständig auf (→ Futures).

Gläubigerpapier
siehe → Anleihe.

Gleichgewichtspreis
Stückpreis im → Marktgleichgewicht. Im Gleichgewichtspreis stimmen die Funktionswerte der → Angebotsfunktion und → Nachfragefunktion überein.

Gleichtägige Anschaffung bzw. gleichtägige Kasse
In Abweichung von der Usance „Valutastellung 2 Arbeitstage" (siehe → Valutastellung; siehe auch → Devisenkassakurse) legt die Bank bei Devisenbelastungen bzw. Devisengutschriften per „gleichtä-

giger Anschaffung" bzw. „gleichtägiger Kasse" der Abrechnung mit dem Kunden einen um die Zinsen für 2 Arbeitstage berichtigten Devisenkassakurs zu Grunde.

Gleichungssystem, lineares
siehe → lineares Gleichungssystem. Siehe auch → Wirtschaftsmathematik (mit Literturangaben).

Gleichungssystemverfahren
(*simultanes Verfahren*), Verfahren der → innerbetrieblichen Leistungsverrechnung (IBLV), das im Falle nennenswerter wechselseitiger Leistungsaustäusche zwischen den → Hilfskostenstellen angewandt wird. Es liefert den mathematisch exakten Lösungsansatz, der die Verrechnungssätze der Hilfskostenstellen mithilfe eines linearen Gleichungssystems ermittelt, deren Variablen die gesuchten Verrechnungssätze sind. Die Anzahl der Gleichungen entspricht der Anzahl der Hilfskostenstellen, die in den innerbetrieblichen Leistungsaustausch einbezogen sind. Gleichgesetzt wird die Summe der mit Verrechnungssätzen bewerteten primären und sekundären Gemeinkosten mit den bewerteten Leistungsmengen der Hilfskostenstellen. Im Gleichungssystemverfahren können jedwede Leistungsströme zwischen den betrieblichen Kostenstellen zutreffend abgebildet werden.
Siehe auch → Kostenstellenrechnung (mit Literaturangaben).

Gleichwahrscheinlichkeits-Maxime
siehe → Entscheidungsmaxime.

Global Compact
Der Global Compact ist eine weltweite Initiative für mehr sozial und ökologisch verantwortungsbewusstes Management (siehe auch → Umweltmanagement, → Ökologie-Marketing) die 1999 beim Weltwirtschaftsforum in Davos vom Generalsekretär der Vereinten Nationen, Kofi Annan, initiiert wurde. Ziel dieses freiwilligen Netzwerkes ist es, verantwortungsbewusstes Verhalten von Unternehmen weltweit zu fördern und Kooperationen mit → Anspruchsgruppen anzuregen.
Beim Global Compact handelt es sich weniger um einen strengen messbaren Verhaltenskodex als vielmehr um eine Austauschplattform für soziales und ökologisches Handeln von Unternehmen. Wer den Vertrag unterschreibt, verpflichtet sich als Unternehmen, für die Erfüllung und Durchsetzung der neun Prinzipien des Global Compact aus den Bereichen Arbeit, Menschenrechte und Umwelt im eigenen Unternehmen und bei Zulieferern zu sorgen bzw. mit Nachdruck zu fordern.
Siehe auch → Umweltmanagement, → Ökologie-Marketing, → Corporate Citizenship, jeweils mit Literaturangaben.

Global Financial Village
Schlagwort, mit dem man die Internationalisierung und → Globalisierung der Finanzmärkte zum Ausdruck bringen will. Finanzmärkte sind weltweit durchlässig geworden, indem kaum noch Kapitalverkehrsbeschränkungen existieren.

Global Governance
politische Gestaltung der → Globalisierung, die wirtschaftliche und politische Vorteile der Globalisierung berücksichtigt und gleichzeitig geeignet ist, erkennbare Gefahren und Ungerechtigkeiten der Globalisierung durch Mittel einer Globalpolitik (oder auch Weltinnenpolitik) zu vermeiden oder zu reduzieren.

Global Player
siehe → Globale Unternehmung und → Globalisierung.

Global Reporting Initiative
abgek. → GRI.

Global Sourcing

zählt zu den → Sourcingstrategien im Einkauf. Global Sourcing beschreibt die Erweiterung der Beschaffungspolitik auf internationale Quellen. Vorrangige Zielsetzung ist die Reduzierung der Beschaffungskosten. Vorteile ergeben sich aus der Steigerung der Transparenz von globalen Leistungen, geregelte Versorgung mit im Inland knappen Gütern, Ausnutzung von Konjunktur- und Wachstumsunterschieden, Senkung der Materialkosten sowie die Schaffung neuer Absatzmärkte. Nachteile des Global Sourcings sind Wechselkursrisiken, Transport- und Qualitätsrisiken, Kommunikationsschwierigkeiten sowie der Aufbau höherer Sicherheitsbestände.

Siehe auch → Beschaffungsmanagement, → Supply Chain Management, → Globalisierung, jeweils mit Literaturangaben sowie → Sourcing-Strategien und → Logistik.

Globalaktie

siehe → Aktienurkunde.

Globale Finanzmärkte

weltweit agierende und zugängliche zumeist durch kurzfristige Transaktionen gekennzeichnete Kapitalmärkte mit hoher Volatilität und großer Instabilität. Ursprünglich zur Finanzierung von → Direktinvestitionen entstanden, hat sich ihre Expansion und damit ihre weltweite Bedeutung durch globale Deregulierungs- und Liberalisierungstendenzen extrem erhöht. Ihr Handelsvolumen betrug bereits in den 90er Jahren des letzten Jahrhunderts etwa 1.200 Milliarden US-Dollar täglich. Siehe auch → Globalisierung.

Globale Unternehmung

Unternehmung, deren – oft geographisch ausgerichteten und organisierten – Auslandsaktivitäten auf den Weltmarkt ausgerichtet sind. Die in- und ausländischen Unternehmensaktivitäten werden typischerweise zentral koordiniert und straff geführt. Internationale Marketingentscheidungen werden oftmals in hohem Maße standardisiert.

Siehe auch → Globalisierung und → Internationales Marketing, jeweils mit Literaturangaben.

Globale Unternehmungsnetzwerke

langfristiger Zusammenschluss rechtlich und wirtschaftlich selbständiger Unternehmungen auf vertraglicher Basis zur Erlangung/Sicherung globaler Wettbewerbs-/Kostenvorteile. Siehe auch → Globalisierung.

Globaler Wettbewerb

weltweiter Wettbewerb zwischen → globalen Unternehmungen mit in der Regel stark ausgeprägter Standardisierung der Produkte/Dienstleistungen und gekennzeichnet durch das Streben nach Skaleneffekten. Siehe auch → Globalisierung.

Globales Management

Führung (Leitung) globaler Unternehmungen. Im Sinne einer internen Führung fallen darunter alle Hierarchiestufen des Management (Lower-, Middle-, Top-Management). Als externe Führung gilt nach dem sog. Trennungsmodell der Aufsichtsrat oder Verwaltungsrat, nach dem sog. Vereinigungsmodell sind beide (interne und externe) Elemente der Führung nach dem angloamerikanischen Board-System in einer Instanz vereinigt. Siehe auch → Globalisierung.

Globalisierung

Globalisierung

von Professor Dr. Ulrich Krystek

Fakultät VIII – Wirtschaft und Management an der Technischen Universität Berlin

1. Begriff der Globalisierung

Im weitesten Sinne bedeutet Globalisierung die weltweite Ausrichtung oder Verflechtung von Bestands- und Prozessphänomenen. Als eine Art Gegenbewegung dazu ergibt sich die → Regionalisierung.

Grundsätzlich können sehr unterschiedliche Lebensbereiche wie etwa Politik, Ethik, Ökologie und Recht der Globalisierung unterworfen sein. Im hier interessierenden wirtschaftlichen Zusammenhang sind es in erster Linie Märkte und Unternehmungen, die als Objekte der Globalisierung in Betracht kommen. Demzufolge wird auch von globalen Märkten und → globalen Unternehmungen gesprochen, sofern für sie das Merkmal einer weltweiten Verschmelzung der sich in ihnen vollziehenden Aktivitäten zutrifft (siehe auch → Globalisierung, Merkmale).

Globalisierung kann als eine spezielle Ausprägung der → *Internationalisierung* gekennzeichnet werden, wobei der Begriff Internationalisierung generell eine nachhaltige und für die jeweilige Institution insgesamt bedeutsame Auslandstätigkeit umschreibt. Globalisierung ist somit als ein Teilphänomen der Internationalisierung bzw. als besonders starke – nämlich die gesamte Welt umfassende – Form der Internationalisierung zu verstehen, die sich nicht nur auf einzelne Länder oder Regionen außerhalb des → Mutterlandes bezieht. Sie ist damit die extensivste wirtschaftliche Betätigung, wobei die Messung des Ausmaßes von Internationalisierung (→ Internationalisierungsgrad) anhand geeigneter Indikatoren ebenso schwierig erscheint wie die Bestimmung, ab wann von Globalisierung gesprochen werden kann.

2. Märkte und Unternehmungen als Gegenstände der Globalisierung

(a) Die Globalisierung von Märkten bezieht sich in erster Linie auf Waren- und Dienstleistungsmärkte, Arbeitsmärkte und Finanz- und Kapitalmärkte. Unter ihnen wird allgemein der Globalisierung von Finanz- und Kapitalmärkten das größte Ausmaß der Globalisierung im Sinne besonders hoher Faktormobilität zuerkannt.

(b) Unternehmungen als Gegenstand der Globalisierung sind im Sinne von → *globalen Unternehmungen* einerseits den Globalisierungstendenzen ihrer relevanten Märkte unterworfen, sie gelten andererseits aber auch als die hauptsächlichen Promotoren des Globalisierungsprozesses von Märkten. In diesem Zusammenhang wird häufig der Begriff der → *Globalisierungsbetroffenheit* erwähnt, dem der Begriff der → *Globalisierungsbereitschaft* entgegengesetzt werden kann. Denn einerseits erscheint eine alle Länder der Erde umfassende Unternehmungstätigkeit unrealistisch und andererseits ist die Auswahl der Länder und Regionen, in denen Unternehmungen tätig sind oder werden wollen, Gegenstand ihrer autonomen (strategischen) Entscheidungen, so dass das Ausmaß der Globalisierung von den jeweiligen Unternehmungen grundsätzlich selbst bestimmt werden kann.

Globalisierung ist weiterhin nicht nur ein Phänomen von Großunternehmungen; vielmehr weisen vermehrt kleine und vor allen Dingen mittlere Unternehmungen deutliche Globalisierungstendenzen auf.

Schließlich kann die Entwicklung hin zu globalen Unternehmungen durch die Gründung von ausländischen Tochtergesellschaften oder sog. → *Direktinvestitionen* erfolgen. In einem weiteren Sinne können auf Dauer angelegte, länderübergreifende Kooperationen, insbesondere strategische Allianzen und sonstige vertragliche Vereinbarungen langfristiger Zusammenarbeit ohne kapitalmäßige Verflechtungen zur Bildung globaler Unternehmungen bzw. → *globaler Unternehmungsnetzwerke* führen.

3. Wirkung der Globalisierung

(a) Speziell auf volkswirtschaftlicher, politischer und sozialer Ebene wird die Globalisierung höchst ambivalent beurteilt. Befürworter sehen in ihr die einzige Möglichkeit der Lösung bzw. Verbesserung weltweit bestehender Probleme; *Globalisierungsgegner* (siehe auch → attac) befürchten dagegen eine ernsthafte Bedrohung speziell für Länder der Dritten Welt und Schwellenländer.

Das Kommuniqué des G-7-Gipfeltreffens von Lyon 1996 versprach z.B. erheblich mehr Wohlstand und Prosperität durch Globalisierung nicht nur für Industrienationen, sondern auch für alle anderen Länder: „Wir sind daher überzeugt, dass der Prozess der Globalisierung eine Quelle der Hoffnung für die Zukunft darstellt."

(b) Eine Gruppe namhafter Autoren ist allerdings der extrem entgegengesetzten Auffassung, wonach die gegenwärtig zu beobachtenden Internationalisierungsprozesse eine ernste Gefahr für Demokratie und Wohlstand darstellen. Zudem führen, diesem Szenarium folgend, die auf nationale Interessen bedachten Staaten und deren Regierungen einen zunehmend aussichtsloseren Kampf gegen international planende und agierende Unternehmungen, die als die wahren „global player" (siehe auch → globale Unternehmung) dargestellt werden. Schließlich unterstützen die weltweit entfesselten Märkte möglicherweise die Durchsetzung der Interessen der Stärkeren, sogar mit mehr und mehr unethischen Mitteln.

Für die betroffene Unternehmung selbst bedeutet die Globalisierung eine besondere Herausforderung, in erster Linie für die Führung der globalen Unternehmung im Sinne eines → globalen Managements. Globalisierung stellt die Unternehmungsführung vor neuartige Probleme, die sich allein aus dem Kontakt mit fremden Ländern, Kulturen, Wirtschafts- und Sozialsystemen ergeben.

Da Globalisierung in den meisten Fällen als ein Prozess zu sehen ist, der sich unter Beibehaltung nationaler Unternehmungstätigkeit ergibt, sind Führungsprobleme im Rahmen des Globalisierungsprozesses rein quantitativ immer zusätzlich zu den weiterhin bestehenden, nationalen Problemstellungen und -lösungen zu sehen.

Hinweis

Zu den angrenzenden Wissensgebieten siehe → Außenhandel, → Außenhandelsfinanzierung (Internationale Zahlungs-, Sicherungs- und Finanzierungsinstrumente), → Balanced Scorecard, → Controlling, Internationales, → Corporate Governance, → Corporate Finance, → Interkulturelles Management, → Internationale Rechnungslegung nach IFRS, → Marketing, Internationales, → Outsourcing, → Personalentsendung, Internationale, → Personalmanagement, Internationales, → Steuerrecht, Internationales, → Währungsmanagement.

Literatur: Barlett, C. A./ Ghoshal, S.: Transnational Management. 2. Aufl., Chicago 1995; Berndt, R. (Hrsg.): Global Management. Heidelberg 1996; Deutscher Bundestag (Hrsg.): Abschlussbericht der Enquete-Kommission „Globalisierung der Weltwirtschaft – Herausforderungen und Antworten", Opladen 2002; Dülfer, E.: Internationales Management in unterschiedlichen Kulturbereichen. 6. Aufl., München, Wien 2001; Knyphausen-Aufseß, D. zu (Hrsg.): Globalisierung als Herausforderung der Betriebswirtschaftslehre. Wiesbaden 2000; Koch, E.: Globalisierung der Wirtschaft. München 2000; Krystek, U./ Zur, E. (Hrsg.): Handbuch Internationalisierung. Berlin, Heidelberg et al. 2002; Kutschker, M./ Schmid, St.: Internationales Management. 4. Aufl., München, Wien 2004; Steger, U. (Hrsg.): Globalisierung gestalten. Szenarien für Markt, Politik und Gesellschaft. Berlin, Heidelberg et al. 1999; Weltbank (Hrsg.): Weltentwicklungsbericht 1999/2000: Globalisierung und Lokalisierung: Neue Wege im entwicklungspolitischen Denken. Frankfurt/M. 2000

Internetadressen: http://www.ycsg.yale.edu; http://www.oecd.org; http://www.wto.org; http://www.imf.org; http://www.attac.de

Website des Autors: www.strategisches-controlling.tu-berlin.de

Globalisierung, Merkmale
Als wesentliche Merkmale der Globalisierung von Märkten und Unternehmungen gelten nach Steger insbesondere: (1) Die Entgrenzung im Sinne einer Auflösung nationaler Grenzen in den jeweiligen Strategien und Maßnahmen (→ Denationalisierung). (2) Eine Heterarchie im Sinne eines zunehmenden Austauschs von traditionellen (hierarchischen) Strukturen durch kooperative Strukturen. (3) Hohe Faktormobilität nicht nur von Kapital und Arbeit, sondern zunehmend auch von Wissen. (4) Zunehmende

Legitimationserosion als eine stärker werdende Problematik der eindeutigen Zuordnung von Verantwortung und Kompetenzen. (5) Stärkere Vergangenheits-/Zukunfts-Asymmetrie als Folge weltweit verstärkter Dynamik und Diskontinuität wirtschaftlicher und politischer Entwicklungen. (6) Vergrößerte Vielfalt von Optionen durch die Nutzung weltweiter Chancen, denen allerdings auch ein größeres Spektrum an Risiken gegenübersteht.
Siehe auch → Globalisierung (mit Literaturangaben).

Globalisierungsbereitschaft
Bereitschaft von Unternehmungen, selbst als Akteure in Globalisierungsprozessen mitzuwirken und sie damit zu beeinflussen und zu gestalten.

Globalisierungsbetroffenheit
Ausmaß, in dem die Wirkungen einer weltweiten Öffnung Einfluss auf den Bestand und die erfolgreiche Weiterentwicklung von (auch nationalen) Unternehmungen haben. Siehe auch → Globalisierung.

Globalisierungsgegner
siehe → Globalisierung.
Internetadresse: http://www.attac.de

Globalisierungsstrategie
Ergebnisse von strategischen Planungsprozessen in → globalen Unternehmungen. Globalisierungsstrategien richten sich auf langfristige Größenvorteile, die sich aus weltweiter Unternehmungstätigkeit ergeben können. Basis solcher Strategien ist die Annahme globalisierter/sich globalisierender Märkte, wodurch die Standardisierung von Produkten/Dienstleistungen weltweit nicht nur möglich, sondern sogar notwendig wird. Siehe auch → Globalisierung.

Globalpolitik
siehe → Global Governance.

Globalprinzip
siehe → Universalitätsprinzip.

Globalurkunde
Sammelurkunde, die den Wertpapierbesitz für alle Wertpapierbesitzer verbrieft.

GLOBE-Studie
Abk. für *Global Leadership and Organizational Behavior Effectiveness Research Program*; laufende Studie, die es zum Ziel hat, den Zusammenhang zwischen Landeskultur und → Personalführung konzeptionell und empirisch zu erfassen, wobei → Unternehmenskultur und Organisationsstrukturen als Kontingenzvariablen Berücksichtigung finden. Siehe auch → Globalisierung und → Interkulturelles Management.
Literatur: House, Robert J. et al.: Cultural Influences on Leadership and Organizations: Project Globe, in: Advances in Global Leadership 1 (1/1999), S. 171-233.

Glokale Orientierung
innerhalb eines strategischen Korridors werden bei gleichzeitiger Ausnutzung von Globalisierungsvorteilen Differenzierungen in bezug auf die Präferenzen der (lokalen) Abnehmergruppen beachtet. Siehe auch → Marketing, Internationales (Teil 1: Grundlagen und Marktbearbeitungsstrategien) mit Literaturangaben.

GmbH

(*deutsches Recht*), siehe → Gesellschaft mit beschränkter Haftung (deutsches Recht) mit Literaturangaben.

GmbH & Co. KG

(*deutsches Recht*), → Kommanditgesellschaft und damit → Personengesellschaft mit einer → GmbH als → Komplementär. Wesensmerkmal ist, dass zwei grundsätzlich selbständige → Gesellschaftsformen in einer Gesellschaft vermischt sind. Es empfiehlt sich, die → Gesellschaftsverträge aufeinander abzustimmen.

Wesentlich bei der GmbH & Co. KG ist, dass die Haftung des für die Verbindlichkeiten der Kommanditgesellschaft haftenden Komplementärs auf das Vermögen der GmbH beschränkt ist. Die Unternehmensleitung hat der → Geschäftsführer der GmbH. Diese Gesellschaftsform wird oft aus steuerlichen Gesichtspunkten oder zur Vermögensverwaltung gewählt.

Literatur: Memento Gesellschaftsrecht für die Praxis 2006, Freiburg 2005

GmbH & Still

(*deutsches Recht*), Kombination einer → GmbH mit einer → Stillen Gesellschaft.

GmbH, österreichische

Gesellschaft mit beschränkter Haftung (GmbH), österreichische

(öGmbHG, subsidiär §§ 1176 ff ABGB)

von Univ.-Professor Dr. iur. Michael Gruber, Professor für Unternehmensrecht und Mag. iur. Alexandra Lindner, Wissenschaftliche Mitarbeiterin –Universität Salzburg, Fachbereich für Arbeits-, Wirtschafts- und Europarecht, Österreichisches und Internationales Handels- und Wirtschaftsrecht

1. Definition, Rechtsnatur

Die *GmbH* wird definiert als eine Gesellschaft mit eigener *Rechtspersönlichkeit*, deren Stammkapital in einzelne Geschäftsanteile zerlegt ist und deren Teilhaber Gesellschaftsgläubigern gegenüber nicht haften. Sie steht grundsätzlich *jedem erlaubten wirtschaftlichen oder ideellen Zweck* offen (§ 1 öGmbHG). Lediglich das Betreiben von Versicherungs-, Beteiligungsfonds- oder Börsegeschäften bzw die Tätigkeit einer politischen Partei, Bausparkasse oder Pensionskasse und das Ausüben einiger freier Berufe (Arzt, Apotheker, Notar) kann nicht in Form einer GmbH erfolgen. Anders als → GesbR, → OG, → KG oder → stG ist die GmbH eine *juristische Person* mit selbständigem Vermögen und eigenen Rechten und Pflichten (§ 61 öGmbHG). Ihrem Wesen nach stellt sie eine *Kapitalgesellschaft mit personalistischem Einschlag* (Ausfallshaftung der Gesellschafter bei Pflichtverletzung anderer Teilhaber, Weisungsrecht der Gesellschaft gegenüber Geschäftsführer, erschwerte Übertragung der GmbH-Anteile, da Notariatsaktspflicht und Möglichkeit der Vinkulierung) dar, doch können Gesellschafter von den mehrheitlich dispositiven Bestimmungen des öGmbHG ihren jeweiligen Bedürfnissen entsprechend abgehen, sodass sich die GmbH sowohl für familiär geführte Gesellschaften mit kleinerer Teilhaberzahl als auch für große Verbände eignet. Die GmbH gehört zu Gruppe der → *Unternehmen kraft Rechtsform* (§ 2 öUGB), dh sie unterliegt *unabhängig von der Art ihrer Tätigkeit* stets den Vorschriften des öUGB.

2. Gründung

Erster Schritt der Gründung einer GmbH ist der Abschluss des *Gesellschaftsvertrags (Satzung)*, der in *Notariatsaktsform* errichtet werden muss (§ 4 öGmbHG. Daraufhin haben die Gesellschafter die *Orga-*

ne der GmbH (Geschäftsführer, Aufsichtsrat) zu bestellen, die *steuerliche Unbedenklichkeitserklärung* (Nachweis der Entrichtung der → *Kapitalverkehrsteuer*) einzuholen und ihre *Stammeinlagen* in gesetzlich vorgesehenem Ausmaß einzuzahlen (§ 10 öGmbHG). Nach Erlangung allfälliger gewerblicher Genehmigungen kann die GmbH schließlich zum → *Firmenbuch angemeldet* werden. Mit ihrer Registrierung ist die → Kapitalgesellschaft *wirksam entstanden* (§ 2 öGmbHG). Die GmbH kann auch als *Einpersonengesellschaft* gegründet werden (*Einmann-GmbH*). Hier wird die Satzung durch die *Erklärung über die Errichtung der Gesellschaft* ersetzt (§ 3 Abs 2 öGmbHG). Die → *Firma* der GmbH kann einen Hinweis auf den Gegenstand des Unternehmens (Sachfirma) oder den Namen eines oder aller Gesellschafter enthalten (Personenfirma). Auch das Führen einer Fantasiefirma oder das Verwenden der Geschäftsbezeichnung ist möglich. Der Zusatz „Gesellschaft mit beschränkter Haftung" bzw. „GmbH" ist zwingend in die Firma aufzunehmen (§ 5 öGmbHG).

3. Gesellschaftsvermögen, Haftung

Als *juristische Person* ist die GmbH selbst Trägerin des Gesellschaftsvermögens und nur sie haftet für die im Laufe ihrer Arbeit entstandenen Verbindlichkeiten (§ 61 Abs 2 öGmbHG). *Aufbringung und Erhaltung des GmbH-Kapitals* kommt deshalb im Interesse potentieller Gläubiger große Bedeutung zu. Die entsprechenden gesetzlichen Regelungen sind zwingend. Zu Beginn ihrer Tätigkeit muss die GmbH über ein *Mindestkapital* von € 35.000 (*Stammkapital*) verfügen. Dieses wird durch Leistungen (Geld oder Sachwerte; §§ 6 ff öGmbHG) der Gesellschafter auf die von ihnen übernommene *Stammeinlage* aufgebracht. Die im Rahmen der Geschäftstätigkeit erlangten Gewinne und Zuwendungen lassen das Gesellschaftsvermögen in der Folge weiter wachsen, Verluste und Aufwände führen zu entsprechender Verringerung. Solange die Gesellschaft besteht, können Gesellschafter ihre Stammeinlage nicht zurückfordern (*Verbot der Einlagenrückgewähr*), sie haben nur Anspruch auf Auszahlung ihres Anteils am *Bilanzgewinn* (§§ 82 f öGmbHG). Zur Deckung von Verlusten kann die Verpflichtung zur Leistung sog *Nachschüsse* (§§ 72 ff öGmbH; Zufuhr von Eigenkapital; eine Art Investitionsdarlehen der Gesellschafter an die Gesellschaft, die zu keiner Erhöhung ihrer Geschäftsanteile führt; daneben besteht die Möglichkeit der Gewährung sog → *eigenkapitalersetzender Gesellschafterdarlehen* nach öEKEG) vereinbart werden. Darüber hinaus besteht durch Änderung des Gesellschaftsvertrags bzw Gesellschafterbeschluss die Möglichkeit einer *Kapitalerhöhung* (§§ 52 ff öGmbHG) oder *Kapitalherabsetzung* (§§ 54 ff öGmbHG).

4. Willensbildung, Geschäftsführung und Vertretung (die Organe der GmbH)

Das öGmbHG sieht für die GmbH zwingend zwei Organe vor, *Geschäftsführer* und *Generalversammlung*. Die *Geschäftsführer* (Gesellschafter oder Dritte) werden durch Gesellschafterbeschluss bestellt. Ihnen obliegt es, die Geschäfte der GmbH zu leiten (inkl ädaquater Buchführung) und die Gesellschaft nach außen hin zu vertreten. Wurden mehrere Geschäftsführer bestellt, so haben sie in der Regel gemeinsam zu entscheiden, im Gesellschaftsvertrag kann jedoch anderes bestimmt werden. Die Geschäftsführer sind zur *Sorgfalt eines ordentlichen Geschäftsmannes* verpflichtet (§ 25 öGmbHG; sie müssen die für ihren Aufgabenbereich notwendigen Kenntnisse und Fähigkeiten besitzen) und unterliegen einem *Konkurrenzverbot* (§ 24 öGmbHG). Verletzen sie ihre Obliegenheiten, sind sie der Gesellschaft zum Ersatz verpflichtet. Bei Ausübung ihrer Tätigkeit sind die Geschäftsführer an allfällige *Weisungen* der Gesellschafter gebunden (§ 20 öGmbHG), *außergewöhnliche Geschäfte* bedürfen immer der Zustimmung der Gesellschafter. Gewisse Angelegenheiten sind überhaupt der Beschlussfassung durch die *Gesellschafterversammlung* vorbehalten (vgl Katalog des § 35 öGmbHG: Prüfung und Feststellung des Jahresabschlusses, Erteilung von Prokura oder Handelsvollmacht, Erwerb von Anlagen, Änderungen des Gesellschaftsvertrags etc). Diese ist das oberste willensbildende Organ der GmbH und wird von der Gesamtheit der Gesellschafter gebildet. Sie ist jedenfalls einmal im Jahr (*ordentliche Generalversammlung*) sowie immer dann einzuberufen, wenn es das Wohl der Gesellschaft erfordert. Stimmberechtigt ist jeder im Firmenbuch eingetragene Gesellschafter. Sein Stimmrecht bemisst sich dabei, sofern im Gesellschaftsvertrag nichts anderes vorgesehen ist, nach der Höhe seiner Stammeinlage (§ 39 Abs 2 öGmbHG). *Beschlüsse* kommen mit einfacher Mehrheit der abgegebenen Stimmen zur Stande. Nur in wichtigen Angelegenheiten ist Einstimmigkeit (zB Änderung des Unternehmensgegenstandes) oder Dreiviertelmehrheit (Gesellschaftsvertragsänderungen, Großinvestitionen) erforderlich. Die Bestellung eines *Aufsichtsrats* ist nur für *große oder konzernleitende GmbH* verpflichtend (§ 29 öGmbHG). Er setzt sich aus Kapital- und Arbeitnehmervertretern zusammen und hat die Aufgabe, die Geschäftsführung zu überwachen (§ 30j öGmbHG).

5. Rechte und Pflichten der Gesellschafter

Sowohl natürliche als auch juristische Personen (→ GmbH, → AG) und Gesamthandschaften (→ OG, → KG) können *Gesellschafter der GmbH* sein. Jeder Gesellschafter übernimmt bei Eintritt in die GmbH einen *Geschäftsanteil* und muss dafür einen entsprechenden Beitrag zum Gesellschaftsvermögen leisten (*Stammeinlage*). Im Gegenzug erhält er eine *Beteiligung am wirtschaftlichen Erfolg* der GmbH (*Bilanzgewinnanspruch*). Auch auf Geschäftsführung und Vertretung der Gesellschaft kann der einzelne Gesellschafter in gewissem Umfang Einfluss nehmen. Je nach Höhe seiner Einlage hat er ein entsprechend starkes *Stimmrecht* in der *Generalversammlung*, die über grundsätzliche Fragen der Gesellschaftspolitik zu entscheiden hat und das Handeln der Geschäftsführung kontrolliert. Teilhabergruppen, die 10% des Stammkapitals auf sich vereinigen, genießen verstärkt Mitspracherechte (*Minderheitenrechte:* Fähigkeit zur Einberufung einer Gesellschafterversammlung aus wichtigem Grund, Abberufung von Aufsichtsratsmitgliedern etc). Für die Verbindlichkeiten der Gesellschaft haften die Gesellschafter grundsätzlich nicht, nur unter besonderen Umständen soll ein *Durchgriff* auf ihr Privatvermögen möglich sein (etwa bei qualifizierter *Unterkapitalisierung*; umstritten). Jedoch können die Gesellschafter zur Leistung ausständiger Einlagen anderer Teilhaber verpflichtet werden (*Ausfallshaftung*). Kommen GmbH-Mitglieder ihren Verpflichtungen nicht nach, werden sie aus der Gesellschaft ausgeschlossen (*Kaduzierungsverfahren*, §§ 66 ff öGmbHG).

6. Rechnungslegung

Neben den allgemeinen Vorschriften der §§ 189 ff öUGB (doppelte Buchführung, Bilanz, Gewinn- und Verlustrechnung) bestehen für GmbH (und dabei insbesondere für *mittelgroße und große GmbH* im Sinne des § 221 öUGB) zum Schutz von Anlegern und Gläubigern zusätzliche „ergänzende Regelungen" betreffend die Rechnungslegung (§§ 221 ff öUGB: *Anhang* zu Bilanz und Gewinn- und Verlustrechnung, *Lagebericht, Abschlussprüfung, Offenlegung des Jahresabschlusses*).

7. Beendigung der Gesellschaft (Liquidation)

Nach Ablauf der vereinbarten Zeit, durch Beschluss der Gesellschafter, bei → *Verschmelzung* mit einer anderen → Kapitalgesellschaft, → *Umwandlung*, → *Spaltung* oder Konkurseröffnung über das eigene Vermögen löst sich die Gesellschaft auf (§§ 84 ff öGmbHG). Sie tritt damit in das Stadium der *Liquidation* (§§ 89 ff öGmbHG). Sind die laufenden Geschäfte beendet und das Gesellschaftsvermögen verwertet und unter den Gesellschaftern entsprechend ihrer Anteile aufgeteilt, ist die GmbH tatsächlich *beendet*.

8. Anwendungsbereich, Bedeutung in Österreich

Die GmbH ist die am häufigsten gewählte Gesellschaftsform Österreichs. Mehr als die Hälfte aller im Inland eingetragenen Rechtsträger (104.466 von insgesamt 175.931 Stück; Stand 1.7.2006) gehören diesem Typus an. Grund dafür ist die Möglichkeit der Haftungsbeschränkung und ihre vielfältige Einsetzbarkeit. Sie kann zu jedem gesetzlich zulässigen Zweck gegründet werden und steht damit auch wissenschaftlichen, künstlerischen oder humanitären Aktivitäten offen. In Österreich findet man die GmbH vor allem im Bereich der → KMU oder als Teil einer Unternehmensverbindung (GmbH & Co KG, Vertriebs-GmbH neben Produktions-OG).

Literatur:
Gellis/Feil, Kommentar zum GmbH-Gesetz, 6. Auflage, Linde Verlag (2006); *Koppensteiner*, Hans-Georg, GmbH-Gesetz. Kommentar, 2. Auflage, Verlag LexisNexis ARD Orac (1999); *Krejci*, Heinz, Gesellschaftsrecht, Band II: Kapitalgesellschaften, Genossenschaften, Vereine, Privatstiftungen, Manz Verlag (2006); *Mader*, Peter, Kapitalgesellschaften, 5. Auflage, Orac-Rechtsskriptum, Verlag Lexis-Nexis ARD Orac (2006); *Nowotny*, Georg, Gesellschaftsrecht, Verlag Österreich (2005); *Reich-Rohrwig*, Johannes, Das österreichische GmbH-Recht in systematischer Darstellung, 1. Band, 2. Aufla-

ge, Manz Verlag (1997); *Straube*, Manfred, Die Gesellschaft mit beschränkter Haftung, Orac-Musterverträge, 8. Auflage, Verlag LexisNexis ARD Orac (2004)

Website der Autoren: http://www.uni-salzburg.at

GmbH & Co. OHG

(*deutsches Recht*), → Offene Handelsgesellschaft, bei der einer der Gesellschafter eine → GmbH ist. Es finden grundsätzlich die gesetzlichen Regelungen der OHG Anwendung.

GMÖOR

Abk. für Gesellschaft für Mathematik, Ökonomie und Operations Research. 1998 zusammengeschlossen mit der DGOR (Deutsche Gesellschaft für Operations Research) zur GOR (Gesellschaft für Operations Research).

Goal-Setting-Theorie

von Locke (1968) legte eine wissenschaftliche Basis für das → Management by Objectives. Sie zeigt auf, wie sich Ziele auf die Motivation und das Leistungsverhalten auswirken.

GoB

Abk. für → Grundsätze ordnungsmäßiger Buchführung.

GoBil

Abk. für → Grundsätze ordnungsgemäßer Bilanzierung; siehe auch → Bilanzierungsgrundsätze.

Going Private

(auch *Börserückzug* oder *Public-to-Private-Transaktion, P2P*); engl. Fachausdruck für den Rückkauf der an der Börse im Umlauf befindlichen Aktien zur Übertragung des Unternehmens ins Privateigentum; siehe dazu auch → *Delisting*.
Siehe auch → Going Public (mit Literaturangaben).

Going Public (1), Vorbereitungsphase

Going Public, Vorbereitungsphase

von Univ.- Professor Dr. Wolfgang Aussenegg
Institut für Managementwissenschaften, Bereich Finanzwirtschaft und Controlling
Technische Universität Wien

1. Definition

Unter dem Begriff Going Public (*Gang an die Börse*) wird die erstmalige Notierung von Aktien einer Unternehmung an der Börse verstanden. In der Regel ist diese erstmalige Notierung auch mit der erstmaligen → Platzierung von Aktien beim → Anlegerpublikum verbunden und man spricht daher auch von einem *Initial Public Offering* (IPO). Die Begriffe Going Public und Initial Public Offering werden daher oft synonym verwendet.

Die Bedeutung von Initial Public Offerings variiert von Land zu Land durchaus erheblich. So spielt die Börsennotierung traditioneller weise in Ländern wie den USA und Großbritannien eine wesentlich größere Rolle als beispielsweise im deutschsprachigen Raum. Tabelle 1: Anzahl an Initial Public Offerings von 1997 bis 2004 verdeutlicht diesen Umstand. Über die Jahre 1997 bis 2004 sind im Schnitt pro Jahr in den USA (→ NYSE, → Nasdaq und → AMEX) 310, in Großbritannien (→ LSE Hauptmarkt und → AIM) 157, in Deutschland (Frankfurter Wertpapierbörse: Amtlicher Handel, Geregelter Markt, Neuer Markt) 53, in der Schweiz (SWX Swiss Exchange: Hauptsegment, Local-Cap Segment) 9 und in Österreich (Wiener Börse: Amtlicher Handel, Geregelter Freiverkehr) nur knapp 4 Unternehmen an die Börse gegangen. Deutlich erkennbar ist der sehr *zyklische Charakter* der Menge an Initial Public Offerings.

In Deutschland waren beispielsweise die Jahre 1999 und 2000 von einer bis dahin nie gesehenen Going Public Welle gekennzeichnet.

Tabelle 1: Anzahl an Initial Public Offerings von 1997 bis 2004

	1997	1998	1999	2000	2001	2002	2003	2004
USA	603	362	545	451	101	76	88	260
Großbritannien	135	98	118	293	150	97	83	284
Deutschland	22	57	167	153	21	6	0	5
Schweiz	9	13	11	21	8	6	2	4
Österreich	4	2	3	7	7	1	4	0

2. Zeitlicher Ablauf

Ein Going Public ist ein sehr komplexer Prozess und bringt vor allem einen intensiven externen Beratungsbedarf mit sich. Der Prozess eines Börsengangs lässt sich in mehrere Phasen gliedern (siehe Abbildung 1: Going Public Prozess - zeitliche Struktur).

Phase I   **Phase II**   **Phase III**

Vorbereitung (ca 4 bis 6 Monate) → **Durchführung** (ca 1 bis 2 Monate) → **Sekundärmarkt** (1. Handelstag, ersten 3 bis 5 Jahre)

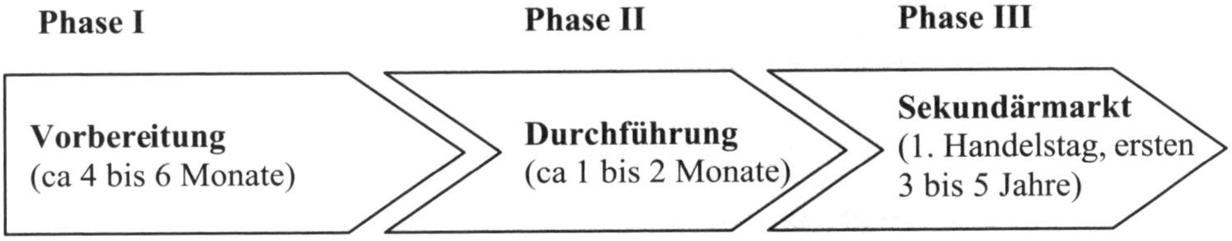

Abb.1: Going Public Prozess - zeitliche Struktur

Die *erste Phase* (*Vorbereitungsphase*) dauert in der Regel vier bis sechs Monate und beginnt mit der *Entscheidung* der → Altaktionäre *zum Going Public*. Die Beweggründe für ein Going Public können sehr vielschichtig sein (siehe unten). Nach dieser Grundsatzentscheidung ist zunächst ein *internes Projektteam*, typischerweise bestehend aus Vertretern der Finanzabteilung, der Rechtsabteilung sowie den Bereichen Rechnungswesen und Controlling, zu installieren. Die Aufgaben des internen Projektteams bestehen in der Zusammenstellung aller erforderlichen Unterlagen, der strategischen Ausrichtung des Emissionskonzepts sowie einer Schnittstellenfunktion zu den externen Beratern. Das externe Beraterteam umfasst vor allem Vertreter der → Emissionsbanken, Rechtsanwälte, Wirtschaftsprüfer, Steuerberater und häufig auch eine Marketingagentur. Weitere wichtige Aufgabenbereiche in der Vorbereitungsphase sind: (1) *Wahl der Emissionsbank*, (2) → *Due Diligence* Prüfung, (3) → *Unternehmensbewertung*, (4) *Emissionsprospekt* erstellen, (5) Wahl der *Börse*, (6) *Börsenzulassung* beantragen, und (7) erste *Marketingaktivitäten* durchführen.

Nach der Vorbereitungsphase folgt die zweite Phase (Durchführungsphase) mit einer Dauer von in etwa ein bis zwei Monaten und schließlich die dritte Phase (→ Sekundärmarkt) mit dem Aktienhandel an der Börse (siehe → Going Public, Durchführungsphase).

3. Motivation für ein Going Public

Die Motive ein Going Public durchzuführen sind vielschichtig und umfassen vor allem folgende Punkte: (1) *Kapitalquelle*, (2) *Wahrung der Einflussmöglichkeiten*, (3) *Risikostreuung* für die *Altaktionäre*, (4) *Bekanntheitsgrad* und Reputation, (5) → *Mitarbeiterbeteiligung*, (6) → *Privatisierung* von Staatsbetrieben.

- *Kapitalquelle:* Vor allem Unternehmen die wachsen unterliegen im Laufe ihres Lebens zum Teil erheblichen Strukturveränderungen. Ein Going Public bietet solchen Unternehmen die Möglichkeit den Kapitalmarkt als externe Finanzierungsquelle zur Aufnahme von *Eigenkapital* (→ Kapitalerhöhung) und *Fremdkapital* zu erschießen. Dadurch erhöht sich zum einen der Spielraum zur Optimierung der *Kapitalstruktur* und zum anderen lassen sich größere Projekte, wie beispielsweise die Akquirierung von Mitbewerbern, die Erschließung neuer Absatzmärkte, Kapazitätsausweitungen oder vermehrte Forschungs- und Entwicklungsaktivitäten leichter finanzieren.

- *Wahrung der Einflussmöglichkeiten:* Im Gegensatz zu einem → Private Placement ist ein Going Public nicht notwendigerweise auch mit einem Einflussverlust für die → Altaktionäre verbunden. Dies liegt in der zumeist großen Streuung der im Zuge eines Going Publics verkauften Aktien beim → Anlegerpublikum begründet.

- *Risikostreuung für die Altaktionäre:* Ein wichtiges Motiv aus der Sicht der Eigentümer (→ Altaktionäre) sind Diversifikationsaspekte. Viele Unternehmer haben oft einen Großteil ihres gesamten Vermögens in ihrer Firma gebunden. Der Wert dieses Vermögens hängt folglich zur Gänze vom Erfolg oder Misserfolg des Unternehmens ab. Über ein Going Public kann der Unternehmer einen Teil seiner Unternehmung verkaufen (daher einen Teil des geschaffenen Unternehmenswerts realisieren) und den Erlös anderweitig anlegen. Dadurch erhöht er den Diversifikationsgrad seines persönlichen Anlageportefeuilles, wodurch in der Regel auch eine entsprechende Wohlstandssteigerung verbunden ist.

- *Bekanntheitsgrad und Reputation:* Mit der Börseneinführung einer Unternehmung ist zwangsläufig auch eine erhöhte Publizität verbunden. Durch die Werbemaßnahmen rund um die Erstemission, den Verkauf der Aktien und der durch die Börsennotierung bedingt wesentlich stärkeren Medienpräsenz steigt der Bekanntheitsgrad, die Reputation und das Image. Dies hat positive Auswirkungen auf das Verhalten von Kunden, Lieferanten, Banken, potentiellen Mitarbeitern und Führungskräften.

4. Wahl der Emissionsbank

Ein Going Public wird praktisch immer von → Emissionsbanken begleitet. Sie stehen dem → Emittenten während des gesamten Going Public Prozesses und auch danach beratend zur Seite und übernehmen zahlreiche wichtige Einzelaufgaben.

Bei der Wahl der Emissionsbank sind folgende Auswahlkriterien von besonderer Bedeutung: (1) Kompetenz und (bisherige) Erfahrungen im Going Public Geschäft, (2) Platzierungskraft und internationale Verbindungen, (3) Konditionen.

In der Regel wird eine Emission nicht nur von einer Emissionsbank sondern von einer Gruppe von Banken, die ein → *Emissionskonsortium* bilden, durchgeführt.

5. Auswahl von Börsenplatz und Marktsegment

Im Rahmen der Vorbereitungsphase ist weiters die Börse an der das Going Public stattfinden soll und an der die Unternehmung dann gelistet wird sowie das zugehörige → Börsensegment zu wählen. Als Auswahlkriterien sind zu nennen: (1) Region, in der die Unternehmung tätig ist und/oder die → Altaktionäre beheimatet sind, (2) Region, in der die Unternehmung gerne expandieren möchte, (3) Reputation der Börse (Anzahl an erfolgreichen Initial Public Offerings), (4) Liquidität der Börse (→ Liquidität (Börse)), (5) → *Zulassungserfordernisse*, (6) *Zulassungsgebühren* und laufende Kosten.

6. Kostenstruktur

Die Kosten für ein Going Public setzen sich im Prinzip aus zwei Komponenten zusammen: der *Übernahmeprovision* (Gross Spread) für das → Emissionskonsortium und *sonstige direkte Kosten*, wie beispielsweise Kosten für die Wirtschaftsprüfer, Rechtsanwaltskosten, die Börseneinführungsgebühr, Druckkosten für den Emissionsprospekt und Kosten für die Marketingaktivitäten. Die sonstigen direkten Kosten sind im Wesentlichen Fixkosten. Mit steigendem → Emissionsvolumen sinkt daher die relative Gesamtkostenbelastung. Sie beträgt in etwa 5 bis 15% vom Emissionsvolumen.

7. Emissionsprospekt

Die Gliederung und der Inhalt von Emissionsprospekten sind durch gesetzlich vorgeschriebene Pflichtangaben und die Marktpraxis größtenteils standardisiert und in Deutschland unter anderem im Verkaufsprospektgesetz geregelt. Dadurch stellt der Emissionsprospekt trotz seines Umfangs von oft 100 bis 200 Seiten ein übersichtliches und sehr hilfreiches Dokument für die Anlageüberlegung der Investoren dar. Er muss alle wirtschaftlichen und rechtlichen Angaben enthalten, die erforderlich sind, um den

Investoren eine zutreffende Beurteilung des → Emittenten zu ermöglichen. Für die Richtigkeit der Angaben im Emissionsprospekt haftet der Emittent und die → Emissionsbanken.

Die wesentlichen Inhalte in einem Emissionsprospekt sind: (1) Informationen zum → Emissionskonsortium und allgemeine Angaben über den Emittenten, (2) wesentliche Eckdaten der angebotenen Aktien: Preis bzw. Preisspanne, Aktienanzahl (→ Emissionsvolumen), → Zeichnungsfrist, erster Handelstag, → Dividendenberechtigung, Stimmrechte, → Wertpapierkennnummer, (3) Detailinformationen über den Emittenten (die Unternehmung): Historische Meilensteine, Aktionärsstruktur (vor und nach der Emission), Verwendung des Emissionserlöses, (4) Risikofaktoren, (5) bisherige Geschäftstätigkeit des Emittenten und erwartete Zukunftsaussichten, (6) umfassender Finanzteil mit historischen Geschäftsabschlüssen.

Hinweis

Zu den angrenzenden Wissensgebieten siehe → Aktiengesellschaft, deutsche, → Aktiengesellschaft, österreichische, → Aktiengesellschaft, kleine, → Businessplan, → Corporate Governance, → Due Diligence, → Gesellschaftsformen, österreichische, → Gesellschaftsrecht, europäisches, → Going Public (Durchführungsphase), → Hedgefonds, → Mergers & Acquisitions, → Private Equity, → Sanierungsmanagement, → Unternehmensbewertung, → Unternehmensethik, → Venture Capital.

Literatur: Aussenegg, W.: Underpricing and the Aftermarket Performance of Initial Public Offerings – The Case of Austria, in Gregoriou, G.N. (Hrsg.), Initial Public Offerings: An International Perspective, Elsevier, Amsterdam 2006, S. 187-213; Aussenegg, W.: Going Public in Übergangsökonomien, Gabler, Wiesbaden 2000; Chen, H.-C., Ritter, J.R.: The Seven Percent Solution, Journal of Finance, 2000, Vol. 55, No. 3, S. 1105-1131; Ehrhardt, O.: Börseneinführungen von Aktien am deutschen Kapitalmarkt, Gabler, Wiesbaden 1997; Jenkinson, T., Ljungqvist, A.: Going Public – The Theory and Evidence on How Companies Raise Equity Finance, 2. Auflage, Oxford University Press, New York 2001; Kaserer, C., Kraft, M.: How Issue Size, Risk, and Complexity are Influencing External Financing Costs: German IPOs Analyzed from an Economies of Scale Perspective, Journal of Business Finance & Accounting, 2003, Vol. 30, No. 3-4, S. 351-644; Megginson, W.L.: The Financial Economics of Privatization, Oxford University Press, New York 2005; Megginson, W.L., Netter, J.M.: From State to Market: A Survy of Empirical Studies on Privatization, Journal of Economic Literature, 2001, Vol. 39, S. 321-389; Ritter, J.R.: Differences between European and American IPO Markets, European Financial Management, 2003, Vol. 9, No. 4, S. 421-434; Ritter, J.R.: Investment Banking and Securities Issuance, in Constantinides, G., Harris, M., Stulz, R. (Hrsg.), Handbook of the Economics of Finance, North-Holland, Amsterdam 2003, Kapitel 5.

Internetadressen: (Wichtige Aktienbörsen) http://deutsche-boerse.com/, http://www.wienerboerse.at/cms/1/4/, http://www.swx.com/issuers_de.html, http://www.londonstockexchange.com/en-gb/, http://www.nyse.com/, (Untersuchungen zum Going Public) http://bear.cba.ufl.edu/ritter/, http://www.ssrn.com/, (Große Emissionsbanken) http://www.gs.com/, http://www.deutsche-bank.de/, http://www.dresdner-bank.de/, (Arbeiten zum Thema Privatisierungen) http://faculty-staff.ou.edu/M/William.L.Megginson-1/.

Website des Autors: http://www.imw.tuwien.ac.at/fc/

Going Public (2), Durchführungsphase

Going Public, Durchführungsphase

von Univ.- Professor Dr. Wolfgang Aussenegg
Institut für Managementwissenschaften, Bereich Finanzwirtschaft und Controlling
Technische Universität Wien

1. Phasenabfolge

Nach der Vorbereitungsphase (→ Going Public, Vorbereitungsphase) folgt die *Durchführungsphase* mit einer Dauer von ein bis zwei Monaten. Diese besteht aus (1) intensivierten Marketingaktivitäten

(→ Roadshows), (2) der Festsetzung einer vorläufigen Preisspanne für den Emissionspreis, (3) der → Zeichnungsfrist und (4) der Emissionspreisfixierung. Die *Sekundärmarktphase* beginnt mit der Handelsaufnahme am ersten Handelstag und ist durch diverse Preisphänomene gekennzeichnet, die für alle an einem Going Public involvierten Gruppen (→ Emittent, → Emissionsbanken und Investoren) von großem Interesse sind.

2. Emissionspreis

(a) Interessen und Verfahren

Ein entscheidender Aspekt für den Erfolg eines Going Publics ist der Emissionspreis. Den *Ausgangspunkt* für seine Festsetzung bilden die → Unternehmensbewertung und das Feedback von institutionellen Investoren auf den → Roadshows.

Die Emissionspreisfestsetzung erfolgt im Spannungsfeld unterschiedlicher Interessen: (1) die → Altaktionäre bevorzugen in der Regel einen höheren Emissionspreis (höherer Emissionserlös), (2) die Investoren bevorzugen einen niedrigeren Emissionspreis (minimale Investitionskosten und folglich maximale Rendite), während (3) für die Emissionsbanken ein höherer Emissionspreis zwar mit einer höheren Übernahmeprovision verbunden ist, ein niedriger Emissionspreis aber den Vorteil einer leichteren Platzierung der Aktien hat und damit ein reduziertes Übernahmerisiko mit sich bringt.

Die international und historisch gesehen bedeutendsten Verfahren zur Emissionspreisfixierung sind: (1) → *Auktionsverfahren*, (2) → *Fixpreisverfahren*, (3) → *Best Effort Offering* und (4) *Bookbuilding Verfahren*.

(b) Bookbuilding

Das Bookbuilding Verfahren ist aktuell weltweit das mit Abstand wichtigste Emissionspreisverfahren. Es kommt auch in Deutschland (im Zeitraum 1999-2004 bei mehr als 97% aller Emissionen), der Schweiz und Österreich fast immer zur Anwendung.

Die zentrale Eigenschaft des Bookbuilding Verfahrens besteht in der Sammlung von Preis-Mengen Indikationen bei (in der Regel) institutionellen Investoren. In Mitteleuropa fällt das eigentliche Bookbuilding mit der → Zeichnungsfrist zusammen. Vor dem Beginn der Zeichnungsfrist wird die Bookbuildingspanne fixiert. Die Größe dieser Spanne beträgt in etwa 10 bis 25%. Während der Zeichnungsfrist haben die Investoren die Möglichkeit, innerhalb der Bookbuildingspanne ihre Zeichnungswünsche direkt oder über eine vermittelnde Bank an die Emissionsbank zu übermitteln, wo sie der Lead Manager (Book Runner) im → Orderbuch sammelt.

Im Gegensatz zum → Auktionsverfahren wird der Emissionspreis aber nicht beim maximal möglichen Preis fixiert. Vielmehr wird bei der Preisfestsetzung und der Zuteilung auch die Qualität der Investoren in die Entscheidung einbezogen. Ziel ist es, die angebotenen Aktien in "feste Hände" zu überführen und so einen übermäßigen Preisdruck in der ersten Phase am → Sekundärmarkt zu vermeiden. Wie auch beim → Fixpreisverfahren übernimmt das → Emissionskonsortium das gesamte → Platzierungsrisiko.

3. When-Issued Market

Ein interessanter Indikator für die Emissionspreisfestsetzung sind die Marktpreise von → *Initial Public Offerings* im so genannten When-Issued Market (*Handel per Erscheinen*). Dieser außerbörslich stattfindende Handel wird von unabhängigen Börsenmaklern betrieben (siehe Internetadressen). Er startet nach der Festsetzung der Bookbuildingspanne und endet knapp vor dem ersten Handelstag. Für Investoren bietet der When-Issued Market die Möglichkeit, schon vor dem ersten Handelstag Aktien des betreffenden Unternehmens kaufen und verkaufen zu können.

Besonders ausgeprägt ist der Handel per Erscheinen in Deutschland. Im Zeitraum 1999 bis 2004 wurden über 94% aller deutschen Initial Public Offerings auch im When-Issued Market gehandelt. Untersuchungen zeigen weiters, dass die letzten Preise im Handel per Erscheinen eine sehr gute Prognose für die ersten Börsenpreise darstellen. Anzumerken ist, dass in den USA bei Initial Public Offerings ein Handel per Erscheinen nicht zulässig ist.

4. Mehrzuteilungsoption

Ein weiteres bedeutendes Charakteristikum im Going Public Prozess ist die so genannte Mehrzuteilungsoption (*Green Shoe Option*; *Over Allotment Option*), mit deren Hilfe das → Emissionskonsortium an den ersten Handelstagen Preisstabilisierung betreiben kann. Bei einer Mehrzuteilungsoption erhält das Emissionskonsortium das Recht, eine bestimmte Menge an Aktien (in der Regel 10 bis 15% vom → Emissionsvolumen) zusätzlich vom → Emittenten beziehen zu können. Diese → Kaufoption bietet dem Emissionskonsortium die Möglichkeit, während der Zeichnungsfrist mehr als 100% des Emissionsvolumens zu verkaufen (beispielsweise 115%).

Bei einem Nachfrageüberhang am → Sekundärmarkt und einer folglich positiven Kursentwicklung können die schon zuvor zusätzlich verkauften Aktien durch ausüben der Mehrzuteilungsoption (zum Emissionspreis) bezogen werden. Bei einem Angebotsüberhang und einem entsprechenden Preisdruck an den ersten Handelstagen, können dagegen die → Emissionsbanken den Aktienkurs durch Eindecken ihrer → *Short Position* über Käufe am Sekundärmarkt (→ Short Covering) stützen.

5. Underpricing

Für Unternehmen, deren Aktien erstmals an einer Börse gehandelt werden, können im wesentlichen zwei Preisphänomene beobachtet werden: (1) die Emissionspreise liegen im Schnitt signifikant unter den Marktpreisen am ersten Handelstag (*Underpricing*) und (2) die Performance über die ersten drei bis fünf Jahre nach dem Going Public ist in sehr vielen Märkten im Durchschnitt schlechter als jene von Vergleichsunternehmen (→ *Long-Run Underperformance*).

Die Höhe des Underpricings variiert sehr stark zwischen den Märkten und beträgt im Schnitt rund 15% in westlichen Industriestaaten und rund 60% in Entwicklungsländern. Die meisten Untersuchungen für Deutschland berichten über durchschnittliche Underpricing Werte zwischen 10 und 20%, für die Schweiz von in etwa 35% und für Österreich zwischen 5 und 10%. Zu beachten ist, dass es sich hier um Durchschnittswerte handelt. Einzelne Initial Public Offerings können auch einen negativen → Zeichnungserfolg aufweisen.

Das Underpricing Phänomen besitzt einen ausgeprägten zyklischen Charakter. Die jährlich durchschnittlichen Underpricing Werte bewegen sich beispielsweise in Deutschland zwischen null und plus 50% (1960 bis 2004) und in Österreich zwischen minus zwei und plus 25% (1965 bis 2004).

Die Gründe für das Underpricing sind vielschichtig und in der einschlägigen Literatur gibt es in der Zwischenzeit eine Fülle an Erklärungsmodellen. Die wichtigsten Grundideen sind: (1) Underpricing als Entlohnung für das mit einem Going Public für die Investoren verbundene höhere Risiko (Informationsasymmetrie zwischen Investoren und → Emittent bzw → Emissionsbanken); (2) Underpricing als Entlohnung für die von (institutionellen) Investoren erhaltenen Informationen (Partial Adjustment Phänomen, Informationsrenten); (3) Underpricing als Absicherung der Emissionsbanken gegen Reputationsverlust (Klagen); (4) Underpricing als Ergebnis der Preisstabilisierung an den ersten Handelstagen bei jenen Initial Public Offerings, deren Marktpreis ansonsten tiefer sein würde. Für weiterführende Details wird auf die Literaturliste verwiesen.

Hinweis

Zu den angrenzenden Wissensgebieten siehe → Aktiengesellschaft, deutsche, → Aktiengesellschaft, österreichische, → Aktiengesellschaft, kleine, → Businessplan, → Corporate Governance, → Due Diligence, → Gesellschaftsformen, österreichische, → Gesellschaftsrecht, europäisches, → Going Public (Vorbereitungsphase), → Hedgefonds, → Mergers & Acquisitions, → Private Equity, → Sanierungsmanagement, → Unternehmensbewertung, → Unternehmensethik, → Venture Capital.

Literatur: Aussenegg, W.: Die Performance Österreichischer Initial Public Offerings, Finanzmarkt und Portfolio Management, 1997, Vol. 11, No. 4, S. 413-431; Aussenegg, W.: Privatization versus Private Sector Initial Public Offerings in Poland, in: Multinational Finance Journal, 2000, Vol. 4, No. 1&2, S. 69-99, Aussenegg, W., Pichler, P., Stomper, A.: IPO Pricing with Bookbuilding an a When-Issued Market, Journal of Financial and Quantitative Analysis, 2006 forthcoming; Bessler, W., Thies, S.: The Long-Run Performance of Initial Public Offerings in Germany, Managerial Finance, 2007 forthcoming; Kaserer, C., Kempf, V.: Das Underpricing-Phänomen am deutschen Kapitalmarkt und seine Ursachen - Eine empirische Analyse für den Zeitraum 1983-1992, ZBB - Zeitschrift für Bankrecht und Bankwirtschaft, 1995, Vol. 7, S. 45-68; Kunz, R.M., Aggarwal, R.: Why Initial Public Offerings are Underpriced: Evidence from Switzerland, Journal of Banking and Finance, 1994, Vol. 18, S. 705-724; Löffler, G., Panther, P.F., Theissen, E.: Who knows what when? The information content of pre-IPO prices, Journal of Financial Intermediation, 2005, Vol. 14, S. 466-484; Loughran, T., Ritter,

J.R.: The New Issues Puzzle, Journal of Finance, 1995, Vol. 50, No. 1, S. 23-51; Loughran, T., Ritter, J.R.: Why Has IPO Underpricing Changed Over Time?, Financial Management, 2004, Vol. 33, No. 3, S 5-37; Stehle, R., Ehrhardt, O., Przyborowsky, R.: Long-run Stock Performance of German Initial Public Offerings and Seasoned Equity Issues, European Financial Management, 2000, Vol. 6, No. 2, S. 173-196.
Internetadressen: (Handel per Erscheinen) http://www.schnigge.de/,http://www.ls-d.de/start.html, (Going Public aktuelle online Informationen) http://www.goingpublic-online.de/, (Deutsches Aktieninstitut) http://www.dai.de/, (IPO Daten) http://www.hoovers.com/global/ipoc/index.xhtml, http://www.ipomonitor.com/, (Untersuchungen zum Going Public) http://www.iporesources.org/, http://ssrn.com/abstract=384920, http://www.dig.polimi.it/finanza/iposineurope.htm, http://ssrn.com/abstract=302917, http://ssrn.com/abstract=384120, http://ssrn.com/abstract=251192, http://ssrn.com/abstract=370400, (Aufsicht) http://www.bafin.de/gesetze/vkprospg.htm, http://www.sec.gov/edgar.shtml.
Website des Autors: http://www.imw.tuwien.ac.at/fc/

Going-concern-Prinzip

(Grundsatz der Unternehmensfortführung). Bei der *Bewertung* ist von der Fortführung des Unternehmens auszugehen, § 252 Abs. 1 Nr. 2 HGB. Die einzelnen Vermögensgegenstände dürfen nur zu dem Wert, der sich aus der angenommenen Unternehmensfortführung ergibt, angesetzt werden, bei abnutzbaren Anlagegütern sind das die → Anschaffungs- oder Herstellungskosten abzüglich der Abschreibungen.

Goldene Bankregel

siehe → Finanzierungsregel, Goldene.

Goldene Finanzierungsregel

siehe → Finanzierungsregel, Goldene.

Go/nogo

bezeichnet einen → Meilenstein z.B. im Rahmen des → Projektmanagements bzw. → Eventmanagements, an dem über die Fortführung oder Abbruch eines Projektes entschieden wird. Siehe auch → Projektmanagement.

Good Case-Szenario

siehe → Szenario-Analyse.

Goodwill

siehe → Firmenwert.

GOR

Abk. für Gesellschaft für Operations Research. 1998 entstanden durch Zusammenschluss der Gesellschaft für Mathematik, Ökonomie und Operations Research (GMÖOR) und der Deutschen Gesellschaft für Operations Research (DGOR).
Internetadressen: http://gor-ev.de (Gesellschaft für Operations Research), http://www.oegor.at (Österreichische Gesellschaft für Operations Research), http://www.svor.ch (Schweizerische Vereinigung für Operations Research).

GOstralia

GOstralia! ist die offizielle Vertretung australischer Hochschulen in Deutschland und hat sich auf die Vermittlung von Studenten aus *Deutschland*, *Österreich* und der deutschsprachigen *Schweiz* nach Australien spezialisiert. Sie bietet zukünftigen Australien-Studenten einen Erste-Klasse-Service, der alle Themen rund um das Studium in Australien abdeckt. Ein Auslandsstudium in Australien bedeutet meistens eine hohe finanzielle Investition. Gerade deshalb möchte GOstralia alles dafür tun, damit der Aufenthalt zu einer einmaligen persönlichen Erfahrung wird.

Siehe auch → Auslandsstudium, Institutionen, Stipendien und Auslandspraktika (mit Internetadressen und Literaturangabe).

Internetadresse: www.gostralia.de Bild des DAAD!

Governance-Regeln

(bei → *Venture Capital*), Regelungselement des → Venture Capital-Beteiligungsvertrages einer Eigenkapitalfinanzierung mit Venture Capital. Synonym: Management Agreement. Governance-Regeln werden typischerweise auf der Ebene von Geschäftsführung bzw. Vorstand und von Beirat bzw. Aufsichtsrat getroffen. Siehe → Venture Capital, → Venture Capital-Beteiligungsvertrag und → Going Public.

Siehe auch → Corporate Governance, → Corporate Citizenship und → Electronic Government (jeweils mit Literaturangaben).

Government-to-Citizen

abgek. G2C; siehe auch → Electronic Government (mit Literaturangaben).

Government-to-Politics

abgek. G2P; siehe auch → Electronic Government (mit Literaturangaben).

Government-to-Business (G2B)

andere Bezeichnung und Abk. für → Administration-to-Business; siehe auch → E-Commerce.

Government-to-Consumer (G2C)

siehe → Administration-to-Consumer; siehe auch → E-Government.

Government-to-Government (G2G)

andere Bezeichnung für → Administration-to-Administration; siehe auch → E-Government.

G2P

Abk. für Government to Politics, siehe auch → Electronic Government (mit Literaturangaben).

GPRS

Abk. für *General Packet Radio Service*, Erweiterung des → *GSM*-Mobilfunkstandards für paketvermittelte Datenübertragung. Siehe auch → Mobilfunk.

Graphentheorie

Die Graphentheorie dient vor allem zur Beschreibung komplexer Systeme, bei denen die Zusammenhangs- und Abhängigkeitsstrukturen nur schwer über Funktionen, Gleichungen und Ungleichungen abgebildet werden können. Dazu werden die Systemelemente durch Knoten und die Beziehungen zwischen den Systemelementen durch gerichtete oder ungerichtete Kanten repräsentiert. Ein Hauptanwendungsgebiet der Graphentheorie sind die in der → Netzplantechnik verwendeten Modelle zur Beschreibung von Projekten und Prozessen. Siehe auch → Operations Research (mit Literaturangaben) .

Graphologisches Gutachten

Beim graphologischen Gutachten wird anhand der Schrift der Bewerbenden die Eignung analysiert. Es ist immer noch, insbesondere in der Schweiz, ein recht häufig eingesetztes Instrument. Die Graphologie beschreibt prinzipiell die Person und will ein ganzheitliches Persönlichkeitsbild vermitteln.

Bis heute liegen keine wissenschaftlich fundierten Untersuchungen vor, welche zeigen, dass die Graphologie zuverlässige Ergebnisse erbringen würde. Demzufolge darf das graphologische Gutachten in der EU und in den USA nicht von professionellen Anbietern eingesetzt werden. Für die Bewerbenden ist es ein intransparentes Verfahren, da man keine Ahnung hat, wie die Analyse verläuft. Häufig werden im Zusammenhang mit dem graphologischen Gutachten auch Datenschutzregelungen missachtet,

indem Gutachten ohne Einverständnis der Bewerbenden erstellt oder Gutachten nicht ausgehändigt werden. Die Verbreitung in der Praxis dürfte sich darin begründen, dass es ein einfach anwendbares und vergleichsweise billiges Instrument ist.
Siehe auch → Personalauswahl, Instrumente (mit Literaturangaben).
　　　Literatur: Schwarb, Th. M. (1994): Das graphologische Gutachten in der Personalauswahl im Licht aktueller betriebswirtschaftlicher Forschung. In: WWZ-News, Nr. 16/17, S. 23-30.

Gratisaktie
(*österreichisches Recht*). Gratisaktien sind Aktien, die ohne zusätzliche Einlageverpflichtung an bestehende Gesellschafter im Verhältnis ihrer Beteiligungen ausgegeben werden; so etwa bei Durchführung einer Kapitalberichtigung im Wege der Umwandlung von Rücklagen in Nennkapital (vgl. die Vorschriften des öKapBG) oder zwecks Regulierung eines überhöhten Aktienkurses.

Green Shoe Option
Mehrzuteilungsoption, Over Allotment Option; siehe → Going Public, Durchführungsphase, Kap. 4.

Grenzfunktion
→ Ableitungsfunktion einer betriebswirtschaftlichen Funktion (siehe → Ableitung, mathematische und → Funktion, mathematische). Speziell ist eine Grenzkostenfunktion die → Ableitung einer → Kostenfunktion, die Grenzerlösfunktion entsprechend die Ableitung einer → Erlösfunktion.

Grenzrate der (Faktor-)Substitution (GFS)
bezeichnet die *Steigung* der → *Isoquante*. Da eine effiziente → Isoquante einen fallenden Verlauf aufweisen muss, muss ihre Grenzrate der Faktorsubstitution negativ sein.

Grenzsteuersatz
(*marginaler Steuersatz*), Steuersatz, mit dem die jeweils letzte Einheit der Steuerbemessungsgrundlage belastet wird.
Siehe auch → Betriebswirtschaftliche Steuerlehre, → Einkommensteuer, → Gewerbesteuer, Körperschaftssteuer (jeweils mit Literaturangaben).

Grenzüberschreitendes Leasing
(gleichbedeutend: Cross-Border-Leasing), Oberbegriff für Exportleasing und Importleasing; siehe auch → Leasing.

GRI
Abk. für *Global Reporting Initiative* (1997 gegründet). Die GRI Sustainability Guidelines sind der erste weltweite Versuch, einen allgemeinen Satz von Nachhaltigkeitskriteren für Unternehmen aufzustellen. Viele der heute veröffentlichten Nachhaltigkeitsberichte o.Ä. folgen den unter Beteiligung verschiedenster stakeholder erarbeiteten Leitlinien/Principles für die Berichterstattung. Durch diesen global akzeptierten Rahmen sind damit auch Vergleiche zwischen Unternehmensberichten möglich. Die letzte Version der „Sustainability Reporting Guidelines" wurde 2002 veröffentlicht. Seit 2000 ist GRI ein offizielles Verbindungsbüro des United Nations Environment Programme (UNEP) und kooperiert mit dem → Global Compact. GRI ist ein Institution, die einen Multi-Stakeholder-Prozess umfasst. Die in den Berichten genannten Daten werden durch eine unabhängige dritte Partei überprüft.
Siehe auch → Corporate Citizenship (mit Literaturangaben).

Gross Spread
Übernahmeprovision; siehe → Going Public.

Größendegressionseffekte
siehe → Economies of Scale.

Großhandel

ist derjenige → Handel, dessen Nachfrager Wiederverkäufer, Weiterverarbeiter, gewerbliche Verwender oder sonstige → Institutionen (soweit nicht private Haushalte) sind.

Großhandelsbetrieb

(Großhandelsunternehmung, Großhandlung), eine → Handelsunternehmung, die Waren an Wiederverkäufer, Weiterverarbeiter, gewerbliche Verwender oder sonstige → Institutionen (soweit nicht private Haushalte) absetzt.

Großhandelsunternehmung

siehe → Großhandelsbetrieb.

Großhandlung

siehe → Großhandelsbetrieb.

Groupware

Als Groupware werden Software Systeme zur Unterstützung der meist nicht vorauskoordinierten Zusammenarbeit in einer Gruppe über zeitliche und/oder räumliche Distanz hinweg bezeichnet. Beispiele für Groupware Systeme sind E-Mail-Clients, Instant-Messenger, Konferenz- oder Video-Konferenz-Systeme.

Groupware-Systeme

Zur Unterstützung von Arbeitsgruppen wurden schon frühzeitig so genannte Groupware-Programme entwickelt, die unterschiedliche Daten für alle Mitglieder einer Arbeitsgruppe zugänglich machen. Heute werden diese Systeme in der Regel im → Intranet der Firmen betrieben. Außendienstmitarbeiter werden via → Extranet in die Arbeitsgruppe eingebunden. Bekannte Programme sind hier z.B. Outlook/Exchange von der Firma Microsoft, Genesis von der Firma CAS oder Lotus Notes von der Firma IBM. Sie erlauben einem Team, gemeinsam an zentralen Dokumenten zu arbeiten und sich mittels Groupware-Software über die Aufgabenstellung zu verständigen. Die Kontaktdaten zu Kunden können zentral verwaltet werden und weiter entwickelte Groupware-Systeme bieten Funktionalitäten für das → *Customer-Relationship-Management (CRM)*. In der Regel integrieren die Groupware-Systeme auch E-Mail und unterstützen so die Kommunikation der Arbeitsgruppe. Erst durch den Einsatz solcher Anwendungen kann die Teamarbeit auf ein effizienteres Niveau gesteigert werden. Neueste Anwendungen, die die Teamarbeit auf eine zentrale Plattform im Internet verlagern (z.B. eRoom von Instinctive Technologies) stellen Arbeitsteams einen digitalen Arbeitsplatz im World Wide Web zur Verfügung und erlauben damit räumlich verteilten Teams, in virtuellen Projektgruppen zusammenzuarbeiten.

Generell unterstützen Groupware-Systeme folgende Aufgabenstellungen: Einheitliche graphische Benutzeroberfläche, die verschiedene Anwendungen vereint. Individuelle Büroanwendungen wie z.B. Textverarbeitung, Tabellenkalkulation, Reisekostenabrechnung, firmenindividuelle Formulare usw. werden integriert. Ablage- und Archivierungssystem mit lokaler und zentraler Dokumentenhaltung sowie Datensicherung und einer Suchmaschine, die das Finden der Dokumente unterstützt. Vergabe von Zugriffsrechten auf die einzelnen Informationen/Dokumente. Bildung von Arbeitsteams, Verwaltung von Projektgruppen. Verwaltung von individuellen und Gruppenkalendern sowie entsprechenden Aufgabenlisten. Kommunikation über elektronische Post und Dokumentenaustausch.

Growth Private Equity

Wachstumsfinanzierung. Vorkommend beispielsweise im Rahmen von → Private Equity durch Einbringung von Eigenkapital.

Grundbuch

(bei *Immobilien*), siehe → Hypothek und → Kreditsicherheiten (mit Literaturangaben).

Grundbuch

(in der → *Buchführung*; auch Journal, Memorial oder Primanota genannt) dokumentiert im Rahmen der Buchführung sämtliche Geschäftsvorfälle in chronologischer Reihenfolge. Die Beschreibung der Vorgänge erfolgt in kaufmännisch üblicher knapper Form und beschränkt sich auf die für buchhalterische Zwecke notwendigen Informationen.

Gründerberatung, persönlichkeitsorientierte

In ihrem Zentrum steht die Entwicklung der unternehmerischen Persönlichkeit des Gründers. Sie fußt auf der Organisationsentwicklung, für die der Mensch im Zentrum der Entwicklung einer Organisation steht. Ihr geht es vor allem um die Auseinandersetzung des Gründers mit der Entscheidungsfrage, ob er selbstständig ist.

Zur Unternehmerexistenz gehört wesentlich die Selbstständigkeit, d.h. selbst die Dinge in die Hand zu nehmen und voranzutreiben. Selbstständigkeit lässt sich nur unter Bedingungen der Selbstständigkeit entwickeln. Insofern setzt ihre Entwicklung die kontrafaktische Antizipation der Selbstständigkeit voraus. Persönlichkeitsorientierte Gründerberatung mutet dem zukünftigen Unternehmer daher bereits im Gründungsprozess Selbstständigkeit zu. Dies bedeutet, mit dem Gründer zunehmend so umzugehen, als ob er schon selbstständiger Unternehmer sei. Denn nur dann hat er die Möglichkeit, zu lernen, was es heißt, Unternehmer zu sein und herauszufinden, ob er Unternehmer ist. Dementsprechend wird dem Gründer zugemutet, selbstständig seine Unternehmensidee zu einer marktreifen Leistung auszuarbeiten und einen Businessplan zu erstellen.

Wesentliches Moment persönlichkeitsorientierter Gründerberatung ist die Befragung der eigenen Erfahrung des Gründers, die diesem die Bezugnahme auf sich selbst und damit die Reflexion ermöglicht. Indem der Gründer auf diese Weise Einsicht nehmen kann in sein Gründungsvorhaben, kann er erkennen, ob er Unternehmer ist, und entscheiden, ob er gründet.

Einzelheiten siehe → Existenzgründung und → Mergers & Acquisitions, jeweils mit Literaturangaben.

Grundgesamtheit

Die Grundgesamtheit ist die Gesamtheit der Einheiten, über die eine statistische Untersuchung etwas aussagen soll. Sie ist eine Menge im Sinne der Mengenlehre. Ihre Elemente heißen *Untersuchungseinheiten*, *statistische Einheiten* oder *Merkmalsträger*. Die Grundgesamtheit einer statistischen Untersuchung muss in sachlicher, räumlicher und zeitlicher Hinsicht genau abgegrenzt sein. (Beispiele: Personen mit deutscher Staatsangehörigkeit am 01.01.2007, in Deutschland im Jahre 2007 produzierte Personenkraftwagen).

Eine Grundgesamtheit (oder einen Teil davon) bezeichnet man auch als *statistische Masse*. Man spricht von einer *Bestandsmasse*, wenn sie durch Angabe eines Zeitpunkts abgegrenzt wird, und von einer *Bewegungsmasse*, wenn sie durch Angabe eines Zeitraums bestimmt ist. Unter einem *Merkmal* versteht man eine Eigenschaft der Merkmalsträger, die statistisch untersucht wird. Ein Merkmal hat verschiedene mögliche Merkmalswerte. Grundgesamtheit und Merkmale müssen zu Beginn einer jeden statistischen Untersuchung präzise festgelegt werden. Die zu untersuchenden ökonomischen Größen sind zu operationalisieren, d.h. um eine Vorschrift zu ergänzen, die ihre konkrete numerische Beobachtung bei den Merkmalsträgern ermöglicht. Die beobachteten Werte eines Merkmals in einer Grundgesamtheit werden in einer *Datenmatrix* zusammengefasst: Deren Zeilen entsprechen den Untersuchungseinheiten, die Spalten den – ggf. mehreren – erhobenen Merkmalen.

Siehe auch → Statistik und Marktforschungsmethoden, jeweils mit Literaturangaben.

Grundkapital

(*Aktienkapital, deutsches Recht*) ist zunächst der durch die → Aktionäre bei der Gründung der → Aktiengesellschaft einzuzahlende Kapitalbetrag (in Euro). Der Mindestnennbetrag des Grundkapitals beträgt 50.000 Euro. Das Grundkapital ist in → Aktien zerlegt. Nach der Gründung fungiert das Grundkapital als feste Rechengröße für das Verhältnis der Aktionäre zueinander (z.B. zur Verteilung der → Aktienstimmrechte) und ist nicht mehr identisch mit dem Gesellschaftsvermögen. In Höhe des Grundkapitals soll den Gläubigern der Aktiengesellschaft eine Mindesthaftungsmasse zur Verfügung stehen (Garantiefunktion des Grundkapitals). Begrifflich ist das Grundkapital vom Stammkapital der → Gesellschaft mit beschränkter Haftung zu trennen.

Siehe auch → Aktiengesellschaft, deutsche, → Aktiengesellschaft, österreichische und → Aktiengesellschaft, Kleine.

Grundkapital
(*österreichisches Recht*), Kapital, zu dessen Aufbringung sich die Aktionäre einer → AG bei deren Gründung verpflichten (muss in Österreich mindestens EUR 70.000 betragen, vgl § 7 öAktG); wird von den Gesellschaftern gegen Übernahme von *Aktien* in entsprechendem Umfang aufgebracht.
Siehe auch → Aktiengesellschaft, deutsche, → Aktiengesellschaft, österreichische und → Aktiengesellschaft, Kleine.

Grundkosten
Aufwendungen, die in gleicher Höhe Kosten sind (Zweckaufwand oder aufwandsgleiche Kosten). Darüber hinaus fallen in der Kostenrechnung Zusatzkosten und Anderskosten an. Siehe auch → Kostenartenrechnung.

Grundlagenforschung
ist auf die Gewinnung neuer wissenschaftlicher oder technischer Erkenntnisse und Erfahrungen ausgerichtet, ohne überwiegend an deren unmittelbarer praktischer Anwendbarkeit orientiert zu sein. Zum Zeitpunkt der Aufgabenstellung steht das mögliche spätere Anwendungsgebiet somit noch nicht fest.
Siehe auch → Forschung und Entwicklung sowie → FuE-Strategien.

Grundpfandrechte
siehe → Grundschuld und → Hypothek; siehe auch → Kreditsicherheiten.

Grundsätze der Ökologiebilanzierung
Die Grundsätze der Ökologiebilanzierung lauten: (1) *Klarheit und Übersichtlichkeit*: Die interessierte Öffentlichkeit muss sich in angemessener Zeit einen Überblick über Ursachen und Wirkungen von Umweltbelastungen, beispielsweise in einem Betrieb, verschaffen können; außerdem müssen die Methoden der Bewertung nachvollziehbar sein. (2) *Kontinuität und Vergleichbarkeit*: Die einmal gewählte Form der Darstellung und die Bewertungsmethoden sind beizubehalten. (3) *Wahrheit*: Es ist eine vollständige und richtige Erfassung und Bewertung der Umwelteinwirkungen sicherzustellen; das bedeutet, dass Umweltprobleme nicht verschleiert werden dürfen.
Siehe auch → Ökologiebilanz, → umweltbezogenes betriebliches Rechnungswesen und → Ökologiecontrolling.

Grundsätze ordnungsmäßiger Bilanzierung
Damit der Jahresabschluss die mit ihm verfolgten Aufgaben erfüllen kann, muss er nach bestimmen Regeln über Form und Inhalt aufgestellt werden. Diese Regeln werden unter dem Begriff „Grundsätze ordnungsmäßiger Buchführung (Abk. GoB) und Bilanzierung" zusammengefasst (siehe → Bilanzierungsgrundsätze).
Die Allgemeinen Bewertungsgrundsätze gem. § 252 HGB sind sowohl bei der Führung der Bücher als auch bei der Aufstellung des → Jahresabschlusses zu beachten. Eine Verletzung der formellen Grundsätze beeinflusst, im Gegensatz zu einer Verletzung der materiellen Grundsätze, das Vermögen und den Erfolg. Bei der Bilanzierung dem Grunde nach wird in §§ 246-251 HGB geregelt, ob ein Wert in die Bilanz aufzunehmen ist, aufgenommen werden kann oder nicht in Ansatz gebracht werden darf (Ansatzvorschriften). Die Bewertungsvorschriften gem. §§ 252-256 HGB, §§ 5-7 EStG regeln, mit welchem Wert ein Posten in die Bilanz aufzunehmen ist.
Siehe auch → Jahresabschluss (mit Literaturangaben).

Grundsätze ordnungsmäßiger Buchführung (GoB)
Die rechtliche Verpflichtung zur Buchführung und zur Erstellung eines Jahresabschlusses für alle Kaufleute soll aus der Sicht des Gesetzgebers vorrangig dem Schutz der Gläubiger und anderer Interessenten dienen. Dieser Schutzfunktion können Buchführung und Jahresabschluss nur gerecht werden, wenn sie für Dritte aussagefähig sind. Um dies zu gewährleisten, fordert der Gesetzgeber, dass Buchführung und Jahresabschluss allgemein anerkannten Leitsätzen entsprechen müssen, die mit dem unbe-

stimmten Rechtsbegriff "Grundsätze ordnungsmäßiger Buchführung" (GoB) umschrieben werden (§§ 238 Abs.1, 243 Abs.1 HGB).

Der Inhalt der GoB wird zum Teil durch kodifizierte Rechtsnormen oder Rechtsprechung bestimmt, im übrigen wird er aus der Fachliteratur oder aus allgemein anerkannter kaufmännischer Übung hergeleitet.

Die GoB im Sinne des HGB beziehen sich auf die Buchführung (GoB i.e.S.), die → Inventur (Grundsätze ordnungsmäßiger Inventur) und den Jahresabschluss (→ Grundsätze ordnungsmäßiger Bilanzierung). Die im Zusammenhang mit der Buchführung relevanten GoB i.e.S. beinhalten formelle und materielle Anforderungen. In formeller Hinsicht muss die Buchführung so beschaffen sein, dass sich ein sachverständiger Dritter innerhalb angemessener Zeit ein Bild von der wirtschaftlichen Lage des Unternehmens machen kann. Damit ist Klarheit und Übersichtlichkeit in der äußeren Form gefordert sowie die Nachvollziehbarkeit aller Geschäftsvorfälle anhand schriftlicher Belege und die Überprüfbarkeit aller Unterlagen, die eine geordnete Aufbewahrung aller Unterlagen erforderlich macht. In materieller Hinsicht wird von einer als ordnungsmäßig geltenden Buchführung vor allem Vollständigkeit und Richtigkeit gefordert.

Literatur: Hahn, H. / Wilkens, K.: Buchhaltung und Bilanz, Teil A: Grundlagen der Buchhaltung, 7. Aufl., München 2007.

Grundschuld

Wie die → Hypothek ist die Grundschuld ein *Grundpfandrecht* und damit ein dingliches Kreditsicherungsmittel (siehe auch → Kreditsicherheiten), welches den Grundschuldbesteller im Fall der Nichtzahlung einer ausstehenden Forderung verpflichtet, die Duldung der Zwangsvollstreckung in sein Grundstück zu dulden (1147, i.V.m. 1191 BGB). Die Regeln über die Hypothek sind daher grundsätzlich auch auf die Grundschuld anwendbar (§ 1192 BGB). Im Unterschied zur Hypothek besteht bei der Grundschuld keine Abhängigkeit vom Sicherungsgegenstand (hier Grundschuld) und Forderung (Akzessorietät). Die *fehlende Akzessorietät* der Grundschuld ermöglicht den Parteien zwar speziell das Auswechseln und Austauschen von Forderungen für eine bereits bestehende Grundschuld. Im Gegensatz zur Hypothek braucht eine Grundschuld daher nicht kostenintensiv für jede neu zu sichernde Forderung neu bestellt zu werden. Das Auseinanderfallen von Forderung und dem Sicherungsmittel der Grundschuld beinhaltet jedoch erhebliche wirtschaftliche Gefahren: Beispielsweise bewirkt die Aufgabe der Verknüpfung von Forderung und Sicherungsrecht (Akzessorietät), dass beide Rechtspositionen parallel existieren und sogar verschiedenen Rechtsträgern zufallen können. Mit dieser „Verdoppelung von Rechtsansprüchen" können der Gläubiger der gesicherten Forderung und der Inhaber der Grundschuld den Schuldner und Grundstückseigentümer zweimal in Anspruch nehmen. Um dieser Gefahr vorzubeugen, kennen andere Europäische Sachenrechtsordnungen – mit Ausnahme der Deutschlands – das Kreditsicherungsmittel der Grundschuld nicht.

Die deutsche Rechtsprechung erlaubt den Parteien der oben angegebenen Gefahr doppelter Rechtsansprüche dadurch zu begegnen, dass sie eine „schuldrechtliche" d.h. vertragliche Verknüpfung von Forderung und Grundschuld mittels der Vereinbarung einer Sicherungsgrundschuld einführen. Die Sicherungsabrede einer Sicherungsgrundschuld untersagt deren Parteien eine isolierte Abtretung der Forderung (§ 399 BGB). Allerdings kann dieses schuldrechtlich wirkende Verbot die sachenrechtliche sog. dingliche Wirksamkeit der isolierten Forderungsabtretung im Rechts- und Wirtschaftsverkehr nicht verhindern. Die Übertretung der Sicherungsabrede löst nur Schadenersatzansprüche der Parteien in deren Verhältnis aus.

Siehe auch → Kreditsicherheiten (mit Literaturangaben).

Literatur: Hans-Jürgen Lwowski, Wolfgang Gößmann, Helmut Merkel: Kreditsicherheiten. Recht der Wirtschaft (RdW), Band 1, Grundzüge für Studium und Praxis, Schmitt Eich Verlag 2005; Karl H. Schwab, Hanns Prütting, Friedrich Lent: Sachenrecht. Juristische Kurz-Lehrbücher. Ein Studienbuch. 32 Aufl., München 2006; Dieter Krimphove: Das Europäische Sachenrecht: Eine rechtsvergleichende Analyse nach der Komparativen Institutionenökonomik (S. 536) Eul-Verlag Lohmar (März 2006).

Gründung

siehe auch → Gründungsbilanzen, → Bargründung, → Eröffnungsbilanz, → Eröffnungsinventur, → Mischgründung, → Sachgründung.

Gründungsbilanzen

Der Unterschied zwischen Gründungs- und → Eröffnungsbilanz erscheint auf den ersten Blick relativ gering. Dennoch kommt der gem. § 242 Abs. 1 Satz 1 HGB durch den Kaufmann „zu Beginn seines Handelsgewerbes" aufzustellenden Gründungsbilanz als „rechnerischem Geburtsschein des Unternehmens" besondere Bedeutung zu. Das HGB fordert, dass es Aufgabe jedes Unternehmensgründers ist, vom Beginn der unternehmerischen Aktivitäten an Rechnung zu legen. Basis hierfür ist die erste Bilanz des neugegründeten Unternehmens. Zur Aufstellung der Gründungsbilanz ist gem. § 240 Abs. 1 HGB vor Aufnahme der Geschäftstätigkeit eine erste Inventur zu machen, aus der sich das Eröffnungsinventar als Bilanzbasis ergibt. Die Gründungsbilanz wird damit stark durch die Form der Gründung – von der einfachen → Bargründung über die → Sachgründung durch Einbringung einzelner Vermögenswerte oder durch Einbringung von bestehenden Unternehmen als Umwandlung oder → Verschmelzung bis zur → Mischgründung – beeinflusst.

(1) *Gründung von Einzelunternehmen und Personengesellschaften*: Der Einzelkaufmann kann sein Unternehmen weitgehend formlos gründen. In der dennoch meist erforderlichen Gründungsbilanz sind die Vermögensgegenstände und Schulden und als Differenz das Eigenkapital *des Unternehmens* auszuweisen. Das Privatvermögen ist zwar ebenfalls Haftungsbasis, hat aber in der Unternehmensbilanz nicht zu suchen. Analoges gilt für die Gründungsbilanzen von Personengesellschaften, mit dem Unterschied, dass das Eigenkapital nicht als globale Größe in die Bilanz eingestellt, sondern für jeden Gesellschafter detailliert ausgewiesen wird. Hierzu ist für jeden Gesellschafter ein eigenständiges Kapitalkonto einzurichten, das die Höhe seiner Beteiligung am Gesellschaftsvermögen widerspiegelt.

(2) *Gründung von Kapitalgesellschaften*: Wesensbestimmendes Merkmal von Kapitalgesellschaften ist deren Ausstattung mit eigener Rechtspersönlichkeit und die Haftungsbeschränkung auf das Gesellschaftsvermögen (§ 1 AktG bzw. § 13 GmbHG). Deshalb unterliegt die Gründung strengen Formvorschriften bis hin zur Gründungsprüfung für Aktiengesellschaften. Wichtig für die Gründungsbilanz ist die exakte Bewertung der materiellen und immateriellen Vermögensgegenstände bis hin zu erbrachten Gesellschafter-Sachmitteleinlagen bei GmbH, die exakte Widerspiegelung ausstehender Einlagen und der Aufwendungen für die Ingangsetzung des Geschäftsbetriebs.

Besonders in der Widerspiegelung der Anteilsstrukturen und der Erstbewertung von Vermögensgegenständen und Schulden liegt der Nutzen von Gründungsbilanzen.

Siehe auch → Sonderbilanzen (mit Literaturangaben).

Literatur: Commandeur, D.: § 269 HGB, Aufwendungen für die Ingangsetzung und Erweiterung des Geschäftsbetriebs, in: Handbuch der Rechnungslegung, 4.Auflage, hrsg. v. Küting, K. u. Weber, C.-P., Stuttgart 1995; Ellerich, M.:§ 242 HGB; Pflicht zur Aufstellung; in: Handbuch der Rechnungslegung, 4.Auflage, a.a.O.

Internetadresse: http://www.creditreform.de/vc/solingen/analysen

Grüner Punkt

dient der Verpackungsentsorgung und hat vier Funktionen. Er ist ein Hinweis für den Verbraucher, die Verpackung nach Gebrauch einem gesonderten Erfassungssystem neben der öffentlichen Abfallentsorgung zuzuführen. Er ist eine Sortierungserleichterung im Haushalt für Abfall (nicht wiederverwertbar) und Wertstoff (wiederverwertbar) in getrennten Systemen ("Gelbe Tonne"). Er ist ein Ausweis für die Anbieter, am umweltfreundlichen System teilzunehmen (mit Ausnahme von Mehrwegverpackungen natürlich). Zwischenzeitlich sind Hersteller ohne DSD-Anschluss vom Handel rigoros ausgelistet worden. Und er ist vor allem Finanzierungsträger des DSD für die organisierte Entsorgung. Denn die Kennzeichnung darf nur gegen Nutzungsentgelt auf die Verpackung aufgedruckt werden, woran sich aber offensichtlich nicht alle Mitglieder gehalten haben. Es bestehen zudem erhebliche Vorbehalte gegen diese Konzeption.

Gruppenakkord

die Akkordvorgabe erfolgt gemeinsam für eine Gruppe. Der Gruppenakkord sieht meistens einen festen Stundenlohn und einen auf alle Gruppenmitglieder gleichmäßig aufgeteilten Mehrverdienst vor. Siehe auch → Akkordlohn und → Lohn- und Gehaltsmodelle (mit Literaturangaben).

Gruppenbewertung

Gleichwertige → Vorräte können nach § 240 (4) HGB zu Gruppen zusammengefasst werden und mit dem gewogenen Durchschnittspreis (→ Durchschnittsmethode) bewertet werden. Nach → IAS/IFRS und → US-GAAP ist das nicht gestattet.

Gruppenfertigung

Die Gruppenfertigung hat das Ziel, die Vorteile der Fertigungsablaufprinzipien → *Werkstattfertigung* und → *Fließfertigung* miteinander zu kombinieren. Dabei werden verschiedene Betriebsmittel räumlich und organisatorisch zu Funktionsgruppen, Bearbeitungszentren, → *Fertigungsinseln*, Montageinseln oder flexiblen Fertigungssystemen zusammengefasst, weshalb in diesem Zusammenhang auch häufig der Begriff der Zentrenfertigung gebraucht wird. Siehe auch → Produktion, Formen, → Produktionsmanagement sowie → Produktionsplanung und -steuerung, jeweils mit Literaturangaben.

Gruppenfreistellungsverordnung

definiert Ausnahmen vom grundsätzlichen Kartellverbot des Art. 85/1 EG-Vertrag, d.h. dem Verbot aller Vereinbarungen, Beschlüsse, abgestimmten Verhaltensweisen, die den Handel und Wettbewerb im EU-Raum beeinträchtigen. Nach der G. sind von diesem grundsätzlichen Kartellverbot vier Gruppen ausgenommen: die gemeinsame Festsetzung von Risikoprämientarifen, sofern sie auf gegenseitig abgestimmtem statistischen Material beruhen, der Entwurf von Musterbedingungen, die gemeinsame Deckung bestimmter Risikoarten sowie die gemeinsame Anerkennung von Sicherheitsvorkehrungen.

Gruppenprämie

variable Entgeltkomponente. Die Höhe der Prämie ergibt sich aus der Gruppenleistung, wobei die Erfassung der Leistungsbeiträge der einzelnen Gruppenmitglieder und die Verteilung problematisch sein können. Siehe auch → Lohn- und Gehaltsmodelle (mit Literaturangaben).

GSM

Abk. für *Global System for Mobile Communications*, europäischer Mobilfunkstandard der zweiten Generation. Siehe auch → Mobilfunk.

GSM-R

Abk. für GSM-Rail, Variante des → *GSM*-Mobilfunkstandards für den Einsatz bei Eisenbahngesellschaften.

GSPG

Abk. für Geräte- und Produktsicherheitsgesetz; siehe auch → Produkthaftung.

Guarantee for Warranty Obligations

→ Gewährleistungsgarantie.

Günstigkeitsprinzip

arbeitsrechtlicher Grundsatz, nach dem sich eine rangniedere Rechtsquelle gegenüber einer ranghöheren Norm durchsetzt, wenn sie für den Arbeitnehmer günstiger ist (Durchbrechung des → Rangprinzips). Ob dies der Fall ist, muss im Einzelfall anhand eines „Günstigkeitsvergleichs" ermittelt werden, wobei die jeweiligen Regelungen aus objektiver Sicht innerhalb vergleichbarer Sachgruppen (z.B. Urlaubsdauer und Urlaubsgeld als einheitliche Regelung) zu beurteilen sind. Besondere Bedeutung hat der Günstigkeitsvergleich im Verhältnis zwischen tariflichen und einzelvertraglichen Ansprüchen des → Arbeitnehmers, so dass beispielsweise ein einzelarbeitsvertraglich vereinbarter Urlaubsanspruch von 30 Werktagen gegenüber einem tariflichen Anspruch von 28 Tagen günstiger und daher vorzugswürdig ist, obwohl er auf einer rangniedrigeren Rechtsquelle (hier dem → Arbeitsvertrag) beruht. Siehe auch → Arbeitsrecht (mit Literaturangaben).
Literatur: Hromadka, W; Maschmann, F.: Arbeitsrecht, Band 2: Kollektivarbeitsrecht und Arbeitsstreitigkeiten, 3. Auflage, Berlin 2004; Preis, U.: Arbeitsrecht. Praxis-Lehrbuch zum Kollektivarbeitsrecht, Köln 2003.

Gutachten, graphologisches

siehe → graphologisches Gutachten, siehe auch → Personalauswahl, Instrumente.

Gutachterliche Beratungstätigkeit

erfolgt regelmäßig im Zusammenhang mit der öffentlichen Förderung von → *Existenzgründungen*. In diesem Zusammenhang umfasst sie zum einen die Beratung des Gründers über Fördermöglichkeiten und ihre Eignung für den konkreten Einzelfall. Dabei beurteilt der Gutachter, ob ein Programm im Einzelfall angemessen ist.

Zum anderen umfasst gutachterliche Beratung die Beurteilung des Gründungsvorhabens hinsichtlich seiner Förderwürdigkeit. Geprüft wird im wesentlichen, ob der Gründer mit seinem vorgelegten Gründungsvorhaben die Förderungsvoraussetzungen des jeweiligen Förderprogramms erfüllt.

Regelmäßig ist gutachterliche Beratungstätigkeit bei Gründungen eine Erstberatung. Sie schätzt die Förderungswürdigkeit des Gründungsvorhabens ein, ohne allerdings eine umfassende Beratung des Gründers selbst durchzuführen.

Siehe → Existenzgründung (mit Literaturangaben).

Gütekriterien

werden zur Beurteilung der Güte von Messinstrumenten und Messverfahren herangezogen. Damit die Messergebnisse und die daraus resultierenden Schlussfolgerungen verlässlich sind, muss der Messvorgang drei Gütekriterien Rechnung tragen: (1) *Objektivität*: Die Messergebnisse müssen unabhängig von der Person des Untersuchenden sein. Verschiedene Personen müssen unabhängig voneinander zum selben Ergebnis gelangen. (2) *Reliabilität*: Kennzeichnet den Grad der formalen Genauigkeit (Zuverlässigkeit), mit dem gemessen wird. Messergebnisse sind reliabel, wenn bei wiederholter Messung unter vollkommen gleichen Bedingungen dasselbe Ergebnis resultiert. Die Reliabilität bezieht sich dabei auf Zufallsfehler (unsystematische, variable Fehler). (Negativ-)Beispiel: Ein Metermaß ist aus einem verformbaren Material gefertigt und ändert seine Länge in Abhängigkeit von Umwelteinflüssen. (3) *Validität*: Kennzeichnet den Grad der materiellen Genauigkeit (Gültigkeit) und zielt auf die Frage ab, ob ein Messinstrument tatsächlich das misst, was es zu messen vorgibt, und wie genau es den zu messenden Sachverhalt abbildet. Die Validität bezieht sich auf Systemfehler (systematische, konstante Fehler). (Negativ-)Beispiel: Ein Metermaß ist falsch geeicht und liefert deshalb immer falsche Messergebnisse.

Siehe auch → Messniveau und → Marktforschungsmethoden (mit Literaturangaben).

Gütemaße

siehe → Gütekriterien.

Gutenberg-Funktion

siehe → *Produktionsfunktion vom Typ B.*

Güter

(in der → *Produktions- und Kostentheorie*) können mit einem positiven oder einem negativen Charakter verbunden sein: In positiver Bedeutung („Gut" im wörtlichen Sinn) umfassen sie erwünschte Produktionsergebnisse (*Produkte*) oder unerwünschten Verzehr (→ Produktionsfaktoren), in negativer Bedeutung („Übel") umfassen sie unerwünschte Produktionsergebnisse (Abprodukte wie Abfall, Abwasser usw.) oder die erwünschte Beseitigung („Reduktion") von Abprodukten („Redukte"). Am Beispiel einer Müllverbrennung wird unter anderem Rohwasser als → Produktionsfaktor („Gut") und Müll als Redukt („Übel") eingesetzt; dabei entsteht unter anderem Fernwärme als Produkt („Gut") und Abwasser als Abprodukt („Übel").

Literatur: Dyckhoff, H.: Grundzüge der Produktionswirtschaft, Einführung in die Theorie betrieblicher Wertschöpfung, 4. Aufl., Berlin, Heidelberg usw. 2003, S. 123 ff.

GWA

Abk. für → Gemeinkostenwertanalyse (Overhead Value Analysis).

GWB
Abk. für Gesetz gegen Wettbewerbsbeschränkungen; siehe → Kartellrecht.

GWG
Abk. für → Geringwertige Wirtschaftsgüter.

H

Habitualisierte Kaufentscheidung
verfestigte Verhaltensmuster, auch routinemäßige, gewohnheitsmäßige oder habituelle Kaufentscheidung genannt. Siehe auch → Konsumentenverhalten.

Haftrücklassgarantie
siehe → Gewährleistungsgarantie.

Haftungskapital
siehe → Eigenkapital.

Halbeinkünfteverfahren
Im *deutschen Körperschaftsteuerrecht* gilt bei einem mit dem Kalenderjahr identischen Wirtschaftsjahr auf Ebene der Körperschaften ab 2001 und auf Ebene der natürlichen Personen als Anteilseigner ab 2002 in Deutschland das Halbeinkünfteverfahren, welches das vorher geltende *Anrechnungsverfahren* abgelöst hat. Das Halbeinkünfteverfahren unterscheidet zwei Gruppen von Anteilseignern, die steuerlich unterschiedlich behandelt werden, nämlich zum einen Körperschaften und zum anderen sonstige Personen.
(a) Innerhalb der Sphäre der → *Körperschaftsteuer unterliegenden Wirtschaftssubjekte* erfolgt eine einmalige (nicht anrechenbare) Besteuerung der Erträge bei der Körperschaft, die diese Erträge erstmals erzielt hat. Eine Anrechnung der von der ausschüttenden Gesellschaft gezahlten Körperschaftsteuer bei dem die Dividende empfangenden Unternehmen ist ausgeschlossen.
Dividenden und grundsätzlich auch Veräußerungsgewinne von Körperschaften, die ebenfalls der Körperschaftsteuer unterliegen, sind bei den beteiligten Körperschaften steuerfreie Betriebseinnahmen (§ 8 b Abs. 1, 2 KStG).
Umgekehrt dürfen wegen der Steuerfreiheit der Dividenden und der grundsätzlichen Steuerfreiheit der Veräußerungsgewinne Aufwendungen und Verluste, die im Zusammenhang mit solchen Beteiligungen stehen, grundsätzlich nicht von den Körperschaften abgezogen werden. Dies betrifft insbesondere Teilwertabschreibungen und Veräußerungsverluste, aber auch Schuldzinsen für den Erwerb von Beteiligungen.
(b) Natürliche Personen können – im Gegensatz zum Anrechnungsverfahren – die bei der Körperschaft gezahlte Körperschaftsteuer nicht mehr auf die persönliche → Einkommensteuer anrechnen. Statt dessen sind 50% der Dividenden (§ 3 Nr. 40 d EStG), 50% der privaten Veräußerungsgewinne (§ 3 Nr. 40 i EStG), 50% der Veräußerungsgewinne aus Anteilen an Kapitalgesellschaften (§ 3 Nr. 40 c EStG), 50% der im Betriebsvermögen gehaltenen Beteiligungen (§ 3 Nr. 40 a EStG) und 50% der Veräußerungsgewinne aus Anteilen im Sinne des § 16 EStG (§ 3 Nr. 40 b EStG) steuerfrei.
Mit der hälftigen Steuerfreiheit geht auch eine entsprechende 50% Abzugsbeschränkung für Aufwendungen, die im Zusammenhang mit den Anteilen an der Körperschaft (z.B. Schuldzinsen und Veräußerungsverluste) stehen (§ 3 c Abs. 2 EStG), einher.
Siehe auch → Einkommensteuer und → Körperschaftsteuer, jeweils mit Literaturangaben.

Halbfabrikate
(auch *Halbfertigteile*), Bezeichnung in der Materialwirtschaft für noch nicht fertig gestellte Artikel (sog. *unfertige* Erzeugnisse); Teil eines Artikels. Siehe auch → Umlaufvermögen.

Halbfertigteile
andere Bezeichung: → Halbfabrikate.

Handel, Funktioneller
liegt nach → Katalog E, S. 28 vor, „wenn Marktteilnehmer Güter, die sie in der Regel nicht selbst be- oder verarbeiten (Handelswaren), von anderen Marktteilnehmern beschaffen und an Dritte absetzen". Siehe auch → Handelsbetriebslehre, Grundlagen (mit Literaturangaben).

Handel, Institutioneller
Der → Katalog E, S. 28 schreibt: „Handel im institutionellen Sinne – auch als Handelsunternehmung, Handelsbetrieb oder Handlung bezeichnet – umfasst jene → Institutionen, deren wirtschaftliche Tätigkeit ausschließlich oder überwiegend dem Handel im funktionellen Sinne zuzurechnen ist (...)". Siehe auch → Handelsbetriebslehre, Grundlagen (mit Literaturangaben).

Handel per Erscheinen
siehe → When-Issued Market; siehe auch → Going Public, Durchführungsphase.

Handelsbetrieb
siehe → Handel, Institutioneller.

Handelsbetriebslehre, Grundlagen

Grundlagen der Handelsbetriebslehre

von Universitäts-Professor Dr. Hendrik Schröder, Dipl.-Kauffrau Verena Eberle und Dipl.-Kauffrau Nina Möller – Lehrstuhl für Marketing und Handel an der Universität Duisburg-Essen, Campus Essen

1. Gegenstand
Erkenntnisobjekt der Handelsbetriebslehre sind die Betriebe des → institutionellen → Handels und deren Führung (Handelsmanagement). Damit ist die Handelsbetriebslehre als eine auf einen bestimmten Wirtschaftszweig bezogene Konkretisierung der → Allgemeinen Betriebswirtschaftslehre zu verstehen, neben anderen Spezialisierungen, wie z.B. → Industriebetriebslehre, Bankbetriebslehre, → Versicherungsbetriebslehre.
Besonderes Kennzeichen von → Handelsbetrieben ist das → Transaktionsmerkmal: → Handelsbetriebe kaufen Güter ein, um diese in der Regel unverändert zu verkaufen. Die Gegenstände der Handelsbetriebslehre ergeben sich aus den mit diesem Merkmal verbundenen Entscheidungsproblemen, wie der Standortwahl, der Wahl der Kunden- und Lieferantenkreise, der Sortimentszusammensetzung, der Festlegung der Güterpreise u.a.m.
Das Bestreben der Handelsbetriebslehre ist wie bei allen Wirtschaftszweiglehren, sich die Erkenntnisse der funktionellen Betriebswirtschaftslehren zu Eigen zu machen und diese auf ihr Erkenntnisobjekt zu beziehen. Diese Forderung bedeutet, dass z.B. solche Gebiete zu integrieren sind, wie sie sich als betriebswirtschaftliche Beschaffungs- und Absatzlehre oder als Organisations- und Planungslehre herausgebildet haben. Schließlich ist die Handelsbetriebslehre unter dem Einfluss neuer Techniken der Information und der Kommunikation weiter zu entwickeln (→ E-Commerce).

2. Entwicklung
Die Klassiker der Wirtschaftslehre fassten die Aufgaben, Leistungen und → Institutionen der gewerblich tätigen Menschen unter der Bezeichnung → Handel zusammen (Wirtschaft = Handel). Ideenge-

schichtlich stand die Lehre vom → Handel stets im Spannungsverhältnis von Volkswirtschaftslehre und Betriebswirtschaftslehre, so dass die Geschichte des → Handels im Grunde genommen sowohl als Geschichte der Volkswirtschaftslehre als auch als Geschichte der Betriebswirtschaftslehre zu verstehen ist.

Bis in das zweite Jahrzehnt des 20. Jahrhunderts besteht die namentliche Identität von Betriebswirtschaftslehre und Handelsbetriebslehre. Die Entwicklung lässt sich nach Seÿffert in folgende Epochen einteilen:

- die Frühzeit der verkehrs- und rechnungstechnischen Anleitungen (bis 1674)
- die systematische Handlungswissenschaft (1675-1804, Savary, Ludovici und Leuchs)
- die Niedergangszeit der Handelswissenschaften (19. Jahrhundert)
- die Aufbauzeit der beschreibenden Handelstechnik (1898-1911).

So wurde bis in das 20. Jahrhundert hinein an einigen deutschen Handelshochschulen die Privat- oder Betriebswirtschaftslehre unter der Bezeichnung Handelsbetriebslehre in den Vorlesungsverzeichnissen angekündigt. Eine bis auf die Gegenwart maßgebliche und umfassende Darstellung der → Institutionen des → Handels bietet im Jahre 1918 die Publikation von Julius Hirsch „Der moderne Handel". Diese Zeit wurde für die Behandlung betriebswirtschaftlicher Spezialfragen des → Binnenhandels als reif angesehen. Die Gründungen des Kölner Einzelhandelsinstituts (heute: Institut für Handelsforschung, → IfH) sowie der Forschungsstelle für den Handel in Berlin (→ FfH) im Jahr 1929 kennzeichnen den Beginn der empirischen → Handelsforschung in Deutschland.

3. Ausbildung und Lehre

Die akademische Ausbildung im Fach → Handel bieten Berufsakademien (BA), Fachhochschulen (FH) und Universitäten an. Gängige Abschlüsse sind: Dipl.-Betriebswirt/in (BA), Dipl.-Betriebswirt/in (BA) – Handel, Dipl.-Betriebsw. (FH), Dipl.-Kfm./Kff. (FH), Dipl.-Hdl., Dipl.-Kfm./Kff., Dipl.-Päd., Dipl.-Ök. und Dipl.-Wirtsch.-Päd. Mit dem Übergang zu Bachelor- und Masterstudiengängen verlieren diese Abschlüsse (quantitativ) an Bedeutung und neue Spezialisierungen bilden sich heraus, insbesondere in den Masterstudiengängen, z.B. Master in Retail Management. Als Ausbildungsberufe bietet der Handel folgende Qualifikationen an: Verkäufer(in), Kaufmann/-frau im → Einzelhandel oder im → Groß- und → Außenhandel. Abschlüsse im Rahmen der Fortbildung sind der (die) Handelsassistent(in) und der (die) Handelsfachwirt(in).

Um die Flexibilität in der Lehre – und damit die Anpassung an die Entwicklung in der Praxis und an den Fortschritt in der Forschung – zu erhalten, lassen die Prüfungsordnungen, insbesondere der Universitäten, den Curricula viel Spielraum. Neben zahlreichen individuellen Schwerpunkten bilden folgende Bereiche den Kern einer jeden Handelsbetriebslehre: (1) die Institutionenlehre des → Handels, inklusive Binnenhandelspolitik; (2) die Lehre von den Handelsfunktionen, inklusive deren Verteilung in den Absatzkanälen; (3) das Handelsmanagement, meist mit deutlicher Betonung des → Handelsmarketings (fließender Übergang zum Fach → Marketing).

4. Handel

In einer arbeitsteiligen Volkswirtschaft übernimmt der Handel die Aufgabe, räumliche, zeitliche, qualitative und quantitative Diskrepanzen zwischen der Produktion und der Konsumtion auszugleichen. In diesem weit gefassten Verständnis ist jeder Austausch von Gütern und Dienstleistungen Handel bzw. → Distribution, unabhängig davon, welche Betriebe ihn durchführen. Dies können auch Produktions-, Handwerks- und Landwirtschaftsbetriebe sein, die Waren zukaufen, um ihr Absatzprogramm zu erweitern.

Infolgedessen muss zwischen den Begriffen des → funktionellen Handels und des → institutionellen Handels unterschieden werden. → Funktioneller Handel ist identisch mit → Distribution, umfasst also im weitesten Sinne das Herbeiführen eines Austausches von wirtschaftlichen Gütern zwischen Wirtschaftssubjekten, im engen Sinne den erwerbstätigen Austausch von beweglichen Sachgütern, ohne dass diese be- oder verarbeitet werden. → Institutioneller Handel erfasst jenen Teil des Güteraustausches zwischen Wirtschaftssubjekten, der von den hierauf spezialisierten Betrieben durchgeführt wird, also von → Handelsbetrieben.

Abbildung 1 zeigt die Handelsbegriffe im Überblick:

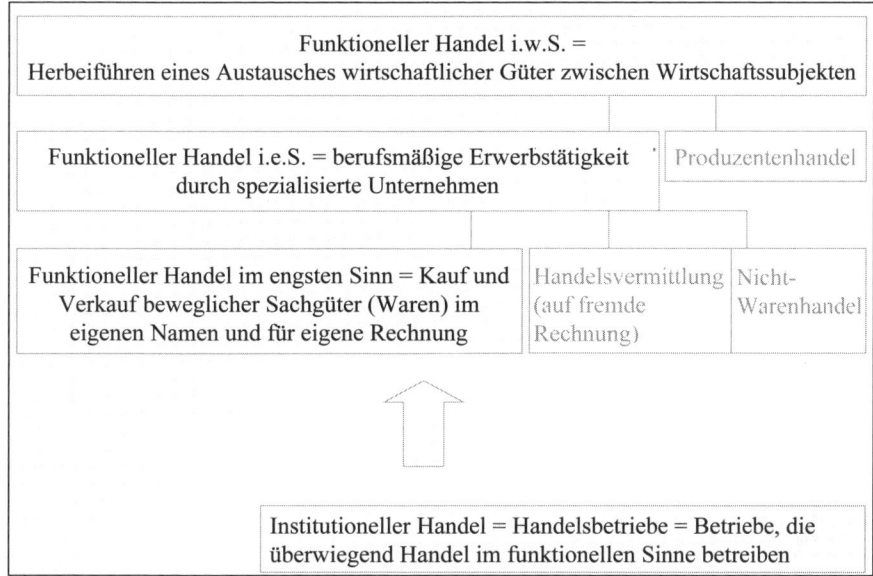

Abb. 1: Handelsbegriffe im Überblick

5. Handelsforschung

→ Handelsforschung kann nach Tietz (1969, S. V) umfassend „als Forschung über den Handel und Forschung für den Handel verstanden" werden. Sie umfasst die wissenschaftliche Analyse aller Probleme, Erscheinungsformen und Entscheidungsprozesse des → Handels. Dabei kann – je nach Fragestellung – die mikroökonomische oder die makroökonomische Perspektive eingenommen werden.

Aus Sicht des → funktionellen Handels sind der Objektbereich der Handelsforschung die Prozesse der Güterbeschaffung und des -absatzes, unabhängig von den Handel treibenden → Institutionen. Aus Sicht des → institutionellen Handels sind Gegenstände der Handelsforschung die → Handelsbetriebe.

Aufgabe der mikroökonomisch orientierten Handelsforschung sind die Beschreibung und Erklärung von Prozessen und Phänomenen im → Handel sowie die Entscheidungsvorbereitung der Entscheidungsträger einer → Handelsunternehmung. Diese sollen in die Lage versetzt werden, Strukturen und Aktivitäten von → Handelsbetrieben zu verstehen und zu erläutern sowie Gestaltungsprobleme zu lösen. Eine Aufgabe der makroökonomisch orientierten Handelsforschung ist z.B. der Produktivitätsnachweis des Handels als Mittler zwischen Hersteller und Verbraucher. Die Ansätze der → Handelsforschung lassen sich unterteilen in materielle und formale Ausrichtungen.

Träger der Handelsforschung sind die Hochschulen (Universitäten, Fachhochschulen), privatwirtschaftliche oder halbstaatliche Institute und Handelsverbände/-organisationen mit dem → EHI als Dachorganisation.

Hinweis

Zu den angrenzenden Wissensgebieten siehe → Beschaffungsmanagement, → Category Management, → Customer Relationship Management (CRM), → Digitales Marketing, → E-Commerce, → Efficient Consumer Response, → Electronic Procurement, → Franchising, → Händlermarke (Retail Brand), → Handelsforschung, → Handelsmarketing, → Internationales Marketing, → Kommunikationspolitik, → Konsumentenverhalten, → Kundenzufriedenheit, → Logistik, → Markenführung, → Marketingcontrolling, → Marketing, Grundlagen, → Marktforschung, → Medienökonomie, → Messemanagement, → Mobile Commerce, → Ökologie-Marketing, → Preispolitik, → Produktpolitik, → Supply Chain Management, → Vertriebspolitik, → Vertriebswege, neuere, → Werbung.

Literatur: Ausschuss für Definitionen zu Handel und Distributionen (Hrsg.): Katalog E – Begriffsdefinitionen aus der Handels- und Absatzwirtschaft, 5. Ausgabe, Köln 2006; Barth, K., Hartmann, M., Schröder, H.: Betriebswirtschaftslehre des Handels, 6. Auflage, Wiesbaden 2006; Falk, B., Wolf, J.: Handelsbetriebslehre, 11. Auflage, Landsberg/Lech 1992; Hansen, U.: Absatz- und Beschaffungsmarketing des Einzelhandels, 2. Auflage, Göttingen 1990; Lerchenmüller, M.: Handelsbetriebslehre, Ludwigshafen 2003; Liebmann, H.-P., Zentes, J.: Handelsmanagement, München 2001; Müller-Hagedorn, L.: Der Handel, Stuttgart u.a. 1998; Schröder, H.: Handelsmarketing: Methoden und Instrumente im Einzelhandel, München 2002; Seÿffert, R.: Wirtschaftslehre des Handels, 5. Auflage, Opladen 1972; Tietz, B.: Grundlagen der Handelsforschung, Rüschlikon-Zürich 1969; Tietz, B.: Der Handelsbetrieb, München 1993.

Internetadressen: http://www.arbeitsagentur.de/, http://www.ehi.org, http://www.ifhkoeln.de/, http://lp.lpvnet.de/, http://www.lz-net.de/, http://www.gs1-germany.de, http://www.ecrnet.org/

Website der Autoren: www.marketing.uni-essen.de

Handelsbilanz

(im → *Außenhandel*) Die Handelsbilanz als Teil der Zahlungsbilanz erfasst in einem Zeitraum den Wert der Ausfuhren (→ Exporte) und der Einfuhren (→ Importe). Übersteigt der Wert der Exporte den Wert der Importe, entsteht ein Handelsbilanzüberschuss (= aktive Handelsbilanz), im umgekehrten Fall ein Handelsbilanzdefizit (= passive Handelsbilanz).

Handelsbilanz

(im → *Jahresabschluss*) ist die nach den handelsrechtlichen Vorschriften erstellte Bilanz. Gesetzliche Grundlage für die Handelsbilanz sind die §§ 238 ff. HGB.

Handelsbilanz II

(im → *Konzernabschluss*) nimmt die veränderten Bilanzierungs-, Bewertungs- und Ausweiswahlrechte nach Maßgabe der angestrebten → Konzernbilanzpolitik auf, passt ausländische Jahresabschlüsse an das deutsche Handelsrecht an, vereinheitlicht die Währung im Konzern und stellt insofern eine Fortschreibung der Einzelabschlüsse im Hinblick auf die Notwendigkeiten des Konzernabschlusses dar.

Handelsbräuche

sind die im Handelsverkehr geltenden Gewohnheiten und Gebräuche. § 346 HGB ordnet ausdrücklich an, dass diese Bräuche bei der Auslegung von Verträgen zu berücksichtigen sind. Siehe auch → Handelsrecht.

Handelsforschung

Handelsforschung

von Universitäts-Professor Dr. Hendrik Schröder, Dipl.-Kauffrau Verena Eberle und
Dipl.-Kauffrau Nina Möller – Lehrstuhl für Marketing und Handel an der
Universität Duisburg-Essen, Campus Essen

1. Formale Ansätze

Formale Ansätze der Handelsforschung sind interdisziplinäre Ansätze. Sie zeichnen sich dadurch aus, dass ihre Anwendung nicht auf den speziellen Bereich eines Forschungs- oder Anwendungssektors bzw. auf den Gesamtbereich des Forschungs- oder Anwendungssektors beschränkt ist. Zu den formalen Ansätzen der Handelsforschung zählen:

(a) *Entscheidungsorientierter Ansatz* bewertet unterschiedliche Handlungsmöglichkeiten, indem Umweltzustände, Ziele, Handlungsmöglichkeiten (Strategien und Maßnahmen) sowie deren Ergebnisse erfasst werden, etwa in einem Entscheidungsfeldmodell. Voraussetzung hierfür ist zum einen, dass die Anwender ausreichend über die künftigen Umweltzustände (Verhalten der Gesellschaftspolitik, der Verbraucher, der Wettbewerber, der Zulieferer usw.) informiert sind. Zum anderen benötigen sie Informationen über die Wirkung der Instrumente, die sie in den jeweiligen Umweltzuständen einsetzen können (Prognose der Wirkung). Entscheidungssituationen in der Praxis weisen Defekte in der Zielsetzung, Bewertung, Wirkung und Lösung auf und besitzen eine mangelhafte Struktur. Der Nutzen dieses Ansatzes ist vor allem darin zu sehen, dass er für die systematische Unterstützung der Planung und Analyse sorgt (Prozess der Willensbildung).

(b) *Systemorientierter Ansatz* verfolgt nach Hans Ulrich das Ziel, Gestaltungsmodelle für Wirklichkeiten zu entwickeln. Betriebe können als Systeme mit bestimmten Merkmalen verstanden werden. Sie bestehen aus Elementen und Beziehungen, die zwischen den Elementen existieren. Als weitere Typen von Systemen werden betrachtet: Subsystem (z.B. Produktion, Vertrieb), Supersystem (z.B. Markt), Insystem (alle Elemente innerhalb des Systems) und Umsystem (alle Elemente außerhalb des Systems). Auf diese Weise lässt sich jeder Sachverhalt der Realität als System abgrenzen und analysieren. Antwort auf die Frage, wie Systeme gestaltet, gelenkt und entwickelt werden können, gibt die Kybernetik, die eine formale Teilwissenschaft der Systemtheorie ist. Für den systemorientierten Ansatz sprechen seine Anschaulichkeit und sein Bestreben, in Analogien zu denken, was dem Wissenstransfer zugute kommt.

(c) *Situativer Ansatz:* Die Hypothese lautet, dass die Organisation einer Unternehmung die Effizienz der Unternehmung beeinflusst und dass die Organisation (mit den Dimensionen: Arbeitsteilung, Koordination, Konfiguration, Entscheidungsdelegation und Formalisierung) daher an die relevanten internen und externen Umfeldbedingungen anzupassen sei. Dabei soll gelten, „dass es keine universelle Struktur gibt, die sich in allen Situationen als effizient erweist" (Kieser, Walgenbach 2003, S. 43). Dimensionen der internen Situation sind z.B. die Organisationsgröße und die Leistungsfähigkeit, Dimensionen der externen Situation sind z.B. die Konkurrenz- und die Branchensituation. Kritiker dieses Ansatzes bemängeln, dass die Organisationsstruktur nicht von der Situation bestimmt werde. Die Unternehmensführung sei nicht gezwungen, die Organisation an eine Situation anzupassen, sondern könne selbst die Situation verändern.

(d) *Verhaltenswissenschaftlicher Ansatz* analysiert Konstrukte menschlichen Verhaltens, wie z.B. Kauf, Nichtkauf, Motive, Einstellungen und Zufriedenheit. → Distributionssysteme lassen sich als Verhaltenssysteme interpretieren und als Ganzheit auffassen, deren Elemente in einer wechselseitigen Beeinflussung stehen. Die Analyse versucht, von den beobachtbaren Beziehungen auf die nicht unmittelbar beobachtbaren Beziehungen zu schließen. Unter beobachtbaren Beziehungen sind die Güter-, Geld- und Informationsströme zu verstehen, die die Elemente des → Distributionssystems aufgrund des gemeinsamen Systemzwecks verbinden. Nicht unmittelbar beobachtbare Beziehungen sind Macht-, Ziel- und Rollenbeziehungen.

Das Ziel des verhaltenswissenschaftlichen Ansatzes besteht darin, mit Hilfe verhaltenswissenschaftlicher Konstrukte das Zustandekommen und die Wirkungen marketingpolitischer Maßnahmen zu erklären. Aus den Erklärungen sollen dann Techniken zur Steuerung des menschlichen Verhaltens abgeleitet werden. Zu den Ansätzen der → Käuferverhaltensforschung gehören erstens behavioristische Modelle (S-R-Modelle), bei denen ausschließlich beobachtbare Variablen im Vordergrund stehen, ohne psychische Prozesse (= theoretische Konstrukte, nicht-unmittelbar beobachtbare Sachverhalte) zu analysieren, zweitens neo-behavioristische Modelle (S-O-R-Modelle), die zusätzlich intervenierende Variablen (theoretische Konstrukte, wie etwa Einstellungen, Motive und Zufriedenheit) berücksichtigen, und drittens kognitive Modelle, die Informationsverarbeitungsprozesse untersuchen. Ausprägungen der Verhaltenstheorie sind das → Anreiz-Beitrags-Konzept, das → Konzept der Gatekeeper (Schleusenwärter), das → Konzept der Marketingführerschaft sowie die Konflikt- und Kooperationstheorie.

(e) *Ressourcenorientierter Ansatz* erklärt Wettbewerbsvorteile, Unternehmensstrategien und Unternehmenserfolg durch Vorteile in der Ressourcenausstattung und somit durch interne Merkmale der Unternehmung. In Abgrenzung zum volkswirtschaftlichen Ressourcenbegriff mit den Produktionsfaktoren Boden, Arbeit und Kapital geht es hier um Ressourcen und Ressourcenbündel einer Unternehmung, die sich direkt mit ihrer Strategie in Zusammenhang bringen lassen. Dazu zählen: physische Ressourcen (z.B. Anlagen), intangible Ressourcen wie verfügungsrechtlich gesicherte Vermögenswerte und Fähigkeiten, finanzielle Ressourcen (interne und externe Mittel) und organisationale Ressourcen (Organisationsstruktur, Unternehmenskultur und Managementsysteme sowie Prozesse und interorganisationale Beziehungsstrukturen).

(f) *Prozessorientierter Ansatz* beruht auf der Erkenntnis, dass Schnittstellen, die durch Spezialisierung und Ausgliederung von Funktionen innerhalb einer Unternehmung und zwischen Unternehmungen entstehen, Intransparenz, Ineffizienz und Zeitverlust hervorrufen, wenn man nicht auf ein prozessorientiertes Schnittstellenmanagement zurückgreifen kann. Auf dieser Argumentation bauen Konzepte wie → Lean Management, → Total Quality Management, Business Process Reengineering und → Efficient Consumer Response auf. Neben der Prozessorientierung lassen sich diese Konzepte durch das Primat der Kundenorientierung, durch intensive Kommunikationsbeziehungen, sowohl innerhalb der Unternehmung als auch zwischen Unternehmungen, und durch die Dezentralisierung von Entscheidungskompetenzen charakterisieren.

(g) *Neue Institutionenökonomik* (auch → Neue Organisationstheorie) lässt sich auf den Aufsatz „The nature of the firm" von Ronald Coase aus dem Jahr 1937 zurückführen. Das Programm wurde in der volkswirtschaftlichen Forschung entwickelt, und zwar als Gegenstück zur neoklassischen Analyse, in der → Institutionen nicht von Bedeutung sind. Kernpunkt der Neuen Institutionenökonomik sind Motivations- und Koordinationsprobleme bei der Interaktion von Personen in einer arbeitsteiligen Wirtschaft, zu deren Lösung → Institutionen beitragen.

Es geht dabei zum einen um ökonomisches Entscheiden über → Institutionen und zum anderen um ökonomisches Entscheidungsverhalten in → Institutionen. Im ersten Fall können als Steuerungsmechanismen sowohl der Markt (durch Verträge) als auch die Hierarchie (durch Weisungen), die beim Staat und auch in Unternehmungen zu finden ist, sowie Mischformen (Kooperationen) eingesetzt werden. Weitgehende Einigkeit besteht darin, dass die Neue Institutionenökonomik als ein Konglomerat von → Verfügungsrechtsansatz (Property-Rights-Ansatz), → Principal-Agent-Ansatz (auch Agencytheorie bzw. Vertretungstheorie) und → Transaktionskostenansatz betrachtet werden kann.

2. Materielle Ansätze

Materielle Ansätze der Handelsforschung sind fachspezifische Forschungsansätze. Sie zeichnen sich dadurch aus, dass ihre Anwendung auf einen speziellen Bereich eines Forschungs- oder Anwendungssektors oder auf den Gesamtbereich des Forschungs- oder Anwendungssektors beschränkt ist. Zu den materiellen Ansätzen der Handelsforschung zählen:

(a) *Institutionenorientierter Ansatz:* Als ältester Ansatz der Handelsforschung systematisiert und analysiert er die Erscheinungsformen des → Handels in der Praxis. Ausprägungen sind die → statisch-deskriptive Methode (Beschreibung und Systematisierung der Erscheinungsformen des → Handels), die → historisch-genetische Methode (Kennzeichnung der Entwicklung von Erscheinungsformen des → Handels) und die → explikative Methode zur Erklärung des Wandels von Betriebsformen (z.B. Malcom McNair: → „Wheel of Retailing", Robert Nieschlag: → „Dynamik der Betriebsformen", Sylvia Berger: → „Store Erosion"). Kritiker monieren am institutionenorientierten Ansatz, dass mit Hilfe dieses Ansatzes der Produktivitätsnachweis des → Handels nicht zu erbringen sei. Zudem hinke die Forschung bei der Beschreibung der Erscheinungsformen des → Handels häufig den Entwicklungen in der Praxis hinterher und gebe nur wenig Anstöße für die Entwicklung neuartiger Typen.

(b) *Warenorientierter Ansatz:* Die Eigenschaften der Ware sind die Grundlage zur Gestaltung des absatz- und beschaffungspolitischen Instrumentariums sowie zur Beschreibung und Erklärung des → Käuferverhaltens. Darüber hinaus werden für unterschiedliche Warenkategorien spezielle Marketing-Konzeptionen entwickelt (Commodity Approach). Die Systematisierung der Güter kann z.B. nach der Unterscheidung in Konsum- und Investitionsgüter, nach Einkaufsgewohnheiten (wie Convenience Goods, Shopping Goods, Preference Goods und Speciality Goods) sowie nach produktbezogenen Merkmalen (z.B. gebrauchstechnischen, kulturellen und sozialen Eigenschaften) vorgenommen werden.

(c) *Funktionenorientierter Ansatz* baut auf der traditionellen Handelsfunktionenlehre auf. Er kennzeichnet den gesamtwirtschaftlichen Wertschöpfungsbeitrag des → Handels mit Hilfe der so genannten transpositorischen Grundfunktionen, die sich aus der Grundfunktion des → Handels ergeben, nämlich der Überbrückung von Diskrepanzen zwischen Hersteller und Verbraucher.

Diskrepanzen, die vom → Handel überbrückt werden, betreffen die drei zwischen Hersteller und Verbraucher fließenden Ströme: Realgüter (Waren, Dienstleistungen), Nominalgüter (Geld, Kredite) und Informationen. Im Hinblick auf die Waren betreffen die Handelsfunktionen den Ausgleich von räumlichen, zeitlichen, qualitativen und quantitativen Unterschieden. Weitere Funktionen beziehen sich auf die Überbrückung von Liquiditätsengpässen sowie von Informationsasymmetrien. Eine Systematisierung der Handelsfunktionen haben verschiedenen Autoren vorgenommen, wie z.B. Seÿffert, Oberparleitner und Sundhoff. Kritiker merken an, dass mit Hilfe der Funktionenanalyse kein Produktivitätsnachweis für den → Handel zu erbringen sei. Zudem erfolge eine Erklärung der Aufgabenverteilung mit Hilfe von Gleichgewichtsmodellen, was aufgrund der Annahme des rationalen Verhaltens der Systemelemente unrealistisch sei. Ein weiterer Kritikpunkt betrifft den praktischen Nutzen des Ansatzes: Für die absatz- und beschaffungspolitischen Instrumente könnten mit Hilfe des Ansatzes keine Empfehlungen abgeleitet werden.

(d) *Verbraucherorientierter Ansatz* befasst sich mit der Analyse des → Käuferverhaltens und dessen Beeinflussung. Die Verhaltensweisen der Verbraucher sind die Grundlage für die Gestaltung absatz- und beschaffungspolitischer Maßnahmen. Hierbei werden Ansätze der Verhaltenstheorie herangezogen und auf den Bereich des → Handels angewendet.

Hinweis
Zu den angrenzenden Wissensgebieten siehe → Category Management, → Change Management, → Customer Relationship Management (CRM), → Digitales Marketing, → E-Commerce, → Efficient Consumer Response, → Electronic Procurement, → Franchising, → Händlermarke (Retail Brand), → Handelsbetriebslehre, Grundlagen, → Handelsmarketing, → Internationales Marketing, → Kommunikationspolitik, → Konsumentenverhalten, → Kundenzufriedenheit, → Markenführung, → Marketingcontrolling, → Marketing, Grundlagen, → Marktforschung, → Medienökonomie, → Messemanagement, → Mobile Commerce, → Ökologie-Marketing, → Preispolitik, → Produktpolitik, → Prozessmanagement, → Supply Chain Management, → Vertriebspolitik, → Vertriebswege, neuere, → Werbung.

Literatur: Ahlert, D.: Distributionspolitik, 3. Auflage, Stuttgart und Jena 1996; Bamberger, I., Wrona, T.: Strategische Unternehmensführung, München 2004; Berger, S.: Ladenverschleiß, Ein Beitrag zur Theorie des Lebenszyklus von Einzelhandelsgeschäften, Göttingen 1977; Coase, R.: The nature of the firm, in: Economica, 1973, S. 368-405; Göbel, E.: Neue Institutionenökonomik: Konzeption und betriebswirtschaftliche Anwendungen, Stuttgart 2002; Kieser, A., Walgenbach, P.: Organisation, 4. Auflage, Stuttgart 2003; Kroeber-Riel, W., Weinberg, P.: Konsumentenverhalten, 8. Auflage, München 2003; McNair, M.P.: Trends in Large-Scale-Retailing, in: Harvard Business Review, Heft 10/1931, S. 30-39; Nieschlag, R.: Die Dynamik der Betriebsformen im Handel, Essen 1954; Picot, A., Reichwald, R., Wigand, R.: Die grenzenlose Unternehmung, 5. Auflage, Wiesbaden 2003; Sundhoff, E.: Handel, in: Handwörterbuch der Sozialwissenschaften, Band 4, Stuttgart 1965, S. 762-769; Tietz, B.: Grundlagen der Handelsforschung, Rüschlikon-Zürich 1969.

Website der Autoren: www.marketing.uni-essen.de

Handelsgeschäft, beiderseitiges
ist ein Rechtsgeschäft, das für beide Vertragsparteien ein → Handelsgeschäft ist. Dies setzt voraus, dass *beide* → *Kaufleute* sind und das Geschäft zum Betriebe ihrer jeweiligen Handelsgewerbe gehört (§ 343 Abs. 1 HGB). Ist das Rechtsgeschäft nur für eine der beiden Parteien ein → Handelsgeschäft, spricht man von einem *einseitigen* Handelsgeschäft (§ 345 HGB).

Handelsgeschäft, einseitiges
Ist das Rechtsgeschäft nur für eine der beiden Parteien ein → Handelsgeschäft, spricht man von einem *einseitigen* Handelsgeschäft (§ 345 HGB). Ist ein Rechtsgeschäft, das für beide Vertragsparteien ein → Handelsgeschäft ist, spricht man von einem *beiderseitigen* → Handelsgeschäft. Dies setzt voraus, dass beide → Kaufleute sind und das Geschäft zum Betriebe ihrer jeweiligen Handelsgewerbe gehört (§ 343 Abs. 1 HGB).

Handelsgeschäfte

sind alle Geschäfte eines Kaufmanns, die zum Betrieb seines Handelsgewerbes gehören (§ 343 HGB). Siehe auch → Handelsrecht sowie → Handelsgeschäft, einseitiges und → Handelsgeschäft, beiderseitiges.

Handelsgewerbe

ist jeder → Gewerbebetrieb, es sei denn, dass das Unternehmen nach Art oder Umfang einen in kaufmännischer Weise eingerichteten Geschäftsbetrieb nicht erfordert (§ 1 Abs. 2 HGB). Siehe auch → Handelsrecht.

Handelshemmnisse

Die protektionistischen Maßnahmen, die den freien Austausch von Waren und Dienstleistungen im → Außenhandel behindern, unterscheiden sich in tarifäre Handelshemmnisse, vor allem → Zölle und Abschöpfungen, und in nicht-tarifäre Handelshemmnisse. Letztere sollen, wie auch die tarifären Handelshemmnisse, ausländische Anbieter diskriminieren z.B. durch Kontingente, Einfuhrverbote, freiwillige Selbstbeschränkungsabkommen, technische Vorschriften (Normen) und Zulassungsbedingungen bei der Einfuhr. Ziel des → GATT ist es, die nicht-tarifären Handelshemmnisse nur noch aus zwingenden nicht ökonomischen Gründen zuzulassen.

Handelskooperation

siehe → Kooperierende Handelssysteme.

Handelskredit

Handelskredite, die auch als → *Warenkredite* bezeichnet werden, werden dem Betrieb von sog. Nichtbanken (Lieferanten, aber auch Kunden) zur Verfügung gestellt. (1) Handelskredite sind einerseits → Lieferantenkredite, also Kredite, die der Betrieb von seinen Lieferanten in Form von Zahlungszielen erhält (und die in der Bilanz des kreditnehmenden Betriebs als Verbindlichkeiten aus Lieferungen und Leistungen aufzunehmen sind). (2) Handelskredite sind andererseits Vorauszahlungen bzw. Anzahlungen, die der Betrieb von seinen Kunden erhält und die deswegen auch als → *Kundenkredite* bezeichnet werden.

Handelsmakler

(*deutsches Recht*) sind selbstständige Kaufleute, die sich in keinem festen, dauerhaften Vertragsverhältnis mit einem bestimmten Auftraggeber befinden (§§ 93 ff. HGB). Es ist ihre Aufgabe, den Abschluss eines Vertrags in die Wege zu leiten, wobei sie ihre Tätigkeit sowohl für den Verkäufer als auch für den Käufer ausüben können. Sie haben keine Inkassovollmacht, unterliegen beiden Parteien gegenüber gleichermaßen einer Verpflichtung und haften jeder Partei für Schäden, die sie verschuldet haben.

Handelsmakler

(im → *Außenhandel*) ist ein → Absatzmittler im Außenhandel, der selbständig ohne festes Vertragsverhältnis aufgrund seiner Spezialisierung auf bestimmte Branchen Lieferverträge zwischen wechselnden Exporteuren und Importeuren vermittelt.

Handelsmakler

(*österreichisches Recht*). Ein Handelsmakler übernimmt gewerbsmäßig für andere Personen, ohne von ihnen auf Grund eines Vertragsverhältnisses ständig damit betraut zu sein, die Vermittlung von Verträgen über Gegenstände des Handelsverkehrs (§ 93 HGB). Klassisches Beispiel für einen Handelsmakler ist der Börsenmakler. Kein Handelsmakler ist dagegen der Immobilienmakler, da die Vermittlung von Geschäften über unbewegliche Sachen nach § 93 Abs. 2 HGB nicht unter diese Definition fällt. Siehe auch → Handelsrecht.

Handelsmanagement

bezeichnet den Prozess von Analyse, Planung, Entscheidung, Durchführung und Kontrolle in → Handelsbetrieben. Das strategische Handelsmanagement beschäftigt sich mit der Erschließung neuer Erfolgspotentiale, z.B. neuer → Absatzkanäle, während das operative Handelsmanagement vorhandene Erfolgspotentiale ausschöpft, wie z.B. durch die Verbesserung von Betriebsabläufen in den vorhandenen → Vertriebskanälen. Siehe auch → Handelsbetriebslehre, → Handelsforschung und → Handelsmarketing, jeweils mit Literaturangaben.

Handelsmarken

(*Private Labels*). (1) *Arten/Typen von Handelsmarken:* Handelsmarken (*Private Labels*) bilden ein Element der → Markenpolitik des Handels und zugleich ein wesentliches Instrument des → Handelsmarketing. Ein Handelsunternehmen ist bei Handelsmarken der Inhaber der gesetzlichen Schutzrechte. Deren Vertrieb erfolgt durch das Handelsunternehmen (bei Verbundmarken durch die Verbundgruppe) in den eigenen (angeschlossenen) Verkaufsstellen. Typen von Handelsmarken sind: (1) klassische Handelsmarken, (2) Gattungsmarken (→ Generics, → No Names), (3) Premiummarken des Handels. Klassische Handelsmarken sind gegenüber Herstellermarken bei vergleichbarer Qualität durch einen Preisvorteil diesen gegenüber gekennzeichnet. Gattungsmarken weisen bei sehr niedrigem Preis eine wesentlich einfachere Produktgestaltung auf. Premiumhandelsmarken bieten eine hohe Qualität bei entsprechend hohem Preisniveau. Oft weisen sie einen Zusatznutzen für die Konsumenten auf, z.B. durch Öko-Orientierung (Liebmann/Zentes 2001, S. 495).

2. Markenstrategien: Im Rahmen der strategischen (horizontalen) Handelsmarkensicht sind analog zu Markenstrategien bei Herstellermarken Monomarken-, Mehrmarken-, Markenfamilien- und Dachmarkenstrategien realisierbar. Sie dienen v.a. der Differenzierung und Profilierung im horizontalen und vertikalen Wettbewerb.

3. Funktionen von Handelsmarken: Im Einzelnen erfüllen Handelsmarken als strategische Sortimentseinheiten (→ Sortimentspolitik) des Handels folgende Funktionen (Schenk 1997, S. 82 f.): (1) Preis-Leistungs-Funktion (Dokumentation der preislichen Leistungsfähigkeit durch niedrigeres Preisniveau als Herstellermarke), (2) Sortimentsleistungsfunktion (Dokumentation des exklusiven Sortiments), (3) Profilierungsfunktion (Abhebung von der Konkurrenz), (4) Polarisierungsfunktion (Abgrenzung zu Betriebstypen der Konkurrenz), (5) Ertragsverbesserungsfunktion (Spielraum bei der Kalkulation und den Spannen), (6) Gewerbliche Schutzfunktion (Warenzeichenschutz), (7) Solidarisierungsfunktion (Stärkung der Corporate Identity), (8) Innovationsfunktion (Möglichkeit der Entwicklung neuer Produkte bzw. Marken).

Siehe auch → Eigenmarke, → Händlermarke (Retail Brand), → Handelsmarketing (mit Literaturangaben), → Markenpolitik des Handels und → Produktpolitik (mit Literaturangaben).

Literatur: Liebmann, H.-P., Zentes, J., Swoboda, B.: Handelsmanagement, 2. Aufl., München 2007; Schenk, H.-O.: Funktionen, Erfolgsbedingungen und Psychostrategien von Handels- und Gattungsmarken, in: Bruhn, M. (Hrsg.): Handelsmarken, 2. Auflage, Stuttgart 1997, S. 71-96.

Handelsmarkenstrategie

Form der → vertikalen Markenstrategie; siehe hierzu auch → Markenpolitik des Handels und → Handelsmarketing.

Handelsmarketing

Handelsmarketing

von Univ.-Professor Dr. Bernhard Swoboda und Diplom-Kauffrau Sandra Schwarz
Lehrstuhl für Marketing und Handel – Universität Trier

Handelsmarketing wird in der absatzwirtschaftlichen Literatur unterschiedlich, einmal weit und einmal eng abgegrenzt.

1. Weite Begriffsfassung

Im weiten Konzept werden die Absatzmarkt- und Beschaffungsmarktorientierung der Handelsbetriebe und eine Unternehmenspolitik der Handelsbetriebe unter dem Primat der Marktorientierung hervorgehoben. Danach umfasst Handelsmarketing u.a. die betriebliche Faktorkombinationspolitik, so die Personal-, Lager- und Transportpolitik. Tietz (1993, S. 181 ff.) spricht von Handels- bzw. Leistungsprogrammpolitik, welche neben der Finanzierungspolitik drei wesentliche Bereiche umfasst:

(1) Der *Grundstrukturpolitik* werden u.a. Bereiche zugeordnet wie die Stellung in der Handelskette, die Marktreichweite, d.h. das Ausmaß der Absatz- und Beschaffungsaktivitäten, der Standort (→ Standortpolitik) und die Branche (auch Instrumente der Markteinpassung). Weiterhin gehört hierzu die Diversifikation und die Kooperation in horizontaler und vertikaler Hinsicht, so die Integration in Einkaufsgemeinschaften oder die Kontraktbindung mit Herstellern, und die Betriebsgröße, d.h. die Dimensionierung der Faktorpotenziale, so der Verkaufs- und Lagerfläche und des Personals.

(2) Das System der *marktpolitischen Instrumente* umfasst die Marketing- und Beschaffungsinstrumente. Tietz (1993, S. 299 ff.) gliedert die Instrumente in waren-/dienstleistungsbezogene, entgeltbezogene, nebenleistungsbezogene, informations- und kommunikationsbezogene Instrumente sowie Warenprozessinstrumente.

(3) Gegenstand der *Faktorkombinationspolitik*, zu der auch die Marketinglogistik gerechnet wird, sind (1993, S. 577 ff.) die Personalpolitik, so die Personalbestands-, Personaleinsatz- und Personalausbildungspolitik, die Flächen- und Flächenausstattungspolitik, so die Ladenbaupolitik, die Lagerbaupolitik, die (außerbetriebliche) Transportpolitik, so die Fuhrparkpolitik, die Auslieferungspolitik und die Lagerbestandspolitik.

Eine derart weite Betrachtung des Handelsmarketing wird heute eher mit dem *Handelsmanagement* gleichgesetzt. Darunter subsumieren Liebmann/Zentes/Swoboda (2007) neben den Herausforderungen und Umfeldbedingungen das Spektrum der wettbewerbsorientierten Strategien, die Dynamik der Betriebs- und Vertriebstypen, die Optionen des Absatzmarketing, die Gestaltung der → Supply Chain und die Konzepte der Führung.

2. Enge Begriffsfassung

Bei enger Betrachtungsweise werden zum Handelsmarketing nur die absatzpolitischen Aktivitäten der Unternehmen des Großhandels und Einzelhandels gerechnet (Liebmann/Zentes/Swoboda 2007). Die heute dominierenden Ansätze gehen von derartigen Systemen der Instrumente des Handelsmarketing aus. Als charakteristische absatzpolitische Instrumente des Einzelhandels sieht Müller-Hagedorn (1998, S. 363 f.) die Ware (Sortiment), Standort, Preise und Konditionen, Personal, Werbung und Verkaufsraum.

Wir folgen der Systematik der absatzpolitischen Instrumente des Handelsbetriebes von Liebmann/Zentes/Swoboda (2007) und differenzieren in einer erweiterten Form (Swoboda/Morschett/Foscht 2004, S. 308) in (1) → Sortimentspolitik, (2) → Markenpolitik einschließlich der → Handelsmarken, (3) → Preispolitik einschließlich der → Sonderangebotspolitik, (4) → Standortpolitik, (5) → Kommunikationspolitik, (6) → Kundenpolitik, (7) → Servicepolitik, (8) → In-Store-Marketing (→ Verkaufsraumgestaltung).

Die Kombination der grundstrukturpolitischen, marktpolitischen und faktorkombinationspolitischen Instrumente nach Tietz sowie der absatzpolitischen Instrumente determiniert die Betriebstypen des Handels bzw. die strategische Profilierung, so in Form einer Retail Brand (Swoboda/Morschett/Foscht 2004; Morschett 2002). Insofern können beide als eine umfassende Form der Marketing-Mix-Politik der Handelsbetriebe betrachtet werden.

3. Neuere Entwicklungen

Die zunehmende Eigenständigkeit der Marketingkonzepte des Handels sowie die Professionalisierung des Handelsmarketing in den letzten Dekaden sind Ausdruck einer Erstarkung des Handels. Die Emanzipation des Handelsmarketing löste die Phase einer überwiegenden Marketingführerschaft der Industrie ab. Mit dieser Emanzipation geht zugleich eine Neuorientierung des Marketing der Hersteller einher (→ Vertriebswege, neuere). Sie findet ihren Ausdruck in handelsgerichtete Marketingaktivitäten, die neben das bekannte Consumer Marketing tritt.

Maßnahmen des Trade Marketing sind Ausdruck der Kundenorientierung eines Herstellers mit dem Ziel, zum „preferred supplier" zu werden. Wesentliche Elemente sind (Zentes/Swoboda 2001): Sortiment, Konditionen, Verkaufsförderung, → Logistik, Informations- und Know-how-Transfer.

Heute führt die Ausrichtung des Herstellermarketing auf den Handel zunehmend auch zu Anpassungen der Marketingorganisation in der Industrie, so zur Form des Account Managements und des → Category Managements sowie in der Entwicklung gemeinsamer → Efficient Consumer Response-Projekte.

Hinweise

- Zu den vertiefenden Wissensgebieten siehe u.a. → Handelsmarken, → In-Store-Marketing, → Kundenpolitik des Handels, → Kommunikationspolitik des Handels, → Markenpolitik des Handels, → Preispolitik des Handels, → Servicepolitik des Handels, → Sonderangebotspolitik des Handels, → Sortimentspolitik des Handels, → Standortpolitik des Handels.
- Zu den angrenzenden Wissensgebieten siehe → Beschaffungsmanagement, → Category Management, → Customer Relationship Management (CRM), → Dienstleistungsmanagement, → Digitales Marketing, → E-Commerce, → Efficient Consumer Response, → Electronic Procurement, → Händlermarke (Retail Brand), → Handelsbetriebslehre, Grundlagen, → Handelsforschung, → Handelsmarketing, → Internationales Marketing, → Kommunikationspolitik, → Konsumentenverhalten, → Kundenzufriedenheit, → Markenbewertung, → Markenführung, → Marketingcontrolling, → Marketing, Grundlagen, → Marktforschung, → Ökologie-Marketing, → Preispolitik, → Produktpolitik, Supply Chain Management, → Vertriebspolitik, → Vertriebssteuerung, → Vertriebswege, neuere, → Werbung.

Literatur: Barth, K., Hartmann, M., Schröder, H.: Betriebswirtschaftslehre des Handels, 5. Auflage, Wiesbaden 2002; Liebmann, H.-P., Zentes, J., Swoboda, B.: Handelsmanagement, 2. Aufl., München 2007; Mattmüller, R., Tunder, R.: Strategisches Handelsmarketing, München 2004; Morschett, D.: Retail Branding und Integriertes Handelsmarketing, Wiesbaden 2002; Müller-Hagedorn, L.: Der Handel, 3. Auflage, Stuttgart 1998; Rudolph, T.: Modernes Handelsmanagement, München 2005; Sullivan, M., Adcock, D.: Retail Marketing, London 2002; Schröder, H.: Handelsmarketing, Landsberg a.L.; Swoboda, B.: Interaktive Medien am Point of Sale, Wiesbaden 1996; Swoboda, B., Foscht, T., Morschett, D.: Retail Branding – Das Handelsunternehmen als Marke, in: Boltz, D.-M., Leven, W. (Hrsg.): Effizienz in der Markenführung, Hamburg 2004, S. 298-321; Theis, H.-J.: Handels-Marketing, Frankfurt a.M. 1999; Tietz, B.: Der Handelsbetrieb, 2. Auflage, München 1993; Zentes, J. (Hrsg.): Handbuch Handel, Wiesbaden 2005; Zentes, J., Swoboda, B.: Grundbegriffe des Marketing, 5. Aufl., 2001 Stuttgart.

Internetadressen: http://www.absatzwirtschaft.de; http://www.bag.de; http://www.ecrnet.org; http://www.ehi.org; http://www.lz-net.de.

Website der Autoren: http://www.muh.uni-trier.de.

Handelsrechnung, legalisierte

→ Legalisierte Handelsrechnung.

Handelsrecht

Handelsrecht

von Professor Dr. Joachim Gruber D.E.A. (Paris I)
Westsächsische Hochschule Zwickau (FH)

1. Das Handelsgesetzbuch

Handelsrecht ist das Sonderprivatrecht der Kaufleute. Das Handelsgesetzbuch (HGB) enthält daher für bestimmte Vorgänge Spezialregelungen, welche die Regelungen des Bürgerlichen Gesetzbuches (BGB) verdrängen. Die Tendenz des Gesetzgebers geht dahin, den Anwendungsbereich des HGB immer weiter zurückzudrängen und die auftretenden Rechtsfragen im BGB zu regeln. Dabei ist der Unternehmerbegriff des BGB (§ 14 BGB) mit dem Kaufmannsbegriff des HGB nur teilidentisch, da ersterer auch die eine freiberufliche Tätigkeit ausübenden Personen sowie die nicht in das Handelsregister eingetragenen Kleingewerbetreibenden mit einschließt, die nicht unter den Kaufmannsbegriff des HGB fallen.

2. Der Kaufmann

Der Kaufmannsbegriff ist der zentrale Begriff des Handelsrechts, da anhand dieses Begriffs entschieden wird, ob das HGB Anwendung findet oder nicht. Das HGB kennt zum einen Kaufleute, die aufgrund der Art und des Umfangs ihres Handelsgewerbes automatisch Kaufmann im Sinne des HGB sind, und zum anderen Kaufleute, welche diesen Status erst durch die Eintragung ins → Handelsregister erhalten. Man unterscheidet daher zwischen folgenden Arten von Kaufleuten:

(a) *Istkaufmann*: Betreibt jemand einen → Gewerbebetrieb, der einen in kaufmännischer Weise eingerichteten Geschäftsbetrieb erfordert, so ist der Betreiber dieses Betriebs Kaufmann kraft Gesetzes.

(b) *Kannkaufmann*: Kleingewerbetreibende können sich als Kaufmann in das Handelsregister eintragen lassen und erwerben mit der Eintragung die Kaufmannseigenschaft.

(c) *Formkaufmann*: Bestimmte Gesellschaftsformen (→ GmbH, → AG, → KGaA, → e.G. und EWIV) sind allein aufgrund ihrer Rechtsform, unabhängig von der Art und dem Umfang ihres Geschäftsbetriebs, mit der Eintragung im Handelsregister Kaufleute.

(d) *Fiktiv- und Scheinkaufmann*: Fiktivkaufmann ist eine Person, die mit ihrer Firma (zu Unrecht) im Handelsregister eingetragen ist und ein Gewerbe betreibt, das jedoch kein Handelsgewerbe ist. Diese Person ist somit zwar kein Kaufmann, wird aber wie ein Kaufmann behandelt. Scheinkaufmann ist eine Person, die als Kaufmann auftritt, obwohl sie weder im Handelsregister eingetragen noch kraft Gesetzes Kaufmann ist. Aufgrund des von ihr gesetzten Rechtsscheins wird sie gutgläubigen Dritten gegenüber wie ein Kaufmann behandelt.

3. Land- und Forstwirte sowie Kleingewerbetreibende

Ausgenommen vom Anwendungsbereich des § 1 Abs. 1 HGB sind nach § 3 Abs. 1 HGB zum einen die Betriebe der Land- und Forstwirtschaft. Zum anderen werden nach § 1 Abs. 2 HGB die Kleingewerbetreibenden vom Begriff des Handelsgewerbes und damit vom Kaufmannsbegriff ausgenommen. Nach § 1 Abs. 2 HGB ist ein Gewerbebetrieb nur dann ein Handelsgewerbe, wenn das Unternehmen nach Art oder Umfang einen in kaufmännischer Weise eingerichteten Geschäftsbetrieb erfordert. Wann ein Unternehmen nach Art oder Umfang einen in kaufmännischer Weise eingerichteten Gewerbebetrieb erfordert, lässt sich nicht pauschal festlegen. Kriterien sind z.B.:

- Natur und Vielfalt der vorkommenden Geschäftskontakte,
- Betriebsvermögen,
- Zahl der Beschäftigten.

Hauptkriterien sind der Umsatz und die Notwendigkeit einer kaufmännischen Buchführung. Beträgt der Jahresumsatz mehr als 250.000 EUR, kann man – sofern die sonstigen Umstände nicht dagegen sprechen –, das Erfordernis eines in kaufmännischer Weise eingerichteten Gewerbebetriebs bejahen.

4. Spezialregeln für Handelsgeschäfte

Der Gesetzgeber geht davon aus, dass Kaufleute im Rechtsverkehr weniger schutzbedürftig sind als Verbraucher. Deshalb gibt es für Handelsgeschäfte eine Reihe von Spezialvorschriften:

(a) In vielen Bereichen des Handelsverkehrs haben sich besondere Bräuche herausgebildet, die bei der Auslegung von Handelsverträgen nach § 346 HGB zu berücksichtigen sind. Bekanntester Handelsbrauch ist die Festlegung des Inhalts eines mündlich geschlossenen Vertrags durch ein kaufmännisches Bestätigungsschreiben.

(b) Gelegentlich enthalten Verträge Bestimmungen, wonach immer dann, wenn eine Partei sich in einer gewissen Weise verhält, diese Partei der anderen eine Vertragsstrafe zahlen muss. Bei Verträgen zwischen Privatleuten kann diese Vertragsstrafe durch ein Gerichtsurteil herabgesetzt werden, wenn sie unverhältnismäßig hoch ist (§ 343 Abs. 1 Satz 1 BGB). Diese Möglichkeit gewährt man dem Kaufmann nach § 348 HGB nicht, da man ihm unterstellt, bereits bei Vertragsabschluss die Auswirkungen einer solchen Vertragsstrafeklausel beurteilen zu können.

(c) Weitere Besonderheiten bestehen bei der → Bürgschaft. Diese ist in den §§ 765 ff. BGB geregelt. Nach § 771 BGB kann der Bürge die Befriedigung des Gläubigers verweigern, solange nicht der Gläubiger eine Zwangsvollstreckung gegen den Hauptschuldner ohne Erfolg versucht hat (sogenannte Einrede der Vorausklage). Dieses Recht steht dem Kaufmann nach § 349 HGB nicht zu. Ähnliche Sondervorschriften gibt es für die Form einer Bürgschaft. Der Bürgschaftsvertrag muss nach dem BGB schriftlich abgeschlossen werden (§ 766 Satz 1 BGB). Diese Schriftform ist im Handelsrecht kein Wirksamkeitserfordernis (§ 350 HGB).

(d) Eine weitere Besonderheit im Handelsrecht ist die Höhe der gesetzlichen Zinsen. Nach § 246 BGB beträgt der gesetzliche Zinssatz 4%. Bei beiderseitigen Handelsgeschäften gewährt der Gesetzgeber 5% Zins (§ 352 Abs. 1 Satz 1 HGB), da davon ausgegangen wird, dass Geld in den Händen eines Kaufmanns höhere Erträge bringt als in den Händen eines Nichtkaufmanns. Dieser Zinssatz gilt allerdings nicht für die Verzugszinsen. Die Höhe der Verzugszinsen ist in § 288 BGB geregelt. Danach hängt die Zinshöhe davon ab, ob beide Vertragsparteien Unternehmer sind oder ob mindestens ein Verbraucher an dem Vertrag beteiligt ist.

Auch für den Beginn der Zinspflicht gibt es im Handelsrecht eine Sonderregelung. Nach dem BGB ist eine Geldschuld nur während des Verzugs zu verzinsen (§ 288 Abs. 1 Satz 1 BGB). Verzug setzt im Regelfall eine Mahnung voraus (§ 286 Abs. 1 BGB). Automatisch tritt er erst 30 Tage nach Fälligkeit und Zugang einer Rechnung oder gleichwertigen Zahlungsaufstellung ein (§ 286 Abs. 3 Satz 1 BGB). Im Handelsrecht beginnt die Zinspflicht dagegen früher, nämlich schon mit der Fälligkeit der Forderung (§ 353 HGB).

(e) Eine Besonderheit des Handelsrechts, die keine Entsprechung im BGB hat, ist das → Kontokorrent. Das Kontokorrent setzt eine Vereinbarung zwischen zwei Parteien voraus, von denen mindestens eine Kaufmann sein muss. Durch die Kontokorrentvereinbarung werden gegenseitige Ansprüche verrechnet und zu einem bestimmten Zeitpunkt wird ein Saldo gebildet (§ 355 HGB).

(f) Eine wichtige Besonderheit beim Handelskauf ist die Untersuchungs- und Rügepflicht. Bei Vorliegen eines Mangels im Sinne des § 434 BGB greift bei → beiderseitigen Handelsgeschäften § 377 HGB. Diese Vorschrift weist dem Käufer eine Untersuchungs- und Rügepflicht zu. Der Käufer muss die Ware unverzüglich nach der Ablieferung durch den Verkäufer, soweit dies nach ordnungsgemäßem Geschäftsgange tunlich ist, untersuchen und, wenn sich ein Mangel zeigt, dem Verkäufer unverzüglich Anzeige machen. Würde die Ware durch eine Untersuchung wirtschaftlich entwertet, besteht die Verpflichtung, zumindest Stichproben zu untersuchen. Unverzüglich bedeutet im HGB dasselbe wie nach der Legaldefinition des § 121 Abs. 1 Satz 1 BGB: „ohne schuldhaftes Zögern". Wie viel Zeit ein Käufer zur Untersuchung und Rüge hat, hängt vom Einzelfall ab. Bei Obst muss schon an dem auf die Übergabe der Ware folgenden Tag die Mängelrüge erfolgen, bei komplexeren und komplizierteren Kaufgegenständen kann die Rügefrist im Einzelfall bis zu sieben Wochen betragen. Der Verkäufer muss der Mängelrüge Art und Umfang der Mängel entnehmen können, sodass er die Beanstandungen prüfen und eventuell Beweise sichern kann. Eine wirksame Mängelrüge liegt daher nur dann vor, wenn Art und Umfang der Mängel zumindest in allgemeiner Form beschrieben werden.

Rügt der Käufer nicht rechtzeitig, gilt die gelieferte Ware gemäß § 377 Abs. 2 HGB als genehmigt. Der Käufer kann daher weder vom Kaufvertrag zurücktreten noch Nachbesserung der Ware oder Minderung des Kaufpreises verlangen. Der Verkäufer behält dagegen seine Rechte aus dem Vertrag; er kann somit trotz Lieferung einer minderwertigen Ware den vollen Kaufpreis verlangen.

5. Die Firma

Die Firma eines Kaufmanns ist nach § 17 HGB der Name, unter dem er seine Geschäfte betreibt und die Unterschrift abgibt. Die Firma ist also nur der Handelsname und nicht das Unternehmen selbst. Der Kaufmann kann eine Personenfirma (z.B. Michael Müller GmbH), eine Sachfirma (z.B. Deutsch-Französische Unternehmensberatung GmbH), eine Mischfirma (z.B. Udo Ungeduldig Expresszustellungen GmbH) oder auch eine Phantasiebezeichnung (z.B. Blaugeist GmbH) wählen. Er muss aber die Grundsätze der Firmenunterscheidbarkeit und der Firmenwahrheit beachten.

6. Die Hilfspersonen des Kaufmanns

Das HGB enthält Regelungen über die Befugnisse der Angestellten des Kaufmanns. Es macht Angaben zur Rechtsstellung der → Prokuristen (§ 49 HGB), der → Handlungsbevollmächtigten (§ 54 HGB) und der Angestellten in Läden oder offenen Warenlager (§ 56 HGB). Ferner finden sich im HGB Bestimmungen über selbständige Hilfspersonen der Kaufmanns, nämlich über den → Handelsvertreter (§ 84 HGB), den → Handelsmakler (§ 93 HGB) und den → Kommissionär (§ 383 HGB).

Nicht im HGB geregelt ist die Rechtsstellung des → Vertragshändlers und des → Franchisenehmers; auf diese Personen wendet die Rechtsprechung aber die Vorschriften über Handelsvertreter im HGB entsprechend an.

Außerdem regelt das HGB die Rechte und Pflichten des → Frachtführers (§ 407 HGB), des Spediteurs (§ 453 HGB) und des → Lagerhalters (§ 467 HGB).

Hinweise

* Zu den angrenzenden Wissensgebieten siehe → Arbeitsrecht, → Gewerblicher Rechtsschutz, → Insolvenzrecht, → Kartellrecht, → Kaufrecht, → Kreditsicherheiten (→ Bürgschaft, → Eigentumsvorbehalt, → Garantie, → Grundschuld, → Hypothek, → Pfandrecht, → Schuldbeitritt, → Sicherungsübereignung), → Markenrecht, → Produkthaftung, → Wettbewerbsrecht, → Zwangsvollstreckung.
* Zum Gesellschaftsrecht sowie zu den verschiedenen Gesellschafts- bzw. Rechtsformen siehe u.a. → Aktiengesellschaft, deutsche, → Aktiengesellschaft, Kleine, → Europäisches Gesellschaftsrecht (→ Europa AG, → Europäische Genossenschaft usw.), → Genossenschaft, deutsche, → Gesellschaftsformen, österreichische (→ Aktiengesellschaft, österreichische, → GmbH, österreichische usw.), → GmbH, deutsche sowie viele weitere Gesellschafts- bzw. Rechtsformen.

Literatur: Baumbach, A., Hopt, K.J.: Handelsgesetzbuch, Kommentar, 32. Auflage, München 2006; Ebenroth, C.T., Boujong, K., Jost, D.: HGB, Kommentar, Band 1 und 2, München 2001, Aktualisierungsband, München 2003; Gruber, J.: Handelsrecht – Schnell erfasst, 5. Auflage, Berlin und Heidelberg 2006; Koller, I., Roth, W.-H., Morck, W.: HGB, Kommentar, 5. Auflage, München 2005.

Internetadressen: (Sammlung von Gesetzen) www.gesetze-im-internet.de/Bundesrecht; (Urteile des Bundesgerichtshofes) www.bundesgerichtshof.de

Website des Autors: www.wiwi-online.de/start.php

Handelsrechtsreform, österreichische

(1) Vom HGB zum UGB: Mit 1.1.2007 wird das österreichische *Handelsgesetzbuch* durch das österreichische *Unternehmensgesetzbuch (öBGBl I Nr. 120/2005)* ersetzt. Damit ist die lange diskutierte Reform des österreichischen Handelsrechts abgeschlossen. Hauptmotiv der Bestrebungen war es, die unternehmerischen Regelungen an die Erfordernisse des modernen Wirtschaftslebens anzupassen. *(2) Die wichtigsten Änderungen:* Neufassung des Grundtatbestands des öHGB: der antiquierte Begriff des *Kaufmanns* wird durch den zeitgemäßeren und umfassenderen Begriff des → *Unternehmers* ersetzt;

Liberalisierung der Firmenbuchvorschriften; Abschaffung der → *Eingetragenen Erwerbsgesellschaften*, stattdessen Erweiterung des Gesellschaftszwecks von → OHG (nunmehr → OG) und → KG; Erleichterung der Unternehmensübertragung; Transfer rein bürgerlich-rechtlicher Vorschriften in das ABGB; allgemeine Rechtsbereinigung und Deregulierung (u.a. Aufhebung der Einführungsverordnung zum öHGB).

Literatur: *Dehn*, Wilma, UGB. Das neue Unternehmensgesetzbuch, Manz Verlag (2006); *Dehn/Krejci* (Hrsg.), Das neue UGB. SWK-Sonderheft, Linde Verlag (2005); *Harrer*, Friedrich/*Mader*, Peter, Die HGB-Reform in Österreich, Verlag LexisNexis ARD Orac (2005)

Handelsregister

(*deutsches Recht*). In das Handelsregister müssen Unternehmen eingetragen werden, welche die Kaufmannseigenschaft besitzen (oder durch Eintragung erlangen wollen). Das Handelsregister wird von den Amtsgerichten geführt. Das Handelsregister besteht aus zwei Abteilungen. In Abteilung A (HRA) werden: die Einzelkaufleute, die in § 33 HGB bezeichneten → juristischen Personen, die offenen Handelsgesellschaften (OHG), die Kommanditgesellschaften (KG) und die → Europäischen wirtschaftlichen Interessenvereinigungen (EWiV) eingetragen. In Abteilung B (HRB) werden die → AGs (AG), die Kommanditgesellschaften auf Aktien (KGaA), die Gesellschaften mit beschränkter Haftung (GmbH) und die Versicherungsvereine auf Gegenseitigkeit (VVaG) eingetragen.

Handelsregister

(*österreichisches Recht*) wird von einem Amtsgericht (Registergericht) geführt und gibt Auskünfte über die wichtigsten Rechtsverhältnisse der → Kaufleute im Zuständigkeitsbereich des jeweiligen Registergerichts (§§ 8 ff. HGB). Die Einsicht in das Handelsregister sowie der zum Handelsregister eingereichten Schriftstücke ist jedem gestattet. Die Eintragung in das Handelsregister ist durch das Gericht im Bundesanzeiger und mindestens einer anderen Zeitung bekanntzumachen.

Handelsspanne
siehe → Preispolitik des Handels.

Handelssystem
ist die geordnete Gesamtheit von Betrieben des → Handels, zwischen denen Beziehungen in Form von Realgüter- (Waren, Dienstleistungen), Nominalgüter- (Geld, Kredite) und Informationsströmen bestehen. Es gibt Handelssysteme auf der Großhandelsstufe, auf der Einzelhandelsstufe sowie als Verknüpfung zwischen Groß- und Einzelhandelsstufe. Bei den ersten beiden handelt es sich um ein → horizontales Handelssystem, bei der dritten um ein → vertikales Handelssystem. Begriffe, die Erscheinungsformen von Handelssystemen beschreiben, sind z.B. → filialisierendes Handelssystem, → kooperierendes Handelssystem, → Verbundgruppe, → Einkaufskontor, → freiwillige Kette und → Franchisesystem.

Handelssysteme, Filialisierende
siehe → Filialisierende Handelssysteme.

Handelssysteme, Horizontale
siehe → Horizontale Handelssysteme.

Handelssysteme, Integrierte
siehe → Integrierte Handelssysteme.

Handelssysteme, Kooperierende
siehe → Kooperierende Handelssysteme.

Handelssysteme, Vertikale
siehe → Vertikale Handelssysteme.

Handelsunternehmung
siehe → Handel, Institutioneller.

Handelsvertreter
(*deutsches Recht*) sind selbstständige Gewerbetreibende, deren fortlaufender Auftrag darin besteht, den Absatz von Produkten im Namen und für die Rechnung ihres Auftraggebers (→ Großhandelsunternehmungen, Hersteller, Importeure usw.) vorzunehmen (§§ 84 ff. HGB). Neben der Akquisition übernehmen sie teilweise auch Bereiche der physischen → Distribution und können außerdem Eigengeschäfte betreiben. Im Sinne des HGB gehören zu den Handelsvertretern auch die Vertreter, die Umsätze mit privaten Haushalten vermitteln, und Vertreter im Nebenberuf.

Handelsvertreter
(im → *Außenhandel*) ist ein → Absatzmittler, der in fremdem Namen und auf fremde Rechnung handelt.
Im Außenhandel unterscheidet man unselbständige Handelsvertreter (auch Reisende) als Angestellte des Exportunternehmens mit weitgehender Weisungsbefugnis und selbständige Handelsvertreter (auch → Agenten) die als Vermittler und/oder Abschlussvertreter auf vertraglicher Basis, oft sogar für mehrere Unternehmen, mit Anspruch auf Provision, gegebenenfalls noch Fixum und Spesen, tätig sind. Sie können vom Inland aus als sog. Exportvertreter oder im Ausland als sog. Auslandsvertreter arbeiten. Der → CIF-Agent bietet im Auftrag meist mehrerer Exporteure Waren einer bestimmten Branche auf CIF-Basis (d.h. einschl. Seetransportkosten und Versicherung, frei Bestimmungshafen) an.

Handelsvertreter
(*österreichisches Recht*). Ein Handelsvertreter ist als selbständiger Gewerbetreibender ständig damit betraut, für einen anderen Unternehmer Geschäfte zu vermitteln oder in dessen Namen abzuschließen (§ 84 Abs. 1 HGB). Vergütungsformen sind die Abschlussprovision, die Delkredereprovision und die Inkassoprovision. Siehe auch Handelsrecht.

Handelswaren
sind zugekaufte Produkte (Vorräte), die das Produktionsprogramm ergänzen, aber im Unternehmen weder bearbeitet noch verarbeitet werden. Bezüglich von Handelswaren übernimmt ein Hersteller somit eine Händlerfunktion. Siehe auch → Materialwirtschaft.

Handelswechsel
siehe → Warenwechsel, siehe auch → Wechsel.

Handheld-Computer
ist eine Sammelbezeichnung für Computer, die in der Hand gehalten werden und typischerweise etwa die Größe einer Handfläche haben. Der wichtigste Vertreter ist der → *Personal Digital Assistant*.

Händlermarke (Retail Brand)

Händlermarke (Retail Brand)

von Professor Dr. Thomas Roeb
Fachhochschule Bonn-Rhein-Sieg

1. Charakterisierung
Als *Händlermarke* (Retail Brand) ist der *Name eines Handelsunternehmens* (als Ganzes) zu bezeichnen, wenn dieser für den Konsumenten eine größere Bedeutung bei der Kaufentscheidung besitzt als der Name bzw. die → Marke der bei diesem Händler angebotenen Artikel. Insbesondere in der Handelspraxis verwendet man den Begriff auch für das Handelsunternehmen als solches.

Abgrenzung: Im Gegensatz zur Händlermarke umfasst der Begriff „*Handelsmarke*" bzw. „Eigenmarke" die (Eigen-)Marken des Handels, die sich auf bestimmte Produkte bzw. Produktgruppen *innerhalb des Sortiments* eines Handelsunternehmens beziehen, z.B. als Einzelangebotsmarken, Warengruppenmarken, Teilsortimentsmarken oder umfassende Sortimentsmarken. Handelsmarken werden auch als *Private Labels* bezeichnet. Kurz gesagt lässt sich formulieren: Ein Händler hat Handelsmarken, ist aber zugleich selbst Händlermarke. Einzelheiten siehe → Handelsmarke.

Gelegentlich wird insbesondere in der wissenschaftlichen Literatur bereits jeder als → Marke eingetragene Name eines Handelsunternehmens als Händlermarke bezeichnet. Man unterscheidet dann nur zwischen starken und schwachen Händlermarken. Eine solche weite Begriffsfassung erscheint jedoch aus verschiedenen Gründen nicht sinnvoll. Zum einen entspricht sie nicht der Sprachregelung der Handelspraxis, in der der Status der Händlermarke immer als idealer Zielzustand betrachtet wird. Zum zweiten widerspricht sie dem Grundgedanken der Marke, demzufolge eine Marke sich dadurch auszeichnet, dass sie aufgrund der mit ihr verbundenen Vorstellungen den Konsumenten an das markierte Produkt bindet. Vor diesem Hintergrund wäre es wenig sinnvoll, dem Namen eines Handelsunternehmens Markenstatus einzuräumen, der keine Bindung auf den Konsumenten ausübt.

2. Vorkommen

Echte Händlermarken sind rar. In Deutschland darf als erste und auch heute noch wichtigste Händlermarke Aldi gelten. Weitere Beispiele stellen der Bekleidungsfilialist H&M, das Möbelhaus IKEA oder der Postenvermarkter Tchibo dar. Allen diesen Unternehmen ist gemein, dass der Konsument sie als die Garanten der Qualität der dort verkauften Produkte sieht und dies mit einer hohen Kundenloyalität honoriert. Wichtigstes Zeichen der Kundenloyalität ist die Bedarfsabdeckung, die der Händler beim Kunden erreicht. Die Kundenloyalität schlägt sich aber auch in der Bereitschaft nieder, einen gewissen Kaufaufwand zu leisten. Unter dem Kaufaufwand ist in erster Linie der Zeit- und Geldaufwand zu verstehen, der zum Erreichen der Verkaufsstelle nötig ist. Im Falle von Aldi manifestiert sich dies u.a. in einem Einzugsgebiet pro Verkaufsstelle, das ca. 50% größer ist als beim Wettbewerb. Aber auch die Bereitschaft, wie im Falle von H&M einen schlechteren Service oder eine unübersichtliche Verkaufsstelle zu akzeptieren, kann als Ergebnis einer gesteigerten Kundenloyalität betrachtet werden.

3. Preis- und Sortimentspolitik

Theoretisch kann der Händler die Kundenloyalität nutzen, um höhere Preise zu verlangen. In der Praxis geschieht dies jedoch kaum, da wirkliche Händlermarken sich i. A. als → Discounter positionieren. Dies ergibt sich aus der Tatsache, dass der Status einer Händlermarke dem Handelsunternehmen große Kostenvorteile verschafft, die eine Strategie der Preisführerschaft nahe liegend machen. Die Kostenvorteile resultieren vor allem aus dem Umstand, dass eine Händlermarke keine Markenartikel mehr benötigt, da die Händlermarke selbst dem Kunden das nötige Vertrauen vermittelt. Damit entfallen für die Händlermarke die erheblichen Marketingaufwendungen der Markenartikelhersteller, die zwischen 25 und 50% der Endverkaufspreises ausmachen können. An ihre Stelle tritt der erheblich geringere Aufwand der Händlermarke für die Bewerbung des eigenen Namens. Auch bietet der Rückzug vom Markenartikel die Chance zu einer deutlichen Sortimentsreduktion, denn pro Produkt, z.B. Vollwaschmittel, bietet der Händler jetzt nur eine sog. → Handelsmarke bzw. Eigenmarke wie z.B. Aldi die Handels-/Eigenmarke „Tandil" statt mehrerer gleichwertiger Markenartikel, z.B. Persil, Dash, Ariel etc.. Das reduzierte Sortiment wiederum ermöglicht erheblich vereinfachte Abläufe im Bereich der Verwaltung sowie der filialexternen und -internen Logistik.

4. Etablierung einer Händlermarke

Angesichts der großen Vorteile, die der Status einer Händlermarke dem Handelsunternehmen bietet, verwundert es nicht, dass das Erreichen eines solchen Status schon seit etwa der Jahrtausendwende zum erklärten Ziel aller größeren Handelsunternehmen geworden ist. Dennoch hat sich bislang keine neue wirkliche Händlermarke in Deutschland etablieren können. Der Grund hierfür liegt darin, dass wie beim klassischen Markenartikel der Aufbau des Namens eines Handelsunternehmens zur Marke viel Zeit sowie eine geeignete und langfristig kohärent gehaltene USP (Unique Selling Proposition) verlangt. In begrenztem Umfang kann man zwar Zeit durch Geld ersetzen, doch die Grenzen einer solchen

Substitution sind eng gesteckt. Eine große Hürde bildet auch der Entwurf eines geeigneten Marketingkonzepts sowie vor allem dessen langfristige Einhaltung. Bestes Beispiel dafür, wie leicht das Bestreben nach immer neuen Ideen für gute Werbekampagnen den Aufbau einer USP verhindert, bietet Obi.
Nach u.a. „bibergünstig" (USP: beste Preise) und „ … oder bei Obi" (USP: beste Auswahl) wirbt Obi
jetzt mit „ Je Obi, desto Mehr. Obi genial" (USP: ?). Dabei ist zumindest einer der Spots der letzten
Kampagne sogar preisgekrönt. Aber die Prämierung betrachtet nur den einzelnen Spot und ignoriert die
langfristige Kohärenz der Botschaft. Werbespots für Persil oder H&M gewinnen zwar keine Preise,
aber transportieren langfristig kohärente Botschaften, die sich im Bewusstsein des Konsumenten fest-
setzen.

5. Markenartikel versus Händlermarkenkonzept

Eine noch unerforschte Problematik besteht in der Rolle des Markenartikels in einem Händlermarken-
konzept. Auf einer theoretischen Ebene scheinen die Listung von Markenartikeln und die Rolle als
Händlermarke unvereinbar, denn die Treue des Konsumenten kann sich entweder auf die Marke eines
Produkts oder die Marke der Verkaufsstelle konzentrieren, nicht auf beides gleichzeitig, d.h. entweder
der Konsument möchte Nutella oder die Nusscreme von Aldi. Diese theoretischen Überlegungen finden
ihre Bestätigung in der Empirie. Alle vier als beispielhaft erwähnten Händlermarken führen mehr oder
weniger ausschließlich Handelsmarkenartikel. Allerdings gibt es im deutschen Handel zwei Unternehmen, die ebenfalls über eine sehr hohe Kundenloyalität verfügen und damit eigentlich auch Händler-
markenstatus in Anspruch nehmen können: dm und Mediamarkt/Saturn. dm verfügt zwar über eine
starke Handelsmarke, arbeitet aber ansonsten fast ausschließlich Markenartikel. Mediamarkt/Saturn
verwendet Handelsmarken praktisch überhaupt nicht. Bemerkenswerterweise haben sich aber auch diese Handelsunternehmen als Preisführer in ihrem jeweiligen Markt positioniert.

6. Marktanpassung

Es liegt in der Natur der Sache, dass der Status einer Händlermarke in jedem Markt, in den das Handelsunternehmen vordringt, neu aufgebaut werden muss. Das erklärt, warum der Erfolg von Händlermarken bei der Auslandsexpansion so begrenzt ist. Von den eingangs genannten vier Händlermarken
Aldi, Tchibo, IKEA und H&M sind nur IKEA und H&M international wirklich erfolgreich. Es fällt dabei auf, dass beide Unternehmen nicht deutschen Ursprungs sind und außer in ihrem Heimatmarkt – in
beiden Fällen Schweden – und Deutschland auch in vielen anderen europäischen und außereuropäischen Märkten eine marktbedeutende oder sogar marktführende Rolle spielen. Aldi und Tchibo sind
zwar ebenfalls in unterschiedlichen europäischen und außereuropäischen Ländern präsent, doch in keinem auch nur annähernd so erfolgreich wie in ihrem Heimatmarkt Deutschland. Es gibt also offensichtlich kein Standardrezept für die Entwicklung zur Händlermarke. Vielmehr muss das entsprechende
Konzept für jeden Markt maßgeschneidert werden.

Hinweis

Zu den angrenzenden Wissensgebieten siehe → Categorie Management, → Customer Relationship
Management (CRM), → Efficient Consumer Response, → Handelsbetriebslehre, Grundlagen, → Handelsforschung, → Handelsmarke (Eigenmarke), → Handelsmarketing, → Kommunikationspolitik,
→ Konsumentenverhalten, → Kundenzufriedenheit, → Marke, → Markenarten, → Markenbewertung,
→ Markenführung, → Markennamen, → Markenrecht, → Marketing, Grundlagen, → Marketing, Internationales, → Marktforschung, → Preispolitik, → Produktpolitik, → Vertriebspolitik, → Vertriebswege, neuere, → Werbung.

Literatur: DEMBECK, Sandra: Retail Branding. Eine Analyse unter besonderer Berücksichtigung des
Bekleidungs- und Lebensmitteleinzelhandels in Deutschland, Großbritannien und Frankreich, Aachen
2004; JARY, Michael; SCHNEIDER, Dirk, WILEMAN, Andrew: Marken-Power. Warum Aldi, Ikea,
H & M und Co. so erfolgreich sind; Wiesbaden 2000; MORSCHETT, Dirk: Retail Branding und Integriertes Handelsmarketing, Saarbrücken 2002; ROEB, Thomas: Markenwert – Begriff, Berechnung, Bestimmungsfaktoren, Diss., Aachen 1994; ROEB, Thomas: Von der Handelsmarke zur Händlermarke –
Die Storebrands als Markenstrategie für den Einzelhandel, in: BRUHN, Manfred (Hrsg.): Handelsmar-

ken – Entwicklungstendenzen und Zukunftsperspektiven der Handelsmarkenpolitik, 2. Aufl., Stuttgart 1997, S. 345 – 366; ROEB, Thomas: Wenn der Händler zur Marke wird, in: Lebensmittelzeitung (D) 17, 25.4.1997, S. 81 – 83; ROEB, Thomas: Von der Handelsmarke zur Händlermarke – Die Retailbrands als Markenstrategie für den Einzelhandel, in: BRUHN, Manfred (Hrsg.): Handelsmarken – Entwicklungstendenzen und Perspektiven der Handelsmarkenpolitik, 3. Aufl., Stuttgart 2001, S. 291 – 31; RUDOLPH, Thomas; SCHWEIZER, Markus: Corporate Branding. Die Händlermarke als Verkaufsargument, Zürich 2003; SPANDL, Torsten, Horizontale Betriebstypendiversifikation – Möglichkeiten und Erfolgschancen der horizontalen Integration alternativer Betriebstypen in bestehenden Vertriebssystemen und die Auswirkungen auf die Händlermarke, Wien 2003; ZENTES, Joachim; JANZ, Markus; MORSCHETT, Dirk: HandelsMonitor 2001 – Der Handel als Marke, Frankfurt a. M. 2000.

E-Mailadresse des Autors: Thomas.Roeb@fh-bonn-rhein-sieg.de

Handlung
siehe → Handel, Institutioneller.

Handlungsbevollmächtigter
Eine Handlungsvollmacht liegt vor, wenn jemand ohne Erteilung der → Prokura zum Betrieb eines Handelsgewerbes oder zur Vornahme einer bestimmten zu einem Handelsgewerbe gehörenden Art von Geschäften oder zur Vornahme einzelner zu einem Handelsgewerbe gehöriger Geschäfte ermächtigt ist (§ 54 Abs. 1 HGB). Siehe auch → Handelsrecht.

Handlungsgehilfe
ist jeder, der in einem Handelsgewerbe zur Leistung kaufmännischer Dienste gegen Entgelt angestellt ist (§ 59 HGB). Siehe auch → Handelsrecht.

Handlungsmöglichkeit
→ Variante. Siehe auch → Entscheidung, betriebswirtschaftliche (mit Literaturangaben).

Hands off
(bei → *Private Equity*), passive Betreuung eines Beteiligungsunternehmens durch den kapitalgebenden → Private Equity-Fonds. Nach Bereitstellung von Eigenkapital durch den Private Equity Fonds lässt man das Unternehmen agieren, ohne bis zum → Exit (Desinvestition) direkt einzugreifen. Eher passive Betreuung durch bloß kontrollierende Mitwirkung in Beiräten oder im Aufsichtsrat.

Hands on
(bei → *Private Equity*), aktive Betreuung eines Beteiligungsunternehmens durch den kapitalgebenden → Private Equity-Fonds. Der Investor (ein Private Equity-Fonds) zielt auf eine Wertsteigerung durch aktive Unterstützung des Managements (über die Mitwirkung in Beiräten, Aufsichtsräten etc. hinausgehende Aktivitäten). Eine aktive Beteiligung am Management eines Portfoliounternehmens birgt steuerlich aber das Risiko in sich, dass die Einkünfte des Private Equity Fonds gewerblich werden.

Handwerkergenossenschaften
sind Genossenschaften des Nahrungsmittel- und Nicht-Nahrungsmittelhandwerks, welche vor allem den preisgünstigen Einkauf von Handwerksbedarf garantieren sollen. Gefördert werden die Mitglieder ebenfalls in ihren Absatzfunktionen und durch diverse Beratungsleistungen. Zu den Genossenschaften des Handwerks gehören beispielsweise Bäcker- und Konditoren-, Fleischer-, Maler-, Dachdecker-, Tischler- und Friseurgenossenschaften. In einigen Handwerkszweigen sind gewerbliche Warenzentralen (→ Zentralgenossenschaften) eingerichtet worden, welche die Einkaufstätigkeit der örtlichen Genossenschaften unterstützen sowie Zentralregulierung und Delkredere übernehmen.
Siehe auch → Genossenschaft, deutsche und → Erwerbs- und Wirtschaftsgenossenschaft, österreichische.

HaRÄG

Abk. für österreichisches Handelsrechts-Änderungsgesetz.

HARA-Nutzenfunktion

(*hyperbolic absolute risk aversion*), → Risikoaversion, hyperbolische absolute.

Hardware

(bei → *Kompensationsgeschäften*), im → Kompensationsgeschäft übliche Bezeichnung für Waren mit internationalem Handelswert, z.B. Maschinen und Investitionsgüter. Gegenbegriff: → Software.

Hauptaktionär

siehe → Aktionär, siehe auch → Squeeze Out.

Hauptbuch

(in der → Buchführung; auch Sachbuch genannt) stellt sämtliche Geschäftsvorfälle nach sachlichen Gesichtspunkten geordnet in Kontoform dar. Für jede unterschiedliche Art von Vermögenswerten und Schulden werden eigene Konten eingerichtet. Um bei Änderungen des Eigenkapitals (= erfolgswirksame Vorgänge) Erkenntnisse über die Erfolgsquellen zu gewinnen, werden als Unterkonten des Eigenkapitalkontos Aufwands- und Ertragkonten geführt, in denen unterschiedliche Aufwands- und Ertragsarten getrennt gebucht werden.

Hauptkostenstelle

ist eine → Kostenstelle, die zum Absatz am Markt bestimmte Leistungen erbringt und bei der die dort angefallenen Kosten direkt auf die Kostenträger (Produkte bzw. Dienstleistungen) verrechnet werden. Die Kalkulation der Kosten erfolgt im Rahmen der → Kostenstellenrechnung im Wege der → Zuschlagskalkulation.
Unter den Hauptkostenstellen werden zuweilen die → Nebenkostenstellen ausgegliedert. Siehe auch → Betriebsabrechnung.

Hauptversammlung

Die Hauptversammlung aller → Aktionäre (ohne Teilnahmepflicht) ist neben → Aufsichtsrat und → Vorstand eines der drei Pflichtorgane der → Aktiengesellschaft. In der Hauptversammlung werden die Aktionärsrechte ausgeübt, der Wille der Gesellschaft gebildet und in der Regel mit einfacher Stimmenmehrheit die grundlegenden Entscheidungen getroffen; siehe auch → Aktienstimmrecht. Die Hauptversammlung ist vor allem zuständig für: (1) Bestellung der Aktionärsvertreter im Aufsichtsrat; (2) Beschluss über die Verwendung des Bilanzgewinns; (3) Entlastung von Vorstand und Aufsichtsrat (in der Regel Gesamtentlastung); (4) Bestellung des Abschlussprüfers; (5) Maßnahmen der Kapitalbeschaffung oder -herabsetzung; (6) Auflösung der Aktiengesellschaft; (7) alle schwerwiegenden Maßnahmen (z.B. Formwechsel, Verschmelzung, Spaltung, Auflösung, Erwerb und Veräußerung wichtiger Beteiligungen).
Siehe auch → Aktiengesellschaft, deutsche bzw. österreichische, jeweils mit Literaturangaben.
Literatur: Arbeitshandbuch für die Hauptversammlung, hrsg. von Semler J. und Volhard, R., 2. Auflage, München 2003; Martens, K.: Leitfaden für die Leitung der Hauptversammlung einer Aktiengesellschaft, 3. Auflage, Köln 2003.
Internet: (Einberufung im Internet) http://www.ebundesanzeiger.de; (Termine wichtiger Hauptversammlungen) http://www.die-aktiengesellschaft.de

Haushaltseinkunftsarten

Als Haushaltseinkunftsarten bezeichnet man die Einkünfte aus nichtselbständiger Arbeit, aus Kapitalvermögen, aus Vermietung und Verpachtung und die sonstigen Einkünfte im Sinne des § 22 EStG. Hier ermittelt man die Höhe der Einkünfte aus dem Überschuss der Einnahmen über die Werbungskosten. Siehe auch → Einkommensteuer.

Haustarifvertrag

→ Tarifvertrag zwischen einem → Arbeitgeber und einer Gewerkschaft zur Regelung der Arbeits- und Wirtschaftsbedingungen innerhalb des betreffenden Unternehmens.

Hedge Fund

siehe → Hedgefonds (mit Literaturangaben).

Hedge Ratio

Verhältnis zwischen der gewählten Positionsgröße eines Sicherungsinstruments und dem Ausmaß des abzusichernden Grundgeschäfts.
Siehe → Hedging und → Währungsmanagement (mit Literaturangaben).

Hedgefonds

Hedgefonds

von Geschäftsführer Michael Busack
Absolut Research GmbH Hamburg

1. Charakterisierung, Geschichte und Strategien

Der Begriff Hedgefonds steht für eine sehr heterogene Anlageform, die dem Bereich der → Alternativen Investments zuzuordnen ist, welche als Erweiterung der traditionellen Investments (z.B. Aktien, Renten) zu sehen sind. Es handelt sich bei Hedgefonds um vom Gesetzgeber in der Vergangenheit relativ unregulierte Geldanlagen mit vielfach geringerer Liquidität und Transparenz.

Hedgefonds weisen vielfach eine geringe → Korrelation zu traditionellen Investments auf, wodurch ihre Einbeziehung in ein → Portfolio die Risikokennzahlen deutlich verbessern kann. Durch eine Beimischung von Hedgefonds in ein traditionelles → Portfolio lässt sich im optimalen Fall eine bessere Rendite bei geringerer Standardabweichung erzielen, das heißt die Diversifikationswirkung von Hedgefonds ist tendenziell positiv, wobei hier die unterschiedlichen Hedgefonds-Strategiebereiche vielfach recht unterschiedliche Beiträge zur Diversifikation leisten.

Hedgefonds streben keine relative – an einer → Benchmark ausgerichteten – Rendite an, sondern wollen eine absolute Rendite erzielen, d.h. es sollen unabhängig von der Marktentwicklung positive Erträge erzielt oder das Kapital zumindest erhalten werden. Der Hedgefonds-Manager vergleicht seine Performance somit nicht mit einer → Benchmark (z.B. einem Aktienindex), sondern setzt sich meist das Ziel, eine bestimmte prozentuale Jahresrendite bzw. eine Überrendite über einen kurzfristigen Zinssatz (z.B. → Euribor, European Interbank Offered Rate) zu erzielen.

Der erste Hedgefonds wurde von Alfred Winslow Jones im Jahre 1949 gegründet. Jones setzte bei seinem Fonds erstmals das → Short Selling, d.h. den Leerverkauf von Aktien ein, um das Marktrisiko oder systematische Risiko zu verringern bzw. auszuschließen. Zusätzlich nutzte Jones → Leverage, um die Rendite seines → Portfolios zu verbessern. Ein weiteres Merkmal des ersten Hedgefonds war die performanceabhängige Vergütung des Fonds-Managers.

Von dieser Long-/Short-Strategie stammt auch der *Begriff des Hedgefonds* ab, da die Definition „to hedge" in der englischen Sprache für „sichern" oder „absichern" steht. Der Begriff Hedgefonds ist allerdings etwas irreführend, da die meisten der sich heutzutage am Markt befindlichen Hedgefonds wenig mit Absicherungsstrategien zu tun haben.

Es gibt eine Vielzahl unterschiedlicher *Hedgefonds-Strategien*, die sich zusätzlich noch in mehrere Untergruppen einteilen lassen. Bei den Single-(Einzel-)Hedgefonds lassen sich drei Hauptkategorien unterscheiden: marktneutrale Strategien (Relative Value), ereignisorientierte Strategien (Event Driven) und opportunistische Strategien (siehe → Hedgefonds-Strategien).

2. Merkmale

Auch wenn es sich bei Hedgefonds um eine sehr heterogene Anlageform handelt, so sind doch einige wesentliche Merkmale für diese Anlageform typisch:

- Hedgefonds-Manager haben einen *großen Handlungsspielraum* bezüglich der Anlageobjekte und der Märkte, in die sie investieren. Man kann auch sagen, dass ihnen die größten Freiheitsgrade aller → Asset-Manager gegeben sind. Dabei werden aktive Anlagestrategien umgesetzt, deren Erfolg zum einen von den Fähigkeiten des Managers bei der Implementierung der Strategie und zum anderen vom Ausnutzen von Ineffizienzen sowie → Marktrisikoprämien abhängig ist.
- Hedgefonds benutzen, je nach Strategie und in unterschiedlicher Ausprägung, das → *Short Selling (Leerverkäufe)* als Anlagestrategie. Damit wird auf fallende Kurse spekuliert. Somit können Hedgefonds-Manager auch bei negativen Kursentwicklungen Gewinne erzielen, ihr → Portfolio absichern oder auch marktneutrale Positionen aufbauen.
- Viele Hedgefonds benutzen → *Leverage*, um im Rahmen der Umsetzung ihrer Strategie eine bessere Performance zu erzielen, da vielfach nur kleine Kursunterschiede ausgenutzt werden bzw. auf die relative Wertveränderung zweier Anlageobjekte gesetzt wird und das Marktrisiko weitgehend ausgeschaltet wird. → Leverage entsteht durch die Aufnahme von Fremdkapital oder den Einsatz von → Derivaten, wie → Optionen oder → Futures. Es entsteht eine Hebelwirkung, so dass bei steigenden Märkten höhere Gewinne und bei fallenden Märkten höhere Verluste bei einer Kauf-Position entstehen (umgekehrt bei einer Short-Position) als bei einem → Portfolio ohne → Leverage. Grundsätzlich ist die Höhe des Leverage keine ausreichende Information über den Risikograd einer Hedgefonds-Strategie. Es kommt auf die Anwendung des Leverage an. So kann z.B. ein höherer Leverage durch eine Kreditaufnahme zur Verdoppelung einer Long-oder Short-Position verwendet werden, jedoch auch um damit entgegengesetzte Positionen, die auf einen relativen Kursunterschied setzen, einzugehen, d.h. die eine Hälfte des Kapitals geht Long, die andere Short. So ist das Risiko weit geringer, als z.B. bei einer reinen Long- oder Short-Position ohne Leverage.

3. Anlegerkreis

Die Hauptzielgruppe der Hedgefonds waren in der Vergangenheit primär wohlhabende Privatpersonen. Heute sind es immer mehr institutionelle Investoren, die sich dem Hedgefonds-Segment zuwenden. Bei der Gruppe der institutionellen Anlegern legen insbesondere größere Pensionsfonds und Stiftungen einen bedeutenden Anteil ihrer Mittel in → Alternativen Investments wie Hedgefonds an. So investieren die größten Universitätsstiftungen der USA, wie z.B. Yale und Harvard, bis zu 25% ihrer Mittel in den Hedgefonds-Bereich.

Meist sind hohe Mindestanlagesummen Voraussetzung für ein Investment in Hedgefonds. In letzter Zeit finden sich allerdings verstärkt auch Hedgefonds mit geringeren Mindestanlagesummen, die für einen größeren Anlegerkreis interessant sind. Der Hedgefonds-Manager legt in der Regel einen Teil seines eigenen Vermögens in seinen Fonds an.

Um eine größere Planungssicherheit zu gewährleisten und aufgrund der geringen Liquidität vieler in den Fonds enthaltener Positionen, haben Hedgefonds Rückgabefristen für die Anleger von einem Monat bis zu einem Jahr. In Ausnahmefällen sind auch Fristen von über einem Jahr zu finden.

4. Kosten

Hedgefonds erheben eine Kombination aus fixen Gebühren (Managementgebühren) – welche bei Single-Hedgefonds bis zu 2% p.a. und bei Dach-Hedgefonds bis zu 1% p.a. des Fondsvolumens betragen – und performanceabhängigen Gebühren. Für Letztere gibt es unterschiedliche Berechnungsmöglichkeiten. Entweder vereinnahmt der Hedgefonds-Manager einen bestimmten Prozentsatz der gesamten erzielten Performance oder es kommt eine → Hurdle Rate zur Anwendung, da eine Gebühr nur erhoben wird, wenn ein bestimmter Zinssatz für kurzfristige Gelder, wie z.B. der → Euribor, überschritten wird. Allen Varianten gemein ist die → High Watermark: Eine performanceabhängige Gebühr wird nur erhoben, wenn nach einer negativen Entwicklung des Fonds der alte Vermögensstand des Investors wieder überschritten wird. Die performanceabhängige Gebühr beläuft sich bei Single-Hedgefonds auf 10% bis 30% und bei Dach-Hedgefonds auf bis zu 10% der erzielten Performance (ggf. über einer vereinbarten Hurdle Rate).

Im Rahmen von strukturierten Produkten (z.B. Zertifikaten) oder Fonds, die in Deutschland zum öffentlichen Vertrieb zugelassen sind, kommen noch andere Gebühren hinzu (z.B. ein einmaliges Agio oder Strukturierungsgebühren).

5. Entwicklung

Die Zahl der Hedgefonds und das verwaltete Vermögen nahmen ab den 1990-er Jahren enorm zu. Das aktuell geschätzte *Vermögen* aller Hedgefonds lag zum Jahresende 2005 weltweit bei mehr als 1,1 Billionen US-Dollar. Allerdings gibt es unterschiedliche Angaben, da diese grundsätzlich nur auf geschätzten Zahlen beruhen. Dies liegt an der Tatsache, dass Hedgefonds-Manager nicht zur Offenlegung der Zahlen verpflichtet sind. Einige veröffentlichen ihre Daten überhaupt nicht, die übrigen berichten meist nur an eine von einer Vielzahl von Datenbanken. Um eine Doppelzählung von in Single-Hedgefonds investierende → Dachhedgefonds zu vermeiden, ist hier nur das Vermögen der Single-Hedgefonds genannt.

Bei der geschätzten weltweiten *Anzahl* der Hedgefonds zeigt sich ein ähnliches Bild wie beim verwalteten Vermögen. Zum Jahresende 1990 wurden gerade einmal 610 Hedgefonds gezählt und bis Dezember 2005 entwickelte sich diese Zahl auf mehr als 8.600 (davon ca. 6.600 Single-Hedgefonds und ca. 2.000 Dach-Hedgefonds).

6. Rechtliche Ausgestaltung

Hedgefonds-Manager unterliegen fast keinen Einschränkungen in Bezug auf die gewählten Positionen in ihren → Portfolios. Sie investieren zur Ausnutzung von guten Performancemöglichkeiten auch in relativ illiquide Positionen. Der ursprüngliche Hedgefonds in den USA wurde als Limited Partnership gegründet, vergleichbar mit der deutschen Rechtsform einer Kommanditgesellschaft. Diese Form ist auch heute noch in den USA vorherrschend. Neben den Vereinigten Staaten ist ein Großteil aller Hedgefonds in so genannten Offshore-Domizilen, die eine möglichst geringe Regulierung und günstige Steuergesetze aufweisen, beheimatet. Hierzu zählen vor allem die Cayman-Inseln, die Jungfern-Inseln und die Bermuda-Inseln.

In Deutschland sind Hedgefonds seit dem 01.01.2004 im Investmentgesetz geregelt. Hier werden Hedgefonds als *Sondervermögen mit zusätzlichen Risiken* (siehe § 112 Investmentgesetz) bezeichnet. Der öffentliche Vertrieb ist gesetzlich nur für → Dach-Hedgefonds (siehe § 113 Investmentgesetz) zulässig, Einzel-Hedgefonds dürfen nur durch eine Privatplatzierung angeboten werden. Die Anteilrückgabe bei in Deutschland zugelassenen Hedgefonds muss mindestens vierteljährlich möglich sein (§ 116 Investmentgesetz). Die Bundsanstalt für Finanzdienstleistungen (→ BaFin) regelt die Zulassung von Hedgefonds in Deutschland.

Hinweise

Zu den angrenzenden Wissensgebieten siehe → Aktiengesellschaft, deutsche, → Aktiengesellschaft, österreichische, → Aktiengesellschaft, kleine, → Bilanzanalyse, → Businessplan, → Corporate Governance, → Due Diligence, → Gesellschaftsformen, österreichische, → Gesellschaftsrecht, europäisches, → Going Public (Vorbereitungsphase), → Going Public (Durchführungsphase), → Konzernabschluss, → Mergers & Acquisitions, → Private Equity, → Sanierungsmanagement, → Unternehmensbewertung, → Unternehmensethik, → Venture Capital.

Literatur: Agarwal, V./Naik, N.: Hedge Funds – Charakteristika und Risiken, in: Absolut|report Nr. 2, Hamburg Februar 2002; Busack, M.: Alternative Investments in Deutschland, in Absolut|report Nr. 1, Hamburg 2001; Busack, M./Kaiser, D. (Hrsg.): Handbuch Alternative Investments (Band 1 und 2), Wiesbaden 2006; Dichtl, H./Kleeberg, J./Schlenger, C. (Hrsg.): Handbuch Hedge Funds – Chancen, Risiken und Einsatz in der Asset Allocation, Bad Soden/Ts. 2005; Ineichen, A.: In Search of Alpha – Investing in Hedgefunds, UBS Warburg: Global Equity Research, Oktober 2000; Jaeger, L.: Managing Risk in Alternative Investment Strategies – Successful Investing in Hedge Funds and Managed Futures, London 2002; Kaiser, D.: Hedgefonds – Entmystifizierung einer Anlageklasse: Strukturen – Chancen – Risiken, Wiesbaden 2004; Lhabitant, F.-S.: Hedge funds – Myths and Limits, West Sussex 2002; Pütz, A./von Sonntag, A./Fock, T.: Hedgefonds in Deutschland nach dem Investmentmodernisierungsgesetz, in: Absolut|report Nr. 15, Hamburg 2003; Signer, A.: Generieren Hedge Funds einen Mehrwert? – Schwierigkeiten bei der Messung, Relativierung und neuer Erklärungsansatz, Bern, Stuttgart, Wien 2003.

Internetadressen: (Institutionen/Organisationen:) http://www.aima.org; http://www.bvai.de; (Datenbanken/Indizes:) http://www.hedgeindex.com; http://www.hedgefundresearch.com; http://www.vanhedge.com; http://www.investorforce.com; (Informationen Deutschland:) http://www.absolut-report.de; (Informationen International:) http://www.marhedge.com.

Website des Autors: http://www.absolut-report.de

Hedgefonds-Strategien

Hedgefonds lassen sich in eine Vielzahl unterschiedlicher Strategien mit zahlreichen Untergruppen einteilen. Bei den Single-Hedgefonds lassen sich drei Hauptkategorien unterscheiden: marktneutrale Strategien (Relative Value), ereignisorientierte Strategien (Event Driven) und opportunistische Strategien: Zu den *marktneutralen Strategien* zählen Convertible Arbitrage, Equity Market Neutral und Fixed Income Arbitrage. Bei der Convertible Arbitrage nutzt der Hedgefonds-Manager Fehlbewertungen bei Wandelanleihen und den zugrunde liegenden Aktien. Bei der Equity Market Neutral-Strategie werden unterbewertete Aktien gekauft und überbewertete Aktien leer verkauft (→ Short Selling). Die Fixed Income Arbitrage baut Positionen in verschiedenen festverzinslichen Wertpapieren auf, um Preisanomalien auszunutzen.

Ereignisorientierte Strategien lassen sich in die beiden Hauptgruppen Distressed Securities und Merger Arbitrage einteilen. Bei ersterer investiert der Hedgefonds-Manager in Wertpapiere von Unternehmen, die sich in finanziellen oder operationellen Schwierigkeiten befinden. Bei negativen Meldungen reagieren die Kurse der betroffenen Unternehmen meist stärker als fundamental gerechtfertigt wäre, wodurch sich Gewinne generieren lassen. Bei der Merger Arbitrage geht es um das Ausnutzen von Kursentwicklungen bei Unternehmensübernahmen oder -zusammenschlüssen. Die Aktien des Übernahmekandidaten werden gekauft und die des übernehmenden Unternehmens leer verkauft.

Die *opportunistischen Strategien* lassen sich in die Untergruppen Emerging Markets, Global Macro, Long/Short Equity und → Short Selling einteilen. Die Emerging Markets Strategie beinhaltet die Investition in Aktien und Anleihen von Schwellenländern. Die Global Macro-Strategie ist sehr vielschichtig. Die Hedgefonds-Manager analysieren makroökonomische Daten verschiedener Länder, um Trends zur Erzielung von Gewinnen zu erkennen. Die Long/Short Equity-Strategie zu der die meisten → Hedgefonds zu rechnen sind, tätigt Käufe und Leerverkäufe in Aktien. Dabei besteht im Gegensatz zur marktneutralen Strategie meist ein Übergewicht auf der Long- oder der Short-Seite. Der Short Selling-Manager versucht aus fallenden Kursen Gewinne zu generieren. Dabei werden beispielsweise Aktien leer verkauft, um sie später zu geringeren Kursen zurückzukaufen.

Long/Short Equity, Global Macro und die ereignisorientierten Strategien repräsentieren bezogen auf das verwaltete Volumen (→ assets under management) den größten Marktanteil.

Siehe auch → Hedgefonds (mit Literaturangaben).

Literatur: Hilpold, C. / Kaiser, D.: Alternative Investment-Strategien - Einblick in die Anlagetechniken der Hedgefonds-Manager, Weinheim 2005; Phillips, K./Surz, R. (Hrsg.): Hedge Funds – Definitive Strategies and Techniques, Hoboken, New Jersey 2003.

Hedging

(insbesondere bei → *Aktien*). Allgemein bezeichnet Hedging die Absicherung gegen Risiken. Dies kann auf vielfältige Weise geschehen. Z.B. kann ein multinational operierendes Unternehmen Währungsrisiken dadurch hedgen, dass Zahlungsverpflichtungen in Fremdwährung entsprechende Zahlungseingänge in Fremdwährung gegenüber stehen. Hierzu muss freilich sowohl der betragsmäßige als auch der zeitliche "Match" der beiden Zahlungen sicher gestellt werden können.

Häufig erfolgt das Hedging durch den Einsatz von → Derivaten. So kann z.B. der Bestand einer bestimmten Aktie durch den Kauf entsprechender Verkaufsoptionen (→ Optionen) gegen Kursverluste abgesichert werden. Der Wertverlust des Aktienbestandes kann durch den Wertgewinn der → Long-Put-Position ausgeglichen werden. Die Absicherung komplexer Aktien-Portfolios lässt sich kostengünstig über Index-Optionen bzw. Index-Futures erreichen.

Hierzu muss zum einen die Anzahl der Kontrakte auf das zu hedgende Aktienvolumen abgestimmt werden, zum andern muss das → Underlying der Option bzw. des Futures mit der Struktur des abzusichernden Portfolios übereinstimmen. Andernfalls gelingt keine vollständige Absicherung (perfect hedge), sondern es kommt entweder zu einer Übersicherung (Overhedge) oder zu einer Untersicherung (Underhedge).

Siehe auch → Finanzinnovationen, → Optionen und → Swaps, jeweils mit Literaturangaben.

Hedging

(insbesondere im → *Währungsmanagement*). Hedging bezeichnet Maßnahmen zur Minimierung beispielsweise von Kurs-, Zinsänderungs- oder → Wechselkursrisiken. Diese Maßnahmen führen zu einer Risikoreduktion, bestenfalls sogar zu einer Risikoeliminierung. Im letzteren Fall spricht man von einem → Perfect Hedge. Vor dem Hintergrund von Erwartungsnutzenkalkülen kann man als Hedging solche Maßnahmen verstehen, die den Erwartungsnutzen unter der Prämisse maximieren, dass die Höhe der erwarteten Einzahlungen in Inlandswährung durch Sicherungsinstrumente nicht beeinflusst werden kann. Sieht ein Unternehmer die Varianz als Risikomaß an, so bezeichnet Hedging das Streben nach varianzminimalen Einzahlungen. Im Fall der Marktwertmaximierung bei Existenz von (fixen) Insolvenzkosten kann Hedging als Minimierung der unternehmerischen Insolvenzwahrscheinlichkeit charakterisiert werden.

Siehe auch → Währungsmanagement (mit Literaturangaben).

Literatur: Breuer, W.: Unternehmerisches Währungsmanagement, 2. Auflage, Wiesbaden 2000.

Hedonische Preise

Bei einer hedonischen Preisfunktion wird versucht, die am Markt beobachtbaren Preisvariationen verschiedener Produktvarianten einer Produktklasse durch die Unterschiede der Produkteigenschaften – hier unter anderem die Marke – zu erklären. Hierzu kann eine Regressionsanalyse mit den beobachteten Preisen als abhängige und den Produkteigenschaften als unabhängige Variable(n) eingesetzt werden. Die geschätzten Regressionskoeffizienten für die Marken können dann als zusätzliche Zahlungsbereitschaft im Vergleich zu einer unbekannten Marke interpretiert werden. Siehe auch → markenspezifische Zahlungen sowie → Markenbewertung (mit Literaturangaben).

Held-to-maturity Securities

Hierbei handelt es sich um Gläubigerpapiere, weil sie eine Laufzeit haben. Sie werden bis zu ihrer Fälligkeit im Unternehmen gehalten. Bilanzierung: Sind held-to-maturity securities innerhalb des nächsten Jahres fällig, sind sie im → Umlaufvermögen auszuweisen. Liegt ihre Restlaufzeit über einem Jahr, sind sie im → Anlagevermögen zu zeigen. Held-to-maturity securities sind stets in Höhe der fortgeführten Anschaffungskosten (einschließlich premium oder discount) zu bilanzieren, weil sich zwischenzeitliche Kursschwankungen bis zur Fälligkeit ausgleichen.

Hermes Kreditversicherungs-AG

mit Wirkung zum 03. Juni 2003 umfirmiert in → Euler Hermes Kreditversicherungs-AG.

Hermes-APG

→ siehe Ausfuhr-Pauschal-Gewährleistung (APG) des Bundes.

Hermes-APG-light

→ siehe Ausfuhr-Pauschal-Gewährleistung-light (APG-light) des Bundes.

Hermes-Bürgschaft

siehe → Bürgschaft des Bundes.

Hermes-Deckung, revolvierende

siehe → Revolvierende Einzeldeckung des Bundes.

Hermes-Deckungen

Kurzbezeichnung für die Exportkreditgarantien (früher Ausfuhrgewährleistungen) der Bundesrepublik Deutschland, siehe auch → Exportkreditgarantien des Bundes und → Euler Hermes Kreditversicherungs-AG.

Hermes-Einzeldeckung
siehe → Einzeldeckungen des Bundes.

Hermes-Fabrikationsrisikodeckung
siehe → Fabrikationsrisikodeckung des Bundes; siehe auch → Exportkreditgarantien des Bundes.

Hermes-Finanzkreditdeckungen
siehe → Finanzkreditdeckungen des Bundes.

Hermes-Garantie
siehe → Garantie des Bundes.

Hersteller
(bei der → *Produkthaftung*) ist, wer das Produkt in eigener Verantwortung anfertigt, → in Verkehr bringt und die Organisationsgewalt über den Herstellungsprozess hat. Er ist → Haftungsadressat. (s.a. → Hersteller i.S.d. ProdHaftG; → Hersteller i.S.d. Geräte- und Produktsicherheitsgesetz).

Hersteller
(gemäß *Geräte- und Produktsicherheitsgesetz*) ist jede Person, die ein Produkt herstellt, es wiederaufarbeitet oder wesentlich verändert und erneut in den Verkehr bringt sowie derjenige, der geschäftsmäßig seinen Namen, seine Marke oder ein anderes unterscheidungskräftiges Kennzeichen an einem Produkt anbringt (§ 2 Abs. 10 → GPSG).

Herstellerleasing
Form des → Leasing, bei der der Hersteller unmittelbar oder eine (konzern-/hersteller-)eigene Leasinggesellschaft Leasinggeber ist. Anmerkung: Bei der zweitgenannten Form des Herstellerleasing bestehen Abgrenzungsprobleme zum → institutionellen Leasing. Mit Blick auf die direkten vertraglichen Beziehungen zwischen Hersteller und Leasingnehmer wird Herstellerleasing auch als direktes Leasing bezeichnet.

Herstellermarken
zeichnen sich dadurch aus, dass die Markierung durch den Hersteller vorgenommen wird. Weiterhin übernimmt der Hersteller die Qualitätsgarantie und sorgt bei mittlerem bis hohem Preisniveau für eine breite Distribution.

Herstellermarkenstrategie
Form der → vertikalen Markenstrategie; siehe hierzu auch → Markenpolitik des Handels und → Handelsmarketing.

Herstellkosten
(in der → *Kostenstellenrechnung*), Summe aus Materialeinzel- und -gemeinkosten, Fertigungseinzel- und -gemeinkosten sowie ggf. → Sondereinzelkosten der Fertigung. Im Rahmen der Kalkulation Zuschlagsbasis für die Verwaltungs- und Vertriebsgemeinkosten (siehe → Zuschlagskalkulation, Zuschlagssätze).

Heteroskedastie
siehe → Ökonometrie.

Heuristiken
können im Vergleich zu exakten Lösungsverfahren nicht garantieren, eine optimale Lösung für ein mathematisches Planungsproblem zu finden. Sie stellen demgegenüber spezielle Lösungsansätze im Bereich des *Operations Research* dar, die durch eine systematische Vorgehensweise zur Lösungsfindung und -verbesserung charakterisiert sind. Heuristiken sind meist speziell auf die jeweiligen Probleme zugeschnitten und können im Wesentlichen in Eröffnungsverfahren (zur Generierung einer ersten zulässi-

gen Lösung) und Verbesserungsverfahren (zur iterativen Verbesserung der Lösung) unterschieden werden.

In jüngster Zeit sind neben diesen herkömmlichen Heuristiken so genannte *Metaheuristiken* entwickelt worden, die sich vor allem durch ihr breiteres Anwendungsspektrum sowie durch das Akzeptieren von vorübergehenden Verschlechterungen der Lösungen unterscheiden lassen. Damit sind diese Verfahren in der Lage, lokale Optima zu überwinden und ggf. bessere Lösungen zu generieren. Zu den Metaheuristiken zählen vor allem die Ansätze des Simulated Annealing, Tabu Search, Ameisensysteme, genetische Algorithmen und Evolutionsstrategien.

Siehe auch → Operations Research (mit Literaturangaben).

Literatur: Feldmann, M.: Naturanaloge Verfahren: Metaheuristiken zur Reihenfolgeplanung, DUV, Wiesbaden, 1998; Osman, I., Kelly, J.(Hrsg.): Meta-Heuristics: Theory and Applications, Kluwer, Dordrecht, 1996

Heuristische Prinzipien
Denktricks, die Problemlöser anwenden, um komplexe Probleme lösbar zu machen. Heuristische Prinzipien bilden eine wichtige Grundlage heuristischer → Entscheidungsverfahren. Ein wichtiges heuristisches Prinzip ist z.B. die Problemfaktorisation. Es empfiehlt, eine komplexe Problemstellung in Teilprobleme zu zerlegen, die parallel und/oder nacheinander gelöst werden können. Siehe auch → Heuristik.

HFA
Abk. für → Hauptfachausschuss des → Instituts der Wirtschaftsprüfer.

HGB
Abk. für Handelsgesetzbuch. In diesem Gesetzbuch ist das Sonderprivatrecht der Kaufleute geregelt. Siehe auch → Handelsrecht.

Hidden Action
Form eines Konflikts im Rahmen von → Principal-Agent-Konflikten.

Hidden Charakteristics
Form eines Konflikts im Rahmen von → Principal-Agent-Konflikten.

Hidden infomations
Form eines Konflikts im Rahmen von → Principal-Agent-Konflikten.

Hierarchie
(aus dem Griechischen stammend; ursprünglich: *pyramidenförmige Rangordnung* der Priesterschaft) beschreibt die auf Weisungs- und Entscheidungsrechte bezogene Über- und Unterordnung der Mitarbeiter eines Unternehmens. Der jeweils übergeordneten Ebene steht es zu, Entscheidungen zu treffen, die von der untergeordneten Ebene umzusetzen sind. Siehe auch → Unternehmensführung, Grundlagen (mit Literaturangaben).

Hierarchisches Datenmodell
siehe → Datenmodell, hierarchisches.

High Flyer
Bezeichnung für Aktien oder Unternehmensbeteiligungen (z.B. für Beteiligungen eines → Private Equity Fonds an einem Unternehmen) mit einem extremen Wertanstieg bzw. weit überdurchschnittlichem Kurs/Gewinn-Verhältnis. Gegensatz: → Flop.

High Watermark
stellt den Höchststand eines Investments oder Fonds im Investitionszeitraum dar. Die High Watermark wird zur Berechnung der performanceabhängigen Vergütung bei der Bezahlung von Fondsmanagern

benutzt. Erst wenn der vorherige Höchststand erreicht ist, erhält der Fondsmanager eine prozentuale Vergütung. Siehe auch → Hedgesfonds.

High Yield Bond
siehe → Hochzinsanleihe.

High-low-Preisstrategie
(HILO-Preisstrategie). In der → Preispolitik im Einzelhandel lässt sich im Zusammenhang mit Preispromotions zwischen der HILO- (high-low-) und → EDLP-(every-day-low-price)-Strategie differenzieren. Die HILO-Strategie unterscheidet zwischen Normal- und Sonderangebotsphasen für ein Produkt, während die EDLP-Strategie auf ein konstantes Preisniveau setzt, das niedriger als der Normalverkaufspreis, aber höher als der Sonderangebotspreis der HILO-Strategie ist. Beide Preisstrategien sprechen in ihren Einkaufsgewohnheiten unterschiedliche Marktsegmente an. Zu weiteren Preisstrategien siehe → Preispolitik, Kap. 3.

Hilfskostenstelle
ist eine → Kostenstelle, die → innerbetriebliche Leistungen erbringt und bei der die dort angefallenen Kosten zunächst auf andere Kostenstellen umgelegt werden. Es werden weiter unterschieden (1) allgemeine Kostenstellen, die Leistungen für den Gesamtbetrieb erbringen wie z.B. Gebäude oder Energieerzeugung sowie (2) spezielle bzw. fertigungsunterstützende Kostenstellen, die Vorleistungen nur für Hauptkostenstellen erbringen, z.B. Arbeitsvorbereitung, Qualitätssicherung (vgl. auch → Sekundäre Gemeinkosten; → innerbetriebliche Leistungen). Siehe auch → Betriebsabrechnung.

Hilfsstoffe
(in der → Materialwirtschaft) gehen in das zu fertigende Erzeugnis ein, aber im Vergleich zu den → Rohstoffen erfüllen sie lediglich eine Hilfsfunktion, da ihr mengen- und wertmäßiger Anteil gering ist (z.B. Leim, Schrauben, Lack bei der Möbelherstellung).

HILO-Preisstrategie
Abk. für → High-low-Preisstrategie, siehe auch → Preispolitik.

Historisch-genetische Methode
des institutionenorientierten Ansatzes, Kennzeichnung der Entwicklung der Handelsinstitutionen. Hierbei wird einerseits die Vergangenheit der → Institutionen anhand von Kennzahlen nachvollzogen, andererseits eine Prognose der Entwicklung vorgenommen.

HKD
ISO-Code für Hongkong Dollar.

Hochregallager
Grundfläche sparendes, mittels Stahlkonstruktion in der Höhe ausgedehntes Lager, in dem durch computergesteuerte Automatisierung die Einlagerung und Ausgabe von Ware erfolgt.

Höchstarbeitszeit
siehe → Arbeitszeit und → Arbeitsrecht und die dort angegebene Literatur.

Höchstbestand
(Lagerwirtschaft), maximal zugelassener Bestand; oft durch räumliche Abgrenzungen vorgegeben. Siehe auch → Lagereinrichtungen, → Lagerorganisation, → Lagerlogistik, → Lagerbestandsführung und → Lagerhaltungspolitik.

Höchstwertprinzip
Schulden sind zu ihrem Höchstwert zu passivieren. Das Höchstwertprinzip führt wie das → Niederstwertprinzip zum Ausweis eines nicht realisierten Verlustes.

Hochzinsanleihe
(*High Yield Bond*) wird von → Emittenten mit schlechter Bonität emittiert, die zum Risikoausgleich eine deutlich über dem Marktniveau liegende Verzinsung des eingesetzten Kapitals bieten.

Hockey-Schläger-Effekt
aus einer zu optimistischen Zukunftsprognose resultierende Gefahr der Fehlsteuerung, bei der eine Genehmigung von Budgets bzw. von Investitionen aufgrund künftiger sehr positiver Ertragsaussichten erfolgt, die jedoch nicht erreicht werden.

Hockey-Stick Phenomenon
siehe → J-Kurven-Effekt.

Hofstede-Konzept
Nach einer großangelegten Studie mit über 116.000 befragten IBM-Mitarbeitern in 72 Ländern von Geert Hofstede können Länder anhand der Kulturdimensionen Individualismus – Kollektivismus, Machtdistanz, Unsicherheitsvermeidung und Maskulinität – Femininität gruppiert werden. Zusätzlich wurde die Zeitperspektive (kurz- vs. langfristig) als wichtige Dimension identifiziert; wegen dieser vier Kern- und der Zeitdimension wird das Hofstede-Konzept auch als „4 + 1-Modell" der Kulturdimensionen bezeichnet.

HOLAP
Abk. für das hypride → OLAP (On-Line Analytical Processing). Mischform von → ROLAP und → MOLAP.

Holding
ist ein rechtlich selbstständiges Unternehmen, dessen Zweck darin besteht, Beteiligungen zu halten. Z.T. wird auch die Gesamtheit der Führungsgesellschaft und der Beteiligungen als Holding bezeichnet. Eine Sonderform ist die virtuelle Holding (interne Holding), die sich durch eine lediglich organisatorische Verselbstständigung auszeichnet. Soweit mehrere Beteiligungsstufen existieren, ist zwischen der übergeordneten Dachholding und nachgeordneten Zwischenholdings zu differenzieren.
Nach den Feldern der Einflussnahme lassen sich idealtypisch verschiedene Formen der Holding unterscheiden. Diese reichen von der (1) *Investment-Holding* (Vorgabe finanzwirtschaftlicher Ziele) über die (2) *Finanz-Holding* (zentrale Ressourcenverteilung) und die (3) *Strategische Holding* bzw. *Management Holding* (zentrale Strategieformulierung) bis zum (4) *Stammhauskonzern* (zentrale Steuerung der operativen Maßnahmen). Soweit durch das Stammhaus in bedeutendem Umfang auch eine Leistungserstellung bzw. -verwertung erfolgt, wird diese Organisationsform nicht unter den Holding-Begriff subsumiert.
Siehe auch → Beteiligungscontrolling und → Konzernabschluss, jeweils mit Literaturangaben.

Holdingorganisation
Eine Holdingorganisation ist ein Verbund mehrerer rechtlich selbständiger Unternehmen unter einer einheitlichen Leitung. Die Dachgesellschaft eines Konzerns wird als Holding bezeichnet. Der Hauptzweck einer Holding liegt in einer auf Dauer angelegten Beteiligung an mehreren rechtlich selbständigen Unternehmen. Durch die Holdingorganisation (auch Konzernorganisation) wird die Aufgaben- und Kompetenzverteilung zwischen der Konzernzentrale und den Tochterunternehmen geregelt. Es ist zwischen den drei Formen der → Operativen Holding, der → Managementholding und der → Finanzholding zu unterscheiden. Siehe auch → Konzernabschluss.

Hold-up
heißt soviel wie „ausrauben" und ist ein Ausdruck, der im → *Principal-Agent-Ansatz* (siehe auch → Organisationstheorie) und im *Transaktionskostenansatz* (→ Transaktionskostentheorie in der → Organisationstheorie) Verwendung findet. Hold-up stellt eine Form des opportunistischen Verhaltens dar, bei dem ein Wirtschaftsakteur die Abhängigkeit eines anderen ausnutzt, um sich Vorteile zu verschaffen.

Holprinzip
(*Pull-Prinzip*), Materialflussprinzip, bei dem die Steuerung zweier aufeinander folgender Arbeitsstationen durch die nachgelagerte Station (auch Senke genannt) gesteuert wird. Die Bereitstellung der Teile durch die Quelle, das ist der Bereich, in dem die benötigten Teile hergestellt werden, erfolgt immer erst, wenn von dem Verbraucher ein Bedarf signalisiert wird. Das Holprinzip wird bei der → Kanban-Steuerung angewandt. Bei Einführung des Holprinzips können i.d.R. die Bestände in der Fertigung und die Durchlaufzeiten gegenüber dem → Bringprinzip (Push-Prinzip) reduziert werden.

Home Bias
Tendenz eines Investors, in seinem Portfolio einen höheren Anteil an Wertpapieren des eigenen Landes zu halten, als es unter Diversifikationsgesichtspunkten optimal erscheint.

Home Scanning
siehe → Remote Ordering.

Homepage
Der Begriff *Homepage* hat zwei Bedeutungen: Homepage bezeichnet zum einen die Einstiegsseite, die beim Start eines Browsers (z.B. Explorer, Firefox) standardmäßig aufgerufen wird. In der zweiten Verwendung bezeichnet die Homepage die Startseite eines Internetangebotes, die vom Anwender in der Regel als erstes aufgerufen wird (über die Eingabe der → URL). Die Homepage, die oft Multimediaelemente zur Gestaltung einsetzt und einen Überblick über die nach gelagerten Seiten gibt, verweist mit Hilfe von Hyperlinks (Verweisen) auf andere Seiten innerhalb des eigenen Angebots oder aber auf andere Anbieter im World Wide Web (→ WWW). Siehe auch → Website und die dortigen Literaturangaben sowie → Domainname.

Homeshopping
allgemeine Bezeichnung für solche → Vertriebsformen, bei denen der Kaufakt in dem Domizil des Käufers stattfindet. Zu diesen Vertriebsformen gehören insbesondere → Online-Shopping, → Tele-Shopping sowie der Verkauf auf der Basis von Katalogen über Telefon oder Fax. Das Homeshopping-Konzept wurde zunächst in den USA eingeführt. Der Erfolg des Homeshopping begann Ende der 1970iger Jahre mit dem Verkauf von Sonderangeboten im Radio. Später wechselten die Radiostationen ins TV-Kabelsystem, wodurch das Konzept eine größere Verbreitung fand. Mittlerweile ist das Konzept auch in Europa bekannt und findet immer mehr Akzeptanz bei den Konsumenten.
Siehe auch → E-Commerce (mit Literaturangaben).

Homo Oeconomicus
stellt einen fiktiven Modellmenschen dar, also einen → Idealtypus, der völlig rational handelt und bei all seinen Entscheidungen seinen persönlichen Nutzen maximiert. Neuere ökonomische Ansätze integrieren teilweise verhaltenswissenschaftliche Erkenntnisse in das Modell des Homo Oeconomicus und berücksichtigen die begrenzte Rationalität des Menschen, insbesondere seine unvollkommene Voraussicht. Als Idealtypus soll der Homo Oeconomicus aber auch gar kein Abbild des realen Menschen sein, sondern ein fiktives Modell, mit dem das reale Verhalten dann verglichen werden kann.

Horizontale Diversifikation
(in der → *Produktpolitik*). Das Leistungsangebot wird um Produktkategorien ausgeweitet, die auf der gleichen Wirtschaftsstufe einzuordnen sind und mit dem bisherigen Programm im sachlichen Zusammenhang stehen. Als Integrationshilfe für miteinander verwandte Tätigkeitsbereiche kann der gemeinsame Bezug in unterschiedlichen Programminhalten bestehen. Materialtreue ist gegeben, wenn sich ein Unternehmen auf den Betrieb mit einem gleichen Grundstoff konzentriert. Siehe auch → Produktpolitik, → Diversifikation, vertikale.

Horizontale elektronische Markplätze
bilden einzelne Geschäftsprozesse für Unternehmen aus verschiedenen Branchen ab. Ein Beispiel wäre ein horizontaler elektronischer Marktplatz für Beschaffungsprozesse, an dem auf der Einkäuferseite Unternehmen aus unterschiedlichen Branchen teilnehmen können und auf eine gemeinsame Gruppe von Lieferanten zugreifen.

Horizontale Handelssysteme
sind solche → Handelssysteme, bei denen alle das System bildenden → Handelsbetriebe entweder auf der Groß- oder auf der Einzelhandelsstufe einzuordnen sind. Unterscheiden lassen sich die Formen danach, welche handelsbetrieblichen Funktionen Gegenstand der Zusammenarbeit sind (z.B. Einkauf, Absatz), wer Träger der für die Gemeinschaft der Händler durchgeführten Funktionen ist und welchen Grad an vertraglicher Bindung die Partner eingehen.

Horizontale Kooperation
ist die Zusammenarbeit zwischen Unternehmungen, die sich auf der selben Wirtschaftsstufe befinden, wie z.B. die Zusammenarbeit zwischen Großhändlern auf dem Gebiet der Beschaffung oder die Zusammenarbeit zwischen Einzelhändlern auf dem Gebiet des Absatzes.

Horizontale Strukturierung
(in der → *Organisation*), Aufgabengliederung und Bildung von → Stellen mit unterschiedlich großem Aufgabeninhalt und Aufgabenumfang. Die wichtigsten Kriterien, nach denen eine Aufgabengliederung und eine Bildung von → Abteilungen vorgenommen werden können, sind: (1) Gliederung nach Funktionsbereichen, (2) Gliederung nach Produktbereichen (Divisionen), (3) Gliederung nach Marktbereichen/Regionen, (4) Gliederung nach Phasen des Entscheidungsprozesses bei der Aufgabenerfüllung (Stabsstellen) und (5) Gliederung nach Projekten. Siehe auch → Organisation, Grundlagen.

Horizontaler Verlustausgleich
(→ *Einkommensteue*r, *deutsche*) ist bei der Ermittlung der *Summe der* → *Einkünfte* bei den einzelnen *Einkunftsarten* durchzuführen. Dabei sind positive und negative Ergebnisse aus unterschiedlichen Quellen innerhalb derselben *Einkunftsart* und des gleichen Ermittlungszeitraumes unter Beachtung einkunftsspezifischer Verrechnungsverbote (z.B. § 2b EStG) uneingeschränkt verrechnungsfähig. Siehe auch → Verlustausgleich und → Vertikaler Verlustausgleich.

Host Country Nationals
(*Angehörige des Gastlandes*), Bezeichnung von Arbeitnehmern in einer Klassifizierung nach Herkunft bei internationalen Unternehmen. Weitere Klassifizierungen sind *Parent Country Nationals* (Angehörige des Stammlandes) und *Third Country Nationals* (Angehörige eines Drittlandes), d h. Arbeitnehmer aus Ländern, in denen weder das Stammhaus noch die Auslandsgesellschaft ihren Sitz haben. Siehe auch → Personalmanagement, Internationales und → Interkulturelles Management.

Hosted Buy-Side
bezieht sich auf → einkaufszentrierte Systeme, bei welchen der Lieferantenkatalog, bzw. → Multilieferantenkatalog und die Procurement Software (→ *Electronic Procurement Systeme*) durch einen Dienstleister (→ Procurement Service Provider) betrieben wird. Im Gegensatz zum → vermittlerzentrierten System tritt auf der Käuferseite lediglich ein Unternehmen auf.

Hot Spot
ist ein Ort, an dem viele Nutzer für drahtlosen Internetzugang auf engem Raum zu finden sind (z.B. Flughäfen, Messehallen), davon abgeleitet bezeichnet der Begriff inzwischen auch öffentliche Zugangsknoten für ein → Wireless LAN.

House of CRM
siehe → Customer Relationship Management (CRM).

HTML

Abk. für → HyperText Markup Language. Mit den Markern (so genannte Tags) dieser Auszeichnungssprache werden die Informationen einer Internet-Seite (so genannte HTML-Seite) mit Struktur- und Layoutinformationen versehen. So kennzeichnen z.b. die Tags <b> als Anfangs- und </b> als Endtag einen Text als Fettdruck (bold).

Informationen zu den aktuellsten Spezifikationen und Entwicklungen von HTML finden sich unter www.w3c.org.

http

Abk. für → HyperText Transfer Protocol.

HUF

ISO-Code für Ungarischen Forint.

Human Resource Management

Die Begriffe *Human Resource Management* und *Personalmanagement* werden heute in der Regel synonym verwendet. Einzelheiten mit Literaturangaben siehe → Personalmanagement.

Human-Relations-Ansatz

Der Human-Relations-Ansatz, ein Ansatz der → *Organisationstheorie*, ist aufs engste verbunden mit verschiedenen empirischen Untersuchungen in den Hawthorne-Werken der Western Electric Company (Chicago) zwischen 1924 und 1932.

Literatur: Bea, F.X., Göbel, E.: Organisation, 2. Auflage, Stuttgart 2002, S. 63-73; dieselben: Organisation, 3. Auflage, Stuttgart 2006; Roethlisberger, F.J., Dickson, W.J.: Management and the Worker, 14. Auflage, Cambridge 1966.

Human-Ressourcen-Ansatz

siehe → Human-Relations-Ansatz und → Organisationstheorie.

Humanressourcen-Portfolio

Das Humanressourcen-Portfolio ist ein Instrument der → Portfolio-Analyse. Es bildet die Mitarbeiter anhand der Maßstäbe „gegenwärtige Leistung" sowie „Leistungs- und Entwicklungspotenzial" ab. Die Gegenüberstellung dieser Maßstäbe durch eine horizontale Achse (gegenwärtige Leistung) und eine vertikale Achse (Leistungs- und Entwicklungspotenzial) mit jeweiliger Hoch-Tief-Ausprägung erzeugt eine Matrix mit vier Feldern, in die die Mitarbeiter einzuordnen sind.

Mitarbeiter mit einer geringen gegenwärtigen Leistung und einem geringen Leistungs- und Entwicklungspotenzial werden als Problemmitarbeiter klassifiziert. Mitarbeiter in dieser Kategorie gefährden die Strategieumsetzung und sollten auf weniger bedeutende bzw. weniger anspruchsvolle Stellen versetzt werden. Eine hohe aktuelle Leistung, jedoch geringes Potenzial charakterisiert Routiniers. Diese Mitarbeiter haben ihr maximales Leistungsniveau erreicht. Bei der Aufgabenstellung und Zielsetzung sind besonders ihre Grenzen im Bereich des Leistungs- und Entwicklungspotenzials zu berücksichtigen. Die Führungskraft muss weiterhin sicherstellen, dass die Leistung nicht in den schwachen Bereich absinkt. Fragezeichen haben hohes Potenzial, arbeiten jedoch unterhalb ihrer Kapazitäten. Um vorhandene Potenziale auszuschöpfen, sollten unbedingt die Arbeitssituation und die Motivation dieser Mitarbeiter analysiert werden. Mitarbeiter mit einem hohen Leistungsverhalten und hohem Entwicklungspotenzial sind die so genannten Stars im Unternehmen. Sie sind Leistungs- und Potenzialträger im Unternehmen und sollten deshalb besonders gefördert werden.

Das Humanressourcen-Portfolio findet in unterschiedlichen Aktivitätsfeldern des → Personalmanagements Anwendung. Im Rahmen des → Personalcontrollings dient es zur Planung und Steuerung der Humanressourcen. Stärken und Schwächen sowie Chancen und Risiken in der Mitarbeiterstruktur werden erkennbar. Es wird deutlich, welche Entwicklungen und Leistungssteigerungen mit den vorhandenen Humanressourcen möglich sind. Die → Personalentwicklung nutzt dieses Portfolio-Instrument, um Mitarbeitern Entwicklungsmaßnahmen zuzuordnen. Eine strategisch orientierte Ausrichtung der Personalentwicklung wird dadurch ermöglicht.

Siehe → Personalmanagement und → Portfoliomanagement (jeweils mit Literaturangaben).

Hurdle Rate

(bei → *Hedgefonds*) bezeichnet im Zusammenhang mit der Vergütung von Fondsmanagern eine bestimmte Schwelle, die erreicht werden muss, bevor der Fondsmanager eine performanceabhängige Vergütung erhält. Hierbei handelt es sich entweder um einen vorher festgelegten Prozentsatz oder einen allgemein anerkannten Referenzzinssatz (z.B. → Euribor).

Hurdle rate

(bei → *Private Equity*), Renditeschwelle, ab der die → Private Equity Gesellschaft am Gewinn beteiligt ist (→ Carried interest). Bis zu diesem Zeitpunkt erhalten die Anleger zunächst aus dem Ergebnis ihre Einlagen, meist zzgl. einer bestimmten Mindestverzinsung zurück (→ Pay back).

Hurwicz-Regel

(in der *Investitionsrechnung*) Die Hurwicz-Regel ist eine Entscheidungsregel der normativen → Entscheidungstheorie, die in Entscheidungssituationen bei Ungewissheit eingesetzt werden kann. Sie stellt einen Kompromiss zwischen → Maximin-Regel und → Maximax-Regel dar, da eine Verknüpfung des Maximums der Minima und des Maximums der Maxima erfolgt.
Die optimale Investitionsalternative A_{opt} ergibt sich bei dieser Mischform aus Optimismus und Pessimismus folgendermaßen:

$$A_{opt} = \left\{ A_j \left| \max_j \left[(1-\alpha) * \min_i KW_{ji} + \alpha * \max_i KW_{ji} \right] \right. \right\}$$

Der Wert α stellt einen Optimismus-Koeffizienten dar, der im Intervall [0,1] liegt. Bei einem Wert von 1 wird nach der → Maximax-Regel (Optimismus) entschieden, bei einem Wert von 0 nach der → Maximin-Regel (Pessimismus).
Bei folgenden erwarteten zukünftigen Umweltzuständen U_i ($i = 1, ..., n$) würde die Auswahl aus den möglichen Investitionsalternativen A_j ($j = 1,..., n$) nach der Hurwicz-Regel anhand des Kapitalwertkriteriums folgendermaßen geschehen: Für jede Alternative A_j werden die Kapitalwerte in Abhängigkeit vom jeweiligen Umweltzustand U_i ermittelt. Danach werden die Maxima und die Minima jeder Investitionsalternative in Abhängigkeit von der jeweiligen Umweltentwicklung entsprechend in obige Formel eingesetzt und damit je nach Risikoeinstellung gewichtet. Der Optimismus-Koeffizient muss für den Entscheidungsträger individuell festgelegt werden: je optimistischer, desto näher bei 1 bzw. je pessimistischer, desto näher bei 0. Als optimale Entscheidungsalternative gemäß der Hurwicz-Regel wäre das Maximum dieser gewichteten Maxima und Minima der Kapitalwerte zu wählen.
Siehe auch → Investitionsrechnungen (Investitionsentscheidungen), statische bzw. dynamische bzw. *unter Unsicherheit* sowie → Investitionswirtschaft, jeweils mit Literaturangaben.

Hybrid Trading Systems

siehe → Hybride Handelssysteme.

Hybride Finanzinstrumente

(*hybrid financial instruments*). Hier handelt es sich um komplexe Finanzinstrumente zum einen in dem Sinne, dass verschiedene Finanzmarktsegmente beteiligt sind.
Ein Beispiel sind → *Note Issuance Facilities* (NIF), die eine Refinanzierungsvereinbarung zwischen Banken und einem Kreditnehmer darstellen. Hierbei werden Funktionen kurzfristiger Finanzmärkte (Geldmarkt) mit Funktionen langfristiger Finanzmärkte (Kapitalmarkt) kombiniert.
Ein weiteres Beispiel ist im → *mezzanine capital* zu suchen, das eine Zwischenstellung zwischen Eigen- und Fremdkapital einnimmt und somit die Möglichkeiten des Fremdkapital- und des Eigenkapitalmarktes ausschöpft. Derartige Kapitalmischformen gibt es insbesondere im Bereich des *Genussrechtskapitals*. Genussrechte werden durch *Genussscheine* verbrieft. Die Ausgestaltungsmöglichkeiten sind äußerst vielfältig, sodass die Eigenkapital- und die Fremdkapitalkomponente in ganz unterschiedlichen Kombinationen auftreten können.

Zum andern kann mit hybriden Finanzinstrumenten auch lediglich gemeint sein, dass es sich um sehr komplexe, den Kundenbedürfnissen entsprechend individuell strukturierte Finanzinstrumente handelt (structured finance).
Siehe auch → Mezzanine-Kapital, → Corporate Finance und → Finanzinnovationen (jeweils mit Literaturangaben).

Hybride Handelssysteme
(*hybrid trading systems*). Das Attribut "hybrid" bezieht sich hier darauf, dass verschiedene Methoden des Wertpapierhandels kombiniert werden. Zum einen wird das Auktionsprinzip (order driven system) angewandt. Hierbei wird versucht, einen Ausgleich zwischen vorliegenden Kauf- und Verkaufaufträgen herbeizuführen. Dieses Verfahren muss offensichtlich dann versagen, wenn keine oder nur spärliche Aufträge vorliegen. Deshalb sieht das hybride Handelssystem zum andern für solche Fälle das → Market-Maker-Prinzip (quote driven market) vor. Hier sorgen *Market Maker,* in der Regel Banken, für jederzeitige Kursstellung ("quotes") und sichern auf diese Weise die Handelbarkeit und transparente Wertfeststellung selbst für solche Wertpapiere, für die entweder momentan kein Anbieter oder kein Nachfrager am Markt vorhanden ist. Siehe auch → Finanzinnovationen (mit Literaturangaben).

Hyperbolic absolute Risk Aversion
Abk. HARA (-Nutzenfunktion), siehe auch → Risikoaversion, hyperbolische absolute.

Hyperbolische absolute Risikoaversion
siehe → Risikoaversion, hyperbolische absolute.

Hypercube
ist eine Datensammlung, welche eine Menge von Fakten enthält, die anhand mehrerer Dimensionen strukturiert sind. Die Bezeichnung Cube (Würfel) ist dabei nur ein bildlicher Begriff, da oft mehr als drei Dimensionen verwendet werden.

Hyperlink
Verbindung zwischen zwei Webseiten im → WWW, die durch den Internetbrowser automatisch gefunden wird. Der Hyperlink ist meist farblich markiert und als solcher auf dem Bildschirm zu erkennen. Durch einen Mouseclick auf den Hyperlink wird das entsprechende Objekt aufgerufen.

Hypertext
Elektronische Dokumente, die aus einer Vielzahl von Informationseinheiten und → Hyperlinks bestehen, die der Leser in beliebiger Reihenfolge abrufen kann.

Hypertext Markup Language (HTML)
ist das weltweit verbreitetste Dateiformat für WWW-Seiten und stellt eine Auszeichnungssprache dar, deren Aufgabe darin besteht, die logischen Bestandteile eines Dokuments zu beschreiben. Mittels Tags (Kürzeln) werden Überschriften, Listen, Bilder usw. im Text bestimmt. Die wichtigste Eigenschaft von HTML bilden die → Hyperlinks, über die per Mouseclick andere Dokumente oder → Websites geladen werden.

Hypertext Transfer Protocol (HTTP)
Protokoll, das den Austausch von Dateien im → World Wide Web (WWW) bestimmt und die Grundlage für die Übertragung von → HTML Dateien im → Internet bildet.

Hypothek
Die Hypothek zählt neben der → Grundschuld zu den in der Praxis wichtigsten dinglichen Sicherungsrechten an einem Grundstück (Grundpfandrechten). Sie verleiht dem Inhaber der Hypothek (Hypothekar) das Recht, den ihm geschuldeten Geldbetrag durch die Zwangsversteigerung eines fremden Grundstücks zu erlangen (§§ 1113 ff. BGB). Der Eigentümer des Grundstücks muss in diesem Fall die Zwangsversteigerung seines Eigentums dulden (§ 1047 BGB). Forderungsschuldner und Hypotheken-

besteller müssen nicht identisch sein. Ein (nichtvermögender) Schuldner kann auch einen Dritten veranlassen, an dessen Grundstück eine Hypothek zu bestellen und dadurch eine ihm (dem Dritten) fremde Schuld abzusichern. Die Beststellung einer Hypothek erfolgt durch eine entsprechende i.d.R. notariell beurkundete Einigung der Parteien (§ 873 BGB) sowie durch den Eintrag der Hypothek in das Grundbuch (Dritte Abteilung) (§ 1115 BGB).

Die Hypothek ist *streng akzessorisch*; d.h. ihr Bestand und ihre Höhe hängen unmittelbar von dem jeweiligen Bestand und der jeweiligen Höhe der Forderung ab, zu deren Sicherung die Parteien sie bestellt haben (§ 1113 BGB). Dies bedeutet in der Praxis der Kreditsicherung im wesentlichen zweierlei: Der Hypothekeninhaber kann die Hypothek nie selbständig, sondern immer nur gemeinsam mit der Forderung – quasi als deren Anhang – übertragen (§ 1153 BGB): Die „Übertragung" einer *Buchhypothek* erfolgt daher mit der schriftlichen Abtretung der Forderung (§§ 398 i.V.m. 1154 BGB) und durch den Eintrag der Rechtsänderung in das Grundbuch (§§ 1116 i.V.m. § 1154 Abs. 2 BGB). Kostengünstiger ist die „Übertragung" einer *Briefhypothek* (§ 1116 Abs. 1 BGB). Bei ihrer „Übertragung" ersetzt die Aushändigung des Briefes die kostspielige Eintragung der Rechtsübertragung ins Grundbuch.

Der Erlös aus der Zwangsvollstreckung steht dem Hypothekeninhaber nur in Höhe der Forderung zu (§§ 1113, 1118 f. BGB). Übersteigt die Höhe der Forderung den aus der Zwangsversteigerung erzielten Erlös, steht dem Inhaber der Hypothek nur der erzielte Betrag (abzüglich der Verfahrenskosten) zu. Der Inhaber der durch die Hypothek gesicherten Forderung (z.B.: Darlehensrückzahlungsforderung § 488 Abs. 1 Satz BGB) kann dann versuchen, den – nun nicht mehr dinglich gesicherten – Restbetrag vom Schuldner zu erhalten.

Bestehen für mehrere Forderungen bzw. mehrere Gläubiger verschiedene Grundpfandrechte (Hypotheken und/oder → Grundschulden) so entscheidet über die Möglichkeit der Befriedigung der Gläubiger die jeweilige im *Grundbuch* eingetragene Rangstelle des Grundpfandrechts (§ 879 BGB): Die an erster Stelle eingetragene Hypothek oder Grundschuld erhält aus dem Versteigerungserlös als erster einen Betrag zum Ausgleich seiner Forderung. Zur Begleichung der dann folgenden nachrangigen Grundpfandrechte steht der Restbetrag zur Verfügung; wobei sich die Gefahr ergibt, dass der Restbetrag zur Deckung der ausstehenden Forderung(en) nicht oder nicht vollständig ausreicht (siehe oben).

Neben der Rangstelle besitzt die Feststellung des Haftungsumfangs der Hypothek im Einzelfall erhebliche betriebswirtschaftliche Bedeutung für die Wahl der Hypothek als Sicherungsmittel. Haftender Gegenstand einer Hypothek ist nicht nur das Grundstück (§ 1113 BGB) selber und seine mit ihm verbundenen, wesentlichen Bestandteile (§§ 94, 93 BGB) (z.B.: Gebäude), sondern grundsätzlich auch Erzeugnisse, Zubehörteile und sonstige Bestandteile des Grundstückes, sofern diese nicht vor der im Wege der Zwangsversteigerung erfolgten Beschlagnahme veräußert oder und vom Grundstück entfernt worden sind (§§ 1120 ff. BGB).

Siehe auch → Kreditsicherheiten (mit Literaturangaben).

Literatur: Hans-Jürgen Lwowski, Wolfgang Gößmann, Helmut Merkel: Kreditsicherheiten. Recht der Wirtschaft (RdW), Band 1 Grundzüge für Studium und Praxis, Schmitt Eich Verlag 2005; Karl H Schwab, Hanns Prütting, Friedrich Lent: Sachenrecht. Juristische Kurz-Lehrbücher Ein Studienbuch 32 Aufl., München 2006; Dieter Krimphove: Das Europäische Sachenrecht: Eine rechtsvergleichende Analyse nach der Komparativen Institutionenökonomik (S. 536) Eul-Verlag Lohmar (März 2006).

Hypothekar

Inhaber einer → Hypothek.

Hypothese

Eine Hypothese ist ein Aussagesatz, dessen Wahrheit oder Falschheit noch ungeklärt ist. Wenn eine Hypothese eine universelle, allgemeingültige Aussage ohne räumliche und zeitliche Einschränkung macht, dann setzt sie der Kritische Rationalismus Karl Poppers mit einer Theorie gleich. Macht sie eine Aussage über die Wirklichkeit, dann charakterisiert sie das als empirisch.

I

IAM
Abk. für → Intangible Assets Monitor.

IAO
Abk. für → Internationale Arbeitsorganisation.

IAS
Abk. für → International Accounting Standards.

IASB
Abk. für International Accounting Standards Board; privatrechtlich organisierter Standardsetter internationaler Rechnungslegung mit Sitz in London. Siehe auch → Internationale Rechnungslegung nach IFRS.

IAS/IFRS
Internationale Rechnungslegungsregeln des → IASB / → IFRS (International Financial Reporting Standards) stehen für die neuen internationalen Rechnungslegungsregeln nach 2003, umfassen auch die bis 2002 verabschiedeten IAS (International Accounting Standards).

IAV
Abk. für → Informationelle Mehrwerte.

IBFG
Abk. für Internationaler Bund freier Gewerkschaften.

IBLV
Abk. für → Innerbetriebliche Leistungsverrechnung; siehe auch → Kostenstellenrechnung.

IBR
Abk. für Interbank Rate. Bekannteste IBR ist → LIBOR; siehe auch → EURIBOR.

IBS
Abk. für Internationale Berufssekretariate.

ICC
Abk. für International Chamber of Commerce (→ Internationale Handelskammer).

ICN
Abk. für → Intellectual Capital Navigator.

ID
Abk. für Identifikationsnummer.

Idealtypus
wird durch Abstraktion aus der Realität gewonnen, indem man bestimmte typische Merkmale eines Gegenstandes oder einer Person heraushebt und andere weglässt, um so in übersteigerter Form das Wesentliche hervorzuheben. Die Ökonomik unterstellt bspw. idealtypisch rationales Entscheidungsverhalten der Konsumenten und Produzenten. Das reale Verhalten kann mit diesem Idealtyp verglichen und Abweichungen festgestellt werden.

Ideen-Delphi

(→ Kreativitätstechnik). Die Prinzipien der Delphi-Prognosemethode werden auf das Finden von Lösungsansätzen übertragen. Dabei werden drei Phasen durchlaufen: 1. Spontane Lösungsansätze zur Bewältigung des vorgegebenen Problems. 2. Durchsicht einer Liste mit den entstandenen Lösungsansätzen und Ergänzung um weitere Vorschläge. 3. Auswahl der bestgeeigneten Lösungsvorschläge aus der nunmehr vervollständigten Liste.

Ideenquellen

(in der → *Produktinnovation*). (1) *Betriebsexterne* Ideenquellen sind u.a. (a) statistische Amtsdaten, etwa die tiefuntergliederten Daten des Statistischen Bundesamts und der Landesämter, die mannigfach interpretierbar sind, (b) Angaben nationaler/internationaler Organisationen wie Verbände, Gewerkschaften, Vereine, IHK´s, Ausschüsse etc. mit ihren Geschäftsberichten, Reports, Veröffentlichungen etc., (c) Institute, die sich mit speziellen Fragestellungen von Märkten, Ländern, Abnehmern, Handelsstufen, gesamtwirtschaftlichen Rahmenbedingungen etc. beschäftigen, (d) Informationsdienste, die Daten unterschiedlichster Provenienz gegen vergleichsweise geringe Gebühr an Besteller abgeben und dabei Vollständigkeit und Aktualität gewährleisten, (e) Forschungsaufträge, Fachliteratur, Messen, Marktforschungsaufträge, Unternehmensberatungen, Betriebsübernahmen, Kundenanregungen, Angebote von Patentrechten, Erfindern, Lieferantenanregungen etc. sind weitere Quellen.

(2) *Betriebsinterne* Ideenquellen sind u.a. (a) Außendienstanregungen, denn Reisende erfahren vor Ort bei ihren Kunden, wenn sie es geschickt anstellen, alles über deren Bedürfnisse und Erwartungen an Produkte, (b) betriebliches Vorschlagswesen in Form der traditionellen Verbesserungsvorschlagsaktionen oder neuerdings in Form moderner Quality circles, (c) Kostenrechnung und Nachkalkulation können Aufschluss darüber geben, wo mangelnde Rationalisierung oder Preisakzeptanz Raum für Neuheiten lassen, (d) Absatz-/Kundenstatistiken zeigen an, in welchem Programmsegment neue Produkte am erfolgversprechendsten zu etablieren scheinen, (e) Markt- und Konkurrenzuntersuchungen, Verwendungsanalysen, betriebliche Forschung, Nebenprodukte der Entwicklung etc. sind weitere Quellen.

Identifikation des Verpflichteten

(in der → *Produkthaftung*). Alle Produkte müssen entweder selbst oder auf ihrer Verpackung den Namen und die Anschrift des Herstellers aufweisen. Sofern dieser nicht im Europäischen Wirtschaftsraum ansässig ist, gilt dies entsprechend für den Bevollmächtigten oder Einführer. Das Produkt muss eindeutig identifizierbar sein (§ 5 Abs. 1b → GPSG).

Identitätsprüfung

ist der Vergleich von Daten zwischen Bestellung, Lieferschein und angelieferter Ware.

Idiosynkrasie-Kredit-Theorie

(Führung). Der Einfluss wechselseitiger, dynamischer Prozesse in sozialen Gruppen wird in der Idiosynkrasie-Kredit-Theorie der Führung erkannt. Ihre zentrale Aussage besteht darin, dass die Führungskraft im Laufe der Zeit durch eigene gute Leistungen und eine hohe Loyalität gegenüber den Gruppennormen einen Kredit bei den Geführten erwirbt. Dieser Vertrauensvorschuss (Idiosynkrasie-Kredit) versetzt den Führer in die Lage, punktuell von den Normen abzuweichen, beispielsweise wenn es um die Durchsetzung von Neuerungen geht. Erweisen sich diese als positiv für die Unternehmensmitglieder, bleibt der Kredit bestehen bzw. vergrößert sich; sind mit der Veränderung hingegen negative Konsequenzen verbunden, nimmt er ab. Siehe auch → Personalführung und → Unternehmensführung, jeweils (mit Literaturangaben).

IDW

Abk. für → Institut der Wirtschaftsprüfer in Deutschland e.V.

IDW ES 1 n. F.
ist der vom Institut der Wirtschaftsprüfer (IDW) herausgegebene Standard zur Unternehmensbewertung. Dieser Standard ist der Entwurf einer Neufassung der Grundsätze zur Durchführung von → Unternehmensbewertungen.

IfH
Abk. für Institut für Handelsforschung, Köln; siehe auch → Handelsbetriebslehre und → Handelsforschung.

IFORS
Abk. für International Federation of Operational Research Societies; siehe auch → Operations Research.

IFRIC
Abk. für → International Financial Reporting Interpretations Committee.

IFRS
Abk. für International Financial Reporting Standards; siehe → Internationale Rechnungslegung nach IFRS.

IFSC-Gesellschaft
1997 wurde in Irland im ehemaligen Hafengebiet von Dublin (Dublin Docks) ein Zentrum für internationale Finanzdienstleistungen (International Financial Service Centre – IFSC) geschaffen. Durch dieses Zentrum sollte Irland für internationales Investitionskapital ausländischer Unternehmen attraktiv gemacht werden, um neue qualifizierte Arbeitsplätze mit hoher Wertschöpfung zu schaffen.

IHK
Abk. für → Industrie- und Handelskammer.
    Internetadresse: www.ihk.de

IKM
Abk. für → Interkulturelles Management (mit Literaturangaben).

IKT
Abk. für Informations- und Kommunikationstechnologie.

ILN
Die internationale Identifikationsnummer (ILN) dient der Identifikation von Unternehmen und Unternehmensteilen und ersetzt im → Efficient Consumer Response (ECR) die bislang verwendeten Kunden- und Lieferantennummerierungen.

ILO
Abk. für International Labor Organization (siehe → Internationale Arbeitsorganisation). Siehe auch → Corporate Citizenship.

ILS
ISO-Code für Neuer israelischer Schekel.

IMF
Abk. für → International Monetary Fund.

Immaterialität
(insbesondere bei touristischen Dienstleistungen). Ein wesentliches Merkmal der (touristischen) Dienstleistung ist ihre Immaterialität. Der Nationalökonom J.-B. Say benutzte bereits 1852 den Begriff der Immaterialität zur Kennzeichnung von Dienstleistungen als „... un produit réel, mais immatériel". Manche Autoren sprechen in diesem Zusammenhang auch anschaulich von der „Nichtgreifbarkeit". In der englischsprachigen Literatur wird normalerweise von „intangibility" gesprochen. Dieses Kriterium umfasst den Tatbestand, dass Dienstleistungen vor und nach ihrem Vollzug nicht sinnlich wahrnehmbar und damit im Unterschied zu physischen Produkten weder greif- noch sichtbar sind. Die Dienstleistung führt also zu einer Zustandsveränderung des sog. externen Faktors: Das Auto fährt nach der Reparatur wieder, der Restaurantbesucher ist gesättigt, der Urlauber gebräunt und erholt. Potential und Prozess einer Dienstleistung sind also i.d.R. weder sichtbar noch greifbar, haben also immateriellen Charakter; das Ergebnis kann jedoch durchaus auch materiell sein.
Die touristische Dienstleistung, speziell die von Reiseveranstaltern erbrachte Leistung, erfüllt normalerweise vollständig das Kriterium der Immaterialität. Sie vermag die menschlichen Sinne wie Auge, Gehör, Geschmack und Tastsinn direkt, d.h. ohne den Einsatz von Trägermedien, nicht anzusprechen, kann also weder gesehen, gehört, probiert, berührt noch gewogen oder gemessen werden.
Siehe auch → Tourismusbetriebslehre, → Dienstleistungen und → Dienstleistungsmanagement, jeweils mit Literaturangaben.

Immaterialität
auch *Intangibilität* genannt, bezeichnet die Nicht-Körperlichkeit, Nicht-Greifbarkeit und damit Substanzlosigkeit eines Gutes. Eine Vielzahl von → Dienstleistungen weisen immaterielle → Leistungsergebnisse auf.

Immaterialitätsgrad
Ausmaß der → Immaterialität einer Leistung (z.B. einer → Dienstleistung).

Immaterieller Vermögensgegenstand
(*intangible asset*) erfüllt die Kriterien eines Vermögensgegenstandes mit dem spezifischen Merkmal der Unkörperlichkeit. Im Hinblick auf die Bilanzierung ist die Zuordnung zum → Anlage- oder → Umlaufvermögen wichtig. Bei Zuordnung zum → immateriellen Anlagevermögen muss nach § 248 Abs. 2 HGB für die Aktivierungsfähigkeit das Kriterium des entgeltlichen Erwerbs erfüllt sein. Immaterielle Vermögensgegenstände sind i.W. Rechte (z. B. Patente, Lizenzen, Konzessionen) und ggf. ein → derivativer Firmenwert.

Immaterielles Anlagevermögen
(*non-current intangible assets*) umfasst alle → immateriellen Vermögensgegenstände bzw. immateriellen Vermögenswerte des → Anlagevermögens.
KPMG Deutsche Treuhand-Gesellschaft (Hrsg.): International Financial Reporting Standards, 3. Auflage, Stuttgart 2004
    Internetadressen: http://www.ax-net.de

Impairment Test
bezeichnet eine jährlich durchzuführende Werthaltigkeitsprüfung. Es wird festgestellt, ob die Netto-Zahlungsströme des betrachteten Vermögensgegenstandes (materieller oder immaterieller Asset) kleiner als der Buchwert nach planmäßiger Abschreibung sind oder nicht. Ist dies der Fall, wird außerplanmäßig auf den → Fair Value abgeschrieben. Trifft dies nicht zu, besteht ein Abschreibungsverbot.

Imparitätsprinzip
Imparität bedeutet Ungleichheit. Im Zusammenhang mit der Rechnungslegung besagt diese Imparität, dass einzelgeschäftliche Gewinne anders zu behandeln sind, als einzelgeschäftliche Verluste. Künftige einzelgeschäftliche Gewinne dürfen nach dem → Realisationsprinzip erst dann erfolgswirksam erfasst werden, wenn die ihnen zu Grunde liegenden Leistungen auch erbracht sind bzw. der zu Grunde liegende Leistungszeitraum verstrichen ist. Dagegen müssen künftige einzelgeschäftliche Verluste so früh

wie möglich erfolgswirksam erfasst werden (Verlustantizipation). Das führt im → Umlaufvermögen dazu, dass bei jeder Wertminderung – unabhängig davon, ob sie von Dauer ist oder als vorübergehend eingestuft wird – auf den niedrigeren Wert abzuschreiben ist. Das Imparitätsprinzip gilt zusammen mit dem → Realisationsprinzip als inhaltliche Ausgestaltung des → Vorsichtsprinzips.
International gibt es auch ein Imparitätsprinzip, es wird jedoch deutlich enger ausgelegt und nicht explizit erwähnt. Vielmehr ist es im Begriff → „conservatism" beinhaltet.
Siehe auch → Umlaufvermögen und → Jahresabschluss, jeweils mit Literaturangaben.

Implementierung
(in der → *Wirtschaftsinformatik*) ist die Überführung eines → logischen Modells in ein → physisches Modell, um zuvor spezifizierte Strukturen und Abläufe unter Einsatz konkreter Technologien, wie z.B. einer Programmiersprache, in einem → Anwendungssystem zu realisieren.

Implementierungslinie
(*Line of implementation*) unterscheidet die Aktivitäten innerhalb des → Leistungspotenzials in die Preparation- und die Facility-Aktivitäten. Preparation-Aktivitäten dienen dazu, den → Leistungserstellungsprozess vorzubereiten, Facility-Aktivitäten sind den Preparation-Aktivitäten logisch und zeitlich vorgelagert (Beschaffung von Potenzial- und Verbrauchsfaktoren). Siehe auch → ServiceBlueprint, → Dienstleistungen und → Dienstleistungsmanagement.

Implizites Wissen
ist schwer zu beschreiben, schwer standardisierbar, nur begrenzt verfügbar sowie an seinen Besitzer als → individuelles Wissen zeitlich und sozial gebunden. Der Übergang von implizitem zu → explizitem Wissen und umgekehrt ist Inhalt des → SECI-Modells.

Import
Import ist der Bezug von Waren, im weiteren Sinne auch von Dienstleistungen aus dem Ausland (auch Einfuhr, Teilbereich des → Außenhandels). Dabei kann die Geschäftsbeziehung zwischen ausländischen Lieferanten und inländischem Abnehmer unmittelbar sein, sog. *direkter* Import oder aber es ist ein inländischer Zwischenhändler eingeschaltet, sog. *indirekter* Import.
Vorteilhaft beim direkten Import sind der stärkere Kontakt zum ausländischen Lieferanten, nachteilig der hohe Aufwand bei der Geschäftsanbahnung und -durchführung. Beim indirekten Import bündelt der Importhändler i.d.R. die inländische Nachfrage und kann daher zusätzliche Mengenrabatte erzielen. Tendenziell sprechen daher folgende Gegebenheiten eher für den direkten bzw. indirekten Import:

Direkter Import	Indirekter Import
• Kontinuierlicher Bedarf große Mengen	• Sporadischer Bedarf kleine Mengen
• A+B-Teile	• C-Teile
• Wenige Bezugsländer	• Viele Bezugsländer
• Eigener Marktüberblick	• Geringe Marktkenntnisse
• Direkter Einfluss auf den Lieferanten	• Möglichst geringer Beschaffungsaufwand
• Langfristige Disposition	• Ständige Lieferbereitschaft des Importhändlerlagers
• Aktivitäten vor Ort z.B. Qualitätskontrolle	• Reine Inlandsorganisation
• Höhere Gemeinkosten	• Geringer Kapitalbedarf
• Händlermarge entfällt	• Mengenrabatte
Hohes Risiko	Geringes Risiko

Siehe auch → Außenhandel und → Globalisierung, jeweils mit Literaturangaben.

Importeur
(bei der → *Produkthaftung*) führt im Ausland hergestellte Ware ein. Er haftet so wie und sogar strenger als der → Vertriebshändler. Er ist unter folgenden Umständen verantwortlich (→ Haftungsadressat): (1) für die Einhaltung europäischer Sicherheitsstandards; (2) u.U. zur Anbringung zusätzlicher Warnhinweise; und (3) zur erhöhten Prüfung bei komplizierter Herstellung.
    Literatur: Heck, H.-J., Produkthaftung, 1990, S. 30 f.; BGH, in: Neue Juristische Wochenschrift, 1980, S. 1219 ff., „Fahrradgabel"; BGH, in: Der Betrieb, 1998, S. 2058 ff, „Feuerwerkskörper".

Importfinanzierung
siehe → Außenhandelsfinanzierung (Internationale Zahlungs-, Sicherungs- und Finanzierungsinstrumente) (mit Literaturangaben).

Importleasing
siehe → Leasing.

Importpreisindex
siehe → Terms of Trade.

Impuls-/Saison-Category
Warengruppen, die das Image des Händlers als Einkaufsstätte der Wahl verstärken, indem sie einen zeitgerechten oder saisonbedingten Verbrauchernutzen schaffen. Impuls- und Saison-Categories sollen zusätzliche Käufe auslösen.

Impulsive Kaufentscheidung
unmittelbar reizgesteuertes Entscheidungsverhalten, in der Regel von → Emotionen begleitet. Siehe auch → Konsumentenverhalten.

Inbound-Sachverhalt
(auch *Inbound-Beziehung*) erfasst v.a. inländische Investitionen von Steuerausländern sowie die Entsendung ausländischer Arbeitnehmer ins Inland; siehe auch → Steuerrecht, Internationales.

Incentive System
siehe → Anreizsystem.

Income or Loss from Continuing Operations
(*Profit or Loss from Ordinary Activities*), engl. für → Ergebnis der gewöhnlichen Geschäftstätigkeit.

Incoterms
Die Incoterms (International commercial terms) sind internationale Regeln zur Auslegung handelsüblicher Vertragsformeln (sog. Klauseln) in Außenhandelsverträgen. Das von der → Internationalen Handelskammer (ICC, International Chamber of Commerce, Paris) geschaffene Regelwerk umfasst insgesamt 13 Klauseln, die von der ICC wie folgt eingeteilt werden:
Gruppe E – Abholklausel: → EXW – Ab Werk (... benannter Ort);
Gruppe F – Haupttransport vom Verkäufer nicht bezahlt: → FCA – Frei Frachtführer (... benannter Ort), → FAS – Frei Längsseite Schiff (... benannter Verschiffungshafen), → FOB – Frei an Bord (... benannter Verschiffungshafen);
Gruppe C – Haupttransport vom Verkäufer bezahlt: → CFR – Kosten und Fracht (... benannter Bestimmungshafen), → CIF – Kosten, Versicherung, Fracht (... benannter Bestimmungshafen), → CPT – Frachtfrei (... benannter Bestimmungsort), → CIP – Frachtfrei versichert (... benannter Bestimmungsort);
Gruppe D – Ankunftsklausel: → DAF – Geliefert Grenze (... benannter Ort), → DES – Geliefert ab Schiff (... benannter Bestimmungshafen), → DEQ – Geliefert ab Kai (... benannter Bestimmungshafen), → DDU – Geliefert unverzollt (... benannter Bestimmungsort), → DDP – Geliefert verzollt (... benannter Bestimmungsort).

Jeder Klausel sind jeweils zehn Verpflichtungen des Verkäufers und des Käufers zugeordnet, in denen u.a. die Beschaffung der (Ein- und Ausfuhr-)Dokumente, der Abschluss von Beförderungs- und/oder Versicherungsverträgen sowie Form und Ort der Lieferung durch den Verkäufer festgelegt sind. Darüber hinaus regeln die Incoterms in den zehn Verpflichtungen die Frage des Gefahrenübergangs vom Verkäufer auf den Käufer sowie die Kostenteilung bezüglich Fracht, Versicherungsprämie, Einfuhr- und Ausfuhrzölle u.Ä.

Literatur: ICC Deutschland: Incoterms 2000 (Publ. Nr. 560 englisch/deutsch), gültig ab 01.01.2000, Köln; Piltz, B.: Vertragsrecht und Vertragsgestaltung bei Internationalen Kaufverträgen, in Häberle, S.G.: Handbuch für Kaufrecht, Rechtsdurchsetzung und Zahlungssicherung im Außenhandel, München und Wien 2002; ebenda: Anhang: Incoterms 2000.

Internetadressen: www.icc-deutschland.de, www.iccwbo.org.

Indexzahlen

Die zeitliche Veränderung einer einzelnen ökonomischen Größe (Beispiel: Preis eines Markenprodukts) von einem Zeitpunkt auf einen anderen wird durch eine *Messzahl*, den Quotienten der Größe zu den beiden Zeitpunkten, dargestellt. Um die zeitliche Änderung mehrerer Größen mit einer Zahl zu messen, muss man deren einzelne Messzahlen geeignet aggregieren.

Eine Indexzahl ist ein gewichtetes Mittel ($\rightarrow$ Mittelwerte) von Messzahlen. Dies sei am Beispiel eines *Preisindexes* für Konsumgüter verdeutlicht: Hier werden die Gewichte nach den wertmäßigen Anteilen der einzelnen Güter am Konsum bemessen. Man betrachtet einen *Warenkorb* (das ist eine Kollektion von bestimmten Gütern) zu zwei verschiedenen Zeiten, der *Basiszeit* und der *Berichtszeit*. Ein Preisindex ist ein gewichtetes Mittel von Preismesszahlen, d.h. der Preisverhältnisse zwischen Basis- und Berichtszeit der einzelnen Güter. Als Gewichte werden die Anteile der Umsätze (Preis mal Menge) der einzelnen Güter am Gesamtumsatz verwendet. Der Preisindex vom Typ *Laspeyres* ist ein gewichtetes arithmetisches Mittel, gewichtet mit den Umsätzen der Basiszeit. Der Preisindex vom Typ *Paasche* ist ein gewichtetes harmonisches Mittel, gewichtet mit den relativen Umsätzen der Berichtszeit.

In entsprechender Weise werden *Mengenindizes* und *Wertindizes* gebildet. Das Statistische Bundesamt ($\rightarrow$ Statistik, Institutionen) berechnet und veröffentlicht regelmäßig Preisindizes und andere Indexzahlen für die verschiedenen Sektoren der Wirtschaft.

Siehe auch $\rightarrow$ Statistik (mit Literaturangaben).

Index-Zertifikat

Ein Index-Zertifikat bietet die Möglichkeit, in einen Aktien-Index zu investieren, ohne die in diesem Index enthaltenen Aktien einzeln und anteilentsprechend kaufen zu müssen. Da der Index exakt durch das Zertifikat abgebildet wird, ist eine vollständige Partizipation an der Wertentwicklung des Indexes sicher gestellt. Bei Fälligkeit des Zertifikats wird ein Geldbetrag bezahlt, der dem Wert des zugrunde liegenden Indexes am Fälligkeitstage entspricht. Index-Zertifikate werden an der Börse gehandelt und ähneln Schuldverschreibungen.

Die Laufzeit der Zertifikate kann begrenzt oder unbegrenzt (Endlos-Zertifikat, open-end-Zertifikat) sein. Wegen der Möglichkeit, das Zertifikat jederzeit an der Börse zu verkaufen, ist die jederzeitige Realisierbarkeit des Zertifikatswerts sicher gestellt. Zinsen werden nicht gezahlt. Siehe auch $\rightarrow$ Zertifikate.

Indifferenzkurve

Kurve aller Wertekombinationen (x_1, x_2) der unabhängigen $\rightarrow$ Variablen einer $\rightarrow$ Nutzenfunktion $U = U(x_1, x_2)$ zweier Variabler, für die U einen festen Wert c annimmt. Siehe auch $\rightarrow$ Ableitung, mathematische und $\rightarrow$ Funktion, mathematische.

Indikation

Im betriebswirtschaflichen Sinne trägt der Begriff Indikation den Charakter einer unverbindlichen Information bzw. einer unverbindlichen Anzeige, z.B. die Nennung unverbindlicher Ankaufskonditionen.

Indikatoren
sind Ersatzgrößen (z.B. Kundenbindung bzw. Auftragseingang), deren Ausprägung oder Veränderung den Schluss auf die Ausprägung und Veränderung einer anderen als wichtig erachteten Größe (z.B. künftige Erfolge bzw. Umsätze) zulassen. Mit Indikatoren wird über eine Realität gezwungenermaßen unvollständig berichtet, die sich nur schwer abbilden lässt. Anders als Kennzahlen werden sie nicht über Verdichtung gewonnen und eignen sich auch kaum zu einer Verdichtung für übergeordnete Organisationsebenen. Siehe auch → Analysemethoden, betriebswirtschaftliche.

Indikatormodell
siehe → Frühwarnsysteme.

Indirekte Bereiche
sind betriebliche Bereiche, die nicht direkt mit der Leistungserstellung verbunden sind, wie z.B. Datenverarbeitung, Gebäudereinigung, Rechnungswesen.

Indirekte Methode der Gewinnermittlung
siehe → Betriebsstättenprinzip.

Indirekte Notierung
(bei Devisen), siehe → Mengennotierung.

Indirekte Segmentierung
siehe → Segmentierung, indirekte.

Indirekte Steuer
(*indirect tax*; siehe auch deutsche → Einkommensteuer) sind die Steuern, bei denen → *Steuerschuldner* und → *Steuerträger* grundsätzlich nicht identisch, d.h. verschiedene Personen sind. Der → *Steuerschuldner* wälzt die Steuer über den Preis seiner Güter und Leistungen auf eine andere Person, i.d.R. den Endverbraucher ab. Zu den indirekten Steuern zählen insbesondere die → *Umsatzsteuer* und die *Verbrauchsteuern*.

Indirektes Leasing
siehe → institutionelles Leasing; siehe auch → Leasing.

Individual Sourcing
Von individual sourcing spricht man, wenn ein Unternehmen seine Beschaffungsaufgaben ausschließlich mit eigenen Ressourcen und in eigener Verantwortung wahrnimmt. Gegensatz → cooperativ sourcing; siehe auch → Beschaffungsmanagement.

Individualarbeitsrecht
siehe → Arbeitsrecht.

Individualethik
befasst sich mit der Verantwortlichkeit des Einzelnen gegenüber sich selbst sowie gegenüber den Mitmenschen und der natürlichen Umwelt. Siehe auch → Unternehmensethik und → Wirtschaftsethik.

Individualisierung
Ausrichtung z.B. einer → *Dienstleistung* auf die Präferenzen eines einzelnen Kunden bzw. einer Kundengruppe. Individualisierung bedeutet im Gegensatz zur → Standardisierung, dass eine Leistung vom Kunden individuell spezifiziert wird (vgl. auch → Kundenintegration) und durch den Anbieter entsprechend erstellt wird.

Individualisierungsgrad
Ausmaß der → Individualisierung einer Leistung (z.B. einer → Dienstleistung).

Individualismus / Kollektivismus
beschreibt als → Kulturdimension das Spektrum zwischen individualistischen Gesellschaften, in denen die Bindungen zwischen den Individuen locker sind und kollektivistischen Gesellschaften, in denen der Mensch von Geburt an in starke, geschlossene „Wir-Gruppen" integriert ist.

Individualprinzip
(in der → *Einkommensteuer*). Die einzelne natürliche Person hat das zu versteuernde Einkommen des jeweiligen Veranlagungszeitraumes anzusetzen.

Individualsoftware
ist eine Software, die im Unterschied zur → Standardsoftware individuell für einen einzelnen Nutzer oder eine Nutzergruppe entwickelt wird. Die → Systementwicklung erfolgt bei Eigenfertigung durch den Nutzer selbst, bei Fremdbezug dagegen durch Dritte. Da die Individualsoftware auf die Lösung einer spezifischen Problemstellung ausgerichtet ist, lässt sie sich i.d.R. nicht ohne Anpassungen auf andere Anwendungsbereiche oder Nutzer übertragen. Siehe auch → Wirtschaftsinformatik, Grundlagen (mit Literaturangaben).

Individuelles Wissen
Individuelles Wissen ist Teil der → organisationalen Wissensbasis eines Unternehmens. Individuelles Wissen in an Personen gebunden und mit anderen Bereichen der menschlichen Psyche verbunden. Es bestimmt die individuelle Problemlösungskapazität. Dem individuellen Wissen wird im Unternehmen meist mehr Beachtung geschenkt als dem → organisationalen Wissen, z. B. wenn einzelne Mitarbeiter an Weiterbildungsmaßnahmen teilnehmen. Wettbewerbsvorteile für das Unternehmen entstehen durch individuelles Wissen erst dann, wenn es mit anderen Mitarbeitern geteilt wird.

Indossament
(bei Wechseln). (1) Der Remittent, das ist derjenige, an den bzw. an dessen Order ein → Wechsel zu zahlen ist, kann den Wechsel durch Indossament auf andere übertragen. Das Indossament wird in der Regel auf die Rückseite des Wechsels gesetzt und vom Übertragenden, der als Indossant bezeichnet wird, unterschrieben. (2) Wird der neue Wechselberechtigte (der Indossatar) im Indossament ausdrücklich genannt, dann liegt ein sog. Vollindossament vor. Ist dagegen der Indossatar nicht genannt, sondern lediglich die Unterschrift des Übertragenden (des Indossanten) auf die Rückseite des Wechsels gesetzt, dann spricht man von einem Blankoindossament. (3) Ein Indossament erfüllt drei Funktionen: (a) Transportfunktion: Das Indossament überträgt alle Rechte auf den Indossatar (beim Vollindossament) bzw. auf den Inhaber (beim Blankoindossament). (b) Garantiefunktion: Ein Indossant haftet für die Annahme und für die Zahlung des Wechsels. Der Indossant kann seine Haftung jedoch durch ein sog. → Angstindossament ausschließen. (c) Legitimationsfunktion: Durch eine ununterbrochene Reihe von Indossamenten weist derjenige, der den Wechsel in Händen hat, nach, dass er der rechtmäßige Inhaber ist. (4) Sonderformen der Indossamente sind neben dem angesprochenen Angstindossament das → Vollmachtsindossament (Inkassoindossament) sowie das → Rektaindossament. (5) Indossamente kommen auch bei → Konnossementen vor, allerdings ohne die weit reichende Garantiefunktion wie bei Wechseln.

Induktion
ist eine Form des Schließens vom Einzelnen auf das Allgemeine. Die mehrfache Beobachtung des gemeinsamen Auftretens von zwei Phänomenen führt bspw. zu dem induktiven Schluss, es liege eine gesetzmäßige Ursache-Wirkungs-Beziehung zwischen den Erscheinungen vor. Da das Auftreten von Gegenbeispielen aber niemals ausgeschlossen werden kann, liefert die Induktion letztlich keinen Beweis für die Richtigkeit dieser Vermutung. Aufgrund dieses klassischen Induktionsproblems wird sie heute nur als Methode akzeptiert, um zu plausiblen Hypothesen zu kommen, nicht aber als Beweis für die Richtigkeit einer Behauptung.

Industrie

Wirtschaftszweig, dessen Unternehmen die gewerbliche Be- und Verarbeitung von Rohstoffen und Halbfabrikaten mittels physikalischen, chemischen und biologischen Verfahren zu Produktions- oder Konsumgütern unter Verwendung von Produktionsfaktoren zum Gegenstand haben (→ Industrieunternehmen). Die nach Umsatz und Beschäftigtenzahl größten Industriebranchen sind der Maschinen- und Anlagenbau, die Elektrotechnik und Elektronik, der Fahrzeugbau, das Ernährungsgewerbe, die Chemie und das Baugewerbe.

Industrie- und Handelskammer (IHK)

Körperschaft des öffentlichen Rechts, die die Interessen aller gewerblichen Unternehmen des jeweiligen Kammerbezirks (mit Ausnahme des Handwerks) vertritt. Es besteht eine Pflicht zur Mitgliedschaft. Die 81 deutschen Industrie- und Handelskammern, die bundesweit im → *Deutschen Industrie- und Handelskammertag* (DIHK) zusammengeschlossen sind, können Anlagen und Einrichtungen, die der Förderung der gewerblichen Wirtschaft dienen, begründen und unterhalten sowie Maßnahmen zur Förderung und Durchführung der kaufmännischen und gewerblichen Berufsausbildung treffen.

Industriebetrieb

siehe → Industrieunternehmen, siehe auch → Industriebetriebslehre und → Industriemanagement.

Industriebetriebslehre

Teildisziplin der Betriebswirtschaftslehre, die die Forschung und Lehre des Wirtschaftens von → *Industrieunternehmen* umfasst. Die Industriebetriebslehre ergänzt die allgemeine Betriebswirtschaftslehre durch eine spezielle Betrachtung des Wirtschaftszweigs → Industrie. Eine Zusammenfassung gleichartiger Verrichtungen führt zu einer funktionellen Gliederung, aus der die → *Produktionswirtschaft* hervorgegangen ist. Eine erweiterte Betrachtung im Sinne der betriebswirtschaftlichen Leitung und Führung eines Industrieunternehmens einschließlich der hiermit verbundenen Planung, Steuerung und Optimierung der → Geschäftsprozesse führt zum Begriff des *Industriemanagements*.
Siehe auch → Industriemanagement, → Produktionsmanagement, → Produktionsplanung und -steuerung, → Produktions- und Kostentheorie, jeweils mit Literaturangaben.
   Literatur: Corsten, H.: Industriebetriebslehre und Produktionswirtschaft, in: Schriften zum Produktionsmanagement, Nr. 57, Kaiserslautern 2003; Günther, H.-O., Tempelmeier, H.: Produktion und Logistik, 6. Aufl., Berlin 2005; Hansmann, K.-W.: Industrielles Management, 7. Aufl., München 2001; Haupt, R.: Industriebetriebslehre, Wiesbaden 2000; Heinen, E.: Industriebetriebslehre, 9. Aufl., Wiesbaden 1991; Kortzfleisch, G.-H. von: Industriebetriebe, in: Wittmann, W., Kern, W., Köhler, R., Küpper, H.-U., Wysocky, K. von (Hrsg.): Handwörterbuch der Betriebswirtschaft, 5. Aufl., Stuttgart 1993; Nolden, G., Körner, P., Bizer, E.: Management im Industriebetrieb, 5. Aufl., Troisdorf 2006; Weber, H. K.: Industriebetriebslehre, 3. Aufl., Berlin 1999

Industriegut

häufig Gleichsetzung mit Investitionsgut; zum Begriff siehe → Produkt, Abschnitt „2. Produkttypen".

Industriegütermarketing

Industriegütermarketing

von Professor Dr. Gerd Nufer und Professor Dr. Carsten Rennhak
SIB School of International Business – Hochschule Reutlingen

1. Charakterisierung

Investitionsgüter umfassen alle Leistungen, die von privatwirtschaftlichen oder öffentlichen Organisationen und nicht von einzelnen Konsumenten gekauft werden. Investitionsgüter lassen sich nicht anhand technischer Merkmale beschreiben, vielmehr umfasst der Begriff neben Sachleistungen auch Dienstleistungen (→ Dienstleistungsmanagement). Entscheidend dafür, ob der Vermarktungsprozess auf Konsumgüter- oder Investitionsgütermärkten stattfindet, ist nicht, was nachgefragt wird, sondern wer die Leistung nachfragt: Organisationen oder Letztkonsumenten. In den USA haben sich gemäß diesem Verständnis die Begriffe Business-to-Business und Business-to-Conusmer Marketing durchgesetzt. Business-to-Business Marketing beinhaltet allerdings auch die Vermarktung gegenüber Handelsunternehmen (→ Handelsmarketing), die ihrerseits Konsumgüter verkaufen.

Soweit reicht das Begriffsverständnis von Investitionsgütern in der deutschsprachigen Literatur nicht. Dieses orientiert sich vielmehr am englischen Begriff industrial marketing, welcher auf die Zielgruppe des Marketing (industry versus consumer) fokussiert und die Vermarktung an Institutionen der reinen Distribution an Letztkonsumenten ausschließt. Damit sind als Hauptzielgruppe im Transaktionsprozess Industrieunternehmen angesprochen.

In der deutschsprachigen Theorie und Praxis wurden deshalb in den letzten Jahren die Termini Investitionsgüter bzw. Investitionsgütermarketing konsequenterweise weitestgehend durch die Begriffe Industriegüter bzw. Industriegütermarketing substituiert. *Industriegüter* lassen sich somit charakterisieren als Leistungen, die von Organisationen (Nicht-Konsumenten) beschafft werden, um mit ihrem Einsatz (Gebrauch oder Verbrauch) weitere Leistungen für die Fremdbedarfsdeckung zu erstellen oder um sie unverändert an andere Organisationen weiterzuveräußern, die diese Leistungserstellung vornehmen. *Industriegütermarketing* unterschiedet sich vom Konsumgütermarketing also i.W. dadurch, dass die Nachfrager nicht Letztkonsumenten, sondern Organisationen wie Industrieunternehmen, öffentliche Verwaltungen oder staatliche Außenhandelsorganisationen sind. Eine zusammenfassende Abgrenzung von Industriegüter- und Konsumgütermärkten enthält Abbildung 1.

Dimension	Industriegütermärkte	Konsumgütermärkte
Marktstruktur	relativ wenige Nachfrager	Massenmärkte
Produkte	technisch komplex/ erklärungsbedürftig, kundenspezifisch, servicelastig	standardisiert, zentral verfügbar
Kaufverhalten	funktionale Entscheide, rationale Motive, technische Expertisen, persönliche Beziehungen	Familienentscheide, soziale/ psychologische Motive, unpersönliche Beziehungen
Marktbearbeitung	Gewicht auf persönlichem Verkauf	Gewicht auf Werbung
Pricing	i.d.R. Verhandlungen (Fokus: Total Cost of Ownership)	i.d.R. Listenpreise (Fokus: Produktpreis)
Vertrieb	häufig direkter Vertrieb	meist indirekter Vertrieb

Abb. 1 : Unterscheidung von Industrie- und Konsumgütermärkten

Die gesamtwirtschaftliche Bedeutung der Industriegütermärkte ist insbesondere aus deutscher Sicht sehr hoch: Mehr als zwei Drittel des Bruttosozialprodukts der Bundesrepublik Deutschland entfallen auf Nicht-Konsumgütermärkte. Parallel kann festgestellt werde, dass die meisten Marketinglehrbücher (→ Marketing, Grundlagen) ihren Schwerpunkt eindeutig auf Konsumgütermarketing legen und das Thema Industriegütermarketing bislang eher stiefmütterlich behandeln, was keineswegs sachadäquat ist.

2. Besonderheiten

Die Besonderheiten des Industriegütermarketing ergeben sich v.a. aus den skizzierten Charakteristika von Industriegütermärkten.

a) Nachfragerseite

Die Nachfrage nach Industriegütern ist eine *abgeleitete Nachfrage*. Sie entsteht aus der Nachfrage der nachgelagerten Marktstufen. Die Marketingplanung eines Anbieters von Industriegütern muss deshalb grundsätzlich die Marketingplanung der Nachfrager (bzw. der Nachfrager der Nachfrager usw.) miteinbeziehen. Nachfrager auf Industriegütermärkten sind *Organisationen*. Ihre Kaufentscheidungen sind gekennzeichnet durch organisationales Beschaffungsverhalten und formalisierte Kaufprozesse. Ferner ist die Multipersonalität der Organisationen (Buying Center) zu berücksichtigen. Je nach Neuartigkeit der Problemdefinition und Wert des Kaufgegenstandes aus Sicht des Käufers und je nach Grad des organisationalen Wandels beim Nachfrager stellt sich der *Kaufprozess* als Problemlösungsprozess unterschiedlicher Intensität und Komplexität dar.

b) Anbieterseite

Sehr viele der hochspezialisierten Lieferanten von Industriegütern sind global tätig, da die Zahl der potenziellen Kunden je Land bzw. Region teilweise sehr limitiert ist (siehe auch → Marketing, Internationales). Die klassischen Instrumente des Marketing-Mix erfahren im Industriegütermarketing unterschiedliche Akzentuierungen: Die *Leistungspolitik* (→ Produktpolitik) richtet sich nicht an einen anonymen Markt, sondern steht vielmehr oftmals vor der Aufgabe, nachfragerindividuelle Problemlösungen zu erbringen ("Kunden wollen keine Bohrer, sondern Löcher in der Wand"). Die *Kontrahierungspolitik* (→ Preispolitik) ist durch etliche Besonderheiten gekennzeichnet. Häufig erfolgt die Beschaffung von Industriegütern über eine formalisierte Ausschreibung (Competitive Bidding). Im Rahmen der *Kommunikation* (→ Kommunikationspolitik) ist die besondere Relevanz von Messen und Ausstellungen hervorzuheben. Die *Distribution* (→ Distributionspolitik) technischer Güter wird auf Industriegütermärkten überwiegend von Ingenieuren durchgeführt (technischer Vertrieb). Dem Direktvertrieb sowie dem persönlichen Verkauf kommt aufgrund der Erklärungsbedürftigkeit der Industriegüter eine überragende Bedeutung zu. Auch die Schwerpunkte der *Industriegütermarktforschung* unterscheiden sich z.T. erheblich von denen der Konsumgütermarktforschung (→ Marktforschung), beispielsweise übersteigt aufgrund der technischen Komplexität die Bedeutung der betrieblichen Marktforschung häufig die der institutionellen.

c) Beziehungen zwischen den Marktpartnern

Die Marktbeziehungen zwischen Anbietern und Nachfragern von Industriegütern sind häufig durch eine enge, interaktive Zusammenarbeit und oftmals sehr *langfristige Geschäftsbeziehungen* gekennzeichnet. *Marktprozessbesonderheiten* auf Industriegütermärkten liegen in einer vergleichsweise hohen Markttransparenz, die durch die Professionalität der Marktteilnehmer sowie durch die mitunter geringe Zahl von Marktteilnehmern begünstigt wird.

3. Typen des Industriegütermarketing

Backhaus verwendet die beiden pragmatischen Kriterien Einzelkundenbezug (Transaktionsform) und zeitlicher Kaufaufwand (Kaufverbund ja/nein) zur Systematisierung von Geschäftstypen des Industriegütermarketing und gelangt zu dem in Abbildung 2 dargestellten Geschäftstypenportfolio.

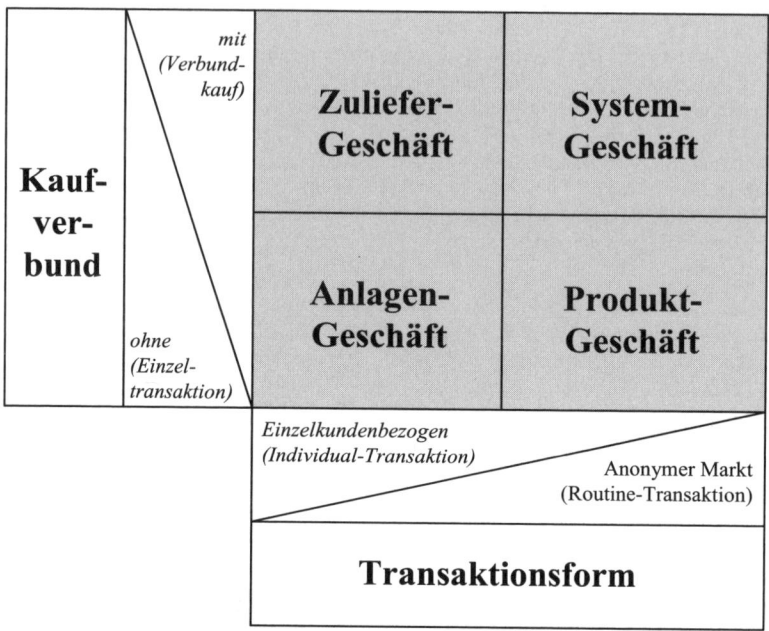

Abb. 2: Abgrenzung von Geschäftstypen im Industriegütermarketing

(1) Das *Produktgeschäft* umfasst relativ standardisierte Leistungen, die sich an einen anonymen Markt richten, ohne dass Abhängigkeiten erzeugende Kaufverbunde bestehen. Es weist einen geringen Spezifitätsgrad auf. I.d.R. handelt es sich um in Massen- oder Serienfertigung erstellte Leistungen, die der Kunde zum isolierten Einsatz als Stand-alone-Produkte für die Lösung seines Problems nachfragt.

(2) Im Gegensatz zum Produktgeschäft werden beim *Anlagengeschäft (Projektgeschäft)* komplexe Projekte vermarktet, bei denen der Absatz- dem Fertigungsprozess vorläuft. Die kundenindividuell erstellten Leistungen werden beim Nachfrager zu einem funktionstüchtigen System zusammengefügt, d.h. eine konkret erstellte Anlage findet i.d.R. in identischer Weise keinen weiteren Abnehmer am Markt. Mit der Realisation der Anlage ist das Projekt abgeschlossen.

(3) Im *Systemgeschäft* hat der Nachfrager zunächst die Entscheidung über eine Systemarchitektur zu treffen, die zukünftige, sukzessive zu treffende Kaufentscheidungen für Einzelprodukte innerhalb des Systems vorstrukturiert. Gegenstand der Vermarktung können z.B. Systemtechnologien wie Telekommunikationssysteme sein, die jedoch nicht wie im Anlagengeschäft als Komplettpakete vermarktet werden, sondern als einzelne Technologien in einer schrittweisen Beschaffungsfolge gekauft werden.

(4) Das *Zuliefergeschäft (OEM-Geschäft)* ist dadurch gekennzeichnet, dass Vermarktungsprogramme für einzelne Kunden entwickelt werden, mit denen einen längerfristige Geschäftsbeziehung aufgebaut wird. Beide Partner sind während eines Lebenszyklusses jeweils gegenseitig schwer substituierbar. Typisches Beispiel sind die individualisierten Leistungsangebote von Zulieferern in der Automobilindustrie.

Technisch identische Leistungsangebote können dabei in verschiedenen Geschäftstypen vermarktete werden:

- Wird beispielsweise ein PC als Einzelplatzrechner ohne Verbindung zu anderen Rechnern verwendet, erfolgt die Transaktion im Rahmen eines Produktgeschäfts. Soll er jedoch mit anderen

- PCs in einem LAN vernetzt werden, wird er im Systemgeschäft gekauft, sofern die Beschaffung der Netzrechner sukzessive erfolgt.
- Eine private Telefonanlage wird im Systemgeschäft erworben, wenn sich der Nachfrager für eine bestimmte Lösungskonzeption entscheidet, die einzelnen Anschlüsse aber schrittweise erwirbt. Ein Anlagengeschäft liegt dagegen vor, wenn das Gesamtprojekt auf einen Schlag realisiert wird.

4. Implementierung

Industriegütermarketing ist eine Managementkonzeption von Anbietern auf Industriegütermärkten. Wettbewerb ist dabei als ein Suchprozess zu verstehen, der darauf gerichtet ist, durch Entwicklung neuer Lösungen vorhandene Bedürfnisse besser zu befriedigen als andere, um daraus einen eigenen ökonomischen Vorteil zu generieren. Besser zu sein heißt, in den Augen des Nachfragers einen höheren Nutzen zu stiften und/oder einen geringeren Preis für eine Leistung zu verlangen als alle anderen vom Nachfrager in Betracht gezogenen Anbieter. Den Vorsprung eines Anbieters vor seinen Wettbewerbern bezeichnet man als *komparativen Konkurrenzvorteil (KKV)* (→ Unique Selling Proposition). Solche Unternehmen werden in ihrem Leistungsangebot von den Nachfragern in ihrer subjektiven Wahrnehmung gegenüber den Konkurrenzangeboten als überlegen eingestuft (notwendige Bedingung) und erzeugen gleichzeitig einen Ergebnisüberschuss (hinreichende Bedingung). Kundenorientierte Unternehmen verwenden als Marktnavigator im Industriegütermarketing den KKV. Dieser muss zugleich bedeutsam, wahrgenommen, dauerhaft und effizient sein.

Hinweis

Zu den angrenzenden Wissensgebieten siehe → Category Management, → Customer Relationship Management (CRM), → Dienstleistungsmanagement, → E-Commerce, → ERP-Systeme (Enterprise Resource Planning-Systeme), → Handelsbetriebslehre, Grundlagen, → Handelsforschung, → Handelsmarketing, → Internationales Marketing, → Kommunikationspolitik, → Kundenzufriedenheit, → Marketingcontrolling, → Marketing, Grundlagen, → Marketing, Internationales, → Marktforschung, → Messemanagement, → Preispolitik, → Produktpolitik, → Vertriebspolitik, → Vertriebswege, neuere, → Werbung.

Literatur: Baaken T.: Business-to-Business-Kommunikation – Neue Entwicklungen im B2B-Marketing, Schmidt, Berlin, 2002; Backhaus K.: Industriegütermarketing, 7. Auflage, Vahlen, München, 2003; Backhaus K. (Hrsg.): Handbuch Industriegütermarketing. Strategien, Instrumente, Anwendungen, Gabler, Wiesbaden, 2004; Belz C., Reinhold M.: Internationales Vertriebsmanagement für Industriegüter, Ueberreuter Wirtschaft, St. Gallen, 1999; Kleinaltenkamp M., Plinke W.: Technischer Vertrieb – Grundlagen des Business-to-Business Marketing, Springer, Berlin u.a., 2000; Kleinaltenkamp M., Plinke W.: Strategisches Business-to-Business Marketing, Springer, Berlin u.a., 2002; Pförtsch W., Schmidt M.: B2B-Markenmanagement – Konzepte – Methoden – Fallbeispiele, Vahlen, München, 2005; Plinke, W.: Investitionsgütermarketing, in: Diller H. (Hrsg.): Vahlens Großes Marketing Lexikon, 2. Auflage, Vahlen, München 2001, S. 706-711; Rentzsch H.-P.: Kundenorientiert verkaufen im Technischen Vertrieb – Erfolgreiches Beziehungsmanagement im Business-to-Business, Gabler, Wiesbaden, 2003; Richter H.: Investitionsgütermarketing – Business-to-Business-Marketing von Industrieunternehmen, Fachbuchverlag Leipzig, 2000; Simon H.: Hidden Champions. Lessons from 500 of the World's Best Unknown Companies, McGraw-Hill, Boston (MA), 1999; Theile G.: Internationale Interaktionsprozesse im Industriegütermarketing, Kovac, Hamburg, 2004; Werani T.: Bewertung von Kundenanbindungsstrategien in B-to-B-Märkten – Methodik und praktische Anwendung, Gabler, Wiesbaden, 2004.

Internetadressen: www.b2bm.biz (Magazin); www.bridge2b.com (B2B-Suchmaschine); www.ihk.de (Industrie- und Handelkammer); www.vwi.org (Verband Deutscher Wirtschaftsingenieure).

Website der Autoren: http://www.sib.reutlingen-university.de

Industriekontenrahmen (IKR)

Kontenrahmen, der auf die buchhalterischen Besonderheiten produzierender Betriebe abstellt. Der IKR wurde den bilanzrechtlichen Veränderungen durch das BiriliG 1985 angepasst und ordnet die Konten nach dem Abschlussgliederungsprinzip. Dadurch führt der Abschluss der aktiven und passiven Bestandskonten in der Reihenfolge ihrer Kontonummern zur korrekten handelsrechtlichen Bilanzgliederung.

Gliederungssystematik der Kontenklassen:

0, 1, 2	aktive Bestandskonten	(in der Reihenfolge gemäß
3, 4	passive Bestandskonten	Bilanzgliederungsvorschrift § 266 HGB)
5	Ertragskonten	
6,7	Aufwandskonten	
8	Ergebniskonten	
9	(frei für Kosten- und Leistungsrechnung in Kontensystematik).	

Literatur: Bundesverband der Deutschen Industrie e.V. (Hrsg.): Industrie-Kontenrahmen IKR, Neufassung ´86 nach BiriliG, Bergisch Gladbach 1987.

Industriemanagement

Industriemanagement

von Professor Dr. Marc Kastner

Professur für Entscheidungsanalyse und Operations Research

Fachbereich Industriemanagement an der Europäischen Fachhochschule (EUFH) in Brühl

1. Begriff

Industriemanagement ist die betriebswirtschaftliche Leitung und Führung eines im → *Produzierenden Gewerbe* tätigen Unternehmens einschließlich der hiermit verbundenen Planung, Organisation, Durchsetzung und Kontrolle der → Geschäftsprozesse (siehe auch → Prozessmanagement). Ein → *Industrieunternehmen* wird dabei als Produktionssystem betrachtet, das in eine natürliche, politisch-rechtliche, wirtschaftliche, technologische und soziokulturelle Umwelt eingebettet ist und aus Inputfaktoren (Arbeit, Betriebsmittel, Werkstoffe) wertgesteigerten Output (Güter, Dienstleistungen) hervorbringt. Das Industriemanagement ist neben der betriebswirtschaftlichen Sicht von *interdisziplinären Erkenntnissen* geprägt, z.B. aus der → Volkswirtschaftslehre, der → Informatik, der → Mathematik und → Statistik, der Soziologie und Psychologie, den Ingenieurwissenschaften und den Rechtswissenschaften.

2. Abgrenzung der Industrieunternehmen

Die *Industrie* ist ein Wirtschaftszweig, dessen Unternehmen die gewerbliche Be- und Verarbeitung von Rohstoffen und Halbfabrikaten mittels physikalischen, chemischen und biologischen Verfahren zu Produktions- oder Konsumgütern unter Verwendung von Produktionsfaktoren zum Gegenstand haben (→ Industrieunternehmen). Die amtliche Statistik der Bundesrepublik Deutschland fasst die Industrie und das Produzierende Handwerk unter dem → *Produzierenden Gewerbe* zusammen, das die Teilbereiche Bergbau und Gewinnung von Steinen und Erden, Verarbeitendes Gewerbe, Energie- und Wasserversorgung sowie Baugewerbe umfasst. Das → *Verarbeitende Gewerbe* beschäftigt in rund 46.000 Unternehmen annähernd 6 Millionen Mitarbeiter und erzielt dabei einen Umsatz von über 1,4 Billionen Euro. Die nach Umsatz und Beschäftigtenzahl größten Industriebranchen sind der Maschinen- und Anlagenbau, die Elektrotechnik und Elektronik, der Fahrzeugbau, das Ernährungsgewerbe, die Chemie und das Baugewerbe.

Es lässt sich mit Hilfe von dominierenden Merkmalen eine sinnvolle Zuordnung von Unternehmen zur → *Industrie* und damit auch eine Abgrenzung zum Handwerk vornehmen: (1) Es handelt sich um einen Gewerbebetrieb. (2) Es werden (überwiegend) Sachgüter produziert. (3) Die Produktionsprozesse sind weitgehend automatisiert. (4) Die betriebliche Organisation ist durch ein hohes Maß an Arbeitsteilung, Spezialisierung und Rationalisierung gekennzeichnet. (5) Die Produkte werden in der Regel auf großen Märkten abgesetzt.

Obwohl die *Sachgüterproduktion* als Abgrenzung zu Handels- oder Dienstleistungsunternehmen das zentrale Charakteristikum darstellt, wird das Güterangebot von → Industrieunternehmen zunehmend durch Handelswaren und Dienstleistungen (z.B. Wartung, Schulung, Beratung) ergänzt.

3. Management von Industrieunternehmen

Aufgabe eines Managers ist die Planung, Organisation, Durchsetzung und Kontrolle von Maßnahmen zum Wohl des Unternehmens und aller am Unternehmensgeschehen Beteiligten unter Einsatz der zur Verfügung stehenden betrieblichen Ressourcen. Das Management kann aus institutioneller oder aus funktionaler Sicht betrachtet werden.

a) Management als Institution

Das Management eines → Industrieunternehmens umfasst als *Institution* die Gesamtheit jener Personen bzw. organisatorischer Einheiten, die Führungsaufgaben wahrnehmen und mit weit reichenden Entscheidungskompetenzen ausgestattet sind (siehe auch → Entscheidung, betriebswirtschaftliche). Führungskräfte sind alle Mitarbeiter, die mit leitenden Aufgaben betraut sind und (überwiegend) die Interessen des Arbeitgebers vertreten. Die institutionelle Sicht führt üblicherweise zu einer Struktur unterschiedlicher *Leitungsebenen*:

(1) *Top-Management*: Diese Ebene besteht im Allgemeinen aus der Unternehmensleitung (Vorstand, Geschäftsführung). Das Top-Management trifft die strategischen Entscheidungen, mit denen die langfristigen Rahmenbedingungen für eine erfolgreiche Entwicklung des Unternehmens geschaffen werden. Dies sind beispielsweise die Wahl der Geschäftsfelder, die Festlegung der Standorte oder die grundsätzliche Konzeption der Organisationsstruktur. (2) *Mittleres Management*: Diese Ebene umfasst die dem Top-Management untergeordneten Führungskräfte wie z.B. die Werks-, Bereichs- oder Abteilungsleiter (siehe auch → Leitender Angestellter). Sie treffen die mittelfristigen, taktischen Entscheidungen zur Verwirklichung der strategischen Ziele. Typische Beispiele sind die Weiterentwicklung der Produktionsinfrastruktur oder deren organisatorische Umgestaltung. (3) *Unteres Management*: Vertreter der unteren Managementebene sind die Stellen- oder Gruppenleiter sowie die Meister und Vorarbeiter, die mit operativen Entscheidungen die taktischen Leistungspotenziale kurzfristig ausschöpfen und optimieren. Beispielsweise wird im Rahmen der operativen Produktionsplanung und -steuerung durch Zuordnung der Aufträge zu den Maschinen das Produktionsprogramm gefertigt.

b) Management als Funktion

Funktional umfasst das Industriemanagement alle Aufgaben und Tätigkeiten der Führungskräfte in den organisatorischen Bereichen des Unternehmens. Zu den *betrieblichen Funktionen* eines → Industrieunternehmens zählen insbesondere:

(1) *Forschung und Entwicklung*: Erzeugung von Produkt- und Verfahrensinnovationen sowie deren Weiterentwicklung; (2) *Beschaffung und Logistik*: Einkauf und Lagerung der zur Produktion benötigten Einsatzfaktoren sowie Optimierung des Güter- und Informationsflusses; (3) *Produktion*: Herstellung von Gütern und Dienstleistungen aus natürlichen oder bereits produzierten Ausgangsstoffen durch Transformationsprozesse unter Einsatz von → Produktionsfaktoren; (4) *Absatz*: → Marketing und → Vertrieb von Gütern und Dienstleistungen gegen (zumeist) Geldleistungen; (5) *Personal und Organisation*: Bereitstellung der geeigneten personellen Ressourcen zur Erreichung der Unternehmensziele; (6) *Rechnungswesen und* → *Controlling*: Erfassung und Auswertung aller finanzwirtschaftlich relevanten Zahlen sowie Ableitung von Entscheidungsgrundlagen für die Planung, Steuerung und Kontrolle des betrieblichen Geschehens; (7) *Information und Kommunikation*: Entwicklung, Gestaltung und Lenkung des Informationsflusses durch entsprechende Informations- und Kommunikationssysteme; (8) → *Qualitätsmanagement*: Ganzheitliche Verbesserung der Produkt- und Prozessqualität durch interne und externe Bewertungen und Zertifizierungen; (9) → *Umweltmanagement*: Optimierung der Produktionsprozesse unter dem Aspekt eines nachhaltigen Wirtschaftens.

4. Einsatz von quantitativen Optimierungsmethoden

Neben den traditionellen → *Managementtechniken* hat die quantitative Modellierung und Lösung der industriellen Entscheidungsprobleme an erheblicher Bedeutung gewonnen. Dabei sollen dem → Entscheidungsträger im → Industrieunternehmen geeignete und möglichst optimale Vorschläge zur Erreichung der Unternehmensziele gegeben werden. Der hieraus entstandene Wissenschaftszweig des → *Operations Research* befasst sich mit dieser entscheidungsorientierten Planungsmethodik und ist durch ein Zusammenwirken von Mathematik, Wirtschaftswissenschaften und Informatik gekennzeichnet. Viele praktische Fragestellungen, wie zum Beispiel die Bestimmung des kostenminimalen Produktionsprogramms oder die Erstellung des optimalen Transport- und Tourenplans, können heute mit OR-Verfahren und entsprechenden Softwareprodukten gelöst werden.

Hinweis

Zu den angrenzenden Wissensgebieten und Methoden siehe → Ablauforganisation, → Aufbauorganisation, → Analysemethoden, → Beschaffungsmanagement, → Controlling, → ERP-Systeme (Enterprise Resource Planning-Systeme), → Entscheidung, betriebswirtschaftliche, → Logistik, → Materiallogistik, → Operations Research, → Optimierung, → Organisation, Grundlagen, → Produktion, Formen, → Produktions- und Kostentheorie, → Produktionsmanagement, → Produktionsplanung und -steuerung, → Prozessmanagement, → Qualitätscontrolling, → Qualitätsmanagement, → Supply Chain Management, → Total Quality Management, → Unternehmensführung, → Unternehmensplanung, → Workflow Management.

Literatur: Corsten, H.: Produktionswirtschaft, 10. Aufl., München 2004; Eisenführ, F., Theuvsen, L.: Einführung in die Betriebswirtschaftslehre, 4. Aufl., Stuttgart 2004; Ellinger, Th., Beuermann, G., Leisten, R.: Operations Research, 6. Aufl., Berlin 2003; Fries, H.-P.: Betriebswirtschaftslehre des Industriebetriebs, 5. Aufl., München 1999; Günther, H.-O., Tempelmeier, H.: Produktion und Logistik, 6. Aufl., Berlin 2005; Hansmann, K.-W.: Industrielles Management, 8. Aufl., München 2006; Heinen, E.: Industriebetriebslehre, 9. Aufl., Wiesbaden 1991; Kortzfleisch, G.-H. von: Industrielle und handwerkliche Produktionen, in: Kern, W., Schröder, H. H., Weber, J. (Hrsg.): Handwörterbuch der Produktionswirtschaft (HWProd), 2. Aufl., Stuttgart 1995; Macharzina, K., Wolf, J.: Unternehmensführung, 5. Aufl., Wiesbaden 2005; Nolden, R.-G., Körner, P., Bizer, E.: Management im Industriebetrieb, 5. Aufl., Troisdorf 2006; Staehle, W. H.: Management, 8. Aufl., München 1999; Steinmann, H., Schreyögg, G.: Management, 6. Aufl., Wiesbaden 2005; Wohinz, J. W.: Industrielles Management, Wien 2003

Internetadressen: http://www.bmwi.de/Navigation/Wirtschaft/industrie.html *(Bundesministerium für Wirtschaft und Technologie)*; http://www.bdi-online.de *(Bundesverband der Deutschen Industrie)*; http://www.dihk.de *(Deutscher Industrie- und Handelskammertag)*; http://ec.europa.eu/enterprise/index_de.htm *(Europäische Kommission)*; http://www.euroma-online.org *(European Operations Management Association)*; http://gor.uni-paderborn.de *(Gesellschaft für Operations Research)*; http://www.produktion-und-logistik.de *(POM Prof. Tempelmeier GmbH)*; http://www.destatis.de/themen/d/thm_prodgew.php *(Statistisches Bundesamt)*; http://www.sussex.ac.uk/Users/dt31/TOMI/index.html *(Technology and Operations Management)*; http://www.unido.org *(United Nations Industrial Development Organization)*

Website des Autors: http://www.eufh.de/content/hochschulteam/dozenten/kastner/kastner.htm

Industrieobligation

→ Anleihe, die von privaten Unternehmen emittiert wird. Da vorwiegend Industrieunternehmen Anleihen emittieren, hat sich die Bezeichnung als Industrieobligation eingebürgert, sie umfasst aber auch die von Handels- und Verkehrsunternehmen emittierten Anleihen.

Industrieunternehmen

Eine eindeutige Charakterisierung von Industrieunternehmen ist aufgrund der vielfältigen Erscheinungsformen nicht möglich. Es lässt sich jedoch mit Hilfe von dominierenden Merkmalen eine sinnvolle Zuordnung von Unternehmen zur → *Industrie* vornehmen: (1) Gewerbebetrieb, (2) Produktion von Sachgütern, (3) Automatisierung der Produktionsprozesse, (4) Arbeitsteilung, Spezialisierung und Rationalisierung sowie (5) Absatz der Produkte auf großen Märkten. Obwohl die Sachgüterproduktion als *Abgrenzung zu Handels- oder Dienstleistungsunternehmen* das zentrale Charakteristikum darstellt,

wird das Güterangebot von Industrieunternehmen zunehmend durch Handelswaren und Dienstleistungen (Wartung, Schulung, Beratung) ergänzt.
Eine exakte *Abgrenzung zwischen Industrie- und Handwerksunternehmen* ist schwierig, weil die → Industrie historisch aus dem Handwerk hervorgegangen ist und somit viele Eigenschaften übereinstimmen. Eine formale Unterscheidung kann nach der Registrierung im Handelsregister bzw. in der Handwerksrolle oder durch die Mitgliedschaft in den → Industrie- und Handelskammern bzw. in den Handwerkskammern erfolgen. Die amtliche Statistik der Bundesrepublik Deutschland fasst die → Industrie und das Handwerk unter dem → *Verarbeitenden Gewerbe* zusammen.
Siehe auch → Industriemanagment (mit Literaturangaben).
Internetadresse: (Statistischen Bundesamt) http://www.destatis.de.

Infektionstheorie
siehe → Abfärbetheorie (Einkommensteuer).

Informale Organisation
im Gegensatz zur → formalen Organisation von den Organisationsmitgliedern selbst geschaffene Normen und Verfahrensweisen, die ihnen geeigneter oder bequemer erscheinen oder den persönlichen Beziehungen besser entsprechen als die Fremdvorgaben von Organisatoren. U.a. wurden beobachtet: Informelle Gruppenbildung, informelle Spielregeln, informelle Selbstabstimmung, informelle Kommunikation, informelle Führer. Die informale Organisation kann tatsächlich sinnvoller (schneller, flexibler) sein als die formale Organisation, kann sich aber auch störend auswirken. Bekannt wurde die informale Organisation vor allem durch die Forschungen des → Human-Relations-Ansatzes.
Siehe auch → Organisationstheorien (mit Literaturangaben).

Information Placement
siehe → Product Placement.

Informational Added Values
siehe → Informationelle Mehrwerte.

Informationelle Mehrwerte
(*Informational Added Values, IAV*) bezeichnen die typischen Wirkungen elektronischer Angebote. Die *Theorie Informationeller Mehrwerte* nach Kuhlen wird dabei auf den → Electronic Commerce und auf den → Mobile Commerce angewendet.

Information-Filtering-System
unterstützt das → *Wissensmanagement* bei der Auswahl und Sortierung von Informationen. Die technische Umsetzung basiert häufig auf intelligenten Agenten oder Assistenten, wie z.B. Posteingangsassistenten, die eingehende E-Mails anhand vordefinierter Regeln beispielsweise je nach Absender oder Betreff vorsortieren, automatisch beantworten, ablegen oder löschen.

Informations- und Kommunikationssystem
(auch *Informationssystem*) ist ein soziotechnisches System mit menschlichen und maschinellen Aufgabenträgern, die Informationen erzeugen, verarbeiten oder nutzen und durch Kommunikationsbeziehungen miteinander verbunden sind. Je nach den im System vorhandenen Aufgabenträgern werden Mensch-Mensch-, Mensch-Maschine- und Maschine-Maschine-Systeme unterschieden. Die in der Wirtschaftsinformatik betrachteten Informationssysteme sind fast ausschließlich rechnergestützt, d. h. die Erfassung, Speicherung und Verarbeitung sowie der Austausch von Informationen erfolgen (teilautomatisiert) auf Basis der eingesetzten → Anwendungssysteme. Neben den Aufgabenträgern werden Ziele, Aufgaben und Funktionen sowie organisatorische Regeln zu den Elementen eines Informationssystems gezählt. Die Struktur der Beziehungen zwischen den Systemelementen wird durch eine Informationssystemarchitektur (→ Systemarchitektur) repräsentiert. Zweck von Informationssystemen ist die Bereitstellung von Informationen, die in Bezug auf Inhalt, Form, Ort und Zeitpunkt dazu geeignet sein müssen, den → Informationsbedarf der Aufgabenträger im System zu decken. Durch die Unter-

stützung der Kommunikation ermöglichen sie daneben die Koordination der zumeist arbeitsteilig wirkenden Aufgabenträger.
Siehe auch → Wirtschaftsinformatik, Grundlagen (mit Literaturangaben).

Informationsaufnahme

Vorgänge, die zur Übernahme einer Information in das Kurzzeitgedächtnis führen.

Informationsbedarf

(insbesondere bei → *Managementinformationssystemen*), Begriff der betriebswirtschaftlichen Managementlehre und Wirtschaftsinformatik. Drei Aussagensysteme sind vorherrschend: (1) Normative Aussagen zu Bedarfskategorien/-inhalten. Beispiele sind unternehmensinterne, unternehmensexterne, qualitative, quantitative, zeitnahe, richtige, umfassende Information etc.; Absatz, Umsatz, Ergebnis etc. (2) Deduktive Aussagen ausgehend von Aufgabenmodellen: Ausgangspunkt ist die Annahme, dass die Aufgaben von Managern den „Schlüssel" zu deren Informationsbedarf bildeten. (3) Deduktive Aussagen ausgehend von einem Terminkalender-Modell des Topmanagements. Siehe auch → Management-Informationssysteme (MIS, mit Literaturangaben).
    Literatur: Rechkemmer, K.: Corporate Governance, München, Wien 2003; ders.: Topmanagement-Informationssysteme. Betriebswirtschaftliche Grundlagen. Stuttgart 1999.

Informationsbedarf

(insbesondere in der → *Wirtschaftsinformatik*) ist die Menge von Informationen, die zur Erfüllung einer bestimmten Aufgabe objektiv benötigt werden. Der Informationsbedarf ist durch eine bestimmte Informationsart und -struktur gekennzeichnet und kann anhand der Zuordnung zu Aufgaben oder Aufgabenträgern, des vorausgesetzten Wissens der Aufgabenträger sowie der Bestimmbarkeit bzw. Strukturiertheit systematisiert werden.
Siehe auch → Wirtschaftsinformatik, Grundlagen (mit Literaturangaben).

Informationseffizienz

steht für den Informationsgehalt, den die am Kapitalmarkt beobachtbaren Wertpapierpreise reflektieren. Man unterscheidet drei Grade der Informationseffizienz. Bei schwacher Informationseffizienz enthalten die Wertpapierkurse alle Informationen zur historischen Kursentwicklung. Semi-strenge Informationseffizienz liegt vor, wenn neben den historischen Kursentwicklungen alle öffentlich zugänglichen Informationen in den Kursen enthalten sind. Schließlich sind bei strenger Informationseffizienz alle relevanten Informationen (auch Insiderinformationen) im Wertpapierkurs berücksichtigt.

Informationsfunktion

(im Dienstleistungscontrolling), siehe → Dienstleistungscontrolling, Funktionen.

Informationsgemeinschaft zur Feststellung der Verbreitung von Werbeträgern e.V. (IVW)

Die IVW soll vergleichbare, objektive Daten zur Verbreitung von Werbeträgern (Printmedien) bereitstellen. Die IVW veröffentlicht vierteljährlich stichprobenartig überprüfte Auflagenlisten von Zeitungs- und Zeitschriftenverlagen sowie Listen von Zugriffen auf Internet-Angebote.

Informationsinfrastruktur

ist die Gesamtheit aller in einem Unternehmen vorhandenen materiellen, institutionellen und personellen Ressourcen, die zur Erfüllung der Informations- und Kommunikationsaufgaben benötigt werden. Neben der erforderlichen Computer- und Anwendungsinfrastruktur gehören zur Informationsinfrastruktur auch das mit den eingesetzten → Informations- und Kommunikationssystemen beschäftigte Personal, Methoden und Werkzeuge der → Systementwicklung und des → Informationsmanagements sowie aufbau- und ablauforganisatorische Regelungen der → Informationsverarbeitung. Siehe auch → Wirtschaftsinformatik, Grundlagen (mit Literaturangaben).

Informationskatalog

(auch: *Repository, Data Dictionary*), Instrument zur Unterstützung beim Zugriff auf die im → Data Warehouse enthalten Daten, das die im System enthaltenen Daten mithilfe entsprechender → Metadaten beschreibt.

Informationslogistik

Die Informationslogistik stellt den, den physischen Warenstrom begleitenden Informationsstrom innerhalb der Betriebe sowie zwischen den an der → Distribution beteiligten Marktteilnehmern dar.

Informationsmanagement

ist das Leitungshandeln zur Beschaffung des Produktionsfaktors Information (siehe auch → Informationsbedarf) innerhalb von Unternehmen. Damit verbunden ist die Bereitstellung einer geeigneten → Informationsinfrastruktur, d.h. der für Informations- und Kommunikationsaufgaben erforderlichen materiellen, institutionellen und personellen Ressourcen.

Das Informationsmanagement bezieht sich einerseits auf → Informations- und Kommunikationssysteme und andererseits auf die Erreichung der Unternehmensziele durch die betriebliche Informationsverarbeitung und Kommunikation und ist damit gleichermaßen der Wirtschaftsinformatik und der Betriebswirtschaftslehre zugeordnet. Führungsaufgaben zur Planung, Überwachung und Steuerung der Informationsinfrastruktur nimmt das Informationsmanagement auf strategischer, administrativer und operativer Ebene wahr.

Das Informationsmanagement strebt nach einer ganzheitlichen Sicht auf die betrieblichen Informations- und Kommunikationsaufgaben und die Informationsinfrastruktur, wobei der Beitrag zur Erreichung der Unternehmensziele unter Beachtung von Formalzielen, wie z. B. Flexibilität, Wirksamkeit, Wirtschaftlichkeit und Qualität, im Vordergrund steht.

Siehe auch → Wirtschaftsinformatik, Grundlagen (mit Literaturangaben).

Informationsmaschinerie

(a) Unterbegriff von → Management-Informationssysteme (MIS), (b) ein spezifisches organisatorisches MIS (→ MIS Organisatorisch). Informationsmaschinerien sind typisch auf der oberen und Spitzenebene des Managements. Der Begriff steht in Analogie zu der in der Regierungslehre gängigen Bezeichnung Machinery of Government. Für Topmanager sind Informationsmaschinerien unverzichtbar. Ohne diese wären sie nicht arbeitsfähig. Die Vision, diese Maschinerien – oder gar Topmanager selbst – könnten eines Tages durch computergestützte MIS (→ MIS, Computergestützte) substituiert werden, ist selbst mit weitem Blick in die Zukunft nicht absehbar (→ MIS, Mythen).

Literatur: Rechkemmer, K.: Corporate Governance, München, Wien 2003.

Informationsmodell

Ein Informationsmodell als spezielle Form des → Modells kann einschränkend definiert werden als Repräsentation des betrieblichen Objektsystems aus Sicht der in ihm verarbeiteten Informationen für Zwecke des Anwendungssystem- und Organisationsgestalters. Siehe auch → Prozessmanagement.

Informationspathologie

unzulängliche informatorische Fundierung von Entscheidungen.

Informationsspeicherung

Prozesse, die zur langfristigen Ablage (Speicherung) der vorher verarbeiteten Informationen führen. Die Speicherung der Informationen erfolgt im Langzeitspeicher, der dem Gedächtnis des Menschen entspricht.

Informationssystem

(Abk. für *Informations- und Kommunikationssystem*) ist ein System, bei dem der Informationszweck im Vordergrund steht und Kommunikation nur Mittel zum Zweck ist.

Siehe auch → Informations- und Kommunikationssystem, → Wirtschaftsinformatik, Grundlagen sowie → Management-Informationssysteme, jeweils mit Literaturangaben.

Informationssysteme, Entwicklung

Für die Entwicklung von Informationssystemen existieren zahlreiche Vorgehensmodelle, die eine planvolle, systematische Vorgehensweise bei der Entwicklung eines Informationssystems beschreiben. Dabei sollen wissenschaftliche Methoden, wirtschaftliche Prinzipien, geplante Vorgehensmodelle, Werkzeuge und quantifizierbare Ziele zum Einsatz kommen.

Eine Gruppe von Vorgehensmodellen folgt einer Phaseneinteilung des Softwareentwicklungsprozesses (im Allgemeinen in die Phasen Analyse, Entwurfs- bzw. Designphase, Systemrealisation, produktive Nutzung und Wartung).

Weiterhin existieren so genannte V-Modelle als spezielle Form von Phasenmodellen, die jeder Phase der Software-Entwicklung eine individuelle Qualitätssicherung gegenüberstellen.

Als eine weitere Möglichkeit bieten sich Prototyping-Modelle an, die Anwender möglichst frühzeitig in den Entwicklungsprozess mit einbeziehen und das Endprodukt sukzessive, aber nicht mehr nur rein phasenorientiert erstellen.

Zusätzlich existieren noch inkrementelle, iterative, evolutionäre und rekursive „Spiralmodelle", die in einem iterativ durchlaufenen Prozess wiederholt weiterentwickelte und veränderte (Teil-)Lösungen entwickeln, bis schlussendlich ein Informationssystem entstanden ist.

Ein eher jüngeres Vorgehensmodell ist das so genannte „*eXtreme Programming*" (XP), das ein evolutionäres Weiterentwickeln in sehr kleinen Inkrementen vorsieht und einen permanent lauffähigen Programmcode vorhält.

Vorgehensmodelle bauen auf verschiedenen Paradigmen auf, die entweder auf einer Daten-, Funktions- oder Geschäftsprozessmodellierung basieren. Ein jüngeres Paradigma ist die so genannte Objektorientierte Software-Entwicklung, die eine Kombination der erstgenannten darstellt.

Siehe auch → Controlliing-Informationssysteme und → Management-Informationssysteme (MIS), jeweils mit Literaturangaben.

Literatur: Biethahn, J.; Mucksch, H.; Ruf, W.: Ganzheitliches Informationsmanagement, Band I: Grundlagen, München 2004; Balzert, H.: Lehrbuch der Software-Technik I: Software-Entwicklung, 2. Auflage, Heidelberg 2001; Bender, H. et. al.: Software-Engineering in der Praxis, München 1983; Biethahn, J; Mucksch, H.; Ruf, W.: Ganzheitliches Informationsmanagement, Band II: Entwicklungsmanagement, München 2000; Beck, K: Extreme Programming explained, Boston, 2005.

Internetadressen: Fachgruppe WI-VM des Fachbereichs Wirtschaftsinformatik der Gesellschaft für Informatik http://www.vorgehensmodelle.de; Gesellschaft für Informatik http://www.gi-ev.de; Zeitschrift Wirtschaftsinformatik http://www.wirtschaftsinformatik.de;

Informationsüberlastung

Anteil am insgesamt dargebotenen Informationsangebot, der nicht beachtet wird. Siehe auch → Konsumentenverhalten.

Informationsverarbeitung

ist ein Prozess, in dem Informationen innerhalb einer → Informationsinfrastruktur erfasst, gespeichert, übertragen oder transformiert werden, um den → Informationsbedarf von Aufgabenträgern zu decken. Die Informationsverarbeitung erfolgt zumeist (teil-)automatisiert, d. h. unterstützt durch → Anwendungssysteme. Die rechnergestützte Informationsverarbeitung setzt eine elektronische Datenverarbeitung und damit einen bekannten, geschlossenen Verarbeitungsalgorithmus, eine explizite Datendarstellung in einer Datenbasis sowie eine zu verarbeitende Datenmenge voraus.

Siehe auch → Wirtschaftsinformatik, Grundlagen (mit Literaturangaben).

Informationsverarbeitungsansatz

Ansatz zum Entscheidungsverhalten eines Subjekts, welches als informationsverarbeitendes System gesehen wird.

Informationsversorgung

(*Bienenköniginnen-Prinzip*), Grundprinzip der Informationsversorgung im Management, insbesondere des oberen und Spitzenmanagements. Bezeichnung für die umfassende Informationsversorgung eines Managers durch eine → Informationsmaschinerie (→ Management-Informationssysteme). Diametral gegenüberstehend ist die Informationsversorgung nach dem Selbstversorger-Prinzip (→ Informationsversorgung, Selbstversorgerprinzip).
Literatur: Rechkemmer, K.: Corporate Governance, München, Wien 2003.

Informationsversorgung

(*Selbstversorger-Prinzip*), Grundprinzip der Informationsversorgung im Management, insbesondere auf operativen bis mittleren Management-Ebenen bzw. allgemein im Rahmen kleiner bis mittlerer Unternehmen/Organisationen. Bezeichnung für Situationen, in denen Manager eigenständig für ihre Informationsversorgung Sorge tragen, sich überwiegend selbst mit diesen versorgen (→ Management-Informationssysteme). Diametral gegenüberstehend ist die Informationsversorgung nach dem Bienenköniginnen-Prinzip (→ Informationsversorgung, Bienenköniginnen-Prinzip).
Literatur: Rechkemmer, K.: Corporate Governance, München, Wien 2003.

Informationsversorgung, Grundprinzipien

Modelle der Informationsversorgung im Management. Zwei Kategorien stehen sich diametral gegenüber: Selbstversorger-Prinzip (→ Informationsversorgung, *Selbstversorger-Prinzip*) und Bienenköniginnen-Prinzip (→ Informationsversorgung, *Bienenköniginnen-Prinzip*).

Informelles Venture Capital

wird nicht börsenreifen Unternehmen von privaten Investoren („ → Business Angels") ohne Einschaltung von Intermediären zur Verfügung gestellt. Siehe → Venture Capital.

Infrarotübertragung

bezeichnet eine für den → *Mobile Commerce* relevante → *mobile elektronische Kommunikationstechnik* zur Vernetzung → *mobiler Endgeräte* untereinander oder mit Peripheriegeräten. Die Datenübertragung wird dabei mittels Infrarotlicht realisiert. Der wichtigste Standard ist IrDA DATA, häufig kurz als → IrDA bezeichnet.

Ingredient Brand

siehe → Subsidiärmarke; siehe auch → Markenarten.

Ingredient Branding

Gehen Güter als Erzeugnisbestandteile in andere Güter ein und werden diese Bestandteile von den jeweiligen Zielgruppen weiterhin als *eigenständige Marken* wahrgenommen, wird von Ingredient Branding gesprochen (z.B. Intel Prozessoren in Computersystemen). Siehe auch → Subsidärmarke, → Markenarten, → Markenallianz, → Markenbewertung und → Markenführung.

Inhaber-(Überbringer-)scheck

Ein Inhaber-(Überbringer)scheck ist zahlbar an den jeweiligen Inhaber (Vorlegenden) des Schecks, der seine Berechtigung – im Gegensatz zum → Orderscheck – nicht durch eine geschlossene Indossamentenkette nachweisen muss. Ein Inhaber-(Überbringer-)scheck trägt bei der Angabe des Scheckempfängers den Zusatz "... oder Überbringer" bzw. einen gleichbedeutenden Vermerk.

Inhaberaktie

(*deutsches Recht*). Sie beurkundet, dass der Inhaber der Urkunde mit einem bestimmten Betrag oder Bruchteil als → Aktionär an der → AG beteiligt ist. Die Wertpapierausstellung ist nur noch deklaratorisch, weil die Handelsregistereintragung die Mitgliedschaft zum Entstehen bringt.

Inhaberaktie

(*österreichisches Recht*). Inhaberaktien sind Aktien, die im Gegensatz zu → *Namensaktien* auf keinen namentlich Bezeichneten oder dessen Order lauten, sondern den jeweiligen Inhaber des Wertpapiers berechtigen. Sie können nur nach voller Einzahlung des Nennbetrages bzw des allenfalls bestehenden höhere Ausgabebetrages ausgegeben werden (§ 10 Abs. 2 öAktG). In der *Satzung* der → AG ist festzulegen, ob die Aktien in Form von Namens- oder Inhaberaktien ausgegeben werden (§ 17 Z 3 öAktG).

Inhaberpapier

ist ein Wertpapier, dessen Rechte allein an den Besitz der Urkunde und nicht an eine (namentlich) bestimmte Person gebunden sind. Jeder, der das Papier in den Händen hält, kann das verbriefte Recht geltend machen. Die Übertragung erfolgt durch Einigung und Übergabe der Urkunde.

Inhouse-Factoring

Form des → Factoring. Die Besonderheit des Bulk- bzw. Inhouse-Factoring liegt darin, dass der sog. Anschlusskunde (der Forderungsverkäufer) bei der Factoringgesellschaft (Factor) zwar die Finanzierung beansprucht und auch das wirtschaftliche → Delkredererisiko auf den Factor überwälzt, jedoch im Gegensatz zum → Standardfactoring die Debitorenverwaltung nach wie vor selbst vollzieht.

Initial Public Offering

Unter dem Begriff → Going Public (Gang an die Börse) wird die erstmalige Notierung von Aktien einer Unternehmung an der Börse verstanden. In der Regel ist diese erstmalige Notierung auch mit der erstmaligen → Platzierung von Aktien beim → Anlegerpublikum verbunden und man spricht daher auch von einem *Initial Public Offering* (IPO). Die Begriffe *Going Public* und *Initial Public Offering* werden daher oft synonym verwendet. Siehe auch → Going Public, Vorbereitungsphase, → Going Public, Durchführungsphase sowie → *Secondary Public Offering (SPO)*, → *Going Private*, → *Delisting*.

Inkassi

mit hinausgeschobener Zahlung, siehe → Nachsicht-Inkassi.

Inkassoindossament

siehe → Vollmachtsindossament.

Inkassoprovision

(*Handelsvertreter*), besondere Vergütung des → Handelsvertreters, wenn dieser zusätzlich die Aufgabe übernommen hat, Forderungen aus den vermittelten oder abgeschlossenen Geschäften einzuziehen (§ 87 Abs. 4 HGB).

Inkrementale Innovationen

umfassen unter dem Kriterium des Neuigkeitsgrades tendenziell kleinere Innovationsschritte, die auf bestehenden Technologien, Produkten usw. aufbauen. Gegensatz: → radikale Innovationen. Siehe → Innovations- und Technologiemanagement (mit Literaturangaben).

Inkubator

Inkubatoren stellen eine aus den USA stammende neue Organisationsform für die Entwicklung von Unternehmen dar. Das Bild des Inkubators, d.h. des Brutkastens, steht für den Schutzraum, den die Inkubatoren für die Existenzgründer in der Vorbereitung ihrer Unternehmensgründung bereitstellen. Ihr Ziel ist es, die Zeit bis zum Markteintritt zu verkürzen. Ihr Geschäftsmodell sieht i.d.R. vor, die Gründer gegen eine Kapitalbeteiligung am zu gründenden Unternehmen zu begleiten. Siehe auch → Existenzgründung mit Literaturangaben.

Innenfinanzierung

Während → „Außenfinanzierung" die Beschaffung von Finanzmitteln durch „außerhalb" des laufenden Leistungs- und Absatzprozesses gelagerte gesonderte Finanzkontrakte bezeichnet, bezieht sich „Innenfinanzierung" auf die Möglichkeit, „innerhalb" dieses Prozesses Zahlungsüberschüsse zu erzielen und damit einen Beitrag zur Finanzierung weiterer betrieblicher Aktivitäten zu leisten (→ Cash Flow). Dies setzt voraus, dass (1) die aus diesem Prozess resultierenden „laufenden" Einzahlungen, insbesondere aus der Umsatztätigkeit, (2) die zu seiner Durchführung erforderlichen „laufenden" Auszahlungen, insbesondere für Löhne und Gehälter, Werkstoffe, Mieten, Zinsen, Steuern etc., übersteigen.

Die der Innenfinanzierung zuzurechnenden Zahlungsströme sind in erster Linie Ergebnis von Entscheidungen im Leistungs- und Absatzbereich; ihre Gestaltung stellt somit zunächst kein Instrument des Finanzmanagements dar. Im Zuge des → Cash Flow-Managements kann allerdings dennoch versucht werden, bei gegebenen Leistungs- und Absatzströmen auf die zeitliche Struktur der damit verknüpften Zahlungsströme einzuwirken. In diesem eingeschränkten Sinne kann die Innenfinanzierung somit neben der Außenfinanzierung ebenfalls zu den Aktionsfeldern des Finanzmanagements gezählt werden.

Im Zuge der von Unternehmensexternen getragenen Jahresabschlussanalyse stellt die Berechnung von Cash Flow-Kennzahlen (→ Cash Flow) ein weit verbreitetes Instrument dar, um das Innenfinanzierungsvolumen eines Unternehmens „von außen" zumindest annähernd abzuschätzen. Den Ausgangspunkt entsprechender Berechnungen bildet zumeist der Jahresüberschuss, der um diverse Korrekturgrößen bereinigt wird, wobei den Abschreibungen und der Bildung von Rückstellungen oftmals besonderes Gewicht beigemessen wird (→ Finanzierung „aus Abschreibungen"; → Finanzierung „aus Rückstellungen"). Fehlerhaft ist allerdings die im älteren Schrifttum häufiger vertretene Auffassung, diese beiden Aufwandskategorien als unmittelbare Form der Mittelbeschaffung zu interpretieren und dementsprechend als originäre Komponenten der Innenfinanzierung anzusehen.

Siehe auch → Cash Flow (mit Literaturangaben).

Literatur: Bitz, M.: Finanzdienstleistungen, 7. Auflage, München 2005; Bitz, M., Terstege, U: Grundlagen des Cash-Flow-Managements, in: Krimphove, D., Tytko, D. (Hrsg.): Praktiker-Handbuch Unternehmensfinanzierung – Kapitalbeschaffung und Rating für mittelständische Unternehmen, Stuttgart 2002, S. 343-372.

Innengesellschaft
siehe → Gesellschaft bürgerlichen Rechts (deutsches Recht).

Innerbetriebliche Leistungen
sind im Betrieb erbrachte Leistungen, die nicht zum Absatz am Markt bestimmt sind, sondern im Rahmen des betrieblichen Leistungserstellungsprozesses wieder verbraucht werden, wie z.B. eigene Energieerzeugung, Wartung, Werkstätten, innerbetriebliche Logistik, Qualitätssicherung, Arbeitsvorbereitung.

Siehe auch → innerbetriebliche Leistungsverrechnung, → Kostenstellenrechnung und → Betriebsabrechnung.

Innerbetriebliche Leistungsverrechnung (IBLV)
(häufig begriffliche Gleichsetzung mit → „Betriebsabrechnung" und „Sekundärkostenrechnung"). Oberbegriff für Methoden der Verrechnung der Kosten → innerbetrieblicher Leistungen von den → Hilfskostenstellen auf die → Hauptkostenstellen mit den Zielen (1) der Ermittlung von Verrechnungspreisen für diese Leistungen, (2) der kostenmäßigen Entlastung der leistenden Kostenstelle sowie der entsprechenden Belastung der empfangenden Kostenstellen und (3) des Einbezug der Kosten der innerbetrieblichen Leistungen in die Kalkulation der → Herstellkosten für die Kostenträger im Sinne eines Vollkostenansatzes.

Die IBLV umfasst ausschließlich Leistungen, die in der Periode der Erstellung wieder verbraucht werden. Aktivierbare Leistungen (z.B. selbst erstellte Maschinen oder Werkzeuge) werden für die Jahre ihrer Nutzung mittels kalkulatorischer Abschreibungen erfasst.

Siehe auch → Kostenstellenrechnung (mit Literaturangaben).

Literatur: Graumann, M.: Kostenrechnung und Kostenmanagement, 3. Aufl., Wiesbaden 2004.

Innerer Wert
(*intrinsic value*). Der innere Wert einer → Option entspricht der positiven Differenz zwischen Kassakurs und Basispreis. Siehe → Optionen (mit Literaturangaben).

Innovations- und Technologiemanagement

Innovations- und Technologiemanagement

von Professor Dr. Rainer Völker

Fachhochschule Ludwigshafen Rhein-Hochschule für Wirtschaft

1. Charakterisierung und betriebliche Einordnung

Entwicklung und Vermarktung neuer Produkte und Dienstleistungen sind für das Bestehen eines Unternehmens im Wettbewerb unabdingbar; im Grunde genommen lassen sich zwei zentrale Unternehmensprozesse unterscheiden: Die Abwicklung des Geschäftes mit dem bestehen Leistungsangebot und eben der Prozess, der das neue Leistungsangebot generiert. Die betriebswirtschaftliche Disziplin *Innovationsmanagement* beschäftigt sich mit dem effektiven und effizienten Management dieses Innovationsprozesses.

Die nachfolgende Abbildung 1 soll verdeutlichen, dass bei diesem Prozess mehr oder weniger alle betrieblichen *Funktionsbereiche* tangiert sind, wobei *Forschung und Entwicklung (F&E)* und → *Marketing* die wesentlichen Beiträge bezüglich der Teilschritte Ideenfindung, Projektdurchführung und Markteinführung leisten. Die Abbildung zeigt auch neben der Schrittfolge den Gedanken des „*Innovationstrichters*": Eine Vielzahl von Projektideen wird nach bestimmten Kriterien reduziert – zu machbaren und geplanten Projekten, von denen wiederum ein Bruchteil mit markttauglichen Ergebnissen endet. Je nach Branche ist dieser Innovationstrichter enger oder weiter.

Technologiemanagement umfasst sowohl ein *Teilgebiet von F&E,* nämlich den Bereich, der sich um die Weiterentwicklung von Technologien oder der Findung neuer Technologien kümmert, als auch den *Verkauf bzw. Zukauf von Technologien.*

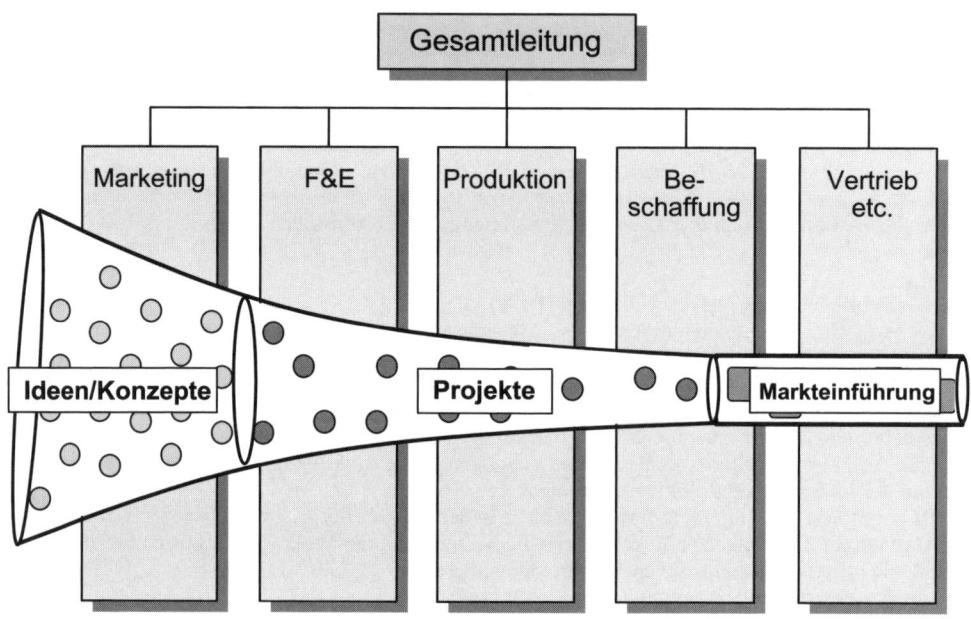

Abb. 1 Innovationsmanagement: Einbezogene Funktionsbereiche und „Innovationstrichter"

2. Radikale und inkrementale Innovationen

Innovationen unterscheiden sich bezüglich ihres *Neuigkeitsgrades*. Dieser kann sich wiederum auf zugrundeliegende Technologien und/oder auf die Marktseite beziehen. *Radikale Innovationen* („*Breakthrough Innovations*") sind hier von eher *inkrementalen Innovationen* zu unterscheiden.

Radikale Innovationen sind oft mit *neuen „dominanten Designs"* verbunden, ein neuer Markt- und/oder Technologiestandard wird kreiert, an den sich die anderen Wettbewerber anpassen müssen. Siehe Abbildung 2.

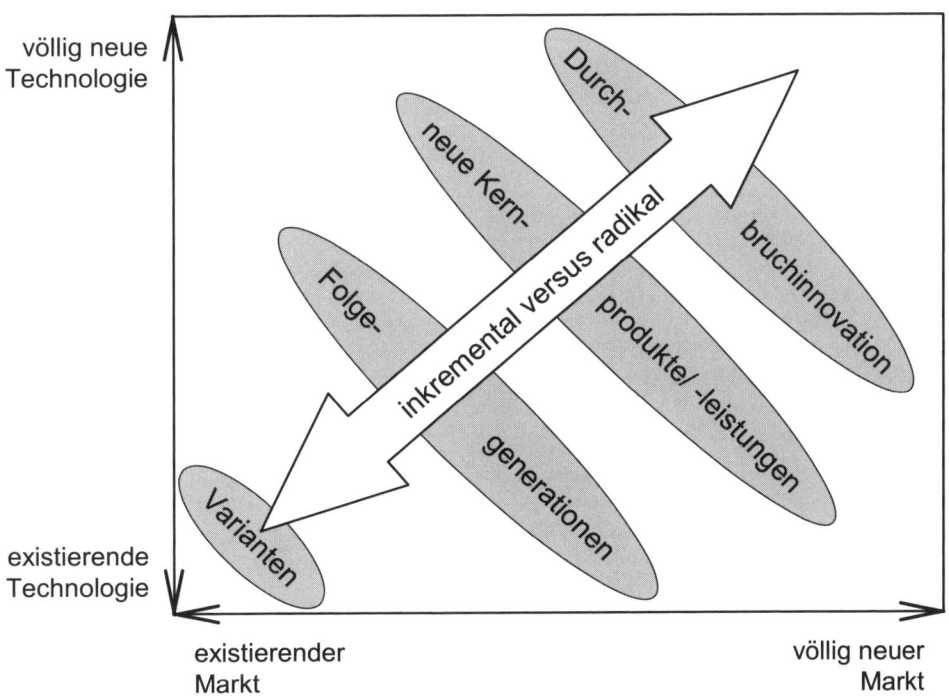

Abb. 2 Radikale und inkrementale Innovationen

3. Elemente und Struktur des Innovations- und Technologiemanagements

Das betriebswirtschaftliche Gebiet Innovations- und Technologiemanagement lässt sich gemäß einer gängigen Unterteilung nach dem St. Galler Management Ansatz in verschiedene Elemente unterteilen, wie Abbildung 3 verdeutlicht.

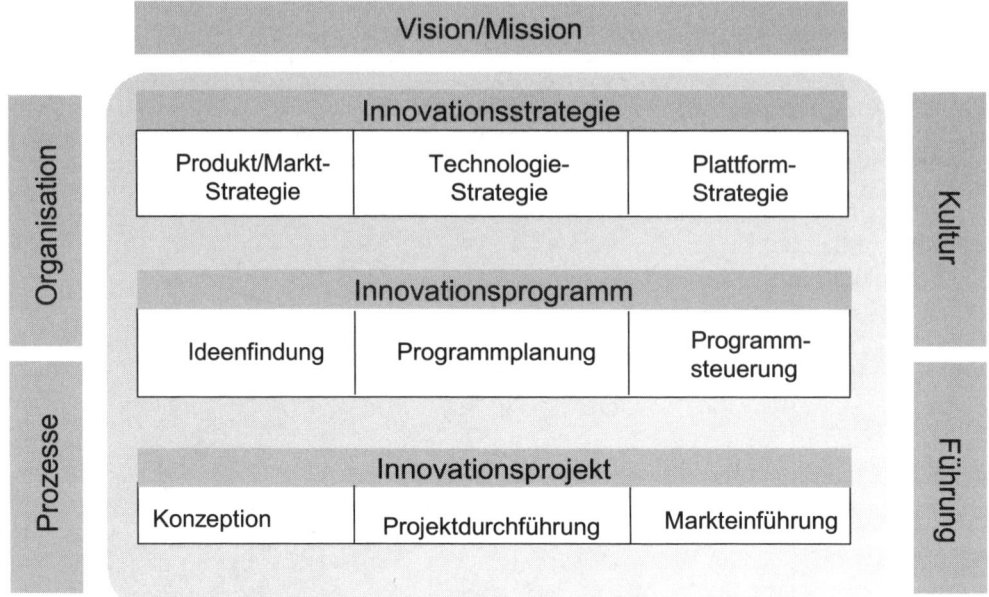

Abb. 3: Struktur und Elemente des Innovations- und Technologiemanagements

Für alle Elemente wurden in den letzten Jahren eine Vielzahl von Gestaltungskonzepten und Methoden entwickelt bzw. bestehende Konzepte und Methoden wurden auf die Bedürfnisse des Innovationsmanagement angepasst.

Im strategischen Bereich finden neben klassischen Markt- und Wettbewerbsanalysen z.B. Technologielebenszykluskonzepte oder Technologieportfolios zur Ressourcenallokation Verwendung; für die Programmsicht existieren z.B. Ideenkreationsmethoden, Projektselektionsverfahren und → Portfoliomanagementansätze; auf der Einzelprojektebene existieren prominente Methoden wie Conjoint Measurement, Target Costing, Quality Function Deployment etc.

Bei der Innovationsorganisation geht es um Fragen wie Zentralisierung oder Dezentralisierung von F&E, optimale Projektorganisation mit „Heavy-Weight" oder „Light-Weight" – Projektleitern oder „Venture-Organisationen" zur Verbesserung der Innovationskraft.

Im Bereich der Führung finden u.a. Teambildung, Anreizsysteme für Innovatoren oder geeignete Weiterbildungsmaßnahmen Beachtung.

Hinweis

Zu den angrenzenden Wissensgebieten → Aufbauorganisation, → Dienstleistungsmanagement, → Industriemanagement, → Marketing, → Organisation, Grundlagen, → Produktion, Formen, → Produktionsplanung und -steuerung, → Projektmanagement, → Prozessmanagement, → Qualitätscontrolling, → Qualitätsmanagement, → Total Quality Management, → Unternehmensplanung.

Literatur: Brockhoff, K.: Forschung und Entwicklung. München, 1999; Harvard Business Review: Harvard Business Review on The Innovative Enterprise. Boston, 2003; Hauschild, J.: Innovationsmanagement. München, 2004; Henderson, R. M., Clark, K. B.: Architectural Innovation: The Reconfiguration of Existing Product Technologies and the Failure of Established Firms, in: Administrative Science Quarterly, 35, S. 9 – 30. New York, 1990; König, M., Völker, R.: Innovationsmanagement in der Industrie. München, 2002; Myerson, J.: IDEO: Masters of Innovation. Kempen, 2001; Schuh, G., Friedli,

T., Gebauer, H.: Fit for Service: Industrie als Dienstleister. München, 2004; Specht, G., Beckmann, C.: F&E-Management. Stuttgart, 2002; Trott, P.: Innovation Management and New Product Development. München, 2004; Utterback, J. M.: Mastering the Dynamics of Innovation. Boston, 1996; Völker, R.: Wertmanagement in Forschung und Entwicklung. München, 2000; Wheelwright, S. C., Clark, K. B.: Revolutionizing Product Development. New York, 1992.

Internetadressen: http://kim-consult.com (KIM GmbH – Unternehmensberatung); http://www.item. unisg.ch (Institut für Technologiemanagement St. Gallen); http://www.stw.de/K060/60000/frei/d/ 60000-d.htm (Steinbeis GmbH & Co. KG für Technologietransfer); http://www.teg.fraunhofer. de/german/kompetenz/index.html (Fraunhofer Technologieentwicklungs-gruppe); http://www. blackwellpublishing.com/journal.asp?ref=0033-6807 (R&D Management Journal); http://www. technologyreview.com/ (Technology Review).

Websites des Autors: http://www.fh-ludwigshafen/fb1/team/professoren/voelker.html; http://www.fh-ludwigshafen.de/kim

Innovationstrichter
Eine Vielzahl von Projektideen wird nach bestimmten Kriterien zu machbaren bzw. geplanten Projekten reduziert, von denen wiederum ein Bruchteil mit markttauglichen Ergebnissen endet. Je nach Branche ist dieser Innovationstrichter enger oder weiter. Siehe → Innovations- und Technologiemanagement (mit Literaturangaben).

Input
bezeichnet die Einsatzseite eines Produktionsvorgangs. Diese umfasst einerseits den unerwünschten Verzehr von → Produktionsfaktoren und andrerseits die Beseitigung von unerwünschten Produktionsergebnissen (d.h. eines „Übels" in Abgrenzung zu einem → "Gut" bzw. eines „Redukts" in Abgrenzung zu einem „Produkt"). Siehe auch → Output und → Güter (→ Produktions- und Kostentheorie).

Input-Output-Analyse
(in der → *Produktions- und Kostentheorie*) betrachtet den realistischen Fall einer Produktion, die nicht nur aus einem einzigen Bearbeitungsvorgang, sondern aus einem Netz von sukzessiven und/oder simultanen Arbeitsschritten besteht (z.B. eine Abfolge von Arbeitsgängen, die Montage von Einzelteilen zu Baugruppen, die Aufspaltung von Substanzen in einem chemischen Analysevorgang usw.). Wegen dieser mehrstufigen Leistungsverflechtung ist die Input-Output-Analyse mit der → *Leontief*-Funktion eng verwandt.
Bei einer *mehrstufigen* Fertigungsstruktur muss zwischen der → *Transformationsfunktion*, d.h. der → Produktionsfunktion eines einzelnen Arbeitsschrittes, und der eigentlichen → Produktionsfunktion als der Input-Output-Beziehung des gesamten Fertigungsprozesses unterschieden werden, der aus einem inner- und außerbetrieblichen Liefer- und Fertigungsgeflecht zwischen verschiedenen Arbeitsplätzen besteht.
Siehe auch → Produktions- und Kostentheorie (mit Literaturangaben).

INR
ISO-Code für Indische Rupie.

In-sich-Geschäft
bedeutet, dass bei einem Rechtsgeschäft auf beiden Seiten ein und dieselbe Person mitwirkt. Dabei tritt regelmäßig die Person auf der einen Seite als Vertreter einer anderen zweiten Person auf. Um für die zweite Person die Gefahr eines Interessenkonflikts ihres Vertreters zu vermeiden, sind solche In-sich-Geschäfte gesetzlich ausgeschlossen (§ 181 BGB, deutsches), können aber abweichend davon durch Satzung zugelassen werden.

Inside Director
siehe → Kapitalgesellschaft, amerikanische.

Inside-Out-Approach

Beim Inside-Out-Approach wird der Blick von der Unternehmung auf die Umwelt gerichtet. Gegensatz: Beim → Outside-In-Approach wird der Blick von der Umwelt auf die Unternehmung gerichtet.

InsO

Abk. für Insolvenzordnung - Gesetz, das in Deutschland die Eröffnung und Durchführung von Insolvenzverfahren regelt. Siehe auch → Insolvenzrecht, deutsches (mit Literaturangaben).

Insolvenz

siehe → Insolvenzrecht (mit Literaturangaben). Siehe auch → Überschuldung, → Zahlungsunfähigkeit und → Sanierungsmanagement (mit Literaturangaben).

Insolvenzbilanz

Basis der Insolvenzbilanz ist die seit 1999 in Deutschland gültige Insolvenzordnung (InsO), die sich eng an die Insolvenzverfahrenspraxis in den USA anlehnt. Dort enden Insolvenzen nicht zwangsläufig in der Zerschlagung, sondern teilweise auch in der Sanierung und im Unternehmensneustart. Diesem Gedanken ist der Gesetzgeber auch in den Vorschriften der InsO zur Rechnungslegung in der Insolvenz gefolgt. Zum einen wird eine (interne) insolvenzspezifische Rechnungslegung gem. §§ 66,151 bis 154 InsO und zum anderem die Fortführung der handels- und steuerrechtlichen Rechnungslegung gem. § 155 InsO gefordert.

Ein Insolvenzverfahren wird auf Antrag von Gläubigern (i.R. in Folge offensichtlicher Zahlungsunfähigkeit bzw. Überschuldung) oder vom Schuldner selbst (auch bei drohender Zahlungsunfähigkeit) eröffnet, wobei das dann i.R. einen Verwalter zur Vermögensermittlung und -sicherung bestimmt wird. Siehe auch → Sonderbilanzen und → Insolvenzrecht, jeweils (mit Literaturangaben).

Literatur: Balz, M., Lanfermann, H-G.: Die neuen Insolvenzgesetze, Düsseldorf 1995; Kirchhof, H.-P. (Hrsg.): Heidelberger Kommentar zur Insolvenzordnung, 2.Auflage, Heidelberg 2000; Klein, T.: Handelsrechtliche Rechnungslegung im Insolvenzverfahren , Düsseldorf 2004; Möhlmann, T.: Die Berichterstattung im neuen Insolvenzverfahren, Köln 1999.

Internetadressen: (Insolvenzinformationen und -statistiken) http://www.destatis.de , http://www.gbi.de , http://www.edikte2.justiz.gv.at , (Weiterführende Informationen) http://www.recherchepotal.de/dc/insolvenzen.php , http://www.insolvenzrecht.ifo

Insolvenzeröffnungsgrund

Das Insolvenzverfahren wird eröffnet, wenn ein Gläubiger des Insolvenzschuldners, der Schuldner selbst oder eines der Organe einer von einer Insolvenz bedrohten Gesellschaft einen Insolvenzantrag stellt und mindestens einer der → Insolvenzeröffnungsgründe der §§ 16 - 19 Insolvenzordnung (InsO) vorliegt. Die Eröffnungsgründe sind: → Zahlungsunfähigkeit, drohende Zahlungsunfähigkeit (für den Schuldner selbst) und → Überschuldung.

Siehe auch → Insolvenzrecht, deutsches (mit Literaturangaben).

Insolvenzgericht

Nach § 2 Insolvenzordnung (InsO) ist für die Eröffnung eines Insolvenzverfahrens das Amtsgericht zuständig in dessen Bezirk der Insolvenzschuldner entweder seinen Wohnort (bei natürlichen Personen) oder seinen Sitz (bei juristischen Personen) hat. Dabei ist unter dem Sitz der juristischen Person der Ort zu verstehen, an dem die Verwaltung geführt wird. Es wird je Landgerichtsbezirk jeweils ein solches Amtsgericht als Insolvenzgericht bestimmt.

Siehe auch → Insolvenzrecht, deutsches (mit Literaturangaben).

Insolvenzgläubiger

im Sinne von § 38 Insolvenzordnung (InsO) sind Gläubiger des → Insolvenzschuldners, die keine besonderen Sicherungs- und Vorzugrechte an Vermögenswerten haben, die sich in der Insolvenzmasse befinden. Sie nehmen am allgemeinen Insolvenzverfahren teil und erhalten nur einen Bruchteil des Wertes Ihrer Ansprüche gegen den → Insolvenzschuldner, die so genannte → Insolvenzquote. Diese ergibt sich aus dem Verhältnis des Wertes der → Insolvenzmasse zur Summe aller Forderungen der In-

solvenzgläubiger. Die durchschnittliche Quote, die in der Vergangenheit an Gläubiger verteilt wurde, lag bei weniger als 5% ihrer Forderung.
Siehe auch → Insolvenzrecht, deutsches (mit Literaturangaben).

Insolvenzmasse
Die Insolvenzmasse ist nach § 35 Insolvenzordnung (InsO) das gesamte Vermögen des → Insolvenzschuldners, das zur Befriedigung seiner Gläubiger herangezogen und verwertet werden kann. Nur wenige Vermögenswerte, wie beispielsweise der Hausrat des Insolvenzschuldners, sind der Verwertung als Insolvenzmasse entzogen und dürfen nicht zugunsten der Gläubiger verwertet werden.
Siehe auch → Insolvenzrecht, deutsches (mit Literaturangaben).

Insolvenzplan
Der Insolvenzplan im Sinne der §§ 217 ff. Insolvenzordnung (InsO), wird in einem gesetzlich geregelten Verfahren vor dem → Insolvenzgericht erstellt. Ziel eines Insolvenzplans ist es, ein Unternehmen, das sich in der Insolvenz befindet, zu erhalten und die Forderungen der Gläubiger aus den Erträgen des Unternehmens (teilweise) zu befriedigen. Um das Ziel, das Unternehmen zu erhalten, nicht zu gefährden ist es in der Regel notwendig, dass die Gläubiger auf Teile ihrer Forderungen verzichten. Dieser Verzicht, sowie die Pläne zur Fortführung des Unternehmens und die Pläne zur Tilgung der Schulden werden im Insolvenzplan festgehalten. Die Gläubiger stimmen über die Annahme eines solchen Planes ab. Stimmt die Mehrheit der Gläubiger zu, muss der Insolvenzplan noch vom Insolvenzgericht bestätigt werden, um wirksam zu sein. Das Gericht kann die Bestätigung verweigern, wenn bestimmte gesetzliche Mindestanforderungen an den Insolvenzplan nicht erfüllt sind (§§ 250, 251 InsO). dies ist etwa dann der Fall, wenn der Plan nicht im gesetzlich vorgesehenen Verfahren aufgestellt wurde oder einzelne Gläubiger individuelle Vorteile erhielten, um ihre Zustimmung zu erhalten.
Siehe auch → Insolvenzrecht, deutsches (mit Literaturangaben) und → Sanierungsmanagement (mit Literaturangaben).

Insolvenzquote
Die Insolvenzquote bezeichnet den Anteil, den die → Insolvenzgläubiger von ihren Forderungen gegen den Schuldner erfüllt bekommen. In der jüngeren Vergangenheit belief sich diese Quote meist auf 2 bis 5%, so dass häufig mehr als 90% der Verbindlichkeiten eines Insolvenzschuldners nicht befriedigt werden konnten. Die Insolvenzquote ergibt sich rechnerisch aus dem Verhältnis der Summe sämtlicher Forderungen aller → Insolvenzgläubiger zum gesamten Wert der → Insolvenzmasse.
Siehe auch → Insolvenzrecht, deutsches (mit Literaturangaben).

Insolvenzrecht

Insolvenzrecht
von Professor Dr. Bernd E. Banke
SIB School of International Business - Hochschule Reutlingen

1. Charakterisierung
Das Insolvenzverfahren dient nach § 1 der deutschen Insolvenzordnung (InsO) der Durchsetzung privater Ansprüche mit Hilfe eines staatlichen Verfahrens. Anders als im → Einzelzwangsvollstreckungsverfahren sollen hier aber möglichst sämtliche Ansprüche aller Gläubiger zugleich befriedigt werden. Das Vollstreckungsobjekt ist das gesamte Schuldnervermögen, das in der Regel komplett verwertet werden soll. Der Insolvenzschuldner verliert mit Insolvenzeröffnung nach § 80 InsO die Verwaltungs- und Verfügungsbefugnis hinsichtlich seines gesamten zur Insolvenzmasse gehörenden Vermögens (vgl. §§ 35 ff. InsO). An seine Stelle tritt als „Partei kraft Amtes" ein vom Insolvenzgericht bestimmter → Insolvenzverwalter, der die Interessen der Gesamtheit aller Gläubiger im Verfahren wahrzunehmen hat.

2. Ablauf des Insolvenzverfahrens für Insolvenzgläubiger

2.1 Antrag auf Insolvenzeröffnung

Das Verfahren beginnt mit einem Antrag auf Insolvenzeröffnung nach § 13 InsO. Antragsberechtigt sind nach § 13 InsO die Gläubiger oder der Insolvenzschuldner selbst. Bei Gesellschaften (auch Personengesellschaften) sind dies nach § 15 InsO die Organe der Gesellschaft oder deren Gesellschafter. Sie trifft eine Rechtspflicht, einen Insolvenzantrag zu stellen, wenn die Gesellschaft überschuldet oder zahlungsunfähig ist. Der Verstoß gegen die Pflicht, einen Insolvenzantrag für die Gesellschaft zu stellen, kann strafrechtliche Konsequenzen haben. Der Antrag ist an das zuständige → Insolvenzgericht zu stellen. Das Insolvenzverfahren wird eröffnet, wenn mindestens einer der → Insolvenzeröffnungsgründe der §§ 16 - 19 InsO vorliegt.

2.2. Entscheidungen und Maßnahmen des Insolvenzgerichts

Das → Insolvenzgericht hat bei der Entscheidung über den Insolvenzantrag drei Möglichkeiten. Welche Entscheidung getroffen werden muss, hängt davon ab, wie die tatsächlichen Verhältnisse des Einzelfalles liegen. In Betracht kommen folgende Maßnahmen: (a) Die Anordnung von *Sicherungsmaßnahmen* § 21 ff. InsO. Dies bedeutet, dass dem → Insolvenzschuldner zum Schutz der Gläubiger verboten wird, über sein Vermögen zu verfügen. Es wird ein vorläufiger → Insolvenzverwalter eingesetzt, der die Verwaltungs- und Verfügungsbefugnisse über das zur → Insolvenzmasse gehörende Vermögen des Schuldners übernimmt. (b) Die *Ablehnung mangels Masse* nach § 26 InsO findet statt, falls das Vermögen des → Insolvenzschuldners nicht ausreicht um mindestens die Verfahrenskosten zu decken. (c) Durch den *Eröffnungsbeschluss* nach § 27 InsO wird das Insolvenzverfahren eröffnet. Mit der Eröffnung werden nach § 27 II i.V.m. § 28 ff. InsO die Gläubiger aufgefordert, ihre Forderungen gegen den Schuldner innerhalb einer bestimmten Frist bei dem zuständigen → Insolvenzgericht anzumelden.

2.3 Berichtstermin und Prüfungstermin

Nach dem Eröffnungsbeschluss folgt ein *Berichtstermin* im Sinne des § 156 InsO, in dem entschieden wird, ob das Unternehmens nach §§ 217 ff. InsO fortgeführt wird (so genannter → Insolvenzplan) oder das Vermögen des Schuldners gemäß §§ 174 ff. InsO verwertet (das heißt veräußert) wird, um die Forderungen der Gläubiger zu befriedigen.

Schließlich müssen die → Insolvenzgläubiger, die an dem Erlös aus der Verwertung des Schuldnervermögens beteiligt werden wollen, im nächsten Schritt in einem *Prüfungstermin* nach §§ 178, 179 InsO ihre Forderungen zur Insolvenztabelle anmelden. Nur die Gläubiger, die in der Tabelle aufgeführt sind, können später im → Verteilungsverfahren ihren Anteil (→ Insolvenzquote) am Erlös aus der Verwertung des Schuldnervermögens verlangen. In diesem Prüfungstermin können andere Gläubiger, der Insolvenzschuldner und / oder der Insolvenzverwalter Widerspruch gegen eine geltend gemachte Forderung erheben. Die von einem Widerspruch betroffenen Gläubiger und der Widersprechende müssen ihre Meinungsverschiedenheit außerhalb des Insolvenzverfahrens in einem gerichtlichen Verfahren klären lassen. Bis zum Ende dieser Verfahren werden die bestrittenen Beträge vom → Insolvenzverwalter zurückgehalten.

3. Bevorrechtigte Gläubiger

Neben den Insolvenzgläubigern, die in den letzten Jahren mit einer durchschnittlichen → Insolvenzquote von 2 bis 4 % rechnen mussten, die also mehr als 90% ihrer Forderungen gegen den Insolvenzschuldner nicht realisieren konnten, gibt es die Gruppe der bevorrechtigten Gläubiger. Diese Gläubiger können ihre Ansprüche außerhalb des regulären Insolvenzverfahrens direkt gegen den Insolvenzverwalter geltend machen und mit einer weitergehenden Befriedigung ihrer Forderungen rechnen. Es gibt vier solcher bevorrechtigter Gruppen von Gläubigern. Dies sind die → *Aussonderungsberechtigten* (§ 47 InsO), die → *Absonderungsberechtigten* (§ 49 ff. InsO), die → *Aufrechnungsberechtigten* (§ 94 ff. InsO) sowie die → *Massegläubiger* (§ 53 ff. InsO).

4. Internationale Insolvenzverfahren

Die internationalen Verflechtungen der Wirtschaft rücken zunehmend den internationalen Aspekt von Insolvenzverfahren in den Vordergrund der Betrachtungen. Die Probleme betreffen das gesamte Insolvenzverfahren beginnend bei der Frage, vor welchem (nationalen) Gericht oder welcher Behörde das

Insolvenzverfahren über das Vermögen eines international agierenden Unternehmens zu eröffnen ist. Unmittelbar daraus ergeben sich zwangsläufig die folgenden Fragen und Problemkreise, wie und wo die Gläubiger ihre Forderungen geltend machen können, welche Rechtsverluste sie gegebenenfalls hinnehmen müssen und was mit Vermögenswerten geschieht, die sich in anderen Ländern befinden.

Für den Raum der *Europäischen Union* gilt mit der Verordnung Nr. 1346/2000 des Rates vom 29. Mai 2000 über Insolvenzverfahren eine länderübergreifende Regelung, die in sämtlichen Mitgliedsstaaten der EU gilt. Die EU stellt für solche europäischen Insolvenzfälle Formulare zur Verfügung, mit denen die Beteiligten in einem Insolvenzverfahren ihre Rechte verfolgen können.

Für den Bereich *außerhalb der EU* gibt es keine verbindlichen einheitlichen Regelungen. Es existieren lediglich einzelne bilaterale Abkommen, die in Einzelfällen anwendbar sind. Insgesamt bleibt dieser Bereich aber unübersichtlich und von vielen Unsicherheiten geprägt.

Hinweise

- Zu den angrenzenden Wissensgebieten siehe → Arbeitsrecht, → Handelsrecht, → Kaufrecht, → Kreditsicherheiten (→ Bürgschaft, → Eigentumsvorbehalt, → Garantie, → Grundschuld, → Hypothek, → Pfandrecht, → Schuldbeitritt, → Sicherungsübereignung), → Sonderbilanzen, → Produkthaftung, → Sanierungsmanagement, → Unternehmensbewertung, → Zwangsvollstreckung (deutsches Recht).
- Zum Gesellschaftsrecht sowie zu den verschiedenen Gesellschafts- bzw. Rechtsformen siehe u.a. → Aktiengesellschaft, deutsche, → Aktiengesellschaft, kleine, → Europäisches Gesellschaftsrecht (→ Europa AG, → Europäische Genossenschaft usw.), → Genossenschaft, deutsche, → Gesellschaftsformen, österreichische (→ Aktiengesellschaft, österreichische, → GmbH, österreichische usw.), → GmbH, deutsche sowie viele weitere Gesellschafts- bzw. Rechtsformen.

Literatur: Foerste, Ulrich; Insolvenzrecht, 3. Aufl. 2006; Frege/Keller/Riedel, Insolvenzrecht, 6. Aufl. 2002; Keller, Ulrich; Insolvenzrecht, 2006

Internetadressen: (Entscheidungen deutscher Gerichte): http://www.caselaw.de/; (Übersichten): http://www.insolvenzrecht.de/; http://www.insolvenzrecht.info/; (Europäisches Justizielles Netz für Zivil- und Handelssachen): http://europa.eu.int/comm/justice_home/ejn/index_de.htm

Website des Autors: http://www.hochschule-reutlingen.de/ -„Fakultäten"; „School of International Business"

Insolvenzschuldner
ist formal die (natürliche oder juristische) Person, über deren Vermögen ein Insolvenzverfahren eröffnet wurde. Ein Insolvenzverfahren wird eröffnet, wenn eine Person entweder ihre Verbindlichkeiten dauerhaft nicht mehr erfüllen kann § 17 Insolvenzordnung (InsO; siehe auch → Zahlungsunfähigkeit) oder, bei juristischen Personen, die Verbindlichkeiten das Vermögen übersteigen § 19 InsO (→ Überschuldung) und ein Gläubiger oder der → Insolvenzschuldner selbst einen Insolvenzantrag bei dem zuständigen → Insolvenzgericht stellt. Der → Insolvenzschuldner selbst kann einen solchen Antrag nach § 18 InsO auch bereits bei drohender Zahlungsunfähigkeit stellen, um weitere Schäden zu vermeiden. Siehe auch → Insolvenzrecht, deutsches (mit Literaturangaben).

Insolvenzverwalter
Der Insolvenzverwalter wird vom → Insolvenzgericht eingesetzt. Er verwaltet das Vermögen des Insolvenzschuldners im eigenen Namen und in eigener Verantwortung. Er vertritt den Schuldner während des Insolvenzverfahrens gerichtlich und außergerichtlich. Er alleine kann über Vermögenswerte verfügen, die zum Schuldnervermögen gehören. Wegen seiner Befugnisse und Pflichten im Hinblick auf das Schuldnervermögen wird er als „Partei kraft Amtes" bezeichnet. Der Schuldner kann und darf keinerlei Verfügungen über sein zur Insolvenzmasse gehöriges Vermögen mehr treffen.

Der Insolvenzverwalter haftet den Beteiligten des Insolvenzverfahrens dafür persönlich (mit seinem Privatvermögen), dass das Insolvenzverfahren ordnungsgemäß durchgeführt wird § 60 Insolvenzordnung (InsO). Gemäß § 56 InsO kann jede geeignete, insbesondere geschäftskundige Person zum Insolvenzverwalter ernannt werden. Er erhält für seine Tätigkeit eine Vergütung, die sowohl vom Wert der Insolvenzmasse als auch von der Schwierigkeit der Tätigkeit im Einzelfall abhängt. Er ist hinsichtlich seines Vergütungsanspruchs → Massegläubiger nach § 54 Nr. 2 InsO.

Siehe auch → Insolvenzrecht, deutsches (mit Literaturangaben).

Insourcing

bezeichnet die strategische Option, Güter oder Dienstleistungen selbst zu erstellen. Insbesondere die Versorgung mit erfolgskritischen Gütern mit geringer Versorgungssicherheit veranlasst Unternehmen, die Möglichkeit der Eigenfertigung in Betracht zu ziehen. Dadurch lassen sich Abhängigkeiten von Zulieferern mit hoher Marktmacht vermeiden. Zusätzlich wird Know-how aufgebaut, das zur Absicherung von Wettbewerbsvorteilen werden soll (Absicherung eines technologischen Vorsprungs).

Gegenteil: siehe → Outsourcing; siehe auch → Beschaffungsmanagement, jeweils mit Literaturangaben.

Inspektionszertifikate

siehe → Qualitätszertifikate.

Institut der Wirtschaftsprüfer in Deutschland e.V.

Das Institut der Wirtschaftsprüfer in Deutschland e.V. (IDW) ist ein freiwilliger Zusammenschluss von Wirtschaftsprüfern und Wirtschaftsprüfungsgesellschaften Deutschlands. Rechtsformtechnisch handelt es sich um einen eingetragenen Verein mit Sitz in Düsseldorf, dessen Zweck laut Satzung nicht in einem wirtschaftlichen Geschäftsbetrieb besteht. Zu den Aufgabenbereichen des Instituts der Wirtschaftsprüfer zählen (1) die Förderung der Tätigkeitsbereiche der Wirtschaftsprüfer durch fachliche Arbeiten, (2) die nationale und internationale Vertretung der Interessenlage des Wirtschaftsprüferberufes, (3) Aus- und Weiterbildungsmaßnahmen im Wirtschaftsprüfersektor sowie (4) bestimmte Serviceleistungen für die Mitglieder des Instituts der Wirtschaftsprüfer.

Internetadresse: http://www.idw.de

Institut Ranke-Heinemann

Das Institut Ranke-Heinemann ist die Vertretung des Australischen Hochschulverbundes IDP Education Australia und die Vertretung aller neuseeländischen Universitäten in Deutschland und Österreich. Das Institut hat den Australisch-Neuseeländischen Hochschulverbund als seine Einrichtung ins Leben gerufen, die aus zwei Abteilungen – der australischen und der neuseeländischen – besteht. Es vertritt alle australischen und neuseeländischen Universitäten und darüber hinaus australische Schulen und Berufsakademien in Deutschland, Österreich und der deutschsprachigen Schweiz. Sie werden kostenlos und unabhängig zu allen Fragen rund um das Auslandsstudium in Australien und Neuseeland beraten. Sie erhalten Informationen über die Universitäten, deren Studienprogramme und Kurse, über Visabestimmungen, über Finanzierung usw.

Siehe auch → Auslandstudium, Institutionen, Stipendien und Auslandspraktika (mit Internetadressen und Literaturangabe).

Internetadresse: www.ranke-heinemann.de

Institutional Investor's Country Credit Ratings

siehe → Länderrisikokonzepte.

Institutionelle Rückkopplung

siehe → Rückkopplung, institutionelle.

Institutioneller Buy-Out

Erwerb eines Unternehmens durch Finanzinvestoren (z.B. durch einen → Private Equity-Fonds), die aus Renditeinteresse initiiert und gesteuert ist. Meistens ist ein Institutioneller Buy-Out überwiegend fremdfinanziert (siehe → Leveraged Buy Out).

Institutionelles Leasing

Form des → Leasing, bei der eine Leasinggesellschaft als Leasinggeber in Erscheinung tritt – im Gegensatz zum → Herstellerleasing, bei dem der Hersteller bzw. ein Händler unmittelbare Leasinggeber sind. Institutionelles Leasing wir z.T. auch als indirektes Leasing bezeichnet. Siehe auch → Leasing.

Institutionen

im Sinne der *Institutionenökonomik* Systeme von verhaltenssteuernden Regeln oder durch diese gesteuerte Handlungssysteme, die Problembereiche der Interaktion zwischen Personen entsprechend einer Leitidee ordnen. Beispiele für Institutionen sind Verträge, Sprachen, Geld und Organisationsstrukturen.

Institutionenethik

bzw. *Sozialethik* befasst sich mit der Gestaltung von Sozialstrukturen bzw. mit den das Zusammenwirken von Menschen ordnenden Institutionen, also mit überindividuellen Ordnungen; wichtigste Institutionen auf gesamtgesellschaftlicher Ebene sind Markt und Demokratie, auf einzelwirtschaftlicher Ebene Organisationen wie Unternehmen und Vereine. Siehe auch → Wirtschaftsethik

Institutionenökonomie

untersucht die → Organisation und den Wandel von Institutionen. Ihre Theorien werden nach deskriptiv ausgerichteter *Alter Institutionenökonomie* und modellanalytisch-erklärend ausgerichteter *Neuer Institutionenökonomie* unterschieden. Beide Theorieklassen gehen im Unterschied zum neoklassischen Ansatz von der Annahme begrenzter Rationalität aus. Um diese zu handhaben, werden Institutionen benötigt.

Siehe auch → Organisation, Grundlagen und → Organisationstheorien, jeweils mit Literaturangaben.

In-Store-Marketing

Das In-Store-Marketing ist vor dem Hintergrund der Handelssituation – gesättigte Märkte und Austauschbarkeit der Betriebstypen – ein zentraler Erfolgsfaktor des → Handelsmarketing. Damit soll eine Profilierung der Einkaufsstätte erzielt, die Store Erosion vermieden und die Kaufentscheidungen, die am Point-of-Sale fallen, beeinflusst werden. Entsprechend umfassend sind die Instrumente, wie Personal, → Point-of-Purchase-Werbung. Liebmann/Zentes (2001, S. 545 ff.) zählen hierzu: (1) Ladengestaltung, (→ Verkaufsraumgestaltung, → Ladenlayout), (2) Raumzuteilung (space utilization), (3) Warenpräsentation, (4) atmosphärische Ladengestaltung, (5) Gestaltung des Ladenumfeldes.

Bei der (quantitativen) Raumzuteilung geht es um die Größenzuteilung von Verkaufsflächen auf Warengruppen, was angesichts vom steigenden Angeboten bei stagnierenden Flächen durch Flächensubstitution unter den Produkten erfolgt. Bei der (qualitativen) Raumzuteilung geht es um die Anordnung der Warengruppen innerhalb des Verkaufsraumes um die Verkaufsfläche optimal zu nutzen oder ungeplanter Käufe zu forcieren. Bei der Optimierung der Warengruppenzuteilung sind Verkaufszonenwertigkeiten sowie die Attraktivität der Warengruppen relevant (→ Verbundpräsentation, → Shop-in-Shop-Systeme).

Die Warenpräsentation ist abhängig von den Verkaufsflächen-, Regalflächenaufteilung etc. Auf der Grundlage artikelgenauer Abverkaufsdaten kann z.B. die Regalplatzierung optimiert werden.

Zur atmosphärischen Ladengestaltung zählen die visuelle, akustische und olfaktorische Kommunikation. Beleuchtung, Farben, Dekoration sind bei der emotionalen und Musik sowie Gerüche, Temperatur bei einer multisensualen Erlebnisvermittlung bedeutend.

Die Gestaltung des Ladenumfeldes stellt eine Art Visitenkarte dar. Dies gilt für die Gebäudegestaltung, für die Eingangsbereiche und ggf. für die Schaufenster. Fragestellungen, die es in diesem Kontext zu klären gilt, beziehen sich auf bauliche Belange, die Wirkung auf die Konsumenten etc.

Siehe auch → Handelsmarketing (mit Literaturangaben).

Literatur: Liebmann, H.-P., Zentes, J., Swoboda, B.: Handelsmanagement, 2. Aufl., München 2007.

Instruktionsfehler

(in der → *Produkthaftung*), die Beschaffenheit des Produkts ist zwar in Ordnung, doch der Hersteller hat es versäumt erforderliche warnende Angaben und Hinweise zu geben. Instruktionsfehler lagen zugrunde bei den zahlreichen Entscheidungen zum „Dauernuckeln" an mit Kindertee gefüllten Baby-flaschen.

Literatur: BGHZ 116, 60 ff., „Kindertee I"; Neue Juristische Wochenschrift 1994, 932 ff, „Kinder-tee II".

Instruktionspflicht
(in der → *Produkthaftung*), aus gewonnenen Informationen hat der Hersteller die gebotene Schlussfol-gerung zu ziehen, insbesondere neu entdeckte Gefahren kundzutun und Maßnahmen zu deren Beseiti-gung, z.B. Produktrückruf einzuleiten.

Literatur: BGHZ 64, 46 (49 ff.), „Haartonicum".

Intangibilität
(*Immaterialität*) bezeichnet die Nicht-Körperlichkeit, Nicht-Greifbarkeit und damit Substanzlosigkeit eines Gutes. Eine Vielzahl von → Dienstleistungen weisen immaterielle → Leistungsergebnisse auf.

Intangibility
siehe → Immaterialität (insbesondere von → Dienstleistungen).

Intangible Assets Monitor
beurteilt die Elemente der → organisationalen Wissensbasis eines Unternehmens nach den Gesichts-punkten Wachstum, Effizienz und Stabilität. Für die interne Struktur (Prozesse und Technologien), die externe Struktur (Kunden und Lieferanten) und die Kompetenz der Mitarbeiter werden jeweils Indika-toren aufgestellt, um das immaterielle Vermögen des Unternehmens zu beurteilen.

Integer Programmierung (IP)
umfasst gemischt-ganzzahlige Optimierungsmodelle (IP-Modelle) und deren Lösungsverfahren. Siehe auch → LP-Preprocessing von LP- / IP-Modellen.

Integrale Marktsegmentierung
siehe → Marktsegmentierung, integrale.

Integralfranchise
siehe → Selbstbeteiligung (in der Versicherungswirtschaft).

Integrated Web Usage Mining
ist eine spezielle Ausrichtung des → Web Usage Mining und analysiert das (Navigations-) Verhalten einzelner Nutzer(-gruppen) nicht nur auf Basis der Logfiles (→ Klickstromanalyse), sondern auch auf Basis weiterer Datenbestände über den Nutzer. Somit steht hier die Interaktion des um persönliche At-tribute angereicherten Benutzers mit dem Internet im Zentrum der Fragestellungen.

Integration
(in der → *Wirtschaftsinformatik*). Integration ist ein Konzept zur Verknüpfung einzelner Elemente zu einem Ganzen. Im Bereich der Wirtschaftsinformatik steht die Integration von → Anwendungssyste-men mit dem Ziel einer ganzheitlichen Aufgabenbearbeitung im Vordergrund.

Nach dem Integrationsgegenstand lassen sich Daten-, Funktions- und Prozess- bzw. Vorgangsintegrati-on, die jeweils aufeinander aufbauen, sowie Methoden- und Programmintegration unterscheiden.

Betrachtet man Anwendungssysteme anhand der Aufbauorganisation in Form einer Pyramide, sind die Integrationsrichtungen horizontale Integration, d.h. die Verknüpfung von Administrations- und Dispo-sitionssystemen verschiedener Funktionsbereiche auf gleicher Ebene, und vertikale Integration, d h. die Verknüpfung von Planungs- und Kontrollsystemen mit Administrations- und Dispositionssystemen, möglich.

Weitere Klassifikationsmerkmale von Integrationskonzepten sind die Integrationsreichweite (inner- bzw. zwischenbetrieblich) und der Automationsgrad (automatisiert bzw. teilautomatisiert).

Siehe auch → Wirtschaftsinformatik, Grundlagen und → Data Warehouse, jeweils mit Literaturangaben.

Integrationsplattform
(*Middleware, Enterprise Application Integration-Software, EAI-Software*) ist eine Software, welche die → Anwendungsintegration ermöglicht. Siehe auch → mySAP ERP.

Integrationsplattform Netweaver
siehe → mySAP ERP.

Integrative Disposition
siehe → Disposition, integrative.

Integrativitätsgrad
Ausmaß der → Kundenintegration im Rahmen eines → Leistungserstellungsprozesses. Die Leistungserstellung von → Dienstleistungen weist z.T. einen hohen Integrativitätsgrad auf.

Integrierte Handelssysteme
siehe → Filialisierende Handelssysteme.

Integrierte Kommunikation
bedeutet abgestimmtes kommunikatives Handeln bezüglich Kommunikationsinstrumenten, -medien, -druck und -timing.
Integrierte Kommunikation erfordert entsprechend einen unternehmensweiten Abgleich von Kommunikationsthemen, -zielen und -zielgruppen. Zielgruppenübergreifende Abstimmung der Kommunikation betrifft sowohl die interne, als auch die externe Kommunikation an Verwender, Käufer und den Handel. Integrierte Kommunikation erfolgt produkt- und länderübergreifend. Durch ihren Einsatz lassen sich Synergieeffekte (z.B. weniger Werbewiederholungen, verstärkter Wiedererkennungswert) erzielen, die eine effektivere Kommunikation ermöglichen und im aktuellen Kommunikationswettbewerb unabdingbar sind.
Das Fehlen einer integrierten Kommunikation birgt verschiedene Risiken. So führt die Diskrepanz zwischen interner und externer Kommunikation zu Irritationen bei Kunden und Mitarbeitern. Eine zu starke Differenzierung einzelner Kommunikationsinstrumente gefährdet ein konsistentes Erscheinungsbild des Unternehmens am Markt und erschwert dadurch ganz wesentlich den Aufbau eines kohärenten Images.
Siehe auch → Kommunikationspolitik sowie → Werbung, jeweils mit Literaturangaben.

Integriertes Marketing
Das Ziel des integrierten Marketing besteht darin, alle auf den Markt gerichteten Aktionen im Sinne einer „Orchestrierung der Marketing-Instrumente" in einen Gleichklang zu bringen. Durch den gleichzeitigen und aufeinander abgestimmten Einsatz entstehen Synergieeffekte. Das Ergebnis ist effektiver als die Summe der Resultate bei einzelner, voneinander unabhängiger Anwendung der verschiedenen Instrumente.

Integrität, referenzielle
siehe → referenzielle Integrität.

Integritätsbedingung
(in der *Datenverarbeitung*). Eine Integritätsbedingung ist eine Aussage über eine bestimmte Teilmenge der Daten in einer Datenbank, die entweder wahr oder falsch sein kann. Dafür, dass die Integrität der Daten zu einem bestimmten Zeitpunkt gewährleistet ist, d.h. dass der Inhalt der Datenbank als korrekt angesehen werden kann, ist Voraussetzung, dass die Anwendung sämtlicher spezifizierter Integritäts-

bedingungen auf sämtliche Teilmengen von Daten, auf die sich die Integritätsbedingungen beziehen, den Wert „wahr" ergibt.
Siehe auch → Datenbanksysteme (mit Literaturangaben).

Integrity-Ansatz

Modell bzw. Steuerungsphilosophie des → Ethik-Management, dessen zentrales Anliegen es ist, moralisch verantwortungsvolles Verhalten zu stützen bzw. zu ermöglichen. Integrity-Programme wollen die Mitarbeiter für im Unternehmensinteresse liegende Werthaltungen sensibilisieren und über die Schaffung entsprechender organisationsstruktureller und -kultureller Maßnahmen unterstützen, Eigenverantwortung zu übernehmen.

Der Integrity-Ansatz baut auf einem anderen Menschenbild als der → Compliance-Ansatz auf; neben dem Eigennutzstreben werden Werte und Ideale der Individuen als Anknüpfungspunkte moralischen Handelns mit berücksichtigt; der Mitarbeiter wird als moralisch integer und lernfähig angesehen, der selbstverantwortlich handeln will. Dieser Ansatz kommt neueren Managementmodellen entgegen und besitzt für Unternehmen Relevanz, die sich einer hohen Umweltdynamik ausgesetzt sehen und daher darauf bedacht sein müssen, die Potentiale der Mitarbeiter möglichst umfassend zu nutzen. Siehe auch → Ethik-Management und → Unternehmensethik (mit Literaturangaben).

Intellectual Capital Navigator

bewertet Unternehmen in ähnlicher Weise wie der → Intangible Assets Monitor. Zusätzlich zur → Markt-Buchwert-Relation werden Indikatoren für das Humankapital, das strukturelle Kapital und das Kundenkapital aufgestellt.

Intelligenztest

siehe → psychologische Tests, siehe auch → Personalauswahl, Instrumente und die dort angegebene Literatur.

Intensität

häufig Gleichsetzung mit → Leistungsgrad; siehe auch → Intensitätssplitting, → intensitätsmäßige Anpassung und → Produktions- und Kostentheorie.

Intensitätsmäßige Anpassung

ist diejenige → Anpassungsform an Beschäftigungsschwankungen, bei der die zur Verfügung stehende *Fertigungszeit* voll ausgelastet und der → *Leistungsgrad* des Fertigungssystems über das Optimum hinaus an schwankende Spitzenanforderungen der Beschäftigung angepasst wird.

Intensitätssplitting

(in der → *Produktions- und Kostentheorie*). Wenn im Rahmen der → *Anpassungsformen* an Beschäftigungsschwankungen innerhalb der → *Produktionsfunktion vom Typ B* eine → *zeitliche Anpassung* (technisch oder rechtlich) ausgeschlossen ist, wenn also der Betrieb einer Anlage nicht kurzzeitig unterbrochen werden kann, sondern mindestens mit einem *minimalen* Leistungsgrad gefahren werden muss – man denke z.B. an einen Hochofen, der wegen der immensen Inbetriebnahme-(Aufheiz-)Kosten nicht kurzzeitig abgeschaltet, sondern im Bedarfsfall auf schwachem Niveau durchgefahren wird –, dann bietet sich das Intensitätssplitting als Alternativoption zur → intensitätsmäßigen Anpassung an. Dabei handelt es sich um die zeitlich anteilig kombinierte Fahrweise mit zwei Leistungsgraden, deren Kosten unterhalb der Kosten der → intensitätsmäßigen Anpassung liegen.

Inter Enterprise Integration

siehe → Business Process Integration.

Interactive Voice Response

ist eine Umsetzungstechnik für Anwendungen im → *Mobile Commerce*. Hierbei ruft der Nutzer an oder wird angerufen, um dann mit einem Voice-Portal zu interagieren, d.h. er wird durch eine Stimme geführt und gibt Sprachkommandos oder drückt Zifferntasten. Die Bedienung erfolgt dann typischerweise durch wiederholte Menüauswahl innerhalb der Anwendung.

Interaktionsgrad
Ausmaß (Häufigkeit, Dauer) der Interaktion zwischen dem Anbieter und dem Nachfrager einer Leistung. Im Rahmen einer Interaktion führen beiden Parteien jeweils aufeinander bezogene Aktivitäten mit gegenseitiger verhaltensbeeinflussender Wirkung aus. Einen hohen Interaktionsgrad findet man häufig bei verschiedenen → Dienstleistungen vor.

Interaktionslinie, interne
(*Line of internal interaction*), siehe → interne Interaktionslinie.

Interaktionstheorie
beschreibt die Interaktion vor allem technischer und sozialer Sphären in → Organisationen.

Interaktive Fairness
siehe → Fairness.

Interconnected Networks
abgek. → Internet.

Intercultural Communication
siehe → Interkulturelle Kommunikation.

Intercultural Competence
siehe → Interkulturelle Kompetenz.

Intercultural Management
siehe → Interkulturelles Management (mit Literaturangaben).

Intercultural Sensitizer
siehe → Kulturassimilator.

Interdependenz
Abhängigkeiten zwischen verschiedenen Tätigkeits- bzw. Entscheidungsbereichen. Siehe auch → Aufbauorganisation.

Interest rate swaps
engl. Bezeichnung für → Zinsswaps, siehe → Swaps (Kapitel 2 ff. mit Beispiel), mit Literaturangaben.

Inter-firm-Konflikte
entstehen aus Beziehungen zwischen einem Unternehmen und seinen Marktpartnern (Fremdkapitalgeber, Zulieferer, Kunden). Siehe auch → extra-firm-Konflikte, → intra-firm-Konflikte und → Unternehmensethik.

Intergenerative Gerechtigkeit
Anwendungs- bzw. Verhaltensbeispiel zur intergenerative Gerechtigkeit bei nachhaltigem Konsum (Sustainable Consumption, → Sustainable Development): Die eigenen Bedürfnisse sind so zu befriedigen, dass die Lebens- und Konsummöglichkeiten der zukünftigen Generationen nicht gefährdet werden. Siehe auch → intragenerative Gerechtigkeit und → nachhaltige Entwicklung sowie → Umweltmanagement und → Ökologie-Marketing, jeweils mit Literaturangaben.

Interimsschein
(österreichisches Recht), siehe → Zwischenschein (österreichisches Recht).

Interkulturelle Kommunikation
(*Intercultural Communication*) bezeichnet die interpersonale Interaktion zwischen Angehörigen verschiedener Kulturkreise, die sich mit dem Blick auf die ihren Mitgliedern jeweils gemeinsamen Wissensbestände und Formen symbolischen Handelns unterscheiden. Ein wesentliches Charakteristikum von interkultureller Kommunikation ist, dass sich einer der an ihr beteiligten Kommunikationspartner typischerweise einer zweiten oder fremden Sprache bedienen muss. Grundsätzlich existiert kein wesentlicher Unterschied zum allgemeinen menschlichen Kommunikationsprozess: auch bei der interkulturellen Kommunikation werden verbale und nonverbale Nachrichten ver- und entschlüsselt.
Siehe auch → Interkulturelles Management (mit Literaturangaben).
    Literatur: Knapp, K., Knapp-Potthoff, A.: Interkulturelle Kommunikation, in: Zeitschrift für Fremdsprachenforschung, 1990, S. 62-93.
    Internetadressen: (Forum) http://www.intercultural-network.de/, (Institute) http://www.iik.com/, http://www.intercultural.org/, http://cic.cstudies.ubc.ca/.

Interkulturelle Kompetenz
(*Intercultural Competence*) ist als Teil der Sozialkompetenz in der Fähigkeit, kulturelle Bedingungen und Einflussfaktoren im Wahrnehmen, Urteilen, Empfinden und Handeln bei sich selbst und anderen Personen zu erfassen, zu würdigen, zu respektieren und produktiv einzusetzen im Sinne von wechselseitiger Anpassung und Toleranz gegenüber verbleibenden Inkompatibilitäten.
Siehe auch → Interkulturelles Management und → Personalmanagement, jeweils mit Literaturangaben.
    Literatur: Thomas, A., Hagemann, K., Stumpf, S.: Training interkultureller Kompetenz, in: Bergemann, N., Sourisseaux, A.L.J. (Hrsg.): Interkulturelles Management, 3. Auflage, Berlin u.a. 2003, S. 237-272.

Interkulturelle Wirtschaftskommunikation
unterscheidet sich in technischer Hinsicht nicht von der → interkulturellen Kommunikation. Ein wesentlicher Unterschied besteht darin, dass wirtschaftliche Inhalte, wie beispielsweise unterschiedliche Aspekte des Finanzmanagements oder des Personalmanagements, integrale Bestandteile des kommunikativen Aktes sind.
Siehe auch → Interkulturelles Management (mit Literaturangaben).
    Literatur: Gudykunst, W.B., Kim, Y.Y.: Communicating with Strangers: An Approach to Intercultural Communication, 4. Auflage, New York 2003.

Interkulturelles Management

Interkulturelles Management (IKM)

von Univ.-Professor Dr. Manfred Perlitz und Diplom-Kaufmann Lasse Schulze
Lehrstuhl für ABWL und Internationales Management – Universität Mannheim

1. Charakterisierung
Das interkulturelle Management (Intercultural Management) befasst sich mit der konkreten Gestaltung von funktionalen, strukturalen und personalen Managementprozessen, in die Handelnde aus unterschiedlichen Kulturkreisen involviert sind. Ziel ist es, den Akteuren aus verschiedenen Kulturkreisen Lösungsvorschläge für effizientes interkulturelles Handeln bereitzustellen.

2. Kulturelle Überschneidungssituationen
In kulturellen Überschneidungssituationen treffen die gewohnten, eigenkulturell geprägten Denkmuster, Verhaltensweisen und Emotionen mit denen der fremdkulturell geprägten Interaktionspartner zusammen. Oft versagen dabei die bisher geeigneten Handlungsweisen, Interpretations- und Bewer-

tungsmuster, d.h. ein „Fit" zwischen Situation und Verhalten ist nicht mehr gegeben. Dadurch wird der Erfolg der Unternehmensaktivitäten oft gefährdet. Kulturelle Unterschiede werden meist bei internationalen Aktivitäten eines Unternehmens bewusst und erlangen eine betriebswirtschaftliche Bedeutung. Interkulturelle Probleme basieren in der Regel auf der Annahme, dass alle Partner ein ähnliches Verständnis in Bezug auf kulturbedingte Verhaltensweisen haben.

3. Problemfelder des interkulturellen Managements

a) Überblick

Kulturelle Überschneidungssituationen und somit interkulturelle Probleme treten insbesondere bei interpersoneller Interaktion auf, z.B. in Geschäftsverhandlungen oder Vorgesetzten-Mitarbeiter-Beziehungen bei Auslandseinsätzen. Jedoch ist eine bloße Betrachtung von personellen Interaktionen für ein interkulturelles Management zu eng. Internationale Unternehmen haben nicht nur Mitarbeiter aus unterschiedlichen Kulturkreisen, auch die Produkt-, Finanz- und Informationsmärkte werden durch die landesspezifische Kultur geprägt. Daher ergibt sich die Notwendigkeit, für alle betrieblichen Funktionsbereiche interkulturelle Lösungen zu entwickeln. Berücksichtigt werden muss dabei, dass die eher technischen Komponenten des Management-Know-hows, wie Investitions- und Budgetanalyse, Kostenrechnung und Controlling, leichter übertragbar sind als die personen- und verhaltensbezogenen Teile, wie z.B. Führungs-, Entscheidungs-, Motivations- und Kommunikationsstrukturen.

b) Ausgewählte funktionale Managementprobleme

Kulturelle Unterschiede können das *Produktionsmanagement* beispielsweise dadurch beeinflussen, dass bestimmte Stückzahlen in den Packungen aufgrund kulturell negativ behafteter Zahlen vom Käufer nicht akzeptiert werden (z.B. die Zahl vier in China, die mit Tod assoziiert wird).

Im *Marketingmanagement* spielen im Rahmen der Produktpolitik in erster Linie das Verwendungsverhalten (z.B. Fahrrad als Transportmittel oder Freizeitartikel) sowie der Geschmack und das ästhetische Empfinden eine Rolle, die unter Umständen unterschiedliche Produktvarianten erfordern. Auch die Namensgebung ist entscheidend. Ein weltweit einheitlicher Produktname kann in einzelnen Sprachen an negativen Assoziationen scheitern (z.B. Chevrolet Nova in Puerto Rico, da „no va" „fährt nicht" bedeutet). In der Kommunikationspolitik spielen Normen, Werte sowie religiöse Aspekte eine Rolle (z.B. ist in Asien Weiß die Farbe des Todes). Neben dem Einkommensniveau ist in der Preispolitik die Positionierung eines Gutes (z.B. Gebrauchsgut oder Prestige-Objekt) zu beachten. In der Distributionspolitik ist z.B. die unterschiedliche Akzeptanz von Direktversand zu berücksichtigen.

Im *Finanzmanagement* ist zu beachten, dass in vielen islamischen Ländern auf Zinsen beruhende Finanzierungsmodelle nicht möglich sind, da der Koran die Zinswirtschaft untersagt.

Das *Controlling* kann z.B. durch unterschiedliche Vorstellungen über realistische Planwerte beeinflusst werden, indem Planzahlen durch lokale Controller höflicherweise den vermuteten Wunschvorstellungen des Stammhauses entsprechen oder nur sehr vorsichtig geschätzt werden, um das Risiko des Nichterreichens zu vermeiden.

c) Ausgewählte strukturale Managementprobleme

Im Rahmen der strukturalen Gestaltungselemente stellt sich die Frage nach einer adäquaten, den kulturellen Bedingungen angepassten Organisationsstruktur, die auch die Unternehmensziele berücksichtigt. Es ergibt sich das Problem, gleichzeitig Skaleneffekte und Verbundvorteile auszunutzen ohne kulturelle Unterschiede und den damit verbundenen Bedarf an lokaler Anpassung zu vernachlässigen. Zudem ist die Effizienz struktureller Koordinationsinstrumente (Strukturen und Systeme) generell zu hinterfragen, da diese nur unter homogenen und stabilen Umweltbedingungen effizient sind und internationale Unternehmen einer erhöhten Umweltkomplexität ausgesetzt sind. Daher müssen diese um „weichere", personenorientierte Instrumente ergänzt werden.

d) Ausgewählte personale Managementprobleme

In personellen Kontaktsituationen kann es leicht zu *Kommunikationsproblemen* kommen (→ interkulturelle Kommunikation, → interkulturelle Wirtschaftskommunikation). Diese entstehen häufig aufgrund falscher Interpretation des sprachlichen und nonverbalen Verhaltens sowie kultureller Unterschiede in den Wertorientierungen und Denkmuster. Vielfach ist den Kommunikationspartnern z.B. in interkulturellen Verhandlungssituationen (→ interkulturelle Verhandlungen) nicht bewusst, dass der

Andere über eigene Werte und Normen verfügt, die durch seine Sozialisation in einem abweichenden Kultursystem determiniert sind. Dafür ist die Bewusstmachung der Eigenperspektive ebenso von Bedeutung, wie die Sensibilisierung für die Fremdperspektive. Grundsätzlich lassen sich interkulturelle Kommunikationsprobleme in vier hierarchisch, der ansteigenden Komplexität nach gegliederte, Kategorien unterteilen: (1) Sprache und Sprachverhalten, (2) Nonverbales Verhalten, (3) Werte, (4) Denkmuster.

Missverständnisse, die auf der sprachlichen Ebene zustande kommen, sind zumeist offensichtlich und können folglich schnell aufgeklärt werden. Anders verhält es sich mit den tieferen Ebenen, die sich den Kommunikationsteilnehmern nicht so leicht erschließen lassen und daher weitaus subtilerer Natur sind. Ein weiterer Problembereich ist *Führung*. Zwischen verschiedenen Kulturkreisen bestehen teilweise erhebliche Unterschiede hinsichtlich des bevorzugten Führungsstils. In den USA und in Skandinavien wird eher ein partizipativer Stil präferiert, während z.B. in arabischen Ländern ein autoritärer Führungsstil bevorzugt wird. Zudem können Motivations- und Anreizsysteme wie job rotation, job enlargement oder job enrichment den gegenteiligen Effekt haben, wenn sie für nicht kompatible Kulturen eingesetzt werden.

4. Interkulturelle Wissensvermittlung

Da die Kultur insbesondere Einfluss auf die interpersonelle Interaktion hat, erscheint es folgerichtig, einen Schwerpunkt des interkulturellen Managements auf eine international orientierte Personalentwicklung (→ interkulturelles Training) zu legen. Diese sollte sowohl kultur- und interaktionsorientiert als auch informations- und verstehensorientiert sein. Ziel ist die Vermittlung von → interkultureller Kompetenz. Zu den am besten erforschten Trainingsmethoden gehört hierbei der → Kulturassimilator. Interkulturelle Wissensvermittlung stützt sich in der Praxis häufig nur auf Sprachschulung, Landeskunde und Benimm-Regeln oder auf andere eher an der „kulturellen Oberfläche" liegende Verhaltenshinweise („How to behave in ...."). Diese Hinweise können für das Verhalten im Einzelfall zwar hilfreich sein, im Hinblick auf ein erfolgreiches interkulturelles Management sind derartige Maßnahmen kaum ausreichend, da Stereotype unterstellt werden. Daraus ergibt sich die Gefahr, dass an diesen stereotypen Bildern festgehalten wird. Kulturfaktoren sind in der Regel durch Normalverteilungen charakterisiert. So können an den Rändern bei Handelnden völlig andere Kulturmuster auftreten, die einem Stereotyp widersprechen. Deshalb sollten Führungskräfte sich der kulturellen Stereotype bewusst sein, um sich im Falle abweichender Tatsachen von diesen Vorstellungen zu lösen. Noch wichtiger ist die Auseinandersetzung mit den Tiefenstrukturen der jeweiligen Kulturkreise. Ergebnisse empirischer und qualitativer kulturvergleichender Managementstudien (→ kulturvergleichende Managementforschung) bieten hier für das interkulturelle Management wertvolle Informationen, indem ein tiefer gehendes Verständnis der kulturellen Phänomene und Dimensionen sowie ihrer Hintergrundfaktoren geschaffen wird. Der internationale Manager wird so in die Lage versetzt, Muster kulturellen Handelns zu erkennen, Empathie zu entwickeln und kulturbedingte Managementprobleme besser zu lösen. Darauf aufbauend, sollte die Fähigkeit entwickelt werden, fremdkulturelle Perspektiven einzunehmen, um somit ein profundes Verständnis für die andere Seite zu entwickeln. Kommunikation und Interaktion zwischen den Kulturen bedarf also der Fähigkeit, Ähnlichkeiten und Unterschiede zu erkennen und Besonderheiten aufzudecken, um somit kritisch mit kulturbedingten Vorurteilen umzugehen.

Hinweise

- Zu den vertiefenden Wissensgebieten siehe → Kultur, → Kulturvergleichende Managementforschung, → Interkulturelle Kommunikation, → Interkulturelles Training, jeweils mit Literaturangaben.
- Zu den angrenzenden Wissensgebieten siehe → Change Management, → Corporate Citizenship, → Corporate Governance, → Globalisierung, → Management by Objectives, → Managing Motivation, → Personalauswahl, → Personalführung, → Personalmanagement, → Personalmanagement, Internationales, → Unternehmensethik, → Unternehmensführung, Grundlagen.

Literatur: Bergemann, N., Sourisseaux, A.L.J. (Hrsg.): Interkulturelles Management, 3. Auflage, Berlin u.a. 2003; Engelhard, J. (Hrsg.): Interkulturelles Management, Wiesbaden 1997; Hofstede, G.: Cultures Consequences, 2. Auflage, Thousand Oaks 2001; Perlitz, M.: Internationales Management, 5. Auflage, Stuttgart 2004.

Internetadressen: (Portale, Foren) http://www.interkulturelles-portal.de/, http://www.interculture.de/ links.htm, (Interkulturelles Training) http://www.tik-iaf-berlin.de/, http://www.iko-consult.de/ interkulturell/leistungen.html, http://www.ifim.de/, http://www.zim.hs-bremen.de/, http://www. icmassociates.com, http://www.training-interkulturell.de/kompetenz.htm, http://www.clic-interculture. com/de/mgt.html, http://www.ihk-lernen.de/xist4c/web/Interkulturelle-Kompetenz_id_1499_.htm, http://www.iak.de/ob_interkulturell.php, http://www.xena.be/eng/business.html, http://www.interkulturelles-training-coaching.de/, http://www.in-tak.de/, http://www.ikkompetenz.thueringen.de/.

Website der Autoren: http://perlitz.bwl.uni-mannheim.de

Interkulturelles Training

umfasst alle Maßnahmen, die darauf abzielen, einen Menschen zur konstruktiven Anpassung, zum sachgerechten Entscheiden und zum effektiven Handeln unter fremdkulturellen Bedingungen und in Interaktionen mit Angehörigen der fremden Kultur zu befähigen. Die Teilnehmer eines Trainings sollen qualifiziert werden, die spezifischen Managementaufgaben (→ interkulturelles Management), die sich ihnen unter für sie fremden Kulturbedingungen (Kultur) und in der Interaktion mit fremdkulturell geprägten Partnern stellen, zu erkennen und konstruktiv zu bewältigen. Eine prominente Trainingsmethode ist der → Culture Assimilator.
Siehe auch → Interkulturelles Management und → Personalmanagement, jeweils mit Literaturangaben.
Literatur: Thomas, A., Hagemann, K., Stumpf, S.: Training interkultureller Kompetenz, in: Bergemann, N., Sourisseaux, A.L.J. (Hrsg.): Interkulturelles Management, 3. Auflage, Berlin u.a. 2003, S. 237-272.

Intermediär

hat die Aufgabe, Informationen bzw. Produkte zu bündeln und/oder bereitzustellen, Kontakte zwischen Anbietern und Nachfragern herzustellen oder Beschaffungstransaktionen im Namen des beschaffenden Unternehmens zu tätigen. Intermediäre übernehmen damit im → E-Commerce/ → E-Business die Koordination von Informationsströmen zwischen den einzelnen Transaktionspartnern. Dabei wird ihnen gerade vor dem Hintergrund der Aufspaltung von Wertketten und somit der Entstehung einer stark arbeitsteiligen Wirtschaft eine erhebliche Bedeutung beigemessen.

Intermediation

Die Intermediation (auch *Reintermediation* genannt) beschreibt den Sachverhalt, dass die Wertkette der Distribution aufgespalten wird: Die Prozesse der Gesamtdistributionsleistung werden auf Kooperationspartner ausgelagert. Es entstehen neue Spezialisten, die als → Intermediäre einzelne Teilfunktionen der traditionellen Zwischenhändler, wie Sortimentsbildung, Beratung oder Information übernehmen und diese unter vollkommen anderen Kostenstrukturen und Rentabilitätsgesichtspunkten weitaus effektiver erbringen können. Beispiele für neue Intermediäre sind Betreiber von → elektronischen Marktplätzen oder → Auktionen, z.B. www.ebay.de.
Siehe auch → Disintermediation und → E-Commerce (mit Literaturangaben).

Interministerieller Ausschuss

(Kurzbezeichnung: IMA) entscheidet über die Übernahme von → Exportkreditgarantien des Bundes (Hermes-Deckungen.

Internal Rate of Return (IRR)

(interner Zinsfuß), finanzmathematische Methode zur Berechnung der Rendite eines Investments. Siehe auch → Investitionsrechnung und → interner Zins.

Internal Relations

bezeichnen den Aufbau und die Pflege unternehmensinterner Kommunikationsbeziehungen. Im Mittelpunkt steht die Beziehung zwischen Mitarbeitern gleicher sowie unterschiedlicher Arbeitsbereiche, Funktionsbereiche und Hierarchieebenen. Instrumente der Internal-Relations-Arbeit wie z.B. Mitarbeiter-Events, die Herausgabe einer Firmenzeitschrift und betriebliches Vorschlagswesen sollen ein positives Arbeitgeberimage vermitteln und damit zur Motivation der Mitarbeiter beitragen.
Siehe auch → Personalmarketing und → Personalmanagement (mit Literaturangaben).

Internal Sourcing

umfasst Integrationsbemühungen zwischen Abnehmer und Zulieferer, die zu einer räumlichen Annäherung führen. Sog. Industrieparks liefern die Infrastruktur dafür, dass mindestens die Lieferanten der ersten Stufe (first tier supplier) in direkter Umgebung eines Abnehmers produzieren können. Andere Gestaltungsmöglichkeiten dieses internal sourcing sind die Verlagerung von Fertigungsprozessen eines Lieferanten in die Produktionsstätten des Abnehmers („shop in the shop") oder die Montage dieser Güter direkt in das Endprodukt des Abnehmers durch den Lieferanten bzw. dessen Mitarbeiter (factory-within-a-factory-Konzepte; vgl. Arnold/Scheuing, 1997).
Siehe auch → Beschaffungsmanagement und die dort angegebene Literatur.

Internalisierte Kosten

auch *Soziale Kosten* genannt, sind Bestandteil der Theorie der Externen Effekte. Diese Externen Effekte entstehen dadurch, dass Einwirkungen von Wirtschaftssubjekten, z.B. Einleitung von kontaminierten Abwässern in einen Fluss, nicht oder nur teilweise vom Verursacher sondern von der Allgemeinheit zu tragen sind. Diese negativen Einwirkungen auf die Natur oder Gesellschaft können sich auch auf künftige Generationen beziehen. Mit der Internalisierung wird nun von staatlicher Seite versucht, die faktische Knappheit des Gutes saubere Umwelt allen Wirtschaftssubjekten bewusst zu machen, indem z.B. die Wasserverunreinigungen dem Verursacher als einzelwirtschaftliche Kosten belastet werden. Die geschieht über Abgaben, Gebühren, Auflagen, Verbote etc.. Damit soll erreicht werden, dass sparsamer (wirtschaftlicher) mit dem knappen Gut natürliche Umwelt umgegangen wird.
Siehe auch → umweltbezogene Kosten- und Leistungsrechnung, → umweltbezogenes betriebliches Rechnungswesen sowie → Ökologiecontrolling.

Internalisierung

Übernahme von zusätzlichen Aktivitäten durch den Anbieter einer → *Dienstleistung* im Rahmen des → Leistungserstellungsprozesses. Übernimmt der Anbieter einzelne Aktivitäten, die zuvor der Nachfrager selbst durchgeführt hat, so steigt einerseits der Leistungsumfang des Anbieters und andererseits der *Internalisierungsgrad*. Eine Autowerkstatt z.B. steigert durch die Abholung/Lieferung des zu reparierenden Wagens vom/an den Arbeitsplatz eines Kunden seinen Internalisierungsgrad. Das Gegenteil der Internalisierung ist die → Externalisierung.

International Accounting Standards Board (IASB)

siehe → Internationale Rechnungslegung nach IFRS.

International Chamber of Commerce (ICC)

siehe → Internationale Handelskammer.

International Commercial Terms

Kurzbezeichnung für → Incoterms.

International Financial Reporting Standards (IFRS)

siehe → Internationale Rechnungslegung nach IFRS.

International Monetary Fund (IMF)

siehe → Internationaler Währungsfonds.

Internationale Arbeitsorganisation (IAO)

1919 durch gewerkschaftliche Initiative gegründet und seit 1946 als Sonderorganisation der UNO mit Sitz in Genf tätige Organisation zur Förderung und Durchsetzung von sozialer Sicherheit und Arbeitnehmerrechten auf internationaler Ebene.

Internetadresse: http://www.ilo.org

Internationale Handelskammer

(International Chamber of Commerce, abgek. ICC) mit Sitz in Paris ist die Weltorganisation der Wirtschaft. Die ICC hat fünf Hauptaufgaben: (1) Vertretung der Wirtschaft auf internationaler Ebene. (2) Unterstützung des Welthandels und der Investitionen auf Basis eines freien und ausgewogenen Wettbewerbs. (3) Vereinheitlichung und Förderung der Handelspraxis und -terminologie (siehe z.B. → Einheitliche Richtlinien und Gebräuche für Dokumenten-Akkreditive, → Einheitliche Richtlinien für Inkassi sowie → Incoterms). (4) Organisation von Konferenzen und Kolloquien. (5) Praktische Hilfen (z.B. der Internationale ICC-Schiedsgerichtshof usw.).

Internetadressen: http://www.icc-deutschland.de, http://www.iccwbo.org.

Internationale Kooperationen

siehe → Kooperationen (mit Literaturangaben).

Internationale Paritätsbeziehungen

siehe → Paritätsbeziehungen, Internationale.

Internationale Rechnungslegung nach IFRS

Internationale Rechnungslegung nach IFRS

von Professor Dr. Joachim S. Tanski, Fachhochschule Brandenburg und
Diplom-Betriebswirt (FH) Christian Förster, Hamburg

1. Charakterisierung

Die International Financial Reporting Standards (IFRS) sind ein internationales Regelwerk der Rechnungslegung, deren Ziel es ist, die Rechnungslegung weltweit zu harmonisieren und den unterschiedlichen Jahresabschlussadressaten des Jahresabschlusses die für sie relevanten Informationen zu geben. Seit 2000 haben die IFRS stark an Bedeutung gewonnen. In der Europäischen Union, und damit auch in Deutschland und Österreich, sind sie durch die EU-Verordnung 1606/2002 ab 2005 verbindlich für Konzernabschlüsse anzuwenden.

2. Hintergrund der IFRS

Bereits in den 70er Jahren wurde das International Accounting Standards Committee (IASC) als Rechnungslegungsgremium von neun Staaten gegründet. Aber erst in den letzten Jahren ist durch das gewachsene Bedürfnis nach einer internationalen Harmonisierung der Rechnungslegung die Bedeutung der IFRS sprunghaft gewachsen.

Die IFRS stellen zwar neue Bilanzierungsvorschriften dar, beruhen aber wie das deutsche HGB auch auf dem Prinzip der doppelten bzw. kaufmännischen Buchführung. Im Gegensatz zum HGB und den → GoB werden die IFRS induktiv abgeleitet. Damit geht einher, dass die IFRS eine zunehmende Regelungsdichte aufweisen, da sie für jeden denkbaren Fall eine passende Bilanzierungsvorschrift vorhalten wollen. Zudem sollen die IFRS sicherstellen, dass in Ländern mit unterschiedlicher Rechnungslegungskultur die Regelungen gleichmäßig angewandt werden.

Die IFRS weisen eine eindeutige Orientierung am anglo-amerikanischen Gedankengut zur Rechnungslegung auf. Die Mehrheit der Board-Mitglieder im IASB stammt aus anglo-amerikanischen Ländern, einige davon direkt aus den USA, weshalb eine Nähe der IFRS zu der → US-GAAP erklärlich ist.

3. Institutionen der IFRS

Seit 2001 haben die IFRS mit der IASC Foundation eine neue institutionelle Basis erhalten. Dort sind alle mit der Rechnungslegung befassten Berufsverbände Mitglied. Wesentliches Gremium der IASC Foundation ist das International Accounting Standards Board (IASB), welches die einzelnen Standards der IFRS erarbeitet und veröffentlicht.

Bedürfen einzelne Standards einer weiteren Interpretation, so erarbeitet das International Financial Reporting Interpretations Committee (IFRIC) die notwendigen Interpretationen, die die Standards zwingend ergänzen.

Mitglieder in den genannten Institutionen sind beispielsweise nationale Standardsetter.

4. Aufbau der IFRS

Der Aufbau der IFRS gliedert sich folgendermaßen:

(1) Vorwort (*preface*).

(2) Rahmenkonzept (*framework*): Ist der konzeptionelle Überbau der IFRS. Es soll Standardsetter wie das IASB selbst sowie nationale Standardsetter in ihrer Arbeit unterstützen und Bilanzaufsteller, -adressaten und -prüfer bei der Anwendung der IFRS unterstützen Im Mittelpunkt des Rahmenkonzeptes stehen Ausführungen zu den Zielsetzungen von Abschlüssen und die qualitativen Anforderungen an einen Jahresabschluss, um deren Informationsfunktion erfüllen zu können. Des Weiteren enthält das Rahmenkonzept Definitionen zu Abschlussposten sowie deren Ansatz und Bewertung und Ausführungen zu Kapitalerhaltungskonzepten.

(3) *Standards:* Die für die Arbeit mit den International Financial Reporting Standards (IFRS) anzuwendenden Regelungen sind in den einzelnen Standards festgelegt. Typischerweise behandelt jeder Standard einen kompletten Bilanzierungsvorgang. Die Standards sind fortlaufend nummeriert. Allerdings sagt die Nummerierung nichts über die Wichtigkeit des einzelnen Standards aus; die Nummerierung der Standards erfolgt in zeitlicher Reihenfolge und ist als Adresse eines bestimmten Inhalts zu sehen. Die einzelnen IFRS-Standards folgen alle einem gemeinsamen Aufbauschema. Zunächst gibt das Inhaltsverzeichnis einen Überblick über den gesamten Inhalt des Standards mit den zugehörigen Textziffern. Mit der Zielsetzung soll über die Intention des Standards Aufschluss gegeben werden. Im Anwendungsbereich ist geregelt, für welche Unternehmen und Branchen der Standard verbindlich anzuwenden ist bzw. welche Unternehmen und Branchen von der Anwendung eines Standards befreit werden. Die in einem Standard verwandten Definitionen erklären zentrale im Standard benutzte Begriffe. Als Kernaussagen eines Standards folgen die Bilanzierungs- und Bewertungsmethoden, die der einzelne Standard zu Bilanzierungsfragen regelt. Der Umfang der vom Bilanzaufsteller zu machenden Angaben wird in den Anhangsangaben geregelt. Das in jedem Standard veröffentlichte Datum des Inkrafttretens gibt Aufschluss über die erstmalige verbindliche Anwendung des Standards.

(4) *Interpretationen*: Auch trotz der hohen Regelungsdichte in den einzelnen Standards der IFRS bedarf es häufig weitergehender Interpretationen, um auftauchende Fragestellungen eingehend zu beantworten. Diese Auslegungen sind in den Interpretationen niedergelegt und müssen zwingend mit den für sie geltenden Standards angewandt werden.

5. Arbeiten mit den IFRS

Das praktische Arbeiten mit den IFRS unterteilt sich in einen zwingend anzuwendenden Teil, der aus den Standards und den Interpretationen besteht, und in einen erläuternden Teil, der aus dem Vorwort und dem Rahmenkonzept besteht. Die Arbeit mit den IFRS besteht daher zum überwiegenden Teil aus der Arbeit mit den einzelnen Standards und den sie ergänzenden Interpretationen. Dies wird auch darin deutlich, dass ein Jahresabschluss nach IFRS nur dann als IFRS-konform bezeichnet werden darf, wenn in dem Jahresabschluss alle in den Standards und den zugehörigen Interpretationen aufgestellten Regelungen angewandt wurden.

Die Interpretationen sind im Bezug auf die einzelnen Standards als subsidiär anzusehen, da sie sich immer auf einen konkreten Sachverhalt in einem bestimmten Standard beziehen. Sollte der Fall eintreten, dass die Standards bei einer Bilanzierungsfragestellung nicht weiterhelfen, so muss der Bilanzaufsteller auf das Rahmenkonzept zurückgreifen und in Einklang mit den dort aufgeführten Bilanzierungsgrundsätzen einen IFRS-konformen Jahresabschluss aufstellen. Sollte auch das Rahmenkonzept in einer bestimmten Situation nicht zur Lösung des Falles beitragen, so darf der Bilanzierende auch auf das Vorwort und sonstige Quellen (z.B. Literatur, → US-GAAP) zurückgreifen.

6. IFRS - Anwendung in Deutschland
Durch die EU-Verordnung 1606/2002 vom 19. Juli 2002 ist der → Konzernabschluss nach IFRS für börsennotierte Unternehmen ab dem 1. Januar 2005 zwingend vorgeschrieben. Somit haben → Mutterunternehmen von börsennotierten Gesellschaften einen IFRS-konformen Jahresabschluss aufzustellen. In Deutschland ist die EU-Verordnung durch das Bilanzrechtsreformgesetz (BilRefG) in § 315a HGB in nationales Recht übernommen worden. Damit müssen alle börsennotierten Unternehmen und Unternehmen, die die Zulassung ihrer Aktien zum Handel an einer Börse zugelassen haben ihren Konzernabschluss nach IFRS aufstellen. Gleichzeitig werden die Muttergesellschaften von einer Aufstellung des Konzernabschlusses nach HGB befreit. EU-weit sind von der IFRS-Einführung rund 7.000 Konzerne betroffen.
Muttergesellschaften, deren Anteile nicht an einem amtlichen Markt gehandelt werden, haben nach § 315a Abs. 3 HGB das Wahlrecht, ob sie ihren Konzernabschluss nach den Vorschriften des HGB oder der IFRS aufstellen.
Einzelabschlüsse müssen weiterhin nach den handelsrechtlichen Vorschriften aufgestellt werden; ein Wahlrecht zur Aufstellung nach IFRS oder HGB besteht bei Einzelabschlüssen nur für Offenlegungszwecke. Für alle anderen Zwecke, wie die Grundlage für die Steuerbilanz oder die Ausschüttungsbemessung, muss weiterhin ein Abschluss nach den Vorschriften des HGB aufgestellt werden.

Hinweis
Zu den angrenzenden Wissensgebieten siehe → Abschlusserstellung nach US-GAAP, → Anlagevermögen, → Beteiligungscontrolling, → Bilanzanalyse, → Cash flow, → Eigenkapital, → Globalisierung, → Jahresabschluss nach deutschem Recht, → Jahresabschluss nach schweizerischem Recht, → Kapitalflussrechnung, → Kennzahlen, → Konzernabschluss, → Portfoliomanagement, → Risikocontrolling, → Rückstellungen, → Sanierungsmanagement, → Sonderbilanzen, → Steuerrecht, Internationales, → Swiss GAAP FER, → Umlaufvermögen, → Währungsmanagement.

Literatur: Epstein, B. J./Walton, P.: Wiley IAS 2005, New York et al. 2005, Hinz, M.: Rechnungslegung nach IFRS, München 2005; Lüdenbach, N.: IFRS Ratgeber zur erfolgreichen Umstellung von HGB auf IFRS, Freiburg, 4. Aufl. 2005; Petersen, K./Bansbach, F./Dornbach, E.: IFRS Praxishandbuch, München 2005; Tanski, J.: Internationale Rechnungslegungsstandards – IFRS/IAS Schritt für Schritt, 2. Aufl., München 2005; Wagenhofer, A.: International Accounting Standards, Wien/Frankfurt, 5. Aufl. 2005.

Internetadressen: www.iasb.com; www.drsc.de; http://iasplus.de; www.ifrs-portal.com; www.efrag.org.

Website des Autors: www.fh-brandenburg.de/~tanski/home.htm

Internationale Standardisierung
siehe → Standardisierung, internationale.

Internationale Unternehmen
siehe → Internationale Unternehmungen; siehe auch → Globalisierung, → Interkulturelles Management und → Marketing, Internationales, jeweils mit Literaturangaben.

Internationale Unternehmungen
sind Unternehmungen und Unternehmenszusammenschlüsse, die dauerhaft grenzüberschreitend Aktivitäten aufweisen. Der Begriff der internationalen Unternehmung ist damit gegenüber dem der → globa-

len Unternehmung weiter gefasst und umschließt denjenigen der globalen Unternehmung. Er beinhaltet nicht nur weltweite Geschäftstätigkeiten, sondern jede Form von nachhaltig über die politischen Grenzen des → Mutterlandes hinausgehende Strategien und Maßnahmen in den jeweiligen → Gastländern. Siehe auch → Globalisierung, → Interkulturelles Management und → Marketing, Internationales, jeweils mit Literaturangaben.

Internationale Zinsberechnungsmethode
siehe → Zinsberechnungsmethode, internationale.

Internationaler Frachtbrief des Straßengüterverkehrs
siehe → CMR-Frachtbrief.

Internationaler Währungsfonds (IWF)
(*International Monetary Fund, IMF*) ist eine supranationale Finanzinstitution, deren Mitglieder sich verpflichtet haben, in Fragen der internationalen → Währungspolitik und des zwischenstaatlichen Zahlungsverkehrs eng zusammenzuarbeiten.
Internetadresse: http://www.imf.org.

Internationales Leasing
Oberbegriff für Exportleasing und Importleasing; siehe auch → Leasing.

Internationales Management
funktional definierte Führung international tätiger Unternehmen, welche sich aufgrund der Besonderheiten internationaler Geschäftstätigkeit von einer rein binnenmarktorientierten Unternehmensführung unterscheidet. So geht mit der Aufnahme grenzüberschreitender Geschäftsaktivitäten im Vergleich zu rein national tätigen Unternehmen eine Heterogenisierung der für die unternehmerischen Entscheidungsträger relevanten Umwelten einher.
Die Vielfalt und Unterschiedlichkeit der bearbeiteten Märkte schlägt sich dabei in einer erhöhten Führungskomplexität nieder, deren integrative Handhabung als Kernaufgabe des Internationalen Managements zu bezeichnen ist. Grundlage dieser Auffassung ist die Tatsache, dass nicht die singuläre, jeweils selbständige Bearbeitung ausländischer Märkte, sondern die koordinative abwägende Einbeziehung der sozio-ökonomischen Daten aller vom internationalen Unternehmen bearbeiteten Regionen in dessen Entscheidungen die Besonderheit der Internationalisierung ausmacht.
Siehe auch → Unternehmensführung, Grundlagen (mit Literaturangaben).

Internationales Personalmanagement
siehe → Personalmanagement, Internationales.

Internationales Privatrecht
Das Internationale Privatrecht (IPR) eines Staates umfasst alle gesetzlichen Regelungen, nach denen bestimmt wird, nach welchem nationalen Recht eine Rechtsfrage entschieden werden soll. Jeder Staat besitzt in der Regel ein eigenes Internationales Privatrecht, das von den Gerichten, beziehungsweise den Richtern dieses Staates angewandt werden muss, falls diese einen Rechtsstreit mit internationalen Aspekten zu entscheiden haben. Aus dieser Systematik ergibt sich, dass die Gerichte verschiedener Staaten nach verschiedenen international privatrechtlichen Gesetzen und damit verschiedenen Grundsätzen bestimmen, welche Rechtsordnung und welche Vorschriften in einem Rechtsstreit anzuwenden sind.
Da sich die Regelungen der einzelnen nationalen Gesetze unterscheiden, kann daher ein Fall vom Gericht eines Staates nach anderen Gesetzen und mit einem anderen Ergebnis entschieden werden als dies in einem anderen Staat der Fall wäre. Der Wahl des → Gerichtsstands in einem internationalen Rechtsstreit kommt daher bereits entscheidende Bedeutung zu. Kaufverträge werden in Deutschland nach dem → CISG beurteilt, soweit dies anwendbar ist. In Fällen, die nicht in den Anwendungsbereich des CISG

fallen, muss das anwendbare Recht nach dem IPR bestimmt werden. Nach dem deutschem IPR werden Kaufverträge gemäß Art. 27, 28 EGBGB in erster Linie nach dem Recht beurteilt, das die Parteien gewählt haben. Haben die Vertragpartner kein Recht gewählt, wird das Recht des Staates angewandt, der mit dem Vertrag die engste Verbindung hat.
Siehe auch → Kaufrecht (mit Literaturangaben).

Literatur: Kropholler, Jan; Internationales Privatrecht. Einschließlich der Grundbegriffe des Internationalen Zivilverfahrensrechts, 2006; Kegel, Gerhard/Schurig, Klaus: Internationales Privatrecht, 9., neubearb. Aufl. 2004.

Internetadressen: http://www.mpipriv-hh.mpg.de/index.shtml; Internationale Industrie- und Handelskammer: http://www.iccwbo.org/; UN-Kommission für internationales Handelsrecht: http://www.uncitral.org/

Internationalisierung

jede nachhaltige grenzüberschreitende Tätigkeit von Unternehmungen (→ Internationalisierungsgrad), zugleich der Grad einer internationalen Verflechtung von Märkten. Siehe auch → Globalisierung.

Internationalisierungsgrad

Anteil der internationalen Geschäftstätigkeit an den Gesamtaktivitäten (nationalen und internationalen Aktivitäten) einer internationalen Unternehmung. Er wird häufig anhand der sog. → Auslandsquote oder des → Internationalisierungsindexes bestimmt. Siehe auch → Globalisierung.

Internationalisierungsindex

Zusammenfassung von mehreren als relevant erachteten → Auslandsquoten durch Mittelwertbildung. Siehe auch → Globalisierung.

Interne Bilanzanalyse

siehe → Bilanzanalyse, interne.

Interne Fehlerkosten

sind beispielsweise Kosten für Ausschuss, Nacharbeit, Wertminderung, Sortierprüfungen und qualitätsbedingte Ausfallzeiten; siehe auch → Qualitätscontrolling.

Interne Holding

Sonderform der → Holding.

Interne Interaktionslinie

(*Line of internal interaction*). Mit Hilfe der internen Interaktionslinie lassen sich unterstützende Support-Aktivitäten von Backstage-Aktivitäten trennen. Siehe auch → ServiceBlueprint, → Dienstleistungen und → Dienstleistungsmanagement.

Interner Zins

(Investitionsrechnung) Der interne Zins gehört zu den klassischen Partialmodellen der dynamischen Investitionsrechnung (→ Investitionsrechnungen, dynamische). Seine Berechnung baut auf dem → Kapitalwert C_0 auf. Die im Zeitablauf t anfallenden Einzahlungen E_t sowie Auszahlungen A_t werden durch Diskontierung über die ganze Nutzungsdauer T der Investition zum Kapitalwert im Zeitpunkt Null, dem Beginn des Planungszeitraums, verdichtet. Ermittelt wird der interne Zins r, bei dem sich ein Kapitalwert von Null ergibt.
Formal gilt:

$$C_0 = \sum_{t=0}^{T} \left(E_t - A_t \right) \cdot \frac{1}{\left(1+r\right)^t} \overset{!}{=} 0$$

Zur Ermittlung des internen Zinses muss ein Polynom T-ten Grades aufgelöst werden. Dies ist nur in Sonderfällen (z.B. T ≤ 2) relativ einfach möglich. In den anderen Fällen bietet sich die Ermittlung einer

Näherungslösung $\hat{r}$ durch lineare Interpolation an. Zuerst werden für zwei (willkürlich gewählte) Zinssätze i_1 und i_2 die Kapitalwerte C_{01} und C_{02} ermittelt. Als Näherungslösung ergibt sich dann:

$$\hat{r} = i_1 - C_{01} \cdot \frac{i_2 - i_1}{C_{02} - C_{01}}$$

Eine nach dem Kriterium interner Zins beurteilte *Einzelinvestition* ist vorteilhaft, wenn der interne Zins größer als der Kapitalmarktzins ist. Bei der *Auswahlentscheidung* zwischen mehreren Investitionen ist diejenige zu wählen, die zu dem größten internen Zins führt.
Siehe auch → Investitionsrechnungen (Investitionsentscheidungen), statische bzw. *dynamische* bzw. unter Unsicherheit sowie → Investitionswirtschaft, jeweils mit Literaturangaben.

Internes Kurssicherungsinstrument
siehe → Kurssicherungsinstrument, internes.

Internes Marketing
In den 70er und 80er Jahren des 20. Jahrhunderts entstanden in den USA die ersten Diskussionen um den Einsatz eines Internen Marketing. Unter Internem Marketing versteht man die Übertragung des traditionellen, auf externe → Zielgruppen bezogenen, → Marketingkonzepts auf den unternehmensinternen Bereich, also die Mitarbeiter eines Unternehmens.
Im Mittelpunkt des Internen Marketing steht die zielorientierte Beeinflussung der Mitarbeiter, um Mitarbeitermotivation, Commitment und Mitarbeiterbindung zu fördern. Grundgedanke ist, dass Mitarbeiterzufriedenheit notwendige Voraussetzung für → Kundenzufriedenheit darstellt. Zudem geht das Interne Marketing davon aus, dass Marketing eine interne Denkhaltung darstellt und somit eine Unternehmensphilosophie ist, die sowohl intern als auch extern gelebt wird. Im Gegensatz dazu ist das Ziel des verwandten → Personalmarketing die Mitarbeiterbeschaffung.
Siehe auch → Marketing, Grundlagen und → Personalmanagement, jeweils mit Literaturangaben.

Internet
Abk. für *„Interconnected Networks"*. Das Internet bezeichnet ein weltweites Netz von Computer-Netzwerken, zwischen denen Informationen in einem einheitlichen Standard, dem → TCP/IP (Transmission Control Protocol/Internet Protocol), ausgetauscht werden. Der Begriff des Internets lässt sich zurückführen auf „Inter" (zwischen) und „Net" (Netz). Grundsätzlich handelt es sich beim Internet um einen weltweiten Verbund von Computer-Netzwerken, die wiederum in Subnetzwerke aufgegliedert werden können. Die kleinsten Einheiten des Internets bilden die einzelnen Server bzw. Personal Computer (PC).
Das Internet gilt als das weltweit größte Computernetz und stellt die Basistechnologie des → E-Commerce bzw. → E-Business dar, da es kosteneffiziente Interaktionen und Transaktionen global ermöglicht. Das Internet ist nicht kommerziell und verfügt damit über keine zentrale Verwaltung, Koordination oder Struktur, sondern besteht aus einer sich selbst verwaltenden, dezentralen Struktur von online miteinander verbundenen Rechnern. Damit kann jeder private oder kommerzielle Rechner ins Internet integriert werden, wobei die einzelnen Rechnern den → Usern → Daten in unterschiedlichen Formaten zur Verfügung stellen.
Siehe auch E-Commerce und → Internet-Kommunikationspolitik (jeweils mit Literaturangaben) sowie → Intranet und → Extranet.

Internet enabled Call Center
i.W. gleichbedeutende Bezeichnung für Call Center bzw. Communication Center; siehe auch → Call Center Management (Communication Center Management).

Internet-Kommunikationspolitik

Internet-Kommunikationspolitik

von Professorin Dr. Elke Theobald – Hochschule Pforzheim

1. Definition

Die Planung, Durchführung, Steuerung und Kontrolle sämtlicher kommunikativer Maßnahmen eines Unternehmens im Medium → Internet werden unter dem Terminus Internet-Kommunikationspolitik zusammengefasst. Der Begriff grenzt die distributorischen Aktivitäten im Internet (→ E-Commerce) ab und fasst die primär kommunikativen Aufgabenstellungen und Werkzeuge in diesem Medium zusammen. Das Internet wird im Rahmen der Medienklassifikation den → Neuen Medien zugeordnet.

2. Besonderheiten des Internet in der Unternehmenskommunikation

Das Kommunikationsmedium → Internet zeichnet sich durch mediale Besonderheiten aus, die es von den klassischen Medien abgrenzen und damit auch seinen besonderen Einsatzcharakter bestimmen: (1) Das Internet hat eine große Stärke als Pull-Medium, der Kunde übernimmt die Kontaktinitiative und sucht nach Informationen. Dabei darf allerdings nicht übersehen werden, dass das Internet im Sinne von → Site-Promotion auch als Push-Medium eingesetzt werden kann. (2) Das Internet ist ein Medium großer Intensität. Die Website hat zu einem großen Teil die volle Aufmerksamkeit des Besuchers und damit ein erhöhtes Medien-Involvement. (3) Der interaktive Charakter erlaubt das direkte Feedback durch den Benutzer, was das Internet als dialogisches Medium auszeichnet und Einsatzfelder im Dialogmarketing eröffnet. Interaktivität impliziert aber auch individuelle Informationserschließung, die sich nicht immer an der idealtypischen Navigation orientiert. (4) Die multimedialen Fähigkeiten des Internet erlauben die optimale, multisensorische Präsentation der Informationen durch die Integration von Bild, Text, Video, Animation und Ton. Durch den interaktiven Charakter des Internet kann nach der Präsentation der Unternehmensinformationen auch der unmittelbare Kontakt (Anfragen, Kaufprozess) ohne Medienbruch erfolgen. (5) Der Speicherplatz im Internet unterliegt keiner zwingenden Beschränkung. Große Datenmengen zur optimalen Information der Nutzer sind darstellbar und entledigen die Marketing-Kommunikation von der bisherigen Pflicht, Informationen auf gedrängtem Raum zu publizieren. (6) Publikationen in dem weltweiten und allgegenwärtigen Medium Internet sind jederzeit und an jedem Ort der Welt abrufbar. Die breite Streuung kann relativ kostengünstig via Internet realisiert werden. (7) Das Medium Internet erlaubt die schnelle Zur-Verfügung-Stellung von hochaktuellen Informationen und eröffnet damit dem Unternehmen Reaktionsmöglichkeiten und Handlungsspielräume. (8) Die Einsatzmöglichkeiten des Internet in der Unternehmenskommunikation beschränken sich nicht auf die Neukundenakquise und Erstinformation, sondern decken durch die Möglichkeiten der Datenbanktechnologien auch Einsatzfelder in den Bereichen Kundenbindung/-pflege, Kundenservice und Partnermanagement ab. Bei hochintegrierten Lösungen kann die Anbindung der Kundenbestellungen bis in die Produktion erfolgen (End-to-End-Supply-Chain-Management). (9) Das Internet als Frontend zum Verbraucher hat das Potential, Bearbeitungsschritte in der Auftragsabwicklung wie z.B. die Erfassung der Adressdaten dem Kunden zu überlassen. Neben dem Einsparpotential ergeben sich dadurch Verbesserungen in der Datenqualität. (10) Das Internet ermöglicht durch standardisierte Technologie die Anbindung verschiedener Funktionsbereiche oder Standorte im Unternehmen, die häufig mit unterschiedlichen IT-Plattformen arbeiten, z.B. an den gemeinsamen Internetauftritt, aber auch an → Intranet und → Extranet.

3. Risiken des Internet in der Unternehmenskommunikation

Neben den vielen Chancen, die das Internet in der Unternehmenskommunikation eröffnet, sind einige Risiken beim Einsatz zu bedenken: (1) Weltweite Erreichbarkeit impliziert auch weltweiten Wettbewerb. Jeder Konsument kann auf die eigene Unternehmenswebsite zugreifen, aber eben genau so gut auf die Website der direkten und indirekten Konkurrenten. (2) Damit hängt eng zusammen, dass die Markteintrittsbarrieren für Newcomer, aber auch für internationale Konkurrenten durch die Internetpräsenz deutlich gesenkt werden. (3) Nicht alle Zielgruppen sind im Internet in gleichem Maße anzutreffen (z.B. Internetverweigerer, Senioren) und auch nicht alle Produkte treffen im Internet auf Interesse. Jedes Unternehmen muss abwägen, ob das Medium wirklich für die eigene Zielgruppe und die eigenen Produkte hilfreich ist. (4) Das Engagement des Unternehmens im Internet könnte einen (Distributions-)Kanalkonflikt auslösen, der im schlimmsten Fall zur Auslistung der eigenen Produkte aus dem stationären Handel führen kann. (5) Das bisherige Beratungsgespräch beim Verkauf wird durch die Selbstinformation der Kunden im Internet ersetzt. Dies kann durch die Anonymität des Mediums beträchtliche Folgen für die Kundenbindung haben und reduziert den internetgestützten Einkauf im Extremfall auf den reinen Preisvergleich, der im Internet einfacher als im realen Leben durchzuführen ist. (6) Der Einsatz des Internet als strategischer Vertriebs- und Kommunikationskanal führt häufig zu einer Veränderung bzw. Adaption der internen Prozess- und Datenstrukturen, um eine integrierte Bearbeitung der Prozesse/Daten im Unternehmen zu ermöglichen.

4. Instrumente der Online-Kommunikation

Bei den Instrumenten der Online-Kommunikation ist die grundlegende Unterscheidung zwischen (1) der Marketing-Kommunikation auf der eigenen (Unternehmens-/Produkt-)Website und (2) der Marketing-Kommunikation im World Wide Web (also auf unternehmensfremden Websites) im Sinne eines Werbeträgers zu treffen. Für die Besonderheiten der Marketing-Kommunikation auf der eigenen → Website sei auf den entsprechenden Artikel verwiesen. Da sehr viele Werbeschaltungen auf unternehmensfremden Websites (und auch sonstige internetbasierte Kommunikationsmaßnahmen) dazu genutzt werden, die Internetnutzer zu einer weiterführenden Website zu leiten, spricht man in diesem speziellen Zusammenhang auch von der → Site-Promotion, also der Werbung für die (oft ausführlichere, informative) Website. Allerdings ist die Werbeschaltung im WWW nicht auf das Ziel Site-Promotion beschränkt. Die Zielsetzung der internetbasierten Werbeaktivitäten kann beispielsweise auch der Verkaufsförderung, der Imagebildung oder der Hinleitung zu stationären Geschäften dienen.

Grob werden 3 Arten der Werbeaktivitäten im Internet unterschieden: → Suchmaschinenmarketing, → Bannerwerbung/Pop-up-Werbung und „Weitere Online-Instrumente". Bei den weiteren Online-Instrumenten seien insbesondere das → Affiliate Marketing, das → Permission Marketing und das → Virale Marketing genannt.

Hinweis

Zu den angrenzenden Wissensgebieten siehe → Digitales Marketing, → Direktmarketing, → E-Commerce, → Efficient Consumer Response, → Internationales Marketing, → Kommunikationspolitik, → Konsumentenverhalten, → Kundenzufriedenheit, → Marketing, Grundlagen, → Marktforschung, → Medienökonomie, → Mobile Commerce, → Multi Kanal Dialog Marketing, → Werbung.

Literatur: Theobald, Elke: Digitales Marketing. – In: Poth, L. (Hrsg.): Loseblattwerk Marketing, Luchterhand Verlag, Neuwied, Dezember 2000, S. 1-70. Schulmeyer, Christian, Theobald, Elke: Strategische Markenführung im Internet – E-Branding: Marken im Netz. – In: Gaiser, Brigitte; Linxweiler, Richard u.a. (Hrsg.): Praxisorientierte Markenführung. Neue Strategien, innovative Instrumente und aktuelle Fallstudien. Gabler Verlag 2005, S. 387-401. Werner, Andreas: Site-Promotion. Werbung auf dem WWW. dpunkt Verlag, Heidelberg 2000. Chaffey, Dave et al.: Internet-Marketing. Pearson Studium 2001.

Internetadressen: www.werbeformen.de (Aktuelle Informationen zu Internet-Werbeformen, Site des Bundesverbandes Digitale Wirtschaft); www.iab.com (Internationales Gremium zur Standardisierung von Online-Werbeformen); www.agof.de (Arbeitsgemeinschaft Online-Forschung mit aktuellen Nutzerstudien); www.bvdw.org (Bundesverband digitale Wirtschaft mit vielen aktuellen Informationen und Arbeitsgruppen); www.suchfibel.de (Überblick Suchmaschinenmarketing); www.clickz.com (amerikan. Site zu Internetmarketing mit internationalem Anspruch); www.ems.guj.de (Werbeformenpräsentation bei Gruner+Jahr), www.espotting.de (Suchmaschinen-Werbevermarkter), www.overture.de (Suchmaschinen-Werbevermarkter), http://www.google.de/intl/de/ads/ (Werbeangebote von Google); www.nic.de (Domainregistrierung und -verwaltung für die .de-Domain), www.icann.org (Internet Corporation for Assigned Names and Numbers; Organisation zur Vergabe von IP-Adressen und Überwachung des Domain Name Systems).

Website der Autorin: www.hs-pforzheim.de

Internet-Marketing
siehe → Internet-Kommunikationspolitik (mit Literaturangaben).

Interorganisatorisches Wissen
Interorganisatorisches Wissen entsteht im Austausch zwischen einem Unternehmen und seinen Partnern. Der interorganisationale Wissensaustausch findet z.B. im Rahmen von Kunden- und Lieferantenbeziehungen, in Forschungs- und Entwicklungsnetzwerken und bei Kooperationsbeziehungen zur Verbesserung des → individuellen oder → organisationalen Wissens des Unternehmens oder seiner Mitarbeiter statt.

Interpretativer Ansatz
Hinter dem interpretativen Ansatz der → *Organisationstheorie* steht eine wissenschaftstheoretische Grundsatzposition, die als subjektivistisch oder konstruktivistisch bezeichnet wird. Nach dem *Konstruktivismus* gibt es gar keine objektive Organisationswirklichkeit, die den Organisationsmitgliedern sozusagen als Faktum gegenübertritt. Vielmehr wird die Wirklichkeit von den Menschen selbst fortlaufend (mit)konstituiert durch Interpretation und Interaktion. Durch Kommunikation entstehen gemeinsame Deutungsmuster, welche die Interpretationsoffenheit für die Individuen teilweise einschränken und so für eine Verständigungsbasis sorgen. Diese gemeinsame Basis von geteilten Grundüberzeugungen, Weltbildern, Werten und Normen, die sozusagen als selbstverständlich vorausgesetzt werden, bezeichnet man auch als *Organisationskultur*. Für die Organisationsforschung bringt der interpretative Ansatz außerdem die Erkenntnis mit sich, dass auch die Forschung durch eine bestimmte Weltsicht des Forschers geprägt und insofern nie völlig objektiv ist.
Siehe auch → Organisationstheorien (mit Literaturangaben).
    Literatur: Bea, F. X., Göbel, E.: Organisation, 2. Auflage, Stuttgart 2002, S. 162-174; dieselben: Organisation, 3. Auflage, Stuttgart 2006.

Interstitial
bildschirmfüllende Unterbrecherwerbung zwischen zwei Seitenaufrufen. Mehr zu Bannern unter → Bannerwerbung; zur Internet-Werbung siehe → Internet-Kommunikationspolitik.

Intervenierende Variablen
nichtbeobachtbare Sachverhalte, die innerhalb einer Person ablaufen, z.B. → Emotionen.

Interventionspunkt
bezeichnet die untere bzw. obere Grenze der als „zulässig" angesehenen Entwicklung von → Wechselkursen in einem Währungssystem wie dem → EWS mit innerhalb von Bandbreiten fixierten Wechselkursen. Sobald der Wechselkurs eines Landes den oberen Interventionspunkt erreicht hat, werden Devisenverkäufe durch die inländische Zentralbank ausgelöst, um durch diese Intervention ein Ausscheren des Wechselkurses aus der definierten Bandbreite zu verhindern. In entsprechender Weise muss durch Devisenkäufe am unteren Interventionspunkt dessen Unterschreiten verhindert werden.

Interview
ist eine der bedeutendsten Befragungsformen in der Praxis. Zielgerichtetes Gespräch zwischen Fragesteller (Interviewer) und Befragtem (Interviewter) zur Datenerhebung. Interviews können persönlich oder telefonisch durchgeführt werden. Siehe auch → Marktforschungsmethoden und → Marktforschung.

Into-the-job
umfasst alle Maßnahmen der Personalentwicklung, mit der ein neuer Mitarbeiter zur Ausübung seiner Tätigkeiten befähigt wird. Hierzu gehören. bspw. die → Berufsausbildung, die Einarbeitung, die → Juniorfirma und das → Trainee-Programm.

Intra-firm-Konflikte
Bezeichnung für innerorganisatorische Konflikte. Siehe auch → extra-firm-Konflikte, → inter-firm-Konflikte und → Unternehmensethik.

Intragenerative Gerechtigkeit

Anwendungs- bzw. Verhaltensbeispiel zur intragenerativen Gerechtigkeit bei nachhaltigem Konsum (Sustainable Consumption, → Sustainable Development): Die eigenen Bedürfnisse sind so zu befriedigen, dass die Lebens- und Konsummöglichkeiten anderer Menschen nicht gefährdet werden.
Siehe auch → intergenerative Gerechtigkeit sowie → nachhaltige Entwicklung.

Intrahandel

Geschäfte zwischen Unternehmen aus verschiedenen Ländern der → Europäischen Gemeinschaft/Union. Gegensatz: → Extrahandel.

Intranationale Marktsegmentierung

siehe → Marktsegmentierung, intranationale.

Intranet

Das Intranet ist im Gegensatz zum Internet kein offenes, sondern ein geschlossenes Netzwerk z.B. innerhalb eines Unternehmens. Mit Hilfe der bekannten Internet-Tools wie Webbrowsern und FTP wird der Zugriff auf Informationen innerhalb des Unternehmens ermöglicht. Allerdings dürfen nur autorisierte Benutzer, die sich mit Hilfe z.B. eines Benutzernamens und Passworts authentifiziert haben, auf das Intranet zugreifen.
Siehe auch → Internet und → Extranet.

Intrapersonelle Konflikte

sind Konflikte, die ein einzelner Mitarbeiter mit sich selbst austrägt. Sie resultieren aus divergenten Erwartungen oder Interessenlagen, denen sich der Mitarbeiter ausgesetzt sieht (z.B. Beteiligung an illegalen Praktiken wie Schmiergeldzahlungen oder Preisabsprachen). Siehe auch → extra-firm-Konflikte, → inter-firm-Konflikte, → intra-firm-Konflikte und → Unternehmensethik.

Intrinsische Anreize

Anreizquelle, bei der die Arbeitstätigkeit selbst den Anreiz bietet. Siehe auch → extrinsische Anreize sowie → Anreize und → Personalführung.

Intrinsische Motivation

ist auf die unmittelbare, nicht-instrumentelle Bedürfnisbefriedigung gerichtet, d.h. auf Aktivitäten, die um ihrer selbst willen ausgeführt werden. Die unmittelbaren Bedürfnisse können idealtypisch gegliedert werden in Spaß an der Arbeit (→ „Flow"-Erlebnis) und die Erfüllung von verinnerlichten sozialen Normen, beispielsweise Reziprozität und Altruismus. Siehe auch → *extrinsische Motivation* und → *intrinsische Anreize*. Siehe auch → Managing Motivation.

Inventar

Verzeichnis, in dem alle Vermögensgegenstände und Schulden einzeln nach Art, Menge und Wert aufgeführt werden. Es ist das schriftlich dokumentierte Ergebnis der → Inventur. § 240 HGB verpflichtet jeden Kaufmann, bei Gründung des Unternehmens sowie danach zum Ende eines jeden Geschäftsjahres ein solches Bestandsverzeichnis zu erstellen. Darin werden die Vermögenswerte und Schulden nach wirtschaftlichen Kriterien geordnet in Staffelform ausgewiesen.
Im ersten Teil werden die Vermögensgegenstände, gegliedert in → Anlagevermögen und → Umlaufvermögen, im zweiten Teil werden die Schulden aufgelistet. Im dritten Teil erfolgt die Ermittlung des Eigenkapitals aus der wertmäßigen Differenz zwischen der Summe des Vermögens und der Summe der Schulden.
Aus dem Inventar wird in verkürzter Form die Bilanz (→ Jahresabschluss) abgeleitet. Hierbei wird aus Gründen der Übersichtlichkeit auf die Angabe der Mengen verzichtet, werden gleichartige Posten zu Gruppen zusammengefasst sowie Vermögen einerseits und Kapital (Eigenkapital und Schulden) andererseits in Kontoform gegenübergestellt.

Inventur

ist die mengen- und wertmäßige Erfassung sämtlicher Vermögensgegenstände und Schulden eines Unternehmens zu einem Stichtag. Das Ergebnis dieser Bestandsaufnahme wird in einem Bestandsverzeichnis (→ Inventar) festgehalten und bildet die Grundlage für die Bilanz (→ Jahresabschluss). Bezüglich der *methodischen* Durchführung der Inventur bestehen folgende Möglichkeiten: Körperliche Inventur, buchmäßige Inventur, Stichprobeninventur. Bezüglich der *zeitlichen* Durchführung der Inventur bestehen folgende Möglichkeiten: (1) Stichtagsinventur, (2) ausgeweitete Stichtagsinventur, (3) vor- oder nachverlegte Inventur, (4) permanente Inventur.

Literatur: Hahn, H./Wilkens, K.: Buchhaltung und Bilanz, Teil A: Grundlagen der Buchhaltung, 7. Aufl., München 2007.

Inventurmethode

(*Lagerwirtschaft*). Sie erfordert keine Lagerbuchhaltung. Der Materialbestand ergibt sich lediglich durch eine Inventur als Endbestand, die Verbrauchsmengen ergeben sich aus dem Vergleich von alter und neuer Inventur.

Inverkehrbringen

Bedeutet, dem Endverbraucher das Produkt zur Nutzung zu überlassen.

Investitionscontrolling

Investitionscontrolling

von Professor Klaus W. ter Horst

Fachhochschule Bonn-Rhein-Sieg – Fachbereich Wirtschaft

1. Charakterisierung

Das Investitionscontrolling unterstützt im System des → Controlling die Entscheidungsträger bei der zielorientierten Planung, Steuerung und Kontrolle der strategischen und operativen Investitionstätigkeit. Es sorgt für die Beschaffung, Aufbereitung und Weitergabe der notwendigen Informationen, stellt betriebswirtschaftliche Instrumente (Prognosemethoden, Wirtschaftlichkeitsrechnungen, → Nutzwertanalysen usw.) bereit und koordiniert die Abstimmung zwischen der → Investitionswirtschaft und anderen Unternehmensbereichen und Teilplänen.

2. Aufgaben

Zu den wichtigsten Aufgaben des Investitionscontrollings gehören:

- Sammlung, systematische Aufbereitung und Fundierung der Daten des Investitionsbedarfs und der Investitionsvorschläge;
- eigene Investitionsanregung (z.B. als Folge von Schwachstellenanalysen und Wirtschaftlichkeitsuntersuchungen);
- Prüfung der Investitionsvorschläge auf Realisierbarkeit und Vereinbarkeit mit rechtlichen Vorschriften;
- Beurteilung
  - der strategischen Chancen und Risiken,
  - der Vereinbarkeit mit der langfristigen Unternehmenspolitik,
  - der Wirtschaftlichkeit,
  - der Konsequenzen für Finanzierung und Liquidität,
  - der notwendigen Anpassungen der Infrastruktur, der vor- und nachgelagerten Teilprozesse, der Personalentwicklung, des Marktauftritts usw.;
- laufende Überwachung der Aktualität von Ziel- und Datenprämissen;
- Abstimmung der Investition mit anderen Projekten und Teilplänen;
- Dokumentation und Vorbereitung der Entscheidungen;

- Vorbereitung und Steuerung der Realisation (mit Hilfe des Projektcontrollings, siehe auch → Projektmanagement);
- Fortschreibung des Investitionsprogrammplans, in dem alle geplanten Investitionen in zeitlicher Abfolge und mit ihren Liquiditätswirkungen, der Finanzierung sowie den erwarteten Zielbeiträgen verzeichnet sind;
- Kontrolle der Zielwirkungen und Verwertung der Abweichungsanalysen für Anpassungs- und Folgeentscheidungen.

Das Zusammenwirken von Investitionscontrolling und Management ist von der Unternehmensorganisation anhängig. Abb. 1 zeigt ein Gestaltungsbeispiel.

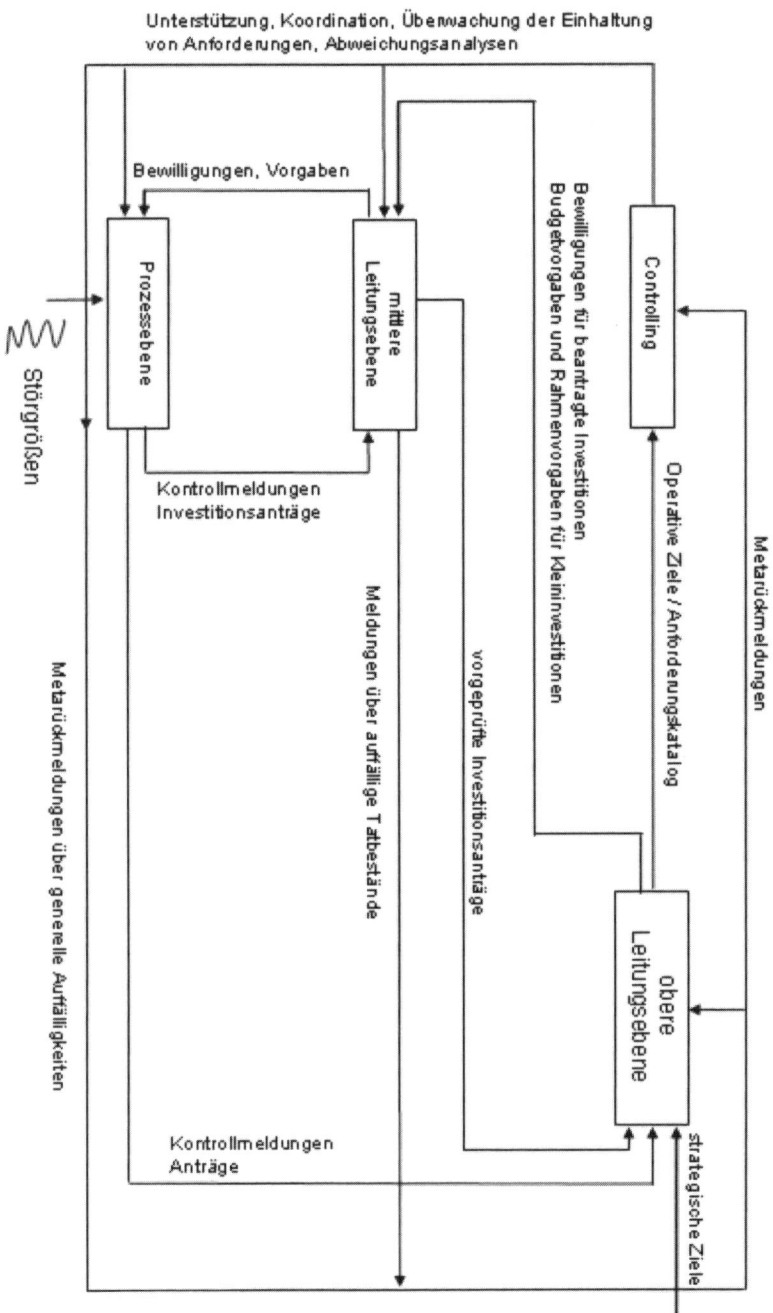

Abb. 1: Das Zusammenwirken von Investitionscontrolling und Management

3. Instrumente

Spezielle Instrumente des Investitionscontrollings sind die verschiedenen Formen der Wirtschaftlichkeitsuntersuchung (siehe Abb. 2). Besonders ausgeprägt ist die Anwendung von statischen und dynamischen Investitionsrechnungen (siehe → Investitionsrechnungen, statische, → Investitionsrechnungen, dynamische).

Statische Methoden basieren auf jahresbezogenen Daten. Man wählt aus den Jahren, in denen man das Investitionsobjekt nutzen möchte, ein für die Investitionsbeurteilung typisches Jahr aus und rechnet ihm durchschnittliche (typische/repräsentative) Kosten und Erträge zu. Man vernachlässigt dabei, dass sich die Kosten und Erträge während der Nutzungsdauer verändern können. Die wichtigsten statischen Methoden sind die → Gewinnvergleichsrechnung und die statische → Amortisationsrechnung.

Dynamische Methoden (siehe → Investitionsrechnungen, dynamische) basieren auf der von der Investition während ihrer Nutzungsdauer ausgelösten Auszahlungen und Einzahlungen. Im Zeitablauf variierende Daten können berücksichtigt werden. Die im Verlauf der Nutzungsdauer anfallenden Aus- und Einzahlungen werden zu einer Kennziffer verdichtet. Weil dabei die Zinseszinsrechnung zum Zuge kommt, werden die dynamischen Methoden auch finanzmathematische Verfahren genannt (siehe auch → Finanzmathematik). Die wichtigsten dynamischen Methoden sind die Barkapitalwertrechnung (→ Barkapitalwertmethode) und die dynamische → Amortisationsrechnung.

Ergänzend kommen Techniken zum Einsatz, mit denen man die Unsicherheit bei der Investitionsbeurteilung zu beherrschen versucht (siehe → Investitionsrechnungen unter Unsicherheit).

Die Methoden der statischen und der dynamischen Investitionsrechnung setzen voraus, dass die erwarteten Investitionswirkungen in Geldgrößen quantifiziert werden können. Ist diese Voraussetzung nicht erfüllt, bietet sich der Einsatz der → Nutzwertanalyse an. Zur ganzheitlichen Bewertung eignet sich auch die → Balanced Scorecard, die zwar für das Gesamtunternehmen entwickelt wurde, die man aber auch auf einzelne Projekte, insbesondere komplexe Investitionsvorhaben, übertragen kann.

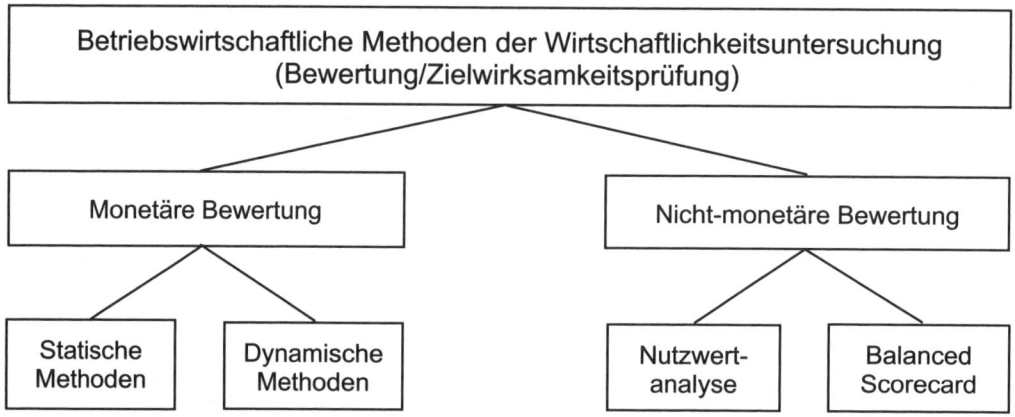

Abb. 2: Methoden der Wirtschaftlichkeitsuntersuchung

Hinweis
Zu den angrenzenden Wissensgebieten siehe → Balanced Scorecard, → Controlling, Grundlagen, → Controlling-Informationssysteme, → Controlling, Internationales, → Entscheidungstheorie, → Erfolgscontrolling, → Investitionsprozess, → Investitionsrechnungen, statische, → Investitionsrechnungen, dynamische, → Investitionsrechnungen unter Unsicherheit, → Investitionswirtschaft, → Nutzwertanalyse, → Optimierungsmodelle, → Projektmanagement, → Prozessmanagement, → Risikocontrolling.

Literatur: Adam, D.: Investitionscontrolling, 3. Aufl., München 2000; Blohm, H., Lüder, K., Schaefer, Ch.: Investition, Schwachstellenanalyse des Investitionsbereichs und Investitionsrechnung, 9. Auflage, München 2006; Bolomier, F.: Erstellung einer Balanced Scorecard für Intelligent-Transport-Systems-

Anwendungen, Diplomarbeit im Fachbereich Wirtschaft der FH Bonn-Rhein-Sieg, Sankt Augustin 2005; Däumler, K. D.: Anwendungen von Investitionsrechnungsverfahren in der Praxis, 4. Auflage, Herne und Berlin 1996; Kruschwitz, L.: Investitionsrechnung, 10. Auflage, Berlin 2006; Olfert, K., Reichel Ch.: Investition, 10. Auflage, Ludwigshafen/Rhein 2006; ter Horst, K. W.: Investition, Stuttgart, Berlin und Köln 2001; Troßmann, E.: Investition, Stuttgart 1998.

Website des Autors: www.fb01.fh-brs.de/terhorst.html

Investitionsentscheidungen

siehe → Investitionsrechnungen, dynamische, → Investitionsrechnungen, statische, → Investitionsrechnungen unter Unsicherheit, → Investitionswirtschaft.

Investitionsgut

(*Industriegut*), zum Begriff siehe → Produkt, Abschnitt „2. Produkttypen".

Investitionsgütermarketing

siehe → Industriegütermarketing (mit Literaturangaben).

Investitionsgütermessen

→ Messeformen; siehe auch → Messemarketing (mit Literaturangaben).

Investitionsprozess

Investitionsprozess

von Professor Dr. Dr. Thomas Jaspersen
Fachhochschule Hannover – Fachbereich Wirtschaft

1. Investition als betriebswirtschaftliche Entscheidung

Jede betriebliche Investition (siehe auch → Investitionswirtschaft) ist ein Prozess und kann somit in Phasen untergliedert werden. Betrachtet man die Investition als Entscheidungsproblem, so lassen sich nach Heinen (1971, S. 27) vier Handlungsabschnitte definieren:

- die Anregungsphase zum Erkennen und Klarstellen des Problems,
- die Suchphase mit der Festlegung von Kriterien der Suche nach Alternativen sowie der Beschreibung und Bewertung ihrer Konsequenzen,
- die Optimierung als Entscheidungsphase, also die Bestimmung der günstigsten Alternative, und schließlich
- die Durchsetzungs- und Kontrollphase mit der Verwirklichung und Kontrolle der Ausführung.

Diese 1966 definierte Begrifflichkeit wird heute noch benutzt. Der Ansatz geht von einer linearen Planbarkeit der Investitionstätigkeit aus, bei der die Attribute der Investitionstätigkeit bekannt sind. Investiert man jedoch in Bereiche, wo nicht auf eine operative Erfahrung zurückgegriffen werden kann, so müssen die Phasen mehrfach durchlaufen werden: Die Investition wird zum iterativen Prozess.

2. Investition als linearer Prozess

Olfert (2001, S. 66) beschreibt die Investition als linearen Prozess. Nach dem → Wasserfallmodell fließt das Ergebnis einer jeden Phase als Input in die Folgephase, bis der Prozess abgeschlossen ist. Ganz im Sprachgebrauch von Heinen spezifiziert er

- die Anregungsphase als Tätigkeit, wo nach der Anregung der Investition eine Problembeschreibung erfolgt,
- die Suchphase durch die Festlegung der Bewertungskriterien, die Festlegung der Begrenzungskriterien und die Ermittlung der Investitionsalternativen,
- die Entscheidungsphase mit der Vorauswahl, der Bewertung und der Bestimmung der vorteilhaftesten Investitionsalternative.

- Die Durchführungsphase verbleibt ungegliedert. In der Kontrollphase werden ein Soll-Ist-Vergleich und eine Abweichungsanalyse vollzogen.

Die Investitionstätigkeit grenzt wirtschaftliche Handlungen ab, deren Werteverzehr in den anschließenden Perioden erfolgt. Diese Handlungen stehen im Kontext von anderen wirtschaftlichen Überlegungen. Es entsteht somit ein Planungssystem, in dem die Investitionsplanung ein Element ausbildet. Sind alle Elemente gut determiniert, so kann die Investition als linearer Prozess umgesetzt werden.

3. Investitionsplanung

Der endogene Handlungsraum der Investitionsplaner ergibt sich aus der operativen Festlegung des Betriebsgeschehens. Olfert (2001, S. 117; siehe Abb. 1) unterscheidet in der betrieblichen Praxis zwischen drei Planungsbereichen für

- die erfolgswirtschaftliche Planung,
- die leistungswirtschaftliche Planung und
- die finanzwirtschaftliche Planung.

Ausgangspunkt ist hierbei die Achse aus dem leistungswirtschaftlichen Bereich, welche in einer → Sukzessivplanung die Erstellung von Absatz-, Lager- und Produktionsplänen vorsieht. Hieraus ergeben sich im erfolgswirtschaftlichen Bereich der Kosten-, der Erfolgs- und der Ertragsplan. Die sechs Planungselemente bilden einen in sich geschlossenen Regelkreis zur Stellgrößenbestimmung, der so lange durchlaufen wird, bis das Ergebnisniveau der Ertragsplanung dem Anspruchsniveau der Entscheidungsträger entspricht.

Aus dem Produktionsplan ergeben sich die Personal-, die Beschaffungs- und die Investitionsplanungen. Dabei stellt der Investitionsplan einen Hybrid dar, welcher sowohl dem leistungswirtschaftlichen als auch dem finanzwirtschaftlichen Bereich zuzuordnen ist, gilt es doch, sowohl die Objektbeschaffenheit als auch deren finanziellen Auswirkungen der einzelnen Investitionsprozesse festzusetzen.

Die drei letztgenannten Pläne definieren den Ausgabenplan, die Absatzplanung bestimmt den Einnahmenplan, und hieraus ergibt sich der Finanzplan.

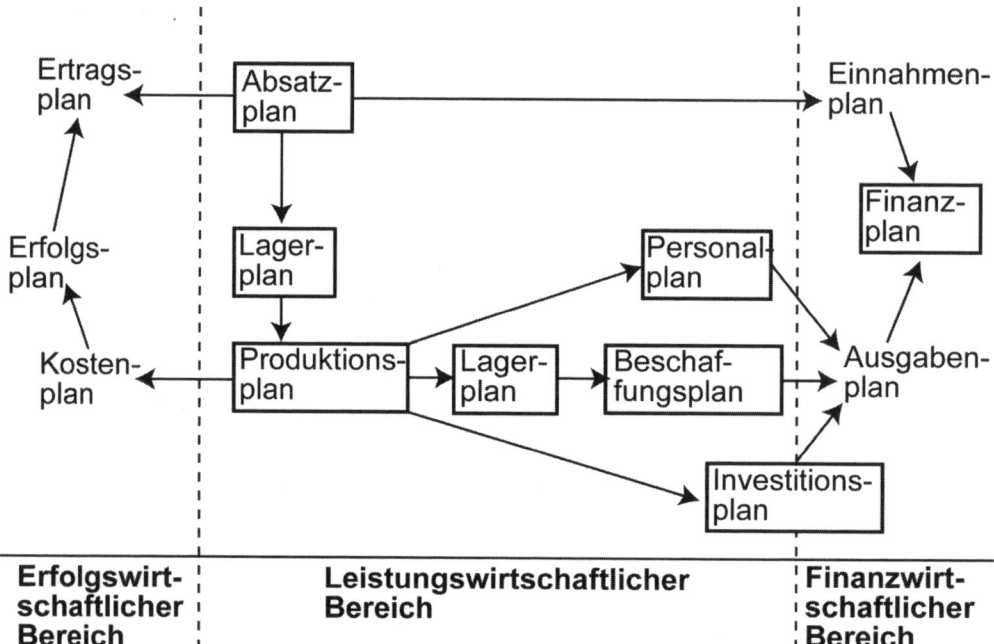

Abb. 1: Endogenes Handlungsfeld der Investitionsplanung (nach Olfert)

In dieser Sichtweise wird die Investition aus den betriebsinternen Gegebenheiten geradezu vollständig determiniert. Es kann somit durch eine Investitionsrechnung die Investitionsentscheidung herbeigeführt werden.

4. Investition als iterativer Prozess

Investitionen, welche Unternehmen in neue Handlungsfelder führen, verlaufen nicht linear. Witte stellte bereits 1968 in einem breit angelegten Forschungsprojekt fest, dass komplexe, novative, multipersonale Entscheidungsprozesse in mikroökonomischen Einheiten nicht die Phasen von Heinen linear abspulen. Die Aktivitäten der Informationsgewinnung, der Erarbeitung von Alternativen und deren Bewertung laufen als → Simultanplanung. Die Einzelprozesse werden mehrfach als iterative Schleifen durchlaufen. Auf diese Weise werden nicht einmal, sondern mehrmals Investitionsrechnungen durchgeführt.

In der Informationstechnologie (IT) hat sich aus dieser Erkenntnis heraus für Softwareinvestitionen ein neues Ablaufmodell etabliert, der → Unified Process (Kroll/Kruchten 2003). Kennzeichnend ist hierbei, dass die spezifischen Handlungsphasen als Kerndisziplinen lediglich eine Dimension ausbilden. Die Prozessphasen sind die zweite Dimension einer Matrix. Der reale Handlungsablauf setzt sich aus einer Reihenfolge von iterativen Schleifen zusammen, welche die Kerndisziplinen mit einem unterschiedlichen Niveau beanspruchen, je nach Investitionsfortschritt. In der IT sind die Metaphasen mit den Begriffen Vorbereitung, Ausarbeitung, Konstruktion und Übergang bezeichnet.

In einem allgemeinen Investitionsprozess ist grundsätzlich zwischen dem Zustand zu unterscheiden, in dem eine betriebliche Innovation erstellt wird, und der Zeitspanne danach, in der diese Innovation in die betriebliche Routine übergeht, um den eigentlichen Betriebszweck zu erfüllen, nämlich eine von der Gesellschaft akzeptierte und somit gewünschte Leistung zu erbringen (vgl. Jaspersen 1997, S. 108 ff.). Wird beispielsweise in einem Unternehmen ein neues System installiert, so stellt diese Investition so lange eine betriebliche Innovation dar, wie noch Maßnahmen durchzuführen sind, welche für ihre Einsatzbereitschaft unabdingbar sind. Mit dem Beginn der Produktion wird die Investition zu einem Element der betrieblichen Routine.

In den Arbeitskategorien des Rechnungswesens erfolgt bis zu dem Wandlungspunkt eine Aktivierung der Ausgaben auf einem spezifischen transitorischen Konto und wird alsdann auf das nach der Investition benannte Anlagekonto als Aktivseitentausch umgebucht. Ab dann beginnt die Abschreibungsperiode. Die Zeitspanne der Investitionserrichtung kann wiederum unterteilt werden durch den Punkt ohne Wiederkehr, den „Point of no return". Bis zu diesem Zeitpunkt existiert die Investition hauptsächlich als Handlungsentwurf, was nicht bedeutet, dass bereits eine Vielzahl von Aktivitäten mit konkreten physischen Konsequenzen vollzogen wird. Beispielsweise kann die Produktionsabteilung ein Versuchssystem installieren und dennoch wird entschieden, das Investitionsvorhaben zu kippen.

Ab einem gewissen Punkt entstehen jedoch für ein Unternehmen Austrittsbarrieren in Bezug auf das Investitionsprojekt. Dadurch bildet die Investition selbst Sachzwänge: Das Unternehmen befindet sich in der Phase der Investition als Entwurfsumsetzung. Die Dauer der ersten Phase ist offen. Auf volkswirtschaftlicher Ebene können Handlungsentwürfe Jahrhunderte überstehen. Bereits Karl der Große plante einen Rhein-Donau-Kanal, bevor ihn F.J. Strauß politisch umsetzte. In traditionsreichen Unternehmen keimen Strategien samt ihren Investitionskonsequenzen häufig lange (vgl. Abb. 2).

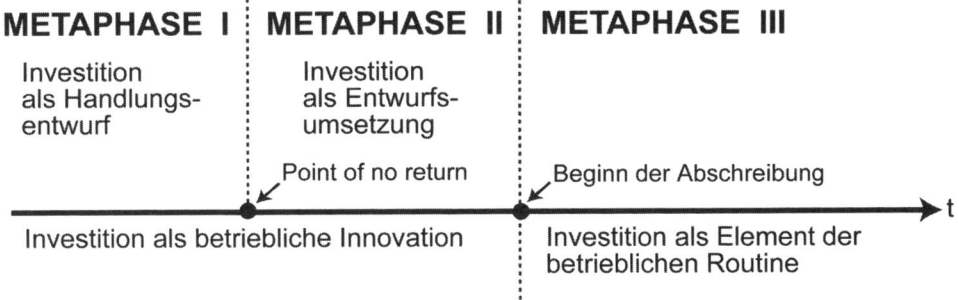

Abb. 2: Dreiphasenmodell des Investitionsprozesses

Entsprechend dieser Kategorisierung lassen sich drei Metaphasen des Investitionsprozesses benennen:

- die Investitionsplanung und -entscheidung, in der ein abgegrenztes betriebliches Handlungsmuster so weit physisch zu operationalisieren und als Kognition im Bewusstsein der Handlungträger festzusetzen ist, dass eine eigendynamische Umsetzung initiiert wird,
- die Investitionsumsetzung als physische und soziale Realisierung der intendierten Handlungsmuster mit dem Ziel, das betriebliche Leistungsangebot zu verändern und
- die Investitionsevaluation als Referenz für zukünftige Veränderungen.

Umreißt man den Investitionsprozess mit den Begriffen der Strategie und der Operationalisierung, so ist die Metaphase I vom Moment der Strategie bestimmt. In der Metaphase II wird die Strategie operationalisiert. Insofern enthält die Investition als betriebliche Innovation sowohl einen strategischen als auch einen spezifischen operativen Aspekt. In der dritten Metaphase mündet die Investition als Ergebnis in den allgemeinen operativen Handlungskanon des Unternehmens.

Von Investitionsprojekten spricht man erst in der Metaphase II. Hier können ein zeitlicher Anfang und ein Ende definiert werden. Das Investitionsbudget ist zu bestimmen und die Organisation kann festgesetzt werden. Damit greifen alle Instrumente des → Projektmanagements und des → Investitionscontrollings.

Hinweis

Zu den angrenzenden Wissensgebieten siehe → Ablauforganisation, → Aufbauorganisation, → Investitionscontrolling, → Investitionsrechnungen, dynamische, → Investitionsrechnungen, statische, → Investitionsrechnungen unter Unsicherheit, → Investitionswirtschaft, → Organisation, Grundlagen, → Projektmanagement, → Prozessmanagement, → Strategisches Management, → Unternehmensplanung.

Literatur: Heinen, E.: Grundlage der betriebswirtschaftlichen Entscheidung, 2. Auflage, Wiesbaden 1971; Jaspersen, T.: Investition, München/Wien 1997; Olfert, K.: Investition, 8. Auflage, Ludwigshafen/Rhein 2001; Witte, E.: Die Organisation komplexer Entscheidungsverläufe – ein Forschungsgebiet, in: ZfbF 20. Jg. 1968; Kroll, P.; Kruchten, P.: The Rational Unified Process Made Easy, Amsterdam 2003.

E-Mailadresse des Autors: thomas.jaspersen@fh-hannover.de

Investitionsrechnung, Methoden

zu den *Verfahren und Methoden der Investitionsrechnung* siehe u.a. → Amortisationsrechnung, dynamische, → Amortisationsrechnung, statische, → Annuität (Investitionsrechnung), → Barkapitalwertmethode, → Entscheidungsbauverfahren, → Gewinnvergleichsrechnung, → Korrekturverfahren, → Kostenvergleichsrechnung, → Sensitivitätsanalyse, → Sollzinssatzmethode.

Investitionsrechnungen unter Unsicherheit

Investitionsrechnungen (Investitionsentscheidungen) unter Unsicherheit

von o. Univ.-Professor Mag. Dr. Wolfgang Nadvornik und
Univ.-Ass. Mag. Dr. Tanja Schuschnig – Institut für Finanzmanagement
an der Alpen-Adria-Universität Klagenfurt

1. Investitionsrechnung als Basis der Investitionsentscheidung

Da Investitionen den Erfolg eines Unternehmens entscheidend beeinflussen, wird im Rahmen der Investitionsentscheidungsfindung regelmäßig die statische und/oder die dynamische Investitionsrechnung zum Einsatz kommen, die eine Beurteilung der Investition(-salternativen) auf Basis von monetären

Größen vornimmt. Bei Anwendung der klassischen Verfahren der Investitionsrechnung wird regelmäßig von der Prämisse der Sicherheit ausgegangen, d.h. die notwendigen Inputgrößen sind bekannt.

2. Das Unsicherheitsmoment

In der betriebswirtschaftlichen Praxis müssen Investitionsentscheidungen jedoch überwiegend unter Unsicherheit getroffen werden. Unsicherheit herrscht dann, wenn der Eintritt eines Ereignisses aufgrund der Komplexität und Dynamik des Unternehmens und seiner Umwelt nicht mit Gewissheit vorhergesagt werden kann. Unsicherheit kann bezüglich aller jeweils relevanten Inputgrößen bestehen, so z.B. hinsichtlich der mit der Investition zusammenhängenden Ein- und Auszahlungen, der Nutzungsdauer des Investitionsobjektes, des Kalkulationszinssatzes.

Die moderne → Entscheidungstheorie unterscheidet hinsichtlich der Unsicherheit zwei verschiedene Informationsstände: Ungewissheit und Risiko. Bei Ungewissheit sind die Wahrscheinlichkeiten für das Eintreten der relevanten Umweltzustände nicht bekannt. In einer Risikosituation hingegen sind dem Entscheidungsträger die Wahrscheinlichkeiten für das Eintreten möglicher Umweltzustände bekannt. Die Wahrscheinlichkeiten können sich entweder objektiv aus empirischen Häufigkeitsverteilungen der Ergebnisse gleichartiger Entscheidungssituationen ergeben oder subjektiv aus Erfahrungen und Vorstellungen des Entscheidungsträgers.

3. Die Berücksichtigung der Unsicherheit im Rahmen der Investitionsrechnung

Die Unsicherheit im Rahmen der Investitionsrechnung resultiert in erster Linie daraus, dass mit geschätzten Inputgrößen gearbeitet werden muss. Aber auch Fehler in der Datenerhebung oder -verarbeitung begründen Unsicherheit. Um die Unsicherheit bei Investitionsentscheidungen zu reduzieren, kann daher bereits bei der Informationsbeschaffung angesetzt werden.

Im Rahmen der Informationsverarbeitung kann bei Anwendung der Investitionsrechnung auf Verfahren zurückgegriffen werden, die auf unterschiedliche Weise versuchen, die Unsicherheit zu berücksichtigen:

(1) Das → Korrekturverfahren bezieht die Unsicherheit nach dem kaufmännischen Vorsichtsprinzip über prozentuelle Zu- oder Abschläge auf die relevanten geschätzten Rechengrößen in die Investitionsrechnung mit ein.

(2) Die → Sensitivitätsanalyse versucht, Zusammenhänge zwischen den Inputgrößen und den Outputgrößen der Investitionsrechnung darzustellen. Dadurch lässt sich einerseits feststellen, wie stark eine Inputgröße vom ursprünglichen Wert abweichen darf, ohne dass die Outputgröße einen vorgegebenen Wert unter- bzw. überschreitet (lokale Sensitivitätsanalyse). Andererseits wird die Sensitivitätsanalyse dazu eingesetzt, um zu ermitteln, wie stark sich die Outputgröße verändert, wenn eine oder mehrere Inputgrößen variiert werden (globale Sensitivitätsanalyse).

(3) Die Risikoanalyse (siehe auch → Risikocontrolling) berücksichtigt die Unsicherheit der Eingangsdaten, indem für das jeweilige Entscheidungskriterium eine Wahrscheinlichkeitsverteilung an die Stelle von festen Zahlenwerten tritt. Damit wird dem Umstand Rechnung getragen, dass den Eingangswerten aufgrund der Unsicherheit keine eindeutigen Werte zugeordnet werden können, sondern dass die Eingangswerte in Abhängigkeit vom jeweils eintretenden Umweltzustand unterschiedliche Ausprägungen annehmen können. Die Beurteilung des Investitionsobjektes erfolgt auf Basis des Erwartungswertes und der Standardabweichung der Verteilung der zu beurteilenden Zielgröße (z.B. → Kapitalwert).

(4) Das → Entscheidungsbaumverfahren findet bei mehrstufigen Investitionsentscheidungen unter Unsicherheit Anwendung. Hier müssen mehrere Investitionsentscheidungen zeitlich aufeinanderfolgend getroffen werden, wobei berücksichtigt werden muss, dass die zustandsabhängigen Folgeentscheidungen Einfluss auf die Vorteilhaftigkeit vorheriger Entscheidungen haben können. Es gilt, aus einer Vielzahl alternativer Entscheidungsfolgen die optimale herauszufiltern.

Hinweis

Zu den angrenzenden bzw. vertiefenden Wissensgebieten siehe u.a. → Bayes-Regel, → Bernoulli-Regel, → Entscheidungstheorie, → Erwartungswert-Standardabweichungs-Regel, → Hurwicz-Regel, → Investitionscontrolling, → Investitionsprozess, → Investitionsrechnungen, statische, → Investitionsrechnungen, dynamische, → Investitionswirtschaft, → Maximax-Regel, → Maximin-Regel, → Optimierungsmodelle, → Projektmanagement, → Prozessmanagement, → Risikocontrolling.

Literatur: Bamberg, G., Coenenberg, A.G.: Betriebswirtschaftliche Entscheidungslehre, 12. Auflage, München 2004; Blohm, H., Lüder, K.: Investition, Schwachstellenanalyse des Investitionsbereichs und Investitionsrechnung, 8. Auflage, München 1995; Drosse, V.: Investition, Intensivtraining, 2. Auflage, Wiesbaden 1999; Götze, U., Bloech, J.: Investitionsrechnung, Modelle und Analysen zur Beurteilung von Investitionsvorhaben, 4. Auflage, Berlin et al. 2004; Heinhold, M.: Investitionsrechnung, Studienbuch, 7. Auflage, München und Wien 1996; Kruschwitz, L.: Finanzierung und Investition, 4. Auflage, München und Wien 2004; Swoboda, P.: Investition und Finanzierung, Betriebswirtschaftslehre im Grundstudium der Wirtschaftswissenschaft, Band 3, 5. Auflage, Göttingen 1996.

Internetadressen: http://bundesbank.de; http://bmwi.de/; http://bmbf.de/; http://www.statisitk.at/; http://oenb.at; http://bmvit.gv.at/; http://bmwa.gv.at/; http://ihs.ac.at

Websites der Autoren: http://www.uni-klu.ac.at/fgk/html/nadvornik.html; http://www.uni-klu.ac.at/fgk/html/schuschnig.html

Investitionsrechnungen, dynamische

Dynamische Investitionsrechnungen (Investitionsentscheidungen)

von Professor Dr. Dominik Kramer
Fachhochschule Trier – Fachbereich Wirtschaft

1. Charakterisierung

Eine Investition ist durch Auszahlungen gekennzeichnet, die zukünftig einen Einzahlungsüberschuss erzeugen sollen (siehe auch → Investitionswirtschaft). Beispiele dafür sind Sachinvestitionen wie die Errichtung einer neuen Produktionsanlage sowie immaterielle Investitionen wie die Durchführung einer Werbekampagne, die langfristig das Image des Unternehmens steigern soll. Investitionen haben einen langfristigen Charakter und legen das Ressourcengefüge eines Unternehmens fest. Damit ergeben sich Interdependenzen zu den anderen betrieblichen Teilplänen, die ebenfalls langfristig das Unternehmen mitgestalten bzw. sich kurzfristig im Rahmen der gesetzten Ressourcen bewegen.

Investitionsrechnungen bereiten *Investitionsentscheidungen* vor (zur ganzheitlichen Sichtweise einer Investition siehe auch → Investitionsprozess sowie → Investitionscontrolling). Die *dynamische Investitionsrechnung* erfasst – im Gegensatz zu statischen Investitionsrechnungen (→ Investitionsrechnungen, statische) – den *zeitlich unterschiedlichen Anfall der Zahlungen*. Nicht-monetäre Unternehmensziele werden i.d.R. nicht berücksichtigt. Probleme, die aus der Unsicherheit der Zahlungen resultieren, werden im Folgenden nicht betrachtet (siehe dazu → Investitionsrechnungen unter Unsicherheit).

2. Fragestellungen

Den Investitionsentscheidungen können unterschiedliche Fragestellungen zugrunde liegen:
(1) Ist die Durchführung eines einzelnen Investitionsobjekts vorteilhaft?
(2) Welches von mehreren sich gegenseitig ausschließenden Investitionsobjekten soll realisiert werden (Auswahlentscheidung)?
(3) Welche von mehreren Investitionsobjekten sollen unter Berücksichtigung von Restriktionen durchgeführt werden (Bestimmung des Investitionsprogramms)?
(4) Wie lange soll ein Investitionsobjekt genutzt werden (optimale Nutzungsdauer)?

3. Prämissen

Wie schon Charakterisierung und Fragestellungen deutlich gemacht haben, handelt es sich bei Investitionsentscheidungen um komplexe Aufgaben. Vereinfachende Annahmen erleichtern die Beurteilung.

Die Annahmen beziehen sich zuerst auf die → Zahlungsreihe. Diese bildet die Nahtstelle zu anderen betrieblichen Teilbereichen. Soll beispielsweise die Zahlungsreihe für eine Produktionsanlage erstellt werden, so müssen Kenntnisse über die mit der Anlage zusammenhängenden Beschaffungs-, Produktions- und Absatzaktivitäten vorliegen. In Bezug auf die *Zahlungsreihe* gelten als Ausgangspunkt folgende *Prämissen*:

(1) Die Zahlungsreihe ist bekannt. Dies bedeutet insbesondere, dass eine simultane Planung der oben angesprochenen Teilbereiche nicht erfolgt.

(2) Die Zahlungsreihe kann einem Investitionsobjekt eindeutig zugerechnet werden. Hier ergeben sich in der betrieblichen Realität Probleme, wenn eine Investition nur im Zusammenspiel mit anderen Objekten einen Zahlungsfluss generiert; die Zurechenbarkeit zu den einzelnen Objekten ist dann nicht gegeben.

(3) Die Daten der Zahlungsreihe sind sicher.

(4) Die Nutzungsdauer – und damit die zeitliche Reichweite der Zahlungsreihe – ist gegeben und bekannt.

(5) Steuern werden nicht betrachtet.

Die Investition ist darüber hinaus eng mit der Finanzplanung (→ Finanzwirtschaft, betriebliche) verknüpft. Die Auszahlungen der Investitionen müssen finanziert werden, die aus den Investitionen resultierenden Einzahlungen stehen für anderweitige Anlagen zur Verfügung. Die daraus resultierenden Zahlungen werden auch als derivative Zahlungen bezeichnet und in den klassischen Partialmodellen der dynamischen Investitionsrechnung nicht direkt berücksichtigt.

Stattdessen wird (6) die *Prämisse* des → *vollkommenen Kapitalmarkts* eingeführt. Dieser ist durch keinerlei Beschränkungen bezüglich der Kapitalaufnahme bzw. -anlage und einen einheitlichen Kapitalmarktzins gekennzeichnet. Damit liegt ein eindeutiger → Kalkulationszinssatz vor.

4. Verfahren der dynamischen Investitionsrechnung

Die Verfahren der dynamischen Investitionsrechnung können in mehrere Gruppen eingeteilt werden. Die Gruppen sind jeweils dadurch gekennzeichnet, inwieweit sie auf den voranstehenden Prämissen aufbauen und welche der Fragestellungen durch sie beantwortet werden.

a) Klassische Partialmodelle

Die klassischen Partialmodelle bauen vollständig auf den vorher genannten Prämissen auf. Sie zielen auf die Beurteilung von Einzelinvestitionen sowie auf Auswahlentscheidungen ab und bedienen sich der Methoden der → Finanzmathematik. Die zu unterschiedlichen Zeitpunkten anfallenden Zahlungen einer Investition werden durch Diskontierung mit dem → Kalkulationszins vergleichbar gemacht.

An erster Stelle ist hier der → *Kapitalwert* als die Summe der auf den Anfangszeitpunkt abgezinsten Zahlungen zu nennen. Er entspricht dem Wert, den die Investition heute aus Sicht des Entscheiders darstellt.

Die → *Annuität* verteilt den Wert der Investition gleichmäßig auf ihre Nutzungsdauer und repräsentiert den Betrag, den ein Investor jedes Jahr aus der Investition entnehmen könnte.

Sind diese Kennziffern größer Null, ist eine Einzelinvestition vorteilhaft. Bei einer Auswahlentscheidung sollte die Investition mit der höchsten Kennziffer gewählt werden. Kapitalwert und Annuität führen zu gleichen Entscheidungen, sofern die Berechnung der Annuitäten auf einem identischen Planungszeitraum für alle Investitionen basiert. Beiden Verfahren liegt die zentrale Prämisse zugrunde, dass alle Finanztransaktionen zum Kalkulationszins erfolgen.

Bei der Methode des → *internen Zinses* (als eine Variante siehe auch → Baldwin-Zins) wird die Verzinsung einer Investition ermittelt. Hierzu wird der Kapitalwert gleich Null gesetzt und daraus der Zinssatz abgeleitet. Dem internen Zins liegt die wenig realitätsnahe Prämisse zugrunde, dass die Finanztransaktionen zum internen Zins selbst erfolgen. Eine Investition ist vorteilhaft, wenn ihr interner Zins größer als der Kapitalmarktzins ist. Bei Auswahlentscheidungen ist die Investition mit dem höchsten internen Zins zu realisieren, hierbei führen Kapitalwert und interner Zins – aufgrund der unterschiedlichen Verzinsungsprämissen – nicht immer zu identischen Entscheidungen.

Das Kriterium der *dynamischen Amortisationsdauer* (→ Amortisationsrechnung, dynamische) ermittelt den Zeitpunkt, zu dem die eingesetzten Mittel der Investition zurückerwirtschaftet werden. Dieses Kriterium soll dem Investor – entgegen der Prämisse der sicheren Daten – einen Einblick in die Risikostruktur einer Investition verschaffen, es stellt kein eigenständiges Entscheidungskriterium dar.

b) Erweiterungen

Die Erweiterungen der klassischen Partialmodelle gehen vom Kapitalwert aus und setzen u.a. an drei der genannten Prämissen an:

(1) Die Berücksichtigung von *Steuern* (vgl. Prämisse 5) wird über die Integration von Steuereffekten in Zahlungsreihe und Zinssatz möglich. Dabei zeigt sich, dass Steuern Einfluss auf die Investitionsentscheidung haben (→ Steuerparadoxon).

(2) Die *Nutzungsdauer* einer Investition (vgl. Prämisse 4) wird zum Gegenstand der Entscheidung (optimale Nutzungsdauer).

(3) Unterschiedliche *Soll- und Habenzinssätze* (vgl. Prämisse 6) werden bei der Berechnung des *Vermögensendwerts* berücksichtigt (siehe auch → Sollzinssatzmethode).

c) Der vollständige Finanzplan

Die klassischen Verfahren der Investitionsrechnung sind formelorientiert. Der *vollständige Finanzplan (VOFI)* hingegen ist tabellenorientiert aufgebaut. Zum einen kommt dem VOFI eine Erklärungsfunktion zu, er verdeutlicht die impliziten Prämissen der formelorientierten Verfahren. Zum anderen gewinnt der VOFI an Flexibilität gegenüber den formelorientierten Verfahren: Abweichend von der Prämisse 6 können z.B. unterschiedliche Finanzierungs- und Anlagemöglichkeiten bei der Investitionsentscheidung – soweit eine eindeutige Zuordnung zu dem Investitionsobjekt möglich ist – explizit berücksichtigt werden.

d) Simultane Ansätze der Investitionsrechnung

Die simultanen Ansätze zielen auf eine Planung des Investitionsprogramms ab. Erste einfache Ansätze liegen mit der → *Kapitalwertrate* sowie dem einperiodigen *Dean-Modell* vor. Umfangreichere simultane Modelle lassen sich häufig als lineare Programme formulieren und berücksichtigen Interdependenzen zu anderen Planungsbereichen. Beispielhaft sind hier zum einen die Modelle zur *simultanen Investitions- und Produktionsprogrammplanung* zu nennen: Die Zahlungsreihe geht nicht mehr als Vorgabe in das Modell ein (vgl. Prämissen 1 und 2), sondern ermittelt sich über eine detaillierte Planung des Produktions- und Absatzprogramms. Zum anderen liegen Modelle zur *simultanen Investitions- und Finanzplanung* vor, die – analog zum VOFI – Finanzierungs- und Anlagemöglichkeiten explizit berücksichtigen.

5. Abschließende Würdigung

Die voranstehenden Ausführungen haben die Instrumente der dynamischen Investitionsrechnung kurz charakterisiert. Die simultanen Ansätze gehen bei der Betrachtung ganzheitlich vor und kommen deshalb mit wenigen realitätseinschränkenden Prämissen aus. Dafür stellen sie bei der Modellformulierung sehr hohe Anforderungen an die Datenbasis und haben damit nur eingeschränkte praktische Relevanz. Der vollständige Finanzplan führt nur dann zu einer exakten Erfassung des Investitionsproblems, wenn die Zurechnung der Finanzierung zu einem Investitionsobjekt, wie z.B. im Fall einer Unternehmensgründung, möglich ist. *In der Praxis dominieren* deshalb die *klassischen Partialmodelle*. Unter Berücksichtigung der ihnen zugrunde liegenden Prämissen sind sie einfach zu handhaben.

Hinweis

Zu den angrenzenden bzw. vertiefenden Wissensgebieten siehe u.a. → Amortisationsrechnung, dynamische, → Finanzplanung, → Investitionscontrolling, → Investitionsprozess, → Investitionsrechnungen, statische, → Investitionsrechnungen unter Unsicherheit, → Investitionswirtschaft, → Lücke-Theorem, → Organisation, Grundlagen, → Projektmanagement, → Prozessmanagement, → Sollzinssatzmethode, → Strategisches Management, → Unternehmensplanung.

Literatur: Adam, D.: Investitionscontrolling, 3. Auflage, München, Wien 2000; Blohm, H., Lüder, K., Schaefer, C.: Investition, Schwachstellenanalyse des Investitionsbereichs und Investitionsrechnung, 9. Auflage, München 2006; Götze, U.: Investitionsrechnung, Modelle und Analysen zur Beurteilung von Investitionsvorhaben, 5. Auflage, Berlin u.a. 2006; Grob, H.L.: Einführung in die Investitionsrechnung,

Eine Fallstudiengeschichte, 5. Auflage, München 2006; Hering, T.: Investitionstheorie, 2. Auflage, München, Wien 2003; Perridon, L., Steiner, M.: Finanzwirtschaft der Unternehmung, 13. Auflage, München 2004; Schmidt, R.H., Terberger, E.: Grundzüge der Investitions- und Finanzierungstheorie, 4. Auflage, Wiesbaden 1997.

Internetadressen: http://www.docju.de/html/th_investition.htm, http://www.wiwiss.fu-berlin.de/kruschwitz/Ressourcen/InvRechner.htm, http://www.wi.uni-muenster.de/aw/forschen/vofi_spread sheets.html, http://www.controllerspielwiese.de/Inhalte/invest/invlist.htm

Website des Autors: http://www.fh-trier.de/~kramer

Investitionsrechnungen, statische

(1) *Charakterisierung und Methoden:* Zu den statischen Methoden gehören die → Gewinnvergleichsrechnung, die → Kostenvergleichsrechnung, die statische → Amortisationsrechung und die statische Rentabilitätsrechung. (a) Mit der → *Gewinnvergleichsrechnung* werden die erwarteten Gewinnbeiträge eines oder mehrerer Investitionsvorschläge ermittelt. Eine Investition ist vorteilhaft, wenn ihr durchschnittlicher Jahresgewinn nicht negativ ist. Von konkurrierenden Investitionsvorhaben ist die Investition mit dem höchsten Jahresgewinn vorzuziehen. (b) Sind die Erträge konkurrierender Investitionen gleich hoch oder entziehen sie sich der Ermittlung, hilft die → *Kostenvergleichsrechnung.* Von konkurrierenden Investitionsvorhaben ist die Investition mit den höchsten durchschnittlichen Jahreskosten vorzuziehen. Haben die Investitionsvorhaben unterschiedliche Kapazitäten, bezieht man die Jahreskosten auf die jeweilige Kapazität. (c) Die statische *Amortisationsdauer* (→ *Amortisationsrechnung, statische*) einer Investition ist die Zeitspanne, in der das für die Investition eingesetzte Kapital durch jährlich konstante Rückflüsse wieder gewonnen wird. Diese Kennziffer dient einer vereinfachten Abschätzung des Investitionsrisikos.

(2) *Interpretation und Würdigung:* Bei der statischen Rentabilitätsrechnung wird der erwartete Jahresgewinn einer Investition zum durchschnittlich gebundenen Kapital ins Verhältnis gesetzt. Die Investition ist vorteilhaft, wenn die errechnete Rentabilität größer ist als der → Kalkulationszinssatz. Von zwei oder mehreren einander ausschließenden Investitionsvorhaben ist die Investition mit der höchsten Rentabilität vorzuziehen. Bei Investitionsalternativen mit unterschiedlichen Anschaffungsauszahlungen und/oder unterschiedlichen Investitionsdauern ist die statische (wie auch die dynamische Rentabilitätsrechnung) nicht geeignet.

Im Gegensatz zu den dynamischen Methoden (→ *Investitionsrechnungen, dynamische*) wird bei allen statischen Methoden die Tatsache, dass die von der Investition ausgelösten Auszahlungen und Einzahlungen im Zeitablauf schwanken können, nicht beachtet. Man wählt aus den Jahren, in denen man das Investitionsvorgaben nutzen möchte, ein typisches Jahr aus und rechnet diesem Jahr durchschnittliche (typische/repräsentative) Erträge und Kosten zu. Die statischen Methoden sind einfacher zu handhaben als die dynamischen Methoden, sind diesen jedoch an Genauigkeit unterlegen. Sie sollten deshalb auf kleinere Erweiterungsinvestitionen und auf Ersatz- und Rationalisierungsinvestitionen beschränkt werden.

Siehe auch → Investitionscontrolling, → Investitionsprozess, → Investitionsrechnungen, dynamische bzw. unter Unsicherheit und → Investitionswirtschaft, jeweils mit Literaturangaben.

Literatur: Blohm, H./Lüder, K.: Investition, Schwachstellenanalyse des Investitionsbereichs und Investitionsrechnung, 8. Auflage, München 1995; Däumler, K. D.: Anwendungen von Investitionsrechnungsverfahren in der Praxis, 4. Auflage, Herne/Berlin 1996; Kruschwitz, L.: Investitionsrechnung, 10. Auflage, Berlin 2006; Olfert, K., Reichel, Ch.: Investition, 10. Auflage, Ludwigshafen/Rhein 2006; ter Horst, K.: Investition, Stuttgart/Berlin/Köln 2001.

Investitionsrisikogarantie

(IRG, Schweiz), siehe → Exportrisikogarantie (ERG) und Investitionsrisikogarantie (IRG), Schweiz.

Investitionsrücklage

siehe → Ansparabschreibung.

Investitionswirtschaft

Investitionswirtschaft

von Professor Klaus W. ter Horst

Fachhochschule Bonn-Rhein-Sieg – Fachbereich Wirtschaft

1. Charakterisierung

Die Investitionswirtschaft umfasst alle Aufgaben zur Vorbereitung, Entscheidung, Durchführung und Kontrolle zielgerichteter Investitionsentscheidungen. Die Abgrenzung zum → Investitionscontrolling ist fließend.

2. Investition, Investitionsarten

In der Betriebswirtschaftslehre dominiert ein weit gefasster Investitionsbegriff, der den finanziellen Aspekt des → Investitionsprozesses in den Vordergrund stellt: Investition ist der zukunftsorientierte Einsatz finanzieller Mittel für Güter, die zur Erfüllung bestimmter Ziele genutzt werden sollen. Kurz: Investition ist zielorientierte Bindung von Kapital.

Als ergänzendes Gegenstück passt dazu folgende Definition des Begriffs Finanzierung: Finanzierung ist die zielgerichtete Beschaffung von Kapital (siehe auch → Finanzwirtschaft, Betriebliche). In der Betriebswirtschaftslehre bilden Investition und Finanzierung gemeinsam den Gegenstandsbereich der betrieblichen Finanzwirtschaft.

Die Abbildungen 1 und 2 gliedern die Investitionen nach Gütergruppen und nach dem dominierenden Investitionsmotiv. In der Praxis lassen sich die konkreten Investitionsvorhaben nicht immer einem einzigen Feld zuordnen. Beispielsweise gibt es Investitionen, in denen verschiedene Motive (Erweiterung, Rationalisierung) und Güterkategorien (Aufbau eines Produktionssystems und Produktentwicklung) zusammenwirken.

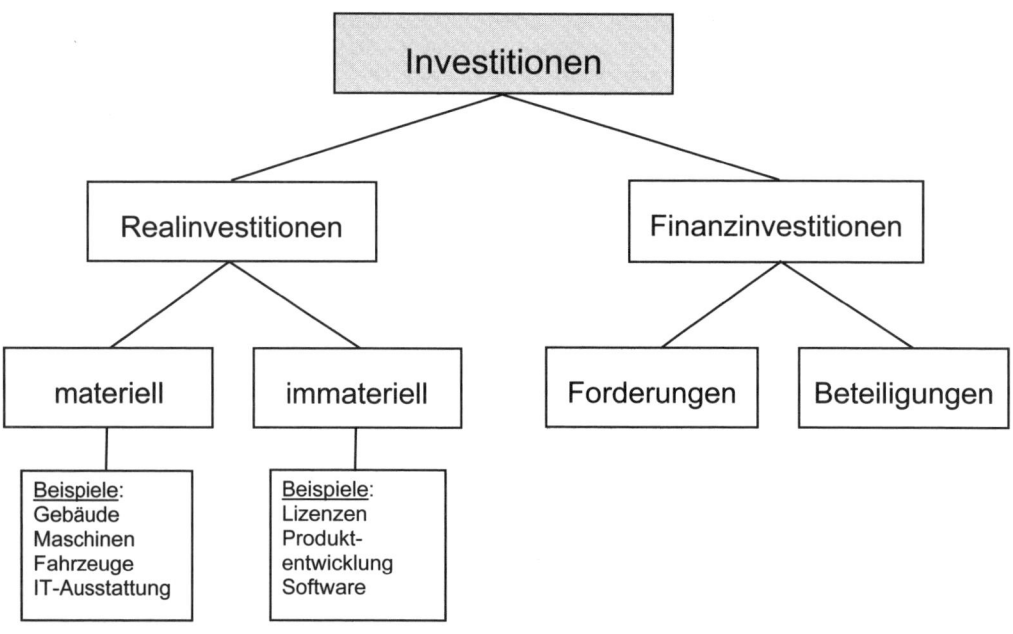

Abb. 1: Investitionsarten nach Gütergruppen

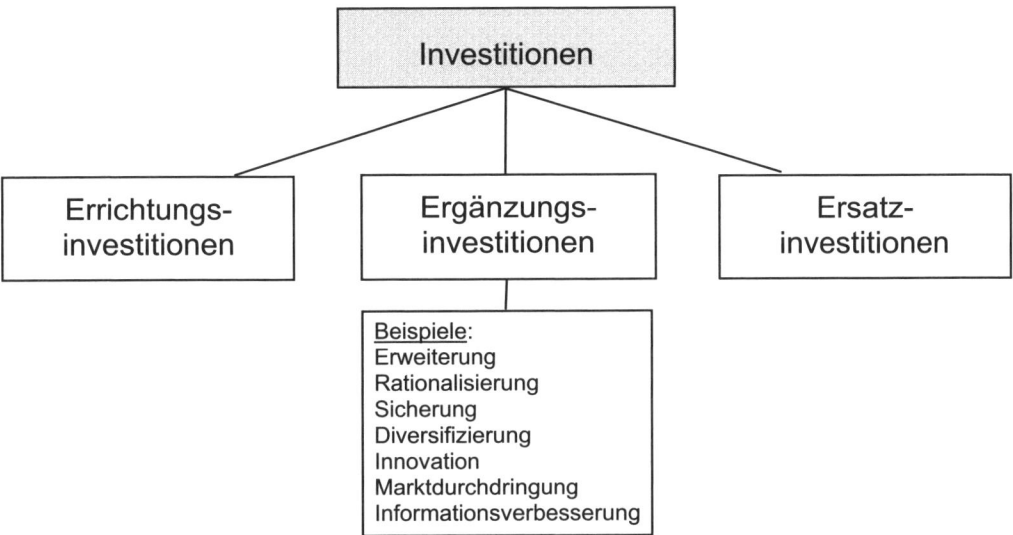

Abb. 2: Investitionsarten nach dem dominierenden Investitionsmotiv

3. Investitionsentscheidungen

Mit Investitionsentscheidungen werden begrenzt verfügbare Finanzmittel langfristig an bestimmte Zwecke gebunden und damit anderen Verwendungen entzogen. Zum Zeitpunkt der Entscheidung ist es schwer, den Erfolg für die gesamte Nutzungsdauer einer Investition einzuschätzen. Ob die gesetzten Ziele erreicht und die eingesetzten Gelder in überschaubarer Zeitspanne zurück gewonnen werden, ist ungewiss. Nachträgliche Korrekturen und Anpassungen an veränderte Rahmenbedingungen (Märkte, Produkt- und Verfahrenstechnologien, Standortfaktoren usw.) sind i.d.R. schwierig und teurer. Trotz der Risiken muss die Unternehmung jedoch Spielräume, die sich in dynamischen und international geöffneten Märkten ergeben, mit innovativen Investitionen nutzen, um wettbewerbsfähig zu bleiben und die Rentabilität nachhaltig zu sichern.

Um die Chancen zu nutzen und die Risiken zu begrenzen, ist es notwendig,

- die strategisch notwendigen Investitionen vorausschauend zu identifizieren,
- die Investitionsvorschläge auf der Basis langfristiger Prognosen sorgfältig zu planen,
- die Investitionsentscheidungen auf die langfristigen Unternehmensziele, insbesondere die Stärkung der Wettbewerbsfähigkeit, auszurichten,
- die von den Investitionen bewirkten Auszahlungen und Einzahlungen zu prognostizieren und die Finanzierung und die Liquiditätsplanung darauf einzustellen,
- auf während der Planungs- und Entscheidungsprozesse eintretende Veränderungen der Rahmenbedingungen zu reagieren (Prämissenkontrolle),
- die Potenziale so flexibel zu gestalten, dass Anpassungen nach erfolgter Investitionsentscheidung ohne größere Probleme möglich sind.

4. Teilaufgaben der Investitionswirtschaft

Abb. 3 fasst die Teilaufgaben der Investitionswirtschaft in einer Prozessstruktur zusammen (→ Investitionsprozess).

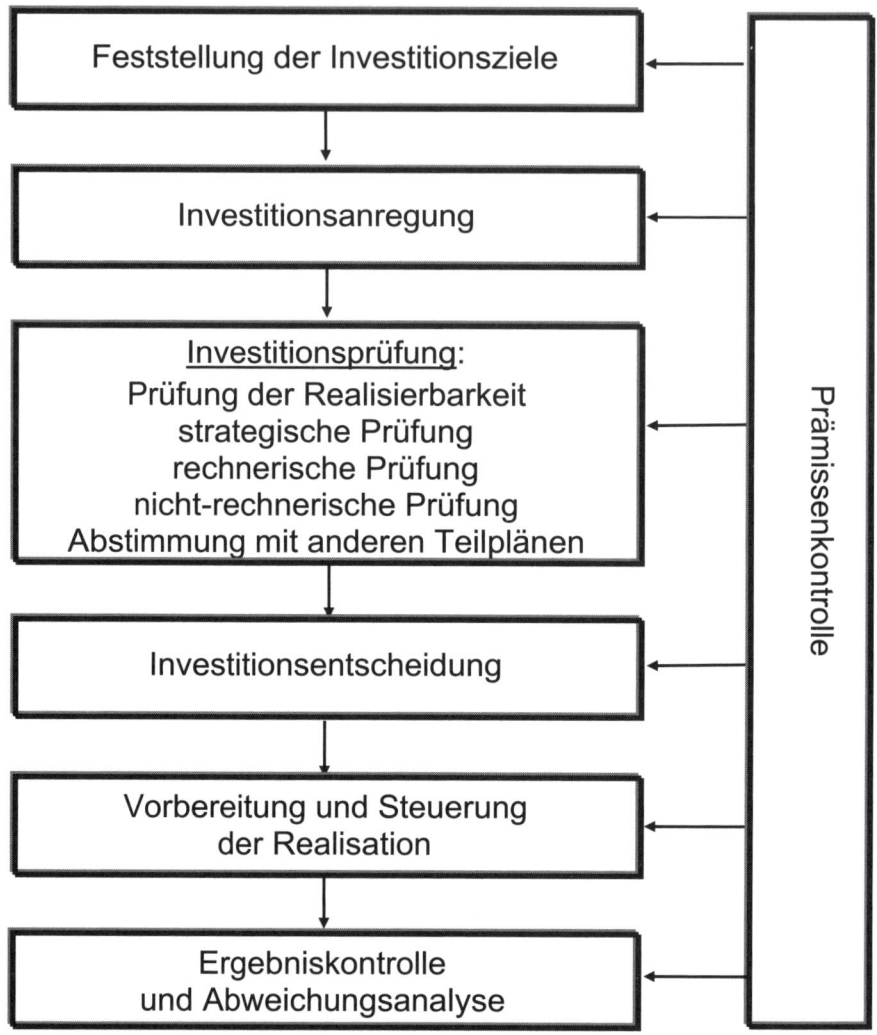

Abb. 3: Aufgaben der Investitionswirtschaft im Phasenmodell

a) Investitionsziele: Die Investitionsziele steuern den gesamten Prozess. Sie sind aus den strategischen Unternehmenszielen abzuleiten und für das konkrete Vorhaben zu operationalisieren.

b) Investitionsanregung: Die Organisation der Investitionsanregung soll sicherstellen, dass strategisch notwendige Investitionen rechtzeitig erkannt und eingeleitet, dass aber auch Erkenntnisse im operativen Prozess für Verbesserungsvorschläge genutzt werden.

c) Investitionsprüfung: Die Investitionsprüfung bildet den Schwerpunkt der Investitionswirtschaft in der Betriebswirtschaftslehre. Umfassend erörtert werden die statischen und dynamischen Verfahren der Investitionsrechnung bei sicheren und unsicheren Erwartungen sowie die Nutzwertanalyse. Um die Wirkungen geplanter Investitionen ganzheitlich zu werten, bietet sich darüber hinaus die die Methodik der → Balanced Scorecard an (Einzelheiten siehe → Investitionscontrolling).

d) Investitionsentscheidung: Die Investitionsentscheidung hat die folgende Struktur: Die bei der Investitionsanregung entdeckten Investitionsmöglichkeiten werden auf Vollständigkeit geprüft, systematisch aufbereitet und beschrieben. Die Ziele werden präzisiert und gewichtet. Dann werden prognostische, d.h. unsichere, Informationen über die erwarteten Investitionsfolgen (Chancen, Risiken, Gewinne, Amortisationszeiten, Liquiditätsfolgen usw.) ermittelt. Auf diese Weise sollen die Investitionsmöglichkeiten verglichen, gewertet und in eine Rangfolge gebracht werden, so dass schließlich eine Entscheidung möglich ist.

Derart modellhaft und rational läuft der Entscheidungsprozess in der Praxis aber nicht ab. Denn die Informationen über Ziele, Handlungsalternativen und Investitionsfolgen sind in der Regel unvollständig und ungewiss. Es bleiben Spielräume für subjektive Schätzungen, Interpretationen und Wertungen. Die Entscheidungsträger machen sich ein Bild von der Realität, das nicht nur von den Fakten und objektiv überprüfbaren Daten geprägt ist, sondern auch von subjektiven Denkmustern, Projektionen und Erfahrungen.

In komplexen Entscheidungssituationen ist es schwierig, alle Informationen simultan zu verarbeiten und auszuwerten. Man wehrt sich gegen die Komplexität durch gefilterte Wahrnehmung. Aspekte, die im Moment wichtig erscheinen, rücken in den Vordergrund, andere, ggf. wichtigere, Einflussfaktoren werden unbewusst unterdrückt. Vor allem so genannte Neben- und Spätwirkungen der Investitionen können dabei vernachlässigt oder verzerrt wahrgenommen werden.

Weil nicht alle Informationen zugleich zu bewältigen sind, geht man im Entscheidungsprozess schrittweise vor: Zunächst entwickelt man Vorstellungen, welchen Ansprüchen, gemessen an den verfolgten Zielen, die Investition genügen soll. Z.B. legt man eine maximale Amortisationsdauer oder einen Mindestgewinn fest. Daraufhin begibt man sich auf die Suche nach einer Investitionsmöglichkeit, die den Ansprüchen gerecht wird. Ist man bei der Suche erfolgreich, gibt man sich zufrieden oder, falls noch Zeit ist, hebt man die Ansprüche auf ein höheres Niveau und sucht weiter. Ist keine befriedigende Lösung in Sicht, gibt man die Suche entweder auf oder man senkt die Ansprüche. Hat man auf diesem Weg eine Investitionsvariante gefunden, die allen Ansprüchen genügt, akzeptiert man sie.

Wird die Entscheidung in einem Gremium gefällt, kommen folgende Aspekte hinzu: Die Ziele der einzelnen Gruppenmitglieder bleiben teilweise verborgen. Hinter scheinbar rationalen Argumenten können sich persönliche Interessen verstecken. Individuelle Neigungen, Stimmungen, unterschiedliche Erfahrungen und Denkweisen kommen ins Spiel. Großen Einfluss haben auch die Machtstruktur in der Gruppe und die Überzeugungskraft einzelner Gruppenmitglieder.

e) Vorbereitung und Steuerung der Realisation: Hierfür nutzt die Investitionswirtschaft das → Projektmanagement und das Projektcontrolling.

f) Prämissenkontrolle: Die Prämissenkontrolle begleitet alle Stufen des Planungsprozesses. Sie soll sicherstellen, dass die Annahmen über strategische Absichten, Rahmenbedingungen, Prognosedaten usw., die zu Beginn oder während des Planungsprozesses gesetzt wurden, laufend überwacht und ggf. aktualisiert werden. Weil die rechtlichen, technischen, ökologischen, personalen und wirtschaftlichen Fragen, die eine Investition aufwirft, immer schwieriger und komplexer werden, braucht man für Investitionsplanungen zunehmend mehr Zeit. Derweil können sich die Umfeldbedingungen, unter denen das Unternehmen operiert, deutlich verändern. Ohne die laufende Kontrolle dieser Bedingungen läuft man Gefahr, Lösungen zu entwickeln, die nicht mehr zum aktuellen Problem passen.

g) Ergebnis- oder Erfolgskontrolle: Sie soll die Frage beantworten, inwieweit man die verfolgten Ziele tatsächlich erreicht hat, warum Soll-Ist-Abweichungen entstanden sind und welche nachsteuernden Maßnahmen sinnvoll sind.

5. Kompetenzverteilung

Die Kompetenzen der Investitionswirtschaft können, vor allem in großen Unternehmen, auf die verschiedenen Unternehmensbereiche und Hierarchiestufen verteilt sein. Ersatzinvestitionen und kleinere Anpassungsinvestitionen werden in der Regel dezentral, Investitionen mit strategischer Bedeutung und abteilungsübergreifenden Wirkungen müssen zentral gemanagt werden (→ Investitionscontrolling).

Hinweise

- Zu den *angrenzenden Wissensgebieten* siehe → Balanced Scorecard, → Entscheidungstheorie, → Investitionsrechnungen, statische, → Investitionsrechnungen, dynamische sowie → Investitionsrechnungen unter Unsicherheit, → Investitionsprozess und → Investitionscontrolling, → Projektmanagement, → Prozessmanagement.

- Zu den *Verfahren und Methoden der Investitionsrechnung* siehe u.a. → Amortisationsrechnung, dynamische, → Amortisationsrechnung, statische, → Annuität (Investitionsrechnung), → Barkapitalwertmethode, → Entscheidungsbauverfahren, → Gewinnvergleichsrechnung, → Korrekturverfahren, → Kostenvergleichsrechnung, → Sensitivitätsanalyse, → Sollzinssatzmethode.

Literatur: Blohm, H., Lüder, K., Schaefer, Ch.: Investition, Schwachstellenanalyse des Investitionsbereichs und Investitionsrechnung, 9. Auflage, München 2006; Däumler, K.D.: Anwendungen von Investitionsrechnungsverfahren in der Praxis, 4. Auflage, Herne und Berlin 1996; Jaspersen, Th.: Investition, München und Wien 1997; Krause, M.: Software-Engineering, in Disterer, G., Fels, F., Hausotter, A. (Hrsg.): Taschenbuch der Wirtschaftsinformatik, 2. Auflage, München und Wien 2003; Kruschwitz, L.: Investitionsrechnung, 10. Auflage, Berlin 2006; Olfert, K., Reichel, Ch.: Investition, 10. Auflage, Ludwigshafen/Rhein 2006; Perridon, L., Steiner, M.: Finanzwirtschaft der Unternehmung, 13. Auflage, München 2004; Schneeweiß, Chr.: Kostenwirksamkeitsanalyse, Nutzwertanalyse München/Frankfurt 1990, S. 13-18; ter Horst, K.W.: Investition, Stuttgart, Berlin und Köln 2001.

Website des Autors: www.fb01.fh-brs.de/terhorst.html

Investment Center
dezentrale Organisationsform, die mit der häufiger zu findenden Profit Center Organisation vergleichbar ist, sich aber dadurch unterscheidet, dass der Investment Center Leiter eine weitergehende Entscheidungskompetenz besitzt, da er auch Investitions- und Finanzierungsentscheidungen trifft.
Einzelheiten und Literaturangaben siehe → Profit Center Organisation, Kap.3.

Investmentregel, lineare
siehe → lineare Investmentregel.

Investor Relations
ist als Unternehmensfunktion die Schnittstelle zwischen dem Kapitalmarkt und der börsennotierten → Aktiengesellschaft für deren Information und Kommunikation. Die börsennotierte Aktiengesellschaft will damit insbesondere Transparenz über das Unternehmen schaffen, das Vertrauen von → Aktionären und Investoren stärken und den Aktienkurs stabilisieren.
Internetadresse: (Deutscher Investor Relations Kreis e.V.) http://www.dirk.org

Involvement
ist ein psychischer Zustand, der durch zwei Dimensionen gekennzeichnet werden kann: *Aktivierung* und *Ausrichtung*. Durch die Aktivierung wird die Intensität des Involvements bestimmt. Hohes Involvement geht mit einer intensiven inneren Erregung einher, die verschiedene Aktivitäten stimuliert, z.B. Informationssuche, aufmerksame Beobachtungen und Beurteilungen. Durch die Ausrichtung wird das Involvement auf ein Objekt gerichtet, z.B. auf eine Werbebotschaft, eine Marke oder ein Medium. → Werbewirkungen hängen stark vom Involvement ab.
Siehe auch → Konsumentenverhalten und → Werbung, jeweils mit Literaturangaben.

InWEnt
Abk. für Internationale Weiterbildung und Entwicklung gGmbH. InWEnt steht für Personal- und Organisationsentwicklung in der internationalen Zusammenarbeit, Programme für Fach- und Führungskräfte aus der Bundesrepublik *Deutschland* und *anderen Industrieländern* sowie Fach- und Führungskräfte aus Entwicklungsländern.
Siehe auch → Auslandsstudium, Institutionen, Stipendien und Auslandspraktika (mit Internetadressen und Literaturangabe).
Internetadresse: Weitere Informationen über die Zielgruppe, Zielländer, Teilnahmevoraussetzungen, Programmablauf, Finanzierung, Leistungen, Bewerbungstermine und Auswahl sind erhältlich unter www.inwent.org

IP

Abk. für Integer Programmierung, umfasst gemischt-ganzzahlige Optimierungsmodelle (IP-Modelle) und deren Lösungsverfahren. Siehe auch → LP-Preprocessing von LP-/IP-Modellen und → Branch-and-Bound Algorithmen zur Lösung von IP-Modellen.

IP-Modelle

(*gemischt-ganzzahlige Optimierungsmodelle*), siehe → LP-Preprocessing von LP-/IP-Modellen und Branch-and-Bound Algorithmen zur Lösung von IP-Modellen.

IPO

Abk. für *Intended Public Offer* oder *Initial Public Offering* (Börsengang, Börseneinführung), siehe auch → Going Public.

IP-Preprocessing

(*Supernode Processing*). Das IP-Preprocessing wird nach dem Lösen einer → *LP-Relaxation* ausgeführt. Die wichtigsten Techniken zur Verschärfung der LP-Relaxation sind: (1) Logische Tests und Probing über alle 0-1-Variablen, Fixierung von 0-1-Variablen, (2) Schrankenreduktion aller Variablen und Koeffizientenreduktionen für 0-1-Variablen, (3) Ableitung von → *Cuts* zur Verschärfung der LP-Relaxation. Manchmal können tausende von Cuts abgeleitet werden. In diesem Fall steigt zwar der Optimierungsaufwand für die einzelnen LPs, jedoch wird durch die Cuts die Anzahl der zu lösenden LPs im Branch-and-Bound/Cut im Regelfall stark reduziert.
Siehe auch → Optimierung, Grundlagen und → Optimierungsmodelle, mathematische, jeweils mit Literaturangaben..

IPR

Gebräuchliche Abkürzung für das → Internationale Privatrecht.

IrDA

Abk. für Infrared Data Association, bezeichnet insbesondere den von dieser Organisation verabschiedeten Standard IrDA DATA zur → *Infrarotübertragung* von Daten.

IRG

(Schweiz), Abk. für → Investitionsrisikogarantie, Schweiz; siehe → Exportrisikogarantie (ERG) und Investitionsrisikogarantie (IRG), Schweiz.

IRR

Abk. für → Internal rate of return.

Irrtumsrisiko

(Versicherungswirtschaft), siehe → Risiko, versicherungstechnisches.

ISIN

Abk. für *International Securities Identifikation Number* (Internationale → Wertpapierkennnummer).

ISK

ISO-Code für Isländische Krone.

ISO

Abk. für *International Organization for Standardization* (Internationale Organisation für Normung).

ISO 14001

Abk. für die internationale Norm ISO 14001:2004 Umweltmanagementsysteme – Anforderungen mit Anleitung zur Anwendung, CEN, Brüssel (deutsch: Beuth Verlag, Berlin).

Literatur: BUND/MISEREOR (Hrsg.) (1996) Zukunftsfähiges Deutschland, Studie des Wuppertal Instituts, Birkhäuser Verlag, Basel/Boston/Berlin; UMWELTBUNDESAMT (Hrsg.) (2002) Nachhaltige Entwicklung in Deutschland, Erich Schmidt Verlag, Berlin.

ISO 9000 ff

stellt ein weltweit verbreitetes Qualitätsmanagementsystem dar, welches branchenübergreifend eingesetzt wird. Die neueste Fassung ISO 9000:2000 umfasst die ISO 9001 sowie die ISO 9004.
Literatur: Wannenwetsch H. (Hrsg.):Integrierte Materialwirtschaft und Logistik, 3. Auflage, Berlin-Heidelberg 2006.

ISO 9000:2000

(*ISO Referenzmodell* und die „*Qualität-Normenfamilie*" DIN EN ISO 9000ff:2000).
1. Charakterisierung: Die ISO 9000ff:1994 umfasste die Nummern 9000 bis 9004 und definierte in der ISO 8402 die Begriffe. Die ISO 9000ff:2000 beinhaltet nur noch die Normen 9000, 9001 und 9004. Während in der ISO 9000:2000 die Begriffe definiert und in der ISO 9004:2000: „Qualitätsmanagementsysteme Leitfaden zur Leistungsverbesserung", Hinweise über Umsetzungsmöglichkeiten geliefert werden, sind in der ISO 9001:2000 die Anforderungen an ein *QMS* im Sinne eines Prozessmodells/Referenzmodells dargestellt und erläutert. Die Darlegungsnorm ISO 9001:2000 ersetzt die ISO 9001-9003 in der Fassung von 1994.
Die ISO 9000ff:2000 definiert den Begriff QM wie folgt: „Aufeinander abgestimmte Tätigkeiten zum Leiten und Lenken einer Organisation bezüglich Qualität.Anmerkung: Leiten und Lenken bezüglich der Qualität umfassen üblicherweise das Festlegen der *Qualitätspolitik* und der *Qualitätsziele*, die Qualitätsplanung, die Qualitätslenkung, die *Qualitätssicherung* und die Qualitätsverbesserung."
Gegenüber den 20 Elementen der ISO 9001:1994, gliedert sich das prozessorientierte Qualitätsmanagementsystem der ISO 9001:2000 nun in vier Abschnitte: (1) Verantwortung der Leitung, (2) Management von Ressourcen, (3) Produktrealisierung, (4) Messung, Analyse und Verbesserung.
2. Verfahren: Die Bewertung des *QMS* erfolgt im Rahmen von internen und/oder externen *Audits* durch *Auditoren*. Dabei werden zunächst die schriftlichen Unterlagen (*Qualitätsmanagement-Handbuch* mit Verfahrensanweisungen, usw.) analysiert. Im Rahmen einer Vor-Ort-Begehung wird das Ergebnis überprüft und die Unterlagen – falls notwendig – ergänzt.
Bei der Bewertung der Prozesse wird vor allem gefragt, ob die Prozesse dokumentiert und vorhanden sind. (Beim Assessment nach dem *EFQM*-Modell wird viel stärker auf die Systematik der Prozessermittlung, die Verbesserung der Prozesse und die dazu verwendeten Kriterien eingegangen.)
Verläuft das externe *Audit* durch eine Zertifizierungsgesellschaft positiv, erhält das Unternehmen ein Zertifikat. Dieses hat eine Gültigkeit von drei Jahren, wird aber jedes Jahr – im Rahmen eines Überwachungsaudits – auf seine Gültigkeit hin überprüft. Nach drei Jahren erfolgt das *Rezertifizierungsaudit.* Danach hat das Zertifikat weitere drei Jahre – mit den entsprechenden Überwachungsaudits – Gültigkeit. Dieser Zyklus wiederholt sich alle drei Jahre.
Zertifizierungsgesellschaften werden – nach einem feststehenden Antragsverfahren – von der Trägergemeinschaft für Akkreditierung (TGA) in Frankfurt berufen (akkreditiert). Sie müssen in bestimmten Zyklen ihre eigene Befähigung nachweisen. Dies geschieht z.B. im Rahmen eines *Witnessaudits* (Überwachung der akkreditieren Zertifizierungsgesellschaft), bei dem ein Mitarbeiter der TGA, bei einem von der Zertifizierungsgesellschaft durchgeführten *Audit*, eine Vor-Ort-Überprüfung durchführt.
Siehe auch → Qualitätsmanagement und → Qualitätscontrolling, jeweils (mit Literaturangaben).
Literatur: Kamiske Gerd F./Brauer Jörg-Peter: Qualitätsmanagement von A bis Z, 5. aktualisierte Auflage, 2006 Karl Hanser Verlag, München/Wien; DIN ISO 10011-1:1990; DIN ISO 10011-2:1991; DIN ISO 10011-3:1991; DIN EN ISO 9001:2000; DIN EN ISO 9004:2000; DIN EN ISO 9000:2000; DIN EN ISO 19011:2002
Internetadresse: http://www.hvbg.de/d/bgp/qm/qm4.html, http:///hausarbeiten.de/faecher/vorschau/34218.html

ISO Referenzmodell
siehe → ISO:2000.

ISO TS 16949

Als Ergebnis globaler Harmonisierungsbemühungen wurde mit der Technischen Spezifikation TS 16949 ein weltweit anerkannter technischer Standard erarbeitet, der einheitliche Maßstäbe für Qualitätsmanagementsysteme in der Automobilindustrie setzt. Die ISO TS 16949 vereint dabei alle bisher existierenden Forderungen der amerikanischen und europäischen Automobilindustrie wie z.B. QS 9000, VDA 6.1, AVSQ, EAQF, ISO 9001

Literatur: Wannenwetsch H. (Hrsg.): Vernetztes Supply Chain Management, Berlin/Heidelberg 2005

Isokostenkurve

Kurve aller Wertekombinationen (x_1, x_2) der unabhängigen → Variablen einer → Kostenfunktion $K = K(x_1, x_2)$ zweier Variabler, für die K einen festen Wert c annimmt.
Siehe auch → Wirtschaftsmathematik (mit Literaturangaben).

Isoquante

bezeichnet den geometrischen Ort aller Faktorkombinationen (→ Produktionsfaktoren), die zur Ausbringung gleicher Höhe führen. Da → Produktionsfaktoren effizient gegeneinander substituiert werden (→ *Substitutionalität*), wenn der Mehreinsatz eines Faktors durch den Mindereinsatz anderer Faktoren kompensiert wird, muss eine effiziente Isoquante *fallend* verlaufen. Die zwei Kombinationen A und B der beiden → Produktionsfaktoren (r_1 und r_2) liegen auf einer effizienten Isoquante, weil diese negativ steigt bzw. weil ihre → *GFS* < 0 ist.

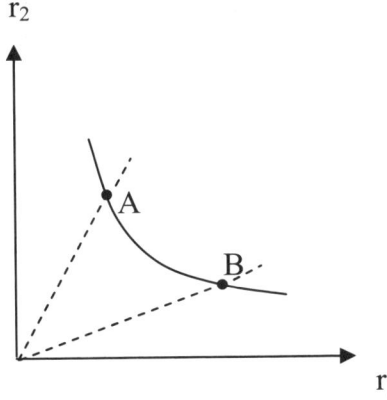

Siehe auch → Produktions- und Kostentheorie (mit Literaturangaben).

Isoquante

Kurve aller Wertekombinationen (r_1, r_2) der unabhängigen → Variablen einer → Produktionsfunktion $x = x(r_1, r_2)$ zweier Variabler, für die x einen festen Wert c annimmt.
Siehe auch → Wirtschaftsmathematik (mit Literaturangaben).

Issue-Analyse

Die Issue-Analyse ist eine Methode der *strategischen Frühaufklärung* und zielt auf eine möglichst rechtzeitige Identifikation und systematische Bewertung so genannter „Schlüsselgrößen" (*Key-Issues*), die auf die zukünftige Entwicklung und den Fortbestand einer Unternehmung einen entscheidenden Einfluss ausüben könnten. Insbesondere zielt diese Analyse darauf, potenzielle → Anspruchsgruppen und deren Forderungen zu identifizieren sowie die Entwicklung und Verbreitung dieser Forderungen in der Gesellschaft zu prognostizieren. Dadurch kann die Betroffenheit des ganzen Unternehmens oder von Unternehmensteilen von aktuell diskutierten Themen (→ Ökologie-Push), insbesondere aber von potenziellen Zukunftsthemen, rechtzeitig erkannt werden.

Istanalyse

Anwendungsbeispiel → *Prozessmanagement*: Im Rahmen der Istmodellierung und Istanalyse wird der aktuelle Stand der Prozesse erfasst. Die *Istmodellierung* dient nicht nur der Bestandsaufnahme, sondern hat auch den Zweck, das Projektteam und die Mitglieder der Fachabteilungen, die dem Projektteam angehören, mit den Methoden und Werkzeugen der Modellierung vertraut zu machen. Durch die *Istanalyse* werden vorhandene Schwachstellen aufgezeigt und Verbesserungspotenziale beschrieben.

Ist-Kosten / Ist-Gemeinkosten

tatsächlicher Kostenwert nach Kostenart bzw. Kostenstelle bezogen auf die jeweilige Abrechnungsperiode. Siehe auch → Kostenstellenrechnung.

Istmodellierung

Anwendungsbeispiel → *Prozessmanagement*: Im Rahmen der Istmodellierung und Istanalyse wird der aktuelle Stand der Prozesse erfasst. Die *Istmodellierung* dient nicht nur der Bestandsaufnahme, sondern hat auch den Zweck, das Projektteam und die Mitglieder der Fachabteilungen, die dem Projektteam angehören, mit den Methoden und Werkzeugen der Modellierung vertraut zu machen. Durch die *Istanalyse* werden vorhandene Schwachstellen aufgezeigt und Verbesserungspotenziale beschrieben. Siehe auch → Sollmodellierung.

IT

Abk. für Information Technology.

Iterationsverfahren

Verfahren der → Innerbetriebliche Leistungsverrechnung (IBLV), das eine Kombination aus Anbau- und Gleichungssystemverfahren darstellt. Es werden zunächst für jede → Hilfskostenstelle die Ausgangsgleichungen des Gleichungssystemverfahrens aufgestellt. In diese werden die nach dem Anbauverfahren – d.h. ohne Berücksichtigung der IBLV ermittelten – Verrechnungssätze der Hilfskostenstellen für die Bemessung der empfangenen Leistungen eingesetzt. Die derart ermittelten Lösungen werden als neuerliche Ausgangswerte wiederum in die Gleichungen eingesetzt, weitere Lösungen generiert, usw. Bereits nach wenigen Durchgängen können insoweit akzeptable Näherungswerte für die Verrechnungssätze der Hilfskostenstellen ermittelt werden.

Das Iterationsverfahren hat mittlerweile an praktischer Bedeutung verloren, da sich die Verrechnungssätze der Hilfskostenstellen mittels des Einsatzes gängiger EDV-Programme auch über das Gleichungssystemverfahren unschwer ermitteln lassen.

Siehe auch → Kostenstellenrechnung (mit Literaturangaben).

Iterativer Prozess

siehe → Investitionsprozess.

Ius abusus

umfasst das Recht, Form und Substanz eines Gutes zu ändern; siehe auch → Verfügungsrechte (Property Rights).

Ius successionis

umfasst das Recht, ein Gut einschließlich der daran bestehenden Verfügungsrechte ganz oder teilweise Dritten zu überlassen; siehe auch → Verfügungsrechte (Property Rights).

Ius usus fructus

umfasst das Recht, die Erträge eines Gutes einzubehalten; siehe auch → Verfügungsrechte (Property Rights).

Ius usus
umfasst das Recht, ein Gut zu nutzen; siehe auch → Verfügungsrechte (Property Rights).

IVR
Abk. für → Interactive Voice Response, d.h. eine telefonische Schnittstelle zum Computersystem, die eine Kommunikations- bzw. Informationseingabe per Stimme ermöglicht.

IVW
Abk. für → Informationsgemeinschaft zur Feststellung der Verbreitung von Werbeträgern e.V.

IWF
Abk. für → Internationaler Währungsfonds.

J

Jahresabschluss
(Konzern), siehe → Konzernabschluss (mit Literaturangaben).

Jahresabschluss, deutsches Recht

Jahresabschluss nach deutschem Recht

von Professor Dr. Wolfgang Hufnagel, Fachhochschule Münster
und Professor Dr. Wolfram Holdt, Fachhochschule Gelsenkirchen

1. Begriff und Inhalt des Jahresabschlusses

Durch das Bilanzrichtliniengesetz vom 12.12.1985 ist eine einheitliche Rechtsgrundlage für alle Kaufleute entstanden. Seitdem befinden sich im Dritten Buch des HGB die Rechnungslegungsvorschriften für den Jahresabschluss und die Buchführung. Der Jahresabschluss nach HGB wird auch als Einzelabschluss bezeichnet. Er ist von jedem Kaufmann bzw. jedem juristisch eigenständigem Unternehmen auf den Abschlussstichtag aufzustellen. Die Konten aus der Buchhaltung werden zu diesem Stichtag abgeschlossen, und zwar die Bestandskonten über die → Bilanz und die Erfolgskonten über die Gewinn- und Verlustrechnung (GuV). Dabei mündet der entstehende Gewinn/Verlust wiederum über das Eigenkapital in die Bilanz.

Für Kapitalgesellschaften, Personengesellschaften, bei denen nicht wenigstens ein persönlich haftender Gesellschafter eine natürliche Person oder Personengesellschaft ist, und Unternehmen, die dem Publizitätsgesetz unterliegen, gehört neben Bilanz und Gewinn- und Verlustrechnung auch der → Anhang zu den Pflichtbestandteilen des Jahresabschlusses. Der → Lagebericht wird vom Gesetz hingegen nicht zum Jahresabschluss gezählt.

Jeder Kaufmann hat gem. § 238 HGB die → Grundsätze ordnungsmäßiger Buchführung (GoB) zu beachten, eine inhaltliche Definition dieser Grundsätze lässt das Gesetz allerdings offen. Vielmehr leiten sich diese Grundsätze aus den Zielen/Funktionen des Jahresabschlusses ab. Der Jahresabschluss muss klar und übersichtlich, in deutscher Sprache und in Euro aufgestellt werden. Kapitalgesellschaften müssen des Weiteren die Generalnorm des § 264 (2) HGB beachten, die besagt, dass der Jahresabschluss unter Beachtung der Grundsätze ordnungsmäßiger Buchführung ein den tatsächlichen Verhältnissen entsprechendes Bild der Vermögens-, Finanz- und Ertragslage der Gesellschaft vermitteln muss.

2. Rechtsgrundlagen

In den §§ 238 – 263 HGB finden sich im Dritten Buch des HGB die Vorschriften zur Buchführung und zum Jahresabschluss. Für Kapitalgesellschaften folgen zusätzliche Regelungen zum Einzelabschluss in den §§ 264 – 288 HGB. Steuerrechtliche Vorschriften müssen für den handelsrechtlichen Jahresabschluss nur einbezogen werden, soweit die umgekehrte → Maßgeblichkeit greift. Rechtsformabhängige

Regelungen hingegen müssen grundsätzlich bei der Aufstellung beachtet werden. Diese befinden sich in den jeweiligen Gesetzen, für die → Aktiengesellschaft im AktG, für die → Gesellschaft mit beschränkter Haftung im GmbHG und für die → Genossenschaft im GenG. Versicherungsunternehmen und Kreditinstitute unterliegen wiederum speziellen Vorschriften im HGB sowie im VAG und KWG. Des Weiteren enthält das PublG Vorschriften für Nicht-Kapitalgesellschaften, die bestimmte Größenmerkmale (Größenklassen) überschreiten.

3. Ziele/Funktionen des Jahresabschlusses

Zu den Funktionen des Jahresabschlusses zählen die Dokumentations-, die Rechenschafts-, die Kapitalerhaltungsfunktion sowie die Ausschüttungsbemessungsfunktion. Diese Funktionen dienen in erster Linie dem Gläubigerschutzprinzip. Dieses oberste Ziel der handelsrechtlichen Bilanzierungsvorschriften soll mittels der Funktionen erreicht werden. Die einzelnen Funktionen werden zwar nicht explizit im HGB erwähnt, lassen sich allerdings hieraus ableiten.

4. Bilanzierungsvorschriften für den Jahresabschluss

a) Ansatzvorschriften

Grundsätzlich müssen alle Vermögensgegenstände, Schulden, → Rechnungsabgrenzungsposten, Aufwendungen und Erträge durch den Jahresabschluss abgebildet werden, soweit nicht das Gesetz etwas anderes bestimmt (§ 246 HGB). Dieser Ansatz dem Grunde nach richtet sich nach den §§ 246 – 251 HGB, in denen aufgezeigt wird, für welche Bilanzpositionen ein Ansatzverbot oder ein Ansatzwahlrecht herrscht. Bei diesen Vorschriften sind die steuerrechtlichen Regelungen zu beachten, wenn das umgekehrte → Maßgeblichkeitsprinzip gilt.

b) Bewertungsvorschriften §§ 252 – 256 HGB

Für die einzelnen Bilanzpositionen bestimmt sich in den §§ 252 – 256 HGB der Ansatz der Höhe nach. In diesen Bewertungsvorschriften wird geregelt, welcher Wert einem Bilanzposten zugeordnet werden kann bzw. muss. In § 252 HGB werden allgemeine Bewertungsgrundsätze aufgezeigt, nämlich die Grundsätze der Bilanzidentität, der Unternehmensfortführung (→ going-concern-Prinzip), der Grundsatz der Einzelbewertung, der Stichtagsbezogenheit, der Periodenabgrenzung, der Bewertungsstetigkeit und das Vorsichtsprinzip. Die Wertobergrenze für alle Aktiva/Passiva nach HGB wird durch die Anschaffungs-/Herstellungskosten (→ Anschaffungswertprinzip) gebildet. Bei abnutzbaren Vermögensgegenständen sind planmäßige Abschreibungen für die Abnutzung zu bilden. Durch das strenge → Niederstwertprinzip bei → Umlaufvermögen und das gemilderte Niederstwertprinzip bei → Anlagevermögen sind gegebenenfalls → außerplanmäßige Abschreibungen zu bilden. Aufgrund des Vorsichtsprinzips werden zum Schutze der Gläubiger gemäß dem Niederstwertprinzip eher geringer, Passiva gemäß dem → Höchstwertprinzip (Bildung stiller Reserven, siehe → stille Rücklagen) eher höher bewertet. Abschreibungen dürfen im Rahmen vernünftiger kaufmännischer Beurteilung sowie aufgrund steuerrechtlich zulässiger Abschreibungen gebildet werden. Für Kapitalgesellschaften gelten restriktivere Vorschriften. Kapitalgesellschaften dürfen zum Beispiel keine Abschreibung aufgrund von vernünftiger kaufmännischer Beurteilung bilden. Für sie gilt gem. § 280 HGB ein Wertaufholungsgebot (siehe auch → Wertaufholung), während für andere Kaufleute ein Zuschreibungswahlrecht (siehe auch → Zuschreibung) herrscht. Für gleichartige Vermögensgegenstände des Vorratsvermögens dürfen Bewertungsvereinfachungsverfahren wie die Verbrauchsfolgeverfahren (→ Verbrauchsfiktion), das Festwertverfahren (→ Festbewertung) und das Gruppenbewertungsverfahren (→ Gruppenbewertung) angewendet werden.

c) Ausweisvorschriften

Im § 247 HGB wird aufgezeigt, dass in der Bilanz das → Anlage- und → Umlaufvermögen, das → Eigenkapital sowie Schulden (Fremdkapital, Verbindlichkeiten) und die Rechnungsabgrenzungsposten gesondert auszuweisen sind und hinreichend aufgegliedert werden sollen. Angesichts der wenig detaillierten Gesetzesvorschriften zu den Bilanzierungsvorschriften empfiehlt es sich, einen ähnlichen Ausweis vorzunehmen, wie es für Kapitalgesellschaften vorgeschrieben ist. Kapitalgesellschaften müssen die einzelnen Bilanzpositionen nach dem in § 266 HGB vorgegebenen Schema (siehe untenstehende Bilanz) aufgliedern und dabei die zusätzlichen Vorschriften §§ 268 – 274 HGB beachten. Die Aktivseite der Bilanz ist hierbei nach zunehmender Liquidierbarkeit (Liquiditätsgliederungsprinzip), die Passivseite nach abnehmender Fristigkeit zu gliedern.

Aktiva	Bilanz	Passiva

A. Anlagevermögen
 I. Immaterielle Vermögensgegenstände
 II. Sachanlagen
 III. Finanzanlagen
B. Umlaufvermögen
 I. Vorräte
 II. Forderungen und sonstige
  Verbindlichkeiten
 III. Wertpapiere
 IV. Kassenbestand, Bundesbankguthaben,
  Guthaben bei Kreditinstituten und Schecks
C. Rechnungsabgrenzungsposten
		A. Eigenkapital
		 I. Gezeichnetes Kapital
		 II. Kapitalrücklage
		 III. Gewinnrücklagen
		 IV. Gewinnvortrag/Verlustvortrag
		 V. Jahresüberschuss/Jahresfehlbetrag
		B. Rückstellungen
		C. Verbindlichkeiten
		D. Rechnungsabgrenzungsposten

Die Gliederung der GuV ist im § 275 HGB geregelt, wonach zwei Gliederungsverfahren in Form des Gesamtkostenverfahrens und des Umsatzkostenverfahrens zur Auswahl stehen (siehe untenstehende GuV). Für die Gliederung der Bilanz und Gewinn- und Verlustrechnung gelten für kleine und mittelgroße Kapitalgesellschaften vereinfachte Vorgaben. (Größenklassen)

GuV nach Gesamtkostenverfahren	GuV nach Umsatzkostenverfahren
1. Umsatzerlöse	1. Umsatzerlöse
2. Erhöhung/Verminderung des Bestands an fertigen und unfertigen Erzeugnissen	2. Herstellungskosten der zur Erzielung der Umsatzerlöse erbrachten Leistungen
3. Andere aktivierte Eigenleistungen	3. Bruttoergebnis vom Umsatz
4. Sonstige betriebliche Erträge	4. Vertriebskosten
5. Materialaufwand	5. Allgemeine Verwaltungskosten
6. Personalaufwand	6. Sonstige betriebliche Erträge
7. Abschreibungen	7. Sonstige betriebliche Aufwendungen
8. Sonstige betriebliche Aufwendungen	8. Erträge aus Beteiligungen
9. Erträge aus Beteiligungen	9. Erträge aus anderen Wertpapieren und Ausleihungen des Finanzanlagevermögens
10. Erträge aus anderen Wertpapieren und Ausleihungen des Finanzanlagevermögens	10. Sonstige Zinsen und ähnliche Erträge
11. Sonstige Zinsen und ähnliche Erträge	11. Abschreibungen auf Finanzanlagen und auf Wertpapiere des Umlaufvermögens
12. Abschreibungen auf Finanzanlagen und auf Wertpapiere des Umlaufvermögens	12. Zinsen und ähnliche Aufwendungen
13. Zinsen und ähnliche Aufwendungen	13. Ergebnis der gewöhnlichen Geschäftstätigkeit
14. Ergebnis der gewöhnlichen Geschäftstätigkeit	14. Außerordentliche Erträge
15. Außerordentliche Erträge	15. Außerordentliche Aufwendungen
16. Außerordentliche Aufwendungen	16. Außerordentliches Ergebnis
17. Außerordentliches Ergebnis	17. Steuern vom Einkommen und vom Ertrag
18. Steuern vom Einkommen und vom Ertrag	18. Sonstige Steuern
19. Sonstige Steuern	19. Jahresüberschuss/Jahresfehlbetrag
20. Jahresüberschuss/Jahresfehlbetrag	

5. Offenlegung/Publizitätspflicht

Kapitalgesellschaften haben den Jahresabschluss inklusive des → Bestätigungs- bzw. Versagungsvermerks sowie den → Lagebericht gem. §§ 325 – 329 HGB beim zuständigen Handelsregister offen zu legen. Im Bundesanzeiger müssen die gesetzlichen Vertreter unverzüglich die Einreichung der Unterlagen bekannt machen, so dass sich die Jahresabschlussadressaten über die Lage des Unternehmens informieren können. Auch für diese Vorschriften sieht das HGB größenabhängige Erleichterungen für kleine und mittelgroße Kapitalgesellschaften vor. Die Publizitätspflicht unterstützt unter anderem die Ziele des Jahresabschlusses, da sich durch die Offenlegung vor allem externe Jahresabschlussadressaten ein Bild von der wirtschaftlichen Lage des Unternehmens machen können.

Hinweis

Zu den angrenzenden Wissensgebieten siehe → Abschlusserstellung nach US-GAAP, → Anlagevermögen, → Beteiligungscontrolling, → Bilanzanalyse, → Eigenkapital, → Gewerbesteuer, → Internationale Rechnungslegung nach IFRS, → Jahresabschluss nach schweizerischem Recht, → Kapitalflussrechnung, → Körperschaftsteuer, → Konzernabschluss, → Portfoliomanagement, → Kennzahlen, → Risikocontrolling, → Rückstellungen, → Sanierungsmanagement, → Sonderbilanzen, → Steuerbilanzpolitik, → Steuerrecht, Internationales, → Swiss GAAP FER, → Umlaufvermögen, → Währungsmanagement.

Literatur: Baetge, J.: Bilanzen, 8. Auflage, Düsseldorf 2005; Coenenberg, A.G.: Jahresabschluss und Jahresabschlussanalyse, 20. Auflage, Landsberg am Lech 2005; Hufnagel, W./Holdt, W.: Einführung in die Buchführung und Bilanzierung, 2. Auflage, Herne/Berlin 2005; Schildbach, T.: Der handelsrechtliche Jahresabschluss, 7. Auflage, Herne/Berlin 2004; Olfert, K.: Bilanzen, 9. Auflage, Kiel 2000; Vollmuth: Bilanzen richtig lesen, besser verstehen, optimal gestalten, 7. Auflage, Planegg/München 2005; Wöhe, G.: Bilanzierung und Bilanzpolitik, 9. Auflage, München 1997.

Internetadressen:

www.controllerspielwiese.de; www.drsc.de; www.handelsgesetzbuch.de; www.idw.de; www.sg-dgfb.de; www.standardsetter.de; www.unternehmerinfo.de; www.wpk.de

E-Mailadressen der Autoren: Hufnagel@fh-muenster.de; wolfram.holdt@fh-gelsenkirchen.de

Jahresabschluss nach IFRS
siehe → Internationale Rechnungslegung nach IFRS (mit Literaturangaben).

Jahresabschluss nach US-GAAP
siehe → Abschlusserstellung nach US-GAAP (mit Literaturangaben).

Jahresabschluss, schweizerisches Recht

Jahresabschluss nach schweizerischem Recht

von Univ.-Prof. Dr. Max Boemle, em. Ordinarius, Universität Fribourg und Honorarprofessor Universität Lausanne und lic. rer. pol. Ralf Lutz

1. Besonderheiten des schweizerischen Buchführungs- und Rechnungslegungsrechts

Die schweizerische Gesetzgebung zum Buchführungs- und Rechnungslegungsrecht zeichnet sich durch verschiedene Besonderheiten aus:

- Eine geringe Regelungsdichte und dementsprechend große Freiräume für die rechenschaftspflichtige Unternehmungsleitung bei der Gestaltung des Jahresabschlusses.
- Die Differenzierung nach Rechtsformen durch allgemeine Grundsätze für alle buchführungspflichtigen Organisationen (OR 957 - 963) und erhöhte Anforderungen an die Kapitalgesellschaften (OR 662 - 670) und besondere Wirtschaftszweige (Banken, Versicherungen, Transportunternehmen).
- Das weitgehende Fehlen von Legaldefinitionen.

- Die im Gegensatz zum True and fair view-Konzept stehende Grundsatznorm „des möglichst sicheren Einblicks in die wirtschaftliche Lage" und damit verbunden die Zulässigkeit von stillen Absichts- oder Willkürreserven.
- Die vom Gesetzgeber an private Gremien delegierte Festlegung der Rechnungslegungsnormen für börsenkotierte Aktiengesellschaften.

2. Das allgemeine Buchführungsrecht

Das allgemeine Buchführungsrecht von 1936 (!) mit Anpassungen 1975 und 2002 regelt

- die *Pflicht zur Buchführung:* Diese ergibt sich aus der Pflicht zur Eintragung im Handelsregister (OR 957).
- den *Umfang der Buchführungspflicht:* Die Geschäftsbücherverordnung 2002 verlangt zwingend ein *Hauptbuch,* bestehend aus Konten und dem Journal, sowie je nach Art und Umfang des Geschäfts *Hilfsbücher.*
- die *Bilanzierungspflicht.* Unter diesem Begriff im Randtitel von OR 958 wird eine Abschlussrechnung, bestehend aus Inventar, Bilanz und Betriebsrechnung am Schluss eines Geschäftsjahres gefordert. Unglücklich ist der Begriff der Betriebsrechnung. Im Aktienrecht 1991 wird der betriebswirtschaftlich korrekte Begriff der Erfolgsrechnung verwendet. Weder für die Erfolgsrechnung noch die Bilanz bestehen im allgemeinen Buchführungsrecht Gliederungsvorschriften.

  Die im Randtitel zu OR 959 von der Bilanz geforderten Eigenschaften „Bilanzwahrheit und -klarheit" werden im Gesetzestext näher umschrieben.

  Als *Wertansatz* der Aktiven gilt, vorbehaltlich von abweichenden Bestimmungen im Aktienrecht „höchstens der Wert, der ihnen im Zeitpunkt, auf welchen die Bilanz errichtet wird, für das Geschäft zukommt" (sog. Geschäftswert). Dieser entspricht nach der Lehre in der zeitgemäßen betriebswirtschaftlichen Terminologie dem Nutzwert. Die Beeinflussung des ausgewiesenen Jahreserfolgs durch Bildung und Auflösung stiller Reserven ist unbeschränkt zulässig.

3. Das spezielle Buchführungsrecht

Das spezielle Buchführungsrecht regelt Buchführung und Jahresabschluss von bestimmten *Rechtsformen*, nämlich Aktiengesellschaften (OR 662-670), GmbH (OR 801) und Kommanditaktiengesellschaften (OR 764) sowie von bestimmten *Wirtschaftszweigen.*

Mehr als die Hälfte der im Handelsregister eingetragenen buchführungspflichtigen Unternehmen werden in der Rechtsform der AG oder der GmbH geführt, weshalb den vom allgemeinen Buchführungsrecht abweichenden Bestimmungen für die AG (welche auch für die GmbH gelten) besondere Bedeutung zukommt. Das Rechnungslegungsrecht der AG konkretisiert anstelle der schwammigen „allgemein anerkannten kaufmännischen Grundsätze" (OR 959) die Grundsätze ordnungsmäßiger Rechnungslegung (OR 662a) und legt für Bilanz und Erfolgsrechnung eine Mindestgliederung fest (OR 663 und 663a).

Als dritter Bestandteil der Jahresrechnung wird zwingend ein *Anhang* vorgeschrieben (OR 663b). Unter den zwölf vorgesehenen Angaben (14 für börsenkotierte Gesellschaften) fehlt leider die Vorschrift, dass die Bewertungsgrundsätze offen zu legen sind. Die Vorschriften für die Konzernrechnung sind sehr knapp. Sie regeln insbesondere die Pflicht zur Erstellung (OR 663e).

Die aktienrechtlichen Rechnungslegungsvorschriften 1991 entsprechen nicht mehr den Transparenzansprüchen der Investoren. Unter dem Druck des Finanzmarktes haben die großen börsenkotierten Gesellschaften internationale Regelwerke (→ IFRS oder → US-GAAP) übernommen, was wegen der liberalen Regelung des Aktienrechts für die Konzernrechnung ohne weiteres möglich war.

Es ist nicht zuletzt die lückenhafte gesetzliche Regelung, welche 1984 Anlass zur Errichtung der Stiftung für Empfehlungen zur Rechnungslegung als Träger eines privaten Rechnungslegungsgremiums FER – seit 2001 als → Swiss GAAP FER bezeichnet – gegeben hat, welche schwergewichtig Standards zur Konzernrechnung erlassen hat. Diese hat – in Abweichung zum Aktienrecht – ein den tatsächlichen Verhältnissen entsprechendes Bild der Vermögens-, Finanz- und Ertragslage des Konzerns (True and fair view) zu vermitteln (FER 2/1).

4. Vorschläge zur Neuregelung der Rechnungslegung

Unter dem Einfluss der internationalen Entwicklung hat der Bundesrat im Dezember 2005 beschlossen, im Zusammenhang mit den Bemühungen zur Verbesserung der → Corporate Governance auch das Rechnungslegungsrecht umfassend zu reformieren. Kernpunkt des Gesetzesvorentwurfs ist in Übereinstimmung mit der Neuordnung der Revisionspflicht die rechtsformenneutrale Regelung zur „Buchführung und Rechnungslegung". Die neuen Vorschriften (32. Titel des OR: Die kaufmännische Buchführung) sollen grundsätzlich für alle Rechtsträger des privaten Rechts gelten, enthalten jedoch klar differenzierte Anforderungen je nach der wirtschaftlichen Bedeutung des Unternehmens, des Vereins oder der Stiftung. Abgrenzungskriterium ist die Verpflichtung zu einer ordentlichen Abschlussprüfung, welche beim Überschreiten von zwei von drei Kriterien (10 Millionen Franken Bilanzsumme, 20 Millionen Franken Umsatzerlös und 50 Vollzeitstellen) erforderlich ist. Größere Unternehmen haben wegen ihrer volkswirtschaftlichen Bedeutung anspruchsvollere Bestimmungen zu beachten, z.B. zusätzliche Anforderungen an den Geschäftsbericht, Erstellen einer Geldflussrechnung und eines Lageberichts. Die kleineren Unternehmen können sich dagegen bei der jährlichen Geschäftsberichterstattung auf die Jahresrechnung, bestehend aus Bilanz, Erfolgsrechnung und Anhang, beschränken.

Das neue Rechnungslegungsrecht wird frühestens 2009 in Kraft treten, wobei die neuen Bestimmungen erstmals für das Geschäftsjahr Anwendung finden, das zwei Jahre nach Inkrafttreten beginnt. Für die Konzernrechnung beträgt die Übergangsfrist sogar drei Jahre.

Hinweis

Zu den angrenzenden Wissensgebieten siehe → Abschlusserstellung nach US-GAAP, → Beteiligungscontrolling, → Bilanzanalyse, → Internationale Rechnungslegung nach IFRS, → Kapitalflussrechnung (deutsches Recht), → Konzernabschluss (deutsches Recht), → Portfoliomanagement, → Risikocontrolling, → Sanierungsmanagement, → Sonderbilanzen (deutsches Recht), → Steuerrecht, Internationales (deutsches Recht), → Swiss GAAP FER, → Währungsmanagement.

Literatur: Behr, G.: Rechnungslegung (Zürich 2005); Boemle, M./Lutz, R.: Der Jahresabschluss (Zürich 2006); Bossard, E.: Kommentar „Die kaufmännische Buchführung" (Zürich 1984); Dellmann, K.: Bilanzierung nach neuem Aktienrecht (Bern, Stuttgart, Wien 1996); Käfer, K.: Kommentar „Die kaufmännische Buchführung", 2 Bände (Bern 1981); Meyer, C.: Betriebswirtschaftliches Rechnungswesen (Zürich 2002); Meyer, C.: Konzernrechnung (Zürich 2006); Treuhandkammer: Schweizer Handbuch der Wirtschaftsprüfung, Band 1 (Zürich 1998).

Website der Autoren: http://www.unifr.ch/finanzmanagement/

Jahresabschlussanalyse

siehe → Bilanzanalyse (mit Literaturangaben).

Jahresabschluss-Richtlinie

(78/660/EWG) (*Bilanz-Richtlinie*) vom 25.7.1978 koordiniert die einzelstaatlichen Rechtsvorschriften über die Gliederung, den Inhalt des Jahresabschlusses und des Lageberichts, die Bewertungsmethoden sowie die Offenlegung dieser Angaben für sämtliche Kapitalgesellschaften und für bestimmte Personengesellschaften. Siehe → Gesellschaftsrecht, Europäisches.

Quelle: ABl.EG L 222 vom 14.8.1978, S. 11; abrufbar bei Eur-Lex unter: http://eur-lex.europa.eu.

Jahresergebnis

Das Jahresergebnis (Jahresüberschuss/Jahresfehlbetrag) ist im Falle eines Gewinns als Jahresüberschuss und im Falle eines Verlusts als Jahresfehlbetrag in der Bilanzposition „→ Eigenkapital" auszuweisen.

Jahresfehlbetrag

Das Jahresergebnis ist im Falle eines Gewinns als Jahresüberschuss und im Falle eines Verlusts als Jahresfehlbetrag in der Bilanzposition „→ Eigenkapital" auszuweisen.

Jahresgewinn

siehe → Jahresüberschuss, siehe auch → Gewinnkonzept der Rechnungslegung.

Jahresüberschuss

Das Jahresergebnis ist im Falle eines Gewinns als Jahresüberschuss und im Falle eines Verlusts als Jahresfehlbetrag in der Bilanzposition „→ Eigenkapital" auszuweisen.

J-Curve

(bei → *Private Equity*), bildliche Beschreibung des typischen Verlaufs einer → Private Equity-Beteiligung, wonach zunächst noch ein Verlust und erst nach drei bis vier Jahren ein Erfolg sichtbar ist.

JIS

Abk. für *just in sequence*, die sequenzgerechte Form des just in time (JIT), siehe → Just-in-time-Lieferung (JIT-Lieferung), siehe auch → Sequenzlieferung.

JIT

Abk. für *just in time*, siehe → Just-in-time-Lieferung.

J-Kurven-Effekt

(*Hockey-Stick Phenomenon*) bezeichnet die sich im Zeitablauf ergebenden Konsequenzen aus der Abwertung einer Währung auf die Handelsbilanz des betroffenen Landes. Der Begriff des J-Kurven-Effekts ist aus der graphischen Darstellung der zeitlichen Entwicklung des Handelsbilanzsaldos im Gefolge einer Abwertung der Heimatwährung abgeleitet.

Nach der Abwertung verschlechtert sich die Handelsbilanz zunächst (d.h., der Handelsbilanzsaldo wird geringer), verbessert sich nach einiger Zeit jedoch wieder, so dass ein insgesamt positiver Effekt der Abwertung auf die Handelsbilanz beobachtet werden kann.

Hintergrund dieses Effekts ist die zeitlich variable Elastizität von Angebots- und Nachfragekurven für Exporte und Importe. Sofern kurzfristig von eher unelastischen Reaktionen der Ex- und Importe auszugehen ist, bedingt eine Abwertung keine großen Mengeneffekte, so dass per Saldo der Gesamtwert der Importe aufgrund des höheren Wechselkurses steigt und der Gesamtwert der Exporte entsprechend fällt. Führen Anpassungsprozesse auf Anbieter- und Nachfragerseite zu elastischeren Reaktionen in der langen Frist, dann wird die Abwertung zu einem steigenden Gesamtwert der Exporte und einem fallenden der Importe führen. Es resultiert besagter J-Kurven-Effekt.

Siehe auch → Währungsmanagement (mit Literaturangaben).

Job Enlargement

zielt auf eine horizontale Arbeitserweiterung bzw. -vergrößerung ab. Dabei übernimmt der Mitarbeiter innerhalb seines Arbeitsplatzes mehrere unterschiedliche Tätigkeiten mit jedoch gleichartigen Arbeitsinhalten. Sein Entscheidungsspielraum vergrößert sich demnach nicht. Job Enlargement ist eine Möglichkeit der stellengebundenen Personalentwicklung.

Siehe auch → Personalentwicklung und → Personalmanagement, jeweils mit Literaturangaben.

Job Enrichment

Im Gegensatz zum Prinzip der Arbeitserweiterung (→ *Job Enlargement*) erfolgt beim Job Enrichment eine Arbeitsbereicherung hinsichtlich Disposition und Handlungsspielraum, so dass sich der Kompetenzbereich des Mitarbeiters um Planungs-, Steuerungs- und Kontrollaspekte erweitert. Es handelt sich demnach um Aktivitäten, die vorher einer höheren Hierarchieebene zugeordnet waren oder anspruchsvoller sind.

Siehe auch → Personalentwicklung und → Personalmanagement, jeweils mit Literaturangaben.

Job Rotation

bezeichnet den regelmäßigen und systematischen bzw. planmäßigen Wechsel von Arbeitsplätzen und Arbeitsaufgaben der Beschäftigten untereinander. Ziel dieser Maßnahme ist die Vermeidung von Ermüdungserscheinungen und die Erhöhung der Flexibilität.

Joint Venture

(insbesondere *rechtliche* Aspekte). Ein Joint Venture (*Gemeinschaftsunternehmen*) ist eine vor allem im internationalen Wirtschaftsverkehr häufig anzutreffende Organisationsform der Unternehmenskooperation und -verflechtung auf einem bestimmten Gebiet (Zulieferungen, Forschung & Entwicklung, Produktion, Abnahme, Management etc). Die Gründer des Joint Venture bleiben dabei rechtlich von einander unabhängig.

Erfolgt die Zusammenarbeit über eine extra zu diesem Zweck geschaffene rechtlich selbstständige Geschäftseinheit (Tochtergesellschaft), an der sich die Partner gemeinsam beteiligen, so spricht man von einem *Equity Joint Venture*. Basiert die Kooperation hingegen lediglich auf einem schuldrechtlichen Vertrag, liegt ein *Contractual Joint Venture* vor.

Je nachdem, ob die Gründer auf derselben Wirtschaftsstufe tätig sind oder auf unterschiedlichen Stufen arbeiten, werden wiederum *horizontale* und *vertikale* Joint Ventures unterschieden.

Darüber hinaus kennt die Wirtschafts- und Rechtssprache *kooperative* und *konzentrative* Joint Ventures. Bei ersteren wird trotz der Zusammenarbeit ein weiteres Wettbewerbsverhältnis auch im Bereich der gemeinsamen Aktivität nicht ausgeschlossen, während im letzteren Fall die betroffenen Tätigkeiten gänzlich auf das Gemeinschaftsunternehmen übergehen, sodass die Partner diesbezüglich nicht mehr miteinander konkurrieren.

Joint Venture

(insbesondere unter dem Aspekt des → *Beteiligungscontrolling*). Joint Venture ist die rechtlich selbstständige institutionalisierte Kooperation mit einem ausländischen Partner mit i.d.R. paritätischer Beteiligung. Vorteile können in der Nutzung der Marktkenntnisse des ausländischen Teilhabers, dessen Erfahrungen im Umgang mit Behörden und weiteren Stakeholdern sowie im Rückgriff auf ein bestehendes Vertriebsnetz bestehen, so dass sich Joint Ventures v.a. zur Markterschließung eignen. Darüber hinaus können Synergievorteile, insbesondere Größenvorteile, und ein Wissenstransfer realisiert werden. Gesetzliche Bestimmungen im Zielland von Direktinvestitionen können ein selbstständiges Investment ohne Beteiligung eines inländischen Partners verbieten. Werden ganze Unternehmen in ein Joint Venture eingebracht, ist deren Bewertung erforderlich, um die Höhe der Einlage durch den jeweiligen Partner zu bestimmen. In Bezug auf diese Beteiligung ändern sich die Eigentumsverhältnisse, insbesondere besteht ein Control-Verhältnis i.d.R. nicht fort.

Siehe auch → Beteiligungscontrolling und → Konzernabschluss, jeweils mit Literaturangaben.

Joint Ventures

(insbesondere *betriebswirtschaftliche* Aspekte). *(1) Charakterisierung:* Ein Joint Venture (JV) ist eine vertraglich definierte → *Kooperation* bzw. ein *Gemeinschaftsunternehmen* von zwei oder mehreren Unternehmen bzw. Institutionen mit dem Zweck, einen Nutzen-/Effizenzgewinn für die JV-Partner (Win-Win) zu erzielen. JVs werden zur Erreichung eines gemeinsamen wirtschaftlichen Zieles bzw. zur Durchführung eines Projektes gebildet und sind daher gegebenenfalls nur temporärer Natur.

Motive für die Bildung von Joint Ventures aus Sicht der Partner liegen unter anderem in der Teilung von Kosten und Risiken eines Projektes beziehungsweise einer Investition, in der effizienzorientierten Zusammenlegung und gemeinsamen Nutzung von Ressourcen, z.B. Produktionskapazitäten, Technologien und Know-how oder in der Erschließung neuer Absatz- und Beschaffungsmärkte.

Beispiele für Projekte sind z.B. F+E (Chemie/Pharma) bzw. Erschließung von Ressourcen (Öl), gemeinsame Herstellung von Produkten (Automobil – OEMs, Zulieferer), Infrastrukturprojekte (Bau-/Technologie), Markterschließung durch JVs in China (Techno-Transfer etc.).

Joint Ventures werden unter anderem auch von staatlichen Institutionen bzw. Non-Profit-Organisationen zur Durchführung von Projekten genutzt.

(2) Typen: Im engen Sinne bedingt ein JV die gemeinschaftliche Gründung, Ressourcenausstattung und Leitung einer rechtlich selbstständigen Einheit durch die JV-Partner, die selbst unabhängig bleiben (so-

genannte *Incorporated JV* oder *Equity JV*; bei Verlust der Unabhängigkeit eines oder beider Kooperationspartner durch Mehrheitsbeteiligung oder Verschmelzung siehe → *Mergers & Acquisitions*).

Bei JVs im engen Sinne sind die Partner jeweils mit einem Eigenkapitalanteil beteiligt, der in Form von Bar- oder Sacheinlagen (z.B. Anlagen, immaterielle Vermögensgegenstände wie Patente) erbracht wird. Gegebenenfalls wird auch Management- oder Fachpersonal eingebracht. Die Möglichkeiten der rechtlichen und betriebswirtschaftlichen Ausgestaltung von eigenständigen Gemeinschaftsunternehmen sind vielfältig.

Im weiteren Sinne wird der Begriff JV auch auf vertraglich geregelte → Kooperationen verwendet (sogenannte Unincorporated JVs), beispielsweise auf Konsortien, Franchise- oder Forschungskooperationen, die temporär der Erreichung einer gemeinsamen Zielsetzung dienen, jedoch nicht zur Gründung einer rechtlich selbstständigen Unternehmenseinheit führen (siehe auch → Kooperationen, mit Literaturangaben).

(3) Bedeutung: Die Erfolgsquote von Joints Ventures ist aus vielfältigen Gründen beschränkt, unter anderem aufgrund unterschiedlicher Unternehmenskulturen der JV-Partner, im Zeitverlauf divergierender Strategien und Interessen, hoher Komplexität der Entscheidungsprozesse, ungenügender Vorbereitung (z.B. Partnerwahl, → Due Diligence, Vertragsgestaltung) u.a. Dennoch sind JV von steigender Bedeutung unter anderem aufgrund des Erfordernisses der Internationalisierung auch für kleinere Unternehmen, der betriebswirtschaftlichen Vorteile dieser Kooperationsform (z.B. Kosten) und zum Teil rechtlicher/politischer Rahmenbedingungen in wachsenden Märkten, die für Direktinvestitionen ausländischer Unternehmen nur die Organisationsform JV zulassen (Beispiel China).

Literatur: BenDaniel, David J./Rosenbloom, Arthur H./Hank, James J.: International M&A, Joint Ventures & Beyond, Wiley & Sons, 2nd edition, 2002; Büchel, Bettina/Prange, Christiane/Probst, Gilbert et. al.: International Joint Venture Management Wiley & Sons, 1998; Herrmann, Florian/Weidinger, Jörg/Wiedenmann, Kai-Udo: Handbuch des Joint Venture, Heidelberg, 2006 (rechtlich).

Journal
(in der → Buchführung), siehe → Grundbuch.

JPY
ISO-Code für Japanischer Yen.

Junge Aktie
(*österreichisches Recht*), auch *neue Aktie*; darunter werden Aktien verstanden, die im Zuge der Gründung der → AG oder einer effektiven Kapitalerhöhung ausgegeben werden; der Begriff der *jungen Aktie* stammt ursprünglich aus dem Steuerrecht (steuerbegünstigter Erwerb nach § 18 Abs 1 Z 4, Abs 3 Z 4 öEStG).

Juniorfirma
ist ein Konzept, das im Rahmen der betrieblichen → Berufsausbildung eingesetzt wird. Innerhalb des Ausbildungsbetriebs wird ein teilautonomes Unternehmen gegründet, in dem die Auszubildenden alle Funktionen weitgehend eigenständig ausfüllen und dadurch sehr praxisnah lernen. Die erstellten Produkte bzw. Dienstleistungen werden üblicherweise vom Mutterunternehmen abgenommen.

Junktim-Geschäft
siehe → Parallel-Geschäft.

Juristische Person
Eine juristische Person entsteht z.B. mit Eintragung einer → Aktiengesellschaft in das → Handelsregister. Die Gesellschaft ist damit wie eine natürliche Person rechtsfähig und Träger von Rechten und Pflichten.

Juristische Person
(insbesondere im deutschen *Steuerrecht*), Gegenteil zum Begriff der natürlichen Person. Charakteristikum der juristischen Person ist, dass die Gesellschaft als Person im Rechtsverkehr Träger von Rechten

und Pflichten ist. Zu den juristischen Personen zählen: (1) Kapitalgesellschaften (Aktiengesellschaften, Kommanditgesellschaften, Kommanditgesellschaften auf Aktien), (2) Erwerbs- und Wirtschaftsgenossenschaften, (3) Versicherungs- und Pensionsfondsvereine auf Gegenseitigkeit sowie (4) sonstige juristische Personen des privaten Rechts. Juristische Personen sind Steuersubjekte der Körperschaftsteuer (§ 1 Abs. 1 Nr. 1-4 KStG).

Sonstige juristische Personen des privaten Rechts. Zu dieser nach § 1 Abs. 1 Nr. 4 KStG der unbeschränkten KSt-Pflicht unterliegenden Gruppe zählen (1) eingetragene Vereine, (2) wirtschaftliche Vereine, (3) rechtsfähige private Stiftungen (R 2 Abs. 2 S. 1 KStR).

Betriebe gewerblicher Art (von juristischen Personen) des öffentlichen Rechts: Einrichtungen der öffentlichen Hand, die das äußere Bild eines Gewerbebetriebs haben (H 6 KStH). Kriterien für das Vorliegen einer solchen Einrichtung können eine besondere Leitung oder ein geschlossener Geschäftsbereich, eine getrennte Buchführung oder auch eine beträchtliche wirtschaftliche Bedeutung sein. Weiteres Kriterium ist insbesondere, dass die Tätigkeit von einigem wirtschaftlichen Gewicht ist (R 6 Abs. 5 KStR). Darüber hinaus muss die Tätigkeit außerhalb der Land- und Forstwirtschaft liegen (R 6 Abs. 6 KStR) und es darf sich nicht um hoheitliche Tätigkeiten (R 9 KStR) handeln.

Betriebe gewerblicher Art von juristischen Personen des öffentlichen Rechts unterliegen nach § 1 Abs. 1 Nr. 6 KStG der unbeschränkten Körperschaftsteuerpflicht; siehe auch → Körperschaftsteuer.

Just in Sequence (JIS)

ist die sequenzgerechte Form des just in time (JIT); siehe → Just-in-time-Lieferung (JIT-Lieferung), siehe auch siehe auch → Demand tailored sourcing und → Sequenzlieferung.

Just-in-Time (JIT)-Lieferung

1. Charakterisierung: Just-in-time (JIT)-Lieferung bedeutet, dass sich Lieferungen sehr zeitnah und ohne große Mengentoleranzen an die kurzfristigen Verbräuche des Abnehmers anpassen, also weder zu früh noch zu spät erfolgen. Ziel ist also die Vermeidung von Lagerhaltung. Obwohl der JIT-Begriff in der Praxis oft großzügiger benutzt wird, sollten sich JIT-Lieferungen auf Tages- oder Stundenbedarf mit Lagerreichweiten bis zu 24-36 Stunden beziehen. Da also sehr kurz vor dem Einsatz in der Produktion bzw. dem Verbrauch geliefert wird, lässt sich auch von produktionssynchroner oder verbrauchssynchroner Lieferung („Pull"-Prinzip) sprechen. Diese zeitnahe Lieferung ist übrigens nicht zu verwechseln mit der → Lieferzeit, die auch bei JIT-Lieferungen (und entsprechenden Entfernungen) mehrere Tage, in absoluten Extremfällen sogar Wochen betragen kann, auch wenn ein Vorlauf von wenigen Stunden bei in der Nähe angesiedelten Lieferantenstandorten absolut typisch ist.

2. Lieferung: Beim JIT existiert längerfristig meist ein Rahmenvertrag, der kurzfristig durch eine Feinplanung konkretisiert wird, die dem Lieferanten als Produktions- und Dispositionsvorgabe dient. Die Lieferung selbst wird dann durch den produktions- oder verbrauchssynchronen Abruf ausgelöst, der gerade noch die notwendigen Produktions-, Handhabungs- und Transportzeiten (plus Sicherheitszuschlag!) erlaubt. Die Lieferung erfolgt direkt aus der Zulieferer-Fertigung oder aus einem in der Nähe des Abnehmers positionierten JIT-Lager. Sie geht dann entweder in ein spezielles Pufferlager (= sehr kurzfristige Lagerhaltung!) oder direkt an den Verbrauchsort. Die Berücksichtigung der Reihenfolge des Verbrauchs bei der Anlieferung führt zu der wichtigen Differenzierung: → Blocklieferung („einfaches JIT") und → Sequenzlieferung („JIS", „SILS").

3. Logistikintegration: JIT-Lieferungen setzen eine in ihrem Aufwand nicht zu unterschätzende → Logistikintegration voraus, so dass die notwendigen Investitionen die Anwendung auf regelmäßige und sehr werthaltige Lieferbeziehungen beschränken.

Siehe auch → Beschaffungslogistik, → Beschaffungsmanagement und → Materiallogistik, jeweils mit Literaturangaben.

Literatur: Eichler, Bernd: Beschaffungsmarketing und -logistik, Herne/Berlin 2003, S. 241-243; Graf, Hartmut; Christoph Hartmann: JIT, JIS, in: Taschenbuch der Logistik, hrsg. von Reinhard Koether, München/Wien 2004, S. 121-132; Wildemann, Horst: Das Just-in-time Konzept, Frankfurt/M. 1988; ders.: Produktionssynchrone Beschaffung, München 1995.

K

Kaizen

Der Begriff Kaizen beschreibt eine Methode zur Verbesserung der Zustände in einem Unternehmen durch kleine Schritte als Ergebnis laufender Bemühungen. Kaizen hört nie auf. Jeder im Unternehmen ist angehalten, seine Arbeitsaufgabe und ihre Ausführung permanent zu überdenken und zu verbessern. Kaizen beschreibt insofern einen steten Wandel und ist keine revolutionäre Veränderung. Ursprünglich aus der Produktion heraus geboren, findet Kaizen auch zunehmend in administrativen Prozessen Anwendung.

In kleinen Gruppen, den sogenannten Qualitätszirkeln, entwickeln die Mitarbeiter während ihrer Arbeitszeit Verbesserungsvorschläge. Kaizen stellt dazu Hilfsmittel wie Checklisten zur Verfügung, die die Suche nach Schwachstellen erleichtern sollen. Dabei gilt es die „3-Mu" aufzuspüren: „Muda" = Verschwendung, „Muri" = Überlastung, „Mura" = Abweichung. Diese können sich verbergen in Mitarbeitern, der Technik, der Methode, der Zeit, der Möglichkeit, den Werkzeugen, dem Material, dem Produktionsvolumen, dem Umlauf, dem Platz und in der Art zu denken. Dazu hinterfragt man jede Tätigkeit wer, was, wo, wann, warum und wie ausführt. Das Ergebnis lässt einen *kontinuierlichen Verbesserungsprozess* entstehen, der nach einiger Zeit zu qualitativ hochwertigen, schnellen und effizienten Prozessen führt.

Siehe auch → Gemba Kaizen sowie → Ablauforganisation und → Qualitätsmanagement, jeweils mit Literaturangaben.

Kalibrierung von Scorewerten

Anwendungsbeispiel siehe → Rating-Methoden, kreditwirtschaftliche, Kap. 3.5.

Kalkulation

Prozess bzw. Verfahren der Zurechnung von Kosten auf kostenverursachende Objekte, i.d.R. marktfähige Produkte oder Dienstleistungen, daneben auch technische Verfahren, Herstellungsprozesse oder betriebliche Organisationsbereiche; im Fall der Kalkulation von Produkten oder Dienstleistungen auch als → Kostenträgerstückrechnung bezeichnet.

Sie erfolgt mit den Zielen: (1) Bereitstellung von Unterlagen für die Preis- und Absatzpolitik, so z.B. Ermittlung von → Selbstkosten (siehe auch → Zuschlagskalkulation, Kap. 2) oder von Preisuntergrenzen, (2) Bewertung der Bestände und Bestandsveränderungen an Halb- und Fertigfabrikaten zu → Herstellkosten, (3) Ermittlung der Zusammensetzung des Betriebserfolgs durch Zurechnung der Kosten auf die Kostenträger, (4) Lieferung von Entscheidungshilfen für die Produktions- und Absatzplanung.

Die jeweilige Anwendung der Kalkulationsverfahren richtet sich nach dem Fertigungstyp des Betriebs wie folgt: (1) Die → Divisionskalkulation kommt bei Massenfertigung eines einzigen Produkts zur Anwendung, (2) die → Äquivalenzziffernkalkulation eignet sich für Betriebe der Sorten- bzw. Serienfertigung, bei denen feste Relationen der Kostenverursachung bestimmt werden können, (3) die aus der → Betriebsabrechnung (auch → Kostenstellenrechnung) abgeleitete → Zuschlagskalkulation ist bei Auftragsfertigung und einer heterogenen Produktpalette zweckmäßig.

Siehe auch → Kostenstellenrechnung, Kap. 8 sowie → Zuschlagskalkulation.

Kalkulationszinssatz

(allgemeiner Ansatz)

(1) *Charakterisierung:* Der Kalkulationszinssatz wird in entscheidungsorientierten Rechensystemen (Kostenrechnung, → Investitionsrechnung, erfolgsbezogene → Unternehmensbewertung) eingesetzt, um das gebundene Kapital mit kalkulatorischen (nicht pagatorischen) Zinsen zu belasten. Siehe auch → Kalkulationszinssatz (Investitionsrechnung).

Der Ansatz basiert auf folgender Grundüberlegung: Die Bindung des Kapitals (in der Investition, im Unternehmen) verhindert eine alternative Geldverwendung. Das gebundene Kapital muss mindestens die Rendite der entgangenen Geldverwendung abwerfen (Opportunitätskostenprinzip). Belastet man beispielsweise in der Investitionsrechnung das gebundene Kapital für eine geplante Investition mit dem Kalkulationszinssatz, dann zeigt das Rechenergebnis den Gewinn, den das Investitionsvorhaben über die alternative Geldverwendung hinaus erwirtschaftet. Ist der nach Abzug der kalkulatorischen Zinsen festgestellte Gewinn größer als Null, dann ist die geplante Investition gegenüber der nicht realisierten Geldanlage vorteilhaft.

(2) *Ermittlung:* Für die Ermittlung des Kalkulationszinssatzes liefert die betriebswirtschaftliche Theorie aufwändige Modelle, die sich aber in der Praxis nicht durchgesetzt haben. Deshalb findet man je nach Situation und unternehmenspolitischer Positionierung Kalkulationszinssätze, die sich in ihrer Höhe zum Teil deutlich unterscheiden.

In der Praxis der Investitionsrechnung ist beispielsweise folgende Vorgehensweise anzutreffen: (a) Kalkulationszinssatz ist die Rendite der Geldverwendung, die dem Investor an anderer Stelle, z.B. am Kapitalmarkt, entgeht. (b) Bei reiner Fremdfinanzierung nimmt man den Effektivzinssatz des Fremdkapitals. (c) Bei gemischter Eigen- und Fremdfinanzierung wird das gewogene arithmetische Mittel der Einzelrenditen bzw. der Effektivzinssätze verwendet.

(3) *Risikozuschläge:* Meistens sind die Risiken, die man mit einer geplanten Realinvestition eingeht, nicht vergleichbar mit den Risiken der Alternativanlage, aus der man den Kalkulationszinssatz ableitet. Die Praxis behandelt auch dieses Problem pragmatisch: Der mit obigen Regeln ermittelte Zinssatz wird nur als Ausgangsgröße verstanden. Je nach dem Risiko der Realinvestition, für die man die Investitionsrechnung durchführt, wird der Basiszinssatz um einen Risikozuschlag erhöht. Maßstab für den Zuschlag ist die Risikoklasse, der die geplante Investition zugeordnet werden kann. Für die Höhe der Zuschläge gibt es keine festen, theoretisch begründbaren Regeln. Aus unterschiedlichen Risiken in den einzelnen Branchen und Unternehmen, aus subjektiv unterschiedlicher Einschätzung dieser Risiken und aus variierenden Sicherheitsbedürfnissen der Entscheidungsträger können große Unterschiede entstehen.

Siehe auch → Investitionswirtschaft (mit Literaturangaben).

Kalkulationszinssatz

(in der *Investitionsrechnung*). Der Kalkulationszinssatz ist derjenige Zinsfuß, mit dem die Vorteilhaftigkeit eines Investitionsobjektes im Rahmen der klassischen Partialmodelle der dynamischen Investitionsrechnung ermittelt wird (→ Investitionsrechnungen, dynamische). Auf einem → vollkommenen Kapitalmarkt entspricht der Kalkulationszins dem Kapitalmarktzins. Zur allgemeinen Ermittlung des Kalkulationszinssatzes siehe → Kalkulationszinssatz (*allgemeiner Ansatz*).

Kalkulatorische Kosten

sind Kosten, denen kein Aufwand in derselben Höhe gegenübersteht. Während die Finanzbuchhaltung der Dokumentation und Rechnungslegung dient, steht für die Kostenrechnung die Substanzerhaltung im Vordergrund. Daher erfolgen die Abschreibungen in der Kostenrechnung auf Basis der Wiederbeschaffungswerte und nicht auf Basis der historischen Anschaffungs- oder Herstellungskosten. Dies führt dazu, dass die Kosten eine andere Höhe als die entsprechende Aufwandsposition aufweisen (Anderskosten). Zusatzkosten entstehen, wenn zusätzlich zu den Aufwandspositionen Kosten ermittelt werden, wie z.B. der kalkulatorische Unternehmerlohn oder Eigenkapitalzinsen. Siehe auch → Kostenartenrechnung (mit Literaturangaben).

Kalkulatorische Mieten

werden dann angesetzt, wenn Flächen oder Gebäude für Betriebszwecke genutzt werden, ohne dass dafür Mietaufwand anfällt. Dies ist dann der Fall, wenn unentgeltlich das Mietobjekt überlassen wird, indem es sich im Privatbesitz des Unternehmers befindet oder durch Fördermaßnahmen von Kommunen keine Miete berechnet wird. Die Höhe der kalkulatorischen Miete entspricht dem Mietaufwand, der für ein vergleichbares Mietobjekt anfallen würde. Siehe auch → Kostenartenrechnung (mit Literaturangaben).

Kalkulatorischer Unternehmerlohn

Bei Einzelunternehmen und Personengesellschaften wird für die Mitarbeit der Unternehmer kein Gehalt (Aufwand) bezahlt. Diese Personen entnehmen ihr Entgelt dem Jahresgewinn. Im Falle der offenen Handelsgesellschaft wird z.B. im Gesellschaftervertrag die Gewinnverteilung geregelt. In der Kostenrechnung wird die Tätigkeit des Unternehmers als betriebsnotwendig erachtet und daher müssen Kosten für die Arbeitsleistung der Unternehmen angesetzt werden. Die Ermittlung der Höhe des kalkulatorischen Unternehmerlohns (Zusatzkosten) setzt an vergleichbaren Tätigkeiten an, für die ein Gehalt bezahlt wird. Im Falle von Kapitalgesellschaften erhalten die Mitglieder der Unternehmensführung ein Gehalt. Siehe auch → Kostenartenrechnung (mit Literaturangaben).

KAM
Abk. für → Key Account Management.

Kameralistik
siehe → Kameralistische Buchführung.

Kameralistische Buchführung
von öffentlichen Verwaltungen, z.T. auch von öffentlichen Betrieben angewandte, inzwischen weitgehend überholte Methode der Buchführung. Auf der Grundlage des Etatrechts geben die demokratisch gewählten Gremien einer Gebietskörperschaft (Gemeinde, Kreis, Bezirk, Land, Bund) im Haushaltsplan vor, welcher Geldbetrag für welchen Ausgabezweck zur Verfügung gestellt wird. Für jeden einzelnen Haushaltstitel werden neben dem vorgegebenen Haushaltssoll die erfolgten Auszahlungen sowie als Saldo der noch verfügbare Betrag ausgewiesen. Dadurch soll sichergestellt werden, dass sich die handelnde Verwaltung bei jedem Haushaltstitel strikt an die etatmäßige Vorgabe des Parlaments als einzig legitimierter Entscheidungsinstanz hält.

Kammer für Handelssachen
Spezielle Kammer (Spruchkörper) für Handelsstreitigkeiten beim Landgericht, zu der neben einem Berufsrichter auch zwei ehrenamtliche Richter aus der Wirtschaft gehören (§§ 105, 109 Gerichtsverfassungsgesetz – GVG).

Kanban
Eine Fertigungssteuerung nach dem Kanban-Prinzip (→ *Produktionsplanung und -steuerung*) ist unter anderem dadurch gekennzeichnet, dass die Fertigungsaufträge einer Produktionsstufe durch die jeweils nachgelagerte Stufe ausgelöst werden. Wird dort ein Bedarf (an dem Produkt der Vorstufe) festgestellt, indem aus dem Pufferlager zwischen den beiden Stufen ein Behälter mit bestimmten Teilen in die Produktion übernommen wird, ist ein Leerbehälter an die Vorstufe zu schicken. Auf einer beiliegenden Kanban-Karte ist die jeweilige Teileart genau spezifiziert, so dass eine exakte Fertigungsvorgabe weitergeleitet wird. Entsprechend wird auch bei den einzelnen vorgelagerten Fertigungsstufen vorgegangen, so dass sich der Anstoß zur Produktion von der letzten Stufe bis zur ersten fortpflanzt, wobei lediglich zwischen jeweils zwei benachbarten Stufen eine direkte Auftrags-Lieferungs-Beziehung besteht.
Siehe auch → Produktionsplanung und -steuerung sowie → Supply Chain Management, jeweils mit Literaturangaben.

Kanban-Karte
Das Wort Kanban stammt aus dem Japanischen und bedeutet „Schild" bzw. „Karte". Es steht für den Beleg, der als Informationsträger für die notwendige Steuerung im Rahmen der Leistungserstellung eingesetzt wird. Siehe auch → Kanban und → Kanban-System.

Kanban-System
Beim Kanban-System handelt es sich um ein aus Japan stammendes Konzept zur dezentralen Materialflusssteuerung. Das Kanban-System basiert auf dem → Holprinzip. Es führt dazu, dass die im Umlauf einer Produktionsstätte befindlichen Bestände an Teilen und Material reduziert bzw. auf einem niedrigen Niveau gehalten werden können. Es kann im Rahmen der Produktion oder auch für die Selbststeuerung des Materialflusses zwischen dem abnehmenden Unternehmen und den Zulieferern eingesetzt werden; siehe auch → Just-in-Time-Beschaffung. Informationsträger sind → Kanban-Karten.
Siehe auch → Kanban.

Kannkaufmann
Ein Kleingewerbetreibender kann seine Eintragung ins → Handelsregister beantragen. Durch die Eintragung ins Handelsregister wird die Stellung als → Kaufmann begründet (§ 2 HGB).

Kapazität
Leistungsvermögen des → Leistungspotenzials in einer bestimmten Periode, gemessen am möglichen Output (z.B. → Dienstleistungen) und dem erforderlichen Umfang externer und interner Leistungen. Die Kapazität drückt somit die Obergrenze der Leistungsmöglichkeit aus.

Kapazitätscontrolling
(bei Dienstleistungen). Die bei vielen Dienstleistungen zeitlich stark schwankende Nachfrage (z.B. je nach Tageszeit, Wochentag oder Jahreszeit) bringt es mit sich, dass der Anbieter bei der Festlegung seiner Kapazitäten vor der Frage steht, ob er sich am potenziellen Spitzenbedarf ausrichten und damit Leerkosten akzeptieren will oder ob er sich an einem eher durchschnittlichen Bedarf ausrichtet und dabei möglicherweise auf Grund von Wartezeiten verärgerte und unzufriedene Kunden in Kauf nimmt, die möglicherweise sogar abwandern.

Dem Kapazitätscontrolling kommen in diesem Zusammenhang verschiedene Aufgaben zu: Zum einen gilt es, den Auslastungsgrad der vorhandenen Kapazitäten zu analysieren und vorhandene Unter- oder Überkapazitäten zu ermitteln. Zum anderen muss das Kapazitätscontrolling in Zusammenarbeit mit dem → Qualitätscontrolling untersuchen, in wie weit die durch den Dienstleister vorgehaltenen Kapazitäten aus Kundensicht ausreichend sind, wo somit gegebenenfalls Wartezeiten akzeptiert werden und wo nicht. Diese Überprüfung der *subjektiven Kapazitätswahrnehmung* muss das an Hand von Auslastungsgraden objektivierbare Kapazitätscontrolling ergänzen, denn aus Sicht der Kunden entscheiden nicht objektive Kapazitätsdaten, sondern die subjektive Wahrnehmung prägt das Urteil über den Dienstleister und seine Angebote.

Siehe auch → Dienstleistungscontrolling und → Dienstleistungsmanagement.

Literatur: Schnittka, M.: Kapazitätsmanagement von Dienstleistungsunternehmungen, Wiesbaden 1998.

Kapazitätskontingent
siehe → Yield-Pricing.

KapESt
Abk. für → Kapitalertragsteuer.

Kapital, Gezeichnetes
siehe → Gezeichnetes Kapital.

Kapitalbedarfsplan
Mit dem Kapitalbedarfsplan werden die beabsichtigten Investitionen des Unternehmens geplant. Grundlage dafür bilden die betrieblichen Investitionspläne der einzelnen betrieblichen Bereiche. Die Kapitalbedarfsplanung bildet damit ein Kernstück der Finanzplanung, da die Investitionen Kapital auf längere Sicht binden und in der Regel nicht ohne größere Verluste rückgängig gemacht werden können. Aus der Kapitalbedarfsplanung resultieren (Ein- und) Auszahlungen, die in der → Finanzplanung berücksichtigt werden müssen.

Siehe auch → Finanzplanung sowie → Kapitalbindungsplanung.

Literatur: Schierenbeck, H.: Grundzüge der Betriebswirtschaftslehre, 14. Aufl., München Wien 1999, S. 309–311; Wöhle, C.B.: Finanzplanung, in: Akademie Deutscher Genossenschaften ADG (Hrsg.) Reihe Bank Colleg Betriebswirtschaft, Wiesbaden 1999, Gruppe 21, S. 1–18.

Kapitalbindungsplanung

Die Planung der mittel- und langfristigen Liquidität erfolgt über die Kapitalbindungsplanung. Bei dem Kapitalbindungsplan oder auch Kapitalbedarfsplan handelt es sich ebenso wie bei Plan-Bilanz und Plan-GuV um einen funktionsübergreifenden Plan. In ihm finden die zukünftigen unternehmenspolitischen Handlungen ihren monetären Niederschlag. Der Prognosezeitraum umfasst mehrere Jahre. Als Planungseinheit ist jeweils ein Jahr zu veranschlagen.

Kapitalbindungsplan	
Kapitalverwendung	Kapitalherkunft
• Kapitalbindende Auszahlungen • Kapitalentziehende Auszahlungen	• Kapitalfreisetzende Einzahlungen • Kapitalzuführende Einzahlungen
Saldo	Saldo

Siehe auch → Finanzcontrolling (mit Literaturangaben).

Kapitalerhöhung

vor allem bei der → Aktiengesellschaft verwendeter Begriff. (a) Bei der effektiven Kapitalerhöhung wird nach entsprechendem Beschluss der → Hauptversammlung neues Kapital hinzugeführt, insbesondere im Weg der ordentlichen Kapitalerhöhung durch Ausgabe neuer Aktien unter Wahrung des → Bezugsrechts der bisherigen → Aktionäre. (b) Bei der nominellen Kapitalerhöhung werden Rücklagen in Grundkapital umgewandelt.

Kapitalertragsteuer

(*withholding tax on capital yields*) ist eine Vorauszahlung auf die (deutsche) → Einkommensteuer bei Dividendenzahlungen von Aktien im Quellensteuerabzugsverfahren (§ 43 Abs. 1 Satz 1 Nr. 1a EStG). Gemäß § 43a Abs. 1 Satz 1 EStG beträgt die Kapitalertragsteuer (Abk.: KapESt) 20 v.H. der ausgeschütteten Dividende. Die *KapESt* wird auf die → *Einkommensteuer* angerechnet (§ 36 Abs. 2 Satz 2 Nr. 2 EStG).

Kapitalflussrechnung, Teil 1: Grundlagen

Grundlagen der Kapitalflussrechnung (Cash Flow Statement)

von Univ.-Professor Dr. Helmut Kuhnle und Dr. Jürgen Banzhaf
Institut für Betriebswirtschaftslehre an der Universität Hohenheim

1. Charakterisierung und Zielsetzung der Kapitalflussrechnung

Ein- und Auszahlungen sind für den nachhaltigen Erfolg eines Unternehmens entscheidend. Nur ein Unternehmen, das Einzahlungsüberschüsse erwirtschaftet und stets ausreichend liquide Mittel (→ Liquidität) verfügbar hat, um seinen Zahlungsverpflichtungen nachkommen zu können, kann seine Existenz und den wirtschaftlichen Erfolg gewährleisten. Die Kapitalflussrechnung als Zahlungsstromrechnung wird erstellt, um Aussagen zur Entwicklung der liquiden Mittel, der Zahlungsfähigkeit (→ Liquidität und → Insolvenzrecht) und finanziellen Flexibilität abzuleiten. Sie ermöglicht somit, eine Unternehmensgefährdung aufgrund von Zahlungsunfähigkeit rechtzeitig erkennen zu können. Ein weiterer Vorteil ist darin zu sehen, dass die Kapitalflussrechnung auch ohne fachspezifische Vorkenntnisse interpretierbar ist.

Die Kapitalflussrechnung ist vielseitig einsetzbar, da sie nicht nur als internes Steuerungsinstrument, sondern darüber hinaus auch als ein an externe Jahresabschlussadressaten gerichtetes Publizitätsinstrument verwendet werden kann. Ihre Hauptaufgabe wird heute zwar überwiegend in der retrospektiven Dokumentation und Kontrolle der → Finanzmittel gesehen. Allerdings spielt ihre prospektive Berechnung zur Planung und Steuerung der Zahlungsströme insbesondere für → Konzerne als unternehmerische Einheit eine essenzielle Rolle.

Die Zielsetzung der Kapitalflussrechnung lässt sich daher wie folgt definieren:

(1) Bereitstellung von Informationen über die Fähigkeit des Unternehmens beziehungsweise Konzerns, Zahlungsüberschüsse zu erwirtschaften,

(2) Ermittlung des von dem Unternehmen benötigten Finanzbedarfs, um seinen Verbindlichkeiten und Zahlungen an die Eigenkapitalgeber nachzukommen und kreditwürdig zu bleiben,

(3) Dokumentation der Auswirkungen zahlungswirksamer sowie zahlungsunwirksamer Investitions- und Finanzierungsvorgänge auf die Finanzlage des Unternehmens beziehungsweise Konzerns während der Berichtsperiode und

(4) Ausweis von Differenzen zwischen Periodenergebnis und dazugehörigen Zahlungsströmen sowie Darstellung der Liquiditätsveränderungen der Abrechnungsperiode.

2. Berücksichtigung der Kapitalflussrechnung in der deutschen Rechnungslegung

In den USA ist die Kapitalflussrechnung schon seit langem Pflichtbestandteil des → Jahresabschlusses für alle Unternehmen (SFAS 95.3, Reg S-X Rule 3-02). Auch gemäß → IFRS ist die Aufstellung der Kapitalflussrechnung im Rahmen des Abschlusses aller Unternehmen Pflicht (IAS 1.8 (d), IAS 7). Hingegen werden in der deutschen Rechnungslegungspraxis erst seit den siebziger Jahren des vorigen Jahrhunderts Kapitalflussrechnungen, teilweise mit unterschiedlicher Bezeichnung und Ausgestaltung erstellt und veröffentlicht.

Eine erste institutionelle Empfehlung zur Gestaltung von Kapitalflussrechnungen stellt die 1978 durch das → Institut der Wirtschaftsprüfer veröffentlichte Stellungnahme HFA 1/1978 dar. Bezweckt wurde mit dieser Veröffentlichung eine Vereinheitlichung der freiwillig erstellten Kapitalflussrechnungen sowie die Schaffung einer Beurteilungsgrundlage derartiger Kapitalflussrechnung durch den Abschlussprüfer. Eine weitere Stellungnahme (SG/HFA 1/1995) des Instituts der Wirtschaftsprüfer ist in Kooperation mit dem Arbeitskreis „Finanzierungsrechnung" der → Schmalenbach-Gesellschaft für Betriebswirtschaft e.V. im Jahr 1995 erschienen. Diese orientiert sich an der internationalen Entwicklung der Kapitalflussrechnung und hierbei insbesondere an IAS 7.

Erst seit der erstmaligen Anwendung der Bestimmungen des Gesetzes zur Kontrolle und Transparenz im Unternehmensbereich (KonTraG) im Jahr 1999 sind die gesetzlichen Vertreter eines börsennotierten Mutterunternehmens (→ Muttergesellschaft, kapitalmarktorientierte) gemäß § 297 Abs. 1 Satz 2 HGB dazu verpflichtet, eine Kapitalflussrechnung als eigenständiger Bestandteil des → Konzernabschlusses zu erstellen. Diesbezüglich hat der → Deutsche Standardisierungsrat des → Deutschen Rechnungslegungs Standards Committees den → DRS 2: „Kapitalflussrechnung" veröffentlicht, der die Bestimmungen zur Kapitalflussrechnung festlegt. Daneben zählen IAS 7: Cash Flow Statements (IFRS) und SFAS 95: Statement of Cash Flows (→ US-GAAP) zu den wichtigsten internationalen Regelungen hinsichtlich der Ausgestaltung von Kapitalflussrechnungen.

3. Kapitalflussrechnung als Ergänzung zu Bilanz und Gewinn- und Verlustrechnung

Die Kapitalflussrechnung stellt neben Bilanz und Gewinn- und Verlustrechnung (→ Jahresabschluss) die dritte Jahresrechnung dar. Im Unterschied zur Bilanz, die das Vermögen und Kapital zu einem Stichtag erfasst, dienen Gewinn- und Verlustrechnung und Kapitalflussrechnung als Stromgrößenrechnungen der Ermittlung von Erfolgs- und Liquiditätslage. Während die Bilanz durch Abbildung der Vermögenslage Aussagen über die Höhe der Liquiditätsveränderungen trifft, legt die Kapitalflussrechnung die Faktoren offen, die zu einer entsprechenden Verbesserung beziehungsweise Verschlechterung geführt haben. In diesem Sinne macht die Kapitalflussrechnung ergänzende Aussagen hinsichtlich Herkunft und Verwendung der Finanzmittel während der Abrechnungsperiode. Wird sie als prospektive Rechnung ausgestaltet, dann erlaubt sie darüber hinaus den Einsatz als Früherkennungsinstrument hinsichtlich finanzieller Fehlentwicklungen sowie einer Insolvenzgefährdung.

Die Schnittstelle zwischen Bilanz (→ Jahresabschluss) und Kapitalflussrechnung bildet ein Finanzmittelfonds (→ Fonds). Da die einzelnen Posten des Fonds in der Kapitalflussrechnung mit den jeweiligen Positionen in der Bilanz übereinstimmen, werden sämtliche Geschäftsvorfälle, die eine positive oder negative Veränderung des definierten Finanzmittelfonds auslösen, in der Ursachenrechnung der Kapitalflussrechnung als Grund für diese Veränderung wiedergegeben.

Hinweise

- Zu den Grundlagen der Erstellung einer Kapitalflussrechnung sowie zur Aufstellungstechnik der (Konzern-)Kapitalflussrechnung siehe → *Kapitalflussrechnung, Teil 2: Erstellung.*
- Zu den angrenzenden Wissensgebieten siehe → Abschlusserstellung nach US-GAAP, → Bilanzanalyse, → Cash Flow, → Finanzcontrolling, → Finanzplanung, → Finanzwirtschaft, betriebliche, → Internationale Rechnungslegung nach IFRS, → Investitionswirtschaft, → Jahresabschluss nach deutschem Recht, → Jahresabschluss nach schweizerischem Recht, → Kennzahlen, finanzwirtschaftliche, → Konzernabschluss, → Rating-Methoden, kreditwirtschaftliche.

Literatur: Amen, M. (1995): Die Kapitalflußrechnung als Rechnung zur Finanzlage: Eine kritische Betrachtung der Stellungnahme HFA 1/1995: „Die Kapitalflußrechnung als Ergänzung des Jahres- und Konzernabschlusses", in: Die Wirtschaftsprüfung, Nr. 15, S. 498-509; Auer, K.V. (2002): Kapitalflussrechnung, in: Ballwieser, W./Coenenberg, A. G./Wysocki, K. v. (Hrsg.): Handwörterbuch der Rechnungslegung und Prüfung, 3. Aufl., Stuttgart; Bieg, H./Regnery, P. (1993): Bemerkungen zur Grundkonzeption einer aussagefähigen Konzern-Kapitalflußrechnung, in: Betriebs-Berater, Nr. 11, Beilage 6; Coenenberg, A.G. (2005): Jahresabschluss und Jahresabschlussanalyse: Betriebswirtschaftliche, handelsrechtliche, steuerrechtliche und internationale Grundsätze – HGB, IFRS, US-GAAP, 20., überarbeitete Aufl., Stuttgart; Gebhardt, G./Daske, H. (2003): Zur Notwendigkeit zahlungsorientierter Kapitalflussrechnungen, in: Das Wirtschaftsstudium, Nr. 10, S. 1219-1228; Hachmeister, D. (2000): Der Discounted Cash-Flow als Maß der Unternehmenswertsteigerung, 4., durchges. Aufl., Frankfurt am Main [u.a.]; Haenel, A. (1998): Die Erstellung von Kapitalflußrechnungen: Aktuelle Probleme und Lösungsvorschläge, Sternenfels [u.a.]; Küting, K./Weber, C.-P. (2005): Der Konzernabschluss: Lehrbuch zur Praxis der Konzernrechnungslegung, 9., vollst. überarb. Aufl., Stuttgart; Kuhnle, H. (2004): Bilanzen, Stuttgart; Mayer, K. (2002): Gestaltung und Informationsgehalt veröffentlichter Kapitalflußrechnungen börsennotierter deutscher Industrie- und Handelsunternehmen, Frankfurt am Main [u.a.]; Pfuhl, J. (1998): Kapitalflußrechnung im Konzern, in: Küting, K./Weber, C.-P. (Hrsg.): Handbuch der Konzernrechnungslegung: Kommentar zur Bilanzierung und Prüfung, 2., grundl. überarb. Aufl., Stuttgart; Scheffler, E. (2002): Kapitalflussrechnung: Stiefkind in der deutschen Rechnungslegung, in: Betriebs-Berater, Nr. 6, S.295–300; Schmidt, A. (2003): Der Vergleich der Kapitalflussrechnungen nach IAS 7, SFAS 95 und DRS 2 als Instrument zur externen Analyse der Finanzlage, Leipzig; Schrader, C. (1999): Die Kapitalflussrechnung als Abbildung der Finanzlage, Frankfurt am Main; Stahn, F. (2000): Der Deutsche Rechnungslegungsstandard Nr. 2 (DRS 2) zur Kapitalflussrechnung aus praktischer und analytischer Sicht, in: Der Betrieb, Nr. 5, S. 233–238; Wysocki, K. v. (1998): Kapitalflußrechnung, Stuttgart.

Internetadressen: (Schmalenbach-Gesellschaft für Betriebswirtschaft e.V.) http://www.schmalenbach.org; (Institut der Wirtschaftsprüfer in Deutschland e.V.) http://www.idw.de

Website der Autoren: http://www.uni-hohenheim.de; http://www.uni-hohenheim.de/~didakbwl/index.html

Kapitalflussrechnung, Teil 2: Erstellung

Erstellung der Kapitalflussrechnung (Cash Flow Statement)

von Univ.-Professor Dr. Helmut Kuhnle und Dr. Jürgen Banzhaf
Institut für Betriebswirtschaftslehre an der Universität Hohenheim

1. Grundlagen der Erstellung einer Kapitalflussrechnung

Die Kapitalflussrechnung kann sowohl in Kontoform als auch in Staffelform erstellt werden. Für erstere spricht, dass die gesamten Zu- und Abflüsse an liquiden Mitteln einander gegenüber gestellt werden können. Der verbleibende Saldo gibt dann einen Finanzmittelüberschuss beziehungsweise ein -defizit an.

In den nationalen und internationalen → Rechnungslegungsstandards ist die Staffelform vorgeschrieben, die die Finanzmittelveränderungen in einer skontrierenden Aufstellung anordnet. Der Vorteil einer solch fortlaufenden Darstellung besteht darin, dass finanzwirtschaftlich aussagefähige Zwischensummen beziehungsweise -differenzen gebildet werden können. Gebräuchlich ist beispielsweise eine Gliederung nach Finanzierungsarten oder nach betrieblichen Teilbereichen. Eine Aufstellung anhand der Finanzierungsarten vermittelt einen Einblick in die Herkunft der Finanzmittel differenziert nach Innen- und Außenfinanzierung sowie in die Verwendung der Mittel, untergliedert in Investitionen und Definanzierungen; siehe Abbildung 1.

Abb. 1: Kapitalflussrechnung nach Finanzierungsarten			
Ursachen-Rechnung	Mittelherkunft	+ + + =	Innenfinanzierungszuflüsse Außenfinanzierungszuflüsse Desinvestitionszuflüsse Fondsmittelzufluss (1)
	Mittelverwendung	+ =	Investitionsabflüsse Definanzierungsabflüsse Fondsmittelabfluss (2)
Fondsänderungsrechnung		+ =	Veränderung Fondsmittel [(1)+(2)] Anfangsbestand des Finanzmittelfonds Endbestand des Finanzmittelfonds

Wird die Kapitalflussrechnung nach dem Aktivitätsformat (activity format) gegliedert, dann sind die Finanzmittelveränderungen erst den drei betrieblichen Teilbereichen „laufende Geschäftstätigkeit" (Synonym: operative beziehungsweise betriebliche Geschäftstätigkeit), „Investitionstätigkeit" und „Finanzierungstätigkeit" zuzuordnen, und anschließend ist innerhalb der Bereiche nach Mittelzu- und -abflüssen zu differenzieren; siehe Abbildung 2.

Der Vorteil dieser Gliederung besteht darin, dass nicht nur die Veränderungen des jeweiligen → Fonds erkennbar sind, sondern dass auch die Aktivitäten sichtbar werden, die zu den Veränderungen während der Abrechnungsperiode geführt haben. Diese differenzierte Darstellungsweise der Kapitalflussrechnung ermöglicht den Jahresabschlussadressaten somit wichtige Erkenntnisse bezüglich der Beziehungen zwischen den Kategorien und deren Entwicklung. Das Aktivitätsformat wird aus diesem Grund von sämtlichen Rechnungslegungsstandards zur Kapitalflussrechnung vorgeschrieben. Allerdings entsteht durch diese Gliederung ein Abgrenzungsproblem, da Transaktionen den betrieblichen Funktionsbereichen eindeutig und einheitlich zugeordnet werden müssen.

Abb. 2: Kapitalflussrechnung nach dem Aktivitätsformat			
Ursachen-rechnung	Umsatzbereich	Laufende Ge-schäftstätigkeit	Operative Einzahlungen ./. operative Auszahlungen **= Cash Flow aus laufender Geschäfts-tätigkeit (1)**
	Anlagenbereich	Investitions-tätigkeit	Investitionseinzahlungen ./. Investitionsauszahlungen **= Cash Flow aus Investitionstätigkeit (2)**
	Kapitalbereich	Finanzierungs-tätigkeit	Finanzierungseinzahlungen ./. Finanzierungsauszahlungen **= Cash Flow aus Finanzierungstätig-keit (3)**
Fondsände-rungsrechnung			**Veränderung des Finanz-mittelfonds [(1)+(2)+(3)]**

2. Aufstellungstechnik der (Konzern-)Kapitalflussrechnung

Bei der Erstellung einer Kapitalflussrechnung stehen mehrere Methoden zur Ermittlung der Zahlungen zur Verfügung, die jeweils spezifische Vor- und Nachteile sowie verschiedene Ausgestaltungsmöglichkeiten aufweisen. Siehe Abbildung 3 „Aufstellungstechniken der (Konzern-) Kapitalflussrechnung". Grundsätzlich kann die Kapitalflussrechnung entweder originär oder derivativ abgeleitet werden. Bei der originären Ermittlung werden die Geschäftsvorfälle, die eine Veränderung des Finanzmittelfonds bedingen, einzelnen Zahlungsströmen zugeordnet. Bei der derivativen Ableitung geht man dagegen von den Zahlenwerten des → Jahresabschlusses aus. Beide Ermittlungsmethoden führen zum gleichen Ergebnis, wenn bei der derivativen Ableitung Zusatzangaben aus der Geschäfts- und Finanzbuchhaltung herangezogen werden, die zur Eliminierung der zahlungsunwirksamen Vorgänge erforderlich sind.

Für die Ermittlung der Konzernkapitalflussrechnung gelten grundsätzlich die gleichen Aufstellungsregelungen wie für die Kapitalflussrechnung eines einzelnen Unternehmens. Wie beim Einzelabschluss kann die Kapitalflussrechnung des Konzerns entweder originär oder derivativ erstellt werden. Darüber hinaus kann sie zusätzlich auch additiv durch die Zusammenfassung der Einzel-Kapitalflussrechnungen ermittelt werden. Auch bei der Konzernkapitalflussrechnung führen die drei verschiedenen Ermittlungsmethoden grundsätzlich zum gleichen Ergebnis. Jedoch weist der Konzern als Rechnungslegungsobjekt andere Eigenschaften auf als die Einzelgesellschaft, weshalb konzerninterne Zahlungsströme vollständig oder anteilig auszuschließen sind. Unterschiede ergeben sich daher im Zusammenhang mit der Aufbereitung der Daten und den organisatorischen Voraussetzungen, die an das Rechnungswesen der Konzernunternehmen zu stellen sind.

- Bei der originären Erstellung der Konzernkapitalflussrechnung werden die entsprechenden Zahlungsvorgänge entweder direkt aus den Buchhaltungen der einzelnen Konzernunternehmen, wobei Konsolidierungen der Zahlungsströme erforderlich sind, oder aus der Konzernbuchhaltung entnommen.
- Im Falle der derivativen Ermittlung werden die Daten der konsolidierten Bilanz sowie der konsolidierten Gewinn- und Verlustrechnung abgeleitet, die allerdings noch um vielfältige Informationen zu ergänzen sind.

Die originäre Ermittlungsmethodik der Konzernkapitalflussrechnung stellt aus theoretischer Perspektive im Vergleich zu einer derivativen Ableitung die bessere Lösung dar, da sie nicht auf aggregierten Daten beruht und grundsätzlich die umfassendste und detaillierteste Form der Liquiditätsrechnung darstellt. Allerdings macht die originäre Erstellung eine gesonderte Konzernbuchführung erforderlich, die wegen des anfallenden organisatorischen Aufwandes in der Rechnungslegungspraxis nicht realisiert wird. Aus diesem Grund scheidet die Konzernbuchhaltung als Datenbasis aus, weshalb eine originäre Ableitung in der praktischen Anwendung gegenüber der derivativen Ableitung zurück tritt.

Bei der additiven Ermittlungsmethodik wird die Konzernkapitalflussrechnung durch Konsolidierung der Kapitalflussrechnungen der einbezogenen Unternehmen ermittelt, wobei die Einzel-Kapitalflussrechnungen entweder originär oder derivativ abgeleitet werden können. Hierbei ist die Erfassung der Zahlungsströme der Konsolidierung vorgelagert. Die Konsolidierung kann dann entweder auf Ebene der Einzelunternehmen und damit separat für jedes einbezogene Unternehmen erfolgen oder alternativ können die Daten des einbezogenen Unternehmens erst zusammengefasst und anschließend als Gesamtheit konsolidiert werden.

Bei Aufstellung der Kapitalflussrechnung folgt auf die Ermittlung der Zahlungen deren Darstellung. Diese Darstellung der → Cash Flows kann entweder direkt oder indirekt erfolgen. Bei Ausgestaltung des Cash Flows aus der laufenden Geschäftstätigkeit existiert ein Wahlrecht hinsichtlich direkter oder indirekter Darstellung (SFAS 95.27-30; IAS 7.18-20; DRS 2.24). Dagegen sind die Cash Flows aus der Investitions- und Finanzierungstätigkeit grundsätzlich direkt darzustellen.

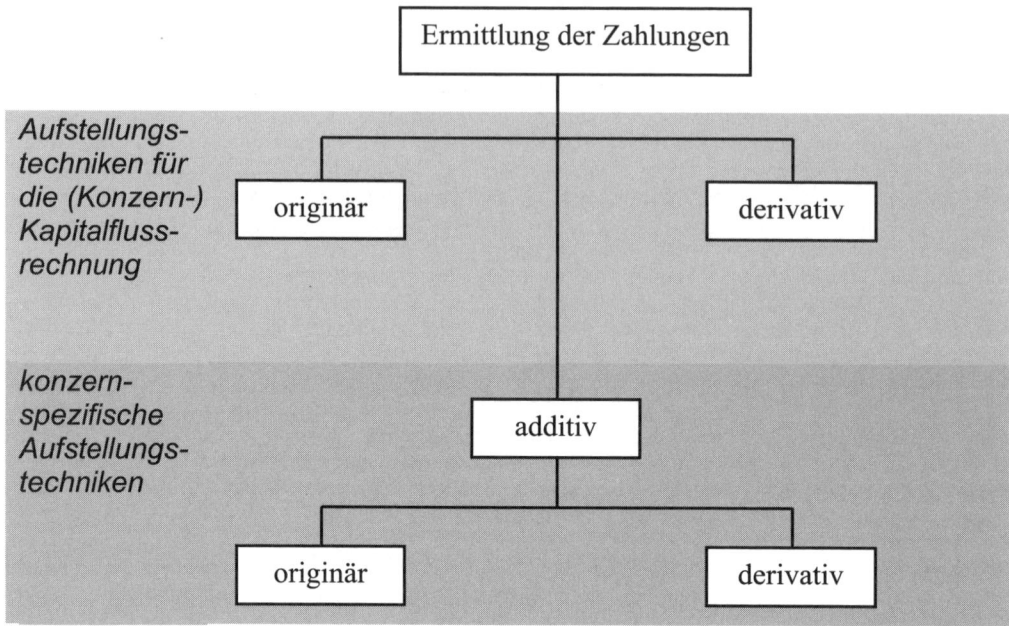

Abb. 3: Aufstellungstechniken der (Konzern-)Kapitalflussrechnung

Hinweise
- Zur Charakterisierung und Zielsetzung der Kapitalflussrechnung, zur Berücksichtigung der Kapitalflussrechnung in der deutschen Rechnungslegung sowie zur Kapitalflussrechnung als Ergänzung zu Bilanz und Gewinn- und Verlustrechnung siehe → *Kapitalflussrechnung, Teil 1: Grundlagen.*
- Zu den angrenzenden Wissensgebieten siehe → Abschlusserstellung nach US-GAAP, → Bilanzanalyse, → Cash Flow, → Finanzcontrolling, → Finanzplanung, → Finanzwirtschaft, betriebliche, → Internationale Rechnungslegung nach IFRS, → Investitionswirtschaft, → Jahresabschluss nach deutschem Recht, → Jahresabschluss nach schweizerischem Recht, → Kennzahlen, finanzwirtschaftliche, → Konzernabschluss, → Rating-Methoden, kreditwirtschaftliche.

Literatur und Internetadressen: siehe → Kapitalflussrechnung, Teil 1: Grundlagen.

Website der Autoren: http://www.uni-hohenheim.de; http://www.uni-hohenheim.de/~didakbwl/index.html

Kapitalgesellschaft
ist eine → juristische Person, die durch Eintragung ins → Handelsregister rechtsfähig wird. Kapitalgesellschaften sind AGs (AG), Gesellschaften mit beschränkter Haftung (GmbH) und die Kommanditgesellschaft auf Aktien.
Siehe → Gesellschaftsrecht, Europäisches, → Aktiengesellschaft, deutsche, → Gesellschaft mit beschränkter Haftung, deutsche, Kommanditgesellschaft auf Aktien, deutsche, → Gesellschaftsrecht, österreichisches, → Aktiengesellschaft, österreichische, → GmbH, österreichische, jeweils mit Literaturangaben.
Siehe auch → Kapitalgesellschaft, amerikanische (Organe).

Kapitalgesellschaft, amerikanische

(Organe). Der anglo-amerikanischen Rechtskreis schreibt eine Zweiteilung der Organe in die Versammlung der Aktionäre (*Shareholders' Meeting*) sowie in eine gleichzeitig Management- und Kontrollaufgaben wahrnehmende Einheit, den *Board of Directors*, vor (siehe auch → Vereinigungsmodell). Das für das Tagesgeschäft zuständige → *Top-Management* bildet dabei an sich eine dem Board of Directors nachgeordnete Instanz. Innerhalb des Top-Management verfügt dessen Vorsitzender, der *Chief Executive Officer*, über direktoriale Befugnisse (→ Direktorialprinzip). Da dieser sowie weitere Mitglieder des Top-Managements in der Regel auch dem Board of Directors angehören, ist das → Vereinigungsmodell – insbesondere in der US-amerikanischen Variante – konstruktionsbedingt in hohem Maße anfällig für Manipulationen durch solche *Inside Directors*. Dies insbesondere dann, wenn der CEO auch gleichzeitig Führungspositionen – bspw. die des *Chairman* – innerhalb des Board ausübt. Vor allem seit den 70er Jahren des letzten Jahrhunderts wurden daher in den USA von Institutionen wie der SEC (Security and Exchange Commission) oder der NYSE (New York Stock Exchange) Vorschriften für eine Verbesserung der gesetzlichen Rahmenvorgaben erlassen.
Siehe auch → Abschlusserstellung nach US-GAAP, → Corporate Governance.

Kapitalgesellschaft, österreichische

Die Differenzierung in *Personen- und Kapitalgesellschaften* ist die am häufigsten gewählte Form der Einteilung von Gesellschaftsformen. Entscheidend in diesem Zusammenhang ist, inwieweit die Gesellschafter in das Gesellschaftsgeschehen einbezogen sind. Während die → GmbH in mancher Hinsicht die Züge einer → *Personengesellschaft* trägt, ist die → AG der Prototyp einer *Kapitalgesellschaft*. Sie hat eine große Zahl anonymer Teilhaber, die allesamt keine aktive Rolle im Gesellschaftsleben spielen, sondern deren Beitrag sich in der Leistung der Kapitaleinlage erschöpft. Die Aufgaben der Vertretung und Geschäftsführung der Gesellschaft werden Dritten überlassen (Möglichkeit der *Fremdorganschaft*). Auch den Gläubigern der Gesellschaft haften die Gesellschafter grundsätzlich nicht. Kreditbasis ist allein das Gesellschaftsvermögen. Der geringen persönlichen Bindung zwischen Gesellschaftern und Gesellschaft entsprechend ist auch die *Mitgliedschaft offen* ausgestaltet. Sie kann ohne Zustimmung der übrigen Teilhaber übertragen werden. Das Recht der Kapitalgesellschaft ist weitgehend *zwingend*. Vor allem die *detaillierten Vorschriften zur Innenorganisation* der Gesellschaft können nur geringfügig verändert werden. → GmbH, → AG und → SE sind *Kapitalgesellschaften*.
Siehe auch → Gesellschaftsrecht, österreichisches, → Aktiengesellschaft, österreichische, → GmbH, österreichische, jeweils mit Literaturangaben.

Kapitalgesellschaften, Entstehung

(nach *Steuerrecht*). Eine Kapitalgesellschaft entsteht nicht in einem bzw. durch einen Rechtsakt, sondern im Rahmen eines Gründungsprozesses, der drei Phasen umfasst. Sowohl bei der Aktiengesellschaft als auch der GmbH lassen sich die → Vorgründungsgesellschaft, die → Vorgesellschaft sowie die rechtlich existierende Kapitalgesellschaft unterscheiden.

Kapitalgewinnungszeit

(in der *Investitionsrechnung*), siehe → Amortisationsrechnung, dynamische, → Amortisationsrechnung, statische.

Kapitalherabsetzung

vor allem bei der → Aktiengesellschaft verwendeter Begriff. Die nominelle vereinfachte Kapitalherabsetzung verfolgt vor allem im Rahmen von Unternehmenssanierungen den Zweck, das Grundkapital an eingetretene Verluste anzupassen. Die hierbei gewonnenen Beträge dürfen nur zur Deckung von Verlusten oder zur Einbringung in die gesetzliche oder die Kapitalrücklage verwendet werden.

Kapitalimportneutralität

(→ Steuerrecht, Internationales). Die Besteuerung erfolgt (ausschließlich) zu dem am Ort der wirtschaftlichen Betätigung geltenden steuerlichen Bedingungen. Dies wird durch Freistellung im → Ansässigkeitsstaat erreicht.

Kapitalkosten
siehe → Kostenartenrechnung.

Kapitalkosteneinsatz, gewogener
siehe → WACC (Unternehmensbewertung), weighted average cost of capital.

Kapitalmarkt
Unter dem Kapitalmarkt versteht man den Teilmarkt des Finanzmarktes, auf dem eine längerfristige Kapitalanlage und -aufnahme, der Handel mit Wertpapieren sowie ein Aufeinandertreffen von Angebot und Nachfrage für Finanzierungstitel erfolgt. Man unterscheidet den organisierten Kapitalmarkt der Banken und Börsen und den nichtorganisierten Kapitalmarkt, der ohne Mitwirkung der Banken und Börsen abläuft, z.B. über Annoncen, private Vermittler und Geldverleiher. Der organisierte Teil des Kapitalmarktes, im speziellen der Aktien- und Rentenmarkt, die Emissionsmärkte für börsengängige Wertpapiere und im kleinen Umfang der Markt für Schuldscheindarlehen sind für den normalen Kapitalanleger von Interesse.

Kapitalmarkt, semi-vollkommener
(im → *Portfoliomanagement*), ist ein → vollkommener Kapitalmarkt, der jedoch nicht über eine beliebige, sondern eine gegebene Anzahl von Wertpapieren verfügt.

Kapitalmarkt, vollkommener
(im → *Portfoliomanagement*), stellt eine Idealvorstellung eines Kapitalmarkts dar. Es wird davon ausgegangen, dass sich alle Marktteilnehmer rational verhalten und keine Informationskosten (Informationsbeschaffungs- und Informationsverarbeitungskosten) sowie keine Transaktionskosten anfallen. Ferner wird das Vorliegen von Steuern ausgeschlossen und von Mengenanpasserverhalten unter den Marktteilnehmern ausgegangen. Letzteres impliziert, dass die Marktteilnehmer zu gegebenen Preisen handeln. Da aufgrund dieser Annahmen der Handel beliebiger Zahlungsstrukturen → Pareto-effizient ist, tendiert ein vollkommener Kapitalmarkt stets zu einem → vollständigen Kapitalmarkt.

Kapitalmarkt, vollkommener
(in der *Investitionsrechnung*), siehe → vollkommener Kapitalmarkt.

Kapitalmarkt, vollständiger
(im → *Portfoliomanagement*), steht für einen Kapitalmarkt, an dem jeder zeit- und zustandsabhängige Zahlungsstrom gehandelt wird. Bei einer endlichen Anzahl denkbarer Umweltzustände ist es für das Vorliegen eines vollständigen Kapitalmarkts hinreichend, dass zu jedem Zeitpunkt mindestens so viele Wertpapiere mit unabhängigen Zahlungsstromvektoren gehandelt werden wie Umweltzustände denkbar sind. Siehe auch → Kapitalmarkt, vollkommener.

Kapitalmarktgleichgewicht
stellt am → vollkommenen Kapitalmarkt den Sachverhalt der Markträumung dar, bei dem das Angebot an Wertpapieren mit der Nachfrage übereinstimmt. Bei ausschließlich zu beobachtenden μ-σ-Präferenzen führt das Vorliegen eines Kapitalmarktgleichgewichts zum → Capital Asset Pricing Model (CAPM).

Kapitalmarktlinie
steht für die → Effizienzlinie im Rahmen des → Capital Asset Pricing Model (CAPM). Aus der Bestimmungsgleichung der Kapitalmarktlinie lässt sich der Zusammenhang zwischen (erwarteter) Rendite μ_E und Standardabweichung σ_E der μ-σ-effizienten Wertpapierportfolios im → Kapitalmarktgleichgewicht ablesen. Konkret gilt der Zusammenhang $\mu_E = i + [(\mu_M - i)/\sigma_M] \cdot \sigma_E$, wobei μ_M und σ_M für die jeweiligen Momente des Marktportfolios stehen und i den Zinssatz für periodische risikolose Anlage und Verschuldung beschreibt.

Kapitalmarktorientierte Mutterunternehmen
siehe → Mutterunternehmen, kapitalmarktorientierte.

Kapitalmarktorientiertes Unternehmen

ist ein Unternehmen, das einen organisierten Markt im Sinne des § 2 Abs.5 WpHG durch von ihm oder einem seiner Tochterunternehmen ausgegebene Wertpapiere im Sinne des § 2 Abs.1 S.1 WpHG in Anspruch nimmt oder die Zulassung solcher Wertpapiere zum Handel an einem organisierten Markt beantragt hat.

Kapital-Richtlinie

(77/91/EWG) (*Kapitalschutz-Richtlinie*) vom 13.12.1976 schreibt für Publikumskapitalgesellschaften das Prinzip des festen Kapitals (Aufbringung und Erhaltung eines Mindestkapitals in Höhe von 25.000 EUR) vor. Siehe → Gesellschaftsrecht, Europäisches.
    Quelle: ABl.EG L 26 vom 31.1.1977, S. 1; abrufbar bei Eur-Lex unter: http://eur-lex.europa.eu.

Kapitalrückflusszeit

(in der → *Investitionswirtschaft*), siehe → Amortisationsrechnung, dynamische, → Amortisationsrechnung, statische und → Kapitalrückflusszeit, statische.

Kapitalrückflusszeit, statische

(in der → *Investitionswirtschaft*). Die statische Kapitalrückflusszeit (Amortisationsdauer, Amortisationszeit, → Kapitalwiedergewinnungszeit oder → pay-back-time) einer Investition ist die Zeitspanne, in der die Anschaffungsausgaben sowie Zinsen auf das durchschnittlich gebundene Kapital durch Rückflüsse zurück gewonnen werden. Rückflüsse sind die jährlichen Differenzen der Einzahlungen und Auszahlungen (bei Neu- und Erweiterungsinvestitionen) oder Auszahlungsersparnisse (bei Rationalisierungs- und Ersatzinvestitionen).
Die (statische) Kapitalrückflusszeit (Amortisationsdauer) zeigt an, wie lange die Investition mindestens durchhalten muss, damit kein Verlust entsteht.
Siehe auch → Amortisationsrechnung, statisch sowie → Investitionswirtschaft.

Kapitalrücklage

In die Kapitalrücklage werden die Beträge eingestellt, die in einem Zusammenhang mit Mittelzuflüssen von Gesellschaftern stehen und über das → gezeichnctc Kapital hinausgehen. Dies sind gem. § 272 (2) HGB (1) der Betrag (Agio), der bei der Ausgabe von Anteilen einschließlich Bezugsanteile über den Nennbetrag hinaus erzielt wird, (2) der Betrag, der bei der Ausgabe von Schuldverschreibungen für Wandlungsrechte und Optionsrechte zum Erwerb von Anteilen erzielt wird, (3) der Betrag von Zuzahlungen, die Gesellschafter gegen Gewährung eines Vorzugs für ihre Anteile leisten, (4) der Betrag von anderen Zuzahlungen, die Gesellschafter in das Eigenkapital leisten.
Siehe auch → Eigenkapital (mit Literaturangaben).

Kapitalsammelstelle

Unternehmen, das im Rahmen seiner Geschäftstätigkeit laufend finanzielle Mittel in größerem Umfang hereinnimmt bzw. ansammelt und erhebliche Teilbeträge davon wieder anlegen muss. Dies sind beispielsweise Versicherungen, Pensionskassen oder Investmentfonds.

Kapitalschutz-Richtlinie

(77/91/EWG), siehe → Kapital-Richtlinie und die dort angegebene Quelle.

Kapitalumschlagshäufigkeit

zeigt Umsatz in Relation zum Kapitaleinsatz. Damit lässt sich die Intensität der Vermögensnutzung von Unternehmen mit unterschiedlichem Geschäftsvolumen (Umsatz) vergleichen. Sie steigt u.a., wenn die Auftragsbearbeitungszeit (Durchlaufzeit) verkürzt wird und dadurch die Vorratsbestände sinken.

Kapitalwert(-Methode)

(in der → *Investitionsrechnung*) Der Kapitalwert (häufig Gleichsetzung mit → *Barwert*) gehört zu den klassischen Partialmodellen der dynamischen Investitionsrechnung (→ Investitionsrechnungen, dynamische). Siehe auch → Kapitalwertrate.

Die im Zeitablauf t anfallenden Einzahlungen E_t sowie Auszahlungen A_t werden durch Diskontierung mit dem $\rightarrow$ Kalkulationszinssatz i über die ganze Nutzungsdauer T der Investition zum Kapitalwert C_0 im Zeitpunkt Null, dem Beginn des Planungszeitraums, verdichtet. Formal ergibt sich:

$$C_0 = \sum_{t=0}^{T} \left(E_t - A_t \right) \cdot \frac{1}{\left(1+i\right)^t}$$

Eine nach diesem Kriterium beurteilte *Einzelinvestition* ist vorteilhaft, wenn ihr Kapitalwert größer Null ist. Bei der *Auswahlentscheidung* zwischen mehreren Investitionen ist diejenige zu wählen, die zu dem größten positiven Kapitalwert führt.
Siehe auch $\rightarrow$ Investitionsrechnungen (Investitionsentscheidungen), statische bzw. *dynamische* bzw. unter Unsicherheit sowie $\rightarrow$ Investitionswirtschaft, jeweils mit Literaturangaben.

Kapitalwert, relativer
siehe $\rightarrow$ Kapitalwertrate (in der $\rightarrow$ *Investitionsrechnung*).

Kapitalwertformeln vor und nach Steuern
Aufbauend auf die allgemeine Kapitalwertformel (K: Kapitalwert, vor Steuern; i: Kalkulationszinssatz vor Steuern; n: Planungshorizont)

$$K = -A_0 + \sum_{t=1}^{n} \frac{E_t - A_t}{(1+i)^t}$$

erhält man dann die folgende Nettokapitalwertformel (K_s: Kapitalwert nach Steuern):

$$K_s = -A_0 + \sum_{t=1}^{n} \frac{E_t - A_t - S_t}{(1+i_s)^t}$$

S_t bezeichnet die Steuerzahlung in Periode t und i_s den Kalkulationszinssatz nach Steuern ($\rightarrow$ *Kalkulationszinssatz vor und nach Steuern*). Man spricht vom Standardmodell, wenn unterstellt wird, dass Verwerfungen zwischen Zahlungsstrom und Steuerbemessungsgrundlage sich ausschließlich aus der Abschreibung der im Zeitpunkt t_0 angeschafften Wirtschaftsgüter des Anlagevermögens ergeben. Diese werden über die dafür festgelegte Nutzungsdauer abgeschrieben. Die Nettokapitalwertformel wird daher zu (AfA_t steht für den Abschreibungsbetrag in Periode t):

$$K_s = -A_0 + \sum_{t=1}^{n} \frac{E_t - A_t - s \cdot (E_t - A_t - AfA_t)}{(1+i_s)^t}$$

Siehe auch $\rightarrow$ Steuerlehre, Betriebswirtschaftliche sowie $\rightarrow$ Steuerpolitik, jeweils mit Literaturangaben.

Kapitalwertmethode
siehe $\rightarrow$ Kapitalwert(-Methode) (in der $\rightarrow$ *Investitionsrechnung*) und $\rightarrow$ Barkapitalwertmethode.

Kapitalwertrate
(in der $\rightarrow$ *Investitionsrechnung*). Die Kapitalwertrate ist definiert als *relativer Kapitalwert*, sie ergibt sich als Quotient von $\rightarrow$ Kapitalwert und Anschaffungsauszahlung. Die Kapitalwertrate ermöglicht die Bestimmung eines optimalen Investitionsprogramms, wenn die Summe der Anschaffungsauszahlungen im Startzeitpunkt durch ein vorgegebenes Budget begrenzt ist. Die Investitionsobjekte werden absteigend nach ihrer Kapitalwertrate sortiert. Gemäß der sich so ergebenden Reihenfolge werden die Investitionen so lange in das Programm aufgenommen, bis die Summe der Anschaffungsauszahlungen dem vorgegebenen Budget entspricht.
Dem so bestimmten Programm liegen einschränkend die Prämissen des $\rightarrow$ Kapitalwerts (die Zahlungsreihen sind bekannt, den jeweiligen Objekten zurechenbar und sicher; die Nutzungsdauern sind bekannt und gegeben; Steuern werden vernachlässigt; finanzielle Transaktionen erfolgen zum $\rightarrow$ Kalkulations-

zins) zugrunde. Ergänzend wird beliebige Teilbarkeit der Investitionsobjekte vorausgesetzt: Um das vorgegebene Budget vollständig zu investieren, kann es vorkommen, dass das letzte noch zu realisierende Objekt anteilig in das optimale Programm aufgenommen werden muss.
Siehe auch → Investionsrechnungen (Investitionsentscheidungen), dynamische (mit Literaturangaben).

Kapitalwiedergewinnungszeit, statische

(in der → *Investitionsrechnung*). Die statische Kapitalwiedergewinnungszeit (Amortisationsdauer, Amortisationszeit, → Kapitalrückflusszeit oder → pay-back-time) einer Investition ist die Zeitspanne, in der die Anschaffungsausgaben sowie Zinsen auf das durchschnittlich gebundene Kapital durch Rückflüsse zurück gewonnen werden. Rückflüsse sind die jährlichen Differenzen der Einzahlungen und Auszahlungen (bei Neu- und Erweiterungsinvestitionen) oder Auszahlungsersparnisse (bei Rationalisierungs- und Ersatzinvestitionen).
Die (statische) Kapitalwiedergewinnungszeit (Amortisationsdauer) zeigt an, wie lange die Investition mindestens durchhalten muss, damit kein Verlust entsteht.
Siehe auch → Amortisationsrechnung, statische sowie → Investitionswirtschaft.

Kartell

(*österreichisches Recht*). Als *Kartell* bezeichnet man jede Form der Verhaltensabstimmung zweier oder mehrerer wirtschaftlich selbständiger Unternehmen(svereinigungen), die eine Verhinderung, Einschränkung oder Verfälschung des Wettbewerbs bezweckt oder bewirkt (§ 1 öKartG 2005, Art 81 Abs 1 EGV). Derartige (stillschweigende) Absprachen sind prinzipiell unzulässig. Zu den *Ausnahmen* vom *Kartellverbot* siehe § 2 öKartG 2005.
Internetadresse: Österreichische Bundeswettbewerbsbehörde – http://www.bwb.gv.at

Kartellrecht

(*deutsches Recht*). Das *Kartellrecht* ist im „Gesetz gegen Wettbewerbsbeschränkungen (GWB)" geregelt. Es ist vom → *Wettbewerbsrecht* abzugrenzen, das im „Gesetz gegen den unlauteren Wettbewerb (UWG)" geregelt ist.
Beide Gesetze schützen den Wettbewerb, aber unter unterschiedlichen Aspekten. Das GWB will sicherstellen, dass es überhaupt einen Wettbewerb gibt (also Monopole und Preisabsprachen in Märkten mit nur wenigen Anbietern verhindern), das UWG will unlautere Wettbewerbshandlungen einzelner Anbieter in einem funktionierenden Markt bekämpfen. Zwischen diesen beiden Gesetzen gibt es nicht nur inhaltliche, sondern auch strukturelle Unterschiede: Beim GWB wachen Behörden über die Einhaltung des Gesetzes, nämlich das Bundeskartellamt, die Wirtschaftministerien der Länder und bezüglich europäischer Kartellrechtsbestimmungen die Europäische Kommission. Im Anwendungsbereich des UWG gibt es dagegen keine Überwachungsbehörde. Einzige Sanktionsmöglichkeit ist die Klage eines Konkurrenten und von im Gesetz näher bestimmten Verbänden gegen sittenwidrige Wettbewerbshandlung.

Kasino-Kapitalismus

siehe → Tobin-Steuer.

Kassageschäfte

siehe → Forwards und z.B. → Devisenkassageschäfte.

Kassationskollegialität

Bei Kassationskollegialität in einer Leitungsgruppe wird von den Gruppenmitgliedern Konsens verlangt. Alle Beschlüsse werden einstimmig gefasst. Siehe auch → Kollegialprinzip, → Direktorialprinzip und → Aufbauorganisation.

Kassawechselkurs
ist der Wechselkurs, der bei einem → Devisenkassageschäft zugrunde gelegt wird. Siehe auch → Devisenkassakurse.

Kassa-Zinssatz
Zinssatz, der sich auf Ausleihungen bezieht, die in der Gegenwart beginnen und zu einem bestimmten Zeitpunkt in der Zukunft enden. Je nach Laufzeit der Ausleihung variiert der Kassa-Zinssatz. Seine zeitliche Struktur wird durch die Zinsstrukturkurve abgebildet. Zinssätze, die sich auf zukünftige Ausleihperioden beziehen, heißen Termin-Zinsätze (→ Termin-Zinssatz). Siehe auch → Swaps (mit Literaturangaben).

Katalog
siehe → Elektronischer Produktkatalog. Siehe auch → Electronic Procurement (mit Literaturangaben).

Katalog E
ist ein vom Ausschuss für Begriffsdefinitionen aus der Handels- und Absatzwirtschaft erstellter Katalog, der Begriffe aus der Handels- und Absatzwirtschaft definiert.
Siehe auch → Handelsbetriebslehre (mit Literaturangaben).

Katalogmanagement
umfasst Aufgaben und Tätigkeiten für Betrieb, Pflege und Nutzung → elektronischer Produktkataloge. Das Katalogmanagement kann sowohl vom Käufer, Verkäufer oder einem Intermediär übernommen werden. Je nach Ausprägung spricht man von einer → Buy-Side-, → Sell-Side oder → Marktplatz-Lösung.
Siehe auch → Electronic Procurement (mit Literaturangaben).

Kauf auf Probe
Bei einem Kauf auf Probe im Sinne von § 454 BGB muss der Käufer die gelieferte Ware nur dann abnehmen und bezahlen, wenn er sie billigt. Die Billigung der Ware steht im freien Ermessen des Käufers. Im Zweifel wird der Kaufvertrag erst wirksam und verbindlich, wenn der Käufer die Ware gebilligt hat. Zum Schutz der Interessen des Verkäufers muss der Käufer innerhalb einer angemessenen Frist erklären, ob er die Ware als vertragsgemäß billigt. Ist von den Parteien im Kaufvertrag keine Frist vereinbart, wird in letzter Konsequenz vom Gericht bestimmt, wie lange eine angemessene Frist ist. Dabei sind die Besonderheiten des Einzelfalles, wie etwa die Art der Ware und deren typische Funktion, zu berücksichtigen.
Siehe auch → Kaufrecht (mit Literaturangaben).

Kaufentscheidung, extensive
ist ein gedanklich gesteuerter intensiver Entscheidungsprozess, bei dem emotionale und kognitive Prozesse stark ausgeprägt sind. Siehe auch → Konsumentenverhalten (mit Literaturangaben).

Kaufentscheidung, habitualisierte
verfestigte Verhaltensmuster, auch routinemäßige, gewohnheitsmäßige oder habituelle Kaufentscheidung genannt. Siehe auch → Konsumentenverhalten (mit Literaturangaben).

Kaufentscheidung, impulsive
unmittelbar reizgesteuertes Entscheidungsverhalten, in der Regel von → Emotionen begleitet. Siehe auch → Konsumentenverhalten.

Kaufentscheidungen
Kaufentscheidungsprozess des Konsumenten von der Produktwahrnehmung bis zum Produktkauf.
Siehe auch → Konsumentenverhalten (mit Literaturangaben).

Kaufentscheidungen, limitierte
sind → Kaufentscheidungen, die geplant und überlegt gefällt werden und auf Wissen bzw. Erfahrungen beruhen. Siehe auch → Konsumentenverhalten (mit Literaturangaben).

Kaufkraftparitätentheorie, absolute
ist eine der internationalen → Paritätsbeziehungen. Sie postuliert, dass das inländische Preisniveau dem Produkt aus ausländischem Preisniveau und dem → Wechselkurs zwischen In- und Auslandswährung entspricht. Voraussetzung für die Gültigkeit der absoluten Kaufkraftparitätentheorie sind transaktionskostenfreier Güterhandel zwischen In- und Ausland sowie stets identische Warenkörbe der Konsumenten in beiden Ländern. Da diese Annahmen in der Realität augenscheinlich nicht erfüllt sind, überrascht es nicht, dass diese Paritätsbeziehung empirisch vergleichsweise schwach belegt ist. Allenfalls langfristig soll ihr als Indiz für tendenzielle Entwicklungen von Preisniveaus und Wechselkursen eine gewisse Relevanz zukommen.
Siehe auch → Währungsmanagement (mit Literaturangaben).

Kaufkraftparitätentheorie, relative
ist eine der internationalen → Paritätsbeziehungen. Sie postuliert die (näherungsweise) Gleichheit der Differenz zwischen in- und ausländischer Inflationsrate und der relativen Wechselkursänderung (der Wechselkursrendite) für den Betrachtungszeitraum. Die Bezeichnung „schwache" Form rührt daher, dass die relative Kaufkraftparitätentheorie aus der absoluten Form hergeleitet werden kann, während dies umgekehrt nicht möglich ist. Ihre Würdigung entspricht grundsätzlich der der absoluten → Kaufkraftparitätentheorie.
Siehe auch → Währungsmanagement (mit Literaturangaben).

Kaufkraftparitätentheorie, schwache Form
siehe → Kaufkraftparitätentheorie, relative.

Kaufkraftparitätentheorie, starke Form
siehe → Kaufkraftparitätentheorie, absolute.

Kaufleute
siehe → Handelsrecht.

Kaufmann
siehe → Handelsrecht.

Kaufmännische Kapitalisierungsformel
siehe → Barkapitalwertmethode (in der → *Investitionswirtschaft*).

Kaufmännisches Bestätigungsschreiben
ist ein Schreiben im Anschluss an eine mündliche Vereinbarung zwischen → Kaufleuten, mit welchem der Vertragsabschluss bestätigt und der Vertragsinhalt wiedergegeben wird. Weicht der Inhalt eines solchen Bestätigungsschreibens von dem vorher mündlich Vereinbarten ab, widerspricht der Empfänger aber nicht unverzüglich, so gilt der Inhalt des Schreibens als genehmigt und der Vertrag mit dem Inhalt des Bestätigungsschreibens geschlossen. Die Rechtsprechung stützt dieses Ergebnis auf einen entsprechenden → Handelsbrauch.

Kaufoption
(allgemeine Definition). Eine Kaufoption (engl. *Call*) gewährt dem Inhaber der Kaufoption das vertraglich zugesicherte Recht, ein bestimmtes Basisgut (zum Beispiel Aktien einer bestimmten Unternehmung) zu vorab fixierten Konditionen (Preis, Menge, Termin etc.) erwerben zu können. Es besteht keine Verpflichtung, sondern nur ein Wahlrecht.
Siehe auch → Optionen (mit Literaturangaben).

Kaufoption, amerikanische

verbrieft das Recht, einen Vermögensgegenstand (Basistitel) bis zu einem bestimmten Termin (Ausübungszeitpunkt) zu einem festgesetzten Preis (Basispreis) zu kaufen. Siehe auch → europäische Kaufoption und → Verkaufsoption sowie → Optionen (mit Literaturangaben).

Kaufoption, europäische

verbrieft das Recht, einen Vermögensgegenstand (Basistitel) an einem bestimmten Termin (Ausübungszeitpunkt) zu einem festgesetzten Preis (Basispreis) zu kaufen. Siehe auch → Kaufoption, amerikanische und → Verkaufsoption sowie → Optionen (mit Literaturangaben).

Kaufphasen

können eingeteilt werden in die → *Pre-Sales-Phase*, die z.B. die Übermittlung von Informationsmaterial umfasst, die *Sales-Phase*, die die Kundenbedienung umfasst und die → *After-Sales-Phase*, die die Nachkaufberatung umfasst.
Siehe auch → Handelsmarketing (mit Literaturangaben).

Kaufrecht

Kaufrecht

von Professor Dr. Bernd E. Banke
SIB School of International Business – Hochschule Reutlingen

1. Charakterisierung

Kaufrecht ist das Rechtsgebiet, das sich mit den Rechtsfragen des Kaufs beschäftigt. Wirtschaftlich dient der Kauf dem Umsatz von Waren und Rechten. Unter einem Kauf im juristischen Sinne sind entgeltliche Verträge zu verstehen, die darauf gerichtet sind, einer Person die ausschließliche Verfügungsbefugnis über einen bestimmten Vermögenswert gegen Zahlung eines bestimmten Kaufpreises einzuräumen. Der Vermögenswert kann darin liegen, dass das Eigentum an einer körperlichen Sache, einer Ware oder einem Grundstück, übertragen wird. Er kann aber auch in der Übertragung von Rechten liegen, wie dies beispielsweise bei dem Kauf von → Aktien, einer bereits am Markt eingeführten → Marke oder bei einem Forderungskauf (siehe → Factoring und → Forfaitierung) der Fall ist. Kennzeichnend für Kaufverträge ist, dass dem Erwerber die volle und ausschließliche Verfügungsbefugnis an einem Gegenstand oder Recht verschafft werden, der Veräußerer demgegenüber sämtliche Befugnisse daran verlieren soll. Kurz zusammengefasst lassen sich Kaufverträge mit dem Schlagwort: „Ware gegen Geld" beschreiben.
Die Eigentumsverschaffung, beziehungsweise die Verschaffung der vollen Verfügungsbefugnis an einem Recht kann auch Gegenstand anderer Vertragstypen sein. Hier kommen etwa der Tausch, aber auch Werk- oder Werklieferungsverträge (siehe unten 2.1) sowie Leasingverträge (siehe unten 2.2) in Betracht. Diese Verträge enthalten häufig Elemente des klassischen Kaufvertrages. Daneben umfassen diese Vertragstypen weitere Pflichten oder modifizieren die Grundstruktur des Kaufs. Bei den Werklieferungsverträgen zum Beispiel muss der Lieferant dem Abnehmer nicht nur die volle Verfügungsbefugnis am Kaufobjekt verschaffen, er hat zudem weitere Arbeiten vorzunehmen, um das Kaufobjekt herzustellen oder fertig zu stellen. Leasingverträge enthalten demgegenüber Elemente von Miet- und Finanzierungsverträgen.

2. Abgrenzung

2.1. Vorbemerkungen

Reines Kaufrecht kann immer nur dann angewandt werden, wenn ein Kauf oder zumindest ein strukturähnliches Geschäft vorliegt. Die Abgrenzung von Geschäften, die dem Kaufrecht unterfallen und solchen, die nach anderen Gesetzen, beziehungsweise dem Recht anderer Vertrags- und Geschäftstypen geregelt werden, kann im Einzelfall schwierig sein. Sie ist andererseits häufig von großer Bedeutung, da gerade wichtige Fragen wie die Dauer und der Umfang der Gewährleistungspflicht des Lieferanten,

Zahlungsfristen oder Gefahrtragungsregeln bei den einzelnen Vertragstypen stark unterschiedlich geregelt sind. Die Vertragsparteien haben danach andere Rechte und Pflichten je nach dem, ob es sich um einen Kauf oder aber einen anderen Vertragtyp handelt.

2.2 Werkvertrag/Werklieferungsvertrag

Die wohl bekannteste und häufigste Abgrenzungsproblematik betrifft die Abgrenzung von Kaufverträgen zu Werk- oder auch Werklieferungsverträgen. Anders als beim Kauf liegt die Hauptpflicht des Lieferanten bei einem Werkvertrag darin, einen bestimmten Erfolg zu bewirken, das heißt ein bestimmtes Endergebnis herzustellen. Dies ist offensichtlich bei der Reparatur einer Maschine aber auch bei der Erstellung einer Werbekampagne für ein bestimmtes Produkt. Sämtliche Arten von Transportverträgen sind in ihrer Grundstruktur als Werkverträge zu qualifizieren, selbst wenn sie im Einzelfall eine eigene gesetzliche Regelung gefunden haben, wie dies etwa bei dem im deutschen Handelsgesetzbuch geregelten Frachtführervertrag der Fall ist. Diese Verträge unterfallen dem Werkvertragsrecht, das, insbesondere im internationalen Wirtschaftsverkehr, andere Regelungen als das Kaufrecht hinsichtlich der → Gewährleistung oder der → Gefahrtragung enthalten kann.

Besonders schwierig wird die Abgrenzung zwischen Kauf- und Werkvertrag, wenn der Lieferant eine Ware schuldet, die er aus von ihm selbst zu besorgenden Materialien herzustellen hat. Das ist beispielsweise der Fall, wenn ein Kunde eine Maschine bestellt, die zunächst gebaut werden muss. Der Lieferant wird dann normalerweise selbst die notwendigen Bauteile für die Maschine kaufen und sie montieren. Schließlich muss er das fertige Produkt wie bei einem Kauf an den Besteller liefern und übereignen. Diese Verträge werden als Werklieferungsverträge bezeichnet. Hier stellt sich die Frage, ob solche Verträge dem Kauf- oder Werkvertragsrecht unterfallen. Das deutsche BGB bestimmt in § 651, dass grundsätzlich Kaufrecht anzuwenden ist. Nur falls „nicht vertretbare Sachen" Gegenstand des Vertrages sind, das sind Spezialanfertigungen, wird das Kaufrecht durch einige Vorschriften aus dem Recht des Werkvertrages ergänzt. Eine ähnliche Regelung enthält für den internationalen Warenverkehr Art. 3 des UN-Kaufrechts (→ Convention on International Sale of Goods, CISG). Auch dieses weit verbreitete Gesetz für internationale Kaufverträge (am 17. Juli 2006 hatten weltweit 68 Staaten das CISG ratifiziert) unterstellt Werklieferungsverträge grundsätzlich dem Kaufrecht und sieht nur in Ausnahmefällen vor, dass von diesem Grundsatz abgewichen werden kann.

2.3 Gebrauchsüberlassungsverträge

Die entgeltliche Gebrauchsüberlassung wird in der Regel als Miete bezeichnet und durch das Mietrecht geregelt. Bei Mietkäufen und Leasinggeschäften kann es aber im Einzelfall schwierig sein festzustellen, ob es sich im Kern um einen Miet- oder einen Kaufvertrag handelt. Überwiegend wird angenommen, dass Leasing und Mietkauf, selbst wenn sie auf eine volle Amortisation des Kaufpreises gerichtet sind, den Vorschriften über die Miete unterfallen. Besonderheiten, die sich aus der speziellen Struktur und Interessenlage der Beteiligten ergeben, werden durch eine differenzierte Rechtsprechung der Gerichte berücksichtigt. Wird am Ende der Vertragslaufzeit das Eigentum an einer Ware oder die Inhaberschaft an einem Recht übertragen, wenden die Gerichte in der Regel für diese Phase der Geschäftsabwicklung die Vorschriften des Kaufrechts ergänzend an.

3. Rechtsgrundlagen

Die Rechtsgrundlage für Kaufverträge im nationalen *deutschen Recht* ist zunächst das bürgerliche Gesetzbuch (BGB). Dort wird der Kaufvertrag in den §§ 433 bis 479 BGB behandelt. Die grundlegenden gesetzlichen Voraussetzungen und Rahmenbedingungen für Kaufverträge werden hier aufgestellt. Daneben gelten für den nationalen, gewerblichen Warenverkehr die Vorschriften des Handelsgesetzbuchs (HGB). Das Handelsgesetzbuch wird bei gewerblichen Geschäften von Kaufleuten im Sinne der §§ 1 bis 7 HGB angewandt. Unter den „Kaufmannsbegriff" im Sinne dieses Gesetzes fallen nicht nur einzelne natürliche Personen, sondern gerade auch körperschaftlich organisierte Unternehmen, die so genannten Handelsgesellschaften (§ 6 HGB) wie beispielsweise die Gesellschaften mit beschränkter Haftung (→ GmbH) oder die → Aktiengesellschaften (AG).

Für *internationale Kaufverträge* muss zunächst bestimmt werden, welches nationale Recht angewandt wird, falls die Vertragsparteien ihren Sitz in verschiedenen Staaten haben oder aber der Kauf aus anderen Gründen, beispielsweise weil die Ware ins Ausland gebracht werden und dort bleiben soll, internationale Bezüge hat. Diese Aufgabe erfüllt das → *„Internationale Privatrecht"* (IPR). Es bestimmt, welche Rechtsordnung angewandt wird, falls ein Sachverhalt Bezüge zu den Rechtssystemen anderer Staaten hat. Jedes Gericht wendet hierbei das Recht seines Staates an. Jeder Staat hat sein eigenes IPR, weshalb der Begriff „internationales" Privatrecht irreführend ist, da er den Eindruck erweckt, es handele sich um ein international gültiges Rechtssystem.

Das deutsche IPR findet sich in den Artikeln 3 bis 46 des Einführungsgesetzes zum Bürgerlichen Gesetzbuch (EGBGB). Kaufverträge werden nach den in Art. 27, 28 EGBGB enthaltenen Grundsätzen in erster Linie nach dem Recht beurteilt, das die Parteien gewählt haben. Haben die Vertragpartner keine Rechtswahl getroffen, wird das Recht des Staates angewandt, der mit dem Vertrag die engste Verbindung hat.

Eine zunehmende Zahl internationaler Kaufverträge wird durch die → Convention on International Sale of Goods (CISG) geregelt. Dem CISG sind (Stand: Juli 2006) bisher 68 Staaten beigetreten. Es regelt die wichtigsten Aspekte des Kaufvertrages und gilt ausschließlich für gewerbliche Kaufverträge.

Hinweis

Zu den angrenzenden bzw. vertiefenden Wissensgebieten siehe → Außenhandelsfinanzierung (Zahlungsbedingungen in Kaufverträgen sowie internationale Zahlungs-, Sicherungs- und Finanzierungsinstrumente), → Factoring (Forderungsverkauf), → Forfaitierung (Forderungsverkauf), → Handelsrecht, → Incoterms, → Insolvenzrecht (deutsches Recht), → Kreditsicherheiten (Sicherheiten in Kaufverträgen, z.B. → Bürgschaft, → Eigentumsvorbehalt, → Garantie, → Grundschuld, → Hypothek, → Pfandrecht, → Schuldbeitritt, → Sicherungsübereignung), → Leasing, → Produkthaftung, → Zwangsvollstreckung (deutsches Recht).

Literatur: Bernstein, Herbert: Understanding the CISG in Europe: A Compact Guide to the 1980 United Nations Convention on Contracts for the International Sale of Goods, 2002; Häberle, Siegfried (Hrsg.): Handbuch für Kaufrecht, Rechtsdurchsetzung und Zahlungssicherung im Außenhandel, 2002; Sachsen Gessaphe, Karl A. Prinz von: Internationales Privatrecht und UN-Kaufrecht, 2005; Schlechtriem, Peter: Internationales UN-Kaufrecht, 3., Aufl. 2005; Peter Schlechtriem and Ingeborg Schwenzer: Commentary on the UN Convention on the International Sale of Goods (CISG), 2nd ed. 2005; Schmidt-Räntsch, Jürgen; Maifeld, Jan; Eckert, Hans W.: Handbuch des Kaufrechts, 2006; Reinicke, Dietrich, Tiedtke, Klaus: Kaufrecht, 7. Aufl. 2004.

Internetadressen: (Entscheidungen deutscher Gerichte): http://www.caselaw.de/; (Erklärungen und weiterführende links): http://www.internetratgeber-recht.de/Kaufrecht/hauptseite.htm; CISG: http://ruessmann.jura.uni-sb.de/rw20/gesetze/CISG/introd.htm, http://www.cisg.law.pace.edu/; (Internationale Industrie- und Handelskammer): http://www.iccwbo.org/; (UN-Kommission für internationales Handelsrecht): http://www.uncitral.org/

Website des Autors: http://www.hochschule-reutlingen.de/ -„Fakultäten"; „School of International Business"

Kaufverhaltensforschung

sieht ihre Aufgabe darin, die zentralen Determinanten des Verhaltens von Käufern und Verbrauchern zu bestimmen und für die Lieferung leistungsfähiger Erklärungsansätze zu sorgen. Eine wichtige Fragestellung ist zum einen: Wer kauft was, wieviel, wann und wo? Zum anderen interessieren die Antworten auf die Fragen, warum, wie und mit welchem Ergebnis gekauft wird. Zwecksetzung dieses Forschungsfeldes sind die Beschreibung und die Erklärung des Kaufverhaltens sowie die Ableitung von Handlungsempfehlungen für die Unternehmungen.

Siehe auch → Konsumtenverhalten und → Handelsbetriebswirtschaftslehre, jeweils mit Literaturangaben.

Kaufvertrag

ist ein gegenseitiger Vertrag, durch den eine Verpflichtung zum Austausch einer Sache oder eines sonstigen Gegenstandes gegen Geld begründet wird (§ 433 BGB, deutsches). Siehe → Kaufrecht, Grundlagen (mit Literaturangaben).

Kaufvertrag, internationaler

Zur Durchführung von Geschäften im → Außenhandel schließen Exporteur und Importeur einen internationalen Kaufvertrag ab, der die Rechte und Pflichten beider Seiten festlegt. In seiner Grundstruktur ist ein solcher Vertrag ähnlich aufgebaut wie ein Inlandskaufvertrag, enthält aber i.d.R. einige spezifische Vertragselemente. So werden die Lieferbedingungen meist als → INCOTERMS (International Commercial Terms) festgelegt, die den Kosten- und Gefahrenübergang regeln. Die insgesamt 13 möglichen INCOTERM-Klauseln wurden von der International Chamber of Commerce (→ ICC) in Paris zuletzt im Jahr 2000 modifiziert. Dabei stellen Ex Works (→ EXW), Free On Board (→ FOB) und Cost, Insurance and Freight (→ CIF) die in der Praxis häufigsten → INCOTERMS dar.

Bei der Festlegung der Zahlungsbedingungen werden aufgrund der Risikosituation sehr häufig Vorauszahlungen oder dokumentäre Zahlungen wie → Akkreditive vereinbart. Da Außenhandels-Geschäfte sehr viel häufiger als im Inlandsgeschäft finanziert werden, ist dies ebenfalls in den Vertragsformulierungen zu berücksichtigen. Am Vertragsende ist das Rechtssystem und der Gerichtsstand zu wählen. Dabei ist zu berücksichtigen, dass, falls nichts anderes vereinbart, statt des jeweiligen nationalen Kaufrechts das internationale UN-Kaufrecht → UNCITRAL (United Nations Commission on International Trade Law) bei Verträgen mit Partnern aus Beitrittsstaaten (z.Zt. 51) automatisch Vorrang hat.

In vielen Fällen wird durch eine Schiedsklausel z.B. der → ICC im Streitfall der Vertrag nicht den ordentlichen staatlichen Gerichten, sondern einem Schiedsgericht vorgelegt. Grund ist, dass dann vor allem das Urteil (Titel) im Ausland leichter vollstreckt werden kann.

Siehe auch → Kaufrecht, Grundlagen (mit Literaturangaben).

Kautionsversicherung

Im Rahmen der Kautionsversicherung übernehmen Kreditversicherungsgesellschaften (Garanten) → Avale (→ Bürgschaften, → Garantien, → Bonds) im Auftrag ihrer Kunden zugunsten von Dritten. Ebenso wie die Banken bei → Bankgarantien behalten sich die Kreditversicherungsgesellschaften in der Regel das Rückgriffsrecht auf ihren Kunden (Auftraggeber) für den Fall vor, dass der avalbegünstigte Dritte das Aval tatsächlich in Anspruch nimmt. Die Kautionsversicherung der Kreditversicherungsgesellschaften ist somit keine Versicherung im herkömmlichen Sinne.

KCV

Abk. für → Kurs-Cash Flow-Verhältnis.

KDD

Abk. für → Knowledge Discovery in Databases.

KDD-Prozess

siehe → Knowledge Discovery in Databases.

KEG

Abk. für → Kommanditerwerbsgesellschaft (österreichische).

Kennzahlen

(*allgemeine Charakterisierung*) sind Messgrößen, die in möglichst kompakter Form einen betrieblichen bzw. wirtschaftlichen Sachverhalt quantifizieren. Es werden zum einen absolute Kennzahlen gebildet: (1) Einzelkennzahlen (Auftragseingang), (2) Summenkennzahlen (Bilanzvolumen), (3) Differenzkennzahlen (Deckungsbeitrag), (4) Mittelwerte (durchschnittliche Kosten je Periode). Zum zweiten werden relative Kennzahlen eingesetzt: (1) Beziehungskennzahlen (Rentabilität), (2) Gliederungskennzahlen (Personalkosten/Gesamtkosten), (3) Indexzahlen (Umsatz 2007/Umsatz 2006). Siehe auch → Bilanzanalyse, → Kennzahlen, finanzwirtschaftliche, → Kennzahlen, wertorientierte, jeweils mit Literaturangaben.

Kennzahlen

(*Übersicht*). Kennzahlen sind numerische Informationen, die im komprimierter Form eine Aussage über betriebswirtschaftliche Sachverhalte zulassen. Kennzahlen erfüllen Vorgabe- (als Zielkennzahlen),

Vergleichs- (durch den Vergleich mit anderen Kennzahlen) und Analysefunktionen (durch die Ableitung von Steuerungsmaßnahmen).

Kennzahlen können zum einen in (1) Einzelkennzahlen (z.B. Aufwandsarten), (2) Summenkennzahlen (z.B. Summe der Aufwendungen) oder (3) Differenzkennzahlen (z.B. Gewinn = Erträge – Aufwendungen) unterschieden werden.

Zum anderen unterscheidet man folgende Verhältniskennzahlen: (1) Gliederungskennzahlen (Anteil einer Größe an einer Gesamtmenge, z.B. Anteil der Materialaufwendungen an den Gesamtaufwendungen), (2) Beziehungskennzahlen (Verhältnis zweier unterschiedlicher Größen, z.B. Rentabilität als Verhältnis von Gewinn und Kapital) und (3) Indexkennzahlen (zeitliche Entwicklung von Größen in Bezug auf eine bestimmte Basis, z.B. Lebenshaltungsindex).

Unter *Kennzahlensystemen* versteht man eine geordnete Gesamtheit von mehreren Einzelkennzahlen, die in einer sachlich sinnvollen Beziehung zueinander stehen, sich gegenseitig ergänzen und erklären und so als Gesamtheit über einen Sachverhalt vollständig informieren.

Siehe auch → Bilanzanalyse, → Kennzahlen, finanzwirtschaftliche, → Kennzahlen, wertorientierte, jeweils mit Literaturangaben.

Literatur: Küpper, H.U.: Controlling, 3. Aufl., Stuttgart 2001, S.341 - 377

Kennzahlen, bilanzanalytische

Instrumente der → Bilanzanalyse. In bilanzanalytischen Kennzahlen werden analyserelevante Sachverhalte, z.B. die Kapitalstruktur eines Unternehmens (Finanzierungsanalyse), zu einer einzigen Zahl verdichtet ausgedrückt. Einzelne Aspekte der wirtschaftlichen Lage eines Unternehmens, z.B. die Rentabilität der Geschäftstätigkeit (→ Rentabilitätskennzahlen), die ansonsten nicht oder nicht ohne weiteres zu erkennen wären, werden mitunter erst dadurch einer Beurteilung zugänglich gemacht. Darüber hinaus ist die Ermittlung von Kennzahlen oft auch Voraussetzung dafür, um Vergleiche mit anderen Unternehmen sinnvoll durchführen zu können.

Folgende Arten von Kennzahlen lassen sich unterscheiden: (1) Absolute Zahlen: Diese entstehen durch Addition oder Subtraktion aus einzelnen quantitativen Daten eines Rechnungsabschlusses. Beispiele für absolute Zahlen sind verschiedene Gewinnmaße (Ergebniszahlen) oder Cash Flow-Größen (→ Cash Flow/Cash Flow Management); (2) Verhältnis- oder Relativzahlen: Diese entstehen durch Division einer Zähler- durch eine Nennergröße. Innerhalb dieser Gruppe lässt sich weiter unterscheiden zwischen Gliederungszahlen, Beziehungszahlen und Indexzahlen. Mit einer Gliederungszahl wird der Anteil einer Teilgröße an einer umfassenderen Größe ausgedrückt, so z.B. bei Kennzahlen zur Analyse der Kapitalstruktur (Finanzierungsanalyse) oder bei Kennzahlen zur Analyse der Aufwands- und Ertragsstruktur. Bei Beziehungszahlen werden dagegen inhaltliche verschiedenartige Größen, für die aber ein gewisser innerer Zusammenhang zumindest vermutet wird, zueinander in Bezug gesetzt. Beispiele hierfür sind → Rentabilitätskennzahlen und verschiedene Kennzahlen, die im Rahmen der statischen Liquiditätsanalyse verwendet werden. Schlussendlich kann mit Indexzahlen veranschaulicht werden, welche Entwicklung eine interessierende Größe im Zeitablauf genommen hat (Zeitvergleich).

Einzelne Kennzahlen können auch zu *Kennzahlensystemen* zusammengefasst werden.

Siehe auch → Balanced Scorecard, → Kennzahlen, finanzwirtschaftliche, → Kennzahlen, wertorientierte, jeweils mit Literaturangaben.

Kennzahlen, finanzwirtschaftliche

Finanzwirtschaftliche Kennzahlen

von Professorin Dr. Heike Langguth

Fachhochschule für Wirtschaft Berlin (FHW)

1. Charakterisierung

Finanzwirtschaftliche Kennzahlen sind an finanzwirtschaftlichen Zielsetzungen orientierte, quantitative Beurteilungsgrößen der Geschäftstätigkeit eines Unternehmens. Mit Hilfe von finanzwirtschaftlichen Kennzahlen sollen Informationen über die Kapital- und Vermögensstruktur, d.h. über die Kapitalverwendung (Investitionsanalyse), die Kapitalaufbringung (Finanzierungsanalyse) sowie über die Verbindung zwischen Kapitalaufbringung und Kapitalverwendung (Liquiditätsanalyse) gewonnen werden.

Die Erkenntnisse über die finanzielle Stabilität eines Unternehmens bilden gleichzeitig eine wichtige Basis für die Analyse der Ertragskraft (erfolgswirtschaftliche Analyse). Untersuchungsobjekt der Investitionsanalyse sind Art und Zusammensetzung des Vermögens sowie die Dauer der Vermögensbindung.

Die Analyse der Kapitalstruktur soll Aufschluss geben über Quellen, Zusammensetzung des Kapitals nach Art, Sicherheit und Fristigkeit mit dem Ziel, Finanzierungsrisiken abschätzen zu können. Im Rahmen der Liquiditätsanalyse soll unter der Prämisse der Unternehmensfortführung (→ Going Concern Prämisse) eine Aussage über das ablaufbedingte, finanzielle Risiko eines Unternehmens getroffen werden.

Zielsetzung der erfolgswirtschaftlichen Analyse ist die Gewinnung von Informationen zur Beurteilung der Ertragskraft, verstanden als die Fähigkeit eines Unternehmens, in Zukunft Erfolge zu erwirtschaften.

2. Verbreitung

Zu den Kennzahlen, die im Rahmen der Investitionsanalyse Anwendung finden, gehört z.B. das Debitorenziel. Die Kennzahlen → Eigenkapitalquote, → Verschuldungsgrad, → Gesamtkapitalrentabilität etc. geben Aufschluss über Quellen und Zusammensetzung des Kapitals. Bei der Liquiditätsanalyse stellen die Kennzahlen Liquiditätsgrade (siehe z.B. → Liquidität I., II., III. Grades), → Anlagendeckungsgrade, → Cash Flow etc. weit verbreitete Beurteilungsgrößen dar. Im Rahmen der erfolgswirtschaftlichen Analyse finden Kennzahlen der Ergebnisanalyse (Analyse der in der GuV ausgewiesenen Ergebnisinformationen; siehe z.B. → Betriebsergebnis, → EBIT, → EBDIT, → EBITDA) wie → Börsen- und Bilanzkurs, → Market-to-book-ratio sowie Rentabilitätskennzahlen wie → Eigenkapitalrentabilität, → Gesamtkapitalrentabilität, → Umsatzrentabilität etc. Anwendung.

3. Problematik

In Literatur und Praxis existiert keine eindeutige Abgrenzung hinsichtlich der Zuordnung von Kennzahlen zu der Rubrik „Finanzwirtschaftliche Kennzahlen". In diesem Lexikon werden die wichtigsten finanzwirtschaftlichen Kennzahlen definiert, die sich mehr oder weniger den Untersuchungsbereichen der Finanzierungs-, der Liquiditäts- und der erfolgswirtschaftlichen Analyse zurechnen lassen, wobei einer kapitalmarktorientierten Betrachtung ein besonderer Stellenwert zugeordnet wird.

Hinweis

Zu den angrenzenden Wissensgebieten siehe → Abschlusserstellung nach US-GAAP, → Anlagevermögen, → Bilanzanalyse, → Cash Flow, → Eigenkapital, → Finanzwirtschaft, betriebliche, → Finanzcontrolling, → Finanzinnovationen, → Finanzplanung, → Internationale Rechnungslegung nach IFRS, → Investitionswirtschaft, → Jahresabschluss nach deutschem Recht, → Jahresabschluss nach schweizerischem Recht, → Kapitalflussrechnung, → Kennzahlen, wertorientierte, → Konzernabschluss, → Rating-Methoden, kreditwirtschaftliche, → Umlaufvermögen, → Unternehmensbewertung.

Literatur: Breuer, W./ Schweizer, T. (Hrsg.); Corporate Finance, Gabler Lexikon, 1. Aufl. 2003; Coenenberg, A.G.; Jahresabschluss- und Jahresabschlussanalyse, 19. Aufl. 2003; Copeland, T.E/Koller, T./ Murrin, J.; Unternehmenswert – Methoden und Strategien für eine wertorientierte Unternehmensführung, 3. Aufl. 2002; Kralicek, P.; Kennzahlen für Geschäftsführer, 4. Aufl. 2001; Küting, K./Weber, C.-P.; Die Bilanzanalyse, 7. Aufl. 2004; Langguth, H.; Unternehmensbewertung eines mittelständischen Unternehmens mit der Discounted-Cash-Flow Methode vor dem Hintergrund eines geplanten Börsengangs, in: Mittelständische Betriebsführung, Fachhochschule für die Wirtschaft Hannover (Hrsg.), Lohmar; Eul 2002; Nowak, K.; Marktorientierte Unternehmensbewertung, 2. Aufl. 2003; Ossola-Haring, C.; Das große Handbuch Kennzahlen zur Unternehmensführung, 2. Aufl. 2003; Perridon, L./Steiner, M. ; Finanzwirtschaft der Unternehmung, München 2003; Pilz, G.; Erfolgreiche Anlagepraxis, München, 2005; Reichmann, T.; Controlling mit Kennzahlen und Managementberichten, 6. Aufl. 2001; Revsine, L./Collins, D.W./Bruce, W.B.; Financial Reporting and Analysis, 3rd. ed. 2004.

Internetadressen: www.benchbase.de; www.investopedia.de; www.wikipedia.de

Internetadresse der Autorin: langguth@fhw-berlin.de

Kennzahlen, ökologische
siehe → Öko-Kennzahlen.

Kennzahlen, wertorientierte

Wertorientierte Kennzahlen

von Professorin Dr. Heike Langguth
Fachhochschule für Wirtschaft Berlin (FHW)

1. Charakterisierung

Wertorientierte Kennzahlen sind am → Shareholder Value orientierte, quantitative Beurteilungsgrößen der Geschäftstätigkeit. Im Rahmen einer wertorientierten Unternehmensführung (Value Based Management) benötigt man einerseits Kennzahlen, die den Gesamtwert eines Unternehmens (bzw. einzelner Unternehmenseinheiten) oder des Eigenkapitals messen (Wertkennzahlen) und andererseits Kennzahlen, die den in einer Periode geschaffenen, zusätzlichen Wert messen.

2. Entwicklung

Die seit Mitte der 80er Jahre zunehmend an Bedeutung gewonnene Zielsetzung einer wertorientierten Unternehmensführung hat dazu geführt, dass sich verschiedene Unternehmensberatungen – z.T. mit akademischer Unterstützung – darum bemüht haben, wertorientierte Kennzahlen zu entwickeln. Die gezielte Ausrichtung von Entscheidungen auf den Unternehmenswert soll gewährleisten, dass dem monetären Interesse der Eigenkapitalgeber in ausreichendem Maße Rechnung getragen wird. Die mangelnde Eignung traditioneller Zielgrößen, diesem Anspruch zu genügen, hat dazu geführt, dass diese zunehmend durch wertorientierte Kennzahlen ergänzt bzw. abgelöst werden.

3. Verbreitung

Zu den in Theorie und Praxis bedeutsamsten wertorientierten Konzepten gehören neben der → Discounted Cash Flow Methode (DCF-Methode), die den Unternehmenswert durch Diskontierung der zukünftigen Freien Cash Flows (FCF) mit einem risikoadjustierten Kalkulationszinssatz ermittelt und dem → Cash Flow Return on Investment (CFROI), der in Form eines Internen Zinsfusses den durchschnittlichen Rückfluss auf das in einem Unternehmen zu einem bestimmten Zeitpunkt investierte Kapital angibt, das → Economic Value Added-Konzept (EVA-Konzept) der Unternehmensberatung Stern Stewart & Co (EVA®), das als Residualgewinnkonzept die periodenbezogene Differenz zwischen den durch das eingesetzte Kapital erwirtschafteten Gewinnen und den mit dem Kapitaleinsatz verbundenen Kosten in den Vordergrund stellt. Weitere Wertorientierte Kennzahlen sind der aus dem ursprünglichen CFROI Konzept abgeleitete → Cash Value Added (CVA), der sich aus der Differenz zwischen dem CFROI und dem mit dem Kapitalkostensatz multiplizierten Bruttobetriebsvermögen ergibt sowie der → Market Value Added (MVA), der aus der Abzinsung der EVA mit dem Kapitalkostensatz resultiert. Die erst in jüngster Zeit von Velthuis entwickelte wertorientierte Kennzahl → Earnings less Riskfree Interest Charge (E_RIC) unterscheidet sich von den „traditionellen" wertorientierten Kennzahlen durch die Verwendung eines risikofreien anstatt risikoadjustierten Kapitalkostensatzes.

Hinweis

Zu den angrenzenden Wissensgebieten siehe → Abschlusserstellung nach US-GAAP, → Bilanzanalyse, → Cash Flow, → Corporate Finance, → Finanzcontrolling, → Internationale Rechnungslegung nach IFRS, → Jahresabschluss nach deutschem Recht, → Jahresabschluss nach schweizerischem Recht, → Kapitalflussrechnung, → Kennzahlen, finanzwirtschaftliche, → Konzernabschluss, → Rating-Methoden, kreditwirtschaftliche, → Unternehmensbewertung.

Literatur: Breuer, W./Schweizer, T. (Hrsg.); Corporate Finance, Gabler Lexikon, 1. Aufl. 2003; Coenenberg, A.G.; Jahresabschluss- und Jahresabschlussanalyse, 19. Aufl. 2003; Copeland, T.E/Koller, T./ Murrin, J.; Unternehmenswert – Methoden und Strategien für eine wertorientierte Unternehmensführung, 3. Aufl., 2002; Kralicek, P.; Kennzahlen für Geschäftsführer, 4. Aufl. 2001; Küting, K./Weber, C.-P.; Die Bilanzanalyse, 7. Aufl. 2004; Langguth, H./Chahed, Y.; *Wertorientierte Konzepte am Beispiel eines Brauereikonzerns,* in: Controlling, 16. Jg., Heft 7, Juli 2004, S. 399–411; Langguth, H./ Marks, I.; Der Economic Value Added - ein Praxisbeispiel, in: Finanzbetrieb, 5. Jg., (2003), S. 615–624; Nowak, K.; Marktorientierte Unternehmensbewertung; 2. Aufl. 2003; Ossola-Haring, C.; Das große Handbuch Kennzahlen zur Unternehmensführung, 2. Aufl. 2003; Pape, U.; Wertorientierte Unternehmensführung, 3. Aufl. 2003; Pauli, M. C.; Wertorientierte Unternehmensführung, Wiesbaden 2004; Perridon, L./Steiner, M. ; Finanzwirtschaft der Unternehmung, München 2003; Pilz, G.; Erfolgreiche Anlagepraxis, München 2005; Reichmann, T.; Controlling mit Kennzahlen und Managementberichten, 6. Aufl. 2001; Revsine, L./Collins, D.W./Bruce, W.B.; Financial Reporting and Analysis, 3rd. ed. 2004; Velthuis, L.J./Werner, P. (Hrsg.); Werterzielung deutscher Unternehmen – E_RIC-Performance Studie 2004; Johann Wolfgang Goethe Universität Frankfurt.

Internetadressen: www.benchbase.de; www.investopedia.de; www.wikipedia.de

Internetadresse der Autorin: langguth@fhw-berlin.de

Kennzahlenanalyse

beginnt mit der *Beurteilung* aufgrund eines betriebswirtschaftlichen Vergleichs, an den sich eine *Ursachenanalyse* anschließt, für die sich besonders Kennzahlensysteme eignen. Kennzahlen als quantitative Informationen sind eine unverzichtbare Grundlage für interne Unternehmensanalysen ($\rightarrow$ Abweichungsanalyse) und $\rightarrow$ Bilanzanalysen. Neben monetären Kennzahlen werden heute nichtmonetäre Kennzahlen verwendet, die der Ausrichtung auf langfristige Erfolgziele (Nachhaltigkeit) dienen und den Charakter von $\rightarrow$ Indikatoren für die künftigen Ausprägungen von monetären Kennzahlen haben.
Siehe auch $\rightarrow$ Analysemethoden, betriebswirtschaftliche, $\rightarrow$ Kennzahlen, finanzwirtschaftliche, $\rightarrow$ Kennzahlen, wertorientierte, jeweils mit Literaturangaben.

Literatur: Gladen, W., Performance Measurement-Controlling mit Kennzahlen, 3. Auflage, Wiesbaden 2005; Reichmann, T., Controlling mit Kennzahlen und Managementberichten – Grundlagen einer systemgestützten Controlling-Konzeption, 6. Auflage, München 2001; Siegwart, H., Kennzahlen für die Unternehmensführung, 6. Auflage 2002.

Kennzahlensysteme

In einem Kennzahlensystem stehen Kennzahlen in einer Beziehung zueinander. Dadurch bieten Kennzahlensysteme umfassendere Darstellung der Unternehmenssituation als einzelne Kennzahlen.
Rechensysteme verknüpfen die in ihnen enthaltenen Kennzahlen durch Rechenoperationen. Sie haben meistens den Aufbau einer Pyramide. Die Spitzenkennzahl lässt sich durch klare Rechenschritte aus den untergeordneten Kennzahlen ableiten. Das $\rightarrow$ RoI-Kennzahlensystem, das von DuPont entwickelt wurde, ist ein Beispiel für ein Rechensystem.
Ordnungssysteme stellen zwischen ihren Kennzahlen eine inhaltlich begründete, meistens logische oder kausale Beziehung her. Es gibt keine rechnerische Verknüpfung. Die $\rightarrow$ Balanced Scorecard ist das heute bekannteste Beispiel eines Ordnungssystems.
Kennzahlensysteme haben die Aufgabe, die Unternehmenssteuerung zu erleichtern. Das Management kann sich auf eine relativ überschaubare Anzahl von Steuerungsinformationen konzentrieren und damit die zu bewältigende Informationsmenge reduzieren. Kennzahlensysteme sind wertvolle Instrumente. Ihre Grenzen dürfen allerdings nicht übersehen werden. Nur wenige Kennzahlensysteme sind in der Lage, den in der Realität zu findenden Zielpluralismus zu berücksichtigen. Der Schwerpunkt liegt meist auf finanziellen, quantitativen Kennzahlen; mit Ausnahme der $\rightarrow$ Balanced Scorecard sind weiche, qualitative Daten sehr selten in Kennzahlensystemen zu finden. Außerdem fehlt oft die Differenzierung nach Organisationseinheiten, sodass ein Globalsteuerung zwar möglich, die Steuerung von Divisionen und Bereichen aber schwierig ist.
Siehe auch $\rightarrow$ Kennzahlen, finanzwirtschaftliche, $\rightarrow$ Kennzahlen, wertorientierte, jeweils mit Literaturangaben.

Literatur: Sandt, J.: Management mit Kennzahlen und Kennzahlensystemen, Bestandsaufnahme, Determinanten und Erfolgsauswirkungen, Wiesbaden 2004; Reichmann, T.: Controlling mit Kennzahlen und Managementberichten, Grundlagen einer systemgestützten Controlling-Konzeption, 6., überarb. und erw. Aufl., München, 2001.
Internetadressen: http://www.controllingportal.de/grundlagen/kennzahlensysteme.html; http://www.competence-site.de

Kennzeichnungsverfahren

(bei der *Leistungsbeurteilung*) Dem Beurteiler werden eine Reihe von arbeitsrelevanten Beschreibungen vorgelegt, zwischen denen er entscheiden muss, inwieweit die jeweiligen Aussagen auf den Beurteilten zutreffen.
Siehe auch → Lohn- und Gehaltsmodelle (mit Literaturangaben).

Kernkompetenz

(*allgemeine Charakterisierung*). Eine Kernkompetenz ist eine spezifische Fähigkeit eines Unternehmens, durch die es sich von anderen Unternehmen wesentlich unterscheidet. Kernkompetenzen stellen betriebswirtschaftlich notwendige Funktionen dar, die durch strategische Erfolgsfaktoren charakterisiert sind. Sie beinhalten spezielles Know-how, das einen vorhandenen Markt sichert oder einen potenziellen Zugang zu neuen Märkten ermöglicht.
Der Vorteil besteht in der Differenzierung gegenüber Wettbewerbern. Eine weitere Charakterisierung einer Kernkompetenz besteht in der Schwierigkeit für Wettbewerber, diese zu kopieren oder zu imitieren. Kernkompetenzen sichern die Existenz des Unternehmens langfristig. → Outsourcing kommt nicht in Betracht.

Kernkompetenzen

(im → *Strategischen Management*). Der Begriff der Ressourcen bzw. Kernkompetenzen ist vor allem mit den → *RBV*-Ansätzen (*Ressource Based View* nach Prahalad und Hamel) aufgekommen. Die einem Unternehmen zur Verfügung stehenden Rssourcen und insbesondere die Kernkompetenzen wurden als eigentlicher „*Enabler*" von erfolgsversprechenden Wettbewerbsstrategien verstanden. Kernkompetenzen sind dabei diejenigen Ressourcen, welche für ein Unternehmen wirtschaftlich wertvoll, selten, nicht imitierbar und von der Organisationstruktur genutzt werden können (VRIO-Kriterien von Barney (1991): V = valuable, R = rare, I = inimitable, O = organizationally oriented).
Ressourcen eines Unternehmens haben sowohl materiellen wie auch immateriellen Charakter. Diese Ansätze erhalten erst mit dem Value Based Management (*VBM*) den eigentlichen Rahmen, was als „wertvoll" verstanden werden kann. Mit dem RBV-Ansatz war es ursprünglich nicht möglich, den Wertbeitrag der Unternehmensprozesse genau darzustellen.
Siehe auch → Strategisches Management (mit Literaturangaben).

Literatur: Barney, J. B. (1991): Firm resources and sustained competitive advantage. Journal of Management, 17, 99–120; Prahalad, C. K., Hamel, G: The Core Competence of the Corporation, in: Harvard Business Review 1990.

Kernprozess

(in der → *Ablauforganisation*). Der Kernprozess umfasst alle direkt auf den Kunden gerichteten Prozesse, die die Kernkompetenz des Unternehmens darstellen und über die es sich vom Wettbewerb differenziert. Beispiele: BMW (Motoren, Fahrwerke, Karosserie), Rolls-Royce (Luxus, Bequemlichkeit, Status), Aldi (preiswert, reduzierte Produktpalette, überall verfügbar), Apple I-Pod (Design), easyjet (interne Abläufe, kurze Verweilzeiten am Boden, perfekte Logistik).
Kernprozesse definieren die zentrale Wertschöpfung des Unternehmens. Sie eignen sich deshalb selten für eine Auslagerung an externe Lieferanten (Outsourcing), da der Abfluss von Know-how langfristig die eigene Innovationskraft und damit die Wettbewerbsfähigkeit schwächt, die Abhängigkeit vom Lieferanten wächst und das eigene Markenimage verblasst.
Siehe auch → Ablauforganistion (mit Literaturangaben).

Kernprozess

Ein Kernprozess ist ein → Prozess, dessen Aktivitäten direkten Bezug zum Produkt eines Unternehmens besitzen und damit einen Beitrag zur Wertschöpfung im Unternehmen leisten.
Siehe auch → Prozessmanagement (mit Literaturangaben).

Kette, Freiwillige

siehe → Freiwillige Kette (Handel).

Key Account

siehe → Key Account Management.

Key Account Management

Key Accounts sind definierte Schlüsselkunden mit besonderer vertrieblicher Priorität.
Key Account Management (KAM) erfordert, diese wichtigen Schlüsselkunden konzentriert durch besonders qualifizierte, umsatz- und ergebnisverantwortliche Verkaufsmitarbeiter zu betreuen, um mit diesen Schlüsselkunden ins Geschäft zu kommen (im Konsumgüterbereich: gelistet zu werden), möglichst hohe Lieferanteile zu erreichen (Ziel: durch starke Kundennähe hohes Ausschöpfen der erreichbaren Einkaufsbudgets) und die Geschäftsbeziehung langfristig zu sichern. Ein erfolgreiches Key Accounting benötigt hierzu eine entsprechende Infrastruktur.
Im Vordergrund des KAM stehen eine verstärkte Kundenberatung und eine aktive Zusammenarbeit (Projektabwicklung) mit den Zielen, die Partnerschaft wertesteigernd aufzubauen und gemeinsame Markterfolge zu realisieren.
Von KAM (*echtes KAM*) sollte nur dann gesprochen werden, wenn die Vertriebsleitung den Schlüsselkunden spezielle Prioritäten und Vorteile einräumt. Im Vergleich zu Nicht-Schlüsselkunden müssen für die Key Account-Betreuung andere, i.d.R. höhere Budgets zur Verfügung stehen.
Kein KAM (*Pseudo-KAM*) liegt z.B. vor, wenn im Rahmen einer regulären Außendiensttätigkeit bestimmte Kunden lediglich als Key Accounts tituliert sind, damit Außen- und Innendienst diesen eine größere Aufmerksamkeit schenken oder sich selbst in ihrer Verkauftätigkeit aufgewertet sehen. Man spricht dann auch von „name dropping".
Letztlich wird KAM erst dadurch existent und strategisch reizvoll, wenn parallel zum KAM ein Flächenvertrieb mit regionaler Umsatzverantwortung und anderen Kundenprioritäten existiert.
Letztlich gibt es noch ein *Service-KAM*, bei dem die Schlüsselkundenbetreuer nicht akquisitorisch tätig werden, sondern vielmehr spezielle Service- und Dienstleistungen für die Accounts erbringen. Im Gegensatz zum echten KAM haben die Service-Key-Accounter dann keine Umsatz- und Ergebnisverantwortung für die Schlüsselkunden.
Siehe auch → Vertriebspolitik und → Vertriebssteuerung, jeweils mit Literaturangaben.

Key Perfomance Indicators (KPIs)

sind Leistungsindikatoren, die zur Messung von Leistungsgrößen im Einkauf dienen. Siehe auch → Einkaufscontrolling.

Key-indicator

siehe → Früherkennung, gerichtete.

KfW

Abk. für Kreditanstalt für Wiederaufbau. Siehe auch → Kreditinstitute mit Sonderaufgaben.

KfW Bankengruppe

(frühere Bezeichnung „Kreditanstalt für Wiederaufbau") mit Sitz in Frankfurt am Main ist eine Anstalt des öffentlichen Rechts (Bund 80 %, Länder 20%). Die Bankengruppe umfasst u.a. die KfW Förderbank, die KfW Mittelstandsbank, die KfW IPEX-Bank, die KfW Entwicklungsbank und die DEG. Die Bankengruppe erfüllt ein großes Spektrum von Föderaufgaben. Schwerpunkte sind u.a. die Förderung von Mittelstand und Existenzgründern, der Bereich „Bauen, Wohnen und Energiesparen", die Finanzierung kommunaler Infrastrukturvorhaben, der Bereich „Bildung", der u.a. Finanzierungsmöglichkeiten

des Studiums umfasst, Export- und Projektfianzierungen, Entwicklungszusammenarbeit, Globaldarlehen sowie weitere Aufgaben im öffentlichen Auftrag.
Internetadresse: (KfW Bankengruppe) www.kfw.de

KG
siehe → Kommanditgesellschaft.

KGaA
siehe → Kommanditgesellschaft auf Aktien.

KGV
Abk. für → Kurs-Gewinn-Verhältnis.

Kinderbetreuungskosten
sind Ausgaben in Geld- oder Geldeswert, die für die persönliche Betreuung des Kindes entstehen. Sie können wie Betriebsausgaben/Werbungskosten abzugsfähig sein, sofern sie wegen Erwerbs- bzw. Berufstätigkeit der Alleinerziehenden oder beider Elternteile anfallen und das Kind, für das der Stpfl. Kindergeld oder Kinderfreibetrag erhält, das 14. Lebensjahr noch nicht vollendet hat (§ 4f, § 9 Abs. 5 EStG).
Der Abzug erfolgt bei ausbildungs-, krankheits- oder behinderungsbedingt anfallenden Kinderbetreuungskosten sowie für Kinder, die das 3., aber noch nicht das 6. Lebensjahr vollendet haben als → *Sonderausgaben* (§ 10 Abs. 1 Nr. 5 und 8 EStG).
Abzugsfähig sind zwei Drittel der Ausgaben für die Betreuung des Kindes, maximal 4.000 € je Kind bei Vorlage einer Rechnung und Zahlung auf ein Konto.
Siehe auch → Einkommensteuer (deutsche).

Kirchensteuer
siehe → Annexsteuer.

Klassifikation
bezeichnet die Zuordnung einzelner Objekte zu bestimmten, vorgegebenen Klassen. Dieses Verfahren wird vor allem im Rahmen der Kreditwürdigkeitsuntersuchung bei der Vergabe von Krediten verwendet. Werden nicht vorgegebene Klassen, d.h. Ausprägungen eines nominalen Merkmals, vorhergesagt sondern numerische Werte, d.h. Ausprägungen eines metrischen Merkmals, so spricht man im Kontext des → Business Intelligence auch von → Prognose.

Klassische Logik
In der klassischen zweiwertigen Logik trifft eine Eigenschaft entweder vollständig oder überhaupt nicht zu, eine Aussage ist entweder wahr oder falsch. Gegensatz: Die → Fuzzy-Logic-Systeme, die eine Form der → wissensbasierten Systeme sind, ermöglichen dagegen Werte zwischen wahr und falsch, um Unschärfen und Unsicherheiten in den Modellierungsprozess einbeziehen zu können.
Siehe auch → Wissensmanagement (mit Literaturangaben).

Klassischer Kundenwert
(*Customer Equity*), siehe → Kundenwert, klassischer.

Klassisches Losgrößenmodell
siehe → Losgrößenmodell, klassisches.

Kleinaktionär
→ Aktionär, der nur in geringem Umfang an einer → Aktiengesellschaft beteiligt ist und daher als Einzelner keinen spürbaren Einfluss auf die Gesellschaft ausüben kann; siehe auch → Aktionärsvereinigung

Kleine AG
Abk. für → Kleine Aktiengesellschaft (mit Literaturangaben).

Kleine und Mittlere Unternehmen (KMU)
(*small & medium sized enterprises,* abgek. SME). Die Frage der Definition bzw. der Abgrenzung von Kleinen und Mittleren Unternehmen (KMU) oder small & medium sized enterprises (SME) ist nicht stringent zu beantworten: Ob ein Unternehmen mit beispielsweise 50 Mitarbeitern noch als „klein" oder bereits als „mittelgroß" kategorisiert wird, hängt von den verwendeten Grenzwerten ab. Eine wissenschaftlich begründbare Bestimmung der einzelnen Grenzwerte (gleich ob für Umsatz, Zahl der Beschäftigten oder Bilanzsumme) ist aber auch nicht bei Berücksichtigung der jeweiligen Wirtschaftsbereiche herzuleiten.
Aufgrund dessen wird in der Bundesrepublik Deutschland seit 1976 auf eine offizielle und allgemeingültige Definition des Mittelstands oder kleiner und mittlerer Unternehmen verzichtet; es werden stattdessen fallweise Arbeitsdefinitionen verwandt (Deutscher Bundestag, 1976).
Gänzlich fehlende oder divergierende Definitionen innerhalb Europas veranlassten die Europäische Union dazu, Mitte der 90er Jahre eine *EU-Definition* zu erlassen. In der aktuellen Fassung wird danach ausschließlich nach der Diktion Mikro-, Klein-, Mittel- und Großunternehmen unterschieden, und zwar unter Einbeziehung der Merkmale „Beschäftigte", „Umsatz" und „Bilanzsumme" sowie dem Kriterium „Eigenbesitz".
Siehe auch → Mittelstandsökonomie, Kapitel 2, Tabelle und die dort angegebene Literatur.

Kleingewerbetreibender
ist ein Gewerbetreibender, dessen Unternehmen nach Art oder Umfang einen in kaufmännischer Weise eingerichteten Geschäftsbetrieb nicht erfordert. Er ist kein Kaufmann kraft Gesetzes (§ 1 Abs. 2 HGB).
Siehe auch → Handelsrecht.

Klickrate
siehe → Click-Through-Rate.

Klickstromanalyse
(*Clickstream Analysis*) ist eine spezielle Ausrichtung des → Web Mining und dient der einfachen Analyse der Logfiles einer Web-Site.

KMS
Abk. für Knowledge Management System; siehe → Wissensmanagement.

KMU
Abk. für → Kleine und Mittlere Unternehmen; siehe auch → Mittelstandsökonomie, Kapitel 2, Tabelle und die dort angegebene Literatur.

KMU
(*österreichische Definition*), Abk. für *kleine und mittlere Unternehmen*; die Auslegung dieses Begriffes orientiert sich an der *Empfehlung der Kommission vom 6. Mai 2003 betreffend die Definition von Kleinstunternehmen sowie der kleinen und mittleren Unternehmen (2003/361/EG)*, die auf vier Kriterien abstellt: Anzahl der unselbständig Beschäftigten, Umsatz, Bilanzsumme, Unabhängigkeit.
Die Größenklasse der *KMU* setzt sich allgemein aus Unternehmen zusammen, die weniger als 250 Personen beschäftigen und die entweder einen Jahresumsatz von höchstens 50 Millionen EUR erzielen oder deren Jahresbilanzsumme sich auf höchstens 43 Mio. EUR beläuft. (Art 2 Abs. 1 des Anhanges der Empfehlung). Darüber hinaus darf an ihnen kein anderes Unternehmen mehr als 25% des Kapitals halten.
Innerhalb der Kategorie der KMU wird ein *kleines Unternehmen* als ein Unternehmen definiert, das weniger als 50 Personen beschäftigt und dessen Jahresumsatz bzw. Jahresbilanz 10 Millionen EUR nicht übersteigt (Art. 2 Abs. 2 des Anhanges der Empfehlung). Als *Kleinstunternehmen* hingegen soll ein Unternehmen bezeichnet werden, das weniger als 10 Personen beschäftigt und dessen Jahresumsatz bzw. Jahresbilanz 2 Millionen EUR nicht überschreitet (Art. 2 Abs. 3 des Anhanges der Empfehlung).

KNN

Abk. für → Künstliches Neuronales Netz.

Knock-out-Zertifikat

Knock-out-Zertifikate zählen zu den sog. Hebelprodukten. Sie sind in mehrfacher Hinsicht hoch spekulativ.

Zum einen muss für das Zertifikat ein wesentlich geringerer Kapitaleinsatz geleistet werden, als wenn in das → Basisobjekt direkt investiert wird. Genau hierin liegt der Hebeleffekt. Bei erfolgreicher Spekulation können außergewöhnlich hohe Renditen erzielt werden, bei missglückter Spekulation kann jedoch der Totalverlust drohen (etwa dann, wenn das Basisobjekt wertlos wird).

Zum andern enthält dieser Zertifikats-Typ eine Knock-out-Schwelle, bei deren Überschreiten das Zertifikat wertlos wird. Also auch in diesem Falle kann ein Totalverlust entstehen. Um wenigstens noch einen gewissen Restbetrag des eingesetzten Kapitals zu sichern, gibt es eine Variante, die mit einer Stopploss-Schwelle ausgestattet ist. Fällt bzw. steigt der Preis des Basisobjekts unter bzw. über diese Schwelle, dann erfolgt die Auszahlung einer geringen Restwertsumme.

Siehe auch → Zertifikate und → Finanzinnovationen (mit Literaturangaben).

Knoten

(in → *Optimierungsmodellen*). Jedes Teilmodell wird auch als Knoten bezeichnet. Bei der Lösung eines IP-Modells mit *Branch-and-Bound/Cut-Algorithmen* ist die Anzahl der bearbeiteten Knoten das entscheidende Leistungsmerkmal.

Know-how

Erfahrungswissen einer Unternehmung, vor allem technischer Natur, das nicht durch gewerbliche → Schutzrechte abgedeckt ist. Dieses Wissen wird an verbundene Unternehmen z.B. Tochtergesellschaften und an Fremdunternehmen im Rahmen von → Lizenzgeschäften vermarktet. Siehe auch → Gewerblicher Rechtschutz.

Knowledge Discovery in Databases (KDD)

stellt eine phasenorientierte Vorgehensweise, d.h. einen Prozess zur Generierung von Wissen aus Daten dar und wird häufig auch als → Data Mining im weiteren Sinne verstanden. Er bezeichnet konkret den nichttrivialen Prozess der Identifikation valider, neuartiger, potentiell nützlicher und klar verständlicher Muster in Daten.

Ausgehend von der Auswahl der Datenquelle, die in erster Linie durch die Zielsetzung der Wissensentdeckung bestimmt wird, sind im Rahmen der Aufbereitung die Daten durch Selektierung und Wiederaufbereitung zu säubern, so dass sie einer nachfolgenden Analyse zugänglich sind. Der Bestimmung der zu benutzenden Analyseverfahren schließt sich die eigentliche Analyse an, die dann Verfahren mit den Daten verbindet und durch die Anwendung der Analysealgorithmen Ergebnisse generiert. Abschließend werden die Ergebnisse durch den Anwender interpretiert und evaluiert. Die bekannteste Konkretisierung dieses Prozesses ist → CRISP-DM.

Knowledge Management

siehe → Wissensmanagement (mit Literaturangaben) und → Wissensmanagement-System.

Knowledge Management System

siehe → Wissensmanagement-System.

Kognitiv wirkende Reize

sind Reize, die durch gedankliche Konflikte, durch Widersprüche und Überraschungen wirken; stellen die Wahrnehmung vor unerwartete Aufgaben und stimulieren dadurch die → Informationsverarbeitung. Siehe auch → Konsumentenverhalten (mit Literaturangaben).

Kognitive Prozesse
sind gedankliche Vorgänge, durch die Informationen aufgenommen, verarbeitet und gespeichert werden. Siehe auch → Konsumentenverhalten (mit Literaturangaben).

Kollegialprinzip
(insbesondere in der → *Aufbauorganisation*). Das Kollegialprinzip umfasst drei Formen: (1) Bei der Primatkollegialität gibt der Vorsitzende der Leitungsgruppe bei Stimmengleichheit den Ausschlag. (2) Bei der Abstimmungskollegialität werden Entscheidungen mit einfacher oder qualifizierter Mehrheit gefällt. (3) Bei der Kassationskollegialität wird Konsens verlangt; alle Beschlüsse werden einstimmig gefällt.
Zwischen den aufgeführten Möglichkeiten sind Kombinationen oder Differenzierungen für bestimmte Abstimmungssachverhalte möglich.
Siehe auch → Aufbauorganisation und → Unternehmensführung, jeweils mit Literaturangaben.

Kollegialprinzip
(insbesondere in der → *Unternehmensführung*), Entscheidungsprinzip, welches innerhalb einer Mehrpersonenstelle, bspw. der Unternehmensleitung, die Verteilung von Entscheidungsrechten grundsätzlich in gleichberechtigter Form vornimmt (one man – one vote).
Als Extremform kann hierbei die *Kassationskollegialität* gelten, nach der Entscheidungen einstimmig gefällt werden müssen.
Siehe auch → Unternehmensführung, Grundlagen (mit Literaturangaben).

Kollektiventscheidung
→ Entscheidung, welche mehrere Personen gemeinsam treffen. Die Entscheidungsfindung ist in einer Kollektiventscheidung komplizierter, weil die daran beteiligten Personen unterschiedliche, manchmal stark divergierende → Zielsysteme haben. Zudem beurteilen unterschiedliche Personen die Zielerreichung der zur Diskussion stehenden → Varianten unterschiedlich. Es braucht deshalb Regeln, um die individuellen Präferenzordnungen zu einer kollektiven Präferenzordnung zu aggregieren. Arrow hat Anforderungen an einen solchen Aggregationsmechanismus formuliert und nachgewiesen, dass nur ausnahmsweise alle Anforderungen gleichzeitig erfüllt sind.

Kollektives Arbeitsrecht
siehe → Arbeitsrecht.

Kollektivismus
siehe → Individualismus/Kollektivismus.

Kollektivmarke
Marke, derer sich mehrere Absender überbetrieblich zur Vermarktung ihrer Produkte gleichzeitig bedienen. Oft geschieht dies bei ansonsten nicht markenfähigen Urprodukten durch Zusatz eines Gütezeichens, das markenähnliche Funktionen übernimmt. Die Kollektivmarke kann horizontal oder vertikal ausgelegt sein.
Zu denken ist im ersten Zusammenhang etwa an Agrarerzeugnisse, die durch das CMA(für Centraler Marketingausschuss der Agrarwirtschaft)-Zeichen „geadelt" werden, oder an Naturfasern aus Wolle, die durch das IWS(für Internationales Woll-Sekretariat)-Zeichen qualifiziert sind.
Marken im zweiten Zusammenhang sind selten und treffen eher für standardisierte Fertigwaren zu. Es handelt sich um Kollektivmarken aus komplementären Produkten (Co-Branding). Zu denken ist an Fly & Drive von Lufthansa und Avis oder an Kreditkarten unter gemeinsamer Markierung von Kreditkartenorganisation und Kreditinstitut (z.B. Master Card/Deutsche Bank).
Siehe auch → Markenarten sowie → Marke.

Kollektivwerbung
ist ein Oberbegriff für Werbung, bei der sich mehrere Werbetreibende zusammenschließen und gemeinsam werben. Untergeordnete Formen sind beispielsweise Gemeinschaftswerbung (Interessenge-

meinschaft, z.B. Firmen einer Branche), Sammelwerbung (z.B. Sammlung von Firmen einer Region) und Verbundwerbung (Zusammenschluss mehrerer Firmen).

Kollisionsnormen

(→ *Steuerrecht, Internationales*) sind solche Rechtsnormen, die die Steueransprüche der → Steuerhoheiten gegeneinander abgrenzen.

Kollisionsrecht

(→ *Steuerrecht, Internationales*) umfasst solche Rechtsnormen, die die Steueransprüche der → Steuerhoheiten gegeneinander abgrenzen.

Kombinierte Planung

Während die oberen Unternehmensebenen bei der Planung zu einer eher finanziellen Weltsicht neigen, denken die unteren Organisationseinheiten bei der Planung eher in Mengeneinheiten. Die kombinierte Planung nach dem Gegenstromprinzip sorgt dafür, dass die Unternehmenseinheiten mit ihren unterschiedlichen Denkweisen bei der → *Top Down* Dekomposition der Ziele und der → *Bottom Up* Aggregation des Zielangebots Meinungsunterschiede durch im Planungsprozess institutionalisierte Kontakte klären und austragen.
Siehe auch → Plandatenbasis und → Unternehmensplanung (mit Literaturangaben).

Kombinierte Prämie

variable *Entgeltkomponente*. Verschiedene Prämienarten werden kombiniert und beispielsweise additiv und multiplikativ verknüpft. Siehe auch → Mengenleistungsprämie, → Qualitätsprämie, → Nutzungsprämie, → Ersparnisprämie sowie → Lohn- und Gehaltsmodelle.

Kombiniertes Konnossement

siehe → Multimodales Konnossement.

Kommanditanteil

siehe → Kommanditgesellschaft.

Kommanditerwerbsgesellschaft (KEG), österreichische

(§ 1 Z 2 öEGG, §§ 2 ff öEGG, subsidiär KG-Recht, vgl. § 4 Abs. 1 öEGG); ab 1.1.2007 keine Neugründungen mehr möglich, siehe → Handelsrechtsreform, österreichische.
Die KEG wurde in § 1 öEGG definiert als eine auf einen gemeinschaftlichen Erwerb oder auf die Nutzung und Verwaltung eigenen Vermögens gerichtete Gesellschaft zu deren Zweck eine KG nicht gegründet werden kann. Sie gehörte wie die → OEG zu den sog. *(Eingetragenen) Erwerbsgesellschaften*. Diese wurden 1990 in der Absicht geschaffen, auch minder- oder nichtkaufmännisch bzw. freiberuflich Tätigen eine der Organisations-, Vermögens- und Haftungsstruktur von → OHG und → KG ähnliche Gesellschaftsform zur Verfügung zu stellen. Schließlich waren jene nach der Konzeption des öHGB auf den Betrieb eines Vollhandelsgewerbes beschränkt. Vor Geltung des EGG blieb Nicht- und Minderkaufleuten damit nur der Typus der → GesbR. Diese ist aber weder teilrechtsfähig, noch für längerfristige Projekte konzipiert und gerade aus diesem Grund für unternehmerisches Handeln ungeeignet.
Literatur: *Dehn*, Wilma, UGB. Das neue Unternehmensgesetzbuch, Manz Verlag (2006); *Dehn/Krejci* (Hrsg.), Das neue UGB. SWK-Sonderheft, Linde Verlag (2005); *Krejci*, Heinz, Gesellschaftsrecht, Band I: Allgemeiner Teil und Personengesellschaften, Manz Verlag (2005); *Nowotny*, Georg, Gesellschaftsrecht, Verlag Österreich (2005); *Schummer*, Gerhard, Personengesellschaften, 6. Auflage, Orac-Rechtsskriptum, Verlag LexisNexis ARD Orac (2006). Siehe auch Quellenverzeichnis (Bücher, Zeitschriften und Internetadressen) beim Stichwort „→ Gesellschaftsformen, österreichische".

Kommanditgesellschaft (KG), deutsche

ist als → Personengesellschaft eine Sonderform der → Offenen Handelsgesellschaft (OHG) mit gesetzlicher Grundlage im HGB. Die Kommanditgesellschaft dient dem Betrieb eines Handelsgewerbes (Personenhandelsgesellschaft) unter gemeinschaftlicher Firma. Sie ist keine juristische Person, aber wie die Offene Handelsgesellschaft rechtlich verselbständigt.

Wesensmerkmal ist, dass es zwei Gruppen von Gesellschaftern gibt (natürliche oder juristische Personen): (1) Der → Komplementär (mindestens einer) haftet neben der Kommanditgesellschaft selbst mit seinem gesamten Vermögen für die Verbindlichkeiten der Gesellschaft. (2) Der → Kommanditist (mindestens einer) haftet nur in Höhe seines Kommanditanteils. Wenn die Kommanditeinlage gezahlt ist, findet keine weitergehende Haftung des Kommanditisten mehr statt. Ist Komplementär eine → GmbH, liegt eine → GmbH & Co. KG vor, die die Vorteile der KG mit der Haftungsbeschränkung der GmbH kombiniert. Viel seltener ist Komplementär eine → Aktiengesellschaft (AG & Co. KG) oder eine englische → Limited (Limited & Co. KG). Der Kommanditist ist von der Geschäftsführung und der Vertretung der Gesellschaft ausgeschlossen. Vielmehr obliegen Geschäftsführung und Vertretung einzig dem Komplementär. Der Gesellschaftsvertrag kann aber eine andere Regelung vorsehen.

Die Kommanditgesellschaft begegnet in zwei Erscheinungsformen: (1) Die personalistisch geprägte KG zeichnet sich durch eine geringe Anzahl von Gesellschaftern aus (z.B. mittelständisches Unternehmen). (2) Die Publikums-KG hat Kapitalsammelfunktion und hat in der Regel einen Komplementär, aber eine Vielzahl von Kommanditisten, die zum Zwecke der Kapitalanlage der vom Komplementär initiierten Gesellschaft beitreten (sogenannte Abschreibungsgesellschaften oder geschlossene Immobilienfonds).

Siehe auch → Kommanditgesellschaft, österreichische.

Literatur: Hueck, G. und Windbichler, C.: Gesellschaftsrecht, 20. Auflage, München 2003; Klunzinger, E.: Grundzüge des Gesellschaftsrechts, 14. Auflage, München 2006; Memento, Gesellschaftsrecht für die Praxis 2006, Freiburg 2005; Schmidt, K.: Gesellschaftsrecht, 4. Auflage, Köln u.a. 2002; Schmidt, C.R. und Zagel, S.: Die OHG, KG und PublikumsG, Freiburg i.Br. 2004.

Internetadresse: (HGB online) http://www.gesetze-im-internet.de

Kommanditgesellschaft (KG), österreichische

(§§ 161 ff öUGB, subsidiär OG-Recht).

(1) *Definition, Rechtsnatur:* Die KG (§ 161 öUGB) ist eine *Sonderform* der → OG (§ 105 öUGB) und unterscheidet sich von dieser nur insofern, als bei ihr nicht alle Gesellschafter für die Verbindlichkeiten der Gemeinschaft *unbeschränkt* haften, sondern die Verantwortlichkeit zumindest eines Teilhabers mit einem bestimmten *Betrag (Haftsumme/Hafteinlage)* begrenzt ist. Anders als die → OG kennt die KG damit zwei Arten von Gesellschaftern: die voll haftenden *Komplementäre* und die begrenzt verantwortlichen *Kommanditisten.* Ansonsten entspricht die KG weitestgehend der → OG . Sie gehört genauso zur Gruppe der *Gesamthandschaften* und besitzt ebenso *Rechtsfähigkeit.* Auch ihr *Gesellschaftszweck* (nach § 161 Abs 2 iVm § 105 öUGB jede Art erlaubter Tätigkeit) stimmt mit dem der → OG überein. Die §§ 162 öUGB befassen sich deshalb hauptsächlich mit den Besonderheiten der KG, namentlich der Stellung des Kommanditisten. Im Übrigen ist → OG-Recht anzuwenden (§ 161 Abs 2 öUGB).

(2) *Gründung:* Die *Gründung* der KG erfolgt genau wie bei der → OG mit formfreiem *Abschluss des Gesellschaftsvertrags.* Rechts- und Parteifähigkeit gegenüber Dritten erlangt sie jedoch auch erst mit ihrer *Eintragung* ins → *Firmenbuch,* zu der sie nach § 162 öUGB verpflichtet ist. Als *Gesellschafter* einer KG kommen natürliche und juristische Personen (→ GmbH, → AG, → Genossenschaft etc.) sowie andere rechtsfähige Verbindungen (→ OG, → KG) in Betracht. Die → *Firma* der KG kann Personen-, Sach- oder Fantasiefirma sein oder sich an die Geschäftsbezeichnung anlehnen, muss jedoch zwingend den Zusatz „Kommanditgesellschaft" bzw. „KG" enthalten. Ist keiner der unbeschränkt haftenden Gesellschafter eine natürliche Person, muss dies in der Firma ersichtlich gemacht werden (§ 19 öUGB). Die Namen anderer Personen als *persönlich haftender Gesellschafter* dürfen in die Firma nicht aufgenommen werden (§ 20 öUGB). Wird in Form der KG eine freiberufliche Tätigkeit betrieben, ist in die Firma ein Hinweis auf den ausgeübten freien Beruf aufzunehmen. Auch kann dann anstelle des Zusatzes „KG" die Bezeichnung „Kommandit-Partnerschaft" geführt werden (§ 19 öUGB).

Literatur: *Dehn,* Wilma, UGB. Das neue Unternehmensgesetzbuch, Manz Verlag (2006); *Dehn/Krejci* (Hrsg.), Das neue UGB. SWK-Sonderheft, Linde Verlag (2005); *Gruber,* Michael, Treuhandbeteiligung an Gesellschaften, Schriftenreihe des österreichischen Notariats, Band 16, Manz Verlag (2001); *Krejci,* Heinz, Handelsrecht, 3. Auflage, Manz Verlag (2005); *Krejci,* Heinz, Gesellschaftsrecht, Band I: Allgemeiner Teil und Personengesellschaften, Manz Verlag (2005); *Nowotny,* Georg,

Gesellschaftsrecht, Verlag Österreich (2005); *Schummer*, Gerhard, Personengesellschaften, 6. Auflage, Orac-Rechtsskriptum, Verlag LexisNexis ARD Orac (2006); *Straube*, Manfred (Hrsg), Kommentar zum Handelsgesetzbuch mit einschlägigen Rechtsvorschriften in zwei Bänden, 3. Auflage, Manz Verlag (2003). Weiterführende Informationen siehe auch Quellenverzeichnis (Bücher, Zeitschriften und Internetadressen) beim Stichwort „→ Gesellschaftsformen, österreichische".

Kommanditgesellschaft auf Aktien (KGaA)

(deutsches Recht), Mischform aus → Kommanditgesellschaft und → Aktiengesellschaft, auch hinsichtlich der anwendbaren Rechtsnormen, mit untergeordneter Rolle in Deutschland. Die Kommanditgesellschaft auf Aktien ist juristische Person und Kaufmann im Sinne des HGB. Sie bietet die Möglichkeit, über die Ausgabe von → Aktien ohne Verlust der Kontrolle über das Unternehmen zusätzliches Eigenkapital zu beschaffen.

Wie bei der Kommanditgesellschaft gibt es zwei Arten von Gesellschaftern: (1) Der persönlich haftende Gesellschafter haftet mit seinem gesamten privaten Vermögen für die Verbindlichkeiten der Gesellschaft. (2) Der Kommanditaktionär ist nur mit Aktien am Grundkapital beteiligt und haftet nicht persönlich.

Siehe auch → Aktiengesellschaft (deutsche) und → Kommanditgesellschaft (deutsche), jeweils mit Literaturangaben.

Literatur: Klunzinger, E.: Grundzüge des Gesellschaftsrechts, 14. Auflage, München 2006; Memento, Gesellschaftsrecht für die Praxis 2006, Freiburg 2005.

Kommanditist

Gesellschafter einer → *Kommanditgesellschaft (KG)*, dessen Haftung auf den Betrag seiner Einlage beschränkt ist; siehe dazu auch → *Komplementär*

Kommissionär

(→ *Handelsbetriebslehre*) ist ein selbstständiger Gewerbetreibender, der in seinem eigenen Namen für die Rechnung seines Auftraggebers den Kauf oder Verkauf von Waren tätigt (§§ 383 ff. HGB). Der Kommissionär hat zwar die Risiken zu tragen, die sich aus dem Kommissionärsvertrag gegenüber dem Kunden ergeben (Außenverhältnis). Der Auftraggeber hat jedoch im Innenverhältnis für die Risiken aufzukommen, die Absatz, Garantie, Gewährleistung, Kreditierung etc. betreffen. Er ist wie gegenüber → Handelsvertretern und → Handelsmaklern auch Kommissionären gegenüber weisungsbefugt, insbesondere, was die Gestaltung und Einhaltung des Verkaufspreises anbelangt.

Kommissionär

(*handelsrechtliche Definition*) ist ein → Kaufmann, der gewerbsmäßig im eigenen Namen für Rechnung eines anderen (des Kommittenten) Waren oder Wertpapiere kauft oder verkauft (§ 383 Abs. 1 HGB). Kommissionär ist z.B. ein Kunsthändler, der im Auftrag eines Kunden, der unbekannt bleiben will, im eigenen Namen auf einer Kunstauktion ein Gemälde ersteigert.

Siehe auch → Handelsrecht (mit Literaturangaben).

Kommissionär

(im → *Außenhandel*) ist ein → Absatzmittler im Außenhandel, der im eigenen Namen aber auf Rechnung des Exporteurs Waren übernimmt und im Verkaufsfall dafür eine Provision erhält. Ansonsten fällt die Ware an den Exporteur zurück, der damit das Absatzrisiko trägt.

Kommissionärs-Pfand

siehe → Pfand (Faustpfand).

Kommissionieren

umfasst den Vorgang des Zusammentragens von Waren, die gemäß einer Kundenbestellung oder eines Rüstauftrages nachgefragt werden. Siehe auch → Distributionslogistik.

Kommittent
ist derjenige, in dessen Namen der → Kommissionär Waren oder Wertpapiere kauft oder verkauft (§ 383 Abs. 1 HGB).

Kommunalanleihe
siehe → Anleihe der öffentlichen Hand.

Kommunalobligation
von einer Hypothekenbank oder einem öffentlich-rechtlichen Kreditinstitut (Sparkassen und Landesbanken) emittierte → Anleihe, die durch Forderungen gegen eine öffentliche Institution besichert ist und der Finanzierung von Krediten an eben diese öffentlichen Institutionen (Kommunalkredite) dient.

Kommunikation, Integrierte
siehe → Integrierte Kommunikation.

Kommunikation, interkulturelle
siehe → Interkulturelle Kommunikation.

Kommunikationsdiagramm
(in der *Organisation*), Technik zur Darstellung von Kontakten zwischen verschiedenen → Abteilungen durch Verbindungslinien und deren Häufigkeit, z.B. durch die Stärke der Verbindungslinien symbolisiert. Siehe auch → Organisation, Grundlagen.

Kommunikationspolitik

Kommunikationspolitik

von Professor Dr. Carsten Rennhak und Professor Dr. Gerd Nufer
SIB School of International Business – Hochschule Reutlingen

1. Charakterisierung
Als *Kommunikationspolitik* wird die Gesamtheit der Kommunikationsinstrumente und -maßnahmen eines Unternehmens bezeichnet, die eingesetzt werden, um das Unternehmen und seine Leistungen den relevanten Zielgruppen des Unternehmens darzustellen.
Kommunikationspolitik nimmt damit eine wichtige Funktion im → Marketing ein. Sie bildet zusammen mit der → Produktpolitik (siehe auch → Produktinnovation), der → Preispolitik und der → Vertriebspolitik das *marketingpolitische Instrumentarium* des Unternehmens und schafft eine Verbindung zwischen der unternehmerischen Initiative in der Produktentwicklung, der marktgerechten Preisfindung und der verkaufsmäßigen Umsetzung im Markt.
Die Entscheidungen der Produkt- und Preispolitik sind auf die Leistungserstellung gerichtet. Sie legen das Leistungsprogramm des Unternehmens detailliert fest. Demgegenüber hat die Kommunikationspolitik die Aufgabe der Leistungsdarstellung des Unternehmens gegenüber seinen Zielgruppen. Dabei umfasst die Kommunikationspolitik sowohl Maßnahmen der marktgerichteten, externen Kommunikation (z.B. Anzeigenwerbung), der innerbetrieblichen, internen Kommunikation (z.B. Mitarbeiterzeitschriften) als auch der interaktiven Kommunikation zwischen Mitarbeitern und Kunden (z.B. Kundenberatungsgespräche). Da sämtliche Marketinginstrumente kommunikative Wirkungen entfalten können, gilt die Kommunikationspolitik als Bindeglied zwischen allen Instrumenten des Marketing-Mix.

2. Die Festlegung der Kommunikationsziele
Die Kommunikationspolitik subsumiert alle zielgerichteten Maßnahmen des Unternehmens, die zur Steuerung von Meinungen, Einstellungen, Erwartungen und Verhaltensweisen der Zielgruppe eingesetzt werden. Alle kommunikativen Maßnahmen werden durchgeführt, um vorab definierte Kommunikationsziele zu erfüllen. Grundsätzlich kann hier zwischen Kontaktzielen (streutechnischen Zielen),

ökonomischen Zielen (Verhaltenszielen) und außerökonomischen Zielen (Wirkungszielen) unterschieden werden.

Unter *Kontaktzielen* werden Ziele verstanden, die an Kontaktmaße in Bezug auf die definierte Zielgruppe anknüpfen. Es handelt sich hierbei z.B. um Reichweitenzahlen oder die Kontakthäufigkeit der Rezipienten mit dem Kommunikationsinstrument (siehe 3.). Messbare Kommunikationswirkungen bzgl. betriebswirtschaftlicher Größen – wie beispielsweise Veränderungen von Marktanteil oder Absatz – subsumiert man unter den *ökonomischen Werbezielen*. *Außerökonomische* Ziele beeinflussen die Realisation ökonomischer Ziele bzw. sind die Voraussetzung für die Erfüllung derselben. Angestrebte Wirkungen in der Psyche der Kommunikationsempfänger müssen folglich verhaltensrelevant für nachgelagertes Kauf- und/oder Verwendungsverhalten sein. So sollen durch die psychologischen Zielgrößen Bekanntheitsgrad oder Produktwissen der Konsumenten gesteigert oder ihr Empfinden gegenüber dem Produkt verbessert werden (→ Konsumentenverhalten).

3. Die Gestaltung des Kommunikations-Mix

Aufgabe der Kommunikationspolitik ist die Identifikation und Umsetzung der zielgruppengerechten Kommunikations-Mixe als jener Kombination von informations- und kommunikationsbezogenen Instrumenten, die zur Erfüllung der definierten Kommunikationsziele (siehe 2.) dienen.

Die grundsätzliche Entscheidung, die im Rahmen der Gestaltung des Kommunikations-Mix zu treffen ist, ist die Wahl einer Push- oder Pull-Strategie. Bei der Wahl einer *Push-Strategie* richten sich die Kommunikationsanstrengungen vor allem an Intermediäre (Großhändler, Einzelhandel etc.). Diese sollen dazu veranlasst werden, das Produkt im Sortiment zu führen und zu fördern und so Endkunden anzusprechen, das Produkt also quasi durch den Absatzkanal zu „schieben". Bei einer *Pull-Strategie* richten sich die Kommunikationsanstrengungen an den Konsumenten, der bei den Intermediären für die entsprechende Nachfrage sorgt, das Produkt quasi durch den Absatzkanal „ziehen" soll.

Zunächst ist das *Kommunikationsbudget* nach Höhe und sachlicher Verteilung festzulegen. Zur Bestimmung des Kommunikationsbudgets haben sich in der Praxis die Methode des Sich-Leisten-Könnens („All-you-can-afford"), die Prozent-vom-Umsatz-Methode, die Methode der Wettbewerbsparität (Orientierung an den Kommunikationsausgaben der Mitbewerber) und die Ziel-und-Aufgaben-Methode herausgebildet. Bei letzterer wird das Kommunikationsbudget gemäß der Festlegung der Kommunikationsziele, der Bestimmung der konkreten Aufgaben zur Erreichung dieser Ziele und einer Schätzung der Kosten jeder einzelnen Aufgabe gebildet. Hierfür ist entsprechend der Zusammenhang zwischen Kommunikationsaufwendungen und Kommunikationszielen abzuschätzen. Für die sachliche Verteilung des Kommunikationsbudgets sind zudem Kosteninformationen bezüglich der Kommunikationsinstrumente und -dienstleistungen in Erfahrung zu bringen. Grundsätzliche Anforderungen an ein Kommunikationsbudget sind Kontinuität (d.h. eine zeitliche Verteilung des Kommunikationsdrucks, um zeitbeanspruchende Lernprozesse für das Erlernen neuer Botschaften zu ermöglichen und informationsüberlasteten Konsumenten dies durch regelmäßige Wiederholung zu erleichtern), Kraft (ein zu niedriges Kommunikationsbudget geht im Wettbewerbsumfeld unter) und Mischung (Mix-Kampagnen, wie z.B. kombinierte TV-Print- oder TV-Radio-Kampagnen, tragen weiter als Mono-Kampagnen).

Aufbauend auf die Festlegung des Kommunikationsbudgets erfolgt die Auswahl der Kommunikationsinstrumente und -kanäle. Die einzelnen Kommunikationsinstrumente werden dabei auf ihre spezifische Eignung zur Erreichung der Kommunikationsziele unter Einhaltung der Budgetrestriktion hin untersucht und zu einem möglichst wirkungsvollen *Kommunikations-Mix* kombiniert. Die Kommunikationspolitik bedient sich dabei der Instrumente → Corporate Identity, → Direktmarketing, Events (→ Eventmanagement und → Eventmarketing), → Öffentlichkeitsarbeit, Messen (→ Messemanagement), → Product Placement, → Sponsoring, → Verkaufsförderung und → Werbung.

Ist der Instrumenten-Mix festgelegt, erfolgt die Gestaltung der *Kommunikationsmaßnahmen*. Diese beinhaltet v.a. Entscheidungen bzgl. der Kombination bzw. Dosierung der ausgewählten Instrumente sowie die Entscheidung bezüglich der inhaltlichen Ausgestaltung dieser Instrumente (siehe Abbildung 1).

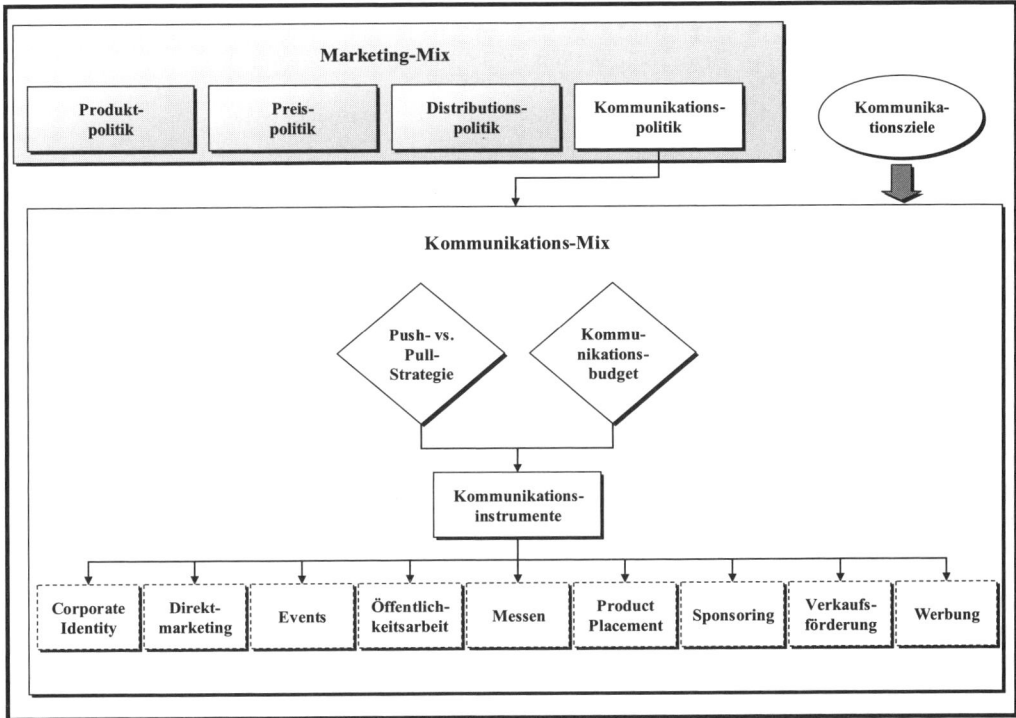

Abbildung 1: Ableitung der Kommunikationsmaßnahmen

Um den Kommunikationserfolg nachzuhalten und wichtige Erkenntnisse für die künftige Gestaltung des Kommunikations-Mix zu gewinnen, ist schließlich eine *Kontrolle der Kommunikationswirkung* notwendig. Zur Messung sollten Erfolgsgrößen gewählt werden, die sensibel auf die Kommunikationsmaßnahmen reagieren, allein durch die Kommunikation bedingt sind und eine hohe Korrelation mit den Kommunikationszielen aufweisen. In der praktischen Umsetzung wird die Kontrolle der Kommunikationswirkung jedoch durch Beharrungseffekte (d.h. die mit einer Kommunikationsmaßnahme beabsichtigte Wirkung setzt in vielen Fällen weder unmittelbar bei Beginn der Aktion ein, noch klingt sie sofort nach Ende der Maßnahme ab), Verzögerungseffekte (d.h. Konsumenten reagieren nicht unmittelbar auf Kommunikationsmaßnahmen), Ausstrahlungseffekte (d.h. die beobachteten Wirkungen sind auf andere als die betrachtete Kommunikationsmaßnahme zurückzuführen) und Überlagerungseffekte (z.B. Wiederkaufverhalten oder Mund-zu-Mund-Propaganda) wesentlich erschwert.

4. Entwicklung und Ausblick
Der Bedeutungswandel der Kommunikationspolitik lässt sich historisch grob in fünf *Entwicklungsphasen* einteilen:
(1) Phase der *unsystematischen Kommunikation* (ca. 50er Jahre): Die Kommunikationspolitik spielt im Unternehmen eine eher untergeordnete Rolle; die Marketingbemühungen fokussieren auf die Gestaltung des Produktangebots, das sich aufgrund der vorhandenen Nachfrage einfach verkauft.
(2) Phase der *Produktkommunikation* (ca. 60er Jahre): Unternehmen verstärken ihre Verkaufsaktivitäten; die Kommunikationspolitik soll hier Unterstützung leisten – der Einsatz von Kommunikationsinstrumenten wie der Medienwerbung oder der Verkaufsförderung stehen im Vordergrund.
(3) Phase der *Zielgruppenkommunikation* (ca. 70er Jahre): Die Kommunikation dient jetzt der differenzierten Ansprache von einzelnen Zielgruppen und soll einen spezifischen Kundennutzen vermitteln.

(4) Phase der *Wettbewerbskommunikation* (ca. 80er Jahre): Mit dem Ziel der Abgrenzung von der Konkurrenz wird die Kommunikationspolitik dazu genutzt, strategische Vorteile durch Alleinstellungspositionierung (→ Unique Selling Proposition) beim Kunden zu erreichen.

(5) Phase des *Kommunikationswettbewerbs* (seit ca. 90er Jahre): Kommunikation wird zum Erfolgsfaktor im Wettbewerb, wobei sich jedoch die Kommunikationsbedingungen aufgrund eines steigenden Kommunikationsdrucks zunehmend verschlechtern. Bei sich angleichenden Produktmerkmalen müssen sich Unternehmen zunehmend einem Kommunikationswettbewerb stellen und setzen verstärkt innovative Instrumente wie z.B. Events (siehe → Enventmanagement und → Eventmarketing), → Sponsoring und → Product Placement ein.

Die Kommunikationspolitik ist für viele Unternehmen ein *strategischer Wettbewerbsfaktor* geworden. Der Kommunikationswettbewerb wird heute durch veränderte Kommunikationsbedingungen und Medienmärkte verschärft: Gleichartige Werbung, Informationsüberlastung („Information Overload") und zunehmende Reaktanz auf Seiten der Kommunikationsempfänger verringert die Möglichkeiten eines Unternehmens, sich durch kommunikationspolitische Maßnahmen beim Kunden und gegenüber dem Wettbewerb zu profilieren. Unternehmen sind in dieser Situation dazu aufgefordert, die Vielzahl an Kommunikationsinstrumenten und -aktivitäten zu koordinieren (→ Integrierte Kommunikation), so dass ein geschlossenes Erscheinungsbild des Unternehmens entsteht.

Hinweis
Zu den angrenzenden bzw. vertiefenden Wissensgebieten siehe → Benchmarking, → Call Center Management, → Dienstleistungsmanagement, → Digitales Marketing, → Direktmarketing, → E-Commerce, → Efficient Consumer Response, → Eventmanagement, → Eventmarketing, → Handelsbetriebslehre, → Handelsmarketing, → Internationales Marketing, → Internet-Kommunikationspolitik, → Konsumentenverhalten, → Kundenzufriedenheit, → Markenführung, → Marketing, Grundlagen, → Marktforschung, → Medienökonomie, → Messemarketing, → Mobile Commerce, → Multi-Kanal-Dialog Marketing, → Ökologie-Marketing, → Preispolitik, → Produktpolitik, → Sponsoring, → Vertriebspolitik, → Vertriebswege, neuere, → Werbung.

Literatur: Berndt, R., Hermanns, A. (Hrsg.): Handbuch Marketing-Kommunikation, Strategien – Instrumente – Perspektiven, Gabler, Wiesbaden 1993; Bruhn, M.: Kommunikationspolitik, 3. Auflage, Vahlen, München 2005; Fill, C.: Marketing Communications, Pearson, London 2005; Kroeber-Riel, W., Weinberg, P.: Konsumentenverhalten, 8. Auflage, Vahlen, München 2003; Nufer, G.: Event-Marketing. Theoretische Fundierung und empirische Analyse unter besonderer Berücksichtigung von Imagewirkungen, 2. Auflage, Wiesbaden 2006; Pepels, W.: Einführung in die Kommunikationspolitik, Schäffer-Poeschel, Stuttgart 1997; Rennhak, C.: Die Wirkung vergleichender Werbung, Gabler, Wiesbaden 2001; Tonnemacher, J.: Kommunikationspolitik in Deutschland, utb, Stuttgart 2003; Unger, F., Fuchs, W.: Management der Marketing-Kommunikation, Springer, Berlin 2005.

Internetadressen: www.bvh-versandhandel.de (Bundesverband des deutschen Versandhandels); www.eu-marketingportal.com; www.ddv.de (Deutscher Direktmarketing Verband); www.fachverbandwerbung.at; www.gwa.de (Gesamtverband Kommunikationsagenturen); www.interbrand.com; www.interverband.com/u-img/184/zaw_home_18_05_24.htm (Zentralverband der deutschen Werbewirtschaft); www.marketingverband.de (Deutscher Marketing-Verband); www.sawi.com (Schweizerisches Ausbildungszentrum für Marketing, Werbung und Kommunikation)

Website der Autoren: http://www.sib.reutlingen-university.de

Kommunikationspolitik des Handels
(1) *Sektorale Besonderheiten:* Die Kommunikationspolitik im Handel zählt zu den wichtigsten Instrumenten im Rahmen des → Handelsmarketing. Sie weist – etwa in Abgrenzung zu Markenartikeln bzw. zur Industrie – einige grundsätzliche Besonderheiten auf: (1) Der Handel kommuniziert mit Kunden, zu denen direkter Kontakt besteht, deren Reaktion in kürzeren Zeiträumen erfolgt, wodurch die Wirkung direkt messbar wird (z.B. mittels Scannerkassen). (2) Regional tätige (mittelständische) Händler konzentrieren ihre Kommunikation, können aber kaum economies of scale nutzen. (3) Die breiten Sorti-

mente und Dienstleistungen des Handels sind schwieriger kommunizierbar. (4) Dem Handel stehen mehr Kommunikationsmöglichkeiten zur Verfügung, da in der Einkaufsstätte direkt kommuniziert wird. Andererseits hat dies Nachteile, da die Einkaufsstätte nicht in viele Lebensbereiche hinein wirkt, sondern ihr Betreten vorausgesetzt ist. (5) Die Kommunikation bezieht sich auf nicht vom Handel hergestellte Produkte, d.h. die Qualitätskompetenz ist abgeleitet. (6) Der Handel wird in der → Point-of-Sale-Werbung oft von der Industrie unterstützt (z.B. durch Werbekostenzuschüsse).

(2) *Instrumente:* Auf der Instrumentalebene hat im Handel – neben bekannten Instrumenten wie Public Relations, Sponsoring etc. – die klassische Werbung und die Kommunikation am Point-of-Sale eine hohe Relevanz (→ Point-of-Purchase-Werbung), da – ja nach Sortiment – ein relativ großer Teil der Kaufentscheidungen erst im Laden fällt. Auf beide entfällt der größte Teil der Kommunikationsbudgets (Liebmann/Zentes 2001, S. 522 f.). Zudem bieten im Handel die Außenwerbung und die Zeitungswerbung Möglichkeiten der lokalen Differenzierung. Dies gilt bei Angeboten auch für die Werbung in Tageszeitungen, Anzeigeblättern sowie für Werbeformen wie bspw. Handzettel, Prospekte oder Direct Mailings.

Siehe auch → Handelsmarketing, → Kommunikationspolitik und → Werbung jeweils mit Literaturangaben.

Literatur: Liebmann, H.-P., Zentes, J., Swoboda, B.: Handelsmanagement, 2. Aufl., München 2007.

Kommunikationspolitik, ökologieorientierte

Das zentrale Thema der *ökologieorientierten Kommunikationspolitik* ist die Schaffung von Glaubwürdigkeit und Vertrauen in die ökologische Vorteilhaftigkeit eines Angebots. Dies resultiert informationsökonomisch gesehen daraus, dass das Wissen über die ökologische Qualität eines Produktes ungleich auf Hersteller und Käufer verteilt und die → Umweltqualität für den Käufer den Charakter einer *Vertrauenseigenschaft* besitzt. Das hat zur Folge, dass das subjektiv wahrgenommene Kaufrisiko steigt und sich Misstrauen gegenüber den Absichten der Anbieter von → umweltfreundlichen Produkten einstellt.

Kommunikative Maßnahmen zur Schaffung von *Vertrauen* sind insbesondere (1) die Verwendung von → Umweltzeichen (z.B. → Blauer Engel), (2) Umweltsponsoring (z.B. Kooperation mit Umweltgruppen), (3) Dialoge mit kritischen Anspruchsgruppen und (4) ökologieorientierte *Public Relations* zur ökologischen Positionierung und Vertrauensbildung in der Öffentlichkeit (z.B. Erstellung von Umwelt- bzw. Nachhaltigkeitsberichten).

Siehe auch → Kommunikationspolitik und → Ökologie-Marketing, jeweils mit Literaturangaben.

Kommunikationsschnittstellen

stellen zum einen die Deckung des Bedarfs an externen Informationen sicher, ermöglichen zum anderen auch den innerbetrieblichen Daten- und Informationsaustausch – vor allem bei verteilten oder heterogenen betrieblichen Informationssystemen. Die Grundlage für einen solchen Datenaustausch bilden Netzwerke (i.d.R. auf Internettechnologie basierend), die durch Kommunikationsschnittstellen an das Controlling-Informationssystem angebunden werden.

Siehe auch → Controlling-Informationssysteme.

Komparativer Konkurrenz-Vorteil (KKV)

Ein Unternehmen besitzt dann einen KKV, wenn es in der Wahrnehmung seiner Abnehmer ein besseres Leistungsangebot im Hinblick auf das nachfragerbezogene Problemlösungspotenzial besitzt als die Konkurrenz.

Kompensationsgeschäft

Kompensation, auch als → Gegengeschäft bezeichnet, liegt vor, wenn der Verkauf einer Ware (sog. → Hardware) im → Außenhandel davon abhängt, dass vom Abnehmer der Ware Güter (sog. → Software) oder Dienstleistungen gekauft oder wenigstens vermittelt werden müssen.

Das Motiv für Kompensationsgeschäfte ist vor allem der Mangel an ausländischer Hartwährung (Devisen) in Entwicklungs- und Schwellenländern. Dieser Mangel wiederum ist Folge der Defizite im Marketing Know-how beim internationalen Absatz der lokalen Waren (sog. → Software). Für die Durchführung der Kompensationsgeschäfte existieren mehrere z.T. sehr komplexe Modelle wie → Barter-

Geschäfte, → Dreiecks-Geschäfte, → Buy-back-Geschäfte, → Parallel-Geschäfte, → Vorwegkauf, Junktim-Geschäfte (→ Parallel-Geschäfte), → Offset-Geschäfte und → Clearing-Agreements. Der Anteil der Kompensationsgeschäfte am Welthandel wird auf ca. 20 % geschätzt.

Kompetenz
(in der → *Aufbauorganisation*), formale Rechte und Befugnisse, die der Stelleninhaber benötigt, um die ihm übertragenen Aufgaben erfüllen zu können.
Siehe auch → Stelle und → Aufbauorganisation (mit Literaturangaben).

Kompetenz, interkulturelle
siehe → Interkulturelle Kompetenz.

Kompetenz, Soziale
siehe → Soziale Kompetenz.

Kompetenzarten
Kompetenzen bezeichnen in umfassender Weise das Wissen, die Fähigkeiten, die Fertigkeiten und die Handlungspotenziale von Personen. Bei den im Arbeitsleben relevanten Kompetenzen wird zumeist zwischen Fachkompetenz, Methodenkompetenz, → sozialer Kompetenz und Selbstkompetenz (auch: Persönliche Kompetenz) unterschieden.
Siehe auch → Personalentwicklung (mit Literaturangaben).

Komplementär
persönlich haftender und geschäftsführender Gesellschafter einer → Kommanditgesellschaft.

Komplettpreis
siehe → Preisbündelung.

Komplexitätskosten
sind Kosten, die aufgrund von vielschichtigen Verknüpfungen zwischen Akteuren und Systemen entstehen. Kürzere → Produktlebenszyklen, wachsende Variantenvielfalt und Kundenbedürfnisse nach Flexibilität und Verfügbarkeit haben zu komplexen Strukturen in Abnehmer-Lieferantenbeziehungen geführt. Je mehr Elemente in einem Wertschöpfungsprozess beteiligt sind, umso komplexer ist ein System und umso höher sind die damit verbundenen Kosten.

Konditionierung, emotionale
Lernmechanismus, der auf der klassischen Konditionierung beruht. Wenn ein neutraler Reiz (z.B. Zigarettenpackung) wiederholt und stets gleichzeitig zusammen mit einem emotionalen Reiz (z.B. Abenteuer-Wildwest-Welt) dargeboten wird, so erhält auch der neutrale Reiz nach einiger Zeit die Fähigkeit, die emotionale Reaktion (Gefühl von Freiheit und Abenteuer) hervorzurufen.
Siehe auch → Konsumentenverhalten (mit Literaturangaben).
   Literatur: Kroeber-Riel, W.; Weinberg, P. (2003): Konsumentenverhalten, 8. Aufl., München: Vahlen.

Konfidenzintervall
siehe → Value at Risk, → Cash flow at Risk und → Crash Test.

Konfiguration
(in der → *Aufbauorganisation*). Unter der Konfiguration ist die äußere Form des Stellengefüges zu verstehen. Die Konfiguration umfasst insbesondere die Leitungstiefe und → Leitungsspanne sowie die Leitungssysteme. Die stufenweise Bildung von Abteilungen und zugehörigen → Leitungsstellen führt zu einer hierarchischen Struktur der Stellen in einer Organisation, woraus sich das bekannte Bild der

Pyramide ergibt. Die Anzahl der Stellen, die den Instanzen direkt untergeordnet sind, bestimmt dabei weitgehend auch die Anzahl der Leitungsebenen. Die sich ergebende Struktur der Leitungsbeziehungen wird dann häufig in einem Organisationsschaubild, dem → Organigramm grafisch dargestellt.

Konfigurationsansatz

(in der → *Unternehmensführung),* theoretischer Ansatz, der bestimmte Konstellationen von Variablen eines Unternehmens und seiner Umwelt, d.h. Konfigurationen, betrachtet und hierbei deren Stimmigkeit zueinander als vorteilhaft postuliert. Sollten Ungleichgewichte in dieser Konstellation auftreten, kommt es zu einem Wandel der existierenden Konfiguration in eine neue. Aufgabe der Unternehmensführung ist es dann, eine Konstellation der Variablen herzustellen, die den Erfolg des Unternehmens sichert. Dies bedeutet, einen optimalen Fit (→ Fit-Denken) der jeweiligen Elementausprägungen zu erreichen.

Konfuzianische Dynamik

siehe → Kulturdimensionen, → GLOBE-Studie sowie → Personalmanagement, Internationales.

Kongruenzprinzip

(in der → *Organisation).* Das Kongruenzprinzip als einer der bekanntesten und für die Praxis bedeutsamsten Organisationsgrundsätze besagt, dass Übereinstimmung (Kongruenz) zwischen Aufgabe, Kompetenz und Verantwortung verlangt wird. Nur wenn der Stelleninhaber die für die Aufgabendurchführung erforderlichen Durchführungs- und Leitungskompetenzen besitzt, kann er auch für die Ergebnisse seiner Tätigkeit zur Verantwortung gezogen werden.
Siehe auch → Stelle und → Aufbauorganisation.

Konkurrenzbezogene Rückkopplung

siehe → Rückkopplung, konkurrenzbezogene.

Konnossement

(1) Das Konnossement (Bill of Lading) ist das maßgebliche Transportdokument des Seefrachtverkehrs. Das Konnossement dokumentiert den Frachtvertrag, der von der Reederei oder deren Agent ausgestellt wird. (2) Das deutsche Recht regelt das Konnossement im HGB (§§ 476 bis 905), schwerpunktmäßig in den §§ 642 ff. Speziell zum Inhalt von Konnossementen siehe §§ 643 ff. HGB. (3) Das Konnossement enthält die Bestätigung der Reederei über den Empfang der Güter zur Beförderung (→ Übernahmekonnossement; vgl. § 642 Abs. 5 HGB) bzw. über die Verladung der Güter auf Schiff (→ Bordkonnossement; vgl. § 642 Abs. 1 HGB). Vor allem aber verbrieft das Konnossement die Verpflichtung der Reederei zur Auslieferung der Waren. Dies ist ein selbständiger schuldrechtlicher Anspruch des Berechtigten (Legitimierten) an den Verfrachter (an die Reederei), der die Wertpapiereigenschaft des Konnossements begründet. (4) Sofern das Konnossement ausdrücklich an Order gestellt ist, kann es durch Indossament (und damit der Anspruch an die Reederei zur Auslieferung der Ware) übertragen werden (→ Orderkonnossement; Gegensatz: → Rektakonnossement). (5) Im Rahmen von → Dokumentenakkreditiven und → Dokumenteninkassi ist regelmäßig ein reines Konnossement (clean Bill of Lading) vorgeschrieben, das die äußerlich gute Verfassung der Ware ausweist. (6) Die wichtigsten Formen sind: → Bordkonnossement, → Übernahmekonnossement, → Durchkonnossement, → Charterpartie-Konnossement, → Multimodales (Kombiniertes) Konnossement.
Siehe auch → Außenhandelsfinanzierung (Internationale Zahlungs-, Sicherungs- und Finanzierungsinstrumente).
    Literatur: Häberle S.G.: Handbuch der Akkreditive, Inkassi, Exportdokumente und Bankgarantien, München und Wien 2002; HAUFE EXPORT OFFICE, CD-ROM, Freiburg i.Br. o.J. (laufende Ergänzungslieferungen); UBS Union Bank of Switzerland: Documentary Credits ..., o.O. (Angabe: Switzerland).

Konnossement der Binnenschifffahrt

siehe → Ladeschein.

Konnossement des kombinierten Transports
siehe → Multimodales Konnossement.

Konnossement des multimodalen Transports
siehe → Multimodales Konnossement.

Konnossement, elektronisches
siehe → Bolero-Dokumente.

Konnossementsgarantie
engl.: Bill of Lading Guarantee. In einer Konnossementsgarantie verpflichtet sich die Garantiebank gegenüber dem Garantiebegünstigten (gegenüber der Reederei) zur Übernahme der finanziellen Folgen von Schäden, Nachteilen usw., die der garantiebegünstigten Reederei dadurch entstehen, dass sie dem Garantieauftraggeber (dem Importeur) die Güter ohne Vorlage des → Konnossements aushändigt.

Konsequenz
Die in einem Entscheid relevanten Folgen einer → Variante werden als Konsequenzen bezeichnet. Die → Entscheidungskriterien geben die relevanten → Konsequenzenarten vor. Falls mehrere → Umweltzustände denkbar sind, müssen die Konsequenzen für jeden dieser Umweltzustände ermittelt werden.

Konsequenzenart
Die Konsequenzenart ist eine Kategorie von → Konsequenzen. Welche Konsequenzenarten in einem → Entscheid relevant sind, hängt von den → Entscheidungskriterien ab.

Konsequenzenwert
siehe → Konsequenz.

Konsignationslager
Lager für Produkte, welche im Eigentum des Lieferanten sind, wobei die Bezahlung erst durch den Bezug aus dem Konsignationslager erfolgt.

Konsolidierung
(*Anleihen*), (1) Zusammenfassung mehrerer Anleihereste zu einer neuen → Anleihe oder (2) Ablösung einer kurz- oder mittelfristigen Anleihe durch die → Emission einer langfristigen Anleihe.

Konsolidierungskreis
Der *Konsolidierungskreis i.e.S.* bezeichnet den Kreis derjenigen Unternehmen, die in den Konzernabschluss nach den Regeln der → Vollkonsolidierung einbezogen werden müssen oder, falls Wahlrechte vorhanden sind, einbezogen werden können. Werden auch → Gemeinschaftsunternehmen und → assoziierte Unternehmen eingeschlossen, spricht man vom *Konsolidierungskreis i.w.S.*

Konsortialführer
siehe → Lead Manager.

Konsortium
(bei *Wertpapieremissionen*), ein meistens nur vorübergehender Zusammenschluss von Kapitalgebern, um größere Finanzierungsaufgaben bei gleichzeitiger Verteilung der Risiken bewältigen zu können. Konsortien werden hauptsächlich zur → Emission von Wertpapieren gebildet. Tritt das Konsortium lediglich als Mittler auf, handelt es sich um ein *Begebungskonsortium*. Übernimmt das Konsortium aber den gesamten Anleihebetrag (siehe → Fremdemission), wird von einem *Übernahmekonsortium* gesprochen.

Konsortium
(*rechtliche Charakterisierung*). Unter einem Konsortium versteht man einen nur vorübergehenden, einzelfallbezogenen Zusammenschluss mindestens zweier Personen zur Verteilung bzw. Streuung der mit einem bestimmten Vorhaben verbundenen Pflichten oder Risiken. Eine solche *Schicksalsgemeinschaft* ist in der Regel als → *Gesellschaft bürgerlichen Rechts* (österreichisches Recht) organisiert und kommt vor allem im Bereich des Banken- und Finanzsektors zum Einsatz. So bilden Geldinstitute vielfach *Kreditkonsortien*, um einem gemeinsamen Schuldner einen Großkredit zu ermöglichen, den allein zu tragen, keiner von ihnen bereit oder in der Lage gewesen wäre. *Emissionskonsortien* wiederum sollen das Risiko der zwischen AG und Aktionär geschalteten Banken bei der Platzierung von Wertpapieren auf dem Kapitalmarkt auf ein Minimum reduzieren.

Konstitutive Eintragung
Eintragung mit rechtsbegründendem Charakter, bei der die Rechtsfolge erst durch die Eintragung einer Tatsache in das → Handelsregister eintritt.

Konstruktionsfehler
(bezüglich der → *Produkthaftung*) liegen vor, wenn Fehler in der → Konstruktionsphase, also bei Konzeption, Planung oder Entwicklung des Produkts unterlaufen z.B. bei der unternehmerischen Entscheidung zur Verwendung von Billigmaterial. Besonderer Nachteil dieser Fehler ist, dass sie der ganzen Produktionsserie anhaften. Siehe auch → Entwicklungsfehler (bezüglich der → *Produkthaftung*).

Konsulatsfaktura
Eine Konsulatsfaktura entspricht inhaltlich weitgehend der Handelsrechnung. Sie ist jedoch auf einem Vordruck des Konsulats des Importlandes zu erstellen und vom Konsulat durch Unterschrift zu legalisieren. Mit diesem Verfahren soll gegenüber den Behörden des Importlandes die Marktüblichkeit (Angemessenheit) des Preises bzw. der Ursprung der Güter u.Ä. belegt werden, u.a. um auf dieser Grundlage eine wertentsprechende Zollerhebung zu erreichen.

Konsumentenforschung
Forschung, die sich auf das Konsumentenverhalten bezieht.
Siehe auch → Konsumentenverhalten (mit Literaturangaben).

Konsumentenrente
(in der → *Preispolitik*) ist die Differenz aus der maximalen Zahlungsbereitschaft eines Nachfragers für ein bestimmtes Produkt und dem zu zahlenden Preis. Berücksichtigt man ferner Transaktionskosten, die von der Konsumentenrente noch abgezogen werden, erhält man den „customer value". Konsumentenrente und „customer value" sind zentrale Entscheidungskriterien für einen Nachfrager, da er dasjenige Produkte (Marke) aus einem Alternativenset wählen wird, das (die) ihm die höchste Konsumentenrente (höchsten „customer value") bietet. Aus Sicht der → Preispolitik impliziert ein stärkeres Abschöpfen der Konsumentenrente durch einen höheren Preis ceteris paribus einen höheren Gewinn.
Siehe auch → Preispolitik (mit Literaturangaben).
Literatur: Pechtl, H. (2005): Preispolitik, Stuttgart.

Konsumentenrente
(in der → *Wirtschaftsmathematik*), Maß für die Vorteilhaftigkeit, die ein Nachfrager aus dem → Gleichgewichtspreis im → Marktgleichgewicht zieht, weil ihm ein höherer Preis erspart bleibt.

Konsumentenverhalten

Konsumentenverhalten

von Dr. Sandra Diehl und Privatdozent Dr. Ralf Terlutter
Lehrstuhl für Betriebswirtschaftslehre, insb. Marketing sowie
Institut für Konsum- und Verhaltensforschung an der Universität des Saarlandes, Saarbrücken

1. Charakterisierung

In einer engen Begriffsauffassung bezeichnet Konsumentenverhalten das Verhalten der Menschen beim Kauf und Konsum von Wirtschaftsgütern. In einer breiten Begriffsauffassung bezeichnet Konsumentenverhalten allgemeiner das Verhalten der „Letztverbraucher". Damit umfasst Konsumentenverhalten auch das Verhalten von z.B. Kulturbesuchern, Wählern, Patienten im Krankenhaus oder Nutzern der öffentlichen Verwaltung.

Die verhaltenswissenschaftliche → Konsumentenforschung wird vor allem von der neobehavioristischen Forschung geprägt. Dem → Neobehaviorismus zufolge gibt es zwischen den beobachtbaren Reizen der Umwelt (Stimuli) und dem beobachtbaren Verhalten (Response) → intervenierende psychische Variablen (Organism). Das (Kauf-)Verhalten eines Individuums wird demnach als eine Folge von extern beobachtbaren Variablen und internen psychischen Prozessen angesehen. Dies wird in dem → S-O-R-Modell (Stimulus-Organism-Response-Modell) ausgedrückt, das eine Erweiterung des auf dem → Behaviorismus beruhenden → S-R-Modells darstellt.

Neben den internen Prozessen beeinflusst auch die Umwelt (z.B. die soziale Umwelt in Form von Freunden und Bekannten) das Konsumentenverhalten, sodass man zwischen psychischen Determinanten und Umweltdeterminanten des Konsumentenverhaltens unterscheiden kann.

Die wichtigsten marktseitigen Rahmenbedingungen für das Konsumentenverhalten sind die starke → Informationsüberlastung der Kunden sowie gesättigte Märkte mit qualitativ weitgehend austauschbaren Produkten. Die wichtigsten demografischen Veränderungen sind der deutliche Bevölkerungsrückgang in vielen westlichen Industrienationen, die zunehmende Überalterung der Bevölkerung sowie die wachsende Singleisierung.

Wesentlich für das Verständnis von Kunden sind neben den marktseitigen und demografischen Entwicklungen vor allem die sich verändernden Verhaltens- und Konsumgewohnheiten der Kunden. Hier sind vor allem die Trends zur → Erlebnisorientierung, zur → Convenience-Orientierung und das insgesamt geringe → Involvement der Konsumenten zu nennen.

2. Psychische Determinanten des Konsumentenverhaltens

Die inneren psychischen Prozesse im Menschen (Konsumenten), die das Entscheidungsverhalten beeinflussen, können eingeteilt werden in primär → aktivierende Prozesse (→ Emotionen, → Motivationen, → Einstellungen) und primär → kognitive Prozesse (→ Informationsaufnahme, → Informationsverarbeitung und → Informationsspeicherung).

Dabei werden solche Prozesse als aktivierend bezeichnet, bei denen die aktivierenden Komponenten *dominant* sind, und solche Prozesse als kognitiv, bei denen die kognitiven Komponenten *dominant* sind. Aktivierende Prozesse umfassen jedoch auch kognitive Vorgänge und kognitive Prozesse umfassen auch aktivierende Vorgänge.

a) Aktivierende Prozesse

→ *Aktivierende Prozesse* sind Vorgänge, die im Menschen → Aktivierung auslösen, d.h. die mit inneren Erregungen und Spannungen verbunden sind. Sie versetzen den Organismus in einen Zustand der Leistungsbereitschaft und Leistungsfähigkeit und sorgen dafür, dass menschliches Verhalten überhaupt zustande kommt.

Der Aktivierung des Konsumenten kommt unter den heutigen Rahmenbedingungen eine sehr wichtige Bedeutung zu. Als Folge der gesättigten Märkte mit funktional austauschbaren Produkten bestehen vonseiten der Konsumenten nur ein geringes Informationsinteresse und ein geringes → Involvement. Die Kommunikationsmaßnahmen eines Unternehmens stehen aufgrund der starken Informationsüberflutung, die zu einer → Informationsüberlastung der Empfänger führt, in starker Konkurrenz zu anderen Informationen. Eine ausreichende Aktivierung ist entscheidend dafür, in welchem Ausmaß wenig involvierte Empfänger sich einer Marketingkommunikation zuwenden (z.B. einem Werbekontakt) und wie effizient die angebotenen Informationen in der kurzen Zeit verarbeitet und gespeichert werden. Werbeinformationen oder Produkte, die die Aufmerksamkeit des Konsumenten nicht auf sich ziehen können, bleiben wirkungslos.

Aktivierung kann durch drei Reizkategorien erzeugt werden: → emotional wirkende Reize, → kognitiv wirkende Reize und → physisch wirkende Reize:

(1) *Emotional wirkende Reize* aktivieren das Individuum durch die Verwendung von emotionalen Elementen. Besonders wirksam sind Schlüsselreize, die biologisch vorprogrammierte Reaktionen auslösen und die Empfänger weitgehend automatisch aktivieren (z.B. das Kindchenschema). Auch schöne Landschaftsaufnahmen (Meer, Blumenwiese usw.) oder viele Tierabbildungen besitzen emotionale Wirkungen.

(2) *Kognitive Reizwirkungen* werden durch neuartige und überraschende Reize erzielt, z.B. durch Humor, Widersprüche oder Verfremdungen. Diese Reize stellen die menschliche → Informationsverarbeitung aufgrund ihrer Neuartigkeit oder Überraschung vor eine Herausforderung, was zu → Aktivierung führt (z.B. ein Mann mit Tierkopf).

(3) *Physische Reizwirkungen* werden vor allem durch Farbe, Größe, Bewegung, Licht und Töne erzielt. Dynamische Elemente wirken aktivierender als statische Elemente, große Elemente wirken aktivierender als kleine Elemente. Die Farbe Rot besitzt eine hohe Aktivierungskraft (z.B. eine große rote Fläche).

Äußere Reize lösen i.A. nicht direkt → Aktivierung aus, sondern erst nachdem sie zumindest grob dechiffriert, d.h. entschlüsselt sind.

Die *aktivierenden Prozesse* werden eingeteilt in → Emotion, → Motivation und → Einstellung:

(1) *Emotionen* sind innere Erregungsvorgänge, die angenehm oder unangenehm empfunden und mehr oder weniger bewusst erlebt werden. Formelhaft kann eine Emotion folgendermaßen ausgedrückt werden:

Emotion = Aktivierung + kognitive Interpretation

Beispiele für → Emotionen sind Freude, Geborgenheit, Angst.

Emotionen spielen für das Konsumentenverhalten insbesondere eine wichtige Rolle im Rahmen der → emotionalen Produktdifferenzierung, der → emotionalen Konditionierung und beim Aufbau von → Erlebniswelten für Produkte und Einkaufsstätten.

(2) *Motivationen* sind → Emotionen und Triebe, die mit einer Zielorientierung in Richtung eines Verhaltens verknüpft sind. → Motivationen können formelhaft wie folgt dargestellt werden:

Motivation = Emotion + kognitive Zielorientierung

Beispiele für Motivationen sind der Wunsch nach Freude, Angstvermeidung, die Suche von Geborgenheit.

(3) *Einstellungen* sind Gegenstandsbeurteilungen im weitesten Sinne. Objekte (Produkte, Personen, Verhaltensweisen usw.) werden hinsichtlich ihrer Eignung zur Befriedigung einer → Motivation beurteilt. Formelhaft kann das folgendermaßen ausgedrückt werden:

Einstellung = Motivation + kognitive Gegenstandsbeurteilung

Beispiele: Der Kauf eines neuen Kleidungsstücks wird als geeignet empfunden, den Wunsch nach Freude zu befriedigen. Eine Auto-Alarmanlage wird als geeignet zur Vermeidung von Angst vor Diebstahl empfunden.

Die drei als aktivierend bezeichneten Prozesse bauen aufeinander auf. → Motivation umfasst → Emotion und → Einstellung umfasst Motivation. Die Einstellung ist ein zentrales Konstrukt zur Erklärung des Kaufverhaltens, da im Rahmen der → Einstellungs-Verhaltens-Hypothese (E-V-Hypothese) davon ausgegangen wird, dass die Einstellung das Verhalten beeinflusst. Nicht außer Acht zu lassen ist allerdings, dass das Verhalten auch maßgeblich von anderen Variablen mitbestimmt wird, die relativ unabhängig von den Einstellungen sein können, z.B. situative oder persönliche Faktoren.

b) Kognitive Prozesse

Kognitive Prozesse sind gedankliche Vorgänge, bei denen das Individuum Informationen aufnimmt, verarbeitet und speichert. Mit Hilfe der → kognitiven Prozesse wird das Verhalten gedanklich kontrolliert und willentlich gesteuert. Durch die kognitiven Vorgänge erhält das Individuum Kenntnisse über die Umwelt und die eigene Person. Der Grad der → Aktivierung beeinflusst Umfang und Intensität der kognitiven Prozesse.

Die kognitiven Prozesse werden eingeteilt in → Informationsaufnahme, → Informationsverarbeitung (Wahrnehmung einschließlich Beurteilen) und → Informationsspeicherung (Lernen und Gedächtnis):

(1) Als *Informationsaufnahme* werden die Vorgänge bezeichnet, die zur Übernahme einer Information (z.B. des Preises eines Produktes) in das Kurzzeitgedächtnis und damit in die zentrale Verarbeitungseinheit der menschlichen → Informationsverarbeitung führen. Damit werden nicht alle Reize, die über die menschlichen Sinnesorgane vorübergehend in den sensorischen Speicher (Ultrakurzzeitspeicher) gelangen, bei der → Informationsaufnahme berücksichtigt, sondern nur die, die genauer entschlüsselt werden und die damit der weiteren Informationsverarbeitung zur Verfügung stehen.

(2) Als *Informationsverarbeitung* werden die Prozesse bezeichnet, bei denen die aufgenommenen Informationen weiterverarbeitet (ausgewertet, ergänzt, mit bestehendem Wissen verknüpft usw.) werden (z.B. mit Preiswissen über Konkurrenzprodukte). Wahrnehmung und (Produkt-) Beurteilung sind wichtige Begriffe im Rahmen der → Informationsverarbeitung.

(3) Als *Informationsspeicherung* werden die Prozesse bezeichnet, die zur langfristigen Ablage (Speicherung) der vorher verarbeiteten Informationen führen (z.B. Speicherung des erweiterten Preiswissens). Die Speicherung der Informationen erfolgt im Langzeitspeicher, der dem Gedächtnis des Menschen entspricht.

3. Entscheidungsverhalten

Aus dem Zusammenspiel von → kognitiven und → aktivierenden Prozessen resultiert das Entscheidungsverhalten der Konsumenten. In der weiten Definition von → Kaufentscheidungen, der im Folgenden gefolgt wird, geht es um den gesamten Kaufentscheidungsprozess der Konsumenten (z.B. von der Produktwahrnehmung bis zum Produktkauf). In der engen Fassung wird nur das Zustandekommen des konkreten Kaufentschlusses analysiert.

Das Entscheidungsverhalten kann danach differenziert werden, in welchem Ausmaß die Entscheidungen kognitiv gesteuert werden. Man unterscheidet → Kaufentscheidungen mit stärkerer kognitiver Kontrolle (→ extensive und → limitierte Kaufentscheidungen) und mit schwächerer kognitiver Kontrolle (→ habitualisierte und → impulsive Kaufentscheidungen). Bei einer verfeinerten Differenzierung berücksichtigt man auch noch emotionale Prozesse entsprechend dem Aktivierungskonzept und reaktive Prozesse (automatisches Reagieren in der Handlungssituation):

(1) *Extensive Kaufentscheidungen* zeichnen sich durch eine hohe kognitive Beteiligung der Konsumenten aus. Im Extremfall handelt es sich um ein neues Problem ohne vorstrukturierte Lösung (z.B. Kauf eines innovativen Produktes) bzw. es sind kaum Entscheidungsmuster vorhanden, sodass ein hoher Informationsbedarf besteht. Notwendig für die kognitive Steuerung ist eine starke emotionale Schubkraft. Reaktive Prozesse sind bei extensiven Kaufentscheidungen kaum ausgeprägt.

(2) Bei *limitierten Kaufentscheidungen* findet eine kognitive Vereinfachung des Entscheidungsverhaltens statt. Der Konsument entscheidet nicht mehr extensiv, aber auch noch nicht habitualisiert. Limitierte Kaufentscheidungen werden geplant und überlegt gefällt anhand bewährter Entscheidungskriterien, die auf Wissen beruhen bzw. die durch Erfahrungen gewonnen wurden. → Schlüsselinformationen besitzen bei limitierten Kaufentscheidungen eine besondere Bedeutung. Die Konsumenten haben noch keine eindeutige Präferenz für eine Marke, besitzen aber ein → Evoked Set, eine begrenzte Zahl von kaufrelevanten Alternativen. Emotionale Prozesse spielen kaum eine Rolle, da die Entscheidungssituation bei limitierten Kaufentscheidungen weder neuartig noch komplex ist. Reaktiven Prozessen kommt bei der Charakterisierung limitierter Kaufentscheidungen ebenfalls keine besondere Bedeutung zu.

(3) *Habitualisierte Kaufentscheidungen* sind → Kaufentscheidungen, die mit einem noch geringeren Entscheidungsaufwand gefällt werden als limitierte Kaufentscheidungen. Reaktive Prozesse sind bei habitualisierten Kaufentscheidungen stark ausgeprägt. Es handelt sich in der Regel um quasi automatisch ablaufende Handlungen, um die Umsetzung von bereits vorgefertigten Kaufentscheidungen. Die Habitualisierung führt zu bewährten, schnellen und risikoarmen Einkäufen, die meist

im wiederholten Kauf der gleichen Marke/des gleichen Produktes resultieren. Häufig spricht man auch von Gewohnheitskäufen. Emotionale Prozesse sind kaum von Bedeutung.

(4) Bei *impulsiven Kaufentscheidungen* handelt es sich um ein unmittelbar reizgesteuertes Verhalten, das in der Regel von Emotionen begleitet wird. Bei Impulskäufen sind demnach die emotionalen Prozesse und die reaktiven Prozesse dominant. Das Produkt wird einfach deswegen gekauft, weil es gefällt oder den besonderen Vorlieben des Käufers entspricht, ohne weiteres Nachdenken (geringe kognitive Kontrolle). Zur Auslösung von Impulskäufen sind die am → Point of Sales dargebotenen Reize von großer Bedeutung.

4. Umweltdeterminanten

Die *Umwelt* des Menschen besteht aus allen Objekten i.w.S., die sich im Wahrnehmungsbereich menschlicher Sinne befinden. Dazu zählen Lebewesen, Gegenstände, Landschaften usw. Die Umwelt lässt sich in die physische und die soziale Umwelt unterteilen.

Die *physische Umwelt* umfasst die natürliche Umwelt wie Landschaft, Klima und die vom Menschen geschaffene Umwelt wie z.B. Gebäude, Brücken oder, auf das Konsumentenverhalten bezogen, Läden oder → Shopping-Center.

Die *soziale Umwelt* besteht aus den Menschen, ihren Interaktionen und den zur menschlichen Interaktion dienenden Organisationen, Werten und Normen sowie Tieren. Die soziale und die physische Umwelt können jeweils nochmals in die nähere und weitere Umwelt untergliedert werden. Zur *näheren Umwelt* bestehen enge, regelmäßige Kontakte (z.B. zu Freunden, Kollegen), während zur *weiteren Umwelt* nur sporadische und eher distanzierte Kontakte existieren (z.B. Vereine oder der Kulturkreis, in dem man lebt).

Die soziale Umwelt beeinflusst das Konsumentenverhalten in vielfältiger Weise, z.B. beeinflussen die Familie, → Bezugsgruppen (z.B. Freunde und Bekannte), → Meinungsführer (z.B. Experten) und das Verkaufspersonal die → Kaufentscheidungen von Konsumenten. Auch die physische Umwelt kann einen starken Einfluss auf die Kaufentscheidungen der Konsumenten ausüben, als Beispiele sind die Ladengestaltung, Farben, Musik, Düfte etc. zu nennen.

Eine weitere Klassifizierung der Umwelt kann vorgenommen werden in Abhängigkeit davon, ob die Erfahrungen mit der Umwelt realer oder medialer Natur sind. Real bezeichnet die *Erfahrungsumwelt* (beispielsweise eigene Produkterfahrungen), medial den Einfluss von Massenmedien und Kommunikationsmaßnahmen (die *Medienumwelt*, z.B. → Werbung). Die Medienumwelt erhält eine zunehmende Bedeutung für die Konsumenten. Es zeichnet sich sogar die Entwicklung ab, dass sie für viele Erfahrungen dominant wird. Es findet eine zunehmende Verschmelzung von Erfahrungs- und Medienumwelt statt.

Hinweis

Zu den angrenzenden Wissensgebieten siehe → Dienstleistungsmanagement, → Digitales Marketing, → Direktmarketing, → E-Commerce, → Efficient Consumer Response, → Eventmarketing, → Händlermarke (Retail Brand), → Handelsbetriebslehre, Grundlagen, → Handelsforschung, → Handelsmarketing, → Internationales Marketing, → Internet-Kommunikationspolitik, → Kommunikationspolitik, → Kundenzufriedenheit, → Konsumentenverhalten, umweltfreundliches, → Markenführung, → Marketingcontrolling, → Marketing, Grundlagen, → Marktforschung, → Messemarketing, → Mobile Commerce, → Multi-Kanal-Dialog Marketing, → Ökologie-Marketing, → Preispolitik, → Produktpolitik, → Vertriebspolitik, → Vertriebswege, neuere, → Werbung.

Literatur: Blackwell, R.D.; Miniard, P.W.; Engel, J.F. (2001): Consumer Behavior, 9th ed., Fort Worth; Kroeber-Riel, W.; Weinberg, P. (2003): Konsumentenverhalten, 8. Aufl., München: Vahlen; Peter, J.P.; Olson, J.C. (2004): Consumer Behavior and Marketing, 7. Aufl., McGraw-Hill; Solomon, M.R. (2002): Consumer Behavior: Buying, Having, Being, 5th ed., Upper Saddle River, New Jersey; Trommsdorff, V. (2004): Konsumentenverhalten, 6. Aufl., Stuttgart: Kohlhammer; Weinberg, P.; Diehl, S.; Terlutter, R. (2003): Konsumentenverhalten – angewandt, München: Vahlen.

Website/Internetadressen der Autoren: www.ikv.uni-saarland.de; s.diehl@ikv.uni-saarland.de; r.terlutter@ikv.uni-saarland.de

Konsumentenverhalten, umweltfreundliches

1. Begriff: Umweltfreundliches Konsumentenverhalten ist das Verhalten von Konsumenten (→ Konsumentenverhalten), die die negativen ökologischen Konsequenzen ihrer Verbrauchsgewohnheiten kennen und danach trachten, diese zu vermeiden bzw. zu minimieren. Sie wissen, dass die Herstellung, Verwendung, Verwertung und Entsorgung von Produkten Umweltbelastungen verursachen, und versuchen, schädliche Umwelteinwirkungen durch eigenes Handeln zu minimieren (→ Umweltbewusstsein). Umweltfreundliches Konsumentenverhalten ist Teil des umfassenderen Begriffs nachhaltigen Konsums (Sustainable Consumption, → Sustainable Development), wonach die eigenen Bedürfnisse so zu befriedigen sind, dass die Lebens- und Konsummöglichkeiten anderer Menschen (*intragenerative Gerechtigkeit*) und die zukünftiger Generationen (*intergenerative Gerechtigkeit*) nicht gefährdet werden. Dazu stehen sechs umweltfreundliche Konsum- bzw. Handlungsoptionen dem Konsumenten zur Verfügung: (1) Suche nach umweltrelevanten Informationen über Unternehmen und Produkte, (2) bewusster Verzicht auf Produkte und Dienstleistungen, die die Umwelt in nicht akzeptiertem Ausmaß schädigen, bzw. Einschränkung der Nutzungsintensität dieser Güter (Kriterium der *Suffizienz*), (3) Kauf des jeweils umweltverträglichsten Produktes einer Produktgruppe (z.B. Kriterium der *ökologischen Effizienz*), (4) umweltverträgliche Produktnutzung, (5) umweltverträgliche Verwertung und Entsorgung von Produkten und (6) Kommunikation über die Umweltverträglichkeit bzw. -schädlichkeit von Produkten und Dienstleistungen.

2. Gründe umweltfreundlichen Konsums: Determinanten umweltfreundlicher Konsumstile sind: (1) *psychische Einflussgrößen*, die sich auf die individuelle Bewertung und Auswahl → umweltfreundlicher Konsumgüter richten. Dazu gehören z.B. das Umweltwissen, Fähigkeiten und Gewohnheiten, individuelle Bedürfnisse und Motive sowie Einstellungen (→ Umweltbewusstsein), (2) *soziale Einflussgrößen* wie z.B. soziale Nomen, persönliche Kommunikation und Medienberichterstattung und (3) *institutionelle Einflussgrößen*, die insbesondere die Anreizsituation umweltfreundlichen Konsums beeinflussen. Dazu gehören z.B. rechtliche Gebote und finanzielle Anreize.

3. Barrieren umweltfreundlichen Konsums: Die Erfolge der Praxis mit der Vermarktung → umweltfreundlicher Konsumgüter sind insgesamt recht enttäuschend (→ Ökologie-Marketing). Ursachen dieser so genannten *ökologischen Verhaltenslücke* lassen sich auf drei Faktoren zurückführen: (1) *Wirkungslosigkeitsvermutung*: Konsumenten neigen dazu, die Möglichkeiten, durch eigenes Handeln die Umwelt zu schützen, zu unterschätzen. Konsumenten, die nicht davon überzeugt sind, selbst einen Beitrag zum Umweltschutz leisten zu können, konsumieren auch nicht umweltfreundlich, (2) *Misstrauen*: Konsumenten hegen oft Misstrauen gegenüber anderen, auch gegenüber Unternehmen, dass diese sich nicht umweltbewusst verhalten, (3) *Eigennutzmaxime*: Konsumenten handeln primär aus Eigennutz und nicht zum Nutzen der Umwelt oder der sozialen Gemeinschaft. Konsumenten verhalten sich vorwiegend nur dann umweltfreundlich, wenn es nichts oder vergleichsweise wenig kostet. In diesem Fall, dass „Umweltschutz zum Nulltarif" zu haben ist, stellt die Umweltverträglichkeit eines Produkts einen kostenlosen *Zusatznutzen* dar, der vom Konsumenten gerne in Anspruch genommen wird.

Literatur: Balderjahn, I.: Das umweltbewußte Konsumentenverhalten, Berlin 1986. Balderjahn, I.: Nachhaltiges Marketing-Management, Stuttgart 2004. Balderjahn, I./Will, S.: Umweltverträgliches Konsumentenverhalten. Wege aus einem sozialen Dilemma, in: Marktforschung & Management, 41. Jg., 1997, S. 140–145.

Konsumgenossenschaften

sind Einkaufsgenossenschaften, für deren Mitglieder preisgünstige Konsumgüter, vor allem Lebensmittel, angeboten werden sollen. Siehe auch → Genossenschaft.

Konsumgut

zum Begriff siehe → Produkt, Abschnitt „2. Produkttypen".

Konsumgütermarketing

beschäftigt sich mit der Vermarktung von Konsumgütern. Der Konsumgüterbereich richtet sich an private Konsumenten bzw. Verwender, die als Endverbraucher → Konsumgüter, welche in Gebrauchs- und Verbrauchsgüter unterteilt werden können, in erster Linie zur Befriedigung ihrer materiellen Bedürfnisse nutzen. In diesem Bereich fand auch die Entwicklung des Marketinggedankens ihren Ursprung.

Einige Besonderheiten des Konsumgütermarketing sind die primäre Ausrichtung der Marketingmaßnahmen auf Massenmärkte (Massenmarketing), die intensiven Werbeaufwendungen im Rahmen einer konsequenten Markenpolitik (siehe auch → Marke), Preiskämpfe, eher kürzere → Produktlebenszyklen und vergleichsweise kurze Innovationszyklen ausgelöst durch intensiven Wettbewerb, mehrstufiger Vertrieb, handelsgerichtete → Marketingkonzeptionen (um der zunehmenden Nachfragemacht der Handelsunternehmen gerecht zu werden) und → Key Account Manager, um sich auf die Zusammenarbeit mit den wesentlichen Handelsunternehmen zu konzentrieren.

Siehe auch → Marketing, Grundlagen und → Industriegütermarketing, jeweils mit Literaturangaben.

Konsumgütermessen

siehe → Messeformen; siehe auch → Messemarketing.

Kontaktprinzip

ist die Art und Weise, wie Nachfrager und Anbieter Kontakt miteinander aufnehmen. Man unterscheidet → Distanzprinzip, → Residenzprinzip, → Domizilprinzip und → Treffprinzip.

Kontenplan

systematisches Verzeichnis der Konten, die ein Betrieb in seiner Buchhaltung führt. Er wählt aus dem Kontenrahmen des Wirtschaftszweiges die benötigten Konten und differenziert diese gegebenenfalls, um sie den betriebsindividuellen buchhalterischen Bedürfnissen anzupassen.

Kontenrahmen

Ordnungssystem, mit dem die in der Buchführung eines Wirtschaftszweiges benötigten Konten durch Zuordnung einer Kontonummer nach sachlich-systematischen Kriterien geordnet werden. Die numerische Gliederung folgt dem dekadischen System:
Zehn Kontenklassen (Klasse 0 bis 9) werden durch Anfügen einer zweiten Ziffer in bis zu 10 Kontengruppen untergliedert (z.B. Kontengruppen 20 bis 29) und können durch Anfügen einer dritten Ziffer in bis zu 10 Kontenarten unterteilt werden (z.B. 200 bis 209). Die Kontenrahmen stellen Empfehlungen zur Vereinheitlichung der Kontensystematik dar. (→ Industriekontenrahmen, → Kontenrahmen für den Groß- und Außenhandel, → EDV-Kontenrahmen)

Kontenrahmen für den Groß- und Außenhandel

Kontenrahmen, der auf die buchhalterischen Bedürfnisse von Handelsbetrieben abstellt und die Konten nach der zeitlichen Abfolge des Betriebsprozesses gliedert (sog. Prozessgliederungsprinzip).
Gliederungssystematik der Kontenklassen:
0 Anlage- und Kapitalkonten
1 Finanzkonten
2 Abgrenzungskonten
3 Wareneinkaufs- und -bestandskonten
4 Konten der Kostenarten
5 Konten der Kostenstellen (meist frei bleibend)
6 Konten für Umsatzkostenverfahren (meist frei bleibend)
7 (frei)
8 Warenverkaufskonten
9 Abschlusskonten
    Literatur: Bundesverband des Deutschen Groß- und Außenhandels e.V. (Hrsg.): Kontenrahmen für den Groß- und Außenhandel, Bonn 1988.

Kontingenzmodell

Das Kontingenzmodell der *Führung* macht Aussagen zur Effektivität des Führungsverhaltens in verschiedenen Situationen. Seine Hauptaussage besteht darin, dass der Führungserfolg wesentlich von dem Führungsstil (→ Personalführung) abhängt. Dieser wird durch den LPC-Wert (Least-Preferred-

Coworker-Score) operationalisiert. Darin kommt zum Ausdruck, wie der Vorgesetzte den Mitarbeiter beurteilt, mit dem er am schlechtesten zusammenarbeiten kann. Ergibt sich bei dessen Beurteilung ein niedriger Wert, wird das als Aufgabenorientierung des Führers angesehen; ein hoher Wert kennzeichnet dagegen seine Mitarbeiterorientierung.

Weitere Einflussfaktoren des Führungserfolgs bilden die Situationsvariablen Aufgabe, Positionsmacht des Führers und Führer-Geführten-Beziehung. Da der individuelle Führungsstil als nahezu unveränderbar angesehen wird, muss bei fehlender Übereinstimmung von Situation und Stil entweder versucht werden, die Situation zu verändern oder einen zu der jeweiligen Situation passenden Führungsstil zu finden. Empirisch hat sich der Ansatz bisher nicht bestätigt. Vor allem sind die Ermittlung und Erklärung des LPC-Wertes als Indikator für den Führungsstil und die starke Vereinfachung der Situation Gegenstand konzeptioneller Kritik.

Siehe auch → Personalführung und → Unternehmensführung, jeweils mit Literaturangaben.

Kontinuierlicher Verbesserungsprozess (KVP)

hat das Ziel eine kontinuierliche Verbesserung der Leistungsprozesse durch stetige Verbesserungsarbeiten der Mitarbeiter in Gruppen zu erzielen. In den Unternehmen kann der richtige Einsatz des betrieblichen Vorschlagswesen wesentlich dazu führen die Mitarbeiter eigenständig zur kontinuierlichen Verbesserung von Prozessen zu motivieren. Hierbei werden abteilungs- und unternehmensspezifisch Kennzahlen ermittelt wie z.B. 75 Verbesserungsvorschläge pro 100 Mitarbeiter pro Jahr.

Siehe auch → Qualitätscontrolling und → Qualitätsmanagement, jeweils mit Literaturangaben sowie → Deming, kontinuierlicher Verbesserungsprozess (mit Literaturangaben und Internetadressen).

Literatur: Wannenwetsch H. (Hrsg.) Vernetztes Supply Chain Management, Heidelberg-Berlin 2005.

Konto

zweiseitige Darstellungsform von buchungsrelevanten Vorgängen, bei der positive und negative Wirkungen auf gegenüberliegenden Seiten erfasst werden. Die linke Seite wird als Sollseite, die rechte als Habenseite bezeichnet. Die Bezeichnungen Soll und Haben entspringen alter kaufmännischer Übung und bringen Gegensätzliches zum Ausdruck. Sie spiegeln nicht den etymologischen Sinngehalt der deutschen Hilfsverben sollen und haben wider. Deshalb müssen alle Versuche, aus der Wortbedeutung die inhaltliche Zuordnung erklären zu wollen, scheitern. Zu unterscheiden sind i.W. → Bestandskonten und → Erfolgskonten.

Kontokorrent

(ital., dt. „laufende Rechnung") ist eine Vereinbarung zwischen zwei Parteien, von denen mindestens eine → Kaufmann sein muss. Bekanntestes Beispiel ist die Kontokorrentabrede in den Allgemeinen Geschäftsbedingungen der Banken. Durch das Kontokorrent werden gegenseitige Ansprüche verrechnet und zu einem bestimmten Zeitpunkt wird ein Saldo gebildet (§ 355 HGB, deutsches). Mit der Einstellung in das Kontokorrent verlieren die Ansprüche ihre Eigenständigkeit. Die in der Praxis wichtigste Rechtsfolge des Verlusts der Eigenständigkeit der Ansprüche ist der Umstand, dass Gläubiger Einzelforderungen nicht mehr pfänden können.

Kontokorrentbuch

dient der Erfassung detaillierter Informationen zu den Hauptbuchkonten „Forderungen aus Lieferungen und Leistungen" sowie „Verbindlichkeiten aus Lieferungen und Leistungen".

Im Hauptbuchkonto werden die Veränderungen der Bestände an Forderungen bzw. Verbindlichkeiten gebucht, ohne sie einzelnen Geschäftsbeziehungen zuzuordnen. Im Kontokorrentbuch werden die Bestände und deren Veränderungen personenbezogen erfasst. Dadurch erlangt der Kaufmann einen Überblick über den Bestand seiner Forderungen gegenüber einzelnen Kunden (= Debitoren) sowie seiner Verbindlichkeiten gegenüber einzelnen Lieferanten (= Kreditoren). Darüber hinaus können personenbezogene Informationen über Zahlungsfristen, Gewährung von Nachlässen etc. aufgenommen werden.

Kontokorrentkonto

Das Kontokorrentkonto ist ein bei einem Kreditinstitut geführtes Konto in laufender Rechnung. Es dient üblicherweise der Abwicklung des Zahlungsverkehrs, Gutschriften und Belastungen werden darauf verbucht. Die Abgrenzung zum Begriff Girokonto stellt darauf ab, dass das Kontokorrentkonto früher keine negativen Salden aufweisen konnte. Heute werden die beiden Begriffe überwiegend synonym verwandt. Siehe auch → Kontokorrentkredit.

Kontokorrentkredit

Der Kontokorrentkredit (ital. „„conto corrente" = „Konto in laufender Rechnung") stellt die klassische Kreditform dar, welche von fast allen Unternehmen in Anspruch genommen wird.
Beim Kontokorrentkredit wird dem Kreditnehmer ein Buchkredit bis zu einer festgeschriebenen Kreditlinie gewährt. Die rechtliche Regelung des Kontokorrentkredites erfolgt in den §§ 355 bis 357 HGB und den §§ 607 bis 610 BGB. Dabei legt § 355 HGB folgende Merkmale fest: (1) Mindestens ein Vertragspartner muss Kaufmann sein (dies trifft für eine Bank stets zu). (2) Es erfolgt eine gegenseitige Verrechnung der wechselseitigen Ansprüche und Leistungen der Vertragspartner. (3) Der Saldo ist maßgeblich für die Abrechnung des Kontokorrentkontos. (4) Der sich ergebende Überschuss (Saldo) ist in regelmäßigen Abständen festzulegen.
Unternehmen verwenden den Kontokorrentkredit in erster Linie als Betriebskredit.
Der Kontokorrentkredit wird über das → Kontokorrentkonto (Girokonto) abgewickelt. Die Zusage eines Kontokorrentkredites erfolgt als Kontokorrentkreditlinie. Durch Überweisungen oder Abhebungen kann dann der Kredit bis zu dieser Kreditlinie in Anspruch genommen werden. Wird die festgelegte Kreditlinie überschritten, wird vom Kreditgeber eine zusätzliche Überziehungsprovision berechnet, die regelmäßig zu einer erheblichen Verteuerung des in Anspruch genommenen Kredites führt.
Die Kosten des Kontokorrentkredites setzen sich zusammen aus: (1) Sollzinsen für den in Anspruch genommenen Kreditbetrag, (2) Kreditprovision (Bereitstellungsprovision), (3) ausnahmsweise Umsatzprovision oder Kontoführungsgebühren, (4) Barauslagen wie Porto und Spesen und gegebenenfalls noch (5) eine Überziehungsprovision.
Eine Sonderform des Kontokorrentkredites ist der → Dispositionskredit.
Der Kontokorrentkredit weist als kurzfristiger Kredit in der Regel eine Laufzeit bis zu einem Jahr auf. Eine ständige Prolongation ist jedoch möglich und wird, sofern es keinen Anlass zur Auflösung des Vertragsverhältnisses gibt, regelmäßig vorgenommen. Somit steht ein großer Teil der Kontokorrentkredite langfristig zur Verfügung. Trotz seiner relativ hohen Kosten gegenüber anderen Kreditarten wird dieser Kredit in der Praxis häufig zur Überbrückung kurzfristiger Liquiditätsengpässe genutzt, da er eine hohe Flexibilität bietet.
Siehe auch → Kreditfinanzierung, kurzfristige (mit Literaturangaben).

KonTraG

Abk. für Gesetz zur Kontrolle und Transparenz im Unternehmensbereich, siehe auch → Risikocontrolling.

Kontrahierungspolitik

siehe → Preispolitik (mit Literaturangaben).

Kontraktlogistik

siehe → Third Party Logistics Provider.

Kontrollfunktion

(im Dienstleistungscontrolling), siehe → Dienstleistungscontrolling, Funktionen.

kontrollierbare Situationsvariable

siehe → Entscheidungsvariable.

Kontrollspanne

(*span of control*), siehe → Leitungsspanne.

Konversion
siehe → Konvertierung (Anleihen).

Konverter
sind Programme zur Übersetzung und Transformation von Datenformaten.

Konvertierung
(Anleihen), Änderung der Ausstattung einer → Anleihe. Beispielsweise kann die Laufzeit einer Anleihe geändert werden, sofern eine Konvertierung in den Anleihebedingungen vorgesehen ist.

Konvertierungsbeschränkungen/-verbote
sind staatliche Maßnahmen eines (Import-)Landes, die den Umtausch der Landeswährung in fremde Währungen (Devisen) beschränken oder verbieten; siehe auch → Transferbeschränkungen/-verbote.

Konzept der Gatekeeper (Schleusenwärter) Rolle
beschäftigt sich mit Engpasskonstellationen bei Güter-, Geld- und Informationsströmen, die in → Distributionssystemen auftreten. Der → Handel ist aufgrund seiner Absatzmittlerfunktion zwischen Hersteller und Endkunden fähig, bei der Überbrückung der Diskrepanzen zwischen Produktion und Konsumtion (= Wahrnehmung der Handelsfunktionen) sowohl die zu den Kunden und Verbrauchern fließenden Ströme als auch die von den Kunden und Verbrauchern zu den Herstellern fließenden Ströme zu steuern. Somit übt der → Handel die Funktion eines „Schleusenwärters" aus: Er kann die Erreichung der distributionspolitischen Ziele des Herstellers beeinflussen.
Die Gatekeeperfunktion des → Handels ist Ursache dafür, dass die Industrie entweder ein vom Handel emanzipiertes → Marketing oder ein mit dem Handel abgestimmtes Marketing (→ vertikales Marketing) anstrebt.
Siehe auch → Handelsbetriebslehre (mit Literaturangaben).

Konzept der Marketingführerschaft
beschreibt die Führungsrolle einer Unternehmung im indirekten Vertrieb (d.h. zwischen Hersteller und Endverbraucher ist mindestens eine Handelsstufe eingeschaltet). Die Marketingführerschaft versetzt eine Unternehmung in die Lage, das → Marketing über die Grenzen der eigenen Unternehmung hinaus zu gestalten und auf diese Weise das auf die Endkunden gerichtete Verhalten der Wirtschaftsstufen, die vor- oder nachgelagert sind, zu steuern.
In letzter Zeit kann in vielen → Distributionssystemen die Verlagerung der Marketingführerschaft vom Hersteller auf den → Handel beobachtet werden. Voraussetzungen für die Marketingführerschaft sind, dass eine Partei über attraktivere ökonomische Ressourcen, die bessere Fähigkeit zur Mobilisierung der Sanktionsgewalt Dritter, die bessere Fähigkeit zur erfolgreichen Führung des Distributionssystems sowie die höhere Bereitschaft zur Übernahme von Führungsfunktionen im Distributionssystem verfügt.
Siehe auch → Handelsbetriebslehre (mit Literaturangaben).

Konzern
(siehe auch → *Konzernabschluss*). Der Konzern ist eine Form einer Unternehmensverbindung, bei der mehrere rechtlich selbstständige Unternehmen unter der → *einheitlicher Leitung* bzw. des beherrschenden Einflusses (→ *Control-Konzept*) eines → *Mutterunternehmens* stehen. Ein Konzern besteht zwar aus rechtlich selbstständigen Unternehmen, stellt aber infolge der finanziellen und/oder personellen Abhängigkeitsverhältnisse eine wirtschaftliche Einheit dar (→ *Einheitstheorie*).
Die geschäftlichen Beziehungen zwischen den einzelnen → *Konzernunternehmen*, namentlich der Lieferungs- und Leistungsverkehr zwischen ihnen, sind, da sie von der Konzernleitung gesteuert werden können, wirtschaftlich anders zu beurteilen als die geschäftlichen Beziehungen zwischen nicht nur rechtlich, sondern auch wirtschaftlich selbstständigen Unternehmen. Die Jahresabschlüsse der einzelnen Konzernunternehmen (→ *Einzelabschluss*) bieten daher, auch wenn man sie nebeneinander stellt, nur ein unvollkommenes Bild der Vermögens-, Finanz- und Ertragslage des Konzerns und der einzelnen Konzernunternehmen.

Um den Interessenten des Konzerns respektive einzelner Konzernunternehmen dennoch aussagekräftige Informationen an die Hand zu geben, sind die Muttergesellschaften solcher Konzernverflechtungen unter bestimmten Voraussetzungen verpflichtet einen Konzernjahresabschluss (→ *Konzernabschluss*) aufzustellen, prüfen zu lassen und zu publizieren.

Siehe auch → Konzernabschluss, → Konzernunternehmen, → Konsolidierungskreis, → Mutterunternehmen, → Tochterunternehmen, → verbundene Unternehmen, → assoziierte Unternehmen.

Literatur: Gräfer, H., Scheld, G.A.: Grundzüge der Konzernrechnungslegung, 9. Auflage, Berlin 2005.

Konzern

(*österreichisches Recht*). Werden Unternehmen aus wirtschaftlichen Gründen (Potentialkoordination, Risikostreuung, Kostensplitting, Kapitalerhöhung) unter *einheitlicher Leitung* zusammengefasst, ohne ihre rechtliche Selbständigkeit zu verlieren, spricht man von einem *Konzern* (§ 15 öAktG, § 115 öGmbHG). Die Verbindung der Gesellschaften kann dabei über gegenseitige Beteiligungen, finanzielle Hilfestellungen, personelle Verflechtungen (*faktischer Konzern*) oder den Abschluss von Beherrschungs- oder Gewinnabführungsverträgen *(Vertragskonzern)* zustande kommen.

Je nachdem ob die koordinierten Unternehmen dabei voneinander unabhängig sind oder einer herrschenden Gesellschaft untergeordnet werden, ist zwischen *Gleichordnungs-* und *Unterordnungskonzernen* zu unterschieden. Die Differenzierung zwischen *horizontalem* und *vertikalem Konzern* stellt dagegen darauf ab, ob die verbundenen Gesellschaften auf gleicher oder verschiedener Wirtschaftsstufe tätig sind.

Bei Bestehen einer Mehrheitsbeteiligung wird Abhängigkeit vermutet *(Abhängigkeitsvermutung)*, liegt Abhängigkeit vor, geht man vom Vorliegen eines Konzerns aus *(Konzernvermutung)*.

Konzerne werden zum Teil speziellen gesellschaftsrechtlichen Regelungen unterworfen (§ 29 öGmbHG: GmbH wird aufsichtsratspflichtig; §§ 244 ff öUGB: eigene Rechnungslegungsvorschriften – Erstellen eines Konzernabschlusses und Konzernlageberichtes).

Konzernabschluss

Konzernabschluss

von Professor Dr. Guido A. Scheld
Fachbereich Betriebswirtschaft, Fachhochschule Jena

1. Charakterisierung

Zur Beurteilung der wirtschaftlichen Verhältnisse von → Konzernen und ihrer Teilbereiche, den einzelnen Unternehmen, reichen die Jahresabschlüsse (siehe → Jahresabschluss nach deutschem Recht) der zum Konzernverbund gehörenden Unternehmen häufig nicht mehr aus. Um den Interessenten des Konzerns respektive einzelner → Konzernunternehmen dennoch aussagekräftige Informationen an die Hand zu geben, sind die → Mutterunternehmen solcher Konzernverflechtungen unter bestimmten Voraussetzungen verpflichtet einen Konzernabschluss aufzustellen, prüfen zu lassen und zu publizieren.

Der Konzernabschluss soll ein den *tatsächlichen Verhältnissen entsprechendes Bild der Vermögens-, Finanz- und Ertragslage* des Konzerns vermitteln. Er ist so aufzustellen, als ob die zum Konzern gehörenden Unternehmen insgesamt ein einziges Unternehmen wären (§ 297 Abs.3 S.1 HGB). Dieses theoretische Fundament des Konzernabschlusses bezeichnet man auch als → *Einheitstheorie*. Bei der Einbindung der Konzernunternehmen gilt das → *Weltabschlussprinzip*.

Praktisch entsteht der Konzernabschluss durch *Zusammenfassung und Konsolidierung* aller Einzelabschlüsse der zum Konzern gehörenden Unternehmen.

Gegenüber dem Einzelabschluss weist der Konzernabschluss folgende Besonderheiten auf: (1) Es handelt sich um einen rein betriebswirtschaftlichen Abschluss, der *lediglich Informations- und Dokumentationsfunktionen* erfüllt.

(2) An ihn sind *keine Rechtswirkungen*, beispielsweise in Form von Ausschüttungsfolgen gegenüber den Anteilseignern, geknüpft. Auch für die Ermittlung des steuerlichen Gewinns ist er unerheblich,

stellt also nicht wie der Einzelabschluss die Grundlage für die Besteuerung der Unternehmen dar, so dass → Konzernbilanzpolitik unabhängig von steuerlichen Folgen betrieben werden kann.

(3) Für den Konzernabschluss können sämtliche handelsrechtliche Ansatz-, Bewertungs- und Ausweiswahlrechte (siehe → Jahresabschluss nach deutschem Recht) erneut und anders ausgeübt werden als im Einzelabschluss. Die Aufstellung des Konzernabschlusses gibt also Gestaltungsmöglichkeiten für eine *eigenständige Konzernbilanzpolitik*. Die Korrekturen werden in einer sog. → Handelsbilanz II vorgenommen.

Die Form der Einbeziehung der verschiedenen → Konzernunternehmen in den Konzernabschluss richtet sich *nach der Höhe der Beteiligung und der möglichen Einflussnahme* durch die Muttergesellschaft. Die intensivste Beziehung ist bei Mehrheitsbeteiligungen (Mutter-Tochter-Beziehungen) gegeben. Diese sog. → verbundenen Unternehmen werden vollkonsolidiert (→ Vollkonsolidierung). → Assoziierte Unternehmen werden nach der → Equity-Methode, → Gemeinschaftsunternehmen alternativ dazu auch nach der → Quotenkonsolidierung einbezogen.

2. Pflicht zur Konzernrechnungslegung

Die Konzernrechnungslegungspflicht ist an folgende Voraussetzungen geknüpft: (1) Es muss sich um einen Konzern handeln, der dadurch gekennzeichnet ist, dass rechtlich selbstständige Unternehmen unter der → *einheitlichen Leitung* (§ 290 Abs.1 HGB) oder der *Beherrschung gemäß* → *Control-Konzept* (§ 290 Abs.2 HGB) eines Mutterunternehmens stehen. (2) Die Muttergesellschaft muss ihren *Sitz im Inland* haben. (3) Mindestens ein *Tochterunternehmen muss tatsächlich konsolidiert* werden. (4) *Ausnahmen von der Konzernrechnungslegungspflicht* liegen nicht vor bzw. werden nicht in Anspruch genommen.

Sind die Voraussetzungen erfüllt, ist die Mutterunternehmung grundsätzlich verpflichtet in den ersten fünf Monaten des Konzerngeschäftsjahres für das abgelaufene Geschäftsjahr einen *Konzernabschluss nach § 290 ff. HGB* zum Konzernabschlussstichtag aufzustellen. Handelt es sich um ein kapitalmarktorientiertes Mutterunternehmen (→ kapitalmarktorientiertes Unternehmen), besteht gem. § 315a HGB bzw. ebenso nach der sog. IAS-Verordnung die Pflicht, die *internationalen Rechnungslegungsstandards* (IAS/IFRS) zu befolgen (siehe → Jahresabschluss nach IAS/IFRS).

Anmerkung: Zu den *Befreiungen* von der allgemeinen Konzernrechnungslegungs- und Konsolidierungspflicht siehe unten angegebene Literatur.

3. Bestandteile des Konzernabschlusses

Der Konzernabschluss besteht gem. § 297 Abs.1 S.1 HGB aus (1) der *Konzernbilanz*, (2) der *Konzern-Gewinn- und Verlustrechnung* (GuV), (3) dem *Konzernanhang*, (4) der → *Kapitalflussrechnung* und (5) dem *Eigenkapitalspiegel* (Eigenkapitalveränderungsrechnung). Die Kapitalflussrechnung und der Eigenkapitalspiegel stehen damit gleichberechtigt neben Konzernbilanz, Konzern-GuV und Konzernanhang. Der Konzernabschluss kann zudem gem. § 297 Abs.1 S.2 HGB um (6) eine *Segmentberichterstattung* erweitert werden.

Die vollständige Konzernrechnungslegung umfasst weiterhin gem. §§ 290 Abs.1 HGB und 315 HGB noch den *Konzernlagebericht*, der jedoch nicht Bestandteil des Jahresabschlusses ist.

4. Konsolidierung

Konsolidierung ist die Zusammenfassung der Einzelabschlüsse der → Konzernunternehmen unter Aufrechnung der Ergebnisse aus innerkonzernlichen Verbindungen, die sich in Vermögens-, Kapital- und Erfolgsgrößen niederschlagen können. Im Einzelnen unterscheidet man zwischen der Kapitalkonsolidierung, der Schuldenkonsolidierung und der Zwischenergebniskonsolidierung sowie der Aufwands- und Ertragskonsolidierung.

a) Kapitalkonsolidierung

Der in der Bilanz der Mutterunternehmung ausgewiesenen Beteiligung entsprechen Vermögensgegenstände der Tochterunternehmung. Auf der Grundlage der → Einheitstheorie würde der gleichzeitige Ausweis der Beteiligung bei der Mutterunternehmung und der sie repräsentierenden Vermögensgegenstände bei der Tochtergesellschaft eine unerlaubte Doppelerfassung darstellen. Diese Bilanzaufblähung soll durch die Kapitalkonsolidierung beseitigt werden. Die Kapitalkonsolidierung hat somit die

Aufgabe, den *Beteiligungswert des Mutterunternehmens* mit dem auf diese Anteile entfallenden *Eigenkapitalbetrag des einzubeziehenden Tochterunternehmens* zu verrechnen.

Die Kapitalkonsolidierung kann prinzipiell nach zwei verschiedenen Methoden durchgeführt werden, die sich vor allem bezüglich der Höhe des konsolidierungspflichtigen Eigenkapitals unterscheiden: (1) die *Erwerbsmethode* (Purchase-Methode) und (2) die *Interessenzusammenführungsmethode* (Pooling-of-Interests-Methode). Beide Verfahren sind jedoch keineswegs alternativ zu verwenden. Während die Erwerbsmethode (§ 301 HGB) die Standardvariante darstellt, kann nur bei Vorliegen spezieller Voraussetzungen auch wahlweise die Interessenzusammenführungsmethode (§ 302 HGB) Anwendung finden.

b) Schuldenkonsolidierung

Gemäß der → Einheitstheorie kann ein Konzern in seiner Bilanz keine Forderungen und Verbindlichkeiten gegen sich selbst ausweisen. Aus den Einzelbilanzen der einbezogenen Unternehmen müssen die Bilanzpositionen mit Forderungs- oder Verbindlichkeitscharakter gegenüber anderen einbezogenen Unternehmen eliminiert werden. Die Aufgabe der Schuldenkonsolidierung ist es folglich, *Forderungen und die entsprechenden Verbindlichkeiten* zwischen den im Konzernabschluss einbezogenen Gesellschaften *zu verrechnen* (vgl. § 303 HGB).

Die Schuldenkonsolidierung betrifft generell nur die Unternehmen, die nach den Vorschriften über die → *Vollkonsolidierung* in den Konzernabschluss einzubeziehen sind – also → Tochterunternehmen. Im Falle der → *Quotenkonsolidierung* (→ Gemeinschaftsunternehmen) wird nur der quotale Anteil verrechnet, der Rest stellt eine Forderung bzw. Verbindlichkeit gegen Dritte dar. Nach der → Equity-Methode bilanzierte Beteiligungen (→ assoziierte Unternehmen) werden bezüglich der Schulden und Forderungen im Allgemeinen nicht konsolidiert.

c) Zwischenergebniskonsolidierung

Die *Eliminierung von Zwischengewinnen oder -verlusten* ist logische und zwingende Folge der → Einheitstheorie. Innerhalb eines Konzerns können durch die gegenseitige Belieferung von Konzernunternehmen keine Gewinne oder Verluste entstehen. Da jedoch in den Einzelabschlüssen der Konzerngesellschaften auch solche Gewinne oder Verluste ausgewiesen werden, die durch Verkäufe an andere zum Konzern gehörende Unternehmen entstanden sind, müssen sie bei Erstellung der Konzernbilanz eliminiert werden (vgl. § 304 HGB). Dieses ist die Aufgabe der Zwischenergebniskonsolidierung (Zwischenergebniseliminierung), die grundsätzlich *unabhängig von der Konsolidierungsform* (also → Voll- und → Quotenkonsolidierung als auch → Equity-Bewertung) vorgesehen ist.

d) Aufwands- und Ertragskonsolidierung

In den meisten Konzernen tauschen die einbezogenen Unternehmen Lieferungen und Leistungen untereinander aus. Die Gewinn- und Verlustrechnungen (GuV) weisen dadurch Erträge und Aufwendungen aus diesen konzerninternen Geschäften aus. Unter dem Aspekt der rechtlichen und wirtschaftlichen Einheit (→ Einheitstheorie) dürfen derartige Beträge in der Konzern-GuV nicht enthalten sein. Sie müssen ebenso wie das Kapital, die Schulden und die Zwischenergebnisse verrechnet werden. Die Aufwands- und Ertragskonsolidierung (Erfolgskonsolidierung) hat insofern die Aufgabe, *konzerninterne Aufwendungen und Erträge* zum Zweck der Eliminierung von Doppelrechnungen *zu beseitigen* (vgl. § 305 HGB).

Im Einzelnen geht es um die im → Konsolidierungskreis durchzuführende (1) Konsolidierung der *Innenumsatzerlöse*, (2) Konsolidierung *anderer Erträge* sowie (3) Konsolidierung von *Ergebnisübernahmen und Beteiligungserträgen*.

Die Erfolgskonsolidierung ist im Rahmen der → *Vollkonsolidierung* in voller Höhe und im Rahmen der → *Quotenkonsolidierung* entsprechend den Beteiligungsquoten auszuführen. At equity bewertete Unternehmen (→ Equity-Methode) unterliegen keiner Aufwands- und Ertragskonsolidierung.

Hinweis

Zu den angrenzenden bzw. vertiefenden Wissensgebieten siehe → Abschlusserstellung nach US-GAAP, → Anlagevermögen, → Beteiligungscontrolling, → Bilanzanalyse, → Cash flow, → Corporate Finance, → Eigenkapital, → Globalisierung, → Internationale Rechnungslegung nach IFRS, → Jahresabschluss nach deutschem Recht, → Jahresabschluss nach schweizerischem Recht, → Kapitalflussrechnung, → Kennzahlen, → Körperschaftsteuer, → Konzern, → Konzernunternehmen, → Portfoliomanagement, → Risikocontrolling, → Rückstellungen, → Sanierungsmanagement, → Sonderbilanzen, → Steuerbilanzpolitik, → Steuerrecht, Internationales, → Swiss GAAP FER, → Umlaufvermögen, → Währungsmanagement.

Literatur: Ammann, H., Müller, St.: IFRS – International Financial Reporting Standards – Bilanzierungs-, Steuerungs- und Analysemöglichkeiten, 2. Auflage, Herne und Berlin 2006; Ammann, H., Müller, St.: Konzernbilanzierung – Grundlagen sowie Steuerungs- und Analysemöglichkeiten, Herne und Berlin 2005; Baetge, J., Kirsch, H.-J., Thiele, St.: Konzernbilanzen, 7. Auflage, Düsseldorf 2004; Busse von Colbe, W., Ordelheide, D., Gebhardt, G.: Konzernabschlüsse, 7. Auflage, Wiesbaden 2003; Coenenberg, A.G. u.a.: Jahresabschluss und Jahresabschlussanalyse – Betriebswirtschaftliche, handelsrechtliche, steuerrechtliche und internationale Grundsätze, 20. Auflage, Landsberg am Lech 2005; Dusemond, M.: Konzernrechnungslegung in Frage und Antwort, Stuttgart 1993; Gräfer, H., Scheld, G.A.: Grundzüge der Konzernrechnungslegung, 9. Auflage, Berlin 2005; Küting, K., Weber, C.-P.: Der Konzernabschluss – Lehrbuch zur Praxis der Konzernrechnungslegung, 9. Auflage, Stuttgart 2005; Küting, K., Weber, C.-P. (Hrsg.): Handbuch der Konzernrechnungslegung – Kommentar zur Bilanzierung und Prüfung, 2. Auflage, Stuttgart 1998; Scheld, G.A.: Konzernbilanzpolitik, Frankfurt am Main 1994; Schildbach, Th. u.a.: Der Konzernabschluss nach HGB, IAS und US-GAAP, 8. Auflage, München und Wien 2001; von Wysocki, K., Wohlgemuth, M.: Konzernrechnungslegung – unter Berücksichtigung des Bilanzrichtlinien-Gesetzes, 3. Auflage, Düsseldorf 1986.

Internetadressen: (Bundesministerien) http://www.bundesfinanzministerium.de, http://www.bmj.bund.de, http://www.bmwi.de; (Deutsches Rechnungslegungs Standards Committee) http://www.drsc.de; (Institut der Wirtschaftsprüfer) http://www.idw.de; (Europäische Institutionen/Organisationen) http://www.efaa.com, http://www.eu-kommission.de; (Internationale Institutionen/Organisationen) http://www.iasb.org, http://www.ifac.org, http://www.iosco.org; (Amerikanische Institutionen/Organisationen) http://www.aicpa.org, http://www.fasb.org, http://www.sec.gov.

Website des Autors: http://www.bw.fh-jena.de

Konzernabschlusspolitik
siehe → Konzernbilanzpolitik.

Konzernabschluss-Richtlinie
(83/349/EWG), siehe → Konzernbilanz-Richtlinie und die dort angegebene Quelle.

Konzernbetriebsrat
siehe → Betriebliche Mitbestimmung und → Betriebsrat.

Konzernbilanzpolitik
(Konzernabschlusspolitik) ist die bewusste und im Hinblick auf die Konzernziele zweckorientierte Beeinflussung des → Konzernabschlusses im Rahmen des rechtlich Zulässigen. Der Konzernabschluss bietet aufgrund der Vielzahl von Wahlrechten und Spielräumen zahlreiche Möglichkeiten einer eigenständigen Konzernbilanzpolitik.
Literatur: Scheld, G.A.: Konzernbilanzpolitik, Frankfurt am Main 1994.

Konzernbilanz-Richtlinie
(83/349/EWG) (*Konzernabschluss-Richtlinie*) vom 13.6.1983 koordiniert die einzelstaatlichen Rechtsvorschriften über den Konzernabschluss sowie den Abschluss von Banken und Versicherungsunternehmen. Siehe → Gesellschaftsrecht, Europäisches.
Quelle: ABl.EG L 193 vom 18.7.1983, S. 1; abrufbar bei Eur-Lex unter: http://eur-lex.europa.eu.

Konzernclearing
siehe → Netting.

Konzerncontrolling

siehe → Beteiligungscontrolling (mit Literaturangaben).

Konzernjahresabschluss

siehe → Konzernabschluss (mit Literaturangaben).

Konzernrechnungslegung

siehe → Konzernabschluss (mit Literaturangaben).

Konzernunternehmen

Oberbegriff für → Tochterunternehmen, → Gemeinschaftsunternehmen und → assoziiertes Unternehmen.

Konzernunternehmen

Hinsichtlich der terminologischen Abgrenzung des Begriffs Konzernunternehmen ist zwischen Konzernunternehmen im engeren Sinne und Konzernunternehmen im weiteren Sinne zu differenzieren.

Zu den Konzernunternehmen im engeren Sinne zählen die sog. → *verbundenen Unternehmen*, welche wiederum die intensivste Form der Beziehung von Unternehmen darstellen und durch ein Mutter-Tochter-Verhältnis gekennzeichnet sind. Wegen der → *einheitlichen Leitung* bzw. des beherrschenden Einflusses (→ *Control-Konzept*) der Muttergesellschaft sind die Rechnungslegungsvorschriften für diese Form der Unternehmensverbindung sehr detailliert und streng angelegt.

Werden neben den → *Mutterunternehmen* und → *Tochterunternehmen* auch noch die → *Gemeinschaftsunternehmen* und die → *assoziierten Unternehmen* einbezogen spricht man von Konzernunternehmen im weiteren Sinne. Für Gemeinschaftsunternehmen und assoziierte Unternehmen gelten weniger strenge Bilanzierungs- und Bewertungsvorschriften.

Siehe auch → Konzern und → Konzernabschluss (mit Literaturangaben).

Literatur: Gräfer, H., Scheld, G.A.: Grundzüge der Konzernrechnungslegung, 9. Auflage, Berlin 2005.

Kooperation

liegt vor, wenn sich Unternehmungen bei Erhalt ihrer rechtlich und wirtschaftlichen Selbstständigkeit mittels Vertrag zur Zusammenarbeit verpflichten. Die Kooperationspartner gehen dem Ziel nach, ihre Leistungsfähigkeit zu steigern. Die Kooperation kann horizontal (→ horizontale Kooperation), vertikal (→ vertikale Kooperation) oder lateral (→ laterale Kooperation) ausgerichtet sein.

Kooperationen

(*allgemeine Darstellung*)

(1) *Charakterisierung*: Der Begriff Kooperation bezeichnet die aktive Zusammenarbeit zweier oder mehrerer selbstständiger Partner mit dem Zweck, einen Nutzen-/Effienzgewinn für die Kooperations-Partner (Win-Win) zu erzielen.

Das Spektrum von Kooperationsmöglichkeiten beziehungsweise -intensitäten reicht vom Austausch von branchenspezifischen Informationen/Erfahrungen im Rahmen von Unternehmensnetzwerken über Zusammenarbeit in einzelnen Funktionsbereichen (z.B. Forschungs-, Einkaufs-, Vertriebskooperationen), über *strategische Allianzen* z.B. zur gemeinsamen exklusiven Nutzung von Technologien oder Vermarktung von Produkten (gegebenenfalls über Lizensierung), bis hin zur Bildung und gemeinsamen Leitung selbstständiger Gemeinschaftsunternehmen (siehe auch → Joint Venture).

Kooperationen unterscheiden sich von eher passiven Kapitalbeteiligungen. Kooperationen sind – je nach ihrem Intensitätgrad – zeitlich häufig begrenzt.

(2) *Typisierung*: Kooperationen können anhand einer Reihe von Kriterien differenziert werden, unter anderem: (a) Unternehmerische Tragweite: Kooperationen von hoher bzw. langfristiger unternehmerischer Tragweite werden als *Strategische Kooperation* oder → *Strategische Allianz* bezeichnet. (b) Bindungsgrad: Der Bindungsgrad wird von der unternehmerischen Kooperationsintensität, der damit eng verbundenen rechtlichen bzw. vertraglichen Ausgestaltung und ggfs. der vereinbarten Exklusivität der Zusammenarbeit determiniert. Der höchste Bindungsgrad besteht üblicherweise bei *Gemeinschaftsun-*

ternehmer (siehe → Joint Ventures). Je höher der Bindungsgrad, desto eingeschränkter die Flexibilität der Kooperationspartner. (c) Gegenstand der Zusammenarbeit: Der *funktionalen Kooperation*, d.h. auf einen Funktions(teil)bereich wie Beschaffung, F+E oder Marketing beschränkten Zusammenarbeit steht die *funktionsübergreifende* bzw. *unternehmerische Kooperation* gegenüber Kooperationen, die auf Effizienzgewinne bei bestehenden Aktivitäten der Partner abzielen, werden als *synergetische Kooperationen* bezeichnet, während *additive Kooperationen* die Geschäftsfelderweiterung zumindest bei einem der Partner zur Folge haben. (d) Kooperationspartner: Die Zusammenarbeit zwischen Konkurrenten bzw. Unternehmen auf gleicher Wertschöpfungsebene wird als *Horizontale Kooperation* bezeichnet, zwischen Partnern auf unterschiedlichen Stufen der Wertschöpfungskette als *vertikale Kooperation*. (e) Geographisch: Die grenzüberschreitende Zusammenarbeit von Partnern in unterschiedlichem politischen, rechtlichen, und wirtschaftlichen Umfeld wird als *internationale Kooperation* bezeichnet. Dem stehen nationale, regionale oder lokale Kooperationen gegenüber. (f) Zahl der Kooperationspartner: Nach Anzahl der Kooperationspartner werden *Bi-* beziehungsweise *Multilaterale Kooperation* unterschieden. (g) Zeitdauer der Kooperation: Es werden *temporäre* (kurz- oder langfristige) bzw. zeitlich *unbegrenzte Kooperationen* unterschieden.

(3) Bedeutung: Kooperationen sind – insbesondere aufgrund der zunehmenden internationalen Anforderungen an Wirtschaftsunternehmen – ein wichtiges Instrument der unternehmerischen Zielerreichung. Sie werden aufgrund der Möglichkeit zu flexiblen Organisationsformen, relativ niedrigen Kosten bzw. Investitionserfordernissen und dem Zugang zu spezifisches Know-how des Partners häufig auch von kleinen und mittleren Unternehmen als Einstieg in neue Märkte genutzt. Zum Teil sind oder waren Kooperationen bzw. → Joint Ventures die einzige Zugangmöglichkeit in bestimmte nationale Märkte aufgrund politischer und rechtlicher Rahmenbedingungen, die den Aufbau eines neuen Unternehmens oder die Mehrheitsbeteiligung an lokalen Unternehmen durch ausländische Investoren beschränken (Beispiel China).

Internationale Zusammenarbeit auf Unternehmensebene durch Kooperationen wird durch nationale und internationale Institutionen wie z.B. die Weltbank, die World Trade Organization (WTO) und auch durch nationale und supranationale Regierungen gefördert.

Literatur: Child, John/Faulkner, David O./Tallman, Stephen: Cooperative Strategy, Oxford University Press, 2nd edition, 2005; Schmoll, G.A.: Kooperationen, Joint Ventures, Allianzen, Deutscher Wirtschaftsdienst, 2001; Zentes, Joachim/Swoboda, Bernhard/Morschett, Dirk (Hrsg.): Kooperationen, Allianzen und Netzwerke, Gabler, 2. überarb. u. erw. Aufl. 2005.

Kooperation

(insbesondere im *Handel* und in *Franchise-Systemen*). Kooperation ist die bewusste, ausdrückliche, ggf. verdeckte, ex-ante-Abstimmung des Verhaltens mindestens zweier (Wirtschafts-)Subjekte durch wechselseitiges Auferlegen mehr oder weniger langfristiger Verhaltensbindungen. Im Zuge einer gemeinsamen Erfüllung von Aufgaben und einer effizienzorientierten Arbeitsteilung und Spezialisierung können zwar Kosten (Transaktionskosten) eingespart werden, es ist jedoch mit speziellen Kooperationskosten zu rechnen.

Bei *zwischenbetrieblichen* Kooperationen entstehen Netzwerke aus rechtlich selbständigen Unternehmungen, wenn eine Gruppe von mehr als zwei Akteuren nach bestimmten Regeln zusammenarbeitet (→ Unternehmensnetzwerke). Die Intensität der zwischenbetrieblichen Kooperation kann vom einfachen Informationsaustausch bis zu gemeinsam gegründeten Unternehmen durch mehrere Intensitätsstufen zwischen → Markt und → Hierarchie beschrieben werden.

Kooperationen können weiterhin nach den beteiligten Wirtschaftsstufen unterschieden werden. *Horizontale* Kooperationen entstehen bei einer Zusammenarbeit zwischen Akteuren der gleichen Wirtschaftsstufe, z.B. zwischen Herstellern substituierbarer Güter. *Vertikale* Kooperationen entstehen bei Zusammenarbeit von Akteuren unterschiedlicher Wirtschaftsstufen, wie z.B. bei Kooperationen zwischen Industrie und Handel oder vertikale Kooperationen zwischen Franchisegebern und Franchisenehmern in Franchise-Systemen.

Siehe auch → horizontale Kooperation, → vertikale Kooperation und → laterale Kooperation sowie → Franchising und → Handelbetriebslehre, jeweils mit Literaturangaben.

Literatur: Ahlert, D. (1996): Distributionspolitik, 3. Auflage, Stuttgart und Jena; Ahlert, D.; Borchert, S. (2000): Kooperation und Vertikalisierung in der Konsumgüterdistribution: Die kundenorientierte Neugestaltung des Wertschöpfungsprozeß-Management durch ECR-Kooperationen, in: Ahlert, D.; Borchert, S. (Hrsg.): Prozessmanagement im vertikalen Marketing, Berlin et. al., S. 1–148; Zentes, J.; Swoboda, B.; Morschett, D. (2003): Kooperationen, Allianzen und Netzwerke, Wiesbaden.

Kooperatives Category-Management

Category Management (CM) zeichnet sich durch die gemeinsame Planung von CM-Zielen und CM-Strategien aus. Die Aktivitäten von Hersteller und Handel sind primär auf eine wirtschaftsübergreifende Prozessorientierung ausgerichtet, wobei der Endverbraucher immer im Fokus der Bemühungen stehen sollte.

Der Vorteil des kooperativen CM ist in der Kombination von Flächen- und Sortiments-Know-how des Händlers mit dem Marktforschungs- und Marketing-Know-how des Herstellers zu sehen. Hersteller erweitern im Rahmen des kooperativen CM ihre beim *herstellergetriebenen CM* nur auf das eigene Produktportfolio begrenzte Sichtweise. Im Gegensatz zum *händlergetriebenen CM* berücksichtigen Handelsunternehmen im Rahmen des kooperativen CM auch die Herstellerinteressen. Die Kernaktivitäten eines kooperativen Category Management liegen in *Verkaufsförderungsaktionen*, der *Flächenoptimierung*, der *Produktneuentwicklung* und der *Sortimentsneuausrichtung*.

Siehe auch → Category Management und → Efficient Consumer Response, jeweils mit Literaturangaben.

Kooperatives Customer Relationship Management (CRM)

Das *kooperative CRM* (in der Literatur oft *kollaboratives* oder auch *kommunikatives* CRM genannt) umfasst alle Maßnahmen und Instrumente zur Steuerung und Abstimmung der Vertriebskanäle und damit zur Harmonisierung der Zusammenarbeit mit Vertriebspartnern. Im Einklang mit dieser vertriebspolitischen Note finden zunehmend die Begriffe *Relationware* oder *Partner Relationship Marketing (PRM)* Verwendung.

Siehe auch → Customer Relationship Management (CRM), mit Literaturangaben.

Kooperierende Handelssysteme

(auch *Handelskooperationen*). → Handelssysteme, bei denen die beteiligten Händler rechtlich und wirtschaftlich selbstständig sind und freiwillig auf der Basis von vertraglichen Vereinbarungen zusammenarbeiten. Nach der Zugehörigkeit zu der Wirtschaftsstufe lassen sich → horizontale Kooperationen und → vertikale Kooperationen unterscheiden.

Siehe auch → Handelsbetriebslehre (mit Literaturangaben).

Koordination

(in der → *Organisation*), Abstimmung von interdependenten Einzelaktivitäten in Hinblick auf ein übergeordnetes Ziel. Die Notwendigkeit der Koordination ergibt sich unmittelbar aus der Arbeitsteilung. Entscheidend für die Koordination ist die Abgrenzung der Aufgabenbereiche und die Gestaltung der Kommunikationsbeziehungen. Siehe auch → Aufbauorganisation (mit Literaturangaben).

Koordinationsfunktion

(im Dienstleistungscontrolling), siehe → Dienstleistungscontrolling, Funktionen.

Kopplungsverkauf

Der Nachfrager kann eine Leistungskomponente nicht ohne den gleichzeitigen Kauf einer anderen Leistungskomponente erwerben. Diese Preisstrategie ist ähnlich zur → Preisbündelung.

Körperschaftsteuer

von Professor Dr. Hanno Kirsch
Fachhochschule Westküste, Heide – Studiengang Betriebswirtschaft

1. Definition

Die Körperschaftsteuer ist die → Einkommensteuer der Körperschaften. Der Körperschaftsteuer unterliegen die → juristischen Personen (§ 1 Abs. 1 Nr. 1–4 KStG), die nichtrechtsfähigen Personenvereinigungen und Vermögensmassen (§ 1 Abs. 1 Nr. 5 KStG) sowie die Betriebe gewerblicher Art von juristischen Personen des öffentlichen Rechts (§ 1 Abs. 1 Nr. 6 KStG).

2. Steuerpflicht

Ähnlich wie die Einkommensteuer unterscheidet die Körperschaftsteuer zwischen unbeschränkter und beschränkter Steuerpflicht.

- Der *unbeschränkten* Steuerpflicht unterliegen alle Körperschaften, die in § 1 Abs. 1 KStG aufgeführt sind, und ihre Geschäftsleitung oder Sitz im Inland haben. § 5 KStG enthält einige persönliche Befreiungen (z.B. Pensionskassen, Deutsche Bundesbank oder gemeinnützige Körperschaften). Die unbeschränkt steuerpflichtigen – und nicht nach § 5 KStG befreiten – Körperschaften sind mit ihrem „Welteinkommen" (inländische und ausländische Einkünfte; ausgenommen abweichender Regelungen durch → Doppelbesteuerungsabkommen) steuerpflichtig (§ 1 Abs. 2 KStG). Die Körperschaftsteuer wird bei Körperschaften, die der unbeschränkten Steuerpflicht unterliegen, durch Veranlagung erhoben.

- Der *beschränkten* Körperschaftsteuerpflicht unterliegen ausländische Körperschaften, die weder Sitz noch Geschäftsleitung im Inland haben (§ 2 Nr. 1 KStG) sowie Körperschaften des öffentlichen Rechts (§ 2 Nr. 2 KStG). Bei der beschränkten Steuerpflicht unterliegen nur die inländischen Einkünfte (§ 49 EStG) der Steuerpflicht. Die Körperschaftsteuer wird bei beschränkter Steuerpflicht nach § 2 Nr. 1 KStG grundsätzlich durch Veranlagung erhoben (Ausnahme: ausländische Körperschaft unterhält im Inland keine Betriebsstätte und erzielt nur kapitalertragsteuerpflichtige Einkünfte; in diesem Fall findet keine Veranlagung statt und die Körperschaftsteuer ist gemäß § 32 Abs. 1 Nr. 2 KStG durch Steuerabzug abgegolten.) Bei den nach § 2 Nr. 2 KStG beschränkt steuerpflichtigen Körperschaften findet keine Veranlagung statt, sondern es erfolgt nur Steuerabzug.

3. Beginn und Ende der Steuerpflicht

Die Steuerpflicht *beginnt* bei rechtsfähigen Körperschaften im Regelfall schon vor Eintragung der Gesellschaft in das entsprechende Register (rechtliches Entstehen), nämlich mit Abschluss eines formgültigen Gesellschaftsvertrages (Entstehung der Vorgesellschaft), falls zusätzlich folgende Bedingungen erfüllt sind:

- Vorhandensein von Vermögen,
- keine ernsthaften Hindernisse für die Eintragung in das (Handels-)Register,
- alsbaldiges Erfolgen der Eintragung und
- Aufnahme einer nach außen gerichteten Geschäftätigkeit (H 2 KStR).

Bei nichtrechtsfähigen Körperschaften beginnt die Steuerpflicht mit Abschluss des Gesellschaftsvertrages bzw. Feststellung der Satzung.

Die Steuerpflicht *endet*, wenn folgende Voraussetzungen kumulativ erfüllt sind:

- tatsächliche Beendigung der geschäftlichen Betätigung,
- Beendigung der Verteilung des gesamten Vermögens und
- gegebenenfalls Ablauf eines gesetzlich vorgeschriebenen Sperrjahres.

4. Bemessungsgrundlage für die Körperschaftsteuer

Bemessungsgrundlage für die Körperschaftsteuer ist das zu versteuernde Einkommen. Das zu versteuernde Einkommen ermittelt sich nach folgendem (verkürztem) Berechnungsschema (vgl. Abschn. 29 KStR):

Jahresüberschuss/-fehlbetrag
+ nichtabziehbare Aufwendungen nach § 4 Abs. 5 EStG
+ nichtabziehbare Aufwendungen nach § 10 KStG
+ Spenden
– steuerfreie Betriebseinnahmen (§ 3 EStG, Investitionszulage, steuerfreie Auslandseinkünfte)
– steuerfreie Dividenden und Veräußerungsgewinne (§ 8 b Abs. 1, 2 KStG)
+ nichtabziehbare Teilwertabschreibungen und Veräußerungsverluste (§ 8 b Abs. 3 KStG)
= **Gewinn aus Gewerbebetrieb**
+/– andere Einkünfte im Sinne des EStG
= Summe der Einkünfte
– Freibetrag für Land- und Forstwirtschaft (§ 13 Abs. 3 EStG)
– abziehbare Spenden (§ 9 Abs. 1 Nr. 2 KStG)
+ verdeckte Gewinnausschüttungen (§ 8 Abs. 3 S. 2 KStG)
– verdeckte Einlagen (R 40 KStR)
+ zuzurechnendes Einkommen von Organgesellschaften beim Organträger
– dem Organträger zuzurechnendes Einkommen bei der Organgesellschaft

= **Gesamtbetrag der Einkünfte**
– Verlustabzug (§ 10 d EStG)
= **Einkommen**
– Freibetrag für bestimmte Körperschaften nach § 24 KStG
– Freibetrag für Erwerbs- und Wirtschaftsgenossenschaften nach § 25 KStG
= **zu versteuerndes Einkommen**

Die der Körperschaftsteuer unterliegenden Wirtschaftssubjekte (z. B. eingetragener Verein) können grundsätzlich sämtliche Einkunftsarten erzielen. Für die Einkunftsermittlung gelten dann auch Steuerermittlungsvorschriften des EStG, sofern sie nicht auf die Besonderheiten der Besteuerung natürlicher Personen zugeschnitten sind (Abschnitt 32 Abs. 1 KStR). Steuerpflichtige, die jedoch nach handelsrechtlichen Vorschriften buchführungspflichtig sind (§ 238 HGB), können ausschließlich Einkünfte aus Gewerbebetrieb erzielen (z.B. Kapitalgesellschaften).

Im Zuge des Übergangs von *Anrechnungsverfahren* zum → *Halbeinkünfteverfahren* bei der Körperschaftsteuer wurde § 8 b KStG eingeführt. Dem Halbeinkünfteverfahren liegt innerhalb der Sphäre der der Körperschaftsteuer unterliegenden Wirtschaftssubjekte die Überlegung zugrunde, dass eine einmalige (nicht anrechenbare) Besteuerung der Erträge bei demjenigen erfolgt, der sie erstmals erzielt hat (eine Anrechnung der von der ausschüttenden Gesellschaft gezahlten Körperschaftsteuer bei dem die Dividende empfangenden Unternehmen ist ausgeschlossen). Dementsprechend zählen Dividenden und grundsätzlich auch Veräußerungsgewinne von Körperschaften, die ebenfalls der Körperschaftsteuer unterliegen, zu den steuerfreien Betriebseinnahmen (§ 8 b Abs. 1, 2 KStG). Andernfalls wäre innerhalb der Sphäre der Körperschaften eine Doppelbesteuerung die Konsequenz.
Umgekehrt dürfen wegen der Steuerfreiheit der Dividenden und der grundsätzlichen Steuerfreiheit der Veräußerungsgewinne Aufwendungen und Verluste, die im Zusammenhang mit solchen Beteiligungen stehen, grundsätzlich nicht abgezogen werden. Dies betrifft insbesondere Teilwertabschreibungen und Veräußerungsverluste aber auch Schuldzinsen für den Erwerb von Beteiligungen.

Nach § 8 Abs. 3 S. 2 KStG dürfen *verdeckte Gewinnausschüttungen* das Einkommen nicht mindern. Nach Abschnitt 36 Abs. 1 KStR ist eine verdeckte Gewinnausschüttung (präzise eine – wenngleich die bedeutendste – von mehreren Sachverhaltsgruppen der verdeckten Gewinnausschüttung) eine Vermögensminderung oder verhinderte Vermögensmehrung, die durch das Gesellschaftsverhältnis veranlasst ist, sich auf die Höhe des Einkommens auswirkt und nicht auf einem den gesellschaftsrechtlichen Vorschriften entsprechenden Gewinnverteilungsbeschluss beruht (z.B. Gewährung eines zinslosen Darlehens an die Gesellschafter oder Erwerb von Vermögenswerten vom Gesellschafter zu einem überhöhten Preis). Die Sachverhalte, die zu verdeckten Gewinnausschüttungen führen, sind äußerst vielfältig. Invers zu den verdeckten Gewinnausschüttungen dürfen *verdeckte Einlagen* (Abschnitt 40 KStR) das Einkommen nicht erhöhen (z.B. Verzicht des Gesellschafters gegenüber der Gesellschaft auf eine ihm zustehende Darlehensforderung).

Sofern eine Kapitalgesellschaft (Organgesellschaft) finanziell, wirtschaftlich und organisatorisch in ein anderes gewerbliches Unternehmen (Organträger) integriert ist und die Organgesellschaft einen Ergebnisabführungsvertrag mit dem Organträger abgeschlossen hat, so wird das bei der Organgesellschaft der Körperschaftsteuer normalerweise unterliegende Einkommen (ausgenommen Ausgleichszahlungen an Minderheitsaktionäre) dem Organträger zugerechnet. Die *Organschaft* führt dazu, dass Verluste und Gewinne bei unterschiedlichen Gesellschaften innerhalb des Organkreises (Verbund von Gesellschaften, die in einem Organschaftsverhältnis zueinander stehen) in derselben Periode miteinander verrechnet werden.

5. Tarif

Die ab 2001 erwirtschafteten Gewinne werden mit 25% (2003: 26,5%) Körperschaftsteuer belastet. Eine Körperschaftsteuerminderung tritt als Folge des Übergangs vom Anrechnungs- zum → Halbeinkünfteverfahren auf, sofern zum Zeitpunkt des Übergangs vom Anrechnungsverfahren auf das Halbeinkünfteverfahren noch mit Körperschaftsteuer ungemildert belastete Bestände (seinerzeit 40% Körperschaftsteuer auf thesaurierte Gewinne) vorhanden waren (§ 37 KStG).

6. Besteuerung beim Anteilseigner

Das → Halbeinkünfteverfahren unterscheidet zwei Gruppen von Anteilseignern, die steuerlich unterschiedlich behandelt werden, nämlich zum einen Körperschaften und zum anderen sonstige Personen (insbesondere natürliche Personen). Hinsichtlich der Besteuerung von *Körperschaften* als Anteilseigner vgl. Abschnitt 4.

Natürliche Personen können - im Gegensatz zum Anrechnungsverfahren – die bei der Körperschaft gezahlte Körperschaftsteuer nicht (mehr) auf die persönliche Einkommensteuer anrechnen. Statt dessen sind 50% der Dividenden (§ 3 Nr. 40 d EStG), 50% der privaten Veräußerungsgewinne (§ 3 Nr. 40 i EStG), 50% der Veräußerungsgewinne aus Anteilen an Kapitalgesellschaften (§ 3 Nr. 40 c EStG), 50% der im Betriebsvermögen gehaltenen Beteiligungen (§ 3 Nr. 40 a EStG) und 50% der Veräußerungsgewinne aus Anteilen im Sinne des § 16 EStG (§ 3 Nr. 40 b EStG) steuerfrei und jeweils 50% steuerpflichtig.

Mit der hälftigen Steuerfreiheit geht auch eine entsprechende 50% Abzugsbeschränkung für Aufwendungen, die im Zusammenhang mit den Anteilen an der Körperschaft (z.B. Schuldzinsen und Veräußerungsverluste) stehen (§ 3 c Abs. 2 EStG), einher.

Hinweise

- Zu den angrenzenden steuerrechtlichen Wissensgebieten (nach deutschem Steuerrecht), siehe → Einkommensteuer, → Gewerbesteuer, → Steuerbilanzpolitik, → Steuerlehre, Betriebswirtschaftliche → Steuerrecht, Internationales, → Umsatzsteuer.
- Zu den angrenzenden Wissensgebieten der Rechnungslegung siehe → Abschlusserstellung nach US-GAAP, → Bilanzanalyse, → Internationale Rechnungslegung nach IFRS, → Jahresabschluss nach deutschem Recht, → Jahresabschluss nach schweizerischem Recht, → Kapitalflussrechnung, → Konzernabschluss (Konzernrechnungslegung), → Sonderbilanzen, → Swiss GAAP FER.
- Zum Gesellschaftsrecht sowie zu den verschiedenen Gesellschafts- bzw. Rechtsformen siehe u.a. → Aktiengesellschaft, deutsche, → Aktiengesellschaft, kleine, → Europäisches Gesellschaftsrecht (→ Europa AG, → Europäische Genossenschaft usw.), → Genossenschaft, deutsche, → Gesellschaftsformen, österreichische (→ Aktiengesellschaft, österreichische, → GmbH, österreichische usw.), → GmbH, deutsche sowie viele weitere Gesellschafts- bzw. Rechtsformen.

Literatur: Gosch, Dietmar (Hrsg.), Körperschaftsteuergesetz, Beck´sche Steuerkommentare, München 2005; Jäger, Birgit/Lang, Friedbert, Körperschaftsteuer, 17. Aufl., Achim 2005; Dötsch, Ewald u.a., Körperschaftsteuer, 14. Aufl., Stuttgart 2004; Preißler, Michael (Hrsg.), Ertragsteuerrecht, 3. Aufl., Stuttgart 2004; Ebling, Klaus (Hrsg.), Blümich EStG, KStG, GewStG, Loseblatt, München 2005; Dötsch, Ewald u.a. (Hrsg.), Die Körperschaftsteuer, Kommentar zum Körperschaftsteuergesetz, Loseblatt Stuttgart 2005; Streck, Michael, Körperschaftsteuergesetz mit Nebengesetzen, 6. Aufl., München 2005; Endriss, Walter/Boßendowski, Wolfram/Küpper, Peter , Steuerkompendium, Band 1: Ertragsteuern, 9. Aufl., Herne und Berlin 2003; Wellisch, Dietmar, Besteuerung von Erträgen, München 2002.

Internetadressen: EStG: http://bundesrecht.juris.de/bundesrecht/estg/inhalt.html GewStG: www.gesetze.2me.net/gwsg HGB: http://www.patentanwaltskanzlei.de/hgb KStG: http://bundesrecht.juris.de/bundesrecht/kstg_1977/htmltree.html KStR und GewStR: http://195.243.173.120 UStG: http://bundesrecht.juris.de/bundesrecht/ustg_1980/inhalt.html

Website des Autors: www.fh-westkueste.de/fhw/hochschule/menschen/index.php

Körperschaftsteuerpflicht, beschränkte

siehe → Körperschaftsteuer, → Einkommensteuer sowie → Steuerrecht, Internationales.

Körperschaftsteuerpflicht, unbeschränkte

siehe → Körperschaftsteuer und → Steuerrecht, Internationales.

Korrekturverfahren

Methode der → *Investitionsrechnung* unter Unsicherheit, die die Unsicherheit mittels Variation einer oder mehrerer Inputgrößen durch Risikozuschläge (z.B. Erhöhung der Auszahlungen, Erhöhung des Kalkulationszinsfußes) bzw. -abschläge (z.B. Verringerung der Einzahlungen, Verkürzung der Nutzungsdauer) berücksichtigt. Diese korrigierten Daten werden im weiteren als sicher betrachtet und in Verfahren der statischen und/oder dynamischen Investitionsrechnung eingesetzt; siehe → Investitionsrechnungen, statische sowie → Investitionsrechnungen, dynamische.

Die Unsicherheit wird mittels der globalen Zu- oder Abschläge lediglich in pauschaler Art und Weise in die Investitionsrechnung einbezogen. Es soll in erster Linie sichergestellt werden, dass mit hoher Wahrscheinlichkeit zumindest der vorsichtig errechnete Wert des Entscheidungskriteriums (z.B. → Kapitalwert) erzielt wird, womit sich die Entscheidung für eine bestimmte Alternative ex post als richtig erweist. Es werden jedoch ausschließlich negative Entwicklungen beachtet, wodurch der Unsicherheit der Erwartungen nur einseitig Rechnung getragen wird. Zudem wird durch die Willkür in der Datenkorrektur und eventuelle Kumulierungseffekte das „Totrechnen" von Investitionsalternativen begünstigt.

Siehe auch → Investitionsrechnungen (Investitionsentscheidungen) unter Unsicherheit (mit Literaturangaben).

Literatur: Blohm, H., Lüder, K.: Investition, Schwachstellenanalyse des Investitionsbereichs und Investitionsrechnung, 8. Auflage, München 1995; Drosse, V.: Investition, Intensivtraining, 2. Auflage, Wiesbaden 1999; Götze, U., Bloech, J.: Investitionsrechnung, Modelle und Analysen zur Beurteilung von Investitionsvorhaben, 4. Auflage, Berlin et al. 2004.

Korrelation

ist die Beziehung zweier oder mehrerer statistischer Variablen. Das alleinige Vorhandensein einer Korrelation sagt noch nichts über den kausalen Zusammenhang aus, so dass eine Korrelation nicht zwingend eine Ursache-Wirkungs-Beziehung voraussetzt. Bei einer positiven Korrelation zieht eine Steigerung der einen Variablen auch eine Steigerung der anderen Variablen nach sich und umgekehrt. Bei einer negativen Korrelation entwickeln sich die Variablen gegenläufig. Ist keine Korrelation vorhanden, kann nicht von der Entwicklung der einen Variablen auf die andere geschlossen werden.

Korruption

ist kein klar definierter und deutlich abgegrenzter juristischer Tatbestand; dementsprechend werden unterschiedliche Sachverhalte als Korruption bezeichnet, von eher unmoralischen Verhaltensweisen bis zu eng definierten strafrechtlichen Tatbeständen wie Bestechung, Erpressung und Betrug. Gemeinsam ist allen Korruptionspraktiken, dass „Funktionsträger" ihre Position missbräuchlich ausnutzen, um sich persönliche Vorteile zu verschaffen. Korruption ist durch folgende Merkmale geprägt: Es kommt zum Regelverstoß, zum Missbrauch einer privaten oder öffentlichen Machtposition, dient der privaten Bereicherung, geht im Regelfalle auf Kosten Dritter oder des Gemeinwesens und erklärt die Heimlichkeit der Transaktion.

Bei ökonomischer Betrachtung lassen sich drei Akteure identifizieren: Vorteilsgeber (z.B. der Bestechende, ein Vertriebsmitarbeiter), Vorteilsnehmer (z.B. der Bestochene, ein für die Auftragsvergabe zuständiger Beamter) und „Geschäftsherr" des Bestochenen, also der Geschädigte (z.B. Kommune). Korruption setzt damit grundsätzlich ein Prinzipal-Agency-Verhältnis voraus.

Siehe auch → Wirtschaftsethik und → Unternehmensethik (mit Literaturangaben).

Literatur: Dietz, Markus, Korruption. Eine institutionenökonomische Analyse, Berlin 1998; Lambsdorff, Johann Graf, Korruption als mühseliges Geschäft – eine Transaktionskostenanalyse, in: Pieth, M./Eigen, P., Korruption im internationalen Geschäftsverkehr. Bestandsaufnahme, Bekämpfung, Prävention, Neuwied 1999, S. 56–87; Noll, B., Wirtschafts- und Unternehmensethik in der Marktwirtschaft, Stuttgart 2002.

Internetadressen: (Transparency International) http://www.transparency.org/documents.

Kosten, internalisierte

siehe → Internalisierte Kosten.

Kosten und Fracht

... benannter Bestimmungshafen, Kurzbezeichnung: CFR, engl.: cost and freight ... named port of destination. Vertragsformel der von der → Internationalen Handelskammer (ICC) entwickelten → Incoterms.

Kosten- und Leistungsrechnung, umweltbezogene

→ umweltbezogene Kosten- und Leistungsrechnung; siehe auch → Ökologiecontrolling und → Ökologiebilanz.

Kosten, Versicherung, Fracht

... benannter Bestimmungshafen, Kurzbezeichnung: CIF, engl.: cost insurance and freight ... named port of destination. Vertragsformel der von der → Internationalen Handelskammer (ICC) entwickelten → Incoterms.

Kosten-/Preisführerschaftsstrategie

zu dieser und den weiteren Preisstrategien siehe → Preispolitik, Kap. 3 (mit Literaturangaben).

Kostenartenrechnung

Kostenartenrechnung

von Professor Dr. Ulrich Brecht
Hochschule Heilbronn

1. Die Aufgaben der Kostenartenrechnung

Die Aufgaben der Kostenartenrechnung sind das Erfassen und Gliedern sämtlicher Kosten, die in einer Abrechnungsperiode anfallen. Im Zusammenwirken von Kostenarten-, Kostenstellen- und Kostenträgerrechnung ist die Kostenartenrechnung der rechnerische Einstieg in die Kostenrechnung. Die Kostenartenrechnung liefert das Zahlenmaterial, das dann in der daran anschließenden → Kostenstellen-

oder der Kostenträgerrechung weiter verrechnet wird und gibt Aufschluss über die Kostenstruktur des Unternehmens. Die Zwecke der Kostenrechnung (Kostenkontrolle, Kalkulation oder dispositive Entscheidungen) machen einen differenzierten Ausweis der einzelnen Kostenarten notwendig.

Die Kostenartenrechung unterteilt die anfallenden Kosten in drei Dimensionen:

- Die Unterteilung in Einzel- und Gemeinkosten bezieht sich auf die Zurechenbarkeit der Kosten auf ein Objekt. Dies kann eine Kostenstelle (Kostenstelleneinzel- und Kostenstellengemeinkosten) oder ein Kostenträger (Kostenträgereinzel- und Kostenträgergemeinkosten) sein.
- Die Unterteilung in fixe und proportionale Kosten bezieht sich das Verhalten der Kosten bei Änderungen der Beschäftigungslage.
- Die Unterteilung nach der Art des verbrauchten Gutes führt zu Material-, Personal-, Betriebsmittel-, Kapital-, Wagnis- und Dienstleistungskosten sowie Steuern, Gebühren und Abgaben.

2. Die Kostenerfassung

Die Erfassung der Kosten kann auf zwei Arten geschehen. Zum einen können Daten aus anderen Rechen- und Informationssystemen wie Gewinn- und Verlustrechnung, Anlagenbuchhaltung, Personalabrechnung oder Lagerbestandsrechnung übernommen werden. Die Kostenartenrechnung ist somit das Bindeglied zwischen Kostenrechnung und diesen anderen Systemen. Bei der direkten Übernahme der Kosten aus der Finanzbuchhaltung handelt es sich um aufwandsgleiche Kosten, da diese in derselben Höhe Aufwand (Zweckaufwand) und Kosten (Grundkosten) darstellen. Aufwandsgleiche Kosten sind bspw. der bewertete Verbrauch an Materialien, Löhne und Gehälter, Mietaufwand).

Zum anderen ermittelt die Kostenartenrechnung auch für ihre Zwecke Kosten, denen kein Aufwand gegenübersteht (kalkulatorische Kosten). Die Ermittlung von kalkulatorischen Kosten setzt an dem Zweck der Kostenrechnung an. Während das externe Rechungswesen der Dokumentation und Rechnungslegung dient, verfolgt die Kostenrechnung den Zweck, das Betriebsgeschehen zu planen und zu steuern. Das Kriterium „Betriebszweck" bedeutet, dass die Kostenrechnung nur solche Bestände und Ströme berücksichtigt, die sich auf den Betriebszweck zurückführen lassen. Spenden an gemeinnützige Organisationen sind somit zwar Gegenstand der Gewinn- und Verlustrechung (neutraler Aufwand), aber nicht der Kostenrechnung. Die analoge Abgrenzung wird bei der Ermittlung des betriebsnotwendigen Vermögens bei der Berechnung der Kapitalkosten durchgeführt.

Die Ansprüche „planen und steuern" setzen eine Vergleichbarkeit der Kosten voraus. Um diese Vergleichbarkeit zu erreichen, werden mittels Abgrenzungen und Sonderrechnungen die Zusatzkosten und Anderskosten ermittelt. Den Zusatzkosten stehen keine Aufwendungen gegenüber. Hierzu zählen bspw. der → kalkulatorische Unternehmerlohn, Zinsen auf das Eigenkapital oder → kalkulatorische Mieten. Anderskosten resultieren aus unterschiedlichen Bewertungen desselben Tatbestandes in Kostenrechnung und externem Rechungswesen. So werden bspw. die Abschreibungen in der Gewinn- und Verlustrechnung auf Basis der historischen Anschaffungs- oder Herstellungskosten durchgeführt, während die Kostenrechung Abschreibungen auf Basis der → Wiederbeschaffungswerte durchführt. Der Grund liegt in den unterschiedlichen Rechenzwecken: Dokumentation und Rechungslegung beim externen Rechnungswesen und Substanzerhaltung in der Kostenrechnung. Bei der Übernahme der Daten aus dem externen Rechnungswesen müssen eventuell rechnerische Korrekturen durchgeführt werden, damit die Daten die Anforderungen der Rechengröße Kosten erfüllen.

3. Grundsätze der Kostenartenrechnung

Die Durchführung der Kostenartenrechnung erfordert die Erfüllung von vier Grundsätzen:

- Der Grundsatz der *Vollständigkeit* besagt, dass alle Kosten erfasst werden.
- Der Grundsatz der *Reinheit* besagt, dass sich Kosten auf eine Kostenart zurechnen lassen.
- Der Grundsatz der *Einheitlichkeit* besagt, dass für die Organisation mit ihren Subsystemen ein Kostenartenplan erstellt wird und dieser die Zurechnung der Kosten auf die betreffende Kostenart regelt.
- Der Grundsatz der *Wirtschaftlichkeit* besagt, dass der Arbeitsaufwand für das Erfassen und Gliedern der Kosten in einem sinnvollen Verhältnis zu dem daraus entstehenden Nutzen stehen soll. Die Abwägung bezieht sich auf die Gliederungsbreite (Umfang der Kostenarten) und die Gliederungstiefe (Detaillierungsgrad einzelner Kostenarten) des Kostenartenplans.

Der Kostenartenplan umfasst die einzelnen ermittelten Kostenarten wie Material-, Personal-, Betriebs-mittel-, Kapital-, Wagnis- und Dienstleistungskosten sowie Steuern, Gebühren und Abgaben. Die einzelnen Kostenarten werden hinsichtlich ihrer Mengen- und Wertkomponente erfasst oder aus der Finanzbuchhaltung mit eventuellen Korrekturen übernommen. Zum Beispiel erfolgen die Abschreibungen in der Finanzbuchhaltung auf Basis der historischen Anschaffungs- oder Herstellungskosten, während die Kostenrechnung vom Wiederbeschaffungswert ausgeht.

4. Der Kostenartenplan

Die Ausgestaltung des Kostenartenplans ist stark von betriebsindividuellen Gegebenheiten und den verfolgten Zielen der Kostenrechnung abhängig. Hinsichtlich der Art der verbrauchten Produktionsfaktoren kann in die folgenden Kostenarten unterschieden werden.

- Personalkosten
- Sachkosten bspw. für Gebäude, Maschinen, Materialien
- Kapitalkosten
- Kosten für die Inanspruchnahme der Dienste Fremder (Dienstleistungs- oder Fremdleistungskosten)
- Kosten für Steuern, Gebühren und Beiträge

Die *Personalkosten* umfassen die Kosten, die durch die Inanspruchnahme des Einsatzfaktors Personal entstehen. Hierzu zählen Löhne und Gehälter inklusive der Personalnebenkosten sowie der kalkulatorische Unternehmenslohn. Die Mengenkomponente der Materialkosten wird aus den Lagerbewegungen der Rohstoffe, der fremdbezogenen Bauteile, der Hilfsstoffe und der Betriebsstoffe ersichtlich. Mittels geeigneter Bewertungsmethoden wie → Lifo (Last in, first out) oder → Fifo (First in, first out) wird die Wertkomponente bestimmt. Die Erfassung der Betriebsmittelkosten dient der Verteilung des bewerteten Verzehrs von Betriebsmitteln auf die einzelnen Abrechnungsperioden. Die Abschreibungen spiegeln den Werteverzehr der langfristig nutzbaren und betrieblich benötigten Betriebsmittel wieder. Ursachen für den Verzehr liegen bspw. im nutzungsbedingtem Verschleiß, natürlichem Verschleiß, technischem Fortschritt oder der wirtschaftlichen Entwertung des Betriebsmittels.

Der Ansatz von *Kapitalkosten* begründet sich darauf, dass die Anschaffung von betriebsnotwendigen Vermögensgegenständen Kapital von Eigentümern und Gläubigern erfordert. Der Zins als Ausdruck der Kapitalkosten bildet sich zum einen aus den bezahlten Zinsen an die Fremdkapitalgeber und zum anderen aus dem Verzicht auf alternative Verwendungen für das im Unternehmen gebundene Eigenkapital. Mit dem so ermittelten gewogenen Zinssatz wird das betriebsnotwendige Vermögen bewertet.

Dienstleistungskosten entstehen infolge der Inanspruchnahme von Leistungen Fremder für betriebsnotwendige Zwecke. Die Erfassung der Dienstleistungskosten ist relativ einfach, da für die Inanspruchnahme der Dienste Fremder diese dem Unternehmen eine Rechnung erstellen. Zu den Dienstleistungskosten zählen unter anderem Frachtgebühren, Versicherungsprämien, Beratungskosten, Instandhaltungskosten, Portogebühren oder Telefonkosten. Steuern, Gebühren und Abgaben werden an staatliche Institutionen entrichtet und umfassen Abwassergebühren, Beiträge an Kammern und Berufsgenossenschaften, Grundsteuern, Kfz-Steuern oder Verbrauchssteuern.

Die *Wagniskosten* als weitere Kostenart sind die Kosten für die nicht versicherbaren Wagnisse der Unternehmenstätigkeit. Hierzu zählen Beständewagnisse, Wechselkurswagnisse, Anlagenwagnisse, Gewährleistungswagnisse oder Entwicklungswagnisse. In der Regel werden Wagniskosten als prozentualer Aufschlag auf andere Kostenarten berücksichtigt. So kann bspw. das Beständewagnis (Diebstahl, Untergang, Entwertung) als Aufschlag auf die Materialkosten verrechnet werden.

Neben der Unterteilung der Kostenarten hinsichtlich der verbrauchten Güter sind die Unterteilung der Kosten in Einzel- und Gemeinkosten sowie variable und fixe Kosten sehr wichtig. Diese Kostenkategorien werden bei der Kostenplanung und der Kostenkontrolle zugrundegelegt. Kostenplanung und -kontrolle setzen an den einzelnen Kostenarten an.

Hinweis

Zu den angrenzenden Wissensgebieten siehe → Abschlusserstellung nach US-GAAP, → Anlagevermögen, → Betriebsabrechnung (BAB), → Bilanzanalyse, → Buchführung, → Eigenkapital, → Internationale Rechnungslegung nach IFRS, → Jahresabschluss nach schweizerischem Recht, → Kapitalflussrechnung, → Körperschaftsteuer, → Kostenstellenrechnung, → Konzernabschluss, → Rückstellungen,

→ Sonderbilanzen, → Steuerbilanzpolitik, → Steuerrecht, Internationales, → Swiss GAAP FER, → Umlaufvermögen.

Literatur: Brecht, U.: Controlling für Führungskräfte, Was Entscheider in Unternehmen wissen müssen, Wiesbaden 2004, Coenenberg, A, G.: Kostenrechnung und Kostenanalyse, 5., überarb. u. erw. Aufl., Stuttgart 2003, Däumler, K.-D. und Grabe, J.: Kostenrechnung, Bd. 1, Grundlagen, 9., überarb. Aufl., Berlin 2003, Fischbach, S.: Grundlagen der Kostenrechnung, 3., aktualisierte Aufl., Landsberg/Lech 2004, Haberstock, L.: Kostenrechnung, Teil 1, Einführung, 12. Aufl., Berlin 2005, Joos-Sachse, T.: Controlling, Kostenrechnung und Kostenmanagement, Grundlagen, Instrumente, 3., überarb. Aufl., Wiesbaden 2004

Website / Internetadresse des Autors: brecht@hs-heilbronn.de

Kostenaufschlagsmethode

(bei → *Verrechnungspreisen*). Sie ist eine Standardmethode des → Fremdvergleichs, bei der der → Verrechnungspreis auf Basis der Kosten und eines branchenüblichen Gewinnaufschlags ermittelt wird. Siehe auch → Verrechnungspreise, internationale, → Preisvergleichsmethode und → Wiederverkaufspreismethode.

Kostenaufschlagsmethode

(im *Steuerrecht*) (*cost plus method*) ist eine Methode zur Ermittlung des Fremdpreises (siehe → Verrechnungspreis). Ausgangspunkt dieser Ermittlungsmethode sind die Kosten des Lieferanten/Erbringers einer Leistung für die Lieferung/Leistung an die nahe stehende Person (Selbstkosten). Diesen Kosten wird ein angemessener/branchenüblicher Aufschlag hinzugerechnet. So versucht man, möglichst genau zu einem dem Fremdpreis entsprechenden Verkaufspreis des verbundenen Unternehmens zu gelangen. Diese Methode ist besonders für Produktions- und Dienstleistungsbetriebe geeignet. Siehe auch → Steuerrecht, Internationales (mit Literaturangaben).

Kostenfunktion

→ Funktion, die die (Gesamt-)Kosten K in Abhängigkeit von der Ausbringungsmenge x eines Gutes ausdrückt: $K = K(x)$. Die Kosten können dabei zerlegt werden in fixe und variable Kosten, wobei nur die variablen Kosten von x abhängen: $K(x) = K_f + K_v(x)$.

Kostenmanagement

ist die Planung, Steuerung und Kontrolle von Maßnahmen, die sich auf die Beeinflussung der Zielgröße Kosten richten. Als wichtige Kostenobjekte des Kostenmanagements werden angesehen: Produkte (→ Zielkostenmanagement), organisatorische Bereiche (Gemeinkostenwertanalyse) und Prozesse (prozessorientiertes Kostenmanagement). Siehe auch → Erfolgscontrolling (mit Literaturangaben).

Kostenorientierte Verrechnungspreise

siehe → Verrechnungspreise, kostenorientierte.

Kostenstelle

Als Kostenstellen werden betriebliche Teilbereiche bezeichnet, die kostenrechnerisch selbständig abgerechnet werden.
Ihre *Bildung* geschieht nach folgenden Grundsätzen: (1) Die Kostenstelleneinteilung muss die Betriebsorganisation zur Gänze abdecken, d.h. vollständig sein. Sie erfolgt deshalb i.d.R. entsprechend den betrieblichen Funktionen wie Beschaffung, Logistik, Fertigung, Vertrieb, Verwaltung. (2) Die Einteilung muss zudem eine zweifelsfreie Zuordnung der Kosten zu den Kostenstellen gewährleisten. (3) Die gebildeten Kostenstellen sollen selbständige Verantwortungsbereiche darstellen, d.h. der Kostenstellenleiter soll verantwortlich für die Höhe des Kostenaufkommens sein, um eine sachgerechte, individuelle Zielvereinbarung über die Kostenplanung und Kostenkontrolle (sog. → Budgetierung) zuzulassen. (4) In einer Kostenstelle sollen einheitliche Maßgrößen der Kostenverursachung (Bezugsgrö-

ßen) verwendet werden (z.B. Stundensätze, räumliche Größen), so dass eine verursachungsgerechte Zuordnung der Kosten erfolgen kann. (5) Aus Gründen der Praktikabilität sollen die Kostenstellen zudem räumliche Einheiten (Gebäude, Hallen, Werke, Filialen) darstellen.

Siehe auch → Kostenstellenrechnung und → Kostenartenrechnung, jeweils mit → Literaturangaben.

Literatur: Graumann, M.: Kostenrechnung und Kostenmanagement, 3. Aufl., Wiesbaden 2004.

Kostenstellen-Einzelkosten

Kosten, für die eine eindeutige Verursachungsbeziehung zu einer → Kostenstelle besteht, d.h., dass sich die kostenverursachende Kostenstelle dem Kostenstellenarten-Beleg direkt entnehmen lässt (z.B. Materialverbrauch).

Siehe auch → Kostenstellenrechnung.

Kostenstellen-Gemeinkosten

Kosten, die für mehrere → Kostenstellen gemeinsam anfallen und für die insoweit eine indirekte Verteilung über → Umlageschlüssel notwendig ist (z.B. Kosten der Leitung und Verwaltung, Gebäudekosten).

Siehe auch → Kostenstellenrechnung.

Kostenstellenrechnung

Kostenstellenrechnung

von Professor Dr. Mathias Graumann
Fachhochschule Koblenz – RheinAhrCampus Remagen

1. Ziel

Ziel der Kostenstellenrechnung ist die systematische Erfassung aller in einer Abrechnungsperiode angefallenen Kosten nach dem Ort ihres Entstehens. Die Kosten – gegliedert nach Kostenarten – werden nicht mehr nur für den Betrieb als Ganzes, sondern aufgegliedert nach einzelnen betrieblichen Teilbereiche dargestellt, da ein betragsmäßiger Ausweis der Kostenarten auf Basis des Gesamtbetriebs für Steuerungszwecke zu aggregiert und deshalb ungeeignet ist. Insoweit stellt die Kostenstellenrechnung eine Vorstufe der Kalkulation dar und ermöglicht eine Kostenplanung und -kontrolle in Bezug auf den Ort des Kostenanfalls („In welchen Betriebsbereichen sind Kosten in welcher Höhe angefallen?").

2. Aufgaben

Die Aufgaben der Kostenstellenrechnung lauten im Einzelnen: (1) Verteilung der → Gemeinkosten, d.h. der nicht unmittelbar auf die Kostenträger zurechenbaren Kosten, auf die → Kostenstellen, (2) Kalkulation der → innerbetrieblichen Leistungen, (3) Analyse der Kostenverursachung und Kontrolle der Wirtschaftlichkeit der Kostenstellen, (4) Kostenplanung durch Vorgabe von Kostenwerten für die Kostenstellen (→ Budget, Budgetierung), (5) nachfolgende Kostenkontrolle durch Analyse der Höhe und Ursache von Kostenabweichungen (Soll-Ist-Vergleiche) in den Kostenstellen, (6) Bereitstellung von kostenbezogenen Informationen für die Unternehmenssteuerung.

3. Stellung im System der Kostenrechnung

Die Kostenstellenrechnung bildet das Bindeglied zwischen der → Kostenartenrechnung und der Kostenträgerrechnung (siehe Abbildung 1: Kostenstellenrechnung).

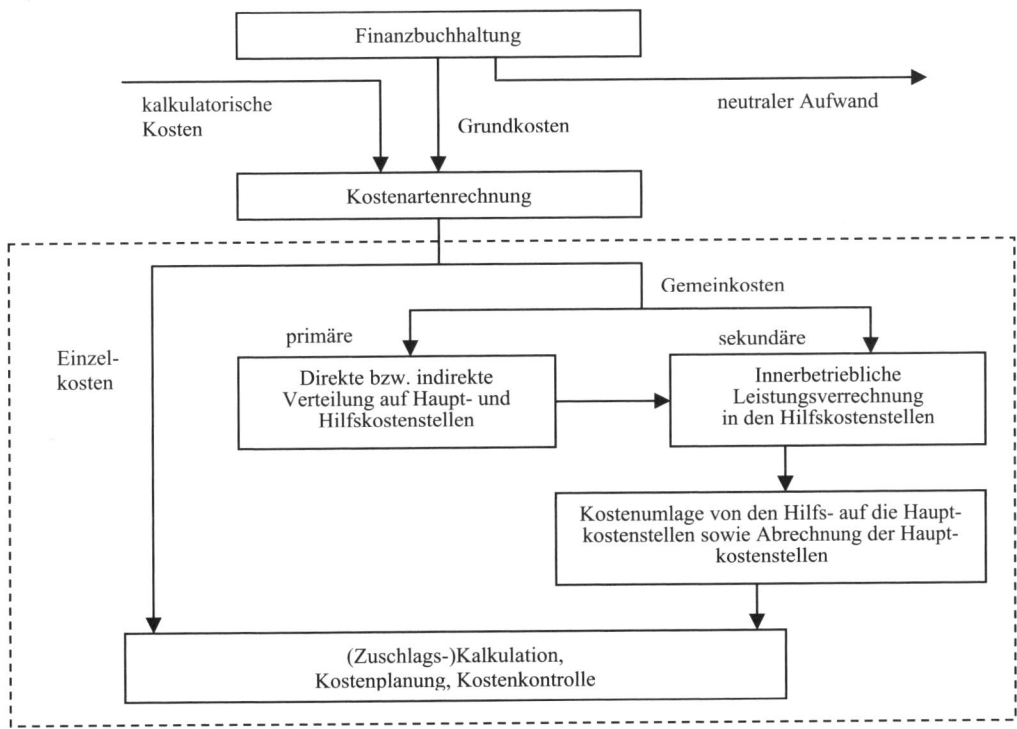

Kostenstellenrechnung

Abb. 1: Kostenstellenrechnung

Die → Einzelkosten können den Kostenträgern unmittelbar zugerechnet werden. Sie bedürfen keiner weitergehenden Umlage oder Aufgliederung im Rahmen der Kostenstellenrechnung, sondern gehen direkt in die Kostenträgerrechnung ein. Daher konzentriert sich die Kostenstellenrechnung auf die Verrechnung der → Gemeinkosten mittels verursachungsgerechter Bezugsgrößen oder näherungsweiser → Umlageschlüssel.

Der Ablauf der Kostenstellenrechnung lässt sich demzufolge zu drei Prozessschritten verdichten: (1) Kostenverteilung auf die Kostenstellen, (2) Kostenumlage von den → Hilfskostenstellen auf die → Hauptkostenstellen sowie (3) Kostenabrechnung der Hauptkostenstellen auf die Leistungseinheiten.

4. Begriff und Arten von Kostenstellen
Eine → Kostenstelle bildet einen betrieblichen Teilbereich ab, der kostenrechnerisch selbständig abgerechnet wird. Nach dem Marktbezug werden unterschieden (1) → Hauptkostenstellen und (2) → Hilfskostenstellen. Nach der rechentechnischen Abwicklung lassen sich analog (1) → Vorkostenstellen und (2) → Endkostenstellen unterscheiden; unter den letzteren werden zuweilen zusätzlich die (3) → Nebenkostenstellen ausgegliedert.

Die Einteilung des Betriebs in Kostenstellen erfolgt anhand der Entwicklung eines unternehmensspezifischen Kostenstellenplans (→ Kostenstelle, Bildung von Kostenstellen).

5. Ablaufschritte der Kostenstellenrechnung (Betriebsabrechnung)

Die Abrechnung der Kostenstellen (Betriebsabrechnung) als Kernelement der Kostenstellenrechnung erfolgt unter Zuhilfenahme des *Betriebsabrechnungsbogens (BAB)*. Dieser ist in Matrixform aufgebaut und umfasst die Kostenstellen als Spalten und die Kostenarten als Zeilen.

Die Abrechnung geschieht in folgenden Schritten: (1) Definition der Kostenstellen einschließlich Gliederung nach Hilfskostenstellen und Hauptkostenstellen, (2) Definition der Kostenarten einschließlich Gliederung nach Gemeinkosten und Einzelkosten, (3) Ermittlung der gesamten → primären Gemeinkosten nach Kostenarten und deren Verrechnung mittels möglichst verursachungsgerechter → Umlageschlüssel auf die Kostenstellen, (4) Verrechnung der auf die Hilfskostenstellen entfallenden → sekundären Gemeinkosten für die empfangenen → innerbetrieblichen Leistungen auf die Hauptkostenstellen entsprechend der jeweiligen Inanspruchnahme, je nach Leistungsstruktur im Wege des Anbau-, → Stufenleiter- oder → Gleichungsverfahrens, (5) Ermittlung der Gemeinkosten pro Hauptkostenstelle, also der Summe aus primären und sekundären Gemeinkosten, (6) Ermittlung der auf die Hauptkostenstellen entfallenden Einzelkosten sowie Berechnung der → Herstellkosten als Zuschlagsbasis für die Verwaltungs- und Vertriebskosten, (7) Ermittlung von → Zuschlagssätzen auf Basis von → Ist-Kosten für die Material- und Fertigungsgemeinkosten sowie für die Verwaltungs- und Vertriebskosten, (8) Ermittlung der verrechneten → (Normal-) Gemeinkosten auf Basis der Normal-Zuschlagssätze, bemessen auf die Ist-Einzelkosten, (9) Abgleich der Normal-Gemeinkosten mit den Ist-Gemeinkosten und Ermittlung der Über- bzw. Unterdeckungen pro Kostenstelle (siehe → Kostenstellen-Überdeckung, -Unterdeckung), (10) Ursachenanalyse für die erhaltenen Abweichungen (z.B. Preis-, Mengen-, Auslastungsänderungen).

6. Verteilung der primären Gemeinkosten

Die → primären Gemeinkosten werden direkt anhand der Kostenbelege (→ Kostenstellen-Einzelkosten) oder indirekt mithilfe von → Umlageschlüsseln (→ Kostenstellen-Gemeinkosten) auf die → Kostenstellen verteilt, also die Hilfs- und Hauptkostenstellen gleichermaßen.

Eine direkte Verteilung (real z.B. über Mess- oder Zählgeräte) sollte in Anwendung des Verursachungsprinzips stets einer (fiktiven) indirekten Zuordnung vorgezogen werden.

7. Verrechnung der sekundären Gemeinkosten (→ Innerbetriebliche Leistungsverrechnung, IBLV)

Die → sekundären Gemeinkosten (Kosten der → innerbetrieblichen Leistungen) fallen in den → Hilfskostenstellen an. Im Rahmen der Betriebsabrechnung müssen die Hilfskostenstellen kostendeckend abgerechnet und die Kosten ihrer Leistungen auf die Hauptkostenstellen entsprechend der Inanspruchnahme umgelegt werden, bevor letztere ihre Kosten auf die Kostenträger verrechnen können.

Das Vorgehen bei der → IBLV richtet sich nach der Komplexität der Leistungsstruktur (vgl. → innerbetriebliche Leistungen). Geben die Hilfskostenstellen Leistungen ausschließlich an die Hauptkostenstellen ab, wird dies als einstufiger Leistungsaustausch bezeichnet. Dieser kann unschwer abgebildet werden. Für jede Hilfskostenstelle lässt sich der Verrechnungssatz als Quotient der Leistungsmenge und der aufgelaufenen primären Gemeinkosten ermitteln; mit diesem Verrechnungssatz werden die Hauptkostenstellen entsprechend der von ihnen in Anspruch genommenen Leistungsmenge belastet.

Komplexer gestaltet sich die IBLV bei wechselseitigem Austausch von Leistungen zwischen den Hilfskostenstellen. Eine solche kann ihre Leistungen nicht kalkulieren, bevor nicht ermittelt wurde, mit welchen sekundären Gemeinkosten sie selbst von anderen Hilfskostenstellen belastet wird. Solange die Hilfskostenstellen nicht abgerechnet sind, können aber auch für die Hauptkostenstellen keine → Zuschlagssätze für die nachfolgende Kalkulation ermittelt werden.

Die Verrechnung wechselseitiger Leistungsbeziehungen geschieht mittels folgender Verfahren der IBLV: (1) Anbau- oder Blockverfahren, (2) → Stufenleiter- oder Treppenverfahren und (3) Gleichungssystem- oder simultanes Verfahren. Eine Kombination aus Anbau- und Gleichungssystemverfahren stellt das (4) → Iterationsverfahren dar.

Durch die IBLV wird die Wirtschaftlichkeit der indirekten Bereiche transparent. Die Verrechnungssätze geben Aufschlüsse über die Kosteneffizienz der innerbetrieblichen Leistungserstellung und bilden die Grundlage für (1) Make-or-buy-Entscheidungen, d.h. über Eigenfertigung oder Bezug vom Markt,

(2) Entscheidungen über Kooperationsformen, z.B. Gründung von Joint Ventures sowie (3) Stilllegungsentscheidungen. Sie liefern wertvolle Erkenntnisse für die Optimierung der betrieblichen Wertschöpfungstiefe.

8. Kalkulation

Als Ergebnis der innerbetrieblichen Leistungsverrechnung (IBLV) sind die Hilfskostenstellen von den dort aufgelaufenen primären und sekundären Gemeinkosten entlastet. Jene wurden entsprechend der Ressourceninanspruchnahme den Hauptkostenstellen zugerechnet. Von dort aus erfolgt die Kostenverteilung auf die betrieblichen Leistungseinheiten, indem → Zuschlagssätze zur Weiterverrechnung der Gemeinkosten gebildet werden. Dies geschieht mit dem Ziel, die Gemeinkosten für einen bestimmten Kostenträger (Auftrag, Erzeugnis) nicht dem Betrage nach, sondern pauschal bemessen zu können.

Durch Bezug der Gemeinkosten auf die Einzelkosten lässt sich für jede Kostenstelle ein Zuschlagssatz in % ermitteln, anhand derer die Vorkalkulation bzw. die Kostenkontrolle durchgeführt wird. Hierbei werden (1) die Materialgemeinkosten in % der Materialeinzelkosten, (2) die Fertigungsgemeinkosten in % der Fertigungseinzelkosten, (3) die Verwaltungs- und Vertriebsgemeinkosten in % der → Herstellkosten ausgedrückt.

9. Kostenkontrolle

Für eine abschließende Kostenkontrolle werden die → Ist-Gemeinkosten der abgelaufenen Rechnungsperiode den → Normal-Gemeinkosten gegenüber gestellt. Um kurzfristige – oftmals saisonal bedingte – Schwankungen der Zuschlagssätze zu glätten, werden in der Praxis betriebs- bzw. jahresdurchschnittliche Normal-Zuschlagssätze verwendet (Normalisierungsprinzip der Kostenrechnung). Die Ist-Einzelkosten der jeweils abgerechneten Periode werden mit den Normal-Zuschlägen multipliziert; das Ergebnis wird als sog. „verrechnete Gemeinkosten" oder „Normal-Gemeinkosten" bezeichnet. Mittels Verwendung der Normal-Zuschlagssätze kann eine näherungsweise Vorkalkulation betrieblicher Leistungen allein unter Kenntnis der für die Leistungen anfallenden Einzelkosten erfolgen. Das Problem der Zurechnung des Gemeinkostenblocks auf einzelne Leistungen Der Abgleich der Ist- mit den Normal-Gemeinkosten nach Ablauf der jeweiligen Abrechnungsperiode und Ermittlung der Ist-Werte führt zur Identifikation von → Überdeckungen bzw. → Unterdeckungen. Überdeckung bedeutet, dass die im Voraus anhand der Normal-Zuschlagssätze kalkulierten Gemeinkosten höher sind als die tatsächlichen Ist-Kosten, diese also mehr als decken. Das Vorliegen einer Unterdeckung impliziert den umgekehrten Fall; die Ist-Gemeinkosten sind höher als die Normal-Gemeinkosten. Die Kostenkontrolle kann dabei auf der Basis absoluter Zahlenwerte oder/und Prozentzahlen erfolgen.

Das Vorhandensein wertmäßig bedeutender Über- bzw. Unterdeckungen weist auf konzeptionelle Mängel in der Kostenstellenrechnung hin, wie z.B. (1) unzweckmäßige Kostenstelleneinteilungen, (2) mangelhafte Abbildung der innerbetrieblichen Leistungsströme, (3) nicht sachgerechte Bildung von Zuschlagssätzen oder (4) zu kurze bzw. zu lange Abrechnungsperioden.

Hinweise

- Zur kritischen Würdigung der Kalkulation bzw. der Kostenkontrolle mit Zuschlagssätzen siehe nachstehende Literatur.
- Zu den angrenzenden Wissensgebieten siehe → Abschlusserstellung nach US-GAAP, → Anlagevermögen, → Betriebsabrechnung (BAB), → Bilanzanalyse, → Buchführung, → Eigenkapital, → Internationale Rechnungslegung nach IFRS, → Jahresabschluss nach schweizerischem Recht, → Kapitalflussrechnung, → Körperschaftsteuer, → Kostenartenrechnung, → Konzernabschluss, → Profit Center, → Rückstellungen, → Sonderbilanzen, → Steuerbilanzpolitik, → Steuerrecht, Internationales, → Swiss GAAP FER, → Umlaufvermögen.

Literatur: Coenenberg, A.G.: Kostenrechnung und Kostenanalyse, 5. Aufl., Landsberg (Lech) 2003; Däumler, K.-D./Grabe, J.: Kostenrechnung 1 – Grundlagen, 9. Aufl., Herne/Berlin 2003; Dörrie, U./Preißler, P.: Grundlagen der Kosten- und Leistungsrechnung, 7. Aufl., München/Wien 2002; Ebert, G.: Kosten- und Leistungsrechnung, 10. Aufl., Wiesbaden 2003; Eisele, W.: Technik des betrieblichen

Rechnungswesens, 7. Aufl., München 2002; Freidank, C.-C.: Kostenrechnung, 7. Aufl., München/Wien 2001; Graumann, M.: Kostenrechnung und Kostenmanagement, 3. Aufl., Wiesbaden 2004; Haberstock, L.: Kostenrechnung I – Einführung, 11. Aufl., Berlin 2002; Hans, L.: Grundlagen der Kostenrechnung, München/Wien 2002; Kloock, J./Sieben, G./Schildbach, T.: Kosten- und Leistungsrechnung, 8. Aufl., Düsseldorf 1999; Olfert, K.: Kostenrechnung, 13. Aufl., Ludwigshafen 2003; Olfert, K.: Kompakt-Training Kostenrechnung, 4. Aufl., Ludwigshafen 2005; Schweitzer, M./Küpper, H.-U.: Systeme der Kosten- und Erlösrechnung, 8. Aufl., München 2003.

Website des Autors: www.rheinahrcampus.de/fachbereiche/fb1/profs/graumann/graumann.html

Kostenstellen-Überdeckung

Liegt für eine → Kostenstelle im Rahmen der → Betriebsabrechnung und Kostenkontrolle vor, wenn die → Ist-Kosten niedriger als die → Normal-Kosten (die mit Normal-Zuschlägen verrechneten Gemeinkosten) sind, d.h. die im Rahmen der Vorkalkulation veranschlagten Gemeinkosten in der Realität unterschritten wurden. Eine Überdeckung bedeutet, dass die Kosten zu umfänglich kalkuliert und ggf. lukrative Aufträge fälschlicherweise nicht angenommen wurden. Überdeckungen können verursacht sein durch (1) eine gestiegene Auslastung in der Kostenstelle und Fixkostendegression, (2) eine gestiegene Produktivität, weniger Ausschuss bzw. Schwund oder/und (3) gesunkene Einkaufspreise.
Siehe auch → Kostenstellenrechnung (mit Literaturangaben).

Kostenstellen-Unterdeckung

Liegt für eine → Kostenstelle im Rahmen der → Betriebsabrechnung und Kostenkontrolle vor, wenn die → Ist-Kosten höher als die → Normal-Kosten (die mit Normal-Zuschlägen verrechneten Gemeinkosten) sind, d.h. die im Rahmen der Vorkalkulation veranschlagten Gemeinkosten in der Realität überschritten wurden. Die Kalkulation der Gemeinkosten war zu niedrig. Eine Unterdeckung impliziert somit die Hereinnahme nicht kostendeckender Aufträge. Unterdeckungen können verursacht sein durch (1) eine gesunkene Auslastung in der Kostenstelle und Fixkostenremanenz, (2) eine gesunkene Produktivität, höheren Ausschuss bzw. Schwund oder/und (3) gestiegene Einkaufspreise.
Siehe auch → Kostenstellenrechnung (mit Literaturangaben).
    Literatur: Graumann, M.: Kostenrechnung und Kostenmanagement, 3. Aufl., Wiesbaden 2004.

Kostenträgereinzelkosten

Einzelkosten, die direkt einem Kostenträger zugerechnet werden können wie bspw. Akkordlöhne, Materialeinzelkosten oder Lizenzgebühren. Kostenträgereinzelkosten gehen direkt in die Kalkulation ein.
Siehe auch → Kostenartenrechnung.

Kostenträgergemeinkosten

Gemeinkosten, die nicht direkt einem Kostenträger zugerechnet werden können wie bspw. Gehälter, Kosten für Lagerung und Transport. Kostenträgergemeinkosten werden in der Kostenstellenrechnung auf die Kostenstellen umgelegt und fließen erst dann in die Kalkulation ein. Siehe auch → Kostenartenrechnung.

Kostenträgerrechnung

an die → Kostenstellenrechnung anschließender Teilbereich der Kostenrechnung, der der Berechnung der Kosten pro Einheit eines Kostenträgers (Produkt oder Dienstleistung) oder pro Abrechnungsperiode dient; insoweit auch als Kostenträgerstückrechnung oder Kostenträgerzeitrechnung bezeichnet.
Die *Kostenträgerstückrechnung* erfolgt mit dem Ziel der → Kalkulation der → Selbstkosten (siehe Berechnungsschema in → Zuschlagskalkulation, Kap. 2) für die abgesetzten bzw. der Herstellkosten für die unfertigen sowie fertigen, aber noch nicht abgesetzten Erzeugnisse, so dass in der Folge Stückergebnisse für die Produktprogrammplanung beziffert werden können.
Die *Kostenträgerzeitrechnung* bezweckt die Ermittlung von Periodenergebnissen für den Gesamtbetrieb oder betriebliche Teileinheiten für i.d.R. unterjährige Zeiträume (daher zur Abgrenzung von der → Gewinn- und Verlustrechnung als Bestandteil des → Jahresabschlusses auch als kurzfristige Er-

folgsrechnung bezeichnet); dies erfolgt alternativ in den Varianten des Gesamt- oder Umsatzkostenverfahrens.

Siehe auch → Kostenstellenrechung (mit Literaturangaben).

Kostenvergleichsrechnung

(in der → *Investitionswirtschaft*)

(1) *Definition*: Mit einer Kostenvergleichsrechnung werden zwei oder mehrere Investitionsalternativen auf Basis der erwarteten jährlichen Kosten verglichen. Bei unterschiedlicher Inanspruchnahme der Kapazitäten, werden die jährlichen Kosten auf eine Produkteinheit umgerechnet. Die Erträge der Investitionen werden nicht berücksichtigt. Entweder sind die Erträge von der gewählten Investition unabhängig und deshalb für die Entscheidung irrelevant, oder der Nutzen ist nicht in Geldgrößen messbar und muss qualitativ beschrieben werden. Die Kostenvergleichsrechnung kommt unter anderem bei der Ermittlung des kostengünstigsten Produktionsverfahrens und bei der Wahl zwischen Eigenfertigung und Fremdbezug zum Einsatz. Nachfolgend werden beide Anwendungsbereiche miteinander verknüpft.

(2) *Beurteilung:* Die Kostenvergleichsrechnung ist einfach zu handhaben und wird in der Praxis häufig eingesetzt. Die Grenzen des Verfahrens liegen in ihren Voraussetzungen: (a) Die Konzentration auf das Ziel der Kostensenkung kann in bestimmten Situationen sinnvoll sein. Sie darf aber nicht dazu führen, dass Erfolgspotentiale, die für das Bestehen im Wettbewerb und das Gewinnziel notwendig sind, vernachlässigt werden. (b) Es werden für jedes Jahr der Investitionsdauer gleich hohe Kosten angenommen. Von Jahr zu Jahr schwankende Daten (Verbrauchsmengen, Einkaufpreise, Löhne usw.) finden keine Beachtung. Entweder wird der Durchschnittswert aus den Kosten aller Nutzungsjahre gebildet oder es werden die Kosten eines vermutlich typischen Nutzungsjahres als repräsentativ ausgewählt. Besonders problematisch ist der in der Praxis zu beobachtende Brauch, die Kosten des ersten Nutzungsjahres für alle Nutzungsjahre als gleich anzunehmen. Oft sind gerade die Investitionswirkungen im ersten Nutzungsjahr nicht repräsentativ.(c) Der Kapitaldienst (die Summe der Abschreibungs- und Zinskosten) wird aus der Fiktion einer durchschnittlichen Kapitalbindung abgeleitet. Der zeitliche Verlauf der Kapitalbindung (durch Auszahlungen) und der Kapitalfreisetzung (durch Einzahlungen) findet keine Beachtung.

Die Kostenvergleichsrechnung sollte auf kleinere Ersatz- und Rationalisierungsinvestitionen, bei denen es nur auf einen überschlägigen Vergleich der Kostenunterschiede ankommt, beschränkt werden. In anderen Fällen sollte man auf die sog dynamischen Methoden der Investitionsrechnung (siehe → Investitionsrechnungen, dynamische) übergehen.

(3) *Ergänzung:* Die Kostenvergleichsrechnung kann durch eine Berechnung sog. kritischer Werte ergänzt werden (andere Bezeichnung: Verfahrensvergleich). Siehe dazu ter Horst, Klaus.: Investition, Stuttgart, Berlin und Köln 2001.

Siehe auch → Investitionsrechnungen (Investitionsentscheidungen), statische bzw. dynamische bzw. unter Unsicherheit sowie → *Investitionswirtschaft,* jeweils mit Literaturangaben.

Literatur: Blohm, H./Lüder, K.: Investition, Schwachstellenanalyse des Investitionsbereichs und Investitionsrechnung 8. Auflage, München 1995; Däumler, K.D.: Anwendungen von Investitionsrechnungsverfahren in der Praxis, 4. Auflage, Herne/Berlin 1996; Kruschwitz, L.: Investitionsrechnung, 10. Auflage, Berlin 2006; Olfert, K., Reichel, Ch.: Investition, 10. Auflage, Ludwigshafen/Rhein 2006; ter Horst, K.: Investition, Stuttgart/Berlin/Köln 2001.

KPI

Abk. für → Key Performance Indicators.

Kreative Methoden

Diese insbesondere bei strategischen Planungsproblemen verwendeten Methoden lassen sich nach den planerisch zu lösenden Problemgruppen, den untersuchten Fragestellungen, Suchregeln für Problemlösungen und methodischem Vorgehen unterscheiden. Es gibt sehr stark strukturierte Verfahren, wie den morphologischen Kasten zur Lösung von Such- und Konstellationsproblemen, bis zu sehr schwach strukturierten Verfahren, wie das → Brainstorming oder die Synektik. Von großer Wichtigkeit für die Resultate ist meist ein gut ausgebildeter Moderator.

Siehe auch → Unternehmensplanung (mit Literaturangaben).

Kreativitätstechniken

Man unterscheidet drei Gruppen von Kreativitätstechniken: (1) *Logisch-diskursive* Verfahren zeichnen sich durch einen kombinatorischen Ansatz aus. Es handelt sich im Wesentlichen um den morphologischen Kasten, die Funktional-Analyse und sonstige Verfahren. (2) *Intuitiv-laterale* Verfahren entsprechen gemeinhin als „typisch" angesehenen Kreativitätstechniken. Es handelt sich im Wesentlichen um das Brainstorming, die Methode 6-3-5 und die Synektik. (3) *Systematischen* Verfahren gehen anhand von Ordnungsschemata vor, scheinen also zunächst untypisch für Kreativitätstechniken. Es handelt sich im Wesentlichen um die Eigenschaftsliste, den Fragenkatalog und das Mind mapping.
Siehe auch → Morphologischer Kasten, → Funktional-Analyse, → Brainstorming, → Methode 6-3-5, → Synektik, → Eigenschaftsliste, → Fragenkatalog, → Mind mapping, → Bionik.

Kreditderivate

Bei Kreditderivaten handelt es sich um Finanzkontrakte, die es den Vertragsparteien ermöglichen, Kreditrisiken isoliert handelbar zu machen. Diese Finanzinstrumente erlauben es dem Risikoverkäufer, Ausfall- oder Bonitätsänderungsrisiken gegen Zahlung einer Prämie an einen Vertragspartner abzutreten, ohne die abzusichernde Forderung verkaufen zu müssen. Der Risikokäufer verpflichtet sich zu einer Ausgleichszahlung, falls ein bestimmtes im Vertrag definiertes Ereignis eintritt.
Siehe auch → Asset Backed Securities.

Kreditfinanzierung, kurzfristige

Kurzfristige Fremdfinanzierung

von Professor Dr. J. Prätsch, Professor Dr. P. Laudi und Dipl.-Betriebswirt E. Ludwig
Hochschule Bremen

1. Formen der Kreditfinanzierung

Kredite lassen sich i. W. nach ihrer Laufzeit, dem Verwendungszweck, den Kreditsicherheiten, den Kreditgebern und der rechtlichen Stellung des Kreditnehmers unterscheiden.
Nach der Laufzeit ist zwischen kurz- und langfristigen Krediten zu unterscheiden. In der Literatur und in Statistiken werden häufig auch mittelfristige Kredite erwähnt, die sich jedoch je nach Struktur entweder den kurzfristigen oder den langfristigen Kreditarten zuordnen lassen (siehe Abbildung 1).
Eine – speziell auf den Außenhandel ausgerichtete – Finanzierungsform stellt die → Außenhandelsfinanzierung dar, die die internationalen Zahlungs-, Sicherungs- und Finanzierungsinstrumente umfasst.

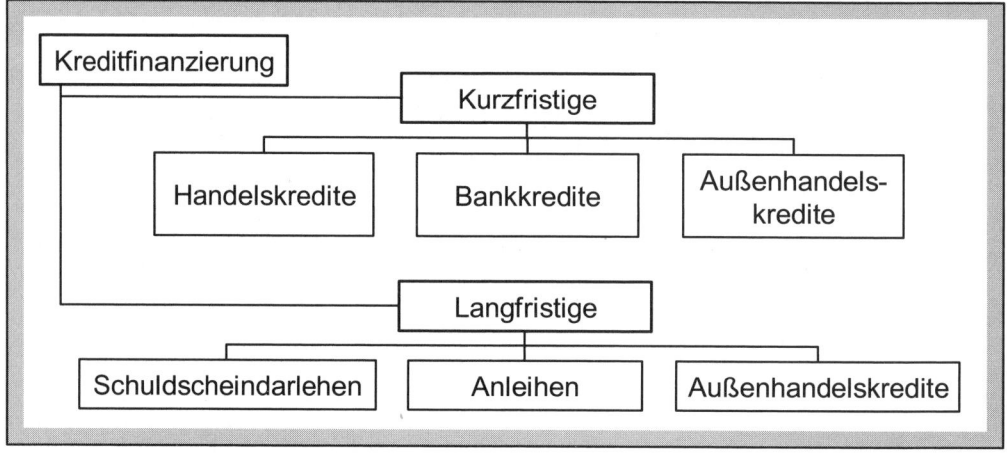

Abb. 1:   Wesentliche Formen der Kreditfinanzierung

2. Kurzfristige Kreditarten

Kurzfristige Kredite haben eine Laufzeit bis zu 12 Monaten. Sie stellen die häufigste Kreditform dar. Die kurzfristigen Kreditarten werden in Bankkredite, Handelskredite sowie Sonderformen unterschieden (siehe Abbildung 2):

- *Bankkredite* lassen sich weiter in → Geldkredite (mit denen die Banken den Kreditnehmern Kapital als Buch- oder Bargeld zur Verfügung stellen) und → Kreditleihen (Übernahme z.B. einer Bürgschaft oder Garantie für den Kunden) unterteilen.

  Kurzfristige Bankkredite werden häufig aufgenommen zur Begleichung von Verbindlichkeiten aus Lieferungen und Leistungen, aber auch zur Finanzierung der Produktionsphase und/oder der Zahlungsziele, die der Betrieb den eigenen Kunden einräumen muss.

  Z.T. werden kurzfristige Bankkredite als sog. → Blankokredite gewährt, d.h. ohne die ausdrückliche Bestellung von → Kreditsicherheiten.

- Die → *Handelskredite*, die auch als *Warenkredite* bezeichnet werden, werden dem Betrieb von sog. Nichtbanken (Lieferanten, aber auch Kunden) zur Verfügung gestellt.

  Handelskredite sind einerseits → Lieferantenkredite, also Kredite, die der Betrieb von seinen Lieferanten in Form von Zahlungszielen erhält (und die in der Bilanz des kreditnehmenden Betriebs als Verbindlichkeiten aus Lieferungen und Leistungen aufzunehmen sind). Handelskredite sind andererseits Vorauszahlungen bzw. Anzahlungen, die der Betrieb von seinen Kunden erhält und die deswegen auch als → Kundenkredite bezeichnet werden.

- *Sonderformen* der kurzfristigen Fremdfinanzierung sind → Commercial Papers und → Certificates of Deposit. Bei Commercial Papers handelt es sich um unbesicherte Inhaberschuldverschreibungen zur kurzfristigen Fremdmittelaufnahme. Certificates of Deposit sind ein Geldmarktinstrument, bei dem Banken Kundeneinlagen verbriefen.

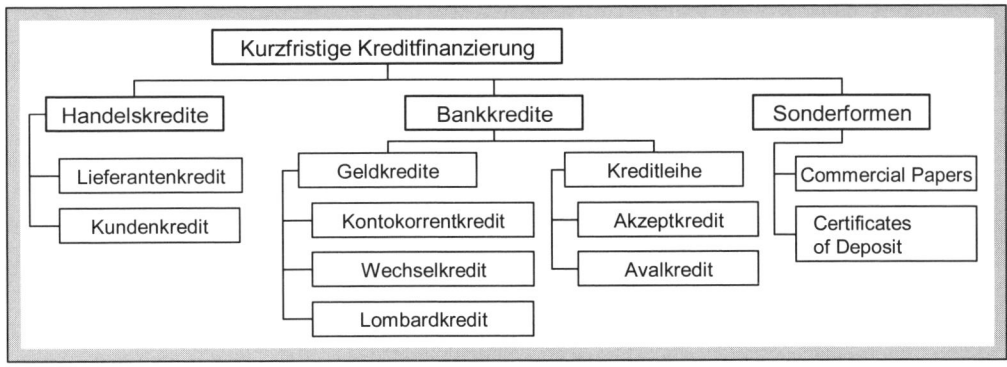

Abb. 2: **Wesentliche Arten kurzfristiger Kredite** (ohne Außenhandelskredite)

3. Kurzfristige Bankkredite

Die von Banken zur Verfügung gestellten *Geldkredite* können weiter in → Kontokorrentkredite, → Wechseldiskontkredite und → Lombardkredite unterteilt werden.

- Der → Kontokorrentkredit ist die Bereitstellung einer Kreditlinie auf dem → Kontokorrentkonto des Kunden. Diese relativ teure Kreditart ist dennoch ein in der Praxis sehr häufig genutztes Instrument zur Behebung von Liquiditätsengpässen.

- Der → Wechselkredit beruht auf der Diskontierung von → Wechseln. Seine Bedeutung hat in der Praxis sehr stark abgenommen, seit die durch die Deutsche Bundesbank früher gegebene Rediskontfähigkeit durch die Europäische Zentralbank nicht mehr gegeben ist.

- Unter einem → Lombardkredit versteht man die Vergabe eines kurzfristigen Darlehens, welches durch ein Faustpfand abgesichert wird (§§ 1204 ff. BGB). Formen des Lombardkredites sind der → Effektenlombard, der Wechsellombard, der Warenlombard, der Forderungslombard und der Edelmetalllombard.

Bei der *Kreditleihe* stellt die Bank dem Kunden (Kreditnehmer) ihre eigene Kreditwürdigkeit bzw. Bonität (in Form der Übernahme einer Bürgschaft, Garantie oder eines Akzeptes) zur Verfügung. Für die Kreditleihe berechnet die Bank keine Zinsen, sondern eine Provision (sog. Avalprovision). Formen der Kreditleihe sind der → Akzeptkredit und der → Avalkredit:

- Der → Akzeptkredit wird von einem Kreditinstitut gewährt, indem es vom Kreditnehmer ausgestellte, auf sie gezogene → Wechsel innerhalb einer festgelegten Kredithöhe akzeptiert und sich damit verpflichtet, dem Wechselinhaber den Wechselbetrag bei Fälligkeit zu zahlen.
- Der → Avalkredit ist eine Kreditleihe, bei der die Bank (Avalkreditgeber) die Haftung für die Verbindlichkeiten eines Kunden (Avalkreditnehmer) gegenüber einem Dritten in Form einer → Bürgschaft oder → Garantie übernimmt. Formen sind z.B. → Zoll- und Steuerbürgschaften, → Frachtstundungsbürgschaften, → Bietungsgarantien, → Anzahlungsgarantien, → Leistungs- und Lieferungsgarantien sowie → Gewährleistungsgarantien.

Hinweis

Zu den angrenzenden Wissensgebieten siehe → Asset Backed Securities, → Außenhandelsfinanzierung (Internationale Zahlungs-, Sicherungs- und Finanzierungsinstrumente), → Corporate Finance, → Factoring, → Finanzcontrolling, → Finanzinnovationen, → Finanzplanung, → Finanzwirtschaft, betriebliche, → Kennzahlen, finanzwirtschaftliche, → Kreditfinanzierung, langfristige, → Kreditsicherheiten, → Rating-Methoden, kreditwirtschaftliche, → Währungsmanagement, → Zinsmanagement.

Literatur: Jahrmann, F.-U.: Finanzierung, 5. Auflage, Herne, Berlin 2003; Perridon, L., Steiner, M.: Finanzwirtschaft der Unternehmung, 13. Auflage, München 2003; Prätsch, J., Schikorra, U., Ludwig, E.: Finanzmanagement, 2. Auflage, München, Wien 2003; Schäfer, H.: Unternehmensfinanzen, 2. Auflage, Heidelberg 2002.

Website der Autoren: www.ifd.hs-bremen.de

Kreditfinanzierung, langfristige

Langfristige Kreditfinanzierung

von Dr. Andreas Bruns
Institut für BWL: Finanzwirtschaft und Bankbetriebslehre –
Carl von Ossietzky Universität Oldenburg

1. Charakteristika

Bei enger Auslegung des Finanzierungsbegriffs können unter Finanzierung alle Maßnahmen zur Deckung des Kapitalbedarfs und somit alle Möglichkeiten der Kapitalbeschaffung subsumiert werden. In Theorie und Praxis sind unterschiedliche Arten der Kapitalbeschaffung bekannt, die sich nach verschieden Kriterien – beispielsweise der Rechtsstellung der Kapitalgeber, der Kapitalherkunft, der Dauer der Kapitalüberlassung, dem Finanzierungsanlass, der steuerlichen Behandlung etc. – systematisieren lassen. Die wichtigsten Systematisierungskriterien sind (1) die Rechtsstellung der Kapitalgeber und (2) die Kapitalherkunft. Nach der Herkunft des Kapitals ist zwischen Außenfinanzierung und Innenfinanzierung zu unterscheiden, während nach der Rechtsstellung der Kapitalgeber zwischen Eigenfinanzierung und Fremdfinanzierung zu differenzieren ist (→ Betriebliche Finanzwirtschaft, Grundlagen).

Nach dem Kriterium der Rechtsstellung der Kapitalgeber systematisiert, gehört die Kreditfinanzierung zur *Fremdfinanzierung*, da einem Unternehmen kein Eigenkapital (Eigenfinanzierung), sondern Fremdkapital zur Verfügung gestellt wird. Fremdkapital grenzt sich vom Eigenkapital dadurch ab, dass (1) Kapital nur *befristet* überlassen wird, (2) ein *Rechtsanspruch auf Rückzahlung* besteht, (3) *keine Haftung* für die Verbindlichkeiten der Unternehmung übernommen wird, (4) *keine Mitspracherechte* der Kapitalgeber bei der Geschäftsführung entstehen, (5) *keine Erfolgsbeteiligung* der Kapitalgeber vorliegt und (6) als Entgelt für die Kapitalüberlassung ein *fester Zins* zu zahlen ist, der (7) zusammen mit den Tilgungsleistungen eine *feste Liquiditätsbelastung* für das Unternehmen darstellt.

Hinsichtlich der Kapitalherkunft ist die Kreditfinanzierung der → *Außenfinanzierung* zuzuordnen, da das einem Unternehmen durch eine Kreditgewährung zur Verfügung gestellte Kapital nicht aus dem betrieblichen Umsatzprozess resultiert (→ Innenfinanzierung), sondern von einem außerhalb des Unternehmens stehenden Kreditgeber – einem Dritten – bereitgestellt wird. Da die Kreditfinanzierung im Ergebnis sowohl der Außen- als auch der Fremdfinanzierung zugeordnet werden kann, wird von einer Fremdfinanzierung von außen gesprochen.

Bei der Kreditfinanzierung wird zudem häufig nach der Dauer der Kapitalüberlassung differenziert, wobei die einer solchen Differenzierung zugrundeliegenden Zeitgrenzen nicht frei von Willkür sind. Hinsichtlich der hier thematisierten *langfristigen* Kapitalbereitstellung geht die Deutsche Bundesbank in ihren Statistiken beispielsweise davon aus, dass alle Kredite mit einer Laufzeit von mehr als vier Jahren als langfristig zu bezeichnen sind, während im Handelsgesetzbuch eine Laufzeit von mehr als fünf Jahren unterstellt wird (§ 285 Nr. 1 HGB). Eine langfristige Kreditfinanzierung liegt demnach vor, wenn einem Unternehmen für mehr als vier bzw. fünf Jahre Fremdkapital von außen zugeführt wird.

2. Bestandteile einer Kreditvereinbarung

Die wesentlichen Bestandteile einer Kreditvereinbarung sind der → Nennbetrag, der Auszahlungs- und Rückzahlungsbetrag, die Tilgungsstruktur, die Kreditlaufzeit, die Zinsstruktur und die Art der Besicherung. Der Nennbetrag bildet die Berechnungsgrundlage für andere Vertragsbestandteile – beispielsweise die Zinsen – und weicht häufig von dem Betrag ab, den der Kreditnehmer ausgezahlt bekommt (Auszahlungsbetrag). Durch den Rückzahlungsbetrag wird die Summe gekennzeichnet, die der Kreditnehmer – neben den Zinsen – an den Kreditgeber zurückzuführen hat. Die Tilgungsstruktur regelt, zu welchen Zeitpunkten und in welchen Teilbeträgen der Kredit zurückgezahlt wird. Die Laufzeit richtet sich in der Regel danach, für welchen Zeitraum der Kreditnehmer seinen Kapitalbedarf decken muss. Die Zinsstruktur legt den Zinstermin und den → Nominalzins fest und ist eine der zentralen Determinanten für die → Effektivverzinsung. Die Besicherung regelt schließlich, welche Sicherheiten der Kreditnehmer zu stellen hat, um den Kreditgeber vor Vermögensverlusten zu schützen (→ Kreditsicherheiten).

3. Finanzierungsinstrumente

Mit der Bezeichnung als langfristige Kreditfinanzierung wird vielfach zuerst das Instrument des → langfristigen Bankkredites assoziiert. Darüber hinaus finden sich mit → Schuldscheindarlehen, → Anleihen und den so genannten Kredithilfen (der → Kreditinstitute mit Sonderaufgaben) weitere Finanzierungsinstrumente, die der langfristigen Kreditfinanzierung zuzuordnen sind.

4. Kreditnehmer und Kreditgeber

Die langfristige Kreditfinanzierung ist in der Literatur regelmäßig auf den Bereich der Unternehmensfinanzierung beschränkt, wodurch als Kreditnehmer ausschließlich Unternehmen in Betracht kommen. Grundsätzlich können aber auch Privatpersonen eine langfristige Kreditfinanzierung in Anspruch nehmen. In der Praxis geschieht dies regelmäßig im Rahmen der so genannten Baufinanzierung, bei der es um die Finanzierung von Wohneigentum geht.

Die von Kreditnehmern im Rahmen der langfristigen Kreditfinanzierung aufgenommenen Kapitalbeträge dienen in der Regel der Finanzierung von (betrieblichen und privaten) Investitionen.

In Abhängigkeit vom gewählten Finanzierungsinstrument wird das Kapital für langfristige Kreditfinanzierungen von Kreditinstituten, Versicherungen, öffentlichen Institutionen (Bund, Länder, Gemeinden) aber auch von Privatpersonen bereitgestellt.

5. Kreditvergabe, Besicherung und Tilgung

Eine Kreditvergabe wird grundsätzlich nur dann erfolgen, wenn der Kreditgeber davon ausgehen kann, dass der Kreditnehmer sowohl die Rückzahlung der Kreditsumme als auch die Zahlung der vereinbarten Zinsen fristgerecht und in vereinbarter Höhe leisten kann. Aufgrund der Langfristigkeit der Kapitalbereitstellung erfolgt die Besicherung einer langfristigen Kreditfinanzierung vorzugsweise über Grundpfandrechte. Teilweise kommen auch Bürgschaften, Negativklauseln oder Verpfändungen in Betracht (siehe auch → Kreditsicherheiten). Die Tilgungsmodalitäten sind grundsätzlich frei verhandelbar. Gängige Praxis sind sowohl die Formen des → Annuitätendarlehens als auch die eines → Tilgungsdarlehens. Bei der Finanzierung von Investitionen wird zudem häufig vereinbart erst nach Ablauf einer tilgungsfreien Zeit von mehreren Jahren mit der Tilgung zu beginnen, weil die zur Tilgung benötigten finanziellen Mittel oft erst nach einer gewissen Anlaufzeit erwirtschaften werden.

Hinweis

Zu den angrenzenden Wissensgebieten siehe → Asset Backed Securities, → Außenhandelsfinanzierung (Internationale Zahlungs-, Sicherungs- und Finanzierungsinstrumente), → Corporate Finance, → Factoring, → Finanzcontrolling, → Finanzinnovationen, → Finanzwirtschaft, betriebliche, → Kennzahlen, finanzwirtschaftliche, → Kreditfinanzierung, kurzfristige, → Kreditsicherheiten, → Rating-Methoden, kreditwirtschaftliche, → Währungsmanagement, → Zinsmanagement.

Literatur: Bieg, H., Kußmaul, H.: Investitions- und Finanzierungsmanagement, Band II: Finanzierung, München 2000; Bitz, M.: Finanzdienstleistungen, 7. Auflage, München 2005; Drukarczyk, J.: Finanzierung, 9. Auflage, Stuttgart 2003; Eilenberger, G.: Betriebliche Finanzwirtschaft, 7. Auflage, München und Wien 2003; Franke, G., Hax, H.: Finanzwirtschaft des Unternehmens und Kapitalmarkt, 5. Auflage, Berlin, Heidelberg und New York 2004; Perridon, L., Steiner, M.: Finanzwirtschaft der Unternehmung, 13. Auflage, München 2004; Santomero, A.M., Babbel, D.F.: Financial Markets, Instruments and Institutions, 2. Auflage, Chicago 2004; Wöhe, G., Bilstein, J.: Grundzüge der Unternehmensfinanzierung, 9. Auflage, München 2002.

Internetadressen: http://www.bafin.de; http://www.bdb.de; http://www.bundesbank.de; http://www.deutsche-boerse.com; http://www.dsgv.de; http://www.ecb.int; http://www.kfw.de; http://www.vr-networld.de.

Website des Autors: http://www.uni-oldenburg.de/fiwi_bbl

Kreditgarantie
siehe → Kreditsicherungsgarantie.

Kreditgenossenschaften
siehe → Genossenschaftliche Bankengruppe.

Kreditinstitute mit Sonderaufgaben
nehmen eine Sonderstellung innerhalb des deutschen Bankwesens ein. Sie erfüllen Ergänzungsfunktionen, indem sie Aufgaben wahrnehmen, die von anderen Kreditinstituten nicht oder nicht in ausreichendem Umfang erfüllt werden. Sie bieten beispielsweise direkte Kredithilfen an und unterstützen öffentliche Institutionen bei der Durchführung wirtschaftspolitischer Maßnahmen.
Zu den wichtigsten Kreditinstituten mit Sonderaufgaben zählen die unter dem Dach der Kreditanstalt für Wiederaufbau (KfW) zusammengefassten Kreditinstitute, wie beispielsweise die KfW-Mittelstandsbank oder die KfW-Förderbank.

Kreditleihe
Im Gegensatz zum → Geldkredit überträgt die Bank dem Unternehmen bei der Kreditleihe lediglich ihre Kreditwürdigkeit bzw. Bonität und stellt ihm somit ihren guten Namen zur Verfügung. Die Kreditleihe erfolgt gegen Provisionsberechnung. Formen der Kreditleihe sind der → Akzeptkredit und der → Avalkredit.

Kreditmarkt
Finanzmarktsegment mit mittleren Laufzeiten von einem Jahr bis maximal vier Jahren.

Kreditsicherheiten

Kreditsicherheiten

von Univ.-Professor Dr. jur. Dieter Krimphove
Fakultät für Wirtschaftswissenschaften – Universität Paderborn

1. Charakterisierung

Kreditsicherheiten ermöglichen im Sicherungsfall – also bei Zahlungsunwilligkeit oder -unfähigkeit des Schuldners – die von den staatlichen Verfahren der Einzel- oder Gesamtvollstreckung (die Zwangsversteigerung bzw. das Insolvenzverfahren, siehe → Insolvenzrecht) unabhängige, gesonderte Befriedigung ausstehender Forderung durch die Verwertung des Sicherungsgegenstandes (wie bei der → Hypothek, der → Grundschuld, des → Pfandrechtes oder der → Sicherungsübereignung) oder durch die Inanspruchnahme weiterer neben dem Schuldner haftender Personen (wie im Fall der → Bürgschaft, des → Schuldbeitritts oder des → Garantievertrages).

Staatlicherseits zur Verfügung stehende Verfahren der Gläubigerbefriedigung sind zum Zweck der Gläubigerbefriedigung – insbesondere aus Sicht des Gläubigers – wirtschaftlich nachteilig: Entweder machen sie – wie im Fall der Zwangsversteigerung – eine vollständige Befriedigung des Gläubigers von dessen zeitlich vorrangiger Anmeldung seiner Ansprüche abhängig (Prioritätsprinzip) und verpflichten den Gläubiger somit zu einer kostenintensiven Beobachtung der Finanzsituation seines Schuldners und zugleich des Verhaltens anderer Gläubiger, oder die staatlichen Institute der Gläubigerbefriedigung verweisen ihn – wie im Fall der Insolvenz – lediglich auf eine, der tatsächlichen Forderungshöhe in der Regel nicht entsprechenden Befriedigungsquote.

2. Bedeutung

Diese wirtschaftlichen Nachteile treten dann nicht ein, wenn der Gläubiger die Befriedigung (Bezahlung) seiner Forderung durch die Verwertung des Kreditsicherungsmittels erreichen kann. Kreditsicherheiten senken somit das Kreditausfallrisiko und die Informationskosten der Gläubiger. Im Fall ihrer Vereinbarung können Gläubiger daher Zinsleistungen zur Kompensation ihres Kreditausfallrisikos (sog. Delkredere-Prämie) senken und so Kredite auf dem Markt günstiger anbieten. Schuldner erhalten durch den Einsatz von Kreditsicherheiten verbilligte Kredite und somit umfangreichere Finanzierungsmöglichkeiten. Kreditsicherheiten nehmen daher entscheidenden Einfluss auf die Finanzierungssituation eines Unternehmens. Sie können aus wettbewerbspolitischer Sicht auch Finanzierungsdefizite kleiner und mittelgroßer Unternehmen gegenüber Groß- bzw. Industrieunternehmen ausgleichen.

3. Anlässe

Die der Kreditsicherung zugrundeliegenden Anlässe können beruhen

* auf einem Rückzahlungsanspruch eines aufgenommenen → Darlehns (§ 488 Abs. 1 Satz 2 i.V.m. Abs. 3 BGB) oder
* auf einem Zahlungsanspruch (etwa aus einem Kauf-, Werk-, Pachtvertrag), dessen Fälligkeit der Gläubiger zugunsten des Schuldners zeitlich hinausgeschoben, d.h. gestundet hat (siehe: § 271 BGB).

4. Formen

Die Praxis unterscheidet zwischen den persönlichen Kreditsicherheiten (→ Bürgschaft, → Garantievertrag, → Schuldbeitritt, auch Schuld(mit)übernahme genannt) und den dinglichen Kreditsicherungsrechten; darunter die an beweglichen Gegenständen: das (Faust)Pfandrecht (siehe → Pfand), der → Eigentumsvorbehalt, die → Sicherungsübereignung und die an unbeweglichen Sachen (siehe → Hypothek und → Grundschuld).

Bei den persönlichen Kreditsicherheiten tritt ein Dritter (z.B. der Bürge oder Garant) für die Schuld eines anderen gegenüber dessen Gläubiger ein. Im Fall der dinglichen Kreditsicherheit kann der Gläubiger (und Sicherungsnehmer) den Sicherungsgegenstand verwerten bzw. verwerten lassen, um mit dem hieraus erzielten Erlös seine Forderung zu tilgen.

5. Grenzen

Zahlreiche in Deutschland anerkannte Kreditsicherungsmittel erkennen andere Rechtsordnungen nicht an (siehe insbes. → Grundschuld, Sicherungsgrundschuld und → Sicherungsübereignung). Hier entstehen in der Praxis erhebliche Probleme bei der Absicherung grenzüberschreitender Geschäfte.

Hinweis

Zu den angrenzenden Wissensgebieten siehe → Außenhandelsfinanzierung (Internationale Zahlungs-, Sicherungs- und Finanzierungsinstrumente), → Corporate Finance, → Finanzcontrolling, → Finanzinnovationen, → Finanzwirtschaft, betriebliche, → Handelsrecht, → Insolvenzrecht, → Kennzahlen, finanzwirtschaftliche, → Kreditfinanzierung, kurzfristige, → Kreditfinanzierung, langfristige, → Rating-Methoden, kreditwirtschaftliche, → Sanierungsmanagement, → Währungsmanagement, → Zinsmanagement.

Literatur: Hans-Jürgen Lwowski, Wolfgang Gößmann, Helmut Merkel: Kreditsicherheiten. Recht der Wirtschaft (RdW), Band 1 Grundzüge für Studium und Praxis, Schmitt Eich Verlag 2005; Julia Preußer: BGB-Prüfungswissen, Multiple-Choice-Tests, Gesetze, Urteile Haufe-Verlag München 2005; Europäische Kreditsicherheiten – Eine rechtsvergleichende, ökonomische Analyse bestehender Kreditsicherungsrechte in Europa – in: Krimphove/Tytko: Praktiker-Handbuch der Unternehmensfinanzierung, S. 517–563 Verlag Schäfer-Poeschel Stuttgart Dezember 2002

Website des Autors: http://wiwi.uni-paderborn.de/wiwi8/jeanmonnet/index.htm

Kreditsicherungsgarantie

Die Kreditsicherungsgarantie (Kurzbezeichnung: Kreditgarantie) einer Bank (→ Bankgarantie) sichert den Kreditgeber vor Risiken, die aus einem Kreditverhältnis resultieren. Mit Kreditsicherungsgarantien (inländischer Banken) werden beispielsweise Kreditaufnahmen deutscher Unternehmen bei ausländischen Banken, Kreditaufnahmen bei (ausländischen) Lieferanten usw. gesichert.

Kreditsicherungsmittel

siehe → Kreditsicherheiten.

Kreditversicherungen, privatwirtschaftliche

Die privatwirtschaftliche Kreditversicherung (Warenkreditversicherung, Ausfuhrkreditversicherung, Delkredereversicherung usw.) deckt das Forderungsausfallrisiko des Lieferanten bei → Zahlungsunfähigkeit seines Abnehmers. Unter bestimmten – mit der Versicherung ausdrücklich zu vereinbarenden – Voraussetzungen können auch das Risiko des → Zahlungsverzugs sowie das → Fabrikationsrisiko und das Surrogatsforderungsrisiko (wegen Schadensersatz) bei Nichtabnahme der Waren (→ Warenabnahmerisiko) einbezogen werden. An Schäden ist der Versicherte in der Regel mit einem sog. Selbstbehalt beteiligt. Bei Ausfuhrkreditversicherungen ist die Deckung → politischer Risiken (Länderrisiken) von den privaten Kreditversicherungsgesellschaften i.A. direkt oder indirekt ausgeschlossen. Unter bestimmten Voraussetzungen können politische Risiken jedoch durch staatliche → Exportkreditgarantien (sog. Hermes-Deckungen) abgesichert werden. Private Kreditversicherungsgesellschaften sind u.a.: Allgemeine Kredit Coface, Mainz, Euler Hermes Kreditversicherungs-AG, Hamburg mit Tochtergesellschaften im Ausland.

Internetadressen: (Deutschland) www.ak-coface.de, www.eulerhermes.com, (Schweiz) www.eulerhermes.com/ch/ger.

Kreuzwechselkurs

ist das Austauschverhältnis zwischen zwei Währungen bei Einschaltung einer Drittwährung. Beispielsweise kann man zunächst EUR gegen GBP tauschen und anschließend GBP gegen USD. Das sich hieraus ergebende Austauschverhältnis zwischen EUR und USD ist der Kreuzwechselkurs.

Siehe auch → Währungsmanagement (mit Literaturangaben).

Krise

siehe → Unternehmenskrise, → Krisensymptome, → Krisenursachen, → Sanierungsmanagement (mit Literaturangaben).

Krisensymptome

→ Unternehmenskrisen kündigen sich in der Regel durch bestimmte Symptome an. Krisensymptome sind Kennzeichen für Probleme in Unternehmen, die letztendlich zu einer Unternehmenskrise führen können. Die Krisensymptome können dabei die unterschiedlichsten betrieblichen Teilbereiche betreffen. (1) Finanzwirtschaftlicher Bereich: sinkender Umsatz, abnehmende Rentabilität, Erhöhung der Verschuldungsdauer, abnehmende Liquidität. (2) Absatzwirtschaftlicher Bereich: abnehmender Marktanteil, sinkendes Auftragsvolumen, abnehmende Preiselastizität, sinkende Umschlagshäufigkeit, steigende Reklamationen. (3) Personalbereich: Nachfolgeprobleme, hohe Fluktuation, hohe Krankenstandsrate. (4) Materialwirtschaftlicher Bereich: abnehmender Lagerumschlag, steigende Lagerdauer, zunehmende Lieferverzögerungen. (5) Produktionsbereich: abnehmende Produktivität, sinkender Beschäftigungsgrad, Termin- und Qualitätsprobleme, zunehmende Fixkostenbelastung. (6) Technologischer Bereich: Rückgang des Investitionsgrades, fehlende Forschungsaktivitäten. (7) Organisatorischer Bereich: unklare Aufgaben- und Kompetenzverteilung, mangelnde Projektplanung und Projektkontrolle.
Siehe auch → Unternehmenskrise und → Krisenursachen sowie → Sanierungsmanagement (mit Literaturangaben).

Krisenursachen

→ Unternehmenskrisen lassen sich in der Regel nicht auf eine einzelne Ursache zurückführen, sondern werden durch eine Kombination verschiedenster Probleme ausgelöst. Im Rahmen einer groben Strukturierung der Krisenursachen muss zwischen unternehmensinternen und -externen Problemen differenziert werden.
Die internen Probleme können einerseits durch *mangelhaftes Management* (z.B. zu wenig ökonomische Bildung, Fehlen systematischer Planung von Liquidität und Wirtschaftlichkeit, kein proaktives Vorgehen, zu große Privatentnahmen, zu geringer Leistungseinsatz) oder *Fehlleistungen der Mitarbeiter* (z.B. Forderung zu hoher Sozialleistungen, mangelnde Flexibilität, überzogene Lohnansprüche, zu geringer Leistungseinsatz) entstehen.
Wichtige externe Ursachen für Unternehmenskrisen sind beispielsweise: Probleme am Beschaffungsmarkt, verstärkter Konkurrenzdruck, hohes Zinsniveau, Wechselkursschwankungen, sprunghafte Gesetzgebung, wettbewerbsverzerrende Subventionen, unterlassene Strukturpolitik usw.
Siehe auch → Unternehmenskrise und → Krisensymptome sowie → Sanierungsmanagement (mit vielen Literaturangaben und Internetadressen).

Literatur: Mayr, A.: Insolvenzursachenforschung und -prophylaxe unter besonderer Berücksichtigung der Früherkennungsproblematik, in: Feldbauer-Durstmüller, B./Schlager, J. (Hrsg.): Krisenmanagement – Sanierung – Insolvenz, Wien 2002, S. 159–191; Schreyögg, G.: Krisenmanagment: Theoretische Grundlagen und praktische Maßnahmen, in: Heintzen, M./Kruschwitz, L. (Hrsg.): Unternehmen in der Krise, Berlin 2004; S. 13–36.

Internetadressen: Über aktuelle Krisenursachen gibt es laufend neue Studien unter (Österreich): http://www.myksv.at/ksv ... statistiken/01_insolvenz; (Deutschland): http://www.bda-online.de; http://www.mittelstandsportal.de/management/Insolvenz.pdf

Kritische Werte

werden in der → Sensitivitätsanalyse ermittelt. Sie zeigen, wie weit der Wert einer oder mehrerer Einflussgrößen einer Zielgröße von dem zunächst zugrunde gelegten einwertig geschätzten Wert abweichen darf (z.B. erwartete Absatzmenge von der → Break-Even-Menge), ohne dass das Entscheidungskriterium einen vorgegebenen Wert über- bzw. unterschreitet. So lassen sich kritische Werte für künftige Ausprägungen der Einflussgrößen (z.B. Absatz, Umsatz, Kapazitätsauslastung, Zins, laufende Auszahlungen, Kosten oder erwartete Nutzungsdauer) ermitteln, bei deren Über- oder Unterschreiten das Entscheidungskriterium eine unzulässige Alternative anzeigt. Kritische Werte sind → Break-Even-

Menge (beim Gewinn- oder Kostenvergleich), „interner Zinsfuß" (bei der → Kapitalwertmethode) oder → „Amortisationsdauer" (bei der → Amortisationsrechnung).
Siehe auch → Analysemethoden, betriebswirtschaftliche (mit Literaturangaben).

Kritischer Weg
längster Weg in der → *Netzplantechnik* im Graphen, der ohne Pufferzeiten verläuft. Bei entsprechender Datenkonstellation können mehrere kritische Wege auftreten. Siehe auch → Methode des kritischen Weges und → Operations Research (mit Literaturangaben).

KRW
ISO-Code für Koreanischer Won (Korea, Republik).

KStDV
Abk. für Körperschaftsteuerdurchführungsverordnung.

KStG
Abk. für Körperschaftsteuergesetz; siehe auch → Körperschaftsteuer.

KStR
Abk. für → Körperschaftsteuerrichtlinie.

KTQ®/pCC
KTQ® steht für „Kooperation für Transparenz und Qualität im Gesundheitswesen".
Internetadresse: http://www.quality.de/lexikon.htm (KTQ), http://www.ktq.de

KT-Risiken
Abk. für → Konvertierungsbeschränkungen/-verbote in Verbindung mit → Transferbeschränkungen/-verboten.

Kulanzrückstellung
siehe → Verbindlichkeitsrückstellung, → Rückstellungen für Gewährleistungen ohne rechtliche Verpflichtung.

Kultur
(1) *Charakterisierung:* Kultur ist definitorisch schwer fassbar. Dies ist darin begründet, dass sehr unterschiedliche Forschungsgebiete mit unterschiedlichen Grundannahmen und Erkenntniszielen den Kulturfaktor in ihre Betrachtung einbeziehen. Die meisten Studien der → kulturvergleichenden Managementforschung seit den 80er Jahren beziehen sich auf die Begriffsbestimmung von Hofstede. Er stellt Kultur als ein gruppenspezifisches, kollektives Phänomen von gemeinsam geteilten Werthaltungen dar und definiert Kultur als die kollektive Programmierung des menschlichen Denkens, die die Mitglieder einer Gruppe von Menschen von denjenigen einer anderen Gruppe unterscheidet. Das Kulturphänomen wird oft mit einem Eisberg verglichen, dessen größter Teil unter Wasser verborgen bleibt. Der sichtbare, explizite und manifeste Teil beinhaltet kulturelle Artefakte, wie Symbole, Rituale, Sprache, Kleidung, Essen, Architektur, Kunst. Diese reflektieren aber nur tiefer liegende Schichten der Kultur, d.h. die zugrunde liegenden, meist unbewussten und durch Sozialisation internalisierten Wertvorstellungen, Normen, Denkweisen und Einstellungen.
(2) *Funktionen von Kultur:* Kultur hat verschiedene Funktionen. Sie bietet dem Einzelnen ein Orientierungssystem und einen Bezugsrahmen, anhand derer eigene Erfahrungen und Verhaltensweisen eingeteilt und organisiert werden können. Der kulturelle Rahmen setzt somit Standards für Wahrnehmung, Denken, Urteilen und Handeln. Kulturen als Ergebnis eines langen Prozesses der internen Adaption und Integration bei gleichzeitiger Abgrenzung nach außen sind grundsätzlich sehr stabil und auf Kontinuität ausgerichtet. Dennoch verändern sich Kulturen. Kultur ist zugleich Produkt und Prozess, d.h. sie muss ständig ihre Anpassungsfähigkeit unter Beweis stellen. Nur ein adaptiv-evolutionärer Prozess

kann es ermöglichen, dass kulturelle Inhalte und Formen langfristig geeignet bleiben, die spezifischen Umweltprobleme zu lösen.

(3) *Kulturerfassung:* Es bestehen verschiedene Ansätze, das Phänomen Kultur zu erfassen. Letztendlich geht es darum, das hypothetische Konstrukt Kultur in verschiedene Dimensionen (→ Kulturdimensionen) aufzuspalten, die als Vergleichskriterien für die Beschreibung und den Vergleich einzelner Länder und Kulturen dienen sollen. Die bedeutendsten Kulturstudie wurde von Hofstede Ende der 60er bis Anfang der 70er Jahre unter 117.000 Mitarbeitern von IBM durchgeführt.

Siehe auch → Interkulturelles Management (mit Literaturangaben) und → Kulturvergleichende Managementforschung.

Literatur: Hofstede, G.: Cultures Consequences, 2. Auflage, Thousand Oaks 2001; Kutschker, M./Schmid, S.: Internationales Management, 4. Auflage, München und Wien 2005, Perlitz, M.: Internationales Management, 5. Auflage, Stuttgart 2004.

Internetadresse: http://www.geert-hofstede.com.

Kulturassimilator

(*Culture Assimilator*) ist ein auf sozialpsychologischen Attributionstheorien basierendes Lernprogramm, das Beschreibungen interkultureller Interaktionssituationen enthält, bei denen nur Kenntnis über die zugrunde liegende Kultur zu einer kulturadäquaten Interpretation des fremden Verhaltens führt. Es konfrontiert den Lernenden mit verschiedenen Erklärungsmöglichkeiten, von denen nur eine zutreffend für einen Angehörigen der entsprechenden Kultur ist. Zu jeder Alternative wird erläutert, warum es sich hier um die richtige oder falsche Erklärung handelt.

Siehe auch → Interkulturelles Management (mit Literaturangaben).

Literatur: Thomas, A., Hagemann, K., Stumpf, S.: Training interkultureller Kompetenz, in: Bergemann, N., Sourisseaux, A.L.J. (Hrsg.): Interkulturelles Management, 3. Auflage, Berlin u.a. 2003, S. 237-272.

Kulturdimensionen

dienen als Vergleichskriterien, um Gemeinsamkeiten und Unterschiede von Landeskulturen darzustellen. Die bekanntesten Kulturdimensionen sind die von Hofstede.

Er hat in seiner Studie zunächst die vier Dimensionen → Machtdistanz, → Unsicherheitsvermeidung, → Individualismus/Kollektivismus und → Maskulinität/Femininität identifiziert. In einer Folgestudie hat er sie noch um die Dimension Langfrist-/Kurzfristorientierung erweitert. Daneben haben u.a. auch Trompenaars, Hall und Kluckhohn/Strodtbeck Kulturdimensionen identifiziert.

Siehe auch → Interkulturelles Management und → Personalmanagment, Internationales, jeweils mit Literaturangaben.

Literatur: Hofstede, G.: Cultures Consequences, 2. Auflage, Thousand Oaks 2001

Internetadressen: (Hofstede und Trompenaars) http://www.geert-hofstede.com, http://www.thtconsulting.com/index1.html.

Kulturelle Qualität

ist der Qualitätsbegriff, der nach neuesten Erkenntnissen wesentlich durch kulturelle Einflüsse bestimmt ist. So wird in Schweden unter Qualität lange Lebensdauer, in Italien Stil, in Frankreich Eleganz und in Deutschland vorwiegend Funktionalität und Produktsicherheit verstanden.

Siehe auch → Qualitätscontrolling (mit Literaturangaben).

Internetadresse: www.quality.de/lexikon/qualitaet.htm

Kulturisten

Bezeichnung für Vertreter der → culture-bound-These, die die Kulturabhängigkeit aller Managementkonzepte und -instrumente hervorheben. Unterschiedliche kulturelle Ausgangsbedingungen erfordern dieser These nach ein angepasstes Managementverhalten. Als Folge davon kann Management-Knowhow nicht problemlos von einer Kultur auf eine andere übertragen werden. Gegensatz: → Universalisten.

Siehe auch → Interkulturelles Management (mit Literaturangaben).

Kulturvergleichende Managementforschung (KVM)

(1) *Charakterisierung:* Die kulturvergleichende Managementforschung (Cross Cultural Management Research) untersucht primär den Einfluss kultureller Faktoren (Kultur) auf den Managementprozess (→ interkulturelles Management). Unterschiede und Gemeinsamkeiten bezüglich Grundannahmen, Werten, Normen und Verhaltensweisen zwischen zwei oder mehreren Ländern werden identifiziert, verstanden, beschrieben, erklärt und möglicherweise bewertet.

(2) *Ziele der kulturvergleichenden Managementforschung:* Die kulturvergleichende Managementforschung verfolgt (1) deskriptiv-klassifikatorische, (2) heuristische, (3) falsifikatorische und (4) pragmatische Ziele. Unter erstgenannten Zielen versteht man die Beschreibung, die Erfassung, den Vergleich und die Klassifikation verschiedener Kulturen in relativ homogene kulturelle Cluster. Heuristische Ziele sind die Entdeckung und Generierung von Hypothesen und Theorien über den Zusammenhang zwischen Managementstilen und kulturellen Faktoren. Falsifikatorische Ziele umfassen die Überprüfung der Gültigkeit von Theorien, Hypothesen und Erklärungsmodellen in fremden Kulturen an der Realität (Kontrollfunktion). Pragmatisches Ziel ist die Formulierung von Handlungsempfehlungen zum erfolgreichen Verhalten von Managern in unterschiedlichen Kulturen (→ interkulturelles Management).

(3) *Ergebnisse der kulturvergleichenden Managementforschung:* Im Wesentlichen lassen sich zwei kontroverse Positionen unterscheiden: die der Universalisten und die der Kulturisten. Die Universalisten (culture-free-These) behaupten, dass Managementprinzipien unabhängig von den kulturellen Umweltfaktoren allgemeine Gültigkeit besitzen. Das – meist in den USA entwickelte – Management-Know-how sei universell und könne daher leicht von einer Kultur in eine andere übertragen werden. Die Kulturisten heben dagegen die Kulturabhängigkeit (culture-bound-These) aller Managementkonzepte und -instrumente hervor. Unterschiedliche kulturelle Ausgangsbedingungen erfordern angepasstes Managementverhalten. Als Folge davon kann Management-Know-how nicht problemlos von einer Kultur auf eine andere übertragen werden. Berücksichtigt werden muss, dass die eher technischen Komponenten des Management-Know-hows, wie Investitions- und Budgetanalyse, Kostenrechnung und Controlling, leichter übertragbar sind als die personen- und verhaltensbezogenen Teile, wie z.B. Führungs-, Entscheidungs-, Motivations- und Kommunikationsstrukturen. Zudem wirken technologische Zwänge positiv auf die Transferierbarkeit.

Siehe auch → Interkulturelles Management (mit Literaturangaben).

Literatur: Perlitz, M.: Internationales Management, 5. Auflage, Stuttgart 2004.

Internetadressen: (Forschungsinstitute) http://www.ac.wwu.edu/~culture/, http://www.anu.edu.au/culture/, http://www.cis.or.at/, http://www.adelaide.edu.au/cisme/, http://www.escp-eap.net/faculty_research/cccmr/.

Kundenbarwert

siehe → Customer Lifetime Value (CLV).

Kundenbeziehung

siehe → Customer Relationship Management (CRM).

Kundenbeziehungsmanagement

siehe → Customer Relationship Management (CRM).

Kundenbindung

Bindung der Kunden an einen bestimmten Anbieter mit dem Ziel wiederholter Geschäftsabschlüsse. Siehe auch → Kundenzufriedenheit, → Konsumentenverhalten und → Customer Relationship Management (CRM).

Kundenbindungsmanagement

siehe → Customer Relationship Management (CRM).

Kundenclubkonzept

Bemühen von Unternehmen, Kunden in Clubs zu organisieren, um damit eine größere → Kundenbindung und → Kundenloyalität zu erreichen.
Siehe auch → Kundenzufriedenheit.

Kundendienst

Produktbegleitende Dienstleistungen lassen sich i.W. nach zwei Dimensionen einteilen. Zunächst nach dem Inhalt in den kaufmännischen Service (z.B. Kostenvoranschlag, Rentabilitätsrechnung) und den technischen Service (z.B. Maßanfertigung, Installation). Weiterhin nach der Zeit in Relation zum Kaufakt, mit dem er in Verbindung steht, als Pre sales-Service (z.B. Schaufensterauslage, Anproberäume, Inzahlungnahme), At sales-Service (z.B. kostenloses Parken, Restaurant, Kreditierung) und After sales-Service (z.B. Zustellung, Verpackung, Änderung, Aufstellung, Nachnahmelieferung).
Diese Kundendienste können in beliebiger Kombination erbracht werden.
Siehe auch → Dienstleistungen und → Dienstleistungsmanagement.

Kundenidentifizierung

dient der ganzheitlichen Erfassung eines Kunden. Auch als sog. *360-Grad-Blick auf den Kunden* bezeichnet.
Dabei tastet die Kundenerfassung acht Dimensionen ab: (1) der Kunde als Kundennummer, (2) als Firma, d.h. als Rechtspersönlichkeit, (3) als Träger für ein Absatz-, Umsatz- und Ergebnispotenzial, (4) als Teilnehmer eines Marktes mit typischen Marktbedingungen, (5) als Zielobjekt für die Kundenbindung, (6) als Mensch, d.h. als Persönlichkeit, (7) als Mitglied von Netzwerken (z.B. in einer politischen Partei oder einem Wirtschaftsverband) und (8) als direkter oder indirekter Kunde.

Kundenintegration

(*Customer Integration*) bezeichnet die Besonderheit, dass der Nachfrager an der Leistungserstellung (→ Leistungserstellungsprozess) einer → *Dienstleistung* mitwirkt. Hierbei lassen sich zwei Ebenen der Kundenintegration unterscheiden: (1) In seiner Rolle als *Konsument* spezifiziert der Nachfrager das → Dienstleistungsergebnis sowie den Ablauf der Leistungserstellung (→ Dienstleistungsprozess). Das Ausmaß der Kundenintegration auf dieser Ebene bestimmt die → Individualisierung der einzelnen → Dienstleistung. (2) In seiner Rolle als *Co-Produzent* wirkt der Nachfrager durch die Bereitstellung von externen Faktoren oder durch die Übernahme von Aktivitäten an der Produktion der Dienstleistung mit. Die Übernahme von zusätzlichen Aktivitäten durch den Nachfrager führt zu einer → Externalisierung von (Teil-)Aufgaben des Dienstleistungsanbieters. Insgesamt führt die Kundenintegration auf der Seite des Anbieters zu einer integrativen Disposition.
Siehe auch → Customer Relationship Management (CRM).
    Literatur: Kleinaltenkamp, M.: Kundenintegration; in: WiSt, 26. Jg. (1997), Nr. 7, S. 350–355.

Kundeninteraktionslinie

(*Line of interaction*) trennt die Kundenaktivitäten von den Anbieteraktivitäten.
Siehe auch → ServiceBlueprint, → Dienstleistungen und → Dienstleistungsmanagement.

Kundenkapitalwert

siehe → Customer Lifetime Value (CLV).

Kundenkarte

siehe → Kundenpolitik des Handels.

Kundenkontaktpunkte

bilden die Kontaktsituation zwischen dem Nachfrager und dem Anbieter einer → *Dienstleistung* im → Leistungserstellungsprozess. Die Kundenkontaktpunkte bilden die *Interaktion* in zeitlicher und inhaltlicher Form ab. Im → ServiceBlueprint liegen die Kundenkontaktpunkte auf der Line of Interaction. Da der Kunde jeden Kunden-Anbieter-Kontakt bewertet, werden die Kontaktpunkte auch als „Augenblicke der Wahrheit" (Moments of Truths) bezeichnet und bilden eine Grundlage der wahrgenommenen → Dienstleistungsqualität.

Kundenkredit

Als Kundenkredit wird eine Anzahlung oder die volle Vorauszahlung für ein Produkt oder eine Dienstleistung durch den Kunden bezeichnet. Dies ist insbesondere bei Spezialanfertigungen üblich. Der Kundenkredit kann in allen Branchen vorkommen, wird aber primär im Wohnungs-, Maschinen- und Schiffbau verwendet, da hier häufig planungsaufwendige Produkte hergestellt werden, die einen hohen Kapitaleinsatz erfordern und eine längere Herstellzeit benötigen.
Siehe auch → Handelskredit.

Kundenloyalität

(siehe auch → Wirkungskette des Markterfolgs). Kundenloyalität, auch *Kundentreue,* ist die *weiche* Form und damit der freiwilligen Bindung eines Kunden an ein Produkt oder eine Marke, an einen Lieferanten oder Hersteller, an eine Einkaufsstätte oder an einen Verkäufer. Man spricht auch von Präferenzbindungen. Gegensatz: *harte* Kundenbindung, die auf Verträgen, technischen oder ökonomischen Zwängen beruht.
Siehe auch → Customer Relationship Management, CRM.

Kundenmonitor

Form der kontinuierlichen Befragung bei faktischen oder potenziellen Kunden mit dem Ziel, → Kundenzufriedenheit aber auch Kundenwünsche zu ermitteln.
Internetadresse: Kundenmonitor@servicebarometer.de

Kundenpolitik des Handels

Liebmann/Zentes (2001, S. 433 ff.) zählen die Kundenpolitik zu den neueren Instrumenten des → Handelsmarketing und subsumieren darunter die Kundenorientierung, die Kundenzufriedenheit und Kundenbindung (also Instrumente des Customer Relationship Management). In der Handelspraxis wird dies mit Geschäftstreue, Einkaufsstättentreue oder Kundenbindungsmanagement verbunden. Es handelt sich somit eher um eine neuere Perspektive, welche das auf Akquisition von Neukunden sowie auf einzelne Transaktion ausgerichtete Handelsmarketing um Ziele der langfristigen Kundenbeziehung erweitert.
Neu erscheinen die Instrumente der Kundenbindung vor allem in Deutschland. Hierzu zählen → Servicepolitik, Kundenkarten, Kundenclubs, Beschwerdemanagement und weitere Instrumente wie Bonus-/ Treueprogramme, Rabattmarken, Coupons.
Viele der Instrumente gehören im europäischen Ausland zum Standard des Handelsmarketing. Demgegenüber sind etwa Kundenkartenprogramme in Deutschland auf Grund der (bis Juli 2001) eingeschränkten Möglichkeiten der Rabattgewährung durch das Rabattgesetz bzw. die Zugabeverordnung noch relativ selten verbreitet. Sie erfüllen zunehmend eine Marketingfunktion, indem Kunden am Bonusprogramm partizipieren und Handelsunternehmen Kundenkarten zum Zweck von Informationsgewinnung, Direktmarketing und Kundenbindungsprogrammen nutzen.
Siehe auch → Handelsmarketing (mit Literaturangaben).
Literatur: Liebmann, H.-P., Zentes, J., Swoboda, B.: Handelsmanagement, 2. Aufl., München 2007.

Kundenstatus

zeigt den Entwicklungsstand eines Kundenkontaktes an, und zwar in der Kette *potenzieller Interessent - Interessent - Testkäufer - Erstkäufer - Wiederholungskäufer - Stammkunde unregelmäßig - Stammkunde regelmäßig.*

Kundenstromanalyse

siehe → Standortpolitik des Handels.

Kundentreue

siehe → Kundenloyalität.

Kundenwert, klassischer

Die klassische Kundenbewertung fragt nach den Wertbeiträgen, die ein Kunde einem Lieferanten bringt. In der Praxis werden der Kundenbewertung weitgehend Vergangenheits- und Ist-Werte wie Umsatz, Kundendeckungsbeitrag oder Absatzmengen zugrunde gelegt.

Die bekanntesten Verfahren zur klassischen Kundenbewertung sind ABC-Analyse nach Umsatz oder Kundendeckungsbeitrag, Scoring-Modelle (Punktbewertungsverfahren), Kunden-Portfolios oder Kunden-Kapitalwertrechnungen, insbes. Customer-Lifetime-Value-Analysen (z.B. der Banken oder Versicherungen).

Die Wertbeiträge (profitabler) Kunden schlagen sich im Firmenwert und indirekt im Eigenkapital nieder. Man spricht deshalb in Bezug auf den klassischen Kundenwert auch vom Customer Equity.

Siehe auch → Kundenwertmanagement (Customer Value and Equity Management) sowie → Customer Equity; → Customer Lifetime Value.

Kundenwertmanagement

(*Customer Value and Equity Management*). Der neuen Customer Value Konzeption folgend muss es Ziel eines Lieferanten sein, in die „richtigen" Kunden zu investieren und durch *allgemeine Mehrwerte* (*Added Values*), durch *Produkt-* oder *Prozessverbesserungen* sowie durch *Vorteile auf Seiten* der *Kundeskunden* den Kunden erfolgreicher zu machen. Dies ist die Seite der Wertegenerierung (*Value Production*). Auf diese Weise nimmt der Lieferant Einfluss auf den Wert seines Kundenstamms. Der Lieferant mit dem besseren Wertemanagement profitiert von einem werthaltigeren Kundenstamm. Eine Kundenbindung vorausgesetzt, fließen die Investitionen in den Kunden dann in Form von Zusatzgeschäften, Folgegeschäften und werthaltigeren Geschäften wieder an den Lieferanten zurück. Folglich steigt der konventionelle Wert des Kunden (→ *Customer Equity*).

Nach dem Konzept des Kundenwertmanagements hängen folglich customer value und customer equity zusammen. In der Praxis beschränken sich die meisten Unternehmen auf die Customer Equity-Seite. Sie vernachlässigen dann die Chance auf Kundenentwicklung.

Kundenzufriedenheit

Kundenzufriedenheit

von Professor Dr. Kurt Scharnbacher – Fachhochschule Mainz

1. Charakterisierung der Kundenzufriedenheit

Der Begriff der Kundenzufriedenheit sagt aus, welchen Grad an *Kundenorientierung* (*siehe auch* → *Produkt-,* → *Kommunikations-,* → *Preis-,* → *Vertriebspolitik*) ein Anbieter erreicht hat d.h. inwieweit er den Bedürfnissen und Wünschen seiner Kunden entspricht. Zufriedenheit spiegelt dabei die Beurteilung der Kunden im Hinblick auf deren Kauf- und Konsumerfahrungen wider. Der Grad der Zufriedenheit hängt davon ab, inwieweit die wahrgenommenen Leistungen mit den Erwartungen übereinstimmen.

- Ist die wahrgenommene Leistung, d.h. die Leistungsbeurteilung durch den Kunden, *größer* als die erwartete Sollleistung, so führt dies zu Zufriedenheit auf hohem Niveau.
- Ist die wahrgenommene Leistung, d.h. die Leistungsbeurteilung durch den Kunden, *genauso groß* wie die erwartete Sollleistung, so führt dies zu Zufriedenheit auf einem konstanten Niveau.
- Ist die wahrgenommene Leistung, d.h. die Leistungsbeurteilung durch den Kunden, *kleiner* als die erwartete Sollleistung, so führt dies zu Unzufriedenheit.

Kundenzufriedenheit ist eine subjektive Erfahrung, die sich beim Kunden durch folgende Erwartungen manifestiert: durch das individuelle Anspruchsniveau des Kunden, durch früher gemachte Erfahrungen, durch das Image des Anbieters, durch das Leistungsversprechen des Anbieters, durch das Wissen um alternative Angebote.

Kunden zahlen einen Preis für ein Leistungsversprechen und erwarten die Erfüllung diese Leistungsversprechens. Wird es lediglich erfüllt, so werden sie nichts besonderes darin erblicken, denn dies wurde erwartet und bezahlt. Bekommen sie mehr als erwartet, so werden sie „zufriedener" reagieren und eine *Loyalität* (vgl. → *Customer Relationship Management, CRM*) entwickeln. Bekommen sie weniger als erwartet, so wird dies in „Unzufriedenheit" münden und der Kunde geht langfristig verloren.

Die Erwartungen der Kunden haben dabei eine affektive, gefühlsmäßige und eine kognitive, erkenntnismäßige Seite – unklar ist, welche davon wichtiger ist und die Entscheidungen der Kunden stärker beeinflusst.

In der DIN EN ISO 9000 ff Norm (*vgl.* → *DIN ISO 9000*) nimmt die Kundenzufriedenheit eine zentrale Stellung ein. Sie formuliert allgemein akzeptierte Forderungen an die Gestaltung von *Qualitätsmanagementsystemen* (QM-Systemen; *siehe* → *Qualitätsmanagement*) in Unternehmen. In der DIN 9000 wird postuliert, dass die Kundenzufriedenheit durch die Erfüllung von Kundenanforderungen erhöht werden soll, wobei die Norm der prozessorientierte Ansatz für die Entwicklung, Verwirklichung und Verbesserung der Wirksamkeit eines Qualitätsmanagementsystems ist.

2. Elemente der Kundenzufriedenheit

Dabei wird die Kundenzufriedenheit als die Wahrnehmung des Kunden zu dem Grad, in dem seine Anforderungen erfüllt worden sind, definiert. Leistungen sollen dabei im Sinne des Kunden erstellt werden. Die Qualität produziert Zufriedenheit.

Folgende Kategorien können Maßstab für die Messung der Kundenzufriedenheit sein:

- *Generell:* Absicht, ein Produkt erneut zu kaufen oder ein Geschäft erneut zu besuchen.
- *Unternehmensanmutung:* Gebäude, Räume, Grundstück, Erscheinungsbild des Personals, technische Ausstattung
- *Verlässlichkeit:* Beratung, Absprachen und deren Einhaltung, Pünktlichkeit, Preis- und Leistungsvergleich, Rechnungslegung, Mängeldiagnose und Reparaturarbeiten, Diskretion
- *Einsatzbereitschaft:* Geschäftszeiten und Erreichbarkeit, Dienstbereitschaft und Service der Mitarbeiter, Leistungstempo und Sonderleistungen, zeitliche Flexibilität, Kulanz
- *Kompetenz:* Vertrauenswürdigkeit, Unternehmensimage, fachliche und soziale Kompetenz

3. Kundenzufriedenheit messen

Kundenzufriedenheitsanalysen werden von Anbietern durchgeführt. Diese anbieterspezifischen Untersuchungen beziehen sich fast ausschließlich auf das Leistungsangebot des jeweiligen Unternehmens. Der Nutzen diese Untersuchungen liegt in folgendem: kontinuierliche Untersuchung des eigenen Leistungsangebots, frühzeitige Feststellung der Veränderung von Kundenerwartungen, Festigung interner Qualitätsprogramme, Motivation der Mitarbeiter, Ansätze zur Entwicklung einer kundenorientierten Kommunikationsstrategie.

Ein Nachteil dieser Zufriedenheitsuntersuchungen besteht darin, dass ein Vergleich mit den Konkurrenten nicht möglich ist. Abhilfe schaffen können branchenspezifische Zufriedenheitsstudien (*Consumer Satisfaction Index; siehe* → *Kundenmonitor*).

Wichtige Einsichten, wie das Auftreten eines Unternehmens auf dem Markt beurteilt wird, bieten die von Kunden, Lieferanten und generell der Öffentlichkeit vorgebrachten Beschwerden (→ *Beschwerdemanagement*).

Will ein Anbieter wissen, wie es um die Kundenzufriedenheit steht und wie zufrieden seine Kunden mit ihm und allen seinen Leistungen sind, muss er ein System der Messung (= Befragung der Kunden) einführen.

Folgende Forderungen sind zu stellen: Es sollte sich um eine standardisierte aber flexible Befragung handeln, die hohe Verlässlichkeit und inhaltliche Genauigkeit (Validität) aufweist, die Ursachen der (Un-) Zufriedenheit offen legt, eine Verknüpfung zu den unternehmensinternen Leistungen herstellt und Informationen sicher stellt.

Diese Postulate und Kategorien sind in einen Fragebogen umzusetzen und per Interviewer oder als schriftliche, telefonische Befragung (*siehe* → *Marktforschung*) zu erheben.

Die Basis der Zufriedenheitsmessung sind die Aussagen der Kunden. Deshalb steht vor der eigentlichen Messung die Kundenbefragung. Sie soll sich an dem Zweck orientieren, dem sie dienen soll. Hiernach richtet sich dann sowohl der Aufwand der Durchführung als auch der Aufwand der Auswertung. Den Fragen, den Frageformen und dem Aufbau des Fragebogens (*siehe* → *Marktforschung*) kommt dabei die wichtigste Funktion zu.

Die per Fragebogen erhobenen/gemessenen Daten sind in unternehmerische Entscheidungen umzusetzen. Das angesammelte Wissen allein reicht nicht aus, erst wenn es in genaue, kundenorientierte Maßnahmen (*siehe* → *Produkt-*, → *Kommunikations-*, → *Preis-*, → *Vertriebspolitik*) umgesetzt wird, hat die Messung Erfolg gezeigt.

Es ist ein Soll für die Zukunft zu definieren, Maßnahmen zu realisieren und der Erfolg zu überwachen. Damit hat ein Management der Kundenzufriedenheit einzusetzen.

Da sich Kundenwünsche und Kundenerwartungen im Laufe der Zeit ändern, sollte der Prozess der Messung der Kundenzufriedenheit als kontinuierlicher Prozess angelegt werden.

4. Bewertung der Kundenzufriedenheit

Hohe Kundenzufriedenheit ist für den langfristigen Geschäftserfolg wichtig, weil nur zufriedene Kunden wieder kaufen. Austauschbare Produkte und „Schnäppchen" lassen die Kunden wandern und zu anderen Anbietern gehen. Kundenzufriedenheit ist nicht gleichzusetzen mit → *Kundenloyalität*, da Kunden opportunistisch entscheiden. Konzepte der → *Kundenbindung (→ Kundenclubkonzept)* sind auf der Basis der Ermittlung der Kundenzufriedenheit einzuführen und umzusetzen, um den langfristigen Geschäftserfolg zu sichern.

Hinweis

Zu den angrenzenden Wissensgebieten siehe → Customer Relationship Management (CRM), → Dienstleistungsmanagement, → Digitales Marketing, → Direktmarketing, → E-Commerce, → Efficient Consumer Response, → Eventmarketing, → Händlermarke (Retail Brand), → Handelsbetriebslehre, Grundlagen, → Handelsforschung, → Handelsmarketing, → Industriegütermarketing, → Internet-Kommunikationspolitik, → Kommunikationspolitik, → Konsumentenverhalten, → Konsumentenverhalten, umweltfreundliches, → Markenführung, → Marketingcontrolling, → Marketing, Grundlagen, → Marketing, Internationales, → Marktforschung, → Messemanagement, → Mobile Commerce, → Multi-Kanal-Dialog Marketing, → Ökologie-Marketing, → Preispolitik, → Produktpolitik, → Vertriebspolitik, → Vertriebswege, neuere, → Werbung.

Literatur: Scharnbacher/Kiefer: Kundenzufriedenheit, 3. Aufl. München 2003; Simon, H./Homburg, Ch. (Hrsg.): Kundenzufriedenheit, Wiesbaden 1995; Meister, U./Meister, H.: Kundenzufriedenheit, München/Wien 2002.

Internetadresse: Kundenmonitor@servicebarometer.de

Website des Autors: www.fh-mainz.de

Kündigungsschutz

Gesamtheit aller Regelungen, durch die ein Arbeitsverhältnis in seinem Bestand geschützt wird. Kernbereich des Kündigungsschutzrechts sind der „besondere Kündigungsschutz", der für besonders schutzwürdige Personengruppen gilt, (z.B. für Mütter gemäß § 9 Mutterschutzgesetz (MuSchG), Schwerbehinderte gemäß § 85 Sozialgesetzbuch IX. Buch (SGB IX), Betriebsratsmitglieder gemäß § 103 Betriebsverfassungsgesetz (BetrVG)), sowie der „allgemeine Kündigungsschutz" nach Maßgabe des Kündigungsschutzgesetzes (KSchG) vom 25.08.1969, dem in der Regel alle länger als sechs Monate bestehenden Arbeitsverhältnisse in Betrieben mit mehr als zehn Arbeitnehmern unterfallen.
Siehe auch → Arbeitsrecht, deutsches, (mit Literaturangaben).

Literatur: Richardi, R; Wlotzke, O: Münchener Handbuch zum Arbeitsrecht, Band 1–3, 2. Auflage, München 2000; Schaub, G. (Hrsg.): Arbeitsrechtshandbuch, 11. Auflage, München 2005.

Künstliche Intelligenz

bildet mit der Hilfe von verschiedenen Techniken und Methoden die kognitiven Prozesse des Menschen durch Software ab.
Siehe auch → Wissensbasierte Systeme und → Wissensmanagement (mit Literaturangaben).

Künstliche Neuronale Netze (KNN)

(insbesondere in Verbindung mit → *Wissensmanagement*) sind parallel arbeitende Systeme, deren Aufbau sich an der Funktionsweise des menschlichen Gehirns orientiert. Ein Künstliches Neuronales Netz wird nicht programmiert, sondern mit Trainingsdaten parametrisiert. Es liefert Ergebnisse auch bei algorithmisch schwer formulierbaren Problemen.
Siehe auch → Wissensbasierte Systeme, → Wissensmanagement (mit Literaturangaben).

Künstliche Neuronale Netze (KNN)

(insbesondere in Verbindung mit → *Business Intelligence*) sind spezielle Verfahren des → Data Mining und verwenden ein vereinfachtes Modell des menschlichen Gehirns, um Informationen zu verarbeiten und so zur → Klassifikation, zur → Prognose bzw. zur → Segmentierung zu dienen. Im Gegensatz zur anderen Verfahren basieren künstliche neuronale Netze nicht auf Annahmen einer statistischen Verteilung, sondern sind verteilungsfrei.
Siehe auch → Business Intelligence (mit Literaturangaben).

Kupon

siehe → Zinsschein.

Kurs-Cash Flow-Verhältnis (KCV)

ist eine am → Cash Flow orientierte Kennzahl, die das Verhältnis von Kurs je Aktie und Cash Flow je Aktie wiedergibt. Je niedriger das Verhältnis ist, desto günstiger ist die Aktie bewertet.

$$\text{Kurs-Cash Flow-Verhältnis} = \frac{\text{Kurs je Aktie}}{\text{Cash Flow je Aktie}}$$

Das KCV wird angewendet, wenn aufgrund von Verlusten einer Aktiengesellschaft ein Kurs-Gewinn-Verhältnis (KGV) nicht errechnet werden kann oder auch bei liquiditätsorientierten Aktienanalysen, da es eine Beziehung zwischen der Liquidität eines Unternehmens und dem Aktienkurs herstellt. Das KCV ist gegenüber dem → Kurs-Gewinn-Verhältnis wesentlich weniger anfällig für bilanztechnische Manipulationen, da bei der Cash Flow-Ermittlung weniger Ermessensspielräume vorliegen als bei der Gewinnermittlung. Dies gilt insbesondere auch für internationale Vergleiche, bei denen das KGV wegen der länderweise unterschiedlichen Gewinnermittlungsvorschriften nur wenig aussagekräftig ist.

Kurs-Gewinn-Verhältnis (KGV)

(*Price Earning Ratio, PER*). Beim Kurs-Gewinn-Verhältnis (KGV) handelt es sich um eine reziproke Rentabilitätskennzahl, die insbesondere aus Sicht des Kapitalanlegers zu sehen ist, da sie den Gewinn auf das investierte Kapital des Investors (in Form des Kurswertes) widerspiegelt. Das KGV ist wie folgt definiert:

$$\text{Kurs-Gewinn-Verhältnis} = \frac{\text{Kurs je Aktie}}{\text{Gewinn je Aktie}}$$

Je höher das KGV, desto teurer ist das jeweilige Papier, desto kleiner ist die kurzfristig realisierte Rendite. Anders ausgedrückt, lässt ein niedriges KGV die Aktie als preiswert erscheinen. Ein Erwerb könnte vorteilhaft sein, weil die Rendite vergleichsweise hoch und Kursgewinne möglich sind. Das KGV misst also den relativen Preis einer Aktie; je teurer die jeweilige Aktie ist, desto kleiner ist die Rendite bzw. desto länger bedarf es, bis der Kaufpreis durch den Gewinn amortisiert ist. Das KGV wird im Rahmen von Anlageentscheidungen für Unternehmens-, Zeit- und Branchendurchschnittsvergleiche börsennotierter Aktiengesellschaften eingesetzt und besitzt hohe Praxisrelevanz.

Kurssicherungsinstrument

ist ein Finanzierungstitel, durch dessen Kauf oder Verkauf auf ein → Exposure und damit auf den unternehmerischen Gesamtzahlungsstrom eingewirkt werden kann. Zumeist werden Kurssicherungsinstrumente zur Risikoreduktion eingesetzt (→ Hedging), aber auch Maßnahmen zu Zwecken der → Spekulation sind denkbar. Man kann bei Kurssicherungsinstrumenten zwischen internen und externen unterscheiden. → Interne Kurssicherungsinstrumente lassen sich weiter untergliedern in → monolaterale Kurssicherungsinstrumente und → multilaterale Kurssicherungsinstrumente. Den → externen Kurssicherungsinstrumenten rechnet man bedingte (z.B. → Devisenoptionen) und unbedingte (z.B. → Devisenfuturesgeschäfte, → Devisenforwardgeschäfte) zu.
Siehe auch → Währungsmanagement (mit Literaturangaben).

Kurssicherungsinstrument, externes

ist dadurch charakterisiert, dass das Unternehmen, das ein bestimmtes Grundgeschäft aus seiner gewöhnlichen Geschäftstätigkeit absichern möchte, noch weitere Parteien hinzuzieht, die bislang nicht an dem Grundgeschäft beteiligt waren. Zu den externen Kurssicherungsinstrumenten zählen im Rahmen des Währungsmanagements beispielsweise → Devisentermingeschäfte sowie → Fremdwährungskredite und -anlagen.
Siehe auch → Währungsmanagement (mit Literaturangaben).

Kurssicherungsinstrument, internes

ist durch fehlenden Einbezug von Dritten charakterisiertes → Kurssicherungsinstrument. Zu Dritten werden solche Vertragspartner gezählt, die nicht auch schon an dem abzusichernden Grundgeschäft beteiligt waren. Interne Kurssicherungsinstrumente lassen sich in monolaterale → Kurssicherungsinstrumente und multilaterale → Kurssicherungsinstrumente differenzieren.

Kurssicherungsinstrument, monolaterales

gehört zu der Gruppe der internen → Kurssicherungsinstrumente und zeichnet sich dadurch aus, dass für dessen Einsatz lediglich eine einseitige Willenserklärung seitens des das Instrument einsetzenden Unternehmens erforderlich ist. Als Beispiele für derartige Instrumente werden typischerweise → Leading und → Lagging genannt.
Siehe auch → Währungsmanagement (mit Literaturangaben).

Kurssicherungsinstrument, multilaterales

gehört zu der Gruppe der internen → Kurssicherungsinstrumente. Für deren Einsatz bedarf es der Zustimmung des oder der Partner aus dem abzusichernden Grundgeschäft. Ein Beispiel stellt die Wahl der Fakturierungswährung dar, die angibt, in welcher Währung Lieferungen oder Leistungen zu begleichen sind.
Siehe auch → Währungsmanagement (mit Literaturangaben).

Kurzarbeit

vorübergehende Verkürzung der von einem → Arbeitnehmer regelmäßig zu erbringenden täglichen → Arbeitszeit. Da mit der Anordnung von Kurzarbeit in der Regel ein entsprechender Lohnverlust zu Lasten des Arbeitnehmers verbunden ist, ist für die wirksame Festsetzung von Kurzarbeit durch den Arbeitgeber eine arbeitsvertragliche oder kollektivrechtliche Regelung erforderlich, die in einem → Tarifvertrag oder einer → Betriebsvereinbarung verankert sein kann; zudem ist das zwingende Mitbestimmungsrecht des → Betriebsrats gemäß § 87 Abs. 1 Nr. 3 BetrVG zu beachten. Zum Ausgleich des Lohnverlustes kann die Bundesagentur für Arbeit gemäß §§ 169 ff. SGB III → Kurzarbeitergeld gewähren.
Siehe auch → Arbeitsrecht, deutsches (mit Literaturangaben).

Kurzarbeitergeld

Ausgleichsleistung der Bundesagentur für Arbeit für den Fall der → Kurzarbeit und dem damit für die Arbeitnehmer einhergehenden Lohnverlust. Damit Kurzarbeitergeld gewährt werden kann, muss es sich gemäß §§ 169 ff. SGB III um einen vorübergehenden und nicht vermeidbaren Arbeitsausfall handeln, der auf wirtschaftlichen Gründen oder einem unabwendbaren Ereignis beruht und mindestens ein Drittel der regelmäßig in einem Betrieb beschäftigten Arbeitnehmer betrifft. Die Höhe des Kurzarbeitergeldes beträgt 60 % bzw. 67 % der infolge der Kurzarbeit entstehenden Nettoentgeltdifferenz.
Siehe auch → Arbeitsrecht, deutsches, (mit Literaturangaben).

Kurzfristiger Finanzplan

siehe → Finanzplan, kurzfristiger.

KVP

Abk. für → Kontinuierlicher Verbesserungsprozess.

L

Ladenlayout

Zum Ladenlayout zählt die Aufteilung des Raumes auf Funktionszonen (Raumaufteilung) und die Anordnung der Funktionszonen (Raumanordnung) (→ In-Store-Marketing, → Verkaufsraumgestaltung). Bei der Aufteilung des Verkaufsraumes sind Funktionszonen wie Warenfläche, Kundenfläche und übrige Verkaufsfläche zu unterscheiden. Während bei der versorgungsorientierten Verkaufsraumgestaltung eher die Warenfläche im Vordergrund steht, sind es bei der Erlebnisvermittlung primär die Kunden- und übrige Verkaufsflächen, da hier in die Raumarchitektur Kommunikationsbereiche integriert werden.
Hauptanliegen der Raumanordnung ist es, Kunden in viele Zonen des Verkaufsraumes zu lenken, um die Kontakthäufigkeit mit dem Sortiment und eine flüssige Kundenzirkulation zu gewährleisten. Extrema sind der Zwangslauf und der Individuallauf. Letzterer ist Voraussetzung für Erlebnisvermittlung, kann aber dazu führen, dass Käufe auf Grund der kurzen Wege rationeller erfolgen. Andere Abläufe sind Stern-, Kojen- oder Arenaprinzipien.
Siehe auch → Handelsmarketing (mit Literaturangaben).

Ladeschein

Der Ladeschein dokumentiert den Transportvertrag der Binnenschifffahrt. Aussteller eines Ladescheins ist gem. § 444 Abs. 1 HGB der Frachtführer (die Binnenschifffahrtsreederei oder deren Agent). Der Ladeschein entspricht in seiner rechtlichen Ausgestaltung ebenso wie in seiner wirtschaftlichen Bedeutung im wesentlichen dem → Konnossement. Ladescheine werden deswegen auch als „Konnossemente der Binnenschifffahrt" bezeichnet.

Lagebericht

(zum → *Jahresabschluss*). Der Lagebericht (§ 289 HGB, deutsches) ist eine ergänzende Information über die wirtschaftliche Situation und die Entwicklung des Unternehmens und eine Ergänzung, jedoch kein Bestandteil des Jahresabschlusses. Anders als der → Anhang, der vor allem Bilanz und GuV (siehe → Jahresabschluss) erläutert, dient der Lagebericht in erster Linie einer Gesamtbeurteilung des Unternehmens aus der Sicht der Geschäftsführung. Des weiteren ist auf Vorgänge von besonderer Bedeutung, die erst nach dem Abschlussstichtag eingetreten sind und die Lage des Unternehmens beeinflussen, einzugehen.

Lager

siehe → Lagereinrichtungen, → Lagerorganisation, → Lagerlogistik, → Lagerbestandsführung und → Lagerhaltungspolitik sowie → Materiallogistik, Kapitel 4.

Lagerbestand

körperlich vorhandene Materialien im Lager. Siehe auch → Lagereinrichtungen, → Lagerorganisation, → Lagerlogistik, → Lagerbestandsführung und → Lagerhaltungspolitik sowie → Materiallogistik, Kapitel 4.

Lagerbestandsführung

Der → Lagerbestand wird mit Hilfe der Bestandsführung festgestellt, indem die aufgrund der Bedarfsplanung realisierten Materialabgänge ermittelt und bewertet werden. Sie geschieht damit als Mengenerfassung (→ Skontrationsmethode, → Inventurmethode oder → Retrograde Methode) und als Werterfassung.
Die wertmäßige Erfassung der Materialien dient dem Nachweis im Zusammenhang mit handels- und steuerrechtlichen Bilanzen sowie als Kalkulationsgrundlage und zu statistischen Zwecken und kann zu unterschiedlichen Wertansätzen durchgeführt werden, je nach Zielsetzung der entsprechenden Berechnung (Anschaffungswert, Wiederbeschaffungswert, Tageswert oder Verrechnungswert).

Oft ist der Inventurbestand mit dem bis dahin geführten Buchbestand nicht identisch, so dass Differenzbuchungen nötig werden. Gründe sind unvollständige oder nicht ordnungsgemäße Belegführung sowie Ware, die noch in Bearbeitung ist und damit nicht immer eindeutig bewertet werden kann.
Siehe auch → Lagereinrichtungen, → Lagerorganisation, → Lagerlogistik und → Lagerhaltungspolitik.

Lagereinrichtungen
sind alle Hilfsmittel, die zum Speichern von Gütern am Stapelort benötigt werden. Sie können in zwei Arten unterteilt werden (1) *Unbewegliche Lagereinrichtungen,* die ortsfest aufgebaut sind und in die Güter ein- und ausgelagert werden. Flüssige Güter werden in Tanks gelagert, Gase in Druckbehälter und Schüttgüter in Silos oder auf Halden. Durch Abfüllen oder Einsortieren in Behälter werden Stückgüter erzeugt, die dann in Regalen gelagert werden können.
(2) Bewegliche Lagereinrichtungen, wie Stapelbehälter oder Container, beinhalten in der Regel mehrere Produkte entweder sortenrein oder auch gemischt. Großdimensionierte Lagersysteme werden als → Hochregallager ausgeführt, in der die Güter mit Regalbediengeräten ein- und ausgelagert werden. Eng verbunden mit der Lagerung sind Handlingsvorgänge wie das Sortieren von Gütern, das Zusammenstellen zu Versand- oder Montageaufträgen (Kommissionierung) sowie das Stapeln und Verteilen der gelagerten Güter. Hierzu werden Transport- und Fördereinrichtungen eingesetzt.
Siehe auch → Lagerorganisation, → Lagerlogistik, → Lagerbestandsführung und → Lagerhaltungspolitik.

Lagerfertigung
Unter Lagerfertigung wird eine kundenauftragsneutrale Produktion verstanden. Die Kundenbelieferung erfolgt direkt aus dem Lager (z.B. Massenprodukte).

Lagergeschäft
(im → *Außenhandel*). Der Begriff Lagergeschäft ist im Außenhandel die zollrechtliche Bezeichnung des Warenverkehrs über → *Zollfreilager*. Statistisch unterscheidet man zwischen → Generalhandel und → Spezialhandel.

Lagergeschäft
(im → *Handelsrecht*). Beim Lagergeschäft schließt der Einlagerer mit dem Lagerhalter einen entgeltlichen Lagervertrag, durch den der Lagerhalter verpflichtet wird, das Gut zu lagern und gegen Beschädigung und Verlust zu schützen (§§ 467 ff. HGB).

Lagerhalter
siehe → Lagergeschäft.

Lagerhalter-Pfand
siehe → Pfand (Faustpfand).

Lagerhaltung
siehe → Lagereinrichtungen, → Lagerorganisation, → Lagerlogistik, → Lagerbestandsführung und → Lagerhaltungspolitik sowie → Materiallogistik, Kapitel 4.

Lagerhaltungsprobleme
sind allgemein dadurch charakterisiert, dass die Bestellzeitpunkte und die Bestellmengen von Gütern so festgelegt werden sollen, dass die gesamten Lagerhaltungskosten minimal werden. Man spricht in diesem Zusammenhang auch von der Bestimmung einer optimalen Bestellpolitik oder Lagerhaltungspolitik. Die gesamten Lagerhaltungskosten setzen sich dabei aus den Bestellkosten, den Lagerungskosten und den Fehlmengenkosten zusammen. Siehe auch → Operations Research.

Lagerhaltungsmodelle
siehe → Lagerhaltungsprobleme

Lagerhaltungspolitik

Als Kriterien für die Festlegung der *optimalen Bevorratungsebene* können hinzugezogen werden: (1) Die erwartete oder geforderte Lieferzeit: Innerhalb dieses Zeitraums muss es möglich sein, alle gewünschten Varianten bereitzustellen. Lieferzeit ist heute ein wesentliches Wettbewerbskriterium (2) Der Grad der Bedarfsschwankung: Auf der gewählten Bevorratungsebene sollte eine hohe Zuverlässigkeit der Bedarfvorhersage bestehen. (3) Der Grad der Nachfrageschwankung (Saisoneffekt, Stichtagsbezug): In einer Zeit geringer Nachfrage werden gängige Endprodukte auf Vorrat produziert, die dann bei Nachfragespitzen die Lieferfähigkeit sicherstellen. (4) Die Mehrfachverwendbarkeit von Komponenten: Die Bevorratungsebene sollte so festgelegt sein, dass die Zwischenprodukte in möglichst vielen Varianten der Endprodukte einsetzbar sind. (5) Die Kapitalbindung: Der Hauptanteil der Wertschöpfung sollte möglichst in die letzte Produktionsstufe gelegt werden, damit der Lagerwert angearbeiteter Produkte minimal bleibt.

Lagerhaltungspolitiken *unterscheiden* sich (1) durch den Mechanismus, nach dem Lagerbestellungen bei den Lieferanten ausgelöst werden und (2) durch die Entscheidungsregel, nach der die jeweilige Bestellmenge festgelegt wird. In der verbrauchsorientierten Lagerhaltungs- und Bestellpolitik haben sich als Lagerhaltungs- und Bestellpolitik herausgebildet (1) Das Bestellpunktverfahren, bei dem bei Erreichen eines bestimmten Meldebestands bestellt wird, und (2) das Bestellrhythmusverfahren, bei dem in gleichen Zeitabständen die jeweils benötigten Mengen bestellt werden.

Da bei keiner der Politiken *Fehlmengen* durch zu späte Anlieferung oder erhöhten Verbrauch zuverlässig vermieden werden können, führt man üblicherweise noch → Sicherheitsbestände ein, um die der Meldebestand erhöht wird.

Siehe auch → Lagereinrichtungen, → Lagerorganisation, → Lagerlogistik, → Lagerbestandsführung, sowie → Materiallogistik, Kapitel 4.

Lagerlogistik

Die Aufgabe der Lagerlogistik ist es, die beschafften Materialien entgegenzunehmen, sie auf Verwendbarkeit zu überprüfen und bei Bedarf an die anfordernde Stelle weiterzugehen. Dazwischen müssen Materialien, die nicht unmittelbar gebraucht werden, zweckmäßig und überschaubar zwischengelagert werden. Wichtig ist eine stets aktuelle Übersicht über die Höhe des Bestands und über die räumliche Verteilung der Materialien.

Je nach Unternehmensgröße und Produktspektrum kann die Eingliederung der Lagerlogistik unterschiedlich gehandhabt werden. Oft werden die Lager für Zukaufteile und für Zwischenprodukte der Materialwirtschaftsabteilung oder dem Bereich Logistik zugeordnet. Lagerbereiche für verkaufsfähige Produkte und für Handelsware unterstehen oft dem Vertriebsbereich.

Siehe auch → Lagereinrichtungen, → Lagerorganisation, → Lagerbestandsführung und → Lagerhaltungspolitik.

Lagerorganisation

Werden spezielle Lagereinrichtungen benötigt (Stangenlager, Treibstofflager, Kühllager, Gefahrstofflager, Kleinteile-Paternoster), fasst man das Material dort zu Warengruppen zusammen. Werden Materialien prozessbezogen in der Fertigung zugefügt, sind diese in produktionsnahen Verbrauchslagern zusammenzufassen.

Die Organisation und Gestaltung der Lager orientiert sich an → Materialflussanforderungen, geometrischen Abmessungen und der Beschaffenheit der Materialien. Spezielle Rohstofflager, Lagerbereiche für gefährliche Stoffe oder für brandgefährdete Materialien sind oft räumlich abgetrennt. In → Hochregallagern ist eine Automatisierung der Lagerzugangs- und -abgangsvorgänge möglich. Durch Lagerverwaltungsrechner, die mit der zentralen PPS-Software kommunizieren, lassen sich wahlfreie Lagerorte (→ chaotisches Lager) und Materialreservierungen organisieren und optimieren.

Unterschiedliche Ausprägungen von Regalen (Durchlauf, Compact, Paternoster oder Paletten) ermöglichen eine materialbezogene Optimierung. Als Packmittel dienen zumeist Container, Tablare oder Paletten. Der Transport erfolgt durch Be- und Entladungsgeräte, Transportbänder, Paternoster oder Flurförderfahrzeuge. Bei der Kommissionierung für Produktionsaufträge bietet sich eine integrierte Messstation an, deren Ergebnis z.B. in eine permanente Inventur einfließen kann.

Siehe auch → Lagereinrichtungen, → Lagerlogistik, → Lagerbestandsführung und → Lagerhaltungspolitik.

Lagerschein

Lagerscheine können nur von Lagerhaltern ausgestellt werden. Lagerhalter sind Gewerbebetriebe, die
die Lagerung und Aufbewahrung von Gütern übernehmen. Durch einen Lagervertrag wird der Lagerhalter verpflichtet, das Gut zu lagern und aufzubewahren (vgl. § 467 HGB). Der Lagerhalter ist verpflichtet, die Güter nur gegen Rückgabe des Lagerscheins auszuliefern. Ein Lagerschein kann durch
ausdrücklichen Vermerk an Order gestellt werden (Orderlagerschein im Gegensatz zum Rektalager-
schein) und auf dieser Grundlage der Anspruch auf Auslieferung der Ware mittels Indossament übertragen werden.
Siehe auch → Lagergeschäft (im → *Handelsrecht*).

Lagerwirtschaft

siehe → Lagereinrichtungen, → Lagerorganisation, → Lagerlogistik, → Lagerbestandsführung und
→ Lagerhaltungspolitik sowie → Materiallogistik, Kapitel 4.

Lagestaat

(→ *Steuerrecht, Internationales*) ist der Staat, in dem sich das Vermögen befindet, mit dem Einkünfte
erzielt werden (z.B. Grundstück).

Lagging

(im → *Cash Management*) ist die Bezeichnung für verzögerte Zahlung; Gegensatz: *leading* (frühzeitige
Zahlung). Siehe auch → Cash Management.

Lagging

(im → *Währungsmanagement*) ist ein monolaterales → Kurssicherungsinstrument. Hierbei veranlasst
ein Unternehmer seinen Geschäftspartner, in Zukunft fällige Zahlungen in Fremdwährung zu einem
(noch) späteren Zeitpunkt zu erbringen, so dass der Unternehmer eigene, künftig fällige Auszahlungen
in Fremdwährung im Zeitpunkt des (verzögerten) Eingangs der Fremdwährungszahlung durch den Geschäftspartner gerade leisten kann. Augenscheinlich ist Lagging in dieser Form mit einem Zinsentgang
beim Unternehmer verbunden und insofern wenig sinnvoll.

LAN

Abk. für → Local Area Network.

Land- und forstwirtschaftliche Betriebe

genießen im → Handelsrecht einen Sonderstatus. Sie sind unabhängig von ihrem Umfang niemals
Kaufleute kraft Gesetzes. Erfordern sie nach Art und Umfang einen in kaufmännischer Weise eingerichteten Geschäftsbetrieb, können sie jedoch die Eintragung in das Handelsregister beantragen und
durch diese Eintragung den Status eines Kaufmanns erlangen (§ 3 HGB).

Länderanleihe

siehe → Anleihe der öffentlichen Hand.

Ländercluster

(→ *Marketing, Internationales*). In der internationalen Marktsegmentierung werden auf der → Makro-
ebene Länder zusammengefasst, die sich in Kultur und Wertestrukturen stark ähneln und daher von anderen Länderclustern stark unterscheiden.

Länderrisiko

siehe → politisches Risiko.

Länderrisikokonzepte

(*Risikoindizes, Country Credit Ratings*) im weiteren Sinne suchen die Frage zu beantworten, wie attraktiv oder wenig attraktiv ein Land auf längere Sicht als Standort für Direktinvestitionen ist. Im engeren Sinne sind Länderrisikokonzepte auf die → politischen Risiken der beurteilten Länder (Länderrisiken) ausgerichtet, die schwerpunktmäßig die Frage der internationalen Verschuldung der Länder einschließt. Beispiel eines derartigen Länderrisikokonzeptes ist der sog. BERI-Index sowie „Institutional Investor's Country Credit Ratings", das auf einer Expertenbefragung in international ausgerichteten Kreditinstituten beruht, und das halbjährlich erscheint.
Siehe auch → Business-Environment-Risk-Index (BERI-Index).

Ländliche Genossenschaften

(deutsche), Bank- und Warengenossenschaften, die in der Tradition von Friedrich Wilhelm Raiffeisen und Wilhelm Haas stehen. Außer Raiffeisenbanken (Kreditgenossenschaft mit Warengeschäft, → Volks- und Raiffeisenbanken) gehören hierzu vornehmlich landwirtschaftliche Bezugs- und Absatzgenossenschaften, landwirtschaftliche Produktions- und Verwertungsgenossenschaften sowie landwirtschaftliche Produktivgenossenschaften.
Das ländliche Genossenschaftswesen ist weithin dreistufig organisiert. Örtliche Genossenschaften werden in ihrem Fördergeschäft von regionalen und/oder nationalen Zentralgenossenschaften unterstützt. Flankiert wird der ländliche Genossenschaftsverbund von regionalen und nationalen Genossenschaftsverbänden, welche für ihre Mitglieder etliche Serviceleistungen in den Bereichen Interessenvertretung, Prüfung, Beratung sowie Aus- und Weiterbildung erbringen (→ genossenschaftliches Verbandswesen).
Siehe auch → Genossenschaft, deutsche und → Erwerbs- und Wirtschaftsgenossenschaft, österreichische, jeweils mit → Literaturangaben.
    Literatur: Aschhoff, G./Henningsen, E.: Das deutsche Genossenschaftswesen. Entwicklung, Struktur, wirtschaftliches Potential, 2. Auflage, Frankfurt a. M. 1995; Die deutschen Genossenschaften 2004, Entwicklungen – Meinungen – Zahlen, DG VERLAG, Wiesbaden.

Landwirtschaftliche Direktvermarktung

Die landwirtschaftliche Direktvermarktung, bei der von den Landwirten individuell, z.B. in Form des Ab-Hof-Verkaufs, aber auch in gemeinschaftlichen Direktvermarktungsformen (Bauernmärkten), in stationärer oder ambulanter Form ein Vertrieb der landwirtschaftlichen Waren erfolgt, kann in neueren Ausprägungen als Resultat der erhöhten Konsumsensibilität bezüglich biologischer, ökologischer Produkte gesehen werden. Hier drückt sich ein Vertrauen der Kunden bezüglich der Herkunft und der Frische der Produkte aus.
Diese Direktvermarktungsform ist über eine Marktnische hinausgewachsen. Etwa drei Prozent aller landwirtschaftlichen Betriebe und etwa 75 % aller deutschen Öko-Betriebe vermarkten ihre Produkte auch direkt.
Siehe auch → Vertriebswege, Neuere (mit Literaturangaben).

Landwirtschaftliche Produktivgenossenschaften

siehe → Ländliche Genossenschaften.

Langfristiger Bankkredit

Ein Kredit im Sinne eines Gelddarlehens (vgl. § 488 BGB bzw. § 607 BGB für Sachdarlehen) ist ein schuldrechtlicher Vertrag, der den Kreditgeber verpflichtet, einen bestimmten Geldbetrag zur Verfügung zu stellen. Der Kreditnehmer ist verpflichtet einen Zins zu zahlen und den Kredit bei Fälligkeit an den Kreditgeber zurückzuzahlen.
Wie aus der Bezeichnung als langfristiger Bankkredit bereits hervorgeht, werden diese vor allem von Kreditinstituten zur Verfügung gestellt. Die Kreditaufnahme erfolgt in der Regel direkt beim Kreditgeber. Grundsätzlich kann jedes Unternehmen einen langfristigen Bankkredit aufnehmen. Traditionell finanzieren sich gerade kleinere und mittlere Unternehmen zu einem besonders hohen Anteil über langfristige Bankkredite, weil ihnen eine Finanzierung über → Anleihen und → Schuldscheindarlehen durch die Nichterfüllung von Bonitätsanforderungen oder einer zu geringen Kapitalnachfrage oft verwehrt bleibt.

Langfristiger Finanzplan
siehe → Finanzplan, langfristiger.

Last in – first out
siehe → Lifo.

Lastenheft
(Anwendungsbeispiel → *Produktpolitik*): Zusammenstellung relevanter Kundenwünsche bzw. -probleme als Vorgabe für die Produktpolitik. Es beschreibt vor allem funktionale, strukturelle und ästhetische Eigenschaften sowie Anforderungen hinsichtlich des Liefer- und Leistungsumfangs. Siehe auch → Pflichtenkatalog.

Lastenheft
(z.B. beim → *Projektmanagement*) ist die Zusammenfassung aller Anforderungen an das Projektergebnis.

Late Stage
(bei → *Venture Capital*). Finanzierungsphase im Rahmen von Venture Capital-Finanzierungen, in der die Phasen → Bridge und MBO (→ Management Buy-Out) / MBI (→ Management Buy-In) zusammengefasst sind. Siehe auch → Venture Capital und → Early Stage.

Late Stage-Gesellschaften
(bei → *Venture Capital*). Spätphasenorientierte Kapitalbeteiligungsgesellschaften (Venture Capital-Gesellschaften), die als Kerngeschäft die Finanzierung von Unternehmen wahrnehmen, die die Gewinnschwelle erreicht oder überschritten haben bzw. die eine Überbrückungsfinanzierung zur Vorbereitung eines Börsengangs oder einer Veräußerung an einen Industrieinvestor benötigen.
Siehe auch → Late Stage, → Early Stage-Gesellschaften und → Venture Capital.

Later Stage Financing
siehe → Spätphasenfinanzierung.

Laterale Kooperation
ist die Zusammenarbeit zwischen Unternehmungen, die verschiedenen Branchen angehören, wie z.B. die Zusammenarbeit zwischen einem Reisebüro und einem Warenhaus.

Laterales Denken
sprunghaftes Verlassen herkömmlicher Denkmuster, um damit neue Problemlösungen zu erreichen (*Reframing*). Es gilt, viele Ideen in vielen Richtungen zu erzeugen, indem die Intuition bewusst eingesetzt wird, und diese Ideensuche auch dann fortzusetzen, wenn schon viel versprechende Lösungsmöglichkeiten vorliegen. Selbst zunächst abwegig erscheinende Lösungswege gilt es, provokant weiterzuverfolgen, um durch Analogien alle Möglichkeiten für gute Lösungen auszuschöpfen.
Bremsen sind vor allem Gewohnheit, Expertentum, Emotion (Lächerlichkeit) und vorzeitige Bewertung.

Launch
Erstpositionierung (von Produkten), siehe auch → Relaunch und → Produktpolitik.

LBO
Abk. für → *Leveraged Buy-out*, siehe auch → Sell-off.

LBS
Abk. für Location Based Services; siehe → ortbezogene Dienste.

L/C

Abk. für Letter of Credit; siehe auch → Dokumentenakkreditiv; siehe auch → *Commercial Letter of Credit.*

Lead Manager

Der Lead Manager ist im Rahmen einer Emission (→ Going Public, Vorbereitungsphase; → Going Public, Durchführungsphase) jene Emissionsbank, die das → Emissionskonsortium leitet. Sie steht in einem engen Kontakt zum → Emittenten und führt viele zentrale Arbeiten im Zusammenhang mit der Emission durch (beispielsweise → Unternehmensbewertung, Teile der → Due Diligence Prüfung, Emissionsprospekt erstellen, Bookbuildingspanne fixieren, → Emissionspreis festsetzten, Marktpflege an den ersten Handelstagen). Der Lead Manager wird auch als → Konsortialführer bezeichnet.

Leadership

siehe → Personalführung.

Leading

.(im → *Cash Management*) ist die Bezeichnung für frühzeitige Zahlung; Gegensatz: → *lagging* (verzögerte Zahlung). Siehe auch → Cash Management.

Leading

(im → *Währungsmanangement*) ist ein monolaterales → Kurssicherungsinstrument. Hierbei werden Auszahlungen in Fremdwährung von einem Unternehmer früher als vertraglich erforderlich geleistet, um unmittelbar vorhandene Fremdwährungsbestände zur Erfüllung der Verbindlichkeit zu nutzen. Augenscheinlich ist Leading in dieser Form mit einem Zinsentgang beim Unternehmer verbunden und insofern wenig sinnvoll. Leading in der Form, dass für die Zukunft erwartete Einzahlungen in Fremdwährung zu einem früheren Zeitpunkt eingefordert werden, wird hingegen kaum praktikabel sein, da der jeweilige Geschäftspartner durch die Erfüllung dieses Wunsches einen Zinsentgang erführe und deswegen nicht zur (freiwilligen) Kooperation bereit sein dürfte.

Leading Indicator

siehe → Früherkennung, gerichtete.

Leads

sind beispielsweise im Rahmen des Verkaufs bzw. Vertriebs weiter zu verfolgende Kontakte bzw. Adressen. Diese Interessenten mit Kaufpotenzial sind aus der Fülle möglicher Kontakte herauszufiltern.

Lean Production

(*Schlanke Produktion*). Siehe → Toyota Production System (mit Literaturangaben und Internetadressen).

Leasclubs

loser Zusammenschluss von in- und ausländischen Leasinggesellschaften, der insbesondere der gegenseitigen Vermittlung von (Export-)Leasingverträgen (gegen Zahlung einer Vermittlungsprovision) dient. Siehe auch → Leasing (mit Literaturangaben).

Leas(e)-zurück-Verfahren

siehe → Sale-and-lease-back-Verfahren; siehe auch → Leasing.

Leasing

1. Charakterisierung und Formen: Leasing ist im betriebswirtschaftlichen Sinne die Vermietung (Überlassung zur Nutzung) von langlebigen Gebrauchs- und Investitionsgütern von einem Leasinggeber (Leasinggesellschaft, Hersteller, Händler) an einen Leasingnehmer (Nutzer) gegen Zahlung von (monatlich oder vierteljährlich fälligen) Leasingraten über einen bestimmten Zeitraum (siehe auch → Kaufrecht, Kap. 2). In der Praxis treten unterschiedliche Leasingarten in Erscheinung: → Herstellerleasing;

→ Institutionelles Leasing; → Vertriebsleasing; → Finance-Leasing, Finanzierungsleasing; → Operating-Leasing; → Vollamortisationsleasing; → Teilamortisationsleasing; → Ausrüstungsleasing, Equipment-Leasing; → Anlagenleasing, Plant-Leasing; → Subleasing; → Maintenance-Leasing, (Full-)Service-Leasing; → Netto-Leasing.

2. Funktionen: (1) *Finanzierung.* Der Leasingnehmer erlangt ohne Kapitaleinsatz bzw. unter Leistung einer geringen An-/Sonderzahlung ein praktisch uneingeschränktes Nutzungsrecht über den Leasinggegenstand. Der Einsatz von Eigenkapital bzw. die Aufnahme von Fremdkapital entfallen somit bei Leasing (weitgehend), was im Vergleich zu einer kreditfinanzierten Investition die Eigenkapital-/Fremdkapitalrelation des Leasingnehmers erheblich verbessert. (2) *Sicherheit.* Die Leasinggesellschaften begnügen sich i.A. mit dem (Eigentums-)Recht am Leasinggut als einziger Sicherheit, wogegen die Kreditinstitute bei kreditfinanzierten Investitionen häufig Zusatzsicherheiten verlangen. (3) *Ratenzahlung.* Die Höhe der Leasingraten hängt grundsätzlich von der gewählten Leasingart, von der Laufzeit des Leasingvertrags (der Grundmietzeit), von den Vereinbarungen über die Übernahme der Unterhaltungs- und Reparaturkosten und von weiteren Bestimmungsfaktoren ab. (4) *Investitionsrisiko.* Vordergründig gesehen trägt der Leasingnehmer kein Investitionsrisiko. Im Regelfall kann der Leasingnehmer die Leasingraten nachhaltig aus der Nutzung des Leasinggegenstandes (Investitionsgutes) erwirtschaften („pay as you earn"). Je nach Gestaltung des Leasingvertrags kann ein Investitionsrisiko für den Leasingnehmer jedoch trotzdem gegeben sein, insbesondere bei langfristigen Leasingverträgen ohne Kündigungsmöglichkeit für den Leasingnehmer; siehe dazu auch → Finanzleasing und → Vollamortisationsleasing. (5) *Wertentwicklung.* In diesem Zusammenhang stellt sich auch die Frage nach der Behandlung von Wertsteigerungen (Erhöhung von Wiederbeschaffungspreisen) bzw. Wertverlusten des Leasinggegenstands, nach eventuell einzuräumenden Kauf- oder Mietverlängerungsoptionen usw. (6) Die von Leasinggebern gebotenen *Dienstleistungen* erstrecken sich insbesondere auf die Bereiche (Full-) Service (siehe dazu auch → Maintenance-Leasing) sowie auf Beschaffung und Verwertung.

3. Grenzüberschreitendes Leasing: Grenzüberschreitendes Leasing (Cross-Border-Leasing, Internationales Leasing, Auslandsleasing) ist der Oberbegriff für Exportleasing und Importleasing. (1) Der Begriff *Exportleasing* wird in Praxis und Literatur unterschiedlich definiert. Gemeinsame Merkmale sind, dass der Leasingnehmer seinen Sitz im Ausland hat und dass ein inländischer Hersteller/Händler oder eine inländische Leasinggesellschaft unmittelbar als Leasinggeber auftritt bzw. das Leasinggeschäft (dem regelmäßig ein Exportgeschäft des Leasinggegenstandes zugrunde liegt) von einer inländischen Leasinggesellschaft an eine ausländische Leasinggesellschaft vermittelt wird. (2) Der Ausdruck *Importleasing* umfasst in Umkehrung des Ausdrucks Exportleasing dagegen grenzüberschreitende Leasinggeschäfte, bei denen der Leasingnehmer (aus dem Blickwinkel eines ausländischen Herstellers oder einer ausländischen Leasinggesellschaft) seinen Sitz im Inland hat. (3) Exportleasing von Leasinggesellschaften erfährt i.W. vier verschiedene *Abwicklungsarten.* (a) Der Leasingvertrag wird zwischen einer inländischen Leasinggesellschaft und einem ausländischen Leasingnehmer abgeschlossen. (b) Ein erster Leasingvertrag wird zwischen einer inländischen Leasinggesellschaft und einer ausländischen Leasinggesellschaft geschlossen. Ein zweiter Leasingvertrag (sog. Subleasingvertrag) wird über dasselbe Leasinggut zwischen der ausländischen Leasinggesellschaft und einem ausländischen Leasingnehmer geschlossen. (c) Der Leasingvertrag wird zwischen einer ausländischen Leasinggesellschaft, die jedoch Tochtergesellschaft einer inländischen Leasinggesellschaft ist, und einem ausländischen Leasingnehmer geschlossen, und zwar unter Vermittlung der inländischen (Mutter-)Leasinggesellschaft. (d) Der Leasingvertrag wird zwischen einer wirtschaftlich und rechtlich selbstständigen ausländischen Leasinggesellschaft und einem ausländischen Leasingnehmer geschlossen, und zwar vermittelt von einer inländischen Leasinggesellschaft (eventuell im Rahmen sog. Leasclubs).

Literatur: Bender, H.J.: Kompakt-Training Leasing, Ludwigshafen 2001; Büschgen, H.E. (Hrsg.): Praxishandbuch Leasing, München 1998; Büschgen, H.E., Feinen, K. (Hrsg.): Leasing-Studien (Wiss. Reihe), Wiesbaden; Hartmann-Wendels, Th. (Hrsg.): Leasing-Bibliographie, 6. A. 2004 (pdf. www.wiso.unikoeln.de/leasing); Hartmann-Wendels, Th. (Hrsg): Leasing – Wissenschaft und Praxis, Forschungsinstitut für Leasing an der Universität zu Köln; FLF Finanzierung, Leasing, Factoring (Fachzeitschrift) hrsg. vom BDL – Bundesverband Deutscher Leasing-Unternehmen e.V. und vom Deutschen Factoring Verband e.V.

Internetadressen: (Deutschland) www.bdl-leasing.de, www.leasing-verband.de, www.wiso. unikoeln.de/leasing, www.unikoeln.de/wiso-fak/bankseminar; (Österreich)

Lebenszyklus

Synthetische Systeme (Unternehmen) unterliegen ebenso wie natürliche Organismen dem Gesetz des „Werdens und Vergehens". Analog zur Biologie wird dabei eine zwangläufige Entwicklung unterstellt. Daraus leitet sich ein deterministisches und zeitraumbezogenes Marktreaktionsmodell ab. Der Produktlebenszyklus betrachtet also die Ergebnisentwicklung in Abhängigkeit vom Zeitablauf, wobei idealtypisch eine Normalverteilung (= Gauß'che Glockenkurve) unterstellt wird. Kumuliert ergeben die Werte eine logistische Funktion.

Als Betrachtungsobjekte kommen in Frage: ein Branchenmarkt, ein Produktlinienmarkt, ein Produkt- oder Programmmarkt.

Irritationen bei der Diskussion über Aussagen des Lebenszyklusmodells rühren oft daher, dass Unklarheit über die Abgrenzung des Untersuchungsobjekts besteht. So kann etwa ein einzelnes Produkt am Beginn seines Lebenszyklus stehen, wohingegen sich die Produktlinie bereits in einem weit fortgeschrittenen Stadium befindet. Die Produktlinie kann hinsichtlich ihres Lebenszyklusses wiederum anders eingeordnet sein als die Branche, deren Teil sie bildet.

Siehe auch → Lebenszyklusanalyse sowie → Produktlebenszyklus (mit grafischer Darstellung).

Lebenszyklusanalyse

Das Konzept der Lebenszyklusanalyse geht davon aus, dass auch Produkte, → Marken, Branchen oder Märkte ähnlich natürlichen Organismen eine begrenzte Lebensdauer haben. Im Rahmen der Lebenszyklusanalyse werden Gesetzmäßigkeiten im Lebensverlauf des Untersuchungsobjektes aufgedeckt und normative → Marktbearbeitungsstrategien abgeleitet. Es gibt eine Reihe verschiedener Lebenszykluskonzepte, die bedeutendsten Vertreter sind jedoch der → Produktlebenszyklus (mit grafischer Darstellung) und der → Marktlebenszyklus.

Lebenszykluskosten

sind die gesamten Kosten (Auszahlungen), die ein Produkt während eines → Lebenszyklus verursacht.

Legal Due Diligence

Die Legal Due Diligence ist auf die Prüfung der Chancen und Risiken der rechtlichen Innen- und Außenbeziehungen bspw. in den Bereichen Gesellschafts-, Vertrags-, Arbeits- und Kartellrecht gerichtet (vgl. Picot in Picot 2004, S. 70). Darüber hinaus werden anhängige oder drohende Rechtsstreitigkeiten analysiert. Ein weiterer Schwerpunkt bildet die Ausarbeitung des Unternehmenskaufvertrages sowie die Prüfung der darin gemachten Angaben, insbesondere des Garantiekatalogs.

Siehe auch → Due Diligence (mit Literaturangaben).

Literatur: Berens, W., Brauner, H.U., Strauch, J. (Hrsg.): Due Diligence bei Unternehmensakquisitionen, 4. Auflage, Stuttgart 2005; Holzapfel, H.-J., Pöllath, R.: Unternehmenskauf in Recht und Praxis, 12. Auflage, Köln 2005; Picot, G. (Hrsg.): Unternehmenskauf und Restrukturierung, 3. Auflage, München 2004.

Legal Opinion

Rechtsgutachten in Verbindung mit internationalen Geschäften, in dem beispielsweise bei → gebundenen Finanzkrediten darzulegen ist, dass der Darlehensvertrag wirksame Verpflichtungen des Darlehensnehmers begründet. Eine analoge Anwendung finden Rechtsgutachten manchmal bezüglich der Verpflichtungen von Garanten in Garantieversprechen/-verträgen (siehe auch → Bankgarantien).

Legalisierte Handelsrechnung

Die Einfuhrbestimmungen einiger Länder schreiben vor, dass die Erklärungen des Exporteurs in der Handelsrechnung von der deutschen Industrie- und Handelskammer zu beglaubigen und damit zu legalisieren sind. Ebenso kann dem Exporteur in den Einfuhrbestimmungen auferlegt sein, dass das Konsulat des Importlandes die Marktüblichkeit des berechneten Exportpreises in der Handelsrechnung zu bestätigen (zu legalisieren) hat.

Siehe auch → Proforma-Rechnung, → Konsulatsfaktura, → Zollfaktura.

Leiharbeit

siehe → Arbeitnehmerüberlassung und die dort angegebene Literatur.

Leistungsabhängige Abschreibung
(*sum-of-the-units method / units-of-production method*) ist eine Methode der → planmäßigen Abschreibung von Vermögensgegenständen, bei denen die Leistungsabgabe die Hauptwertminderungsursache ist. An die Stelle der Nutzungsdauerschätzung tritt hier die Schätzung der voraussichtlichen Gesamtleistung. Die Jahresabschreibung ergibt sich aus Division des Abschreibungsausgangsbetrages durch die voraussichtliche Gesamtleistung multipliziert mit der mittels Stunden- oder Kilometerzähler nachgewiesenen Jahresleistung.

Leistungsbeschreibung
(z.B. beim → Projektmanagement), Beschreibung der im Rahen eines Projekt zu erbringenden Leistungen (Lastenheft) durch den Auftragnehmer. Siehe auch → Projektmanagement.

Leistungsbeteiligung
Form der Mitarbeiterbeteiligung bei der die betriebliche Leistung als Bemessungsgrundlage dient. In der Regel wird eine Normalleistung vereinbart, deren Über-/Unterschreitung zur Zahlung eines Erfolgsanteils führt. Denkbar sind hier zum Beispiel Beteiligungen an Kosteneinsparungen.
Siehe auch → Lohn- und Gehaltsmodelle (mit Literaturangaben).

Leistungsbeurteilung
siehe → Personalbeurteilung.

Leistungsbeurteilungsverfahren
Verfahren zur Messung der Arbeitsleistung des Mitarbeiters. Man unterscheidet freie und gebundene Verfahren. Siehe auch → Lohn- und Gehaltsmodelle (mit Literaturangaben).

Leistungsergebnis
Ergebnis des → Leistungserstellungsprozesses einer → *Dienstleistung*. Das Leistungsergebnis stellt bei Dienstleistungen ein *Leistungsbündel* dar, das seine Wirkung am → externen Faktor konkretisiert. Die Gestaltung und Entwicklung des Leistungsergebnisses ist die Aufgabe des → Dienstleistungsmanagements.

Leistungserstellungsprozess
(bei → *Dienstleistungen*), Abfolge von Aktivitäten (Prozess), in deren Verlauf der Anbieter einer → Dienstleistung seine internen Produktionsfaktoren (→ Leistungspotenzial) mit den → externen Faktoren des Nachfragers kombiniert (vgl. auch → Dienstleistungsprozess). Die Kombination erfolgt dabei als Integration oder als Transformation der externen Faktoren: (1) Bei der *Integration* bleiben die externen Faktoren in ihren Eigenschaften unverändert (z.B. Informationen, die in die Entwicklung eines Kraftwerkes einfließen). (2) Bei der *Transformation* werden die externen Faktoren einer Nutzen stiftenden Veränderung unterzogen (z.B. Reparatur eines Autos).
Siehe auch → Dienstleistungen und → Dienstleistungsmanagement, jeweils mit Literaturangaben.

Leistungsgefahr
siehe → Gefahrtragung.

Leistungsgrad
(in der → *Produktions- und Kostentheorie*) ist die unabhängige Variable der → *Verbrauchsfunktion*. Entsprechend dem physikalischen „Leistungs"-Begriff als Arbeit pro Zeit oder Kraft x Weg/Zeit oder Kraft x Geschwindigkeit sind Leistung und Geschwindigkeit (bei konstanter Kraft) proportional miteinander verbunden. Daher kann der Leistungsgrad auch anschaulich als → *Produktionsgeschwindigkeit* aufgefasst und im praktischen Fall etwa als „Schnittgeschwindigkeit" (bei spanenden Bearbeitungen), als „Reaktionsgeschwindigkeit" (in chemischen Vorgängen) usw. interpretiert werden.

Leistungsmengeninduzierte Kosten (lmi)

sind Kosten, die einer Leistungsmenge direkt zugeordnet werden können. Gegensatz: → leistungsmengenneutrale Kosten. Siehe auch → Prozesskostenrechnung.

Leistungsmengenneutrale Kosten (lmn)

sind Kosten, die einer Leistungsmenge nicht direkt zugeordnet werden können, wie z.B. die Leitung einer Kostenstelle. Gegensatz: → leistungsmengeninduzierte Kosten. Siehe auch → Prozesskostenrechnung.

Leistungsorientierte Vergütung

siehe → Lohn- und Gehaltsmodelle.

Leistungspotenzial

(bei → *Dienstleistungen*), die Bereitschaft und Fähigkeit des Anbieters einer → Dienstleistung zur Erbringung der Leistung (z.B. Mitarbeiter oder Maschinen). Das Leistungspotenzial wird im Rahmen der → Leistungserstellung vom externen Faktor aktiviert (→ Kundenintegration) und kann vom Anbieter im Rahmen des → Dienstleistungsmanagements unabhängig vom Nachfrager gestaltet, gesteuert und entwickelt werden (→ autonome Disposition). Das Leistungspotenzial umfasst alle notwendigen vorbereitenden Aktivitäten, um den Dienstleistungsanbieter in die Lage zu versetzen, die Dienstleistung für einen konkreten Nachfrager erbringen zu können. Die Aktivitäten des Leistungspotenzials umfassen z.B. die Beschaffung von Potenzial- und Verbrauchsfaktoren (→ Facility-Aktivitäten) sowie vorbereitende Aktivitäten (→ Preparation-Aktivitäten) (vgl. → ServiceBlueprint).
Siehe auch → Dienstleistungen und → Dienstleistungsmanagement, jeweils mit Literaturangaben.

Leistungsprogramm-Franchising

(*Business Format Franchising*) bezieht sich auf die Überlassung umfassender Geschäftskonzeptionen an Franchisenehmer.
Siehe auch → Franchising (mit Literaturangaben).

Leistungstest

siehe → psychologische Tests, siehe auch → Personalauswahl, Instrumente und die dort angegebene Literatur.

Leistungsturniere

zeichnen sich durch drei Merkmale aus: (1) Die Preise werden im Voraus festgelegt. Der Preis im Sport sind Geldzahlungen. Der Preis in unternehmensinternen Turnieren sind Beförderungen und die damit verbundenen Vorteile. (2) Nicht die absolute, sondern die relative Leistung der Teilnehmer ist wichtig für den Sieg. (3) Je größer der Unterschied zwischen Sieger und Verlierer, desto höher ist die Anstrengung. Empirisch gesichert ist die leistungssteigernde Wirkung von Turnieren im Sport, nicht jedoch in Unternehmen. Ursache sind die Kooperationserfordernisse in Unternehmen (→ Synergien), welche in Turnieren durch Mobbing und Sabotage der Turnierteilnehmer bedroht sind.
Siehe auch → Managing Motivation (mit Literaturangaben).
   Literatur: Backes-Gellner, U., Lazear, E.P., Wolff, B.: Personalökonomik – Fortgeschrittene Anwendungen für das Management, Stuttgart 2000; Osterloh, M., Weibel, A.: Investition Vertrauen. Gabler (im Druck).

Leistungswert

(z.B. beim → *Projektmanagement*). Im Rahmen des Projektcontrolling beschreibt der Leistungswert (Earned Value) den bis zum jeweiligen Termin geschaffenen Wert. Er wird durch die geplanten Kosten für die bereits erfolgreich abgeschlossenen (abgearbeiteten) → Arbeitspakete bestimmt.

Leistungswirtschaftliche Sanierung

siehe → Sanierung, leistungswirtschaftliche.

Leitender Angestellter
Nach § 5 Abs. 3 BetrVG ist leitender Angestellter, wer nach Arbeitsvertrag und Stellung im Unternehmen oder im Betrieb (1) zur *selbständigen Einstellung und Entlassung* von im Betrieb oder in der Betriebsabteilung beschäftigten Arbeitnehmern berechtigt ist oder (2) *Generalvollmacht oder Prokura* hat und die Prokura auch im Verhältnis zum Arbeitgeber nicht unbedeutend ist oder (3) regelmäßig sonstige Aufgaben wahrnimmt, die für den Bestand und die Entwicklung des Unternehmens oder eines Betriebs von Bedeutung sind und deren Erfüllung besondere Erfahrungen und Kenntnisse voraussetzt, wenn er dabei entweder die *Entscheidungen im Wesentlichen frei von Weisungen* trifft oder sie maßgeblich beeinflusst; dies kann auch bei Vorgaben insbesondere aufgrund von Rechtsvorschriften, Plänen oder Richtlinien sowie bei Zusammenarbeit mit anderen leitenden Angestellten gegeben sein.
Ein leitender Angestellter ist arbeitsrechtlich grundsätzlich als Arbeitnehmer anzusehen. Darüber hinaus bestehen jedoch rechtliche Sondervorschriften, z.B. in Bezug auf die Arbeitszeit oder die Kündigung.

Leitmessen
→ Messeformen; siehe auch → Messemarketing.

Leitungskompetenzen
bestimmen das Verhalten anderer → Stellen; sie begründen Vorgesetzten-Mitarbeiter-Verhältnisse, d.h. Über- und Unterordnungsverhältnisse. Leitungsbefugnisse werden allgemein unterteilt in fachliche und disziplinarische Leitungsbefugnisse: (1) Die fachlichen Leitungsbefugnisse beziehen sich auf die Modalitäten der Aufgabendurchführung; aufgrund dieser Befugnisse erteilt die → Leitungsstelle die zur Entscheidungsdurchsetzung notwendigen Handlungsanweisungen. (2) Die disziplinarischen Leitungsbefugnisse beziehen sich auf Umgangs- und Verhaltensnormen; aufgrund dieser Befugnisse hat der Vorgesetzte das Recht, gegenüber seinen Mitarbeitern Maßnahmen zu ergreifen, um ihr Handeln oder Verhalten zu loben oder zu tadeln.
Siehe auch → Unternehmensführung und → Aufbauorganisation, jeweils mit Literaturangaben.

Leitungsspanne
(*span of control*), Anzahl der direkt unterstellten Mitarbeiter, die ein Vorgesetzter führt, auch die Kontaktnähe („closeness of supervision") zwischen Vorgesetzten und unterstellten Mitarbeitern, die besonders von den Kriterien Häufigkeit (Anzahl) und Intensität (z.B. Zeitaufwand) der Beziehungen beeinflusst wird.
Mit wachsender Zahl der unterstellten Mitarbeiter steigt die Zahl der möglichen Beziehungen überproportional an. Je häufiger sich die Aufgaben ändern, je schwieriger diese Aufgaben sind, je weniger Routineaufgaben, sondern innovative Probleme zu lösen sind, je mehr die Vorgesetzten und die Mitarbeiter die Aufgabenschritte aufeinander abstimmen müssen und voneinander abhängig sind und je kleiner der Entscheidungsspielraum des einzelnen Mitarbeiters ist, desto stärker ist die Belastung des Vorgesetzten und desto kleiner muss die Leitungsspanne sein.
Siehe auch → Organisation, Grundlagen (mit Literaturangaben).

Leitungsspanne
Die Leitungsspanne beinhaltet die Anzahl der einer → Leitungsstelle unmittelbar unterstellten Personen. Nur mittelbar unterstellte Mitarbeiter werden nicht in die Leitungsspanne mit eingerechnet. Statt des Terminus Leitungsspanne werden auch die Begriffe Kontrollspanne (span of control) oder vereinzelt Subordinationsspanne verwendet. Siehe auch → Aufbauorganisation (mit Literaturangaben).

Leitungsstelle
Leitungsstellen sind Stellen mit Fremdentscheidungs-, Weisungs- und Kontrollkompetenzen. Wesentliche Kriterien der Leitung sind das Treffen von Fremdentscheidungen, das Umsetzen der Entscheidung in Anordnungen und die Fremdkontrolle der Ausführung. Leitungsstellen grenzen sich damit gegenüber den Ausführungsstellen ab, die überwiegend mit der Ausführung der getroffenen Entscheidungen zu tun haben. Leitungsaufgaben können auch von einer Leitungsgruppe wahrgenommen werden. Siehe auch → Stabstelle und → Aufbauorganisation (mit Literaturangaben).

Lenkpreise

andere Bezeichnung für → Verrechnungspreise.

Leontief-Funktion

berücksichtigt Produktionsbedingungen mit *unmittelbaren* Einsatz-Ausbringungs-Beziehungen bei → *Limitationalität* der → Produktionsfaktoren. Sie konzentriert sich auf Anwendungen auf dem Gebiet der → *Werkstoffe* (Material, Halbfabrikate, Zulieferteile). Damit eignet sie sich auch zur Abbildung von *mehrstufigen* Fertigungsbedingungen (inner- und außerbetriebliche Lieferverflechtungen) der → *Input-Output-Analyse*.

Siehe auch → Produktions- und Kostentheorie (mit Literaturangaben).

Lernen

ist der Vorgang, durch den ein bestimmtes Verhalten neu erworben oder verändert wird. Lernen ist eine notwendige Aktivität lebendiger Systeme, damit sie in ihrer Umwelt leben, sich entwickeln und auf Veränderungen reagieren können. Lernen kann in verschiedenen Verhaltensbereichen stattfinden: motorischer Bereich (Erlernen von Bewegungen), kognitiver Bereich (Aneignung von Wissen und dessen Anwendung), affektiver Bereich (Aneignen von Wertvorstellungen).

Siehe auch → Lernen, organisationales und → Lernstatt.

Lernen des Lernens

(*Deutero learning*) beschreibt das „Lernen des Lernens". Hiermit wird die Fähigkeit eines Individuums oder einer Organisation umschrieben, Veränderungen zu antizipieren und eigenständig zu gestalten.

Lernen, organisationales

lässt sich als die Fähigkeit einer Organisation definieren, Fehler zu entdecken, zu korrigieren und die organisationale Werte- und Wissensbasis so zu verändern, dass neue Problemlösungs- und Handlungskompetenzen entstehen. Das Lernen von Organisationen verlangt - im Gegensatz zum Lernen von Individuen – Speichersysteme wie Arbeitsanweisungen, Führungsgrundsätze, Datenbanken, aber auch bestimmt kulturelle Merkmale, die unabhängig von einzelnen Mitarbeitern existieren und deren Inhalte ständig aktualisiert werden. Nach Argyris und Schön werden drei Qualitätsstufen des organisationalen Lernens unterschieden: Anpassungslernen, Veränderungslernen und Prozesslernen.

Siehe auch → Lernen und → Lernstatt.

Lernende Organisation

Lernende Organisation

von Professor Dr. Hermann Laßleben
SIB School of International Business, Hochschule Reutlingen

1. Einführung und Charakterisierung

Viele Unternehmen stehen heute vor der Herausforderung, mit einer stetig zunehmenden Umweltdynamik zu Recht kommen zu müssen. Kundenbedürfnisse, Marktbedingungen, Technologien und anderes ändern sich in einer Geschwindigkeit und Sprunghaftigkeit, die lange nicht bekannt war. Dadurch wird die Fähigkeit zur schnellen Reaktion und angemessenen Selbstveränderung, welche die Angepasstheit an die relevanten Umweltaspekte sicherstellt, zu einem zentralen strategischen Erfolgsfaktor. Diese Herausforderung hat auch in der Managementforschung ihren Widerhall gefunden: Verschiedenste Konzepte des → Change Management bieten Rezepturen für die Beschleunigung und Steuerung organisatorischer Veränderungsprozesse an.

Eine besondere Stellung nimmt darunter das Konzept der lernenden Organisation ein. Dieser Begriff wurde maßgeblich von Peter M. Senge geprägt. Häufig wird in synonymer Verwendung auch von organisationalem Lernen gesprochen. Einschlägig hierfür sind Chris Argyris und Donald A. Schön. Im Unterschied zu anderen Konzepten des → Change Management wird die Idee der lernenden Organisation seit geraumer Zeit in Wissenschaft und Praxis ununterbrochen diskutiert. Dennoch ist das Forschungsfeld noch diffus und ein einheitliches Verständnis noch nicht vorhanden.

Im Grunde basiert die Rede von der Lernenden Organisation auf einer Metapher: So, wie Menschen sich auf Veränderungen in ihrer Umwelt einstellen, indem sie lernen, sollen auch ganze Organisationen mit der um sie herum passierenden Dynamik lernend besser zu Recht kommen.

2. Veränderungsmodus des Lernens

Um von der Metapher zu umsetzbaren Gestaltungsempfehlungen zu kommen ist es erforderlich, den Veränderungsmodus des Lernens genauer zu bestimmen. Dazu gibt es in der Psychologie im Wesentlichen zwei Vorschläge: einen (1) verhaltens- und einen (2) kognitionstheoretischen.

(1) Gemäß *verhaltenstheoretischen* Grundannahmen findet Lernen statt, wenn sich das Verhalten aufgrund vorausgegangener Erfahrungen – positiver wie negativer – verändert.

(2) Im *kognitionstheoretischen* Bezugsrahmen basiert Lernen auf Informationsverarbeitungsprozessen. Es wird davon ausgegangen, dass Verhalten nicht stimulusinduziert erfolgt, sondern auf einer vorhandenen Wissensbasis gründet, die durch Integration und Verarbeitung von Informationen – nicht nur Erfahrungen – verändert werden kann.

Diese Auffassung hat sich in der Debatte um das Lernen von Organisationen weitgehend durchgesetzt, vermutlich auch deshalb, weil ein Verständnis von Organisationen als informationsverarbeitenden Systemen in der → Organisationstheorie anschlussfähig ist. Dem zufolge bedeutet dann das Lernen einer Organisation, dass sich - auf der Grundlage von Informationsverarbeitungsprozessen - das *Wissen der Organisation verändert*, und diese Wissensänderung der Organisation neue Handlungsmöglichkeiten eröffnet.

3. Wissen und Lernen einer Organisation

Daran schließen sich natürlich sogleich weitere Fragen an: Worin besteht das Wissen einer Organisation? Wo residiert es? Auch hierzu gibt es verschiedene Konzeptualisierungsversuche. Manche bleiben eng an einem personenbezogenen Wissensverständnis und betrachten als organisatorisches Wissen die Summe des organisationsspezifischen Wissens der Mitglieder, das auch personenunabhängig (zum Beispiel in geteilten Handlungstheorien) gespeichert sein kann. Sucht man nach einem explizit organisationsemergenten, funktionalen Äquivalent zum Wissen einer Person, dann rücken Strukturen und Prozesse, insbesondere Programme, Prozeduren, Routinen, Ziele und Strategien in den Blick. Sie leiten, unabhängig von individuellem Wissen und Überzeugungen, das Handeln der Organisationsmitglieder. Eine informationsinduzierte Veränderung dieser handlungsleitenden Strukturen wäre demzufolge als *Lernen der Organisation* (im Unterschied zum Lernen der Mitglieder respektive Manager in der Organisation) zu verstehen. Konkret bedeutet dies, dass eine Organisation beispielsweise dann lernt, wenn ein routinemäßiges Handeln von Organisationsmitgliedern aufgrund veränderter Rahmenbedingungen zu Fehlern führt, über die sich Kunden beschweren, was wiederum zur Folge hat, dass nach den Fehlerursachen gesucht und dieselben beseitigt werden – die Routine wird geändert.

4. Lernfähigkeit einer Organisation

Die letztlich wichtigste Frage aus einer Managementperspektive lautet dann: Wie kann man Organisationen lernfähig machen? Wie müssen sie gestaltet sein, damit sie lernen können – viel und leicht und schnell und richtig? Auch hierzu bietet die Literatur eine Reihe plausibler Vorschläge an.

Am Bekanntesten sind Senges fünf Disziplinen, die eine lernende Organisation beherrschen sollte: (1) Entwicklung individueller Mitarbeiterreife, (2) kontinuierliche Reflexion mentaler Modelle, (3) Schaffung gemeinsamer Visionen, (4) Informationsaustausch und Lernen im Team sowie (5) Denken in Systemen.

Enger an der Veränderbarkeit von Strukturen und Prozessen orientiert wird gefordert: (1) geringe normative Absicherung struktureller und prozeduraler Regeln, (2) Verzicht auf Detailregelungen zugunsten von Rahmenvorgaben, (3) Dezentralisierung der Regulierungskompetenz, (4) Prüfung gesamtsystemischer Auswirkungen in Regulierungsentscheidungen sowie (5) kontinuierliche Lernstimulierung durch Kommunikation über Regeln und Alternativen.

Hinweis

Zu den angrenzenden Wissensgebieten siehe → Change Management, → Managing Motivation, → Organisation, Grundlagen, → Organisationstheorien, → Personalentwicklung, → Personalführung, → Personalmanagement, → Personalmanagement, Internationales, → Projektmanagement, → Prozessmanagement, → Strategisches Management, → Unternehmensführung, → Unternehmensplanung.

Literatur: Argyris, Chris und Schön, Donald A. (2002), Die lernende Organisation. Grundlagen, Methode, Praxis. 2. Auflage. Klett-Cotta; Easterby-Smith, Mark und Crossan, Mary (Hrsg.) (2005), The Blackwell Handbook of Organizational Learning and Knowledge Management. Blackwell Publishers; Laßleben, Hermann (2002), Das Management der lernenden Organisation. Eine systemtheoretische Interpretation. Deutscher Universitäts-Verlag; Probst, Gilbert J.B. und Büchel, Bettina (1998), Organisationales Lernen. Wettbewerbsvorteil der Zukunft. 2. Auflage. Dr. Thomas Gabler Verlag; Senge, Peter M. (2003), Die fünfte Disziplin. Kunst und Praxis der lernenden Organisation. 10. Auflage. Klett-Cotta.

Internetadressen: (Society for Organizational Learning): http://www.solonline.org/; (The Learning Organization): http://www.emeraldinsight.com/0969-6474.htm; (Learning Organization Overview): http://www.humtech.com/opm/grtl/; (The Learning Organizations Homepage): http://leeds-faculty.colorado.edu/larsenk/learnorg.html

Website des Autors: http://www.sib.reutlingen-university.de

Lernstatt

ist ein Instrument der → Personal- und Organisationsentwicklung, bei dem Mitarbeiter in einem längerfristigen Prozess in Gruppen zusammenkommen, um in einem ganzheitlichen Lernprozess selbst entwickelte Themenstellungen bearbeiten. Die Organisation ähnelt den so genannten Qualitätszirkeln.
Siehe auch → Lernen, organisationales und → Lernen.

Letter of Intent

(*Banken*) umfasst die Absichts- oder Verpflichtungserklärung einer Bank. Vorkommend beispielsweise in Verbindung mit einer → Bietungsgarantie der Bank, die darin ihre Absicht oder ihre Verpflichtung erklärt, für den Fall, dass der Bieter den Zuschlag der ausschreibenden Stelle erhält, auch eine → Liefer-/Erfüllungsgarantie zu übernehmen; siehe auch → Bankgarantie.

Letter of Intent

(*Due Diligence*). Im Verlauf von Verhandlungen über einen Unternehmenskauf wird vor der → Due Diligence oftmals ein Letter of Intent abgeschlossen. In diesem können der Kaufgegenstand konkretisiert, die Ausgestaltung und der Zeitplan der Due Diligence, Geheimhaltungs- und Exklusivitätsvereinbarungen sowie Kaufpreisvorstellungen fixiert werden. Der Form nach ist der Letter of Intent eine einseitige Erklärung einer Vertragspartei mit anschließender Bestätigung oder Annahme der anderen Partei, und dient dem Zweck, die Aspekte, über die bereits Einigung erzielt wurde, von denjenigen zu trennen, die im Laufe der Verhandlungen noch der Klärung bedürfen. In der Regel ist der Letter of Intent ohne rechtliche Bindungswirkung ausgestaltet, so dass weder potentieller Käufer noch Verkäufer ihre Vertragsfreiheit im Hinblick auf das Hauptgeschäft verlieren.
Siehe auch → Due Diligence (mit Literaturangaben).

Letter of Intent

(*Mergers & Acquisitions*) umfasst eine Absichtserklärung, vorkommend bei → Mergers & Acquisitions.

Lettre de Change

siehe → Wechsel.

Leverage

(bei → *Hedgefonds*) entsteht durch den Einsatz von Fremdkapital (z.B. Kredite) oder → Derivaten. Hierdurch erhöht sich die → Rendite des eingesetzten Kapitals.

Bei → Hedgefonds kann Leverage definiert werden als der Betrag, der über das Anlagevolumen des Fonds hinausgeht. Es entsteht ein *Hebeleffekt* wie folgendes Beispiel verdeutlicht: Ein Fonds mit einem Anlagevolumen von 50.000 Euro und einem investierten Kapital von 60.000 Euro hat einen Leverage von 1,2 : 1, das heißt es wird 20 Prozent mehr Kapital investiert als dem Fonds als Eigenkapital zur Verfügung steht. Einerseits erhöht Leverage die Gewinnchancen andererseits aber auch das Verlustrisiko.

Leveraged Buy-Out

überwiegend fremdkapitalfinanzierte Unternehmensübernahme (z.B. durch einen → Private Equity-Fonds). Siehe auch → Management Buy-In bzw. → Management Buy-Out sowie → Sell-off.

Leverage-Effekt

Der Begriff Leverage-Effekt bezeichnet die *Hebelwirkung* der Fremdkapitalkosten auf die Eigenkapitalrentabilität. Diese Hebelwirkung entsteht, wenn die Gesamtkapitalrentabilität eines Unternehmens signifikant höher (oder niedriger) als die Fremdkapitalzinsen ist. In diesem Falle steigt (oder sinkt) die Eigenkapitalrentabilität überproportional.

Der Leverage-Effekt ist daher i.A. ein wichtiges Kriterium bei der Entwicklung von unternehmerischer Kapitalstrukturpolitik beziehungsweise bei Entscheidungen über die externe Kapitalbeschaffung.

Siehe auch → Corporate Finance (mit Literaturangaben).

Leveragestrategien

(in der → *Unternehmensführung*), Strategien, die auf den Aufbau und die Ausbeutung größerer Markt- und Verhandlungsmacht zielen. Für international tätige Unternehmen bedeutet dies insbesondere eine entsprechende Abstimmung ihrer einzelnen Landesgesellschaften. Dazu gehören internationale Quersubventionierung, internationale Preisdifferenzierung und internationale Machtausübung.

LGD

Abk. für → Loss Given Default (LGD).

Liability Swap

siehe → Forward-Rate Agreement und → Swaps.

LIBOR

Abk. für *London Interbank Offered Rate*.

(1) Charakterisierung: LIBOR ist der international maßgebliche Zinssatz für Geldgeschäfte unter Banken, der für die wichtigsten Welthandelswährungen ermittelt wird. LIBOR ist zugleich der Basiszinssatz (Referenzzinssatz) für viele internationale Kreditgeschäfte sowie für Anleihen usw.

(2) Verfahren: LIBOR wird nicht amtlich ermittelt. LIBOR drückt vielmehr die aktuelle Geldangebots- und Geldnachfragesituation der Banken im Sinne einer Indikation aus, wobei die Zinssätze von Bank zu Bank unterschiedlich sein können und überdies im Tagesverlauf schwanken. Bei Großkreditgeschäften bzw. bei Anleihen, die auf LIBOR beruhen, ist deswegen – unter Einbeziehung von Referenzbanken – u.a. das Verfahren festzulegen, welche Londoner Geldhandelsbanken an welchem Tag zu welchem Zeitpunkt über die Höhe der aktuellen Zinssätze zu befragen sind.

(3) Anwendung: Euro-LIBOR wird beispielsweise auf Grundlage der Erhebung bei 16 Londoner Geldhandelsbanken (LIBOR Contributor Panel Banks) von der BBA (British Bankers Association) auf 11.00 Londoner Zeit ermittelt. Neben dem Euro ermittelt die BBA auch LIBOR-Sätze für den US-Dollar, das Britische Pfund, den Japanischen Yen, den Schweizer Franken, den Kanadischen Dollar sowie den Australischen Dollar.

(4) Laufzeiten: Die Laufzeiten sind gestaffelt von overnight (o/n) für GBP, EUR, CAD und USD bzw. spot/next (s/n) für AUD, CHF und JPY über 1 bzw. 2 Wochen bis – im monatlichem Rhythmus – von 1 bis 12 Monaten Laufzeit für alle genannten Währungen.

Siehe auch → EURIBOR.

Literatur: Häberle, S.G.: Handbuch der Außenhandelsfinanzierung, 3. Auflage, München und Wien 2002; HAUFE EXPORT OFFICE, CD-ROM, Freiburg i.Br. o.J. (laufende Ergänzungslieferungen).

Internetadressen: (Geschäftsbanken; alle Zahlungs-, Finanzierungs- und Sicherungsinstrumente) http://www.deutsche-bank.de, http://www.hypovereinsbank.de, http://www.ubs.com, http://www.baca.com; (internationaler Geldmarkt, internationale Zinssätze) http://www.bba.org.uk/public/libor, http://www.leitzinsen.com/zinsen/libors, http://www.euribor.org/html/content/euribor, http://www.euribor.org/html/content/eonia, http://www.ubs.com/quotes... .

Lieferantenauswahl

siehe → Beschaffungsmanagement, Kapitel „5. Strategisches Lieferantenmanagement" und die dort angegebene Literatur.

Lieferantenbeurteilung

siehe → Beschaffungsmanagement, Kapitel „5. Strategisches Lieferantenmanagement" und die dort angegebene Literatur.

Lieferantenentwicklung

siehe → Beschaffungsmanagement, Kapitel „5. Strategisches Lieferantenmanagement" und die dort angegebene Literatur.

Lieferantenkatalog

siehe → Elektronische Produktkataloge.

Lieferantenkredit

(*internationale Definition*). Die Bezeichnung Lieferantenkredit umfasst bei internationlen Geschäften Bankkredite an Exporteure in deren Eigenschaft als Lieferanten. In der betrieblichen Praxis hat der Ausdruck „Lieferantenkredit" dagegen eine andere Bedeutung, und zwar im Sinne eines Zahlungsziels, das der Lieferant seinem Abnehmer einräumt. Die korrekte Bezeichnung dafür ist jedoch → Liefervertragskredit.

Lieferantenkredit

(*nationale Definition*). Der Lieferantenkredit entsteht durch die Gewährung eines Zahlungsziels an den Abnehmer von Produkten und Leistungen, d.h. durch die Vorgabe einer Zeitspanne, die zwischen Rechnungslegung bzw. Lieferung und Bezahlung liegt. Das Zahlungsziel wird oft mit 30 Tagen festgelegt. Häufig wird in der Praxis für die Nichtnutzung eines eingeräumten Lieferantenkredites → Skonto eingeräumt.

Die große Verbreitung des Lieferantenkredites ist darauf zurückzuführen, dass er von den Lieferanten in der Regel ohne besondere Formalitäten und ohne die ausdrückliche Bestellung von Sicherheiten gewährt wird. Die Kosten des Kredites für den Kunden (Abnehmer), die durch das nicht in Anspruch genommene Skonto als Opportunitätskosten entstehen, können jedoch erheblich sein.

Lieferantenmanagement

siehe → Beschaffungsmanagement, Kapitel „5. Strategisches Lieferantenmanagement" und die dort angegebene Literatur.

Ein ähnlicher Begriff ist → Supplier Relationship Management (SRM, Management der Beziehungen zu Lieferanten).

Lieferantenpartnerschaft, Strategische

siehe → Strategische Lieferantenpartnerschaft.

Lieferantensysteme

siehe → Lieferantenzentrierte Systeme.

Lieferantenzentrierte Systeme

werden zumeist als *Web-Shop* realisiert. Der Lieferant stellt seinen → elektronischen Produktkatalog für alle Geschäftspartner bereit und ist für Wartung und Pflege des → *Electronic Procurement Systems* verantwortlich.

Lieferbeziehungen

siehe → Lieferrelationen.

Liefereinteilung

bedeutet, dass ein Bedarf auf mehrere Lieferungen und Liefertermine verteilt wird. (siehe → Beschaffungslogistik)

Lieferflexibilität

Die Lieferflexibilität beschreibt das Eingehen auf besondere Bedürfnisse des Kunden durch das Logistiksystem. Unter anderem kann es als Fähigkeit des logistischen Systems, Sonderwünsche des Kunden zu berücksichtigen, bezeichnet werden (→ Customized Logistics). Derartige Sonderwünsche können sich auf die Modalitäten der Auftragserteilung (z.B. Mindestabnahmemengen, Zeitpunkt der Auftragserteilung und Art der Auftragsübermittlung), die Liefermodalitäten (z.B. Art der Verpackung, Möglichkeit zur Lieferung auf Abruf, Transportvarianten) und die Information des Kunden (z.B. Information über den Stand des Kundenauftrags) erstrecken. Siehe auch → Lieferservicepolitik und → Distributionslogistik.

Liefergarantie

(1) i.A. gleichbedeutende Bezeichnungen: *Lieferungsgarantie, Delivery Guarantee.* (2) Die vom Lieferanten zu besorgende Liefergarantie einer Bank (→ Bankgarantie) sichert den Käufer vor den finanziellen Folgen des Risikos, dass der Lieferant die Güter nicht vertragsgerecht, insbesondere nicht termingerecht liefert.

Liefergebundener Finanzkredit

siehe → gebundene Finanzkredite.

Lieferrelationen

dienen der Charakterisierung und Optimierung einer *Lieferung* zwischen einem Lieferanten (*Quelle*) und einem Abnehmer (*Senke*) bezogen auf ein bestimmtes Gut (*Objekt*). Durch Veränderung eines der drei Elemente (Quelle, Senke, Objekt) wird eine neue Lieferrelation definiert. Lieferrelationen beschreiben nicht nur die zwischenbetrieblichen Prozesse, sondern betrachten auch die innerbetriebliche Logistik, z. B. bis zum Verbrauchsort.

Die *Struktur* der Lieferrelationen reicht von der *Direktlieferung* bis zur vielfältig *gebrochenen* Lieferrelation. Die Brüche an sog. Umschlagspunkten ergeben sich meist durch einen Wechsel des Verkehrsmittels. Typisch ist die dreigliedrige Struktur mit *Vorlauf – Haupttransport – Nachlauf*, die bei der Nutzung von Verkehrsmitteln mit zentralen „Stationen" wie Bahnhöfen, Umschlagdepots, Terminals, Häfen oder Flughäfen regelmäßig notwendig ist. Darüber hinaus ist zu fragen, ob in den Umschlagspunkten auch *Lagerhaltung* betrieben wird und inwieweit dort Ladeeinheiten aufgelöst (→ Break bulk) oder zusammengeführt (→ Consolidation) werden?

Neben der Struktur sind weitere Parameter zu berücksichtigen, die sich auch wechselseitig beeinflussen: (1) *Häufigkeit* und Menge der Lieferung, (2) *Entfernung*, Terminierung und Dauer der Lieferrelation sowie (3) *Verkehrsmittel* bzw. Logistikdienstleister.

Lieferzeit und *Kosten* sind die *Bewertungsgrößen*, die sich für ein → *Benchmarking* als Prozessvergleich ähnlicher Lieferrelationen anbieten. Daraus ergeben sich Ansatzpunkte für Verbesserung und *Optimierung.*

Siehe auch → Logistikintegration (mit Lieferanten).

Literatur: Eichler, Bernd: Beschaffungsmarketing und -logistik, Herne/Berlin 2003, S. 252ff.

Lieferservice

stellt eine wichtige Zielgröße der → Distributionslogistik dar. Der Lieferservice ist Bestandteil einer Kundenservicestrategie. Die Servicestrategie legt fest, mit welchen Lieferservicekomponenten und mit welchem Lieferserviceniveau → Kundenzufriedenheit erzielt werden soll. Dabei ist die Nachfrage- und Kostenwirkung des Lieferservice abzuschätzen. Normalerweise gilt, je höher das Lieferserviceniveau, desto höher sind auch seine Kosten. Dabei wird klassischerweise ein S-förmiger Verlauf zwischen Lieferserviceniveau und Kosten bzw. Umsatz angenommen. In der Praxis zeigt sich häufig, dass ein überhöhter Lieferservice den Gewinn nicht mehr steigert.

Die *Komponenten* des Lieferservice umfassen (1) die → Lieferzeit, (2) die → Lieferzuverlässigkeit, (3) die → Lieferungsbeschaffenheit sowie (4) die → Lieferflexibilität.
→ Lieferservicepolitik.

Lieferservicepolitik

Bei der Lieferservicepolitik geht es um eine Fülle kundenorientierter Entscheidungen, die mit der physischen Zustellung des Produktes zum Kunden verbunden sind. Im Mittelpunkt der Lieferservicepolitik stehen Entscheidungen über die → Lieferzeit, die → Lieferzuverlässigkeit, die → Lieferungsbeschaffenheit und die → Lieferflexibilität.

Liefertermin

ist der vereinbarte oder erwartete Zeitpunkt einer Lieferung. Er sollte vor dem Bedarfszeitpunkt liegen, wobei der Vorlauf die Lagerhaltung bestimmt. Der Liefertermin lässt sich aus Bestelltermin und → Lieferzeit bzw. → Wiederbeschaffungszeit errechnen, seine Einhaltung wird als → Liefertreue bezeichnet. Er kann ein wichtiges Kriterium für die Lieferantenauswahl sein.

Liefertreue

kennzeichnet die Einhaltung der vereinbarten → Liefertermine bzw. → Lieferzeiten, aber auch der Mengen, Qualität und Lieferkonditionen. Insbesondere bei geringer Lagerhaltung und enger Terminsetzung ist Liefertreue ein Muss, das auch regelmäßig als wichtiger Aspekt in die Lieferantenbewertung einfließt.

Lieferüberwachung

soll die Einhaltung der vereinbarten → Liefertermine bzw. → Lieferzeiten, aber auch der Mengen, Qualität und Lieferkonditionen vorab sicherstellen, insbesondere wenn Zweifel an der → Liefertreue des Lieferanten bestehen. Zeitnah lassen sich Lieferungen mit Hilfe elektronischer „→ Tracking & Tracing"-Systeme verfolgen.

Lieferungsbeschaffenheit

Bei der Lieferungsbeschaffenheit werden zwei Dimensionen unterschieden: (1) Bei der Liefergenauigkeit geht es um die Korrektheit der Lieferung bzgl. Menge und konkreten Artikeln (Farben, Größen usw.). (2) Beim Zustand der gelieferten Artikel stehen möglichst unbeschädigte Packungen oder Produkte im Vordergrund. So spielt bei Lebensmitteln → MHD eine wichtige Rolle. Bei der Lieferbeschaffenheit spielen → Zero-Defekt-Konzepte eine zunehmende Rolle. Siehe auch → Lieferservicepolitik und → Distributionslogistik.

Lieferungsgarantie

siehe → Liefergarantie.

Liefervertragskredit

Der Liefervertragskredit wird dem Käufer (Importeur) vom Lieferanten (Exporteur) im Rahmen eines Liefervertrags (Kaufvertrags, Exportvertrags, Ausfuhrvertrags, Kontrakts) als Zahlungsziel gewährt. Umgangssprachlich wird statt von Liefervertragskredit häufig von → Lieferantenkredit gesprochen.

Lieferzeit

(insbesondere in der → *Beschaffungslogistik*). Die Lieferzeit ist die Zeitdauer zwischen Bestellung beim Lieferanten und → Wareneingang. Sie hängt von den für die Auftragsabwicklung beim Lieferanten notwendigen Aktivitäten ab: Minimal fallen so die notwendigen Transportzeiten an, darüber hinaus meist die Zeit für das Kommissionieren und Bereitstellen.

Bei Auftragsfertigung sind auch Produktionsdurchlaufzeiten und evtl. sogar die Lieferzeiten in der Beschaffung des Lieferanten zu berücksichtigen.

Die Lieferzeit kann ein wichtiges Kriterium für die Lieferantenauswahl sein, wenn der Bedarf dringend erfüllt werden muss.

Lieferzeit

(insbesondere in der → *Distributionslogistik*). Die Lieferzeit ist die Zeitspanne zwischen der Ausstellung des Auftrags durch den Abnehmer bis zur Auslieferung der Ware. Unter distributionspolitischen Aspekten wird unter Lieferzeit primär nur die Lieferzeit bei → *Lagerfertigung* berücksichtigt. Diese kann von der Logistik beeinflusst werden und ist somit auch von ihr zu verantworten.

Die distributionsabhängige Lieferzeit setzt sich zusammen aus der Zeit für die Übermittlung des Auftrags vom Kunden zum Lieferanten, die Zeit der Bearbeitung des Auftrags, die Zeit für das → Kommissionieren und Verpacken, die Zeit für Verladung, Umschlag und Transport und eventuell die Zeit für die Einlagerung der Ware beim Kunden (z.B. Regalpflege im Handel).

Siehe auch → Lieferservicepolitik und → Distributionslogistik.

Lieferzuverlässigkeit

Unter Lieferzuverlässigkeit wird die Zuverlässigkeit (Wahrscheinlichkeit) des Arbeitsablaufes, mit der der vereinbarte Liefertermin eingehalten wird, verstanden. Die Lieferbereitschaft wird häufig warengruppenspezifisch definiert. Bei so genannten A-Gütern ist die Lieferbereitschaft am höchsten (z.B. 98%), bei C-Gütern am geringsten (z.B. 75%). → ABC-Analyse.

Siehe auch → Lieferservicepolitik und → Distributionslogistik.

Lifo (last in – first out)

Das Verfahren unterstellt, dass die zuletzt angeschafften Bestände der Vorräte zuerst verbraucht oder veräußert werden. Das bedeutet, dass am Jahresende die zuerst eingegangenen Vorräte an Lager liegen. Entsprechend sind sie mit ihren Einstandspreisen zu bewerten. Zu beachten ist allerdings, dass alle → Verbrauchsfolgefiktionen nur Vereinfachungsverfahren zur Ermittlung der Anschaffungs- bzw. Herstellungskosten sind. D.h. der ermittelte Wert ist zum Bilanzstichtag stets mit dem → beizulegenden Wert zu vergleichen und es ist nach dem strengen → Niederstwertprinzip mit dem niedrigeren Wert zu bilanzieren. Lifo ist in Deutschland handels- und steuerrechtlich anerkannt. Auch → IAS/IFRS und → US-GAAP akzeptieren Lifo.

Siehe auch → Umlaufvermögen (mit Literaturangaben).

Limitationale Faktoreinsatzbedingungen

siehe → Limitationalität.

Limitationalität

(in der → *Produktions- und Kostentheorie*) kann als Grenzfall der → Substitutionalität aufgefasst werden, bei dem das Spektrum von einander ersetzenden Technologien auf eine einzige Faktorkombination zusammenschrumpft. Mit anderen Worten besteht die → *Isoquante* aus einem einzigen Punkt. Die → Produktionsfaktoren müssen in diesem Fall zur Erzielung einer bestimmten Ausbringung in einem fest vorgegebenen, determinierten Verhältnis zueinander stehen, sich gewissermaßen gegenseitig „limitieren". Limitationalität lässt sich vielfach beim Einsatz von → *Werkstoffen* nachweisen: z.B. gehört zum Produkt „Fahrrad" eine technisch strenge Kopplung der Einsätze „Rahmen" und „Räder" im Verhältnis 1:2.

Limited

siehe → Private Limited Company.

Limited-Recourse-Financing

Finanzierungsmodell bei → Projektfinanzierungen, wonach der Projektträger bzw. eventuelle Garanten den projektfinanzierenden Banken nur in festgeschriebenen Situationen und in genau definiertem (begrenztem) Umfang haften. Maßgebliche Sicherheiten für die finanzierenden Banken sind vielmehr der Vermögenswert des Projekts (der Investition) und der daraus erwirtschaftete Cash-Flow sowie eine eventuelle → Hermes-Deckung. Siehe auch → Non-Recourse-Financing.

Limitierte Kaufentscheidung

siehe → Kaufentscheidungen, die geplant und überlegt gefällt werden und auf Wissen bzw. Erfahrungen beruhen. Siehe auch → Konsumentenverhalten.

Line Extender

siehe → Transfermarke; siehe auch → Markenarten.

Line Extension

ist eine Form des → Markentransfers, bei dem eine etablierte Marke auf ein Produkt derselben Produktkategorie übertragen wird.

Line of Implementation

(*Implementierungslinie*) unterscheidet die Aktivitäten innerhalb des → Leistungspotenzials in die Preparation- und die Facility-Aktivitäten. Preparation-Aktivitäten dienen dazu, den → Leistungserstellungsprozess vorzubereiten, Facility-Aktivitäten sind den Preparation-Aktivitäten logisch und zeitlich vorgelagert (Beschaffung von Potenzial- und Verbrauchsfaktoren).
Siehe auch → ServiceBlueprint, → Dienstleistungen und → Dienstleistungsmanagement.

Line of Interaction

(*Kundeninteraktionslinie*) trennt die Kundenaktivitäten von den Anbieteraktivitäten.
Siehe auch → ServiceBlueprint, → Dienstleistungen und → Dienstleistungsmanagement.

Line of internal Interaction

(*Interne Interaktionslinie*). Mit Hilfe der internen Interaktionslinie lassen sich unterstützende Support-Aktivitäten von Backstage-Aktivitäten trennen.
Siehe auch → ServiceBlueprint, → Dienstleistungen und → Dienstleistungsmanagement.

Line of Order Penetration

(*Vorausplanungslinie*) trennt die Aktivitäten des → Leistungserstellungsprozesses von den Aktivitäten des → Leistungspotenzials. Sie bildet die Trennlinie zwischen den Aktivitäten der integrativen Disposition (→ Disposition, integrative) und der autonomen Disposition (→ Disposition, autonome) eines Anbieters.
Siehe auch → ServiceBlueprint, → Dienstleistungen und → Dienstleistungsmanagement.

Line of Visibility (LoV)

(im → *Customer Relationship Management*), Begriff aus dem Business Process Management, der Prozessorientierung von → Customer Realtionship Management (CRM). Die Line of Visibility besteht aus einer optimal aufeinander abgestimmten Kette von Kundenberührungen (Kundenbesuch, Telefonat, Mail, Übersendung einer Warenprobe, einer Einladung zu einem Kunden-Event etc.). Man spricht hier auch von *Customer Touchpoints*. Erst die Kette attraktiver und vertrauensvoller Kundenberührungen führt zu nachhaltiger Wettbewerbsüberlegenheit.
Ein Alternativausdruck für die LoV ist *Moments of Truth*.
Siehe auch → Customer Relationship Management (CRM) (mit Literaturangaben).

Line of Visibility (LoV)

(im → *Dienstleistungsmanagement*). *Sichtbarkeitslinie,* die die sichtbaren von den für den Kunden unsichtbaren Anbieteraktivitäten trennt.

Siehe auch → ServiceBlueprint, → Dienstleistungen und → Dienstleistungsmanagement (mit Literaturangaben).

Lineare Abschreibung
(*straight-line method*) ist eine Methode der → planmäßigen Abschreibung mit konstanten Jahresraten. Der jährliche Abschreibungsbetrag ergibt sich durch Division des → Abschreibungsausgangsbetrags durch die Jahre der → Nutzungsdauer.
Siehe auch → außerplanmäßige Abschreibungen, → bilanzielle Abschreibung, → arithmetisch-degressive Abschreibung, → degressive Abschreibung, → digitale Abschreibung, → geometrisch-degressive Abschreibung, → leistungsabhängige Abschreibung, → planmäßige Abschreibung.

Lineare Algebra
siehe → Wirtschaftsmathematik, Kap. 5.

Lineare Diskriminanzanalyse
Anwendungsbeispiel siehe → Rating-Methoden, kreditwirtschaftliche, Kap. 3.3.

Lineare Investmentregel
spezielle Technik der → *Portfolio-Insurance*. Die Aufteilung des anzulegenden Vermögens in sichere und riskante Anlage wird dynamisch so bestimmt, dass gegenüber einem in Rede stehenden Aktienkurs ein konvexes Vermögensprofil erreicht wird. Zu diesem Zweck wird im Gesamtportfolio des Investors die durch unterschiedliche Wertentwicklungen in einer Periode hervorgerufene Änderung des Aktienanteils trendfolgend (mit einem festgelegten Hebelfaktor m) gehebelt. Fällt der Aktienanteil in einer Periode aufgrund von Marktwertänderungen um x %, so wird das Gesamtportfolio derart umgeschichtet, dass sich im Resultat der Aktienanteil um insgesamt m · x % reduziert.
Siehe auch → Portfoliomanagement (mit Literaturangaben).

Lineare Programmierung
Der Bedarf und die verfügbaren Kapazitäten werden durch ein System von Gleichungen und Ungleichungen mit entsprechenden Randbedingungen beschrieben. Das bekannteste Verfahren, das eine iterative Vorgehensweise benutzt, ist unter dem Begriff *Simplex-Methode* bekannt.

Lineares Gleichungssystem
Lineare Gleichungssysteme bestehen aus m Gleichungen, in denen insgesamt n Unbekannte $x_1, x_2, \ldots,$ x_n linear auftreten. Derartige Gleichungssysteme treten im Rahmen der innerbetrieblichen Leistungsverrechnung, bei der Modellierung mehrstufiger Produktionsprozesse oder etwa bei Problemen der linearen → *Optimierung* oder des → *Operations Research* auf und erfordern ein simultanes Lösen aller m Gleichungen. Im Falle m > n (mehr Gleichungen als Unbekannte) ist das Gleichungssystem überbestimmt und oftmals nicht lösbar, im Falle m < n entsprechend unterbestimmt. In jedem Falle lässt sich ein lineares Gleichungssystem in Matrix-Vektor-Schreibweise in der Form Ax = b darstellen, wobei b ein → *Vektor* mit m Einträgen, A eine (m,n)-*Matrix* (→ Matrix) mit m Zeilen und n Spalten und x der Lösungsvektor mit n Einträgen ist:

$$
\begin{bmatrix}
a_{11} & a_{12} & \cdots & a_{1n} \\
a_{21} & a_{22} & \cdots & a_{2n} \\
\vdots & \vdots & & \vdots \\
a_{m1} & a_{m2} & \cdots & a_{mn}
\end{bmatrix}
\cdot
\begin{bmatrix}
x_1 \\ x_2 \\ \vdots \\ \vdots \\ x_n
\end{bmatrix}
=
\begin{bmatrix}
b_1 \\ b_2 \\ \vdots \\ b_m
\end{bmatrix}
$$

Soweit ein Gleichungssystem eine eindeutige Lösung besitzt, kann diese mithilfe des → Gauß'schen Eliminationsverfahrens bestimmt werden. Dabei werden einzelne Gleichungen (1) vertauscht, (2) mit reellen Zahlen ≠ 0 multipliziert oder (3) addiert bzw. voneinander subtrahiert, um eine (obere oder un-

tere) Dreiecksmatrix zu erzeugen. Liegt eine Dreiecksmatrix vor, können die gesuchten Unbekannten $x_1, x_2, ..., x_n$ durch Rückwärtseinsetzen sukzessive berechnet werden.
Siehe auch → Wirtschaftsmathematik (mit Literaturangaben).

Linearität

(in der → *Produktions- und Kostentheorie*) verknüpft die beiden Annahmen der → *Proportionalität* und → *Additivität* von → Aktivitäten. Dies bedeutet im Fall von 2 → Aktivitäten, dass nicht nur alle stufenlos veränderlichen Produktionsniveaus der beiden reinen → Aktivitäten zur → Technologiemenge gehören, sondern auch alle zeitlich anteilig kombinierten Einsatzweisen der beiden → Aktivitäten.
Siehe auch → Produktions- und Kostentheorie (mit Literaturangaben).

Linienfertigung

siehe → Straßenfertigung.

Linienorganisation

die graphische Darstellung der hierarchischen Über- und Unterordnung, die wie folgt differenziert wird: (1) *Ein-Linienorganisation*: Eine hierarchische Struktur, bei der ein Organisationsmitglied nur einen unmittelbaren Vorgesetzen hat. (2) *Mehr-Linien-Organisation*: Eine hierarchische Struktur, bei der ein Organisationsmitglied mehrere direkt vorgesetzte Instanzen hat. (3) *Stab-Linien-Organisation*: Struktur, bei der die Aufgabengliederung nach Phasen des Entscheidungsprozesses bei der Aufgabenerfüllung vorgenommen und – hierarchisch zwischen den Linieninstanzen – die Aufgaben der Entscheidungsvorbereitung, der Kontrolle und fachlichen Beratung so genannten Stabsstellen zugeordnet werden.
Siehe auch → Organisation, Grundlagen (mit Literaturangaben).

Liquidation

Als Liquidation wird allgemein die freiwillige und planmäßige endgültige Auflösung eines Unternehmens definiert, die letztlich durch die → Abwicklung und die Löschung im Handelsregister beendet wird. Das gesamte Restvermögen des Unternehmens wird dabei durch Verkäufe etc. in Geld umgewandelt mit dem Ziel, aus dem Erlös die Schulden zu tilgen und den Erlösrest an die Unternehmenseigner (z.B. Gesellschafter) auszuzahlen.
Oft zieht sich eine Liquidation über einen längeren (teils sogar mehrjährigen) Zeitraum hin. Aus einer Erwerbsgesellschaft wird hierbei eine → Liquidationsgesellschaft. Während der Liquidation ist eine spezifische Rechnungslegung erforderlich: a) die externe Rechnungslegung mit Liquidationseröffnungs-, Schluss- und ggf. Zwischenbilanzen sowie b) die (rechtlich relativ formfreie) interne Rechnungslegung der Liquidatoren gegenüber den Eigentümern.
Siehe auch → Liquidationsbilanzen, → Insolvenzbilanz und → Sonderbilanzen, jeweils mit Literaturangaben.
Literatur: Förster, W.: Die Liquidationsbilanz, 3. Auflage, Köln 1992; Scherrer, G., Heni, B.: Liquidations-Rechnungslegung, 2. Auflage, Düsseldorf 1996.
Internetadressen: http://www.foerderland.de, http://www.gbi.de

Liquidation Preference

(*Verwässerungsschutz-Klausel*). Vorkommen in Beteiligungsverträgen im Rahmen von → Private Equity und umfasst Vorzugsrechte des Investors an einem Liquidations- oder Veräußerungserlös (Liquidation Preference).

Liquidationsbilanzen

werden bei einer Auflösung von Unternehmen aufgestellt (siehe auch → Liquidation, → Liquidationsgesellschaft). Die Liquidation bzw. Abwicklung setzt der Erwerbstätigkeit (werbende Tätigkeit) eines Unternehmens ein Ende. Aus der Erwerbsgesellschaft wird eine Abwicklungsgesellschaft, deren Aufgabe in der Verwertung aller Vermögensgegenstände und deren Umwandlung in Geld besteht.
Aus dem Erlös werden die Gläubiger und die Gesellschafter befriedigt. Da die Liquidation eines Unternehmens oft über mehrere Jahre läuft, ist ggf. in *Liquidations-Eröffnungsbilanz, Liquidations-Jahres-*

oder Zwischenbilanz und *Liquidationsschlussbilanz* zu unterscheiden. Siehe auch → Sonderbilanzen (mit Literaturangaben).

Liquidationsgesellschaft
Geht eine Unternehmen in → Liquidation, stellt es seine erwerbswirtschaftliche Tätigkeit ein. Bei Kapitalgesellschaften wird dies gem. § 269 Abs. 6 AktG bzw. § 68 Abs. 2 GmbHG durch den Zusatz i.L. (in Liquidation) zum Firmennamen deutlich.

Liquide Mittel
(*Bilanzierung*). Nach dem *HGB* setzen sich die flüssigen Mittel insbesondere aus Schecks, Kassenbestand, Bundesbank- und Postgiroguthaben sowie Guthaben bei Kreditinstituten zusammen. Die Bewertung der flüssigen Mittel erfolgt zum Nennwert, solange das strenge → Niederstwertprinzip nicht einen niedrigeren Wertansatz erzwingt (z.B. bei Schecks wegen mangelnder Zahlungsfähigkeit des Schuldners. Sorten (ausländische Zahlungsmittel) und täglich fällige Valutaguthaben bei ausländischen Kreditinstituten sind mit dem Geldkurs (Ankaufskurs) am Bilanzstichtag anzusetzen. Wenn mit einer Abwertung einer ausländischen Währung gerechnet wird, erlaubt der § 253 (3) S. 3 HGB eine niedrigere Bewertung.
Nach → *IAS/IFRS* umfassen die flüssigen Mittel Kassenbestände und Bankguthaben (cash and cash equivalents). Außerdem sind hier → Wertpapiere auszuweisen, die innerhalb von drei Monaten in einen heute schon bekannten Geldbetrag umgewandelt werden können (IAS 7.6 ff.). Die Bewertung der liquiden Mittel erfolgt zum Nennwert. Fremdwährungsposten sind zum Stichtagskurs umzurechnen.
Nach → *US-GAAP* umfassen die flüssigen Mittel alle liquiden Anlagen, die innerhalb kürzester Zeit in einen heute schon bekannten Geldbetrag umgewandelt werden können. Wie nach IAS/IFRS gehören hierzu auch → Wertpapiere, deren Restlaufzeit im Erwerbszeitpunkt drei Monate nicht übersteigen. Die Bewertung der liquiden Mittel erfolgt zum Nennwert. Fremdwährungsposten sind zum Stichtagskurs umzurechnen. Im Unterschied zum HGB und IAS/IFRS erlauben die US-GAAP kurzfristige Bankverbindlichkeiten mit kurzfristigen Bankguthaben zu verrechnen, auch wenn diese bei unterschiedlichen Kreditinstituten bestehen.
Siehe auch → Umlaufvermögen (mit Literaturangaben).

Liquidität
(*allgemeine Charkterisierung*). Anhand der Liquidität eines Unternehmens ist erkennbar, inwieweit es in der Lage ist, seinen Zahlungsverpflichtungen nachzukommen. Sie stellt eines der elementaren unternehmerischen Ziele dar, da das Zahlungspotenzial als Existenzgrundlage von Unternehmen betrachtet werden kann, d.h. ohne Liquidität ist ein Unternehmen auch bei guter Technologie-, Personal- und/oder Managementausstattung nicht zukunftsfähig. Erstellt ein Unternehmen eine → Kapitalflussrechnung, können aus dieser Informationen bezüglich dessen Liquiditätslage entnommen werden.
Siehe auch → Finanzmittel und → Insolvenzrecht.

Liquidität
(*Börse*). Die Liquidität einer Börse manifestiert sich unter anderem im Handelsvolumen (der Menge an Aktien die ge- bzw. verkauft werden). Sie hängt im Wesentlichen von folgenden Faktoren ab: Menge an gelisteten Unternehmen, Größe dieser Unternehmen, dem → Streubesitz, der Menge an potenziellen Investoren sowie dem Handelssystem.

Liquidität I. Grades
(*Cash Ratio, Barliquidität*), Kennzahl der Analyse der Liquiditätsstruktur. Vgl. auch → Liquiditätskennzahl. Die Liquidität I. Grades ist definiert als Quotient aus Liquiden Mitteln und Kurzfristigen Verbindlichkeiten, wobei zu den Liquiden Mitteln der Kassenbestand, Bankguthaben und zum Teil auch kurzfristige Wertapiere zählen, die jederzeit (ohne große Wertverluste) veräußerbar sind. Die Liquidität I. Grades wird auch bezeichnet als Cash Ratio oder Barliquidität:

$$\text{Liquidität I. Grades} = \frac{\text{Liquide Mittel}}{\text{Kurzfristige Verbindlichkeiten}}$$

Die Aussagekraft dieser Kennzahl ist aus unterschiedlichen Gründen begrenzt. Zum einen wirkt sich ein unnötig hoher Liquiditätsgrad ungünstig auf die Rentabilität aus. Weiterhin bleiben laufende Zahlungsverpflichtungen (z.B. Löhne, Gehälter, Zinsen) sowie erwartete Einzahlungen aus Umsatzerlösen unberücksichtigt. Die Höhe der Liquiden Mittel und der Kurzfristigen Verbindlichkeiten sind am Bilanzstichtag durch dispositive Entscheidungen beeinflussbar. Hinzu kommt, dass die Daten bei Veröffentlichung des Jahresabschlusses meist schon veraltet sind.

Liquidität II. Grades
(*Acid-Test Ratio, Quick Ratio*), Kennzahl der Analyse der Liquiditätsstruktur; vgl. auch → Liquiditätskennzahl. Die Liquidität II. Grades ist definiert als Quotient aus Monetärem Umlaufvermögen (Liquide Mittel + Kurzfristige Forderungen) und Kurzfristigen Verbindlichkeiten. Die Liquidität II. Grades wird auch bezeichnet als Acid-Test Ratio oder Quick Ratio:

$$\text{Liquidität II. Grades} = \frac{\text{Monetäres Umlaufvermögen}}{\text{Kurzfristige Verbindlichkeiten}}$$

In der Regel wird eine Verhältniszahl von mindestens 100% gefordert. Aus einer Unterdeckung kann jedoch nicht automatisch auf Liquiditätsprobleme geschlossen werden, da eventuell vorhandene Liquiditätsreserven bzw. laufende, aus der Bilanz nicht ersichtliche Einzahlungen nicht berücksichtigt werden, vgl. auch → Liquidität I. Grades.

Liquidität III. Grades
(*Current Ratio, Working Capital Ratio*), Kennzahl der Analyse der Liquiditätsstruktur. Vgl. auch → Liquiditätskennzahl und → Working Capital.
Die Liquidität III. Grades ist definiert als Quotient aus Kurzfristigem Umlaufvermögen und Kurzfristigen Verbindlichkeiten. Das Kurzfristige Umlaufvermögen umfasst Liquide Mittel, kurzfristige Forderungen und Vorräte, soweit diese innerhalb eines Jahres liquidiert werden können und nicht durch Kundenanzahlungen gedeckt sind. Die Liquidität III. Grades wird auch bezeichnet als Current Ratio oder Working Capital Ratio:

$$\text{Liquidität III. Grades} = \frac{\text{Kurzfristiges Umlaufvermögen}}{\text{Kurzfristige Verbindlichkeiten}}$$

Wie bei der → Liquidität I. Grades und der → Liquidität II. Grades kann auch die → Liquidität III. Grades durch verbindliche Kreditzusagen und nicht ausgeschöpfte Kreditlinien ausgeglichen werden. Ein weiteres Problem besteht darin, dass die Fristigkeiten von Forderungen und Verbindlichkeiten nicht exakt erfasst werden (können), so dass es zu zwischenzeitlichen Finanzierungsengpässen kommen kann. In der Regel wird für die Liquidität III. Grades eine Verhältniszahl von mindestens 150%–200% gefordert, vgl. auch → Liquidität I. Grades.

Liquiditätsgrad, dynamischer
Die dynamische Liquiditätsanalyse basiert auf der Stromgröße → Cash Flow und ist wie folgt definiert:

$$\text{Dynamischer Liquiditätsgrad} = \frac{\text{Cash Flow} \cdot 100}{\text{kurzfristiges Fremdkapital}}$$

Liquiditätskennzahl
(*Liquidity Ratio*), Kennzahl der Analyse der Liquiditätsstruktur. Liquiditätskennzahlen liegt der Gedanke zugrunde, den nach Fälligkeitsfristen geordneten Verbindlichkeiten die Vermögenswerte mit jeweils gleichen Liquidierbarkeitszeiten gegenüberzustellen, um Aussagen über das finanzielle Gleichgewicht treffen zu können. Kurzfristige Verbindlichkeiten sollen durch kurzfristig liquidierbares Vermögen gedeckt sein. Die Liquiditätskennzahlen dienen im Rahmen der externen Bilanzanalyse der Analyse der kurzfristigen Liquiditätssituation eines Unternehmens.
Siehe auch → Liquidität I., II., III. Grades und → Net Working Capital.

Liquiditätsplan

Der Liquiditätsplan (im Allgemeinen gleichbedeutend: → *Finanzplan, kurzfristiger*) stellt die geplanten Einzahlungen und Auszahlungen eines Unternehmens (bzw. Projekts) in einer bestimmten Periode gegenüber und dient der Sicherstellung der jederzeitigen Zahlungsfähigkeit des Unternehmens.

Die Liquiditätsplanung weist in der Regel die folgende Grundstruktur auf: Zahlungsmittel-Anfangsbestand + Einzahlungen – Auszahlungen = Zahlungsmittel-Endbestand. Durch frühzeitige Identifikation von Zahlungsmitteldefiziten können mit Hilfe der Liquiditätsplanung Zahlungsmitteldefizite rechtzeitig erkannt werden und schon im Planungsstadium entsprechende Maßnahmen zur Beschaffung zusätzlicher Finanzmittel eingeleitet werden.

Ausführliche Darstellung des Liquiditätsplans bzw. der Liquiditätsplanung siehe → *Finanzplan, kurzfristiger*.

Literatur: Schierenbeck, H.: Grundzüge der Betriebswirtschaftslehre, 14. Aufl., München Wien 1999, S. 309–311; Wöhle, C.B.: Finanzplanung, in: Akademie Deutscher Genossenschaften ADG (Hrsg.) Reihe Bank Colleg Betriebswirtschaft, Wiesbaden 1999, Gruppe 21, S. 1–18.

Liquiditätsplanung

Die Liquiditätsplanung leitet sich aus der → Finanzplanung ab. Es handelt sich um eine kurzfristige Detailplanung mit einem Prognosezeitraum von einem Monat und der Planungseinheit von einem Tag. Mit der Liquiditätsplanung wird die aktuelle Liquidität, d.h. die Liquidität am Planungstag festgestellt. Zur Steuerung der täglichen Kassendisposition stehen dem Finanzcontrolling → Cash-Management-Systeme mit den verschiedenen Anwendungsmöglichkeiten wie → Pooling, → Netting, → Balance Reporting zur Verfügung.

Ausführliche Darstellung des Liquiditätsplans bzw. der Liquiditätsplanung siehe → *Finanzplan, kurzfristiger*.

Liquidity Ratio

engl. für → Liquiditätskennzahl.

Live Communication

ist der Oberbegriff für Kommunikationsinstrumente, die eine persönliche Begegnung und das aktive Erlebnis der Zielgruppe mit dem Unternehmen und ihren → Marken bzw. Leistungen in einem inszenierten und häufig emotional ansprechenden Umfeld in den Mittelpunkt stellen. Das Zusammenwirken dieser Elemente sowie die direkte und persönliche Interaktion zwischen Hersteller und Zielgruppe sollen zu einzigartigen und nachhaltigen Erinnerungen und Markeneinstellungen führen. Zu den Instrumenten der Live Communication zählen insbesondere → Messen, Showrooms, → Events, Promotions und spezifische Formen des persönlichen Verkaufs.

Siehe auch → Messemarketing und → Eventmanagement, jeweils mit Literaturangaben.

Literatur: Brühe, Chr., Messe als Instrument der Live Communication, in: Handbuch Messemanagement, Hrsg. Kirchgeorg, M. et al., Wiesbaden 2003, S. 73-85.

Lizenzgeschäft, internationales

Im Rahmen von internationalen Lizenzgeschäften werden Know-how (ungeschütztes Wissen), Patente (geschützte gewerbliche Schutzrechte), Produktions- und Absatzrechte ausländischen Unternehmen auf Zeit entgeltlich zur Verfügung gestellt.

Motive des Lizenzgebers sind Umgehen von Einfuhrhemmnissen, geringes Risiko und Ressourceneinsatz. Nachteilig sind die geringen Erträge und die Gefahr des Heranzüchtens der eigenen Konkurrenz. Im → Außenhandel sind Lizenzgeschäfte auch innerhalb internationaler Konzerne zwischen Mutter- und Tochtergesellschaften sehr verbreitet. Sie stellen dort ein wichtiges Instrument des Ergebnistransfers und der internationalen Steuerpolitik dar.

Lizenzmarke

entsteht durch Transfer einer Marke von einem Hersteller in den verwandten Produktbereich eines anderen Herstellers mittels Lizenzvergabe oder -annahme (also unternehmensüberschreitend, im Gegen-

satz zur Transfermarke innerhalb eines Unternehmens). Dies funktioniert nur bei Sicherstellung eines starken imagebezogenen Zusammenhangs zwischen Lizenzgeber und Lizenznehmer.
Siehe auch → Transfermarke, und → Markenarten.

Lizenzpreisanalogien

(*Relief from Royalty*) sind besonders in der Rechnungswesenpraxis verbreitete Formen der Isolierung → *markenspezifischer* Zahlungen. Nach diesem Verfahren ergibt sich der Wert der Marke aus zukünftigen Lizenzzahlungen, die ein Unternehmen aufwenden müsste, wenn es die Marke von einem Dritten lizenzieren müsste. Die üblicherweise verwendete Bezugsbasis ist der mit der Marke generierte Umsatz. Durch Multiplikation des Lizenzsatzes mit dem Umsatz ergibt sich der Markenwert (→ Markenbewertung).

Local Area Network (LAN)

Bezeichnung für ein Netzwerk aus Computern und Peripheriegeräten, in dem die einzelnen Stationen keine große räumliche Entfernung voneinander haben (maximal einige wenige Kilometer), also in „lokalem" Zusammenhang stehen. Ein LAN wird fast immer nichtöffentlich genutzt (Firma, Verwaltung, Privatleute etc.). Der Zweck dieses Verbundes ist es, Daten zwischen den einzelnen Benutzern auszutauschen und Hardware-Ressourcen gemeinsam zu nutzen. Dadurch erhöht sich zum einen die Auslastung der einzelnen Geräte und zum anderen werden neue Möglichkeiten der Zusammenarbeit geschaffen, wodurch sich insgesamt Kosten reduzieren lassen.

Local Sourcing

Bei local sourcing wird ein Einsatzgut von einer Lieferquelle bezogen, die in unmittelbarer Nähe zum Bedarfsträger liegt. Im Vordergrund steht eine Reduzierung logistischer Risiken. Diese lassen sich auch durch den Bezug aus dem Inland minimieren (*domestic sourcing*). Daneben können ebenfalls absatzseitige Ziele von Bedeutung sein.
Siehe auch → Beschaffungsmanagement (mit Literaturangaben).

Location Based Services

siehe → ortsbezogene Dienste.

Location-L

ist innerhalb des → *Mobile Commerce* ein Ordnungsrahmen zur Kategorisierung → *ortsbezogener Dienste* (*Location Based Services*, LBS). Hierbei wird jeweils für die Position des Auslösers und des Ziels festgestellt, ob diese *irrelevant* ist, *vorgegeben* (aus einer Datenbank) ist oder durch Ortung *ermittelt* werden muss. Aus den beiden Dimensionen lässt sich eine 3x3-Matrix bilden, deren fünf gültige Kombinationen jeweils einen LBS-Standardtyp bilden und zusammen in Form des Buchstaben „L" dargestellt werden.

Lofo (lowest in – first out)

Das Verfahren unterstellt, dass die Bestände der Vorräte mit den niedrigsten Beschaffungspreisen zuerst verbraucht oder veräußert werden. Das bedeutet, dass am Jahresende die am teuersten eingehandelten Vorräte an Lager liegen. Entsprechend sind sie mit ihren hohen Anschaffungs- bzw. Herstellungskosten zu bewerten. Lofo führt also zu einer sehr optimistischen Bewertung der Vorräte. Zu beachten ist allerdings, dass alle → Verbrauchsfolgefiktionen nur Vereinfachungsverfahren zur Ermittlung der Anschaffungs- bzw. Herstellungskosten sind. D.h. der ermittelte Wert ist zum Bilanzstichtag stets mit dem → beizulegenden Wert zu vergleichen und es ist nach dem strengen → Niederstwertprinzip mit dem niedrigeren Wert zu bilanzieren. In Deutschland wird Lofo handelsrechtlich überwiegend kritisch gesehen, weil es nicht dem Prinzip der kaufmännischen Vorsicht entspricht. Steuerrechtlich ist Lofo nicht zulässig.
→ IAS/IFRS akzeptieren Lofo nicht. Nach → US-GAAP ist Lofo zulässig, wenn es der tatsächlichen Verbrauchsfolge entspricht.

Logik, klassische
siehe → klassische Logik, siehe auch → Fuzzy-Logic-Systeme, → wissensbasierte Systeme und → Wissensmanagement.

Logisches Modell
(in der → Wirtschaftsinformatik) ist die Abbildung eines Systems, die von der physischen Realisierung (→ Implementierung) abstrahiert. Siehe auch → Physisches Modell.

Logistik, Grundlagen (Logistikmanagement)

Grundlagen der Logistik (Logistikmanagement)

von Professor Dr. Gerd Schulte
Fachhochschule Oldenburg / Ostfriesland / Wilhelmshaven – Standort Emden

1. Charakterisierung

Das Wort Logistik bezeichnet im weiteren Sinne Prozesse der Raumüberbrückung und Zeitverkürzung, im engeren Sinne Transport-, Lager- und Umschlagsvorgänge im Realgüterbereich in und zwischen Betrieben oder Organisationen im Zusammenhang mit Sachgütern (Material, Einrichtungen), Menschen und Informationen. Die Logistik in der Betriebswirtschaft betrachtet Raumüberbrückungsprozesse als ein zu gestaltendes Flußsystem von Materialien, Energien, Waren und Informationen, das die Beschaffungsmärkte mit den Produktionsstätten und nachgelagerten Verbrauchsorten verbindet, und beschäftigt sich mit der organisatorischen Gestaltung, Planung, Steuerung und Kontrolle sämtlicher Material-, Energien-, Waren- und Informationsflüsse vom Lieferanten in das Unternehmen, innerhalb des Unternehmens sowie vom Unternehmen zum Kunden.

Die Aufgabe der Logistik (wie auch der → Materialwirtschaft) für ein Unternehmen wird oft mit der sog. → Sechs-R-Definition (6-R-Definition) beschrieben. Sie besteht darin, dafür zu sorgen, dass einem Empfangspunkt gemäß seines Bedarfs von einem Lieferpunkt aus das richtige Material oder Erzeugnis in der richtigen Menge und der richtigen Qualität zum richtigen Termin am richtigen Ort zum richtigen Preis zur Verfügung gestellt wird. In der Regel wird der Begriff Logistik weiter gefasst als Materialwirtschaft, da von der Logistik alle Funktionsbereiche des Unternehmens betrachtet werden. Die Logistik hat wie das → Controlling eine Querschnittsfunktion.

Da sich die Logistik in den vergangenen Jahren zu einer Managementaufgabe entwickelt hat, wird auch der Ausdruck *Logistikmanagement* verwendet.

2. Jüngere Entwicklungen der Logistik

Besonderen Einfluss auf die Entwicklung der Logistik hatten der Einsatz der Datenverarbeitung, die Verbreitung des Internets, die Globalisierung und die Konzentration der Unternehmen auf ihre Kernkompetenzen.

In der → Beschaffungslogistik brachte der DV-Einsatz die Einführung von → EDI-Systemen. Das Internet führte zur Entwicklung des → eProcurements, → direct purchaisings und der → eLogistik. Systeme mit dem Schwerpunkt im Produktionsbereich sind u.a. PPS-Systeme, → ERP-Systeme und automatische Lager- und Fördersysteme. Insbesondere die Globalisierung hatte die Entwicklung neuer → Sourcing-Strategien zur Folge, wie das → Global-Sourcing, → Single-Sourcing, → Modular-Sourcing oder → Outsourcing.

Eine Vorreiterrolle bei der Umsetzung neuer Konzepte nahm bisher die Automobilindustrie ein. Beispiele hierfür sind die Einführung der → Just-in-Time-Beschaffung, der Einsatz von → Kanban-Systemen in der Produktion, die auf dem → Holprinzip aufbauen, oder das → Simultaneous Engineering.

3. Ausgestaltungsformen der Logistik

Mögliche Ausgestaltungsformen der Logistik zeigt *Abbildung 1*. Unter dem Begriff Unternehmenslogistik werden alle Logistikprozesse in einem Unternehmen subsumiert. In Anlehnung an die betrieblichen Grundfunktionen wird zwischen → Beschaffungslogistik, → Produktionslogistik (Fertigungslogistik, siehe auch → Produktionsplanung und -steuerung) und → Distributionslogistik unterschieden. Während diese Logistiksysteme den Güterfluss von den Beschaffungsmärkten zu den Absatzmärkten erfassen, spielt bei der → Entsorgungslogistik der umgekehrte Güterfluß eine Rolle. Für Einzelfunktionen innerhalb der Unternehmenslogistik wurden gesonderte Begriffe entwickelt wie → Lagerlogistik (siehe auch → Lagerwirtschaft und → Lagerhaltungspolitik), → Transportlogistik, → Informationslogistik. Die → Ersatzteillogistik beschäftigt sich mit der Versorgung der Kunden mit Ersatzteilen und mit der Bereitstellung von Gütern für Reparaturen und die Instandhaltung der maschinellen Anlagen.

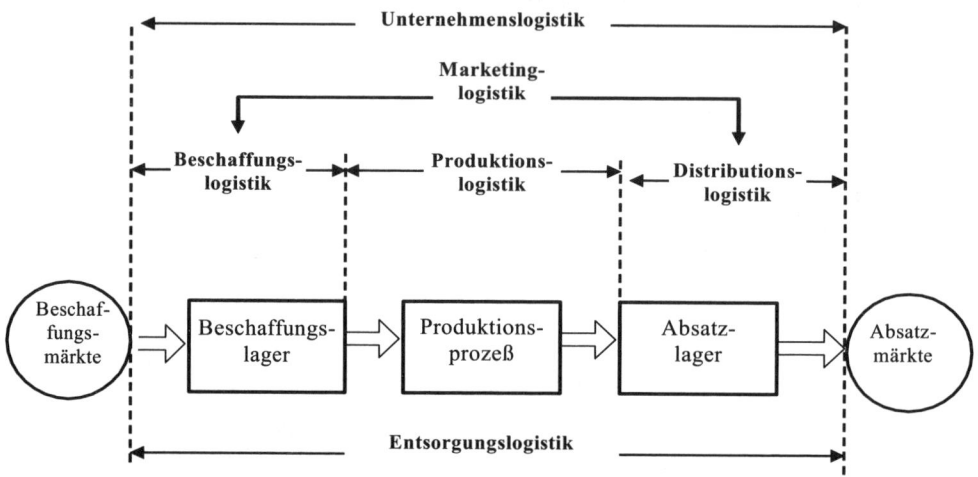

Abbildung 1: Funktionale Abgrenzung von Logistiksystemen

Neben der funktionellen Abgrenzung von Logistiksystemen wird die institutionelle Unterscheidung vorgeschlagen. Entsprechend der üblichen Einteilung von Aggregationsebenen in der Volkswirtschaftslehre lassen sich → Makro-, → Mikro- und → Meta-Logistik unterscheiden. Die Systeme der Mikro-Logistik lassen sich zunächst weiter nach der Art von Organisationen mit unterschiedlichen Zielsetzungen unterteilen. Beispiele sind Krankenhaus-Logistik, Militär-Logistik, Unternehmens-Logistik. Die Unternehmens-Logistik lässt sich weiter nach dem jeweiligen Unternehmenszweck gliedern. Man gelangt dann zur Industrie-, Handels- und Dienstleistungs- oder Speditionslogistik. Aber auch für einzelne Lieferkonzepte werden spezielle Begriffe gebildet, wie z.B. → City-Logistik.

4. Ziele, Aufgaben und Instrumente der Logistik

Das generelle Logistikziel besteht in der Optimierung der Logistikleistungen. Logistikleistungen sind nicht nur physischer Art (Transportieren, Umschlagen, Kommissionieren und Lagern), sondern auch dispositiver Art (Planung, Steuerung, Information und Kontrolle).

Aus dem generellen Ziel können weitere Ziele abgeleitet werden, z.B. hohe Lieferbereitschaft, hohe Umschlagshäufigkeit, Qualitätssicherung, niedrige Kosten, geringe Kapitalbindung, Umweltverträglichkeit oder Verringerung der Fertigungsstufen.

Zur Erfüllung der Aufgaben werden verschiedene operative und strategische Instrumente eingesetzt, von denen im Folgenden einige genannt werden (siehe *Abbildung 2*).

Auswahl operativer und strategischer Instrumente

- **ABC-Analyse und XYZ-Analyse**
- **Optimale Bestellmengenrechnung**
- **Stärken-Schwächenanalyse**
- **GAP-Analyse**
- **Erfahrungskurvenkonzept**
- **Lebenszykluskonzept**
- **Logistikkostenrechnung, Prozesskostenrechnung**
- **→ Kennzahlen und Kennzahlensysteme**
- **→ Nutzwertanalysen bei der Auswahl von Lagerstandorten, Fahrzeugen, Lieferanten**
- **→ Portfolioanalyse (Logistikportfolios)**
- **Wertanalyse (und Kreativitätstechniken)**
- **Zeitreihenanalysen**
- **→ Netzplantechnik**
- **Verfahren des → Operations Research**
- **Methoden der → Investitionsrechnung**
- **→ Balanced Scorecards**

Abb. 2: Auswahl operativer und strategischer Instrumente

Die Logistikleistungen können vom Unternehmen selbst oder von Logistikdienstleistern erbracht werden. Das Leistungsspektrum von Logistikdienstleistern reicht vom → Frachtführer, Lagerhalter, Spediteur (→ Spedition) über → Third Party Logistics Provider (3PL-Dienstleister) bis zum → Fourth Party Logistics Provider (4PL-Dienstleister).

5. Supply Chain Management

→ Supply Chain Management (SCM) ist eine organisatorische und informationstechnische Form zur Gestaltung und Koordination von integrierten Logistikketten vom Rohstoffproduzenten über die verschiedenen Fertigungsstufen, die Distributoren und den Handel bis zum Endkunden. SCM soll die Bestands- und Abwicklungskosten senken und die Durchlaufzeiten reduzieren.

Das Supply Chain Management (SCM) blendet die Unternehmensgrenzen aus und versucht, das Prinzip der flussorientierten Gestaltung der Wertschöpfung auf mehrere miteinander in Liefer- und Leistungsbeziehung stehende Unternehmen gemeinsam anzuwenden. So entstanden neue → Wertschöpfungspartnerschaften.

Die Supply Chain beginnt im allgemeinen mit der Herstellung von Teilen, Baugruppen oder Komponenten („Source of Supply") und endet mit der Auslieferung des Fertigerzeugnisses (Produkt) beim Endkunden bzw. Verbraucher („Point of Consumption").

6. Logistikcontrolling und Supply Chain Controlling

Das → Logistikcontrolling bildet die Schnittmenge zwischen der Logistik und dem → Controlling. Es hat die Aufgabe, die Logistik durch Informationsbeschaffung und -verarbeitung bei der Planerstellung, Koordination und Kontrolle zu unterstützen. Das Logistikcontrolling dient dazu, systematisch Rationalisierungspotentiale im Bereich der Logistik zu erschließen und die → Logistikkosten zu senken. Mit Hilfe des Logistikcontrollings werden logistische Prozesse zielorientiert geplant, gesteuert und kontrolliert.

Das → *Supply Chain Controlling* stellt eine Erweiterung des → Logistikcontrollings dar. Im Gegensatz zum Logistikcontrolling werden beim Supply Chain Controlling unternehmensübergreifende Aktivitäten in die Betrachtung einbezogen. Das Ziel des SCC ist, die enge Zusammenarbeit von rechtlich und wirtschaftlich selbstständigen Unternehmen zu unterstützen und den erfolgreichen Fortbestand der Kooperation zu sichern.

Hinweis

Zu den angrenzenden Wissensgebieten siehe → Beschaffungsmanagement, → Beschaffungslogistik, → Beschaffungsmanagement, → Distributionslogistik, → Industriemanagement, → Lagerwirtschaft, Lagerhaltungspolitik, → Materiallogistik, → Materialwirtschaft, → Operations Research, → Optimierung, → Outsourcing, → Produktionsmanagement, → Prozessanalyse, → Supply Chain Management, → Vertriebspolitik, → Vertriebssteuerung.

Literatur: Block, C.H.: Professionell einkaufen mit dem Internet, E-Procurement-Direct Purchasing, München, Wien 2001; Busch, A./Dangelmaier, W. (Hrsg.): Integriertes Supply Chain Management – Theorie und Praxis effektiver unternehmensübergreifender Geschäftsprozesse, Wiesbaden 2002; Jünemann, R./Schmidt, T.: Materialflußsysteme – Systemtechnische Grundlagen, Berlin et al., 2. Auflage, 1999; Pfohl, H.-Ch.: Logistiksysteme – Betriebswirtschaftliche Grundlagen, 7. Auflage, Berlin et al., 2004; Reindl, M./Oberniedermaier, G.: eLogistics – Logistiksysteme und -prozesse im Internetzeitalter, München 2002; Schulte, Ch.: Logistik, 3. Auflage, München 2005; Schulte, G.: Material- und Logistikmanagement, 2. Auflage, München und Wien 2001; Wannenwetsch, H./Nicolai, S.: E-Supply-Chain-Management, Wiesbaden 2002; Weber, J.: Logistik- und Supply-Chain-Controlling, 5. Auflage, Stuttgart 2002.

Internetadressen: http://www.bgl-ev.de; http://www.bme.de; http://www.bvl.de; www.ecr.de; http://www.iml.fraunhofer.de; http://www.logistik-heute.de; http://www.logistik-inside.de; http://www.supply-chain.org; http://www.vwgroupsupply.com; http://www.wisu.de; http://www.wiwi-treff.de

Website des Autors: www.prof-schulte.de

Logistikcontrolling

Das Logistikcontrolling bildet die Schnittmenge zwischen der Logistik und dem → Controlling. Es hat die Aufgabe, die Logistik durch Informationsbeschaffung und -verarbeitung bei der Planerstellung, Koordination und Kontrolle zu unterstützen. Das Logistikcontrolling dient dazu, systematisch Rationalisierungspotentiale im Bereich der Logistik zu erschließen und die → Logistikkosten zu senken. Mit Hilfe des Logistikcontrollings werden logistische Prozesse zielorientiert geplant, gesteuert und kontrolliert.

Dem Logistikcontrolling obliegen folgende Aufgaben: (1) Sicherstellung der laufenden Wirtschaftlichkeitskontrolle, der Planung und Kontrolle der logistischen Aktivitäten, (2) laufende Entscheidungsunterstützung des Logistikmanagements durch entscheidungsbezogene Aufbereitung und Bereitstellung von Informationen, (3) gesamtunternehmenszielbezogene Koordination logistischer Prozesse, (4) Aufbau eines Berichtssystems und von Frühwarn- und Früherkennungssystemen mit Hilfe von Kennzahlen, (5) Bereitstellung von Steuerungs- und Kontrollinformationen (Soll-Ist-Vergleiche, Abweichungsanalysen), (6) Aufstellung von Logistikbudgets, Soll-Ist-Vergleichen und Abweichungsanalysen, (7) Aufbau und Anwendung einer entscheidungsorientierten Logistikkosten- und Leistungsrechnung.

Zu den Instrumenten und Methoden, die im Logistikcontrolling eingesetzt werden, zählen Kennzahlen und Kennzahlensysteme, Soll-Ist-Vergleiche, Logistikbudgets, Logistikkosten- und Logistikleistungsrechnung (insbesondere die Prozesskostenrechnung im Logistikbereich), → Benchmarking.

Siehe auch → Logistik, Grundlagen (Logistikmanagement) sowie → Supply Chain Management (mit Literaturangaben) und → Supply Chain Controlling.

Logistikintegration

(mit Lieferanten). *Charakterisierung:* Bei permanenten bzw. sich häufig wiederholenden Lieferungen setzt eine Optimierung der → Lieferrelationen eine *abgestimmte Gestaltung* der Logistik von Lieferant und beschaffendem Betrieb voraus. Dabei sind wichtige dispositive Aspekte klar zu regeln und oft ist in eine *Vereinheitlichung* von Betriebsmitteln und Logistikprozessen zu *investieren*. Grundsätzlich sind drei Ebenen zu differenzieren:

(1) Materialflusssysteme: Eine Voraussetzung ist die Verwendung gemeinsam geplanter und verbindlich festgelegter *Ladehilfsmittel*, also Behälter, Verpackungen, Gestelle und Paletten. Damit werden die

besonders kostenintensiven *Handhabungs- und Umschlagsaktivitäten* sowie Wartezeiten vermieden. Indirekt lassen sich so auch die von den Ladehilfsmitteln und ihren Konturen geprägten *Lager- und Transportsysteme* vereinheitlichen. Im Idealfall gelangt also das Material z.B. in demselben Behälter von der Produktion des Lieferanten bis zur Verwendung beim Abnehmer, ohne zusätzlichen Aufwand zu verursachen.

(2) Abwicklungs-, Informations- und Kommunikationssysteme sollen möglichst eine Kommunikation ohne Medienbruch und Zeitverluste ermöglichen. Dies setzt nicht nur bilateral vereinbarte (a) *Kennzeichnungen* (Aufkleber, Barcode, RFID) und geregelte (b) *Schnittstelle*n für die Datenübertragung (DFÜ/EDI, Internet) voraus, sondern auch einheitliche (c) *Datenformate* und -strukturen sowie eine abgestimmte (d) *Ablauflogik* der dispositiven Prozesse.

(3) Qualitätsmanagementsysteme: Zur Vermeidung von Doppelprüfungen und unnötigem Prüfungsaufwand sind detaillierte *Qualitätsvereinbarungen* zu treffen. So können *Dokumentationen* des Lieferanten (z. B der Prozess- oder Ausgangskontrolle) vom Abnehmer akzeptiert werden. Weitergehend wirken *Nullfehler*-Vereinbarungen *ohne Qualitätsprüfung*, die Lieferungen beschleunigen (→ JIT-Lieferung), aber ein sehr hohes wechselseitiges *Vertrauen* voraussetzen.

Siehe auch → Beschaffungslogistik, → Lieferrelationen und → Logistik, Grundlagen (mit Literaturangaben).

Logistikkette

Darunter sind die gesamten informatorischen, logistischen und produktionstechnischen Prozesse der einzelnen Wertschöpfungsstufen zu verstehen, die in der Regel die Prozesse mehrerer Beteiligter (Lieferanten, Logistikunternehmungen sowie Abnehmer) umfassen.

Siehe auch → Logistik, Grundlagen (mit Literaturangaben), → Supply Chain und → Supply Chain Management (mit Literaturangaben).

Logistikkosten

sind der in Geldeinheiten bewertete, periodisierte, sachzielbedingte (d.h. betriebsbedingte) Güterverzehr, der auf logistischen Prozessen beruht und durch die Bereitstellung der dazu notwendigen Kapazitäten bewirkt wird.

Logistikmanagement

i.d.R. gleichbedeutend mit Logistik; siehe → Logistik, Grundlagen (mit Literaturangaben).

Logistische Regression

Anwendungsbeispiel siehe → Rating-Methoden, kreditwirtschaftliche, Kap. 3.4.

Lohn- und Gehaltsmodelle

Lohn- und Gehaltsmodelle

von Univ.-Professor Dr. Walter A. Oechsler und Dr. Lars Mitlacher
Lehrstuhl für Allgemeine Betriebswirtschaftslehre, Personalwesen und Arbeitswissenschaft der Universität Mannheim

1. Systematik der Entgeltfindung

Die Höhe des Entgelts hängt zum einen von den Anforderungen der Tätigkeit bzw. der Stelle ab, die unabhängig vom Stelleninhaber sind, und zum anderen von der persönlichen Leistung des Arbeitnehmers.

Ausgangspunkt für die Ermittlung des Grundentgelts ist dabei die Erfassung der Arbeitsinhalte mittels einer Tätigkeit-/→ Stellenbeschreibung, die mit Hilfe von → Verfahren der Arbeitsanalyse erstellt wird sowie die sich anschließende Bewertung der entsprechenden Tätigkeiten unter Rückgriff auf → Verfahren der Arbeitsbewertung. Darüber hinaus wird auf Grundlage einer Leistungsbewertung eine Zulage an den Arbeitnehmer vergeben, um individuelle Leistungsunterschiede der Stelleninhaber berücksichtigen zu können. Diese Zulage bildet die zweite (variable) Entgeltkomponente. Hinzu kommen noch → Erfolgsbeteiligungen sowie Zusatz- und Sozialleistungen.

2. Grundentgeltfindung

Ziel der Bewertung der verschiedenen Tätigkeiten im Unternehmen ist es, eine Entgeltdifferenzierung zu erreichen, die den unterschiedlichen Arbeitsanforderungen Rechnung trägt. Die Höhe der Arbeitsanforderungen determiniert dabei die Höhe des Grundentgelts. Ergebnis der Arbeitsbewertung ist traditionell ein Arbeitsplatzwert für jede Stelle. Entsprechend der jeweiligen Höhe des Arbeitsplatzwertes werden den Stellen Grundentgelte zugeordnet. Diese Bewertung bezieht sich dabei ausschließlich auf die Stelle und abstrahiert vom Arbeitnehmer.

Im Rahmen der → Arbeitsbewertung können summarische und analytische Verfahren zur Anwendung kommen. Jedes der beiden Verfahren ist dabei wiederum in Form einer Reihung und Stufung durchführbar. Summarische Verfahren sind dadurch gekennzeichnet, dass die Stelle als Ganzes betrachtet wird und somit die Gesamtanforderungen der Stelle bewertet werden. → Analytische Verfahren unterteilen die Gesamtanforderungen einer Stelle in mehrere Teilanforderungen, bewerten diese einzeln und führen die Teilbewertungen im Anschluss wieder zu einer Gesamtbewertung zusammen. Werden die einzelnen Anforderungen in eine Rangreihe gebracht, von der Stelle mit den höchsten bis zur Stelle mit den niedrigsten Anforderungen, spricht man von Reihung. Bei der Stufung werden Merkmalsausprägungen bzw. Stufendefinitionen festgelegt, in die wiederum die einzelnen Tätigkeiten eingeordnet werden können. Mögliche summarische Verfahren sind → Rangfolge- und → Lohngruppen- bzw. Katalogverfahren. Differenziertere Ergebnisse sollen durch die → analytische Arbeitsbewertung erzielt werden, indem unterschiedliche Anforderungen auch differenziert bewertet werden. Hierzu müssen die Teilanforderungen einer Stelle definiert werden, wobei den meisten Methoden der analytischen Arbeitsbewertung das → Genfer Schema zugrunde liegt. Im Rahmen der analytischen Arbeitsbewertungsverfahren unterscheidet man zwischen → Rangreihenverfahren und → Wertzahlverfahren.

In der Praxis haben sich auch Mischverfahren (s.g. → summalytische Verfahren) etabliert. Neben der anforderungsorientierten Bewertung von Aufgabenbereichen, die so zu einer anforderungsorientierten Entlohnung führt, ist eine Tendenz zur Orientierung an den Qualifikationen des Arbeitnehmers zur Grundentgeltfindung festzustellen. Dies ist darauf zurückzuführen, dass Arbeitnehmer im Zuge teamorientierter Produktion und Organisation ganzheitlich für den Erfolg von Leistungsprozessen verantwortlich sind und nicht nur für arbeitsteilig ausgeführte Tätigkeiten und Stellen.

Im Rahmen der Qualifikationsorientierung werden Arbeitnehmer vorwiegend aufgrund vorhandener Fertigkeiten und Fähigkeiten und nicht für eine spezielle Tätigkeit zu einem gegebenen Zeitpunkt entlohnt. Da sich die Betrachtung verstärkt auf die vom Arbeitnehmer angebotenen Qualifikation und Potenziale konzentriert, verlieren Veränderungen der aus der Stelle resultierenden Anforderungen an Bedeutung. Insbesondere für flexible Arbeitsorganisationen oder Gruppenarbeitskonzepte, in denen Arbeitnehmer in regelmäßigen Abständen wechselnde Tätigkeiten und verschiedene Aufgaben ausführen, bieten diese Entlohnungssysteme eine erhebliche Vereinfachung bei der Bestimmung des Grundlohnes, da nicht bei jedem Stellenwechsel oder Änderungen der Anforderungen eine Neubewertung notwendig ist. Hierdurch reduziert sich auch der administrative Aufwand durch erforderliche Anpassungen in Folge von Veränderungen der Arbeitsinhalte und Arbeitsabläufe. Zudem wird auch die Personaleinsatzflexibilität erhöht. Die Bestimmung der Grundvergütung lässt sich im Hinblick auf eine Orientierung an den Qualifikationen des Arbeitnehmers variieren. Hier sind zwei Möglichkeiten denkbar. Entweder werden nur Teile des Grundentgelts in Abhängigkeit der Qualifikation des Stelleninhabers bestimmt, oder es erfolgt eine komplett qualifikationsorientierte Vergütung. Der dazu erforderliche Bezugsrahmen für die Ermittlung der zu vergütenden Qualifikationen kann darüber hinaus ebenso unterschiedlich weit gefasst werden. In der Praxis haben sich mit den → *Skill-Based-Pay-Systemen* Ansätze herausgebildet, die unter Beibehaltung eines pauschalierten anforderungsabhängigen Grundentgelts die Einteilung der Mitarbeiter in Entgeltgruppen zunehmend auf der Basis der für die Arbeitserfüllung erforderlichen Qualifikationen vornehmen. Zusätzlich zur Berücksichtigung der Qualifikation im Rahmen der Grundentgeltfindung existiert die Möglichkeit der Berücksichtigung von Qualifikationskomponenten in der Leistungszulage.

3. Leistungsorientierte Vergütungskomponenten

3.1 Traditionelle Formen der leistungsorientierten Vergütung

Beim klassischen → Akkordlohn wird zwischen der Arbeitsintensität und der erzielten Ausbringungsmenge pro Zeiteinheit ein unmittelbarer Zusammenhang unterstellt, woraus sich eine proportionale Beziehung zwischen der mengenmäßigen Ausbringung und dem Entgelt ableitet. Voraussetzung ist die → Akkordfähigkeit und → Akkordreife der Tätigkeit. Akkordlohnsysteme zielen vor allem auf eine quantitative Erhöhung der Produktion ab. Dies bedeutet, dass eine prozentuale Steigerung der Ausbringungsmenge pro Zeiteinheit eine Entgelterhöhung um diesen Prozentsatz nach sich zieht. Der Akkordlohn kann auch als → Gruppenakkord ausgestaltet werden. Allerdings verliert die Akkordentlohnung in den Produktionsbereichen, in denen der rein quantitative Output in der Vergütung traditionell eine große Rolle gespielt hat, aufgrund struktureller und strategischer Veränderungen zunehmend an Bedeutung. Im Zuge des Einsatzes neuer Fertigungstechnologien zeichnet sich die Tendenz ab, dass die Akkordentlohnung heute für eine große Anzahl an Arbeiten nur noch bedingt anwendbar ist, da nicht die Quantität, sondern die Qualität strategischer Erfolgsfaktor ist.

Unter dem Gesichtspunkt des hohen Qualitätsanspruchs bietet der → Prämienlohn im Vergleich zur Akkordentlohnung den Vorteil, dass auch andere möglicherweise zieladäquatere Bezugs- und Bemessungsgrößen neben der mengenabhängigen Kennzeichnung der Arbeitsleistung des Arbeitnehmers gewählt werden können. Prämien können in Abhängigkeit von der gegebenen technisch-organisatorischen Situation und nach der angestrebten betrieblichen Zielsetzung in → Mengenleistungs-, → Qualitäts-, → Nutzungs- und → Ersparnisprämien differenziert werden. Auch → kombinierte Prämien sind denkbar. Unabhängig von der Art der zugrunde liegenden Bezugsgröße wird der Verlauf des Prämienlohnes und des Grundlohnes als → Prämienlohnlinie definiert. Auch Prämien können als Einzel- oder → Gruppenprämien vergeben werden.

Eine weitere variable Entgeltkomponente stellen Leistungszulagen dar. Diese Zulagen orientieren sich an der individuellen Leistung des Mitarbeiters, die mit Hilfe von → Leistungsbeurteilungsverfahren gemessen wird. Die zum Einsatz kommenden Leistungsbeurteilungsverfahren sollten dabei die methodischen Gütekriterien der → Objektivität, → Reliabilität und → Validität erfüllen. Im Rahmen der leistungsbezogenen Entgeltfindung steht eine Vielzahl von Leistungsbeurteilungsverfahren zur Verfügung. Diese lassen sich grundsätzlich nach dem Ausmaß der Strukturierung in freie und → gebundene Verfahren unterteilen. Im Rahmen der freien Verfahren unterscheidet man zwischen Verfahren mit Vorgaben oder ohne Vorgabemerkmale. Die → gebundenen Verfahren lassen sich in → Einstufungsverfahren, in → Rangordnungsverfahren, in → Kennzeichnungsverfahren und → Zielsetzungsverfahren differenzieren. Bei den → Einstufungsverfahren unterscheidet man zudem eigenschaftsorientierte, ergebnisorientierte und verhaltensorientierte Einstufungsverfahren. Kennzeichnungsverfahren können zusätzlich in → Wahlzwangverfahren, → Freiwahlverfahren und in das → Verfahren der kritischen Ereignisse unterschieden werden.

3.2 Zielvereinbarungen als Grundlage leistungsorientierter Vergütung

Als Grundlage für die Vergabe leistungsorientierter Vergütungskomponenten dienen in der Praxis vor allem Zielvereinbarungssysteme. Zielvereinbarungen sind meistens in ein umfassendes System (z.B. → Management by Objectives) eingebettet und können sowohl in der Privatwirtschaft wie auch bei Non-Profit Organisationen und der öffentlichen Verwaltung angewendet werden.

Im Rahmen des Management by Objectives wird die Verfahrensorientierung durch die Zielorientierung ersetzt. Dies führt dazu, dass Entscheidungsspielräume bei der Wahl der eingesetzten Lösungswege und Instrumente eröffnet werden. Zielvereinbarungssysteme erfordern eine regelmäßige Zielvereinbarung, -überprüfung und ggf. -anpassung, wobei es gerade mit Blick auf eventuell notwendige Zielrevisionen sinnvoll ist, Zielvereinbarungen partizipativ durchzuführen. Zudem ermöglichen Zielvereinbarungen periodische Leistungskontrollen und -beurteilungen anhand von Soll-Ist-Vergleichen.

Der erste Schritt im Prozess der Zielvereinbarung ist die Ableitung von Zielen über die Unternehmenshierarchie. Aus den Unternehmenszielen werden vom Vorgesetzten Ziele für die Mitarbeiter abgeleitet und präzisiert. Gleichzeitig unterbreiten die Mitarbeiter Zielvorschläge. Auf dieser Grundlage werden dann gemeinsam Ziele mit den Mitarbeitern vereinbart. Zielvereinbarungen sind sowohl für individuelle Ziele als auch für Gruppenziele möglich, wobei dies von der Ausgestaltung der Leistungsprozesse abhängt. Zielvereinbarungen sollten sich immer auf erfolgskritische Ziele beziehen. Deshalb ist auch die Anzahl der zu vereinbarenden Ziele zu beschränken. Als Idealgröße werden in wissenschaftlichen Untersuchungen maximal fünf Ziele genannt, da bei einer größeren Anzahl schon nicht mehr deutlich wird, welche Ziele wirklich kritisch für den Erfolg sind. Während Zielvereinbarungen vor allem für das Topmanagement in Frage kommen, lässt sich über die Hierarchie hinweg eine Präzisierung vornehmen, sodass im Mittelmanagement Zielvereinbarungen in Form von kritischen Resultaten und beim unteren Management in Form von kritischen Arbeitsinhalten vereinbart werden können. Am Ende einer bestimmten Periode findet eine regelmäßige Kontrolle der Zielerreichung des Mitarbeiters statt. Hieraus können zum einen Informationen zur Überprüfung der Leistung des Unternehmens sowie über den Beitrag des Mitarbeiters zur Zielerfüllung abgeleitet werden.

4. Gestaltungsmöglichkeiten von Beteiligungen am Unternehmenserfolg

Variable Entgeltkomponenten können sich nicht nur an der individuellen Leistung sondern auch an der Unternehmensleistung orientieren. Hierzu stehen verschiedene Beteiligungsmodelle zur Verfügung. Mitarbeiterbeteiligungen können zunächst in → Erfolgsbeteiligungen und Kapitalbeteiligungen unterschieden werden. In Abhängigkeit der Bemessungsgrundlage ergeben sich bei der Erfolgsbeteiligung drei Grundformen: die → Ertragsbeteiligung, die → Gewinnbeteiligung und die → Leistungsbeteiligung. Die Ertragsbeteiligung kann sich an Größen wie Umsatz oder Rohertrag orientieren. Die Gewinnbeteiligung verwendet als Bemessungsgrundlage z.B. den Bilanzgewinn und die Leistungsbeteiligung greift als Bemessungsgrundlage auf die betriebliche Leistung zurück.

Neben Erfolgsbeteiligungen können die Mitarbeiter auch über Kapitalbeteiligungen am Erfolg des Unternehmens partizipieren. Hierbei unterscheidet man zwischen → Eigen- und Fremdkapitalbeteiligungen. Bei den Fremdkapitalbeteiligungen sind vor allem → Mitarbeiterdarlehen verbreitet. Im Rahmen der Eigenkapitalbeteiligungen sind → Belegschaftsaktien oder auch → Stock Options die gängigsten Formen. Zu den Mischformen zählen beispielsweise → Genussscheine. Diese Beteiligungsform stellt eine langfristige, strategische Anreizkomponente des Entgeltsystems dar.

5. Zusatz- und Sozialleistungen

Neben dem Entgelt für geleistete Arbeit erhält der Arbeitnehmer in der Regel weitere Leistungen, die nicht unmittelbar als Geldzufluss erkennbar sind. Über die gesetzlichen und tariflichen Zusatzleistungen fallen hierunter z.B. die → betriebliche Altersversorgung oder → Deferred Compensation Modelle. Neben diesen materiellen Zusatzleistungen existieren auch Sachleistungen, die der Mitarbeiter zusätzlich zu seinem Entgelt erhalten kann. Warengeschenke aus der eigenen Produktion, der verbilligte Einkauf in eigenen Mitarbeiterläden, die Nutzung von betrieblichen Sozialeinrichtungen (z.B. betriebseigene Sportstätten), die Bereitstellung von Werkswohnungen, kostenlose Vorsorgeuntersuchungen, „Wellness-Programme" sowie Beratungs- und Betreuungsangebote stellen dabei mögliche Erscheinungsformen dar.

Hinweis

Zu den angrenzenden Wissensgebieten siehe → Arbeitsrecht, → Balanced Scorecard, → Corporate Citizenship, → Corporate Governance, → Managing Motivation, → Management by Objectives, → Personalauswahl, Grundlagen, → Personalauswahl, Instrumente, → Personalentwicklung, → Personalführung, → Personalmanagement, Grundlagen, → Personalmanagement, Internationales, → Unternehmensethik, → Unternehmensführung, Grundlagen.

Literatur: Oechsler, W.A.: Personal und Arbeit, 8. Aufl., München/Wien 2006. Oechsler, W.A.: Entgeltsysteme in Banken, in: Rathgeber, A./Treboke, H.-J./Wallmeier, M. (Hrsg.), Finanzwirtschaft, Kapitalmarkt und Banken, Stuttgart 2003, S. 361-377. Oechsler, W.A.: Führen mit Zielvereinbarungen: Organisatorischer und rechtlicher Rahmen von Führungs-, Beurteilungs- und Entgeltsystemen, in: Fischer, H. (Hrsg.), Unternehmensführung im Spannungsfeld zwischen Finanz- und Kulturtechnik, Hamburg 2001, S. 293–312. Oechsler, W./Reichmann, L.: Entgeltflexibilisierung. Zur Rolle des Tarifvertrags bei aktuellen Flexibilisierungstendenzen, in: ZfbF, 6/2002, S. 527–542. Oechsler, W.A./Mitlacher, L.: Anreiz- und Motivationssysteme in Sparkassen, Stuttgart 2004. Oechsler, W.A./Reichmann, L./Mitlacher, L.: Flexibilisierung der Beschäftigung – Das VW-Modell „5000x5000", in:

DBW, 63. Jg., 1/2003, S. 93–107. Reichmann, L.: Entgeltflexibilisierung, Lohmar/Köln 2002. Femppel, K./Reichmann, L./Böhm, H.: Ganzheitliche Vergütungspolitik, Düsseldorf 2002.

Internetadressen: www.dgfp.de, www.igmetall.de, www.bmwi.de, www.refa.de, www.wsi.de, www.verdi.de, www.agpev.de, www.bdi-online.de, www.gesamtmetall.de, www.mitarbeiterbeteiligung.info

Website der Autoren: http://oechsler.bwl.uni-mannheim.de

Lohn- und Gehaltstarifvertrag
siehe → Entgelttarifvertrag.

Lohngruppen- oder Katalogverfahren
summarisches Verfahren der *Arbeitsbewertung*. Definition von Richtbeispielen für bestimmte Schwierigkeitsgrade, wofür bestimmte Lohngruppen gebildet und abgestuft werden.
Siehe auch → Lohn- und Gehaltsmodelle (mit Literaturangaben).

Lohnsteuer
(*wage tax*) ist keine besondere Steuerart, sondern eine im Steuerabzugsverfahren erhobene (deutsche) → Einkommensteuer (→ *Abzugsteuer*).
Schuldner der Lohnsteuer ist der *Arbeitnehmer*. Der *Arbeitgeber* hat die Lohnsteuer durch Abzug vom *Arbeitslohn* einzubehalten, beim Finanzamt anzumelden und abzuführen. Bei lohnsteuerpflichtiger Tätigkeit von Arbeitnehmern (→ *Einkünfte aus nichtselbständiger Arbeit*, § 19 EStG) erfolgt die Erhebung der → *Einkommensteuer* als Lohnsteuer durch Abzug vom laufenden Arbeitslohn (§§ 38 ff. EStG). Die Lohnsteuer ist daher eine Abzugsteuer. Erfolgt eine Einkommensteuerfestsetzung, wird die abgeführte Lohnsteuer auf die Einkommensteuerschuld angerechnet (§ 36 Abs. 2 Nr. 2 EStG).

Lohnveredelung
Form des aktiven → Veredelungsverkehrs auf Anweisung und Rechnung eines Unternehmers aus dem Land der passiven Veredelung (Gegensatz: → Eigenveredelung).

Lokale Anpassung
Aufgrund der zunehmenden Individualisierung der Konsumenten und aufgrund kulturabhängiger und somit unterschiedlicher Konsummuster wird ein im Heimatland erfolgreiches Marketingkonzept an die Besonderheiten des Ziellandes bzw. der Region angepasst. Je nach Branche und kultureller Distanz zwischen den Ländern bzw. Regionen variiert das Ausmaß der national- bzw. regionalspezifischen Anpassung (= multinationale Strategie). Siehe auch → Marketing, Internationales.

Lokale Kosten
(örtliche Kosten) sind Aufwendungen eines Exporteurs (Erstellers einer Anlage) für Waren und Dienstleistungen aus dem Importland. Lokale Kosten können unter bestimmten Voraussetzungen in die Finanzierungen der Banken einbezogen werden.

Lombardkredit
Unter einem Lombardkredit versteht man die Vergabe eines kurzfristigen Darlehens, welches durch ein Faustpfand abgesichert wird (vgl. §§ 1204 ff. BGB). Verpfändet werden bewegliche, marktgängige Vermögensobjekte, die sich in der Regel durch hohe Wertbeständigkeit, schnelle Liquidierbarkeit und einfache Bewertbarkeit auszeichnen. Am einfachsten erweist sich die Lombardierung von Wertpapieren, da diese häufig vom kreditgewährenden Institut verwahrt werden und die Wertentwicklung leicht verfolgt werden kann, weil gewöhnlich eine Beleihung börsennotierter Wertpapiere erfolgt.
Siehe → Effektenlombard.

London Interbank Offered Rate
siehe → LIBOR (mit Literaturangaben).

Long Call

siehe → Optionen, Kap. 3 Absatz 3, siehe auch → Black-Scholes-Formel.

Long Hedge

siehe → Optionen, Kap. 3 Absatz 1.

Long Put

siehe → Optionen, Kap. 3 Absatz 3, siehe auch → Black-Scholes-Formel.

Long-Run Underperformance

(→ *Initial Public Offerings*) neigen dazu, sich in den ersten Jahren nach dem *Going Public* (→ Going Public, Durchführungsphase) schlechter zu entwickeln als Vergleichsunternehmen (relative Aktienmarktperformance). Diese Beobachtung kann auf sehr vielen – allerdings nicht auf allen – Aktienmärkten der Welt gemacht werden. Ob und wie stark negativ die Long-Run Performance ausfällt hängt, auch von der Wahl der Vergleichsunternehmen (Benchmarkunternehmen) ab. Über die ersten drei bis fünf Jahre nach einem Going Public beträgt die relative Aktienmarktperformance je nach Zeitraum, Untersuchungssample und Untersuchungsmethode in Deutschland null bis minus 20%, in der Schweiz null bis minus 10% und in Österreich null bis minus 50%. Eine Ausnahme bilden → Privatisierungen, für die keine Long-Run Underperformance beobachtbar ist.

Als Gründe für eine negative Long-Run Performance sind unter anderem zu nennen: (1) Verstärktes *Gewinnmanagement* vor dem Going Public (*Window Dressing*), (2) Going Public nach einer *überdurchschnittlich guten betrieblichen Entwicklung*, die sich nach dem Going Public wieder auf ein normales Niveau zurückbildet (*Windows of Opportunity*), (3) eine *Eigentümerstruktur*, die kein effektives externes Monitoring des Managements ermöglicht, (4) die *Unternehmensgröße* (kleine Unternehmen weisen öfter eine Long-Run Underperformance auf als große Unternehmen).

Siehe auch → Going Public, Vorbereitungsphase und → Going Public, Durchführungsphase, jeweils mit Literaturangaben.

Losgröße

(Produktionslos). Losgröße ist die Menge eines Teils, die ohne Unterbrechung in der Eigenfertigung erstellt oder die als Bestellmenge bezogen werden soll. Aufgabe der Losgrößenbildung ist es, organisatorische Vereinfachungen so vorzunehmen, dass sich ein Minimum aus auflagenfixen und auflagenvariablen Kosten ergibt. Siehe auch → Losgrößenplanung (Planungsmodelle).

Losgrößenmodell, klassisches

Losgröße ist die Menge eines Teils, die ohne Unterbrechung in der Eigenfertigung erstellt oder die als Bestellmenge bezogen werden soll. Aufgabe der Losgrößenbildung ist es, organisatorische Vereinfachungen so vorzunehmen, dass sich ein Minimum aus auflagenfixen und auflagenvariablen Kosten ergibt. Das klassische Modell geht von konstanten Werten bei Nachfrage, Kapazität und Kostenstruktur aus.

Siehe auch → Losgrößenplanung (Planungsmodelle).

Losgrößenplanung

(insbesondere in der → *Materiallogistik)*. Um die Interdependenz einzelner Produkte und die Abhängigkeiten zwischen Mengen-, Termin- und Kapazitätsplanung zu berücksichtigen, wendet man Entscheidungsmodelle des → Operation Research an, nach denen eine optimierte Planung durchgeführt werden kann. Die bekanntesten Modelle sind → Simulation, → Lineare Programmierung, → Optimized Production Technology (OPT) und besonders im Bereich der Material-Logistik die → Losgrößenbildung.

Aufgabe der Losgrößenplanung ist es, organisatorische Vereinfachungen so vorzunehmen, dass sich ein Minimum aus auflagenfixen und auflagenvariablen Kosten ergibt. Durch Aufstellen einer Gleichung, in der einerseits die Kosten für Rüst- und Produktionsvorgänge und andererseits die Lagerkosten definiert werden, und durch Ableitung der so erstellten Stückkostenfunktion lässt sich die optimale → Losgröße berechnen.

Das → klassische Losgrößenmodell geht von konstanter Nachfragerate, konstanter Produktionskapazität und konstanter Kostenstruktur aus, ein in der Praxis eher seltener Fall. Da zwischen den Erzeugnissen Beziehungen bestehen, beeinflusst die Losbildung für ein übergeordnetes Erzeugnis die Bedarfssituation der untergeordneten Erzeugnisse. Außerdem ist zu berücksichtigen, dass die Arbeitssysteme, welche die zur Produktion der Erzeugnisse notwendigen Arbeitsgänge durchführen müssen, nur eine beschränkte Kapazität haben und dass die Produkte um diese Kapazität konkurrieren.

Losgrößenplanung
(insbesondere in der → *Produktionsplanung).* Unter der *Losgröße* wird die Menge eines Gutes verstanden, die als zusammenhängender Posten (Los) behandelt, also z.B. gemeinsam beschafft, gefertigt, transportiert oder gelagert wird. Am verbreitetsten ist die Losgrößenplanung bei der Festlegung der Beschaffungs- und der Fertigungslosgröße.
Im Beschaffungsbereich wird die Summe der entscheidungsrelevanten losfixen Kosten (Bestellkosten) und Lagerkosten (physische Lagerkosten, Bestandskosten) minimiert. Darüber hinaus sind bei der Festlegung der Bestellmengen in der Praxis weitere Aspekte wie Mengenrabatte, Fehlmengenkosten oder Restriktionen z.B. hinsichtlich der Lagerkapazität zu berücksichtigen.
Im Fertigungsbereich ist festzulegen, wie viele Produkte ohne zeitliche Unterbrechung (z.B. durch die Fertigung anderer Produktarten) produziert werden sollen.
Siehe auch → Produktionsmanagement sowie → Produktionsplanung und -steuerung, jeweils mit Literaturangaben.
Literatur: Bloech, J.; Bogaschewsky, R.; Götze, U.; Roland, F.: Einführung in die Produktion, 5. Aufl., Berlin u.a. 2004; Domschke, W.; Scholl, A.; Voß, S.: Produktionsplanung, 2. Aufl., Berlin u.a. 1997; Tempelmeier, H.: Material-Logistik, 5. Aufl., Berlin u.a. 2003.
Internetadressen: http://www.produktion-und-logistik.de/produktionundlogistik-139.htm [Tempelmeier, H.]; http://prodman.wu-wien.ac.at/download/skriptum2000/text/kap07.htm [Universität Wien]; http://www.videolexikon.com/view_120-27-701-0204-007.htm [Steven, M.].

Loss Given Default (LGD)
Der LGD gibt den zu erwartenden prozentualen Verlust im Insolvenzfall an. Er ergibt sich aus der Differenz aus ausstehendem Betrag im Insolvenzzeitpunkt (Exposure at Default, EAD) und Rückflüssen, dividiert durch das EAD. Siehe auch → Rating-Methoden, kreditwirtschaftliche.

Lösung, ganzzahlige
(IP-Modell), eine Lösung eines → IP-Modells, bei der die Lösungswerte der → LP-Relaxation die Ganzzahligkeitsbedingungen erfüllen.

Lösungen von Optimierungsmodellen
siehe → Optimierungsmodelle, Lösungen.

Lösungsraum
(in → *Optimierungsmodellen).* Die Menge der zulässigen Lösungen, die alle Schranken und Restriktionen erfüllen. Der Lösungsraum eines LP-Modells ist ein Polyeder mit endlich vielen Eckpunkten, das sich durch die Schnittmenge der linearen Restriktionen ergibt.

Lösungsraum
(in betrieblichen → *Entscheidungen).* Der Lösungsraum eines → Entscheidungsproblems wird durch die → Entscheidungsvariablen und ihre Ausprägungen definiert. Die zur Problemlösung erarbeiteten → Varianten sollten diesen Lösungsraum möglichst gut abdecken.

LoV
Abk. für → Line of Visibility.

Lowest in – first out
siehe → Lofo.

LP-Modelle
(lineare Optimierungsmodelle), siehe → LP-Preprocessing von LP-/IP-Modellen.

LP-Preprocessing
von LP-/IP-Modellen. Das LP-Preprocessing besteht aus Tests und Algorithmen, die zum Ziel haben, Restriktionen als redundant zu identifizieren und Variablen zu fixieren. Hauptgrund für den Erfolg des LP-Preprocessing ist, dass große Modelle mit Computerprogrammen generiert werden, die keine Programmlogik zur Redundanzerkennung aufweisen.
Siehe auch → Optimierung, Grundlagen und → Optimierungsmodelle, mathematische, jeweils mit Literaturangaben.

LP-Relaxation eines IP-Modells
Das LP-Modell, das aus einem IP-Modell entsteht, wenn man dessen Ganzzahligkeitsbedingungen weglässt, heißt zugehörige LP-Relaxation. Im Branch-and-Bound/Cut-Algorithmus wird zu jedem Teilmodell die zugehörige LP-Relaxation gelöst. Insbesondere wird zu Beginn die LP-Relaxation des Original-Modells gelöst.
Siehe auch → Optimierungsmodelle, mathematische (mit Literaturangaben).

LSE
Abk. für London Stock Exchange.

LSt
Abk. für → Lohnsteuer.

Ltd
siehe → Private Limited Company.

LTL
ISO-Code für Litauische Litas.

Lückenanalyse
ist ein Instrument zur Früherkennung strategischen Handlungsbedarfs. Die Lücke wird aufgedeckt durch Gegenüberstellung der geplanten Entwicklung einer Zielgröße (z.B. Gewinn, Umsatz) und der prognostizierten Entwicklung dieser Größe auf Basis der bisherigen Unternehmensaktivitäten. Als *operative Ziellücke* bezeichnet man den Teil der Differenz, der durch bereits geplante, aber noch nicht realisierte Projekte geschlossen werden kann (gedeckte Lücke). Die *strategische Lücke* ist der Teil der Differenz, der nur durch Entwicklung neuer Produkt- und Marktstrategien bzw. eine Ausweitung der Unternehmenstätigkeit auf neue Geschäftsfelder geschlossen werden kann (ungedeckte Lücke).
Siehe auch → Analysemethoden, betriebswirtschaftliche (mit Literaturangaben).

Lücken-Modell
siehe → GAP-Modell (mit Anwendungsbeispiel zum → Dienstleistungsmanagement).

Lücke-Theorem
Dynamische Investitionsrechnungen basieren in der Regel auf *Zahlungsgrößen*, wohingegen in den operativen Rechensystemen der Unternehmen mit *periodisierten Erfolgsgrößen* gearbeitet wird. Das Lücke-Theorem stellt eine systematische Verknüpfung dieser Größen her, der → Kapitalwert basierend auf Zahlungsgrößen stimmt mit dem Kapitalwert basierend auf den periodisierten Erfolgsgrößen überein, wenn die folgenden zwei Bedingungen erfüllt sind: (1) Die Summe der Zahlungsgrößen entspricht im Planungszeitraum der Summe der periodisierten Erfolgsgrößen ohne kalkulatorische Zinsen. (2) Die periodisierten Erfolgsgrößen müssen reduziert werden um kalkulatorische Zinsen auf den Kapitalbestand der Vorperiode; letzterer ergibt sich als Differenz der bis zur Vorperiode aufsummierten periodisierten Erfolgsgrößen (ohne kalkulatorische Zinsen) und Zahlungsgrößen. Das Lücke-Theorem zeigt

einen Weg auf, die Rechengrößen unterschiedlicher Rechensysteme (der Investitions- sowie der Kostenrechnung) aufeinander abzustimmen.
Siehe auch → Investitionsrechnungen, dynamische (mit Literaturangaben).

Luftfrachtbrief
(*Air Waybill*). Der Luftfrachtbrief (Air Waybill) dokumentiert den Frachtvertrag. Er wird in drei Ausfertigungen ausgestellt. Die erste Ausfertigung verbleibt beim Luftfrachtführer (Luftfahrtgesellschaft). Die zweite Ausfertigung reist mit den Gütern und wird dem Warenempfänger zur Verfügung gestellt. Die dritte Ausfertigung („original 3 for shipper") erhält der Absender (bzw. die von ihm beauftragte Spedition) als Nachweis für den Abschluss des Frachtvertrags, der insbesondere den Empfang der in äußerlich guter Verfassung befindlichen Güter zur Beförderung an den Empfänger (Bestimmungsort) ausweist.

Luftschnittstelle
siehe → Mobilfunknetz.

Lüscher-Farb-Test
siehe → Projektive Tests und → Personalauswahl, Instrumente (mit Literaturangaben).

Luxusmarke
ist oberhalb der → Premiummarke positioniert. Luxusmarken haben vor allem zwei Funktionen. Zum einen sollen sie überdurchschnittliche Deckungsbeiträge in der Spitze der Preisbereitschaft von Kunden abschöpfen, zum anderen haben sie Image leader-Aufgaben. Diese teilen sich wiederum in zwei Bereiche. Einmal geht es um die Abstrahlung der Luxusmarke auf die in der Markenpyramide darunter liegenden Marken, wodurch diese eine emotionale Aufwertung erfahren. Dann bietet die Luxusmarke aber auch die Aussicht auf eine „Produktkarriere", d.h. den Aufstieg von der Erst- bzw. Premiummarke auf die höchste Stufe des Leistungsangebots eines Herstellers. Dadurch wird ein Markenwechsel bei steigendem Anspruchsniveau vermieden und ein markentreuer Aufstieg ermöglicht.
Siehe auch → Erstmarke, → Zweitmarke, → Drittmarke, → Premiummarke, → Gattungsware und → Markenarten sowie → Marke und → Markenführung.

LVL
ISO-Code für Lettische Lats.

M

M&A
Abk. für → Mergers & Acquisitions.

Macaulay Duration
siehe → Duration, Macaulay.

Machtdistanz
beschreibt als → Kulturdimension, bis zu Ausmaß Mitglieder einer Gesellschaft erwarten und akzeptieren, dass Macht ungleich verteilt ist. Siehe auch → Interkulturelles Management (mit Literaturangaben).

Mailing
(bei → *Direktmarketing*). Das Mailing (adressierte Werbesendung) ist das meist genutzte Medium im → Direktmarketing, um eine Botschaft von einem Sender zu einem Empfänger zu transportieren. Die klassische Form der adressierten Werbesendung stellt das Mailing dar, das typischerweise aus den vier Bestandteilen Kuvert, Brief, Prospekt, Reaktionsmittel besteht.

Maintenance, Repair and Operations

abgek. MRO (Instandhaltung, Reparatur und operatives Geschäft); siehe auch → MRO-Artikel.

Maintenance, Repair and Overhaul

abgek. MRO (Instandhaltung, Reparatur und Überholung); siehe auch → MRO-Artikel.

Maintenance, Repair, Operations(-Güter)

abgek. MRO. Anmerkungen: Der Warenwert dieser Güter entspricht nur einem geringen Anteil aller beschafften Waren eines Betriebs. Dieses Missverhältnis begründet eine bedeutende Motivation für indirektes → Electronic Procurement.

Maintenance-Leasing

Form des → Leasing. Maßgebliche Besonderheit des Maintenance-Leasing: Der Leasinggeber stellt nicht nur den Leasinggegenstand zur Verfügung, sondern übernimmt im Leasingvertrag darüber hinaus genau zu definierende Unterhaltungs- und Reparaturaufwendungen am Leasinggegenstand. Das sog. (Full-)Service-Leasing entspricht im wesentlichen dem Maintenance-Leasing. Dagegen stellt der Leasinggeber beim → Netto-Leasing nur den Leasinggegenstand zur Verfügung, ohne jedoch Serviceleistungen am Leasinggegenstand zu übernehmen.

MAIS

Abk. für → Marketinginformationssysteme.

Majorisierte Aktiengesellschaft

Ein Großaktionär oder eine kleine Zahl von vielleicht sogar kooperierenden Mehrheitsaktionären hält die Mehrheit der → Aktien und hat damit in der → Aktiengesellschaft entscheidenden Einfluss. Gegensatz ist die → Publikums-AG; siehe auch → Familien-AG.

Make or Buy (MoB)

(insbesondere unter dem Aspekt des → *Beschaffungsmanagements*). Ausgangspunkt aller strategischen Beschaffungsentscheidungen ist die Überlegung, ob Güter oder Dienstleistungen selbst erstellt oder fremdbezogen werden sollen. Dort wo ein Unternehmen keinen signifikanten Spezialisierungsgrad und/oder keine Mengenvorteile erreichen kann, sind Verlagerungen auf leistungsfähigere Unternehmen geboten. Im Kern geht es darum, die am Markt vorhandenen (effizienten) Leistungen zu Nutzen. Die inhaltlichen Entscheidungskriterien Entscheidungskriterien für die Beurteilung der Vorteilhaftigkeit von marktlichem Bezug bzw. Eigenfertigung finden sich im Kern auch in der strategisch geprägten → Out-/ → Insourcing-Entscheidung wieder.
Siehe auch → Beschaffungsmanagement (mit Literaturangaben).

Make-or-Buy (MoB)

(insbesondere unter dem Aspekt des → *Outsourcing*). Die Make-or-Buy-Thematik behandelt das klassische Entscheidungsproblem zwischen Eigenfertigung oder Fremdbezug. Sie beschäftigt sich vorwiegend mit Produkten, die entweder selbst gefertigt werden (make) oder die fremd bezogen werden sollen (buy). Es kann bereits in einem sehr frühen Stadium der Produktentwicklung entschieden werden, ob das Produkt in Eigenfertigung hergestellt oder fremdvergeben und zugekauft werden soll.
Im Verhältnis zum → Outsourcing ist die Make-or-Buy Problematik übergeordnet, da sich → Outsourcing i.d.R. auf bisher im Unternehmen selbst erbrachte (Dienst-)Leistungen bezieht.
Eine Make-or-Buy-Entscheidung beeinflusst die strategische Positionierung und Ausrichtung des Unternehmens, da ein Fremdbezug in der Regel auf Dauer ausgelegt und mit Transfer von Know-how verbunden ist. Die Entscheidungsgrundlagen sowie Vor- und Nachteile entsprechen denen bei Outsourcing.
Siehe auch → Outsourcing (mit Literaturangaben).

Makroebene

Forschungsorientierung im → *Internationalen Marketing*, die sich mit der Konvergenz bzw. Divergenz von internationalen Märkten befasst.

Makro-Logistik

Logistiksysteme gesamtwirtschaftlicher Art, wie beispielsweise das Güterverkehrssystem einer Volkswirtschaft. Siehe auch → Mikro-Logistik.

Managed Futures

sind eine Form der → Alternativen Investments, bei der professionell in → Futures und → Optionen auf Rohstoffe, Währungen und Finanzmärkte investiert wird.

Management

siehe → Unternehmensführung, Grundlagen (mit Literaturangaben).

Management, Aufgabenmodelle

In der betriebswirtschaftlichen Managementlehre werden die Aufgaben des Managements in vereinfachenden Modellen beschrieben.

Gängige Beispiele sind: (a) der sogenannte 5-er Kanon mit den Aufgaben „Planung, Organisation, Personal, Führung, Kontrolle", (b) das Rollenmodell von Mintzberg mit den drei Grundkategorien „interpersonelle, informierende und entscheidungstreffende Rollen", (c) das Metasystem des Entscheidens, (d) das auf Beobachtungen von Mintzberg zurückgehende Eigenschaftsmodell von Aufgaben und Prozessen (kurzzeitig, unstrukturiert, viel ad-hoc, kaum prognostizierbar).

Neben ihrer Beschreibungsfunktion dienen die Modelle vielfach als Bezugssystem für weitergehende Analysen, wie etwa zur Ableitung des Informationsbedarfs von Managern oder der Nutzenpotentiale computergestützter → Management-Informationssysteme.

Zu beachten ist, dass aus allgemeinen Modellen lediglich allgemeine Folgerungen abzuleiten sind, die für spezifische Kontexte (Zielgruppen, Anwendungsbereiche etc.) wenig aussagekräftig, im ungünstigen Fall sogar irreführend sein können.

Siehe auch → Management-Informationssysteme (MIS) (mit Literaturangaben).

Literatur: Laudon, K.C., Laudon, J.P. Management Information Systems, Managing The Digital Firm, 9th ed., Upper Saddle River 2006; Mintzberg, H.: The Manager´s Job: Folklore and Fact. In: Harvard Business Review, March-April 1990; Rechkemmer, K.: Corporate Governance, München, Wien 2003; ders.: Topmanagement-Informationssysteme. Betriebswirtschaftliche Grundlagen. Stuttgart 1999.

Management Buy-In

ist eine → Desinvestition in Form eines (Unternehmens-)Verkaufs an Dritte, bei dem die Käufer das Management des Unternehmens übernehmen.

Management Buy-Out

Unternehmenskauf durch die vorhandene Geschäftsführung oder einzelne Mitglieder der vorhandenen Geschäftsführung; siehe auch → Private Equity.

Management by Objectives

Management by Objectives

von Professor Dr. Markus-Oliver Schwaab
Hochschule Pforzheim

1. Ursprünge und Einordnung

Das Führungskonzept Management by Objectives geht auf Peter F. Drucker zurück, der es 1954 in seinem Klassiker „The Practice of Management" vorstellte. In den beiden folgenden Jahrzehnten schien es sich zum dominierenden Ansatz der Mitarbeiterführung zu entwickeln, doch erwies sich die betriebliche Implementierung zunächst als schwierig. Die ursprünglichen Ansätze des Management by Objectives kennzeichnet, dass es vorrangig um die Zielsetzung durch den Vorgesetzten (im Gegensatz zu einer → Zielvereinbarung) und um ein hierarchisch geordnetes Zielsystem im Unternehmen ging.

Die → Goal-Setting-Theorie unterstrich später die diversen Voraussetzungen, die aus verhaltenswissenschaftlicher Sicht gegeben sein müssen, wenn das Führen mit Zielen Mitarbeiter motivieren soll. Seit den 90er Jahren erlebt das Management by Objectives eine Wiedergeburt, insbesondere in Verbindung mit neueren Trends der Unternehmensführung wie z.B. → Change Management, → Performance Management, → Balanced Scorecard oder → Six Sigma. In diesem Kontext hat auch die Bezeichnung „Führen mit Zielen" an Popularität gewonnen, mit der das Management by Objectives im deutschsprachigen Raum oft übersetzt wird.

2. Grundlagen

Das Management by Objectives soll eine einheitliche und effiziente Steuerung des Unternehmens sichern. Es wird meist als vielseitig und flexibel einsetzbares Konzept ziel- bzw. ergebnisorientierter Führung dargestellt. Die Anwendungsbeispiele reichen von der zielgerichteten Steuerung eines ganzen Unternehmens bis hin zur Gestaltung der Führungsbeziehung zwischen Mitarbeiter und Vorgesetztem, von der → Zielvereinbarung mit einzelnen Mitarbeitern über die Vereinbarung mit einem Team bis zur Steuerung komplexer Projekte.

Das Management by Objectives wird primär als ein Konzept zur Führung von Mitarbeitern angesehen. Information, Kommunikation und Kooperation bilden dabei den interaktionellen Kern, der von Zielvereinbarung, Delegation, Feedback, Entwicklung und Motivation umgeben wird. Es hat wesentlich mit dem → Mitarbeitergespräch, der → Stellenbeschreibung und mit der → Mitarbeiterbeurteilung zu tun. Die Ziele eines Mitarbeiters sollten auf den im Rahmen eines Zielbildungsprozesses vorab festgelegten Unternehmenszielen aufbauen. Die Führungskräfte haben die Aufgabe, die übergeordneten Ziele auf die nachgelagerten Ebenen herunter zu brechen. Die Ziele sollten zwischen den Mitarbeitern und ihren jeweiligen Vorgesetzten vereinbart werden. Die festgelegten Zielgrößen dienen zugleich der Orientierung und der späteren Beurteilung des Beitrags des Mitarbeiters zum Unternehmenserfolg.

Unabhängig davon, ob ein Ziel vereinbart oder doch vorgegeben wird – es handelt sich stets um die Definition eines angestrebten spezifischen Ergebnisses, das durch bewusst ausgerichtetes Handeln erreicht werden soll. Entscheidendes Merkmal des Führens mit Zielen ist, dass die Art und Weise, wie dieses erreicht werden soll, offen bleibt. Das Ziel belässt dem Mitarbeiter die Freiheit, die aus seiner Sicht geeigneten Handlungen auszuwählen.

Die Anpassung von Zielen an geänderte Rahmenbedingungen bzw. die Zielkorrektur stellt eine besondere Herausforderung dar. Zum richtigen Vorgehen gibt es unterschiedlichste Auffassungen. Eine Patentlösung gibt es nicht. Eine Zielanpassung sollte aber wirklich die absolute Ausnahme sein. Sonst besteht die Gefahr, dass die vereinbarten Ziele nicht mehr ernst genommen werden.

Die Ziele lassen sich je nach Perspektive in unterschiedliche Zieltypen und → Zielarten differenzieren und können zueinander in verschiedenen → Zielbeziehungen stehen.

3. Anforderungen an Ziele

Die mit einem Mitarbeiter fixierten Ziele sollten sich an den Unternehmenszielen orientieren sowie widerspruchsfrei und überschaubar sein (max. 3 bis 5). Sie sollten vom Mitarbeiter zu beeinflussen sein.

Hinsichtlich des Inhalts, des Ausmaßes und des Zeitbezugs sollten die Ziele nicht nur präzise und verständlich formuliert werden, sondern auch anspruchsvoll und realistisch dimensioniert sein. Eine Quantifizierung ist anzustreben. Die Ziele sollten eindeutig gemessen und beurteilt werden können, sich an dem jeweiligen Reifegrad der Mitarbeiter orientieren. Eine schriftliche Fixierung ist zu empfehlen, um spätere Missverständnisse zu vermeiden. Von der Klarheit und einer Priorisierung der Ziele verspricht man sich genauso eine motivierende Wirkung wie von deren angemessener Kommunikation und der Partizipation der betroffenen Mitarbeiter bei deren Festlegung.

4. Anwendung des Management by Objectives

Mit Zielen kann generell jeder Mitarbeiter geführt werden. Es setzt bei diesem ein umso höheres Abstraktionsvermögen voraus, je komplexer die formulierten Ziele bzw. Handlungsfelder sind, deren Zusammenspiel der Mitarbeiter verstehen und beherrschen muss. Verbreitet ist das Management by Objectives vor allem bei den oberen und mittleren Führungsebenen, mit denen meist individuelle Ziele vereinbart werden. In vielen Unternehmen hat es sich ebenfalls schon auf den unteren Hierarchieebenen etabliert, zum Teil auch in besonders qualifizierten Referenten- oder Sachbearbeitungsfunktionen. Über die leistungsabhängige Entgeltgestaltung hat das zielbezogene Führen außerdem indirekt im Produktionsbereich vieler Unternehmen Einzug gehalten. Hinter der Prämien- oder Akkordentlohnung verbirgt sich nichts anderes als für Mitarbeiter eines bestimmten Aufgabenbereichs vorgegebene Leistungsziele.

Das Management by Objectives wird in der Praxis unterschiedlich gelebt. Auch wenn eine breite Übereinstimmung dahingehend herrscht, dass ein funktionierender → Zielvereinbarungsprozess die zeitgemäßere Führungskultur darstellt, so verbirgt sich dahinter in der Realität häufig etwas ganz anderes, das diesen Namen eigentlich nicht mehr verdient. Nicht wenige vermeintliche → Zielvereinbarungen werden zu mehr oder weniger elegant verpackten Zielvorgaben. Der Ergebnisdruck und die ambitionierten Ziele der Unternehmensleitung werden häufig konsequent nach unten weitergegeben. Ernst gemeinte Bottom up-Prozesse sind in diesem Kontext fehl am Platz. Auch für objektive Zielvereinbarungen, die den Besonderheiten der einzelnen Bereiche oder betroffenen Personen gerecht werden, bleibt hier nur wenig Spielraum.

In der betrieblichen Umsetzung ist das Führen mit Zielen nicht als isolierter Managementansatz zu sehen. Vielmehr wird es regelmäßig in ein System integriert, das gleichzeitig die Vergütungsgestaltung, die → Mitarbeiterbeurteilung und die → Personalentwicklung beinhaltet. Das Kernelement dieses Systems stellt immer häufiger ein strukturiertes → Mitarbeitergespräch dar.

Aufgabe der Führungskräfte ist es, stets den Stand der Zielerreichung im Auge zu behalten, um im Bedarfsfall rechtzeitig eingreifen zu können. Als hilfreich haben sich in der Praxis flexible Informations- und Reportingsysteme erwiesen.

Das Messbarmachen der Ziele ist eine besondere Herausforderung beim Führen mit Zielen. Nicht selten ist zu beobachten, dass Ziele bevorzugt werden, die unmittelbar in Zahlen gefasst werden können (z.B. Umsatz, Zuwachsraten, Kosteneinsparungen). Häufig bleiben dann Ziele auf der Strecke, die eventuell einen größeren Stellenwert im Hinblick auf das Erreichen der Unternehmensziele haben sollten (z.B. Prozess-, Produktqualität, Führung).

5. Kritische Bewertung

Gegenüber anderen Führungskonzepten zeichnet das Management by Objectives die Realitätsnähe aus, die sich durch die Beteiligung der betroffenen Mitarbeiter ergibt. Deren Partizipation bei der Zielfestlegung führt zu mehr Akzeptanz und einer höheren Leistungsmotivation als bei einer autoritären Vorgabe. Allerdings bedingt das Zielvereinbarungssystem einen vergleichsweise hohen organisatorischen Aufwand. Weitere Probleme können im Hinblick auf die Zurechenbarkeit der Zielerreichungsgrade, Ressortegoismen, Zielkonflikte, die eingeschränkte Messbarkeit qualitativer Ziele, die Vernachlässigung der Mitarbeiterorientierung durch eine einseitige Konzentration auf Leistungsziele oder die manchmal nicht zu vermeidende Vorgabe von Zielen entstehen.

Die Geister scheiden sich bezüglich der Konsequenzen, die die Verknüpfung monetärer Anreize mit dem Management by Objectives hat. Von der als unkritisch beurteilten Anbindung bis zur radikalen Ablehnung reichen die Ansichten. Unternehmensergebnisse, Zielerreichung von Bereichen, Teams und einzelnen Mitarbeitern stellen die Ansatzpunkte dar, die zunehmend in Kombination zur leistungs- und erfolgsorientierten Vergütung herangezogen werden. Das Grundproblem liegt darin, dass anspruchsvolle Ziele einkommensmindernd wirken.

Zu den hartnäckigsten Irrtümern beim Führen mit Zielen gehört, dass Ziele für ein Planjahr festgelegt werden müssen. In Zeiten ständigen Wandels können und sollten Ziele durchaus auch für kürzere Zeitspannen vereinbart werden.

Das Management by Objectives ist sicherlich kein Allheilmittel. Bei unzweckmäßiger Ausgestaltung kann damit auch mehr Schaden angerichtet werden, als Nutzen zu erwarten ist. Trotzdem sollte diese Führungsmethode breit eingesetzt werden. Denn eines ist sicher: Der Nutzen des Führens mit Zielen, der für alle Beteiligten bei Beachtung der zentralen Grundregeln möglich ist (siehe Abbildung 1), übersteigt bei weitem die Kosten, die für die Implementierung und die kontinuierliche Realisierung zu veranschlagen sind.

Mitarbeiter	Führungskraft	Unternehmen
• Mehr Eigenverantwortung • Kreative Freiräume, somit mehr Möglichkeiten zur Selbstverwirklichung • Größerer Leistungsanreiz • Ausgeprägtere Wertschätzung • Klare, dokumentierte Orientierungsgrößen und Bewertungskriterien • Eindeutige Prioritäten, mögliche Zielkonflikte werden eher erkannt • Basis für Laufbahn-, Karriere- und Qualifikationsziele • Insgesamt bessere Qualität der Führung und Zusammenarbeit	• Schlankerer Führungsstil mit weniger Kontrollaufwand • Mehr Freiräume für situatives Führen der Mitarbeiter • Offenere Kommunikation über erwartete Leistungen • Transparenz der Zielerreichung • Klare Beurteilungsbasis für leistungsabhängige Entgelte • Versachlichung der Beurteilungsgespräche	• Klare Ausrichtung aller Mitarbeiter an den Unternehmenszielen • Verknüpfung der Ziele des Unternehmens mit der Leistungsbereitschaft der Mitarbeiter • Mitarbeiterpotenziale werden durch höhere Motivation und Leistungsbereitschaft besser genutzt • Intensivierung des Austauschs zwischen Führungskräften und Mitarbeitern • Führungs- und Informationsprozesse werden systematisiert • Flexiblere Entgeltstrukturen • Ausgangspunkt für eine verbesserte Personalentwicklungsplanung • Insgesamt Steigerung der Wettbewerbsfähigkeit

Abb. 1: Nutzen der Mitarbeiterführung mit Zielen

Hinweis
Zu den angrenzenden Wissensgebieten siehe → Arbeitsrecht, → Balanced Scorecard, → Change Management, → Corporate Citizenship, → Corporate Governance, → Interkulturelles Management, → Lohn- und Gehaltsmodelle, → Managing Motivation, → Organisation, Grundlagen (siehe auch → Ablauforganisation und → Aufbauorganisation), → Personalauswahl, → Personalentwicklung, → Personalführung, → Personalmanagement, → Personalmanagement, Internationales, → Prozessmanagement, → Unternehmensethik, → Unternehmensführung, Grundlagen.

Literatur: Breisig, T.: Entlohnen und Führen mit Zielvereinbarungen, 2. Aufl., Frankfurt 2001; Bungard, W., Kohnke, O.: Zielvereinbarungen erfolgreich umsetzen, 2. Aufl., Frankfurt 2002; Drucker, P. F.: The Practice of management, New York 1954; Eyer, E., Haussmann, T.: Zielvereinbarung und variable Vergütung, Wiesbaden 2001; Jetter, F., Skrotzki, R. (Hrsg.): Handbuch Zielvereinbarungsgespräche, Stuttgart 2000; Jetter, W.: Performance Management, 2. Aufl., Stuttgart 2004; Krause, U.H.: Zielvereinbarungen und leistungsorientierte Vergütung, Frankfurt 2003; Locke, E.A., Latham, G.P.: Goal setting: A Motivational Technique That Works!, Englewood Cliffs 1984; Schwaab, M.O., Bergmann, G., Gairing, F., Kolb, M. (Hrsg.): Führen mit Zielen, 2. Aufl., Wiesbaden 2002.

Website des Autors: http://www.cms.hs-pforzheim.de/inhalt/studiengaenge...htm

Management Development
engl. für → Personalentwicklung.

Management Fee
ist eine i.A. einmalige, vom Kreditnehmer zu zahlende Provision für den oder die Kreditgeber. Management Fee fällt beispielsweise bei mittel- bis langfristigen internationalen Geldmarkt- und Kapitalmarktkrediten an. Siehe auch → Geldmarktkredit.

Management, Interkulturelles
siehe → Interkulturelles Management (mit Literaturangaben).

Management, Multikulturelles
siehe → Interkulturelles Management (mit Literaturangaben).

Management, Strategisches
siehe → Strategisches Management (mit Literaturangaben), siehe auch → Unternehmensplanung (mit Literaturangaben).

Management Support Systems (MSS)
(a) Unterbegriff von → Management-Informationssysteme (MIS), (b) ein spezifisches MIS für operative Managementebenen, wobei die Einordnung jedoch nicht zwingend ist. Mertens, Griese (2002) beispielsweise verwenden die Bezeichnung als Oberbegriff für Entscheidungsunterstützungssysteme und Data Support Systeme.
Siehe auch → Managementunterstützungssysteme (MUS) und → Management-Informationssysteme (MIS) (mit Literaturangaben).
    Literatur: Laudon, K.C., Laudon, J.P. Management Information Systems, Managing The Digital Firm, 9th ed., Upper Saddle River 2006; Mertens, P., Griese, J.: Integrierte Informationsverarbeitung 2, Planungs- und Kontrollsysteme in der Industrie, 9. Auflage, Wiesbaden 2002.

Managementforschung, kulturvergleichende
siehe → kulturvergleichende Managementforschung; siehe auch → Interkulturelles Management (mit Literaturangaben).

Management-Hierarchie
siehe → Top Management, → Mittleres Management, → Leitender Angestellter, → Unteres Management.

Managementholding
Bei der Managementholding (auch *strategische Holding*) erfolgt eine Trennung der Gesamtaufgaben eines Konzerns in seine strategischen und in seine operativen Elemente. Im Gegensatz zur → operativen Holding betreibt die Dachgesellschaft kein operatives Geschäft, sondern hat lediglich konzernleitende Funktionen. Von der → Finanzholding unterscheidet sich die Managementholding durch die koordinierende Einflussnahme der Muttergesellschaft auf ihre Tochtergesellschaften. Die Tochtergesellschaften erhalten die Zuständigkeit und Verantwortung für die sie betreffenden operativen Aufgaben und für alle Funktionen, die für ihren Erfolg als → Profit Center ausschlaggebend sind.
Siehe auch → Holdingorganisation und → Konzernabschluss (mit Literaturangaben).

Management-Informationssysteme (MIS)

Management-Informationssysteme (MIS)

von Univ.-Professor Dr. Kuno Rechkemmer
Corporate Management Institute

1. Charakterisierung

(a) ein Forschungs- und Lehrgebiet, das sich mit → Informationssystemen für das → Management befasst; (b) eine Bezeichnung für diese Systeme an sich. Der Begriff hat sich mit dem Aufkommen der elektronischen Datenverarbeitung in Unternehmen (1950/60) herausgebildet. Induziert durch die Innovationen der Informations- und Kommunikationstechnik einerseits und durch in der Praxis gemachte Erfahrungen andererseits entwickelte er sich dynamisch fort. Inzwischen ist die Begriffsvielfalt groß. Beispiele teils synonym gebrauchter Begriffe sind: → Management Support Systems (MSS), → Führungs-Informationssysteme (FIS), → Executive Information Systems (EIS), → Führungsinformations- und Unternehmenssteuerungssysteme etc. Als Forschungs- und Lehrgebiet ist MIS sowohl Teil der → Wirtschaftsinformatik wie auch der betriebswirtschaftlichen Managementlehre (→ Unternehmensführung). Im Rahmen der Wirtschaftsinformatik stehen Computergestützte MIS im Vordergrund. Im Rahmen der betriebswirtschaftlichen Managementlehre wird der MIS-Begriff inhaltlich erweitert und als Oberbegriff für Computergestützte und Organisatorische MIS verwandt.

2. Computergestützte MIS

(a) ein Oberbegriff für computergestützte Informationssysteme des Managements; ihre Nutzung kann unmittelbar, d.h. durch den Manager selbst, und/oder mittelbar, d.h. durch dessen Mitarbeiter etc., erfolgen (→ MIS, Nutzenpotentiale, unmittelbar/mittelbar); (b) eine Bezeichnung für Systeme des mittleren Managements gemäß Differenzierung des Management-Begriffs nach Unternehmens- bzw. Management-Ebenen. Weitere Bezeichnungen in diesem Kontext sind: → Corporate Governance Information and Forecasting Systems (CGIFOS), → Executive Support Systems (ESS), → Decision Support Systems (DSS) und → Transaction Processing Systems (TPS), wobei die Systematik allerdings keineswegs zwingend ist (vgl. Abbildung 1). MIS und Computergestützte MIS werden vielfach als synonyme Begriffe verwandt.

UNTERNEHMEN/ ORGANISATION Ebenen	MANAGEMENT	COMPUTERGESTÜTZTE M I S
Spitzenorganisation	Geschäftsführung, Vorstand, Aufsichtsrat etc.	Corporate Governance Information and Forecasting Systems (CGIFOS)
Strategische Ebene	Oberes Management	Executive Support Systems (ESS)
Management-Ebene	Mittleres Management	Management Information Systems (MIS) Decision Support Systems (DSS)
Operative Ebene	Operatives Management	Transaction Processing Systems (TPS)

Abb. 1: Computergestützte MIS

MIS-Funktionalität und MIS-Fokus entwickelten sich mit den Innovationen der Technik phasenweise fort (vgl. Abbildung 2). Computergestützte MIS wurden dabei immer leistungsfähiger, kostengünstiger und benutzerfreundlicher. Zur MIS-Funktionalität gehören aktuell u.a.: (a) Büroautomatisierung (Schreibsysteme, Tabellenkalkulation, elektronisches Postbuch, elektronischer Kalender etc.), (b) Elektronische Kommunikation (E-Mail, Electronic Conferencing etc.), (c) Modellrechnungen (What-if-Rechnungen, Szenario-Rechnungen, Sonderprogramme), (d) Sonderinformation (→ MIS, Sonderinformationen; Information Retrieval, → OLAP, → Data Warehouse etc.), und (e) Grundinformation (→ MIS, Grundinformationen; → Briefing Book).

	IT-PHASE	MIS-FUNKTIONALITÄT	MIS-FOKUS
1950/60	→ Batch	Grundinformationen	Managementinformation
1970	Time-Sharing	Grundinformationen, Modelle	Entscheidungsunterstützung
1980	Desk-Top	Grundinformationen, Sonderinformationen, Modelle, Büroautomatisierung, Kommunikation	Executive-Unterstützung
1990	Netzwerk, Groupware, Multimedia	„	Integrierte Managementunterstützung
2000	Internet, Intranet	„	Wissen, Qualitativ-ganzheitliche Information

Abb. 2: MIS-Entwicklungslinien

Inzwischen haben Computergestützte MIS praktisch alle Unternehmens-/Organisationsbereiche durchdrungen (Einkauf, Produktion, Vertrieb, Forschung und Entwicklung, Finanz- und Rechnungswesen, Strategie etc.). Viele der ursprünglich mit ihnen verbundenen Erwartungen wurden weit übertroffen. Lediglich auf der oberen und Spitzenebene des Managements haben sich die Visionen bislang nicht erfüllt. Lange Zeit wurde die Schuld hierfür bei den Topmanagern selbst gesehen und unterstellt, sie seien zuwenig willens und bereit, persönlich mit einem Computer zu arbeiten (→ MIS, Theorieentwicklung). Neuere, vermehrt betriebswirtschaftliche Forschungsergebnisse machen deutlich, dass diese Vorwürfe fehlgeleitet waren. Computergestützte MIS können zwar auch auf diesen Ebenen einen signifikanten Beitrag leisten. Dieser ist allerdings eng fokussiert und spezifisch bestimmt (→ Topmanagement-Informationssysteme, → MIS, Implementierung).

3. Organisatorische MIS

Oberbegriff für die sonstigen Informationssysteme des Managements. Zentraler Unterbegriff ist die → Informationsmaschinerie (Linien, Stäbe, Berater etc.). Informationsmaschinerien sind vorrangig auf der oberen und Spitzenebene des Managements komplexer Unternehmen zu finden. Topmanager komplexer Systeme wären ohne sie nicht arbeitsfähig. Hauptaufgaben der Informationsmaschinerie sind (a) die Ermittlung des relevanten Informationsbedarfs (→ Informationsbedarf) „ihres" Topmanagers sowie (b) die Gewährleistung dessen optimaler Informationsversorgung (→ Informationsversorgung). Informationsmaschinerien setzen intern zwar ebenfalls Computergestützte MIS ein, gegenüber ihrem Topmanager hingegen erfolgt dies, wenn überhaupt, nur begrenzt.

Die Informationsversorgung von Topmanagern durch ihre Informationsmaschinerie erfolgt gleichsam nach dem Bienenköniginnen-Prinzip (→ Informationsversorgung, Bienenköniginnen-Prinzip). Computergestützte MIS können diese Versorgung ergänzen, jedoch nicht ersetzen. Ihre unmittelbaren Nutzenpotentiale (→ MIS, Nutzenpotentiale, unmittelbar/mittelbar) relativieren sich entsprechend. Auf nachgeordneten Management-Ebenen sind organisatorische MIS kaum oder gar nicht ausgebildet. Die Informationsversorgung auf diesen Ebenen erfolgt vorrangig nach dem Selbstversorger-Prinzip (→ Informationsversorgung, Selbstversorger-Prinzip). Entsprechend umfassend sind die unmittelbaren Nutzenpotentiale Computergestützter MIS (vgl. Abbildung 3). In der MIS-Theorieentwicklung wurde dieser Grundzusammenhang lange Zeit vernachlässigt, was zu einer Reihe – teilweise noch heute verbreiteter – MIS-Mythen (→ MIS, Mythen) führte.

MANAGEMENT-EBENE	INFORMATIONS-MASCHINERIE Ausprägung	INFORMATIONS-VERSORGUNG	COMPUTERGESTÜTZTE MIS unmittelbare Nutzenpotentiale
Oberes/Top-Management komplexer Unternehmen	hoch	„Bienenkönigin"-Prinzip	gering/aber signifikant
Operatives Management	gering/ nicht existent	Selbstversorger-Prinzip	hoch

Abb. 3: Grundprinzipien der Informationsversorgung

4. Thesen zur weiteren Entwicklung

Die Leistungsfähigkeit Computergestützter MIS wird weiter steigen. Mit den Innovationen der Technik werden neue Geschäftsmodelle mit erweiterten MIS-Anwendungen entstehen (→ Digitale Organisation). Haftungsrechtliche Belange werden zunehmend von Relevanz sein.

Die Anforderungen an den Informationsfaktor werden sich weiter erhöhen, wozu auch die Vorgaben der neuen → Corporate Governance Vorschub leisten (→ Führungsinformations- und Unternehmenssteuerungssysteme, → Risikofrüherkennungssysteme, → MIS, Zertifizierung).

Der Faktor Mensch und Organisatorische MIS werden durch den Computer auch mit weitem Blick in die Zukunft nicht zu ersetzen sein. Zudem werden kritische Restriktionen des Informationsmanagements als ständige Herausforderung bestehen bleiben (Datenmanagement, Datenintegrität).

Die Überwindung dieser Restriktionen wird weniger durch noch leistungsfähigere Hard-/Softwarekomponenten zu erreichen sein, sondern neue inhaltliche Ansätze erfordern. Top-down orientierte Qualitativ-ganzheitliche MIS (→ MIS, Entwicklung, top-down/buttom-up; → MIS, Qualitativ-ganzheitliche), wie sie aktuell vermehrt aufkommen (→ MIS, President's Management Scorecard; → CGIFOS), könnten hierfür richtungsweisend sein.

Hinweis

Zu den angrenzenden Wissensgebieten siehe → Balanced Scorecard, → Business Intelligence, → Business Networking, → Controlling, → Controlling-Informationssysteme, → Corporate Governance, → Data Warehouse, → Datenbanksysteme, → Electronic Government, → ERP-Systeme (Enterprise Resource Planning-Systeme), → Organisation, → Risikocontrolling, → Unternehmensführung, → Wirtschaftsinformatik, Grundlagen, → Wissensmanagement, → Workflow-Management.

Literatur: Boody, D., Boonstra, A., Kennedy, G.: Managing Information Systems. An Organisational Perspective. 2nd ed., Upper Saddle River 2005; Griffin, R.W., Ebert, R.J.: Business. 7th ed., Upper Saddle River 2004; Heinrich, L.J./Lehner, F., Informationsmanagement, Planung, Überwachung und Steuerung der Informationsinfrastruktur, 8. Auflage, München, Wien 2005; Krcmar, H. Informationsmanagement, 2. Auflage, Berlin etc. 2000; Laudon, K.C., Laudon, J.P. Management Information Systems, Managing The Digital Firm, 9th ed., Upper Saddle River 2006; Mertens, P., Griese, J.: Integrierte Informationsverarbeitung 2, Planungs- und Kontrollsysteme in der Industrie, 9. Auflage, Wiesbaden 2002; Rechkemmer, K.: Corporate Governance, München, Wien 2003; Rechkemmer, K.: Topmanagement-Informationssysteme. Betriebswirtschaftliche Grundlagen. Stuttgart 1999; Theisen, M.R.: Grundsätze einer ordnungsmäßigen Information des Aufsichtsrats. 3. Auflage, Stuttgart 2002; Wigand, R.T., Mertens, P., Bodendorf, F., König, W., Picot, A., Schumann, M.: Introduction to Business Information Systems. Berlin 2003.

Internetadressen: (CIO(Chief Information Officer)-Magazin) www.cio.com; (Corporate Gonvernance Code/Praxisanwendung) www.deutscher-corporate-governance-kodex.de; (Data Warehousing, Intranets) www.datawarehousing.com, www.intranet.com; (Enterprise Networks) www.reengineering.com; (Hard-Software-Anbieter) www.dell.com, www.apple.com, www.ibm.com, www.microsoft.com, www.oracle.com; www.deloitte.com, www.sap.com, www.siebel.com; (Institute für Wirtschaftsinformatik in Deutschland, Österreich, Schweiz) www.dbai.tuwien.ac.at/staff/dorn/Vorlesungen/IM/Institute.html; (Qualitativ-ganzheitliche MIS/President's Management Scorecard) www.cgifos.de, www.results.gov; (Wirtschaftsprüfungsgesellschaften/MIS-Angebote im Kontext Corporate Governance, Risikofrüherkennungssysteme, Integrierte Führungs- und Überwachungssysteme, Evaluierung/ Zertifizierung von Unternehmensprozessen etc.) www.deloitte.com, www.ey.com, www. kpmg.com, www.pwc.com (Zeitschrift WIRTSCHAFTSINFORMATIK) www.wirtschafts informatik.de.

Website des Autors: www.CGIFOS.de

Management's Discussion and Analysis (MD&A)
Externes Unternehmensberichterstattungsinstrument, das einen Überblick über die Vermögens-, Finanz- und Ertragslage des Unternehmens aus Sicht des Managements vermitteln soll; einzugehen ist sowohl auf den bisherigen Geschäftsverlauf als auch auf die erwartete künftige Entwicklung.

Managementunterstützungssysteme (MUS)
(*Management Support Systems*) sind ein Konglomerat von Informations- und Kommunikationssystemen zur Unterstützung strukturierter Managementaufgaben. Siehe auch → Business Intelligence und Data Warehouse, jeweils mit Literaturangaben.

Managerial Finance
umfasst die Ansätze, Methoden und „Werkzeuge", die zur finanziellen Führung eines Unternehmens erforderlich sind. Managerial Finance wird teilweise als Synonym für → *Corporate Finance* verwendet. Im weiten Sinne ist Managerial Finance ein Überbegriff von Corporate Finance, der unter anderem auch Methoden des betrieblichen Rechnungswesens und der → Corporate Governance umfasst.

Managing Motivation

Managing Motivation

von Univ.-Professorin Dr. Margit Osterloh
Universität Zürich

1. Was ist Motivation?
Motivation (lateinisch movere = bewegen) bezeichnet die Beweggründe des Handelns. Motivation verleiht dem Handeln Richtung, Stärke und Ausdauer im Hinblick auf die Befriedigung von Bedürfnissen. Motivation ist eine der beiden Determinanten des in der Person liegenden Leistungsverhaltens, dem *Wollen*. Die zweite Determinante ist das *Können,* d.h. Wissen und Fertigkeiten. Beide Determinanten wirken zusammen, wenn es um die spezielle Motivation zur Generierung von Wissen und Fertigkeiten geht.
Das Leistungsverhalten ist neben den in der Person liegenden auch von *situativen Determinanten* abhängig, vor allem von Arbeitsbedingungen und → Anreizsystemen. Managing Motivation beschäftigt sich mit der bewussten Gestaltung der situativen Determinanten der Motivation (lateinisch manum agere = an der Hand führen).

2. Arten der Motivation
Im Hinblick auf die Gestaltung von Anreizsystemen ist es sinnvoll, zwischen extrinsischer und intrinsischer Motivation zu unterscheiden.
Extrinsische Motivation ist auf von außerhalb der Person kommende Anreize gerichtet (Belohnung oder Bestrafung). Diese ermöglichen eine mittelbare Bedürfnisbefriedigung, vor allem durch Geld. Für Geld kann man sich dann das kaufen, was der unmittelbaren Bedürfnisbefriedigung dient, z.B. Essen, Kleidung, Freizeitgestaltungsmöglichkeiten etc.
Intrinsische Motivation ist auf die unmittelbare, nicht-instrumentelle Bedürfnisbefriedigung gerichtet, d.h. auf Aktivitäten, die um ihrer selbst willen ausgeführt werden. Die unmittelbaren Bedürfnisse kön-

nen idealtypisch gegliedert werden in Spaß an der Arbeit (→ „Flow"-Erlebnis) und die Erfüllung von verinnerlichten sozialen Normen, beispielsweise Reziprozität und Altruismus.

3. Das Management extrinsischer Motivation

Mit der Gestaltung der Anreizsysteme für extrinsische Motivation hat sich vor allem die Personalökonomik befasst. Sie betrachtet die Beziehung zwischen Vorgesetzten und Mitarbeitern als → Prinzipal-Agenten-Beziehung. In diesem Modell sind die wichtigsten Anreize direkt oder indirekt auf monetäre Entlohnung gerichtet. Diese können verschiedene Formen annehmen.

- *Direkte monetäre Anreize* in Form von individuellen Akkordlöhnen aufgrund *objektiv messbarer Leistungsergebnisse* sind nach wie vor relevant, verlieren jedoch an Bedeutung. Die variablen monetären Anreize aufgrund von subjektiver Leistungsbeurteilung haben hingegen stark zugenommen. Der Grund liegt zum ersten in der wachsenden Bedeutung von wissensintensiver Teamarbeit. Dabei entstehen → Synergien, die den einzelnen Team-Mitgliedern schlecht zugerechnet werden können. Zum zweiten können die Leistungsergebnisse einzelner Arbeitnehmer häufig nur schlecht erfasst und quantifiziert werden. Das ist dann der Fall, wenn sie mehrdimensional sind oder nicht zeitnah beobachtet werden können. In diesem Fall tritt das sog. → „Multi-task"-Problem auf: Bei mehrdimensionalen Aufgaben, deren verschiedene Ergebnis-Dimensionen objektiv nicht gleich gut beobachtbar und zurechenbar sind, werden bei der Entlohnung nach objektiv messbaren Kriterien meist nur wenige, leicht messbare Dimensionen berücksichtigt. Neuartige, langfristig wirkende und unterstützende Tätigkeiten, die in der Regel schwer messbar sind, werden unter diesen Bedingungen von extrinsisch Motivierten nicht geleistet. Es tritt in beiden Fällen die *subjektive Leistungsbeurteilung* in den Vordergrund. Diese will mehrdimensionale Leistungen in ihrer Gesamtwirkung beurteilen, indem sie neben Ergebnissen auch die Angemessenheit von angewendeten Verfahren berücksichtigt. Auch die Generierung von Wissen und Fertigkeiten, die sich erst in zukünftigen Ergebnissen niederschlägt, kann dabei berücksichtigt werden. Nachteilig sind die Gefahr der subjektiven Verzerrung bei der Leistungsbeurteilung und das mögliche strategische Verhalten der Beteiligten.
- *Indirekte monetäre Anreize* bestehen vor allem im Versprechen langfristiger Arbeitsverhältnisse, in Senioritätsregeln und in relativen Leistungsanreizen. *Langfristige Arbeitsverhältnisse*, verbunden mit Senioritätsregeln begünstigen die Motivation zum Erwerb firmenspezifischen Wissens und firmenspezifischer Fertigkeiten. Diese gelten heute als wichtigste Grundlage nachhaltiger, schwer imitierbarer Wettbewerbsvorteile von Unternehmen. *Relative Leistungsanreize*, insbesondere → Leistungsturniere, wollen die Aufstiegsmotivation fördern. Ihr Nachteil besteht jedoch in ihrer Anfälligkeit für gegenseitige Sabotage- und → Mobbing-Aktivitäten von Turnierteilnehmern.

4. Das Management intrinsischer Motivation

Die Existenz intrinsischer Motivation wurde empirisch in zahlreichen Labor- und Feldexperimenten nachgewiesen. Sie zeigen, dass Individuen in ihrer Arbeit zu einem hohen Prozentsatz durch Spaß an der Tätigkeit und durch das Streben nach Einhaltung von verinnerlichten Normen motiviert sind. Sie zeigen auch, dass das Ausmaß intrinsischer Motivation keine konstante Persönlichkeitseigenschaft ist, sondern durch Arbeitsbedingungen und Anreizsysteme beeinflusst werden kann. Dies ist in den letzten Jahren besonders aktuell geworden, weil angesichts der Bedeutungszunahme wissensintensiver Produktion und Dienstleistung die Anwendung direkter und indirekter monetärer Anreizsysteme unvorteilhafter geworden ist.

Die Beeinflussungsmöglichkeiten lassen sich zu drei Faktoren zusammenfassen: Autonomie, Kompetenzerleben und soziale Zugehörigkeit. Mit deren Gestaltung hat sich besonders die Sozialpsychologie sowie neuerdings die psychologische Ökonomik befasst. *Autonomie* wird gefördert durch Freiwilligkeit, → Empowerment und Partizipation. Die Freiwilligkeit wird erleichtert, wenn der Aufgabeninhalt an die Neigungen angepasst wird. *Kompetenzerleben* wird gestärkt durch herausfordernde Arbeitsinhalte und Rückkopplungen, die nicht als kontrollierend, sondern als unterstützend erlebt werden und die es ermöglichen, die Arbeitsprozesse zu verstehen. Zahlreiche Feld- und Laboruntersuchungen zeigen, welche Maßnahmen die *soziale Zugehörigkeit* verstärken. Es sind dies vor allem die Möglichkeit zu persönlichen Kontakten und Instruktionen über sozial angemessenes Verhalten, die nicht als manipulierend, sondern als wohlwollend erlebt werden. Zusätzlich ist bedeutsam, dass durch Kontextinformationen solche kognitiven Skripts aktiviert werden, welche auf sozialen Zusammenhalt gerichtet sind. Beispiel wäre die Aktivierung eines Kooperations- statt eines Wettbewerbsskripts. Weiter hat sich gezeigt, dass distributive und prozedurale → *Fairness* eine wichtige Voraussetzung für soziale Zugehörigkeit darstellen. Auch in diesem Fall stellen sich positive Wirkungen nur ein, wenn die Maßnahmen nicht als instrumentell, sondern ihrerseits als intrinsisch motiviert wahrgenommen werden.

5. Das Management der Wechselwirkung von intrinsischer und extrinsischer Motivation

Maßnahmen, welche die extrinsische Motivation fördern, können die intrinsische Motivation verstärken oder verdrängen. Sie können deshalb nicht bloß additiv angewendet werden, vielmehr ist auf die Interaktion zu achten.

Ein *Verstärkungseffekt* tritt dann auf, wenn von Außen kommende Anreize zugleich mit Informationen verknüpft sind, welche das Kompetenzerleben und die soziale Zugehörigkeit fördern. Dies wird üblicherweise im Sozialisationsprozess angestrebt, kann aber auch Eingang in die Personalentwicklung und die Leistungsbeurteilung finden.

Ein *Verdrängungseffekt* tritt auf, wenn eine intrinsische Motivation (z.B. Spaß an der Arbeit oder soziales Engagement) vorhanden ist und Kontrollen, Belohnungen und Bestrafungen als Einschränkung der Autonomie empfunden werden. Aus diesem Grund können variable monetäre Anreize zu „verborgenen Kosten der Entlohnung" führen, welchen dem → Preiseffekt entgegenwirken und leistungsmindernd wirken. Dies ist besonders zu beachten, wenn Leistungen schlecht beobachtbar und zurechenbar sind. Will man den Verdrängungseffekt vermeiden, ist eine fixe, den Grundsätzen der → *Fairness* entsprechende Entlohnung vorzuziehen.

Hinweis

Zu den angrenzenden Wissensgebieten siehe → Corporate Citizenship, → Corporate Governance, → Interkulturelles Management, → Lohn- und Gehaltsmodelle, → Management by Objectives, → Personalauswahl, Grundlagen, → Personalauswahl, Instrumente, → Personalentwicklung, → Personalführung, → Personalmanagement, Grundlagen, → Personalmanagement, Internationales, → Unternehmensethik, → Unternehmensführung, Grundlagen.

Literatur: Backes-Gellner, U., Lazear, E.P., Wolff, B.: Personalökonomik – Fortgeschrittene Anwendungen für das Management, Stuttgart 2000; Deci, E.L., Ryan, R.M.: The „What" and „Why" of Goal Pursuits: Human Needs and the Self-Determination of Behavior, in: Psychological Inquiry (2001), Vol.11, Nr. 4, S. 227–268; Frey, B.S.: Markt und Motivation. Wie ökonomische Anreize die (Arbeits-) Moral verdrängen, München 1997; Frey, B.S., Osterloh, M. (Hrsg.): Managing Motivation. 2. Auflage, Wiesbaden 2002; Frey, B.S., Osterloh, M.: Yes, managers should be paid like bureaucrats, in: Journal of Management Inquiry (1995), Vol. 14, Nr. 1, S. 96–111; Frost, J.: Märkte in Unternehmen. Organisatorische Steuerung und Theorien der Firma, Wiesbaden 2005; Gibbons, R.: „Incentives in Organizations", in: The Journal of Economic Perspectives (1998), Vol. 12, Nr. 4, S. 115–132; Heckhausen, H., Motivation und Handeln, 2. Aufl., Berlin u.a. 1989; Latham, G.P., Almost, J., Mann, S., Moore, C.: New Development in Performance Management, in: Organizational Dynamics (2005), Vol. 34, Nr. 1, S. 77–87; Lindenberg, S.: Intrinsic Motivation in a new light, in: Kyklos, Vol. 54, S. 317–342; Nerdinger, F.W.: Motivation und Handeln in Organisationen. Eine Einführung. Stuttgart, Berlin, Köln 1995; Osterloh, M.: Human Resources Management and Knowledge Creation, in: Nonaka, I./Kazuo, I. (Hrsg.): Handbook of Knowledge Creation, Oxford University Press (im Druck); Osterloh, M., Frey, B.S.: Motivation, Knowledge Transfer, and Organizational Forms, in: Organization Science, Vol. 11, Nr. 5, S. 538–550; Osterloh, M., Weibel, A.: Vertrauensmanagement im Unternehmen, in: Piwinger, M., Zerfass, A. (Hrsg.): Handbuch Unternehmenskommunikation, Wiesbaden (im Druck); Prendergast, C.: The Provision of Incentives in Firms, in: Journal of Economic Literature (1999),Vol. 37, (March), S. 7–63, Sadowski, D.: Personalökonomie und Arbeitspolitik, Stuttgart 2002.

Internetadressen: http://www.psych.rochester.edu/SDT; http://www.fairness-stiftung.de/ http://www.psych.nyu.edu/tyler/lab/

Website der Autorin: www.iou.unizh.ch/orga/osterloh.htm

Mantel

ist bei einem → effektiven Stück das eigentliche Wertpapier, das heißt die Urkunde, die beispielsweise bei einer → Teilschuldverschreibung das Recht auf Rückzahlung des überlassenen Geldbetrages verkörpert. Siehe auch → Bogen und → Zinsschein.

Manteltarifvertrag

→ Tarifvertrag zur Regelung von Arbeitsbedingungen, die nicht Gegenstand eines spezielleren → Entgelttarifvertrags sind.
Siehe auch → Arbeitsrecht (mit Literaturangaben).

Manufacturing Resource Planning (MRP II)

(insbesondere in der → *Materiallogistik*), DV-unterstütztes System zur Zusammenfassung gleicher Bedarfe (klassische Materialbedarfsplanung oder → Materials Requirement Planning, MRP I). Die Planungsergebnisse führen zur Generierung von Bestellvorschlägen für die Kaufteile und von Betriebsaufträgen für die Eigenproduktionsteile. Erfolgt eine weitere Detaillierung der Planung mit Berücksichtigung der Kapazitätssituation spricht man von MRP II (Manufacturing Ressource Planning), wird auch noch der Finanzbedarf in die Berechnung mit einbezogen, spricht man vom MRP III-Konzept.

Manufacturing Resource Planning (MRP II)

(insbesondere in der → *Unternehmensplanung*). Von MRP II spricht man bei einer integrierten Planung des → *Geschäftsprozesses* der Leistungserstellung mit den Schritten (1) Planung und Prognose des mittelfristigen Umsatzes, (2) mittelfristige Materialbedarfsplanung auf der Basis von Stücklisten, (3) mittelfristige Grobplanung oder Master-Planung mit Auftragsterminen und Kapazitäten, (4) kurzfristige Bedarfsprognose, Teilebedarfsrechnung, Produktions-, Kapazitäts- und Lagerplanung sowie Optimierung, (5) Produktionssteuerung, (6) Controlling.
Siehe auch → Material Requirements Planning (MRP I).
Ziel des MRP ist die Bestimmung möglichst kleiner Lager- und Liquiditätsbestände zur Erhöhung der Rentabilität bei vorgegebener Lieferbereitschaft. Falls die Planung der operativen Geschäftsprozesse und -systeme eines Unternehmens über den Prozess der Leistungserstellung hinaus geht, spricht man von → ERP.
Siehe auch → Unternehmensplanung (mit Literaturangaben).

Marginaler Steuersatz

siehe → Grenzsteuersatz.

Margining

bezeichnet *Sicherungssysteme*, die von Termin- und Optionsbörsen eingerichtet werden, um die jederzeitige Erfüllungsfähigkeit (Leistungsfähigkeit) der Kontraktpartner von unbedingten börsengängigen Termingeschäften (→ Futures) und der Stillhalter von bedingten börsengängigen Termingeschäften (→ Optionen) zu gewährleisten.
Siehe auch → Optionen (mit Literaturangaben).

Margining-Systeme

siehe → Marginging.

Marine Stewardship Council (MSC)

ist eine Organisation, die weltweit eine nachhaltige Fischerei fordert: Fischbestände dürfen nicht überfischt werden und müssen Zeit haben, sich zu erholen. Die Fischereien sollen so arbeiten, dass sie auch in Zukunft eine Existenzgrundlage haben. MSC zertifiziert Fischprodukte, die ihren strengen Richtlinien genügen.
Siehe auch → Corporate Citizenship (mit Literaturangaben).

Marke

Nach dem klassischen Verständnis muss ein Gut eine Reihe von Kriterien erfüllen, um als Marke bzw. Markenartikel zu gelten. Eine Marke ist demnach lediglich ein physisches Kennzeichen für die Herkunft eines Markenartikels (vgl. Mellerowicz, 1963, S. 39). Durch die Markierung erfährt der Konsument, wer Hersteller bzw. Anbieter eines Produktes oder einer Dienstleistung ist. Darüber hinaus garantiert eine Marke dem Verbraucher u.a. eine konstante oder verbesserte Qualität bei gleich bleibender Menge und Aufmachung der ubiquitär erhältlichen Ware (vgl. Domizlaff, 1939, 1992, S. 37 ff.). Ferner fordert Mellerowicz (1963, S. 40) als Merkmale für die markierte Fertigware eine starke Verbraucherwerbung sowie eine hohe Anerkennung im Markt. Nach dem heutigen Verständnis können allerdings auch Dienstleistungen, Vorprodukte, Ideen etc. Markenstatus erlangen.

Betrachtet man das rechtliche Verständnis einer Marke, können als Marken „alle Zeichen, insbesondere Wörter einschließlich Personennamen, Abbildungen, Buchstaben, Zahlen, Hörzeichen, dreidimensionale Gestaltungen einschließlich der Farben und Farbzusammenstellungen geschützt werden, die geeignet sind, Waren oder Dienstleistungen eines Unternehmens von denjenigen anderer Unternehmen zu unterscheiden" (§3 Abs. 1 MarkenG). So können seit Januar 1995 auch klassische Produktdesigns (z.B. Coca-Cola-, Underberg- oder Odol-Flasche), Farbkombinationen (z.B. Magenta bei der Deutschen Telekom) und Werbeslogans (z.B. „Auf diese Steine können Sie bauen") aber auch Hörzeichen (Digits der Deutschen Telekom), Geruchszeichen (Geruch der Maggi-Würze), Geschmackszeichen (Kinderschokolade) sowie Bewegungszeichen geschützt werden (vgl. Schröder, 2005, S. 357).

Siehe auch → Markenführung (mit Literaturangaben), → Markenbewertung (mit Literaturangaben), → Händlermarke (Retail Brand; mit Literaturangaben) sowie → Markenallianz, → Markenarchitektur, → Markenidentität, → Markenimage, → Markenrecht sowie die Markenstrategien: → Dachmarkenstrategie, → Einzelmarkenstrategie, → Familienmarkenstrategie, → Mehrmarkenstrategie.

Markenallianzen

(*Co-Branding*). Die Besonderheit einer *Markenallianz* besteht im Zusammenfügen von mindestens zwei bestehenden Marken unterschiedlicher Unternehmen (z.B. „Häagen-Dazs – Baileys", „Sony Ericsson"). Ziele einer Markenallianz liegen einerseits in der stärkeren Profilierung des Angebots durch die Integration unterschiedlich ausgeprägter Markenkompetenzen. Andererseits können auch die beteiligten Marken von einem Bekanntheits- und Imagetransfer profitieren (vgl. Esch/Redler/Winter, 2005, S. 484).

Einzelheiten siehe → Markenführung (mit Literaturangaben).

Markenarchitektur

Die Markenarchitektur umfasst alle Marken im Portfolio eines Unternehmens, also die Corporate Brand, Familien- und Produktmarken. Sie unterscheidet sich durch ihre unternehmensweite Sichtweise – und damit der Berücksichtigung aller Marken des Unternehmens – von den klassischen → Markenstrategien. Eine Markenarchitektur lässt sich definieren als „die Anordnung aller Marken eines Unternehmens zur Festlegung der Positionierung und der Beziehungen der Marken und der jeweiligen Produkt-Marken-Beziehung aus strategischer Sicht" (Aaker/Joachimsthaler, 2000, S. 8).

Einzelheiten siehe → Markenführung (mit Literaturangaben) sowie → Dachmarkenstrategie, → Einzelmarkenstrategie, → Familienmarkenstrategie, → Mehrmarkenstrategie sowie → Markenführung.

Markenarten

Man unterscheidet (1) nach der institutionellen Stellung des Markenträgers: Herstellermarken und Handelsmarken, (2) nach der geographischen Reichweite der Marke: (regionale) nationale und internationale Marken, (3) nach der vertikalen Reichweite der Marke im Warenweg: Fertigproduktmarken und Subsidiärmarken (verschwindend, nicht verschwindend), (4) nach der Anzahl der Markeneigner: Individualmarken und Kollektivmarken, (5) nach der Zahl der markierten Güter: Einzelproduktmarken, Rangemarken und Dachmarken, (6) nach den bearbeiteten Marktsegmenten: Erstmarken, Zweitmarken und Drittmarken, (7) nach dem Herstellerbekenntnis: Eigenmarken, Fremdmarken und Lizenzmarken, (8) nach dem Inhalt der Marke: Firmenmarken und Phantasiemarken, (9) nach der Verwendung wahrnehmungsbezogener Markierungsmittel: optische Marken, akustische Marken, olfaktorische Marken und taktile Marken, (10) nach der Art der Markierung: Wortmarken, Bildmarken und Wort-Bild-Marken.

Siehe auch → Handelsmarke, → Subsidärmarke, → Kollektivmarke, → Rangemarke, → Dachmarke, → Erstmarke, → Zweitmarke, → Drittmarke, → Lizenzmarke, → Transfermarke, → Gattungsware, → Premiummarke, → Luxusmarke sowie → Marke, → Markenführung und → Markenbewertung.

Markenbekanntheit

bezeichnet die Fähigkeit, ein Markenzeichen zu erinnern (Brand Recall) oder wieder zu erkennen (Brand Recognition) und dieses einer Produktkategorie zuzuordnen. Sie muss als kontinuierliche Größe verstanden werden, die in einem Spektrum zwischen völliger Unkenntnis bezüglich der Marke und vollkommener Bekanntheit gemessen werden kann. Anhand der Markenbekanntheit können keine Aussagen über die Präferenzen potenzieller Nachfrager hinsichtlich der Marke gemacht werden.

Siehe auch → Marke und → Markenbewertung.

Markenbewertung

Markenbewertung

von Dipl.-Kfm. Mario Farsky und Univ.-Professor Dr. Henrik Sattler –
Institut für Handel und Marketing, Arbeitsbereich Marketing und Branding
an der Universität Hamburg

1. Markenwertdefinition

Unter dem Markenwert (Brand Equity) eines Produktes wird der *Wert* verstanden, der mit dem *Namen oder Symbol der* → *Marke* verbunden ist.

Dieser Wert wird häufig als *inkrementaler Wert* aufgefasst, der gegenüber einem (technisch-physikalisch) gleichen, jedoch namenlosen Produkt besteht. Die Definition ist dahingehend unzureichend, als dass in vielen Märkten keine namenlosen Produkte vertrieben werden bzw. nicht unerhebliche (technisch-physikalische) Unterschiede zwischen markierten und nicht markierten Produkten bestehen.

Als Ersatz für ein nicht markiertes Produkt wählt man daher häufig ein Produkt, das mit minimalen Markeninvestitionen vertrieben wird. Traditionell handelt es sich hierbei um → *Handelsmarken*. Mit zunehmendem Markenbewusstsein des Einzelhandels ist eine solche Operationalisierung allerdings kritisch zu sehen. Auch → Handelsmarken können einen erheblichen Wert haben. Sofern keine nicht markierten Vergleichsprodukte existieren, besitzt der Markenwert einen stark fiktiven Charakter.

Der Begriff „*Markenwert*" impliziert, dass es sich hierbei um eine monetäre Größe handelt. In der Literatur ist es allerdings üblich, unter diesem Begriff sowohl monetäre als auch nicht monetäre Maße zu subsumieren. Nicht monetäre Maße finden sich hauptsächlich in der verhaltensorientierten Forschung, in deren Zentrum die Messung von → *Brand Value Drivern* bzw. *Markenwertindikatoren*, wie z.B. → Markenbekanntheit, → Markenimage oder → Markenloyalität, steht. Aus monetärer, finanzorientierter Perspektive wird der Markenwert häufig als Kapitalwert abgezinster zukünftiger markenspezifischer Einzahlungsüberschüsse (→ markenspezifische Zahlungen) definiert.

Ein Markenwert kann weit oder eng *abgegrenzt* werden. So kann ein monetärer Markenwert für lediglich eine Periode (z.B. ein Jahr) oder über mehrere Perioden (z.B. analog zu einer ewigen Rente) ermittelt werden. Auch kann ein Markenwert mit oder ohne Berücksichtigung zukünftiger, bisher nicht realisierter Wertschöpfungsmöglichkeiten (so genannte → markenstrategische Optionen), wie z.B. → Markentransfers, gemessen werden.

Mit Marken lassen sich in erheblichem Maße *Wertschöpfungspotenziale* in Unternehmen realisieren. Insbesondere in den letzten 15 Jahren hat sich sowohl die Unternehmenspraxis als auch die Forschung intensiv damit beschäftigt, dieses Wertschöpfungspotenzial in Form der Messung eines Markenwertes zu quantifizieren und im Rahmen einer wertorientierten Unternehmensführung zur Planung, Steuerung und Kontrolle von Marken einzusetzen.

2. Markenbewertungszwecke

Die Motivation für eine Markenbewertung ist vielfältig. Tabelle 1 gibt einen Überblick über wichtige Verwendungszwecke von Markenbewertungen. Die Ergebnisse basieren auf einer Umfrage unter 96 deutschen Großunternehmen.

Häufigster Verwendungszweck von Markenbewertungen sind Markentransaktionen, gefolgt von Markenführungsaspekten. Der Stellenwert der Markendokumentation als Bewertungsanlass hat sich aufgrund verschiedener Neuerungen in den letzten Jahren deutlich erhöht. So hat der International Accounting Standards Board (→ IASB) 2004 analog zu → US GAAP eine Neuregelung der Markenbilanzierung bei Unternehmenszusammenschlüssen veröffentlicht. Danach sind die einzelnen Vermögenswerte (inklusive der Marken) im Rahmen der Kaufpreisverteilung des erworbenen Unternehmens zu identifizieren und mit ihrem Zeitwert (→ Fair Value) anzusetzen. Bei unbegrenzter Nutzungsdauer, wovon bei etablierten Marken auszugehen ist, ist eine Abschreibung nur noch über eine zwingend vorgeschriebene, jährlich durchzuführende Werthaltigkeitsprüfung (→ Impairment Test) möglich.

Dennoch ist die Markendokumentation im Vergleich zu den übrigen Bewertungszwecken immer noch relativ unbedeutend. Ebenso gering ist bislang der Stellenwert der Markenfinanzierung. Dies mag damit zusammenhängen, dass vielen Unternehmen die diesbezüglichen Möglichkeiten noch nicht hinreichend bewusst und Banken skeptisch gegenüber Markenbewertungsverfahren sind.

Tabelle 1: Verwendungszwecke von Markenbewertungen und deren Bedeutung aus Unternehmenssicht

Zwecke	Ausprägung	Durchschnittliche Bedeutung laut Unternehmensbefragung *)
Marken-transaktionen	▪ Kauf/Verkauf/Fusion von Unternehmen(steilen) mit bedeutenden Marken ▪ Lizenzierung von Marken	▪ 5,9 [6,2] ▪ 5,5 [6,0]
Markenschutz	▪ Schadensersatzbestimmung bei Markenrechtsverletzungen	▪ 4,6 [5,1]
Markenführung	▪ Erfolgskontrolle der Markenführung ▪ Erfassung des Markenimages ▪ Stärken-Schwächen-Analyse ▪ Planung von Kommunikationsmaßnahmen ▪ Aufteilung von Budgets ▪ Steuerung und Kontrolle von Führungskräften	▪ 5,8 [--] ▪ 5,6 [--] ▪ 5,6 [--] ▪ 5,5 [--] ▪ 4,4 [4,4] ▪ 3,7 [3,8]
Marken-dokumentation	▪ Unternehmensinterne Berichterstattung ▪ Unternehmensexterne Berichterstattung	▪ 4,6 [4,4] ▪ 4,7 [4,0]
Marken-finanzierung	▪ Kreditabsicherung durch Marken	▪ 3,4 [3,2]

*) Gemessen auf einer Skala von 1 (unwichtig) bis 7 (sehr wichtig). Ausgewertet wurden Antworten von 96 deutschen Großunternehmen (PwC/GfK/Sattler/Markenverband 2006). Die Klammerausdrücke stammen aus einer analogen Studie von PwC/Sattler 2001 (n=126).

Erstaunlich erscheint die Rolle der Markenführung als Bewertungsanlass. In diesem Bereich haben Markenbewertungen zur Überprüfung des Erfolgs der Markenführungsaktivitäten die erste Priorität. Eine hohe Bedeutung kommt gleichermaßen der Erfassung des Markenimages sowie der Analyse von Stärken und Schwächen der Marke zu. Diese Ziele können schwerpunktmäßig durch den Einsatz nichtmonetärer Markenbewertungsverfahren erreicht werden oder als Teilinformation bei der Ermittlung eines monetären Wertes gewonnen werden.

Eine weitere Studie unter 344 Markenverantwortlichen in Deutschland bestätigt die sehr häufige Verwendung nicht monetärer Markenwertmaße im Rahmen der Markenführung. Die drei wichtigsten Bewertungszwecke sind hier die Positionierung von Marken, die Erfassung des → Markenimages und die Planung von Kommunikationsmaßnahmen.

3. Anforderungen an eine Markenbewertung

Eine Bewertung von Marken muss verschiedene Anforderungen erfüllen. Wie bei jedem Messinstrument ist zunächst Validität (inklusive Reliabilität) zu fordern. Da eine Markenbewertung einen erheblichen Komplexitäts- und Unsicherheitsgrad aufweist, ist diese Forderung häufig nur schwer erfüllbar.

Eine weitere Anforderung betrifft die Zweckmäßigkeit der Messung. Je nach Verwendungszweck sind unterschiedliche Anforderungen relevant. So sind für Zwecke der Markenführung Ursachen- und Wirkungsanalysen für Markenwertentstehung von besonderer Relevanz. Auch der notwendige Zeithorizont variiert in Abhängigkeit vom Verwendungszweck. Beispielsweise genügt bei zeitlich eng befristeten Markenlizenzierungen eine kurzfristige Betrachtung, bei Unternehmenstransaktionen sollte hingegen ein langfristiger Zeithorizont für die Bewertung herangezogen werden.

Insbesondere für Bilanzierungszwecke sind hohe Anforderungen an die Objektivierbarkeit der Messung zu stellen. Große Probleme stellen hierbei die Quantifizierung von Risiken und sehr lange Prognosezeiträume dar. In den Bereich der Objektivierbarkeit fällt auch das Kriterium der Überprüfbarkeit. Bei vielen kommerziell angebotenen Markenbewertungsverfahren werden einzelne Verfahrensschritte und empirische Validierungen nicht ausreichend dokumentiert.

Weiterhin sollte ein Markenbewertungsverfahren einfach sein. Auch in speziellen Bewertungsverfahren nicht versierte Außenstehende sollten wesentliche Komponenten der Bewertung nachvollziehen können.

Darüber hinaus sind Kosten-Nutzen-Aspekte relevant. Der Nutzen aus der Markenbewertung muss größer sein als die Kosten der Wertermittlung.

Schließlich können auch Zeitaspekte eine kritische Rolle spielen, insbesondere im Zusammenhang mit Unternehmenstransaktionen. Hier muss die Bewertung häufig in weniger als zwei Wochen erfolgen.

4. Zentrale Probleme der Markenbewertung

Soll für ein breites Spektrum an Bewertungszwecken eine Markenbewertung vorgenommen werden, so entstehen vier zentrale Markenbewertungsprobleme:

(1) Identifikation und Quantifizierung von → Brand Value Drivern (synonym Markenwertindikatoren). Brand Value Driver stellen nicht monetäre Größen dar, die den monetären Wert einer Marke nachhaltig beeinflussen, z.B. → Markenbekanntheit, → Markenimage oder → Markenloyalität. Die Identifikation und Quantifizierung von Brand Value Drivern ist insbesondere für Zwecke der Markenführung relevant. Brand Value Driver erlauben eine Ursachenanalyse der Markenwertentstehung und dadurch eine effektive Markenwertsteuerung. Neben der Quantifizierung der Wirkungsstrukturen zwischen den Value Drivern (→ Brand Value Driver) ist es essenziell, die Wirkung von Value Drivern (→ Brand Value Driver) auf den (langfristigen) monetären Markenwert zu messen.

(2) Isolierung von markenspezifischen Einzahlungsüberschüssen (→ markenspezifischer Zahlungen). Bei der Ermittlung von Einzahlungsüberschüssen für die zu bewertende Marke sind nicht die gesamten Einzahlungsüberschüsse aus dem mit der Marke verbundenen Produkt relevant, sondern nur diejenigen, welche spezifisch auf die Marke zurückzuführen sind.

(3) Langfristiges Prognoseproblem. Die Wirkungen von Marken erstrecken sich über sehr lange Zeiträume. Für die Markenbewertung in Form einer Ermittlung diskontierter zukünftiger Einzahlungsüberschüsse (→ markenspezifische Zahlungen) bedeutet ein langer Markenlebenszyklus, dass Prognosezeiträume von 5, 10 und mehr Jahren relevant werden können (siehe auch → markenspezifische Zahlungen, Prognose). Aufgrund des Prognoserisikos gilt es, die Risiken zu quantifizieren und bei der Diskontierung der zukünftigen Einzahlungsüberschüsse zu berücksichtigen.

(4) Das Wertschöpfungspotenzial einer Marke wird wesentlich durch → markenstrategische Optionen beeinflusst. Hierbei handelt es sich vorrangig um die Möglichkeit, dass die zu bewertende Marke in Form eines → Markentransfers auf neue Produktbereiche und Märkte ausgedehnt werden kann. Weitere → markenstrategische Optionen bestehen in einer Umpositionierung der Marke, bei-

spielsweise durch eine Etablierung neuer zentraler Imagedimensionen (→ Markenimage), oder durch das Eingehen markenbezogener Kooperationen, z.B. in Form von → Markenallianzen mit Wettbewerbern oder Kooperationen mit dem Handel.

Hinweis

Zu den angrenzenden Wissensgebieten siehe → Abschlusserstellung nach US-GAAP, → Dienstleistungsmanagement, → Händlermarke (Retail Brand), → Handelsbetriebslehre, Grundlagen, → Händlermarke, → Handelsmarke (Eigenmarke, Privat Label), → Handelsmarketing, → Internationale Rechnungslegung nach IFRS, → Kommunikationspolitik, → Konsumentenverhalten, → Kundenzufriedenheit, → Markenführung, → Markenrecht, → Marketing, Grundlagen, → Marketing, Internationales, → Marktforschung, → Preispolitik, → Produktpolitik, → Unternehmensbewertung, → Vertriebspolitik, → Werbung.

Literatur: Aaker, D. A.: Managing Brand Equity: Capitalizing on the Value of a Brand Name, New York 1991; Esch, F.-R.: Strategie und Technik der Markenführung, München 2003; Keller, K. L.: Conceptualizing, Measuring, and Managing Customer-Based Brand Equity, in: Journal of Marketing, Vol. 57, 1993; PriceWaterhouseCoopers, GfK, Sattler, Markenverband: Praxis von Markenbewertung und Markenmanagement in deutschen Unternehmen, Frankfurt/M. 2006; PriceWaterhouseCoopers, Sattler, H.: Praxis von Markenbewertung und Markenmanagement in Deutschen Unternehmen, 2. Auflage, Frankfurt/M. 2001; Sattler, H.: Markenbewertung: State of the Art, in: Zeitschrift für Betriebswirtschaft, ZfB-Special Issue 2/2005; Sattler, H.: Markenpolitik, Stuttgart et al. 2001; Sattler, H.: Der Wert von Handelsmarken. Eine empirische Analyse, in: Trommsdorff, V. (Hrsg.): Handelsforschung 1998/99: Innovation im Handel, Jahrbuch der Forschungsstelle für den Handel Berlin (FfH) e.V. 1998a; Sattler, H.: Beurteilung der Erfolgschancen von Markentransfers, in: Zeitschrift für Betriebswirtschaftslehre, 68. Jg., 1998b; Schimansky, A.: Der Wert der Marke, München 2004.

Internetadressen: (Arbeitsausschuss zur Erarbeitung einer DIN-Norm für Markenbewertungsinstrumente) http://www.din.de, (Gesellschaft zur Erforschung des Markenwesens) http://www.gem-online.de, (Übersicht wichtiger kommerzieller und wissenschaftlicher Verfahren zur Markenwertmessung) http://www.markenlexikon.com/markenbewertung.html, http://www.markenverband.de

Website der Autoren: http://www.henriksattler.de

Markenfamilienstrategie

Form der → horizontalen Markenstrategie; siehe hierzu auch → Markenpolitik des Handels und → Handelsmarketing.

Markenführung

Markenführung

von Univ.-Professor Dr. Franz-Rudolf Esch
Lehrstuhl für Marketing an der Justus-Liebig-Universität Gießen

1. Entwicklung des heutigen Markenverständnisses

Nach dem klassischen Verständnis muss ein Gut eine Reihe von Kriterien erfüllen, um als Marke bzw. Markenartikel zu gelten. Eine Marke ist demnach lediglich ein physisches Kennzeichen für die Herkunft eines Markenartikels (vgl. Mellerowicz, 1963, S. 39). Durch die Markierung erfährt der Konsument, wer Hersteller bzw. Anbieter eines Produktes oder einer Dienstleistung ist. Darüber hinaus garantiert eine Marke dem Verbraucher u.a. eine konstante oder verbesserte Qualität bei gleich bleibender Menge und Aufmachung der ubiquitär erhältlichen Ware (vgl. Domizlaff, 1939, 1992, S. 37 ff.). Ferner fordert Mellerowicz (1963, S. 40) als Merkmale für die markierte Fertigware eine starke Verbraucherwerbung sowie eine hohe Anerkennung im Markt. Nach dem heutigen Verständnis können allerdings auch Dienstleistungen, Vorprodukte, Ideen etc. Markenstatus erlangen.

Betrachtet man das rechtliche Verständnis einer Marke, können als Marken „alle Zeichen, insbesondere Wörter einschließlich Personennamen, Abbildungen, Buchstaben, Zahlen, Hörzeichen, dreidimensionale Gestaltungen einschließlich der Farben und Farbzusammenstellungen geschützt werden, die geeignet sind, Waren oder Dienstleistungen eines Unternehmens von denjenigen anderer Unternehmen zu unterscheiden" (§3 Abs. 1 MarkenG). So können seit Januar 1995 auch klassische Produktdesigns (z.B. Coca-Cola-, Underberg- oder Odol-Flasche), Farbkombinationen (z.B. Magenta bei der Deutschen Telekom) und Werbeslogans (z.B. „Auf diese Steine können Sie bauen") aber auch Hörzeichen (z.B. Digits der Deutschen Telekom), Geruchszeichen (z.B. Geruch der Maggi-Würze), Geschmackszeichen (z.B. Kinderschokolade) sowie Bewegungszeichen geschützt werden (vgl. Schröder, 2005, S. 357).

Eine wirkungsbezogene Sichtweise ist notwendig, um den Einfluss der Marken auf das Konsumentenverhalten zu verstehen (vgl. Berekoven, 1978, S. 43). Eine Marke wird demnach dadurch gekennzeichnet, dass sie ein positives, relevantes und unverwechselbares Image (*Markenidentität*) bei den Konsumenten aufbauen kann (vgl. Esch et al., 2005, S. 11). Ergänzt man dies noch um die Identifikations- und Differenzierungsfunktion einer Marke, kommt man zu folgender Definition: „Marken sind Vorstellungsbilder in den Köpfen der Anspruchsgruppen, die eine Identifikations- und Differenzierungsfunktion übernehmen und das Wahlverhalten prägen" (Esch, 2005, S. 23). Eine starke Marke (siehe auch → *Markenbewertung*) zeichnet sich demnach durch eigenständige und relevante Assoziationen in den Köpfen der Konsumenten aus.

2. Definition der Markenidentität als Ausgangspunkt der Markenstrategie

„Die Markenidentität bringt zum Ausdruck, wofür eine Marke stehen soll. Sie umfasst die essenziellen, wesensprägenden und charakteristischen Merkmale einer Marke" (Esch, 2005, S. 82). Die Markenidentität ist das Selbstbild einer Marke aus Sicht der Manager eines Unternehmens. Im Gegensatz dazu stellt das Markenimage das Fremdbild der Marke aus Sicht der relevanten Anspruchsgruppen dar, welches sich im Zeitablauf über entsprechende Lernprozesse formt. Zur Ableitung einer SOLL-Markenidentität, die den Ausgangspunkt für die Positionierung einer Marke darstellt, müssen sowohl IST-Markenidentität und -Markenimage ganzheitlich erfasst werden.

Eine Markenidentität sollte neben rationalen, links-hemisphärischen Assoziationen auch emotionale und bildhafte, also rechts-hemisphärische Elemente umfassen. Diese können neben haptischen Eigenschaften auch akustische, olfaktorische, gustatorische oder visuelle Eindrücke der Marke sein.

3. Strategien zur Markenführung

Zur Führung von Marken stehen dem Management drei grundlegende Strategien zu Auswahl:

Die klassischen Markenstrategien lassen sich in Einzel-, Familien- und Dachmarkenstrategie untergliedern, welche sich nach der Anzahl der unter einer Marke geführten Produkte und Dienstleistungen unterscheiden (vgl. Meffert et al., 1994, S. 169).

Die *Einzelmarkenstrategie* (auch Produkt- oder Monomarken-Strategie) richtet sich nach dem Prinzip „Eine Marke = Ein Produkt = Ein Produktversprechen" (Esch, 2005, S. 276). Der Anbieter kann hierbei sogar völlig verborgen bleiben, sodass er dem Konsumenten oftmals nicht bekannt ist (vgl. Unger, 1986, S. 9). Konsumenten ist i.d.R. nicht bekannt, dass hinter Punica, Pringles und Pampers das Unternehmen Procter & Gamble steht.

Vorteile gegenüber anderen klassischen Markenstrategien liegen u.a. in der klaren und spitzen Positionierung, der Schaffung einer unverwechselbaren Markenidentität und in der gezielten Ansprache der Zielgruppen. Ein Nachteil ist darin zu sehen, dass für den Aufbau von Markenbekanntheit und -image viel Zeit und Geld investiert werden muss, das durch die einzelne Marke alleine zu tragen ist. Beispielhaft für die Einzelmarkenstrategie ist Ferrero mit Produktmarken wie Hanuta, Nutella oder Duplo (vgl. Esch, 2005, S. 276ff.).

Werden alle Produkte eines Unternehmens unter einer Marke zusammengefasst, spricht man von einer *Dachmarkenstrategie* (auch Umbrella Brand, Corporate Brand). Die Unternehmensmarke und ihre Kompetenz, ihre Sympathie und das Vertrauen stehen im Vordergrund (vgl. Meffert et al., 1994, S. 169). Typischerweise findet sich diese Strategie bei Dienstleistungen, Industrie- und Gebrauchsgütern. Vertreter dieser Strategie sind Unternehmen wie Bosch, Pelikan oder Allianz. Eine weitere Möglichkeit besteht in einer gemeinsamen Klammer des Markenportfolios eines Unternehmens durch die übergeordnete Corporate Brand (vgl. Esch et al., 2006).

Vorteile der *Corporate Brand-Strategie* sind darin zu sehen, dass Neueinführungen von dem Goodwill der bekannten Marke profitieren und sich somit das Floprisiko bei Einführung neuer Produkte verringert. Außerdem werden Investitionen in die Marke von allen Produkten getragen. Die Kosten der Kommunikation pro Marke können zudem gesenkt werden. Nachteile liegen gegenüber der Einzelmarkenstrategie in der Gefahr der Markenerosion, wenn neue Produkte nicht zur übergeordneten Marke passen und der mangelnden Möglichkeit einer spitzen Positionierung (vgl. Schultz/de Chernatony, 2001, S. 105). Im Gegensatz zur Einzelmarke ist die Corporate Brand für eine Vielzahl von Anspruchsgruppen relevant (vgl. Esch et al., 2005b, S. 405; 2006).

Bei der *Familienmarkenstrategie* werden mehrere Produkte unter einer Marke geführt. Es bestehen im Unternehmen jedoch noch weitere Einzel- oder Familienmarken. Die Unternehmensmarke bleibt in der Regel im Hintergrund (vgl. Sattler, 2001, S. 71). Dies ist z.B. bei Nivea und Tesa von Beiersdorf der Fall, wo die Unternehmensmarke nur als Absender erscheint. Betrachtet man die Vor- und Nachteile dieser Strategie, wird deutlich, dass sie eine „Zwitterstellung" zwischen Einzel- und Dachmarke einnimmt: Neben der Möglichkeit einer relativ spitzen Positionierung können Neueinführungen von einem Imagevorsprung profitieren. Darüber hinaus finanzieren mehrere Produkte das Markenbudget. Andererseits besteht die Gefahr der Verwässerung des Markenimages, wenn Markendehnungen unorganisiert durchgeführt werden (vgl. Esch, 2005, S. 268f.).

Des Weiteren stehen Unternehmen vor der Entscheidung, ob sie einen Markt mit nur einer oder mehreren Marken bearbeiten wollen. Kennzeichen der *Mehrmarkenstrategie* ist, dass ein Anbieter einen Markt gleichzeitig mit mehreren Marken bearbeitet (vgl. Sattler, 2001, S. 97). Die einzelnen Marken unterscheiden sich durch sachlich-funktionale oder emotionale Eigenschaften (z.B. Preis, Produkteigenschaften oder kommunikativer Auftritt). Wichtig ist, dass der Auftritt der einzelnen Marken auch von den Konsumenten als getrennt wahrgenommen wird und die Marken im Unternehmen organisatorisch voneinander getrennt geführt werden (vgl. Meffert/Perrey, 2001, S. 206; Keller, 2003, S. 152).

4. Gestaltung von Markenarchitekturen zur Optimierung des Markenportfolios

Eine Markenarchitektur umfasst alle Marken im Portfolio eines Unternehmens, also die Corporate Brand, Familien- und Produktmarken. Sie unterscheidet sich durch ihre unternehmensweite Sichtweise – und damit der Berücksichtigung aller Marken des Unternehmens – von den klassischen Markenstrategien.

Eine Markenarchitektur lässt sich definieren als „die Anordnung aller Marken eines Unternehmens zur Festlegung der Positionierung und der Beziehungen der Marken und der jeweiligen Produkt-Marken-Beziehung aus strategischer Sicht" (Aaker/Joachimsthaler, 2000, S. 8). Die Rollenverteilung wird demnach nicht nur formal, sondern auch inhaltlich bestimmt.

Bei einer logisch aufgebauten Markenarchitektur, die von den Zielgruppen ohne großen kognitiven Aufwand verstanden wird, ist es möglich, durch den zusätzlichen Einsatz der Unternehmensmarke Synergien zu nutzen und gleichzeitig durch die Produktmarke eine gewisse Eigenständigkeit zu wahren. Beispielsweise bietet die Familienmarke Maggi Produkte in unterschiedlichen Kategorien an. Eine Kategorie bildet hierbei das Sortiment der Maggi fix-Produkte. Diese unterscheiden sich wiederum um spezifische Produktausprägungen wie „Züricher Geschnetzeltes" oder „Chili con Carne".

Ist die Eigenständigkeit der Produktmarke das vorrangige Ziel, sollte die Produktmarke dominant und die Unternehmensmarke als Unterstützung dargestellt werden, stehen Synergien im Vordergrund, sollte die Unternehmensmarke dominieren. Im letzteren Fall kommt es zu einem Imagetransfer zwischen den beteiligten Marken. Im Gegensatz zu Markenallianzen ist dieser im Fall der komplexen Markenarchitekturen auf Marken eines Unternehmens begrenzt.

5. Bildung von Markenallianzen zur Erweiterung des Kompetenzbereiches

Die Besonderheit einer *Markenallianz* besteht im Zusammenfügen von mindestens zwei bestehenden Marken unterschiedlicher Unternehmen (z.B. „Häagen-Dazs – Baileys", „Sony Ericsson"). In den 90er Jahren haben Markenallianzen stark an Bedeutung gewonnen (vgl. z.B. Simonin/Ruth, 1998, S. 30). Ziele einer Markenallianz liegen einerseits in der stärkeren Profilierung des Angebots durch die Integration unterschiedlich ausgeprägter Markenkompetenzen. Andererseits können auch die beteiligten Marken von einem Bekanntheits- und Imagetransfer profitieren (vgl. Esch et al., 2005b, S. 484).

Markenallianzen sind den *Markenkombinationsstrategien* zuzuordnen. Letztere beschreiben die gemeinsame Darbietung mehrerer Marken bei der Markierung von Objekten (vgl. Redler, 2004, S. 180). Weitere Formen der Markenkombinationen beschreiben bspw. das Ingredient Branding, Co-Branding, Co-Promotion, Joint Ventures oder Mega Brands. (vgl. Esch et al., 2005b, S. 486f.).

Ingredient Branding beschreibt dabei den vertikalen Zusammenschluss von zwei Marken, also von zwei Marken unterschiedlicher Produktionsstufen. IBM-Produkte zeichnen sich bspw. durch „Intel inside" aus oder Kleidungsstücke von Adidas bestehen aus Gore Tex (vgl. Esch, 2005, S. 360).

Unternehmen zwei Marken gemeinsame kommunikative Aktionen spricht man von Co-Promotions (vgl. Esch, 2005, S. 360). Richard Branson empfiehlt bspw. in Anzeigen für Virgin Airlines Samsonite Koffer.

6. Bestimmung des Markenwerts zur Erklärung des Erfolgs einer Marke

Ziel einer jeden Markenstrategie ist es, den Wert der Marke und somit des gesamten Unternehmens zu steigern. Der Markenwert stellt somit die zentrale Ziel- und Steuerungsgröße des Markenmanagements dar. Er kann sowohl aus finanzwirtschaftlicher als auch aus verhaltenswissenschaftlicher Sicht betrachtet werden (vgl. Esch, 2005, S. 61):

Aus finanzwirtschaftlicher Sicht ist der Markenwert der Barwert aller zukünftigen Einzahlungsüberschüsse, die der Eigentümer aus einer Marke erwirtschaften kann (vgl. Kaas, 1990, S. 48). Hierdurch wird gemessen wie erfolgreich eine Marke ist.

Aus verhaltenswissenschaftlicher Sicht ist der Markenwert das Ergebnis unterschiedlicher Reaktionen von Konsumenten auf Marketing-Maßnahmen einer Marke im Vergleich zu identischen Maßnahmen einer fiktiven Marke aufgrund spezifischer, mit der Marke im Gedächtnis gespeicherter Vorstellungen (vgl. Keller, 1993). Diese Sichtweise gibt Aufschluss über die Gründe des Markenerfolgs und bildet somit die Grundlage für die Einleitung entsprechender therapeutischer Maßnahmen (vgl. Esch, 2005, S. 61).

Diese Definition des Markenwerts führt letztlich zu der Erkenntnis, dass Markensteuerung Kopfsteuerung ist.

Hinweis

Zu den angrenzenden Wissensgebieten siehe → Customer Relationship Management, → Dienstleistungsmanagement, → E-Commerce, → Eventmanagement, → Eventmarketing, → Händlermarke (Retail Brand), → Handelsmarketing, → Internationales Marketing, → Internet-Kommunikationspolitik, → Kommunikationspolitik, → Konsumentenverhalten, → Kundenzufriedenheit, → Markenarten, → Markenbewertung, → Markennamen, → Markenrecht, → Marketing, Grundlagen, → Marketing, Internationales, → Marktforschung, → Preispolitik, → Produktpolitik, → Sponsoring, → Vertriebspolitik, → Werbung.

Literatur: Aaker, D.A., Joachimsthaler, E. (2000), „The Brand Relationship Spectrum: The Key to the Brand Architecture Challenge, in: California Management Review", Vol. 42, No. 4, S. 8-23. Berekoven, L. (1978), „Zum Verständnis und Selbstverständnis des Markenwesens", in: Dichtl, E. et al. (Hg.) (1978), Markenartikel heute: Marke, Markt und Marketing, Wiesbaden: Gabler, S. 35-48. Domizlaff, H. (1939), Die Gewinnung des öffentlichen Vertrauens: Ein Lehrbuch der Markentechnik, Hamburg: Verlag Marketing Journal. Domizlaff, H. (1992), Die Gewinnung des öffentlichen Vertrauens: Ein Lehrbuch der Markentechnik, Hamburg: Verlag Marketing Journal. Esch, F.-R. (2005), Strategie und Technik der Markenführung, Wiesbaden: Gabler. Esch, F.-R.; Langner, T.; Tomczak, T.; Kernstock, J.; Strödter, K. (2005), „Aufbau und Führung von Corporate Brands", in: Esch, F.-R. (Hg.) (2005), Moderne Markenführung, Wiesbaden: Gabler, S. 403-426. Esch, F.-R.; Redler, J. (2005), „Anchoringeffekte bei der Urteilsbildung gegenüber Markenallianzen: Die Bedeutung von Markenbekanntheit, Markenimage und Produktkategorietiefe", in: Marketing ZFP, 27. Jg., Heft 2, S. 179-194. Esch, F.-R.; Redler, J.; Winter, K. (2005b), „Management von Markenallianzen", in: Esch, F.-R. (Hg.) (2005), Moderne Markenführung, Wiesbaden: Gabler, S. 481-502. Esch, F.-R.; Tomczak, T.; Langner, T.; Kernstock, J. (2006), Corporate Brand Management, Wiesbaden: Gabler. Esch, F.-R.; Wicke, A.; Rempel, J. E.

(2005a), „Herausforderungen und Aufgaben des Markenmanagements", in: Esch, F.-R. (Hg.) (2005), Moderne Markenführung, Wiesbaden: Gabler, S. 3-55. Kaas, K. P. (1990), „Langfristige Werbewirkung und Brand Equity", in: Werbeforschung & Praxis, 35. Jg., Heft 3, S. 48-52. Keller, K. L. (1993), „Conceptualizing, Measuring, and Managing Customer-Based Brand Equity", in: Journal of Marketing, Vol. 57, Jan., S. 1–22. Keller, K. L. (2003), Strategic Brand Management: Building, Measuring and Managing Brand Equity, Upper Saddle River, NJ: Prentice Hall. Meffert, H., Bierwirth, A., Burmann, C. (1994), „Gestaltung der Markenarchitektur als markenstrategische Basisentscheidung", in: Meffert, H., Burmann, C., Koers, M. (Hg.) (1994), Markenmanagement, Wiesbaden: Gabler, S. 168–179. Meffert, H., Perrey, J. (2005), „Mehrmarkenstrategien – Ansatzpunkte für das Management von Markenportfolios", in: Esch, F.-R. (Hg.) (2005), Moderne Markenführung, Wiesbaden: Gabler, S. 811–838. Mellerowicz, K. (1963), Markenartikel – Die ökonomischen Gesetze ihrer Preisbildung und Preisbindung, München, Berlin: Beck. Sattler, H. (2001), Markenpolitik, Stuttgart: Kohlhammer. Schröder, H. (2005), „Markenschutz als Aufgabe der Markenführung", in: Esch, F.-R. (Hg.) (2005), Moderne Markenführung, Wiesbaden: Gabler, S. 351-378. Schultz, M., de Chernatony, L. (2001), „The Challenges of Corporate Branding", in: Corporate Reputation Review, Vol. 5, No. 2/3, S. 105–112. Simonin. B. L.; Ruth, J. A. (1998), „Is a Company Known by the Company It Keeps? Assessing the Spillover Effects of Brand Alliances on Consumer Brand Attitudes", in: Journal of Marketing Research, Vol. 35, No. 1, S. 30-42.

Internetadresse: http://www.uni-giessen.de/marketing

Website des Autors: http://www.uni-giessen.de/ma/dat/Esch/Franz-Rudolf_Esch

Markenidentität

Die *Markenidentität* bringt zum Ausdruck, wofür eine → Marke stehen soll. Sie umfasst die essenziellen, wesensprägenden und charakteristischen Merkmale einer Marke (Esch, 2005, S. 82). Die Markenidentität ist das Selbstbild einer Marke aus Sicht der Manager eines Unternehmens. Im Gegensatz dazu stellt das *Markenimage* das Fremdbild der Marke aus Sicht der relevanten Anspruchsgruppen dar, welches sich im Zeitablauf über entsprechende Lernprozesse formt.
Einzelheiten sowie Literaturangaben siehe → Markenführung.

Markenimage

Das *Markenimage* stellt das Fremdbild einer → Marke aus Sicht der relevanten Anspruchsgruppen dar, welches sich im Zeitablauf über entsprechende Lernprozesse formt. Im Gegensatz dazu bringt die → *Markenidentität* zum Ausdruck, wofür eine Marke stehen soll. Die Markenidentität umfasst die essenziellen, wesensprägenden und charakteristischen Merkmale einer Marke (Esch, 2005, S. 82). Die Markenidentität ist das Selbstbild einer Marke aus Sicht der Manager eines Unternehmens.
Einzelheiten sowie Literaturangaben siehe → Markenführung. Siehe auch → Markenbewertung (mit Literaturangaben).

Markenkorrigierter Gewinn

Analog zum → markenkorrigierten Umsatz kann auch der Gewinn bzw. der Deckungsbeitrag, den ein Markenprodukt erzielt, als Ausgangsbasis zur Isolierung → markenspezifischer Zahlungen dienen. Eine nicht unerhebliche Zahl kommerzieller Instrumente zur → Markenbewertung verfolgt diesen Ansatz (u.a. Interbrand, Brand Finance, McKinsey, ACNielsen bzw. Konzept&Markt). Das konkrete Vorgehen ist allerdings sehr vielfältig und weit entfernt von einer standardisierten Methode.
Siehe auch → Markenbewertung.

Markenkorrigierter Umsatz

Anstelle eines → Umsatzpremiums kann bei der Ermittlung markenspezifischer Einzahlungen (→ markenspezifische Zahlungen) als Ausgangspunkt auch unmittelbar auf den Umsatz zurückgegriffen werden. Eine solche Vorgehensweise bietet sich insbesondere dann an, wenn ein sehr großer Teil der Umsatzerlöse vermutlich markenspezifisch ist (vorrangig in markendominierten Produktkategorien wie z.B. Bier). Siehe auch → Markenbewertung.

Markenloyalität

beschreibt das Verhalten von Konsumenten, die wiederholt dieselbe Marke kaufen. Loyalität kann als langfristig gefestigtes Muster bei der Markenwahl verstanden und beispielsweise über die Ermittlung von Wiederkaufraten gemessen werden. Siehe auch → Marke, → Markenbewertung und → Markenführung.

Markennamen

Im einfachsten Fall kann auf den Firmennamen zurückgegriffen werden. Dabei kann dieser komplett für alle Produkte übernommen werden (z.B. Bahlsen) oder mit zusätzlichen Produkthinweisen versehen sein (z.B. Eckes Edelkirsch). Der Produktname kann aus dem Firmennamen abgeleitet sein (z.B. Nestea von Nestlé) oder Produkt- und Firmenname werden gemeinsam benutzt (z.B. Bayer Aspirin). Außerdem kann durch Bildung von Produktgruppen auf Programmnamen durch Transfer zurückgegriffen werden (z.B. Milka Lila Pause). Schwierig wird es hingegen, soll ein neuer Markenname gefunden werden.

Ihrer Art nach kann man sechs Gruppen von Markennamen unterscheiden:

(1) *Deskriptive* Markennamen treffen eine konkrete Aussage über das Produkt, sind aber wenig eigenständig und originell. Sie waren nach altem Warenzeichengesetz (WZG) schutzunfähig. Aufgrund sprachlicher Barrieren sind sie zudem im fremdsprachigen Ausland kaum einsetzbar (Beispiel: Salatkrönung/Knorr, Sahnejoghurt/Zott, Kinderschokolade/Ferrero).

(2) *Phonetisch aussagekräftige* Markennamen sind zwar ebenfalls artifiziell, stehen aber in einem klanglich bedingten Produktbezug (z.B. Coral Waschmittel für farbige Wäsche). Wenn diese so gewählt sind, dass sie in unterschiedlichen Sprachräumen funktionieren, eignen sie sich gut für den internationalen Einsatz. Dabei kommt es auch auf die Aussprechbarkeit an.

(3) *Assoziative* Markennamen rufen bestimmte Anmutungen hervor, die sich auf das Produkt beziehen. Sie sind gut schützbar und international einsetzbar, wenn sie keine länderspezifisch unerwünschten Assoziationen hervorrufen, was sehr gründlich zu prüfen ist, um Fehlinvestitionen zu vermeiden (Beispiel: Schauma/Schwarzkopf, Brekkies/ Effem, Whiskas/Effem, Vectra/Opel).

(4) Markennamen mit vorwiegend *semantisch* bedingter Aussagekraft können *produktbeschreibend* oder *symbolisch* gemeint sein. Die Produktbeschreibung erleichtert durch ihre Sinnhaftigkeit die Zuordnung und Erinnerung (z.B. Zewa wisch & weg). Die Symbolik schafft hingegen vor allem Vertrauen in die Produktleistung (z.B. Dr. Best). Solche Markennamen entstehen zumeist durch Verfremdung oder Spielen mit produktbezogenen Inhalten.

(5) *Artifizielle* Markennamen sind in der Regel reine Kunstworte, die zunächst ohne konkreten Bedeutungsinhalt sind und über das Produkt nichts aussagen, sie müssen erst noch "aufgeladen" werden. Sie sind sehr gut schützbar und unter Berücksichtigung aller sprachlichen, kulturellen und sonstigen Erfordernisse bei der Entwicklung in unterschiedlichen Ländern gut einsetzbar (Beispiel: Nivea/Beiersdorf, Timotei/Unilever, Ariel/P&G, Persil/Henkel, Twingo/Renault).

(6) Relativ *neutrale* Markennamen zeichnen sich dadurch aus, dass sie weder semantisch noch phonetisch einen erkennbaren Sinnzusammenhang zum Produkt ergeben. Dies erleichtert zwar die Schützbarkeit, erfordert jedoch eine Konditionierung durch Kommunikation (z.B. Pril). Das heißt, der an sich bedeutungslose Name muss erst mit im Sinne des Absenders bedeutungsvollen Inhalten konditioniert werden (Kelts, Xedos, Twingo), damit er seine akquisitorische Wirkung entfalten kann.

Siehe auch → Markenführung, → Markenbewertung, → Produktpolitik, jeweils mit Literaturangaben.

Markennutzen

Werden die einzelnen Assoziationen, die ein Konsument mit einer → Marke verbindet, zu einer eindimensionalen Größe verdichtet, kann diese als Gesamtnutzenwert einer Marke bezeichnet werden. Eindimensionale Maße des → Markenimages können mit dem Begriff Markenutzen gleichgesetzt werden. Siehe auch → Markenbewertung.

Markenpflege

umfasst die Fortführung der Marke. Dies ist regelmäßig Aufgabe des Brand management als zweckmäßiger objektorientierter Form der Aufbauorganisation. Die Markenpflege bezieht sich auf die sechs C´s

der Kompetenz (Competence), Glaubwürdigkeit (Credibility), Fokussierung (Concentration), Kontinuität (Continuity), Verpflichtung (Commitment) und Abstimmung (Coordination).
Siehe auch → Markenführung.

Markenpolitik des Handels

Markenpolitische Optionen des Handels bilden ein wesentliches Instrument des → Handelsmarketing. Eine häufig angewendete Unterscheidung markenpolitischer Strategieoptionen ist jene in vertikale und horizontale → Markenstrategien.
Zu den → vertikalen Markenstrategien zählen die → Herstellermarken- und → Handelsmarkenstrategie. Markenstrategien im horizontalen Wettbewerb umfassen die Monomarken-, Mehrmarken, Markenfamilien- und Dachmarkenstrategien, so auf der in Deutschland bedeutender werdenden Ebene von → Handelsmarken. Letzteres betrifft im Handel auch die Unternehmensebene, so der Unternehmens- bzw. Betriebstypenmarken (→ Retail Brands). Im Handel greift erst in jüngerer Zeit die Einsicht, Betriebstypen als Marken zu begreifen.
Siehe auch → Handelsmarketing (mit Literaturangaben).

Markenrecht

Das Markenrecht ist im „Gesetz über den Schutz von → Marken und sonstigen Kennzeichen-Markengesetz (MarkenG)" geregelt. Was Schutzgegenstand bei Marken sein kann, wird in § 3 Abs. 1 MarkenG beispielhaft aufgezählt. Dort heißt es: „Als Marke können alle Zeichen, insbesondere Wörter einschließlich Personennamen, Abbildungen, Buchstaben, Zahlen, Hörzeichen, dreidimensionale Gestaltungen einschließlich der Form einer Ware oder ihrer Verpackung sowie sonstige Aufmachungen einschließlich Farben und Farbzusammenstellungen geschützt werden, die geeignet sind, Waren oder Dienstleistungen eines Unternehmens von denjenigen anderer Unternehmen zu unterscheiden."
Eine Marke kann zum einen dadurch entstehen, dass man ein Zeichen als Marke in das vom Deutschen Patent- und Markenamt (DPMA) geführte Markenregister eintragen lässt. Markenschutz entsteht ferner ohne Eintragung der Marke beim DPMA, soweit das Zeichen innerhalb beteiligter Verkehrskreise als Marke Verkehrsgeltung erworben hat (§ 4 Nr. 2 MarkenG). Das Markenrecht ist ein Teilgebiet des → Gewerblichen Rechtsschutzes.
Siehe auch → Marke, → Markenbewertung, → Markenführung sowie → Händlermarke (Retail Brand).

Markenspezifische Zahlungen

(*Prognose*). Die Existenz klassischer Markenartikel, wie z .B. Coca-Cola, Dr. Oetker, Nivea, Persil, Rama und Tempo, über einen Zeitraum von deutlich über 50 Jahren zeigt die (potenziell) langfristige Wirkung von Markenstrategien. Am Beispiel der Marke Datsun, die vor über zehn Jahren eingestellt wurde, wird die Langfristwirkung noch deutlicher. Obwohl die letzten Markeninvestitionen mehr als zehn Jahre zurückliegen, genießt diese Marke weiterhin einen hohen Bekanntheitsgrad (→ Markenbekanntheit) und positive Einstellungswerte. Für die → Markenbewertung in Form einer Ermittlung diskontierter zukünftiger Einzahlungsüberschüsse bedeutet dies, dass Prognosezeiträume von 5, 10 und mehr Jahren relevant werden können (langfristiges Prognoseproblem). Aufgrund des Prognoserisikos gilt es, die Risiken zu quantifizieren und bei der Diskontierung der zukünftigen Einzahlungsüberschüsse zu berücksichtigen.
Verfahren, die eine langfristige Prognose → markenspezifischer Zahlungen beinhalten, nehmen typischerweise eine ganzheitliche → Markenbewertung vor, indem (implizit) neben dem Prognoseproblem mindestens auch eine Lösung für das Isolierungsproblem bereitgestellt wird. Entsprechende Ansätze lassen sich unterteilen in (1) kostenorientierte Verfahren, (2) marktpreisorientierte Verfahren und (3) ertragsorientierte Verfahren zur Prognose markenspezifischer Zahlungen.

Literatur: Aaker, D. A.: Managing Brand Equity: Capitalizing on the Value of a Brand Name, New York 1991; Castedello, M., Klingbeil, C.: KPMG-Modell, in: Verlagsgruppe Handelsblatt GmbH (Hrsg.): Die Tank AG, Düsseldorf 2004; Kapferer, J.-N.: Die Marke – Kapital des Unternehmens, Landsberg und Lech 1992; Sattler, H.: Markenpolitik, Stuttgart et al. 2001; Sattler, H.: Eine Simulationsanalyse zur Beurteilung von Markeninvestitionen, in: OR Spektrum – Quantitative Approaches in Management, Vol. 22, 2000; Sattler, H.: Monetäre Bewertung von Markenstrategien für neue Produkte, Stuttgart 1997.

Markenspezifische Zahlungen

(zur → *Markenbewertung*). Bei der Ermittlung von Einzahlungsüberschüssen für die zu bewertende → Marke sind nicht die gesamten Einzahlungsüberschüsse aus dem mit der Marke verbundenen Produkt relevant, sondern nur diejenigen, welche spezifisch auf die Marke zurückzuführen sind. Entsprechend sind auch nur diejenigen Auszahlungen zu berücksichtigen, die durch die Marke verursacht werden (z.B. Kommunikations- und Distributionsbudgets sowie Zahlungen für die Produktpolitik). Beide Bereiche werden als markenspezifische Zahlungen bezeichnet.

Betrachtet man bei den Einzahlungen die Umsatzerlöse aus einem Produkt, so sind dementsprechend nicht die gesamten Umsatzerlöse relevant, sondern nur der Teil der Umsatzerlöse, der spezifisch auf die Marke zurückzuführen ist. So könnte ein Teil der Umsatzerlöse auch erzielt werden, wenn für das jeweilige Produkt keine (bzw. eine unbekannte oder sehr schwach profilierte) Marke verwendet wird. Entsprechend sind auch nur solche Auszahlungen zu berücksichtigen, die durch die Marke verursacht werden (z.B. Kommunikations- und Distributionsbudgets sowie Zahlungen für die Produktpolitik).

Zur Lösung dieses *Isolierungsproblems* gibt es in der Literatur eine Vielzahl von Vorschlägen. Dabei konzentrieren sich die Ansätze auf markenspezifische Einzahlungen. Die Isolierung kann auf Basis sehr unterschiedlicher Ansätze vorgenommen werden: (1) Die häufigste Vorgehensweise zur Isolierung markenspezifischer Zahlungen basiert auf der Ermittlung eines → Preis- und/oder → Mengenpremiums. Solche → Preis- und → Mengenpremien treten auf, wenn eine Marke gegenüber einer unbekannten oder sehr schwach profilierten Marke einen höheren Preis (→ Preispremium) und/oder eine höhere Absatzmenge (→ Mengenpremium) erzielen kann. (2) Eine weitere Methode der Isolierung markenspezifischer Zahlungen besteht in der Schätzung einer hedonischen Preisfunktion (→ hedonische Preise). Hier wird versucht, die am Markt beobachtbaren Preisvariationen verschiedener Produktvarianten einer Produktklasse durch die Unterschiede der Produkteigenschaften zu erklären. (3) Alternativ kann bei der Ermittlung markenspezifischer Einzahlungen auch unmittelbar auf den Umsatz bzw. Gewinn zurückgegriffen werden. Dieser muss um markenspezifische Effekte korrigiert werden (markenkorrigierter Umsatz bzw. Gewinn). (4) Letztlich lassen sich markenspezifische Zahlungen auch über Lizenzpreisanalogien isolieren. Der Wert der Marke ergibt sich hier aus zukünftigen Lizenzzahlungen (Lizenzpreisanalogien), die ein Unternehmen aufwenden müsste, wenn es die Marke von einem Dritten lizenzieren müsste.

Siehe auch → Markenbewertung (mit Literaturangaben).

Literatur: Ailawadi, K. L., Lehmann, D. R., Neslin, S. A.: Revenue Premium as an Outcome Measure of Brand Equity, in: Journal of Marketing, Vol. 67, 2003; Castedello, M., Klingbeil, C.: KPMG-Modell, in: Verlagsgruppe Handelsblatt GmbH (Hrsg.): Die Tank AG, Düsseldorf 2004; Sander, M.: Die Bestimmung und Steuerung des Wertes von Marken. Eine Analyse aus Sicht des Markeninhabers, Heidelberg 1994; Sattler, H., Högl, S., Hupp, O.: Evaluation of the Financial Value of Brands, in: Excellence in International Research (Hrsg.: ESOMAR – The World Association of Research Professionals), Vol. 4, 2003; Sattler, H.: Markenpolitik, Stuttgart et al. 2001; Sattler, H.: Monetäre Bewertung von Markenstrategien für neue Produkte, Stuttgart 1997.

Markenstärke

(*Brand Strength*) kann als nicht-monetäre Komponente der → Markenbewertung verstanden werden und wird vielfach synonym zu den Begriffen → Brand Value Driver und Markenwertindikatoren verwendet. Die Markenstärke integriert die Perspektive der Konsumenten in die Bewertung von → Marken und basiert auf dem vorhandenen Markenwissen. Das Markenwissen setz sich i.W. aus → Markenbekanntheit und → Markenimage zusammen. Eine allgemeingültige Definition der Markenstärke hat sich bisher nicht durchgesetzt. Speziell die vielfache Integration der nicht-monetären Perspektive in kommerziell eingesetzten Verfahren der → Markenbewertung führt zu einer sehr heterogenen Verwendung des Begriffs.

Markenstrategie, horizontale

hierzu zählen die Monomarken-, Mehrmarken, Markenfamilien- und Dachmarkenstrategien auf der Ebene der → Handelsmarken bzw. → Retail Brands; siehe hierzu auch → Markenpolitik des Handels und → Handelsmarketing.

Markenstrategie, vertikale

hierzu zählen die → Herstellermarken- und → Handelsmarkenstrategie; siehe hierzu auch → Markenpolitik des Handels.

Markenstrategien

siehe → Dachmarkenstrategie, → Einzelmarkenstrategie, → Familienmarkenstrategie, → Mehrmarkenstrategie sowie → Markenführung.

Markenstrategische Optionen

bestehen in erster Linie darin, dass die zu bewertende Marke in Form eines → Markentransfers auf neue Produktbereiche und Märkte ausgedehnt werden kann. So wurde z. B. die ursprünglich für den Hautcrememarkt entwickelte Marke Nivea erfolgreich auf eine Vielzahl anderer Märkte transferiert und hat damit erhebliche Wertschöpfungspotenziale realisieren können.

Seit Anfang der 80er Jahre erfreuen sich solche → Markentransfers außerordentlicher Beliebtheit in der Praxis. Dabei ist allerdings zu berücksichtigen, dass es in Folge des → Markentransfers zu einer Verwässerung oder sogar Schädigung des → Markenimages kommen kann mit entsprechend negativen Konsequenzen für sämtliche Produkte, die unter der betroffenen Marke angeboten werden. Neben der klassischen Form von → Markentransfers auf neue Produkte („New Product Brand Extension") kann ein Markentransfer auch durch eine Ausdehnung auf neue (geografische) Märkte erfolgen („New Market Brand Extension"). Die Ausdehnung der australischen Marken Foster und Winfield auf den deutschen Markt sind dafür ein Beispiel. Weitere markenstrategische Optionen bestehen darin, dass die zu bewertende Marke umpositioniert wird, beispielsweise durch eine Etablierung neuer zentraler Imagedimensionen (→ Markenimage) (z. B. Innovativität bei der Automarke Audi), oder das Eingehen markenbezogener Kooperationen, z.B. in Form von → Markenallianzen mit Wettbewerbern oder Kooperationen mit dem Handel.

Eine Bewertung markenstrategischer Optionen wird bei den meisten bisher entwickelten Markenbewertungsverfahren (→ Markenbewertung) nicht vorgenommen, zumeist mit dem Argument einer zu hohen Bewertungsunsicherheit. Dabei bleibt unberücksichtigt, dass auch ein Verzicht auf eine Messung einer Bewertung mit 0 entspricht, was in den allermeisten Fällen, insbesondere bei Bewertungen im Rahmen von markenmotivierten Unternehmensakquisitionen, zu groben Fehleinschätzungen führen kann. Studien zeigen, dass in vielen Fällen der Wert markenstrategischer Optionen 50 % und mehr des gezahlten Kaufpreises für Unternehmen mit sehr starken Marken beträgt.

Siehe auch → Markenbewertung (mit Literaturangaben).

Literatur: Buchanan, L., Simmons, C. J., Bickart, B. A.: Brand Equity Dilution: Retailer Display and Context Brand Effects, in: Journal of Marketing Research, 36, 1999; Sattler, H.: Markenpolitik, Stuttgart et al. 2001; Sattler, H.: Eine Simulationsanalyse zur Beurteilung von Markeninvestitionen, in: OR Spektrum – Quantitative Approaches in Management, Vol. 22, 2000; Sattler, H.: Monetäre Bewertung von Markenstrategien für neue Produkte, Stuttgart 1997; Simonin, B. L., Ruth, J. A.: Is a Company Known by the Company it Keeps? Assessing the Spillover Effects of Brand Alliances on Consumer Brand Attitudes, in: Journal of Marketing Research, Vol. 35, 1998; Völckner, F.: Neuprodukterfolg bei kurzlebigen Konsumgütern: Eine empirische Analyse der Erfolgsfaktoren von Markentransfers, Wiesbaden 2003.

Markentransfer

(*Brand Extension*). Sobald mehr als ein Produkt unter demselben Markenzeichen angeboten wird, kann von einer Markentransferstrategie gesprochen werden (→ markenstrategische Optionen). Ein Markentransfer charakterisiert dabei die Ausdehnung eines etablierten Markenzeichens auf ein neues Produkt („New Product Brand Extension") oder einen neuen Markt („New Market Brand Extension"). Mit Hilfe von Markentransfers ist die Übertragung von Wissensstrukturen der Nachfrager über die etablierte Marke auf das Neuprodukt möglich. Markentransfers können bezüglich der Produktkategorie, in welche der Transfer vorgenommen wird, differenziert werden. Einerseits ist die Ausdehnung der Marke in dieselbe Produktkategorie möglich (→ Line Extension). Andererseits kann die Übertragung des Markenzeichens auch in eine neue Produktkategorie erfolgen (→ Franchise Extension).

Siehe auch → markenstratische Optionen, → Markenbewertung und → Markenführung.

Markenwert

(*Brand Equity*), siehe → Markenbewertung (mit Literaturangaben).

Markenwertindikatoren

(*Brand Value Driver*) sind nicht monetäre Größen, die im Bereich der → Markenführung verbreitete Anwendung finden. Einzelheiten mit Literaturangaben siehe → Brand Value Driver sowie → Markenbewertung.

Market Intelligence

synonym verwendeter Begriff für → Business Intelligence (mit Literaturangaben).

Market Maker

(im Wertpapierhandel) sind in der Regel Banken, die für jederzeitige Kursstellung ("quotes") sorgen und die auf diese Weise die Handelbarkeit und transparente Wertfeststellung selbst für solche Wertpapiere sichern, für die entweder momentan kein Anbieter oder kein Nachfrager am Markt vorhanden ist.

Market Research

engl. Bezeichnung für Marktforschung; siehe → Marktforschung (mit Literaturangaben).

Market Value Added (MVA)

Wertbeitragskennzahl von der Beratungsgesellschaft *Stern/Stewart* entwickelt. Der Market Value Added misst die Differenz zwischen dem Marktwert des Unternehmens und dem insgesamt eingesetzten Geschäftsvermögen (Net Operating Assets, NOA) eines Unternehmens.
Market Value Added = Marktwert des Unternehmens - Geschäftsvermögen
Siehe auch → Kennzahlen, wertorientierte und die dort angegebene Literatur.

Marketing, Digitales

siehe → Digitales Marketing (mit Literaturangaben).

Marketing, Elektronisches

andere Bezeichnung für → Digitales Marketing (mit Literaturangaben).

Marketing für öffentliche Betriebe

(*Public Marketing*) beschäftigt sich mit den besonderen Herausforderungen des Marketing im öffentlichen Sektor. Da in diesem Bereich häufig nicht-kommerzielle Ziele vorherrschen, gibt es Schnittstellen zum → Non Profit-Marketing.

Marketing Research

siehe → Marketingforschung (mit Literaturangaben).

Marketing, Grundlagen

Grundlagen des Marketing

von Univ.-Professorin Dr. Sabine Kuester, Lehrstuhl für Marketing III
an der Universität Mannheim und Mag. Barbara Pramböck,
Institut für Internationales Marketing & Management an der Wirtschaftsuniversität Wien

1. Entwicklung und Definition des Marketingbegriffs

Der Begriff „Marketing" kommt aus dem amerikanischen Sprachgebrauch und ist abgeleitet von „market" (englisch für Markt bzw. vermarkten). Daraus wird die zentrale Bedeutung von Märkten ersichtlich, die sowohl Bezugsobjekte als auch Zielobjekte des Marketing sind. Marketing bedeutet somit Schaffung und Bearbeitung von Märkten. Dabei ist Marketing heute durch einen marktorientierten unternehmerischen Denkstil geprägt und hat im Wesentlichen zwei Funktionen. Einerseits ist es Leitbild des Managements und Unternehmensphilosophie und andererseits eine gleichberechtigte Unternehmensfunktion (neben z.B. Produktion oder Finanzierung), die auf das externe Umfeld des Unternehmens gerichtet ist. Daher wird Marketing als duales Führungskonzept verstanden.

Die Definition des Marketingbegriffs geht zurück bis in die Anfänge des 20. Jahrhunderts, als Marketing vor allem als Distributionsfunktion mit den Schwerpunkten Verkauf und → Werbung gesehen wurde. Ein neues Marketingverständnis entwickelte sich erst in den 50er und 60er Jahren, als der → Marketingmix mit den so genannten „Vier P" – Product (→ Produktpolitik) Price (→ Preispolitik), Promotion (→ Kommunikationspolitik) und Place (→ Vertriebspolitik) - definiert wurde. Diese Systematik hat bis heute ihre Bedeutung beibehalten. Der Marketingbegriff selbst hat sich im Laufe der Jahrzehnte allerdings stetig verändert. Durch zunehmende Vernetzung von Informations- und Kommunikationstechnologien sowie verbesserte → Logistik- und Transportmöglichkeiten, sind in jüngster Zeit besonders die Netzwerkorientierung und der Beziehungsaspekt (siehe auch → Customer Relationship Management) in den Vordergrund gerückt.

Eine integrierte Definition des Marketing bezieht den unternehmensexternen, den unternehmensinternen und den Beziehungsaspekt mit ein. In unternehmensexterner Hinsicht umfasst Marketing daher die Konzeption und Durchführung marktbezogener Aktivitäten eines Anbieters gegenüber Nachfragern oder potentiellen Nachfragern seiner → Produkte (physische Produkte und/oder → Dienstleistungen). Diese Aktivitäten beinhalten die systematische Informationsgewinnung über Marktgegebenheiten sowie die Gestaltung des Produktangebots (siehe auch → Produktpolitik), die Preissetzung (siehe auch → Preispolitik), die Kommunikation (siehe auch → Kommunikationspolitik) und den → Vertrieb (siehe auch → Vertriebspolitik). Zudem bedeutet Marketing in unternehmensinterner Hinsicht die Schaffung der Voraussetzungen im Unternehmen für die effektive und effiziente Durchführung dieser marktbezogenen Aktivitäten. Dies schließt insbesondere die Führung des gesamten Unternehmens nach der Leitidee der Marktorientierung ein, was ein Denken vom Markt her impliziert. Somit zielen die externen als auch die internen Ansatzpunkte des Marketing auf eine optimale Gestaltung von → Kundenbeziehungen (siehe auch → Customer Relationship Management). Letztendlich dient das Marketing somit einer dauerhaften → Kundenbindung und der Etablierung von langfristigen Wettbewerbsvorteilen.

Ein weiteres Marketingverständnis bezieht auch Formen des Marketing mit ein, die sich auf andere Stakeholdergruppen beziehen, wie z.B. lieferantengerichtete Aktivitäten (Beschaffungsmarketing, siehe → Beschaffungsmanagement), Personalgewinnungsaktivitäten (→ Personalmarketing), mitarbeiterbezogene Aktivitäten (→ Internes Marketing) sowie die Kommunikation mit dem Kapitalmarkt (→ Finanzmarketing). Die weiteste Interpretation des Marketingbegriffs versteht Marketing als jegliche Form eines Austausches zwischen zwei Parteien, die durch diesen Prozess Bedürfnisbefriedigung anstreben.

Basierend auf diesen Ausführungen kann Marketing auch anhand von sieben Perspektiven dargestellt werden (siehe Abbildung 1). Die erste Perspektive ist die theoretische Perspektive des Marketing, deren Fokus auf der Bereitstellung von Grundlagen für das Verständnis von Marketingphänomenen und -entscheidungen liegt. Die informationsbezogene Perspektive, die strategische Perspektive, die instrumentelle Perspektive sowie die institutionelle Perspektive beziehen sich in erster Linie auf die marktbezogenen Aktivitäten des Unternehmens. Dabei steht bei der informationsbezogenen Perspektive die Frage im Vordergrund, wie Unternehmen die notwendigen Informationen gewinnen können (→ Marketingforschung). Im Rahmen der strategischen Perspektive geht es um die grundsätzliche und langfristige Orientierung der Marktbearbeitung des Unternehmens. Zur Realisierung der in der strategischen Perspektive festgelegten → Marketingstrategie dient der systematische Einsatz der → Marketinginstrumente, auf die sich die instrumentelle Perspektive bezieht. Im Rahmen der institutionellen Perspektive geht es um die Besonderheiten des Marketing zum einen durch die Tätigkeit in einem bestimmten Wirtschaftssektor und zum anderen durch die Internationalität der Marketingaktivitäten.

Die implementationsbezogene und die führungsbezogene Perspektive nimmt hingegen auf unternehmensinterne Aspekte des Marketing Bezug. Die implementationsbezogene Perspektive bezieht sich auf die Umsetzung des Marketing im Unternehmen vor allem durch die Schaffung der Voraussetzung für effektive und effiziente Durchführung von marktbezogenen Aktivitäten. Schließlich steht im Mittelpunkt der führungsbezogenen Perspektive des Marketing die marktorientierte Unternehmensführung.

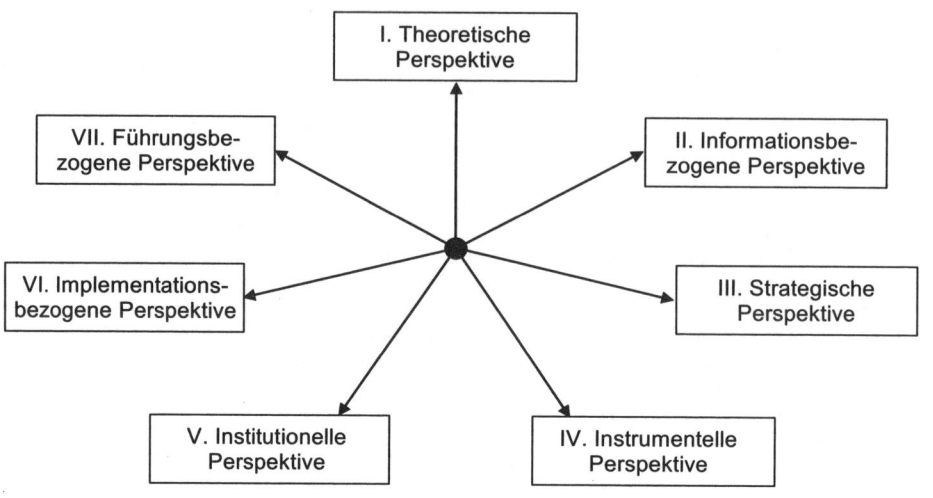

Quelle: Homburg und Krohmer 2006

Abb. 1: Die sieben Perspektiven des Marketing

2. Marketing als Managementprozess

→ Marketingmanagement umfasst die zielorientierte Gestaltung aller marktgerichteten Unternehmens-aktivitäten. Somit kann Marketing auch als Managementprozess dargestellt werden, der die klassischen Phasen der Analyse, Planung, Durchführung und Kontrolle beinhaltet. Die Zielsetzung des Marketing-managements ist die kontinuierliche → Marketingplanung mit der Erstellung eines Marketingplans. Der Marketingplan dient dem Marketingverantwortlichen zur Umsetzung des Managementprozesses in Teilschritten. Die wichtigsten Aktivitäten und Elemente des Marketingprozesses sind in Abbildung 2 dargestellt.

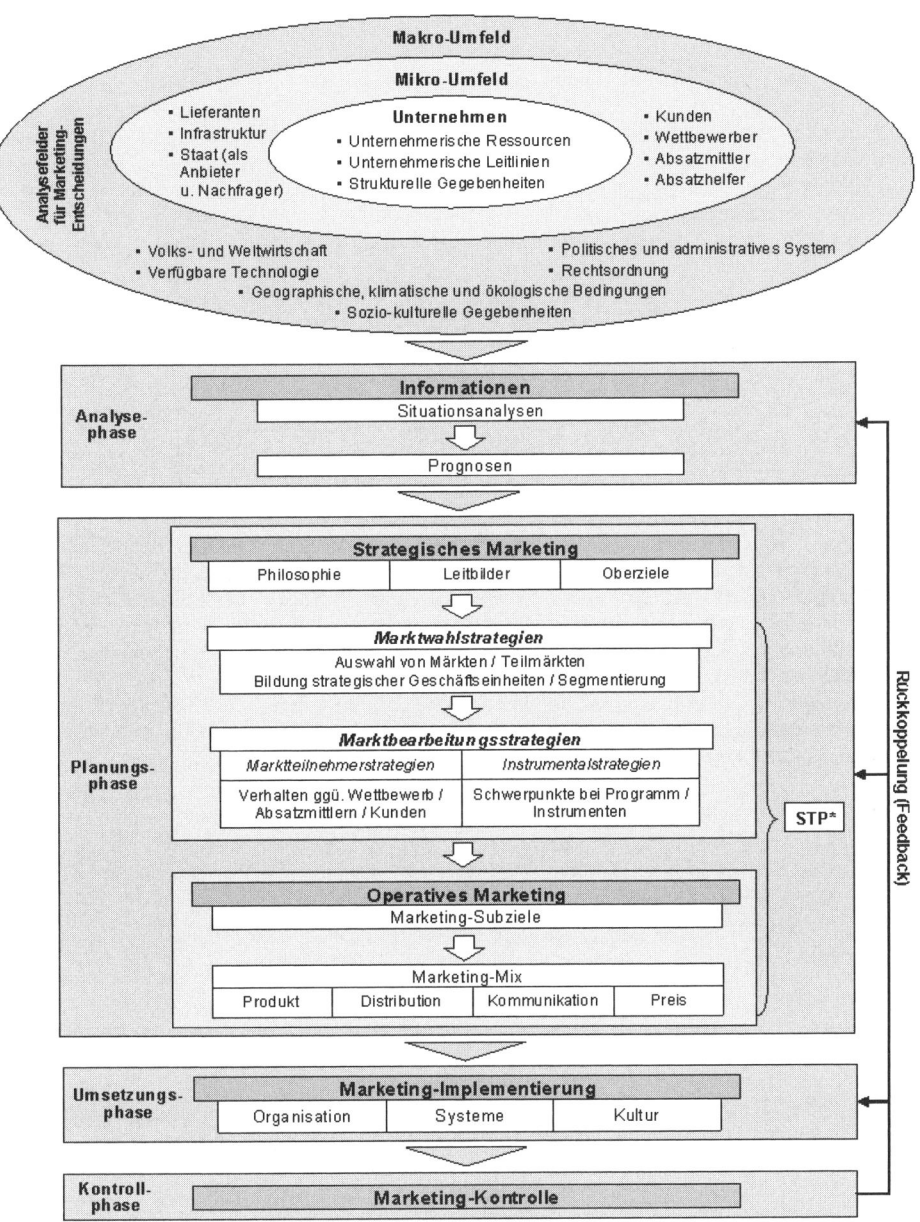

* STP = Segmentation (→ Segmentierung), → Targeting (Auswahl der Zielsegmente), Positioning (→ Positionierung)

Quelle: adaptiert nach Bruhn, 2002; Meffert, 2000 und Nieschlag, Dichtl und Hörschgen, 2002

Abb. 2: Marketing als Managementprozess

a) Analysephase

Die erste Phase des Marketingprozesses ist die *Analysephase*. Sie dient der Informationsgewinnung über relevante Probleme strategischer und operativer Art. Im Rahmen einer Situationsanalyse werden die internen und externen Rahmenbedingungen (Mikro- und Makroumfeld) erhoben (siehe Abbildung 2). Diese Bereiche stellen als generelle Analysefelder die Basis für die Gewinnung strategisch relevanter Informationen dar. Zudem müssen Informationen über die Möglichkeit des Einsatzes von → Marketinginstrumenten zur Schaffung von Kundenpräferenzen und Wettbewerbsvorteilen sowie über Marktreaktionen eingeholt werden. In dieser Phase wird auf die in der → Marketingforschung dargestellten Methoden zurückgegriffen. Zu den in der Unternehmens- und Beratungspraxis eingesetzten strategischen Analyseinstrumenten gehören u.a. die → SWOT-Analyse, → Lebenszyklusanalysen, → Positionierungsanalysen und → Portfolioanalysen. Ziel dabei ist es, eine prägnante Analyse der Entwicklung und Prognose der relevanten Einflussfaktoren des Marketing zu erhalten.

b) Planungsphase

In der darauf folgenden *Planungsphase* kann zwischen strategischem und operativem Marketing unterschieden werden. Das *strategische Marketing* beschäftigt sich mit der Festlegung der mittel- und langfristigen Unternehmens- und → Marketingziele sowie der Formulierung von → Marketingstrategien.

Marketingziele beschreiben jene angestrebten zukünftigen Sollzustände, die mit dem Verfolgen von Marketingstrategien und dem Einsatz der → Marketinginstrumente realisiert werden sollen. Dabei knüpft die Marketing-Zielplanung sowohl an den zukünftigen Marktmöglichkeiten als auch an den vorhandenen Ressourcen des Unternehmens an.

Zur Erreichung der Marketingziele und Lösung von Marketingproblemstellungen dienen die → Marketingstrategien.

Das *operative Marketing* beschäftigt sich mit kurzfristigen bzw. taktischen Marketingentscheidungen und baut auf dem strategischen Marketing auf. Es werden Maßnahmen festgelegt, die dann in der Umsetzungsphase implementiert werden. Ausgehend von operationalen Subzielen ist die optimale Kombination der → Marketinginstrumente festzulegen. Marketinginstrumente sind „Werkzeuge" mit denen auf Märkte gestaltend eingegriffen werden kann. Die Gesamtheit der Marketinginstrumente wird als → Marketingmix bezeichnet, der seinerseits wieder aus dem Produktmix (→ Produktpolitik), dem Preismix (→ Preispolitik), dem Kommunikationsmix (→ Kommunikationspolitik) und dem Vertriebsmix (→ Vertriebspolitik) besteht. Durch die Gestaltung des Marketingmix wird die → Marketingstrategie in konkrete Maßnahmen umgesetzt (siehe Abbildung 3).

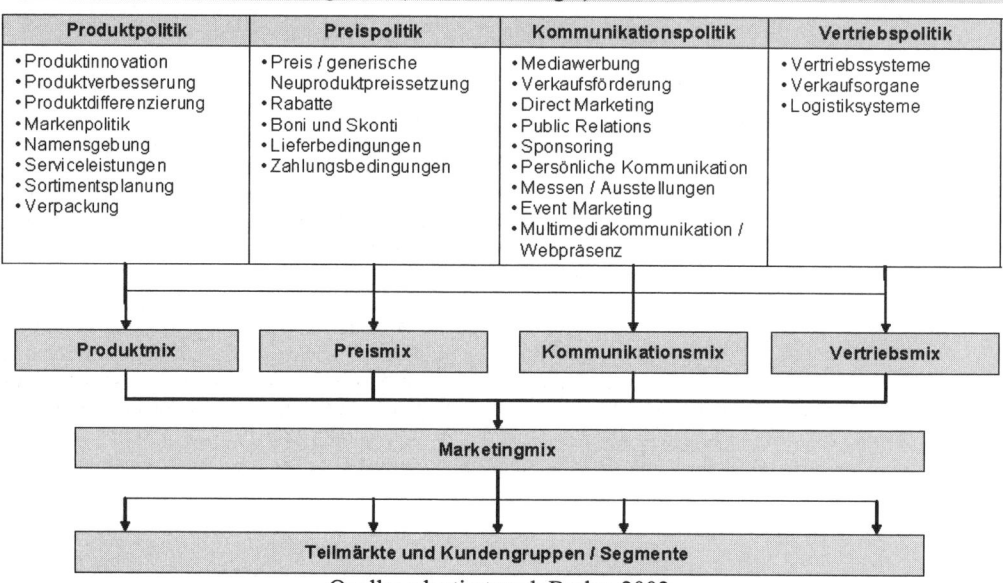

Quelle: adaptiert nach Bruhn, 2002

Abb. 3: Die klassischen Marketinginstrumente (4P) im Marketingmix

Besonders im englischsprachigen Raum wird im Zusammenhang mit der Planungsphase auch häufig von → STP-Marketing (Segmentation, Targeting, Positioning) gesprochen. STP bezieht sich auf die systematische Erschließung von Marktpotentialen durch → Segmentierung, → Targeting (Auswahl der Zielsegmente bzw. Zielgruppen) und → Positionierung innerhalb der einzelnen Zielgruppen.

c) Umsetzungsphase

Die *Umsetzungsphase* oder → Marketingimplementierung hat als Ziel die Durchsetzung und Umsetzung der Strategien und der Entscheidungen bzgl. des → Marketingmix. Dabei wird das global formulierte Strategievorhaben situationsgemäß spezifiziert und Unternehmensstruktur, Unternehmenskultur und Unternehmenssysteme (z.B. Informations- und Kommunikationstechnologien) angepasst. Im Zentrum der Umsetzungsphase stehen somit insbesondere Fragen der → Marketingorganisation und des einzusetzenden Personals.

d) Kontrollphase

Am Ende des Marketingprozesses steht die *Kontrollphase*, die eine Überprüfung der Durchführung der Maßnahmen, der Erreichung der Ziele sowie der Effizienz der getroffenen Marketingentscheidungen gewährleisten soll. Ausgehend von diesem Kontrollprozess werden die Elemente der übrigen Phasen des Managementprozesses laufend anhand von Kontrollgrößen reflektiert und angepasst (siehe auch → Marketingcontrolling und → Marketingkontrolle).

Je nach Branche und Art der Leistung ergeben sich spezielle Herausforderungen und Aufgabenschwerpunkte des Marketing. So sind die Anforderungen z.B. im → Konsumgütermarketing andere als im Investitionsgütermarketing, im → Dienstleistungsmarketing oder im → Handelsmarketing. Auch → Non Profit Marketing, → Marketing für öffentliche Betriebe (Public Marketing), → Social Marketing und → Internationales Marketing bedürfen einer eigenen Herangehensweise. Weitere Sonderformen des Marketing sind Erlebnismarketing (→ Eventmarketing), → Ökologiemarketing und Relationship Marketing (→ Customer Relationship Management). Oft wird in diesem Zusammenhang von institutionellen Besonderheiten des Marketing gesprochen. Diese Besonderheiten müssen bei der Ausarbeitung eines Marketingkonzeptes stets berücksichtigt werden.

Hinweis
Zu den angrenzenden bzw. vertiefenden Wissensgebieten siehe → Benchmarking, → Call Center Management, → Category Management, → Customer Relationship Management (CRM), → Dienstleistungsmanagement, → Digitales Marketing, → Direktmarketing, → E-Commerce, → Efficient Consumer Response, → Electronic-Procurement, → Eventmarketing, → Franchising, → Händlermarke (Retail Brand), → Handelsbetriebslehre, Grundlagen, → Handelsforschung, → Handelsmarketing, → Internationales Marketing, → Internet-Kommunikationspolitik, → Kommunikationspolitik, → Konsumentenverhalten, → Kundenzufriedenheit, → Markenbewertung, → Markenführung, → Marketingcontrolling, → Marktforschung, → Medienökonomie, → Messemanagement, → Mobile Commerce, → Multi-Kanal-Dialog Marketing, → Ökologie-Marketing, → Preispolitik, → Produktpolitik, → Vertriebspolitik, → Vertriebswege, neuere, → Werbung.

Literatur: Becker, J.: Marketing-Konzeption, 7. Auflage, München 2002; Bruhn, M.: Marketing, 6. Auflage, Wiesbaden 2002; Homburg, C., Krohmer, H.: Marketingmanagement, 2. Auflage, Wiesbaden 2006; Kotler, P., Armstrong, G., Saunders, J, Wong, V.: Grundlagen des Marketing, 3. Auflage, München 2003; Kotler, P., Bliemel, F.: Marketing-Management, 10. Auflage, Stuttgart 2001; Meffert, H.: Marketing, 9. Auflage, Wiesbaden 2000; Nieschlag, R., Dichtl, E., Hörschgen, H.: Marketing, 19. Auflage, Berlin 2002; Steffenhagen, H.: Marketing, 5. Auflage, Stuttgart 2004.

Internetadressen: (Allgemeine Marketing-Links) http://www.knowthis.com/, http://marketing.about.com/, http://www.cim.co.uk/, http://www.marketingprofs.com/, http://www.marketing.ch/; (Marketing-Lexika) http://www.marketingpower.com/mg-dictionary.php, http://www.buseco.monash.edu.au/depts/mkt/dictionary/, http://www.knowthis.com/general/terms.htm, http://www.cim.co.uk/cim/ser/html/infQuiGlo.cfm

Websites der Autoren: http://kuester.bwl.uni-mannheim.de, http://www.wu-wien.ac.at/imm

Marketing, Internationales (Teil 1: Grundlagen und Marktbearbeitungsstrategien)

Internationales Marketing

Teil 1: Grundlagen und Marktbearbeitungsstrategien

von Univ.-Professor Dr. Andrea Gröppel-Klein
und Dr. Claas Christian Germelmann
Institut für Konsum- und Verhaltensforschung an der Universität des Saarlandes

1. Ausgangssituation

Die aktuelle strategische Ausgangssituation in der Konsumgüterbranche und im Einzelhandel ist gekennzeichnet durch einen massiven Verdrängungswettbewerb, der durch das Eindringen von mehr und mehr Anbietern aus verschiedensten Ländern mit unterschiedlichen Kostenstrukturen und daraus resultierenden häufig geringeren Markteintrittspreisen forciert wird, durch (in manchen Ländern erheblich) stagnierende Inlandnachfragen, durch internationale Konzentrationsprozesse und durch immer schärfer werdende internationale Preis- und Konditionenkämpfe (Gröppel-Klein 1998).
Angesichts dieser dramatischen Veränderungen wächst das Bewußtsein (auch in mittelständischen Firmen) dafür, langfristige strategische Konzepte für Binnen- und Auslandsmärkte zu entwickeln, die die dauerhafte Existenz der Unternehmung sichern helfen. So begründet sich der Erfolg des Metro-Konzerns in den letzten Jahren vor allem auf die positiven Umsatzentwicklungen außerhalb Deutschlands. Die Erarbeitung eines (globalen) Strategiekonzeptes bedeutet, daß klare Ziele formuliert und Mittel zur Erreichung dieser Ziele erarbeitet werden. Dabei muß 1. der Zielmarkt auf der Absatzseite (welches sind die international angestrebten Kunden?), 2. der Zielmarkt auf der Beschaffungsseite (welches sind die international angestrebten Lieferanten?) festgelegt werden sowie 3. muß angesichts der zunehmenden Bedeutung strategischer Allianzen überlegt werden, ob und wenn ja, mit welchen Firmen Kooperationen national oder weltweit eingegangen werden sollen, um die gesetzten Ziele zu erreichen.

2. Definition und Abgrenzung

Aus klassischer Perspektive werden als Internationales Marketing solche Marketingaktivitäten definiert, die über Ländergrenzen hinausgehen, wobei im Sinne eines → multi-nationalen Marketing regionale und kulturelle Unterschiede berücksichtigt werden. Heute werden zusätzlich Komplexität der internationalen Marketingentscheidungen mit dem Ziel der Ertragsoptimierung über alle bearbeiteten Ländermärkte hinweg sowie das Management von Rückkopplungen (Interdependenzen) zwischen Marketingentscheidungen auf Zielmärkten als wesentliche Bestandteile eines originär internationalen Marketing angesehen (Backhaus, Büschken und Voeth 2003). Bei den Rückkopplungen werden → anbieterbezogene, → nachfragerbezogene, → konkurrenzbezogene und → institutionelle Rückkopplungen unterschieden. Für die Integration von Komplexität und Rückkopplungen wird ein Wissenstransfer von der Unternehmenszentrale im Ursprungsland in die Ländereinheiten des Unternehmens (Wissensdiffusion) ebenso wie der Transfer von Wissen und „best practices" aus den Märkten in die Zentrale und in andere Märkte gefordert (vgl. ebenda).
Akteure des Internationalen Marketing können → internationale Unternehmungen, → multinationale Unternehmungen, → globale Unternehmungen und → transnationale Unternehmungen sein, die sich im Grad des Auslandsengagements und dem Auslandsanteil des Umsatzes bzw. des Gewinns unterscheiden (Zentes, Swoboda und Morschett 2004, S. 6-8).
Grundlegende Entscheidungsfelder im internationalen Marketing betreffen die Form des Markteintritts (Transaktionsform), die Art der Marktbearbeitung, die Wahl der Wettbewerbsstrategie und gegebenenfalls den Marktaustritt. Die einzelnen Optionen bedingen einander, wie im folgenden noch ausgeführt wird.

3. Marktbearbeitungsstrategien

Die Marktbearbeitungsstrategien, die Unternehmen (regional, national und international) zur Verfügung stehen, liegen zwischen den Polen „ → internationale Standardisierung" und „ → lokale Anpassung" (Anderer 1997). Bei der → internationalen Standardisierung findet eine identische Multiplikation eines Konzeptes mit dem bewußten Verzicht auf lokale oder nationale Differenzierung statt. Typische internationale Beispiele sind Coca-Cola, Heinz Ketchup, Benetton, BodyShop oder Yves Rocher. Eine notwendige Voraussetzung für die standardisierte Bearbeitung des Marktes ist das Vorhandensein homogener Abnehmersegmente, d.h. es müssen (→ transnationale bzw. „ → transregionale") Zielgruppen existieren, die über den gleichen Lebensstil, über ein sehr ähnliches Konsumverhalten oder ähnliche Werthaltungen (zur Relevanz der Werte Gröppel-Klein und Germelmann 2004) verfügen (Gröppel-Klein, 2004). Die Standardisierungsfähigkeit der Marketingstrategie ist von der kulturellen Distanz der Marktsegmente abhängig. Je mehr die Märkte konvergieren, desto eher kann auf eine Anpassung der Instrumente und Prozesse an die nationalen bzw. regionalen Besonderheiten verzichtet werden.

Das Ziel einer standardisierten Marktbearbeitungsstrategie liegt in der Ausnutzung von Volumen- und Produktivitätsvorteilen in Beschaffung, Produktion, Distribution, Laden-einrichtung und Werbung. Globalstrategisch operierende Handelsfirmen verfügen häufig über eine zentrale Führung sowie über ausgeklügelte Logistik- und Informationssysteme und bedienen sich vielfach einer vertikalen Integration, um schon bei der Produktion die Internationalisierungsfähigkeit der Ware kontrollieren zu können. Gleichfalls gewinnen bei Standardisierungskonzepten seitens der Handelsbetriebe unternehmenseigene Marken bzw. Storebrands (z.B. IKEA, H&M) an Bedeutung (Gröppel-Klein, 2005).

Die Strategie der → lokalen Anpassung (= multinationale Strategie) basiert auf der Annahme, daß aufgrund der zunehmenden Individualisierung der Konsumenten und aufgrund kulturabhängiger und somit unterschiedlicher Konsummuster das im Stammland erfolgreiche Marketingkonzept des Anbieters an die Besonderheiten des Auslandsmarktes bzw. der Region angepasst werden muß. Je nach Branche und kultureller Distanz zwischen den Ländern bzw. Regionen variiert das Ausmaß der national-spezifischen Anpassung. Transnationale Unternehmen verfolgen oft eine → "glokale" Orientierung, die innerhalb eines strategischen Korridors Effizienz durch Standardisierung mit Berücksichtigung der lokalen Abnehmerpräferenzen verknüpft (Zentes, Swoboda und Schramm-Klein 2006, S. 68 f.).

Es ist wenig zweckmäßig, internationale Marktsegmentierung mit Globalisierung gleichzusetzen (Bauer 1995). Die internationale Marktsegmentierung kann eher als Methodik aufgefaßt werden, die die notwendigen Informationen für die Wahl der Internationalisierungsstrategie bereitstellt und versucht, über die Staatsgrenzen hinweg Konsumenten mit ähnlichen Bedürfnissen und Konsumverhalten ausfindig zu machen. Dieses Konzept wird auch als → integrale Marktsegmentierung bezeichnet (Berndt, Fantapié-Altobelli und Sander 2003, S. 118; Zentes et al. 2006, S. 145).

Hierbei können zwei- oder mehrstufige Verfahren zur Kundensegmentierung angewandt werden (für einen Überblick vgl. Gröppel-Klein 2004). Zunächst wird auf der → Makro-Ebene geprüft, welche Länder sich hinsichtlich ihrer Kultur und Wertestrukturen grundsätzlich ähneln und welche dagegen sehr verschiedenartig sind. Zur Bestimmung der kulturellen Distanz wird oft auf das → Hofstede-Konzept verwiesen, die Wertstrukturen werden häufig mit dem in der → Rokeach-Value-Survey oder in der → World-Value-Survey verwendeten System ermittelt. Länder mit ähnlichem kulturellen Hintergrund werden zunächst zu Clustern zusammengefaßt und erst dann werden in einem zweiten Schritt Kundengruppen innerhalb eines → Länderclusters auf der Basis ausgewählter (bspw. psychographischer oder sozioökonomischer) Segmentierungsvariablen gebildet. Die Mitglieder innerhalb der so identifizierten Segmente gehören somit einem Kulturkreis an und werden auch als → transnationale Zielgruppen (→ Cross-National-Groups) bezeichnet. Werden dagegen Konsumenten aus unterschiedlichen Kulturkreisen direkt einer Segmentierung unterzogen, so spricht man von → transkulturellen Zielgruppen (→ Cross-Cultural Groups).

Werden ausschließlich (ausländische) Kundensegmente innerhalb eines solchen Länderclusters ausgewählt (also transnationale Zielgruppen), so kann man in diesem Zusammenhang auch von → ethnozentrischer Orientierung sprechen (Hennan und Pearlmutter 1979). Eine → polyzentrische Orientierung liegt vor, wenn Kundensegmente aus unterschiedlichen Länderclustern mit differenzierten Konzepten bedient werden, eine → geozentrische dagegen, wenn cross-national oder cross-cultural groups mit standardisierten Marketingstrategien angesprochen werden. Im Rahmen der → Mikro-Perspektive des Internationalen Marketing muß dann untersucht werden, wie weit die angebotenen Leistungen an die gewählten Kundensegmente angepaßt werden müssen (Backhaus et al. 2003, S. 158ff. Swoboda 2002, S. 136ff.).

Hinweise

- Zu den internationalen Markteintrittsstrategien, Wettbewerbsstrategien und Marktaustrittsentscheidungen siehe → Marketing, Internationales, Teil 2.
- Zu den angrenzenden Wissensgebieten siehe → Benchmarking, → Dienstleistungsmanagement, → E-Commerce, → Handelsbetriebslehre, Grundlagen, → Handelsforschung, → Handelsmarketing, → Industriegütermarketing, → Kommunikationspolitik, → Markenbewertung, → Markenführung, → Marketing, Grundlagen, → Marketingcontrolling, → Marketinginstrumente, → Marketingstrategie, → Marktforschung, → Messemanagement, → Ökologie-Marketing, → Preispolitik, → Produktpolitik, → Vertriebspolitik, → Vertriebswege, neuere, → Werbung.

Literatur: Anderer, M.: Internationalisierung im Einzelhandel, Frankfurt (Main) 1997. Backhaus, K., Büschken, J., Voeth, M.: Internationales Marketing, 5. Aufl., Stuttgart 2003. Bauer, E.: Internationale Marktforschung, München, Wien 1995. Benito, G. R.: Divestment of foreign production operations, in: Applied Economics, 29 (10) 1997, S. 1365-1377. Berndt, R., Fantapié Altobelli, C., Sander, M.: Internationales Marketing-Management, 2. Aufl., Berlin et al. 2003. Gröppel-Klein, A.: Wettbewerbsstrategien im Einzelhandel – Chancen und Risiken von Preisführerschaft und Differenzierung, Wiesbaden 1998. Gröppel-Klein, A.: Internationalisierung im Einzelhandel, in: Beisheim, O. (Hrsg.): Distribution im Aufbruch, München 1999, S. 109-130. Gröppel-Klein, A.: Internationale Kundensegmentierung, in: Zentes, J., D. Morschett und H. Schramm-Klein (Hrsg.): Außenhandel: Marketingstrategie und Managementkonzepte, Wiesbaden 2004, S. 309-328. Gröppel-Klein, A.: Entwicklung, Bedeutung und Positionierung von Handelsmarken, in: Moderne Markenführung, hrsg. von Esch, F.-R., 4. Aufl., Wiesbaden (2005), S. 1113-1137. Gröppel-Klein, A.: Entwicklung, Bedeutung und Positionierung von Handelsmarken, in: Esch, F.-R.: Moderne Markenführung, Wiesbaden 2005 (im Druck). Gröppel-Klein, A. and C.C. Germelmann: Is Specific Consumer Behaviour Influenced by Terminal Values or does Yellow Press Set the Tone? – An Empirical Study, in: Munera-Alemán, J.L. (ed.): Worldwide Marketing? Proceedings of the 33rd EMAC Conference 2004, Murcia (Spain), Langversion als Arbeitspapier Nr. 224, Europa-Universität Viadrina, 2005. Heenan, D. A., Perlmutter, H. V. : Multinational Organization Development, Reading 1979. Hollensen, S.: Global Marketing: a decision oriented approach, 3rd edition, Harlow et al. 2004. Porter, M.: Wettbewerbsstrategien, 9. Aufl., Frankfurt (Main) 1997. Stauss, B.: Internationales Dienstleistungsmarketing, in: Internationales Marketing Management, hrsg. von Hermanns, A. und U.K. Wissmeier, München 1995, S. 437-474. Swoboda, B.: Dynamische Prozesse der Internationalisierung: Managementtheoretische und empirische Perspektiven des unternehmerischen Wandels, Wiesbaden 2002. Zentes, J. und Ferring, N.: Internationales Handelsmarketing, in: Internationales Marketing Management, hrsg. von Hermanns, A. und U.K. Wissmeier, München 1995, S. 410-436. Zentes, J., Swoboda, B., Morschett, D.: Internationales Wertschöpfungsmanagement, München 2004. Zentes, J., Swoboda, B., Schramm-Klein, H.: Internationales Marketing, München 2006.

Internetadressen: http://www.sociovision.de/1/1-1-5.htm, http://www.geert-hofstede.com/hofstede_dimensions.php (Internationale Marktsegmentierung); http://www.oecd.org/dataoecd/47/53/1959839.pdf (Internationale Direktinvestitionen aus OECD-Sicht); http://www.oecd.org/dataoecd/56/40/1922480.pdf (OECD-Leitsätze für multinationale Unternehmen); BDI Außenwirtschaftspolitik: http://www.bdi-online.de/fachabteilungen/1558.htm; http://www.novartisfoundation.com/de/corporate_responsibility/index.htm (Globalisierung multinationaler Unternehmen und Unternehmensethik); http://www.bundestag.de/gremien/welt/glob_end/index.html (Schlußbericht der Enquete-Kommission Weltwirtschaft des Deutschen Bundestags); http://www.interbrand.com/surveys.asp (Interbrand: Internationale Markenforschung); http://www.marketingpower.com/content17869.php (Journal of International Marketing); http://www.globalissues.org/TradeRelated/Consumption.asp (Globale Konsumunterschiede aus Sicht des Konsumerismus).

Website der Autoren: http://www.ikv.uni-saarland.de

Marketing, Internationales (Teil 2: Markteintrittsstrategien, Wettbewerbsstrategien und Marktaustrittsentscheidungen)

Internationales Marketing

Teil 2: Markteintrittsstrategien, Wettbewerbsstrategien und Marktaustrittsentscheidungen

von Univ.-Professor Dr. Andrea Gröppel-Klein
und Dr. Claas Christian Germelmann
Institut für Konsum- und Verhaltensforschung an der Universität des Saarlandes

1. Markteintrittsstrategien

1.1 Markteintrittsstrategien von Industrie und Dienstleistungsanbietern

Markteintrittsstrategien von Industrieunternehmen können nach dem Grad der Kontrolle über die Unternehmensaktivitäten auf den Zielmärkten, durch den Umfang von Kapitaltransfer und Kapitalbeteiligung auf die Ländermärkte, die Lage des Wertschöpfungsschwerpunktes oder durch die Höhe der Transaktionskosten im Zusammenhang mit einer Markteintrittsstrategie systematisiert werden (Backhaus et al. 2003, S. 175ff.). Betrachtet man die Merkmale „Wertschöpfungsschwerpunkt" und „Kapitaltransfer", so lassen sich drei Markteintrittsformen unterscheiden: Bei einem Markteintritt mit der Strategie „Export" verbleibt die Produktion im Heimatland. Beim indirekten Export bedient sich das Unternehmen zwischengeschalteter Distributionsinstitutionen, die meist im Inland angesiedelt sind. Bietet das Unternehmen seine Leistungen ohne die Zwischenschaltung von Distributoren an, spricht man von direktem Export, der ohne (z.B. bei Belieferung eines ausländischen Importeurs) oder mit Direktinvestition (z.B. mit einer Vertriebsniederlassung) erfolgen kann. Auch bei der Leistungserstellung im Ausland als zweiter Markteintrittsstrategie kann zwischen Formen ohne Direktinvestition (z.B. Lizenzvergabe, Kontraktfertigung, wie sie z.B. bei IKEA dominiert, oder Franchising) und solchen mit eigenem Kapitaleinsatz (Kapitalbeteiligung, Joint Venture oder Akquisition bzw. Neugründung einer Tochtergesellschaft) unterschieden werden. Neben der hierarchischen Organisationsform gewinnen in jüngster Zeit Kooperations- und Netzwerkstrategien beim Markteintritt an Bedeutung, bei denen langfristige Übereinkünfte über eine Zusammenarbeit zur gemeinsamen Erzielung von Wettbewerbsvorteilen getroffen werden (Hollensen 2004, S. 60f.). Netzwerke haben sich z.B. zwischen Werbeagenturen etabliert, die auf diese Weise trotz ihres lokalen Bezugs in der Lage sind, internationale Kunden auf verschiedenen Märkten betreuen zu können. Alle vorgenannten Strategien lassen sich prinzipiell auf Dienstleistungsanbieter übertragen. Die Wahl der Markteintrittsstrategie hängt hier vor allem von der Mobilität des Dienstleistungsanbieters und des Kunden ab (→ Samson-Snape-Box; vgl. Stauss 1995).

1.2 Markteintrittsstrategien des Einzelhandels

Bei den Markteintrittsstrategien können im Bereich des Einzelhandels Filialisierungs-, Franchise-, Kooperations- und Akquisitionsstrategien unterschieden werden (Zentes und Ferring 1995). Bei der Filialisierung findet eine (inter-)nationale Multiplikation einer im Heimatland erfolgreichen Betriebsform statt. Eine solche Strategie ist immer dann empfehlenswert, wenn das Handelsunternehmen am Stammort eine Unique-Selling-Proposition (USP) besitzt und somit konsequent einen Preis-/Kostenführerschafts- und/oder einen einzigartigen Differenzierungsvorteil aufgebaut hat, der auch in anderen Märkten von den Konsumenten eine hohe Wertschätzung erfahren wird. Bei der Filialisierung kann das Unternehmen zwischen einer mehr oder weniger großen Standardisierung der Marktbearbeitung wählen. → Franchising wird vielfach als Komplementärsystem zur Filialisierung gesehen (Zentes und Ferring 1995, S. 420). Auch hier findet eine Multiplikation eines erfolgreichen Betriebstypenkonzeptes statt, allerdings mit dem Unterschied, daß der Franchisenehmer rechtlich selbständig ist. Vorteile des Franchisings im Vergleich zur Filialisierung liegen für den Franchisegeber in den geringeren Anfangsinvestitionen, in einer ausgewogeneren Risikoverteilung, häufig größeren Standortkapazitäten und vor allem in der Möglichkeit, marktspezifisches Know-how durch die Franchisenehmer zu erwerben. Diese Vorteile können eine sehr schnelle Marktdurchdringung ermöglichen. Bei der Akquisitionsstrategie schließlich verschafft sich die expandierende Handelsfirma einen Marktzugang durch Aufkauf von oder Fusion mit einem Handelsunternehmen im Ausland.

1.3 Markteintrittstrategien im → E-Commerce und → M-Commerce

Neben den für den Handel beschriebenen Markteintrittformen steht nicht-stationär tätigen E- und M-Commerce-Unternehmen auch der Export aus dem Stammland heraus offen; weitere typische Formen sind die Gründung von Tochtergesellschaften, Akquisitionen im Ausland oder die Errichtung von Equity-Joint-Ventures (Zentes et al. 2006, S. 347). Bei der Entwicklung einer Markteintrittstrategie auf elektronischen Märkten müssen verschiedene Randbedingungen beachtet werden (Hollensen 2004, S. 394-407): Länderspezifische Telekommunikationsgesetze begrenzen die Freiheitsgrade des Markteintritts, die technische Infrastruktur (z.B. Breitbandnetzabdeckung oder Mobilfunkstandard), Verfügbarkeit von geeigneten Zahlungssystemen sowie sprachliche Barrieren z.B. bei der Nutzung von Internet-Portalen. Werden über die E- bzw. M-Kanäle physische Güter verkauft, muß auch die Verfügbarkeit von geeigneten Logistiksystemen berücksichtigt werden. Wird beim Markteintritt eine Portalstrategie verfolgt, dann spielt die Frage „ → internationale Standardisierung" vs. „ → lokale Anpassung" eine besondere Rolle. Hier wird oft die Strategie verfolgt, zunächst unabhängige lokal angepaßte Portalseiten an eine globale Plattform mit distribuierter (lokal verteilter) Architektur anzubinden, um durch technische Standardisierung die Effizienz zu erhöhen (z.B. AOL).

2. Timing des Markteintritts

Für das Timing des Markteintritts stehen den Unternehmen mehrere länderspezifische Varianten zur Auswahl (Backhaus et al. 2003, S. 164-174; Zentes et al. 2004, S. 967-985): Als erstes betritt ein Early Mover einen Markt, gefolgt vom Second Mover. Zuletzt folgen Late Mover, die eine „Me too-Strategie" verfolgen. Länderübergreifend ist zu entscheiden, ob alle wichtigen Märkte simultan betreten werden sollten, ob eine sukzessive Strategie (z.B. die Etablierung zunächst in einem Land, das als „strategischer Brückenkopf" für die Region identifiziert wurde, und später in weiteren Märkten der Region) sinnvoll ist, oder ob eine selektive Strategie gewählt werden sollte, bei der der Markteintritt nur auf ausgewählten Märkten erfolgt, die zumeist aufgrund ähnlicher Zielgruppen ausgewählt werden.

3. Wettbewerbsstrategien im Rahmen der Internationalisierung

Die von Porter (1997, S. 62ff.) diskutierten → Wettbewerbsstrategien „umfassende Kostenführerschaft", „Differenzierung" und „Konzentration auf Schwerpunkte" stellen unterschiedliche Anforderungen an das Wissen über die Zielmärkte. Ist für eine umfassende Kostenführerschaft vor allem ein konsequentes Management von kostensparenden Synergieeffekten und des Preisgünstigkeitsimage auf den Ländermärkten erforderlich, so verlangt die erfolgreiche internationale Umsetzung der strategischen Variante „Differenzierung" erheblich größere Kenntnisse von der Kultur, dem Lebensstil und dem Konsumverhalten.

4. Marktaustrittsentscheidungen

Für die Reduktion des internationalen Engagements (→ Marktretraktion) oder das Verlassen eines ausländischen Markts spielen vor allem vier Gründe eine wesentliche Rolle (Benito 1997; Hollensen 2004, S.343ff.; Zentes et al. 2006, S. 121 f.): Stabilität der Unternehmensumwelt, Attraktivität der gegenwärtigen Unternehmensaktivitäten, fehlender strategischer Fit der Auslandseinheiten (zumeist dann, wenn die ausländische Geschäftseinheit nicht horizontal eingebunden oder/und zugekauft wurde) sowie marktbezogene Probleme in der Unternehmensführung. Marktbezogene Führungsprobleme können z.B. aus kulturellen Unterschieden resultieren, die sich auf die Marketingorganisation auswirken können (z.B. Unterschiede in der Akzeptanz von Instrumenten der Vertriebssteuerung in verschiedenen Ländern), oder sich aus dem sinkenden „foreign commitment" des Management ergeben. Die zunehmende Attraktivität von anderen Zielländern oder strategische Neuausrichtungen können die Entscheidung zum Marktaustritt fördern. Hohe spezifische Investitionen in einen Zielmarkt z.B. beim Aufbau einer Vertriebsstruktur im Rahmen des Markteintritts senken dagegen die Wahrscheinlichkeit des Marktaustritts.

Hinweise

- Zu den Grundlagen und den Marktbearbeitungsstrategien des Internationalen Marketing siehe → Marketing, Internationales, Teil 1.
- Zu den angrenzenden Wissensgebieten siehe → Dienstleistungsmanagement, → E-Commerce, → Franchising, → Handelsbetriebslehre, Grundlagen, → Handelsforschung, → Handelsmarketing, → Kommunikationspolitik, → Markenführung, → Marketing, Grundlagen, → Marketingcontrolling, → Marketinginstrumente, → Marketingstrategie, → Marktforschung, → Messemanagement, → Mobile Commerce, → Ökologie-Marketing, → Preispolitik, → Produktpolitik, → Vertriebspolitik, → Vertriebswege, neuere, → Werbung.

Literatur: siehe → Marketing, Internationales Teil 1.

Internetadressen: siehe → Marketing, Internationales, Teil 1.

Website der Autoren: http://www.ikv.uni-saarland.de

Marketing, Operatives
siehe → Marketing, Grundlagen (mit Literaturangaben).

Marketing, Strategisches
siehe → Marketing, Grundlagen (mit Literaturangaben).

Marketing-Channel
siehe → Absatzkanal.

Marketingcontrolling

Marketingcontrolling

von Univ.-Professor Dr. Michael P. Zerres und Christopher Zerres, MBA
Universität Hamburg

1. Entstehung und Charakterisierung

Das Entstehen eines Marketingcontrolling, also eines speziellen Controlling für das Marketing, lässt sich in vielen Unternehmen zeitgleich mit dem Aufkommen von Controllingkonzepten für einzelne betriebliche Funktionsbereiche Mitte der achtziger Jahre des vorigen Jahrhunderts weltweit beobachten. Vor dem Hintergrund seines Entwicklungsprozesses stellt es so eine permanent auf neue Anforderungen reagierende Konzeption mit starker Praxisorientierung dar.

Marketingcontrolling wird allgemein als ein Subsystem einer marktorientierten Unternehmensführung verstanden, das Planung und Kontrolle sowie Informationsversorgung systembildend und systemkoppelnd koordiniert und so – nach Horvàth – die Adaption und Koordination des Gesamtsystems zu unterstützen in der Lage ist. Das → Marketing(-Management) hat dagegen für die inhaltliche Gestaltung eines derartigen Planungs- und Kontrollprozesses und vor allem auch für eine entsprechende absatzmarktorientierte Zielbildung Sorge zu tragen.

2. Strategisches und operatives Marketingcontrolling

Gerade im *strategischen* Bereich kommen hier auf das Marketingcontrolling vielfältige Aufgaben zu. Es gilt, die relevanten Informationen aus dem Marketingbereich zu beschaffen und entsprechend aufzubereiten. Hier steht dem Marketingcontrolling heute ein umfangreicher „*Werkzeugkasten*" zur Verfügung, um entsprechend fundierte strategische Analysen durchzuführen. Als Beispiele seien an dieser Stelle nur die → SWOT- und die → Portfolioanalysen erwähnt.

Das *operative* Marketingcontrolling befasst sich mit dem Einsatz, speziell der Erfolgswirkung konkreter Marketingmaßnahmen, dem → Marketingmix.

3. Funktionen

Ein modernes Marketingcontrolling beschränkt sich in diesem Zusammenhang nicht mehr nur auf seine traditionellen Funktionsfelder im Hinblick auf quantitative Marketingziele, wie etwa Umsatz und Deckungsbeitrag; es integriert im Wege eines → *Controlling-Broadening* auch Bereiche, wie in erster Linie ein *Qualitäts-Controlling*.

Damit verbunden ist auch eine entsprechende Berücksichtigung der → *Kundenzufriedenheit* als ergänzendes, wenn nicht sogar entscheidendes Kriterium. Auf Grund der wachsenden Bedeutung von Kundenzufriedenheit als Indikator und Determinante eines Qualitätsmanagements wird zunehmend über die Aufnahme derartiger qualitativer Zielgrößen und deren Messung etwa mit Hilfe der → *SERVQUAL-Methode* in das Marketingcontrolling diskutiert. Dabei spielen im weiteren Kontext etwa auch Werbewirkungskontrollen, Markenwertbestimmungen und Imageanalysen eine immer wichtigere Rolle. Die → Balance Scorecard stellt hier einen erfolgversprechenden Ansatz dar, quantitative wie qualitative Kriterien gleichzeitig erfassen zu können.

4. Marketingcontroller

Im Rahmen seiner Funktionen hat der Marketingcontroller eine große Anzahl von Informationen zu beschaffen, zu strukturieren und schließlich entsprechend problemgerecht auszuwerten. Heute geschieht dies mit Hilfe adäquater, in der Regel IT-basierter Marketing-Informationssysteme, bei deren Entwicklung und Pflege er Vorgaben über Art, Umfang, Verarbeitung, Qualität und so weiter zu definieren hat. Es gibt unterschiedliche Möglichkeiten der hierarchischen Einbindung des Marketingcontrollers, die jeweils unterschiedliches Konfliktpotenzial latent in sich bergen. Je stärker Unternehmungen marktorientiert ausgerichtet sind, je komplexer die Produkt/Markt Beziehungen sind, desto wichtiger ist die unmittelbare Zusammenarbeit des Marketingcontrollers mit dem Marketingmanagement. Hieraus lässt sich grundsätzlich die Empfehlung ableiten, den Marketingcontroller disziplinarisch dem Marketingmanagement zu unterstellen; dabei sollte das → *dotted-line Prinzip* beachtet werden, um gleichzeitig der Schnittstellenfunktion des Marketingcontrollers gerecht zu werden.

Eine marktorientierte Unternehmensführung und damit auch entsprechend ein unterstützendes Marketingcontrolling muss sich heute in einer durch immer stärkere Gegensätze gekennzeichneten Marketingumwelt behaupten.

Hinweis

Zu den angrenzenden Wissensgebieten siehe → Balanced Scorecard, → Benchmarking, → Category Management, → Controlling, → Controlling, Informationssysteme, → Customer Relationship Management (CRM), → Dienstleistungsmanagement, → E-Commerce, → Efficient Consumer Response, → Einkaufscontrolling, → Electronic Procurement, → Handelsbetriebslehre, Grundlagen, → Handelsforschung, → Handelsmarketing, → Industriegütermarketing, → Kommunikationspolitik, → Marketing, Grundlagen, → Marketing, Internationales, → Marktforschung, → Preispolitik, → Produktpolitik, → Qualitätscontrolling, → Vertriebspolitik.

Literatur: Zerres, M. (Hg.): Kooperatives Marketing-Controlling, FAZ Verlag, Frankurt 1999; Zerres, M./Franke, R.: Planungstechniken, 5. Auflg., FAZ Verlag, Frankfurt 1999; Zerres, Michael und Zerres, Christopher (Hrsg.): Handbuch Marketing-Controlling, 3. Auflg., Springer, Berlin u.a. 2005.

Websites/Internetadressen der Autoren: michael.zerres@wiso.uni-hamburg.de; christopher.zerres @gmx.de

Marketing-Flows

Die im Absatzkanal zwischen Hersteller und Verbraucher bestehenden Prozessbeziehungen umfassen Realgüter-, Nominalgüter- und Informationsströme, die auch als Marketing-Flows bezeichnet werden. Siehe auch → Absatzkanal.

Marketingforschung

(*Marketing Research*). Unter Marketingforschung wird die Gewinnung und Analyse von Informationen verstanden, die zur Identifikation und Lösung von Marketingproblemen bedeutungsvoll sein können. Die Marketingforschung dient als Grundlage für die Erarbeitung, Implementierung und Kontrolle von → Marketingkonzeptionen bzw. → Marketingentscheidungen und umfasst die Beschaffung und Auswertung von externen und internen Informationsquellen.

Vom Begriff der Marketingforschung muss der Begriff der → *Marktforschung* abgegrenzt werden, obwohl die zwei Termini in der Praxis häufig synonym verwendet werden. Der Begriff der Marketingforschung ist einerseits enger und andererseits weiter gefasst als jener der Marktforschung. Enger, weil Marketingforschung sich nur auf die Absatzmärkte eines Unternehmens konzentriert, während Marktforschung auch die Beschaffungsseite mit einbezieht, weiter, da Marketingforschung die gesamten zur Absatzgestaltung eines Unternehmens zu lösenden Informationsprobleme behandelt. So müssen insbesondere die Auswirkungen von Marketingaktivitäten im Rahmen der Werbe-, Distributions- Produkt- und Preisforschung sowie die Erforschung innerbetrieblich relevanter Sachverhalte (z.B. Vertriebskosten, Lagerung, Kapazitäten) in die Betrachtungen der Marketingforschung mit einbezogen werden.

Siehe auch → Marketing, Grundlagen und → Marktforschung, jeweils mit Literaturangaben.

Marketingführerschaft

siehe → Konzept der Marketingführerschaft.

Marketingimplementierung

Als Marketingimplementierung wird die Umsetzungsphase des Marketingmanagement-Prozesses bezeichnet (siehe auch → Marketing, Grundlagen), wobei Implementierung den Prozess bezeichnet, durch den Marketingpläne (→ Marketingplanung) in aktionsfähige Aufgaben umgewandelt werden und durch den die zur Zielerreichung des Planes benötigte Durchführung gewährleistet wird. Dabei kann zwischen Durchsetzung und Umsetzung der → Marketingkonzepte unterschieden werden.

Im Rahmen der Durchsetzung (auch personelle Durchsetzung) wird Akzeptanz für die Strategie bei den betroffenen Unternehmensmitgliedern geschaffen. Umsetzung (auch sachorientierte Umsetzung) bedeutet, dass das globale Strategievorhaben konkretisiert wird und die Unternehmenspotentiale (Unternehmensstruktur, -kultur und -systeme) angepasst werden. Dabei ist es wichtig, dass beide Bereiche mit gleicher Intensität verfolgt werden. Es zeigt sich nämlich, dass die Ursachen für einen unzureichenden Strategieerfolg häufig nicht auf ungenügende Strategiekonzepte, sondern auf Mängel bei der Implementierung zurückzuführen sind. Ganz zentral sind im Rahmen der Marketingimplementierung personelle Fragen und Fragen der → Marketingorganisation.

Siehe auch → Marketing, Grundlagen (mit Literaturangaben).

Marketinginformationssysteme

Nach den ersten Umsetzungsproblemen komplexer → Managementinformationssysteme (MIS) entwickelten die Anbieter funktionsbezogene Informationssysteme. Marketinginformationssysteme (MAIS) stellen über eine interaktive Schnittstelle zum richtigen Zeitpunkt die gewünschte Information für Marketingfragestellungen zur Verfügung. Zu den Systemen zählen die Marktinformationssysteme und die Vertriebsinformationssysteme. Die Marktinformationssysteme haben als Kernaufgabe die Bereitstellung und Auswertung unternehmensexterner Marktdaten z.B. von Marktforschungsergebnissen, Kundenbefragungen, Konkurrenzanalysen usw. Die Vertriebsinformationssysteme stellen vor allen Dingen unternehmensinterne Vertriebsdaten wie z.B. Umsatz, Rabatte, Aufträge, Kundenverluste usw. zur Verfügung. Darüber hinaus differenziert man die strategischen MAIS, die die Marketingabteilung bei der Ausarbeitung von Marketingkonzepten u.ä. unterstützen sowie die operativen MAIS, die die Erledigung operativer Aufgaben im Marketing übernahmen.

Marketinginstrumente

(1) *Begriff:* Marketinginstrumente sind „Werkzeuge" mit denen auf Märkte gestaltend eingegriffen werden kann, um → Marketingziele zu erreichen. In Wissenschaft und Praxis hat sich die Einteilung der Marketinginstrumente in die sogenannten „4P" mit den Elementen → Produktpolitik, → Preispolitik, → Kommunikationspolitik und → Vertriebspolitik durchgesetzt (siehe auch → Marketing, Grund-

lagen des). Die Gesamtheit der Marketinginstrumente wird als → Marketingmix bezeichnet. Die Aufgabe der Marketingverantwortlichen ist es, die optimale Kombination der Marketinginstrumente festzulegen, wobei im Rahmen der Instrumentalstrategien (siehe auch → Marketingstrategie und → Marktbearbeitungsstrategie) strategische Schwerpunkte bzw. Stoßrichtungen festgelegt werden, die dann auf operativer Ebene konkretisiert werden.

(2) *Arten von Marketinginstrumenten:* Die → *Produktpolitik* mit ihren einzelnen Instrumenten beschäftigt sich mit den Entscheidungen im Hinblick auf das gegenwärtige und zukünftige Produktangebot eines Unternehmens. Schwerpunkte der Produktpolitik sind daher die Bereiche der Produktinnovation, Produktverbesserung und Produktdifferenzierung, die Markenpolitik (siehe auch → Marke) sowie die Entscheidung über Serviceleistungen, Verpackung und Sortimentsplanung.

Im Zentrum der → *Preispolitik* steht die Festlegung der Art von Gegenleistung, die Kunden für die Inanspruchnahme der Leistungen eines Unternehmens zu entrichten haben. Dazu gehören Entscheidungen über den vom Kunden zu entrichtenden Preis für das Produkt, wozu auch die generische Neuproduktpreissetzung gehört, Rabatte, Boni und Skonti sowie Liefer- und Zahlungsbedingungen.

Unter dem Begriff → *Kommunikationspolitik* werden sämtliche Instrumente und Maßnahmen zusammengefasst, die der Kommunikation zwischen Unternehmen und ihren aktuellen und potentiellen Kunden, aber auch zwischen Mitarbeitern und Bezugsgruppen dienen. Zu den Kommunikationsinstrumenten gehören die klassische Mediawerbung (siehe auch → Werbung), → Verkaufsförderung, → Direktmarketing, → Public Relations, → Sponsoring, persönliche Kommunikation, Messen und Ausstellungen (→ Messemanagement), Event Marketing (→ Eventmarketing und → Eventmanagement), Multimediakommunikation und Webpräsenz (siehe auch → Electronic Marketing und → Internet Kommunikationspolitik).

Die → *Vertriebspolitik* konzentriert sich auf sämtliche Entscheidungen, die sich mit der Versorgung nachgelagerter Vertriebsstufen mit Unternehmensleistungen beschäftigen mit dem Ziel, dass die Kunden die angebotenen Leistungen auch tatsächlich beziehen können. Wichtigster Punkt hierbei ist die Überbrückung der räumlichen und zeitlichen Entfernung zwischen Produktion und Erwerb des → Produkts – eine Funktion die in der Regel der Handel bzw. die → Absatzmittler ausfüllen. Zu den drei Planungsbereichen der Vertriebspolitik gehören Vertriebssysteme, Verkaufsorgane und Logistiksysteme.

Siehe auch → Marketing, Grundlagen sowie → Kommunikationspolitik, → Preispolitik, → Produktpolitik, → Vertriebspolitik, jeweils mit Literaturangaben.

Marketingkontrolle

Als Marketingkontrolle wird die Überprüfung der Durchführung der Marketingmaßnahmen, der Erreichung der → Marketingziele sowie der Effizienz der getroffenen → Marketingentscheidungen mit Hilfe von entsprechenden Kontrollgrößen verstanden. Zu den Instrumenten der klassischen Marketingkontrolle gehören Ergebniskontrollen, Erfolgskontrollen, Effizienzkontrollen, Budgetkontrollen und Prozesskontrollen, die i.W. im Rahmen von Soll-Ist-Vergleichen erfolgen. Immer häufiger wird im Rahmen der Kontrollphase des Marketingmanagement-Prozesses (siehe auch → Marketing, Grundlagen des) auch das umfassendere → Marketingcontrolling eingesetzt, welches über reine Soll-Ist-Vergleiche hinausgeht.

Siehe auch → Marketing, Grundlagen (mit Literaturangaben).

Marketingkonzeption

Die Marketingkonzeption ist das Ergebnis detaillierter strategischer Analysen und umfasst Festlegungen auf den drei Konzeptionsebenen Ziel-, Strategie- und Instrumental- bzw. Marketingmix-Ebene.

Siehe auch → Marketing, Grundlagen, → Marketingforschung, → Marketingziel, → Marketingstrategie, → Marketinginstrumente, → Marketingmix, → Marketingplanung, → Marketingorganisation.

Marketing-Logistik

Sammelbegriff für die beiden → marktorientierten Logistiksysteme → Beschaffungslogistik und → Distributionslogistik. Die Marketing-Logistik betrachtet die direkten Beziehungen zu den Märkten (Beschaffungs- und Absatzmärkten).

Marketingmanagement

Als Marketingmanagement werden (1) die anordnungsberechtigten Personen bezeichnet, die Träger von → Marketingentscheidungen in einer Organisation sind sowie (2) die Wahrnehmung von Führungsaufgaben im Marketingbereich. Siehe auch → Marketing, Grundlagen.

Marketingmix

Als Marketingmix wird die von einem Unternehmen zu einem bestimmten Zeitpunkt festgelegte Auswahl, Gewichtung und Ausgestaltung der → Marketinginstrumente zur Erreichung der → Marketingziele bezeichnet. Durch die Gestaltung des Marketingmix wird die → Marketingstrategie in konkrete Maßnahmen umgesetzt. Geprägt wurde der Begriff des Marketingmix bereits Ende der 40er Jahre, um dann in den 50er und 60er Jahren genauer definiert zu werden. Der Marketingmix integriert das damals bestehende Marketingverständnis im Rahmen der 4Ps und bezeichnet die Gesamtheit der → Marketinginstrumente (siehe auch → Marketing, Grundlagen des). Diese Systematik hat bis heute ihre Bedeutung beibehalten.

Darüber hinaus plädieren einige Autoren für die Erweiterung des Marketingmix auf 7P, um den Besonderheiten von Dienstleistungen besser gerecht zu werden. Dabei werden die Faktoren Personnel (Personalpolitik), Physical Facilities (Ausstattungspolitik) und Process (Prozesspolitik) den 4Ps hinzugefügt. Im Zuge der jüngeren Entwicklungen in Richtung Beziehungsmarketing (→ Customer Relationship Management) wurde schließlich eine Neustrukturierung der 4Ps versucht. Diese Systematisierung bringt die Beziehungsdimension ins Spiel und richtet sich danach aus, ob das Unternehmen primär neue Kunden gewinnen (recruitment), zufriedene Kunden an sich binden (retention) oder unzufriedene Kunden halten bzw. zurückgewinnen will (recovery) (3R).

Siehe auch → Marketing, Grundlagen (mit Literaturangaben).

Marketingorganisation

Der Begriff der Marketingorganisation wird je nach Quelle unterschiedlich weit ausgelegt. Im engeren Sinne bedeutet Marketingorganisation die organisatorische Regelung der absatzspezifischen Aufgaben. Im weiteren Sinne werden entsprechend der Auffassung des Marketing als marktorientierte Führungskonzeption (siehe auch → Marketing, Grundlagen des) auch Strukturierungsprobleme der Gesamtorganisation unter diesem Begriff behandelt. Zentrale Aufgabe der Marketingorganisation ist dabei die optimale Strukturierung des Marketingsystems.

Es müssen folgende Fragen beantwortet werden: (1) Welche Priorität und damit Stellung in der Unternehmensorganisation soll das Marketing innerhalb des Unternehmens haben? (2) Wie soll die interne Gliederung des Marketingbereichs aussehen? (3) Wie sollen die einzelnen Funktionsbereiche des Marketing strukturiert werden? (4) Wie sollen einmalige oder sporadisch wiederkehrende Marketingaufgaben organisatorisch geregelt werden? Generell gilt, dass die Aufbauorganisation ein integriertes Marketing ermöglichen und die Marketingorganisation hohen Flexibilitätsanforderungen genügen muss. Zudem sollte die Organisationsstruktur Kreativität und Innovationsbereitschaft aller Mitarbeiter fördern und eine sinnvolle Spezialisierung der Organisationsteilnehmer nach Funktionen, Produktgruppen, Abnehmergruppen oder Absatzgebieten ermöglichen.

Siehe auch → Marketing, Grundlagen (mit Literaturangaben).

Marketingplan

siehe → Marketingplanung.

Marketingplanung

Unter Marketingplanung versteht man die systematische, rationale Durchdringung des derzeitigen und zukünftigen Markt- und Unternehmensgeschehens als Grundlage für die Ableitung von Marketingzielen und -aktivitäten. Die Marketingplanung beschäftigt sich mit der Analyse- und Planungsphase des Marketingmanagementprozesses (siehe auch → Marketing, Grundlagen des), wobei zwischen strategischer Marketingplanung und operativer Marketingplanung unterschieden werden kann.

Die strategische Marketingplanung konzentriert sich auf → strategische Geschäftseinheiten (SGEs), → Produkte (bzw. Dienstleistungen) oder Produktgruppen und umfasst üblicherweise eine Planungszeitraum von zwei bis fünf Jahren, während die operative Marketingplanung sich mit der konkreten

Ausgestaltung der → Marketinginstrumente befasst und einen kurzfristigen Planungshorizont hat (z.B. Jahres-, Quartals-, Monatspläne). Entscheidungsträger sind im strategischen Bereich die Sparten- oder Geschäftsbereichsleitung und im operativen das Produktmanagement. Bezugspunkt der Planung ist immer der → relevante Markt, auf dem das Unternehmen aktiv ist, das Ergebnis der Planung ist der Marketingplan.

Im Rahmen des Marketingplans müssen vor allem folgende Fragen beantwortet werden: (1) Welche Maßnahmen werden (2) zu welchem Zeitpunkt, (3) für welche Produkte, (4) mit welchem Aufwand und (5) mit welchem Ziel durchgeführt?

Siehe auch → Marketing, Grundlagen (mit Literaturangaben).

Marketingstrategie

(1) *Begriff:* Marketingstrategien legen mittel- bis langfristig den notwendigen Handlungsrahmen für die Erreichung der strategischen → Marketingziele eines Unternehmens mittels Einsatzes der operativen (taktischen) → Marketinginstrumente fest. Sie beinhalten Entscheidungen zur Marktwahl und Marktbearbeitung und werden in Form bedingter, mittel- bis langfristiger, globaler Verhaltenspläne für → strategische Geschäftseinheiten (SGEs) des Unternehmens fixiert.

Bedingtheit drückt aus, dass Marketingstrategien auf die Bedarfs- und Wettbewerbssituation sowie das Leistungspotential eines Unternehmens ausgerichtet sind. Die Formulierung einer Marketingstrategie sollte einen bestehenden Wettbewerbsvorteil als Grundlage haben, oder, falls keiner identifiziert werden kann, helfen, einen solchen zu etablieren.

Ein weiteres Merkmal der Marketingstrategie ist die Globalität, was bedeutet, dass als Bindeglied zwischen strategischen Marketingzielen und operativen Marketingmaßnahmen keine Einzelmaßnahmen beschrieben, sondern Schwerpunkte („Stoßrichtungen") der Marketingpolitik festgelegt werden. Diese Festlegung einer strategischen Stoßrichtung trägt dazu bei, die Ausgestaltung der → Marketinginstrumente gegenüber Führungskräften und Mitarbeitern besser zu kommunizieren und die unternehmensinterne Identifikation mit diesen Maßnahmen zu erhöhen. Unternehmensextern soll die Marketingstrategie zu einem unverwechselbaren Profil führen und eine eindeutige Abgrenzung gegenüber den Wettbewerbern ermöglichen. Die Entwicklung einer Marketingstrategie ist sowohl eine planerische Aufgabe (zielgerichtete Festlegung und Steuerung eines markt- und kundenorientierten Verhaltensplanes unter Zuhilfenahme strategischer Analyseinstrument wie → SWOT-, → Lebenszyklus- oder → Portfolioanalysen) als auch eine kreative Aufgabe, da es gilt innerhalb eines vorgegebenen Aktivitätsrahmens Alternativen bzw. innovative Lösungen zu erarbeiten. Die Entwicklung der Marketingstrategie ist ein Element des strategischen Marketing (siehe auch → Marketing, Grundlagen).

(2) *Arten von Marketingstrategien:* Da Marketingstrategien auf unterschiedlichen Ebenen und in unterschiedlichen Konkretisierungsgraden formuliert werden, ist es sinnvoll zwischen Marktwahl- und → Marktbearbeitungsstrategien zu unterscheiden. *Marktwahlstrategien* beschäftigen sich mit der Frage in welchen Märkten und Teilmärkten das Unternehmen präsent oder nicht präsent sein soll. Im Kern der Marktwahl steht die Abgrenzung des relevanten Markts sowie die Bildung von → strategische Geschäftseinheit (SGEs). Innerhalb der strategischen Geschäftseinheiten werden dann in einem weiteren Schritt Marktsegmente (→ Segmentierung) gebildet. Im Anschluss an die Marktwahl erfolgt auf Ebene der strategischen Geschäftseinheiten die Entwicklung der *Marktbearbeitungsstrategien*, welche sich mit der Frage des Verhaltens gegenüber Abnehmern, Konkurrenten und → Absatzmittlern (Marktteilnehmerstrategien) sowie der Festlegung von Schwerpunkten im Einsatz von → Marketinginstrumenten (Instrumentalstrategien) beschäftigen.

Siehe auch → Marketing, Grundlagen sowie → Kommunikationspolitik, → Preispolitik, → Produktpolitik, → Vertriebspolitik, jeweils mit Literaturangaben.

Marketingziel

(1) *Begriff:* Allgemein kann ein Marketingziel als angestrebter, künftiger Zustand, der vor allem durch den Einsatz der → Marketinginstrumente erreicht werden soll, definiert werden. Marketingziele müssen kompatibel mit den grundlegenden Unternehmenspositionen wie Vision, Unternehmensleitbild, Unternehmensgrundsätze und strategische Unternehmensziele sein. Zudem müssen sie auf der Marktsegmentebene mögliche Zielbeziehungen berücksichtigen, im Sinne einer Mittel-Zweck Relation hierarchisch aufgebaut und anhand eindeutiger Messvorschriften operationalisierbar sein.

Notwendig für eine Zielpräzisierung sind fünf Zieldimensionen: (1) die Festlegung der Zielart bzw. Zielgröße, (2) der Bezug auf ein bestimmtes Produkt bzw. eine Produktgruppe, (3) der Käufersegmentbezug, (4) die Festlegung des Zielausmaßes und (5) der Bezug auf eine bestimmte Planperiode. Die Festlegung des Zielinhaltes verlangt dabei eine Entscheidung darüber, was im Marketing angestrebt wird. Die im Zielbildungsprozess festgelegten Unternehmens- und Marketingziele haben im Rahmen der konzeptionellen → Marketingplanung Bewertungs-, Koordinations- und Kontrollfunktion und dienen als Entscheidungskriterien der zielgesteuerten Strategie- und Maßnahmenauswahl. Die Formulierung von Marketingzielen ist Teil des strategischen Marketing (siehe auch → Marketing, Grundlagen des).

(2) *Arten von Marketingzielen:* Je nach Literaturquelle können verschiedene Arten von Marketingzielen unterschieden. Ein Ansatz ist die Differenzierung von marktökonomischen oder ökonomischen Zielen, die eng mit generellen Unternehmenszielen wie Gewinn, Rentabilität und Sicherheit zusammenhängen und in der Regel anhand der Markttransaktionen (Kauf bzw. Absatz) messbar sind sowie marktpsychologischen oder psychographischen Zielen, die in erster Linie an den mentalen Prozessen der Käufer anknüpfen. Zu zentralen ökonomischen Marketingzielen gehören Deckungsbeitrag und Marktanteil. Im Rahmen der psychologischen Marketingziele sind u.a. folgende Zielgrößen von Bedeutung: Markenbekanntheit, Markenimage, Käuferpenetration und Kaufintensität, Kundenzufriedenheit sowie Marken- bzw. Einkaufsstättentreue.

Siehe auch → Marketing, Grundlagen (mit Literaturangaben).

Market-to-book-ratio

Bei der auf dem → Bilanzkurs aufbauenden Kennzahl Market-to-book-ratio wird der Marktwert des Eigenkapitals, das der → Börsenkapitalisierung eines Unternehmens entspricht, durch den Buchwert des Eigenkapitals dividiert.

$$\text{Market-to-book-ratio} = \frac{\text{Börsenkapitalisierung}}{\text{Buchwert des Eigenkapitals}}$$

oder

$$\text{Market-to-book-ratio} = \frac{\text{Börsenkurs}}{\text{Bilanzkurs}}$$

Je höher der → Börsenkurs im Vergleich zum → Bilanzkurs ist, desto besser wird das Unternehmen bzw. dessen Ertragskraft bewertet. Liegt dagegen der Börsenkurs unter dem Bilanzkurs, werden die Ertragsaussichten des Unternehmens so schlecht eingeschätzt, dass die Shareholder nicht einmal bereit sind, die bilanzmäßig vorhandenen Substanz zu bezahlen. Aufgrund der Kapitalmarktorientierung dieser Kennzahl wirken sich Kursschwankungen unmittelbar auf den Quotienten aus.

Markt

Zusammentreffen von Angebot und Nachfrage, welches über den Preis koordiniert wird und eher kurzfristige Beziehungen zwischen den Marktteilnehmern hervorruft.

Markt, elektronischer

Elektronische Märkte basieren auf einer – auch als Mediatisierung bezeichneten – elektronischen Abbildung von Informations- und Kommunikationsprozessen zwischen Marktteilnehmern in Computernetzwerken und stellen eine Virtualisierung des ökonomischen Ortes des Aufeinandertreffens von Angebot und Nachfrage dar. Im Vergleich zu traditionellen Märkten sind sie durch einen orts- und zeitunabhängigen Zugang der Marktteilnehmer gekennzeichnet: Jeder Teilnehmer kann auf elektronischem Wege von jedem beliebigen Punkt im Datennetz auf einen beliebigen Marktplatz „treten", ohne sich real zu einem bestimmten Ort begeben zu müssen, wobei die Marktteilnehmer zwischen einem direkten Zugang oder einem zwischengeschalteten Agenten bzw. → Intermediär wählen können. Die Wirtschaftssubjekte sind zudem nur und ausschließlich über Datenleitungen verbunden. Der Ablauf einer elektronischen Markttransaktion lässt sich in mehrere Phasen zerlegen: die Erfassung des Transaktionsbedürfnisses, die Anbahnung und Verhandlung, der Vertragsabschluss und schließlich die Abwick-

lung. Um von einem elektronischen Markt sprechen zu können, muss zumindest die Kommunikation der Kauf- bzw. Verkaufsabsichten im elektronischen Medium realisiert werden.
Siehe auch → E-Commerce und → Electronic Procurement, jeweils mit Literaturangaben.
Literatur: Schmid, B. F.: Elektronische Märkte, in: Weiber, R. (Hrsg.): Handbuch Electronic Business, Informationstechnologien – Electronic Commerce – Geschäftsprozesse, 2. überarb. u. erw. Aufl., Wiesbaden 2002, S. 211-239.

Markt, relevanter

Als relevanter Markt wird jener Markt bezeichnet auf den sich die Marketingaktivitäten eines Unternehmens konzentrieren. Die Identifizierung, Abgrenzung und Beschreibung des relevanten Markts nimmt eine Schlüsselstellung im strategischen Marketing ein (siehe auch → Marketing, Grundlagen) und dient der Erfassung und Analyse des zwischen Anbietern und Nachfragern bestehenden Beziehungsgeflechts und Wettbewerbs. Auf der Grundlage des relevanten Marktes werden → strategische Geschäftseinheiten (SGEs) festgelegt, neue strategische Geschäftseinheiten aufgebaut, strategische Planungsmethoden angewendet, Bedarfsnischen identifiziert, etc. Die Bestimmung des relevanten Markts ist nicht nur für das Marketing (→ Marketing, Grundlagen des) zentral, sondern betrifft auch Fragen des Wettbewerbsrechts. Die Bestimmung des relevanten Markts erfolgt durch die Analyse des Marketingsystems, das aus Marktstrukturen (Marktteilnehmer auf Anbieter und Nachfragerseite) und Marktprozessen (Beziehungsstrukturen bzw. marktbezogene Transaktionen zwischen den Marktteilnehmern) besteht. Allerdings ist die Frage der Abgrenzung des relevanten Marktes bis heute nicht eindeutig geklärt.
Siehe auch → Marketing, Grundlagen (mit Literaturangaben).

Marktanteil

Anteil des eigenen Unternehmens am Marktvolumen. Er kann in Menge oder Wert gemessen werden und zeigt an, welche Marktstellung ein Unternehmen derzeit innehat. Langfristig der Indikator für den langfristigen Marktanteil eines Unternehmens, zugleich auch als Obergrenze des Marktanteils des eigenen Unternehmens anzusehen.

Marktaustauschkosten

siehe → Transaktionskosten.

Marktbearbeitungsstrategie

Marktbearbeitungsstrategien sind Teil der → Marketingstrategie und werden im Anschluss an die Festlegung der Marktwahlstrategien (siehe auch → Marketingstrategie) auf Ebene der strategischen Geschäftseinheiten entwickelt. Marktbearbeitungsstrategien beschäftigen sich mit der Frage des Verhaltens gegenüber Abnehmern, Konkurrenten und → Absatzmittlern (*Marktteilnehmerstrategien*) sowie der Festlegung von Schwerpunkten im Einsatz von Marketinginstrumenten (*Instrumentalstrategien*). Marktteilnehmerstrategien können in abnehmergerichtete, konkurrenzgerichtete und absatzmittlergerichtete Strategien unterteilt werden. *Abnehmergerichtete Strategien* legen fest, welchen → Kundennutzen das Unternehmen den Abnehmern durch die Unternehmensleistung bieten will, während *konkurrenzgerichtete Strategien* sich mit dem Verhalten gegenüber den Wettbewerbern beschäftigen. Unternehmen können ein aktives oder ein passives Wettbewerbsverhalten zeigen, je nachdem inwieweit das Konkurrenzverhalten in die Unternehmensentscheidungen miteinbezogen wird. *Absatzmittlergerichtete Strategien* legen schließlich die Form der Zusammenarbeit mit dem Handel fest, wobei grundsätzliche Entscheidungen hinsichtlich Gestaltung der Absatzwege sowie der Reaktion auf die Aktivitäten des Handels zu treffen sind.
Instrumentalstrategien determinieren wie durch den Einsatz der Marketinginstrumente der Kundennutzen gegenüber den Abnehmern konkretisiert werden soll.
Siehe auch → Marketing, Grundlagen (mit Literaturangaben).

Marktbeherrschendes Unternehmen

(*österreichisches Recht*). Als *marktbeherrschend* im Sinne des § 4 öKartG 2005 gilt jeder Unternehmer, der als Anbieter oder Nachfrager keinem oder nur unwesentlichem Wettbewerb ausgesetzt ist oder eine im Verhältnis zu Mitbewerbern, Abnehmern oder Nachfragern überragende Marktstellung hat, wobei die Finanzkraft des Unternehmens, seine Beziehungen zu anderen Unternehmen sowie die Zugangsmöglichkeiten zu den Beschaffungs- und Absatzmärkten entsprechend zu berücksichtigen sind. Der *Missbrauch* einer solchen Stellung (Erzwingen unangemessener Preise oder Geschäftsbedingungen; Einschränken von Erzeugung, Absatz oder technischer Entwicklung zum Schaden der Verbraucher; Ungleichbehandlung von Vertragspartnern etc.) ist nach § 5 öKartG 2005 verboten.

Markt-Buchwert-Relation

(*Book-to-Market Ratio*) gibt den Wert des immateriellen Vermögens eines Unternehmens an und ist Teil der → Wissensbewertung. Die Markt-Buchwert-Relation errechnet sich als Differenz des Marktwertes (bei börsennotierten Unternehmen z.B. durch Kurs mal Aktienzahl gegeben) und des bilanziellen Buchwertes des Unternehmens. Sie basiert auf der Annahme, dass alle Vermögensbestandteile, die nicht dem Buchwert zugerechnet werden, immaterieller Art sind.

Marktdatenanalyse

siehe → Datenanalyse (Marktforschung).

Marktdurchdringungsgrad

zeigt an, inwieweit ein Unternehmen seine marktanteilsbezogenen Möglichkeiten am Markt bereits ausgeschöpft hat und welche Steigerungsmöglichkeiten noch verbleiben.

Markteintrittsstrategie, selektive

Es werden nur bestimmte, meist dem Heimatland ähnliche Zielmärkte (→ ethnozentrische Orientierung) zur Bearbeitung ausgewählt; die Ansprache weiterer Zielsegmente ist dabei zunächst nicht vorgesehen. Stellen sich auf den bearbeiteten Referenzmärkten Lerneffekte ein, können diese später jedoch in weiteren Ländern verwertet werden. Durch unerwartete Absatzchancen und Nachfragebooms ausgelöst bedienen kleinere und mittlere Unternehmen teilweise auch mehrere unterschiedliche Ländercluster oder cross-cultural groups, ohne dass diese Markteintritte intensiv und nachhaltig bearbeitet werden könnten (z.B. wegen mangelnder Ressourcen oder Zielgruppenkenntnis). In diesem Fall „versickern" die für den Markteintritt eingesetzten Ressourcen („Zerstäuber-Strategie").
Siehe auch → Marketing, Internationales (mit Literaturangaben) und → Markteintrittsstrategie, simultane bzw. sukzessive.

Markteintrittsstrategie, simultane

Die internationalen Zielmärkte werden gleichzeitig bzw. innerhalb eines kurzen Zeitraums erschlossen („Sprinkler-Strategie"). Die simultane Markteintrittsstrategie ist erfolgversprechend, wenn Produkt- und Technologiezyklen kurz sind und Forschungs- und Entwicklungszeiten lang sind. Zudem können durch die Position als first mover auf einem Markt Imagevorteile erzielt werden.
Siehe auch → Marketing, Internationales (mit Literaturangaben) und → Markteintrittsstrategie, selektive bzw. sukzessive.

Markteintrittsstrategie, sukzessive

Die internationalen Zielmärkte werden schrittweise erschlossen („Wasserfall-Strategie"). Oft werden zunächst die ausländischen Zielmärkte ausgewählt, die dem Heimatmarkt am ähnlichsten sind. Die sukzessive Markteintrittsstrategie ist zumeist bei → ethnozentrisch orientierten Unternehmen anzutreffen. Diese Strategie eignet sich vor allem, wenn der Lebenszyklus der einzuführenden Produkte oder Handelskonzepte lang ist, einige Zielmärkte noch nicht reif für den Markteintritt sind und auf den zunächst nicht bearbeiteten Märkten kein Konkurrenzeintritt droht. Siehe auch → Marketing, Internationales (mit Literaturangaben) und → Markteintrittsstrategie, selektive bzw. simultane.

Markterfolg, Wirkungskette

siehe → Wirkungskette des Markterfolgs.

Marktforschung

Marktforschung

von Professor Dr. Gerd Nufer und Professor Dr. Carsten Rennhak
SIB School of International Business – Hochschule Reutlingen

1. Charakterisierung

Die Hauptaufgabe der Marktforschung besteht in der Unterstützung des → Marketing. Diese Orientierung am Marketing spiegelt sich insbesondere im Begriff *Marketingforschung* (bzw. der amerikanischen Übersetzung Marketing Research) wider, der die Analyse des Absatzmarktes sowie die Analyse der Marketingaktivitäten, d.h. die Wirkungsanalyse der eingesetzten Marketing-Instrumente beinhaltet. Unter *Marktforschung* (Market Research) versteht man dagegen *(i.e.S.)* die systematische Erforschung der unternehmensbezogenen Märkte, wobei der Absatzmarktforschung eine wesentlich bedeutendere Rolle zukommt als der Beschaffungsmarktforschung. In der Praxis wird üblicherweise nicht zwischen diesen beiden Begriffen differenziert, vielmehr werden beide Sichtweisen zusammengefasst. Obwohl es dabei nahe läge, den Begriff Marktforschung durch den umfassenderen und aufgrund der darin zum Ausdruck gebrachten Marketingorientierung zutreffenderen Begriff Marketingforschung zu ersetzen, hat sich im wissenschaftlichen wie praxisorientierten Sprachgebrauch der Terminus Marktforschung als Oberbegriff durchgesetzt.

Marktforschung (i.w.S.) kann somit insgesamt als der systematische Prozess der Gewinnung, Analyse und Interpretation von Informationen zur Lösung aktueller und zukünftiger marktbezogener Entscheidungsprobleme des Marketing-Management charakterisiert werden.

2. Relevanz

Die Bedeutung der Marktforschung innerhalb des Marketing-Management lässt sich anhand des "strategischen Dreiecks" des Marketing veranschaulichen (siehe Abbildung 1):

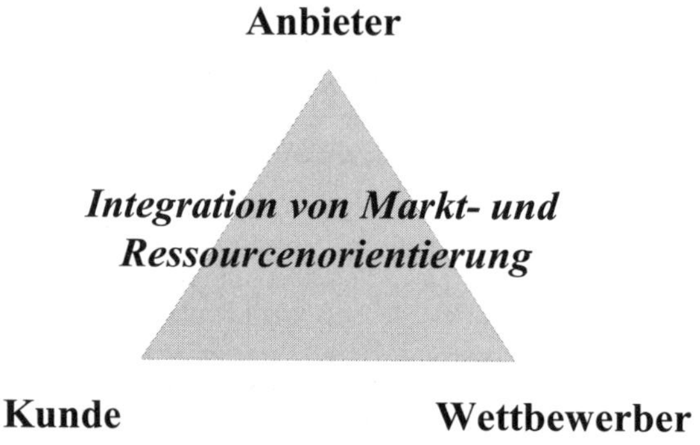

Anbieter

Integration von Markt- und Ressourcenorientierung

Kunde   **Wettbewerber**

Abb. 1: Das "strategische Dreieck" des Marketing

Die Sichtweise der *Kundenorientierung* zielt auf die integrierte Ausrichtung der Marketing-Instrumente (→ Produktpolitik, → Preispolitik, → Kommunikationspolitik, → Distributionspolitik) zur Befriedigung von Kundenbedürfnissen (→ Kundenzufriedenheit) und letztlich zur Abschöpfung von Zahlungsbereitschaften. Allerdings fehlt der Gestaltungskomponente in dieser Betrachtung – ohne die Einbeziehung der Marktforschung – die notwendige Erklärungskomponente. Exemplarisch anhand der Metapher eines Marketing-Cocktails ausgedrückt: Die Zutaten sind bekannt, nicht aber deren Mix-Verhältnis. Erst die Marktforschung liefert die verhaltenswissenschaftliche Fundierung, indem sie die Geschmacksnerven der Konsumenten analysiert und herausfindet, was der Zielgruppe schmeckt (→ Konsumentenverhalten). Die Marktforschung stellt somit das Rezeptbuch für den Zutatenschrank bereit.

Auch bei der *Wettbewerbsorientierung* ist sie unerlässlich: Ziel eines Anbieters muss es sein, einen schmackhaften Cocktail als die Konkurrenz zu offerieren. Die Marktforschung unterstützt das Marketing bei der Etablierung eines komparativen Konkurrenzvorteils, indem sie Informationen über Konkurrenzangebote sammelt, analysiert und die Erfolgsfaktoren aus Kundensicht identifiziert.

Darüber hinaus liefert die interne *Ressourcenorientierung* Einsichten in die Fähigkeiten der Unternehmung. Erst dann, wenn ein Anbieter auch die notwendigen Ressourcen zur Produktion des unter Kunden- und Wettbewerbsaspekten überlegenen Cocktails besitzt, sind die Voraussetzungen für Markterfolg geschaffen. Nur ein kreativer Barmixer ist dazu in der Lage, die richtige Balance zwischen der marktorientierten *Outside-in-Perspektive* (Market Pull) und der auf Kernkompetenzen ausgerichteten *Inside-out-Perspektive* (Technology Push) zu finden. Marktforschung ist somit sowohl für das Marketing-Management als auch für andere Unternehmensbereiche (wie z.B. das → Controlling) insgesamt unerlässlich.

3. Bereiche

In Theorie und Praxis weist die Marktforschung eine Vielzahl unterschiedlicher Dimensionen auf, zwischen denen es zudem Überschneidungen gibt. Die wichtigsten dahinter stehenden Klassifikationskriterien sollen im Folgenden skizziert werden:

- *Zeitaspekt*: Eine Marktanalyse findet zu einem bestimmten Zeitpunkt statt. Im Rahmen einer Marktbeobachtung wird die Entwicklung einer Größe im Zeitablauf betrachtet. Darüber hinaus dient eine Marktdeskription als Grundlage für die Identifikation möglicher Probleme und die Beschreibung diesbezüglicher Entscheidungsfelder zur Unterstützung von Marketing-Entscheidungen. Aufgabe von Marktprognosen ist es, systematische Aussagen über mögliche zukünftige Entwicklungen zu geben und daraus Empfehlungen für Handlungsalternativen abzuleiten.
- *Untersuchungsobjekt*: Während sich die ökoskopische Marktforschung mit objektiven, produktbezogenen Marktgrößen wie Umsätzen, Preisen, Marktanteilen etc. befasst, bezieht sich die demoskopische Marktforschung auf die Erforschung der mit den Marktteilnehmern untrennbar verbundenen, personenbezogenen Tatbeständen wie Alter, Beruf, Einstellungen etc. Ebenfalls auf das Untersuchungsobjekt geht die Trennung der Konsumentenforschung von der Konkurrenzforschung zurück.
- *Vorgehensweise bei der Datenerhebung (→ Marktforschungsmethoden) bzw. → Datenanalyse*: Bei der qualitativen Marktforschung werden die Daten meist mittels offener Fragen und freier Antworten erhoben, womit der Interpretation der so gewonnenen Erkenntnisse eine besondere Bedeutung zukommt. Quantitative Marktforschung basiert i.d.R. auf größeren → Stichproben und häufig standardisierten Erhebungstechniken, wodurch im Rahmen der Datenanalyse verstärkt mathematisch-statistische Analysemethoden eingesetzt werden können (→ Statistik).
- *Absatzpolitisches Instrumentarium*: Gemäß der Unterscheidung der Marketing-Instrumente gelangt man zu der theoretischen Vierteilung in Produkt-, Preis-, Kommunikations- und Distributionsforschung, die sich ggf. pro Instrument jeweils noch feiner untergliedern lässt (z.B. Werbewirkungsforschung, Storetests).
- *Betriebliche Bereiche*: Auf dieser Einteilung basierend lassen sich beispielsweise Marktforschungsgebiete wie die Absatzmarktforschung, die Finanzmarktforschung und die Personalmarktforschung usw. voneinander abgrenzen.
- *Branchen*: Unterschieden werden können in diesem Zusammenhang die Konsumgütermarktforschung, die Investitionsgütermarktforschung (→ Investitionsgütermarketing), die Handelsmarktforschung (→ Handelsmarketing) sowie die Dienstleistungsmarktforschung (→ Dienstleistungsmanagement). Nach der Art der auf den betreffenden Märkten gehandelten Güter gelangt man ferner beispielsweise zur Automobilmarktforschung, Pharmamarktforschung usw.
- *Träger der Marktforschungsfunktion*: Im Rahmen der innerbetrieblichen Marktforschung wird die Marktforschungstätigkeit im Unternehmen selbst wahrgenommen (Eigenforschung). Bei der außerbetrieblichen Marktforschung übernehmen spezialisierte Marktforschungsinstitute die Durchführung der Studien (Fremdforschung).
- *Häufigkeit der Erhebungen*: Insbesondere Marktforschungsinstitute trennen die Ad-hoc-Forschung (einmalige Erhebung) vom Tracking (mehrmalige Erhebungen, → Panel-Marktforschung).

- *Räumliche Ausdehnung*: Häufig kann in der Praxis eine Differenzierung in Inlands- (bzw. nationale) und Auslands- (bzw. internationale) Marktforschung angetroffen werden.
- *Untersuchungsgegenstand*: Schließlich lässt sich die Marktforschung gemäß dem Gegenstand der Untersuchung konkretisieren (z.B. Imageforschung, Meinungsforschung usw.).

4. Marktforschungsprozess
Grundsätzlich kann die Marktforschungstätigkeit als ein Ablauf aufeinander folgender idealtypischer Phasen verstanden werden, zwischen denen Rückkopplungen bestehen - die jedoch keineswegs immer in einer starren Reihenfolge zu durchlaufen sind (siehe Abbildung 2):

Entscheidungsproblem/Informationsbedarf

Marktforschungsplanung

Datenerhebung

Datenanalyse und -interpretation

Ergebnispräsentation und Dokumentation

Abb. 2: Der Marktforschungsprozess

a) Entscheidungsproblem/Informationsbedarf
Ausgangspunkt des Marktforschungsprozesses ist die Formulierung des Forschungsproblems und darauf aufbauend die Ableitung des eigentlichen Forschungsziels. Dies setzt umfangreiche Kommunikation zwischen Marketing-Manager und Marktforscher voraus: Der Marketing-Manager muss die vorliegende Problemsituation verdeutlichen, so dass der Marktforscher den Informationsbedarf abschätzen kann.
b) Marktforschungsplanung
Im nächsten Schritt ist die Zeit-, Organisations- und Finanzplanung vorzunehmen. Es ist u.a. zu klären, zu welchem Zeitpunkt die Marktforschungsergebnisse vorliegen sollen, wer die Marktforschungsaktivitäten durchführen soll und welcher Budgetrahmen für die Studie zur Verfügung steht.
c) Datenerhebung
Im Rahmen der → Datenerhebung stellt sich zunächst die Frage, ob auf Sekundärdaten zurückgegriffen werden kann oder ob Primärforschung betrieben werden soll, was unter einer einzelfallspezifischen Abwägung von Vor- und Nachteilen zu entscheiden ist. Werden neue Daten über die Primärforschung erhoben, so kann die Datenerhebung in verschiedenen Formen durchgeführt werden (→ Befragung, → Beobachtung, → Experiment, → Panel).
d) Datenanalyse und -interpretation
Ist die Datensammlung abgeschlossen, erfolgt die Auswertung der Daten einschließlich der Interpretation der Ergebnisse. Für die → Datenanalyse steht eine Vielzahl von uni-, bi- und multivariaten Analysemethoden in Abhängigkeit vom → Messniveau zur Verfügung. Zur Durchführung komplexer Analysen kann auf statistische Spezialsoftware wie → SPSS oder → SAS zurückgegriffen werden (→ Statistik).
e) Ergebnispräsentation und Dokumentation
Im Regelfall erfolgt eine Präsentation der Ergebnisse durch den Marktforscher gegenüber denjenigen Managern, die die Studie in Auftrag gegeben haben. Die Forschungsergebnisse werden z.B. anhand von Tabellen oder Grafiken anschaulich aufbereitet. Abschließend ist eine schriftliche Dokumentation vorzunehmen, üblicherweise in Form eines ausführlichen Forschungsberichts und/oder einer Manage-

ment Summary. Vom Marktforscher werden darüber hinaus zunehmend zusätzliche Beratungsleistungen im Sinne von Handlungsempfehlungen auf Basis der gewonnenen Erkenntnisse erwartet.

Hinweise

Zu den angrenzenden bzw. vertiefenden Wissensgebieten siehe → Benchmarking, → Category Management, → Customer Relationship Management (CRM), → Datenanalyse (Marktforschung), → Dienstleistungsmanagement, → Digitales Marketing, → Direktmarketing, → E-Commerce, → Efficient Consumer Response, → ERP-Systeme (Enterprise Resource Planning-Systeme), → Händlermarke (Retail Brand), → Handelsbetriebslehre, Grundlagen, → Handelsforschung, → Handelsmarketing, → Industriegütermarketing, → Kommunikationspolitik, → Konsumentenverhalten, → Kundenzufriedenheit, → Markenbewertung, → Markenführung, → Marketingcontrolling, → Marketing, Grundlagen, → Marketing, Internationales, → Marktforschungsmethoden, → Medienökonomie, → Messemanagement, → Mobile Commerce, → Multi-Kanal-Dialog Marketing, → Ökologie-Marketing, → Preispolitik, → Produktpolitik, → Statistik, → Vertriebspolitik, → Vertriebswege, neuere, → Werbung.

.
Literatur: Berekoven, L., Eckert, W., Ellenrieder, P.: Marktforschung. Methodische Grundlagen und praktische Anwendung, 10. Auflage, Wiesbaden 2004; Berndt, R.: Marketing 1. Käuferverhalten, Marktforschung und Marketing-Prognosen, 3. Auflage, Berlin u.a. 1996; Burns, A. C., Bush, R. F.: Marketing Research. Online Research Applications, 4. Auflage, Upper Saddle River/New Jersey 2005; Günther, M., Wildner, R., Vossbein, U.: Marktforschung mit Panels. Arten – Erhebung – Analyse – Anwendung, Wiesbaden 1998; Hammann, P., Erichson, B.: Marktforschung, 5. Auflage, Stuttgart 2004; Hüttner, M., Schwarting, U.: Grundzüge der Marktforschung, 7. Auflage, München u.a. 2002; Malhorta, N. K., Peterson, M.: Basic Marketing Research. A Decision-Making Approach, 2. Auflage, Upper Saddle River/New Jersey 2005; Meffert, H.: Marketingforschung und Käuferverhalten, 2. Auflage, Wiesbaden 1992; Nufer, G.: Event-Marketing. Theoretische Fundierung und empirische Analyse unter besonderer Berücksichtigung von Imagewirkungen, 2. Auflage, Wiesbaden 2006; Tscheulin, D. K. / Helmig, B. (Hrsg.): Gabler Lexikon Marktforschung, Wiesbaden 2004.

Internetadressen: www.adm-ev.de (Arbeitskreis Deutscher Markt- und Sozialforschungsinstitute e.V.); www.bvm.org (Berufsverband Deutscher Markt- und Sozialforscher e.V.); www.destatis.de (Statistisches Bundesamt Deutschland); www.gfk.de, www.gfk.at, www.ihagfk.ch (GfK-Gruppe); www.imshealth.com (Institute for Medical Statistics); www.infores.com (Information Resources); www.marketingverband.de (Deutscher Marketing-Verband); www.sas.com (SAS Institute); www.spss.com (Statistical Package for the Social Sciences); www.statistik.admin.ch (Bundesamt für Statistik Schweiz); www.statistik.at (Statistik Austria); www.vnu.com (A.C. Nielsen).

Website der Autoren: http://www.sib.reutlingen-university.de

Marktforschungsanalyse
siehe → Datenanalyse (Marktforschung).

Marktforschungsmethoden
(Datenerhebung der → Marktforschung)
Daten bilden die Grundlage für Entscheidungen. Die Datenerhebung kennzeichnet den Prozess der Informationsbeschaffung. Im Rahmen der Datenerhebung wird die Primärforschung (primärstatistische Datengewinnung) von der Sekundärforschung (sekundärstatistische Datengewinnung) unterschieden.
1. Sekundärforschung: Die Sekundärforschung greift auf bereits vorhandenes Datenmaterial zurück. Die Quellen von Sekundärmaterial sind vielfältig und können einerseits *unternehmensinterne Informationen* (z.B. Umsatzstatistiken, Berichte von Außendienstmitarbeitern) sowie andererseits *unternehmensexterne Informationen* (z.B. amtliche Statistiken, Online-Datenbanken) umfassen.
2. Primärforschung: Die Primärforschung ist auf die Generierung neuen, originären Datenmaterials ausgerichtet. Wird eine Primärforschung durchgeführt, so sind zunächst die → Grundgesamtheit abzugrenzen sowie die erhebungsrelevanten Merkmale zu bestimmen. Danach schließt sich die Frage an, ob eine → Vollerhebung oder eine → *Teilerhebung* durchgeführt werden soll. Fällt die Entscheidung auf-

grund von Wirtschaftlichkeitsgesichtspunkten zugunsten einer → *Stichprobe* aus, ist danach das → *Auswahlverfahren* festzulegen sowie der Stichprobenumfang zu bestimmen. Die Datenerhebung kann in Form einer → *Befragung*, → Beobachtung oder eines → Experiments sowie in der Spezialform eines → Panels bestehen. Bei der Auswahl der Erhebungsmethode zu berücksichtigende *Kriterien* sind u.a. der Umfang der Datenerhebung, die erwartete Antwortquote, die Antwortzeit, die Notwendigkeit eines einheitlichen Erhebungsstichtags, die räumliche Repräsentation, die Gefahr von Missverständnissen, der Intervieweinfluss, der Einfluss von dritter Seite sowie nicht zuletzt die bei der jeweiligen Erhebungsmethode anfallenden Kosten. Vor der Durchführung der Feldarbeit empfehlen sich → Pretests (z.B. des → Fragebogens), um frühest möglich auf potenzielle Fehlerquellen aufmerksam zu werden und rechtzeitig Unklarheiten zu beseitigen.

Siehe auch → Marktforschung (mit Literaturangaben).

Literatur: Berekoven, L., Eckert, W., Ellenrieder, P.: Marktforschung. Methodische Grundlagen und praktische Anwendung, 10. Auflage, Wiesbaden 2004; Berndt, R.: Marketing 1. Käuferverhalten, Marktforschung und Marketing-Prognosen, 3. Auflage, Berlin u.a. 1996; Nufer, G.: Wirkungen von Sportsponsoring. Empirische Analyse am Beispiel der Fußball-Weltmeisterschaft 1998 in Frankreich unter besonderer Berücksichtigung von Erinnerungswirkungen bei jugendlichen Rezipienten, Berlin 2002.

Internetadressen: www.adm-ev.de (Arbeitskreis Deutscher Markt- und Sozialforschungsinstitute e.V.); www.bvm.org (Berufsverband Deutscher Markt- und Sozialforscher e.V.); www.destatis.de (Statistisches Bundesamt Deutschland); www.marketingverband.de (Deutscher Marketing-Verband); www.statistik.admin.ch (Bundesamt für Statistik Schweiz); www.statistik.at (Statistik Austria).

Marktgleichgewicht

Punkt, in dem Angebot und Nachfrage übereinstimmen. Sind sowohl → Angebotsfunktion als auch → Nachfragefunktion in Abhängigkeit vom Stückpreis p gegeben, gibt das Marktgleichgewicht den Preis p_0 an (→ Gleichgewichtspreis), zu dem ein Gut verkauft wird.

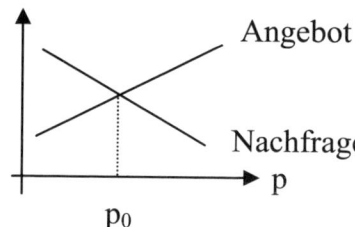

Marktkanal

siehe → Absatzkanal.

Marktkapazität

theoretische Obergrenze eines Markts, die nur erreicht wird, wenn alle potenziellen Bedarfsträger ihren Bedarf auch aktualisieren. Da dies höchst selten bis gar nicht der Fall ist, bleibt diese maximale Größe hypothetisch.

Marktlebenszyklus

Der Marktlebenszyklus bildet den zeitlichen Verlauf eines gesamten → Markts über mehrere Produkt- und Technologiegenerationen hinweg ab und zeigt die Nachfrageentwicklung sowie die jeweils vorherrschende Wettbewerbssituation. Der Lebenszyklus eines Markts ergibt sich dabei aus der Aggregation der spezifischen → Produktlebenszyklen. Dadurch steigt die Aussagekraft der → Lebenszyklusanalyse, da nicht nur die Entwicklung eines Produkts sondern mehrer Einflussfaktoren berücksichtigt werden. Der Marktlebenszyklus besteht aus der Einführungs- oder Entstehungsphase, der Wachstumsphase, der Reifephase, der Sättigungsphase sowie der Degenerations- oder Schrumpfungsphase.

Analogie siehe → Produktlebenszyklus (mit grafischer Darstellung).

Marktorientierte Verrechnungspreise
→ Verrechnungspreise, marktorientierte.

Marktplätze
siehe → Elektronischer Markt, → Horizontale elektronische Marktplätze, → Vertikale elektronische Marktplätze.

Marktplatz, elektronischer
siehe → Marktplatz, virtueller.

Marktplatz, virtueller
Virtuelle Marktplätze sind Institutionen, bei denen Lieferanten und beschaffende Unternehmen unter Einschaltung eines → Intermediärs zusammengeführt werden. Die typischen Transaktionsmechanismen virtueller Marktplätze sind elektronische Kataloge, schwarze Bretter, Auktionen und Börsen. Hinsichtlich der Ausrichtung von virtuellen Marktplätzen kann zwischen horizontalen und vertikalen Marktplätzen unterschieden werden. *Horizontale Marktplätze* bieten Güter bzw. Dienstleistungen an, die branchenübergreifend nachgefragt werden. Demgegenüber richten vertikale Marktplätze ihr Portfolio an den Bedürfnissen einer speziellen Branche aus, wobei das Hauptziel in der Identifikation und Lösung industriespezifischer Problemstellungen besteht.
Siehe auch → E-Commerce (mit Literaturangaben).
    Literatur: Kollmann, T.: Virtuelle Marktplätze, Grundlagen – Management – Fallstudie, München 2001.

Marktplatzbetreiber
streben die Integration und Bündelung von Anbietern und Nachfragern in bestimmten Branchen oder Produktsegmenten an. Sie bieten im Wesentlichen eine Informations- und Vermittlungsleistung an, die zu einer erhöhten Markttransparenz und zur Reduzierung der Such-, Informations- und Transaktionskosten führt; siehe auch → Intermediär, → Markt, elektronischer, → Marktplatz, virtueller.

Marktplatzsysteme
siehe → Vermittlerzentrierte Systeme.

Marktpotenzial
entspricht der latenten (realistisch maximalen) Aufnahmefähigkeit eines Markts. Es wird davon ausgegangen, dass die Marktkapazität nicht voll ausgeschöpft werden kann, sondern ein Bodensatz von Kaufverweigerern bleibt. Siehe auch → Absatzpotenzial, → Absatzvolumen, → Marktvolumen.

Marktreduktion
Rückzug eines Unternehmens aus einem oder mehreren (ausländischen) Märkten; im Extremfall führt eine vollständige internationale Marktreduktion zu einer Renationalisierung des Unternehmens. Siehe auch → Marktretraktion und → Marketing, Internationales (Teil 2: Markteintrittsstrategien, Wettbewerbsstrategien und Marktaustrittsentscheidungen) mit Literaturangaben.

Marktretraktion
Ein Unternehmen reduziert seine Aktivitäten auf einem (ausländischen) Markt, ohne sich ganz zurückzuziehen. Siehe auch → Marktreduktion und → Marketing, Internationales (Teil 2: Markteintrittsstrategien, Wettbewerbsstrategien und Marktaustrittsentscheidungen) mit Literaturangaben.

Marktrisikoprämie
(insbesondere bei → *Aktien*). Die Marktrisikoprämie stellt die Differenz zwischen der Rendite von Anleihen der öffentlichen Hand und den Renditen eines Aktienportfolios, z.B. Euro Stoxx 50 oder DAX dar. In Deutschland kann von einer durchschnittlichen Marktrisikoprämie von 5% bis 6% ausgegangen werden.

Marktrisikoprämie

(insbesondere bei → *Hedgefonds*) stellt die Differenz zwischen der erwarteten Rendite einer Finanzanlage und der Verzinsung risikoloser Papiere dar. Als Marktrisiko wird das Verlustrisiko bei negativen Kursentwicklungen am Markt oder in einzelnen Sektoren bezeichnet. Zusätzlich zu berücksichtigende Risiken sind z.b. Kreditrisiken, Währungsrisiken, Spreadrisiken und Liquiditätsrisiken.

Marktsättigung

Anteil des → Marktvolumens am → Marktpotenzial. Dadurch wird angezeigt, inwieweit das Potenzial eines Marktes bereits ausgeschöpft ist und welche Reserven dort noch vorhanden sind. Es ist strittig, inwiefern eine Marktsättigung wirklich gegeben ist, denn erstens drückt dies stets nur Marktsegmentsättigung aus und zweitens sind Sättigungsgrade über 100 % möglich (z.b. mehrere TV-Geräte pro Haushalt bei Haushaltsgesamt = 100).

Marktsegmentierung

Der Gesamtmarkt aller aktuellen und potenziellen Kunden wird in Segmente aufgeteilt, die Personen mit möglichst ähnlichem Verhalten und ähnlichen Einstellungen enthalten. Die Segmente sollen intern homogen sein und sich von den anderen Gruppen möglichst stark unterscheiden. Diese unterschiedlichen Klassen werden mit einem jeweils darauf abgestimmten → Marketing angesprochen. Siehe auch → Segmentierung sowie → Marktsegmentierung, integrale bzw. intranationale.

Marktsegmentierung, integrale

Methodik, die die notwendigen Informationen für die Wahl einer Internationalisierungsstrategie bereitstellt und die versucht, über die Staatsgrenzen hinweg Konsumenten mit ähnlichen Bedürfnissen und Konsumverhalten ausfindig zu machen. Sie ist abzugrenzen von der → intranationalen Marktsegmentierung.
Siehe auch → Marketing, Internationales (mit Literaturangaben).

Marktsegmentierung, intranationale

Identifikation und Auswahl von geeigneten Zielgruppen in einem einzelnen internationalen Zielland. Diese Form der Marktsegmentierung unterscheidet sich nicht von der klassischen Marktsegmentierung und stellt im → Internationalen Marketing das Gegenteil der → integralen Marktsegmentierung dar. Siehe auch → Marketing, Internationales (mit Literaturangaben).

Marktteilnehmerstrategie

siehe → Marktbearbeitungsstrategie.

Marktvolumen

repräsentiert die tatsächliche (manifeste) Größe eines Markts. Dabei kann Wert oder Menge als Maßstab angesetzt werden. Entsprechende Daten sind aus der ökoskopischen Marktforschung vorhanden. Siehe auch → Absatzvolumen, → Marktpotenzial, → Absatzpotenzial.

Marktwachstums-Marktanteils-Portfolio

Das Marktwachstums-Marktanteils-Portfolio (*BCG-Portfolio, BCG-Matrix, 4-Felder-Matrix*) gehört mit dem → Wettbewerbsvorteils-Marktattraktivitäts-Portfolio zu den bekanntesten Ausprägungen der → Portfolioanalyse. Das Portfolio besteht aus den zwei Dimensionen Marktwachstum und relativer Marktanteil in das → Produkte, → strategische Geschäftseinheiten (SGEs) und ähnliches eingeordnet werden. Der unternehmensexterne Faktor des Marktwachstums basiert auf der → Lebenszyklusanalyse, wobei unterstellt wird, dass das Marktwachstum ein Indikator für eine bestimmte Phase im → Marktlebenszyklus ist.
Dem unternehmensspezifischen Faktor relativer Marktanteil liegt der Grundgedanke der Erfahrungskurve zugrunde, der besagt dass mit steigendem Marktanteil auch die kumulierte Fertigungsmenge steigt und somit Kostendegressionseffekte basierend auf dem Erfahrungskurveneffekt generiert werden können. Der Merkmalsraum zwischen den zwei Achsen wird in vier Felder unterteilt und verdeutlicht graphisch je nach Position der → strategischen Geschäftseinheiten (SGEs) oder → Produkte die abzu-

leitenden Normstrategien. Dabei können Stars (Sterne) mit der Normstrategie Halten/Ausbauen, Question Marks (Fragezeichen) mit der Strategie Ausbauen oder Abschöpfen, Cash Cows (Milchkühe) mit der Strategie Halten und Dogs (Arme Hunde) mit der Strategie Abschöpfen/Liquidieren unterschieden werden. Strategieformulierungen sollten jedoch erst nach sorgfältiger Gesamtanalyse der SGEs und Produkte erfolgen.
Siehe auch → Marketing, Grundlagen (mit Literaturangaben).

Marktwahlstrategie
siehe → Marketingstrategie.

Marktwert des Eigenkapitals
Der Marktwert des Eigenkapitals entspricht den mit einem risikoadjustierten Zinssatz abgezinsten Freien → Cash Flows, vermindert um den → Marktwert des Fremdkapitals und bereinigt um alle nicht operativen Vermögenswerte und Verbindlichkeiten.

Marktwert des Fremdkapitals
Der Marktwert des Fremdkapitals entspricht dem Barwert der → Cash Flows an die Fremdkapitalgeber. Die Abzinsung der Cash Flows erfolgt mit einem dem Risikopotential der Zahlungsströme angepassten Diskontierungssatz, der dem gegenwärtigen Marktzins von Anlagen mit ähnlichem Risiko und vergleichbaren Bedingungen entsprechen sollte.

Maschinenbelegungsproblem
siehe → Reihenfolgeproblem.

Maskulinität/Femininität
stellt als → Kulturdimension die Dualität der Geschlechter in den Mittelpunkt. *Maskulinität* kennzeichnet Gesellschaften mit deutlich abgegrenzten Geschlechterrollen. Männer haben „bestimmt", hart und materiell orientiert zu sein, während Frauen eher bescheiden, feinfühlig und eher immateriell orientiert sind. *Femininität* kennzeichnet zum einen die Überschneidung der Geschlechterrollen und zum anderen, dass feminine Werte durchaus geschätzt werden.
Siehe auch → Interkulturelles Management (mit Literaturangaben).

Mass Customization
Ziel der Mass Customization ist es, das Erstellen von Einzelprodukten bzw. das individuelle Anbieten von nach den Spezifikationen einzelner Konsumenten gewünschten Produkten oder Dienstleistungen zu ermöglichen. Dabei soll jedoch nicht auf die Effizienz der industriellen Massenfertigung verzichtet werden.

Massegläubiger
Die Massegläubiger im Sinne der § 53 ff. Insolvenzordnung (InsO) können im Gegensatz zu den → Aus- und → Absonderungsberechtigten weder die Herausgabe einzelner Gegenstände noch deren Verwertung ausschließlich zu ihren Gunsten und außerhalb des Insolvenzverfahrens verlangen. Anders als bei den → Insolvenzgläubigern nach § 38 InsO werden die Forderungen der Massegläubiger jedoch nach Möglichkeit in voller Höhe erfüllt. Zu diesem Zwecke steht die Insolvenzmasse zur Verfügung. Das heißt, dass vor den Massegläubigern zunächst diejenigen Gläubiger befriedigt werden, die ein Recht auf Aussonderung, abgesonderte Befriedigung oder Aufrechnung gegen die Insolvenzmasse haben. aus der dann verbleibenden Insolvenzmasse werden die Forderungen der Massegläubiger beglichen.
Siehe auch → Insolvenzrecht, deutsches (mit Literaturangaben).

Massenfertigung
Bei diesem → *Fertigungstyp* wird eine Produktart über einen längeren Zeitraum und in großen Mengen gefertigt, ohne dass die Produktion durch die Fertigung anderer Produktarten unterbrochen wird. Die Maschinen sind der Produktart fest zugeordnet, so dass kurzfristig allein die Mengenplanung durchzu-

führen ist. Zumeist werden homogene Güter (z.B. Trinkwasser, Elektrizität, Gas) für den anonymen Markt gefertigt. Die Massenfertigung ist in der Regel als → *Fließfertigung* (vor allem in der Ausprägung der Fließfertigung mit Zeitzwang) organisiert.
Siehe auch → Produktion, Formen, → Produktionsmanagement sowie → Produktionsplanung und -steuerung (mit Literaturangaben).

Massenprivatisierungsprogramm

In vielen Ländern Zentral- und Osteuropas waren Anfang der neunziger Jahre Massenprivatisierungsprogramme der einzige politisch gangbare Weg um Staatsbetriebe zu privatisieren. Sie haben in der Regel die Zielsetzung, eine große Anzahl an Staatsbetrieben in das Eigentum der Bevölkerung zu transferieren. Dabei erhält jeder Einwohner das Recht, eine bestimmte Menge an Vouchers (Zertifikaten) kostenlos (wie beispielsweise in Russland) oder zu einem sehr günstigen Preis bzw. einem unter dem tatsächlichen Wert liegenden „Unkostenbeitrag" (wie zum Beispiel in Polen oder der Tschechischen Republik) zu erwerben. Mit Hilfe dieser Vouchers können dann Anteile an Staatsbetrieben bezogen werden.

Maßgeblicher Einfluss

Indizien für einen maßgeblichen Einfluss können gem. → DRS 8 beispielsweise sein: (1) Zugehörigkeit eines Vertreters des beteiligten Unternehmens zum Verwaltungsorgan oder einem gleichartigen Leitungsgremium des Beteiligungsunternehmens, (2) Mitwirkung an der Geschäftspolitik des Beteiligungsunternehmens, (3) Austausch von Führungspersonal zwischen dem beteiligten Unternehmen und dem Beteiligungsunternehmen, (4) wesentliche Geschäftsbeziehungen zwischen dem beteiligten Unternehmen und dem Beteiligungsunternehmen und (5) Bereitstellung von wesentlichem technischen Know-how durch das beteiligte Unternehmen.
Siehe auch → Konzernabschluss (mit Literaturangaben).
Literatur: Gräfer, H., Scheld, G.A.: Grundzüge der Konzernrechnungslegung, 9. Auflage, Berlin 2005.
Internetadresse: http://www.drsc.de.

Maßgeblichkeit

(→ *Jahresabschluss*). Das Prinzip der Maßgeblichkeit verknüpft die Steuerbilanz mit der Handelsbilanz. Der Grundsatz der Maßgeblichkeit der Handelsbilanz für die steuerliche Gewinnermittlung ist im Steuerrecht geregelt, § 5 Abs. 1 EStG. Die Verknüpfung bezieht sich nicht nur auf die materielle Maßgeblichkeit, sondern auch auf die formelle Maßgeblichkeit. Das Prinzip der Maßgeblichkeit wird durchbrochen, wenn steuerrechtliche Wahlrechte bei der Gewinnermittlung eintreten, § 5 Abs. 1 S. 2 EStG, siehe Maßgeblichkeit, umgekehrte. Die Geltung des Maßgeblichkeitsprinzips bei der Bilanzierung dem Grunde nach Ansatzvorschriften sieht folgendermaßen aus: was handelsrechtlich aktiviert bzw. passiviert werden muss, ist grundsätzlich auch steuerrechtlich zu aktivieren bzw. passivieren, ein handelsrechtliches Aktivierungs- oder Passivierungsverbot führt auch zu einem steuerrechtlichen Verbot. Der Durchbruch der Maßgeblichkeit gilt allerdings bei handelsrechtlichen Wahlrechten; ein handelsrechtliches Aktivierungswahlrecht führt zu einer steuerrechtlichen Aktivierungspflicht, ein handelsrechtliches Passivierungswahlrecht zu einem steuerrechtlichen Verbot.
Bei der Bilanzierung der Höhe nach, Bewertungsvorschriften gelten die handelsrechtlichen Bilanzierungsgebote und -verbote auch für die Steuerbilanz. Das Steuerrecht bietet mit seinen Bewertungsregeln in § 6 EStG eine Art Grenze. Aus dem Maßgeblichkeitsgrundsatz folgt auch, dass handelsrechtliche Bewertungswahlrechte, die auch steuerlich zulässig sind, in Handels- und Steuerbilanz nicht unterschiedlich ausgeübt werden können.
Solange das Steuerrecht nicht zwingend einen anderen Wert vorschreibt, gilt der handelsrechtliche Wertansatz auf für die Steuerbilanz.
Siehe auch → Jahresabschluss nach deutschem Recht (mit Literaturangaben).

Maßgeblichkeit, umgekehrte

siehe → umgekehrte Maßgeblichkeit sowie → Maßgeblichkeitsgrundsatz (*Steuerrecht, Handelsrecht*).

Maßgeblichkeitsgrundsatz
(*Steuerrecht, Handelsrecht*), Grundsatz, nach dem ein Sachverhalt nach Steuerrecht ebenso zu behandeln ist, wie im handelsrechtlichen Jahresabschluss, solange nicht zwingende steuerliche Vorschriften eine Abweichung davon verlangen (§ 5 Abs. 1 Satz 1 EStG). Siehe auch → umgekehrte Maßgeblichkeit.

Matching
Sonderform des → Netting.

Material Requirements Planning (MRP I)
Als MRP I konzentrieren sich die entsprechenden operativen Planungssysteme hauptsächlich auf die Berechnung von Produktionsplänen auf der Basis von Bedarfsprognosen und Teilebedarfsrechnungen unter der Verwendung von Stücklisten. Siehe auch → Manufacturing Resource Planning (MRP II). Ziel des MRP ist die Bestimmung möglichst kleiner Lager- und Liquiditätsbestände zur Erhöhung der Rentabilität bei vorgegebener Lieferbereitschaft. Falls die Planung der operativen Geschäftsprozesse und -systeme eines Unternehmens über den Prozess der Leistungserstellung hinaus geht, spricht man von → ERP.
Siehe auch → Unternehmensplanung (mit Literaturangaben).

Materialannahme
siehe → Wareneingang.

Materialbedarfsplanung
Die im → Primärbedarf festgelegten Erzeugnisse müssen in die zu beschaffenden Roh-, Hilfs- und Betriebsstoffe sowie Zulieferteile und → Halbfabrikate aufgelöst werden (Ermittlung des → Sekundärbedarfs). Anschließend muss von diesem → Bruttobedarf der Anteil abgezogen werden, der lagermäßig vorhanden ist, so dass für die Beschaffung oder Herstellung ein → Nettobedarf errechnet wird. Zusätzlich ist für den bereitzustellenden Produktionsbedarf noch der Ersatzteilbedarf, eventuell erwarteter Ausschuss oder Anfahrschrott sowie Sonderbedarf zu berücksichtigen.
Siehe auch → Materialwirtschaft und → Materiallogistik, jeweils mit Literaturangaben.

Materialeingang
siehe → Wareneingang.

Materiallager
siehe → Lagereinrichtungen, → Lagerorganisation, → Lagerlogistik, → Lagerbestandsführung und → Lagerhaltungspolitik sowie → Materiallogistik, Kapitel 4.

Materiallogistik

Materiallogistik

von Professor Dr. Bernd Ebel
Fachbereich Wirtschaft – Fachhochschule Bonn-Rhein-Sieg

1. Charakterisierung
Der Begriff Materiallogistik wird sowohl in der Literatur als auch in der praktischen Umsetzung unterschiedlich definiert und beinhaltet Überschneidungen und Kontaktstellen zu den Sachgebieten → Beschaffungslogistik, → Materialwirtschaft, → Produktionsmanagement und → Logistik (Logistikmanagement).
Für dieses Lexikon wird definiert: Materiallogistik befasst sich mit der physischen Materialbeschaffung, der → Lagerhaltung und der Versorgung der Produktion mit Material. Sie beinhaltet alle Aktivitäten zur Bereitstellung der → Verbrauchsfaktoren, um die logistischen Anforderungen bezüglich der

→ "Sechs-r (6-r)" zu erfüllen und die gewünschten Produkte dem Markt bereitzustellen. Die Verteilung an den Kunden gehört zum Aufgabenbereich der → Distributionslogistik.

Im Gegensatz zur → Materialwirtschaft beschränkt sich die Materiallogistik auf logistische Prozesse, also die Aufgabe, räumliche, zeitliche und mengenmäßige Differenzen zwischen „Angebot" und „Nachfrage" zu überbrücken. Hierzu sind folgende Aktivitäten auszuführen: Transport, Lagerung, Handling, Verpackung sowie die Verarbeitung von Informationen zur Planung, Steuerung und Kontrolle dieser Aktivitäten.

Hauptaufgaben der Materiallogistik sind die → Materialbedarfsplanung, die → Losgrößenplanung, die → Lagerhaltung und die Reaktion auf unvorhergesehene Vorgänge (Einzelheiten siehe folgende Kapitel). Die Materialbedarfs- und Losgrößenplanung erfolgen iterativ und beeinflussen sich gegenseitig.

Bei der Planung von Logistik-Prozessen handelt es sich immer um die Lösung eines Optimierungsproblems bezüglich konkurrierender Ziele wie kurze Lieferzeit, hohe Flexibilität, hohe Lieferbereitschaft, Termintreue, niedrige Bestände und hohe Liquidität.

2. Materialbedarfsplanung

Aufgabe der Materialbedarfsplanung ist es, den Bedarf an → Verbrauchsfaktoren zu ermitteln, der sich aus dem Produktionsprogramm (→ Produktionsplanung und -steuerung) ergibt. Für jeweils definierte Planungsperioden wird der Bedarf nach Art, Menge und Termin bestimmt. Daraus leitet die → Materialwirtschaft Aktivitäten im Hinblick auf die Beschaffungsplanung bezüglich Mengen, Auftragsgrößen oder Beschaffungszeitpunkte ab.

In einer Bedarfsrechnung müssen die für den Absatz vorgesehenen Erzeugnisse in die zu beschaffenden Roh- und Hilfsstoffe sowie Zulieferteile und → Halbfabrikate aufgelöst werden. Anschließend ist festzulegen, welche Bereitstellungsprinzipien zur Anwendung kommen. Aus dem ermittelten Bedarf wird nach Berücksichtigung des Lagerbestands ein Bestellvorschlag erzeugt, der dann zu Dispositions- oder Beschaffungsvorgängen beim Lieferanten führt.

3. Losgrößenplanung und Kapazitätsabgleich

Hat man für ein Erzeugnis die periodenspezifischen → Nettobedarfsmengen ermittelt, dann könnte man versuchen, diese jeweils so spät wie möglich, d.h. unmittelbar vor dem Bedarfszeitpunkt (→ Just-in-time) zu produzieren. Da mit jeder erneuten Produktion eines Erzeugnisses aber Rüstzeiten für die Vorbereitung des Arbeitssystems entstehen, wird man bemüht sein, Bedarfsmengen aus mehreren Perioden zu einem größeren Produktionslos zusammenzufassen. Da dies aber zu Lagerkosten für die vorzeitig produzierten Erzeugnismengen führt, entsteht ein Losgrößenproblem, das durch Methoden der → Losgrößenplanung einer optimierten Lösung zugeführt werden muss.

In der anschließenden Kapazitätsplanung und der Durchlaufterminierung müssen die tatsächlich vorhandenen Kapazitäten der Ressourcen berücksichtigt werden. Da bei der Losgrößenplanung Transportvorgänge und Rüstzeiten an den Maschinen nicht explizit beachtet wurden, verfeinert sich bei der Ressourceneinsatzplanung die Periodeneinteilung.

4. Lagerhaltungspolitik, Bestandsplanung, Bestandsführung, Ein- und Auslagerung

Lagerbestände sind notwendig, um (1) angelieferte Materialen bis zum Verbrauchszeitpunkt zu lagern, (2) Kostenvorteile durch größere Zuliefermengen zu realisieren, (3) bei Bedarfsschwankungen eine direkte Versorgung der Produktion sicherzustellen (4) nach Losgrößenoptimierung hergestellte Halbfertigteile zwischen zu lagern, (5) Zwischenlagerung vor der Kommissionierung mehrerer Erzeugnisse zu einem Auftrag zu ermöglichen und (6) die Lieferfähigkeit für produzierte Erzeugnisse sicherzustellen. Siehe auch → Lagereinrichtungen, → Lagerorganisation, → Lagerlogistik, → Lagerbestandsführung und → Lagerhaltungspolitik.

Der Materialbestand wird mit Hilfe der Bestandsführung festgestellt, indem die Materialzu- und -abgänge ermittelt und bewertet werden. Die Bestandsrechnung ist neben der → Bedarfsrechnung und der Bestellrechnung wichtiger Bestandteil der Materialdisposition.

Die Materialbestandsrechnung erfolgt als Mengenrechnung für die Produktionsdisposition und als Wertrechnung für die → Betriebsabrechnung. Die Materialien selbst sind durch Stammdaten gekennzeichnet, ihre Zu- und Abgänge werden in Bewegungsdaten festgehalten.

Zweck der Bestandsplanung ist es, das Vorhandensein der erforderlichen Materialien nach Art, Menge und Zeit sicherzustellen. Damit soll vermieden werden, dass zu geringe Bestände die Leistungserstellung des Unternehmens gefährden und zu hohe Bestände die Wirtschaftlichkeit des Unternehmens beeinträchtigen. Dazu werden Meldebestände (Anstoß zur Nachbestellung) und Sicherheitsbestände (Ausgleich von Schwankungen und Fehlern) definiert.

Überhöhte Bestände bei einzelnen Materialien und nicht ausreichende Bestände bei anderen Materialien sind vielfach auf Unsicherheiten (exakte Nachfragemenge, Wiederbeschaffungszeiten, abweichenden Liefermengen oder fehlerhafte Bestandsführung) bei der Materialdisposition zurückzuführen.

In einer → Inventur wird der tatsächliche Bestand zu einem bestimmten Zeitpunkt durch körperliche Bestandsaufnahme erfasst. Die wertmäßige Erfassung der Materialien dient dem Nachweis im Zusammenhang mit handels- und steuerrechtlichen Bilanzen sowie als Kalkulationsgrundlage und zu statistischen Zwecken.

Die Bestandsführung erfasst die Bestandsbewegungen, die in Form von Materialeingängen oder Eigenproduktionen körperliche Bestandsänderungen sein können oder nicht körperliche Bestandsänderungen darstellen wie Reservierungen oder Vormerkungen.

Aufgabe der Bestandsüberwachung ist es, bei Eingang einer bestellten Lieferung Überprüfungen auf Identität und Menge durchzuführen und die Übereinstimmung von Bestellung, Ware und Lieferpapieren sicherzustellen. Abweichungen in Art, Menge und Termin müssen erkannt und behandelt werden. Oft ist auch eine technische Wareneingangsprüfung durchzuführen, um die Funktionsfähigkeit oder die Einhaltung wesentlicher Spezifikationsmerkmale sicherzustellen.

Sobald das Material freigegeben und dokumentiert durch Zubuchungen im Lagerbereich verfügbar ist, kann es auf unterschiedliche Arten wieder entnommen werden. Standardmäßig hat man es mit geplanten Entnahmen aufgrund von Aufträgen zu tun. Darüber hinaus sind auch ungeplante Entnahmen zu berücksichtigen, die entstehen, wenn nicht vorhersehbarer Bedarf entsteht (Schwund, Ausschuss, Reparaturen).

Bei der Einplanung von Aufträgen wird für das Material eine Verfügbarkeitskontrolle durchgeführt, damit keine unnötigen Materialbereitstellungen erfolgen und Fehlteile schnellstmöglich beschafft werden können. Hierzu werden DV-gestützte Verfahren eingesetzt.

5. Physische Lagerung, Transport, Handhabung, Verpackung

Die Materiallagerung erfolgt in → Lagereinrichtungen, in denen das Material aufbewahrt und für den Gebrauch verfügbar gehalten wird. Beim Aufbau von Lagerbereichen achtet man darauf, dass eine möglichst klare Aufgliederung und Abtrennung zwischen den eigentlichen Lagerbereichen und den Funktionsbereichen zur Ein- und Auslagerung besteht.

Im Warenein- und -ausgang erfolgt die Identifikation und Kontrolle der Güter sowie das Zubuchen und Abbuchen. Im Kommissionierbereich werden einzelne Artikel aus der Lagerzone so zusammengestellt, dass daraus das Material für einen Auftrag entsteht. Die Lagerzone dient zur Aufbewahrung der Güter. In der Bedienzone verkehren Lagerbediengeräte, wie z.B. Stapler, mit deren Hilfe die Güter zum Lagerplatz gebracht oder von dort abgeholt werden.

Der Aufbau von Lagerbereichen kann nach unterschiedlichen Prinzipien geplant werden. Die Organisation und Gestaltung der Lager orientiert sich am Materialfluss, an den geometrischen Abmessungen und an der Beschaffenheit der Materialien. Um einen aktuellen Überblick über die Bestände zu haben und zu wissen, an welchen Lagerplätzen welche Materialien und Produkte lagern, ist eine → Lagerverwaltung notwendig. Dazu verwendet man heute eine Reihe von Softwareprogrammen, welche die einzelnen Funktionen unterstützen.

Die Transportlogistik befasst sich mit reinen Verkehrs- und Transportsystemen zur Beförderung von Waren, Gütern und Objekten. Es sind verschiedene Transportarten möglich wie Abhol-, Sammel-, Zustell- und Verteiltransport sowie Kombinationen daraus.

→ Förderhilfsmittel und Verpackung von Gütern sind Voraussetzungen für problemlose Lagerung und Transport. Förderhilfsmittel halten die Güter zusammen, erleichtern die Umladung und ermöglichen durch Standardisierung integrierte Transportketten. Die Verpackung dient dem Schutz vor Klimaeinflüssen, Beschädigungen oder Diebstahl und trägt Informationen bezüglich Bezeichnung, Menge und Preis oder enthält Werbeaussagen.

6. Modelle zur Reaktion bei Abweichungen und Störeinflüssen

Planungen arbeiten immer mit Annahmen, die so nicht eintreffen müssen. Die daraus resultierende Unsicherheit in der Prognose soll möglichst klein gehalten werden. Man unterscheidet (1) Unternehmensexterne Unsicherheiten wie z.B. Entwicklung der Energiepreise, politisches Umfeld, Konjunktur- und Nachfrageentwicklung, Subventionspraxis, Bestellverhalten der Kunden, Lieferantenumfeld oder Wettbewerbsverhalten. (2) Unternehmensinterne Unsicherheiten wie z.B. Störungen im Produktionsablauf, mangelndes Qualitätsniveau und Fehlleistungen, Personalverfügbarkeit oder Energieengpässe.

Zur Bewältigung dieser Unsicherheiten sind möglichst viele relevante Informationen zu beschaffen und deren Zuverlässigkeit zu prüfen. Die Planungen sollen über einen gewissen Zeitraum rollierend erfolgen, indem immer eine neue Teilperiode angefügt und die letzte entfernt wird. Entscheidungen sollen so spät wie möglich getroffen werden. Weitere Vorsorgemaßnahmen bezüglich ungeplanter Störungen sind die Bildung von Kapazitätsreserven, Bestandsreserven oder möglichst flexibler Ressourceneinsatz.

Hinweis

Zu den angrenzenden Wissensgebieten siehe → Beschaffungslogistik, → Beschaffungsmanagement, → Distributionslogistik, → Einkaufscontrolling, → Electronic Procurement, → Industriemanagement, → Lagerwirtschaft (insbesondere → Lagerbestandsführung, → Lagereinrichtungen, → Lagerhaltungspolitik, → Lagerlogistik, → Lagerorganisation, → Lagerverwaltung), → Logistik (Logistikmanagement), → Logistikintegration, → Materialwirtschaft, → Optimierung, → Produktionsmanagement, → Prozessanalyse, → Supply Chain Management, → Vertriebspolitik, → Vertriebssteuerung.

Literatur: Bichler, K., Schröter, N.: Praxisorientierte Logistik, 3. Auflage, Stuttgart, 2004; Binner, H.F.: Unternehmensübergreifendes Logistik-Management, München, 2002; Ebel, B.: Kompakt-Training Produktionswirtschaft, Ludwigshafen, 2002; Ebel, B.: Produktionswirtschaft, 8. Auflage, Ludwigshafen, 2003; Ehrmann, H.: Logistik, Ludwigshafen, 2003; Koether, R.: Taschenbuch der Logistik, Leipzig, 2004; Koether, R.: Technische Logistik, München, 2001; Pfohl, H.-Chr.: Logistiksysteme, Berlin, 2004; Tempelmeier, H.: Material-Logistik, Berlin, 2003; Wannenwetsch, H.: Integrierte Materialwirtschaft und Logistik, 7. Auflage, Berlin 2004

Internetadressen: http://www.bvl.de, http://www.ecin.de, http://www.logistik-heute.de, http://www.logistik-inside.de, http://www.logistik-lexikon.de, http://www.logistics.de, http://portal.bme.de/pls/webgui/pk_index.startup

Website des Autors: http://www.wir.fh-bonn-rhein-sieg.de/html/cvebel_1.HTM

Materialpreisabweichung

wird zur Leistungsmessung im Einkauf herangezogen und ist durch den Einsatz eines → Cost Trackings festzustellen. Um eine faire Bewertung des Einkäufers zu gewährleisten, ist die Materialpreisabweichung in beeinflussbare und nicht beeinflussbare Komponenten zu differenzieren. Beispielsweise bieten börsennotierte Materialien (z.B. Preis für Kupfer) oder Wechselkurse (Ausnahme: Kurssicherungsgeschäfte, wie → Hedging) kein Potenzial zur Beeinflussung. Für die Ausnutzung von Volumeneffekten zur Senkung der Materialpreise sowie die Einhaltung von Zahlungsbedingungen (wie „das Ziehen" von Skonto) ist der Einkäufer hingegen verantwortlich.

Materials Requirement Planning (MRP I)

DV-unterstütztes System zur Zusammenfassung gleicher Bedarfe (klassische Materialbedarfsplanung oder Materials Requirement Planning). Die Planungsergebnisse führen zur Generierung von Bestellvorschlägen für die Kaufteile und von Betriebsaufträgen für die Eigenproduktionsteile. Erfolgt eine weitere Detaillierung der Planung mit Berücksichtigung der Kapazitätssituation spricht man von MRP II (→ Manufacturing Ressource Planning), wird auch noch der Finanzbedarf in die Berechnung mit einbezogen, spricht man vom MRP III-Konzept.

Materialtreue

siehe → Diversifikation, horizontale.

Materialwirtschaft

von Professor Dr. Bernd Ebel

Fachbereich Wirtschaft – Fachhochschule Bonn-Rhein-Sieg

1. Charakterisierung

Der Begriff Materialwirtschaft wird sowohl in der Literatur als auch in der praktischen Umsetzung unterschiedlich definiert und beinhaltet Überschneidungen und Kontaktstellen zu den Sachgebieten → Beschaffungsmanagement, → Beschaffungslogistik, → Produktionsmanagement, → Materiallogistik und → Logistikmanagement. Für dieses Lexikon wird definiert:

Materialwirtschaft befasst sich mit der Definition und Klassifizierung der Materialien sowie der Planung, Organisation, Steuerung, Überwachung und Kontrolle des Materialflusses im Unternehmen. Im Gegensatz zur → Materiallogistik, die sich hauptsächlich mit der Bereitstellung der → Verbrauchsfaktoren befasst, umfasst die Materialwirtschaft die → Materialklassifizierung sowie die Planungsmethoden für den → Materialbedarf, die → Bereitstellungsprinzipien und die → Disposition.

2. Materialklassifizierung

Materialien lassen sich in folgende Gruppen gliedern (1) → Rohstoffe, die unmittelbar in das zu fertigende Erzeugnis eingehen und dessen Hauptbestandteile bilden. (2) → Hilfsstoffe, die ebenfalls in das zu fertigende Erzeugnis eingehen, aber im Vergleich zu den Rohstoffen lediglich eine Hilfsfunktion erfüllen, da ihr mengen- und wertmäßiger Anteil gering ist. (3) → Betriebsstoffe, die selbst keinen Bestandteil des fertigen Erzeugnisses bilden, sondern mittelbar oder unmittelbar bei der Herstellung des Erzeugnisses verbraucht werden. (4) → Zulieferteile als Güter, die in die zu fertigenden Erzeugnisse eingehen. Sie können auch den Rohstoffen zugerechnet werden. (5) Erzeugnisse als alle vom Unternehmen selbst gefertigten Vorräte an Gütern aus dem → Erzeugnisprogramm. Zu unterscheiden sind: Fertigerzeugnisse, die versandfertig sind und unfertige Erzeugnisse, die noch nicht verkaufsfähig sind, für die aber dem Unternehmen bereits Kosten entstanden sind. (6) Waren oder → Handelswaren als gekaufte Vorräte, die das Produktionsprogramm ergänzen, aber im Unternehmen weder bearbeitet noch verarbeitet werden. (7) → Verschleißwerkzeuge, die nicht der ständigen Betriebsbereitschaft zuzurechnen sind. (8) → Abfälle, die im Laufe der Produktion anfallen, aber nicht als Produkt verkauft werden können.

3. Materialstandardisierung

Als wesentliche Aufgabe in der Produktgestaltung sind Überlegungen anzustellen, wie Kosten durch die Standardisierung und die Analyse der Materialien eingespart werden können. Bei der Materialstandardisierung handelt es sich um die Vereinheitlichung von Gütern, die sich auf bestimmte Eigenschaften bzw. Mengen bezieht. Dadurch können Vereinfachungen in Entwicklung, Konstruktion und Beschaffung erzielt werden. Ebenso verringern sich die Kosten in der Lagerhaltung, der Distribution und dem Service.

Eine Möglichkeit der Standardisierung von Eigenschaften der Güter ist die → Normung als Vereinheitlichung von Einzelteilen durch das Festlegen von Größen, Abmessungen, Formen, Farben oder Qualitäten. Man unterscheidet: (1) Internationale Normen durch die ISO (International Organization for Standardization). (2) Nationale Normen wie in Deutschland die DIN-Normen, die vom Deutschen Normenausschuss (DNA) festgelegt werden. (3) Verbandsnormen als Richtlinien bzw. Vorschriften entwickelt von VDE, VDI, RAL oder anderen Verbänden. (4) Werksnormen von produzierenden Unternehmen als Regeln für die eigene Produktion und für Zulieferbetriebe.

Im Gegensatz zu der Normung, die für Einzelteile Anwendung findet, stellt die → Typung eine Vereinheitlichung ganzer Erzeugnisse oder Aggregate hinsichtlich ihrer Art, Größe und Ausführungsform dar. Vorteile sind die Rentabilitätssteigerung durch Lagervereinfachung, bessere Kapazitätsausnutzung, günstigere Beschaffung oder Vereinfachung des Kundendienstes. Beispiele für überbetriebliche

Typungen sind Reifengrößen oder Bekleidungsgrößen. Innerbetriebliche Typung finden man in Technischen Lieferbedingungen oder Modulbauweisen.

Die → Nummerung, die auch Verschlüsselung genannt wird, hat die Aufgabe, Gegenstände, die sachlich zusammengehören, einem einheitlichen Ordnungsprinzip zu unterwerfen. Nicht nur Erzeugnisse und deren Bestandteile werden durch Nummern zugeordnet sondern auch Dokumente und Vorgänge in allen anderen Bereichen. Für die Nummerung können Systeme sprechender Schlüssel aufgebaut werden, die technische und betriebswirtschaftliche Informationen enthalten. Mit der Nummerung wird eine unverwechselbare Identifikation, die Klassifikation in Sachgruppen sowie beschreibende Angaben ermöglicht.

4. Methoden der Bedarfsrechnung

Aufgabe der Materialbedarfsrechnung oder der → Materialbedarfsplanung ist die Bestimmung des für die Leistungserstellung notwendigen Materials nach Art, Menge und Termin, also die Auflösung des → Primärbedarfs in den → Sekundärbedarf. Daraus sind dann weitere Maßnahmen und Entscheidungen der Materialwirtschaft abzuleiten wie Planung der Beschaffungsmengen, Auftragsgrößen und der Beschaffungszeitpunkte.

Man unterscheidet hauptsächlich folgende Methoden der Bedarfsermittlung: (1) Deterministische oder programmorientierte Bedarfsermittlung unter Einsatz exakter Methoden. Mit Hilfe der Stücklisten werden die Produkte in ihre Komponenten aufgelöst. Das kann erfolgen als analytische Stücklistenauflösung, die vom Produkt beginnend die untergeordneten Komponenten ermittelt oder als synthetische Stücklistenauflösung, die über den Verwendungsnachweis für jede Komponente deren Vorkommen im Produkt feststellt. (2) Stochastische oder verbrauchsorientierte Bedarfsermittlung unter Nutzung von Vergangenheitswerten und Wahrscheinlichkeitsrechnungen. Insbesondere wird diese Methode angewandt für Komponenten, die nicht explizit in der Stückliste erscheinen wie Betriebsstoffe, Kleinteile oder Hilfsstoffe. (3) Heuristische oder subjektive Bedarfsschätzung sofern keine Datenbasis vorliegt oder der Aufwand zu hoch wäre.

Hat man für ein Erzeugnis die periodenspezifischen Nettobedarfsmengen ermittelt, dann könnte man versuchen, diese jeweils so spät wie möglich, d.h. unmittelbar vor dem Bedarfszeitpunkt (→ Just-in-time) zu produzieren. Da mit jeder erneuten Produktion eines Erzeugnisses aber Rüstzeiten für die Vorbereitung des Arbeitssystems entstehen, wird man bemüht sein, Bedarfsmengen aus mehreren Perioden zu einem größeren Produktionslos (siehe → Losgröße und → Losgrößenplanung) zusammenzufassen. Da dies aber zu Lagerkosten für die vorzeitig produzierten Erzeugnismengen führt, entsteht ein Losgrößenproblem. Ein Optimum ergibt sich bei der Losgröße, bei der die Summe der Kosten aus Rüstkosten und Zins- und Lagerkosten am geringsten ist (→ Losgrößenmodell, klassisches).

5. Methoden der Bereitstellung

In Abhängigkeit der Wertigkeit von Materialien und der Prognosesicherheit lassen sich verschiedene → Bereitstellungsprinzipien festlegen. (1) Bei einer Vorratsbeschaffung wird nur eine sehr grobe Schätzung der Bedarfssituation aus dem Absatzplan durchgeführt. Im Vordergrund stehen die Versorgungssicherheit und die Nutzung von zeitlich begrenzten Marktangeboten. Das Unternehmen ist damit zwar relativ gut abgesichert, muss das jedoch mit hohen Kosten für Lagerhaltung und Kapitaldienst bezahlen. (2) Werden die Materialien erst bei Auftreten des Bedarfs beschafft, entfallen die Lagerhaltungskosten, dafür entsteht aber ein größeres Risiko, die Teile nicht rechtzeitig oder nicht in der benötigten Qualität zu erhalten. In langfristigen, materialintensiven Geschäften, z.B. im Anlagenbau, kann diese Methode jedoch die einzig realisierbare sein. (3) Eine Mischform stellt die Produktionssynchrone Beschaffung (→ Just-in-time) dar. Hierbei wird zeitnah entsprechend der Produktionsplanung beschafft aber aus einem größeren Rahmenauftrag heraus, der mit dem Lieferanten z.B. Jahresweise geschlossen wird. So ist die Flexibilität bei gleichzeitig niedrigem Lagerbestand gewährleistet. Allerdings wird dabei oft das Risiko auf den Lieferanten verlagert, der seinerseits → Konsignationslager unterhalten muss. Ausprägungsformen in der Just-in-time Belieferung sind Direktanbindung der Zulieferer, Zwischenschaltung eines Lagers und Lieferantenansiedlung in Werksnähe (Industriepark).

Mit Hilfe der → ABC/XYZ-Analyse können „wichtige" Materialien von „weniger wichtigen" Materialien getrennt bzw. kostengünstigere Materialien herausgefunden werden. Die → ABC-Analyse ist ein Instrument, mit dem Objekte im Unternehmen nach der Verteilung ihrer Werthäufigkeiten klassifiziert werden. Menge und Wert der in einer ABC-Analyse erfassten Güter stehen erfahrungsgemäß in einem bestimmten Verhältnis zueinander. Die → XYZ-Analyse klassifiziert die Materialien nach dem Grad der Vorhersagegenauigkeit ihrer Bedarfsmenge und nach den Verbrauchsstrukturen. In Abhängigkeit dieser → ABC/XYZ-Analysen lassen sich die Bereitstellungsprinzipien festlegen wie → Just-in-time bei Produkten mit hohem Wertanteil und genauer Prognose, Einzelbeschaffung bei hohem Wertanteil und geringer Prognosesicherheit oder Lagerhaltung bei mittleren oder geringerem Wertanteil.

6. Methoden der Disposition, Beschaffung und Überprüfung

Der operative Vorgang der → Disposition kann in die Beschaffungsdurchführung und die Beschaffungskontrolle aufgeteilt werden. Für einen konkreten Beschaffungsbedarf empfiehlt es sich, mehrere Angebote potenzieller Lieferanten einzuholen. In der Materialbestellung müssen die Anforderungen exakt definiert sein, um bei der Beschaffungskontrolle oder im → Reklamationsfall eindeutige Bezugsgrößen zu haben. Wenn die Lieferung schließlich den Besteller erreicht, ist zu überprüfen, ob die vereinbarte Leistung auch tatsächlich erbracht wurde. Das geschieht durch eine → Identitätsprüfung, in der die Daten auf dem Lieferschein mit der Ware und mit dem Bestelltext verglichen werden. Neben diesen kaufmännischen Daten sind auch technische Prüfungen üblich, in denen meist stichprobenweise die Funktion oder die Einhaltung von Spezifikationsdaten wie Maße, Gewichte, Oberflächengüte oder elektrische Leistungsdaten überprüft werden. Im Zusammenhang mit der → Zertifizierung nach der Qualitätsmanagement-Norm DIN EN ISO 9001 oder TS 16949 setzt sich immer mehr der Abschluss einer → Qualitätssicherungsvereinbarung durch (QSV). Aufgrund von regelmäßigen Absprachen über Trends und Austausch von Marktinformationen wird zunehmend auf die technische Prüfung verzichtet. Man geht davon aus, dass aufgrund der nachgewiesenen Qualitätsfähigkeit des Lieferanten das → Null-Fehler-Ziel nahezu erreicht wird.

7. Methoden der Lagerung und Verteilung

Zu diesem Thema siehe Kapitel „4. Lagerhaltungspolitik, Bestandsplanung, Bestandsführung, Ein- und Auslagerung" im Übersichtsbeitrag → Materiallogistik (mit Literaturangaben), vom gleichen Verfasser.

8. Methoden der Entsorgung und des Recycling

Neben der angestrebten betrieblichen Leistung entstehen in jedem Produktionsprozess Rückstände. Zum einen handelt es sich um → Reststoffe, die wiederverwertbar sind (Roh-, Hilfs- und Betriebsstoffe), zum anderen um → Abfälle, für die keine sinnvolle Verwendungsmöglichkeit besteht (unbrauchbar gewordene Güter, Verpackungen und Schadstoffe). Diese Reststoffe sind umweltverträglich zu entfernen. Dabei besteht aber für die Chance, nicht nur mit zusätzlichen Kosten unerwünschte Stoffe zu entsorgen, sondern es setzen sich Methoden durch, mit denen Altstoffe wieder recycelt werden können. Im Kreislaufwirtschafts- und Abfallgesetz besteht die Verpflichtungen zur Abfallvermeidung und, sofern nicht vermeidbar, zur umweltverträglichen Verwertung (Recycling oder Energiegewinnung durch Verbrennung).

Hinweis

Zu den angrenzenden Wissensgebieten siehe → Beschaffungslogistik, → Beschaffungsmanagement, → Einkaufscontrolling, → Electronic Procurement, → Industriemanagement, → Lagerwirtschaft (insbesondere → Lagerbestandsführung, → Lagereinrichtungen, → Lagerhaltungspolitik, → Lagerlogistik, → Lagerorganisation, → Lagerverwaltung), → Logistik (Logistikmanagement), → Logistikintegration, → Materiallogistik, → Produktionsmanagement, → Qualitätscontrolling, → Qualitätsmanagement, → Supply Chain Management, → Total Quality Management.

Literatur: Ebel, B.: Kompakt-Training Produktionswirtschaft, Ludwigshafen, 2002; Ebel, B.: Produktionswirtschaft, 8. Auflage, Ludwigshafen, 2003; Hartmann, H.: Materialwirtschaft, Gernsbach, 2002; Hirschsteiner, G.: Materialwirtschaft und Logistikmanagement, Ludwigshafen, 2006; Oeldorf, G.: Materialwirtschaft, 11. Auflage, Ludwigshafen, 2004; Oeldorf, G.: Kompakt-Training Materialwirtschaft,

2. Auflage, Ludwigshafen, 2005; Wannenwetsch, H.: Integrierte Materialwirtschaft und Logistik, 3. Auflage, Berlin 2006.

Internetadressen: http://www.bme.de, http://www.bvl.de, http://www.ecin.de, http://www.logistik-heute.de, http://www.logistik-inside.de, http://www.logistik-lexikon.de, http://www.logistics.de

Website des Autors: http://www.wir.fh-bonn-rhein-sieg.de/html/cvebel_1.HTM

Mathematische Ableitung
siehe → Ableitung, mathematische.

Mathematische Funktion
siehe → Funktion, mathematische.

Mathematische Planungsrechnung
manchmal in der deutschsprachigen Literatur synonym verwendeter Begriff für → Operations Research.

Matrix
rechteckiges Zahlentableau aus Zeilen und Spalten zur übersichtlichen Anordnung von Zahlenwerten, die nach zwei Kriterien hin angeordnet werden. Der Eintrag a_{ij} einer (m,n)-Matrix mit m Zeilen und n Spalten steht dabei am Schnittpunkt der i-ten Zeile mit der j-ten Spalte ($1 \leq i \leq m$, $1 \leq j \leq n$). Eine Spezialform der Matrix ist der → Vektor, der nur aus einer Spalte bzw. Zeile besteht.

Matrixorganisation
(*allgemeine Charakterisierung*), Struktur, bei der die Dominanz einer Dimension bei der Aufgabengliederung aufgehoben und zwei oder mehrere Strukturkriterien gleichzeitig und gleichrangig (matrixartig) in Verbindung gebracht werden. Ziel der Matrixorganisation ist die Erhöhung der langfristigen Kontinuität und Flexibilität der Organisationsstruktur. Beispiele für Dimensionen sind Funktionen, Produkte, Region, Rang und Projekte.
Siehe auch → Organisation, Grundlagen (mit Literaturangaben).

Matrixorganisation
(insbesondere in der → *Aufbauorganisation*). Bei der Matrixorganisation werden die Organisationseinheiten unter gleichzeitiger Anwendung zweier Gliederungskriterien gebildet. Die Matrixorganisation ist eine Mehrlinienorganisation; als relevante Dimensionen kommen vor allem Funktionen und Objekte (Regionen, Produkte, Kunden, Märkte) in Betracht. Typischerweise bildet eine funktionale Orientierung die vertikale Dimension (Linieninstanz), während die objektorientierte Ausrichtung die horizontale Dimension (Matrixinstanz) darstellt. Es sind aber auch beliebige andere Kombinationen denkbar. Eine erhebliche Problematik der Matrixorganisation liegt in der klaren Abgrenzung der Entscheidungs- und Weisungsbefugnisse.
Siehe auch → Aufbauorganisation (mit Literaturangaben).

Matrixsystem
(in der → *Organisation*). Im Matrixsystem erhält eine untergeordnete Stelle von zwei übergeordneten Stellen Anweisungen. Beim Matrixsystem werden die Leitungsfunktionen auf zwei Matrixstellen aufgeteilt; es handelt sich also um ein spezielles Mehrliniensystem.
Siehe auch → Aufbauorganisation (mit Literaturangaben).

MAV
Abk. für → Mobile Mehrwerte.

Maverick Buying
bezeichnet Einkäufe, bei denen die Einkaufsrichtlinien bzw. Rahmenverträge des Unternehmens umgangen werden. Dabei bestellt der Bedarfsträger, ohne das Wissen der Einkaufsabteilung, Produkte bei einem Lieferanten seiner Wahl. Dieses eigenmächtige Vorgehen führt nicht nur zu schlechteren Konditionen bei Rahmenverträgen, sondern es können Folgekosten für Schulung, Wartung oder Gewährleistung entstehen, die sonst durch einen Rahmenvertrag abgedeckt wären. Ein Maverick Buying unterminiert das → Total Cost of Ownership-Konzept, nach dem die Lieferantenauswahl nicht ausschließlich auf dem günstigsten Einkaufspreis basieren soll. Vielmehr sind alle mit der Beschaffung eines Gutes verbundenen Kosten zu berücksichtigen – angefangen von den Akquisitionskosten, bis hin zu den Kosten für die Produktentsorgung.
Siehe auch → Beschaffungsmanagement und → Einkaufscontrolling, jeweils mit Literaturangaben.

Maximax-Maxime
siehe → Entscheidungsmaxime und → Maximax-Regel.

Maximax-Regel
Die Maximax-Regel (gleichbedeutend: *Waldregel*) ist eine Entscheidungsregel der normativen → *Entscheidungstheorie*, die in Entscheidungssituationen bei Ungewissheit eingesetzt werden kann.
Im Rahmen der → Investitionsrechnung unter Unsicherheit wäre demnach jene Investitionsalternative optimal, die beim besten Umweltzustand auch das beste Resultat (z.B. Kapitalwert) erbringt. Der Entscheidungsträger lässt in diesem Fall das mit ungünstigen Umweltentwicklungen der jeweiligen Entscheidungsalternative verbundene Risiko völlig außer acht, er ist vielmehr extrem optimistisch eingestellt.
Bei folgenden erwarteten zukünftigen Umweltzuständen U_i (i = 1, ..., n) würde die Auswahl aus den möglichen Investitionsalternativen A_j (j= 1,..., n) nach der Maximax-Regel anhand des Kapitalwertkriteriums folgendermaßen geschehen:

$$A_{opt} = \left\{ A_j \middle| \max_j \max_i KW_{ji} \right\}$$

Für jede Alternative werden die Kapitalwerte in Abhängigkeit vom jeweiligen Umweltzustand ermittelt. Danach werden die Maxima für jede Alternative bestimmt. Als optimale Entscheidungsalternative gemäß der Maximax-Regel wäre das Maximum dieser Maxima der Kapitalwerte zu wählen.
Siehe auch → Entscheidung, Betriebswirtschaftliche und → Investitionsrechnungen unter Unsicherheit, jeweils mit Literaturangaben.

Maximin-Regel
Die Maximin-Regel ist eine Entscheidungsregel der normativen → *Entscheidungstheorie*, die in Entscheidungssituationen bei Ungewissheit eingesetzt werden kann. Im Rahmen der → Investitionsrechnung unter Unsicherheit wäre danach diejenige Investitionsalternative optimal, die beim widrigsten Umweltzustand das beste Resultat (z.B. → Kapitalwert) erbringt.
Diese Regel unterstellt ein hohes Niveau an Risikoaversion des Investors. Er geht grundsätzlich von der schlechtest möglichen Umweltentwicklung aus, und ist daher extrem pessimistisch eingestellt.
Bei folgenden erwarteten zukünftigen Umweltzuständen U_i (i = 1, ..., n) würde die Auswahl aus den möglichen Investitionsalternativen A_j (j = 1,..., n) nach der Maximin-Regel anhand des Kapitalwertkriteriums folgendermaßen geschehen:

$$A_{opt} = \left\{ A_j \middle| \max_j \min_i KW_{ji} \right\}$$

Für jede Alternative werden die Kapitalwerte in Abhängigkeit vom jeweiligen Umweltzustand ermittelt. Danach werden die Minima für jede Alternative bestimmt. Als optimale Entscheidungsalternative gemäß der Maximin-Regel ist das Maximum dieser Minima der Kapitalwerte zu wählen.
Siehe auch → Entscheidung, Betriebswirtschaftliche und → Investitionsrechnungen unter Unsicherheit, jeweils mit Literaturangaben.

Maximum

maximaler Funktionswert, den eine → Funktion in einer Umgebung um einen Punkt x_0 annimmt. Ist die Funktion in x_0 differenzierbar (vgl. → Differenzieren) und gilt $f'(x_0) = 0$ und $f''(x_0) < 0$, liegt in x_0 ein Maximum vor (hinreichendes Kriterium).

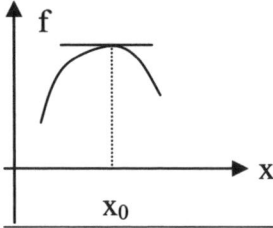

Siehe auch → Wirtschaftsmathematik (mit Literaturangaben).

MaxiRend-Zertifikate

siehe → Side-Step-Zertifikate; anderer Bezeichnung: → Express-Zertifikate.

MBI

Abk. für → Management Buy-In.

MBO

Abk. für → Management Buy-Out.

MBS

Abk. für → Mortgage Backed Securities; siehe auch → Asset Backed Securities.

M-Business

Abk. für → Mobile Business.

MBV

Abk. für Marked Based View nach Porter; siehe auch → Plandatenbasis und → Unternehmensplanung sowie → Strategisches Management und die dort angegebene Literatur.

MC

Abk. für → Mobile Commerce (M-Commerce).

McKinsey/GE-Portfolio

ist ein Wettbewerbsvorteils-Marktattraktivitäts-Portfolio (9-Felder-Matrix, McKinsey/GE-Portfolio) und wurde von der Unternehmensberatung McKinsey & Co. entwickelt. Es gehört mit dem → Marktwachstums-Marktanteils-Portfolio zu den bekanntesten Ausprägungen der → Portfolioanalyse. Einzelheiten siehe → Wettbewerbsvorteils-Marktattraktivitäts-Portfolio.

M-Commerce

Abk. für → Mobile Commerce (mit Literaturangaben).

MC-Simulation

Abk. für → Monte-Carlo-Simulation.

MD&A

Abk. für → Management's Discussion and Analysis.

ME

Abk. für European Provident Mutual Society, andere Bezeichnung: Europäische Gegenseitigkeitsgesellschaft (EU-GGES); siehe → Gesellschaftsrecht, Europäisches.

Media Analyse

Die Arbeitsgemeinschaft Media-Analyse ist ein Zusammenschluss von Werbeträgern, Werbeagenturen und Werbetreibenden zum Zweck der Media-Forschung. Die jährlich von der Arbeitsgemeinschaft herausgegebene Media-Analyse enthält Daten einer bundesweit durchgeführten Befragung zum Mediennutzungsverhalten der Bevölkerung.

Siehe auch → Medienökonomie (mit Literaturangaben und Internetadressen).

Median

Falls die Daten $x_1, \ldots, x_N$ ordinal skaliert (→ Statistik) sind, wird ihre Lage durch den Median beschrieben. Um ihn zu berechnen, ordnet man zunächst die Werte in aufsteigender Weise. Falls N ungerade ist, ist er der an die Stelle $(N+1)/2$ geordnete Wert, falls N gerade ist, ist er der an die Stelle $N/2$ geordnete Wert. Offenbar liegt rechts und links vom Median jeweils etwa die Hälfte der Daten. In ähnlicher Weise werden weitere Quantile berechnet. Das untere Quartil teilt die Daten im Verhältnis 1/4 zu 3/4, das obere Quartil im Verhältnis 3/4 zu 1/4. Quintile unterteilen die Daten in Fünftel, Perzentile in Hundertstel.

Siehe auch → Statistik (mit Literaturangaben).

Medien, klassische

ist begrifflich nicht genau festgeschrieben. Hierzu zählen nach überwiegender Auffassung die traditionellen Medien, deren Leistungsdaten in den verbreiteten Mediaanalysen veröffentlicht werden: Zeitungen und Zeitschriften, Hörfunk, Fernsehen, Außenwerbung, Kino, Adress- und Telefonbücher sowie sonstige Nachschlagewerke.

Siehe auch → Medienökonomie (mit Literaturangaben).

Mediengeführter Verkauf

siehe → Verkauf, unpersönlicher (mediengeführt).

Mediengestützter Verkauf

siehe → Verkauf, distanzpersönlicher (mediengestützt).

Medienökonomie

Medienökonomie

von Dr. Hanno Beck – Frankfurter Allgemeine Zeitung

1. Definition

Medienökonomie beschäftigt sich mit der ökonomischen Analyse von Medienunternehmen und Medienmärkten. Die Produktion, Distribution und der Konsum von Medieninhalten (Informationen) werden mit Hilfe des Instrumentariums der Volks- und Betriebswirtschaftslehre analysiert.

In der Literatur findet sich auch die Unterscheidung zwischen *Medienökonomie* als der volkswirtschaftlichen Analyse der Medienbranche (Marktversagensdiskussion, Regulierung der Medienbranche, Analyse der Gesamtmärkte) und *Medienwirtschaft*, der betriebswirtschaftlichen Betrachtung der Produktions- und Entscheidungsprozesse in einzelnen Unternehmen. Synonym unterscheidet man auch zwischen makroökonomischen (Medienökonomie) und mikroökonomischen (Medienwirtschaft) Aspekten der ökonomischen Analyse von Medien.

2. Motivation

Die Begründung dafür, dass die Medienbranche eine eigenständige ökonomische Analyse benötigt, ist in den produktionstechnischen Besonderheiten der Branche, in den ökonomischen Besonderheiten der hergestellten Güter und in der gesellschaftlichen Bedeutung von Medienunternehmen zu suchen.

(1) *Produktionstechnische Besonderheiten:* Vor allem bei Massenmedien mit hohem Distributionsaufwand entstehen durch die damit verbundenen hohen Fixkosten rasch natürliche Monopole (→ Monopol, natürliches). Eine weitere Besonderheit bei der Produktion von Medien sind sogenannte → Netzwerkexternalitäten, die ebenfalls dazu führen können, dass am Ende eines wettbewerblichen Prozesses nur ein Anbieter übrigbleibt. Weiterhin entsteht bei der Produktion von Informationen das Problem der sogenannten → first-copy-costs.

(2) *Besonderheiten von Informationen:* Informationen sind nicht-stoffliche Güter, bei denen Nicht-Rivalität im Konsum vorliegt – der Konsum einer Information durch eine Person verhindert nicht den Konsum der gleichen Information durch eine zweite Person. Das Argument der Nicht-Ausschließbarkeit vom Konsum von Informationen gilt allerdings nicht grundsätzlich: Bei vielen Medien ist ein Ausschluss potentieller Nutzer vom Medienkonsum möglich und wird auch teilweise praktiziert (→ Pay-TV). Weiterhin sind Informationen Vertrauensgüter (experience goods), d.h. man weiß erst nach dem Konsumakt, ob die gekauften Informationen auch den Erwartungen an sie entsprechen. Medienunternehmen benötigen also eine hohe Reputation gegenüber ihren Kunden.

(3) *Gesellschaftliche Bedeutung von Medien:* Medien und Medienunternehmen wird in der Literatur eine besondere gesellschaftliche Bedeutung zugesprochen: Sie sollen die Bürger informieren, sozialisieren, bilden und sie sollen eine Kontrollfunktion gegenüber der Politik ausüben. Diese öffentliche Funktion wird in der Literatur als Begründung für eine besondere rechtliche Regulierung der Medienbranche angeführt; die journalistische Qualität könne im Widerspruch zu den ökonomischen Zielen eines Medienunternehmens stehen (ökonomische Qualität).

3. Finanzierung von Medienunternehmen

Bei der Finanzierung von Medienunternehmen gibt es grundsätzlich drei verschiedene Möglichkeiten: Neben der Gebührenfinanzierung (→ Öffentlich-rechtlicher Rundfunk) gibt es die Möglichkeit der Werbefinanzierung sowie die Möglichkeit eines direkten Nutzungsentgeltes (→ Pay-TV).

Neuere Erlösmodelle zielen auf eine Beteiligung der Rezipienten an Gewinnspielen ab oder versuchen besondere Dienstleistungen im Zusammenhang mit der Nutzung von Medien (Recherchedienste, Maklerfunktionen) zu vermarkten. In der Praxis finden sich oft Mischformen dieser Finanzierungsmöglichkeiten.

4. Vertrieb von Medienprodukten

Der Vertrieb von Medienprodukten erfolgt je nach Medium unterschiedlich: → Printmedien werden über das → Presse-Grosso, die → Pressepost, eigene Zustellersysteme und den Bahnhofsbuchhandel vertrieben. → Rundfunk erreicht die Haushalte über Kabelnetze, Satelliten, terrestrische Frequenzen und digitalen terrestrischen Rundfunk. Die hohen Fixkosten bei der Errichtung von Sendernetzen und Kabelnetzen können zu natürlichen Monopolen (→ Monopol, natürliches) führen.

5. Rechtlicher Rahmen in der Bundesrepublik

(1) *Grundsätzliches:* Artikel 5 Grundgesetz gewährleistet das Recht, sich frei zu äußern und zu informieren. Durch die Rundfunkfreiheit soll die öffentliche Meinungsbildung geschützt werden. Zusätzlich gilt auch das Gebot der Staatsferne des Rundfunks. Ergänzt wird der rechtliche Rahmen durch zahlreiche Urteile des Bundesverfassungsgericht zur Presse und zum Rundfunkwesen.

(2) *Printmedien:* Der Erlass von Pressegesetzen liegt in der Verantwortlichkeit der Länder, die alle mehr oder weniger gleichlautende Gesetze erlassen haben, die z.B. die Gegendarstellungsrechte, Impressumspflicht u.a. regeln. Die Pressefusionskontrolle ist im Gesetz gegen Wettbewerbsbeschränkungen (GWB) geregelt. Der Pressekodex in der Fassung von 1997 enthält publizistische Grundsätze und soll die Berufsethik der Presse konkretisieren.

(3) *Rundfunk*: Die Landesmediengesetze regeln die gesetzlichen Grundlagen der Zulassung → priva-ten Rundfunks (Zulassung, Anforderungen und Pflichten privater Rundfunkveranstalter). Die Staatsverträge der Länder in Rundfunkangelegenheiten regeln die Finanzierung, den Auftrag und die rechtlichen Grundlagen des → öffentlich-rechtlichen Rundfunks. Zusammengeführt sind die verschiedenen Staatsverträge im Staatsvertrag über den Rundfunk im vereinten Deutschland von 1992, der in weiteren Rundfunkänderungsstaatsverträgen ergänzt oder verändert worden ist. Der europäische Rahmen ist in der Richtlinie „Fernsehen ohne Grenzen" der Europäischen Union ge-regelt, die einen freien Verkehr von Fernsehgesetzen innerhalb des gemeinsamen Marktes sichern soll.

(4) *Internet und Multimedia*: Der Mediendienstestaatsvertrag der Länder soll einen Rahmen für neue Medien schaffen. Mediendienste richten sich laut Staatsvertrag an die Allgemeinheit und unter-scheiden sich vom zulassungspflichtigen Rundfunk dadurch, dass sie nur in geringem Maße der Meinungsbildung dienen. Teledienste, die vom Bund im Teledienstegesetz geregelt sind, sind da-hingegen nur für die individuelle Nutzung bestimmt. Das Informations- und Kommunikations-dienstegesetz beherbergt als Mantelgesetz neben dem Teledienstegesetz auch das Gesetz zur Re-gelung der elektronischen Signatur (Signaturgesetz).

6. Digitalisierung und Konvergenz

Der zunehmende Fortschritt der Informations- und Kommunikationstechnik ist für die Medienbranche von besonderer Bedeutung: Da Informationen als nicht-stoffliche Produkte digitalisiert und damit elek-tronisch abgebildet werden können, hat der Siegeszug der Computertechnik drastische Folgen für die gesamte Branche.

(1) *Presse*: Die Printbranche hat zum einen mit der zunehmenden Konkurrenz des Internet auf dem Werbe- und Rezipientenmarkt zu kämpfen, zum anderen verändert die Einführung von → elektronischem Papier auch Lesegewohnheiten und Vertriebswege.

(2) *Audiovisuelle Medien*: Musik und Filme lassen sich mittlerweile rasch und einfach digitalisieren und über das Internet verbreiten, was eine Zunahme illegaler Kopien über sogenannte Tauschbör-sen im Internet und damit verbundener Einnahmeeinbussen der Anbieter zur Folge hat. Eine wei-tere Folge der zunehmenden Digitalisierung von Informationen ist ein Zusammenwachsen der Medien (Konvergenz) – der Computer mutiert zu einem Multimediawerkzeug, das zunehmend auch die Funktionen des Fernsehens und des Radios übernimmt.

7. Urheberrecht und Verwertungsgesellschaften

Da Informationen nicht-stofflich sind, sind sie leicht reproduzierbar – aus diesem Grund bedürfen die Rechte am geistigen Eigentum eines besonderen Schutzes, der in der Bundesrepublik im Urheber-schutzgesetz geregelt ist, das Werke der Literatur, der Wissenschaft und der Kunst schützt und die Ver-gütung der Nutzung dieser Werke regelt. Um die Wahrung der Urheberrechte kostengünstig und effek-tiv zu gestalten, existieren Verwertungsgesellschaften wie die → GEMA, die → VG Wort, die Gesell-schaft zur Verwertung von Leistungsschutzrechten (GVL), die Gesellschaft zur Wahrnehmung von Film- und Fernsehrechten privater Film- und Fernsehproduzenten (GWFF) und die Verwertungsgesell-schaft der Film- und Fernsehproduzenten (VFF).

8. Rezipientenforschung

Die Rezipientenforschung beschäftigt sich mit der Gewinnung von Informationen über die Nachfrage nach Mediendienstleistungen. In der Literatur unterscheidet man zwischen der Mediennutzungsfor-schung (Reichweitenforschung), die das quantitative Ausmaß der Mediennutzung ermittelt, der Rezep-tionsforschung, die Motive und Gewohnheiten der Mediennutzung erforscht sowie der Medienwir-kungsforschung, die sich mit den individuellen und sozialen Folgen des Medienkonsums beschäftigt. Quellen der Rezipientenforschung sind die → Media Analyse, die → IVW, die → Allensbacher Wer-beanalyse (AWA) und die → GfK-Fernsehforschung. Darüber hinaus gibt es spezielle Zielgruppenana-lysen wie die Leseranalyse Entscheidungsträger (LAE) oder die Jugend-Media Analyse (Juma).

9. Mediaplanung

Eine wichtige Frage der Medienwirtschaft ist die sogen. Mediaplanung, bei der es darum geht, für ein gegebenes Werbebudget die erforderliche Zahl der Werbekontakte zu maximieren. Zuerst findet ein Inter-Medienvergleich statt, in dem die entsprechenden Mediengattungen ausgewählt werden, danach wird innerhalb der jeweiligen Medien ausgewählt (Intra-Medienvergleich). Wichtige Kennziffern für die Mediaplanung sind der sogen. → Tausenderpreis, die → Reichweite sowie im Multimedia-Bereich u.a. die → Page Impressions, die → Page visits sowie die → view-time.

Hinweis

Zu den angrenzenden Wissensgebieten siehe → Internet-Kommunikationspolitik, → Kommunikationspolitik, → Konsumentenverhalten, → Kundenzufriedenheit, → Markenführung, → Marketing, Grundlagen, → Marketing, Internationales, → Marktforschung, → Multi-Kanal-Dialog Marketing, → Sponsoring, → Werbung.

Literatur: Beck, Hanno: Medienökonomie, 2. Auflage, Springer Verlag Heidelberg, New York (2005); Beck, Hanno; Prinz, Aloys: Ökonomie des Internet; Campus Verlag Frankfurt, New York (1999); Beyer, Andrea; Carl, Petra: Einführung in die Medienökonomie, UVK Verlagsgesellschaft Konstanz (2004); Heinrich, Jürgen: Medienökonomie, Band 1: Mediensystem, Zeitung, Zeitschrift, Anzeigenblatt, 2. überarbeitete und aktualisierte Auflage, Westdeutscher Verlag Wiesbaden (2001); Heinrich, Jürgen: Medienökonomie, Band 2: Hörfunk und Fernsehen, Westdeutscher Verlag Wiesbaden (1999); Karmasin, Matthias; Winter, Carsten: Grundlagen des Medienmanagements, Wilhelm Fink Verlag München (2000); Kiefer, Marie-Luise: Medienökonomik, München, Wien (2001); Kommission zur Ermittlung der Konzentration im Medienbereich (KEK) über die Entwicklung der Konzentration und über Maßnahmen zur Sicherung der Meinungsvielfalt im privaten Rundfunk. Konzentrationsbericht der KEK, Schriftenreihe der Landesmedienanstalten Band 17, Berlin 2000; Pürer, Heinz: Publizistik- und Kommunikationswissenschaft, UVK Verlagsgesellschaft Konstanz (2003); Sjurts, Insa: Strategien in der Medienbranche. Grundlagen und Fallbeispiele. 2. Auflage, Gabler Verlag Wiesbaden (2002); Sjurts, Insa (Hrsg.): Gabler Lexikon Medienwirtschaft; Gabler Verlag Wiesbaden (2004); ZAW: Werbung in Deutschland 2003, Verlag edition ZAW Bonn 2003.

Internetadressen: Ausgewählte Institutionen: www.gema.de, www.presserat.de, www.bdzv.de, www.kek-online.de, www.kef-online.de, www.vprt.de, www.zaw.de. Daten zur Mediaplanung: www.agf.de, www.awa-online.de, www.gfk.de, www.ivw.de, www.media-perspektiven.de. Sonstige Adressen: www.iw-koeln.de, www.medieninformation.de, www.presseforschung.de, www.wuv.de.

Medienwirtschaft

häufig Gleichsetzung mit → Medienökonomie. In der Literatur findet sich jedoch auch die Unterscheidung zwischen Medienökonomie als der volkswirtschaftlichen Analyse der Medienbranche (Marktversagensdiskussion, Regulierung der Medienbranche, Analyse der Gesamtmärkte) und Medienwirtschaft, der betriebswirtschaftlichen Betrachtung der Produktions- und Entscheidungsprozesse in einzelnen Unternehmen. Synonym unterscheidet man deswegen auch zwischen makroökonomischen (Medienökonomie) und mikroökonomischen (Medienwirtschaft) Aspekten der ökonomischen Analyse von Medien.

Einzelheiten mit Literaturangaben und Internetadressen siehe → Medienökonomie.

Mega Malls

siehe → Urban Entertainment Center.

Mehrarbeit

siehe → Überstunden.

Mehrgleichungsmodelle

siehe → Ökonometrie.

Mehrheitsaktionär
siehe → Aktiengesellschaft, majorisierte.

Mehrkanalvertrieb
siehe → Multi-Channel-Marketing.

Mehr-Linien-Organisation
siehe → Linienorganisation und → Mehrliniensystem.

Mehrliniensystem
Im Mehrliniensystem erhält eine untergeordnete Stelle von mehreren übergeordneten Stellen Anweisungen. Das Mehrliniensystem findet seinen Ursprung bei Frederick W. Taylor. Es kommt im Taylor'schen Funktionsmeistersystem zum Ausdruck, in dem die Leitungsfunktion einer Organisationseinheit aufgegliedert und auf mehrere → Leitungsstellen verteilt wird. Siehe auch → Linienorganisation und → Aufbauorganisation (mit Literaturangaben).

Mehrmarke
siehe → Mehrmarkenstrategie und → Markenführung.

Mehrmarkenstrategie
Kennzeichen der Mehrmarkenstrategie ist, dass ein Anbieter einen Markt gleichzeitig mit mehreren Marken bearbeitet (vgl. Sattler, 2001, S. 97). Die einzelnen Marken unterscheiden sich durch sachlich-funktionale oder emotionale Eigenschaften (z.B. Preis, Produkteigenschaften oder kommunikativer Auftritt). Wichtig ist, dass der Auftritt der einzelnen Marken auch von den Konsumenten als getrennt wahrgenommen wird und die Marken im Unternehmen organisatorisch voneinander getrennt geführt werden (vgl. Meffert/Perrey, 2001, S. 206; Keller, 2003, S. 152).
Einzelheiten und weitere Markenstrategien sowie Literaturangaben siehe → Markenführung. Siehe auch → horizontalen Markenstrategie sowie → Markenpolitik des Handels und → Handelsmarketing.

Mehrstufige Entscheidung
siehe → Entscheidungssequenz.

Mehrwertige Entscheidung
eine → Entscheidung, in welcher der → Aktor zur Beurteilung der → Varianten mehrere, nicht in einem arithmetischen Verhältnis zueinander stehende → Entscheidungskriterien verwendet.
Siehe auch → Entscheidung, Betriebswirtschaftliche (mit Literaturangaben).

Mehrzuteilungsoption
siehe → Going Public, Durchführungsphase; siehe auch → Green Shoe Option; → Over Allotment Option.

Mehrzweckgenossenschaft
Kreditgenossenschaft mit Warengeschäft; siehe → Ländliche Genossenschaften.

Meilenstein
(im → *Projektmanagement*). Meilensteine sind Termine in einem Projekt, die eine bestimmte Funktion haben, z.B. Abschluss von Projektphasen, Überprüfung des Projektfortschritts (z.B. durch Abschluss eines Reviews oder Vorliegen von → Deliverables), externe Entscheidungen oder Zulieferungen, wichtige interne Entscheidungen, insbesondere → Entscheidungszäsuren (Gateways) für die Fortführung des Projekts.

Meilensteintrendanalyse
(beim → *Projektmanan=gement)* ist eine Methode der Terminüberwachung im Projektcontrolling. Dabei werden die geplanten Termine (→ Meilensteine) zum jeweiligen Berichtszeitpunkt (Abszisse) auf ein-

getragen. Durch das Verbinden der Meilensteine lassen sich Terminverschiebungen und Trends in den Terminverschiebungen erkennen.

Meinungsführer

Gruppenmitglieder, die einen stärkeren persönlichen Einfluss als andere ausüben und eine Schlüsselstellung in der Gruppe besitzen. Siehe auch → Konsumentenverhalten (mit Literaturangaben).

Meldebestand

(in der *Lagerwirtschaft*), Wert (Bestellpunkt), bei dessen Unterschreitung Bestellung ausgelöst werden (muss so hoch sein, dass während der Beschaffungszeit der Sicherheitsbestand nicht angegriffen wird). Siehe auch → Lagereinrichtungen, → Lagerorganisation, → Lagerlogistik, → Lagerbestandsführung und → Lagerhaltungspolitik.

Memorandum of Association

siehe → Private Limited Company.

Memorial

(in der → Buchführung), siehe → Grundbuch.

Mengenleistungsprämie

variable *Entgeltkomponente*. Als Bezugsbasis dient hierbei die Zahl der erstellten Leistungseinheiten je Zeiteinheit. Siehe auch → Lohn- und Gehaltsmodelle.

Mengennotierung

(bei *Devisen*). Seit der Einführung des Euro erfolgt die Kursfeststellung für → Devisen und → Sorten als sog. Mengennotierung (Mengenfeststellung, indirekte Notierung); im Gegensatz zur → Preisnotierung (Preisfeststellung, direkte Notierung), die vor der Einführung des Euro angewandt wurde. Die Mengennotierung drückt aus, wieviele, also welche Menge ausländische Währungseinheiten ein Käufer für 1, 100 oder 1000 inländische Währungseinheiten, also z.B. für 1 Euro, bezahlen muss bzw. wie viele ausländische Währungseinheiten, also welche Menge ausländische Währungseinheiten ein Verkäufer für 1, 100 oder 1000 inländische Währungseinheiten (Euro) erhält.

Mengenpremium

Mengenpremien entstehen analog zu → Preispremien, indem eine Marke, in die verschiedene Markeninvestitionen wie z.B. Werbung vorgenommen wurden, gegenüber einer unbekannten Referenzmarke am Markt eine höhere Absatzmenge (Mengenpremium) erzielen kann. Die Messung von Mengenpremien kann analog zur Erfassung von → Preispremien erfolgen. Siehe auch → markenspezifische Zahlungen sowie → Markenbewertung.

Mengenwechselkurs

ist der → Wechselkurs, der den Preis einer Einheit Inlandswährung in Auslandswährung angibt, also beispielsweise USD pro EUR aus Sicht eines Deutschen.

Menschliche Arbeit

Die Leistungen der menschlichen Arbeit können in leitende, „dispositive" und verrichtende, elementare Aufgaben unterschieden werden: Dabei bezeichnen die *elementare* Arbeit ausführende (körperliche oder geistige) Tätigkeiten und die *dispositive* Arbeit die Managementleistung der Kombination der übrigen Faktoren, also Leitungs-, Planungs- und Organisationsaufgaben im Unternehmen. Siehe auch → Produktionsfaktoren sowie → Produktions- und Kostentheorie.

Mentales Modell

(*kognitives Konzept*), unterstellt wird, dass Menschen (Manager) sich „ihre" Welt auf Basis vereinfachender expliziter und impliziter Grundannahmen immer wieder neu verständlich machen und auf Basis dieses vereinfachenden Modells planen und handeln.

Mentoring

ist die langjährige Begleitung einer Nachwuchskraft durch eine ältere Führungskraft. Der Begriff ist aus der griechischen Mythologie entlehnt (Beziehung von Mentor und Telemach). Wenn ein wechselseitiges Lernen und Unterstützen erfolgt, wird auch von *Lernpartnerschaft* gesprochen.
Siehe auch → Personalentwicklung (mit Literaturangaben).

Merchandising

die indirekte konsumentengerichtete Verkaufsförderung zur Aufmerksamkeitserregung und kurzfristigen Förderung von Käufen in Zusammenarbeit mit dem Handel am → Point of Sale (PoS). Beispiele hierfür sind Verkostungsstände, Aktionsstände, Sonderplatzierungen, Displaymaterial und Gewinnspiele.

Merger

(deutsch: *Fusion*). Bei einem Merger schließen sich zwei oder mehr Unternehmen unter Aufgabe ihrer bisherigen rechtlichen und wirtschaftlichen Selbständigkeit zu einem neuen Unternehmen zusammen. Diese Verschmelzung der Unternehmen kann entweder als Aufnahme oder Neubildung erfolgen. Als Aufnahme (Verschmelzung eines Unternehmens auf ein anderes) wird bei Aktiengesellschaften das Vermögen des übertragenden Unternehmens als Ganzes an ein anderes Unternehmen übergeben, welches den Aktionären des aufgenommenen Unternehmens als Ausgleich Aktien in einem bestimmten Tauschverhältnis überlässt. Der zweite Fall der Verschmelzung als Neubildung erfolgt über die Bildung einer neuen Aktiengesellschaft, auf die das gesamte Vermögen aller sich zusammenschließenden Unternehmen übergeht, und zwar ebenfalls gegen die Gewährung von (neuen) Aktien.
Siehe auch → Mergers & Acquisitions und die dort angegebene Literatur.

Merger Arbitrage

zählt zu den ergebnisorientierten Strategien von → Hedgefonds, siehe auch → Hedgefonds-Strategien.

Merger of Equals

Fusion von eher gleichberechtigten Fusionspartnern. Siehe auch → Mergers & Acquisitons.

Merger of Unequals

Fusion, bei der ein Fusionspartner dominiert. Siehe auch → Mergers & Acquisitons.

Mergers & Acquisitions

Mergers & Acquisitions

von Univ.-Professor Dr. Armin Töpfer und Dipl.-Kauffrau Ramona Ullrich
Lehrstuhl für Marktorientierte Unternehmensführung – Technische Universität Dresden

1. Einführung und Begriffe

In den ersten beiden Quartalen des Jahres 2006 wurden *Fusionen und Übernahmen* im Wert von 368 Mrd. US $ angekündigt (vgl. Thomson Financial, S. 1). Damit bestätigt sich der steigende Trend bei Mergers & Acquisitions (M&A) aus dem Jahr 2005, bei dem weltweit M&A-Aktivitäten (ca. 24.800 Transaktionen) im Wert von 2.059 Mrd. US $ avisiert wurden. Die Telekommunikations-, Finanzdienstleistungs- und Immobilienbranche stellten dabei die Top-3 der aktivsten Branchen nach dem Transaktionsvolumen dar. Nachdem der Ende der 90er Jahre boomende M&A-Markt im Jahr 2001 wertmäßig um 43% eingebrochen war, ist somit ein deutliches Anziehen des M&A-Marktes zu beobachten (vgl. KPMG).
Der Begriff der *Mergers & Acquisitions* wird in der deutschsprachigen Literatur bisher sehr uneinheitlich verwendet (vgl. Jansen, S.A., S. 43). M&A sind spezielle Kooperationsmöglichkeiten zwischen Unternehmen. Bei einem *Merger* (deutsch: Fusion) schließen sich zwei oder mehr Unternehmen unter Aufgabe ihrer bisherigen rechtlichen und wirtschaftlichen Selbständigkeit zu einem neuen Unterneh-

men zusammen. Diese Verschmelzung der Unternehmen kann entweder als Aufnahme oder Neubildung erfolgen. Als Aufnahme (Verschmelzung eines Unternehmens auf ein anderes) wird bei Aktiengesellschaften das Vermögen des übertragenden Unternehmens als Ganzes an ein anderes Unternehmen übergeben, welches den Aktionären des aufgenommenen Unternehmens als Ausgleich Aktien in einem bestimmten Tauschverhältnis überlässt. Der zweite Fall der Verschmelzung als Neubildung erfolgt über die Bildung einer neuen Aktiengesellschaft, auf die das gesamte Vermögen aller sich zusammenschließenden Unternehmen übergeht, und zwar ebenfalls gegen die Gewährung von (neuen) Aktien (Jansen, S. A., S. 51).

Unter *Acquisition* (deutsch Akquisition/Übernahme) wird der Kauf bzw. Teilerwerb und die anschließende Integration eines Unternehmens verstanden, beispielsweise um über dessen Ressourcen zu verfügen oder um sich auf diesem Weg einen neuen Markt zu erschließen. Bei dieser Art der Kooperation verliert ein Unternehmen seine wirtschaftliche Selbständigkeit, auch wenn es ggf. seine rechtliche Selbständigkeit behält. Im Resultat führt dies häufig zum Verlust der Identität des akquirierten Unternehmens, da es in das neue Mutterunternehmen, z. B. auch bezogen auf den Firmennamen, integriert wird. Unterschieden wird bei Akquisitionen zwischen dem Erwerb einer Anteilsmehrheit durch Übernahme von Kapitalanteilen des Gesellschaftskapitals eines Unternehmens (Share Deal) und dem Erwerb von Vermögensanteilen (Asset Deal) (Trilling, S., S. 11).

2. Unternehmensziele mit Mergers und Acquisitions

Unternehmen verfolgen mit Mergers und Acquisitions zwei generelle Ziele: Entweder soll die M&A-Aktivität eine Stärkung der Wettbewerbsposition im bisherigen relevanten Markt bewirken, oder eine bereits veränderte Marktsituation, z.B. durch eine neue Technologie oder eine zu erwartende Markt- und Umfeldveränderung, erfordert eine strategische Reaktion der Unternehmen. Durch die M&A-Entscheidung sind z.B. folgende konkrete *Ziele* angestrebt:

- Stärkung oder Erweiterung der Kernkompetenzen des Unternehmens
- Steigerung der Präsenz bzw. Marktmacht in den Kernmärkten
- Hebung von Synergiepotenzialen und damit eine Erhöhung der Erträge und/oder eine Verbesserung der Effizienz, vor allem durch Kostensenkungen, aufgrund von Economies of scale (Fixkostendegression durch Volumeneffekte), Economies of scope (Verbundeffekte) und Erfahrungskurveneffekte. Dies kann zugleich verbunden sein mit einer Steigerung der Effektivität, z.B. im Sinne einer Verbesserung der Prozesse durch die Ergänzung von Teilprozessen des Partners
- schnelleres Wachstum, als es organisch aus eigenen Kräften des Unternehmens möglich wäre, oder
- eine Repositionierung im Portfolio, meist ausgehend von einer Cash-Cow-Position mit dem Ziel, eine Star Position in neuen Wachstumsmärkten zu erreichen.

3. Strategische Ausrichtung bzw. Richtung des Zusammenschlusses

M&A setzen einerseits bei der *strategischen Ausrichtung* des Unternehmens sowie andererseits bei der Ausrichtung bezüglich der Branche und Wertschöpfungsstufe und damit bei der Richtung des Zusammenschlusses an. Die strategische Ausrichtung des Zusammenschlusses besteht entweder in externem Wachstum oder in der Bündelung und Neustrukturierung der Kräfte, häufig verbunden mit Rationalisierung und Restrukturierung. Da Zusammenschlüsse, die nicht vorrangig dem Wachstum dienen, in der Regel mit der Freisetzung von Mitarbeitern verbunden sind, erhalten sie gerade von diesen weniger Akzeptanz und Zustimmung.

Neben der Differenzierung nach der strategischen Ausrichtung können M&A auch nach der *Richtung des Zusammenschlusses* unterschieden werden. Sie sind entweder horizontal auf Unternehmen der gleichen Branche ausgerichtet oder erstrecken sich vertikal auf eine vor- oder nachgelagerte Wertschöpfungsstufe. Erfolgt der Kauf eines Unternehmens einer anderen Branche, beispielsweise um an einem Wachstumsmarkt zu partizipieren, dann handelt es sich um eine laterale Akquisition. Zur Differenzierung wird bei Akquisitionen zusätzlich häufig danach unterschieden, ob die M&A-Aktivität als freundliche oder feindliche Übernahme erfolgt. Entsprechend lässt sich differenzieren, ob es sich bei einer Fusion um einen Merger of Equals oder einen Merger of Unequals handelt (vgl. Tabelle 1). Bis heute dominieren freundliche Übernahmen und »Merger of Unequals«. Allerdings nimmt in jüngster Zeit die Anzahl der feindlichen Übernahmen zu.

Tab. 1: Differenzierung nach der Übernahmesituation und der Dominanz der Partner bei M&A

Akquisition		*Merger*	
Freundliches Übernahmeangebot	Zustimmung des Managements und der Shareholder	**Merger of Equals**	Eher gleichberechtigtes Verhältnis der Fusionspartner
Feindliches Übernahmeangebot	Übernahmeversuch gegen den Willen des Managements	**Merger of Unequals**	Dominanz eines Fusionspartners

4. Teilprozesse von Akquisitionen und Fusionen

Obwohl viele dieser Unternehmensziele auch durch organisches Wachstum erreicht werden könnten, wählen gerade in den letzten Jahren zahlreiche Unternehmen den Weg des anorganischen Wachstums, um sich hierdurch einen Zeitvorteil zu verschaffen. Er lässt sich allerdings nur realisieren, wenn es gelingt, die neuen Unternehmensteile gut und zügig zu integrieren. Für das Erreichen dieser Ziele ist eine schnelle und zielgerichtete Steuerung der einzelnen Prozessphasen mit dem Schwerpunkt auf den jeweiligen Erfolgsfaktoren durchzuführen.

Abbildung 1 zeigt die drei Teilprozesse einer Akquisition oder Fusion nach Jansen (vgl. Jansen, S. A., S. 164) mit ihren idealtypischen Phasen, welche die Bedeutung der inhaltlichen Schritte für die Durchführung von M&A aufzeigen. Jeder dieser Teilprozesse birgt die Gefahr eines direkten Scheiterns in sich. Die größten finanziellen Risiken drohen jedoch durch Versäumnisse in den Anfangsphasen, die allerdings häufig erst zu einem Scheitern in den späteren Phasen des Integrationsprozesses führen:

(1) Der *erste Teilprozess,* die Strategische Analyse und Konzeption, beginnt mit der ausführlichen Analyse des eigenen Unternehmens und der Auseinandersetzung mit seiner Umwelt. Mit Hilfe geeigneter Analyseinstrumente werden die Unternehmensziele sowie die strategischen Potenziale und Lücken untersucht. Diese bilden den Ausgangspunkt für die Erstellung einer strategischen Bilanz, die wiederum die Basis für die Bestimmung des M&A-Bedarfs ist. Wird die M&A-Aktivität als zielführende Möglichkeit zur Schließung der strategischen Lücken bewertet, erfolgt im nächsten Schritt die Analyse der Umwelt und des Umfeldes.

Die Umweltanalyse und -prognose richtet sich insbesondere auf die Beurteilung der Chancen und Risiken durch die Umwelt, z.B. durch die Branchenentwicklung, die Stellung des Unternehmens in der Branche und die Bereiche Politik, Gesellschaft, Wirtschaft und Technologie, auf das eigene Unternehmen und seine Projekte.

Neben der Umweltanalyse und -prognose werden die drei Ebenen Länder/Märkte/Geschäftsfelder analysiert, und es findet ein kritischer Vergleich zwischen strategischer Allianz und Akquisition/Fusion statt. Auf der Grundlage der zuvor gewonnenen Erkenntnisse kann anschließend die M&A-Strategie formuliert werden.

(2) Im *zweiten Teilprozess*, der Transaktion, beginnt die Suche und Vorauswahl eines potenziellen Partners. Neben der Einbeziehung von M&A-Dienstleistern, wie Investmentbanken, Wirtschaftsprüfungsgesellschaften, Unternehmensberatungen und Rechtsanwaltskanzleien, besteht die Möglichkeit, interne und externe Datenbanken zu nutzen, um geeignete Unternehmen zu finden, gegebenenfalls eine Erstsondierung durchzuführen und Verhandlungen aufzunehmen. Werden bereits früh Daten vom Zielunternehmen zur Verfügung gestellt, so erfolgt hier die Unterzeichnung der Geheimhaltungs-/Vertraulichkeitserklärung bezogen auf die Unternehmensdaten des M&A-Objektes. Wurde das richtige Zielobjekt gefunden, ist dessen Bewertung besonders wichtig, aber oftmals zu diesem Zeitpunkt auch schwierig.

Den Abschluss der Transaktion bildet die Vertragsphase. Sie erstreckt sich zunächst auf die Unterzeichnung der Geheimhaltungs-/Vertraulichkeitserklärung (Confidential Aggreement), die sich auf die anvisierte Übernahme oder Fusion bezieht, und die Absichtserklärung (Letter of Intent) für dieses Vorhaben. Danach schließen sich die → Due Diligence, die kartellrechtliche Prüfung sowie das Signing, als Unterzeichnung der Verträge und das Closing, also der eigentliche Gefahren- und Haftungsübergang, an.

(3) Der Schwerpunkt des *dritten Teilprozesses*, der Integration, liegt im eigentlichen Prozess des Zusammenwachsens, der Post Merger Integration (PMI). Er umfasst neben der Planung des Integrationsprozesses die Durchführung einer Integrationspotenzial-Analyse, also eine Auflistung von den Bereichen, die zur Ausschöpfung von Synergien in das neue Gesamtunternehmen integriert werden müssen und mehr oder weniger leicht integriert werden können. Für eine erfolgreiche PMI ist es wichtig, die Integration auf folgenden fünf Ebenen durchzuführen: der organisatorischen, strategischen, administrativen, operativen und kulturellen Ebene.

Probleme bei einer Akquisition oder Fusion entstehen oftmals deshalb, weil das Management zwar die grundsätzliche Bedeutung der PMI erkennt, aber zu schnell eine vollständige Integration der Kulturen und des Managements anstrebt. Verkannt wird dabei der deutlich höhere Zeitbedarf für das Zusammenwachsen von Unternehmenskulturen im Vergleich zur Integration von Wertschöpfungsprozessen und Produkten sowie Technologien. Außerdem wird häufig das Ausmaß an aktivem Transfer oder aktiver Anstrengung und damit an hohem Engagement nicht nur des Topmanagements, sondern aller Führungskräfte und Mitarbeiter falsch eingeschätzt, nämlich erheblich unterschätzt (Grube/Töpfer 2002, S. 161 ff.).

Dem Integrationsprozess schließt sich ein Post Merger Audit als Erfolgskontrolle an. Anhand von Wirtschaftlichkeitsrechnungen und der Analyse des Realisierungsgrades der Synergien werden so der Integrationsgrad und der Akquisitions- bzw. Fusionserfolg mess- und prüfbar.

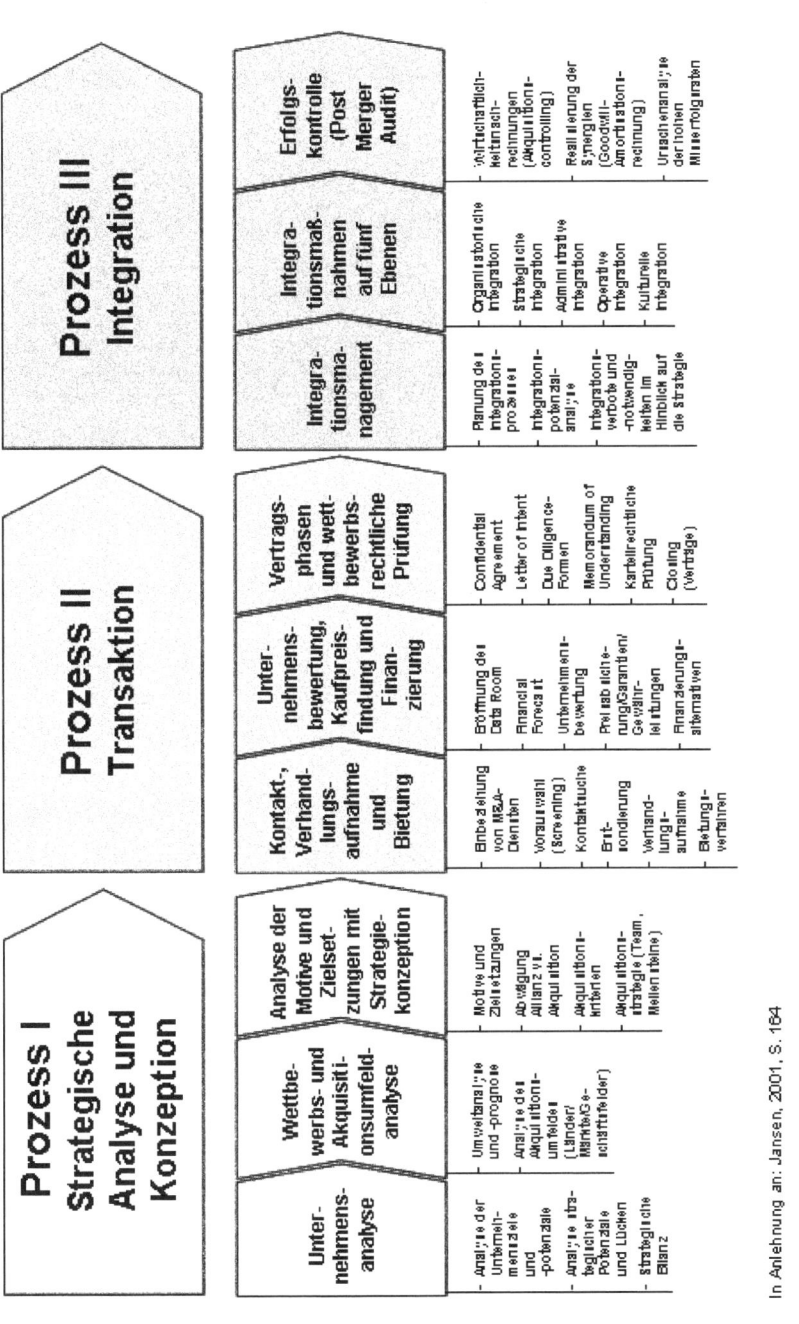

Abb. 1: Prozess einer Akquisition oder Fusion

Hinweis

Zu den angrenzenden Wissensgebieten siehe → Abschluss nach US-GAAP, → Aktiengesellschaft, deutsche, → Aktiengesellschaft, österreichische, → Bilanzanalyse, → Corporate Governance, → Due Diligence, → Gesellschaftsformen, österreichische, → Gesellschaftsrecht, europäisches, → Going Public (Vorbereitungsphase), → Going Public (Durchführungsphase), → Hedgefonds, → Internationale Rechnungslegung nach IFRS, → Jahreabschluss nach deutschem Recht, → Jahresabschluss nach schweizerischem Recht; → Konzernabschluss, → Private Equity, → Sanierungsmanagement, → Sonderbilanzen, → Unternehmensbewertung, → Unternehmensethik, → Venture Capital.

Literatur: CARTWRIGHT, S./ COOPER, C.L./ CARTWRIGHT, S.: Managing Mergers, acquisitions and strategic alliances: Integrating people and cultures, 2. Aufl., Oxford, Butterworth-Heinemann, 1996; GRUBE, R./ TÖPFER, A.: Post Merger Integration – Erfolgsfaktoren für das Zusammenwachsen von Unternehmen, Stuttgart, Schäffer-Poeschel, 2002; JANSEN, S.A.: Mergers & Acquisitions, 4. Aufl., Wiesbaden, Gabler, 2001; JANSEN, S.A./ PICOT, G./ SCHIERECK, D. (HRSG.): Internationales Fusionsmanagement, Stuttgart, Schäffer-Poeschel, 2001; KPMG: Markt für Fusionen und Übernahmen: Mehr Deals im Jahr 2005 und viel versprechender Ausblick auf 2006, 12/2005; MÜLLER-STEWENS, G.: Akquisitionen und der Markt für Unternehmenskontrolle: Entwicklungstendenzen und Erfolgsfaktoren, in: PICOT, A./ NORDMEYER, A./ PRIBILLA, P. (Hrsg.): Management von Akquisitionen, Schäffer-Poeschel Verlag, Stuttgart 2000, S. 41–62; PENZEL, H.-G./ PIETIG, C. (HRSG.): MergerGuide – Handbuch für die Integration von Banken, Wiesbaden, Gabler, 2000; PICOT, A./ NORDMEYER, A./ PRIBILLA, P. (HRSG.): Management von Akquisitionen, Stuttgart, Schäffer-Poeschel, 2000; PICOT, G. (HRSG.): Handbuch Mergers & Acquisitions, 3. Aufl., Stuttgart, Schäffer-Poeschel, 2005; TÖPFER, A.: Erfolgsfaktoren für Mergers & Acquisitions, in: POTH, L.G./ POTH, G.S.: Marketing, Sonderdruck Loseblattsammlung, Neuwied, Luchterhand Verlag, 2000, S. 1 – 60; TÖPFER, A.: Strategische Allianzen, Outsourcing, Netzwerke und Fusionen - Erfolgsvoraussetzungen und Praxisbeispiele, in: THEURL, T.: Kooperationen, Fusionen, Netzwerke: Neue Formen der Arbeitsteilung von Genossenschaften, Münster/ Regensberg, Peter Lang, 2001, S. 51 – 68; TÖPFER, A.: Strategische Marketing- und Vertriebsallianzen, in: BRONDER, C./ PRITZEL, R. (Hrsg.): Wegweiser für Strategische Allianzen, Frankfurt, Gabler, 1992, S. 173 – 208; TÖPFER, A.: Zwölf Grundsätze für erfolgreiche Mergers & Acquisitions, in: RGB, 11/2000, S. 3 – 9; TÖPFER, A./ ULLRICH, R.: Personalwirtschaftliche Aspekte bei Mergers & Acquisitions, in: GAUGLER, E./ OECHSLER, W.A./ WEBER, W. (Hrsg.): Handwörterbuch des Personalwesens, Stuttgart, Schäffer-Poeschel, 2004, S. 1162–1178; THOMSON FINANCIAL: GLOBAL M&A MID-MARKET REVIEW 2Q2006, WWW.THOMSON.COM; TRILLING, S.: Business Television in der Mitarbeiterkommunikation bei Fusionen, Lohmar/ Köln, Joseph Eul, 2000; ZIMMER, A.: Unternehmenskultur und Cultural Due Diligence bei Mergers & Acquisitions, Aachen, Shaker, 2001 (IEWS-Schriftenreihe Band 7).

Internetadressen: (M+M Management + Marketing Consulting) www.m-plus-m.de; (Mergerstat) www.mergerstat.com; (Thomson Financial) www.thomson.com

Website der Autoren: http://tu-dresden.de/die_tu_dresden/fakultaeten/fakultaet_wirtschaftswissenschaften/bwl/muf

Messeformen

Im Rahmen des Messemanagements (siehe → Messemarketing) und des Einsatzes von → Messen als Marketinginstrument werden verschiedene Messeformen unterschieden. Dabei erfolgt eine Abgrenzung überwiegend nach folgenden Kriterien: (1) Geographische Herkunft der Messebeteiligten (regionale, überregionale, nationale und internationale Messen), (2) Breite des Angebotes (Universal-/Mehrbranchenmessen, Solo- bzw. Monomessen, Spezialmessen, Branchenmessen, Fachmessen, Verbundmessen), (3) Angebotene Güterklassen (Konsumgüter-, Investitionsgüter-, Dienstleistungsmessen), (4) Beteiligte Branchen und Wirtschaftsstufen (z.B. Landwirtschaftsmessen, Handelsmessen, Industriemessen, Handwerkermessen, Publikumsmessen), (5) Hauptrichtung des Absatzes (Export- und Importmessen), (6) Funktion einer Veranstaltung (Informations- und Ordermessen), (7) Verfügbarkeit von Rahmenprogrammen (Messen mit Kongressprogramm und ohne Kongressprogramm), (8) Branchenbedeutung der Messe (Leitmesse, Zweitmesse, Nebenmesse).

Siehe auch → Live Communication, → Messemarketing (mit Literaturangaben), → messespezifische Funktionen, → Messewirtschaft.

Literatur: Kirchgeorg, M.: Funktionen und Erscheinungsformen von Messen, in: Handbuch Messemanagement, Hrsg. Kirchgeorg, M. et al., Wiesbaden 2003, S. 51-27; Robertz, G.: Strategisches Messemanagement im Wettbewerb, Wiesbaden 1999; Strothmann, K.-B., Roloff, E.: Charakterisierung und Arten von Messen, in: Handbuch Marketing-Kommunikation, Hrsg. Berndt, R., Hermanns, A., Wiesbaden 1993, S. 707-723.

Messefunktionen
siehe → Messespezifische Funktionen.

Messegesellschaften
siehe → Messewirtschaft; siehe auch → Messemarketing (mit Literaturangaben).

Messemanagement
siehe → Messen, → Messemarketing, → Messewirtschaft (mit Literaturangaben).

Messemarketing

Messemarketing

von Univ.-Professor Dr. Manfred Kirchgeorg
HHL – Leipzig Graduate School of Management

1. Charakterisierung

Als Dienstleistungsunternehmen sind Messeveranstalter angesichts des zunehmenden Wettbewerbs in hohem Maße auf die kundenorientierte Ausrichtung ihres Dienstleistungsangebotes angewiesen. Hierbei reicht das klassische Selbstverständnis als Anbieter von Hallen- und Flächenkapazitäten bei weitem nicht mehr aus, um die komplexen Full-Service-Angebote eines Messeveranstalters konkurrenzfähig anbieten zu können. Damit kommt dem Messemarketing ein besonderer Stellenwert im Rahmen des Messemanagements zu. Messen (→ Messen) stellen zeitlich begrenzte, wiederkehrende Marktveranstaltungen dar, auf denen – bei vorrangiger Ansprache von Fachbesuchern – eine Vielzahl von Unternehmen das wesentliche Angebot eines oder mehrerer Wirtschaftszweige ausstellt und überwiegend anhand von Produktmustern an Abnehmer vertreibt. Das Messemarketing umfasst die Planung, Koordination und Kontrolle aller auf die aktuellen und potenziellen Märkte ausgerichteten Aktivitäten einer Messegesellschaft, um durch eine dauerhafte Befriedigung der Bedürfnisse von Ausstellern und Besuchern die Unternehmensziele zu erreichen.

2. Besonderheiten

Die Besonderheiten des Messemarketings liegen in folgenden Faktoren begründet:

- Der Erfolg einer Messeveranstaltung hängt davon ab, inwieweit es gelingt, die Bedürfnisse von Ausstellern wie auch Besuchern zu erfüllen. Ähnlich wie im Verlagsmarketing (Anzeigen-, Leserzielgruppen) besteht für das Messemarketing die Notwendigkeit, eine *duale Positionierung* einer Messedienstleistung auf der Aussteller- und Besucherseite umzusetzen.
- Gegenüber anderen Dienstleistungsarten ist auch hervorzuheben, dass die Durchführung einer Messeveranstaltung in erheblichem Umfang durch die Mitwirkung und Ressourcen (z.B. Standgestaltung) der Ausstellerzielgruppen beeinflusst wird. Dies führt zu einem besonders hohen Fremdeinfluss bei der Erstellung einer Messeveranstaltung.
- Generell stehen Dienstleistungsunternehmen wie Messegesellschaften vor dem Problem, dass Messen aufgrund ihres immateriellen Charakters vor ihrer eigentlichen Durchführung keiner Qualitätskontrolle unterzogen werden können, wenngleich die Aussteller ihre Messebeteiligungsentscheidung sehr frühzeitig treffen müssen. Deshalb steht der Aufbau einer vertrauensvollen Aussteller- und Besucherbeziehung im Messemarketing besonders im Vordergrund.

- Als weitere Besonderheit kann hervorgehoben werden, dass Messeveranstaltungen in *großen Zeitabständen* (z.B. ein bis zwei Jahre) angeboten werden, was zu besonderen Herausforderungen der Aussteller- und Besucherbindung führt.
- Schließlich wird im Rahmen der Besonderheiten des Messemarketings auch auf die *Standortgebundenheit* von traditionellen Messeveranstaltungen hingewiesen, so dass die Besucher und Aussteller als externe Faktoren zu dem jeweiligen Messegeschehen anreisen müssen. Ortsunabhängig können virtuelle Messen im Internet angeboten werden, die jedoch dem Besucher für viele Produktkategorien keine persönliche Produkt- und Herstellererfahrung bieten können. Zunehmend werden allerdings auch virtuelle Messekonzepte erprobt.

3. Aufgaben des Messemarketings

Die Aufgaben des Messemarketings können anhand des in Abbildung 1 aufgezeigten Marketingmanagementprozesses verdeutlicht werden.

a) Situationsanalyse

Ausgangspunkt des Messemarketings bildet zunächst eine externe und interne *Situationsanalyse*, in der eine systematische Analyse und Prognose des Messemarktes (Marktentwicklung, Konkurrenzsituation) und der Aussteller- und Besucherbedürfnisse erfolgen. Hierzu können eine Vielzahl von Instrumenten der Messemarktforschung eingesetzt werden (Aussteller-, Besucheranalysen, Beschwerde- und Zufriedenheitsanalysen, Positionierungsanalysen etc.). Neben den Ausstellern und Besuchern als primäre Zielgruppen einer Messegesellschaft ist eine Vielzahl weiterer Multiplikatoren (Medienvertreter, Verbandsmitglieder, Politiker etc.) für die erfolgreiche Durchführung einer Messe bereits in der Vormessephase zu berücksichtigen. Damit erfordert die Situationsanalyse auch die Erfassung von Anforderungen der sekundären Zielgruppen. Im Rahmen der Analyse sind die internen Stärken und Schwächen eines Messeveranstalters im Hinblick auf die Positionierung der Messegesellschaft als Ganzes wie auch der einzelnen Messeveranstaltungen zu erheben.

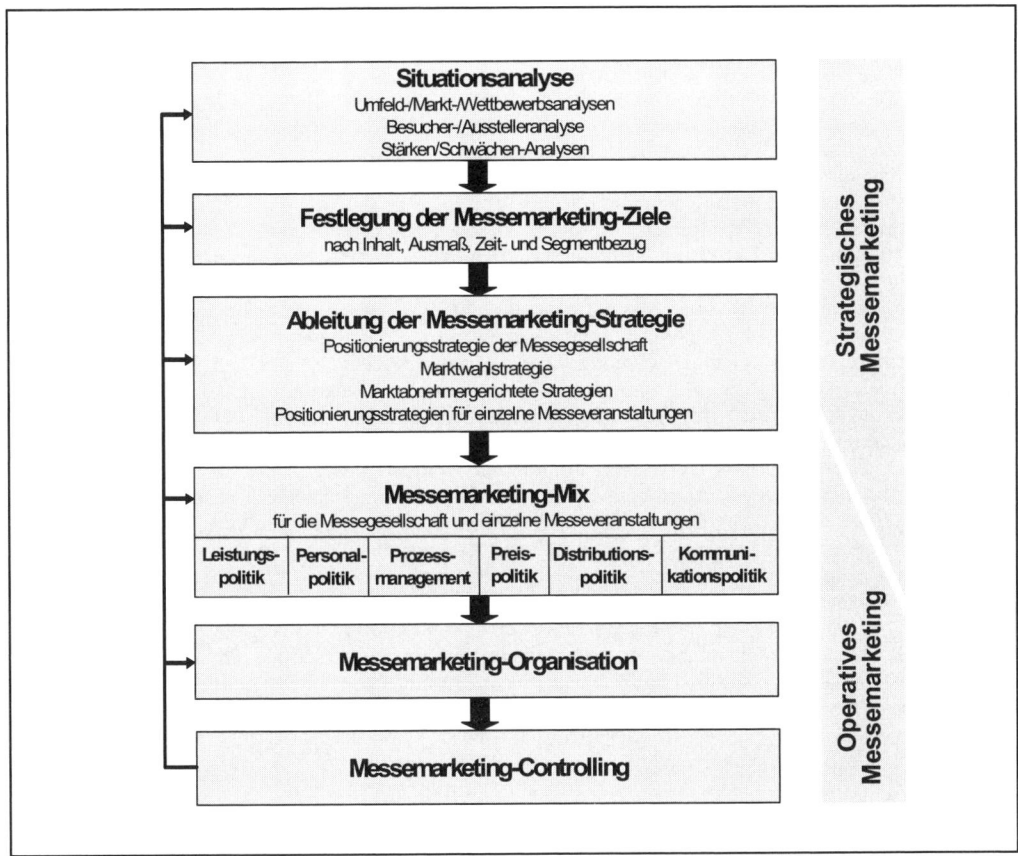

Abb. 1: Managementschritte und Aufgaben des Messemarketings

b) Festlegung der Messemarketingziele und -strategien

Durch die Zusammenführung der externen und internen Informationsgrundlagen sind die Entscheidungsträger in der Lage, konkrete *Marketingziele* zu definieren, die eine kundenorientierte Ausrichtung und die Erlangung von Wettbewerbsvorteilen sicherstellen sollen. Hierbei gilt es, psychographische (z.B. Bekanntheits-, Image-, Zufriedenheits-, Loyalitätsziele) sowie ökonomische Marketingziele (Ausstellerbeteiligungs-, Besucherbeteiligungs-, Umsatz-, Deckungsbeitrags-, Gewinn-, Renditeziele) für eine Messegesellschaft nach Inhalt-, Ausmaß-, Zeit- und Segmentbezug zu definieren. Die Ziele für die Marktbearbeitung sind sowohl für die Zielgruppe der Aussteller als auch für die Besucherzielgruppen getrennt zu definieren, Marketingziele zum einen für die gesamte Messegesellschaft, zum anderen für die einzelnen Messeveranstaltungen festzulegen.

Auf der Grundlage der Marketingziele erfolgt die Ableitung von langfristigen Verhaltensplänen, die auch als *Marketingstrategien* bezeichnet werden. Je nach Bezugsebene (Messegesellschaft, Messeveranstaltung) geht es um strategische Grundsatzentscheidungen über die Zusammensetzung, Anpassung (Messeneuentwicklung, Messepflege, Messerepositionierung, Messeelimination) und Positionierung des gesamten Messeprogramms (Messeportfoliostrategie) sowie um die aussteller- und besucherseitige Positionierung einzelner Messeveranstaltungen. Grundsatzentscheidungen sind auch über das Ausmaß an messebegleitenden Serviceleistungen und den Internationalisierungsgrad (Länderportfolio, Umfang des Auslandsengagements) einer Messegesellschaft zu treffen. In diesem Zusammenhang sind die zu bearbeitenden Auslandsmessemärkte abzugrenzen und internationale Profilierungsstrategien für die Aussteller und Besucher zu definieren.

c) Gestaltung des Messemarketing-Mixes

Umgesetzt werden die Messemarketingstrategien mithilfe marktgerichteter Maßnahmen, dem so genannten *Messemarketing-Mix* (siehe auch → Marketing-Mix). Im Rahmen der *Leistungspolitik* sind Entscheidungen über die Flächen- und Infrastrukturangebote, das Messeveranstaltungsprogramm, die Servicequalität und das Angebot von messebegleitenden Services (z.B. Standbau, Hostessenservice, Kongressservice, Logistikdienstleistungen etc.) zu treffen. Eng mit der Leistungspolitik ist auch die Frage der Etablierung und Profilierung von Messemarken für einzelne Veranstaltungen verbunden. Die *Preispolitik* umfasst alle Entscheidungen über die Kalkulation der aussteller- und besucherseitigen Preise sowie die Ausgestaltung der Messekonditionen und vertraglichen Regelungen (siehe auch → Preispolitik). Zur *Distributionspolitik* zählt die Wahl geeigneter Absatzkanäle, um die Messedienstleistungen im In- und Ausland zu vertreiben, wobei aufgrund der Standortgebundenheit von Messen sich der Vertrieb primär auf das Angebot von Dienstleistungspotenzialen und Verträgen bzw. Eintrittskarten beschränkt (siehe auch → Vertriebspolitik). Ebenfalls zur Distributionspolitik zählen alle Entscheidungen, die sich mit der physischen Integration von Aussteller- und Besucherzielgruppen in die Messeveranstaltung beschäftigen. Hierunter fallen logistische Dienstleistungen für den Standaufbau bis hin zur Bereitstellung von Parkflächen oder öffentlichen Verkehrsmitteln. Der → *Kommunikationspolitik* sind alle Instrumente zuzuordnen, die sich mit der zielgruppengerichteten Kommunikation beschäftigen. Hier reichen die Maßnahmen von der Aussteller- und Besucherwerbung, dem → Customer Relationship-Management (CRM) über den Internetauftritt (siehe auch → Internet-Kommunikationspolitik) bis hin zu Public Relations (siehe auch → Öffentlichkeitsarbeit) und dem Multiplikatorenmanagement. Aufgrund der dienstleistungsspezifischen Besonderheiten ist das Messemarketing-Mix im Vergleich zum klassischen Marketing-Mix um die Bereiche der *Personalpolitik* und des → *Prozessmanagements* zu erweitern. Messedienstleistungen werden in hohem Maße durch persönliche Interaktionen zwischen dem Messepersonal und den Ausstellern sowie Besuchern angeboten und erstellt. Während der Vor-, Durchführungs- und Nachmessephase bestehen vielfältige Kontakte eines Messeprojektteams mit Vertretern der ausstellenden Wirtschaft. Dies erfordert eine besondere Verankerung der Kundenorientierung in der Unternehmenskultur einer Messegesellschaft. Auch die Prozessabläufe während der Vor-, Durchführungs- und Nachmessephase sind in hohem Umfang kundenorientiert zu gestalten, da das Dienstleistungsergebnis einer Messeveranstaltung nur durch die Integration und das Zusammenwirken der externen Faktoren (Aussteller, Besucher) erfolgreich gestaltet werden kann.

d) Messemarketing-Organisation und -Controlling

Die Maßnahmen des Messemarketing-Mixes sind durch eine geeignete Ablauf- und Aufbauorganisation umzusetzen, so dass auch Entscheidungen über die Wahl der *Marketingorganisation* einer Messegesellschaft zu treffen sind. Schließlich ist das → *Marketing-Controlling* für die systematische Entscheidungsunterstützung und die Erfolgskontrolle im Rahmen der Messemarketingprozesse zu berücksichtigen. Für das Controlling werden die Inhalte der festgelegten Ziele einer Messegesellschaft zugrunde gelegt, wobei unterschiedliche Kennzahlen auch für den Wettbewerbsvergleich herangezogen werden können.

Hinweise

- Zu den vertiefenden Wissensgebieten siehe u.a. → Messeformen, → messespezifische Funktionen, → Messewirtschaft.
- Zu den angrenzenden Wissensgebieten siehe → Customer Relationship Management (CRM), → Dienstleistungsmanagement, → Eventmanagement, → Eventmarketing, → Handelsbetriebslehre, Grundlagen, → Handelsmarketing, → Kommunikationspolitik, → Konsumentenverhalten, → Kundenzufriedenheit, → Markenführung, → Marketing, Grundlagen, → Marketing, Internationales, → Marketingcontrolling, → Marktforschung, → Projektmanagement, → Vertriebspolitik, → Werbung.

Literatur: Kirchgeorg, M., Klante, O.: Strategisches Messemarketing, in: Handbuch Messemanagement, Hrsg. Kirchgeorg, M. et al., Wiesbaden 2003, S. 365-389; Peters, M.: Dienstleistungsmarketing in der Praxis – Am Beispiel eines Messeunternehmens, Wiesbaden 1992; Prüser, P.: Messemarketing – ein netzwerkorientierter Ansatz, Wiesbaden 1997; Robertz, G., Strategisches Messemanagement, Wiesbaden 1998; Taeger, M.: Messemarketing – Marketingmix von Messegesellschaften unter Berücksichtigung wettbewerbspolitischer Rahmenbedingungen, Göttingen 1993.

Internetadressen: http://www.auma.de; http://www.ufinet.org; http://www.trade-show-management.com

Website des Autors: www.hhl.de/marketing

Messemarkt

siehe → Messewirtschaft (mit Literaturangaben).

Messen

sind zeitlich begrenzte, wiederkehrende Marktveranstaltungen, auf denen – bei vorrangiger Ansprache von Fachbesuchern – eine Vielzahl von Unternehmen das wesentliche Angebot eines oder mehrerer Wirtschaftszweige ausstellt und überwiegend nach Produktmuster an gewerbliche Abnehmer vertreibt. Messen werden dem Dienstleistungssektor zugeordnet, sie können von Messegesellschaften, anderen Unternehmen oder Institutionen (z.B. Verbände) initiiert, geplant und durchgeführt werden.
Siehe auch → Live Communication, → Messemarketing (mit Literaturangaben), → Messeformen, → messespezifische Funktionen.

Messen, internationale

siehe → Messeformen; siehe auch → Messemarketing (mit Literaturangaben).

Messespezifische Funktionen

→ Messen stellen Dienstleistungen dar, die i.d.R. von Messegesellschaften für Aussteller und Besucher angeboten werden (siehe auch → Messemarketing, → Messewirtschaft, → Messeformen). Messen erfüllen als Präsentations- und Kommunikationsplattform für Aussteller, Besucher und Messestädte, Regionen oder öffentliche Institutionen unterschiedliche Funktionen. Traditionell werden überwirtschaftliche, gesamtwirtschaftliche und einzelwirtschaftliche Funktionskategorien einer Messe unterschieden. In Tabelle 1 sind die einzelnen Messefunktionen sowie daraus abzuleitende Ziele aus der Sicht der jeweiligen Akteure im Überblick aufgeführt:

Tab. 1: Funktionen von Messeveranstaltungen

Aus der Perspektive der ...	Messefunktionen	Ausgewählte spezifische Ziele
Gesellschaft (überwirtschaftlich)	Innovationsfunktion	Technischer Fortschritt
	Aufmerksamkeitsfunktion	Interesseweckung
	Informationsfunktion	Aufklärung, Erziehung
	Politikfunktion	Völkerverständigung Ankündigungsziele Imageziele
Gesamtwirtschaft	Marktbildende Funktion	Zusammenführung von Angebot und Nachfrage
	Marktpflegende Funktion	Regelmäßiger Veranstaltungszyklus
	Handelsfunktion	Markttransaktionen Import und Export
	Transparenzfunktion	Branchenüberblick
	Wirtschaftsförderungsfunktion	Förderung des Messestandortes Umwegrenditen
Messeaussteller/-besucher	Informationsfunktion	Informationsweitergabe Informationsbeschaffung Markterkundungsziele
	Beeinflussungsfunktion	Bekanntheitsziele Einstellungsziele Imageziele
	Verkaufsfunktion	Verkaufsvorbereitung Verkaufsdurchführung
	Motivationsfunktion	Mitarbeitermotivation Besuchermotivation
Messegesellschaft	Leistungserbringungsfunktion	Leistungsziele (z.B. Anzahl Aussteller/Besucher)
	Ertragsfunktion	Umsatz-/Gewinn-/Renditeziele
	Profilierungsfunktion	Wettbewerbsdifferenzierung

Siehe auch → Messemarketing (mit Literaturangaben).

Literatur: Kirchgeorg, M.: Funktionen und Erscheinungsformen von Messen, in: Handbuch Messemanagement, Hrsg. Kirchgeorg, M. et al., Wiesbaden 2003, S. 51-71.

Messewesen

siehe → Messewirtschaft, → Messemarketing, → Messeformen.

Messewirtschaft

(1) *Charakterisierung:* Der Messemarkt umfasst das Angebot von Messen durch Veranstalter und die Nachfrage von Messedienstleistungen durch Aussteller und Besucher. Der Begriff der Messewirtschaft bzw. des Messewesen ist weiter gefasst, er umfasst neben den Messeveranstaltern und den ausstellenden und besuchenden Akteuren auch Anbieter von messespezifischen Serviceleistungen wie z.B. den

Messebau, Messespediteure, Hostessenagenturen etc., deren Hauptumsätze durch Serviceleistungen im Rahmen der Messeabwicklung entstehen. In Deutschland hat der Messemarkt eine besondere Bedeutung erlangt (→ Messefunktionen). Deutschland ist weltweit führend bei der Durchführung internationaler Messen. Von den global führenden Messen der einzelnen Branchen finden etwa zwei Drittel in Deutschland statt, d.h. jährlich werden rund 140 bis 150 internationale Messen und Ausstellungen mit über 160.000 Ausstellern und 9 bis 10 Mio. Besuchern veranstaltet.

(2) *Verbände der Messewirtschaft:* Zu den wesentlichen nationalen und internationalen Verbänden des Messewesens zählen der AUMA, die FKM und die UFI. Der 1907 gegründete *AUMA (Ausstellungs- und Messe-Ausschuss der Deutschen Wirtschaft e.V.)* ist der Verband der deutschen Messewirtschaft. Er hat sich zur Aufgabe gesetzt, Aussteller und Besucher über die Entwicklungen in der Messewirtschaft zu informieren und deutsche Veranstalter bei ihren Auslandsmesseaktivitäten zu unterstützen. Weiterhin trägt der AUMA mit seinen Analysen über die Messewirtschaft und Tagungen zur Transparenzbildung im Messemarkt bei. Die FKM (*Gesellschaft zur freiwilligen Kontrolle von Messe- und Ausstellungszahlen)* hat einheitliche Regeln für die Ermittlung von Aussteller-, Flächen-, Besucherzahlen und Besucherstrukturen aufgestellt sowie standardisierte Antwortvorgaben für Besucherbefragungen entwickelt. Auf diese Weise wird eine Vergleichbarkeit einzelner Messeveranstaltungen erreicht. Die *UFI (Union des Foires Internationales)* ist der internationale Interessensverband der weltweit größten Messeveranstalter und Messegeländeeigentümer. Ziel der UFI ist es eine internationale Plattform zum Austausch von Ideen und Erfahrungen zu bieten und den Mitgliedern Unterstützung durch Promotion von Fachmessen, Veranstaltung von Seminaren und Bereitstellung von Studien zukommen zu lassen.

Siehe auch → Messemarketing (mit Literaturangaben), → Messeformen, → messespezifische Funktionen.

Literatur: AUMA (Hrsg.): Die Entwicklung des europäischen Messewesens, Bergisch Gladbach 1991; Kirchgeorg, M., Dornscheidt, H.W., Giese, W., Stoeck, N. (Hrsg.): Trade Show Management, Wiesbaden 2005.

Internetadressen: http://www.auma.de; http://www.ufinet.org; http://www.trade-show-management.com

Messniveau
gibt an, welche mathematischen Transformationen mit den Messwerten zulässig sind und durchgeführt werden können. Die → Skalierung von Variablen hat damit eine erhebliche Bedeutung, da sie die anzuwendenden bzw. anwendbaren Datenanalyseverfahren determiniert.

Es werden folgende Messniveaus unterschieden: (1) Nominalskalierung: Die einer Merkmalsausprägung zugeordnete → Codierung hat den Charakter einer Benennung oder eines Namens (z.B. weiblich = 1, männlich = 2). Eine Nominalskalierung ermöglicht somit lediglich die Feststellung von Identitäten bzw. Unterschieden. (2) Ordinalskalierung: Die einer Merkmalsausprägung zugeordnete Zahl drückt eine Rangfolge aus (z.B. 1 = sehr gut, 2 = gut usw.). Es kann daraus eine Rangreihe verschiedener Objekte erstellt werden, wobei die konkreten Abstände zwischen den Objekten nicht bekannt sind. (3) Intervallskalierung: Sind zusätzlich die Abstände zwischen den Rangplätzen messbar, ist eine Intervallskala gegeben. Eine Intervallskala besitzt keinen absoluten Nullpunkt (z.B. Intelligenzquotient). (4) Verhältnisskalierung: Liegt zusätzlich noch ein absoluter Nullpunkt vor, spricht man von einer Verhältnisskala (z.B. Alter).

Bei der Nominal- und Ordinalskalierung handelt es sich um nicht-metrische Messniveaus. Die Intervall- und Verhältnisskalierung sind metrische Skalenniveaus, die häufig die Voraussetzung für den Einsatz einer Vielzahl komplexer bi- und multivariater Analysemethoden darstellen.

Siehe → Marktforschung und → Statistik, jeweils mit Literaturangaben.

Messzahl
(Gewerbesteuer), siehe → Steuermesszahl (Gewerbesteuer).

Metadaten
Unter Metadaten versteht man Daten zur Beschreibung von Daten. Im → Relationalen Datenmodell z.B., in dem alle Daten in Form von Tabellen organisiert sind, werden Metadaten dazu verwendet, die

Eigenschaften der Tabellen, die die Anwendungsdaten enthalten, zu beschreiben; aus naheliegenden Gründen sind die Metadaten ebenfalls in Form von Tabellen organisiert.
Siehe auch → Datenbanksysteme und → Data Warehouse, jeweils mit Literaturangaben.

Metaheuristiken
In jüngster Zeit sind neben den herkömmlichen → *Heuristiken* so genannte Metaheuristiken entwickelt worden, die sich vor allem durch ihr breiteres Anwendungsspektrum sowie durch das Akzeptieren von vorübergehenden Verschlechterungen der Lösungen unterscheiden lassen.
Damit sind diese Verfahren in der Lage, lokale Optima zu überwinden und ggf. bessere Lösungen zu generieren. Zu den Metaheuristiken zählen vor allem die Ansätze des Simulated Annealing, Tabu Search, Ameisensysteme, genetische Algorithmen und Evolutionsstrategien.
Siehe auch → Operations Research (mit Literaturangaben).

Meta-Logistik
Zwischen Makro- und Mikro-Logistik ist die Meta-Logistik einzuordnen, wie z.B. der Güterverkehr der in einem Absatzkanal zusammenarbeitenden Organisationen.
Siehe auch → Logistik, Grundlagen (mit Literaturangaben).

Methode 6-3-5
(→ *Kreativitätstechnik*). Sie arbeitet mit sechs Gruppenmitgliedern, die jeweils drei Lösungsvorschläge nach neuer Problemdefinition innerhalb von mindestens fünf Minuten in ein vorbereitetes Formblatt eintragen und dieses jeweils (insgesamt fünfmal) im Uhrzeigersinn an ihren Nachbarn weiterreichen, der seinerseits drei neue Vorschläge hinzufügt (also 108 Vorschläge insgesamt).
Dabei gelten folgende Regeln: (1) die Problemvorstellung wird zunächst durch den Auftraggeber vorgetragen, (2) die Teammitglieder versuchen, das Problem in verschiedener Hinsicht neu zu formulieren, und der Auftraggeber wählt die ihm am interessantesten erscheinende Neuformulierung aus, (3) Eintragung der Neuformulierung in ein Formblatt (von nun an herrscht in der Gruppe absolutes Stillschweigen), (4) jedes Teammitglied trägt in sein Formblatt drei Ideen zur Problemlösung ein (die dafür zur Verfügung stehende Zeitspanne wird oft kontinuierlich verlängert), (5) die Formblätter werden an den jeweiligen Nachbarn weitergegeben, und jedes Teammitglied ergänzt die Ideen des Vorgängers um drei neue oder weiterentwickelte eigene Ideen, (6) die Formblätter werden danach wiederum weitergegeben, bis jeder Teilnehmer jedes Formblatt bearbeitet hat.

Methode des kritischen Weges
Dieses Verfahren basiert auf einem → Vorgangspfeilnetz, d.h. die → Vorgänge werden als Pfeile, die → Ereignisse als kreisförmige Knoten dargestellt. Die Zeitplanung basiert auf deterministischen → Vorgangsdauern, die Ereignisse werden mit frühestmöglichen und spätest möglichen Terminen bewertet. Die Folge von Ereignissen und Vorgängen, die keine Pufferzeiten aufweisen, heißt zeitlängster oder kritischer Weg.
Siehe auch → Operations Research (mit Literaturangaben).

Metra-Potenzial-Methode
Die Metra-Potenzial-Methode basiert auf einem → Vorgangsknotennetz. Die → Vorgänge sind rechteckige Knoten, die → Anordnungsbeziehungen sind Pfeile. Die Zeitplanung erfolgt über die Berechnung frühest und spätest mögliche Anfangs- und Endzeitpunkte der einzelnen Vorgänge.
Siehe auch → Operations Research (mit Literaturangaben).

Mezzanine Finanzierung
Oberbegriff für hybride (zwischen Eigen- und Fremdkapital einzuordnende) Finanzierungsinstrumente. Das Mezzanine Kapital ist grundsätzlich nach dem Fremdkapital und vor dem Eigenkapital (Private Equity) zu bedienen. Es werden keine Sicherheiten verlangt. In Deutschland gebräuchliche Formen sind: → Subordinated debt, partiarische Darlehen, Wandelanleihen, Genussrechte, Stille Beteiligung.

Bei der Mezzanine Finanzierung wird Kapital auf Zeit (ca. 6 Jahre) gegen Zinszahlung überlassen. Neben einem Festzins wird häufig eine gewinnabhängige Vergütung vereinbart. Die Rendite liegt in der Regel bei etwa 15-20 %. Bei Vereinbarung eines → Equity kicker kann sie noch höher liegen.

Die Mezzanine Finanzierung wird häufig zur Finanzierung eines → Management Buy-In bzw. → Management Buy-Out verwendet.

Siehe auch → Mezzanine-Kapital (*Hybrid-Kapital*), mit Literaturhinweisen.

Mezzanine-Kapital

(*Hybrid-Kapital*). Der Begriff *Mezzanine-Kapital* beschreibt Formen der Unternehmensfinanzierung (siehe auch → Corporate Finance), die in ihrer Ausgestaltung zwischen reinem Eigenkapital und reinem Fremdkapital liegen, das heißt Eigenschaften beider Kapitalformen aufweisen. Der Begriff *Hybrid-Kapital* wird häufig synonym verwendet.

Mezzanine-Kapital mit überwiegendem Eigenkapitalcharakter trägt weniger Risiko als reines Eigenkapital bei geringerer Verzinsung beziehungsweise eingeschränktem Stimmrecht. Beispiele sind unter anderem die stille Beteiligung (kein bzw. beschränktes Mitspracherechte des Kapitalgeber) und Vorzugsaktien (z.B. bevorzugte Behandlung bei Ausschüttungen mit Vorab- oder Überdividende oder im Insolvenzfalle, ggfs. beschränktes Stimmrecht).

Mezzanine-Kapital mit überwiegendem Fremdkapitalcharakter trägt ein höheres Risiko, z.B. aufgrund der Erfolgsabhängigkeit der Zinszahlungen beziehungsweise des Zinszahlungszeitpunktes als erstrangiges Fremdkapital und aufgrund nachrangiger Behandlung im Insolvenzfalle. Das höhere Risiko wird entsprechend in der Verzinsung vergütet. Beispiele sind Nachrangdarlehen beziehungsweise Hybrid-Bonds (höheres Risiko und entsprechend höhere Verzinsung als reines Fremdkapital, im Insolvenzfalle ggfs. nachrangige Bedienung, z.T. unbegrenzte Laufzeit, Zeitpunkt der Zinszahlung in Abhängigkeit von der Profitabilität).

Der Begriff *Hybrid-Finanzierung* bzw. *Hybrid-Bonds* wird teilweise speziell verwendet für Finanzierungsinstrumente, die verschiedene Finanzmarktsegmente betreffen bzw. eine Umwandlung insbesondere von Fremd- in Eigenkapital als Ausstattungsmerkmal bzw. Option vorsehen. Beispiele hierfür sind die → *Wandelanleihen* und die → *Optionsanleihen*.

Finanzierung mit Mezzanine-Kapital erlangt insbesondere für → KMUs aus bilanzstrukturellen Gründen zunehmende Bedeutung, da es ggfs. zu einer Stärkung des Eigenkapitals und damit der externen Bonitätsbeurteilung (siehe auch → Ratingmethoden, kreditwirtschaftliche) führen kann (hinsichtlich der Ursachen siehe → *Basel II-Richtlinien*). Anforderungen an die Ausgestaltung von Mezzanine-Kapital hinsichtlich seiner Zurechenbarkeit zum Eigenkapital schließen – je nach rechtlichen Anforderungen – die Verlustbeteiligung beziehungsweise Gewinnabhängigkeit der Verzinsung, die Nachrangigkeit sowie eine Mindestlaufzeit ein.

Siehe auch → Mezzanine Finanzierung sowie → Corporate Finance (mit Literaturangaben).

Literatur: Nelken, Israel (Hrsg.): Handbook of Hybrid Instruments, Wiley & Sons, 2000; Weber, Thomas: Mezzanine Finanzierung, Neue Perspektiven für mittelständische Unternehmen, VDM Verlag Dr. Müller, 2005; Werner, Horst S.: Mezzanine-Kapital, Bank Verlag Köln, 2004;

Microsites

Eine Microsite, auch *Nanosite* genannt, ist eine kleine, komplette Website auf Bannergröße. Das Format hat den Vorteil, dass der Websitebesucher die ursprüngliche Site bei Interesse nicht verlassen muss, sondern parallel Informationen auf der Microsite aufnehmen bzw. recherchieren kann. Mehr zu Bannern unter → Bannerwerbung; zur Internet-Werbung siehe → Internet-Kommunikationspolitik.

Middleware

(*Integrationsplattform, Enterprise Application Integration-Software, EAI-Software*) ist eine Software, welche die → Anwendungsintegration ermöglicht. Siehe auch → mySAP ERP.

Mietkauf

siehe → Kaufrecht, Abschnitt 2.3.

Mikroebene

Forschungsorientierung im → *Internationalen Marketing*, die sich mit der Notwendigkeit von kulturspezifischen Anpassungen von Produkten, Dienstleistungen oder Handelskonzepten befasst.

Mikro-Logistik

Logistiksysteme einzelner öffentlicher oder privater Organisationen. Siehe auch → Makro-Logistik.

Mind Mapping

(siehe auch → *Kreativitätstechnik*). Mind maps wollen ihre Anwender verpflichten, mit liebgewordenen Gewohnheiten aufzuräumen und stattdessen ein Ideenfeuerwerk abzufackeln. Zu Beginn wird ein Leitmotiv/Thema in die Mitte eines Blattes/einer Tafel gestellt. Da dabei die rechte Gehirnhälfte angesprochen wird, soll das Bild etwas detaillierter ausgemalt werden. Dann werden Schlüsselwörter gesucht, die als Grundlage für das Erinnerungsvermögen und freie Assoziationen dienen. Sie sollen Vorstellungsbilder auslösen. Diese Schlüsselwörter werden strahlenförmig mit dem Leitmotiv verbunden. Pro Linie gibt es nur ein Schlüsselwort, damit genügend Platz für alle kreativen Assoziationen bleibt. Daraus wird ein Netzwerk angelegt, indem von den Linien zum Leitmotiv Abzweigungen in mehreren Ebenen ausgehen, die mit einzelnen Begriffen versehen werden.

In der Assoziationsphase werden so viele Ideen wie möglich gesammelt. Die Gedanken schweifen umher und die größtmögliche Zahl von Schlüsselwörtern wird jeweils passend zu den Zweigen notiert. In der zweiten Phase werden die Schlüsselwörter strukturiert und noch treffender formuliert. Alles Überflüssige wird gestrichen, eine noch bessere Zuordnung versucht.

Zu Beginn sollten nur prägnant formulierte Substantive verwendet werden. Während der Erstellung wird der Papierbogen mehrfach gedreht, deshalb sind Blockbuchstaben besser lesbar. Als Arbeitsmittel genügen ein einfacher Papierbogen, Bleistift, Radiergummi und für geübte Anwender Farben. Korrekturen sind Teil des schöpferischen Prozesses. Geübte Anwender können an beliebigen Stellen Symbole und Bilder verwenden.

Minderheitsaktionär

siehe → Squeeze Out, → Kleinaktionär, → Hauptversammlung.

Minderheitsgesellschafter

(Fremdgesellschafter) halten diejenigen Anteile an Tochterunternehmen, die nicht der Mutterunternehmung des Konzerns gehören.

Mindestkapital

ist gesetzlich vorgeschrieben für bestimmte Gesellschaftsformen. Das Mindestkapital der → Aktiengesellschaft (deutsche) beträgt 50.000 Euro, das der → Gesellschaft mit beschränkter Haftung (deutsche) (noch) 25.000 Euro. Siehe auch → Aktiengesellschaft, österreichische und GmbH, österreichische.

Mindeststammkapital

siehe → Stammkapital; siehe auch → Gesellschaft mit beschränkter Haftung (deutsches Recht).

Minimalkostenkombination

Zur Bestimmung der Minimalkostenkombination ist die Kenntnis der → *Isoquante* und der *Isokostenlinie*, d.h. der Gesamtheit der Faktorkombinationen, die mit einem gleichen Kostenbudget realisierbar sind, erforderlich. Kostenminimal ist diejenige Faktorkombination, bei der die *Steigungen* von → Isoquante und Isokostenlinie gleich sind, d.h. bei der die Isokostenlinie die → Isoquante tangiert.

   Literatur: Zur Vertiefung siehe die Literaturangaben beim Schwerpunktstichwort → Produktions- und Kostentheorie (Univ.-Professor Dr. Reinhard Haupt).

Minimax-Maxime

siehe → Entscheidungsmaxime.

Minimum

minimaler Funktionswert, den eine → Funktion in einer Umgebung um einen Punkt x_0 annimmt. Ist die Funktion in x_0 differenzierbar (vgl. → Differenzieren) und gilt $f'(x_0) = 0$ und $f''(x_0) > 0$, liegt in x_0 ein Minimum vor (hinreichendes Kriterium).

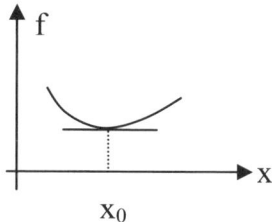

MIS

Abkürzung für Management-Informationssysteme. Siehe → Management-Informationssysteme (MIS) (mit Literaturangaben).

MIS, bottom-up

siehe → MIS, Entwicklung; siehe auch → Management-Informationssysteme (MIS).

MIS, computergestützte

→ Management-Informationssysteme konzipiert/realisiert auf Basis der Informations- und Kommunikationstechnik.

MIS, Entwicklung

→ Management-Informationssysteme (MIS) sind dem Bedarf des Anwenders entsprechend zu gestalten. Zwei Entwicklungsrichtungen sind gängig: (1) Die Entwicklung „bottom-up" (von unten nach oben) ist orientiert an gegebenen Daten und Informationen. Im Mittelpunkt steht das betriebliche Rechnungswesen. (2) Die Entwicklung „top-down" (von oben nach unten) geht von dem Bedarf des Nutzers aus. Diesem Bedarf soll weitmöglichst entsprochen werden, was teils zu neuen inhaltlichen Konzepten geführt hat (→ Balanced Scorecard, → Corporate Governance Information and Forecasting Systems etc.).
Siehe auch → Management-Informationssysteme (mit Literaturangaben).
Literatur: Rechkemmer, K.: Corporate Governance, München, Wien 2003; Rechkemmer, K.: Corporate Governance Informations- und Früherkennungssystem. Controller Magazin, November 2005.
Internetadressen: www.cgifos.de; www.results.org

MIS, Funktionalität

Funktionsbereiche computergestützter MIS (→ MIS, Computergestützt). Unterschieden werden gängig: (a) vorstrukturierter Zugriff auf Information, (→ Information, Grundinformationen; → Briefing Book), (b) unstrukturierter Zugriff auf Information (→ Sonderinformationen, → Suchmaschinen, → OLAP), (c) Modellrechnungen (Optimierungen, Szenarios etc.), Kommunikation (E-Mail, Electronic Conferencing etc.), Büroautomatisierung (elektronischer Kalender, elektronisches Postbuch etc.). Siehe auch → Management-Informationssysteme (mit Literaturangaben).
Literatur: Rechkemmer, K.: Topmanagement-Informationssysteme. Betriebswirtschaftliche Grundlagen. Stuttgart 1999.

MIS, Grundinformation

(a) eine Funktionalität computergestützter → Management-Informationssysteme, (b) eine Kategorie der im Management gebrauchten Informationen.

MIS, Implementierung
Einführung computergestützter Management-Informationssysteme (→ MIS, computergestützt) in der Praxis. Verläuft häufig nicht reibungslos. Zu den kritischen Erfolgsfaktoren gehören erfahrungsgemäß: Executive Sponsor, Operativer Sponsor, technische Mitarbeiter, Datenmanagement, deutliche Verbindung zu Geschäfts- und Managementzielen etc.
Siehe auch → Management-Informationssysteme (mit Literaturangaben).
Literatur: Rechkemmer, K.: Topmanagement-Informationssysteme. Betriebswirtschaftliche Grundlagen. Stuttgart 1999.

MIS, Modellrechnungen
eine Funktionalität computergestützter → Management-Informationssysteme. Umfasst mathematisch-statistische Analysen (What-if - Szenarios, Optimierungen, Extrapolationen etc.) (→ MIS, Funktionalität).

MIS, Mythen
Im Zuge der Entwicklung computergestützter Management-Informationssysteme (→ MIS, computergestützt) haben sich eine Reihe von allgemeinen Bildern bezüglich der Belange des Managements und der Nutzenpotenziale von MIS herausgebildet. Jüngere Forschungsarbeiten differenzieren vermehrt zwischen nachgeordneten und oberen Managementebenen, wodurch sich die bisherigen Bilder teils grundlegend zu modifizieren sind.
Siehe auch → Management-Informationssysteme (mit Literaturangaben).
Literatur: Rechkemmer, K.: Corporate Governance, München, Wien 2003.

MIS, Nutzenpotentiale
Unmittelbare Nutzenpotentiale eröffnen sich Managern dadurch, dass sie persönlich („hands on") mit computergestützten MIS (→ MIS, computergestützte) arbeiten. Mittelbare Nutzenpotentiale eröffnen sich ihnen dadurch, dass ihre Mitarbeiter oder andere sie mit Information versorgende Personengruppen mit computergestützten MIS arbeiten.
Siehe auch → Management-Informationssysteme (mit Literaturangaben).
Literatur: Rechkemmer, K.: Topmanagement-Informationssysteme. Betriebswirtschaftliche Grundlagen. Stuttgart 1999.

MIS, organisatorische
siehe → Management-Informationssysteme.

MIS, President´s Management Scorecard
ein qualitativ-ganzheitliches Management-Informationssystem des US-Präsidenten (→ MIS, qualitativ-ganzheitlich). Siehe auch → Management-Informationssysteme (mit Literaturangaben).
Internetadresse: www.results.gov

MIS, qualitativ-ganzheitliche
Management-Informationssysteme auf Basis qualitativ-ganzheitlicher Informationen.
Siehe auch → Management-Informationssysteme (mit Literaturangaben), → MIS, President´s Management Scorecard, → Corporate Governance Information and Forecasting Systems)

MIS, Sonderinformationen
(a) eine Funktionalität computergestützter → Management-Informationssysteme, (b) eine Informationskategorie im Management.

MIS, Theorieentwicklung
Ausgangspunkte in den 50er Jahren. Fortschreibungen insbesondere im Bereich der Wirtschaftsinformatik vornehmlich technikgetrieben. Dadurch teils kritische Abweichungen zwischen theoretischen und praktischen Nutzenpotentialen (→ MIS, Mythen).
Siehe auch → Management-Informationssysteme (mit Literaturangaben).
Literatur: Rechkemmer, K.: Corporate Governance, München, Wien 2003.

MIS, top-down
siehe → MIS, Entwicklung; siehe auch → Management-Informationssysteme (MIS).

MIS, Zertifizierung
Analyse und Testierung der Qualität spezifischer MIS, teils als Expertenangebot (→ Balanced Score-card, → Risiko-Früherkennungssysteme etc.), teils bestimmt durch die Anforderungen der neuen Corporate Governance (→ Corporate Governance), dann nicht nur erforderlich zur System-/Informationsoptimierung, sondern auch zur Eingrenzung der Haftungsrisiken des Spitzenmanagements.
Siehe auch → Management-Informationssysteme (mit Literaturangaben).

Mischgründung
Kombination aus → Bar- und → Sachgründung; es werden Geld- und Sachwerte eingebracht.
Siehe auch → Gründungsbilanz, → Existenzgründung und → Businessplan.

Mismatch-Risiko
(*Versicherungswirtschaft*). Im Versicherungsgeschäft sind die Produkte und die aus ihnen entstehenden Verbindlichkeiten gerade im Lebensversicherungsgeschäft z.T. eng mit den Kapitalanlagen verknüpft. Die Verknüpfung entsteht über die → Cash-Flows, die jeweils generiert werden. Mismatch-Risiko entsteht durch eine mangelnde Abstimmung hinsichtlich Aufkommenszeitpunkt und Höhe der Cash-Flows verursacht beispielsweise durch Zins-, Währungs- und Kursänderungen oder Inflation. Insofern wird das Mismatch-Risiko als Teil des → Marktrisikos betrachtet.

Mitarbeiterbeteiligung
Ein Vorteil einer börsennotierten Unternehmung besteht in der verbesserten Möglichkeit die Mitarbeiter (insbesondere das Management) am Unternehmen zu beteiligen (→ Going Public, Vorbereitungsphase). Damit ist die Hoffnung verbunden, die Motivation und Leistungsbereitschaft der Mitarbeiter als Miteigentümer zu fördern. Im Bereich der Führungskräfte werden häufig → *Aktienoptionsprogramme* verwendet, um eine unternehmenswertbezogene Entlohnungskomponente in die Gesamtentlohnung zu integrieren.
Siehe auch → Lohn- und Gehaltsmodelle (mit Literaturangaben).

Mitarbeiterdarlehen
Form der Fremdkapitalbeteiligung. Der Mitarbeiter gewährt dem Unternehmen ein Darlehen und erhält hierfür eine feste Zinszahlung. Siehe auch → Lohn- und Gehaltsmodelle (mit Literaturangaben).

Mitarbeitergespräch
stellt ein strukturiertes Personalgespräch zwischen einem Mitarbeiter und seinem Vorgesetzten dar. Neben der Rückschau hinsichtlich der Zielerreichung im zurückliegenden Zeitraum dient es der Vereinbarung der zukünftigen Leistungs- und Verhaltensziele. Regelmäßig wird auch besprochen, wie der Mitarbeiter vom Unternehmen und seinem Vorgesetzten dabei unterstützt werden kann.
Siehe auch → Personalentwicklung und → Management by Objectives, jeweils mit Literaturangaben.

Mitarbeiterqualität
zeichnet sich durch qualifizierte und motivierte Mitarbeiter aus, die ständig geschult und weitergebildet werden; siehe auch → Qualitätscontrolling.
Literatur: Hummel, Thomas, Malorny, Christian: Total Quality Management, München/Wien 2002.

Mitbestimmung
in der Regel durch gesetzliche Vorgaben, durchaus aber auch aufgrund freiwilliger Vereinbarungen (→ Betriebsvereinbarung, → Tarifvertrag) eingeräumte Entscheidungsteilhabe von Arbeitnehmern auf Betriebs- und/oder Unternehmensebene.
In Deutschland weist die gesetzlich verankerte Mitbestimmung von Arbeitnehmern eine lange Tradition auf, welche bis in die Zeit des Ersten Weltkriegs zurückreicht. Der gegenwärtige Ausbaustand der

gesetzlichen Mitbestimmung ist auf betrieblicher Ebene durch das Betriebsverfassungsgesetz sowie das Sprecherausschussgesetz bestimmt.

Das *Betriebsverfassungsgesetz* gewährt sowohl unmittelbare als auch mittelbare, i.W. über den *Betriebsrat* ausgeübte Rechte der Mitbestimmung von Arbeitnehmern eines Betriebs, wobei hierbei der Kreis der Arbeitnehmer unter Ausschluss insbesondere leitender Angestellter definiert wird. Das *Sprecherausschussgesetz* stellt insofern den Versuch dar, leitenden Angestellten eines Betriebes ebenfalls unmittelbare sowie mittelbare, durch den Sprecherausschuss wahrzunehmende Mitbestimmungsmöglichkeiten zu eröffnen.

Mitbestimmung auf Unternehmensebene bedeutet demgegenüber das für Arbeitnehmer – hier sowohl Arbeitnehmer i.e.S. als auch leitende Angestellte – eines Unternehmens bestehende Recht, über Vertreter an der Kontrolle des betreffenden Unternehmens teilzuhaben. Mitbestimmung ist hierbei faktisch nahezu ausschließlich auf Kapitalgesellschaften beschränkt, wobei durch das Montan-Mitbestimmungsgesetz von 1951, das Mitbestimmungs-Ergänzungsgesetz von 1956, das Mitbestimmungsgesetz von 1976 sowie das Drittelbeteiligungsgesetz von 2004 (ursprünglich das Betriebsverfassungsgesetz von 1952) unterschiedliche Geltungsbereiche sowie Ausgestaltungen definiert werden. Gemeinsam ist allen Gesetzen zur Regelung der Mitbestimmung auf Unternehmensebene, dass diese im Aufsichtsrat angesiedelt wird, d.h. auch Unternehmen, welche gesellschaftsrechtlich über keinen Aufsichtsrat verfügen müssen – bspw. die GmbH – haben zur Ermöglichung von Mitbestimmung ein entsprechendes Organ zu bilden.

Darüber hinaus sehen das Montan-Mitbestimmungsgesetz, das Mitbestimmungs-Ergänzungsgesetz sowie das Mitbestimmungsgesetz die Position eines so genannten *Arbeitsdirektors* im Vorstand bzw. in der Geschäftsführung der erfassten Unternehmen vor. Als gleichberechtigtes Vorstands- bzw. Geschäftsführungsmitglied hat der Arbeitsdirektor die Aufgabe, die sozialen und personalen Interessen der Arbeitnehmer zu wahren (Montan-Mitbestimmungsgesetz und Mitbestimmungs-Ergänzungsgesetz) bzw. zu berücksichtigen (Mitbestimmungsgesetz).

Siehe auch → Unternehmensführung, Grundlagen (mit Literaturangaben).

Mittelstand

Es existiert keine allgemeingültige Definition des Mittelstands. Häufig werden *quantitative Kriterien*, wie Umsatz, Zahl der Beschäftigten oder Bilanzsumme herangezogen.

Die Frage der Definition des Mittelstandes ist eng mit der Frage der Definition bzw. der Abgrenzung von *Kleinen und Mittleren Unternehmen (KMU)* oder small & medium sized enterprises (SME) verbunden. Allerdings hängt auch diese Definition, ob ein Unternehmen mit beispielsweise 50 Mitarbeitern noch als „klein" oder bereits als „mittelgroß" kategorisiert wird, von den verwendeten Grenzwerten ab. Eine wissenschaftlich begründbare Bestimmung der einzelnen Grenzwerte (gleich ob für Umsatz, Zahl der Beschäftigten oder Bilanzsumme) ist aber auch nicht bei Berücksichtigung der jeweiligen Wirtschaftsbereiche herzuleiten. Aufgrund dessen wird in der Bundesrepublik Deutschland seit 1976 auf eine offizielle und allgemeingültige Definition des Mittelstands oder kleiner und mittlerer Unternehmen verzichtet; es werden stattdessen fallweise Arbeitsdefinitionen verwandt (Deutscher Bundestag, 1976).

Gänzlich fehlende oder divergierende Definitionen innerhalb Europas veranlassten die Europäische Union dazu, Mitte der 90er Jahre eine *EU Definition* zu erlassen. In der aktuellen Fassung wird danach ausschließlich nach der Diktion Mikro-, Klein-, Mittel- und Großunternehmen unterschieden, und zwar unter Einbeziehung der Merkmale „Beschäftigte", „Umsatz" und „Bilanzsumme" sowie dem Kriterium „Eigenbesitz".

Siehe auch → Mittelstandsökonomie, Kapitel 2, Tabelle und die dort angegebene Literatur.

Mittelstandsökonomie

von Professor Dr. Dennis A. De

SIB School of International Business – Hochschule Reutlingen

Die Mittelstandsökonomie ist eine vergleichsweise junge Disziplin innerhalb der Wirtschaftswissenschaften. Sie vereint betriebswirtschaftliche und volkswirtschaftliche Aspekte und ist inzwischen auch von wirtschaftspolitischer Bedeutung.

1. Fragestellung und Entwicklung

Die Mittelstandsökonomie befasst sich im Wesentlichen mit vier Fragen:
(1) Welchen ökonomischen Beitrag leistet der Mittelstand?
(2) Welche Besonderheiten hat der Mittelstand?
(3) Wie beeinflussen die Besonderheiten des Mittelstands dessen Leistungsfähigkeit?
(4) Wie kann die Leistungsfähigkeit des Mittelstands gesteigert werden?

Der Ursprung der Mittelstandsökonomie liegt in volkswirtschaftlichen und betriebswirtschaftlichen Erkenntnissen, von denen manche heute in Frage gestellt werden. Volkswirtschaftlich ist es unter anderem ein Befund, zu dem erstmals David Birch (Birch, D., 1979) gelangte. Danach schufen in den USA kleine Unternehmen mehr Arbeitsplätze als große. Dass der Mittelstand im Allgemeinen mehr Arbeitsplätze schafft als Großunternehmen, wird von Wissenschaftlern wie David Storey (Storey, D., 1994) oder Axel Schmidt (Schmidt, A., 1996) aber inzwischen – auch aufgrund methodischer Kritik – bezweifelt. In der heutigen Forschung ist der Sachverhalt vielmehr Gegenstand der so genannten *Mittelstandshypothese*, was daran liegt, dass die vermeintlich höhere Arbeitsplatzschaffung des Mittelstands bisher weder mit Allgemeingültigkeit belegt noch widerlegt wurde.

2. Charakterisierung des Mittelstands

Der Versuch, andere Beiträge des Mittelstands, wie beispielsweise zum Bruttoinlandsprodukt, zu den Exporten oder zur Innovationstätigkeit zu quantifizieren, erfordert eine vorhergehende Definition des Mittelstands. Wie unter anderen auch Günterberg & Wolter (Günterberg, B. u. Wolter, H. J. 2002) feststellen, existiert allerdings auch in Europa keine allgemeingültige *Definition des Mittelstands*. Der Quantifizierungsversuch hat aber zur Verwendung *quantitativer Kriterien* wie Umsatz, Zahl der Beschäftigten oder Bilanzsumme geführt. Diese führen zu Abgrenzungen wie *Kleine und Mittlere Unternehmen (KMU)* oder *small & medium sized enterprises (SME)*, wie es im Angelsächsischen verwandt wird. Ob ein Unternehmen mit beispielsweise 50 Mitarbeitern dabei noch als „klein" oder bereits als „mittelgroß" kategorisiert wird, hängt dann von den verwandten Grenzwerten ab. Eine wissenschaftlich begründbare Bestimmung der einzelnen Grenzwerte (gleich, ob für Umsatz, Zahl der Beschäftigten oder Bilanzsumme) ist aber auch nicht bei Berücksichtigung der jeweiligen Wirtschaftsbereiche herzuleiten. Aufgrund dessen wird in der Bundesrepublik Deutschland seit 1976 auf eine offizielle und allgemeingültige Definition des Mittelstands oder kleiner und mittlerer Unternehmen verzichtet; es werden stattdessen fallweise Arbeitsdefinitionen verwandt (Deutscher Bundestag, 1976). Gänzlich fehlende oder divergierende Definitionen innerhalb Europas veranlassten die Europäische Union dazu, Mitte der 90er Jahre eine *EU-Definition* zu erlassen. In der aktuellen Fassung wird danach ausschließlich nach der Diktion Mikro-, Klein-, Mittel- und Großunternehmen unterschieden.

EU-Definition

Kriterium	Mikro	Klein	Mittel	Groß
Beschäftigte	bis 9	10 – 49	50 – 249	250 und mehr
Umsatz in €	bis 2 Mill.	bis 9 Mill.	bis 50 Mill.	mehr als 50 Mill.
Bilanzsumme in €	bis 2 Mill.	bis 10 Mill.	bis 43 Mill.	mehr als 43 Mill.
Eigenbesitz	*mind. 75%*	*mind. 75%*	*mind. 75%*	*weniger als 75%*

Quelle: European Commission, DG-Enterprise

In der Praxis findet meist das Kriterium „*Anzahl der Beschäftigten*" Verwendung. Das liegt an der Schwierigkeit, die Unternehmenspopulation eines Landes zuverlässig und zeitnah anhand der Kriterien Umsatz oder Bilanzsumme zu erfassen. Noch schwieriger ist es, die Unternehmen nach dem Eigenbesitz oder dem jeweiligen *Eigentum am Unternehmen* zu ermitteln. Dennoch gilt gerade das Zusammenfallen von *Eigentum und Führung* in einem Unternehmen als eine Besonderheit des Mittelstands. Sie liegt im Wesentlichen darin begründet, dass ein Eigentümer oder eine Eigentümerfamilie das wirtschaftliche Risiko des unternehmerischen Handelns selbst trägt, sei es als *persönlich haftender Gesellschafter* oder weil ein ggf. geschmälerter Wert des Unternehmens den Wert des (Familien-)Eigentums schmälert (anders als bestellte Geschäftsführer oder Vorstände, die nicht mit ihrem Eigentum oder Vermögen für ihr Handeln einstehen).

3. Unternehmensgröße und Eigentum

Das Wesen des Mittelstands wird somit von zwei großen Faktoren beeinflusst: der Unternehmensgröße und dem Eigentum. Die Größe beeinflusst Aspekte wie Beschaffung (z.B. *Bestellmengen*), den Marktanteil oder *Vertriebsradius* (z.B. Export), während das Eigentum Aspekte wie *Personalführung, Hierarchien* (meist flacher) oder den Umgang mit dem Risiko (*Risikomanagement*) im Allgemeinen beeinflusst. Die sich daraus ergebende *mittelständische Unternehmenskultur* ist mithin eine Mischung aus größenspezifischer Transparenz und Übersichtlichkeit des Unternehmens und der Präsenz des Eigentümers und dessen Einfluss auf das Handeln der Mitarbeiter (De, D., 2005).

Die Verteilung der unternehmerischen Aufgaben innerhalb einer Familie und die generationsübergreifende Fortführung des Eigentums sind zentrale Aspekte im Forschungsbereich *Familienunternehmen*. Dabei geht es auch um die Frage, was erfolgreiche Familienunternehmen auszeichnet wie beispielsweise, ob sie sich des *unternehmerischen Risikos* bewusster sind als andere oder innerhalb der Familie kürzere Entscheidungswege haben (was ggf. zu größerem Erfolg wie bspw. höheren Umsatzrenditen führen könnte) (BDI, Ernst & Young, 2003).

Die *Nachfolgeregelung* ist ein weiterer Aspekt, der aus betriebswirtschaftlicher und volkswirtschaftlicher Sicht bedeutsam ist. Betriebswirtschaftlich geht es dabei um die Planung, Vorbereitung und *Organisation der Nachfolge*. Das beinhaltet u.a. sowohl *steuerliche und erbrechtliche Themen* als auch *psychologische,* etwa wenn es um die Aufgabe von Führungs- und Gestaltungskompetenz auf Seiten der übergebenden Generation geht (Freund, W., 2000). Volkswirtschaftlich ist der Bereich besonders wegen der Gefahr *ausbleibender Nachfolge* von Bedeutung. In solchen Fällen drohen gesunde Unternehmen – wenn sie denn nicht verkauft werden – aufgelöst bzw. liquidiert zu werden, was dann zum Verlust damit verbundener Arbeitsplätze führt. Solche Fälle treten aber eher bei kleineren als bei großen Unternehmen auf. Das lässt darauf schließen, dass die Unternehmensgröße möglicherweise einen Einfluss auf das Alter und das Überleben eines Unternehmens hat.

Der Einfluss *unternehmensgrößenspezifischer Merkmale* auf die Leistungsfähigkeit und das Überleben eines Unternehmens ist ein weiteres zentrales Forschungsgebiet. Dabei geht es meist um die Frage, welche *unternehmensgrößenspezifischen Nachteile* die Leistungsfähigkeit des Mittelstands möglicherweise behindern. Solche Nachteile können z.B. bei der *Finanzierung* bestehen, wenn es bei gleichem Aufwand der Bank nur um die Gewährung eines kleinen Darlehens geht, an dem sie entsprechend wenig verdient – das kann von Seiten der Bank zur Forderung nach höheren Zinsen führen. Ein anderes Beispiel ist die *Beschaffung qualifizierter Mitarbeiter*, wo gerade gut ausgebildete junge Absolventen oft größere Unternehmen als Arbeitgeber bevorzugen. In dem Zusammenhang wird häufig auch der *Export* angeführt, da hierfür entsprechend ausgebildete Mitarbeiter nötig sind. Beim Export können aber auch ein mangelnder Bekanntheitsgrad und geringere Finanzmittel den zu Beginn meist erforderlichen Vorlauf behindern. Im Bereich des *Managements von KMU* befasst sich die Wissenschaft daher auch damit, wie mit solchen Nachteilen umzugehen ist und wie sie möglicherweise überwunden werden können.

4. Mittelstandspolitik

Im Rahmen zunehmender Globalisierung ist der Nachteilsausgleich aber häufig auch Inhalt der so genannten *Mittelstandspolitik* (Krämer, W., 2003). Diese Politik, die überwiegend aus *Fördermaßnahmen* besteht, zielt darauf ab, durch gelegentliche Ausnahmen (z.B. beim Kündigungsschutz) und dem Ausgleich von Nachteilen (z.B. bei Finanzierungen) die *Leistungsfähigkeit* und *Wettbewerbsfähigkeit* von KMU zu erhöhen. Ein Beispiel ist in dem Zusammenhang auch das Europäische Wettbewerbsrecht. Wie in allen Ländern auch, werden darin Kartelle untersagt, ausgenommen *Mittelstandskartelle*. Diese Ausnahme soll Mittelständlern erlauben, sich im Verbund (und mit Absprachen untereinander) gegen die Marktmacht von Großunternehmen zu behaupten. Mittelstandsspezifische Ausnahmen und Förderungen, finden sich aber auch auf lokaler und regionaler Ebene. Damit versuchen Gemeinden oder Regionen die Wettbewerbsfähigkeit ihrer Unternehmen und ihre eigene Attraktivität für neue Unternehmen zu erhöhen (De, D., 2000). Zunehmend geht es bei der Mittelstandspolitik aber auch darum, den Mittelstand vor der Einführung behindernder oder belastender Maßnahmen und Entwicklungen zu bewahren.

Hinweis

Zu den angrenzenden Wissensgebieten siehe u.a. → Businessplan, → Corporate Governance, → Due Diligence, → Existenzgründung, → Going Public, → Jahresabschluss, deutscher, → Jahresabschluss, österreichischer, → Private Equity, → Sanierungsmanagement, → Sonderbilanzen, → Steuerlehre, Betriebswirtschaftliche, → Unternehmensbewertung, → Unternehmensethik, Venture Capital.

Literatur: BDI und ERNST & YOUNG (Hrsg. 2003): Der industrielle Mittelstand – ein Erfolgsmodell, Berlin; Birch, David (1979), The Job Generation Process, Working Paper, MIT, Programm on Neighbourhood and Regional Change, Cambridge/Mass, sowie (1987) Job creation in America: How our smallest companies put the most people to work, New York; De, Dennis (2000): SME Policy in Europe, in: The Blackwell Handbook of Entrepreneurship, Oxford; De, Dennis (2005): Entrepreneurship – Gründung und Wachstum von kleinen und mittleren Unternehmen, München, Boston, Sydney u.a.; Deutscher Bundestag (1976): Bericht der Bundesregierung über die Lage und Entwicklung der kleinen Unternehmen, Mittelstandsbericht, Drucksache 7/5248 vom 21.5.76; Freund, Werner (2000): Familieninterne Nachfolgeregelung: Erfolgs- und Risikofaktoren, Wiesbaden; Günterberg, Brigitte u. Wolter, Hans-Jürgen, Mittelstand in der Gesamtwirtschaft – Anstelle einer Definition, in, IFM-Bonn (Hrsg.) Unternehmensgrößenstatistik – Daten und Fakten, Kapitel 1, Bonn; Krämer, Werner (2003): Mittelstandsökonomik, München; Schmidt, A.G.: Der überproportionale Beitrag kleiner und mittlerer Unternehmen zur Beschäftigungsdynamik: Realität oder Fehlinterpretation von Statistiken?, ZfB, 66. Jg. (1996), S. 550f; Storey, David (1994): Understanding the Small Business Sector, London u.a.

Internetadressen: www.ec.europa.eu/enterprise; www.fgf-ev.de; www.fsf.se; www.ifm-bonn.org; www.inmit.de; www.kmu.unisg.ch; www.kmuforschung.ac.at

Website des Autors: www.sib.reutlingen-university.de

Mittelwerte

In der beschreibenden → Statistik bezeichnen Mittelwerte die allgemeine Lage von metrisch skalierten (→ Statistik) Daten $x_1, x_2, \ldots, x_N$. Der am weitesten verbreitete Mittelwert ist das *arithmetische Mittel*

$$\bar{x} = \frac{1}{N} \sum_{i=1}^{N} x_i = \frac{1}{N}\left(x_1 + x_2 + \ldots + x_N\right).$$ Es wird auch kurz als *Mittelwert* oder *Durchschnitt* der Daten bezeichnet.

Eine Verallgemeinerung des arithmetischen Mittels bildet das *gewichtete Mittel*. Es hat die Form $\overline{x}_w = \sum_{i=1}^{N} w_i x_i$ mit Gewichten $w_i \geq 0$ für alle i und $\sum_{i=1}^{N} w_i = 1$. Man nennt $\overline{x}_w$ gewichtetes Mittel zum Gewichtsvektor $w = (w_1, w_2, ..., w_n)$. Die Gewichte sind für die jeweilige Anwendung geeignet zu wählen. Speziell wenn alle Gewichte gleich sind, erhält man das arithmetische Mittel.

Wenn man besonders große und besonders kleine Werte weglässt, und zwar sowohl oben wie unten einen Anteil α der Daten $(0 < \alpha < 0,5)$, und das arithmetische Mittel aus den verbleibenden Daten berechnet, erhält man das α *-getrimmte Mittel* $\overline{x}_\alpha$. Das *harmonische Mittel* $\overline{x}_H$ ist der Kehrwert des arithmetischen Mittels der Kehrwerte der Daten, $\overline{x}_H = \left(\dfrac{1}{N} \sum_{i=1}^{N} \dfrac{1}{x_i} \right)^{-1}$. Das *geometrische Mittel* $\overline{x}_G$ wird vor allem zur Berechnung von durchschnittlichen Wachstumsfaktoren und Wachstumsraten benötigt (Voraussetzung: alle $x_i > 0$), es gilt $\overline{x}_G = (x_1 \cdot x_2 \cdot ... \cdot x_N)^{1/N}$.

Siehe auch → Statistik (mit Literaturangaben).

Mittleres Management
Diese Führungsebene umfasst die dem → Top-Management untergeordneten Führungskräfte wie z.B. die Bereichs- oder Abteilungsleiter. Sie treffen die mittelfristigen, taktischen Entscheidungen zur Verwirklichung der vom Top-Management festgelegten strategischen Ziele. Typische Beispiele sind die Weiterentwicklung der Produktionsinfrastruktur oder deren organisatorische Umgestaltung.
Siehe auch → Leitender Angestellter und → Unteres Management

Mitunternehmerschaft, doppelstöckige
siehe → doppelstöckige Mitunternehmerschaft (Einkommensteuer).

Mitunternehmertum
In den vergangenen Jahren ist im Rahmen der → Personalführung verstärkt das Mitunternehmertum ins Gespräch gebracht worden. Darunter wird eine aktive und effiziente Unterstützung der Unternehmensstrategie durch problemlösendes, sozialkompetentes und umsetzendes Denken und Handeln der Mitarbeiter verstanden. Mitunternehmertum zielt in erster Linie auf eine indirekte Beeinflussung; Mitarbeiter sollen animiert und unterstützt werden, unternehmerisch zu denken und zu handeln. Ansatzpunkte dazu sind die Unternehmenskultur, die Gewährung entsprechender Freiheitsgrade, aber auch die → interaktive Führung – etwa im → Mitarbeitergespräch.

Mitveräußerungsrecht
(→ *Venture Capital*). Regelungselement des → Venture Capital-Beteiligungsvertrages einer Eigenkapitalfinanzierung mit → Venture Capital. Synonym: → Co-Sale-Right (einfaches Mitveräußerungsrecht), → Tag Along Right (Mitveräußerungsrecht bei qualifizierter Veräußerung).

Mitverschulden
(in der → *Produkthaftung)* liegt vor bei unsachgemäßer, nicht bestimmungsgemäßer Handhabung des Produkts oder wenn Gebrauchs- oder Warnhinweise nicht beachtet wurden.

Mitversicherung
fallweiser Zusammenschluss mehrerer → Erstversicherungsunternehmen zu einem Konsortium mit dem Zweck, gemeinschaftlich Versicherungsschutz für ein Risiko, meist ein Großrisiko, zu gewähren. Das Geschäft wird nach außen zumeist von dem Unternehmen mit dem größten Anteil als Konsortialführer abgewickelt.

Mixed Bundle
danach können Teilleistungen von Nachfragern beliebig oder in weiten Grenzen so kombiniert werden, wie es den jeweiligen Bedürfnissen entspricht, ohne dass dadurch der Preisvorteil eines Bundles gegenüber den addierten Preisen der Teilleistungen verloren geht (Cafeteria-System). Meist ist dies an bestimmte Vorgaben gebunden, etwa Einhaltung von Mindestumsatzgrenzen oder Berücksichtigung von Pflichtangebotsbestandteilen, die Berechnung erfolgt nach Punktsystemen o.ä. Wird ein Preisnachlass auf die zweite/weitere Leistung gewährt, spricht man von Mixed leader bundling, ohne Preisnachlass auf die zweite/weitere Leistung von Mixed joint bundling.
Wichtig ist jeweils, bei Bundles die dabei eingeschlossenen Leistungen deutlich zu machen, um den Preis zu rechtfertigen. Außerdem kann ein Anbieter damit einer direkten Preisvergleichbarkeit entkommen. Mit welchem Preisanteil die Teilleistungen in den Gesamtpreis eingehen, bleibt seiner Ausgleichskalkulation überlassen, solange nur in der Summe die addierten Einzelkosten mindestens gedeckt sind (siehe auch → Pure bundle).

Mixed Bundling
siehe → Preisbündelung.

MMS
Abk. für → *Multimedia Messaging Service.*

MNC
Abk. für Multinational Corporations; siehe auch → Corporate Citizenship (mit Literaturangaben).

MoB
Abk. für → Make-or-Buy, siehe auch → Outsourcing.

Mobbing
Der Begriff „Mobbing" wurde 1963 vom Verhaltenswissenschaftler Konrad Lorenz geprägt. Ursprüngliche Bedeutung war der Gruppenangriff unterlegener Tiere auf einen überlegenen Gegner – bei Lorenz von Gänsen auf einen Fuchs. Die Bedeutung des Begriffes hat sich stark gewandelt. Während eine allgemein anerkannte Definition nicht existiert, lässt sich als weitgehend akzeptiertes Kernmerkmal nennen, dass eine systematische und gezielte Schikane vorliegt, die wiederholt und über einen längeren Zeitraum ausgeübt wird.
Das Wort Mobbing ist ein umgangssprachliches Lehnwort aus dem Englischen und wird weitgehend synonym verwendet für Schikane, Intrige oder auch Psychoterror. „Mob"bedeutet Meute, „to mob" anpöbeln, über jemanden herfallen.
Es werden einzelne Personen meist von kleineren Gruppen – der Meute – gemobbt. Durch den prozesshaften Ablauf und die für das Mobbing typischen asymmetrischen Machtverhältnisse haben die Opfer insbesondere in fortgeschrittenen Phasen geringe Aussichten, das Mobbing ohne Hilfe zu unterbinden.
Siehe auch → Managing Motivation (mit Literaturangaben).

Mobile Added Values
siehe → Mobile Mehrwerte.

Mobile Billing
siehe → Mobiles Abrechnen.

Mobile Business
(*M-Business*) leitet sich aus dem Begriff des Electronic Business ab, der durch eine IBM-Werbekampagne in den 1990er Jahren populär wurde, und bezeichnet jede Art von geschäftlicher Transaktion, bei der die Transaktionspartner im Rahmen von Leistungsanbahnung, Leistungsvereinbarung oder Leistungserbringung → *mobile elektronische Kommunikationstechniken* (in Verbindung mit

→ *mobilen Endgeräten*) einsetzen. Dies wird häufig auch als Mobile Commerce im weiteren Sinne bezeichnet.

Siehe auch → Mobile Commerce (mit Literaturangaben).

Mobile Business Processes
siehe → Mobile Geschäftsprozesse.

Mobile Commerce

Mobile Commerce

von Dr. Key Pousttchi und Univ.-Professor Dr. Klaus Turowski
Universität Augsburg

1. Charakterisierung

Mobile Commerce (M-Commerce, MC) ist eine spezielle Ausprägung des Electronic Commerce. Dabei wird hier generell vom → Electronic Commerce im weiteren Sinne ausgegangen, der jede Art von geschäftlicher Transaktion umfasst, bei der die Transaktionspartner im Rahmen von Leistungsanbahnung, Leistungsvereinbarung oder Leistungserbringung elektronische Kommunikationstechniken einsetzen (Electronic Commerce im engeren Sinne würde nur die elektronische Abwicklung des Warenverkehrs umfassen). In der Literatur findet sich hierfür häufig auch der Begriff Electronic Business, der durch eine IBM-Werbekampagne in den 1990er Jahren populär wurde.

MC weist dabei einige besondere Charakteristiken auf, insbesondere die Verwendung drahtloser Kommunikation und mobiler Endgeräte. Dies führt zu folgender Begriffsdefinition:

Mobile Commerce bezeichnet jede Art von geschäftlicher Transaktion, bei der die Transaktionspartner im Rahmen von Leistungsanbahnung, Leistungsvereinbarung oder Leistungserbringung → *mobile elektronische Kommunikationstechniken* (in Verbindung mit → *mobilen Endgeräten*) einsetzen.

Für den MC gibt es in der Literatur noch kein einheitliches Begriffsgerüst, so dass auf diese Definition, analog zum Electronic Commerce, häufig auch der Begriff Mobile Business Anwendung findet und MC nur im engeren Sinne, also für Warenverkehr, gebraucht wird.

Um Zusammenhänge im MC zu untersuchen, sind in aller Regel sowohl technische als auch wirtschaftliche Aspekte zu betrachten. Insbesondere von Bedeutung sind die drahtlose Kommunikation mittels → *mobiler elektronischer Kommunikationstechniken*, die → *mobilen Endgeräte*, *Location Based Services* (→ *ortsbezogene Dienste*), die Möglichkeiten und speziellen Gestaltungsregeln bei der Realisierung von MC-Anwendungen, Sicherheitsaspekte, die sehr spezielle Wertschöpfungskette im MC, Geschäfts- und Erlösmodelle, Abrechnungsmodelle sowie die verschiedenen Anwendungsbereiche des MC.

2. Realisierung von MC-Anwendungen

Für den Entwurf einer MC-Anwendung genügt es nicht, ein existierendes Angebot auf einem mobilen Endgerät verfügbar zu machen, etwa eine bestehende Webseite mobil zugänglich. Denn einerseits hat die Verwendung mobiler Kommunikationstechniken und Endgeräte spezifische Vor- und Nachteile, andererseits unterscheiden sich die Nutzerbedürfnisse typischerweise erheblich von denjenigen bei Anwendungen außerhalb des MC.

Diese Erkenntnis hat eine Reihe betriebswirtschaftlicher Implikationen und zieht zudem für den Anwendungsentwurf einen wichtigen Grundsatz nach sich: *„Design to Mobile"*. Damit ist gemeint, dass eine mobile Anwendung speziell auf die Potenziale und Probleme der Mobilität maßgeschneidert sein muss. Probleme beziehen sich dabei vor allem auf die MC-relevanten Schnittstellen, die Darstellungs- und die Eingabemöglichkeiten der Zielgeräte sowie Art und Bandbreite der Datenübertragung. Anhand einer entsprechenden Analyse sind Anwendungsentwurf und Auswahl zu verwendender Umsetzungstechniken durchzuführen.

Je nach Kategorie und Ausprägung kann eine Interaktion mit dem Nutzer über verschiedene MC-relevante Schnittstellen realisiert werden, in Betracht kommen dabei → *Interactive Voice Response*, Versand/Empfang von → *SMS* oder → *MMS*, Internet-basierte einfache Interaktion (etwa mittels

→ *WAP*-Seiten), einfache Anwendungen (mittels simpler Skriptsprachen) und komplexe Anwendungen (mittels regulärer höherer Programmiersprachen). Zudem unterscheidet man *Pull-Dienste*, bei denen der Nutzer die Datenübertragung initiiert, und *Push-Dienste*, bei denen der Nutzer aktiv angesprochen wird.

Die generellen Nutzerpräferenzen im MC erfordern schnelle Anwendungen, die wenig Speicher benötigen und intuitiv mit wenigen Tastendrücken bedienbar sind.

3. Sicherheitsaspekte

Aus der Sicht des Anbieters kann das Sicherheitsniveau der von ihm verwendeten Anwendungen seine Geschäftätigkeit vor allem auf zwei Arten beeinflussen: Es entsteht ein Schaden durch Angriffe Dritter oder Betrug des Kunden, oder aber Kunden nehmen auf Grund von Sicherheitsbedenken ein Angebot nicht wahr.

Sicherheit umfasst dabei zunächst die Erreichung der Sicherheitsziele Autorisierung, Vertraulichkeit, Integrität, Authentisierung und Nichtabstreitbarkeit, die durch technische Schutzmaßnahmen, insbesondere den Einsatz von Kryptografie, ermöglicht wird. Dabei existiert eine Differenz zwischen der tatsächlichen, der *objektiven Sicherheit* und jener, die der Nutzer wahrnimmt, der *subjektiven Sicherheit*. Hier liegt häufig die Ursache, wenn auf Grund von Sicherheitsbedenken Endkunden ein Angebot nicht nutzen oder das Management eines Unternehmens sich gegen den Einsatz mobiler Technologien entscheidet.

Spezifische Angriffspunkte im MC sind das → *mobile Endgerät* und die *Luftschnittstelle* (→ Mobilfunknetz). Auf den drahtgebundenen Übertragungswegen ist die generelle Rechnernetzproblematik relevant.

4. Wertschöpfungskette

Innerhalb und im Umfeld des MC findet eine Vielzahl von Wertschöpfungsaktivitäten statt. Dabei besteht nicht nur eine starke Interdependenz zwischen den verschiedenartigsten dieser Aktivitäten, sondern häufig sind auch Akteure in mehreren unterschiedlichen Bereichen tätig.

Im einfachen Fall handelt es sich dabei um Disintermediation, also Ausdehnung auf benachbarte Wertschöpfungsstufen. Dabei könnte es sich etwa um einen Inhalteanbieter handeln, der seine Inhalte selbst aufbereitet und sogar über ein Portal bereitstellt.

In anderen Fällen haben technologische, historische oder Gründe der Marktmacht zur Diversifizierung von Firmen geführt. Typische Beispiele sind Unternehmen, die beim Endkunden über hohen Bekanntheitsgrad als Endgerätelieferanten verfügen, ihr tatsächliches Kerngeschäft aber als Infrastrukturlieferanten betreiben.

Dieses Beziehungsgeflecht beeinflusst viele Vorgänge und kann nur erfasst werden, wenn die Betrachtung der Wertschöpfungsaktivitäten im MC deutlich breiter angelegt wird als etwa im Electronic Commerce. Damit sind nicht nur die primären Aktivitäten – die direkt zu Produkten oder Dienstleistungen gemäß der obigen Definition des MC beitragen – zu berücksichtigen, sondern auch sekundäre Aktivitäten.

Insgesamt lassen sich drei große Wertschöpfungsbereiche identifizieren: die *Bereitstellung von Ausrüstung und Anwendungen*, die *Bereitstellung von Netzen zur drahtlosen Kommunikation* und die *Bereitstellung von Diensten und Inhalt für Endkunden*. Für eine detaillierte Wertschöpfungskette vgl. Turowski/Pousttchi 2004, S. 129ff.

5. Geschäfts-, Erlös- und Abrechnungsmodelle

Geschäftsmodelle im MC lassen sich in die grundlegenden Bausteine *(klassisches) Gut, (klassische) Dienstleistung, Dienst, Vermittlung, Integration, Inhalt* und *Kontext* zerlegen (Turowski/Pousttchi 2004, S. 143ff). Eine Möglichkeit der Bewertung von Geschäftsmodellen bietet die Anwendung der Theorie → *Informationeller Mehrwerte* (Informational Added Values, IAV) und deren Erweiterung durch das Konzept der → *Mobilen Mehrwerte* (Mobile Added Values, MAV).

Erlöse lassen sich dabei aus drei Erlösquellen erzielen: direkt vom Nutzer eines MC-Angebots, indirekt bezogen auf den Nutzer des MC-Angebots (d.h. Erlöse durch Dritte) und indirekt bezogen auf das MC-Angebot (d.h. im Rahmen eines Nicht-MC-Angebots). Darüber hinaus lassen sich Erlöse nach der Erlösart kategorisieren. Hierbei unterscheidet man zwischen transaktionsabhängigen und transaktionsunabhängigen Erlösen.

Zur Generierung direkter transaktionsabhängiger Erlöse ist ein funktionierendes → *mobiles Bezahlen* erforderlich, im einfachsten Fall mittels Abrechnung über die Mobilfunkrechnung.

Häufig wird ein MC-Angebot vom Mobilfunkanbieter erworben und dem Kunden auf eigene Rechnung angeboten. Im Zeitalter der 2.5- und 3G-Netze setzt sich jedoch auch auf dem deutschen Markt immer stärker das Angebot direkt durch den Dienstanbieter durch. Hierbei tritt der Anbieter in eine direkte Kundenbeziehung ein und stellt durch Inhalt und Qualität des Dienstes einen Mehrwert bereit, den der Kunde zuzüglich zum Transport der Daten bezahlt.

Zwischen Anbieter und Netzbetreiber erfolgt in irgendeiner Form ein Ausgleich von Mehrwert und Bereitstellungsaufwand. Werden das Datenvolumen und der Mehrwert des Dienstes getrennt bepreist, wird dies als *Abrechnung durch Premiumtarif* bezeichnet; zahlt der Kunde für eine Nutzung des Dienstes eine feste Summe, die Transport und Mehrwert beinhaltet, spricht man von *Abrechnung durch Festpreis*. Die erforderliche Aufteilung des Entgeltes zwischen Mobilfunk- und Dienstanbieter bezeichnet man als *Revenue Sharing* (Turowski/Pousttchi 2004, S. 168ff).

6. Anwendungsbereiche
Wichtige Anwendungsbereiche sind

*   MC-Anwendungen und Dienste, die von Mobilfunk-, Portal- und spezialisierten Dienstanbietern für Endkunden oder für Geschäftskunden angeboten werden, insbesondere mobiler Handel, Such- und Informationsdienste sowie Portale und Unterhaltung,

*   die Anwendung mobiler Technologien zur Einbindung mobiler Arbeitsplätze in die elektronische betriebliche Leistungskette, insbesondere in Verbindung mit der Verbesserung von Geschäftsprozessen (→ mobile Geschäftsprozesse).

Hinweis
Zu den angrenzenden Wissensgebieten siehe → Customer Relationship Management (CRM), → Digitales Marketing, → E-Commerce, → Electronic-Procurement, → Handelsbetriebslehre, → Internationales Marketing, → Internet-Kommunikationspolitik, → Kommunikationspolitik, → Marketing, Grundlagen, → Medienökonomie, → Multi-Kanal-Dialog Marketing, → Vertriebspolitik, → Vertriebswege, neuere.

Literatur: Pousttchi, K., Turowski, K.: Mobile Commerce – Grundlagen und Techniken, Heidelberg 2004; Roth, J.: Mobile Computing, 2. Auflage, Heidelberg 2005; Gora, W.; Röttiger-Gerigk, S.: Handbuch Mobile Commerce, Heidelberg 2002; Reichwald, R. (Hrsg.): Mobile Kommunikation – Wertschöpfung, Technologien, neue Dienste. Wiesbaden 2002; Lehner, F.: Mobile und drahtlose Informationssysteme, Heidelberg 2002; May, P.: Mobile Commerce – Opportunities, Applications, and Technologies of the Wireless Business. Cambridge 2001; Pousttchi, K.: Mobile Payment in Deutschland, Wiesbaden 2005.

Internetadressen: http://www.m-lehrstuhl.de (Professur für MC und mehrseitige Sicherheit); http://www.mcta.de (jährliche deutsche Konferenz MCTA zu aktuellen MC-Themen); http://www.3gsmworldcongress.com/ (jährlicher internationaler Mobilfunk-/MC-Kongress); http://www.mobilfunk-information.de (allgemeine Informationen des Bundeswirtschaftsministeriums); http://www.openmobilealliance.org/ (Open Mobile Alliance, Industrie-Standardisierungsgremium); http://umtslink.at/ (empfehlenswertes, privat betriebenes Informationsangebot zum Mobilfunk); http://www.tns-infratest.com/06_BI/bmwa/Faktenbericht_8/06480_index_bmwa.asp (umfangreiches Zahlenmaterial zu E- und M-Commerce).

Websites der Autoren: (Lehrstuhl für Wirtschaftsinformatik und Systems Engineering) http://www.wi-se.org; Arbeitsgruppe Mobile Commerce (mit Downloads zu einer Reihe von Themen) http://www.wi-mobile.de

Mobile elektronische Kommunikationstechniken
bezeichnen die verschiedenen Arten drahtloser Kommunikation, insbesondere den → Mobilfunk, aber in verschiedenen Einsatzgebieten ebenso Technologien wie etwa → Wireless LAN, → Bluetooth oder → Infrarotübertragung.

Mobile Geschäftsprozesse
(*Mobile Business Processes*) sind Geschäftsprozesse, die mobile Arbeitsplätze oder sonstige mobile Elemente enthalten. Der Begriff wird typischerweise im Zusammenhang mit dem Einsatz → *mobiler elektronischer Kommunikationstechnologien* und → *mobiler Endgeräte* zur Verbesserung derartiger Geschäftsprozesse verwendet. Siehe hierzu auch → Mobile Commerce (mit Literaturangaben).
Einen Ordnungsrahmen für mobile Geschäftsprozesse bildet das → *Mobility-M*.

Mobile Mehrwerte
(*Mobile Added Values, MAV*) bezeichnen die vier typischen Eigenschaften von → *Mobile-Commerce-*Anwendungen, die zu → *Informationellen Mehrwerten* führen: *Allgegenwärtigkeit*, *Kontextsensitivität*, *Identifizierungsfunktionen* und *Telemetriefunktionen*.
Siehe auch → Mobile Commerce (mit Literaturangaben).

Mobile Payment
(*M-Payment*), siehe → Mobiles Bezahlen.

Mobiles Abrechnen
(*Mobile Billing*) bezeichnet die Abrechnung von Telekommunikationsdienstleistungen durch einen Mobilfunkanbieter im Rahmen einer bestehenden Abrechnungsbeziehung.

Mobiles Bezahlen
(*Mobile Payment*) ist diejenige Art der Abwicklung von Bezahlvorgängen, bei der im Rahmen eines elektronischen Verfahrens mindestens der Zahlungspflichtige → *mobile elektronische Kommunikationstechniken* (in Verbindung mit → *mobilen Endgeräten*) für Initiierung, Autorisierung oder Realisierung der Zahlung einsetzt.
In Deutschland hat sich bisher kein mobiles Bezahlverfahren durchgesetzt, es bestehen Standardisierungsbemühungen im Rahmen des *National Roundtable M-Payment*.
    Literatur: Pousttchi, K.: Mobile Payment in Deutschland, Wiesbaden 2005.

Mobiles Endgerät
ist ein Endgerät (im Sinne eines Computers), das für den mobilen Einsatz konzipiert ist. Dieses Spektrum beginnt bei beliebig kleinen, möglicherweise in Alltagsgeräte eingebetteten Elementen und führt über verschiedenste Arten von Mobiltelefonen bis hin zu → Handheld-Computern und → Tablet-PC. Der Laptop-Computer wird dabei ausgeschlossen, da er dem typischen Verständnis von mobilem Einsatz nicht genügt.
Siehe auch → Mobile Commerce (mit Literaturangaben).

Mobilfunk
ist eine Form der Telekommunikation, bei der ein Dienstanbieter die Übertragung von Sprache und Daten von und zu mobilen Endgeräten durch ein drahtloses Zugangsnetz auf Basis elektromagnetischer Wellen ermöglicht. Infrastrukturelle Voraussetzung dafür ist ein so genanntes → *Mobilfunknetz*. Mobilfunk ist eine wichtige Übertragungstechnik für den → *Mobile Commerce*.

Mobilfunknetz
bezeichnet die technische Infrastruktur, auf der die Übertragung der Signale für den → Mobilfunk stattfindet. Das Mobilfunknetz umfasst im Wesentlichen das *Mobilvermittlungsnetz*, in dem die Übertragung und Vermittlung der Signale zwischen den ortsfesten Einrichtungen des Mobilfunknetzes stattfindet, sowie das *Zugangsnetz*, in dem die Übertragung der Signale zwischen einer Mobilfunkantenne und dem → *mobilen Endgerät* stattfindet; das Zugangsnetz wird auch als „Luftschnittstelle" bezeichnet.

In Deutschland werden Mobilfunknetze der zweiten und dritten Generation betrieben. Dabei sind die Netze der zweiten Generation ($\rightarrow$ 2G) zwar prinzipiell datenfähig, aber noch auf Sprachübertragung optimiert und daher nur sehr eingeschränkt für den $\rightarrow$ *Mobile Commerce* nutzbar. Der wichtigste 2G-Standard ist $\rightarrow$ GSM. Die Einführung der dritten Generation ($\rightarrow$ 3G) erfolgt schrittweise, indem zunächst mit dem Standard $\rightarrow$ GPRS eine Zwischengeneration („2.5G-Netze") geschaffen wird. Dabei wird das Mobilvermittlungsnetz um die Fähigkeit zur paketorientierten Datenübertragung erweitert, das Funknetz jedoch nicht verändert. Dies ermöglicht bereits die meisten Dienste im $\rightarrow$ *Mobile Commerce*. Die Einführung datenoptimierter 3G-Netze schließlich zielt auf Erhöhung der Datenübertragungsraten und beseitigt außerdem Kapazitätsprobleme bei der Sprachübertragung. Erweiterte Funktionalitäten, etwa im Bereich Multimedia, folgen mit dem Ausbau der 3G-Netze. Der wichtigste 3G-Standard ist $\rightarrow$ UMTS.
Siehe auch $\rightarrow$ Mobile Commerce (mit Literaturangaben).

Literatur: Pousttchi, K., Turowski, K.: Mobile Commerce – Grundlagen und Techniken, Heidelberg 2004; Roth, J.: Mobile Computing, 2. Aufl., Heidelberg 2005; Wuschke, M.: UMTS – Paketvermittlung im Transportnetz, Protokollaspekte, Systemüberblick.

Internetadressen: http://www.wi-mobile.de; http://www.etsi.org; http://www.mobilfunkinformation.de

Mobilitätsanforderungen
(internationale Dienstleistungen), siehe $\rightarrow$ Sampson-Snape-Box.

Mobility-M
ist innerhalb des $\rightarrow$ *Mobile Commerce* ein Ordnungsrahmen für $\rightarrow$ *mobile Geschäftsprozesse*, der in der graphischen Form des Buchstabens „M" vier Sichten auf mobile Geschäftsprozesse zueinander in Beziehung setzt (Mobile Technologien, $\rightarrow$ *Mobile Mehrwerte*, $\rightarrow$ *Informationelle Mehrwerte* und Anwendungsdomänen).

Mobilvermittlungsnetz
Teil eines $\rightarrow$ *Mobilfunknetzes.*

Modalwert
siehe $\rightarrow$ Modus.

Modell
Unter einem $\rightarrow$ Modell wird die Repräsentation eines Objektsystems (eines Originals) für Zwecke eines Subjekts verstanden. Es ist das Ergebnis einer Konstruktion eines Subjekts (des Modellierers), das für eine bestimmte Adressatengruppe (die Modellnutzer) eine Repräsentation eines Originals zu einer Zeit als relevant mithilfe einer Sprache deklariert. Ein Modell setzt sich somit aus der Konstruktion des Modellierers, dem Modellnutzer, einem Original, der Zeit und einer Sprache zusammen.
Siehe auch $\rightarrow$ Prozessmanagement (mit Literaturangaben).

Modellanalyse
So bezeichnet man eine wissenschaftliche Methode, bei der bestimmte Ausgangsbedingungen (Prämissen) als wahr vorausgesetzt werden. Dann wird untersucht, was bei Geltung der Prämissen logisch daraus folgen würde (logische Möglichkeitsanalyse). Solche Aussagen sind keine empirisch gehaltvollen Hypothesen und können deshalb auch nicht an der Erfahrung scheitern.

Modellierungssoftware
Ein mathematisches Modell muss in einem Computermodell implementiert werden, um es mit Optimierungssoftware lösen zu können. Dabei ist zwischen der Modellstruktur und den Modelldaten zu trennen. Zwei grundsätzliche Möglichkeiten bieten sich an: (1) Modellgeneratoren sind Computerprogramme, die in einer höheren Programmiersprache (z.B. Java, C++, C#) entwickelt werden und eine Instanz eines Modells der $\rightarrow$ Optimierungssoftware über deren Schnittstelle übergeben. (2) Modellierungssoftware wie z.B. AMPL, AIMMS, GAMS oder MPL basieren auf einer algebraischen Modellie-

rungssprache, mit der die Modellstruktur beschrieben wird. Aus Modellstruktur und Daten wird dann eine Modellinstanz generiert und über eine interne Schnittstelle an die Optimierungssoftware übergeben.

Modellierungssysteme erleichtern die Implementierung des mathematischen Modells und bieten eine direkte Schnittstelle zur Optimierungssoftware.

Siehe auch → Optimierung, Grundlagen und → Optimierungsmodelle, mathematische, jeweils mit Literaturangaben.

Modellierungssysteme

siehe → Modellierungssoftware.

Modellierungstechnik

Eine Modellierungstechnik ist ein operationalisierter Ansatz zur Modellerstellung. Typische Modellierungstechniken sind Ansätze der Entity-Relationship-, Petri-Netz-, Datenfluss- oder Zustandsübergangsmodellierung. Die Modellierungstechnik umfasst eine Sprachdefinition und eine Handlungsanleitung. Die Handlungsanleitung legt Regeln fest, wie die in der Sprachdefinition festgelegten sprachlichen Mittel im Rahmen der Modellierung zu verwenden sind. Die Sprachdefinition umfasst einen konzeptionellen und einen repräsentationellen Aspekt. Der konzeptionelle Aspekt legt die in der Sprache zur Verfügung stehenden Sprachelemente und ihre Beziehungen fest und definiert die Bedeutung der Elemente und Beziehungen. Der repräsentationelle Aspekt ordnet den Sprachelementen und ihren Beziehungen Darstellungsformen zu.

Siehe auch → Prozessmanagement (mit Literaturangaben).

Modul

Ein Modul ist ein Teilbereich einer Standardsoftware, z.B. für die Finanzbuchhaltung oder die Auftragsabwicklung. Ein Modul ist unabhängig von anderen Modulen, kann einzeln erworben und eingeführt werden. Die Module eines → ERP-Systems sind integriert (→ Datenintegration).

Modular Sourcing

(*System Sourcing*), Integration der Anbieter von Vorprodukten in die Produktentwicklung, um dem in der Wertschöpfung nachgelagerten Industrieunternehmen vor- oder fertigmontierte Module liefern zu können. Der Lieferant übernimmt die Verantwortung für die Beschaffung, Logistik und Qualitätssicherung sowie für die Forschung und Entwicklung der Module, so dass sich das Industrieunternehmen auf seine Kernkompetenzen konzentrieren kann. Im Vergleich zum → Single Sourcing kann so die Anzahl der Schnittstellen in der → Supply Chain reduziert werden.

Siehe auch → Supply Chain Management (mit Literaturangaben).

Modular Sourcing

zählt zu den → Sourcingstrategien im Einkauf. Modular Sourcing wird zur Reduzierung der Lieferantenschnittstellen eingesetzt. Der Anbieter liefert bereits vormontierte Module und wird als Systemlieferant frühzeitig in die Produktentwicklung integriert. Das Unternehmen kann sich somit auf sein Kerngeschäft konzentrieren, seine Beschaffungskosten herunterfahren, eine gleichbleibende Qualität fördern und Frachtkosten vermindern. Nachteile entstehen durch die Abhängigkeit für den Kunden und Modullieferanten, Wettbewerb geht ein Stück weit verloren, Innovationspotenzial wird vermindert und Lieferantenwechsel sind schwieriger.

Siehe auch → Beschaffungsmanagement und → Einkaufscontrolling, jeweils mit Literaturangaben sowie → Sourcing-Strategien.

Modus

(*Modalwert*) (1) von Daten ist ein am häufigsten vorkommender Merkmalswert (siehe auch → Grundgesamtheit); (2) einer stetigen → Zufallsvariablen ist die Stelle des steilsten Anstiegs der Verteilungsfunktion. Siehe auch → Statistik (mit Literaturangaben).

MOLAP

Abk. für das multidimensionale → OLAP (On-Line Analytical Processing).

Moments of Truth
Alternativbegriff für → Line of Visibility.

Money Order
Money Orders sind als Zahlungsanweisungen international bekannter US-amerikanischer und kanadischer Banken zu charakterisieren, in denen sich diese verpflichten, eine bestimmte Summe an den im Ordervermerk der Money Order bezeichneten Begünstigten zu zahlen. Money Orders werden von den genannten Banken zum Nennwert an Zahlungspflichtige verkauft und ausgehändigt, wobei der vom Zahlungspflichtigen genannten Begünstigte in die Money Order eingetragen wird. Der Betrag ist fest eingedruckt. Die Übertragung von Money Orders erfolgt durch Indossament. Money Orders sind jedoch keine Schecks im engeren Sinne, werden aber in der Praxis so behandelt.

Monolaterales Kurssicherungsinstrument
siehe → Kurssicherungsinstrument, monolaterales.

Monomarkenstrategie
Form der → horizontalen Markenstrategie; siehe hierzu auch → Markenpolitik des Handels und → Handelsmarketing (mit Literaturangaben).

Monopol, natürliches
Ein natürliches Monopol entsteht durch die Existenz hoher Fixkosten bei der Produktion. Mit steigender Ausbringungsmenge verteilt sich der hohe Fixkostenblock auf immer mehr produzierte Einheiten, weshalb es zu sinkenden Durchschnittskosten kommt. Dadurch entsteht für den Produzenten ein Anreiz, seine Ausbringungsmenge so weit wie möglich auszudehnen. Fällt die Ausbringungsmenge, die reicht, um die Gesamtnachfrage eines Marktes abzudecken, in den Bereich der sinkenden Durchschnittskosten, so kommt es zu einem Preiskampf, bei dem zum Schluss nur ein Produzent übrig bleibt – ein natürliches Monopol entsteht, indem es aufgrund der hohen Fixkosten effizient ist, dass die Gesamtnachfrage nur durch ein Unternehmen befriedigt wird. Natürliche Monopole können überall dort entstehen, wo hohe Fixkostenblöcke anfallen, z.B. im → Rundfunk.

Monotonie
(→ *Wirtschaftsmathematik*), Eigenschaft, die das Wachstumsverhalten einer → Funktion beschreibt. Erfüllt f in einem Intervall die Bedingung f' ≥ 0, wächst f dort monoton (f' > 0 impliziert strenge Monotonie). Entsprechend bedeutet f' ≤ 0, dass f in dem betrachteten Intervall monoton fällt (f' < 0 impliziert strenge Monotonie).

Montan-Mitbestimmungsgesetz
siehe → Mitbestimmung.

Monte-Carlo-Analyse
Bei der Beschreibung von Risiken in der Unternehmensplanung (z.B. Investitionsrisiken, Ausfallrisiken, Portfoliorisiken, Value at Risk oder VaR,) kommen häufig Simulationsmethoden oder Monte-Carlo-Methoden (nach John v. Neumann) zum Einsatz. Sie ersetzen analytische Verfahren, wenn die mathematische Analyse sonst zu aufwändig wäre oder ein bestimmtes mathematisches Problem mit den zur Verfügung stehenden Methoden nicht lösbar ist.
Die Monte-Carlo-Analyse ersetzt die analytische Rechnung durch auf dem Computer ausgeführte Zufallsexperimente unter Zuhilfenahme von Zufallszahlengeneratoren (z.B. werden bei Excel mit dem Befehl „=ZUFALLSZAHL()" Zufallszahlen einer Gleichverteilung erzeugt). Eine große Zahl von Simulationsexperimenten wird mit Stichprobenformeln ausgewertet, die dann Wahrscheinlichkeitsaussagen gestatten.

Beispiel (Hertz-Analyse): Sei

$$BW = \sum_{t=0}^{T} \frac{(E_t - A_t)}{(1+i)^t}$$

der Barwert eines Investitionsprojektes, das über einen Planungshorizont von t = T durch seine Einzahlungen E_t und Auszahlungen A_t sowie den Diskontierungszinsfuß i charakterisiert wird. Angenommen, die Einzahlungen E_t, die auf Produktumsätze zurückzuführen sind, variieren zufällig mit einer Wahrscheinlichkeitsdichte zwischen einem pessimistischen und optimistischen Wert. Dann wird der Barwert einige hundertmal mit über Zufallszahlen erzeugten E_t berechnet. Damit lässt sich die Verteilung von BW empirisch herleiten und dann Wahrscheinlichkeitsaussagen über seine Höhe machen.
Siehe auch → Portfoliomanagement und → Unternehmensplanung, jeweils mit Literaturangaben.

Monte-Carlo-Simulation (MC-Simulation)
Die Monte-Carlo-Simulation zählt zu den wichtigsten numerischen (und auch nicht-numerischen) Verfahren, die sich auf viele naturwissenschaftliche, technische und medizinische Probleme mit großem Erfolg anwenden lassen. Dabei ist es gleichgültig, ob das Problem ursprünglich statistischer Natur war oder nicht. Die Monte-Carlo-Simulation wird bei allen Verfahren verwendet, bei denen Zufallszahlen eine entscheidende Rolle spielen.
Das Grundprinzip der Monte-Carlo Simulation besteht darin, dass eine große Anzahl von Marktszenarien, z.B. im Finanzbereich, generiert wird. Dabei werden bei jedem Durchlauf Unsicherheiten berücksichtigt, die mit Hilfe des Computers erzeugt werden. Für jedes Szenario wird ein Wert errechnet und aufgezeichnet. Mit zunehmender Anzahl an Durchläufen lassen sich immer genauere Aussagen über entsprechende Konsequenzen treffen. Die Qualität des Ergebnisses ist abhängig von der Anzahl der Durchläufe.

Moody´s Investors Service
ist eine → Rating-Agentur, deren Geschäftszweck darin besteht, die Bonität anderer Unternehmen, jedoch auch Staaten (insbesondere als Emittenten) einzustufen. Siehe auch → Rating-Methoden, kreditwirtschaftliche.
Internetadressen: http://www.moodys.com und www.moodys.de

Moral hazard
ist ein ursprünglich aus dem Versicherungswesen stammender Begriff, mit dem das moralische Risiko bezeichnet wird, dass der Versicherungsnehmer die Versicherung täuscht und betrügt, etwa indem er vor Vertragsabschluss bestimmte Risiken verschleiert. Der Begriff wird heute auch außerhalb des Versicherungswesens vor allem vom → Principal-Agent-Ansatz verwendet, um auf die moralischen Wagnisse hinzuweisen, die praktisch in allen Beziehungen auftauchen, in denen ein Auftraggeber und ein Auftragnehmer sich gegenüberstehen.

Moralcontrolling
siehe → Ethik-Management.

Moralischer Akteur
natürliche oder juristische Person, der Verantwortung für ihr Verhalten zugewiesen wird;
siehe auch → Unternehmensethik.

Moratorium
(als *politisches Risiko, Länderrisiko*). Das Moratorium eines Schuldnerlandes hat zum Inhalt, dass ausländische Forderungen (in inländischer und/oder ausländischer Währung) (1) auf zunächst unbestimmte Zeit nicht erfüllt werden dürfen oder (2) erst nach Ablauf einer bestimmten Frist erfüllt werden dürfen oder (3) nur insoweit erfüllt werden dürfen, als Devisenerlöse erwirtschaftet werden oder (4) nur in inländischer Währung erfüllt werden dürfen, was einem (vorläufigen) → Konvertierungs- und → Transferverbot gleichkommen kann. Mit dem Erlass eines Moratoriums sucht das Schuldnerland i.A. einen Zahlungsaufschub bzw. die Möglichkeit zur Teilzahlung zu erlangen.

Morphologischer Kasten

(→ *Kreativitätstechnik*), bedeutet die Aufgliederung eines Problems hinsichtlich aller Parameter und die Suche nach neuen Kombinationen vorhandener Teillösungen (Was!). Das Problem wird dazu in seine Problembestandteile zerlegt, die grafisch in einem Kasten untereinander angeordnet werden. Neben jedes Problemelement werden möglichst viele Lösungsmöglichkeiten geschrieben, deren Kombination verschiedene Lösungen des Gesamtproblems ergibt. Die einzelnen Phasen lauten (1) Genaue Beschreibung und Definition des Problems mit zweckmäßiger Verallgemeinerung, (2) Ermittlung der Parameter des Problems, der Aufgabenstellung, diese Faktoren werden in die Kopfspalte einer Matrix eingetragen, (3) Aufstellung des morphologischen Kastens mit Eintragung aller Lösungsvorschläge für Problemparameter jeder Zeile der Matrix, (4) Auswahl und Bewertung aller möglichen Lösungen auf Grundlage eines geeigneten Bewertungsverfahrens, (5) Auswahl und Realisierung der besten Lösung. Als organisatorische Voraussetzung soll dafür ein interdisziplinärer Arbeitskreis gelten, dessen Sitzungsdauer maximal eine Stunde beträgt, wobei die Gruppengröße maximal zehn Personen umfasst. Die Verallgemeinerung des Problems und die Kombinationen der Lösungsparameter führen zu überraschenden Ergebnissen. Die Suche wird auch nach der ersten befriedigenden Lösung fortgesetzt. Die Methode liefert zumindest eine große Anzahl von Lösungen durch die Kombinationsmöglichkeiten. Dadurch besteht eine hohe Wahrscheinlichkeit, dass alle wesentlichen Aspekte des Problems erfasst werden. Zugleich ist damit aber auch ein hoher Zeit- und Kostenaufwand zur Durchführung verbunden (fünf Parameter mit je zehn Ausprägungen ergeben ca. 100.000 Lösungsalternativen).

Mortgage Backed Securities (MBS)

Bei Mortgage Backed Securities werden Forderungen aus Hypothekarkrediten zu einem Pool zusammengefasst und verbrieft. Bei Finanzierungen mittels Mortgage Backed Securities erwerben Banken Hypothekardarlehen und bringen diese in einen Pool ein, den sie an eine spezielle Finanzierungsgesellschaft weiterveräußern. Die Vorteile dieser in den USA gängigen Finanzierungstechnik liegen für den → Emittenten vor allem in der Möglichkeit, die Hypothekenforderungen zu liquidieren und das Risiko aus diesen Forderungen auf andere Kapitalanleger zu verlagern. Siehe auch → Asset Backed Securities.

Most likely Scenario

Methode zur Prüfung eines Szenariums (Fallstudie, künftige bzw. denkbare Situation usw.): Ein „most likely scenario" für steht die am wahrscheinlichsten gehaltene Entwicklung (ein „optimistic case scenario" für die günstigste Entwicklung und ein „pessimistic case scenario" für eine negative Entwicklung).

Motiv

Das aus der Psychologie stammende Konstrukt Motiv bezeichnet eine zeitlich relativ überdauernde, inhaltlich spezifische psychische Disposition, die Ausdruck eines zielgerichteten Mangelempfindens ist und damit einen Beweggrund für das Verhalten von Menschen darstellt. Den Motiven vorgelagert sind Bedürfnisse, die ein generelles Mangelempfinden kennzeichnen. Motive bzw. Bedürfnisse sind – anders als Triebe oder Instinkte – nicht angeboren, sondern entwickeln sich im Laufe der Sozialisation. Unter gegebenen situativen Umständen wird ein Motiv aktiviert und bis zur Erreichung eines Ziels bzw. zur Befriedigung eines Bedürfnisses beibehalten. Es dient dann als Antrieb für eine bestimmte Handlung.
Siehe auch → Konsumentenverhalten, → Managing Motivation, → Personalführung und → Unternehmensführung, jeweils mit Literaturangaben.

Motivation

Wenn eine Person in einer bestimmten Situation mit Bedingungen konfrontiert ist, die zur Aktivierung von → Motiven führen, entsteht Motivation. Dies kann entweder aus der Person selbst herrühren, z.B. wenn diese körperliche oder geistige Bedürfnisse aufweist, oder von außen ausgelöst werden. Resultiert die Motivation aus der Tätigkeit selbst, spricht man von intrinsischer Motivation, kommt sie durch Anreize (→ Anreizsystem) zustande, die außerhalb der Tätigkeit liegen und im Umfeld (z.B. Kollegen, Vorgesetzte) oder an den Folgen der Tätigkeit (z.B. Entgelt) ansetzen, wird dies als extrinsische Motivation bezeichnet.

Siehe auch → Konsumentenverhalten, → Lohn- und Gehaltsmodelle, → Motivationstheorien, → Personalführung und → Unternehmensführung, jeweils mit Literaturangaben.

Motivation, extrinsische
siehe → extrinsische Motivation.

Motivation, intrinsische
siehe → intrinsische Motivation.

Motivationstheorien
Es lassen sich zwei Theorierichtungen unterscheiden, die das Zustandekommen der → Motivation und ihren Einfluss auf menschliches Verhalten erklären. Haben die Theorien den Inhalt und die Wirkung individueller Bedürfnisse zum Gegenstand, spricht man von *Inhaltstheorien der Motivation*. Da beobachtbares Verhalten hier im Zuge einer Kausalerklärung auf bestimmte Bedürfnisse zurückgeführt wird, liefern diese Theorien eine Zusammenstellung von Bedürfnissen oder Bedürfnisgruppen, die Menschen je nach Situation motivieren (sollen). Dagegen versuchen *Prozesstheorien der Motivation* zu erklären, wie → Motivation formal und weitestgehend losgelöst von konkreten Bedürfnissen entsteht und das Verhalten beeinflusst. Sie konzentrieren sich auf Motivationsprozesse und verstehen den Menschen als ein rationales Wesen, dessen Leistungsbereitschaft nicht nur von einzelnen → Motiven oder Motivgruppen abhängt, sondern durch komplexere Zusammenhänge gelenkt ist.
Siehe auch → Personalführung und → Unternehmensführung, jeweils mit Literaturangaben.

Mouse-Move-Banner
Bei Bewegung der Maus bewegt sich das Banner mit und verschwindet bei Mausstillstand. Mehr zu Bannern unter → Bannerwerbung; zur Internet-Werbung siehe → Internet-Kommunikationspolitik.

M-Payment
Abk. für Mobile Payment; siehe → Mobiles Bezahlen.

MPM
Abk. für → Metra-Potenzial-Methode.

MRO
Abk. für *Maintenance, Repair, Operations* (-Güter). Anmerkungen: Der Warenwert dieser Güter entspricht nur einem geringen Anteil aller beschafften Waren eines Betriebs. Dieses Missverhältnis begründet eine bedeutende Motivation für indirektes → Electronic Procurement.

MRO-Artikel
Abk. für *Maintenance, Repair and Overhaul* (Instandhaltung, Reparatur und Überholung) und synonym für *Maintenance, Repair and Operations* (Instandhaltung, Reparatur und operatives Geschäft). Dazu zählen Güter mit geringer strategischer Bedeutung, einer hohen Bestellhäufigkeit sowie einem geringen Bestellwert (z.B. Werkzeuge, Ersatzteile oder Verbrauchsartikel). Sie zeichnen sich durch einen unregelmäßigen, dezentralen und kaum planbaren Bedarf aus. Die Beschaffung von MRO-Artikeln unterliegt meist einem Missverhältnis zwischen einem geringen Materialwert pro Bestellung und hohen Prozesskosten, die durch viele Prozessschritte (wie Genehmigungsverfahren, Transport oder Rechnungsprüfung) bedingt sind.
Siehe auch → C-Teile und → Beschaffungsmanagement (mit Literaturangaben).

MRP I
Abk. für → Material Requirements Planning; siehe auch → Unternehmensplanung und → Materiallogistik.

MRP II

(Abk. für → Manufacturing Resource Planning) ist ein Verfahren, das bei der Produktionsplanung und -steuerung (PPS) von Industrieunternehmen zum Einsatz kommt. MRP II steht für *Manufacturing Resource Planning* und ist eine Erweiterung von → MRP, das lediglich die Materialbedarfsplanung (Material Requirements Planning) abdeckt. Ziele von MRP II sind die Minimierung von Lager-, Liege- und Rüstzeiten sowie die Maximierung der Kapazitätsauslastung von Ressourcen (insbesondere Maschinen und Arbeitskräfte). Viele der heute am Markt verfügbaren → ERP-Systeme sind als Erweiterungen von MRP II-Systemen zu sehen.

Siehe auch → Materiallogistik und → Unternehmensplanung, jeweils mit Literaturangaben.

Literatur: Fandel, G., François P., Gubitz, K.-M.: PPS-Systeme und integrierte betriebliche Softwaresysteme – Grundlagen, Methoden, Marktanalyse, 2. Auflage, Berlin 1997; Kurbel, K.: Produktionsplanung und -steuerung – Methodische Grundlagen von PPS-Systemen und Erweiterungen, 5. Auflage, München und Wien 2003.

MRP III

siehe → Materials Requirement Planning.

MSPC

Abk. für → Multi Supplier Product Catalogue.

MSS

Abkürzung für → Management Support Systems.

Multi Supplier Product Catalogue (MSPC)

(*Multilieferantenkatalog*) enthält die aggregierten Artikelinformationen mehrerer Lieferanten. Siehe auch → Elektronische Produktkataloge und → Electronic Procurement.

Multi-Channel-Distribution

Unter Multi-Channel-Distribution oder multipler Distribution wird der parallele Einsatz mehrerer Absatzkanäle durch ein Unternehmen verstanden (Polydistribution). Die zentralen Problemstellungen im Rahmen der Multi-Channel-Distribution bestehen in der Auswahl, der Gestaltung, der Steuerung, der Abgrenzung und der Koordination der Absatzkanäle. Die Ziele liegen insbesondere (1) in der Erreichung eines höheren Distributionsgrades bzw. einer höheren Marktabdeckung, (2) in der Kundenbindung und Neukundengewinnung durch kundengerechte Ausgestaltung der Absatzkanäle, (3) in der Realisierung von Kostensenkungspotenzialen und Steigerung der Wirtschaftlichkeit der Distribution, (4) in der Risikoreduktion bzw. dem Risikoausgleich durch Bildung eines Absatzkanal-Portfolios, (5) in der Realisierung von Synergiepotenzialen (Schögel 1997, S. 26 ff.).

Im Rahmen der Gestaltung der Absatzkanalsysteme ist zwischen dem der Hersteller bzw. des Handels zu unterscheiden. Als Absatzkanalalternativen von Herstellern können die unterschiedlichen Optionen der direkten und der indirekten Distribution im Rahmen der Multi-Channel-Distribution kombiniert eingesetzt werden: (1) Als Option des Direktvertriebs ist der Verkauf durch den eigenen Außendienst der Hersteller, eigene Verkaufsniederlassungen der Hersteller, → Flagship Stores, → Fabrikläden bzw. → Factory Outlet Center der Hersteller oder Formen des Versandhandels (→ Remote Ordering) denkbar. (2) Als Option des indirekten Vertriebes, der die Einschaltung von Absatzmittlern umfasst, sind neuere Standorte und/oder neuere Vertriebs- bzw. Betriebstypen des Handels denkbar (→ Vertriebswege, neuere). Von zunehmender Relevanz sind in diesem Zusammenhang kontraktorientierte Vertriebssysteme, welche eine stärkere Kontrolle über die Vertriebswege ermöglichen (Secured Distribution), wie → Shop-in-the-Shop-Systeme. In diesem Themenzusammenhang spricht man bei Handelsunternehmen von → Multi-Channel-Retailing.

Siehe auch → Vertriebswege, Neuere (mit Literaturangaben).

Literatur: Schögel, M.: Mehrkanalsysteme in der Distribution, Wiesbaden 1997.

Multi-Channel-Marketing
die gleichzeitige Nutzung mehrerer Vertriebskanäle. Dabei besteht die Herausforderung für Unternehmen vor allem darin, nicht nur einzelne Absatzkanäle auszuwählen, zu gestalten und zu steuern, sondern die Gesamtheit der Kanäle wirksam voneinander abzugrenzen und zu koordinieren.

Multi-Channel-Response-Marketing
siehe → Multi-Kanal-Dialogmarketing.

Multi-Channel-Retailing
Unter Multi-Channel-Retailing wird der parallele Einsatz mehrerer stationärer Kanäle (Betriebstypen des Handels) bzw. Vertriebskanäle (Formen des Versandhandels) verstanden. Dabei wird in den unterschiedlichen Absatzkanälen ein sich in wesentlichen Teilbereichen überlappendes Sortiment angeboten und anhand der unterschiedlichen Absatzkanäle werden unterschiedliche Kundensegmente und/oder Kundenbedürfnisse angesprochen.
Optionen der Konfiguration von Multi-Channel-Retailing-Systemen sind (1) Systeme, die nur stationäre Betriebstypen beinhalten, (2) rein aus Versandhandelsformen bestehende Systeme sowie (3) Kombinationen stationärer Betriebstypen mit Versandhandelsformen.
Dabei können jeweils rein traditionelle (z.B. Fachgeschäfte, Katalogversand), nur innovative (z.B. Convenience Stores, Electronic Shopping) Absatzkanäle oder Mischsysteme eingesetzt werden (→ Vertriebstypen, neuere).
Bezüglich des kommunikativen Auftritts können ein einheitlicher Auftritt unter einer Dachmarke, eine Differenzierung im Auftritt der jeweiligen Kanäle anhand unterschiedlicher Vertriebsschienen-Marken sowie Mischformen realisiert werden. Multi-Channel-Retailing stellt i.d.R. eine Strategie der horizontalen Diversifikation dar; es steht neben der → Multi-Channel-Distribution der Hersteller.
Siehe auch → Vertriebswege, neuere und → Handelsmarketing, jeweils mit Literaturangaben.
Literatur: Schramm-Klein, H.: Multi-Channel-Retailing, Wiesbaden 2003.

Multi-Coupon-Verzinsung
Formeln siehe → Zinsrechnung; siehe auch → Diskontierungsfaktor, → Finanzmathematik.

Multi-Fakttabellen-Schema
siehe → Galaxie-Schema.

Multi-Kanal-Dialogkommunikation
andere Bezeichnung für → Multi-Kanal-Dialogmarketing.

Multi-Kanal-Dialogmarketing

Multi-Kanal-Dialogmarketing
von Professor Dr. Knut A. Wiesner
Fachhochschule Würzburg-Schweinfurt

1. Charakterisierung
Multi-Kanal-Dialogmarketing (auch *Multi-Channel-Response-Marketing*) stellt eine Form der Marketingkommunikation dar, daher müsste es korrekter Weise *Multi-Kanal-Dialogwerbung* oder *Multi-Kanal-Dialogkommunikation* heißen. Dennoch hat sich dieser Begriff ebenso eingebürgert wie auch der Begriff → *Direktmarketing* für eine direkte Kommunikation bzw. Werbung.
Bei Multi-Kanal-Dialogmarketing geht es, wie die einzelnen Wortteile veranschaulichen, um eine Strategie zur Nutzung vieler unterschiedlicher Kommunikationskanäle, um im Rahmen der Marketingkommunikation direkt Kunden mit dem Ziel anzusprechen, eine → Response zu erreichen bzw. in einen Kundendialog einzutreten. Dazu bedarf es einer validen Datenbasis (→ Database-Marketing), die stets zu aktualisieren ist. Es werden alle existierenden Kanäle und Kontaktpunkte mit der Absicht eingesetzt (integriertes Marketing), ein gleich bleibendes Kundenerlebnis und eine dauerhafte interaktive Beziehung zu Zielpersonen herzustellen (siehe Abbildung 1). Multi-Kanal-Dialogmarketing ersetzt das

traditionelle Transaktionsmarketing durch ein heutzutage notwendiges Beziehungsmarketing. Die geringe Streubreite des Dialogmarketings kann bei geringen Streuverlusten, flexiblen Einsatzmöglichkeiten und guten Kontrollmöglichkeiten die Effizienz der Werbung deutlich steigern.

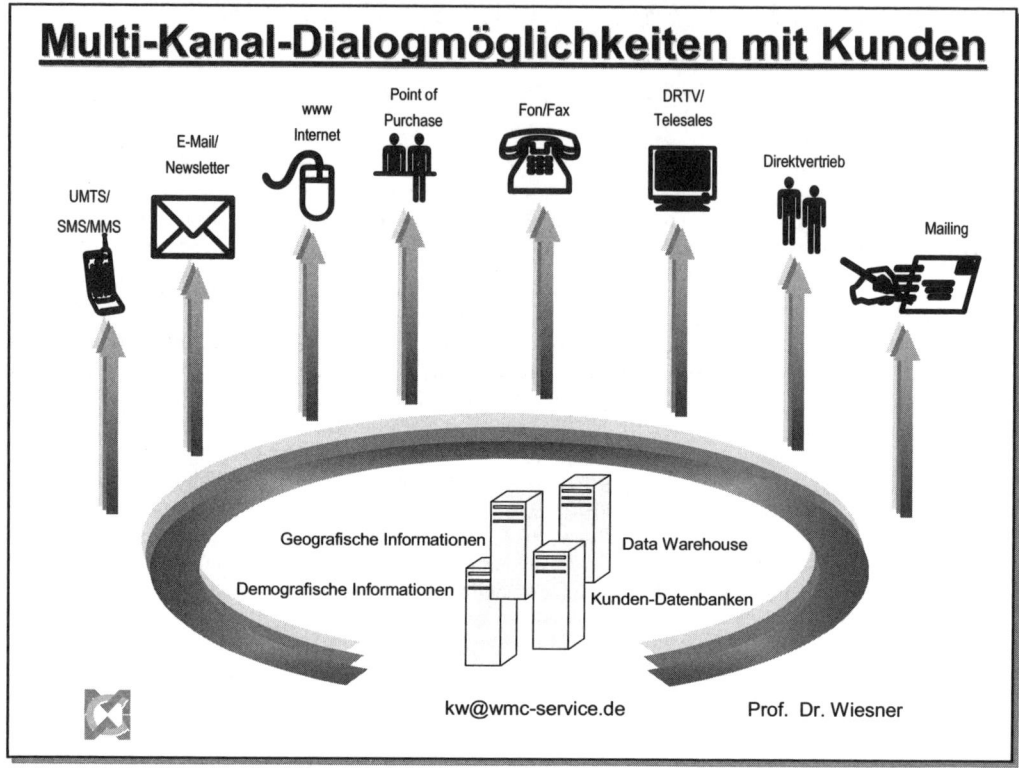

Abb. 1: Kundendialog auf unterschiedlichen Kanälen

2. Zielgruppensegmentierung

Wichtige Voraussetzung eines erfolgreichen Dialogmarketings ist sowohl die Dialogfähigkeit als auch die Dialogbereitschaft der Zielpersonen/-gruppen, das Dialogniveau des Wettbewerbs kann dabei als erster Anhaltspunkt dienen. Professionalität, Qualität und Frequenz der Dialogmarketingaktivitäten der Konkurrenz sind somit Maßstab für die Erwartungshaltung der Zielgruppen und die eigenen Dialogmarketingkommunikationsnotwendigkeiten.

Um zu differenzierteren Ergebnissen zu gelangen, bedarf es einer Typisierung der interessanten (werthaltigen) Zielgruppen nach einem Dialogmarketingcluster. Dimensionen sind dabei die Dialogfähigkeit und die Dialogbereitschaft der Zielgruppen (vgl. Abbildung 2).

Zielgruppensegmentierung	Hohe Dialogbereitschaft	Niedrige Dialogbereitschaft
Hohe Dialogfähigkeit	**Dialogaffine**	**Dialogresistente**
Niedrige Dialogfähigkeit	**Dialoglaien**	**Dialogirrelevante**

Abb. 2: Zielgruppenanalyse: Dialogmarketingtypen

Als Zielgruppe eignet sich am besten die Gruppe derjenigen, die sowohl eine hohe Dialogfähigkeit als auch eine hohe Dialogbereitschaft aufweisen. Diese sind Profis im Umgang mit den Kommunikationsmedien und können somit als Dialogprofis oder Dialogaffine bezeichnet werden. Interessant ist auch die Gruppe der Dialogresistenten, die man durch bestimmte zielgruppenspezifische Incentives dazu animieren kann, in einen Kundendialog einzutreten. Durch bestimmte Fördermaßnahmen (zum Schließen der Kompetenzlücke) lässt sich ggf. auch die Gruppe der Dialoglaien motivieren, da sie grundsätzlich am Dialog interessiert ist. Uninteressant ist es allerdings, die Dialogirrelevanten zu erreichen, selbst wenn sie eine werthaltige Zielgruppe darstellen – diese sollte dann mit anderen Kommunikationsmaßnahmen zu erreichen versucht werden.

3. Kommunikationskanäle
I.W. können die klassischen Kanäle des → Direktmarketings auch für das Dialogmarketing genutzt werden; darüber hinaus eignen sich auch klassische Formen der Werbeansprache, wenn über diese die Kunden oder Interessenten mit Hilfe von Responsemöglichkeiten zum Dialog motiviert werden:

- Postwurfsendungen, Hauswurfsendungen mit Antwort-/Kontaktmöglichkeit
- Unadressierte Mailings mit Antwort-/Kontaktmöglichkeit
- Adressierte Mailings mit Antwort-/Kontaktmöglichkeit
- Anzeigen oder Beilagen mit Kontaktmöglichkeit über Coupon, Postkarte, Fax, Telefon, Internet, E-Mail
- Fernsehwerbung mit Kontaktmöglichkeit über Postkarte, Fax, Telefon, Internet, E-Mail
- Radiowerbung mit Kontaktmöglichkeit über Postkarte, Fax, Telefon/SMS, Internet, E-Mail
- Plakat- und Außenwerbung mit Kontaktmöglichkeit über Postkarte, Fax, Telefon/SMS, Internet, E-Mail
- Persönlicher Verkauf
- Promotionaktion mit Sammlung von Interessenten-/Kundendaten
- Telefonverkauf/-marketing aktiv (Outbound)
- Passives Telefonmarketing (Inbound)
- SMS/MMS (Klingeltöne, Mobile Coupons)
- UMTS-/WAP-Website
- Faxansprache mit Rückantwortmöglichkeit
- E-Mailings (Spam mit Response/Links)
- E-Mailings mit individueller Ansprache und Antwortmöglichkeit/Links
- Newsletter (mit Links), Mailinglists
- Website mit Kontaktmöglichkeit über E-Mail, Links oder → Call me back Button
- Online-Chat, Schwarze Bretter, Newsgroups, Communities, Weblogs
- Individualisierte Website mit Responsemöglichkeit und Links
- CD-Rom mit Kontaktmöglichkeit über Internet, E-Mail etc.
- Kiosk-Systeme (→ POS-/POI-Terminals)
- Direct Response TV (→ DRTV)
- Direct Response Radio (→ DRR)

Für Unternehmen, die erfolgreich Multi-Kanal-Dialog-Marketing betreiben wollen, ist eine durchgängige Präsenz auf allen von ihren Kunden präferierten Kanälen notwendig, die als integriertes Marketing ein ganzheitliches Marken- und Produkt- bzw. Dienstleistungserlebnis sicher stellen muss (auch Integration der Medien!).

4. Kundendaten

Um eine möglichst individuelle Kundenansprache zu erreichen, müssen zunächst alle diejenigen Kundendaten gesammelt werden, die für die Kontaktaufnahme zum Kunden notwendig sind (Adresse, Fon, Fax, E-Mail usw.). Demografische Angaben ermöglichen eine Zielgruppenselektion mit individueller Ansprache und individuellen Angeboten. Dazu bedarf es gut gepflegter Kundendatenbanken und/oder für diese Zwecke nutzbarer externer Datenbanken.

Die systematische Nutzung/Auswertung von → *Datenbanken* (*Database-Management*) für Marketinganwendungen wird als → *Database-Marketing* bezeichnet. Database-Marketing bedeutet also die interne und externe Gewinnung individueller personen- und/oder firmenspezifischer Daten. Dabei dient die Speicherung und Nutzung dieser Daten dem zielgenauen und abgestimmten Einsatz der Marketing-Instrumente zum Aufbau dauerhafter Kundenbeziehungen (nach Bruns S. 60).

Die Inhalte einer Datenbank können sowohl aus internen als auch externen *Datenquellen* gewonnen werden. Interne Daten sind dabei Kundendaten, Produkt-/Leistungsinformationen, Vertriebsdaten, Marktbearbeitungsinformationen, Daten des Rechnungswesens, Reklamationen etc.; externe Daten können z.B. aus der Statistik, Marktforschung, den Interessentenanfragen, Garantiekarten, Response-Marketingmaßnahmen, öffentlichen Adressverzeichnissen und Katalogen, Kauf oder Miete von Adressbeständen (ca. 2000 Adressverlage/Listbroker) gewonnen werden.

Diese Daten können dann ausgewertet und verarbeitet werden, um diese in einem sog. → *Data Warehouse* den Anwendern im Unternehmen (Marketingleitung, Außendienst, → Call Center...) mit Hilfe des sog. „ → OLAP" (Online Analytical Processing) zur Verfügung zu stellen. Auf Basis dieser detaillierten Daten ist dann eine (weitgehend) streuverlustfreie Direktansprache der (potenziellen) Kunden möglich.

5. Kommunikationsziele

Die durch Multi-Kanal-Dialogmarketing angesprochenen Personen(-kreise) sollen zu einer messbaren Reaktion (Informationsanforderung, Nachfrage, Test, Bestellung, Buchung...) veranlasst werden. Besonders gut eignen sich zielgruppengerechte, individuell abgestimmte Coupons, um Kunden zur gewünschten Response zu bewegen.

Durch eine immer stärkere Segmentierung und intensivere Beschäftigung mit den Kunden und ihren Interessen erhöht sich das Wissen der Unternehmen über die Zielpersonen ihrer Werbung. Hohes Einzelwissen über die Zielpersonen ermöglichst erst ein wirkliches Direkt- bzw. Dialogmarketing, bei dem der Kunde möglichst genau entsprechend seiner Bedürfnisse und Wünsche angesprochen werden kann. Die Responsemessung führt zu einer Verfeinerung der Ansprache. Der Kundendialog lebt also von einem hohen Interaktivitätsgrad.

Hinweis

Zu den angrenzenden bzw. vertiefenden Wissensgebieten siehe → Call Center Management, → Category Management, → Data Warehouse, → Digitales Marketing, → Direktmarketing, → E-Commerce, → Efficient Consumer Response, → Eventmarketing, → Handelsbetriebslehre, Grundlagen, → Internet-Kommunikationspolitik, → Kommunikationspolitik, → Konsumentenverhalten, → Kundenzufriedenheit, → Marketing, Grundlagen, → Marketing, Internationales, → Marktforschung, → Medienökonomie, → Messemanagement, → Mobile Commerce, → Vertriebspolitik, → Vertriebssteuerung, → Vertriebswege, neuere, → Werbung.

Literatur: Bruns, J.: Direktmarketing, Ludwigshafen 1998; Schneider, D.: Marketing 2.0, Absatzstrategien für turbulente Zeiten, Wiesbaden 2001; Theobald, E.: Digitales Marketing, in: Poth, L./Poth, G. (Hrsg.): Marketing, Kriftel 2000; Töpfer, A.: Direktmarketing, in: Poth, L./Poth, G. (Hrsg.): Marketing, Kriftel 2000, Wiesner, K.A.: Multi-Kanal-Dialogmarketing, in: Poth, L./Poth, G. (Hrsg.): Marketing, Kriftel 2000 (Ergänzungslieferung 2002), Wiesner, K.A.: Mobil-Marketing in: Poth, L./Poth, G. (Hrsg.): Marketing, Kriftel 2000 (Ergänzungslieferung 2002).

Internetadressen: http://www.ddv.de; http://www.wmc-service.de

Internetadresse des Autors: www@fh-sw.de/sw/fachb/fwb/studium/wiesner/

Multi-Kanal-Dialogwerbung
andere Bezeichnung für → Multi-Kanal-Dialogmarketing.

Multikanalvertrieb
ist die abgestimmte Steuerung paralleler Vertriebskanäle. Dabei ist strikt zwischen organisatorischen Einheiten, die die Verantwortung für den Markterfolg in einem Kanal tragen, und den Kommunikationsmitteln, die in einem Kanal zum Einsatz kommen, zu unterscheiden. Kanalmanagement bedeutet, dass eine definierte Kanaleinheit (z.B. ein → Call-Center) mit Hilfe bestimmter Kommunikationsmittel (z.B. Telefon und Fax) bestimmte Aufgaben (z.B. Verkauf von Flugkarten) übernimmt.
Ein typisches Merkmal des Multikanalvertriebs: In CRM-Kanalsystemen (kooperatives → CRM) spielen Hersteller ihren Vertriebspartnern Informationen und → Leads zu. Die Kanalpartner wiederum haben i.d.R. internetgestützten Zugriff auf CRM-Datenbanken und -Informationsservices des Herstellers und teilen ihrerseits ihr Marktwissen mit den Lieferanten. Das umfassendste Multikanalsystem in Deutschland ist dasjenige des Allianz-Konzerns.
Siehe auch → Multi-Kanal-Dialogmarketing und → Vertriebssteuerung, jeweils mit Literaturangaben.

Multikollinearität
siehe → Ökonometrie.

Multikulturelles Management
siehe → Interkulturelles Management (mit Literaturangaben).

Multilaterales Kurssicherungsinstrument
siehe → Kurssicherungsinstrument, multilaterales.

Multilieferantenkataloge
(*Multi Supplier Product Catalogue, MSPC*) enthalten die aggregierten Artikelinformationen mehrerer Lieferanten. Siehe auch → Elektronische Produktkataloge und → Electronic Procurement.

Multimedia
Multimediale Systeme bilden eine Teilmenge der neuen Kommunikationstechniken, zu denen neben den multimedialen Systemen auch eigenständige digitale Systeme wie z.B. Bildtelefone gehören. Die neuen Kommunikationstechniken oder neue bzw. digitale Medien als Oberbegriff setzen bei den Medientechnologien ein, bei denen der Computer zum Einsatz kommt.
Seit Anfang der 90er Jahre lassen sich multimediale Systeme wie folgt definieren: (1) Ein multimediales System integriert unterschiedlichste Medien, wobei Medien die Elemente Text, Bild, Ton und Video/Animation meint. Statt der bloßen Aneinanderreihung der Medien werden sie parallel präsentiert und gemeinsam verarbeitet. (2) Ein multimediales System stellt eine Verbindung zwischen verschiedenen Medien her (z.B. synchrone Darstellung von Bild und Ton, Hyperlinks zur Verbindung von Informationseinheiten.). Nur die semantisch korrekte Verbindung schafft eine sinnvolle Integration der verschiedenen Medien. (3) Ein multimediales System synchronisiert diskrete (= Medien, deren Information zeitunabhängig existiert, z.B. Graphik, Text) und zeitabhängige Medien (z.B. Animation, Video, Audio). Ohne die korrekte Synchronisation kann keine sinnvolle Information entstehen, z.B. in der Synchronisation von Animation mit Audio. (4) Multimediale Systeme sind rechnergestützt. Der Computer dient der Synchronisation der Medien und erlaubt die Interaktivität durch entsprechende Benutzerschnittstellen. Daneben ermöglicht er den gezielten, selektiven und zeitunabhängigen Zugriff auf Informationen. (5) Multimediale Systeme arbeiten unter dem Einsatz der Digitaltechnik, d.h. unter der digitalen Nutzung aller Medien. Die Digitalisierung aller benötigten Daten ist damit die Voraussetzung für die Erstellung eines multimedialen Systems. Beispielsysteme im Bereich Multimedia sind DVD-

Anwendungen, Kiosksysteme (Point-of-Sale oder Point-of-Information) das digitale/interaktive Fernsehen und vernetzte Systeme wie das Internet.
Siehe auch → Digitales Marketing und → Internet-Kommunikationspolitik, jeweils mit Literaturangaben.

Multimedia Interaction Center
i.W. gleichbedeutende Bezeichnung für Call Center bzw. Communication Center; siehe auch → Call Center Management (Communication Center Management).

Multimedia Messaging Service (MMS)
ist ein Dienst zum Versenden von Nachrichten mit integrierten Bild-, Video- und Audiodaten, der in → GPRS- und → UMTS-Netzen als Erweiterung und zusätzlich zum → Short Message Service bereitgestellt wird. Neben der Übertragung von einem → mobilen Endgerät zu einem anderen ist auch ein Versand an beliebige E-Mail-Adressen möglich.
Siehe auch → Mobile Commerce (mit Literaturangaben).

Multimediale Systeme
siehe → Multimedia.

Multimodal Bill of Lading
siehe → Multimodales Konnossement.

Multimodales Konnossement
Andere Bezeichnungen mit gleichem bzw. annähernd gleichem Vorstellungsinhalt sind: Konnossement des multimodalen Transports, Multimodal Bill of Lading, Konnossement des kombinierten Transports, Combined Transport Bill of Lading. Das charakteristische und zugleich die Abgrenzung zu den übrigen → Konnossementen bestimmende Merkmal der Konnossemente des kombinierten/multimodalen Transports ist die Einbeziehung verschiedener Transportarten, also beispielsweise See- und Landtransport, wie er häufig im Containertransport vorkommt. Der gesamte Transportweg wird vom Exporteur – unabhängig von den Transportarten und den Transportmitteln – mit einem Vertragspartner abgewickelt und mit einem einzigen Transportdokument abgedeckt. Das ausstellende Transportunternehmen haftet in der Regel für den gesamten Transport, und zwar auch dann, wenn es nur eine Teilstrecke (eine Transportart) selbst ausführt.

Multinationale Strategie
siehe → lokale Anpassung

Multinationale Unternehmung
Unternehmung, die auf mehreren Auslandsmärkten aktiv ist und deren Auslandsgeschäft einen wichtigen Beitrag zum Unternehmenserfolg leistet. Die ausländischen Tochtergesellschaften agieren mit eigenständigem Entscheidungsspielraum, der eine Anpassung von Marketingentscheidungen an marktspezifische Gegebenheiten ermöglicht.
Siehe auch → Marketing, Internationales (mit Literaturangaben).

Multinationales Marketing
Ansatz des Internationalen Marketing, bei dem regionale und kulturelle Unterschiede Berücksichtigung finden.
Siehe auch → Marketing, Internationales (mit Literaturangaben).

Multiple Sourcing
zählt zu den → Sourcingstrategien im Einkauf. Multiple Sourcing beschreibt den Mehrquellenbezug von Produkten, die einen geringen Erklärungsbedarf haben. Die Kooperation zwischen Kunde und Lieferant ist einmalig und lose (Spotmarktbeziehung).

Multiple Sourcing
Bezug (Beschaffung) eines Gutes von mehreren Lieferanten. Ziel: Nutzung der Marktdynamik durch Stimulierung des Wettbewerbs zwischen den Anbietern. Der direkte marktliche Wettbewerb soll Druck auf die Einstandspreise ausüben sowie die Leistungen der Anbieter steigern.
Siehe auch → Single sourcing, → Dual sourcing, → Beschaffungsmanagement, → Beschaffungslogistik und → Einkaufscontrolling.

Multiprojektmanagement
ist das Management mehrerer Projekte. Dabei treten verschiedene Fälle – oft kombiniert – auf: Management mehrerer zusammengehöriger Projekte, Management mehrerer Projekte mit gemeinsamen Ressourcen, Management eines Portfolios von Projekten (z.B. innerhalb einer Abteilung).
Siehe auch → Projektmanagement (mit Literaturangaben).

Multi-Task-Probleme
treten auf, wenn eine Tätigkeit mehrdimensional ist und nicht alle Dimensionen in einem Zeitraum gleich eindeutig gemessen und zugerechnet werden können (z.B. Quantität vs. Qualität, kurzfristiges vs. langfristiges Ergebnis, bewährte vs. ungewöhnliche Kriterien). In diesem Fall ist ein variabler Lohn nach eindeutigen Leistungskriterien schädlich: Es werden nur noch die leicht bewertbaren Aktivitäten durchgeführt. Neue, innovative und der Auftraggeberin potenziell nutzbringende Aktivitäten werden unterlassen (→ Prinzipal-Agenten-Beziehung).
Eine Lösung für dieses Problem ist (a) subjektive Leistungsbewertung nach umfassenden Kriterien; diese ist aber dem Risiko von subjektiven Wahrnehmungsverzerrungen und von strategischem Verhalten der bewertenden Person ausgesetzt, (b) Verzicht auf variable Leistungslöhne; das führt aber bei → extrinsisch Motivierten zu geringerer Leistungsintensität (→ Preis-Effekt); (c) Verstärkung der → intrinsischen Motivation.
Siehe auch → Managing Motivation (mit Literaturangaben).
Literatur: Gibbons, R.: Incentives in Organizations, in: The Journal of Economic Perspectives (1998), Vol. 12, Nr. 4, S. 115–132; Kerr, S.: On the Folly of Rewarding A while Hoping for B, in: Academy of Management Journal (1975), Vol. 18, S. 769–783. Osterloh, M.: Human Resources Management and Knowledge Creation, in: Nonaka, I./ Kazuo, I. (Hrsg.): Handbook of Knowledge Creation, Oxford University Press (im Druck).

Multivariate Analyse
analysiert wird die Beziehung *mindestens dreier Variablen*. In diesem Kontext können strukturenprüfende und strukturen-entdeckende Verfahren differenziert werden. Das Ziel der strukturenprüfenden Verfahren liegt in der Überprüfung vermuteter Zusammenhänge zwischen Variablen. Strukturen-entdeckende Verfahren dagegen sind multivariate Methoden, deren primäres Ziel im Auffinden von Zusammenhängen zwischen Variablen oder zwischen Objekten liegt. Hier besitzt der Anwender zu Beginn der Analyse noch keine Vorstellungen darüber, welche Beziehungszusammenhänge in einem Datensatz existieren (Beispiele: Faktorenanalyse, → Clusteranalyse).
Siehe auch → Datenanalyse (Marktforschung).

Multivariate Methode
siehe → multivariate Analyse. Siehe auch → Datenanalyse (Marktforschung).

MUS
Abk. für → Managementunterstützungssysteme (Management Support Systems).

Muttergesellschaft
Das herrschende Unternehmen im Rahmen eines → *(Unterordnungs)Konzerns* wird als *Muttergesellschaft* bezeichnet, das abhängige Unternehmen wird → *Tochtergesellschaft* genannt.

Mutterland

ist dasjenige Land, in dem sich der Hauptsitz (die Zentrale) einer → internationalen Unternehmung befindet. Siehe auch → Globalisierung.

Mutter-Tochter-Beziehung

siehe → verbundene Unternehmen.
Siehe auch → Konzernabschluss (mit Literaturangaben).

Mutter-Tochter-Richtlinie

ist eine EU-Richtlinie zur Vermeidung von → Mehrfachbelastungen in internationalen Konzernen innerhalb der EU. Der Sitzstaat der Tochtergesellschaft darf keine → Quellensteuer auf Dividendenausschüttungen an ihre in einem anderen EU-Staat ansässige Muttergesellschaft erheben. Korrespondierend dazu muss der → Ansässigkeitsstaat der Muttergesellschaft die empfangene Dividende freistellen. Voraussetzungen für die Anwendung der Mutter-Tochter-Richtlinie sind (1) die → Ansässigkeit von Mutter- und Tochtergesellschaft in der EU, (2) eine Beteiligung der Muttergesellschaft zu mindestens 20 % (2007: 15 %, 2009: 10 %) und (3) eine Mindestbeteiligungsfrist von 24 Monaten. Diese Voraussetzungen müssen kumulativ erfüllt sein. In Deutschland wird diese Richtlinie durch § 43b EStG umgesetzt, wobei die dortigen Regelungen weiter gefasst sind (10 %-Beteiligung, 12-Monats-Frist). Die Mutter-Tochter-Richtlinie geht dem anzuwendenden → DBA vor, wenn sie für den Steuerpflichtigen günstiger ist.
Siehe auch → Steuerrecht, Internationales (mit Literaturangaben).

Mutterunternehmen

(Muttergesellschaft) ist ein rechtlich selbstständiges Unternehmen in der Rechtsform einer Kapital- oder Personengesellschaft mit mindestens einem → Tochterunternehmen. Mutterunternehmen werden gemäß der → *Vollkonsolidierung* in den Konzernabschluss einbezogen. Sofern keine Ausnahmetatbestände vorliegen, ist das Mutterunternehmen konzernabschlusspflichtig.
Siehe auch → Konzernabschluss (mit Literaturangaben).

Mutterunternehmen, kapitalmarktorientierte

Gemäß § 297 I HGB zeichnen sich kapitalmarktorientierte Mutterunternehmen durch die Inanspruchnahme eines organisierten Marktes im Sinne des § 2 Abs. 5 des Wertpapierhandelsgesetzes aus, d.h. entweder das → Mutterunternehmen selbst oder eines seiner → Tochterunternehmen haben Wertpapiere im Sinne des § 2 Abs. 1 Satz 1 des Wertpapierhandelsgesetzes emittiert bzw. beantragt, dass diese zum Handel an einem organisierten Markt zugelassen werden.

MVA

Abk. für → Market Value Added.

MXN

ISO-Code für Mexikanischer Peso.

mySAP ERP

mySAP ERP ist eine Software des deutschen Unternehmens SAP, das weltweiter Marktführer im Bereich von ERP-Systemen ist. SAP bietet neben ERP-Systemen Lösungen für → Supply Chain Management, → Customer Relationship Management, → Electronic Procurement, → Produktlebenszyklus-Management sowie → Anwendungsintegration an. Vorgänger von mySAP ERP sind die Systeme → R/2 und → R/3.
mySAP ERP bietet Funktionen in sechs Bereichen: (1) *Analytics* dient der Informationsversorgung des Managements und unterstützt die Planung, Kontrolle und Entscheidungsfindung. (2) *Financials* umfasst Aufgaben des Finanz- und Rechnungswesens sowie des Finanzmanagements. (3) *Human Capital Management* deckt das Personalwesen ab, einschließlich Analyse- und Dispositionsfunktionen sowie → Employee Self Service. (4) Der Bereich *Operations* beinhaltet Funktionen für Vertrieb, Beschaffung, Logistik und Instandhaltung. (5) *Corporate Services* unterstützt zentrale und dezentrale Unter-

nehmensdienste, z.B. für die Verwaltung von Immobilien und Reise- und Provisionsabrechnungen. (6) *Self-Services* stellt ein → Portal dar, über das Mitarbeitende nach Geschäftsprozessen orientiert auf Inhalte, Anwendungen und Dienste zugreifen können.

mySAP ERP kann auf unterschiedlichen Hardware- und Systemplattformen (Betriebssysteme, Datenbankmanagementsysteme, Netzwerke) eingesetzt werden. Die Software basiert auf der von SAP entwickelten → Integrationsplattform Netweaver. Dadurch können Schnittstellen zu anderen Systemen realisiert und gepflegt werden. Die Architektur entspricht dem Konzept einer → serviceorientierten Softwarearchitektur.

Siehe auch → ERP-Systeme (mit Literaturangaben).

Literatur: Appelrath, H.-J., Ritter, J.: R/3-Einführung – Methoden und Werkzeuge, Berlin und Heidelberg 2000; Wenzel, P. (Hrsg.): Betriebswirtschaftliche Anwendungen mit SAP R/3, 3. Auflage, Braunschweig und Wiesbaden 2001.

Internetadressen: (Unternehmen) http://www.sap.com; (Online-Magazin) http://www.sap.info.

»Grundlegend, hilfreich, bewährt.«

Hans Corsten
Produktionswirtschaft
Einführung in das industrielle
Produktionsmanagement

11., vollst. überarb. Aufl. 2007 | XIX, 647 S. | gebunden
€ 39,80 | ISBN 978-3-486-58298-7
Lehr- und Handbücher der Betriebswirtschaftslehre,
(Reihenherausgeber: Hans Corsten)

Dieses Lehrbuch gibt dem an produktionswirt-
schaftlichen Fragestellungen interessierten
Studenten eine Einführung in das industrielle
Produktionsmanagement. Neben den Grundlagen
der Produktionswirtschaft werden Aspekte der
Produktionsprogramm-, Potential- und Prozessgestaltung und darüber hinaus verschiedene
integrative Ansätze diskutiert.

**Das Buch richtet sich sowohl an Studenten des
Grundstudiums als auch an diejenigen, die im
Rahmen einer speziellen Betriebswirtschaftslehre
im Hauptstudium produktionswirtschaftliche
Problemstellungen vertiefen möchten.**

**Insbesondere im Rahmen einer Klausurvorberei-
tung ist es als Nachschlagewerk sehr nützlich.
Zudem sind die umfangreichen Quellenangaben
für einen tieferen Einstieg in bestimmte Sachverhalte äußerst hilfreich.**

O. Univ.-Prof. Dr. habil. Hans
Corsten ist seit September 1995
Inhaber des Lehrstuhls für
Produktionswirtschaft an der
Universität Kaiserslautern.

Oldenbourg

Erfolg mit Excel

Karlheinz Zwerenz
Statistik verstehen mit Excel
Interaktiv lernen und anwenden
Buch mit Excel-Downloads
2., verbesserte Aufl. 2008. XIII, 311 S., Br.
€ 32,80
ISBN 978-3-486-58591-9
Managementwissen für Studium und Praxis

Das Buch (mit CD-ROM) verbindet das Verstehen und Anwenden der Statistik in Synergie: Die grundlegenden Methoden der deskriptiven und der induktiven Statistik werden als interaktive Anwendungen in Excel anschaulich dargestellt und erläutert.

Spezielle Excel-Kenntnisse sind nicht erforderlich! In jedem Kapitel des Buches werden die wichtigsten Begriffe und Formeln zu den einzelnen statistischen Methoden vorangestellt und im Zusammenhang mit den Excel-Anwendungen ausführlich besprochen. Das interaktive Lernen der Statistik ist mit den bereitgestellten Excel-Downloads möglich.
Kommentartexte am Bildschirm und der simultane Aufbau von Grafiken gewährleisten den Erfolg des interaktiven Lernens.

Das Buch richtet sich an Studierende und Praktiker, die Statistik mit Hilfe von Excel konkret anwenden wollen.

Prof. Dr. Karlheinz Zwerenz lehrt Statistik und Volkswirtschaftslehre an der Fachhochschule München.

Oldenbourg

Menschen und Manager:
Ein Balanceakt?

Eugen Buß
**Die deutschen Spitzenmanager -
Wie sie wurden, was sie sind**
Herkunft, Wertvorstellungen, Erfolgsregeln
2007. XI, 256 S., gb.
€ 26,80
ISBN 978-3-486-58256-7

Was ist eigentlich los im deutschen Management?
Kaum ein Tag vergeht, ohne dass die Medien kritisch
über die Zunft der Führungskräfte berichten. Sind die
deutschen Manager denn seit dem Beginn der Bundesrepublik immer schlechter geworden? War früher
etwa alles besser, als es noch »richtige« Unternehmer-
persönlichkeiten gab?
Antworten auf diese Fragen finden Sie in diesem Buch.

Es gibt kein vergleichbares Buch, das die Zusammenhänge des Werdegangs und der Einstellungen von
Spitzenmanagern darstellt. Die Studie zeigt, dass es in
der Praxis unterschiedliche Managertypen gibt. Diejenigen, die ihre Persönlichkeit allzu gerne der Manage-
mentrolle unterordnen und jene, die eine Balance
zwischen Mensch und Position finden.

**Das Buch richtet sich an all jene, die sich für die
deutsche Wirtschaft interessieren.**

Prof. Dr. Eugen Buß lehrt an der
Universität Hohenheim am Institut für Sozialwissenschaft.

Oldenbourg

Grundwissen zur Geldanlage

Hermann May
Geldanlage
Vermögensbildung
3., völlig überarbeitete, aktualisierte Auflage
2007. XIV, 227 Seiten, gebunden
€ 29,80, ISBN 978-3-486-58151-5

Eine umfassende und anschauliche Einführung in die Grundlagen der Geldanlage.

Um selbstverantwortlich Geld anlegen zu können, muss der Investor über solides und zugleich einschlägiges Grundwissen verfügen.

Neben allgemeinem Wissen über die Vermögensbildung in Deutschland, Geldanlageziele, die Struktur und Dauer von Geldanlagen, Anlageberatung sowie die Haftung und Vermögensverwaltung stellt May Geld- und Sachwertanlagen, gemischte Anlagen, Termingeschäfte, die Vermögenswirksame Anlage sowie betriebliche und private Möglichkeiten der Altersvorsorge ausführlich und anschaulich dar. Darüber hinaus enthält das Buch Erläuterungen zur Besteuerung von Geldanlagen.

Dieses Buch ist für Geldanleger von heute und morgen.

Prof. Dr. Hermann May ist geschäftsführender Leiter des Zentrums für ökonomische Bildung in Offenburg.

Oldenbourg

Neue Impulse für die Personalarbeit

Waldemar Stotz
Employee Relationship Management
Der Weg zu engagierten und effizienten
Mitarbeitern
2007. XV, 212 Seiten, gebunden
€ 34,80, ISBN 978-3-486-58208-6

Der Hinweis auf die Bedeutung der Mitarbeiter als
strategischer Erfolgsfaktor fehlt seit Jahren in keinem Geschäftsbericht und in keinem Personalma-
nagement-Buch. Wie allerdings die international
anerkannte Gallup-Studie zeigt, beträgt der Anteil
der Mitarbeiter mit hoher emotionaler Bindung an
ihre Aufgabe und an ihren Arbeitgeber in Deutschland nur rund 13%. Aufgrund der Arbeitsmarktsituation verbleiben sie jedoch mangels
Alternativen in ihren Unternehmen. Die bisher
spärliche Literatur zu diesem Thema und die Unternehmenspraxis erheben die „Mitarbeiterbindung" zum Ausweg aus dieser Misere.

Mit seinem Blick über den Zaun zum Anfang der
1980er entwickelte Customer Relationship Management (CRM) geht der Autor einen neuen Weg.
Die Adaption dieser Erkenntnisse und Erfahrungen
kann in einer Zeit, in der Mitarbeiter zunehmend
als interne Kunden bezeichnet werden, überra-
schend schnell zu engagierten und effizienten
Mitarbeitern führen.

Ein Buch für Manager, Mitarbeiter und Studierende der Personalwirtschaft.

Waldemar Stotz berät und konzi-
piert Praxislösungen im Themen-
gebiet Employee Relationship
Management. Seit 2004 ist er
Dozent für Human Resources
Management an Hochschulen in
Deutschland und der Schweiz.

Oldenbourg

150 Jahre
Wissen für die Zukunft
Oldenbourg Verlag

Das neue Lexikon der Betriebs-wirtschaftslehre

Kompendium und Nachschlagewerk mit
200 Schwerpunktthemen,
6.000 Stichwörtern,
2.000 Literaturhinweisen sowie
1.300 Internetadressen

Band A–E

Herausgegeben von

Prof. Dr. Siegfried G. Häberle

Unter Mitarbeit von 200 Wissenschaftlern an Universitäten,
Hochschulen, Akademien und Instituten in Deutschland,
Österreich und der Schweiz

Oldenbourg Verlag München Wien

Bibliografische Information der Deutschen Nationalbibliothek

Die Deutsche Nationalbibliothek verzeichnet diese Publikation in der Deutschen
Nationalbibliografie; detaillierte bibliografische Daten sind im Internet über
<http://dnb.d-nb.de> abrufbar.

© 2008 Oldenbourg Wissenschaftsverlag GmbH
Rosenheimer Straße 145, D-81671 München
Telefon: (089) 4 50 51- 0
oldenbourg.de

Lektorat: Wirtschafts- und Sozialwissenschaften, wiso@oldenbourg.de
Herstellung: Anna Grosser
Coverentwurf: Kochan & Partner, München
Cover-Illustration: Hyde & Hyde, München
Gedruckt auf säure- und chlorfreiem Papier
Gesamtherstellung: Kösel, Krugzell

ISBN 978-3-486-58305-2

Inhaltsübersicht

Vorwort

Liebe Leser,

Sie halten in konzentrierter und übersichtlicher Form den aktuellen Stand der Betriebswirtschaftslehre in Händen. Mehr als zweihundert Wissenschaftler – häufig führend auf dem hier vertretenen Wissensgebiet im deutschsprachigen Raum – gewährleisten mit ihrer Kompetenz die Qualität dieses Werks.

Aufbau des Lexikons und Kompendiums

Ich habe die großen und vielfältigen Erkenntnisbereiche der Betriebswirtschaftslehre, einschließlich der für Betriebswirte relevanten angrenzenden Wissenschaften, in ca. 200 Wissensgebiete eingeteilt:

- **Übersichtsbeiträge (Schwerpunktthemen):** Für jedes dieser 200 Wissensgebiete finden Sie einen – mit dem Namen des Autors gezeichneten – mehrseitigen Beitrag, der Ihnen die Übersicht über den Inhalt und die Struktur eines Wissensgebietes vermittelt. Gegenstand dieser Übersichtsbeiträge sind sowohl grundlegende Lehrgebiete, einschließlich der wichtigsten Teil- und Spezialgebiete der Betriebswirtschaftslehre, als auch wichtige betriebswirtschaftliche Instrumente, Methoden, Institutionen usw. Jeder Übersichtsbeitrag umfasst Hinweise auf die angrenzenden Wissensgebiete sowie mehrere *Literaturangaben* und *Internetadressen*.
  In diesen ca. 200 Übersichtsbeiträgen liegt begründet, dass dieses Werk nicht nur ein Lexikon, sondern zugleich ein *Kompendium* der Betriebswirtschaftslehre ist.

- **Erklärungs- und Kurzstichwörter:** Zu Begriffen, die in den Übersichtsbeiträgen zwar genannt, jedoch dort nicht oder allenfalls kurz erklärt sind, finden Sie umfassende Informationen in *Erklärungsstichwörtern*, häufig ebenfalls ergänzt durch Literaturangaben und Internetadressen.
  In *Kurzstichwörtern* finden Sie kurze Erklärungen, Charakterisierungen oder Definitionen, wie sie für weniger komplexe Erkenntnisgegenstände in einem Lexikon zweckmäßig sind.

- **Verweisstichwörter:** Das Problem unserer Disziplin, dass nicht nur gleiche bzw. gleichartige betriebswirtschaftliche Erkenntnisse mit unterschiedlichen Begriffen belegt sind, sondern häufig auch gleiche Begriffe mit unterschiedlichen Vorstellungsinhalten verbunden werden, begründet und rechtfertigt die Aufnahme der vielen Verweisstichwörter.

- **Englische Begriffe:** Viele betriebswirtschaftliche Erkenntnisse sind (auch) mit englischen Begriffen belegt. Wie Sie sehen, haben die Autoren meiner Bitte entsprochen, diese Begriffe entweder dem deutschen Stichwort hinzufügen oder – bei gerechtfertigter

Bedeutung eines Begriffs – als eigenständiges Stichwort mit erklärendem Text zu versehen.

- **Abkürzungen:** Die Flut der Abkürzungen in der Betriebswirtschaftlehre ist unüberschaubar geworden. Deswegen habe ich die Autoren gebeten, die wichtigsten Abkürzungen ihres Wissensgebietes im Lexikon vorzustellen.

Zielgruppe

Der dargestellte Aufbau und die besondere Konzeption des Lexikons bestimmt die Zielgruppe.

- **Studenten:** Der Wissensbedarf von Studenten umfasst erfahrungsgemäß sowohl die Erklärung von Begriffen als auch die Übersicht über komplexe und umfangreiche Wissensgebiete. Insbesondere die Übersichtsbeiträge (Schwerpunktstichwörter) eröffnen Ihnen, den studentischen Leserinnen und Lesern, den Zugang zu den Inhalten und Strukturen der verschiedenen Erkenntnisbereiche und damit zugleich zu den Vorlesungen der Betriebswirtschaftslehre.

  Wenn Sie Referat, Bachelor-, Diplom- oder Masterarbeit schreiben, dann eröffnen Ihnen die von den Autoren gezeichneten und damit zitierfähigen Übersichtsbeiträge einen fundierten Einstieg in Ihr Thema. Unterstützt werden Ihre Recherchen durch viele Hinweise auf angrenzende bzw. vertiefende Wissensgebiete sowie durch 2.000 Literaturangaben und 1.300 Internetadressen.

  Das Lexikon und Kompendium der Betriebswirtschaftslehre trägt somit den Charakter eines Studienbegleiters.

- **Lehrende:** Die Betriebswirtschaftslehre hat mit ihren vielen Teilgebieten und ihrer laufenden Fortentwicklung auch für die Lehrenden einen kaum überschaubaren Umfang angenommen. Es fällt (zumindest mir) schwer, über das eigenerforschte und gelehrte Erkenntnisgebiet hinaus die aktuelle Entwicklung der anderen betriebswirtschaftlichen Wissensgebiete zu erheben. Mit ca. 200 Übersichtsbeiträgen – verfasst von häufig auf ihrem Gebiet führenden Autoren – vermittelt dieses Lexikon in konzentrierter Form den aktuellen Stand der Betriebswirtschaftslehre.

- **Management:** Qualifizierte Entscheidungen in Betrieben setzen fundiertes und aktuelles betriebswirtschaftliches Wissen voraus. Konzentriert auf das Wesentliche, informiert das Lexikon sowohl über die klassischen betriebswirtschaftlichen Erkenntnisse als auch über die jüngsten Entwicklungen der Betriebswirtschaftslehre.

  Es ist der Wunsch vieler Hochschulabsolventen, ihr betriebswirtschaftliches Wissen aktuell zu halten. Dank der Kompetenz von mehr als 200 Autoren und seiner besonderen Konzeption ist das Lexikon der Betriebswirtschaftslehre für diesen Leserkreis ein Instrument des Kontaktstudiums.

Internationale Ausrichtung

Die internationale Ausrichtung dieses Werks ist in mehrfacher Hinsicht vollzogen.

- Die Autoren dieses Lexikons forschen und lehren an Universitäten, Hochschulen, Akademien und weiteren Institutionen in Deutschland, Österreich und der Schweiz. Das Lexikon repräsentiert somit das Wissen zur Betriebswirtschaftslehre im gesamten deutschsprachigen Raum.

- Als Herausgeber habe ich alle Autoren gebeten, auch die internationalen Aspekte ihres Erkenntnisgebietes vorzustellen.

Mehrere Wissensgebiete der Betriebswirtschaftslehre erfahren darüber hinaus eine derart ausgeprägte internationale Ausrichtung, dass es angemessen ist, diesen internationalen Aspekten mit eigenständigen Übersichtsbeiträgen und Stichwörtern zu entsprechen.

- Einige Wissensgebiete sind speziell auf deutsche, österreichische oder schweizerische Erkenntnisse bezogen. Diesen Unterschieden ist durch spezielle länderbezogene Beiträge Rechnung getragen.

Erfahrungen

Die Entwicklung der Konzeption dieses Lexikons beruht sowohl auf meinen fachinhaltlichen als auch auf meinen methodisch-didaktischen Lehrerfahrungen, die ich in Vorlesungen, Seminaren und Vorträgen vor in- und ausländischen Studenten sowie vor Managern gewonnen habe, so insbesondere

- an der Fakultät SIB – School of International Business – der Hochschule Reutlingen,
- an der Wirtschaftswissenschaftlichen Fakultät der Universität Tübingen,
- an der Export-Akademie Baden-Württemberg,
- an der Berufsakademie Baden-Württemberg,
- an weiteren in- und ausländischen Hochschulen, Managementakademien sowie bei Wirtschaftsverbänden usw.

Benutzerhinweise sowie Such- und Leitsystem

- Nach dem Autorenverzeichnis finden Sie die *Benutzerhinweise*, in denen das alphabetische Sortiersystem, die Fundstellenvernetzung, die Lenkungshinweise bei gleichlautenden Begriffen usw. vorgestellt sind.
- Im Anschluss an die Benutzerhinweise finden Sie ein *Such- und Leitsystem*, in dem zunächst alle Übersichtsbeiträge in alphabetischer Reihenfolge aufgeführt sind. Danach finden Sie die ca. 200 Übersichtsbeiträge entsprechend den jeweiligen Großbereichen der Betriebswirtschaftslehre geordnet, so z.B. nach den Großbereichen „Controlling", „Finanzierung", „Marketing" usw. Auf einen Blick ist für Sie erkennbar, mit welchen Übersichtsbeiträgen ein bestimmter Großbereich der Betriebswirtschaftslehre in diesem Lexikon abgedeckt ist.

Rechtschreibung

Zur Rechtschreibung, insbesondere zur missglückten Rechtschreibreform und der dadurch hervorgerufenen Unsicherheit, finden Sie bei den *Benutzerhinweisen* einige problemorientierte und zugleich kritische Anmerkungen.

Dank

Die Entstehung dieses Buches ist geprägt vom Engagement vieler Beteiligter.

- **Autoren**: Zuvorderst richtet sich mein Dank an die Autoren, die ihr wertvolles Wissen für dieses Lexikon zur Verfügung gestellt haben und die damit die Qualität dieses Werkes prägen. Mein Dank an die Autoren schließt auch die vielen konstruktiven Dialoge ein, die es mir ermöglicht haben, das in den Beiträgen anvertraute Wissen auf die Konzeption und das einheitliche Erscheinungsbild dieses Lexikons auszurichten.

- **Mitarbeiter:** Ein Buch, an dessen Entstehung mehr als 200 Autoren beteiligt sind, erfordert nicht nur einen großen Koordinationsaufwand, es sind angesichts der Vielzahl der Beiträge auch viele technische und organisatorische Fragen zu klären. Ohne das von hoher Motivation geprägte Engagement von Dipl.-Kauffrau Iris Walker-Neumann hätten sich diese technisch-organisatorischen Probleme zu einer fast unüberwindbaren Hürde aufgebaut. In meinen herzlichen Dank an Dipl.-Kauffrau Walker-Neumann, die für dieses Buch ihre Freizeit geopfert hat, schließe ich auch ihren Ehemann, Herrn Dipl.-Kaufmann Michael Neumann ein, der – ohne Angehöriger unserer Hochschule zu sein – die vielen Tücken und Probleme der EDV, die sich insbesondere bei der Erfassung und Gestaltung der Beiträge ergeben haben, meisterlich und sehr zuvorkommend gelöst hat.
- **Familie:** Mein herzlicher Dank gilt meiner Frau Ruth und unseren Kindern, die die Lasten meiner fünfjährigen Investition in dieses Werk durch weitgehenden Verzicht auf meine Gesellschaft mitgetragen haben. Insbesondere danke ich unserem Sohn Volker, der mir mit seinem ausgeprägten Wissensdurst zwar einerseits die ernüchternde Begrenztheit meines eigenen betriebswirtschaftlichen Wissens vor Augen geführt hat, der mir jedoch andererseits – in lernfähiger Umsetzung meiner erkannten Wissensdefizite – wichtige Impulse für die notwendigen aktuellen Inhalte dieses Lexikons vermittelt hat.

Ich wünsche Ihnen, liebe Leserinnen und Leser, dass das Lexikon und Kompendium der Betriebswirtschaftslehre für Ihr Studium bzw. in Ihrem Beruf ein wertvoller Begleiter und eine ergiebige Informationsquelle ist.

Reutlingen   Ihr Siegfried Georg Häberle

Autorenverzeichnis

- Geschäftsführer Dr. **Martin Ahlert**, Internationales Centrum für Franchising und Cooperation und Dipl.-Kfm. **Steffen Herm**, Lehrstuhl für Betriebswirtschaftslehre, insbes. Distribution und Handel im Marketing Centrum der Westfälischen Wilhelms-Universität Münster
  Wissensgebiet: *Franchising*

- Univ.-Professor Dr. **Rainer Alt** und Dr. **Christine Legner**, Institut für Wirtschaftsinformatik an der Universität St. Gallen
  Wissensgebiet: *Business Networking*

- Professor Dr. **Klaus Amann**, Hochschule Oldenburg-Wilhelmshaven
  Wissensgebiet: *Finanzplanung*

- Univ.-Professor Dr. Dr. h.c. **Ulli Arnold**, Lehrstuhl für Investitionsgütermarketing und Beschaffungsmanagement an der Universität Stuttgart
  Wissensgebiet: *Beschaffungsmanagement*

- Univ.- Professor Dr. **Wolfgang Aussenegg**, Institut für Managementwissenschaften, Bereich Finanzwirtschaft und Controlling, Technische Universität Wien
  Wissensgebiete: *Going Public, Vorbereitungsphase; Going Public, Durchführungsphase*

- Univ.-Professor Dr. **Ingo Balderjahn**, Lehrstuhl für Betriebswirtschaftslehre mit dem Schwerpunkt Marketing, Universität Potsdam
  Wissensgebiet: *Ökologie-Marketing (Ökologisches Marketing)*

- Professor Dr. **Bernd E. Banke**, SIB School of International Business, Hochschule Reutlingen
  Wissensgebiete: *Insolvenzrecht, Kaufrecht, Zwangsvollstreckung*

- Univ.-Professor Dr. **Udo Bankhofer** und Univ.-Professor Dr. **Karl Luhn**, Fachgebiet für Quantitative Methoden der Wirtschaftswissenschaften, Technische Universität Ilmenau
  Wissensgebiet: *Operations Research*

- Dr. **Hanno Beck** – Frankfurter Allgemeine Zeitung
  Wissensgebiet: *Medienökonomie*

- Univ.-Professor Dr. **Jörg Becker**, European Research Center for Information Systems (ERCIS), Universität Münster
  Wissensgebiet: *Prozessmanagement*

- Univ.-Professor Dr. **Gerold Behrens**, Universität Wuppertal
  Wissensgebiet: *Werbung*

- Univ.-Professor Dr. **Wolfgang Berens**, Westfälische Wilhelms-Universität Münster und Dr. **Joachim Strauch**, Düsseldorf
  Wissensgebiet: *Due Diligence*

- Professor Dr. **Ulrich Bertram**, Fachhochschule der Wirtschaft (FHDW) Hannover
  Wissensgebiet: *Personalentwicklung*

- Professor Dr. **Hans-Martin Beyer**, SIB School of International Business, Hochschule Reutlingen
  Wissensgebiet: *Corporate Finance*

- Univ.-Professor Dr. **Jörg Biethahn**, Georg-August-Universität Göttingen, Professor Dr. **Dirk Fischer**, Fachhochschule München und Dipl.-Wirt.-Informatiker **Mike Hieronimus,** Georg-August-Universität Göttingen
  Wissensgebiet: *Controlling-Informationssysteme*

- Univ.-Professor Dr. **Michael Bitz** und Privatdozent Dr. **Udo Terstege**, Lehrstuhl für Betriebswirtschaftslehre, insbesondere Bank- und Finanzwirtschaft, FernUniversität Hagen
  Wissensgebiet: *Cash Flow*

- Professor Dr. **Dieter Blessing**, Fachhochschule Aargau Nordwestschweiz
  Wissensgebiet: *ERP-Systeme (Enterprise Resource Planning-Systeme)*

- Professor Dr. **Max-Michael Bliesener,** Universität Lüneburg
  Wissensgebiet: *Outsourcing*

- Univ.-Prof. Dr. **Max Boemle**, em. Ordinarius, Universität Fribourg und Honorarprofessor Universität Lausanne und lic. rer. pol. **Ralf Lutz**
  Wissensgebiete: *Jahresabschluss nach schweizerischem Recht, Swiss GAAP FER*

- Professor Dr. **Ulrich Brecht**, Hochschule Heilbronn
  Wissensgebiet: *Kostenartenrechnung*

- Universitätsprofessor Dr. **Wolfgang Breuer**, Rheinisch-Westfälische Technische Hochschule Aachen
  Wissensgebiet: *Währungsmanagement*

- Professor Dr. **Rolf Brühl**, ESCP-EAP Europäische Wirtschaftshochschule Berlin
  Wissensgebiete: *Erfolgscontrolling, Grundlagen des Controlling*

- Dr. **Andreas Bruns**, Institut für BWL: Finanzwirtschaft und Bankbetriebslehre, Carl von Ossietzky Universität Oldenburg
  Wissensgebiet: *Langfristige Kreditfinanzierung*

- Professor Dr. jur. **Holger Buck,** Professur für Internationales und Deutsches Wirtschaftsrecht, HTW Hochschule für Technik und Wirtschaft des Saarlandes, Saarbrücken
  Wissensgebiete: *Aktiengesellschaft, Gesellschaft mit beschränkter Haftung und weitere Gesellschaftsformen (deutsches Recht)*

- Univ.-Professor Dr. **Anton Burger** und Dr. **Philipp R. Ulbrich**, Katholische Universität Eichstätt-Ingolstadt
  Wissensgebiete: *Beteiligungscontrolling, Risikocontrolling*

- Geschäftsführer **Michael Busack**, Absolut Research GmbH Hamburg
  Wissensgebiet: *Hedgefonds*

- Professor Dr. **Heinz Cremers**, HfB Hochschule für Bankwirtschaft, Frankfurt a.M. und Dipl.-Math. **Thilko Lünemann**, J. W. Goethe-Universiät, Frankfurt a.M.
  Wissensgebiete: *Finanzmathematik, Ökonometrie*

- Professor Dr. **Dennis A. De**, SIB School of International Business, Hochschule Reutlingen
  Wissensgebiet: *Mittelstandsökonomie*

- Professor Dr. **Klaus Deimel**, Fachhochschule Bonn-Rhein-Sieg
  Wissensgebiet: *Businessplan*

- Dr. **Sandra Diehl** und Privatdozent Dr. **Ralf Terlutter,** Lehrstuhl für Betriebswirtschaftslehre, insb. Marketing sowie Institut für Konsum- und Verhaltensforschung an der Universität des Saarlandes, Saarbrücken
  Wissensgebiet: *Konsumentenverhalten*

- StB Univ.-Professorin Dr. Dr. **Christiana Djanani**, StB Dr. **Gernot Brähler** und StB Dr. **Christian Lösel,** Lehrstuhl für Allgemeine Betriebswirtschaftslehre und Betriebswirtschaftliche Steuerlehre, Wirtschaftswissenschaftliche Fakultät der Katholischen Universität Eichstätt-Ingolstadt
  Wissensgebiet: *Internationales Steuerrecht*

- Professor Dr. **Bernd Ebel**, Fachbereich Wirtschaft, Fachhochschule Bonn-Rhein-Sieg
  Wissensgebiete: *Materiallogistik, Materialwirtschaft*

- Professor Dr. **Bernd Eichler**, M.O.R., Fachgebiet SCM/Logistik, Fachhochschule Dortmund
  Wissensgebiet: *Beschaffungslogistik*

- Univ.-Professor Dr. **Guido Eilenberger**, Lehrstuhl für Allgemeine Betriebswirtschaftslehre, Bankbetriebslehre und Finanzwirtschaft an der Universität Rostock
  Wissensgebiet: *Betriebliche Finanzwirtschaft*

- Professor Dr. **Alexander Eisenkopf** und Dipl.-Kfm. **Christian R. Schnöbel,** Lehrstuhl für Allgemeine Betriebswirtschaftslehre & Mobility Management, Zeppelin-University Friedrichshafen
  Wissensgebiet: *Supply Chain Management*

- Professor Dr. **Justus Engelfried**, Hochschule Merseburg (FH)
  Wissensgebiet: *Umweltmanagement*

- Univ.-Professor Dr. **Franz-Rudolf Esch**, Lehrstuhl für Marketing an der Justus-Liebig-Universität Gießen
  Wissensgebiet: *Markenführung*

- Dipl.-Kfm. **Mario Farsky** und Univ.-Professor Dr. **Henrik Sattler,** Institut für Handel und Marketing, Arbeitsbereich Marketing und Branding an der Universität Hamburg
  Wissensgebiet: *Markenbewertung*

- Univ.-Professor Dr. **Ulrich Fehl** und Dr. **Otto Korte**, Universität Marburg, unter Mitarbeit von Dipl.-Volkswirt **Daniel Brunner**, Dipl.-Volkswirt **Norbert Kuhn** und Dr. **Andreas Wieg**
  Wissensgebiet: *Genossenschaft*

- Univ.-Prof. Dr. **Birgit Feldbauer-Durstmüller** und Dr. **Christine Mitter,** Institut für Controlling und Consulting an der Universität Linz/Donau, Österreich
  Wissensgebiet: *Sanierungsmanagement*

- o. Univ.-Professor Dr. **Edwin O. Fischer** und Univ.-Assistentin Dr. **Susanne Lind-Braucher,** Institut für Industrie und Fertigungswirtschaft, Karl-Franzens-Universität Graz
  Wissensgebiet: *Asset Backed Securities*

- Univ.-Professorin Dr. **Sabine Fließ** und Dipl.-Kaufmann **Ole Wittko**, Douglas-Stiftungslehrstuhl für Dienstleistungsmanagement, FernUniversität in Hagen
  Wissensgebiete: *Dienstleistungen, Dienstleistungsmanagement*

- Professor Dr. **Christian Führer**, Studiengang Dienstleistungsmarketing, Berufsakademie Mannheim, University of Cooperative Education – Staatliche Studienakademie
  Wissensgebiet: *Wirtschaftsmathematik in der Betriebswirtschaftslehre*

- Professor Dr. **Werner Gladen**, Fachhochschule Ludwigshafen am Rhein, Hochschule für Wirtschaft
  Wissensgebiet: *Betriebswirtschaftliche Analysemethoden*

- Privatdozentin Dr. **Elisabeth Göbel**, Universität Trier
  Wissensgebiet: *Organisationstheorien*

- Professor Dr. **Frank Görgen** und Professorin Dr. **Christiane Jost**, Fachhochschule Wiesbaden, Studiengang Insurance & Finance
  Wissensgebiet: *Grundlagen der Versicherungsbetriebslehre*

- Professor Dr. **Mathias Graumann**, Fachhochschule Koblenz, RheinAhrCampus Remagen
  Wissensgebiet: *Kostenstellenrechnung*

- Univ.-Professor Dr. **Andrea Gröppel-Klein** und Dr. **Claas Christian Germelmann**, Institut für Konsum- und Verhaltensforschung an der Universität des Saarlandes
  Wissensgebiet: *Internationales Marketing*

- Professor Dr. **Joachim Gruber** D.E.A. (Paris I), Westsächsische Hochschule Zwickau (FH)
  Wissensgebiet: *Handelsrecht*

- Univ.-Professor Dr. iur. **Michael Gruber**, Professor für Unternehmensrecht und Mag. iur. **Alexandra Lindner**, Wissenschaftliche Mitarbeiterin, Universität Salzburg, Fachbereich für Arbeits-, Wirtschafts- und Europarecht, Österreichisches und Internationales Handels- und Wirtschaftsrecht
  Wissensgebiete: *Gesellschaftsformen (österreichische), Aktiengesellschaft (österreichische), Gesellschaft mit beschränkter Haftung (österreichische)*

- Univ.-Professor Dr. **Rudolf Grünig**, Lehrstuhl für Unternehmensführung, Universität Freiburg, Schweiz und Univ.-Professor Dr. **Richard Kühn**, Universität Bern, Schweiz
  Wissensgebiet: *Betriebswirtschaftliche Entscheidung*

- Univ.-Professor Dr. **Marc Gürtler**, Inhaber des Lehrstuhls für Betriebswirtschaftslehre, insbesondere Finanzwirtschaft, Technische Universität Braunschweig
  Wissensgebiet: *Portfoliomanagement*

- Professor Dr. **Siegfried G. Häberle**, SIB School of International Business, Hochschule Reutlingen
  Wissensgebiete: *Außenhandelsfinanzierung (Internationale Finanzierungs-, Sicherungs- und Zahlungsinstrumente), Factoring*

- Dr. **Heiner Hahn**, Universität Hamburg
  Wissensgebiet: *Grundlagen der Buchführung*

- Univ.-Professor Dr. **Axel Haller** und Dr. **Jürgen Ernstberger**, Lehrstuhl Financial Accounting and Auditing, Universität Regensburg
  Wissensgebiet: *Abschlusserstellung nach US-GAAP*

- Univ.-Prof. Dr. **Richard Hammer**, Institut für Wirtschaftswissenschaften, Universität Salzburg
  Wissensgebiet: *Benchmarking*

- Univ.-Professor Dr. **Thomas Hartmann-Wendels**, Seminar für Bankbetriebslehre der Universität zu Köln
  Wissensgebiet: *Kreditwirtschaftliche Rating-Methoden*

- Univ.-Professor Dr. **Reinhard Haupt**, Lehrstuhl für Allg. Betriebswirtschaftslehre und Produktion/Industrie an der Friedrich-Schiller-Universität Jena
  Wissensgebiet: *Produktions- und Kostentheorie*

- Univ.-Professor Dr. **Arnold Hermanns** und Dr. **Ariane Bagusat**, Institut für Marketing, Universität der Bundeswehr München
  Wissensgebiet: *E-Commerce*

- Univ.-Professor Dr. **Andreas Hilbert** und Dipl.-Kauffrau **Karoline Schönbrunn,** Technische Universität Dresden, Professur für Wirtschaftsinformatik, insbes. Informationssysteme im Dienstleistungsbereich
  Wissensgebiet: *Business Intelligence*

- Univ.-Professor Dr. **Andreas Hilbert** und Dipl.-Wirtsch.-Informatiker **Tobias von Martens,** Technische Universität Dresden, Professur für Wirtschaftsinformatik, insbes. Informationssysteme im Dienstleistungsbereich
  Wissensgebiete: *Grundlagen der Wirtschaftsinformatik, Data Warehouse*

- Professor Dr. **Wolfram Holdt,** Fachhochschule Gelsenkirchen und Professor Dr. **Wolfgang Hufnagel,** Fachhochschule Münster
  Wissensgebiet: *Anlagevermögen, Bilanzierung und Bewertung nach nationalen und internationalen Rechnungslegungsgrundsätzen*

- Professor Dr. **Heinrich Holland,** Fachhochschule Mainz
  Wissensgebiet: *Direktmarketing*

- Professor Dr. **Ulrich Holzbaur,** Hochschule für Technik und Wirtschaft Aalen
  Wissensgebiet: *Projektmanagement*

- Professor Dr. **Ulrich Holzbaur,** Hochschule für Technik und Wirtschaft Aalen und Dipl.-Wirt.-Ing. (FH) **Markus Zeller,** InBev Deutschland Vertriebs GmbH & Co. KG, Bremen
  Wissensgebiet: *Eventmanagement*

- Professor Dr. **Waldemar Hopfenbeck,** Fachhochschule München
  Wissensgebiet: *Corporate Citizenship*

- Professor Dr. **Wolfgang Hufnagel,** Fachhochschule Münster und Professor Dr. **Wolfram Holdt,** Fachhochschule Gelsenkirchen
  Wissensgebiet: *Jahresabschluss nach deutschem Recht*

- Univ.-Professor Dr. Dr. **Jürgen M. Janas,** Universität der Bundeswehr München
  Wissensgebiet: *Datenbanksysteme*

- Professor Dr. oec. habil. **Günter Janke,** Westsächsische Hochschule Zwickau (WHZ)
  Wissensgebiet: *Sonderbilanzen*

- Professor Dr. Dr. **Thomas Jaspersen,** Fachhochschule Hannover, Fachbereich Wirtschaft
  Wissensgebiet: *Investitionsprozess*

- Dr. **Axel Kalenborn,** Wirtschaftsinformatik I an der Universität Trier
  Wissensgebiet: *Workflow-Management*

- Professor Dr. **Marc Kastner,** Professur für Entscheidungsanalyse und Operations Research, Fachbereich Industriemanagement an der Europäischen Fachhochschule (EUFH) in Brühl
  Wissensgebiet: *Industriemanagement*

- Univ.-Professor Dr. **Manfred Kirchgeorg,** HHL – Leipzig Graduate School of Management
  Wissensgebiet: *Messemarketing*

- Professor Dr. **Hanno Kirsch,** Fachhochschule Westküste, Heide, Studiengang Betriebswirtschaft
  Wissensgebiet: *Körperschaftsteuer (deutsches Recht)*

- Professor Dr. **Torsten Kirstges,** Fachhochschule in Wilhelmshaven
  Wissensgebiet: *Tourismusbetriebslehre*

- a.o. Univ.-Professor Dr. **Heinz Königsmaier**, Institut für Revisions-, Treuhand- und Rechnungs-wesen, Karl-Franzens Universität Graz
  Wissensgebiet: *Bilanzanalyse*

- Professor Dr. **Dominik Kramer**, Fachhochschule Trier, Fachbereich Wirtschaft
  Wissensgebiet: *Dynamische Investitionsrechnungen (Investitionsentscheidungen)*

- Univ.-Professor Dr. **Helmut Krcmar** und **Petra Wolf**, M.A., Technische Universität München, Lehrstuhl für Wirtschaftsinformatik (I17)
  Wissensgebiet: *Electronic Government (E-Government)*

- Professorin Dr. **Beate Kremin-Buch**, Fachhochschule Ludwigshafen am Rhein, Hochschule für Wirtschaft
  Wissensgebiet: *Umlaufvermögen, Bilanzierung und Bewertung nach nationalen und internationa-len Rechnungslegungsgrundsätzen*

- Univ.-Professor Dr. jur. **Dieter Krimphove**, Fakultät für Wirtschaftswissenschaften – Universität Paderborn
  Wissensgebiet: *Kreditsicherheiten*

- Univ.-Professor Dr. **Ulrich Krystek**, Fakultät VIII – Wirtschaft und Management an der Techni-schen Universität Berlin
  Wissensgebiet: *Globalisierung*

- Univ.-Professorin Dr. **Sabine Kuester**, Lehrstuhl für Marketing III an der Universität Mannheim und Mag. **Barbara Pramböck**, Institut für Internationales Marketing & Management an der Wirt-schaftsuniversität Wien
  Wissensgebiet: *Grundlagen des Marketing*

- Univ.-Professor Dr. **Helmut Kuhnle** und Dr. **Jürgen Banzhaf**, Institut für Betriebswirtschaftsleh-re an der Universität Hohenheim
  Wissensgebiet: *Kapitalflussrechnung*

- Professor Dr. **Johann Lachhammer**, Fachhochschule Augsburg
  Wissensgebiet: *Qualitätsmanagement*

- Professorin Dr. **Heike Langguth,** Fachhochschule für Wirtschaft Berlin (FHW)
  Wissensgebiete: *Finanzwirtschaftliche Kennzahlen, Wertorientierte Kennzahlen*

- Professor Dr. **Hermann Laßleben**, SIB School of International Business, Hochschule Reutlingen
  Wissensgebiet: *Lernende Organisation*

- Dipl.-Kaufmann **Stefan Lessmann** und Univ.-Professor Dr. **Stefan Voß**, Institut für Wirtschafts-informatik, Universität Hamburg
  Wissensgebiet: *Electronic Procurement (E-Procurement)*

- Univ.-Professor **Dr. H.-P. Liebmann** und Mag. **Alexander Friessnegg,** Institut für Handel, Ab-satz und Marketing, Karl-Franzens-Universität Graz
  Wissensgebiet: *Distributionslogistik*

- Professor Dr. **Robert M. Lo Bue**, SIB School of International Business, Hochschule Reutlingen
  Wissensgebiet: *Corporate Governance*

- o. Univ.-Prof. Dkfm. Dr. **Gerwald Mandl**, Vorstand des Instituts für Revisions-, Treuhand- und Rechnungswesen, Karl-Franzens-Universität Graz und Mag. **Alexandra Schrempf,** Mitarbeiterin des Instituts für Revisions-, Treuhand- und Rechnungswesen, Karl-Franzens-Universität Graz
  Wissensgebiet: *Unternehmensbewertung*

- Univ.-Professor Dr. **Karl Mosler**, Lehrstuhl für Statistik und Ökonometrie an der Universität zu Köln, Präsident der Deutschen Statistischen Gesellschaft
  Wissensgebiet: *Statistik*

- Professor Dr. **Armin Müller**, Fachhochschule Ingolstadt
  Wissensgebiet: *Ökologiecontrolling*

- Univ.-Professor Dr. **Hans-Friedrich Müller**, LL.M., Universität Erfurt
  Wissensgebiet: *Europäisches Gesellschaftsrecht*

- o. Univ.-Professor Mag. Dr. **Wolfgang Nadvornik**, und Univ.-Ass. Mag. Dr. **Tanja Schuschnig**, Institut für Finanzmanagement an der Alpen-Adria-Universität Klagenfurt
  Wissensgebiet: *Investitionsrechnungen (Investitionsentscheidungen) unter Unsicherheit*

- Professor Dr. **Bernd Noll**, Hochschule Pforzheim
  Wissensgebiet: *Unternehmensethik*

- Professor Dr. **Gerd Nufer** und Professor Dr. **Carsten Rennhak**, SIB School of International Business, Hochschule Reutlingen
  Wissensgebiete: *Industriegütermarketing, Marktforschung*

- Univ.-Professor Dr. **Walter A. Oechsler** und Dr. **Lars Mitlacher**, Lehrstuhl für Allgemeine Betriebswirtschaftslehre, Personalwesen und Arbeitswissenschaft der Universität Mannheim
  Wissensgebiet: *Lohn- und Gehaltsmodelle*

- Univ.-Prof. Dr. **Michael-Jörg Oesterle**, Lehrstuhl für Allgemeine Betriebswirtschaftslehre, insbesondere Internationales Management, Fachbereich Wirtschaftswissenschaft an der Universität Bremen
  Wissensgebiet: *Grundlagen der Unternehmensführung*

- Univ.-Professorin Dr. **Margit Osterloh**, Universität Zürich
  Wissensgebiet: *Managing Motivation*

- Univ.-Professor Dr. **Hans Pechtl**, Universität Greifswald
  Wissensgebiet: *Preispolitik*

- Professor Dipl.-Kaufmann **Werner Pepels**, Fachhochschule Gelsenkirchen, Fachbereich Wirtschaft, Bocholt
  Wissensgebiet: *Produktpolitik*

- Univ.-Professor Dr. **Manfred Perlitz** und Diplom-Kaufmann **Lasse Schulze**, Lehrstuhl für ABWL und Internationales Management, Universität Mannheim
  Wissensgebiet: *Interkulturelles Management*

- Professor Dr. **Sven Piechota**, Wirtschaftswissenschaftliche Fakultät an der Universität Lüneburg
  Wissensgebiet: *Internationales Controlling*

- Dr. **Key Pousttchi** und Univ.-Professor Dr. **Klaus Turowski**, Universität Augsburg
  Wissensgebiet: *Mobile Commerce*

- Professor Dr. **J. Prätsch**, Professor Dr. **P. Laudi** und Dipl.-Betriebswirt **E. Ludwig**, Hochschule Bremen
  Wissensgebiet: *Kurzfristige Fremdfinanzierung*

- Univ.-Professor Dr. **Kuno Rechkemmer**, Stuttgart Institute of Management & Technologie – Corporate Management Institute
  Wissensgebiet: *Management-Informationssysteme (MIS)*

- Professor Dr. **Martin Reckenfelderbäumer**, Lehrstuhl für Allgemeine Betriebswirtschaftslehre/Marketing, WHL Wissenschaftliche Hochschule Lahr
  Wissensgebiet: *Dienstleistungscontrolling*

- Professor Dr. **Carsten Rennhak** und Professor Dr. **Gerd Nufer**, SIB School of International Business – Hochschule Reutlingen
  Wissensgebiete: *Kommunikationspolitik, Sponsoring*

- Professor Dr. **Thomas Roeb**, Fachhochschule Bonn-Rhein-Sieg
  Wissensgebiet: *Händlermarke (Retail Brand)*

- Professor Dr. **Folker Roland**, Hochschule Harz, Wernigerode und Privatdozentin Dr. **Anke Daub**, Universität Göttingen
  Wissensgebiete: *Produktionsmanagement, Produktionsplanung und -steuerung*

- Univ.-Professor Dr. **Friedrich Rosenkranz,** Wirtschaftswissenschaftliches Zentrum der Universität Basel
  Wissensgebiet: *Grundlagen der Unternehmensplanung*

- Univ.-Professor Dr. **Friedrich Rosenkranz** und lic. oec. publ. **Bobby S. Zarkov**, Wirtschaftswissenschaftliches Zentrum der Universität Basel
  Wissensgebiet: *Strategisches Management*

- Professor Dr. rer. pol. **Jürgen Rothlauf**, Fachhochschule Stralsund – University of Applied Sciences
  Wissensgebiet: *Total Quality Management (TQM)*

- Univ.-Professor Dr. **Thomas Rudolph** und Dr. **Alex J. Kotouc**, Institut für Marketing und Handel, Universität St. Gallen
  Wissensgebiete: *Category Management, Efficient Consumer Response*

- Professor Dr. **Dieter Rüth**, Fachhochschule Bochum
  Wissensgebiet: *Betriebsabrechnung (BAB)*

- Univ.-Professor Dr. **Henrik Sattler** und Dipl.-Kfm. **Mario Farsky**, Institut für Handel und Marketing, Arbeitsbereich Marketing und Branding an der Universität Hamburg
  Wissensgebiet: *Markenbewertung*

- Professor Dr. **Kurt Scharnbacher**, Fachhochschule Mainz
  Wissensgebiet: *Kundenzufriedenheit*

- Univ.-Professor Dr. **Michael Schefczyk**, SAP-Stiftungslehrstuhl für Entrepreneursphip und Innovation an der Technischen Universität Dresden
  Wissensgebiet: *Venture Capital*

- Professor Dr. **Guido A. Scheld**, Fachbereich Betriebswirtschaft an der Fachhochschule Jena
  Wissensgebiet: *Konzernabschluss*

- Univ.-Professor Dr. **Walter Schertler**, Wirtschaftswissenschaftliche Fakultät an der Universität Trier
  Wissensgebiet: *Grundlagen der Organisation*

- Dr. **Manfred Schertler-Rock**, Lehrstuhl Wirtschaftsinformatik II, Universität Erlangen-Nürnberg
  Wissensgebiet: *Wissensmanagement (Knowledge Management)*

- Univ.-Professor Dr. Dres. h.c. **Henner Schierenbeck**, Universität Basel
  Wissensgebiet: *Betriebswirtschaftslehre*

- Professor Dr. **Uwe Schikorra**, Hochschule Bremerhaven und Dipl.-Betriebswirt **Eberhard Ludwig**, Hochschule Bremen
  Wissensgebiet: *Finanzcontrolling*

- Professor Dr. **Andreas Schmidt-Rögnitz**, Fachhochschule für Technik und Wirtschaft (FHTW) Berlin
  Wissensgebiet: *Arbeitsrecht*

- StB Professor Dr. **Uwe Schramm**, Leiter des Studiengangs Steuern und Prüfungswesen an der Berufsakademie Stuttgart, University of Cooperative Education – Staatliche Studienakademie
  Wissensgebiet: *Umsatzsteuer (deutsches Recht)*

- Universitäts-Professor Dr. **Hendrik Schröder**, Dipl.-Kauffrau **Verena Eberle** und Dipl.-Kauffrau **Nina Möller**, Lehrstuhl für Marketing und Handel an der Universität Duisburg-Essen, Campus Essen
  Wissensgebiete: *Grundlagen der Handelsbetriebslehre, Handelsforschung*

- Rechtsanwalt Dr. **Andreas Schubert** und Rechtsanwältin **Ulrike Wehmeyer**, KLS Rechtsanwälte Partnergesellschaft, Köln
  Wissensgebiet: *Produkthaftung*

- Professor Dr. **Gerd Schulte**, Fachhochschule Oldenburg / Ostfriesland / Wilhelmshaven, Standort Emden
  Wissensgebiet: *Grundlagen der Logistik (Logistikmanagement)*

- Professor Dr.-Ing. **Manfred Schulte-Zurhausen**, Fachhochschule Aachen
  Wissensgebiet: *Aufbauorganisation*

- Professor Dr. **Franz-Josef Schürings**, Hochschule Niederrhein
  Wissensgebiet: *Außenhandel*

- Professor Dr. **Peter Schuster,** Fachbereich Wirtschaft, Fachhochschule Schmalkalden
  Wissensgebiet: *Profit Center*

- Professor Dr. **Markus-Oliver Schwaab**, Hochschule Pforzheim
  Wissensgebiet: *Management by Objectives*

- Professor Dr. **Thomas Schwarb**, Leiter Forschung und Fachbereich Personalmanagement, Fachhochschule Solothurn
  Wissensgebiete: *Grundlagen der Personalauswahl, Instrumente der Personalauswahl*

- Professor Dr. **Klaus von Sicherer** und Dipl.-Kauffrau Dipl.-Handelslehrerin **Petra Sandner**, Hochschule Merseburg, Fachbereich Wirtschaftswissenschaften
  Wissensgebiet: *Einkommensteuer (deutsches Recht)*

- Professor Dr. **Klaus Stocker**, Fachhochschule Nürnberg, Fachbereich Betriebswirtschaft
  Wissensgebiet: *Zinsmanagement*

- Univ.-Professor Dr. **Rainer Stöttner**, Lehrstuhl für Allgemeine Betriebswirtschaftslehre, Finanzierung, Banken und Versicherungen an der Universität Kassel
  Wissensgebiete: *Finanzinnovationen, Optionen, Swaps*

- Professor Dr. **Jürgen Strohhecker**, HfB – Business School of Finance & Management, Frankfurt am Main
  Wissensgebiet: *Balanced Scorecard*

- Dr. **Stefan Süß**, Lehrstuhl für Betriebswirtschaftslehre, insbesondere Organisation und Planung, FernUniversität in Hagen
  Wissensgebiet: *Internationales Personalmanagement*

- Dr. **Stefan Süß**, Lehrstuhl für Betriebswirtschaftslehre, insbesondere Organisation und Planung, FernUniversität in Hagen und Dipl.-Ök. **Katharina Jörges-Süß**, Lehrstuhl für Allgemeine Betriebswirtschaftslehre, insbesondere Personalwirtschaft, Universität Duisburg-Essen
  Wissensgebiet: *Personalführung*

- Univ.-Professor Dr. **Uwe H. Suhl**, Institut für Wirtschaftsinformatik und Operations Research, Freie Universität Berlin
  Wissensgebiete: *Grundlagen der betriebswirtschaftlichen Optimierung, Mathematische Optimierungsmodelle*

- Univ.-Professor Dr. **Bernhard Swoboda** und Diplom-Kaufmann **Frank Hälsig**, Lehrstuhl für Marketing und Handel, Universität Trier
  Wissensgebiet: *Neuere Vertriebswege*

- Univ.-Professor Dr. **Bernhard Swoboda** und Diplom-Kauffrau **Sandra Schwarz**, Lehrstuhl für Marketing und Handel, Universität Trier
  Wissensgebiet: *Handelsmarketing*

- Univ.-Professor Dr. jur. **Jürgen Taeger**, Lehrstuhl für Bürgerliches Recht, Handels- und Wirtschaftsrecht sowie Rechtsinformatik, Carl von Ossietzky Universität Oldenburg
  Wissensgebiet: *Kleine Aktiengesellschaft*

- Professor Dr. **Joachim S. Tanski**, Fachhochschule Brandenburg und Diplom-Betriebswirt (FH) **Christian Förster**, Hamburg
  Wissensgebiete: *Internationale Rechnungslegung nach IFRS, Eigenkapital und Rückstellungen (Bilanzierung und Bewertung nach nationalen und internationalen Rechnungslegungsgrundsätzen)*

- Professor **Klaus W. ter Horst**, Fachhochschule Bonn-Rhein-Sieg, Fachbereich Wirtschaft
  Wissensgebiete: ***Investitionscontrolling, Investitionswirtschaft, Nutzwertanalyse***

- Professorin Dr. **Elke Theobald**, Hochschule Pforzheim
  Wissensgebiete: *Digitales Marketing, Internet-Kommunikationspolitik*

- Univ.-Professor Dr. **Armin Töpfer** und Dipl.-Kauffrau **Ramona Ullrich**, Lehrstuhl für Marktorientierte Unternehmensführung, Technische Universität Dresden
  Wissensgebiet: *Mergers & Acquisitions*

- Univ.-Professor Dr. **Klaus Turowski** und Dr. **Key Pousttchi**, Universität Augsburg
  Wissensgebiet: *Mobile Commerce*

- Privatdozentin Dr. **Anja Tuschke** und Dipl.-Kauffrau **Carina Gebhart**, Universität Passau
  Wissensgebiet: *Personalmanagement*

- Honorarprofessor **Baldur H. Veit**, Assessor phil., Leiter des Akademischen Auslandsamtes (AAA) und Diplom-Betriebswirtin (FH) **Anne-Cathrin Lumpp**, Hochschule Reutlingen
  Wissensgebiet: *Auslandsstudium, Institutionen, Stipendien und Auslandspraktika*

- Professor Dr. **Rainer Völker**, Fachhochschule Ludwigshafen am Rhein, Hochschule für Wirtschaft
  Wissensgebiet: *Innovations- und Technologiemanagement*

- Univ.-Professor Dr. **Stefan Voß** und Dipl.-Kaufmann **Stefan Lessmann**, Institut für Wirtschaftsinformatik, Universität Hamburg
  Wissensgebiet: *Electronic Procurement (E-Procurement)*

- Univ.-Professor Dr. **Gerd Walger** und Dipl.-Ökonom **Ralf Neise**, IUU Institut für Unternehmer- und Unternehmensentwicklung an der Universität Witten/Herdecke
  Wissensgebiet: *Change Management*

- Univ.-Professor Dr. **Gerd Walger** und Dr. **Franz Schencking**, IUU Institut für Unternehmer- und Unternehmensentwicklung an der Universität Witten/Herdecke
  Wissensgebiet: *Existenzgründung*

- StB Professor Dr. **Clemens Wangler**, Berufsakademie Villingen-Schwenningen, University of Cooperative Education – Staatliche Studienakademie
  Wissensgebiete: *Betriebswirtschaftliche Steuerlehre, Gewerbesteuer (deutsches Recht), Steuerbilanzpolitik*

- Professor Dr. **Helmut Wannenwetsch**, Berufsakademie Mannheim, University of Cooperative Education – Staatliche Studienakademie
  Wissensgebiet: *Qualitätscontrolling*

- Dr. **Wolfgang Weitnauer**, M.C.L. und Dr. **Nicola Esser**, Rechtsanwälte – Weitnauer Rechtsanwälte Steuerberater Wirtschaftsprüfer, München – Berlin – Heidelberg
  Wissensgebiet: *Private Equity*

- Professor Dr. **Hartmut Werner**, **Heike Justin**, **Felix Pleyer** und **Vera Überall**, Fachbereich Wirtschaft an der Fachhochschule Wiesbaden
  Wissensgebiet: *Einkaufscontrolling*

- Professor Dr. **Knut A. Wiesner**, Fachhochschule Würzburg-Schweinfurt
  Wissensgebiete: *Call Center Management, Multi-Kanal-Dialogmarketing*

- Professor Dr.-Ing. **Stephan Wilksch**, Fachhochschule für Technik und Wirtschaft Berlin
  Wissensgebiet: *Ablauforganisation*

- Professor Dr. **Peter Winkelmann**, Marketing und Vertrieb, insbes. Vertriebssteuerung, Fachbereich Betriebswirtschaft an der Fachhochschule Landshut
  Wissensgebiete: *Customer Relationship Management (CRM), Vertriebspolitik, Vertriebssteuerung*

- Dipl.-Wirt.-Ing. (FH) **Markus Zeller**, InBev Deutschland Vertriebs GmbH & Co. KG, Bremen
  Wissensgebiet: *Eventmarketing*

- Univ.-Professor Dr. **Michael P. Zerres** und **Christopher Zerres**, MBA, Universität Hamburg
  Wissensgebiet: *Marketingcontrolling*

Benutzerhinweise

Konzeption und Aufbau des Lexikons – zugleich Benutzerleitlinie

Liebe Leserin, lieber Leser,

Zur effizienten Nutzung des Lexikons ist es für Sie wichtig, die Konzeption dieses Werkes zu kennen.

- **Wissensgebiete:** Zunächst habe ich die vielfältigen Erkenntnisbereiche der Betriebswirtschaftslehre in ca. 200 Wissensgebiete eingeteilt. Diese Wissensgebiete sind vollständige Lehrgebiete, bedeutende Teil- bzw. Spezialgebiete oder wichtige betriebswirtschaftliche Instrumente, Methoden, Institutionen usw. Für jedes dieser Wissensgebiete habe ich eine Autorin bzw. einen Autor gesucht, und zwar vor allem unter dem Aspekt der ausgewiesenen hervorragenden Fachkompetenz.
- **Übersichtsbeiträge (Schwerpunktthemen):** Die zwei- bis dreiseitigen Übersichtsbeiträge (sog. Schwerpunktstichwörter) vermitteln in konzentrierter Form den inhaltlichen und strukturellen Überblick über ein Wissensgebiet. Übersichtsbeiträge sind namentlich gezeichnet und mit Hinweisen auf angrenzende bzw. vertiefende Wissensgebiete sowie mit vielen Literaturangaben und Internetadressen versehen.
- **Erklärungsstichwörter:** Grundlage für die Erklärungsstichwörter sind die in den Übersichtsbeiträgen vorgestellten Wissensgebiete. Erklärungsstichwörter dienen der (längeren) Erklärung von Begriffen (die Instrumente, Methoden, Institutionen usw. oder auch andere Sachverhalte sein können), die in den Übersichtsbeiträgen zwar genannt, dort aber – um den Rahmen nicht zu sprengen – nicht bzw. nicht umfassend erklärt sind. Viele Erklärungsstichwörter sind durch Hinweise auf Übersichtsbeiträge sowie durch Literaturangaben und Internetadressen ergänzt.
- **Kurzstichwörter:** Die vom Autor (oder ersatzweise von mir) hergeleiteten Kurzstichwörter dienen der Kurzcharakterisierung bzw. der Definition eines Sachverhalts, eines Instruments, einer Methode usw. Die Kurzstichwörter wurden vom Autor sowohl aus seinem Übersichtsbeitrag als auch aus den dazugehörigen Erklärungsstichwörtern hergeleitet.
- **Abkürzungsstichwörter:** Die wichtigsten betriebswirtschaftlichen Abkürzungen sind – versehen mit einer Kurzdefinition – als Abkürzungsstichwörter in das Lexikon aufgenommen, häufig mit Hinweisen auf ein Erklärungs- oder Kurzstichwort.

- **Fundstellenvernetzung:** Die Fundstellenvernetzung ist in mehrfacher Hinsicht vollzogen. (1) Sie finden in fast allen Stichwörtern Begriffe, die mit dem Pfeilsymbol gekennzeichnet sind. Zu diesen Begriffen finden Sie an anderer Stelle Stichwörter mit einer Erklärung, Kurzcharakterisierung oder Definition. (2) In allen Übersichtsbeiträgen finden Sie am Schluss „Hinweise", mit denen ich auf die angrenzenden Wissensgebiete (Schwerpunktstichwörter) verweise. (3) Bei einigen Übersichtsbeiträgen habe ich zusätzlich „Hinweise" auf besonders ausführliche und vertiefende Erklärungsstichwörter aufgenommen. (4) Schließlich finden Sie viele eigenständige Verweisstichwörter, mit denen auf einen synonymen, als Stichwort aufgenommenen Begriff verwiesen ist.
- **Lenkungshinweise (Klammerzusätze):** Bei mehreren Stichwörtern habe ich unmittelbar nach dem fett gedruckten Stichwort in Klammern einen Hinweis auf das *übergeordnete Wissensgebiet* aufgenommen. Mit Hilfe dieser Klammerzusätze können Sie erkennen, ob das aufgesuchte Stichwort für Ihre Recherche relevante Informationen liefert. Solche – in Klammern gesetzte – Hinweise auf übergeordnete Wissensgebiete habe ich auch bei *gleichlautenden Stichwörtern* (z.B. gleichlautende Instrumente, gleichlautende Methoden usw.) aufgenommen, die in unterschiedlichen Wissensgebieten Anwendung finden und folglich eine jeweils unterschiedliche Erklärung erfahren.

Such- und Leitsystem zu den Übersichtsbeiträgen

- Im folgenden Kapitel finden Sie ein Such- und Leitsystems zu den Übersichtsbeiträgen (Schwerpunktstichwörtern, Schwerpunktthemen).
- Im Such- und Leitsystem (1) finden Sie die Gesamtliste der Übersichtsbeiträge in alphabetischer Reihenfolge.
- Im Such- und Leitsystem (2) finden Sie Listen der Übersichtsbeiträge nach betriebswirtschaftlichen Großbereichen, also z.B. alle Übersichtsbeiträge, die zum Großbereich Controlling gehören usw.
- Das Such- und Leitsystem erspart Ihnen das mühselige Suchen nach den einzelnen Übersichtsbeiträgen, die zu einem Großbereich gehören. Vielmehr ist für Sie auf einen Blick erkennbar, welche Übersichtsbeiträge einen bestimmten Großbereich der Betriebswirtschaftslehre in diesem Lexikon abdecken.

Alphabetische Sortiermethode

Die Stichwörter sind alphabetisch nach folgenden Merkmalen sortiert:

- Die Umlaute ä, ö und ü sind alphabetisch wie die Grundvokale a, o und u behandelt (d.h. nicht als ae, oe bzw. ue).
- Bei Stichwörtern, die aus mehreren durch Leerzeichen getrennten Begriffen bestehen, ist nur der erste Begriff in die alphabetische Reihenfolge einbezogen (Beispiel: ab Werk kommt vor Abandonnement)
- Bindestriche und Kommata zwischen Begriffen werden ignoriert, d.h. solche Begriffe sind als zusammengeschrieben in die alphabetische Reihenfolge aufgenommen.
- Stichwörter mit Ziffern stehen am Anfang des jeweiligen Buchstabens (Beispiel: B2A und B2B stehen am Anfang des Buchstabens B).

Rechtschreibung

- Die *kontroverse Diskussion* um die *richtige Schreibung* der deutschen Sprache war bei Abschluss der redaktionellen Arbeiten noch in vollem Gang. Einschlägige Werke und Institutionen sind nicht nur häufig (auch in sich) widersprüchlich, sondern sie lassen fatalerweise bei gleichen bzw. gleichartigen Begriffen manchmal nur eine einzige und manchmal mehrere „richtige" Schreibweisen zu. Diese Publikation umfasst deswegen allenfalls den (mehr oder weniger gelungenen) Versuch, die (nicht selten mehrdeutigen) Regeln der neuen Rechtschreibung umzusetzen.

- Hinzu kommt die mit Zweifelsfragen belastete Entscheidung zwischen der *Groß- oder Kleinschreibung* von Stichwörtern in Lexika: Trägt ein Stichwort den Charakter eines Eigennamens oder einer Institution (und ist es folglich groß zu schreiben) oder dominiert in einem Stichwort beispielsweise (noch) eine Eigenschaft, mit der gemeinhin (noch) kein Eigenname, keine Institution, keine Vorlesungsbezeichnung usw. verbunden ist (so dass dieses Stichwort klein zu schreiben ist)?
Ein Beispiel dazu sind diejenigen Stichwörter, die mit „Internationale(s) ..." bzw. „internationale(s) ..." beginnen: „Internationales Marketing", jedoch „internationale Unternehmung"? So eindeutig die Frage der Groß- oder Kleinschreibung in Fließtexten zu beantworten sein mag, als Stichwörter in Lexika lassen solche Begriffe Fragen offen. Im Zweifel habe ich die Großschreibung bevorzugt. Ebenso habe ich Stichwörter mit Adjektiven, die am Anfang eines ausformulierten Satzes stehen, stets groß geschrieben.

- Eine einfache (gleichwohl nicht ganz unbedenkliche) Lösung des Problems der *Groß- oder Kleinschreibung* habe ich bei den *englischen Stichwörtern* vollzogen: Nach Rücksprache mit meinem US-amerikanischen und meinem britischen Kollegen sowie mit Blick in englischsprachige Lexika (nicht Wörterbücher, in denen die Stichwörter regelmäßig klein geschrieben sind), habe ich mich entschlossen, die Anfangsbuchstaben der allermeisten englischen Stichwörter groß, dieselben Begriffe jedoch im Fließtext (sofern sie keine Eigennamen o.Ä. sind) klein zu schreiben.

Ich wünsche Ihnen, dass Sie – insbesondere auch mit Hilfe des anschließenden Such- und Leitsystems zu den Übersichtsbeiträgen – im Lexikon der Betriebswirtschaftslehre rasch fündig werden.

Reutlingen   Ihr Siegfried Georg Häberle

Such- und Leitsystem (1): Gesamt-liste der Übersichtsbeiträge

– in alphabetischer Reihenfolge –

Ablauforganisation
Abschlusserstellung nach US-GAAP
Aktiengesellschaft (deutsche, einschl. Aktien)
Aktiengesellschaft, Kleine
Aktiengesellschaft (österreichische, einschl. Aktien)
Analysemethoden, Betriebswirtschaftliche
Anlagevermögen (Bilanzpositionen, Bilanzierung und Bewertung)
Arbeitsrecht (deutsches)
Asset Backed Securities
Aufbauorganisation
Auslandsstudium
Außenhandel
Außenhandelsfinanzierung (Internationale Finanzierungs-, Sicherungs- und Zahlungsinstrumente)
Balanced Scorecard
Benchmarking
Beschaffungslogistik
Beschaffungsmanagement
Beteiligungscontrolling
Betriebsabrechnung (BAB)
Betriebswirtschaftslehre
Bilanzanalyse
Buchführung, Grundlagen
Business Intelligence
Business Networking
Businessplan
Call Center Management
Category Management
Cash Flow
Change Management
Controlling, Grundlagen
Controlling, Internationales

Controlling-Informationssysteme
Corporate Citizenship
Corporate Finance
Corporate Governance
Customer Relationship Management (CRM)
Data Warehouse
Datenbanksysteme
Dienstleistungen
Dienstleistungscontrolling
Dienstleistungsmanagement
Digitales Marketing
Direktmarketing
Distributionslogistik
Due Diligence
E-Commerce
Efficient Consumer Response
Eigenkapital (Bilanzpositionen, Bilanzierung und Bewertung)
Einkaufscontrolling
Einkommensteuer (deutsche)
Electronic Government (E-Government)
Electronic Procurement (E-Procurement)
Entscheidung, Betriebswirtschaftliche
Erfolgscontrolling
ERP-Systeme (Enterprise Resource Planning-Systeme)
Eventmanagement
Eventmarketing
Existenzgründung
Factoring
Finanzcontrolling
Finanzinnovationen
Finanzmathematik
Finanzplanung
Finanzwirtschaft, Betriebliche

Such- und Leitsystem (2): Übersichtsbeiträge nach Großbereichen

Beschaffung, Materialwirtschaft, Logistik
Liste der Übersichtsbeiträge zu Beschaffung (Beschaffungsmanagement), Materialwirtschaft, Logistik und verwandten Wissensgebieten
→ Benchmarking
→ Beschaffungslogistik
→ Beschaffungsmanagement
→ Category Management
→ Distributionslogistik
→ Efficient Consumer Response
→ Einkaufscontrolling
→ Electronic Procurement (E-Procurement)
→ Globalisierung
→ Logistik, Grundlagen (Logistikmanagement)
→ Materiallogistik (einschl. Lagerwirtschaft)
→ Materialwirtschaft
→ Produkthaftung (deutsche, internationale)
→ Supply Chain Management
Hinweise auf angrenzende Wissensgebiete:
- Die Übersichtsbeiträge zu den Wissensgebieten *„Dienstleistung"* (Dienstleistungsmanagement), *„Produktion"*, *„Qualitätsmanagement"* usw. finden Sie in der Liste → Dienstleistung, Produktion, Qualitätsmanagement.
- Die Übersichtsbeiträge zu den Wissensgebieten *„Organisation"* und *„Planung"* finden Sie in der Liste → Organisation, Planung.

Bilanzanalyse
(Methoden und Instrumente), siehe Liste → Jahresabschluss, Sonderbilanzen, Bilanzpositionen, Bilanzanalyse.

Bilanzpositionen
(Bilanzierung und Bewertung), siehe Liste → Jahresabschluss, Sonderbilanzen, Bilanzpositionen, Bilanzanalyse.

Börsengang,
siehe Liste → Existenzgründung, Unternehmensbewertung, Unternehmensveräußerung, Börsengang, Unternehmensauflösung.

Controlling
Liste der Übersichtsbeiträge zu Controlling und verwandten Wissensgebieten
→ Analysemethoden, Betriebswirtschaftliche
→ Balanced Scorecard
→ Beteiligungscontrolling
→ Bilanzanalyse

→ Cash Flow
→ Controlling, Grundlagen
→ Controlling, Internationales
→ Controlling-Informationssysteme
→ Dienstleistungscontrolling
→ Due Diligence
→ Einkaufscontrolling
→ Erfolgscontrolling
→ Finanzcontrolling
→ Investitionscontrolling
→ Kapitalflussrechnung (Teil 1: Grundlagen)
→ Kapitalflussrechnung (Teil 2: Erstellung)
→ Kennzahlen, finanzwirtschaftliche
→ Kennzahlen, wertorientierte
→ Marketingcontrolling
→ Nutzwertanalyse
→ Ökologiecontrolling
→ Qualitätscontrolling
→ Risikocontrolling
→ Total Quality Management (TQM)
Hinweise auf angrenzende Wissensgebiete:

- Die Übersichtsbeiträge zu den Wissensgebieten *„Jahresabschluss"* und *„Bilanzanalyse"* finden Sie in der Liste → Jahresabschluss, Sonderbilanzen, Bilanzpositionen, Bilanzanalyse.

- Weil das Controlling in (fast) allen Bereichen der Betriebswirtschaftslehre Anwendung findet, grenzen darüber hinaus (fast) alle der im Such- und Leitsystem genannten Wissensgebiete an den Erkenntnisbereich „Controlling" an.

Dienstleistungsmanagement,
siehe Liste → Produktion, Dienstleistung, Qualitätsmanagement.

Existenzgründung, Unternehmensbewertung, Unternehmensveräußerung, Börsengang, Unternehmensauflösung u.Ä.
Liste der Übersichtsbeiträge zu Existenzgründung, Unternehmensbewertung, Unternehmensveräußerung, Börsengang, Unternehmensauflösung und verwandten Wissensgebieten
→ Bilanzanalyse
→ Businessplan
→ Cash Flow
→ Due Diligence
→ Erfolgscontrolling
→ Existenzgründung
→ Franchising
→ Going Public, Durchführungsphase
→ Going Public, Vorbereitungsphase
→ Hedgefonds
→ Insolvenzrecht (deutsches)
→ Mergers & Acquisitions
→ Mittelstandsökonomie
→ Private Equity
→ Risikocontrolling
→ Sanierungsmanagement
→ Sonderbilanzen
→ Venture Capital
Hinweise auf angrenzende Wissensgebiete:

- Die Übersichtsbeiträge zu den Wissensgebieten *„Gesellschaftsformen (Unternehmensformen, einschließlich Aktiengesellschaft und Aktien)", „Steuern", „Handelsrecht"* u.Ä. finden Sie in der Liste → Gesellschaftsformen (Unternehmensformen), Steuern, Wirtschaftsrecht.

- Die Übersichtsbeiträge zu den Wissensgebieten *„Jahresabschluss"* und *„Sonderbilanzen"* finden Sie in der Liste → Jahresabschluss, Sonderbilanzen, Bilanzpositionen, Bilanzanalyse.

Finanzierung
Liste der Übersichtsbeiträge zu Finanzierung und verwandten Wissensgebieten
→ Asset Backed Securities
→ Außenhandelsfinanzierung (Internationale Finanzierungs-, Sicherungs- und Zahlungsnstrumente)
→ Beteiligungscontrolling
→ Businessplan
→ Cash Flow
→ Corporate Finance
→ Eigenkapital (Bilanzpositionen, Bilanzierung und Bewertung)
→ Factoring
→ Finanzcontrolling
→ Finanzinnovationen
→ Finanzmathematik
→ Finanzplanung
→ Finanzwirtschaft, Betriebliche
→ Hedgefonds
→ Kapitalflussrechnung (Teil 1: Grundlagen)
→ Kapitalflussrechnung (Teil 2: Erstellung)
→ Kennzahlen, finanzwirtschaftliche
→ Kennzahlen, wertorientierte
→ Kreditfinanzierung, kurzfristige (Finanzierungsinstrumente)
→ Kreditfinanzierung, langfristige (Finanzierungsinstrumente)
→ Kreditsicherheiten
→ Mergers & Acquisitions
→ Optionen (Optionsgeschäfte)
→ Private Equity
→ Rating-Methoden, Kreditwirtschaftliche
→ Risikocontrolling
→ Rückstellungen (Bilanzpositionen, Bilanzierung und Bewertung)
→ Sanierungsmanagement
→ Swaps (Swapgeschäfte)
→ Venture Capital
→ Währungsmanagement
→ Zinsmanagement
Hinweise auf angrenzende Wissensgebiete:
- Die Übersichtsbeiträge zum Wissensgebiet *„Investition"* (Investitionsentscheidungen, Investitionsrechnungen) finden Sie in der Liste → Investition.
- Die Übersichtsbeiträge zum Wissensgebiet *„Gesellschaftsformen"* (insbesondere zu den Aktiengesellschaften, einschließlich der Aktienarten) finden Sie in der Liste → Gesellschaftsformen (Unternehmensformen), Steuern, Wirtschaftsrecht.
- Die Übersichtsbeiträge zu den Wissensgebieten *„Existenzgründung"*, *„Going Public"* und *„Unternehmensbewertung"* finden Sie in der Liste → Existenzgründung, Unternehmensbewertung, Unternehmensveräußerung, Börsengang, Unternehmensauflösung.

Führung,
siehe Liste → Unternehmensführung.

Gesellschaftsformen (Unternehmensformen), Steuern, Wirtschaftsrecht

Liste der Übersichtsbeiträge zu Gesellschaftsformen (Unternehmensformen), Steuern, Wirtschaftsrecht und verwandten Wissensgebieten

→ Aktiengesellschaft (deutsche, einschl. Aktien)
→ Aktiengesellschaft, Kleine (deutsche)
→ Aktiengesellschaft (österreichische, einschl. Aktien)
→ Arbeitsrecht (deutsches)
→ Genossenschaft (deutsche)
→ Gesellschaft mit beschränkter Haftung (deutsche)
→ Gesellschaft mit beschränkter Haftung (österreichische)
→ Gesellschaftsformen, Österreichische
→ Gesellschaftsrecht, Europäisches
→ Gewerbesteuer (deutsche)
→ Handelsrecht (deutsches)
→ Insolvenzrecht (deutsches)
→ Kaufrecht (deutsches, internationales)
→ Konzernabschluss und Konzern (deutsches Recht)
→ Kreditsicherheiten (deutsches Recht)
→ Produkthaftung (deutsche, internationale)
→ Steuerbilanzpolitik
→ Steuerlehre, Betriebswirtschaftliche
→ Steuerrecht, Internationales
→ Umsatzsteuer (deutsche)
→ Zwangsvollstreckung (deutsche)

Hinweise:

- Die Übersichtsbeiträge zum Wissensgebiet „*Jahresabschluss*" finden Sie in der Liste → Jahresabschluss, Bilanzpositionen, Sonderbilanzen, Bilanzanalyse.
- Bei einem Teil der folgenden Übersichtsbeiträge finden sich Hinweise auf das jeweilige nationale Recht. Die Ausführungen haben über weite Teile zugleich *europäische* bzw. *internationale Gültigkeit*.

Handel,

siehe Liste → Marketing, Handel.

Informatik,

siehe Liste → Wirtschaftsinformatik.

Instrumente,

siehe Liste → Methoden, Instrumente.

Investition

Liste der Übersichtsbeiträge zu Investition und verwandten Wissensgebieten

→ Anlagevermögen (Bilanzpositionen, Bilanzierung und Bewertung)
→ Beteiligungscontrolling
→ Cash Flow
→ Finanzmathematik
→ Investitionscontrolling
→ Investitionsprozess
→ Investitionsrechnungen (Investitionsentscheidungen) unter Unsicherheit
→ Investitionsrechnungen (Investitionsentscheidungen), Dynamische
→ Investitionswirtschaft
→ Kapitalflussrechnung (Teil 1: Grundlagen)
→ Kapitalflussrechnung (Teil 2: Erstellung)
→ Kennzahlen, finanzwirtschaftliche
→ Kennzahlen, wertorientierte
→ Risikocontrolling

Hinweise auf angrenzende Wissensgebiete:

- Die Übersichtsbeiträge zum Wissensgebiet „*Finanzierung*" (Finanzierungsinstrumente usw.) finden Sie in der Liste → Finanzierung.
- Die Übersichtsbeiträge zum Wissensgebiet „*Produktion*" finden Sie in der Liste → Produktion, Dienstleistung, Qualitätsmanagement.
- Die Übersichtsbeiträge zum Wissensgebiet „*Beschaffung*" finden Sie in der Liste → Beschaffung, Materialwirtschaft, Logistik.
- Die Übersichtsbeiträge zu den Wissensgebieten „*Organisation*" und „*Planung*" finden Sie in der Liste → Organisation, Planung.

Jahresabschluss, Sonderbilanzen, Bilanzpositionen, Bilanzanalyse
Liste der Übersichtsbeiträge zu Jahresabschluss, Sonderbilanzen, Bilanzpositionen, Bilanzanalyse und verwandten Wissensgebieten
→ Abschlusserstellung nach US-GAAP
→ Anlagevermögen (Bilanzpositionen, Bilanzierung und Bewertung)
→ Asset Backed Securitys
→ Balanced Scorecard
→ Beteiligungscontrolling
→ Bilanzanalyse
→ Businessplan
→ Cash Flow
→ Due Diligence
→ Eigenkapital (Bilanzpositionen, Bilanzierung und Bewertung)
→ Erfolgscontrolling
→ Handelsrecht, deutsches
→ Insolvenzrecht (deutsches)
→ Internationale Rechnungslegung nach IFRS
→ Jahresabschluss, deutsches Recht
→ Jahresabschluss, schweizerisches Recht
→ Kapitalflussrechnung (Teil 1: Grundlagen)
→ Kapitalflussrechnung (Teil 2: Erstellung)
→ Kennzahlen, finanzwirtschaftliche
→ Kennzahlen, wertorientierte
→ Konzernabschluss (deutscher)
→ Rating-Methoden, Kreditwirtschaftliche
→ Risikocontrolling
→ Rückstellungen (Bilanzpositionen, Bilanzierung und Bewertung)
→ Sanierungsmanagement
→ Sonderbilanzen
→ Steuerbilanzpolitik
→ Steuerrecht, Internationales
→ Swiss GAAP FER
→ Umlaufvermögen (Bilanzpositionen, Bilanzierung und Bewertung)
→ Unternehmensbewertung
Hinweise auf angrenzende Wissensgebiete:

- Die Übersichtsbeiträge zu den Wissensgebieten „*Gesellschaftsformen (Unternehmensformen, einschließlich Aktiengesellschaft)*", „*Steuern*", „*Handelsrecht*" u.Ä. finden Sie in der Liste → Gesellschaftsformen (Unternehmensformen), Steuern, Wirtschaftsrecht.
- Die Übersichtsbeiträge zu den Wissensgebieten „*Businessplan*", „*Going Public*", „*Sanierungsmanagement*", „*Unternehmensbewertung*" u.Ä. finden Sie in der Liste → Existenzgründung, Unternehmensbewertung, Unternehmensveräußerung, Börsengang, Unternehmensauflösung.
- Die Übersichtsbeiträge zu den Wissensgebieten „*Buchführung*", „*Kostenrechnung*" u.Ä. finden Sie in der Liste → Methoden, Instrumente.

Logistik,
siehe Liste → Beschaffung, Materialwirtschaft, Logistik.

Management,
siehe Liste → Unternehmensführung.

Marketing, Handel
Liste der Übersichtsbeiträge zu Marketing, Handel und verwandten Wissensgebieten
→ Call Center Management
→ Category Management
→ Customer Relationship Management (CRM)
→ Digitales Marketing
→ Direktmarketing
→ E-Commerce
→ Efficient Consumer Response
→ Eventmanagement
→ Eventmarketing
→ Handelsbetriebslehre, Grundlagen
→ Handelsforschung
→ Handelsmarketing
→ Händlermarke (Retail Brand)
→ Industriegütermarketing
→ Internet-Kommunikationspolitik
→ Kommunikationspolitik
→ Konsumentenverhalten
→ Kundenzufriedenheit
→ Markenbewertung
→ Markenführung
→ Marketing, Grundlagen
→ Marketing, Internationales (Teil 1: Grundlagen und Marktbearbeitungsstrategien)
→ Marketing, Internationales (Teil 2: Markteintrittsstrategien, Wettbewerbsstrategien und Marktaustrittsentschei-
   dungen)
→ Marketingcontrolling
→ Marktforschung
→ Medienökonomie
→ Messemarketing
→ Mobile Commerce
→ Multi-Kanal-Dialogmarketing
→ Ökologiemarketing
→ Preispolitik
→ Produktpolitik (einschl. Produktinnovation)
→ Sponsoring
→ Supply Chain Management
→ Werbung
Hinweise auf angrenzende Wissensgebiete:
- Die Übersichtsbeiträge zum Wissensgebiet „*Dienstleistung*" finden Sie in der Liste → Produktion,
   Dienstleistung, Qualitätsmanagement.
- Die Übersichtsbeiträge zum Wissensgebiet „*Vertrieb*" finden Sie in der Liste → Vertrieb.
- Die Übersichtsbeiträge zum Wissensgebiet „*Beschaffung*" finden Sie in der Liste → Beschaffung,
   Materialwirtschaft, Logistik.

Materialwirtschaft,
siehe Liste → Beschaffung, Materialwirtschaft, Logistik

Methoden, Instrumente
Liste der Übersichtsbeiträge zu Methoden, Instrumenten und verwandten Wissensgebieten
→ Analysemethoden, Betriebswirtschaftliche
→ Balanced Scorecard
→ Benchmarking
→ Betriebsabrechnung (BAB)
→ Buchführung, Grundlagen
→ Entscheidung, Betriebswirtschaftliche
→ Finanzmathematik
→ Kennzahlen, finanzwirtschaftliche
→ Kennzahlen, wertorientierte
→ Kostenartenrechnung
→ Kostenstellenrechnung
→ Nutzwertanalyse
→ Ökonometrie
→ Operations Research
→ Optimierung, Grundlagen
→ Optimierungsmodelle, mathematische
→ Portfoliomanagement
→ Projektmanagement
→ Rating-Methoden, Kreditwirtschaftliche
→ Statistik
→ Total Quality Management (TQM)
→ Wirtschaftsmathematik
→ Wissensmanagement
Hinweis auf angrenzende Wissensgebiete:
• Weil die nachstehend genannten betriebswirtschaftlichen Methoden und Instrumente in (fast) allen Bereichen der Betriebswirtschaftslehre Anwendung finden, grenzen die meisten der im Such- und Leitsystem genannten Wissensgebiete an diese Methoden und Instrumente an.

Organisation, Planung
Liste der Übersichtsbeiträge zu Organisation, Planung (einschl. Strategisches Management) und verwandten Wissensgebieten
→ Ablauforganisation
→ Aufbauorganisation
→ Change Management
→ Finanzplanung
→ Lernende Organisation
→ Management-Informationssysteme (MIS)
→ Organisation, Grundlagen
→ Organisationstheorien
→ Outsourcing
→ Produktionsplanung und -steuerung
→ Profit Center
→ Projektmanagement
→ Prozessmanagement
→ Strategisches Management
→ Unternehmensplanung, Grundlagen
→ Wissensmanagement
→ Workflow-Management
Hinweise auf angrenzende Wissensgebiete:
• Weil die Wissensgebiete Organisation und Planung in (fast) allen Bereichen der Betriebswirtschaftslehre Anwendung finden, grenzen darüber hinaus (fast) alle der im Such- und Leitsystem genannten Wissensgebiete an die Erkenntnisbereiche „Organisation" und „Planung" an.

Personalmanagement
Liste der Übersichtsbeiträge zu Personalmanagement und verwandten Wissensgebieten
→ Arbeitsrecht
→ Interkulturelles Management
→ Lernende Organisation
→ Lohn- und Gehaltsmodelle (Entgeltsysteme)
→ Management by Objectives
→ Managing Motivation
→ Personalauswahl, Grundlagen
→ Personalauswahl, Instrumente
→ Personalentwicklung
→ Personalführung
→ Personalmanagement
→ Personalmanagement, Internationales
Hinweise auf angrenzende Wissensgebiete:
- Die Übersichtsbeiträge zum Wissensgebiet „Unternehmensführung" (einschließlich Corporate Governance, Interkulturelles Management, Unternehmensethik, Wissensmanagement usw.) finden Sie in der Liste → Unternehmensführung.
- Weil das Personalmanagement in (fast) allen Bereichen der Betriebswirtschaftslehre Anwendung findet, grenzen darüber hinaus (fast) alle der im Such- und Leitsystem genannten Wissensgebiete an den Erkenntnisbereich „Personalmanagement" an.

Planung,
siehe Liste → Organisation, Planung (einschl. Strategisches Management).

Produktion, Dienstleistung, Qualität
Liste der Übersichtsbeiträge zu Produktion (Produktionsmanagement), Dienstleistung (Dienstleistungs-management), Qualitätsmanagement und verwandten Wissensgebieten
→ Call Center Management
→ Category Management
→ Dienstleistungen
→ Dienstleistungscontrolling
→ Dienstleistungsmanagement
→ Efficient Consumer Response
→ Industriemanagement
→ Innovations- und Technologiemanagement
→ Outsourcing
→ Produkthaftung (deutsche, internationale)
→ Produktions- und Kostentheorie
→ Produktionsmanagement
→ Produktionsplanung und -steuerung
→ Produktpolitik
→ Qualitätscontrolling
→ Qualitätsmanagement
→ Supply Chain Management
→ Total Quality Management (TQM)
Hinweise auf angrenzende Wissensgebiete:
- Die Übersichtsbeiträge zu den Wissensgebieten „*Beschaffung*" und „*Materialwirtschaft*" finden Sie in der Liste → Beschaffung, Materialwirtschaft, Logistik.
- Die Übersichtsbeiträge zu den Wissensgebieten „*Organisation*" und „*Planung*" finden Sie in der Liste → Organisation, Planung.
- Die Übersichtsbeiträge zum Wissensgebiet „*Investition*" (Investitionsentscheidungen, Investitions-rechnungen) finden Sie in der Liste → Investition.

Qualitätsmanagement,
siehe Liste → Produktion, Dienstleistung, Qualitätsmanagement.

Recht,
siehe Liste → Gesellschaftsformen (Unternehmensformen), Steuern, Wirtschaftsrecht.

Sonderbilanzen,
siehe Liste → Jahresabschluss, Sonderbilanzen, Bilanzpositionen, Bilanzanalyse.

Spezielle Betriebswirtschaftslehren
Liste der Übersichtsbeiträge zu Speziellen Betriebswirtschaftslehren und verwandten Wissensgebieten
Vorbemerkungen

- Die *Allgemeine Betriebswirtschaftlehre* beschränkt sich auf die Untersuchung von wirtschaftlichen Tatbeständen, die für alle Mikroeinheiten des Wirtschaftslebens, d.h. für alle Wirtschaftseinheiten gleichermaßen Gültigkeit haben. Sie ist damit das Fundament, auf dem die Speziellen (Besonderen) Betriebswirtschaftslehren aufbauen.
- Die *Speziellen Betriebswirtschaftslehren* können nach *institutionellen* Gesichtspunkten (z.B. Betriebswirtschaftslehre des Handels, der Industrie, des Mittelstandes, der Versicherungswirtschaft usw.) oder nach *funktionellen* Gesichtspunkten (z.B. Beschaffung, Finanzierung, Marketing, Produktion, Unternehmensführung usw.) gegliedert werden. Sie sind in der nachstehenden Liste aufgeführt, z.T. sind diese Speziellen Betriebswirtschaftslehren zugleich Gegenstand der übrigen Listen.
- Innerhalb der Speziellen Betriebswirtschaftslehren existieren viele *vertiefende Wissensgebiete*, die – aus Gründen der Übersichtlichkeit – nachstehend nicht aufgelistet sind, die jedoch gleichwohl in diesem Lexikon als Übersichtsbeiträge bzw. Stichworte vertreten sind.

→ Außenhandel
→ Beschaffungsmanagement
→ Controlling
→ Dienstleistungsmanagement
→ Existenzgründung
→ Finanzwirtschaft
→ Handelsbetriebslehre
→ Handelforschung
→ Industriemanagement
→ Investitionswirtschaft
→ Jahresabschluss
→ Logistik
→ Marketing
→ Materialwirtschaft
→ Mittelstandsökonomie
→ Organisation,
→ Personalmanagement
→ Produktionsmanagement
→ Steuern
→ Tourismusbetriebslehre
→ Umweltmanagement
→ Unternehmensethik
→ Unternehmensführung
→ Unternehmensplanung
→ Versicherungsbetriebslehre
→ Vertrieb
→ Wirtschaftsinformatik

Steuern,
siehe Liste → Gesellschaftsformen (Unternehmensformen), Steuern, Wirtschaftsrecht.

Strategisches Management,
siehe Liste → Organisation, Planung (einschl. Strategisches Management).

Unternehmensauflösung,
siehe Liste → Existenzgründung, Unternehmensbewertung, Unternehmensveräußerung, Börsengang, Unternehmensauflösung.

Unternehmensbewertung,
siehe Liste → Existenzgründung, Unternehmensbewertung, Unternehmensveräußerung, Börsengang, Unternehmensauflösung.

Unternehmensführung
Liste der Übersichtsbeiträge zu Unternehmensführung und verwandten Wissensgebieten
→ Arbeitsrecht
→ Corporate Governance
→ Interkulturelles Management
→ Lernende Organisation
→ Lohn- und Gehaltsmodelle (Entgeltsysteme)
→ Management by Objectives
→ Management-Informationssysteme (MIS)
→ Managing Motivation
→ Unternehmensethik
→ Unternehmensführung, Grundlagen
→ Wissensmanagement
Hinweise auf angrenzende Wissensgebiete:
- Die Übersichtsbeiträge zum Wissensgebiet „Personal" (Personalmanagement, Personalauswahl, Entgeltsysteme usw.) finden Sie in der Liste → Personalmanagement.
- Darüber hinaus grenzen an das Wissensgebiet Unternehmensführung alle weiteren betrieblichen Funktionsbereiche an.
- Weil die Unternehmensführung in (fast) allen Bereichen der Betriebswirtschaftslehre Anwendung findet, grenzen darüber hinaus (fast) alle der im Such- und Leitsystem genannten Wissensgebiete an den Erkenntnisbereich „Unternehmensführung" an.

Unternehmensplanung,
siehe Liste → Organisation, Planung (einschl. Strategisches Management).

Unternehmensveräußerung,
siehe Liste → Existenzgründung, Unternehmensbewertung, Unternehmensveräußerung, Börsengang, Unternehmensauflösung.

Vertrieb
Liste der Übersichtsbeiträge zu Vertrieb und verwandten Wissensgebieten
→ Außenhandel
→ Category Management
→ Call Center Management
→ Customer Relationship Management (CRM)
→ Direktmarketing
→ Distributionslogistik
→ Efficient Consumer Response (ECR)
→ Franchising
→ Industriegütermarketing
→ Supply Chain Management
→ Vertriebspolitik
→ Vertriebssteuerung
→ Vertriebswege, Neuere
Hinweise auf angrenzende Wissensgebiete:
- Die Übersichtsbeiträge zum Wissensgebiet „*Marketing*" und „*Handel*" finden Sie in der Liste → Marketing, Handel.

- Die Übersichtsbeiträge zu den Wissensgebieten „*Beschaffung*", „*Materialwirtschaft*" und „*Logistik*" finden Sie in der Liste → Beschaffung, Materialwirtschaft, Logistik.

Wirtschaftsinformatik

Liste der Übersichtsbeiträge zu Wirtschaftsinformatik und verwandten Wissensgebieten
→ Business Intelligence
→ Business Networking
→ Data Warehouse
→ Datenbanksysteme
→ Digitales Marketing
→ E-Commerce
→ Electronic Government (E-Government)
→ Electronic Procurement (E-Procurement)
→ Entscheidung, Betriebswirtschaftliche
→ Erfolgscontrolling
→ ERP-Systeme (Enterprise Resource Planning-Systeme)
→ Internet-Kommunikationspolitik
→ Management-Informationssysteme (MIS)
→ Mobile Commerce
→ Multi-Kanal-Dialogmarketing
→ Wirtschaftsinformatik, Grundlagen
→ Workflow-Management

Hinweise auf angrenzende Wissensgebiete:

- Die Übersichtsbeiträge zu den Wissensgebieten „*Organisation*" und „*Planung*" finden Sie in der Liste → Organisation, Planung.
- Weil die Wirtschaftsinformatik in allen Bereichen der Betriebswirtschaftslehre Anwendung findet, grenzen darüber hinaus (fast) alle der im Such- und Leitsystem genannten Wissensgebiete an der Wirtschaftsinformatik an.

Wirtschaftsrecht,

siehe Liste → Gesellschaftsformen (Unternehmensformen), Steuern, Wirtschaftsrecht.

A

A2A
Abk. für → Administration-to-Administration. Siehe auch E-Commerce (mit Literaturangaben).

AA 1000
Abk. für Accountability 1000. 1999 erstmals durch ISEA (Institute for Social and Ethical Accountability) veröffentlicht als Benchmark: „First Global Standard for Ethical Perfomance of Organizations". Einige britische Unternehmen berichten nach AA 1000.
Siehe auch → Corporate Citizenship (mit Literaturangaben).
Internetadresse: http://freedomtocare.org/page82.htm

A2B
Abk. für → Administration-to-Business. Siehe auch E-Commerce (mit Literaturangaben).

ab Kai
geliefert ab Kai ... benannter Bestimmungshafen, engl.: DEQ delivered ex quay ... named port of destination, Vertragsformel der von der → Internationalen Handelskammer (ICC) entwickelten → Incoterms.

ab Werk
... benannter Ort; engl.: EXW ex works ... named place; Vertragsformel der von der → Internationalen Handelskammer (ICC) entwickelten → Incoterms.

Abandonnement
siehe → Desinvestition.

ABC-Analyse
(als *betriebswirtschaftliche* → *Analysemethode*). Sie unterstützt in Planungsprozessen eine Selektion oder Priorisierung von Maßnahmen, die zu einem effizienten Einsatz knapper Ressourcen beiträgt. Man setzt Schwerpunkte entsprechend den drei Klassen A = wichtig, dringend; B = weniger wichtig und C = unwichtig, nebensächlich. Eine lange Tradition hat die ABC-Analyse in der → Materialwirtschaft.
Ein anderes Beispiel ist die ABC-Analyse im → Marketing, mit der z.B. das Marketingbudget auf Objekte (z.B. Produkte, Kunden oder Märkte) aufgeteilt wird. Z.B. könnte zur Erschließung unerschlossener Marktpotentiale → Werbung auf Produkte konzentriert werden, die den größten Deckungsbeitrag pro Einheit des hinzu gewonnenen Umsatzes (Brutto-Umsatzrentabilität) erbringen.
Siehe auch → Analysemethoden, betriebswirtschaftliche, (mit Literaturangaben).
  Literatur und Internetadresse: Homburg, C., Krohmer, H., Marketingmanagement, Wiesbaden 2003; Kluck, D., Materialwirtschaft und Logistik, 2. Auflage, Stuttgart 2002; http://www.business-wissen.de

ABC-Analyse
(in der → *Materialwirtschaft*) ist ein Instrument, mit dem Objekte im Unternehmen (Warenbestände, Produkte, Aufträge usw.) nach der Verteilung ihrer Werthäufigkeiten klassifiziert bzw. in eine bestimmte Rangfolge gebracht werden. Menge und Wert der in einer ABC-Analyse erfassten Güter stehen erfahrungsgemäß in einem bestimmten Verhältnis zueinander. Für industrielle Unternehmen gilt: A-Güter (etwa 15 % der Güter haben etwa 80 % Anteil am Gesamtwert), B-Güter (etwa 35 % der Güter haben etwa 15 % Anteil am Gesamtwert), C-Güter (etwa 50 % der Güter haben etwa 5 % Anteil am Gesamtwert). Siehe auch → XYZ-Analyse und → Materialwirtschaft (mit Literaturangaben).

ABC/XYZ-Analyse
Die Klassifikation anhand der → ABC-Analyse beurteilt lediglich die Artikel nach ihrem Anteil am Unternehmensumsatz. Daneben ist aber für die Lagerbewirtschaftung auch die Umschlagshäufigkeit

ein relevanter Aspekt, die durch die → XYZ-Analyse ermittelt wird. Die ABC/XYZ-Analyse vereint beide Instrumente und bietet somit eine leichtere Bewirtschaftung von Lagern. Siehe auch → Materialwirtschaft (mit Literaturangaben).

Abdeckung

(*Coverage*) Repräsentanz-Einschränkung bei → Panel-Stichproben. Resultiert beispielsweise in der Handelspanelforschung durch die Teilnahmeverweigerung einzelner Handelsunternehmen (z.B. Aldi). Die Abdeckung in der Handelspanelforschung schwankt deshalb (produktgruppenabhängig) häufig zwischen 80 und 95 %. Siehe auch → Marktforschung und → Marktforschungsmethoden (mit Literaturangaben) .

Abfälle

sind nicht mehr benötigte oder nicht verwendbare Überreste aus der Produktionstätigkeit. Es besteht die Verpflichtung zur Abfallvermeidung und zur Abfallverwertung bevor es zu einer Entsorgung kommt. Siehe auch → Materialwirtschaft (mit Literaturangaben).

Abfärbetheorie

(deutsche → *Einkommensteuer*). Ist eine *Personengesellschaft* teils gewerblich, teils freiberuflich oder land- und forstwirtschaftlich oder vermögensverwaltend tätig, gilt die Tätigkeit der Personengesellschaft, soweit diese von der Einkünfteerzielungsabsicht getragen ist, nach § 15 Abs. 3 Nr. 1 EStG in vollem Umfang als Gewerbebetrieb.

ABGB

Abk. für österreichisches Allgemeines Bürgerliches Gesetzbuch.

Abgeld

siehe → Disagio.

Ablauforganisation

Ablauforganisation

von Professor Dr.-Ing. Stephan Wilksch
Fachhochschule für Technik und Wirtschaft Berlin

1. Definition

Die Ablauforganisation beschreibt die inhaltliche, räumliche und zeitliche Abfolge von Aktivitäten, um eine → Aufgabe zu erfüllen. Sie regelt den Ablauf des betrieblichen Geschehens unter Berücksichtigung der Anforderungen an das gewünschte Ergebnis und des Leistungsvermögens von Personen und verfügbarer Sachmittel. Die jeweilige betriebliche Ablauforganisation ist dokumentiert in Arbeitshandbüchern, Leitfäden und Vorschriften, um eine wiederholbare, nachvollziehbare Ausführung jeder Aufgabe des Ablaufes mit gleichbleibender Qualität sicher zu stellen.

2. Abgrenzung

Die Komplexität einer Aufgabe, die eine Ablauforganisation zu realisieren hat, bestimmt die benötigte Qualifikation der ausführenden Personen oder die technologische Vielfalt der eingesetzten Sachmittel. Bei umfangreicheren Aufgaben – beispielsweise der Herstellung eines Produktes – ergibt sich daher meist eine Spezialisierung der Personen auf bestimmte Tätigkeiten und damit auch die Zuordnung der benötigten Sachmittel. Gebäude, Einrichtungen, Maschinen, Werkzeuge Informationssysteme oder Daten sind auf die einzelnen Aufgabenschwerpunkte zugeschnitten. Außerdem gestaltet sich der Gesamtablauf oft derart lang, dass eine Zergliederung in Teilabläufe sinnvoll ist. Insofern entsteht eine Ablauforganisation für die Befriedigung des Kundenwunsches bestehend aus Teil-Ablauforganisationen, die teils sequentiell teils parallel ihre Teilaufgaben abarbeiten. Die Vorkalkulation im Rahmen der Erstellung eines Angebotes, die Erprobung bei der Entwicklung eines neuen Produktes oder die Lackierung einer Rohkarosse sind Beispiele für derartige Teilabläufe.

Mit steigender Komplexität, Spezialisierung und Zergliederung verliert die Ablauforganisation allerdings an Übersichtlichkeit und Flexibilität. Daraus ergibt sich ein größerer Planungs- und Koordinierungsaufwand. Fasst man jetzt die spezialisierten Tätigkeiten zusammen, um Größenvorteile zu nutzen, beispielsweise ein zentraler Einkauf oder Qualitätssicherung, oder lagert die Planungs- und Kontrollfunktionen aus dem Ablauf aus, so ergibt sich eine Struktur: die sog. → *Aufbauorganisation*. Dieser Schritt ist überall dort anschaulich nachzuvollziehen, wo ein kleines „Start-up-Unternehmen" um Größenordnungen wächst. Arbeitet anfangs noch jeder in jeder Funktion, bilden sich schnell Spezialisierungen, die in eine Aufbauorganisation mit festen Zuständigkeiten mündet. Insofern sind reine Ablauforganisationen ohne Aufbauorganisation nur in Kleinstunternehmen mit einfachen Aufgaben zu finden und auch nur dann, wenn jeder Mitarbeiter alle Tätigkeiten des Ablaufes gleich gut beherrscht. Ablauf- und Aufbauorganisation sind also nahezu untrennbar miteinander verwoben. Der reine Ablauf erhält eine übergeordnete Struktur. Diese Struktur sollte allerdings so klein wie möglich sein, da sie oft nicht direkt an der Wertschöpfung beteiligt ist und die Zunahme ablaufinterner → Schnittstellen zusätzliche Kosten und Verzögerungen bedeutet.

3. Ziele

Die Ziele der Ablauforganisation haben sich in den letzten dreißig Jahren verändert. Früher dominierte die Auslastung aller am Ablauf beteiligten Ressourcen die Zielvorgaben. Heute stehen überwiegend *kundenorientierte Ziele* im Vordergrund wie termingerechte Ausführung, hohe Qualität, geringe Kosten, kurze Durchführungszeiten, hohe Flexibilität, Service- und Kundenfreundlichkeit und die Fähigkeit zu kundenspezifischen innovativen Lösungen.

4. Gestaltung der Ablauforganisation

Voraussetzungen der Ablauforganisation für die Erreichung der o.g. Ziele sind minimale Bestände an Material, Sachmitteln und Personal. Ist die zu erfüllende Aufgabe einfach, hat wenig Wertschöpfungsstufen, keine oder wenig Varianten mit hoher Ähnlichkeit und große Stückzahlen, dann kann der Grad der Arbeitsteilung höher und die Qualifikation der am Ablauf Beteiligten geringer sein. Steigt die Komplexität der Aufgabe oder die Variantenvielfalt empfiehlt es sich oft, den Grad der Arbeitsteilung zu reduzieren und Planungs-, Kontroll- und Unterstützungstätigkeiten aus zentralen Funktionsbereichen in den Ablauf selbst zu verlagern. Dies verringert Schnittstellen und ermöglicht eine höhere Reaktionsfähigkeit auf Ablaufstörungen. Diese Art der Dezentralisierung führt allerdings zu höheren Anforderungen an die Mitarbeiterqualifikation und setzt die Bereitschaft voraus, in interdisziplinären Teams zusammen zu arbeiten.

Weiterhin benötigt der Mitarbeiter alle ablaufrelevanten Informationen, die zur Lösung der Aufgabe erforderlich sind. Die Gestaltung entsprechender Informationssysteme geht dann oft über die bestehenden funktionalen Grenzen innerhalb der klassischen Aufbauorganisation hinaus. Letztendlich versucht man das Ideal einer reinen *selbststeuernden Ablauforganisation* ohne oder mit möglichst wenig Aufbauorganisation zu realisieren. Das lässt sich besonders gut im Innovationsmanagement neuer Technologien erkennen. Einige Unternehmen gliedern Forschungsteams als rechtlich selbständige Kleinunternehmen mit eigenem Budget aus, um sie aus den Zwängen einer komplexen Aufbauorganisation zu befreien. Als schwach organisiertes Start-up-Unternehmen genießt es alle Vorteile der Flexibilität, informellen Kommunikation und Schnelligkeit am Markt.

Ähnlich verfahren auch modernere Ansätze der Ablauforganisation, die innerbetrieblich das Konzept der „Firma in der Firma" verfolgen. Selbständige Gruppen von variabel qualifizierten Mitarbeitern verantworten eine komplette Teilaufgabe, beispielsweise Motorenmontage, Werkzeugherstellung oder Prototypenbau, und sind in ein Netzwerk unternehmensinterner Kunden- / Lieferantenbeziehungen eingebettet. Sind die Teilaufgaben hinreichend groß gewählt und die Mitarbeiter entsprechend flexibel einsetzbar, ergibt sich ein Ablauf mit wenigen und einfachen Schnittstellen und entsprechend geringem Planungs- und Kontrollaufwand. Die Ablauforganisation gewinnt an Schnelligkeit und erhöht die Qualität des Ergebnisses.

3

5. Synonyme, neuere Begriffe

Häufig verwendete Synonyme für Ablauforganisation sind *Prozessorganisation, Geschäftsprozess, Wertschöpfungsprozess* oder *Unternehmensprozess*. Hier unterscheidet die Literatur gerne in → Kernprozesse und → Unterstützungsprozesse. Leitgedanke der Prozess-Sichtweise der letzten Jahre ist, dass einzelaufgabenorientierte Arbeitsplätze und stark arbeitsteilige Abläufe den Anforderungen des heutigen Marktes an innovative Lösungen, hohe Qualität, kurze Lieferzeiten oder niedrige Preise nicht mehr genügen. Dies liegt insbesondere an der fehlenden Verantwortung der Einzelperson für das Gesamtergebnis sowie der Fehleranfälligkeit und Trägheit aufgrund zu vieler ablaufinterner Schnittstellen, die sich aus der Arbeitsspezialisierung und Fragmentierung ergeben.

6. Veränderung der Ablauforganisation

Die Ablauforganisation unterliegt einem ständigen Wandel, da sie sich den Anforderungen der Kunden und dem Wettbewerb anpassen muss. Stellt man dabei den Gesamtablauf und sogar die Aufbauorganisation in frage, so bezeichnet man das als → *Business Process Reengineering*. Es geht dabei um eine radikale Umstrukturierung ausschließlich nach Bedürfnissen des auf den Kunden gerichteten Prozesses. Im Gegensatz dazu zielt das → *Kaizen* auf eine kontinuierliche Verbesserung jeder Einzeltätigkeit im Gesamtprozess. Die Vorgehensweise den Ablauf neu zu organisieren erfolgt meist in mehreren Schritten. Eine Ist-Analyse erfasst den gegenwärtigen Ablauf beginnend mit der Gesamtaufgabe und den zugehörigen Teilaufgaben und Tätigkeiten und dokumentiert dessen Schwachstellen. Schwachstellen äußern sich meist in Zielabweichungen der Termintreue, Qualität, Ressourcenverbrauch, unnötigen Wartezeiten, schlechter Datenqualität oder zu hohen Kosten. Eine anschließende Ursachenanalyse erweitert die Erkenntnisse um Wirkungszusammenhänge und Abhängigkeiten. Denn nicht immer liegen die Ursachen einer Schwachstelle in ihrem unmittelbaren Umfeld. Die Methode des „fünffachen warum" im Rahmen des Kaizen hinterfragt jede Zielabweichung derart, dass sich spätestens nach dem fünften warum die wahre Ursache eines Problems zeigt.

Eine weitere gute Anregung für die Umgestaltung der Abläufe ergibt sich auch aus einem Vergleich des Prozesses in anderen Unternehmen – dem sogenannten → *Benchmarking*. Sind die Schwachstellen und deren Ursachen bekannt beginnt die *Ablaufoptimierung* oder das *Process-Redesign*. Im Fokus steht hier, den Ablauf so einfach wie möglich zu gestalten. Den Veränderungsprozess bestimmen weitestgehend fünf Gestaltungskriterien:

- Das Weglassen eliminiert nicht wertschöpfende Tätigkeiten oder integriert sie in den Prozess, bspw. Prüfschritte oder Dokumentation.
- Das Hinzufügen von Tätigkeiten ist nur dann nötig, wenn es die Abläufe beschleunigt, qualitativ verbessert oder an anderer Stelle entfernte Tätigkeiten sich hier neu eingliedern
- Das Zusammenfassen bündelt arbeitsteilige Tätigkeiten in einem Arbeitsschritt.
- Das Parallelisieren führt unabhängige Tätigkeiten zeitgleich durch.
- Das Verändern der Reihenfolge stellt Tätigkeiten in ihrer Sequenz um, was zu Verringerung von Fehlerraten führen kann, bspw. sollte ein Prozess empfindliche Oberflächen an einem Produkt erst möglichst spät im Ablauf erzeugen, um die Wahrscheinlichkeit für Beschädigung zu verringern. Andernfalls sind aufwändige Schutzmaßnahmen zu ergreifen.

Die Neugestaltung der Ablauforganisation schließt mit der Einführung des neuen Prozesses ab und vergleicht die entsprechenden Kennzahlen mit dem alten Prozess.

Hinweis

Zu den angrenzenden Wissensgebieten siehe auch → Aufbauorganisation, → Balanced Scorecard, → Category Management, → Change Management, → Controlling, → ERP-Systeme (Enterprise Resource Planning-Systeme), → Industriemanagement, → Logistik, → Lernende Organisation, → Organisation, Grundlagen, → Organisationstheorien, → Outsourcing, → Produktionsmanagement, → Profit Center, → Projektmanagement, → Prozessmanagement, → Supply Chain Management, → Strategisches Management, → Unternehmensplanung, → Workflow Management.

Literatur: Bühner, R.: Betriebswirtschaftliche Organisationslehre, 9. Auflage, Oldenbourg, München, 1999; Gaitanides M., Scholz, R., Vrohlings, A.: Prozessmanagement, Carl Hanser, München, Wien, 1994; Hammer, M.; Champy, J.: Business Reengineering, Campus, Frankfurt/New York, 1994; Imai,

M.: KAIZEN – Der Schlüssel zum erfolg der Japaner, 7. Auflage, Ullstein, Frankfurt, Berlin, 1996; Olfert, K., Rahn, H.-J.: Kompakt-Training Organisation, Friedrich Kiehl, Ludwigshafen, 2000; Picot, A., Dietl H., Franck, E.: Organisation, 4. Auflage, Schäffer Poeschel, Stuttgart, 2005; Schreyögg, G.: Organisation, 4. Auflage, Gabler, Wiesbaden, 2003; Steinbuch, P. A.: Organisation, 12.Auflage, Friedrich Kiehl, Ludwigshafen, 2001; Vahs, D.: Organisation, 5. Auflage, Schäffer Poeschel, Stuttgart, 2005; Weidner, W., Freitag, G.: Organisation in der Unternehmung, Carl Hanser, München, Wien, 1998

Website des Autors: http://home.fhtw-berlin.de/~swilksch/index.html

Ablaufplanung
(in der → *Netzplantechnik*). Die Ablaufplanung im Rahmen der → Netzplantechnik dient der Analyse des Gesamtprozesses und seiner Zerlegung in Teilprozesse, wobei die Teilprozesse als → Vorgänge zu definieren und zwischen diesen die Abhängigkeiten und Wechselbeziehungen zu beschreiben sind. Dazu wird eine Vorgangsliste erarbeitet, in der jeder → Vorgang, die → Vorgangsdauer, die unmittelbaren Vorgänger und/oder Nachfolger sowie die zwischen → Vorgang und Vorgänger bzw. Nachfolger bestehenden → Anordnungsbeziehung erfasst werden. Mit Hilfe dieser Vorgangsliste wird die gewünschte graphische Form des → Netzplanes (→ Vorgangsknotennetz oder → Vorgangspfeilnetz) erzeugt.

Ablaufplanung
(in der → *Produktionsplanung*). Bezieht man die Ablaufplanung nicht auf die konkrete Situation einer Serien- oder Sortenfertigung, sondern interpretiert den Begriff zunächst allgemeiner, so umfasst die Ablaufplanung i.w.S. ein breites Spektrum von Problembereichen, das sich von der Planung von Projekten bis hin zur Fließbandabstimmung erstreckt. Eine Systematisierung lässt sich anhand übergeordneter Kriterien wie Fertigungsablaufprinzipien, → *Fertigungstypen* und *Organisationstypen der Fertigung* (siehe → Produktion, Formen) vornehmen. Danach ergeben sich beispielsweise als die drei großen Planungsbereiche der Ablaufplanung die *Projektplanung*, die *Maschinenbelegungsplanung* (auch als Klassische Ablaufplanung bzw. Ablaufplanung i.e.S. bezeichnet) und die *Fließbandplanung*.
Siehe auch → Produktionsmanagement sowie → Produktionsplanung und -steuerung, jeweils mit Literaturangaben.
    Literatur: Bloech, J.; Bogaschewsky, R.; Götze, U.; Roland, F.: Einführung in die Produktion, 5. Aufl., Berlin u. a. 2004; Daub, A.: Ablaufplanung, Bergisch Gladbach 1994.
    Internetadressen: http://www.pom-consult.de/PMT/Hm000036.htm [Tempelmeier, H.]; http://www.videolexikon.com/view_120-27-701-0204-008.htm [Steven, M.].

Ableitung, mathematische
Zahlenwert des → *Differenzialquotienten* einer → Funktion f in einem Punkt x_0, soweit dieser Zahlenwert existiert (f ist differenzierbar, vgl. → Differenzieren):

$$f'(x_0) = \lim_{dx \to 0} \frac{f(x_0 + dx) - f(x_0)}{dx}$$

Der Ableitungswert $f'(x_0)$ gibt die Steigung der Funktion im Punkt x_0 an. Im Falle $f'(x_0) > 0$ steigt die Funktion in x_0 an, $f'(x_0) < 0$ zeigt an, dass f in x_0 fällt. Näherungsweise kann der Ableitungswert $f'(x_0)$ auch als die Änderung des Funktionswertes $f(x_0)$ bei einer Änderung des Variablenwertes um eins interpretiert werden.
Ist eine Funktion f in allen Punkten ihres Definitionsbereichs differenzierbar, bilden die Ableitungswerte die → Ableitungsfunktion f' von f, die das globale Änderungsverhalten von f beschreibt. Ändert sich das Vorzeichen der Ableitungsfunktion in einem Intervall [a,b] nicht, ist f in diesem Intervall monoton (→ *Monotonie*).
Höhere Ableitungen und Ableitungsfunktionen einer entsprechend oft differenzierbaren Funktion können durch mehrmaliges Differenzieren gewonnen werden. Dabei beschreibt die n-te Ableitungsfunktion jeweils das Änderungsverhalten der (n-1)-ten Ableitungsfunktion. In praktischen Anwendungen spielen meist nur die ersten beiden Ableitungen eine wichtige Rolle, da mit ihrer Hilfe → *Extremwerte* (Maximal- bzw. Minimalwerte) von Funktionen gefunden werden können.

Hängt eine differenzierbare Funktion f von mehreren → Variablen ab, können → *partielle Ableitungen* und Ableitungsfunktionen gebildet werden. Dabei werden alle anderen Variablen wie Konstante behandelt und der → Differenzialquotient nach der betreffenden Variablen gebildet. Der so erhaltene Ableitungswert beschreibt dann das Änderungsverhalten der Funktion in Richtung dieser Variablen.

→ *Elastizitäten* einer Funktion nach einer Variablen können als modifizierte Ableitungen interpretiert werden, bei denen statt der absoluten Änderung der Funktion die relative Änderung in Relation zu einer relativen Änderung einer Variablen untersucht wird.

Siehe auch → Wirtschaftsmathematik (mit Literaturangaben).

Ableitungsfunktion

→ Funktion f', die sich durch → Differenzieren einer differenzierbaren Funktion f in allen Punkten eines Intervalls ergibt. Siehe auch → Ableitung, mathematische und → Funktion, mathematische.

Abnehmerzinsen

Als Abnehmerzins wird der zwischen dem Lieferanten (Exporteur) und dem Kunden (Importeur, Abnehmer) vereinbarte Zins(satz) und von diesem zu bezahlende Zins bezeichnet, wie er insbesondere bei Exportgeschäften mit mittel- oder langfristigen Zahlungszielen vorkommt.

Above-the-Line-Werbung

ist eine Sammelbezeichnung für alle Formen der klassischen Werbung. Gegenposition: → Below-the-Line-Werbung. Zu dieser Werbung gehören vor allem die Aktivitäten, die in den klassischen Medien (siehe auch → Medienökonomie) betrieben werden. Siehe auch → Werbung (mit Literaturangaben).

ABS

Abk. für *Asset Backed Securities*, bedeutet übersetzt: „durch Aktiva besicherte Wertpapiere" oder „mit Vermögensgegenständen unterlegte Wertpapiere". Siehe auch → Asset Backed Securities (mit Literaturangaben).

Absatzfunktion

→ Funktion, die die abgesetzte Menge x eines Gutes in Abhängigkeit vom Stückpreis p ausdrückt: x = x(p). Im Allgemeinen wird unterstellt, dass die abgesetzte Menge mit steigendem Preis abnimmt, was x' → 0 impliziert.

Absatzhelfer

Ein Absatzhelfer ist eine rechtlich selbständige Person bzw. Institution, die Kontakte zwischen einzelnen Gliedern der Absatzkette anbahnt und am Durchfluss der Ware durch den Distributionskanal beteiligt ist, ohne Wiederverkäufer zu sein.

Absatzkanal

(auch *Absatzweg, Vertriebskanal, Vertriebsweg, Marktkanal, Distributionsweg, Marketing-Channel*) beschreibt den Weg des Verkaufs, auf dem ein Wirtschaftsgut vom Hersteller zum Verbraucher gelangt. Die im Absatzkanal zwischen Hersteller und Verbraucher bestehenden Prozessbeziehungen umfassen Realgüter-, Nominalgüter- und Informationsströme, die auch als *Marketing-Flows* bezeichnet werden. Man unterscheidet im Handel zwischen dem stationären Kanal, dem Kanal des Katalogversands und dem elektronischen Kanal. Werden mehrere Absatzkanäle kombiniert, so spricht man von → *Multikanalvertrieb*.

Der Absatzkanal und der Weg der physischen Distribution können, müssen aber nicht identisch sein. So können an der physischen Distribution andere Wirtschaftssubjekte beteiligt sein als an den Verkaufsprozessen. So gelangt beim Streckengeschäft die Ware z.B. direkt vom Hersteller zum Einzelhändler, während der Absatzkanal die Stufen aus Hersteller, Großhandel und Einzelhandel umfasst.

Siehe auch → Absatzkanalsystem, → Handelsbetriebslehre, → Vertriebspolitik und → Vertriebswege, Neuere, jeweils mit Literaturangaben.

Absatzkanalsystem
ist Teil des → Distributionssystems und umfasst die Gesamtheit der Funktionsträger, die mit dem Verkauf oder der Vermittlung von Waren einer Unternehmung befasst sind. Dazu gehören die Verkaufsorgane der Hersteller, die Absatzmittler (→ Einzelhandel, → Großhandel, → Beschaffungsvereinigungen) sowie die Absatzvermittler (→ Handelsvertreter, → Kommissionäre etc.). Siehe auch → Absatzkanal, → Multikanalvertrieb, → Handelsbetriebslehre, → Vertriebspolitik und → Vertriebswege, Neuere, jeweils mit Literaturangaben.

Absatzlogistik
siehe → Distributionslogistik.

Absatzmittler
(*allgemeine Definition*). Ein Absatzmittler ist eine wirtschaftlich und rechtlich selbständige Institution im → Absatzkanal, die in eigenem Namen und auf eigene Rechnung Güter kauft und weiterverkauft. Siehe auch → Absatzmittler (im → *Außenhandel*) und → Marketing, Grundlagen (mit Literaturangaben).

Absatzmittler
(im → *Außenhandel*). Aufgrund der Entfernung zu ausländischen Märkten und wegen der Unkenntnis der jeweiligen Rahmenbedingungen des → Außenhandels ist es häufig sinnvoll, Absatzmittler zur Anbahnung und Realisierung von → Exporten einzuschalten. Die Absatzmittler verfügen in der Regel über spezifische Informationen zu Märkten, Branchen, Kunden, Absatzwegen, Importformalitäten, Transporten und haben notwendige Behörden- und Geschäftskontakte. Sie stellen damit ein wichtiges Brückenglied zwischen Exportunternehmen und ausländischen Kunden bzw. weiteren Zwischenhändlern dar.
Durch die Einschaltung von Absatzmittlern kann internationales Geschäft erleichtert und beschleunigt werden. Markterschließungsrisiken und Marktbearbeitungsrisiken werden reduziert. Nachteilig ist die reduzierte Marketingautonomie des Exporteurs im ausländischen Markt mit fehlendem Endkundenkontakt und die zusätzliche externe Kostenbelastung. Diesen Kosten des Absatzmittlers sind allerdings die reduzierten eigenen Akquisitionskosten gegenüberzustellen.
Bei den Absatzmittlern im internationalen Geschäft unterscheidet man Agenten (→ Handelsvertreter), CIF-Agenten (→ Handelsvertreter), → Exporthändler, → Handelsmakler, → Handelsvertreter und → Kommissionäre.

Absatzpotenzial
theoretische (latente) Obergrenze für den Absatz des eigenen Unternehmens. Sie wird nur erreicht, wenn sich die relative Wettbewerbsposition optimal entwickelt, d.h. die Wettbewerbsfähigkeit des eigenen Unternehmens steigt und zugleich die anderer Unternehmen sinkt. Parallel dazu gibt das Umsatzpotenzial die realistische Obergrenze für den Umsatz des eigenen Unternehmens an. Siehe auch → Absatzvolumen, → Marktpotenzial, → Marktvolumen und → Produktpolitik (mit Literaturangaben).

Absatzvolumen
stellt den tatsächlichen (manifesten) Absatz (Menge) des eigenen Unternehmens dar. Parallel dazu gibt das Umsatzvolumen den tatsächlichen Umsatz (Menge mal Stückpreis) des eigenen Unternehmens an. Diese Daten liegen aus dem internen Rechnungswesen vor. Siehe auch → Absatzpotenzial, → Marktvolumen, → Absatzpotenzial und → Produktpolitik (mit Literaturangaben).

Absatzweg
siehe → Absatzkanal.

Absatzwege, neuere
siehe → Vertriebswege, neuere.

Abschlusserstellung nach IFRS
siehe → Internationale Rechnungslegung nach IFRS (mit Literaturangaben).

Abschlusserstellung nach US-GAAP

Abschlusserstellung nach US-GAAP

von Univ.-Professor Dr. Axel Haller und Dr. Jürgen Ernstberger
Lehrstuhl Financial Accounting and Auditing - Universität Regensburg

1. Charakterisierung der US-GAAP

Die United States Generally Accepted Accounting Priniciples (US-GAAP) bezeichnen das US-amerikanische Regelungs- und Normensystem für die externe Rechnungslegung. Die US-GAAP sind weder gesetzlich geregelt noch einheitlich definiert. Sie setzen sich aus einer Vielzahl von allgemeinen Prinzipien und Einzelfallregelungen mit hohem Detaillierungsgrad (sog. rules-based accounting im Gegensatz zum principle-based accounting beim → Jahresabschluss nach deutschem Recht) verschiedener privater Organisationen zusammen. Diese Regelungen weisen unterschiedliche Ebenen bezüglich ihrer Rechtsverbindlichkeit auf. Die Ebenen werden häufig im House of GAAP dargestellt. Die wichtigsten Regelungen der US-GAAP sind die → Statements of Financial Accounting Standards (SFAS) der privaten standardsetzenden Institution des so genannten → Financial Accounting Standards Board (FASB).

2. Zielsetzung und qualitative Anforderungen

Zielsetzung und grundlegende Anforderungen der bereitgestellten Informationen eines Abschlusses nach US-GAAP werden in den → Statements of Financial Accounting Concepts (CON) des → FASB erläutert. Demnach hat der Abschluss nach US-GAAP die Vermittlung entscheidungsrelevanter Informationen an die Stakeholder eines Unternehmens zum Ziel, wobei die Investoren mit ihren Informationsinteressen maßgeblich im Vordergrund stehen. Ausgehend von dieser Zielsetzung werden primäre Qualitätsanforderungen an Abschlussinformationen definiert und weiter konkretisiert. Im Mittelpunkt stehen die Anforderungen der Relevanz (relevance) und der Verlässlichkeit (reliability). Eine Information ist demnach relevant, wenn sie für Prognosen geeignet ist (predictive value) oder der Überprüfung vergangener Prognosen dient (feedback value). Zudem müssen die entsprechenden Informationen zeitnah publiziert werden (timeliness). Um zuverlässig zu sein, müssen Abschlussinformationen u.a. verifizierbar (verifiable) sein, die jeweiligen Sachverhalte getreu abbilden (representational faithfulness) und sie müssen frei von Vorurteilen sein (neutrality). Insgesamt hat ein Abschluss nach US-GAAP ein den tatsächlichen Verhältnissen entsprechendes Bild (fair presentation) der finanziellen Lage eines Unternehmens wiederzugeben. Dieses Ziel gilt mit der Einhaltung der US-GAAP bei der Abschlusserstellung als erreicht. Anders als beim → Jahresabschluss nach deutschem Recht besitzt ein Abschluss nach US-GAAP keine Ausschüttungsbemessungsfunktion und es besteht keinerlei Zusammenhang mit der steuerlichen Gewinnermittlung.

3. Abschlusseinheit

Nach US-GAAP wird die wirtschaftliche Einheit als die relevante berichterstattende Einheit betrachtet, d.h. bei Unternehmensverbunden ist der → Konzernabschluss des Mutterunternehmens der relevante Abschluss. Für Teilkonzerne sind Teilkonzernabschlüsse zu erstellen. Nur für nicht verbundene Unternehmen besitzt der Einzelabschluss Relevanz.

4. Bestandteile

Ein Abschluss nach US-GAAP besteht aus einer Bilanz, einer Gewinn- und Verlustrechnung, einer →
Kapitalflussrechnung, einer Eigenkapitalveränderungsrechnung und einem Anhang, in dem erläuternde
bzw. ergänzende Angaben, wie z.B. eine → Segmentberichterstattung, enthalten sind.

5. Zentrale Bilanzierungsvorschriften

a) Ansatzvorschriften

In der Bilanz kommen Vermögenswerte (assets), Schulden (liablilities) und als Differenz zwischen beiden das Eigenkapital (equity) zum Ansatz. Ein Vermögenswert liegt vor, wenn aus einem vergangenen
Ereignis ein künftiger Nutzenzufluss zu erwarten ist, den das Unternehmen kontrollieren kann. Verbindlichkeiten sind definiert als gegenwärtige Verpflichtungen gegenüber Dritten, die zu künftigen
Nutzenabflüssen führen, die auf einem vergangenen Ereignis beruhen und denen sich das Unternehmen
nicht entziehen kann. Für einen Ansatz in der Bilanz müssen sowohl assets als auch liabilities zuverlässig messbar und der Nutzenzufluss bzw. -abfluss muss wahrscheinlich sein.

Für einzelne assets des → Anlagevermögens bzw. des → Umlaufvermögens sowie für Verbindlichkeiten, → Eigenkapital und → Rückstellungen finden sich in verschiedenen → Statements of Financial
Accounting Standards (SFAS) oder in anderen Vorschriften der US-GAAP ergänzende Regelungen zu
bzw. Ausnahmen von den grundsätzlichen Ansatzvorschriften. Wesentliche explizite Ansatzverbote bestehen für Gründungs- und Ingangsetzungskosten sowie für den originären Goodwill (→ Konzernabschluss) auf der Aktivseite sowie für reine Innenverpflichtungen (Verpflichtungen des Unternehmens
gegenüber sich selbst, wie z.B. die Aufwandsrückstellungen im → Jahresabschluss nach deutschem
Recht) auf der Passivseite.

b) Bewertungsvorschriften

Für die Bewertung von → Anlagevermögen, → Umlaufvermögen, Verbindlichkeiten, → Eigenkapital
und → Rückstellungen ist in zahlreichen Einzelfallregelungen festgelegt, welcher Wertmaßstab zur
Anwendung kommt und wie Bewertungserfolge zu behandeln sind.

Die Bewertung von assets hat grundsätzlich zu ihren Anschaffungs- bzw. Herstellungskosten zu erfolgen, die bei abnutzbaren assets gemäß dem Nutzenverzehr planmäßig abzuschreiben sind. Bei bestimmten → assets, wie z.B. Finanzinstrumenten, die zu Handelszwecken gehalten werden (→ Umlaufvermögen), ist der beizulegende Zeitwert (fair value) als Bewertungsmaßstab relevant.

Außerplanmäßige Abschreibungen werden bei Sachanlagen und immateriellen Vermögenswerten inklusive Goodwill durch Werthaltigkeitstests ermittelt (→ Anlagevermögen). Bei Vermögenswerten des
→ Umlaufvermögens ist auf den Marktwert abzuschreiben, falls dieser niedriger ist als der Buchwert.

Bewertungserfolge sind grundsätzlich in der Gewinn- und Verlustrechnung zu erfassen. In Ausnahmefällen, wie z.B. bei Finanzinstrumenten, die zur Veräußerung zur Verfügung stehen (available for sale
securities; siehe auch → Anlagevermögen), ist ein Erfolg aus einer Bewertung zum beizulegenden
Zeitwert direkt im Eigenkapital zu erfassen.

Verbindlichkeiten sind grundsätzlich zum Rückzahlungsbetrag zu bewerten. Die Bewertung von →
Rückstellungen erfolgt zum Betrag der bestmöglichen Schätzung des unter normalen Umständen zu
erwartenden Nutzenabflusses. Bei Bandbreitenschätzungen entspricht dieser dem Wert mit der höchsten Eintrittswahrscheinlichkeit bzw., falls solche Wahrscheinlichkeiten nicht bestimmbar sind, dem geringsten Wert der Bandbreite. Liabilities mit einer Restlaufzeit von mehr als zwölf Monaten sind mit
dem Marktzins zu diskontieren.

c) Ausweisvorschriften

Die US-GAAP selbst enthalten keine speziellen Gliederungsvorschriften.

Nach der → Regulation S-X der → Securities and Exchange Commission (SEC) hat in der Bilanz eine
Differenzierung in kurz- und langfristige Vermögenswerte bzw. Schulden zu erfolgen. Dabei sind die
Vermögenswerte nach abnehmender Liquidierungserwartung und die Schulden nach aufsteigender
Laufzeit bzw. Fälligkeit zu gliedern. Die Gewinn- und Verlustrechnung ist nach dem Umsatzkostenverfahren zu erstellen. Im Anschluss an die Gewinn- und Verlustrechnung oder im Rahmen der Eigenkapitalveränderungsrechnung oder in einer gesonderten Rechnung ist das → comprehensive income (Gesamtleistung) einer Periode darzustellen.

6. Bedeutung der US-GAAP

a) Bedeutung für US-Unternehmen

In den USA sind - im Gegensatz zu Deutschland - die Rechnungslegungsvorschriften nicht im Gesellschaftsrecht verankert. Die US-GAAP besitzen formal keine Gesetzeskraft. Sie sind aber dadurch faktisch verbindlich, dass ihre Einhaltung Voraussetzung für die Erteilung des Testats eines Wirtschaftsprüfers ist. Eine Prüfungspflicht besteht wiederum nach den Vorschriften der → Securities and Exchange Commission (SEC) für US-Unternehmen - unabhängig von ihrer Rechtsform -, von denen Aktien (→ Aktiengesellschaft, einschließlich Aktienarten) oder Schuldverschreibungen (→ Kreditfinanzierung, langfristige), an einer Börse in den USA, insbesondere an der → New York Stock Exchange (NYSE) oder bei der → National Association of Securities Dealers Automated Quotation System (NASDAQ) notiert sind. Diese Prüfungspflicht wurde 2002 durch den → Sarbanes-Oxley Act of 2002 (SOX oder SOA) auch gesetzlich vorgeschrieben.

b) Bedeutung für ausländische Unternehmen

Bei den US-GAAP handelt es sich um nationale Standards, die auch international beträchtliche Beachtung finden. Gründe hierfür sind die Bedeutung des US-Kapitalmarkts, die strikte Investororientierung der Standards und die Erfordernis eines Benchmarking mit den zahlreichen und bedeutenden Global Players aus den USA.

Für deutsche, österreichische und schweizerische Unternehmen sind die US-GAAP insbesondere im Rahmen eines → Dual Listing an einer Börse in den USA relevant, da auch Nicht-US-Unternehmen durch ein Listing in den USA den Vorschriften der → Securities and Exchange Commission (SEC) unterliegen.

Zudem wurden z.B. in Deutschland börsennotierte Unternehmen ab 1998 von der Pflicht befreit, einen Konzernabschluss nach nationalen Vorschriften zu erstellen, wenn ein Konzernabschluss nach internationalen Rechnungslegungsregeln, wie z.B. US-GAAP, erstellt wurde. Seit 2005 ist diese Regelung allerdings aufgehoben worden und eine EU-Verordnung verpflichtet kapitalmarktorientierte Unternehmen, ihre → Konzernabschlüsse nach den International Financial Reporting Standards (IFRS) (→ Jahresabschluss nach IFRS) zu erstellen. Lediglich für Unternehmen, die an einer Börse in den USA gelistet sind (→ Dual Listing) existiert eine Übergangsregelung hinsichtlich der Pflichtanwendung der IFRS bis 2007. Zudem plant die → Securities and Exchange Commission (SEC), spätestens ab 2009 bei einem Listing an einer Börse in den USA auch IFRS-Abschlüsse zu akzeptieren. Dadurch wird die Bedeutung der US-GAAP international formal stark abnehmen.

Zu beachten ist allerdings, dass sich zahlreiche Vorschriften der IFRS eng an die US-GAAP anlehnen und zum Teil mit nur wenigen Änderungen übernommen wurden. Dementsprechend bestehen auch nur noch wenige wesentliche Unterschiede zwischen diesen Normensystemen. Solche finden sich z.B. im Anwendungsbereich einer Bewertung zum beizulegenden Zeitwert und bei der Erfassung von immateriellen Vermögenswerten. Das → Financial Accounting Standards Board (FASB) und das → International Accounting Standards Board (IASB) verfolgen gemeinsam das Ziel, noch bestehende Unterschiede zu beseitigen (sog. „Konvergenzprojekt").

Hinweis

Zu den angrenzenden Wissensgebieten siehe → Anlagevermögen, → Beteiligungscontrolling, → Bilanzanalyse, → Eigenkapital, → Globalisierung, → Internationale Rechnungslegung nach IFRS, → Jahresabschluss nach *deutschem* Recht, → Jahresabschluss nach *schweizerischem* Recht, → Kapitalflussrechnung, → Konzernabschluss, → Portfoliomanagement, → Rating-Methoden, kreditwirtschaftliche, → Risikocontrolling, → Rückstellungen, → Sonderbilanzen, → Steuerrecht, Internationales, → Swiss GAAP FER, → Umlaufvermögen, → Währungsmanagement.

Literatur:
Ballwieser, W. (Hrsg.), US-amerikanische Rechnungslegung, Grundlagen und Vergleiche mit deutschem Recht, 4. Aufl., Stuttgart 2000; Coenenberg, A. G., Jahresabschluss und Jahresabschlussanalyse, Betriebswirtschaftliche, handelsrechtliche, steuerrechtliche und internationale Grundsätze - HGB, IAS/IFRS, US-GAAP, DRS, 20. Aufl., Stuttgart 2005; Haller, A., Die Grundlagen der externen Rechnungslegung in den USA, Unter besonderer Berücksichtigung der rechtlichen, institutionellen und theoretischen Rahmenbedingungen, 4. Aufl., Stuttgart 1994; KPMG (Hrsg.), Rechnungslegung

nach US-amerikanischen Grundsätzen, Grundlagen der US-GAAP und SEC-Vorschriften, 3. Aufl., Düsseldorf 2003; Kieso, D./Weygandt, J./Warfield, T., Intermediate Accounting, 11th ed., New York 2005; Kuhlewind, A.-M., Grundlagen einer Bilanzrechtstheorie in den USA, Frankfurt/Main 1997; Niehus, R./Thyll, A., Konzernabschluß nach US-GAAP, 3. Aufl., Stuttgart 2002; Schildbach, T., US-GAAP, Amerikanische Rechnungslegung und ihre Grundlagen, 2. Aufl., München 2002; Wüstemann, J., Gernerally accepted accounting principles, Zur Bedeutung und Systembildung der Rechnungslegungsregeln der USA, Berlin 1999.

Internet: (Organisationen) http://www.fasb.org, http://www.aicpa.org, http://www.sec.gov, http://aaahq.org, http://www.iasb.org, (Wortlaut der SFAS, CON, FIN und der FASB Technical Bulletins) http://www.fasb.org/st, (Börsen) http://www.nyse.com, http://www.nasdaq.com, (bei der SEC eingereichte Konzernabschlüsse) http://www.sec.gov/edgar.shtml.

Website der Autoren: http://www.wiwi.uni-r.de/haller

Abschlussprüfer-Richtlinie
(84/253/EWG), siehe → Prüferbefähigungs-Richtlinie und die dort angegebene Quelle.

Abschlussprüfungs-Richtlinie
vom 17.5.2006 fasst die bisherigen drei Richtlinien zum Jahresabschluss (Jahresabschluss-, Konzernbilanzabschluss- und Prüferbefähigungs-RL) in einer einzigen, modernisierten Richtlinie zusammen. Siehe → Gesellschaftsrecht, Europäisches.
Quelle: ABl.EG L 157 vom 9.6.2006, S. 87; abrufbar bei Eur-Lex unter: http://eur-lex.europa.eu.

Abschreibung
siehe → Abschreibungsmethoden.

Abschreibungsfinanzierung
vereinfachender Begriff der Praxis für → Finanzierung „aus Abschreibungen"; siehe auch → Innenfinanzierung und → Cash Flow (mit Literaturangaben).

Abschreibungsmethoden
sind die für die Ermittlung der → planmäßigen Abschreibungen von Vermögensgegenständen des abnutzbaren Anlagevermögens in Betracht kommenden Methoden, und zwar die → lineare (*straight-line method*), → degressive (*diminishing balance-/ declining balance method*), → leistungsabhängige (*sum-of-the-units/ units-of-production method*) Abschreibungsmethode oder Kombinationen dieser Methoden.
Das HGB enthält keine konkreten Regelungen hinsichtlich der Methodenwahl. Aus Sicht der → GoB ist die Methode zu wählen, bei der Abschreibungsbeträge und Nutzenverbrauch annähernd übereinstimmen. Gleiches verlangen die internationalen Rechnungslegungsgrundsätze. Ist der Nutzenverbrauch nicht bestimmbar, kommt nur die lineare Abschreibung in Betracht. Nutzungsdauer und Abschreibungsmethode sind regelmäßig zu überprüfen und bei Bedarf anzupassen.
Siehe auch → außerplanmäßige Abschreibungen, → bilanzielle Abschreibung, → arithmetisch-degressive Abschreibung, → digitale Abschreibung, → geometrisch-degressive Abschreibung.
Siehe auch → Anlagevermögen und → Jahresabschluss, jeweils mit Literaturangaben.

Absonderungsberechtigte
Absonderungsberechtigten Gläubiger im Sinne von § 49 ff. Insolvenzordnung (InsO) haben eine bevorzugte Rechtsposition im Sinne von § 49 ff. InsO im Insolvenzverfahren inne. Absonderungsberechtigte sind Personen, die an einzelnen, in der Insolvenzmasse befindlichen Gegenständen Sicherungs- und Verwertungsrechte haben. Diese Gläubiger können nicht wie die Aussonderungsberechtigten die Herausgabe der betroffenen Sachen und Werte vom Insolvenzverwalter verlangen. Sie sind jedoch bevorzugt am Verwertungserlös aus der Versteigerung, Verkauf oder sonstigen Verwertung der betroffenen Waren und sonstigen Vermögenswerte zu beteiligen. Sie nehmen anders als die Aussonderungsberech-

tigten nach § 74 Abs. 1 und 77 Abs.3 InsO an den Gläubigerversammlungen teil. Dort haben sie ein Stimmrecht in Höhe ihres Absonderungsrechts.
Der Inhalt und Umfang ihrer Rechte im Insolvenzverfahren hängt zum einen davon ab, ob sich diese Rechte auf Mobilien oder Immobilien beziehen. Zum anderen kann der Insolvenzverwalter Entscheidungen treffen, die die Rechtsposition dieser Gläubiger maßgeblich beeinflussen. Gläubiger, die ein Pfand- oder sonstiges Verwertungsrecht an in der Insolvenzmasse befindlichen beweglichen Vermögenswerten haben, sind regelmäßig nicht selbst dazu berechtigt, die Sicherungsobjekte selbst zu verwerten. Die Verwertung wird normalerweise vom Insolvenzverwalter vorgenommen. Er verwertet die betroffenen Vermögenswerte und kehrt nach Abzug der Verwertungskosten (§ 170 InsO) den Erlösanteil, der den Gläubigern zusteht, an diese aus.
Soweit Forderungen von Absonderungsberechtigten in diesem Verfahren nicht befriedigt werden, und sie zudem einen persönlichen Anspruch gegen den Insolvenzschuldner haben, nehmen sie zudem als Insolvenzgläubiger am allgemeinen Insolvenzverfahren teil.
Zu den absonderungsberechtigten Gläubigern zählen nach § 51 Nr. 1 InsO auch Sicherungseigentümer und die Gläubiger aus einer Sicherungsabtretung.
Siehe auch → Insolvenzrecht, deutsches (mit Literaturangaben).

Abspaltung
(bei *Unternehmen*). Hierbei bleibt der übertragende Rechtsträger bestehen und überträgt nur einen Teil seines Vermögens auf ein bestehendes oder neugegründetes Unternehmen. Auch dies gegen Gewährung von Anteilen an die Gesellschafter durch das übernehmende Unternehmen. Siehe auch § 123 Abs. 2 UmwG und → Spaltung sowie → Sonderbilanzen (mit Literaturangaben).

Abstimmungskollegialität
Bei der Abstimmungskollegialität in einer Leitungsgruppe werden die Entscheidungen mit einfacher oder qualifizierter Mehrheit gefällt. Siehe auch → Kollegialprinzip, → Direktorialprinzip und → Aufbauorganisation (mit Literaturangaben).

Abteilung
Mehrere → Stellen können zu Abteilungen zusammengefasst werden, die einer Instanz unterstellt sind (z.B. Abteilungsleiter) und die Erfüllung einer Gesamtaufgabe bzw. Gesamtfunktion (z.B. Produktion) übertragen bekommen haben. Durch dieses für die Koordination von Teilaufgaben notwendige Vorgehen der Abteilungsbildung in einem sozialen System entsteht ein Aufbau der Über- und Unterordnung von → Stellen zu einer hierarchischen Struktur. Siehe auch → Organisation, Grundlagen und → Aufbauorganisation, jeweils mit Literaturangaben.

Abwehraussperrung
Form der → Aussperrung (durch den Arbeitgeber), die zur Abwehr von Streikmaßnahmen dient und durch die arbeitswillige Arbeitnehmer planmäßig an der Erbringung der Arbeitsleistung durch Fernhalten von der Betriebsstätte gehindert werden, was gleichzeitig zu einem Verlust ihres Vergütungsanspruches führt. Siehe auch → Streik, → Arbeitskampf und → Arbeitsrecht (mit Literaturangaben).

Abweichungsanalyse
(als *betriebswirtschaftliche* → *Analysemethode*) spaltet eine (Erfolgs-, Erlös-, Kosten-)Abweichung nach ihren Ursachen auf, um Fehlerquellen erkennen und die Verantwortlichkeit der Bereichsleiter feststellen zu können (Erlös- und → Kostenabweichungsanalyse). Dabei treten Abweichungsüberschneidungen auf, wenn einige Einflussgrößen von Erlös oder Kosten multiplikativ miteinander verknüpft sind (z.B. Preis p und Menge m). Die sog. Sekundärabweichung ($\Delta p \times \Delta m$) lässt sich nicht eindeutig den Primärabweichungen (Preis- und Mengenabweichung) zurechnen.
In der Literatur werden verschiedene Vorgehensweisen der Abweichungsanalyse vorgeschlagen. Häufig wird die *kumulative Abweichungsanalyse* angewendet, bei der man die Sekundärabweichung der Preisabweichung zuschlägt z.B. in der → Kostenabweichungsanalyse (siehe auch → Analysemethoden, betriebswirtschaftliche und dort Abbildung 2 zur Kostenabweichungsanalyse). Siehe auch → Abweichungsanalyse (im → Erfolgscontrolling).

Zu den verschiedenen Analysemethoden in der Betriebswirtschaftslehre siehe → Analysemethoden, betriebswirtschaftliche (mit Literaturangaben).
Literatur: Albers, S., Ein System zur Ist-Soll-Abweichungsursachenanalyse von Erlösen, in: ZfB 1989, S. 637-654; Coenenberg, A.G., Kostenrechnung und Kostenanalyse, 5. Auflage, Stuttgart 2003; Schweitzer, M. / Küpper, H.U., Systeme der Kostenrechnung, 8. Auflage, München 2003; Glaser, H., Kostenkontrolle, in: HWU, Sp. 1079-1089; Haberstock, L. / Breithecker, V., (Grenz-) Plankostenrechnung, 9. Auflage, Hamburg 2004; Kilger, W., Flexible Plankostenrechnung und Deckungsbeitragsrechnung, 11. Auflage, Wiesbaden 2002; Küpper, H.U., Wagenhofer, A., Handwörterbuch Unternehmensrechnung und Controlling (HWU), 4. Auflage, Stuttgart 2002.

Abweichungsanalyse
(im → *Erfolgscontrolling*). Wenn die tatsächlichen Werte z.B. die Istkosten von den geplanten Werten (Plankosten; siehe auch → Plankostenrechnung) abweichen, dann wird mithilfe der Abweichungsanalyse ermittelt, welche Ursachen zu dieser Abweichung beigetragen haben. Abweichungen entstehen, wenn Einflussgrößen sich nicht planmäßig verhalten. Ein Zweck der Abweichungsanalyse ist es daher, den Einflussgrößen Beträge zuzuordnen, die sie verursacht haben (Teilabweichungen). Standardmäßig werden Hauptabweichungen ermittelt: (1) die → Beschäftigungsabweichung, (2) die → Preisabweichung, (3) die → Verbrauchsabweichung.
Siehe auch → Abweichungsanalyse (als betriebswirtschaftliche → Analysemethode) sowie → Erfolgscontrolling (mit Literaturangaben).

Abwertung
ist die hoheitliche oder marktmäßige Herabsetzung des Wechselkurses (des → Außenwertes) der inländischen Währung in Relation zu einer oder mehreren ausländischen Währungen. Zu unterscheiden sind nominelle und reale Abwertung. Letztere ist um die jeweilige Rate der Geldwertentwicklung (i.A. eine Inflationsrate) der beteiligten Währungen/Länder bereinigt.

Abwicklung
Begriff des Aktienrechts für die → *Liquidation* (§ 264 Abs. 1 AktG). Der Liquidator (i.R. der Vorstand) hat die laufenden Geschäfte zu beenden, die Forderungen einzuziehen, das übrige Vermögen in Geld umzuwandeln und die Gläubiger zu befriedigen Ein verbleibender Restbetrag ist unter den Eigenkapitalgebern zu verteilen (§§ 149, 155 HGB; 268, 271 AktG; 70, 72 GmbHG).
Siehe auch → Liquidationsbilanzen und → Sonderbilanzen (mit Literaturangaben).

Abzahlungsdarlehen
siehe → Tilgungsdarlehen

Abzugsfranchise
siehe → Selbstbeteiligung (Versicherungswirtschaft). Siehe auch → Versicherungsbetriebslehre, Grundlagen.

Abzugssteuer
siehe → Quellensteuer. Siehe auch → Einkommensteuer und → Steuerrecht, Internationales.

AC
Abk. für → *Assessment Center*; siehe auch → Assessment und → Personalauswahl, Instrumente (mit Literaturangaben).

A2C
Abk. für → Administration-to-Consumer. Siehe auch E-Commerce (mit Literaturangaben).

Accounting Principles Board (APB)
Vorgängerorganisation des → Financial Accounting Standards Board (FASB) zur Entwicklung von Rechnungslegungsstandards (→ US-GAAP), die dem → American Institute of Certified Public Ac-

countants (AICPA) unterstand und von 1959 bis 1973 tätig war. Die vom APB erlassenen Standards tragen den Namen → APB Opinions.

Accounting Regulatory Committee (ARC)
siehe → Endorsement Mechanism.

Accounting Research Bulletins (ARB)
Verbindliche Rechnungslegungsstandards (→ US-GAAP) des → Committee on Accounting Procedures (CAP).

Accounting Standards Executive Committee
Ausschuss des → American Institute of Certified Public Accountants (AICPA), der die Interessen der US-amerikanischen Wirtschaftsprüfer (Certified Public Accountants (CPA)) im Rahmen des → due process zur Entwicklung von Rechnungslegungsnormen vertritt.

Accrual principle
Das accrual principle ist der dominante Rechnungslegungsgrundsatz in der internationalen Rechnungslegung. Die Dominanz folgt aus der Finanzierungsstruktur internationaler Unternehmen, die eher eigenfinanziert sind. Das Prinzip soll dafür sorgen, dass die Periodenergebnisse „richtig" ermittelt werden und damit eine sachgerechte Entscheidungsgrundlage für Investoren geschaffen wird (*decision usefulness*). Richtig bedeutet in diesem Zusammenhang, dass Ertrag und Aufwand in den Perioden erfolgswirksam werden, in die sie wirtschaftlich gehören.

ACID-Eigenschaften
ACID steht (in der Datenverarbeitung) kollektiv für die vier Eigenschaften → Atomizität (*atomicity*), Konsistenz (*consistency*), Isolation (*isolation*) und Dauerhaftigkeit (*durability*). Siehe auch → Datenbanksysteme (mit Literaturangaben).

Acid-Test Ratio
engl. für → Liquidität II. Grades.

Acquisition
Unter Acquisition (deutsch Akquisition / *Unternehmensübernahme)* wird der Kauf bzw. Teilerwerb und die anschließende Integration eines Unternehmens verstanden, beispielsweise um über dessen Ressourcen zu verfügen oder um sich auf diesem Weg einen neuen Markt zu erschließen. Bei dieser Art der Kooperation verliert ein Unternehmen seine wirtschaftliche Selbständigkeit, auch wenn es ggf. seine rechtliche Selbständigkeit behält. Im Resultat führt dies häufig zum Verlust der Identität des akquirierten Unternehmens, da es in das neue Mutterunternehmen, z.B. auch bezogen auf den Firmennamen, integriert wird. Unterschieden wird bei Akquisitionen zwischen dem Erwerb einer Anteilsmehrheit durch Übernahme von Kapitalanteilen des Gesellschaftskapitals eines Unternehmens (*Share Deal*) und dem Erwerb von Vermögensanteilen (*Asset Deal*).
Siehe auch → Mergers & Acquisitions (mit Literaturangaben).

aCRM
Abk. für → analytisches Customer Relationship Management. Siehe auch → Customer Relationship Management (CRM), mit Literaturangaben.

AcSEC
Abk. für Accounting Standards Executive Committee.

Activity clause
siehe → Aktivitätsklausel.

Activity Format
(*Aktivitätsformat*); Anwendungsbeispiel siehe → Kapitalflussrechnung, Teil 2: Erstellung.

Ad Impression
entspricht einem Werbemittelkontakt. Der Aufruf einer → HTML-Seite erzeugt einen → Page Impression, da eine Seite jedoch mehrere Werbeelemente (z.B. Banner) enthalten kann, werden unter Umständen bei einem Page Impression mehrere Ad Impressions generiert. Siehe auch → Website.

Added Value
(bei → *Private Equity*), Wertzuwachs im Rahmen von Private Equity, der durch Einbringen von Management Know-how und die Betreuung der Beteiligungsgesellschaft erzielt wird.

Additivität
bezeichnet die Möglichkeit einer Linearkombination mehrerer → Aktivitäten, z.B. die Aufteilung einer Schicht auf die anteilige Nutzung von 2 einander ersetzenden Anlagen für einen Produktionsvorgang.

Ad-Hoc-Planung
Angesichts zunehmender Volatilitäten auf den Unternehmensmärkten muss die → Unternehmensplanung in der Lage sein, auf Anfrage oder bei neuen Umweltentwicklungen rasch und genau den Stand des Unternehmens und seiner Entwicklungstrends darzustellen sowie die Grundlage für kurzfristig zu fällende Entscheidungen zu liefern. Die an einem Planungskalender orientierte Mittel- und Kurzfristplanung ist ohne Konzeptänderung vielfach zu starr, um auf ad hoc Anforderungen schnell reagieren zu können. Erforderlich hierfür ist eine durch die Planungsorganisation und die operativen Systeme des Unternehmens regelmäßig aktualisierte (meist relationale) → Plandatenbasis, der Unterhalt von regelmäßig gepflegten Bewertungsmodellen und *Ziel- und* → *Kennzahlensystemen* sowie ein sofort verfügbares Planungsteam. Zum Ausgleich für den mit der Ad-Hoc-Planung verbundenen Mehraufwand wird häufig der Detaillierungsgrad für die regelmäßig erfolgende Kurz- und Mittelfristplanung reduziert.
Siehe auch → Unternehmensplanung (mit Literaturangaben).

Ad-hoc-Publizität
soll die gleichmäßige Informierung der Öffentlichkeit über aktienkursrelevante Unternehmensnachrichten von → Aktiengesellschaften gewährleisten, vor allem über Insider-Informationen.
    Internetadressen: (gesetzliche Grundlage des § 15 Wertpapierhandelsgesetz online) http://www.gesetze-im-internet.de; (aktuelle Meldungen) http://www.dgap.de, http://finanznachrichten.de

Administrationslehre
auf den französischen Ingenieur Henri Fayol (1841-1925) zurückgehender Ansatz. Fayol identifiziert „Administration" als wesentliche den Unternehmenserfolg beeinflussende Größe. Unternehmensführung ist in seinem Verständnis ein Prozess, d.h. eine Sequenz von Planung, Organisation, Mitarbeiterführung, Koordination und Kontrolle. Dabei schlägt er Grundsätze der Unternehmensführung vor, die insbesondere die eindeutige Zuteilung von Weisungs- und Entscheidungsrechten (Einheit der Auftragserteilung, d.h. ein einzelner Arbeitnehmer hat immer nur einen Vorgesetzten), Arbeitsteilung und Zentralisation (Einheit der Leitung, d.h. der kaufmännische sowie der Produktionsbereich eines Unternehmens sind leitungsmäßig separiert).
Siehe auch → Unternehmensführung, Grundlagen (mit Literaturangaben).

Administration-to-Administration (A2A)
bezeichnet einen Markt- und Transaktionsbereich im → *E-Commerce*, der sämtliche Transaktionen zwischen öffentlichen Institutionen umfasst.

Administration-to-Business (A2B)

bezeichnet einen Markt- und Transaktionsbereich im → *E-Commerce*, der sämtliche Transaktionen von öffentlichen Institutionen mit Unternehmen umfasst. Beispielhafte Anwendungen stellen die elektronische Abwicklung von Transferzahlungen an Unternehmen (wie z.b. Subventionen) sowie die Übermittlung von statistischen Daten im nationalen wie internationalen Kontext dar.

Administration-to-Consumer (A2C)

bezeichnet im → *E-Commerce* die elektronische Geschäftsabwicklung zwischen Institutionen/Behörden und Konsumenten. Hierunter sind zahlreiche Anwendungen vorstellbar, die Konsumenten per Internet in Anspruch nehmen, z.b. die Abwicklung von Unterstützungsleistungen wie Sozial- und Arbeitslosenhilfe.

Administrativer Ansatz

(in der *Organisationstheorie*). Der Franzose Henri Fayol (1841-1925) entwickelte in seinem Hauptwerk „Administration industrielle et générale" eine umfassende Managementlehre, mit 14 Prinzipien für eine gute Unternehmensführung. Da er sich dabei auch ausführlich mit den Prinzipien der Organisation beschäftigte, werden seine Überlegungen häufig unter die Organisationstheorien subsumiert.
Siehe auch → Organisationstheorien (mit Literaturangaben).

Advance Payment Guarantee

siehe → Anzahlungsgarantie.

Advanced Planning and Scheduling Systems

Softwaresysteme zur Gestaltung, Planung und Steuerung von → Supply Chains. Siehe auch → Logistik, Grundlagen (Logistikmanagement) sowie → Supply Chain Management, jeweils mit Literaturangaben.

Advance-Purchase

siehe → Vorwegkauf; siehe auch → Dreiecksgeschäft und → Kompensationsgeschäft.

Adverse Selection

Form eines Konflikts im Rahmen von → Principal-Agent-Konflikten.

AE

Abk. für European Association, andere Bezeichnung für Europäischer Verein (EU-V); siehe → Gesellschaftsrecht, Europäisches (mit Literaturangaben).

AED

ISO-Code für Dirham (Vereinigte Arabische Emirate).

AET

Abk. für → Arbeitswissenschaftliche Erhebungsverfahren zur Tätigkeitsanalyse. Das AET versucht, einzelne Arbeitselemente zu identifizieren, wobei aber nur grundlegende Tätigkeitsinhalte erfasst werden. Siehe auch → Lohn- und Gehaltsmodelle (mit Literaturangaben).

AfA

steuerrechtliche Abk. für Absetzung für Abnutzung. Es besteht materielle Übereinstimmung mit der handelsrechtlichen → planmäßigen Abschreibung. Siehe auch → Abschreibungsmethoden.

AfaA

steuerrechtliche Abk. für Absetzung für außergewöhnliche Abnutzung. Es besteht materielle Übereinstimmung mit → außerplanmäßigen Abschreibungen.

Affiliate Marketing
auch *Affiliate Programs* genannt, zu deutsch *Partnerprogramme*, fasst Angebote im Internet zusammen, bei denen der Werbungtreibende nur dann für eine Werbeeinblendung (z.B. Banner) zahlt, wenn ein definierter Erfolg eingetreten ist. Das wohl bekannteste Affiliate-Programm bietet Amazon mit inzwischen zehntausenden von Affilates (Partnerwebsites). Die Definition des „Erfolgsfalles" ist von Programm zu Programm unterschiedlich. Es kann ein Klick sein, ein qualifizierter Lead (User hinterlässt z.B. Profil), eine Kaufanfrage oder aber ein Kauf.
Unterschiede gibt es bei den Programmen auch bzgl. Provisionssatz (Festpreis oder Prozentsatz), Verprovisionierung (z.B. einmalig oder auch zukünftige Geschäftes mit dem Kunden) und Zeitpunkt der Abrechnung. Dieser Marketingform wird großes Potential vorhergesagt. Professionelle Affilate-Agenturen wie Tradedoubler oder Affilinet übernehmen im Auftrag von Kunden das Management und den Aufbau von Affiliate-Programmen.
Siehe auch → Internet-Kommunikationspolitik (mit Literaturangaben).

Affiliate Programs
siehe → Affiliate Marketing.

Affiliate-Agenturen
wie z.B. Tradedoubler oder Affilinet, übernehmen im Auftrag von Kunden das Management und den Aufbau von Affiliate-Programmen; siehe → Affiliate Marketing.

AfS
steuerrechtliche Abk. für Absetzung für Substanzverringerung, ist eine Sonderform der → planmäßigen Abschreibung von Sand-, Kies-, Kohlevorkommen u.Ä. Siehe auch → Abschreibungsmethoden.

After-Sales-Phase
ist die dritte Teilphase in der Einteilung von → Kaufphasen und umfasst die Nachkaufberatung. Die erste Teilphase ist die → *Pre-Sales-Phase*, die z.B. die Übermittlung von Informationsmaterial umfasst. Die zweite Teilphase ist die → *Sales-Phase*, die die Kundenbedienung umfasst. Siehe auch → Dienstleistungsmanagement, → Handelsmarketing und → Produktpolitik, jeweils mit Literaturangaben.

After-Sales-Service
Die Einteilung von Kundendienstleistungen (produktbegleitenden Dienstleistungen) kann unter dem Kriterium der Zeit in Relation zum Kaufakt, mit dem die Kundendienstleistung in Verbindung steht, als → *Pre sales-Service* (z.B. Schaufensterauslage, Anproberäume, Inzahlungnahme), *At sales-Service* (z.B. kostenloses Parken, Restaurant, Kreditierung) und *After sales-Service* (z.B. Zustellung, Verpackung, Änderung, Aufstellung, Nachnahmelieferung) definiert werden. Siehe auch → Dienstleistungsmanagement, → Handelsmarketing und → Produktpolitik, jeweils mit Literaturangaben.

AG
Abk. für *Aktiengesellschaft,* eine Gesellschaft mit eigener Rechtspersönlichkeit. Sie ist eine → juristische Person, die mit Eintragung ins → Handelsregister entsteht. Siehe auch → Aktiengesellschaft, deutsche bzw. österreichische und → Aktiengesellschaft, Kleine, jeweils mit Literaturangaben.

AGA-Report
AGA ist die Abk. für AuslandsGeschäftsAbsicherung der Bundesrepublik Deutschland. AGA-Report umfasst die von der Euler Hermes Kreditversicherungs-AG Hamburg herausgegebenen Informationen (Newsletter) über die aktuellen Veränderungen der Deckungspraxis des Bundes bei den → Exportkreditgarantien sowie dahingehende Länderinformationen usw.
Internetadressen: (AuslandsGeschäftsAbsicherung der BRD) www.agaportal.de, www.exportkredit garantien.de.

Agency Costs
siehe → Principal-Agent-Ansatz; siehe auch → Organisationstheorien.

Agency Fee

ist eine Vermittlungsprovision, die beispielsweise bei der Vermittlung von mittel- bis langfristigen internationalen Geldmarkt- und Kapitalmarktkrediten an die vermittelnde Hausbank des Kreditnehmers zu zahlen ist. Siehe auch → Geldmarktkredit.

Agencytheorie

siehe → Principal-Agent-Ansatz; siehe auch → Organisationstheorien.

Agent

(im *Handel*), siehe → Handelsvertreter.

Agent

(in *Call Centers*), Bezeichnung für qualifizierte Mitarbeiter im Kundenkontakt eines → Call Centers oder Communication Centers. Siehe auch → Call Center Management (Communication Center Management), mit Literaturangaben.

Agenturkostentheorie

untersucht das Problem von Unternehmen, welche durch ein von Eigentümern getrenntes Management geleitet werden, dass Manager- und Eigentümerinteressen einander widersprechen können. Eigentümer haben meist das Interesse, dass der Marktwert des Eigenkapitals maximiert wird, Manager verfolgen oftmals Machtinteressen und Größenwachstum. Zur Sicherstellung ihrer Interessen wenden die Eigentümer Agenturkosten auf, um die Managerinteressen mit ihren eigenen Interessen in Ausgleich zu bringen.
Siehe auch → Organisation, Grundlagen und → Organisationstheorien, jeweils mit Literaturangaben

Aggregation

(auch: *Konsolidierung, Verdichtung*) ist – im Zusammenhang mit der Verwaltung großer Datenmengen in einem → *Data Warehouse* – das Zusammenfassen einer Reihe von → Fakten zu einem einzelnen Fakt. Dabei lassen sich z.B. aus einer Menge von Zahlen der Mittelwert, das Minimum bzw. Maximum oder die Summe bestimmen. Das Ergebnis wird dann stellvertretend für die Quelldaten verwendet. Die Aggregation ist eine Operation im Rahmen des On-Line Analytical Processing (→ OLAP). Sie bildet den gesamten → Hypercube auf einen kleineren Hypercube ab. Die Aggregation findet entlang von sog. Klassifikationspfaden statt und verändert somit die Klassifikationsstufen (auch: Konsolidierungsebenen) der einzelnen Dimensionen. Siehe auch → Roll up.

Agio

ist bei Wertpapieren die Differenz zwischen dem → Nennbetrag und einem höheren Kurs. Die Höhe des Agios wird grundsätzlich in Prozent des Nennbetrages angegeben. Wird für eine Anleihe mit 100 Euro → Nennbetrag beispielsweise ein Kurs von 102 Euro ermittelt, so wird sie mit einem Agio von 2 % gehandelt; Gegenteil → Disagio; siehe auch → über pari.

AHK

Abk. für Auslandshandelskammer. Vorort-Servicestelle in wichtigen ausländischen Märkten, die deutschen Unternehmen Marktstudien und Hilfestellung bei der Auslandsmarkterschließung und -bearbeitung bietet. Wichtiges Instrument der → Exportförderung; siehe auch → Außenhandel.

AICPA

Abk. für → American Institute of Certified Public Accountants.

AIM

Abk. für → Alternative Investment Market, ein → Börsensegment für kleinere Wachstumsunternehmen an der London Stock Exchange.

Air Waybill
siehe → Luftfrachtbrief (Air Waybill).

Airbag
(bei Wertpapieren), siehe → Bonus-Zertifikat; siehe auch → Finanzinnovationen.

Airport Shopping
Das Airport-Shopping war bisher stark auf den Duty-free-Handel (DfH) fokussiert, das sich ursprünglich aus einer Entscheidung des Irischen Parlaments aus dem Jahr 1947 über den Custom Free Act entwickelte. Es nimmt nicht zuletzt auf Grund der Abschaffung des DfH innerhalb der EU an Bedeutung ab. An Airports geht die Entwicklung hin zur stärkeren Bedeutung des „normalen Ladeneinzelhandels", der hier zwei Drittel der Einzelhandelsumsätze erzielt. Siehe auch → Vertriebswege, Neuere (mit Literaturangaben)

AKA Ausfuhrkredit-Gesellschaft mbH
mit Sitz in Frankfurt am Main ist ein von deutschen Geschäftsbanken als Gesellschafter getragenes Institut, das Finanzierungen für deutsche Exportgeschäfte zur Verfügung stellt.
Mittel- und langfristige Finanzierungen: (1) Gebundene Finanzkredite an ausländische Besteller/ Importeure, und zwar als → Bestellerkredite und als Kredite an deren Banken (→ Bank-zu-Bank-Kredite), wobei die Auszahlung i.d.R. an den Exporteur erfolgt. (2) Strukturierte Finanzierungen und Projekt-Finanzierungen. (3) Exportvorfinanzierungen (CTF). (4) Lieferantenkredite.
Kurzfristige Finanzierungen: (1) Akkreditivbestätigungen, (2) Term Loans, (3) Anzahlungsfinanzierungen, (4) → Avale, (5) → Forfaitierungen.
Siehe auch → Außenhandelsfinanzierung (Internationale Zahlungs-, Sicherungs- und Finanzierungsinstrumente).
    Literatur: Häberle, S.G.: Handbuch der Außenhandelsfinanzierung, 3. Auflage, München und Wien 2002.
    Internetadresse: (AKA Ausfuhrkredit-Gesellschaft mbH) www.akabank.de

Akkordfähigkeit
ist dann gegeben, wenn die Arbeit vorausbestimmbar und der Arbeitsoutput messbar ist. Siehe auch → Akkordlohn.

Akkordlohn
leistungsorientierte Entgeltform. Als Voraussetzungen ihres Einsatzes muss die Akkordfähigkeit und Akkordreife gegeben sein. Es besteht ein unmittelbarer Zusammenhang zwischen Arbeitsintensität und der erzielten Ausbringungsmenge pro Zeiteinheit, woraus sich eine proportionale Beziehung zwischen der mengenmäßigen Ausbringung und dem Entgelt ableitet. Siehe auch → Lohn- und Gehaltsmodelle (mit Literaturangaben).

Akkordreife
liegt dann vor, wenn der Mitarbeiter nach ausreichender Übung hinreichend Einfluss auf den Arbeitsablauf und die Mengenleistung hat. Siehe auch → Akkordlohn.

Akkreditiv
siehe → Dokumentenakkreditiv (mit Literaturangaben).

Akkreditiv mit hinausgeschobener Zahlung
(*Deferred-Payment-Akkreditiv*) begründet als unwiderrufliches unbestätigtes → *Dokumentenakkreditiv* die feststehende Verpflichtung der akkreditiveröffnenden Bank („Importeurbank") zur hinausgeschobenen (späteren) Zahlung an den akkreditivbegünstigten Exporteur. Im Gegensatz zum → Sichtzahlungsakkreditiv erhält der Akkreditivbegünstigte beim Akkreditiv mit hinausgeschobener Zahlung die Zahlung nicht im Zeitpunkt der Einreichung der Exportdokumente, sondern zu einem festgelegten späteren Zeitpunkt. Akkreditive mit hinausgeschobener Zahlung zählen deswegen zur Gruppe der →

Nachsichtakkreditive. Auch diese Akkreditivart kann – wie alle Dokumentenakkreditive – von einer sog. anderen Bank bestätigt werden.

Literatur: Häberle S.G.: Handbuch der Akkreditive, Inkassi, Exportdokumente und Bankgarantien, München und Wien 2002.

Akkreditivbestätigung

umfasst neben der Zahlungsverpflichtung der akkreditiveröffnenden Bank („Importeurbank") eine selbstständige (zusätzliche) Zahlungsverpflichtung der bestätigenden Bank zu Gunsten des akkreditivbegünstigten Exporteurs. Sofern ein Akkreditiv von einer erstklassigen inländischen Bank bestätigt ist, hat der Akkreditivbegünstigte ein Höchstmaß an Sicherheit erreicht. Siehe auch → Dokumentenakkreditiv (mit Literaturangaben).

Akquisition

(Unternehmensübernahme), siehe → Acquisition. Siehe auch → Mergers & Acquisitions.

Akquisitionscontrolling

siehe → Beteiligungscontrolling (mit Literaturangaben).

Aktie

(*deutsches Recht*) (a). Der Begriff hat mehrere Bedeutungen: (1) das die Beteiligung des → Aktionärs an der → Aktiengesellschaft verbriefende Wertpapier; (2) die Beteiligungsquote des Aktionärs am → Grundkapital, wobei jede Aktie einen Bruchteil des Grundkapitals repräsentiert; (3) das Mitgliedschaftsrecht (die Rechtsstellung) des einzelnen Aktionärs.

(b) Die Aktie gewährt dem Aktionär die → Dividende.

(c) Sie ist Bestandteil des Vermögens des Aktionärs. Sie kann nicht geteilt werden, aber durch Einräumung von Nießbrauch, Verpfändung oder Treuhand belastet werden. Sie kann Gegenstand der Zwangsvollstreckung sein.

Siehe auch → Aktie (*österreichisches Recht*), → Aktienarten und → Aktiengesellschaft (mit Literaturangaben).

Aktie

(*österreichisches Recht*). Der Begriff der *Aktie* hat dreifache Bedeutung. Er bezeichnet (1) einen Anteil am Grundkapital einer → AG (§§ 1, 6 Abs. 1 öAktG) dar, (2) das Mitgliedschaftsrecht des Aktionärs an der → AG und (3) die Urkunde, die diese Mitgliedschaft verbrieft (*deklaratives* Wertpapier: die Beteiligung entsteht unabhängig von der Ausgabe einer Aktienurkunde). Unterscheide verschiedene *Aktiengattungen* (§ 11 öAktG: Arten von Aktien, mit denen unterschiedliche Rechte verbunden sind: → *Stammaktien*, → *Vorzugsaktien*, → *Nebenleistungsaktien*) und *Aktientypen* (Arten von Aktien, die keine unterschiedliche Rechtsstellung begründen: → *Nennbetragsaktien*, → *Stückaktien*, → *Inhaberaktien*, → *Namensaktien*, → *Zwischenscheine*, → *vinkulierte Aktien*, → *Vorratsaktien*, → *Gratisaktien*, → *junge Aktien*, → *Eigene Aktien*). Siehe auch → Aktie (*deutsches Recht*).

Literatur: *Grünwald*, Alfons/*Schummer*, Gerhard, Wertpapierrecht, 4. Auflage, Orac-Rechtsskriptum, Verlag LexisNexis ARD Orac (2004); *Mader*, Peter, Kapitalgesellschaften, 5. Auflage, Orac-Rechtsskriptum, Verlag LexisNexis ARD Orac (2006)

Internetadressen: Wiener Börse ~ http://www.wienerboerse.at

Aktie, eigene

Der Erwerb eigener Aktien durch die → Aktiengesellschaft ist gesetzlich nur in begrenztem Maße zulässig, vor allem nur: (1) zur Ausgabe von → Belegschaftsaktien (nicht aber für eine → Stock Option für Mitglieder des → Vorstandes); (2) zur Abfindung von → Aktionären; (3) zur Einziehung bei einer → Kapitalherabsetzung; (4) bei Ermächtigung durch die → Hauptversammlung zum Eigenerwerb von maximal 10% der Aktien. Siehe auch → Aktienarten und → Aktiengesellschaft (mit Literaturangaben).

Aktienanleihe

Eine Aktienanleihe stellt insofern eine innovative Anleihe-Kreation dar, als der Schuldner über eine konditionierte Rückzahlungsoption verfügt. Der Schuldner muss die von ihm emittierte Anleihe bei Fälligkeit entweder in der Emissionswährung (z.B. in Euro) zurückbezahlen, sofern die in den Emissionsbedingungen genannte Aktie am Fälligkeitstag den festgelegten → Basispreis (strike price) nicht unterschritten Liegt der Aktienkurs am Fälligkeitstag hingegen unter dem → Basispreis, darf (und wird) der Emittent die Rückzahlung nicht in Geldeinheiten, sondern in Aktien vornehmen.
Siehe auch → Finanzinnovationen (mit Literaturangaben).

Aktienarten

(a) Man unterscheidet → Aktien nach verschiedenen Kriterien: (1) nach der Aufteilung des → Grundkapitals zwischen → Nennbetragsaktien und → Stückaktien; (2) nach formalen Kriterien und nach der wertpapierrechtlichen Übertragbarkeit zwischen → Inhaber-, → Namens- und → vinkulierten Namensaktien; (3) nach Inhalt und Ausgestaltung der verbrieften Mitgliedschaftsrechte zwischen → Stamm- und → Vorzugsaktien, wobei Aktien des gleichen Typs zu Gattungen zusammengefasst werden können (Gattungsaktien); (4) nach der Urkundenart zwischen Einzel- und Globalaktie (→ Aktienurkunde). (b) Die → Satzung muss festlegen, welche Arten von Aktien bestehen. (c) Daneben sind die → Aktie, eigene und die → Belegschaftsaktie zu nennen.
Siehe auch → Spartenaktien und → Aktiengesellschaft (mit Literaturangaben).

Aktienbörse

siehe → Börse.

Aktienbuch

(*Aktienregister*) verzeichnet die → Aktionäre der → Aktiengesellschaft, wenn → Namensaktien ausgegeben sind.

Aktiengesellschaft

Aktiengesellschaft

von Professor Dr. jur. Holger Buck
Professur für Internationales und Deutsches Wirtschaftsrecht –
HTW Hochschule für Technik und Wirtschaft des Saarlandes, Saarbrücken

1. Gesetzliche Grundlage

der deutschen Aktiengesellschaft ist das → Aktiengesetz. Ergänzend gelten HGB und BGB (vor allem § 31 BGB, nach dem die Aktiengesellschaft für Handlungen des Vorstands haftet). Die → Europäische Aktiengesellschaft (→ SE) basiert auf der Verordnung (EG) Nr. 2157/2001 vom 8.10.2001, der Richtlinie 2001/86/EG des Rates vom 08.10.2001 sowie dem flankierenden deutschen Gesetz vom 28.12.2004.

2. Wirtschaftliche Bedeutung und Wesensmerkmale

Die Gesellschaftsform der Aktiengesellschaft, die zahlenmäßig weit hinter der → Gesellschaft mit beschränkter Haftung zurück bleibt, hat sich vor allem für Großunternehmen bewährt. Die Gesetzeserleichterungen für die kleinere Unternehmen (→ Aktiengesellschaft, kleine) soll auch dem Mittelstand den Zugang zum Kapitalmarkt (→ Börse und → Aktienmarkt) ermöglichen. Die Hauptfunktion der Aktiengesellschaft ist die Kapitalansammlung. In Deutschland bestehen gegenwärtig rund 16.000 Aktiengesellschaften einschließlich KGaA (siehe auch → Rechtsformen, deutsche). Die Entwicklung der Aktienkurse (→ Aktienindex) dient oft als gesamtwirtschaftlicher Indikator.
Aktiengesellschaften weisen die folgenden Wesensmerkmale auf:

* Die Aktiengesellschaft ist eine auf Dauer angelegte und einen selbst definierten Zweck verfolgende Gesellschaft des Privatrechts (→ Rechtsformen, deutsche).

- Die Aktiengesellschaft hat ein in → Aktien zerlegtes → Grundkapital.
- Die Aktiengesellschaft ist juristische Person, d.h. sie hat eigene Rechtspersönlichkeit und ist selbst Trägerin von Rechten und Pflichten. Sie ist vor allem beteiligungs- (→ Konzern), konto-, scheck-, wechsel-, eigentums-, besitz-, grundbuch- und insolvenzfähig (→ Insolvenzrecht) und im Prozess partei- und prozessfähig. Sie ist Eigentümerin des Gesellschaftsvermögens. Rechtsbeziehungen zu Dritten, z.B. aus ihren Verträgen, bestehen ausschließlich mit ihr, nicht mit den → Aktionären (Trennungsprinzip).
- Für Verbindlichkeiten haftet nur das Gesellschaftsvermögen, denn der Aktionär ist nicht persönlicher Schuldner der Gesellschaftsgläubiger.
- Die Aktiengesellschaft ist Kapitalgesellschaft. Die Aktionärsstellung ist nicht auf die persönliche Mitarbeit der Aktionäre zugeschnitten.
- Kraft Rechtsform ist die Aktiengesellschaft → Formkaufmann.
- Die Aktiengesellschaft gilt unabhängig von ihrem Unternehmensgegenstand stets als Handelsgesellschaft.
- Die Aktiengesellschaft führt eine eigene → Firma, die ausgeschrieben oder abgekürzt die Bezeichnung „Aktiengesellschaft" beinhalten muss.

3. Grundkapital, Aktien und Aktionäre

Das Gesellschaftskapital (→ Grundkapital) muss einen Mindestnennbetrag von 50.000 Euro aufweisen. Das Grundkapital ist in → Aktien zerlegt und in Einzelaktien oder zumindest in einer Globalaktie (→ Aktienurkunde) wertpapiermäßig verbrieft.

Man kann → Aktien nach verschiedenen Kriterien unterteilen (→ Aktienarten): → Nennbetrags-, → Stück-, → Inhaber-, → Namens-, → vinkulierte Namens-, → Stamm-, → Vorzugs-, Einzel-, Global- (→ Aktienurkunde), → Belegschaftsaktie und → Aktie, eigene.

Gesellschafter der Aktiengesellschaft sind die → Aktionäre, die ihre Rechte (→ Aktienstimmrecht, → Bezugsrecht, → Dividende) vor allem in der → Hauptversammlung ausüben. Die Gesellschafterstellung wechselt, indem der Aktionär seine → Aktie (1) an der → Börse an einen ihm nicht bekannten Erwerber oder (2) außerhalb der Börse in einem privaten Rechtsgeschäft mit einem ihm bekannten Erwerber verkauft und überträgt; siehe auch → Übernahme eines Unternehmens.

Entsprechend der Verteilung der Aktien sind folgende Typen von Aktiengesellschaften zu unterscheiden (1) → Aktiengesellschaft, majorisierte, (2) → Einpersonen-AG, (3) → Familien-AG und (4) → Publikums-AG.

4. Verfassung, Organisation und Leitung

Die Aktiengesellschaft ist körperschaftlich strukturiert. Ihre Verfassung beruht auf dem Gesellschaftsvertrag (→ Satzung) und dem oft nicht abdingbaren Gesetz. Die Mitgliedschaft in der Aktiengesellschaft und die Unternehmensleitung sind grundsätzlich getrennt. Als juristische Person handelt die Aktiengesellschaft durch ihre Organe. Gesetzlich zwingend vorgeschriebene Leitungsorgane sind (1) → Vorstand; (2) → Aufsichtsrat; (3) → Hauptversammlung. Fakultativ können neben den Pflichtorganen weitere Gremien gebildet werden, z.B. ein Beirat oder Ausschüsse. Die drei Pflichtorgane stehen gleichrangig nebeneinander, wobei das Gesetz durch unterschiedliche Kompetenzbereiche die Machtbalance zwischen den Organen gewährleisten will. Die tatsächlichen Machtverhältnisse hängen nicht unwesentlich von der Verteilung der → Aktien und den Repräsentanten der größeren Aktionäre (→ Aktiengesellschaft, majorisierte) ab. Der → Corporate Governance Kodex gibt Verhaltensregeln für die Unternehmensleitung vor.

5. Gründung und → Going Public

a) Eine Aktiengesellschaft kann durch einen oder mehrere Gründer (natürliche und juristische Person, Personenhandelsgesellschaft und Gesellschaft bürgerlichen Rechts [→ Rechtsformen, deutsche]) errichtet werden. Die Gründung vollzieht sich über mehrere Stufen mit strengen gesetzlichen Regeln vor allem hinsichtlich Form (u. a. Protokollierung), Erbringung der Einlagen (u. a. Verbot verdeckter Sacheinlagen), Sicherung des Grundkapitals (u.a. Verbot der Kapitalrückgewähr), Publizität (Handelsregister und Bekanntmachungen), Prüfungen (Gründungsprüfung durch

Vorstand, Aufsichtsrat und eventuell externe Prüfer) und Haftung der Handelnden (u. a. Vorbelastungshaftung und Haftung für ausstehende oder ausfallende Einlagen).

b) Die Stadien der Gründung sind: (1) die durch den Gründungsbeschluss entstehende Vorgründungsgesellschaft; (2) die mit der notariellen Beurkundung des Gründungsprotokolls und der → Satzung geschaffene Vorgesellschaft. Spätestens in dieser Phase muss 1/4 des Grundkapitals erbracht werden; (3) die Entstehung der Aktiengesellschaft durch Eintragung in das Handelsregister (HRB). Erst ab der Eintragung dürfen → Aktienurkunden ausgegeben werden; (4) die eine verdeckte Sacheinlage nahe legende „Nachgründung" für den Fall, dass ein Gründer oder ein mit mehr als 10% beteiligter Aktionär innerhalb von zwei Jahren seit der Handelsregister-Eintragung an die Aktiengesellschaft Vermögensgegenstände verkaufen soll und die Vergütung 10% des Grundkapitals übersteigen soll.

c) Eine Aktiengesellschaft kann, muss aber nicht an einer → Börse zum Handel zugelassen und notiert sein. An der Börse darf sie erst nach ihrer wirksamen Entstehung eingeführt werden. Die Initiatoren des Börsengangs unterliegen für unrichtige oder unvollständige Angaben im Emissionsprospekt der Prospekthaftung; siehe → Going Public.

6. Rechnungslegung und steuerliche Behandlung

Der Jahresabschluss besteht aus (1) der → Bilanz; (2) der → Gewinn- und Verlustrechnung; (3) bei allen Aktiengesellschaften außer den kleinen dem innerhalb eines Jahres offen zu legenden Lagebericht. Der *Jahresabschluss* richtet sich nach den allgemeinen handelsrechtlichen und daneben nach den speziellen aktienrechtlichen Vorschriften; siehe → Jahresabschluss nach nationalem Recht. Mittelgroße und große Aktiengesellschaften müssen Jahresabschluss und Lagebericht von einem externen, von der → Hauptversammlung bestellten Abschlussprüfer prüfen lassen. Für Geschäftsjahre seit dem 1.1.2005 ist die Rechnungslegung nach IAS/IFRS verpflichtend für alle in der EU niedergelassenen und in der EU börsennotierten Unternehmen; siehe → Rechnungsabschluss nach IAS/IFRS. Konzernabschlüsse (→ Konzern) börsennotierter Aktiengesellschaften können unter bestimmten Voraussetzungen statt nach deutscher Rechnungslegung nach US-GAAP erfolgen; siehe → Jahresabschluss nach US-GAAP. Die Aktiengesellschaft ist eigenständiges *Steuersubjekt*. Sie ist gewerbesteuer- und umsatzsteuerpflichtig (→ Umsatzsteuer). Ihr Gewinn unterliegt der → Körperschaftsteuer. Zur Vermeidung der Doppelbesteuerung des Aktionärs für ausgeschüttete Gewinne greift das Halbeinkünfteverfahren (→ Einkommensteuer) ein.

7. Veränderungen

Je nach Unternehmenszielen oder wirtschaftlichen Verhältnissen werden Veränderungen im Grundkapital durchgeführt (→ Kapitalerhöhung, → Kapitalherabsetzung), wird die Aktiengesellschaft in der Regel in Verbindung mit Beherrschungs-, Gewinnabführungs- und Stimmbindungsverträgen oder über eine Verschmelzung in einen → Konzern eingebunden oder ist sie selbst Ziel von Maßnahmen Dritter (→ Mergers and Akquisitions, → Private Equity, → Übernahme eines Unternehmens).

8. Ausländische Aktiengesellschaften

können in Deutschland selbständige oder unselbständige Niederlassungen unterhalten, ihre Aktien in Deutschland an der → Börse handeln lassen bei Verlegung ihres Unternehmenssitzes nach Deutschland ohne Statutenwechsel ihre ausländische Rechtsform beibehalten; siehe auch → Rechtsformen in der EU.

Hinweise

*   Zum Gesellschaftsrecht sowie zu den verschiedenen Gesellschafts- bzw. Rechtsformen siehe u.a. → Aktiengesellschaft, kleine, → Europäisches Gesellschaftsrecht (→ Europa AG, → Europäische Genossenschaft usw.), → Genossenschaft, deutsche, → Gesellschaftsformen, österreichische (→ Aktiengesellschaft, österreichische, → GmbH, österreichische usw.), → GmbH, deutsche sowie viele weitere Gesellschafts- bzw. Rechtsformen.
*   Zu den angrenzenden Wissensgebieten siehe → Abschlusserstellung nach US-GAAP, → Arbeitsrecht (Mitbestimmung usw.), → Bilanzanalyse, → Corporate Governance, → Due Diligence, →

Finanzinnovationen, → Going Public, → Handelsrecht, → Hedgefonds, → Insolvenzrecht, → Internationale Rechnungslegung nach IFRS, → Jahresabschluss nach deutschem Recht, → Jahresabschluss nach schweizerischem Recht, → Kapitalflussrechnung, → Konzernabschluss, → Mergers & Acquisitions, → Private Equity, → Sanierungsmanagement, → Swiss GAAP FER → Unternehmensbewertung, → Unternehmensethik, → Venture Capital.

Literatur: Beck'sches Handbuch der AG, hrsg. von Müller, W. und Rödder, T., München 2003; Buck, H.: Europäische Aktiengesellschaft, in HAUFE STEUEROFFICE, CD-ROM, Freiburg i. Br. o. J. (laufende Ergänzungslieferungen); Buck, H.: Kapitalanlegerschutz durch Prospekthaftung, in HAUFE STEUEROFFICE, CD-ROM, Freiburg i. Br. o. J.; Forstmoser, P.: Schweizerisches Gesellschaftsrecht, 9. Auflage, Bern 2003; Fritz, C.: Gesellschaftsrecht in Österreich, 1. Auflage, Heidelberg 2000; Henn, G.: Handbuch des Aktienrechts, 7. Auflage, Heidelberg 2002; Hueck, G. und Windbichler, C.: Gesellschaftsrecht, 20. Auflage, München 2003; Hüffer, U.: Aktiengesetz, 7. Auflage, München 2006; Klunzinger, E.: Grundzüge des Gesellschaftsrechts, 14. Auflage, München 2006; Memento Gesellschaftsrecht für die Praxis 2006, Freiburg 2005; Münchener Vertragshandbuch, Band 1 Gesellschaftsrecht, hrsg. von Heidenhain, M. und Burkhardt, W., 6. Auflage, München 2005; Schmidt, K.: Gesellschaftsrecht, 4. Auflage, Köln u.a. 2002.

Internetadressen: (Deutsches Aktieninstitut) http://www.dai.de; (Aktiengesetz online) http://www.gesetze-im-internet.de; (EU-Recht) http://europa.eu.int/eur-lex/; (aktuelle Meldungen) http://www.die-aktiengesellschaft.de und http://www.faz.net unter „Investor"; (aktuelle und gesetzlich vorgeschriebene Bekanntmachungen von Aktiengesellschaften im elektronischen Bundesanzeiger und Aktionärsforum) http://www.ebundesanzeiger.de; (Kapitalmarktstatistik) www.bundesbank.de

Website des Autors: http://www.htw-saarland.de/fb-bw/professoren/

Aktiengesellschaft, börsennotierte

Die Aktien börsennotierter AGs sind zum amtlichen Handel (§§ 36 ff. Börsengesetz), geregelter Markt (§§ 71 ff. Börsengesetz) und zum sog. Neuen Markt nicht aber zum Freiverkehr nach § 78 Börsengesetz zugelassen (deutsches Recht). Siehe auch → Aktiengesellschaft, österreichische und → Aktiengesellschaft, Kleine.

Aktiengesellschaft, Kleine

Kleine Aktiengesellschaft

von Univ.-Professor Dr. jur. Jürgen Taeger
Lehrstuhl für Bürgerliches Recht, Handels- und Wirtschaftsrecht sowie Rechtsinformatik
Carl von Ossietzky Universität Oldenburg

1. Charakterisierung

Mit dem Gesetz für die Kleine Aktiengesellschaft (Kleine AG) und zur Deregulierung des Aktienrechts traten am 10. August 1994 Änderungen des Aktiengesetzes (AktG) in Kraft, mit denen die Rechtsform der → Aktiengesellschaft (AG) für mittelständische Unternehmen an Attraktivität gewinnen soll. Diese Reform des ursprünglich nur auf große → Publikumsgesellschaften ausgerichteten Aktienrechts schafft keinen neuen Typus der AG, sondern erleichtert den häufig familiengeführten Kleinen und Mittleren Unternehmen (KMU) den Zugang zur AG.

Auch die mittelständischen Unternehmen sollen dadurch die Vorzüge dieser Rechtsform genießen können, die insbesondere im Reputationsgewinn gegenüber der → GmbH, in der Aufwertung des Managements (Imageaspekt: Vorstand statt Geschäftsführung), in der Beteiligung von Mitarbeitern und Kunden am Unternehmen und damit deren Bindung an das Unternehmen, in der einfacheren Unternehmensnachfolge durch Trennung von Eigentum und Leitung gesehen werden. Das Reformziel soll dadurch erreicht werden, dass eine Einpersonengründung ("Ein-Personen-AG") zugelassen, die Einberufung und Durchführung der Hauptversammlung vereinfacht, die Satzungsautonomie im Hinblick auf die Gewinnverwendung gestärkt und die Mitbestimmung für AGs mit weniger als 500 Arbeitnehmern derjenigen in der GmbH gleichgestellt wird.

Eine Legaldefinition der Kleinen Aktiengesellschaft enthält das Gesetz nicht. Ob eine AG "klein" ist, bemisst sich im Einzelfall anhand der Zahl der Gesellschafter oder der Arbeitnehmer sowie danach, ob eine → Börsennotierung erfolgt oder sämtliche Aktionäre namentlich bekannt sind. Die kleine AG unterliegt dem bestehenden Aktienrecht. Sofern die Voraussetzungen eines überschaubaren (kleinen) Gesellschafterkreises vorliegen, gelten aber spezielle Lockerungen, die teilweise dem bestehenden GmbH-Recht angepasst sind.

Auch kleine AGs sind als → Kapitalgesellschaften → juristische Personen. Sie handeln durch die drei gesetzlichen Organe → Vorstand (§§ 76 ff. AktG), → Aufsichtsrat (§§ 95 ff. AktG) und → Hauptversammlung (§§ 118 ff. AktG). Gegenüber ihren Gläubigern ist die Haftung der AG auf das → Gesellschaftsvermögen beschränkt, so dass eine unmittelbare Haftung der → Aktionäre ausscheidet. Das → Grundkapital beträgt mindestens 50.000 EUR (§§ 6, 7 AktG) und besteht aus → Nennbetrags- oder → Stückaktien, § 8 Abs. 1 AktG, die jeweils eine bestimmte Quote des Grundkapitals repräsentieren. Mit Übernahme der Aktien erwerben die → Aktionäre die Mitgliedschaft in der → AG und damit alle aktienrechtlichen → Rechte und Pflichten gegenüber der AG, insbesondere §§ 53a ff. AktG.

2. Besonderheiten bei der Einpersonen-Aktiengesellschaft

Seit der Gesetzesänderung ist für die Gründung einer → AG eine Person ausreichend. In diesem Falle muss bei einer → Bargründung der einzige Gründer für den nicht eingezahlten Betrag eine Sicherheit stellen, § 36 Abs. 2 AktG. Diese Sicherungspflicht besteht nur bei Errichtung der AG und gem. § 188 Abs. 2 i. V. m. § 36 Abs. 2 AktG bei → Kapitalerhöhung. Die Art der Sicherheitsleistung regelt das AktG nicht. Deshalb werden die Sicherheiten aus § 232 BGB sowie andere wirtschaftlich gleichwertige Sicherungsmittel wie Bankbürgschaft und Grundschuld herangezogen. Nicht zugelassen sind dagegen schuldrechtliche Verpflichtungen des einzigen → Aktionärs.

Mit der Feststellung der → Satzung entsteht nach vorzugswürdiger Meinung, wie bei der mehrgliedrigen AG, eine → Vor-AG, die ein vom Gründer zu unterscheidendes Zuordnungsobjekt und kein dem Gründer zuzuordnendes Sondervermögen ist. Damit ist die Einpersonen-Vor-AG vom sonstigen Vermögen des Alleinaktionärs zu trennen, und der einzige → Aktionär muss seine Einlage an die AG leisten.

Gehören alle Aktien einem → Aktionär, muss darüber eine schriftliche Mitteilung für das → Handelsregister unter zusätzlicher Angabe von Name, Geburtsdatum, Beruf und Wohnort erfolgen, § 42 AktG. Die Registermitteilung hat nach überwiegender Meinung grundsätzlich durch das Vertretungsorgan, den → Vorstand, zu erfolgen. Verstöße gegen die Mitteilungspflicht können vom Registergericht mit Zwangsgeld belegt werden, § 14 HGB. Um die Mitteilung an das Registergericht zu ermöglichen, wird zudem von einer entsprechenden Mitteilungspflicht des Alleinaktionärs gegenüber der Gesellschaft ausgegangen. Diese ist indes nicht vom Registergericht zwangsweise durchzusetzen, da § 14 HGB nicht das Verhältnis zwischen Aktionär und Gesellschaft betrifft.

Der Gründer einer Einpersonen-AG kann auch Mitglied im → Vorstand oder im → Aufsichtsrat sein. Ist dies der Fall, muss der Gründungshergang durch einen → externen Gründungsprüfer überprüft werden, der sonst nicht mehr erforderlich ist, § 33 Abs. 2 AktG. Für die Tätigkeit im Rahmen der Durchführung der Gründungsprüfung erhält auch der insoweit als Verwaltungsmitglied wirkende Einzelgründer eine Vergütung. Bei der Vergütungsbemessung ist aber das Verbot der → Einlagenrückgewähr zu beachten. Auch das Verbot des → Insichgeschäfts gilt hier.

Seit der Neuregelung ist der → Aufsichtsrat dann mitbestimmungsfrei, wenn die AG weniger als 500 Arbeitnehmer beschäftigt und sie nach dem 10. August 1994 gegründet oder umgewandelt worden ist.

Die → Hauptversammlung ist bei einem Alleinaktionär immer eine → Vollversammlung. Sie kann deshalb ohne Einhaltung bestimmter → Einberufungserfordernisse abgehalten werden. Weil in der → Hauptversammlung des Alleinaktionärs kein Interessenkonflikt zwischen ihm und der Gesellschaftergesamtheit vorkommt, entfällt das → Stimmverbot für bestimmte Beschlüsse des Einzelgesellschafters.

3. Deregulierung hinsichtlich der Abhaltung der Hauptversammlung

Bei Einberufung der → Hauptversammlung kann von einer öffentlichen Bekanntmachung abgesehen werden, wenn die → Aktionäre der Verwaltung namentlich bekannt sind. Sie erfolgt dann nur noch durch eingeschriebenen Brief, § 121 Abs. 4 S. 1 AktG. Auch die Mitteilungen und Informationen für → Aktionäre und → Aufsichtsratmitglieder, sowie die Bekanntmachungen der → Tagesordnung können mittels eingeschriebenem Brief erfolgen, § 121 Abs. 4 S. 2 AktG. Ist ein → Aktionär zu einer → Hauptversammlung nicht geladen worden und genehmigt er dort gefasste Beschlüsse nicht, so sind diese nichtig, § 241 Nr. 1 AktG.

Die Einberufungserleichterung betrifft vor allem AGs bei der Ausgabe von → Namensaktien. In diesem Fall sind die → Aktieninhaber kraft Gesetz mit Namen und Anschriften im → Aktienregister der AG registriert, § 67 AktG, und somit namentlich bekannt. Nicht gewährleistet ist die namentliche Bekanntheit aller Aktionäre indes bei der Ausgabe von → Inhaberaktien oder unverbrieften Aktien. Diese können grundsätzlich ohne weiteres auch ohne Mitteilung an die AG weiter übertragen werden, so dass Namen und Anschriften der jeweiligen Aktieninhaber der AG nicht wie bei Namensaktien gemäß § 67 Abs. 2 AktG vorliegen. Bei Inhaberaktien besteht also - selbst bei einem an sich überschaubaren Aktionärskreis – das Risiko, bei der Einberufung per Einschreiben nicht alle aktuellen Aktionäre zu erreichen und damit der Nichtigkeitsfolge des § 241 Nr. 1 AktG. Zwar ist umstritten, ob der → Aktionär, der trotz entsprechender Vereinbarung die AG von der Übertragung nicht unterrichtet hat,oder die AG, die noch von den bekannten Anteilsinhabern ausging, das Risiko für einen Fehlgang der Ladung und damit für etwaige Beschlussmängel zu tragen hat. Im Hinblick auf mögliche Nichtigkeitskonsequenzen empfiehlt sich das Verfahren nach § 121 Abs. 4 AktG gleichwohl nicht bei der Ausgabe von Inhaberaktien. Vielmehr sollte aus Gründen der Vorsicht eine → öffentliche Bekanntmachung gemäß § 121 Abs. 3 AktG erfolgen, um den Anforderungen an eine ordnungsgemäße Ladung aller Aktionäre gerecht zu werden.

Die Beschlüsse der → Hauptversammlung müssen nicht mehr durch einen Notar beurkundet werden, wenn die AG nicht → börsennotiert ist und es sich um mit einfacher Mehrheit gefasste Beschlüsse handelt, § 130 Abs. 1 S. 3 AktG. Dadurch entsteht für kleine AGs durch die privatschriftliche Niederschrift ein erheblicher Kostenvorteil.

4. Deregulierung bei der Satzungsautonomie

Durch das Gesetz über die Kleine → AG werden die → Aktionäre vermehrt in Unternehmensentscheidungen einbezogen. Aufgrund der erweiterten Satzungsautonomie werden die → Rücklagenbildung, die Gewinnausschüttung und die Ausgabe von Aktien verstärkt zur Disposition der → Aktionäre gestellt. AGs, unabhängig von ihrer → Börsennotierung, können in ihrer → Satzung bei Feststellung des Jahresabschlusses durch → Aufsichtsrat und → Vorstand diese dazu ermächtigen, mehr oder weniger als die Hälfte des Jahresüberschusses in die Gewinnrücklagen einzustellen, § 58 Abs. 2 AktG. Zudem darf durch → Satzung der Anspruch der → Aktionäre auf → Einzelverbriefung ihrer Anteile ausgeschlossen oder beschränkt werden, § 10 Abs. 5 AktG. Diese Regelung kann auch nachträglich aufgenommen werden. Allerdings sind dabei die allgemeinen Vorschriften bei → Satzungsänderungen zu beachten. Auf diesem Wege kann die AG der kostenaufwändigen Erstellung und Ausgabe von Einzelurkunden entgehen.

5. Vergleich der kleinen AG mit der GmbH

Aus der partiellen Annäherung des Rechts der nicht → börsennotierten Kleinen → AG an das GmbH-Recht ergibt sich für kleinere Gesellschaften eine attraktive Alternative zur → GmbH. Gemeinsamkeiten zwischen kleiner AG und der GmbH liegen in der Besteuerung, der Mitbestimmung, der Haftungsbeschränkung sowie in der Rechnungslegung und der Publizität. Beide Gesellschaftsformen sind → Kapitalgesellschaften und werden bis zum Börsengang der Kleinen → AG gleich besteuert. Bei einem Börsengang ändert sich die Bemessungsgrundlage insbesondere für Erbschafts- und Schenkungssteuer, die sich bei börsennotierten AGs nach dem Börsenkurs richten, der in der Regel über dem sonst für Kapitalgesellschaften maßgeblichen Wert liegt. Haben AGs und GmbHs weniger als 500 Mitarbeiter, sind sie mitbestimmungsfrei.

Ebenso wie die GmbH haftet eine AG grundsätzlich nur mit dem → Gesellschaftsvermögen, so dass eine persönliche Haftung der → Aktionäre entfällt. Unterschiede zur GmbH bestehen in den Gestaltungsmöglichkeiten, der Organisationsverfassung und Geschäftsführung, dem Grundkapital, der Anteilsübertragung, dem Image und den Kosten:

- Während das Aktiengesetz bei der Gestaltung der → Satzung nur wenig Freiraum lässt, sind bei der GmbH die Beziehungen zwischen der Gesellschaft und den Gesellschaftern sowie zwischen den Gesellschaftern untereinander überwiegend gestaltungsfrei.
- Die Organisation bei einer GmbH ist variabel. So bedarf es nicht zwingend eines → Aufsichtsrates wie bei einer AG. Auch können im Gegensatz zur → AG Aufgaben des → Vorstands oder des → Aufsichtsrates den Gesellschaftern zugewiesen werden.
- Entgegen dem → Vorstand einer AG ist der Geschäftsführer einer GmbH dem Weisungsrecht der Gesellschafter unterworfen. Damit steht auch das Kapital der GmbH anders als bei der → AG zur Disposition der Gesellschafter.
- Die AG benötigt als Mindestgrundkapital 50.000 EUR und kann ihre Anteile formlos übertragen. Bei der GmbH beträgt das Stammkapital 25.000 EUR, und die GmbH-Geschäftsanteile können nur mit einem notariellen Abtretungsvertrag übertragen werden.
- Auch wenn die Gründungs- und laufenden Kosten bei einer kleinen AG durch die Deregulierung verringert wurden, sind sie dennoch höher als bei einer GmbH. Dies liegt z. B. an dem zwingenden Erfordernis der Einsetzung eines → Aufsichtsrats bei einer AG mit mindestens 3 Mitgliedern.
- Anders als bei einer GmbH erscheint eine AG in den Augen der Öffentlichkeit und der Banken grundsätzlich als potenter und seriöser Geschäftspartner. Als Folge davon sind Vorstands- und Aufsichtratsstellungen mit einem hohen Prestige verbunden.

Literatur: Brinkmann, Svenja: Die kleine Aktiengesellschaft: die Eignung der kleinen Aktiengesellschaft für die Eigenkapitalbeschaffung des Mittelstandes, Diss. Mannheim 1998; Hahn, Jürgen: Kleine AG, Wegweiser für die Praxis, Köln 1997; Happ, Wilhelm: Aktienrecht: Handbuch, Mustertexte, Kommentar, 2. Aufl., Köln 2004; Heidel, Thomas: Aktienrecht: Aktiengesetz, Gesellschaftsrecht, Kapitalmarktrecht, Steuerrecht, Europarecht, Bonn 2003; Henn, Günter: Handbuch des Aktienrechts, 7. Aufl., Heidelberg 2002; Hölters, Wolfgang/Buchta, Jens, Die „kleine" AG – geeignet für Mittelstand und Konzerne?, DStR 2003, S. 79; Hölters, Wolfgang/Deilmann, Barbara/Buchta, Jens: Die kleine Aktiengesellschaft: mit Muster- und Formularteil, 2. Aufl., München 2002; v. Horstig/Jaschinski/Ossola-Haring (Hrsg.), Die kleine AG, München 2002; Schawilye, Ramona/Gaugler, Eduard/Keese, Detlef: Die kleine AG in der betrieblichen Praxis: Ergebnisse einer empirischen Untersuchung zur Entwicklung und Akzeptanz der sogenannten "kleinen AG", Heidelberg 1999; Taeger, Jürgen/Frischkorn, Marion: Die Kleine AG als Rechtsform für mittelständische Unternehmen, in: Krimphove/Tytko (Hrsg.), Handbuch der Unternehmensfinanzierung, Stuttgart 2002, S. 482-502; Verspay, Heinz-Peter/Sattler, Andreas: Die kleine AG : eine Rechtsform für das mittelständische Unternehmen, 4. Aufl., Renningen-Malmsheim 2004; Vortmann, Jürgen: Die kleine AG, Grundzüge zum Aktienrecht und Vertragsmuster für die Praxis, 5. Aufl., Planegg 2001; Westermann, Harm Peter, Die GmbH in der nationalen und internationalen Konkurrenz der Rechtsformen, GmbHR 2005, S. 4.

Internetadresse: (Gesetze im Internet) http://www.gesetze-im-internet.de

Website des Autors: www.taeger.org

Aktiengesellschaft, majorisierte
Ein Großaktionär oder eine kleine Zahl von vielleicht sogar kooperierenden Mehrheitsaktionären hält die Mehrheit der → Aktien und hat damit in der → Aktiengesellschaft entscheidenden Einfluss. Gegensatz ist die → Publikums-AG; siehe auch → Familien-AG.

Aktiengesellschaft, österreichische

Österreichische Aktiengesellschaft (AG)
(öAktG, subsidiär §§ 1176 ff ABGB)

von Univ.-Professor Dr. iur. Michael Gruber, Professor für Unternehmensrecht und Mag. iur. Alexandra Lindner, Wissenschaftliche Mitarbeiterin -Universität Salzburg, Fachbereich für Arbeits-, Wirtschafts- und Europarecht, Österreichisches und Internationales Handels- und Wirtschaftsrecht

1. Definition, Rechtsnatur

Die *AG* ist eine Gesellschaft mit eigener *Rechtspersönlichkeit*, deren Gesellschafter mit Einlagen auf das in → *Aktien* zerlegte Grundkapital beteiligt sind, ohne persönlich für die Verbindlichkeiten der Gesellschaft zu haften (§ 1 öAktG). Sie kann zu jedem *erlaubten wirtschaftlichen oder ideellen Zweck* gegründet werden. Einige Unternehmen (zB Hypothekenbanken, Beteiligungsfondsgesellschaften und Pensionskassen) sind zwingend in Form der AG zu errichten. Genau wie die → GmbH ist die AG eine *juristische Person* mit selbständigem Vermögen und eigenen Rechten und Pflichten. Als Vereinigung einer großen Zahl weitgehend anonymer und passiver Gesellschafter (*Aktionäre*), die allein an einer finanziellen Beteiligung zu Anlagezwecken interessiert sind und sich dem Unternehmen ansonsten nicht weiter verbunden fühlen, stellt sie den *Prototyp einer* → *Kapitalgesellschaft* dar. Die AG gehört zur Gruppe der → *Unternehmen kraft Rechtsform* (§ 2 öUGB), dh sie unterliegt *unabhängig von der Art ihrer Tätigkeit* stets den Bestimmungen des öUGB. Darüber hinaus ist sie als einzige Gesellschaftsform *börsefähig* (siehe unten *4. Börsegang*).

2. Gründung

Die Gründung der AG ist zum Schutz zukünftiger Aktionäre und Gesellschaftsgläubiger stark *formalisiert*. Für die Einhaltung der entsprechenden Vorschriften sind die an der Errichtung beteiligten Personen verstärkt verantwortlich (§§ 39 ff öAktG). Zunächst müssen sich die Gesellschafter auf eine *Satzung* einigen, die *notariell* zu beurkunden ist (§ 16 öAktG). Daraufhin haben sie die → Aktien der Gesellschaft zu übernehmen und *Aufsichtsrat* und *Abschlussprüfer* zu ernennen. Aufgabe des Aufsichtsrates wiederum ist es, den ersten *Vorstand* der AG zu bestellen (§ 23 öAktG). Im Anschluss an die Erstattung eines schriftlichen *Berichts* über den Gründungshergang und Prüfung der Gründungsschritte durch die neuen Organe der AG sowie unabhängige Gründungsprüfer (§ 25 öAktG) sind die *steuerliche Unbedenklichkeitserklärung* des Finanzamtes (Nachweis der Entrichtung der → *Kapitalverkehrsteuer*) sowie allfällige sonstige *behördliche Genehmigungen* einzuholen und die mit den Aktienpaketen übernommenen Einlageverpflichtungen im gesetzlich vorgesehenen Ausmaß zu erfüllen (§ 28a öAktG). Ist das geschehen, kann die AG schließlich zum → *Firmenbuch* angemeldet werden. Von einer *Stufengründung* (§ 30 öAktG) spricht man, wenn die Gründer anders als im Rahmen der *Einheitsgründung* nicht alle ausgegebenen → Aktien selbst zeichnen, sondern ein Teil der Kapitalanteile schon im Zeitpunkt der Gründung der Öffentlichkeit zur Übernahme angeboten wird. In Deutschland bereits 1965 ersatzlos gestrichen, ist diese Form der Errichtung auch in Österreich aufgrund ihrer Komplexität praktisch bedeutungslos. Die AG kann auch als *Einpersonengesellschaft* gegründet werden (*Einmann-AG*, § 2 Abs 2 öAktG). Die → *Firma* der AG kann einen Hinweis auf den Gegenstand des Unternehmens (Sachfirma) oder den Namen eines oder aller Gesellschafter enthalten (Personenfirma). Auch das Führen einer Fantasiefirma oder das Verwenden der Geschäftsbezeichnung ist möglich. Der Zusatz „Aktiengesellschaft" bzw „AG" ist zwingend in die Firma aufzunehmen.

3. Gesellschaftsvermögen, Haftung

Als *juristische Person* ist die AG selbst *Träger des Gesellschaftsvermögens*. Für die im Laufe ihrer Tätigkeit entstandenen Verbindlichkeiten ist nur sie verantwortlich (§ 48 öAktG). *Aufbringung und Erhaltung des AG-Kapitals* kommt deshalb im Interesse potentieller Gläubiger und neuer Aktionäre große Bedeutung zu. Die entsprechenden gesetzlichen Regelungen können nicht abbedungen werden: Zu Beginn ihrer Tätigkeit muss die AG über ein *Mindestkapital* von € 70.000 (*Grundkapital*) verfügen. Dieses wird durch Leistungen (Geld oder Sachwerte; § 20 öAktG) der Gesellschafter auf die von ihnen gemeinsam mit ihren → Aktien verbundene *Einlageverpflichtung* aufgebracht. Die im Rahmen der Geschäftstätigkeit erlangten Gewinne und Zuwendungen lassen das Gesellschaftsvermögen in der Folge weiter wachsen, Verluste und Aufwände führen zu entsprechender Verringerung. Solange die Gesellschaft besteht, können Gesellschafter ihre Einlagen nicht zurückfordern (*Verbot der Einlagenrückgewähr*), sie haben nur Anspruch auf Auszahlung ihres Anteils am *Bilanzgewinn* (§ 52 öAktG). Auch der *Erwerb eigener → Aktien* durch die AG selbst kommt praktisch einer Rückerstattung von Beitragsleistungen gleich und ist deshalb nur in engen Grenzen (§ 65 öAktG) möglich. Zu *Nachschüssen* können Aktionäre nicht verpflichtet werden. Jedoch besteht die Möglichkeit der Durchführung einer *Kapitalerhöhung* (§§ 149 ff öAktG) oder *Kapitalherabsetzung* (§§ 175 ff öAktG) durch Änderung des Gesellschaftsvertrags bzw Gesellschafterbeschluss. Das *Grundkapital* der AG ist in → *Aktien* zerlegt (§ 6 öAktG), die entweder als → *Nennbetragsaktien* (lautend auf einen bestimmten Nennbetrag, mindestens aber auf einen Euro) oder als *nennwertlose* → *Stückaktien* (auf keinen Betrag lautend; der Anteil der → Aktie am Grundkapital ergibt sich aus der Höhe des Grundkapitals dividiert durch die Anzahl der ausgegebenen → Aktien, muss aber ebenso mindestens einen Euro betragen) ausgegeben werden können (§ 8 öAktG). Wichtigste Eigenschaft dieser standardisierten Kapitalanteile ist ihre *leichte Übertragbarkeit*, die einen schnellen Wechsel der großteils anonym bleibenden Anleger ermöglicht.

4. Börsegang

Nur wenn die → AG die strengen Voraussetzungen der §§ 66 öBörseG ff (Kriterien für die Zulassung zum *amtlichen Handel*, zum Handel im *geregelten Freiverkehr* und zum Handel am sog *Dritten Markt*) erfüllt, hat sie die Möglichkeit, ihre → *Aktien* an der *Börse* zu handeln. Wertpapiere nicht börsenotierter Gesellschaften werden über *Kreditinstitute (Telefonhandel)* bezogen werden.

5. Willensbildung, Geschäftsführung und Vertretung (die Organe der AG)

Die Organisation der AG ist ausführlich gesetzlich geregelt. Zwingend vorgeschrieben sind dabei vier Organe: *Vorstand, Aufsichtsrat, Hauptversammlung* und *Abschlussprüfer*. Der *Vorstand* wird durch *Beschluss des Aufsichtsrates* bestellt (§ 75 öAktG). Ausschließlich ihm kommt die Befugnis zu, die Geschäfte der AG zu führen und diese nach außen hin zu vertreten (*Geschäftsführungs- und Vertretungsmonopol*). Bei Ausübung seiner Tätigkeit ist er *an keinerlei Weisungen gebunden* und zur *Sorgfalt eines ordentlichen und gewissenhaften Geschäftsleiters* verpflichtet. Er unterliegt außerdem einem strengen *Konkurrenzverbot* (§ 79 öAktG) und hat über die Angelegenheiten der AG *Stillschweigen* zu bewahren. Verletzt der Vorstand seine Obliegenheiten, ist er der Gesellschaft zum Ersatz verpflichtet (§ 84 öAktG). Wurden mehrere Vorstandsmitglieder bestellt, so werden Entscheidungen mit der Mehrheit der Stimmen getroffen. Entsteht Stimmengleichheit, soll die Meinung des Vorstandsvorsitzenden den Ausschlag geben (*Dirimierungsrecht*, § 70 Abs 2 öAktG). Im Gesellschaftsvertrag kann jedoch anderes bestimmt werden. Der *Aufsichtsrat* (§ 86 öAktG) wird *von der Hauptversammlung bestellt* und setzt sich aus Kapital- und Arbeitnehmervertretern zusammen (§ 110 öArbVG). Seine Aufgabe besteht in erster Linie darin, den Vorstand zu überwachen (§ 95 öAktG; inklusive Prüfung und Billigung von Jahresabschluss und Gewinnverteilungsvorschlag, §§ 96, 125 öAktG). Darüber hinaus können bestimmte Geschäfte nur mit seiner Zustimmung getätigt werden (§ 95 Abs 5 öAktG: Beteiligungserwerb, Errichtung von Zweigniederlassungen, Großinvestitionen etc). Auch der Aufsichtsrat entscheidet nach dem Mehrheitsprinzip und ist der Gesellschaft gegenüber verantwortlich (§ 99 öAktG). Die *Aktionäre* der AG hingegen haben als rein finanziell beteiligte anonyme Gesellschafter nur geringe Mitspracherechte, sofern sie nicht große Aktienpakete halten und so auf Aufsichtsrat und Vorstand indirekt Einfluss nehmen können. Sie kommen einmal im Jahr im Rahmen der *ordentlichen Hauptversammlung* zusammen, um Einsicht in Jahresabschluss und Lagebericht zu nehmen und über die Gewinnverteilung und die Entlastung von Vorstrand und Aufsichtsrat zu bestimmen. Außerdem sind ihnen die *Grundlagenentscheidungen* betreffend die Entwicklung der Gesellschaft (Satzungsänderungen, Umwandlung, Auflösung etc.) vorbehalten. In Angelegenheiten der laufenden Geschäftsführung werden sie jedoch nur auf ausdrücklichen Wunsch des Vorstands miteinbezogen (§ 103 Abs 2 öAktG). Das Stimmrecht der Gesellschafter in der Hauptversammlung bemisst sich nach dem Nennbetrag bzw der Stückzahl ihrer Anteile. Sehen Satzung oder Gesetz nichts anderes vor, genügt zur Beschlussfassung die einfache Mehrheit der abgegebenen Stimmen (§ 113 öAktG), Satzungsänderungen erfordern hingegen eine Dreiviertelmehrheit. Pflicht der *Abschlussprüfer* ist es, Jahresabschluss und Lagebereicht auf ihre Gesetz- und Satzungsmäßigkeit hin zu kontrollieren und einen entsprechenden *Bestätigungsvermerk* zu erteilen. Ihre Haftung richtet sich nach § 275 öUGB.

6. Rechte und Pflichten der Gesellschafter

Sowohl natürliche als auch juristische Personen (→ GmbH, AG)und Gesamthandschaften (→ OG, → KG) können *Gesellschafter der AG* sein. Jeder Gesellschafter übernimmt bei Eintritt in die AG einen *Teil* der ausgegebenen → *Aktien* und muss dafür einen entsprechenden Beitrag zum Gesellschaftsvermögen leisten (§ 49 öAktG). Im Gegenzug erhält er eine *Beteiligung am wirtschaftlichen Erfolg* der → Kapitalgesellschaft (*Bilanzgewinnanspruch*, § 52 öAktG) und ein der Höhe seines Anteils entsprechendes *Stimmrecht* im Rahmen der Hauptversammlung. Teilhabergruppen, die 5% des Stammkapitals auf sich vereinigen, genießen verstärkt Mitspracherechte (*Minderheitenrechte:* Fähigkeit zur Einberufung einer Hauptversammlung aus wichtigem Grund, Verfolgung von Ansprüchen der Gesellschaft gegenüber Aktionären, Gründern, Geschäftsführern, Einleiten einer Sonderprüfung des Jahresabschlusses etc.). Für die Verbindlichkeiten der Gesellschaft haften die Gesellschafter grundsätzlich nicht, nur unter besonderen Umständen soll ein *Durchgriff* auf ihr Privatvermögen möglich sein (etwa bei qualifizierter *Unterkapitalisierung*; umstritten). Zur Leistung ausständiger Einlagen anderer Teilhaber können Aktionäre hingegen anders als → GmbH-Gesellschafter nicht verpflichtet werden (*keine Ausfallshaftung*). Kommen GmbH-Mitglieder ihren Verpflichtungen nicht nach, werden sie aus der Gesellschaft ausgeschlossen (*Kaduzierungsverfahren*, §§ 58 ff öAktG).

7. Rechnungslegung

Neben den allgemeinen Vorschriften der §§ 189 ff öUGB (doppelte Buchführung, Bilanz, Gewinn- und Verlustrechnung) bestehen für AG (und dabei insbesondere für *mittelgroße und große AG* im Sinne des § 221 öUGB) zum Schutz von Anlegern und Gläubigern zusätzliche „ergänzende Regelungen" betreffend die Rechnungslegung (§§ 221 ff öUGB: *Anhang* zu Bilanz und Gewinn- und Verlustrechnung, *Lagebericht, Abschlussprüfung, Offenlegung des Jahresabschlusses*).

8. Beendigung der Gesellschaft (Liquidation)

Nach Ablauf der vereinbarten Zeit, durch Beschluss der Gesellschafter, bei Nichtigerklärung der Gesellschaft oder Konkurseröffnung über das eigene Vermögen löst sich die Gesellschaft auf (§§ 203 ff öAktG) und tritt in das Stadium der *Liquidation*. Erst nach Beendigung der laufenden Geschäfte, Verwertung des Gesellschaftsvermögens und Aufteilung des Erlöses unter den Gesellschaftern ist sie tatsächlich *beendet*. Daneben verändern auch → *Verschmelzung*, → *Umwandlung* und → *Spaltung* die Gestalt der AG.

9. Anwendungsbereich, Bedeutung in Österreich

Die Gesellschaftsform der AG eignet sich besonders für Großunternehmen mit hohem Kapitalbedarf. Über die Ausgabe der leicht übertragbaren → *Aktien* kann schnell und einfach eine Vielzahl von Anlegern gewonnen werden. Die klassische Form der AG, die *Publikums-AG*, mit mehreren hunderttausend Aktionären, gibt es in Österreich nicht. Hier überwiegt der Typus der *Familien-AG* mit nur wenigen Gesellschaftern. Daneben kommt die AG vor allem als Tochtergesellschaft eines anderen Unternehmens oder Mitglied in einem Unternehmensverbund (→ *Konzern*) zum Einsatz. Mit Stand 1.7.2006 waren in Österreich rund 2000 AG im Firmenbuch eingetragen. Nur ca. 10% davon sind *börsenotiert*.

Literatur:

Doralt/Nowotny/Kalss (Hrsg), Kommentar zum Aktiengesetz, Linde Verlag (2003); *Eiselsberg*, Maximilian (Hrsg), AktG, 2. Auflage, NWV (2004); *Havranek/Heine/Prochaska*, Die Aktiengesellschaft. Mustersammlung für die Praxis, Verlag LexisNexis ARD Orac (2004); *Jabornegg/Strasser* (Hrsg), Kommentar zum Aktiengesetz, 4. Auflage, Manz Verlag (ab 2001); *Krejci*, Heinz, Gesellschaftsrecht, Band II: Kapitalgesellschaften, Genossenschaften, Vereine, Privatstiftungen, Manz Verlag (2006); *Mader*, Peter, Kapitalgesellschaften, 5. Auflage, Orac-Rechtsskriptum, Verlag LexisNexis ARD Orac (2006); *Nowotny*, Georg, Gesellschaftsrecht, Verlag Österreich (2005)

Internetadressen: Wiener Börse ~ http://www.wienerboerse.at;
Österreichische → Finanzmarktaufsicht ~ http://www.fma.gv.at

Website der Autoren: http://www.uni-salzburg.at

Aktiengesetz

(*deutsches Recht*) von 1965 ist die gesetzliche Grundlage der deutschen → Aktiengesellschaft. Die Regelungsdichte ist hoch. Erste gesetzliche Regelungen erfolgten im Preußischen Aktiengesetz von 1843 und im Allgemeinen Deutschen Handelsgesetzbuch von 1861. 1937 wurde das Aktienrecht aus dem HGB in das Aktiengesetz ausgegliedert. 1965 erfolgte eine grundlegende Reform. Seither hat die Rechtsangleichung innerhalb der EG/EU (Harmonisierung des Rechts der Mitgliedsstaaten) das deutsche Aktiengesetz mehrfach geändert, z.B. durch die Publizitäts-Richtlinie von 1968, die Bilanz-Richtlinie von 1978 und die Übernahme-Richtlinie von 2004.
Siehe auch → Aktiengesellschaft, deutsche bzw. österreichische und → Aktie (deutsches bzw. österreichisches Recht), jeweils mit Literaturangaben.
Literatur: Hüffer, U.: Aktiengesetz, 6. Auflage, München 2004
Internetadressen: (Aktiengesetz online) http://www.gesetze-im-internet.de; (EU-Recht online) http://europa.eu.int/eur-lex/.

Aktienindex

Ein Aktienindex soll einen repräsentativen Querschnitt der an einer Börse gehandelten Aktien geben. Aufgrund seines hohen Diversifikationsgrades kann man erwarten, dass er das unsystematische Risiko weitestgehend ausgeschaltet hat. Somit spiegelt der Index nur noch das unternehmensübergreifende allgemeine Marktrisiko, das sog. unsystematische → Risiko, wider. Außerdem gibt er die durchschnittliche Entwicklung des Marktes wieder. Die Abschätzung der Gesamtmarktsituation gilt häufig als notwendiger erster Schritt, bevor individuelle → Anlagestrategien zum Einsatz kommen.
Aktienindices können als *Kurs-Indices* oder als Performance-Indices konzipiert werden. Im ersten Fall stellen sie lediglich einen Kursdurchschnitt dar. Um die Wertentwicklung eines Marktes abschätzen zu können, dar man jedoch nicht nur auf die tatsächlichen Kurse achten, sondern muss auch Ausschüttungen (Dividenden, Bezugsrechte, usw.) berücksichtigen.
Dies geschieht durch sog. *Performance-Indices*, die erfolgende Ausschüttungen so behandeln, als würden sie unverzüglich reinvestiert. Damit eignen sich Performance-Indices als → Basisobjekt für → Index-Zertifikate, über welche der Anleger bequem in einem bestimmten, vom Index abgebildeten, Aktienmarkt investieren kann. Man kauft sozusagen den Index, d.h. alle darin enthaltenen Aktien einschließlich der (reinvestierten) Ausschüttungen.
Siehe auch → Aktienindizes.

Aktienindizes

liefern als Börsenbarometer (→ Börse) übergreifende Informationen über Kursentwicklungen und Markttendenz an den → Aktienmärkten. Mit ihnen lässt sich auch der Erfolg einer Anlagestrategie messen. Wichtige deutsche Aktienindizes sind: (1) Dax, der als Performance Index für die 30 größten deutschen → Aktiengesellschaften Kursveränderungen und Dividendenzahlungen berücksichtigt; (2) DJ Euro Stoxx 50, der 50 wichtige Aktiengesellschaften aus der EU beleuchtet; (3) DJ Stoxx 50; (4) M-Dax; (5) S-Dax; (6) Tec-Dax. Siehe auch → Aktienindex.
Internetadresse: http://deutsche-boerse.com

Aktienkapital

siehe → Grundkapital.

Aktienmarkt

ist Teil des Kapitalmarktes und Ort des Aktienhandels (→ Börse). In Deutschland bestehen drei Marktsegmente: (1) Amtlicher Markt; (2) Geregelter Markt; (3) Freiverkehr. Siehe auch → Aktienindex und → Aktienindizes.

Aktienoptionsprogramme

Im Rahmen von Aktienoptionsprogrammen erhalten (zumeist) Führungskräfte einer Unternehmung als Gehaltsbestandteil → Kaufoptionen auf Aktien der Unternehmung. Kaufoptionen haben die Eigenschaft, dass ihr Wert überproportional mit dem Unternehmenswert zunimmt. Damit soll den Führungskräften ein direkter wirtschaftlicher Anreiz gegeben werden (im Sinne der Eigentümer) ihre Aktivitäten ganz auf die Unternehmenswertsteigerung auszurichten.

Aktienoptionsprogramme sind nicht unumstritten. Kritiker führen unter anderem ins Treffen, dass Kaufoptionen Anreize setzen können den Unternehmenswert zu rasch zu steigern, wodurch die langfristige Gesundheit der Unternehmung negativ beeinflusst werden kann.

Siehe auch → Lohn- und Gehaltsmodelle (mit Literaturangaben).

Aktienregister

(*Aktienbuch*). Werden Namens- oder auch Zwischenscheine ausgegeben, so muss der Vorstand das Aktienregister führen. Aufgeführt werden müssen Name, Vorname, Adresse und Geburtsdatum des Inhabers der → Namensaktie, sowie Stückzahl, Aktiennummer und - soweit vorhanden - die Nennbeträge (deutsches Recht). Siehe auch → Aktiengesellschaft, österreichische.

Aktienstimmrecht

steht dem → Aktionär als zentrales Mitgliedschaftsrecht in Höhe seiner Beteiligungsquote (→ Aktie) auf der → Hauptversammlung zu und gewährt ihm unmittelbar Einfluss. Die Ausübung des Aktienstimmrechts durch Bevollmächtigten, vor allem durch die Depotbank (→ Aktienurkunde) oder eine → Aktionärsvereinigung, ist der Regelfall.

Aktienurkunde

verbrieft die Mitgliedschaft des → Aktionärs wertpapiermäßig (Aktie als Wertpapier). Der Anspruch des Aktionärs auf *Einzelverbriefung* oder auf Ausstellung einer *Mehrfachurkunde* (z.B. eine Aktienurkunde für je 1000 Aktien) kann nur durch die → Satzung ausgeschlossen werden. Da die → Aktie kein urkundenloses Wertrecht ist, ist die Ausstellung mindestens einer *Globalaktie* vorgeschrieben. Zur Kostenersparnis und zur Rationalisierung des Rechtsverkehrs werden in den meisten Fällen nur noch große Mehrfachurkunden ausgestellt, die in Girosammelverwahrung bei einer Depotbank hinterlegt werden und den stückelosen Effektengiroverkehr ermöglichen. Nur noch auf ausdrücklichen Wunsch erhält der Aktionär eine Einzelaktie mit → Coupons.

Siehe auch → Aktienarten und → Aktiengesellschaft (mit Literaturangaben).

Aktionär

ist (a) der Gesellschafter (Miteigentümer) einer → Aktiengesellschaft. Er kann natürliche oder juristische Person oder z.B. auch ein Aktienfonds (→ Aktienbesitzer) sein. b) Sein von Treuepflicht und Gleichbehandlung geprägtes Mitgliedschaftsrecht (Summe seiner Rechte und Pflichten gegenüber der Gesellschaft) ergibt sich aus seinem Anteil an dem in → Aktien zerlegten → Grundkapital. Zu den Rechten des Aktionärs zählen insbesondere: (1) Anspruch auf Gewinn (→ Dividende); (2) Mitverwaltungsrechte wie das → Aktienstimmrecht, das Auskunftsrecht und das → Bezugsrecht. c) Das Anlagerisiko des Aktionärs ist begrenzt, denn von Ausnahmen abgesehen haftet er nicht persönlich für die Verbindlichkeiten der Aktiengesellschaft. d) Wegen der jederzeitigen freien Übertragbarkeit der Aktie ist die Bindung des Aktionärs an die Aktiengesellschaft relativ lose. e) Zwischen den Aktionären bestehen keine rechtlichen Beziehungen persönlicher Art.

Siehe auch → Aktiengesellschaft (mit Literaturangaben), → Aktienarten, → Aktionärsforum, → Aktionärsvereinigung, → Hauptaktionär, → Kleinaktionär, → Minderheitsaktionär.

Internet: http://www.deraktionaer.de

Aktionärsforum

beim elektronischen Bundesanzeiger gesetzlich eingerichtete Internetplattform, damit → Aktionäre (vor allem → Kleinaktionäre) und → Aktionärsvereinigungen miteinander in Kontakt treten oder Aufrufe platzieren können, um z.B. die Ausübung des → Aktienstimmrechts, eine → Beschlussanfechtung

oder das Verhalten bei einem → Squeeze out zu koordinieren. Die betroffene → Aktiengesellschaft kann sich in das Aktionärsforum einschalten.
Internet: http://www.aktionaersforum.de, http://www.unternehmensregister.de und http://www.ebundes anzeiger.de

Aktionärsvereinigung

ist zum Schutz von → Kleinaktionären gegründet. Eine Aktionärsvereinigung übt für ihre Mitglieder in der → Hauptversammlung oft die Rechte des → Aktionärs, insbesondere das → Aktienstimmrecht aus. Siehe auch → Aktionärsforum.

Internetadressen: (Deutsche Schutzgemeinschaft für Wertpapierbesitz e.V.) http://www.dsw-info.de und (Schutzgemeinschaft der Kleinaktionäre e.V.) http://www.sdk.org.

Aktiv-/Passivmehrung

Mehrung eines Aktiv- und eines Passivpostens in der Bilanz. Beispiel: Wir kaufen Rohstoffe gegen Rechnung. (1) Mehrung des Aktivpostens "Rohstoffe" (= Buchung im Soll), (2) Mehrung des Passivpostens "Verbindlichkeiten aus Lieferungen und Leistungen" (= Buchung im Haben). Siehe auch → Aktivtausch, → Passivtausch, → Aktiv-/Passivminderung, → Buchführung und → Jahresabschluss (mit Literaturangaben).

Aktiv-/Passivminderung

Minderung eines Aktiv- und eines Passivpostens in der Bilanz. Beispiel: Wir begleichen eine fällige Lieferrechnung in bar. (1) Minderung des Passivpostens "Verbindlichkeiten aus Lieferungen und Leistungen" (= Buchung im Soll), (2) Minderung des Aktivpostens "Kasse" (Buchung im Haben). Siehe auch → Aktivtausch, → Passivtausch, → Aktiv-/Passivmehrung, → Buchführung und → Jahresabschluss.

Aktive Rechnungsabgrenzung

Rechnungsabgrenzungsposten dienen der periodengerechten Gewinnermittlung. Auf der Aktivseite (→ aktive Rechnungsabgrenzungsposten, abgek. ARAP) sind Ausgaben auszuweisen, sofern sie Aufwendung nach dem Bilanzstichtag darstellen. Gegensatz: Auf der Passivseite sind → passive Rechnungsabgrenzungsposten (PRAP) auszuweisen, sofern es sich um Einnahmen vor dem Bilanzstichtag handelt, die Ertrag für eine bestimmte Zeit nach dem Bilanzstichtag darstellen. Siehe auch → antizipative und → transitorische Posten.

Aktivierende Prozesse

sind Vorgänge, die mit inneren Erregungen und Spannungen verbunden sind und das Verhalten antreiben. Einzelheiten siehe → Konsumentenverhalten (mit Literaturangaben).

Aktivierung

(im → *Konsumentenverhalten*) ist die Grunddimension aller Antriebsprozesse; Energieversorgung des Organismus und Versetzung in einen Zustand der Leistungsbereitschaft. Einzelheiten siehe → Konsumentenverhalten (mit Literaturangaben).

Aktivierung

(in der *Bilanzierung*) ist die wertmäßige Erfassung von Vermögensgegenständen bzw. Vermögenswerten auf der Aktivseite der Bilanz; siehe auch → Anlagevermögen und → Jahresabschluss, jeweils (mit Literaturangaben).

Aktivierungsgebot

bedeutet, dass ein Posten unter den Aktiva (im → Jahresabschluss) ausgewiesen werden muss.

Aktivierungspflicht

siehe → Aktivierungsgebot.

Aktivierungsverbot

bedeutet, dass ein Posten nicht unter den Aktiva (im → Jahresabschluss) ausgewiesen werden darf.

Aktivierungswahlrecht

bedeutet, dass ein Posten unter den Aktiva (im → Jahresabschluss) ausgewiesen werden darf oder, bei Nichtaktivierung, sofort als Aufwand verrechnet werden kann.

Aktivität

bezeichnet eine technisch realisierbare Einsatz-Ausbringungs-Kombination bzw. Technologie. Siehe auch → Aktivitätsanalyse und → Produktions- und Kostentheorie (im → Jahresabschluss).

Aktivitätsanalyse

(in der *Produktions- und Kostentheorie*). Eine → *Aktivität* bezeichnet eine mögliche, technisch realisierbare Input-Output-Kombination. Die Gesamtheit aller → Aktivitäten bildet die → *Technologiemenge*. Außer sehr allgemeinen Axiomen, wie z.B. der Möglichkeit des Produktionsstillstands, der Güterverschwendung, der Unumkehrbarkeit einer → Aktivität usw., sind 2 speziellere, aber praktisch sehr plausible Annahmen von Bedeutung für die Aktivitätsanalyse: die → *Proportionalität* und → *Additivität* von → Aktivitäten. Die Verknüpfung dieser beiden Eigenschaften wird als → *Linearität* der Technologie bezeichnet. Unter allen möglichen sind die effizienten → Aktivitäten von besonderem Interesse (→ *Effizienz*).

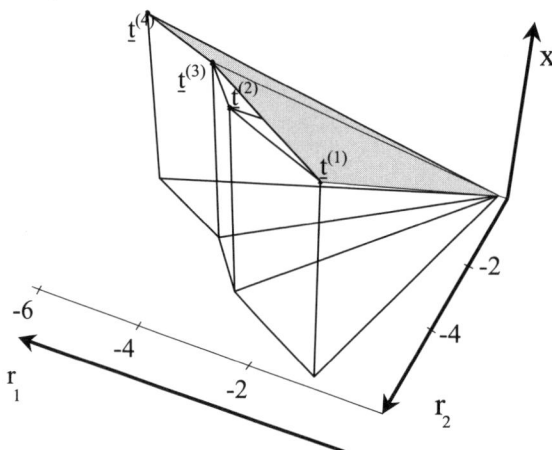

Die Abbildung gibt ein Beispiel einer → Technologiemenge T wieder, die aus 4 linearen → Aktivitäten $\underline{t}^{(i)}$ (i = 1, . . ., 4) besteht:

$$T = \left\{ \underline{t}^{(1)} = \begin{pmatrix} 1 \\ -1 \\ -6 \end{pmatrix}, \; \underline{t}^{(2)} = \begin{pmatrix} 1 \\ -3 \\ -5 \end{pmatrix}, \; \underline{t}^{(3)} = \begin{pmatrix} 1 \\ -4 \\ -3 \end{pmatrix}, \; \underline{t}^{(4)} = \begin{pmatrix} 1 \\ -6 \\ -2 \end{pmatrix} \right\}$$

Dabei bezeichnen
x: die Ausbringungsmenge einer einzigen Produktart, r_1 bzw. r_2: die Einsatzmengen der → Produktionsfaktoren 1 bzw. 2. Positive Zahlen in den Vektoren $\underline{t}^{(i)}$ geben die Produktmenge x, negative Zahlen die Faktormengen r_1 bzw. r_2 an.
Wegen der → *Linearität*, d.h. → *Proportionalität* und → *Additivität* der → Aktivitäten, sind alle Produktionsmöglichkeiten auf der schraffierten Fläche realisierbar und effizient (→ *Effizienz*). Die reine Aktivität 2 ist ineffizient, da Kombinationen aus Aktivität 1 und 3 *(→ Additivität)* die gleiche Ausbringung mit geringerem Faktoreinsatz realisieren.

Literatur: Zur Vertiefung siehe die Literaturangaben beim Schwerpunktstichwort → Produktions- und Kostentheorie (Univ.-Professor Dr. Reinhard Haupt).

Aktivitätsformat
(*activity format*); Anwendungsbeispiel siehe → Kapitalflussrechnung, Teil 2: Erstellung.

Aktivitätsklausel
(*activity clause*; → *Steuerrecht, Internationales*). Um rein steuerlich motivierte Gestaltungen einzuschränken, sind im → nationalen Recht und in vielen → Doppelbesteuerungsabkommen Aktivitätsklauseln enthalten, die steuerentlastende Maßnahmen oder die Nichtanwendung verschärfender Vorschriften davon abhängig machen, dass eine „aktive" Wirtschaftstätigkeit ausgeführt wird bzw. dass die Einkünfte aus einer zumindest fast ausschließlich aktiven wirtschaftlichen Tätigkeit stammen. Der Kernbestand aktiver Tätigkeiten wird dabei mit Landwirtschaft, Herstellung und Verkauf von Gütern und Waren, technischer Beratung und Dienstleistungen oder Bank- und Versicherungsgeschäften beschrieben. Im Gegensatz dazu wird beispielsweise die bloße Vermögensverwaltung als passive Tätigkeit eingestuft.

Aktivitätsvorbehalt
siehe → Aktivitätsklausel.

Aktivtausch
Tausch zwischen zwei Aktivposten der Bilanz. Beispiel: Ein Kunde begleicht eine fällige Rechnung in bar. (1) Mehrung des Aktivpostens "Kasse" (= Buchung im Soll), (2) Minderung des Aktivpostens "Forderungen" (= Buchung im Haben). Siehe auch → Passivtausch, → Aktiv-/Passivmehrung, → Aktiv-/Passivminderung, → Buchführung und → Jahresabschluss.

Aktor
Person oder Personengruppe, welche die *Entscheidung* trifft. Im zweiten Fall wird von → Kollektiventscheidung gesprochen. Siehe auch → Entscheidung, Betriebswirtschaftliche (mit Literaturangaben).

Aktuar
wurde früher auch als *Versicherungsmathematiker* bezeichnet. Inzwischen ist Aktuar die gebräuchliche Berufsbezeichnung für einen geprüften mathematischen Spezialisten, der Fragestellungen im Zusammenhang mit Versicherungs- und Bausparwesen, Kapitalanlagen und Altersversorgung mit wahrscheinlichkeitstheoretischen und finanzmathematischen Methoden bearbeitet.
Internetadresse: http://www.aktuar.de

Akzeptakkreditiv
ist ein → *Dokumentenakkreditiv* bei dem entweder die akkreditiveröffnende Bank („Importeurbank") oder eine andere von dieser beauftragte Bank (siehe → Remboursakkreditiv) das Akzept auf einem Wechsel (Tratte) des akkreditivbegünstigten Exporteurs leistet (→ Bankakzept) und bei Fälligkeit bezahlt. Akzeptakkreditive zählen zur Gruppe der → Nachsichtakkreditive.

Akzeptkredit
Der Akzeptkredit wird von einer Bank gewährt, indem diese Bank von einem Kunden ausgestellte, auf sie gezogene → Wechsel akzeptiert (*Bankakzept*) und sich damit verpflichtet, dem Wechselinhaber den Wechselbetrag bei Fälligkeit zu zahlen.
Basis des Akzeptkredites ist ein Kreditvertrag zwischen der den Akzeptkredit gewährenden Bank und ihrem Kunden, in dem sich der Kunde seinerseits verpflichtet, spätestens einen Werktag vor Fälligkeit des Bankakzepts, den für die Deckung notwendigen Betrag anzuschaffen.
Das akzeptleistende Kreditinstitut geht gegenüber Dritten eine wechselrechtliche Verpflichtung ein und ist demjenigen Dritten gegenüber, der ihm den Wechsel vorlegt, zur Zahlung verpflichtet, auch dann, wenn der Bankkunde seiner Deckungspflicht nicht nachkommt.

Akzessorietät
siehe → Bürgschaft, → Hypothek und → Pfand (Faustpfand); siehe auch → Kreditsicherheiten (mit Literaturangaben).

Algorithmen, genetische
siehe → Genetische Algorithmen, → Wissensbasierte Systeme und → Wissensmanagement (mit Literaturangaben).

Alleinvertretungsberechtigung
siehe → Gesellschaft mit beschränkter Haftung (deutsches Recht).

Allensbacher Werbeanalyse
Das Institut für Demoskopie veranstaltet jährlich eine Befragung zur Medianutzung und zu Konsumgewohnheiten. Die Ergebnisse beruhen auf der Befragung von rund 20 000 Personen bundesweit. Die AWA enthält Daten zur Reichweite von Printmedien, Rundfunkmedien, Kinowerbung und Außenwerbung sowie Angaben zur Demographie der Mediennutzer und deren Verbraucherverhalten.
Siehe auch → Medienökonomie (mit Literaturangaben).
    Internetadresse: www.awa-online.de.

Allfinanz
Verbund von Versicherungsgeschäften und anderen Finanzdienstleistungen, d.h. u.a. aller Bankgeschäfte.

Allfinanzkonzern
Konzern, dessen strategische Ausrichtung in einer Verbindung von Versicherungsgeschäft mit anderen Finanzdienstleistungen besteht.

Allgemeine Betriebswirtschaftslehre
siehe → Betriebswirtschaftslehre.

Allowable Costs
sind die vom Markt erlaubten Produktkosten; siehe → Target Costing.

ALM
Abk. für → Asset-Liability Management.

Along-the-Job
umfasst alle Maßnahmen der → *Personalentwicklung*, durch die ein Mitarbeiter systematisch über einen längeren Zeitraum entwickelt und auf weiterführende Aufgaben vorbereitet wird. Hierzu gehören bspw. die Karriere- bzw. Laufbahnplanung und Führungsnachwuchsprogramme.

Altaktionäre
sind die bisherigen Eigentümer einer Aktiengesellschaft. Der Begriff wird unter anderem bei Veränderungen in der Aktionärsstruktur, wie beispielsweise beim einem Going Public (siehe → Going Public, Vorbereitungsphase) verwendet.

Alternative Investment Market (AIM)
siehe → Börsensegment für kleinere Wachstumsunternehmen an der London Stock Exchange.

Alternative Investments
sind als Ergänzungen zu den traditionellen Assetklassen, wie Aktien oder Renten, zu sehen. Zu dieser Anlageform zählen in erster Linie → Hedgefonds, → Private Equity, → Managed Futures und Rohstoffe. Alternative Investments eignen sich aufgrund ihrer meist geringen → Korrelation zu den Aktien- und Rentenmärkten zur Risikodiversifikation in traditionellen → Portfolios. Mit Alternativen Investments sollen auch in fallenden Märkten positive Erträge erzielt werden.

Alternative Trading Systmes (ATS)
hierbei handelt es sich am Handelsplattformen außerhalb der Börse, die nur einem ausgewählten Teilnehmerkreis (z.B. bestimmte Banken und sonstige Finanzdienstleister) zur Verfügung stehen. Dies hat den Vorteil, dass das ATS ganz auf die spezifischen Bedürfnisse der teilnehmenden Akteure zugeschnitten ist und dass diese sich häufig untereinander kennen, wodurch eine breite Vertrauensbasis und hohe Professionalität geschaffen werden. Dies wiederum ermöglicht die Reduzierung von Transaktionskosten.
Alternative Trading Systems werden beispielsweise angeboten von der Instinet GmbH (elektronischer Aktienhandel für institutionelle Anleger) in Deutschland, von Bloomberg (Rentenhandel für institutionelle Anleger) hauptsächlich in den USA und von Jiway (Internet-Aktienhandel für Retail-Investoren) in Europa.
    Literatur: Ludwig, M.: Alternative-Tradings-Systems als Zukunftsoption, Gabler Edition Wissenschaft, Wiesbaden 2002.

Altstoff Recycling Austria AG (ARA)
finanziert und organisiert die Sammlung und Verwertung von Verpackungsabfällen in ganz Österreich.
Siehe auch → Retrodistributionslogistik (Entsorgungslogistik).

am Geld
siehe → innerer Wert.

Ambush Marketing
"Ambush" bedeutet wörtlich übersetzt Hinterhalt, "to ambush" soviel wie aus dem Hinterhalt überfallen. Ambush Marketing kennzeichnet demzufolge einen Marketing-Überfall aus dem Hinterhalt. In der eher populärwissenschaftlichen Literatur wird Ambush Marketing häufig synonym verwendet mit Begriffen wie "Trittbrettfahren", "parasitäres Marketing" und "Schmarotzer-Marketing" (ähnlich, wenngleich auch nicht völlig deckungsgleich: "Guerilla-Marketing" = Angriff aus dem Untergrund). Deutlich wird, dass der Begriff Ambush Marketing zunächst negativ besetzt ist, da der Grat zwischen kreativer Kommunikationspolitik und der Verletzung von Sponsorenrechten oft sehr schmal ist: Offizielle Sponsoren bezeichnen diesen Überfall aus dem Hinterhalt auf teuer gekaufte Sponsoring- bzw. Werberechte deshalb als "Diebstahl" und betonen die illegalen Aspekte des Ambush Marketing. Es gibt jedoch auch Vertreter einer Gegenposition. Sie sehen Ambush Marketing als eine "legitime Kraft", die dem Sponsoringmarkt zu mehr Effizienz verhilft. Das Phänomen Ambush Marketing ist insgesamt keineswegs neu, hat jedoch in den letzten Jahren deutlich an Professionalität hinzugewonnen.
Ambush Marketing kann somit insgesamt charakterisiert werden als eine Vorgehensweise von Unternehmen, die keine legalisierten oder lediglich unterprivilegierte Vermarktungsrechte an einer gesponserten Veranstaltung besitzen, aber trotzdem dem direkten und indirekten Publikum durch ihre Kommunikationsmaßnahmen eine autorisierte Verbindung zu diesem Event signalisieren.
Die wesentlichen Merkmale des Ambush Marketing lassen sich folgendermaßen zusammenfassen: Es handelt sich um einen bewussten bzw. geplanten Versuch eines Unternehmens, die Wirkung der Aktivitäten eines offiziellen Sponsors zu schwächen. Ambush Marketing wird insbesondere von direkten Branchenkonkurrenten autorisierter Sponsoren praktiziert und dient hauptsächlich als Alternative zum → Event-Sponsoring. Es erfolgt eine Täuschung der Zielgruppe im Hinblick auf die Verbindung zwischen Sponsoringanlass und Sponsor bzw. Ambusher; die Aufmerksamkeit wird durch Ambush Marketing weg vom offiziellen Sponsor, hin zum Ambusher verschoben. Angestrebt wird eine Assoziation mit einem speziellen Event oder einem Projekt zu vergleichsweise geringen Kosten; Ambush Marketing lässt den finanziellen Beitrag von Sponsoren gewissermaßen unnötig erscheinen.
Siehe auch → Sponsoring und → Kommunikationspolitik, jeweils mit Literaturangaben.
    Literatur: Meenaghan, T.: Ambush Marketing – A Threat to Corporate Sponsorship?, in: Sloan Management Review, Vol. 38, 1996, No. 1, pp. 103-113; Nufer G.: Ambush Marketing – Angriff aus dem Hinterhalt oder eine Alternative zum Sportsponsoring? in: Horch, H.-D., Hovemann, G., Kaiser, S., Viebahn, K. (Hrsg.): Perspektiven des Sportmarketing. Besonderheiten, Herausforderungen, Tendenzen, Köln 2005, S. 209-227; Nufer, G.: Event-Marketing. Theoretische Fundierung und empirische

Analyse unter besonderer Berücksichtigung von Imagewirkungen, 2., überarb. u. erw. Aufl., Gabler, Wiesbaden 2006

Ameisensysteme
siehe → Metaheuristiken; siehe auch → Heuristiken.

American Institute of Certified Public Accountants (AICPA)
Das AICPA ist die Dachorganisation des Berufsverbands der Wirtschaftsprüfer (Certified Public Accountants) in den USA.
Internet: www.aicpa.org.

American Stock Exchange (AMEX)
zählt neben der → NYSE und der → Nasdaq zu einer der drei großen Aktienbörsen in den USA.

Amerikanische Kapitalgesellschaft
siehe → Kapitalgesellschaft, amerikanische (Organe).

AMEX
Abk. für → American Stock Exchange.

Amoroso-Robinson-Relation
(in der *Preispolitik*). Betrachtet man in der → Preispolitik den Preis als Entscheidungsparameter, ergibt sich aus der → Preis-Absatz-Funktion (x=x(p)) der korrespondierende Umsatz als x(p)·p und unter Zugrundelegung der Kostenfunktion K=K(x[p]) die zu maximierende Gewinnfunktion:
$$G(p) = x(p) \cdot p - K(x[p]) \to \max.$$
Aus der ersten Ableitung der Gewinnfunktion nach dem Preis (dG/dp = 0) resultiert die Amoroso-Robinson-Relation für den gewinnoptimalen Preis p*:
$$p^* = \frac{\varepsilon}{1+\varepsilon} \cdot \frac{dK}{dx}, \text{ mit } \varepsilon = \frac{dx}{dp} \cdot \frac{p}{x} : \text{Preiselastizität und } \frac{dK}{dx} : \text{Grenzkosten.}$$
Für Preis-Absatz-Funktionen mit konstanter Preiselastizität (Cobb-Douglas-Funktion) stellt die Amoroso-Robinson-Relation eine explizite Lösung dar; allgemein charakterisiert diese Bedingung das marginalanalytische Kalkül der Bestimmung des gewinnoptimalen Preises in der nachfrageorientierten Preiskalkulation. Formal beinhaltet die Amoroso-Robinson-Relation eine Umformung der Bedingung „Grenzumsatz gleich Gleichkosten", was unmittelbar als „Ergebnis" der Ableitung dG/dp=0 resultiert. Der gewinnoptimale Preis ist eine Funktion der Preissensibilität des Marktes, operationalisiert in der → Preiselastizität, und der Grenzkosten der Produktion. Fixkosten der Produktion beeinflussen damit den gewinnoptimalen Preis nicht. Der gewinnoptimale Preis steigt, je höher die Grenzkosten sind. Der gewinnoptimale Preis sinkt, je preissensibler die Nachfrager sind, d.h. je größer – betragsmäßig – die Preiselastizität ist. Im Sinne der → kostenorientierten Preiskalkulation kann der Term ε/(1+ ε) als optimaler Gewinnzuschlag auf die Grenzkosten als Sockelbetrag interpretiert werden. Da allgemein im Gewinnoptimum ε < -1 gilt, bzw. bei Preis-Absatz-Funktionen lediglich ε < -1 ökonomisch realistisch ist, liegt der gewinnoptimale Preis immer über den Grenzkosten. Nur im Extremfall (ε = -∞) sinkt der optimale Verkaufspreis auf die Grenzkosten ab.
Siehe auch → Preispolitik (mit Literaturangaben).
Literatur: Diller, H. (2000): Preispolitik, 3. Auflage, Stuttgart; Pechtl, H. (2005): Preispolitik, Stuttgart.

Amortisationsdauer
(in der → *Investitionsrechnung*), siehe → Amortisationsrechnung, dynamische, → Amortisationsrechnung, statische.

Amortisationsdauer, dynamische
(in der → *Investitionsrechnung*), siehe → Amortisationsrechnung, dynamische (Invesitionsrechnung).

Amortisationsdauer, statische

(in der → *Investitionsrechnung*). Die statische Amortisationsdauer (Amortisationszeit, → Kapitalwiedergewinnungszeit, → Kapitalrückflusszeit oder → pay-back-time) einer Investition ist die Zeitspanne, in der die Anschaffungsausgaben sowie Zinsen auf das durchschnittlich gebundene Kapital durch Rückflüsse zurück gewonnen werden. Rückflüsse sind die jährlichen Differenzen der Einzahlungen und Auszahlungen (bei Neu- und Erweiterungsinvestitionen) oder Auszahlungsersparnisse (bei Rationalisierungs- und Ersatzinvestitionen).

Die (statische) Amortisationsdauer zeigt an, wie lange die Investition mindestens durchhalten muss, damit kein Verlust entsteht.

Siehe auch → Amortisationsrechnung, statische sowie → Investitionswirtschaft (mit Literaturangaben).

Amortisationsrechnung, dynamische

(in der *Investitionsrechnung*). Die dynamische Amortisationsrechnung gehört zu den klassischen Partialmodellen der dynamischen Investitionsrechnung (→ Investitionsrechnungen, dynamische).

Die Bestimmung der Amortisationsdauer t* (andere Bezeichnungen: Amortisationszeit, Kapitalgewinnungszeit, Kapitalrückflusszeit, pay-back-time) baut auf den Rechenregeln des → Kapitalwerts auf. Sie gibt den Zeitraum an, in dem die für ein Investitionsobjekt eingesetzten Anschaffungsauszahlungen durch die Einzahlungsüberschüsse wiedergewonnen werden. Die im Zeitablauf t anfallenden Einzahlungen Et sowie Auszahlungen At werden mit dem → Kalkulationszins i diskontiert und so lange aufaddiert, bis erstmalig der Kapitalwert C(t)0 größer bzw. gleich Null ist. Formal ergibt sich:

$$ t^{*} := t \text{, wenn erstmalig } C(t)_0 = \sum_{\tau=0}^{t} \left(E_{\tau} - A_{\tau} \right) \cdot \frac{1}{\left(1 + i \right)^{\tau}} \geq 0 \text{ gilt.} $$

Eine nach diesem Kriterium beurteilte *Einzelinvestition* ist vorteilhaft, wenn ihre Amortisationsdauer geringer ist als ein vorzugebener Grenzwert. Bei der *Auswahlentscheidung* zwischen mehreren Investitionen ist diejenige zu wählen, die zu der kürzesten Amortisationsdauer führt.

Siehe auch → Investitionsrechnungen (Investitionsentscheidungen), statische bzw. *dynamische* bzw. unter Unsicherheit sowie → Investitionswirtschaft, jeweils mit Literaturangaben.

Amortisationsrechnung, statische

(in der *Investitionsrechnung*). Die statische *Amortisationsdauer* (Amortisationszeit, → Kapitalwiedergewinnungszeit, → Kapitalrückflusszeit oder → pay-back-time) einer Investition ist die Zeitspanne, in der die Anschaffungsausgaben sowie Zinsen auf das durchschnittlich gebundene Kapital durch Rückflüsse zurück gewonnen werden. Rückflüsse sind die jährlichen Differenzen der Einzahlungen und Auszahlungen (bei Neu- und Erweiterungsinvestitionen) oder Auszahlungsersparnisse (bei Rationalisierungs- und Ersatzinvestitionen).

Die Amortisationsdauer zeigt an, wie lange die Investition mindestens durchhalten muss, damit kein Verlust entsteht. Dabei wird unterstellt, dass die bis zum Erreichen des Amortisationszeitpunkts prognostizierten Überschüsse der Investition tatsächlich eintreffen. Bei der statischen Amortisationsdauer geht man im Gegensatz zur dynamischen Amortisationsdauer (→ Amortisationsrechnung, dynamische) vereinfachend von jährlich konstanten Rückflüssen aus.

Die statische Amortisationsdauer d ergibt sich aus der Formel:

$$ d = \frac{\text{Anschaffungsauszahlungen}}{\text{Überschuss pro Jahr}} $$

Der Überschuss wird gebildet aus der Summe des für die Investition erwarteten Gewinns und den Abschreibungen. Bei einer Rationalisierungsinvestition tritt an die Stelle des Gewinns die durch die Investition angestrebte Kostenersparnis plus Abschreibungen.

Anwendung als Entscheidungsregel: Die Amortisationsrechnung dient der Abschätzung des Investitionsrisikos. Gewinnt man das Geld in einem Zeitraum zurück, für den man die Überschüsse einigermaßen sicher prognostizieren kann, bleibt das Risiko überschaubar. Letztlich hängt es aber von der konkreten Situation und vom Sicherheitsbedürfnis der Entscheidungsträger ab, welche Amortisationsdauer akzeptiert wird (Einzelheiten siehe → Amortisationsdauer, dynamische).

Die statische Amortisationsrechnung ist relativ einfach zu handhaben und wird in der Praxis häufig genutzt. Besser ist jedoch die dynamische Amortisationsrechnung, weil sie nicht von konstanten jährlichen Überschüssen ausgeht, sondern den Verlauf der Überschüsse im Zeitablauf berücksichtigt.

Siehe auch → Investitionsrechnungen (Investitionsentscheidungen), *statische* bzw. dynamische bzw. unter Unsicherheit sowie → Investitionswirtschaft, jeweils mit Literaturangaben.

Literatur: Blohm, H. / Lüder, K.: Investition, Schwachstellenanalyse des Investitionsbereichs und Investitionsrechnung 8. Auflage, München 1995; Däumler, K. D.: Anwendungen von Investitionsrechnungsverfahren in der Praxis, 4. Auflage, Herne / Berlin 1996; Kruschwitz, L.: Investitionsrechnung, 10. Auflage, Berlin 2006; Olfert, K., Reichel, Ch.: Investition, 10. Auflage, Ludwigshafen/Rhein 2006; ter Horst, K.: Investition, Stuttgart Berlin Köln 2001.

Amortisationszeit

(in der → Investitionsrechnung), siehe → Amortisationsrechnung, dynamische, → Amortisationsrechnung, statische.

Analyse, dynamische

Die dynamische Analyse umfasst die Simulation eines Ablaufs in der Zeit, bei der Größen mit unterschiedlichen Zeitindizes zeitverzögert aufeinander einwirken. Gegensatz: Statische Analysen. Anmerkung: Man unterscheidet statische Analysen (alle Größen beziehen sich auf den selben Zeitpunkt), komparativ-statische Analysen (Vergleich von Datenvariationen für verschiedene Zustände). Siehe auch → Analysemethoden, betriebswirtschaftliche (mit Literaturangaben).

Analyse, statische

Zu unterscheiden sind *statische* Analysen (alle Größen beziehen sich auf den selben Zeitpunkt) und *komparativ-statische* Analysen (Vergleich von Datenvariationen für verschiedene Zustände). Gegensatz: Dynamische Analyse (Simulation eines Ablaufs in der Zeit, bei der Größen mit unterschiedlichen Zeitindizes zeitverzögert aufeinander einwirken). Siehe auch → Analysemethoden, betriebswirtschaftliche (mit Literaturangaben).

Analyse, strategische

siehe → strategische Analyse.

Analysemethoden, betriebswirtschaftliche

Betriebswirtschaftliche Analysemethoden

von Professor Dr. Werner Gladen

Fachhochschule Ludwigshafen am Rhein – Hochschule für Wirtschaft

1. Charakterisierung

Analysen (griechisch: „análysis") sind sorgfältige Untersuchungen, bei denen der Analysegegenstand zergliedert oder in seine Bestandteile zerlegt wird, um dadurch zu einer fundierten Gesamtbeurteilung zu gelangen. *Methoden* sind geregelte Verfahren, mit denen in einer Folge von Schritten Informationen verarbeitet und gewonnen werden, um einen Anfangs- in einen gewünschten Endzustand zu transformieren. *Analysemethoden* dienen der Strukturierung von Problem- und Systemkomplexen. Die verwendeten Informationen basieren vor allem auf Tatsachen und sind somit primär vergangenheitsorientiert.

Betriebswirtschaftliche Analysemethoden sind eine Teilmenge der betriebswirtschaftlichen Methoden und Instrumente, zu denen → Heuristiken, Prognose-, Bewertungs- und Entscheidungsinstrumente (→ Entscheidung, betriebswirtschaftliche, → Statistik in der Betriebswirtschaftslehre) gehören. Sie umschreiben als Oberbegriff Methoden der externen und internen Unternehmensanalyse.

2. Analyseaufgaben in den Phasen des Führungsprozesses

Der Führungsprozess lässt sich grob in *Planung* (Willensbildung; siehe auch → Unternehmensplanung) und *Plandurchsetzung* (Willensdurchsetzung) unterteilen. In der Phase *Planung* unterstützen Analysemethoden (1) die *Problemstellung* (z.B. Anregungsinformationen durch → strategische Analyse, → Abweichungsanalyse), (2) die *Suche nach Alternativen* (z.B. → strategische Analyse, → Wertanalyse, → Schwachstellenanalyse) und (3) *Entscheidungen* (→ Risikoanalyse, → Sensitivitätsanalyse, → ABC-Analyse, → Break-Even-Analyse).

In der *Plandurchsetzung* (Zielvorgabe, Kontrolle) unterstützen → Abweichungsanalysen die Kontrolle, über die eine Rückkoppelung zur Problemstellungsphase der Planung erfolgt.

a) Analysemethoden zur Unterstützung der strategischen Planung und Durchsetzung

Die Phase der → strategischen Analyse, die zwischen der Phase der strategischen Zielbildung und der Strategieentscheidung liegt, beinhaltet die interne Unternehmensanalyse und die externe Unternehmensanalyse (Umfeldanalyse). Deren Ergebnisse werden in der → SWOT-Analyse zusammengefasst (siehe Abbildung 1).

		Ergebnis Interne Unternehmensanalyse	
		Stärken (Strengths)	Schwächen (Weaknesses)
Ergebnis Umfeldanalyse	Chancen (Opportunities)	Einsatz der Stärken des U. zur Ausnutzung der Chancen des Unternehmensumfeldes (Wachstumsstrategien)	Überwindung der Schwächen des U. durch die Ausnutzung der Chancen des Unternehmensumfeldes
	Risiken (Threats)	Einsatz der Stärken des U. zur Minimierung der Risiken des Unternehmensumfeldes	Minimierung der Stärken des U. und der Risiken des Unternehmensumfeldes (Defensivstrategie)

Abb. 1: SWOT-Analyse

Die strategische Plandurchsetzung (Implementierung, strategische Kontrolle) wird u.a. unterstützt durch Risikoanalysen zur Vorbereitung von Investitionsentscheidungen und durch Analysen in der strategischen Kontrolle, zu der die gerichtete Prämissen- und Durchführungskontrolle (→ Abweichungsanalysen) und die ungerichtete strategische Überwachung zählt. Strategische Überwachung erfüllt Aufgaben einer ungerichteten → Früherkennung.

b) Analysemethoden zur Unterstützung der operativen Planung

Die → Break-Even-Analyse ist eine vielseitige Analysemethode zur Vorbereitung von Entscheidungen in der operativen Planung (z.B. über Erfolgsplanung, Produkte, Verfahren), die auch Aufgaben einer → Sensitivitätsanalyse erfüllt. Das → Risikocontrolling hebt die Notwendigkeit hervor, im Vorfeld von Entscheidungen mit großer Unsicherheit → Sensitivitätsanalysen oder Risikoanalysen durchzuführen. Die Alternativensuche und Entscheidung über Maßnahmen zur Rationalisierung wird durch → Wertanalyse und → Gemeinkostenwertanalyse unterstützt. Sollen für Förderungsmaßnahmen (z.B. → Werbung), welche die Ressourcen stark beanspruchen, Einsatzschwerpunkte gefunden werden, eignet sich die → ABC-Analyse.

c) Analysemethoden zur Unterstützung der operativen Kontrolle

Als Teil der Plandurchsetzung wird in der Kontrolle die Differenz zwischen einer Ist- und einer Normgröße ermittelt. Allein durch die Ankündigung einer Kontrolle können Vorgesetzte eine Exante-Motivationswirkung erzielen.

Durch eine Realisationskontrolle wird *expost* (nach der Ausführung) festgestellt, ob die Bereichsverantwortlichen die Zielvorgaben erreicht haben. Die Kontrolle unterstützt überdies ein Expost-Lernen aus Fehlern in der Planung oder Realisation. Beide Zwecke erfordern eine → Abweichungsanalyse, in der die Gesamtabweichung in Teilabweichungen aufgelöst wird, die durch beeinflussbare Ursachen (z.B. Unwirtschaftlichkeit) und nicht beeinflussbare Ursachen (bereichs- oder unternehmensexterne

Datenänderungen) zu erklären sind. Diese Aufspaltung kann überdies aufdecken, dass eine Gesamtabweichung nur deshalb niedrig ausgefallen ist, weil unterschiedliche Einflussgrößen zu sich gegenseitig kompensierenden Ergebniseffekten geführt haben. → Abweichungsanalysen für das Betriebsergebnis lassen sich in Erlös- und Kostenabweichungsanalysen unterteilen (siehe Abbildung 2).

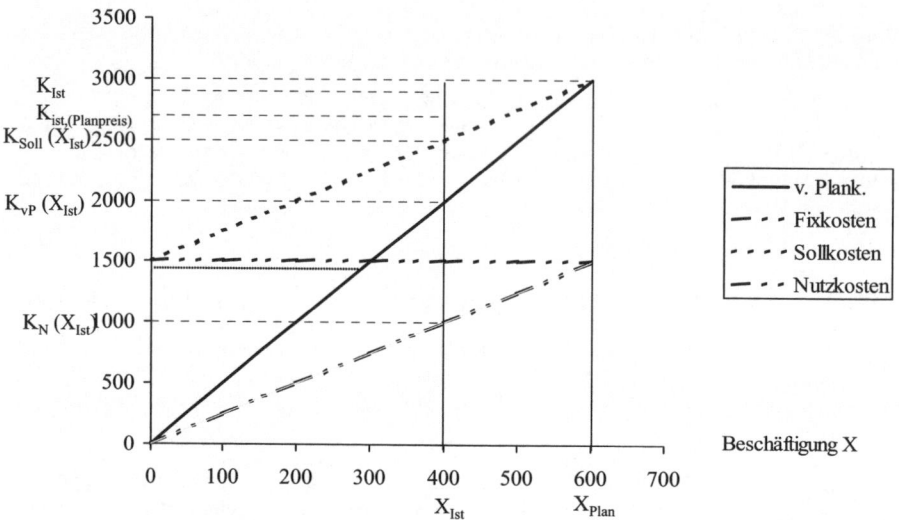

Abb. 2: Abweichungsanalyse mit flexibler Vollplankostenrechnung

3. Kennzahlengestützte Analysemethoden

a) Kennzahlen und Kennzahlensysteme als Analysemethoden
Eine wichtige Grundlage für quantitative Analysen sind → Kennzahlenanalysen. Kennzahlen werden in internen Unternehmensanalysen (z.B. strategische und operative Kontrolle) und in der → Bilanzanalyse eingesetzt. Kennzahlenanalysen beginnen mit einer *Beurteilung*, die auf betriebswirtschaftlichen Vergleichen beruht. Sie setzt sich fort mit der *Ursachenforschung*, für die sich besonders Kennzahlensysteme eignen.

b) Bilanzanalyse
Arbeitnehmer interessieren sich für Arbeitgeber, *Gläubiger* (Banken, Lieferanten, Mitarbeiter) für Schuldner, *Investoren* (z.B. Aktionäre) für Investitionsgelegenheiten und das *Management* für Wettbewerber, Kunden oder Lieferanten. Diesen Interessenten stehen anders als Insidern nur unvollkommene und verstreute Informationen zur Verfügung. Mit Hilfe der Analysemethoden der → Bilanzanalyse können diese Interessenten Informationen über die wirtschaftliche Lage anderer Unternehmen gewinnen, die aus den ihnen zugänglichen Informationen nicht unmittelbar erkennbar sind.

Hinweis
Zu den angrenzenden Wissensgebieten siehe → Benchmarking, → Bilanzanalyse, → Entscheidung, betriebswirtschaftliche, → Finanzmathematik, → Kennzahlen, finanzwirtschaftliche, → Kennzahlen, wertorientierte, → Kreativitätstechniken (→ Bionik, → Brainstorming, → Eigenschaftsliste, → Fragenkatalog, → Funktional-Analyse, → Methode 6-3-5, → Mind mapping, → Morphologischer Kasten, → Synektik), → Nutzwertanalyse, → Ökonometrie, → Operations Research, → Optimierung, → Optimierungsmodelle, mathematische, → Portfoliomanagement, → Prozessmanagement, → Risikocontrolling, → Statistik, → Unternehmensplanung, → Wirtschaftsmathematik.

Literatur: Baum, H.G., Coenenberg, A.G., Günther, T., Strategisches Controlling, 3. Auflage, Stuttgart 2004; Coenenberg, A.G., Kostenrechnung und Kostenanalyse, 5. Auflage, Stuttgart 2003; Coenenberg, A.G., Jahresabschluss und Jahresabschlussanalyse, 19. Auflage, Stuttgart 2003; Gladen, W., Performance Measurement – Controlling mit Kennzahlen, 3. Auflage, Wiesbaden 2005; Hahn, D., Unternehmensanalyse, in: Szyperski, N., Winand, U. (Hrsg.), Handwörterbuch der Planung, Stuttgart 1989, Sp. 2074-2088; Hungenberg, H., Strategisches Management in Unternehmen, 3. Auflage, Wiesbaden 2004; Küpper, H.U., Wagenhofer, A. (Hrsg.), Handwörterbuch für Unternehmensrechnung und Controlling (HWU), 4. Auflage, Stuttgart 2002; Steinmann, H., Schreyögg, G., Management, 5. Auflage, Wiesbaden 2000.

Internetadresse: http://www.Business-wissen.de

Website des Autors: http://www.fh-ludwigshafen/fb1/team/professoren/gladen.html

Analysenzertifikate
siehe → Qualitätszertifikate.

Analyse-Synthese-Konzept
von Kosiol entwickeltes Konzept zur betriebswirtschaftlichen Organisationslehre, die die Differenzierung in die beiden Aspekte → Ablauf- und → Aufbauorganisation begründet.
Damit die Gesamtaufgabe eines Unternehmens geordnet erfüllt werden kann, muss sie zunächst inhaltlich definiert, geordnet und in verteilungsfähige Teilaufgaben zerlegt werden. Dieser Vorgang wird als *Aufgabenanalyse* bezeichnet. Das Ergebnis der Aufgabenanalyse wird im Aufgabengliederungsplan dokumentiert, der einen Überblick über die vorhandenen und zu verteilenden Einzelaufgaben eines Unternehmens liefert. In der anschließenden *Aufgabensynthese* werden die in der Aufgabenanalyse abgeleiteten Teilaufgaben anhand bestimmter Merkmale (Aufgabenträger, Sachmittel, Raum, Zeit) so zusammengefasst, dass sie einzelnen → Stellen zugeordnet werden können.
Siehe auch → Aufbauorganisation und die dort angegebene Literatur sowie → strukturtechnischer Ansatz (in der → Organisationstheorie).

Analytische Arbeitsbewertung
siehe → Genfer Schema; zu den Verfahren der analytischen Arbeitsbewertung siehe → Rangreihenverfahren und → Wertzahlverfahren; siehe auch → Lohn- und Gehaltsmodelle (mit Literaturangaben).

Analytisches Customer Relationship Management (aCRM)
Die zunehmende Ausrichtung der Unternehmen, auf die Wünsche und Bedürfnisse der Kunden einzugehen, bedingt ein stark analytisch orientiertes Kundenbeziehungsmanagement, das sich nicht nur durch Ablage und Verwaltung aller Daten, die beim Kundenkontakt anfallen, auszeichnet, sondern diese Informationen auch auswertet und für neue Marketing- und Kundenbindungsmaßnahmen nutzt. Die Speicherung dieser zusammengeführten Kunden- und Transaktionsdaten erfolgt dabei häufig in → Data Warehouses, die Auswertung selbst mit Hilfe der Methoden der Business Intelligence wie z.B. → OLAP oder → Data-Mining.
Siehe auch → Customer Relationship Management (mit Literaturangaben).

Analytisches Entscheidungsverfahren
siehe → Entscheidung, betriebswirtschaftliche (mit Literaturangaben).

Anbauverfahren
(auch Blockverfahren). Verfahren der → Betriebsabrechnung (siehe dort Kapitel 3 mit Berechnungsbeispiel) bzw. der → Kostenstellenrechnung (mit Literaturangaben).

Anbieterbezogene Rückkopplung
siehe → Rückkopplung, anbieterbezogene.

An-Bord-Konnossement
siehe → Bordkonnossement; siehe auch → Konnossement.

Andere Gewinnrücklagen
Bestimmt die Satzung nicht zwingend die Bildung einer Rücklage, erfolgt der Ausweis nicht unter den
→ satzungsmäßigen Rücklagen, sondern unter den „anderen Gewinnrücklagen". Siehe auch → Rücklagen (mit Literaturangaben).

Anderskosten
siehe → kalkulatorische Kosten; siehe auch → Kostenartenrechnung (mit Literaturangaben).

Änderungsrisiko
(*Versicherungswirtschaft*), siehe → Risiko, versicherungstechnisches.

Anforderungen
(z.B. im → *Projektmanagement*) beschreiben Eigenschaften, die z.B. beim → Projektmanagement ein
Projektergebnis oder Produkt haben muss. Sie können quantitativ (zahlenmäßig erfasst) oder qualitativ
sein. Die → Anforderungsanalyse dient der Erfassung der Anforderungen. Anforderungen sollen lö-
sungsneutral (was statt wie) und entscheidbar (opernationalisierbar, Angabe von Kriterien) sein.

Anforderungsanalyse
(z.B. im *Projektmanagement*). Die Anforderungsanalyse dient der Erfassung der Anforderungen. Anforderungen können an das Projekt selbst (→ Projektdreieck), aber insbesondere an das Projektergebnis
(Produkt, → Deliverable, Qualität) gestellt werden. Besonders bei Entwicklungsprojekten spielen die
Anforderungen an das Produkt eine entscheidende Rolle. Je nach Komplexität von Projekt und Produkt
sollte die Anforderungsanalyse strukturiert und formalisiert geschehen. Siehe auch → Projektmanagement (mit Literaturangaben).

Angebotsfunktion
→ Funktion, die die angebotene Menge x eines Gutes in Abhängigkeit vom Stückpreis p ausdrückt: x =
x(p). Oftmals wird auch eine p(x)-Darstellung verwendet, bei der der Stückpreis in Abhängigkeit von
der angebotenen Menge beschrieben wird. In der Praxis werden häufig lineare Funktionen verwendet.

Angebotsgarantie
siehe → Bietungsgarantie.

Angestellter, Leitender
siehe → Leitender Angestellter und → Mittleres Management.

Angriffsaussperrung
Form der → Aussperrung (durch den Arbeitgeber), mittels der ein Arbeitskampf begonnen werden
kann und durch die arbeitswillige Arbeitnehmer planmäßig an der Erbringung der Arbeitsleistung
durch Fernhalten von der Betriebsstätte gehindert werden, was gleichzeitig zu einem Verlust ihres Vergütungsanspruches führt. Siehe auch → Streik, → Arbeitskampf und → Arbeitsrecht (mit Literaturangaben).

Angstindossament
Ein Indossant kann seine Haftung ausschließen, indem er einen Zusatz wie beispielsweise "ohne Obli-
go", "ohne Regress", "ohne Haftung" o.Ä. im → Indossament anbringt. Angstindossamente kommen
vor, wenn eine Exportforderung, über die ein → (Sola-)Wechsel ausgestellt ist, im Rahmen einer →
Forfaitierung an eine Forfaitierungsgesellschaft oder an eine Bank verkauft wird, und diese das Forderungsausfallrisiko übernimmt.

Anhang

(zum → *Jahresabschluss*). Gemäß § 264 Abs. 1 HGB haben alle Kapitalgesellschaften den Jahresabschluss um einen Anhang zu erweitern, der die Pflichtangaben gemäß §§ 284-286 HGB enthalten muss. Er soll dazu beitragen, dass der Jahresabschluss der Kapitalgesellschaften unter Beachtung der → Grundsätze der ordnungsgemäßen Buchführung (GoB) „ein den tatsächlichen Verhältnissen entsprechendes Bild der Vermögens-, Finanz- und Ertragslage der Kapitalgesellschaften" vermittelt (§ 264 Abs. 2 S. 1 HGB).

Der Anhang enthält Erklärungen und Ergänzungen zu einzelnen Positionen der Bilanz und Gewinn- und Verlustrechnung (GuV). Mit dieser Generalnorm wird das in der angloamerikanischen Bilanzierungs- und Prüfungspraxis wichtige True-and-Fair-View-Prinzip vom deutschen Gesetzgeber teilweise übernommen. Für kleinere und mittlere Kapitalgesellschaften sieht § 288 HGB Erleichterungen vor. (→ Größenklassen) Publizitätspflichtige Personengesellschaften sind von der Pflicht zur Aufstellung eines Anhanges befreit (§ 5 Abs. 2 PublG).

Siehe auch → Jahresabschluss, deutscher (mit Literaturangaben).

Literatur: Kroschel, I.: Grundsätze der Rechnungslegung, 1. Auflage, Wiesbaden 2004; Dusemond/Kessler: Rechnungslegung kompakt, 2. Auflage, München 2000.

Anlagenbuch

dient der Aufnahme von Informationen zu einzelnen Vermögensgegenständen des → Anlagevermögens, die im Hauptbuch deplatziert wären. Neben bilanzrelevanten Daten (z.B. Höhe der Anschaffungskosten), rechtlichen Daten (z.B. Gewährleistungsansprüche) oder technischen Daten (z.B. Wartungsintervalle) enthält es für abnutzbare Gegenstände des Anlagevermögens den Abschreibungsplan (→ Abschreibungen).

Anlagendeckungsgrad I

Der Anlagendeckungsgrad I (AD I) ist eine Kennzahl der horizontalen Kapitalstruktur. Bei dieser Art von Kennzahlen geht es um den Grundsatz der Fristenkongruenz, d.h. langfristiges Vermögen sollte durch langfristiges Kapital (Eigenkapital bzw. Eigenkapital + langfristiges Fremdkapital) gedeckt sein. Der AD I ist definiert als Quotient aus Eigenkapital und Anlagevermögen und informiert somit über die prozentuale Deckung des Anlagevermögens durch Eigenkapital:

$$\text{AD I} = \frac{\text{Eigenkapital}}{\text{Anlagevermögen}}$$

Siehe auch → Kennzahlen, finanzwirtschaftliche und die dort angegebene Literatur.

Anlagendeckungsgrad II

Der Anlagendeckungsgrad II (AD II) ist eine Kennzahl der horizontalen Kapitalstruktur. Der Anlagendeckungsgrad II ist definiert als Quotient aus Eigenkapital plus langfristigem Fremdkapital und Anlagevermögen und sollte ≥ 1 sein:

$$\text{AD II} = \frac{\text{Eigenkapital} + \text{Langfristiges Fremdkapital}}{\text{Anlagevermögen}}$$

Siehe auch → Kennzahlen, finanzwirtschaftliche und die dort angegebene Literatur.

Anlagengitter

gehört nach HGB zu den in der → Bilanz oder im → Anhang zu machenden Pflichtangaben der Kapitalgesellschaften ab mittlerer Größe(Größenklassen). Das Anlagengitter soll die wert- und mengenmäßige Entwicklung der einzelnen Posten des → Anlagevermögens vom Zugang bis zum aktuellen Bilanzstichtag detailliert darstellen.

Anlagenleasing

(Plant-Leasing), Form des → Leasing. Maßgebliche Besonderheit des Anlageleasing: Leasinggegenstand ist eine komplette (industrielle) Anlage, im Gegensatz zum → Ausrüstungsleasing (Equipment-Leasing), das einzelne Maschinen o.Ä. umfasst.

Anlagespiegel

ist die Darstellung der Entwicklung der einzelnen Posten des → Anlagevermögens nach überholten Vorschriften des Aktienrechts. Die heute gemäß § 268 Abs. 2 HGB vorgeschriebene Darstellung wird → Anlagengitter genannt.

Anlagevermögen

Anlagevermögen

Bilanzierung und Bewertung nach nationalen und internationalen Rechnungslegungsgrundsätzen

von Professor Dr. Wolfram Holdt, Fachhochschule Gelsenkirchen und
Professor Dr. Wolfgang Hufnagel, Fachhochschule Münster

1. Begriffsabgrenzung

Nach HGB: Das Anlagevermögen umfasst nach § 247 Abs. 2 HGB die Vermögensgegenstände, die bestimmt sind, dauernd dem Geschäftsbetrieb zu dienen, das heißt in der Regel länger als ein Jahr. Die Zuordnung eines Gegenstandes zum Anlage- oder → Umlaufvermögen ist somit von seiner Zweckbestimmung und nicht von seiner Art abhängig.

Nach → IAS/IFRS und → US-GAAP: Die Unterscheidung zwischen *non-current assets* und *current assets* entspricht materiell der Abgrenzung zwischen Anlagevermögen und → Umlaufvermögen des HGB.

2. Gliederung und Ausweis der Entwicklung des Anlagevermögens

Nach HGB: Das Anlagevermögen ist nach § 266 Abs. 2 HGB in drei Blöcke unterteilt, die ihrerseits weiter aufzugliedern sind: (1) → *Immaterielle Vermögensgegenstände* (intangible assets): z.B. Konzessionen, Patente, Lizenzen, → Firmenwert (→ Goodwill), (2) *Sachanlagen* (Property, plant and equipment): z.B. Grundstücke und Bauten, technische Anlagen und Maschinen, Betriebs- und Geschäftsausstattung (→ Sachanlagenvermögen) (3) → *Finanzanlagen* (long-term financial assets): z B. → Beteiligungen, Wertpapiere des Anlagevermögens.

Nach IAS/IFRS und US-GAAP: Die internationalen Grundsätze geben eine dem HGB vergleichbare Grobgliederung des Anlagevermögens vor. Allerdings sind als Finanzanlagen gehaltene Immobilien (investment property) nach IAS/IFRS in den Finanzanlagen unter den *long term investments* gesondert auszuweisen, während sie nach HGB dem → Sachanlagenvermögen zugerechnet werden. Im → Abschluss nach den US-GAAP enthält das Sachanlagenvermögen (property, plant and equipment) nur das betriebsnotwendige Vermögen. Als Finanzanlagen gehaltene Immobilien werden als *other investments*, sonstige nicht betriebsnotwendige Anlagen als *other assets* gesondert ausgewiesen. Die weitere Aufgliederung der Blöcke ist im Detail nicht vorgegeben. Sie ist so vorzunehmen, dass der Jahresabschluss verständlich ist. Im Hinblick auf eine Verbesserung des Einblicks in die Vermögenslage muss die Kapitalgesellschaft nach HGB die Entwicklung aller Posten des Anlagevermögens, nach den IAS/IFRS nur der Posten des Sachanlagenvermögens und des → Goodwill in einem → Anlagengitter darstellen. Die US-GAAP verlangen kein Anlagengitter, aber vergleichbare Angaben in den notes.

3. Bilanzierung des Anlagevermögens

Nach HGB: Nach dem → Vollständigkeitsgebot des § 246 Abs. 1 HGB sind im Anlagevermögen sämtliche Vermögensgegenstände mit langfristiger Nutzungsbestimmung anzusetzen, soweit hinsichtlich → Aktivierungsfähigkeit und → Aktivierungspflicht gesetzlich nichts anderes bestimmt ist. Vermögensgegenstände sind aktivierungsfähig, wenn sie für das Unternehmen nützlich, bewertbar und einzeln veräußerbar sind. Von dem → Aktivierungsgebot bei Aktivierungsfähigkeit gibt es Ausnahmen in Form von → Aktivierungsverboten und → Aktivierungswahlrechten. Ein Aktivierungsverbot besteht nach § 248 Abs. 2 HGB für selbst erstellte → immaterielle Vermögensgegenstände des Anlagevermögens, z.B. → originärer Firmenwert, selbst entwickelte Patente. Ein Aktivierungswahlrecht besteht nach § 255 Abs. 4 HGB für den → derivativen Firmenwert in der → Bilanz des Käufers eines Unternehmens.

Nach IAS/IFRS und US-GAAP: Die internationalen Rechnungslegungsgrundsätze enthalten keine Ausnahme vom Aktivierungsgebot bei Aktivierungsfähigkeit. Damit weichen sie wesentlich vom HGB ab, weil ein derivativer Firmenwert und originäre, selbst erstellte Vermögenswerte des → immateriellen Anlagevermögens (Ausnahme → originärer Firmenwert) aktivierungspflichtig sind. In den IAS/IFRS ist die Aktivierungsfähigkeit als → *asset* im → *framework* und in postenspezifischen Standards geregelt. Diese Regelungen unterscheiden sich materiell nicht wesentlich von den handelsrechtlichen Grundsätzen. Werden alle Kriterien für die Aktivierungsfähigkeit zugleich erfüllt, und können die Anschaffungs- oder Herstellungskosten verlässlich ermittelt werden (reliable measurement), dann besteht eine Ansatzpflicht, ansonsten ein Ansatzverbot. Die Ansatzkriterien der US-GAAP sind mit denen der IAS/IFRS vergleichbar, allerdings hinsichtlich der Aktivierungsfähigkeit originärer immaterieller Vermögenswerte aufgrund zusätzlicher Kriterien restriktiver. Hier muss die Möglichkeit bestehen, den Vermögenswert vom Unternehmen zu trennen und allein zu verwerten (separability), ferner darf er keine unbestimmbare Nutzungsdauer aufweisen (indeterminate lives). Damit besteht für selbst geschaffene immaterielle Vermögenswerte nur im Ausnahmefall die Möglichkeit der Aktivierung.

4. Zugangsbewertung (Initial measurement)

Nach HGB: Vermögensgegenstände des Anlagevermögens werden bei Zugang mit ihren Anschaffungs- oder Herstellungskosten aktiviert. Die Anschaffungskosten eines → derivativen Firmenwertes werden aus dem Kaufpreis für das übernommene Unternehmen abgeleitet. Erfolgt der Zugang im Rahmen eines Unternehmenserwerbs, gilt der → Verkehrswert als Anschaffungskosten.
Nach IAS/IFRS und US-GAAP: Die Zugangsbewertung erfolgt zu Anschaffungs- oder Herstellungskosten (historical costs) bzw. im Rahmen eines Unternehmenserwerbs zum → beizulegenden Zeitwert. Ein wesentlicher materieller Unterschied zum HGB besteht im größeren Umfang der aktivierungspflichtigen Herstellungskosten einschließlich anteiliger Gemeinkosten des Material-, Fertigungs- und fertigungsnahen Verwaltungsbereichs.

5. Folgebewertung (subsequent measurement)

Nach *HGB:* → Planmäßige Abschreibung des abnutzbaren Anlagevermögens: Nach §253 Abs. 2 HGB sind alle Vermögensgegenstände des Anlagevermögens, deren Nutzung zeitlich begrenzt ist, planmäßig nach einer bestimmten → Abschreibungsmethode abzuschreiben. Die zeitliche Nutzungsbegrenzung ergibt sich durch technischen oder wirtschaftlichen Verschleiß, oder durch Fristablauf bei bestimmten Nutzungsrechten. Der Abschreibungsplan muss die Zugangswerte auf die Geschäftsjahre verteilen, in denen der Vermögensgegenstand voraussichtlich genutzt werden kann. Aufgrund dieser wenig konkreten Regelung des HGB erfolgt die planmäßige Abschreibung im handelsrechtlichen Jahresabschluss meist nach der für die → Steuerbilanz zulässigen Abschreibungsmethoden des § 7 EStG über die Nutzungsdauer gemäß den → AfA-Tabellen der Finanzverwaltung. Je nach Vermögensgegenstand und Nutzenverbrauch kommen unterschiedliche Abschreibungsmethoden in Betracht, und zwar (1) die Abschreibung in gleichen Jahresraten oder → lineare Abschreibung, (2) die Abschreibung in fallenden Jahresraten oder → degressive Abschreibung, (3) die Abschreibung nach Maßgabe der Leistung oder Kombinationen von Methoden (→ leistungsabhängige Abschreibung). Für einen aktivierten → derivativen Firmenwert gelten spezifische Abschreibungsregeln.
Nach IAS/IFRS und US-GAAP: → Planmäßige Abschreibung des abnutzbaren Anlagevermögens: Begrifflich wird unterschieden zwischen → *amortization* (planmäßige Abschreibungen auf → immaterielle Vermögenswerte mit begrenzter Nutzungsdauer) und *depreciation* (planmäßige Abschreibungen auf Sachanlagen). Die Zugangswerte sind planmäßig auf die wirtschaftliche Nutzungsdauer zu verteilen. Es kommt grundsätzlich jede Abschreibungsmethode in Betracht, sofern sie dem wirtschaftlichen Nutzenverbrauch entspricht, und zwar die lineare (straight-line method), die degressive (diminishing balance method/declining balance method), die leistungsabhängige (sum-of-the-units method/units-of-production-method) Abschreibungsmethode oder Kombinationen. Falls der wirtschaftliche Nutzenverlauf nicht verlässlich bestimmt werden kann, ist die lineare Abschreibungsmethode anzuwenden. Steuerrechtliche Abschreibungen wie im Sinne des § 254 HGB sind nicht zulässig. Sowohl die Methode als auch die Nutzungsdauer sind regelmäßig zu überprüfen und gegebenenfalls anzupassen. Als Alternative (*allowed alternative treatment*) zum bevorzugten *benchmark treatment* , d. h. zur Folgebewertung mit fortgeführten Anschaffungs- oder Herstellungskosten (→ Anschaffungskostenmethode) kommt

nach den IAS/IFRS auch die Neubewertungsmethode in Betracht. Danach werden die Vermögenswerte zum Neubewertungsbetrag (revalued amount) abzüglich planmäßiger Abschreibungen auf der Basis des Neubewertungsbetrags, der über den ursprünglichen Zugangswerten liegen kann, angesetzt. Neubewertungsbetrag ist der → beizulegende Zeitwert (fair value), der sich aus einem aktiven Markt ergibt. Die Neubewertung muss für alle Vermögenswerte einer Gruppe erfolgen, so dass Saldierungseffekte auftreten können. Führt eine Neubewertung zu einem höheren Bilanzansatz, so ist die Differenz erfolgsneutral in eine Neubewertungsrücklage (revaluation surplus) einzustellen, es sei denn, eine frühere Wertminderung wird durch die Neubewertung rückgängig gemacht. Wertminderungen aus Neubewertung werden ggf. mit einer vorhandenen Neubewertungsrücklage erfolgsneutral verrechnet, andernfalls als Aufwand erfasst.

Nach HGB bzw. nach IAS/IFRS und US-GAAP: Zu → außerplanmäßigen Abschreibungen auf Vermögensgegenstände des Anlagevermögens sowie zu → Zuschreibungen bzw. zur → Wertaufholung siehe Literatur.

Hinweis

Zu den angrenzenden Wissensgebieten siehe → Abschlusserstellung nach US-GAAP, → Beteiligungscontrolling, → Bilanzanalyse, → Eigenkapital, → Finanzinnovationen, → Internationale Rechnungslegung nach IFRS, → Jahresabschluss nach deutschem Recht, → Jahresabschluss nach schweizerischem Recht, → Kapitalflussrechnung, → Kennzahlen, → Körperschaftsteuer, → Konzernabschluss, → Portfoliomanagement, → Risikocontrolling, → Rückstellungen, → Sonderbilanzen, → Steuerrecht, Internationales, → Swiss GAAP FER, → Umlaufvermögen, → Währungsmanagement, → Zinsmanagement.

Literatur: Baetge/Kirsch/Thiele: Bilanzen, 8. Auflage, Düsseldorf 2005; Buchholz, R.: Grundzüge des Jahresabschlusses nach HGB und IFRS, 3. Auflage, München 2005; Buchholz, R.: Internationale Rechnungslegung, 5. Auflage, Berlin 2005; Coenenberg, A. G.: Jahresabschluss und Jahresabschlussanalyse, 20. Auflage, Stuttgart 2005; Ditges/Arendt (Hrsg. Olfert): Internationale Rechnungslegung nach IFRS, 2. Auflage, Ludwigshafen 2006; Dusemond/Harth/Heusinger: Synopse zur Rechnungslegung nach IFRS und US-GAAP, Herne/Berlin 2005; Förschle/Holland/Kroner: Internationale Rechnungslegung, 6. Auflage, Heidelberg 2003; Grünberger/Grünberger: IAS/IFRS 2006, Herne/Berlin 2006; Grünberger/Grünberger: IAS/IFRS und US-GAAP 2004, 2. Auflage, Herne/Berlin 2004; Heno, R.: Jahresabschluss nach Handelsrecht, Steuerrecht und internationalen Standards (IAS/IFRS), 5. Auflage, Heidelberg 2006; Hufnagel/Holdt: Einführung in die Buchführung und Bilanzierung, 2. Auflage, Herne/Berlin 2005; Kirsch, H.: Einführung in die internationale Rechnungslegung nach IAS/IFRS, 3. Auflage, Herne/Berlin 2006; KPMG Deutsche Treuhand-Gesellschaft (Hrsg.): International Financial Reporting Standards, 3. Auflage, Stuttgart 2004; KPMG Deutsche Treuhand-Gesellschaft (Hrsg.): IFRS aktuell, 2. Auflage, Stuttgart 2006; KPMG Deutsche Treuhand-Gesellschaft (Hrsg.): Rechnungslegung nach US-amerikanischen Grundsätzen, 3. Auflage, Düsseldorf 2003; Ruhnke, K.: Rechnungslegung nach IFRS und HGB, Stuttgart 2005; Selchert/Erhardt: Internationale Rechnungslegung, 3. Auflage, München 2003.

Internetadressen: http://www.ax-net.de; http://www.iasb.org.; http://www.ifrs-portal.com; http://www.fasb.org; http://www.iascf.com; http://www.EFRAG.org; http://www.europa.eu.int/eurlex/de; http://www.drsc.de; http://www.fas-ag.de; http://www.standardsetter.de; www.kpmg.de/topics/IFRS.html; http://www.unternehmerinfo.de; http://www.de.ey.com; http://www.aicpa.org; http://www.sec.gov; http://www.idw.de

Website der Autoren: http://www.wirtschaft.fh-gelsenkirchen.de/Dozentenportal/wolfram-holdt/

Anlageverordnung

(abgek. AnlV; Versicherungswirtschaft). Gemäß § 54 Abs. 3 VAG präzisiert die AnlV die im → VAG postulierten Anlagegrundsätze für das gebundene Vermögen, um die Risiken der Kapitalanlagetätigkeit zu beschränken. Hierzu bedient sie sich qualitativer und quantitativer Anlagevorschriften. Die AnlV regelt insbesondere, in welche Kapitalanlageformen investiert werden darf und welche Höchstgrenzen für die einzelnen Anlageformen oder für einzelne Emittenten gelten. Auch werden Anforderungen zur Währung der Kapitalanlagen (Kongruenzregeln) und zu ihrer Belegenheit spezifiziert. Darüber finden sich in der AnlV Grundsätze des Anlagemanagements und Anforderungen an interne Kontrollverfahren, die der Qualitätssicherung dienen.

Siehe auch → Versicherungsbetriebslehre (mit Literaturangaben).

Internetadressen: http://www.bafin.de/verordnungen; http://www.bafin.de/gesetze

Anlegerpublikum
siehe → potenzielle Investoren, an die Wertpapiere verkauft werden können.

Anleihe
Eine Anleihe – in der Bankpraxis auch *verzinsliches Wertpapier*, *Schuldverschreibung*, *Obligation* oder *Gläubigerpapier* genannt – ist ein Wertpapier, das auf einen bestimmten → Nennbetrag lautet und ein Forderungsrecht verkörpert, das gegenüber dem → Emittenten der Anleihe geltend gemacht werden kann. Das dem Kreditgeber (Anleihekäufer) zustehende Forderungsrecht bezieht sich auf die Rückzahlung des gewährten Kreditbetrages und den Anspruch auf regelmäßige Zinszahlungen.

Das Instrument der Anleihe ist nicht auf Unternehmen einer bestimmten Rechtsform beschränkt. In der Praxis treten allerdings vorwiegend Großunternehmen, Kreditinstitute und öffentliche Institutionen als Emittenten auf, weil die Anleihe-Nebenkosten für kleinere Unternehmen zu hoch wären und diese die Bonitätsanforderungen nicht erfüllen. Aufgrund der vergleichsweise hohen Nebenkosten ist die → Emission einer Anleihe erst ab einer Größenordnung von mehreren Millionen Euro lohnend. Üblich sind Volumina von mehreren 100 Mio. Euro. Um die Unterbringungs- und Übertragungsmöglichkeiten zu erhöhen, werden Anleihen in Teilforderungen gestückelt, für die → Teilschuldverschreibungen ausgestellt werden. Gängige Anleihelaufzeiten liegen zwischen 10 und 20 Jahren. Anleihen können als → effektive Stücke gedruckt und auf Antrag an der Börse gehandelt werden. Durch ihre Börsenfähigkeit besitzen Anleihen eine hohe Fungibilität, da sie jederzeit über die Börse gekauft bzw. verkauft werden können.

Die Emission erfolgt auf dem Wege der → Selbstemission oder der → Fremdemission und meistens in Form von → Inhaberpapieren die zu → pari, → unter pari oder → über pari ausgegeben werden können. Zurückgezahlt werden Anleihen grundsätzlich zu pari. Die Tilgung kann in Form einer endfälligen Tilgung, per Auslosung oder durch den Rückkauf über die Börse erfolgen. Neuerdings finden sich aber auch Anleihen ohne Rückzahlungsverpflichtung (→ Ewige Anleihe).

Die Zinskosten einer Anleihe orientieren sich am Kapitalmarktzins im Ausgabezeitpunkt. Da Zinsen in der Regel nachschüssig gezahlt werden, können beim Anleiheerwerb → Stückzinsen anfallen. Der Nominalzins der Anleihe ist grundsätzlich über die gesamte Laufzeit festgeschrieben. Möglich ist aber auch eine variable Verzinsung (→ Floating Rate Note) oder der Verzicht auf einen laufenden Nominalzins (→ Zerobond). → Wandelanleihen, → Optionsanleihen und → Gewinnschuldverschreibungen gewähren neben den üblichen Forderungsrechten weitere Sonderrechte.

Anleihe der öffentlichen Hand
von Bund, Ländern, Gebietskörperschaften (Städte, Gemeinden, Landkreise) oder den Sondervermögen des Bundes (zum Beispiel der Bundesbahn) emittierte → Anleihe. Je nach → Emittent ist zwischen Bundesanleihen, Länderanleihen, Kommunalanleihen oder beispielsweise Bahnanleihen zu unterscheiden.

Anleihe, variable Verzinsung
siehe → Floating Rate Note.

Annexsteuer
ist eine → Zuschlagsteuer zur deutschen Einkommensteuer. Der ab 01.01.1995 erhobene *Solidaritätszuschlag* ist eine Annexsteuer zur → *Einkommensteuer* in Form einer Ergänzungsabgabe. Eine weitere Annexsteuer zur Einkommensteuer ist die *Kirchensteuer*. Sie wird von den steuerberechtigten Religionsgemeinschaften erhoben, aber von den staatlichen Finanzämtern verwaltet.

Annuität
(Investitionsrechnung)

Annuität
(in der *Investitionsrechnung*). Die Annuität gehört zu den klassischen Partialmodellen der dynamischen Investitionsrechnung (→ Investitionsrechnungen, dynamische).
Die Annuität a ist eine Folge von gleich hohen Zahlungen, sie ergibt sich durch Transformation des → Kapitalwerts C_0 mit Hilfe des Annuitätenfaktors ANF(i, T), wobei i der → Kalkulationszinssatz ist und T das Ende des Planungszeitraums kennzeichnet. Formal ergibt sich:

$$ a = C_0 \cdot \text{ANF}(i, T) \text{ mit } \text{ANF}(i, T) = \frac{i \cdot (1+i)^T}{(1+i)^T - 1} $$

Eine nach diesem Kriterium beurteilte *Einzelinvestition* ist vorteilhaft, wenn die Annuität größer Null ist. Bei der *Auswahlentscheidung* zwischen mehreren Investitionen ist diejenige zu wählen, die zu der größten positiven Annuität führt.
Siehe auch → Investitionsrechnungen (Investitionsentscheidungen), statische bzw. dynamische bzw. unter Unsicherheit sowie → Investitionswirtschaft, jeweils mit Literaturangaben.

Annuitätendarlehen
Kredit bei dem der Kreditnehmer konstante Raten zurückzahlt. Die als Annuität bezeichnete Rate setzt sich aus einem Zins- und einem Tilgungsanteil zusammen. Mit jeder Ratenzahlung wird ein Teil des Kreditbetrages getilgt, sodass die Zinsbelastung sinkt. Konstante Raten werden erreicht, indem der sinkende Zinsanteil durch einen steigenden Tilgungsanteil kompensiert wird. Der Tilgungsanteil erhöht sich also um die ersparten Zinsen.

Annuitätenfaktor
siehe → Annuität (Investitionsrechnung).

Annuitätentilgung
Formeln, siehe → Finanzmathematik, Abschnitt 2.c) (mit Literaturangaben).

Anordnungsbeziehungen
im Rahmen der → Netzplantechnik stellen ablauflogische Bedingungen zwischen zwei → Ereignissen, die nicht zum gleichen → Vorgang gehören dar.

Anpassungsformen
(in der → *Produktions- und Kostentheorie*) beschreiben die beiden wichtigsten Optionen der Anpassung an Beschäftigungsschwankungen, die → *zeitliche* und die → *intensitätsmäßige* Anpassung.
Da das geringst mögliche Kostenwachstum für einen steigenden → Output auf dem verbrauchsminimalen, optimalen → Leistungsgrad erreicht wird, werden alternative Ausbringungsmengen so weit wie möglich durch → *zeitliche* Anpassung, d.h. durch Konstanthalten des optimalen → Leistungsgrades und Voll- oder Unterauslastung des gegebenen Zeitrahmens hergestellt.
   Literatur: Zur Vertiefung siehe die Literaturangaben beim Schwerpunktstichwort → Produktions- und Kostentheorie (Univ.-Professor Dr. Reinhard Haupt).

Anpassungslernen
siehe → Single-loop learning.

Anpassungsstrategie
Strategie der → Preispolitik. Bei einer Preisanpassungsstrategie reagiert der Anbieter lediglich auf die Preisentscheidungen der Konkurrenten: Er kann versuchen, sich innerhalb der von der Konkurrenz gesetzten Rahmenbedingungen bestmöglich mit seinem Preis anzupassen, oder er hält im Sinne einer starren Reaktion einen bestimmten Preisabstand zu einem bestimmten Konkurrenten ein. Damit erübrigt

sich häufig die Notwendigkeit zu einer eigenständigen Preiskalkulation. Gegensatz: → Überlegenenheitsstrategie.
Einzelheiten und weitere Preisstrategien siehe → Preispolitik, Kapitel 3 (mit Literaturangaben).

Anreiz-Beitrags-Konzept
Ein Systemelement (eine Person oder eine Gruppe von Personen) wird solange an einer → Kooperation, z.B. einem → Distributionssystem, teilnehmen, wie es die Anreize, die es für seine geleisteten Beiträge aus dem System empfängt, subjektiv höher bewertet als den Nutzen, der durch die von ihm in das System eingebrachten Beiträge entgeht.
Siehe auch → Handelsbetriebslehre (mit Literaturangaben).

Anreize
stellen Leistungen dar, die von Seiten des Unternehmens angeboten werden, um Mitarbeiter zu zielgerichtetem Verhalten zu motivieren. Sie können auf verschiedene Weise differenziert werden: Steht die Anreizquelle im Vordergrund, erfolgt eine Unterscheidung in *intrinsische* und *extrinsische* Anreize. Während bei Ersteren die Arbeitstätigkeit selbst den Anreiz bietet, liegen extrinsische Anreize außerhalb der Tätigkeit. Daneben sind die Anreizempfänger ein Unterscheidungskriterium (Individual- und Gruppenanreize).
Etabliert hat sich vor allem die Differenzierung in materielle und immaterielle Anreize. Materielle Anreize sind im Wesentlichen entgeltbezogen und betreffen den Leistungslohn eines Mitarbeiters bzw. variable Entgeltbestandteile (z. B. Erfolgsbeteiligung, Vermögensbeteiligung). Immaterielle Anreize sollen nicht-materielle → Motive aktivieren; Anreizwirkung kann von Arbeitsinhalten, → Partizipation an Entscheidungen, Personalführung, Aus- und Weiterbildungsmöglichkeiten oder der → Unternehmenskultur ausgehen.
Siehe auch → Lohn- und Gehaltsmodelle und → Personalführung, jeweils mit Literaturangaben.

Anreizgerechtigkeit
Es ist von Bedeutung, dass → Anreizsysteme von den Anreizempfängern als gerecht empfunden werden, da Arbeitnehmer die ihnen gewährten → Anreize danach beurteilen, ob eine angemessene Relation zwischen dem Arbeitsinput (z.B. Qualifikationen, Erfahrung, Anstrengung) und dem Ertrag vorliegt. Kommt der Mitarbeiter zu der Einschätzung, ein ungerechtes Entgelt zu erhalten, können Demotivation und Leistungsreduktion oder sogar – wenn bessere Alternativen geboten sind – die Kündigung und der Arbeitsplatzwechsel die Folge sein. Jedoch besteht kein objektiver Maßstab für Gerechtigkeit, und Mitarbeiter sind in ihrem Gerechtigkeitsempfinden von subjektiven Kriterien geleitet. Siehe auch → Lohn- und Gehaltsmodelle und → Personalführung, jeweils mit Literaturangaben.

Anreizgestaltung
siehe → Anreizsystem.

Anreizsystem
(*Incentive System,* insbesondere in der → *Personalführung*) bildet die Summe aller im Wirkungsverbund bewusst gestalteten und aufeinander abgestimmten Stimuli (→ Anreize), die bestimmte Verhaltensweisen auslösen oder verstärken sollen. Anreizsysteme weisen verschiedene Funktionen auf: Akquisition und Bindung von Mitarbeitern sowie Erhöhung bzw. Erhalt ihrer (Leistungs-) → Motivation. Damit Anreizsysteme die erwünschten Wirkungen entfalten, müssen sie drei grundsätzlichen Anforderungen genügen: (1) In erster Linie sollte Anreizgewährung gerecht erfolgen (→ Anreizgerechtigkeit). (2) Nach dem Gleichheitsprinzip sind für gleiche Anforderungen und/oder gleiche Leistungen Anreize auf gleichem Niveau zu gewähren. (3) Die weitgehende Transparenz des Anreizsystems ist notwendig, damit die Anreize wahrgenommen werden und sich die erhofften verhaltenssteuernden Wirkungen bei den Mitarbeitern einstellen können. Siehe auch → Lohn- und Gehaltsmodelle und → Personalführung, jeweils mit Literaturangaben.
  Literatur: Becker, F.: Anreizsysteme als Führungsinstrumente, in: Kieser, A./Reber, G./Wunderer, R. (Hrsg.): Handwörterbuch der Führung, 2. Aufl., Stuttgart 1995, Sp. 34-45.

Anreizsysteme

(insbesondere im → *Beteiligungscontrolling*). Personelle Koordinationsinstrumente verknüpfen die Vergütung des Managements mit den Erfolgsgrößen des Unternehmens bzw. der Unternehmensgruppe. Auf diese Weise sollen die Interessen der Anteilseigner bzw. der Zentrale auf die Geschäftsführung bzw. das dezentrale Management übertragen werden, um den → Principal-Agent-Konflikt zu überwinden. Die Kosten der Anreizsysteme setzen sich aus dem Implementierungs- und Pflegeaufwand sowie den Prämien zusammen.

Neben der Leistungssteigerung dienen Anreizsysteme der Motivation zu einer vollständigen und wahrheitsgemäßen Berichterstattung. Letztere kann sich auf Entscheidungen über Vorgaben beziehen (z.B. Weitzmann-Schema, Anreizsystem nach Osband und Reichelstein) oder Entscheidungen über die Investitionsmittelverteilung betreffen (z.B. Groves-Schema und das Profit Sharing).

Siehe auch → Beteiligungscontrolling, → Lohn- und Gehaltsmodelle, → Managing Motivation und → Personalführung, jeweils mit Literaturangaben.

Literatur: Burger, A., Ulbrich, P.: Beteiligungscontrolling, München und Wien 2005, Kapitel IV; Friedl, B., Controlling, Stuttgart 2003, Kapitel 7.

Anreizsysteme

(insbesondere im → *Managing Motivation*) sind alle bewusst gestalteten Arbeitsbedingungen, die gewünschte Verhaltensweisen verstärken (positive → Anreize) und die Wahrscheinlichkeit des Auftretens unerwünschter Verhaltensweisen mindern sollen (negative → Anreize). Anreize können auf von außen kommende Belohnung und Bestrafung und damit die → extrinsische Motivation gerichtet sein (Managing Motivation). Sie können aber auch auf Arbeitsinhalte und damit die → intrinsische Motivation gerichtet sein. In diesem Fall geht es um Freude an der Arbeit (→ „Flow"-Erlebnis) oder um die Einhaltung von verinnerlichten Normen.

Siehe auch → Managing Motivation und → Personalführung, jeweils mit Literaturangaben.

Literatur: Frey, B.S., Osterloh, M. (Hrsg.): Managing Motivation. 2. Auflage, Wiesbaden 2002; Prendergast, C.: The Provision of Incentives in Firms, in: Journal of Economic Literature (1999), Vol. 37, (March), S. 7–63.

Ansässigkeit

(→ *Steuerrecht, Internationales*). Nach dem → OECD-Musterabkommen ist jemand dort ansässig, wo er entweder seinen → Wohnsitz bzw. den Mittelpunkt seiner Lebensinteressen oder seinen gewöhnlichen Aufenthalt hat. Bei juristischen Personen ist der Sitz oder der Ort der Geschäftsleitung bestimmend. Voraussetzung für die Anwendung eines → Doppelbesteuerungsabkommens (DBAs) ist, dass der Steuerpflichtige in mindestens einem der vertragsschließenden Staaten ansässig ist (= unbeschränkt steuerpflichtig; siehe auch → unbeschränkte Steuerpflicht). Ist der Steuerpflichtige in beiden Staaten ansässig, wird nach der → Tie-Breaker-Rule festgestellt, welcher Staat als → Ansässigkeitsstaat i.S.d. Abkommens gilt. Es gibt also nur einen Ansässigkeitsstaat im Sinne des DBAs.

Ansässigkeitsstaat

(→ *Steuerrecht, Internationales*) ist der Staat, in dem der Steuerpflichtige ansässig ist (siehe → Ansässigkeit).

Anschaffungskostenmethode

(*benchmark treatment*) bedeutet die Zugangsbewertung von Vermögensgegenständen mit Anschaffungs- oder Herstellungskosten und die Folgebewertung mit ggf. um → Abschreibungen verringerten fortgeführten Anschaffungs- oder Herstellungskosten. Siehe auch → Anlagevermögen (mit Literaturangaben).

Anschaffungswertprinzip

bedeutet, dass Wirtschaftsgüter nur höchstens mit ihren Anschaffungs- bzw. Herstellungskosten in der Bilanz ausgewiesen werden dürfen. Grundsätzlich gilt für den → *Jahresabschluss* und die → Steuerbilanz, dass die Vermögensgegenstände und die Verbindlichkeiten mit den Zahlungen anzusetzen sind, die das Unternehmen für die Beschaffung oder Herstellung geleistet hat. Das Anschaffungswertprinzip wird gem. § 253 HGB für Vermögensgegenstände durch das → Niederstwertprinzip, wonach der → niedrigere Marktpreis oder der beizulegende Wert angesetzt werden muss oder darf, und für Verbindlichkeiten durch das → Höchstwertprinzip, wonach der höhere Rückzahlungsbetrag anzusetzen ist, modifiziert.

Ansparabschreibung
Nach § 7g Abs. 3 bis 7 EStG gestattet der Gesetzgeber den Steuerpflichtigen in bestimmten Fällen, eine „steuerfreie Rücklage" (sog. Ansparabschreibung oder auch Ansparrücklage oder Investitionsrücklage genannt) zu bilden, durch die die Steuerbemessungsgrundlage im Jahr der Bildung der Rücklage gemindert wird. Die Rücklage ist später (i.d.R. im Jahr der entsprechenden Investition) gewinnerhöhend aufzulösen. Im Ergebnis findet bei konstanten Steuersätzen eine Steuerstundung statt, wodurch sich Zins- bzw. Liquiditätsvorteile (→ Zinseffekte) erzielen lassen. Werden für die Zukunft des Weiteren geringere Steuersätze erwartet, kommt es zusätzlich zu → Progressionseffekten. Existenzgründer genießen im Rahmen des § 7g EStG weitergehende Vergünstigungen.
Siehe auch → Steuerlehre, Betriebswirtschaftliche und → Steuerbilanzpolitik, jeweils (mit Literaturangaben).

Ansparrücklage
siehe → Ansparabschreibung.

Anticipatory Credit
siehe → Packing Credit.

Anti-Dilution Protection
(bei → *Venture Capital*). Verwässerungsschutz, vorkommend u.a. als Regelungselement des → Venture Capital-Beteiligungsvertrages einer Eigenkapitalfinanzierung mit Venture Capital.

Anti-Dilution-Klausel
(*Verwässerungsschutz-Klausel).* Vorkommend in Beteiligungsverträgen im Rahmen von → *Private Equity*, die einen Ausgleich zugunsten des Investors bei sinkender Bewertung in künftigen Finanzierungsrunden vorsehen.

Antizipative Posten
sind aktive oder passive Bilanzposten, die gebildet werden, wenn Zahlungsvorgänge in einem späteren Geschäftsjahr erfolgen als die sie begründenden Erfolgsvorgänge, z.B. Zahlungen im Geschäftsjahr 02 für Mietleistungen, die bereits vor dem Abschlussstichtag des Jahres 01 erbracht worden sind. Sie werden als "sonstige Forderungen" auf der Aktivseite ausgewiesen, wenn Erträge des Jahres 01 vor dem Abschlussstichtag noch nicht zu Einnahmen geführt haben; sie werden als "sonstige Verbindlichkeiten" auf der Passivseite ausgewiesen, wenn Aufwendungen des Jahres 01 vor dem Abschlussstichtag noch nicht zu Ausgaben geführt gaben.

Antragskompetenz
Die Antragskompetenz als Form der → Durchführungskompetenz beinhaltet das Recht, dass von einer anderen, hierzu befugten Stelle über einen bestimmten Sachverhalt entschieden wird. Siehe auch → Aufbauorganisation (mit Literaturangaben).

Anwartschaftsrecht
siehe → Eigentumsvorbehalt.

Anwendungsintegration
(*Enterprise Application Integration, EAI*). Die Anwendungsintegration umfasst sämtliche Methoden und Technologien, z.B. dedizierte Softwaresysteme (Integration-Server), sowie den übergeordneten Planungsprozess zur prozessorientierten Integration heterogener Softwaresysteme. Wird diese Integra-

tion über die Unternehmensgrenzen hinaus ausgedehnt, wird auch von → Inter Enterprise Integration bzw. → Business Process Integration gesprochen.

Die Integration von Geschäftsanwendungen ist eine wesentliche Voraussetzung für diverse Formen des → Electronic Commerce, so z.B. die → elektronische Beschaffung, die Partizipation an → elektronischen Märkten oder dem internetgestützten Vertrieb von Waren an Endkunden (→ B2C E-Commerce). In jedem Szenario müssen die betriebswirtschaftlichen Grundfunktionen (Auftragsverwaltung, Kundenverwaltung, Finanzbuchhaltung, etc.) vorhandener Geschäftsanwendungen für neue Geschäftsprozesse wieder- bzw. weiterverwendet werden.

Siehe auch → ERP-Systeme (mit Literaturangaben).

Literatur: Linthicum, D.: Enterprise Application Integration, San Francisco u.a. 2000.

Internetadressen: (Foren) http://www.eaiforum.de/, http://www.eai-forum.de/, http://eai.ittool box.com/.

Anwendungsprogramm

(auch: *Anwendung*) ist ein EDV-Programm zur Unterstützung von bestimmten Aufgaben, z.B. der Buchhaltung oder Fertigungssteuerung. Siehe auch → Programm.

Anwendungssystem

(*Unternehmenssoftware, Business Software, Enterprise Software*) stellt i.e.S. die Gesamtheit von Anwendungsprogrammen und zugehörigen Daten für ein konkretes Einsatzgebiet dar. In einer weiter gefassten Definition gehört zu einem Anwendungssystem auch das zugrunde liegende Basissystem, bestehend aus der Systemplattform mit Hardware und Systemsoftware sowie den zur Vernetzung der beteiligten Arbeitsplätze erforderlichen Kommunikationseinrichtungen.

Anwendungssysteme repräsentieren den automatisierten Teil von → Informations- und Kommunikationssystemen und werden in nahezu allen betrieblichen und institutionellen Funktionalbereichen, wie z.B. → Beschaffung, → Controlling und → Personalwesen, eingesetzt. Anwendungssysteme lassen sich u.a. nach den unterstützten betrieblichen Funktionen, nach den Branchen, in denen sie eingesetzt werden, nach dem Verwendungszweck, nach dem Leistungsumfang sowie nach dem Grad der Standardisierung klassifizieren.

Anhand des Verwendungszwecks werden operative Systeme, Führungssysteme und Querschnittssysteme unterschieden. Während *operative Systeme* Administrations- und Dispositionsaufgaben im operativen Bereich übernehmen, unterstützen *Führungssysteme* die verschiedenen Managementebenen bei der Planung und Kontrolle. *Querschnittssysteme*, wie z.B. Bürosysteme und wissensbasierte Systeme, können auf allen organisationalen Ebenen zum Einsatz kommen.

Siehe auch → Wirtschaftsinformatik, Grundlagen und → ERP-Systeme, jeweils mit Literaturangaben.

Anzahlungen, erhaltene

siehe → Erhaltene Anzahlungen (Bilanzierung).

Anzahlungen, geleistete

siehe → Geleistete Anzahlungen (Bilanzierung).

Anzahlungsgarantie

(1) i.A. gleichbedeutende Bezeichnungen: Advance Payment Guarantee, Prepayment Guarantee. In der Praxis hat sich der Ausdruck Anzahlungsgarantie als Oberbegriff sowohl für abzusichernde Anzahlungen als auch für abzusichernde Abschlagszahlungen, Zwischenzahlungen und Vorauszahlungen (im Sinne der Vorauszahlung des vollen Kaufpreises) eingebürgert. Zu Abschlagszahlungen, Zwischenzahlungen u.Ä. siehe auch → Progress Payment bzw. → Pro rata-Zahlung. (2) Die vom Verkäufer zu besorgende Anzahlungsgarantie einer Bank (→ Bankgarantie) sichert dem garantiebegünstigten Besteller die Rückzahlung der geleisteten Anzahlung, Vorauszahlung, Abschlagszahlung usw. für den Fall, dass der Verkäufer (der Empfänger der Anzahlung, Vorauszahlung usw.) seinen vertraglichen Verpflichtungen (insbesondere zur Lieferung und Leistung) nicht nachkommt.

AO
Abk. für (deutsche) → Abgabenordnung.

APB
Abk. für → Accounting Principles Board.

APBO
Abk. für → APB-Opinion(s).

APB-Opinions (APBO)
Rechnungslegungsstandards, die vom → Accounting Principles Board (APB) entwickelt wurden und die heute noch → US-GAAP darstellen, soweit sie nicht durch Verlautbarungen des → Financial Accounting Standards Board (FASB) außer Kraft gesetzt wurden.

APG
Abk. für → Ausfuhr-Pauschal-Gewährleistung des Bundes.

APG-light
Abk. für → Ausfuhr-Pauschal-Gewährleistung-light des Bundes.

Applikationsbibliothek
Als zweite zentrale Komponente eines → *Controlling-Informationssystems* wird neben dem Datenquellen das Methodenbanksystem angesehen. Es enthält die Applikationsbibliothek, eventuell vorhandene wissensbasierte Systeme sowie die Sammlung der Endbenutzerwerkzeuge. In der Applikationsbibliothek sind sämtliche in Algorithmen umgesetzte Methoden und Instrumente enthalten, die für ein zielgerichtetes Verarbeiten und Auswerten der in den Datenquellen vorhandenen Daten benötigt werden. Die enthaltenen Applikationen bilden zusammen mit den vorhandenen Daten somit die Basis für die von Controlling-Informationssystem verfolgte Unterstützung des → Controllings.

APS-Systems
Abk. für → Advanced Planning and Scheduling Systems.

Äquivalenzprinzip
(in der *Versicherungswirtschaft*) ist ein Prinzip der Prämienkalkulation und besagt, dass die Versicherungsprämie so zu kalkulieren ist, dass sie dem Erwartungswert der Versicherungsleistung entspricht. In die erwartete Versicherungsleistung gehen dann neben den erwarteten Risikokosten auch Betriebskosten, Rückversicherungs- und Kapitalkosten ein. Das Äquivalenzprinzip kann auf ein einzelnes Risiko (individuelles Äquivalenzprinzip) oder auf ein Kollektiv (kollektives Äquivalenzprinzip) bezogen werden. In seiner engen Auslegung, bei der die Prämie dem Schadenerwartungswert zu entsprechen hat, bezeichnet man es auch als versicherungstechnisches Äquivalenzprinzip.
Siehe auch → Versicherungsbetriebslehre (mit Literaturangaben).

Äquivalenzziffernkalkulation
Verfahren der *Kalkulation,* das bei Betrieben der Sorten- und Serienfertigung zur Anwendung kommt. Die Äquivalenzziffern drücken die konstanten Kostenrelationen zwischen den einzelnen Sorten aus, welche sich aus der Intensität der Ressourceninanspruchnahme (z.B. Rohstoffpreise, Maschinenlaufzeiten, Bearbeitungszeiten, Lagerdauern) begründen. Die Kostenrelationen werden auf eine sog. Einheitssorte bezogen, die mit der Äquivalenzziffer Eins indiziert wird. Hierbei handelt es sich in der Praxis entweder um die kostengünstigste Basisvariante oder um den Hauptumsatzträger.
Durch fiktive Umrechnung der Kosten des Produktprogramms über alle Sorten auf die Einheitssorte lassen sich die Stückkosten der Einheitssorte ermitteln, aus denen unter Zuhilfenahme der zuvor festgelegten Äquivalenzziffern die Kosten der übrigen Sorten abgeleitet werden.

Äquivalenzziffern können für Produkte als Ganzes (einstufige Äquivalenzziffernkalkulation) oder für einzelne Kostenblöcke wie Personal-, Material- oder Kapitalkosten separat (mehrstufige Äquivalenzziffernkalkulation) festgelegt werden.
Siehe auch → Kalkulation, → Zuschlagskalkulation sowie → Kostenstellenrechnung (mit Literaturangaben).

ARA
Abk. für → Altstoff Recycling Austria AG.

ARB
Abk. für → Accounting Research Bulletin(s).

Arbeit, dispositive
siehe → dispositive Arbeit.

Arbeit, elementare
siehe → elementare Arbeit.

Arbeit, menschliche
siehe → menschliche Arbeit.

Arbeitgeber
jede natürliche Person, Personengesellschaft oder juristische Person des privaten oder öffentlichen Rechts, die mindestens einen → Arbeitnehmer beschäftigt. Siehe auch → Arbeitsrecht (mit Literaturangaben).

Arbeitgeberverband
Zusammenschluss von Unternehmen bestimmter Regionen und Branchen zur Wahrung und Durchsetzung ihrer wirtschaftlichen und sozialen Interessen. Da Arbeitgeberverbände tariffähig sind, ist Hauptaufgabe der Arbeitgeberverbände der Abschluss von → Tarifverträgen zur Schaffung einheitlicher Arbeits- und Lohnbedingungen für die verbandsangehörigen Unternehmen; darüber hinaus unterstützen Arbeitgeberverbände ihre Mitgliedsunternehmen in rechtlichen Fragen, übernehmen die Prozessvertretung vor dem Arbeitsgericht und beschäftigen sich mit der Bildungs- und Öffentlichkeitsarbeit.
Siehe auch → Arbeitsrecht (mit Literaturangaben).

Arbeitnehmer
Person, die auf Grundlage eines privatrechtlichen Vertrags (→ Arbeitsvertrag) zur Verrichtung von Arbeit im Dienste eines anderen verpflichtet ist. Ob ein Vertragsverhältnis als → Arbeitsvertrag anzusehen ist und damit dem besonderen arbeitsrechtlichen Schutz unterliegt, richtet sich in erster Linie nach den bestehenden Weisungsrechten des Arbeitgebers und damit nach der persönlichen Abhängigkeit des Arbeitnehmers, die ihn von freien Dienstleistenden unterscheidet. Innerhalb der Arbeitnehmerschaft lassen sich bestimmte Statusgruppen unterscheiden, wie z.B. leitende Angestellte, kaufmännische, technische oder gewerbliche Arbeitnehmer sowie Arbeiter.
Siehe auch → Arbeitsrecht (mit Literaturangaben).
Literatur: Schaub, Arbeitsrechtshandbuch, 11. Auflage, München 2005.

Arbeitnehmerähnliche Person
Werkunternehmer oder dienstleistende Person, die aufgrund ihrer wirtschaftlichen Abhängigkeit von einem Auftraggeber ähnlich einem → Arbeitnehmer schutzbedürftig ist. Folge dieses Status ist, dass auch arbeitnehmerähnliche Personen einen Anspruch auf bezahlten Erholungsurlaub haben (§ 2 BUrlG), sie unter die Geltung eines → Tarifvertrags fallen können (§ 12 a TVG) und die Zuständigkeit der Arbeitsgerichtsbarkeit (§ 5 ArbGG) besteht. Siehe auch → Arbeitsrecht (mit Literaturangaben).

Arbeitnehmerüberlassung
gelegentliche („echte Arbeitnehmerüberlassung") oder gewerbsmäßige („unechte Arbeitnehmer-überlassung") Ausleihe eines Arbeitnehmers an einen anderen Arbeitgeber. Folge der Arbeitübernehmerüberlassung ist die Entstehung eines Dreiecksverhältnisses zwischen dem Verleiher, der auch weiterhin Arbeitgeber des Leiharbeitnehmers bleibt, dem Leiharbeitnehmer, der seine Arbeit nach Weisungen des Entleihers zu erbringen hat, und dem Entleiher, der mittels eines Arbeitnehmerüberlassungsvertrags mit dem Verleiher verbunden ist.
Wird ein Arbeitnehmer ausschließlich zum Zwecke der Leiharbeit eingestellt und gewerbsmäßig Dritten zur Arbeitsleistung überlassen, bedarf die Arbeitnehmerüberlassung gemäß § 1 Arbeitnehmerüberlassungsgesetz (AÜG) der Erlaubnis, fehlt diese, gilt gemäß § 10 Abs. 1 AÜG ein Arbeitsverhältnis zwischen Leiharbeitnehmer und Entleiher als zustande gekommen.
Darüber hinaus ist der Entleiher verpflichtet, dem Leiharbeitnehmer das gleiche Arbeitsentgelt zu gewähren wie den eigenen Stammarbeitnehmern, es sei denn, der Leiharbeitnehmer war vor Aufnahme des Leiharbeitsverhältnisses arbeitslos oder ein Tarifvertrag enthält eine abweichende Regelung (§§ 3 Abs. 1 Nr. 3, 9 Nr. 2 AÜG).
Siehe auch → Arbeitsrecht (mit Literaturangaben).
    Literatur: Dieterich, T.; Müller-Glöge, R.; Preis, U.; Schaub, G. (Hrsg.): Erfurter Kommentar zum Arbeitsrecht, 5. Auflage, München 2005; Hromadka, W.; Maschmann, F.: Arbeitsrecht, Band 1 Individualarbeitsrecht, 3. Auflage, Berlin 2005; Preis, U.: Arbeitsrecht Praxis-Lehrbuch zum Individualarbeitsrecht, 2. Auflage, Köln 2003; Schaub, G. (Hrsg.): Arbeitsrechtshandbuch, 11. Auflage, München 2005.

Arbeitsanalyse
Mit Hilfe von Verfahren der Arbeitsanalyse werden die Tätigkeitsinhalte sowie die Anforderungen der einzelnen Arbeitsplätze ermittelt. Siehe auch → Lohn- und Gehaltsmodelle sowie → Ablauforganisation, jeweils mit Literaturangaben.

Arbeitsbereitschaft
besondere Form der → Arbeitzeit, bei der der → Arbeitnehmer, der tatsächlich nicht arbeitet, an der Arbeitsstelle anwesend sein muss, um jederzeit in den Arbeitsprozess eingreifen zu können. Die Arbeitsbereitschaft zählt zur Arbeitszeit, kann bei Vorliegen einer entsprechenden Vereinbarung aber geringer entlohnt werden, um der geringeren Belastung des Arbeitnehmers Rechnung zu tragen.
Siehe auch → Arbeitsrecht (mit Literaturangaben).

Arbeitsbewertung
Bewertung der Arbeitsanforderungen einer Stelle mit Hilfe von summarischen und analytischen Verfahren. Siehe auch → Lohn- und Gehaltsmodelle (mit Literaturangaben).

Arbeitsbewertung, analytische
siehe → Genfer Schema; zu den Verfahren der analytischen Arbeitsbewertung siehe → Rangreihenverfahren und → Wertzahlverfahren; siehe auch → Lohn- und Gehaltsmodelle (mit Literaturangaben).

Arbeitsdirektor
im Montan-Mitbestimmungsgesetz, Mitbestimmungs-Ergänzungsgesetz sowie im Mitbestimmungsgesetz vorgesehene Position im Vorstand bzw. in der Geschäftsführung der mit den genannten Gesetzen erfassten Unternehmen. Als gleichberechtigtes Vorstands- bzw. Geschäftsführungsmitglied hat der Arbeitsdirektor die Aufgabe, die sozialen und personalen Interessen der Arbeitnehmer zu wahren (Montan-Mitbestimmungsgesetz und Mitbestimmungs-Ergänzungsgesetz) bzw. zu berücksichtigen (Mitbestimmungsgesetz). Siehe auch → Mitbestimmung.

Arbeitsgemeinschaft der öffentlich-rechtlichen Rundfunkanstalten der Bundesrepublik Deutschland (ARD)
siehe → Rundfunk, Öffentlich-rechtlicher.

Arbeitskampf

Ausübung kollektiven Drucks durch Arbeitnehmer oder Arbeitgeber auf den sozialen Gegenspieler zur Erzwingung einer Regelung der Arbeits- und Wirtschaftsbedingungen (→ Tarifvertrag).

Wichtigste Kampfmaßnahme auf Seiten der *Arbeitnehmer* ist der → Streik, der in verschiedenen Ausformungen (→ Warnstreik, → Schwerpunktstreik, → Bummelstreik) auftreten kann und bei dem durch das kollektive Vorenthalten der Arbeitsleistung Störungen im Betriebsablauf herbeigeführt werden, die eine Fortsetzung der Betriebstätigkeit erschweren oder gänzlich verhindern. Wichtigstes Kampfmittel der *Arbeitgeber* ist demgegenüber die → Aussperrung, mittels derer ein Arbeitskampf begonnen werden kann („Angriffsaussperrung") oder die zur Abwehr von Streikmaßnahmen („Abwehraussperrung") dient und durch die arbeitswillige Arbeitnehmer planmäßig an der Erbringung der Arbeitsleistung durch Fernhalten von der Betriebsstätte gehindert werden, was gleichzeitig zu einem Verlust ihres Vergütungsanspruches führt.

Das Führen eines Arbeitskampfes ist Teil der in Art. 9 Abs. 3 Grundgesetz verankerten Koalitionsfreiheit (→ Arbeitsrecht) und berechtigt – soweit der Arbeitskampf rechtmäßig und das Kampfmittel angemessen ist – zu einer bewussten und zielgerichteten Schädigung des sozialen Gegners, ohne Schadensersatzansprüchen ausgesetzt zu sein.

Siehe auch → Arbeitsrecht (mit Literaturangaben).

Literatur: Hromadka, W.; Maschmann, F.: Arbeitsrecht, Band 2 Kollektivarbeitsrecht und Arbeitsstreitigkeiten, 3. Auflage, Preis, U.: Arbeitsrecht Praxis-Lehrbuch zum Kollektivarbeitsrecht, Köln 2003.

Arbeitspakete

(z.B. beim *Projektmanagement*) sind die im → Arbeitsstrukturplan aufgeführten Teile (Teilprojekte, Unterprojekte, Teilaufgaben) eines Projekts. Teilweise werden auch nur die AP der untersten Ebene als Arbeitspaket bezeichnet.

Folgende Kriterien sollte ein sinnvolles Arbeitspaket erfüllen: wohldefinierte Ziele und Aufgaben, wohldefiniertes Ergebnis in Form eines Abschlussdokuments, einer Abschlusspräsentation oder am besten eines → Reviews bzw. Audits, wohldefinierte Voraussetzungen, zuordenbar an eine Person oder an eine einfach zu definierende Gruppe.

Siehe auch → Projektmanagement (mit Literaturangaben).

Arbeitsprobe

Arbeitsproben (als Instrument der → Personalauswahl) kommen der realen Aufgabe sehr nahe und können daher zuverlässige Information über die Eignung einer Person geben. Das Problem dabei ist, dass sachlogisch keine standardisierten Arbeitsproben geben kann, das heißt, die Arbeitsproben müssen für jede Stelle entwickelt werden. Sie sind damit von der Entwicklung und Durchführung recht aufwändig. Sie bieten aber auch einen hohen Zusatznutzen, weil die Bewerbenden den Sinn der Arbeitsprobe unmittelbar erkennen, Informationen über die Stelle und ev. das Unternehmen gewinnen und so oftmals auch noch Kontakte mit zukünftigen Kollegen ermöglicht werden.

Siehe auch → Personalauswahl, Instrumente und die dort angegebene Literatur.

Arbeitsrecht

Arbeitsrecht

von Professor Dr. Andreas Schmidt-Rögnitz
Fachhochschule für Technik und Wirtschaft (FHTW) Berlin

1. Begriff

Das Arbeitsrecht bezeichnet das Sonderrecht der abhängig Beschäftigten. Da → Arbeitnehmer, anders als „freie Dienstleistende", aufgrund ihrer persönlichen Abhängigkeit vom → Arbeitgeber besonders schutzbedürftig sind, hat sich das Arbeitsrecht – einhergehend mit der fortschreitenden Industrialisierung und den damit verbundenen wirtschaftlichen und sozialen Umwälzungen seit Beginn des 19. Jahrhunderts – als eigenständiges Rechtsgebiet entwickelt und umfasst alle Normen, die sich mit der individuellen Beziehung zwischen einem Arbeitnehmer und seinem Arbeitgeber („Individualarbeitsrecht"), dem Recht der Organisation und Verbände und ihrem Verhältnis zueinander ("kollektives Arbeitsrecht"), dem Schutz der Arbeitnehmer am Arbeitsplatz („Arbeitsschutzrecht") sowie der Durchführung und Erledigung von Arbeitsstreitigkeiten („Arbeitsgerichtsbarkeit") beschäftigen. Die zentrale Figur des Arbeitsrechts ist dabei der Arbeitnehmer, der wirtschaftlich auf die Verwertung seiner Arbeitskraft angewiesen ist und nicht, wie ein Unternehmer, durch eine eigenverantwortliche Teilnahme am Marktgeschehen seinen Unterhalt erwirbt. Aufgrund dieser besonderen Stellung und der existenziellen Bedeutung, die das Arbeitsverhältnis für den Arbeitnehmer hat, bezweckt das Arbeitsrecht vorrangig den Schutz des Arbeitnehmers im laufenden Arbeitsverhältnis sowie vor einem ungerechtfertigten Verlust des Arbeitsplatzes. Mit diesen Aufgaben steht das Arbeitsrecht traditionell in einer engen Beziehung zum Sozialversicherungsrecht, durch das die wirtschaftliche Existenz auch dann abgesichert wird, wenn der Arbeitnehmer aufgrund Krankheit, Unfall oder Alter nicht arbeitsfähig ist oder infolge Arbeitslosigkeit über keinen adäquaten Arbeitsplatz verfügt.

2. Teilbereiche des Arbeitsrechts

a) Individualarbeitsrecht

Der Kernbereich des Arbeitsrechts wird durch das Individualarbeitsrecht gebildet, das sich mit dem Rechtsverhältnis zwischen einem einzelnen Arbeitnehmer und seinem Arbeitgeber beschäftigt, darüber hinaus aber auch die rechtlichen Beziehungen zwischen einem Arbeitnehmer und seinen Kollegen bzw. Dritten beschreibt. Grundlage des Individualarbeitsrechts sind die Bestimmungen der §§ 611 ff. BGB, die sich mit dem → Arbeitsvertrag als der zentralen Verbindung zwischen dem Arbeitnehmer und seinem Arbeitgeber auseinandersetzen sowie eine Vielzahl spezieller Regelungen, die einzelne Fragen im Zusammenhang mit dem Abschluss, der Durchführung, dem Übergang und der Beendigung von Arbeitsverhältnissen regeln. Auch wenn insoweit vielfältige Besonderheiten bestehen, die das Arbeitsverhältnis von anderen Schuldverhältnissen unterscheiden und zum Schutze des Arbeitnehmers oftmals zwingend zu beachten sind (vgl. z.B. die Bestimmungen zur → Entgeltfortzahlung im Krankheitsfall, zur Gewährung von Erholungsurlaub oder zum → Kündigungsschutz), folgt das privatrechtlich strukturierte Individualarbeitsrecht dem Grundsatz der Vertragsfreiheit, der für das gesamte Zivilrecht prägend ist.

b) Kollektives Arbeitsrecht

Während sich das Individualarbeitsrecht mit der privatrechtlichen Beziehung zwischen einem einzelnen Arbeitnehmer und seinem Arbeitgeber beschäftigt, regelt das kollektive Arbeitsrecht das Recht der Koalitionen (Gewerkschaften und Arbeitgeberverbände) und deren Möglichkeit, über den Abschluss von → Tarifverträgen allgemeingültige Regelungen für die daran gebundenen Arbeitsverhältnisse zu schaffen. Das kollektive Arbeitsrecht regelt ferner das Recht des → Arbeitskampfs sowie das → Mitbestimmungsrecht, das die betriebliche Mitbestimmung und die → Unternehmensmitbestimmung umfasst. Grundlage des kollektiven Arbeitsrechts ist die Erkenntnis, dass vor allem die Arbeitnehmer ihre jeweiligen Interessen oftmals nur durch den Zusammenschluss mit anderen Arbeitnehmern umsetzen können und daher berechtigt sein müssen, durch die Bildung von Koalitionen und den Abschluss von Tarifverträgen ihre maßgeblichen Arbeitsbedingungen mit den Arbeitgebern oder deren Verbänden auszuhandeln. Indem die Arbeitnehmer darüber hinaus durch das kollektive Arbeitsrecht an der Ausgestaltung der Arbeitsbedingungen im → Betrieb und → Unternehmen beteiligt werden und im gleichen Maße die Leitungsmacht des Arbeitgebers eingeschränkt wird, soll ein für alle Beteiligten akzeptables Maß an Schutz und Rechtssicherheit erreicht werden.

c) Arbeitsschutzrecht

Um einen effektiven Schutz der Arbeitnehmer am Arbeitsplatz zu gewährleisten und dies nicht allein dem einzelnen Arbeitnehmer oder seinen Vertretungen zu überlassen, richtet sich das zum öffentlichen Recht zählende Arbeitsschutzrecht an den Arbeitgeber und unterwirft ihn dem technischen und sozialen Arbeitsschutz, der durch die zuständigen Behörden überwacht und gegebenenfalls zwangsweise durchgesetzt wird. Hierzu zählen beispielsweise das Arbeitsschutzgesetz, das Arbeitssicherheitsgesetz und das Arbeitszeitgesetz, die für die ganz überwiegende Mehrheit der Arbeitnehmer gelten und die einen Schutz vor Gefahren und einer Überforderung am Arbeitsplatz gewährleisten sollen, sowie die speziellen Regelungen des Jugendarbeitsschutzes, des Schwerbehindertenschutzes sowie des Mutterschutzes, die auf gesteigerte Gefahren für besonders schutzbedürftige Personengruppen reagieren.

d) Recht des arbeitsrechtlichen Verfahrens

Zum Arbeitsrecht zählt schließlich das im Arbeitsgerichtsgesetz (ArbGG) enthaltene Verfahrensrecht, das die allgemeinen prozessualen Vorschriften der Zivilprozessordnung teilweise durch spezielle Regelungen ersetzt und an die Besonderheiten des Arbeitsrechts anpasst. Gewährleistet wird der Rechtsschutz durch die mit einem Berufsrichter und zwei ehrenamtlichen Richtern – je einem aus dem Kreis der Arbeitnehmer und der Arbeitgeber – besetzten Arbeitsgerichte, die ebenfalls einen Berufsrichter und zwei ehrenamtliche Richter umfassenden Landesarbeitsgerichte und das in Erfurt ansässige Bundesarbeitsgericht, dessen Senate mit jeweils drei Berufsrichtern und zwei ehrenamtlichen Richtern besetzt sind.

3. Rechtsquellen

Obwohl das Arbeitsrecht in der Wirtschaftsverfassung eine zentrale Position einnimmt, ist es bis heute nicht in einem einheitlichen Gesetzeswerk zusammengefasst. Seine Grundlagen findet es vielmehr in den allgemeinen Bestimmungen des Zivilrechts und hier vor allem in den Regelungen des Bürgerlichen Gesetzbuches (BGB) sowie einer Vielzahl von Spezialgesetzen, die einzelne Teilbereiche des Arbeitsrechts normieren. Eine Besonderheit des Arbeitsrechts besteht ferner darin, das es – anders als andere Rechtsgebiete – nicht nur auf Gesetzen des Bundes oder der Länder basiert, sondern unterschiedliche Rechtsquellen kennt, bei denen die jeweils ranghöhere Rechtsquelle der rangniedrigen Norm vorgeht, es sei denn, dass diese für den Arbeitnehmer günstiger ist (→ Günstigkeitsprinzip). Im einzelnen sind folgende Rechtsquellen zu unterscheiden:

a) internationales und supranationales Recht

Wie andere Rechtsgebiete auch, wird das Arbeitsrecht in zunehmenden Maße von supranationalem Recht geprägt, zu dem neben dem Recht der Europäischen Union (EG-Vertrag, Verordnungen und Richtlinien) eine Reihe völkerrechtlicher Verträge (Europäische Sozialcharta, Europäische Menschenrechtskonvention) sowie internationaler Übereinkommen (insbesondere die Übereinkommen der → International Labour Organisation – ILO) zählen.

b) Grundgesetz

Eine wesentliche Rolle im Arbeitsrecht spielen die im Grundgesetz normierten Grundrechte. Zwar gelten diese im privatrechtlichen Verhältnis zwischen Arbeitgeber und dem Arbeitnehmer nicht unmittelbar, da sie in erster Linie Abwehrrechte des Bürgers gegenüber dem Staat darstellen, doch entfalten sie nach zutreffender Ansicht im Arbeitsrecht eine „mittelbare Drittwirkung", so dass die in den einzelnen Regelungen enthaltenen „unbestimmten Rechtsbegriffe" und Generalklauseln (z.B. der Begriff der „Sittenwidrigkeit" oder das Gebot von Treu und Glauben) entsprechend auszuformen sind. Darüber hinaus enthält das Grundgesetz aber auch direkt im Arbeitsrecht wirkende Normen, wie das in Art. 20, 28 GG verankerte Sozialstaatsgebot oder die in Art. 9 Abs. 3 GG garantierte Koalitionsfreiheit, die die Bildung von Gewerkschaften und Arbeitgeberverbänden und deren Betätigung erlaubt.

c) Gesetze des Bundes und der Länder

Da die Gesetzgebung auf dem Gebiet des Arbeitsrechts gemäß Art. 74 Abs. 1 Nr. 12 GG dem Bund zugewiesen ist, soweit es die Herstellung oder Bewahrung gleichwertiger Lebens- und Wirtschaftsverhältnisse im Bundesgebiet erfordert, fußt das Arbeitsrecht, bei dem dieses Erfordernis fast durchweg besteht, nahezu ausschließlich auf Gesetzen des Bundes. Landesgesetzliche Regelungen sind daher nur vereinzelt gegeben und betreffen nur die Festlegung gesetzlicher Feiertage und die Gewährung von Bildungsurlaub in einigen Bundesländern.

d) Verordnungen

Aufgrund der Dichte der gesetzlichen Regelungen werden nur wenige Bereiche des Arbeitsrechts durch Verordnungen normiert. Zu nennen sind beispielsweise die Wahlordnungen im Bereich der Betriebsverfassung und der Unternehmensmitbestimmung sowie verschiedene Verordnungen zum technischen Arbeitsschutz.

e) Tarifverträge

Wesentliche Bedeutung im Bereich des Arbeitsrechts haben → Tarifverträge, durch die insbesondere die Hauptpflichten im Arbeitsverhältnis – die Arbeitspflicht des Arbeitnehmers und die Lohnzahlungspflicht des Arbeitgebers – inhaltlich ausgestaltet werden. Gegenstand eines Tarifvertrags können aber auch betriebsverfassungsrechtliche und betriebliche Normen sein, durch die beispielsweise Einzelheiten der betrieblichen Mitbestimmung oder Modalitäten der Arbeitszeiterfassung geregelt werden. Schließlich können auf der Grundlage von Tarifverträgen auch gemeinsame Einrichtungen der Tarifvertragsparteien geschaffen werden, wie beispielsweise eine Urlaubskasse.

f) Betriebsvereinbarungen/Betriebsabsprache

Unabhängig von den Tarifvertragsparteien können auch die Betriebspartner – der Arbeitgeber und der Betriebsrat – verbindliche Regelungen für den Bereich eines Betriebs schaffen, wobei als Regelungsinstrumentarien die → Betriebsvereinbarung und die → Betriebsabsprache zur Verfügung stehen. Bei der Betriebsvereinbarung handelt es sich um eine formale Vereinbarung zwischen Arbeitgeber und Betriebsrat, die – vergleichbar einem Tarifvertrag – unmittelbar und zwingend auf die ihr unterworfenen Arbeitsverhältnisse einwirkt, während eine Betriebsabsprache allein den Arbeitgeber und Betriebsrat bindet, soweit ihr Inhalt nicht im Rahmen der einzelnen Arbeitsverträge gegenüber den betroffenen Arbeitnehmern umgesetzt wird.

g) Arbeitsvertrag

Da Arbeitsverhältnisse – wie andere Schuldverhältnisse auch – für ihren Bestand regelmäßig einen wirksamen Vertrag voraussetzen, spielt der Arbeitsvertrag als Grundlage für die rechtliche Bindung zwischen Arbeitnehmer und Arbeitgeber eine zentrale Rolle. Hingegen ist seine Funktion als Quelle arbeitsrechtlicher Regelungen in der Praxis oftmals begrenzt, da sich der Inhalt des Arbeitsverhältnisses häufig aus kollektivrechtlichen Vereinbarungen oder zwingenden gesetzlichen Regelungen ergibt. Als Rechtsquelle ist der Arbeitsvertrag daher in der Regel nur dann maßgeblich, wenn ein Arbeitsverhältnis weder von einem → Tarifvertrag noch von einschlägigen → Betriebsvereinbarungen erfasst wird oder zusätzliche Vereinbarungen getroffen werden, die die genannten Regelungswerke ergänzen bzw. für den Arbeitnehmer günstiger sind (Günstigkeitsprinzip); siehe auch → Arbeitsvertrag.

h) betriebliche Übung/Gesamtzusage

Ergänzt werden die arbeitsvertraglichen Abmachungen oftmals durch „betriebliche Übungen" und „Gesamtzusagen", mit denen vertrauenschaffende Maßnahmen des Arbeitgebers einen vertragsfesten Charakter bekommen. Um eine betriebliche Übung handelt es sich, wenn der Arbeitgeber durch die wiederholte Vornahme eines bestimmten Verhaltens bei seinen Arbeitnehmern ein Vertrauen dahingehend schafft, dass dieses Verhalten auch in Zukunft beibehalten werden wird. Zahlt also beispielsweise ein Arbeitgeber in drei aufeinander folgenden Jahren seinen Arbeitnehmern Weihnachtsgeld, ohne die Leistung unter einen eindeutigen Widerrufsvorbehalt zu stellen, gewinnen die Arbeitnehmer für die folgenden Jahre einen entsprechenden Anspruch, da ihre Arbeitsverträge um die betriebliche Übung ergänzt wurden.

Ähnlich ist es aber auch im Fall einer Gesamtzusage, bei der der Arbeitgeber ein bestimmtes Verhalten – beispielsweise durch einen Aushang am schwarzen Brett – ausdrücklich ankündigt und seinen Arbeitnehmern damit ein Angebot auf Änderung der Arbeitsverträge anbietet, das diese durch die stillschweigende Entgegennahme der Leistung annehmen.

i) Weisungs- und Direktionsrecht

In der Normenhierarchie an unterster Stelle, aber praktisch sehr bedeutsam ist schließlich das Weisungs- oder Direktionsrecht des Arbeitgebers. Da die vom Arbeitnehmer zu verrichtende Tätigkeit im Arbeitsvertrag naturgemäß nur schematisch und in Umrissen beschrieben werden kann, dient das Weisungsrecht zur Konkretisierung der tatsächlich zu erfüllenden Aufgaben und drückt gleichzeitig die persönliche Abhängigkeit des Arbeitnehmers aus. Aufgrund der Stellung im arbeitsrechtlichen Normengefüge wird allerdings deutlich, dass der Arbeitgeber sein Weisungsrecht nur innerhalb des vom Arbeitsvertrag eröffneten Rahmens ausüben kann und zudem gemäß § 106 Gewerbeordnung höherrangige Bestimmungen zu beachten hat, soweit diese zwingend wirken bzw. nicht unterschritten werden dürfen.

Hinweise

- Zu den vertiefenden Wissensgebieten siehe u.a. → Arbeitnehmer, → Arbeitnehmerüberlassung (Leiharbeit), → Arbeitskampf, → Arbeitsvertrag, → Arbeitszeit, → Betriebliche Mitbestimmung, → Betriebliche Übung, → Betriebsabsprache, → Betriebsrat, → Betriebsvereinbarung, → Betriebsversammlung, → Günstigkeitsprinzip, → Kündigungsschutz, → Kurzarbeit, → Sozialplan, → Tarifkonkurrenz, → Tarifpartner, → Tarifpluralität, → Tarifvertrag, → Unternehmensmitbestimmungsrecht.

- Zu den angrenzenden Wissensgebieten siehe → Lohn- und Gehaltsmodelle, → Managing Motivation, → Outsourcing, → Personalauswahl, → Personalentwicklung, → Personalführung, → Personalmanagement, → Personalmanagement, Internationales.

Literatur: Dieterich, T.; Müller-Glöge, R.; Preis, U.; Schaub, G. (Hrsg.): Erfurter Kommentar zum Arbeitsrecht, 6. Auflage, München 2006; Hromadka, W.; Maschmann, F.: Arbeitsrecht, Band 1 Individualarbeitsrecht, 3. Auflage, Berlin 2005; Hromadka, W.; Maschmann, F.: Arbeitsrecht, Band 2 Kollektivarbeitsrecht und Arbeitsstreitigkeiten, 3. Auflage, Berlin 2004; Küttner, W. (Hrsg.): Personalbuch 2006 – Arbeitsrecht, Lohnsteuerrecht, Sozialversicherungsrecht, 13. Auflage, München 2005; Preis, U.: Arbeitsrecht Praxis-Lehrbuch zum Individualarbeitsrecht, 2. Auflage, Köln 2003; Preis, U.: Arbeitsrecht Praxis-Lehrbuch zum Kollektivarbeitsrecht, Köln 2003; Richardi, R.; Wlotzke, O. (Hrsg.): Münchener Handbuch zum Arbeitsrecht, Band 1 – 3, 2. Auflage, München 2000; Schaub, G. (Hrsg.): Arbeitsrechtshandbuch, 11. Auflage, München 2005.

Internetadressen: http://www.arbeitsagentur.de (Bundesagentur für Arbeit), http://www.bda-online.de (Bundesvereinigung der deutschen Arbeitgeberverbände), http://www.bdi.de (Bundesverband der deutschen Industrie e.V.), http://www.bmj.bund.de (Bundesministerium für Justiz), http://www.bmwa.bund.de (Bundesministerium für Wirtschaft und Arbeit), http://www.bundesarbeitsgericht.de (Bundesarbeitsgericht), http://www.bundesrat.de (Deutscher Bundesrat), http://www.bundesregierung.de (Deutsche Bundesregierung), http://www.bundestag.de (Deutscher Bundestag), http://www.dgb.de (Deutscher Gewerkschaftsbund), http://www.tarifvertrag.de (Tarifregister der Hans Böckler Stiftung), http://www.verdi.de (Vereinte Dienstleistungsgewerkschaft ver.di)

E-Mail-Adresse des Autors: schmitz@fhtw-berlin.de

Arbeitsschutzrecht
siehe → Arbeitsrecht.

Arbeitstrukturplan
(z.B. beim → *Projektmanagement*). Der Arbeitsstrukturplan (*Work Breakdown Structure, WBS*) gliedert die Gesamtaufgaben eines Projekts über verschiedene Ebenen von → Arbeitspaketen bis hinunter zum Arbeitspaket der untersten, nicht unterteilten Ebene.

Arbeitsvertrag
Gegenseitiger schuldrechtlicher Vertrag zur Begründung eines Arbeitsverhältnisses. Parteien des Arbeitsvertrags sind ein Arbeitnehmer und ein Arbeitgeber, bei dem es sich um eine natürliche oder juristische Person des privaten oder öffentlichen Rechts sowie eine Personengesellschaft handeln kann. Aufgrund der beiderseits geschuldeten Hauptleistungen – Erbringung der Arbeitsleistung durch den Arbeitnehmer und Zahlung des vereinbarten Arbeitsentgelts durch den Arbeitgeber – handelt es sich bei einem Arbeitsvertrag um eine besondere Form des Dienstvertrags im Sinne des § 611 BGB, von dem er sich durch die Weisungsunterworfenheit des Arbeitnehmers und die Pflicht zur persönlichen Leistungserbringung unterscheidet.
Siehe auch → Arbeitsrecht (mit Literaturangaben).
    Literatur: Hromadka, W.; Maschmann, F.: Arbeitsrecht, Band 1 Individualarbeitsrecht, 3. Auflage, Berlin 2005; Preis, U.: Arbeitsrecht Praxis-Lehrbuch zum Individualarbeitsrecht, 2. Auflage, Köln 2003; Schaub, G. (Hrsg.): Arbeitsrechtshandbuch, 11. Auflage, München 2005.

Arbeitszeit

bezeichnet die Zeit vom Beginn bis zum Ende der vom → Arbeitnehmer täglich zu erbringenden Arbeit ohne Ruhepause. Während der Umfang der vom Arbeitnehmer täglich zu verrichtenden Arbeit in der Regel im → Arbeitsvertrag vereinbart ist oder sich aus tariflichen Bestimmungen ergibt, setzt das öffentlich-rechtliche Arbeitszeitgesetz (AZG) vom 6. Juni 1994 zum Schutze des Arbeitnehmers Höchstarbeitszeiten fest, die vom Arbeitgeber zu beachten sind. So darf gemäß § 3 Satz 1 AZG) die werktägliche Arbeitszeit (Montag – Samstag) die Dauer von 8 Stunden nicht überschreiten, wobei Arbeitszeiten bei mehreren Arbeitgebern zusammenzurechnen sind. Davon abweichend und ohne weitere Voraussetzungen kann die tägliche Arbeitszeit auf 10 Stunden ausgedehnt werden, wenn innerhalb eines Ausgleichszeitraums von 6 Monaten oder 24 Wochen eine durchschnittliche werktägliche Arbeitszeit von 8 Stunden nicht überschritten wird.

Zum Schutz des Arbeitnehmers sind ferner tägliche und von vornherein feststehende Ruhepausen von mindestens 30 Minuten bei einer Arbeitszeit von mehr als sechs bis zu neun Stunden und von 45 Minuten bei einer Arbeitszeit von mehr als neun Stunden zu gewähren. Die Ruhezeit zwischen den einzelnen Arbeitsschichten muss in der Regel mindestens 11 Stunden betragen.

Schließlich ist eine Beschäftigung von Arbeitnehmern an Sonn- und Feiertagen gemäß §§ 9 ff. AZG – von Bereichen der Daseinsvorsorge und zeitsensiblen Tätigkeiten abgesehen – grundsätzlich nicht erlaubt, kann aber in begründeten Ausnahmefällen von den zuständigen Arbeitschutzbehörden der Länder gestattet werden.

Siehe auch → Arbeitsrecht (mit Literaturangaben).

Literatur: Preis, U.: Arbeitsrecht Praxis-Lehrbuch zum Individualarbeitsrecht, 2. Auflage, Köln 2003.

Arbeitszeitmanagement

Mit der Notwendigkeit zur Flexibilisierung und Individualisierung betrieblicher Abläufe hat die Gestaltung der Arbeitszeit in den letzten Jahren stark an Bedeutung gewonnen. Das Arbeitszeitmanagement beschäftigt sich aus diesem Grund mit der Erarbeitung und Einführung von Arbeitszeitsystemen, die einerseits den betrieblichen Belangen nach wechselndem und flexiblem Arbeitzeitbedarfs und andererseits den individuellen Mitarbeiterinteressen genügen. Die Gestaltung der Arbeitszeit kann hinsichtlich der Dauer (Chronometrie) und der Lage (Chronologie) variieren.

Siehe → Personalmanagement (mit Literaturangaben).

Arbitrage

Unter Arbitrage versteht man die risikolose Ausnutzung von Preisdifferenzen, die zu einem bestimmten Zeitpunkt zwischen gleichen (Finanz-)Produkten bestehen. Siehe auch → Arbitragepotenziale und → Optionen (mit Literaturangaben).

Arbitragepotenziale

entstehen aus *Unterschieden* in Bezug auf Faktorausstattung und -preise, Kapitalkosten, Steuerniveau, Informationsausstattung etc. zwischen zwei unterschiedlichen Orten, insbesondere Ländern. Sie können somit speziell aus internationaler Geschäftstätigkeit erwachsen. Die Ausnutzung dieser komparativen Vorteile durch Arbitragegeschäfte führt zur Realisierung entsprechender Arbitragepotenziale und somit zu Unternehmensgewinnen.

ARC

Abk. für Accounting Regulatory Committee; siehe auch → Endorsement Mechanism.

ARD

Abk. für Arbeitsgemeinschaft der öffentlich-rechtlichen Rundfunkanstalten der Bundesrepublik Deutschland. Siehe auch Rundfunk, Öffentlich-rechtlicher.

Arithmetisch-degressive Abschreibung

ist eine wenig gebräuchliche Methode der → degressiven Abschreibung mit einem konstanten → Degressionsbetrag. Eine spezifische Variante der arithmetisch-degressiven Abschreibung ist die → digitale Abschreibung. Siehe auch → Abschreibungsmethoden und → Anlagevermögen (mit Literaturangaben).

Arithmetische Reihen

siehe → Finanzmathematik (mit Literaturangaben).

Arrangement Fee

ist eine einmalig vom Kreditnehmer zu zahlende Provision, die beispielsweise bei länger laufenden → *Eurogeldmarktkrediten* anfällt.

Arrow-Pratt-Maß

der *absoluten* Risikoaversion stellt eine nach Arrow und Pratt benannte Maßzahl dar, die das Ausmaß der → Risikoaversion eines Investors beschreiben soll, dessen Präferenzen durch den → Erwartungsnutzen beschrieben werden können.

Das Maß berechnet sich als negativer Quotient aus zweiter Ableitung und erster Ableitung der Nutzenfunktion. Ist die Nutzenfunktion eines Anlegers für Vermögensposition definiert, so lassen sich aus dem Monotonieverhalten des Arrow-Pratt-Maßes der absoluten Risikoaversion qualitative Verhaltensweisen ableiten. Ein im Vermögen fallendes (wachsendes/konstantes) Arrow-Pratt-Maß der absoluten Risikoaversion besagt, dass der Anleger für wachsendes Vermögen den Absolutbetrag riskanter Anlage steigern (senken/konstant halten) wird.

Empirisch lässt sich tendenziell das Vorliegen (mit wachsendem Vermögen) fallender absoluter Risikoaversion begründen.

Siehe auch → Arrow-Pratt-Maß der *relativen* Risikoaversion und → Portfoliomanagement (mit Literaturangaben).

Arrow-Pratt-Maß

der *relativen* Risikoaversion stellt eine nach Arrow und Pratt benannte Maßzahl dar, die das Ausmaß der → Risikoaversion eines Investors beschreiben soll, dessen Präferenzen durch den → Erwartungsnutzen beschrieben werden können.

Das Maß entspricht dem Produkt aus Vermögen und absoluter Risikoaversion des Investors. Es lassen sich aus dem Monotonieverhalten des Arrow-Pratt-Maßes der relativen Risikoaversion qualitative Verhaltensweisen ableiten. Ein im Vermögen fallendes (wachsendes/konstantes) Arrow-Pratt-Maß der relativen Risikoaversion besagt, dass der Anleger für wachsendes Vermögen den Anteil riskanter Anlage steigern (senken/konstant halten) wird.

Siehe auch → Arrow-Pratt-Maß der *absoluten* Risikoaversion und → Portfoliomanagement (mit Literaturangaben).

ARS

ISO-Code für Argentinischer Peso.

Artefakte

(*Kunstprodukte*). Der Anwendung statistischer (Prüf-)Verfahren innewohnende Störgrössen, wie z.B. Stichprobenfehler oder Messfehler, welche dazu führen, dass ein Zusammenhang, Moderator usw. vermutet wird.

Articles of Association

siehe → Private Limited Company.

Artikelgleichgewicht

siehe → Sortimentsgestaltung.

ASB
Abk. für → Auditing Standards Board.

Assembler
ist ein Montagebetrieb, welcher nur für Montage- und Verarbeitungsfehler haftet. Siehe auch → Produkthaftung.
  Literatur: Versicherungsrecht, 1977, S. 839, (849), „Autokran".

Assessees
Kandidatinnen und Kandidaten in → Assessments. siehe auch → Assessment Center und → Personalauswahl, Instrumente (mit Literaturangaben).

Assessment
(*Einzel-Assessment*). In der Personalauswahl findet sich zunehmend der Begriff Assessment oder Einzel-Assessment. Assessment heißt schlicht Beurteilung und stellt kein definiertes Personalauswahlverfahren dar. In der Regel handelt es sich dabei um eine Kombination verschiedener psychodiagnostischer Instrumente und Gespräche, welche von externe Spezialisten durchgeführt und ausgewertet werden.
Mit dem Begriff wird möglicherweise versucht, von der positiven Einschätzung des → Assessment Centers zu profitieren. Diese Assessment entsprechen aber nur insofern dem Assessment Center, dass es eine Kombination verschiedener Instrumente ist, aber keine Interaktion und Teamarbeiten erfolgen.
Siehe auch → Personalauswahl, Instrumente und die dort angegebene Literatur.

Assessment Center
Beim Assessment Center (AC) handelt sich um eine Kombination verschiedener psychodiagnostischer Instrumente, → Arbeitsproben, Übungen und Gespräche die mit verschiedenen Kandidatinnen und Kandidatinnen gleichzeitig und teilweise im Team durchgeführt werden. Dabei werden die Kandidatinnen und Kandidaten (Assessees) bei konkreten Aufgaben und in der sozialen Interaktion durch Assessoren aus den Unternehmen, in der Regel Führungspersonen sowie durch Spezialisten differenziert evaluiert.
Das AC wird etwa gleich häufig als Personalauswahlinstrument und zur Potenzialanalyse im Rahmen der Personalentwicklung eingesetzt. Für die Potenzialanalyse kann auf standardisierte AC zurückgegriffen, während für die Personalauswahl stellenbezogene Elemente entwickelt werden sollten. Das AC zählt zu den validesten Instrumenten. Dem steht ein hoher Zeit- und Kostenaufwand für alle Beteiligten gegenüber. Bei qualifizierten Funktionen wiegt jedoch der monetäre Nutzen der besseren Genauigkeit die hohen Kosten auf.
Siehe auch → Assessment, → Personalauswahl, Instrumente und die dort angegebene Literatur.

Asset Allocation
heißt wörtlich "Vermögenszuteilung". Darunter wird der Vorgang verstanden, Vermögensbestände nach bestimmten Kriterien, in der Regel nach den Wünschen eines Anlegers (Präferenzstruktur), zu strukturieren.

Asset Backed Securities

Asset Backed Securities

von
o. Univ.-Professor Dr. Edwin O. Fischer und Univ.-Assistentin Dr. Susanne Lind-Braucher
Institut für Industrie und Fertigungswirtschaft – Karl-Franzens-Universität Graz

1. Charakterisierung und Entwicklung

Asset Backed Securities (ABS) ist eine moderne Form der Unternehmensfinanzierung. Unter Asset Backed Securities sind Wertpapiere („Securities") oder → Schuldscheine zu verstehen, die Zahlungsansprüche gegen eine ausschließlich dem Zweck der Asset-Backed Transaktion dienende → Zweckgesellschaft (Special Purpose Vehicle, SPV) zum Gegenstand haben. Die Zahlungsansprüche werden durch einen Bestand von Vermögensgegenständen (→ „Assets"), insbesondere unverbriefter Forderungen, gedeckt („Backed"), die auf die Zweckgesellschaft übertragen werden und i.W. den Inhabern der Asset-Backed Securities (Finanzinvestoren) als Haftungsgrundlage zur Verfügung stehen. Um sich zu refinanzieren, werden von der → Zweckgesellschaft auf Basis der erworbenen Zahlungsansprüche Wertpapiere emittiert und häufig über ein Bankenkonsortium bei Investoren platziert. Die Ansprüche des Wertpapierkäufers richten sich ausschließlich auf die neu gegründete → Zweckgesellschaft, die lediglich über einen Forderungspool verfügt.

Die historischen Wurzeln von ABS beginnen in den siebziger Jahren in den USA. Die Entwicklung in anderen Ländern hat Ende der achtziger, Anfang der neunziger Jahre zaghaft begonnen. In den USA, wo es bis dato kein dem → Pfandbrief hinreichend ähnliches Produkt gab, wurden zunächst Hypothekardarlehen verbrieft (→ Mortgage Backed Securities = MBS). Seit Anfang der achtziger Jahre gibt es weitere Instrumente zur Förderung der Handelbarkeit von Aktiva und deren Risiken, z.B. → Collateralised Mortgage Obligations. In den achtziger Jahren wurden weitere → Assets verbrieft, z.B. Kreditkartenforderungen und Forderungen aus Mobilien-Leasing-Verträgen für Computer und Fahrzeuge.

2. Geeignete Vermögenspositionen

ABS-geeignete Vermögenspositionen sollten (1) eine durchschnittliche Laufzeit von mehr als einem Jahr, (2) rechtliche Übertragbarkeit, (3) weitgehende Homogenität und (4) eindeutige Abgrenzungskriterien aus dem Gesamtportfolio aufweisen. Weiters sollte der Verbriefungspool durch (5) ein niedriges Bonitätsrisiko (sichere und vorhersehbare Rückflüsse) gekennzeichnet sein, so dass das zu erwartende Marktwertrisiko für die emittierten Finanztitel gering ist. Diese Kriterien sind üblicherweise von Lieferantenforderungen, Leasingforderungen, Automobil- und Konsumentendarlehen sowie Franchisezahlungen in großem Ausmaß erfüllt, die deshalb auch regelmäßig Gegenstand von ABS-Transaktionen sind.

3. ABS-Struktur

Akteure bei ABS-Transaktionen sind der Verkäufer (→ Originator), der → Assets und der → Service-Agent, der die Verwaltung der Vermögenswerte z.B. das Inkasso der Forderungen und die Kreditüberwachung übernimmt. In manchen Fällen ist der → Service-Agent mit dem Verkäufer (→ Originator) identisch. Zentrales Element bei ABS-Transaktionen ist die Gründung einer → Zweckgesellschaft (Special Purpose Vehicle). Sie kauft Vermögenswerte (z.B. Forderungen) vom Verkäufer (→ Originator) und emittiert Wertpapiere oder stellt → Schuldscheindarlehen aus. Dem Assetverkäufer (→ Originator) fließen dafür liquide Mittel zu (zu den Beteiligten und zu den Beziehungen bei ABS-Transaktionen siehe Abbildung 1). Aus steuerlichen Gründen kann die → Zweckgesellschaft in einem Niedrigsteuerland mit minimalem Eigenkapital gegründet werden. Nach Maßgabe eines Geschäftsbesorgungsvertrags werden die wirtschaftlichen Aufgaben von einem → Service-Agent übernommen.

Um den Kapitalanlegern ein bonitätsmäßig erstklassiges Wertpapier anbieten zu können, werden die Wertpapiere durch Garantien anderer Sicherungsgeber zusätzlich abgesichert. Die → Zweckgesellschaft wird bei der Platzierung der Titel durch ein Bankenkonsortium unterstützt. Meist treten als Käufer der → ABS nur institutionelle Kapitalanleger auf, z.B. Banken, Investmentgesellschaften, Versicherungen etc. Im Interesse der Investoren wird die Weiterleitung der Zahlungen an die Investoren zumeist von einem Treuhänder (→ Trustee) oder einer Treuhandgesellschaft (→ Trustcompany) wahrgenommen. Eine reibungslose Zusammenarbeit der an einer ABS-Transaktion Beteiligten ist dann gewährleistet, wenn ein Arrangeur (i.d.R. eine Bank) die Struktur der Transaktion plant und ihren Ablauf steuert. Schließlich bewerten → Ratingagenturen u.a. die Qualität der → Assets sowie die Bonität der → Service Agents, → Zweckgesellschaften und Garantiegebern. Dem Kapitalanleger erschließen sich durch → ABS alternative Anlagemöglichkeiten mit attraktiven Renditen.

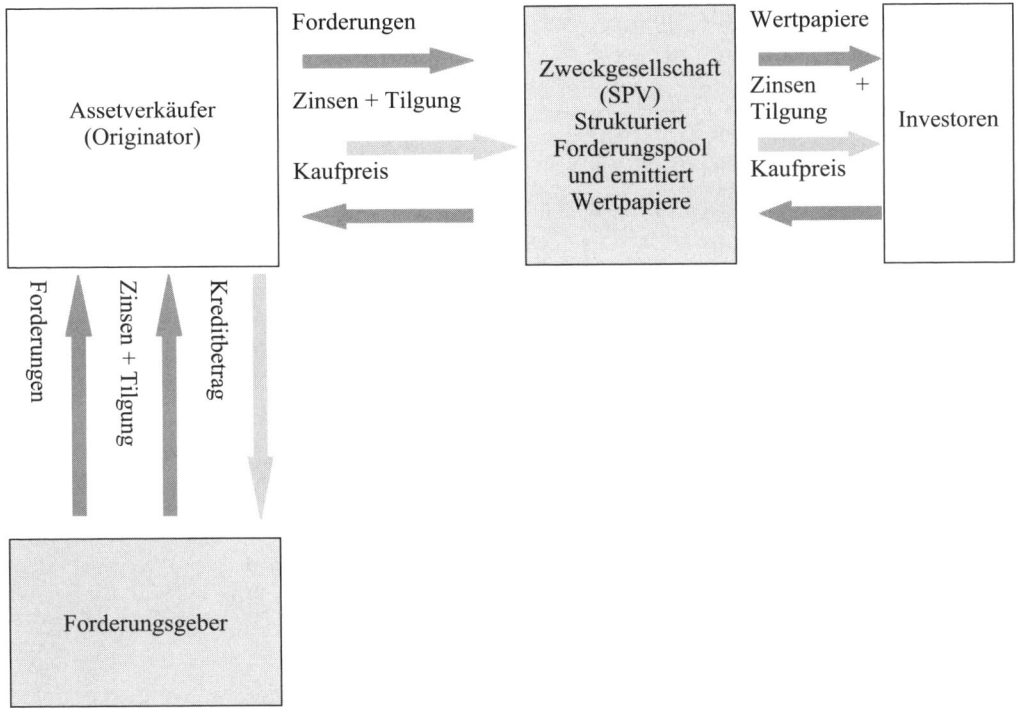

Abb. 1: Die Struktur von Asset Backed Securities (ABS)-Transaktionen

4. Organisationsmodelle

Bei den ABS-Finanzierungen unterschiedet man zwei Organisationsmodelle: (1) das Fondszertifikatskonzept (→ Pass-Through-Struktur) und (2) das Anleihekonzept (→ Pay-Through-Struktur):

(1) Fondszertifikatskonzept (→ Pass-Through-Struktur) von Asset Backed Securities: Bei diesem Organisationsmodell werden sämtliche aus dem Forderungspool eingehenden Zins- und Tilgungszahlungen unverändert, zeitgleich und tranchenadjustiert direkt an Investoren der ABS-Papiere weitergeleitet, wodurch das in hohem Maße bestehende Risiko einer vorzeitigen Tilgung (→ Prepayment Risk) in voller Höhe an die Investoren transferiert wird. Nachteilig wirken sich die geringere Flexibilität sowie das Risiko einer vorzeitigen Tilgung aus.

(2) Anleihekonzept (→ Pay-Through-Struktur) von Asset Backed Securities: Die Finanzaktiva werden von einem Fonds gekauft, der entsprechende prozentuale Anteile am Fondsvermögen verbriefende ABS-Papiere ausgibt. Durch Zwischenschaltung eines Ausschüttungsmanagements z.B. → Zweckgesellschaft (SPV) als Finanzintermediär werden feste Zins- und Rückzahlungspläne vereinbart. Die Zins- und Tilgungszahlungen müssen nur mit der → Zweckgesellschaft (SPV) abgesprochen werden. Für die → Zweckgesellschaft (SPV) ergibt sich dadurch eine deutlich erhöhte

Flexibilität und eventuell ein zusätzlicher Investitionsspielraum. Die somit reduzierte Unsicherheit bewirkt allerdings geringere Renditeansprüche der Anleger.

Werden *Firmenkundenkredite* eines Kreditinstitutes im Rahmen einer Asset Backed Transaktion verbrieft, spricht man von → Collateralised Debt Obligations (CDOs). In der Praxis werden → Collateralised Debt Obligations (CDOs) noch in Emissionen eingeteilt, die ausschließlich Unternehmensschuldverschreibungen (→ Collateralised Bond Obligation = CBO) oder Bankkredite (→ Collateralised Loan Obligation = CLO) verbriefen.

5. Gründe und Ziele

ABS-Finanzierungen besitzen verschiedene ökonomische Gründe und Ziele: Die Vorteile der ABS-Finanzierung aus Sicht der Kreditsuchenden Unternehmen liegen besonders in der Erschließung zusätzlicher kostengünstiger Finanzquellen für Investitionen. Unternehmen haben ein Interesse an möglichst schneller Liquidierbarkeit ihrer Vermögenswerte und damit an einer Verbesserung der Bilanzoptik bezüglich der → Liquiditätskennzahlen und des → Verschuldungsgrades. Zusätzlich ergeben sich für Unternehmen neue Möglichkeiten der bankenunabhängigen Refinanzierung und somit Einsparungen bei den zugehörigen Kosten. Banken können zu günstigeren Konditionen mehr Kredite anbieten. Ebenso bedeutet eine gestärkte → Eigenkapitalquote eine potenzielle Verbesserung im Ratingprozess bei zukünftigen Bonitätsprüfungen. Für bonitätsmäßig schlechter eingestufte Unternehmen sind ABS-Transaktionen deshalb interessant, da die → Ratingagenturen ausschließlich die Qualität der verkauften Finanzaktiva und die spezielle ABS-Konstruktion beurteilen. Durch bonitätsmäßig gute ABS-Papiere würde sich für den → Originator ein wesentlich besseres Standing und damit niedrigere Finanzierungskosten ergeben, als über eine klassische Kreditaufnahmemöglichkeit. Neben Bilanzeffekten kommen positive steuerliche Effekte hinzu, falls alle Risiken, die mit den Finanzaktiva verbunden sind, auf den Käufer übertragen werden, da die Liquidierung der Aktiva steuerlich als Verkauf anerkannt wird. Ein weiterer Vorteil einer ABS-Transaktion ist die bessere Risikodiversifikation. Risiken werden ausgelagert und auf mehrere Beteiligte (SPV, Investoren etc.) aufgeteilt. Somit schafft eine ABS-Transaktion neue finanzielle Spielräume, die die Beteiligten unterschiedlich nutzen können.

Hinweis

Zu den angrenzenden Wissensgebieten siehe → Corporate Finance, → Factoring, → Finanzinnovationen, → Kennzahlen, finanzwirtschaftliche, → Kreditfinanzierung, kurzfristige, → Kreditfinanzierung, langfristige, → Kreditsicherheiten, → Rating-Methoden, kreditwirtschaftliche, → Währungsmanagement, → Zinsmanagement

Literatur: Büschgen, H. E.: Das kleine Börsenlexikon, Wirtschaft und Finanzen, Düsseldorf 2001; Eichwald, B., Pehle, H.: Die Kreditarten, in: Geld-, Bank- und Börsenwesen, Hrsg. von Hagen J., von Stein, J. H., Schäffer-Poeschel, Stuttgart 2000; Franke, G., Hax, H.: Finanzwirtschaft des Unternehmens und Kapitalmarkt, Springer, Berlin [u.a.] 2004; Hartmann-Wendels, T., Pfingsten, A., Weber, M.: Bankbetriebslehre, Springer, Berlin [u.a.] 1998; Obst, G., Hintner, O.: Geld-, Bank- und Börsenwesen, Hrsg. von Hagen, J., von Stein, J. H., Schäffer-Poeschel, Stuttgart 2000; Perridon, L., Steiner, M.: Finanzwirtschaft der Unternehmung, Vahlen, München 2004; Wöhe, G., Bilstein, J.: Grundzüge der Unternehmensfinanzierung, Vahlen, München 2002

Internetadressen: (Banken) http://businessnet.ing-bhf-bank.com/de/finanzierung, http://hrp-team.de /abs_main.htm, http://info.dws.de/dew/homepage.nsf, http://www.agrarverlag.at/Raiffeisenblatt/ 401078.html, http://www.dresdner-bank.lu/stat/de/ http://www.rzb.at/eBusiness/services, (Börsenlexikon) http://boerse.ard.de, http://www.cortalconsors.de, http://www.atradius.com/de/finanzierung

Website der Autoren:
Fischer, E.O.: http://www.uni-graz.at/ifwwww/ifwwww_mitarbeiterinnen/ifwwww_vorstand.htm; Lind-Braucher, S.: http://www.uni-graz.at/ifwwww/ifwwww_mitarbeiterinnen/ifwwww_wissen_lindbraucher.htm

Asset Deal
(*Share Deal*). Im Rahmen der Strukturierung von Unternehmenskäufen (→ Mergers & Acquisitions) wird aus zivilrechtlichen, steuerrechtlichen und betriebswirtschaftlichen Gründen zwischen Asset Deal und Share Deal unterschieden.
Bei einem *Asset Deal* handelt es sich um einen Unternehmenskauf durch den Kauf der dem Unternehmen dienenden Sachen und Rechte sowie den Eintritt in die im Geschäftsbetrieb begründeten Verbindlichkeiten. Hierbei wird das Unternehmen von seinem bisherigen Rechtsträger getrennt und der Erwerber ist unmittelbar der neue Rechtsträger des Unternehmens.
Bei einem *Share Deal* handelt es sich um die Übertragung von Beteiligungsrechten am Rechtsträger. Kaufgegenstand im zivilrechtlichen Sinne sind die Geschäftsanteile an einer GmbH, die Aktien einer AG oder die Anteile an einer Personengesellschaft.
Siehe auch → Beteiligungscontrolling, → Due Diligence, → Going Public, → Unternehmensbewertung, jeweils mit Literaturangaben.

Asset Deal
Erwerb einer Anteilsmehrheit im Rahmen einer → Unternehmensakquisition durch den *Erwerb von Vermögensgegenständen* eines Unternehmens (*Asset Deal*) (bzw. alternativ durch Übernahme von *Kapitalanteilen des Gesellschaftskapitals* eines Unternehmens als Share Deal). Siehe auch → Mergers & Acquisitions (mit Literaturangaben).

Asset Sales Deal
Übernahmetransaktion im Rahmen von → Private Equity, bei der ein großer Teil des Kaufpreises durch Aktivaverkäufe der übernommenen Gesellschaft realisiert wird. Die Verkäufe nicht betriebsnotwendiger Aktiva führen zur Reduzierung des Schuldendienstes.

Asset Securitisation
beschreibt die Umwandlung von → Cash-Flow-generierenden, vormals illiquiden homogenen Aktiva zu handelbaren Wertpapieren. Siehe auch → Asset Backed Securities (mit Literaturangaben).

Asset Stripping
Zerschlagung eines übernommenen Unternehmens durch Verkauf von Teilbereichen oder Vermögensgegenständen; siehe → Private Equity (mit Literaturangaben).

Asset Swap
siehe → Forward-Rate Agreement.

Asset-Liability Management (ALM)
wird in der Literatur uneinheitlich verwendet. Allgemein versteht man unter ALM einen Managementansatz, bei dem die interdependenten Risiken aus dem versicherungstechnischen und dem finanzwirtschaftlichen Bereich unternehmenszielbezogen aufeinander abgestimmt werden. Gegenstand des ALM ist daher das → Mismatch-Risiko. Insofern ist ALM eine Teildisziplin des umfassenderen Risikomanagements. Als Instrumente werden in der Versicherungsbranche im Nichtlebenbereich vor allem die Dynamic Financial Analysis und im Lebensversicherungsbereich Zinsrisikosteuerungsinstrumente wie das Duration-Matching oder das Cash-Flow-Matching eingesetzt.

Asset-Manager
sind Vermögensverwalter, die das ihnen anvertraute Vermögen von privaten oder institutionellen Kunden verwalten; siehe auch → Hedgesfonds und → Private Equity, jeweils mit Literaturangaben.

Asset(s)
sind Ressourcen, über die ein Unternehmen in Folge vergangener Ereignisse verfügen kann und aus denen in der Zukunft ein wirtschaftlicher Nutzen erwartet wird. Der ökonomische Nutzen muss wahrscheinlich sein und die Kosten bzw. der Wert der Ressource muss verlässlich bestimmt werden können.

Die Definition der assets ist weiter als die der → Vermögensgegenstände. So ist es nicht entscheidend, dass ein asset einzelverkehrsfähig ist. Das führt dazu, dass es nach internationalem Recht Bilanzpositionen gibt, die in einer HGB-Bilanz nicht auftauchen, z.B. aktivierte Entwicklungskosten. Des Weiteren erfüllt der aktive (transitorische) → Rechnungsabgrenzungsposten die Kriterien eines assets und ist daher international nicht unter dem → Umlaufvermögen, sondern im Umlaufvermögen auszuweisen.
Siehe auch → Anlagevermögen, → Umlaufvermögen sowie → Asset Backed Securities, jeweils mit Literaturangaben.

Assets under Management
verwaltetes Vermögen; siehe auch → Hedgesfonds und → Private Equity, jeweils mit Literaturangaben.

Assistenzstelle
Assistenzstellen sind im Gegensatz zu → Stabsstellen generalisierte Leitungshilfen ohne Fremdentscheidungs- und Weisungskompetenzen. Sie entlasten eine → Leitungsstelle mengenmäßig, indem sie vornehmlich Detailarbeiten aus den verschiedenen Tätigkeitsbereichen der → Leitungsstelle übernehmen. Siehe auch → Aufbauorganisation (mit Literaturangaben)

Assoziationsanalysen
sind spezielle Verfahren des → Data Mining, dienen der Aufdeckung von gemeinsam auftretenden Objekten und können so Objekt-Kombinationen aufspüren, die häufiger auftreten als erwartet. Dabei werden einfache und aussagekräftige „Wenn ... dann ..."-Regeln wie z.B. „Wenn ein Kunde Schuhe kauft, dann hat er in 10% der Fälle auch Socken gekauft." generiert.

Assoziiertes Unternehmen
Ein assoziiertes Unternehmen ist ein Unternehmen, an dem ein Mutter- oder Tochterunternehmen eine Beteiligung (im Zweifel von mehr als 20 % der Anteile) hält und einen → maßgeblichen Einfluss ausübt (§ 311 HGB). Der maßgebliche Einfluss ist schwächer als die einheitliche Leitung bzw. als der beherrschende Einfluss im Falle der verbundenen Unternehmen und schwächer als die gemeinsame Führung bei Gemeinschaftsunternehmen. In der Regel besteht bei assoziierten Unternehmen eine Beteiligung zwischen 20 und 50 %. § 312 HGB bietet hier als Einbeziehungsmöglichkeit die → Equity-Methode.
Siehe auch → Konzernabschluss (mit Literaturangaben).

AstG
Abk. für Außensteuergesetz.

At Sales-Service
Die Einteilung von Kundendienstleistungen (produktbegleitenden Dienstleistungen) kann unter dem Kriterium der Zeit in Relation zum Kaufakt, mit dem die Kundendienstleistung in Verbindung steht, als → Pre sales-Service (z.B. Schaufensterauslage, Anproberäume, Inzahlungnahme), At sales-Service (z.B. kostenloses Parken, Restaurant, Kreditierung) und → After sales-Service (z.B. Zustellung, Verpackung, Änderung, Aufstellung, Nachnahmelieferung) definiert werden.

Atomizität
bedeutet, dass die von den Operationen einer Transaktion ausgehenden Wirkungen unter allen Umständen entweder korrekt und vollständig erzielt werden oder in keiner Weise sichtbar werden. Siehe auch → ACID-Eigenschaften.

ATS
Abk. für → Alternative Trading Systems.

Attac
siehe → Globalisierung.
    Internetadresse: http://www.attac.de

Attribut
Im Rahmen des → *Relationalen Datenmodells* versteht man unter einem Attribut ein Merkmal, das zu einer bestimmten Art von Objekten in der Datenbank gespeichert werden soll; Beispiele für Attribute sind das Geburtsdatum oder der Wohnort von Personen. Einem Attribut ist ein *Wertebereich* zugeordnet, durch den festgelegt wird, welches die zulässigen Werte sind, die das Merkmal annehmen kann; der Vorteil einer derartigen Festlegung besteht darin, dass → DBMS-seitig erkannt werden kann, wenn ein Verstoß gegen diese Festlegung vorliegt. Die Zuordnung von Wertebereichen zu Attributen stellt somit eine allereinfachste Form von → Integritätsbedingung dar.
Siehe auch → Datenbanksysteme (mit Literaturangaben).

Attributionstheorien
Aus der Psychologie stammende Attributionstheorien der *Führung* erklären, wie Personen Urteile über Ursachen ihres Verhaltens bzw. des Verhaltens anderer bilden. Eine Theorierichtung konzentriert sich auf die Attributionen der Geführten im Hinblick auf das Führerverhalten. Danach kommt Führung nur zustande, wenn der Untergebene dem Führer bestimmte, auf der Basis von Stereotypen gewonnene, mit → Führung in Verbindung gebrachte Eigenschaften zuschreibt, die auf einer rein subjektiven Einschätzung beruhen und Grundlage seiner Akzeptanz sind. Eine andere Forschungsrichtung stellt auf die Attributionen von Vorgesetzten gegenüber Mitarbeitern ab. In erster Linie geht es hierbei um den Umgang mit schlechten Leistungen.
Siehe auch → Personalführung und → Unternehmensführung, jeweils mit Literaturangaben.

Atypische Stille Gesellschaft
siehe → Stille Gesellschaft (deutsches Recht).

AUD
ISO-Code für Australischer Dollar.

Audit
„systematischer, unabhängiger und dokumentierter Prozess zur Erlangung von Auditnachweisen und zu deren objektiver Auswertung, um zu ermitteln, inwieweit Auditkriterien erfüllt sind" (→ ISO 9000:2000). Im Referenzmodell der → *KTQ*® wird das Audit als Visitation bezeichnet, im → *EFQM*-Modell als Assessment. Eingesetzt werden dabei Personen mit speziellem Fachwissen und speziellen Erfahrungen in einem unter Qualitätsaspekten zu begutachtenden Sachgebiet und mit der Qualifikation Audits durchzuführen. (*Auditoren* gemäß ISO 9000:2000; Visitoren gemäß *KTQ*® und Assessoren nach *EFQM*).
Siehe auch → Qualitätsmanagement (mit Literaturangaben).
    Literatur: Kamiske Gerd F. / Brauer Jörg-Peter: Qualitätsmanagement von A bis Z, 5. aktualisierte Auflage, 2006 Karl Hanser Verlag, München Wien; Gietl G. / Lobinger, W.: Qualitätsaudit, In Kamiske G.F. (Hrsg.): Reihe Pocket Power, Carl Hanser Verlag München, 2003
    Internetadresse: http://www.deming.de/ISO9000/ios_tqm.htm

Auditing Standards Board (ASB)
Organisation, die dem → American Institute of Certified Public Accountants (AICPA) untersteht und Prüfungsgrundsätze für Wirtschaftsprüfer in den USA herausgibt, die Generally Accepted Auditing Standards (GAAS), und Interpretationen zu diesen Grundsätzen, die → Statements of Auditing Standards (SAS). Die Grundsätze für Prüfungen von börsennotierten Unternehmen werden aber aufgrund des → Sarbanes-Oxley Act of 2002 (SOX oder SOA) seit 2003 vom → Public Company Accounting Oversight Board (PCAOB) verabschiedet.

Auditor

ist eine Person mit speziellem Fachwissen und speziellen Erfahrungen in einem unter Qualitätsaspekten zu begutachtenden Sachgebiet und mit der Qualifikation Audits durchzuführen. Siehe → Audit und → ISO 9000:2000. Andere Bezeichnungen: *Visitoren* gemäß → *KTQ®* bzw. *Assessoren* nach → *EFQM*. Siehe auch → Qualitätsmanagement (mit Literaturangaben).

Aufbauorganisation

Aufbauorganisation

von Professor Dr.-Ing. Manfred Schulte-Zurhausen
Fachhochschule Aachen

1. Charakterisierung

Die deutsche betriebswirtschaftliche Organisationslehre sieht die Organisation in erster Linie als Mittel zur effizienten Führung von Unternehmen. Dabei wird unter „Organisation" die Struktur und Ordnung einer gesellschaftlichen Institution verstanden (instrumentaler Organisationsbegriff), unter „organisieren" die Tätigkeit des Strukturierens (funktionaler Organisationsbegriff). Vorwiegend im deutschsprachigen Raum hat sich sowohl in der Theorie als auch in der Praxis eine Aufteilung in eine Aufbau- und eine Ablauforganisation durchgesetzt. Die Aufbauorganisation gliedert das Unternehmen in organisatorische Teileinheiten (Abteilungen, → Stellen, Arbeitsgruppen), ordnet ihnen Aufgaben und → Kompetenzen zu und sorgt für die → Koordination der einzelnen Teileinheiten.

2. Das grundlegende Analyse-Synthese-Konzept von Kosiol

Das Analyse-Synthese-Konzept von Kosiol (1976) stellt die Grundlage der traditionellen deutschen betriebswirtschaftlichen Organisationslehre dar und begründet die Differenzierung in die beiden Aspekte → Ablauf- und Aufbauorganisation. Damit die Gesamtaufgabe eines Unternehmens geordnet erfüllt werden kann, muss sie zunächst inhaltlich definiert, geordnet und in verteilungsfähige Teilaufgaben zerlegt werden. Dieser Vorgang wird als Aufgabenanalyse bezeichnet. Das Ergebnis der Aufgabenanalyse wird im Aufgabengliederungsplan dokumentiert, der einen Überblick über die vorhandenen und zu verteilenden Einzelaufgaben eines Unternehmens liefert. In der anschließenden Aufgabensynthese werden die in der Aufgabenanalyse abgeleiteten Teilaufgabe anhand bestimmter Merkmale (Aufgabenträger, Sachmittel, Raum, Zeit) so zusammengefasst, dass sie einzelnen Stellen zugeordnet werden können. Die → Zentralisation bzw. → Dezentralisation von Teilaufgaben in Hinblick auf diese Merkmale stellt dabei das Grundprinzip der Aufgabensynthese dar. Zentralisation bedeutet dabei Zusammenfassung, Dezentralisation Trennung von Teilaufgaben, die hinsichtlich eines Merkmals gleichartig sind. Als Folge ergibt sich eine spezifische Form der Arbeitsteilung. Ziele einer → Zentralisation und → Dezentralisation sind die durch eine Aufgabenverteilung entstehenden → Organisationseinheiten. Die Zusammenfassung von Teilaufgaben zu personenbezogenen Aufgaben vollzieht sich als → Stellenbildung, die Zusammenfassung von → Stellen zu größeren Einheiten als Abteilungsbildung. Die Bildung und Verknüpfung dieser organisatorischen Einheiten stellt die eigentliche organisatorische Aufbaustrukturierung dar. Aufbauend auf der Bildung von Teilaufgaben und ihre Verteilung auf → Stellen und Abteilungen werden die aufbauorganisatorischen Probleme der → Koordination gelöst. Dabei werden durch die → Hierarchiebildung formale Über- und Unterordnungen zwischen den Stellen festgelegt.

Bei einer Anwendung des klassischen Ansatzes wird vernachlässigt, dass die Gesamtaufgabe eines Unternehmens in Form von → Geschäftsprozessen abgewickelt wird, die in der Regel stellenübergreifend sind. Entscheidend für die Wettbewerbsfähigkeit von Unternehmen ist nicht so sehr die optimale Ausführung einzelner betrieblicher Teilaufgaben, sondern eher die schnelle und kostengünstige Abwicklung kompletter Geschäftsprozesse. Deshalb lösen sich die aktuellen Konzepte der Organisationsgestaltung von dem traditionellen Ansatz und berücksichtigen, dass die Gestaltung von Organisationsstrukturen und damit auch die → Hierarchiebildung von den abzuwickelnden Geschäftsprozessen auszugehen hat. In diesem Zusammenhang wird auch von einer prozessorientierten Organisationsgestaltung gesprochen.

3. Die aufbauorganisatorische Strukturierungsaufgabe

Der Begriff der → Organisationseinheit bezeichnet sämtliche organisatorischen Einheiten, die durch die Zuordnung von Aufgaben auf Personen entstehen, und umfasst alle innerhalb einer Organisation gebildeten Subsysteme wie Abteilungen, → Stellen oder Arbeitsgruppen. Die aufbauorganisatorische Strukturierungsaufgabe besteht nun darin, diese Organisationseinheiten zweckmäßig zu formieren und zu institutionalisieren. Weiterhin ist sicherzustellen, dass die einzelnen Organisationseinheiten auch koordiniert handeln; hierzu werden zwischen ihnen dauerhafte Beziehungen festgelegt. Dieser Strukturierungsprozess sollte auf den Ergebnissen einer vorgeschalteten Gestaltung der einzelnen Geschäftsprozesse eines Unternehmens aufsetzen und kann gedanklich in folgende Schritte unterteilt werden:

1. Ausgehend vom Leistungsprogramm des Unternehmens werden zunächst die → Geschäftsprozesse gestaltet. Hieraus resultieren geschlossene Teil- und Elementarprozesse unterschiedlichen Inhaltes und Komplexität.
2. Die so geschaffenen Teil- und Elementarprozesse werden einzelnen Personen innerhalb der Organisation als Aufgaben dauerhaft zugeteilt; hierzu werden → Stellen als kleinste Organisationseinheiten gebildet.
3. Um mehrere Stellen oder einzelne Arbeitsgruppen zu koordinieren, können diese unter einer gemeinsamen → Leitungsstelle zu einer Abteilung zusammengefasst werden. Das Kriterium der Zusammenfassung, die Anzahl der zusammenzufassenden Personen sowie die Verteilung von Entscheidungskompetenzen innerhalb der Abteilung stellen die Hauptprobleme bei der Abteilungsbildung dar.
4. Zwischen den einzelnen Tätigkeits- und Entscheidungsbereichen der Organisationseinheiten bestehen Berührungspunkte und → Schnittstellen, so dass eine → Koordination in Hinblick auf die übergeordnete Zielsetzung erforderlich wird. Der Koordinationsbedarf hängt dabei in starkem Maße von den in Schritten 1 bis 3 gewählten organisatorischen Lösungen ab.

4. Dimensionen der Aufbauorganisation

Es ist üblich, die Struktur der Aufbauorganisation als Konstellation von Regelungen darzustellen, die sich auf einige wenige Dimensionen zurückführen lassen. Die in der nachfolgenden Tabelle 1 aufgeführten Hauptdimensionen haben sich - mit mehr oder weniger starken Modifikationen - auf breiter Ebene durchgesetzt.

Tab. 1: Dimensionen der Aufbauorganisation

Dimension	Bedeutung
Spezialisierung	Grad, in dem Tätigkeiten auf unterschiedliche spezialisierte Stellen verteilt sind
Standardisierung	Grad, in dem Verhaltensweisen der Arbeitspersonen durch Routineverfahren festgelegt sind
Formalisierung	Ausmaß von schriftlich fixierten Regeln, Verfahren, Anweisungen und schriftlicher Kommunikation
Konfiguration	Äußere Form des Stellengefüges, in erster Linie bestimmt durch die Zahl der Hierarchieebenen
Zentralisierung	Ausmaß der Entscheidungskompetenzen an der Spitze der Hierarchie
Partizipation	Grad der Beteiligung von Mitarbeitern an Leitungsaufgaben

5. Konfiguration und Leitungsorganisation

Die Leitungsorganisation umfasst die Struktur aller Leitungsbeziehungen in einem Unternehmen. Sie erfasst die organisatorische Gestaltung und Einordnung aller → Leitungsstellen - angefangen von der Unternehmensspitze bis hin zum operativen Management. Während die Prozessorganisation (→ Ablauforganisation) in erster Linie auf die Aktivitäten zur Leistungserstellung und -verwertung gerichtet ist, zielt die Leitungsorganisation auf den Bereich der Willensbildung und -durchsetzung. Zur Beschreibung der Grundformen der Leitungsorganisation wird vor allem die Aufgabenverteilung auf der zweiten Hierarchieebene des Unternehmens herangezogen. Je nach Kriterium der Aufgabenverteilung auf der Ebene direkt unter der obersten Unternehmensleitung werden die in der nachfolgenden Tabelle 2 aufgeführten Organisationsformen unterschieden.

Tab. 2: Organisationsformen der Aufbauorganisation

Gliederungskriterium		Organisationsform
Funktionen	→	Funktionale Organisation
Objekte - Produkte - Regionen - Kunden / Kundengruppen	→	Geschäftsbereichsorganisation - Spartenorganisation - Regionalorganisation - Marktorganisation
Funktionen und Objekte	→	Matrixorganisation
rechtlich selbständige Einheiten	→	Holdingorganisation
wirtschaftlich selbständige Einheiten	→	Netzwerkorganisation

Hinweis

Zu den angrenzenden Wissensgebieten siehe auch → Ablauforganisation, → Balanced Scorecard, → Category Management, → Change Management, → Controlling, → ERP-Systeme (Enterprise Resource Planning-Systeme), → Industriemanagement, → Logistik, → Lernende Organisation, → Organisation, Grundlagen, → Organisationstheorien, → Outsourcing, → Produktionsmanagement, → Profit Center, → Projektmanagement, → Prozessmanagement, → Supply Chain Management, → Strategisches Management, → Unternehmensplanung, → Workflow Management.

Literatur: Bea, F. X., Göbel, E.: Organisation - Theorie und Gestaltung, 2. Auflage, Stuttgart 2002. Bleicher, K.: Organisation - Strategien-Strukturen-Kulturen, 2. Auflage, Wiesbaden 1991. Bühner, R.: Betriebswirtschaftliche Organisationslehre, 10. Auflage, München/Wien 2004. Frese, E.: Grundlagen der Organisation - Konzept-Prinzipien-Strukturen, 8. Auflage, Wiesbaden 2000. Kosiol, E.: Organisation der Unternehmung, Wiesbaden 1962, 2. Auflage 1976. Remer, A.: Organisationslehre, Bayreuth 2000. Schreyögg, G.: Organisation, Wiesbaden 2003. Schulte-Zurhausen, M.: Organisation, 4. Auflage, München 2005. Olfert, K., Steinbuch, P. A.: Organisation, Ludwigshafen 2003. Welge, M. K.: Unternehmensführung, Band 2 - Organisation, Stuttgart 1987.

Aufgabe

Eine Aufgabe ist die dauerhaft wirksame Verpflichtung, bestimmte Tätigkeiten auszuführen, um ein definiertes Ziel zu erreichen (Erbringung einer Sollleistung). Bestimmungsmerkmale der Aufgabe sind: was, woran, wer, womit, wann und wo etwas zu tun ist. Siehe auch → Ablauforganisation und → Aufbauorganisation, jeweils mit Literaturangaben.

Aufgabenanalyse

Damit die Gesamtaufgabe eines Unternehmens geordnet erfüllt werden kann, muss sie zunächst inhaltlich definiert, geordnet und in verteilungsfähige Teilaufgaben zerlegt werden. Dieser Vorgang wird als *Aufgabenanalyse* bezeichnet. Das Ergebnis der Aufgabenanalyse wird im Aufgabengliederungsplan dokumentiert, der einen Überblick über die vorhandenen und zu verteilenden Einzelaufgaben eines Unternehmens liefert.

In der anschließenden *Aufgabensynthese* werden die in der Aufgabenanalyse abgeleiteten Teilaufgaben anhand bestimmter Merkmale (Aufgabenträger, Sachmittel, Raum, Zeit) so zusammengefasst, dass sie einzelnen → Stellen zugeordnet werden können.

Siehe auch → Analyse-Synthese-Konzept sowie → Aufbauorganisation und die dort angegebene Literatur.

Aufgabensynthese

In der Aufgabensynthese werden die in der → *Aufgabenanalyse* abgeleiteten Teilaufgaben anhand bestimmter Merkmale (Aufgabenträger, Sachmittel, Raum, Zeit) so zusammengefasst, dass sie einzelnen → Stellen zugeordnet werden können.

Siehe auch → Analyse-Synthese-Konzept sowie → Aufbauorganisation und die dort angegebene Literatur.

Aufgeld

siehe → Agio.

Aufrechnungsberechtigte

Die Gläubiger, die bereits vor Eröffnung des Insolvenzverfahrens zur Aufrechnung gegenüber dem späteren Insolvenzschuldner zur Aufrechnung berechtigt waren, dürfen unter den in §§ 94 ff. Insolvenzordnung (InsO) genannten Bedingungen ihre Aufrechnungsberechtigung auch gegenüber dem Insolvenzverwalter ausüben. Im Wesentlichen decken sich die Grundsätze der Aufrechnung im Insolvenzverfahren mit denen der §§ 387 ff. BGB geregelten allgemeinen Aufrechnung von Forderungen. Es bestehen jedoch einige Besonderheiten. So werden in § 96 InsO besondere Aufrechnungsverbote speziell für das Insolvenzverfahren aufgestellt.

Siehe auch → Insolvenzrecht, deutsches (mit Literaturangaben).

Aufsichtsrat

ist neben → Hauptversammlung und → Vorstand eines der drei zwingend vorgeschriebenen Organe der → Aktiengesellschaft. Nach dem → Aktiengesetz hat er, je nach Höhe des → Grundkapitals, eine durch 3 teilbare Zahl von Mitgliedern (nur natürliche Personen), mindestens 3 und höchstens 21. Die Aufsichtsratsmitglieder werden für eine höchstens vierjährige Amtszeit in der → Hauptversammlung von den → Aktionären gewählt. Im Falle der unternehmerischen → Mitbestimmung greifen hinsichtlich der Zusammensetzung und Größe des Aufsichtsrats Besonderheiten ein. Der Aufsichtsrat ist vor allem Kontrollorgan. Zu seinen Hauptaufgaben zählen: (1) Bestellung und etwaige Abberufung der Mitglieder des Vorstands; (2) gerichtliche und außergerichtliche Vertretung der Aktiengesellschaft gegenüber den Mitgliedern des Vorstands; (3) umfassende Überwachung des Vorstands, die sich aufteilt in die vergangenheitsbezogene Kontrolle und die präventive Überwachung durch ständige Beratung des Vorstands und Mitgestaltung der Geschäftspolitik; (4) Zustimmung zu wichtigen zustimmungsbedürftigen Geschäftsführungsmaßnahmen; (5) Prüfung und Feststellung des Jahresabschlusses sowie Vorschlag für die Verwendung des Bilanzgewinns; (6) Einberufung außerordentlicher Hauptversammlungen; (7) Mitwirkung bei der Gründung der Aktiengesellschaft.

Siehe auch → Aktiengesellschaft, deutsche und → Aktiengesellschaft, österreichische, jeweils mit Literaturangaben.

Literatur: Bierbaum, H. u. a.: Betriebswirtschaft im Aufsichtsrat, Frankfurt 2004; Lutter, M. und Krieger, G.: Rechte und Pflichten des Aufsichtsrats, 4. Auflage, Köln 2002.

Internetadresse: (Aktuelles) http://www.aufsichtsrat.de

Aufspaltung

Ein übertragendes Unternehmen teilt unter Auflösung (ohne Abwicklung) sein gesamtes Vermögen auf und überträgt dies im Wege der Gesamtrechtsnachfolge auf mindestens zwei (neugegründete oder bestehende) Rechtsträger. Als Gegenleistung erhalten die Anteilsinhaber des aufgespalteten Unternehmens Anteile des übernehmenden Rechtsträgers. Siehe auch § 123 Abs. 1 UmwG und → Spaltung sowie → Sonderbilanzen (mit Literaturangaben).

Aufwandsgleiche Kosten

siehe → Grundkosten; siehe auch → Kostenartenrechnung (mit Literaturangaben).

Aufwandsrückstellung

siehe → Verbindlichkeitsrückstellung; siehe auch → Rückstellungen (mit Literaturangaben).

Aufwertung

ist die hoheitliche oder marktmäßige Heraufsetzung des Wechselkurses (des → Außenwertes) der inländischen Währung in Relation zu einer oder mehreren ausländischen Währungen. Zu unterscheiden sind nominelle und reale Aufwertung. Letztere ist um die jeweilige Rate der Geldwertentwicklung (i.A. eine Inflationsrate) der beteiligten Währungen/Länder bereinigt.

Auktionsprinzip

(*order driven system*), siehe → hybride Handelssysteme.

Auktionsverfahren

(→ *Going Public, Durchführungsphase*). Die Preisfestsetzung erfolgt ausschließlich auf Basis der von den Investoren abgegebenen Kaufwünsche (Orders mit Preis und Menge). Die Zuteilung hängt vom gebotenen Preis ab, wobei Investoren die bereit sind einen höheren Preis zu bezahlen als erste bedient werden. Solange Material vorhanden ist erfolgt auch eine volle Zuteilung. Zu geringe Kaufwünsche erhalten demgegenüber keine Zuteilung. Auktionsverfahren werden zur Emissionspreisfestsetzung beim *Going Public* (→ Going Public, Durchführungsphase) nur mehr selten verwendet. Ausnahmen sind zum Beispiel Frankreich und Israel.

aus dem Geld

siehe → innerer Wert.

Ausbildung, Duale

siehe → Duale Ausbildung, siehe auch → Berufsausbildung.

Ausflügler

temporäre Besucher, die sich weniger als 24 Stunden an (touristischen) Orten außerhalb ihres Wohn- bzw. Arbeitsbereichs aufhalten. Siehe auch → Tourismusbetriebslehre (mit Literaturangaben).

Ausfuhrdeckungen

(Forderungsdeckungen) des Bundes (Hermes-Ausfuhrdeckungen, Deutschland). Zu den unterschiedlichen Formen siehe → Einzeldeckung des Bundes, → Revolvierende Einzeldeckungen des Bundes, → Ausfuhr-Pauschal-Gewährleistung (APG) des Bundes, → Ausfuhr-Pauschal-Gewährleistung-light (APG-light).

Ausfuhrfinanzierung

siehe → Außenhandelsfinanzierung (Internationale Zahlungs-, Sicherungs- und Finanzierungsinstrumente).

Ausfuhrgewährleistungen des Bundes

(Hermes-Deckungen, Deutschland), bis Mitte 2003 gültige Bezeichnung für → Exportkreditgarantien des Bundes (Hermes-Deckungen).

Ausfuhrkredit-Gesellschaft mbH

siehe → AKA Ausfuhrkredit-Gesellschaft mbH.

Ausfuhr-Pauschal-Gewährleistung (APG) des Bundes
(Deutschland), Form der sog. Hermes-Deckungen zur Sicherung deutscher Exportgeschäfte; siehe auch → Exportkreditgarantien des Bundes. Ausfuhr-Pauschal-Gewährleistungen des Bundes (Hermes-APG) decken für deutsche Exporteure bestimmte Risiken von kurzfristigen Exportforderungen aus Ausfuhrverträgen mit mehreren ausländischen Bestellern in unterschiedlichen Ländern. Siehe auch → Einzeldeckung des Bundes, → Revolvierende Einzeldeckung des Bundes sowie → Ausfuhr-Pauschal-Gewährleistung-light (APG-light) des Bundes.

Ausfuhr-Pauschal-Gewährleistung-light (APG-light) des Bundes
(Deutschland), Form der sog. Hermes-Deckungen zur Sicherung deutscher Exportgeschäfte; siehe auch → Exportkreditgarantien des Bundes. Ausfuhr-Pauschal-Gewährleistungen light des Bundes (Hermes-APG-light) decken für kleinere deutsche Exporteure bestimmte Risiken von kurzfristigen Exportforderungen aus Ausfuhrverträgen mit mehreren ausländischen Bestellern in unterschiedlichen Ländern auf kostengünstige und verfahrensmäßig einfache Weise. Siehe auch → Einzeldeckung des Bundes, → Revolvierende Einzeldeckung des Bundes sowie → Ausfuhr-Pauschal-Gewährleistung (APG) des Bundes.

Ausführungskompetenz
Die Ausführungskompetenz als Form der → Durchführungskompetenz beinhaltet das Recht, im Rahmen der übertragenen Aufgabe tätig zu werden und dabei in einem gewissen Ausmaß Arbeitsrhythmus und -methode selbst zu wählen. Siehe auch → Unternehmensführung (mit Literaturangaben).

Ausfuhrzoll
siehe → Zoll.

Ausgabeaufschlag
bezeichnet bei Fonds die prozentual erhobene Gebühr, die beim Kauf von Fondsanteilen einmalig erhoben wird.

Ausgliederung
der gleiche Vorgang wie bei der → Abspaltung eines Unternehmens mit dem Unterschied, dass die als Gegenwert übertragenen Anteile in das Vermögen des übertragenden Unternehmens und nicht an dessen Anteilsinhaber übergehen. Es entsteht nicht wie in den ersten beiden Fällen eine Schwestergesellschaftsstruktur, sondern ein Mutter-Tochter-Verhältnis. Siehe auch § 123 Abs. 3 UmwG, → Aufspaltung, → Spaltung sowie → Sonderbilanzen (mit Literaturangaben).

Auskunft
siehe → Bankauskunft und → Wirtschaftsauskunft.

Auskunftei
siehe → Wirtschaftsauskunft.

Auslandhandelskammer (AHK)
Die rund 120 grundsätzlich bilateral organisierten Auslandshandelskammern und Delegiertenbüros fördern in weltweit mehr als 80 Ländern die außenwirtschaftlichen Beziehungen der deutschen Unternehmen.

Auslandsfinanzierung
ist i.e.S. eine Kreditaufnahme im Ausland. I.w.S. werden darunter dieselben weit reichenden Vorstellungsinhalte verstanden wie unter dem Begriff → Außenhandelsfinanzierung (mit Literaturangaben).

Auslandsleasing
Ebenso wie → Cross-Border-Leasing ist Auslandsleasing der Oberbegriff für Exportleasing und Importleasing; siehe auch → Leasing (mit Literaturangaben).

Auslandspraktika

siehe → Auslandstudium, Institutionen, Stipendien und Auslandspraktika (mit Internetadressen und Literaturangabe).

Auslandsquote

wird als quantitatives Merkmal zur Definition internationaler Unternehmungen verwendet. Man errechnet sie als sog. Gliederungszahl, indem man absolute Zahlen des Auslandes (z.B. Umsatz im Ausland, Vermögen im Ausland, Anzahl der Mitarbeiter im Ausland) (Zahlen des → Gastlandes) entsprechenden Inlandszahlen (Zahlen des → Mutterlandes) oder den Zahlen der Gesamtunternehmung gegenübergestellt. Die Auslandsquote misst damit das Ausmaß der wirtschaftlichen Verbundenheit mit dem Ausland im Hinblick auf das jeweils gewählte Vergleichsmerkmal.

Siehe auch → Globalisierung (mit Literaturangaben).

Auslandsstudium

Auslandsstudium

Institutionen, Stipendien und Auslandspraktika

von Honorarprofessor Baldur H. Veit, Assessor phil.,
Leiter des Akademischen Auslandsamtes (AAA) und Diplom-Betriebswirtin (FH) Anne-Cathrin
Lumpp – Hochschule Reutlingen

1. Einführung

Auslandsstudienabschnitte und Auslandspraktika sind für Studierende des Faches Betriebswirtschaftslehre nahezu unerlässlicher Bestandteil ihrer Studienlaufbahn. Wenn nicht gar obligatorischer Bestandteil innerhalb der Studien- und Prüfungsordnung, so reagiert die Mehrzahl der Studierenden auf das Stichwort Globalisierung geradezu instinktiv mit der Entscheidung zur Absolvierung eines oder mehrerer Praxis- oder Studiensemester im Ausland. Die persönlichen und fachlichen Erfahrungen während eines Auslandsaufenthaltes können später im Berufsleben in einem Transfer auf andere internationale Bewährungssituationen übertragen werden und sind somit ein wichtiger Bestandteil der Karriereplanung. Die ständig zunehmende internationale Verflechtung, nicht nur in der Wirtschaft, sondern auch auf dem Gebiet der Wissenschaft und Kultur, verlangt nach Menschen mit internationaler Erfahrung. Der Arbeitsmarkt der Zukunft wird kaum noch nationale Grenzen kennen.

Die Absolvierung eines solchen Auslandsabschnitts erfordert grundsätzlich die Bereitschaft sich auf neue Lebenssituationen einzulassen und auch eine hohe finanzielle Eigenbeteiligung zu übernehmen. Generell muss das Bewusstsein vorhanden sein zusätzlich zu einem möglichen Stipendium den zum Studium in Deutschland notwendigen Betrag auch für das Auslandsstudium aus eigenen Ressourcen einzusetzen. Dieser liegt in der Regel zwischen 400,- und 500,- € pro Monat. Es gibt Stipendiengebende Einrichtungen, die durch die Zahlung eines Teil- bzw. Vollstipendiums die Möglichkeiten zur Realisierung eines solchen Auslandssemesters erheblich steigern (siehe hierzu unter www.stiftungsindex.de). Einige ausgewählte Möglichkeiten sollen im Weiteren näher vorgestellt werden.

2. Stipendiengebende Einrichtungen

(a) DAAD – Deutscher Akademischer Austauschdienst

Der DAAD ist der größte Stipendiengeber Deutschlands und eine gemeinsame Einrichtung der deutschen Hochschulen. Er fördert die internationalen Beziehungen der deutschen Hochschulen mit dem Ausland durch den Austausch von Studierenden und Wissenschaftlern und durch internationale Programme und Projekte. Der DAAD unterhält ein weltweites Netzwerk von Büros, Dozenten und Alumnivereinigungen und bietet Informationen und Beratung vor Ort und ist eine Mittlerorganisation der Auswärtigen Kulturpolitik, der Hochschul- und Wissenschaftspolitik sowie der Entwicklungszusammenarbeit im Hochschulbereich.

Unter http://www.daad.de findet man die Stipendiendatenbank und Informationen zu den Förderungsmöglichkeiten des DAAD sowie anderer Förderorganisationen zur Unterstützung von Studium, Forschung oder Lehre im Ausland.

(b) Bildungskredit über das Bundesministerium für Bildung und Forschung (BMBF)
Seit dem 01.04.2001 bietet die Bundesregierung Schülern und Studenten in fortgeschrittenen Ausbil-
dungsphasen die Möglichkeit, einen zinsgünstigen Kredit nach Maßgabe der Förderbestimmungen des
Bundesministeriums für Bildung und Forschung in Anspruch zu nehmen.
Nähere Informationen hierzu gibt es unter http://www.bildungskredit.de

(c) BAföG
Wie kann ich mein Studium finanzieren? Eine Antwort darauf gibt das Bundesausbildungsförderungsgesetz (BAföG). BAföG erleichtert nicht nur die Entscheidung für den Beginn einer qualifizierten Ausbildung, sondern bietet nun Studierenden auch verlässliche finanzielle Hilfen beim Studienabschluss.
Die BAföG-Hilfen sind daher ein wichtiges Element, um mehr Jugendliche für ein Studium zu gewinnen und qualifiziert auszubilden. Auch Studienabschnitte im Ausland werden gefördert. Insgesamt ist
festzustellen, dass das BAföG eigentlich Deutschlands größter Stipendiengeber für das Auslandsstudium ist.
Nähere Informationen unter http://www.bafoeg.bmbf.de

(d) Sokrates/Erasmus Programm der Europäischen Union
Für die Förderung der Mobilität von Studierenden und Zusammenarbeit im Hochschulbereich gibt es
neben diversen stipendiengebenden Einrichtungen das so genannte SOKRATES Erasmus Programm.
Studierende aller Fachrichtungen ab dem 3. Semester erhalten Teilstipendien, die einen Teil der auslandsbedingten Mehrkosten decken sollen. Förderfähig sind ausschließlich Aufenthalte im Rahmen von
Hochschulkooperationen innerhalb der EU. Die Beantragung erfolgt über die Hochschulen, entweder
beim Akademischen Auslandsamt oder direkt über die Fakultäten.
Nähere Informationen gibt es bei den Akademischen Auslandsämtern der Hochschulen oder unter
http://www.eu.daad.de

(e) Fulbright-Stipendien
Das Deutsch-Amerikanische Fulbright-Programm verwirklicht die visionäre Idee Senator Fulbrights:
Die Förderung von gegenseitigem Verständnis zwischen den USA und Deutschland durch akademi-
schen und kulturellen Austausch. Das besondere Merkmal des Deutsch-Amerikanischen Fulbright-
Programms ist der Studentenaustausch. Nähere Informationen erhalten Sie unter www.fulbright.de

(f) Institut Ranke-Heinemann
Das Institut Ranke-Heinemann ist die Vertretung des Australischen Hochschulverbundes IDP Education Australia und die Vertretung aller neuseeländischen Universitäten in Deutschland und Österreich.
Das Institut hat den Australisch-Neuseeländischen Hochschulverbund als seine Einrichtung ins Leben
gerufen, die aus zwei Abteilungen - der australischen und der neuseeländischen - besteht. Es vertritt alle australischen und neuseeländischen Universitäten und darüber hinaus australische Schulen und Berufsakademien in Deutschland, Österreich und der deutschsprachigen Schweiz. Die Interessenten werden kostenlos und unabhängig zu allen Fragen rund um das Auslandsstudium in Australien und Neuseeland beraten und sie erhalten Informationen über die Universitäten, deren Studienprogramme und
Kurse, über Visabestimmungen, über Finanzierung usw.
Nähere Informationen unter www.ranke-heinemann.de

(g) GOstralia
GOstralia! ist offizielle Vertretung australischer Hochschulen in Deutschland und hat sich auf die Vermittlung von Studenten aus Deutschland, Österreich und der deutschsprachigen Schweiz nach Australien spezialisiert. Sie bietet zukünftigen Australien-Studenten einen Erste-Klasse-Service, der alle
Themen rund um das Studium in Australien abdeckt. Ein Auslandsstudium in Australien bedeutet meistens eine hohe finanzielle Investition. Gerade deshalb möchte GOstralia alles dafür tun, damit der Aufenthalt zu einer einmaligen persönlichen Erfahrung wird.
Nähere Informationen unter www.gostralia.de

3. Vermittlungsstellen für Auslandspraktika

Trotz der unten angeführten Vermittlungsstellen ist es grundsätzlich empfehlenswert sich mehrgleisig um einen Praktikantenplatz im Ausland zu bemühen. Ebenfalls ist es notwendig, mindestens ein Jahr vor Beginn des Praktikums mit der Planung zu beginnen.

(a) InWEnt – Internationale Weiterbildung und Entwicklung gGmbH
InWEnt - Internationale Weiterbildung und Entwicklung gGmbH steht für Personal- und Organisationsentwicklung in der internationalen Zusammenarbeit. Neben Ihren Programmen für Fach- und Führungskräfte aus der Bundesrepublik Deutschland und anderen Industrieländern sowie Fach- und Führungskräfte aus Entwicklungsländern vermittelt InWEnt Praktika im Rahmen einer Fachhochschulausbildung zur Erweiterung der Fach- und Sprachkenntnisse und zur Förderung des Austausches künftiger Fach- und Führungskräfte zwischen Hochschulen und Wirtschaft. Das „Praxissemester im Ausland" – ein vom Bundesministerium für Bildung und Forschung finanziertes Förderprogramm für Studierende an Fachhochschulen – bietet die Möglichkeit, interkulturelle Handlungskompetenzen für den globalen Arbeitsmarkt zu erwerben. Das Programm umfasst zwei Möglichkeiten der Förderung: Das Teilstipendium und das Reisekostenstipendium.
Weitere Informationen über die Zielgruppe, Zielländer, Teilnahmevoraussetzungen, Programmablauf, Finanzierung, Leistungen, Bewerbungstermine und Auswahl sind erhältlich unter www.inwent.org/fh-praxissemester.

(b) Koordinierungsstelle Karlsruhe (nur für Fachhochschulstudierende in Baden-Württemberg)
Die Koordinierungsstelle für die Praktischen Studiensemester (KOOR) ist eine landesweite Einrichtung für die Fachhochschulen in Baden-Württemberg, die an der Hochschule Karlsruhe - Technik und Wirtschaft eingerichtet ist. Die KOOR führt im Auftrag des, für alle Hochschulen in Baden-Württemberg das LEONARDO DA VINCI-Programm für Studierende und Graduierte durch. Auch Nachfolgeprogramme der Europäischen Union sollen über diese Koordination administriert werden.
Die KOOR gibt in Zusammenarbeit mit den Praktikantenamtsleitern Hilfestellung bei der Suche nach geeigneten Stellen im Ausland für Praktische Studiensemester für Studierende der Fachhochschulen in Baden-Württemberg. Studierende, die sich selbst oder über die Hochschule eine Praxisstelle im Ausland beschaffen konnten, werden von der KOOR beim Beantragen der Aufenthalts- und Arbeitsgenehmigung, bei der Bemühung um ein Stipendium und in Versicherungsfragen beraten und können in Europa über das Leonardo da Vinci-Programm finanziell unterstützt werden.
Weitere Informationen über: http://www.hs-karlsruhe.de/servlet/PB/menu/1019904/index.html oder http://www.eu.daad.de

4. Schlussbemerkungen

Studienzeiten im Ausland stellen einen großen Wettbewerbsvorteil gegenüber Absolventen dar, die nicht mindestens einen Abschnitt ihres Studiums im Ausland absolviert haben. Neben verbesserten Sprachkenntnissen und Fachkenntnissen verfügen die Studierenden meist auch über eine gewachsene Persönlichkeit, Offenheit gegenüber anderen Kulturen und einem selbstsicheren Auftreten gegenüber spontan entstehenden Situationen, sowohl im Geschäfts- als auch im soziokulturellen Bereich.
Diese Abhandlung erhebt keinen Anspruch auf Vollständigkeit, bietet jedoch Studierenden die Möglichkeit sich über die bestehenden Angebote zu informieren und ggf. weitere Informationen direkt über die Stipendiengeber einzuholen. Auch die Akademischen Auslandsämter der deutschen Hochschulen können im Vorfeld jederzeit weitere Details zu den einzelnen Programmen geben.

Literatur: DAAD (Hrsg.) Studium, Forschung, Lehre im Ausland. Förderungsmöglichkeiten für Deutsche, Bonn 2005.

Internetadressen: siehe Textteil.

Website der Autoren: http://www.sib.reutlingen-university.de

Auslosung

(Wertpapiere), Form der Ratentilgung (siehe auch → Annuitätendarlehen bzw. Tilgungsdarlehen) von → Anleihen, bei der es keinen einmaligen festen Rückzahlungstermin gibt. Nach zumeist mehreren tilgungsfreien Jahren – jedoch noch innerhalb der Anleihelaufzeit – wird die Anleihe in regelmäßigen Teilbeträgen getilgt, wobei die dem Tilgungsbetrag zuzuordnenden → Teilschuldverschreibungen wie in einer Lotterie anhand von Serienbuchstaben oder Endziffern durch Auslosung ermittelt werden.

Ausreißer

(in der → *Produkthaftung*) liegt vor, wenn trotz Einhaltung aller technischen, personellen und organisatorischen Anforderungen ein schadensauslösendes, fehlerhaftes Produkt in den Verkehr gelangt.

Ausrüstungsleasing

(*Equipment-Leasing*), Form des → Leasing. Maßgebliche Besonderheit des Ausrüstungsleasing: Leasinggegenstand ist eine einzelne Maschine o.Ä., im Gegensatz zum → Anlagenleasing (Plant-Leasing), das eine komplette (industrielle) Anlage umfasst.

Ausschüttungspolitik

siehe → Selbstfinanzierung, → Rücklagenpolitik.

Außenfinanzierung

Außenfinanzierung umfasst die Beschaffung von Finanzmitteln durch „außerhalb" des laufenden Leistungs- und Absatzprozesses gelagerte gesonderte Finanzkontrakte. Gegensatz: → *Innenfinanzierung,* die sich auf die Möglichkeit bezieht, „innerhalb" dieses Prozesses Zahlungsüberschüsse zu erzielen und damit einen Beitrag zur Finanzierung weiterer betrieblicher Aktivitäten zu leisten (siehe → Cash Flow).

Zu den Instrumenten der Außenfinanzierung sowie zu weiteren Finanzierungsinstrumenten siehe u.a. → Corporate Finance, → Factoring, → Kreditfinanzierung, kurzfristige, → Kreditfinanzierung, langfristige, → Leasing, jeweils (mit Literaturangaben).

Außen-GbR

siehe → Gesellschaft bürgerlichen Rechts (deutsches Recht).

Außengesellschaft

siehe → Gesellschaft bürgerlichen Rechts (deutsches Recht).

Außenhandel

Außenhandel

von Professor Dr. Franz-Josef Schürings
Hochschule Niederrhein

1. Charakterisierung

Der Außenhandel umfasst als Oberbegriff alle betriebswirtschaftlichen Aktivitäten bei der Unterhaltung von wirtschaftlichen Beziehungen zum Ausland im Rahmen des grenzüberschreitenden Waren- und Dienstleistungsverkehrs einschließlich Rechtsübertragungen.

Grundformen sind → Import als Bezug von Wirtschaftsleistungen aus dem Ausland und → Export als Bereitstellung von Warenleistungen für das Ausland. Weitere Formen sind → Transithandel, → Veredelungsverkehr, → Lizenzgeschäfte und → Kompensationsgeschäfte.

Im Gegensatz zum Binnenhandel, der ausschließlich in einem Land abgewickelt wird, beteiligen sich am Außenhandel staatliche Institutionen sowie Unternehmen und Privatpersonen aus verschiedenen Ländern. Damit unterliegt die Geschäftsabwicklung im Außenhandel anderen Rahmenbedingungen als im Binnenhandel. Dazu gehören unterschiedliche nationale Rechts- und Währungssysteme und spezifische gesetzliche Grundlagen wie u.a. in Deutschland das → Außenwirtschaftsgesetz (AWG).

Zusätzlich wird der Abschluss internationaler → Kaufverträge und die Geschäftsabwicklung durch eine Vielzahl von → Handelshemmnissen, Sprachproblemen, Mentalitätsunterschieden, die Einbeziehung von mehr Beteiligten, wie z.B. → Absatzmittlern, und das notwendige Management der Risiken im Außenhandel erschwert.

2. Bedeutung

Dem gegenüber stehen aber große Geschäftschancen und positive betriebswirtschaftliche Effekte, die die Unternehmen zu internationalen Geschäften motivieren.

Durch Exporte weichen die Unternehmen den gesättigten Inlandsmärkten aus und realisieren neue Wachstumsziele. Über die geschickte Auswahl attraktiver Absatzmärkte erzielen sie bessere Preise als im Inland und erhöhen so ihre Gewinne bzw. Deckungsbeiträge. Durch die zusätzlichen Absatzmengen im Ausland wird der → Skaleneffekt (Economies of Scale) ausgelöst und vorhandene Kapazitäten werden besser ausgelastet.

Durch Importe verbreitert sich die Versorgungsbasis der Unternehmen und es werden Kostenvorteile durch die weltweite Anbieterkonkurrenz wahrgenommen. Die ausländischen Lieferanten verfügen häufig über spezifische Know-how-Vorteile und neue Technologien, die ebenfalls die Beschaffungssituation verbessern. Das fallweise Ausnutzen von Währungsschwankungen ermöglicht weitere Kosteneinsparungen.

Die Ausweitung der Geschäftsaktivitäten ins Ausland reduziert auf der Absatz- wie Beschaffungsseite die Abhängigkeit von den Entwicklungen eines einzelnen Marktes (Inlandsmarkt) und führt zu einer erwünschten Streuung der Risiken. Durch die sich ständig ändernden Rahmenbedingungen und hohen Anforderungen werden die Geschäftsprozesse dynamisiert und dies bewirkt zusätzlich einen Imagegewinn der Unternehmen. Internationalisierte Unternehmen steigern damit ihre Konkurrenzfähigkeit und sichern ihre Existenz langfristig.

Um erfolgreich Auslandsgeschäfte durchzuführen müssen bei den Unternehmen bestimmte Voraussetzungen gegeben sein. Dazu gehören wettbewerbsfähige Produkte, Schlüsselkompetenzen, eine flexible Organisationsstruktur, ausreichende Personal- und Kapital-Ressourcen und der Wille langfristige Internationalisierungsstrategien umzusetzen.

3. Welthandel

Der Welthandel zeigt seit Jahren konstante Steigerungsraten von i.M. 6 % p.a. und wächst wesentlich stärker als die Weltwirtschaftsleistung. Auslöser dieser Entwicklung als Teil der → Globalisierung ist die moderne Kommunikationstechnologie, die Zunahme internationaler Reisetätigkeit und von Warentransporten, die politische Entwicklung wie Zusammenbruch des Kommunismus, Abschluss bi- und multilateraler Wirtschaftsverträge / -abkommen bis zur Bildung von integrierten Wirtschaftsblöcken wie der → Europäischen Gemeinschaft/Union und die laufenden Welthandelsrunden im Rahmen des → GATT mit Gründung der World Trade Organization (→ WTO). Auch die deutsche Ausfuhr weist seit Jahren hohe Zuwachsraten auf und die → Handelsbilanz einen hohen aktiven Saldo.

Mittlerweile ist unbestritten, dass insgesamt alle beteiligten Staaten von der zunehmenden Verflechtung im Außenhandel profitieren. Der Außenhandel als einer der wichtigsten Wachstumsmotoren sichert Arbeitsplätze und schafft neue. Zusätzlich wird Steueraufkommen generiert. Deshalb versuchen viele Staaten über → Exportförderung diesen für sie positiven Trend noch zu verstärken.

Hinweis

Zu den angrenzenden Wissensgebieten siehe → Außenhandelsfinanzierung (Internationale Zahlungs-, Sicherungs- und Finanzierungsinstrumente), → Controlling, Internationales, → Globalisierung, → Interkulturelles Management, → Kaufrecht, → Marketing, Internationales, → Outsourcing, → Personalentsendung, Internationale, → Personalmanagement, Internationales, → Produkthaftung, → Steuerrecht, Internationales, → Währungsmanagement.

Literatur: Albaum, G. u. A.: Internationales Marketing und Exportmanagement, München 2001; Altmann, J.: Außenwirtschaft für Unternehmen, Stuttgart 2001; Grafers, H. W.: Einführung in die betriebliche Außenwirtschaft, Stuttgart 1999; Häberle, S. G.: Handbuch für Kaufrecht, Rechtsdurchsetzung und Zahlungssicherung im Außenhandel, München und Wien 2002; Hollensen S.: Global Marketing, Harlow / GB 2001; Jahrmann, F. U.: Außenhandel, Ludwigshafen 2001; Kutschker, M. und Schmid, S.: Internationales Management, München und Wien 2004; Macharzina, K. und Oesterle M. J.: Handbuch internationales Management, Wiesbaden 2002; Trompenaars, F.: Riding the Waves of Culture, London 1997.

Internetadressen: www.ahk.de; www.ak-coface.de; www.bfai.de; www.businesseurope.com; www. destatis.de; www.ec.europa.eu; www.eulerhermes.de; www.gats.org; www.gatt.org; www.iccwbo.org; www.ixpos.de; www.localglobal.de; www.mkaccdb.eu.int; www.nrw-export.de; www.profound.co.uk; www.uncitral.org; www.worldchambers.com; www.wto; www.zoll.de

Website des Autors: www08.mg.hs-niederrhein.de/dozenten/schuerings ; franz-josef.schuerings @hsnr.de

Außenhandelsfinanzierung

Außenhandelsfinanzierung

Internationale Finanzierungs-, Sicherungs- und Zahlungsinstrumente

von Professor Dr. Siegfried G. Häberle

SIB School of International Business – Hochschule Reutlingen

1. Charakterisierung

Außenhandelsfinanzierung ist der Oberbegriff für die *internationalen Zahlungs-, Sicherungs- und Finanzierungsinstrumente* einschließlich der korrespondierenden *(Zahlungs-)Bedingungen* in internationalen Kaufverträgen. Unterbegriffe, die Teilbereiche der Außenhandelsfinanzierung erfassen, sind Exportfinanzierung, Importfinanzierung und → Auslandsfinanzierung.

Die Außenhandelsfinanzierung ist geprägt von den Erkenntnissen der betrieblichen Außenwirtschaft (→ Außenhandel), der internationalen betrieblichen Finanzwirtschaft (→ Finanzierung) sowie des internationalen Kaufrechts.

2. Risikoanalyse als Grundlage der Vereinbarung von Zahlungs- und Sicherungsbedingungen

Die Beteiligten an Außenhandelsgeschäften, insbesondere die Exporteure, haben vor Festlegung der Zahlungs- und Sicherungsbedingungen im Kaufvertrag die besonderen Risiken des Auslandsgeschäftes zu erheben:

(1) Das *wirtschaftliche Risiko* kommt in der Zahlungsunfähigkeit (→ Insolvenz), dem Zahlungsverzug und der Zahlungsunwilligkeit (→ Delkredererisiko) des Importeurs zum Ausdruck, aber auch in der Gefahr der Nichterfüllung der Lieferverpflichtung durch den Exporteur.

(2) Das → *Garantendelkredererisiko* umfasst die Gefahr, dass ein Garant (z.B. eine Bank, eine Versicherungsgesellschaft usw.) nicht willens oder nicht in der Lage ist, das zur Absicherung des Außenhandelsgeschäftes übernommene → Aval (z.B. als → Bankgarantie, → Kautionsversicherung, → Dokumentenakkreditiv) zu erfüllen.

(3) Das → *politische Risiko* (Länderrisiko) betrifft sowohl die Ware als auch die Forderung. Die Ware ist der Beschlagnahme, der Beschädigung, der Vernichtung infolge staatlicher Maßnahmen und Einwirkungen ausgesetzt. Bei Forderungen drückt sich das politische Risiko in Zahlungsverboten, → Moratorien, → Konvertierungsbeschränkungen bzw. -verboten sowie in → Transferbeschränkungen bzw. -verboten aus.

(4) Das → *Wechselkursrisiko* konkretisiert sich für den Exporteur in der Abwertung der fakturierten Fremdwährung gegenüber seiner Landeswährung bzw. für den Importeur in der Aufwertung jener Fremdwährung, in der er Zahlung zu leisten hat.

Das Ergebnis der Risikoanalyse bestimmt die im Kaufvertrag zu vereinbarenden Zahlungs- und Sicherungsbedingungen bzw. den Einsatz von Sicherungsinstrumenten, sofern der Exporteur bzw. der Importeur die verbleibenden Risiken eines Außenhandelsgeschäftes nicht selbst zu tragen bereit ist.

3. Nichtdokumentäre (Reine) Zahlungsinstrumente und -bedingungen

Internationale Zahlungsinstrumente, die nicht in direkter Verbindung mit Exportdokumenten stehen, werden als „nichtdokumentär" bzw. als „rein" bezeichnet („Clean Payment"-Instrumente). Hierzu zählen → *Auslandsüberweisungen,* → *Auslandsschecks* und – obwohl zugleich Zahlungs-, Finanzierungs- und Sicherungsinstrumente – auch *Auslandswechsel* (→ Wechsel).

Zahlungsbedingungen, die zur Anwendung dieser Instrumente führen, sind (1) Vorauszahlung des Importeurs, häufig gegen Stellung einer → Anzahlungsgarantie der Bank des Exporteurs; (2) Anzahlung des Importeurs in Verbindung mit Zwischenzahlungen (Abschlagszahlungen) entsprechend dem Produktions- bzw. Leistungsfortschritt gegen entsprechende Nachweise („Progress Payment"-Bedingung); (3) Zahlung bei Lieferung; (4) Zahlung nach Lieferung, d.h. mit Zahlungsziel des Exporteurs an den Importeur (→ Liefervertragskredit); eventuell gegen Wechselakzept des Importeurs (→ Wechsel).

Zur Abwicklung des internationalen Zahlungsverkehrs siehe → *SWIFT,* → *TARGET* und → *AZV-*Überweisungssystem.

4. Dokumentäre Zahlungs- und Sicherungsinstrumente sowie -bedingungen

Internationale Zahlungs- und Sicherungsinstrumente, die die Vorlage von Exportdokumenten voraussetzen, sind Dokumenteninkassi und Dokumentenakkreditive. Sie sind Zahlungs-/Sicherungsinstrument und Zahlungsbedingung zugleich.

→ *Dokumenteninkassi* (Documentary Collections) umfassen eine Zug-um-Zug-Abwicklung: Der Exporteur übergibt die Exportdokumente seiner Bank mit der Weisung, dem Importeur diese Dokumente nur auszuhändigen, wenn dieser zuvor eine Gegenleistung erbringt. Die Art der Gegenleistung des Importeurs bestimmt die Form der Dokumenteninkassi: (1) „Dokumente gegen (sofortige) Zahlung", (2) „Dokumente gegen Wechselakzept" (mit → Nachsichtfrist; siehe auch → Wechsel) und (3) „Dokumente gegen unwiderruflichen Zahlungsauftrag" (mit späterer Fälligkeit).

→ *Dokumentenakkreditive* (Documentary Credits) umfassen bei Außenhandelsgeschäften ein Zahlungsversprechen (eine Zahlungsgarantie) der Importeurbank zu Gunsten des Exporteurs, das diese Bank im Auftrag des Importeurs abgibt. Um Zahlung aus dem Akkreditiv zu erhalten, muss der akkreditivbegünstigte Exporteur die im Akkreditiv vorgeschriebenen Exportdokumente bei der Bank (sog. Zahlstelle) einreichen und damit den Vollzug des Exportgeschäfts beweisen.

Die Formen der Akkreditive nach Zahlungsmodalitäten sind: (1) → Sichtzahlungsakkreditiv (Sichtakkreditiv), mit sofortiger Zahlung an den Exporteur; (2) → Akkreditiv mit hinausgeschobener Zahlung (→ Deferred-Payment-Akkreditiv), das in Form einer → Nachsichtfrist die Zahlung auf einen späteren Zeitpunkt verlagert; (3) → Akzeptakkreditiv, bei dem der Exporteur ein (später zur Zahlung fälliges) → Bankakzept erhält sowie (4) eine große Zahl von Sonderformen, wie z.B. → Commercial Letter of Credit, → Negoziierbares Akkreditiv (siehe auch → Negoziierung), → Standby Letter of Credit, → Packing Credit, → Revolvierendes Akkreditiv (Revolving Credit), → Übertragbares Akkreditiv, → Gegenakkreditiv (Back-to-Back-Akkreditiv).

Akkreditive können widerruflich oder unwiderruflich (Regelfall) eröffnet werden. Ein unbestätigtes Akkreditiv verbrieft lediglich das Zahlungsversprechen der Importeurbank. Dagegen umfasst ein bestätigtes Akkreditiv zusätzlich die Zahlungsgarantie einer weiteren Bank.

5. Kurzfristige internationale Finanzierungsinstrumente

→ Kontokorrentkredite dienen sowohl der Finanzierung von Inlands- als auch von Auslandsgeschäften. Kontokorrentkredite gewähren die Banken in Euro und in den gängigen Fremdwährungen. Die Aufnahme von Fremdwährungskrediten ermöglicht die Finanzierung von Außenhandelsgeschäften und deren Wechselkurssicherung.

→ Geldmarktkredite (Eurogeldmarktkredite) können von Wirtschaftsunternehmen bei den international ausgerichteten Banken in Euro und in den gängigen Fremdwährungen zu kurz- bis mittelfristigen Laufzeiten aufgenommen werden. Sie dienen der Finanzierung und – in Fremdwährung aufgenommen –

zugleich der Wechselkurssicherung. Zinsbasis für Geldmarktkredite ist → EURIBOR bzw. → EONIA oder → LIBOR.

→ Wechseldiskontkredite der Geschäftsbanken ermöglichen die Finanzierung der in Wechselform gekleideten Zahlungsziele der Exporteure an die Importeure und – bei Fremdwährungswechseln – die Überwälzung des Wechselkursrisikos auf die diskontierende Bank.

→ Negoziierungskredite (Negoziationskredite) gewähren die Banken auf Grundlage von → Exportdokumenten oder (selten) von → Ziehungsermächtigungen oder in Verbindung mit → Dokumenteninkassi bzw. → Dokumentenakkreditiven als Vorschuss für ein Außenhandelsgeschäft.

Exportfactoring ist laufende Verkauf von kurzfristigen Exportforderungen an einen Factor. → Factoring erfüllt nicht nur eine Finanzierungsfunktion, sondern unter bestimmten Voraussetzungen auch eine Delkrederefunktion (Übernahme des Zahlungsausfallrisikos) sowie diverse Dienstleistungsfunktionen (Bonitätsprüfung der Importeure, Forderungsinkasso usw.).

6. Mittel- und langfristige internationale Finanzierungs- und Sicherungsinstrumente

Zur Finanzierung von Exportgeschäften mit mittel- und langfristigen Zahlungszielen, wie sie bei Investitionsgüterexporten, im Anlagenbau sowie bei Projektgeschäften vorkommen, stehen den Exporteuren spezielle Finanzierungsinstrumente zur Verfügung, die meistens zugleich Sicherungsinstrumente sind.

→ Gebundene Finanzkredite, die an ein bestimmtes Exportgeschäft gebunden sind, werden von den Banken als → Lieferantenkredit (Bankkredit an den Exporteur), als → Bestellerkredit (Bankkredit an den ausländischen Importeur) sowie als → Bank-zu-Bank-Kredit (Bankkredit an eine ausländische Bank) gewährt. Die Auszahlung von Bestellerkrediten und von Bank-zu-Bank-Krediten erfolgt i.d.R. an den Exporteur, der i.A. aus der Haftung weitgehend entlassen ist. Gebundene Finanzkredite stellen die Geschäftsbanken, die → AKA Ausfuhrkredit-Gesellschaft mbH sowie die → KfW Kreditanstalt für Wiederaufbau zur Verfügung.

→ Forfaitierung ist der Verkauf von mittel- bis langfristigen Exportforderungen an Banken. In der Regel übernimmt die forfaitierende Bank alle mit der angekauften Exportforderung verbundenen Risiken, und zwar auch das → politische Risiko.

→ Exportleasing (Internationales Leasing, Cross-Border-Leasing, → Leasing) ist die grenzüberschreitende Vermietung von langlebigen Gebrauchs- und Investitionsgütern durch den Hersteller oder durch Leasinggesellschaften als Leasinggeber.

7. Sicherungsinstrumente

Zur Absicherung der Risiken des Außenhandels stehen den Exporteuren und Importeuren auch Instrumente zur Verfügung, die nicht (direkt) mit der Finanzierung eines Außenhandelsgeschäfts verbunden sind, und die deswegen als „reine" Sicherungsinstrumente bezeichnet werden:

→ Warenkreditversicherungen als Ausfuhrkreditversicherungen decken das Forderungsausfallrisiko des Exporteurs bei Zahlungsunfähigkeit des Importeurs. Politische Risiken werden durch Ausfuhrkreditversicherungen i.d.R. nicht übernommen.

→ Exportkreditgarantien des Bundes (sog. Hermes-Deckungen) dienen der Absicherung deutscher Exportgeschäfte mittels spezieller Instrumente sowohl gegen → politische Risiken als auch i.A. gegen → Delkredererisiken.

→ Bankgarantien haben insbesondere die Exporteure zur Sicherheit von Importeuren zu stellen, z.B. als → Bietungsgarantie (Angebotsgarantie), → Liefergarantie, → Vertragserfüllungsgarantie, → Gewährleistungsgarantie, → Anzahlungsgarantie. Neben den Banken stellen auch Versicherungsgesellschaften Garantien im Rahmen von → Kautionsversicherungen aus.

Zur Absicherung des → Wechselkursrisikos von Außenhandelsgeschäften stehen vielfältige Sicherungsinstrumente zur Verfügung, die zum Teil in Finanzierungsinstrumente einbezogen sind. „Reine" Sicherungsinstrumente sind z.B. → Devisenkassageschäfte, → Devisentermingeschäfte und → Devisenoptionsgeschäfte.

Hinweis
Zu den angrenzenden Wissensgebieten siehe → Außenhandel, → Coporate Finance, → Factoring, → Finanzinnovationen, → Kreditfinanzierung, kurzfristige, → Kreditfinanzierung, langfristige, → Kreditsicherheiten, → Optionen, → Swaps, → Währungsmanagement, → Zinsmanagement.

Literatur: Breuer, W.: Unternehmerisches Währungsmanagement, 2. Auflage, Wiesbaden 2000, Übungsbuch Wiesbaden 1999; Dortschy, J.W., Jung, K.H., Köller, R.: Auslandsgeschäfte – Banktechnik und Finanzierung, 2. Auflage, Stuttgart 1997; Eilenberger, G.: Betriebliche Finanzwirtschaft, 7. Auflage, München und Wien 2003; Häberle, S.G.: Handbuch der Außenhandelsfinanzierung, 3. Auflage, München und Wien 2002; Häberle, S.G. (Hrsg.): Handbuch der Akkreditive, Inkassi, Exportdokumente und Bankgarantien, München und Wien 2000; Häberle, S.G. (Hrsg.): Handbuch für Kaufrecht, Rechtsdurchsetzung und Zahlungssicherung im Außenhandel, München und Wien 2002; HAUFE EXPORT OFFICE, CD-ROM, Freiburg i.Br. o.J. (laufende Ergänzungslieferungen); Matschke M., Olbrich, M.: Internationale und Außenhandelsfinanzierung, München und Wien 2000; UBS Union Bank of Switzerland: Documentary Credits ..., o.O., o.J. (Angabe: Switzerland).

Internetadressen: (Geschäftsbanken; alle Zahlungs-, Finanzierungs- und Sicherungsinstrumente) http://www.deutsche-bank.de, http://www.hypovereinsbank.de, http://www.ubs.com, http://www.baca.com; (Spezialbanken; langfristige Finanzierungen) http://www.akabank.de, http://www.kfw.de; (Organisationen; Zahlungsverkehr) http://www.zahlungsverkehrsfragen.de/swift, http://www.bundesbank.de/zahlungsverkehr; (Verbände, Organisationen) http://www.icc-deutschland.de, http://www.iccwbo.org, http://www.factoring.de, http://www.bdl-leasing-verband.de; (Exportkreditgarantien, Warenkreditversicherungen) http://www.ausfuhrgewaehrleistungen.de, http://www.oekb.co.at, http://www.swiss-erg.com, http://www.hermes.de; (internationaler Geldmarkt, internationale Zinssätze) http://www.bba.org.uk/public/libor, http://www.leitzinsen.com/zinsen/libors, http://www.euribor.org/html/content/euribor, http://www.euribor.org/html/content/eonia, http://www.ubs.com/quotes... .

Website des Autors: http://www.sib.reutlingen-university.de

Außensteuerrecht, nationales
darunter wird die Gesamtheit der Rechtsnormen nationalen Ursprungs verstanden, die die Besteuerung von grenzüberschreitenden Sachverhalten regeln.
Hierzu zählen *nicht* solche Normen, die dem Ursprung nach international sind, wie dies insbesondere bei den → Doppelbesteuerungsabkommen der Fall ist. Da jedoch die Umsetzung von Richtlinien der Europäischen Union in das → nationale Recht immer mehr an Bedeutung gewinnt, wird eine genaue Abgrenzung immer schwieriger.
Das Außensteuerrecht regelt zum Inland bestehende Beziehungen im Ausland Ansässiger (→ Inbound-Beziehung) und die zum Ausland bestehenden Beziehungen der im Inland Ansässigen (→ Outbound-Beziehung).
Es enthält Regeln über die → beschränkte und → unbeschränkte Steuerpflicht und einseitige Maßnahmen zur Vermeidung von → Doppelbesteuerungen, z. B. in § 34c EStG, § 26 KStG, § 11 VStG (ausgesetzt) und § 21 ErbStG (→ Allgemeines Außensteuerrecht).
Das nationale Außensteuerrecht kann unterteilt werden in das Allgemeine Außensteuerrecht und das Spezielle Außensteuerrecht (bspw. AStG).
Siehe auch → Steuerrecht, Internationales (mit Literaturangaben).

Außenwert
ist der Wechselkurs der inländischen Währung in Relation zu einer bestimmten ausländischen Währung oder in Relation zu mehreren ausländischen Währungen. Zum Zweck der Messung des Außenwerts der inländischen Währung können die ausländischen Währungen in einem (z.B. entsprechend den Außenhandelsanteilen gewichteten) Währungskorb zusammengefasst werden.
Der reale Außenwert ist – ausgehend von den nominellen Wechselkursen – um die jeweilige Rate der Geldwertentwicklung (i.A. um die Inflationsrate) der beteiligten Währungen/Länder bereinigt. Siehe auch → Binnenwert.

Außenwirtschaftsgesetz (AWG)

Das deutsche Außenwirtschaftsgesetz (AWG) regelt den gesamten Waren-, Dienstleistungs-, Kapital- und sonstigen Wirtschaftsverkehr der Bundesrepublik mit dem Ausland. Es ist geprägt vom Liberalitätsprinzip des → Außenhandels, d.h. Einfuhr (→ Import) und Ausfuhr (→ Export) sind grundsätzlich frei mit dem Vorbehalt von Beschränkungen.

Auf der Einfuhrseite sind dies Verbote und Beschränkungen, enthalten in der sog. Einfuhrliste des AWG. Auf der Ausfuhrseite sind die Beschränkungen in der Ausfuhrliste der das AWG ergänzenden Außenwirtschaftsverordnung (AWV) enthalten, dort vor allem in der Liste der sog. → Dual-use-Güter, d.h. Güter, die sowohl zivil als auch militärisch bzw. kerntechnisch eingesetzt werden können. Neben den Gütern dieser Liste, übrigens EU-einheitlich, können auch nicht gelistete → Dual-use-Güter einer Ausfuhrgenehmigung bedürfen. Die zuständige Genehmigungsbehörde ist das Bundesamt für Wirtschaft und Ausfuhrkontrolle (BAFA) in Eschborn.

Das AWG enthält darüber hinaus umfangreiche Meldepflichten für den internationalen Zahlungs- und Kapitalverkehr. Verstöße gegen das AWG/AWU werden mit hohen Geldbußen und Gefängnisstrafen geahndet.

Siehe auch → Außenhandel (mit Literaturangaben).

Außergewöhnliche Belastungen

(deutsche → *Einkommensteuer*). Außergewöhnliche Belastungen (*extraordinary personal expenses*) sind Kosten der privaten Lebensführung, die bei Erfüllung der Tatbestandsvoraussetzung der §§ 33 bis 33c EStG auf Antrag vom Gesamtbetrag der Einkünfte abgezogen werden. Ihr Sinn und Zweck besteht in der Gleichbehandlung der Steuerpflichtigen unter Berücksichtigung der außergewöhnlichen Lebensumstände des Einzelnen. Eine außergewöhnliche Belastung liegt immer dann vor, wenn einem Steuerpflichtigen zwangsläufig größere Aufwendungen als der überwiegenden Mehrzahl der Steuerpflichtigen gleicher Einkommensverhältnisse, gleicher Vermögensverhältnisse und gleichen Familienstandes erwachsen (§ 33 Abs. 1 EStG).

Außer-Haus-Konsum

siehe → Consumer Catering.

Außerplanmäßige Abschreibungen

sind → Abschreibungen, die der Anpassung der Buchwerte von Vermögensgegenständen des → Anlage- und des → Umlaufvermögens bei außergewöhnlichen, nicht vorhersehbaren Wertminderungen dienen. Siehe auch → planmäßige Abschreibung und → Abschreibungsmethoden.

Aussonderungsberechtigte

Die komfortabelste Position in einem Insolvenzverfahren haben die so genannten aussonderungsberechtigten Gläubiger im Sinne des § 47 Insolvenzordnung (InsO) inne. Sie können ihre Ansprüche gegen die Insolvenzmasse / den Insolvenzverwalter außerhalb des Insolvenzverfahrens nach den allgemeinen Vorschriften geltend machen. So kann der (Vorbehalts-)Eigentümer von Waren, die sich in der Insolvenzmasse und somit nach § 80 InsO im Besitz des Insolvenzverwalters befinden, diese nach § 985 BGB vom Insolvenzverwalter herausverlangen und gegebenenfalls eine entsprechende Leistungsklage einreichen. Die Aussonderungsberechtigten sind keine Insolvenzgläubiger und nehmen daher an den Gläubigerversammlungen nicht teil.

Siehe auch → Insolvenzrecht, deutsches (mit Literaturangaben).

Aussperrung

Arbeitskampfmaßnahme der Arbeitgeberseite, durch die die Arbeitnehmer planmäßig an der Erbringung der Arbeitsleistung durch Fernhalten von der Betriebsstätte gehindert werden unter gleichzeitiger Verweigerung der Lohn- und Gehaltszahlung. Formen sind → Abwehraussperrung und → Angriffsaussperrung. Siehe auch → Arbeitskampf.

Aussteller
(eines → Wechsels), engl. → Drawer.

Auswahl
siehe → Auswahlverfahren, → bewusste Auswahl, → Zufallsauswahl sowie → Marktforschungsmethoden und → Marktforschung (mit Literaturangaben).

Auswahl, bewusste
siehe → bewusste Auswahl; siehe auch → Auswahlverfahren und → Zufallsauswahl sowie → Marktforschungsmethoden und → Marktforschung (mit Literaturangaben).

Auswahl- und Überwachungsverschulden
liegt vor, wenn der Unternehmer seinen Verrichtungsgehilfen nicht sorgfältig auswählt und überwacht. Dieses Verschulden wird in § 831 BGB vermutet. → Exkulpiert sich der Unternehmer nicht, haftet er für das objektiv pflichtwidrige Verhalten des → Verrichtungsgehilfen.

Auswahlgespräch
→ Bewerbungsinterview, siehe auch → Personalauswahl, Instrumente (mit Literaturangaben).

Auswahlverfahren
Mit Hilfe der → *Marktforschung* sollen Aussagen über → Grundgesamtheiten getroffen werden. Diese Aussagen sind umso genauer, je mehr Elemente einer Grundgesamtheit untersucht werden. Im Sinn einer statistischen Ergebniskorrektheit wäre daher eine → Vollerhebung anzustreben. Der finanzielle und zeitliche Aufwand spricht in der Praxis jedoch i.d.R. für eine → Teilerhebung. In diesem Fall ist eine → Stichprobe zu bilden und hierfür ein Auswahlverfahren heranzuziehen. Bei der Auswahl kommen zwei Gruppen von Verfahren in Betracht: die → Zufallsauswahl sowie die → bewusste Auswahl. Siehe auch → Marktforschungsmethoden (mit Literaturangaben).

Autokorrelation
siehe → Ökonometrie (mit Literaturangaben).

Automatic Replenishment
siehe → Remote Ordering.

autonome Disposition
siehe → Disposition, autonome.

Available-for-Sale Securities
sind veräußerungsfähige Wertpapiere. Es können Eigentümerpapiere oder Gläubigerpapiere sein. Sie sind im → *Umlaufvermögen* zu zeigen, wenn das Unternehmen plant, sie im kommenden Jahr zu verkaufen. Ansonsten sind sie im → Anlagevermögen auszuweisen.

Avale
Oberbegriff für die von Banken, Kreditversicherungsunternehmen und anderen Garanten übernommenen → Bürgschaften, → Garantien, → Bonds u.Ä.; siehe auch → Bankgarantie und → Kautionsversicherung. Im weiteren Sinne zählt auch die Akzeptübernahme von Banken (→ Bankakzept) zu den Avalen.

Avalkredit
Der Avalkredit ist eine sog. → Kreditleihe, wobei die Bank (Avalkreditgeber) die Haftung für die Verbindlichkeiten eines Kunden (Avalkreditnehmer) gegenüber einem Dritten in Form einer → Bürgschaft oder → Garantie übernimmt. Dies ist vor allem im internationalen Handel von Bedeutung, da die Überprüfung der wirtschaftlichen Situation eines Kunden für ein kreditgewährendes Unternehmen mit

Sitz in einem anderen Land damit weitgehend entfallen kann. Bedeutsam für die Sicherheit des gewährten Kredits ist vielmehr die Bonität des Kreditinstitutes, das die → Bürgschaft bzw. die → Garantie übernimmt.

Rechtlich ist ein Avalkredit, wie der → Akzeptkredit, eine Geschäftsbesorgung gemäß § 375 BGB. Die Rechtsbeziehung zwischen dem Avalkreditgeber und dem Avalkreditnehmer wird durch die Form des Avals bestimmt. Grundsätzlich kommen die → Bürgschaft (§§ 765ff. BGB) und die → Garantie, für welche die allgemeinen Grundsätze des Schuldrechtes anzuwenden sind, da es in diesem Bereich keine expliziten rechtlichen Grundlagen gibt, als Formen des Avalkredites in Betracht.

Bankbürgschaften kommen z.B. in Form von → Zoll- und Steuerbürgschaften oder → Frachtstundungsbürgschaften vor. Bankgarantien können z.B. als → Bietungsgarantie, als → Anzahlungsgarantie, als → Leistungs- und Lieferungsgarantie oder als → Gewährleistungsgarantie gestellt werden.

Avalprovision

Entgelt der Banken, Kreditversicherungsunternehmen und anderer Garanten für übernommene → Avale; siehe auch → Bankgarantien und → Kautionsversicherung. Die Avalprovision trägt den Charakter einer Risikoprämie.

AWA

Abk. für → Allensbacher Werbeanalyse.

AWG

Abk. für → Außenwirtschaftsgesetz.

AWV

Abk. für → Außenwirtschaftsverordnung. AWV sind Verordnungen, die das deutsche → Außenwirtschaftsgesetz (AWG) ergänzen.

AZV-Überweisungssystem

Kurzbezeichnung für den Auslandszahlungsverkehr der Deutschen Bundesbank. Im AZV wickelt die Deutsche Bundesbank auf Euro oder auf ausländische Währung lautende Überweisungen über Korrespondenzbanken in die EU/EWR-Staaten ab.

B

BA

Abk. für „Beschaffung aktuell" (Fachzeitschrift).

B2A

Abk. für → Business-to-Administration. Siehe auch → E-Commerce (mit Literaturangaben).

BAB

Abk. für → Betriebsabrechnung, Abk. auch für Betriebsabrechnungsbogen; zum Betriebsabrechnungsbogen siehe → Betriebsabrechnung, Kapitel 3 und 4.

Backoffice

englischer Begriff für Innendienst. Das Backoffice ist zuständig für die Abwicklung der dem Kundenkontakt nachgelagerten Aufgaben (Angebotserstellung, Auftragsbearbeitung, Fakturierung). Gegensatz: siehe → Frontoffice.

Back-to-Back-Akkreditiv

siehe → Gegenakkreditiv.

BaFin

Abk. für → Bundesanstalt für Finanzdienstleistungsaufsicht. Aufsichtsbehörde für Finanzdienstleistungen in Deutschland.

Internetadresse: http://www.bafin.de

BaföG

Abk. für Bundesausbildungsförderungsgesetz. BAföG erleichtert nicht nur die Entscheidung für den Beginn einer qualifizierten Ausbildung, sondern bietet nun Studierenden auch verlässliche finanzielle Hilfen beim Studienabschluss. Die BAföG-Hilfen sind daher ein wichtiges Element, um mehr Jugendliche für ein Studium zu gewinnen und qualifiziert auszubilden. Auch Studienabschnitte im Ausland werden gefördert. Insgesamt ist festzustellen, dass das BAföG eigentlich Deutschlands größter Stipendiengeber für das Auslandsstudium ist.

Siehe auch → Auslandstudium, Institutionen, Stipendien und Auslandspraktika (mit Internetadressen und Literaturangabe).

Internetadresse: http://www.bafoeg.bmbf.de

Bahnhof Shopping

Der Bedeutungsgewinn des Bahnhof Shopping ist auf eine zunehmende Convenience-Orientierung der Verbraucher (→ Convenience Stores), auf eine Zunahme der Konversion von Bahnhofsflächen, so der strategischen Entscheidungen der Deutschen Bahn zum Umbau eines Drittels der ca. 6000 Bahnhöfe in der letzten Dekade in Deutschland verantwortlich. Die umgebauten Bahnhöfe weisen einen enormen Anteil an Einzelhandelsflächen auf. Siehe auch → Vertriebswege, Neuere (mit Literaturangaben).

Balance Reporting

Informationsfunktion im Rahmen des → Cash-Management-Systems über Kontostände, Zahlungsansprüche, Zahlungsverbindlichkeiten etc..

Balanced Chance and Risk Card

Die herkömmliche → Balanced Scorecard mit den Dimensionen der finanziellen Perspektive, der Kundenperspektive, der Perspektive der internen Geschäftsprozesse und der Innovations- und Lernperspektive kann um Risikoaspekte erweitert werden. In einer *Balanced Chance and Risk Card* werden wertorientiertes Management, die Balanced Scorecard und das Risikomanagement miteinander verbunden. Risiken werden mittels Kennzahlen abgebildet und untereinander bzw. mit Spitzenkennzahlen verknüpft. Der Unternehmenswert, hier auf Basis von abgezinsten Cash flows errechnet, wird durch das Nutzen von Chancen und die Steuerung von Risiken erklärt. Siehe auch → Balanced Scorecard, risikoorientierte und → Risikocontrolling (mit Literaturangaben).

Balanced Scorecard

Balanced Scorecard

von Professor Dr. Jürgen Strohhecker
HfB – Business School of Finance & Management, Frankfurt am Main

1. Charakterisierung und Entwicklung

Die Balanced Scorecard ist ein modernes Management- und Controllinginstrument. Sie unterstützt die Unternehmensleitung in der zielorientierten strategischen und operativen Unternehmenssteuerung. Entwickelt wurde die Balanced Scorecard von dem Harvard-Professor Robert S. Kaplan und dem Unternehmensberater David P. Norton. Nach der ersten Veröffentlichung 1992 in der Harvard Business Review wurde sie in Wissenschaft und Wirtschaft schnell populär. Ursprünglich unterstützte die Balanced Scorecard lediglich das Ziel, die → Performancemessung in Unternehmen zu verbessern. Aber es zeigte sich bald, dass ihr Potenzial erst dann ausgeschöpft wird, wenn sie auf die → Strategie maßgeschneidert ist. Dann eignet sie sich nicht nur als operatives Steuerungsinstrument, sondern auch als Werkzeug zur Strategieumsetzung.

Das heutige Konzept der Balanced Scorecard besteht im Kern aus zwei Instrumenten: zum ersten aus einer → Strategielandkarte (Strategy Map) und zum zweiten aus einem ausgewogenen, aus der Unternehmensstrategie abgeleiteten → Kennzahlensystem.

2. Strategie und Strategielandkarte

Kaplan und Norton verstehen unter einer Strategie ein System von kausalen → Hypothesen, die eine Aussage darüber machen, wie die langfristigen Unternehmensziele erreicht werden sollen. Die → Strategielandkarte stellt die Unternehmensstrategie grafisch als ein kausal verknüpftes Netz von strategischen Themen dar und ordnet sie den vier, für eine Balanced Scorecard typischen Perspektiven zu. Neben der Finanzperspektive sind das die Kundenperspektive, die Perspektive der internen Geschäftsprozesse sowie die Lern- und Entwicklungsperspektive, welche gelegentlich auch als Potenzialperspektive bezeichnet wird.

Eine transparente Strategie und ihre offene Kommunikation innerhalb des Unternehmens erzeugt strategisches Bewusstsein bei allen Mitarbeitern. Eine wichtige Voraussetzung für strategiekonformes Verhalten ist damit geschaffen. Eine zweite, nicht weniger wichtige Voraussetzung ist dann erfüllt, wenn sich Erfolg oder Misserfolg der Unternehmensstrategie messen lässt. Messbarkeit wird im → Controlling verbreitet über Kennzahlen hergestellt; auch die Balanced Scorecard integriert zu diesem Zweck ein → Kennzahlensystem.

3. Ausgewogene Kennzahlensystematik

Das Kennzahlensystem der Balanced Scorecard weist einige Besonderheiten auf. Es ist auf die Unternehmensstrategie maßgeschneidert und dadurch eng mit der → Strategielandkarte verbunden. Die Kennzahlen sind nicht durch Rechenoperationen miteinander verknüpft, sondern über logische Beziehungen miteinander verbunden, die dem kausalen Netz der Strategielandkarte folgen. Das Kennzahlensystem der Balanced Scorecard ist daher ein Ordnungs-, kein Rechensystem (siehe auch → Kennzahlensysteme). Gleichzeitig ist es mit vier eingebauten Perspektiven in mehrfacher Hinsicht ausgewogen. Es eliminiert die Nachteile rein finanzieller → Kennzahlensysteme, indem es die traditionelle Finanzperspektive um die drei zusätzlichen Sichten Kunden, Interna und Potenziale ergänzt.

Die Kundenperspektive umfasst Kennzahlen, die die Leistungen des Unternehmens aus der Sicht der Kunden bewerten und ihre Zufriedenheit widerzuspiegeln. Die Perspektive der internen Prozesse umfasst Messgrößen, die ein möglichst zutreffendes Bild der internen Abläufe liefern und damit als Frühindikatoren für die zukünftige Kundenzufriedenheit fungieren. Die Potenzialperspektive informiert über die Fähigkeiten des Unternehmens, Innovationen hervorzubringen und Verbesserungen vorzunehmen. Sie misst die zukünftigen Erfolgspotenziale.

Durch diese Multidimensionalität der Messung entsteht ein umfassendes Bild mit zumindest deutlich verringerten Verzerrungen zwischen finanziellen und nichtfinanziellen Resultaten. Gleichzeitig nimmt die Balance zwischen kurzfristigen und langfristigen Ergebnissen ebenso zu wie zwischen harten, quantitativen und weichen, qualitativen Fakten. Diese Ausgewogenheit vermindert die Gefahr einseitiger oder falscher Anreize und ungewollter Fehlsteuerung deutlich.

4. Strategiebezogene Kennzahlensystematik

Die Strategiekonformität des → Kennzahlensystems einer Balanced Scorecard wird durch einen deduktiven Entwicklungsprozess sichergestellt. Nachdem die → Strategielandkarte vorliegt, wird für jedes strategische Thema ein passender Satz an Kennzahlen entwickelt. Ein Unternehmen, welches die mittel- bis langfristig angestrebte Marktführerschaft beispielsweise über einen starken Auf- und Ausbau seiner Geschäftsstellen und über eine hohe Loyalität seiner Kunden erreichen möchte, könnte diesen drei strategischen Themen die folgenden Kennzahlen zuordnen (siehe Abbildung 1):

Perspek-tiven	Strategische Themen	Kennzahl
Finanzen	Marktführerschaft	Marktanteil
		Umsatz
Kunden	Kundenloyalität	Kaufhäufigkeit
		Kundenzufriedenheit
Interne Prozesse	Auf- & Ausbau	neue Geschäftsstellen
		Standortqualität

Abb. 1: Strategiebezogene Kennzahlensystematik

Die Kennzahlen müssen dabei nicht nur „ihr" strategisches Thema adäquat messen; sie müssen sich darüber hinaus auch in die kausale Kette der strategischen Themen einfügen. Das bedeutet, dass zwischen der Kennzahl „neue Geschäftsstellen" und der Kennzahl „Marktanteil" eine ebenso kausale Beziehung bestehen muss wie zwischen den strategischen Themen „Auf- und Ausbau" und „Marktführerschaft".

Alle Kennzahlen müssen hinsichtlich ihrer Berechnung und der verwendeten Daten exakt definiert werden. Das ist bei weichen Messzahlen wie der Standortqualität schwieriger als bei harten Fakten wie etwa dem Umsatz. Aber mit etwas Kreativität und gutem Willen ist es immer möglich, ein Messkonzept zu finden. Denn auf die Messung zu verzichten, hieße zwangsläufig, dieser Kennzahl den Wert Null zuzuweisen. Und dass dies falsch ist, ist trotz aller Unsicherheit fast immer offensichtlich.

5. Konsistente Steuerung durch Systeme von Balanced Scorecards

Eine Balanced Scorecard ist nicht nur ein hilfreiches Instrument für die Unternehmensleitung. Sie kann die Steuerungsleistung auch auf den anderen hierarchischen Ebenen der Organisation verbessern. Je mehr Mitarbeiter in die gleiche Richtung steuern, desto schneller und nachhaltiger verwirklicht ein Unternehmen seine Ziele. Um eine konsistente Unternehmenssteuerung zu erreichen, kann ein System von miteinander verbundenen Scorecards benutzt werden. Jeder Bereich, jede Abteilung, jedes Team, ja im Endausbau jeder einzelne Mitarbeiter erhält dann eine maßangefertigte Balanced Scorecard. Die Maßanfertigung ist wichtig; denn nur so kann sichergestellt werden, dass jeder Mitarbeiter nach für ihn verständlichen und von ihm beeinflussbaren Kenngrößen steuert. Eine strukturell über alle hierarchischen Ebenen und alle Funktionen identische Scorecard kann das nicht leisten.

6. Auswirkungen auf den wirtschaftlichen Erfolg

Mit einem auf die strategische Stoßrichtung abgestimmten System von Balanced Scorecards lässt sich die sonst so schwierige Integration von operativer und strategischer → Unternehmenssteuerung verwirklichen. Unternehmen werden dadurch zu strategiefokussierten und effizienten Organisationen. In der Literatur finden sich zahlreiche Fallbeispiele, in denen sich die finanzielle Performance nach der Einführung des Balanced-Scorecard-Konzeptes tatsächlich deutlich verbessert hat. Kaplan und Norton führen Mobil North America Marketing and Refining an oder CIGNA Property & Casualty Insurance. Auch Davis und Albright konnten in ihrer quasiexperimentellen Untersuchung von 11 Filialen einer Bank nachweisen, dass die vier mit einer Balanced Scorecard ausgestatteten Geschäftsstellen signifikant bessere Ergebnisse lieferten als die restlichen Filialen, die ohne eine Balanced Scorecard auskommen mussten.

Die Ergebnisse breit angelegter, empirischer Untersuchungen sind weit weniger eindeutig. Zwar gibt es viele Befragungen, die eine hohe Zufriedenheit des Managements mit der Balanced Scorecard nachweisen. Ittner, Larcker und Randall finden in ihrer Untersuchung von 140 Unternehmen der Finanzindustrie jedoch keinen signifikanten Einfluss des Balanced-Scorecard-Einsatzes auf den wirtschaftlichen Erfolg. Ein wissenschaftlich überzeugender, auf einer breiten branchenübergreifenden Datenbasis basierender Nachweis, dass die Balanced Scorecard den wirtschaftlichen Erfolg von Organisationen steigert, steht noch aus.

Hinweis
Zu den angrenzenden Wissensgebieten siehe → Abschlusserstellung nach US-GAAP, → Beteiligungscontrolling, → Bilanzanalyse, → Controlling, Grundlagen, → Controlling, Informationssysteme, → Controlling, Internationales, → Dienstleistungscontrolling, → Erfolgscontrolling, → Finanzcontrolling, → Internationale Rechnungslegung nach IFRS, → Investitionscontrolling, → Jahresabschluss nach deutschem Recht, → Jahresabschluss nach schweizerischem Recht, → Kennzahlen, finanzwirtschaftliche, → Kennzahlen, wertorientierte, → Konzernabschluss, → Logistikcontrolling, → Marketingcontrolling, → Qualitätscontrolling, → Rating-Methoden, kreditwirtschaftliche, → Risikocontrolling, → Supply Chain Controlling.

Literatur: Davis, S., Albright, T.: An Investigation of the Effect of Balanced Scorecard Implementation on Financial Performance, in: Management Accounting Research, 15. Jg., Heft 2, 2004, S. 135-142; Horváth & Partners (Hrsg.): Balanced Scorecard umsetzen, 3., vollständig überarbeitete Aufl., Stuttgart 2004; Kaplan, R.S., Norton, D.P.: The Balanced Scorecard – Measures that Drive Performance, in: Harvard Business Review 1992, S. 71–79; Kaplan, R.S., Norton, D.P.: The Balanced Scorecard – Translating Strategy into Action, Boston (Mass.) 1996; Kaplan, R.S., Norton, D.P.: The Strategy-Focused Organization – How Balanced Scorecard Companies Thrive in the New Business Environment, Boston (Mass.) 2001; Kaplan, R.S., Norton, D.P.: Strategy Maps – Converting Intangible Assets into Tangible Outcomes, Boston (Mass.) 2004; Strohhecker, J.: Die Balanced Scorecard als kybernetisches Managementinstrument, in: SEM|Radar, Zeitschrift für Systemdenken und Entscheidungsfindung im Management, Heft 1, 2003.

Internetadressen: http://www.bscol.com; http://www.balanced-scorecard.de; http://www.balanced scorecard.org; http://www.my-controlling.de/balanced_scorecard.htm; http://www.sas.com/solutions/bsc; http://www.sap.com/germany/; http://www.procos.com/de, http://www.ergometrics.com/balscorecard.htm; http://www.misag.de/ca/jm/sbv; http://www.horvath-partners.com

Website des Autors: www.hfb.de/strohhecker

Balanced Scorecard Plus

Die herkömmliche → *Balanced Scorecard* mit den Dimensionen der finanziellen Perspektive, der Kundenperspektive, der Perspektive der internen Geschäftsprozesse und der Innovations- und Lernperspektive kann um Risikoaspekte erweitert werden. Eine *Balanced Scorecard Plus* bedeutet, in jeder der traditionellen Perspektiven auch Kennzahlen zu Risiken (in einem symmetrischen oder asymmetrischen Verständnis) aufzunehmen. Siehe auch → Balanced Scorecard, risikoorientierte und → Risikocontrolling (mit Literaturangaben).

Balanced Scorecard, risikoorientierte

Die herkömmliche → *Balanced Scorecard* mit den Dimensionen der finanziellen Perspektive, der Kundenperspektive, der Perspektive der internen Geschäftsprozesse und der Innovations- und Lernperspektive kann um Risikoaspekte erweitert werden. Hierfür liegen mehrere Varianten vor.
Eine *Balanced Scorecard Plus* bedeutet, in jeder der traditionellen Perspektiven auch Kennzahlen zu Risiken (in einem symmetrischen oder asymmetrischen Verständnis) aufzunehmen. In einer Balanced Chance and Risk Card werden wertorientiertes Management, die Balanced Scorecard und das Risikomanagement miteinander verbunden. Risiken werden mittels Kennzahlen abgebildet und untereinander bzw. mit Spitzenkennzahlen verknüpft. Der Unternehmenswert, hier auf Basis von abgezinsten Cash flows errechnet, wird durch das Nutzen von Chancen und die Steuerung von Risiken erklärt.
Risikoorientierte Balanced Scorecards eignen sich zur Verbindung des Risikomanagements mit der strategischen Unternehmensführung. Sie setzen eine fundierte Analyse, Erfassung und Bewertung von Risiken im Rahmen eines → Risikocontrollings voraus. Konzeptionelle Probleme bestehen insofern, als Chancen und Risiken auch schon implizit in der traditionellen Balanced Scorecard enthalten sind und insofern die Gefahr besteht, Risiken in expliziter Form nochmals aufzuführen.
Siehe → Balanced Scorcard und → Risikocontrolling, jeweils mit Literaturangaben
   Literatur: Burger, A. / Buchhart, A.: Risiko-Controlling, München und Wien 2002.

Baldwin-Zins

(*Investitionsrechnung*). Der Baldwin-Zins ist eine Variante des → internen Zinses. Zu seiner Berechnung werden die Investitionsauszahlungen mit dem → Kalkulationszins auf den Beginn des Planungszeitraums t = 0 zum Barwert der Auszahlungen CA_0 abgezinst. Die laufenden Zahlungsüberschüsse werden mit dem Kalkulationszins auf den Zeitpunkt t = T zum Endwert der Einzahlungen EE_T aufgezinst.
Der Baldwin-Zins r errechnet sich dann als:

$$r = \sqrt[T]{\frac{EE_T}{|CA_0|}} - 1$$

Eine nach diesem Kriterium beurteilte *Einzelinvestition* ist vorteilhaft, wenn der Baldwin-Zins größer als der Kapitalmarktzins ist. Bei der *Auswahlentscheidung* zwischen mehreren Investitionen ist diejenige zu wählen, die zu dem größten Baldwin-Zins führt.
Siehe auch → Investitionsrechnungen, dynamische (mit Literaturangaben).

Balkenplan
siehe → Gantt-Diagramm

Bankakzept
Das Bankakzept ist ein → Wechsel, den ein Bankkunde (Austeller des Wechsels) auf seine Hausbank oder (ausnahmsweise, z.B. bei → Akzeptakkreditiven) auf eine andere Bank zieht. Diese Bank ist Bezogene des Wechsels und nach erfolgter Akzeptleistung auch Akzeptantin des Wechsels. Das Bankakzept (der von der Bank akzeptierte Wechsel) kann vom Bankkunden (Aussteller des Wechsels) zahlungs- und sicherungshalber an einen Lieferanten weitergegeben werden, wobei die Akzeptbank im Außenverhältnis uneingeschränkt für die Zahlung ihres Bankakzeptes bei Fälligkeit haftet. Im Innenverhältnis belastet die Akzeptbank den Wechselaussteller (den Bankkunden) bei Fälligkeit auf seinem Konto (anders bei → Akzeptakkreditiven). Bankakzepte können von der Akzeptbank oder von einer anderen Bank diskontiert werden. Siehe auch → Akzeptkredit.

Bank-an-Bank-Kredit
andere Bezeichnung für → Bank-zu-Bank-Kredit.

Bankauskunft
Auskünfte von Bank zu Bank sowie unter bestimmten Voraussetzungen auch an Dritte (sog. Nichtbanken) über die Solvenz und die sog. allgemeinen Verhältnisse ihrer (gewerblichen) Kunden.

Bankengruppe, Genossenschaftliche
siehe → Genossenschaftliche Bankengruppe.

Bankgarantie
1. Charakterisierung: Bankgarantien werden von Banken (Garanten) im Auftrag ihrer Kunden (Garantieauftraggeber) übernommen und umfassen die i.A. unwiderrufliche Verpflichtung des Garanten, einen Geldbetrag an einen Dritten (Garantienehmer/Garantiebegünstigten) zu zahlen, sofern bestimmte, in der Garantie genannte Voraussetzungen, die den Eintritt des Garantiefalles definieren, erfüllt sind. Die Bankgarantie umfasst eine selbstständige Verpflichtung der garantierenden Bank, d.h. sie ist losgelöst (abstrakt) vom (Waren-)Grundgeschäft zwischen dem Garantieauftraggeber (z.B. einem Verkäufer) und dem Garantiebegünstigten (z.B. einem Käufer). In der übernommenen Garantie ist die Bank i.A. verpflichtet, auf erstes Verlangen des Garantiebegünstigten zu zahlen. Zu beachten ist, dass sich die garantierende Bank regelmäßig das Rückgriffsrecht auf den Garantieauftraggeber für den Fall vorbehält, dass der Garantiebegünstigte die Garantie tatsächlich in Anspruch nimmt.
2. Formen: Bankgarantien treten insbesondere bei Außenhandelsgeschäften in Erscheinung. Die wichtigsten Formen sind → Bietungsgarantie, → Liefergarantie, → Vertragserfüllungsgarantie, → Gewährleistungsgarantie, → Anzahlungsgarantie, → Zahlungsgarantie sowie → Kreditsicherungsgarantie. Be-

sondere Formen sind die → Konnossementsgarantie, die → Zollgarantie, die → Prozessgarantie sowie weitere, auf die Absicherungserfordernisse der einzelnen Geschäfte zugeschnittene Bankgarantien.
3. Kosten und Anbieter: Für die übernommenen Garantien stellen die Banken eine → Avalprovision sowie Einzelfall ein Entgelt für die Ausfertigung der Garantie in Rechnung. Neben den Banken übernehmen Kreditversicherungsgesellschaften im Rahmen sog. → Kautionsversicherungen → Avale, z.B. als Garantien, → Bürgschaften oder → Bonds.

Literatur: Häberle, S.G.: Handbuch der Akkreditive, Inkassi, Exportdokumente und Bankgarantien, München und Wien 2002; Häberle, S.G.: Handbuch der Außenhandelsfinanzierung, 3. Auflage, München und Wien 2002; HAUFE EXPORT OFFICE, CD-ROM, Freiburg i.Br. o.J. (laufende Ergänzungslieferungen); UBS Union Bank of Switzerland: Documentary Credits ..., o.O. (Angabe: Switzerland).

Bankgeschäftstage
Gemäß → Überweisungsgesetz sind Bankgeschäftstage Werktage, an denen die Kreditinstitute gewöhnlich geöffnet haben, ausgenommen Sonnabende.

Bankkredit, langfristiger
siehe → langfristiger Bankkredit, siehe auch → Kreditfinanzierung, langfristige und → Kreditfinanzierung, kurzfristige, jeweils mit Literaturangaben.

Bankscheck
Aussteller eines Bankschecks ist – im Gegensatz zum → Privatscheck – stets ein Kreditinstitut. Bankschecks werden von den Banken beispielsweise im Auftrag von zahlungspflichtigen Importeuren ausgestellt. Häufig übernimmt die ausstellende Bank im Auftrag des Zahlungspflichtigen den Versand des Schecks direkt an die Adresse des (ausländischen) Begünstigten. Für den Scheckempfänger verbindet sich mit Bankscheckzahlung der Vorzug größerer Sicherheit, vorausgesetzt, die ausstellende Bank ist zahlungsfähig und politische Risiken treten nicht in Erscheinung. Zu beachten ist jedoch, dass grundsätzlich auch Bankschecks gesperrt werden können und insoweit keine unumstößliche Bankgarantie für die Zahlung darstellen.

Bankschuldverschreibung
von einem Kreditinstitut emittierte → Anleihe.

Banksicherheiten
siehe → Kreditsicherheiten (mit Literaturangaben); siehe auch → Bürgschaft, → Garantievertrag, → Grundschuld, → Hypothek, → Pfand (Faustpfand), → Sicherungsübereignung, → Schuldbeitritt.

Bank-zu-Bank-Kredit
Der Bank-zu-Bank-Kredit (selten: Bank-an-Bank-Kredit) umfasst die an ein bestimmtes Exportgeschäft gebundene Kreditgewährung einer (i.A. im Land des Exporteurs ansässigen) Bank an eine Bank im Land des Importeurs (kurz: Importeurbank). Die Importeurbank schließt ihrerseits einen analogen Kreditvertrag mit dem Importeur ab. In der Regel werden Bank-zu-Bank-Kredite von der kreditgewährenden (Exporteur-)Bank nicht an den Kreditschuldner (Importeurbank) ausgezahlt, sondern an den Exporteur auf Grundlage vorzulegender Bestätigungen über erfolgte Lieferungen/Leistungen (siehe auch → Progress Payment und → pro rata-Zahlung). Bank-zu-Bank-Kredite zählen zur Gruppe der → gebundenen Finanzkredite. Der Exporteur haftet bei Bank-zu-Bank-Krediten im Rahmen der sog. Exporteurgarantie i.A. nur für Verluste in Höhe des Hermes-Selbstbehalts und für ähnliche Sachverhalte.

Bannerwerbung
Der Klassiker in der Online-Werbung ist der Werbebanner, bekannt als Graphik auf unternehmensfremden Websites, die in der Regel mit einem Link zu einer weiterführenden Site versehen ist und damit einen Nutzwert hat, der über dem einer klassischen Printanzeige liegt. Die Größen der Banner wurden zur Vereinfachung der Planung standardisiert.
Erst die Definition von Bannerstandards erlaubt die Steuerung von Bannerkampagnen über so genannte Ad-Server – Softwaresysteme, die nach einem vorgegebenen Schaltplan Werbebanner auf genormten

Werbeplätzen einsteuern und damit das Kampagnenmanagement wesentlich vereinfachen und vor allen Dingen auch permanent prüf- und steuerbar machen. Grundsätzlich unterscheidet man bei den Bannern in Abhängigkeit von den eingesetzten Funktionen statische Banner (ohne Animation, aber mit Verlinkung), dynamische/animierte Banner (mit Animationen, häufig auch mit Links) und transaktive Banner (versehen mit Funktionen, die einen Transaktionscharakter haben wie z.B. Produktauswahl).

Immer neue interaktive und animierte Formen von Bannern entstehen und entstanden wie z.B. → Rich-Media-Banner, → Transactive Banner, → Mouse-Move-Banner, um die zwei Hauptziele der Bannerwerbung, nämlich Awareness/Branding und den Klick auf den Banner, zu erreichen. Als erfolgreich mit überdurchschnittlichen Klickraten stellt sich das so genannte Keyword Advertising (siehe → Suchmaschinenmarketing) heraus. Auch die Schaltung von Werbung in E-Mails oder Newslettern (häufig nur in Form von Textlinks) zeigt gute Ergebnisse. Die allgemein sinkenden Klickraten der Banner, die zwischen 2% und 0,2% liegen, führen dazu, dass immer neue Werbeformate ins Leben gerufen werden. Trotz allem haben Banner nach den Studien des IAB eine gute Erinnerungsleistung und dienen dem Markenaufbau.

Als Alternativformate zum klassischen Banner sind zu nennen → Microsites, → Skyscraper/Cadillac-Banner, → Pop-up-Ads, → E-Mercials, → Superstitials, → Streaming Video Ads, → Interstitials, Website-Sponsoring (Sponsoring von Websites mit affinem Content), Online-Gewinnspiele u.v.m.
Siehe auch → Internet-Kommunikationspolitik (mit Literaturangaben).

Bargründung

(*deutsches Recht*) ist der gesetzlich vorgesehene Regelfall bei der Gründung einer → Aktiengesellschaft. Die Gründer haben die von ihnen übernommenen Aktien durch Bareinlage zu belegen, § 36 Abs. 2 AktG. Siehe auch → Aktiengesellschaft, deutsche und GmbH, deutsche, jeweils mit Literaturangaben.

Bargründung

(*österreichisches Recht*). Wird das gesamte → Stammkapital einer → GmbH in Bargeld aufgebracht oder werden alle Aktien einer → AG gegen Bareinzahlung übernommen, liegt eine *Bargründung* vor. Gegensatz dazu ist die → *Sachgründung*. Siehe auch → Aktiengesellschaft, österreichische und GmbH, österreichische, jeweils mit Literturangaben.

Barkapitalwertmethode

(in der *Investitionsrechnung*). (1) *Einordnung und Definition*: Die Barkapitalwertmethode ist eine Methode der → Investitionswirtschaft. (1) Einordnung: Die Barkapitalwertmethode (*Kapitalwertmethode, Nettobarwertmethode, Diskontierungsmethode, Gegenwartsmethode, discounted-cash-flow-method, net-present-value-method*) ist das in der Praxis am meisten verbreitete Verfahren der dynamischen Investitionsrechnung. Gehört zu den dynamischen Methoden der Investitionsrechnung. Siehe auch → Investitionsrechnungen (Investitionsentscheidungen), dynamische und → Amortisationsrechnung, dynamische.

(2) Definition: Der Barkapitalwert ist der erwartete Vermögenszuwachs einer geplanten Investition, bezogen auf den Investitionszeitpunkt. Er entsteht dadurch, dass man die Zahlungsreihe der Investition mit dem → Kalkulationszinssatz auf den Investitionszeitpunkt ($t = 0$) abzinst.
Allgemein lautet die Formel:

$$C_0 = \sum_0^T \frac{Z_t}{(1+i)^t}$$

C_0 Barkapitalwert Ende $t=0$
Z_t Nettozahlungen jeweils Ende der Jahre t
T Investitionsdauer
i Kalkulationszinssatz

(2) *Anwendung als Entscheidungsregel:* Eine Investition ist vorteilhaft, wenn der Barkapitalwert nicht negativ ist. Die durch den → Kalkulationszinssatz vorgegebene Mindestverzinsung wird in diesem Fall erreicht oder überschritten. Ist der Barkapitalwert kleiner als Null, dann ist es besser, die Investition zu unterlassen und das Geld zum → Kalkulationszinssatz anzulegen.

Konkurrieren mehrere Investitionsvorschläge miteinander, dann lautet die Vorteilsregel: Die Investition mit dem höchsten nicht negativen Barkapitalwert ist vorzuziehen.

Hinweis: Zur Problematik der Festlegung des Kalkulationszinssatzes siehe → Kalkulationszinssatz (allgemeiner Ansatz).

(3) Sonderform der Barkapitalwertmethode: In der Praxis ist folgende „kaufmännische Kapitalisierungsformel" verbreitet, die die Annahme ewig fließender jährlich gleich großer Rückflüsse enthält:

$$G_0 = \frac{Z}{i}$$

G_0 ist der heutige Wert der ewig fließenden jährlichen Nettoeinzahlungen Z bei einem vorgegebenen → Kalkulationszinssatz i.

Allgemein gilt für den Barkapitalwert bei unbegrenzt fließenden jährlich gleich großen Nettozahlungen Z die Formel:

$$C_0 = -I_0 + \frac{Z}{i}$$

Zu der Frage, inwieweit die Annahme unbegrenzter Investitionsdauer realistisch ist, siehe ter Horst, Klaus: Investition, Stuttgart Berlin Köln 2001, S. 63 ff.

Siehe auch → Investitionsrechnungen (Investitionsentscheidungen), statische bzw. dynamische bzw. unter Unsicherheit sowie → *Investitionswirtschaft,* jeweils mit Literaturangaben.

Literatur: Ballwieser, W., Methoden der Unternehmensbewertung, in: Handbuch des Finanzmanagements, Instrumente und Märkte der Unternehmensfinanzierung, hrsg. Von G. Gebhardt / W. Gehrke / M. Steiner, München 1993; Blohm, H. / Lüder, K.: Investition, Schwachstellenanalyse des Investitionsbereichs und Investitionsrechnung 8. Auflage, München 1995; Däumler, K. D.: Anwendungen von Investitionsrechnungsverfahren in der Praxis, 4. Auflage, Herne / Berlin 1996; Kruschwitz, L.: Investitionsrechnung, 10. Auflage, Berlin 2006; Olfert, K., Reichel, Ch.: Investition, 10. Auflage, Ludwigshafen/Rhein 2006; ter Horst, K.: Investition, Stuttgart Berlin Köln 2001.

Barliquidität
siehe → Liquidität I. Grades.

Barscheck
Ein Barscheck kann grundsätzlich von jeder Bank, der er vorgelegt wird, bar ausgezahlt werden. Einschränkend ist jedoch anzumerken, dass eine Bank, die nicht die bezogene Bank ist und die deswegen über keine Informationen verfügt, ob der Scheckaussteller solvent ist, nur in Ausnahmefällen und nur dann bar auszahlt, wenn sie die Sicherheit der Einlösung des Schecks in irgendeiner Form erlangt. Ein Barscheck kann durch entsprechende Vermerke zum → Verrechnungsscheck gemacht werden, aber nicht umgekehrt.

Barter-Geschäft
Einfaches Grundmodell für → Kompensationsgeschäfte im → Außenhandel. Dabei erfolgt als Gegenleistung für die gelieferte Ware (→ "Hardware") statt einer Geldzahlung die Lieferung einer Gegenware (→ "Software"), im gleichen Wert als Vollkompensation oder mit Spitzenausgleich in Form einer restlichen Geldzahlung als Teilkompensation. In der Praxis sind Barter-Geschäfte sehr selten wegen fehlender Bedarfskongruenz der → Software im Hinblick auf Warenart, Qualität, Menge und Zeit. Daher erfolgt häufig die Einschaltung eines Kompensationshändlers und das Geschäft wird zum → Dreiecksgeschäft erweitert.

Barwert
(Present Value). Der Barwert kennzeichnet den Wert einer Zahlung bezogen auf den Beginn des Planungszeitraums. Oft wird der Begriff Barwert als Synonym zum *Kapitalwert* gebraucht. Formeln zum Barwert siehe → Finanzmathematik, insbes. Kap. 3. b) Bewertung. Siehe auch → Kapitalwert (-Methode), mit Formel und → Investitionsrechnungen, dynamische (mit Literaturangaben).

Basel I und II

siehe → Basel II sowie → Rating-Methoden, kreditwirtschaftliche (mit Literaturangaben).

Basel II

bezeichnet die vom → Basler Ausschuss für Bankenaufsicht eingeleitete Diskussion um die Neugestaltung der Eigenkapitalvorschriften für Kreditinstitute. Ziel von Basel II ist es die Stabilität des internationalen Finanzsystems zu erhöhen, indem die Risiken im Kreditgeschäft besser erfasst werden und die Eigenkapitalvorsorge der Kreditinstitute risikoadäquater gestaltet wird.
Siehe auch → Rating-Methoden, kreditwirtschaftliche (mit Literaturangaben).

Basis

(Devisengeschäfte), Unterschied zwischen dem Preis eines Terminkontraktes und dem Kurs des zugrunde liegenden Kassainstrumentes.

Basisgesellschaft

siehe auch → CFC-Gesellschaft. Der Begriff der Basisgesellschaft ist nicht gesetzlich definiert. Er umschließt sowohl → Briefkasten- bzw. → Domizilgesellschaften ohne eigene wirtschaftliche Funktion als auch → Zwischengesellschaften. Als Basisgesellschaften werden selbständige Rechtsträger verstanden, die von in Hochsteuerländern ansässigen Kapitalgebern in Steueroasen oder niedrigbesteuernden Ausland gegründet oder erworben werden. Der Schwerpunkt der wirtschaftlichen Interessen befindet sich ausschließlich oder fast ausschließlich außerhalb des Sitzstaates.
Steuerliche Vergünstigungen für eine Basisgesellschaft sind in vielen Basisländern daran geknüpft, dass diese keine oder nur eine geringe wirtschaftliche Tätigkeit ausübt.
Siehe auch → Steuerrecht, Internationales (mit Literaturangaben).

Basisobjekt

(*underlying*). Das Basisobjekt ist wesentlicher Bestandteil derivativer Finanzinstrumente, da sowohl deren Wertigkeit als auch die verkörperten Rechte vom Basisobjekt abhängen. Eine Aktien-Kaufoption z.B. bezieht sich auf das Basisobjekt Aktie. Konkret: Eine Siemens-Kaufoption bezieht sich auf die Siemens-Aktie als Basisobjekt. Dies bedeutet, dass der Wert der Siemens-Kaufoption entscheidend vom Wert der Siemens-Aktie bestimmt wird (→ innerer Wert, → Optionen). Der Käufer des → Call hat das Recht, Siemens-Aktien zum → Basispreis zu erwerben. Als Basisobjekt können z.B. Aktien, Anleihen, Devisen, aber auch Indices, fungieren.
Siehe auch → Optionen (mit Literaturangaben).

Basispreis

(bei → *Optionen*). Der Basispreis ist der Preis, den der Käufer einer Kaufoption im Falle der Ausübung der Option für das → Basisobjekt zu zahlen hat.

Basispreis

(im → *Portfoliomanagement*) stellt einen Vertragsbestandteil einer → Kauf- oder einer → Verkaufsoption dar.

Basisrisiko

(bei *Devisengeschäften*) bezeichnet die Unsicherheit der unternehmerischen Zahlungskonsequenzen, die aus der Unsicherheit der künftigen → Basis resultiert. Das Basisrisiko charakterisiert die Gefahr eines nicht synchronen Preisverlaufs von Kassainstrument und zugehörigem Derivat.
Dieses spielt beispielsweise im unternehmerischen → Währungsmanagement eine Rolle, wenn das → Wechselkursrisiko einer in einem Zeitpunkt t fälligen, sicheren Fremdwährungseinzahlung abgesichert werden soll, aber nur → Kurssicherungsinstrumente mit späterer Fälligkeit T → t zugänglich sind. In diesem Fall muss die aktuell begründete Instrumentenposition im Zeitpunkt t durch ein entsprechendes Gegengeschäft glattgestellt werden. Entspricht der Umfang der per Termin verkauften Devisen der Fremdwährungseinzahlung, so verbleibt im Absicherungszeitpunkt die Unsicherheit bezüglich der in t

herrschenden Basis für Fälligkeit zum Zeitpunkt T. Demnach lässt sich das Wechselkursrisiko in diesem Fall durch das Basisrisiko substituieren. Da sich Kassa- und Devisenterminkurse typischerweise in die gleiche Richtung entwickeln (siehe auch gedeckte → Zinsparitätentheorie), kann sich durch eine derartige Substitution die Varianz der Einzahlungen in Inlandswährung verringern.
Siehe auch → Währungsmanagement (mit Literaturangaben).

Basistechnologie
Technologie über deren Know-how alle Anbieter am Markt mehr oder minder gleichermaßen verfügen. Meist geht es um Detailverbesserungen, die dem derzeitigen Stand des technischen Wissens entsprechen und im Wesentlichen der Vervollkommnung bestehender Angebote dienen. Es bestehen nur geringe Differenzierungsmöglichkeiten, technische Wettbewerbsvorteile sind kaum möglich. Basistechnologien stellen damit tragende technische Prinzipien dar, sind aber kaum als innovativ zu bezeichnen.

Basket-Limitation
(→ *Steuerrecht, Internationales*). Die Anrechnung wird zwar über sämtliche ausländische, aber für jeweils eine oder mehrere Einkunftsart/en durchgeführt.

Basler Ausschuss für Bankenaufsicht
von den Präsidenten der Zentralbanken (in Deutschland der Präsident der Deutschen Bundesbank) der G10 Länder 1974 ins Leben gerufener Ausschuss, der sich aus Vertretern der Zentralbanken und der Bankaufsichtsbehörden (in Deutschland → BaFin) von Belgien, Deutschland, Frankreich, Italien, Japan, Kanada, Luxemburg, den Niederlanden, Schweden, der Schweiz, Spanien, den USA und dem Vereinigten Königreich zusammensetzt. Der Ausschuss tritt in der Regel bei der Bank für internationalen Zahlungsausgleich in Basel zusammen, wo sich auch sein ständiges Sekretariat befindet.

Batch Processing
Begriff (angelsächsisch) für Stapelbetrieb, die vorherrschende Betriebsform im Großrechnerbereich der 50er und 60er Jahre.

Bauernmärkte
siehe → Landwirtschaftliche Direktvermarktung.

Baustellenfertigung
Organisationstyp der Fertigung (siehe → *Produktion, Formen*), bei dem sich die Betriebsmittel und Arbeitskräfte räumlich und zeitlich an dem ortsgebundenen Fertigungsobjekt orientieren. Zu unterscheiden sind die außerbetriebliche Baustellenfertigung, bei der die Fertigung - wie in der Bauwirtschaft üblich - außerhalb des Unternehmens erfolgt (z. B. beim Straßen- und Gebäudebau) und die innerbetriebliche Baustellenfertigung wie sie beim Flugzeug-, Schiffs- und Großmaschinenbau anzutreffen ist.

Bauzinsen
Zinsaufwand eines Herstellers während der Phase der Fabrikation bzw. während der Errichtung einer Anlage, der dem Hersteller durch Kreditaufnahme (nach Abzug der vom Käufer geleisteten Anzahlung und – bei Außenhandelsgeschäften – nach Abzug der → Dokumentenrate) entsteht. Die Bauzinsen werden dem Käufer vom Verkäufer direkt oder indirekt (durch Einbeziehung in den Preis des Investitionsgegenstands) in Rechnung gestellt, eventuell als sog. → Abnehmerzinsen.

Bayes-Regel
(in der *Investitionsrechnung*). Die Bayes-Regel ist eine Entscheidungsregel der normativen → Entscheidungstheorie für Entscheidungssituationen bei Risiko.
Die Bayes-Regel ist anwendbar, wenn die Eintrittswahrscheinlichkeiten w_n für die möglichen Umweltzustände U_n bekannt sind. Es wird durch Gewichtung der Entscheidungskriterien (z. B. Kapitalwerte im Rahmen der Investitionsentscheidung, KW_j) mit der Eintrittswahrscheinlichkeit w_n des jeweiligen

Umweltzustandes der Erwartungswert EW_j jeder möglichen Alternative A_j ermittelt und als Auswahl-kriterium herangezogen. Als Entscheidungsmaxime gilt:

$$A_{opt} = \left\{ A_j \left| \max_j \sum_{n=1}^{N} KW_{jn} * w_n \right. \right\}$$

Als optimale Entscheidungsalternative gilt jene, die den maximalen Erwartungswert erzielt.
Siehe auch → Investitionsrechnungen (Investitionsentscheidungen) unter Unsicherheit (mit Literatur-angaben).

B2B E-Commerce
beschreibt eine elektronische Abwicklung von Geschäftstransaktionen, bei der auf Seiten des Käufers und des Verkäufers Unternehmungen auftreten. Vgl. hierzu → B2C E-Commerce. Siehe auch → E-Commerce (mit Literaturangaben).

B2B
Abk. für → Business-to-Business. Siehe auch → E-Commerce (mit Literaturangaben).

B2C
Abk. für → Business-to-Consumer. Siehe auch → E-Commerce (mit Literaturangaben).

B2C E-Commerce
elektronische Abwicklung von Handelstransaktionen zwischen einem Unternehmen und einem End-kunden. Vgl. hierzu → B2B E-Commerce. Siehe auch → E-Commerce (mit Literaturangaben).

BCG Portfolio
siehe → Marktwachstums-Marktanteils-Portfolio.

BDA
Abk. für → Bundesvereinigung der Deutschen Arbeitgeberverbände.

BDA-Formel
(Fluktuationsrate), siehe → Fluktuation.

BDI
Abk. für Bundesverband der Deutschen Industrie. Dachverband der deutschen Industrieverbände, in dem seit 2003 auch die Tourismuswirtschaft vertreten ist. Siehe auch → Tourismusbetriebslehre.

BEA
Abk. für → Break-Even-Analyse.

Bedienungsmodelle
siehe → Warteschlangenmodelle.

Befragung
Befragungen sind das am häufigsten angewandte Erhebungsinstrument. Probanden geben unmittelbar selbst Auskunft über die interessierenden Sachverhalte. Die unterschiedlichen Arten der Befragung las-sen sich differenzieren nach der Art der Kommunikation (schriftlich (→ Fragebogen), mündlich, tele-fonisch, online), dem Grad der Standardisierung (freies → Interview vs. standardisierter Fragenkata-log), der Zahl der gleichzeitig befragten Personen (Einzelinterview vs. Gruppeninterview), der Häufig-keit der Befragung (einmalig vs. mehrmalig) und dem Gegenstand der Befragung (Einthemenbefragung vs. Mehrthemenbefragung/Omnibusbefragung).
Siehe auch → Marktforschungsmethoden und → Marktforschung, jeweils mit Literaturangaben.

Befundsicherungspflicht

Der Hersteller ist verpflichtet, ein über die übliche Warenkontrolle hinausgehendes Kontrollverfahren sicherzustellen. Dadurch soll der Zustand jedes einzelnen Produkts ermittelt werden, so dass mit der Aufdeckung sämtlicher, typischerweise auftretender Fehler das → Inverkehrbringen eines mangelhaften Produkts ausgeschlossen wird. Siehe auch → Produkthaftung (mit Literaturangaben).

Literatur: Winkelmann, Die Befundsicherungspflicht des Herstellers - ein erster Schritt zur Beweislastumkehr beim Kausalitätsnachweis im Produzentenhaftungsrecht?, in: Monatsschrift für Deutsches Recht, 1989, 16 ff; BGH, in: Neue Juristische Wochenschrift 1993, 528, (529), „Mehrwegflasche II".

Begebungskonsortium

siehe → Konsortium.

Behavioral Finance

Die Behavioral Finance wählt einen verhaltens- und marktpsychologischen Zugang zum Börsengeschehen. Die neoklassisch geprägte Vorstellung vom streng rational handelnden "homo oeconomicus" wird aufgegeben. An seine Stelle tritt ein Menschentyp, der für Irrationalitäten, Emotionen sowie sozialpsychologische Ansteckungsprozesse empfänglich ist. Bisher ist es zwar nicht gelungen, mit Hilfe der Behavioral Finance das Börsengeschehen umfassend zu erklären. Gleichwohl konnten in Teilbereichen wichtige Erkenntnisse, z.B. in Bezug auf typische Verhaltensanomalien der Börsenteilnehmer, gewonnen werden. Es ist zu erwarten, dass der erklärungssuchende Ansatz der Behavioral Finance in Verbindung mit dem pragmatisch-konstatierenden Ansatz der → Technischen Analyse das Potenzial besitzt, ein fruchtbares, verhaltenstheoretisch fundiertes Modell der Börse zu entwickeln. Siehe auch → Technische Analyse.

Literatur: Goldberg, J., von Nitsch, R.: Behavioral Finance: Gewinnen mit Kompetenz, 4. Aufl., München 2004; Kahnemann, D., Tversky, A.: Prospect Theory: An analysis of decision under risk, Econometrica (Vol.47), 1979, 263-291.

Internetadressen: http://www.behavioral-finance.de, http://www.finanznachrichten. de

Behavioral Pricing

verhaltenswissenschaftlicher Ansatz zur Erklärung des preisbedingten Konsumentenverhaltens. Nachfrager bewerten in ihrem Kaufverhalten die Preise nach verschiedenen Kriterien wie der Preisgünstigkeit, Preiswürdigkeit, dem Preis-/Leistungsverhältnis oder der Preisfairness. Diese Bewertungen wiederum gehen als Element in die Gesamteinschätzung der Attraktivität eines Produkts ein. Hieraus resultiert ein zur → Konsumentenrente alternatives Entscheidungskalkül: Der Nachfrager präferiert dasjenige Produkte (diejenige Marke), das (die) die größte Attraktivität bzw. den größten Nutzen aufweist. Siehe auch → Preispolitik (mit Literaturangaben).

Literatur: Pechtl, H. (2005): Preispolitik, Stuttgart.

Behaviorismus

ist ein theoretischer Ansatz, bei dem nur das beobachtbare Verhalten Gegenstand der Psychologie ist, innere psychische Prozesse sind nicht zugelassen. Verhalten wird nach dieser Auffassung nur durch Stimuli in der Umwelt erklärt. Dem Behaviorismus liegt das → S-R-Modell zugrunde. Siehe auch → Konsumentenverhalten (mit Literaturangaben).

Beiderseitiges Handelsgeschäft

siehe → Handelsgeschäft, beiderseitiges.

Beizulegender Wert

Der beizulegende Wert ist der Wert, mit dem die Anschaffungs- bzw. Herstellungskosten der Vermögensgegenstände im → *Umlaufvermögen* verglichen werden, um einen außerplanmäßigen Abschreibungsbedarf zu prüfen. Ein Beispiel für den beizulegenden Wert von Roh-, Hilfs- und Betriebsstoffen sind die Wiederbeschaffungskosten (soweit es sich bei den Stoffen um einen Normalbestand handelt).

Belegenheitsprinzip

(→ *Steuerrecht, Internationales*) ist eine Unterform des → Ursprungsprinzips für unbewegliches Vermögen und Einkünfte aus unbeweglichen Vermögen.

Belegenheitsstaat

siehe → Lagestaat.

Belegschaftsaktien

Aktien des Unternehmens die zu vergünstigten Konditionen an die Mitarbeiter ausgegeben werden. Hier können steuerliche Vorteile genutzt werden. Siehe auch → Lohn- und Gehaltsmodelle (mit Literaturangaben).

Beleihungsgrenze

gibt an, bis zu welchem Teil des → Beleihungswertes ein Kredit vergeben werden kann. Für → Realkredite ist beispielsweise eine Beleihungsgrenze von 60 % des Beleihungswertes gesetzlich vorgeschrieben (Hypothekenbankgesetz). Dient beispielsweise ein Grundstück mit 250.000 Euro Beleihungswert als Sicherheit, so darf ein Kreditinstitut einen → Realkredit in Höhe von maximal 250.000 Euro * 60 % = 150.000 Euro vergeben.

Beleihungswert

ist ein kreditinstitutsspezifischer Wert, den Kreditinstitute einem als Sicherheit dienenden Vermögensgegenstand – zum Beispiel einem Grundstück oder → Wertpapieren – beimessen. Er wird aus einem nachhaltig zu erzielenden Verkaufserlös abgeleitet und liegt daher oft unterhalb des aktuell realisierbaren Verkaufserlös (Verkehrswertes). Der Beleihungswert dient als Basis für die Ermittlung der → Beleihungsgrenze.

Below-the-Line-Werbung

ist eine Sammelbezeichnung für alle Formen der nicht-klassischen Werbung. Gegenposition: → Above-the-Line-Werbung. Dazu zählen beispielsweise → Verkaufsförderung, Public Relations (→ Öffentlichkeitsarbeit), Direktwerbung (siehe auch → Direktmarketing), → Point-of-Purchase-Werbung, → Sponsoring, Events (→ Eventmanagement), Placement (→ Product Placement), Messen und Ausstellungen (→ Messemanagement), aber auch Rabattaktionen, Broschüren usw. Häufig wird dieser Begriff über die verwendeten Medien definiert. Zu einer solchen Werbung gehören dann die Aktivitäten, die nicht in den klassischen Medien (siehe auch → Medienökonomie) betrieben werden.
Siehe auch → Werbung (mit Literaturangaben).

Bemessungsgrundlage

(→ *Umsatzsteuer*). Die Bemessungsgrundlage ist die Basis für die Anwendung des Tarifs. Das Erfordernis der Entgeltlichkeit bei der Steuerpflicht führt unmittelbar zur Bemessungsgrundlage. Diese stellt das Entgelt dar, das alles einschließt was der Erwerber dem Veräußerer zukommen lässt. Die Umsatzsteuer zählt wegen dem Nettoprinzip nicht zur Bemessungsgrundlage. Nicht immer ist die Bemessungsgrundlage einfach zu ermitteln, wenn es sich z.B. um Tauschgeschäfte oder Inzahlungnahme handelt.

Bemessungsgrundlageneffekte

(*Steuerrecht*). Bei den steuerlichen Wirkungen auf Entscheidungen unterscheidet man Bemessungsgrundlageneffekte, sowie → *Progressionseffekte* und → *Zinseffekte*. Eine herausragende Rolle spielen diese Effekte im Rahmen der → *Steuerbilanzpolitik*.
Steuern resultieren aus der Multiplikation einer Steuerbemessungsgrundlage mit einem Steuersatz und der Festlegung einer Zahlungsfrist, in der Regel durch einen Steuerbescheid. Je höher (niedriger) die Steuerbemessungsgrundlage festgestellt wird, desto höher (niedriger) fällt die zu ermittelnde Steuer c.p. aus. Bemessungsgrundlageneffekte ergeben sich, wenn die unterschiedlichen Alternativen zurechenbaren steuerlichen Bemessungsgrundlagen unterschiedliche Höhen aufweisen und wenn nur bestimmte Alternativen einer Steuerart unterliegen, andere nicht.
Siehe auch → Steuerlehre, Betriebswirtschaftliche (mit Literaturangaben).

Benachrichtigungsadresse
siehe → Notadresse.

Benchmark
(*Fondsverwaltung*) stellt einen Vergleichswert dar. In der Finanzanalyse bzw. der Fondsverwaltung wird beispielsweise meist ein Index als Benchmark herangezogen, um den Erfolg (des Fondsmanagements) von Geldanlagen zu messen. So wird ein Fonds, der in deutsche Standardwerte investiert, mit dem deutschen Aktienindex (→ DAX) verglichen.

Benchmarking

Benchmarking

von Univ.-Prof. Dr. Richard Hammer – Institut für Wirtschaftswissenschaften
Universität Salzburg

1. Herkunft und Definition des Begriffs

Das englische Gerundium „*benchmarking*" leitet sich von dem Substantiv „*benchmar*k" ab und hat gemäß dem „Conchise Oxford Dictionary" folgenden Begriffsinhalt:

- a surveyor's mark cut in a wall, pillor, building, etc. used as a reference point in a measuring attitudes
- a standard or point of reference
- a means of testing a computer, usu. by a set of programs run on a series of different machines.

In diesem Begriffsinhalt spiegeln sich sowohl die ursprünglichen Intentionen als auch die im Laufe der Zeit vollzogenen Extensionen des Begriffes „*benchmark*" wider. Die etymologischen Wurzeln des Begriffes lassen sich bis in das Mittelalter zurückverfolgen, wo es im englischen Handwerk üblich war, in eine Werkbank (engl. = „*bench*") Markierungen (engl. = „*marks*") einzuritzen, um damit reproduzierbare Größen- bzw. Längenangaben für die zu bearbeitenden Gegenstände zu erhalten.

Im Zeitablauf gesehen wurden die Inhalte der Begriffe „*Benchmark*" und „*Benchmarking*" sukzessive weiterentwickelt und als „Benchmarks" Performance- u. Leistungsstandards bzw. -referenzgeräten sowie als „Benchmarking" das Setzen und Überprüfen auf die Einhaltung solcher Standards und Referenzgrößen bezeichnet.

In einem explizit betriebswirtschaftlichem Bezug gesetzt, wurden beide Begriffe erstmalig Ende der 80-er-Jahre in der US-amerikanischen Fachliteratur, in der über Benchmarking Projekte von mehreren großen amerikanischen Unternehmungen berichtet wurde. Dies war auch der Anstoß, dass sich zunächst in den USA, dann aber immer mehr auch weltweit Manager, Berater und später auch Wissenschaftler mit dem „betriebswirtschaftlichen" Benchmarking beschäftigten.

Ergebnis war eine Vielzahl weiterer Literaturbeiträge, mit ebenso vielen Begriffsdefinitionen. Zu den zentralen und am häufigsten zitierten Definitionen zählen die von Camp und Kaerns, zwei maßgeblich an dem ersten Benchmarking-Projekt beteiligten Managern der Rank Xerox Corp., die lautet: „*Benchmarking ist ein fortlaufender Prozess, Produkte, Dienstleistungen und Praktiken, mit denen der härtesten Konkurrenten oder solchen Unternehmern, die als Industrieführer anerkannt sind zu vergleichen.*"

Als Schwachstellen dieser Definition werden allerdings die Eingrenzung der möglichen Untersuchungsobjekte und Vergleichsunternehmungen sowie die Fokussierung auf den Vergleichsaspekt gesehen. Camp berücksichtigt diesen Kritikpunkt in einer weiter entwickelten Charakterisierung des Benchmarkings: „*Benchmarking is the search for industry best practices, that lead to superior performance.*"

Auch andere Autoren versuchten die erwähnten Schwachstellen zu eliminieren. Aktuelle Ansätze berücksichtigen diese Versuche indem sie die beinahe allen Definitionen zugrunde liegenden Merkmale verarbeiten. Nach Böhnert, der hier umfassend recherchierte sind dies: (1) Durch externe Standards werden anspruchsvolle, aber realisierbare Ziele vorgegeben. (2) Benchmarking kann auf alle betrieblichen Aspekte angewandt werden. (3) Die Durchführung erfolgt in einem strukturierten, kontinuierlich verlaufenden Prozess.

Demnach ist festzuhalten: *„Benchmarking steht für den kontinuierlichen, systematischen Prozess, mittels Messung, Vergleich und Analyse geeigneter Benchmarks, Strategien, Prozesse/Funktionen, Methoden/Verfahren oder Produkte/Dienstleistungen einer Organisationseinheit zum Zwecke der Sicherung oder Steigerung des Unternehmenserfolges zu verbessern."*

2. Arten des Benchmarkings

Vor allem der Wettbewerbsdruck dem viele Unternehmungen mehr und mehr ausgesetzt waren, führte zu einer großen Aufmerksamkeit und auch raschen Verbreitung des Benchmarkings. Eine Vielzahl von unterschiedlichen Arten wurde von Theorie und Praxis entwickelt und zum Einsatz gebracht. Unterschieden wird vor allem zwischen internem und externem, konkurrenz- und branchenbezogenen Benchmarking, zwischen generischen und globalen, funktionalen und Produkt-Benchmarking. Weitere Arten betreffen das prozessorientierte Benchmarking, das organisationsbezogene und das strategische Benchmarking um nur die wesentlichen Benchmarking-Arten zu nennen.

Beim *internen Benchmarking* werden als Vergleichsobjekte Filialen, Niederlassungen, Werke, Holdingteile des eigenen Unternehmens gewählt. Das *externe Benchmarking* überwindet bei der Suche nach Vergleichsentitäten die Grenzen der eigenen Organisation. Zum Vergleich werden direkte Konkurrenten, vergleichbare Organisationen, die in einem anderen Marktsegment oder Land tätig sind, oder sogar Organisationseinheiten aus gänzlich fremden Branchen herangezogen. Das *konkurrenzbezogene*, in der englischsprachigen Literatur als *„competitive benchmarking"* bezeichnete *Benchmarking* nutzt als Vergleichsentitäten die direkten Mitbewerber – meistens den stärksten – auf dem Absatzmarkt.

Das Problem dabei ist oft der schwierige Informationszugang. Alternative dazu ist das *branchenbezogene Benchmarking*, bei dem der Vergleich auf die anderen Unternehmen der gesamten Branche ausgerichtet wird. Das *generische Benchmarking* setzt bei der Wahl der Vergleichsobjekte keinerlei konkurrenz- oder branchenbezogenen Restriktionen. Es werden vielmehr solche Organisationen bzw. Organisationseinheiten gesucht, die entsprechend dem zu untersuchenden Objekt den besten Lösungsansatz – the *Best-Practice* – entwickelt haben.

Mit dem *globalen Benchmarking* wird weltweit nach geeigneten Vergleichsentitäten gesucht. Ihr Aufwand ist dementsprechend groß und nur von Unternehmungen zu leisten die Ressourcen für groß angelegte Untersuchungen bereitstellen können. Funktionales Benchmarking ist in seiner Anwendung auf die verschiedenen Funktionsbereiche des Unternehmens beschränkt und verfolgt das Ziel in ausgewählten Funktionen die Effizienz und/oder die Qualität zu steigern.

Beim *Produkt-Benchmarking* liegt der vergleichende Fokus der Untersuchung auf Konkurrenzprodukten, beim prozessorientierten Benchmarking auf funktionsübergreifende Prozesse. Sowohl Kosten der Prozesse als auch Qualitäten und auch Zeitvergleiche stehen im Mittelpunkt. Die erklärte Zielsetzung beim Kosten-Benchmarking ist eine Kostenreduktion gegenüber der Konkurrenz im Sinne der Wettbewerbsstrategie von Porter.

Beim *organisationsbezogenen Benchmarking* ist das Untersuchungsobjekt die Unternehmensorganisation. Meistens allerdings ist davon nicht die gesamte Organisationsstruktur erfasst, sondern – weil zu aufwendig – nur Teilaspekte wie die funktionale Untergliederung, Gruppensysteme oder andere Organisationselemente.

Alle bisher kurz beschriebenen Benchmarkingvarianten unterstützen eher die Erreichung operativer, kurzfristiger Zielsetzungen. Strategisches Benchmarking konzentriert sich hingegen auf die Analyse und den Vergleich bzw. die Weiterentwicklung der Haupterfolgsfaktoren der Branche, auf die Analyse der bei den Konkurrenzunternehmungen → „Shareholder Value" schaffenden Faktoren sowie der Markt- und Finanzperformance.

3. Elemente des Benchmarkings

Trotz der Variantenvielfalt des Benchmarkings lassen sich Gemeinsamkeiten in der Struktur feststellen. Strukturelemente die alle Varianten gleichermaßen charakterisieren und an Hand derer auch die Abgrenzung zwischen den Varianten durchgeführt werden kann, sind die Untersuchungsziele (weshalb soll der Vergleich durchgeführt werden) die Untersuchungsobjekte (was soll verglichen werden) und die nach Böhnert Vergleichsentitäten (womit soll der Vergleich durchgeführt werden).

Die Ziele der Untersuchung sind das erste grundsätzliche Element eines Benchmarkings, denn bei jeder Benchmarking-Untersuchung müssen vor dem Projektstart bzw. in der Planungsphase des Projektes

Ziele vorgegeben werden. Auch das Kriterium Untersuchungsobjekt zählt zu den essentiellen Struktur-elementen. Jeder Benchmarking-Untersuchung muss mindestens ein Objekt, zugrunde liegen, welches zu den Objekten der Vergleichsentitäten in Bezug gesetzt werden kann. Beispiele für Untersuchungsob-jekte sind die Unternehmensorganisation, Unternehmensfunktionen oder die Unternehmensstrategie die gleichzeitig die Benchmarking-Variante definieren.

Die Varianten des Benchmarkings unterscheiden sich oft auch durch den Kreis der möglichen Organi-sationseinheiten von denen im Rahmen der Benchmarking-Untersuchung Daten erhoben werden. Die Auswahl der Untersuchungsentitäten muss aber wiederum bei allen Formen des Benchmarkings getrof-fen werden, da gerade der Vergleich mit Spitzenleistungen anderer ein Hauptmerkmal des Benchmar-kings darstellt, was wiederum die Wichtigkeit bzw. den Stellenwert dieses dritten Strukturelementes – die Vergleichsentitäten – unter Beweis stellt.

4. Der Benchmarking-Prozess

Den Hauptanteil an der raschen Verbreitung des Benchmarking Instrumentariums als Instrument der Unternehmensführung in Theorie und Praxis hat nicht zuletzt sein klar strukturierter Verfahrensablauf der es nach Ansicht der meisten Benchmarking-Autoren ermöglicht, bei jeder Art des Benchmarkings und bei jeder Untersuchung dem gleichen Vorgehensmodell, zu folgen. Fast alle Autoren zergliedern das Vorgehen bzw. den Prozessablauf in Phasen, die in der Regel sequentiell durchlaufen werden müs-sen.

Die Anzahl der vorgeschlagenen Phasen und die Einteilung bzw. Abfolge der in den jeweiligen Phasen zu erledigenden Tätigkeiten schwankt dabei von Autor zu Autor. Die relevante Literatur zeigt Modelle die in Abhängigkeit vom Detaillierungsgrad zwischen zwei und fünfzehn Phasen vorschlagen.

Ein Vorgehensmodell das den Anforderungen hinsichtlich einer klaren Strukturierung des Benchmar-king-Prozesses aller Varianten versucht Rechnung zu tragen ist das „6-Phasen-Modell" von Böhnert. Es umfasst die Phasen der

- Planung
- Datenerhebung
- Analyse
- Implementierung
- Kontrolle und
- Kommunikation

Ausgangspunkt ist die Festlegung der Benchmarking Variante. Voraussetzung dafür ist die Wahl des Untersuchungsobjektes, die Festlegung der Untersuchungsziele u. des –umfangs sowie die Suche und Auswahl der Vergleichentitäten. Diese Tätigkeiten charakterisieren die Phase der Planung.

In der Datenerhebungsphase steht die Bestimmung der Erhebungsmethode, die Auswahl der Daten-quellen, die Erhebung der Untersuchungs- u. Vergleichsdaten im Mittelpunkt. Die Analysephase um-fasst die ausführliche Bearbeitung der Vergleichsdaten hinsichtlich feststellbarer Unterschiede u. Adap-tierbarkeit der Vergleichslösungen auf das eigene Unternehmen.

In der Implementierungsphase erfolgen die Formulierung von Zielen, die Erstellung von Aktionsplänen und die Umsetzung. Die Überwachung der Zielerreichung bzw. die Steuerung der Umsetzung steht im Mittelpunkt der Kontroll- u. Controlling-Phasen. In der letzten Phase eines generalisierenden Modells eines Benchmarking-Prozess hat die Kommunikation der Ergebnisse zu erfolgen und zwar umfassend unternehmensweit vor allem aber hin zu den Teammitgliedern, dem Management und den betroffenen Mitarbeitern.

5. Einsatzbereiche des Benchmarking

Das Instrumentarium „Benchmarking" wird in mehreren Funktionen bzw. Unternehmensbereichen zur *Verbesserung der „Performance"* genützt. Einsatzbereiche sind in erster Linie:

- im → strategischen Management
- im Rahmen des Managements von Veränderungsprozessen (→ Prozessmanagement, → Change Management, → Workflow Management)
- im Rahmen des operativen Managements (→ Unternehmensplanung).

Vor allem in produzierenden Unternehmungen sind diese Einsatzbereiche stark ausgeprägt.

Im Rahmen des strategischen Managements wird Benchmarking mit großem Erfolg innerhalb der strategischen Unternehmensplanung und hier vor allem in den Teilbereichen der Situationsanalyse und -prognose sowie der Strategieformulierung zum Einsatz gebracht. Auch für die Implementierung und die Kontrolle der strategischen Planung besteht eine Anwendungs- bzw. sinnvolle Nutzungsmöglichkeit. Mittels Einsatz von Benchmarking-Untersuchungen kann auch das strategische Kostenmanagement effektiv unterstützt werden.

Im Rahmen des Managements von Veränderungsprozessen sind drei Einsatzbereiche herauszustreichen: Benchmarking als unterstützendes Element von „ → *TQM-Prozessen (→ Total Quality Management)*" bei der Ausgestaltung von „*Lean-Management*" bzw. „*Lean-Organisation*" und bei der Neugestaltung sämtlicher im Unternehmen ablaufender Prozesse dem „ → *Business Process Reengineering*". Im Rahmen des operativen Managements produzierender Unternehmungen sind als Einsatzbereiche sämtliche betrieblichen Funktionen wie Forschung und Entwicklung, Beschaffung, Produktion, Marketing, Logistik, Informationsmanagement, Personal- u. Finanzwirtschaft aber auch die Verwaltung und sonstige interne Dienstleistungen zu nennen.

Der Einsatz von Benchmarking ist aber nicht auf produzierende Unternehmungen beschränkt. Auch im Handel und in sonstigen Dienstleistungsunternehmungen wie Banken, Versicherungen, Verkehrsbetriebe usw. ist Benchmarking zu einem wichtigen Instrument zur Bearbeitung von strategischen und auch operativen Fragestellungen geworden.

Hinweis

Zu den angrenzenden Wissensgebieten bzw. zu den Erkenntnisbereichen, in denen Benchmarking Anwendung findet, siehe → Beschaffungsmanagement, → Change Management, → Controlling, → Globalisierung, → Logistik, → Marketing, → Organisation, Grundlagen, → Organisationstheorien, → Produktionsmanagement, → Produktpolitik, → Profit Center, → Projektmanagement, → Prozessmanagement, → Qualitätsmanagement, → Supply Chain Management, → Strategisches Management, → Total Quality Management, → Unternehmensplanung, → Vertriebspolitik, → Workflow Management.

Literatur: Bendell, Tony: Benchmarking for competitive advantage, London (u.a.), Pitman 1998; Böhnert, Arndt-A.: Charakteristik eines aktuellen Managementinstruments, Hamburg, Kovač, 1999 (Schriftenreihe innovative betriebswirtschaftliche Forschung und Praxis, Dissertation); Camp, Robert C.: Benchmarking (deutsche Übersetzung) München und Wien (Hanser) 1994; Heindl, Heinrich: Benchmarking Best Practices, Wuppertal, 1999 (Arbeitspapiere des Fachbereichs Wirtschaftswissenschaften der Universität-Gesamthochschule-Wuppertal; 191); Karlöf, Bengt: Benchmarking – Chichester (u.a.) Wiley, 1995; Kartte, Joachim, Scheer, Udo, Kühn, Mathias: Benchmarking und Controlling mit „BECON" – Effektive Steuerung von Flächenorganisationen, in Controller Magazin 2/2000, S. 136 –138; Otto, Andreas: Referenzmodelle als Basis des Benchmarkings, in iomanagement 4/1999, S. 23 – 29; Rau, Harald: Benchmarking: Die Fehler der Praxis, in Haward Business Manager 4/1996, S. 21 –25; Watson, Gregory H.: Strategic Benchmarking, How to Rate Your Company's Performance against the World's Best, New York (u.a.) Wiley 1993; Weber, Jürgen: Benchmarking excellence, Vallendar 1999.

Internetadressen: http://www.benchmarkingforum.de; http://www.business-wissen.de; http://www.4managers.de; http://benchmarking.de

Website des Autors: http://www.uni-salzburg.at/portal

Benchmarking, competitive

siehe → Competitive benchmarking, engl. Bezeichnung für das *konkurrenzbezogene Benchmarking*. Siehe → Benchmarking (mit Literaturangaben).

Benchmarking, generisches

Kennzeichnend für das *generische Benchmarking* ist, dass es bei der Wahl der Vergleichsobjekte keinerlei Restriktionen setzt. Es werden vielmehr solche Organisationen bzw. Organisationseinheiten gesucht, die entsprechend dem zu untersuchenden Objekt den besten Lösungsansatz – the → *Best-Practice* – entwickelt haben. Siehe auch → Benchmarking (mit Literaturangaben).

Benutzerschnittstelle

Die Benutzerschnittstelle stellt die Funktionalitäten zur Kommunikation der Anwender mit dem System zur Verfügung. Sie enthält Dialogkomponenten, über die die Benutzer Anfragen stellen können sowie die vom Controlling-Informationssystem generierten Ergebnisse in einer aufgabenadäquaten Form zur Verfügung gestellt bekommen. Mit Hilfe der Benutzerschnittstelle können bspw. Berichte, grafisch aufbereitete Kennzahlen oder Diagramme dargestellt werden.
Siehe auch → Controlling-Informationssysteme (mit Literaturangaben).

Beobachtung

ist die zielgerichtete Erfassung von sinnlich wahrnehmbaren Sachverhalten im Augenblick ihres Auftretens durch Personen und/oder technische Hilfsmittel. Gegenstände der Beobachtung in der → *Marktforschung* sind Bestände (z.B. Absatzmengen), Verhaltensweisen (z.B. Kauf oder Nichtkauf) und Eigenschaften (z.B. äußerlich wahrnehmbare Eigenschaften von Konsumenten). Siehe auch → Marktforschungsmethoden (mit Literaturangaben).

Beratungstätigkeit, Gutachterliche

siehe → Gutachterliche Beratungstätigkeit (→ Existenzgründung).

Bereitschaftsdienst

zur → Arbeitszeit eines Arbeitnehmers zählende Zeit, während der sich der Arbeitnehmer in einem vom Arbeitgeber vorgegebenen Bereich innerhalb oder außerhalb des → Betriebs aufhalten muss, um seine Arbeit gegebenenfalls unverzüglich aufnehmen zu können; siehe auch → Rufbereitschaft.

Bereitstellungsplanung

Die Bereitstellungsplanung hat als Teil der → *Produktionsplanung und -steuerung* die Aufgabe, die in der Produktion benötigten Betriebsmittel, Materialien und Arbeitskräfte sowie Immaterialgüterrechte (Patente, Lizenzen) und Dienstleistungen zur rechten Zeit am richtigen Ort in den benötigten Mengen und Qualitäten zur Verfügung zu stellen. Siehe auch → Produktion, Formen.

BERI

Abk. für → Business-Environment-Risk-Index (BERI-Index).

Berichtswesen

(*reporting*). Um die laufende und zukünftige Entwicklung der Kennzahlen, Pläne, Entscheidungen und Projekte verfolgen zu können, wird ein System von Berichten im Sinne eines umfassenden Berichtswesens vorgeschlagen. Es entspricht sehr oft dem → Controlling System eines Unternehmens. Siehe auch → Organisation, Grundlagen (mit Literaturangaben).

Bernoulli-Kriterium

Entscheidungsregel der normativen → Entscheidungstheorie für Entscheidungssituationen bei Risiko, die auf der Theorie des Risikonutzens (Bernoulli-Nutzentheorie) aufbaut.
Monetäre Zielgrößen werden hier durch den Nutzen ersetzt, den der Entscheidungsträger bei individueller Risikoeinstellung mit der Erfüllung der mit der Entscheidung verfolgten Ziele verbindet. Als optimale Handlungsalternative ist demnach diejenige zu verstehen, die den maximalen erwarteten Nutzens aufweist. Bei risikoneutraler Einstellung des Entscheidungsträgers stimmt das Bernoulli-Kriterium mit der → Bayes-Regel überein. Das Bernoulli-Kriterium kann aber jede Risikoeinstellung (risikoscheu, risikoneutral, risikofreudig) berücksichtigen.

Bernoulli-Maxime

siehe → Entscheidungsmaxime; siehe auch → Entscheidung, betriebswirtschaftliche (mit Literaturangaben).

Berufsausbildung

stellt im deutschsprachigen Raum traditionell den ersten Zugang in das betriebliche Arbeitsmarktsegment dar. In Deutschland ist die Berufsausbildung im Berufsbildungsgesetz geregelt und als → Duale Ausbildung organisiert.

Beschaffersysteme

siehe → Einkaufszentrierte Systeme.

Beschaffungscontrolling

ist weiter gefasst als ein *Einkaufscontrolling*, da es auch strategische Aspekte berücksichtigt. Es unterstützt die Gewährleistung der langfristigen Versorgungssicherheit des Unternehmens.
Siehe auch → Einkaufscontrolling und → Beschaffungsmanagement, jeweils mit Literaturangaben

Beschaffungs-Kennzahlen

(*Einkaufs-Kennzahlen*), siehe → Einkaufscontrolling, insbesondere Kapitel 4 (einschließlich *Einkaufs-Scorecard*); siehe auch → Balanced Scorecard.

Beschaffungslogistik

Beschaffungslogistik

von Professor Dr. Bernd Eichler, M.O.R.
Fachgebiet SCM/Logistik – Fachhochschule Dortmund

1. Abgrenzung

Beschaffungslogistik ist sowohl Teil des → *Beschaffungsmanagements* als auch der → *Logistik*, lässt sich insofern als Schnittmenge dieser beiden betriebswirtschaftlichen Bereiche begreifen und grenzt sich speziell vom Beschaffungsmarketing ab. Es gibt zwar auch sehr weite Auffassungen des Begriffes, die Beschaffungslogistik und Beschaffungsmanagement weitgehend gleichsetzen. Hier werden aber Aufgabenfelder wie Beeinflussung der Beschaffungsmärkte, Beschaffungsmarktforschung, Gestaltung der rechtlichen und sozialen Beziehungen zu den Lieferanten sowie Fragen der Entgeltpolitik und Zahlungsbedingungen ausgeklammert, da sie dem Beschaffungsmarketing zugeordnet werden. Sie sind allerdings als *Rahmenbedingungen* für die Beschaffungslogistik und ihre dispositive Abwicklung zu berücksichtigen.
Unter Beschaffungslogistik ist also die *Planung, Gestaltung und Steuerung* der ein Unternehmen versorgenden *Güterflüsse* und der begleitenden *Informationsflüsse* zu verstehen.

2. Strategischer Rahmen

a) Raumüberwindung und Zeitüberbrückung

Das grundlegende Problem der Beschaffungslogistik ist die *Raumüberwindung*, wenn die bedarfsdeckenden Güter im Beschaffungsprozess noch nicht am Verbrauchsort zur Verfügung stehen. So ist es *Aufgabe der Beschaffungslogistik*, die vom Beschaffungsmarketing (Einkauf) gekauften Bedarfsgüter *termingerecht* bereit zu stellen! Die *Zeit* ist daher als zweite strategische Dimension der Beschaffungslogistik zu beachten: Neben der Termintreue und dem Zeitverbrauch der Logistikprozesse (Transportieren, Umschlagen, Produzieren etc.) sind auch Fragen der *Zeitüberbrückung* zu berücksichtigen, die sich als Unterbrechung von Güterflüssen oder *Lagerhaltung* darstellen.

b) Sourcingkonzepte

beeinflussen die Beschaffungslogistik tiefgreifend: So wird ein Bedarf beim → *single sourcing* aus nur einer Quelle gespeist, während bei → *multiple sourcing* zahlreiche → Lieferrelationen von der Beschaffungslogistik zu steuern sind. → *Global Sourcing*, aber auch ein → *Outsourcing* führen oft zu größerer Entfernung und Komplexität, was ebenso höhere Anforderungen an die Beschaffungslogistik stellt wie das → *modular sourcing*, bei dem die Beschaffungsgüter wesentlich komplexer, meist varianten- und umfangreicher (größer, schwerer) werden. Bei → *Forward sourcing* sind bereits lange vor der eigentlichen Lieferung grundlegende beschaffungslogistische Entscheidungen zu treffen.

c) Optimierung

Oberstes Gebot ist das beschaffungslogistische Optimum: Es fordert, das *richtige Gut* in der *richtigen Menge* und *Qualität* zur *richtigen Zeit* am *richtigen Ort* zu haben und die daraus resultierenden *Kosten* zu *minimieren*. Es hat sich in den letzten Jahrzehnten von einer Vision zu einem *unverzichtbaren Anspruch* an die reale Beschaffungslogistik entwickelt.

3. Gestaltungsintensität

Ähnlich wie das Beschaffungsmarketing von einer einfachen Ausübung der Nachfrage auf dem Beschaffungsmarkt bis zu weitgehender Einflussnahme auf Produktpolitik und Prozessgestaltung der Lieferanten reicht, bildet auch die Gestaltungsintensität der Beschaffungslogistik ein weites Spektrum:

(1) Wenn Unternehmen ihre physische Versorgung komplett den Lieferanten, Intermediären oder Logistikdienstleistern überlassen (Pushprinzip, siehe → Bringprinzip) kann man kaum von Beschaffungslogistik sprechen. Sie beschränkt sich dann auf den → Wareneingang und die innerbetriebliche Logistik zum Verbrauchsort, es gibt wenig Steuerungsmöglichkeiten.

(2) Mit der Vorgabe bzw. Vereinbarung von genauen Lieferterminen sowie evtl. Transportmittel- und Verpackungsvorschriften beginnt dann die Einflussnahme auf die versorgenden Lieferströme, oft aber nur um die Belastung von Wareneingang und Lager zu steuern.

(3) Der Übergang vom → Bringprinzip („Push") hin zum → Holprinzip („Pull") markiert dann die Existenz einer *aktiven Beschaffungslogistik*. Sie strebt an, die Versorgung selbst gezielt zu organisieren und dabei regelmäßig auch die Kosten zu übernehmen („ab Werk" oder „unfrei"-Konditionen). Dies kann sowohl über einen eigenen Fuhrpark wie auch über Netzwerke von Logistikdienstleistern (Vertrags- bzw. Gebietsspediteure) erfolgen.

(4) Weitergehend lässt sich in einer *strategisch ausgerichteten Beschaffungslogistik* Einfluss auf die Gestaltung der gesamten → Lieferrelationen nehmen, in dem neben genauen Anlieferterminen, exakten Abrufmengen und -frequenzen verstärkt auch Abholtermine, Transportmittel- und Streckenwahl sowie Transportdauern zeitnah gesteuert werden. Auch dabei können Logistikdienstleister helfen, evtl. sogar die Netzwerkkoordination übernehmen.

4. Disposition der Mengen und Termine

bildet die zentrale operative und permanente Aufgabe der Beschaffungslogistik, die die strategischen Anforderungen erst ermöglicht. Dabei sind verschiedene Mengen-Zeit-Beziehungen zu beachten und grob drei Möglichkeiten (Versorgungsprinzipien) zu unterscheiden:

a) Lieferung der Bedarfs-/Bestellmenge

liegt vor, wenn der - meist für eine längere Periode, einen umfassenden Auftrag oder ein Projekt - festgestellte Bedarf in der bestellten Menge und rechtzeitig vor dem ersten Bedarfstermin geliefert wird. Die bedarfsgerechte Verteilung geschieht dann regelmäßig aus einem *internen Lager* (siehe auch → Lagerwirtschaft). Bei einer eher passiven Beschaffungslogistik ist dies die Regel, ansonsten aber für das ganze Spektrum der Gestaltungsintensität möglich.

b) Liefereinteilung

bedeutet, dass ein Bedarf, eine Bestellung bzw. Kontraktmenge auf mehrere Lieferungen und Liefertermine verteilt wird. So lässt sich z.B. ein Jahres-, Quartals- oder Monatsbedarf *wöchentlich oder häufiger* ausliefern, um Lagerhaltung zu reduzieren. Dabei kann es sich um eine (1) *gleichmäßige Aufteilung* handeln, so dass nach dem Schema Gesamtmenge = (Zahl der Lieferungen) x (fixe Liefermenge) gerechnet wird oder (2) die zu liefernde *Menge kann variieren*, was einen rechtzeitigen *Abruf* oder eine rollierende *Feinplanung* erfordert. Ideal für die Liefereinteilung sind eine aktive Beschaffungslogistik sowie Ansätze einer → Logistikintegration.

c) Just in time (JIT)

bedeutet eine sehr zeitnahe Lieferung, die also *weder zu früh noch zu spät* erfolgt. Typischerweise geht sie nicht in ein Lagerhaus, sondern wird möglichst nah am Verbrauchsort bereitgestellt, was zwar auch zu Lagerhaltung führt, die aber nur sehr kurz dauert (zu Details und weiteren Differenzierungen siehe → Just-in-time-Lieferung (JIT-Lieferung)). JIT setzt eine hohe Bereitschaft voraus, die Beschaffungslogistik strategisch zu gestalten und aktiv zu steuern sowie eine weitreichende → Logistikintegration mit den JIT-Lieferanten einzugehen.

5. Fazit

Der Aufbau strategischer beschaffungslogistischer Systeme wie auch die Disposition nach dem JIT-Prinzip sind vor allem bei kontinuierlichen und vom Bedarf her gut planbaren Lieferbeziehungen sinnvoll. Daneben verbleiben stets auch schlechter beeinflussbare Lieferrelationen. Die notwendige Differenzierung sollte aber nicht dem Zufall entspringen, sondern Ergebnis von strategischen Entscheidungen sein, die z. B. auf einer → *ABC/XYZ-Analyse* (Wert und Frequenz) basieren, und daneben Gesichtspunkte wie Transportmittelauslastung, Entfernung usw. berücksichtigen.

Hinweis

Zu den angrenzenden Wissensgebieten siehe → Beschaffungsmanagement, → Distributionslogistik, → Einkaufscontrolling, → Electronic Procurement, → Industriemanagement, → Lagerwirtschaft, → Lagerhaltungspolitik, → Logistik (Logistikmanagement), → Materiallogistik, → Materialwirtschaft, → Optimierung, → Outsourcing, → Produktionsmanagement, → Prozessanalyse, → Supply Chain Management.

Literatur: Berning, Ralf: Grundlagen der Produktion, Produktionsplanung und Beschaffungsmanagement, Berlin 2002; Bloech, Jürgen: Beschaffungslogistik, in: Kern, Werner; Hans-Horst Schröder; Jürgen Weber (Hrsg.): Handwörterbuch der Produktionswirtschaft (HWProd), 2. Aufl., Stuttgart 1996, Sp. 246-254; Bloech, Jürgen: Beschaffungslogistik, in: Vahlens großes Logistik Lexikon, hrsg. von Jürgen Bloech und Gösta B. Ihde, München 1997, S. 69-72; Boutellier, Roman; Alwin Locker: Beschaffungslogistik, München Wien 1998; Eichler, Bernd: Beschaffungsmarketing und -logistik, Herne/Berlin 2003; Piontek, Jochem: Bausteine des Logistikmanagements, Herne/Berlin 2003; Pfohl, Hans-C.: Logistiksysteme, Berlin/Heidelberg/New York 2003; Taschenbuch der Logistik, hrsg. von Reinhard Koether, München/Wien 2004; Wildemann, Horst: Das Just-in-time Konzept, Frankfurt/M. 1988.

Internetadressen: www.ba-expert.de; www.bemalog.de; www.bme.de; www.bvl.at; www.bvl.de; www.elalog.org; www.competence-site.de/beschaffung.usf; www.einkauf.ch; www.klog.unisg.ch; www.logistik-heute.de; www.logistik-inside.de; www.logistik-lexikon.de; www.logistik-online.ch; www.logistics.de; www.sgl.ch; www.vnl.at.

Websites des Autors: www.wirtschaft.fh-dortmund.de/~eichler; www.profdreichler.de.

Beschaffungsmanagement

Beschaffungsmanagement

von Univ.-Professor Dr. Dr. h.c. Ulli Arnold
Lehrstuhl für Investitionsgütermarketing und Beschaffungsmanagement an der Universität Stuttgart

1. Charakterisierung und Einordnung

Das *Beschaffungsmanagement* bildet den Kernbereich des *Supply Management* (*Versorgungsmanagement*). Eine Einordnung bzw. Definition grundlegender Begriffe und Konzepte des Supply Management erfolgt mittels zweier Dimensionen: (1) Dimension 1 unterscheidet zwischen einem akquisitorischen (marktlich-verfügungsrechtliche Ebene) und einem physischen Supply Management (inner- und zwischenbetriebliche Behandlung). (2) Dimension 2 unterscheidet strategische und operative Elemente des Supply Management (siehe Abbildung 1):

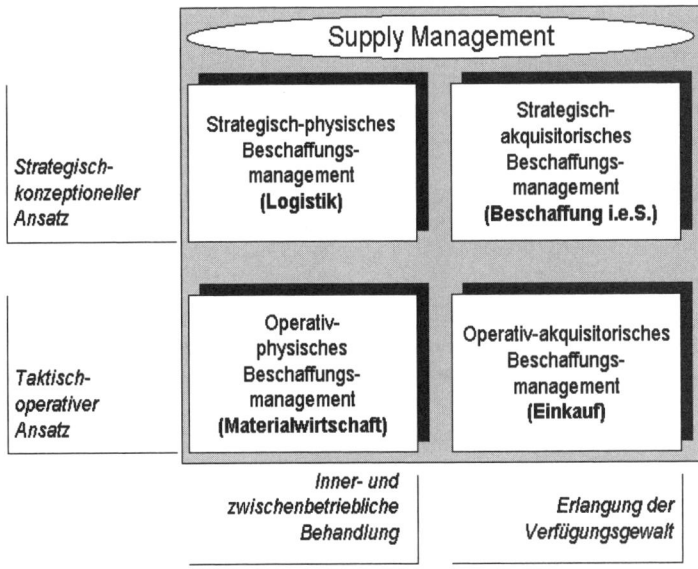

Abb. 1: Ebenen des Supply Management

Das *Supply Management* hat die Aufgabe, alle benötigten Inputfaktoren zu beschaffen und friktionslos für die Bedarfsträger im Sinne des sog. materialwirtschaftlichen Optimums bereitzustellen. Unter dem Materialwirtschaftlichen Optimum wird die Bereitstellung des für die Gütererzeugung benötigten Materials in der erforderlichen Menge und Qualität zur definierten Zeit am rechten Ort und zu niedrigsten Kosten verstanden.

Beschaffungsmanagement umfasst dabei sämtliche unternehmens- und/oder marktbezogene Tätigkeiten, die darauf gerichtet sind, einem Unternehmen die benötigten, aber nicht selbst hergestellten Güter verfügbar zu machen.

2. Operative und strategische Beschaffungsaufgaben

Im Gegensatz zu der früheren Auffassung, dass *Einkauf* und *Beschaffung* die Vorgaben anderer Funktionsbereiche auszuführen haben und sich damit auf rein operative Tätigkeiten beschränken (operativer

Einkauf), wird seit geraumer Zeit der Versorgung von Unternehmen mit den für die Aufrechterhaltung und Durchführung der Wertschöpfungsaktivitäten erforderlichen Gütern eine insbesondere auch für das Unternehmensergebnis wichtige Rolle zugesprochen. In pragmatischer Weise können strategische und operative Aufgaben konkretisiert werden (siehe Abbildung 2):

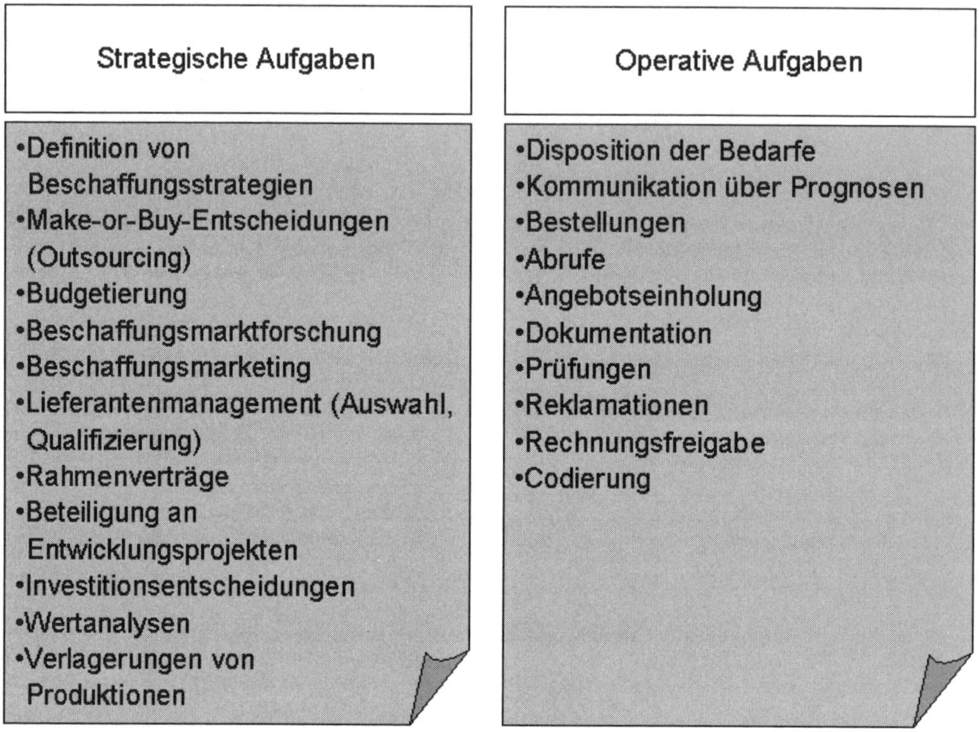

Strategische Aufgaben	Operative Aufgaben
•Definition von Beschaffungsstrategien •Make-or-Buy-Entscheidungen (Outsourcing) •Budgetierung •Beschaffungsmarktforschung •Beschaffungsmarketing •Lieferantenmanagement (Auswahl, Qualifizierung) •Rahmenverträge •Beteiligung an Entwicklungsprojekten •Investitionsentscheidungen •Wertanalysen •Verlagerungen von Produktionen	•Disposition der Bedarfe •Kommunikation über Prognosen •Bestellungen •Abrufe •Angebotseinholung •Dokumentation •Prüfungen •Reklamationen •Rechnungsfreigabe •Codierung

Abb. 2: Strategische und operative Beschaffungsaufgaben

3. Strategisches Beschaffungsmanagement

Die Beschaffung von Gütern (Sachgütern und Dienstleistungen) erfordert die Festlegung strategischer Konzepte für die jeweiligen Güterkategorien. Das strategische Beschaffungsmanagement weist folgende Gestaltungsaspekte auf:

- *Strukturelle Dimension:* Die Beschaffung benötigt eine leistungsfähige Strukturorganisation, die in der Lage ist, die internen Koordinationsaufgaben zwischen den Bedarfsträgern („interne Kunden") und den externen Lieferquellen wirkungsvoll wahrzunehmen. Als Teil des Supply Management hat die Beschaffung ein querschnittliches Aufgabenspektrum. Strukturelle Bedeutung hat auch die Implementierung geeigneter IT-Systeme.

- *Prozessdimension:* Eine wichtige strategische Aufgabe zur Sicherung nachhaltiger Effizienz ist die Implementierung leistungsfähiger Prozessabläufe zwischen den Phasen Bedarfsdefinition und after-buying-Aktivitäten.

- *Marktdimension:* Die strategische Herausforderung richtet sich darauf, die jeweils wirkungsvollsten Designs für Güterbeschaffungen zu definieren, also zwischen marktlichen Transaktionen und vertikaler Integration von Lieferanten bzw. Insourcing zu entscheiden.

- *Lieferantenmanagement:* Im Falle der Entscheidung für eine vertikale Integration werden Konzepte für das Management der Beziehungen zu Lieferanten benötigt (Supplier Relationship Mangement, SRM).

Die logische Struktur des *strategischen Planungsprozesses* in der Beschaffung kann wie folgt dargestellt werden (siehe Abbildung 3):

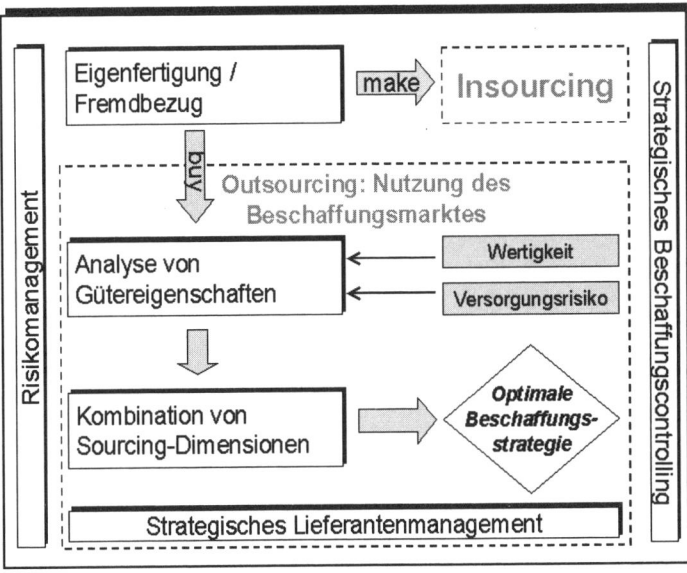

Abb. 3: Struktur strategischer Beschaffungsplanung

- *Make or Buy:* Ausgangspunkt aller strategischen Beschaffungsentscheidungen ist die Überlegung,
  ob Güter oder Dienstleistungen selbst erstellt oder fremdbezogen werden solen. Dort wo ein Unternehmen keinen signifikanten Spezialisierungsgrad und/oder keine Mengenvorteile erreichen
  kann, sind Verlagerungen auf leistungsfähigere Unternehmen geboten. Im Kern geht es darum, die
  am Markt vorhandenen (effizienten) Leistungen zu Nutzen. Die inhaltlichen Entscheidungskriterien für die Beurteilung der Vorteilhaftigkeit von marktlichem Bezug bzw. Eigenfertigung finden
  sich im Kern auch in der strategisch geprägten Out-/Insourcing-Entscheidung wieder.
- *Outsourcing* bezeichnet die Entscheidung zugunsten des Fremdbezugs von Inputfaktoren. Regelmäßig gibt es allerdings für die in Frage stehenden Güter per se keinen Markt, da diese Produkt-
  bzw. Prozessspezifität aufweisen. Angestrebt wird, unter unternehmensstrategischen Gesichtspunkten, eine Reduzierung der Fertigungstiefe mit der Zielsetzung des Abbaus von Fixkosten und
  somit eine geringere Empfindlichkeit gegenüber Nachfrageschwankungen; Das Risiko einer mangelnden Produktionsauslastung wird auf die Lieferanten verlagert. Outsourcing ist also auch ein
  nachhaltiges Mittel zur Erhöhung der Anpassungsfähigkeit und Flexibilität von Unternehmen.
- *Insourcing* bezeichnet die strategische Option, Güter oder Dienstleistungen selbst zu erstellen.
  Insbesondere die Versorgung mit erfolgskritischen Gütern mit geringer Versorgungssicherheit
  veranlasst Unternehmen, die Möglichkeit der Eigenfertigung in Betracht zu ziehen. Dadurch lassen sich Abhängigkeiten von Zulieferern mit hoher Marktmacht vermeiden. Zusätzlich wird
  Know-how aufgebaut, das zur Absicherung von Wettbewerbsvorteilen werden soll (Absicherung
  eines technologischen Vorsprungs).
- *Analyse von Gütereigenschaften:* Die unterschiedlichen güterspezifischen und marktlichen Faktoren sind maßgeblich für die Definition einer zielführenden Beschaffungsstrategie. Formal eignet
  sich dafür die so genannte Wertigkeits-Risiko-Matrix (vgl. Arnold 1997, S. 89 ff.). Durch die Analyse der beiden Hauptfaktoren Wertigkeit der einzelnen Güter (zu ermitteln mit Hilfe einer ABC-
  Analyse) und Versorgungsrisiko (Expertenschätzungen der internen und externen Risiken) wird
  eine Güterpositionierung ermöglicht. Damit können verschiedene strategische Handlungsfelder

voneinander abgegrenzt werden. Konzepte des *Risikomanagement* sollten in diesem Prozessschritt ebenfalls berücksichtigt werden.

4. Strategische Beschaffungsprogramme (Sourcing-Dimensionen)

Auf Grundlage von Unternehmenszielen und Funktionsbereichszielen können strategische Beschaffungsprogramme für jeden Inputfaktor definiert werden. Dazu werden verschiedene beschaffungsstrategische Elemente und Prinzipien sinnvoll miteinander kombiniert. Die daraus resultierenden Sourcing-Konzepte bilden den Kern einer Beschaffungsstrategie. Dabei können die wichtigsten Sourcing-Elemente nach folgenden Merkmalsdimensionen unterschieden werden (vgl. Arnold 1997, S. 93ff.).

Die Kombinationsmöglichkeiten der Sourcing-Konzepte zu einer Beschaffungsstrategie werden durch die „*Sourcing-Toolbox*" (siehe Abbildung 4) visualisiert. Die optimale Beschaffungsstrategie (BS_{opt}) für ein Einsatzgut lässt sich als Funktion jeweils einer Ausprägung der genannten Sourcing-Konzepte beschreiben: $BS_{opt.} = f(L, O, A, Z, S, W, E)$.

Lieferant (L)	sole	single	dual	multiple
Beschaffungsobjekt (O)	unit	modular		system
Beschaffungsareal (A)	local	domestic		global
Beschaffungszeit (Z)	stock	demand tailored		just-in-time
Beschaffungssubjekt (S)	individual		collective	
Wertschöpfungsort (W)	external		internal	
E-Application	Non-E-Procurement	E-Coordination	E-Procurement	E-Collaboration

Abb. 4: Sourcing-Toolbox

5. Strategisches Lieferantenmanagement

Das Strategische Lieferantenmanagement umfasst Maßnahmen eines Unternehmens zur Gestaltung und Steuerung von Austauschbeziehungen zu Lieferanten. Im Mittelpunkt dabei steht die Auswahl eines im Hinblick auf die Beschaffungsziele optimalen Transaktionsdesigns. Hierbei sind rein marktliche Transaktionen von relational ausgerichteten und somit langfristig orientierten Beziehungen zu einzelnen Lieferanten zu unterscheiden.

Während bei der Beschaffung von standardisierten Gütern die Strategie auf die Erschließung einer breiten Lieferantenbasis ausgerichtet sein muss, steht die strategische Ausrichtung des Lieferantenmanagements beim Bezug von hochspezifischen Gütern im Mittelpunkt (Beziehungsmanagement, Supplier Relationship Management). Weiche Faktoren, wie bspw. Innovationspotenzial, Service und Vertrauenswürdigkeit müssen erfasst und gestaltet werden.

Zulieferer-Abnehmer-Beziehungen können hinsichtlich des Grades der Intensität der erforderlichen Zusammenarbeit folgendermaßen unterschieden werden: (1) Teilefertiger, (2) Produktionsspezialist, (3) Entwicklungslieferant, (4) Wertschöpfungspartner.

Die Intensität der Beziehung hat ebenfalls grundlegenden Einfluss auf den Umfang der für die Implementierung und Koordination der Beziehung einzusetzenden Ressourcen. Dies gilt sowohl für das nachfragende als auch für das anbietende Unternehmen. Die jeweilige Beschaffungssituation bestimmt die konkrete Ausprägung einer Lieferantenbeziehung.

U.A. gehören zum Lieferantenmanagement folgende Maßnahmen:

- *Lieferantenauswahl* und *-beurteilung*: Bei einer angestrebten intensiven vertikalen Integration eines Lieferanten (bspw. Single-Sourcing, Entwicklungsleistungen mit life cycle contracts) ist dies eine wichtige strategische Aufgabe. Im Hinblick darauf müssen die Beurteilungssysteme ausgestaltet werden: Zum einen ist die Ausweitung von der ex ante-Zeitpunktbewertung auf eine kontinuierliche, zukunftsgerichtete Betrachtung erforderlich, zum anderen müssen die zukünftigen Potenziale eines Lieferanten, bspw. seine Innovationsfähigkeit, berücksichtigt werden.

- *Lieferantenpflege* umfasst alle Maßnahmen, die dazu dienen, das Vertrauensverhältnis zwischen Lieferant und Abnehmer zu verbessern.
- *Lieferantenentwicklung* bezeichnet ein ganzes Bündel von Maßnahmen zur aktiven Unterstützung von Lieferanten. Im einzelnen fallen darunter Lieferantenunterstützungen wie bspw. die Gewährung von Krediten, die Beratung durch Mitarbeiter des abnehmenden Unternehmens, technologische und finanzielle Hilfestellung beim Ausbau von Kapazitäten und der Einführung neuer Produkte bzw. Produktionsmethoden.
- *Gestaltung von wirksamen Anreizsystemen*, um den Lieferanten - trotz fehlendem marktlichen Wettbewerbs - leistungsfähig zu halten.

6. Strategisches Beschaffungscontrolling

Zur Herbeiführung von Entscheidungen benötigt das Beschaffungsmanagement eine geeignete Daten- und Informationsbasis. Diese muss vom Beschaffungscontrolling bereitgestellt und gepflegt werden. Die operativen Aktivitäten des Beschaffungscontrolling unterstützen die transaktionsorientierte Optimierung der Beschaffungsprozesse. Dazu müssen aussagefähige Kennzahlen definiert werden (bspw. Anzahl der Lieferanten, Anzahl der Bestellungen pro Mitarbeiter). Die Hauptziele liegen in einer Senkung der im Einkauf entstehenden Prozesskosten und in der Reduzierung der Einstandspreise.

Das strategische Beschaffungscontrolling soll demgegenüber einen nachhaltigen Beitrag zur Verbesserung des Unternehmensergebnisses leisten. Es bildet eine Querschnittsfunktion über sämtliche Beschaffungsprozesse hinweg. Insbesondere bei Make-or-Buy-Entscheidungen ist das Beschaffungsmanagement auf das strategische Beschaffungscontrolling und dessen Informationsleistungen angewiesen.

Für den Kostenvergleich der Alternativen „Eigenfertigung oder Fremdbezug", muss das Controlling die Datenbasis für die eigenen Wertschöpfungsprozesse schaffen (Darstellung der mutmaßlichen Herstellungskosten für diese Leistung). Eine Gegenüberstellung von Herstellungskosten bei Eigenfertigung mit den Kosten eines Fremdbezugs bildet allerdings die Entscheidungssituation noch nicht hinreichend genau ab. Vielmehr ist es erforderlich, bei der Ermittlung der Kosten eines Fremdbezuges alle Kostenfaktoren mit einzubeziehen, die im Falle einer marktlichen Transaktion mit einem bestimmten Lieferanten entstehen werden. Dieser Ansatz des so genannten Total Cost of Ownership (TCO) beinhaltet damit bspw. auch die Kosten der Lieferantenakquisition (bspw. der → Logistik, Wartung, Entsorgung, Beendigung einer Lieferantenbeziehung, switching costs).

Hinweise

- Zur Vertiefung der Beschaffungsstrategien siehe → Cooperative sourcing, → Demand tailored sourcing, → Domestic sourcing, → Dual sourcing, → E-Applications-Strategie, → E-Colloberation, → E-Coordination-Konzept, → Factory-within-a-factory-Konzept, → Global sourcing, → Individual sourcing, → Insourcing, → Internal sourcing, → Local sourcing, → Make or Buy, → Modular sourcing, → Non-E-Procurement, → Outsourcing, → Single sourcing, → System sourcing.
- Zu den angrenzenden Wissensgebieten siehe → Beschaffungslogistik, → Category Management, → Customer Relationship Mangement, → Efficient Consumer Response, → Einkaufscontrolling, E-Commerce, → Electronic Procurement, → Enterprise Resource Planning- (ERP-) Systeme, → Globalisierung, → Industriemanagement, → Logistik, → Materiallogistik, → Materialwirtschaft, → Ökonometrie, → Optimierung, → Produktionsmanagement, → Prozessmanagement, → Qualitätscontrolling, → Qualitätsmanagement, → Risikocontrolling, → Supply Chain Management.

Literatur: Arnold, U. (1997): Beschaffungsmanagement. 2. Auflage. Schäffer-Poeschel: Stuttgart, 1997. Arnold, U.; Scheuing, E.E. (1997): Creating a factory within a factory. 82. NAPM Annual International Conference, 4.-7. Mai, Washington 1997. Ellram, L. M. (1999): Total Cost of Ownership. In: Hahn, D.; Kaufmann, L. (Hrsg.): Handbuch industrielles Beschaffungsmanagement. Internationale

Konzepte – Innovative Instrumente – Aktuelle Praxisbeispiele. Wiesbaden 1999, S. 595-607. Eßig, M. (2004): Perspektiven des Supply Management. Konzepte und Anwendungen. Berlin, 2004. Müller, H.E.; Prangenberg, A. (1997): Outsourcing-Management. Handlungsspielräume bei Ausgliederung und Fremdvergabe. Köln, 1997. Stölzle, W. (1999): Industrial Relationships. München, Wien, 1999. Wagner, S. M. (2001): Strategisches Lieferantenmanagement in Industrieunternehmen. Eine empirische Untersuchung von Gestaltungskonzepten. Europäische Hochschulschriften. Frankfurt 2001.

Internetadressen: www.bme.de (Bundesverband für Materialwirtschaft und Einkauf); www.beschaffung-aktuell.de (Fachpublikation des BME); www.competence-site.de (Kompetenz-Netzwerk für Manager und Nachwuchskräfte); www.ifpmm.org (The International Federation of Purchasing and Supply Management); www.ipsera.org (International Purchasing and Supply Education and Research Association); www.ism.ws (Institute for Supply Management).

Website der Autoren: http://www.bwi.uni-stuttgart.de/marketing

Beschaffungsmarketing
beschäftigt sich mit der effizienten Lösung betrieblicher Beschaffungsaufgaben unter Orientierung an marktlichen Handlungsmöglichkeiten und -restriktionen. Im Beschaffungsbereich liegt ein wichtiger Hebel zur Steigerung der Wettbewerbsfähigkeit eines Unternehmens, da sowohl Kosten- als auch Qualitätsführerschaft durch die gestiegenen Fremdbezugsanteile zunehmend mit den Preisen bzw. der Qualität von Bezugsquellen stehen und fallen.
Siehe auch → Beschaffungsmanagement (mit Literaturangaben).

Beschaffungsstrategien
siehe → Sourcingstrategien; siehe auch → Beschaffungsmanagement und → Einkaufscontrolling, jeweils mit Literaturangaben.

Beschaffungsvereinigung
Zusammenschluss von Institutionen, die der Bündelung der Beschaffung dient, z.B. eine → Einkaufsgemeinschaft.

Beschaffungsvorschläge
(→ *Materialwirtschaft)* sind rechnerisch ermittelte Bedarfswerte, die danach von der → Beschaffung unter Berücksichtigung von Optimierungskriterien in Lieferantenaufträge umgesetzt werden.

Beschäftigungsabweichung
(→ *Erfolgscontrolling*). Sie wird in einer flexiblen → Plankostenrechnung als Differenz aus verrechneten Plankosten und Sollkosten berechnet. Ihr Entstehen hängt damit zusammen, dass in der Kalkulation mit vollen Kosten auf Basis der Planbeschäftigung (verrechneten Plankosten) in der Kostenstellenrechnung hingegen mit → Sollkosten auf Basis der Istbeschäftigung gerechnet wird. Siehe auch → Abweichungsanalyse.

Beschlussanfechtung
eines anfechtbaren (vor allem fehlerhaften) Beschlusses der → Hauptversammlung der → Aktiengesellschaft ermöglicht dem anfechtungsbefugten → Aktionär dessen gerichtliche Überprüfung. Die Anfechtungsfrist für die Anfechtungsklage beträgt ein Monat seit der Beschlussfassung.

Beschränkte Steuerpflicht
Natürliche Personen, die im Inland weder einen → Wohnsitz noch ihren gewöhnlichen Aufenthalt haben, sind in Deutschland beschränkt steuerpflichtig, sofern sie bestimmte inländische Einkünfte erzielen, die der deutschen Steuer unterliegen (§ 1 Abs. 4 EStG i.V.m. §§ 49 ff. EStG).
Analoges gilt für juristische Personen, die im Inland weder ihren Sitz noch den Ort der Geschäftsleitung haben (§ 2 i.V.m. § 8 Abs. 1 Satz 1 KStG).

Beim Fehlen von persönlichen Anknüpfungspunkten (→ genuine link) erfolgt eine Besteuerung nur bei Vorliegen einer inländischen Einkunftsquelle (§§ 49 ff. EStG). Es gilt somit das → Territorialitätsprinzip.
Siehe auch → Steuerrecht, Internationales (mit Literaturangaben).

Beschwerdemanagement
umfasst alle Maßnahmen wie Planung, Durchführung und Kontrolle im Zusammenhang mit Beschwerden von Kunden. Siehe auch → Kundenzufriedenheit, → Konsumentenverhalten und → Customer Relationship Management (CRM), mit Literaturangaben.

Besitzkonstitut
siehe → Sicherungsübereignung.

Besondere Betriebswirtschaftslehre
siehe → Spezielle Betriebswirtschaftslehre.

Best Advice
Verpflichtung des unabhängigen Finanzvermittlers bzw. Finanzmaklers im Auftrag des Kunden das Marktangebot sorgfältig zu prüfen und dem Kunden das nach seiner Bedarfslage bestmögliche Angebot am Markt zu besorgen.

Best Case-Szenario
siehe → Szenario-Analyse.

Best Effort Offering
Bei einem Best Effort Offering (→ *Going Public*, Durchführungsphase) wird nur der Preis, nicht aber die Menge vorab fixiert. Die → Emissionsbanken erklären sich lediglich bereit, sich um eine erfolgreiche Platzierung zu bemühen. In der Regel wird eine Minimums-Klausel vereinbart: wenn nicht eine bestimmte Mindestmenge verkauft werden kann, wird die gesamte Emission storniert. Das → Platzierungsrisiko trägt bei diesem Verfahren der → Emittent.

Beständewagnis
bezieht sich auf Ereignisse wie Diebstahl, Untergang, Entwertung usw. von betrieblichen Beständen und zählt im Rahmen der → *Kostenartenrechnung* zu den → Wagniskosten. In der Regel werden Wagniskosten als prozentualer Aufschlag auf andere Kostenarten berücksichtigt, beispielsweise das Beständewagnis als Aufschlag auf die Materialkosten.

Bestandskonten
werden für jeden Bilanzposten eingerichtet, und zwar Aktivkonten für Vermögensgegenstände, Passivkonten für Schulden und Eigenkapital. In Bestandskonten werden Anfangsbestände und Veränderungen der Bestände wertmäßig so erfasst, dass sich der Endbestand rechnerisch aus dem Saldo des Kontos ergibt. Die Salden werden im Schlussbilanzkonto (SBK) gegengebucht. Das SBK bildet in einer bilanzartigen Darstellung das Ergebnis der Buchführung ab.

Bestätigungsschreiben, Kaufmännisches
siehe → Kaufmännisches Bestätigungsschreiben.

Bestätigungsvermerk
ist das abschließende Gesamturteil, das nach einer ordnungsmäßigen Prüfung abgegeben wird. Der Abschlussprüfer bestätigt, dass → *Jahresabschluss* und → Buchführung den gesetzlichen Vorschriften entsprechen und das der → Lagebericht keine falschen Vorstellungen von der Lage des Unternehmens erweckt. Der Bestätigungsvermerk kann versagt werden.

Bestellerkredit

Der Bestellerkredit umfasst die an ein bestimmtes Exportgeschäft gebundene Kreditgewährung einer (i.A. im Land des Exporteurs ansässigen) Bank an den Importeur (in seiner Eigenschaft als Besteller/Käufer). Bestellerkredite werden von der kreditgewährenden (Exporteur-)Bank i.A. nicht an den Kreditschuldner (Importeur, Besteller) ausgezahlt, sondern an den Exporteur auf Grundlage vorzulegender Bestätigungen über erfolgte Lieferungen/Leistungen (siehe auch → Progress Payment und → pro rata-Zahlung). Bestellerkredite zählen zur Gruppe der → gebundenen Finanzkredite. Der Exporteur haftet bei Bestellerkrediten im Rahmen der sog. Exporteurgarantie i.A. nur für Verluste in Höhe des Hermes-Selbstbehalts und für ähnliche Sachverhalte.

Bestellpunkt

siehe → Meldebestand (Lagerwirtschaft).

Besteuerungshoheit

siehe → Steuerhoheit.

Bestimmungsland

siehe → Bestimmungslandprinzip (siehe auch → Steuerrecht, Internationales).

Bestimmungslandprinzip

(*destination principle*; → *Steuerrecht, Internationales*). Beim grenzüberschreitenden Waren- und Dienstleistungsverkehr nimmt das Besteuerungsrecht bezüglich der indirekten Steuern das Land wahr, in das die Ware verbracht wird bzw. in dem der Verbrauch stattfindet (→ Bestimmungsland). Damit werden die ausländischen Waren den inländischen gleichgestellt. Da i.A. der Herkunftsstaat seine Waren entlastet, um deren Konkurrenzfähigkeit nicht zu gefährden, besteht bei indirekten Steuern kaum die Gefahr einer → Doppelbesteuerung. Im Zuge der Verwirklichung des europäischen Binnenmarktes soll jedoch langfristig auf das → Ursprungslandprinzip übergegangen werden.

Best-Practice

ist die allgemeine Bezeichnung für die (in der betrieblichen Praxis entwickelte) beste Lösung bzw. für den besten Lösungsansatz. Als spezielle Bezeichnung tritt „Best Practice" beim *generischen Benchmarking* in Erscheinung, das bei der Wahl der Vergleichsobjekte (Benchmarkobjekte) keinerlei Restriktionen setzt. Es werden vielmehr solche Organisationen bzw. Organisationseinheiten als Vergleichsobjekte gesucht, die entsprechend dem zu untersuchenden Objekt den besten Lösungsansatz – the *Best-Practice* – entwickelt haben. Siehe auch → Benchmarking (mit Literaturangaben).

Beteiligung, wirtschaftliche

Die Beteiligung ist zunächst als Anteil an einer rechtlich selbstständigen Einheit zu definieren. Der Begriff hat eine hohe betriebswirtschaftliche Relevanz, die sich in der Existenz von ca. 200.000 deutschen Gesellschaften, die einen Konzernabschluss erstellen müssen, spiegelt. Allerdings liegt dieser Betrachtung ein *juristisches* Begriffsverständnis zugrunde, das aufgrund verschiedener Zielsetzungen des Handelsgesetzbuches (§ 271 I 1 HGB) und des Aktiengesetzes (§§ 16, 19 AktG) außerdem nicht einheitlich ist.

Für die Zwecke der Steuerungsunterstützung sind die *betriebswirtschaftlichen* Beteiligungs-Begriffe heranzuziehen: Als unternehmerische Beteiligung wird jedes Verhältnis bezeichnet, das eine Einflussnahme auf die strategische Ausrichtung erlaubt. Der wirtschaftliche Beteiligungsbegriff ist enger gefasst, da er auch einen Anreiz, die Möglichkeit der Einflussnahme wahrzunehmen, verlangt. Diese weitere Voraussetzung kann aufgrund des Rechts auf einen Anteil am Bilanzgewinn oder am Liquidationserlös oder durch die (teilweise) Haftung für Bilanzverluste erfüllt werden. Bei Kapitalbeteiligungen wird die Möglichkeit der Einflussnahme neben Sonderfaktoren (Existenz von stimmrechtslosen Anteilen oder Mehrfachstimmrechten, Präsenz der Anteilsinhaber bei Gesellschafterversammlungen) wesentlich durch die Höhe des Anteils bestimmt.

Siehe auch → Anlagevermögen, → Beteiligungscontrolling und → Konzernabschluss, jeweils (mit Literaturangaben).

Literatur: Burger, A., Ulbrich, P.: Beteiligungscontrolling, München und Wien 2005, Kapitel I.

Beteiligungen
sind nach § 271 Abs. 1 Satz 1 HGB Anteile an anderen Unternehmen, die bestimmt sind, dem eigenen Geschäftsbetrieb durch Herstellung einer dauerhaften Verbindung zu dienen. Voraussetzungen für das Vorliegen einer Beteiligung im Sinne des HGB ist neben dem Zweck als Daueranlage die Beteiligungsabsicht. Da die Form der Beteiligung unerheblich ist, kommen Aktien, GmbH-Anteile, Komplementär- und Kommanditeinlagen und Beteiligungen als stiller Gesellschafter in Betracht.
Siehe auch → Anlagevermögen (mit Literaturangaben).

Beteiligungscontrolling

Beteiligungscontrolling

von Univ.-Professor Dr. Anton Burger und Dr. Philipp R. Ulbrich
Katholische Universität Eichstätt-Ingolstadt

1. Charakterisierung

Das Beteiligungscontrolling ist die flexibel ausgestaltete, auf das Gesamtziel ausgerichtete Koordination von komplexen Unternehmensstrukturen unter Berücksichtigung der beteiligungsindividuellen Führungsphilosophie. Es bedeutet die Unterstützung der Steuerung durch die Planung und die Kontrolle sämtlicher Unternehmensverbindungen, die eine nachhaltige Einflussnahme erlauben und Erfolge bzw. Verluste innerhalb der Gesamtstruktur auslösen. Die Notwendigkeit einer eigenständigen Konzeption des Beteiligungscontrollings ergibt sich primär aus den besonderen Anforderungen, denen das Controlling von → wirtschaftlichen Beteiligungen ausgesetzt ist. Dabei resultiert bereits aus der Erstellung eigenständiger Abschlüsse für die rechtlich selbstständigen Einheiten ein möglicher Konflikt zwischen der Ausrichtung der Teileinheiten auf die dezentralen Erfolge und der notwendigen Koordination der Teilbereiche zur Erreichung der übergeordneten Zielsetzung, der durch das Beteiligungscontrolling umfassend zu berücksichtigen ist.

2. Gestaltung der Integrationstiefe

a) Faktoren und Optimierungskalkül
Faktoren, die die Wahl der Integrationstiefe bedingen, sind Unterschiede (1) in den sachlichen Tätigkeitsbereichen der Beteiligungen, (2) in den leistungswirtschaftlichen Verflechtungen, (3) in den Entwicklungsstadien und (4) in den Strategien sowie (5) die Zahl der Beteiligungen, (6) die Größe der Beteiligungen, (7) die rechtliche Ausgestaltung der Unternehmensverbindung, (8) die Internationalität und (9) die Unternehmens(gruppen-)kultur. Eine intensive Integration erlaubt die Realisierung von (positiven) Synergien, denen die Integrationskosten und die entfallenen Motivations- und Flexibilitätsvorteile gegenüberzustellen sind. In diesem Trade-off-Verhältnis ist die optimale Integrationstiefe zu wählen, die die Ausgestaltung der Steuerung und somit auch die Konzeption des Beteiligungscontrollings bestimmt.

b) Koordinationsformen
Die Integrationstiefe äußert sich in unterschiedlichen Dimensionen, die ein Kontinuum möglicher Koordinationsformen bilden. Unterscheiden lassen sich bspw. verschiedene Formen der Einflussnahme, die von der bloßen Kenntnisnahme durch die übergeordnete Einheit bis hin zu detaillierten Vorgaben durch diese führen. Die verschiedenen Felder der Einflussnahme werden durch Idealtypen der → Holding beschrieben. Außerdem stehen verschiedene Klassen von Koordinationsinstrumenten zur Verfügung.

3. Anforderungen an das Beteiligungscontrolling

a) Variation der klassischen Anforderungen
Die notwendige Koordination der dezentralen Teileinheiten erfordert eine abweichende Interpretation der Anforderungen an das Controlling im Allgemeinen. So erfährt insbesondere die (1) Kommunikationsfähigkeit aufgrund der Multiadressatenausrichtung des Beteiligungscontrollings eine besondere

Ausprägung. Die Forderung der (2) Anreizkompatibilität der Controlling-Instrumente hat die Existenz dezentraler Zielsetzungen zu berücksichtigen, die es zu integrieren gilt, um den Zentrifugalkräften entgegenzuwirken. Im Rahmen der (3) Analysefähigkeit sollte die Vergleichbarkeit besondere Beachtung erfahren, um u.a. im Beteiligungskontext die breite Durchführung eines internen → Benchmarking zu ermöglichen. Der (4) Wirtschaftlichkeitsgrundsatz als restringierendes und die Effizienz sicherndes Element bleibt erhalten.

b) Besondere Anforderungen

Besondere Anforderungen an das Beteiligungscontrolling bestehen in der Aggregierbarkeit, der Formalisierung und der Flexibilität. Die (5) Aggregierbarkeit verlangt nach einer vollständigen Zuordnung insbesondere der übergeordneten Zielgrößen auf die Teilbereiche bzw. die übergeordneten Führungsbereiche und die Zentrale. Die Notwendigkeit der (6) Formalisierung erwächst ebenfalls aus der Multiadressaten-Ausrichtung, zielt auf das Informationsmanagement in den Schnittstellen ab und lässt sich durch die Forderung nach einer Standardisierung und Dokumentation der Informationen konkretisieren. Eine (7) Flexibilität ist notwendig, um trotz beteiligungsindividueller Integrationstiefen eine Vergleichbarkeit der Steuerungsinformationen zu erreichen und sicherzustellen, dass akquirierte Beteiligungen binnen kurzer Frist in das Controllingsystem integriert werden können. Die Variation bzw. die Eigenständigkeit der Anforderungen an das Beteiligungscontrolling begründet seine methodische Eigenständigkeit, die eine Modifikation der Instrumente des klassischen Controllings notwendig macht bzw. im Fall von deren Nichteignung die Entwicklung eigenständiger Methoden erfordert, etwa um → Verrechnungspreise für unterschiedliche Zwecksetzungen zu bilden. Die Anforderungen stehen z.T. in einem komplementären, z.T. in einem konfligierenden Verhältnis zueinander. Je nach Begriffsabgrenzung können auch Überschneidungen bestehen.

4. Aufgaben des Beteiligungscontrollings

Übergeordnete Aufgaben des Beteiligungscontrollings bestehen in der Koordinationsfunktion, d.h. der Ausrichtung sämtlicher Teileinheiten auf die übergeordnete Zielsetzung, sowie der Informationsfunktion, die Voraussetzung der Erfüllung sämtlicher Teilaufgaben ist. Die nachgeordneten Aufgaben können in prozessbezogene (Planungs-, Kontroll- sowie Moderationsfunktion) und prozessübergreifende Aufgaben (Anpassungs-, Integrations- sowie Service- und Beratungsfunktion) unterschieden werden.

5. Abgrenzung des Beteiligungscontrollings

Abzugrenzen ist das Beteiligungscontrolling vom häufig synonym verwendeten Begriff des Konzerncontrollings. In einer engen Begriffssetzung ist unter dem Konzerncontrolling lediglich das Controlling der in den konsolidierten Abschluss einbezogenen Beteiligungen zu verstehen. Der Begriff des Konzerncontrolling i.w.S. umfasst das Controlling sämtlicher Beteiligungen, soweit ein Konzern besteht. Von einem Holdingcontrolling wird analog gesprochen, soweit eine → Holding vorliegt. Der Begriff des Beteiligungscontrollings ist hingegen unabhängig davon verwendbar, ob ein Konzern oder eine Holding besteht, er knüpft allein an die Existenz von wirtschaftlichen Beteiligungen an. Die Definition umfasst auch das Controlling weiterer Kooperationsformen wie Strategischer Allianzen, hybrider Finanzierungsformen und Covenants. Die Beteiligungsstruktur sollte dabei mit jener der Strategischen Geschäftsfelder übereinstimmen, eine Duale Organisation ist aufgrund der höheren Steuerungskomplexität, die aus der stets notwendigen Betrachtung der (steuer-)rechtlich relevanten juristischen Einheiten resultiert, zu vermeiden. Die für das Geschäftsfeldcontrolling entwickelten Instrumente sind somit auch für das Controlling von Beteiligungen bzw. von entsprechend abgegrenzten Zwischenholdings von Bedeutung.

6. Beteiligungscontrolling im Beteiligungslebenszyklus

In der Betrachtung des Beteiligungscontrollings hat sich eine Differenzierung nach Lebensphasen etabliert, die auf Dieckhaus zurückgeht und zwischen drei oder vier übergeordneten sowie etwa 20 untergeordneten Entwicklungsabschnitten unterscheidet. Die Hauptphasen zeichnen sich durch unterschiedliche Zielgrößen und damit durch unterschiedliche Anforderungen an die Steuerung aus (siehe Abbildung 1).

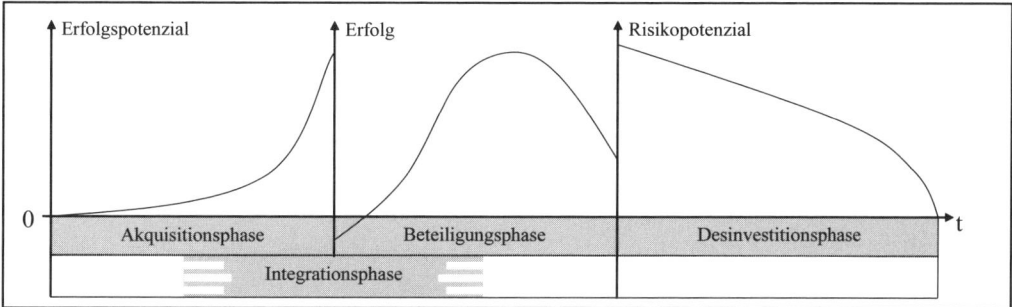

Abb.1: Der Beteiligungslebenszyklus

In der (1) Akquisitionsphase begleitet das Beteiligungscontrolling die Kaufvorbereitung und hat eine Maximierung des Erfolgspotenzials zum Ziel. Wesentliche Aufgaben des Akquisitionscontrollings bestehen in der Planung einer aus der übergeordneten Zielsetzung abgeleiteten Akquisitionsstrategie, in der Unterstützung der Auswahl der Akquisitionsobjekte durch eine → Due Diligence sowie in einer darauf aufbauenden Unternehmensbewertung. Aus Sicht des Beteiligungscontrollings erweist es sich als sinnvoll, eine (2) Integrationsphase abzugrenzen, die bereits während der Akquisitionsphase beginnt und erst mit der vollständigen Integration der Beteiligung in den Unternehmensverbund endet. Dabei steht die Notwendigkeit im Vordergrund, bereits während der Kaufvorbereitung die Integrationsmöglichkeiten zu evaluieren und eine Entscheidung über die Integrationstiefe zu treffen. Nach Abschluss des Kaufvertrags sind die Integrationsmaßnahmen zu steuern.

In der (3) Beteiligungsphase (Betriebsphase) steht die Führung der Beteiligung im Vordergrund. Das laufende Beteiligungscontrolling wird durch die Integrationstiefe geprägt und hat die Realisierung der geplanten Erfolgspotenziale sowie die Erschließung neuer Ertragschancen zum Ziel. Die Führungsunterstützung hat die Konfiguration eines Planungs- und Berichtswesens sowie dessen Betreuung zum Inhalt. Wesentliche Aufgaben sind daneben in der Festlegung von Verrechnungspreisen, der Gestaltung von → Anreiz- und Vergütungssystemen sowie in der Wahrnehmung des gruppenweiten Finanzcontrollings zu sehen.

Am Ende des Beteiligungslebenszyklus steht die (4) → Desinvestition, d.h. der Verkauf der Beteiligung, der spiegelbildlich zur Akquisition gesehen werden kann. Diese ist zu erwägen, sobald der Unternehmenswert, der sich durch eine Veräußerung oder eine Liquidation realisieren lässt, größer als im Fall einer Fortführung ist. Dieses Kalkül bedingt eine laufende Überprüfung der Desinvestitionsalternative.

Beim Beteiligungslebenszyklus handelt es sich um eine idealtypische Darstellung. So kann ein Beteiligungsverhältnis auch durch eine Gründung oder Ausgliederung entstehen. Neben der Veräußerung und der bereits angesprochenen Liquidation ist auch eine Eingliederung denkbar. Das Konzept ist ebenso wie der Produktlebenszyklus zu kritisieren, da eine eindeutige Positionierung grundsätzlich nicht möglich ist, soweit die Phasengrenzen nicht durch besondere Ereignisse festgelegt sind. Darüber hinaus durchlaufen die Beteiligungen diskontinuierliche Prozesse. Insbesondere wird die Länge der Beteiligungsphase auch dadurch determiniert, wie sich Umweltveränderungen auf die Beteiligung auswirken, wie gut diese antizipiert werden und welche Anpassungsmaßnahmen ergriffen werden. Darüber hinaus birgt die Lebenszyklusorientierung die Gefahr, dass die Phasen isoliert betrachtet werden. Die Steuerung und damit auch das Controlling der Beteiligungen dürfen jedoch keine Systembrüche aufweisen, sondern müssen sich durch eine phasenübergreifende Kontinuität auszeichnen.

7. Wertorientiertes Beteiligungscontrolling

Wertorientiertes Beteiligungscontrolling bedeutet eine auf die Maximierung des Werts der Unternehmensgruppe ausgerichtete Führungsunterstützung. Besondere Anforderungen bestehen dabei in (1) der Kontrolle des Akquisitions- und Fusionserfolgs, (2) der Bereitstellung phasenübergreifender Performance-Kennzahlen, (3) der wertorientierten Verankerung der dezentralen Steuerungsgrößen und (4) der systematischen Generierung von Desinvestitionssignalen.

Wird von der Gültigkeit der Wertadditivitäts-Prämisse ausgegangen, kann eine Dekomposition des Optimierungsproblems erreicht werden. Durch eine Maximierung des Beteiligungswerts kann jedoch keine Optimierung des Gruppenwerts sichergestellt werden; die Lösung dieses Problems würde ein Totalmodell erfordern, worauf aus Komplexitätsgründen zu verzichten ist.

Bei einer dezentralen Bewertung sind eine Abgrenzung der bewertungsrelevanten Zahlungsströme und eine Bestimmung der beteiligungsindividuellen Kapitalkosten notwendig. Es stehen sowohl kapitalmarkttheoretische als auch pragmatische Verfahren zur Kapitalkostenbestimmung zur Verfügung. Gelingt eine Verknüpfung der operativen mit der strategisch ausgerichteten wertorientierten Steuerung z.B. mittels Kapitalflussrechnungen oder Werttreiberhierarchien, kann ein erhebliches Flexibilitätspotenzial des wertorientierten Beteiligungscontrollings genutzt werden.

8. Internationales Beteiligungscontrolling

Die länderübergreifende wirtschaftliche Betätigung in Form von Ausländischen Direktinvestitionen (Foreign Direct Investments) ist häufig mit der Gründung einer rechtlich selbstständigen Teileinheit verbunden. Die Führung dieser Beteiligungen ist mit besonderen Fragestellungen verbunden, die v. a. die Bewertung von grenzüberschreitenden Lieferungen mit → Transferpreisen (→ Verrechnungspreisen), den Umgang mit unterschiedlichen Datengrundlagen und → Länderrisiken sowie die Währungsumrechnung betreffen. Darüber hinaus sind auch kulturelle Unterschiede zu beachten, da diese sowohl funktionale als auch dysfunktionale Auswirkungen auf das Beteiligungscontrolling haben können.

9. Organisation des Beteiligungscontrollings

a) Aufbauorganisation

Aufbauorganisatorisch gilt es zwischen dem zentralen und dem dezentralen Beteiligungscontrolling zu unterscheiden. Während das zentrale Beteiligungscontrolling i.d.R. institutionalisiert wird, d.h. es werden eigenständige Stellen gebildet, erfolgt auf dezentraler Ebene häufig eine Funktionalisierung, d.h. eine Übertragung der Aufgaben an zu anderen Zwecken gebildete Stellen. Trotz der zumindest teilweisen Institutionalisierung werden v.a. aperiodische Entscheidungsprozesse, insbesondere Akquisitionen und Desinvestitionen betreffend, auch an andere Stellen wie die Führung der Muttergesellschaft und externe Berater delegiert bzw. werden diese in Arbeitsgruppen eingebunden. Eine Kontinuität der Aufgabenwahrnehmung im Beteiligungslebenszyklus kann dabei durch die dynamische Arbeitsgruppe erreicht werden. Das Verhältnis zwischen zentralem und dezentralem Beteiligungscontrolling kann in unterschiedlicher Form gestaltet werden; in der Literatur wird die Organisation der Weisungsbeziehungen in Form des → Dotted-Line-Prinzips favorisiert.

b) Ablauforganisation

Ablauforganisatorisch ist v. a. eine vertikale Aufgabenverteilung zwischen den Stellen des Beteiligungscontrollings auf den unterschiedlichen Hierarchiestufen erforderlich. Dem Subsidiaritätsgrundsatz folgend sind nur Aufgaben von übergeordneter Bedeutung, wie ein beteiligungsübergreifendes Finanzcontrolling, die Festlegung der Richtlinien und die Gestaltung der Instrumente durch das zentrale Beteiligungscontrolling wahrzunehmen. Entscheidend ist jedoch die Intensität der zentralen Führung: Der Umfang der zentralen Koordination wird folglich durch die zu optimierende Integrationstiefe determiniert.

Hinweis

Zu den angrenzenden Wissensgebieten siehe → Abschlusserstellung nach US-GAAP, → Anlagevermögen, → Balanced Scorecard, → Controlling, Grundlagen, → Controlling, Informationssysteme, → Controlling, Internationales, → Erfolgscontrolling, → Finanzcontrolling, → Internationale Rechnungslegung nach IRFS, → Investitionscontrolling, → Jahresabschluss, deutsches Recht, → Jahresabschluss, schweizerisches Recht, → Konzernabschluss, → Logistikcontrolling, → Risikocontrolling, → Steuerrecht, Internationales, → Supply Chain Controlling.

Literatur: Borchers, S.: Beteiligungscontrolling in der Management-Holding, Wiesbaden 2000; Burger, A., Bauer, M., Ulbrich, P.: Die Fallstudie aus der Betriebswirtschaftslehre - Instrumente für das Beteiligungscontrolling, in: wisu, 2004 (33. Jg.), S. 502-506; Burger, A., Ulbrich, P.: Beteiligungscontrolling, München und Wien 2005; Dieckhaus, O.-T.: Management und Controlling im Beteiligungslebenszyklus, Bergisch-Gladbach u. a. 1993; Hüllmann, U.: Wertorientiertes Controlling für eine Management-Holding, München 2003; Kleinschnittger, U.: Beteiligungs-Controlling, München 1993; Littkemann, J.: Beteiligungsspezifisches Konzerncontrolling, in: ZfCM, 2004 (48. Jg.), S. 33-46; Ringlstetter, M., Obring, K.: Strategisches Beteiligungscontrolling im Konzern, in: ZfB, 1992 (62. Jg.), S. 1303-1323; Schmidbauer, R.: Konzeption eines unternehmenswertorientierten Beteiligungs-Controlling im Konzern, Frankfurt am Main u.a. 1999; Theisen, M.: Der Konzern - betriebswirtschaftliche und rechtliche Grundlagen der Konzernunternehmung, Stuttgart 2000.

Websites der Autoren: www.ku-eichstaett.de/Fakultaeten/WWF/Lehrstuehle/ABWL-UR
www.beteiligungs-controlling.com

Beteiligungsfinanzierung
(in Verbindung mit *Venture Capital*), siehe → Venture Capital; → Venture Capital-Beteiligungsvertrag.

Beteiligungsverhältnis
(*Bilanzierung* von Forderungen gegen Unternehmen, mit denen ein Beteiligungsverhältnis besteht). Hat ein Unternehmen eine Forderung gegenüber einem anderen Unternehmen, an dem es mit über 20% aber unter 50% beteiligt ist, so ist diese Forderung als „Forderung gegen Unternehmen, mit denen ein Beteiligungsverhältnis besteht" zu bilanzieren. Dieser Ausweis geht dem Ausweis aus anderen Positionen (z.B. Forderungen aus Lieferungen und Leistungen) vor, um die finanzielle Verpflichtung der Unternehmen zu offenzulegen.
Siehe auch → Umlaufvermögen (mit Literaturangaben).

Beteiligungsvertrag
(in Verbindung mit *Venture Capital*), siehe → Venture Capital-Beteiligungsvertrag.

Betriebliche Altersversorgung
Zusätzlich zur gesetzlichen Rentenversicherung vom Arbeitgeber gewährte Altersversorgung. Siehe auch → Lohn- und Gehaltsmodelle (mit Literaturangaben).

Betriebliche Finanzwirtschaft
siehe → Finanzwirtschaft, Betriebliche.

Betriebliche Mitbestimmung
Beteiligung der Arbeitnehmer an der Ausgestaltung der Arbeitsbedingungen im Betrieb. Im Gegensatz zur → Unternehmensmitbestimmung, bei der Arbeitnehmervertreter in die Leitungsorgane des Unternehmens entsandt werden, wird die betriebliche Mitbestimmung durch eigenständige Gremien wahrgenommen, die als Repräsentanten der Arbeitnehmer fungieren. Für die Privatwirtschaft sind dies der → Betriebsrat, der die Arbeitnehmer eines Betriebs vertritt, der *Gesamt- und der Konzernbetriebsrat* (§§ 47 ff. §§ 54 ff. BetrVG), die im Falle des Bestehens mehrerer Betriebsräte im Unternehmen oder Konzern zu bilden sind, der Europäische Betriebsrat (§§ 1 ff. Europäische Betriebsräte-Gesetz), der bei gemeinschaftsweit tätigen Unternehmen installiert werden kann, sowie die Jugend- und Auszubildendenvertretung (§§ 60 ff. BetrVG), während bei öffentlich-rechtlich strukturierten Arbeitgebern Personalvertretungen auf Grundlage des Personalvertretungsrechts des Bundes und der Länder gebildet werden.
Siehe → Arbeitsrecht (mit Literaturangaben).

Literatur: Hromadka, W.; Maschmann, F.: Arbeitsrecht, Band 2 Kollektivarbeitsrecht und Arbeitsstreitigkeiten, 3. Auflage, Preis, U.: Arbeitsrecht Praxis-Lehrbuch zum Kollektivarbeitsrecht, Köln 2003.

Betriebliche Schlichtungsstelle
siehe → Einigungsstelle.

Betriebliche Übung
Anspruch von Arbeitnehmern, dass ein Arbeitgeber, der eine bestimmte Leistung oder Vergünstigung in der Vergangenheit gewährt hat, an seinem Verhalten auch zukünftig festhält. Da hierdurch das Vertrauen der Arbeitnehmer in ein bestimmtes Verhalten des Arbeitgebers geschützt werden soll, erfordert das Entstehen einer betrieblichen Übung die wiederholte – in der Regel dreimalige – Vornahme eines gleichförmigen Verhaltens, soweit der Arbeitgeber seine Leistung nicht ausdrücklich unter den Vorbehalt der Freiwilligkeit stellt oder der Arbeitsvertrag eine Klausel enthält, nach der Ansprüche gegen den Arbeitgeber nur durch ausdrückliche schriftliche Vereinbarungen begründet werden können.
Siehe → Arbeitsrecht (mit Literaturangaben).
Literatur: Hromadka, W.; Maschmann, F.: Arbeitsrecht, Band 1 Individualarbeitsrecht, 3. Auflage, Berlin 2005; Schaub, G. (Hrsg.): Arbeitsrechtshandbuch, 11. Auflage, München 2005.

Betriebliche Umweltpolitik
(*environmental policy*) ist die Auflistung umweltbezogener Gesamtziele, Leitlinien und Handlungsgrundsätze des Unternehmens. Sie wird von der obersten Leitung des Unternehmens schriftlich festgelegt. Siehe auch → Umweltmanagement (mit Literaturangaben); → Umweltprogramm, betriebliches; → Umweltmanagementsystem, betriebliches, → Umweltprüfung, betriebliche.

Betriebliches Umweltmanagement
siehe → Umweltmanagement (mit Literaturangaben); siehe auch → Umweltprogramm, betriebliches; → Umweltmanagementsystem, betriebliches, → Umweltprüfung, betriebliche.

Betriebs- u. Geschäftsausstattung
umfasst → Vermögensgegenstände des → *Anlagevermögens*, die für den allgemeinen Fertigungsbetrieb und die Geschäftsverwaltung erforderlich sind, z.B. Einrichtungen für Werkstätten, Fuhrpark, Büromobiliar.

Betriebsabrechnung (BAB)

Betriebsabrechnung (BAB)

von Professor Dr. Dieter Rüth – Fachhochschule Bochum

1. Einleitung und Problemstellung
Nicht alle in einem Unternehmen erzeugten Leistungen (Güter, Produkte, Aufträge etc.) werden auf dem Absatzmarkt offeriert. Die, die einer eigenen Verwendung zugeführt werden, bezeichnet man als „innerbetriebliche Leistungen" oder „Eigenleistungen". Die Verrechnung solcher Leistungen nennt man auch die „innerbetriebliche Leistungsverrechnung", die „Sekundärkostenrechnung" oder die „Betriebsabrechnung". Gemeinsam ist diesen Begriffen die zentrale Fragestellung: wie rechnet ein Betrieb oder besser eine Kostenstelle seine Leistungen ab, die er einem anderen Betrieb oder einer anderen Kostenstelle in Rechnung stellt?
Handelt es sich um ein aktivierungspflichtiges Gut (z.B. eine selbst erstellte Anlage, ein Aggregat, Gebäude etc.), so hat der Ansatz kalkulatorisch wie eine Absatzleistung (Kostenträgerrechnung) sowie unter Beachtung der handels- wie steuerrechtlichen Vorschriften zu erfolgen. Nicht aktivierungsfähige Leistungen, die in der Erstellungsperiode wieder zu Einsatzgütern anderer Kostenstellen, Bereichen o.ä. werden, sind mit ihren Entstehungskosten unmittelbar weiter zu verrechnen. Hier stellt sich nun die

Frage, mit welchem Kostensatz ist die abgebende Kostenstelle zu ent- und mit welchem die empfangende zu belasten (siehe auch → Kostenstellenrechnung).

Eine Fragestellung, die in vielfältiger Hinsicht von Belang ist. Unter Controllingaspekten wird man vom Wirtschaftlichkeitsdenken dominiert sein: eine betriebsintern empfangene Leistung kann allenfalls dem Marktpreis oder, wenn dieser nicht ermittelbar ist, einem als fair angenommenen, entsprechen. So ist von → Verrechnungspreisen als Ergebnis von Verhandlungsprozessen die Rede.

Dem Fiskus, der wertschöpfungsabhängig dort Gewinne versteuern möchte, wo sie auch entstanden sind, dürften gewinnverlagernde Verrechnungspreise ein Dorn im Auge sein.

Intern, also kostenrechnerisch soll gewährleistet werden, dass kostendeckende Verrechnungspreise gebildet werden, d.h. dass Hilfskostenstellen, die nicht für die Kostenträger, sondern für → Hauptkostenstellen tätig werden, mit ihren gesamten Kosten ent- und entsprechende Hauptkostenstellen mit diesen Kosten belastet werden. Nur so scheint eine hinreichende Kalkulation gewährleistet zu sein, in die dann die vollen Kosten eingehen.

Bei den leistungsabgebenden Stellen handelt es sich primär um Leistungen des „Allgemeinen Bereiches" wie z.B. Grundstücke/Gebäude, Soziales, Kosten der Erzeugung und Verteilung von Strom, Gas, Wasser, Reparatur- oder Bauleistungen u.ä. Diese Kostenstellen werden in der Regel als → Hilfskostenstellen (siehe auch → Kostenstellenrechnung) geführt, da sie ihre Leistungen für den Betrieb als Ganzes oder für bestimmte Kostenstellenbereiche erbringen, nicht aber für das Endprodukt. Das Problem der innerbetrieblichen Leistungsverrechnung tritt also immer dann auf, wenn ein *Betriebsabrechnungsbogen* mit Hilfs- und Hauptkostenstellen vorliegt. Dann gilt es, die Kosten der Hilfskostenstellen entsprechend der Inanspruchnahme durch die Hauptkostenstellen auf diese zu verteilen. Die Übersicht über die entwickelten kostenrechnerischen Methoden vermittelt der folgende Abschnitt (vgl. insb. auch Rüth 2000, S. 129 ff.; Däumler/Grabe 2000, S.251 ff.; Haberstock 1997, S. 124 ff.)

2. Übersicht über die Methoden der innerbetrieblichen Leistungsverrechnung

Das Hauptproblem der innerbetrieblichen Leistungsverrechnung besteht darin, dass die Hilfskostenstellen nicht nur Hauptkostenstellen, sondern sich auch gegenseitig beliefern können. Will man den Verrechnungspreis einer x-beliebigen Hilfskostenstelle bestimmen, so setzt dies die Kenntnis aller anderen Verrechnungspreise jener Hilfskostenstellen voraus, die diese Hilfskostenstelle beliefert haben. Denn nur dann lässt sich der exakte Kostensatz dieser Hilfskostenstelle bestimmen. Zur Bewältigung dieses Problems werden in der Literatur die folgenden Verfahren vorgeschlagen:

- Kostenartenverfahren (→ Kostenartenrechnung)
- Kostenstellenausgleichsverfahren (→ Kostenstellenrechnung)
- Anbauverfahren (auch Blockverfahren; siehe nachstehendes Kapitel 3)
- Stufenleiterverfahren (auch Treppenverfahren; siehe nachstehendes Kapitel 4)
- Kostenträgerverfahren
- Simultanes Gleichungssystemverfahren
- iteratives Verfahren (→ Iterationsverfahren).

Die gebräuchlichsten Verfahren der Praxis sind das nachstehend beschriebene Anbau- und das Stufenleiterverfahren. Eine exakte Lösung bietet das simultane Gleichungssystemverfahren, zu dem – wegen seiner Komplexität und seines Umfangs – auf die Literatur verwiesen wird (hinsichtlich einer ausführlichen Beschreibung aller Methoden vgl. z.B. Fischer 1998, S. 83 ff.; Ehrmann 1997, S. 92 ff.; Michael/Torspecken/Großmann 2001, S. 127 ff.; Schmidt 2001, S. 93 ff.).

3. Das Anbauverfahren

Beim Anbauverfahren (auch *Blockverfahren*) wird der innerbetriebliche Leistungsaustausch zwischen den Hilfskostenstellen nicht berücksichtigt. Basis der Verrechnung sind dann nur die an die Hauptkosten abgegebenen Leistungen. Der Verrechnungssatz ergibt sich, in dem die primären → Gemeinkosten der entsprechenden → Hilfskostenstellen durch die insgesamt an die → Hauptkostenstellen abgegebenen Leistungen dividiert werden. Oder anders ausgedrückt: die gesamte Leistungsgröße der Hilfskostenstelle ist um jene Größen zu kürzen, die diese an sich selbst oder an andere Hilfskostenstellen geliefert hat. Dies soll das folgende Beispiel zeigen.

Ein Industriebetrieb hat zwei Hilfskostenstellen, einen zentralen Reparaturdienst und eine Stromerzeugungs- bzw. -versorgungsanlage und vier Hauptkostenstellen (Material, Fertigung, Verwaltung, Vertrieb) eingerichtet. Der Leistungsaustausch und die Verteilung der primären Gemeinkosten auf die Kostenstellen kann den folgenden Tabellen entnommen werden:

Leistungsinanspruchnahme durch die Kostenstelle	Leistungsabgabe der Hilfskostenstelle	
	Reparaturdienst	Stromversorgung
Reparaturdienst	-	8.000 kWh
Stromversorgung	100 Stunden	-
Material	200 Stunden	15.000 kWh
Fertigung	1.500 Stunden	45.400 kWh
Verwaltung	80 Stunden	3.000 kWh
Vertrieb	120 Stunden	4.000 kWh
Summe	2.000 Stunden	75.400 kWh

Kostenstellen		allg. Hilfskostenstellen		Hauptkostenstellen			
Kostenart	Summe	Rep.-dienst	Strom-vers.	Mat.	Fert.	Verw.	Vertr.
primäre Gemein-kosten	393.000	40.000	8.000	60.000	240.000	15.000	30.000

Als Verrechnungssätze ergeben sich:

Reparaturkostenverrechnungssatz: $\dfrac{40.000\ €}{1.900\ h} = 21,05\ €/h$

Stromverrechnungssatz: $\dfrac{8.000\ €}{67.400\ kWh} = 0,12\ €/kWh$

Den sich ergebenden *Betriebsabrechnungsbogen (BAB)* zeigt die folgende Tabelle:

Kostenstellen		allg. Hilfskostenstellen		Hauptkostenstellen			
Kostenart	Summe	Rep.-dienst	Strom-vers.	Mat.	Fert.	Verw.	Vertr.
Primäre Gemeinkosten	393.000	40.000	8.000	60.000	240.000	15.000	30.000
Umlagen Rep.abteilung		-40.000		4.211	31.579	1.684	2.526
Umlagen Strom			-8.000	1.780	5.389	356	475
Gemeinkosten	393.000	0	0	65.991	276.968	17.040	33.001

Erkennbar wurden die gesamten Kosten der zwei Hilfskostenstellen auf die Hauptkostenstellen verteilt. Dies wurde dadurch möglich, dass bei der Verrechnungspreisbildung nur die Leistungsabgabe an die Hauptkostenstellen berücksichtigt wurde. Der Leistungsaustausch zwischen den Hilfskostenstellen blieb hingegen unberücksichtigt, denn es wurden nur die primären Gemeinkosten verteilt, die in der jeweiligen Hilfskostenstelle selbst entstanden.

Das Anbauverfahren ist offenbar eine sehr grobe Näherungslösung und nur dann vertretbar, wenn der Leistungsaustausch zwischen den Hilfskostenstellen sehr gering ist. Ist der Leistungsaustausch zwischen den Hilfskostenstellen jedoch nicht unerheblich, so ist es nach Kilger nicht einsetzbar, denn "...es führt in den meisten Fällen ... zu unvertretbar hohen Kalkulationsfehlern" (Kilger 1992, S. 183).

4. Das Stufenleiterverfahren

Beim Stufenleiterverfahren – auch *Stufen- oder Treppenverfahren* genannt – werden die → Hilfskostenstellen nacheinander, also Stufe für Stufe, abgerechnet. Mit dem Satz der ersten Hilfskostenstelle werden alle folgenden Hilfs- und Hauptkostenstellen belastet. Danach wird die zweite Hilfskostenstelle abgerechnet, die nun aber - neben den reinen primären Gemeinkosten - auch bereits belastete Kosten der 1. Hilfskostenstelle verteilt. Dieses Verfahren wird solange fortgesetzt, bis alle Hilfskostenstellen abgerechnet wurden.

Grafisch ergibt sich das folgende Bild, das für das Verfahren auch namensgebend gewesen sein dürfte.

	Hilfskostenstellen						Hauptkostenstelle	
	1	2	3	4	5	...	10	...
primäre Gemeinkosten innerbetriebl. Leistungsverrechnung	X	X	X	X	X		X	
	X →	X →	X →	X →	X →	→	X	→
		X →	X →	X →	X →	→	X	→
			X →	X →	X →	→	X	→
				X →	X →	→	X	→
					X →	→	X	→

Das Verfahren führt dann zu einer exakten bzw. genauen Lösung, wenn es gelingt, die Hilfskostenstellen so zu ordnen, dass die vorgelagerten Hilfskostenstellen keine Leistungen mehr von nachgeordneten Hilfskostenstellen empfangen. Denn dann entsprechen die den nachgeordneten Stellen belasteten Kosten auch genau den Gesamtkosten der jeweiligen Hilfskostenstelle. Sekundäre Gemeinkosten wären bei vorgelagerten Stellen dann nicht zu berücksichtigen und somit auch nicht fälschlicherweise vernachlässigt worden.

In der Realität wird eine solche Anordnung in den seltensten Fällen gelingen. Deshalb wird man bestrebt sein, die Hilfskostenstellen so anzuordnen, dass zunächst immer die abgerech-net werden, die von nachgelagerten Stellen möglichst wenige Leistungen empfangen. Dadurch wird erreicht, dass der verfahrenstechnisch bedingte Fehler (das Noch-nicht-Wissen um die Verrechnungspreise nachgelagerter Hilfskostenstellen) möglichst gering gehalten wird. Dabei wird natürlich auf den üblichen Leistungsaustausch abzustellen sein, denn die "... Abrechnung innerhalb des BAB sollte eine gewisse formale Kontinuität wahren" (Haberstock 1997, S. 134).

Für das bereits beim Anbauverfahren ausgewiesene Beispiel könnte die folgende Überlegung gelten. Der Reparaturdienst weist primäre Gesamtkosten von insgesamt 40.000 € auf und leistet ins-gesamt 2.000 Betriebsstunden. Dieses führt ohne Berücksichtigung der Leistungsverrech-nung zu einem Stundensatz von 20, - €. Da er 100 Stunden für die Stromversorgung tätig wird, käme dies einer ungefähren Belastung von 2.000 € gleich. Die Stromversorgung hat 8.000 € gekostet und 75.400 kWh erzeugt. Dies entspricht einem Satz von 0,1061 €/kWh. Der Reparaturdienst bezieht 8.000 kWh und würde so-mit mit 848, - € belastet. Offenbar empfängt der Reparaturdienst weniger als die Stromversorgung, so dass er als 1. Hilfskostenstelle abgerechnet werden soll.

Der Reparaturverrechnungssatz ergibt sich nun als

primäre Gemeinkosten des Reparaturdienstes
Gesamtleistung des Reparaturdienstes

und hier:

$$\frac{40.000}{2.000} = 20,- €/h$$

Im Stromverrechnungssatz ist zu berücksichtigen, dass Leistungen vom Reparaturdienst bezogen und Leistungen für den Reparaturdienst erbracht wurden. Er ergibt sich nun als

prim. Gemeinkosten der Stromvers. + sek. Kosten des Rep.dienstes

Gesamtleistung - Leistung an vorgelagerte Kostenstellen

und hier:

$$\frac{8.000 + 100 * 20}{75.400 - 8.000} = \frac{10.000}{67.400} = 0,15 \text{ €/kWh}$$

Der *Betriebsabrechnungsbogen (BAB)* hätte demnach das folgende Aussehen:

Kostenstellen		allg. Hilfskostenstellen		Hauptkostenstellen			
Kostenart	Summe	Rep.-dienst	Strom-vers.	Mat.	Fertigg.	Verw.	Vertr.
Primäre Gemeinkosten	393.000	40.000	8.000	60.000	240.000	15.000	30.000
Umlagen Rep.abteilung		-40.000	2.000	4.000	30.000	1.600	2.400
Umlagen Strom			-10.000	2.226	6.736	455	593
Gemeinkosten	393.000	0	0	66.226	276.736	17.045	32.993

Auch das Stufenleiterverfahren ist eine Näherungslösung. Je besser es gelingt, die Kostenstellen so anzuordnen, dass sie möglichst wenige Leistungen von nachgeordneten Stellen empfangen, umso genauer ist die Lösung. Aufgrund der einfachen und übersichtlichen Abrechnungstechnik kommt dem Stufenleiterverfahren - zumindest in kleineren und mittleren Betriebe - die wohl größte praktische Bedeutung zu.

5. Voll- und Teilkostenrechnung

Die vorgestellten Methoden basieren, dem praktischen Vorgehen der herkömmlichen Literatur zur Kostenrechnung folgend, auf der traditionellen Vollkostenrechnung. Zur Ermittlung kurzfristiger Preisuntergrenzen kann diese hingegen nicht herangezogen werden, da sie dem Kardinalproblem der Vollkostenrechnung – nämlich der eigentlich unzulässigen Proportionalisierung der Fixkosten – folgt. In der Praxis wird bereits vielfach eine Parallelrechnung auf Voll- und Teilkostenbasis durchgeführt. Im zweiten Fall würden dann im Falle der Betriebsabrechnung nur die variablen Kosten der Hilfs- auf die Hauptkosten verrechnet, so dass dann in der Summe den Anforderungen einer Kostenrechnung aus teilkostenrechnerischer Hinsicht voll entsprochen werden kann. Dies ergibt sich zwingend, soll das an eine Kostenrechnung herangetragen Aufgabenspektrum auch adäquat abgedeckt werden (vgl. insb. Rüth, 2000, S.202).

Hinweis

Zu den angrenzenden Wissensgebieten siehe → Abschlusserstellung nach US-GAAP, → Anlagevermögen, → Bilanzanalyse, → Buchführung, → Eigenkapital, → Internationale Rechnungslegung nach

IFRS, → Jahresabschluss nach schweizerischem Recht, → Kapitalflussrechnung, → Körperschaftsteuer, → Kostenartenrechnung, → Kostenstellenrechnung, → Konzernabschluss, → Rückstellungen, → Sonderbilanzen, → Steuerbilanzpolitik, → Steuerrecht, Internationales, → Swiss GAAP FER, → Umlaufvermögen.

Literatur: Däumler/Grabe, Kostenrechnung 1, 8. Aufl., Herne-Berlin 2000; Ehrmann, H., Kostenrechnung, 2. Aufl., München-Wien-Oldenburg 1997; Fischer, J.: Kosten- und Leistungsrechnung, Band II: Plankostenrechnung, . Aufl., München-Wien-Oldenburg 1998; Haberstock, L.: Kostenrechnung I, bearbeitet von V. Breithecker, 9. Aufl., Wiesbaden 1997; Kilger, W.: Einführung in die Kostenrechnung, 3. Aufl., Wiesbaden 1992; Michel/Torspecken/Großmann Kostenrechnung 1, 4. Aufl., München-Wien 2001; Rüth, D., Kostenrechnung 1, München-Wien-Oldenburg 2000; Schmidt, A., Kostenrechnung, 3. Aufl., Stuttgart-Berlin-Köln 2001.

Betriebsabrechnungsbogen (BAB)
siehe → Betriebsabrechnung, Kapitel 3 und 4.

Betriebsabsprache
formlose Vereinbarung zwischen Arbeitgeber und → Betriebsrat zur Regelung gegenseitiger Rechte und Pflichten. Im Gegensatz zur → Betriebsvereinbarung entfaltet die Betriebsabsprache gegenüber den Arbeitnehmern des → Betriebs keine zwingende und unmittelbare Wirkung, sondern muss durch den Arbeitgeber ggf. mittels entsprechender arbeitsrechtlicher Maßnahmen einzelvertraglich umgesetzt werden. Darüber hinaus unterliegt sie nicht dem → Tarifvorbehalt im Sinne des § 77 Abs. 3 BetrVG; siehe auch → Betriebsvereinbarung.
Siehe → Arbeitsrecht (mit Literaturangaben).
    Literatur: Hromadka, W; Maschmann, F.: Arbeitsrecht, Band 2 Kollektivarbeitsrecht und Arbeitsstreitigkeiten, 3. Auflage, Preis, U.: Arbeitsrecht Praxis-Lehrbuch zum Kollektivarbeitsrecht, Köln 2003.

Betriebsausgaben
(*business expenses, → Einkommensteuer, deutsche*) sind Aufwendungen, die durch den Betrieb veranlasst sind, § 4 Abs. 4 EStG. Hierbei ist zu berücksichtigen, dass es gem. § 4 Abs. 5 EStG nicht nur abzugsfähige, sondern auch nicht abzugsfähige Betriebsausgaben gibt. Diese können entweder in Rahmen bestimmte → *Freigrenzen* bzw. → *Freibeträge* bis zu einer gewissen Höhe steuermindernd oder gar nicht berücksichtigt werden. Bspw. zählen hierzu geschäftlich veranlasste Bewirtungskosten, die Nutzung eines Pkw´s für betriebliche und private Fahrten und Geschenke an Geschäftspartner. Ab dem VZ 2006 können → *Kinderbetreuungskosten* gem. § 4f EStG wie Betriebsausgaben abzugsfähig sein.

Betriebserfolg
In der *Kosten- und Erfolgsrechnung* wird ein Betriebserfolg ermittelt, indem die Differenz zwischen den Erlösen und den Kosten gebildet wird. Er zeigt den Teil des Unternehmenserfolges, der durch die Erreichung der Sachziele entsteht.

Betriebsergebnis
(*Operatives Ergebnis, Operating Profit, Operating Income*; → *Earnings before Interest and Tax, EBIT*). Das Betriebsergebnis wird ermittelt aus dem Saldo aus Aufwendungen und Erträgen, die sich aus dem eigentlichen Geschäftszweck des Unternehmens ergeben. Außerordentliche Aufwendungen und Erträge sind somit nicht enthalten. Gemäß HGB und → IFRS stellt das Betriebsergebnis zusammen mit dem → Finanzergebnis einen Teil des → Ergebnisses der gewöhnlichen Geschäftstätigkeit dar.

Betriebsmittel
(in der → *Produktions- und Kostentheorie*) umfassen zum einen Faktoren, die in einem einzigen Produktionsvorgang verzehrt werden (→ Betriebsstoffe), und zum anderen solche, die für viele Produktionsvorgänge im Zeitablauf eingesetzt werden können. Diese Unterscheidung entspricht derjenigen zwi-

schen → *Repetier-* oder → *Verbrauchsfaktoren* auf der einen Seite und → *Potential-* oder → *Gebrauchsfaktoren* auf der anderen Seite.

Betriebsmittelkosten
siehe → Kostenartenrechnung.

Betriebsrat
siehe → Mitbestimmung; siehe auch → Unternehmensführung, Grundlagen (mit Literaturangaben).

Betriebsrat
Aus der Mitte der Arbeitnehmer eines Betriebs gewähltes Gremium zur Wahrnehmung der Rechte aus dem Betriebsverfassungsgesetz (BetrVG). Als gesetzlicher Repräsentant der Arbeitnehmer genießt der Betriebsrat vielfältige Beteiligungsrechte, die sich auf persönliche, organisatorische, soziale und wirtschaftliche Angelegenheiten des Betriebs beziehen und unterschiedliche Intensität erreichen, beginnend mit Unterrichtungs- und Informationsansprüchen, sich steigernd über Anhörungs-, Beratungs- und Zustimmungsverweigerungsrechten bis hin zu Fällen der „echten" → Mitbestimmung, bei der der Arbeitgeber nicht ohne vorherige Zustimmung des Betriebsrats handeln darf und eine Einigung gegebenenfalls durch Anrufung der Einigungsstelle herbeizuführen ist; siehe auch → betriebliche Mitbestimmung.
Siehe auch → Arbeitsrecht (mit Literaturangaben).
Literatur: Hromadka, W.; Maschmann, F.: Arbeitsrecht, Band 2 Kollektivarbeitsrecht und Arbeitsstreitigkeiten, 3. Auflage, Berlin 2004; Küttner, W. (Hrsg.): Personalbuch 2006 – Arbeitsrecht, Lohnsteuerrecht, Sozialversicherungsrecht, 13. Auflage, München 2005; Preis, U.: Arbeitsrecht Praxis-Lehrbuch zum Kollektivarbeitsrecht, Köln 2003.

Betriebsrentabilität
Mit der Kennzahl Betriebsrentabilität soll die nachhaltige, relative Ertragskraft eines Unternehmens ermittelt werden, die bei Verfolgung des Betriebszweckes erzielbar ist. Sie stellt den Quotienten aus dem → Betriebsergebnis und dem → Betriebsnotwendigen Vermögen dar.

$$\text{Betriebsrentabilität} = \frac{\text{Betriebsergebnis}}{\text{Betriebsnotwendiges Vermögen}}$$

Da die im Zähler und Nenner verwendeten Größen dem → Jahresabschluss zu entnehmen sind, beruht die Kennzahl auf vergangenheitsorientierten, den Möglichkeiten der bilanzpolitischen Gestaltung unterliegenden Daten. Ferner gelten für die Betriebsrentabilität die gleichen Vorbehalte wie für Rentabilitätskennzahlen im Allgemeinen.
Siehe auch → Bilanzanalyse, → Kennzahlen, finanzwirtschaftliche und → Kennzahlen, wertorientierte, jeweils (mit Literaturangaben).

Betriebsstättenprinzip
(→ *Steuerrecht, Internationales*) ist eine Unterform des → Ursprungsprinzips für Vermögen und Einkünfte aus Betriebsstätten.
Ein Unternehmen, das auf dem Gebiet eines Staates sein Stammhaus hat, darf in einem anderen Staat nur besteuert werden, wenn dort eine Betriebsstätte belegen ist. Bei der Berechnung der Höhe des Gewinns wird die Betriebsstätte so gestellt (Fiktion), als wenn sie ein selbständig geführtes Unternehmen wäre (→ Dealing-at-arm's-length-Regel).
Bei der *direkten Methode* der Gewinnermittlung wird der Gewinn mit Hilfe von Aufzeichnungen wie der Dopik ermittelt; bei der *indirekten Methode* der Gewinnermittlung wird der Gewinn mit Hilfe eines Verteilungsschlüssels (Vermögen, Umsatz) ermittelt, durch den jedem Unternehmensteil sein Beitrag zur Erzielung des Gesamtgewinns zugeteilt wird.

Betriebsstoffe

(in der → *Materialwirtschaft*) bilden selbst keinen Bestandteil des fertigen Erzeugnisses, sondern werden mittelbar oder unmittelbar bei der Herstellung des Erzeugnisses verbraucht (z.b. Energie, Schmierstoffe, Büromaterialien, Betriebsmaterialien).

Betriebsstoffe

(in der → *Produktions- und Kostentheorie*) gehören zu den → *Betriebsmitteln* mit → *Repetierfaktor*-Charakter. Sie dienen dem Betrieb von → Betriebsmitteln mit → *Potentialfaktor*-Charakter. Dabei ist besonders an Energie-, Schmiermittel- oder Kühlmitteleinsätze zu denken.

Betriebstyp

(in der → *Handelsbetriebslehre*). Hierunter versteht man die Zusammenfassung von ähnlichen → Handelsbetrieben. So unterscheidet man z.B. im Einzelhandel mit Lebensmitteln den Discounter, den Supermarkt, den Verbrauchermarkt, das SB-Warenhaus und sonstige Lebensmittelgeschäfte (mit einer kleineren Fläche als der Supermarkt). Jeder Betriebstyp lässt sich durch die absatzpolitischen Instrumente charakterisieren, die in einer bestimmten Art und Weise kombiniert vorliegen: Um einen Betriebstyp abzugrenzen, sind vor allem Unterschiede beim Standort, bei der Verkaufsfläche, bei der Preisgestaltung, beim Sortimentsumfang und bei der Bedienungsform entscheidend.

Betriebsübung

siehe → betriebliche Übung.

Betriebsvereinbarung

schriftlich abzuschließender Normenvertrag zwischen Arbeitgeber und → Betriebsrat zur Regelung der betriebsverfassungsrechtlichen und betrieblichen Ordnung sowie zur Schaffung von Rechtsnormen bezüglich des Abschlusses, des Inhalts und der Beendigung von Arbeitsverhältnissen. Ähnlich einem → Tarifvertrag gelten auch die Bestimmungen einer Betriebsvereinbarung unmittelbar und zwingend und begründen gegebenenfalls unverzichtbare Ansprüche zugunsten einzelner Arbeitnehmer. Hierbei haben die Betriebspartner allerdings die Sperrwirkung des § 77 Abs. 3 Betriebsverfassungsgesetz (BetrVG) zu beachten, wonach Arbeitsentgelte und sonstige Arbeitsbedingungen, die Inhalt eines Tarifvertrags sind oder üblicherweise tariflich geregelt werden, nicht Gegenstand einer Betriebsvereinbarung sein dürfen; siehe auch Betriebsabsprache.
Siehe auch → Arbeitsrecht (mit Literaturangaben).
    Literatur: Hromadka, W.; Maschmann, F.: Arbeitsrecht, Band 2 Kollektivarbeitsrecht und Arbeitsstreitigkeiten, 3. Auflage, Preis, U.: Arbeitsrecht Praxis-Lehrbuch zum Kollektivarbeitsrecht, Köln 2003.

Betriebsverfassungsgesetz

siehe → Mitbestimmung; siehe auch → Unternehmensführung, Grundlagen (mit Literaturangaben).

Betriebsversammlung

Zusammenkunft der Arbeitnehmer eines Betriebs im Rahmen der → betrieblichen Mitbestimmung unter Leitung des Betriebsratsvorsitzenden. Im Rahmen der mindestens einmal jährlich abzuhaltenden Betriebsversammlung hat der Betriebsrat über seine Tätigkeit zu berichten (§ 43 Abs. 1 BetrVG); darüber hinaus können weitere betriebliche, tarifpolitische, sozialpolitische, umweltpolitische oder wirtschaftliche Fragen erörtert werden (§ 45 BetrVG). Die für die Versammlung aufgebrachte Zeit ist den Arbeitnehmern als Arbeitszeit zu vergüten (§ 44 Abs. 1 BetrVG); siehe auch → betriebliche Mitbestimmung.
Siehe auch → Arbeitsrecht (mit Literaturangaben).

Betriebswirtschaftliche Entscheidung

siehe → Entscheidung, betriebswirtschaftliche.

Betriebswirtschaftliche Entscheidungsmaxime
siehe → Entscheidungsmaxime, betriebswirtschaftliche.

Betriebswirtschaftliche Entscheidungstheorie
siehe → Entscheidungstheorie, betriebswirtschaftliche.

Betriebswirtschaftslehre

Betriebswirtschaftslehre

von Univ.-Professor Dr. Dres. h.c. Henner Schierenbeck
Universität Basel

1. Einführung

Die Betriebswirtschaftslehre ist eine Teildisziplin der Wirtschaftswissenschaften, zu der auch die → Volkswirtschaftslehre (Wirtschaftswissenschaft) zählt. Während letztere durch eine makroskopische, auf gesamtwirtschaftliche Zusammenhänge gerichtete Betrachtungsweise charakterisiert ist, betrachtet die Betriebswirtschaftslehre die Wirtschaft in erster Linie aus mikroskopischer Perspektive. Ihr Interessenfeld sind die einzelnen Wirtschaftseinheiten (Betriebe und Haushalte) mit deren Strukturen und Prozessen. Die Betriebswirtschaftslehre versucht also, die Wirtschaft von ihren Zellen her zu begreifen und zu gestalten.

Die Betriebswirtschaftslehre gliedert sich als wissenschaftliche Disziplin traditionell in die Allgemeine und in die Besonderen Betriebswirtschaftslehren. Die A. beschränkt sich auf die Untersuchung von wirtschaftlichen Tatbeständen, die für alle Mikroeinheiten des Wirtschaftslebens, d.h. für alle Wirtschaftseinheiten gleichermaßen Gültigkeit haben. Sie ist damit das Fundament, auf dem die Besonderen Betriebswirtschaftslehren aufbauen, wobei letztere vor allem nach institutionellen Gesichtspunkten (Betriebswirtschaftslehre der Banken, der Industrie, des Handels usw.) oder nach funktionellen/aspektorientierten Gesichtspunkten (Produktions-, Absatz-, Finanzierungslehre usw.) gegliedert werden. Dort, wo in der A. der Bezug auf bestimmte Betriebstypen sachlich notwendig ist, wird allerdings traditionell vom Modell einer (größeren) Industrieunternehmung ausgegangen, was zu einer besonders engen Verzahnung von A. und Industriebetriebslehre führt. Diese Sichtweise hat sich nicht nur didaktisch bewährt, sie ist auch sachlich begründet, wird doch das Wesen der modernen Wirtschaft entscheidend durch die Industrie und ihre Unternehmungen geprägt.

2. Untersuchungsgegenstand

Die A. untersucht die Motive, Bedingungen und Konsequenzen des Wirtschaftens in den einzelnen Wirtschaftseinheiten, wobei Wirtschaften umschrieben werden kann als disponieren über knappe Güter, die als Handelsobjekte (= Waren) Gegenstand von Marktprozessen sind (od. zumindest potentiell sein können). Voraussetzung für den Warencharakter eines knappen Gutes ist dabei, dass es überhaupt Gegenstand von marktlichen Austauschbeziehungen sein kann, (also verfügbar und übertragbar ist) und dass es zur Befriedigung menschlicher Bedürfnisse geeignet ist. Güter, die diese Eigenschaften aufweisen, werden auch als Wirtschaftsgüter bezeichnet. Wirtschaften ist also gleichzusetzen mit Entscheidungen über den Einsatz od. die Verwendung von Wirtschaftsgütern. Aus dem grundlegenden Spannungsverhältnis von knappen Ressourcen einerseits und prinzipiell unbegrenzten menschlichen Bedürfnissen andererseits ergibt sich die für betriebswirtschaftliche Problemstellungen typische Frage nach dem optimalen Einsatz bzw. der optimalen Verwendung von Wirtschaftsgütern. Denn es erscheint bei Güterknappheit vernünftig (= rational), stets so zu handeln, dass

- mit einem (wertmäßig) gegebenen Aufwand an Wirtschaftsgütern ein möglichst hoher (wertmäßiger) Ertrag od. Nutzen erzielt wird (Maximumprinzip) bzw.
- der nötige Aufwand, um einen bestimmten Ertrag zu erzielen, möglichst gering gehalten wird (Minimumprinzip) od. allgemein
- ein möglichst günstiges Verhältnis zwischen Aufwand und Ertrag realisiert wird (generelles Extremumprinzip).

Alle drei Formulierungen sind Ausdruck des ökonomischen Prinzips, wobei letztere die allgemeinste Version ist und die beiden ersten als Spezialfälle einschließt. Wenn in der A. das so verstandene ökonomische Prinzip als Rationalitätsmaßstab verwendet wird, impliziert dies natürlich nicht, dass Menschen generell so handeln. Das ökonomische Prinzip ist seiner Natur nach vielmehr ein normatives Prinzip, indem es postuliert: Es ist vernünftig (= rational), bei Güterknappheit nach diesem Prinzip vorzugehen.

Der Realisierung des ökonomischen Prinzips stehen in der Realität eine Reihe von Problemen entgegen, von denen der Umstand, dass Sachverhalte nicht nur aus dem Blickwinkel des Ökonomen betrachtet werden dürfen, nur ein, wenn auch schwergewichtiges, Argument ist. Innerhalb des Bezugsrahmens der A. ist in erster Linie das Problem der unvollkommenen Information (Informationsökonomik) zu nennen. Bei unvollkommenem Informationsstand – und das ist bei wirtschaftlichen Entscheidungen die Regel – kann im Sinne des ökonomischen Prinzips lediglich gefordert werden, das Optimum bei gegebenem Informationsstand zu suchen, wobei die Risikoneigung (das Sicherheitsstreben) des Entscheidenden als eine zusätzliche Variable eingeführt werden muss, um zu einer Lösung zu kommen. Da der Informationsstand i.d.R. nicht konstant, sondern variabel ist, entsteht zusätzlich das Problem, den Informationsstand selbst unter Kosten-/Nutzenaspekten zu optimieren.

3. Forschung

Die A. weist prinzipiell drei Dimensionen wissenschaftlicher Forschung auf: Die Betriebswirtschaftstheorie, die (Theorie der) Betriebwirtschaftspolitik und die Betriebswirtschaftsphilosophie.

Die *Betriebswirtschaftstheorie* analysiert Ursachen und Wirkungen einzelwirtschaftlicher Prozesse und Strukturen und strebt ihre Erklärung und Prognose an. Wg. der Komplexität wirtschaftlicher Sachverhalte sind theoretisch gehaltvolle Aussagen mit empirischem Wahrheitsanspruch regelmäßig nur äußerst schwierig zu gewinnen. Daher bleibt es häufig bei der im ersten Stadium der Theoriebildung üblichen systematisierenden Beschreibung dessen, was in der Realität vorgefunden wird.

Die (Theorie der) *Betriebswirtschaftspolitik* analysiert Ziele und Instrumente (Mittel) wirtschaftlichen Handelns. Ihre Ausrichtung ist also unmittelbar praxeologisch geprägt. Dies entspricht auch im Wesentlichen dem Selbstverständnis der A., bei der die technologische, anwendungsorientierte Sichtweise dominiert. Diese Betonung findet sich schon bei Schmalenbach, der von der Betriebswirtschaftslehre als einer Kunstlehre, also einer technologisch ausgerichteten Wissenschaft sprach.

Die *Betriebswirtschaftsphilosophie* untersucht wirtschaftliche Abläufe in den Betrieben und Haushalten auf ihren ethischen Gehalt und auf ihre Vereinbarkeit mit übergeordneten Grundsätzen und Normen. Dabei gibt sie selbst nicht wahrheitsfähige, aber als normativ gültig akzeptierte Werturteile ab. In diesem Sinne spricht man auch von normativer Betriebswirtschaftslehre, einer Richtung, die im Vergleich zur langen Tradition wirtschaftsphilosophischer Forschung in der Nationalökonomie, in der A. nur ein Schattendasein führt.

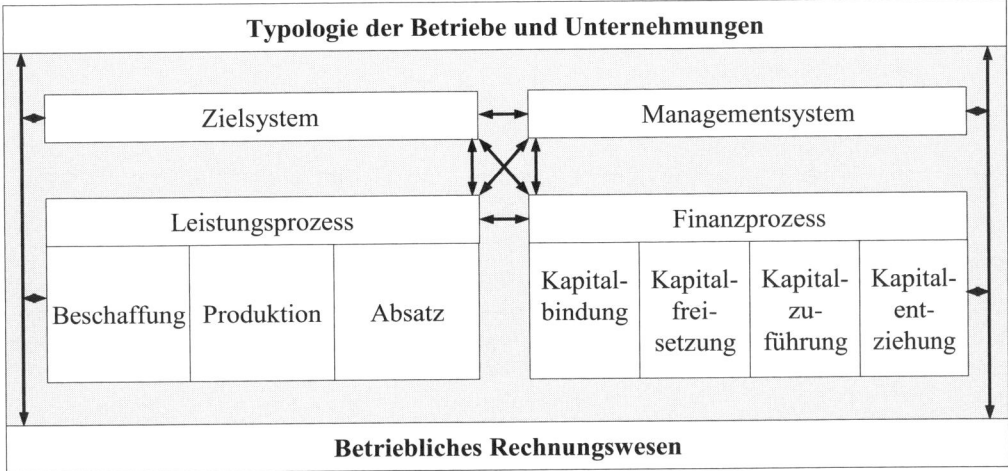

Abb. 1: Dimensionen betriebswirtschaftlicher Forschung

Die verschiedenen Dimensionen betriebswirtschaftlicher Forschung beziehen sich in der A. auf unterschiedliche Untersuchungsobjekte, die in Abbildung 1 zusammengefasst sind:

1. Um die vielfältigen Erscheinungsformen der Wirtschaftseinheiten systematisch zu erfassen und von möglichst vielen Seiten her ordnend zu erschließen, bedient man sich in der A. des typologischen Verfahrens. Die Wahl der verwendeten Merkmale hängt dabei vom Untersuchungszweck ab. Beispiele hierfür sind:
   - Typologie der Rechtsformen
   - Branchen- und Größenklassentypologie
   - Typen von Industriebetrieben
   - Typologie von Standortcharakteristika
   - Typen von Unternehmensverbindungen und verbundenen Unternehmen.
2. Das Wirtschaften in den Betrieben vollzieht sich als ein Komplex von Prozessen und Handlungsabläufen, der nach verschiedenen Aspekten analysiert werden kann:
   a) Wirtschaftliches Handeln ist im Kern eine spezifische Form zielgerichteten Handelns. Daraus folgt, dass das Wirtschaften in den Unternehmungen sich zumindest bei „rationalem" Vorgehen an klar umrissenen Zielen orientieren sollte.
   b) Der Wirtschaftsprozess ist in Richtung auf die verfolgten Ziele bewusst zu lenken. D.h., es bedarf des Einsatzes schöpferischer und dynamischer Gestaltungskräfte, damit die Unternehmungsprozesse zielgerecht in Gang gesetzt werden und koordiniert ablaufen. Ob und inwieweit dies erfolgreich gelingt, hängt von der Qualität des Managementsystems (Management) einer Unternehmung ab.
   c) Den Gegenstandsbereich des Wirtschaftens i.e.S. bilden die sich in der Unternehmung real vollziehenden Prozesse der (technischen) Leistungserstellung und (marktlichen) Leistungsverwertung. Der betriebliche Leistungsprozess (Leistung) gliedert sich dabei genetisch in drei Grundphasen (Beschaffung, Produktion, Absatz).
   d) In einer Geldwirtschaft schlagen sich die realen Güterprozesse (gleichsam spiegelbildlich) regelmäßig auch in einem Finanzprozess nieder, in dessen Problembereich aber auch solche finanziellen Sachverhalte fallen, die losgelöst von den realen Güterprozessen auftreten. Der Finanzprozess beinhaltet insoweit allgemein Prozesse der Kapitalbindung, Kapitalfreisetzung, Kapitalzuführung und Kapitalentziehung.
3. Aus rechtlichen oder geschäftspolitischen Gründen ist es erforderlich bzw. zweckmäßig, die wirtschaftlichen Prozesse systematisch zu erfassen und diese Informationen je nach Bedarfszweck

auszuwerten. Diese komplexe Aufgabe wird vom betrieblichen Rechnungswesen übernommen. In der A. zählen dazu unterschiedliche Teilgebiete. Lange Zeit üblich war die Gliederung des Rechnungswesens in

- Buchhaltung und Bilanz
- Kalkulation
- Statistik
- Planungsrechnung.

Neuerdings findet sich auch die Gliederung in

- Finanz- und Wirtschaftlichkeitsrechnung
- Pagatorische Bestands- und Erfolgsrechnung
- Betriebsabrechnung und Kalkulation,

wobei offen bleibt, welche Rechnungszweige streng kontenmäßig im Rahmen der Buchhaltung, und welche lediglich in Form von Nebenrechnungen außerhalb der Buchhaltung abgewickelt werden. Die Buchhaltung wird dabei traditionell als eigentlicher Kern des betrieblichen Rechnungswesens angesehen.

Hinweise

- Zu den vertiefenden bzw. angrenzenden Wissensgebieten der Betriebswirtschaftslehre siehe u.a. → Beschaffungsmanagement, → Buchführung, → Controlling, → Finanzwirtschaft, → Handelsbetriebslehre, → Handelforschung, → Industriemanagement, → Investitionswirtschaft, → Jahresabschluss, → Logistik, → Marketing, → Organisation, → Personalmanagement, → Produktionsmanagement, → Steuerlehre, Betriebswirtschaftliche, → Tourismusbetriebslehre, → Umweltmanagement, → Unternehmensethik, → Unternehmensführung, → Unternehmensplanung, → Versicherungsbetriebslehre, → Wirtschaftsinformatik u.v.a.m.
- Zu den Methoden und Instrumenten der Betriebswirtschaftslehre siehe u.a. → Analysemethoden, → Benchmarking, → Entscheidung, → Finanzmathematik, → Kennzahlen, → Ökonometrie, → Operations Research, → Optimierung, → Optimierungsmodelle, mathematische, → Portfoliomanagement, → Statistik, → Wirtschaftsmathematik u.v.a.m.

Literatur: E. Gutenberg, Grundlagen der Betriebswirtschaftslehre Bd. 1: Die Produktion. 24. A., Berlin, Heidelberg, New York 1983, Bd. 2: Der Absatz. 17. A, Berlin, Heidelberg, New York 1984; Bd. 3: Die Finanzen. 8. A., Berlin, Heidelberg, New York 1980. E. Heinen, Einführung in die Betriebswirtschaftslehre. Nachdr. d. 9. A., Wiesbaden 1992. H. Jacob (Hrsg.), Allgemeine Betriebswirtschaftslehre. Nachdr. der 5. A., Wiesbaden 1990. E. Kosiol, Die Unternehmung als wirtschaftliches Aktionszentrum. 4. A., Reinbek 1972. H. Kußmaul, Betriebswirtschaftslehre für Existenzgründer. 5. A., München, Wien 2003. K. Kuting (Hrsg.), Saarbrücker Handbuch der Betriebswirtschaftlichen Beratung. 3. A. Herne/Berlin 2003. K. Mellerowicz, Allgemeine Betriebswirtschaftslehre. Bd. 1: 14. A., Berlin, New York 1973; Bd. 2: 13. A., Berlin 1970; Bd. 3: 13. A., Berlin 1971; Bd. 4: 12. A., Berlin 1968; Bd. 5: Die betrieblichen sozialen Funktionen. Berlin, New York 1977. E. Schäfer, Die Unternehmung, Einführung in die Betriebswirtschaftslehre. Nachdr. d. 10. A., Wiesbaden 1991. H. Schierenbeck, Grundzüge der Betriebswirtschaftslehre. 16. A., München, Wien 2003. D. Schneider, Geschichte betriebswirtschaftlicher Theorie. 3. A., München, Wien 1987. W. Wittmann, Betriebswirtschaftslehre I, Grundlagen, Elemente, Instrumente. Tübingen 1982; Betriebswirtschaftslehre II, Beschaffung, Produktion, Absatz, Investition, Finanzierung. Tübingen 1985. G. Wöhe, Einführung in die Allgemeine Betriebswirtschaftslehre. 22. A., München 2005.

Website des Autors: http://www.wwz.unibas.ch/

Betriebswirtschaftslehre, Spezielle
siehe → Spezielle Betriebswirtschaftslehre.

Bevorschussungskredit
siehe → Negoziierungskredit sowie → Packing Credit.

Beweislastumkehr

(in der → *Produkthaftung)*. Hat der Geschädigte nachgewiesen, dass sein Schaden durch einen Kon-
struktions-, Fabrikations-, oder ursprünglichen Instruktions- bzw. Warnfehler ausgelöst wurde, wird
das Vorliegen einer Verkehrspflichtverletzung und das Verschulden des Herstellers vermutet. Der Hersteller muss nun zu seiner Entlastung das Gegenteil beweisen. Gleiches gilt bei der Verletzung der →
Befundsicherungspflicht.
    Literatur: BGHZ 51, 91 ff, „Hühnerpest"; BGHZ, 116, 104 ff, „Hochzeitsessen".

Bewerbungsgespräch

siehe → Bewerbungsinterview, siehe auch → Personalauswahl, Instrumente (mit Literaturangaben).

Bewerbungsinterview

Das Bewerbungsinterview (*Auswahlgespräch, Bewerbungsgespräch*) ist ein praktisch zwingendes
Instrument der → Personalauswahl. Es ist kaum denkbar, dass eine Anstellung ohne einen persönlichen
Kontakt erfolgt. Beim Bewerbungsinterview unterscheiden wir zum einen persönliche und telefonische
sowie unstrukturierte und strukturierte Interviewvarianten.
Telefonische Interviews werden teilweise als zusätzliche Auswahlstufe eingesetzt, wenn es viele Be-
werbende gibt und Bewerbungsunterlagen nicht genügen oder für die entsprechende Stelle unzweck-
mässig wäre (z.B. bei Zeitstellen/Temporärstellen (CH), Hilfsarbeiten). Aufgrund der eingeschränkten
Kommunikation dient das Telefoninterview vor allem der Sachinformationsgewinnung.
Das persönliche Interview ist das wichtigste Auswahlinstrument in der Praxis. Entsprechend war es
Gegenstand einer Vielzahl von Untersuchungen. Dabei hat sich gezeigt, dass unstrukturierte Interview
ganz stark von Zufälligkeiten und psychologisch begründeten Fehlern belastet sind (Erster Eindruck,
Sympathie/Antipathie, Selbst erfüllende Prophezeiung usw.). Es wurden deshalb streng strukturierte In-
terviewformen entwickelten, welche zu einer deutlichen Verbesserung der Validität führten. Wesentlich ist dabei, dass nicht nur ein festgelegter Ablauf eingehalten wird, sondern auch standardisierte,
festgelegte Fragen verwendet werden. Die Fragen werden aus den erforderlichen Kompetenzen heraus
entwickelt.
Die Strukturierung hat dann aber dazu geführt, dass die Gespräche den Interviewern und Bewerbenden
seltsam anmuteten und für sie unangenehm wurden. Deshalb haben Personalverantwortliche oftmals
wieder auf diese Art Interviews verzichtet. Moderne Interviewkonzepte, erwähnenswert ist vor allem
das multimodale Interview, sehen neben streng strukturierten Phasen, gezielt offenere Phasen vor, damit einerseits die Vorteile eines strukturierten Interviews erreicht werden und die Gesprächssituation
trotzdem natürlich erlebt wird.
Siehe auch → Personalauswahl, Instrumente und die dort angegebene Literatur.

Bewerbungsunterlagen

Dieses Instrument der → Personalauswahl wird im Unterschied zu den anderen Instrumenten, vor dem
persönlichen Kontakt mit den Bewerbenden eingesetzt. Die Analyse der Bewerbungsunterlagen wurde
in der Forschung bisher praktisch nicht untersucht und demzufolge sind im wesentlichen nur Analogie-
schlüsse möglich. Bei der Analyse der Bewerbungsunterlagen werden vorrangig der Bewerbungsbrief,
der Lebenslauf und die Zeugnisse begutachtet. Für die Arbeitgeber ist Analyse der Bewerbungsunterlagen unumgänglich, da zum einen selten alle Bewerbenden eingeladen werden können, und es zum anderen keinen Sinn macht, völlig ungeeignete Personen einzuladen.
Es wird versucht zwei Informationen zu gewinnen: Verfügen die Bewerbenden über die erforderlichen
Qualifikationen und gibt es Hinweise auf positive oder negative Persönlichkeitseigenschaften.
Siehe auch → Personalauswahl, Instrumente und die dort angegebene Literatur.

Bewertungsanpassung

(bei *Venture Capital*), Regelungselement des → Venture Capital-Beteiligungsvertrages einer Eigenkapitalfinanzierung mittels → Venture Capital. Synonym: Bonus-/Malus-Regelungen, Ratchets.

Bewertungsstetigkeit
Die einmal gewählten Bewertungs- und Abschreibungsmethoden sind grundsätzlich beizubehalten, § 252 Abs. 1 Nr. 6 HGB, deutsches. Siehe auch → Jahreabschluss, deutscher (mit Literaturangaben).

Bewertungsvereinfachungen
Sie erlauben die Abweichung vom Grundsatz der → Einzelbewertung. Die Vereinfachungen liegen in der Schätzung von Gütermengen (→ Festbewertung), der Bildung von Gütergruppen (→ Gruppenbewertung) und in der Verwendung von → Verbrauchsfiktionen anstelle von Aufzeichnungen über den Abgang von Vorräten (→ Sammelbewertung).
Grundsätzlich sind nach → IAS/IFRS und → US-GAAP Vorräte einzeln zu bewerten. Allerdings sind für gleichartige, austauschbare → assets in großen Stückzahlen aus Vereinfachungsgründen Sammelbewertungsverfahren vorgesehen (IAS 2.20, ARB 43 ch. 6).
Siehe auch → Umlaufvermögen (mit Literaturangaben).

Bewusste Auswahl
Die Stichprobenbildung erfolgt nicht auf Basis des Zufallsprinzips, die Erhebungseinheiten werden vielmehr gezielt unter Berücksichtigung von sachrelevanten Merkmalen ausgewählt. Hierbei werden folgende Vorgehensweisen differenziert: (1) Quotenauswahl: Es werden Quoten (relative Häufigkeiten) der möglichen Merkmalsausprägungen bei jedem erhebungsrelevanten Merkmal entsprechend der Verteilung in der → Grundgesamtheit vorgegeben. Die Auswahl der zu befragenden Personen erfolgt gezielt gemäß dieser Quotenvorgaben. (2) Auswahl nach dem Konzentrationsprinzip: Es erfolgt eine Beschränkung auf jene Elemente der Grundgesamtheit, die besondere Bedeutung und einen hohen Erklärungsbeitrag haben (z.B. führende Großbetriebe). (3) Typische Auswahl: Nach freiem Ermessen werden jene Elemente der Grundgesamtheit ausgewählt, welche besonders typisch bzw. charakteristisch für diese erscheinen.
Siehe auch → Marktforschungsmethoden (mit Literaturangaben).

Beziehungscontrolling
Teilgebiet des → *Controlling*, das der Messung des „inneren Zustands" langfristiger Kooperationen dient. Auf Basis geeigneter Beurteilungskriterien identifiziert es optimierungsbedürftige Kooperationsbereiche. Dabei sind zwei Kernaufgaben zu erfüllen: Erstens sind über die gesamte → Supply Chain auf Basis gemeinsam vereinbarter Zielvorgaben regelmäßig Soll-/Ist-Vergleiche durchzuführen. Neben Kosten-, Leistungs- und Erlöszielen sind Ziele, die die Kooperationsintensität betreffen, einzubeziehen. Wichtig für die Auswahl der Ziele ist deren Kongruenz, Verbindlichkeit und Messbarkeit. Zweitens überwacht das Vertrauenscontrolling die Vertrauensbasis der Kooperation, die im → Supply Chain Management beim interorganisatorischen Datenaustausch eine entscheidende Rolle spielt. Dabei können die Kriterien der Zuverlässigkeit, Kompetenz, des emotionalen Vertrauens, der Verwundbarkeit der Partner sowie der Loyalität Aufschluss über den Grad des gegenseitigen Vertrauens geben.
Siehe auch → Supply Chain Management (mit Literaturangaben).

Bezogener
(eines → Wechsels), engl. → Drawee.

Bezugs- und Absatzgenossenschaften, landwirtschaftliche
siehe → Ländliche Genossenschaften.

Bezugsgruppen
sind Gruppen, nach denen sich das Individuum bei Entscheidungen richtet. Siehe auch → Konsumentenverhalten.

Bezugsrecht
ist das Recht des → Aktionärs bei der ordentlichen → Kapitalerhöhung zum Bezug junger → Aktien, um der Verwässerung seines Mitgliedschaftsrechts durch Verlust der bisherigen prozentualen Beteili-

gung entgegenzuwirken. Siehe auch → Bezugsverhältnis und → Aktienarten sowie → Aktiengesellschaft , deutsche, → Aktiengesellschaft, österreichische.

Bezugsverhältnis
gibt (1) bei → Termingeschäften an, wie viele Einheiten des → Basiswertes gekauft oder verkauft werden können bzw. (2) bei der Kapitalerhöhung einer → Aktiengesellschaft, für wie viele alte Aktien eine neue Aktie bezogen werden kann. Ein Bezugsverhältnis von 5:1 besagt beispielsweise, dass fünf alte Aktien zum Bezug einer neuen Aktie erforderlich sind. Siehe auch → Bezugsrecht.

BfAI
Abk. für Bundesagentur für Außenwirtschaft. Früher Bundesamt für Außenhandelsinformation, mit Hauptsitz in Köln. Die BfAI ist eine wichtige Institution der → Exportförderung.
Internetadresse: www.bfai.de

BGB
Abk. für Bürgerliches Gesetzbuch, Grundlage des gesamten *deutschen* Zivilrechts. Das BGB ist am 1. Januar 1900 in Kraft getreten und gilt heute in der Fassung vom 2. Januar 2002.

BGB-Gesellschaft
siehe → Gesellschaft bürgerlichen Rechts (deutsches Recht).

BGN
ISO-Code für Bulgarischer Lew.

BI
Abk. für → Business Intelligence (mit Literaturangaben).

Bid Bond
siehe → Bietungsgarantie.

Bienenköniginnen-Prinzip
siehe → Informationsversorgung.

Bietungsgarantie
(1) i.A. gleichbedeutende Bezeichnungen: Offertgarantie, Angebotsgarantie, Bid Bond, Tender Guarantee, Tender Bond. (2) Bietungsgarantien kommen insbesondere bei öffentlichen Ausschreibungen vor: Die ausschreibende Stelle verlangt von den Anbietern, dass das Angebot von der Bietungsgarantie eines Garanten (einer Bank oder einer Kreditversicherungsgesellschaft) begleitet sein muss (siehe auch → Bankgarantie und → Kautionsversicherung). Mit der Bietungsgarantie sichert sich die ausschreibende Stelle insbesondere vor den finanziellen Folgen des Risikos, (a) dass der Anbieter – bei Erteilung des Zuschlags – die Übernahme des Auftrags ablehnt und/oder (b) dass der Anbieter sich nach Annahme des Auftrags weigert oder nicht in der Lage ist, eine geforderte/vereinbarte → Liefergarantie, → Leistungsgarantie oder → Vertragserfüllungsgarantie zu stellen.

Big Bang
Bei einer Big Bang-Strategie wird an einem Stichtag ein Anwendungssystem vollständig durch eine neue *Software* abgelöst. Im Falle eines → ERP-Systems bedeutet dies, dass gleichzeitig mehrere Module und gegebenenfalls an mehreren Standorten eingeführt werden. Das bisherige System ist ab dem Stichtag nicht mehr einsatzbereit, d.h. es erfolgt kein Parallelbetrieb.
Siehe auch → ERP-Systeme (mit Literaturangaben).

Big Bang, lokaler

beschreibt die komplette stichtagsbezogene Ablösung eines Anwendungssystems (*Software*, → ERP-Systems) für einen Standort. Im Gegensatz zum vollständigen → Big Bang bezieht sich die Umstellung nicht auf das Gesamtsystem, sondern nur auf einen Standort.

Bilanzanalyse

Bilanzanalyse

von a.o. Univ.-Professor Dr. Heinz Königsmaier

Institut für Revisions-, Treuhand- und Rechnungswesen – Karl-Franzens Universität Graz

1. Begriff und Ausprägungen

Der Begriff Bilanzanalyse (engl. „Financial statement analysis") bezeichnet bestimmte informationsverarbeitende Prozesse, bei denen es inhaltlich um die erkenntniszielorientierte Untersuchung von Rechnungsabschlüssen von Unternehmen bzw. Unternehmensgruppen (→ Jahresabschluss nach deutschem Recht, → Internationale Rechnungslegung nach IFRS, → Abschlusserstellung nach US-GAAP, → Konzernabschluss), geht. Das Erkenntnisinteresse besteht dabei, ganz allgemein gesprochen, darin, Aufschlüsse über die wirtschaftliche Lage eines Unternehmens bzw. einer Unternehmensgruppe und – daran anknüpfend – über die voraussichtliche oder mögliche weitere Entwicklung zu erhalten. Es hängt von dem im Einzelfall verfolgten Analysezweck ab, welche Aspekte der wirtschaftlichen Lage – Vermögens-, Finanz- und/oder Ertragslage – den Schwerpunkt einer Bilanzanalyse bilden.

Obwohl von Bilanzanalyse gesprochen wird, ist keineswegs nur die Bilanz im eigentlichen Sinne Gegenstand der Analyse. Regelmäßig werden auch andere Teile eines Rechnungsabschlusses, einschließlich eines allfällig vorhandenen Lageberichts, in die Analyse einbezogen. Generell gilt, dass Bilanzanalyse nicht auf den Rechnungsabschluss begrenzt ist, sondern weitere verfügbare Informationen einbezogen werden können, die für die Diagnose der wirtschaftlichen Lage eines Unternehmens- oder einer Unternehmensgruppe und deren prognostische Fortschreibung potenziell von Nutzen sind. In Abhängigkeit von Umfang und Tiefe der Informationen, die hierbei – wenigstens potenziell – zur Verfügung stehen, lässt sich grundsätzlich zwischen *externer* (→ Bilanzanalyse, externe) und *interner* (→ Bilanzanalyse, interne) unterscheiden. Inhaltlich kann zwischen erfolgswirtschaftlicher (→ Bilanzanalyse, erfolgswirtschaftliche) und finanzwirtschaftlicher (→ Bilanzanalyse, finanzwirtschaftliche) Analyse unterschieden werden.

2. Einsatzmöglichkeiten

Die Einsatzmöglichkeiten für Bilanzanalyse sind überaus vielfältig. Bilanzanalyse kann u.a. eingesetzt werden im Vorfeld von Unternehmensbewertungen, zur Schwachstellenanalyse, zur Konkurrenzanalyse, im Zuge von Unternehmensberatungen, bei betriebswirtschaftlichen Prüfungen und im Beteiligungscontrolling (→ Controlling). Besondere Bedeutung kommt der Bilanzanalyse im Rahmen der Kreditwürdigkeitsprüfung durch Finanzdienstleister (Banken, Versicherungen, Ratingagenturen) zu (→ Rating-Methoden, kreditwirtschaftliche). Ein weiteres wichtiges Einsatzgebiet besteht im Rahmen der Fundamentalanalyse von börsennotierten Unternehmen. Von dem Kontext, in den Bilanzanalyse eingebettet ist, hängt ab, welche Schwerpunkte bei der Analysearbeit gesetzt werden. So richtet sich bei einer Bilanzanalyse als Mittel der Kreditwürdigkeitsprüfung das Interesse vor allem darauf, Aufschlüsse über die Bestandsfestigkeit eines kreditwerbenden Unternehmens zu erlangen, während im Rahmen einer Fundamentanalyse die Gewinnung von Erkenntnissen, Wachstumsmöglichkeiten und Entwicklungspotenziale eines Unternehmen betreffend, im Vordergrund steht. Unterschiede bei den bei einer Analyse verfolgten Erkenntniszielen zeitigen i.A. auch Rückwirkungen auf das zum Einsatz kommende bilanzanalytische Instrumentarium.

3. Ablauf

Unabhängig vom konkreten Einsatzgebiet lassen sich, was den Ablauf einer Bilanzanalyse betrifft, grundsätzlich folgende fünf Phasen unterscheiden: (1) Vorbereitung; (2) Aufbereitung des Analysematerials; (3) Auswertung (Ermittlung von Kennzahlen); (4) Kennzahleninterpretation; (5) zusammenfassende Urteilsbildung.

a) Vorbereitung

Im Rahmen der Vorbereitung versucht sich die Analytikerin zunächst ein allgemeines Bild von der Lage des Unternehmens und seinem wirtschaftlichen Umfeld zu verschaffen. Auszuwerten sind dabei insbesondere die qualitativen Informationen des Analysematerials über Lage und Entwicklung eines Unternehmens. Bei Abschlüssen ohne Testat eines Abschlussprüfers kann es zudem erforderlich sein zu prüfen, ob und inwieweit bei der Erstellung eines Abschlusses gesetzliche Bilanzierungs- und Bewertungsvorschriften tatsächlich eingehalten wurden (sog. formale Analyse). Weiters gehört die Analyse der bilanzpolitischen Ausrichtung eines Abschlusses (→ Bilanzpolitik) zu den Maßnahmen der Vorbereitung.

b) Aufbereitung des Analysematerial

Im Hinblick auf die Auswertung in Form von Kennzahlen muss das Analysematerial im Regelfall zunächst entsprechend aufbereitet werden. Typische Maßnahmen im Rahmen der Aufbereitung sind Umgliederungen, Aufspaltungen, Saldierungen, Umwertungen und Erweiterungen einzelner Posten des Rechnungsabschlusses. Hierbei spielen insbesondere Angaben im Anhang eine wichtige Rolle. Im Zuge der Aufbereitung wird die Bilanz häufig in eine speziell auf die weitere Auswertung abgestimmte → Strukturbilanz überführt. Für die Gewinn- und Verlustrechnung wird oft eine → Ergebnisquellenanalyse durchgeführt.

c) Auswertung (Ermittlung von Kennzahlen)

Die Auswertung in Form von Kennzahlen (→ Kennzahlen, bilanzanalytische) ist das Herzstück jeder Bilanzanalyse. Bilanzanalyse wird daher mitunter überhaupt mit Kennzahlenrechnung gleichgesetzt.

d) Kennzahleninterpretation

Bei der Interpretation eines Kennzahlenwerts lässt sich grundsätzlich zwischen statischer Interpretation und vergleichenden Ansätzen der Interpretation unterscheiden. Bei der statischen Interpretation erfolgt eine isolierte Betrachtung eines einzelnen Kennzahlenwerts, ohne dass auf Vorjahreswerte oder Daten anderer Unternehmen Bezug genommen würde. Fundierte Aussagen sind allein damit jedoch kaum möglich. Dazu bedarf es vielmehr des Vergleichs. Hierbei kann weiter zwischen Zeitvergleich, Betriebsvergleich und Normenvergleich unterschieden werden.

e) Zusammenfassende Urteilsbildung

Werden mehrere Kennzahlen verwendet, so besteht abschließend die Notwendigkeit die Aussagen, die aus der Interpretation der einzelnen Kennzahlen herrühren, zu einem dem Analyseziel entsprechenden Urteil zusammenzufassen. Hierbei lässt sich zwischen subjektiver, quasi-objektiver und objektiver Urteilsbildung unterscheiden. Bei subjektiver Urteilsbildung wird die Verdichtung zu einem Gesamturteil allein durch den Sachverstand der Analytikerin angeleitet. Das Gesamturteil ist daher stets subjektgebunden. Eine quasi-objektive Urteilsbildung kann durch Einsatz von Scoring-Verfahren erzielt werden. Hierbei werden sowohl die relevanten Kennzahlen als auch die Gewichtung der einzelnen Kennzahlen vorgegeben. Auswahl und Gewichtung von Kennzahlen erfolgen indessen nach Gutdünken jener, die das Scoring-Verfahren entwerfen, somit ungebrochen auf subjektiver Basis; das Maß an Subjektivität wird lediglich für den gesamten Anwendungsbereich standardisiert. Von objektiver Urteilsbildung kann hingegen dann gesprochen werden, wenn Auswahl und Gewichtung von Kennzahlen nicht nach menschlichem Ermessen, sondern unter Einsatz statistischer Verfahren, wie Diskriminanzanalysen, oder Verfahren der Mustererkennung, wie Künstlichen Neuronalen Netzen (KNN), erfolgt (→ Kennzahlensysteme, bilanzanalytische).

Hinweis

Zu den angrenzenden Wissensgebieten siehe → Abschlusserstellung nach US-GAAP, → Anlagevermögen, → Analysemethoden, betriebswirtschaftliche, → Balanced Scorecard, → Beteiligungscontrolling, → Eigenkapital, → Finanzinnovationen, → Internationale Rechnungslegung nach IFRS, → Jahresabschluss nach deutschem Recht, → Jahresabschluss nach schweizerischem Recht, → Kapitalfluss-rechnung, → Kennzahlen, finanzwirtschaftliche, → Kennzahlen, wertorientierte, → Körperschaftsteuer, → Konzernabschluss, → Portfoliomanagement, → Rating-Methoden, kreditwirtschaftliche, → Risikocontrolling, → Rückstellungen, → Sanierungsmanagement, → Sonderbilanzen, → Steuerbilanzpolitik, → Steuerrecht, Internationales, → Swiss GAAP FER, → Umlaufvermögen, → Währungsmanagement.

Literatur: Auer, K.V.: Kennzahlen für die Praxis, Wien 2004; Baetge, J., Kirsch, H.-J., Thiele, S.: Bilanzanalyse, 2. Auflage, Düsseldorf 2004; Born, K.: Bilanzanalyse International, 2. Auflage, Stuttgart 2004; Coenenberg, A.G.: Jahresabschluss und Jahresabschlussanalyse, 19. Aufl., Stuttgart 2003; Fridson, M., Alvarez, F.: Financial Statement Analyis, o.O. 2002; Gräfer, H.: Bilanzanalyse, 9. Auflage, Herne/Berlin 2005; Gubelt, C.: Die Jahresabschlussanalyse von nach International Financial Reporting Standards erstellten Abschlüssen, Hamburg 2004; Küting, K., Weber, C.-P.: Die Bilanzanalyse, 8. Aufl., Stuttgart 2006; Lachnit, L.: Bilanzanalyse, Wiesbaden 2004; Meyer, C.: Kunden-Bilanzanalyse der Kreditinstitute, 2. Auflage, Stuttgart 2000; Penman, S.H.: Financial Statement Analysis and Security Valuation, 3. Auflage, Boston u.a. 2006.

Internetadressen: (Unternehmens- und Branchenkennzahlen – Deutschland) http://www.bundesbank.de, http://www.destatis.de; (Unternehmens- und Branchenkennzahlen – Österreich) http://www.oenb.at, http://www.statistik.at, http://www.kmuforschung.at; (Unternehmens- und Branchenkennzahlen – Schweiz) http://www.bfs.admin.ch/bfs/portal/de/index.html; (Europäische Branchenkennzahlen) http://www.banque-france.fr; (Erläuterung von Kennzahlen) http://www.controllerspielwiese.de.

Website des Autors: http://www.rtrinfo.at

Bilanzanalyse, erfolgswirtschaftliche

Zweig der *Bilanzanalyse*. Bei der erfolgswirtschaftlichen Analyse geht es vor allem darum, Aufschlüsse über die Ertragskraft eines Unternehmens zu erhalten. Unter Ertragskraft kann dabei die Fähigkeit verstanden werden, nachhaltig Gewinne zu erwirtschaften. Im Rahmen der erfolgswirtschaftlichen Analyse erfolgt zunächst eine kritische Durchleuchtung des Ergebnisses einer Abrechnungsperiode. Dabei sollen die wesentlichen Bestimmungsfaktoren des Unternehmenserfolgs lokalisiert sowie periodenfremde, vorübergehende oder außergewöhnliche Ereignisse, die sich im ausgewiesenen Ergebnis niedergeschlagen haben, identifiziert werden.
Siehe auch → Balanced Scorecard, → Bilanzanalyse und → Kennzahlen, wertorientierte, jeweils mit Literaturangaben.

Bilanzanalyse, externe

Ausprägungsform von *Bilanzanalyse*. Bei externer Bilanzanalyse ist die Analytikerin allein auf öffentlich zugängliches Informationsmaterial, in erster Linie also auf den publizierten Rechnungsabschluss bzw. Geschäftsbericht eines Unternehmens, angewiesen. Zur Gruppe der externen Bilanzanalytiker rechnen typischerweise Gesellschafter ohne spezifische Einblicks- oder Kontrollrechte, wie das etwa bei Kleinaktionären (→ Aktiengesellschaft, einschließlich Aktienarten) gemeinhin der Fall ist, ebensolche Kreditgeber, potenzielle Anteilseigner, Kreditversicherungen und Auskunfteien, Lieferanten, Kunden, die meisten Mitarbeiter, Gewerkschaften, Konkurrenzunternehmen sowie die Öffentlichkeit schlechthin.
Siehe auch → Balanced Scorecard, → Bilanzanalyse und → Kennzahlen, wertorientierte, jeweils mit Literaturangaben.

Bilanzanalyse, finanzwirtschaftliche

Zweig der → *Bilanzanalyse*. Bei der finanzwirtschaftlichen Analyse steht einerseits die Kapitalverwendung (→ Investition), andererseits die Kapitalaufbringung (→ Finanzierung) im Blickpunkt des Interesses. Typische Fragestellungen, die bei der Untersuchung der Kapitalverwendung interessieren, sind, Zusammensetzung des bilanziellen Vermögens, Dauer der Vermögensbindung, Kapazitätsauslastung und Entwicklung der Kapazitäten sowie die Abschätzung von Risiken aus der Kapitalverwendung.

Innerhalb der finanzwirtschaftlichen Analyse lässt sich weiter unterscheiden zwischen: (1) Investitionsanalyse, (2) Finanzierungsanalyse und (3) Liquiditätsanalyse.
Siehe auch → Kennzahlen, finanzwirtschaftliche.
Siehe auch → Bilanzanalyse und → Kennzahlen, finanzwirtschaftliche , jeweils mit Literaturangaben.

Bilanzanalyse, interne

Ausprägungsform von → *Bilanzanalyse*. Bei interner Analyse ist die Analytikerin potenziell in der Lage, über öffentlich zugängliches Informationsmaterial hinaus (→ Bilanzanalyse, externe) auch auf weiter und tiefer reichende unternehmensinterne Informationen zuzugreifen, insbesondere auf die hinter den aggregierten Daten in publizierten Rechnungsabschlüssen stehenden detaillierten Aufzeichnungen. Beispiele für interne Bilanzanalytiker sind Unternehmensleitung, Aufsichtsorgane, Mitarbeiter im Controlling oder Rechnungswesen, speziell dazu ermächtigte externe Berater, Abschlussprüfer sowie die Finanzverwaltung anlässlich von Betriebsprüfungen.
Siehe auch → Bilanzanalyse (mit Literaturangaben).

Bilanzanalytische Kennzahlen

siehe → Kennzahlen, bilanzanalytische.

Bilanzidentität

des § 252 Abs. 1 Nr. HGB verlangt eine vollständige Deckungsgleichheit der Schlussbilanz mit der nächsten Eröffnungsbilanz. Alle Positionen der Schlussbilanz müssen wertmäßig mit den Positionen der Eröffnungsbilanz übereinstimmen, also identisch sein.
Siehe auch → Jahresabschluss (mit Literaturangaben).

Bilanzielle Abschreibungen

sind die nach den Rechnungslegungsgrundsätzen im → Jahresabschluss vorzunehmenden planmäßigen und außerplanmäßigen → Abschreibungen. Ihre Basis sind historische Anschaffungs- oder Herstellungskosten. Sie sind von den kalkulatorischen Abschreibungen der Kostenrechnung abzugrenzen, die auch auf der Basis von Wiederbeschaffungskosten oder nach einer anderen → *Abschreibungsmethode* ermittelt werden können.

Bilanzielle Überschuldung

liegt vor allem dann vor, wenn das → Eigenkapital durch Verluste aufgezehrt ist und deshalb gem. § 268 HGB auf der Aktivseite der Handelsbilanz ein „nicht durch Eigenkapital gedeckter Fehlbetrag" auszuweisen ist. Siehe auch → Überschuldungbilanz und → Sonderbilanzen (mit Literaturangaben).

Bilanzierung nach schweizerischem Recht

siehe → Jahresabschluss nach schweizerischem Recht, siehe auch → Swiss GAAP FER.

Bilanzierungsgrundsätze

Nach dem Handelsrecht kommt den → Grundsätzen der ordnungsgemäßen Buchführung auch beim → Jahresabschluss eine wichtige Bedeutung zu.
Für den → Jahresabschluss werden folgende Grundsätze definiert: (1) Grundsatz der → Vollständigkeit, (2) Grundsatz des → Bilanzkontinuität, (→ Bilanzidentität, → Bilanzstetigkeit, → Bilanzzusammenhang), (3) Grundsatz der → Unternehmensfortführung, (4) Grundsatz der → Einzelbewertung, (5) Grundsatz der → Stichtagsbezogenheit, (6) Grundsatz der → Periodenabgrenzung, (7) Grundsatz der → Bilanzwahrheit (8) Grundsatz der → Bilanzklarheit.
Zusätzlich gibt es besondere Bewertungsprinzipien, wie das Vorsichtsprinzip, welches in den Prinzipien des → Anschaffungswertprinzip, des → Niederstwertprinzip, des → Höchstwertprinzip, des → Imparitätsprinzip seine konkrete Anwendung findet.

Bilanzklarheit

Der → Jahresabschluss muss klar und übersichtlich sein, § 243 Abs. 2 HGB. Diese Generalnorm ist für alle Kaufleute verbindlich. Darüber hinaus gibt es die spezielle Generalnorm des § 264 Abs. 2 HGB

(*True and Fair View*) für Kapitalgesellschaften. Die Bilanzklarheit betrifft den Bilanzausweis und die
→ Gliederung der Bilanz. Es beinhaltet das Gebot der Mindestgliederung und das Gebot der eindeuti-
gen Zuordnung des § 247 HGB), das Vollständigkeitsgebot und das Saldierungsverbot im § 246 Abs. 2
HGB.

Bilanzkontinuität

beinhaltet den Grundsatz der → Bilanzidentität, der → Bilanzstetigkeit oder des → Bilanzzusammenhangs. Man unterscheidet zwischen der formellen und der materiellen Bilanzkontinuität (→ Bilanzkontinuität formelle, → Bilanzkontinuität materielle).

Bilanzkontinuität, formelle

Die formelle → Bilanzkontinuität sichert die Vergleichbarkeit der Bilanzen durch die Beibehaltung der
vorgenommenen Bezeichnung und Gliederung der Posten der Bilanz.

Bilanzkontinuität, materielle

Die materielle → Bilanzkontinuität verlangt die Beibehaltung der einmal gewählten Art der Bilanzierung in mehreren aufeinanderfolgenden Abschlüssen. Ein willkürlicher Wechsel der Bewertungs- und
Abschreibungsmethoden soll verhindert werden, damit die Vergleichbarkeit der Jahresabschlüsse sichergestellt ist, siehe auch → Bilanzstetigkeit.

Bilanzkurs

Der Bilanzkurs ist definiert als Quotient aus bilanziellem Eigenkapital und Anzahl der Aktien.

$$\text{Bilanzkurs} = \frac{\text{Bilanzielles Eigenkapital}}{\text{Anzahl Aktien}}$$

Der Bilanzkurs liefert eine Aussage darüber, um wieviel das Eigenkapital einer Gesellschaft das Gezeichnete Kapital übersteigt. Der Bilanzkurs dient als Orientierungsgröße für den → Börsenkurs. Ein
Vergleich mit dem Börsenkurs lässt erkennen, wie Kapitalanleger die Ertragskraft des Unternehmens
einschätzen. Liegt der Bilanzkurs über dem Börsenkurs lässt dies darauf schließen, dass die Ertragskraft des Unternehmens von der Börse eher als schwach eingeschätzt wird. Siehe auch → Market-to-
book-ratio.

Bilanzmanipulation

siehe → Bilanzpolitik.

Bilanzplanung

siehe → Plan-Bilanz.

Bilanzpolitik

Unter Bilanzpolitik versteht man die zielgerichtete Gestaltung von Instrumenten der externen finanziellen Rechnungslegung. Häufig wird dabei eine Beeinflussung des auszuweisenden Periodenergebnisses
angestrebt, sodass besser von „Gewinn- und Verlustrechnungspolitik" zu sprechen wäre. Bilanzpolitik
kann sowohl eine progressive (= ergebniserhöhende) als auch eine konservative (= ergebnismindernde)
Wirkung entfalten.
Innerhalb des bilanzpolitischen Instrumentatriums kann zwischen ex ante und ex post wirkenden Maßnahmen unterschieden werden. Ex ante wirkende Maßnahmen werden noch vor dem Abschlussstichtag
durch entsprechende Sachverhaltsgestaltung gesetzt. So kann etwa der Verkauf von Gegenständen des
Anlagevermögens mit anschließendem Leasing derselben („Sale and lease back") erhebliche Auswirkungen auf die Darstellung der wirtschaftlichen Lage eines Unternehmens in einem Rechnungsabschluss haben. Ex post, also nach dem Abschlussstichtag, kann Bilanzpolitik durch Nutzung von explizit eingeräumten Wahlrechten und Ermessensspielräumen in Rechnungslegungsregeln betrieben werden.
Die hierbei bestehenden Möglichkeiten hängen nicht zuletzt davon ab, nach welchen Rechnungslegungsvorschriften ein Rechnungsabschluss aufgestellt wird (→ Jahresabschluss nach deutschem Recht,
→ Internationale Rechnungslegung nach IFRS, → Abschlusserstellung nach US-GAAP).

Von Bilanzpolitik kann indessen zulässigerweise nur dann gesprochen werden, wenn man sich mit den hierbei zum Einsatz gelangenden Maßnahmen innerhalb der von der jeweiligen Rechts- und Rechnungslegungsordnung gesetzten Grenzen bewegt. Werden diese überschritten, so liegt eine *unzulässige Bilanzmanipulation* vor.

Siehe auch → Bilanzanalyse sowie → Steuerbilanzpolitik, jeweils mit Literaturangaben.

Bilanzregel, goldene
(vgl. auch → Anlagendeckungsgrad II). Die goldene Bilanzregel findet in der Praxis im Zusammenhang mit einer fristenkongruenten Finanzierung Anwendung. Gemäß der goldenen Bilanzregel sollte das Anlagevermögen langfristig (mit Eigen- und langfristigem Fremdkapital), das Umlaufvermögen kurzfristig (mit kurzfristigem Fremdkapital) finanziert werden. Die Aussagekraft dieser Kennzahl ist eingeschränkt, da beispielsweise die Bestandsgrößen der Bilanz vergangenheitsorientiert sind und nicht ohne weiteres in der Zukunft extrapoliert werden können. Weiterhin können durchaus auch Teile des Anlagevermögens kurzfristig ohne große Wertverluste liquidierbar sein (z.B. börsennotierte Wertpapiere). Selbiges gilt umgekehrt für Teile des Umlaufvermögen. Für einen externen Adressaten ist es häufig nicht ersichtlich, welche Teile des Umlaufvermögens langfristig gebunden sind. Die goldene Bilanzregel ermöglicht somit lediglich eine Tendenzaussage im Hinblick auf eine solide Finanzierung.

Siehe auch → Kennzahlen, finanzwirtschaftliche und die dort angegebene Literatur.

Bilanz-Richtlinie
(78/660/EWG), siehe → Jahresabschluss-Richtlinie und die dort angegebene Quelle.

Bilanzstetigkeit
Gemäß dem Grundsatz der Stetigkeit ist in der Buchführung immer nach den gleichen Regeln, Richtlinien und Bewertungsmaßstäben zu verfahren.

Bilanzwahrheit
Durch die Einhaltung der gesetzlichen Bewertungsvorschriften in den §§ 240,241,252-256 HGB sowie § 6 EStG und für Kapitalgesellschaften in den §§ 279-283 HGB wird dem Grundsatz der Bilanzwahrheit Rechnung getragen.

Bilaterale Abkommen / Maßnahmen
sind Verträge zwischen zwei Staaten. Dazu gehören beispielsweise → Doppelbesteuerungsabkommen, aber auch Amts- und Rechtshilfeabkommen.

Bildungskredit
Seit dem 01.04.2001 bietet die deutsche Bundesregierung Schülern und Studenten in fortgeschrittenen Ausbildungsphasen die Möglichkeit, einen zinsgünstigen Kredit nach Maßgabe der Förderbestimmungen des Bundesministeriums für Bildung und Forschung in Anspruch zu nehmen.

Siehe auch → Auslandstudium, Institutionen, Stipendien und Auslandspraktika (mit Internetadressen und Literaturangabe).

Internetadresse: http://www.bildungskredit.de

Bill of Exchange
siehe → Wechsel.

Bill of Lading
siehe → Konnossement.

Bill of Lading Guarantee
siehe → Konnossementsgarantie.

Binärdatei
Eine Binärdatei enthält neben druckbaren Zeichen auch beispielsweise Programme, Videosequenzen sowie Klang- und Bilddateien, also Zeichen, die mit Hilfe eines Druckers nicht darstellbar sind.

Binnenhandel
ist → Handel innerhalb der eigenen nationalen Grenzen.

Binnenschifffahrts-Konnossement
siehe → Ladeschein.

Binnenwert
einer Währung ist deren Wert(entwicklung) / Kaufkraft(entwicklung) gemessen an einem – von einem statistischen Amt – festgelegten Warenkorb. Die Veränderungen des derart gemessenen Binnenwertes einer Währung werden als Inflationsrate bzw. Deflationsrate bezeichnet. Siehe auch → Außenwert.

Biographischer Fragebogen
Multiple-Choice-Fragebogen mit dem Grundgedanken, dass zukünftiges Verhalten gut mit vergangenem Verhalten vorausgesagt werden kann. Die Fragen in einem biographischen Fragebogen beziehen sich jedoch grösstenteils weder auf die Vergangenheit noch auf das Verhalten, sondern auf Einstellungen, Präferenzen, Erwartungen, Interessen, Herkunftsfamilie, eigene Familien-, Wohn- und Vermögensverhältnisse, Gesundheitszustand, Ausbildung, Berufswahlmotive, Arbeits- & Berufserfahrung, ausserberufliche Tätigkeiten, Freizeitaktivitäten, Vereinsmitgliedschaften usw. Damit werden vor allem Persönlichkeitsmerkmale, Einstellungen und Ziele erhoben. Folglich steht die Bezeichnung „biographisch" etwas im Widerspruch zur tatsächlichen Konstruktion des biographischen Fragebogens. Siehe auch → Personalauswahl, Instrumente und die dort angegebene Literatur.

Bionik
(Kreativitätstechnik). Hier erfolgt die Verknüpfung von Bedeutungsinhalten, indem für gesellschaftliche oder technische Probleme Lösungsansätze in der Natur gesucht werden. Die Ableitung dieser Lösungshypothesen erfolgt durch Analogien. Dazu werden Problemlösungen der Natur systematisch untersucht und geeignet erscheinende Prinzipien auf menschlich-technische Probleme übertragen. Siehe auch → Kreativitätstechniken.

BIS
Abk. für Bank of International Settlements.

Bivariate Analyse
analysiert wird die Beziehung *zweier Variablen*. Von Interesse ist zunächst, ob überhaupt Zusammenhänge bestehen. Darüber hinaus können die Art des Zusammenhangs (z.B. mittels Regressionsanalyse) sowie die Stärke des Zusammenhangs (z.B. mittels Korrelationsanalyse) ermittelt werden. Siehe auch → Datenanalyse (Marktforschung) und → Marktfortschungsmethoden (mit Literaturangaben).

Bivariate Methode
siehe → bivariate Analyse; siehe auch → Datenanalyse (Marktforschung).

BIZ
Abk. für Bank für Internationalen Zahlungsausgleich. Siehe auch → Basel II.

Black-Scholes-Formel
Die von Fisher Black, Myron Scholes und Robert Merton in den frühen siebziger Jahren des vorigen Jahrhunderts entwickelte Formel (zur Bewertung europäischer Kaufoptionen) hat die Optionsbewertung in Theorie und Praxis revolutioniert. Die Herleitung der Formel stellt ein sehr komplexes Problem dar. Siehe nachstehende Literaturangaben; siehe auch → Optionen (mit Literaturangaben).

Literatur: Eckl, S., Robinson, J.N., Thomas, D.C.: Financial Engineering: A Handbook of Derivative Products, Oxford 1991; Hull, J.C.: Options, Futures & Other Derivatives, 4th edition, London, Sydney, etc. 2000. Steiner, M. , Perridon, L.: Finanzwirtschaft der Unternehmung, 13. Aufl., München 2004; Steiner, P., Uhlir, H.: Wertpapieranalyse, 4.Aufl., Heidelberg 2001; Stöttner, R.: Investitions- und Finanzierungslehre, Frankfurt, New York 1998.

Blankoindossament

siehe → Indossament (bei Wechseln).

Blankokredit

Ein Blankokredit umfasst eine Kreditgewährung ohne die ausdrückliche Bestellung von Kreditsicherheiten für den Kreditgeber. Blankokredite werden von den Banken nur bei hervorragender Kreditwürdigkeit des Kreditnehmers gewährt. Häufig hat der Kreditnehmer jedoch eine sog. *Negativerklärung* zu unterzeichnen, in der er sich verpflichtet, sein Vermögen weder anderen Kreditgebern als Kreditsicherheit zur Verfügung zu stellen noch dieses Vermögen zu veräußern (deswegen auch Nichtbelastungs- bzw. Nichtveräußerungserklärung genannt).

Blauer Engel

Der Blaue Engel ist eine vom Umweltbundesamt (UBA) in Zusammenarbeit mit dem Deutschen Institut für Gütesicherung und Kennzeichnung e.V. (RAL) vergebene Warenkennzeichnung für Produkte, die – bei gleichem Gebrauchswert – im Vergleich zu anderen Produktalternativen der gleichen Produktgruppe die Umwelt weniger belasten. In den 25 Jahren, seitdem der „Blaue Engel" im Jahre 1978 als weltweit erstes Umweltzeichen eingeführt wurde, stieg die Anzahl der vergebenen Umweltzeichen für Produkte von 48 auf ca. 3.800 von ca. 710 Zeichennehmern des In- und Auslandes.
Siehe auch → Ökologie-Marketing (mit Literaturangaben).

Blended Learning

bezeichnet die Mischung von Präsenzveranstaltungen und E-Learning-Modulen in der Weiterbildung.

Blind Pool

Bezeichnung für Fonds(kapital) in der Gründungsphase, bei denen die Beteiligungsunternehmen (targets) noch nicht feststehen (blind pool), sondern die von der → Private Equity Gesellschaft (nach Prüfung im Rahmen einer → Due Diligence) noch auszuwählen sind.

Blocklieferung

ist die Form der → Just-in time (JIT)-Lieferung, die die *Reihenfolge* des Verbrauchs *nicht* berücksichtigt. Sie wird daher auch als „einfaches JIT" bezeichnet. So enthält der Abruf *nur die Menge* des JIT-Bedarfs, z.B. für eine Schicht oder eine „Stunde".
Wenn keine Varianten des anzuliefernden Materials unterschieden werden, ist dies stets problemgerecht. Ansonsten ist die Blocklieferung nur bei sehr wenigen Materialvarianten sinnvoll, da die Sortierung ja beim Abnehmer in der Bereitstellung oder „am Band" erfolgt, was bei größerem Volumen der Teile praktisch Platzprobleme verursachen kann. Dann wird eine aufwändigere → Sequenzlieferung notwendig.

Blockverfahren

(auch Anbauverfahren). Verfahren der → Betriebsabrechnung (siehe dort Kapitel 3 mit Berechnungsbeispiel) bzw. der → Kostenstellenrechnung.

Blue Chips

sind Aktien von Unternehmen, die als besonders solide eingestuft werden. Zumeist handelt es sich um international tätige und bekannte Großunternehmen, die im höchstklassigen Börsensegment gehandelt werden.

Blueprinting
siehe Anwendungsbeispiel → ServiceBlueprint und die dort angegebene Literatur.

Bluetooth
bezeichnet eine für den → *Mobile Commerce* relevante → *mobile elektronische Kommunikationstechnik* zur Vernetzung → *mobiler Endgeräte* untereinander oder mit Peripheriegeräten.

BME
Abk. für Bundesverband Materialwirtschaft, Einkauf und Logistik.

B.N.
Abk. für → Business Networking (mit Literaturangaben).

Board of Directors
siehe → Kapitalgesellschaft, amerikanische sowie → Board-Modell.

Board-Modell
(→ *Vereinigungsmodell*), aus dem anglo-amerikanischen Rechtskreis stammendes Modell zur Strukturierung der Organe einer Kapitalgesellschaft (corporation). Siehe auch → Kapitalgesellschaft, amerikanische und → Unternehmensführung, Grundlagen (mit Literaturangaben).

Bogen
besteht bei einer als → effektives Stück vorliegenden → Anleihe aus mehreren → Zinsscheinen und einem → Erneuerungsschein (Talon).

Bolero
(1) Bolero International Limited mit Sitz in London bzw. bolero.net ist 1998 als Joint Venture von zwei am weltweiten Außenhandel maßgeblich beteiligten Gesellschaftern gegründet worden: SWIFT (Society for Worldwide Interbank Financial Telecommunications) sowie TT-Club (Trans Through Mutual Insurance Association Limited), eine weltweit ausgerichtete Vereinigung einer großen Anzahl von Spediteuren, Reedereien usw. Inzwischen haben sich weitere Investoren an Bolero beteiligt.
(2) Bolero befasst sich insbesondere mit der elektronischen Abwicklung von Außenhandelsgeschäften und sucht die bisherige, in Papierform durchgeführte Dokumentation durch elektronische Dokumente zu ersetzen (→ Bolero-Dokumente, → Bolero Bill of Lading). Dazu stellt Bolero elektronische „Musterformulare" zur Verfügung, die von den Beteiligten abgerufen und – auf gesicherter Basis – mit dem Telekommunikationssystem SWIFT übermittelt werden können.
(3) Bolero.net ist auf alle Teilnehmer am (internationalen) Handel ausgerichtet, d.h. auf Exporteure, Importeure, Spediteure, Reedereien, Inspektionsgesellschaften, Banken usw.
Bolero weist inzwischen eine Anzahl von „Registered Partners" sowie „Trade Finance Partners" auf, insbesondere asiatische und US-amerikanische Unternehmen bzw. Finanzinstitute.
    Internetadresse: http://www.bolero.net.

Bolero Bill of Lading
elektronisches Konnossement; siehe → Bolero-Dokumente.

Bolero-Dokumente
→ Bolero hat für die wichtigsten Dokumente des Außenhandels elektronische Dokumente (elektronische Formulare) entwickelt. Dies gilt auch für solche Dokumente, die eine Legitimationsfunktion erfüllen und die Wertpapiereigenschaft haben. Von Bolero wurde ein elektronisches Konnossement geschaffen, das „Bolero Bill of Lading", das mit Hilfe eines zentralen Registers (Titel Registry Record) auch die elektronische Übertragung der Rechte und weitere Nachweise ermöglicht.

Bona-Fide-Holder-Klausel
siehe → Commercial Letter of Credit.

Bond Warrant
siehe → Optionsanleihe.

Bond(s)
engl. Bezeichnung für → Bankgarantien. Meistens in Verbindung mit der Art der Garantie, z.B. Bid Bond und Tender Bond für → Bietungsgarantie.
Häufig werden mit dem Begriff „Bond" auch andere finanz- und sicherungsbezogene Instrumente bezeichnet, z.B. Schuldverschreibungen.

Bonus-/Malus-Regelung
siehe → Bewertungsanpassung (bei → *Venture Capital*); Regelungselement des → Venture Capital-Beteiligungsvertrages einer Eigenkapitalfinanzierung (Venture Capital). Synonym: *Ratchets*.

Bonus-Zertifikat
Im Vergleich zu einem Investment in das → Basisobjekt sind Bonus-Zertifikate mit einem Polster (*Airbag*) ausgestattet. Dieses markiert eine kritische Schwelle. Wird diese während der Laufzeit des Zertifikats (oder während eines festgelegten Zeitraums) kein einziges Mal erreicht oder gar unterschritten, dann erfolgt bei Fälligkeit des Zertifikats eine Mindestrückzahlung, die sich aus dem Emissionspreis und einem Bonusbetrag zusammensetzt.
Wird diese kritische Marke auch nur ein einziges Mal erreicht oder unterschritten, dann erlischt der "Bonus-Mechanismus", das Zertifikat wird dann zum exakten Äquivalent (1:1) des zugrundeliegende Basisobjekts. Der Rückzahlungskurs des Zertifikats entspricht dann dem Kurs des Basisobjekts bei Fälligkeit.
Als Basisobjekt können neben → Aktien auch → Aktien-Indices fungieren.
Siehe auch → Zertifikate.

Book Runner
Lead Manager; siehe → Going Public, Durchführungsphase.

Bookbuilding
(*Going Public*). Die zentrale Eigenschaft des Bookbuilding-Verfahrens besteht in der Sammlung von Preis-Mengen Indikationen bei (in der Regel) institutionellen Investoren. In Mitteleuropa fällt das eigentliche Bookbuilding mit der → Zeichnungsfrist zusammen. Vor dem Beginn der Zeichnungsfrist wird die Bookbuildingspanne fixiert. Die Größe dieser Spanne beträgt in etwa 10 bis 25%. Während der Zeichnungsfrist haben die Investoren die Möglichkeit innerhalb der Bookbuildingspanne ihre Zeichnungswünsche direkt oder über eine vermittelnde Bank an die Emissionsbank zu übermitteln, wo sie der Lead Manager (Book Runner) im → Orderbuch gesammelt.
Im Gegensatz zum → Auktionsverfahren wird der Emissionspreis aber nicht beim maximal möglichen Preis fixiert. Vielmehr wird bei der Preisfestsetzung und der Zuteilung auch die Qualität der Investoren in die Entscheidung einbezogen. Ziel ist es die angebotenen Aktien in "feste Hände" zu überführen und so einen übermäßigen Preisdruck in der ersten Phase am → Sekundärmarkt zu vermeiden. Wie auch beim → Fixpreisverfahren übernimmt das → Emissionskonsortium das gesamte → Platzierungsrisiko.
Siehe auch → Going Public, Durchführungsphase (mit Literaturangaben).

Book-to-Market Ration
siehe → Markt-Buchwert-Relation.

BOOT-Modell
Abk. für → Build-Own-Operate-Transfer-Modell; siehe auch → Projektfinanzierung.

Bordkonnossement

Andere Bezeichnungen sind „An-Bord-Konnossement" sowie „Shipped on Board Bill of Lading". Das Bordkonnossement umfasst die Bestätigung der Reederei (bzw. deren Agent) über den Empfang der Güter zum Transport und über die erfolgte Verladung der Güter (in äußerlich guter Verfassung) auf dem benannten Schiff. Gegensatz siehe → Übernahmekonnossement; siehe auch → Konnossement.

Börse

ist ein regelmäßig zu einer bestimmten Zeit an einem bestimmten Ort stattfindender Markt für vertretbare Güter und meint in der Regel eine Wertpapierbörse, insbesondere für den Handel mit → Aktien auf dem → Aktienmarkt. Neben Wertpapierbörsen existieren vielfältige, auch lediglich regionale Waren- oder Produktbörsen. Gesetzliche Grundlage sind das Börsengesetz und dieses flankierende Gesetze.

Internetadressen: (Börsengesetz online) http://www.gesetze-im-internet.de; (tägliche Börsencharts und Börsenberichte) http://boerse.ard.de, http://www.böerse-online.de; (Frankfurter Wertpapierbörse) http://deutsche-boerse.com = http://www.exchange.de

Börsengang

siehe → Going public (mit Literaturangaben).

Börsenkapitalisierung

(Börsenwert). Die Börsenkapitalisierung stellt im weiteren Sinne den Marktwert aller zum Börsenhandel zugelassenen Wertpapiere eines → Emittenten dar und spiegelt somit zugleich den → Unternehmenswert (Marktwert des Eigenkapitals) wider. Im engeren Sinne bezieht sich die Börsenkapitalisierung auf den Marktwert der Gesamtheit aller Aktien eines Unternehmens (Equity Value) und ergibt sich aus dem Produkt aus der Anzahl der emittierten Aktien (eventuell unter Abzug eigener Aktien) und dem → Börsenkurs:

$$\text{Börsenkapitalisierung} = \text{Anzahl emittierter Aktien} \cdot \text{Börsenkurs}$$

Börsenkurs

Der Börsenkurs stellt den Preis je Aktie dar, der sich durch Angebot und Nachfrage an einer Börse ergibt. Er zeigt, wie das Unternehmen am Kapitalmarkt bewertet wird. Wird unterstellt, dass der Börsenkurs ausschließlich die Ertragserwartungen der Kapitalmarktteilnehmer bezüglich einer notierten Aktie widerspiegelt, entspricht der Börsenwert des gezeichneten Kapitals (=Marktkapitalisierung) dem marktmäßig objektivierten Ertragswert des Unternehmens. Unter dieser Annahme spiegelt die Differenz zwischen Börsenwert und Bilanzkurswert (→ Bilanzkurs) des gezeichneten Kapitals nicht nur die stillen Reserven wider, sondern auch darüber hinaus den (originären) Firmenwert des Unternehmens. Siehe auch → Börsenkapitalisierung (Börsenwert) und → Market-to-book-ratio.

Börsennotierte Aktiengesellschaft

Die Aktien börsennotierter AGs sind zum amtlichen Handel (§§ 36 ff. Börsengesetz), geregelter Markt (§§ 71 ff. Börsengesetz) und zum sog. Neuen Markt nicht aber zum Freiverkehr nach § 78 Börsengesetz zugelassen. Siehe auch → Aktiengesellschaft und → Aktiengesellschaft, Kleine.

Börsensegment

Ein Börsensegment ist ein Teilmarkt im Wertpapierhandel. Die Frankfurter Wertpapierbörse beispielsweise ist rechtlich in die Segmente Amtlicher Handel, Geregelter Markt und Freiverkehr gegliedert.

Börsenwert

siehe → Börsenkapitalisierung.

BOS-Funk

Begriff für spezielle Systeme des → *Mobilfunks*, die für sicherheitsrelevante Anwendungen bei Behörden und Organisationen mit Sicherheitsaufgaben (BOS) vorgesehen sind. Ein wichtiger Standard ist → TETRA.

Bottom Up Planung
Die Effizienz der → Geschäftsprozesse der operativen Unternehmenseinheiten wird meist über Mengengerüste (z.B. Stück, Gewicht, Durchlaufzeit, Time-to-Market) und Kennzahlen beschrieben. Für die finanzielle Unternehmensplanung werden mit Preisen und Kosten bewertete Mengen stufenweise bis zum Konzernplan aggregiert. Die Plandaten erhalten hierdurch eine andere Bedeutung. Siehe auch → Plandatenbasis und → Unternehmensplanung (mit Literaturangaben).

Bottom-Up-Ansatz
(im → *Portfoliomanagement*) entspricht einer Anlagestrategie im Rahmen des aktiven → Portfoliomanagements. Im Rahmen des Bottom-Up-Ansatzes weicht ein Investor von der passiven Strategie einer Nachbildung des Marktportfolios ab, indem er aktiv die Gewichtung einzelner Wertpapiere in einzelnen Länder- und Wertpapier-Klassen im Vergleich zu den (passiven) Kapitalisierungsverhältnissen verändert. Hinsichtlich der Gewichtung der Länderklassen und der Wertpapier-Klassen verhält sich der Investor passiv, indem er diese Klassen gemäß der jeweiligen Kapitalisierungsverhältnisse gewichtet. Siehe auch → Top-Down-Ansatz.

Bottom-Up-Struktur
siehe → Top-Down-Struktur.

Boykott
nach dem englischen Gutsverwalter C. Boycott benanntes Verhalten, bei der eine Person („Boykottierer") Dritte auffordert, eine andere Person („Boykottanten") vom geschäftlichen Verkehr auszuschließen bzw. sie darin zu behindern. Im → Arbeitsrecht bezeichnet der Boykott eine Kampfmaßnahme, durch die der Gegner in seinen wirtschaftlichen Kontakten beschränkt und damit unter Druck gesetzt werden soll; siehe auch → Arbeitskampf.

BPM
Abk. für → Business Process Management (BPM).

Brainstorming
(als → *Kreativitätstechnik*). Spezielle Form einer Gruppensitzung, in der durch ungehemmte Diskussion mit phantasievollen Einfällen kreative Leistungen erbracht werden. Sie arbeitet nach dem Prinzip freier Assoziation. Menschen werden ermutigt, spontan eine große Anzahl von Ideen zu produzieren. Insofern kommen eher Problemstellungen in Frage, die wenig komplex, aber dafür klar definierbar sind. Dabei sind einige wenige Regeln zwingend einzuhalten: (1) Die Teilnehmer können und sollen ihrer Phantasie freien Lauf lassen. Jede Anregung ist willkommen. Ideen sollen originell und neuartig sein (Freewheeling is welcomed!). (2) Ideenmenge geht vor Ideengüte. Es sollen möglichst viele Ideen erzeugt werden, auf die Qualität kommt es zunächst nicht an (Quantity is wanted!). (3) Es gibt keinerlei Urheberrechte. Die Ideen anderer Teilnehmer können und sollen aufgegriffen und weiterentwickelt werden. So kommt es zu Assoziationsketten (Combinations and improvements are sought!). (4) Kritik oder Wertung sind während des Brainstorming streng verboten. Es kommt auf eine positive Einstellung gegenüber eigenen und fremden, selbst abstrus erscheinenden Ideen an (Criticism ruled out!).
Das Wissen mehrerer Personen wird damit zur Lösung eines Problems genutzt. Denkpsychologische Blockaden werden ausgeschaltet. Die Aufhebung gedanklich restriktiver Grenzen zum Problem erweitert die Lösungsvielfalt. Das Kommunikationsverhalten der Beteiligten wird gestrafft und demokratisiert, unnötige Diskussionen werden vermieden.
Die optimale Teilnehmerzahl liegt erfahrungsgemäß zwischen fünf und acht Personen. Die Zusammensetzung der Gruppe sollte möglichst homogen hinsichtlich der hierarchischen Stufe und möglichst heterogen hinsichtlich Kenntnissen und Erfahrungen sein. Erforderlich ist die Auswahl eines Moderators, der die Gruppe an das Problem heranführt, auf die Einhaltung der Regeln achtet, stille Teilnehmer aktiviert, die Konzentration fördert und ansonsten sachlich zurückhaltend bleibt. Die Sitzungsdauer sollte 20 Minuten nicht unter- und 40 Minuten nicht überschreiten. Vor Beginn sind alle Gruppenmitglieder mit den Regeln vertraut zu machen. Die Aufzeichnung erfolgt durch Protokollant oder Tonband. Auftraggeber und Auswerter sollen nicht in der Gruppe mitarbeiten. Zu einzelnen Lösungsvorschlägen

werden ggf. (fern-)mündliche Ergänzungen eingeholt. Die Lösungsvorschläge werden bewertet und klassifiziert. Das Ergebnis wird den Sitzungsteilnehmern mitgeteilt.

Brainstorming

(im → *Risikocontrolling*). Brainstorming im Rahmen des → Risikocontrolling gilt als eine Vorstufe zur Erfassung von Risiken. Es erlaubt die systematische Identifikation von Risiken. Brainstorming hat hier das Ziel, losgelöst von methodischen Zwängen mit einer ebenenübergreifende Gruppenbildung und auch der Zusammenarbeit mit externen Experten in einem kreativen Prozess neue Risiken des Unternehmens zu erkennen. Insofern erfüllt Brainstorming eine Innovationsfunktion, es ermöglicht ein Ausbrechen aus herkömmlichen Gedankenmustern. Brainstorming reicht nicht als alleiniges Instrument zur Erfassung von Risiken aus. Es leistet vielmehr eine wichtige kreative Vorarbeit für diese.
Siehe auch → Kreativitätstechnik.

Brainwriting

6x5x3, siehe → Kreativitätstechnik.

Branch-and Cut-Algorithmen

Branch-and-Cut-Algorithmen sind Branch-and-Bound-Algorithmen, bei denen jedoch nicht nur im → *IP-Preprocessing* Cuts hinzugefügt werden, sondern auch während des Branch-and-Bound-Algorithmus. Dabei sind grundlegende Entscheidungen zu treffen z.B.: (a) an welchen Knoten sollen welche Cuts abgeleitetet werden? (b) sollen global gültige Cuts in das aktuelle Modell eingefügt werden oder in einem Cut-Pool gespeichert werden? (c) wie werden ineffektive Cuts identifiziert und wann sollen diese gelöscht werden? Siehe auch → Optimierung, Grundlagen und → Optimierungsmodelle, mathematische, jeweils mit Literaturangaben.

Branch-and-Bound-Baum

Die Teilmodelle (Knoten), die durch Separierung über Branching-Variablen im Branch-and-Bound / Cut-Algorithmus entstehen, können als Baum visualisiert werden. Eine Kante von einem Knoten zu seinem unmittelbaren Nachfolger repräsentiert eine zusätzliche Bedingung, z.B. $l_j \leq y_j \leq \lfloor a \rfloor$ die für den Nachfolger gelten muss. In der → Optimierungssoftware wird die Knotenliste aber nicht als Baum, sondern als eine lineare Liste gespeichert. Siehe auch → Optimierung, Grundlagen und → Optimierungsmodelle, mathematische, jeweils mit Literaturangaben.

Branche

Gruppe von Unternehmen, die Produkte herstellen oder Dienstleistungen anbieten, die sich aus Sicht des Kunden gegenseitig ersetzen können bzw. einen ähnlichen Nutzen abwerfen, oder Unternehmen, deren Produkte auf ähnlichen Rohstoffen basieren. Im industriellen Sektor werden auch Unternehmen zu einer Branche zusammengefasst, die das gleiche Herstellungsverfahren einsetzen (z.B. Bauindustrie) oder die gleichen Rohstoffe verwenden (z.B. Mineralölverarbeitung).

Internetadresse: Zur *Klassifikation der Wirtschaftszweige* des Statistischen Bundesamtes siehe: http://www.destatis.de.

Branchensoftware

bezeichnet Standardsoftware mit spezifischen Lösungsverfahren für eine Branche oder einen Wirtschaftszweig. Beispiele sind → Warenwirtschaftssysteme im Handel, Kontoführungssysteme bei Banken oder Systeme für die Risikoprüfung und Tarifierung bei Versicherungen (Underwriting-Systeme). Siehe auch → ERP-Systeme (mit Literaturangaben).

Brand Equity

(*Markenwert*), siehe → Markenbewertung. Siehe auch → Marke und → Markenführung.

Brand Extension

siehe → Markentransfer.

Brand Management
siehe → Markenpflege; siehe auch → Marke, → Markenbewertung und → Markenführung.

Brand Recall
Fähigkeit, ein Markenzeichen zu erinnern; siehe auch → Markenbekanntheit.

Brand Recognition
Fähigkeit, ein Markenzeichen wieder zu erkennen; siehe auch → Markenbekanntheit.

Brand Strength
siehe → Markenstärke.

Brand Value Driver
(*Markenwertindikatoren*) sind nicht monetäre Größen, die im Bereich der → Markenführung verbreitete Anwendung finden.
Bislang ist insbesondere aus dem Bereich der Unternehmenspraxis eine fast unüberschaubare Vielzahl an Instrumenten zur Messung von Brand Value Drivern entwickelt worden. Sehr häufig wird anstelle von Brand Value Drivern synonym von → Markenwertindikatoren gesprochen bzw. der Begriff → Markenstärke verwendet. Die → Markenstärke wird dann zumeist mehrdimensional (z.B. → Markenbekanntheit und → Markenimage), mitunter aber auch eindimensional (z.B. → Markennutzen) gemessen.
Die Bedeutung der Brand Value Driver insgesamt (bzw. der einzelnen Dimensionen der → Markenstärke) sowie die relative Bedeutung der einzelnen Driver ist noch weitgehend unklar. Insbesondere bei vielen von der Unternehmenspraxis vorgeschlagenen Verfahren kann man sich nicht des Eindrucks erwehren, dass die einzelnen Value Driver aus Plausibilitätsüberlegungen gewählt und willkürlich gewichtet werden. So werden nicht selten Vorteile im Hinblick auf Kosten, Zeit und Einfachheit mit gravierenden Validitätsproblemen erkauft. In diesem Sinne sind die meisten Ansätze derzeit zwar einfach sowie kosten- und zeitgünstig einsetzbar, dafür häufig allerdings nur eingeschränkt valide.
Auch hinsichtlich der empirisch validierten Ansätze, wie z. B. dem Markeneisbergmodell von Icon oder dem Brand Potential Index der → GfK, ist man weit davon entfernt, auch nur näherungsweise Einigkeit über die Art und Relevanz von Brand Value Drivern erzielt zu haben.
Siehe auch → Marke, → Markenrecht, → Markenbewertung (mit Literaturangaben) und → Markenführung (mit Literaturangaben).
Literatur: Andresen, T., Esch, F.-R.: Der Markeneisberg zur Messung der Markenstärke, in: Esch, F.-R. (Hrsg.): Moderne Markenführung, 3. Auflage, Wiesbaden 2001; Hupp, O.: Brand Potential Index, in: Diller, H. (Hrsg.): Vahlens Großes Marketing Lexikon, 2. Auflage, München 2001; Keller, K. L.: Conceptualizing, Measuring, and Managing Customer-Based Brand Equity, in: Journal of Marketing, Vol. 57, 1993; Sattler, H.: Markenpolitik, Stuttgart et al. 2001; Sattler, H.: Monetäre Bewertung von Markenstrategien für neue Produkte, Stuttgart 1997; Schimansky, A.: Der Wert der Marke, München 2001.

Break Bulk
(in der *Lagerwirtschaft*). Bezeichnung für die Auflösung von (empfangenen) Ladeeinheiten in Warenumschlagspunkten bzw. Warenlagern. Gegensatz → Consolidation.

Break-Even-Analyse (BEA)
(*Cost-Volume-Profit-Analysis, Gewinnschwellenanalyse, Nutzschwellenanalyse*). Die BEA dient der produkt-, bereichs- und unternehmensbezogenen Analyse in der Planungs- und der Kontrollphase. Im Gesamtkosten-Umsatz-Modell wird einer linearen Erlösfunktion eine lineare Kostenfunktion gegenübergestellt. Im Deckungsbeitragsmodell steht einem Fixkostenbetrag eine lineare Deckungsbeitragsfunktion gegenüber. Im Schnittpunkt der Kurven liegt die → Break-Even-Menge, mit der sich der Sicherheitsabstand bestimmen lässt. Mit der BEA lassen sich für eine → Sensitivitätsanalyse außer der Break-Even-Menge noch andere → kritische Werte wie erforderlicher „minimaler Preis" oder noch zulässige „maximale variable Stückkosten" ermitteln.
Siehe auch → Analysemethoden, betriebswirtschaftliche (mit Literaturangaben).

Literatur: Schweitzer, M. / Trossmann, E., Break-Even-Analyse, 2. Auflage, Berlin 1998
Küpper, H.U., Wagenhofer, A., Handwörterbuch Unternehmensrechnung und Controlling (HWU), 4.
Auflage, Stuttgart 2002; Lorson, P., Break-Even-Analyse, in: HWU, Sp. 207-219

Break-Even-Menge

(*Nutzschwelle, Deckungspunkt*) ist ein → kritischer Wert. Sie ist in dem Standardansatz der → Break-Even-Analyse bestimmt als die Produktions- oder Absatzmenge, bei der sich die gesamten Erlöse und die gesamten Kosten decken oder sich der Deckungsbeitrag und die Fixkosten decken. Die Break-Even-Menge ergibt sich als Quotient aus Fixbetrag (Fixkosten oder Fixkosten + Zielgewinn oder auszahlungswirksame Fixkosten) und Stückdeckungsbeitrag (Preis abzüglich stückvariable Kosten). Siehe auch → Analysemethoden, betriebswirtschaftliche (mit Literaturangaben).

Breakthrough Innovations

(*radikale Innovationen),* die sich unter dem Kriterium des Neuigkeitsgrades von den → inkrementalen Innovationen unterscheiden, sind regelmäßig mit *neuen „dominanten Designs"* verbunden, d.h. ein neuer Markt- und/oder Technologiestandard wird kreiert, an den sich die Wettbewerber anpassen müssen. Siehe → Innovations- und Technologiemanagement (mit Literaturangaben).

Bridge financing

siehe → Bridge Finanzierung und → Überbrückungsfinanzierung.

Bridge Finanzierung

(engl. *bridge financing*, bei → Venture Capital). → *Überbrückungsfinanzierung*, bei der einem Unternehmen Kapital zur Vorbereitung eines Börsengangs oder zur Überwindung von Wachstumsschwellen vor Verkauf an einen industriellen Investor zur Verfügung gestellt wird. Siehe auch → Venture Capital und → Going Public.

Briefhypothek

siehe → Hypothek; siehe auch → Kreditsicherheiten.

Briefing

ist die schriftliche Basis für die Zusammenarbeit zwischen der auftraggebenden Unternehmung und der ausführenden Werbeagentur. Es enthält alle wichtigen Informationen, die für die gestalterisch-kreative Tätigkeit der Werbeagentur benötigt werden. Dazu gehören insbesondere (a) die konkrete Aufgabenstellung und Zielsetzung, z.B. Angaben zur Positionierung, (b) grundlegende Informationen über das Unternehmen, das Produkt, die Zielgruppe, die Konkurrenten, den Markt und (c) Angaben über den Zeitplan und die zur Verfügung stehenden Ressourcen, insbesondere über das → Werbebudget.
Siehe auch → Werbung (mit Literaturangaben).

Briefing Book

(a) Begriff (angelsächsisch) für Informations-/Berichtsmappe; (b) eine Funktionalität computergestützter Management-Informationssysteme (→ MIS, Computergestützte), im Rahmen derer vorstrukturierte Informationen (→ Information, Grundinformationen) benutzerfreundlich in Zugriff gestellt werden.
Literatur: Laudon, K. C., Laudon, J. P. Management Information Systems, Managing The Digital Firm, 9th ed., Upper Saddle River 2006; Mertens, P., Griese, J.: Integrierte Informationsverarbeitung 2, Planungs- und Kontrollsysteme in der Industrie, 9. Auflage, Wiesbaden 2002

Briefkastengesellschaft

ist eine Form der → Basisgesellschaft. Unter einer Briefkastengesellschaft versteht man eine nach dem Recht des betreffenden Staates errichtete Gesellschaft, die keine wirtschaftliche Funktion ausübt. Sie verfügt über kein eigenes Personal, keine eigenen Liegenschaften oder Rechte an solchen und keinen eigenen Geschäftsbetrieb. Es existiert häufig lediglich eine bestimmte Adresse oder ein bestimmtes Postfach. Die Angelegenheiten einer Briefkastengesellschaft werden oft von einem sog. Verwaltungsrat abgewickelt, der üblicherweise aus ortsansässigen Rechtsanwälten, Notaren, Anlageberatern oder Treuhandunternehmen besteht.

Briefkastengesellschaften fallen unter den Tatbestand des Rechtsmissbrauchs nach § 42 AO bzw. des Scheingeschäfts gem. § 41 Abs. 2 AO.

Siehe auch → Steuerrecht, Internationales (mit Literaturangaben).

Briefkurs

(bei Devisen). Bei der sog. → Mengennotierung, die seit Einführung des Euro am Devisenmarkt gilt, ist der (höhere) Briefkurs der Ankaufskurs der Banken, d.h. jener Kurs, zu dem die Banken von ihren Kunden → Devisen und → Sorten ankaufen. Anmerkung: Bei Mengennotierung ist der → Geldkurs (Verkaufskurs der Banken) niedriger als der Briefkurs. Siehe auch → Preisnotierung (bei Devisen).

Bringprinzip

(*Push-Prinzip*), Materialflussprinzip, bei dem die Steuerung zweier aufeinander folgender Arbeitsstationen durch die vorgelagerte Station gesteuert wird. Gegenteil: → Holprinzip.

BRL

ISO-Code für Brasilianischer Real.

Broken Dates

gebrochene („krumme") Laufzeiten (anstelle der „glatten" Laufzeiten von 1, 2, 3, 6 oder 12 Monaten); vorkommend beispielsweise bei → Devisentermingeschäften.

Bruttobedarf

(→ *Materialwirtschaft*) stellt die Auflösung der im → Primärbedarf festgelegten Erzeugnisse in die zu beschaffenden Roh- und Hilfsstoffe sowie Teile und Halbfabrikate dar. Siehe auch → Materialbedarfsplanung. Siehe auch → Nettobedarf und → Materialbedarfsplanung.

Bruttosekundärbedarf

(→ *Materialwirtschaft*), Verbrauchsfaktoren, die gemäß Auflösung von Stücklisten und Hinzufügen von Sicherheitszuschlägen, Sonderbedarf und Ersatzteilmengen benötigt werden.

Buchführung, Grundlagen

Grundlagen der Buchführung

von Dr. Heiner Hahn
Universität Hamburg

1. Charakterisierung, geschichtliche Entwicklung und Rechtsgrundlagen

Charakterisierung: Buchführung (synonymer Begriff: Buchhaltung) ist die systematische Aufzeichnung sämtlicher betrieblicher Geschäftsvorfälle zum Zwecke der Dokumentation, Kontrolle und Informationsgewinnung. Als Teil des betrieblichen Rechnungswesens hat die Buchführung die Aufgabe, die realen güterwirtschaftlichen Umwandlungsprozesse eines Betriebes in Werteinheiten zu transformieren und damit Informationsgrundlagen für wirtschaftliche Erkenntnisse und Entscheidungsprozesse zu vermitteln.

Geschichtliche Entwicklung: Eine erste systematische Darstellung der Buchführung als kaufmännisches Aufzeichnungssystem erschien im Jahre 1494 von dem italienischen Mathematiker Luca Pacioli. In der Folgezeit entwickelten sich (z.T. national geprägte) Varianten, die sich in inhaltlicher und formaler Ausgestaltung unterschieden. Weiterentwicklungen unter Einsatz technischer Hilfsmittel (insbesondere der EDV) haben die Möglichkeiten der Erfassung, Verarbeitung und Auswertung der Daten vervollkommnet. Das grundlegende System der Buchführung hat jedoch in seiner ursprünglichen Form unverändert Bestand.

Rechtliche Grundlagen: Jeder Kaufmann ist nach Handelsrecht (§ 238 HGB) und Steuerrecht (§ 140 AO) zur Buchführung verpflichtet. Er muss die Bücher nach den → Grundsätzen ordnungsmäßiger Buchführung so gestalten, dass die wirtschaftliche Lage des Unternehmens für einen sachverständigen Dritten ersichtlich wird. Der Kaufmann hat jährlich eine Bestandsaufnahme (→ Inventur) zu machen, ein Bestandsverzeichnis (→ Inventar) und einen → Jahresabschluss, bestehend aus Bilanz und Gewinn- und Verlustrechnung, aufzustellen.

2. Buchführungssysteme:

Die *einfache* Buchführung beschränkt sich darauf, Veränderungen von Vermögen und Schulden zu dokumentieren. Aus der Differenz Vermögen minus Schulden kann das Eigenkapital ermittelt werden. Durch Gegenüberstellung des Eigenkapitalbestandes am Ende und am Anfang des Geschäftsjahres ergibt sich der Erfolg des Geschäftsjahres.

Um als Informationsgrundlage für betriebliche Entscheidungen und als Kontrollinstrument geeignet zu sein, muss die kaufmännische Buchführung jedoch die von jedem Geschäftsvorfall ausgehende zweifache Wirkung in einem geschlossenen System von → Konten erfassen. Dies geschieht im Rahmen der *doppelten* Buchführung, bei der jeder Vorgang im Soll (linke Seite) und im Haben (rechte Seite) unterschiedlicher → Konten gebucht wird.

Von der kaufmännischen Buchführung ist die → kameralistische Buchführung zu unterscheiden. Sie wurde in der Vergangenheit von öffentlichen Verwaltungen für die Rechnungslegung öffentlicher Haushalte verwendet, wird jedoch wegen zu geringer Aussagekraft mehr und mehr von der kaufmännischen Buchführung verdrängt.

3. Bücher der kaufmännischen Buchführung:

Grundlage der Buchführung sind schriftliche Belege, aus denen sich alle relevanten Informationen über einen Geschäftsvorfall ergeben. Die belegten Vorgänge werden in chronologischer Folge im → Grundbuch (Journal) erfasst. Im → Hauptbuch werden sie, nach sachlichen Kriterien geordnet, in Kontoform (→ Konto) dargestellt. Für die Erfassung weiter gehender oder differenzierender Informationen können zusätzlich → Nebenbücher geführt werden (→ Anlagenbuch, → Kontokorrentbuch).

4. System der kaufmännischen Buchführung:

Ausgehend vom Aufbau der Bilanz (→ Jahresabschluss), in der sich die Vermögenswerte (Aktiva) auf der linken Seite und das im Unternehmen eingesetzte Kapital (Passiva), untergliedert in → Eigenkapital und → Fremdkapital, auf der rechten Seite in Kontoform (→ Konto) gegenüberstehen, wird in der Buchführung für jeden der ausgewiesenen Bilanzposten ein eigenes Bestandskonto eingerichtet. In den Bestandskonten werden, ausgehend vom Anfangsbestand zu Beginn eines Geschäftsjahres, die Bestandsveränderungen in der Weise erfasst, dass die Bestandsmehrungen stets auf der Seite des Anfangsbestandes und die Minderungen auf der gegenüber liegenden Seite gebucht werden.

Bringt man beide Seiten des Kontos betragsmäßig zum Ausgleich, entspricht der Ergänzungsbetrag auf der kleineren Seite, der so genannte Saldo, logischerweise dem Endbestand. Endbestand = Anfangsbestand + Zugänge - Abgänge. Somit kann jederzeit durch Saldierung des Bestandskontos ohne körperliche Bestandsaufnahme (→ Inventur) der aktuelle Bestand ermittelt werden.

Analog zu den Posten auf der Aktiv- und Passivseite der → Bilanz werden in der Buchführung Aktivkonten und Passivkonten gleicher Bezeichnung als Bestandskonten eingerichtet. Gebucht wird nach folgendem Schema:

Soll Aktivkonten Haben			Soll Passivkonten Haben	
Anfangsbestand Mehrungen	Minderungen Endbestand (als Saldo)		Minderungen Endbestand (als Saldo)	Anfangsbestand Mehrungen
Summe	Summe		Summe	Summe

Die Salden der Bestandskonten (= Endbestände) werden im Schlussbilanzkonto (SBK) auf der gegenüberliegenden Seite gegengebucht. Die spiegelbildliche Buchungssystematik (Sollbuchung = Habenbuchung) führt zwingend dazu, dass bei richtiger Buchung die Summen beider Seiten des SBK übereinstimmen müssen.

Soll	SBK	Haben
Salden der Aktivkonten (= Endbestände der Vermögensposten)	Salden der Passivkonten (= Endbestände der Kapitalposten)	
	Summe Soll = Summe Haben	

5. Geschäftsvorfälle

führen stets zu einer Veränderung der Bilanzposten des Vermögens und/oder des Kapitals. Vier verschiedene Arten von Änderungen sind möglich. Dementsprechend wird zwischen vier Grundtypen von Geschäftsvorfällen unterschieden:

1. Tausch zwischen zwei Aktivposten (= Aktivtausch)
   Beispiel: Ein Kunde begleicht eine fällige Rechnung in bar.
   Mehrung des Aktivpostens "Kasse" (= Buchung im Soll),
   Minderung des Aktivpostens "Forderungen" (= Buchung im Haben).
2. Tausch zwischen zwei Passivposten (= Passivtausch)
   Beispiel: Wir überweisen fällige Liefererrechnung von unserem überzogenen Bankkonto.
   Minderung des Passivpostens "Verbindlichkeiten aus Lieferungen und Leistungen" (= Buchung im Soll),
   Mehrung des Passivpostens "Verbindlichkeiten gegenüber Kreditinstituten" (= Buchung im Haben).
3. Mehrung eines Aktiv- und eines Passivpostens (= Aktiv-/Passivmehrung)
   Beispiel: Wir kaufen Rohstoffe gegen Rechnung.
   Mehrung des Aktivpostens "Rohstoffe" (= Buchung im Soll),
   Mehrung des Passivpostens "Verbindlichkeiten aus Lieferungen und Leistungen" (= Buchung im Haben).
4. Minderung eines Aktiv- und eines Passivpostens (= Aktiv-/Passivminderung)
   Beispiel: Wir begleichen eine fällige Liefererrechnung in bar.
   Minderung des Passivpostens "Verbindlichkeiten aus Lieferungen und Leistungen" (= Buchung im Soll),
   Minderung des Aktivpostens "Kasse" (Buchung im Haben).

Als Folge der spiegelbildlichen Darstellung in den Aktiv- und Passivkonten ergibt sich ein stringentes System, in dem ausnahmslos jeder Geschäftsvorfall zwingend zu einer gleich großen Buchung im Soll und im Haben verschiedener Konten führt.

6. Buchung von Erfolgsvorgängen:

Erfolgswirksame Vorgänge führen zu einer Veränderung des Eigenkapitals. Um die Quellen des wirtschaftlichen Erfolgs ermitteln zu können, werden diese Vorgänge nicht unmittelbar im Eigenkapitalkonto gebucht, sondern in → Erfolgskonten (Aufwands- und Ertragskonten), die als Unterkonten des Eigenkapitalkontos eingerichtet werden. Die Salden der einzelnen Aufwandskonten werden im Gewinn- und Verlustkonto (GuV) gesammelt; dessen Saldo (Gewinn oder Verlust) wird im Eigenkapitalkonto gegengebucht.

Buchungsschema:

Soll	Aufwandskonten	Haben	Soll	Ertragskonten	Haben
Aufwandsbuchung					Ertragsbuchung
	Saldo → GuV		Saldo → GuV		
	Summe	Summe		Summe	Summe

Soll	GuV-Konto	Haben
Salden der Aufwandskonten	Salden der Ertragskonten	
Saldo = Gewinn	Saldo = Verlust	
(wenn Erträge > Aufwendungen)	(wenn Aufwendungen > Erträge)	
	Summe	Summe

Ein Gewinnsaldo wird im Haben, ein Verlustsaldo im Soll des Eigenkapitalkontos gegengebucht; in der Veränderung des Eigenkapitals zeigt sich der wirtschaftliche Erfolg des Geschäftsjahres.

Soll	Eigenkapital	Haben	Soll	Eigenkapital	Haben
	(bei erwirtschaftetem Gewinn)			(bei erwirtschaftetem Verlust)	
Endbestand	Anfangsbestand		- Verlustsaldo	Anfangsbestand	
	+ Gewinnsaldo		des GuV-Kontos		
	des GuV-Kontos		Endbestand		
	Summe	Summe		Summe	Summe

7. Erfolgsquellen:

Wichtigste Ertragsquellen sind für Industriebetriebe die Umsatzerlöse aus dem Verkauf der produzierten Erzeugnisse, für Handelsbetriebe die Umsatzerlöse aus dem Verkauf der Handelswaren. Um Umsatzerlöse aus den Absatzleistungen erzielen zu können, müssen Aufwendungen für den Einsatz von Material bzw. Waren, Personal und Betriebsmitteln geleistet werden. Der Erwerb von Betriebsmitteln, wie Gebäude, Maschinen, Fuhrpark, Geschäftsausstattung, ist in Höhe der Anschaffungskosten als Vermögenszugang im jeweiligen Aktivkonto zu buchen. Durch nutzungsbedingten Verschleiß, zunehmenden Alterungsgrad, technischen Fortschritt und andere Faktoren treten bei diesen Anlagen jedoch Wertminderungen ein, die als gewinnmindernder Aufwand in Form von → Abschreibungen verrechnet werden müssen.

8. Periodengerechte Erfolgsabgrenzung

Ein Problem der Buchführung ist die Ermittlung des im Geschäftsjahr erwirtschafteten Periodenerfolgs. Da der Erfolg in der kaufmännischen Buchführung nicht aufgrund von Zahlungseingängen und -ausgängen gemessen wird, sondern durch Gegenüberstellung von Erträgen und Aufwendungen, die nicht alle von Zahlungsvorgängen begleitet werden, müssen die Erfolgsvorgänge dem Geschäftsjahr zugeordnet werden, in dem sie verursacht werden. Besonders problematisch ist die richtige Erfassung der nicht zahlungswirksamen Erfolgsvorgänge. Zu ihnen zählen u.a. → Abschreibungen und die Bildung von → Rückstellungen (siehe auch → Rechnungsabgrenzungsposten).

9. Standardisierung der Buchführung

Zur Standardisierung der Buchführung werden die Konten in einem numerischen System, einem so genannten → Kontenrahmen gegliedert. Da sich die Anforderungen an die Buchführung je nach Branche, Rechtsform und Unternehmensgröße unterscheiden, werden unter Berücksichtigung dieser Besonderheiten unterschiedliche Kontenrahmen verwendet (→ Industriekontenrahmen, → Kontenrahmen für den Groß- und Außenhandel, → EDV-Kontenrahmen).

Hinweis
Zu den angrenzenden Wissensgebieten siehe → Abschlusserstellung nach US-GAAP, → Anlagever-mögen, → Betriebsabrechnung (BAB), → Bilanzanalyse, → Eigenkapital, → Internationale Rech-nungslegung nach IFRS, → Jahresabschluss nach deutschem Recht, → Jahresabschluss nach schweize-rischem Recht, → Kapitalflussrechnung, → Kennzahlen, finanzwirtschaftlich, → Kennzahlen, wertori-entierte, → Körperschaftsteuer, → Kostenartenrechnung, → Kostenstellenrechnung, → Konzernab-schluss, → Rückstellungen, → Sonderbilanzen, → Steuerbilanzpolitik, → Steuerrecht, Internationales, → Swiss GAAP FER, → Umlaufvermögen.

Literatur: Hahn, H. / Wilkens, K.: Buchhaltung und Bilanz, Teil A: Grundlagen der Buchhaltung, 7. Aufl., München 2007; Buchner, R.: Buchführung und Jahresabschluss, 7. Aufl., München 2005; Dö-ring, U. / Buchholz, R.: Buchhaltung und Jahresabschluss, 9. Aufl., Berlin 2005; Eisele, W.: Technik des betrieblichen Rechnungswesens, 7. Aufl., München 2002; Engelhardt, W. / Raffee, H. / Wicher-mann, B.: Grundzüge der doppelten Buchführung, 6. Aufl., Wiesbaden 2004; Gabele, E. / Mayer, H.: Buchführung, 5. Auf., München 2003; Leffson, U.: Die Grundsätze ordnungsmäßiger Buchführung, 7. Aufl., Düsseldorf 1987.

Internetadressen: (Fachverbände) www.bbh.de; www.boeb.at; www.bvbc.de; www.dstv.de; www.emaa.de; www.veb.ch; www.wpk.de.

Buchführungsrecht, schweizerisches
siehe → Jahresabschluss nach schweizerischem Recht.

Buchhypothek
siehe → Hypothek; siehe auch → Kreditsicherheiten.

Budget
(im → *Erfolgscontrolling*). Ein Budget ist ein häufig auf dem Erfolgsziel beruhender Vorgaberahmen, der einer Organisationseinheit für einen festgelegten Zeitraum mit einer gewissen Verbindlichkeit vor-gegeben wird. Vorgaben dienen der Steuerung des Unternehmens insbesondere von organisatorischen Einheiten (Verantwortungsbereiche). Budgets werden traditionell für einen Zeitraum von einem Jahr festgelegt (operative Planung und Kontrolle). Neben der Funktion der Vorgabe sind weitere Funktionen der Budgetierung die Koordination der gesamten Aktivitäten des Unternehmens, die Zuweisung der hierfür benötigen Ressourcen wie Personal und Finanzen sowie die Motivation, der an der → Budgetie-rung beteiligten Mitarbeiter.
Siehe auch → Budgetsystem und → Erfolgscontrolling (mit Literaturangaben).

Budget
(in der *Kostenrechnung*). Ein Budget stellt einen auf eine künftige Periode bezogenen, globalen oder auch nach Kostenarten differenzierten (Plan-)Kostenwert dar, der einer betrieblichen Entscheidungs-einheit mit einem bestimmten Verbindlichkeitsgrad vorgegeben wird. Der Budgetbegriff lässt sich un-tergliedern nach (1) der Entscheidungseinheit (Funktionen, Produkte, Regionen, Unternehmenshierar-chie), (2) der Geltungsdauer (Monats-, Quartals-, Jahresbudget) und (3) der Wertdimension (Ausgaben-, Kosten-, Umsatzbudget).
Die *Budgetierung* umfasst folglich den organisatorischen Prozess der Aufstellung, Verabschiedung, Kontrolle und Abweichungsanalyse von Budgets. Die Ermittlung und Ursachenanalyse von Abwei-chungen zwischen Budget-Werten und Ist-Werten erfolgt in den sog. *Budgetberichten*.
Siehe auch → Kostenartenrechnung und → Kostenstellenrechnung, jeweils mit Literaturangaben.

Budgetierung
bezeichnet den Prozess der Budgeterstellung. Als Ergebnis sollte ein abgestimmtes System von → Budgets (→ Budgetsystem) vorliegen. Da es nicht möglich ist, alle Budgetparameter und -variablen gleichzeitig (simultan) festzulegen, werden die Budgets schrittweise (sukzessiv) entwickelt. Ein Top-down-Ansatz liegt vor, wenn zuerst die Unternehmensleitung zentral die Vorgaben ermittelt, beim Bot-

tom-up-Ansatz budgetieren die organisatorischen Bereiche zuerst und dann erfolgt die Gesamtabstimmung. In Unternehmen wird meist das Gegenstromverfahren eingesetzt, bei dem zuerst zentrale Ziele von der Unternehmensleitung vorgegeben werden und in einem zweiten Schritt die Budgets der Bereiche auf Basis dieser Ziele ermittelt werden.
Siehe auch → Erfolgscontrolling (mit Literaturangaben).

Budgetsystem

Die Zusammenstellung aller Teilbudgets im Unternehmen ergibt das Budgetsystem, das aus den verschiedenen Funktionsbudgets wie z. B. Absatz, Fertigung, Beschaffung und Verwaltung sowie dem Erfolgsbudget, der budgetierten Bilanz und dem Finanzmittelbudget besteht. Insbesondere letztere Budgets sind notwendig, wenn neben die Erfolgsbetrachtung die Beurteilung der Liquidität tritt.
Siehe auch → Budget, → Budgetierung und → Erfolgscontrolling (mit Literaturangaben).

Building-block approach

siehe → Optionen, Kapitel 1 und → Finanzinnovationen, Kap. 6.

Build-Own-Operate-Transfer-Modell

(Abk.: BOOT-Modell). Finanzierungsmodell im Rahmen von → Projektfinanzierungen, bei dem der Exporteur (der Errichter der Anlage) für einen festgelegten Zeitraum unternehmerähnliche Funktionen und Risiken übernimmt. (1) "Build" bedeutet, dass der Exporteur für die Errichtung und für die Fertigstellung des Projekts zuständig ist. (2) "Own" bedeutet, dass der Exporteur für einen festgelegten Zeitraum Miteigentümer des Projekts ist. (3) "Operate" bedeutet, dass der Exporteur für einen bestimmten Zeitraum Mitbetreiber des Projekts ist. (4) "Transfer" bedeutet, dass der Exporteur für einen bestimmten Zeitraum die Verantwortung für den Transfer der erwirtschafteten Projekterlöse zur Zinszahlung und Tilgung des Projektkredits übernimmt.

Bulk-Factoring

siehe → Inhouse-Factoring; siehe auch → Factoring.

Bullwhip-Effect

(*Bull-Whip-Effekt, Peitschenschlageffekt, whiplash-, whipsaw-effect*), Bezeichnung für die Verstärkung von Auftragsschwankungen innerhalb fragmentierter → Supply Chains. Einzelheiten siehe → Peitschenschlageffekt; siehe auch → Logistik, Grundlagen (Logistik Management) und → Supply Chain Management, jeweils mit Literaturangaben.

Bummelstreik

besondere Form des → Arbeitskampfes, bei der die Arbeitsleistung nicht vollständig unterbleibt, sondern verzögert und/oder schlecht erbracht wird.

Bundesanleihe

siehe → Anleihe der öffentlichen Hand.

Bundesanstalt für Finanzdienstleistungsaufsicht (BaFin)

Die Bundesanstalt für Finanzdienstleistungsaufsicht, eine bundesunmittelbare, rechtsfähige Anstalt des öffentlichen Rechts, wurde zum 1. Mai 2002 gegründet worden. Sie ist ein Zusammenschluss der drei ehemaligen Bundesaufsichtsämter für das Kreditwesen (BAKred), für das Versicherungswesen (BAV) und für den Wertpapierhandel (BAWe). Die BaFin nimmt u.a. die Bundesaufsicht über Versicherungsunternehmen wahr. Dabei ist sie neben den Versicherungsnehmern auch den Investoren und der Stabilität des Finanzsystems verpflichtet.
Internetadresse: http://www.bafin.de

Bundesvereinigung der Deutschen Arbeitgeberverbände (BDA)

Spitzenverband der privaten Arbeitgeber aller Branchen mit Ausnahme der Eisen- und Stahlindustrie mit Sitz in Berlin; siehe auch → Arbeitgeberverband.

Bürge
siehe → Bürgschaft.

Bürgschaft
Die Bürgschaft zählt zu den persönlichen → Kreditsicherheiten (Kreditsicherungsmitteln). Bei ihr verpflichtet sich der Bürge gegenüber dem Gläubiger für die Verbindlichkeit eines Schuldners einzustehen (765 BGB). Grundsätzlich muss sich der Gläubiger zum Zweck der Bezahlung seiner Forderung zunächst an den Schuldner wenden. Der Bürge kann seine Inanspruchnahme vor der des Schuldners durch die sog. *Einrede der Vorausklage* verhindern (§ 771 BGB). Diese Möglichkeit besteht erstens nicht (§ 349 HGB), wenn sich ein Kaufmann i.S.d. §§ 1 ff. HGB verbürgt hat und die Bürgschaft in seinen Geschäftsbereich fällt (§§ 343, 344 HGB). Zweitens schließen die Parteien die Einrede der Vorausklage in der Praxis oft selbst aus (§ 773 Abs. 1 Nr. 1 BGB). Es einsteht dadurch eine *selbstschuldnerische* Bürgschaft, bei der der Gläubiger unmittelbaren Zugriff auf das Vermögen des Bürgen nehmen kann.
Die Bürgschaft entsteht durch eine entsprechende vertragliche Vereinbarung zwischen den Bürgen und des Gläubiger der zu sichernden Forderung. Nur die Erklärung des Bürgen muss schriftlich sein (§ 766 BGB). Ist der Bürge ein Kaufmann und fällt sie in seinen Geschäftsbereich (§§ 343, 344 HGB) bedarf es der Form der Bürgschaftserklärung nicht (§ 350 HGB).
Wie die → Hypothek ist die Bürgschaft *akzessorisch*, d.h. die Höhe und der Bestand der Bürgschaft ist abhängig von dem Bestand und der Höhe der durch sie gesicherten Forderung. Bürge und Gläubiger können allerdings vereinbaren, dass die Bürgschaft nur bis einem bestimmten Betrag sichern soll (Höchstbetragsbürgschaft). Der Bürge kann seine Inanspruchnahme auch dadurch ausschließen, dass er sich auf Gegenrechte (z.B.: Anfechtung, Aufrechnung, Mängelgewährleistung) beruft, die der Schuldner gegenüber dem Gläubiger geltend machen könnte (§§ 768, 770 BGB).
Zahlt der Bürge, geht die Forderung für die er sich verbürgt hat, auf ihn über (§ 774 BGB).
Siehe auch → Kreditsicherheiten (mit Literaturangaben).
    Literatur: Hans-Jürgen Lwowski, Wolfgang Gößmann, Helmut Merkel: Kreditsicherheiten. Recht der Wirtschaft (RdW), Band 1 Grundzüge für Studium und Praxis, Schmitt Eich Verlag 2005.

Bürgschaft des Bundes
(Hermes-Bürgschaft, Deutschland), Form der sog. Hermes-Deckungen zur Sicherung deutscher Exportgeschäfte; siehe auch → Exportkreditgarantien des Bundes. Eine Hermes-Bürgschaft liegt vor, wenn der ausländische Vertragspartner des deutschen Deckungsnehmers (z.B. ein deutscher Exporteur) oder ein für das Forderungsrisiko voll haftender Garant ein Staat, eine Gebietskörperschaft oder eine vergleichbare Institution ist. Bürgschaften des Bundes decken folglich Risiken, die i.W. politisch verursacht sind. Siehe auch → Garantien des Bundes (Hermes-Garantien).
    Internetadressen: (AuslandsGeschäftsAbsicherung der BRD) www.agaportal.de, www.exportkredit garantien.de.

Burn Rate
ist der Kapitalverbrauch eines Unternehmens innerhalb eines bestimmten Zeitraums.

Burn-out Turn-around
ist die erfolgreiche Umgestaltung bzw. Restrukturierung eines Unternehmens, das große wirtschaftliche Probleme hatte. Siehe auch → Private Equity.

Büroauskunft
siehe → Wirtschaftsauskunft.

Bürokratieansatz
Der Bürokratieansatz ist ein Ansatz der → *Organisationstheorie*. Der Soziologe Max Weber (1864-1920) hat Gestalt und Funktionsweise der Bürokratie eingehend beschrieben. Für ihn war die Bürokratie vor allem ein modernes und rationales, legitimes Herrschaftsinstrument. Im Vergleich zu den früheren Formen der Herrschaft (charismatische und traditionale Herrschaft), erschien ihm die zweckrational konzipierte, unpersönliche Herrschaft der Bürokratie als Fortschritt.

Literatur: Bea, F. X., Göbel, E.: Organisation, 2. Auflage, Stuttgart 2002, S. 42-53; dieselben: Organisation, 3. Auflage, Stuttgart 2006; Weber, M.: Wirtschaft und Gesellschaft, 5. Auflage, Tübingen 1980.

Business Angel

Bei Business Angels – der Begriff und das Konzept stammen aus den USA – handelt es sich um unternehmerisch erfahrene Privatinvestoren, die Gründern in der Frühphase der Gründung zum einen ihren Rat und ihre Kontakte anbieten und zum anderen – zumeist im Vorfeld der Hereinnahme einer → Venture Capital-Gesellschaft – Beteiligungskapital bereitstellen. Siehe auch → Existenzgründung (mit Literaturangaben).

Business Ethics

siehe → Unternehmensethik.

Business Format Franchising

(*Leistungsprogramm-Franchising*) bezieht sich auf die Überlassung umfassender Geschäftskonzeptionen an Franchisenehmer; siehe auch → Franchising.

Business Intelligence

Business Intelligence

von Univ.-Professor Dr. Andreas Hilbert und Dipl.-Kauffrau Karoline Schönbrunn
Technische Universität Dresden, Professur für Wirtschaftsinformatik,
insbes. Informationssysteme im Dienstleistungsbereich

1. Begriffsabgrenzung und Synonyme

Business Intelligence (BI) ist ein verhältnismäßig junger und uneinheitlich verwendeter Begriff und wird im betriebswirtschaftlichen Kontext meist sehr technisch als „die Bereitstellung und Speicherung von Informationen über ein Unternehmen und dessen Umfeld sowie die Analyse der zur Entscheidungsunterstützung dienenden Daten" verstanden. Inhaltlich stimmt diese Sichtweise im Kern mit den meisten, wissenschaftlich geprägten Definitionen der → Managementunterstützungssysteme überein, auch wenn sich in der betrieblichen Praxis eher der Begriff Business Intelligence etablieren konnte; ein Begriff, der im Übrigen auf Überlegungen der Gartner Group zurückgeht.

Das Wort *Intelligence* hat hierbei im Übrigen nicht die Bedeutung von Einsicht oder Erkenntnisvermögen. Es soll vielmehr den Austausch von Nachrichten und Informationen im Kontext der Fundierung (unternehmensbezogener) Entscheidungen bezeichnen; eine Sichtweise, wie sie z.B. auch in der Bezeichnung des amerikanischen Geheimdienstes CIA, der Central Intelligence Agency, zum Ausdruck gebracht wird. Auf Basis dieses Teilbegriffes haben sich im Übrigen eine Reihe weiterer Begriffe herauskristallisiert, die als vollwertige Synonyme für Business Intelligence verwendet werden. Beispiele hierfür sind etwa Technical Intelligence, Strategic Intelligence oder auch Market Intelligence.

Schließlich bleibt zu erwähnen, dass der Begriff *Competitive Intelligence* (CI), der ebenfalls häufig als Synonym für Business Intelligence Verwendung findet, differenziert von diesem betrachtet werden muss, da sich Competitive Intelligence eher auf die systematische, andauernde und legale Sammlung von Daten aus dem Umfeld des Unternehmens bezieht, während Business Intelligence neben diesen Informationen auch die Auswertung unternehmensinterner Daten berücksichtigt.

2. Begriffsverständnis

Der Begriff Business Intelligence kann unterschiedlich weit aufgefasst werden. Ein enges Verständnis beschränkt sich dabei vor allem auf die Bereitstellung von Methoden und Werkzeugen der Informationstechnik zur Wahrnehmung der oben genannten Aufgabe und somit ausschließlich auf die Informationstechnik selbst. Ein eher analytisches Verständnis versteht Business Intelligence hingegen als Methode bzw. Vorgehensweise im Rahmen von Managementansätzen wie z.B. dem → Wissensmanagement, dem → Customer Relationship Management (CRM) oder der informationstechnologischen Umsetzung der → Balanced Scorecard. Verbreitet ist auch ein eher prozessorientiertes Verständnis zu finden, bei dem der Schwerpunkt auf der informationsorientierten Prozessgestaltung zur kontinuierlichen Anpassung der Datenbasis sowie der Methoden und Werkzeuge an die Informationsstrategie des Unternehmens (strategic alignment) ruht. Weit gefasste Erklärungsversuche subsumieren unter Business Intelligence hingegen eine Vielzahl von unterschiedlichen Konzepten und Ansätzen zur Analyse und Auswertung von Geschäftsprozessen und zum Verständnis relevanter Wirkungszusammenhänge.

3. Business Intelligence als integrierter Gesamtansatz

Aufgrund einer stetigen Ausweitung der zur Verfügung stehenden Daten (Information Overload) sowie der massiven Veränderung des Marktumfeldes können in vielen Bereichen einzelne, vor allem isolierte Systeme zur Managementunterstützung den immer höheren, internen und externen Anforderungen an Transparenz und Fundierung nur noch unzureichend genügen. Diese grundlegende Problematik erfordert deshalb neue, integrierte Lösungsansätze im Bereich der IT-basierten Managementunterstützung und genau hier kann Business Intelligence einen entscheidenden Mehrwert liefern, in dem BI als „integrierter, unternehmensspezifischer und IT-basierter Gesamtansatz zur betrieblichen Entscheidungsunterstützung verstanden" wird und nicht nur als „die Bereitstellung und Speicherung von Informationen über ein Unternehmen und dessen Umfeld sowie die Analyse der zur Entscheidungsunterstützung dienenden Daten". Der entscheidende Aspekt ist hier also die Integrativität und der unternehmerische Gesamtansatz, durch den zugleich auch eine Unternehmensdenkweise zum Ausdruck gebracht wird.

Die Ausgestaltung dieses Ansatzes findet nun auf Basis eines dreischichtigen Ordnungsrahmens statt, der die Einordnung und Positionierung einzelner Subsysteme umfasst. In der ersten Schicht erfolgt z.B. die Bestimmung und Bereitstellung (data delivery) von quantitativen sowie qualitativen, strukturierten oder unstrukturierten Basisdaten. Diese Bereitstellung kann direkt in einem operativen System (Enterprise Resource Planning-System, auch → ERP-System genannt) oder besser als integrierte Sammlung relevanter Daten in einem → Data Warehouse oder in spezialisierten → Data Marts erfolgen.

In der zweiten Schicht (discovery of relations, patterns and principles) sollen dann relevante Zusammenhänge, Muster und Musterbrüche sowie Diskontinuitäten gemäß vorbestimmten Hypothesen (oder auch hypothesenfrei) aufgedeckt werden. Dies kann beispielsweise durch multidimensionale Analysen, dem → Online Analytical Processing (OLAP), oder mit Hilfe des → Data Mining erfolgen.

Die dritte Schicht (knowledge sharing) beschäftigt sich schließlich mit der Kommunikation der Erkenntnisse und der Integration dieser in das Wissensmanagement der Unternehmung. Die gewonnenen Erkenntnisse sollten verteilt und genutzt werden, um so Maßnahmen und Entscheidungen zu stützen sowie das generierte Wissen in Aktionen umzusetzen.

Insbesondere durch die letzte Schicht, aber auch durch die in Schicht eins zum Ausdruck gebrachte unternehmerische Einsicht in die Notwendigkeit der Datenbereitstellung wird deutlich, dass es sich bei Business Intelligence somit um mehr als nur die Analyse von Daten handelt, es ist vielmehr ein *integrierter Gesamtansatz* unternehmerischen Handelns.

4. Analysesysteme des Business Intelligence

Die Analysesysteme, die vor allem der Unterstützung der zweiten Schicht (discovery of relations, patterns, and principles) dienen, lassen sich grob in die *berichts- und methodenorientierten* sowie die *konzeptorientierten Systeme* unterteilen, die im Folgenden beschrieben werden sollen:

Berichts- und methodenorientiert: Im Rahmen dieser Ansätze stehen üblicherweise unterschiedlich komplexe und niveauvolle Auswertungsmöglichkeiten zur Verfügung. Zunächst einmal sind als einfachste Form der Informationsaufbereitung die → Standardberichtssysteme zu nennen, die lediglich Informationen in Tabellen- und Diagrammform darstellen. Aufgrund ihrer einfachen Funktionalität verlangen diese Systeme vom Benutzer nur geringe IT-Kenntnisse, fördern so aber auch nur wenig aussagekräftige Resultate zu Tage. Des Weiteren sind komplexere sog. Adhoc-Berichtssysteme im Einsatz, deren bekanntester Vertreter das → Online Analytical Processing (OLAP) ist. Mit diesen Systemen lassen sich auch tiefer gehende, mehrdimensionale Fragestellungen, wie z.B. nach dem Umsatz eines bestimmten Produktes in einer bestimmten Region während einer bestimmten Zeit in Folge einer bestimmten Werbekampagne, schnell und intuitiv beantworten. Die anspruchsvollste Form der Analyse im Rahmen des analytischen Business Intelligence ist aber die Wissensentdeckung in Datenbanken

(→ Knowledge Discovery in Databases). Diese Art der Auswertung impliziert zugleich einen Prozess, bei dem aus großen Datenbeständen neues, nicht-triviales und relevantes Wissen generiert wird. Die zentrale Prozessphase nimmt dabei das → Data Mining ein, bei dem die potenziell interessanten Muster aus dem (selektierten und aufbereiteten) Datenbestand extrahiert und beschrieben werden. Dabei sind vor allem Fragestellungen der → Klassifikation, der → Prognose oder der → Segmentierung (Clustering) von Interesse. Aber auch nicht-triviale Beziehungen zwischen Objekten (→ Assoziationsanalyse) oder nicht-triviale Abfolgen spezifischer Vorgänge (→ Sequenzanalyse) gilt es mit Hilfe des Data Mining aufzudecken.

Konzeptorientiert: Die konzeptorientierten Analysesysteme sind auf einer höheren Ebene angesiedelt als die *berichts- und methodenorientierten* Systeme, bedienen sich teilweise aber der Methoden dieser Systeme und dienen vor allem der Unterstützung des strategischen Managements. Implementiert werden diese Konzepte dabei oft in Form von strategischen → Kennzahlensystemen, deren bekanntester Vertreter die → Balanced Scorecard (BSC) ist.

5. Einsatzbereiche

Der Einsatzbereich für moderne Business Intelligence-Anwendungen ist vielfältig. So können z.B. unternehmensübergreifende Logistikketten optimiert oder die Performance von Internet-Aktivitäten gemessen werden. Aber auch das Risikomanagement kann gezielte Unterstützung durch entsprechende Systeme erfahren (siehe auch → Basel II). Speziell im analytischen → Kundenbeziehungsmanagement sind aber derzeit die meisten, teils innovativen Business Intelligence-Lösungen im Einsatz, so z.B. Systeme zur → Fraud Detection, zur Unterstützung des → Churn-Management, zur Optimierung von Kundenbindungen oder zur Nutzung von → Cross-Selling- und → Up-Selling-Potenzialen. Des Weiteren bleibt schließlich festzuhalten, dass auch im Bereich der Produktion erste Business Intelligence-Anwendungen, vor allem bei der Optimierung von Produktionsprozessen, zu finden sind.

6. Fazit

Die Verwendung des Begriffes Business Intelligence erfolgt ebenso unterschiedlich wie die Anwendungsbereiche dieses Ansatzes heterogen sind. Somit wird auch deutlich, warum Business Intelligence zuweilen (1) als Fortsetzung einer Daten- und Informationsverarbeitung verstanden wird, aber auch (2) als Filter der Informationsflut (Information Overload), (3) als → Managementinformationssystem mit besonders schnellen und flexiblen Auswertungen, (4) als Frühwarnsystem, (5) als → Data Warehouse, (6) als Informations- und Wissensspeicherung oder auch (7) als Prozess, der Symptomerhebung, Diagnose, Therapie, Prognose und Therapiekontrolle umfasst – je nachdem, welches Verständnis und welche Anwendung von Business Intelligence zugrunde gelegt wird.

Hinweis

Zu den angrenzenden Wissensgebieten siehe → Balanced Scorecard, → Business Networking, → Controlling-Informationssysteme, → Customer Relationship Management (CRM), → Data Warehouse, → Datenbanksysteme, → Electronic Government, → ERP-Systeme (Enterprise Resource Planning-Systeme), → Management-Informationssysteme (MIS), → Wirtschaftsinformatik, Grundlagen, → Wissensmanagement, → Workflow-Management.

Literatur: Gluchowski, P.: Business Intelligence, in: HMD – Praxis der Wirtschaftsinformatik, Heft 222, dpunkt 2001; Kemper, H.-G., Mehenna, W., Unger, K.: Business Intelligence – Gundlagen und praktische Grundlagen, Vieweg, Wiesbaden 2004; Mertens, P.: Business Intelligence – ein Überblick, Arbeitspapier an der Universität Erlangen-Nürnberg, 2/2002, Nürnberg 2002; Hollich, F., Fricke, M.: Business Intelligence, in: Mertens, P. (Hrsg.) Lexikon der Wirtschaftsinformatik, 4., vollst. neu bearb. und erw. Auflage, Springer Berlin, 2001, S. 83 f.; Kemper, H.-G., Lee, P.-L.: Business Intelligence (BI) – Innovative Ansätze zur Unterstützung der betrieblichen Entscheidungsfindung, in: Kemper, H.-G., Mayer, R. (Hrsg.): Business Intelligence in der Praxis – Erfolgreiche Lösungen für Controlling, Vertrieb und Marketing, Lemmens Verlags- & Mediengesellschaft Bonn, 2002.

Website der Autoren: http://wiid.wiwi.tu-dresden.de

Business Networking

von Univ.-Professor Dr. Rainer Alt und Dr. Christine Legner
Institut für Wirtschaftsinformatik an der Universität St. Gallen

1. Charakterisierung

Business Networking (B.N.) ist ein prozessorientierter Gestaltungsansatz zur Vernetzung rechtlich selbständiger Unternehmen(seinheiten) mittels der Informationstechnologie (IT). Ebenso wie das E-Business umfasst das B.N. die Abstimmung von Transaktions- (siehe auch → E-Commerce), Planungs- (siehe auch → Supply Chain Management) und Kundenaktivitäten (siehe → Customer Relationship Management), betont aber den systematischen Entwurf dieser Lösungen durch ingenieurwissenschaftliche Methoden. Das B.N. erweitert damit das unternehmensintern orientierte → Business Process Reengineering (BPR) bzw. → Business Engineering auf den überbetrieblichen Bereich. Es adressiert damit die zahlreichen Ineffizienzen an den Organisationsgrenzen, die durch mangelnde Koordination und Medienbrüche entstehen und zu hohem Zeit- und Personalaufwand sowie dem entsprechenden Fehlerpotenzial führen.

Zwar gehen erste Ansätze zum elektronischen Datenaustausch (→ Electronic Data Interchange, EDI) und Interorganisationssystemen bereits auf die 70er Jahre zurück, jedoch stehen sowohl eine breite Nutzung und eine Anpassung der Abläufe analog dem innerbetrieblichen Umfeld aus. Dazu liefert das B.N. ingenieurmäßige bzw. systematische Unterstützung, die sich in (vor)strukturierten und aufeinander abgestimmten Architektur- und Vorgehensmodellen entlang von drei Gestaltungsdimensionen widerspiegelt.

(1) Ausgangspunkt bildet die reine Prozessbetrachtung, die unabhängig von organisatorischen und systemtechnischen Restriktionen das (Re)Design der Aktivitäten im überbetrieblichen Verbund, also mit sämtlichen Partnern einer Wertschöpfungskette von Lieferanten, Dienstleistern und Kunden, betrachtet.

(2) Ausgehend davon analysiert eine strategische Perspektive die Auswirkungen und Anforderungen des neuen Prozessdesigns auf das Geschäftsnetzwerk, beispielsweise auf die Positionierung des Unternehmens, den Aufbau der notwendigen Kooperationen und die resultierenden Geschäftsmodelle.

(3) Die informationstechnische Sicht diskutiert und konkretisiert die überbetriebliche Integration und Automation durch die Kopplung der internen Systeme (häufig → ERP-Systeme) und der Berücksichtigung neuer Technologien wie etwa der → RFID.

2. (Re-)Design der Prozessnetzwerke

Als prozessorientierter Gestaltungsansatz entwirft das B.N. eine künftige Prozessarchitektur, welche die wichtigsten Prozesselemente in ihrem inhaltlichen und zeitlichen Zusammenhang identifiziert. Kooperationsprozesse umfassen alle Prozesse, die durch mindestens zwei rechtlich selbständige Einheiten definiert und betrieben werden und daher ein hohes Mass an Koordination erfordern. Ziel ist es, die Aufgaben und Zuständigkeiten über die beteiligten Einheiten hinweg so zu koordinieren, dass Ressourcen optimal eingesetzt werden und durchgängige Abläufe ohne Reibungsverluste oder Doppelarbeiten entstehen.

Einen geeigneten Ausgangspunkt für das (Re-)Design der Prozessnetzwerke bilden die aus dem innerbetrieblichen Bereich bekannten Prozesskategorien:

(1) *Kundenprozesse* zeigen die Verkettung von Aktivitäten aus Sicht eines Leistungsnehmers. Sie spiegeln das Lebenszyklusmodell der Kundenbeziehung wieder, das bspw. die Anforderungsdefinition, die Auftragsspezifikation, sowie eine Besitz- und eine Entsorgungsphase umfasst.

(2) *Leistungsprozesse* stellen die Leistungserbringung der für den Kunden erforderlichen Aktivitäten im Partnernetzwerk sicher. Sie bilden den Kern der operativen Prozessarchitektur und beziehen ggf. eine mehrstufige Leistungserbringung ein. Auf höchster Betrachtungsebene lassen sich vier

Kooperationsprozesse abgrenzen: Die Produktentwicklung, die Auftragsplanung und -abwicklung sowie der After-Sales-Service.

(3) Während Kunden- und Kooperationsprozesse den Integrationsbereich inhaltlich festlegen (‚Was'), bestimmen die *Managementprozesse* die Verbindung zwischen den Ausführungsprozessen (‚Wie'). Die übergreifende Prozessführung wirkt als Regelkreis zum überbetrieblichen Prozess und kann bzgl. Abstimmungs- bzw. Kooperationsintensität von der Transparenz über verteilte Aktivitäten, über die Steuerung nach vordefinierten Regeln und Workflows hin zur übergreifenden Planung mit Optimierungsmodellen reichen.

(4) *Unterstützungsprozesse* bilden die Infrastruktur zur Ausführung der überbetrieblichen Geschäftsprozesse. Sie übernehmen abgegrenzte und spezifizierte Aufgaben für mehrere Leistungs- und Managementprozesse in mehreren Bereichen: Prozessservices führen Aufgaben für spezifische Kooperationsprozesse (z.B. Logistik- und Zahlungsabwicklung) aus, Koordinationsservices bieten Leistungen für mehrere Kooperations- und Managementprozesse (z.B. Katalogmanagement), während Integrationsservices (z.B. Verzeichnisdienste) die übergreifende elektronische Integration unterstützen.

3. Strategische Ebene

Die Geschäftsarchitektur beschreibt die Gestaltungsoptionen für die institutionelle Integration, die sich mit der zunehmenden Vernetzung der überbetrieblichen Geschäftsprozesse stellen. Sie ist Bestandteil von Geschäftsmodellen, die neben der Architektur der Leistungserstellung zusätzlich den für den Kunden generierten Nutzen (‚Value Proposition') sowie die Nachhaltigkeit bzw. die Einnahmequellen (Ertragsmodell) adressieren. Eine Geschäftsarchitektur zeigt die beteiligten Kundensegmente, sämtliche an der Leistungserstellung mitwirkenden Partner und die Art der Beziehung (hierarchisch, kooperativ, marktbasiert). Es ergeben sich zunächst zwei prinzipielle strategische Entscheidungen: (1) Die Ableitung der beteiligten internen und / oder externen Organisationseinheiten und (2) das Ausmaß der Leistungsbündelung (von unabhängigen Einzelleistungen bis hin zur kundenspezifischen Bündelung).

Von besonderer Bedeutung im B.N. sind dedizierte externe Organisationen, die als Integratoren eine Leistungsbündelung vornehmen und dadurch bilaterale Beziehungen entkoppeln sowie Abhängigkeiten im Netzwerk reduzieren. Aus der Prozessarchitektur lassen sich drei Arten von Integratoren ableiten (siehe Abbildung 1):

(1) *Kundenprozessintegratoren* bündeln Leistungen für eine möglichst umfassende Unterstützung des Kunden (‚Scope'). Ein Beispiel sind Vertriebsbanken, die ihren Kunden ein breites Leistungsportfolio nach dem ‚one-stop-shopping' anbieten und dazu auf die Leistungen von Produkt- und Transaktionsbanken zurückgreifen.

(2) *Value Chain Integratoren* dagegen zielen auf die Abstimmung sämtlicher Aufgaben in einer Wertschöpfungskette. So koordiniert der Computerhersteller Dell etwa die Auftragsabwicklung zwischen den Komponentenherstellern und Distributoren.

(3) Anbieter von *Kooperationsinfrastrukturen* stellen Leistungen für Kunden- und Leistungsprozesse bereit. Beispiele sind elektronische Marktplätze (z.B. SupplyOn, Covisint) und Plattformen in virtuellen Organisationen (z.B. Pharmamall, IGH).

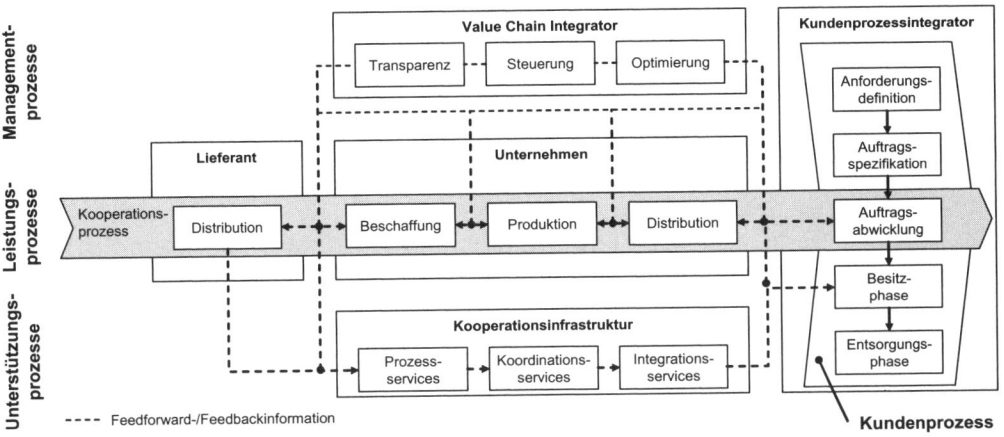

Abb. 1: Prozessarchitektur

4. Informationstechnische Ebene

Die Informationssystem-Architektur konkretisiert die informationstechnischen Vernetzungsaspekte im B.N. Wie die Geschäftsarchitektur ist sie abgestimmt mit der Prozessarchitektur und besteht aus drei Bereichen:

(1) Die *Applikationsarchitektur* stellt Funktionen für die vier Prozesskategorien bereit. Enterprise Resource Planning (→ ERP)-Systeme enthalten Funktionen zur innerbetrieblichen Vernetzung und sind oft auch in Kooperationsprozessen eingesetzt. → Customer Relationship Management- oder → Electronic Commerce-Systeme unterstützen die Bündelung von Leistungen im Kundenprozess, während → Supply Chain Management-Systeme u.a. die langfristige Abstimmung von Angebot und Nachfrage (Supply Chain Planning) und damit Managementprozesse unterstützen. Infrastrukturapplikationen wie etwa elektronische Marktplätze stellen Funktionen für Unterstützungsprozesse bereit.

(2) Die Kopplung der Komponenten aus der Applikationsarchitektur übernehmen *Integrationsarchitekturen*. Sie stellen damit die durchgängige elektronische Unterstützung über Applikations- und Unternehmensgrenzen hinweg sicher. Prinzipiell ist die Integration auf den Ebenen Präsentation, Funktion und Daten möglich. Bei Integration auf Präsentationsebene erhalten Geschäftspartner z.B. über Kunden- oder Lieferantenportale als Benutzerschnittstelle Zugriff auf die Applikationen. Dies realisiert eine Mensch-Maschine-Interaktion, während die direkte Maschine-Maschine-Interaktion eine Integration auf Ebene von Funktionen oder Daten erfordert und damit höhere Anforderungen an die Schnittstellen stellt. Letztere ist häufig über EDI-Systeme, in jüngerer Zeit über leistungsfähige Integrationsplattformen (Enterprise

(3) *Infrastrukturarchitekturen* schließlich bilden mit Plattform- und Netzwerkkomponenten die Grundlage von Integrations- und Applikationsarchitektur. Bestandteile sind Portalgateways, Web Server, Application Server und Datenbank Server, die heute als standardisierte Komponenten verfügbar sind.

5. Standardisierung

Voraussetzung für die Vernetzung mit Geschäftspartnern ist ein gemeinsames Verständnis der Rollen und Verantwortlichkeiten, des überbetrieblichen Prozessablaufs und der zu integrierenden Daten und Funktionen. Standardisierungsinitiativen schaffen hierzu Vorgaben, die Unternehmen im Sinne einer Vorlage oder eines Templates wieder verwenden können. Während die Standardisierung auf syntaktischer Ebene durch offene Internet-Standards wie z.B. XML und Web Services stark fortgeschritten ist, sind vergleichbare Anstrengungen auf semantischer und pragmatischer Ebene notwendig. Zu einer umfassenden Standardisierung überbetrieblicher Vernetzung gehören die folgenden vier Bereiche:

(1) Standardisierte *Kooperationsmodelle* beschreiben die Leistungserbringung zwischen den Partnern und regeln z.B. über Kooperationsvereinbarungen die Rechtsverbindlichkeit ausgetauschter Dokumente, den Gefahrenübergang oder Haftungsfragen bei Systemausfällen. Zu den wenigen Beispielen gehört das Bolero Rulebook.

(2) *Prozessstandards* beschreiben Abläufe, die organisatorischen Schnittstellen zwischen den beteiligten Einheiten und den zur Koordination notwendigen Informationsaustausch. Einige Branchenstandards, z.B. → RosettaNet in der HighTech-Industrie, enthalten dazu strukturierte Beschreibungen in Form von sog. „Public Processes".

(3) Im Bereich *Applikationen* legen Standards z.B. die Funktionsverteilung auf mehrere Softwaremodule und die Schnittstellen (z.B. Funktionsaufrufe) zwischen diesen fest. Dadurch können Partnersysteme direkt aufeinander zugreifen und ‚sich verstehen'. Grosse Erwartungen werden derzeit in die weitere Entwicklung von Web Services gesetzt, da es diese künftig erlauben, Standardfunktionen, z.B. Zahlungs- oder Logistikservices, plattformunabhängig bereitzustellen und über Verzeichnisse im Partnernetzwerk zugänglich zu machen.

(4) *Datenstandards* vereinheitlichen die Struktur und die Bedeutung der ausgetauschten Informationen in heterogenen Applikationswelten. Für Basisdatentypen wie Produktstammdaten sind eine einheitliche Produktbeschreibung (z.B. durch Katalogstandards wie BMECat), die eindeutige Produktidentifikation (z.B. über EAN) und Konventionen zur Produktklassifikation (z.B. UNSPSC oder ecl@ss) notwendig. Nachrichtenstandards beschreiben den Aufbau wichtiger Geschäftsdokumente, z.B. eines Auftrags und eines Lieferavis. Die EDI-basierten Standards, wie → EDIFACT, werden zunehmend durch XML-basierte Standards, wie z.B. ChemXML, ergänzt bzw. abgelöst.

6. Ausblick

Mit dem Aufbrechen vertikal integrierter Wertschöpfungsketten und dem Redesign traditioneller Kunden-Lieferanten-Beziehungen entsteht in steigendem Maße die Notwendigkeit zur Realisierung und zum Management unternehmensübergreifender Prozesse. Informationstechnologien unterstützen diese Vernetzung mit standardisierten betriebswirtschaftlichen Applikationen, Integrationsplattformen und intelligenten mobilen Geräten unter Einsatz der → RFID-Technologie. Dadurch können Unternehmen ihre stärker verteilten bzw. virtualisierten Aktivitäten heute in ähnlicher Weise durchführen wie ehemals die vertikal integrierten Aktivitäten innerhalb des eigenen Unternehmens.

Da unternehmensstrategische und -politische Aspekte mit den betriebswirtschaftlichen Kernprozessen sowie den informationstechnischen „Enablern" in abgestimmter Weise zu betrachten und mit allen beteiligten Partnern zu diskutieren sind, erfordert die Transformation zum B.N. ein systematisches Instrumentarium. Letztlich bestimmt die Netzwerkfähigkeit eines Unternehmens, also die Anpassungsfähigkeit eines Unternehmens und seine Interoperabilität mit externen Partner, zunehmend dessen Erfolg. Die häufig zeitintensiven Ergebnisse von Standardisierungsinitiativen und der Einsatz von Standardsoftware bilden dabei ebenso wichtige Faktoren, wie netzwerkfähige, modularisierte Produkte und „kooperationsfähige" Mitarbeiter.

Ein Vergleich mit der unternehmensinternen Integration, welche die Unternehmen z.B. durch die Einführung von ERP-Systemen in den letzten 30 Jahre vollzogen haben, zeigt jedoch den Zeitbedarf, mit bei der überbetrieblichen Integration zu rechnen ist. Sukzessive aufeinander abgestimmte Schritte scheinen hier angebracht, keinesfalls aber ein „Big Bang" wie während des E-Business-Hype in den 90er-Jahren angenommen.

Hinweis

Zu den angrenzenden Wissensgebieten siehe → Business Intelligence → Controlling-Informationssysteme, → Customer Relationship Management (CRM), → Data Warehouse, → Datenbanksysteme, → E-Commerce, → Electronic Government, → Electronic Procurement, → ERP-Systeme (Enterprise Resource Planning-Systeme), → Management-Informationssysteme (MIS), → Wirtschaftsinformatik, Grundlagen, → Wissensmanagement, → Workflow-Management.

Literatur: Alt, R.: Überbetriebliches Prozessmanagement - Gestaltungsmodelle und Technologien zur Realisierung integrierter Prozessportale, Habilitationsschrift Universität St.Gallen, 2005; Alt, R., Legner, C., Österle, H.: Virtuelle Organisation - Konzept, Realität und Umsetzung, in: HMD-Praxis der Wirtschaftsinformatik 242/2005, S. 7-20; Cäsar, M., Legner, C., Österle, H.: Kundenprozessportale, in: WISU, 34, 2, 2005, S. 216-223; Fleisch, E.: Das Netzwerkunternehmen - Strategien und Prozesse zur Steigerung der Wettbewerbsfähigkeit in der "Networked Economy", Springer, Berlin etc., 2001; Kagermann, H., Österle, H.: Geschäftsmodelle 2010, FAZ-Verlag, Frankfurt, 2006; Österle, H., Fleisch, E., Alt, R.: Business Networking in der Praxis - Beispiele und Strategien zur Vernetzung mit Kunden und Lieferanten, Berlin etc. 2002.

Website der Autoren: www.iwi.unisg.ch

Business Process Integration

ist eine Erweiterung der innerbetrieblichen → Anwendungsintegration, in deren Rahmen Geschäftsanwendungen unterschiedlicher Unternehmen integriert werden.

Business Process Management (BPM)

Für das aufkommende Gebiet der systemübergreifenden Prozessgestaltung und -steuerung wird der Begriff Business Process Management (BPM) verwendet: *Business process management is the ability to have end-to-end visibility and control over all parts of al long-lived, multistep information request or transaction that spans multiple applications and people in one or more companies* (Hurwitz Group 2001). Zur Erfüllung dieser Aufgaben bieten Softwarehäuser und Unternehmensberatungen vorkonfigurierte, branchenbewährte Geschäftsprozesse an, die sich in bestehende ERP-, → CRM- oder SCM-Lösungen einfügen.

Auch IT-Systemintegratoren befassen sich verstärkt mit der Modellierung von kundenorientierten Abläufen. Mit Hilfe von BPM wird der Schritt von der herkömmlichen funktionalen Organisation zur *Prozessorganisation* möglich. Eine Erfolgszielsetzung steht im Mittelpunkt der Prozessorganisation: Ohne Zeitverzug ankommende Daten analysieren und sofort in Marktaktionen umsetzen (im CRM-Jargon: der sog. → *Closed Loop*). Die Vision ist die *Echtzeitunternehmung (Real time Enterprise)*.

Siehe auch Customer Relationship Management (CRM) (mit Literaturangaben).

Business Reengineering

Im Business Reengineering werden Kernelemente der arbeitsteiligen Organisation durch eine Prozessorganisation ersetzt, um über Kostensenkungen Wettbewerbsvorteile zu erreichen. Business Reengineering wird i.d.R mit Hilfe von Beratungsunternehmen implementiert. Siehe auch → Change Management (mit Literaturangaben).

Business Software

(*Anwendungssystem, Unternehmenssoftware, Enterprise Software*) bezeichnet ein Computerprogramm, das für ein konkretes betriebliches Anwendungsgebiet zum Einsatz kommt. Siehe auch → ERP-Systeme (mit Literaturangaben).

Business-Environment-Risk-Index (BERI-Index)

ist ein Index zur Messung der wirtschaftlichen und politischen Länderrisiken sowie des Transferrisikos aus Investorensicht für ca. 45 wichtige Zielstaaten von ADI, dessen Berechnung auf der Einschätzung vordefinierter Risikokriterien durch Experten basiert. Die Ergebnisse der Prognosen werden für einen Ein- und einen Fünf-Jahres-Zeitraum dreimal jährlich veröffentlicht.

Spitzenkennzahl ist die *Profit Opportunity Recommendation (POR)*, die Werte zwischen 0 (hohes Investitionsrisiko) und 100 (geringes Investitionsrisiko) annehmen kann. Mit dem *Operations Risk Index (ORI)*, dem *Political Risk Index (PRI)* und dem *R-Factor*, durch den das Transferrisiko abgebildet werden soll, bestehen für die Teilrisiken untergeordnete Indizes.

Businessplan

Businessplan

von Professor Dr. Klaus Deimel
Fachhochschule Bonn-Rhein-Sieg

1. Der Begriff des Businessplans

Unter dem Begriff Businessplan (Geschäftsplan) versteht man eine detaillierte, schriftliche Ausarbeitung der wesentlichen Aspekte eines Geschäftskonzepts. Dieser Plan stellt ein Dokument dar, das die wichtigsten Ziele, Strategien und Eckdaten eines geschäftlichen Vorhabens – häufig eine Unternehmensgründung – zusammenfasst und an einen bestimmten Adressatenkreis – häufig Kapitalgeber (→ Venture Capital; → Private Equity; → Business Angels) - vermittelt.

Der Businessplan enthält die Beschreibung der Geschäftsidee, der Unternehmensstrategien (z.B. → Marketing, → Vertrieb, Produktentwicklung), der Aufgaben der unterschiedlichen Unternehmensbereiche, des relevanten Markts wie auch die Zukunftsprojektion des Unternehmens. Außerdem liefert der Businessplan eine quantitative Planung des Geschäftsvorhabens in Form einer → Plan-GuV-Rechnung, einer → Planbilanz sowie einer → Finanzplanung des Projekts. Zentrales Ziel des Businessplans ist es, die grundlegende Erfolgsfähigkeit und die speziellen Erfolgspotenziale des Vorhabens schlüssig darzulegen sowie die notwendigen finanziellen Ressourcen für die Realisierung des Projekts sicherzustellen.

2. Aufgaben und Phasen von Businessplänen

Businesspläne können aus den unterschiedlichsten Anlässen mit unterschiedlichen Zielrichtungen aufgestellt werden. Wichtigstes Einsatzgebiet von Businessplänen sind zunächst einmal innovative Gründungsvorhaben (→ Existenzgründung). Neben der Gründungsvorbereitung können Geschäftspläne aber grundsätzlich auch für andere Zwecke verwendet werden, wie z.B. Neuprodukteinführungen, Umstrukturierungen von Unternehmen, Unternehmenskauf bzw. -verkauf (→ Mergers & Acquisitions), Unternehmensnachfolge oder Sanierung (→ Sanierungsmanagement).

Zur Erläuterung der unterschiedlichen Funktionen und Zielgruppen des Businessplans kann man sich an den Phasen der Entwicklung eines unternehmerischen *Projekts orientieren.*

- In der ersten Stufe der Geschäftsentwicklung wird die neue Geschäftsidee (entweder in Form einer Unternehmensgründung oder eines strategischen Projekts in einem bestehenden Unternehmen) entwickelt und anhand einiger wichtiger Eckdaten auf Markttauglichkeit mit dem Ziel geprüft, potentielle Kapitalgeber bzw. die relevanten Aufsichtsgremien für das Projekt zu interessieren.
- In Stufe zwei des Prozesses wird die bis zu diesem Zeitpunkt häufig noch rudimentäre Geschäftsidee in Form eines schriftlichen Businessplans weiterentwickelt und detailliert ausgearbeitet. Am Ende dieser Stufe steht die Sicherung der finanziellen Ressourcen für die Geschäftsidee im Vordergrund.
- In der dritten Stufe, der Umsetzungsphase, müssen die Pläne in die Praxis umgesetzt werden und der Geschäftserfolg erarbeitet werden. Die Verantwortlichen müssen die Entwicklungsschritte koordinieren und den Umsetzungserfolg des Projekts kontrollieren.

In der *Planungsphase* (Stufe eins und zwei) dient der Businessplan den Gründern bzw. Verantwortlichen als ein *Instrument der Orientierung.* Hierbei werden die wesentlichen Unternehmensziele fixiert, die Strategien zur Zielerreichung entwickelt und auf ihre Realisierbarkeit geprüft. In einem Businessplan werden die operativen bzw. strategischen Ziele über den Planungszeitraum hinweg quantifiziert und als Führungsgrößen definiert. In dieser Phase zwingt der Businessplan die Verantwortlichen durch die Erstellung der schriftlichen Dokumentation dazu, das Projekt exakt zu durchdenken, auf Machbarkeit zu überprüfen sowie die Chancen und Risiken des Projekts zu erkennen.

In der *zweiten Phase* eines unternehmerischen Projekts kommt dem Businessplan eine wichtige Rolle als *Instrument der Kommunikation* zu, mit dessen Hilfe eine Vertrauensbasis bei externen Zielgruppen geschaffen werden soll. Aufgabe des Businessplans in dieser Phase ist es, die Geschäftsidee, das Entwicklungspotential und den Markt so klar und prägnant darzustellen, dass aktuelle und potentielle Investoren bzw. die relevanten Aufsichtsgremien vom Erfolg dieser Idee überzeugt werden können. Zielsetzung ist es, die für die Realisierung des Vorhabens notwendigen finanziellen Mittel zu beschaffen (*Instrument der Finanzierung*) ($\rightarrow$ Due Dilligence; $\rightarrow$ Unternehmensbewertung). Neben den Eigenkapitalgebern sind insbesondere auch die Fremdkapitalgeber sowie wichtige Geschäftspartner des Unternehmens (z. B. Kunden, Lieferanten, Vertriebs- oder Entwicklungspartner) zentrale Zielgruppen des Businessplans.

In der *dritten Projektphase*, der Umsetzungsphase, ist der Businessplan ein *Instrument der Steuerung*. Er bietet die Grundlage für eine zeitliche Koordination der Einzelaktivitäten und dient dem Zweck, die Umsetzungsgeschwindigkeit und den Umsetzungserfolg laufend zu überwachen. Dazu wird der geplante Projektfortschritt und die projektierten Kennzahlen mit den realisierten Werten verglichen und die Soll-Ist Abweichungen analysiert. Mit Hilfe der $\rightarrow$ Soll-Ist Abweichungsanalyse kann laufend überprüft werden, ob die Umsetzung mit der Geschäftsplanung in Einklang steht.

3. Zielgruppen von Businessplänen

Wie bereits aus den vorhergegangenen Ausführungen erkennbar sein sollte, richten sich Businesspläne an verschiedene unternehmensinterne und unternehmensexterne Zielgruppen.

- Die wichtigsten internen Zielgruppen des Businessplans sind die Gründer bzw. das Management selbst. Diese können anhand des Businessplans die Geschäftsidee und deren Erfolgsaussichten selbst überprüfen. Auch Aufsichtsgremien (Gesellschafterversammlungen, Aufsichts- oder Beiräte) können im Falle strategischer Weiterentwicklungen eines bestehenden Unternehmens als Zielgruppen eines Businessplans in Frage kommen.

- Bei den externen Zielgruppen des Businessplans stehen mit Sicherheit die Eigen- und Fremdkapitalgeber (z.B. Kapitalbeteiligungsgesellschaften oder Venture Capital Gesellschaften) im Vordergrund. Auch potentielle Mitunternehmer können mit Hilfe des Businessplans von einer Geschäftsidee überzeugt werden.

- Neben diesen zentralen Zielgruppen können weitere Adressaten des Businessplans unterschieden werden. So können etwa wichtige Lieferanten sowie strategische Vertriebs- oder Entwicklungspartner durch einen Businessplan von der Geschäftsidee des neuen Partnerunternehmens überzeugt werden. Auch für Kunden kann ein Businessplan Bedeutung gewinnen, insbesondere wenn langjährige Kundenbeziehungen oder Wartungs- und Serviceleistungen von den Kunden erwartet werden. Qualifizierte Mitarbeiter können mit Hilfe eines guten Businessplans von dem Unternehmen als Arbeitgeber überzeugt werden. Nicht zuletzt können Informationen des Businessplans auch in der Kommunikation mit den Medien Verwendung finden.

4. Grundstruktur von Businessplänen

Entsprechend der unterschiedlichen Zielgruppen und Ziele, die mit der Erstellung von Businessplänen verfolgt werden können, variieren auch deren Inhalte und der Aufbau. Dies erschwert es, allgemeingültige Empfehlungen zum Aufbau von Businessplänen zu geben. Auch wenn die Struktur von Businessplänen nicht verbindlich festgelegt werden kann, so haben sich doch in Theorie und Praxis gewisse inhaltliche Grundbestandteile eines Businessplans durchgesetzt. Diese können und sollten selbstverständlich der individuellen Geschäftsidee und den speziellen Informationsbedürfnissen der Zielgruppen angepasst werden.

So kann sich ein Businessplan an folgendem Gliederungsschema orientieren:

1. Management Summary

2. Qualitativer Teil
2.1 Geschäftsidee/Geschäftsmodell/-Produktidee
2.2 Unternehmen und Rechtsform
2.3 Management/Gründerperson(en)
2.4 Markt-Analyse
2.5 Marketingkonzept
2.6 Produktionsplanung

2.7 Personalplanung und Organisation
2.8 Zeitplanung

3. Quantitativer Teil
3.1 Erfolgsplanung
3.2 Bilanzplanung
3.3 Finanzplanung
3.4 Kennzahlen

4. Anhang

5. Anforderungen an erfolgreiche Businesspläne

Businesspläne haben – wie oben gezeigt – das Ziel, die Adressaten vom Erfolg eines unternehmerischen Vorhabens zu überzeugen. Überzeugungskraft und Glaubwürdigkeit sind dabei zentrale Anforderungen an erfolgreiche Businesspläne. Hierbei sollte besonderes Augenmerk auf eine vollständige Information, inhaltliche Konsistenz der Aussagen, die Aufstellung einer konservativen (sicheren) Planung, die auch eine Risikoanalyse umfasst, sowie eine formale Konsistenz gelegt werden.
Ca. 20 – 30 Seiten können als Richtgröße für den Umfang von Businessplänen in einer ausführlichen Langfassung angesehen werden. Darüber hinaus können für andere Zielgruppen kürzere Fassungen bzw. Auszüge daraus gefertigt werden, die lediglich die zielgruppenspezifischen Informationen enthalten.

Hinweis

Zu den angrenzenden Wissensgebieten siehe → Bilanzanalyse, → Cash flow, Eigenkapital, → Existenzgründung, → Finanzplanung, → Going Public (Vorbereitungsphase), → Going Public (Durchführungsphase), → Jahresabschluss, deutsches Recht, → Jahresabschluss, schweizerisches Recht, → Kapitalflussrechnung, → Kennzahlen, finanzwirtschaftliche, → Kennzahlen, wertorientierte, → Kreditfinanzierung, → Mergers & Acquisitions, → Private Equity, → Rating-Methoden, kreditwirtschaftliche, → Sanierungsmanagement, → Sonderbilanzen, → Unternehmensbewertung, → Unternehmensplanung, → Venture Capital.

Literatur: Arnold, J.: Existenzgründung von der Idee zu Erfolg, 3. Aufl., Würzburg 1999; Deimel, K.: Der Businessplan, , in: Praxis des Rechnungswesens, Nr. 3, 2005; Dowling, M.; Drumm, H.-J. (Hrsg.): Gründungsmanagement, 2. Aufl., Berlin- Heidelberg - New York 2003; Erichsen, J.: Unternehmensplanung: Unsicherheiten identifizieren – Risiken reduzieren, in: Praxis des Rechnungswesens, Nr. 1, 2005, Gruppe 11, S. 299 –336; Felden, B.: Beratung von Existenzgründern II in: Akademie Deutscher Genossenschaften ADG (Hrsg.):Reihe Bank Colleg Firmenkundengeschäft, Wiesbaden 2000, Gruppe 16, S. 1 - 16; Heucher, M. et al.: Planen, gründen, wachsen Mit dem professionellen Businessplan zum Erfolg, 3. Aufl., Zürich 2002; Kast et al. (Hrsg.): Handbuch für junge Unternehmen, Heidelberg 2004; Klandt, H.: Gründungsmanagement: Der integrierte Unternehmensplan, München Wien 1999; Kleinhückelkoten, H.-D.: Business Angels, Frankfurt a.M. 2003; Ludolph. F.; Lichtenberg, S.: Der Businessplan, Düsseldorf 2001; Schierenbeck, H.: Grundzüge der Betriebswirtschaftslehre, 16. Aufl. München - Wien 2003; Schoeffling, H.: So erstellen Sie einen Business-Plan - Handbuch für Existenzgründer, Bonn 2001; Steuck, J.W.: Businessplan, Berlin 1999; Vockel, J.: Der Businessplan, Kern des Controllings, Köln 2001; Wöhle, C.B.: Finanzplanung, in: Akademie Deutscher Genossenschaften ADG (Hrsg.) Reihe Bank Colleg Betriebswirtschaft, Wiesbaden 1999, Gruppe 21, S. 1 - 18; Wupperfeld, U.: Der Business-Plan, Landsberg a. Lech 1999.

Internetadressen: www.bmwa.bund.de, www.existenzgruender.de, www.businessplans.org, www.vorlage.de, www.n-u-k.de

Website/Internetadresse des Autors: www.wir.fh-bonn-rhein-sieg.de/html/cv.deim_1/HTM; klaus.deimel@fh-brs.de

Business-to-Administration (B2A)

Im Rahmen des Business-to-Administration → E-Commerce wird der elektronische Geschäftsverkehr zwischen Unternehmen und öffentlichen Institutionen wie Finanzämtern, Verwaltungs- und Genehmigungsbehörden subsummiert. Siehe auch E-Commerce (mit Literaturangaben).

Business-to-Business (B2B)

stellt einen Markt- und Transaktionsbereich im → E-Commerce dar, unter dem die extra-, intra- oder internetbasierte Ausgestaltung der Leistungs- und Geschäftsbeziehungen zwischen Unternehmen, wie Zulieferern, Herstellern, dem Handel oder innerhalb des eigenen Unternehmens verstanden wird. Siehe auch E-Commerce (mit Literaturangaben).

Business-to-Consumer (B2C)
Markt- und Transaktionsbereich im → E-Commerce, der alle Formen der elektronischen Geschäftsabwicklung zwischen Unternehmen und Endverbrauchern umfasst. Siehe auch E-Commerce (mit Literaturangaben).

Buy Back
(bei → *Private Equity*), Variante der → Desinvestition eines → Private Equity-Fonds (Exit), bei der die Anteile an die Altgesellschafter verkauft werden.

Buy Back
(bei → *Venture Capital*). Instrument einer Venture Capital-Gesellschaft zur Desinvestition als Abschluss einer Beteiligungsfinanzierung durch Verkauf der Unternehmensanteile an die Gesellschafter des Portfoliounternehmens (Beteiligungsunternehmens) oder Rückzahlung von Gesellschafterdarlehen. Siehe auch → Venture Capital, → Venture Capital-Beteiligungsvertrag und → Going Public.

Buy Back-Geschäft
(im → *Außenhandel*). Auch Rückkaufgeschäft genannte Form von → Kompensationsgeschäften, bei denen als Gegenleistung (→ "Software") die Produkte geliefert werden, die mit Maschinen, als sog. → „Hardware" geliefert, produziert wurden.

Buyer Managed Inventory
ist als ein vom Handelsunternehmen gesteuerter Liefer- und Lagerprozess im Rahmen des → *Efficient Replenishment* zu verstehen. Der Handel besitzt hierbei die Bestellungshoheit, der Hersteller hat lediglich eine beratende Funktion. Das gegenteilige Machtverhältnis ist beim → *Vendor Managed Inventory* vorzufinden.

Buy-Out Private Equity
(*Gesamterwerbsfinanzierung*). Vorkommend beispielsweise im Rahmen von → Private Equity: Im Gegensatz zur Wachstumsfinanzierung geht es bei der Gesamterwerbsfinanzierung nicht um eine Beteiligung an einem Unternehmen durch Beitritt eines weiteren Gesellschafters, sondern es wird ein Unternehmen als Ganzes erworben und findet ein Gesellschafterwechsel statt. Es kann aber auch nur ein Unternehmensteil erworben und dann als eigenständiges Unternehmen weitergeführt werden (→ Spin Off). Besondere Formen der Gesamterwerbsfinanzierung sind → Management Buy-In bzw. → Management Buy-Out.

Buy-Side
siehe → Einkaufszentrierte Systeme.

BVR
Abk. für Bundesverband der Deutschen Volks- und Raiffeisenbanken (siehe auch → genossenschaftliches Verbandswesen).
    Internetadresse: http://www.bvr.de.

BWL
Abk. für → Betriebswirtschaftslehre; siehe auch → Spezielle Betriebswirtschaftslehre.

C

C2A
Abk. für → Consumer-to-Administration. Siehe auch E-Commerce (mit Literaturangaben).

CAD
ISO-Code für Kanadischer Dollar.

Cadillac-Banner
siehe → Skyscraper.

Calculated Intangible Value
ist ein Ansatz zur → Wissensbewertung für wissensintensive Unternehmen. Grundannahme dabei ist, dass Unternehmen mit einer besser entwickelten → organisationalen Wissensbasis eine höhere Eigenkapitalrendite erzielen als vergleichbare Unternehmen mit einer weniger entwickelten Wissensbasis. Siehe auch → Wissensmanagement (mit Literaturangaben).

Call
Kaufoption; siehe → Optionen (mit Literaturangaben).

Call Center
siehe → Call Center Management.

Call Center Management

Call Center Management (Communication Center Management)

von Professor Dr. Knut A. Wiesner
Fachhochschule Würzburg-Schweinfurt

1. Charakterisierung

Call Center Management ist ein zusammen gesetzter Begriff, der aus den zwei Teilbegriffen Management und Call Center (CC) besteht. Management heißt, zu gestalten und zu steuern, Visionen (und Ziele) zu entwickeln, zu kommunizieren, Menschen zu fördern und zu motivieren, zu organisieren, Optionen zu schaffen sowie Resultate zu messen und zu bewerten. Nach einer Definition des Deutschen Direktmarketing Verbandes (DDV) ist ein *Call Center* „ein Instrument zur Organisation der Kunden- und Marktkommunikation mit Mitteln der Telekommunikation".

Also bedeutet *Call Center Management* die zielgerichtete, effiziente und effektive Organisation und Mitarbeitermotivation, die einen den wachsenden Anforderungen gerecht werdenden optimalen Betrieb eines Call Centers sicher stellt.

Da beim Call Center Management die Kommunikation mit Kunden im Mittelpunkt steht, sind im Zusammenhang mit den CC-Dienstleistungen Begriffe, wie → *Telefonmarketing/Telemarketing* (aktiv oder passiv) oder neuerdings auch *Voice-Marketing* gebräuchlich. Während es anfänglich nur um die Nutzung der Festnetztelefonie ging, nimmt heutzutage der Bereich der Mobil-Telefonie immer größeren Raum ein.

Neuere Marketinganforderungen gehen inzwischen hinsichtlich der Abdeckung der Kommunikationskanäle weit über den Telekommunikationsbereich hinaus, da die Kundenkommunikation über eine ständig steigende Zahl unterschiedlicher Kanäle erfolgt (siehe → Multi-Kanal-Dialogmarketing). Aus einem Call Center wird also meist ein *Communication Center*, das in Analogie zur DDV-Definiton nunmehr ein Instrument zur Organisation der Kunden- und Marktkommunikation mit Hilfe aller/vieler Kommunikations- und Informationstechniken (Brief, Fon, Mobilfon/Handy, Fax, → SMS/MMS, WAP, i-Mode, → UMTS, → Internet, → E-Mail...) ist. Neben den Begriffen Call Center oder Communication Center werden auch Begriffe wie *Customer Interaction Center, virtuelles Call Center, Internet enabled Call Center, Multimedia Interaction Center, Customer Contact Center, Customer Service Center* oder einfach *Contact Center* verwandt, die in etwa gleiche Einrichtungen beschreiben, nämlich eine Kundenkontaktorganisation mit vielen unterschiedlichen Kommunikationskanälen.

2. Entwicklung

Das Telefon wurde bereits Ende des 19. Jahrhunderts entwickelt, aber die Technik und Infrastruktur waren zunächst so teuer, dass es überwiegend in Unternehmen oder Behörden eingesetzt wurde. Seinen Durchbruch als allgegenwärtiges Kommunikationsinstrument schaffte es erst während der letzten 40 Jahre, einhergehend mit stark ermäßigten Nutzungsgebühren.

Nachdem das Telefon also zunächst überwiegend zur gelegentlichen Kommunikation zwischen Unternehmen und Behörden eingesetzt wurde, bildeten sich im Rahmen einer langsam wachsenden Kundenorientierung erste Telefonzentralen, die eine Verbindung zu den meisten Mitarbeitern herstellen konnten (vergl. Abb. 1). Allerdings war eine Telefonzentrale nicht besonders effizient: 20-25 % der Anrufer erreichten nicht ihre Gesprächspartner (bei einer durchschnittlichen Verbindungsdauer von 7 Minuten), 50 % der Anrufer wurden unfreundlich begrüßt und jeder zweite reklamierende Anrufer wurden abgewiesen.

Erste Call Center entstanden dann Anfang der 90-er Jahre in Unternehmen mit hohem Telefonaufkommen (z.B. Fluggesellschaften, Telemarketing...). Veränderungen im Wettbewerb und in der Gesellschaft sowie die Weiterentwicklung der Technologie bedingten dann weitergehende Veränderungen in der Unternehmensorganisation, im Marketing und im Management. Die wachsende Kunden- bzw. Serviceorientierung ließ den Kunden und seine Wünsche in den Mittelpunkt unternehmerischen Handelns rücken und somit gewann die Kundenkommunikation u.a. mit Hilfe des Telefons an Bedeutung. Die Möglichkeit zur Nutzung sog. Service Telefonnummern gab dem → Telefonmarketing in der Kundenkommunikation weiteren Auftrieb. Der Weg zur optimalen bzw. effizienteren Gestaltung des Kundenkontakts mit Hilfe von Call Centern und den später erweiterten Communication Centern (intern/extern, auch virtuell) war also vorgezeichnet (siehe Abbildung 1).

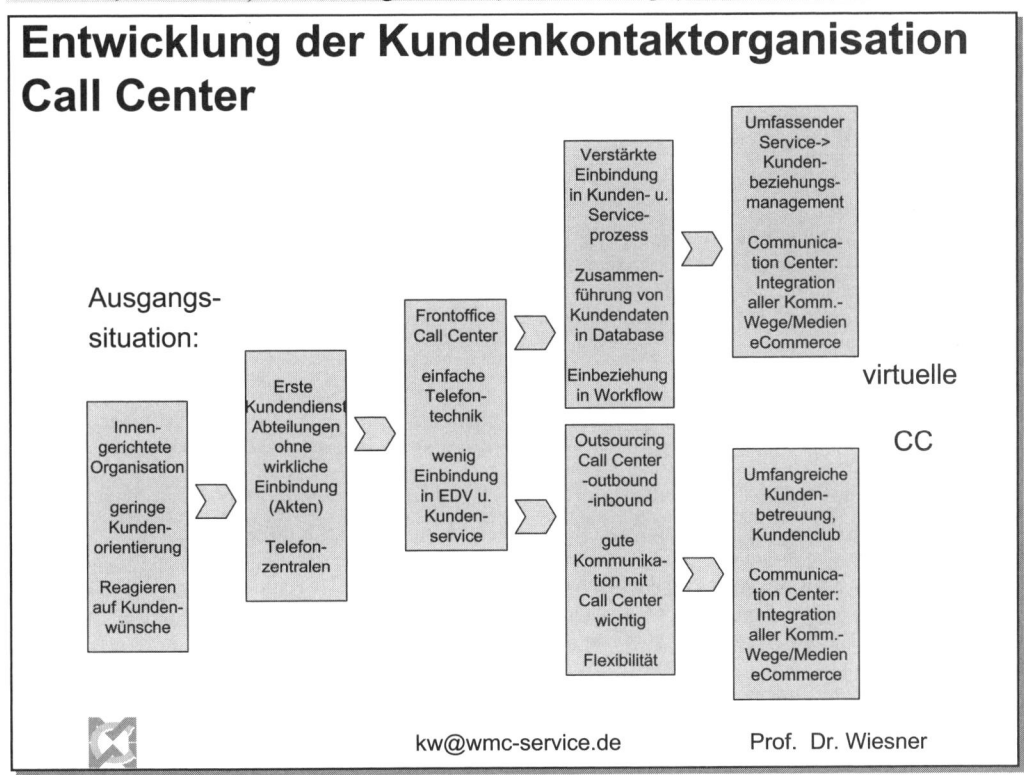

Abb. 1: Entwicklung der Kundenkontaktorganisation „Call Center".

3. Formen

Ein Call Center oder Communication Center kann entweder ein unselbständiger (interner) Bestandteil eines Unternehmens als Abteilung, Stabsfunktion o.Ä. (siehe Abbildung 2) sein oder als selbständiges Unternehmen geführt werden.

Ein solches Unternehmen kann – integriert in einen Unternehmensverbund – Dienstleistungen für die Firmen der Unternehmensgruppe erbringen oder als unabhängiges Unternehmen seine Dienstleistungen auf dem freien Markt anbieten (siehe Abbildung 3); aus der Sicht der Unternehmen bedeutet dies → Call Center Outsourcing. Darüber hinaus kann es virtuelle Verbindungen zu anderen Communication Centern oder Spezialisten geben, und somit quasi ein virtuelles Communication Center (→ Call Center, virtuelles) entstehen.

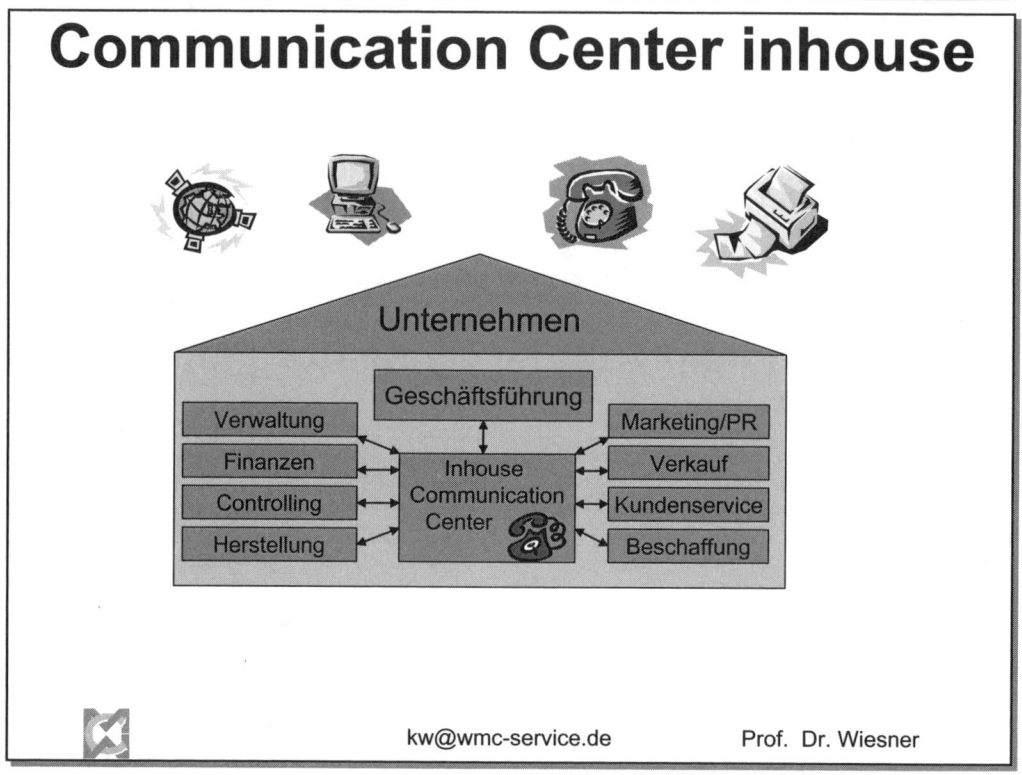

Abb. 2: Call Center oder Communication Center als Unternehmensabteilung

Bei internen Call Centern oder Communication Centern ist eine gute Einbindung in die Unternehmensorganisation sicher zu stellen, damit alle relevanten Informationen (Rechnungs-/Mahnungsversand, Rückrufaktionen, Medienveröffentlichungen, Marketingaktionen auch der Konkurrenz...) dort rechtzeitig vorliegen, um organisatorische Vorkehrungen hinsichtlich der Erreichbarkeit und notwendiger Kompetenz treffen zu können. Der Call Center Betrieb bedarf modernster Technik, um eine optimale Kundenkommunikation sicher zu stellen.

Angesichts der unterschiedlichen Formen sind Communication Center also organisatorische Einheiten (Unternehmen oder Abteilungen...) zur Bündelung personeller und modernster technischer Ressourcen, um eine serviceorientierte und effiziente Markt- und Kunden-/Interessentenkommunikation mit allen Kommunikations- und Informationsmedien zu ermöglichen bzw. zu fördern. Communication Center sind somit Werkzeuge eines kundenorientierten Marketings bzw. Managements. Call Center Management muss also dafür Sorge tragen, dass dieses Instrument zielgerichtet, effizient und effektiv genutzt werden kann. Übrigens werden Call Center inzwischen auch von Verwaltungen oder anderen Non-Profit-Organisationen eingesetzt.

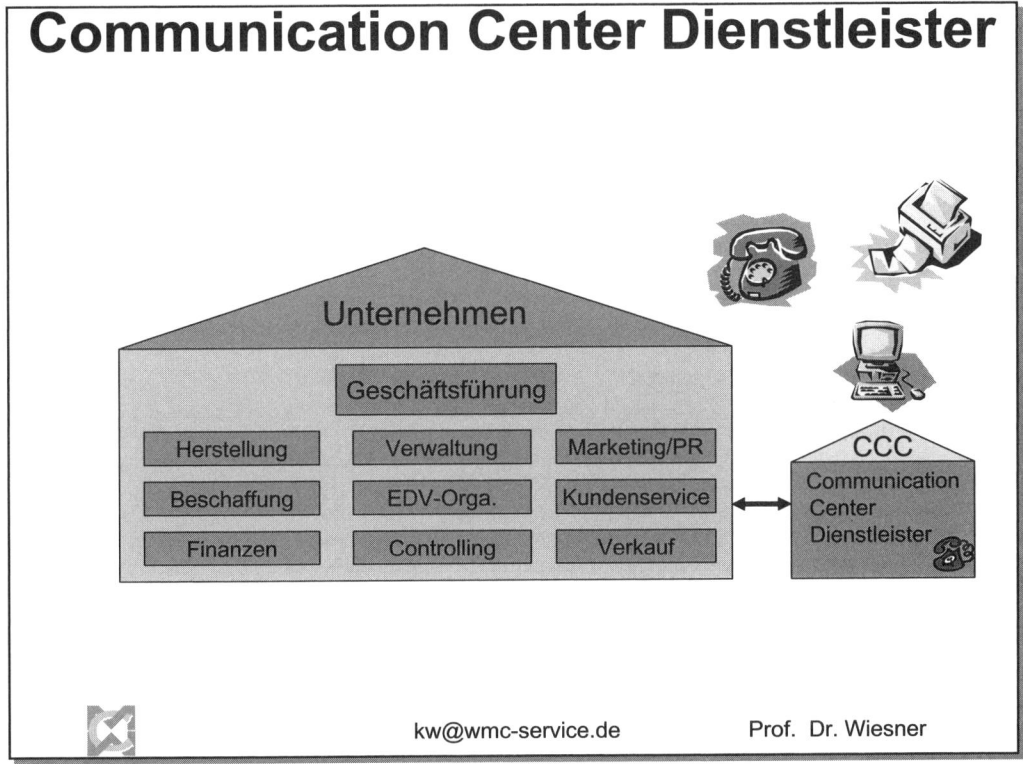

Abb. 3: Call Center oder Communication Center als externer Dienstleister

Hinweis
Zu den angrenzenden Wissensgebieten siehe → Customer Relationship Management, → Digitales Marketing, → Direktmarketing, → E-Commerce, → Efficient Consumer Response, → Handelsbe-triebslehre, Grundlagen, → Handelsmarketing, → Internationales Marketing, → Internet-Kommunikationspolitik, → Kommunikationspolitik, → Konsumentenverhalten, → Kundenzufrieden-heit, → Marketing, Grundlagen, → Marktforschung, → Medienökonomie, → Mobile Commerce, → Multi-Kanal-Dialog Marketing, → Vertriebspolitik, → Vertriebssteuerung, → Werbung.

Literatur: Cleveland/Mayben/Greff: Call Center Management, Wiesbaden 1999; Henn/Kruse/Strawe: Handbuch Call Center Management, Hannover 1998; Möller, J. (Hrsg.): Call Center Extern, Köln 2000; Wiencke/Koke: Call Center Praxis, Stuttgart 1999; Wiesner, K. A.: Mobil-Marketing in: Poth, L./Poth, G. (Hrsg.): Marketing, Kriftel 2000 (Ergänzungslieferung 2002); Wiesner, K. A.: Multi-Kanal-Dialogmarketing, in: Poth, L./Poth, G. (Hrsg.): Marketing, Kriftel 2000 (Ergänzungslieferung 2002); Wiesner, K. A.: Internationales Management, München-Wien 2005;

Internetadressen: http://www.call-center-forum.de; http://www.cca.nrw.de; http://www.callcenter profi.de; http://www.callcenterworld.de; http://www.ddv.de; http://www.wmc-service.de

Website des Autors: www@fh-sw.de/sw/fachb/fwb/studium/wiesner/

Call Center Outsourcing

Für viele Unternehmen und Organisationen lohnt sich die Einrichtung eines eigenen Call oder Communication Centers z.B. aus finanziellen (Technik, Ausstattung, Personal, Know-how) oder Kapazitätsgründen nicht (make or buy?). Diese können die Call Center Dienstleistungen im Outsourcing von externen Dienstleistungs Call oder Communication Centern beziehen, die sorgsam nach den Anforderungen ausgewählt werden müssen. Siehe auch → Call Center Management.

Call Center, Virtuelles

Als virtuelle Call oder Communication Center bezeichnet man eine z.B. als Communication Center räumlich getrennt arbeitende Organisation. Dies kann in der einfachen Form ein Call Center mit Onlineverbindungen zu bestimmten Personen (Experten) im auftraggebenden Unternehmen oder irgendwo auf der Welt sein.
Häufig bezeichnet man so aber auch die Zusammenarbeit von mehreren Communication Centern mit automatischer Weiterschaltung, die von den Kunden nicht bemerkt wird. Beliebt ist dies u.a. bei international arbeitenden Luftverkehrsgesellschaften, die auf diese Weise 24 Stunden täglich auf der ganzen Welt erreichbar sind.
Siehe auch → Call Center Management.

Call- und Putoptionen

(bei → *Venture Capital*). Regelungselement des → Venture Capital-Beteiligungsvertrags einer Eigenkapitalfinanzierung durch Venture Capital.
Calloptionen werden teilweise vereinbart, um Kapitalgeber vorab eine Teilnahme an der nächsten Finanzierungsrunde zu ex ante definierten Bedingungen zuzusichern. Sofern sich diese Konditionen zum Zeitpunkt der nächsten Finanzierungsrunde als günstig erweisen, folgt daraus für das Portfoliounternehmen (Beteiligungsunternehmen) eine Einengung der Verhandlungsmöglichkeiten mit dritten Kapitalgebern.
Putoptionen werden in seltenen Fällen zugunsten von Altgesellschaftern vereinbart und erlauben diesen dann – zumeist nach Erfüllung von Meilensteinen – Anteile zu einem vordefinierten Preis an die Kapitalgeber zu übertragen.
Siehe auch → Venture Capital, → Venture Capital-Beteiligungsvertrag und → Going Public, jeweils mit Literaturangaben.

Call-Option

(bei Devisen), siehe → Devisenoptionen.

Cap

ist eine Obergrenze, z.B. als festgelegte Zinsobergrenze im Rahmen eines → Forward-Rate Agreement (dort mit Anwendungsbeispiel).

CAP

Abk. für → Committee on Accounting Procedures.

Capital Asset Pricing Model

bezeichnet ein Kapitalmarktmodell, das Mitte der sechziger Jahre von Sharpe, Lintner und Mossin entwickelt wurde.
Das Capital Asset Pricing Modell (CAPM) erklärt für die an einem → semi-vollkommenen Kapitalmarkt gehandelten Wertpapiere den Zusammenhang zwischen der → erwarteten Rendite und dem Renditerisiko im → Kapitalmarktgleichgewicht, wobei ausschließlich nach dem μ-σ-Prinzip (siehe → Portfolio: μ-σ-Prinzip) handelnde Marktteilnehmer vorgesehen sind. Der Rendite-Risiko-Zusammenhang wird für μ-σ-effiziente Wertpapierportfolios als → Kapitalmarktlinie und für beliebige → Wertpapiere als → Wertpapiermarktlinie bezeichnet.
Neben den gleichgewichtigen Rendite-Risiko-Beziehungen ist eine zentrale Aussage des CAPM das Vorliegen der → Tobin-Separation, wonach die Entscheidung über die optimale Zusammenstellung des riskanten Teilportfolios unabhängig von den konkreten Präferenzen des Investors getroffen werden

kann und somit bei homogenen Erwartungen aller Marktteilnehmer die Struktur des riskanten Teilportfolios stets mit der Struktur des → Marktportfolios übereinstimmen muss.
Siehe auch → Portfoliomanagement (mit Literaturangaben).

Capital gain
Veräußerungsgewinn aus dem Verkauf von Unternehmen(santeilen); siehe auch → Private Equity.

Capital-Charge-Formel
Berechnungsformel für den → Residualgewinn einer Periode. Im Entity Ansatz wird der Residualgewinn als absolute Kennzahl berechnet als Differenz aus den → Net Operating Profit after Tax (NOPAT) und den Net Operating Assets multipliziert mit dem Weighted Average Cost of Capital (WACC).
$$\text{Residualgewinn} = \text{NOPAT} - (\text{NOA} * \text{WACC})$$
Im Rahmen von Ansätzen des Value Based Managements werden in der Regel Anpassungen (Conversions) externer Rechnungslegungsvorschriften bei der Ermittlung des Investierten Kapitals (Net Operating Assets, NOA) und des → Net Operating Profit after Tax (NOPAT) vorgenommen. Als alternative Berechnungsformel im Sinne einer relativen Kennzahl erweist sich – bei konsistenter Ermittlung der Berechnungsbestandteile – die → Value-Spread-Formel.
Siehe auch → Kennzahlen, wertorientierte und die dort angegebene Literatur.

CAPM
Abk. für Capital Asset Pricing Model.

Capped Warrants
siehe → Optionsscheine.

Captive Broker
(in der *Versicherungswirtschaft*), Vermittler, die in der Regel nur für einen Versicherungsnehmer, häufig einen großen Industriekonzern, der auch Eigentümer des Captive Brokers ist, Vermittlungsleistungen übernehmen und mit einer größeren Anzahl von Versicherern in einer Geschäftsbeziehung stehen. Heute werden C. zunehmend auch für andere, dem Eigner verbundene, Versicherungsnehmer tätig und somit dem Industrieversicherungsmakler ähnlich.

Carriage and Insurance paid to
... named place of destination, Kurzbezeichnung: CIP, frachtfrei versichert ... benannter Bestimmungsort. Vertragsformel der von der → Internationalen Handelskammer (ICC) entwickelten → Incoterms.

Carriage paid to
... named place of destination, Kurzbezeichnung: CPT, frachtfrei ... benannter Bestimmungsort. Vertragsformel der von der → Internationalen Handelskammer (ICC) entwickelten → Incoterms.

Carried interest
Gewinnbeteiligung einer → Private Equity Gesellschaft am Erfolg des verwalteten Fonds. Meist wird eine → Hurdle rate eingebaut.

Carrier
(Luftverkehr), Airlines, Luftverkehrsgesellschaften, Fluggesellschaften. Hier gibt es verschiedene Geschäftsmodelle, z.B. die klassischen Liniengesellschaften (wie Lufthansa), die Bedarfsfluggesellschaften (Charterflieger wie Condor) oder sog. Billigflieger (No-Frills-Airlines, wie z.B. Ryanair).
Die Bezeichnung „Carrier" wird darüber hinaus für weitere Transporteure verwendet, z.B. für Reedereien, Speditionen usw.

CAS
Abk. für → Computer Aided Selling.

CASE

Akronym für Computer Aided Software Engineering; Unterstützung einer systematischen, ingenieurmäßigen Vorgehensweise in allen Phasen der → Systementwicklung durch softwarebasierte Entwicklungswerkzeuge mit weitgehend grafischen Benutzerschnittstellen. Ziel ist die Sicherstellung der Qualität der erstellten → Anwendungssysteme und der Effizienz des Entwicklungsprozesses.
Siehe auch → Wirtschaftsinformatik, Grundlagen (mit Literaturangaben).

Case Based Reasoning (CBR)

Systeme des *Case Based Reasoning* sind eine Form der → Wissensbasierten Systeme und bearbeiten Aufgaben auf Basis bekannter Lösungen für ähnliche Probleme über einen Vergleich der „neuen" Problemstellung mit bereits gespeicherten Fällen. Siehe auch → Wissensmanagement.

Case szenarios

Methoden zur Prüfung unterschiedlicher Szenarien (Fallstudien, künftigen bzw. denkbaren Situationen usw.): Ein „pessimistic case szenario" für eine negative Entwicklung, ein „optimistic case szenario" für die günstigste Entwicklung und ein „most likely szenario" für eine am wahrscheinlichsten gehaltene Entwicklung.

Cash against Documents

siehe → Dokumente gegen Zahlung-Inkasso, siehe auch → Dokumenteninkasso.

Cash and Cash Equivalents

Charakteristisch für diesen → *Fonds* sind die jederzeitige Umwandlungsmöglichkeit der berücksichtigten Positionen in einen bestimmten Zahlungsmittelbestand und die begrenzten Wertschwankungsrisiken der berücksichtigten Bilanzpositionen, die lediglich im Zusammenhang mit Fremdwährungsumrechnungen auftreten können. Siehe auch → Fonds (Finanzmittelfonds).
Des Weiteren ist der Fonds cash and cash equivalents sehr eng mit dem Liquiditätsziel verbunden. Nach → DRS 2.16-21 enthält der Finanzmittelfonds neben Kasse und Bankguthaben Wertpapiere mit einer Restlaufzeit von maximal 3 Monaten und → Vorzugsaktien sofern sie eine kurze Restlaufzeit und einen fixen Einlösungstermin besitzen. Aufgrund der sich hieraus ergebenden Bewertungsunabhängigkeit der → Kapitalflussrechnung wird ihr als Informationslieferant über die Zahlungsströme einer Rechnungsperiode entscheidende Bedeutung beigemessen. Als nachteilig kann sich infolge der engen Definition dieses Fonds eine gewisse Manipulationsanfälligkeit insbesondere kurz vor Ende der Abrechnungsperiode erweisen, was allerdings die Bedeutung der mittel- bis langfristigen Analyse von → *Kapitalflussrechnungen* weitgehend unberührt lässt.

Cash Concentrating

Vorstufe des → Cash Pooling, bei der die liquiden Mittel ausländischer Beteiligungen auf Länderebene zusammengezogen werden.

Cash Deal

Unternehmensverkauf, bei dem die Gegenleistung in Form einer Barzahlung erfolgt. Dies ist gegenüber der Hingabe von Anteilen beim → share deal abzugrenzen.

Cash Earnings nach DVFA/SG

siehe → Cash Flow nach DVFA/SG.

Cash Flow

von Univ.-Professor Dr. Michael Bitz und Privatdozent Dr. Udo Terstege
Lehrstuhl für Betriebswirtschaftslehre, insbesondere Bank- und Finanzwirtschaft
FernUniversität Hagen

1. Begriffsvarianten

Cash Flow wird zum einen unspezifisch als Bezeichnung für beliebige Zahlungsströme verwendet, z.B. für die mit dem Kauf einer Aktie, der Durchführung einer konkreten Realinvestition oder der Gründung oder dem Kauf eines ganzen Unternehmens verbundenen Zahlungsströme. Daneben wird Cash Flow insbes. als Bezeichnung für zwei miteinander zusammenhängende, spezifische betriebswirtschaftliche Sachverhalte verwendet:

(1) den Saldo bestimmter Ein- und Auszahlungsgrößen und
(2) bestimmte jahresabschlussanalytische Kennzahlen.

Untersuchungen zum Betrag und zur Zusammensetzung des Cash Flow werden als Cash Flow-Analyse bezeichnet, die zielorientierte Gestaltung der Größe Cash Flow als → Cash Flow-Management.

2. Zahlungsorientierter Cash Flow-Begriff

In seiner zahlungsorientierten Variante soll der Cash Flow ausdrücken, in welchem Maße der Umsatzprozess nach Abzug der für seine Aufrechterhaltung erforderlichen Auszahlungen zu einem Zahlungssaldo führt oder geführt hat, der für Investitionsauszahlungen, Schuldentilgung, Erhöhung der Liquiditätsreserve und ggfs. Ausschüttungen verwendet werden kann (vgl. Abbildung 1). Materiell entspricht er dem Volumen der → Innenfinanzierung. Sind die zu berücksichtigenden Auszahlungen höher als die zu berücksichtigenden Einzahlungen, ist der Cash Flow negativ und zeigt dann keinen anderweitig verwendbaren Zahlungsüberschuss, sondern ein anderweitig zu deckendes Zahlungsdefizit an.

	„laufende" Einzahlungen aus der Umsatztätigkeit
−	„laufende" Auszahlungen für die Aufrechterhaltung der Umsatztätigkeit
=	zahlungsorientierter Cash Flow

Abb. 1: Cash Flow – zahlungsorientiertes Ermittlungsschema

Definitionsunterschiede ergeben sich aus heterogenen Abgrenzungen der „laufenden" Umsatztätigkeit und der dafür als erforderlich erachteten „laufenden" Auszahlungen.

Als „laufende" Einzahlungen werden stets berücksichtigt die aus der regelmäßigen betrieblichen Umsatztätigkeit resultierenden Einzahlungen. Ob weitere regelmäßig anfallende Einzahlungen, z.B. Zinseinzahlungen oder Leasingeinzahlungen, Berücksichtigung finden, wird unterschiedlich gehandhabt. Zudem können auch einmalige Einzahlungen aus singulären Transaktionen, wie dem Verkauf von Anlagegütern oder der Tilgung von Finanzanlagen, einbezogen werden (dann Cash Flow im weiteren Sinne) oder unberücksichtigt bleiben (dann Cash Flow im engeren Sinne).

Auszahlungen für Löhne, Werkstoffe, Steuern und Zinsen werden stets als „laufende" Auszahlungen berücksichtigt. Ob und zu welchen Anteilen weitere Auszahlungen, z.B. für Leasingraten, Mieten, Versicherungen, bestimmte Dienstleistungen, den Erwerb von Unternehmensanteilen, Beteiligungen oder sonstige Finanzanlagen, Berücksichtigung finden, wird unterschiedlich gehandhabt. Zudem können auch Auszahlungen für Ausschüttungen an Gesellschafter einbezogen werden (dann Cash Flow nach Ausschüttungen) oder unberücksichtigt bleiben (dann Cash Flow vor Ausschüttungen).

3. Jahresabschlussorientierter Cash Flow-Begriff

In seiner jahresabschlussorientierten Variante werden dem Cash Flow unterschiedliche Informationszwecke zugeordnet:

(1) Teilweise wird er als Indikator für den Periodenerfolg betrachtet, der im Unterschied zum Jahresüberschuss von bestimmten durch Bilanzierungswahlrechte eröffnete Gestaltungsmöglichkeiten bereinigt sein soll. Diese Interpretation hält einer kritischen Analyse nicht Stand.

(2) Überwiegend wird er als Indikator für das Innenfinanzierungsvolumen interpretiert. In dieser Sichtweise stellt der jahresabschlussorientierte Cash Flow eine Kennzahl dar, die durch Verknüpfung von Größen des publizierten Jahresabschlusses gewonnen wird und eine Abschätzung des zahlungsorientierten Cash Flow erlauben soll.

Auch jahresabschlussorientierte Cash Flow-Definitionen sind heterogen. Sie unterscheiden sich hinsichtlich der als Ausgangsgröße gewählten Jahresabschlussgröße und hinsichtlich der daran vorzunehmenden Korrekturen. Die meisten auf einen HGB-Abschluss bezogenen Definitionen gehen vom Jahresüberschuss aus und nehmen daran Korrekturen vor, die sich in sechs Kategorien gliedern lassen (vgl. Abbildung 2). Würde der Jahresüberschuss um alle Sachverhalte korrigiert, die einer der sechs angeführten Korrekturkategorien zuzuordnen sind, entspräche der jahresabschlussorientierte Cash Flow exakt dem zahlungsorientierten Cash Flow.

	Jahresüberschuss
+	nicht zahlungswirksame Aufwendungen (1.1)
−	nicht zahlungswirksame Erträge (1.2)
+	nicht ertragswirksame „laufende" Einzahlungen (2.1)
−	nicht aufwandswirksame „laufende" Auszahlungen (2.2)
+	aufwandswirksame, aber „nicht laufende" Auszahlungen (3.1)
−	ertragswirksame, aber „nicht laufende" Einzahlungen (3.2)
=	jahresabschlussorientierter Cash Flow

Abb. 2: Cash Flow – jahresabschlussorientiertes Ermittlungsschema

Von dem theoretischen Ideal einer exakten jahresabschlussorientierten Ermittlung des Cash Flow müssen praktisch eingesetzte Schemata zwangsläufig abweichen, weil nicht alle erforderlichen Korrekturen eindeutig aus dem Jahresabschluss erkennbar sind. Z.B. mischen sich in einer GuV nach HGB in den Positionen „sonstige betriebliche Erträge" und „sonstige betriebliche Aufwendungen" korrekturbedürftige und nicht korrekturbedürftige Sachverhalte. Geht man für die Ermittlung des Cash Flow vor Ausschüttungen von einem HGB-Abschluss mit einer nach dem Gesamtkostenverfahren erstellten GuV aus und will man korrekturbedürftige Sachverhalte zumindest soweit erfassen, wie sie aus dem Jahresabschluss erkennbar sind, so ließe sich das Ermittlungsschema etwa wie in Abbildung 3 dargestellt konkretisieren.

	Jahresüberschuss
+	Abschreibungen auf das Anlagevermögen und Wertpapiere des Umlaufvermögens
−	Zuschreibungen auf das Anlagevermögen
+	Δ Rückstellungen
+	Δ Verbindlichkeiten aus Lieferungen und Leistungen
+	Δ Verbindlichkeiten der Passivpositionen C5 – C7 der Bilanz
+	Δ erhaltene Anzahlungen
+	Δ passive Rechnungsabgrenzungsposten
−	Δ Vorräte
−	Δ Forderungen und sonstige Vermögensgegenstände
−	Δ aktive Rechnungsabgrenzungsposten
	andere aktivierte Eigenleistungen
=	jahresabschlussorientierter Cash Flow vor Ausschüttungen

Abb. 3: Jahresabschlussorientierte Ermittlung des Cash Flow nach HGB

Neben den unvermeidbaren Unschärfen weisen zur indirekten Cash Flow-Ermittlung praktisch einge-setzte Schemata zumeist zusätzliche Unschärfen auf, die daraus resultieren, dass auch grundsätzlich er-kennbare erforderliche Korrekturen – häufig mit wenig nachvollziehbarem Verweis auf den Ar-beitsaufwand – nur unvollständig durchgeführt werden. Dabei beschränken sich vorgenommene Kor-rekturen vor allem auf Sachverhalte, bei denen große Korrekturbeträge vermutet werden. Besondere Prominenz unter den in diesem Sinne unscharfen jahresabschlussorientierten Cash Flow-Definitionen haben die so genannte Praktikerformel, bei der nur die ersten drei Korrekturschritte, also nur Korrektu-ren um Abschreibungen, Zuschreibungen und Rückstellungsveränderungen, berücksichtigt werden, und der → Cash Flow nach DVFA/SG erlangt.

4. Cash Flow-Analyse

Analytische Untersuchungen des Cash Flow erstrecken sich außer auf
(1)   die Gesamthöhe des Cash Flow auf
(2)   die unterschiedlichen Zahlungsströme (= Quellen), aus denen sich der Cash Flow speist.

Dabei interessiert die Identifikation der Cash Flow-Quellen vor allem zwecks besserer Einschätzung, inwieweit sich der Cash Flow in anderen Perioden reproduzieren lässt (permanenter Cash Flow) oder einmaliger Natur ist (transitorischer Cash Flow).

Unternehmensinterne Analytiker, mit Zugang zu allen, auch den zahlungsorientierten Rechenwerken des Unternehmens, können beide analytischen Fragen unmittelbar im Wege einer zahlungsorientierten Ermittlung des Cash Flow beantworten. Für sie besteht kein Grund für einen Umweg über Jahresab-schlussdaten.

Unternehmensexterne Analytiker, nur mit Zugang zu den im Jahresabschluss publizierten Daten, kön-nen den Cash Flow nicht zahlungsorientiert ermitteln. Ihnen bleibt nur der Umweg einer indirekten Ermittlung über Jahresabschlussdaten. Dieser Umweg erweist sich als für beide Analyseziele in unter-schiedlichem Maße fruchtbar. Der Gesamtbetrag des Cash Flow kann auf diesem Umweg mit kleineren Abstrichen einigermaßen exakt abgeschätzt werden – soweit der Jahresüberschuss um alle erkennbaren korrekturbedürftigen Sachverhalte korrigiert wird. Die Quellen des Cash Flow können auf indirektem Wege aber nur mit großen Einschränkungen identifiziert werden, weil die zur indirekten Abschätzung verwendeten Jahresabschlussgrößen nur begrenzte Rückschlüsse auf die hinter dem Cash Flow stehen-den Zahlungsströme zulassen.

Als vollständig irreführend sind in diesem Zusammenhang insbesondere im älteren Schrifttum weit verbreitete Vorgehensweisen zu betrachten, bei denen als Quellen des Cash Flow nicht unterschiedliche Zahlungsströme betrachtet werden, aus denen sich der Cash Flow speist, sondern Jahresabschlussgrö-ßen, die in dem Korrekturschema zur indirekten Abschätzung des Cash Flow auftauchen. Solche Vor-gehensweisen verwechseln die Abbildungsebene des Jahresabschlusses – die für Cash Flow-Analysen überhaupt nur in Betracht gezogen wird, weil die eigentlich interessierenden Zahlungsströme nicht be-obachtet werden können – mit der Realebene der eigentlich interessierenden Zahlungsströme. Aus-druck solcher irreführenden Betrachtungsweisen sind Bezeichnungen wie → Finanzierung „aus Ab-schreibungen", → Finanzierung „aus Rückstellungen" oder → Selbstfinanzierung.

Unter bestimmten Bedingungen müssen Unternehmen Cash Flow-Analysen in ihrem handelsrechtli-chen Abschluss ausweisen.
(1)   Nach IAS 7 müssen Unternehmen eine Kapitalflussrechnung erstellen, die u.a. eine als „Cash Flow aus betrieblicher Tätigkeit" umschriebene Größe enthält. Diese Größe kann nach IAS 7.18 in zahlungsorientierter oder jahresabschlussorientierter Weise ermittelt werden.
(2)   Nach §297 Abs. 1 Satz 2 HGB müssen börsennotierte Mutterunternehmen eines Konzerns eine → Kapitalflussrechnung erstellen. Nach dem vom „ → Deutschen Rechnungslegungs Standards Comittee (DRSC)" dazu entwickelten „ → Deutschen Rechnungslegungs Standard Nr. 2 (DRS 2) Kapitalflussrechnung" muss die Kapitalflussrechnung eine als „Cash Flow aus laufender Ge-schäftstätigkeit" umschriebene Größe enthalten, die ebenfalls alternativ zahlungs- oder jahresab-schlussorientiert dargestellt werden darf.

Hinweise

- Zu den vertiefenden Stichwörtern dieses Beitrags siehe u.a. → Cash Flow-Management, → Cash Flow nach DVFA/SG, → Finanzierung „aus Abschreibungen", → Finanzierung „aus Rückstellungen", → Innenfinanzierung, → Rücklagenpolitik, → Selbstfinanzierung.
- Zu den angrenzenden Wissensgebieten siehe → Abschlusserstellung nach US-GAAP, → Bilanzanalyse, → Finanzplanung, → Finanzwirtschaft, betriebliche, → Internationale Rechnungslegung nach IFRS, → Jahresabschluss nach deutschem Recht, → Jahresabschluss nach schweizerischem Recht, → Kapitalflussrechnung, → Kennzahlen, finanzwirtschaftliche, → Konzernabschluss, → Unternehmensbewertung.

Literatur: Bitz, M.: Finanzierung als Marktprozeß – Reflexionen zu Inhalt und Differenzierung des Finanzierungsbegriffs, in: Gerke, W. (Hrsg.): Planwirtschaft am Ende – Marktwirtschaft in der Krise?, Festschrift für Wolfram Engels, Stuttgart 1994, S. 187-216; Bitz, M., Schneeloch, D., Wittstock, W.: Der Jahresabschluß, 4. Auflage, München 2003; Bitz, M., Terstege, U.: Grundlagen des Cash-Flow-Managements, in: Krimphove, D., Tytko, D. (Hrsg.): Praktiker-Handbuch Unternehmensfinanzierung – Kapitalbeschaffung und Rating für mittelständische Unternehmen, Stuttgart 2002, S. 343-372; Chmielewicz, K.: Betriebliche Finanzwirtschaft I, Berlin, New York 1976; Coenenberg, A. G.: Jahresabschluss und Jahresabschlussanalyse, 20. Auflage, Stuttgart 2005; Wöhe, G.: Bilanzierung und Bilanzpolitik, 9. Auflage, München 1997.

Internetadressen: http://www.dvfa.de; http://www.drsc.de

Website der Autoren: http://www.fernuni-hagen.de/bitz/

Cash Flow-Analyse

Untersuchungen zum Betrag und zur Zusammensetzung des → Cash Flow werden als Cash Flow-Analyse bezeichnet. Siehe auch → Cash Flow-Management und → Cash Flow nach DVFA/SG.

Cash Flow at Risk (CfaR)

Der Cash flow at Risk stellt eine Modifikation des → Value at Risk dar. Als risikobehaftete Zielgröße wird hier der Cash flow verwendet; diese Risikoposition wird analog zum Value at Risk bewertet. Der Cash flow at Risk stellt die maximale negative Abweichung (Verminderung) der Zielgröße Cash flow für ein festgelegtes Konfidenzintervall und für einen bestimmten Zeitraum dar.
Der Cash flow at Risk ist für verschiedene betriebliche Risiken konzipiert. Seine Qualität hängt maßgeblich von der Validität der unterstellten Kausalverknüpfungen zwischen den Risiken und den Planungsgrößen ab.
Siehe auch → Risikocontrolling und → Cash Flow, jeweils mit Literaturangaben.
Literatur: Burger, A. / Buchhart, A: Risiko-Controlling, München und Wien 2002.

Cash Flow Deals

traditionelle Form von → Buy-Outs, die weitgehend auf der Basis der erwirtschafteten flüssigen Mittel eines Unternehmens finanziert werden. Schlüsselgröße ist der → Cash flow, aus dem die Rückführung des aufgenommenen Fremdkapitals und der Zinsendienst für die Finanzierung eines Buy-Out getragen werden muß. Siehe auch → Private Equity.

Cash Flow-Management

In unspezifischem Sinne kann jede zielorientierte Gestaltung von Zahlungsströmen als Cash Flow-Management bezeichnet werden. In spezifischem Sinne ist darunter der Aufgabenbereich des betrieblichen Finanzmanagements zu verstehen, der sich bei gegebenen leistungswirtschaftlichen Transaktionen mit der Gestaltung der Zahlungsströme befasst, die in ihrem Saldo den → Cash Flow (=Volumen der → Innenfinanzierung) ausmachen. Im Kern geht es um die zielorientierte Beeinflussung von (1) „laufenden" Einzahlungen aus der Umsatztätigkeit, Auszahlungen für (2) Löhne, (3) Werkstoffe, (4) Steuern, (5) Zinsen und, je nach Definitionsweite des Cash Flow, (6) Einzahlungen aus singulären Transaktionen und (7) für weitere „laufende" Auszahlungen wie Mieten etc. sowie (8) Auszahlungen für Ausschüttungen.

Da das Cash Flow-Management grundsätzlich von Unternehmensinternen betrieben wird, kommt dafür ausschließlich eine zahlungsorientierte Sichtweise als sinnvoll in Betracht (siehe dazu → Cash Flow). Instrumente des Cash Flow-Managements sind im Bereich der Einzahlungen vor allem (1) die Vereinbarung von Kundenanzahlungen, (2) die Gestaltung von Zahlungsbedingungen, (3) die Gestaltung des Mahn- und Inkassowesens, (4) die Nutzung von → Factoring, (5) die Wechseldiskontierung (→ Diskontkredit) (6) die Emission von → Asset backed Securities und (7) die Nutzung von Sale and Lease Back (→ Leasing) sowie im Bereich der Auszahlungen (8) die Leistung eigener Anzahlungen, (9) die Nutzung von Zahlungszielen, (10) die Gestaltung der Ergebnisbeteiligungen und Pensionsansprüche der Mitarbeiter, (11) das Pooling und Netting von Zahlungsströmen, -ansprüchen und -verpflichtungen (→ Cash Management), (12) die Transformation von Zinsverpflichtungen, z.B. mittels → Swaps, (14) die Jahresabschlusspolitik und (15) die Ausschüttungs- und → Rücklagenpolitik.

Siehe auch → Cash Flow (mit Literaturangaben).

Literatur: Bitz, M., Terstege, U.: Grundlagen des Cash-Flow-Managements, in: Krimphove, D., Tytko, D. (Hrsg.): Praktiker-Handbuch Unternehmensfinanzierung – Kapitalbeschaffung und Rating für mittelständische Unternehmen, Stuttgart 2002, S. 343-372.

Cash Flow nach DVFA/SG

Der Cash Flow DVFA/SG (Abk. für Deutsche Vereinigung für Finanzanalyse und Asset Management/Schmalenbach Gesellschaft) (auch als *Cash Earnings nach DVFA/SG* bezeichnet) basiert auf einem Schema zur indirekten, d.h. jahresabschlussorientierten Ermittlung des → Cash Flow.

Danach wird eine Näherungsgröße für den Cash Flow bzw. das Volumen der → Innenfinanzierung bestimmt, indem ausgehend von (1) dem Jahresüberschuss (2) die Abschreibungen (Zuschreibungen) auf Gegenstände des Anlagevermögens addiert (subtrahiert), (3) die Erhöhungen (Verminderungen) der Pensionsrückstellungen und anderer langfristiger Rückstellungen addiert (subtrahiert), (4) die Erhöhungen (Verminderungen) des Sonderpostens mit Rücklageanteil addiert (subtrahiert), (5) die Aufwendungen (Erträge) aus latenten Ertragsteuern addiert (subtrahiert), (6) andere nicht zahlungswirksame Aufwendungen (Erträge) von wesentlicher Bedeutung addiert (subtrahiert) und (7) ungewöhnliche zahlungswirksame Aufwendungen (Erträge) von wesentlicher Bedeutung addiert (subtrahiert) werden.

Dabei gelten → Rückstellungen als langfristig, wenn der planmäßige Zahlungseintritt nicht innerhalb eines Jahres nach dem Bilanzstichtag zu erwarten ist, und gelten Erträge und Aufwendungen als wesentlich, wenn sie in den vorangegangenen drei Geschäftsjahren im Saldo 5% des durchschnittlichen Cash Flow eines Jahres überschreiten.

Mit Hilfe dieses Schemas kann der Cash Flow nur sehr grob abgeschätzt werden:

(1) Der Jahresüberschuss wird nicht um alle Erträge und Aufwendungen bereinigt, die nicht mit Zahlungen verbunden sind, z.B. nicht um Abschreibungen und Zuschreibungen auf Vorräte, Forderungen und Wertpapiere des Umlaufvermögens und nicht um aktivierte Eigenleistungen und Umsätze auf Ziel.

(2) Soweit der Jahresüberschuss grundsätzlich um nicht zahlungswirksame Erträge und Aufwendungen korrigiert wird, erfolgt dies für die meisten Sachverhalte nur bei Überschreiten einer Erheblichkeitsschwelle.

(3) Der Jahresüberschuss wird nicht um alle Zahlungen ergänzt, die für den Cash Flow relevant, aber nicht erfolgswirksam sind, z.B. nicht um erfolgsneutrale Einzahlungen aus dem Nettoverkauf von Vorräten oder Waren oder den Einzahlungen aufgrund von Lieferungen auf Ziel aus Vorperioden, soweit diese Einzahlungen die Lieferungen auf Ziel dieser Periode übersteigen.

Siehe auch → Cash Flow (mit Literaturangaben).

Literatur: Bitz, M., Schneeloch, D., Wittstock, W.: Der Jahresabschluß, 4. Auflage, München 2003, S. 539-642; Busse von Colbe, W., u.a. (Hrsg.): Ergebnis je Aktie nach DVFA/SG – Gemeinsame Empfehlung der DVFA und der Schmalenbach-Gesellschaft zur Ermittlung eines von Sondereinflüssen bereinigten Jahresergebnisses je Aktie, 3. Auflage, Stuttgart 2000, S. 127-141.

Internetadresse: http://www.dvfa.de.

Cash Flow Return On Investment (Cash Flow ROI, CFROI)
ist eine wertorientierte Rentabilitätskennzahl auf → Cash Flow-Basis. Das Grundmodell der Kennzahl CFROI wurde von Mitarbeitern der *Boston Consulting Group* im Rahmen ihrer Tätigkeit als Unternehmensberater entwickelt. Ziel ist die Bestimmung der Rentabilität des operativen Geschäfts eines gesamten Unternehmens oder einzelner Geschäftsbereiche. Der CFROI basiert auf der internen Zinsfussmethode. Bei der Ermittlung des CFROI wird das gesamte Unternehmen (bzw. die betrachteten Geschäftsbereiche) wie ein einziges Investitionsobjekt behandelt, das sich aus einer Anfangsauszahlung im Betrachtungszeitpunkt t=0 und den Zahlungsüberschüssen in den Zeitpunkten t = 1....,T zusammensetzt. Die Anfangsauszahlung wird durch die Bruttoinvestitonsbasis (BIB) repräsentiert; die Brutto Cash Flows (BCF) und der Nettowert der nicht abschreibbaren Aktiva stellen die Zahlungsüberschüsse dar. Der CFROI ist der Interne Zinsfuss dieser Zahlungsreihe. Er misst, wie viel Cash Flow während der durchschnittlichen Nutzungsdauer auf das eingesetzte Kapital zurückfließt, indem die abgezinsten Zahlungsüberschüsse zu dem gebundenen Kapital (=Bruttoinvestitionsbasis) in Beziehung gesetzt werden. Vereinfacht ausgedrückt stellt der CFROI die Rendite dar, die die Brutto Cash Flows auf die Bruttoinvestitionsbasis erwirtschaften.
Die Ermittlung des CFROI erfolgt in zwei Schritten: Zunächst werden die in den CFROI eingehenden Basiszahlen ermittelt und im Anschluss daran wird mit Hilfe der Basiszahlen die Kennzahl CFROI bestimmt. Um zusätzlichen Unternehmenswert zu schaffen, muss der CFROI größer sein als die gewichteten Kapitalkosten (Weighted Average Cost of Capital, siehe → WACC): CFROI > WACC.
In einem Unternehmen bzw. Geschäftsbereich wird somit dann ein Mehrwert geschaffen, wenn die Rendite der Cash Flows höher ist als die von Eigen- und Fremdkapitalgebern geforderte durchschnittliche Kapitalverzinsung nach → WACC. Erreicht der CFROI den WACC dagegen nicht, wird Wert vernichtet.
Siehe auch → WACC, → Kennzahlen, wertorientierte sowie → Cash Flow und die dort angegebene Literatur.

Cash Flow Statement
siehe → Kapitalflussrechnung, Teil 1: Grundlagen und → Kapitalflussrechnung, Teil 2: Erstellung.

Cash Flow-orientierte Rendite
Formeln siehe → Rendite, siehe auch → Finanzmathematik.

Cash Management
Während die Erfolgssteuerung einer Unternehmung i.d.R. dezentral über sog. → Profit-Center auf der Basis der dort zu verantwortenden Kosten und Leistungen stattfindet, neigt man im Rahmen der Planung und Steuerung von Zahlungsströmen eher zur Zentralisierung. Dies ist mit der Tatsache zu begründen, dass jeder Transfer von Zahlungsmitteln über das Bankensystem mit Kosten verbunden ist, zumindest mit einem kurzfristigen Zinsverlust.
Unternehmungen sind von daher bestrebt, derartige Zahlungen von der Zahl her aber auch hinsichtlich des Wertes so gering wie möglich zu halten. Über ein zentrales Cash-Management ist die Unternehmung in der Lage, alle aus den Geschäftsbeziehungen resultierenden ein- und ausgehenden Zahlungen komprimiert zu erfassen und zu steuern. Ein diesbezügliches Cash-Management-System (CMS) ist dabei als unternehmenseigene Lösung oder auch durch Anlehnung an entsprechende Angebote seitens des Bankensektors denkbar; letzteres zwingt allerdings zu einer weitgehenden Kooperation mit diesem Kreditinstitut (Hausbank), was die Einbeziehung von Angeboten anderer Institute erschwert.
Folgende grundsätzlichen Möglichkeiten lassen sich im Zusammenhang mit dem Cash-Management darstellen:
(1) Ausgangspunkt aller CMS ist die Information des Unternehmens über alle Kontenumsätze eines Planungszeitraumes (Balance Reporting). Dieses ermöglicht unterschiedliche Auswertungen und die direkte Verknüpfung mit standardisierten Anwendungen, von denen die wichtigsten im Folgenden gezeigt werden.
(2) Vermeidung unternehmensinterner Zahlungen bei Lieferungen und Leistungen zwischen zwei Subsystemen des Unternehmens (netting) – stattdessen erfolgt eine Verrechnung der internen Lieferungen und Leistungen zum Zwecke der Erfolgsermittlung. Diese Möglichkeit wird dort er-

schwert, wo die betroffenen Subsysteme unterschiedlichen Firmen (im Konzern) oder sogar unterschiedlichen staatlichen Hoheitsgebieten zuzurechnen sind. Wenn man auch auf Zahlungen in diesem Fall nicht vollständig verzichten kann, so ist doch eine Beschränkung auf den Spitzenausgleich innerhalb eines gewissen Zeitraums möglich, z. B. innerhalb eines Monats. Dabei können zwei oder mehrer Konzerngesellschaften einbezogen werden; in letzterem Falle ist über eine Matrix die Netto-Zahlungsverpflichtung der einzelnen Subsysteme zu ermitteln und der entsprechende Spitzenausgleich durch zahlen- und volumenmäßig begrenzte Transaktionen abzuwickeln. Die Zulässigkeit eines internationalen Clearing-Verfahrens ist abhängig von den jeweiligen Vorschriften der beteiligten Staaten, sofern ein Konzern dies praktizieren möchte; vor allem unterschiedliche Währungen mit veränderlichen Wechselkursen führen zu einer Erschwerung derartiger Systeme.

(3) Netting zwischen i.d.R. zwei wirtschaftlich selbständigen Unternehmen mit starken wechselseitigen Leistungsbeziehungen könnte ebenfalls im Interesse beider Partner sein, die ein entsprechendes System selbst oder über ein Kreditinstitut (Hausbank beider Unternehmen) praktizieren.

(4) Als pooling bezeichnet man die automatische Zusammenfassen der Kontokorrentbestände verschiedener Konten auf einem sog. Zielkonto. Das Ziel der Finanzdisposition (Vermeidung unterschiedlicher Kontostände innerhalb eines Unternehmens) kann somit über ein CMS automatisch erreicht werden; dies setzt allerdings voraus, dass alle beteiligten Banken in ein derartiges System integriert werden können (ggf. ist durch das Unternehmen eine Verknüpfung mehrerer Systeme anzustreben). Für grenz- und währungsüberschreitende Konsolidierung gelten die gleichen Einschränkungen wie bezüglich des netting. Ein entsprechendes Money-Transfer-Modul kann dabei grundsätzlich auf eine Zusammenfassung aller Kontenbestände (einschl. Währungsumrechnung) oder aber auch lediglich auf die Konzentration der Bestände in einzelnen Währungen gerichtet sein.

(5) Leading (frühzeitige Zahlung) und lagging (verzögerte Zahlung) im Falle einer antizipierten Wechselkursveränderung kann als Abweichung zu dem unter (2) bis (4) dargestellten Verhalten betrachtet werden. So ist es ggf. im Interesse aller Beteiligten, dass Zahlungen vorzeitig in eine unter Aufwertungsdruck stehende Währung und verspätet in eine unter Abwertungsdruck stehende Währung geleistet werden, um den jeweiligen Nettozahlungsbetrag zu minimieren, ohne dass der Empfängerbetrag dadurch tangiert würde. Sofern dadurch Zahlungsziele zwischen verschiedenen Unternehmen überzogen werden müssten, wäre ggf. ein Zinsausgleich zu vereinbaren.

Siehe auch → Finanzplanung (mit Literaturangaben), → Finanzplan, kurzfristiger (Liquiditätsplan), Finanzplan, langfristiger.

Literatur: Böttger, U.: Cash-Management internationaler Konzerne, Wiesbaden 1995; Pausenberger, E. u. Glaum, M.: Electronic-Banking-Systeme und ihre Einsatzmöglichkeiten in internationalen Unternehmungen, in: ZfbF 1993, S. 41 – 68; Steiner, M.: Cash-Management, in: HWF, 3. Aufl., Stuttgart 2001, Sp. 465 – 479; Wehlen, E.: Das Cash-Management im Konzern, in: Handbuch der Konzernfinanzierung (Hrsg. Lutter, M. u. a.), Köln 1998, S. 745 – 776.

Cash Pooling

Optimierung der Kosten der Liquiditätshaltung durch Zusammenfassung der Bestände der laufenden Konten eines Unternehmens bzw. einer Unternehmensgruppe. Eine Geldanlage bzw. -aufnahme erfolgt lediglich in Höhe des Saldos. Beim virtuellen Cash Pooling werden die liquiden Mittel nicht übertragen, sondern es wird lediglich ein virtueller Saldo ermittelt. Dieses Verfahren wird vereinfacht, wenn alle Konten bei einem Kreditinstitut geführt werden. Beim physischen Cash Pooling werden die Bestände hingegen auf das Masterkonto überwiesen bzw. ein Liquiditätsbedarf von diesem abgerufen.

Cash Ratio

engl. für → Liquidität I. Grades.

Cash Value Added (CVA)

spezielles Konzept des → Residualgewinns, von der Beratungsgesellschaft *Boston Consulting Group* entwickelt. Der Cash Value Added (CVA) wird ermittelt, um die Wertsteigerung einer Periode in absoluten Werten darzustellen. Wie beim → Economic Value Added Ansatz (EVA-Ansatz) handelt es sich um eine Residualgewinngröße, die im Gegensatz zum EVA auf Cash Flow Basis ermittelt wird. Die bei der EVA-Berechnung verwendeten Größen sind abhängig von der Abschreibungsmethode und dem Alter des Anlagevermögens. Zur Bestimmung des CVA wird die prozentuale Wertschaffung der Periode als Differenz aus → Cash Flow Return on Investment (CFROI) und Kapitalkosten gemäß Weighted Average Cost of Capital (WACC) ermittelt und mit der Bruttoinvestitionsbasis (BIB) multipliziert (zur Ermittlung der Bruttoinvestitionsbasis vgl. auch den → Cash Flow Return on Investment).

$$CVA = (CFROI - WACC) \cdot BIB$$

Bei einem positiven CVA haben Strategien den Wert des Unternehmens gesteigert, während Strategien mit negativem CVA den Unternehmenswert vermindern. Der Cash Value Added dient als wertorientierte Kennzahl sowohl in der Investitionsplanung als auch als Basisgröße für die Gestaltung von Anreizsystemen. Aufbauend auf dem CVA-Ansatz wurde von der Boston Consulting Group das Wertmanagement-Konzept → Real Asset Value Enhancer entwickelt, das zusätzlich personal- und kundenorientierte Steuerungskennzahlen integriert.

Siehe auch → Kennzahlen, wertorientierte und die dort angegebene Literatur.

Cash-Management-System

Hierbei handelt es sich um ein rechnergestütztes Finanzinformations- und Finanztransaktionsinstrument. Dieses Dienstleistungsangebot von Kreditinstituten umfasst u.a. das → Balance Reporting, das → Pooling und das → Netting.

Category

Eine *Category* ist eine abgrenzbare, eigenständig steuerbare Gruppe von Produkten und/oder Dienstleistungen, welche die Konsumenten als unterschiedlich oder austauschbar in der Befriedigung ihrer Bedürfnisse erkennen (Schmickler/Rudolph 2002, S. 65). Im Rahmen eines → *kooperativen Category Managements* werden Categories als strategische Geschäftseinheiten verstanden, die in Zusammenarbeit von Industrie und Handel geplant, gesteuert und kontrolliert werden.

Es kann zwischen einer bedarfsorientierten, einer erlebnis- und einer zielgruppenorientierten Category-Gestaltung unterschieden werden; siehe Abbildung 1.

Kriterien einer Category-Bildung	Erklärung/Beispiel
Bedarfsorientierte Categories	Produkte, die der Konsument als in der Verwendung zusammenhängend empfindet (z.B. Sporternährung)
Erlebnisorientierte Categories	Produkte, die für einen Anlass zusammenhängend eingeschätzt werden (z.B. alles für den Grillabend)
Zielgruppenorientierte Categories	Category, die aus konsumententypischen Produkten besteht (z.B. Bio-Kunden)

Abb. 1: Category-Gestaltung

Siehe auch → Category Management (mit Literaturangaben).

Category Management

Category Management

von Univ.-Professor Dr. Thomas Rudolph und Dr. Alex J. Kotouc
Institut für Marketing und Handel an der Universität St. Gallen

1. Charakterisierung

Das *Category Management* (*CM*) ist als verbraucherorientierte, nachfragebezogene oder marketingorientierte Seite (*Category Management i.w.S.*) des → *Efficient-Consumer-Response*-Prozesses zu definieren (Schmickler/Rudolph 2002, S. 65). Weiterhin ist auch von *Category Management i.e.S.* (im eigentlichen Sinne) die Rede, wobei der Fokus auf die *kundenorientierte Sortimentsgestaltung* (siehe auch → Sortimentsmanagement) gerichtet ist.

Category Management kann durch drei Aspekte noch näher definiert werden (Harris 1994, S. 79): CM wird einerseits als *Maxime* verstanden, bei der die → Category im Fokus der Kooperationsbemühungen von Hersteller und Handel steht. CM wird weiterhin als *Mittel* bezeichnet, die → Aufbau- und → Ablauforganisation von Hersteller und Handel kundenorientiert zu gestalten. Ebenso ist CM auch als *Methode* zu verstehen, die prozessuales Denken im Hinblick auf Konzeption und Realisierung einer Category-Strategie (→ *Category-Rolle*) kanalisiert.

2. Erscheinungsformen

Je nach Machtstellung und Kooperationsgrad kann zwischen einem *herstellergetriebenen Category-Management*, einem *handelsgetriebenen Category-Management*, und einem → *kooperativen Category-Management* unterschieden werden (Schmickler/Rudolph 2002, S. 67); siehe Abbildung 1.

Abb. 1: Händlergetriebenes, herstellergetriebenes und kooperatives Category Management

3. CM-Prozess

Die Besonderheit von CM liegt weiterhin in der prozessualen Verknüpfung verschiedener Managementfunktionen. Zumeist wird der *CM-Prozess* in acht Stufen untergliedert, wobei es sich hierbei nicht um eine einmalige Aktion handelt, sondern um einen permanenten Vorgang (ECR Europe 1997, S. 36ff.). Eine Orientierung am Kunden setzt voraus, dass die bestehenden Sortimentsstrukturen im Rahmen des CM in regelmäßigen Abständen überprüft und angepasst werden.

Das Acht-Schritte-Schemata des CM-Prozesses verdeutlicht das systematische Vorgehen bei Planung, Steuerung und Kontrolle von Categories (vgl. Schmickler/Rudolph 2002); siehe Abbildung 2.

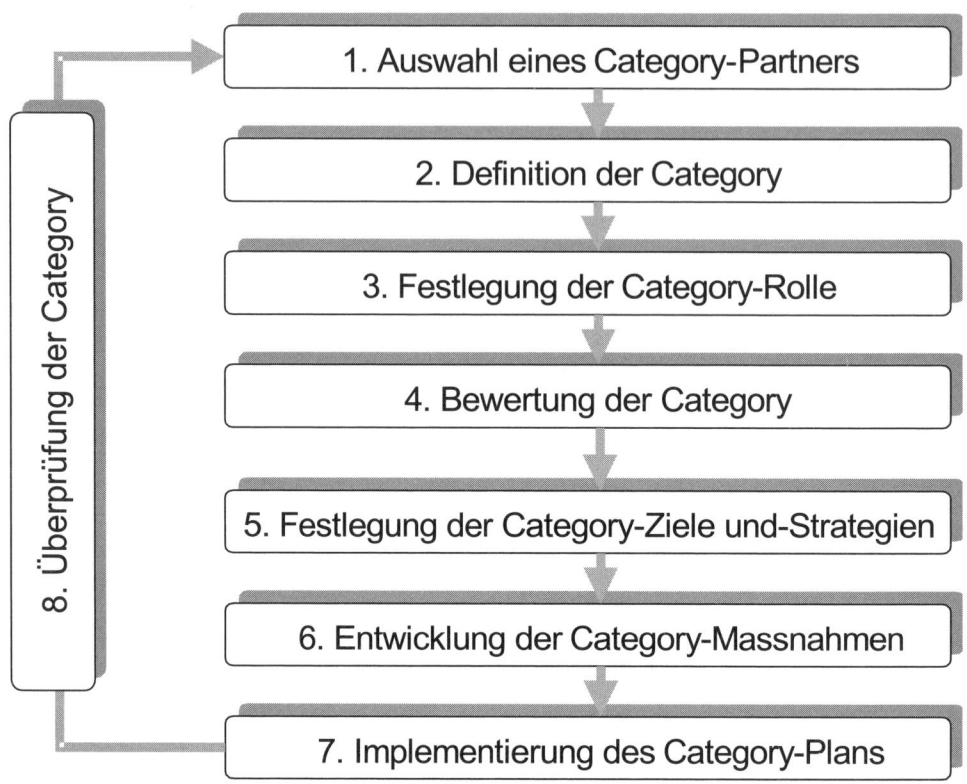

Abb. 2: Die acht Schritte des CM-Prozesses

(1) Der erste Schritt umfasst die Auswahl eines *Categorie-Partners*.

(2) Der zweite Schritt befasst sich mit der *Definition* der → *Category*. Mit ihnen wird das Sortiment in für die Planung und Kontrolle geeigneten Sortimentseinheiten zerlegt. Hierzu werden Artikel, die aus Konsumentensicht als zusammengehörig betrachtet werden zu einer → *Category* zusammengefasst. Das Ziel der Category-Definition liegt darin, dass der Category entsprechende Artikel zugeordnet werden.

(3) Der dritte Schritt des CM Prozesses befasst sich mit der Zuweisung der jeweiligen Category zu → *Category-Rollen*. Die Zuteilung ermöglicht die Abgrenzung eines Händlers vom Wettbewerb, da durch diese Ressourcenallokation eine Differenzierung von der Konkurrenz möglich ist. Eine Category-Rolle sollte also genau umschreiben, was der Händler mit jeder Category erreichen will.

(4) Der vierte Schritt des Prozesses beschäftigt sich mit der *Bewertung* der Categories. Dieser Prozess soll den Gap zwischen dem gegenwärtigen und dem gewünschten Zustand einer Category genauer umschreiben. Die Bewertung erfolgt auf der Basis von Händler-, Hersteller-, Markt- und Konsumentendaten. Aus der Gesamtbewertung einer Category sollen Verbesserungspotenziale für den Umsatz, den Absatz und die Rentabilität einer Category identifiziert werden. Diese Daten dienen zur weiteren Planung des Category-Geschäftsplanes.

(5) Der fünfte Schritt, die Leistungsanalyse, beschäftigt sich mit der Erfolgsmessung eines Category-Geschäftsplanes. Hierbei werden zwischen Hersteller und Handel *Ziele* festgelegt, die als → *Benchmark* dienen. Diese Ziele müssen je nach Category-Rolle entsprechend definiert werden. Bei einer → *Profilierungs-Category* sind Benchmarks entsprechend eher im Bereich der Ertragskraft und Marktanteilsgewinnen zu finden, wohingegen eine *Ergänzungs-Category* ihren Fokus

eher auf den Bereich des Umsatzzuwachses legt. Um diese Ziele erreichen zu können, muss im fünften Schritt des CM Prozesses auch die *Category-Strategie* festgelegt werden. Die Strategien werden differenziert für Warengruppenunternehmen, Segmente, Marken und Artikel entwickelt und beziehen sich sowohl auf die → *Supply Side* als auch die → *Demand Side*. Für den Händler sind dabei besonders Marketing- und Beschaffungsstrategien von großer Bedeutung.

(6) Der folgende sechste Prozessschritt ist das Identifizieren von spezifischen → *Category-Taktiken*, welche die Strategien und Leistungsziele des Unternehmens unterstützen können. Diese operative Umsetzung bezieht sich maßgeblich auf die Bereiche der → *Sortimentspolitik*, der *Regalpräsentation*, der → *Preispolitik* und der → *Verkaufsförderung/Promotion*. Wichtig ist dabei, dass sich Strategie und Taktik immer ergänzen.

(7) Der siebte Schritt befasst sich mit der *Entwicklung eines Umsetzungsplanes*. Hierbei geht es vor allem darum, Termine und Verantwortliche zu bestimmen, Meilensteine festzulegen und taktische Maßnahmen einzelnen Mitarbeitern zu übertragen.

(8) Der achte und letzte Schritt befasst sich mit der kontinuierlichen *Überprüfung* und Messung der *Planerfüllung*. Bei einer Nichterfüllung des Planes ist eine Änderung des Category-Geschäftsplanes zu überdenken.

In der Praxis wird der CM-Prozess allerdings nicht immer erfolgreich umgesetzt. Schmickler/Rudolph (2002, S. 105ff.) unterscheiden konzeptionelle, personell-kulturelle sowie strukturelle Probleme, die die Realisierung des CM-Prozesses beeinträchtigen können. Auf der konzeptionellen Ebene ist vor allem die fehlende Integration einer stringenten und geschäftsmodellbezogenen Gesamtstrategie des Planungsprozesses zu bemängeln, unzureichend qualifiziertes und unerfahrenes Personal wird als Hemmnis auf der personellen Ebene angeführt. Weiterhin können auch die unterschiedlichen funktionalen Organisationsstrukturen der Partnerunternehmen den erfolgreichen Verlauf von Kooperationsprojekten beeinträchtigen.

Hinweise

Zu den angrenzenden Wissensgebieten siehe → Ablauforganisation, → Aufbauorganisation, → Benchmarking, → Beschaffungslogistik, → Customer Relationship Management (CRM), → Distributionslogistik, → Efficient Consumer Response, → Handelsbetriebslehre, Grundlagen, → Handelsforschung, → Handelsmarketing, → Internationales Marketing, → Logistik (Logistikmanagement), → Marktforschung, → Materiallogistik, → Marketing, Grundlagen, → Preispolitik, → Produktpolitik, → Prozessmanagement, → Supply Chain Management, → Vertriebspolitik, → Vertriebssteuerung, → Workflow Management.

Literatur: Ahlert, D./Borchert, S. (2000): Prozessmanagement im vertikalen Marketing - Efficient Consumer Response (ECR) in Konsumgüternetzen, Berlin et al. Ahlert, D./Hesse, J. (2002): Relationship Management im Beziehungsnetz zwischen Hersteller, Händler und Verbraucher, in: Ahlert, D./Becker, J./Knackstedt, R./Wunderlich, M. (Hrsg.): Customer Relationship Management im Handel. Strategien, Konzepte, Erfahrungen, Berlin et al.; Barth, K.; Hartmann, M., Schröder, H. (2002): Betriebswirtschaftslehre des Handels, 5. Aufl. Wiesbaden.; Braun, D. (2002): Schnittstellenmanagement zwischen Handelsmarken und ECR, Köln; Einhorn, M. (2005): Effektive und effiziente Kundenorierung im Sortimentsmanagement - Nutzenorientierte Marktforschung zur Vermeidung von Information Overload, Nürnberg; Harris, B. (1994): Definition von Category Management, in: Coca-Cola Retailing Research Group (Hrsg.): Kooperation zwischen Industrie und Handel im Supply Chain Management, Essen; Hertel, J. (1999): Warenwirtschaftssysteme. Grundlagen und Konzepte, 3., überarb. u. erw. Aufl., München; von der Heydt, A. (1998): Efficient Consumer Response, 3., erw. u. aktual. Aufl., Frankfurt a. M.; Holzkämper, O. (1999): Catgeory Management: strategische Positionierung des Handels, Diss., Göttingen; Mattmüller, R.; Tunder, R. (2004): Strategisches Handelsmarketing, Wiesbaden; Nielsen (1992): The Nielsen Category Management Book, Northbrook; Rudolph, T. (1997): Profilieren mit Methode. Von der Positionierung zum Markterfolg, Frankfurt et al.; Schmickler, M. (2001): Management strategischer Kooperationen zwischen Hersteller und Handel. Konzeptions- und Realisationsprozesse für ECR-Kooperationen, Diss., St.Gallen; Schmickler, M./Rudolph, T. (2002): Erfolgreiche ECR-Kooperationen. Vertikales Marketing zwischen Industrie und Handel, Neuwied; Schröder, H. (2003): Category Management: aus der Praxis für die Praxis: Konzepte

- Kooperationen - Erfahrungen, Frankfurt a.M.; Schröder, H./Feller, M./Rödl, A. (2003): Leistungen des Controlling für eine kundenorientierte Sortimentsgestaltung im Lebensmittel-Einzelhandel, in: Krey, A. (Hrsg.): Handelscontrolling. Neue Ansätze aus der Theorie und Praxis zur Steuerung von Handelsunternehmen, 2. überarb. Aufl., Rostock, S. 145-200; Schulte, K./Klein, T. (2001): Category Management. Handbuch ECR-Demand Side, Köln. Swoboda, B. (1997): Wertschöpfungspartnerschaften in der Konsumgüterwirtschaft. Ökonomische und ökologische Aspekte des ECR-Managements, in: WiSt - Wirtschaftswissenschaftliches Studium, 26. Jg., Nr. 9, S. 449-454; Wehling, M./Borchert, S. (2002): Zur Relevanz der Anreizkompatibilität von ECR-Reorganisationen, in: Möhlenbruch, D./Hartmann, M. (Hrsg.): Der Handel im Informationszeitalter, Wiesbaden, S. 152-171.

Internetquellen: ECR-Initiative Deutschland (GS1): http://www.gs1-germany.de/internet/content/index_ger.html; ECR-Europe: http://www.ecrnet.org/; Food Marketing Institute (FMI): http://www.fmi.org/; Global Scorecard: http://www.globalscorecard.net/; EAN International: http://www.ean-int.org/; CIES - The Food Business Forum: http://www.ciesnet.com/; AIM - European Brand Association: http://www.aim.be/; Homepage des Instituts für Marketing und Handel an der Universität St. Gallen: http://www.imh.unisg.ch; Homepage des GD-Lehrstuhls für internationales Handelsmanagement an der Universität St. Gallen: http://gd-lehrstuhl.imh.unisg.ch

Website der Autoren: http://www.imh.unisg.ch

Category Management, Kooperatives
siehe → Kooperatives Category-Management.

Category Process
siehe → Category Management.

Category-Rolle
Durch *Category-Rollen* wird festgelegt, welche Priorität einer → *Category* in der Sortimentsstruktur zukommt. Bei der Zuordnung der Category-Rollen ist die Kenntnis des Einkaufsverhaltens der Kunden von maßgeblicher Bedeutung (Einhorn 2005, S. 67f.). Der Konsument empfindet nicht alle Categories als gleich wichtig für seinen Einkauf. Durch die Category-Rolle kann das Handelsunternehmen steuern, welche Priorität einer Category erhalten soll. Die Category-Rollen sollten weiterhin die strategische Vision und die Ziele des Unternehmens widerspiegeln.

Von besonderer Bedeutung für den Sortimentsplanungsprozess (siehe auch → Sortimentsmanagement) sind die Category-Rollen. Eine Category-Rolle legt fest, welche Priorität einer Category in der Sortimentsstruktur zukommt Es kann hierbei zwischen *Profilierungsrolle- (siehe auch → Profilierungs-Categorie), Pflichtrollen, Impuls-/Saisonrollen-* und *Ergänzungsrollen* unterschieden werden. Die Category-Rollen stellen sicher, dass das strategische Wettbewerbskonzept eines Handelsunternehmens auch in der Sortimentspolitik umgesetzt wird. ECR Europe (1997, S. 43) gibt beispielhaft folgende Rollenverteilung für ein Sortiment an (siehe Abbildung 1):

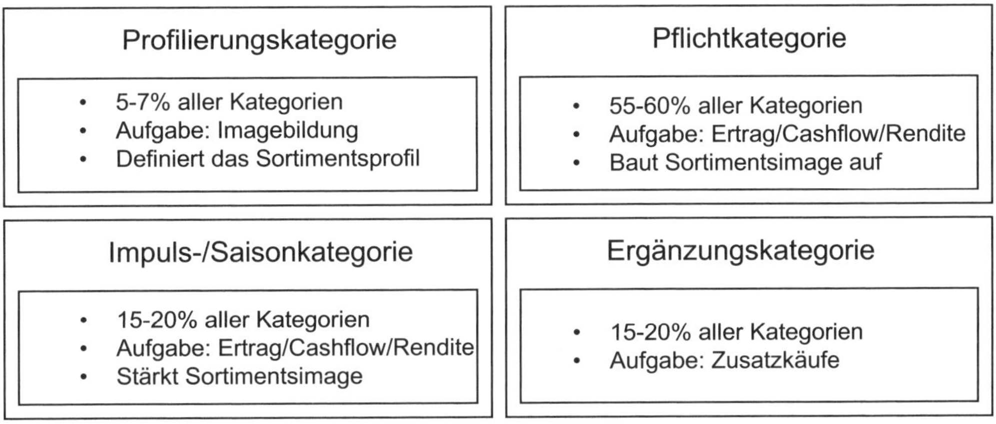

Profilierungskategorie	Pflichtkategorie
• 5-7% aller Kategorien • Aufgabe: Imagebildung • Definiert das Sortimentsprofil	• 55-60% aller Kategorien • Aufgabe: Ertrag/Cashflow/Rendite • Baut Sortimentsimage auf
Impuls-/Saisonkategorie	Ergänzungskategorie
• 15-20% aller Kategorien • Aufgabe: Ertrag/Cashflow/Rendite • Stärkt Sortimentsimage	• 15-20% aller Kategorien • Aufgabe: Zusatzkäufe

Abb. 1: Category-Rollen

Siehe auch → Category Management (mit Literaturangaben).

Category Taktik

Warengruppenmanager legen durch Category Taktiken konkrete Maßnahmen je Warengruppe fest. Diese operative Implementierung der Category Strategie macht die aktive Verarbeitung und Verteilung von Kundeninformationen über die gesamte operative Prozesskette erforderlich. Die Aktionsfelder eines Category Managers reichen insofern vom Endkunden bis hin zur Produktbeschaffung. Siehe auch → Category Management.

C2B

Abk. für → Consumer-to-Business. Siehe auch E-Commerce (mit Literaturangaben).

CBOs

Abk. für → Collateralised Bond Obligations; siehe auch → Asset Backed Securities.

CBR

Abk. für → Case Based Reasoning.

CC

Abk. für → Corporate Citizenship.

C2C

Abk. für → Consumer-to-Consumer. Siehe auch E-Commerce (mit Literaturangaben).

CCG

Abk. für Centrale für Coorganisation. Siehe auch → SIN-FOS (Sedas-Informationssatz).

CDOs

Abk. für → Collateralised Debt Obligations; siehe auch → Asset Backed Securities.

CDS

Abk. für → Credit Default Swaps.

CEFFT Shopping

Unter CEFFT (Club-, Event-, Fun-, Fan- und Tourist-)Shopping versteht man neuere Vertriebswege (→ Vertriebswege, neuere) und zugleich neuere Tendenzen im Konsumentenverhalten, so Erlebnis-, Freizeit-, Action- und Fun-Orientierungen, was zu neuen Einkaufsformen führt.

Die Erscheinungsformen des CEFFT Shopping können eingeteilt werden in, das Kult-Shopping, das in neuartigen Outlets oder Standorten stattfindet, und in das Tourist-Shopping. (1) Kult-Shopping stellt einen Ausdruck von Marken- oder Eventidentifikation dar. I.d.R. sind Standorte und auch die Konzepte neu, wie Szene-Lokale, Freizeitparks oder → Events. Es handelt sich dabei um Orte oder Veranstaltungen, zu denen die Konsumenten einen besonderen Bezug aufbauen, der in einem Kult-Status resultieren kann. (2) Tourist-Shopping stellt Einkäufe von Konsumenten dar, die im Rahmen von Reisen realisiert werden. Neben klassischen Einzelhandelsbetrieben werden neuere Formen, so → Factory Outlet Center oder → Urban Entertainment Center als Ziele gewählt. Diese werden i.S. eines Einkaufstourismus genutzt, zunehmend auch in Form von Einkaufstrips.

Siehe auch → Vertriebswege, Neuere (mit Literaturangaben).

CE-Kennzeichnung

Das Führen des CE-Kennzeichens ist nur für bestimmte Produkte durch Rechtsvorschriften vorgeschrieben. Der Hersteller erklärt damit, dass das Produkt nach bestimmten Standardrichtlinien hergestellt wurde, die in ganz Europa einheitlich sind. Produkte für die gesetzlich keine CE-Kennzeichnung vorgeschrieben ist, dürfen nicht mit einer solchen versehen werden (§ 6 GSPG).

Internetseite: http://www.vdi-nachrichten.com/ce-richtlinien/default.asp

Certificate of Origin

siehe → Ursprungszeugnis.

Certificates of Deposit (CDs)

Certificates of Deposit sind verbriefte Termineinlagen bei Kreditinstituten. Diese auf den Inhaber lautenden Einlagenzertifikate werden auch als Geldmarktzertifikate oder als Depositenzertifikate bezeichnet. Neben der Verbriefung ist die Standardisierung der Laufzeiten die Grundlage der Sekundärmarktfähigkeit von CDs. Certificates of Deposit haben eine Laufzeit zwischen 30 und 180 Tagen.

Überwiegend werden CDs von Kreditinstituten, Versicherungsgesellschaften und Geldmarktfonds erworben. Aber auch große Industrieunternehmen, die liquide Mittel kurzfristig anlegen wollen, treten als Käufer von CDs auf. CDs können vom Anleger auch vor Fälligkeit veräußert werden, um einen unvorhergesehenen Kapitalbedarf abzudecken.

In den USA unterscheidet man zwischen non-negotiable CDs, auch Consumer CDs genannt, mit Nennbeträgen bis 100.000 USD und negotiable CDs, sog. Jumbo CDs, mit Nennbeträgen ab 100.000 USD.

Certified Public Accountant (CPA)

US-amerikanischer Wirtschaftsprüfer; Berufsverband ist das → American Institute of Certified Public Accountants (AICPA).

C.F.

Abk. für → Cash Flow (mit Literaturangaben).

CfaR

Abk. für → Cash flow at Risk.

CFC-Gesellschaft

abgek. Controlled Foreign Company/Corporation. Der Begriff stammt aus dem US-amerikanischen Steuerrecht und bezeichnet eine ausländische Gesellschaft an deren Stimm- oder Vermögensrechten zu mindestens 50 % amerikanische Steuerpflichtige beteiligt sind. Dabei wird ein US-Aktionär definiert als Person, die 10 % der Stimmrechte der CFC besitzt oder der 10 % zuzurechnen sind. Übertragen auf andere Staaten versteht man unter einer CFC-Gesellschaft eine im niedrigbesteuernden Ausland ansässige Gesellschaft, die passive Einkünfte erzielt und von Inländern beherrscht wird. Steuerinländer versuchen ihre Erträge auf solche Gesellschaften zu verlagern, um damit ihre, der unbeschränkten Steuerpflicht unterliegenden Einkünfte so weit wie möglich zu reduzieren.

Im deutschen Steuerrecht werden CFC-Gesellschaften → Basis- oder → Zwischengesellschaften genannt.

Siehe auch → Steuerrecht, Internationales (mit Literaturangaben).

CFR
Kosten und Fracht ... benannter Bestimmungshafen, engl.: cost and freight ... named port of destination. Vertragsformel der von der → Internationalen Handelskammer (ICC) entwickelten → Incoterms für Außenhandelsgeschäfte.

CGIFOS
Abk. für → Corporate Governance Informations and Forecasting System (→ Management-Informationssysteme, MIS).

Chairman
siehe → Kapitalgesellschaft, amerikanische.

Chance and Risk Card
siehe → Balanced Chance and Risk Card.

Change-Agent
ist im Rahmen des Change Managements der Betreiber und Experte für den Veränderungsprozess. Siehe → Change Management, Kapitel 2.1.

Change Management

Change Management

von Univ.-Professor Dr. Gerd Walger und Dipl.-Ökonom Ralf Neise
IUU Institut für Unternehmer- und Unternehmensentwicklung
an der Universität Witten/Herdecke

1. Charakterisierung
Die Veränderung des Unternehmens, dessen Notwendigkeit meist mit veränderten Rahmenbedingungen, sich beschleunigendem Wettbewerb, Technologiesprüngen, zunehmender → Globalisierung etc., begründet wird, kann mit verschiedenen Ansätzen des Change Managements gestaltet werden. Im vorliegenden Beitrag werden die bedeutsamsten Ansätze weitgehend chronologisch vorgestellt, da später entwickelte Ansätze oftmals mit Bezug auf frühere Ansätze entstanden sind.

2. Ansätze des Change Managements
2.1 Planned Organizational Change
Im Sinne Erich Gutenbergs ist Planung der Entwurf einer Ganzheit und Organisation das Instrument, diese in die Realität umzusetzen. In diesem Ansatz ist Organisation als vollständig rational und reibungslos sich vollziehend gedacht. Entwirft die Planung jedoch eine neue Ordnung, die ihre Realisation in einer neuen Organisation findet, ist mit dem Widerstand der bestehenden Organisation zu rechnen. Planned Organizational Change (POC) ist die Antwort auf die Frage, wie mit diesen Umsetzungswiderständen umzugehen ist.

Historisch betrachtet entstand der Ansatz des POC in den 50er und frühen 60er Jahren. Mit Hilfe von verhaltenswissenschaftlichen Methoden soll die Anpassung der bestehenden Organisation an die geplante neue Ordnung erfolgen. Im Rahmen dieser Diskussion wird POC erstmalig zum Gegenstand der betriebswirtschaftlichen Theorie und Change Management als Führungsaufgabe etabliert.

Auch in den neueren Restrukturierungskonzepten der Managementtheorie – in der unternehmerischen Praxis oftmals initiiert bzw. unterstützt durch Beratungsprodukte wie z.B. die Portfolio-Analyse (siehe auch → Portfoliomanagement), das → Shareholder-Value-Konzept oder das Business Reengineering – stellt sich die Frage, wie mit Umsetzungswiderständen umzugehen ist. Hier geht im Kern die Veränderung der Organisationsstruktur der Planung voraus („strategy follows structure"). In dieser Vorgehensweise wird die bestehende Organisationsstruktur durch eine völlig neue ersetzt in der Erwartung, dass bereits die Strukturveränderung eine neue strategische Ausrichtung impliziert. Diese neueren Konzepte verschärfen insoweit den Veränderungsdruck auf die bestehende Organisation, da sie quasi chirurgische Eingriffe am ganzen Organisationskörper durchzuführen beanspruchen und diese in kürzester Zeit realisieren wollen.

Die Methoden des POC gehen auf die verhaltenstheoretischen Forschungen des Tavistock Institute of Human Relations und der National Training Laboratories zurück. Ihre wesentliche Grundlage ist das Lewinsche Homöostasemodell. Dieses Modell teilt den Wandelprozess in drei Phasen: „Unfreeze", „Moving" und „Refreeze", die mit Hilfe eines *Change-Agenten* durchlaufen werden.

Der Betreiber und Experte für den Veränderungsprozess, der Change-Agent, wendet Methoden der Information, der Partizipation, der gruppendynamischen Prozesse und andere Interventionstechniken an.

Die Kritik am Planned Organizational Change wendet sich gegen den Widerspruch, der in diesem Ansatz liegt: Auf der einen Seite ist es die Aufgabe des POC, Planbarkeit und Beherrschbarkeit des Wandelprozesses gegen alle Umsetzungswiderstände zu gewährleisten, auf der anderen Seite ist Ergebnisoffenheit notwendig, um die Methoden des Change-Agent sinnvoll einsetzen zu können. So braucht zum Beispiel Partizipation die Möglichkeit der Einflussnahme auf den Prozess der Planung. Dies steht jedoch gegen den Organisationsbegriff des POC, der im Sinne des „structure follows strategy" der Planung nachgeordnet ist bzw. gegen die neueren Restrukturierungsvorstellungen, nach der fertige Organisationskonzepte implementiert werden sollen.

2.2 Organisationsentwicklung

Das Konzept der Organisationsentwicklung (OE) stellt dem Anspruch nach den Mensch in den Mittelpunkt und die Organisationsveränderung ist an die Entwicklung der Organisationsmitglieder geknüpft. Change Management im Sinne der OE macht die von dem Problem Betroffenen zum Träger des organisationalen Wandels, denn nach ihrem Verständnis können nur die, die das Problem haben, es kompetent lösen. Die OE will die Trennung zwischen Organisator und Organisierten aufheben und macht, indem die Organisationsmitglieder den organisationalen Wandel in einem partizipativen Entwicklungsprozess selbst gestalten, die Selbstorganisation der Mitglieder zum Grundmoment des Change Managements.

Führung im Wandelprozess bedeutet in der OE das Initiieren und Begleiten von Lernprozessen der Organisationsmitglieder und ähnelt einer Beratertätigkeit in dem Sinne, dass die Lernprozesse durch die Moderation der Selbstorganisation angeleitet werden und die Selbstreflexion der Organisationsmitglieder ermöglicht wird. Gängige Methoden sind das Spiegeln bzw. das Feedback, das Lernen am konkreten Problem und der Einsatz gruppendynamischer Prozesse. Die Notwendigkeit der face-to-face-Situation sowie der enge, vertrauensvolle und direkte Kontakt zwischen Führung und Geführtem schränkt die Anwendbarkeit dieses Ansatzes auf kleinere Organisationen bzw. Organisationseinheiten ein. Radikale Restrukturierungsmaßnahmen und die Neuausrichtung der Unternehmensstrukturen sind mit der OE meist nicht zu realisieren, denn diese stehen der partizipativen Selbstorganisation oftmals entgegen und sind kein Gegenstand der OE, die den organisationalen Wandel im Kern mit Personalentwicklung identifiziert. Zudem ist kritisch zu bedenken, dass die OE die Politisierung der Betriebswirtschaft fördert, indem sie Fragen der Beteiligung an den Entscheidungsprozessen in den Vordergrund stellt und die ökonomischen Kategorien vernachlässigt.

2.3 Systemtheoretisches Modell organisationalen Wandels

Den Mangel der Nichtbetrachtung der Unternehmensstrukturen überwindet der Ansatz organisationalen Wandels, der sich auf die moderne, durch Luhmann in die soziologische Theorie eingeführte Systemtheorie bezieht. Im Verständnis der Systemtheorie erzeugen Organisationen Entscheidungen, aus denen sie bestehen, selbst durch Entscheidungen, aus denen sie bestehen. Angeregt durch Irritationen aus ihrer Umwelt produziert die Organisation als System nach Maßgabe ihrer eigenen Funktionslogik Entscheidungen, mit denen sie sich selbstreferentiell auf vorausgegangene oder antizipierte Entscheidungen bezieht und sich so als autonomes, rekursiv geschlossenes System ausdifferenziert. Indem die Organisation Entscheidungen zu Vor-Entscheidungen anderer Entscheidungen macht, bilden sich Strukturen, die sich mit jeder Entscheidung reproduzieren, und diese schränken ein, welche Entscheidungen anschlussfähig sind und was künftig als Entscheidung überhaupt noch möglich ist. Organisationen haben im Verständnis der Systemtheorie keinen festen Bestand sondern entstehen erst durch den Prozess der Bezugnahme von Entscheidungen auf andere Entscheidungen. Dieses Verständnis der prozesshaft sich bildenden Organisation lässt den organisationalen Wandel zum Normalfall werden.

Auf Basis des systemtheoretischen Ansatzes haben sich unterschiedliche Konzepte des organisationalen Wandels entwickelt. Dem Konzept des organisationalen Lernens zufolge, das eines der bedeutendsten ist, „lernen" Organisationen durch Veränderungen ihrer Wissensbasis. Die Wissensbasis umfasst alle Fakten und Regeln, auf die bei Entscheidungen in der Organisation implizit oder explizit Bezug genommen wird. Die individuelle Wahrnehmung oder Interpretation eines Sachverhaltes verändert nicht automatisch die organisationale Wissensbasis. Erst in der Entscheidung als Element des Systems ist die Transformation von individuellem in organisationales Wissen vollzogen. Jede Entscheidung führt zu einer Veränderung der Wissensbasis und ist damit ein Akt organisationalen Lernens. Die Anschlussfähigkeit individuellen Wissens beruht auf der Ausdifferenzierung entsprechender Lernstrukturen. Zu diesen Lernstrukturen gehören z.B. die Wege der innerorganisationalen Kommunikation.

Neben der Existenz sichernden Lernfähigkeit einer Organisation bedarf es gleichzeitig der Limitierung dieser Lernfähigkeit in Form von Entscheidungen für das „Nicht-Lernen". Diese ebenso Existenz sichernde Maßnahme gewährleistet, dass die Grenzen der Organisation zu der von ihr konstruierten Umwelt erhalten bleiben. Würde die Organisation jeder Veränderung dieser Umwelt lernend folgen, würde die Differenz zwischen Umwelt und Organisation verschwinden. Für die Organisation gilt es also, immer wieder neu ein situationsabhängiges Verhältnis zwischen Lernen und Nicht-Lernen zu bilden, welches die Fortexistenz des Systems gewährleistet. Die Entscheidung beruht also auf einer der drei Grundentscheidungen der Organisation: zu lernen, nicht zu lernen und schließlich für ein bestimmtes Verhältnis von Lernen und Nicht-Lernen.

Jede Entscheidung der Organisation rekurriert auf die organisationale Wissensbasis, ist durch die geprägt und wirkt auf sie zurück. In der Organisation nach systemtheoretischen Verständnis ist über den Grundzusammenhang der Entscheidung der Wandel, also die Veränderung der Wissensbasis, immer schon angelegt. Organisationaler Wandel ist in diesem Sinne ein Dauerzustand der Organisation. Die systemtheoretisch gedachte Organisation ist immer schon lernende Organisation. Darüber hinaus kann zwar ein externer Beobachter im Wege der Beobachtung zweiter Ordnung die Reproduktion der Entscheidungen beobachten; das System selbst kann seinem durch die Wissensbasis reproduzierten blinden Fleck jedoch nicht entkommen. Interventionen von aussen sind nicht möglich, auch z.B. darüber, was Beobachtungen zweiter Ordnung für es bedeuten, entscheidet das System und Entscheidungen müssen für es anschlussfähig sein. Change Management im Sinne eines radikalen organisationalen Wandels ist unmöglich.

2.4 Institutionentheoretische Reorganisation

In Abgrenzung zu den politisch bzw. soziologisch geprägten Ansätzen versteht sich die Institutionentheorie explizit und vornehmlich als ökonomische Theorie. Sie geht von der Annahme aus, dass die Akteure Optimierer des eigenen, individuellen Nutzens sind, deren Verhalten wesentlich von „Rent-Seeking-Aktivitäten" beeinflusst ist und die jede Situation, d.h. die in diesen bestehende Vorteile wie beispielsweise Informationsvorsprünge, opportunistisch und ggf. auch auf Kosten anderer für sich ausnutzen. Durch Institutionen, d.h. implizite oder explizite Regelungen und Verträge, und ihre Anreizwirkungen soll sichergestellt werden, dass allen Beteiligten ein wirtschaftlicher Vorteil zufällt.

Unternehmensziele werden danach nur dann realisiert, wenn ihre Erfüllung den individuellen Interessen der Beteiligten dient. Denn jedes Individuum betrachtet die Wirkung ausgehandelter Vereinbarungen einzig auf ihre Anreizwirkung und fragt: „what is in it for me?"

Change Management im Sinne der Institutionentheorie bedeutet anreizgesteuerte Reorganisation. Wie bei Kunden werden die Präferenzen der Mitarbeiter geprüft und darauf bezogen sollen Regelungen und Verträge implementiert werden, die solche Bedingungen schaffen, dass der erwartete Nutzengewinn, der durch den Wandel erwirkt wird, für jeden Beteiligten größer ist als die Opportunitätskosten, die für ihn damit einhergehen. Nur wenn dieser Nutzengewinn mindestens die Summe aller Opportunitätskosten übersteigt, kann im Sinne der Institutionentheorie dieser Überschuss zur Motivierung der Akteure aufgeteilt werden und insoweit als Anreiz zur Veränderung wirken. Die Institutionentheorie gibt den Bezug auf die Verantwortung der Mitarbeiter für die Unternehmensentwicklung auf und ersetzt diesen durch eine reine Tauschbeziehung. Für sie ist der Veränderungsprozess nur möglich, wenn hinreichend viele Beteiligte am Gewinn partizipieren. Sie reduziert Change Management auf eine mechanische Vorstellung von stimulus (Anreize) und response (Reaktion), d.h. sie geht davon aus, dass die Präferenzstrukturen der Mitarbeiter festgelegt und die Individuen über Anreizen steuerbar sind. Sie lässt die Chancen aus, die mit der persönlichen Entwicklung der Mitarbeiter entstehen, und unterschätzt die Möglichkeit, dass diese ihrerseits steuernd mit den Anreizen umgehen.

3. Phasen der Unternehmensentwicklung

Der Wandel der Unternehmung lässt sich nicht nur als Reaktion auf äußere Veränderungen sondern auch als ein Entwicklungsprozess der Unternehmung verstehen, der sich quasi gesetzmäßig nach idealtypischen Phasen vollzieht. Lievegoed hat ein Modell entwickelt, dass drei Phasen unterscheidet. Jede Phase folgt einer eigenen Dynamik: für die Pionierphase ist die Person des Unternehmers wesentlich, die Differenzierungsphase ist geprägt durch die Orientierung an allgemeinen Regeln und die Integrationsphase soll beide Momente miteinander verbinden. Change Management bedeutet, den Umbruch von einer Phase in die nächste zu gestalten.

Hinweis

Zu den angrenzenden Wissensgebieten siehe → Ablauforganisation, → Aufbauorganisation, → ERP-Systeme (Enterprise Resource Planning-Systeme), → Lernende Organisation, → Organisation, Grundlagen, → Organisationstheorien, → Outsourcing, → Produktionsmanagement, → Profit Center, → Projektmanagement, → Prozessmanagement, → Strategisches Management, → Unternehmensplanung, → Workflow Management.

Literatur: Doppler, K./Lauterburg, C. (2002): Change Management: den Unternehmenswandel gestalten, 10. Aufl., Frankfurt a. M.; Glasl, F./Lievegoed, B. (1996): Dynamische Unternehmensentwicklung: wie Pionierbetriebe und Bürokratien zu Schlanken Unternehmen werden, 2. unveränd. Aufl., Bern u.a.; Gomez, P./Hahn, D./Müller-Stewens, G. (1994): Unternehmerischer Wandel. Konzepte zur organisatorischen Erneuerung, Wiesbaden; Hayes, John (2003): The theory and practice of change management, Basingstoke u.a.; Kirsch, W. (1997): Strategisches Management. Die geplante Evolution von Unternehmen, Herrsching; Picot, A./Freudenberg, H./Gaßner, W. (1999): Management von Reorganisationen - Massschneidern als Konzept für den Wandel, Wiesbaden; Theuvsen, L. (1996): Business Reengineering, Möglichkeiten und Grenzen einer prozeßorientierten Organisationsgestaltung, in: ZfbF, 48. Jg., Hf. 1, S. 65 – 82; Walger, G. (1997): Change Management im Spannungsfeld von Selbst- und Fremdorganisation, in: Betriebswirtschaftslehre und Managementlehre. Selbstverständnis – Herausforderungen – Konsequenzen, Tagungsband der Kommission "Wissenschaftstheorie" im Verband der Hochschullehrer für Betriebswirtschaft e.V., Wiesbaden, S. 187 – 207.

Internetadressen: Institut für Unternehmer- und Unternehmensentwicklung: www.iuu-uni-wh.de; Change Management Learning Center: www.change-management.com; Journal of Organizational Change Management: www.emeraldinsight.com/info/journals/jocm/jocm.htm; Zeitschrift für Organisationsentwicklung und Change Management: www.zoe.ch

Website / Internetadressen der Autoren: (Institut für Unternehmer- und Unternehmensentwicklung) www.iuu-uni-wh.de; Gerd Walger: iuu@iuu-uni-wh.de; Ralf Neise: Ralf-Neise@t-online.de

Chargenfertigung

Sonderform der → *Serienfertigung* oder der → *Sortenfertigung*, bei der qualitative Unterschiede zwischen verschiedenen Fertigungslosen produktionsbedingt unvermeidlich sind. Eine Charge ist dabei die gemeinsam (z.B. in einem Schmelz- oder Brennofen) produzierte Menge. Trotz gleicher Fertigungsabläufe kommt es durch wechselnde Produktionsbedingungen zu ungewollten Produktdifferenzierungen.

Beispiele für diesen → *Fertigungstyp* sind in der Stahlindustrie und der chemischen Industrie (z.B. bei der Lackherstellung) zu finden. Siehe auch → Produktion, Formen.

Charismatische Führung
Charisma versetzt den Vorgesetzten in die Lage, durch die Kommunikation seiner Werte und Ziele für Selbstvertrauen und Leistungsmotivation der Mitarbeiter zu sorgen, indem er Motive der Geführten weckt und ihr Selbstvertrauen erhöht. Ansatzpunkte dazu sind die Vermittlung einer Vision und die Beeinflussung von Werten und Verhalten in grundsätzlicher Weise. Dabei wirkt charismatische Führung auf direktem Wege (face to face), indirekt in kollektiven Prozessen und durch symbolische Verhaltensweisen. Mitarbeiter akzeptieren die Handlungen des Führers wegen des Glaubens an seine Fähigkeiten. Die Grundlage einer charismatischen Führungsbeziehung bildet somit die Zuschreibung des Charismas durch die Geführten.
Siehe auch → Personalführung und → Unternehmensführung, jeweils mit Literaturangaben.

Chartanalyse
siehe → Technische Analyse.

Charter Party Bill of Lading
siehe → Charterpartie-Konnossement, siehe auch → Konnossement.

Charterpartie-Konnossement
Andere Bezeichnung: „Charter Party Bill of Lading". Gegenstand des Charpartie-Konnossements (Charter-Frachtvertrages) ist ein Schiffsraum oder ein ganzes Schiff. Vorkommend insbesondere bei Massengütern. Das Verlade- und Transportrisiko liegt in der Regel beim Ablader (Exporteur) und nicht bei der Reederei. Siehe auch → Konnossement.

CHF
ISO-Code für Schweizer Franken.

Chief Executive Officer
siehe → Kapitalgesellschaft, amerikanische.

Chief Information Officer (CIO)
ist der für Informations- und Kommunikationstechnologie verantwortliche Manager im Unternehmen. Zu den Kernkompetenzen eines CIO gehören insbesondere die Umsetzung der IT-Architektur sowie die Versorgung der Geschäftsbereiche mit informationstechnischen Diensten. Darüber hinaus ist er für die Einbettung einer IT-Strategie in die Geschäftsstrategie des Gesamtunternehmens zuständig. Siehe auch → Wissensmanagement und → Management-Informationssysteme, jeweils mit Literaturangaben.

Churn Management
ist ein spezielles Anwendungsgebiet im Telekommunikationsbereich, bei dem verhindert werden soll, dass Kunden ihren Vertrag kündigen und zu einem anderen Anbieter wechseln.

CI
Abk. für → Competitive Intelligence.

CIF
Kosten, Versicherung, Fracht ... benannter Bestimmungshafen; engl.: cost, insurance and freight ... named port of destination. Vertragsformel der von der → Internationalen Handelskammer (ICC) entwickelten → Incoterms für Außenhandelsgeschäfte.

CIF-Agent
siehe → Handelsvertreter.

CIM

(in der → *Produktionsplanung* und → *Produktionssteuerung*) steht als Abkürzung für *Computer Integrated Manufacturing* und sein Ziel besteht in der Zusammenfassung aller für die industrielle Produktion relevanten Bereiche des Informations- und Materialflusses unter dem Dach eines gemeinsamen Informations- und Kommunikationssystems, unabhängig davon, ob dieses in Form einer umfassenden Datenbank oder in Form eines Netzes einzelner Datenbanken realisiert wird. Dabei bezieht sich die Integration auf betriebswirtschaftliche (→ *Produktionsplanung und -steuerung*, ergänzt um Teilbereiche wie Buchführung oder Kostenrechnung) und technische Komponenten (CAX-Module). Hierzu gehören das Computer Aided Design (CAD), das Computer Aided Planning (CAP), das Computer Aided Engineering (CAE), das Computer Aided Manufacturing (CAM) sowie die Computer Aided Quality Assurance (CAQ).
Siehe auch → Produktionsplanung und -steuerung (mit Literaturangaben).

CIM

(in der → *Wirtschaftsinformatik*), Akronym für Computer Integrated Manufacturing; Konzept zur Neustrukturierung der → Informationsverarbeitung im Produktionsbereich, das die stufenweise → Integration von betriebswirtschaftlicher und technischer Datenverarbeitung sowie physischer Produktionsvorgänge anstrebt.
Gegenstand des CIM-Konzepts ist einerseits ein produktbezogener Prozess, bestehend aus Produktentwurf (Computer Aided Engineering), Konstruktion (Computer Aided Design), Arbeitsplanung (Computer Aided Planning), Steuerungsaktivitäten im Fertigungsbereich (Computer Aided Manufacturing), Betriebsdatenerfassung und Produktionsqualitätskontrolle (Computer Aided Quality-Assurance). Andererseits wird ein auftragsbezogener Produktionsplanungs- und -steuerungsprozess betrachtet. Die integrierte Betrachtung beider Prozesse ergibt sich aus den gemeinsamen Phasen Steuerungsaktivitäten im Fertigungsbereich und Betriebsdatenerfassung.
Siehe auch → Wirtschaftsinformatik, Grundlagen (mit Literaturangaben).

CIM-Frachtbrief

siehe → Eisenbahnfrachtbrief, internationaler (CIM-Frachtbrief).

CIO

Abk. für → Chief Information Officer.

CIP

frachtfrei versichert ... benannter Bestimmungsort; engl.: carriage and insurance paid to ... named place of destination. Vertragsformel der von der → Internationalen Handelskammer (ICC) entwickelten → Incoterms für Außenhandelsgeschäfte.

Circiut Breakers

sind Handelsunterbrechungen an der Börsen. Sie werden ausgelöst, sobald ein ordnungsgemäßer Handel (orderly market conditions) nicht mehr möglich erscheint. Kriterium hierfür sind vorab (von der Börsenaufsicht) festgelegte maximale Preisbewegungen innerhalb eines bestimmten Zeitraums. Übersteigt die prozentuale Preisänderung einen kritischen Wert, wird der Handel für eine bestimmte Zeit (cooling-off period) unterbrochen.

CISG

Abk. für → Convention on International Sale of Goods. Andere Bezeichnungen sind „Wiener Kaufrecht", „Wiener Kaufrechtsabkommen" bzw. „UN-Kaufrecht".

City-Logistik

Die City-Logistik beschäftigt sich mit der gebündelten Belieferung von Geschäften in Innenstädten. Die einzelnen Lieferanten beliefern eine Stelle (Transshipment-Point). Dort werden die Waren empfängerbezogen sortiert und auf die Verteilfahrzeuge geladen. Die City-Logistik führt zur Reduzierung des gewerblichen Verkehrs in den Innenstädten. Siehe auch → Logistik.

CIV
Abk. für → Calculated Intangible Value.

CLC
Abk. für → Commercial Letter of Credit.

Clean Bill of Lading
(„reines Konnossement"), siehe → Konnossement.

Clean Payment
Der Begriff "clean payment" wird im Zusammenhang mit den "reinen" Zahlungsinstrumenten wie z.B.
→ Auslandsüberweisung, → Auslandsscheck und (überwiegend auch) → Auslandswechsel gebraucht.
Die Bezeichnung clean payment wird z.T. auch für Zahlungsbedingungen wie Vorauszahlung, Anzah-
lung, Abschlagszahlung, Zahlung "netto Kasse" bzw. "gegen Rechnung" (eventuell mit Zahlungsziel)
verwendet.
Im Gegensatz zu den "reinen" Zahlungsinstrumenten stehen die "dokumentären" Zahlungs- und Siche-
rungsinstrumente → Dokumenteninkassi und → Dokumentenakkreditive.

Clean Report of Findings
siehe → Qualitätszertifikate.

Clearing
siehe → Netting.

Clearing-Agreement
Handelsabkommen zwischen Staaten, die sich darin verpflichten, die bilateralen bzw. multilateralen
Außenhandelsgeschäfte über gegenseitige Clearing-Konten zu verrechnen. Damit kann der Einsatz nur
begrenzt vorhandener Hartwährung (Devisen) vermieden werden.

Clearing-Stelle
(*Devisengeschäfte*). (1) allgemein Institution, über die die jeweils hieran angeschlossenen Finanzinsti-
tute ihre Transaktionen untereinander abrechnen können. (2) Speziell Intermediär an Terminbörsen, der
bei jedem Kontrakt zwischen die beiden ursprünglichen Vertragspartner tritt und für jeden der beiden
Beteiligten die jeweilige Gegenseite übernimmt.
Sollte danach einer der beiden Vertragspartner aus mangelnder Solvenz seinen für die Zukunft eingegangenen Zahlungs- und Lieferungsversprechen nicht nachkommen können, ist dies für den anderen
Vertragspartner aufgrund der Mittlerrolle der Clearing-Stelle im Gegensatz zur Situation bei einem au-
ßerbörslichen Termingeschäft ohne Belang. Die Clearing-Stelle trägt nämlich zum Vorteil der ur-
sprünglichen Kontrahenten die Ausfallrisiken im Zusammenhang mit der Abwicklung von Termingeschäften. Daher führt sie für jeden Kontrahenten ein separates Konto, auf dem laufend Gewinne und
Verluste aus dem abgeschlossenen Termingeschäft verbucht werden. Ist ein Kontrahent nicht zum
Ausgleich aufgelaufener Verluste in der Lage, so werden zur Vermeidung weiterer Ausfälle seine offenen Terminpositionen durch entsprechende Gegengeschäfte zwangsweise glattgestellt.
Siehe auch → Währungsmanagement (mit Literaturangaben) und → Futures.

Clickstream Analysis
siehe → Klickstromanalyse.

Click-Through-Rate
Die Click-Through-Rate (CTR) auch Klickrate/Click Rate genannt, gibt das Verhältnis zwischen Wer-
beeinblendungen und Werbeklicks an. Wird z.B. ein Werbemittel (Banner) 100mal ausgeliefert und
10mal erfolgt ein Klick auf das Werbemittel, so ist die CTR 10/100, also 10%.
Siehe auch → Internet-Kommunikationspolitik (mit Literaturangaben).

Client-Server-Prinzip

ist ein Ansatz, bei dem die Erbringung von Programmfunktionen auf so genannte Clients und Server verteilt wird. Server stellen Dienstleistungen, z. B. für die Datenhaltung oder die Programmverarbeitung, zentral zur Verfügung. Diese können von mehreren Clients, i.d.R. PC oder Workstations, abgerufen werden.

CLOs

Abk. für → Collateralised Loan Obligations; siehe auch → Asset Backed Securities.

Closed-Loop

ist ein Begriff aus der CRM-Terminologie (→ Customer Relationship Management, CRM). Mit Blick auf die sog. Feedback-Schleifen der Systemtheorie geht es darum, Kunden kontinuierlich zu zum Dialog (zur Interaktion) zu bewegen, um dadurch neues Kundenwissen zu generieren und mit diesen Erkenntnissen möglichst rasch wieder neue, gezielt auf die Kundenbedürfnisse gerichtete Marketing- und Vertriebsaktionen anzustoßen.

Closing

ist ein unterschiedlich verwendeter Begriff, unter dem meistens der eigentliche Gefahren- und Haftungsübergang auf Grundlage von (unterzeichneten) Verträgen verstanden wird, wogegen → Signing die Unterzeichnung von Verträgen umfasst.

CLP

ISO-Code für Chilenischer Peso.

Club-Shopping

siehe → CEFFT-Shopping.

Cluster

siehe → Clusteranalyse.

Clusteranalyse

Die Aufgabe der Clusteranalyse ist die Zusammenfassung bzw. Bündelung von bestimmten Objekten zu Clustern (Klassen, Gruppen), so dass zwischen Objekten desselben Clusters größtmögliche Ähnlichkeit und zwischen Objekten unterschiedlicher Cluster größtmögliche Unterschiedlichkeit erreicht wird.
Ein herausragendes Anwendungsgebiet der Clusteranalyse ist die Marktsegmentierung (→ Marktforschung) bzw. Zielgruppenbildung (→ Kommunikationspolitik). Ziel ist die Aufteilung eines homogenen Gesamtmarktes in homogene Teilmärkten, z.B. auf Basis nachfragerelevanter Merkmale von Käufern. Die Vorgehensweise im Rahmen der Clusteranalyse lautet: (1) Festlegung der relevanten (Konsumenten-)Merkmale, (2) Für jede Person aus einer Stichprobe wird ermittelt, welche Ausprägungen sie bezüglich der Merkmale besitzt, (3) Messung der Ähnlichkeit bzw. Unterschiedlichkeit der Personen, (4) Durchführung der Gruppenbildung (Clustering), (5) Beschreibung der Cluster.
Siehe auch → Marktforschungsmethoden und → Marktforschung, jeweils mit Literaturangaben.
    Literatur: Backhaus K., Erichson B., Plinke W., Weiber R.: Multivariate Analysemethoden. Eine anwendungsorientierte Einführung, 10. Auflage, Springer, Berlin u.a. 2003.

Clustering

siehe → Segmentierung (im Rahmen von → Business Intelligence).

CLV

Abk. für → Customer Lifetime Value.

CM

Abk. für → Category Management.

CMOs
Abk. für → Collateralised Mortgage Obligations; siehe auch → Asset Backed Securities.

CMR-Frachtbrief
Der Internationale Frachtbrief des Straßengüterverkehrs (Kurzbezeichnung: CMR-Frachtbrief), der den abgeschlossenen Transportvertrag dokumentiert, beruht auf dem "Übereinkommen über den Beförderungsvertrag im Internationalen Straßengüterverkehr", "Convention relative au contrat de transport international de Marchandises par Route", kurz: "CMR".

CNY
ISO-Code für Chinesicher Renminbi Yuan.

Coaching
ist eine Vorgehensweise zur systematischen Weiterentwicklung persönlicher Fähigkeiten, Verhaltensweisen etc. Coaching ist einer Form von zielgerichtetem Beratungsprozess, in dem ein *Coach* einen *Coachee* in einem Lernprozess führt bzw. begleitet. Als Coach kann grundsätzlich ein organisationsinterner bzw. -externer Experte oder auch die zuständige Führungskraft agieren. Coaching kann als Individual-, aber auch in Form eines *Gruppencoaching* durchgeführt werden.
Siehe auch → Personalentwicklung (mit Literaturangaben).

Cobb-Douglas-Funktion
bezeichnet einen Produktionszusammenhang mit unterproportional (degressiv) wachsendem → Output bei → *partieller* Faktorvariation und einem *linearen* Verlauf bei → *totaler* Faktorvariation. Das → *Gesetz vom abnehmenden Ertragszuwachs* lässt sich damit als eine Ausschnittbetrachtung einer Cobb-Douglas-Funktion verstehen. Siehe auch → Produktions- und Kostentheorie (mit Literaturangaben) und → Preis-Absatz-Funktion.

Co-Branding
siehe → Markenallianzen und → Kollektivmarke; siehe auch → Marke, → Markenbewertung und → Markenführung.

Codes of Conduct
(codes of ethics), siehe → Ethik-Kodex (Unternehmensleitsätze).

Codes of Ethics
(codes of conduct), siehe → Ethik-Kodex (Unternehmensleitsätze).

Codierung
kennzeichnet (z.B. in der → *Marktforschung*) die Übertragung der Ergebnisse der → Datenerhebung (z.B. Antworten aus → Fragebögen) in korrespondierende Zahlenwerte, die die Datenauswertung vereinfachen sollen – insbesondere im Hinblick auf die computergestützte → Datenanalyse (→ SPSS, → SAS).

Collaborative Planning, Forecasting and Replenishment (CPFR)
ist ein branchenübergreifendes Geschäftsmodell zur Optimierung gemeinsamer Elemente der Planungsprozesse auf der Grundlage transparenter Informationen zwischen den Marktteilnehmern der → Supply Chain. Somit kann CPFR als ein Prozess zur Entwicklung einer gemeinsamen Prognoseplanung der Konsumentennachfrage, mit dem Ziel die gesamte Wertkette zu steuern, gesehen werden.

Collar
ist die simultane Vereinbarung von Cap und Floor. Dabei ist *Cap* die Obergrenze, z.B. als festgelegte Zinsobergrenze und *Floor* die Untergrenze, z.B. als festgelegte Zinsuntergrenze im Rahmen eines → Forward-Rate Agreement (mit Anwendungsbeispiel).

Collateral

(*Besicherung*). Als Collateral werden Vermögenswerte bezeichnet, die sowohl für den Kreditnehmer als auch den Kreditgeber einen verwertbaren Wert besitzen und die vom Kreditgeber als Sicherheit verpfändet werden. Zu einer Verwertung der Werte seitens des Kreditgebers kommt es nur dann, wenn der Kreditnehmer den geliehenen Betrag teilweise oder vollständig nicht zurückzahlen kann und somit gegen die Kreditvereinbarung verstößt. Siehe auch → Asset Backed Securities.

Collateralised Bond Obligations (CBOs)

Als Collateralised Bond Obligations sind Unternehmensschuldverschreibungen zu verstehen, die durch einen Pool von Unternehmensanleihen besichert sind. CBOs sind eine Unterkategorie von → Collateralised Debt Obligations. Siehe auch → Asset Backed Securities.

Collateralised Debt Obligations (CDOs)

Collateralised Debt Obligations sind eine spezielle Variante der → Asset Backed Securities. Collateralised Debt Obligations sind Wertpapiere, deren Profitabilität an die Performance eines Pools risikobehafteter Instrumente (→ Kredite, → Anleihen, → Credit Default Swaps, → Asset Backed Securities-Papiere, etc.) gekoppelt ist. Solche strukturierten Kapitalmarktprodukte werden in der Regel mit Hilfe von → Monte-Carlo-Simulationen untersucht und bewertet. In der Praxis wird einerseits zwischen Cash CDOs und synthetischen CDOs und andererseits zwischen Balance-Sheet CDOs und Arbitrage CDOs unterschieden. Siehe auch → Asset Backed Securities.

Collateralised Loan Obligations (CLOs)

Unter Collateralised Loan Obligations werden Wertpapiere bezeichnet, die durch ein Portefeuille von Firmenkredite, i.d.R. von Geschäftsbanken, besichert werden. Collateralised Loan Obligations sind ebenfalls eine Unterkategorie von → Collateralised Debt Obligations. Siehe auch → Asset Backed Securities.

Collateralised Mortgage Obligations (CMOs)

CMOs sind Wertpapiere, die durch einen Pool von Hypothekardarlehen besichert sind. Die → Emission solcher Wertpapiere erfolgt meist in vier oder mehreren Wertpapierklassen (→ Tranchen), teils auch als → Nullkuponanleihe mit unterschiedlichen Laufzeiten. Die Gesamtlaufzeit einer → Emission liegt in der Regel zwischen 25 und 30 Jahren. CMOs werden meist mit festen viertel- oder halbjährlichen Zinszahlungen verzinst. Die Höhe der Verzinsung und das Risiko richten sich nach der Qualität der im Pool vereinbarten Hypothekendarlehen. Im Gegensatz zu → Mortgage Backed Securities erfolgt bei Collateralised Mortgage Obligations keine gleich bleibende Rückzahlung der Wertpapiere. Aus steuerlichen Gründen wird die Rückzahlung der Hypothekendarlehen auf einzelne Wertpapierklassen (→ Tranchen) konzentriert, um diese möglichst schnell zurückzuzahlen. Siehe auch → Asset Backed Securities.

Combined Certificate of Value and Origin and Invoice

siehe → Zollfaktura.

Combined Transport Bill of Lading

siehe → Multimodales Konnossement.

COMECON

Abk. für Council for Mutual Economic Assistance.

COMECON-Vertrag

Vertrag der Länder des Ostblocks über gegenseitige Wirtschaftshilfe.

Commercial Due Diligence

Die Commercial oder *Market Due Diligence* gleicht durch eine interne und externe Unternehmensanalyse die Absatz-, Preis- und Marktanteilsentwicklungen mit den Anforderungen des Marktes (Kunden-

bedürfnisse, Wettbewerbsaktivitäten etc.) ab. Um die Absatzchancen und -risiken sowie die Innovationskraft des Zielunternehmens in der Zukunft einzuschätzen und damit die Umsatz- und Gewinnplanungen zu prüfen, ist es erforderlich, die Struktur und den Wettbewerb in der betreffenden Branche zu erklären und aufzuzeigen, inwieweit das Unternehmen in der Lage ist, die derzeitige Marktposition zu halten bzw. zu verbessern.
Siehe auch → Due Diligence (mit Literaturangaben).

Commercial Letter of Credit
ist eine Sonderform der → Dokumentenakkreditive: Der Commercial Letter of Credit (CLC) verbrieft das Zahlungsversprechen der akkreditiveröffnenden Bank („Importeurbank"). Darin verpflichtet sich diese Bank, → Tratten, die vom Begünstigten auf den im Akkreditiv benannten Bezogenen gezogen sind, ohne Rückgriff auf den Aussteller (Akkreditivbegünstigten; i.A. der Exporteur) und/oder gutgläubige Inhaber zu bezahlen, sofern die vorgeschriebenen Dokumente vorgelegt werden. In den Commercial Letter of Credit ist diese Akkreditivverpflichtung i.A. als sog. Bona-fide-holder-Klausel aufgenommen.
   Literatur: Häberle S.G.: Handbuch der Akkreditive, Inkassi, Exportdokumente und Bankgarantien, München und Wien 2002.

Commercial Papers (CPs)
Commercial Papers sind Schuldverschreibungen mit einer Laufzeit von wenigen Tagen bis zu zwei Jahren. Diese unbesicherten Schuldtitel werden in der Regel im Rahmen von Commercial Paper Programmen emittiert. Innerhalb des vereinbarten Programmvolumens kann der Emittent je nach Marktlage und Finanzierungsbedarf die Tranchen (Mindestvolumen 2,5 Mio. EUR) auflegen.
Ein langfristiger Kapitalbedarf kann durch revolvierende Finanzierung abgedeckt werden. CPs sind Abzinsungspapiere, d.h. sie werden abdiskontiert ausgegeben. CPs werden von Industrie- und Handelsunternehmen mit erstklassiger Bonität aber auch von öffentlichen Emittenten mit Hilfe eines arrangierenden Kreditinstituts begeben, wobei allerdings der Emittent das Platzierungsrisiko trägt.

Committee on Accounting Procedures (CAP)
von 1938 bis 1959 Vorgängerorganisation des → Accounting Prinicples Board (APB) und damit auch des → Financial Accounting Standards Borard (FASB) zur Entwicklung von Rechnungslegungsstandards (US-GAAP), die dem → American Institute of Certified Public Accountants (AICPA) unterstand und die Accounting Research Bulletins (ARB) herausgab; siehe auch → Abschlusserstellung nach US-GAAP.

Commodities
ist der angelsächsische Begriff für Waren/Wirtschaftsgüter mit hohem Konformitätsgrad d.h. insbesondere für Roh- und Grundstoffe. Auf den organisierten Waren- beziehungsweise Rohstoffmärkten wird eine breite Palette von *Commodities* gehandelt, die von Edelmetallen (z.B. Gold, Silber, Platin, Palladium) und Metallen (z.B. Aluminium, Stahl, Kupfer, Zinn, Blei) über Energie (z.B. Rohöl, Gasöl, Kohle) bis hin zu Nahrungsmitteln (z.B. Getreide, Kaffee, Kakao, Orangensaft, Soja) reicht. Für diese Commodities werden auch Derivative, z.B. Terminkontrakte gehandelt zum Zwecke der Preisabsicherung (→ Hedging) aber auch aus spekulativen Motiven.

Communication Center
siehe → Call Center Management.

Communication Center Management
siehe → Call Center Management.

Comparable uncontrolled Price Method
siehe → Preisvergleichsmethode.

Comparative Company Approach
siehe → Vergleichsverfahren (in der → *Unternehmensbewertung*).

Comparative Pricing
siehe → Behavioral pricing.

Competitive Benchmarking
engl. Bezeichnung für das *konkurrenzbezogene Benchmarking*, das als Vergleichsentitäten (Vergleichsmaßstab) die direkten Mitbewerber – meistens den stärksten – auf dem Absatzmarkt nutzt. Competitive benchmarking gehört zum *externen* Benchmarking, bei dem zum Vergleich direkte Konkurrenten, vergleichbare Organisationen, die in einem anderen Marktsegment oder Land tätig sind, oder sogar Organisationseinheiten aus gänzlich fremden Branchen herangezogen werden. Siehe auch → Benchmarking (mit Literaturangaben).

Competitive Intelligence (CI)
häufig als Synonym für *Business Intelligence (BI)* verwendet. Muss jedoch differenziert von diesem Begriff betrachtet werden, da sich Competitive Intelligence eher auf die systematische, andauernde und legale Sammlung von Daten aus dem Umfeld des Unternehmens bezieht, während → Business Intelligence neben diesen Informationen auch die Auswertung unternehmensinterner Daten berücksichtigt. Siehe auch → Business Intelligence (mit Literaturangaben).

Completed-Contract-Methode
eine Bewertungsmethode für (langfristige) Fertigungsaufträge. Danach wird der Gewinn aus dem Auftrag erst am Ende der Fertigstellung erfolgswirksam vereinnahmt. Die Methode ist international umstritten, weil sie nicht dem → accrual principle entspricht. Daher wird – wenn möglich – die → *Percentage-of-Completion* Methode angewendet.

Compliance
Fachausdruck aus dem Englischen für die Einhaltung von Gesetzen und Richtlinien in Unternehmen; oft begleitet von organisatorischen Maßnahmen wie der Einrichtung einer eigenen *Compliance-Abteilung*.
Siehe auch → Compliance Ansatz und → Ethik-Management.

Compliance Ansatz
Modell bzw. Steuerungsphilosophie des → Ethik-Management, dessen zentrales Anliegen es ist, diskretionäre Handlungsspielräume der Mitarbeiter zu begrenzen, um opportunistisches (Fehl-)Verhalten so weit wie möglich zu verhindern. Der Schwerpunkt der Ethik-Aktivitäten ist also in Schaffung und Durchsetzung klarer Rahmenbedingungen und damit verbundener Anreiz- und Kontroll-Strukturen zu sehen, das heißt, es gilt Überwachungsstandards zu definieren, geeignete Mechanismen der Fremdkontrolle zu entwickeln und Sanktionsmaßnahmen zu installieren.
Dieser Denkansatz geht anders als der → Integrity-Ansatz von einem eher skeptischen, passiven Menschenbild aus. Der Compliance-Ansatz kommt eher traditionellen (tayloristischen) Management- bzw. Führungsmodellen nahe und ist eher in einem wettbewerblichen Umfeld angemessen, dass durch hohe Stabilität und geringe Komplexität gekennzeichnet ist.
Siehe auch → Compliance und → Ethik-Management (mit Literaturangaben).

Comprehensive income
im → Abschluss nach US-GAAP und im Jahresabschluss nach IAS/IFRS (siehe → Internationale Rechnungslegung nach IFRS) anzugebende Periodenerfolgsgröße, die sich aus dem Erfolg der Gewinn- und Verlustrechnung und allen direkt im Eigenkapital erfassten Erfolgsbestandteilen zusammensetzt. Die Darstellung erfolgt in einer → Eigenkapitalveränderungsrechnung.
Siehe auch → Gewinnkonzepte.

Computer Aided Selling (CAS)
steht für eine computergestützte, klassische → Vertriebssteuerung. CAS ist als informationstechnologische Unterstützung aller Planungs- und Abwicklungsaufgaben im Rahmen von Verkaufsprozessen – von der pre sales-Phase über die sales-Phase bis zur after sales-Phase – zu verstehen.
Der CAS-Begriff wurde 1993 in einer Studie von Link und Hildebrand zum Database-Marketing bekannt gemacht, hat aber im Marketingzusammenhang nie eine Bedeutung erhalten. CAS ist Sache des Vertriebs und umfasst in vielen Unternehmen schlichtweg die Außendienst- und Innendienststeuerung. In den USA ist an Stelle von CAS der Begriff Sales Force Automation (SFA) gebräuchlicher. Mittlerweile hat sich CAS zum *Customer Relationship Management (CRM)* weiterentwickelt.
Siehe auch → Customer Relationship Management (CRM) (mit Literaturangaben)

Computer Aided Software Engineering (CASE)-Werkzeuge
CASE-Werkzeuge unterstützen den Software-Ingenieur bei der Planung, dem Entwurf, der Implementierung und der Dokumentation von Software Systemen. Sie dienen der Visualisierung von Artefakten eines Software-Systems. Moderne CASE-Werzeuge basieren heute meist auf der Unified Modeling Language (UML). Siehe auch → Workflow-Management (mit Literaturangaben).

Computer Integrated Manufacturing
siehe → CIM.

Computer Supported Cooperative Work (CSCW)
CSCW bezeichnet ein interdisziplinäres Forschungsgebiet, das die durch Informations- und Kommunikationstechnologien unterstützte Zusammenarbeit von Individuen in Arbeitsgruppen oder Teams untersucht. Ziel ist es, die Effektivität und Effizienz der Gruppenarbeit durch Informations- und Kommunikationstechnologien zu erhören. Siehe auch → Workflow-Management (mit Literaturangaben).

CON
Abk. für → Statement of Financial Accounting Concepts.

Confidential Aggreement
Geheimhaltungs-/Vertraulichkeitserklärung.

Conjoint Measurement
siehe → Conjointanalyse.

Conjointanalyse
Die Idee der Conjointanalyse besteht darin, aus Gesamtnutzenurteilen bezüglich alternativer Objekte auf die Bedeutung einzelner Objekteigenschaften bzw. deren Ausprägungen zu schließen.
Einen wichtigen Anwendungsbereich der Conjointanalyse bildet die Neuproduktplanung. Hierbei ist es von Wichtigkeit, den Einfluss oder Beitrag alternativer Produktmerkmale (z.B. die Produkteigenschaften Materialen, Formen, Farbe oder Preisstufen) auf die Nutzenbeurteilung eines neuen Produktes durch potenzielle Käufer herauszufinden. Bei der Conjointanalyse muss der Forscher vorab festlegen, welche Merkmale in welchen Ausprägungen berücksichtigt werden sollen. Darauf aufbauend wird ein Erhebungsdesign entwickelt, im Rahmen dessen Präferenzen ordinal (→ Messniveau) gemessen werden. Auf Basis dieser Daten erfolgt schließlich die Analyse zur Ermittlung der Nutzenbeiträge der berücksichtigten Merkmale und ihrer Ausprägungen. Die Conjointanalyse bildet somit eine Kombination aus Erhebungs- (→ Datenerhebung) und Analyseverfahren (→ Datenanalyse).
Siehe auch → Marktforschungsmethoden und → Marktforschung, jeweils mit Literaturangaben.
     Literatur: Backhaus K., Erichson B., Plinke W., Weiber R.: Multivariate Analysemethoden. Eine anwendungsorientierte Einführung, 10. Auflage, Springer, Berlin u.a. 2003.

Conservatism
ist ein Prinzip der Internationalen Rechnungslegung. Ähnlich, aber nicht gleich dem deutschen Vorsichtsprinzip. Es dient nicht zur Bildung stiller Reserven (→ stille Rücklagen), sondern besagt, dass bei

Schätzungen (z.B. bei der Dotierung von → Rückstellungen) vorsichtig vorzugehen ist. Insgesamt sollen durch internationale Abschlüsse Vermögen und Erfolg in realistischer Höhe ausgewiesen werden.

Consolidation
(Lagerwirtschaft). Bezeichnung für die Zusammenführung von Ladeeinheiten in Warenumschlagspunkten bzw. Warenlagern. Gegensatz → Break bulk.

Constant Proportion Portfolio-Insurance
spezielle Technik der → Portfolio-Insurance. Die Aufteilung des anzulegenden Vermögens in sichere und riskante Anlage wird dynamisch so bestimmt, dass der Wert des gesamten Portfolios über den Anlagezeitraum einen bestimmten Mindestwert nicht unterschreitet. Der riskant zu investierende Anteil berechnet sich als das Produkt aus einem im Zeitablauf konstanten, vom Investor gemäß seinen Risikopräferenzen festgesetzten Multiplikator m und der Differenz zwischen dem aktuellen Portfoliowert und dem festgesetzten Mindestwert. Dabei wird die Differenz zwischen dem aktuellen Portfoliowert und dem festgesetzten Mindestwert als „Polster" („cushion") bezeichnet. Beträgt dieses Polster x % des Portfoliowertes, dann wird zu jedem Zeitpunkt m · x % des Vermögens riskant investiert. Eine Veränderung des Portfoliowerts im Zeitablauf führt entsprechend zu einer gleichgerichteten Veränderung des Polsters und damit auch des riskant anzulegenden Vermögens.
Siehe auch → Portfoliomanagement (mit Literaturangaben).

Constant Work in Process
abgek. → CONWIP.

Consumer Addressability
siehe → Customized pricing.

Consumer Catering
Der Außer-Haus-Verzehr stellt einen Bereich dar, in dem Angebotsformen besonders gegenüber dem traditionellen Lebensmitteleinzelhandel (LEH) als Konkurrenten auftreten, die nicht dem Handel zuzuordnen sind (→ Vertriebsformen, neuere). Durch seine Zunahme, die auch aus einer Veränderung im Ernährungsverhalten resultiert, sinkt der Anteil des Lebensmitteleinzelhandels am „share of stomach". Der traditionelle LEH konkurriert hier nicht nur mit Betrieben wie Bäckereien oder Metzgereien, sondern mit jeglichen Formen der Gastronomie, so Restaurants, Imbissstuben, Cafeterien, Kantinen. Auch die zunehmende Convenience-Orientierung der Konsumenten spielt hier, etwa in Form von → Convenience Stores, eine Rolle. Des Weiteren sind nicht-stationäre Formen der Gastronomie wichtig, wozu auch Zustelldienste, so Pizza-Kuriere und Party-Service-Anbieter, zählen (→ Remote Ordering). Insgesamt bildet Consumer Catering einen an Bedeutung gewinnenden Bereich für den Nahrungsmittel- und Getränkeabsatz der Hersteller.
Siehe auch → Vertriebswege, Neuere (mit Literaturangaben)

Consumer-Satisfaction-Index
siehe → Kundenmonitor.

Consumer-to-Administration (C2A)
Markt- und Transaktionsbereich im → E-Commerce, der die elektronische Geschäftsabwicklung zwischen Privatpersonen als Anbieter einer Leistung und Institutionen bzw. Behörden als Nachfrager einer Leistung umfasst. Siehe auch E-Commerce (mit Literaturangaben).

Consumer-to-Business (C2B)
stellt einen Markt- und Transaktionsbereich im → E-Commerce dar, in dem die Endverbraucher als Anbieter einer Leistung auftreten, während die Unternehmen als Nachfrager dieser Leistung fungieren.
Siehe auch E-Commerce (mit Literaturangaben).

Consumer-to-Consumer (C2C)
Markt- und Transaktionsbereich im → E-Commerce, der alle Formen der elektronischen Geschäftsabwicklung zwischen Konsumenten umfasst, die sowohl als Anbieter wie auch als Nachfrager der Leistungen auftreten. Siehe auch E-Commerce (mit Literaturangaben).

Contact Center
i.W. gleichbedeutende Bezeichnung für Call Center bzw. Communication Center; siehe auch → Call Center Management (Communication Center Management).

Contractual Joint Venture
siehe → Joint Venture.

Control-Konzept
(→ *Konzernabschluss*). Hiernach besteht gem. § 290 Abs.2 HGB die Pflicht zur Vollkonsolidierung, wenn (1) einer Kapitalgesellschaft die *Mehrheit der Stimmrechte* der Gesellschafter bei einem Unternehmen zustehen, (2) eine Kapitalgesellschaft das Recht hat, die Mehrheit der Mitglieder des *Verwaltungs-, Leitungs- oder Aufsichtsorgans* bei einem anderen Unternehmen *zu bestellen oder abzuberufen* und sie gleichzeitig Gesellschafter dieses Unternehmens ist, und (3) die Kapitalgesellschaft einen beherrschenden Einfluss aufgrund eines mit diesem Unternehmen geschlossenen *Beherrschungsvertrages* oder aufgrund einer *Satzungsbestimmung* dieses Unternehmens ausüben kann (Vertragskonzern).

Controlled Foreign Company/Corporation
siehe → CFC-Gesellschaft.

Controlling, Grundlagen

Grundlagen des Controlling

von Professor Dr. Rolf Brühl
ESCP-EAP Europäische Wirtschaftshochschule Berlin

1. Controlling als Teilgebiet der Betriebswirtschaftslehre

Controlling ist eine Führungsfunktion, die sich in der betrieblichen Praxis entwickelt und etabliert hat. Sie unterstützt die Unternehmensführung bei einem Teil ihrer Aufgaben. Wenn die Unternehmensführung die Aufgaben hat, das System Unternehmen mit seinen Ressourcen zu steuern, zu gestalten und zu entwickeln, so konzentriert sich das Controlling darauf, die Führung bei der Steuerung zu unterstützen. Controlling ist deswegen eine typische Querschnittsfunktion, was ein Grund dafür ist, dass es nicht immer ganz leicht ist, Controlling gegenüber anderen Funktionen im Unternehmen abzugrenzen. Es gibt daher in der Praxis und Theorie heterogene Auffassungen über die wichtigsten Zwecke und Instrumente des Controllings. Im Kern finden sich jedoch eine Reihe von Übereinstimmungen, die kurz für typische Aufgaben von Controllern beschrieben werden sollen:
(1)   Controller sind an Planungsprozessen beteiligt bzw. sorgen dafür, dass überhaupt geplant wird.
(2)   Sie führen Kontrollen mit dazugehörigen Kontrollrechnungen durch bzw. sind daran beteiligt.
(3)   Aufbauend auf den Kontroll-Informationen werden Maßnahmen zur Zielerreichung in der nächsten Periode veranlasst bzw. in die Planungsprozesse eingebracht.
(4)   Die für die beschriebenen Prozesse benötigten Informationen sind durch ein entsprechendes Informationssystem (→ Controlling-Informationssysteme) bereitzustellen.
Es hängt von der konkreten Gestaltung des Controllingsystems im Unternehmen ab, inwieweit das Controlling Planungs- und Kontrollprozesse steuert oder zum Teil selbst ausführt. Die Steuerungsfunktion des Controllings innerhalb des Führungssystems ist mit einer Koordinationsfunktion verbunden, die zu abgestimmten Planungs- und Kontrollprozessen führen soll. Für diese Aufgabe bedient sich das Controlling einer Reihe von Instrumenten (s. *4. Instrumente des Controllings*).

Historisch hat das Controlling seine Wurzeln im Rechnungswesen, insbesondere in der intern orientierten Kosten- und Erfolgsrechnung. Daher sind in der Praxis auch heute noch viele Aufgaben mit dem Rechnungswesen verbunden (→ Erfolgscontrolling). Controlling wird zunehmend als umfassendere Führungsunterstützung aufgefasst, die über die meist monetären Steuerungssysteme hinausgeht, da sie meist nur operativ (kurzfristig) orientiert sind. Controlling hat daher auch die Betreuung von strategischen Planungs-, Kontroll- und Informationssystemen zu übernehmen. Neben diesen sachlichen Aufgaben besitzt die Steuerung im Führungssystem immer eine Verhaltensdimension. Menschen im Unternehmen reagieren auf den Planungs- und Kontrollprozess sehr unterschiedlich. So sind durch Ressortegoismus geprägte Planungen ebenso zu finden, wie einzelne Bereiche versuchen, sich durch überhöhte Budgetansätze von Kosten „Luft" zu verschaffen. An Controller in der Praxis werden daher neben den sachlichen Anforderungen auch steigende Anforderungen gestellt, das Verhalten von Managern und Mitarbeitern in ihrem Handeln zu berücksichtigen.

2. Entwicklung des Controllings

Zwar gehen die ersten Controllingstellen bis auf das 19. Jahrhundert zurück, größere Verbreitung fand das Controlling in den Unternehmen allerdings erst im 20. Jahrhundert. Die wissenschaftliche Beschäftigung mit dem Phänomen Controlling setzte ebenfalls im 20. Jahrhundert ein, in Deutschland insbesondere ab den siebziger Jahren. Sie wurde speziell in Deutschland mit einem Ausbau von Controlling-Lehrstühlen an den Hochschulen begleitet. Controlling wird heute an fast allen Universitäten und Fachhochschulen in Deutschland gelehrt. Die ersten Controllerstellen wurden in den USA geschaffen, und es ist kein Zufall, dass diese Stellen auch heute noch vermehrt in großen Unternehmen anzutreffen sind. Denn Controlling wurde zuerst in Unternehmen eingeführt, die sich durch eine hohe Komplexität auszeichnen, und aus diesem Grund technokratischer Steuerungs- und Koordinationsmechanismen bedürfen. Da die USA in vielen Entwicklungen der fortgeschrittenen Industriegesellschaften eine Vorreiterrolle übernimmt, ist es kaum verwunderlich, dass dies auch für das Controlling gilt. So wurde im Jahre 1931 das Controller Institute of America gegründet (heute: Financial Executives International), in Deutschland war die entsprechende Gründung der Controller Verein (heute: Internationaler Controlling Verein) im Jahre 1975 und damit deutlich später.

Die Entwicklung in der Praxis ist durch mehrere Veränderungen geprägt: (1) Controlling-Stellen sind nicht mehr ausschließlich nahe am Rechnungswesen angesiedelt, sondern verteilen sich über die gesamte Organisation von Unternehmen; fast jeder Funktion im Unternehmen werden Controller beigeordnet. (2) Während in den USA - wegen der großen Bedeutung der (Eigen-)Kapitalmärkte für die Unternehmen - Controller schon immer eine hohe Beteiligung an Aufgaben des externen Rechnungswesens hatten, änderte sich dies in Deutschland erst im Zuge der Entwicklung der kapitalmarktorientierten Rechnungslegung. (3) Die ursprünglich stark operativ ausgerichtete Funktion Controlling wird zunehmend auch für strategische Fragestellungen eingesetzt.

3. Konzeptionen des Controllings (Zwecke/Ziele)

Controllingkonzeptionen erfüllen für Praktiker in Unternehmen und für Wissenschaftler einen pragmatischen Zweck bei der Gestaltung von Controllingsystemen. Sie fungieren als Leitidee bei der Implementierung von Controllingsystemen in der Unternehmenspraxis, und in der Wissenschaft dienen sie einer Orientierung und Schwerpunktsetzung für die Forschung und Lehre. Um diese Aufgaben zu erfüllen, sollte eine Konzeption Aussagen zu folgenden Bestandteilen enthalten: (1) die Zwecke und daraus abgeleitete Aufgaben, (2) die Instrumente zur Bewältigung dieser Aufgaben, (3) die betroffenen Teilsysteme im Führungssystem, (4) das Gesamtsystem und die Organisation des Controllings und (5) die Philosophie des Controllings. Konzeptionen dienen daher in der Theorie und der Praxis als Bezugsrahmen des Controllings und sind nicht mit Theorien zum Controlling zu verwechseln (zu den theoretischen Grundlagen des Controllings siehe Kapitel *6. Theoretische Grundlagen des Controllings*). In der Controllingforschung werden verschiedene Konzeptionen unterschieden und teilweise kontrovers diskutiert. Sie sollen kurz skizziert werden, und es soll weniger das Trennende als das Gemeinsame zwischen ihnen herausgestellt werden.

(1) Informationsorientierte Konzeptionen legen den Schwerpunkt auf die Informationsversorgungsaufgabe des Controllings. Historisch ist das Controlling aus dem Rechnungswesen entstanden, das als monetäres Informationssystem eine Reihe wichtiger Teilsysteme - z.B. die Kosten- und Er-

folgsrechnung und die Finanzrechnung - enthält. Die Ausweitung des Controllings auf weitere Funktionen und Ebenen in der Hierarchie von Unternehmen brachte es mit sich, dass weitere Teilsysteme des Informationssystems in den Aufgabenbereich des Controllings aufgenommen wurden. Auch wenn heute informationsorientierte Konzeptionen als nicht ausreichend für das Controlling angesehen werden, sind die Kernaufgaben eines solchen Controllings, die beispielsweise in der entscheidungsorientierten Bereitstellung von Informationen gesehen werden, nicht als überholt anzusehen.

(2) In koordinationsorientierten Konzeptionen werden die Kernaufgaben der informationsorientierten Ansätze übernommen, allerdings die Koordination zwischen den Managementaufgaben und dem Informationssystem ausführlich analysiert. Da Managementaufgaben wie Planung und Kontrolle informationsverarbeitende Prozesse sind, ist eine effiziente Abwicklung dieser Prozesse nur mithilfe adäquater Informationssysteme möglich. Dies ist ein Grund, warum die Gestaltung von Informationssystemen als Aufgabe von Controllern angesehen wird. Innerhalb der koordinationsorientierten Ansätze wird unterschieden zwischen den Ansätzen, die nur Teilsysteme des Führungssystems - Planungs- und Kontrollsystem und Informationssystem (Horváth) - betrachten, und einem gesamtsystembezogenen Ansatz, der dies um das Personalführungs- und das Organisationssystem erweitert (Küpper). Kritik an den koordinationsorientierten Konzeptionen richtet sich insbesondere auf die zentrale Zwecksetzung der Koordination, da sie als sehr weitgehende Führungsaufgabe nicht den Zweck erfüllt, das Controlling als eigenständige Teildisziplin abzugrenzen.

(3) In der jüngsten Diskussion in der Forschung zeigt sich, dass Konzeptionen einen abnehmenden Stellenwert haben, da sich die Erkenntnis durchsetzt, dass Bezugsrahmenforschung zwar einen gewissen Stellenwert in der Forschung haben sollte, die darin enthaltenen Zwecksetzungen sich in einer dynamischen Umwelt jedoch ändern können. Vielleicht ist dies auch ein Grund, warum in jüngster Zeit zwei neuere Anstöße zur Diskussion eher wieder auf allgemeine Zwecke des Controllings zurückgreifen: Controlling als Rationalitätssicherung (Schäffer, Weber) und zur Reflexion von Führungshandlungen (Pietsch, Scherm).

Konzeptionen des Controllings haben wegen ihres heuristischen Charakters allerdings in der Praxis nach wie vor einen hohen Stellenwert, denn sie weisen bei der Implementierung von Controllingsystemen auf die wichtigen Entscheidungen hin, die zu treffen sind. Bei einem Blick auf die Controllinginstrumente relativiert sich auch die Diskussion um unterschiedliche Konzeptionen des Controllings, denn der Kanon der betrachteten Controllinginstrumente weist große Gemeinsamkeiten auf.

4. Instrumente des Controllings

Betriebswirtschaftliche Instrumente sind Anweisungen zur Informationsaufnahme, -verarbeitung und -weitergabe. Sie helfen Managern und Mitarbeitern, ihre Aufgaben zu bewältigen. Insbesondere in koordinationsorientierten Konzeptionen ist dann eine Tendenz zur Ausweitung der Instrumente vorhanden, wenn die Gestaltung explizit als Funktion des Controllings festgelegt wird. Es bietet sich daher an, die Controllingfunktion auf die Steuerung von speziellen Führungsprozessen zu beschränken. Controlling-Instrumente sind dann Regelungen, die unter Berücksichtigung von Interdependenzen zwischen und innerhalb des Planungs- und Kontrollsystems sowie des Informationssystems zur zielorientierten Steuerung eingesetzt werden. Je nach Konzeption des Controllings kann diese Definition im Hinblick auf die Zielsetzung präzisiert werden. Da in vielen Konzeptionen des Controllings das Erfolgsziel als wichtiges Ziel angesehen wird, sind die entsprechenden Instrumente auf das Erfolgsziel ausgerichtet (→ Erfolgscontrolling). Auch hier gibt es einen großen Konsens über die Instrumente.

Als typische Instrumente werden die → Budgetierung (interne Erfolgsplanung und -kontrolle), → Kennzahlen und → Verrechnungspreise genannt. Sie können ergänzt werden um eine Erfolgsplanung und -kontrolle für den externen Erfolg, Zielkostenplanung und -kontrolle (Zielkostenmanagement), Investitionsplanung und -kontrolle (→ Investitionscontrolling) und eine Projektkostenplanung und -kontrolle. Wird die Liquidität in die Zielsetzung des Controllings aufgenommen, so ist zusätzlich die Finanzplanung und -kontrolle (→ Finanzcontrolling) zu betrachten. Diese Aufzählung ist zwar nicht vollständig, listet aber die wichtigsten Instrumente auf, die zur Steuerung von Planungs- und Kontrollprozessen eingesetzt werden.

5. Das Controllingsystem im Führungssystem

Die Controllinginstrumente steuern die Prozesse in Teilsystemen des Führungssystems wie Planung und Kontrolle. So werden beispielsweise während der Budgetierung die Planungen von verschiedenen Abteilungen im Unternehmen abgestimmt, die Budgetierung steuert die Planungsprozesse und mit der inhaltlichen Abstimmungen zwischen den Budgets wird eine Koordination der verschiedenen Aktivitäten erreicht. Da es sich um einen informationsverarbeitenden Prozess handelt, ist es notwendig, die entsprechend benötigten Informationen zur Verfügung zu stellen. Daher greift das Controllingsystem auf spezialisierte Informationssysteme (→ Controlling-Informationssysteme) wie z.B. auf die Kosten- und Erfolgsrechnung zurück. Neben solchen periodisch ablaufenden Planungen sind auch kurzfristig anfallende Entscheidungen zu unterstützen wie z.B. die Entscheidung über die Annahme oder Ablehnung eines Zusatzauftrages.

Diese aus der Sicht des Gesamtunternehmens geschilderten Zusammenhänge lassen sich analog auf einzelne Funktionen im Unternehmen übertragen, wobei dann so genannte Funktionscontrollingstellen geschaffen werden. An den grundsätzlich erläuterten Zwecken des Controllings ändert sich dabei nichts, es treten nur die spezifischen Probleme der jeweiligen Funktion in den Vordergrund. So stehen beispielsweise beim → Marketingcontrolling Erfolgsbetrachtungen im Vordergrund, die sich auf die Produkte und Kunden beziehen wie z.B. die Berechnung eines Kundenwertes. In der Darstellung sind die weiteren in diesem Lexikon erläuterten Sachgebiete des Controllings systematisch aufgeführt und kursiv gedruckt (siehe Abbildung 1). Die Darstellung ist folgendermaßen zu interpretieren: Je nach betrachtetem Sachgebiet z.B. Marketingcontrolling ist das Erfolgscontrolling (grau unterlegt) entsprechend zu ersetzen bzw. im Hinblick auf die jeweilige Funktion zu analysieren.

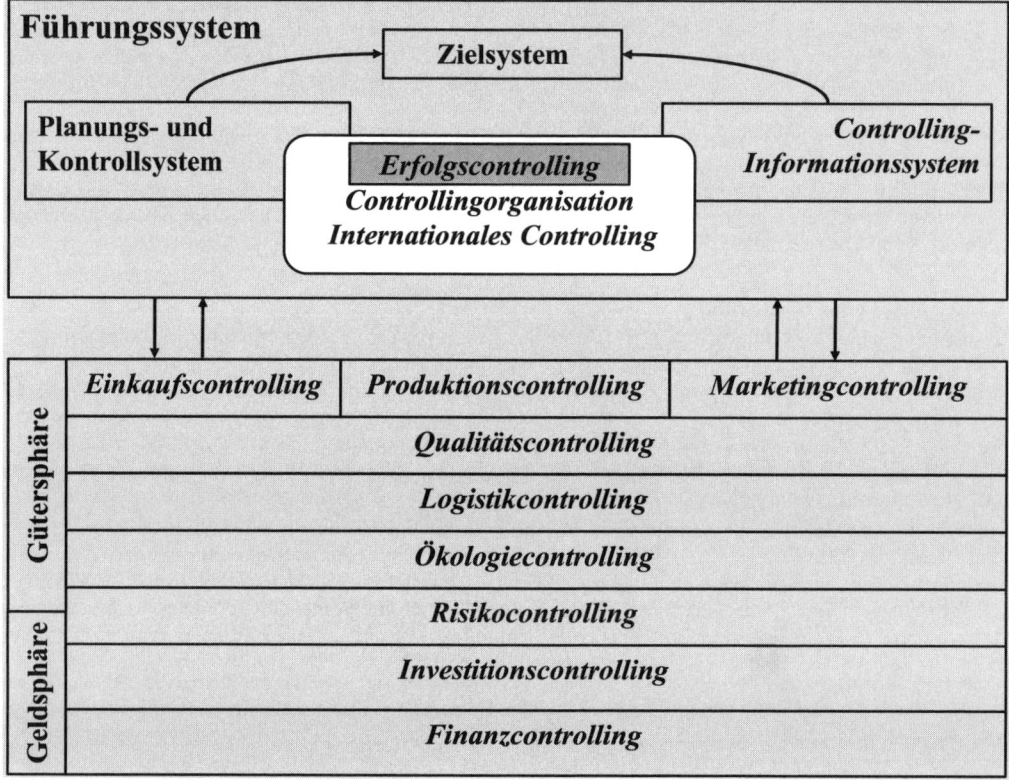

Abb. 1: Controlling im Führungssystem

6. Theoretische Grundlagen des Controllings

Controlling ist eine relativ junge Teildisziplin der Betriebswirtschaftslehre und hat sich daher intensiv mit der Frage auseinandergesetzt, wie es sich von anderen Teildisziplinen abgrenzen soll. Wie bereits im Abschnitt 3 angemerkt, sind die tatsächlichen Unterschiede zwischen einzelnen Konzeptionen nicht so gravierend, insbesondere herrscht eine relativ große Einigkeit über die Controllinginstrumente. Unabhängig von der Wahl der Konzeption des Controllings ist jedoch die Frage zu beantworten, auf welchen theoretischen Grundlagen Aussagen zu den Problemen des Controllings gemacht werden.

Controlling als Teildisziplin der Betriebswirtschaftslehre greift dabei auf die Forschungspositionen der Betriebswirtschaftslehre, die sich aus den unterschiedlichsten Strömungen verschiedener Wissenschaftsdisziplinen speisen, zurück. Es gibt daher keine einheitliche Theorie des Controllings, sondern viele theoretische Ansätze aus den unterschiedlichsten Disziplinen, von denen einige exemplarisch vorgestellt werden sollen.

Aus der ökonomischen Forschung werden insbesondere neoklassische und institutionenökonomische Ansätze verwendet, die beide auf der Annahme eines rationalen, nutzenmaximierenden Entscheiders beruhen. Im Kontext der Controllingforschung speist sich eine Reihe von Beiträgen aus der Neoklassik: Fragen der Bewertung und Zurechnung von monetären Größen werden auf Basis dieses Ansatzes geklärt. Allerdings lassen sich viele technische Details in den Rechnungssystemen, auf die sich das Controlling stützt, nicht immer auf diesen Ansatz zurückführen. In der Institutionenökonomie werden beispielsweise in der Prinzipal-Agenten-Theorie zusätzlich Informationsasymmetrien zwischen dem Prinzipal - z. B. der Unternehmensleitung - und dem Agenten - z.B. einem Bereichsmanager - eingeführt und dem Agenten opportunistisches Verhalten ermöglicht. In Prinzipal-Agenten-Modellen stehen nicht die technischen Details von einzelnen Zielgrößen im Vordergrund, sondern z.B. die Anreizwirkungen von Zielgrößen, die es der Zentrale (Prinzipal) ermöglicht, die einzelnen Bereichsmanager (Agenten) zu einer wahrheitsgemäßen Berichterstattung zu veranlassen. Es treten also die grundlegenden Strukturen von Controllingsystemen in den Vordergrund (siehe auch → Principal-Agent-Ansatz und → Organisationstheorie).

Neben diesen ökonomisch ausgerichteten Theorien treten zunehmend weitere theoretische Ansätze verschiedener Nachbardisziplinen, so verhaltenswissenschaftliche und organisationssoziologische Ansätze.

Verhaltenswissenschaftliche Ansätze werden schon lange in der Managementlehre eingesetzt, um z.B. die Motivation von Mitarbeitern zu erklären. Neben der Motivationstheorie, die bei der Gestaltung von Anreiz- und Vergütungssystemen benötigt wird, klären im Controlling zunehmend kognitive Ansätze wichtige Phänomene wie Lernprozesse von Managern. Aussagen auf Basis von psychologischen Theorien stellen ähnlich wie die skizzierten ökonomischen Theorien das Individuum in den Mittelpunkt. Organisationssoziologische Studien richten den Blick auf die Wirkungen sozialer Prozesse und Institutionen auf das Controllingsystem bzw. auf das Rechnungswesen von Unternehmen. So wird mithilfe der Strukturationstheorie von Giddens die organisationale Praxis des Rechnungswesens/Controllings analysiert, und es soll gezeigt werden, wie Controlling als Interpretationsinstrument, Normensystem und Herrschaftsinstrument in Unternehmen eingesetzt wird. In den Theorien des Neoinstitutionalismus wird das Controlling auf seine Legitimationsfunktion hin untersucht, und es werden die Einflüsse der Umwelt auf die Gestaltung des Controllingsystems analysiert.

Diese theoretischen Grundströmungen speisen häufig Forschungsansätze in der Betriebswirtschaftslehre und im Controlling wie z.B. entscheidungsorientierte Ansätze, die auf Erkenntnisse der neoklassischen, neoinstitutionenökonomischen und verhaltenswissenschaftlichen Theorien beruhen. Als Fazit zu den theoretischen Grundlagen lässt sich konstatieren, dass sich im Controlling ähnlich wie in verschiedenen anderen Teildisziplinen der Betriebswirtschaftslehre ein Theorien- und Methodenpluralismus etabliert, der die theoretische Entwicklung des Faches befruchtet.

7. Praxis des Controllings und Entwicklungstendenzen

Ein Blick in die betriebliche Praxis offenbart auf den ersten Blick zwar große Heterogenität von Aufgaben und Instrumenten des Controllings, allerdings fördert eine genauere Analyse die Erkenntnis zu Tage, dass die Schnittmenge zwischen den Tätigkeiten relativ hoch ist. Die in den ersten Abschnitten beschriebenen Zwecke und Instrumente des Controllings finden sich in den meisten Unternehmen, die konkrete Ausgestaltung variiert allerdings beträchtlich in Abhängigkeit von wichtigen Variablen wie Größe des Unternehmens und Branchenzugehörigkeit.

In der Industrie finden sich häufig sehr ausgefeilte Controllingsysteme, in denen neben einem zentralen Controlling eine Vielzahl von dezentralen Controllingstellen eingerichtet sind. Daher finden sich dort auch viele Funktionscontrollingstellen wie z.B. → Einkaufscontrolling, Produktionscontrolling, → Qualitätscontrolling, → Ökologiecontrolling, → Marketingcontrolling, → Logistikcontrolling. In anderen Branchen wie Handel, Banken und Dienstleistungen hat der Ausbau des Controllings später begonnen, in einzelnen Funktionen wie z.B. im → Risikocontrolling waren aber Banken die Vorreiter der Entwicklung. Der massive Ausbau von dezentralen Controllingstellen führte zwangsläufig zu einer Diskussion um die Entscheidungsbefugnisse von dezentralen Controllern und ihre fachliche sowie disziplinarische Unterstellung zum Zentralcontrolling und zum Bereichsmanagement. Zunehmend wird Controlling auch in der öffentlichen Verwaltung und in anderen nicht-gewinnorientierten Bereichen eingeführt, da mit der Erfolgsorientierung des Controllings die Hoffnung verbunden wird, eine möglichst wirtschaftliche Ressourcenallokation zu erreichen.

Mit der zunehmenden Auslandstätigkeit von Unternehmen sind Probleme der Steuerung von Auslandstöchtern verbunden, die mit einer Analyse des Verhältnisses von Konzernmutter und ihren Tochtergesellschaften zu beginnen hat. Das Bereichscontrolling hat aus der Sicht der Konzernmutter die Steuerung der Töchter zu übernehmen, die u. a. von der Konzernstrategie und der Konzernstruktur abhängig ist (→ Internationales Controlling).

Strategische Fragen rücken zunehmend in das Blickfeld von Controllern, daher ist es nicht verwunderlich, dass Instrumente des strategischen Managements wie die → Balanced Scorecard als wichtige Controlling-Instrumente angesehen werden. Im Zuge dieser Entwicklung werden die immateriellen Ressourcen bedeutender, da sie einen erheblichen Teil des Unternehmenswertes bestimmen, allerdings im Jahresabschluss keinen angemessenen Widerhall finden. Die Steuerung von immateriellen Werten wird aus diesem Grund eine zunehmend Bedeutung für das Controlling bekommen.

Die skizzierten Entwicklungstendenzen werden zu einer weiter steigenden Bedeutung des Controllings führen, und es ist zu vermuten, dass auch in nächster Zukunft die Beschäftigungschancen für wirtschaftswissenschaftliche Absolventen mit dem Schwerpunkt Controlling gut sind.

Hinweis

Zu den angrenzenden Wissensgebieten siehe → Balanced Scorecard, → Benchmarking, → Beteiligungscontrolling, → Controlling, Informationssysteme, → Controlling, Internationales, → Dienstleistungscontrolling, → Einkaufscontrolling, → Erfolgscontrolling, → Finanzcontrolling, → Investitionscontrolling, → Logistikcontrolling, → Marketingcontrolling, → Ökologiecontrolling, → Projektmanagement, → Prozessmanagement, → Qualitätscontrolling, → Risikocontrolling, → Supply Chain Controlling, → Supply Chain Management.

Literatur: Anthony, R. N., Govindarajan, V.: Management Control Systems, 10. Auflage, New York, 2001; Brühl, R.: Controlling als Aufgabe der Unternehmensführung, Gießen, 1992; Friedl, B.: Controlling, Stuttgart, 2003; Horváth, P.: Controlling, 9. Auflage, Stuttgart, 2004; Küpper, H.-U.: Controlling, 3. Auflage, 2001; Ossadnik, W.: Controlling, München, Wien, 2003; Scherm, E./Pietsch, G. (Hrsg.): Controlling, Stuttgart, 2004; Weber, J.: Einführung in das Controlling, 10. Auflage, Stuttgart, 2004; Weber, J./Hirsch, B. (Hrsg.): Controlling als akademische Disziplin, Wiesbaden, 2002.

Internetadressen: Financial Executives International: http://www.fei.org; Internationaler Controller Verein: http://www.controllerverein.de; http://www.igc-controlling.org/index.html.

Website des Autors: http://www.escp-eap.de/lehrstuehle/bruhl/?id=34

Controlling, Internationales

Internationales Controlling

von Professor Dr. Sven Piechota
Wirtschaftswissenschaftliche Fakultät an der Universität Lüneburg

1. Ziele des internationalen Controlling

Die Ziele des internationalen Controllings ergeben sich aus den Kontext der internationalen Unternehmensführung: Die unternehmensinternen und -externen Einflussfaktoren, mit denen sich die internationale Unternehmensführung auseinander zu setzen hat, lassen sich zu folgenden Merkmalen zusammenfassen:

- *Komplexität:* Anzahl, Verschiedenartigkeit und Interdependenz der relevanten Umfeldtatbestände, die bei der Entscheidungsfindung zu berücksichtigen sind
- *Dynamik:* zunehmend schnellere und häufigere Veränderung des Unternehmensumfeldes, die zudem unterschiedlich stark, unregelmäßig und diskontinuierlich auftreten, was ständige Anpassung und Ergänzung der operativen Führung durch strategische Planung und Steuerung erfordert
- *Differenziertheit:* Ausbildung von Subsystemen des Unternehmens, deren Identität sich von der Identität des Gesamtunternehmens unterscheidet, sodass es gilt, deren Eigendynamik zu begrenzen und die Gesamtinteressen zu stärken.

Daraus ergibt sich wiederum die generelle Zwecksetzung des internationalen Controllings, die in der Sicherung und Erhaltung der Koordinations-, Reaktions- und Adaptionsfähigkeit der Führung internationaler Unternehmen besteht. Angesichts des durch die Globalisierung, die Deregulierung und technologischen Entwicklungen latenten Wandels im Umfeld internationaler Unternehmen ist die Bedeutung einer effektiven Strategieformulierung und einer effizienten Strategieumsetzung in der jungen Vergangenheit ständig gewachsen. Die strategische Steuerung internationaler Unternehmen ist ein dynamischer und bedeutsamer Aspekt des internationalen Managements geworden, der durch eine entsprechende Ausgestaltung des strategischen Controllings auf allen Unternehmensebenen zu unterstützen ist, sodass die Strategieintegration heute ein dominantes Controllingziel geworden ist. Daneben haben einflussreiche Stakeholder wie die Börsenöffentlichkeit und Analysten die Wertorientierung in das Zentrum der finanziellen Unternehmensziele gerückt. Das internationale Controlling hat hierauf durch die Einrichtung von Systemen der Wertorientierung reagiert, die versuchen, die interne Steuerung und die Preisbildung der Aktienkurse an den Kapitalmärkten konzeptionell zu integrieren. Da Wachstum, Rendite und Risiko in Wertzielen als generische Treiber integriert werden, ist die Wertorientierung ein sehr weitreichendes und tragendes Steuerungskonzept für internationale Unternehmen. Als sekundäre Ziele des Controllings werden die Effizienz der Controllingprozesse, die Qualität der Informationen und die Akzeptanz des Controllings als Managementinstrument laufend reflektiert und diskutiert (Daum 2005; Pfläging 2003).

2. Dimensionen des internationalen Controlling

Die Dimensionen des internationalen Controllings können durch die jeweils betroffenen thematischen Schwerpunkte des Controllings beschrieben werden. Als Controllingobjekte im internationalen Controlling treten (1) der Produkt-/Marktbereich, (2) das Bereichs- und Funktionscontrolling und (3) das Projekt- und Prozesscontrolling auf.

In multinationalen Unternehmen gewinnt die Komplexitätsreduktion und -beherrschung beim betrieblichen Leistungsangebot wegen der regionalen Produktanpassungen an Bedeutung. Die Errechnung von konsolidierten Herstell- und Selbstkosten ist bei der Existenz gegenseitiger Lieferverflechtungen in multinationalen Unternehmen eine relevante Information zur Beurteilung regionaler Markterfolge. Im Einklang mit der Wertorientierung auf der Ebene der finanziellen Steuerung gewinnen → Kundenwertkonzepte zaghaft an Bedeutung, die als mehrperiodische Potenzialanalysen durchgeführt werden. Die Wertorientierung internationaler Unternehmen hat zur Folge, dass eine interne Segmentierung nach Profitcentern nicht mehr ausreicht, weil zumindest das wirtschaftlich gebundene Kapital in die Ermittlung des Unternehmens(bereichs-)wertes zu erfolgen hat. Deshalb werden eigenständige

Wert(entstehungs-)bereiche immer im Minimum als Investmentcenter zu steuern sein. Durch die beschriebene Strategisierung der internationalen Unternehmensführung hat das Projektcontrolling und das → Programmcontrolling eine wachsende Bedeutung bekommen. Zwischen 10-20% der Gesamtbudgets internationaler Unternehmen werden für die Durchführung strategischer Programme und Projekte gebunden, weshalb sie regelmäßig in einem eigenen, aber integrierten Subsystem des Controllings geplant und gesteuert werden. Eine noch unangemessen geringe Bedeutung hat das Prozesscontrolling in internationalen Unternehmen, Prozesskostenermittlungen werden häufig nur punktuell und nicht laufend durchgeführt (Fink 2003). In globalen Unternehmen ist die Steuerung aller Geschäftsprozesse eine Voraussetzung für die Bildung von globalen, kosten- und abwicklungsoptimierten Netzwerkstrukturen (Piechota 2005c). Davenport weist in diesem Zusammenhang auf die erkennbare „Commoditisierung" von strategisch nicht relevanten, indirekten Unternehmensprozessen hin, mit der für das internationale Controlling interessante Möglichkeiten des → Benchmarkings und der Externalisierung strategisch unbedeutender Geschäftsprozesse einhergehen (Davenport 2005).

3. Organisation des internationalen Controlling

Die Organisation des internationalen Controllings erfolgt häufig dreistufig: in den zentralen Vorstandbereichen zugeordneten Zentralbereichen finden sich in der Regel ein Zentralcontrolling, das die Rahmen setzende Kompetenz für das konzerneinheitliche Planungs-, Berichts- und Managementinformationssystem gegenüber den zentralen Controllingbereichen der Objektstrukturen (Sparten, Regionen, …) hat (siehe Abbildung 1).

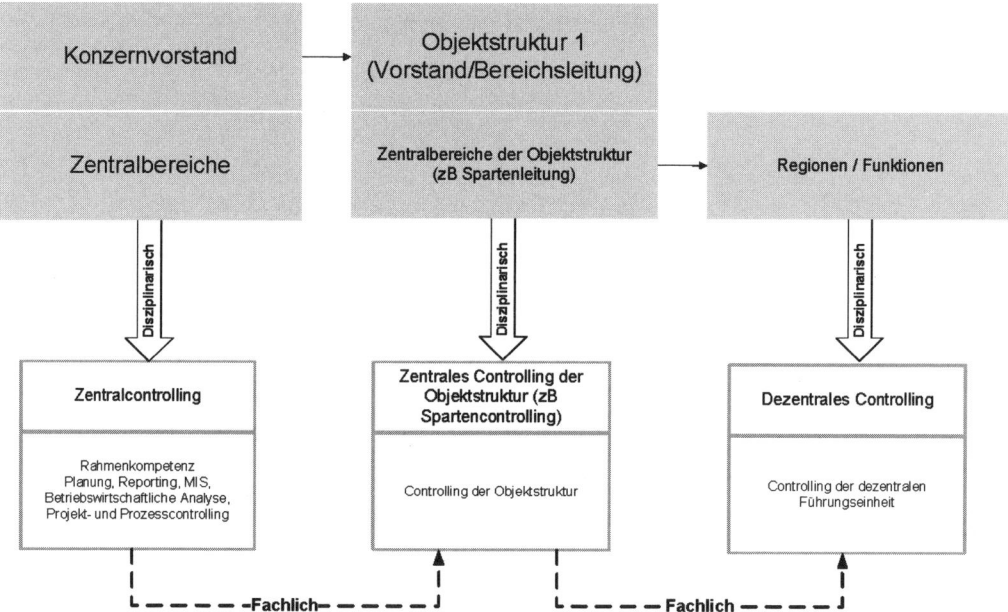

Abb. 1: Organisation des Internationalen Controllings

Dieses fachliche Weisungsrecht kann prinzipiell auf dezentrale Controllingbereiche der Objektstruktur durchgreifen, wird aber auch im Sinne einer Hierarchisierung an das zentrale Controlling der Objektstruktur delegiert, die diese Richtlinien und Verfahrensanordnungen ergänzen und spezifizieren, niemals aber konterkarieren können. Die disziplinarische Unterstellung aller Controllingbereiche erfolgt immer unter die jeweilige Linieninstanz, sodass eine spezifische Mehrfachunterstellung in den Controllingbereichen unterhalb des Zentralcontrollings gegeben ist.

In den Controllingbereichen ist eine latente Schwerpunktverlagerung der jeweiligen Qualifikationen im internationalen Controlling zu erkennen. Im internationalen Controlling werden dezidierte Informationssysteme der Planung, Konsolidierung, Analyse und der Berichterstattung eingesetzt, was nach deren Einführung eine erhebliche Verlagerung von Datenbeschaffungs- und Datenverarbeitungsaufgaben weg hin zu Daten analysierenden, Information darstellenden und beratenden Tätigkeiten zur Folge hat. Damit wandeln sich auch die Anforderungen an Controllerinnen und Controller in diesem Bereich: Analytisch-konzeptionelle, Information darstellende und bewertende Fähigkeiten, kommunikative und prozessuale Kenntnisse werden wichtiger, die klassisch inhaltlichen Kenntnisse des nationalen Rechnungswesens werden Mindestanforderungen und verlieren zugunsten der Kenntnis und Beurteilungsfähigkeit internationaler Rechnungswesenssysteme an Bedeutung.

Hinweis
Zu den angrenzenden Wissensgebieten siehe → Abschlusserstellung nach US-GAAP, → Balanced Scorecard, → Benchmarking, → Beteiligungscontrolling, → Controlling, Grundlagen, → Controlling, Informationssysteme, → Dienstleistungscontrolling, → Erfolgscontrolling, → Finanzcontrolling, → Internationale Rechnungslegung nach IFRS, → Investitionscontrolling, → Jahresabschluss nach deutschem Recht, → Jahresabschluss nach schweizerischem Recht, → Kennzahlen, finanzwirtschaftliche, → Kennzahlen, wertorientierte, → Konzernabschluss, → Logistikcontrolling, → Marketingcontrolling, → Qualitätscontrolling, → Risikocontrolling, Supply Chain Controlling.

Literatur: Axson: "Best Practices in Planning and Management Reporting - From Data to Decisions", London 2003; Bissantz: "Aktive Managementinformation und Data Mining: Neuere Methoden und Ansätze", in: Chamoni, Peter/Gluchowski, Peter, Analytische Informationssysteme: Data Warehouse, On-Line Analytical Processing, Data Mining, Berlin/Heidelberg/New York: Springer, 1998, S. 321-338; Buchner/Weigand: „Welche Planung passt zu ihrem Unternehmen?", in: Controlling 13.Jg. (2001), Heft 8/9, S. 419-428; Daum (Hrsg.): „Beyond Budgeting – Impulse zur grundlegenden Neugestaltung der Unternehmensführung und – steuerung", München 2005; Davenport: „The Coming Commoditization of Processes" in: Harvard Business Review, June 2005; Dunning: "Multinational Enterprises and the Global Economy", London 1992; Fink: „Prozessorientierte Unternehmensplanung", Wiesbaden 2003; Gleissner,W./ Piechota,S.: „Advanced Controlling – Eine Ideenskizze", in: Controller Magazin 5/2002, S. 496-500; Hostettler/Stern: „Das Value Cockpit. Sieben Schritte zur wertorientierten Führung für Entscheidungsträger", Weinheim 2004; Kammer; „Reporting internationaler Unternehmen – Auswirkungen der Harmonisierung und der Konvergenz des Rechnungswesens in Europa", Wiesbaden 2005; Müller-Stewens/Lechner: „Strategisches Management - Wie strategische Initiativen zum Wandel führen", Stuttgart 2001; Pfläging: „Beyond Budgeting, Better Budgeting – Ohne feste Budgets zielorientiert führen und erfolgreich steuern", Planegg/ München 2003; Piechota (2005a): „Wertorientiertes Controlling", in: Controller-Leitfaden, September 2005; Piechota (2005b): „Mehrdimensionale Performance-Management-Systeme", in: Finanz- und Rechnungswesen Jahrbuch 2005, Zürich 2005, S. 113-158; Piechota (2005c): „Geschäftsprozessmanagement", in: Controller-Leitfaden, Dezember 2005

Internetadressen: www.apqc.org; www.xbrl.org

Website des Autors: www.uni-lueneburg.de

Controlling-Broadening
Ausweitung des Controlling-Konzeptes auf spezielle Unternehmensbereiche, wie beispielsweise das → Marketing, mit der Herausforderung, hier auch jeweils adäquate Instrumente zur Verfügung zu haben. Siehe auch → Marketingcontrolling (mit Literaturangaben).

217

Controlling-Informationssysteme

Controlling-Informationssysteme

von Univ.-Professor Dr. Jörg Biethahn, Georg-August-Universität Göttingen,
Professor Dr. Dirk Fischer - Fachhochschule München und
Dipl.-Wirt.-Informatiker Mike Hieronimus,
Georg-August-Universität Göttingen

1. Bedeutung und Begriff

Dynamik der Märkte, Verkürzung von Produktlebenszyklen, schnell wechselnde Verbrauchertrends, Verschärfung des Wettbewerbs und weitere ökonomische sowie technische Entwicklungen stellen hohe Anforderungen an den Informationsbedarf eines Unternehmens und mithin an ein leistungsfähiges → Controlling. In der Praxis wird den Aufgabenträgern des Controllings daher eine große Rolle in der Informationsbereitstellung beigemessen. In diesem Zusammenhang werden Controller auch als die Informationsdienstleister für das Management betrachtet, indem sie sämtliche führungsrelevanten Zahlen erfassen, verarbeiten, aufbereiten und zur Verfügung stellen. Diese (Haupt-)Aufgabe der Controller wird in einem sehr hohen Maße durch Informationssysteme unterstützt sowie wesentlich schneller und effizienter gestaltet. Ohne leistungsfähige Controlling-Informationssysteme ist ein marktgerechtes Controlling unter den oben beschriebenen Rahmenbedingungen weder wirtschaftlich noch inhaltlich möglich.

Controlling-Informationssysteme sind IV-Systeme, die – i.A. in der organisatorischen Zuständigkeit der Controller – den Entscheidungsträgern einer Unternehmung respektive den Aufgabenträgern des Controllings die Informationen zur Verfügung stellen, die sie für eine zielgerichtete Führung des Unternehmens benötigen. Damit grenzen sie sich von den benachbarten Systemen der Finanzbuchhaltung ab, deren wesentliche Funktion die wertmäßige Abbildung des Unternehmensgeschehens ist, weniger das Bereitstellen entscheidungsrelevanter Informationen.

Informationssysteme für das → Controlling sind in den Bereich der auf den Administrations- und Dispositionssystemen basierenden Informationssystemen einzuordnen (siehe auch → Informationssysteme, Entwicklung). Wesentliche Teile von Controlling-Informationssystemen sind im allgemeinen Bestandteil von → ERP-Systemen. Ihre Funktion liegt hauptsächlich in der sachgerechten Informationsversorgung des Managements für die jeweilige Phase des Management- bzw. Controllingprozesses. Dazu unterstützen Controlling-Informationssysteme das Planungs-, Kontroll- sowie das Informationsversorgungssystem, in dem sie Informationen erfassen und verarbeiten, zielgerichtet bewerten und für den gewünschten Adressatenkreis aufbereiten. In diesem Zusammenhang haben Controlling-Informationssysteme die für die Planung und Kontrolle relevanten ergebnisorientierten Informationen mit dem entsprechenden Genauigkeitsgrad, mit der erforderlichen Qualität und Quantität dem richtigen Adressatenkreis zum richtigen Zeitpunkt zur Verfügung zu stellen.

2. Einsatzziel und Funktionen

Ein Controlling-Informationssystem muss solche Informationen bereitstellen, die von der Unternehmensführung und weiteren Führungseinheiten (z.B. Prozess- und Funktionsverantwortliche) zur Planung und Steuerung des Geschäfts benötigt werden. In diesem Zusammenhang entstehen Spannungsfelder zwischen und an den Schnittstellen von Informationsangebot (instrumentendominiert), Informationsbedarf (verhaltensdominiert) sowie Informationsnachfrage (problemdominiert). Ein wesentlicher Schwerpunkt beim Gestalten von Controlling-Informationssystemen ist demnach die Definition des Informationsangebots im Spannungsfeld zwischen Informationsnachfrage und -bedarf.

Mit der Informationsbereitstellung und dem Bereitstellen leistungsfähiger Instrumente bilden Controlling-Informationssysteme das zentrale Unterstützungssystem für das Controlling:

- Im Mittelpunkt eines Controlling-Informationssystems steht im Allgemeinen die Anwendung für die interne Ergebnisrechnung.
- Ein Plan-Ist-Reporting erfordert zudem eine Systemunterstützung für die Planung der Ergebnisrechnung.

- Plan-Ist-Abweichungen müssen mit Hilfe des Systems identifiziert werden.
- Informationen sind für das Management zu verdichten und bereitzustellen.

Die alleinige Beschränkung auf monetäre Größen wie Gewinn oder Umsatz reicht zum Führen eines Unternehmens nicht (mehr) aus. Als Methodik und Instrument haben in den letzten Jahren → Balanced Scorecards eine starke Verbreitung gefunden. Solche mehrdimensionalen Kennzahlensysteme erweitern den steuerungsrelevanten Fokus eines Unternehmens u.a. auf kunden-, geschäftsprozess- und mitarbeiterbezogene Kennzahlen.

Ziel ist es, ein durchgängiges Controlling-Informationssystem zu erstellen, das die meisten der Controlling-Aufgaben erfüllen kann. Dazu müssen die Vielzahl der Controlling-Anwendungen auf einen zentralen Datenbestand zugreifen können, dessen Inhalt auch zukünftigen Anwendungen zur Verfügung zu stehen hat. Solche Datensammlungen bezeichnet man – in Anlehnung an die → Logistik – als → Data Warehouse.

Eine vollkommene Integration ist in der Praxis jedoch kaum zu verwirklichen, da im Rahmen eines strategischen Controllings oftmals auch Wettbewerbsdatenbanken mit überwiegend qualitativen Informationen über Wettbewerber, Markttrends und Verbrauchergewohnheiten vom → Controlling – in Kooperation mit dem strategischen Marketing – betrieben werden.

Der Einsatz von Controlling-Informationssystemen ist grundsätzlich kein Selbstzweck, sondern er dient letztendlich einer erfolgreichen Positionierung des Unternehmens mit seinen Leistungen am Markt und gegenüber dem Wettbewerb sowie einer effizienten Leistungserbringung. Nachstehende Tabelle gibt einen Überblick über wesentliche Funktionen von Controlling-Informationssystemen.

Tätigkeitsfeld	Funktion von Controlling-Informationssystemen (Beispiele)
Planung und Koordination	- Bereitstellen von planungsrelevanten Informationen - Erstellen und Erfassen einer multidimensionale Planung (Zeitraum, Kunde, Region, Produkt, …) - Koordination von Teilplanungen, Zusammenfassen von Plänen, Herunterbrechen von Plänen - Dokumentation, Visualisierung und Verfügbarmachen der Planungsergebnisse - Unterstützung der strategischen Planung durch den Einsatz von Simulation
Analyse	- Ermitteln von Produkt-, Kunden- und/oder Regionenprofitabilitäten und deren Entwicklung - Ermitteln von Verbesserungspotenzialen (u. a. Kundenzufriedenheit, Geschäftsprozesseffizienz) - Dokumentation des Wettbewerbsverhaltens, von Marktentwicklungen, Kundenverhalten usw.
Steuerung und Kontrolle	- Ermitteln von Plan-Ist-Abweichungen - Automatisierte oder zumindest unterstützte multidimensionale Abweichungsanalyse (→ Data Mining) - Messen und Dokumentieren des Erfolgs von eingeleiteten Maßnahmen - Erstellen von Forecast-Rechnungen
Informationsversorgung	- Vermitteln von steuerungsrelevanten Informationen an die Entscheidungsträger - Strategiekommunikation durch Aufzeigen der wesentlichen Kennzahlen und der Soll-Werte

Hinweis

- Zu den angrenzenden Wissensgebieten der *Wirtschaftsinformatik* siehe u.a. → Business Intelligence, → Business Networking, → Data Warehouse, → Datenbanksysteme, → Electronic Government, → ERP-Systeme (Enterprise Resource Planning-Systeme), → Management-Informationssysteme (MIS), → Wirtschaftsinformatik, Grundlagen, → Wissensmanagement, → Workflow-Management.

- Zu den angrenzenden Wissensgebieten des *Controlling* siehe → Balanced Scorecard, → Beteiligungscontrolling, → Controlling, Grundlagen, → Controlling, Internationales, → Dienstleistungscontrolling, → Einkaufscontrolling, → Erfolgscontrolling, → Finanzcontrolling, → Investitionscontrolling, → Marketingcontrolling, → Ökologiecontrolling, → Qualitätscontrolling, → Risikocontrolling.

Literatur: Biethahn, J.; Fischer, D.: Controlling-Informationssysteme, in: Biethahn, J., Huch, B. (Hrsg.), Informationssysteme für das Controlling, Berlin 1994; Horváth, P.: Controlling, 9. Auflage, München 2003; Mertens, Peter; Griese, Joachim, Integrierte Informationsverarbeitung 2 – Planungs- und Kontrollsysteme in der Industrie, 9. Auflage, Wiesbaden, 2002; Müller, C., Müller, J., EDV-Unterstützung von Controllingsystemen, in: Eschenbach, R. (Hrsg.), Controlling, 2. Auflage, Stuttgart 1996; Weber, Jürgen: Einführung in das Controlling, 10. Auflage, Stuttgart 2004.

Websites der Autoren: http://www.wi1.wiso.uni-goettingen.de; http://www.cs.fhm.edu/~fischer/; http://www.dirkfischer.com

Controllinginstrumente

(bei → *Dienstleistungen*). Für das → *Dienstleistungscontrolling* bedarf es weitgehend keiner grundlegend anderen Instrumente als für das allgemeine Controlling (siehe → Controlling, Grundlagen). Allerdings ist vielfach eine Modifikation und Anpassung der Instrumente und Methoden an die Besonderheiten dieses Leistungstyps erforderlich. Dabei ist zum einen den verschiedenen Dimensionen der Leistungen Rechnung zu tragen, so dass Instrumente des → Potenzialcontrollings, des → Prozesscontrollings und des → Ergebniscontrollings bei Dienstleistungen zu unterscheiden sind. Zudem ist eine Differenzierung in Instrumente des Kostencontrollings, des → Qualitätscontrollings und des → Zeitcontrollings möglich. Zu beachten ist dabei, dass eine Reihe von Instrumenten (z.B. Prozesskostenrechnung, Zufriedenheitsanalysen oder → Benchmarking) in mehreren Bereichen zum Einsatz kommen können.
Siehe auch → Dienstleistungscontrolling (mit Literaturangaben).

Convenience Store

Convenience lässt sich am ehesten mit Annehmlichkeit oder Bequemlichkeit umschreiben. Gemeint sind dabei das Angebot und der bequeme, schnelle Einkauf von Produkten. Sowohl in der Konsumentenforschung als auch in der → Handelsforschung wird Convenience als ein Trend auf der Sortimentsebene, der Ebene der → Remote Ordering Dienste und der Handelsformen (→ Vertriebswege, neuere) gesehen (Swoboda 1999, S. 95 f.). Letzteres geht mit einem wachsenden Stellenwert von Convenience-Shops (C-Stores) einher (z.B. Kioske, Imbissbetriebe, Nachbarschaftsläden und → Tankstellen-Shops). Traditionelle C-Stores sind Betriebe des stationären Einzelhandels, die durch eine räumliche Nähe zum Wohnort oder Arbeitsplatz der Konsumenten gekennzeichnet sind. Sie sind mit einer Verkaufsfläche bis zu 300 m² kleiner als kleine Supermärkte. Das angebotene Sortiment umfasst v.a. Nahrungs- und Genussmittel sowie weitere problemlose Waren des täglichen Bedarfs, dabei v.a. Produkte mit schnell drehendem Charakter. Verbreitet sind Abstufungen, z.B. Mini C-Stores (Verkaufsfläche bis 40 m²), selektierte C-Stores (78 m² und begrenztes Food-Sortiment, teilweise Food-Services) bis hin zu Super C-Store (mit sehr stark ausgebauten Lebensmittel- und Food-Service-Sortimenten sowie zusätzlichem Verzehr vor Ort (→ Consumer Catering)).
Während in Deutschland v.a. → Tankstellen-Shops und abgestufter Kioske sowie Imbissbetriebe die Rolle von C-Stores einnehmen, ist dies im Ausland anders. In Großbritannien, USA und Japan hat Convenience Shopping seit Jahren eine große Bedeutung. In Großbritannien implementieren traditionelle Lebensmittelhandelsunternehmen „local" Varianten von C-Stores in Wohnquartiernähe als Teil ihres → Multi Channel Retailing-Konzeptes. In Japan gibt es filialisierte Konzepte, welche mehrmals täglich rotierende Sortimente, je nach zeitlichem Verlauf der Kundenbedürfnisse, anbieten.
Siehe auch → Vertriebswege, Neuere (mit Literaturangaben).

Literatur: Auer, S.; Koidl, R.: Convenience Stores, Frankfurt a. M. 1997; Swoboda, B.: Ausprägungen und Determinanten der zunehmenden Convenienceorientierung von Konsumenten, in: Marketing – ZfFP, 21. Jg., 1999, Nr. 2, S. 95-104; Swoboda, B., Morschett, D.: Convenience-Oriented Shopping: A Model from the Perspective of Consumer Research, in: Frewer, L., Risvik, E., Schifferstein, H. (Hrsg.): Food, People and Society: A European Perspective of Consumers´ Food Choices, Berlin u.a. 2001, S. 177-196.

Convenience-Orientierung
Konsumenten-Trend mit dem Wunsch nach Bequemlichkeit und Abbau von Stress und Belastungen. Siehe auch → Konsumentenverhalten.

Convention on International Sale of Goods (CISG)
UN-Abkommen, das im Jahr 1980 in Wien unterzeichnet wurde. Daher wird es häufig auch als „Wiener Kaufrecht" oder „Wiener Kaufrechtsabkommen" bzw. „UN-Kaufrecht" bezeichnet. Dem Abkommen sind bis zum 15. Januar 2006 weltweit 67 Staaten beigetreten. Das CISG regelt ausschließlich die wichtigsten Aspekte des Kaufvertrages. Es gilt nur für gewerbliche Kaufverträge. Rechtsfragen der Produkthaftung, des Eigentumsübergangs und privater Käufe fallen nicht in den Anwendungsbereich des CISG. Für Rechtsfragen die für den internationalen Warenverkehr von Bedeutung sind, aber nicht im CISG geregelt sind, muss eine anwendbare Rechtsordnung nach den Grundsätzen des → Internationalen Privatrechts bestimmt werden. Das CISG lässt zu, dass die Vertragsparteien vereinbaren, das CISG nicht anzuwenden. Es gilt dann das von den Parteien gewählte Recht oder, falls kein Recht gewählt wurde, das anwendbare Recht muss nach den Grundsätzen des → Internationalen Privatrechts ermittelt werden.
Siehe auch → Kaufrecht (mit Literaturangaben).
Literatur: Bernstein, Herbert: Understanding the CISG in Europe:A Compact Guide to the 1980 United Nations Convention on Contracts for the International Sale of Goods, 2002; Piltz, Burghard: Vertragsrecht und Vertragsgestaltung bei Internationalen Kaufverträgen, in Handbuch für Kaufrecht, Rechtsdurchsetzung und Zahlungssicherung im Außenhandel, München und Wien 2002; Sachsen Gessaphe, Karl A. Prinz von: Internationales Privatrecht und UN-Kaufrecht, 2005; Schlechtriem, Peter: Internationales UN-Kaufrecht, 3., Aufl. 2005; Peter Schlechtriem and Ingeborg Schwenzer: Commentary on the UN Convention on the International Sale of Goods (CISG), 2nd ed. 2005.
Internetadressen: http://ruessmann.jura.uni-sb.de/rw20/gesetze/CISG/introd.htm, http://www.cisg.law.pace.edu/; Internationale Industrie- und Handelskammer: http://www.iccwbo.org/; UN-Kommission für internationales Handelsrecht: http://www.uncitral.org/

Convertible Arbitrage
zählt zu den marktneutralen Strategien von → Hedgefonds, siehe auch → Hedgefonds-Strategien sowie → Arbitrage.

Convertible Bond
siehe → Wandelanleihe.

CONWIP
Das Kürzel CONWIP steht für „constant work in process" und repräsentiert ein Verfahren für den Bereich der Reihenfertigung, dessen Ziel in einem kontinuierlichen Materialfluss besteht und das ähnlich dem → KANBAN-System auf Karten basiert, die einen Fertigungsschritt veranlassen. Während sich jedoch die Kanban-Karte nur zwischen zwei aufeinander folgenden Stellen bewegt, wird bei CONWIP die einzelne Karte als Fertigungsauftrag von der Auftragsverwaltung in Umlauf gebracht und ist dem Auftrag während seiner gesamten Bearbeitung zugeordnet. Entsprechend enthält die Karte Informationen über den vollständigen Fertigungsablauf und bleibt bei dem Auftrag, bis dieser fertiggestellt ist. Durch Rücksendung der Karte an die Auftragsverwaltung wird signalisiert, dass die Bearbeitung abgeschlossen ist und ein weiterer Auftrag freigegeben werden kann.
Siehe auch → Produktionsmanagement sowie → Produktionsplanung und -steuerung (mit Literaturangaben).

Cooperative Sourcing
bezeichnet die gemeinsame Bearbeitung des Beschaffungsmarktes durch mehrere Unternehmen. Erreicht wird dies mit Hilfe einer Kooperation der Beschaffungssubsysteme (Einkaufskooperation). Gegensatz → individual sourcing; siehe auch → Beschaffungsmanagement.

COP
ISO-Code für Kolumbianischer Peso.

Corporate Accountability
engl. für unternehmerische Verantwortlichkeit bzw. Rechenschaftspflicht; Begriff, der vor allem in Zusammenhang mit der Verantwortlichkeit großer Unternehmen gegenüber Umwelt und Gesellschaft Verwendung findet.

Corporate Banking
im Sinne des In-House Banking großer, multinationaler Unternehmen ist ein Phänomen der Disintermediation, d.h. Umgehung des Bankensektors durch „In-sourcing" von Bankdienstleistungen, insbesondere durch mit dem Ziel der kosteneffizienten konzerninternen – ggfs. auch konzernexternen – Entwicklung und Abwicklung von Finanzdienstleistungen.
Das Corporate Banking von Großunternehmen integriert unter anderem Maßnahmen des internationalen Cash Management (siehe auch → Cash Flow Management, → Corporate Finance) wie konzerninternes → Pooling und → (Devisen) Netting, die Optimierung der Kassenhaltung und laufende Investition nicht benötigter liquider Mittel am Geldmarkt sowie die konzerninterne (ggfs. auch konzernexterne) Kreditvergabe.
Im Unterschied hierzu wird der Begriff Corporate Banking aus Sicht des traditionellen Kreditwesens als Synonym für das Firmenkundengeschäft verwendet.
Siehe auch → Corporate Finance (mit Literaturangaben).

Literatur: Dahlhausen, Volker: Corporate Banking multinationaler Unternehmungen als Substitutionskonkurrenz auf dem Bankleistungsmarkt, Hamburg 1996; Dahmen, Andreas / Jacobi, Philipp / Rossbach, Peter: Corporate Banking – Zukunftsorientierte Strategien im Firmenkundengeschäft, Bankakademie-Verlag, 5. überarb. Auflage, Frankfurt, 2006

Corporate Behaviour
ist Teil der → *Corporate Identity*, die durch das Erscheinungsbild (→ Corporate Design), die Kommunikation (die → Corporate Communications) und das Verhalten (Corporate Behaviour) vermittelt wird. *Corporate Behaviour* ist das konsequent an der Identität ausgerichtete Verhalten der Mitglieder des Unternehmens untereinander und nach außen. Das Verhalten muss schlüssig und stimmig sein – das Unternehmen darf weder in seiner → Produktpolitik noch in der Sozialpolitik, der Finanzpolitik und der → Vertriebspolitik von den vereinbarten Leitsätzen abweichen.

Corporate Brand-Strategie
siehe → Dachmarkenstrategie und → Markenführung.

Corporate Citizenship

Corporate Citizenship

von Professor Dr. Waldemar Hopfenbeck
Fachhochschule München

1. Charakterisierung
Corporate Citizenship (CC) ein aus dem anglo-amerikanischen Wirtschaftsbereich stammender Begriff. Wird weitgehend synonym mit den Begriffen Corporate Social Responsibility (CSR) und Corporate Sustainability (→ Nachhaltige Entwicklung, Sustainable Development) verwendet. Enge Anlehnung

auch an Begriffe wie Stewardship, Community Relations oder ethisch verantwortliches Verhalten von Unternehmen (→ Unternehmensethik).
Freiwillig integrieren Unternehmen sozial-gesellschaftspolitische Belange als integralen Bestandteil der Unternehmenspolitik in ihre globalen Geschäftsstrategien, interpretieren sich als „good citizen" (Bürgerschaftliches Engagement) und praktizieren eine erweiterte konsens- und dialog-orientierte Berichterstattung zu ihren → stakeholdern.

2. Akteure

Zahlreiche (vor allem anglo-amerikanische) netzwerkartige *Initiativen* beschäftigen sich zur Zeit mit der Entwicklung von weltweiten Standards für Audits, Berichterstattung usw. (wie → GRI, → The Prince of Wales Business Leaders Forum, → Global Compact, Business for Social Responsibilty, Corporate Citizenship Europe, → SustainAbility oder der Unternehmensverband → CSR Europe).
Auf politischer Ebene laufen zahlreiche Initiativen: (1) Die *Europäische Kommission* legte 2001 ein Grundlagendokument als „Grünbuch" vor, 2002 folgte eine „Mitteilung" mit Vorschlägen für eine CSR-Förderung. (2)Auf *nationalstaatlicher* Ebene haben vor allem Dänemark, die Niederlande und insbesondere Großbritannien, wo 2000 ein eigener CSR Minister ernannt wurde, CSR-Strategien entwickelt.

3. Werteorientierung und Einbeziehung sozial-gesellschaftspolitischer Elemente

Der Frage einer Werteorientierung kommt im Rahmen der gesellschaftlichen Verantwortung eine zentrale Rolle zu, denn Werte sind die Maßstäbe, nach denen Personen wie Unternehmen sich ausrichten. Sie sind Grundlage für die Bestimmung des Unternehmenszweckes und der angestrebten übergeordneten Ziele („Values-based business approach").
Aus dem CC-Leitbild heraus muss ein Unternehmen festlegen, bei welchen Problemen man sich engagieren will. Dazu sind Kenntnisse über das gesellschaftliche Umfeld (→ stakeholder) zu gewinnen. Dann sind aus diesen Unternehmenszielen heraus CC-Strategien zu formulieren. Um „glaubhaft" zu sein, ist ein Bezug zu den eigenen (Kern-)Kompetenzen des Unternehmens erstrebenswert. Als business case verursacht Corporate Citizenship als „Zukunftsinvestition" nicht nur Kosten, sondern leistet einen Beitrag zur Erreichung der zentralen Geschäftsstrategien.
Das *Themenspektrum* der sozial-gesellschaftspolitische Verantwortung innerhalb und außerhalb der Unternehmen ist extrem breit: Umweltschutz, Rechte von Eingeborenen, Rechte von Arbeitnehmern, Chancengleichheit, Transparenz, Mitarbeiterbeteiligung, Minderheitenschutz, Bestechung, Beziehung zu Lieferanten und Kunden, Ethische Werte, Arbeitsschutz, Gesundheitsvorsorge, AIDS-Prävention Beschäftigungspraktiken, Diversity, Menschenrechte, Kinderarbeit, Antikorruptionsmaßnahmen, Schutz geistigen Eigentums, Gemeindeaktivitäten der Mitarbeiter, Förderung von Kunst, Kultur, Bildung etc. Diese Citizenship-Aktivitäten (oft in Zusammenarbeit mit → Non-Profit-Organisationen) reichen von der lokalen bis zur globalen Ebene.

4. Globale Ansätze zur Steuerung der sozial-gesellschaftlichen Verantwortung

Ein *institutionalisierter* Rahmen mit (globalen) qualitativen und quantitativen Umwelt- und Sozialstandards für eine umwelt- und sozial-gesellschaftlich verantwortliche Unternehmensführung mit dem Ziel einer erweiterten Verantwortlichkeit („accountability") ist im Entstehen. Er wird sich auf nationaler Ebene (Umwelt-, Arbeitsrecht etc.) und internationale Ebene (Vereinbarungen zu Umwelt, Arbeits- und Menschenrechtsfragen zwischen Nationalstaaten bzw. als freiwillige Vereinbarungen) entwickeln müssen.
Zur Zeit sind folgende *Standards/Richtlinien/Guidelines* etabliert (1) im Bereich globaler Geschäftsprinzipien/-initiativen: Caux Roundtable Principles, → OECD Principles for Transnational Companies, Checklist of Performance Indicators von CSR
Europe, Social Venture Network Standards of Corporate Social Responsibility, → Sullivan Principles, Global Reporting Initiative (→ GRI), → ISO mit der Entwicklung von Guidelines für Social Responsibility oder → Global Compact der UN (2) im Bereich des Umweltschutzes: → EMAS-VO, → ISO 14001, Marine Stewardship Council, → Forest Steward Council oder das Responsible Care Programm der Chemie (3) im sozial-gesellschaftspolitischen Bereich: → AA 1000, → SA 8000

Dazu treten freiwillige *Vereinbarungen/Selbstverpflichtungen* (Code of Conduct/Verhaltenskodex): als Branchenabkommen von Verbänden (z.B. der Common Code for the Coffee Community) oder firmenindividuell. Das Unternehmen unterwirft sich durch die Unterzeichnung solcher „Principles" einer freiwilligen Selbstverpflichtung zur Annahme und Umsetzung.

Soziale Rechte auf freiwilliger Basis weltweit zu verankern, kann auch durch so genannte *soziale Gütesiegel* gefördert werden, die Aufschluss über Produktionsbedingungen bezogen auf soziale Mindeststandards geben. *Beispiele:* Flower-Label (seit 1999), Trans-Fair-Siegel etwa für Kaffee, Tee oder Kakao (seit 1992) oder das Rugmark-Siegel für Teppiche ohne Kinderarbeit. Ähnliche Labels für Produkte mit einem ethischen und ökologischen Mehrwert: Marine Stewardship Council (MSC), Dolphin Safe für delphinfreundlichen Fangmethoden oder → Forest Stewardship Council.

Nachdem es in Deutschland in den 70er Jahren kurzzeitig so genannte Sozialbilanzen als erste Ansätze zu einer gesellschaftsbezogenen Rechnungslegung gab, entstehen nun zum (unabhängigen) Monitoring und zur Auditierung der sozialen Verantwortung neue Ansätze, wie die „Standards of Corporate Responsibility" des Social Venture Network in Washington.

Inzwischen liegt mit dem → SA 8000 das erste international auditierbare Sozialverträglichkeitssystem vor. Diese Transparenz vollzieht sich über verschiedene Entwicklungsstufen:

5. Neue Formen der Berichterstattung

Eigenständige Umweltberichte sind seit Jahren Standard, neue Formen wie Sozialberichte oder Citizenshipreports o.ä. noch Neuland. Auch hier zeigen sich Erfolge bezüglich einer internationalen Standardisierung (→ GRI).

Möglichkeiten der Berichterstattung: (1) Umwelt – und Sozialberichte als Teil der Geschäftsberichte mit einige speziell gestalteten Seiten (2) Umwelterklärungen, die im Rahmen von Öko-Audits zwingend vorgeschrieben sind (3) Eigenständige Umweltberichte (4) Eigenständige Sozialberichte (5) Nachhaltigkeitsberichte (weltweit ca. 2000). Diese sind vor allem im anglo-amerikanischen Raum anzutreffen. Für das Reporting mit mehr gesellschaftspolitischer Ausrichtung werden unterschiedlichste Bezeichnungen verwendet: Corporate Citizenship Report, Gesellschaftliches Engagement bzw. Gesellschaftliche Verantwortung, Sustainability Report etc. Bei internationalen Rankings von Nachhaltigkeitsberichten (vor allem durch → SustainAbility) finden sich nur wenige deutsche Unternehmen unter den Top 20. Nach der KPMG International Corporate Reporting Survey 2002 veröffentlichten in Japan 79%, UK 49%, USA 36 %, in Deutschland 36% der Unternehmen einen CSR-Report.

Hinweis

Zu den angrenzenden Wissensgebieten siehe → Corporate Governance, → Interkulturelles Management, → Ökologiecontrolling, → Ökologiemarketing, → Produktpolitik, → Umweltmanagement, → Unternehmensethik, → Unternehmensführung.

Literatur: Andriof, J./McIntosh, M. (Ed.), Perspectives on Corporate Citizenship, Sheffield 2001; Arthur D. Little, Managing Corporate Reputation: Winning and preserving the licence to innovate for business growth, o.J. (www.environment-risk.com/articles/pdf/reputationpdf); Arthur D. Little, The Business Case for Corporate Citizenship, Cambridge 2002; Center for Social Markets., Corporate Citizenship challenging 'Business-as-usual', London/Calcutta 2001; Cowe, R., Investing in Social Responsibility: Risks and Opportunities, hrsg. von Association of British Insurers (ABI Research Report), London 2001; CSR Europe, Communicating Corporate Social Responsibility, Transparency, Reporting, Accountability: Voluntary Guidelines for Action, 2000/01; Department of Trade & Industry, Business and Society: Developing Corporate Social Responsibility in the UK, London 2001; Europäische Kommission, Grünbuch: Europäische Rahmenbedingungen für die soziale Verantwortung der Unternehmen, Brüssel 2001; Europäische Kommission, Mitteilung der Kommission betreffend die soziale Verantwortung der Unternehmen: ein Unternehmensbeitrag zur nachhaltigen Entwicklung, KOM(2002)347 endgültig, Brüssel, 02.07.02; Gazdaru, K./Kirchhoff, K., Unternehmerische Wohltaten – Last oder Lust? Von Stakeholder Value, Sustainable Development und Corporate Ctizenship bis Sponsoring, Luchterhand 2003; Global Reporting Initiative, Leitfaden für Nachhaltigkeitsberichte zu wirtschaftlicher, ökologischer und sozialer Leistung, Boston 2002; Habisch, A. (unter Mitarbeit von Schmidpeter), Corporate Citizenship. Gesellschaftliches Engagement von Unternehmen in Deutschland, Berlin u.a.,

2003; Habisch, A./Jonker, J. et al (eds.), Corporate Social Responsibility Across Europe, Berlin u.a. 2005; Hardtke, A,/Prehn, M., Perspektiven der Nachhaltigkeit: Vom Leitbild zur Erfolgsstrategie, Wiesbaden 2001; Leipziger, D., /McIntosh, M., Living Corporate Citizenship. Successful routes to socially responsible business, Financial Times Management, 2002; Maaß, F./Clemens, R., Corporate Citizenship. Das Unternehmen als "guter Bürger", Wiesbaden 2002; McIntosh, M./Leipziger, D./Jones, K./Coleman, G., Corporate Citizenship: Successful strategies for responsible companies, London 1998; Steger, U., Corporate Diplomacy. Gesellschaftsbewusste Unternehmensführung. Erfahrungen – Umsetzung - Erfolge, München 2004; The Business Impact Task Force (Business in the Community), Winning with Integrity Handbook, London 2000; The Center for Corporate Citizenship at Boston College/ProbusBNW, Benchmarks for international corporate community involvement, Boston 2001; Wieland, J., Corporate Citizenship, Metropolis Verlag, 2002; WBCSD (Hrsg), Corporate Social Responsibility: Making good business sense, 2000; Corporate Social Responsibility. The BBCSD's journey, 2002.

Internetdressen: http://www.bsr.org (Business for Social Responsibility); http://www.csreurope.org (CSR Europae); http://www.revleonsullivan.com/principled/principles.htm; http://cei.sunderland.ac.uk/ethsocial/intro.htm; http://www.cepaa.org/introduction.htm; http://freedomtocare.org/page82.htm; http://www.siemens.de/corporate_citizenship; http://www.germanwatcg.org; http://www.unglobal compact.org; http://www.globalreporting.org (Global Reporting Initiative); http://www.corporate citizen.de; http://www.efc.be/projects/cce (Corporate Citizenship Europe).

Website des Autors: http://www.bw.fh-muenchen.de/?site=personal

Corporate Communications

sind Teil der → *Corporate Identity*, die durch das Erscheinungsbild (→ Corporate Design), die Kommunikation (die *Corporate Communications*) und das Verhalten (→ Corporate Behaviour) vermittelt wird.

Corporate Communications bezeichnet die Gesamtheit sämtlicher Kommunikationsinstrumente und -maßnahmen eines Unternehmens, die eingesetzt werden, um das Unternehmen und seine Leistungen den relevanten Zielgruppen der Kommunikation darzustellen. Die Corporate Communications vermitteln die Firmenidentität durch strategisch geplante, widerspruchsfreie Kommunikation.

Siehe auch → Kommunikationspolitik (mit Literaturangaben).

Corporate Design

ist Teil der → *Corporate Identity*, die durch das Erscheinungsbild (Corporate Design), die Kommunikation (die → Corporate Communications) und das Verhalten (→ Corporate Behaviour) vermittelt wird.

Das *Corporate Design* wird geprägt von konstanten Gestaltungselementen wie dem Logo, den Hausfarben, der Hausschrift, der typographisch gestalteten Form des Slogans, den Gestaltungsrastern und den stilistischen Sollvorgaben für Abbildungen, Fotos und andere Illustrationselemente. Diese Konstanten bestimmen das Design aller visuellen Äußerungen des Unternehmens: der Produkte und ihrer Verpackung, der Kommunikationsmittel, der Architektur und weiterer Sonderbereiche wie des Fotodesign, der Beschilderung, der Gebäudebeschriftung und mitunter sogar der Arbeitskleidung.

Siehe auch → Kommunikationspolitik (mit Literaturangaben).

Corporate Finance

Corporate Finance

von Professor Dr. Hans-Martin Beyer
SIB School of International Business – Hochschule Reutlingen

1. Charakterisierung i.e.S.

Corporate Finance als Lehrgebiet umfasst die zentralen, mit der kurz- und langfristigen *Finanzierung von Unternehmen zusammenhängenden Problemstellungen*. Dies sind u.a. *Bedarfsermittlung, Alternativen und Prozess der Kapitalaufbringung und -anlage, Optimierung der Kapital- und Vermögensstruktur*.

Der Fokus liegt dabei auf Unternehmen mit Zugang zu den Kapitalmärkten. Im genuin am Kriterium der Rechtsform orientierten Sinne bezieht sich Corporate Finance insbesondere auf *Aktiengesellschaften (Corporations)*, die rechtsformbedingt den umfassendsten Zugang zu den institutionalisierten Kapitalmärkten, insbesondere dem institutionalisierten Eigenkapitalmarkt haben können (siehe auch → Aktiengesellschaft, deutsche, → Aktiengesellschaft, österreichische sowie → Europa-AG). Im weiteren, am Kriterium der „kritischen Masse" orientierten Sinne ist die Unternehmensgröße beziehungsweise das Kapitalvolumen ausschlaggebend, das kapitalsuchenden Unternehmen zumindest Zugang zu den institutionalisierten Fremdkapitalmärkten eröffnet.

Zentrale Zielgröße von Corporate Finance ist die Erhöhung beziehungsweise Maximierung des Unternehmenswertes aus Sicht der Investoren; siehe dazu auch → Shareholder Value Added (SVA) /Economic Value Added (EVA). Die *stärker wertorientierte und finanzmathematische Ausrichtung* von Corporate Finance als Basis-Lehrgebiet unterscheidet sich vom stärker deskriptiven, auf Finanzierungsinstrumenten fokussierten Ansatz der im deutschen Sprachbereich vorherrschenden Finanzierungslehre.

Im praktischen Geschäftsleben ist Corporate Finance eine häufig anzutreffende Unterfunktion bzw. Abteilung des Finanzbereiches, insbesondere in Großunternehmen sowie ein Beratungs-/Dienstleistungssegment für Unternehmenskunden im Bankensektor beziehungsweise → Investment Banking. Die schließt üblicherweise die Beratung und Unterstützung bei → Mergers & Acquisitions (M&A)- und Restrukturierungsaktivitäten, Unternehmensbewertungs-Dienstleistungen, die Beratung und Unterstützung bei der Beschaffung von zusätzlichem Eigenkapital- bzw. Fremdkapital mit ein. Diese Dienstleistungen beschränken sich üblicherweise nicht auf Großunternehmen, sondern werden auch → KMUs angeboten.

2. Charakterisierung i.w.S.

Im weiten Sinne kann Corporate Finance dementsprechend als „wertorientierte Finanzwirtschaft" oder Managerial Finance interpretiert werden mit unternehmensform-übergreifender Ausrichtung der Finanzierungs- und Bewertungsprinzipien auch auf kleinere Unternehmen ohne Zugang zu den institutionalisierten Kapitalmärkten. Dementsprechend berührt Corporate Finance annähernd alle Aspekte der Finanzwirtschaft.

Diese weite Anwendungs- und Lehrinterpretation von Corporate Finance findet ihren praktischen Niederschlag unter anderem in der zunehmenden Bedeutung von *Kapitalmarktprinzipien* und *Risikobewertung* (siehe auch → Risikocontrolling und → Unternehmensbewertung) auch für kleinere/mittlere Unternehmen aufgrund der Basel II-Richtlinien (siehe auch → Rating-Methoden, kreditwirtschaftliche), im Vordringen von Finanzintermediären beziehungsweise Großinvestoren im Private Equity-Bereich (siehe auch → Private Equity und → Hedgefonds) und dem zunehmenden Bedarf an sogenannten Hybrid-Finanzierungsformen (→ Mezzaninekapital).

Corporate Finance als wertorientierte Finanzwirtschaft integriert entsprechende *theoretische Ansätze* und (abgeleitete) Methoden und Verfahren zur unternehmerischen bzw. finanzwirtschaftlichen Ziel- und Entscheidungsfindung sowie finanzwirtschaftliche Management-Ansätze und -instrumente. Der genuinen Ausrichtung auf Großunternehmen entsprechend fokussiert Corporate Finance insbesondere auch *internationale Problemstellungen*. Corporate Finance ist daher insbesondere geprägt von den Erkenntnissen der internationalen betrieblichen Finanzwirtschaft (u.a. einschließlich der internationalen

Rechnungslegung und Jahresabschlussanalyse; siehe auch → Abschlusserstellung nach US-GAAP, → Bilanzanalyse, → Internationale Rechnungslegung nach IFRS, → Konzernabschluss), der Kapitalmarkt- bzw. Kapitalkostentheorie, der Investitions- und Risikotheorie (siehe auch → Investitionswirtschaft und → Risikocontrolling) sowie der → Finanzmathematik.

3. Erkenntnisbereiche des Corporate Finance

Corporate Finance als Lehrgebiet schließt üblicherweise folgende, den *Unternehmenswert* direkt oder indirekt *determinierende Aspekte* ein:

- Organisatorische bzw. strukturelle Gestaltung des Finanzmanagements, siehe auch → Cash Flow-Management, → Finanzwirtschaft, betriebliche und → Kapitalflussrechnung;
- Unternehmerische bzw. finanzwirtschaftliche Zieldefinition;
- Methoden/Ansätze der kurz- und langfristigen → Finanzplanung;
- Bewertung von Kapitalanlageentscheidungen bzw. Investitionen und Vermögenswerten (Alternativen, Programme/Portfolio, Dauer, Optionswerte), siehe auch → Investitionswirtschaft und → Porfoliomanagement;
- Unternehmensbewertung im Zusammenhang mit M&A, siehe auch → Mergers & Acquisitions und → Unternehmensbewertung;
- Finanzielle Risikobewertung und Risikoabsicherung, von Investitionen, internationalen Zahlungsströmen, Kapitalkosten etc., siehe auch → Finanzcontrolling, → Risikocontrolling;
- Finanzierungsinstrumente und -alternativen mit Fokus auf die → Außenfinanzierungs- bzw. Kapitalmarktinstrumente, siehe auch → Finanzinnovationen, → Kreditfinanzierung, kurzfristige, → Kreditfinanzierung, langfristige;
- Kapitalstrukturgestaltung (→ Leverage-Effekt) und Dividendenpolitik, siehe auch → Aktien, → Aktiengesellschaft, deutsche, → Aktiengesellschaft, österreichische;
- Working Capital Management, einschließlich Management von Forderungen, Verbindlichkeiten, Lagerbeständen und flüssigen Mitteln (→ Cash Management), siehe auch → Factoring, → Finanzplanung;
- Internationale Aspekte der Finanzwirtschaft, insbesondere Analyse und Management von Währungs-, Inflations- und Zinsdivergenzen, siehe auch → Außenhandelsfinanzierung (Internationale, Zahlungs-, Sicherungs- und Finanzierungsinstrumente), → Finanzinnovationen, → Optionen, → Swaps, → Währungsmanagement, → Zinsmanagement;
- Nationale bzw. internationale Unternehmensrestrukturierungen (→ Corporate Restructuring) unter anderem in Form von Finanz-, Eigentümer-, und Geschäftsportfolio-Restrukturierungen. Dies schließt auch Unternehmenstransaktionen wie → Mergers & Acquisitions und → Joint Ventures ein.

4. Entwicklungen der Corporate Finance

Aus Sicht der praktischen Finanzwirtschaft sind gegenwärtig die folgenden Entwicklungen zu verzeichnen bzw. abzusehen, mit entsprechenden Auswirkungen auf die einschlägige Forschung und Lehre:

- Die Auswirkungen der neuen Bankenrichtlinien → Basel II bringen insbesondere für kleine und mittlere Unternehmen neue Anforderungen und Hürden in der Unternehmensfinanzierung. Insbesondere bedeutsam ist das zunehmende Erfordernis von Unternehmensratings auch für diese Zielgruppe und ein verbessertes, auf Risikoreduktion und Bonitätsverbesserung ausgerichtetes Management, siehe auch → Rating-Methoden, kreditwirtschaftliche;
- steigende Bedeutung von → Private Equity zur Finanzierung von → KMU sowie verstärkte Privatisierung von Unternehmen, siehe auch → Going Public;
- Disintermediation, d.h. die Umgehung von Banken bzw. anderen Finanzintermediären zur Reduzierung von Finanzierungskosten. Eine Ausprägung hiervon ist das → Corporate In-house Banking.
- Corporate Banking als „In-sourcing" von Bankdienstleistungen zur kosteneffizienten, konzerninternen – ggfs. auch konzernexternen – Entwicklung und Abwicklung von Finanzdienstleistungen;
- Finanzierung durch Verbriefung von Rechten, beispielsweise von Forderungen, in Form von → Asset-Backed Securities;

- → Derivate zur Kostensicherung von → Commodities bzw. Kurssicherung von Währungen, siehe auch → Finanzinnovationen, → Optionen, → Swaps, → Währungsmanagement, → Zinsmanagement;
- Hybridfinanzierung, z.B. → Hybrid-Bonds, → Mezzanine-Kapital für → KMUs.

Diese Entwicklungen führen absehbar zu Veränderungen unter anderem in betrieblichen → Treasury-Abteilungen wie in Struktur und Dienstleistungen der → Finanzintermediäre beziehungsweise Anbieter von entsprechenden Beratungs- und Finanzierungsangeboten.

Hinweis

Zu den angrenzenden bzw. vertiefenden Wissensgebieten siehe → Asset Backed Securities, → Außenhandelsfinanzierung (Internationale Zahlungs-, Sicherungs- und Finanzierungsinstrumente), → Factoring, → Finanzcontrolling, → Finanzinnovationen, → Finanzplanung, → Finanzwirtschaft, betriebliche, → Going Public, → Hedgefonds, → Kapitalflussrechnung, → Konzernabschluss, → Kennzahlen, finanzwirtschaftliche, → Kennzahlen wertorientierte, → Kreditfinanzierung, kurzfristige, → Kreditfinanzierung, langfristige, → Kreditsicherheiten, → Mergers & Acquisitions, → Optionen, → Private Equity, → Rating-Methoden, kreditwirtschaftliche, → Sanierungsmanagement, → Swaps, → Unternehmensbewertung, → Währungsmanagement, → Venture Capital, → Zinsmanagement.

Literatur: Brealey, Richard A. / Myers, Steward / Allen, F.: Corporate Finance, McGraw-Hill/Irwin, 8. Auflage, 2005; Brealey, Richard A./ Myers, Steward C. / Marcus, Alan J.: Fundamentals of Corporate Finance, McGraw-Hill/Irwin, 2004; Brigham Eugene F. / Ehrhardt, Michael C.: Financial Management, Theory and Practice, South Western College Publishing, 2004; Brigham Eugene F. / Houston, Joel F.: Fundamentals of Financial Management, South Western College Publishing, 2006; Copeland, T./ Weston, F. / Shastri, K.: Financial Theory and Corporate Policy, Pearson / Addison Wesley, Boston u.A. 2005; De Matos, J.: Theoretical Foundations of Corporate Finance, Princeton University Press, New Haven, 2001; Gitman, Lawrence J.: Principles of Managerial Finance, 11th ed., Pearson/Addison Wesley, Boston u.a., 2006; Tirole, Jean: The Theory of Corporate Finance, Princeton University Press, 2005; Schneck, Ottmar: Alternative Finanzierungsformen, Wiley, Weinheim 2006; Schulte, Christof: Corporate Finance. Die aktuellen Konzepte und Instrumente im Finanzmanagement, Vahlen, München 2006; Shapiro, Alan C. Multinational Financial Management, 8th edition, Wiley, 2006; Volkart, Rudolf: Corporate Finance – Grundlagen von Finanzierung und Investition, Versus Verlag, 2. Auflage, Zürich 2006.

Internetadressen: Corporate Finance Page von Prof. Aswath Damodaran, Stern School of Business, New York University: http://pages.stern.nyu.edu/~adamodar/New_Home_Page/CFin/CF.htm; Global Finance Journal: http://www.elsevier.com/cgi-bin/cas/tree/store/glofin/cas_free/browse/browse.cgi; Journal of Finance: http://www.afajof.org/journal/browse.asp; Journal of Applied Corporate Finance: http://www.sternstewart.com/journal/overview.php; Journal of Corporate Finance: http://www.elsevier.com/wps/find/journaldescription.cws_home/524467/description#description; Journal of Investment Management: www.joim.com; Journal of International Money and Finance: http://www.elsevier.com/wps/find/journaldescription.cws; Journal of Business Finance & Accounting: http://www.blackwellpublishing.com/journal.asp?ref=0306-686X; Journal of Multinational Financial Management: sales@wspc.com.sg

Website des Autors: http://www.sib.reutlingen-university.de

Corporate Governance

von Professor Dr. Robert M. Lo Bue

SIB School of International Business – Hochschule Reutlingen

1. Characterization

Corporate Governance is the system for directing and controlling corporations, especially those firms whose shares are publicly traded, through the reviewing, monitoring, disciplining, and rewarding of executive managers. The main objective of Corporate Governance is the protection of the valid interests of all *stakeholders*, who are the internal and external societal actors directly involved with or indirectly affected by the firm. The *Board of Directors* stands as the central actor in the system between the executive managers and the shareholding owners. See Illustration 1.

2. The Development of Principles of Corporate Governance

Following the great crash of the USA securities markets in 1929, researchers A.A. Berle and G.C. Means observed the problem of the *separation of ownership from control* in modern corporations, a concept that is commonly labelled *agency theory*. Further to this theory, M.C. Jensen und W.H. Meckling classified three forms of *agency costs*: *monitoring*, *bonding*, and *residual losses*. Corporations must reckon with agency costs in order to attempt to minimize the expected *conflicts of interest* which exist between shareholders and management. Corporate leaders from the board of directors and from the executive managers are required to support monitoring through the deliberate installation and operation of an appropriate internal system of controls, reviews, and audits. Bonding is furthered through the linkage of shared decisions regarding strategy and resource allocation of the firm. Corporate leaders must strive to achieve the optimal weighting of investments between these two classes of agency costs, or they must accept a higher risk-level for the firm, which can lead to residual losses. Conflicts of interests are also reduced through achieving a higher level of *information transparency*. The quantity of information disclosures must meet minimum standards imposed by law or statute. For example, the European Union (EU) requires large publicly-traded corporations to disclose their financial results quarterly and all corporations to submit complete, detailed financial statements annually to their respective regulators. The quality of information disclosures is determined by their usefulness and timeliness. Financial statements of EU publicly-traded corporations, therefore, must comply with *the true and fair view principle* of the International Financial Reporting System (IFRS), the generally accepted accounting standards endorsed by EU regulators. At the turn of the 21st century, interested international organizations, e.g. the Organisation for Economic Co-operation and Development (OECD), sponsored and published recommended principles of corporate governance. Many national legislators and securities exchanges followed with their own set of legally-binding rules.

3. Important Participants of the International Corporate Governance System

(1) *Board of Directors*

The board of directors is the legally-required supervisory organ in each corporation responsible for directing and controlling the firm. Appointing, advising, and leading the executive managers are important activities included among the board's responsibilities. In addition, the directors possess mature experiences, relationships, ideas, and other personal and professional abilities, so-called *board capital*, which they can bring to the benefit of the corporation. The leader of the board of directors is the *chairman* or *chairperson*, who directs the planning, administration, and calendar of the board and presides over official board meetings.

(2) *Executive Managers*

The executive managers are the group of officers who are at the pinnacle of the management hierarchy of the organization. This group is led by the *chief executive officer* (*president* or *managing director*) and by the *chief financial officer* (*vice president of finance* or *finance director*). Further members of executive management can include the heads of *core functions* of the business: operations, sales, marketing, human resources, etc. and the managing directors of subsidiary companies. The board of directors approves the appointment of all officers.

(3) *Committees of the Board of Directors*

The detailed responsibilities of the board of directors are often divided among and delegated to various committees, which are smaller workgroups normally made up exclusively of members of the board of directors. In most situations, the full board of directors itself maintains final decision authority over the committees. The *audit committee* monitors the internal controls, contracts with or installs the external auditors, and approves the financial statements. A *risk management committee* is established in banks and financial services providers (as well as in some other corporations at their own discretion). This committee reviews whether the risks of investments and of operations are identified and weighted and that sufficient measures of risk avoidance and coverage (e.g. cash reserves; credit, transportation, property, and liability insurance; hedging contracts; balanced portfolios; liens on buildings, inventory, investments, and other assets; etc.) are implemented and functioning properly. The *nominations committee* recruits the chief executive officer (*CEO*) and new members to the board of directors and reviews the appointments of all executive managers, and the *compensation committee* develops and recommends all of the various elements which make-up their remuneration.

(4) *Shareholders*

In most public corporations there are numerous unrelated owners, generally called shareholders (or *stockholders*). This heightens the requirement for information transparency in disclosures made to them. The board of directors is legally required to invite all shareholders to an annual *general meeting*. In some situations, the shareholders must also be called to additional *special meetings*. The concept of *one share – one vote* for all shareholders is generally preferred for its transparent and fair division of rights based solely on firm ownership percentage. A majority of shareholders' votes is normally required to approve the most critical strategic decisions affecting the firm, e.g. transacting new emissions of shares, establishing new classes of shares, electing new directors as well as the chairperson of the board, approving mergers and acquisitions, changing the corporation's charter or the bylaws governing the board of directors, approving significant new investments, etc. It is well accepted that shareholders do not have to be present in-person at a meeting for their votes to be counted. They can submit their votes via the postal service as well as by electronic (i.e. internet) voting methods.

(5) *Stakeholders*

Internal stakeholders include shareholders, managers, and employees. They are not the only actors who hold interests in the activities and results of the corporation. Stakeholders can also be private and public external parties who directly interact with or are indirectly affected by the firm. These external actors include customers, consumers, suppliers, subcontractors, creditors, debtors, unions, government officials such as securities exchange regulators, citizens in neighboring communities, etc.

(6) *Representational Agents*

Many third-party service providers act as representational agents who fulfill critical watchdog rolls through their analysis of and reporting on the corporation's actions. These primarily independent agents include external auditors, debt rating agencies, the business and financial press, investment researchers and consultants (financial analysts), various private, public, and quasi-public statisticians, etc. Their authority can be derived from direct legal provisions or from professional standards.

(7) *Regulatory Authorities*

Corporate leaders are required under regulatory authorities - by law, regulation, or accepted business practices - to perform their duties responsibly and completely. Competitive product markets and financial markets, including investors and lenders, exert additional pressures to control and influence the behavior and performance of corporate leaders. This *market for corporate control* acts through the change of ownership interest, which can result in the takeover, merger, or insolvency of the firm. For the members of the board of directors and executive managers, this can lead to a dramatic reduction in their compensation, reassignment of their responsibilities, or reconsideration of the status of their appointments.

4. Important Provisions for Germany, Austria, and Switzerland

German, Austrian, and Swiss legislators have instituted a unique *dual board system* through the balanced legal positioning of the executive managers and the board of directors. Together, the internal *management board* (*Vorstand* in Germany and Austria, *Geschäftsleitung* in Switzerland) and the external *supervisory board* (*Aufsichtsrat* in Germany and Austria, *Verwaltungsrat* in Switzerland) lead the corporation. In all firms registered in Germany and Austria, and in all banks registered in Switzerland, the dual board system is mandatory. In the dual board system, members of the supervisory board must all be independent from the firm, e.g. managers and other employees of the firm cannot be members of the supervisory board. All members of the management board are actively employed officers of the corporation. Through the principle of *co-determination* (*Mitbestimmungsprinzip*), employees hold direct influence over the critical decisions of the firm, because they are given the right to elect members to the supervisory board. In most cases, employees have the right to elect a minimum of one-third of the members. In larger firms in Germany, e.g. those publicly-traded corporations with over 2000 employees, employees have the right to elect up to half of the members of the supervisory board. In these larger German firms, the chairperson of the board (*Aufsichtsratvorsitzender*) is elected only by the shareholders and holds two votes for board decisions, compared to one vote for all other board members.

All non-bank Swiss corporations can choose to implement either a dual board or a *unitary board of directors*. In the unitary board system, which is the practice employed exclusively in most other countries, directors are elected only by the shareholders and can be either independent persons or executive managers. The chairperson (*Präsident des Verwaltungsrates*) holds one vote, the same as the other directors. The chairperson can also be the current CEO of the firm. Accepted Swiss standards of corporate governance, however, especially recommend *CEO non-duality*, where these two roles are separated and held by two individuals. Because it is not only possible but often the case that the board of directors holds some managers as members, the audit committee, by law, must include only independent members not employed by the firm. In addition, when the chairperson is also the CEO, boards often hold special meetings without the chairperson being present. The independent character of the directors in these special meetings should enable them as a group to measure and evaluate the performance and to set the compensation of the executive managers, without obvious conflicts of interest influencing these critical decisions.

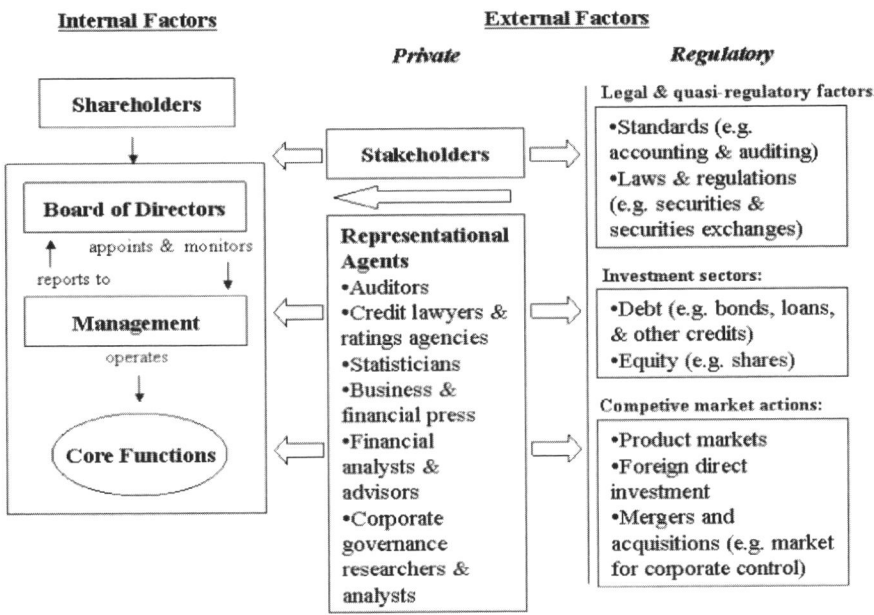

Illustration 1: Corporate Governance System

SOURCE: The World Bank Group (2003). Changes and additions by the author.

Hinweis

For related topics see → Aktiengesellschaft, deutsche, → Aktiengesellschaft, österreichische, → Arbeitsrecht, → Corporate Citizenship, → Due Diligence, → Gesellschaftsformen, österreichische, → Gesellschaftsrecht, Europäisches, → Hedgefonds, → Interkulturelles Management, → Lohn- und Gehaltsmodelle, → Mergers & Acquisitions, → Mittelstandsökonomie, → Personalmanagement, Grundlagen, → Personalmanagement, Internationales, → Private Equity, → Umweltmanagement, → Unternehmensethik, → Unternehmensführung.

Literatur: Colley, Jr., John L., Doyle, Jacqueline L., Logan, George W., Stettinius, Wallace (2003): Corporate Governance, McGraw-Hill, New York, USA; European Corporate Governance Institute (2006): Corporate Governance Codes, Principles and Recommendations, http://www.ecgi. org/codes/index.php January 8, 2006; Hilb, Martin (2006): Integrierte Corporate Governance. Ein neues Konzept der Unternehmensführung und Erfolgskontrolle, Springer, Berlin; Hoffmann, Dietrich und Preu, Peter (1999): Der Aufsichtsrat, 4. Auflage, C.H. Beck'sche Verlagsbuchhandlung, München; Jensen, Michael C. und Meckling, William H. (1976): Theory of the Firm: Managerial Behavior, Agency Costs and Ownership Structure, Journal of Financial Economics, October, Vol. 3 No. 4, 305-360; Organisation für Wirtschafliche Zusammenarbeit und Entwicklung (2004): OECD-Grundsätze der Corporate Governance, Neufassung 2004, OECD, Paris, www.oecd.org/dataoecd/57/19/32159487.pdf January 8, 2006; Österreichischer Arbeitskreis für Corporate Governance (2006): Österreichischer Corporate Governance Kodex, Jänner, http://www.ecgi.org/codes/documents/accd_january2006_de.pdf October 7, 2006; Regierungskommission (2005): Deutscher Corporate Governance Kodex in der Fassung vom 2. Juni 2005, http://www.corporate-governance-code.de/ger/kodex/index.html January 8, 2006; Solomon, Jill und Solomon, Aris (2004): Corporate Governance and Accountability, John Wiley & Sons, Chichester, West Sussex, England; The World Bank Group (2003) Corporate Governance: An Issue of Global Concern, http://www.worldbank.org/html/fpd/privatesector/cg/aboutus.htm, March

Internetadressen: http://www.oecd.org/topic/0,2686,en_2649_37439_1_1_1_1_37439,00.html; http://www.ifc.org/ifcext/economics.nsf/Content/CG-Corporate_Governance_Department; http://www.ecgi.org/; http//www.ccg.ifpm.unisg.ch.

Website des Autors: www.sib.reutlingen-university.de

Corporate Governance Information and Forecasting Systems (CGIFOS)

(a) Unterbegriff von → Management-Informationssysteme (MIS); (b) ein spezifisches MIS für die obere und Spitzenebene der Unternehmensführung (Geschäftsführung, Vorstand, Aufsichtsrat etc.); (c) ein qualitativ-ganzheitliches MIS (vgl. → MIS, qualitativ-ganzheitliches). Ziel ist die Überwindung der Defizite der Informationsversorgung auf Topmanagement-Ebene (→ Informationsversorgung) durch einen qualitativ-ganzheitlichen, top-down orientierten Ansatz (→ MIS, Entwicklung, bottom-up/top-down).

Literatur: Mertens, P., Griese, J.: Integrierte Informationsverarbeitung 2, Planungs- und Kontrollsysteme in der Industrie, 9. Auflage, Wiesbaden 2002, S. 233 ff.; Rechkemmer, K.: Corporate Governance, München, Wien 2003.

Internetadressen: www.cgifos.de; www.ifo.de; www.results.org

Corporate Governance Kodex

ist die Summe der für verantwortliche Unternehmensführung, Unternehmenskontrolle und Transparenz geltenden Maximen für die börsennotierte → Aktiengesellschaft. Der deutsche Kodex fasst international und national anerkannte Standards zusammen. → Vorstand und → Aufsichtsrat börsennotierter Aktiengesellschaften müssen jährlich erklären, dass sie dem Corporate Governance Kodex entsprechen oder aber offen legen, welche seiner Empfehlungen sie nicht anwenden. Siehe auch → Corporate Governance (mit Literaturangaben).

Literatur: Hommelhoff, P. u.a.: Handbuch Corporate Governance, Stuttgart 2003.

Internetadressen: http://www.corporate-governance-kodex.de

Corporate Governance Kodex, österreichischer

Sammlung von Verhaltensempfehlungen betreffend die Leitung und Überwachung von Unternehmen, insbesondere börsenotierten Aktiengesellschaften mit dem Ziel, das Vertrauen von → Shareholdern, → Stakeholdern und der Öffentlichkeit in die Führung von → *Kapitalgesellschaften* zu stärken. Die *österreichische Version* des bereits in vielen Ländern nach anglo-amerikanischem Vorbild erlassenen *Corporate Governance Kodex* ist bis auf weiteres nicht bindend, sondern erlangt allein durch *freiwillige Selbstverpflichtung* Geltung. Siehe auch → *Corporate Governance.*

Literatur: *Birkner/Löffler*, Praxisleitfaden zur Corporate Governance in Österreich, Verlag Österreich (2004); *Haberer*, Thomas, Corporate Governance. Österreich – Deutschland – International, Reihe Recht & Wirtschaft, Manz Verlag (2003); *Hausmaninger*, Christian, Der österreichische Corporate Governance Kodex. Kurzkommentar, Manz Verlag (2003); *Prändl/Geppert/Göth (Hrsg)*, Corporate Governance Kodex. Praxishandbuch, Manz Verlag (2003).

Internetadresse: Österreichischer Arbeitskreis für Corporate Governance ~ http://www.corporate-governance.at/

Corporate Identity

(*Unternehmensidentität oder -persönlichkeit*) wird als ganzheitliches Strategiekonzept verstanden, das alle nach innen bzw. außen gerichteten Interaktionsprozesse steuert und das ein einheitliches Dach für die gesamte Kommunikation und das Erscheinungsbild des Unternehmens liefert. Corporate Identity zielt auf die Schaffung einer unternehmensspezifischen Identität ab, durch die ein widerspruchsfreies und einheitliches Bild eines Unternehmens entsteht und die die Verhaltensweise eines Unternehmens nach innen und außen steuert. Durch die Auflösung traditioneller Unternehmensstrukturen, die Diversifikation von Unternehmen und ihre zunehmende Internationalisierung hat die Schaffung bzw. Bewahrung einer einheitlichen Unternehmensidentität seit den 80er Jahren einen enormen Bedeutungszuwachs erfahren.

Corporate Identity wird durch das Erscheinungsbild (Corporate Design), die Kommunikation (die Corporate Communications) und das Verhalten (Corporate Behaviour) vermittelt: (1) Das *Corporate Design* wird geprägt von konstanten Gestaltungselementen wie dem Logo, den Hausfarben, der Hausschrift, der typographisch gestalteten Form des Slogans, den Gestaltungsrastern und den stilistischen Sollvorgaben für Abbildungen, Fotos und andere Illustrationselemente. Diese Konstanten bestimmen das Design aller visuellen Äußerungen des Unternehmens: der Produkte und ihrer Verpackung, der Kommunikationsmittel, der Architektur und weiterer Sonderbereiche wie des Fotodesign, der Beschilderung, der Gebäudebeschriftung und mitunter sogar der Arbeitskleidung. (2) *Corporate Communications* bezeichnet die Gesamtheit sämtlicher Kommunikationsinstrumente und -maßnahmen eines Unternehmens, die eingesetzt werden, um das Unternehmen und seine Leistungen den relevanten Zielgruppen der Kommunikation darzustellen. Die Corporate Communications vermitteln die Firmenidentität durch strategisch geplante, widerspruchsfreie Kommunikation (→ Kommunikationspolitik). (3) *Corporate Behaviour* ist das konsequent an der Identität ausgerichtete Verhalten der Mitglieder des Unternehmens untereinander und nach außen. Das Verhalten muss schlüssig und stimmig sein – das Unternehmen darf weder in seiner Produktpolitik noch in der Sozialpolitik, der Finanzpolitik und der Vertriebspolitik von den vereinbarten Leitsätzen abweichen.

Siehe auch → Kommunikationspolitik (mit Literaturangaben).

Literatur: Abdullah, R., Hübner, R.: Corporate Design – Kosten und Nutzen, Hermann Schmidt, Mainz, 2002; Daldrop, N.: Kompendium Corporate Identity und Corporate Design, Av Edition, Ludwigsburg, 2004; Herbst, D.: Corporate Identity, Cornelsen, Berlin, 2003; Kroehl, H.: CI21 – Corporate Identity als Erfolgsrezept im 21. Jahrhundert, Vahlen, München, 2000; Paulmann, R.: double loop – Basiswissen Corporate Identity, Hermann Schmidt, Mainz, 2005; Birkigt, K., Stadler, M., Funck, H. J.: Corporate Identity, Moderne Industrie, Landsberg am Lech, 2002; Regenthal, G.: Ganzheitliche Corporate Identity, Gabler, Wiesbaden, 2003.

Internetadressen: www.cidoc.net (Corporate Identity Dokumentation); www.ci-portal.de

Corporate Placement

siehe → Product Placement.

Corporate Social Responsibility (CRS)

ist ein Leitprinzip → nachhaltiger Unternehmensführung, wonach Unternehmen umfassend für ihr Handeln verantwortlich sind (→ Umweltmanagement, → Ökologie-Marketing). Die Übernahme von Verantwortung durch die Geschäftsführung bzw. durch das Management einer Unternehmung beschränkt sich hiernach nicht nur auf eine Wahrnehmung der Interessen der Eigentümer bzw. der Kapitaleigner der Unternehmung im Sinne des → *Shareholder Value-Ansatzes*, sondern auch auf die Achtung und Beachtung der Interessen gesellschaftspolitischer und sozialer Anspruchsgruppen (*Stakeholder-Ansatz*).

Corporate University

sind auf Wertschöpfung ausgelegte strategische Instrumente der Unternehmensführung, die der immensen Herausforderung von lebenslangem Lernen im Kontext von großen Organisationen gerecht werden sollen. Ausgangspunkt sind zumeist die etablierten Weiterbildungsbereiche der Unternehmen, die als eigenes Unternehmen ausgegründet wurden.
Anders als ordentlichen Universitäten nach dem Hochschulrahmengesetz dienen Corporate Universities nicht der Pflege und der Entwicklung der Wissenschaften und der Künste durch Forschung, Lehre und Studium, sondern der gezielten Weiterentwicklung des Unternehmens.
Siehe auch → Personalentwicklung (mit Literaturangaben).

Corporate Venturing

(→ *Venture Capital*). Von Unternehmen außerhalb des Finanzsektors bereitgestelltes Eigenkapital (Venture Capital), mit welchem auch strategische Ziele (z.B. Sicherung von Absatz- und Beschaffungsmärkten, Zugang zu Technologien sowie Forschungs- und Entwicklungskapazitäten, Flexibilisierung der Organisation) verfolgt werden. Siehe auch → Venture Capital, → Venture Capital-Beteiligungsvertrag und → Going Public.

Co-Sale-Right

(→ *Venture Capital*). Mitveräußerungsrecht. Regelungselement des → Venture Capital-Beteiligungsvertrages einer Eigenkapitalfinanzierung mit → Venture Capital. → Co-Sale-Right (einfaches Mitveräußerungsrecht), → Tag-Along-Right (Mitveräußerungsrecht bei qualifizierter Veräußerung).

Cost and Freight

... named port of destination, Kurzbezeichnung CFR, Kosten und Fracht ... benannter Bestimmungshafen. Vertragsformel der von der → Internationalen Handelskammer (ICC) entwickelten → Incoterms.

Cost Center

dezentrale Organisationsform, bei der die Effizienz der Leistungserstellung im Vordergrund steht. Der Cost Center Leiter erhält die Verantwortlichkeit über die Kosten (der Leistungserstellung), hat also eine geringere Entscheidungskompetenz als bei der häufiger zu findenden Profit Center Organisation. Einzelheiten und Literaturangaben siehe → Profit Center Organisation, Kap.3.

Cost, Insurance and Freight

... named port of destination, Kurzbezeichnung: CIF; Kosten, Versicherung, Fracht ... benannter Bestimmungshafen. Vertragsformel der von der → Internationalen Handelskammer (ICC) entwickelten → Incoterms.

Cost plus Method

siehe → Kostenaufschlagsmethode.

Cost Tracking

bezeichnet ein spezielles Überwachungssystem, das die Erfolgswirksamkeit von Unternehmensaktivitäten aufzeigt. Es ist zumeist in ein Berichtswesen (Reporting) integriert.

Cost-Volume-Profit-Analysis
siehe → Break-Even-Analyse (BEA).

Council for Mutual Economic Assistance
Rat für gegenseitige Wirtschaftshilfe.

Counter-Purchase
ist eine andere Bezeichnung für → Parallel-Geschäft bzw. Junktimgeschäft. Siehe auch → Kompensationsgeschäft.

Country Credit Ratings
siehe → Länderrisikokonzepte.

Coupon
(bei *Wertpapieren*), Urkunde über den Gewinnanteil (→ Dividende) aus einer → Aktie bzw. Urkunde über den Zinsertrag bei festverzinslichen Wertpapieren.

Coupon
(im → *Marketing*). Ein Coupon (Kupon) ist ein Gutschein oder Berechtigungsnachweis, der einzeln gedruckt/erstellt wurde oder abtrennbarer ist. Mit Hilfe eines Coupons wird einem Kunden/Interessenten von einer bestimmten Ausgabe- bzw. Akzeptanzstelle ein spezifischer Vorteil (Preis-/Mengenvorteil, Zugabe, Präferenz, Informationsanspruch) meist für einen bestimmten Zeitraum eingeräumt. Coupons finden sich in diversen Ausführungen, u.a. in Anzeigen, Beilagen, Mailings, Handzetteln, Coupon-Katalogen, Newslettern, E-Mails, MMS/SMS etc.

Couponing
ist die instrumentell-marketingmäßige Nutzung von → Coupons durch den Herausgeber, um Marketingziele, insbesondere Dialogziele bei bestimmten Adressatengruppen zu erreichen. Coupons finden sich in diversen Ausführungen, u.a. in Anzeigen, Beilagen, Mailings, Handzetteln, Coupon-Katalogen, Newslettern, E-Mails, MMS/SMS etc.

Coverage
siehe → Abdeckung (Repräsentanz-Einschränkung bei → Panel-Stichproben).

Covered Call Writing
siehe → Optionen.

Covererd Warrants
Optionsscheine, siehe auch → Optionen.

CPA
Abk. für → Certified Public Accountant.

CPFR
Abk. für → Collaborative Planning, Forecasting and Replenishment. Siehe auch → Efficient Replenishment.

CPM
Abk. für → Critical Path Method (→ Methode des kritischen Weges); Verfahren der → Netzplantechnik.

CPPI
Abk. für → Constant Proportion Portfolio Insurance.

CPT

frachtfrei ... benannter Bestimmungsort, engl.: carriage paid to ... named place of destination. Vertragsformel der von der → Internationalen Handelskammer (ICC) entwickelten → Incoterms für Außenhandelsgeschäfte.

Crash Tests

stehen für die Analyse außergewöhnlicher Risikokonstellationen zur Verfügung. Es handelt sich um Restrisiken, die z.B. im Rahmen eines → Value at Risk oder → Cash flow at Risk außerhalb des Konfidenzintervalls liegen. Diese Restrisiken sind durch sehr geringe Eintrittswahrscheinlichkeiten und sehr hohe Ergebnisbelastungen gekennzeichnet. Crash Tests zeigen somit negative Extremszenarien. Siehe auch → Risikocontrolling.

CRC

Abk. für → Customer Relationship Communication. Siehe auch → Customer Relationship Management (CRM).

Credit Default Swaps (CDS)

bedeutsames Instrument der Kreditderivate (siehe auch → Derivate, → Swaps), welches die Trennung des Kredit- bzw. Ausfallrisikos von einem Kredit bzw. einer Anleihe und damit dessen Handel (ausserbörslich – Over the Counter) ermöglicht. Mit dem Kauf eines CDS überwälzt der Sicherungskäufer für eine festgesetzte Frist vorab definierte Kredit- bzw. Ausfallrisiken (Kreditereignisse) gegen Zahlung einer Prämie an den Sicherungsverkäufer. Siehe auch → Asset Backed Securities.
Internetadressen: International Swaps and Derivatives Association (ISDA): www.isda.org; Deutsche Bundesbank: www.bundesbank.de/download/volkswirtschaft/mba/2004/200412mba_cds.pdf

CRISP-DM

(*CRoss Industry Standard Process for Data Mining*) stellt eine spezielle phasenorientierte Vorgehensweise zur Generierung von Wissen aus Daten dar und gilt als der Klassiker unter den Meta-Modellen eines → KDD-Prozesses.
Um dabei die systematische Auswertung der Daten zum Erfolg zu führen, strukturiert CRISP-DM das gesamte Projekt und gliedert es in sechs Phasen: (1) Business Understanding, (2) Data Understanding, (3) Data Preparation, (4) Modeling, (5) Evaluation und (6) Deployment.
Entwickelt wurde diese Methodologie gemeinsam von Daimler-Chrysler, NCR, dem niederländischen Versicherungskonzern OHRA und SPSS als branchenübergreifender Standard für → Data Mining-Projekte
Siehe auch → Business Intelligence (mit Literaturangaben).
Internetadresse: http://www.crisp-dm.org.

Critical Path Method (CPM)

Verfahren der → Netzplantechnik. Wesentliches Ziel ist die Bestimmung des → kritischen Weges, d.h. der Mindestdauer eines Projekts. Das zu planende Projekt wird z.B. in Form eines Vorgangspfeilnetzplans in Vorgänge zerlegt, die jeweils durch ein Anfangs- und Endereignis (Knoten) bestimmt sind. Siehe auch → Methode des kritischen Weges.

Critical sucsess factor

siehe → Früherkennung, gerichtete.

CRM

Abk. für Customer Relationship Management. Siehe → Customer Relationship Management (mit Literaturangaben und Internetadressen).

CRM-Cycle

siehe → SalesCycle.

CRM-Definition
Umfassende Definition nach DDV/CRM-Expertenrat 2004: *"CRM ist ein ganzheitlicher Ansatz zur Unternehmensführung. Er integriert und optimiert auf der Grundlage einer Datenbank und Software zur Marktbearbeitung sowie definierter Verkaufprozesse abteilungsübergreifend alle kundenbezogenen Prozesse in Marketing, Vertrieb, Kundendienst u.a. Zielsetzung von CRM ist die gemeinsame Schaffung von Mehrwerten auf Kunden- und Lieferantenseite über die Lebenszyklen von Geschäftsbeziehungen. Das setzt voraus, dass CRM-Konzepte Vorkehrungen zur permanenten Verbesserung der Kundenprozesse und für ein berufslebenslanges Lernen der Mitarbeiter erhalten."*
Neue Definition nach CRM-Expertenrat 2005: *"CRM integrierte alle Prozesse zum Kunden und vom Kunden mit dem Ziel, eine Balance zwischen Kunden- und Kostenorientierung zu erreichen."*
Siehe auch → Customer Relationship Management (CRM), mit Literaturangaben und Internetadressen.

CRM-Funktionalitäten
siehe → Vertriebssteuerung, Funktionalitäten.

CRM-Verkaufsprozess
siehe → SalesCycle.

Cross Cultural Management Research
siehe → Kulturvergleichende Managementforschung.

Cross Cultural Target Groups
sind *transkulturelle Zielgruppen*, die im Rahmen einer integralen Marktsegmentierung entstehen. Durch Anwendung multivariater statistischer Verfahren wird versucht, über Staatsgrenzen hinweg Konsumenten mit ähnlichen Bedürfnissen und Konsumstrukturen zu finden.

Cross Hedging
liegt im weiteren Sinne vor, wenn sich das zur Absicherung eines Grundgeschäfts eingesetzte Termingeschäft nach Währung, Fristigkeit oder Volumen vom Grundgeschäft unterscheidet, so dass ein → Perfect Hedge prinzipiell nicht gelingen kann. Im engeren Sinne bezieht sich Cross Hedging nur auf den Terminverkauf oder -kauf der einen Fremdwährung zur Absicherung einer Zahlung in einer anderen Fremdwährung. Cross Hedging wird immer dann notwendig, wenn die Menge verfügbarer Sicherungsinstrumente etwa durch Standardisierungen begrenzt ist.
Siehe auch → Währungsmanagement (mit Literaturangaben).

Cross Industry Standard Process for Data Mining
abgek. → CRISP-DM.

Cross-Border-Leasing
(gleichbedeutend: Grenzüberschreitendes Leasing), Oberbegriff für Exportleasing und Importleasing; siehe auch → Leasing.

Cross-Cultural Groups
siehe → Transkulturelle Zielgruppe.

Cross-Currency Interest Rate Swap
siehe → Zins-Währungsswap.

Cross-Impact-Analyse, ökologieorientierte
Die Cross-Impact-Analyse zielt darauf, externe, auf den Umweltschutz bezogene Entwicklungen (z.B. geplante Umweltschutzgesetze, neue Technologien, gesellschaftliche Trends) zu erkennen und deren Wirkung auf einzelne Unternehmensbereiche (z.B. strategische Geschäftsfelder) abzuschätzen. Hiermit ist es möglich, einerseits die am stärksten von Entwicklungen des Umweltschutzes betroffenen Unter-

nehmensbereiche zu erkennen und andererseits die Einflüsse aus dem Umweltschutz zu identifizieren, von denen das Unternehmen insgesamt am stärksten betroffen ist.
Siehe auch → Umweltmanagement und → Ökologie-Marketing, jeweils mit Literaturangaben.

Cross-National Group
siehe → Transnationale Zielgruppe.

Cross-Selling
behandelt den Verkauf passender und ergänzender Produkte oder Dienstleistungen an bestehende Kunden.

CSCW
Abk. für Computer Supported Cooperative Work. Siehe auch → Workflow-Management.

C-Shop bzw. C-Store
Abk. für → Convenience Store.

CSR
Abk. für Corporate Social Responsibility. Siehe → Corporate Citizenship.

CSR Europe
Internationale Non-Profit-Organisation zur Unterstützung von Corporate Social Responsibility (seit 1998) mit 65 Unternehmen und 12 Partnerorganisationen als Mitgliedern. Siehe auch → Corporate Citizenship.

C-Teile
sind Güter mit geringer strategischer Bedeutung, einem hohem Mengenanteil, aber geringem relativen Anteil am Gesamtwert der zu beschaffenden Güter. Siehe auch → MRO-Artikel.

CTI
Abk. für Computer-Telefon-Integration (z.B. als → Router), d.h. Steuerung der Telefonanlage mit Hilfe eines Computers

CTR
Abk. für → Click-Through-Rate.

Culture Assimilator
siehe → Kulturassimilator.

Culture-bound-These
behauptet die Kulturabhängigkeit aller Managementkonzepte und -instrumente. Unterschiedliche kulturelle Ausgangsbedingungen erfordern gemäß dieser These ein angepasstes Managementverhalten. Als Folge davon kann Management-Know-how nicht problemlos von einer Kultur auf eine andere übertragen werden. Die Vertreter der culture-bound-These werden als *Kulturisten* bezeichnet.
Allerdings ist bei dieser These zu berücksichtigen, dass die eher technischen Komponenten des Management-Know-hows, wie Investitions- und Budgetanalyse, Kostenrechnung und Controlling, leichter übertragbar sind als die personen- und verhaltensbezogenen Teile, wie z.B. Führungs-, Entscheidungs-, Motivations- und Kommunikationsstrukturen. Zudem wirken technologische Zwänge positiv auf die Transferierbarkeit.
Gegensatz: → Culture-free-These bzw. → Universalisten.
Siehe auch → Interkulturelles Management (mit Literaturangaben).

Culture-free-These
umfasst die Behauptung, dass Managementprinzipien unabhängig von den kulturellen Umweltfaktoren allgemeine Gültigkeit besitzen. Das – meist in den USA entwickelte – Management-Know-how sei universell und könne daher leicht von einer Kultur in eine andere übertragen werden. Die Vertreter der culture-free-These werden als *Universalisten* bezeichnet. Gegensatz: → Kulturisten. Siehe auch → Culture-bound-These und → Interkulturelles Management (mit Literaturangaben).

Currency Arbitrage
siehe → Währungsarbitrage.

Currency Basket
siehe → Währungskorb.

Currency Cocktail
siehe → Währungskorb.

Currency Future
siehe → Devisenfuturesgeschäft.

Currency Option
siehe → Devisenoption.

Currency swaps
engl. Bezeichnung für → Währungsswaps, siehe auch → Swaps (mit Beispiel) und → Währungsmanagement.

Current Operating Value (COV)
im → Economic Value Added-Ansatz (EVA-Ansatz) verwendete Maßzahl für den Wert der laufenden Geschäftstätigkeit eines Unternehmens. Der Current Operating Value ist definiert als Summe aus investiertem Kapital zuzüglich dem Barwert aller zukünftigen → Residualgewinne, wobei davon ausgegangen wird, dass diese dem aktuellen Residualgewinn entsprechen. Der Residualgewinn wiederum korrespondiert mit dem → Economic Value Added (EVA). Der Marktwert des betrachteten Unternehmens ergibt sich als Summe aus COV und → Future Growth Value.
Siehe auch → Kennzahlen, wertorientierte und die dort angegebene Literatur.

Current Ratio
engl. für → Liquidität III. Grades.

Customer Contact Center
i.W. gleichbedeutende Bezeichnung für Call Center bzw. Communication Center; siehe auch → Call Center Management (Communication Center Management).

Customer Equity
Im Gegensatz zum Kundenwert im engeren Sinne (→ Customer Lifetime Value), der auf quantifizierbaren Daten aufbaut, beruht der Kundenwert im weiteren Sinne, auch als Customer Equity bezeichnet, auf einer ganzheitlichen Sichtweise, die zusätzlich qualitative, weiche Faktoren mit einbezieht. Beispiele sind etwa das Referenzpotential eines Kunden (Weiterempfehlungen), das Informationspotential (Kunde gibt Anregungen zur Produktentwicklung, Prozessoptimierung o.Ä.) und das Kooperationspotential (Kooperationen, strategische Allianzen).
Siehe auch → Kundenwert, → Customer Value und → Kundenwertmanagement.

Customer Equity Management
siehe → Kundenwertmanagement, siehe auch → Kundenwert.

Customer Integration
siehe → Kundenintegration (Dienstleistungen).

Customer Interaction Center
i.W. gleichbedeutende Bezeichnung für Call Center bzw. Communication Center; siehe auch → Call Center Management (Communication Center Management).

Customer Lifetime Value
Der Customer Lifetime Value (abgek. CLV, manchmal auch als *Kundenkapital-* oder *Kundenbarwert* bezeichnet) berechnet sich aus den kumulierten diskontierten Deckungsbeiträgen der Kunden über die durchschnittliche Lebensdauer. Basis bildet eine Investitionsrechnung. Zur Berechnung sind die Akquisitionskosten, der Deckungsbeitrag pro Jahr der Kundenbeziehung, die durchschnittliche Dauer der Kundenbeziehung sowie der anzuwendende Diskontierungszinssatz notwendig.
Normalerweise wird der CLV für das gesamte Unternehmen oder ein bestimmtes Segment, kann aber auch für einen bestimmten Kunden berechnet werden. Der CLV ermöglicht, das Unternehmen aus dem Blickwinkel des wichtigsten Assets – die Summe der Kundenerträge – zu betrachten. Diese Schlüssel-Kennzahl wird künftig eine Hauptrolle bei der Bewertung von Unternehmen spielen. Durch die Messbarkeit ist es möglich, den CLV mit dem Ziel der Maximierung in den Unternehmenszielen zu verankern.

Customer Relationship Communication (CRC)
CRC ist eine wesentliche Säule einer CRM-Philosophie. CRC integriert und optimiert auf der Grundlage einer Kunden-Datenbank und einer Kunden-Beziehungspositionierung medienübergreifend alle Prozesse der Unternehmenskommunikation. Zielsetzung ist die Harmonisierung aller Marketingbotschaften, ausgerichtet auf Kundenlebenszyklen und mit dem Ziel, Kundenbindungen zu stärken. Das setzt voraus, dass CRC-Konzepte Vorkehrungen für eine permanente Verbesserung des Kundenkontaktes und für eine Mitgestaltung des Kunden beinhalten. Siehe auch → Customer Relationship Management (CRM) (mit Literaturangaben).

Customer Relationship Management (CRM)

Customer Relationship Management (CRM)

von Professor Dr. Peter Winkelmann
Marketing und Vertrieb, insbes. Vertriebssteuerung
Fachbereich Betriebswirtschaft – Fachhochschule Landshut

1. Die Definition und die beiden Säulen von CRM

Etwa um das Jahr 2000 ist ein Schritt von der konventionellen Vertriebssteuerung à la → *Computer Aided Selling (CAS)* hin zum abteilungsübergreifenden CRM vollzogen worden. Initiatoren waren die META Group und internationale Softwarehäuser, die neuartige Datenbanken, Vertriebssteuerungssysteme und Analysewerkzeuge an kundenstarke Organisationen herantrugen.

Es hat lange Zeit gebraucht, um eine Begrifflichkeit für CRM in der Öffentlichkeit zu etablieren. Nach der neueren → CRM-Definition des CRM-Expertenrates "*umfasst CRM alle Prozesse vom und zum Kunden mit dem Ziel, eine Balance zwischen Kunden- und Kostenorientierung zu erreichen.*" Man kann CRM auch als *integriertes Kundenmanagement* bezeichnen, sofern wirklich alle kundenorientierten Abläufe von Vertrieb, Marketing und Service aufeinander abgestimmt sind.

Tatsächlich aber haben die meisten Unternehmen bis heute erst ihre Abläufe in Innen- und Außendienst integriert. CRM reduziert sich dann auf *Customer Relationship Sales* (CRS). Im Sinne von CRM geht es aber auch darum, die Instrumente des Dialogmarketing und des Corporate Publishing (CP) zu integrieren (integrierte Kommunikation) und einer ganzheitlichen CRM-Marktstrategie zu unterstellen. Die kommunikative Seite von CRM wird auch als → *Customer Relationship Communication (CRC)* bezeichnet. Abbildung 1 zeigt die beiden Säulen von CRM.

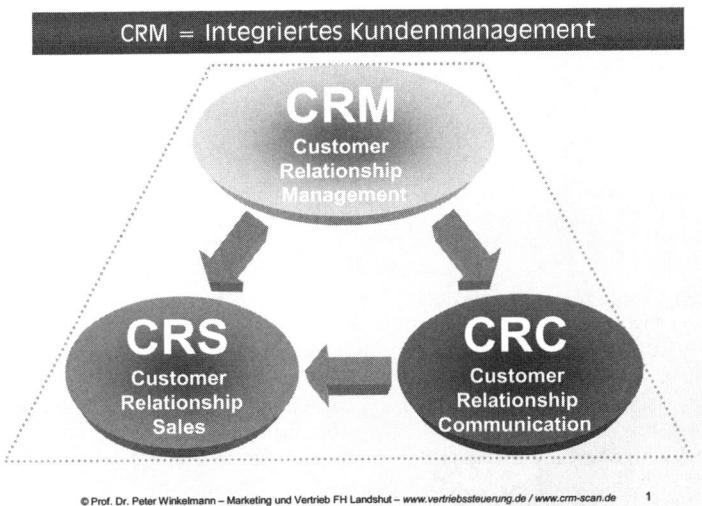

© Prof. Dr. Peter Winkelmann – Marketing und Vertrieb FH Landshut – www.vertriebssteuerung.de / www.crm-scan.de   1

Abb. 1: Die beiden Säulen von CRM

2. Die Entwicklungsrichtungen von CRM

CRM hat in der Marketing- und Vertriebswelt zu mächtigen Umwälzungen geführt, weil sich unter dem CRM-Begriff (→ CRM Definitionen) richtungsweisende Trends zusammenfanden:

(1) Die Wandlung vom *Transaktions- zum Beziehungsmarketing* (→ Relationship Marketing). Im Visier von CRM stehen keine kurzfristigen Verkaufsabschlüsse, sondern vertrauensvolle und langfristige Win-Win-Beziehungen zwischen Lieferanten und Kunden.

(2) Der Trend zum → *Business Process Management (BPM)*, d.h. zur Optimierung der kundenbezogenen Abläufe in der Weise, dass Kunden- und Kostenorientierung in eine Balance gebracht werden.

(3) Der Trend zum *Knowledge Management*, d.h. zur systematischen Generierung von Kundenwissen, das der Gesamtorganisation für individualisierte Marketing- und Besuchsaktionen zur Verfügung steht.

(4) Die Perfektionierung von *CRM-Technologien*, um für die Erfüllung der Punkte (1) bis (3) die erforderlichen Datenbanken sowie die Steuerungssoftware als Werkzeuge bereit zu stellen.

CRM konnte sich ausbreiten, weil das klassische Marketing die Bedeutung dieser Trends unterschätzt hat und auch keine Kompetenzen auf der System- und Prozessseite entwickelt hat. Man kann auch sagen, dass erst Dank CRM die großen Ideale der klassischen Marketingphilosophie in Massenprozesse umgesetzt werden können (Bsp. Payback-Karte: 100 Mio. Transaktionen p.a.).

3. Die Bausteine von CRM

Was die aufgezeigten vier Trends schon andeuten, bestätigt der CRM-Expertenrat durch sein *House of CRM*: CRM beinhaltet weit mehr als Software. Abbildung 2 zeigt das *House of CRM* (auch 10 Bausteine einer CRM-Konzeption).

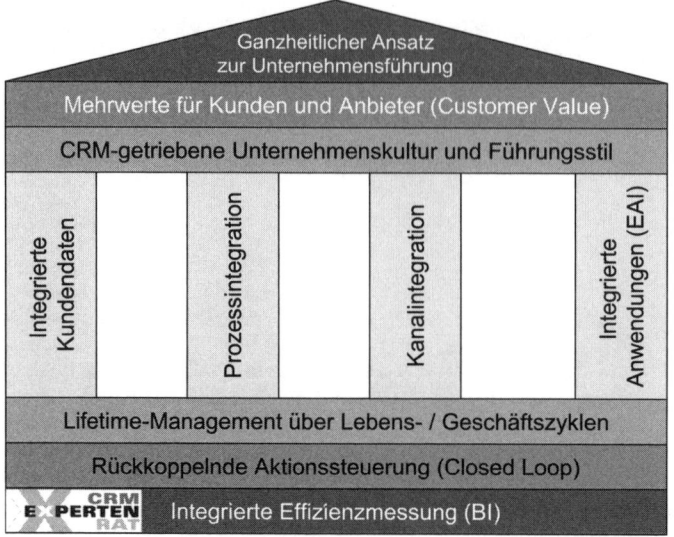

Abb. 2: Das House of CRM – Die 10 Bausteine einer CRM-Konzeption

4. Die Arbeitsbereiche von CRM: analytisches, operatives und kooperatives CRM
Im nächsten Schritt ist zu fragen, in welchen Arbeitsbereichen Mitarbeiter in Verkauf, Marketing, Service aber auch Controlling von CRM-Konzeptionen betroffen sind. Hier hat sich eine Unterscheidung in *analytisches, operatives und kooperatives CRM* bewährt.
(1) Das *operative CRM* umfasst alle Anwendungen (CRM-Funktionalitäten), die in direktem Kontakt mit dem Kunden stehen (Frontoffice). Lösungen zur Marketing-, Sales- und Service-Automation unterstützen den Dialog zwischen Kunden und Unternehmen sowie die dazu erforderlichen Geschäftsprozesse. Im Grunde handelt es sich hier um die klassische Vertriebssteuerung gemäß → CAS/SFA unter Einbezug des Internets und weiterer, innovativer Verkaufskanäle.
(2) Das *analytische CRM* verwandelt Kundendaten in Kundenwissen. Die Funktion ist zumeist im Marketing (Marktforschung) oder im Controlling (Vertriebscontrolling) angesiedelt und umfasst alle Anwendungen zur Analyse des Kundenverhaltens und zur Ableitung von Kaufprofilen und Zielgruppen (Zielkunden). Im Mittelpunkt stehen Data-Warehouse und Datamining. Die Erkenntnisse des analytischen CRM sind wieder an die Frontoffice-Abteilungen zurückzuspielen, um dort auf der Basis des gewonnenen Kundenwissens gezielte Aktionen zu ermöglichen (→ Closed-Loop). Ziel des analytischen CRM ist insofern die Individualisierung von Kundenansprache und Angeboten im Backoffice und im Rahmen von Marketingkampagnen (da der Außendienst die Kunden ohnehin individuell anspricht).
(3) Das *kooperative CRM* (in der Literatur oft kollaboratives oder auch kommunikatives CRM genannt) umfasst alle Maßnahmen und Instrumente zur Steuerung und Abstimmung der Vertriebskanäle und damit zur Harmonisierung der Zusammenarbeit mit Vertriebspartnern. Im Einklang mit dieser vertriebspolitischen Note finden zunehmend die Begriffe Relationware oder Partner Relationship Marketing (PRM) Verwendung. Auf keinen Fall darf dieser Bereich auf den Einsatz und das Zusammenspiel der technischen IuK-Geräte reduziert werden, wie das bei vielen Definitionen für das so genannte collaborative CRM zum Ausdruck kommt (Bsp. bei Oracle).

Abbildung 3 zeigt beispielhaft Inhalte der drei Bereiche.

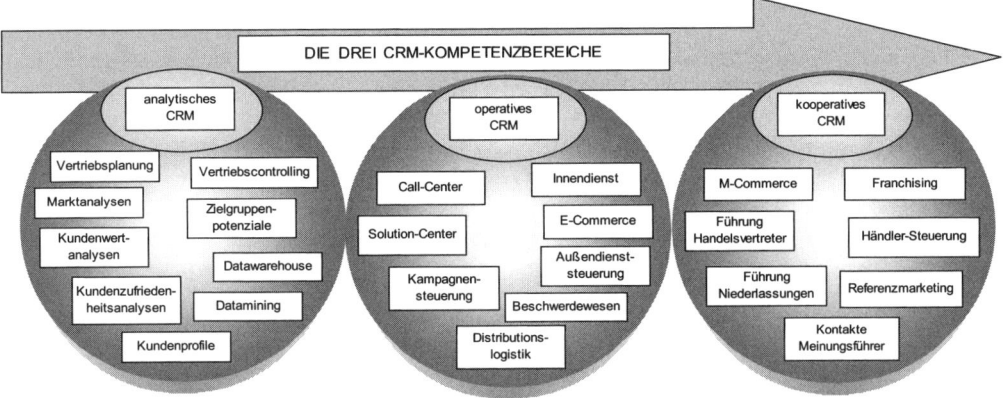

Abb. 3 : Die 3 Arbeitsbereiche von CRM

Diese Arbeitsbereiche von CRM beinhalten die sog. Software-Funktionalitäten einer → Vertriebssteuerung – die methodischen Handwerkzeuge der Mitarbeiter in Verkauf, Marketing und Service.

5. Die Ausrichtung der Kundenbetreuung am Verkaufsprozess (SalesCycle)

Prozessorientierung ist ein entscheidendes Merkmal von CRM. Deshalb richten sich auch die Funktionalitäten am sog. *Verkaufsprozess*, dem → *SalesCycle* aus. Für die kundenbezogenen Aufgaben werden abteilungsübergreifend Arbeitsfolgen definiert (Standardisierung von Geschäftsprozessen) und diesen die entsprechenden Daten, Teilaufgaben, Arbeitsunterlagen etc. zugewiesen. Die Mitarbeiter bewegen sich - mit hoffentlich ausreichender Flexibilität und Kreativität - in Rahmen von so definierten CRM-Prozessen.

CRM ist also kein Geheimnis. Und CRM greift in seinem Integrationsanspruch, seiner Verbindung von Strategie und Operative und in seinem Softwarebezug über den Rahmen des klassischen Marketing hinaus. Es geht bei darum, die Arbeitswerkzeuge der Mitarbeiter mit Kundenkontakt zu professionalisieren. Im Lichte einer ressortübergreifenden Markt- und Kundenstrategie (→ CRM-Definitionen) sind alle Arbeitsvorgänge der Kundensuche und -betreuung so zu optimieren, so dass sich im Sinne der → *Wirkungskette des Markterfolgs* ein Optimum an *Kundennähe*, → *Kundenzufriedenheit* und *Kundenbindung* einstellt. CRM ist Umsetzungsphilosophie und Umsetzungs-Tool für die marktorientierte Unternehmensführung.

Hinweis

Zu den angrenzenden Wissensgebieten siehe → Call Center Management, → Category Management, → Controlling, → Dienstleistungsmanagement, E-Commerce, → Efficient Consumer Response, → ERP-Systeme (Enterprise Resource Planning-Systeme), → Eventmarketing, → Franchising, → Geschäftsprozessanalyse, → Handelsbetriebslehre, Grundlagen, → Handelsforschung, → Handelsmarketing, → Internationales Marketing, → Kommunikationspolitik, → Konsumentenverhalten, → Kundenzufriedenheit, → Logistik, → Marketingcontrolling, → Marketing, Grundlagen, → Marktforschung, → Sponsoring, → Vertriebspolitik, → Vertriebssteuerung, → Werbung.

Literatur: Brendel, M.: CRM für den Mittelstand, Wiesbaden 2002; CRM-Expertenrat: Gieske, R.; Krafft, M.; Martin, W.; Schwetz, W.; Winkelmann, P.: Jahresgutachten des CRM-Expertenrates 2003, Würzburg 2002; CRM-Expertenrat: Krafft, M.; Martin, W.; Schwetz, W.; Winkelmann, P.: Jahresgutachten des CRM-Expertenrates 2004, Würzburg 2003; CRM-Expertenrat: Borchardt, F.; Krafft, M.; Martin, W.; Schwetz, W.; Winkelmann, P.: Jahresgutachten des CRM-Expertenrates 2005, Würzburg 2004; Czech-Winkelmann, S.: Vertrieb, Berlin 2003; Duffner, A.; Henn, H.: CRM – verstehen, nutzen, anwenden, Wiesbaden 2001; Hofbauer, G.; Hellwig, C.: Professionelles Vertriebsmanagement, Erlangen 2005; Horn, Ch.; Kölmel, B.; Ried, Ch. (Hrsg.): CRM im Mittelstand, 2. Auflage, ohne Verlagsangabe, 2003 (ISBN 3-00-010892-0); Krafft, M.: Kundenbindung und Kundenwert, Heidelberg 2001; Link, J.; Hildebrand, V.G.: Database Marketing und Computer Aided Selling – Strategische Wettbewerbsvorteile durch neue informationstechnologische Systemkonzeptionen, München 1993; Marzian, S.; Smidt, W.: Vom Vertriebsingenieur zum Market-Ing. – Kunden gewinnen mit System, 2. Auflage, Berlin – Heidelberg, 2002; Payne, A.; Rapp, R. (Hrsg.): Handbuch Relationship Marketing, München 1999; Rapp, R.: Customer Relationship Management, 2. Aufl., Frankfurt 2001; SalesBusiness (Hrsg.): CRM-Report 2002, Wiesbaden 2002; Schumacher, J.; Meyer, M.: Customer Relationship Management, Berlin - Heidelberg 2004; Schulze, J.: CRM erfolgreich einführen, Berlin – Heidelberg – New York 2002; Schwetz, W.: Customer Relationship Management, Wiesbaden 2000; Schwetz, W.: Marktspiegel CRM 2002: 125 CRM-Systeme im Überblick mit über 500 Bewertungskriterien pro System, 12. Auflage, Karlsruhe 2002; Wehrli, H.P.; Wirtz, B.W.: Relationship Marketing – Auf welchem Niveau bewegt sich Europa, in: ASW, Sondernummer Oktober 1996, S. 26; Wehrmeister, D.: Customer Relationship Management, Köln 2001; Winkelmann, P.: Marketing und Vertrieb, 5. Aufl., München – Wien 2006; Winkelmann, P.: Vertriebskonzeption und Vertriebssteuerung, 3. Auflage, München 2005.

Internetadressen: www.absatzwirtschaft.de; www.acquisa.de; www.acquisa-crm-expo.de; www.businessvillage.de; www.cdh.de; www.ceo-ag.de; www.cgi.de; www.client-server-magazin.de; www.cognos.com; www.competence-site.de; www.computerwoche.de; www.crm-club.de; www.crm-expert-site.de; www.crm-expertenrat.de; www.crm-expo.com; www.crm-portal.de; www.crm-scan.de; www.crmcommunity.com; www.crmdaily.com; www.crmforum.de; www.crmguru.de; www.crm learning.com; www.ddv.de; www.direktportal.de; www.fh-landshut.de; www.gartnergroup.com; www.hewsongroup.com; www.hyperion.de; www.igrafx.de; www.itara.de; www.it-director.de; www.jekoo.com; www.kundenmonitor.de; www.metagroup.de; www.naujoks-collegen.de; www.oxygon.de; www.salesbusiness.de; www.sbs.de; www.schwetz.de; www.seminarmarkt.de; www.vertriebs-experts.de; www.vertriebssteuerung.de; www.wiwi-online.de

Websites des Autors: www.vertriebssteuerung.de, www.crm-scan.de

Customer Service Center
i.W. gleichbedeutende Bezeichnung für Call Center bzw. Communication Center; siehe auch → Call Center Management (Communication Center Management).

Customer Touchpoints
Kundenberührung(spunkte), wie z.B. Kundenbesuch, Telefonat, Mail, Übersendung einer Warenprobe, einer Einladung zu einem Kunden-Event etc.; siehe auch → Line of Visibility.

Customer Value
ist Ausdruck einer neuen Kundenwertbetrachtung. Diese vergibt Kundenprioritäten nicht danach, was ein Kunde zum derzeitigen Geschäft beiträgt (→ Kundenwert, klassischer), sondern danach, welche Wertepotenziale ein Anbieter bei dem Kunden generieren kann (*Value Production*). Der Customer Value ist dann (statisch) der Wert eines Angebotes oder (dynamisch) der Wert einer Geschäftsbeziehung aus Kundensicht. So schafft der Customer Value eine Basis für Wertschöpfungspartnerschaften, d.h. nachvollziehbare Win-Win-Beziehungen zwischen Lieferanten und Kunden.
Siehe auch → Kundenwertmanagement sowie → Kundenwert, klassischer.

Customer Value
(in der → *Preispolitik*), siehe → Konsumentenrente.

Customer Value and Equity Management
siehe → Kundenwertmanagement, siehe auch → Kundenwert.

Customer Value Management
siehe → Kundenwertmanagement, siehe auch → Kundenwert.

Customized Logistics

Fähigkeit des Logistiksystems auf Kundenwünsche individuell eingehen zu können. Siehe auch → Lieferflexibilität sowie → Lieferservicepolitik und → Distributionslogistik.

Customized Pricing

umfasst die Erweiterung der → Preisdifferenzierung ersten Grades bzw. perfekten Preisdifferenzierung durch kundenindividuelle Leistungen in anderen Marketingbereichen: Durch verbesserte Informationstechnologien (z.B. Kundendatenbanken) lernt der Anbieter seine Nachfrager besser hinsichtlich ihrer Produktvorlieben, Produktanforderungen, aber auch → maximalen Zahlungsbereitschaften kennen, verglichen mit dem „anonymen Kunden" auf Massenmärkten. Modulare Produktkonzepte oder flexible Fertigungstechnologien ermöglichen hierbei die Erstellung kundenindividueller Produkte bzw. Produktausgestaltungen („customized production"). Dies führt zu kundenindividuellen Preisen und Leistungen (personelle und sachliche Preisdifferenzierung). Zugleich bietet die Direktwerbung einen Ansatz zur persönlichen kommunikationspolitischen Ansprache des Kunden („consumer addressability"). Siehe auch → Preispolitik (mit Literaturangaben).

Literatur: Chen, Y. / Iyer, G. (2002): Consumer addressability and customized pricing, in: Marketing Science, Vol. 21, S. 197-208.

Customizing

bezeichnet die Anpassung von Standardsoftware bzw. → *ERP-Systemen* an die Anforderungen des Kunden. Beim Customizing werden → Parameter in Tabellen eingestellt. Je nach Wert der Parameter wird die Durchführung einer Transaktion gesteuert. Das Customizing wird vor der Inbetriebnahme des ERP-Systems durchgeführt. ERP-Systeme sind so gestaltet, dass Customizing-Einstellungen bei einem → Releasewechsel mitgeführt werden.

Customs Guarantee

siehe → Zollgarantie.

Customs Invoice

siehe → Zollfaktura.

Cut

ist eine Restriktion, die nicht im ursprünglichen Modell vorhanden ist und keine zulässigen, ganzzahligen Lösungen ausschließt, jedoch durch die aktuelle LP-Lösung verletzt wird. Solche Cuts können dem → IP-Modell hinzugefügt werden und verschärfen die → LP-Relaxation. Am wichtigsten sind Clique, Implikationen, Cover und Gomory Mixed Integer Cuts. Siehe auch → Optimierung, Grundlagen und → Optimierungsmodelle, mathematische, jeweils (mit Literaturangaben).

CVA

Abk. für → Cash Value Added.

CYP

ISO-Code für Zypern-Pfund.

CZK

ISO-Code für Tschechische Krone.

D

d/a

Abk. für documents against acceptance; siehe → Dokumente gegen Akzept-Inkasso.

DAAD
Abk. für → Deutscher Akademischer Austauschdienst (mit Internetadresse).

Dachfonds
Fonds, der wiederum in andere Fonds investiert.

Dach-Hedgefonds
ist ein → Hedgefonds der in mehrere Single-Hedgefonds investiert. Hierdurch wird für den Anleger eine Diversifikation einhergehend mit einem verminderten Risiko seiner Investition erreicht. Dabei kann ein Dach-Hedgefonds-Manager entweder in → Hedgefonds einer bestimmten Strategie oder in eine Vielzahl verschiedener Strategien investieren. In Deutschland sind Dach-Hedgefonds zum öffentlichen Vertrieb zugelassen.

Dachholding
Sonderform der → Holding.

Dachmarke
bedeutet, dass der Name des Produkts/der Produkte mit dem Namen des Unternehmens (Hersteller/Absender) übereinstimmt (oft wird diese auch als Firmenmarke bezeichnet). Dadurch wird dessen Kompetenzanspruch für alle Produkte der Dachmarke eingehalten. Siehe auch → Dachmarkenstrategie, → Markenarten, → Marke und → Markenführung.

Dachmarkenstrategie
Werden alle Produkte eines Unternehmens unter einer Marke zusammengefasst, spricht man von einer Dachmarkenstrategie (auch *Umbrella Brand*, *Corporate Brand*). Die Unternehmensmarke und ihre Kompetenz, ihre Sympathie und das Vertrauen stehen im Vordergrund (vgl. Meffert et al., 1994, S. 169). Typischerweise findet sich diese Strategie bei Dienstleistungen, Industrie- und Gebrauchsgütern. Einzelheiten und weitere Markenstrategien sowie Literaturangaben siehe → Markenführung. Siehe auch → horizontalen Markenstrategie, → Markenpolitik des Handels und → Handelsmarketing.

DAF
geliefert Grenze ... benannter Ort, engl.: delivered at frontier ... named place. Vertragsformel der von der → Internationalen Handelskammer (ICC) entwickelten → Incoterms für Außenhandelsgeschäfte.

Damnum
andere Bezeichnung für → Disagio bzw. Abgeld.

Data Dictionary
(auch: *Repository, Informationskatalog*), Instrument zur Unterstützung beim Zugriff auf die im → Data Warehouse enthalten Daten, das die im System enthaltenen Daten mithilfe entsprechender → Metadaten beschreibt.

Data Mart
ist eine sektor-, bereichs- oder aufgabenspezifische Datenbasis in einem Data-Warehouse-System. Je nach Systemarchitektur stellt ein Data Mart entweder einen Auszug oder einen integralen Bestandteil eines → Data Warehouse dar. Im ersten Fall werden teilweise oder vollständige Kopien des Gesamtdatenbestands für einen bestimmten Organisationsbereich oder eine bestimmte Anwendung erzeugt und in der für den spezifischen Anwendungszweck notwendigen Weise transformiert. Im zweiten Fall bildet eine Mehrzahl von Data Marts das Data Warehouse im Ganzen, wobei man bei der Implementierung eines Data Warehouse mit zunächst einem Data Mart beginnt und mehrere integrale Data Marts einbezieht, bis alle Anwenderbedürfnisse erfüllt sind.
Siehe auch → Data Warehouse (mit Literaturangaben).

Data Mining

im engeren Sinne, siehe → Data Mining.

Data Mining

im weiteren Sinne, siehe → Knowledge Discovery in Databases.

Data Mining

Fasst man den Begriff Data Mining eher weit, so ist Data Mining identisch zum Begriff des → Knowledge Discovery in Databases. In seinem engen Verständnis hingegen ist Data Mining ein Teilschritt dieses KDD-Prozesses, der aus Algorithmen besteht, die in akzeptabler Rechenzeit aus einer vorgegebenen Datenbasis einer sehr großen Datenbank eine Menge von bisher unbekannten Zusammenhängen, Mustern und Trends liefern.

Besteht diese Datenbasis aus üblichen, strukturierten Daten, so spricht man vom klassischen Data Mining, das sich der verschiedensten Ansätze aus unterschiedlichsten Wissenschaftsdisziplinen bedient. Dabei werden ebenso klassische Verfahren der Statistik zur → Segmentierung, → Klassifikation oder → Prognose angewendet wie neuere Techniken der Entscheidungsbäume oder der Assoziationsanalysen. Aber auch Methoden der Künstlichen Intelligenz, wie z.B. die → künstlichen neuronale Netze (KNN), kommen hier zum Einsatz.

Handelt es sich bei der Datengrundlage hingegen um unstrukturierte Daten wie z.B. der Sammlung von Textdokumenten, so versucht das sog. → Text Mining diese Daten mit Hilfe spezieller Methoden zu analysieren. Ähnlich dem Data Mining ist das Ziel dieser Analysen die → Klassifikation oder die → Segmentierung des vorgegebenen Textdatenbestandes sowie das Aufzeigen von Beziehungen zwischen Dokumenten und deren Inhalten. Zur Visualisierung werden oft sog. → Topic Maps oder Ontologien aufgebaut.

Werden die Verfahren des Data Mining auf Datenstrukturen des Internets angewendet, so bezeichnet man dies als → Web Mining. Entsprechend der jeweiligen Zielstellung unterteilt sich Web Mining in → Web Content Mining, → Web Structure Mining bzw. → Web Usage Mining, das sich nochmals in → Web Log Mining und → Integrated Web Usage Mining differenzieren lässt.

Siehe auch → Business Intelligence (mit Literaturangaben).

Data Room

siehe → Datenraum und → Due Diligence.

Data Warehouse

Data Warehouse

von Univ.-Professor Dr. Andreas Hilbert und Dipl.-Wirtsch.-Informatiker Tobias von Martens
Technische Universität Dresden, Professur für Wirtschaftsinformatik,
insbes. Informationssysteme im Dienstleistungsbereich

1. Begriffsverständnis

Ein Data Warehouse ist aus Anwendungssicht ein unternehmensweites Konzept, das als logisch zentralen Speicher eine einheitliche und konsistente Datenbasis bietet, um Informationen zur Entscheidungsunterstützung (siehe auch → Entscheidungsunterstützungssystem) von Fach- und Führungskräften aller Bereiche und Ebenen zu gewinnen.

Aus Sicht der technischen Realisierung ist ein Data Warehouse eine → Systemarchitektur, die neben der Datenbasis → Anwendungsprogramme zur Datentransformation (siehe auch → ETL-Prozess) und analytischen Informationsgewinnung umfasst, wobei die → Datenbasis getrennt von den operativen → Datenbanken verwaltet wird. Gelegentlich wird der Begriff Data Warehouse auch nur für die Datenbasis selbst verwendet, während die gesamte Architektur als Data-Warehouse-System bezeichnet wird.

2. Merkmale

Data Warehouses weisen gegenüber anderen Datenbasen, z.B. operativen → Datenbanken, charakteristische Eigenschaften auf: (1) Sie sind themenorientiert, d.h. die → Daten bzw. Geschäftsobjekte werden nach dem betriebswirtschaftlichen Umfeld des Unternehmens organisiert. Es werden die Sachverhalte des Unternehmens und seiner relevanten Umgebung, wie z.B. Kunden, Produkte und Regionen, betrachtet, wobei eine datenorientierte Vorgehensweise im Vordergrund steht. (2) Sie sind integriert, d.h. sie vereinheitlichen die Strukturen und Formate der aus verschiedenen Quellen gewonnenen Daten mithilfe globaler → Datenmodelle (siehe auch → Star-Schema, → Snowflake-Schema). (3) Sie sind zeitraumbezogen, d.h. Daten werden meist über einen längeren Zeitraum gespeichert und bilden das Unternehmen zu verschiedenen Zeitpunkten und über Zeiträume hinweg ab. (4) Sie sind persistent, d.h. auf die Daten wird i.d.R. nur lesend zugegriffen. Die im Data Warehouse enthaltenen Daten werden durch die Übernahme neuer Daten nicht überschrieben und durch die Analysen zur Informationsgewinnung nicht manipuliert. (5) Im Gegensatz zu operativen Datenbanken werden die Daten im Data Warehouse i.d.R. seltener abgefragt, wobei das Datenvolumen pro Zugriff relativ hoch ist. (6) Benutzer des Data Warehouse sind üblicherweise Manager und Entscheidungsträger.

3. Architektur

Integraler Bestandteil eines Data-Warehouse-Systems ist eine zentrale → Datenbank, die möglichst alle entscheidungsrelevanten Informationen über die Geschäftsobjekte enthält. Existiert diese Datenbank nur virtuell, wird sie meist als Basisdatenbank bezeichnet. Zusätzlich zu der zentralen Datenbasis kann auch ein → Operational Data Store Bestandteil des Data-Warehouse-Systems sein. Da die in der Datenbasis gespeicherten Daten aus → operativen Systemen und externen Quellen stammen, muss das Data-Warehouse-System auch Komponenten umfassen, welche die Integration dieser Daten in das Data Warehouse (→ ETL-Prozess) unterstützen. Der Zugriff auf die im Data Warehouse enthaltenen Daten wird durch ein Repository (auch: Data Dictionary, Informationskatalog) unterstützt, das die im System enthaltenen Daten mithilfe entsprechender → Metadaten beschreibt. Das Data Warehouse wird dabei durch ein zentrales Data-Warehouse-Management-System (DWMS) verwaltet. Teile des Datenbestandes, die für Analysezwecke nicht mehr benötigt werden, können in ein Archivierungssystem ausgelagert werden. Bestandteil des Data-Warehouse-Systems sind außerdem → Anwendungsprogramme, mit denen die Daten im Data Warehouse abgefragt, transformiert und mithilfe von Methoden des On-Line Analytical Processing (→ OLAP) oder → Data Mining analysiert werden können. Oft werden spezialisierte analytische Datenbanken, sog. → Data Marts, für einen bestimmten Anwendungskontext benötigt, die entweder aus der zentralen Datenbasis abgeleitet oder durch eine geeignete Verknüpfung der operativen Systeme und externen Quellen erzeugt werden.

4. Anwendung

Ziel des Data Warehouse ist es, im Sinne eines Warenhausangebotes eine Vielzahl von Daten aus unterschiedlichen Quellen vorselektiert, sortiert und thematisch aufbereitet für einen leichten und flexiblen Zugriff und für analytische Auswertungen über einen längeren Zeitraum bereit zu halten. Ein Data Warehouse ermöglicht eine globale Sicht auf heterogene und verteilte Datenbestände, indem die relevanten Daten aus verschiedenen Datenquellen zu einem gemeinsamen konsistenten Datenbestand zusammengeführt werden. Das Data Warehouse ist damit Grundlage für die → Aggregation von betrieblichen → Kennzahlen und Analysen innerhalb mehrdimensionaler Matrizen (siehe auch → OLAP). Daneben bildet ein Data Warehouse die Datenbasis für Methoden des → Data Mining zur Identifikation unbekannter Zusammenhänge in den Daten. Oft operieren die Analysewerkzeuge zur Informationsgewinnung dabei mit anwendungsspezifisch konstruierten Auszügen aus dem Data Warehouse, den sog. → Data Marts. Zur Verwendung eines Data Warehouse siehe auch → Data Warehousing.

Hinweis

Zu den angrenzenden Wissensgebieten siehe → Business Intelligence, → Business Networking, → Controlling, → Controlling-Informationssysteme, → Datenbanksysteme, → Entscheidung, betriebswirtschaftliche, → Electronic Government, → ERP-Systeme (Enterprise Resource Planning-

Systeme), → Management-Informationssysteme (MIS), → Wirtschaftsinformatik, Grundlagen, → Wissensmanagement, → Workflow-Management.

Literatur: Bauer, A. / Günzel, H. (Hrsg.): Data Warehouse Systeme – Architektur, Entwicklung, Anwendung, 2. Auflage, Heidelberg 2004; Inmon, W. H. / Hackathorn, R. D.: Using the Data Warehouse, New York 1994; Jung, R. / Winter, R. (Hrsg.): Data Warehousing Strategie, Berlin et al. 2000; Kimball, R. / Ross, M.: The Data Warehouse Toolkit – The Complete Guide to Dimensional Modeling, 2. Auflage, New York et al. 2002; Lehner, W.: Datenbanktechnologie für Data-Warehouse-Systeme – Konzepte und Methoden, Heidelberg 2003; Mucksch, H. (Hrsg.): Das Data Warehouse-Konzept. Architektur – Datenmodelle – Anwendungen, 4. Auflage, Wiesbaden 2000.

Website der Autoren: http://wiid.wiwi.tu-dresden.de

Data Warehousing
(auch: *Data-Warehouse-Prozess*) ist der Prozess der Nutzung eines → Data Warehouse, der die folgenden Schritte umfasst: (1) Datenbeschaffung, d.h. die Extraktion der relevanten → Daten aus den Quellsystemen, Transformation und ggf. Bereinigung der Daten in einem Arbeitsbereich sowie Laden in das Data Warehouse (siehe auch → ETL-Prozess), (2) Datenhaltung, d.h. die langfristige Speicherung der Daten im Data Warehouse, (3) Versorgung und Datenhaltung der für die Analyse notwendigen Datenbestände (siehe auch → Data Mart), (4) Datenauswertung durch Analyse der Daten im Data Warehouse bzw. einzelnen Data Marts und Versorgung nachgelagerter → Anwendungssysteme.

Database-Marketing
Die systematische Nutzung/Auswertung von Datenbanken (Database-Management) für Marketinganwendungen wird als *Database-Marketing* bezeichnet. Database-Marketing umfasst die interne und externe Gewinnung individueller personen- und/oder firmenspezifischer Daten. Dabei dient die Speicherung und Nutzung dieser Daten dem zielgenauen und abgestimmten Einsatz der Marketing-Instrumente zum Aufbau dauerhafter Kundenbeziehungen.
   Literatur: Bruns, J.: Direktmarketing, Ludwigshafen 1998.

Data-Warehouse-Management-System (DWMS)
zentrales Instrument zur Verwaltung eines → Data Warehouse.

Data-Warehouse-Prozess
siehe → Data Warehousing.

Datei
(in der Datenverarbeitung). Eine Datei ist eine Zusammenfassung von i.A. mehreren Datensätzen gleichen oder ähnlichen Aufbaus zu einer Einheit, wobei sich der einzelne Datensatz wiederum aus i.A. mehreren als Feldern bezeichneten Komponenten zusammensetzt.

Dateisystem
(in der Datenverarbeitung). Das Dateisystem ist Bestandteil des Betriebssystems eines Rechners und dient dazu, den Zugriff auf sämtliche auf dem Rechner befindlichen Daten sicherzustellen; siehe auch → Datei.

Dateiverwaltung
siehe → Dateisystem.

Daten
(in der → Wirtschaftsinformatik) stellen gespeicherte Ergebnisse von wertschöpfenden Aktivitäten in der Informationsgewinnung dar. Bei *Daten im engeren Sinne* handelt es sich um alphanumerische Zeichen, welche *eine* Repräsentationsform von Informationen (neben Text, Bild, Ton und Algorithmen) darstellen. *Daten im weiteren Sinne* umfassen *alle* Repräsentationsformen von Informationen.

Datenanalyse
(in der *Marktforschung*). Aufgabe der Datenanalyse ist es, die erhobenen Daten zu prüfen, zu ordnen, zu erforschen und auf ein für die Entscheidungsfindung notwendiges und überschaubares Maß zu verdichten. Es können hierzu zahlreiche statistische Verfahren eingesetzt werden, die in Abhängigkeit von der Anzahl der berücksichtigten Variablen in uni-, bi- und multivariate Methoden eingeteilt werden (→ Statistik).
Zur Datenanalyse stehen leistungsstarke Computerprogramme wie → SPSS oder → SAS zur Verfügung. Der Anwender muss sich jedoch stets über die Beschaffenheit des zugrunde liegenden Datenmaterials im Klaren sein, ob ein bestimmtes Verfahren auf bestimmte Daten anwendbar ist, das Programm vermag diesbezügliche Fehler bzw. Verletzungen der Anwendungsvoraussetzungen i.d.R. nicht zu erkennen (→ Messniveau, → Gütekriterien, → Codierung).
1. *Univariate Datenanalyse:* Analysiert wird *eine einzige Variable*. Dargestellt werden können Häufigkeitsverteilungen (absolute, relative, kumulierte relative Häufigkeiten). Typische Maßzahlen sind Lokalisationsmaße (z.B. arithmetisches Mittel, Median, Modus) und Streuungsmaße (z.B. Varianz, Standardabweichung, Variationsbreite).
2. *Bivariate Datenanalyse:* Analysiert wird die Beziehung *zweier Variablen*. Von Interesse ist zunächst, ob überhaupt Zusammenhänge bestehen (z.B. identifizierbar per Kreuztabulierung bzw. χ^2-Unabhängigkeitstest). Darüber hinaus können die Art des Zusammenhangs (z.B. mittels Regressionsanalyse) sowie die Stärke des Zusammenhangs (z.B. mittels Korrelationsanalyse) ermittelt werden.
3. *Multivariate Datenanalyse:* Analysiert wird die Beziehung *mindestens dreier Variablen*. In diesem Kontext können strukturen-prüfende und strukturen-entdeckende Verfahren differenziert werden. Das Ziel der strukturen-prüfenden Verfahren liegt in der Überprüfung vermuteter Zusammenhänge zwischen Variablen. Der Anwender besitzt eine auf sachlogischen oder theoretischen Überlegungen basierende Vorstellung von den Kausalzusammenhängen zwischen Variablen und möchte diese mit Hilfe ausgewählter multivariater Verfahren überprüfen. Er muss also die von ihm betrachteten Merkmale in abhängige und unabhängige Variablen einteilen können (Beispiele: multiple Regressionsanalyse, Diskriminanzanalyse). Strukturen-entdeckende Verfahren dagegen sind multivariate Methoden, deren primäres Ziel im Auffinden von Zusammenhängen zwischen Variablen oder zwischen Objekten liegt. Hier besitzt der Anwender zu Beginn der Analyse noch keine Vorstellungen darüber, welche Beziehungszusammenhänge in einem Datensatz existieren (Beispiele: Faktorenanalyse, → Clusteranalyse).
Siehe auch → Marktforschungsmethoden und → Marktforschung, jeweils mit Literaturangaben.
Literatur: Backhaus, K., Erichson, B., Plinke, W., Weiber, R.: Multivariate Analysemethoden. Eine anwendungsorientierte Einführung, 10. Auflage, Berlin u.a. 2003; Berndt, R.: Marketing 1. Käuferverhalten, Marktforschung und Marketing-Prognosen, 3. Auflage, Berlin u.a. 1996; Sander, M.: Marketing-Management. Märkte, Marktinformationen und Marktbearbeitung, Stuttgart 2004.
Internetadressen: www.gfk.de, www.gfk.at, www.ihagfk.ch (GfK-Gruppe); www.imshealth.com (Institute for Medical Statistics); www.infores.com (Information Resources); www.sas.com (SAS Institute); www.spss.com (Statistical Package for the Social Sciences); www.vnu.com (A.C. Nielsen).

Datenbank
ist eine geordnete Menge logisch zusammengehöriger Daten, die von einem *Datenverwaltungssystem* (auch: Datenbank-Management-System) gemeinsam verwaltet werden. Siehe auch → Data Warehouse.

Datenbankmanagementsystem (DBMS)
siehe → Datenbankverwaltungssystem.

Datenbankschema
Ein Datenbankschema ist eine Menge von Datendefinitionen, die den strukturellen Aufbau einer Datenbank festlegen und die Änderbarkeit der Datenbank gewissen Einschränkungen unterwerfen. Zur Definition von Datenbankschemata werden → Datendefinitionssprachen verwendet, die vom → Datenbankverwaltungssystem interpretiert werden. Siehe auch → Datenbanksysteme.

Datenbanksysteme

von Univ.-Professor Dr. Dr. Jürgen M. Janas
Universität der Bundeswehr München

1. Historische Ausgangssituation

Abgesehen von mehr oder weniger trivialen Systemen wie z.B. einem Taschenrechner benötigt jedes → Informationssystem zur Erfüllung der Aufgaben, für die es entwickelt worden ist, dauerhafte Daten. Die fundamentale Bedeutung dauerhafter Daten in → Informationssystemen besteht darin, dass ihre Existenz unabdingbare Voraussetzung für jegliche Art von Erinnerungsvermögen eines → Informationssystems ist. Diese Bedeutung sowie der Umstand, dass die Verwaltung dauerhafter Daten einerseits zwar relativ komplex ist, dafür andererseits aber weitgehend inhaltsunabhängig gestaltet werden kann, führte bereits in den frühen Jahren der betrieblichen Informationsverarbeitung dazu, dass Subsysteme von → Informationssystemen isoliert und in der Folge wiederverwendet wurden, deren Aufgabe in der Verwaltung dauerhafter Daten bestand.

Bei den ersten Subsystemen dieser Art handelte es sich um → Dateisysteme, die jedoch – da sie in erster Linie für die Verwaltung aller möglichen Arten von Daten im Rahmen von Betriebssystemen konzipiert waren – zu allgemein waren, um eine benutzergerechte Verwaltung anwendungsspezifischer Daten hinlänglich zu unterstützen. Insbesondere ist es im Rahmen von Dateisystemen nicht möglich, inhaltliche Zusammenhänge zwischen verschiedenen Dateien systemseitig zu kontrollieren und auch die gleichzeitige Nutzung von Datenbeständen durch mehrere Nutzer wird nicht in ausreichendem Maße unterstützt. Beide Defizite werden durch Datenbanksysteme nach dem heutigen Stand der Technik eindrucksvoll behoben.

2. Grundlegende Gliederung

Ein Datenbanksystem setzt sich bei näherer Betrachtung aus dem grundsätzlich anwendungsneutralen → Datenbankverwaltungssystem und der anwendungsspezifischen *Datenbank* zusammen, wobei das → Datenbankverwaltungssystem lediglich ein Systemgerüst ist, das ohne Datenbank keinerlei nutzbare Funktionalität aufweist. Ein → Datenbankverwaltungssystem unterstützt typischerweise genau ein, gelegentlich auch mehrere → Datenmodelle.

Die Datenbank eines → Datenbanksystems besteht aus einem → Datenbankschema und den gemäß diesem Datenbankschema strukturierten Daten. Grund für diese begriffliche Trennung ist die Tatsache, dass sich eine Datenbank im Laufe der Zeit dadurch verändert, dass neue Daten in sie eingefügt werden, in ihr enthaltene Daten geändert werden und Daten aus ihr gelöscht werden. Was gegenüber dieser kurzfristigen Veränderlichkeit der Daten vergleichsweise langfristig stabil bleibt, ist die Struktur der Daten. Das Datenbankschema umfasst also die längerfristig stabilen Aspekte einer Datenbank, während die zugehörigen Daten kurzfristig veränderlich sind.

3. Abstraktionsebenen und Datenunabhängigkeit

Bereits seit Ende der 70er Jahre hat sich in Zusammenhang mit Datenbanken die Unterscheidung dreier Abstraktionsebenen als zweckmäßig erwiesen und durchgesetzt. Jede dieser drei Abstraktionsebenen, die interne, die konzeptionelle und die externe Ebene, stellt eine eigene Betrachtungsweise sowohl des Datenbankschemas als auch der Daten dar.

Auf der *internen Ebene* (auch physische Ebene) werden die Daten der Datenbank in ihrer Gesamtheit so wahrgenommen und im Datenbankschema so beschrieben, wie sie in Form von Datensätzen tatsächlich gespeichert werden und wie sie auf dem Speichermedium angeordnet sind.

Auf der *externen Ebene* werden die Daten der Datenbank so dargestellt, wie sie von den einzelnen Gruppen von Benutzern oder Anwendungsprogrammen benötigt werden. Das bedeutet, dass auf der externen Ebene für jede derartige Gruppe ein eigenes Datenbankschema existiert, das nur den von der jeweiligen Gruppe benötigten Teil der Datenbank in der von der jeweiligen Gruppe benötigten Darstellung beschreibt.

Auf der *konzeptionellen Ebene* wird die Gesamtheit der Daten der Datenbank auf eine (im Gegensatz zur externen Ebene) möglichst verwendungsneutrale Weise dargestellt und im Datenbankschema ebenso beschrieben. Für diese Darstellung werden nur wenige, im Vergleich zur internen Ebene sehr einfache Datenstrukturen verwendet. Die konzeptionelle Ebene verbirgt auf diese Weise einen Großteil der auf der internen Ebene bestehenden Komplexität, die dadurch zustande kommt, dass auf der internen Ebene idealerweise für jede Art und jede Nutzungsform von Daten die Möglichkeit einer optimalen Organisation bestehen sollte.

Die Art und Weise der Darstellung der Daten auf der externen Ebene und auf der konzeptionellen Ebene unterscheidet sich nur wenig voneinander; in einem Datenbankschema der externen Ebene sind im Vergleich zum Datenbankschema der konzeptionellen Ebene typischerweise in erster Linie nur Daten weggelassen. Auf diese Weise wird auf der externen Ebene ein Teil der Komplexität, die sich aus der Vielfalt der Daten auf der konzeptionellen Ebene ergeben kann, eliminiert.

Neben der angesprochenen Reduktion von Komplexität besteht der wesentliche Vorteil der Unterscheidung der drei Abstraktionsebenen in der daraus resultierenden → Datenunabhängigkeit.

4. Datenmanipulation

Ein Datenbankverwaltungssystem muss Instrumente bereitstellen, mit deren Hilfe der Zugriff auf den Inhalt einer Datenbank möglich ist und Veränderungen sowohl am Inhalt als auch an der Struktur der Datenbank vorgenommen werden können. Dabei ist zunächst einmal danach zu differenzieren, durch wen oder was ein derartiger Zugriff erfolgen soll, wobei so unterschiedliche Anspruchsgruppen zu berücksichtigen sind wie so genannte naive Benutzer der Datenbank, die über keinerlei DV-technischen Hintergrund verfügen, gelegentliche Benutzer, denen ein gewisser Einarbeitungsaufwand zugemutet werden kann, Anwendungsprogrammierer und die von ihnen entwickelten Programme sowie schließlich Datenbankadministratoren. Vor diesem Hintergrund mag es überraschen, dass zumindest moderne Datenbanksysteme, die auf dem → Relationalen Datenmodell basieren, weitgehend mit einer einzigen Datenbanksprache, nämlich → SQL, auskommen.

→ SQL zielte ursprünglich auf die gelegentlichen Benutzer in den Fachabteilungen von Unternehmen, die durch die Sprache in die Lage versetzt werden sollten, ohne Unterstützung durch die DV-Abteilung auf Daten in Datenbanken zuzugreifen. Mittlerweile ist die Eignung der Sprache auch für die Anwendungsprogrammierung nachgewiesen, wobei die Datenbanksprache jeweils auf eine von verschiedenen möglichen Arten mit einer konventionellen Programmiersprache gekoppelt wird. Auch die Administrationstätigkeit kann weitgehend auf SQL abgestützt werden, wobei die Daten, auf die in diesem Fall zugegriffen wird, zum großen Teil nicht die Anwendungsdaten in der Datenbank, sondern die zugehörigen → Metadaten sind.

Für die naiven Benutzer, wie z.B. das Schalterpersonal von Einwohnermeldeämtern, Verkehrsbetrieben oder Banken, sind Datenbanksprachen wie SQL nicht geeignet. Vielmehr ist dieser Personenkreis bei seinem Zugriff auf eine Datenbank darauf beschränkt, vorbereitete Programme aufzurufen und nur ganz bestimmte, streng überwachte Eingaben in Masken oder grafischen Benutzeroberflächen zu machen.

5. Konkurrierende Nutzung

Datenbanksysteme, die in unserem Wirtschaftsleben eine Rolle spielen, sind typischerweise Mehrbenutzersysteme. Das bedeutet, dass eine vielfach sehr große Anzahl von Benutzern gleichzeitig mit dem System arbeitet. Solange diese Benutzer nur lesenden Zugriff auf die Datenbank ausüben, ist das unproblematisch, da sich die Benutzer dabei nicht gegenseitig behindern können. Das ändert sich allerdings in dem Augenblick, in dem auch nur ein auf der Datenbank operierender Benutzer oder ein Programm versucht, Änderungen an den Daten vorzunehmen. In diesem Fall müssen durch das Datenbankverwaltungssystem Vorkehrungen getroffen werden, durch die sichergestellt wird, dass die von einem Benutzer vorgenommenen Änderungen erst dann für andere Benutzer sichtbar werden, wenn sie vollständig und unwiderruflich vollzogen worden sind. Ferner muss DBMS-seitig dafür gesorgt werden, dass durch die quasi-simultane Ausführung von Änderungen mehrerer Benutzer keine Zustände der Daten entstehen, die bei konsekutiver Ausführung der Änderungen nicht hätten entstehen können. Problemstellungen wie diese haben dazu geführt, dass die Veränderung von Daten in Datenbanken typischerweise in als Transaktionen bezeichnete Verarbeitungseinheiten von sehr kurzer Dauer gegliedert wird, wobei für diese Transaktionen sehr hohe Anforderungen hinsichtlich ihrer Zuverlässigkeit gestellt werden.

Der Begriff der Transaktion spielt auch eine wesentliche Rolle im Wiederanlauf eines Datenbanksystems nach einer Störung. In diesem Fall muss der Inhalt der Datenbank in einen Zustand gebracht werden, der dadurch gekennzeichnet ist, dass die zum Zeitpunkt des Eintretens der Störung in Ausführung befindlichen Transaktionen alle entweder ordnungsgemäß zu Ende ausgeführt worden sind oder keinerlei Wirkung auf die Daten hinterlassen haben; zudem muss klar sein, welche der Transaktionen erneut zur Ausführung gebracht werden müssen.

Auch ohne diesbezüglich auf technische Details einzugehen, dürfte klar sein, dass derartige Anforderungen nur mit sehr hohem Aufwand durch das Datenbankverwaltungssystem zu erfüllen sind und somit für die Komplexität, die für die Software eines Datenbankverwaltungssystems typisch ist, maßgeblich verantwortlich sind. Führt man sich andererseits als Beispiel für Transaktionen die Überweisung von Geldbeträgen von einem Konto auf ein anderes Konto vor Augen, dann wird klar, dass viele Betreiber von Datenbanksystemen ohne derart hohe Zuverlässigkeitsanforderungen gar nicht in der Lage wären, ihr operatives Geschäft unter Einsatz von Rechnern abzuwickeln.

6. Ausblick

Die Datenbanktechnologie hat sich in der Vergangenheit vorwiegend auf alphanumerische Daten, wie sie in unserem Wirtschaftsleben anfallen, konzentriert. Seit einiger Zeit und vor allem unter dem Eindruck der Möglichkeiten des Internets ist zu beobachten, dass verstärktes Augenmerk der Forschung auf dem Gebiet der Datenbanksysteme auf die Speicherung und Nutzung von anderen Arten von Daten wie z.B. Texten, Zeitreihen, geographischen Daten, Ton-, Bild- und Videodaten gerichtet wird. Dabei hat sich herausgestellt, dass die Funktionalität traditioneller Datenbankverwaltungssysteme für diese neuen Arten von Daten nur in beschränktem Umfang nutzbar ist. Wenngleich es prinzipiell möglich ist, entsprechende zusätzliche Funktionalität auf existierende Systeme „drauf zu satteln", führt das zu schwer durchschaubarer und damit letztlich auch schlecht wartbarer Software. Vor diesem Hintergrund ist in Zukunft mit einer neuen Generation von Datenbankverwaltungssystemen zu rechnen, in denen Texte, alphanumerische Daten, Programmcode, Datenströme etc. in eine einheitliche Architektur integriert werden.

Hinweis

Zu den angrenzenden Wissensgebieten siehe → Business Intelligence, → Business Networking, → Controlling, → Controlling-Informationssysteme, → Data Warehouse, → Electronic Government, → ERP-Systeme (Enterprise Resource Planning-Systeme), → Management-Informationssysteme (MIS), → Wirtschaftsinformatik, Grundlagen, → Wissensmanagement, → Workflow-Management.

Literatur: Abiteboul, S. et al.: The Lowell Database Research Self-Assessment, Communications of the ACM, vol. 48, no. 5 (2005), pp. 111 – 118. Date, C.J.: An Introduction to Database Systems, 6th ed., Reading, MA, 1995. Garcia-Molina, H., Ullman, J.D., Widom, J.: Database Systems: The Complete Book, Upper Saddle River, NJ, 2002. Kemper, A., Eickler, A.: Datenbanksyteme: eine Einführung, 5. Auflage, München, 2003. Lockemann, P.C., Dittrich, K.R.: Architektur von Datenbanksystemen, Heidelberg, 2003. Maier, D.: The Theory of Relational Databases, Rockville, MD, 1983. Ramakrishnan, R., Gehrke, J.: Database Management Systems, 2nd ed., Boston, MA, 2000. Ullman, J.D.: Principles of Database and Knowledge Base Systems, vol.1: Classical Database Systems, Rockville, MD, 1988. Ullman, J.D.: Principles of Database and Knowledge Base Systems, vol.2: The New Technologies, Rockville, MD, 1989. Ullman, J.D., Widom, J.: A First Cours in Database Systems, Upper Saddle River, NJ, 1997.

Datenbankverwaltungssystem

ist die kollektive Bezeichnung für die Software eines → Datenbanksystems.

Datenbasis
(in der → Wirtschaftsinformatik) ist eine strukturierte Sammlung von → Daten, auf die innerhalb eines Systems zugegriffen werden kann. Siehe auch → Datenbank.

Datendefinitionssprache
Eine Datendefinitionssprache dient dazu, die Datendefinitionen, die zur Festlegung eines → Datenbankschemas erforderlich sind, auszudrücken. Den unterschiedlichen Abstraktionsebenen entsprechend, für die Datenbankschemata existieren, gibt es in einem Datenbankverwaltungssystem typischerweise auch zumindest unterschiedliche Datendefinitionssprachen für die konzeptionelle und für die physische Betrachtungsebene der Datenbank. Datenbeschreibungssprachen für die konzeptionelle Ebene umfassen insbesondere auch Sprachelemente für die Festlegung von → Integritätsbedingungen oder Zugriffsberechtigungen. Siehe auch → Datenbanksysteme (mit Literaturangaben).

Datenerhebung
(Marktforschung), siehe → Marktforschungsmethoden (mit Literaturangaben).

Datenintegration
bedeutet die Verwendung des gleichen Datenbestandes durch unterschiedliche → Anwendungssysteme oder → Module. Datenintegration wird realisiert, indem Systeme auf die gleiche Datenbank zugreifen oder Daten untereinander austauschen. Datenintegration vermeidet Inkonsistenzen im Datenbestand und die Mehrfacherfassung von Daten (siehe auch → Datenbanksysteme).

Datenmanipulationssprache
Eine Datenmanipulationssprache umfasst Sprachkonstrukte zum Einfügen, Ändern und Löschen von Daten in einer Datenbank sowie (wenngleich das durch den Begriff „Datenmanipulation" nicht abgedeckt zu sein scheint) Sprachkonstrukte zum Extrahieren und zum Verdichten von Daten aus einer Datenbank.

Datenmigration
bedeutet die Übertragung von Daten eines Vorgängersystems auf ein neues System.

Datenmodell
Ein Datenmodell ist ein Beschreibungsmechanismus, mit dessen Hilfe die Daten, die in einem gewissen Anwendungszusammenhang benötigt werden und die infolgedessen in einem Datenbankschema zusammengefasst werden sollen, spezifiziert werden können.
Zu einem Datenmodell gehört zunächst einmal eine Menge von elementaren Datentypen (wie z.B. Zahlen, Zeichenreihen oder Wahrheitswerte), aus denen die mit einem → Datenbankschema zu beschreibenden Daten zusammengesetzt sein dürfen; darüber hinaus umfasst ein Datenmodell sämtliche Regeln, nach denen aus diesen elementaren Datentypen Datenobjekte des jeweiligen Datenmodells gebildet werden dürfen.
Streng genommen, gehören zu einem Datenmodell auch noch eine Menge von Operationen, die auf elementare und nicht-elementare Datenobjekte in einer Datenbank anwendbar sind und dazu dienen, Teildatenobjekte dieser Datenobjekte zu extrahieren oder zu manipulieren.
Siehe auch → Datenbanksysteme (mit Literaturangaben).

Datenmodell, hierarchisches
Das hierarchische Modell ist ein Datenmodell, in dem alle Arten von Daten baumartig strukturiert sind. Das impliziert, dass sich gewisse Sachverhalte, wie z.B. m:n-Beziehungen zwischen zu modellierenden Objekten nur vergleichsweise umständlich darstellen lassen. Wenngleich sich nach wie vor noch zahlreiche → Datenbanksysteme, die auf diesem Datenmodell basieren, im betrieblichen Einsatz befinden, kann das hierarchische Modell nicht mehr als zeitgemäß angesehen werden.

Datenmodell, relationales
siehe → Relationales Datenmodell.

Datenraum
(*Data Room*). Die Konzentration der erforderlichen Dokumente des externen und internen Rechnungs-wesens, des Personalwesens, der Rechtsabteilung, des Einkaufs und Verkaufs etc. im Rahmen einer → Due Diligence durch die Einrichtung eines Datenraums seitens des Verkäufers empfiehlt sich insbe-sondere dann, wenn bei einem Auktionsverfahren mehrere Interessenten im Wesentlichen die gleichen Informationen benötigen. Zu den Dokumenten gehören Handelsregisterauszüge und Gesellschaftsver-träge, Jahresabschlüsse, Steuererklärungen, Produktergebnisrechnungen, Lohn-, Gehalts- und Sozial-leistungsinformationen, Angaben über Pensionspläne, Betriebsgenehmigungen und -auflagen, Umwelt-berichte, Kunden- und Lieferantenbeziehungen, Kreditverträge, Arbeitsverträge, Lizenzverträge, Paten-te, Miet- und Leasingverträge etc. Zum schnellen Auffinden aller zur Verfügung gestellten Dokumente wird ein Verzeichnis mit Fundstellenangaben erstellt (Data Room Index). Aus Diskretionsgründen wird der Datenraum in der Regel außerhalb des Sitzes der Zielgesellschaft eingerichtet.
Siehe auch → Due Diligence (mit Literaturangaben).

Datenunabhängigkeit
Unter Datenunabhängigkeit versteht man die Möglichkeit, ein auf einer bestimmten Abstraktionsebene angesiedeltes → Datenbankschema zu verändern, ohne dass das auf der nächsthöheren Abstraktions-ebene sichtbar wird.

Datowechsel
Bei einem Datowechsel lautet die Verfallzeit auf eine bestimmte Zeit nach der Ausstellung des → Wechsels.

Daueremittent
siehe → Emittent.

Dauerniedrigpreispolitik
Neben der → Sonderangebotspolitik stellt die Dauerniedrigpreispolitik eine wichtige Strategie im Rahmen der → Preispolitik von Handelsunternehmen dar, wobei sich die beiden Strategien nicht unbe-dingt ausschließen müssen. Im Rahmen einer Dauerniedrigpreisstrategie wird versucht, einzelne Arti-kel oder auch alle Artikel des Sortiments zu niedrigeren oder zumindest zu gleichen Preisen wie die Konkurrenz anzubieten. Untersuchungen der Motive von Käufern der Produkte mit Dauerniedrigprei-sen ergaben unter anderem, dass sich diese von der „Schnäppchenhysterie" erlöst fühlten und die Glaubwürdigkeit des Geschäftes erhöht wurde.
Siehe auch → Handelsmarketing und → Preispolitik Grundlagen, jeweils mit Literaturangaben.

DAX
Abk. für Deutscher Aktienindex, der von der Deutschen Börse AG in Frankfurt fortlaufend an jedem Börsentag berechnet wird. Er enthält die nach Marktkapitalisierung und Börsenumsatz 30 größten deut-schen Aktiengesellschaften.

DBA
Abk. für → Doppelbesteuerungsabkommen.

DBMS
Abk. für Datenbankmanagementsystem bzw. → Datenbankverwaltungssystem. Siehe auch → Daten-banksysteme (mit Literaturangaben).

DCF-Verfahren
Abk. für → Discounted-Cashflow-Verfahren.

DDP

geliefert verzollt ... benannter Bestimmungsort, engl.: delivered duty paid ... named place of destination. Vertragsformel der von der → Internationalen Handelskammer (ICC) entwickelten → Incoterms für Außenhandelsgeschäfte.

DDU

geliefert unverzollt ... benannter Bestimmungsort, engl.: delivered duty unpaid ... named place of destination. Vertragsformel der von der → Internationalen Handelskammer (ICC) entwickelten → Incoterms für Außenhandelsgeschäfte.

Dealing at arm's length

→ Fremdvergleich (bei Verrechnungspreisen). Siehe auch → Erfolgscontrolling (mit Literaturangaben).

Dealing-at-arm's-length-Regel/-Prinzip

(→ *Steuerrecht, Internationales*), Fiktion der wirtschaftlichen Selbständigkeit als Richtschnur für Geschäftsbeziehungen zwischen nahe stehenden Personen (Stammhaus und Betriebsstätte, zwischen Konzernunternehmen). Die geschäftlichen Beziehungen müssen wie unter unabhängigen, fremden Dritten abgewickelt werden.
Bei der Ermittlung des Fremdpreises wird auf Daten und Umstände abgestellt, aufgrund derer sich Preise auf einem Markt bilden, auf dem Fremde agieren. Dabei werden i.W. drei Standardmethoden angewandt: (1) die → Preisvergleichsmethode, (2) die → Wiederverkaufspreismethode und (3) die → Kostenaufschlagsmethode. Daneben werden immer stärker gewinnabhängige Methoden diskutiert. Sobald mehrere Geschäftsvereinbarungen zwischen zwei Parteien beurteilt werden müssen, ist zudem der Grundsatz des → Vorteilsausgleichs zu beachten.

Debt to debt swap

siehe → Swaps.

Debt to equity swap

Debt equity swaps werden vor allem im internationalen Schuldenmanagement eingesetzt. Sie haben sich als innovatives Instrument insbesondere in Dritte-Welt-Ländern erwiesen, die zwar über hohe Fremdwährungsschulden, nicht aber über die erforderlichen Devisenbestände bzw. -einkommen, um den Schuldendienst (Tilgungen bzw. Rückzahlung sowie Zinszahlungen) in der Denominationswährung ordnungsgemäß zu leisten.
In diesem Fall können Gläubiger dem Schuldner übereinkommen, dass die (Auslands-)Schuld (debt) in Unternehmensbeteiligungen (equity) umgetauscht werden.
Siehe auch → Swaps (mit Literaturangaben).

Decision Support System (DSS)

(a) Unterbegriff von → Management-Informationssysteme (MIS); (b) ein spezifisches MIS für die mittlere Management-Ebene zur Unterstützung der Entscheidungsfindung. Zentrale Funktionalität sind Modellrechnungen (→ MIS, Funktionalität).
Siehe auch → Entscheidungsunterstützungssysteme (EUS), → Data Warehouse und → Business Intelligence, jeweils mit Literaturangaben.
    Literatur: Laudon, K. C., Laudon, J. P. Management Information Systems, Managing The Digital Firm, 9th ed., Upper Saddle River 2006; Mertens, P., Griese, J.: Integrierte Informationsverarbeitung 2, Planungs- und Kontrollsysteme in der Industrie, 9. Auflage, Wiesbaden 2002.

Deckungsbeitragsrechnung

aus den Nachteilen der → Zuschlagskalkulation abgeleitetes Verfahren der → Kalkulation, in dessen Rahmen in Auslegung des → Verursachungsprinzips nur die → variablen Kosten auf die betrieblichen → Kostenträger verrechnet werden.

Die → Fixkosten werden im Gegensatz zur Verfahrensweise der Vollkostenrechnung nicht auf die Kostenträger proportionalisiert, sondern als pro Periode in konstanter Höhe bestehender Kostenblock beziffert. Zwischen den → Fixkosten und der Ausbringungsmenge liegt keine Verursachungsbeziehung vor, da diese auslastungsunabhängig als Bereitstellungskosten anfallen. Die Voraussetzung für die Implementierung einer Deckungsbeitragsrechnung stellt demnach eine Auflösung der Kosten in variable und fixe dar.

Die Differenz zwischen dem Erlös und den variablen Kosten ergibt den *Deckungsbeitrag*, dieser ist der maßgebliche Parameter für die Preis- und Produktprogrammpolitik.

Die Verfahren der Deckungsbeitragsrechnung lassen sich klassifizieren nach: (1) dem Vorhandensein eines betrieblichen (Auslastungs-) Engpasses, hier werden absolute und relative Deckungsbeiträge unterschieden, (2) dem Objekt, für das Deckungsbeiträge ermittelt werden, dies können lediglich Kostenträger (einstufige Deckungsbeitragsrechnung) oder zusätzlich auch übergeordnete betriebliche Organisationseinheiten wie Kostenstellen, Abteilungen oder Bereiche (mehrstufige Deckungsbeitragsrechnung) sein.

Siehe auch → Kostenstellenrechnung (mit Literaturangaben).

Deckungspunkt
siehe → Break-Even-Menge; siehe auch → kritischer Wert.

Deckungsrückstellung
ist eine versicherungstechnische Rückstellung und als solche ein Passivposten im Jahresabschluss von Versicherungsunternehmen. Das Deckungskapital wird aus dem Teil der Prämie gebildet, der nach Abzug des Kosten- und Gewinnanteils die Bruttorisikoprämie (siehe → Prämie) übersteigt und mit dem technischen Zins verzinst wird.

Siehe auch → Versicherungsbetriebslehre (mit Literaturangaben).

Deckungsstock
(Versicherungen), Sondervermögen, das Versicherungsunternehmen gemäß Versicherungsaufsichtsgesetz (VAG) zu bilden haben. Der Deckungsstock besteht aus dem Teil der Vermögenswerte des Versicherungsunternehmens, der zur Besicherung der Ansprüche der Versicherungsnehmer gegen die Versicherung vorgehalten werden muss. Er ist daher vom übrigen Vermögen des Versicherungsunternehmens getrennt als Sondervermögen, das dem Zugriff anderer Gläubiger entzogen ist, auszuweisen. Der Deckungsstock steht nicht im Eigentum der Versicherungsgesellschaften, sondern wird von diesen treuhänderisch für ihre Versicherungsnehmer verwaltet. Für die Aufnahme in den Deckungsstock gelten daher besondere Beschränkungen.

In den Deckungsstock dürfen nur Vermögenswerte aufgenommen werden, die den Bestimmungen des → VAG sowie den Richtlinien des Bundesamtes für Finanzdienstleistungsaufsicht (BaFin) genügen. Zu bilden ist der Deckungsstock aus den laufenden Prämieneinnahmen.

Siehe auch → Versicherungsbetriebslehre (mit Literaturangaben).

De-facto-Standardsstellen
stellen evolutionär in der Praxis entstandene Standards dar, die nicht durch eine normgebende Institution oder durch den Gesetzgeber vorgeschrieben sind, sondern sich nach dem Gesetz des Marktes durchgesetzt haben. Sie sind folglich das Ergebnis eines marktlichen Auswahlprozesses, weshalb man in diesem Zusammenhang auch häufig von Industriestandards spricht.

Default Risk
Erfüllungsrisiko, siehe z.B. bei → Forwards.

Deferred Compensation
Teile des Arbeitsentgelts werden zu einem späteren Zeitpunkt ausgezahlt, um steuerliche Vorteile sowie bei der Unternehmensfinanzierung zu realisieren. Siehe auch → Lohn- und Gehaltsmodelle (mit Literaturangaben).

Deferred-Payment-Akkreditiv
siehe → Akkreditiv mit hinausgeschobener Zahlung.

Deferred-Payment-Inkassi
siehe → Nachsicht-Inkassi.

Degressionsbetrag
ist der Betrag, um den die Abschreibungsraten bei → degressiver Abschreibung jährlich sinken.

Degressive Abschreibung
(*diminishing balance method/declining balance method*) ist eine Methode der → planmäßigen Abschreibung mit fallenden Jahresraten. Die gebräuchlichste Variante der degressiven Abschreibung ist die → geometrisch-degressive Abschreibung mit einem konstanten Prozentsatz vom jeweiligen → Restbuchwert. In Betracht kommt auch die → arithmetisch-degressive Abschreibung mit einem konstanten → Degressionsbetrag. Siehe auch → außerplanmäßige Abschreibung, → bilanzielle Abschreibung, → arithmetisch-degressive Abschreibung, → digitale Abschreibung, → geometrisch-degressive Abschreibung, leistungsabhängige Abschreibung, → lineare Abschreibung, → planmäßige Abschreibung.
Siehe auch Abschreibungsmethoden und → Anlagevermögen (mit Literaturangaben).

Degressives Wachstum
Form des Wachstums einer → Funktion, bei dem die erste Ableitung f' positiv, die zweite Ableitung f'' aber negativ ist: f' > 0, f'' < 0.

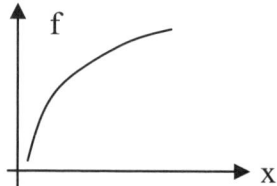

Deklaratorische Eintragung
ist eine Eintragung, mit der das Bestehen eines Rechts lediglich festgestellt wird. Die eingetragene Rechtstatsache entsteht in diesen Fällen unabhängig von der Eintragung in das → Handelsregister.

Delegation
steht für eine Form der Arbeitsteilung zwischen Vorgesetztem und Mitarbeiter. Diese teilen sich die Verantwortung dahingehend, dass der Delegierende die Führungsverantwortung hat, während der Delegationsempfänger die Handlungsverantwortung und Entscheidungskompetenz übernimmt. Die Delegation der Entscheidung zielt darauf ab, die Vorgesetzten zu entlasten, die Verantwortungsbereitschaft der Mitarbeiter zu stärken und letztlich die Aufgaben besser zu erfüllen.
Siehe auch → Aufbauorganisation und → Management by Objectives, jeweils mit Literaturangaben.

Delisting
engl. Fachausdruck für die Löschung der Notierung eines an der Börse gelisteten Wertpapiers nach dessen *Börserückzug*, siehe → Going Private und → Squeeze Out.

Deliverables
(*deliverable items*) beschreiben z.B. im Rahmen des → Projektmanagements die Gesamtheit der als Ergebnis eines Projekts abzuliefernden Ergebnisse. Diese können physische Objekte (z.B. entwickelte oder gefertigte Produkte, Prototypen) oder Dokumente (Projektdokumente, Ergebnisdokumente, Programme) sein.

Delivered at Frontier
... named place, Kurzbezeichnung: DAF, geliefert Grenze ... benannter Ort. Vertragsformel der von der → Internationalen Handelskammer (ICC) entwickelten → Incoterms.

Delivered Duty paid
... named place of destination, Kurzbezeichnung: DDP, geliefert verzollt ... benannter Bestimmungsort. Vertragsformel der von der → Internationalen Handelskammer (ICC) entwickelten → Incoterms.

Delivered Duty unpaid
... named place of destination, Kurzbezeichnung: DDU, geliefert unverzollt ... benannter Bestimmungsort. Vertragsformel der von der → Internationalen Handelskammer (ICC) entwickelten → Incoterms.

Delivered ex Quay
... named port of destination, Kurzbezeichnung: DEQ, Vertragsformel der von der → Internationalen Handelskammer (ICC) entwickelten → Incoterms.

Delivered ex Ship
... named port of destination, Kurzbezeichnung: DES, geliefert ab Schiff ... benannter Bestimmungshafen. Vertragsformel der von der → Internationalen Handelskammer (ICC) entwickelten → Incoterms.

Delivery Guarantee
siehe → Liefergarantie.

Delkredereprovision
(Handelsvertreter) ist eine besondere Vergütung des → Handelsvertreters, wenn dieser sich verpflichtet hat, für die Erfüllung der Verbindlichkeiten Dritter aus den von ihm vermittelten oder abgeschlossenen Verträgen einzustehen (§ 86 b HGB).

Delkredererisiko
(1) Der Begriff Delkredererisiko wird in Praxis und Literatur mit unterschiedlichen Vorstellungsinhalten verbunden. Meistens werden jedoch unter dem Ausdruck "Delkredererisiko" alle auf eine Forderung bezogenen Risiken verstanden, die einem Gläubiger entstehen.
(2) Wirtschaftliches Delkredererisiko: Das wirtschaftlich begründete, d.h. vom Käufer (Importeur) verursachte Delkredererisiko umfasst die Uneinbringlichkeit bzw. die verzögerte oder nur teilweise Einbringlichkeit einer Forderung, z.B. wegen → Zahlungsunwilligkeit, → Zahlungsverzug oder → Zahlungsunfähigkeit des Käufers. Informationsquellen über das im Käufer (Importeur) begründete Delkredererisiko sind u.a. → Bankauskünfte und → Wirtschaftsauskünfte der gewerblichen Auskunfteien.
(3) Politisches Delkredererisiko (bei Exportgeschäften): Das politisch verursachte Delkredererisiko umfasst die Uneinbringlichkeit bzw. die verzögerte oder nur teilweise Einbringlichkeit einer Forderung wegen politischer Umstände, z.B. wegen Krieg, Aufruhr, Revolution im Ausland, gesetzgeberischer oder behördlicher Maßnahmen im Ausland (→ Zahlungsverbote oder -beschränkungen; → Moratorien), Beeinträchtigung des zwischenstaatlichen Zahlungsverkehrs (→ Konvertierungs- und → Transferverbote oder -beschränkungen).

Delkredereversicherung
siehe → Kreditversicherungen, privatwirtschaftliche.

Demand Side
marketingorientierter → Efficient Consumer Response (ECR)-Ansatz. Kooperatives Marketing zwischen Industrie und Handel, das immer den Kunden als wichtigstes Element in den Fokus rückt (→ *Category Management*). Eine Trennung - auch nur rein sprachlich - in Demand Side und → *Supply Side* steht, obwohl oftmals in der Literatur verwendet, allerdings im Widerspruch zur Idee des *ECR* als ein durchgängiges, integriertes und prozessorientiertes Konzept.

Demand tailored Sourcing

Prinzip des *demand tailored sourcing* versucht, die Nachteile von Vorratsbeschaffungen *(stock sourcing)* zu vermeiden. Unter demand tailored sourcing lassen sich sowohl die Einzelbeschaffung im *Bedarfsfall* als auch die *fertigungssynchrone Anlieferung* subsumieren. Bei der Einzelbeschaffung im Bedarfsfall werden die Güter erst dann beschafft, wenn sie im Produktionsprozess tatsächlich benötigt werden. Im Gegensatz hierzu liegt bei der fertigungssynchronen Anlieferung ein regelmäßiger bzw. für eine bestimmte Dispositionsperiode exakt ermittelbarer Bedarf über einen längeren Zeitraum vor. Lagerhaltung findet dann - sofern keine vollständige Synchronisation mit der Vorstufe erreicht werden kann - nur noch beim Lieferanten bzw. bei einem logistischen Dienstleister statt. Bei → *Just-In-Time-Belieferung* (Just-In-Sequence) halten weder der Abnehmer noch der Lieferant Bestände vor.
Siehe auch → Beschaffungsmanagement (mit Literaturangaben).

Demerger
siehe → Desinvestition.

Deming - kontinuierlicher Verbesserungsprozess
Einer der Pioniere, dessen Namen stets mit dem Begriff Qualitätsmanagement in Zusammenhang gebracht wird, ist William E. Deming. Seine Philosophie des „Kontinuierlichen Verbesserungsprozesses (KVP)" ist heute Bestandteil jedes Qualitätsmanagementansatzes.
Sein Modell fasst Deming in 14 Punkten zusammen, von denen der 5. Punkt wahrscheinlich den höchsten Bekanntheitsgrad hat. Er postuliert die ständige Suche nach Fehlerursachen, um alle Systeme in Produktion und Dienstleistungen sowie alle anderen im Unternehmen vorkommenden Tätigkeiten auf Dauer zu verbessern. Ergebnis dieser Kernaussage ist sein Management Denkmodell, das einen immer wiederkehrenden Kreislauf des Planens, Ausführens, Analysierens und Verbesserns beinhaltet (PDCA-Zyklus: plan, do, check, act.).
Diese 14 Punkte sind der Grundstein für die Demingsche Reaktionskette, die die Sicherung von Arbeitsplätzen durch Qualität gewährleisten soll. Vereinfacht dargestellt lauten die Abhängigkeiten: Verbesserte Qualität führt zu sinkenden Kosten, diese ermöglichen wettbewerbsfähige Preise, dadurch werden die Existenz des Unternehmens und die Arbeitsplätze gesichert.
Unerlässlich ist dabei die Fähigkeit, systembedingte, zufällige Einflüsse und Fehler von persönlich bedingten, speziellen Fehlern zu unterscheiden. Voraussetzung hierzu sind umfangreiche Ausbildungsprogramme und der permanente Wunsch nach „Selbstverbesserung" (Punkt 13).
Im Gegensatz zu Deming, der vor allem statistische Auswertungen favorisiert, ist der Ansatz von Joseph M. Juran nicht so mechanistisch und betont mehr die menschlichen Beziehungen. Sein unternehmensweites Qualitätsmanagement wird auch als CWQM (Company-wide Quality Management) oder CWQC (Company-wide Quality Control) bezeichnet. Er fußt auf drei Säulen: Qualitätsplanung, Qualitätsmanagement und Qualitätsimplementierung.
Siehe auch → Qualitätsmanagement (mit Literaturangaben).
　　Literatur: Kamiske Gerd F. / Brauer Jörg-Peter: Qualitätsmanagement von A bis Z, 5. aktualisierte Auflage, 2006 Karl Hanser Verlag, München Wien; Juran Joseph M.: Juran on Qaulity by Design, London 1992; Juran Joseph M.: Mangerial Breakthrough, Überarb. Aufl. Maidenhead 1994; Bendell, Tony: The Quality Gurus, London 1991; Deming, Edward W.: Out of the Crisis. Quality, Productivity, and Competitve Position, Cambridge 1986.
　　Internetadressen: http://www.deming.de/deming/deming4.html, http://www.www.q-m-q.de (Qualitätsmanagement), http://www.deming.de/lep/lep/html, http://google.de (Define: Qualitätsmanagement), http://www.schmidma.de/bibliothek/management/skript.htm, http://www.quality.de/quality-forum/1999/messages/18924.htm (Qualität), http://www.wikipedia.de (Qualität), http://www.qm-trends.de/fb0323.htm, http://www.qm-trends.de/fb0203.htm, http://www.qm-trends.de/fb030102.htm.

Denationalisierung
faktische Verringerung bzw. Verlagerung nationalstaatlicher Macht durch/auf Aktivitäten/Institutionen.
Siehe auch → Globalisierung.

Deport

Als Deport (Abschlag) wird der Unterschiedsbetrag zwischen dem (höheren) → Devisenkassakurs einer Währung und dem niedrigeren → Devisenterminkurs dieser Währung bezeichnet. Siehe auch → Report; → Swapsatz.

Depreciation

siehe → Abschreibung auf → Sachanlagen.

DEQ

geliefert ab Kai ... benannter Bestimmungshafen, delivered ex quay ... named port of destination. Vertragsformel der von der → Internationalen Handelskammer (ICC) entwickelten → Incoterms für Außenhandelsgeschäfte.

Deregulierung

umfasst die Vereinfachung, Verringerung und vollständige Aufhebung von rechtlichen Regelungen z.B. auf dem Europäischen Finanzmarkt mit dem Ziel der Angleichung der Regelungen in den einzelnen Mitgliedsstaaten. Hierzu gehören beispielsweise die Niederlassungs- und Dienstleistungsfreiheit sowie die Umsetzung des → Financial Services Action Plans.

Derivate

sind höherrangige Finanzprodukte, die von grundlegenden (originären) Finanzprodukten abgeleitet worden sind. So kann z.B. aus dem originären Produkt (Instrument) "Aktie" die Aktien-Option (→ Optionen) als Derivat gewonnen werden. Weitere Beispiele sind: Devisen-Forwards (→ Forwards), das sind Terminkontrakte auf der Basis von Devisen; Zins-Futures (→ Futures), das sind (börsengehandelte) Terminkontrakte auf der Basis von Anleihen (sog. "Zinsinstrumenten"); Index-Futures, das sind (börsengehandelte) Terminkontrakte auf der abstrakten Basis eines Aktienindexes; Zins-Swaps (→ Swaps), das sind Kombinationen von Zinsterminkontrakten auf der Basis von (z.B.) variabel bzw. fest verzinslichen Verbindlichkeiten (Liability Swaps) oder Forderungen (Asset Swaps); → Forward-Rate Agreements (→ FRA), das sind → Zinsausgleichsvereinbarungen auf der Basis eines fiktiven Kapitalbetrages (notional nominal).
Siehe auch → Optionen (mit Literaturangaben)

Derivative Steuerbilanz

siehe → Steuerbilanz.

Derivative Zahlungsreihe

siehe → Zahlungsreihe, derivative (*Investitionsrechnung*).

Derivativer Firmenwert

erworbener, aus dem Kaufpreis für ein Unternehmen abgeleiteter → Firmenwert. Er entspricht der Differenz zwischen Kaufpreis und dem → Verkehrswert des Vermögens abzüglich der Schulden des übernommenen Unternehmens. Zur bilanziellen Behandlung siehe → Firmenwert.

DES

geliefert ab Schiff ... benannter Bestimmungshafen, engl.: delivered ex ship ... named port of destination. Vertragsformel der von der → Internationalen Handelskammer (ICC) entwickelten → Incoterms für Außenhandelsgeschäfte.

Design for Disassembly

demontagegerechte Konstruktion; siehe → umweltfreundliche Produkte; siehe auch → Ökologie-Marketing.

Design for Durability

Langlebigkeit durch (a) modulares Design, (b) Mehrfachnutzungs- und Mehrfachverwendungsmöglichkeiten, (c) lange Haltbarkeit u.a. durch Instandhaltung, Erhöhung der Zuverlässigkeit; siehe → umweltfreundliche Produkte; siehe auch → Ökologie-Marketing.

Design for Recycability

recyclinggerechte Konstruktion; siehe → umweltfreundliche Produkte; siehe auch → Ökologie-Marketing.

Designer Outlet Center

siehe → Factory Outlet Center.

Desinvestition

(bei *Private Equity*). Bezeichnung und vorkommend im Rahmen von → Private Equity mit folgenden Formen der Desinvestition (Exit): (1) Börsengang (→ Going Public), (2) Verkauf des Unternehmens (→ Trade Sale), (3) Verkauf an eine andere Private Equity Gesellschaft (→ Secondary Purchase) oder an Altgesellschafter (→ Buy-back).
Siehe auch → Private Equity und → Hedge Fonds, jeweils mit Literaturangaben.

Desinvestition

(von *Beteiligungen*), Herauslösung einer rechtlich selbstständigen, i.d.R. wirtschaftlich abhängigen Unternehmensteils aus einem Verbund.
Die *Desinvestitionsentscheidung* erfolgt auf der Grundlage einer Analyse der finanziellen Situation, der Kernkompetenzen und des Marktumfelds; dabei sind auch die Möglichkeiten einer strategischen Neuausrichtung zu berücksichtigen. Bei der Ermittlung des Verkaufspreises sind neben der stand-alone-Bewertung der Beteiligung mögliche Desintegrationskosten sowie entfallende Synergien und Dyssynergien zu beachten und Kaufpreis steigernde Maßnahmen zu erwägen. Wert beeinflussend ist auch die Form der Desinvestition. Dabei ist zwischen Konzepten, die eine Aufgabe der Teileinheit vorsehen (→ Stilllegung bzw. Liquidation) und Formen der Desinvestition zu unterscheiden, durch die diese fortgeführt wird (→ Sell off, → Spin off, → Split off, → Equity Carve-out, → Subsidary IPO, → Split-up, → Tracking-Stocks und → Joint Venture).
Der *Desinvestitionsprozess* ist vom → Beteiligungscontrolling durch die Erstellung eines Desinvestitionsplans vorzubereiten und durch Kontrollen zu begleiten.
Siehe auch → Beteiligungscontrolling (mit Literaturangaben).

Desk Top Purchaising

(andere Bezeichnung: *Direct Purchaising*) ist die dezentrale Abwicklung der Beschaffungsvorgänge auf der Basis von elektronischen Katalogen. Der Begriff ist dem → E-Procurement unterzuordnen. Auf deutsch heißt „direct purchaising" soviel wie „direkter Kauf", „direkter Einkauf". Die Beschaffung erfolgt dezentral, d.h. vom Arbeitsplatz desjenigen aus, der ein bestimmtes Gut benötigt und bestellen möchte. Dies führt zu erheblichen Bestellkosteneinsparungen.

Deskriptive Entscheidungstheorie

siehe → Entscheidungstheorie.

Desktop Publishing

abgek. DTP; siehe → DPT-Programme.

Desktop Purchasing Systeme

können als → *Electronic Procurement Systeme* für die automatisierte Abwicklung von Beschaffungsaktivitäten geringwertiger Güter (→ MRO-Güter) charakterisiert werden. Wesentliches Element eines Desktop Purchasing Systems ist der → Multilieferantenkatalog.

Desktop-OLAP
abgek. DOLAP (siehe → OLAP, On-Line Analytical Processing), bei dem die Basisdaten zunächst lokal in ein Client-System importiert werden, um dort eine lokale Analyse vollziehen zu können. Siehe auch → Data Warehouse.

Destination
Zielgebiet des Tourismus, Reiseziel. Ist die Destination ein einzelner Ort oder eine sehr begrenzte Region, wobei der örtlichen Verwaltung oft auch die Förderung des Tourismus obliegt, so spricht man auch von „Kommunalem Fremdenverkehr". Tourismusorte können dann spezifische Ausprägungen aufweisen (z.B. Kurort, Heilbad). Die wesentlichen Gestaltungs- und damit Qualitätsdimensionen einer Destination sind die natürlichen Faktoren (Klima, Landschaft etc.), die Verkehrslage (Erreichbarkeit etc.) und die geschaffene (speziell: touristisch nutzbare) Infrastruktur.
Siehe auch → Tourismusbetriebslehre (mit Literaturangaben).

Destination Principle
siehe → Bestimmungslandprinzip; siehe auch → Steuerrecht, Internationales.

Deutero Learning
beschreibt das „Lernen des Lernens". Hiermit wird die Fähigkeit eines Individuums oder einer Organisation umschrieben Veränderungen zu antizipieren und eigenständig zu gestalten.

Deutsche Gesellschaft für Operations Research (DGOR)
1998 zusammengeschlossen mit der GMÖOR (Gesellschaft für Mathematik, Ökonomie und Operations Research) zur GOR (Gesellschaft für Operations Research).

Deutsche Institution für Schiedsgerichtsbarkeit
siehe → Schiedsverfahren.
　Internetadresse: www.dis-arb.de

Deutsche Rechnungslegungsstandards (DRS)
Diese Standards werden vom → DSR unter Berücksichtigung der international existierenden Vereinbarungen innerhalb bestimmter Arbeitsgruppen entwickelt. Sie dienen damit als Mittel zur Konkretisierung der vom DSR zu erarbeitenden Empfehlungen zur Konzernrechnungslegung. Die Bekanntmachung der Empfehlungen kann durch das Bundesministerium der Justiz erfolgen. Nach Bekanntgabe weisen die Standards für Konzerngesellschaften einen zu den → Grundsätzen ordnungsgemäßer Buchführung äquivalenten Charakter auf, da die Beachtung der Standards nach § 342 Abs. 2 HGB die Ordnungsmäßigkeit der Rechnungslegung vermuten lässt.

Deutsche Statistische Gesellschaft
Die Deutsche Statistische Gesellschaft (http://www.dstatg.de) wurde 1911 von Georg von Mayr gegründet. Sie umfasst etwa 800 Statistiker aller Fachrichtungen als Mitglieder. Ihr Ziel ist die Förderung der statistischen Wissenschaften in Theorie und Praxis. Sie versteht sich dabei als Bindeglied zwischen den Produzenten und den Nutzern statistischer Methoden. Wissenschaftliche Zeitschrift der Gesellschaft ist das vierteljährlich erscheinende *Allgemeine Statistische Archiv*.
Siehe auch → Statistik (mit Literaturangaben).

Deutscher Akademischer Austauschdienst (DAAD)
Der DAAD ist eine gemeinsame Einrichtung der deutschen Hochschulen. Er fördert die internationalen Beziehungen der deutschen Hochschulen mit dem Ausland durch den Austausch von Studierenden und Wissenschaftlern und durch internationale Programme und Projekte. Der DAAD unterhält ein weltweites Netzwerk von Büros, Dozenten und Alumnivereinigungen und bietet Informationen und Beratung vor Ort und ist eine Mittlerorganisation der Auswärtigen Kulturpolitik, der Hochschul- und Wissenschaftspolitik sowie der Entwicklungszusammenarbeit im Hochschulbereich. Der DAAD ist der größte Stipendiengeber Deutschlands.

Siehe auch → Auslandstudium, Institutionen, Stipendien und Auslandspraktika (mit Internetadressen und Literaturangabe).

Internetadresse: Unter http://www.daad.de findet man die Stipendiendatenbank und Informationen zu den Förderungsmöglichkeiten des DAAD sowie anderer Förderorganisationen zur Unterstützung von Studium, Forschung oder Lehre im Ausland.

Deutscher Industrie- und Handelskammertag (DIHT)

Der Deutsche Industrie- und Handelskammertag ist die Dachorganisation der 81 deutschen → *Industrie- und Handelskammern*. Er hat den Rechtsstatus eines eingetragenen Vereins und übernimmt im Auftrag und in Abstimmung mit den Industrie- und Handelskammern die Interessenvertretung der deutschen Wirtschaft gegenüber den politischen Institutionen.

Deutscher Rechnungslegungsstandard (DRS)

siehe → Deutsches Rechnungslegungs Standards Committee.

Deutscher Standardisierungsrat (DSR)

Der Deutsche Standardisierungsrat ist neben dem Rechnungslegungs Interpretations Committee das zweite Gremium des DRSC. Er setzt sich aus sieben Mitgliedern zusammen, die über fachliche Kompetenz sowie sachliche Detailkenntnis der internationalen Rechnungslegung verfügen und analytisch bewandt sind. Sie werden vom Vorstand für maximal vier Jahre gewählt. Die Mitglieder bestimmen dann aus ihren Reihen Präsident und Vizepräsident. Zusätzlich können nachträglich höchstens zwei weitere Rechnungsleger als Mitglieder berufen werden.

Aufgabe des Deutschen Standardisierungsrates ist es, auf die Erfüllung der Ziele des → Deutschen Rechnungslegungs Standards Committees (DRSC) als sein Träger hinzuarbeiten. Er arbeitet dabei unabhängig von den Weisungen anderer Organisationen und verabschiedet nach offener Kommunikation und Diskussion in geschlossenen und öffentlichen Sitzungen mit der Mehrheit der Stimmen eigenverantwortlich Verlautbarungen. Die Entscheidungsvorbereitung kann der Standardisierungsrat auf Arbeitsgruppen übertragen. § 342 HGB konkretisiert das Aufgabenspektrum des Deutschen Standardisierungsrates wie folgt: (1) die Entwicklung von Standards (mit Empfehlungscharakter) bezüglich der Anwendung der Grundsätze über die Konzernrechnungslegung (Absatz 1 Nr. 1), (2) das beratende Einwirken bei allen Fragen im Zusammenhang mit der Rechnungslegung auf das Bundesministerium der Justiz (Absatz 1 Nr. 2) und (3) die Vertretung Deutschlands in internationalen Standardisierungsgremien (Absatz 1 Nr. 3).

Siehe auch → Kapitalflussrechnung und → Konzernabschluss, jeweils mit Literaturangaben.

Deutsches Rechnungslegungs Standards Committee (DRSC)

Dieses Gremium soll Empfehlungen zur Anwendung der Grundsätze über die Konzernrechnungslegung aussprechen, das Bundesministerium bei Gesetzgebungsvorhaben zu Rechnungslegungsvorschriften beraten und die Bundesrepublik Deutschland in internationalen Standardisierungsgremien, wie z.B. dem International Accounting Standards Board (IASB), vertreten. Zu diesem Zwecke wurde vom Verwaltungsrat des DRSC ein Standardisierungsrat mit der Bezeichnung *Deutscher Standardisierungsrat* (DSR) eingesetzt. Somit stellt der DSR das Organ des DRSC dar. Seit Anerkennung des DRSC durch das Bundesministerium der Justiz (BMJ) hat der DSR zahlreiche Arbeitsgruppen ins Leben gerufen und *Deutsche Rechnungslegungsstandards* (DRS) entwickelt, öffentlich diskutiert und verabschiedet.

Siehe auch → Kapitalflussrechnung und → Konzernabschluss, jeweils mit Literaturangaben.

Literatur: Ammann, H., Müller, St.: IFRS – International Financial Reporting Standards – Bilanzierungs-, Steuerungs- und Analysemöglichkeiten, 2. Auflage, Herne und Berlin 2006; Gräfer, H., Scheld, G.A.: Grundzüge der Konzernrechnungslegung, 9. Auflage, Berlin 2005.

Internetadresse: http://www.drsc.de.

Devestition

siehe → Desinvestition (von *Beteiligungen*).

Devisen

Bezeichnung für Forderungen/Guthaben, die auf ausländische Währungseinheiten lauten. Gegenstand des Devisenhandels sind die Fremdwährungsguthaben auf Bankkonten. Bare ausländische gesetzliche Zahlungsmittel werden als → Sorten bezeichnet.

Devisenforwardgeschäft

ist ein unbedingtes, nicht börsennotiertes Termingeschäft (over the Counter). Das Devisenforwardgeschäft ist ein für beide Vertragsparteien (Käufer und Verkäufer) verpflichtender Terminkontrakt. Der Käufer verpflichtet sich zur Abnahme und der Verkäufer zur Lieferung der vereinbarten → Devisen. Vertragsabschluss und Erfüllung liegen dabei zeitlich auseinander. Im Gegensatz zum → Devisenfuturesgeschäft ist das Devisenforwardgeschäft kein standardisierter, sondern ein individuell zu vereinbarender Kontrakt, der jegliche Flexibilität bei der Ausgestaltung der Kontraktbedingungen hinsichtlich Basiswert, Laufzeit und Erfüllung erlaubt.
Siehe auch → Währungsmanagement (mit Literaturangaben).

Devisenfuturesgeschäft

(*Currency Future*) ist ein standardisiertes, börsennotiertes, unbedingtes Termingeschäft auf Währungen. Das Devisenfuturesgeschäft ist ein für beide Vertragsparteien verpflichtender Kontrakt. Der Käufer verpflichtet sich zur Abnahme und der Verkäufer zur Lieferung der vereinbarten Devisen am Fälligkeitstermin. Im Gegensatz zu einer → Devisenoption wird im Handel mit Devisenfuturesgeschäften keine Prämie bei Geschäftsabschluss fällig. Beide Kontrahenten hinterlegen zur Absicherung ihrer Verpflichtungen eine Sicherheit (Initial Margin) bei der → Clearing-Stelle der Börse. Die offenen Positionen werden börsentäglich bewertet (Mark-to-Market Accounting) und als entsprechende Guthaben oder Belastungen im Rahmen der so genannten Variation Margin verbucht.
Siehe auch → Währungsmanagement (mit Literaturangaben).

Devisenkassageschäft

ist ein Austauschgeschäft in Bezug auf Währungen, bei dem anders als beim → Devisentermingeschäft Vertragsabschluss und Erfüllung zeitlich zusammen fallen. Das hierbei zugrunde gelegte Austauschverhältnis zwischen den beiden Währungen nennt man → Kassawechselkurs.

Devisenkassakurse

(manchmal auch als Kassekurse bezeichnet) haben Gültigkeit für Devisenkauf- und Devisenverkaufsgeschäfte, die von den Beteiligten "sofort" zu erfüllen sind. Einschränkend ist anzumerken, dass auch bei der "sofortigen" Erfüllung von Devisenkassageschäften regelmäßig die Usance "Valutastellung 2 Arbeitstage" gilt. Dies bedeutet, dass zwischen dem Tag des Abschlusses und dem Tag der Erfüllung von Devisenkassageschäften 2 Arbeitstage liegen. Auf ausdrückliche Weisung werden von den Banken Devisenkassageschäfte, z.B. Auslandsüberweisungen, sofort im Sinne einer „gleichtägigen Anschaffung" bzw. „gleichtägigen Kasse" durchgeführt. Siehe auch → Devisenterminkurse und → Devisentermingeschäfte.

Devisenkurs

siehe → Wechselkurs für → Devisen.

Devisenkurse im Freiverkehr

siehe → Freiverkehr (bei Devisen).

Devisenmanagement

siehe → Währungsmanagement (mit Literaturangaben).

Devisenmarkt

Markt, auf dem verschiedene → Devisen gegeneinander oder gegen Inlandswährung gehandelt werden.

Devisenoption

(*Currency Option, FX-Option*) ist ein bedingtes Termingeschäft auf Währungen. Eine Devisenoption beinhaltet für den Besitzer das Recht, einen bestimmten Gegenwert einer Währung zu einem festgelegten Kurs (Basispreis) in einer anderen Währung zu einem vereinbarten Zeitpunkt (europäische Option) bzw. innerhalb einer vorgegebenen Laufzeit (amerikanische Option) zu erwerben (Call) oder zu veräußern (Put). Für dieses Recht zahlt der Käufer der Devisenoption eine Optionsprämie an den Verkäufer. Devisenoptionen weisen wie alle Optionstypen ein asymmetrisches Chance-Risiko-Profil auf. Insbesondere verfügt der Besitzer eines Call über ein theoretisch unlimitiertes Gewinnpotential, während der Verkäufer des Call bei einem theoretisch unbegrenzten Verlustrisiko maximal die erhaltene Optionsprämie verdienen kann.
Siehe auch → Währungsmanagement (mit Literaturangaben).

Devisentermingeschäfte

(1) *Charakterisierung:* Bei Devisentermingeschäften (sog. Outright-Geschäften) ist ausgehend vom Zeitpunkt des Abschlusses eines Termingeschäftes der Zeitpunkt der Erfüllung (die Fälligkeit des Termingeschäfts) um einen vereinbarten Zeitraum (Laufzeit des Termingeschäftes) hinausgeschoben.
(2) *Abwicklungsschritte:* Ein Devisenterminverkaufsgeschäft eines Exporteurs umfasst im Zeitpunkt des Abschlusses die Verpflichtungen des Exporteurs (a) zur Lieferung eines feststehenden Devisenbetrags zu einem späteren Zeitpunkt (bei späterer Fälligkeit des Devisentermingeschäfts) und (b) zum Umtausch dieses Devisenbetrags bei Fälligkeit des Devisentermingeschäftes in Euro zu einem bereits bei Abschluss des Termingeschäftes fest vereinbarten Wechselkurs, des → Devisenterminkurses. Im Zeitpunkt der Erfüllung (Fälligkeit) dieses Devisenterminverkaufsgeschäfts ist (c) der Exporteur zur Lieferung des festgelegten Devisenbetrages verpflichtet. Desgleichen wird (d) dieser Devisenbetrag in Euro zu dem im Zeitpunkt des Abschlusses fest vereinbarten Wechselkurs (Devisenterminkurs) umgetauscht, und zwar unabhängig von der inzwischen eingetretenen Veränderung des → Devisenkassakurses der relevanten Fremdwährung. Der Ablauf eines Devisenterminkaufgeschäftes verläuft analog.
(3) *Optionszeit:* Devisentermingeschäfte können unter Einbeziehung einer Optionszeit abgeschlossen werden. An der Stelle eines bestimmten Fälligkeitstages wird ein Zeitraum vereinbart, innerhalb dessen es in das Belieben des Bankkunden gestellt ist, zu welchem Zeitpunkt er die (Laufzeit-)Option auszuüben, d.h. das Devisentermingeschäft zu erfüllen wünscht.
(4) *Devisenterminkurse:* In den Kursblättern finden sich i.A. nur die Devisenterminkurse für Devisentermingeschäfte mit 3- und 6-monatiger Laufzeit. Übliche Laufzeiten sind aber auch 2 und 12 Monate; darüber hinaus gibt es gebrochene (sog. krumme) Laufzeiten (broken dates). Devisenterminkurse werden (ebenso wie seit Einführung des Euro die Devisenkassakurse) nicht amtlich notiert; sie tragen nur den Charakter von Indikatoren.
Siehe auch → Währungsmanagement (mit Literaturangaben).

Devisenterminkurse

finden Anwendung bei → Devisentermingeschäften, wo sie im Zeitpunkt des Abschlusses fest vereinbart und bei Fälligkeit (Erfüllung) des Termingeschäfts als Umtauschkurs unverändert zugrunde gelegt werden, und zwar unabhängig von der inzwischen eingetretenen Veränderung des → Devisenkassakurses der betreffenden Fremdwährung. Devisenterminkurse werden in den Wirtschaftszeitungen i.A. für 3 und 6 Monate Laufzeit der gängigen Welthandelswährungen veröffentlicht. Übliche Laufzeiten sind aber auch 2 und 12 Monate; darüber hinaus gibt es gebrochene (sog. krumme) Laufzeiten (→ broken dates). Terminkurse werden nicht amtlich festgestellt. Sie beruhen vielmehr auf Angaben der Geschäftsbanken und tragen somit den Charakter von Indikatoren.
Die Abweichung des Devisenterminkurses einer Währung von deren Kassakurs kann ein → Deport (Abschlag) oder ein → Report (Aufschlag) sein, Bezeichnungen, die unter dem Oberbegriff → Swapsatz zusammengefasst werden. Die Höhe des Swapsatzes ist zunächst von der Laufzeit eines Termingeschäfts, sodann aber von den Zinsunterschieden dieser Währung zum Euro-Zinsniveau am Eurogeldmarkt (in derselben Laufzeitkategorie wie das Devisentermingeschäft) bestimmt.
Siehe auch → Währungsmanagement (mit Literaturangaben).

Dezentralisation
(in der → Organisation). Bei der Dezentralisation werden gleichartige Teilaufgaben verschiedenen Organisationseinheiten übertragen. Dagegen ist die → *Zentralisation* (auch Zentralisierung) die Zusammenfassung von gleichartigen Teilaufgaben auf eine Organisationseinheit nach bestimmten Kriterien. Siehe auch → Aufbauorganisation.

Dezimalstellen
(bei Devisen), siehe → Swapsatz.

DGFP
Abk. für Deutsche Gesellschaft für Personalführung.

DGOR
Abk. für Deutsche Gesellschaft für Operations Research. 1998 zusammengeschlossen mit der GMÖOR (Gesellschaft für Mathematik, Ökonomie und Operations Research) zur GOR (Gesellschaft für Operations Research).

DGRV
Deutscher Genossenschafts- und Raiffeisenverband e. V.; siehe auch → genossenschaftliches Verbandswesen.
        Internetadresse: http://www.dgrv.de.

DGSv
Abk. für Deutsche Gesellschaft für Supervision.

Dialogethik
siehe → Diskursethik.

Dialogmarketing
Direktmarketing ist darauf ausgerichtet, über die Reaktion (→ Response) der angesprochenen Person einen langfristigen Dialog (ständig weitergeführte Aktionen und Reaktionen) aufzubauen. Z. T. erfolgt deswegen eine Gleichsetzung der Begriffe „Direktmarketing" und „Dialogmarketing". Siehe → Direktmarketing und → Multi-Kanal-Dialogmarketing.

Dichtefunktion
siehe → Funktion, die die Wahrscheinlichkeitsverteilung einer stetigen → Zufallsvariablen beschreibt.

Dicing
ist eine Operation im Rahmen des On-Line Analytical Processing (→ OLAP). Dabei wird eine Teilmenge von Fakten einer multidimensionalen Datenbasis ausgewählt, indem für einzelne Dimensionen nur ein Teilbereich von Ausprägungen betrachtet wird. Im Falle eines dreidimensionalen → Datenmodells wird vom gesamten → Hypercube z. B. nur ein Teilausschnitt in Form eines kleineren Würfels betrachtet und zur Gewinnung von entscheidungsrelevanten Informationen analysiert. Dicing reduziert die Komplexität der Datenstruktur und erzeugt auswertungsspezifische Sichten auf die Datenbasis. Siehe auch → Slicing.

Dienstleistungen

Dienstleistungen (Services)

von Univ.-Professorin Dr. Sabine Fließ und Dipl.-Kaufmann Ole Wittko
Douglas-Stiftungslehrstuhl für Dienstleistungsmanagement, FernUniversität in Hagen

1. Der Dienstleistungsbegriff

Dienstleistungen (Services) stellen *Leistungen* dar, welche durch besondere, konstitutive Merkmale definiert sind. Zu den charakteristischen Eigenschaften einer Dienstleistung zählen: (1) Die Immaterialität des → Leistungsergebnisses und (2) die Integrativität des → Leistungserstellungsprozesses. Diese sog. → Dienstleistungscharakteristika entfalten ihre Bedeutung für den Dienstleistungsbegriff auf den einzelnen Dimensionen einer Dienstleistung.

2. Dimensionen einer Dienstleistung

a) Ergebnisdimension

Dienstleistungen können als *Ergebnis* einer Tätigkeit (→ Leistungserstellungsprozess) verstanden und daher über die Eigenschaften des → Leistungsergebnisses beschrieben werden. Da eine große Zahl von Dienstleistungen immaterielle (Ergebnis-)Bestandteile beinhalten, gilt die → Immaterialität einer Dienstleistung als entscheidendes Merkmal der Ergebnisphase. Für eine eindeutige Abgrenzung zu Sachgütern ist der Grad der Immaterialität meist aber nicht ausreichend.

b) Prozessdimension

Die (Dienst-)Leistung entfaltet ihre Wirkungen direkt am → externen Faktor: Dieser vom Nachfrager für die Dauer der Dienstleistung in den → Leistungserstellungsprozess eingebrachte Faktor wird einer → *Transformation* unterzogen. Es herrscht daher eine Synchronität von Dienstleistungserstellung (Produktion) und Inanspruchnahme (Absatz/Konsum) der Dienstleistung *(uno-actu-Prinzip)*. Entscheidende Merkmale der Prozessphase sind die → Kundenintegration sowie der *Prozesscharakter* der Dienstleistung (→ Dienstleistungsprozess).

c) Potenzialdimension

Voraussetzung für die Inanspruchnahme einer Dienstleistung durch den Nachfrager ist die *Bereitschaft* und die *Fähigkeit* des Anbieters, die Dienstleistung zu erbringen. Hierfür muss letzter durch die (Vor-)Kombination interner Produktionsfaktoren ein → Leistungspotenzial bereithalten (Gebäude, Mitarbeiter etc.). Die Dienstleistung liegt zu diesem Zeitpunkt nur als allgemeines *Leistungsversprechen* vor und muss im Rahmen des → Leistungserstellungsprozesses am einzelnen Nachfrager konkretisiert werden. Als Vermarktungsobjekt einer Dienstleistung kommt daher (allein) das auf dem Leistungspotenzial aufbauende Leistungsversprechen in Betracht.

3. Perspektiven der Kundenintegration

Im Rahmen der für den Leistungserstellungsprozess von Dienstleistungen charakteristischen → Kundenintegration übernimmt der Kunde mehrere, analytisch voneinander trennbare Funktionen (vgl. Abbildung 1): (1) Als *Co-Produzent* stellt er auf der *Ebene der Faktorkombination* einen Teil der notwendigen Ressourcen für den gemeinsamen Produktionsprozess bereit. (2) In seiner Funktion als *Konsument* spezifiziert der Kunde im Verlauf einzelner Kommunikationsprozesse die aus seinen Bedürfnissen resultierenden Anforderungen an die Dienstleistung *(Ebene der Leistungsspezifikation)*.

Die Basis dieser Produktions- und Informations-Perspektive bildet zum einen die ökonomische und juristische Festlegung der relevanten Property Rights *(Ebene der → Verfügungsrechte)*. Zum anderen betrachtet die Koordinationsperspektive die Abstimmung der einzelnen Aktivitäten von Anbieter und Nachfrager *(Ebene der Interaktion)*.

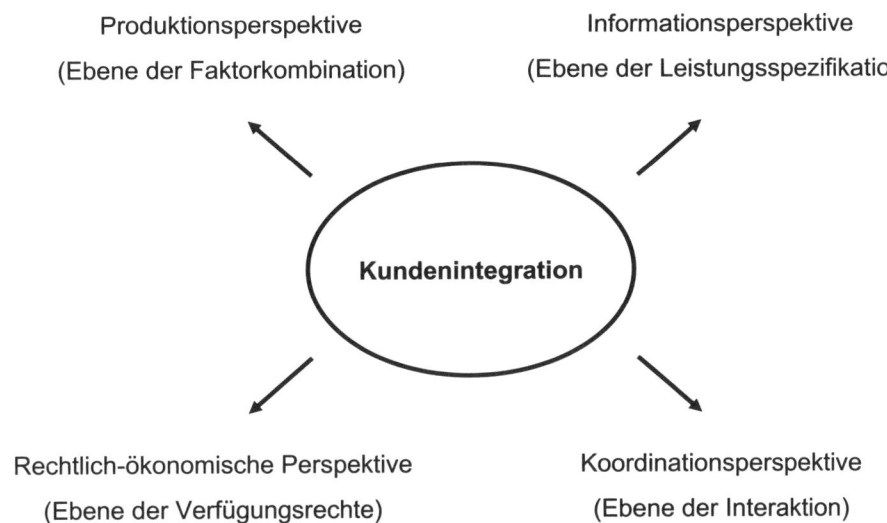

Abb. 1: Perspektiven der Kundenintegration

Auf der Ebene der Verfügungsrechte wird u.a. festlegt: (1) In welchem Umfang der Anbieter Veränderungen an den zur Verfügung gestellten → externen Faktoren vornehmen darf, für welchen Zeitraum ihm diese überlassen werden und welche Verfügungsrechte ausschließlich beim Kunden verbleiben. (2) In welchem Umfang der Nachfrager Rechte bezüglich des → Leistungspotenzials (z.B. zeitliche Nutzung eines Fitnesscenters) und des → Leistungsergebnisses (z.B. Nutzung der Ergebnisse einer Marktforschungsstudie) erhält.

Eine im Schwerpunkt koordinationsbezogene Darstellung der Aktivitäten des → Leistungserstellungsprozesses ermöglicht das Konzept des → ServiceBlueprints. Ein *ServiceBlueprint* integriert die Anbieter- und Nachfragersicht des Leistungserstellungsprozesses einer Dienstleistung und umfasst eine chronologische Darstellung aller anfallenden Aktivitäten. Die Aktivitäten werden zudem durch fünf sog. Linien (Lines) einzelnen *analytischen Ebenen* zugeordnet (vgl. Abbildung 2):

(1) Die *Kundeninteraktionslinie* (Line of interaction) trennt die Kundenaktivitäten von den Anbieteraktivitäten. (2) Die *Sichtbarkeitslinie* (Line of visibility) trennt die sichtbaren von den für den Kunden unsichtbaren Anbieteraktivitäten. (3) Mit Hilfe der *internen Interaktionslinie* (Line of internal interaction) lassen sich unterstützende Support-Aktivitäten von Backstage-Aktivitäten trennen. (4) Die *Vorausplanungslinie* (Line of order penetration) trennt die Aktivitäten des → Leistungserstellungsprozesses von den Aktivitäten des → Leistungspotenzials. Sie bildet die Trennlinie zwischen den Aktivitäten der integrativen Disposition (→ Disposition, integrativ) und der autonomen Disposition (→ Disposition, autonom) des Anbieters. (5) Die *Implementierungslinie* (Line of implementation) unterscheidet die Aktivitäten innerhalb des → Leistungspotenzials wiederum in die Preparation- und die Facility-Aktivitäten. → Preparation-Aktivitäten dienen dazu, den → Leistungserstellungsprozess vorzubereiten, → Facility-Aktivitäten sind den Preparation-Aktivitäten logisch und zeitlich vorgelagert (Beschaffung von Potenzial- und Verbrauchsfaktoren).

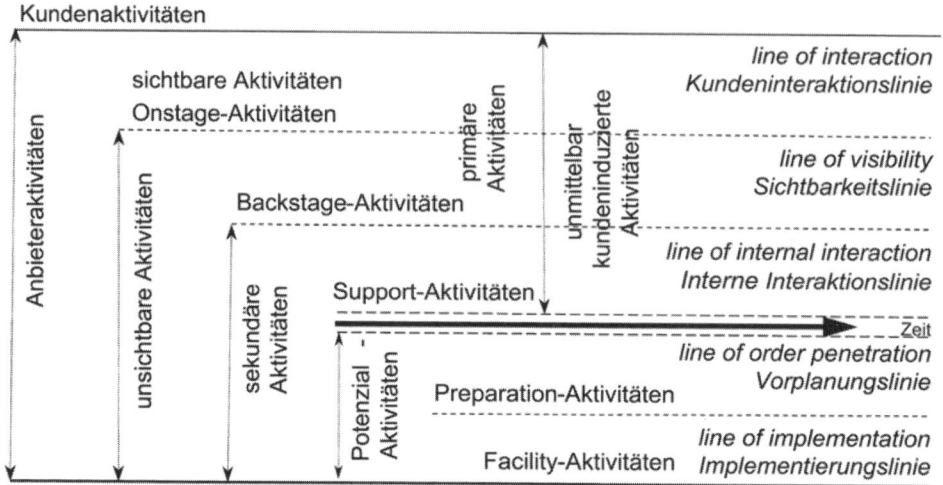

Abb. 2: ServiceBlueprint

Die zielgerichtete Gestaltung und Steuerung der Kundenintegration auf ihren vier Ebenen ist die primäre Aufgabe des → Dienstleistungsmanagements.

4. Typologisierungen von Dienstleistung

Der Leistungstyp „Dienstleistung" stellt kein homogenes Objekt dar, sondern lässt sich mittels mehrerer Dimensionen jeweils *eindimensional* in unterschiedliche Gruppen von Dienstleistungen unterteilen: (1) Während *selbständige Dienstleistungen* (Primärdienstleistungen) als eigenständige Leistungen am Markt abgesetzt werden, können *produktbegleitende Dienstleistungen* (Sekundärdienstleistungen) nur in Verbindung mit einem andern Gut vertrieben werden. (2) *Konsumtive Dienstleistungen* richten ihre Leistungserbringung an (End-)Konsumenten; *investive Dienstleistungen* richten sich an Abnehmer in Form von Unternehmen, welche die erbrachte Dienstleistung wiederum als Inputfaktor für ihre eigene Leistungserbringung nutzen. (3) *Kollektivdienstleistungen* werden von mehreren Nachfragern gleichzeitig in Anspruch genommen (z.B. Verkehrsdienstleistungen); *Individualdienstleistungen* hingegen werden an einem einzelnen Nachfrager erbracht. (4) Dienstleistungen können direkt an einer Person erbracht werden (*personenbezogene Dienstleistung*) oder indirekt an dem vom Nachfrager bereitgestellten Objekt (*objektbezogene Dienstleistung*). Analog zu dieser Kundenperspektive lassen sich aus Sicht des Anbieters *maschinenintensive* und *personalintensive Dienstleistungen* differenzieren. (5) Im Hinblick auf die Nutzenstiftung lassen sich ergebnis- und prozessdominante Dienstleistungen unterscheiden: Bei *ergebnisdominanten Dienstleistungen* resultiert der Nutzen in erster Linie aus dem Dienstleistungsergebnis (→ Leistungsergebnis); prozessdominante Dienstleistungen sind hingegen dadurch gekennzeichnet, dass der Nutzen für den Nachfrager direkt aus dem → Dienstleistungsprozess resultiert (siehe auch → Zeitspar-Dienstleistungen und → Zeitvertreib-Dienstleistungen).

Darüber hinaus werden auch *mehrdimensionale* Typologisierungen vorgenommen. Diese unterscheiden Dienstleistungen nach ihrem (1) → Integrativitätsgrad (*autonome* vs. *integrative* Dienstleistungen), (2) → Individualisierungsgrad (*standardisierte* vs. *individuelle* Dienstleistungen), (3) → Interaktionsgrad (*unabhängige* vs. *interaktive* Dienstleistung), (4) → Immaterialitätsgrad (*materielle* vs. *immaterielle* Dienstleistungen). Festzuhalten ist hierbei jedoch, dass diese vier Typologisierungsdimensionen zum einen determinierende, feststehende Merkmale einer bestimmten Dienstleistung darstellen, zum anderen aber auch Gestaltungsparameter für das → Dienstleistungsmanagement eröffnen. Aufgrund der

Heterogenität des Dienstleistungssektors können Gestaltungs- und Steuerungsempfehlungen (→ Dienstleistungsmanagement) allein für einzelne Dienstleistungstypen abgeleitet werden.

5 Informationsökonomische Eigenschaften einer Dienstleistung

Eine Dienstleistung ist aufgrund ihrer Immaterialität ex ante nicht physisch greifbar und liegt aufgrund der Integrativität nur als Leistungsversprechen vor. Konkrete, vor der Leistungsinanspruchnahme bewertbare Eigenschaften *(Sucheigenschaften)* sind nur in geringem Maße vorhanden. Da somit auch die → Dienstleistungsqualität ex ante nicht vollkommen feststellbar ist, kann der Nachfrager lediglich im Verlauf des → Dienstleistungsprozesses erleben bzw. erfahren, dass die Dienstleistung ex nunc bzw. ex post die vom Anbieter zugesicherten Eigenschaften aufweist *(Erfahrungseigenschaften)*. Kann er selbst dies nicht, ist er gezwungen auf die Qualität der Dienstleistung zu vertrauen *(Vertrauenseigenschaften)*. Diese eingeschränkte Bewertbarkeit von Dienstleistungen vor Vertragsabschluss ist die Ursache für eine erhöhte Unsicherheit des Nachfragers einer Dienstleistung, welche es für den Anbieter im Rahmen des → Dienstleistungsmanagements abzubauen gilt.

Hinweis

Zu den angrenzenden Wissensgebieten siehe → Categorie Management, → Customer Relationship Management (CRM), → Dienstleistungsmanagement, → Dienstleistungscontrolling, → E-Commerce, → Efficient Consumer Response, → Electronic Procurement, → Kommunikationspolitik, → Konsumentenverhalten, → Kundenzufriedenheit, → Marketing, Grundlagen, → Marketing, Internationales, → Marktforschung, → Preispolitik, → Produktpolitik, → Vertriebspolitik.

Literatur: Engelhardt, W./Kleinaltenkamp, M./Reckenfelderbäumer, M.: Leistungsbündel als Absatzobjekte; in: Zeitschrift für betriebswirtschaftliche Forschung, 45. Jg. (1993); S. 395-426; Fließ, S.: Die Steuerung von Kundenintegrationsprozessen. Effizienz in Dienstleistungsunternehmen, Wiesbaden 2001; Fließ, S.: Kundenintegration; in: Handbuch Industriegütermarketing, hrsg. von K. Backhaus/ M. Voeth, Wiesbaden 2004, S. 521-551; Fließ, S./Kleinaltenkamp, M.: Blueprinting the Service Company: Managing Service Processes Efficiently; in: Journal of Business Research, Vol. 57 (2004), No. 4, S. 392-404; Kleinaltenkamp, M.: Kundenintegration, in: WiSt, 26. Jg. (1997), Nr. 7, S. 350-355; Kleinaltenkamp, M.: Integrativität als Kern einer umfassenden Leistungslehre; in: Marktleistung und Wettbewerb: Strategische und operative Perspektiven der marktorientierten Leistungsgestaltung, hrsg. von K. Backhaus/B. Günter/M. Kleinaltenkamp/W. Plinke/H. Raffée, Wiesbaden 1997, S. 83-115; Maleri, R.: Grundlagen der Dienstleistungsproduktion, 4. Auflage, Berlin 1997; Meffert, H./Bruhn, M.: Dienstleistungsmarketing. Grundlagen, Konzepte, Methoden, 4. Auflage, Wiesbaden 2003; Meyer, A. (Hrsg.): Handbuch Dienstleistungsmarketing, Band 1 und 2, Stuttgart 1998.

Internetadressen: (Forschungsinstitutionen) http://www.servsig.org/, http://www.rhsmith.umd.edu/ces/index.html, http://wpcarey.asu.edu/csl/, http://www.ctf.kau.se/

Website der Autoren: http://www.fernuni-hagen.de/BWLDLM, http://www.serviceblueprint.de

Dienstleistungscharakteristika

besondere Eigenschaften einer → Dienstleistung. Zu den *primären Dienstleistungscharakteristika* zählen: (1) → Immaterialität, d.h. die Nicht-Stofflichkeit des → Leistungsergebnisses und (2) Integrativität als Ausdruck der → Kundenintegration. Zu den weiter gefassten *sekundären Dienstleistungscharakteristika*, die sich insbesondere aus dem Charakteristikum der Integrativität ergeben, gehören: (1) Flüchtigkeit, (2) fehlende Eigentumsübertragung, (3) Individualität (vgl. → Individualisierung), (4) mangelnde Lagerfähigkeit, (5) Simultanität von Produktion, Absatz und Konsum, (6) Heterogenität, (7) Interaktion.

Dienstleistungscontrolling

Dienstleistungscontrolling

von Professor Dr. Martin Reckenfelderbäumer
Lehrstuhl für Allgemeine Betriebswirtschaftslehre/Marketing
WHL Wissenschaftliche Hochschule Lahr

1. Einordnung und Begriff

Angesichts der zunehmenden einzel- und gesamtwirtschaftlichen Bedeutung von → Dienstleistungen stellt das Dienstleistungscontrolling ein immer wichtigeres Teilgebiet des Controllings (→ Controlling, Grundlagen) dar. Eine exakte begriffliche und inhaltliche Abgrenzung des Dienstleistungscontrollings wird allerdings dadurch erschwert, dass bis heute weder für den Begriff der → Dienstleistung noch für denjenigen des Controllings (→ Controlling, Grundlagen) eine einheitliche Auffassung vorliegt. Angemessen erscheint ein Verständnis des Dienstleistungscontrollings, das dieses als eine *spezifische Funktion zur Sicherstellung eines rationalen → Dienstleistungsmanagements* interpretiert. Vor diesem Hintergrund übernimmt das Dienstleistungscontrolling Informations-, Planungs-, Kontroll- und Koordinationsaufgaben (→ Controlling, Grundlagen, → Dienstleistungscontrolling, Funktionen).

Da Dienstleistungen nicht nur in den Unternehmungen des institutionellen Dienstleistungssektors (Tertiärer Sektor) anzutreffen sind, sondern z.B. als interne oder so genannte „produktbegleitende" Dienstleistungen auch in Industrieunternehmungen eine oft zentrale Rolle spielen, ist ein Dienstleistungscontrolling prinzipiell in nahezu allen Unternehmungen erforderlich, wenn auch in unterschiedlichem Umfang. In Industrieunternehmungen wird dabei häufig von einem → *Service-Controlling* gesprochen.

2. Grundlegende Besonderheiten

Die Besonderheiten des Dienstleistungscontrollings ergeben sich aus den typischen Eigenschaften von Dienstleistungen. Diese Eigenschaften werden in der Literatur nicht selten auch als „*konstitutiv*" bezeichnet, sind aber diesbezüglich aus leistungstheoretischer Sicht keinesfalls unumstritten (→ Dienstleistung). In jedem Fall ermöglichen sie eine pragmatische Eingrenzung des Leistungstyps und eignen sich zur Verdeutlichung der Spezifika des Dienstleistungscontrollings.

Insbesondere sind die folgenden Leistungseigenschaften zu berücksichtigen:

(1) Existenz eines *Leistungspotenzials*, das über die Fähigkeit und Bereitschaft zur Erbringung einer Leistung verfügt,

(2) *Integration externer Faktoren* in den Leistungserstellungsprozess (auch als Integrativität, Kundenintegration oder Kundenmitwirkung bezeichnet),

(3) *Immaterialität* der Leistungsergebnisse sowie – in jüngerer Zeit im institutionen- und informationsökonomischen Kontext immer wieder betont –

(4) anbieter- und nachfragerseitige *Verhaltensunsicherheit*.

Je stärker diese typischen Leistungseigenschaften in einer Unternehmung ausgeprägt sind, desto stärker muss dem im Controlling Rechnung getragen werden, desto mehr muss es sich vom typischen Controlling in Industriebetrieben mit Massen-, Sorten- und Serienfertigung unterscheiden (siehe auch → Controlling, Grundlagen).

Dabei gibt es *das* Dienstleistungscontrolling an sich nicht, sondern je nach dem Ausmaß des Vorliegens der o.a. Leistungseigenschaften muss eine individuelle Ausgestaltung erfolgen. So ist etwa die Abwicklung eines Überweisungsauftrags durch eine Bank sowohl hinsichtlich des Prozessablaufs als auch im Hinblick auf das Leistungsergebnis von vergleichsweise niedriger Integrativität und Verhaltensunsicherheit geprägt, die Durchführung eines Beratungsprojekts durch einen Consultant hingegen ist das Musterbeispiel einer hochgradig integrativen und unsicheren Leistung. Das macht aber auch deutlich, dass das Dienstleistungscontrolling nicht etwas völlig anderes ist als das industrielle Controlling, sondern dass lediglich andere Schwerpunkte und modifizierte Instrumente erforderlich sind und sich industrielles Controlling und dienstleistungstypisches Controlling in vielen Fällen ergänzen.

Sehr häufig finden sich angesichts der großen Heterogenität der Unternehmungen und Leistungsangebote im institutionellen Dienstleistungssektor branchenspezifische Ansätze, so z.B. ein Bankencontrolling, ein Versicherungscontrolling, ein Krankenhauscontrolling, ein Logistikcontrolling oder ein Hochschulcontrolling.

3. Spezifische Problemfelder

Insbesondere die folgenden wichtigen Konsequenzen und *Problemfelder* ergeben sich aus den o.g. Leistungseigenschaften für das Dienstleistungscontrolling:

(1) Die Kosten der Dienstleistungen sind im Wesentlichen *Bereitschaftskosten* für Personal, Gebäude und Maschinen. Diese Kosten sind leistungsmengenunabhängig fix und haben überwiegend Gemeinkostencharakter. Traditionelle Verfahren der Voll- und Teilkostenrechnung sind daher für Dienstleistungen häufig nicht geeignet (siehe auch → Erfolgscontrolling).

(2) Die Nachfrage nach Dienstleistungen schwankt im Zeitablauf vielfach außerordentlich stark (je nach Tageszeit, Wochentag oder Jahreszeit bzw. Saison). Dienstleister stehen damit vor der Frage, wie sie ihre *Kapazitäten* bemessen sollen, um einerseits möglichst jederzeit die aufkommende Nachfrage befriedigen zu können, andererseits aber Leerkosten in nachfrageschwachen Phasen zu vermeiden. Dadurch bedingt kommt dem → Kapazitätscontrolling bei Dienstleistungen zentrale Bedeutung zu.

(3) Die Integration externer Faktoren in die Leistungserstellungsprozesse, speziell im Falle der aktiven Mitwirkung des Kunden, führt dazu, dass der Anbieter Kosten und Qualität der Dienstleistungen nicht autonom steuern kann, sondern dabei auf den Nachfrager und dessen *Mitwirkungsbereitschaft und -fähigkeit* angewiesen ist. Das ist nicht nur im Kostencontrolling, sondern auch im → Qualitätscontrolling (→ Qualitätscontrolling bei Dienstleistungen, → Dienstleistungsmanagement) zu berücksichtigen.

(4) Bedingt durch die Kundenmitwirkung sind die Leistungsergebnisse, aber auch die Leistungserstellungsprozesse häufig sehr individuell, so dass sich Output (und Prozessverlauf) kaum oder sogar überhaupt nicht standardisieren lassen. Dies erschwert die Definition und Quantifizierung des *Leistungsoutputs*, woraus sich wiederum Probleme für die Kontrolle der Leistungsergebnisse ergeben. Das Dienstleistungscontrolling muss dementsprechend neben einem Ergebniscontrolling (→ Ergebniscontrolling bei Dienstleistungen) ein Controlling des Leistungserstellungsprozesses (→ Prozesscontrolling bei Dienstleistungen) sowie der Leistungspotenziale (→ Potenzialcontrolling bei Dienstleistungen) umfassen, um den Controllingaufgaben umfassend gerecht werden zu können.

(5) Dem Faktor „*Zeit*" kommt bei Dienstleistungen besondere Bedeutung zu, weil die Nachfrager Zeit aufwenden müssen, um eine Dienstleistung in Anspruch nehmen zu können (z.B. Kinobesuch, Urlaubsreise). Dabei werden insbesondere Wartezeiten, die diesen Zeitaufwand erhöhen, meist ungern in Kauf genommen, und auch die Prozessabläufe sollten reibungslos sein. Daher kommt einem → Zeitcontrolling bei Dienstleistungen große Relevanz zu, welches mit dem bereits angesprochenen → Kapazitätscontrolling bei Dienstleistungen in einem engen Zusammenhang steht.

(6) Durch das Zusammenwirken im Leistungserstellungsprozess ergeben sich häufig enge – auch persönliche – Beziehungen zwischen Dienstleistungsanbietern und -nachfragern. Allerdings bringt es die Einflussnahme des Kunden auch mit sich, dass nicht alle *Geschäftsbeziehungen* für den Anbieter wirtschaftlich lukrativ sind. Daher ist ein Geschäftsbeziehungscontrolling bei Dienstleistungen erforderlich, das Phänomene wie Kundenzufriedenheit, Kundenbindung und Kundenwert zum Gegenstand hat (→ Dienstleistungsmanagement).

4. Ausblick: Vom Dienstleistungscontrolling zu einem Controlling der Kundenmitwirkung

Vor dem Hintergrund der Tatsache, dass die unter 2. dargestellten Leistungseigenschaften für Dienstleistungen als typisch gelten, aber nicht geeignet sind, eine klare Grenze zwischen Dienstleistungen auf der einen, Sachleistungen auf der anderen Seite zu ziehen (→ Dienstleistungen), stellt sich die Frage, ob eine Trennung in Sachleistungscontrolling und Dienstleistungscontrolling tatsächlich sinnvoll ist. Auch die in der Praxis immer häufiger vorzufindenden komplexen Leistungsbündel, die sich aus „Sach- und Dienstleistungskomponenten" (im pragmatischen Sinne) zusammensetzen, weisen in eine andere Richtung: Im Mittelpunkt sollte zukünftig möglicherweise eher ein *Controlling der Kundenmitwirkung* stehen, denn darüber lassen sich die Problemfelder des so genannten Dienstleistungscontrollings am ehesten bewältigen, wenn gezielt entsprechende Instrumente (weiter)entwickelt werden (→ Controllinginstrumente bei Dienstleistungen).

Hinweis

Zu den angrenzenden Wissensgebieten siehe → Balanced Scorecard, → Controlling, Grundlagen → Controlling, Informationssysteme, → Controlling, Internationales, → Dienstleistungen (Services), → Dienstleistungsmanagement, → Erfolgscontrolling, → Finanzcontrolling, → Investitionscontrolling, → Marketingcontrolling, → Qualitätscontrolling, → Risikocontrolling.

Literatur: Bruhn, M./Stauss, B. (Hrsg.): Dienstleistungscontrolling – Forum Dienstleistungsmanagement, Wiesbaden 2006; Fischer, R.: Dienstleistungs-Controlling, Wiesbaden 2000; Fließ, S.: Die Steuerung von Kundenintegrationsprozessen, Wiesbaden 2001; Langer, C./Mackowiak, M./Völcker, H. (Hrsg.): Dienstleistungscontrolling, Augsburg 2004; Nagl, A./Rath, V.: Dienstleistungscontrolling, Planegg/München 2004; Reckenfelderbäumer, M.: Marketing-Accounting im Dienstleistungsbereich, Wiesbaden 1995; Salman, R.: Kostenerfassung und Kostenmanagement von Kundenintegrationsprozessen, Wiesbaden 2004; Schweikart, J.: Integrative Prozesskostenrechnung, Wiesbaden 1997; Weber, J. (Hrsg.): Dienstleistungscontrolling, Kostenrechnungspraxis, Sonderheft 2/2002, Wiesbaden 2002; Witt, F.-J.: Dienstleistungscontrolling, München 2003.

Website des Autors: http://www.whl-lahr.de/mkt

Dienstleistungscontrolling, Funktionen

Das *Dienstleistungscontrolling* soll ein rationales → Dienstleistungsmanagement gewährleisten. Dazu bedarf es der Sicherstellung von Effektivität im Sinne einer den Kundenanforderungen entsprechenden Leistungserstellung ebenso wie der Effizienz im Sinne einer wirtschaftlichen Umsetzung aller erforderlichen Aktivitäten. Im Einzelnen kommen dem Dienstleistungscontrolling dabei vier zentrale Funktionen zu:

(1) *Koordinationsfunktion:* Die zentrale Aufgabe des Dienstleistungscontrolling kann darin gesehen werden, die verschiedenen, insbesondere aber die kundenbezogenen Aktivitäten in der Unternehmung aufeinander abzustimmen. Diese Abstimmung wird erforderlich, weil unterschiedliche Abteilungen und Hierarchiestufen an der Leistungserstellung beteiligt sind. Dabei dient die *horizontale* Koordination der Abstimmung zwischen den unterschiedlichen Unternehmensbereichen, während die *vertikale* Koordination die Aktivitäten der verschiedenen Hierarchiestufen zur Aufgabe hat.

(2) *Informationsversorgungsfunktion:* Im Rahmen des Dienstleistungscontrollings müssen die im Rahmen des Dienstleistungsmanagements gewonnenen Informationen mit anderen relevanten Informationen, z.B. aus dem Rechnungswesen, verknüpft werden. Speziell kundenbezogene Informationen sind zu sammeln, auszuwerten und an die entsprechenden Entscheidungsträger weiterzugeben.

(3) *Planungsfunktion:* Das Dienstleistungscontrolling muss Instrumente und Methoden zur Verfügung stellen, die es dem Dienstleistungsmanagement ermöglichen, gezielte und systematische Planung zu betreiben.

(4) *Kontrollfunktion:* Auch für die Kontrolle müssen entsprechende Instrumente und Methoden zur Verfügung gestellt werden, die das Dienstleistungsmanagement nutzen kann. Dabei sind die Verbindungen zwischen Planung und Kontrolle zu berücksichtigen.

Siehe auch → Dienstleistungscontrolling und → Dienstleistungsmanagement, jeweils mit Literaturangaben.

Literatur: Meffert, H./Bruhn, M.: Dienstleistungsmarketing, 4. Aufl., Wiesbaden 2003.

Dienstleistungskosten
siehe → Kostenartenrechnung.

Dienstleistungsmanagement

Dienstleistungsmanagement (Service Management)

von Univ.-Professorin Dr. Sabine Fließ und Dipl.-Kaufmann Ole Wittko
Douglas-Stiftungslehrstuhl für Dienstleistungsmanagement, FernUniversität in Hagen

1. Grundlagen

Der Begriff „Dienstleistungsmanagement" („Service Management") beschreibt die zielorientierte Gestaltung, Steuerung und Entwicklung von → Dienstleistungen. Die Besonderheiten des Dienstleistungsmanagements ergeben sich insbesondere aus der Mitwirkung des Kunden bei der Leistungserstellung (→ Kundenintegration): Die *Kundenintegration* erfordert zum einen die Einbeziehung des Kunden im Rahmen der Spezifizierung und Erstellung der konkreten Dienstleistung, beeinflusst zum anderen aber auch die Entscheidungen des Dienstleistungsanbieters im Rahmen der Bereitstellung seiner allgemeinen Leistungsbereitschaft.

Im Dienstleistungsmanagement unterscheidet man als *potenzielle Ansatzpunkte* für die Gestaltungs-, Steuerungs- und Entwicklungsaufgaben: (1) Das Dienstleistungsergebnis (→ Leistungsergebnis), (2) den Ablauf der Dienstleistungserstellung (→ Leistungserstellungsprozess) und (3) die vorab vom Dienstleistungsanbieter bereitgestellten Faktoren (Gebäude, Personal etc.) (→ Leistungspotenzial). Da sich das angebotene Dienstleistungsergebnis (Dienstleistungsprodukt) primär aus Entscheidungen auf der Ebene des Leistungspotenzials und des Leistungserstellungsprozesses ergibt, reduzieren sich die *faktischen Ansatzpunkte des Dienstleistungsmanagements* auf diese beiden Dimensionen.

Sie bilden die Grundlage für die Durchführung der folgenden Aufgaben: (1) *Gestaltungsaufgabe,* d.h. die Analyse, Konzeption und Implementierung einer Dienstleistung. (2) *Steuerungsaufgabe,* d.h. die Analyse der Abweichungen des Ist- vom Soll-Zustand, die Ergreifung entsprechender (Gegen-)Maßnahmen sowie die Kontrolle des Erfolges der Dienstleistung. (3) *Entwicklungsaufgabe,* d.h. die Weiterentwicklung der Dienstleistung sowie die Schaffung und Anpassung der notwendigen Rahmenbedingungen. Diese drei Managementaufgaben lassen sich, wie in Abbildung 1 dargestellt, anhand von zwei weiteren *Perspektiven* konkretisieren.

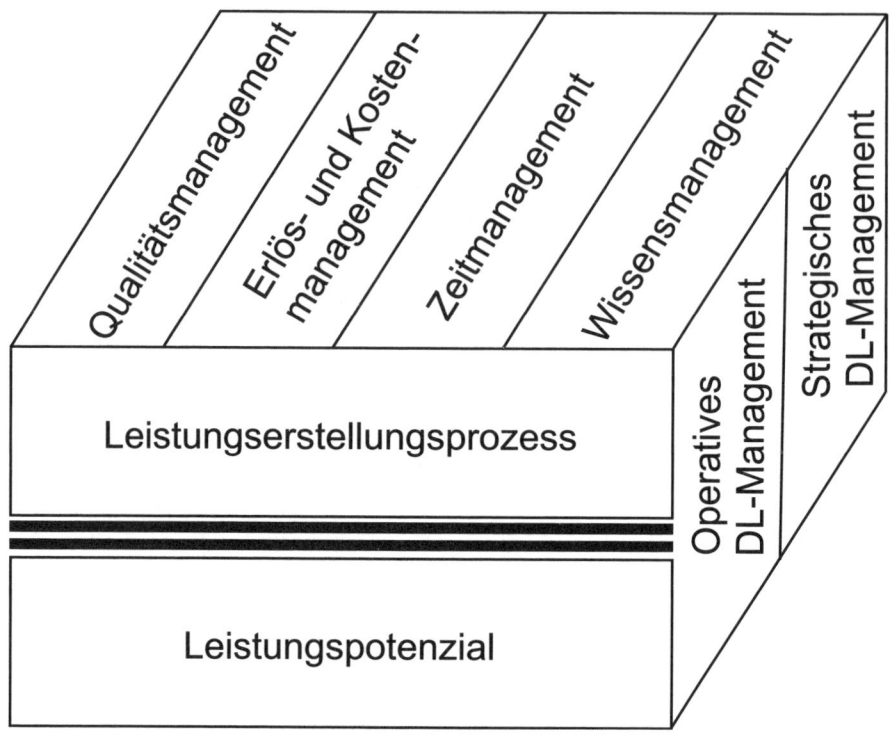

Abb. 1: Perspektiven des Dienstleistungsmanagements

2. Perspektiven des Dienstleistungsmanagements

a) Strategisches und operatives Dienstleistungsmanagement

Die Ziele des Dienstleistungsunternehmens (z.B. Gewinnmaximierung) werden im Rahmen des *strategischen Dienstleistungsmanagements* durch ein Management der Wettbewerbsvorteile und der Kernkompetenzen umgesetzt. In einem ersten Schritt sind Erfolgspotenziale für die Vermarktung der Dienstleistung zu identifizieren und entsprechende Geschäftsmodelle zu entwickeln. Hierbei ist insbesondere die Frage zu klären, wie der Prozess der Wertschöpfung des Unternehmens konfiguriert werden soll, um einen dauerhaften Wettbewerbsvorteil zu erzielen (Gestaltungsaufgabe). Je nach Branche können die → Dienstleistungsprozesse als → Wertkette, → Wertshop oder → Wertnetzwerk konzeptionalisiert werden. Ein weiterer Aspekt der Wettbewerbsstrategie eines Dienstleistungsanbieters besteht in der Entscheidung über die → Standardisierung oder → Individualisierung der Dienstleistung. In einem zweiten Schritt sind dann die Kernkompetenzen zu betrachten: Im Hinblick auf den Leistungserstellungsprozess sind Entscheidungen zu treffen, wie die notwendigen Fähigkeiten zur Abwicklung des Prozesses (Prozesskompetenz) und die Fähigkeiten zur Integration des Kunden in die Leistungserstellung (Integrationskompetenz) aufgebaut werden sollen. Im Hinblick auf das Leistungspotenzial sind Entscheidungen zu fällen, wie Ressourcen mit einer ausreichenden Flexibilität bereitgestellt werden können.

Die Aufgabe des *operativen Dienstleistungsmanagements* ist es, die strategischen Entscheidungen durch Einzelmaßnahmen auf der Ebene der Marktsegmente, der Geschäftsbeziehung oder der Einzeltransaktion zu konkretisieren bzw. auszugestalten. Zielgrößen sind hierbei sowohl die → *Effektivität* als auch die → *Effizienz*. Die wahrgenommene → Dienstleistungsqualität, der gestiftete Nutzen sowie die → Kundenzufriedenheit stellen häufig verwendete Zielgrößen für die Effektivitätsbetrachtungen dar.

Für Effizienzüberlegungen werden meist Produktivitäts- und Kostenkennzahlen herangezogen. Bezugsobjekte des operativen Dienstleistungsmanagements sind das spezifische Dienstleistungsangebot (→ Leistungsergebnis) sowie dessen organisatorische Rahmenbedingungen.

b) Wettbewerbsdimensionen des Dienstleistungsmanagements

Wettbewerb zwischen Anbietern einer Dienstleistung findet auf vier *Dimensionen* statt: (1) Auf der Qualitätsdimension, (2) auf der Kostendimension, (3) auf der Zeitdimension und (4) auf der Informationsdimension. Im Rahmen eines systematischen Dienstleistungsmanagements sind diese vier Wettbewerbsdimensionen in entsprechende Querschnittsfunktionen zu überführen.

3. Querschnittsfunktionen des Dienstleistungsmanagements

a) Qualitätsmanagement

Das Qualitätsmanagement umfasst die Gesamtheit der qualitätsbezogenen Tätigkeiten und Zielsetzungen eines Dienstleistungsunternehmens, d.h. sämtliche Planungs-, Durchführungs- und Kontrollaktivitäten, die auf die Sicherstellung einer hohen → Dienstleistungsqualität abstellen. Voraussetzung für die Ableitung von qualitätssichernden und -verbessernden Maßnahmen ist die Feststellung der Dienstleistungsqualität mittels unternehmens- und kundenorientierter *Messansätze*. Wichtige Messverfahren sind: (1) die → SERVQUAL-Methode (merkmalsorientierte Messung), (2) die → sequentielle Ereignismethode (ereignisorientierte Messung), (3) die Analyse von Kundenbeschwerden (problemorientierte Messung) und (4) der → Fishbone-Ansatz (unternehmensorientierte Messung). Als umfassendes Modell zur Analyse der durch die Messansätze ermittelten → Dienstleistungsqualität dient das sog. → GAP-Modell ("Lückenmodell").

Die Besonderheiten des Qualitätsmanagements von → Dienstleistungen ergeben sich aus der Mitwirkung des Kunden im → Dienstleistungsprozess: (1) Da der → Leistungserstellungsprozess der → Dienstleistung ein (entscheidender) Teil der vom Kunden wahrgenommenen → Dienstleistungsqualität ist (Prozessqualität), müssen auch die Aktivitäten im Rahmen des → Dienstleistungsprozesses sowie deren Wirkungen auf den Kunden betrachtet und gestaltet werden. So sind z.B. Aspekte wie Freundlichkeit oder Flexibilität in die Qualitätsbetrachtungen mit einzubeziehen. (2) Auch das Leistungspotenzial wird vom Kunden in die Qualitätsbewertung mit einbezogen, hier sind insbesondere die Erreichbarkeit bzw. Verfügbarkeit der Dienstleistung sowie die Dienstleistungsumgebung (Servicescape) von Bedeutung. (3) Qualitätsschwankungen der vom Kunden in den Leistungserstellungsprozess eingebrachten → externen Faktoren sind mitverantwortlich für die insgesamt wahrgenommene → Dienstleistungsqualität (z.B. beeinflusst der Verschmutzungsgrad eines Kleidungsstücks die Sauberkeit am Ende des Prozesses einer chemischen Reinigung).

b) Zeitmanagement

Für die zeitliche Gestaltung, Steuerung und Entwicklung von → Dienstleistungen werden aufgrund ihrer Besonderheiten (→ Kundenintegration) zwei Perspektiven zusammengeführt:

Aus *Anbieterperspektive* werden (im Hinblick auf eine größtmögliche → Effizienz) *objektive* Zeitpunkte und -dauern zu Grunde gelegt (z.B. für die Planung von Ressourcen oder die Festlegung von zeitbezogenen Nutzungsentgelten). Aus *Kundenperspektive* (und damit für die Erzielung einer größtmöglichen → Effektivität durch den Anbieter) ist neben der objektiven Zeit auch das subjektive Zeitempfinden (Zeiterleben) des Kunden zu berücksichtigen. Ziel beider Perspektiven ist die Optimierung des zeitlichen Verlaufs einer → Dienstleistung im Hinblick auf vier Zeittypen: (1) *Transferzeit*, d.h. Zeiten der An- und Abfahrt; (2) *Abwicklungszeit*, d.h. Zeiten für die formale Abwicklung des Prozesses; (3) *Transaktionszeit,* d.h. Zeiten für die faktische Durchführung des → Leistungserstellungsprozesses; (4) *Wartezeit*, in welcher der Kunde zur Verfügung stehen muss, ohne dass anderweitige Abwicklungen oder Transaktionen durchgeführt werden. Während bei → Zeitspar-Dienstleistungen neben den in den meisten Fällen zu minimierenden Zeittypen (1), (2) und (4) z.T. auch die Transaktionszeit (3) minimiert werden sollte, stellt diese bei → Zeitvertreib-Dienstleistungen eine Nutzen stiftende Größe dar, die nicht primär Minimierungsbestrebungen unterworfen werden darf.

c) Kosten- und Erlösmanagement

Die Besonderheiten des Kosten- und Erlösmanagements von → Dienstleistungen ergeben sich aus der Mitwirkung des Kunden im → Dienstleistungsprozess. Bei der operativen *Gestaltung der Erlöse* (vgl. → Preispolitik) müssen drei Besonderheiten beachtet werden: (1) Bei der → Individualisierung einer → Dienstleistung wird die Preisbestimmung für den Anbieter aufgrund mangelnder Vergleichbarkeit schwieriger, eröffnet für ihn aber einen preispolitischen Spielraum, um von einzelnen Kunden (-segmenten) individuelle Preise zu verlangen. (2) Die Dienstleistung besteht vor Inanspruchnahme durch den Nachfrager nur als Leistungsversprechen, d.h. es liegt eine geringere Vergleichbarkeit für den Nachfrager vor (geringere Preistransparenz). (3) Bei einer → Externalisierung von Aktivitäten verlangt der Nachfrager eine Preisreduktion für die von ihm zusätzlich übernommenen Aktivitäten.

Im Hinblick auf die *Kostenerfassung und -zurechnung* ergeben sich die folgenden Besonderheiten: (1) Da sich → Dienstleistungen i.A. durch einen hohen Anteil von → *Fixkosten* auszeichnen, befasst sich das Kostenmanagement von Dienstleistungen insbesondere mit der Vermeidung von Bereitschaftskosten durch eine Optimierung der Auslastung der → Kapazitäten (→ Yield-Management). (2) Die Verrechnung der → *Gemeinkosten* bei der Erstellung einer → Dienstleistung sollte aufgrund des Prozesscharakters der Leistungserstellung bestmöglich über eine → Prozesskostenrechnung abgewickelt werden.

d) Informationsmanagement
Aufgabe des Informationsmanagements ist die Gewinnung und Aufbereitung von Daten sowie die Speicherung und zweckorientierte Bereitstellung von Informationen. Hierbei fließen zum einen die durch → Marktforschung (oder aus vergangenen Transaktionen) erhobenen Daten in die *Gestaltung* des → Leistungspotenzials ein (*Potenzialinformationen*). Für die *Steuerung* des → Dienstleistungsprozesses sind zum anderen auch *externe steuernde Prozessinformationen* notwendig. Diese umfassen die Anforderungen des Nachfragers an den Ablauf der Erstellung einer Dienstleistung.

4. Das ServiceBlueprint als Instrument des operativen Dienstleistungsmanagements

Ein effektives Instrument zur Analyse, Gestaltung und Steuerung von → Dienstleistungen stellt das Ebenenkonzept des → *ServiceBlueprints* dar. Ein ServiceBlueprint enthält die chronologische Darstellung aller im → Leistungserstellungsprozess und im → Leistungspotenzial einer → Dienstleistung anfallenden Aktivitäten. Die Aktivitäten werden durch fünf sog. Linien einzelnen analytischen Ebenen zugeordnet (vgl. → Dienstleistung). Durch die Betrachtung sowohl der Kunden- als auch der Anbieterperspektive ermöglicht das → ServiceBlueprint eine integrative Analyse des → Dienstleistungsprozesses: Einzelne Gestaltungsoptionen können in ihren Auswirkungen auf die Faktoren der Querschnittsfunktionen (Qualität, Zeit, Kosten, Informationen) dokumentiert und im Hinblick auf eine Optimierung analysiert werden. So können → Dienstleistungsprozesse z.B. durch das Erweitern bzw. Verkürzen einzelner Aktivitätenbereiche entsprechend der Bedürfnisse des Nachfragers gestaltet werden: (1) Eine Verschiebung der Interaktionslinie zwischen Anbieter und Nachfrager führt zu einer *Änderung der Arbeitsteilung* zwischen den beiden Parteien, d.h. entweder der Anbieter oder der Nachfrager übernehmen zusätzliche Aktivitäten (→ Internalisierung; → Externalisierung). (2) Eine *Erweiterung des sichtbaren Bereichs* (zusätzliche Aktivitäten oberhalb der Sichtbarkeitslinie) bietet dem Nachfrager breitere Bewertungsmöglichkeiten z.B. im Hinblick auf die → Dienstleistungsqualität. (3) Eine stärker → *autonome Disposition* führt zu einer → *Standardisierung* der Dienstleistung: Es werden mehr Aktivitäten unterhalb der Vorplanungslinie im standardisierten → Leistungspotenzial und weniger im integrativen → Leistungserstellungsprozess durchgeführt.

Hinweis

Zu den angrenzenden Wissensgebieten siehe → Benchmarking, → Category Management, → Customer Relationship Management (CRM), → Dienstleistungen (Services), → Dienstleistungscontrolling, → E-Commerce, → Efficient Consumer Response, → Electronic Procurement, → Industriegütermarketing, → Kommunikationspolitik, → Konsumentenverhalten, → Kundenzufriedenheit, → Marketing, Grundlagen, → Marketing, Internationales, → Marktforschung, → Preispolitik, → Produktpolitik, → Vertriebspolitik.

Literatur: Bruhn, M./Meffert, H. (Hrsg.): Handbuch Dienstleistungsmanagement. Von der strategischen Konzeption zur praktischen Umsetzung, 2. Auflage, Wiesbaden 2001; Bruhn, M./Stauss, B. (Hrsg.): Dienstleistungsqualität. Konzepte, Methoden, Erfahrungen, Wiesbaden 2000; Corsten, H.:

Dienstleistungsmanagement, 4. Auflage, München 2001; Fließ, S.: Prozessorganisation in Dienstleistungsunternehmen, Stuttgart 2006; Fließ, S.: Die Steuerung von Kundenintegrationsprozessen. Effizienz in Dienstleistungsunternehmen, Wiesbaden 2001; Fließ, S./Kleinaltenkamp, M.: Blueprinting the Service Company: Managing Service Processes Efficiently; in: Journal of Business Research, Vol. 57 (2004), No. 4, S. 392-404; Grönroos, C.: Service management and marketing: A customer relationship management approach, Chichester 2000; Kleinaltenkamp, M: Integrativität als Kern einer umfassenden Leistungslehre; in: Marktleistung und Wettbewerb: Strategische und operative Perspektiven der marktorientierten Leistungsgestaltung, hrsg. von K. Backhaus/B. Günter/M. Kleinaltenkamp/W. Plinke/H. Raffée, Wiesbaden 1997, S. 83-115; Meffert, H./Bruhn, M.: Dienstleistungsmarketing. Grundlagen, Konzepte, Methoden, 4. Auflage, Wiesbaden 2003; Meyer, A. (Hrsg.): Handbuch Dienstleistungsmarketing, Band 1 und 2, Stuttgart 1998; Zeithaml, V./Bitner, M.: Services marketing: Integrating customer focus across the firm, 2nd Edition, Boston 2000; sowie die jährlich von M. Bruhn und B. Stauss im Gabler Verlag herausgegebene Buch-Reihe „Forum Dienstleistungsmanagement" (ehemals „Jahrbuch Dienstleistungsmanagement").

Internetadressen: (Forschungsinstitutionen) http://www.servsig.org/, http://www.rhsmith.umd.edu/ces/index.html, http://wpcarey.asu.edu/csl/, http://www.ctf.kau.se/

Websites der Autoren: http://www.fernuni-hagen.de/BWLDLM, http://www.serviceblueprint.de

Dienstleistungsprozess
Abfolge von Aktivitäten (Prozess), durch die eine → Dienstleistung erbracht wird. Der Dienstleistungsprozess stellt aus Anbietersicht die Kombination der autonomen Aktivitäten des → Leistungspotenzials und der kundeninduzierten Aktivitäten des → Leistungserstellungsprozesses dar. Diese Aktivitäten entfalten ihre Wirkung für den Kunden an den von ihm in den Prozess eingebrachten → externen Faktoren. Neben den *Anbieteraktivitäten* werden auch die *vom Kunden durchzuführenden Aktivitäten* zum Dienstleistungsprozess gerechnet. Die Gestaltung des Dienstleistungsprozesses wird im Rahmen des operativen → *Dienstleistungsmanagements* vorgenommen, wobei für die Darstellung, Analyse und Optimierung des Dienstleistungsprozesses auf das Konzept des → ServiceBlueprints zurückgegriffen wird.

Dienstleistungsqualität
(*Service Quality*) ist die realisierte Beschaffenheit einer → Dienstleistung bezüglich der Qualitätsanforderungen. Die Beschaffenheit kann grundsätzlich über zwei Ansätze ermittelt werden: Während der *objektive Qualitätsbegriff* an den technischen und damit objektiv messbaren Eigenschaften einer Dienstleistung ansetzt, unterstellt der *subjektive Qualitätsbegriff*, dass die Dienstleistungsqualität durch die vom Nachfrager vorgenommene subjektive Interpretation bestimmter Eigenschaften einer Dienstleistung determiniert ist.
Aufgrund der unterschiedlichen Phasen einer → Dienstleistung kann zwischen unterschiedlichen Teilqualitäten unterschieden werden: (1) Die *Potenzialqualität* umfasst die Bewertung der räumlichen, technischen, organisatorischen und personenbezogenen Leistungsvoraussetzungen (→ Leistungspotenzial) des Dienstleistungsanbieters (z.B. Ausstattung des Unternehmens, Öffnungszeiten). (2) Die *Prozessqualität* bezieht sich auf alle kundenbezogenen Aktivitäten des Dienstleisters während des → Leistungserstellungsprozesses (insbesondere Verhalten und Auftreten der Kundenkontaktmitarbeiter an den → Kundenkontaktpunkten). (3) Die *Ergebnisqualität* umfasst die Beurteilung der erbrachten Dienstleistung bzw. den Grad der sachlichen Erfüllung der Leistungsziele am Ende des Leistungserstellungsprozesses. Die Gestaltung, Steuerung und Optimierung der Dienstleistungsqualität wird im Rahmen des → Dienstleistungsmanagements vorgenommen.
Zur *Messung der Dienstleistungsqualität* werden u. a. die → SERVQUAL-Methode und die → sequentielle Ereignismethode verwendet. Für eine Ursachen-Analyse bei Qualitätsproblemen wird meist der → Fishbone-Ansatz eingesetzt.
Siehe auch → Dienstleistungen, → Dienstleistungsmanagment und → Dienstleistungscontrolling, jeweils mit Literaturangaben.

Literatur: Bruhn, M.: Qualitätsmanagement für Dienstleistungen: Grundlagen, Konzepte, Methoden, 5. Auflage, Berlin 2004; Bruhn, M./Stauss, B. (Hrsg.): Dienstleistungsqualität: Konzepte, Methoden, Erfahrungen, 3. Auflage, Wiesbaden 2000; Fließ, S.: Qualitätsmanagement bei Vertrauensgütern; in: Marketing – ZFP, 25. Jg. (2004), Spezialausgabe "Dienstleistungsmarketing", S. 37-48.

Dienstleistungsstelle

Dienstleistungsstellen führen Unterstützungsaufgaben für mehrere → Leitungsstellen durch. In großen Unternehmen ist es oftmals sinnvoll, unterstützende Stellen auch mit Entscheidungskompetenzen auszustatten. Die so geschaffenen zentralen Dienstleistungsstellen (Servicestellen, Service Center) übernehmen eine Reihe von begrenzten Aufgaben, für die ursprünglich Linienstellen zuständig waren. Siehe auch → Dienstleistungen und → Dienstleistungsmanagement.

Differenzialquotient

Quotient einer beliebig kleinen absoluten Änderung der Funktionsweise $f(x_0 + dx) - f(x_0)$ einer → Funktion f und einer beliebig kleinen absoluten Änderung dx ihrer → Variablen x in einem Punkt x_0. Der Zahlenwert $f'(x_0)$ des Differenzialquotienten wird → Ableitung von f in x_0 genannt:

$$f'(x_0) = \lim_{dx \to 0} \frac{f(x_0 + dx) - f(x_0)}{dx}$$

Siehe auch → Wirtschaftsmathematik (mit Literaturangaben).

Differenzieren

Berechnung der Ableitung $f'(x_0)$ einer → Funktion in einem Punkt x_0 bzw. der → Ableitungsfunktion f' einer Funktion. Zu diesem Zweck wird jeweils der → Differenzialquotient gebildet. Siehe auch → Ableitung, mathematische und → Funktion, mathematische sowie → Wirtschaftsmathematik (mit Literaturangaben).

Differenzinvestition

Die Differenzinvestition kennzeichnet die Unterschiede zwischen den → Zahlungsreihen (Höhe der einzelnen Zahlungen, Laufzeit) beim Vergleich zweier Investitionsobjekte; siehe → Investitionsrechnungen, dynamische; → Kapitalwert; → interner Zins; → Baldwin-Zins.

Digital Divide

siehe → Digitale Spaltung.

Digitale Abschreibung

ist eine spezifische Variante der → arithmetisch-degressiven Abschreibung, bei welcher der → Degressionsbetrag der letzten Abschreibungsrate entspricht und die somit zu einem Restbuchwert von Null führt. Der Degressionsbetrag ist einfach durch Division des Abschreibungsausgangsbetrages durch die Summe der Nutzungsdauerjahre zu ermitteln.

Digitale Organisation

Begriff im Kontext von betriebswirtschaftlicher Managementlehre und Wirtschaftsinformatik. Bezeichnung für Organisationen/Unternehmen mit durchgängig computerisierten Geschäftsprozesse über die Unternehmensgrenzen hinaus (Kunden, Zulieferer, Strategische Partner etc.).

Literatur: Laudon, K. C., Laudon, J. P. Management Information Systems, Managing The Digital Firm, 9th ed., Upper Saddle River 2006.

Digitale Signatur

siehe → digitale Unterschrift.

Digitale Spaltung

(*Digital Divide*). Der Begriff ‚Digitale Spaltung' umschreibt das Phänomen, dass sich die heutige Gesellschaft im Hinblick auf die Nutzung und Akzeptanz neuer Medien aufteilt in eine sog. Online- und

Offline-Gesellschaft. Unter Online-Gesellschaft versteht man den Teil der Bevölkerung, der Zugang zu neuen Medien bzw. insbesondere zum Internet hat, diesen aufgeschlossen gegenüber steht und sich diese Instrumente auch zunutze macht, während die Offline-Gesellschaft u.U. keinen Zugang hat, gegenüber der Internetnutzung auch Vorbehalte hat und so von zahlreichen Inhalten und Anwendungsbereichen ausgeschlossen ist.

Siehe auch → Electronic Government (mit Literaturangaben).

Literatur: Krcmar, H.; Wolf, P. (2002). Ansätze zur Überwindung der Digitalen Spaltung. In Welker, M.; Winchenbach, U. (Eds.), *Herausforderung "Internet für alle" Nutzung, Praxis, Perspektiven* (pp. 29-42). Stuttgart: MFG Medienentwicklung Baden-Württemberg. Kubicek, H.; Welling, S. (o.J.). Vor einer digitalen Spaltung in Deutschland? In: http://www.alle.de/transfer/downloads/MD110.pdf

Internetadresse: Stiftung Digitale Chancen (Ed.) Stiftung Digitale Chancen. In: http://www.alle.de/

Digitale Unterschrift

Verfahren zur Bestätigung der Echtheit eines elektronischen Dokumentes sowie zur Authentizität des Absenders.

Digitales Marketing

Digitales Marketing

von Professorin Dr. Elke Theobald – Hochschule Pforzheim

1. Begriffsdefinition

Der Begriff Digitales Marketing umfasst die Planung, die Realisierung und die Kontrolle sämtlicher Marketingaufgaben unter Einsatz von digitalen, d.h. computerbasierten Systemen oder Hilfsmitteln. Das Kunstwort „Digitales Marketing" ist ein Sammelbegriff, der eine Vielzahl unterschiedlicher Aufgaben, Instrumente und Methoden im Marketing unter Bezugnahme auf das gemeinsame Hilfsmittel, die eingesetzte digitale Technologie, zusammenfasst. Die Disziplin als Querschnittsfunktion zwischen Digitaltechnologie und Marketinganwendung benötigt zum optimalen Einsatz Erkenntnisse, Verfahren und Methoden aus beiden Welten.

2. Strukturierung des Erkenntnisobjektes

Die differenzierte Darstellung des Digitalen Marketing in seiner Struktur und seiner *Zielsetzung* zeigt die unterschiedlichen Facetten des Begriffs. Als Querschnittsfunktion unterstützt das Digitale Marketing alle Stufen, Funktionen und Prozesse des Marketing mit Hilfe der digitalen Technologie. Die Digitalisierung von Marketingprozessen kann in Abhängigkeit vom Anwendungsgebiet strukturell differenziert betrachtet werden: (1) Digitales Marketing nach dem Wirkungsbereich: Digitales Marketing mit einer nach innen gerichteten Wirkung und Digitales Marketing mit Außenwirkung. (2) Digitales Marketing nach den verschiedenen Märkten: Digitales Marketing auf Absatzmärkten und Digitales Marketing z.B. auf Beschaffungs- oder Personalmärkte. (3) Digitales Marketing in den Phasen des Marketingprozesses: Digitale Marketingplanung (Strategie), Digitale Marketingkonzeption, Digitalisierung der Marketingrealisierung und des Marketingcontrollings. (4) Digitales Marketing beim Einsatz der einzelnen Marketinginstrumente: In der → Marktforschung, der → Produktpolitik, der → Distributionspolitik, der → Preispolitik und der → Kommunikationspolitik. (5) Digitales Marketing vor dem Hintergrund der betriebswirtschaftlichen und marketingorientierten Zielsetzung: Marketing Information, Marketing Automation, Marketing Entscheidungsunterstützung.

Der Grad der Digitalisierung der einzelnen Anwendungsbereiche kann dabei folgende Ausprägungen annehmen: (1) Die vollkommene Unterstützung der Marketingaufgaben durch die Systeme des Digitalen Marketing (z.B. → Data Warehouse, → OLAP). (2) Die Unterstützung oder Ersetzung traditioneller Marketingaufgaben durch Systeme des Digitalen Marketings (z.B. → E-Commerce im Bereich der Distribution). (3) Die Neudefinition von Marketingaufgaben unter Einsatz von digitalen Systemen wie z.B. → Data Mining.

3. Zieldimensionen des digitalen Marketing

So vielfältig wie die Ansätze zur Strukturierung des Digitalen Marketing sind, so unterschiedlich können auch die Zielsetzungen sein, die mit dem Digitalen Marketing verfolgt werden: (1) Digitales Marketing zur Vereinfachung von Prozessen bzw. zur handhabbar Machung von Daten(mengen) z.B. im Bereich Marketing Automation oder Databased Marketing. (2) Digitales Marketing zur Verbesserung der Qualität und der Quantität der benötigten und verfügbaren Informationen (z.B. → Data Warehouse, → Data Mining). (3) Digitales Marketing zur Ausschöpfung von Kosteneinsparungspotentialen (z.B. Computer Aided Selling, → E-Commerce). (4) Digitales Marketing als Möglichkeit zur Erschließung neuer Marktpotentiale, indem marketingpolitische Instrumente zielspezifischer eingesetzt werden können und Marktsegmente adressierbar werden, die bislang unprofitabel oder unerreichbar waren. (5) Digitales Marketing zur Beschleunigung von Marketing- und Unternehmensprozessen z.B. in der computergestützten Marktforschung oder bei Managementinformationssystemen. (6) Digitales Marketing zur Schaffung von integrierten Systemen, die eine größere Transparenz von Markt- und Unternehmensdaten ermöglichen. (7) Digitales Marketing als Handlungsmaxime, Methode und Mittel auf digitalen Marktplätzen.

4. Technologien des Digitalen Marketing

Für die Anwendungen im Marketing ist es irrelevant, bei der Betrachtung der einzelnen Lösungen zwischen Hardware und Software zu unterscheiden. Wichtig ist im vorliegenden Zusammenhang die Problemlösungskompetenz der einzelnen Anwendungen, seien sie nun primär hardware- oder softwarebasiert. Computerbasierte Systeme gibt es für vielfältige Anwendungen im Marketing, z.B. Computergesteuerte Auftragsüberwachung, Telefonmarketing, Multimediale Kommunikationsinstrumente, Digitale Absatzkanäle (z.B. → E-Commerce), Außendienststeuerung, Absatzprognose/Marktforschung, Integrierte Warenwirtschaftssysteme, Marketinginformationssysteme, Entscheidungsunterstützungssysteme u.v.m. Für die strukturierte Betrachtung der marketingrelevanten Computersysteme werden die einzelnen Anwendungen im Rahmen des Marketingmanagement-Prozesses in folgende Kategorien klassifiziert: (1) Systeme zur Erfassung von Marketingdaten bzw. Marktdaten, z.B. mobile Erfassungsgeräte für Marktforscher im Feld, Digitale Kameras zur Aufzeichung von Kundenreaktionen, Apparative Messverfahren z.B. zur Messung der Werbewirkung, → CRM-Systeme zur Erfassung der Kundendaten und des Kundenlebenszyklus. Neben Sensortechnik für die Messung von Probanden-/Kundenreaktionen spielen hier vor allen Dingen die Speicherkapazitäten und Aufzeichnungsmöglichkeiten sowie die Datenübermittlungs- bzw. Datentransferfähigkeiten eine große Rolle. (2) Systeme zur Weiterbearbeitung und gemeinsamen Bearbeitung von Marketingdaten. Die einfachsten und gängigsten Systeme sind hier die weit verbreiteten Office-Programme (→ Office Anwendung). In diesem Zusammenhang sind allerdings auch die → DTP-Programme zu nennen, die ebenfalls zur Visualisierung und Verbreitung der Marketingdaten verwendet werden. Gängige → Groupware-Systeme bieten den gemeinsamen Zugriff z.B. auf Kundendaten für alle Marketingmitarbeiter an. → Dokumenten- und → Workflowmanagementsysteme standardisieren den Arbeitsprozess im Marketing. Spezialprogramme z.B. zur Sicherstellung der Adressqualität (Dublettenfilterung, Datenanreicherung/-vervollständigung etc.) werden in der Regel zur Bearbeitung der Kundendaten eingesetzt. (3) Systeme zur Verarbeitung von Marketingdaten. Eine sehr wichtige Voraussetzung in diesem Zusammenhang ist die Kundendatenbank bzw. das CRM-System. Die Kundendaten sind sehr häufig die Basis, auf der die weiteren Verarbeitungsprozesse im Marketing aufsetzen. Ein Beispiel für die Weiterverarbeitung der Marketingdaten ist z.B. das → Direktmarketing. Aber auch → Data Mining setzt auf der Weiterverarbeitung von Marketingdaten z.B. aus den Kassensystemen auf. (4) Systeme zur Speicherung und Auswertung von Marketingdaten. Das primäre Medium zur Speicherung von Marketingdaten sind Datenbanken, die man in diesem Anwendungsfall als Marketingdatenbanken bezeichnen kann. Dies können z.B. Kunden- und Produktdatenbanken sein. Zentrale Aufgaben der Marketingdatenbanken sind die Speicherung von Marketingdaten aus unterschiedlichen Quellen, die Verfügbarmachung des zentralen Datenbestandes für alle relevanten Nutzer, die dauerhafte Zurverfügungstellung der Informationen, die Verknüpfung der Informationen je nach Fragestellung und die einfache Handhabung der Informationsabrufe bzw. der Informationsweiterverarbeitung. Anwendungen, die schwerpunktmäßig die Auswertung von Marketingdaten unterstützen, sind zunächst die Statistiksoftwarepakete, die vor allen Dingen in der → Marktforschung angewendet werden. Immer häufiger finden sich allerdings → Business-Intelligence-Systeme im Einsatz, die die Marketingdaten mit verschiedenen anderen Datenquellen verknüpfen und durch elaborierte Analysen erweiterte Erkenntnisse ermöglichen. (5) Systeme zur Unterstützung von Marketingentscheidungen. Im Marketing existieren eine Reihe von Informationssystemen, die man unter folgenden Begriffen wieder findet: Managementinformationssysteme, → Marketing-Informationssysteme, Absatzinformationssysteme, Kundeninformationssysteme oder Computer Aided Selling. (6) Endkundensysteme in Marketingkommunikation und Verkauf. Es gibt die unterschiedlichsten Endkundensysteme, die entweder zum Zweck der Waren- und Unternehmenspräsentation oder zum direkten Verkauf eingesetzt werden. Die innovativsten computergestützten Systeme werden heute unter dem Schlagwort → Multimedia zusammengefasst

5. Interne Informationsquellen des digitalen Marketing

Betrachtet man das Digitale Marketing hinsichtlich der organisatorischen Einheiten in den Unternehmen stellt man fest, dass fast alle Unternehmensbereiche von den Digitalisierungsprozessen betroffen sind und Informationen für das Digitale Marketing liefern bzw. Informationen aus dem Digitalen Marketing beziehen. In der Folge seien einige Beispielanwendungen genannt: (1) → Marketing & → Vertrieb: Produktinformation auf CD-ROM oder für Online Stores, Presseinformation im Netz, Digitale Produktkataloge, Preislisten-Updates, Auftragsbearbeitung in integrierten Systemen, Online-Promotion, virtuelle Messen, Datenbasis für Marketinginformationssysteme. (2) → Marktforschung: Laufende Wettbewerbsbeobachtung im Internet, Systematische Kundendatenanalyse, Online-Erhebungen, User-Tracking im Internet, CATI, digitale Sekundärmarktforschung. (3) Verwaltung: Archive der Unternehmensdaten z.B. Finanzbuchhaltung, → Controlling mit Hilfe computerbasierter Systeme, digitale Projektkalkulationen, Online-Projektplanung u. -überwachung, integrierte Auftragsbearbeitung. (4) Beschaffung: Online-Bestellformulare, digitale Bestellüberwachung, Computergestützte Lieferanten- und Produktverwaltung, Elektronische Ausschreibungen. (5) Forschung & Entwicklung: CAD-Daten, Entwicklungsbibliotheken, Simultanious Engineering, Virtuelle Projektteams, Technische Dokumentation. (5) Produktion: Lagerverwaltung, Verfügbarkeitsprüfung, Fertigungssteuerung, Auftragsverfolgung, Betriebsdatenerfassung, Produktionsplanung und –steuerung (PPS). (6) Kundendienst: Online-Problemmeldung, Remote-Fehlerbeseitigung, Wartung und Diagnose via Netzwerk, Beschwerdemanagement/Customer Care, Trouble-Shooting-Datenbank (7) Personalwesen: Online-Stelleninformation und -Bewerbung, elektronische Personalakte, eLearning, Computergestütztes Vorschlagwesen, Mitarbeiterinformationen im Intranet.

6. Anwendungsgebiete des Digitalen Marketing im Rahmen der Marketingpolitik

Wählt man einen Teilbereich des Digitalen Marketing aus und betrachtet die dort möglichen Anwendungen, so zeigt sich sehr schnell, wie breit die Unterstützungs-, Substitutions- und Innovationspotentiale durch Digitales Marketing sind. Es sollen in der Folge exemplarische Anwendungen in den einzelnen Marketingdisziplinen aufgeführt werden: (1) → Markt-/Marketingforschung: Computergestützte Befragungen, Online-Marktforschung, Online-Panel, Experten-Focus-Groups online, Computergestützte Prognosesysteme. (2) → Produktpolitik: Virtuelle/Vernetzte Produktentwicklungsteams, Rapid Prototyping, Computer Aided Design, Computergestützte Analyse der Programmstruktur, Computergestützte Diagnose- und Wartungssysteme. (3) → Vertriebspolitik: Computergestützte Warenwirtschaftssysteme, Computer Aided Selling, Computergestützte Logistiksteuerung u. Auslieferungsplanung, Packmittelverfolgung/Tracking, Teleshopping, E-Commerce. (4) Kontrahierungspolitik: Computergestützte Preisfindungsmodelle u. Preisstrategiesimulation, Simulationen für Preisdifferenzierungsmodelle u. Rabattmodell, Online-Kreditierungsrechner. (5) → Kommunikationspolitik: Computergestützte Ermittlung des Werbebudgets, Programme zur Mediaplanung, Direktwerbeaktionen, Online-Werbung, Infoterminals, Databased Marketing, unternehmensweite Wissensdatenbanken für den Bereich Customer Care. (6) → Marketing-Mix allgemein: Kundendatenbanken, Produktdatenbanken, Planspiele/Marketingsimulationen.

Hinweis

Zu den angrenzenden Wissensgebieten siehe → Business Intelligence, → Customer Relationship Management (CRM), → Data Warehouse, → E-Commerce, → Electronic-Procurement, ERP-Systeme

(Enterprise Resource Planning-Systeme), → Handelsbetriebslehre, → Internationales Marketing, → Internet-Kommunikationspolitik, → Kommunikationspolitik, → Marketing, Grundlagen, → Marktforschung, → Medienökonomie, → Mobile Commerce, → Multi-Kanal-Dialog Marketing, → Prozessmanagement, → Vertriebspolitik, → Vertriebswege, neuere, → Workflow-Management.

Literatur: Theobald, Elke: Digitales Marketing. – In: Poth, L. (Hrsg.): Loseblattwerk Marketing, Luchterhand Verlag, Neuwied, Dezember 2000, S. 1 - 70. Schulmeyer, Christian; Theobald, Elke: Strategische Markenführung im Internet – E-Branding: Marken im Netz. – In: Gaiser, Brigitte; Linxweiler, Richard u.a. (Hrsg.) Praxisorientierte Markenführung. Neue Strategien, innovative Instrumente und aktuelle Fallstudien. Gabler Verlag 2005, S. 387-401; Merz, M: Electronic Commerce. Marktmodelle, Anwendungen und Technologien, Heidelberg 1999; Mülder, W.; Weis, C.: Computerintegriertes Marketing, Ludwigshafen 1996; Pispers, R.; Riehl, S.: Digital Marketing. Funktionsweise, Einsatzmöglichkeiten und Erfolgsfaktoren multimedialer Systeme, Bonn 1997.

Website der Autorin: www.hs-pforzheim.de

DIHK
Abk. für → Deutsche(r) Industrie- und Handelskammer(tag).

Dimension
(in der → Wirtschaftsinformatik) ist eine Betrachtungsperspektive, die der eindeutigen, orthogonalen Strukturierung des Datenraums dient, z.B. Zeit, Region oder Produkt. Im Gegensatz zu → Fakten haben Dimensionen einen deskriptiven Charakter und stellen die Attribute zu den Fakten dar. Dimensionsdaten beinhalten dabei die einzelnen Ausprägungen dieser Attribute. Diese Ausprägungen können Dimensionselementen zugeordnet werden, die innerhalb der Dimension eine Hierarchie, d.h. einen nicht zyklischen gerichteten Graphen (auch: Verdichtungsbaum) darstellen und den Pfad für die Bildung von Sichten mithilfe von → Drill Down bzw. → Roll Up im Rahmen des → OLAP vorgeben.

Diminishing balance method
siehe → degressive Abschreibung.

DIN
Abk. für Deutsches Institut für Normung e.V., Berlin

DIN 33430
Diese DIN-Norm hat zum Ziel die Qualität der beruflichen, psychologischen Diagnostik zu optimieren. Sie bezieht sich auf den Prozess der Eignungsbeurteilung, auf die Anforderungsanalyse, die diagnostischen Verfahren und auf die Qualifikation der Diagnostiker und wird von den psychologischen Berufsverbänden mitgetragen. Für die betriebliche Praxis bietet sie wichtige Anhaltspunkte und Orientierungsmöglichkeiten zur Beurteilung angebotener Instrumente, Strategien und Durchführungsstandards der Personalauswahl. Siehe auch → Personalauswahl, Instrumente und die dort angegebene Literatur, inbes. Hornke & Winterfeld 2003.

DIN EN ISO 14040 ff.
Abk. für Deutsches Institut für Normung International Standardization Organisation; weltweit anwendbare Umweltmanagement-Normen, die ein Umweltmanagementsystem verlangen.

DIN ISO 9000
die Regeln dieser Norm bilden ein System der Qualitätssicherung von Gütern und Dienstleistungen u.a. mit dem Ziel der → Kundenbindung.

Direct Purchaising
(oder auch *Desk Top Purchaising*) ist die dezentrale Abwicklung der Beschaffungsvorgänge auf der Basis von elektronischen Katalogen. Der Begriff ist dem → E-Procurement unterzuordnen. Auf

deutsch heißt „direct purchaising" soviel wie „direkter Kauf", „direkter Einkauf". Die Beschaffung erfolgt dezentral, d.h. vom Arbeitsplatz desjenigen aus, der ein bestimmtes Gut benötigt und bestellen möchte. Dies führt zu erheblichen Bestellkosteneinsparungen.

Direct Response Radio (DRR)
siehe → Dircet Response Television (DRTV).

Direct Response Television (DRTV)
Um eine Interaktion herzustellen und eine Response- bzw. Dialogfähigkeit zu erreichen, werden in Werbespots oder Werbesendungen Telefon- oder Faxnummer, Internetseiten oder E-Mailadressen, Teletextseiten oder Handy-Kurzwahlen als Kontaktmöglichkeiten angeboten. So soll eine sog. „Direct Response"(DR) erzeugt werden. Direct Response Television (DRTV) bzw. Radio (DRR) ist damit aber noch nicht wirklich erreicht – dies ist erst gegeben, wenn direkt z.B. über eine Fernbedienung Response gegeben werden.

Directive-Shopping
(→ *Steuerrecht, Internationales*). Im Fall des Directive-Shopping gestaltet der Steuerpflichtige seine Verhältnisse so, dass er unter eine EU-Richtlinie, bspw. die → Mutter-Tochter-Richtlinie, fällt. Meist erfolgt dies durch die Zwischenschaltung einer Gesellschaft in einem EU-Staat, mit dem der Heimatstaat des Steuerpflichtigen ein für diesen günstiges → Doppelbesteuerungsabkommen geschlossen hat.

Direct-Mail
bedeutet den Versand von Werbebriefen (→ Mailings). Die Entwicklung des → Direktmarketing begann mit dem reinen Postversandgeschäft (Direct-Mail), wobei Direct-Mail einen Distributionskanal darstellte. Die Versandhändler stellten den Kunden Kataloge oder Prospekte zur Verfügung, aus denen Waren bestellt werden konnten, die dann per Post zugestellt wurden.

Direct-Marketing
siehe → Direktmarketing (mit Literaturangaben).

Direkte Methode der Gewinnermittlung
siehe → Betriebsstättenprinzip.

Direkte Notierung
(bei Devisen), siehe → Preisnotierung.

Direkte Segmentierung
siehe → Segmentierung, direkte.

Direkte Steuern
(*direct tax*). Direkte Steuern sind die Steuern, bei denen → *Steuerschuldner* und → *Steuerträger* identisch sind. Eine Überwälzung der Steuer auf andere Personen ist nicht möglich. Hierzu zählen insbesondere die Steuerarten: → *Einkommensteuer*, → *Körperschaftsteuer*, *Erbschaftsteuer* und *Grundsteuer*.

Direkter Wechselkurs
siehe → Wechselkurs, direkter.

Direktes Leasing
siehe → Herstellerleasing; siehe auch → Leasing.

Direktinvestitionen
kennzeichnen allgemeine grenzüberschreitende Investitionen, die mit der Absicht erfolgen, einen dauerhaften und damit verbunden auch strategischen Einfluss auf eine oder mehrere Unternehmungen auszuüben, die in einem anderen Land als dem → Mutterland der investierenden Unternehmung ansässig sind. Direktinvestitionen sind von sog. → Portfolioinvestitionen abzugrenzen, die meist nur aus kurz- oder mittelfristigen Interessen heraus getätigt werden und bei denen ausschließlich Finanzressourcen transferiert werden, während bei Direktinvestitionen auch Sachressourcen übertragen werden können. Siehe auch → Globalisierung (mit Literaturangaben).

Direktmarketing

Direktmarketing

von Professor Dr. Heinrich Holland – Fachhochschule Mainz

1. Entwicklung und Charakterisierung
Das Direktmarketing hat in den letzten Jahren eine rasante Entwicklung mit beträchtlichen Zuwachsraten erlebt; immer mehr Unternehmen aus den unterschiedlichsten Branchen haben es in ihr Marketing-Instrumentarium übernommen.

Dem direkten Marketing wird von zahlreichen Unternehmen bereits eine größere Bedeutung zugemessen als dem „klassischen" und in der amerikanischen Literatur kursiert der Ausspruch „In ten years all marketing will be direct-marketing". Das Direktmarketing wird sicherlich nicht das klassische → Marketing verdrängen, aber es ergänzt im Rahmen des → Integrierten Marketing das Instrumentarium und führt zu Umschichtungen in der Allokation der Budgets.

Die Entwicklung des Direktmarketing begann mit dem reinen Postversandgeschäft (→ Direct-Mail), daraus hat sich die → Direktwerbung und daraus schließlich das Direktmarketing entwickelt:

Direct-Mail → Direktwerbung → Direktmarketing

Direktwerbung umfasst neben dem → Mailing bereits weitere Kommunikationsmedien wie beispielsweise das Telefon. Mit dem Eintritt des → Telefonmarketing und auch weiterer Medien war der Begriff des → Direct-Mail nicht mehr passend.

Unter Direktmarketing versteht man heute alle Marketing-Aktivitäten, die auf eine gezielte Ansprache der Zielpersonen und eine → Response ausgerichtet sind:

Direktmarketing umfasst
- Marketingaktivitäten mit einer gezielten, direkten Ansprache der Zielpersonen und
- Marketingaktivitäten, die mit mehrstufiger Kommunikationen den direkten Kontakt herstellen wollen, und hat
- das Ziel, eine messbare Reaktion (eine → Response) auszulösen.

Das entscheidende Merkmal des Direktmarketing ist somit die direkte und individuell gezielte Ansprache einer Zielgruppe, die bei einer Aktion realisiert oder zumindest für eine spätere Stufe des Kontaktes angestrebt wird. Diese direkte Ansprache erlaubt eine genaue Erfolgskontrolle, da die Reaktionen auf eine Kampagne schon nach wenigen Tagen eintreten und den Aussendungen genau zugeordnet werden können.

2. Abwägung zwischen klassischem und direktem Marketing
Das klassische Marketing richtet sich an eine Zielgruppe, die sich im Rahmen der → Marktsegmentierung selektieren lässt. Diese Selektion geht aber nicht so weit, dass jeder Empfänger der Werbebotschaft identifiziert werden kann. Die Zielpersonen werden durch Massenmedien angesprochen, wobei zum Teil große Streuverluste in Kauf genommen werden.

Dagegen ist die Botschaft des Direktmarketing an einzelne, individuell bekannte Zielpersonen gerichtet. Zumindest wird der Aufbau einer solchen individuellen Beziehung zwischen dem Absender und dem Empfänger der Botschaft angestrebt. Wegen der interaktiven Kommunikation spricht man beim Direktmarketing auch vom → Dialogmarketing.

Das Direktmarketing beinhaltet wie auch der klassische Marketingbegriff die Werbung als einen Bestandteil. Die → Direktwerbung kann somit nicht vom Direktmarketing abgegrenzt werden, sondern ist ein Teil davon.

Wie das Marketing in verschiedene Instrumente unterteilt wird, lässt sich auch das Direktmarketing in die vier → *Marketing-Instrumente* zerlegen. In allen Marketing-Instrumenten finden sich spezielle Aufgaben des Direktmarketing; vor allem liegen diese in der → Kommunikations- und Distributionspolitik (→ Vertriebspolitik). Im Rahmen eines integrierten Marketing sind alle Aktivitäten aufeinander abzustimmen, um damit eine optimale synergetische Wirkung zu erreichen.

Die Frage danach, wann das Direktmarketing besser geeignet ist als das klassische Marketing und wann eine direkte Kommunikation vorgezogen werden soll, lässt sich pauschal natürlich nicht beantworten. Im Rahmen des → Integrierten Marketing stellt sich nicht die Frage nach dem Entweder-Oder, sondern es ist eine optimale Kombination aller Instrumente zu finden.

3. Vorzüge des direkten Marketings

Allerdings lassen sich einige Bedingungen formulieren, unter denen dem direkten Marketing der Vorzug gegenüber dem klassischen zu geben ist:

- Direktmarketing setzt eine identifizierbare Zielgruppe, ja sogar eine individuell identifizierbare Zielperson voraus, denn anders kann kein direkter Kontakt stattfinden. Die Informationen über den individuellen Kunden oder Interessenten werden in Datenbanken gespeichert und durch das → Database-Marketing für Aktionen genutzt.
- Wenn die Zielpersonen dem Unternehmen bekannt sind, kann es diese direkt, beispielsweise durch → Mailings, ansprechen. Wenn das Unternehmen die Zielpersonen nicht kennt aber diese kennen lernen möchte, können mehrstufige Direktmarketing-Aktionen eingesetzt werden, die zunächst der Ermittlung von Interessenten dienen.
- Bei erklärungsbedürftigen Angeboten können diese Erklärungen wirkungsvoll durch die → Direktmarketing-Medien übermittelt werden.
- Wenn die (potenziellen) Kunden gegenüber dem Produkt ein hohes → Involvement haben, werden sie auch bereit ist, sich mit einem Werbemittel zu diesem Thema zu beschäftigen.
- Wenn das Kaufverhalten mit komplexen Entscheidungsprozessen verbunden ist, kann der Einsatz des Direktmarketing diesen Prozess unterstützen. Impulskaufverhalten findet eher am → Point-of-Sale statt.
- Direktmarketing dient dem Aufbau einer Beziehung. Wenn ein Kauf also kein einmaliges Ereignis ist, sondern es Folgekäufe gibt, kann durch das → Customer Relationship Management (CRM) eine Kundenbeziehung aufgebaut werden mit dem Ziel, dass es auf Grund von Loyalität zu Folgekäufen kommt.
- Direktmarketing ist sinnvoll, wenn der Kauf nicht geringwertig ist, sondern ein bestimmtes Volumen erreicht, so dass die Kosten für den direkten Kontakt wirtschaftlich sind. Der direkte Kontakt ist wesentlich effektiver aber pro Kontakt auch teurer als die Massenkommunikation, die in Tausender-Kontakt-Preisen rechnet; die Kosten müssen sich in die Verkaufspreise der verkauften Produkte einkalkulieren lassen.

Das Marketing vieler Unternehmen hat sich vom Massenmarketing über das Marktlücken- und Marktnischenmarketing mit immer kleiner werdenden Zielgruppen zum individuellen, also zum Direktmarketing entwickelt.

Massenmarketing → Marktlückenmarketing → Marktnischenmarketing → Direktmarketing

Im Direktmarketing wird der *Dialog* mit dem einzelnen, individuell bekannten Kunden oder Interessenten geführt (→ Dialogmarketing, → One-to-One-Marketing, → Multi-Kanal-Dialogmarketing).

Hinweis
Zu den angrenzenden Wissensgebieten siehe → Category Management, → Customer Relationship Management (CRM), → Digitales Marketing, → E-Commerce, → Efficient Consumer Response, → Handelsbetriebslehre, Grundlagen, → Handelsforschung, → Handelsmarketing, → Internet-Kommunikationspolitik, → Kommunikationspolitik, → Konsumentenverhalten, → Kundenzufriedenheit, → Marketing, Grundlagen, → Marketing, Internationales, → Marktforschung, → Medienökonomie, → Mobile Commerce, → Multi-Kanal-Dialog Marketing, → Vertriebspolitik, → Vertriebssteuerung, → Vertriebswege, neuere, → Werbung.

Literatur: Bruhn, M., Relationship Marketing, München 2001; Dallmer, H., (Hrsg.), Das Handbuch, Direct Marketing & More, Wiesbaden 2002; Holland, H., Direktmarketing, 2. Aufl., München 2004; Holland, H. (Hrsg.), Das Mailing, Wiesbaden 2002; Holland, H., Dialogmarketing, München 2002.

Internetadressen: http://www.ddv.de/ http://www.onetoone.de/ http://www.deutschepost.de/dpag?xmlFile=992 http://light.horizont.net/knowhow/dialogmarketing-lexikon/

Website des Autors: http://www.fh-mainz.de/fb_iii/personen/holland/index.shtml

Direktmarketing-Medien
Alle Medien, die eingesetzt werden, um eine Reaktion (→ Response) der angesprochenen Person im Rahmen des → Direktmarketing zu realisieren. Dazu zählen beispielsweise adressierte Werbesendungen (→ Mailing), unadressierte Werbesendungen (Postwurf, Haushaltswerbung), → Telefonmarketing, Anzeigen und Beilagen mit Responsemöglichkeit in Print-Medien, Radio- und TV-Spots mit Responsemöglichkeit und Online-Medien. Siehe auch → Medienökonomie.

Direktorialprinzip
Beim reinen Direktorialprinzip verfügt der Vorsitzende einer Leitungsgruppe über ein Alleinentscheidungsrecht und kann gegen den Willen aller übrigen Mitglieder eine endgültige Entscheidung treffen. Der Vorsitzende ist aber verpflichtet, die Argumente der anderen Mitglieder zur Kenntnis zu nehmen und gestellte Anträge zu behandeln.
Beim Direktorialprinzip in *abgeschwächter* Form wird einer qualifizierten Mehrheit oder den von einer Entscheidung betroffenen Mitgliedern ein Vetorecht eingeräumt. So kann der Vorstandsvorsitzende beziehungsweise der Vorstandssprecher einer Aktiengesellschaft zwar die Gesellschaft allein vertreten und Leitungsentscheidungen treffen, jedoch nicht gegen die Mehrheit der Mitglieder.
Siehe auch → Aufbauorganisation und → Unternehmensführung, jeweils mit Literaturangaben.

Direktversicherer
sind Versicherungsgesellschaften, die Akquisition, Beratung und Betreuung von Kunden ohne Einschaltung von Absatzmitteln gestalten. Das Dienstleistungsgeschäft wird durch den besonders geschulten Innendienst erbracht und Kundenkontakte werden durch Direktmarketingmaßnahmen begründet und gepflegt.

Direktwerbung
umfasst neben dem Einsatz von → Mailings bereits weitere Kommunikationsmedien wie beispielsweise das Telefon. Direktwerbung stellt einen der Entscheidungsbereiche innerhalb des → Direktmarketing dar.

Dirimierung
Anwendungsbeispiel (*Österreich*): Bei Stimmengleichheit von grundsätzlich gleichberechtigten Mitgliedern eines Entscheidungsgremiums, soll die Meinung des Vorsitzenden den Ausschlag geben (Dirimierungsrecht).

Disagio
ist (1) bei Wertpapieren die Differenz zwischen dem → Nennbetrag und einem niedrigeren Kurs und (2) bei Krediten die Differenz zwischen dem → Nennbetrag und einem niedrigeren Zahlungsbetrag. Die Angabe eines Disagios erfolgt in der Regel in Prozent des Nennbetrages. Wird in einer Kreditvereinbarung beispielsweise ein Disagio in Höhe von 10 % vereinbart so bedeutet dies, dass der Kreditnehmer bei einer Kreditsumme von 100.000 Euro (Nennbetrag) nur 90.000 Euro ausbezahlt bekommt. Zurückzuzahlen ist allerdings der volle Nennbetrag in Höhe von 100.000 Euro; Gegenteil → Agio; siehe auch → unter pari.

Discount Bond
siehe → Niedrigverzinsliche Anleihe.

Discounted Cash Flow Return (DCFR)
ist eine wertorientierte Kennzahl, die definiert ist als Quotient aus der Summe der Cash Flows zuzüglich der Marktwertänderung einer Periode und dem Marktwert zu Periodenbeginn. Der Discounted Cash Flow Return ist das Pendant zur Aktienrendite (→ Total Shareholder Return, TSR). Während sich der TSR auf den Marktpreis bezieht, bildet der Discounted Cash Flow Return den "inneren" oder "intrinsic" Marktwert ab, der üblicherweise auf der Basis von → Discounted Cash Flow-Verfahren (DCF-Verfahren) ermittelt wird. Der Zähler des Discounted Cash Flow Return entspricht dem ökonomischen Gewinn der Periode. Für ein einzelnes Investitionsprojekt mit einem Kapitalwert von Null stimmt der erwartete Discounted Cash Flow Return in allen Perioden nach Realisation des Projekts mit dem Kapitalkostensatz überein.
Siehe auch → Kennzahlen, wertorientierte und die dort angegebene Literatur.

Discounted Cash Flow-Method
siehe → Barkapitalwertmethode (in der → *Investitionswirtschaft*).

Discounted Cash Flow-Verfahren
(in der *Unternehmensbewertung*). Die DCF-Verfahren zählen im Rahmen der → Unternehmensbewertung zu den → Gesamtbewertungsverfahren. Hierbei wird der Unternehmenswert durch Diskontierung zukünftiger Cashflows ermittelt, wobei zur Bestimmung des Diskontierungssatzes auf kapitalmarkttheoretische Modelle, im Allgemeinen auf das Capital Asset Pricing Model (CAPM), zurückgegriffen wird. Als Ergebnis der Bewertung wird der Marktwert des Gesamtkapitals ermittelt bzw. der Marktwert des Eigenkapitals, der auch als → Shareholder Value bezeichnet wird. Je nach Definition der bewertungsrelevanten Cashflows aus dem Unternehmen und der anzuwendenden Diskontierungssätze können mehrere DCF-Verfahren unterschieden werden, wobei hier auf den (1) → WACC-Ansatz mit → Free Cashflows, das (2) Nettoverfahren („Equity-Approach") und das (3) Adjusted-Present-Value-Verfahren (APV-Verfahren) verwiesen wird. Die in Zusammenhang mit diesen Verfahren bewertungsrelevanten Cashflows errechnen sich nach folgendem Schema:

	Ergebnis vor Zinsen und Steuern (EBIT)
-	Unternehmenssteuern bei (fiktiv) reiner Eigenfinanzierung
+/-	Aufwendungen/Erträge aus Anlagenabgängen
+/-	Abschreibungen/Zuschreibungen
+/-	Bildung/Auflösung langfristiger Rückstellungen
-/+	Erhöhung/Senkung liquider Mittel
-/+	Erhöhung/Senkung des Nettoumlaufvermögens
-/+	Investitionen/Desinvestitionen
=	*Free Cashflow (FCF)*
+	Steuerersparnis aus Absetzbarkeit der Zinsen (Tax Shield)
+	*Total Cashflow (TCF)*
-	Zinsen
-/+	Tilgung/Aufnahme von Fremdkapital
=	*Flow to Equity (FTE)*

Im (amerikanischen) Grundmodell erfolgt keine Berücksichtigung persönlicher Steuern, in Deutschland sollten persönliche Steuern nach → IDW ES 1 n.F. auf Grundlage des → Tax-CAPM einbezogen werden.

Siehe auch → Cash Flow, → Cash Flow-Managment sowie → Unternehmensbewertung, jeweils mit Literaturangaben.

Literatur: Copeland, T./Koller, T./Murrin, J.: Valuation – Measuring and Managing the Value of Companies, 3rd ed., New York u.a. 2000; Drukarczyk, J.: Unternehmensbewertung, 4. Auflage, München 2003; Spremann, K.: Valuation – Grundlagen moderner Unternehmensbewertung, München-Wien 2004.

Discounted Risk Value (DRV)

Das Konzept des Discounted Risk Value verbindet Unternehmensrisiko und Wertorientierung. Im Gegensatz zur Risikoadjustierung von Kapitalkosten berücksichtigt man hier das Risiko im Rahmen der periodischen Zahlungsüberschüsse, was in Bezug auf das unsystematische Risiko auch geboten ist. Alle Risiken werden mit ihrem Einfluss auf den Cash flow abgebildet. Auf dieser Basis wird in der Regel pro Periode ein → Cash flow at Risk für ein bestimmtes Konfidenzintervall errechnet.

Mit dem Discounted Risk Value wird der maximale Verlust an Unternehmenswert für ein bestimmtes Konfidenzintervall ausgedrückt. Er stellt also den maximal nicht realisierbaren Unternehmenswert dar. Rechnerisch erhält man den Discounted Risk Value, indem man die Cash flows at Risk der einzelnen künftigen Perioden auf den Betrachtungszeitpunkt diskontiert. Diese Analyse kann für verschiedene Geschäftsbereiche durchgeführt werden, wobei die Abzinsung mit einem einheitlichen risikolosen Kapitalkostensatz erfolgt; eine zusätzliche Risikoadjustierung des Kapitalkostensatzes würde zu einer Doppelerfassung von Risiko führen.

Siehe auch → Risikocontrolling (mit Literaturangaben).

Discounter

Unter Discountern versteht man ganz allgemein Handelsunternehmen, deren USP (*Unique Selling Proposition*) der niedrige Preis ist. Die tatsächliche Preisstellung spielt in diesem Zusammenhang keine Rolle. Ein Unternehmen wie dm ist Preisführer, aber gilt nicht als Discounter, weil die USP „besonders kundenbezogenes Produkt- und Serviceangebot" lautet. Umgekehrt gilt ein Unternehmen wie Netto Stavenhagen als Discounter, ohne jedoch durchgehend billiger als die konkurrierenden Supermärkte zu sein. Am häufigsten findet der Begriff Discounter Anwendung auf eine spezielle Betriebsform des Einzelhandels, nämlich Unternehmen mit Verkaufsstellen von ca. 800 bis 1200 qm Verkaufsfläche und einem Sortiment von ca. 800 qm bis zu 1800 Artikeln. Siehe auch → Händlermarke (Retail Brand) mit Hinweisen und Literaturangaben.

Discount-Zertifikate

ereinen zwei Anlageziele auf innovative Weise: Erstens bieten sie die Chance auf hohe Renditen, zweitens wirken sie risikoreduzierend im Vergleich zu einem Direkt-Investment. Aufgrund des Abzugs (Discount) vom aktuellen Kurs des → Basisobjekts (in der Regel eine Aktie) bietet das Discount-Zertifikat einen Kaufpreisvorteil, der ein günstigeres Rendite/Risiko-Profil im Vergleich zur Direkt-Anlage impliziert. In Höhe des Diskonts enthält das Zertifikat einen Verlustpuffer, d.h., solange der Kurs des Basisobjekts nicht um mehr als den Diskont zurückfällt, entstehen keine Verluste; diese entstehen erst, wenn die Kursverluste des Basisobjekts den Puffer "aufgebraucht" haben. Die Rückzahlungssumme ist durch einen Höchstbetrag nach oben begrenzt. Dieser bewirkt im Falle stagnierender Kurse des → Underlying hohe Renditen. Nur wenn das Underlying stark im Kurs steigt, ist ein Direkt-Investment günstiger, denn durch den Höchstbetrag ist die Partizipation an Gewinnen begrenzt (→ Sprint-Zertifikate). Die Risikoreduzierung wird also durch eine begrenzte Gewinnchance erkauft. Siehe auch → Zertifikate.

Disintermediation

Die Disintermediation bezeichnet den Prozess der Eliminierung einzelner Wertschöpfungsstufen durch die Ausschaltung von Zwischenhändlern, wie z.B. durch den internetbasierten Direktvertrieb von Herstellern an Endverbraucher. Durch die Umgehung maßgeblicher Zwischenhandelsstufen können die

Distributionskosten entscheidend reduziert werden. Die vollständige Substitution des Handels durch eine direkte elektronische Distribution, z.B. beim Vertrieb digitaler Produkte, ist aber nur für einen sehr eingeschränkten Teil der Unternehmen relevant. Siehe auch → Intermediation.

Disinvestment
siehe → Desinvestition (von *Beteiligungen*).

Diskontierungsfaktor
Sind $t_0 < t_n$ zwei Zeitpunkte, so bestimmt der Diskontierungsfaktor $DF_n = DF(t_0, t_n)$ den Preis zum Zeitpunkt t_0 für die Zahlung einer Geldeinheit zum Zeitpunkt t_n. Ist eine → Zinsstruktur $t_n \rightarrow r_n$ für $n=1,\ldots,N$ gegeben, so berechnen sich die Diskontierungsfaktoren wie folgt (→ Zinsberechnung): (1) Einfache Verzinsung:

$$DF_n = \frac{1}{1 + r_n \cdot T(t_0, t_n)}.$$

(2) Ein-Coupon-Verzinsung (mit jährlichen Zinsterminen):

$$DF_n = \frac{1}{\left(1 + r_n\right)^n}.$$

(3) Multi-Coupon-Verzinsung (mit jährlichen Zinsterminen):

$$DF_n = \frac{\left(1 - r_n \cdot \sum_{i=1}^{n} DF_i\right)}{\left(1 + r_n\right)}.$$

Siehe auch → Finanzmathematik (mit Literaturangaben).

Diskontierungsmethode
siehe → Barkapitalwertmethode (der → *Investitionswirtschaft*).

Diskontkredit
siehe → Wechseldiskontkredit.

Diskriminanzanalyse, lineare
Anwendungsbeispiel siehe → Rating-Methoden, kreditwirtschaftliche, Kap. 3.3.

Diskriminierung
im Rahmen der → Personalauswahl ist die Anwendung nicht stellenrelevanter Auswahlkriterien sondern aufgrund einer soziodemographischen Eigenschaft, wie Alter, Geschlecht, Behinderung, ethnischen Zugehörigkeit, Religion etc. Benachteiligung einer Person. Heute bestehen in allen westlichen Ländern Gesetze, welche Diskriminierung verbieten. (vgl. z.B. RICHTLINIE 2000/78/EG DES RATES vom 27. November 2000).

Diskursethik
(Dialogethik) sieht in der argumentativen Auseinandersetzung und einem darauf aufbauenden Verständigungsprozess das geeignete Verfahren zur Entwicklung legitimer Regeln für eine Gruppe oder Gesellschaft. Der ethische Gehalt des Diskurses liegt nach seinen Befürwortern im Argumentieren selbst begründet, denn dessen normative Voraussetzung ist die wechselseitige Anerkennung der Gesprächspartner als mündige Personen. Die Diskursethik dient als Leitbild bei Einrichtung von → Ethik-Kommissionen.

Literatur: Noll, B., Wirtschafts- und Unternehmensethik in der Marktwirtschaft, Stuttgart 2002; Steinmann, H./Löhr, A., Grundlagen der Unternehmensethik, 2. Auflage, Stuttgart 1994; Ulrich, P., Integrative Wirtschaftsethik. Grundlagen einer lebensdienlichen Ökonomie, 3. Auflage, Bern/Stuttgart /Wien 2001.

Disponierter Bestand

(Lagerwirtschaft), durch Vormerkung oder Reservierung verplanter Bestand. Siehe auch → Lagerhaltungspolitik.

Disposal

siehe → Desinvestition (von *Beteiligungen*).

Disposition

(in der → *Beschaffungslogistik*), Festlegung der Mengen und Termine in der → Beschaffungslogistik.

Disposition

(in der → *Materialwirtschaft*) ist die mengenmäßige Bereitstellung von Materialen zu den aktuellen Aufträgen unter Berücksichtigung der Terminierung und der Kapazitätslage um die Liefertermine einhalten zu können. Siehe auch → Materialwirtschaft (mit Literaturangaben).

Disposition, autonome

Unter dem Begriff der Disposition werden leitende, lenkende und anordnende Tätigkeiten im Rahmen des → *Dienstleistungsmanagements* verstanden, die auf die Kombination der eingesetzten (Produktions-)Faktoren gerichtet sind. Bei der autonomen Disposition kann der Dienstleistungsanbieter die planerischen Tätigkeiten unabhängig vom Nachfrager durchführen, d.h. er kann das → Leistungspotenzial trotz der → Kundenintegration autonom gestalten, steuern und entwickeln. Die Beschaffung von Büromaterial einer Unternehmensberatung kann z.B. zum Bereich der autonomen Disposition gerechnet werden (vgl. auch → Disposition, integrativ).

Literatur: Kleinaltenkamp, M./Haase, M.: Externe Faktoren in der Theorie der Unternehmung; in: Die Theorie der Unternehmung in Forschung und Praxis, hrsg. von H. Albach/E. Eymann/A. Luhmer/M. Steven, Berlin 1999.

Disposition, integrative

Unter dem Begriff der Disposition werden leitende, lenkende und anordnende Tätigkeiten im Rahmen des → *Dienstleistungsmanagements* verstanden, die auf die Kombination der eingesetzten (Produktions-)Faktoren gerichtet sind. Im konkreten → Leistungserstellungsprozess einer → Dienstleistung kann der Dienstleistungsanbieter aufgrund der → Kundenintegration einen Teil der Aktivitäten nur in Abstimmung mit dem konkreten Nachfrager disponieren, da dieser durch seine Anforderungen (steuernde Prozessinformationen) einen Einfluss auf den Ablauf der Leistungserstellung gewinnt. So ist z.B. der genaue Ablauf eines Beratungsprojektes durch eine Unternehmensberatung in den meisten Fällen durch die Anforderungen und die Problemgebiete des einzelnen Unternehmens bestimmt (vgl. auch → Disposition, autonom).

Literatur: Kleinaltenkamp, M./Haase, M.: Externe Faktoren in der Theorie der Unternehmung; in: Die Theorie der Unternehmung in Forschung und Praxis, hrsg. von H. Albach/E. Eymann/A. Luhmer/M. Steven, Berlin 1999.

Dispositionskredit

Der Dispositionskredit ist eine Sonderform des → Kontokorrentkredits, welcher privaten Bankkunden angeboten wird. Häufig wird kein ausdrücklicher Kreditantrag vom Kunden gestellt, sondern von der Bank auf Grundlage von regelmäßigen (Gehalts-)Gutschriften eingeräumt, und zwar meistens ohne die ausdrückliche Bestellung von Kreditsicherheiten. Die Höhe des Dispositionskredites beträgt zwischen dem einfachen und vierfachen des monatlichen Nettoeinkommens eines Privatkunden.

Dispositive Arbeit
umfasst im Rahmen der → Produktionsfaktoren die Managementleistung, insbesondere die Kombination von Leitungs-, Planungs- und Organisationsaufgaben im Unternehmen. Siehe auch → menschlichen Arbeit, → elementare Arbeit sowie → Produktions- und Kostentheorie.

Distanzpersönlicher Verkauf
siehe → Verkauf, distanzpersönlicher (mediengestützt).

Distanzprinzip
Zwischen → Handel und Kunde besteht räumliche Distanz. Beispiele sind der Versandhandel und der → E-Commerce.

Distressed Securities
zählt zu den ergebnisorientierten Strategien von → Hedgefonds, siehe auch → Hedgefonds-Strategien.

Distribution
ist die Summe der gesamten Aktivitäten aller Personen und → Institutionen, die am Umsatz von Wirtschaftsgütern zwischen den Erzeugern und Verwendern beteiligt sind.

Distributionskanal
siehe auch → Vertriebswege, Neuere.

Distributionslager
Grundsätzlich wird die (Distributions-)Lagerhaltung durch die Art der angebotenen Produkte (z.B. Frischeprodukte oder Elektronikartikel) und das angestrebte Lieferserviceniveau determiniert. Bei der Bestimmung der Anzahl der Distributionsläger ist überdies deren Größe bzw. Kapazitäten in ihrer Kosten- und Servicewirkung zu untersuchen. Grundsätzlich gilt, dass mit der Zahl der Distributionsläger die Kapazität eines Lagers abnimmt.
Neben diesen Einflussgrößen spielen beim Entwurf eines Distributionslagers die Art der zu lagernden Produkte (z.B. Stückgut, Schüttgut, flüssig/gasförmige Güter, Tiefkühlgüter), die Lagergröße, der Einsatz der logistischen Einheiten (Paletten, Container usw.) sowie die räumliche Anordnung des Lagers und Einteilung der Lagerzonen (Bestsellerzone, Reservelager, Kommissionierlager, Rüstzonen) eine wichtige Rolle.
Siehe auch → Distributor, → Distributionslogistik sowie → Lagerhaltung.

Distributionslogistik

Distributionslogistik

von Univ.-Professor Dr. H.-P. Liebmann und Mag. Alexander Friessnegg
Institut für Handel, Absatz und Marketing – Karl-Franzens-Universität Graz

1. Gegenstand und Grundprobleme der Distributionslogistik
Die Distributionslogistik ist neben der Beschaffungslogistik und der Produktionslogistik ein Subsystem der Unternehmenslogistik. Ihre *Aufgabe* ist es, Produkte oder Dienstleistungen für Kunden physisch verfügbar zu machen. Die Distributionslogistik verbindet den Vertrieb mit den Abnehmern eines Unternehmens. Ihr kommt damit eine Überbrückungsfunktion zur Überwindung der räumlichen und zeitlichen Differenzen zwischen Herstellung und Verbrauch zu. Die Distributionslogistik bezieht sich auf alle Transport-, Lager- und Umschlagprozesse von Gütern zu den Kunden eines Unternehmens. Innerhalb der Distributionslogistik erfolgt die Koordination der Warenströme und der dazugehörenden Informationen, die für eine effiziente Verteilung der Waren erforderlich sind.
Das moderne → *Prozessmanagement* der Distributionslogistik erfordert eine funktionsübergreifende Betrachtungsweise und trägt dazu bei, die vielfältigen Schnittstellenprobleme entlang der Wertschöpfungskette effizienter lösen zu können. Aufgabe des Distributionslogistik-Managements ist die Pla-

nung, Organisation und Kontrolle der distributionslogistischen Tätigkeiten mit dem Zweck der Erzielung eines gegebenen Lieferserviceniveaus mit möglichst geringsten Kosten.

Die Ziele und Aufgaben des *distributionslogistischen Systems* lassen sich vereinfachend damit umschreiben, das richtige Produkt zum richtigen Zeitpunkt am richtigen Ort in der richtigen Menge und Qualität zu minimalen Logistikkosten anzuliefern und damit die Verfügbarkeit von Gütern und Informationen nachfragegerecht sicherzustellen. Die Distributionslogistik leistet damit einen wichtigen Beitrag zur Erhöhung der Kundenzufriedenheit.

Wenn die Distributionslogistik in enger Verbindung mit der Beschaffungslogistik und der innerbetrieblichen Produktionslogistik gesehen wird, dann spricht man vom Konzept der *integrierten Logistik*. *Kontraktlogistik* strebt eine Gesamtabstimmung des Warenflusses von Fertigungsbetrieben über Handelsbetriebe und Logistikdienstleister (z.B. Speditionen, Warenverteilzentren) zu den Endverbrauchern an, bei der vertragliche Beziehungen im Vordergrund stehen. Die Festlegung der Vertriebswege bzw. Absatzkanäle, die ein Hersteller bzw. Händler nutzt, um die Endabnehmer mit Gütern zu versorgen, ist folglich eine wichtige strategische Basisentscheidung für die Distributionslogistik. Die Entwicklung zum → Mehrkanalvertrieb oder → Multi-Channel-Marketing ist für viele Branchen bezeichnend. Damit lösen sich die Grenzen zwischen direktem und indirektem Vertrieb immer mehr auf und es kommt zu neuen, meist kooperativen Vertriebsformen. Für die Distributionslogistik ergeben sich hieraus zahlreiche neue Anforderungen.

Je nach Branche stellen sich distributionslogistische Aufgaben in unterschiedlichen Ausprägungen. *Industrieunternehmen* sind häufig durch eine umfassende, spezialisierte, kapitalintensive und meist auf hohe Stückzahlen ausgelegte physische (stoffliche) Leistungserstellung (Produktion, Transformation) geprägt. Auch der Grad der Standardisierung und Wiederholungshäufigkeit industriell gefertigter Güter (Massen- und Serienfertigung) ist höher als vergleichsweise bei handwerklich zumeist individuell hergestellten Produkten. Dieser Aspekt ist jedoch durch die immer flexibler werdenden Produktionskonzepte wie beispielsweise → Lean Production, → Just in time, → KANBAN mit dem Ziel der → Mass Customization nicht zwingend gegeben. Mittlerweile sind auch industrielle Fertigungssysteme in der Lage, kundenindividuelle Produkte zu erstellen und trotzdem Kostenvorteile großer Stückzahlen zu realisieren. Der Einsatz moderner Informations- und Kommunikationstechnologien spielt für die Gestaltung und Steuerung der Informationsflüsse, die die physischen Distributionsprozesse begleiten, eine immer größere Rolle (→ Informationslogistik, → Supply Chain Management, → EDI).

Im *Handel* ermöglichen → Warenwirtschaftssysteme die Optimierung von Beständen unter Beachtung von → Just-in-Time-Belieferungskonzepten. Die Bündelung der Herstellerbelieferung erfolgt im Handel durch eigene Zentralläger oder Transit-Terminals, die als bestandslose Waren-/Verteilzentren fungieren. Dabei geht es um die verkaufsstellengerechte Umverteilung der von der Industrie angelieferten Waren. Bei der Warenbündelung spielt die Einschaltung von → Distributoren eine wichtige Rolle. Der → Distributor (Broker) übernimmt meist die gesamte Auslieferung einer Warengruppe (z.B. Frischwaren) und liefert diese häufig mit Produkten anderer Hersteller oder Lieferanten an die einzelnen Filialen aus.

2. Entscheidungsfelder der Distributionslogistik

Die Effizienz der Logistik hängt von einer Reihe von externen und internen Einflussgrößen ab, die nur teilweise vom Logistikmanagement beeinflusst werden können. Unbeeinflussbare Variablen sind (1) betriebsexterne Variablen (bedarfsorientierte Rahmenbedingungen, Logistiktechnologien und produktionswirtschaftliche Rahmenbedingungen) aber auch (2) betriebsinterne Variablen (Grundsätze der Unternehmenspolitik, Unternehmensgröße, vorhandene Organisationsstruktur, Produktionsstätten, Ressourcen des Unternehmens). Unter diesen Rahmenbedingungen eröffnet sich für das Management in der Distributionslogistik eine Reihe von Entscheidungsfeldern, die beeinflussbare betriebsinterne Logistikvariablen darstellen.

Wichtige *Entscheidungsfelder* der Distributionslogistik betreffen (1) die Art, Anzahl und Standorte von Lägern, Verteilzentren usw., (2) die Lösung von Transportproblemen wie die Planung und Steuerung von Touren, Transportmitteleinsatz und Anlieferungsterminen, (3) die → Lagerhaltung in den → Distributionslägern, (4) die Fragen der → Kommissionierung und Verpackung sowie (5) die Planung und Durchführung der Auftragsabwicklung.

Neben warenwirtschaftlichen Funktionen (z.B. Bestellübermittlung, Dispositionen) spielen auch finanzwirtschaftliche Funktionen (z.B. Fakturierung, → Factoring) und → Merchandising Funktionen (z.B. Preisauszeichnung, Regalpflege) eine immer wichtigere Rolle für die Schaffung von Kundenwert. Die Lösung dieser Probleme setzt aber eine enge Verzahnung zwischen allen Teilsystemen der Logistik voraus.

3. Lieferservice

Lieferservice stellt eine wichtige Zielgröße der Distributionslogistik dar. Der Lieferservice ist Bestandteil einer Kundenservicestrategie. Die Servicestrategie legt fest, mit welchen Lieferservicekomponenten und mit welchem Lieferserviceniveau Kundenzufriedenheit erzielt werden soll. Dabei ist die Nachfrage- und Kostenwirkung des Lieferservice abzuschätzen. Normalerweise gilt, je höher das Lieferserviceniveau, desto höher sind auch seine Kosten. Dabei wird klassischerweise ein S-förmiger Verlauf zwischen Lieferserviceniveau und Kosten bzw. Umsatz angenommen. In der Praxis zeigt sich häufig, dass ein überhöhter Lieferservice den Gewinn nicht mehr steigert.

Die *Komponenten des → Lieferservice* umfassen (1) die → Lieferzeit, (2) die → Lieferzuverlässigkeit, (3) die → Lieferungsbeschaffenheit sowie (4) die → Lieferflexibilität. Die Ableitung einer optimalen Lieferservicestrategie setzt eine wechselseitige Abwägung der Kosten aller Elemente des Logistiksystems und der akquisitorischen Wirkung auf die Kunden voraus. Ansonsten besteht die Gefahr von Insellösungen, bei denen Kostenreduktionen in einem Teilsystem durch Kostensteigerungen in einem anderen System einhergehen.

4. Retrodistributionslogistik

Bei Betrachtung der Wertkette als Wertkreislauf umfasst die Retrodistributionslogistik bzw. Entsorgungslogistik die Rückführung der zur Entsorgung oder Wiederverwendung anstehenden Rückstände. Konkret geht es um die Entsorgung von Abfällen (z.B. aus Hilfs- oder Betriebsstoffen), Verpackungsmaterialien und nicht mehr benötigten Gebrauchsgütern. Mit der Entsorgung oder Wiederverwendung sind häufig umfangreiche Sammel-, Lager- und Transportprozesse verbunden. Zusätzlich sind damit auch Sortier-, Trenn- oder Demontageprozesse erforderlich.

In der Praxis sind im Rahmen der Retrodistributionslogistik sehr unterschiedliche Systeme zur Rücknahme von „Altgütern" entstanden, die zudem noch länderspezifische Besonderheiten aufweisen. Während zum Beispiel die „Altstoff Recycling Austria AG" (→ ARA) die Sammlung und Verwertung von Verpackungsabfällen in ganz Österreich finanziert und organisiert, ist es in Deutschland das „Duale System Deutschland AG" (→ DSG), das sich als Unternehmen nach der Einführung der Verpackungsverordnung als Verbund in Deutschland tätiger Unternehmen um die Sammlung und anschließende Verwertung von Verpackungsabfällen der Lebensmittel- und Verpackungsbranche kümmert. Das Prinzip der Produktverantwortung erfasst sukzessive alle Branchen.

Hinweis

Zu den angrenzenden Wissensgebieten siehe → Beschaffungslogistik, → Lagerwirtschaft, → Logistik (Logistikmanagement), → Marketing, Grundlagen, → Marketing, Internationales, → Materiallogistik, → Materialwirtschaft, → Optimierung, → Prozessanalyse, → Retrodistributionslogistik (Entsorgungslogistik), → Supply Chain Management, → Vertriebspolitik, → Vertriebssteuerung, → Vertriebswege, neuere.

Literatur: Beisheim, O.: Distribution im Aufbruch. Bestandsaufnahme und Perspektiven, München 1999; Blom, F., Harlander, N. A.: Logistik-Management, Der Aufbau ganzheitlicher Logistikketten in Theorie und Praxis, Wien 2000; Bruhn, Manfred: Marketing. Grundlagen für Studium und Praxis, Wiesbaden 2004; Delfmann, W.: Industrielle Distributionslogistik, in: Weber, J., Baumgarten, H. (Hrsg.): Handbuch Logistik, Management von Material- und Warenflussprozessen, Stuttgart 1999, S. 181-201; Ihde, G. B.: Transport, Verkehr, Logistik, 3. Auflage, München 2001; Jünemann, R., Pfohl, H.-Chr.: Logistiksysteme, Betriebswirtschaftliche Grundlagen, 6. Auflage, Berlin 2000; Koether, R.: Taschenbuch der Logistik, München 2004; Liebmann, H.-P.: Struktur und Funktionsweise moderner Warenverteilzentren, in: Zentes, J. (Hrsg.): Moderne Distributionskonzepte in der Konsumgüterwirtschaft, Stuttgart 1991, S.17-32; Liebmann, H.-P., Zentes, J.: Handelsmangement, München 2001; Liebmann, H.-P.: Marketing-Logistik, in Tietz, B.; Köhler, R.; Zentes, J. (Hrsg.): Handwörterbuch des Marketing, 2. Aufl., Stuttgart 1995, Sp. 1586-1598; Müller-Hagedorn, L.: Handelsmarketing, 3. Auflage, Stuttgart 2002; Pfohl, H.-C.: Logistikmanagement, Berlin u. a. 1994; Pfohl, H.-C.: Logistiksysteme. Betriebswirtschaftliche Grundlagen, 6. Auflage, Berlin u. a. 2000; Specht, G.: Distributionsmanagement, 3. Auflage, Stuttgart 1998; Zentes, J., Swoboda, B., Morschett, D.: Internationales Wertschöpfungsmanagement, München 2004; Zentes, J.: Grundbegriffe des Marketing, 4. Auflage, Stuttgart 1996; Zentes, J. (Hrsg.): Moderne Distributionskonzepte in der Konsumgüterwirtschaft, Stuttgart 1991; Weber, J., Baumgarten, H. (Hrsg.): Handbuch Logistik, Management von Material- und Warenflussprozessen, Stuttgart 1999

Internetadressen: http://www.stinnes-freight-logistics.de/deutsch/logistik/distributionslogistik.html, http://www.compass-transport.com/distributionslogistik.php, http://www.bvl.de, http://www.sgl.ch, http://www.clm.org, http://www.elalog.org, http://www.mdm.com, http://europa.eu.int/comm/dgs/energy_transport/, http://de.wikipedia.org/wiki/Portal_Verhandlung_und_Verkauf, http://www.ecr.de, http://www.fmi.org/, http://www.ecr-schweiz.ch, http://www.gs1-germany.de, http://www.ecr-austria.at, http://www.ecrnet.org/, http://www.logistikverbund-mehrweg.com/, http://www.ara.at, http://www.gruener-punkt.de/, http://www.uni-graz.at/hamwww

Website der Autoren: http://www.uni-graz.at/hamwww/

Distributionspolitik

Die Distributionspolitik gilt traditionell als eine der vier Instrumentalsäulen des → *Marketing-Mix* (nach McCarthy bilden Product/Price/Place/Promotion den Marketing-Mix).

Der Begriff Distributionspolitik trägt jedoch den Anforderungen eines modernen Vertriebsmanagements (siehe → Vertriebspolitik und → Vertriebssteuerung) nicht mehr Rechnung. Modernes Verkaufen hat heute nichts mehr mit Distribuieren zu tun, sondern mit dem Aufbau werthaltiger Lieferanten-/Kundenbeziehungen im technischen Vertrieb, mit Beratung und Service im höherwertigen Konsumgüterverkauf und speziell mit Wertegenerierung im → Dienstleistungsmanagement.

Verkäufer werden zu Marktmanagern, indem sie die Funktionen (1) Problemlöser (2) und Partner für den Kunden sowie (3) Koordinator betriebsinterner Prozesse erfüllen - und dies mit der Denkhaltung des → *Relationship Marketing*. Siehe auch → Customer Relationship Management (CRM)

Folgt man der von *Meffert* geprägten weiten Begriffsauslegung des → Marketing (Marketing als marktorientierte Unternehmensführung), dann wird die *Vertriebspolitik zum würdigen Nachfolger des althergebrachten Marketingmix-Instrumentes Distributionspolitik.*

Siehe auch → *Vertriebspolitik* und → *Vertriebssteuerung* (jeweils mit Literaturangaben).

Distributionspolitik, ökologieorientierte

Zum Bereich der *ökologieorientierten Distributionspolitik* gehört das ökologieorientierte vertikale Marketing gegenüber den Händlern. Es beinhaltet eine Kooperation in der Gestaltung der Marktwege zwischen Produktion und Konsum und trägt der Tatsache Rechnung, dass dem Handel in der Diffusion von Waren und Informationen eine bedeutende *gatekeeper-Position* zukommt. Siehe auch → Ökologie-Marketing.

Distributionssystem

umfasst alle Elemente, die mit Aufgaben der Distribution (Lieferungspolitik, Verkaufspolitik, Absatzkanalpolitik) befasst sind.

Distributionsweg

siehe → Absatzkanal.

Distributive Fairness

siehe → Fairness.

Distributor
Ein Distributor (Broker) ist allgemein ein Verteiler von Gütern von der Produktionsstätte bis zum Konsumenten. Dabei kann er eine einzelne Person sein oder aber ein Zusammenschluss von mehreren Personen (z.B. als Unternehmen oder freie Gemeinschaft, zur Verteilung von verschiedenen Gütern). Siehe auch → Distributionslager sowie → Distributionslogistik.

Diversifikation
(in der → *Produktpolitik*), Weg des alternativen Ressourceneinsatzes, der über den Eintritt in neue Produkt-Markt-Kombinationen vollzogen wird. Es handelt sich somit um die Ausweitung des Leistungsangebots um, im Vergleich zu den bisherigen, andersartige Produkte, die für das Unternehmen neuartig sind. Dies kann entweder durch Akquisition oder Aufbau einer Betriebsstätte geschehen.
Bei der *horizontalen* Diversifikation wird das Leistungsangebot um Produktkategorien ausgeweitet, die auf der gleichen Wirtschaftsstufe einzuordnen sind und mit dem bisherigen Programm im sachlichen Zusammenhang stehen. Bei der lateralen Diversifikation wird das Leistungsprogramm um Produktkategorien ausgeweitet, die in keinem sachlichen Zusammenhang mit dem bisherigen Programm stehen.
Bei der *vertikalen* Diversifikation wird das Leistungsprogramm um Produktkategorien ausgeweitet, die auf einer vor- oder nachgelagerten Wirtschaftsstufe einzuordnen sind und mit dem bisherigen Programm im sachlichen Zusammenhang stehen.
Siehe auch → Produktpolitik, → Diversifikation, horizontale und → Diversifikation, vertikale.

Divestment
siehe → Desinvestition (von *Beteiligungen*).

Dividende
Anspruch des → Aktionärs auf Teilhabe am Bilanzgewinn der → Aktiengesellschaft, entweder gerichtet auf Zahlung der Bardividende oder auf Ausschüttung der Sachdividende. Er entsteht mit dem Gewinnverwendungsbeschluss der → Hauptversammlung. Die Dividende unterliegt der → Einkommensteuer.

Dividendenberechtigung
Sie regelt, ob die Besitzer von Aktien die volle → Dividende oder nur Teile der Dividende erhalten. Die Dividendenberechtigung ist insbesondere von Bedeutung bei → Kapitalerhöhungen und beim Going Public (→ Going Public, Vorbereitungsphase).

Divisionale Organisation
häufig synonyme Bezeichnung für → Profit Center-Organisation.

Divisionskalkulation
Verfahren der → Kalkulation, das bei Betrieben der Ein-Produkt-Massenfertigung zur Anwendung kommt. In diesem Fall lassen sich die Kosten pro Leistungseinheit für eine Periode mittels Division der angefallenen Kosten durch die Anzahl der Leistungen ermitteln. Bei mehrstufigen Herstellungsprozessen können entsprechend Kosten pro Produktionsstufe ermittelt werden, aus deren Summe sich die Selbstkosten des Absatzes pro Stück ableiten lassen. Insoweit wird auch eine Bewertung der Bestände der jeweiligen Zwischenlager ermöglicht.

DKK
ISO-Code für Dänische Krone.

DL
Abk. für → Dienstleistung(en).

DLM
Abk. für → Dienstleistungsmanagement.

DLP
Abk. für → Dotted-Line-Prinzip.

DM
Abk. für → Data Mining.

DMS
Abk. für Dokumentenmanagementsysteme; siehe auch → Dokumenten- und Workflowmanagement-systeme sowie → Workflow-Management.

Documentary Collection
siehe → Dokumenteninkasso.

Documentary Credit
siehe → Dokumentenakkreditiv.

Documents against Acceptance d/a
siehe → Dokumente gegen Akzept-Inkasso.

Documents against irrevocable Payment Order
siehe → Dokumente gegen unwiderruflichen Zahlungsauftrag-Inkasso.

Documents against Payment d/p
siehe → Dokumente gegen Zahlung-Inkasso; siehe auch → Dokumenteninkasso.

Dokumentäre Zahlungsbedingungen bzw. -instrumente
Bei dokumentären Zahlungsbedingungen bzw. -instrumenten (→ Dokumenteninkasso und → Dokumentenakkreditiv) erlangt der Zahlungsempfänger (z.B. der Exporteur) vom Zahlungspflichtigen (z.B. dem Imporeur) Zahlung nur unter der Voraussetzung, dass er die geforderten (Export-) Dokumente vorlegt. Die Zahlungsabwicklung mit dokumentären Zahlungs- und Sicherungsinstrumenten erfolgt unter Einschaltung von Banken auf Grundlage international anerkannter Regeln (→ ERA, → ERI). Gegensatz: → clean payment ("reine" Zahlungsbedingungen bzw. -instrumente).

Dokumentäre Zahlungsinstrumente
umfassen → Dokumenteninkassi sowie → Dokumentenakkreditive. Gegensatz: nicht dokumentäre Zahlungsinstrumente, → clean payment.

Dokumente gegen Akzept-Inkasso
gleichbedeutende Bezeichnungen: Dokumente gegen Wechselakzept-Inkasso, documents against acceptance d/a. Das Dokumente gegen Akzept-Inkasso umfasst wie alle → *Dokumenteninkassi* eine Zug-um-Zug-Abwicklung: Der Exporteur erteilt seiner Bank unter Beifügung der (Export-)Dokumente und einer auf den Importeur gezogenen (Nachsicht-) → Tratte einen Inkassoauftrag mit der Maßgabe, diese Dokumente dem Importeur nur auszuhändigen, wenn dieser die später fällige Tratte des Exporteurs zuvor akzeptiert. Das Dokumente gegen Akzept-Inkasso wird mit Blick auf die Wechsellaufzeit, die häufig als → Nachsichtfrist definiert ist, i. A. der Gruppe der "Nachsicht-Inkassi" zugeordnet.
    Literatur: Häberle S.G.: Handbuch der Akkreditive, Inkassi, Exportdokumente und Bankgarantien, München und Wien 2002.

Dokumente gegen Kasse-Inkasso
siehe → Dokumente gegen Zahlung-Inkasso; siehe auch → Dokumenteninkasso.

Dokumente gegen unwiderruflichen Zahlungsauftrag-Inkasso
(documents against irrevocable payment order), Form des → Dokumenteninkassos, bei der dem Importeur die Exportdokumente von der in das Inkasso eingeschalteten Bank nur ausgehändigt werden dür-

fen, wenn der Importeur einen unwiderruflichen Zahlungsauftrag (mit späterer Fälligkeit) unterzeichnet.

Literatur: Häberle S.G.: Handbuch der Akkreditive, Inkassi, Exportdokumente und Bankgarantien, München und Wien 2002.

Dokumente gegen Wechselakzept-Inkasso

siehe → Dokumente gegen Akzept-Inkasso.

Dokumente gegen Zahlung-Inkasso

gleichbedeutende Bezeichnungen: Dokumente gegen Kasse-Inkasso, Dokumente gegen Zahlung bei Sicht-Inkasso, Sicht(zahlungs)inkasso, documents against payment d/p, cash against documents. Das Dokumente gegen Zahlung-Inkasso umfasst eine Zug-um-Zug- Abwicklung: Der Exporteur erteilt seiner Bank unter Beifügung der (Export-)Dokumente den Inkassoauftrag mit der Weisung, diese Dokumente dem Importeur nur auszuhändigen, wenn dieser zuvor die Zahlung des Inkassobetrags leistet.

Literatur: Häberle S.G.: Handbuch der Akkreditive, Inkassi, Exportdokumente und Bankgarantien, München und Wien 2002.

Dokumenten- und Workflowmanagementsysteme

Eine im Vergleich zu → Groupware-Systemen stärker strukturierte Form der koordinierten Zusammenarbeit stellen Dokumentenmanagementsysteme (DMS) und Workflowmanagementsysteme (WMS) dar, deren Grenzen immer mehr verwischen. Die DMS haben sich primär zum Ziel gesetzt, Dokumente und Vorgänge so zu archivieren, dass sie auf jeden Fall bei Bedarf wieder verwendet und gefunden werden können. Hierzu werden die Daten in der Regel medienneutral verwaltet und mit einer besonderen Retrievalstruktur (Suchstruktur) versehen. Doch sowohl DMS als auch WMS integrieren nicht nur verteilte Projektteams bei der Bearbeitung von Dokumenten, sondern sind auch in der Lage, Workflow-Komponenten abzubilden. So kann nicht nur definiert werden, welche Mitarbeiter Zugriffsrechte auf die Dokumente haben, sondern auch, welcher Mitarbeiter welche Freigabe- und Änderungsrechte an einem Dokument besitzt und welche Bearbeitungsstellen ein Dokument im Bearbeitungsprozess durchlaufen muss bzw. welche Aktionen bei oder nach der Bearbeitung eines Vorgangs angestoßen werden. Solche Systeme eignen sich vor allen Dingen für standardisierbare Vorgänge, bei denen auch in der Zukunft wenige Abweichungen und Änderungen zu erwarten sind. Nur so lassen sich die Investitionen für die Einführung und die Technik solcher Systeme amortisieren.

Die Vorteile der workflowunterstützenden Systeme liegen auf der Hand: Die Durchlaufzeiten für die definierten Vorgänge werden optimiert. Die Vorgangsbearbeitung wird zu einem hohen Grad automatisiert. Die Vorgänge werden transparent und jederzeit nachvollziehbar (wichtig vor allen Dingen auch für den Auftragsstatusbericht und die Auftragstransparenz gegenüber den Kunden). Das Verfahren bzw. der Vorgang wird durch zwangsläufige Schritte abgesichert, z.B. notwendige Genehmigungen, Freigaben, Kontrollen. Siehe auch → Digitales Marketing und → Workflow-Managemen, jeweils mit Literturangaben.

Dokumentenakkreditiv

1. Grundstruktur: Das Dokumentenakkreditiv (*Documentary Credit, Letter of Credit L/C)* ist ein Zahlungsversprechen (eine Zahlungsgarantie) der Bank des Importeurs zu Gunsten des Exporteurs. Dieses Zahlungsversprechen gibt die Importeurbank (sog. akkreditiveröffnende Bank, kurz: Akkreditivbank) im Auftrag und nach den Weisungen des Importeurs ab. In die Akkreditivabwicklung ist regelmäßig eine Bank im Land des Exporteurs eingeschaltet. Um Zahlung zu erlangen, muss der akkreditivbegünstigte Exporteur Dokumente einreichen, die den Versand der Ware und andere Exportsachverhalte beweisen. Maßgebliche Rechtsgrundlage für die Abwicklung von Dokumentenakkreditiven sind die → *Einheitlichen Richtlinien und Gebräuche für Dokumenten-Akkreditive (ERA)* der Internationalen Handelskammer (→ *ICC*), die von den meisten Banken bzw. Bankenverbänden der Welt anerkannt sind.

2. Einteilung nach der Sicherheit des Exporteurs: (1) *Widerrufliche Dokumentenakkreditive* können von der Akkreditivbank (Importeurbank) jederzeit und ohne vorherige Nachricht an den Akkreditivbegünstigten (Exporteur) geändert oder annulliert werden. Sie kommen in der Praxis sehr selten vor.

(2) *Unwiderrufliche Dokumentenakkreditive* begründen – je nach Akkreditivart – eine feststehende (unwi-

derrufliche) Verpflichtung der Akkreditivbank (Importeurbank) zur sofortigen bzw. zur hinausgeschobenen Zahlung bzw. zur Akzeptleistung mit späterer Zahlung (siehe unten). (3) Bei *unbestätigten Dokumentenakkreditiven* hat der Begünstigte nur einen Anspruch auf Zahlung an die Akkreditivbank (Importeurbank). (4) Ist dagegen ein Dokumentenakkreditiv durch eine sog. andere Bank *bestätigt* worden, dann begründet diese Bestätigung einen selbstständigen (zusätzlichen) Zahlungsanspruch des Begünstigten an diese Bestätigungsbank (→ Akkreditivbestätigung).

3. Einteilung nach Zahlungs- bzw. Benutzungsmodalitäten: (1) Bei → *Sichtzahlungsakkreditiven* (Sichtakkreditiven) erhält der Akkreditivbegünstigte den Akkreditivbetrag bei Sicht, d.h. im Gegenzug zur Aufnahme der von ihm eingereichten Exportdokumente ausbezahlt. (2) Das maßgebliche Merkmal des → *Akkreditivs mit hinausgeschobener Zahlung* ist, dass die Auszahlung des Akkreditivbetrags an den Begünstigten nicht im Gegenzug zur Einreichung und zur Aufnahme der Dokumente erfolgt, sondern erst an einem späteren - um die sog. → Nachsichtfrist hinausgeschobenen - Fälligkeitstag. (3) Bei → *Akzeptakkreditiven* übernimmt entweder die Akkreditivbank selbst die Akzeptleistung auf einem Nachsichtwechsel des Akkreditivbegünstigten und deren Bezahlung bei Fälligkeit oder sie beauftragt damit eine andere Bank. Diese Akkreditivformen können ebenso wie die folgenden Sonderformen unwiderruflich oder (selten) widerruflich bzw. unbestätigt oder bestätigt eröffnet werden.

4. Sonderformen: Mit den Sonderformen der Akkreditive wird speziellen Außenhandelsgeschäften Rechnung getragen: → Commercial Letter of Credit (siehe auch → negoziierbares Akkreditiv), → Standby Letter of Credit, → übertragbares Akkreditiv, → revolvierendes Akkreditiv, → Packing Credit → Gegenakkreditiv.

Siehe auch → Außenhandelsfinanzierung (Internationale Zahlungs-, Sicherungs- und Finanzierungsinstrumente) mit Literaturangaben.

Literatur: Häberle S.G.: Handbuch der Akkreditive, Inkassi, Exportdokumente und Bankgarantien, München und Wien 2002; Häberle, S.G.: Handbuch der Außenhandelsfinanzierung, 3. Auflage, München und Wien 2002; UBS Union Bank of Switzerland: Documentary Credits ..., o.O., o.J. (Angabe: Switzerland).

Internetadressen: (Geschäftsbanken; alle Zahlungs-, Finanzierungs- und Sicherungsinstrumente) http://www.deutsche-bank.de, http://www.hypovereinsbank.de, http://www.ubs.com, http://www.baca.com; (Verbände, Organisationen) http://www.icc-deutschland.de, http://www.iccwbo.org.

Dokumenteninkasso

(*Documentary Collection*). Das Dokumenteninkasso umfasst den Auftrag des Exporteurs an die Inkassobank, dem Importeur die dem Inkassoauftrag beigefügten Exportdokumente nur auszuhändigen, wenn dieser die festgelegte Leistung erbringt. Entsprechend der vom Importeur verlangten Leistung sind zu unterscheiden: (1) → *Dokumente gegen Zahlung-Inkasso* (Dokumente gegen Zahlung bei Sicht-Inkasso, Sichtinkasso, Sichtzahlungsinkasso, Dokumente gegen Kasse-Inkasso, documents against payment d/p, cash against documents); (2) → *Dokumente gegen Akzept-Inkasso*, (Dokumente gegen Wechselakzept-Inkasso, documents against acceptance d/a); (3) → *Dokumente gegen unwiderruflichen Zahlungsauftrag-Inkasso* (documents against irrevocable payment order). Eine Zahlungsgarantie wird von den in das Inkasso eingeschalteten Banken nicht übernommen. Maßgebliche Rechtsgrundlage für die Abwicklung von Dokumenteninkassi sind die → Einheitlichen Richtlinien für Inkassi (ERI) der Internationalen Handelskammer (→ ICC), die von den meisten Banken bzw. Bankenverbänden der Welt anerkannt sind.

Literatur: Häberle S.G.: Handbuch der Akkreditive, Inkassi, Exportdokumente und Bankgarantien, München und Wien 2002; Häberle, S.G.: Handbuch der Außenhandelsfinanzierung, 3. Auflage, München und Wien 2002.

Internetadressen: (Geschäftsbanken; alle Zahlungs-, Finanzierungs- und Sicherungsinstrumente) http://www.deutsche-bank.de http://www.hypovereinsbank.de, http://www.ubs.com, http://www.baca.com; (Verbände, Organisationen) http://www.icc-deutschland.de, http://www.iccwbo.org.

Dokumentenmanagement-Systeme (DMS)

Dokumentenmanagement-Systeme dienen zur Unterstützung bei der Verwaltung von elektronischen Dokumenten über deren gesamten Lebenszyklus. Sie bieten Funktionen zur Erfassung, Verschlagwortung, Suche, Bearbeitung und Archivierung von Dokumenten. Siehe auch → Workflow-Management.

Dokumentenrate
Abschlagszahlung (Zwischenzahlung) des Importeurs an den Exporteur nach Versand der Güter bzw. nach Betriebsbereitschaft einer Anlage gegen Vorlage von (Versand-/Verschiffungs-)Dokumenten. Eine andere Bezeichnung für Dokumentenrate ist "Verschiffungsrate". Die Dokumentenrate kommt bei Ausfuhrgeschäften mit mittel- bis langfristigen Zahlungszielen vor.
Siehe auch → Außenhandelsfinanzierung (Internationale Zahlungs-, Sicherungs- und Finanzierungsinstrumente) mit Literaturangaben.

DOLAP
Abk. für Desktop-OLAP (siehe → OLAP, On-Line Analytical Processing), bei dem die Basisdaten zunächst lokal in ein Client-System importiert werden, um dort eine lokale Analyse vollziehen zu können. Siehe auch → Data Warehouse.

Domainname
Der Domainname ist die Adresse, unter der eine → Website im Internet gefunden werden kann. Dabei setzt der Domainname die IP-Adresse als rein numerischen Code in eine verständliche Zeichenfolge um. Unternehmen können Domainnamen (genauer: Second-Level-Domains) für Websites frei wählen, sofern diese Namen den Namenskonventionen entsprechen, nicht bereits vergeben sind oder gegen bestehende Schutzrechte verstoßen.
Der Namensraum der Domains wird in die so genannten Top-Level-Domains gegliedert, die entweder für ein bestimmtes Herkunftsland stehen (z.B. .de für Deutschland, .at für Österreich) oder für ein bestimmtes Thema (z.B. .com für Commercial, .info für Informationen). Jedes Unternehmen muss an Hand der relevanten Zielgruppen entscheiden, unter welchen Top-Level-Domains die Websites einzuordnen sind. Dabei können mehrere Domainnamen auf eine Website referenzieren.
Die Registrierung, Vergabe und Katalogisierung der Domainnamen übernimmt das jeweilige Network Information Center, kurz NIC genannt (z.B. www.nic.de für Deutschland). Bei den NIC finden sich auch Informationen über die einzuhaltenden Namenskonventionen und die aktuelle Rechtslage. Der Begriff URL (= Uniform Ressource Locator) wird irrtümlicherweise in der Umgangssprache mit dem Domainnamen gleichgesetzt. Die URL bezeichnet die eindeutige Adresse, unter der eine bestimmte Datei im Internet gefunden werden kann wie z.B. http://www.lexikon.de/html/wissen.htm. Die Startseitenadresse einer Website ist in diesem Sinne eine URL, allerdings nur eine bestimmte innerhalb einer Domain neben vielen anderen.
Internetadressen: www.nic.de (Domainregistrierung und -verwaltung für die .de-Domain), www.icann.org (Internet Corporation for Assigned Names and Numbers; Organisation zur Vergabe von IP-Adressen und Überwachung des Domain Name Systems)

Domestic Sourcing
siehe → Local sourcing.

Domizilgesellschaft
siehe → Briefkastengesellschaft.

Domizilprinzip
Der Anbieter sucht den Kunden in dessen Haus (= Domizil) auf (Haustürverkauf).

Domizilstelle
Domizilstelle eines Wechsels ist die als *Zahlstelle* eingesetzte Bank (i.A. die Hausbank des Bezogenen). Dieser Bank ist der Wechsel am Verfalltag zur Zahlung vorzulegen. Der Ort der Niederlassung der angegebenen Bank ist zugleich der Zahlungsort des Wechsels. Siehe auch → Wechsel.

Doors open
bezeichnet denjenigen → Meilenstein z.B. im Rahmen des → Eventmanagements, ab dem die Besucher eines → Events Zugang zum Event erhalten. Ab diesem Zeitpunkt können in der Regeln nur noch

geringe Anpassungen des Events z.B. im Hinblick auf das Programm oder die Infrastruktur vorgenommen werden. Siehe auch → Projektmanagement.

Doppelbesteuerung

(1) *Begriff:* Es ist hinsichtlich juristischer und wirtschaftlicher Doppelbesteuerung zu unterscheiden: (a) Eine juristische Doppelbesteuerung liegt vor, wenn derselbe Steuerpflichtige (→ Subjektidentität) mit demselben Steuergegenstand (→ Objektidentität) für denselben Zeitraum (→ Zeitraumidentität) in mindestens zwei Staaten zu einer vergleichbaren Steuer herangezogen wird. (2) Die wirtschaftliche Doppelbesteuerung unterscheidet sich von der juristischen Doppelbesteuerung dadurch, dass keine Subjektidentität vorliegt. Dasselbe Steuergut wird bei verschiedenen Steuersubjekten besteuert.
Die Doppelbesteuerung ist in der Regel eine Zweifachbelastung. Der Begriff Doppelbesteuerung wird jedoch generisch gebraucht, das heißt, er schließt auch Fälle von drei- oder mehrfacher Besteuerung ein. In föderalen Staaten mit einem ungebundenen Trennsystem, das die simultane Erhebung gleichartiger Steuern durch verschiedene Gebietskörperschaften erlaubt, können nationale Doppelbesteuerungen auftreten. I.A.wird der Begriff für die internationale Doppelbesteuerung verwendet. Handelt es sich um eine mehrfache Besteuerung im nationalen Bereich, wird diese als Doppelbelastung bezeichnet.
(2) *Ursache:* Eine Doppelbesteuerung entsteht, wenn das Steuersubjekt in mindestens zwei Staaten entweder jeweils der → unbeschränkten Steuerpflicht unterliegt oder der unbeschränkten und der → beschränkten Steuerpflicht. Dadurch kommt es zu einer Besteuerungskollision zwischen → Ansässigkeits- und → Quellenstaat, die meist zu einer Doppelbesteuerung führt. Man kann zwischen drei Kollisionsfällen unterscheiden: (1) Wohnsitzbesteuerung in zwei oder mehreren Staaten, (2) Quellenbesteuerung in einem Staat und Wohnsitzbesteuerung in einem anderen oder (3) Quellenbesteuerung von zwei oder mehreren Staaten.
(3) *Vermeidung der Doppelbesteuerung:* Um jede Doppelbesteuerung zu vermeiden, wäre eine strikte Beschränkung der Steuersysteme auf die territoriale Besteuerung nötig. Da diese nicht gegeben ist, können Doppelbesteuerungen nur durch (1) einseitigen Verzicht eines Staates auf sein Besteuerungsrecht (→ unilaterale Maßnahmen), (2) durch Beschränkung der Rechte beider Staaten mittels → bilateraler Verträge, (3) bei mehreren Staaten mittels multilateraler Verträge oder (4) durch → supranationale Maßnahmen vermieden werden.
Siehe auch → Steuerrecht, Internationales (mit Literaturangaben).
Literatur: Djanani, Christiana / Brähler, Gernot, Internationales Steuerrecht, 2. Aufl., Wiesbaden 2004; Kluge, Volker, Das Internationale Steuerrecht, 4. Aufl., München 2000; Lang, Michael, Einführung in das Recht der Doppelbesteuerungsabkommen, 2. Aufl., Wien 2002.
Internetadresse: http://www.admin.ch/ch/d/sr/67.html#672

Doppelbesteuerungsabkommen

(Abk. DBA; *double tax treaty, double tax convention, double tax agreement*), Abkommen zur Vermeidung der (internationalen) → Doppelbesteuerung.
Doppelbesteuerungsabkommen sind zweiseitige völkerrechtliche Verträge zwischen zwei Staaten, die zur Vermeidung einer → Doppelbesteuerung die Begrenzung von Besteuerungsrechten durch gegenseitigen Steuerverzicht vorsehen.
Doppelbesteuerungsabkommen streben eine ausgeglichene Vermeidung des mehrfachen Steuerzugriffs an. Die jeweiligen Staaten verpflichten sich, wechselseitig ihre Besteuerungsrechte einzuschränken, um volkswirtschaftlich nachteilige Verzerrungen zu vermeiden. Das potenzielle Steueraufkommen wird auf die beteiligten Länder meist mittels Freistellungsmethode oder Anrechnungsmethode aufgeteilt.
Doppelbesteuerungsabkommen lehnen sich größtenteils an dem von der → OECD erarbeiteten → OECD-Musterabkommen an. Das Zustandekommen von DBA bestimmt sich nach den Regeln des → WÜRV vom 25.05.1969.
Siehe auch → Steuerrecht, Internationales (mit Literaturangaben)
Literatur: Frotscher, Gerrit, Internationales Steuerrecht, München 2001; Lang, Michael, Einführung in das Recht der Doppelbesteuerungsabkommen, 2. Aufl., Wien 2002; Reith, Thomas, Internationales Steuerrecht, München 2004.
Internetadressen: http://www.gesetze.ch/inh/inh1503.htm; http://www.bff-online.de/dba/60_life2.html; http://www.estv.admin.ch/data/dba/d/index.htm

Doppelstöckige Mitunternehmerschaft
(Steuerrecht) liegt vor, wenn mindestens ein Gesellschafter der Personengesellschaft (Abk.: PersG) i.S.d. § 15 Abs. Satz 1 Nr. 2 EStG eine weitere PersG ist.

Doppelwährungsanleihe
→ Anleihe, bei der die Mittelaufbringung in einer anderen Währung erfolgt als die Rückzahlung. Die Zinszahlung kann sowohl in Einzahlungs- als auch in Rückzahlungswährung erfolgen.

Dotted-Line-Prinzip
Variante des Mehrlinienprinzips, bei der fachliche und disziplinarische Führung verschiedenen Organisationseinheiten zugeordnet werden. I.d.R. obliegt die disziplinarische Führung dem Management der jeweiligen Teileinheit, während eine fachliche Führung durch übergeordnete Fachbereiche erfolgt. Die Trennung von fachlichen und disziplinarischen Weisungsrechten eröffnet ein Kontinuum unterschiedlicher Ausgestaltungen der Aufbauorganisation, die bis zur gleichgewichtigen Matrix reichen, in der sämtliche relevanten Führungsinstanzen über fachliche und disziplinarische Weisungsrechte verfügen. Es sind jeweils Vorkehrungen zur Lösung von Weisungskonflikten zu treffen.
Siehe auch → Beteiligungscontrolling und → Marketingcontrolling, jeweils mit Literaturangaben.

Double Sourcing
zählt zu den → Sourcingstrategien im Einkauf und ist von verwandten Konzepten, wie → Single Sourcing oder → Mutiple Sourcing abzugrenzen. Double Sourcing bezeichnet den Zweiquellenbezug einer Materialart und wird zur Verteilung von Risiken genutzt. Siehe auch → Beschaffungsmanagement.

Double Tax Agreement
siehe → Doppelbesteuerungsabkommen.

Double Tax Convention
siehe → Doppelbesteuerungsabkommen.

Double Tax Treaty
siehe → Doppelbesteuerungsabkommen.

Double-Loop Learning
ist ein Prozess, in dem sich die organisationale geteilten Deutungs- und Wertmuster verändern und sich damit die Art und Weise der Problembehandlung verändert. Grundlegende Ziele und Planungen werden dabei angepasst. Siehe auch → Single-loop learning.

Double-Opt-in
Registrierungsverfahren mit Bestätigung im Rahmen des → Permission Marketing.

Double-Sourcing
Zweiquellenbelieferung. Siehe auch → Single-Sourcing.

Down Grading
Ein neues Produkt ist gegenüber dem Vorgängerprodukt in Bezug auf Leistungsmerkmale abgewertet. Beispiel: Die Produktausstattung kann auf das notwendige Mindestmaß reduziert werden. Dies ist häufig bei Unterhaltungselektronik-Geräten anzutreffen. Durch systematischen Einsatz der Wertanalyse werden sparsamere Materialen genutzt. Die fortschreitende Integration elektronischer Bausteine wird nur noch in den Spitzengeräten zugänglich gemacht, während sich die herkömmliche Technik in der Konsumklasse nicht mehr auf der Höhe der Zeit befindet und somit abgewertet wird. Diese relative Verschlechterung der Leistung mindert auch das Preis-Leistungs-Verhältnis, so dass Preissenkungen vorgenommen werden.
Siehe auch → Produktpolitik (mit Literaturangaben).

Down-Stream-Merger
(*Verschmelzung, down stream*). Im Rahmen eines Down-Stream-Merger wird das Unternehmen der → *Muttergesellschaft* in Form einer → *Verschmelzung zur Aufnahme* auf die → *Tochtergesellschaft* übertragen; siehe dazu auch → *Up-Stream-Merger*.

d/p
Abk. für documents against payment, siehe → Dokumente gegen Zahlung-Inkasso, siehe auch → Dokumenteninkasso.

DPS
Abk. für → Desktop Purchasing Systeme.

DR
Abk. für Direct Response; Anwendung siehe z.B. → Dircet Response Television.

Drawee
(engl.), Bezogener eines → Wechsels. Bei → Dokumenteninkassi ist mit "drawee" bzw. mit "Bezogener" generell der Zahlungspflichtige (der Importeur) gemeint, und zwar nicht nur bei → Dokumente gegen Akzept-Inkassi, sondern häufig auch bei → Dokumente gegen Zahlung-Inkassi.

Drawer
(engl.), Aussteller eines → Wechsels. Im erweiterten Sinn ist mit "drawer" bzw. "Aussteller" der Auftraggeber (Zahlungsempfänger, Exporteur) bei → Dokumenteninkassi gemeint, und zwar nicht nur bei → Dokumente gegen Akzept-Inkassi, sondern häufig auch bei → Dokumente gegen Zahlung-Inkassi.

Dreiecksgeschäft
Form des → Kompensationsgeschäfts, bei dem die als Gegenleistung gelieferte Ware (→ „Software") von einem Kompensationshändler aufgenommen und vermarktet wird. Der auf bestimmte Waren, Branchen und Märkte spezialisierte Kompensationshändler stellt den Erlös abzüglich seiner Marge dem Lieferanten der sog. → "Hardware" zur Verfügung.

DreiG = 3G
Abk. für → *Mobilfunknetze* der dritten Generation, insbesondere → UMTS.

Drei-PL-Dienstleister
siehe → Third Party Logistics Provider.

Drill Down
ist eine Operation im Rahmen des On-Line Analytical Processing (→ OLAP). Dabei bewegt sich der Nutzer in der Dimensionshierarchie abwärts, d. h. zu Elementen mit einem niedrigeren Verdichtungsniveau, um durch die Aufspaltung aggregierter Elemente (siehe auch → Aggregation) detailliertere Informationen über die → Datenbasis zu erhalten. Siehe auch → Roll Up.

Drittlandsgut
auch als → Nichtgemeinschaftsware bezeichnet. Waren aus Drittländern, d.h. Nichtmitgliedern der → Europäische Gemeinschaft, die noch nicht im Gebiet der Gemeinschaft zum freien Verkehr abgefertigt sind. Im deutschen Zollrecht ist dafür der Begriff des → Zollgutes gebräuchlich. (Gegensatz: → Gemeinschaftsware bzw. → Freigut).

Drittlandshandel
siehe → Extrahandel.

Drittmarke
ist unterhalb der Zweitmarke positioniert. Oft ist die Präsenz einer Drittmarke auch auf bestimmte große Absatzmittler begrenzt, so wird z.B. "Schloß Königstein" exklusiv über den Edeka-Handelskonzern
distribuiert. Ihre Berechtigung leitet sich oftmals aus der Realisierung von Kostendegressionseffekten
aus Kuppelproduktion ab, die mit anderen Marken verbundene Aktivitäten betreffen (siehe auch →
Zweitmarke, → Erstmarke, → Premiummarke, → Luxusmarke, → Gattungsware, → Markenarten).

DRR
Abk. für Dircet Response Radio; siehe auch → Dircet Response Television (DRTV).

DRS
Abk. für Deutscher Rechnungslegungsstandard; siehe auch → Deutsches Rechnungslegungs Standards
Committee.

DRSC
Abk. für → Deutsches Rechnungslegungs Standards Committee.

DRTV
Abk. für → Dircet Response Television.

DRV
Abk. für → Discounted Risk Value.

DSG
Abk. für → Duales System Deutschland AG.

DSR
Abk. für Deutscher Standardisierungsrat; siehe auch → Deutsches Rechnungslegungs Standards Committee.

DSS
Abk. für → Decision Support System; siehe auch → Plandatenbasis und → Unternehmensplanung.

DTP-Programme
DTP (Kurzwort für *Desktop Publishing*) ist eine Sammelbezeichnung für unterschiedliche Programme,
die bei der Druckvorlagenherstellung im Rahmen des grafischen Produktionsprozesses eingesetzt werden. DTP-Systeme sind integrierte Produktionssysteme, die den klassischen Druckvorlagensatz inklusive Layout und Umbruch sowie Graphik- bzw. Bildsysteme umfassen. An einem Arbeitsplatzrechner
werden Daten, Texte, Graphiken und Bilder am Bildschirm zu einer Druckvorlage gestaltet
(WYSIWIG = „What you see is what you get."), von der anschließend unmittelbar Drucke wie z.B. Kataloge, Prospekte, Schulungsunterlagen, Werbematerialien usw. hergestellt werden können.

DTP-Systeme
siehe → DTP-Programme.

Dual listing
bezeichnet allgemein die Notierung eines Unternehmens an zwei Wertpapierhandelsbörsen, z.B. an der
Frankfurter Wertpapierbörse (→ Going Public) und an der → New York Stock Exchange.

Dual sourcing
(*Zweiquellenbezug, Zweiquellenbeschaffung*) umfasst die Vorteile des → single sourcing unter gleichzeitiger Verringerung der Abhängigkeit von nur einem Lieferanten. Siehe auch → Beschaffungsmanagement.

Duale Ausbildung
in Deutschland übliche Form der → Berufsausbildung, bei der Betriebe und (öffentliche) Berufsschulen gemeinsam die Verantwortung für die Ausbildung tragen.

Duale Verrechnungspreise
siehe → Verrechnungspreise, duale.

Duales Rundfunksystem
Organisationsform des Rundfunks in der Bundesrepublik Deutschland; Bezeichnung für das Nebeneinander von gebührenfinanziertem öffentlich-rechtlichem und privatem Rundfunk (siehe → Rundfunk, Öffentlich-rechtlicher und → Rundfunk, Privater).
Beim Wiederaufbau des Rundfunks nach dem Krieg gab es zunächst nur öffentlich-rechtlichen Rundfunk. Im Zuge des technischen Fortschritts wurde die als Argument für den öffentlich-rechtlichen Rundfunk angenommene Knappheit an Übertragungskapazitäten beseitigt und reichte nicht mehr als Begründung für den Ausschluss privater Anbieter.
Im Niedersachsen-Urteil von 1986 stellt das Bundesverfassungsgericht fest, dass die Anforderungen bezüglich der Vielfalt an private Rundfunksender reduziert werden können, solange die öffentlich-rechtlichen Anbieter die Grundversorgung sichern (Grundversorgungsauftrag der öffentlich-rechtlichen Sender).
Siehe auch → Medienökonomie (mit Literaturangaben).

Duales System Deutschland AG" (DSG)
kümmert sich als Verbund in Deutschland tätiger Unternehmen um die Sammlung und anschließende Verwertung von Verpackungsabfällen der Lebensmittel- und Verpackungsbranche. Siehe auch → Retrodistributionslogistik (Entsorgungslogistik).

Dual-use-Güter
sind Güter, die sowohl zivil als auch militärisch bzw. kerntechnisch eingesetzt werden können. Siehe auch → Außenwirtschaftsgesetz.

Dublin-Docks-Gesellschaft
siehe → IFSC-Gesellschaft.

Due Diligence

Due Diligence

von Univ.-Professor Dr. Wolfgang Berens, Westfälische Wilhelms-Universität Münster
und Dr. Joachim Strauch, Düsseldorf

1. Charakterisierung
Bei einer Due Diligence (engl.: gebührende Sorgfalt) handelt es sich um Analysen und Prüfungen eines Unternehmens (= Zielunternehmen oder Target), die bei der Vorbereitung von Unternehmenskäufen und sonstigen Unternehmenstransaktionen (→ Mergers & Acquisitions) zur Informationsversorgung des Entscheidungsträgers und der Chancen- und Risikoerkennung auf betriebswirtschaftlicher und juristischer Ebene in den Transaktionsprozess integriert werden. Das Ziel der Due Diligence besteht in einer Beurteilung der Zweckmäßigkeit und Wirtschaftlichkeit sowie der Strukturierung der Transaktion unter Berücksichtigung der mit der Akquisition bzw. dem Zielunternehmen weiterhin verfolgten Pläne (vgl. Schmitting in Berens/Brauner/Strauch 2005, S. 255).
Im Verhältnis zur → Unternehmensbewertung nimmt die Due Diligence sowohl eine Zuliefer- als auch eine Absicherungsfunktion ein: Zum einen wird im Verlauf der Due Diligence die Datenbasis für eine Unternehmensbewertung erhoben, zum anderen kann eine zuvor errechnete Bandbreite für den Unternehmenswert nachträglich verifiziert respektive angepasst werden.

2. Untersuchungsbereiche der Due Diligence

Aufgrund der Komplexität der Entscheidungssituation bei dem Kauf ganzer Unternehmen (→ Asset Deal) oder der Übertragung der Gesellschaftsrechte (Share Deal) wird die Due Diligence regelmäßig in Untersuchungsbereiche aufgeteilt: Die häufigsten Untersuchungsbereiche sind → Financial Due Diligence, → Tax Due Diligence, → Legal Due Diligence und → Commercial Due Diligence. Darüber hinaus werden in Abhängigkeit der Struktur des Targets und der Bedeutung für die Transaktion weitere Untersuchungsbereiche definiert und durchgeführt (Human Resources Due Diligence, Technical/Production Due Diligence, Environmental Due Diligence, IT Due Diligence etc.).

3. Planung und Durchführung der Due Diligence

Der Vielzahl der an einer Due Diligence beteiligten Mitarbeiter des potentiellen Käufers und von diesem beauftragten Prüfer und Berater sowie des regelmäßig engen Zeitrahmens wegen bedarf es zur aufbau- und ablauforganisatorischen Koordination eines entsprechenden Projektmanagements. Hierzu gehören die Zusammenstellung des Due Diligence-Teams sowie die Zuweisung der Untersuchungsbereiche zu den Aufgabenträgern, um sowohl Überschneidungen als auch Lücken im Untersuchungsprogramm zu vermeiden.

Zum Due Diligence-Team des Käuferunternehmens gehören Führungskräfte des betroffenen Geschäftsbereichs sowie Mitarbeiter unterer Ebenen zur Beurteilung der operativen Zusammenarbeit und der Identifikation potentieller Synergien. Externe Sachverständige sind für gesamte Untersuchungsbereiche wie Financial, Tax oder Legal Due Diligence verantwortlich (Wirtschaftsprüfer, Steuerberater, Rechtsanwälte), oder werden für spezifische Gutachten beauftragt (Umweltgutachter, Versicherungsmathematiker, IT-Spezialisten).

Mit der Beauftragung zur Durchführung einer Due Diligence bspw. an einen Wirtschaftsprüfer bzw. eine Wirtschaftsprüfungsgesellschaft sollte der Untersuchungsumfang möglichst genau definiert und schriftlich vereinbart sowie eine Haftungsvereinbarung getroffen werden (vgl. Fachausschuss Recht des IDW 1998, S. 287-289). Darüber hinaus sollte der Zeitplan und die Form der Berichterstattung unter allen Beteiligten im Voraus festgelegt werden.

Voraussetzung für die Zulassung einer Due Diligence durch den Verkäufer ist regelmäßig, dass der potentielle Käufer eine Verschwiegenheitserklärung unterzeichnet oder ein → Letter of Intent unterzeichnet wird. Auf dieser Grundlage übermittelt der Käufer eine Zusammenstellung derjenigen Informationen, die für die Due Diligence benötigt werden (sog. information request list). Die Bereitstellung der Unterlagen seitens des Verkäufers bzw. des Targets erfolgt oftmals in einem → Datenraum (data room).

Im Verlauf der Due Diligence müssen die Informationen dann ausgewertet und als Entscheidungsgrundlage die Ergebnisse zusammengefasst werden. Der laufenden Dokumentation und Berichterstattung (in Form eines Due Diligence Reports) kommt dabei eine zweifache Bedeutung zu: Zum einen ist es aus organisatorischen Gründen notwendig, die Kommunikation unter den Beteiligten sicherzustellen. Zum anderen ist aus rechtlichen Gründen bedeutsam, dass im Falle späterer Rechtsstreitigkeiten eine Beweisführung erfolgen kann.

4. Rechtliche Bedeutung der Due Diligence

In gewährleistungsrechtlicher Hinsicht ist an der Offenlegung der Informationen während der Due Diligence entscheidend, dass der Verkäufer allein für diejenigen Mängel an der Kaufsache einzustehen hat, die er vor dem Kauf nicht offen legte; eine Haftung für dem Käufer bekannte Mängel ist insofern ausgeschlossen. In einer Anlage zum Kaufvertrag werden hierzu die während der Due Diligence zur Verfügung gestellten Informationen aufgelistet (sog. disclosure schedule).

Grundsätzlich legt das deutsche Recht dem Käufer keine Pflicht zur Prüfung einer Kaufsache vor Erwerb auf. Verhält sich der Käufer jedoch grob fahrlässig, kann dies zum Verlust seiner Gewährleistungsansprüche führen (§ 442 BGB). Eine grobe Fahrlässigkeit wäre dann anzunehmen, wenn eine Verkehrssitte zur Durchführung einer Due Diligence bei einem Unternehmenskauf existiert. Obgleich eine Due Diligence mittlerweile üblich und bei nahezu allen Unternehmenskäufen durchgeführt wird, wird eine Verkehrssitte nach h.M. bislang abgelehnt (vgl. bspw. Holzapfel/Pöllath 2005, S. 22). Eine unterlassene Due Diligence wäre demnach unschädlich zur Aufrechterhaltung der Gewährleistungsansprüche.

Aus gesellschaftsrechtlicher Sicht wird eine Pflicht der Geschäftsleitung des Käuferunternehmens zur Durchführung einer Due Diligence im Rahmen der sorgfältigen Vorbereitung eines Unternehmenskaufs konstatiert (§ 43 GmbHG, § 93 AktG). Strittig ist hingegen die Frage, ob und unter welchen Beschlussvoraussetzungen die Geschäftsleitung des Zielunternehmens dem potentiellen Käufer eine Due Diligence gestatten darf oder muss.

Hinweis

Zu den angrenzenden Wissensgebieten siehe → Aktiengesellschaft, deutsche, → Aktiengesellschaft, österreichische, → Aktiengesellschaft, kleine, → Businessplan, → Corporate Governance, → Going Public (Vorbereitungsphase), → Going Public (Durchführungsphase), → Hedgefonds, → Mergers & Acquisitions, → Private Equity, → Unternehmensbewertung, → Unternehmensethik, → Venture Capital.

Literatur: Berens, W., Brauner, H.U., Strauch, J. (Hrsg.): Due Diligence bei Unternehmensakquisitionen, 4. Auflage, Stuttgart 2005; Fachausschuss Recht des IDW: Hinweise zur rechtlichen Gestaltung von due-diligence-Aufträgen, in: FN-IDW 1998, S. 287-289; Holzapfel, H.-J., Pöllath, R.: Unternehmenskauf in Recht und Praxis, 12. Auflage, Köln 2005; IDW (Hrsg.): Wirtschaftsprüfer-Handbuch 2002, Bd. II, 12. Auflage, Düsseldorf 2002; Koch, W., Wegmann, J.: Due Diligence, 2. Auflage, Stuttgart 2002; Picot, G.: Handbuch Mergers & Acquisitions, 3. Auflage, Stuttgart 2005.

Website der Autoren: http://www.wiwi.uni-muenster.de/ctrl/

Due Process

bezeichnet den formalen Ablaufprozess bei der Entwicklung eines Rechnungslegungsstandards oder anderer Verlautbarungen des → Financial Accounting Standards Board (FASB). Ein vergleichbarer und gleichlautender Prozess läuft beim → International Accounting Standards Board (IASB) zur Entwicklung von International Financial Reporting Standards (→ Internationale Rechnungslegung nach IFRS) ab. In diesem mehrstufigen Prozess hat die Öffentlichkeit (insbesondere betroffene Unternehmen, Wirtschaftsprüfungsgesellschaften und andere Interessengruppen) die Möglichkeit, durch so genannte Comment Letters Stellung zu Diskussionspapieren sowie Standardentwürfen zu nehmen.

Literatur: Haller, A./Eierle, B., Ideenfindung und -verarbeitung zur Entwicklung von Rechnungslegungsstandards beim "Financial Accounting Standards Board", in: Der Betrieb, 1998, S. 733-739.

Duplikatfrachtbrief

siehe → Eisenbahnfrachtbrief, internationaler (CIM-Frachtbrief).

Duplizierung

(*replication, Put-Call-Parität*), siehe → Optionen, Kap. 3 Absatz 3.

DuPont-Kennzahlensystem

siehe → Return on Investment und → ROI-System.

DuPont-System of Financial Control

Der DuPont-System of Financial Control geht von der zentralen Rentabilitätsziffer des → Return on Investment (ROI) aus. Die beiden Kompetenten Umsatzrentabilität und Kapitalumschlag werden anschließend in die einzelnen Erlös-, Kosten- und Vermögensbestandteile zerlegt.

ROI (in %) = Umsatzrentabilität · Kapitalumschlag

$$\text{ROI (in \%)} = \frac{\text{Gewinn} \cdot 100}{\text{Umsatz}} \cdot \frac{\text{Umsatz}}{\text{investiertes Kapital}}$$

Siehe auch → Finanzcontrolling (mit Literaturangaben)

Duration, Macaulay
einer → Anleihe beschreibt den gewichteten Durchschnitt aller Zahlungszeitpunkte der Anleihe, wobei die Gewichte dem Verhältnis aus Kapitalwert der jeweiligen Zahlung und dem Gesamtkapitalwert der Anleihe entsprechen. Auf diese Weise kann die (Macaulay-)Duration auch als durchschnittliche Kapitalbindungsdauer von Anleihen interpretiert werden. Die mit eins plus dem risikolosen Zinssatz diskontierte negative Macaulay Duration entspricht der → modifizierten Duration.

Duration, modifizierte
einer → Anleihe entspricht der prozentualen Änderung des Preises einer Anleihe, wenn die Effektivrendite der Anleihe um eine marginale Einheit steigt. Insofern ist die modifizierte Duration eine Maßzahl für das Zinsänderungsrisiko von Anleihen. Die mit eins plus dem risikolosen Zinssatz multiplizierte negative modifizierte Duration entspricht der → Macaulay Duration.

Durchfuhr
siehe → Transithandel.

Durchführungskompetenzen
beziehen sich auf die Berechtigung, die Stellenaufgaben ausführen zu können. Zu unterscheiden sind → Ausführungskompetenz, → Verfügungskompetenz, → Antragskompetenz und → Entscheidungskompetenz. Siehe auch → Unternehmensführung (mit Literaturangaben).

Durchführungsplanung
(in der → *Produktionsplanung*). Die Durchführungsplanung umfasst innerhalb der → *Produktionsplanung und -steuerung* die Planungskomponente, im Rahmen derer für die nach Art und Menge festgelegten Fertigungsaufträge die Termine und Kapazitätsinanspruchnahmen festzulegen sind. Zur Durchführungsplanung gehören neben der Bestimmung von Losgrößen und Auftragsreihenfolgen (→ *Losgrößenplanung*, → *Ablaufplanung*) insbesondere die Durchlaufterminierung unter Berücksichtigung von Möglichkeiten der Durchlaufzeitenreduzierung, die Kapazitätsbedarfsrechnung sowie die Kapazitätsterminierung.

Durchgeleiteter Kredit
ein von einem → Kreditinstitut mit Sonderaufgaben gewährter Kredit, bei dem die → Hausbank die ordnungsgemäße Abwicklung des Kredites übernimmt und zusätzlich zumindest teilweise für den Kreditausfall haftet.

Durchgriffshaftung
siehe → Gesellschaft mit beschränkter Haftung (deutsches Recht).

Durchkonnossement
Andere Bezeichnungen mit gleichem bzw. zumindest ähnlichem Vorstellungsinhalt sind „Durchgehendes Konnossement", „Durchlaufendes Konnossement", „Durchfuhrkonnossement", „Durchfrachtkonnossement", „Durchgangskonnossement", „Through Bill of Lading". Das Durchkonnossement wird angewandt, wenn die Güter in einem oder mehreren Seehäfen umgeladen werden müssen sowie bei eventuellem Transport auf Schiffen verschiedener Reedereien. Es wird ein einziges Konnossement als Durchkonnossement für die gesamte Schiffsreise ausgestellt. Entsprechend der Haftung der beteiligten Reederei(en) sind zu unterscheiden das echte Durchkonnossement, das unechte Durchkonnossement sowie das gemeinschaftliche Durchkonnossement. Siehe auch → Konnossement.

Durchlaufender Kredit
ein von einem → Kreditinstitut mit Sonderaufgaben gewährter Kredit, bei dem die → Hausbank nur für die ordnungsgemäße Abwicklung des Kredites verantwortlich ist, für einen möglichen Kreditausfall aber nicht haftet. Das Kreditrisiko trägt das Kreditinstitut mit Sonderaufgaben.

Durchlaufzeit

ist die Zeitspanne, in der ein Erzeugnis die Produktion von der Materialentnahme aus dem → Lager oder der Materialanlieferung durch den Zulieferer bis zur Abgabe des Fertigerzeugnisses an den Auftraggeber oder das Fertigwarenlager durchläuft. Die Durchlaufzeit umfasst die wertschöpfende Bearbeitungszeit, die Rüstzeit, die Transportzeit, die Kontrollzeit und die Liegezeit.

Durchschnittsfunktion

→ Funktion, die durch Division der Funktionswerte f(x) durch die Inputwerte x gewonnen wird (x ≠ 0). Wichtige Durchschnittsfunktionen sind die Durchschnittskosten K(x)/x und der Durchschnittsertrag x(r)/r („Output pro Input"), der ein Maß für die → Produktivität darstellt.

Durchschnittsmethode

Bei der gewogenen Durchschnittsmethode bildet man aus den Anfangsbeständen und den Zugängen während des Geschäftsjahres einen gewogenen Durchschnittspreis, mit dem die Abgänge und der Endbestand bewertet werden. Bei der gleitenden Durchschnittsmethode wird nach jedem Zugang ein neuer Durchschnittspreis errechnet und jeder Abgang bis zum nächsten Zugang damit bewertet. Die gleitende Durchschnittsmethode hat den Vorteil, die aktuelle Marktpreisentwicklung im Durchschnittswert besser abzubilden, als die gewogene Durchschnittsmethode.
Auch → IAS/IFRS und → US-GAAP lassen die gewogene und die gleitende Durchschnittsmethode zu.

DVFA/SG

Abk. für Deutsche Vereinigung für Finanzanalyse und Asset Management/Schmalenbach Gesellschaft. Siehe auch → Cash Flow nach DVFA/SG.

DVNLP

Abk. für Deutscher Verband für Neuro-Linguistisches Programmieren e.V.

DWMS

Abk. für Data-Warehouse-Management-System, zentrales Instrument zur Verwaltung eines → Data Warehouse.

Dyadische Führungstheorie

Die Zweierbeziehung zwischen Führer und Geführtem (Dyade) als ein wechselseitiger, dynamischer Verhandlungsprozess ist Gegenstand dieser Theorie. Ist die Beziehung durch eine geringe persönliche Bindung gekennzeichnet, sind die Austauschbeziehungen eher ökonomischer Natur und damit auf direkte, konkret messbare Ressourcen und Ergebnisse ausgerichtet.
Andere Dyaden kennzeichnet dagegen einen sozialer Austausch auf Basis von Vertrauen, Loyalität und Interaktion. Herrscht eine gute Beziehungsqualität, erhöht dies die Einbindung des Mitarbeiters in das Unternehmen sowie seine Motivation und Einsatzbereitschaft. In diesem Fall führt der Vorgesetzte unterstützend und überträgt dem Mitarbeiter Verantwortung. Damit betont dieser Ansatz die Bedeutung der (sozialen) Führer-Geführten-Beziehung, er lässt jedoch situative Variablen außer Acht und verkürzt damit die Führungsbeziehung erheblich.
Siehe auch → Personalführung und → Unternehmensführung, jeweils mit Literaturangaben.

Dynamic Financial Analysis (DFA)

Instrument des → Asset-Liability Management (ALM). Im Rahmen der DFA werden finanz- und leistungswirtschaftlicher Teil des Versicherungsgeschäfts auf Cash-Flow-Basis mit Hilfe der Monte-Carlo Simulation simuliert und die gemeinsame Wirkung auf den Überschuss analysiert.

Dynamik der Betriebsformen

Ansatz von Robert Nieschlag (1954), der ähnlich wie McNair mit seinem → Wheel of Retailing davon ausgeht, dass die Entwicklung von Betriebsformen einem gesetzlichen Verlauf unterliegt. In der ersten Phase (Entstehung und Aufstieg) wird eine Niedrigpreisstrategie gewählt, während in der zweiten Phase (Reife und Assimilation) ein Trading Up folgt und andere marketingpolitische Instrumente in den

Vordergrund rücken. Kostenintensivere Maßnahmen führen zu höheren Preisen der Betriebsform, worauf neue Betriebsformen in die so entstehende Nische für niedrigere Preise vordringen können.

Dynamische Amortisationsrechnung
siehe → Amortisationsrechnung, dynamische (Investitionsrechnung).

Dynamische Analyse
siehe → Analyse, dynamische.

E

EAD
Abk. für → Exposure at Default.

E-Administration
fasst intra- und interorganisationale Prozesse innerhalb der Verwaltung bzw. zwischen verschiedenen Verwaltungseinheiten zusammen. Ein Beispiel für E-Administration ist die digitale Bereitstellung von Geoinformationen durch das betreffende Fachamt und die Nutzung dieser Daten durch verschiedene andere Ämter in einer Kommune.
Siehe auch → Electronic Government (mit Literaturangaben).
    Literatur: Grimmer, H. (1999). Informatisierte Verwaltung und Politik. In Lenk, K.; Traunmüller, R. (Eds.), *Öffentliche Verwaltung und Informationstechnik* (pp. 231-252). Heidelberg: Decker. Mehlich, H. (2002). *Electronic Government*. Wiesbaden: Gabler.

EAI
Abk. für *Enterprise Application Integration*, siehe → Anwendungsintegration; siehe auch → Electronic Procurement, → ERP-Systeme und → Workflow-Management.

EAI-Software
Abk. *für Enterprise Application Integration-Software* (*Integrationsplattform, Middleware*), ist eine Software, welche die → Anwendungsintegration ermöglicht. Siehe auch → mySAP ERP.

EAN
Die europäische Artikelnummer (EAN) ist mittlerweile zu einem international gültigen Standard der Produktkennzeichnung geworden. Der 13-stellige Code dient der Identifizierung der Produktlieferanten und der handelsinternen Artikelbestimmung. Die letzte Stelle des Codes stellt eine international abgestimmte Prüfziffer dar. Zusätzliche Produktinformationen wie Farbe, Verpackungsgröße oder Haltbarkeitsdatum lassen sich durch das System EAN 128 darstellen.

E-Application-Strategie
Non-E-Procurement bezeichnet Beschaffungsprozesse ohne den Einsatz elektronischer Beschaffungslösungen. Aufgrund des starken Trends hin zum E-Business ist dieser Sourcing-Typ mittlerweile schon die *Ausnahme*.
Ansatzpunkt des *E-Coordination-Konzepts* ist die Unterstützung der Interaktion zwischen Abnehmer und Lieferant auf der operativen Ebene nachdem Bedarfsspezifikation, Preisfindung und die Festlegung der Transaktionsmodalitäten bereits erfolgt sind. Einsatzgebiete sind beispielsweise hochspezifische Güter, die über bilateralen Kontakt beschafft werden, sich jedoch durch wiederkehrende, zu koordinierende Bedarfe auszeichnen (z.B. → Just-in-Time-Belieferung)
Die Beschaffung gering- / mittelwertiger, eher standardisierter Güter wird häufig durch *E-Procurement*-Systeme unterstützt (bspw. elektronische Marktplätze, elektronische Katalogsysteme, Online-Auktionen). Sowohl Transaktionskosten als auch Einstandspreise lassen sich hierdurch reduzieren.

Die vertikale Integration von Wertschöpfungspartnern durch elektronische Beschaffungslösungen steht im Mittelpunkt von *E-Collaboration*-Anwendungen. Grundlage dabei ist ein umfassender Austausch von Informationsflüssen entlang der Wertschöpfungskette.
Siehe auch → Beschaffungsmanagement (mit Literaturangaben).

Early Stage
(sog. *Frühphasenfinanzierung*). Finanzierungsphase im Rahmen von Venture Capital-Finanzierungen, in der die Phasen → Seed und → Start-up zusammengefasst sind. Siehe auch → Venture Capital, → Business Angel, → Late Stage und → Private Equity.

Early Stage-Gesellschaften
(*Venture Capital*). Frühphasenorientierte Kapitalbeteiligungsgesellschaften (Venture Capital-Gesellschaften), die als Kerngeschäft die Finanzierung von Unternehmen wahrnehmen, die sich noch im Aufbau befinden oder die erst seit kurzem im Geschäft sind. Siehe auch → Early Stage, → Late Stage-Gesellschaften und → Venture Capital.

Earned Value
siehe → Leistungswert.

Earnings before Depreciation, Interest and Tax (EBDIT)
Earnings before Depreciation, Interest and Tax (EBDIT) bezeichnet den Gewinn vor Abschreibungen (auf das materielle Vermögen), Zinsen und Steuern. Das EBDIT ermittelt sich aus dem operativen Ergebnis (→ Betriebsergebnis) vor Zinsen und Steuern, → Earnings before Interest and Tax (EBIT) zuzüglich der Aufwendungen für Abschreibungen auf das materielle Vermögen. Dadurch wird ein Vergleich verschiedener Geschäftsbereiche bzw. ein Branchenvergleich des Unternehmens ohne Verzerrung durch die Altersstruktur der Anlagen bzw. die Abschreibungspolitik möglich. EBDIT dient als Beurteilungsgröße für die Entwicklung von Geschäftsfeldern und Entscheidungen der Geschäftsführung. Im Rahmen einer Gewinn- und Verlustrechnung kann das EBDIT, je nach Anwendung von Gesamtkosten- oder Umsatzkostenverfahren, wie folgt ermittelt werden:
(a) nach dem Gesamtkostenverfahren:
Umsatzerlöse
-    Materialaufwand
-    Personalaufwand
-    Sonstige betriebliche Aufwendungen (mit Ausnahme von Abschreibungen auf das materielle Vermögen)
=   Earnings before Depreciation, Interest and Tax (EBDIT)
(b) nach dem Umsatzkostenverfahren:
Umsatzerlöse
-    Kosten der umgesetzten Leistungen
=   Bruttoergebnis vom Umsatz
-    Verwaltungs- und Vertriebskosten
-    Forschungs- und Entwicklungskosten
-/+   Sonstige betriebliche Aufwendungen und Erträge
=   Earnings before Depreciation, Interest and Tax (→ EBIT)
+   Abschreibungen (auf das materielle Anlagevermögen)
=   Earnings before Depreciation, Interest and Tax (EBDIT)
Siehe auch → Bilanzanalyse, → Jahresabschluss und → Kennzahlen, finanzwirtschaftliche bzw. wertorientierte, jeweils mit Literaturangaben.

Earnings before Interest and Tax (EBIT)
Earnings before Interest and Tax (EBIT) bezeichnet das operative Ergebnis (→ Betriebsergebnis) vor Hinzurechnung des Zinsergebnisses und vor Abzug der Ertragssteuern. Im Rahmen einer Gewinn- und Verlustrechnung kann das EBIT, je nach Anwendung von Gesamtkosten- oder Umsatzkostenverfahren, wie folgt ermittelt werden:

(a) nach dem Gesamtkostenverfahren:
Umsatzerlöse
- Materialaufwand
- Personalaufwand
- Sonstige betriebliche Aufwendungen
= Earnings before Interest and Tax (EBIT)
(b) nach dem Umsatzkostenverfahren:
Umsatzerlöse
- Kosten der umgesetzten Leistungen
= Bruttoergebnis vom Umsatz
- Verwaltungs- und Vertriebskosten
- Forschungs- und Entwicklungskosten
-/+ Sonstige betriebliche Aufwendungen und Erträge
= Earnings before Depreciation, Interest and Tax (EBIT)

Der Ausweis des Betriebsergebnisses vor Ertragssteuern und Zinsergebnis ermöglicht einen ertragsteuerunabhängigen Vergleich des nachhaltigen Ergebnisses eines Unternehmen bzw. einzelner Geschäftsbereiche. Ziel ist es, das Ergebnis aus der eigentlichen Geschäftätigkeit ohne Sondereinflüsse, Einflüsse der Finanzierungsstruktur (Eigen- versus Fremdfinanzierung) und Steuern zu ermitteln. EBIT wird daher häufig im Rahmen einer internen (unternehmenswertorientierten) Steuerung eingesetzt, da es nahezu ausschließlich von Entscheidungen der Unternehmensführung beeinflusst wird. Gerade dieser Punkt wird aber auch häufig kritisiert, da Zins- und Steuerzahlungen betrieblich bedingte Aufwendungen sind, die im Rahmen von Anlageentscheidungen von Bedeutung sein können.
Siehe auch → Bilanzanalyse, → Jahresabschluss und → Kennzahlen, finanzwirtschaftliche bzw. wertorientierte, jeweils mit Literaturangaben.

Earnings before Interest, Tax and Amortisation (EBITA)
bezeichnet das → Earnings before Interest and Tax (EBIT) vor Abschreibungen auf das immaterielle Vermögen. Vgl. auch → Earnings before Interest, Tax, Depreciation and Amortisation (EBITDA).

Earnings before Interest, Tax, Depreciation and Amortisation (EBITDA)
Earnings before Interest, Tax, Depreciation and Amortisation (EBITDA) bezeichnet den Gewinn vor Abschreibungen auf das materielle und immaterielle Vermögen, Zinsen und Steuern (vgl. auch → Earnings before Depreciation, Interest and Tax, EBDIT). Im Rahmen einer Gewinn- und Verlustrechnung kann das EBITDA, je nach Anwendung von Gesamtkosten- oder Umsatzkostenverfahren, wie folgt ermittelt werden:
(a) nach dem Gesamtkostenverfahren:
Umsatzerlöse
- Materialaufwand
- Personalaufwand
- Sonstige betriebliche Aufwendungen (mit Ausnahme von
  Abschreibungen auf das materielle und immaterielle Vermögen)
= Earnings before Depreciation, Interest, Tax and Amortisation (EBITDA)
(b) nach dem Umsatzkostenverfahren:
Umsatzerlöse
- Kosten der umgesetzten Leistungen
= Bruttoergebnis vom Umsatz
- Verwaltungs- und Vertriebskosten
- Forschungs- und Entwicklungskosten
-/+ Sonstige betriebliche Aufwendungen und Erträge
=> Earnings before Depreciation, Interest and Tax (EBIT)
+ Abschreibungen (auf das materielle und immaterielle Anlagevermögen)
= Earnings before Depreciation, Interest, Tax and Amortisation (EBITDA)

Siehe auch → Bilanzanalyse, → Jahresabschluss und → Kennzahlen, finanzwirtschaftliche bzw. wertorientierte, jeweils mit Literaturangaben.

Earnings before Tax (EBT)

bezeichnet das Betriebsergebnis eines Unternehmens bzw. einzelner Geschäftsbereiche abzüglich der Zinsaufwendungen, aber vor Ertragssteuerzahlungen an den Fiskus.

Earnings less Riskfree Interest Charge (E_RIC)

von *Velthuis* (Goethe Universität Frankfurt Main) entwickeltes neues Management und Incentive-Konzept (Wertbeitragskonzept), das von der Beratungsgesellschaft *KPMG* unter dem Namen E_RIC in der Praxis umgesetzt wird. Im Gegensatz zu traditionellen Wertbeitragskennzahlen, die, wie beispielsweise der Weighted Average Cost of Capital Ansatz (WACC-Ansatz), risikoangepasste Kapitalkosten als Werthürde vorgeben, werden Kapitalkosten bei E_RIC auf Grundlage eines risikofreien Zinssatzes ermittelt und in Rechnung gestellt. Die Vertreter der Kennzahl begründen diese Vorgehensweise damit, dass die risikoangepasste Verzinsung zwar zu einer ex ante (und nicht ex post) Beurteilung riskanter Projekte herangezogen werden könne, jedoch nicht als Werthürde, die tatsächlich von Managern erzielt werden müsse. Dieser Schlussfolgerung legen sie folgende Argumentation zugrunde: Die Vorstände großer börsennotierter Unternehmen kündigen eine Rendite an, die mindestens die risikoangepassten Kapitalkosten ihres Unternehmens übersteigt, wobei diese Renditen jeweils der ex ante Erwartung eines Aktionärs in der relevanten Risikoklasse entsprechen. Die erwartete Rendite eines Aktionärs setzt sich prinzipiell aus einem risikofreien Zins und einer von den Aktionären geforderten Risikoprämie zusammen. Die Vorgabe einer solchen Rendite als Mindestwerthürde bedeutet jedoch nichts anderes, als eine risikoadäquate Rendite mit Sicherheit zu fordern, die allenfalls ex ante erwartet werden kann. Den Vorteil des E_RIC Konzeptes fassen die Vertreter der Kennzahl zusammen in dessen theoretischer Überlegenheit für die relevanten Anwendungsbereiche des Value Based Managements sowie in seiner einfachen Implementierung im Unternehmen.
Siehe auch → Kennzahlen, wertorientierte und die dort angegebene Literatur.
Literatur: Velthuis, L.J., Werner P. (Hrsg.), Werterzielung deutscher Unternehmen, Frankfurt am Main 2004.

Earnings per Share

(Ergebnis pro Aktie). Das (unverwässerte) Ergebnis pro Aktie ergibt sich, wenn man das Jahresergebnis nach Steuern auf die ausstehenden ordentlichen → Stammaktien bezieht.

EBDIT

Abk. für → Earnings before Depreciation, Interest and Tax.

EBIT

Abk. für → Earnings before Interest and Tax.

EBITA

Abk. für → Earnings before Interest and Tax and Amortisation.

EBITDA

Abk. für → Earnings before Interest and Tax, Depreciation and Amortisation.

EBT

Abk. für → Earnings before Tax.

E-Business

(*Electronic Business*) umfasst die Anbahnung, sowie die teilweise respektive vollständige Unterstützung, Abwicklung und Aufrechterhaltung von Leistungsaustauschprozessen mittels Internettechnologien; häufig als Oberbegriff gebraucht, der Bereiche wie → E-Commerce, → E-Procurement, → E-Fullfillment oder → E-Collaboration umfasst.

Echte Arbeitnehmerüberlassung
siehe → Arbeitnehmerüberlassung.

Echter Zerobond
siehe → Zerobond, echter.

Echtes Factoring
liegt vor, wenn die Factoringgesellschaft das → Delkredererisiko übernimmt. Im Gegensatz zum echten Factoring steht das unechte Factoring, bei dem das Delkredererisiko beim Forderungsverkäufer verbleibt. Praktisch ist echtes Factoring zugleich → Standardfactoring, weil von der Factoringgesellschaft meistens im Rahmen des Forderungsankaufs auch die Finanzierungsfunktion sowie die verschiedenen Dienstleistungsfunktionen übernommen werden; siehe auch → Factoring.

Echtzeitsystem
Bezeichnung für Zahlungssysteme, in denen Zahlungen innerhalb weniger Minuten, im Idealfall sogar innerhalb weniger Sekunden durchgeführt sind, gerechnet vom Zeitpunkt der Belastung des Kontos des überweisenden Teilnehmers bis zur Gutschrift auf dem Konto des empfangenden Teilnehmers. Das → TARGET-Überweisungssystem ist beispielsweise ein Echtzeitsystem.

ECM
Abk. für Enterprise-Content-Management. Siehe auch → Workflow-Management.

E-Collaboration
(*Electronic Collaboration*) wird als netzwerkbasierte, interaktive, inner- und/oder interorganisationale Zusammenarbeit definiert. Electronic Collaboration ermöglicht die zeit- und entfernungsunabhängige Zusammenarbeit, indem es die Prozesse der Zusammenarbeit unterstützt und flexibilisiert. Ferner können auf Grund der Möglichkeiten der zeitlichen Zwischenspeicherung die Resultate der Zusammenarbeit koordiniert sowie informationsbasierte Bestandteile transferiert werden. Das Ziel von Electronic Collaboration ist die Optimierung von Prozessen, Anwendungen und Datentransfers, die mit Leistungserstellungs- und/oder Leistungsaustauschprozessen verbunden sind.

E-Collobaration
(im → *Beschaffungsmanagement).* Die vertikale Integration von Wertschöpfungspartnern durch elektronische Beschaffungslösungen steht im Mittelpunkt von *E-Collaboration*-Anwendungen. Grundlage dabei ist ein umfassender Austausch von Informationsflüssen entlang der Wertschöpfungskette. Siehe auch → E-Application-Strategie und → Beschaffungsmanagement.

Eco-Management
siehe → Umweltmanagement.

E-Commerce

E-Commerce

von Univ.-Professor Dr. Arnold Hermanns und Dr. Ariane Bagusat
Institut für Marketing – Universität der Bundeswehr München

1. Begriff
Der Begriff *E-Commerce* (Electronic Commerce) wird in Wissenschaft und Praxis uneinheitlich verwendet, wobei sich bisher keine eindeutige und allgemein akzeptierte Definition herausgebildet hat. Als expliziter oder impliziter Bestandteil der zahlreichen, existierenden Definitionen stellt sich die Inanspruchnahme elektronischer Netze dar, um die Gestaltung von Geschäftsbeziehungen bzw. Transaktionen zu realisieren. Dabei reicht der Umfang der Geschäftsprozesse von der ausschließlichen Unter-

stützung von Handelsaktivitäten durch elektronische Netze über Electronic Shopping und der elektronischen Durchführung sämtlicher geschäftlicher Aktivitäten bis zur komplexen Vernetzung von Unternehmen und ihren Partnern (Wamser 2000, S. 27).

Bei einer näheren Betrachtung kristallisieren sich zwei unterschiedliche Begriffsverständnisse heraus, die als Ansatzpunkte zur Abgrenzung des E-Commerce im engeren und weiteren Sinne dienen sollen. *E-Commerce im engeren Sinne* bezeichnet die elektronisch realisierte Anbahnung, Vereinbarung und Abwicklung von ökonomischen (Geschäfts-/Handels-)Transaktionen zwischen Wirtschaftssubjekten über Telekommunikations- bzw. Computernetzwerke. Grundsätzlich kann dabei zwischen absatzseitigem, d.h. dem elektronisch realisierten Verkauf von Unternehmensleistungen auf dem Absatzmarkt (→ Electronic Marketing), und beschaffungsseitigem Electronic Commerce im Sinne eines elektronisch realisierten Einkaufs von Leistungen auf dem Beschaffungsmarkt eines Unternehmens (→ Electronic Procurement) unterschieden werden. Electronic Commerce im engeren Sinne beschränkt sich aber nicht nur auf den eigentlichen Einkauf beziehungsweise Verkauf von Informationen, Produkten oder Dienstleistungen, sondern umfasst darüber hinaus auch alle elektronisch realisierten Aktivitäten sowie Informations- und Kommunikationsprozesse, die den Handel mit Informationen, Produkten und Dienstleistungen für die beteiligten Marktparteien in den einzelnen Transaktionsphasen unterstützen (Wamser 2000, S. 6 f.; Wirtz 2001, S. 33).

Unter *E-Commerce im weiteren Sinne* werden alle Formen der elektronischen Geschäftsabwicklung über öffentliche und private Computer- bzw. Telekommunikations-Netze verstanden (Hermanns/Sauter 2001, S. 8). Das Anliegen dieser weiteren Begriffsauslegung besteht darin, die vielfältigen Nutzungsmöglichkeiten der neuen Technologien möglichst umfassend zu subsumieren. E-Commerce umfasst damit auch „die Unterstützung der verschiedenen unternehmensinternen oder -übergreifenden Wertschöpfungsprozesse durch die innovative Nutzung von Computernetzwerken" (Wamser 2000, S. 7), wobei die Transaktionen innerhalb des Unternehmens (→ Intranet), zwischen Unternehmen (→ Extranet) oder aber über öffentliche und private Netzwerke (z.B. → Internet) abgewickelt werden können (Hermanns/Sauter 2001, S. 17). E-Commerce ist dabei nicht auf bestimmte Unternehmensbereiche (z. B. Beschaffung, Vertrieb) oder Branchen (z. B. Computer, Telekommunikation) beschränkt, sondern stellt einen *synonymen Begriff zum → E-Business* dar und integriert damit zahlreiche ökonomische Anwendungsbereiche wie z.B. → Electronic Collaboration, → Electronic Banking, → Electronic Education, → Electronic Publishing oder → Electronic Retailing (Corsten 2003, S. 26f.; Hermanns/Sauter 2001, S. 8).

2. Eigenschaften des E-Commerce

Obwohl E-Commerce wesentlich mehr als die Nutzung des Internets durch Unternehmen sein kann und auch – wie in der Begriffsklärung ausgeführt – über andere Netzwerke erfolgen kann, stellt das → *Internet* die wesentliche Basistechnologie des E-Commerce dar und trug maßgeblich zu dessen zunehmender Bedeutung bei. Das Internet beschreibt im weiteren Sinne ein globales Netzwerk von Rechnern und Rechnerteilnetzwerken, die auf dem Übertragungsprotokoll → TCP/IP basieren, das eine standardisierte, plattformunabhängige Kommunikation und damit die Verbindung von unterschiedlichsten Hardware- und Software-Konfigurationen ermöglicht. Zur fortschreitenden globalen Verbreitung des Internets trug neben der flächendeckenden Einführung des TCP/IP die Entwicklung des → World Wide Web (WWW) im Jahre 1992 bei, das aufgrund seiner grafischen Benutzeroberfläche die Möglichkeit bietet, Text, Grafiken sowie Video- und Audio-Applikationen mit hoher Qualität zu übermitteln.

Das Internet bildet auch die technologische Basis für eine neue Marktplattform, den → *elektronischen Markt* (siehe → Markt, elektronischer und → Marktplatz, virtueller). Eine besondere Bedeutung gewinnen in diesem Zusammenhang → Marktplatzbetreiber, die eine Integration und Bündelung von Anbietern und Nachfragern in bestimmten Branchen oder Produktsegmenten anstreben und im Wesentlichen eine Informations- und Vermittlungsleistung anbieten, wie z.B. www.atradapro.de oder www.ebay.de. Die hieraus resultierende erhöhte Markttransparenz führt zu reduzierten Such-, Informations- und Transaktionskosten und generiert damit eine erhöhte Effizienz des elektronischen Marktes (Wamser 2000, S. 20). Diese erhöhte Markttransparenz in Verbindung mit relativ geringen Marktzutrittsbarrieren führt zu einer *veränderten Wettbewerbssituation*.

Durch die → Ubiquität des Internets und die vielfältigen Möglichkeiten zum virtuellen, d.h. netzwerkbasierten Markteintritt – auch für kleine Unternehmen – wird die internationale Konkurrenz stärker, vor allem in Bereichen, in denen ein Großteil des bisherigen Geschäfts elektronisch abgewickelt werden kann. Auf der anderen Seite ermöglicht E-Commerce aber auch neue Formen der unternehmensübergreifenden Zusammenarbeit zur Stärkung der eigenen Wettbewerbsposition, wie z.B. die Bildung von Forschungs- und Entwicklungsgemeinschaften im Sinne des Simultaneous Engineering. Durch die Möglichkeiten der kontinuierlichen Marktpräsenz – 24 Stunden am Tag, 7 Tage die Woche, 365 Tage im Jahr –, der Schaffung neuer Angebote und der Bearbeitung neuer Kundensegmente über die bisherigen geographischen Grenzen hinaus kann zudem das Absatzpotenzial gesteigert und neue Märkte erschlossen werden. Auch für den Konsumenten erschließt sich ein globales, jederzeit verfügbares, von Standorten und Ladenschlusszeiten unabhängiges Angebot mit einer Vielzahl an Alternativen, aus denen er die für ihn passendste auswählen kann. E-Commerce kann aber auch zu *Veränderungen in der Wertschöpfungsstruktur* führen. Betrachtet man den klassischen Zweistufenvertrieb über Groß- und Einzelhandel, so können die Unternehmen/Hersteller durch eigene E-Commerce-Anwendungen Handelsfunktionen übernehmen oder in Teilen auslagern. Dabei lassen sich die Phänomene der → Intermediation und → Disintermediation unterscheiden, die nicht nur eine Neuorganisation der Wertschöpfungsstrukturen bewirken, sondern sowohl Hersteller als auch Handelsunternehmen vor die Herausforderung stellen, profitable Positionen in der Wertschöpfungskette zu besetzen (Wamser 2000, S. 24).

3. Markt- und Transaktionsbereiche

Die Differenzierung der einzelnen *Markt- und Transaktionsbereiche* des E-Commerce erfolgt nach den beteiligten Akteuren, zu denen alle diejenigen zählen, die Anbieter oder Nachfrager von elektronisch basierten bzw. induzierten Leistungsaustauschprozessen sein können. Damit können Unternehmen (Business), Konsumenten (Consumer) und öffentliche bzw. staatliche Institutionen (Administration) als Anbieter und Nachfrager der Leistung in beliebige Kombinationen zueinander treten und elektronische Geschäftstransaktionen tätigen. Die Anbieter schaffen die Möglichkeit eines Leistungsaustausches innerhalb elektronischer Netze, indem sie Güter und Dienstleistungen bereitstellen, die auf Initiative oder Verlangen der Nachfrager in Anspruch genommen werden können. Daraus ergibt sich schließlich eine Matrix mit neun Markt- und Transaktionsbereichen (vgl. Abbildung 1).

Nachfrager der Leistung

	Consumer	Business	Administration
Consumer	**Consumer-to-Consumer** z. B. Internet-Kleinanzeigenmarkt	**Consumer-to-Business** z. B. Jobbörsen mit Anzeigen von Arbeitsuchenden	**Consumer-to-Administration** z. B. Steuerabwicklung von Privatpersonen (Einkommensteuer etc.)
Business	**Business-to-Consumer** z. B. Bestellung eines Kunden in einer Internet-Shopping Mall	**Business-to-Business** z. B. Bestellung eines Unternehmens bei einem Zulieferer per EDI	**Business-to-Administration** z. B. Steuerabwicklung von Unternehmen, Beschaffungsmaßnahmen öffentlicher Institutionen im Internet
Administration	**Administration-to-Consumer** z. B. Abwicklung von Unterstützungsleistungen (Sozialhilfe, Arbeitslosenhilfe etc.)	**Administration-to-Business** z. B. Subventionen, Fördermaßnahmen	**Administration-to-Administration** z. B. Transaktionen zwischen öffentlichen Institutionen im In- und Ausland

(Anbieter der Leistung)

Abb. 1: Markt- und Transaktionsbereiche des E-Commerce

Der → *Business-to-Business-Bereich (B2B)* ist derzeit der hinsichtlich des Marktvolumens und der Wachstumsprognosen bedeutendste Markt- und Transaktionsbereich des E-Commerce, der sich in diesem Bereich in der extra-, intra- oder internetbasierten Ausgestaltung der Leistungs- und Geschäftsbeziehungen zwischen Unternehmen, wie Zulieferern, Herstellern, dem Handel oder auch innerhalb des eigenen Unternehmens (z.B. innerhalb eines Standortes oder standortübergreifend zwischen Zentrale und Niederlassungen, Außenstellen oder auch Tochterunternehmen) manifestiert (Hermanns/Sauter 2001, S. 26; Wamser 2000, S. 21). Das Spektrum der E-Commerce-Anwendungsbereiche betrifft alle Stufen der Wertschöpfungskette und reicht von Bestellsystemen über Auftragsverfolgung, Lieferung und Bezahlung bis hin zu Servicediensten und Konzeptionen wie die kooperative Entwicklung von Produkten oder die Schaffung von elektronischen Marktplätzen (→ Marktplatz, virtueller), wie z.B. Covisint (www.covisint.com) oder VW Group Supply.com (www.vwgroupsupply.com).

Im Gegensatz zum Business-to-Business-Bereich fällt das E-Commerce Marktvolumen im *Business-to-Consumer-Bereich (B2C)* wesentlich geringer aus. Dieses macht nur einen kleinen Teil des weltweiten E-Commerce Umsatzvolumens aus. E-Commerce im B2C Bereich umfasst alle Formen der elektronischen Geschäftsabwicklung zwischen Unternehmen und Endverbrauchern. Die Leistungs- und Geschäftsbeziehungen zum breiten Massenmarkt werden vor allem durch die Funktionen → Vertrieb, → Marketing und Support determiniert, wobei eine individuelle Erfassung der Kundenwünsche die Realisierung von differenzierten → Marketingstrategien bis hin zum One-to-One-Marketing ermöglicht. Eine besondere Bedeutung kommt im B2C Bereich dem → Electronic Shopping bzw. → Online-Shopping oder → Home-Shopping zu. Die zunehmende flächendeckende Verbreitung von PC und Internet sowie der stetige Preisverfall bei den Zugangs- und Verbindungsentgelten werden eine zunehmende Nutzung des Online-Shopping unterstützen. Notwendige Voraussetzungen zum erfolgreichen Verkauf der Produkte über das Internet sind darüber hinaus eine ansprechende, multimediale (→ Multimedia) Aufbereitung des Angebots in Verbindung mit einer einfachen Handhabung der zum Kaufabschluss notwendigen Transaktionen sowie technologische Verfahren zur Gewährleistung der Rechtsverbindlichkeit und eines sicheren elektronischen Zahlungsverkehrs (→ Payment-Systeme). Weitere Einsatzfelder des E-Commerce betreffen die Bereiche → Consumer-to-Consumer, → Consumer-to-Business sowie sämtliche Transaktionen mit und zwischen öffentlichen Institutionen. In diesen Bereichen gibt es zahlreiche → Intermediäre, die im Sinne einer Mittlerposition die Organisation der Märkte und die Abwicklung der Transaktionen übernehmen.

Im → *Consumer-to-Consumer-Bereich (C2C)* treten Konsumenten sowohl als Anbieter wie auch als Nachfrager auf. Als typisches Beispiel können hier Kleinanzeigenmärkte genannt werden, wie sie z.B. unter www.autoscout24.de zu finden sind. Im Gegensatz zu Printanzeigen bietet die Nutzung des Internets/WWW bzw. elektronischer Marktplätze (→ Marktplatz, virtueller) den Konsumenten die Möglichkeit, auf weitaus transparenteren und globaleren Märkten über die regionalen Grenzen hinaus aktiv zu werden. Einen derartigen Consumer-to-Consumer Markt stellt beispielsweise eBay dar (www.ebay.de), auf dem Konsumenten Produkte anbieten und ersteigern können.

Geringe Bedeutung besitzt derzeit der *Bereich → Consumer-to-Business (C2B)*. Bisher konnten sich nur einige Unternehmen mit sog. → Reverse Auction-Modellen etablieren, bei denen Kunden die Möglichkeit haben, Produkte mit einer bestimmten Spezifikation zu einem bestimmten Preis beim Unternehmen anzufragen, woraufhin das Unternehmen ihnen ein Angebot unterbreitet. Beispielsweise können unter www.priceline.com Flugtickets, Hotelreservierungen sowie Mietwagen mittels dieses Verfahrens günstigst bezogen werden.

Ebenfalls von derzeit noch untergeordneter Bedeutung ist der gesamte Bereich, der sämtliche Transaktionen mit öffentlichen Institutionen, auch → *E-Government* genannt, betrifft, da hier die Nutzung von IuK-Technologien und insbesondere von Netzwerken wie dem Internet der Öffentlichkeit entweder kaum zugänglich ist oder von dieser noch nicht in größerem Umfange genutzt wird, obwohl sich die Abläufe durch die Digitalisierung von Beschaffungs- und Informationsprozessen schneller, durchgängiger und kostengünstiger gestalten ließen. Für die Zukunft werden diesem Bereich daher beträchtliche Wachstumsraten prognostiziert. Anwendungen im → *Administration-to-Business-Bereich (A2B)* (auch Government-to-Business-Bereich (G2B) genannt) sind beispielsweise in der elektronischen Abwicklung von Transferzahlungen an Unternehmen (wie z.B. Subventionen) sowie der Übermittlung von statistischen Daten im nationalen wie internationalen Kontext zu sehen. Im Rahmen des → *Business-to-Administration (B2A)*, auch Business-to-Government (B2G) genannt, wird der vollelektronische Dokumentenaustausch von Unternehmen mit öffentlichen Institutionen wie Finanzämtern, Verwaltungs- und Genehmigungsbehörden in Deutschland zum Teil schon realisiert bzw. befindet sich in der Planungs- und Aufbauphase.

Ähnlich verhält sich dies auch im → *Consumer-to-Administration-Bereich (C2A)* respektive Consumer-to-Government Bereich (C2G), indem Privatpersonen ihre Steuererklärung im Rahmen des Projektes Elster (Elektronische Steuererklärung) unter www.elster.de online abgeben können. Im → *Administration-to-Consumer-Bereich* (A2C), auch als Government-to-Consumer (G2C) bezeichnet, wird E-Commerce noch selten eingesetzt, jedoch sind auch hier zahlreiche Anwendungen vorstellbar, die Konsumenten per Internet in Anspruch nehmen könnten, wie z.B. die Abwicklung von Unterstützungsleistungen wie Sozial- und Arbeitslosenhilfe. Über das Internetportal www.lva.de bietet die Landesversicherungsanstalt schon heute ihren Versicherten eine elektronische Rentenauskunft an. Grundlage und Voraussetzung für den gesicherten Dokumentenaustausch zwischen den Transaktionsbeteiligten ist die Verfügbarkeit von gesetzeskonformen Zertifikaten, Sicherheitsrichtlinien sowie der Einsatz von digitalen Signaturen (→ digitale Unterschrift).

4. Entwicklungstendenzen

E-Commerce bietet umfangreiche Möglichkeiten, bisherige Geschäfte auf elektronischem Weg effizienter und effektiver abzuwickeln. Die weltweite Verbreitung des Internets und der damit verbundene international unbegrenzte Aktionsraum für Unternehmen und Konsumenten wird dazu beitragen, dass die Anwendungsbereiche und Umsatzpotenziale des E-Commerce weiter zunehmen werden. Bereits jetzt sind die Einsatzfelder des E-Commerce vielfältig und unterscheiden sich in hohem Maße, angefangen von E-Procurement-Systemen bis hin zu → E-Shops. Während der Spezialisierungsgrad bestehender Einsatzfelder stetig ansteigen wird, werden neue Einsatzbereiche hinzukommen, in denen E-Commerce bisher keine oder nur eine geringe Rolle spielte, was zum Beispiel den Transaktionsbereich mit öffentlichen Institutionen betrifft. E-Commerce wird sich schließlich zunehmend zu einer „alltäglichen" Form der Geschäftsabwicklung etablieren, die ihren Innovations- und Trendcharakter verlieren wird.

Hinweis

Zu den angrenzenden Wissensgebieten siehe → Beschaffungsmanagement, → Customer Relationship Management (CRM), → Digitales Marketing, → Electronic-Procurement, → ERP-Systeme (Enterprise Resource Planning-Systeme), → Handelsbetriebslehre, → Internationales Marketing, → Internet-Kommunikationspolitik, → Kommunikationspolitik, → Marketing, Grundlagen, → Medienökonomie, → Mobile Commerce, → Multi-Kanal-Dialog Marketing, → Vertriebspolitik, → Vertriebswege, neuere.

Literatur: Bliemel, F./Fassott, G./Theobald, A. (Hrsg.): Electronic Commerce, Herausforderungen – Anwendungen – Perspektiven, 3., überarb. u. erw. Aufl., Wiesbaden 2000; Corsten, H.: Einführung in das Electronic Business, München u. Wien 2003; Hermanns, A./Sauter, M. (Hrsg.): Management-Handbuch Electronic Commerce, Grundlagen, Strategien, Praxisbeispiele, 2., völlig überarb. u. erw. Aufl., München 2001; Merz, M.: E-Commerce und E-Business, Marktmodelle, Anwendungen, Technologien, 2., aktual. u. erw. Aufl., Heidelberg 2002; Sönke, A./Clement, M./Peters, K./Skiera, B. (Hrsg.): eCommerce, Einstieg, Strategie und Umsetzung im Unternehmen, 2., überarb. u. erw. Aufl., Frankfurt am Main 2000; Thome, R./Schinzer, H./Hepp, M. (Hrsg.): Electronic Commerce und Electronic Business: Mehrwert durch Integration und Automation, 3., vollst. überarb. Aufl., München 2005; Wamser, C. (Hrsg.): Electronic Commerce, Grundlagen und Perspektiven, München 2000; Weiber, R. (Hrsg.): Handbuch Electronic Business, Informationstechnologien – Electronic Commerce – Geschäftsprozesse, 2., überarb. u. erw. Aufl., Wiesbaden 2002; Wirtz, B. W.: Electronic Business, 2., vollst. überarb. u. erw. Aufl., Wiesbaden 2001

Internetadressen: (aktuelle Zahlen/Studien) http://193.202.26.196/bmwi/; http://www.atfacts.de/001/; http://www.c-i-a.com; http://www.daserste.de/service/studie.asp; http://www.w3b.de; (Informationen zum E-Commerce) http://www.competence-site.de; http://www.ecc-handel.de/index.php; http://www.ecin.de; http://www.eito.com; http://www.emar.de/emar/index.html;

Website der Autoren: www.marketing-munich.de; www.DrBagusatConsult.de

Economic Value Added (EVA)

von der Beratungsgesellschaft *Stern/Stewart* entwickelte, absolute Wertbeitragskennzahl, die nicht bei → Cash Flows sondern bei gewinnorientierten Größen ansetzt. Bei der Siemens AG wird der EVA als Geschäftswertbeitrag (GWB) bezeichnet. EVA zählt zur Gruppe der Residualgewinnkonzepte (siehe auch → Residualgewinn) und entspricht der Differenz zwischen dem Geschäftsergebnis und den Kapitalkosten. Bei der Berechnung des EVA werden demgemäss drei Wertelemente berücksichtigt. Diese sind das Geschäftsergebnis, bezeichnet als → Net Operating Profit After Tax (NOPAT), das Geschäftsvermögen (Net Operating Assets = NOA) und der Kapitalkostensatz (siehe → WACC).

$$EVA = NOPAT - (NOA \cdot WACC)$$

Grundlage des EVA-Konzeptes ist die Beantwortung der Frage, ob ein Unternehmen in einer Periode Wert geschaffen oder Wert vernichtet hat. Dem Ansatz liegt demgemäss die Forderung zugrunde, dass das zur Verfügung gestellte Kapital so zu investieren ist, dass ein Mehrwert entsteht. Wertsteigernd im Sinne des EVA-Ansatzes sind diejenigen Strategien, deren erzielte Renditen die Kapitalkosten übersteigen.

Siehe auch → Kennzahlen, wertorientierte und die dort angegebene Literatur.

Economies of Scale

(auch *Economies of large scale*). Beziehen sich auf die Produktionsmenge pro Zeiteinheit und erklären sich durch ausbringungsmengenabhängige Degressionseffekte (siehe auch → Economies of scope).

Andere Erklärung (1): Fixkostendegression durch Volumeneffekte (z.B. durch Erhöhung der produzierten Stückzahl bei vorhandener Produktionskapazität).

Andere Erklärung (2): Kostensenkungseffekt durch Mengensteigerung standardisierter Leistungen.

Economies of Scope

Kostenersparnisse durch die gemeinsame Nutzung von Ressourcen bei der Herstellung unterschiedlicher Produkte als Synergie (siehe auch → Economies of scale).

Andere Erklärung: Verbundeffekte (z.B. zur Erreichung von Synergieeffekten, zur Kostensenkung usw.).

E-Coordination-Konzept

Ansatzpunkt des E-Coordination-Konzepts ist die Unterstützung der Interaktion zwischen Abnehmer und Lieferant auf der operativen Ebene nachdem Bedarfsspezifikation, Preisfindung und die Festlegung der Transaktionsmodalitäten bereits erfolgt sind. Einsatzgebiete sind beispielsweise hochspezifische Güter, die über bilateralen Kontakt beschafft werden, sich jedoch durch wiederkehrende, zu koordinierende Bedarfe auszeichnen (z.B. → Just-in-Time-Belieferung). Siehe auch → E-Application-Strategie und → Beschaffungsmanagement.

E-Council / E-Politics

Die IT-Unterstützung von Rats- oder Parlamentsarbeit wird unter dem Stichwort E-Council zusammengefasst. Sie beinhaltet die Bereitstellung von Beratungsunterlagen und je nach Ausgestaltung auch die Unterstützung der Kooperation der Parlamentarier. Im weiteren Umfeld Zusammenarbeit von Politik und Verwaltung bzw. Legislative und Exekutive sind hierunter auch Informationssysteme gefasst, die dem Controlling der Umsetzung von politischen Entscheidungen dienen.

Siehe auch → Electronic Government (mit Literaturangaben).

Literatur: Krcmar, H.; Schwabe, G. (1995). CATeam für den Gemeinderat: Szenarien und Visionen. In Reinermann, H. (Ed.), *Neubau der Verwaltung* (pp. 264-286). Heidelberg: Decker. Schwabe, G. (2000). *Telekooperation für den Gemeinderat*. Stuttgart: Kohlhammer.

ECR

Abk. für → Efficient Consumer Response (mit Literaturangaben)

ECR-Standarddatenstruktur

Handel und Hersteller haben sich im Rahmen der → Efficient Consumer Response (ECR)-Standarddatenstruktur auf ein einheitliches Daten- und Nummerierungssystem geeinigt, um den inner-

und überbetrieblichen Daten-, Waren und Belegverkehr zu rationalisieren und eine allseits anerkannte Eindeutigkeit der transferierten Informationen zu gewährleisten. Zentral sind hierbei die drei Nummernsysteme → *ILN*, → *EAN* und → *NVE*. Der Datenaustausch erfolgt zumeist elektronisch durch das → *EDI*-System.

ECU
Abk. für → European Currency Unit.

E-Democracy
beschreibt die elektronisch unterstützte Wahrnehmung demokratischer Beteiligungs- und Entscheidungsrechte (Wahlen, Abstimmungen, etc.) auf unterschiedlichen Ebenen und in unterschiedlichen Kontexten durch Bürger So definiert bezieht sich der Begriff E-Democracy nicht nur auf den Kontext Bürger und Politik, sondern findet auch in anderen Bereichen bspw. der Wahl eines Betriebsrates Anwendung.
Siehe auch → Electronic Government (mit Literaturangaben).
    Literatur: Lenk, K. (1999). Electronic Democracy - Beteiligung an der politischen Willensbildung. In Kubicek, H.; et al. (Eds.), *Multimedia@Verwaltung. Jahrbuch Telekommunikation und Gesellschaft* (pp. 248-256). Heidelberg: Springer. Mehlich, H. (2002). *Electronic Government*. Wiesbaden: Gabler.

EDI
Abk. für → Electronic Data Interchange (elektronischer Datenaustausch).

EDIFACT
Abk. (engl.) für *Electronic Data Interchange for Administration, Commerce and Transport* (Elektronischer Datenaustausch für Verwaltung, Wirtschaft und Transport). EDIFACT ist ein von den Vereinten Nationen (UN) entwickeltes und definiertes Regelwerk für einen internationalen branchenübergreifenden Standard für den elektronischen Datenaustausch. Für die Entwicklung dieses Regelwerks ist die United Nations Economic Commission for Europe (UN/ECE, Wirtschaftskommission der Vereinten Nationen für Europa) verantwortlich, die ihrerseits internationale und regionale Gremien (EDIFACT-Boards, EDIFACT-Rapporteure usw.) mit den Entwicklungsarbeiten beauftragt. Generelles Ziel ist die Vereinfachung / Rationalisierung der internationalen Handelsverfahren und ihrer Dokumentation, z.B. durch Vereinheitlichung von Handelsdokumenten, die Vereinfachung von Handelsverfahren, die Standardisierung von Datenelementen und Codes sowie des elektronischen Datenaustausches. Im Gegensatz zu branchenspezifischen EDI-Systemen (Electronic Data Interchange), wie sie beispielsweise SWIFT der Banken, SITA der Fluggesellschaften, ODETTE der Automobilbranche, SEDAS des Handels usw. darstellen, ist EDIFACT brachenübergreifend und international ausgerichtet, wobei beabsichtigt ist, die branchenspezifischen Systeme in EDIFACT zu integrieren.

EDI-VAN
Abk. für → Electronic Data Interchange Value Added Network. Privates Netzwerk für den → elektronischen Datenaustausch.

EDLP-Strategie
Abk. für → Every-day-low-price-Strategie, siehe auch → Preispolitik.

EDV-Kontenrahmen
Kontenrahmen, die darauf abstellen, branchenübergreifend auf der Basis DV-geführter Buchhaltung die rechtlichen Anforderungen an Jahresabschlüsse zu erfüllen und zugleich durch Auswertung der Abschlüsse unternehmensinterne Informationsbedürfnisse zu befriedigen. Praktische Bedeutung haben u.a. die Kontenrahmen der DATEV, über deren Rechenzentrum steuerberatende Berufe für deren Mandanten individuell abgestimmte Abschlüsse erstellen lassen können.

E-Education

(*Electronic Education*) umfasst die Transferierung von Aus- und Weiterbildungsleistungen an Dritte mittels elektronischer Netzwerke. Ziel ist die ressourceneffiziente Bereitstellung von Bildungsleistungen durch deren raum- und zeitunabhängige Inanspruchnahmemöglichkeiten.

EEK

ISO-Code für Estnische Krone.

Effektenlombard

Der Effektenlombard ist die bedeutendste Form des → Lombardkredites. Es handelt sich hierbei um einen kurzfristigen Bankkredit, der durch die Verpfändung von Effekten, d.h. fungiblen Wertpapieren (Aktien, Industrieobligationen, Pfandbriefe, Anleihen der öffentlichen Hand u.a.) abgesichert wird. Die Kreditinstitute bevorzugen bei der Beleihung in der Regel börsennotierte Effekten.
Die Höhe, in der die Wertpapiere beliehen werden können, ist abhängig von ihrer Art und den wirtschaftlichen Verhältnissen des Emittenten. Dabei schwanken die Beleihungsgrenzen erheblich. Gebräuchliche Oberwerte für die Beleihung sind bei Aktien maximal 70% des Börsenkurses, bei festverzinslichen Wertpapieren maximal 80% des Börsenkurses und bei Investmentzertifikaten maximal 70% des Rückkaufswertes. Sind die Wertpapiere nicht an der Börse notiert, liegen die Beleihungswerte generell unter den vorgenannten Werten.

Effektiver Wechselkurs

siehe → Wechselkurs, effektiver.

Effektives Stück

physisch vorhandenes, das bedeutet tatsächlich gedrucktes Wertpapier, das aus einem → Mantel und einem → Bogen besteht. Effektive Stücke werden heute kaum noch gedruckt, da Wertpapiere in → Globalurkunden verbrieft werden.

Effektivität

gibt das Verhältnis zwischen Ziel und Output wieder, d.h. es wird die Frage gestellt, inwieweit ein Output einen Beitrag zur Zielerreichung liefert. Die zentrale Frage lautet: „Werden die richtigen Dinge gemacht?" Outputs, die keinen Beitrag zur Zielerreichung liefern, gelten daher als ineffektiv. Davon zu unterscheiden ist der Begriff der → Effizienz.

Effektivverschuldung

Die Effektivverschuldung ist definiert als Differenz aus Verbindlichkeiten und kurzfristigem Umlaufvermögen, soweit dieses innerhalb eines Jahres liquidierbar ist:
Effektivverschuldung = Verbindlichkeiten – Kurzfristiges Umlaufvermögen
Die Effektivverschuldung weist die um die liquiden bzw. schnell liquidierbaren Mittel bereinigten Verbindlichkeitenlast des Unternehmens aus und berücksichtigt somit den Sachverhalt, dass dem Fremdkapital liquide Mittel bzw. geldnahe Vermögensgegenstände gegenüberstehen, die unmittelbar zu deren Rückführung eingesetzt werden können.

Effektivverzinsung

(bei *Krediten*) gibt die reale Verzinsung eines Kredites an, die sich unter Berücksichtigung aller Kosten ergibt. Einflussfaktoren auf den Effektivzins sind neben dem → Nominalzins vor allem die in Rechnung gestellten Kosten (Bearbeitungsgebühren, Kosten der Sicherheitenbestellung etc.), die Laufzeit des Kredites und die Zinsverrechnung. Bei Krediten an Privatpersonen ist die Angabe eines effektiven Jahreszinses gemäß Preisangabenverordnung zwingend vorgeschrieben (§ 6 PAngV).

Efficient Assortment

verfolgt das Ziel, Sortimente kunden- und renditeorientiert zu optimieren. Dem → Category Management (CM)-Paradigma entsprechend kann eine optimierte Sortimentsstruktur erlangt werden, wenn sowohl die Hersteller als auch der Handel dieses gedankliche Organisationsprinzip der Category übernehmen. Die Idealvorstellung eines CM ist es, einen optimalen Produktmix zu identifizieren, und jede Verkaufsstelle mit den Produkten zu bestücken, die der Konsument zu kaufen wünscht. Artikel werden hierzu unter kundenorientierten Aspekten zu → *Categories* zusammengefasst. Eine Category wird als eigenständige strategische Geschäftseinheit geplant und verwaltet.

Eine kooperative Sortimentspolitik zwischen Industrie und Handel macht sich eine simultane Gestaltung der → *Produktpolitik* und → *Sortimentspolitik* im Sinne einer Optimierung des Gesamtsystems zur Aufgabe.

Von besonderer Bedeutung für den Sortimentsplanungsprozess sind die → *Category-Rollen*. Siehe auch → Efficient Consumer Response (mit Literaturangaben).

Efficient Consumer Response

Efficient Consumer Response

von Univ.-Professor Dr. Thomas Rudolph und Dr. Alex J. Kotouc
Institut für Marketing und Handel – Universität St. Gallen

1. Charakterisierung

Unter *Efficient Consumer Response* (*ECR*) ist eine gesamtunternehmensbezogene Vision, Strategie und Bündelung augefeilter Techniken zu verstehen, die im Rahmen einer partnerschaftlichen und auf Vertrauen basierenden Kooperation zwischen Hersteller und Handel darauf abzielt, Ineffizienzen entlang der Wertschöpfungskette zu minimieren (von der Heydt 1998, S. 55).

Der Hauptansatzpunkt liegt in der ganzheitlichen Betrachtung und integrierten Steuerung der Waren-, Informationsprozesse und der Versorgungskette (→ *Supply-Chain Management*) von Industrie und Handel (Tietz 1995, S. 529).

Der Kern des ECR-Konzeptes besteht in der strikten Ausrichtung von Strategien und Prozessen an Konsumentenbedürfnissen, mit dem Ziel, durch gemeinsame Anstrengungen die Abläufe zu verbessern und so den Konsumenten ein Optimum an Qualität, Service und Produktvielfalt kostenoptimal anbieten zu können (Schmickler/Rudolph 2002, S. 22).

2. Logistikorientierte und marketingorientierte Ansätze

Im Rahmen der ECR-Aktivitäten lassen sich logistikorientierte und marketingorientierte Ansätze unterscheiden. Entsprechend spricht man von Aktivitäten auf der → *Demand Side* und der → *Supply Side* (siehe Abbildung 1).

Der Supply Side ist die Grundstrategie des → *Efficient Replenishment* zuzuordnen, der Demand Side die Instrumente der → *Efficient Product Introduction*, der → *Efficient Promotion* und dem → *Efficient Assortment*.

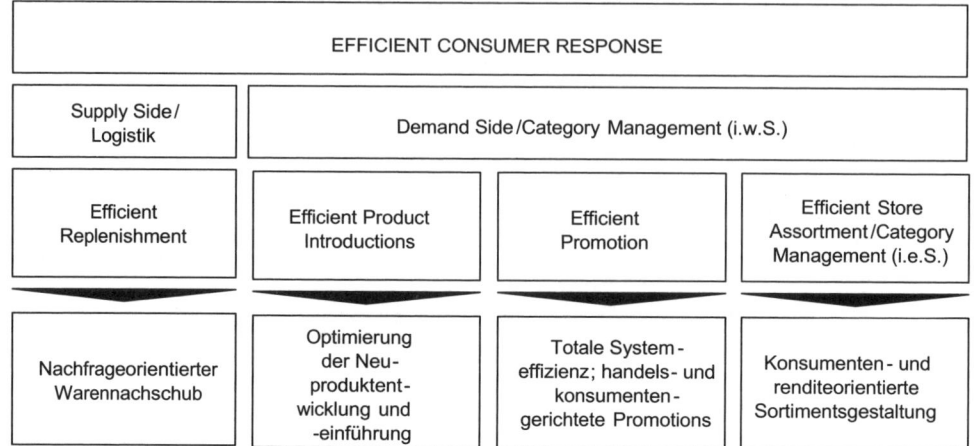

Abb. 1: Efficient Consumer Response und Category Management

3. Ziele

Das ECR-Prinzip zielt darauf ab, durch eine Art Wertschöpfungspartnerschaft eine Triple-Win Situation für Hersteller, Handel und Konsumenten zu generieren. Hierbei können drei Zielbereiche unterschieden werden (Mattmüller/Tunder 2004, S. 167):

3. a) Kostenorientierte Ziele

Durch eine Verzahnung der Prozessketten von Hersteller und Handel lassen sich ineffektive Schnittstellen abbauen was zu einer Ökonomisierung der gesamtwirtschaftlichen Wertschöpfungskette führen kann (Barth et al. 2002, S. 22).

3. b) Kundenorientierte Ziele

Kunden gelten im Rahmen des ECR als maßgebliche Impulsgeber. Durch eine gezielte und integrierte Ausrichtung an Kundenbedürfnissen und Konsumentenverhalten wird eine Erhöhung der Kundenzufriedenheit und -Loyalität angestrebt.

3. c) Kooperationsorientierte Ziele

Die traditionell konfliktäre Schnittstelle zwischen Hersteller und Handel soll bei ECR durch die Schaffung von der gemeinsamen Wertschöpfung verpflichteten Category-Teams maßgeblich entschärft werden (von der Heydt 1997, S. 81). ECR stellt insofern nicht nur an die Mitarbeiter eines Unternehmens sondern an alle im Prozess Beteiligten hohe Anforderungen. Das System funktioniert nur reibungslos, wenn alle Akteure eigenverantwortlich und resultatorientiert handeln, bereichs- und funktionsübergreifend Informationen austauschen und über eine hohe Sozialkompetenz verfügen (Wehling/Borchert 2002, S. 152f.).

Hinweise

Zu den angrenzenden Wissensgebieten siehe → Beschaffungslogistik, → Beschaffungsmanagement, → Category Management, → Customer Relationship Management (CRM), → Direktmarketing, → Distributionslogistik, → Handelsbetriebslehre, Grundlagen, → Handelsforschung, → Handelsmarketing, → Internationales Marketing, → Logistik (Logistikmanagement), → Marktforschung, → Materiallogistik, → Marketing, Grundlagen, → Preispolitik, → Prozessmanagement, → Supply Chain Management, → Vertriebspolitik, → Vertriebssteuerung.

Literatur: Ahlert, D./Borchert, S. (2000): Prozessmanagement im vertikalen Marketing – Efficient Consumer Response (ECR) in Konsumgüternetzen, Berlin et al.

Ahlert, D./Hesse, J. (2002): Relationship Management im Beziehungsnetz zwischen Hersteller, Händler und Verbraucher, in: Ahlert, D./Becker, J./Knackstedt, R./Wunderlich, M. (Hrsg.), Customer Relationship Management im Handel. Strategien, Konzepte, Erfahrungen, Berlin et al.; Barth, K.; Hartmann, M., Schröder, H. (2002): Betriebswirtschaftslehre des Handels, 5. Aufl. Wiesbaden.; Braun, D. (2002): Schnittstellenmanagement zwischen Handelsmarken und ECR, Köln; Einhorn, M. (2005): Effektive und effiziente Kundenorientierung im Sortimentsmanagement - Nutzenorientierte Marktforschung zur Vermeidung von Informa-tion Overload, Nürnberg; Harris, B. (1994): Definition von Category Management, in: Coca-Cola Retailing Research Group (Hrsg.): Kooperation zwischen Industrie und Handel im Supply Chain Management, Essen; Hertel, J. (1999): Warenwirtschaftssysteme. Grundlagen und Konzepte, 3., überarb. u. erw. Aufl., München; von der Heydt, A. (1998): Efficient Consumer Response, 3., erw. u. aktual. Aufl., Frankfurt a.M.; Holzkämper, O. (1999): Category Management: strategische Positionierung des Handels, Diss., Göttingen; Mattmüller, R.; Tunder, R. (2004): Strategisches Handelsmarketing, Wiesbaden; Nielsen (1992): The Nielsen Category Management Book, Northbrook; Rudolph, T. (1997): Profilieren mit Methode. Von der Positionierung zum Markterfolg, Frankfurt et al.; Schmickler, M. (2001): Management strategischer Kooperationen zwischen Hersteller und Handel. Konzeptions- und Realisa-tionsprozesse für ECR-Kooperationen, Diss., St.Gallen; Schmickler, M. /Rudolph, T. (2002): Erfolgreiche ECR-Kooperationen. Vertikales Marketing zwischen Industrie und Handel, Neuwied; Schröder, H. (2003): Category Management: aus der Praxis für die Praxis: Konzepte - Kooperationen - Erfahrungen, Frankfurt a.M.; Schröder, H./Feller, M./Rödl, A. (2003): Leistungen des Controlling für eine kundenorientierte Sortimentsgestaltung im Lebensmittel-Einzelhandel, in: Krey, A. (Hrsg.), Handelscontrolling. Neue Ansätze aus der Theorie und Praxis zur Steuerung von Handelsunternehmen, 2. überarb. Aufl., Rostock, S. 145-200; Schulte, K./Klein, T. (2001): Category Management. Handbuch ECR-Demand Side, Köln. Swoboda, B. (1997): Wertschöpfungspartnerschaften in der Konsumgüterwirtschaft. Ökonomische und ökologische Aspekte des ECR-Managements, in: WiSt - Wirtschaftswissenschaftliches Studium, 26. Jg., Nr. 9, S. 449-454; Wehling, M./Borchert, S. (2002): Zur Relevanz der Anreizkompatibilität von ECR-Reorganisationen, in: Möhlenbruch, D./Hartmann, M. (Hrsg.): Der Handel im Informationszeitalter, Wiesbaden, S. 152-171.

Internetquellen: ECR-Initiative Deutschland (GS1): http://www.gs1-germany.de/internet/content/index_ger.html; ECR-Europe: http://www.ecrnet.org/; Food Marketing Institute (FMI): http://www.fmi.org/; Global Scorecard: http://www.globalscorecard.net/; EAN International: http://www.ean-int.org/; CIES - The Food Business Forum: http://www.ciesnet.com/; AIM – European Brand Association: http://www.aim.be/; Homepage des Instituts für Marketing und Handel an der Universität St. Gallen: http://www.imh.unisg.ch; Homepage des GD-Lehrstuhls für internationales Handelsmanagement an der Universität St. Gallen: http://gd-lehrstuhl.imh.unisg.ch

Website der Autoren: http://www.imh.unisg.ch

Efficient Product Introductions (EPI)

Dieses Konzept verfolgt das Ziel, Neuprodukteinführungen zu optimieren. Dabei kommt es zur Zusammenarbeit zwischen Produktentwicklung und -einführung. Die Einführungsaktivitäten (z.B. bessere Testmöglichkeiten, schnelle Reaktion auf Konsumentenverhalten) können dadurch optimiert und Fehlschläge vermieden werden.

Efficient Promotion (EP)

hat zur Aufgabe, sämtliche den Abverkauf einer Ware unterstützenden Prozesse zu optimieren. Als Vision sollten sämtliche Maßnahmen wie Warenplatzierung, Instore-Werbung und massenmediale Werbung in einer Kooperation aus Handel und Industrie geplant und implementiert werden.

Efficient Replenishment (ER)

Unter Efficient Replenishment ist die effiziente Warenversorgung zu verstehen. Durch Prozesse wie → CPFR (*continuous planning, forecasting and replenishment*) oder joint forecasting sollen Bestandslücken im Regal (→ *Out-of-stocks*) und Lagerüberbestände vermieden werden. Die Umsetzung erfolgt durch einen kontinuierlichen Warnschub des Herstellers, wobei dieser die Warenlieferung anhand eines

direkten Informationsaustausches mit dem Hersteller direkt mitverantwortet (→ *EDI*). Ziel ist es, die Warenbestände auf Seitens der Hersteller und des Handels zu reduzieren, was jedoch eine deutlich höhere und flexiblere Lieferbereitschaft verlangt. Je nachdem ob Handel oder Hersteller im Bestandsmanagementprozess die führende Rolle übernehmen, spricht man von → *Buyer Managed Inventory* oder → *Vendor Managed Inventory*.
Siehe auch → Efficient Consumer Response (mit Literaturangaben).

Efficient Store Assortments (ESA)

Als eine von vier Basisstrategien des → Efficient Consumer-Response-Konzepts behandelt ESA die kunden- und renditeorientierte Sortimentsgestaltung. Durch effiziente Filialsortimente, insbesondere durch Bestands- und Regaloptimierung, wird versucht, eine höhere Verkaufsflächenproduktivität und eine erhöhte Warenumschlagshäufigkeit zu erreichen.

Effizienz

(*allgemeine Definition*) stellt den Grad der Ergiebigkeit der Ressourcennutzung dar. Ermittelt wird das Verhältnis von Ergebnis (Output) zu den eingesetzten Mitteln (Input). Nach dem *Wirtschaftlichkeitsprinzip* wird die Minimierung des Inputs bei gegebenem Output oder die Maximierung des Outputs bei gegebenem Input angestrebt. Typische Maßgrößen sind die Produktivität, die Profitabilität oder die entstandenen Kosten im Verhältnis zum erzielten Output.

Effizienz

(in der → *Produktions- und Kostentheorie*) bezeichnet die Eigenschaft einer → Aktivität, keiner anderen → Aktivität im Blick auf Verschwendung von → Produktionsfaktoren und/oder Minderausbringung unterlegen zu sein. M.a.W. ist eine → Aktivität effizient, wenn sie z.B. im Vergleich mit allen anderen → Aktivitäten für die gleiche Ausbringung von allen → Produktionsfaktoren nicht mehr Einsatz und für mindestens 1 Faktorart weniger Einsatz voraussetzt. Siehe auch → Aktivitätsanalyse und → Produktions- und Kostentheorie.

Effizienzlinie

(im → *Portfoliomanagment*) bezeichnet den geometrischen Ort der Menge aller μ-σ-effizienten Wertpapiere im Rahmen eines μ-σ-Diagramms.

EFQM

Die European Foundation for Quality Management (EFQM) wurde 1988 von 14 großen Unternehmen gegründet. Sie entwickelten das sogenannte EFQM-Modell für Business Excellence, das von dieser Organisation betreut und kontinuierlich angepasst wird. Das EFQM-Modell ist eine große Checkliste, anhand derer Qualitätsmanagement und *Qualitätsmanagementsystem* eines Unternehmens bewertet werden. Dieser Ansatz gilt als Realisierung des Total-Quality-Management.
Siehe auch → Total-Quality-Management und → Qualitätsmanagement (mit Literaturangaben).
Literatur: Kamiske Gerd F. / Brauer Jörg-Peter: Qualitätsmanagement von A bis Z, 5. aktualisierte Auflage, 2006 Karl Hanser Verlag, München Wien
Internetadresse: http://www.deming.de/efqm/modell2000-1html, http://www.deutsche-efqm.de/inhseiten/247.htm,

E-Fulfillment

(*Electronic-Fulfillment*) umfasst die Prozessschritte nach der elektronischen Bestellung einer Ware, wie z.B. Lagerverwaltung, Konfektionierung und Auslieferung.

eG

Abk. für eingetragene Genossenschaft (siehe → Genossenschaft und → Genossenschaftsgesetz).

EG

Abk. für Europäische Gemeinschaften, zugleich Abk. für → Europäische Gemeinschaft (früher: Europäische Wirtschaftsgemeinschaft, EWG).

EGB

Abk. für Europäischer Gewerkschaftsbund.

EGHGB

Abk. für Einführungsgesetz zum → HGB. Enthält Vorschriften über den zeitlichen Geltungsbereich des HGB in seinen verschiedenen Fassungen und zum Verhältnis des HGB zu bestimmten Bundes- und Landesgesetzen.

EG-Öko-Audit-VO

siehe → EMAS.

E-Government

siehe → Electronic Government (mit Literaturangaben).

EGV

Abk. für Vertrag zur Gründung der Europäischen Gemeinschaft, Amtsblatt Nr. C 325 vom 24. Dezember 2002 .

EHI

Abk. für EuroHandelsinstitut; siehe auch → Handelsbetriebslehre und → Handelsforschung.

Eigene Aktie

(*deutsches Recht*), siehe → Aktie, eigene; siehe auch → Aktienarten und → Aktiengesellschaft (mit Literaturangaben).

Eigene Aktie

(*österreichisches Recht*). Als eigene Aktien (§§ 65 ff öAktG) bezeichnet man Aktien, die durch die emittierende → AG selbst bzw ihr Tochterunternehmen oder einen Dritten auf Rechnung der → AG oder ihrer Tochtergesellschaft erworben werden. Ein solcher Erwerb ist nur unter den engen Voraussetzungen des § 65 öAktG (zur Abwendung eines schweren Schadens, zur Vorbereitung des Aktienerwerbs durch Arbeitnehmer der Gesellschaft, zur Einziehung oder zur gesetzlich vorgesehenen Entschädigung von Minderheitsaktionären etc) erlaubt, da er faktisch eine Rückzahlung der Einlagen an die Aktionäre darstellt und damit das Vermögen der → AG zum Nachteil der Gläubiger schmälert.

Eigene Anteile

In den letzten Jahren hat der Rückkauf eigener Anteile von allem in den USA stark an Bedeutung gewonnen. Gründe dafür sind z.B. die Erhöhung des Ergebnisses je Aktie (→ earnings per share), die Abwehr von Übernahmeversuchen und die Börsenkurspflege. Um dieser Entwicklung nachzukommen, wurde der Erwerb eigener Anteile liberalisiert. Die Bilanzierung eigener Anteile ist nun vom Erwerbszweck abhängig. Dabei ist zu unterscheiden zwischen Aktien, die zur Einziehung erworben wurden (z.B. um die Kapitalkosten zu reduzieren bzw. die → earnings per share zu erhöhen) und Aktien, die nicht zur Einziehung erworben wurden (z.B. um einen schweren, unmittelbar bevorstehenden Schaden von der Gesellschaft – wie einen take over battle) abzuwenden. Siehe auch → Wertpapiere (Bilanzierung, Umlaufvermögen).

Die Bilanzierung eigener Anteile, die nicht zur Einziehung erworben wurden, erfolgt wie früher. D.h. sie werden unter den eigenen Anteilen im → Umlaufvermögen aktiviert und es wird eine ausschüttungsgesperrte Rücklage für eigene Anteile unter den → Gewinnrücklagen gebildet. Dagegen werden eigene Anteile, die zur Einziehung erworben wurden, wie folgt bilanziert. Sie sind nach § 272 (1) S. 4 HGB nicht mehr als Vermögensgegenstand zu behandeln, d.h. für sie gilt ein Aktivierungsverbot. Stattdessen ist ihr Nennbetrag offen von der Position → Gezeichnetes Kapital als Kapitalrückzahlung abzusetzen. Liegt der Kaufpreis über dem Nennwert, ist der übersteigende Betrag mit den anderen → Gewinnrücklagen zu verrechnen.

Nach IAS/IFRS ist ein Ausweis eigener Anteile im → Umlaufvermögen nicht möglich. Sie sind stets vom → Eigenkapital abzusetzen.

Eigener Wechsel

Im Gegensatz zum gezogenen → Wechsel umfasst der eigene Wechsel (andere Bezeichnung: Solawechsel) das unbedingte Zahlungsversprechen des Wechselausstellers, eine bestimmte Geldsumme zu zahlen. Ein Bezogener existiert beim eigenen Wechsel nicht. Vielmehr haftet der Aussteller des eigenen Wechsels in der gleichen Weise wie der Akzeptant eines gezogenen Wechsels.

Eigenkapital

Eigenkapital

von Professor Dr. Joachim S. Tanski, Fachhochschule Brandenburg
und Diplom-Betriebswirt (FH) Christian Förster, Hamburg

1. Grundlagen

Das Eigenkapital ist ein Passivposten der Bilanz und weist die vom Unternehmer bzw. von den Anteilseignern überlassenen Mittel aus. Das Eigenkapital ist immer die Differenz zwischen Vermögen und Schulden eines Unternehmens (Rein- oder Nettovermögen).

Der Ausweis des Eigenkapitals hängt von der Rechtsform eines Unternehmens ab. Bei Personengesellschaften wird für jeden Gesellschafter eine Kapitalposition bilanziert, der Gewinnanteile und Einlagen zugerechnet werden, und die um Verlustanteile und Entnahmen vermindert wird. Der Saldo zwischen Anfangs- und Entbestand unter Berücksichtigung von Einlagen und Entnahmen ergibt den Erfolg einer Periode. Allerdings können auch bei Personengesellschaften konstante Eigenkapitalteile vereinbart werden, um beispielsweise Entnahmen einzelner Gesellschafter zu begrenzen.

Bei Kapitalgesellschaften teilt sich das Eigenkapital in einen konstanten und einen variablen Bestandteil auf. Der konstante Eigenkapitalanteil besteht nur aus dem gezeichneten Kapital (Grund- bzw. Stammkapital). Der variable Kapitalanteil besteht aus den Rücklagen, dem Gewinnvortrag, sowie dem Jahresüberschuss.

2. Bilanzierung Eigenkapital nach HGB, IFRS, US-GAAP

Das HGB gliedert bei Kapitalgesellschaften das Eigenkapital gem. § 266 folgendermaßen:

I. → Gezeichnetes Kapital
II. → Kapitalrücklage
III. → Gewinnrücklage
IV. → Gewinnvortrag/Verlustvortrag
V. → Jahresüberschuss/Jahresfehlbetrag

Partiell dem Eigenkapital zugehörig ist der → Sonderposten mit Rücklageanteil. Weitere Gliederungsvorschriften ergeben sich z.B. aus § 158 AktG.

Das gezeichnete Kapital (nicht das eingezahlte) wird auch als Haftungskapital bezeichnet, da dieses Kapital den Gläubigern als Sicherheit dient und im laufenden Geschäftsbetrieb (nicht bei Insolvenz) alle Chancen (Gewinne) und Risiken (Verluste) trägt. Tatsächlich steht für den Gläubigerschutz häufig ein größerer Puffer zur Verfügung, da auch die Rücklagen und Gewinnvorträge den Gläubigerschutz unterstützen, weshalb das gezeichnete Kapital auch als nominelles Haftungskapital und das sonstige Eigenkapital als erweitertes Haftungskapital bezeichnet wird.

Sowohl nach den → International Financial Reporting Standards (FRS) als auch nach den → US-GAAP ist das Eigenkapital ebenfalls eine Residualgröße aus Vermögen minus Schulden. Nach den IFRS wird das Eigenkapital aufgrund (gesellschafts-)vertraglicher Verpflichtungen der Anteilseigner sowie nicht entnommener Gewinne der Gesellschaft dauerhaft überlassen. Die IFRS beschränken sich in ihren Regelungen zum Eigenkapital auf die Abgrenzung von Eigenkapital und Schulden. Rechtsformabhängige Regelungen finden sich in den IFRS nicht. Nach IAS 1.68 sind in der Bilanz mindestens das gezeichnete Kapital und die Rücklagen anzugeben. Eine weitere Unterteilung wird dem Bilanzierenden entweder in der Bilanz selbst oder den notes freigestellt; eine angemessene Untergliederung ist nach dem Grundsatz der fair presentation (F. 65) erforderlich.

Hinweis
Zu den angrenzenden Wissensgebieten siehe → Abschlusserstellung nach US-GAAP, → Anlagevermögen, → Bilanzanalyse, → Internationale Rechnungslegung nach IFRS, → Kennzahlen, → Jahresabschluss nach deutschem Recht, → Jahresabschluss nach schweizerischem Recht, → Kapitalflussrechnung, → Kennzahlen, → Körperschaftsteuer, → Konzernabschluss, → Rückstellungen, → Sonderbilanzen, → Steuerrecht, Internationales, → Swiss GAAP FER, → Umlaufvermögen, → Venture Capital.

Literatur: Scheffler, E.: Eigenkapital im Jahres- und Konzernabschluss nach IFRS, München 2006; Tanski, J.: Internationale Rechnungslegungsstandards – IFRS/IAS Schritt für Schritt, München 2005.

Internetadressen: http://www.iasb.com; http://www.drsc.de; http://iasplus.de; http://www.ifrs-portal.com.

Website des Autors: www.fh-brandenburg.de/-tanski/home.htm

Eigenkapitalersetzendes Gesellschafterdarlehen
siehe → Gesellschaft mit beschränkter Haftung (deutsches Recht).

Eigenkapitalfinanzierung
(mit *Venture Capital*), siehe → Venture Capital und → Venture Capital-Beteiligungsvertrag.

Eigenkapitalquote
(*EK-Quote*), Kennzahl der Kapitalstruktur. Die Eigenkapitalquote ist definiert als Quotient aus Eigen- und Gesamtkapital:

$$\text{Eigenkapitalquote} = \frac{\text{Eigenkapital}}{\text{Gesamtkapital}}$$

Siehe auch → Kennzahlen, finanzwirtschaftliche und die dort angegebene Literatur.

Eigenkapitalrendite
siehe → Eigenkapitalrentabilität.

Eigenkapitalrentabilität
(*EK-Rentabilität, Eigenkapitalrendite, Return on Equity, ROE*), gewinnbasierte Rentabilitätskennzahl, die den Gewinn in Bezug zum Eigenkapital setzt:

$$\text{Eigenkapitalrentabilität} = \frac{\text{Gewinn}}{\text{Eigenkapital}}$$

Siehe auch → Kennzahlen, finanzwirtschaftliche und die dort angegebene Literatur.

Eigenkapitalspiegel
(im → *Konzernabschluss*). Der Eigenkapitalspiegel (auch: Eigenkapitalveränderungsrechnung) im Konzern ist eine systematische Darstellung der Entwicklung des nach seinen wesentlichen Bestandteilen gegliederten Konzerneigenkapitals, differenziert nach Gruppen von verursachenden Vorgängen. Ausgehend vom Stand zu Beginn eines Geschäftsjahres sind die Eigenkapitalpositionen auf den Stand am Periodenende zu überführen. Ferner enthält der Konzerneigenkapitalspiegel eine Darstellung des Konzerngesamtergebnisses (vgl. → DRS 7).
Siehe auch → Eigenkapitalveränderungsrechnung.

Eigenkapitalveränderungsrechnung

(*statement of changes in equity*). Das Eigenkapital eines Unternehmens kann sich entweder durch Kapitaleinlagen bzw. -entnahmen oder durch Gewinne bzw. Verluste erhöhen bzw. vermindern. Diese Veränderungen sind nach IAS 1.96 - .101 in einer Eigenkapitalveränderungsrechnung (*statement of changes in equity*) für jeden Posten des Eigenkapitals (Grundkapital, Rücklagen, Gewinnvortrag usw.) darzustellen (für die US-GAAP siehe ARB 43 Ch 1 A u. B, APB 12.9 f., CON 5.55 ff.).
Nach IAS 1.96 hat eine solche Eigenkapitalveränderungsrechnung (1) den Periodengewinn, (2) Ertrags- und Aufwandspositionen, die direkt mit dem Eigenkapital verrechnet wurden, (3) die Summe aus (1) und (2) sowie (4) die Gesamtauswirkungen der Änderungen von Bilanzierungs- und Bewertungsmethoden zu enthalten. Diese Rechnung entspricht im Grundsatz dem Eigenkapitalspiegel nach § 297 Abs. 1 HGB.
Aufgrund des → Gewinnkonzepts der IFRS können Eigenkapitalveränderungen aufgrund von Tätigkeiten des Unternehmens sowohl als Korrektur der Eröffnungsbilanz (z.B. bei Bilanzierungsfehlern in Vorperioden), als laufende, nicht in der G+V-Rechnung ausgewiesene Erfolgsteile (z.B. bei Veränderung der Neubewertungsrücklage) oder als G+V-Ergebnis (sog. *net income*) gezeigt werden. In den US-GAAP ist ebenfalls eine Eigenkapitalveränderungsrechnung (*changes in stockholders' equity*) erforderlich. Wesentlicher Bestandteil der Eigenkapitalveränderungsrechnung nach US-GAAP ist das → *comprehensive income*.
Siehe auch → Eigenkapitalspiegel (im → Konzernabschluss) sowie → Eigenkapital (mit Literaturangaben).

Eigenleistungen

(*innerbetriebliche Leistungen*) sind Leistungen (Waren, Dienstleistungen usw.), die der eigenen Verwendungen des leistenden (herstellenden) Betriebs zugeführt werden. Siehe auch → Betriebsabrechnung (BAB).

Eigenmarke

Eigenmarken – häufiger als *Handelsmarken* bezeichnet – tragen Waren- oder Firmenkennzeichen, mit denen ein Handelsbetrieb oder eine Handelsorganisation einzelne Waren oder Warengruppen ihres Sortiments versieht bzw. vom Hersteller versehen lässt. Einzelheiten → Handelsmarke, siehe auch → Händlermarke (Retail Brand).

Eigenmittelunterlegung

(bei *Banken*). Um die Sicherheit der Bankeinlagen zu gewährleisten, müssen Banken ihre Risikopositionen mit haftendem Eigenkapital unterlegen. Das haftende Eigenkapital dient als Puffer, um Verluste auffangen zu können. Die Risikopositionen bestehen aus Marktpreisrisiken (Aktienkurs-, Fremdwährungs- und Zinsänderungsrisiken) sowie aus Kreditausfallrisiken. Im Zuge von → Basel II kommen noch die operationellen Risiken als weitere Risikokategorie hinzu. Zum haftenden Eigenkapital zählen neben dem bilanziellen Eigenkapital auch hybride Finanztitel wie Genussrechte und nachrangige Verbindlichkeiten, daneben auch in begrenztem Umfang stille Reserven. Je nach Haftungsqualität unterteilt sich das haftende Eigenkapital in Kern- und Ergänzungskapital. Siehe auch → Rating-Methoden, kreditwirtschaftliche (mit Literaturangaben).

Eigenschaftsliste

(→ *Kreativitätstechnik*). Ausgehend von einer bekannten, bestehenden Problemlösung werden alle bzw. ihre wichtigsten Eigenschaften aufgelistet. Dann erfolgt eine schrittweise Modifikation zur Leistungsverbesserung. Der Ablauf ist dabei der folgende. Zunächst werden alle Merkmale des zu verbessernden Gegenstands (Produkt, Verfahren) systematisch aufgeführt. Diese werden danach hinsichtlich ihrer Eigenschaften beschrieben. Dann wird nach alternativen Gestaltungsmöglichkeiten dazu gesucht. Dies erfolgt durch eine Gruppe von vier bis acht Personen. Darauf folgt die Auswahl und Realisierung der präferierten Lösung.

Eigenschaftstheorie der Führung
Die zentrale Aussage der Eigenschaftstheorie besteht darin, dass Eigenschaften des Vorgesetzten (z.B. Problemlösungsfähigkeit, Wortgewandtheit, Kompetenz, Durchsetzungsfähigkeit) die entscheidenden Einflussfaktoren auf den (Miss-)Erfolg der Führung darstellen. Siehe auch → Personalführung und → Unternehmensführung.

Eigentum, wirtschaftliches
siehe → wirtschaftliches Eigentum.

Eigentumsvorbehalt
Beim Eigentumsvorbehalt schieben die Parteien den Übergang des Eigentums auf den Erwerber bis zur Erfüllung einer „aufschiebenden" Bedingung durch den Vorbehaltskäufer hinaus. Die Bedingung kann bestehen in der vollständigen Zahlung des Kaufpreises durch den Vorbehaltskäufer. Die Parteien können einen Eigentumsvorbehalt aber auch zur Begleichung sämtlicher Forderungen eines Konzernunternehmens bzw. sämtlicher Forderungen, die gegen einen Konzern bestehen (Konzernvorbehalt), oder zum Ausgleich des Kontokorrentabschlusses (Kontokorrentvorbehalt) einsetzen. Bis zum Eintritt der jeweiligen Bedingung bleibt der Verkäufer der Ware (Vorbehaltsverkäufer) deren Eigentümer. Der Eigentumsvorbehalt eignet sich somit als Mittel zur Sicherung ausstehender Kaufpreisforderungen (siehe → Kreditsicherheiten).
Die Vereinbarung eines Eigentumsvorbehalts schließt nicht aus, dass der die Ware schon besitzende Erwerber diese rechtswirksam an (gutgläubige) Dritte weiterveräußert. Der Vorbehaltsverkäufer verliert dadurch sein Eigentum an der Ware. Um einerseits solche Weiterveräußerungsgeschäfte des Vorbehaltskäufers zu ermöglichen, andererseits den Vorbehaltsverkäufer finanziell abzusichern, erlaubt der Vorbehaltsverkäufer dem Vorbehaltskäufer die Veräußerung der Vorbehaltsware (§§ 183, 185 BGB). Im Gegenzug hierzu tritt der Vorbehaltskäufer dem Vorbehaltsverkäufer im Voraus alle zukünftigen Forderungen ab (Vorausabtretung § 398 BGB), die ihm aus dem Weiterverkauf der Ware gegen deren Käufer entstehen (§ 433 Abs. 2 BGB) (sog. verlängerter Eigentumsvorbehalt. [Die Möglichkeit den Vorbehaltsverkäufer dadurch zu sichern, dass der Vorbehaltskäufer mit seinen Warenabnehmern ebenfalls einen Eigentumsvorbehalt vereinbart (sog. *weitergegebener, weitergeleiteter* oder *nachgelagerter* Eigentumsvorbehalt), hat sich in der Praxis – insbesondere wegen Zahlungs- und Abwicklungsschwierigkeiten – als unbrauchbar erwiesen.] Droht der Eigentumsverlust des Vorbehaltsverkäufers durch eine Verarbeitung der Sache, können die Parteien durch die Vereinbarung einer sog. „Verarbeitungsklausel" – bei der der tatsächlich Verarbeitende die Verarbeitung *für* den Verbhaltsverkäufer ausführt – den Rückfall des Eigentums an den Vorbehaltsverkäufer sicherstellen (§ 950 BGB).
Da der Erwerb des Voll-Eigentums nur noch von der Erfüllung der Bedingung des Vorbehaltskäufers abhängig ist, erlangt dieser bereits mit der Vereinbarung eines Eigentumsvorbehaltes eine rechtliche Stellung, die der des Eigentumsrechts angenähert ist. Die Rechtsprechung betrachtet die Rechtsposition des Vorbehaltskäufers als ein „wesensgleiches Minus" zum Eigentumsrecht und verselbständigt sie zu dem eigenständig handelbaren und geschützten *Anwartschaftsrecht* des Vorbehaltskäufers.
Siehe auch → Kreditsicherheiten (mit Literaturangaben).
Literatur: Hans-Jürgen Lwowski, Wolfgang Gößmann, Helmut Merkel: Kreditsicherheiten. Recht der Wirtschaft (RdW), Band 1 Grundzüge für Studium und Praxis, Schmitt Eich Verlag 2005; Karl H Schwab, Hanns Prütting, Friedrich Lent: Sachenrecht. Juristische Kurz-Lehrbücher Ein Studienbuch 32 Aufl., München 2006; Dieter Krimphove: Das Europäische Sachenrecht: Eine rechtsvergleichende Analyse nach der Komparativen Institutionenökonomik (S. 536) Eul-Verlag Lohmar (März 2006)

Eigenveredelung
Form des aktiven → Veredelungsverkehrs auf Anweisung und Rechnung eines Unternehmers im Land der aktiven Veredelung (Gegensatz: → Lohnveredelung).

Eignungstest
siehe → psychologische Tests, siehe auch → Personalauswahl, Instrumente und die dort angegebene Literatur.

Einberufungsbestimmung, gesetzliche

Die Einberufung der Hauptversammlung ist in den §§ 121 ff. AktG geregelt und wird durch § 175 AktG ergänzt (deutsches Recht): die Einberufung erfolgt grundsätzlich durch den Vorstand, die Bekanntmachung der Einberufung in → Gesellschaftsblättern oder bei kleinen → AGs durch eingeschriebenen Brief, wenn die Gesellschafter bekannt sind. Einberufungsfrist (§ 123 Abs. 1 AktG): mindestens 1 Monat. Siehe auch → Aktiengesellschaft, österreichische und → Aktiengesellschaft, Kleine.

Einbringung

(*österreichischem Recht*). Wird einer Gesellschaft gegen Anteilsgewährung das Eigentum an unbaren Vermögenswerten (Kapitalanteile, Mitunternehmeranteile, Betriebe oder Teilbetriebe) übertragen, so spricht man von einer *Einbringung*. Die steuerlichen Begleitvorschriften dazu enthalten die Art III (§§ 12 ff) öUmgrStG und Art IV (§§ 23 ff) öUmgrStG.

Ein-Coupon-Verzinsung

Formeln, siehe → Zinsrechnung; siehe auch → Diskontierungsfaktor, → Finanzmathematik.

Einfirmenvertreter

ist als Handelsvertreter selbständiger Kaufmann nach § 84ff, 92 Abs. 1 HGB. Rechtliche Grundlage für die Geschäftsbeziehung des Vertreters z.B. zu einem Versicherungsunternehmen ist der weitgehend genormte Agenturvertrag.

Einfluss, maßgeblicher

siehe → maßgeblicher Einfluss (im Zusammenhang mit dem → Konzernabschluss).

Einführer

ist jede im Europäischen Wirtschaftsraum niedergelassene natürliche und juristische Person, die ein Produkt aus einem Drittland in den Europäischen Wirtschaftsraum einführt oder dies veranlasst (§ 2 Abs. 12 GPSG). Siehe auch → Importeur.

Einfuhrfinanzierung

siehe → Außenhandelsfinanzierung (Internationale Zahlungs-, Sicherungs- und Finanzierungsinstrumente.

Einfuhrumsatzsteuer

Teil der Einfuhrabgaben im → Zollbescheid.

Einfuhrzoll

siehe → Zoll.

Eingetragene Erwerbsgesellschaften, österreichische

Oberbegriff für die österreichischen Gesellschaftsformen → OEG und → KEG; Rechtsgrundlage war das öEGG; Eingetragene Erwerbsgesellschaften wurden im Zuge der *österreichischen Handelsrechtsreform (→ Handelsrechtsreform, österreichische)* abgeschafft und können mit 1.1.2007 nicht mehr gegründet werden.

Literatur: *Dehn*, Wilma, UGB. Das neue Unternehmensgesetzbuch, Manz Verlag (2006); *Dehn/ Krejci* (Hrsg), Das neue UGB. SWK-Sonderheft, Linde Verlag (2005);

Eingetragene Genossenschaft

siehe → Genossenschaft und → Genossenschaftsgesetz.

Eingetragener Kaufmann

(Abk. e.K., deutsches Recht). Zusatz zur Firma des → Einzelkaufmanns, um die Rechtsform des Unternehmens zu bezeichnen.

Eingleichungsmodelle
siehe → Ökonometrie, insbes. Kap. 5.

einheitliche Leitung
Auf die Definition des Begriffes der einheitlichen Leitung hat der Gesetzgeber in § 290 Abs.1 HGB bewusst verzichtet, weil die praktischen Ausgestaltungsmöglichkeiten der einheitlichen Leitung – die von straffer Zentralisation bis zu extremer Dezentralisierung der Entscheidungsbefugnisse reichen können – vielfältige Ausprägungen haben können. Zu erwähnen ist aber, dass für die Begründung der Konzernrechnungslegungspflicht eine *Beteiligung* gem. § 271 Abs.1 HGB vorhanden sein muss. Die Vermutung einer einheitlichen Leitung kann allerdings widerlegt werden.
Siehe auch → Konzernabschluss.

Einheitliche Richtlinien für auf Anfordern zahlbare Garantien
engl.: Uniform Rules for Demand Guarantees. Regelwerk der Internationalen Handelskammer (→ ICC), das in 28 Artikeln Prinzipien über → Bankgarantien für Garantieauftraggeber, Garantiebegünstigte und Garanten enthält.

Einheitliche Richtlinien für Inkassi (ERI)
(Uniform Rules for Collections, URC), von der Internationalen Handelskammer (→ ICC) geschaffenes und von den meisten Banken bzw. Bankenverbänden der Welt angenommenes Regelwerk zur Abwicklung von → Dokumenteninkassi.

Einheitliche Richtlinien und Gebräuche für Dokumenten-Akkreditive (ERA)
der Internationalen Handelskammer (→ ICC); engl. → UCP. Umfassendes Regelwerk zur Rechtsstellung und zur Abwicklung von → *Dokumentenakkreditiven* mit weit reichender internationaler Anerkennung.

Einheitstheorie
(→ *Konzernabschluss*) geht davon aus, dass die durch ein Mutter-Tochter-Verhältnis zusammengefassten Konzernunternehmen eine *wirtschaftliche und rechtliche Einheit* bilden. Die rechtliche Selbstständigkeit der einzelnen Konzernunternehmen wird vernachlässigt und ein Abschluss auch unter dem Gesichtspunkt der rechtlichen Einheit aufgestellt. Als Folge dieser Ansicht müssen u.a. sämtliche Vermögensgegenstände und Schulden ohne Rücksicht auf den Beteiligungsgrad in den Konzernabschluss übernommen (→ Vollkonsolidierung) werden. Gegenteil: Interessentheorie.

Einigungsstelle
Betriebliche Schlichtungsstelle bestehend aus einer gleichen Anzahl von Arbeitgebervertretern und Betriebsratsmitgliedern unter neutralem Vorsitz zur Beilegung von Regelungsstreitigkeiten im Rahmen der → betrieblichen Mitbestimmung; siehe auch → betriebliche Mitbestimmung.

Einkaufscontrolling

Einkaufscontrolling

von Professor Dr. Hartmut Werner, Heike Justin, Felix Pleyer und Vera Überall
Fachbereich Wirtschaft an der Fachhochschule Wiesbaden

1. Begriffsklärung und Abgrenzung von verwandten Konzepten
Ein Einkaufscontrolling umfasst die Planung, die Steuerung und die Kontrolle von Einkaufsaktivitäten sowie eine Informationsversorgung des (Einkaufs-) Managements. Systembildend und systemkoppelnd bezieht es sich sowohl auf die Koordination von Einkaufsressourcen als auch auf die Messung von Einkaufserfolgen. Das Einkaufcontrolling stellt ein Subsystem der Führung dar, und es speist sich im Kern aus operativen Aufgaben. Dazu zählen unter anderem nachstehende Inhalte: Berechnung wirt-

schaftlicher Mengen und vertretbarer Preise, Verfolgung rechtzeitiger Liefertermine oder Überprüfung qualitativer Attribute. Das Einkaufscontrolling ist von verwandten Konzepten, wie (1) → Beschaffungs-, (2) → Logistik- und (3) → Supply Chain Controlling abzugrenzen. (1) Ein → Beschaffungscontrolling ist weiter gefasst als das Einkaufscontrolling, da es auch strategische Aspekte berücksichtigt (zum Beispiel eine Lieferantenbewertung). Es unterstützt die Gewährleistung der langfristigen Versorgungssicherheit des Unternehmens. (2) Ein → Logistikcontrolling grenzt sich vom Einkaufscontrolling durch die primär physische Zeit- und Raumüberbrückungsfunktion logistischer Aktivitäten ab. (3) Ein → Supply Chain Controlling ist weiter gefasst als ein → Logistikcontrolling. Es beschäftigt sich mit der Planung, der Steuerung und der Kontrolle integrierter Unternehmensaktivitäten von Versorgung, Entsorgung und Recycling, inklusive begleitender Geld- und Informationsströme. Das → Supply Chain Controlling ist ein Subsystem des → Supply Chain Managements.

2. Strategisches Einkaufscontrolling

a) Allgemeine Charakterisierung
Schwerpunkt der Betrachtung im strategischen Einkaufscontrolling ist die Effektivität (verstanden als Erfolgswirksamkeit) von Einkaufsaktivitäten. Es leistet damit einen Beitrag zur Verbesserung des Unternehmensergebnisses und zur dauerhaften Sicherung der Erfolgsposition des Unternehmens auf dem Markt. Zumeist wird das strategische Einkaufscontrolling unter den Begriff „Beschaffungscontrolling" (vgl. oben) subsumiert.

b) Inhalte
Um eine Versorgungssicherheit im Unternehmen zu gewährleisten und die Lieferantenstruktur effektiv gestalten zu können, kommen im Einkauf verschiedene → Beschaffungsstrategien (→ Sourcingstrategien) zum Einsatz. Die Sourcing-Konzepte untergliedern sich in (1) → Single Sourcing (2) → Multiple Sourcing, (3) → Double Sourcing, (4) → Sole Sourcing, (5) → Modular Sourcing und (6) → Global Sourcing. (1) → Single Sourcing beschreibt die Beschaffung einer Materialart von nur einer Quelle. Charakteristisch für den Einquellenbezug ist der Aufbau einer dauerhaften Partnerschaft zwischen Lieferant und Kunde, die Abstimmung der Organisation, die Übertragung von technischem Know-how an den Lieferanten, eine hohe Vorhersagegenauigkeit sowie ein Höchstmaß an Kooperationsbereitschaft zwischen den Partnern. (2) → Multiple Sourcing bezeichnet den Mehrquellenbezug bei Produkten, die einen geringen Erklärungsbedarf haben. Die Kooperation zwischen Kunde und Lieferant ist einmalig und lose (Spotmarktbeziehung). (3) → Double Sourcing beschreibt den Zweiquellenbezug einer Materialart und wird zur Streuung von Risiken genutzt. (4) → Sole Sourcing stellt eine unfreiwillige Art des Single Sourcings dar und entsteht aufgrund einer monopolistischen Anbietersituation. (5) → Modular Sourcing wird zur Reduzierung der Lieferantenschnittstellen eingesetzt. Der Anbieter liefert vor- oder fertigmontierte Module, und er wird als Systemlieferant bereits in die Produktentwicklung integriert. (6) → Global Sourcing beschreibt die Erweiterung der Beschaffungspolitik auf internationale Quellen. Im Rahmen von Planung, Steuerung und Kontrolle dieser Beschaffungsaktivitäten („Sourcing Toolbox") unterstützt der Einkaufscontroller das (Einkaufs-) Management und versorgt jenes kontinuierlich mit Informationen.

3. Operatives Einkaufscontrolling

a) Allgemeine Charakterisierung
Im Gegensatz zum strategischen Einkaufscontrolling, das die Erfolgswirksamkeit von Einkaufsaktivitäten betrachtet, bezieht sich das operative Einkaufscontrolling auf die Effizienz von strategisch definierten Einkaufsmaßnahmen. Im Vordergrund steht die Erzielung günstiger Kosten-Nutzen-Relationen, die Reduzierung der Einkaufskosten sowie die Optimierung von Einkaufsprozessen im „Tagesgeschäft".

b) Inhalte
Zu den Aufgaben des operativen Einkaufscontrollings zählen beispielsweise die kontinuierliche Überwachung von Materialpreisen, die während einer Periode diversen Preisschwankungen unterliegen sowie die Leistungsmessung des Einkaufs. Die → Materialpreisabweichung, die durch den Einsatz eines → Cost Trackings festzustellen ist, dient dabei als Leistungsindikator. Um eine faire Bewertung des Einkäufers zu gewährleisten, ist die → Materialpreisabweichung in beeinflussbare (z.B. die Ausnut-

zung von Volumeneffekten, die Einhaltung von Zahlungsbedingungen) und nicht-beeinflussbare (wie börsennotierte Materialien oder Wechselkurse) Komponenten zu differenzieren. Weiterhin hat das Einkaufscontrolling auf die Einhaltung von Einkaufsrichtlinien und Rahmenverträgen zu achten. Negative Effekte im Einkauf, die aufgrund von → Maverick Buying entstehen können, sollen dadurch vermieden werden. Eine weitere Funktion des Einkaufscontrollings ist die Optimierung von Einkaufsprozessen. Ein Instrument dafür ist die → Purchasing Card, die eine Sonderform der elektronischen Beschaffung (→ Electronic Procurement) darstellt. Ein unternehmensweiter Einsatz der → Purchasing-Card ermöglicht eine durchgängige Einbindung des Zahlungsverkehrs in Beschaffungsprozesse und eine Effizienzsteigerung und Kostensenkung bei Einkaufs- sowie Zahlungsprozessen. Die Steigerung der Kostentransparenz kann schließlich durch Anwendung der Prozesskostenrechnung im Einkauf erreicht werden. Mit Hilfe der Prozesskostenrechnung können die anfallenden Kosten verursachungsgerecht den Kostenträgern (Produkten, Lieferanten oder Aufträgen) zugeordnet werden.

4. Einkaufskennzahlen und einkaufsgetriebene Kennzahlensysteme

a) Allgemeine Charakterisierung

Im Allgemeinen haben Kennzahlen (Ratios) die Funktion, schnell und aussagekräftig über betriebswirtschaftliche Sachverhalte zu informieren. Sie sind somit auch für das Einkaufscontrolling unverzichtbar. Typische Kennzahlen im Einkauf sind Lieferservicegrad, Anzahl von Mitarbeitern im Einkauf, Einkaufsvolumen (pro Commodity), Fixkosten(-anteil) des Einkaufs, Anzahl der Bestellungen pro Periode, → Materialpreisabweichung sowie Kennzahlen zur Preisentwicklung. Die Produktivität des Einkaufs ergibt sich primär aus der Anzahl der Bestellvorgänge pro Stunde. Die Einkaufsproduktivität kann verbessert werden, indem bei gleichem Faktoreinsatz die Ausbringung erhöht wird (Erhöhung der Bestellvorgänge pro Stunde) oder bei gleicher Ausbringung der Faktoreinsatz verringert wird (gleich bleibende Anzahl an Bestellvorgängen in weniger als einer Stunde). Die Wirtschaftlichkeit des Einkaufs wird anhand der Kosten für Bestellvorgänge pro Stunde gemessen. Diese kann gesteigert werden, indem bei gleichen Kosten die Leistung steigt oder bei gleicher Leistung die Kosten verringert werden. Aufgrund der begrenzten Aussagekraft einzelner Kennzahlen, ist ihre Darstellung in einem Kennzahlensystem, wie dem Return on Investment (RoI) notwendig. Der einkaufsbezogene Return on Investment misst die Rentabilität von Einkaufsaktivitäten. In modernen Kennzahlensystemen der wertsteigernden Unternehmungsführung werden Kapitalwerte betrachtet. Ein Beispiel dafür ist der → Economic Value Added (EVA), der „betriebliche Übergewinn". Aus EVA lässt sich sowohl eine Beurteilung des Unternehmensportfolios im Allgemeinen als auch der Einkaufsaktivitäten im Speziellen ableiten.

b) Einkaufs-Scorecard

Während die klassischen Kennzahlensysteme primär monetär ausgerichtet sind, findet in modernen Kennzahlensystemen eine Bewertung von Leistungen statt (wie Kunden- und Lieferantenzufriedenheit oder Kunden- und Lieferantentreue). Der Wettbewerbsfaktor „Kosten" steht nicht länger allein im Fokus, es werden auch die Schlüsselgrößen „Zeit", „Qualität" und „Flexibilität" gleichbedeutsam berücksichtigt. Neue Ansätze, wie die → Balanced Scorecard, zielen auf eine Ausgewogenheit zwischen monetären und nicht monetären Kennzahlen, operativen und strategischen Größen, kurzfristigen und langfristigen Positionen sowie internen und externen Prozesse. Im Mittelpunkt der → Balanced Scorecard steht die Unternehmungsvision, die von vier Perspektiven: (1) Finanz-, (2) Kunden-, (3) interne Prozess- und (4) Lern- und Entwicklungsperspektive umgarnt wird. Die Perspektiven zeigen Strategien und konkrete Umsetzungsmöglichkeiten anhand von Kennzahlen auf. Sie stehen miteinander in Kausalzusammenhang. Die generische Scorecard, die sich auf das ganze Unternehmen bezieht, kann zur *Einkaufs-Scorecard* modifiziert werden. Bei den Perspektiven ist eine Anpassung an bereichsspezifische Erfordernisse erlaubt. Eine Einkaufs-Scorecard kann um eine fünfte Perspektive, die Lieferantendimension, geweitet werden. Die bisher vor allem extern gerichtete Kundenperspektive bezieht sich jetzt auf primär interne Kundenaspekte. Eine andere Möglichkeit zur Abdeckung von Einkaufsinteressen ist die Umbenennung der Kundendimension zur Marktperspektive, welche neben Kundenmerkmalen auch Lieferantenattribute abdeckt.

Pro Perspektive der Einkaufs-Scorecard werden strategische Ziele, Messgrößen, operative Ziele und Aktivitäten vorgegeben. → Key Performance Indicators (KPIs) der einzelnen Dimensionen sind beispielsweise: (1) Finanzperspektive: Einkaufskosten in Relation zu den Gesamtkosten der Unternehmung, (2) Lieferantenperspektive: Lieferservicegrad, Lieferantentreue, Rücklieferungsquote, Beanstandungsquote, (3) Interne Prozessperspektive: Zeitaufwand pro Bestellung, Kosten einer Bestellung, (4) Mitarbeiter- und Lernperspektive: Anzahl Bestellungen je Einkäufer, Beschaffungsvolumen pro Einkäufer. Durch die Modifizierung der Scorecard hinsichtlich einkaufspezifischer Belange, stellt die Einkaufs-Scorecard ein modernes Konzept für das Controlling von Einkaufsaktivitäten dar.

Hinweise

- Zu den angrenzenden Wissensgebieten des *Controlling* siehe → Balanced Scorecard, → Beteiligungscontrolling, → Controlling, Grundlagen → Controlling, Informationssysteme, → Controlling, Internationales, → Dienstleistungscontrolling, → Erfolgscontrolling, → Finanzcontrolling, → Investitionscontrolling, → Marketingcontrolling, → Ökologiecontrolling, → Qualitätscontrolling, → Risikocontrolling.

- Zu den *weiteren angrenzenden Wissensgebieten* siehe → Beschaffungslogistik, → Beschaffungsmanagement, → Category Management, → Customer Relationship Management, → E-Commerce, → Efficient Consumer Response, → Electronic Procurement, → Enterprise Resource Planning-(ERP-) Systeme, → Industriemanagement, → Logistik, → Materiallogistik, → Materialwirtschaft, → Operations Research, → Optimierung, → Outsourcing, → Produktionsmanagement, → Prozessmanagement, → Qualitätsmanagement, → Supply Chain Management.

Literatur: Bogaschewsky, R./Götze, U. (Hrsg.): Management und Controlling von Einkauf und Logistik, Gernsbach 2003; Boutellier, R./Wagner, S. M./Wehrli, H.P.: Handbuch Beschaffung, München 2003; Hahn, D./Kaufmann, L. (Hrsg.): Handbuch industrielles Beschaffungsmanagement, 2. Aufl., Wiesbaden 2002; Horváth, P.: Controlling, 9. Aufl., München 2003; Jahns, C.: Controlling im Einkauf und Supply Management. In: Controlling, 4-5/2004, S. 273-281, München 2004; Kerkhoff, G.: Milliardengrab Einkauf, 2. Aufl., Weinheim 2004; Kümpel, T./Deux, T.: Kennzahlen im strategischen Einkaufscontrolling. In: Controller Magazin, 3/2003, S. 243-251, Offenburg 2003; Kümpel, T./Deux, T.: Kennzahlensysteme und Portfoliotechniken für das strategische Einkaufscontrolling. In: Controller Magazin, 4/2003, S. 364-369, Offenburg 2003; Schmidt, A./Wagner, S./Ollesky, K.: Einkaufscontrolling - Blindflug vermeiden. In: Controlling, 12/2000, S. 595-600, München 2000; Orths, H.: Einkaufscontrolling als Führungsinstrument, Gernsbach 2003; Werner, H.: Supply Chain Management, 2. Aufl., Wiesbaden 2002.

Internetadressen: http://www.beschaffung-aktuell.de, http://www.controllermagazin.de, http://www. bme.de, http://www.bmoe.at, http://www.svme.ch, http://www.competence-site.de/beschaffung.nsf http://www.einkaufsnews.de, http://www.bwl.fh-wiesbaden.de/werner/homepage/

Website der Autoren: http://www.bwl.fh-wiesbaden.de/werner/homepage/,

Einkaufsgemeinschaft

(auch *Einkaufsvereinigung*), Zusammenschluss von → Einzelhandelsunternehmungen mit dem Zweck, beim Einkauf durch die Bündelung von Nachfragemengen Preisvorteile zu erzielen. Für mittelständische Betriebe des → Einzelhandels sind Einkaufsgemeinschaften ein Mittel im Konkurrenzkampf mit den Großbetriebsformen auf den vorgelagerten Beschaffungsmärkten. Rechtsform ist häufig die Genossenschaft, auch AG und GmbH. Teilweise weiterentwickelt zur *Full-Service-Kooperation*.

Einkaufs-Kennzahlen

(*Beschaffungs-Kennzahlen*), siehe → Einkaufscontrolling, insbesondere Kapitel 4 (einschließlich *Einkaufs-Scorecard*); siehe auch → Balanced Scorecard.

Einkaufskontor

eine → horizontale Kooperation zwischen selbstständigen → Großhandelsunternehmungen oder → Einzelhandelsunternehmungen zum Zweck des gemeinsamen Warenbezugs. Hauptziel ist die Senkung der Einstandspreise durch Mengenbündelung und Rationalisierung der Beschaffungstätigkeiten.

Einkaufslogistik
siehe → Beschaffungslogistik.

Einkaufs-Scorecard
siehe → Einkaufscontrolling, insbesondere Kapitel 4.b); siehe auch → Balanced Scorecard.

Einkaufsvereinigung
→ Einkaufsgemeinschaft.

Einkaufszentren
siehe → Shopping Center.

Einkaufszentrierte Systeme
sind im Gegensatz zu den → lieferantenzentrierten Systemen dadurch gekennzeichnet, dass das einkaufende Unternehmen den → elektronischen Produktkatalog selbst verwaltet. In der Regel werden nur Lieferanten mit abgeschlossenem Rahmenvertrag aufgenommen. Die → Kataloge mehrerer Lieferanten können in sog. → Multilieferantenkatalogen zusammengefasst werden. Häufigster Vertreter dieser Architektur sind → Desktop Purchasing Systeme.

Einkommensteuer

Einkommensteuer

von Professor Dr. Klaus von Sicherer und Dipl.-Kauffrau Dipl.-Handelslehrerin Petra Sandner
Hochschule Merseburg – Fachbereich Wirtschaftswissenschaften

1. Rechtsquellen der Einkommensteuer
Das Grundgesetz der Bundesrepublik Deutschland hat als Verfassungsgesetz vor sog. einfachen Gesetzen, wozu auch die Steuergesetze (z.B. EStG, UStG, KStG) gehören, Vorrang. Gesetze und Rechtsverordnungen sind Rechtsnormen. Gesetze kommen durch ein förmliches Gesetzgebungsverfahren durch die Legislative zustande, Verordnungen (z.B. EStDV, UStDV, KStDV) hingegen nicht, sondern werden direkt von der Exekutiven aufgrund einer gesetzlichen Ermächtigung (Art. 80 GG) erlassen.
Bei den Steuergesetzen ist zwischen allgemeinen Steuergesetzen sog. Grundlagensteuergesetzen (AO, FGO) und anderen Steuergesetzen zu unterscheiden. Die anderen Steuergesetze lassen sich unterscheiden in Einzelsteuergesetze (z.B. EStG, KStG, UStG) und besondere Steuergesetze (UmwStG, AStG).
Zu den Rechtsnormen gehören Gesetze und Durchführungsverordnungen, welche die Steuerpflichtigen, Finanzgerichte und die Finanzverwaltung binden, d.h. sie stellen verbindliches Recht dar. Die Rechtsnormen werden durch Verwaltungsanordnungen (z.B. EStR, UStR, KStR) ergänzt. Diese stellen jedoch keine Rechtsnorm dar und binden somit nur die Verwaltungsbehörden, nicht die Steuerpflichtigen und Gerichte.
Für die Einkommensteuer sind somit das EStG sowie die EStDV verbindliches Recht, das durch die EStR und anderen Verwaltungsanweisungen ergänzt wird.

2. Grundlagen der Einkommensteuer
Die Einkommensteuer zählt neben der *Umsatzsteuer* zu den aufkommensstärksten Steuerarten. Die Einkommensteuer ist eine → *direkte Steuer*. Sie tritt in vier verschiedenen Erhebungsformen auf: *veranlagte Einkommensteuer*, → *Lohnsteuer*, → *Kapitalertragsteuer*, → *Zinsabschlag*. Nach dem Erhebungsverfahren wird die Einkommensteuer in → *Veranlagungssteuer* und → *Abzugssteuer* unterschieden. Sie entsteht, soweit nichts anderes bestimmt ist, mit Ablauf des *Kalenderjahres* (§ 36 Abs. 1 EStG).
Die Einkommensteuer ist eine Jahressteuer (§ 2 Abs. 7 EStG), die in einem förmlichen Verfahren (Veranlagungsverfahren) festgesetzt wird. Die Grundlagen für die Steuerfestsetzung sind jeweils für ein volles Kalenderjahr zu ermitteln. Es handelt sich somit um eine periodische Steuer. Der → *Steuer-*

pflichtige hat für den abgelaufenen *Veranlagungszeitraum* eine Einkommensteuererklärung abzugeben (§ 25 Abs. 3 EStG). Ihm ergeht ein *Steuerbescheid* (§ 155Abs. 1 AO).

Die Form der Veranlagung zur Einkommensteuer ist abhängig vom Familienstand (→ *Veranlagungsarten*). Aus der Veranlagungsform ergibt sich dann der jeweilige → *Einkommensteuertarif*.

3. Persönliche Steuerpflicht

Die Einkommensteuer untersucht im Rahmen der persönlichen Steuerpflicht wer nach dem Einkommensteuergesetz steuerpflichtig ist. Der Einkommensteuer unterliegen nur *natürliche Personen* (§ 1 Abs. 1 EStG). Der Umfang der Besteuerung der Einkünfte der natürlichen Personen ist abhängig von der *Art der persönlichen Steuerpflicht*.

Es werden fünf Arten der persönlichen Steuerpflicht unterschieden. Hierzu gehören die unbeschränkte, die erweitert unbeschränkte, die fiktiv unbeschränkte, die beschränkte und die erweitert beschränkte Steuerpflicht. Im Rahmen der *unbeschränkten Steuerpflicht* wird das gesamte Welteinkommen nach dem sog. → *Totalitätsprinzip* bzw. → Welteinkommensprinzip der Einkommensbesteuerung unterworfen. Dagegen unterliegen bei der *beschränkten Steuerpflicht* nur die *inländischen Einkünfte* der deutschen Einkommensteuerpflicht nach dem sog. → *Territorialitätsprinzip*. Siehe auch → Steuerrecht, Internationales.

4. Sachliche Steuerpflicht

Im Rahmen der sachlichen Steuerpflicht wird nach dem System der Einkommensteuer (§ 2 EStG) untersucht, was der Einkommensteuer unterliegt.

Zentrale Berechnungsgröße des Einkommensteuerrechts ist das zu versteuernde Einkommen. Das zu versteuernde Einkommen stellt die Bemessungsgrundlage für die tarifliche Einkommensteuer (siehe → Einkommensteuertarif) dar.

Grundlage der Einkommensteuerermittlung ist die wirtschaftliche Leistungsfähigkeit des → *Steuerpflichtigen*. Bei der Ermittlung der Einkünfte des Steuerpflichtigen sind unter der Berücksichtigung des *Leistungsfähigkeitsprinzips* der Abzug der Erwerbsaufwendungen, die im Zusammenhang mit der Einkunftsquelle stehen, grundsätzlich möglich. Diese Vorgehensweise entspricht dem sogenannten *objektiven* → *Nettoprinzip* als Ausdruck des marktwirtschaftlichen Leistungsprinzips. Zur Berechnung der Einkommensteuerbemessungsgrundlage bildet der § 2 EStG die gesetzliche Grundlage für die Vorgehensweise. Ausgangsbasis ist Ermittlung der Einkünfte. Das EStG unterscheidet sieben Einkunftsarten, die einen Ausschlusscharakter haben. Einnahmen, die keiner der sieben Einkunftsarten zugeordnet werden können, werden von der Einkommensteuer nicht erfasst. Ausgaben, die mit den sieben Einkunftsarten in wirtschaftlichen Zusammenhang stehen, werden grundsätzlich bei der Ermittlung der Einkünfte berücksichtigt.

Das Gesetz differenziert zwischen → *Gewinneinkunftsarten* und den → *Überschusseinkunftsarten*:

- *Zu den Gewinneinkünften zählen die* → Einkünfte aus Land- und Forstwirtschaft, → Einkünfte aus Gewerbebetrieb, → Einkünfte aus selbständiger Arbeit.
- Zu den Überschusseinkunftsarten gehören die → *Einkünfte aus nichtselbständiger Arbeit, die* → *Einkünfte aus Kapitalvermögen,* → *Einkünfte aus Vermietung und Verpachtung sowie die* → *sonstigen Einkünfte.*

Für die Ermittlung der → *Einkünfte* sind die Einkünfteermittlungsperioden, die Ermittlungsmethoden, die Zuordnung zum *Betriebsvermögen* und Privatvermögen, der Zeitpunkt der Erfassung der *Einnahmen* und *Ausgaben* nach dem → *Realisationsprinzip* oder dem → *Zu- und Abflussprinzip*, die Gewährung von → *Freibeträgen* und → *Freigrenzen*, die Steuererhebungsmethoden und tarifliche Vergünstigungen entsprechend der jeweiligen Einkunftsart zu berücksichtigen. Die Zuordnung der Einnahmen und Ausgaben zu den jeweiligen Einkunftsarten ist auch für die Anknüpfung anderer Steuern relevant. Eine weitere Untergliederung kann in *Haupteinkünfte* und *Nebeneinkünfte* erfolgen. Diese Unterscheidung ist maßgebend für die Zuordnung der → *Einkünfte* entsprechend ihrer Rangordnung, so dass Nebeneinkunftsarten entsprechend dem → *Subsidiaritätsprinzip* der Haupteinkunftsart zuzuordnen sind, zu der sie gehören.

Nach der Ermittlung der Einkünfte entsprechend der jeweiligen Ermittlungsmethode, werden die einzelnen Einkunftsarten zur Summe der Einkünfte zusammengefasst. Erzielt der → *Steuerpflichtige* sowohl positive Einkünfte als auch → *negative Einkünfte* innerhalb eines *Veranlagungszeitraumes* werden diese im Rahmen des → Verlustausgleiches verrechnet.

Nach der Ermittlung der Summe der Einkünfte erfolgt unter Berücksichtigung des *Altersentlastungsbetrages*, des *Entlastungsbetrages für Alleinerziehende* sowie des Freibetrages für Land- und Forstwirtschaft die Ermittlung des Gesamtbetrags der Einkünfte. Werden vom Gesamtbetrag der Einkünfte der Verlustabzug nach § 10 d EStG (siehe → Verlustverrechnung, → Verlustausgleich) die → *Sonderausgaben* (§§ 10, 10 a, 10 b, 10 c EStG) und die → *außergewöhnlichen Belastungen* (§§ 33 bis 33 c EStG) abgezogen, ergibt sich das Einkommen.

Wird schließlich das Einkommen ggf. um die Freibeträge nach § 32 Abs. 6 EStG, dem *Kinderfreibetrag* und dem Betreuungsfreibetrag und Erziehungsfreibetrag oder Ausbildungsbedarfsfreibetrag sowie sonstige vom Einkommen abzuziehende Beträge wie dem Härteausgleich nach § 46 Abs. 3 EStG bzw. § 70 EStDV gemindert, ergibt sich das zu versteuernde Einkommen als Bemessungsgrundlage für die *tarifliche Einkommensteuer* (→ Einkommensteuertarif).

Durch den Abzug der existenzsichernden Aufwendungen, z.B. Sonderausgaben und außergewöhnlichen Belastungen, wird das *subjektive* → *Nettoprinzip* durch das Einkommensteuergesetz garantiert. Eine schematische Darstellung zur Ermittlung des zu versteuernden Einkommens wird nachfolgend aufgezeigt:

Ermittlung des zu versteuernden Einkommens:

1. Einkünfte aus Land- und Forstwirtschaft	§ 13
2. Einkünfte aus Gewerbebetrieb	§ 15
3. Einkünfte aus selbständiger Arbeit	§ 18
4. Einkünfte aus nichtselbständiger Arbeit	§ 19
5. Einkünfte aus Kapitalvermögen	§ 20
6. Einkünfte aus Vermietung und Verpachtung	§ 21
7. sonstige Einkünfte im Sinne des § 22	§ 22
= Summe der Einkünfte	
- Altersentlastungsbetrag	§ 24 a
- Entlastungsbetrag für Alleinerziehende	§ 24 b
- Freibetrag für Land- und Forstwirte	§ 13 Abs. 3
= Gesamtbetrag der Einkünfte	**§ 2 Abs. 3**
- Verlustabzug	§ 10 d
- Sonderausgaben	§§ 10, 10a, 10 b, 10 c
- außergewöhnliche Belastungen	§§ 33, 33 a, 33 b, 33 c
- sonstige Abzugsbeträge	
= Einkommen	**§ 2 Abs. 4**
- Freibeträge	§ 32 Abs. 6
- Härteausgleich	§ 46 Abs. 3 EStG, § 70 EStDV
= zu versteuerndes Einkommen	**§ 2 Abs. 5**

Quelle: von Sicherer, Einkommensteuer, 3. Auflage, München und Wien 2005, S. 52

5. Veranlagungsarten und tarifliche Einkommensteuer

Die Einkommensteuer wird gem. § 25 Abs. 1 EStG nach Ablauf des *Kalenderjahrs* (*Veranlagungszeitraum*) nach dem zu versteuernden Einkommen veranlagt, das der Steuerpflichtige in diesem Veranlagungszeitraum bezogen hat, soweit nicht nach den §§ 46 oder 50 Abs. 5 EStG eine Veranlagung unterbleibt. Für die Veranlagung der → *Steuerpflichtigen* unterscheidet das Einkommensteuergesetz vier verschiedene → *Veranlagungsarten*, die grundsätzlich vom Familienstand des Steuerpflichtigen abhängig sind. Die Veranlagungsart ist maßgebend für den anzuwendenden → *Einkommensteuertarif*.

Die Einkommensteuer wird jeweils für ein Kalenderjahr ermittelt. Die Grundlagen für die Festsetzung der Einkommensteuer gelten immer für ein Kalenderjahr, auch wenn der Steuerpflichtige nicht während des ganzen Kalenderjahres unbeschränkt oder beschränkt einkommensteuerpflichtig war, oder wenn der Steuerpflichtige Einkünfte nur während eines Teils des Kalenderjahres erzielt hat. Besteht bei einem Steuerpflichtigen innerhalb eines Kalenderjahres sowohl unbeschränkte als auch *beschränkte Steuerpflicht*, so sind die während des Zeitraums der beschränkten Steuerpflicht erzielten Einkünfte in eine (Gesamt-) Veranlagung zur *unbeschränkten Steuerpflicht* einzubeziehen (§ 2 Abs. 7 Satz 3 EStG).

Hinweis

Zu den angrenzenden Wissensgebieten (nach deutschem Recht), siehe → Gewerbesteuer, → Handelsrecht, → Körperschaftsteuer, → Lohn- und Gehaltsmodelle, → Steuerbilanzpolitik, → Steuerlehre, Betriebswirtschaftliche → Steuerrecht, Internationales, → Umsatzsteuer.

Literatur: Biergans, Enno: Einkommensteuer, 6. Auflage, München 1992; Blümich, Walter: Einkommensteuergesetz (EStG), Körperschaftsteuergesetz (KStG), Gewerbesteuergesetz (GewStG), 82. Ergänzungslieferung, Loseblattausgabe, München 2004; Grefe, Cord: Unternehmenssteuern, 7. Auflage 2003; Kirsch, Hanno: Besteuerung von Gesellschaften, München/Wien 2000; Rose, Gerd: Die Ertragsteuern. Einkommensteuer, Körperschaftsteuer, Gewerbesteuer, 18. Auflage, Wiesbaden 2004; Schaumburg, Harald: Internationales Steuerrecht: Außensteuerrecht, Doppelbesteuerungsrecht, 2. Auflage, Köln 2004; Schmidt, Ludwig: Einkommensteuergesetz, Kommentar, 22. Auflage, München 2003; Seigel, Günter: Betriebliche Steuerlehre, München/Wien 2002; Sicherer, Klaus von/Sandner, Petra: Einkommensteuer, Arbeitsbuch, München/Wien 2004; Tipke, Klaus/Lang, Joachim u.a.: Steuerrecht, 17. Auflage, Köln 2002

Internetadresse: http://www.bundesfinanzministerium.de

Einkommensteuertarif

Bemessungsgrundlage für die tarifliche *deutsche* → *Einkommensteuer* (§ 32 a Abs. 1 Satz 1 EStG) bildet das zu versteuernde Einkommen (§ 2 Abs. 5 EStG). Demnach bemisst sich die tarifliche Einkommensteuer nach dem Grundtarif (§ 32 a Abs. 1 EStG) bzw. nach dem Splittingverfahren (§ 32 a Abs. 5 EStG) unter Vorbehalt des sich bei der Anwendung des Progressionsvorbehaltes ergebenden besonderen Steuersatz (§ 32 b EStG) und /oder des sich ergebenden ermäßigten Steuersatz bei außerordentlichen Einkünften (§§ 34, 34 b EStG – Fünftelregelung und ermäßigter 56 v.H. Durchschnittsteuersatz) und/oder der Berücksichtigung der Steuerermäßigung bei ausländischen Einkünften (§ 34 c EStG). Für die anschließende Ermittlung der festzusetzenden Einkommensteuer kommen weitere Steuerermäßigungen z.B. bei Einkünften aus Gewerbebetrieb gem. § 35 EStG in Betracht.

Das Ausmaß der persönlichen Steuerbelastung des Steuerpflichtigen (Abk.: Stpfl.) richtet sich nach der Ausgestaltung des Steuertarifs. Dies äußert sich in der Steuerfreistellung des Existenzminimums durch den Grundfreibetrag und im progressiven Tarifverlauf, der die Leistungsfähigkeit der Steuerpflichtigen berücksichtigen soll.

Der Tarif hat zur Zeit einen linear-progressiven Verlauf in zwei Teilen. Es ergeben sich vier Tarifzonen: die steuerfreie Nullzone bis zur Höhe des jeweils gültigen Grundfreibetrages, die erste linear-progressive Zone beginnend mit dem Eingangssteuersatz ab dem jeweils gültigen Grundfreibetrag, die zweite linear-progressive Zone bis zur Eintrittshöhe in den jeweils gültigen Spitzensteuersatzbereich und die obere Proportionalzone, die ausschließlich dem jeweils gültigen Spitzensteuersatz (auch Grenz- oder Höchststeuersatz genannt) unterliegt.

Siehe auch → Einkommensteuer und die dort angegebene Literatur.

Einkünfte

(*income;* siehe auch deutsche → Einkommensteuer) sind Einnahmen minus Ausgaben und stellen somit auf die objektive Leistungsfähigkeit (objektive → Nettoprinzip) des Steuerpflichtigen ab. Nach § 2 Abs. 2 EStG werden → *Gewinneinkünfte* und → *Überschusseinkünfte* unterschieden.

Siehe auch → Einkommensteuer (deutsche) und die dort angegebene Literatur.

Einkünfte aus Gewerbebetrieb

(*income from trade or business*; siehe auch deutsche → Einkommensteuer) sind gem. § 15 EStG Einkünfte aus gewerblichen Unternehmen und Gewinnanteile der Gesellschafter einer Personengesellschaft, gem. § 16 EStG Einkünfte aus der Veräußerung oder Aufgabe eines Gewerbebetriebes oder

Teilbetriebes sowie von Mitunternehmeranteilen und gem. § 17 EStG Einkünfte aus der Veräußerung wesentlicher Beteiligungen im Privatvermögen. Siehe auch → Einkommensteuer (deutsche) und die dort angegebene Literatur.

Einkünfte aus Kapitalvermögen

(*income from capital investments*; siehe auch deutsche → Einkommensteuer) sind Erträge, die dem Steuerpflichtigen aus der Bereitstellung von zum Privatvermögen gehörenden Geldvermögen an Dritte zufließen. Die Erträge umfassen, soweit es sich bspw. um Dividenden von Kapitalgesellschaften handelt, nur die laufenden hälftigen Einnahmen gem. § 3 Nr. 40 EStG. Siehe auch → Einkommensteuer (deutsche) und die dort angegebene Literatur.

Einkünfte aus Land- und Forstwirtschaft

(*income from agriculture and forestry*; siehe auch deutsche → Einkommensteuer) umfassen die planmäßige Nutzung der natürlichen Kräfte des Bodens zur Erzeugung von Pflanzen und Tieren sowie die Verwertung der dadurch selbst gewonnenen Erzeugnisse. Bei der Tierhaltung und Tierzucht sind die landwirtschaftliche Fläche sowie der Tierbestand in Vieheinheiten umzurechnen, um somit eine Bemessungsgröße zur Abgrenzung des gewerblichen Tierhandels (→ *Einkünfte aus Gewerbebetrieb*) zu haben. Siehe auch → Einkommensteuer (deutsche) und die dort angegebene Literatur.

Einkünfte aus nichtselbständiger Tätigkeit

(*income from employment*; siehe auch → Einkommensteuer) umfassen nach § 19 Abs. 1 EStG alle laufenden oder einmaligen *Barbezüge* und *Sachbezüge*, die einem *Arbeitnehmer* aus einem gegenwärtigen oder früheren Dienstverhältnis zufließen. Die Einnahmen werden um → *Werbungskosten* bzw. Werbungskosten-Pauschbeträge gemindert und ergeben dann die Einkünfte aus nichtselbständiger Arbeit. Siehe auch → Einkommensteuer (deutsche) und die dort angegebene Literatur.

Einkünfte aus selbstständiger Tätigkeit

(*income from independent personal services*; siehe auch deutsche → Einkommensteuer) sind gesetzlich nicht definiert. Ein selbständig Tätiger handelt auf eigene Rechnung und Gefahr, ist nicht weisungsgebunden und bestimmt Arbeitseinsatz, Arbeitszeit und Arbeitsort selbst. Wie beim Gewerbebetrieb müssen auch bei der selbstständigen Arbeit die Kriterien Selbständigkeit, Nachhaltigkeit, Gewinnerzielungsabsicht und Beteiligung am allgemeinen wirtschaftlichen Verkehr erfüllt sein.
§ 18 EStG unterscheidet vier verschiedene Arten von Einkünften aus selbstständiger Arbeit: Einkünfte aus freiberuflicher Tätigkeit, Einkünfte der staatlichen Lotterieeinnehmer, soweit sie nicht Einkünfte aus Gewerbebetrieb sind, Einkünfte aus der sonstigen selbstständigen Arbeit und Einkünfte aus der Vermögensveräußerung von Vermögensgegenständen, die der Erzielung der Einkünfte aus selbständiger Arbeit gedient haben..

Einkünfte aus Vermietung und Verpachtung

(*rental income*; siehe auch deutsche → Einkommensteuer) erzielt der Steuerpflichtige aus der entgeltlichen Nutzungsüberlassung von unbeweglichem Vermögen, Sachinbegriffen und Rechten an Dritte, sofern sie zu keiner anderen Einkunftsart gehören (→ *Subsidiaritätsklausel*) Die zur Nutzung überlassenen Wirtschaftsgüter müssen dem Privatvermögen angehören.
Siehe auch → Einkommensteuer (deutsche) und die dort angegebene Literatur.

Einkünfte, negative

(Steuerrecht), siehe → negative Einkünfte (Steuerrecht).

Einkünfte, weiße

siehe → weiße Einkünfte.

Einkunftsart
siehe → Einkommensteuer.

Einlagenrückgewähr
ist die Ausschüttung von Gesellschaftsvermögen an die → Aktionäre. Sowohl offene als auch verdeckte Ausschüttungen sind nur im gesetzlichen Rahmen erlaubt. Verboten ist wegen des Kapitalerhaltungsgrundsatzes das Zurückgewähren von Einlagen an die Aktionäre, siehe § 57 AktG (deutsches Recht). Siehe auch → Aktiengesellschaft, österreichische und → Aktiengesellschaft, kleine.

Ein-Linienorganisation
siehe → Linienorganisation.

Einliniensystem
Im Einliniensystem erhält jede untergeordnete Stelle nur von einer übergeordneten Stelle Anweisungen. Im Einliniensystem hat jede Stelle – mit Ausnahme der obersten Unternehmensleitung – nur eine direkt vorgesetzte → Leitungsstelle, von der sie ihre Anweisungen erhält und der sie Rechenschaft schuldet. Das Einliniensystem beruht auf dem von Henry Fayol formulierten Prinzip der Einheit der Auftragserteilung. Die einzelnen Stellen sind über nur eine Linie, dem Dienstweg, miteinander verbunden; die Linie ist gleichzeitig Kommunikationsweg. Siehe auch → Aufbauorganisation (mit Literaturangaben)

Einmalemittent
siehe → Emittent.

Ein-Mann-Aktiengesellschaft
siehe → Aktiengesellschaft, Kleine.

Ein-Mann-GmbH
siehe → Ein-Personen-GmbH.

Einnahmenüberschussrechnung
(Steuerrecht). Steuerpflichtige, die nicht aufgrund gesetzlicher Vorschriften verpflichtet sind, Bücher zu führen und regelmäßig Abschlüsse zu machen, und die auch keine Bücher (freiwillig) führen und Abschlüsse machen, können nach § 4 Abs. 3 EStG als Gewinn den Überschuss der Betriebseinnahmen über die Betriebsausgaben ansetzen. Dann nennt man sie Einnahmenüberschussrechner oder § 4 III - Rechner.

Einpersonen-AG
ist eine → Aktiengesellschaft mit einem alleinigen → Aktionär. Es bestehen Besonderheiten bei der Kapitalaufbringung und der Publizität; siehe auch → Aktiengesellschaft, Kleine.

Ein-Personen-GmbH
→ Gesellschaft mit beschränkter Haftung (deutsches Recht). → Gesellschaft mit ausnahmsweise nur einem → Gesellschafter (juristische oder natürliche Person).

Einpersonen-GmbH-Richtlinie
(89/667/EWG) vom 21.12.1989 schreibt zwingend die Einführung einer Rechtsform vor, mit der ein Einzelkaufmann seine Haftung beschränken kann. Siehe → Gesellschaftsrecht, Europäisches.
   Quelle: ABl.EG L 395 vom 30.12.1989, S. 40; abrufbar bei Eur-Lex unter: http://eur-lex.europa.eu.

Einrede der Vorausklage
siehe → Bürgschaft.

einseitiges Handelsgeschäft

siehe → Handelsgeschäft, einseitiges.

Einstellung

(in der → *Werbung*) ist eine Prädisposition gegenüber Objekten, z.B. Personen, Institutionen und Produkten. Sie beinhaltet eine bestimmte Werthaltung (das Objekt ist z.B. sympathisch, nützlich, abstoßend, interessant), die das Verhalten konsistent positiv oder negativ ausrichtet. Diese Werthaltung und damit auch die Verhaltensausrichtung sind relativ stabil. In der Regel werden drei Einstellungskomponenten unterschieden: kognitive (Eigenschaften und Sachurteile über ein Objekt), evaluative (Bewertungen) und intentionale (Verhaltensantizipationen) Komponente.

Einstellung

(insbes. im → *Konsumtenverhalten*), wahrgenommene Eignung eines Gegenstandes i.w.S. zur Befriedigung einer → Motivation; → Motivation, die mit einer kognitiven Gegenstandsbeurteilung verknüpft ist; Einstellung = → Motivation + (kognitive) Gegenstandsbeurteilung.

Einstellungskomponenten

(in der → *Werbung*). In der Regel werden drei Einstellungskomponenten unterschieden: kognitive (Eigenschaften und Sachurteile über ein Objekt), evaluative (Bewertungen) und intentionale (Verhaltensantizipationen) Komponente. Siehe auch → Einstellung.

Einstellungs-Verhaltens-Hypothese

ist eine Hypothese, nach der die Einstellung das Verhalten bestimmt. Die Hypothese wird häufig präzisiert, indem weitere Faktoren, die zwischen Einstellung und Verhalten wirksam werden, berücksichtigt werden, z.B. situative oder persönliche Faktoren. Siehe auch → Konsumentenverhalten.

Einstufungsverfahren

(bei der *Leistungsbeurteilung*). Allen Einstufungsverfahren liegt das methodische Grundprinzip der Einstufung von Verhaltensbeobachtungen, Merkmals- und Leistungseinschätzungen in eine mehrstufige Skala zugrunde. Unterschieden werden: (1) *Eigenschaftsorientierte* Einstufungsverfahren: Dem Beurteiler werden globale Eigenschaftskonstrukte vorgegeben, anhand derer die Beurteilung erfolgt. (2) *Ergebnisorientierte* Einstufungsverfahren: Im Vordergrund dieser Verfahren steht der Output während das Arbeitsverhalten, das zum Arbeitsergebnis geführt hat, unberücksichtigt bleibt. (3) *Verhaltensorientierte* Einstufungsverfahren: Diese Verfahren knüpfen unmittelbar am beobachtbaren Verhalten an. Man unterscheidet Verhaltenserwartungsskalen und Verhaltensbeobachtungsskalen.
Siehe auch → Lohn- und Gehaltsmodelle (mit Literaturangaben).

Einwertige Entscheidung

→ Entscheidung, in welcher der → Aktor zur Beurteilung der → Varianten nur ein → Entscheidungskriterium verwendet. Von einer einwertigen Entscheidung wird auch gesprochen, wenn der Aktor zur Beurteilung zwar mehrere Entscheidungskriterien verwendet, diese jedoch in einem arithmetischen Verhältnis zueinander stehen.

Einzel-Assessment

siehe → Assessment. Siehe auch → Assessment Center sowie → Personalauswahl, Instrumente und die dort angegebene Literatur.

Einzelbewertung

(im → *Jahresabschluss*). Gem. § 252 Abs. 1 Nr. 3 HGB (deutsches Recht) hat der Unternehmer die Vermögensgegenstände und Schulden zum Abschlussstichtag einzeln zu bewerten. Das verhindert, dass sich Wertminderungen und Wertsteigerungen bei den Vermögensgegenständen kompensieren und somit notwendige Abschreibungen entfallen.

Es gibt zwei Ausnahmen vom Prinzip der Einzelbewertung: (1) die Gruppen- und Sammelbewertung und (2) die Bewertung mit Festwerten oder eisernen Beständen.

Einzeldeckung des Bundes

(Hermes-Einzeldeckung, Deutschland), Form der sog. Hermes-Deckungen zur Sicherung deutscher Exportgeschäfte; siehe auch → Exportkreditgarantien des Bundes. Einzeldeckungen des Bundes (Hermes-Einzeldeckung) decken für deutsche Exporteure bestimmte Risiken von kurzfristigen Exportforderungen aus Ausfuhrverträgen mit ausländischen Bestellern. Siehe auch → Revolvierende Einzeldeckung; → Ausfuhr-Pauschal-Gewährleistung (APG) sowie → Ausfuhr-Pauschal-Gewährleistung-light (APG-light).

Einzelfertigung

Dieser → *Fertigungstyp* zeichnet sich durch die technische Individualität eines jeden hergestellten Produktes aus. Grundlage der Produktion ist eine spezielle Konstruktion des Produktes, so dass die Einzelfertigung in der Regel nur bei Vorliegen eines konkreten Kundenauftrags erfolgt. Von der einmaligen Einzelfertigung wird - bei Fertigung von kleinen Stückzahlen - die wiederholte Einzelfertigung unterschieden. Einzelfertigung liegt typischerweise bei der Erstellung komplexer Objekte (z. B. Großmaschinen, Schiffe), Maß und Sonderanfertigungen vor. Typische Organisationstypen der Fertigung (→ *Fertigung, Organisationstypen der*) sind die → *Werkbankfertigung* und die → *Werkstattfertigung* sowie die → *Baustellenfertigung*. Zur Planungsunterstützung werden häufig Methoden der Projektplanung eingesetzt.
Siehe auch → Produktion, Formen.

Einzelhandel

siehe → Handel, dessen Nachfrager private Haushalte sind.

Einzelhandelsbetrieb

(auch Einzelhandelsunternehmung, Einzelhandlung) ist ein Handelsunternehmung, das Waren an private Haushalte absetzt.

Einzelhandelsgenossenschaften

sind → Genossenschaften selbständiger Einzelhändler, welche vornehmlich den kostengünstigen Einkauf von Handelswaren ermöglichen sollen. Von Bedeutung sind Handelsgenossenschaften für Nahrungs- und Genussmittel (EDEKA, REWE) sowie Drogerieartikel, Hausrat und Eisenwaren, Bürobedarf, Sportartikel, Schuhwaren oder Textilien. Mitglieder einer Handelsgenossenschaft werden oftmals auch im Absatz unterstützt, etwa durch Gemeinschaftswerbung.
Siehe auch → Erwerbs- und Wirtschaftsgenossenschaft, österreichische.

Einzelhandelsunternehmung

siehe → Einzelhandelsbetrieb.

Einzelhandlung

siehe → Einzelhandelsbetrieb.

Einzelkaufmann

(deutsches Recht). Der Einzelkaufmann führt sein Handelsgewerbe alleine. Für alle Verpflichtungen und Berechtigungen aus den abgeschlossenen Geschäften haftet der Einzelkaufmann selbst mit seinem Privatvermögen. Der Einzelkaufmann kann seinen Namen im Handelsregister eintragen lassen (→ eingetragener Kaufmann, e.K.). Mag der Einzelkaufmann typischerweise ein Kleinunternehmer sein, betreibt aber der Einzelkaufmann Anton Schlecker mit europaweit derzeit ca. 13.000 Drogerie-Märkten ein Großunternehmen.

Einzelkonsequenz

siehe → Konsequenz; siehe auch → Entscheidung, betriebswirtschaftliche.

Einzelkosten

sind Kosten, die den betrieblichen Kostenträgern (Produkte, Dienstleistungen) eindeutig und unmittelbar dem Anfall und der Höhe nach zugerechnet werden können (z.B. Roh- und Hilfsstoffe, Personaleinzelkosten). Einen Spezialfall stellen die → Sondereinzelkosten dar. Siehe auch → Kostenstellenrechnung.

Einzelmarke

siehe → Einzelmarkenstrategie und → Markenführung.

Einzelmarkenstrategie

Die Einzelmarkenstrategie (auch Produkt- oder Monomarken-Strategie) richtet sich nach dem Prinzip „Eine Marke = Ein Produkt = Ein Produktversprechen" (Esch, 2005, S. 276). Der Anbieter kann hierbei sogar völlig verborgen bleiben, sodass er dem Konsumenten oftmals nicht bekannt ist (vgl. Unger, 1986, S. 9).
Einzelheiten und weitere Markenstrategien sowie Literaturangaben siehe → Markenführung.

Einzelunternehmer / Einzelunternehmen

(*österreichisches Recht*). Ein *Einzelunternehmen* ist ein Unternehmen, das von einer einzelnen Person betrieben wird und damit im Gegensatz zur → *Gesellschaft (societas)* steht. Als *Einzelunternehmer* kommen natürliche (Selbständige) und juristische Personen (ideeller → Verein und → Privatstiftung im Rahmen ihres Nebenerwerbs, → Sparkasse, juristische Personen des öffentlichen Rechts) in Betracht. Einzelunternehmen müssen nach § 19 öUGB in ihrer → *Firma* zwingend den Zusatz „eingetragener Unternehmer" bzw. „e.U." führen.

Einzelverbriefung

von AG-Anteilen. Grundsätzlich hat der → Aktionär Anspruch auf Verbriefung seiner Anteile in einer Aktienurkunde. Dieses Recht kann durch → Satzung beschränkt oder ausgeschlossen werden.

Einzelvertretungsberechtigung

siehe → Gesellschaft mit beschränkter Haftung (deutsches Recht).

Einzelzwangsvollstreckungsverfahren

(*deutsches Recht*). Anders als im → Insolvenzverfahren werden im Einzelzwangsvollstreckungsverfahren nur einzelne Ansprüche einzelner Gläubiger eines Schuldners durchgesetzt. Die Begriffe Einzelzwangsvollstreckungsverfahren und Einzelzwangsvollstreckung werden häufig synonym mit dem Wort → Zwangsvollstreckung benutzt. Das → Insolvenzverfahren wird demgegenüber häufig als Gesamtvollstreckung oder Gesamtvollstreckungsverfahren bezeichnet. Siehe auch → Insolvenzrecht und → Zwangvollstreckung (deutsches Recht).

EIS

Abk. für Executive Information System; siehe auch → Plandatenbasis und → Unternehmensplanung.

Eisenbahnfrachtbrief, internationaler

(CIM-Frachtbrief). Der Internationale Eisenbahnfrachtbrief dokumentiert den Frachtvertrag und wird von den Eisenbahnverwaltungen auf Grundlage der übernationalen Vereinbarung "Convention Internationale concernant le transport des Marchandises par chemin de fer" (CIM) ausgestellt, der die meisten europäischen sowie zum Teil außereuropäische Staaten beigetreten sind. Als Versandnachweis erhält der Absender von der Deutschen Bahn AG eine vom Aufgabebahnhof mit einem Abfertigungsvermerk gekennzeichnete und abgestempelte bzw. mit Computereindruck versehene Ausfertigung des CIM-

Frachtbriefs, das sog. Duplikat. Deswegen wird in der betrieblichen Praxis statt von Eisenbahnfracht-brief häufig von Duplikatfrachtbrief bzw. Frachtbriefdoppel gesprochen.

EITF
Abk. für → Emerging Issues Task Force.

e.K.
Abk. für → eingetragener Kaufmann.

Elastizität
Quotient einer beliebig kleinen *relativen* Änderung des Funktionswertes einer → Funktion f und einer beliebig kleinen *relativen* Änderung der ihrer unabhängigen → Variablen x in einem Punkt x_0:

$$\varepsilon(x_0) = f'(x_0) \cdot \frac{x_0}{f(x_0)}$$

Im Gegensatz zur → Ableitung zeigt die Elastizität einer → Funktion f in einem Punkt x_0 an, wie stark sich f relativ bei einer kleinen relativen Änderung in x_0 ändert. Für Funktionen mehrerer unabhängiger Variablen können partielle Elastizitäten nach einzelnen Variablen gebildet werden.
Siehe auch → Wirtschaftsmathematik (mit Literaturangaben).

Electronic Administration
siehe → E-Administration und → Electronic Government (mit Literaturangaben).

Electronic Banking
siehe → Online Banking.

Electronic Business
siehe → E-Business; siehe auch → E-Commerce (mit Literaturangaben).

Electronic Collaboration
siehe → E-Collaboration.

Electronic Commerce
siehe → E-Commerce (mit Literaturangaben).

Electronic Council
siehe → E-Council (E-Politics) und → Electronic Government (mit Literaturangaben).

Electronic Data Interchange (EDI)
Electronic Data Interchange dient als Oberbegriff für jegliche Form eines elektronischen Austauschs → strukturierter Geschäftsdaten zwischen Unternehmungen. Ein solcher Austausch erfolgt (1) asyn-chron, d.h. ohne direkte Rückmeldung, (2) über offene oder private Kommunikationsnetzwerke (Inter-net, → EDI-VAN), (3) unmittelbar zwischen → Anwendungssystemen ohne manuelle Eingriffe und daher (4) unter Verwendung standardisierter → Nachrichtenformate wie z.B. → UN/EDIFACT. Als wesentliche Vorteile sind die Reduktion administrativen Aufwandes durch Automatisierung kostenin-tensiver Arbeitsprozesse, Rationalisierung, erhöhte Datenqualität durch Vermeidung von → Medien-brüchen sowie allgemein eine Verbesserung des Informationsflusses (siehe auch → Informationsmanage-ment) zu nennen. Weiterhin ergibt sich eine Beschleunigung der Beschaffungsprozesse, die zur Reduk-tion von Lagerbeständen und damit Lagerhaltungskosten (Materialmanagement) im Sinne eines effi-zienteren → Supply Chain Managements genutzt werden kann.
Literatur: Emmelhainz, M.A.: EDI: A Total Management Guide, New York, 1990.
Internetadressen: http://www.unece.org/cefact/, http://www.unece.org/trade/untdid/

Electronic Democracy

siehe → E-Democracy und → Electronic Government (mit Literaturangaben).

Electronic Education

siehe → E-Education und → Electronic Government (mit Literaturangaben).

Electronic Government (E-Government)

Electronic Government (E-Government)

von Univ.-Professor Dr. Helmut Krcmar und Petra Wolf, M.A.

Technische Universität München, Lehrstuhl für Wirtschaftsinformatik (I17)

Electronic Government (E-Government) bezeichnet „die Durchführung von Prozessen der öffentlichen Willensbildung, der Entscheidung und der Leistungserstellung in Politik, Staat und Verwaltung unter sehr intensiver Nutzung der Informationstechnik" (GI/VDI 2000, S. 3).

In dieser Definition werden zwei zentrale Aspekte des E-Government hervorgehoben: Zum einen der Bezug zur informationstechnischen (IT) Unterstützung von Verwaltungs*prozessen* sowie zum anderen die Berücksichtigung von drei zentralen Akteursperspektiven:

- Dies ist zum einen die Gesellschaft, die im Sinne von *Government to Citizen (G2C), Politics to Citizen und Government to Business (G2B)* mit Begriffen wie *E-Services* sowie *E-Participation und E-Democracy* aufgegriffen werden kann.
- Zudem sind es Prozesses innerhalb und zwischen Verwaltungseinheiten (*Government to Government, G2G*), was unter dem Begriff *E-Administration* gefasst wird.
- Schließlich bleibt noch die Betrachtung des Zusammenhangs der politischen Ebene selbst und der politischen Gremien (*Government to Politics, G2P*) unter dem Stichwort *E-Politics oder E-Council*.

Diese Akteursperspektiven werden in Abbildung 1 grafisch dargestellt.

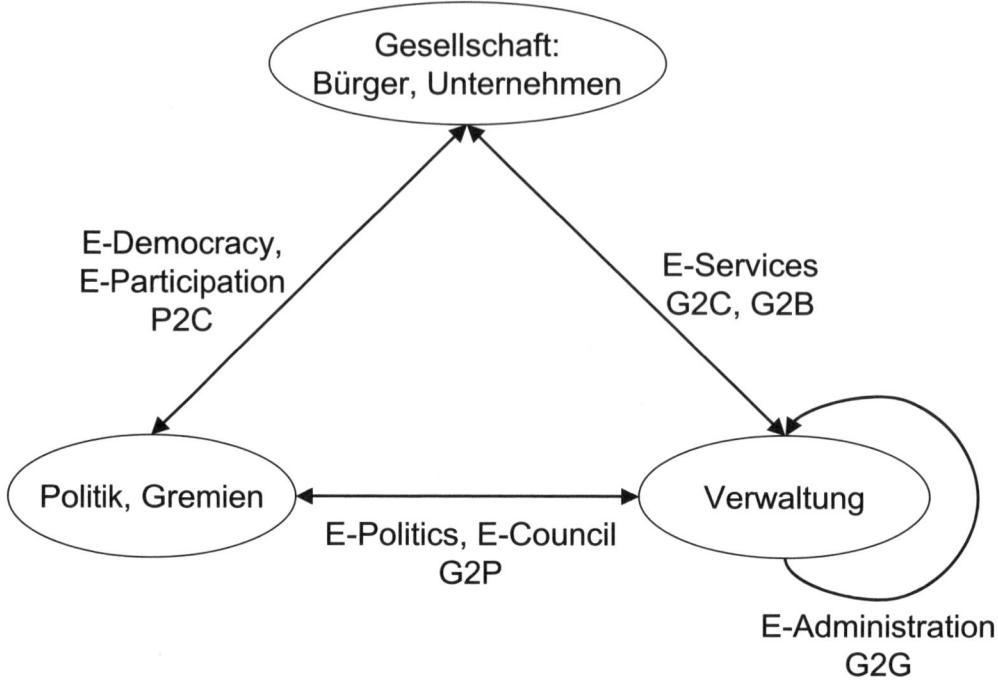

Abb. 1: Akteursperspektiven im E-Government

Die Gestaltung der elektronischen Unterstützung dieser vielfältigen Interaktionsbeziehungen erfordert eine differenzierte Betrachtung der Dimensionen und Ebenen von E-Government.

Ein Ansatz der Systematisierung geht auf Lenk zurück. Er versucht, die Gesamtebenen von IT-Infrastrukturen bis zur Policy-Ebene ebenso aufzuarbeiten wie die alle Ebenen-begleitenden Fragen von Strategien bis zu Wissensmanagement und Qualifizierung.

Auf der Ebene von E-Policy ist festzuhalten, dass an das E-Government die Ansprüche einer höheren Transparenz des Verwaltungshandelns und die Unterstützung der politischen Arbeit durch Informations- und Kommunikationstechnik gestellt werden. Dies zielt vor allem auf die Verbesserung der Integration aber auch Partizipation der Bürger an den politischen Gestaltungs- und Willensbildungsprozessen ab.

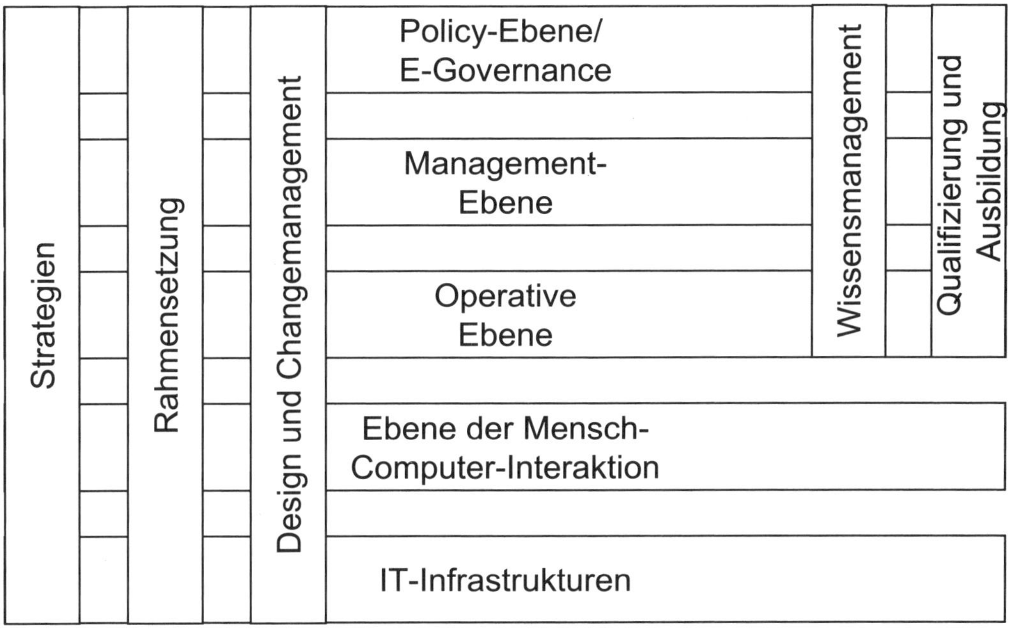

Abb. 2: Dimensionen und Ebenen von E-Government

Auf der Management-Ebene geht es um die Unterstützung des Verwaltungsmanagements durch aktuelle Führungsinformationen und damit die Integration von E-Government und Verwaltungsmodernisierung. Im Vordergrund steht hier aber vor allem die Frage der Reorganisation der innerhalb der Verwaltung liegenden Prozesse. Aufgaben des Managements sind die Unterstützung von E-Government-Aktivitäten einzelner Behörden und Verwaltungsstellen von ganz „Oben", die Herstellung einer durchgängigen Vision und Strategie und die Vorgabe von an die Entwicklungsstufe angepassten Bewertungs- und Zielkriterien. Im Vordergrund wird insgesamt stehen, ein der Problemlage angemessenes Veränderungsmanagement.

Die operative Ebene von E-Government befasst sich mit dem einfachen Zugang zu Informationen auf der Basis verbesserter Kooperationsmöglichkeiten ebenso wie mit der Verwirklichung von Kosteneinsparungen und eine schnellere Abwicklung von Vorgängen. Die Aufgaben der operativen Ebene ihrerseits sind die Analyse und Anpassung von Vorgängen bzw. Prozessen, die Überwachung von Kostenentwicklung sowie die konkrete Implementierung des Paradigmenwechsels von der Funktional- zur Prozessorganisation.

Die Aufgaben auf der Ebene der Mensch-Computer-Interaktion konzentrieren sich auf das Management der Zugänglichkeiten von Diensten und Informationen im Sinne von Barrierefreiheit. In diesem Zusammenhang erfordert die *Digitale Spaltung* der Gesellschaft eine Bereitstellung über verschiedene Zugangskanäle, um alle Bevölkerungsgruppen gleichermaßen zu erreichen.

Auf der Ebene der IT-Infrastrukturen ist die Frage der zur Verfügung stehenden und zu nutzenden Standards zu klären und die Frage inwieweit eine Restrukturierung der Bereitstellung von IT-Leistungen im Sinne interorganisationaler Leistungsverbünde sinnvoll und umsetzbar ist.

Darüber hinaus ist das Gesamtmodell des E-Government begleitet von dem Erfordernis der entsprechenden Rahmensetzung. Dies gilt vor allem für solche Fragen, in denen Überlegungen der Policy-Ebene, z.B. Zuständigkeiten im föderalen Staat, auf das Design von IT-Infrastrukturen durchschlagen. Strategie, Design und Changemanagement wirken zusammen auf alle Ebenen des E-Government ein. Angesichts der großen Zahl von Mitarbeitern im öffentlichen Dienst sind Fragen der Qualifizierung und Ausbildung ebenso wie Fragen des Wissensmanagement und Management des Wandels von ganz entscheidender Bedeutung.

Hinweis

Zu den angrenzenden Wissensgebieten siehe → Business Intelligence, → Business Networking, → Change Management, → Controlling, → Controlling-Informationssysteme, → Data Warehouse, → Datenbanksysteme, → ERP-Systeme (Enterprise Resource Planning-Systeme), → Management-Informationssysteme (MIS), → Prozessmanagement, → Wirtschaftsinformatik, Grundlagen, → Wissensmanagement, → Workflow-Management.

Literatur: GI; VDI (Eds.). (2000). *Electronic Government als Schlüssel zur Modernisierung von Staat und Verwaltung*. Bonn/ Frankfurt: GI/ VDI. Gisler, M.; Spahni, D. (Eds.). (2001). *eGovernment. Eine Standortbestimmung*. Bern, Stuttgart, Wien. Krcmar, H.; Lenk, K. (2004). Nachhaltige Modernisierung des öffentlichen Sektors. In Hochschulkolleg E-Government Alcatel SEL Stiftung (Ed.), *Führung, Organisation und Kultur im Electronic Government* (pp. 3-12). Stuttgart. Lenk, K.; Traunmüller, R. (Eds.). (1999). *Öffentliche Verwaltung und Informationstechnik*. Heidelberg: Springer. Mehlich, H. (2002). *Electronic Government*. Wiesbaden: Gabler. Schedler, K.; Schmidt, B.; Summermatter, L. (Eds.). (2003). *Electronic Government einführen und entwickeln*. Bern, Stuttgart, Berlin: Haupt. Scheer, A.-W.; Kruppke, H.; Heib, R. (2003). *E-Government*. Berlin: Springer. Wolf, P.; Krcmar, H. (2005). Prozessorientierte Evaluation von E-Government. In Klischewski, R.; Wimmer, M. (Eds.), *Wissensbasiertes Prozessmanagement im E-Government* (pp. 253-265). Münster: LIT.

Internetadresse: Bundesamt für Sicherheit in der Informationstechnik (2004). E-Government-Handbuch in: http://www.bsi.de/fachthem/egov/3.htm

Website der Autoren: www.winfobase.de

Electronic Logistics
abgek. → eLogistik.

Electronic Mail
siehe → E-Mail.

Electronic Marketing
(→ *E-Marketing*), andere Bezeichnung für Digitales Marketing. Siehe → Digitales Marketing (mit Literaturangaben).

Electronic Participation
siehe → E-Participation und → Electronic Government (mit Literaturangaben).

Electronic Politics
siehe → E-Council (E-Politics) und → Electronic Government (mit Literaturangaben).

Electronic Procurement (E-Procurement)

Electronic Procurement (E-Procurement)

von Dipl.-Kaufmann Stefan Lessmann und Univ.-Professor Dr. Stefan Voß
Institut für Wirtschaftsinformatik – Universität Hamburg

1. Charakterisierung
Unter Electronic Procurement (E-Procurement, Electronic Purchasing, E-Purchasing, Online Purchasing) wird die Nutzung elektronischer Medien, insbesondere internetbasierter Informations- und Kom-

munikationstechnologie, zur Unterstützung der Beschaffung (→ Beschaffungslogistik, → Beschaffungsmanagement) verstanden. Es bildet damit einen Teil des → Supply Chain Managements ab, welches insofern über Electronic Procurement hinausgeht, als dass dort die Betrachtung von Geschäftsprozessen über mehrere Wertschöpfungsstufen im Mittelpunkt steht. Die konkrete Ausgestaltung von Electronic Procurement hängt wesentlich von der Art der zu beschaffenden Güter ab. So sind bei der Beschaffung direkter Güter (→ E-Sourcing) häufig strategische Gesichtspunkte zu berücksichtigen, die beim Einkauf von geringwertigen C-Teilen (Materialmanagement) vernachlässigt werden können.

Electronic Procurement ist eng mit dem → B2B Electronic Commerce (→ E-Commerce) verbunden. Grundsätzlich werden dort die gleichen Geschäftstransaktionen betrachtet, allerdings primär aus Sicht der veräußernden Organisation.

2. Zielsetzung

Das Leitziel von Electronic Procurement besteht in der Reduktion der mit Beschaffungsprozessen assoziierten Transaktionskosten. Einsparpotentiale ergeben sich insbesondere durch die Automation administrativer Tätigkeiten im Einkauf (Ausfüllen eines Bestellformulars, Auswahl eines geeigneten Lieferanten, etc.) durch entsprechende Anwendungssysteme (*Klassifikation von Electronic Procurement Systemen*).

Der Organisation des Beschaffungsprozesses ist in vielen Unternehmen auf Produktionsgüter (direkte Güter) ausgelegt und differenziert nicht nach Art und Wertigkeit der beschafften Waren. Konkludent wird ein Großteil des Aufwandes für die Beschaffung durch → MRO (Maintenance, Repair, Operations) Güter verursacht, deren Warenwert nur einem geringen Anteil aller beschafften Waren entspricht. Dieses Missverhältnis begründet eine bedeutende Motivation für indirektes Electronic Procurement. Kosteneinsparungen lassen sich ferner durch eine Konsolidierung der internen Beschaffungsaktivitäten und ggf. durch Bündelung der Bestellungen mehrerer Unternehmen (→ Pooling) erzielen.

3. Funktionale Anforderungen

Entsprechend der Unterscheidung in direktes und indirektes Electronic Procurement und der korrespondierenden Wertigkeit der beschafften Waren sind unterschiedliche Anforderungen an elektronische Beschaffungslösungen zu stellen, wobei die Integrationsfähigkeit (→ Anwendungsintegration) mit anderen Geschäftsanwendungen, insbesondere → Enterprise Ressource Planning Systemen (ERP Systemen), grundsätzlich erforderlich ist.

Als typische Funktionen können die (1) Lieferantenauswahl (→ Passives Sourcing, → Multilieferantenkataloge, → Online-Ausschreibungen), (2) dynamische Preisbildungsmechanismen wie die Durchführung von → Online-Auktionen oder die Teilnahme an → Online-Börsen, (3) Einkaufsdienstleistungen (insbesondere → Pooling), (4) → Katalogmanagement, (5) Übermittlungsdienste, (6) Reporting sowie (7) Bestell- und → Bezahlprozessunterstützung identifiziert werden. Mächtigere Lösungen können darüber hinaus Funktionen für eine weitergehende Integration mit Systemen der Geschäftspartner im Sinne des → Supply Chain Managements anbieten (siehe auch → Business Process Integration).

4. Electronic Procurement Systeme

Den Ausgangspunkt zur automatisierten Abwicklung von Geschäftsprozessen bilden so genannte → Enterprise Ressource Planning (ERP) Systeme, die seit den 60er und 70er Jahren immer stärkere Verbreitung in der betrieblichen Praxis gefunden haben und erstmalig Teile des → Beschaffungsmanagements elektronisch abbildeten. Mit der Anwendung von → Just-in-Time Versorgungskonzepten in der Produktion stieg der Bedarf an Anwendungssystemen, die über eine rein interne Geschäftsprozessautomation hinausgehen und einen elektronischen Austausch strukturierter Geschäftsdaten mit ausgewählten Lieferanten ermöglichen. In Folge dessen wurden → Electronic Data Interchange Lösungen implementiert, die, zumeist als Punkt-zu-Punkt Architektur über → EDI-VANs realisiert, als Vorläufer heutiger Electronic Procurement Systeme angesehen werden können. Moderne Electronic Procurement Lösungen arbeiten in der Regel internetbasiert, um die hohen Kosten für den Aufbau und Betrieb solcher Netze zu vermeiden.

Eine Kategorisierung heutiger Electronic Procurement Systeme erfolgt zumeist anhand des Automationspotentials und der strategischen Bedeutung der Beschaffungsobjekte, wie es in der Abbildung 1 *Klassifizierung von elektronischen Beschaffungslösungen* dargestellt ist. Weiterhin möglich sind Untergliederungen nach Katalogverantwortlichkeit (→ elektronischer Produktkatalog) in → lieferanten-zentrierte, → einkaufszentrierte und → vermittlerzentrierte Lösungen (Systeme) sowie nach Grad der Technologieunterstützung und Integration in Sharing (einfachste Grundfunktionen des Internets wie Suchmaschinen werden genutzt), Application (Verwendung → elektronischer Kataloge bzw. Teilnah-me an → elektronischen Marktplätzen) und Collaboration (weit reichende Integration mit den Syste-men des Geschäftspartner, z.B. Funktionen zur Ermittlung von Markttrends und der gemeinsamen Ver-sorgungsplanung; siehe auch → Business Process Integration).

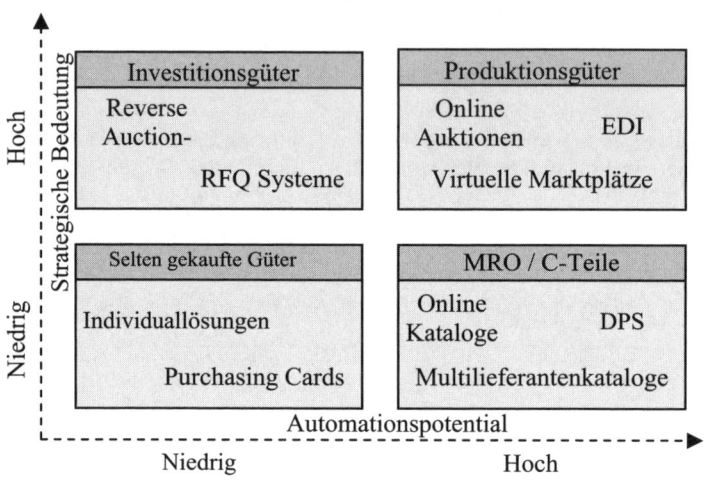

Quelle: Nekolar, A.P.: e-Procurement, Berlin 2003.
Abb. 1: Klassifizierung von elektronischen Beschaffungslösungen

5. Problemfelder und Bewertung
Die positiven Wirkungen einer elektronischen Beschaffung auf Transaktionskosten, Prozessgeschwin-digkeit und Lagerbestände (→ Beschaffungsmanagement) sind generell unbestritten, werden aber zum Teil durch technische, organisatorische und marktbedingte Ineffizienzen kompensiert. So besteht ein wesentliches Problem in der internen → Integration von Electronic Procurement Systemen und → En-terprise Ressource Planning (ERP) Systemen (→ Anwendungsintegration) sowie der unternehmens-übergreifenden Anbindung von Lieferanten (→ Business Process Integration). Weiterhin existieren zahlreiche konkurrierende Standards für das → Katalogmanagement und die Klassifizierung von Pro-dukten zur Verwendung in → Multilieferantenkatalogen, wie z.B. BMECat (insbesondere in Deutsch-land verbreitet), ebXML bzw. US/SPSC und eCl@ss sowie herstellerspezifische Formate wie xCBL (CommerceOne) und cXML (Ariba). Ein Wechsel des verwendeten Standards bzw. die Unterstützung verschiedener Standards ist mit hohen Kosten verbunden, wodurch Einsparpotentiale reduziert werden. Erst die nächste Generation von Electronic Procurement Systemen wird den Aufbau flexibel konfigu-rierbarer, dynamischer Logistiknetzwerke ermöglichen und der Forderung nach erhöhter Produktdiffe-renzierung und Variantenvielfalt Rechnung tragen. Große Hoffungen werden hier in die Integrations-technologie (→ Anwendungsintegration) → XML-Webservices gesetzt, die als allgemeiner Standard das Potential bietet, bestehende Inkompatibilitäten zwischen Hard- oder Softwaresystemen und Über-tragungsprotokollen zu überbrücken.

Hinweis
Zu den angrenzenden Wissensgebieten siehe → Beschaffungslogistik, → Beschaffungsmanagement, → Category Management, → Customer Relationship Management, → E-Commerce, → Efficient Consumer Response, → Einkaufscontrolling, → ERP-Systeme (Enterprise Resource Planning-Systeme), → Industriemanagement, → Logistik, → Materiallogistik, → Materialwirtschaft, → Outsourcing, → Produktionsmanagement, → Prozessmanagement, → Qualitätscontrolling, → Qualitätsmanagement, → Supply Chain Management.

Literatur: Bartezzaghi, E., Ronchi, S.: A portfolio approach in the e-purchasing of materials, Journal of Purchasing and Supply Management, 10(3), S. 117-126; Fink, A., Schneidereit, G., Voß, S.: Grundlagen der Wirtschaftsinformatik, 2. Aufl., Heidelberg, 2005; Hildebrand, K. (Hrsg.): Supplier Relationship Management, Heidelberg 2002; Hokey, M., William, P.G.: Electronic commerce usage in business-to-business purchasing, International Journal of Operations & Production Management, 19(2), S. 909-921; Neef, D.: E-procurement: From Strategy to Implementation, New York, 2001; Nekolar, A.P.: e-Procurement, Berlin u.a., 2003; Puschmann, T., Alt, R.: Successful use of e-Procurement in supply chains, Supply Chain Management 10(2), S. 122-133; Schubert, P., Wölfle, R., Dettling, W.: Procurement im E-Business, München 2002; Tanner, C., Wölfle, R.: E-Procurement, Fachhochschule beider Basel, Arbeitsbericht E-Business Nr. 8, 2002; Winterling, M.: E-Procurement : zum Einsatz der Internet-Technologie im Beschaffungsmarketing, Köln 2004;

Internetadressen: (Foren, Informationsportale) http://www.purchasing.com/, http://www.bitpipe.com/tlist/eProcurement.html, http://www.glscs.com/, (Verbände) www.napm.org, http://www.oasis-open.org/,; (Katalogstandards) www.ebxml.org, http://www.eclass.de/, http://www.bmecat.org, http://www.xcbl.org/, http://www.cxml.org/; (B2B Markplätze) http://www.covisint.com/, https://www.aeroxchange.com, http://www.newtron.net/mp/nmarkets/, http://www.cc-chemplorer.com; (Hersteller) http://www.sap.com/solutions/business-suite/srm/index.epx, http://www.commerceone.com/solutions/, http://www.ariba.com/solutions/solutions_overview.cfm

Website der Autoren: www.uni-hamburg.de/IWI/

Electronic Publishing
siehe → E-Publishing.

Electronic Purchasing
abgek. E-Purchasing; siehe → Electronic Procurement.

Electronic Retailing
(im → *E-Commerce*) stellt eine Subkategorie des E-Commerce dar, worunter der Vertrieb von Waren und Dienstleistungen über Kommunikationsnetze an Endkunden bezeichnet wird.

Electronic Retailing
(im → *Handel*), Transaktionen zwischen Einzelhändler und Endkunden werden über elektronische Medien (insbesondere das Internet) abgewickelt. Ausprägung des → Distanzprinzips im Handel.

Electronic Shop
siehe → E-Shop, siehe auch → E-Shopping.

Electronic Shopping
siehe → E-Shopping.

Electronic Supply Chain Management (E-SCM)
wurde entwickelt durch die Zusammenführung von → Supply Chain Management (SCM) mit E-Business-Konzepten. Elemente des E-SCM sind beispielsweise das → E-Procurement oder das → E-Fulfillment.

Electronic-Fulfillment
siehe → E-Fulfillment.

Elektronische Produktkataloge
beschreiben das Sortiment eines Lieferanten (Produktinformationen, Preise, etc.) in einem standardisierten Format. Diese Kataloge werden im Rahmen des → Katalogmanagements überprüft und nach ihrer Freigabe in ein → *Electronic Procurement System* eingestellt. Anschließend können die im Katalog spezifizierten Artikel zu den vorgegebenen Konditionen elektronisch bestellt werden.

Elektronischer Datenaustausch
siehe → Electronic Data Interchange.

Elektronischer Geschäftsdatenaustausch
siehe → Electronic Data Interchange.

Elektronischer Markt
kennzeichnet die elektronische Abbildung von Informations- und Kommunikationsbeziehungen auf Märkten. Damit ist ein elektronischer Markt ein → Informations- und Kommunikationssystem zur Unterstützung einzelner oder aller Phasen und Funktionen der marktmäßig organisierten Leistungskoordination. Im Gegensatz zu den → Buy-Side oder → Sell-Side → *Electronic Procurement Systemen* wird ein elektronischer Marktplatz durch einen Dienstleister (→ Procurement Service Provider) betrieben, dessen Plattform von mehreren kaufenden und verkaufenden Organisationen genutzt wird.
Es können allgemein frei zugängliche offene und geschlossene Marktplätze, die auf ausgewählte Unternehmen beschränkt sind und eine vorherige Freischaltung durch den Marktplatzbetreiber (→ Procurement Service Provider) erfordern, unterschieden werden. Weiterhin lassen sich → horizontale elektronische Marktplätze und → vertikale elektronische Markplätze unterscheiden.
Siehe auch → Electronic Procurement (mit Literaturangaben).
Literatur: Vulkan, N.: Elektronische Märkte: Strategien, Funktionsweisen und Erfolgsprinzipien, Bonn 2005.

Elektronischer Marktplatz
siehe → Marktplatz, Elektronischer, siehe auch E-Commerce (mit Literaturangaben).

Elektronischer Zahlungsverkehr
siehe → Zahlungsverkehr, Elektronischer.

Elektronisches Marketing
andere Bezeichnung für Digitales Marketing. Siehe → Digitales Marketing (mit Literaturangaben).

Elektronisches Papier
Bei elektronischem Papier werden zwischen zwei Plastikschichten Farbkügelchen eingeschweißt, die mit schwarzen und weißen Farbpartikeln gefüllt sind. Je nachdem, welche Spannung die in den Plastikfolien eingeschweißten elektrischen Leiterbahnen erzeugen, erzeugen die Kügelchen auf der Plastikschicht einen schwarzen oder einen weißen Farbpunkt. Auf diese Weise lassen sich elektronische Zeitungen herstellen, die dann regelmäßig per Mobilfunk aktualisiert werden können. Siehe auch → Medienökonomie.

Element
kleinste Einheit eines Systems oder Untersystems, die nicht mehr unterteilt werden soll (abhängig vom Ziel der jeweiligen Fragestellung). Die grundlegenden organisatorischen Elemente sind Aufgaben, Menschen (Arbeitsperson), Informationen, Sachmittel. Siehe auch → Aufbauorganisation.

Elementare Arbeit
ist die Bezeichnung für die ausführenden (körperlichen oder geistigen) Tätigkeiten der → menschlichen Arbeit im Rahmen der → Produktionsfaktoren. Siehe auch → dispositive Arbeit und → Produktions- und Kostentheorie.

eLogistik
Oberbegriff für die strategische Planung und Entwicklung von Logistiksystemen und -prozessen, damit die *elektronische* Abwicklung von Geschäftsprozessen sichergestellt ist.

E-Mail
(*Electronic Mail*), Softwaresystem zum Nachrichtenaustausch über Kommunikationsnetze wie z.B. → LAN oder öffentliche und private Datennetze. E-Mail Systeme erlauben es zumeist, Texte oder → Binärdateien an einzelne Teilnehmer oder Gruppen von Teilnehmern zu versenden. Dabei ist es für die Verständigung untereinander entscheidend, dass die Systeme die gleichen Protokolle (→ TCP/IP) benutzen. Im → Internet besitzt jeder Teilnehmer eine eindeutig identifizierbare E-Mail-Adresse. Gegenüber traditioneller Post zeichnet sich E-Mail durch eine hohe Geschwindigkeit aus, da eine Nachricht ihren Empfänger in der Regel innerhalb weniger Sekunden bis Minuten erreicht. Für sensible Inhalte besteht die Möglichkeit einer → Verschlüsselung. An eine E-Mail können heutzutage nahezu alle Arten von Dateien angehängt und so mit der Nachricht versandt werden.

E-Marketing (eMarketing)
(*Electronic Marketing*), Sammelbegriff für alle Marketingbereiche, in denen elektronische Komponenten und Systeme der Informations- und Kommunikationstechnologie zur Anwendung gelangen. Die Marketingaktivitäten können sowohl auf Online- als auch auf Offline-Systemen basieren.
Siehe → Digitales Marketing, → E-Commerce und → Internet-Kommunikationspolitik jeweils mit Literaturangaben.

EMAS
Abk. für *Environmental Management and Audit Scheme* (siehe → Umweltmanagement). Es ist die internationale Kurzbezeichnung für die „Verordnung (EWG) Nr. 1836/93 des Rates vom 29. Juni 1993 über die freiwillige Beteiligung gewerblicher Unternehmen (EMAS I) bzw. Organisationen (EMAS II) an einem Gemeinschaftssystem für das Umweltmanagement und die Umweltbetriebsprüfung" (kurz: EG-Öko-Audit-VO). Die erste Verordnung von 1993 (EMAS I) wurde nach mehrjähriger Überarbeitung novelliert und trat 2001 in Kraft (EMAS II).
Siehe auch → Ökologoie-Marketing und → Umweltmanagement, jeweils mit Literaturangaben.

EMAS-VO
Abk. für Eco-Management and Audit Scheme der EU. Siehe auch → Corporate Citizenship und → EMAS.

E-Mercial
Beim E-Mercial handelt es sich um einen bildschirmfüllenden Werbespot in Flash-Technologie, der TV und Internet vereint. Kunstwort aus e(lectronic) und (com)mercial. Mehr zu Bannern unter → Bannerwerbung; zur Internet-Werbung siehe → Internet-Kommunikationspolitik.

Emergente Strategien
Mintzberg untersuchte in zwei empirischen Studien, die sich über mehrere Jahre erstreckten, wie Strategien in den Unternehmen entstehen und verwaltet werden. Er erkannte, dass ein rein rational und mechanistisch geführter Strategieprozess und insbesondere der Begriff einer analytischen „Strategie-Formulierung" nicht der Unternehmensrealität entspricht: es gibt Entwicklungen im Strategieprozess,

die nicht formal geplant und gesteuert, sondern plötzlich auftauchen und dennoch realisiert werden. Man nennt dies emergente Strategien (siehe Abbildung 1).

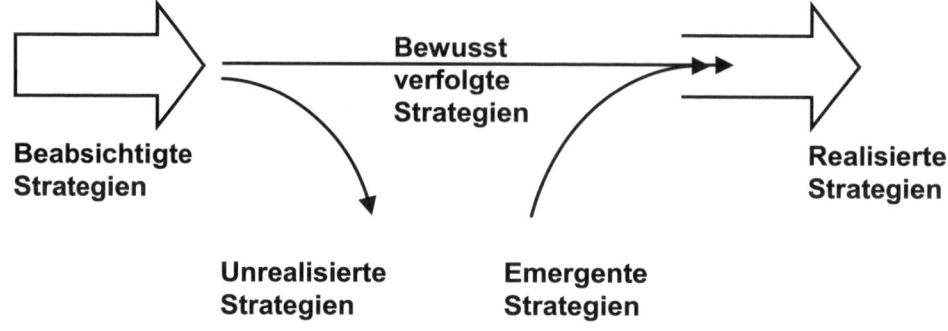

Abb. 1: Emergente Strategien nach Mintzberg

Aus methodologischer Sicht könnte die Tatsache, dass ein Teil der realisierten Strategien nicht den ursprünglich geplanten entsprechen auf die fehlende Integration bzw. Verzahnung der strategischen und operativen Planungsprozesse hinweisen. Mintzberg versteht unter „emergent" aber das Phänomen, dass Strategien nicht notwendigerweise durch eine strategische Analyse, sondern auf unerklärliche Weise entstehen können. Über die bei der Realisierung emergenter Strategien angewendeten Steuerungs- und Lösungsmethoden lässt er sich nicht aus.

Siehe auch → Strategisches Management (mit Literaturangaben).

Literatur: Mintzberg, H.: Patterns in Strategy Formation, Mai 1978; Management Science, Vol 24, No. 9, S. 934-948.

Emerging Issues Task Force (EITF)

Arbeitsgruppe des → Financial Accounting Standards Board (FASB), die kurzfristig Handlungsanweisungen zur Lösung von in der Praxis auftretenden Problemen im Zusammenhang mit der Anwendung von Rechnungslegungsstandards erlässt.

Emission

Ausgabe von Wertpapieren; erstmaliges Inverkehrbringen. Handelt es sich um eine *pari-Emission*, erfolgt sie zum Nennwert. Liegt der Ausgabekurs über dem Nennwert, geschieht die Emission *über pari*, liegt er darunter, erfolgt sie *unter pari*. Zu unterscheiden ist zwischen der → Selbstemission und der → Fremdemission.

Emissionsbanken

siehe → Emissionskonsortium.

Emissionskonsortium

Ein Emissionskonsortium ist eine zeitweilige Vereinigung selbständiger Banken zur Durchführung einer Emission (→ Going Public, Vorbereitungsphase; → Going Public, Durchführungsphase). Dieser auf die einzelne Transaktion bezogene Zusammenschluss von Banken ist in erster Linie motiviert durch das Bestreben der Führungsbank (→ Lead Manager), die eigene, begrenzte Platzierungskraft zu erhöhen und so das eigene → Übernahmerisiko zu reduzieren. Durch die Einbeziehung anderer Banken werden deren Verbindung zu potenziellen Investoren sowie deren Absatzorganisation nutzbar gemacht.

Schließlich wird durch die Einladung anderer Banken in das Konsortium auch bezweckt, Angebote zur Teilnahme an Emissionen zu erhalten, die von diesen Instituten in der Zukunft geführt werden.
Eine sehr wichtige Funktion des Emissionskonsortiums im Rahmen eines Going Publics ist die Bereitstellung von Reputation (ihr Ruf im Zusammenhang mit der erfolgreichen Abwicklung von → Initial Public Offerings). Dadurch übernimmt es de facto eine weitgehende Verantwortung für die Entwicklung des → Emittenten und trägt damit wesentlich zum Erfolg eines Going Publics bei.
Die → Emissionsbanken agieren daneben vor allem auch als Mittler zwischen dem Emittenten und den Investoren. Da neben dem Emittenten auch ein großer Teil der Investoren zu ihren Kunden gehört, wird sie bei der Emissionspreisfestsetzung versuchen die Interessen beider Seiten zu berücksichtigen.
Die Banken im Emissionskonsortium werden auch als so genannte → Underwriter bezeichnet.
Siehe auch → Going Public (mit Literaturangaben).

Emissionspreis
siehe → Going Public, Durchführungsphase.

Emissionsvolumen
Unter Emissionsvolumen wird das Volumen an Wertpapieren verstanden, das im Zuge einer Emission (Ausgabe, Verkauf von Wertpapieren) verkauft wird. Das Volumen wird in Geldeinheiten oder durch die Anzahl an Wertpapieren (zum Beispiel die Aktienanzahl) gemessen.

Emittent
Herausgeber bzw. Aussteller von Wertpapieren. Der Emittent einer → Anleihe beschafft sich durch die → Emission der Anleihe Fremdkapital. Er ist Kreditnehmer bzw. Anleiheschuldner. Zu unterscheiden sind Daueremittenten, die sich durch die → Emission von Wertpapieren laufend Mittel am Kapitalmarkt beschaffen und Einmalemittenten, die einmalig an den Kapitalmarkt gehen, um eine bestimmte Investition zu finanzieren.
Bei Aktien ist dies das Unternehmen (die Aktiengesellschaft). Bei Anleihen kann dies ein Unternehmen oder auch eine öffentlich-rechtlichen Körperschaften, wie zum Beispiel der Staat sein. Siehe auch → Emissionskonsortium.

Emotion
innere Erregungsvorgänge, die angenehm, unangenehm und mehr oder weniger bewusst erlebt werden; Emotion = → Aktivierung + (kognitive) Interpretation. Siehe auch → Konsumentenverhalten.

Emotional wirkende Reize
Reize, die Emotionen im Menschen wecken, z.B. Schlüsselreize, Personen-, Landschafts- oder Tierabbildungen. Siehe auch → Konsumentenverhalten.

Emotionale Konditionierung
Lernmechanismus, der auf der klassischen Konditionierung beruht. Wenn ein neutraler Reiz (z.B. Zigarettenpackung) wiederholt und stets gleichzeitig zusammen mit einem emotionalen Reiz (z.B. Abenteuer-Wildwest-Welt) dargeboten wird, so erhält auch der neutrale Reiz nach einiger Zeit die Fähigkeit, die emotionale Reaktion (Gefühl von Freiheit und Abenteuer) hervorzurufen. Siehe auch → Konsumentenverhalten.
Literatur: Kroeber-Riel, W.; Weinberg, P. (2003): Konsumentenverhalten, 8. Aufl., München: Vahlen.

Emotionale Produktdifferenzierung
Differenzierung von Produkten durch emotionale Erlebnisse. Siehe auch → Konsumentenverhalten.

Empfangen-zur-Verschiffung-Konnossement
siehe → Übernahmekonnossement; siehe auch → Konnossement.

Empfindlichkeitsanalyse
Anwendungsbeispiel siehe → Nutzwertanalyse.

Empirie
ist der Inbegriff der durch Wahrnehmung der Realität gewonnenen Erfahrung. Hypothesen, die etwas über die Realität aussagen, können durch empirische Forschungsmethoden wie Beobachtung, Befragung, Dokumentenanalyse oder → Experiment auf ihren Wahrheitsgehalt überprüft werden.

Empirische Momente
(→ Statistik). Betrachtet werden Daten $x_1,...,x_N$ eines Merkmals. Als erstes empirisches Moment der Daten bezeichnet man das arithmetische Mittel $\bar{x}$ (→ Mittelwerte) als zweites empirisches Moment die empirische Varianz $\sigma_X^2 = \frac{1}{N} \sum_{i=1}^{N} (x_i - \bar{x})^2$. Die Wurzel aus der empirischen Varianz heißt empirische Standardabweichung. Während $\bar{x}$ ein Lageparameter ist, ist $\sigma_X = \sqrt{\sigma_X^2}$ ein Skalenparameter. Das dritte empirische Moment, die *Schiefe* $g_X = \sum_{i=1}^{N} (x_i - \bar{x})^3 / N\sigma^3$ beschreibt Abweichungen der Daten von der Symmetrie; bei Symmetrie gilt $g_X = 0$. Das vierte empirische Moment ist die *Wölbung* oder *Kurtosis*; sie ist analog der Schiefe mit der vierten statt der dritten Potenz definiert. Die Wölbung einer symmetrischen Verteilung von Daten ist ein Maß für die Stärke der „Flanken" der Verteilung, d.h. des relativen Auftretens extremer Werte.
Siehe auch → Statistik (mit Literaturangaben).

Employee But-out
Form der → Desinvestition, bei der das Unternehmen an dessen Beschäftigte veräußert wird, wobei diese im Gegensatz zum Management Buy-out nicht nur der obersten Führungsebene angehören. Siehe auch → Sell-off, → Management Buy-out.

Employee Self-Service
beschreibt Anwendungen, mit denen Mitarbeitende Routinetätigkeiten mit der Personalabteilung (z.B. Urlaubsanträge oder Spesenabrechnungen) selbständig über das Intranet durchführen können.

Empowerment
(→ *Managing Motivation*) bezeichnet die Vergrößerung der Autonomiespielräume in der Arbeit und Lebensgestaltung. Der Begriff entstammt der amerikanischen Gemeindepsychologie und wurde auf die Arbeitswelt übertragen,
    Literatur: Spreitzer, G.M.: Individual empowerment in the workplace: Dimensions, measurement, and validation. In: Academy of Management Journal (1995), Vol.38, S. 1142 – 1165.

Empowerment
(→ *Organisationstheorie*) meint die Ermächtigung der Organisationsmitglieder zu mehr eigenständigem Entscheiden und Handeln sowie verstärkter Selbstkontrolle. Man erhofft sich davon eine verbesserte Motivation, mehr Schnelligkeit in den Abläufen, größere Flexibilität und mehr Kundenorientierung. Das Empowerment erfordert ein großes Vertrauen in die Mitarbeiter.

EN
Abk. für Europa Norm

Endbenutzerwerkzeuge

Mit Hilfe von Endbenutzerwerkzeugen können Benutzer selbständig Applikationen erstellen, sofern ihr (Controlling-)Informationsbedarf noch nicht durch die vorhandenen Applikationen gedeckt werden können. Sie werden als Softwaresysteme bezeichnet, mit deren Hilfe man ohne größere EDV-Kenntnisse Problemlösungen erzielen kann. Endbenutzersprachen, deren Syntax derart gehalten ist, dass auch Endbenutzer ohne Programmierkenntnisse selbständig Probleme formulieren und bspw. Datenbankabfragen durchführen können, zählen ebenso zu den Endbenutzerwerkzeugen. Siehe auch → Controlling-Informationssysteme.

Endfällige Tilgung

Bei einer endfälligen Tilgung (einer Anleihe, eines Kredits usw.) erfolgen während der Laufzeit nur Zinszahlungen. Die Tilgung erfolgt zu Laufzeitende mit einer einmaligen Zahlung. Dies ist bei → Anleihen häufig der Fall.

Endkostenstelle

ist eine → Kostenstelle, deren Kosten unmittelbar auf die betrieblichen Kostenträger (Produkte, Dienstleistungen) umgelegt werden können. Auf Basis der in den Endkostenstellen angefallenen Kosten erfolgt die Kalkulation. Analog → Hauptkostenstelle.

Endogene/exogene Variable

siehe → Ökonometrie, insbes. Kap. 3.

Endorsement Mechanism

Die International Accounting Standards (IAS) und International Financial Reporting Standards (→ IFRS) durchlaufen im Rahmen der Übernahme in das europäische Rechtssystem einen sog. Endorsement Mechanism, wonach die jeweiligen Regelungen durch die EU-Kommission im sog. Komitologieverfahren *als europäisches Recht anerkannt* werden. Dieses Endorsement kommt jedoch nicht einem Gesetzgebungsverfahren mit parlamentarischer Verantwortung gleich und dient auch nicht dazu, die privat gesetzten Standards neu zu formulieren oder zu ersetzen, sondern ist lediglich ein Filter, mit dem die EU-Kommission schwerwiegende Bedenken geltend machen kann. Die Entscheidung, ob die IAS bzw. IFRS mit den politischen Zielen der EU vereinbar sind, trifft das eigens dafür eingesetzte *Accounting Regulatory Committee (ARC)*.

Literatur: Gräfer, H., Scheld, G.A.: Grundzüge der Konzernrechnungslegung, 9. Auflage, Berlin 2005.

Internetadresse: http://www.eu-kommission.de.

End-to-End-Supply Chain Management

Bezeichnung für die verstärkte Integration der vor- und nachgelagerten Prozesse innerhalb der → Suppy Chain in der Handelslogistik. Basis für flexiblere, schnellere, zuverlässigere und kostengünstigere Prozesse innerhalb der → Supply Chain bilden die Komponenten (1) Warenplanung, (2) logistische Infrastruktur und (3) IT-Netzwerke.

Bei der *Warenplanung* und dem *Management des Sortimentsflusses* (1) wird festgelegt, welche Produkte in welcher Menge auf welchem Preis-/ Qualitätsniveau innerhalb welcher Lieferzyklen zu welchem POS fließen. Der Einzelhändler steuert seine Produkte in die POS und stockt seine Bestseller zeitnah wieder auf (Make-to-Order). Ziel ist eine stärkere Ausrichtung der Produkt- bzw. Sortimentspolitik am Markt und mithin eine gesteigerte Absatzproduktivität.

Die *logistische Infrastruktur* (2) betrifft die physikalische Beschaffenheit des logistischen Netzwerks, innerhalb dessen die Ware hergestellt, transportiert, konsolidiert und an die POS verteilt wird. Angesprochen sind damit Sourcing-Struktur, Beziehungsmanagement, Distributionssystem und Transportdurchführung.

Das *Netzwerk der IT-Systeme* (3) umfasst die IT-Systeme selbst sowie die IT-basierte Zusammenarbeit der Kettenglieder und die Konfiguration eines leistungsfähigen eBusiness-Netzwerks. Sie soll ausgehend vom POS entlang der → Supply Chain reintegriert werden, um die Qualität der Prozesse und Systeme zu erhöhen.

Durch die wechselseitig abgestimmte Optimierung der drei Komponenten sollen die Time-To-Market-Phase verkürzt, die On-Shelf-Availability gesteigert und die Transaktionskosten gesenkt werden.
Siehe auch → Supply Chain Management und → Supply Chain Controlling (SCC), jeweils mit Literaturangaben.

Literatur: Leeman, J.J.A. (2006): Kleine Schritte zum großen Ziel, in: Logistik heute, Heft 4/ 2006, S. 24 – 25.

Energiebilanzen
siehe → Stoff- und Energiebilanzen.

Engineering Production Function
bezeichnet produktionstheoretische Ansätze, die *ingenieurwissenschaftliche* Zusammenhänge bei der Bestimmung von → Produktionsfunktionen der industriellen Fertigung heranziehen. Zum Beispiel wird im Fall einer Erdgaspipeline der Gasdurchsatz (→ Output) in Abhängigkeit von der Kompressorenkapazität (→ Input) in der Pipeline-Eingangsstation durch technische Einflussgrößen *(„engineering variables")*, wie Rohrquerschnitt, Reibungswiderstand, spezifisches Gewicht des Gases usw., bestimmt. Siehe auch → Produktions- und Kostentheorie (mit Literaturangaben).

Enterprise Application Integration
abgek. EAI, siehe → Anwendungsintegration, siehe auch → Electronic Procurement.

Enterprise Application Integration-Software
abgek. *EAI-Software (Integrationsplattform, Middleware)* ist eine Software, welche die → Anwendungsintegration ermöglicht. Siehe auch → mySAP ERP.

Enterprise Content Management (ECM)
umfasst Technologien zur Erfassung, Verwaltung, Speicherung, Bewahrung und Bereitstellung von Content und Dokumenten zur Unterstützung von organisatorischen Prozessen im Unternehmen und über Unternehmensgrenzen hinweg. Siehe auch → Workflow-Management.

Enterprise Resource Planning-Systeme
abgek.ERP-Systeme. Siehe → ERP-Systeme (ausführliche Darstellung mit Literaturangaben).

Enterprise Ressource Planning (ERP)
Man spricht von ERP, wenn neben dem → *Geschäftsprozess* der Leistungserstellung (vgl. → *MRP*) auch die operativen Systeme des Rechnungswesens, des Controllings, der Beschaffung, des Vertriebes, des Personal- und Führungswesens und des Projektmanagements in integrierter Form geplant und gesteuert werden. Dies erfordert eine Darstellung der übergeordneten → *Geschäftsprozesse*, ein integriertes Konzept der physischen und logischen Datenspeicherung (*Plandatenbank*), der verfügbaren Planungssoftware und Auswertungsmethoden sowie der Ergebnisdarstellung. ERP-Lösungen werden von Firmen wie SAP und Oracle angeboten.
Siehe → ERP-Systeme (mit Literaturangaben).

Enterprise Software
(*Anwendungssystem, Business Software, Unternehmenssoftware*) bezeichnet ein Computerprogramm, das für ein konkretes betriebliches Anwendungsgebiet zum Einsatz kommt.

Enterprise-Application-Integration (EAI)
Ziel der Enterprise Application Integration ist es, eine Integrationsplattform zu schaffen, mit der unternehmensweite Geschäftsprozesse, die über verschiedene Applikationen auf unterschiedlichen Plattformen verteilt sind, im Sinne einer Daten- und Geschäftsprozessintegration zu verbinden. Siehe auch → Workflow-Management.

Entgelt
siehe → Lohn- und Gehaltsmodelle (mit Literaturangaben).

Entgeltsysteme
siehe → Lohn- und Gehaltsmodelle (mit Literaturangaben).

Entgelttarifvertrag
siehe → Tarifvertrag, durch den die Vergütung der tarifunterworfenen Arbeitsvertragsparteien geregelt wird.

Entity-Approach
siehe → WACC-Ansatz.

Entity-Relationship-Modell
Das Entity-Relationship-Modell ist ein → Datenmodell, das in erster Linie im Datenbankentwurf zum Einsatz kommt. Seine Bedeutung resultiert in erster Linie daraus, dass es im wesentlichen mit zwei Begrifflichkeiten, nämlich den „Entities" und den „Relationships", auskommt, um beliebig komplexe Sachverhalte zu modellieren. Aufgrund dessen ist dieses Modell insbesondere gut als Grundlage für die Kommunikation mit Anwendern geeignet, die über keine Kenntnisse in Datenbanktechnologie verfügen. Siehe auch → Datenbanksysteme.
      Literatur: Thalheim, B.: Entity-Relationship Modeling - Foundations of Database Technology, Berlin, Heidelberg 2000.

Entlohnung
siehe → Lohn- und Gehaltsmodelle (mit Literaturangaben).

Entrepreneur
Bezeichnung i.w.S. für Unternehmer, i.e.S. für *Existenzgründer* bzw. Unternehmensgründer (Einzelheiten siehe → Existenzgründung mit Literaturangaben).

Entrepreneurship
häufig Gleichsetzung mit *Existenzgründung* bzw. Unternehmensgründung, selten für Unternehmertum (Einzelheiten siehe → Existenzgründung mit Literaturangaben).

Entry limit pricing
siehe → Preispolitik.

Entscheidung, betriebswirtschaftliche

Betriebswirtschaftliche Entscheidung

von Univ.-Professor Dr. Rudolf Grünig, Lehrstuhl für Unternehmensführung, Universität Freiburg, Schweiz und Univ.-Professor Dr. Richard Kühn, Universität Bern, Schweiz

1. Entscheidungsprobleme und ihre Bewältigung

a) Entscheidungsprobleme
Ein Problem ist eine Abweichung des Istzustandes von einer Sollvorstellung resp. von einem oder von mehreren → Zielen. Ein Problem wird zu einem Entscheidungsproblem, wenn der → Aktor über mindestens zwei → Varianten zur Verkleinerung oder vollständigen Eliminierung der Abweichung verfügt.

b) Rationale Bewältigung
Es gibt verschiedene Möglichkeiten, ein Entscheidungsproblem zu lösen:
•   Rein intuitive Wahl einer Lösung
•   Rückgriff auf in der Vergangenheit realisierte Vorgehensweisen

- Übernahme von Lösungsvorschlägen von Experten
- Rückgriff auf Zufallsmechanismen wie z.B. Würfeln zur Wahl einer Lösung
- Rationale Entscheidung

Es ist eine zentrale Forderung der Betriebswirtschaftslehre, dass zumindest bei wichtigen Problemen eine *rationale Entscheidung* getroffen werden sollte.

c) Betriebswirtschaftliche Hilfestellungen für rationale Entscheidungen

Die → Betriebswirtschaftslehre unterstützt die Praxis in vielfältiger Weise beim Treffen rationaler Entscheidungen. Unter dem Begriff → *Entscheidungstheorie* werden die vielfältigen Forschungsresultate zur Entscheidfindung zusammengefasst. Die Unterstützung der → Aktoren durch die Betriebswirtschaftslehre geht jedoch über den eigentlichen Entscheidungsprozess hinaus: → Analysemethoden helfen, ein Entscheidungsproblem zu erfassen und seine Ursachen zu verstehen. Erklärungsmodelle resp. Theorien resp. Hypothesensysteme zu Teilgebieten der Betriebswirtschaftslehre (wie z.B. Käuferverhaltensmodelle) helfen dem Aktor, die Konsequenzen seiner → Varianten zu bestimmen.

2. Strukturierung des Entscheidungsprozesses

a) Generelle Überlegungen

Die meisten wichtigen Entscheidungsprobleme in Unternehmungen sind schlecht strukturiert. Dies führt dazu, dass es nicht möglich ist, zu ihrer Lösung ein analytisches Entscheidungsverfahren anzuwenden und mit dessen Hilfe die optimale Lösung zu bestimmen. Der → Aktor ist vielmehr gezwungen, ein heuristisches Entscheidungsverfahren einzusetzen und sich mit einer befriedigenden Lösung zu begnügen.

Die heuristischen Entscheidungsverfahren lassen sich in spezielle und allgemeine unterteilen. Die erstgenannten Verfahren dienen zur Bewältigung einer bestimmten Art von Problemen, z.B. zur Bestimmung des → Marketing-Mix einer Produktegruppe, während die zweitgenannten Verfahren zur Lösung irgendwelcher Entscheidungsprobleme eingesetzt werden können.

Es finden sich in der Literatur verschiedene allgemeine heuristische Entscheidungsverfahren. Sie unterscheiden sich sowohl in der Darstellungsform als auch in der Abgrenzung der Teilprobleme. Dies ist nicht weiter erstaunlich, da das subjektive Problemlösungsverständnis der Verfahrensentwickler in die Vorschläge mit einfließt.

b) Phasenschema eines allgemeinen heuristischen Entscheidungsverfahrens

Die nachfolgende *Abbildung 1* zeigt ein Beispiel eines allgemeinen heuristischen Entscheidungsverfahrens. Das schlecht strukturierte Entscheidungsproblem wird in sechs Teilprobleme unterteilt. Zum Entscheidungsverfahren sind zwei Kommentare anzubringen:

- Es kann jederzeit zu heuristischen Schlaufen kommen. Die am häufigsten auftretende Schlaufe ist in der Abbildung eingezeichnet.
- Falls die Problemanalyse mehrere Teilprobleme identifiziert, sind die Schritte 3 bis 6 für jedes Teilproblem zu durchlaufen. Dabei können die Teilprobleme parallel oder nacheinander bearbeitet werden.

Nachfolgend werden die sechs unterschiedlichen Teilprobleme des Entscheidungsverfahrens kurz skizziert.

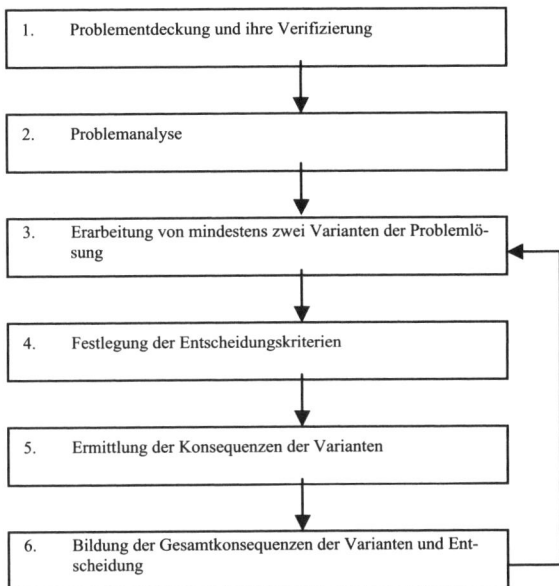

Abb. 1: Phasenschema eines allgemeinen heuristischen Entscheidungsverfahrens

3. Teilprobleme einer rationalen Entscheidung

a) Problementdeckung und ihre Verifizierung
Auf systematische Weise mit Hilfe eines Problementdeckungssystems oder ad hoc wird eine Abweichung zwischen dem → Zielsystem und der Istsituation entdeckt. Bevor nun ein Problemlösungsprozess in Gang gesetzt wird, lohnt es sich, das entdeckte Problem zu verifizieren. Dazu sind drei Fragen
zu beantworten.
(1) Basiert die Soll-Ist-Abweichung auf verlässlichen Informationen?
(2) Ist die festgestellte Soll-Ist-Abweichung erheblich?
(3) Lohnt es sich, das entdeckte Problem zu bearbeiten?
Falls die erste Frage verneint wird, muss versucht werden, die Informationen zu erhärten. Das Problem
ist nur weiterzubearbeiten, wenn die Fragen (2) und (3) mit ja beantwortet werden können.

b) Problemanalyse
Der Inhalt der Analyse hängt stark von der Art des Problems ab und ist deshalb nicht in genereller Weise darstellbar. Hingegen kann das Vorgehen zur Problemanalyse skizziert werden. Es dürfte sich in der
Regel empfehlen, der Reihe nach
(1) die Entscheidsituation zu erfassen
(2) die Ursache(n) des Problems zu ermitteln
(3) das Problem resp. die Teilprobleme zu benennen und
(4) die Weiterbearbeitung der Teilprobleme zu regeln.
Im Rahmen der ersten beiden Teilschritte kann auf zahlreiche → Analysemethoden zurückgegriffen
werden.

c) Erarbeitung von mindestens zwei Varianten der Problemlösung
Auf der Basis der Benennung des Problems resp. des Teilproblems sind Lösungsvarianten zu erarbeiten. Wichtig ist dabei eine gute Abdeckung des → Lösungsraumes. Um dies zu erreichen, müssen zuerst die → Entscheidungsvariablen identifiziert werden.
Eine gute Abdeckung des Lösungsraumes ist nicht gleichbedeutend mit einer grossen Zahl von Varianten. In den meisten Entscheidungen dürfte es genügen, drei bis sieben sich aber klar unterscheidbare
Varianten zu erarbeiten. Vielfach ist auch der Status Quo eine überprüfenswerte Lösungsvariante.

d) Festlegung der Entscheidungskriterien

→ Ziele sind oft nur vage formuliert und damit für die Rangierung der → Varianten ungeeignet. Um die Varianten beurteilen und die beste unter ihnen auswählen zu können, braucht es konkrete Messlatten oder → Entscheidungskriterien.

Falls der → Aktor nur ein Entscheidungskriterium oder mehrere in einem arithmetischen Verhältnis zueinander stehende Entscheidungskriterien wählt, handelt es sich um eine → einwertige Entscheidung. Der Normalfall dürfte allerdings die Verwendung mehrerer Entscheidungskriterien sein. In diesem Fall wird von einer → mehrwertigen Entscheidung gesprochen.

e) Ermittlung der Konsequenzen der Varianten

Die → Entscheidungskriterien geben vor, welche → Konsequenzenarten relevant sind. Bevor die → Konsequenzen der → Varianten ermittelt werden, hat der Aktor die Periode zu fixieren, für welche sie zu bestimmen sind. Er hat zudem festzulegen, ob die Konsequenzen sicher vorausgesagt werden können oder ob unsichere Konsequenzen vorliegen. Im zweiten Fall ist zudem abzuklären, ob den Konsequenzen Eintretenswahrscheinlichkeiten zugeordnet werden können oder nicht. Je nachdem ergibt sich eine → sichere Entscheidung , eine → Risikoentscheidung oder eine → Ungewissheitsentscheidung.

Die im Anschluss stattfindende Ermittlung der Konsequenzen kann auf unterschiedlichen Qualitätsniveaus stattfinden. Das Spektrum reicht dabei von der subjektiven Schätzung auf der Basis des Erfahrungswissens bis zum Einsatz von wissenschaftlichen Prognosemethoden.

Das Resultat der Konsequenzenermittlung ist die → Entscheidungsmatrix. Sie zeigt die → Varianten und ihre → Konsequenzen.

f) Bildung der Gesamtkonsequenzen der Varianten und Entscheidung

Die Auswahl der besten Variante bildet den letzten Schritt im Entscheidungsprozess. Dabei sind zwei Vorgehensweisen offen:

- Der → Aktor kann auf der Basis der Entscheidungsmatrix eine summarische Bewertung der Varianten vornehmen und direkt entscheiden.
- Es wird analytisch vorgegangen: Mit Hilfe einer oder mehrerer → *Entscheidungsmaximen* werden die → Gesamtkonsequenzen der Varianten ermittelt. Anschließend wird die Variante mit der besten Gesamtkonsequenz gewählt.

4. Sonderprobleme der rationalen Bewältigung von Entscheidungen

a) Kollektiventscheidung

Wenn der → Aktor nicht aus einer Einzelperson, sondern aus einer Gruppe besteht, wird die Entscheidung schwieriger. In diesem Fall wird von einer → Kollektiventscheidung gesprochen.

b) Entscheidungssequenzen

Eine → Entscheidungssequenz liegt vor, wenn eine heute getroffene Entscheidung in Zukunft weitere Entscheidungsmöglichkeiten oder -notwendigkeiten eröffnet.

c) Informationsbeschaffungsentscheide

Der Aktor kann stets auf der Basis der existierenden Informationen entscheiden. Er kann jedoch auch zusätzliche Informationen beschaffen und erst auf der Grundlage einer besseren Datenqualität entscheiden. Die Beschaffung zusätzlicher Informationen ist dabei mit Kosten verbunden. Mit dieser Problemstellung setzt sich die Bayes'sche Entscheidungstheorie auseinander.

Hinweise

- Zu den vertiefenden Wissensgebieten siehe → Entscheidung, rationale, → Entscheidungsmaxime, → Entscheidungsproblem, betriebswirtschaftliches, → Entscheidungstheorie, → Entscheidungsverfahren, betriebswirtschaftliches.
- Zu den angrenzenden Wissensgebieten siehe → Analysemethoden, betriebswirtschaftliche, → Betriebswirtschaftslehre, → Kreativitätstechniken (→ Bionik, → Brainstorming, → Eigenschaftsliste, → Fragenkatalog, → Funktional-Analyse, → Methode 6-3-5, → Mind mapping, → Morphologischer Kasten, → Synektik), → Nutzwertanalyse, → Ökonometrie, → Operations Research,

$\rightarrow$ Optimierung, $\rightarrow$ Optimierungsmodelle, mathematische, $\rightarrow$ Organisation, $\rightarrow$ Portfoliomanagement, $\rightarrow$ Risikocontrolling, $\rightarrow$ Unternehmensführung, $\rightarrow$ Unternehmensplanung.

Literatur: Bamberg, G., Coenenberg, A. G. (2004): Betriebswirtschaftliche Entscheidungslehre, 12. Auflage, München; Bronner, R. (2004): Planung und Entscheidung: Grundlagen, Methoden, Fallstudien, 3. Auflage, München etc.; Gäfgen, G. (1974): Theorie der wirtschaftlichen Entscheidung, 3. Auflage, Tübingen; Grünig, R., Kühn, R. (2006): Entscheidungsverfahren für komplexe Probleme. Ein heuristischer Ansatz, 2. Auflage, Berlin etc.; Hungenberg, H. (2002): Problemlösung und Kommunikation. Vorgehensweisen und Techniken, 2. Auflage, München; Klein, H. K. (1971): Heuristische Entscheidmodelle: neue Techniken des Programmierens und Entscheidens für das Management, Wiesbaden; Pfohl, H.-Ch., Braun G. E. (1981): Entscheidungstheorie, Landsberg am Lech; Rommelfanger, H. J., Eckemeier, S. H. (2002): Entscheidungstheorie: klassische Konzepte und Fuzzy-Erweiterungen, Berlin etc.; von Nitzsch, R. (2002): Entscheidungslehre: wie Menschen entscheiden und wie sie entscheiden sollten, Stuttgart.

Website / Internetadresse der Autoren (Professor Dr. Rudolf Grünig): www.unifr.ch/management; Rudolf.Gruenig@unifr.ch

Entscheidung, rationale

1. Bedeutung der Rationalität: Es ist eine zentrale Forderung der Betriebswirtschaftslehre, dass zumindest die wichtigen $\rightarrow$ Entscheidungen rational getroffen werden sollten. Daraus ergibt sich der Bedarf nach Klärung des Rationalitätsbegriffs.

2. Zwei Rationalitätsverständnisse: Es gibt zwei divergierende Verständnisse darüber, wann eine Entscheidung rational ist. Die substantielle Rationalität verlangt, dass die verfolgten Ziele richtig resp. rational sein müssen und zudem der Entscheidungsprozess rational ablaufen muss. Die formale Rationalität verlangt hingegen bloß, dass der Entscheidungsprozess rational ist. Da $\rightarrow$ Ziele nach allgemeiner Auffassung subjektive Werthaltungen darstellen, gibt es keine richtigen und falschen Ziele und damit auch keine substantielle Rationalität. Die Betriebswirtschaftslehre orientiert sich deshalb weitgehend an der formalen Rationalität.

3. Die Anforderungen an einen formal rationalen Entscheidungsprozess: Von einem formal rationalen Entscheidungsprozess kann gesprochen werden, wenn drei Anforderungen gleichzeitig erfüllt sind: (a) Der Entscheidungsprozess ist durchgängig zielgerichtet. In keiner der Phasen des Prozesses werden die Ziele aus den Augen verloren. (b) Die vorhandenen und die unter Kosten-Nutzen-Gesichtspunkten beschaffbaren Informationen fließen in die Entscheidung ein. (c) Der Entscheidungsprozess ist klar strukturiert und die Resultate sind sauber dokumentiert. Er wird damit für einen Außenstehenden nachvollziehbar.

Siehe auch $\rightarrow$ Entscheidung, betriebswirtschaftliche (mit Literaturangaben).

Literatur: Bamberg, G., Coenenberg, A. G. (2004): Betriebswirtschaftliche Entscheidungslehre, 12. Auflage, München; Eisenführ, F., Weber, M. (2003): Rationales Entscheiden, 4. Auflage, Berlin etc.; Grünig, R., Kühn, R. (2006): Entscheidungsverfahren für komplexe Probleme. Ein heuristischer Ansatz, 2. Auflage, Berlin etc.; Pfohl, H.-Ch., Braun G. E. (1981): Entscheidungstheorie, Landsberg am Lech.

Entscheidungsbaum

(in der $\rightarrow$ *Entscheidungstheorie*). Entscheidungsbäume sind Graphiken zur Darstellung von $\rightarrow$ Entscheidungssequenzen. Entscheidungsbäume beginnen immer mit einem Entscheidknoten und weisen anschließend je nach gewählter $\rightarrow$ Variante weitere Entscheidknoten und Situations- resp. Zufallsknoten auf.

Entscheidungsbäume

(in der $\rightarrow$ *Wirtschaftsinformatik*) sind spezielle Verfahren des $\rightarrow$ Data Mining und dienen der Vorhersage der Klassenzugehörigkeit eines Objektes ($\rightarrow$ Klassifikation).

Entscheidungsbaumverfahren

(bei → *Investitionsrechnungen*) setzt bei mehrstufigen Investitionsentscheidungen unter Unsicherheit an, die dadurch charakterisiert sind, dass mehrere Entscheidung zeitlich aufeinander folgend getroffen werden müssen.

Die einzelnen Entscheidungen sind zustandsabhängig und können auf die Vorteilhaftigkeit der vorangegangenen Entscheidungen Einfluss nehmen. Daher müssen die möglichen Umweltzustände und deren Eintrittswahrscheinlichkeiten gemeinsam mit den alternativen Folgeentscheidungen dargestellt werden, um aus einer Vielzahl unterschiedlicher Entscheidungsfolgen die optimale Entscheidungsfolge herauszufiltern, welche dem risikoneutralen Investor den höchsten Kapitalwert-Erwartungswert bringt.

Die graphische Darstellung eines solchen mehrstufigen Investitionsentscheidungsproblems erfolgt mit Hilfe eines Entscheidungsbaumes. Zur Bestimmung der optimalen Entscheidungsfolge wird meist das nach dem Prinzip der dynamischen Optimierung (→ Optimierung, dynamische) vorgehende Rollback-Verfahren eingesetzt. Dabei wird beim spätesten Zeitpunkt, in dem Entscheidungen zu fällen sind, begonnen. Für jede zu Beginn der letzten Teilperiode gegebene Entscheidungsalternative wird der Kapitalwert-Erwartungswert ermittelt. Die Erwartungswerte jedes Entscheidungsknotens werden miteinander verglichen, und die erwartungswertmaximale Alternative jedes Entscheidungsknotens wird ausgewählt. Diese Vorgehensweise wird solange fortgesetzt, bis man am Beginn der Gesamtplanperiode angelangt ist, und damit die erwartungswertmaximale Entscheidungsalternative erhalten hat. Somit ergibt sich auf Basis des maximalen Kapitalwert-Erwartungswertes die optimale Entscheidungsfolge.

Siehe auch → Investitionsrechnungen (Investitionsentscheidungen) unter Unsicherheit (mit Literaturangaben).

Literatur: Blohm, H., Lüder, K.: Investition, Schwachstellenanalyse des Investitionsbereichs und Investitionsrechnung, 8. Auflage, München 1995; Götze, U., Bloech, J.: Investitionsrechnung, Modelle und Analysen zur Beurteilung von Investitionsvorhaben, 4. Auflage, Berlin et al 2004; Heinhold, M.: Investitionsrechnung, Studienbuch, 7. Auflage, München und Wien 1996.

Entscheidungsdimension

siehe → Entscheidungsvariable; siehe auch → Entscheidung, betriebswirtschaftliche.

Entscheidungsfindung

(bei mehreren Zielen), siehe → Nutzwertanalyse; siehe auch → Entscheidung, betriebswirtschaftliche.

Entscheidungskompetenz

Die Entscheidungskompetenz als Form der → Durchführungskompetenz beinhaltet das Recht, verbindliche Entscheidungen zu fällen. Im Innenverhältnis betrifft sie den eigenen Ausführungsbereich (Eigen-Entscheidungskompetenz), im Außenverhältnis als Vertretungskompetenz das Recht, das Unternehmen nach außen zu vertreten und verbindliche Rechtsgeschäfte mit Dritten abschließen zu dürfen.

Siehe auch → Entscheidung, betriebswirtschaftliche und → Unternehmensführung jeweils mit Literaturangaben.

Entscheidungskriterium

Da → Ziele oft vage formuliert sind, müssen sie konkretisiert werden, bevor sie in einer → Entscheidung zur Bewertung von → Varianten eingesetzt werden können. Die konkrete Ausformulierung eines Ziels im Hinblick auf die Bewertung der Varianten in einer speziellen Entscheidung wird Entscheidungskriterium genannt. Häufig müssen mehrere Entscheidungskriterien definiert werden, um die Wirkungen der Varianten in Bezug auf ein Ziel messen zu können.

Entscheidungslogik

siehe → Entscheidungstheorie.

Entscheidungslogischer Ansatz

(in der → *Organisationstheorie*). Im entscheidungslogischen Ansatz der → Organisationstheorie werden die Entscheidungsprozesse zum zentralen Ansatzpunkt der Organisationsanalyse. Alle Organisationsmitglieder treffen ständig sog. Objektentscheidungen, bspw. über Maschinenbelegungen, Produktionsmengen, Investitionen usw. Ausschließlich von den Instanzen werden dagegen die sog. Organisationsentscheidungen getroffen. Dabei geht es um die Wahl von Managementmaßnahmen mit dem Ziel, die Objektentscheidungen der untergeordneten Mitarbeiter so zu beeinflussen, dass sie „gute" Entscheidungen im Sinne des Unternehmensziels treffen. Alle Entscheidungen werden als rationale Wahlakte nach dem Modell der normativen → Entscheidungstheorie angesehen.

Der entscheidungslogische Ansatz versucht nun, die Organisationsentscheidungen der Instanzen zu optimieren. Eine „rechnerische" Optimierung der Organisationsgestaltung gelingt allerdings immer nur im Rahmen sehr restriktiver und realitätsferner Modelle. In pragmatischeren Varianten der Entscheidungslogik werden daher stark vereinfachte sog. Strukturierungskalküle entworfen, in denen die Organisationsalternativen anhand bestimmter Kriterien qualitativ miteinander verglichen werden.

Siehe auch → Organisationstheorien (mit Literaturangaben).

Literatur: Bea, F. X., Göbel, E.: Organisation, 2. Auflage, Stuttgart 2002, S. 100-118; dieselben: Organisation, 3. Auflage, Stuttgart 2006; Laux, H., Liermann, F.: Grundlagen der Organisation, Die Steuerung von Entscheidungen als Grundproblem der Betriebswirtschaftslehre, 4. Auflage, Berlin u.a. 1997.

Entscheidungsmatrix

Matrix, die alle relevanten Informationen über eine zu treffende → Entscheidung enthält. Meist sind auf der Vertikalen die → Varianten aufgeführt. Die horizontale Dimension zeigt dann die → Konsequenzenarten und/oder die → Umweltzustände. In den Feldern der → Matrix befinden sich die einzelnen Konsequenzen.

Entscheidungsmaxime

1. Begriff: Entscheidungsmaximen sind Regeln, die in der letzten Phase einer → Entscheidung zum Einsatz kommen. Mit ihrer Hilfe können die einzelnen → Konsequenzen der → Varianten zu ihren → Gesamtkonsequenzen zusammengefasst werden. Entscheidungsmaximen setzen somit voraus, dass der → Aktor die Varianten und ihre Konsequenzen kennt.

2. Arten: Die Entscheidungsmaximen lassen sich in drei Kategorien einteilen: (1) Entscheidungsmaximen zur Überwindung der Mehrwertigkeit. Sie kommen in → mehrwertigen Entscheidungen zur Anwendung. Bekannt ist insbesondere die Nutzenwertmaxime, welche die → Konsequenzen der verschiedenen → Konsequenzenarten in Nutzenwerte transformiert und diese anschließend aggregiert. (2) Entscheidungsmaximen zur Überwindung des Risikos in → Risikoentscheidungen. Bekannte Maximen sind der Erwartungswert, der die unsicheren Konsequenzenwerte mit ihren Eintretenswahrscheinlichkeiten gewichtet und der Nutzenerwartungswert nach Bernoulli. Die zweitgenannte Maxime transformiert zuerst die Konsequenzenwerte in Nutzenwerte, wobei die Risikoeinstellung des Aktors in diese Transformation einfließt. Anschließend werden die unsicheren Nutzenwerte mit ihren Eintretenswahrscheinlichkeiten gewichtet. (3) Maximen zur Überwindung der Ungewissheit in → Ungewissheitsentscheidungen. Die bekanntesten sind die *Minimax-Maxime*, die *Maximax-Maxime* und die *Maxime der Gleichwahrscheinlichkeit*. Die erste orientiert sich nur an den schlechtesten Konsequenzen der Varianten und entspricht einer → Worst Case Haltung. Die Maximax-Maxime ist das Gegenteil und die Gleichwahrscheinlichkeits-Maxime geht von der Annahme aus, dass alle unsicheren Konsequenzenwerte die gleiche Eintretenswahrscheinlichkeit besitzen.

Im Falle von Unsicherheit und Mehrwertigkeit und von Ungewissheit und Mehrwertigkeit lassen sich die Maximen kombiniert anwenden.

Siehe auch → Entscheidung, betriebswirtschaftliche (mit Literaturangaben).

Literatur: Bamberg, G., Coenenberg, A. G. (2004): Betriebswirtschaftliche Entscheidungslehre, 12. Auflage, München; Bitz, M. (1981): Entscheidungstheorie, München; Eisenführ, F., Weber, M. (2003): Rationales Entscheiden, 4. Auflage, Berlin etc.; Grünig, R., Kühn, R. (2006): Entscheidungsverfahren für komplexe Probleme. Ein heuristischer Ansatz, 2. Auflage, Berlin etc.; Rommelfanger, H. J., Eckemeier, S. H. (2002): Entscheidungstheorie: klassische Konzepte und Fuzzy-Erweiterungen, Berlin etc.; von Nitzsch, R. (2002): Entscheidungslehre: wie Menschen entscheiden und wie sie entscheiden sollten, Stuttgart.

Entscheidungspartizipation

bezeichnet den Grad der Teilhabe an Entscheidungen durch die Mitarbeiter; siehe auch → Personalführung. .

Entscheidungsproblem, betriebswirtschaftliches

1. Begriff: Ein Problem ist eine Abweichung des Istzustandes von einer Sollvorstellung resp. von einem oder von mehreren → Zielen. Daraus ergibt sich eine → Entscheidung, wenn der → Aktor über mindestens zwei → Varianten zur Verkleinerung oder vollständigen Eliminierung der Abweichung verfügt. *2. Arten:* Es gibt viele Kriterien, um Entscheidungsprobleme in Kategorien einzuteilen. Die wichtigsten sind: (a) Nach der betroffenen Funktion kann zwischen Marketingproblemen, Produktionsproblemen etc. unterschieden werden. (b) Nach dem Problemcharakter lassen sich Gestaltungsprobleme (design problems) und Wahlprobleme (choice problems) unterscheiden. (c) Aufgrund der Problemstruktur kann zwischen gut strukturieren Problemen (well-structured problems) und schlecht strukturierten Problemen (ill-structured problems) differenziert werden. Diese Unterscheidung ist wichtig, weil sie die Art des → Entscheidungsverfahrens zur Bewältigung des Problems vorgibt: Für gut strukturierte Probleme kann mit Hilfe eines analytischen Entscheidungsverfahrens die optimale Lösung bestimmt werden. Für schlecht strukturierte Probleme lässt sich unter Verwendung eines heuristischen Entscheidungsverfahrens in der Regel eine brauchbare Lösung erarbeiten.
Siehe auch → Entscheidung, betriebwirtschaftliche (mit Literaturangaben).
 Literatur: Gäfgen, G. (1974): Theorie der wirtschaftlichen Entscheidung, 3. Auflage, Tübingen; Grünig, R., Kühn, R. (2006): Entscheidungsverfahren für komplexe Probleme. Ein heuristischer Ansatz, 2. Auflage, Berlin etc.; Klein, H. K. (1971): Heuristische Entscheidmodelle: neue Techniken des Programmierens und Entscheidens für das Management, Wiesbaden; Simon, H. A. (1966): The Logic of Heuristic Decision Making, in: Rescher, N. (Hrsg.): The Logic of Decision and Action, Pittsburgh, S. 1-35; Simon, H. A., Newell A. (1958): Heuristic Problem Solving. The Next Advance in Operation Research, in: Operations Research, Jan.-Feb./1958, S. 1-10.

Entscheidungsprozessorientierter Ansatz

In diesem Ansatz der → *Organisationstheorie*, der insbesondere von H. A. Simon und R. M. Cyert/J. G. March entwickelt wurde, steht die empirische Erforschung von Entscheidungsprozessen in Unternehmen im Vordergrund. Aus detaillierten Fallstudien einzelner Entscheidungen in bestimmten Unternehmen wurden durch → Induktion verallgemeinernde Schlussfolgerungen gezogen.
Die Forschungen erbrachten vor allem das Ergebnis einer großen Diskrepanz zwischen den Vorstellungen der normativen → Entscheidungstheorie und den real ablaufenden Entscheidungen. Diese erwiesen sich als weitaus irrationaler und chaotischer, als es den Modellvorstellungen entspricht. Im sog. Mülleimermodell der Entscheidung (garbage can) wird sogar die These aufgestellt, dass Entscheidungen in Organisationen eher auf Zufall als auf Kalkül zurückgehen. Zentrale Ergebnisse der verhaltensorientierten Entscheidungsforschung sind das Konzept der „begrenzten Rationalität" (bounded rationality) und die Erkenntnis erheblicher und dauerhafter Zielkonflikte in Organisationen. Eine optimale Organisationsgestaltung wird dadurch deutlich erschwert.
Siehe auch → Organisationstheorie (mit Literaturangaben).
 Literatur: Bea, F. X., Göbel, E.: Organisation, 2. Auflage, Stuttgart 2002, S. 100-118; dieselben: Organisation, 3. Auflage, Stuttgart 2006; Cyert, R. M., March, J. G.: Eine verhaltenswissenschaftliche Theorie der Unternehmung, 2. Auflage, Stuttgart 1995.

Entscheidungssequenz

Eine Entscheidungssequenz liegt vor, wenn eine heute getroffene → Entscheidung in Zukunft Möglichkeiten oder Notwendigkeiten für weitere Entscheidungen eröffnet. Dabei sind die in den zukünftigen Entscheidungen offen stehenden → Varianten und/oder die sich daraus ergebenden → Konsequenzen abhängig von der heute gewählten Variante. Entscheidungssequenzen werden meist mit Hilfe von → Entscheidungsbäumen dargestellt.

Entscheidungstheoretischer Ansatz

(in der *Organisationstheorie*), siehe → Entscheidungslogischer Ansatz und → Entscheidungsprozess-orientierter Ansatz. Siehe auch → Organisationstheorien (mit Literaturangaben).

Entscheidungstheorie

1. Generell: Die Erkenntnisse der betriebswirtschaftlichen Forschung zur Entscheidfindung werden häufig unter dem Begriff Entscheidungstheorie zusammengefasst. Die Entscheidungstheorie lässt sich in drei Teilbereiche unterteilen: (1) Entscheidungslogik, (2) Deskriptive Entscheidungstheorie, (3) Präskriptive Entscheidungstheorie.

2. Entscheidungslogik: Die Entscheidungslogik leitet aus der Annahme der → rationalen Entscheidung auf deduktivem Weg Erkenntnisse ab. Da rein deduktive Gedankengänge hinter den Erkenntnissen der Entscheidlogik stehen, stellen sie vom logischen Standpunkt aus stets Selbstverständlichkeiten dar. Sie können aber psychologische Neuigkeiten enthalten und insofern Wissenschaft und Praxis weiterhelfen.

3. Deskriptive resp. explikative Entscheidungstheorie: Die Erkenntnisse der Entscheidungslogik können als Grundlage dienen, um auf empirischem Weg zu erforschen, inwieweit in der Praxis rational entschieden wird. Forschungsarbeiten mit dieser Zielsetzung werden als deskriptive oder explikative Entscheidungstheorie bezeichnet.

4. Präskriptive Entscheidungstheorie: Schließlich kann die Betriebswirtschaftslehre versuchen, die Praxis beim Treffen rationaler Entscheidungen zu unterstützen. Neben der Entscheidungslogik bauen diese Bemühungen auch auf anderen Grundlagen wie beispielsweise den → heuristischen Prinzipien auf. Diese Forschungsrichtung wird als präskriptive Entscheidungstheorie bezeichnet.

Siehe auch → Entscheidung, betriebswirtschaftliche (mit Literaturangaben).

Literatur: Gäfgen, G. (1974): Theorie der wirtschaftlichen Entscheidung, 3. Auflage, Tübingen; Grünig, R., Kühn, R. (2006): Entscheidungsverfahren für komplexe Probleme. Ein heuristischer Ansatz, 2. Auflage, Berlin etc.

Entscheidungsunterstützungssystem

(*Decision Support System*) ist ein → Anwendungssystem zur Unterstützung teilweiser strukturierbarer Aufgaben, insb. der Vorbereitung von Entscheidungen auf Führungsebenen. Dabei werden auf Grundlage einer → Datenbasis und unter Verwendung geeigneter Methoden und Werkzeuge die Planung sowie die Untersuchung und Beurteilung von Handlungsalternativen unterstützt.

Entscheidungsunterstützungssysteme (EUS)

(*Decision Support Systems*) sind interaktive, modell- und formelbasierte Systeme, die funktional auf einzelne (Teil-)Aufgaben bzw. Aufgabenklassen beschränkt sind.

Entscheidungsvariable

Ein Ansatzpunkt, um ein → Entscheidungsproblem zu lösen, wird Entscheidungsvariable genannt. Normalerweise verfügt ein → Aktor in einem Entscheidungsproblem über mehrere Entscheidungsvariablen mit je einem vorgegebenen Spektrum von Ausprägungen. Die Entscheidungsvariablen bilden die Grundlage für die Formulierung von → Varianten.

Entscheidungsvariablen

sind z.B. im Rahmen der → Unternehmensplanung Gegenstand hypothetischer unternehmerischer Entscheidungen (z.B. bezüglich von Preisen, Werbebudgets, Investitionen usw.), d.h. vom entscheidenden Unternehmen zu beeinflussen bzw. zu gestalten. Gegensatz: → exogene Variablen, die von unternehmerischen Entscheidungen nicht beeinflusst werden. Siehe auch → Planungsvariablen.

Entscheidungsverfahren, betriebswirtschaftliches

1. Begriff: Ein Entscheidungsverfahren ist ein System von intersubjektiv nachvollziehbaren Regeln der Informationsbeschaffung und -verarbeitung. Dieses Regelsystem kann zur Bewältigung einer bestimmten Art von → Entscheidungen eingesetzt werden.

2. Arten: Es gibt zwei wichtige Kriterien, um Arten von Entscheidungsverfahren zu unterscheiden: (a) Nach der inhaltlichen Breite der Problemstellung, auf die das Verfahren anwendbar ist, kann zwi-

schen speziellen und allgemeinen Entscheidungsverfahren unterschieden werden. Ein spezielles Entscheidungsverfahren ist nur zur Lösung einer bestimmten Art von Problemen wie z.B. die Bestimmung des Marketing-Mix einer Produktgruppe oder die Bestimmung der optimalen Bestellmenge eines Lagerartikels geeignet. (b) Aufgrund der Lösungsqualität kann zwischen analytischen Entscheidungsverfahren resp. Algorithmen resp. → Optimierungsmethoden und heuristischen Entscheidungsverfahren unterschieden werden. Die analytischen Entscheidungsverfahren setzen ein gut strukturiertes Entscheidungsproblem voraus und besitzen damit restriktive formale Anwendungsbedingungen. Ihr grosser Vorteil liegt darin, dass sie – falls die meist strengen formalen Anwendungsbedingungen vollständig erfüllt sind – die optimale Lösung des Problems finden. Die heuristischen Entscheidungsverfahren besitzen dagegen wenig oder keine formalen Anwendungsbedingungen und können damit auch im Falle von schlecht strukturierten → Entscheidungsproblemen zum Einsatz kommen. Sie basieren auf → heuristischen Prinzipien und ergeben in der Regel eine brauchbare Lösung.
Siehe auch → Entscheidung, betriebwirtschaftliche (mit Literaturangaben).
   Literatur: Grünig, R., Kühn, R. (2006): Entscheidungsverfahren für komplexe Probleme. Ein heuristischer Ansatz, 2. Auflage, Berlin etc.; Klein, H. K. (1971): Heuristische Entscheidmodelle: neue Techniken des Programmierens und Entscheidens für das Management, Wiesbaden.

Entscheidungszäsuren
(*Gateways*) sind z.B. im Rahmen des → Projektmanagements → Meilensteine im → Projekt, an denen wichtige Entscheidungen, insbesondere diejenigen über die Weiterführung oder Abbruch des Projekts, getroffen werden.

Entsorgung
Die Kreislaufwirtschaft erstreckt sich von der Rohstoffgewinnung über die Produktion, den Konsum bis zur Deponierung zunehmend knapper werdender Ressourcen. Dies ist im Kreislaufwirtschaftsgesetz (KrwG), ergänzt durch das Abfallgesetz (AbfG) verankert, wonach Produkte, Produktionsrückstände und Verpackungen möglichst lange im Wirtschaftskreislauf gehalten werden sollen. Relevanten Begriffe sind: (1) Wiederverwendung als wiederholte Verwendung eines unveränderten Guts in dem schon für die Erstverwendung vorgesehenen Verwendungszweck (z.B. Pfandflaschen), (2) Weiterverwendung als nochmalige Nutzung eines Guts für eine vom Erstzweck verschiedene Verwendung, für die es eigentlich nicht hergestellt worden ist (Zweitnutzen), (3) Wiederverwertung als Wiedereinsatz eines Guts in bereits früher durchlaufenen Produktionsprozessen unter zumindest teilweiser oder völliger Formauflösung und -veränderung (z.B. Altglaseinschmelzung zu Neuglas, Recyclingpapier), (4) Weiterverwendung als Einsatz eines Guts in noch nicht durchlaufenen Produktionsprozessen unter Umwandlung zu neuen Werkstoffen bei Verlust der Materialidentität oder bei Gestaltänderung (z.B. Joghurtbecher werden zu Parkbänken).
Siehe auch → Produktpolitik (mit Literaturangaben).

Entsorgungslogistik
Die Entsorgungslogistik beschäftigt sich mit der organisatorischen Gestaltung und Durchführung des Transportes und der Lagerung von Abfallstoffen, die entweder zu beseitigen sind oder der weiteren Verwertung (Recycling) zugeführt werden sollen. Außerdem umfasst die Entsorgungslogistik auch die Rückführung von falsch gelieferten Gütern und die Leerguttransporte an Lieferanten.
Siehe auch → Retrodistributionslogistik und → Logistik, Grundlagen (mit Literaturangaben).

Entwicklungsfehler
liegt vor, wenn der Schaden durch einen Produktfehler entstanden ist, der bei Inverkehrgabe aufgrund des → Stand von Wissenschaft und Technik, vom Hersteller nicht erkannt werden konnte (§ 1 Abs. 2 Nr. 5 ProdHaftG). Siehe → Produkthaftung.

Entwicklungsprojekte
sind der klassische Prototyp von Projekten (siehe auch → Projektmanagement). Entwicklungsprojekte sind Projekte, deren Ziel die Entwicklung eines Produkts oder einer Dienstleistung ist. Klassische Entwicklungsprojekte liegen in den Bereichen Systementwicklung, Produktentwicklung, Hardware- und

Software-Entwicklung. Ebenso müssen Dienstleistungsprodukte (Services) und Finanzprodukte systematisch entwickelt werden.

Entwicklungsrisiko
siehe → Entwicklungsfehler (→ Produkthaftung).

Entwicklungsumgebung
ist eine Software zur Erstellung von Computerprogrammen. Entwicklungsumgebungen ermöglichen die Erfassung von Programmen, die Einbindung bereits vorhandener Komponenten sowie die Umwandlung des Programmcodes in ein lauffähiges Programm.

Environmental Audit
siehe → Umweltbetriebsprüfung; siehe auch → Umweltmanagement.

Environmental Management and Audit Scheme
abgek. → EMAS.

Environmental Management System
siehe → Umweltmanagementsystem.

Environmental Management
siehe → Umweltmanagement (mit Literaturangaben).

Environmental Policy
siehe → betriebliche Umweltpolitik, siehe auch → Umweltmanagement (mit Literaturangaben).

Environmental Programme
siehe → Umweltprogramm, betriebliches.

Environmental Review
siehe → Umweltprüfung; siehe auch → Umweltmanagement (mit Literaturangaben).

Environmental Statement
siehe → Umwelterklärung; siehe auch → Umweltmanagement).

EONIA
Abk. für Euro OverNight Index Average. EONIA ist der Euro-Tagesgeldsatz am Bankengeldmarkt, der von der Europäischen Zentralbank (EZB) ermittelt wird. EONIA beruht auf der Dateneingabe von jenen festgelegten erstklassigen Geldhandelsbanken (Panel Banks), auf deren Angaben auch die Ermittlung von → EURIBOR beruht. Erfasst werden die relevanten Transaktionen eines Tages, die bis zum Schluss von RTGS (Real-Time Gross Settlement), also bis 6.00 abends (MEZ/CET) ausgeführt wurden und bis 6.30 Uhr abends zu melden sind. EONIA wird für alle Tage (außer Samstagen, Sonntagen und „TARGET holidays") am gleichen Abend zwischen 6.45 und 7.00 Uhr veröffentlicht. Siehe auch → Geldmarktkredite sowie → Geldmarktkonto.

Literatur: Häberle, S.G.: Handbuch der Außenhandelsfinanzierung, 3. Auflage, München und Wien 2002; HAUFE EXPORT OFFICE, CD-ROM, Freiburg i.Br. o.J. (laufende Ergänzungslieferungen).

Internetadressen: (internationaler Geldmarkt, EONIA, EURIBOR, internationale Zinssätze) http://www.euribor.org/html/content/eonia, http://www.euribor.org/html/content/euribor, http://quotes.ubs.com/quotes... .

EP
Abk. für → Economic Profit.

EP
Abk. für → Efficient Promotion.

E-Participation
lässt sich begrifflich nur schwer eindeutig von → E-Democracy abgrenzen. I.A. wird darunter die elektronisch unterstützte Bürgerbeteiligung an Planungs- und Gestaltungsprozessen verstanden. Siehe auch → Electronic Government (mit Literaturangaben).

EPC
Abk. für European Private Company, andere Bezeichnungen: Europäische Privatgesellschaft (EPG) oder Société Fermée Européene (SFE); siehe → Gesellschaftsrecht, Europäisches.

EPG
Abk. für Europäische Privatgesellschaft, andere Bezeichnungen: European Private Company (EPC) oder Société Fermée Européene (SFE); siehe → Gesellschaftsrecht, Europäisches.

EPI
Abk. für → Efficient Product Introductions.

EPK
Abk. für Ereignisorientierte-Prozessketten. Siehe auch → Workflow-Management.

E-Politics
siehe → E-Council; siehe auch Electronic-Government (mit Literaturangaben).

EPRG-Konzept
Das EPRG-Konzept (*ethno-, poly-, regio-, geozentrisches Konzept*) geht davon aus, dass die Werte, Einstellungen, Erfahrungen und Erlebnisse von Individuen die Art der Internationalität eines Unternehmens beeinflussen. In *ethno-, poly-, geo- und regiozentrischen* Einstellungen kommen unterschiedliche internationale Orientierungen vor allem hinsichtlich des Verhältnisses zwischen Mutter- und Tochtergesellschaft(en) zum Ausdruck.
Die (1) *ethnozentrische* Orientierung geht von einer Überlegenheit der Muttergesellschaft gegenüber den Tochtergesellschaften hinsichtlich aller Strategien und Maßnahmen aus. Entscheidungen werden daher prinzipiell im Stammhaus getroffen und bewährte Strukturen und Konzepte auf Gastländer übertragen. Schlüsselpositionen in den Tochtergesellschaften sind Managern aus dem Stammland vorbehalten.
Die (2) *polyzentrische* Orientierung akzeptiert kulturelle Unterschiede. Das Management der Tochtergesellschaften setzt sich aus Landeskindern zusammen, die die lokalen Gegebenheiten kennen und deshalb auch weitgehende Entscheidungsfreiheit haben.
Bei (3) *geozentrischer* Orientierung werden Mutter- und Tochtergesellschaften als weltweite Einheit gesehen. Die Nationalität spielt bei der Rekrutierung von Führungskräften keine Rolle. Entscheidungen werden von den betroffenen Einheiten gefällt, es findet intensive Kommunikation und eine Optimierung der Ressourcenallokation bei weltweiter Arbeitsteilung und Spezialisierung einzelner Unternehmenseinheiten statt.
Die (4) *regiozentrische* Orientierung bildet die Weiterentwicklung des polyzentrischen Konzepts vor dem Hintergrund einer zunehmenden Regionalisierung der Wirtschaft; es werden nicht mehr die Unterschiede zwischen Ländern, sondern zwischen relativ homogenen Ländergruppen (z.B. → EU) betrachtet. Die skizzierten Orientierungen spiegeln ein idealtypisches Konzept wider. Deshalb existiert auch kein Unternehmen, das man eindeutig als *ethno-, poly-, regio- oder geozentrisch* bezeichnen könnte. Vielmehr muss davon ausgegangen werden, dass gleichzeitig – z.B. in verschiedenen Funktionsbereichen – unterschiedliche Orientierungen anzutreffen sind.
Siehe auch → Globalisierung und → Interkulturelles Management; → Personalmanagement, Internationales, jeweils (mit Literaturangaben).

Literatur: Perlmutter, Howard V.: The Tortuous Evolution of the Multinational Corporation, in: Columbia Journal of World Business 4 (Jan./Feb. 1969), S. 9-18.

E-Procurement
Abk. für Electronic Procurement. Siehe → Electronic Procurement (mit Literaturangaben).

E-Publishing
(*Electronic Publishing*), Bezeichnung für elektronisch vervielfältigte Veröffentlichungen, entweder über mobile Datenträger, CD Rom und Disketten, oder Datennetze wie das Internet. Electronic Publishing umfasst dabei die elektronische Produktion von (herkömmlichen) Publikationen, die Distribution (elektronischer) Publikationen sowie alle neuartigen (hypermedialen) Präsentations- und Publikationsformen.

E-Purchasing
Abk. für Electronic Purchasing; siehe → Electronic Procurement.

EQA
Abk. für European Quality Award. Der EQA ist ein Preis, den die → *EFQM* für herausragende Leistungen bei der Umsetzung des Qualitätsgedankens – branchenbezogen – auf europäischer Ebene verleiht.
Literatur: Kamiske Gerd F. / Brauer Jörg-Peter: Qualitätsmanagement von A bis Z, 5. aktualisierte Auflage, 2006 Karl Hanser Verlag, München Wien
Internetadresse: http://www.quality.de/lexikon/eqa.htm

Equipment-Leasing
siehe → Ausrüstungsleasing; siehe auch → Leasing.

Equity Carve-out
Form der → Desinvestition, bei der Unternehmensanteile am Kapitalmarkt veräußert werden.
Dabei erfolgt lediglich die Börseneinführung eines Minderheitsanteils bzw. eine breite Streuung, die den Altgesellschaftern weiterhin eine Dominanz sichert. Somit ändern sich zwar die Eigentumsverhältnisse, das Control-Verhältnis bleibt jedoch bestehen. Eine → Unternehmensbewertung ist zur Festlegung des Emissionskurses erforderlich, wobei zu berücksichtigen ist, dass die Gesellschaft weiterhin Teil einer Unternehmensgruppe ist. Zu unterscheiden sind die Primärplatzierung (Primary Offering), bei der Anteile aus einer Kapitalerhöhung emittiert werden und die Erlöse somit unmittelbar der Gesellschaft zufließen, und die Sekundärplatzierung (Secondary Offering), bei der Anteile der Altgesellschafter emittiert werden, denen die Emissionserlöse zufließen.
Gegebenenfalls muss der Unternehmensbereich zunächst rechtlich verselbstständigt werden. Der Equity Carve-out ist häufig lediglich eine Vorstufe zur vollständigen → Desinvestition.
Siehe auch → Beteiligungscontrolling (mit Literaturangaben).

Equity Joint Venture
siehe → Joint Venture.

Equity Kicker
Vereinbarung z.B. im Rahmen einer → Mezzanine Finanzierung, wonach der Kapitalgeber das Recht hat, zu einem späteren Zeitpunkt gegen Einbringung seiner Rückzahlungsforderung Eigenkapitalanteile an der zu finanzierenden Gesellschaft – oft zu Sonderkonditionen – zu erwerben. Hierdurch hat der Kapitalgeber die Möglichkeit, am Wertschöpfungspotential des Unternehmens teilzunehmen.

Equity Market Neutral
zählt zu den marktneutralen Strategien von → Hedgefonds, siehe auch → Hedgefonds-Strategien.

Equity-Methode

stellt ihrem Wesen nach ein relativ einfaches Bewertungsverfahren für → *assoziierte Unternehmen* dar (vgl. § 311 HGB), das den Beteiligungswert ausgehend von den historischen Anschaffungskosten entsprechend der Entwicklung des anteiligen Eigenkapitals der Beteiligungsgesellschaft fortführt. Zu diesem Zweck wird der Beteiligungswert namentlich um die auf das Gesellschafterunternehmen entfallenden Erfolge und Gewinnausschüttungen des Beteiligungsunternehmens erhöht bzw. vermindert. Da eine Verrechnung der Aktiva und Passiva des assoziierten Unternehmens mit denen der übrigen → Konzernunternehmen nicht stattfindet, wird diese Beteiligung in einer besonderen Position "Beteiligungen an assoziierten Unternehmen" in der Konzernbilanz ausgewiesen. § 312 HGB lässt alternativ zwei Vorgehensweisen zu: die *Buchwertmethode* und die *Kapitalanteilsmethode*. Sie unterscheiden sich jedoch nur in einem – zudem vorübergehenden – unterschiedlichen Ausweis.

Siehe auch → Konzernabschluss (mit Literaturangaben).

Literatur: Gräfer, H., Scheld, G.A.: Grundzüge der Konzernrechnungslegung, 9. Auflage, Berlin 2005; Küting, K., Weber, C.-P.: Der Konzernabschluss – Lehrbuch zur Praxis der Konzernrechnungslegung, 9. Auflage, Stuttgart 2005.

Internetadresse: http://www.drsc.de.

ER

Abk. für → Efficient Replenishment.

ERA

Abk. für → Einheitliche Richtlinien und Gebräuche für Dokumenten-Akkreditive der Internationalen Handelskammer (→ ICC); siehe auch → Dokumentenakkreditiv.

ERASMUS

ist neben der Bezeichnung „SOKRATES" die Bezeichnung für das *Sokrates/Erasmus Programm der Europäischen Union*. Einzelheiten → SOKRATES. Siehe auch → Auslandstudium, Institutionen, Stipendien und Auslandspraktika (mit Internetadressen und Literaturangabe).

Internetadresse: http://www.eu.daad.de

E-Recruiting

Unter dem Begriff E-Recruiting ist die Rekrutierung von Personal über das Internet (Internetstellenbörsen und Homepages von Unternehmen) zu verstehen. Siehe auch → Personalmarketing und → Personalmanagement (mit Literaturangaben).

Ereignisorientierte-Prozessketten (EPK)

Über EPKs lassen sich Arbeitsprozesse in einer semiformalen Modellierungssprache grafisch abbilden. Die Notation wurde 1992 von August-Wilhelm Scheer entwickelt und ist an Petri-Netze angelehnt. EPKs werden häufig für fachliche Beschreibung von Workflows verwendet. Siehe auch → Workflow-Management.

Ereignisse

sind Zeitpunkte zu denen ein bestimmter Zustand des Projekts oder Prozesses eintritt. Für den Prozessablauf wesentliche Ereignisse heißen → Meilensteine, denen Plantermine zugeordnet werden können. Jeder → Vorgang besitzt ein Anfangs- und Endereignis. Diese stellen im → Vorgangspfeilnetz die Knoten dar, im → Vorgangsknotennetz können sie zusätzlich den Knoten zugeordnet werden. Siehe auch → Projektmanagement.

Erfahrungskurveneffekte

Beim Erfahrungskurveneffekt führt eine Marktanteilserhöhung zur Senkung der Stückkosten und damit zur Erhöhung der Gewinnspanne und des → Cash Flow der Strategische Geschäftseinheiten

Erfolg

Ein zentrales Ziel in der finanzwirtschaftlichen Zieldimension ist der Erfolg, mit dem die jeweilige monetäre Zielerreichung festgestellt wird. Als wichtige Erfolgsziele werden der Unternehmenserfolg (Jahresüberschuss, -fehlbetrag) im externen Rechnungswesen, der → Betriebserfolg im internen Rechnungswesen und der → Projekterfolg in der → Investitionsrechnung angesehen. In jüngster Zeit werden auf Basis des Shareholder-Value-Konzepts weitere Erfolgsziele diskutiert, insbesondere der → Shareholder-Value (→ Marktwert des Eigenkapitals) des Unternehmens. Siehe auch → Erfolgscontrolling.

Erfolgpotenziale, strategische

siehe → Strategische Erfolgpotenziale (SEP), siehe auch → Strategisches Management (mit Literaturangaben).

Erfolgsbeteiligung

Beteiligung der *Arbeitnehmer* am wirtschaftlichen Erfolg des Unternehmens. Siehe auch → Lohn- und Gehaltsmodelle.

Erfolgscontrolling

Erfolgscontrolling

von Professor Dr. Rolf Brühl
ESCP-EAP Europäische Wirtschaftshochschule Berlin

1. Zwecke des Erfolgscontrollings

Da Unternehmen in einer Marktwirtschaft finanzwirtschaftliche Ziele verfolgen, ist das Controlling des Erfolges eine der wichtigsten Aufgaben der Unternehmensführung. Die Zwecke des Erfolgscontrollings sind sehr zahlreich: So muss es z.B. das Management mit Informationen über die Erfolge von Produkten versorgen oder es bei der Planung von Forschungs- und Entwicklungskosten unterstützen. Die Darstellung zeigt die grundlegenden Zusammenhänge zwischen den Systemen in der Unternehmensführung. Erfolgscontrolling hat im Führungssystem die Aufgabe der laufenden Steuerung der Planungs- und Kontrollprozesse sowie der Informationsprozesse im Hinblick auf die Erfolgsziele des Unternehmens. Die Steuerungsaufgabe des → Controllings ist mit einer Koordination verbunden, die durch Controlling-Instrumente unterstützt wird; sie bezieht sich auf die verschiedenen Ebenen der operativen, taktischen und strategischen Planung und Kontrolle (siehe Abbildung 1).

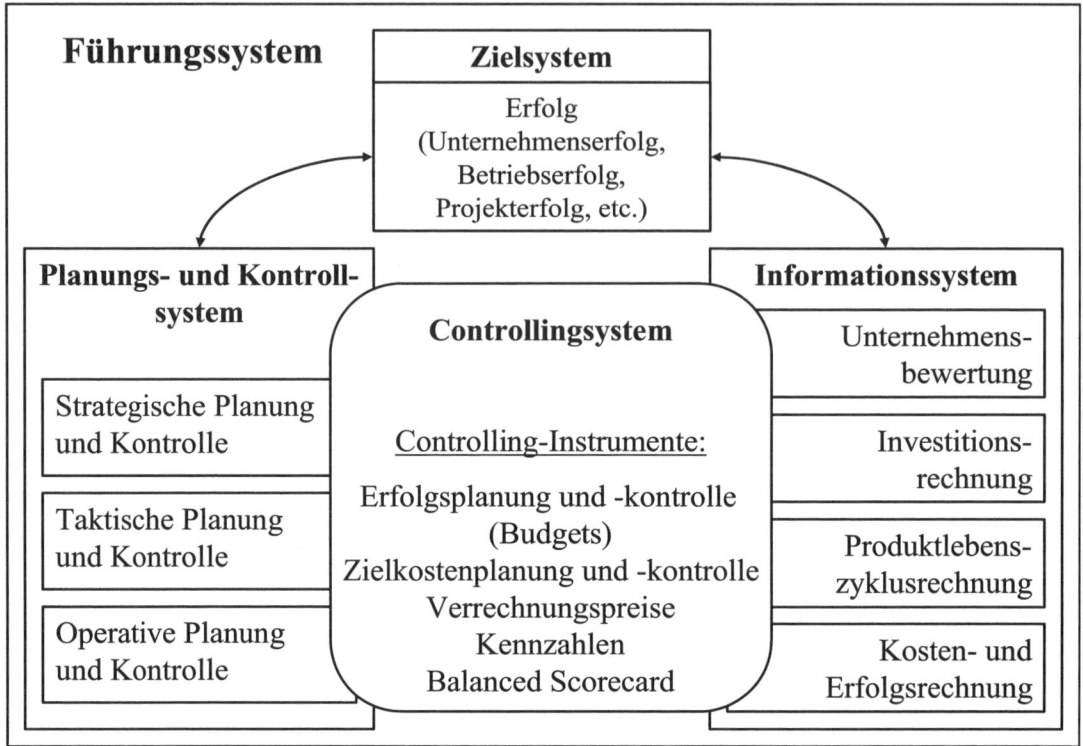

Abb. 1: Erfolgscontrolling im Führungssystem

2. Erfolgsziele
In Unternehmen existiert eine Vielzahl von Erfolgsbegriffen und -rechnungen, die auf verschiedenen Systemen des Rechnungswesens beruhen: so z.B. der Unternehmenserfolg, der sich aus dem externen Rechnungswesen ergibt; der → Betriebserfolg der Kostenrechnung, der Projekterfolg der Investitionsrechnung (→ Investitionswirtschaft), der Unternehmenswert als Totalerfolg, wie er z.B. in den verschiedenen → Shareholder-Value-Kennzahlen auf Basis einer → Unternehmensbewertung berechnet wird. Für die strategische Planung und Kontrolle wird der Erfolg häufig mit nicht-monetären Größen operationalisiert, mithilfe des Erfolgspotentials werden dann die Chancen und Risiken sowie Stärken und Schwächen des Unternehmens abgeschätzt.

3. Controlling-Instrumente im Erfolgscontrolling
Das Controlling bedient sich zur laufenden Steuerung der Planungs- und Kontrollprozesse sowie der Informationsprozesse verschiedener Instrumente, für die in der Darstellung einige Beispiele aufgelistet sind. Controlling-Instrumente im Erfolgscontrolling sind Regelungen, die unter Berücksichtigung von Interdependenzen zwischen und innerhalb des Planungs- und Kontrollsystems sowie des Informationssystems zur erfolgsorientierten Steuerung eingesetzt werden. Controlling setzt beispielsweise → Budgets im Unternehmen ein, um die von den unterschiedlichen Abteilungen geplanten Aktivitäten im Hinblick auf den Betriebserfolg zu koordinieren. Um diese Koordination zu erreichen, sind die operativen Planungsprozesse mit den notwendigen Informationen, z.B. in Form von Plankosten und Planerlösen, zu versorgen. Dieser Informationsbedarf des Managements (= Rechnungszweck) ist durch eine entsprechend ausgebaute Plankosten- und Planerfolgsrechnung abzudecken.

4. Erfolgsplanung und -kontrolle (Budgets)

Die → Budgetierung ist im Kern eine periodische Erfolgsplanung und -kontrolle und beruht häufig auf den Informationen des internen Rechnungswesens. In ihr werden die gesamten Aktivitäten einer Periode, z.B. eines Jahres, abgestimmt und der → Erfolg des Unternehmens ermittelt. Einer operativen (periodischen) Erfolgsplanung und -kontrolle ist die Kostenplanung und -kontrolle sowie die Erlösplanung und -kontrolle vorgelagert. Um die Kosten für → Budgets zu planen und zu kontrollieren, benötigt das Unternehmen eine ausgebaute Ist- und → Plan-Kostenrechnung. Ergebnis einer Kostenplanung sind dann z.B. die → Sollkosten einer Kostenstelle oder die Plankosten für ein Produkt. Manager kontrollieren in ihrem Bereich, um zu überprüfen, ob die Ziele erreicht wurden. So werden in einer Kostenstelle den geplanten Kosten die tatsächlich realisierten Kosten gegenübergestellt, in einer anschließenden → Abweichungsanalyse werden auftretende Abweichungen berechnet und ihre Ursachen ermittelt.

5. Zielkostenplanung und -kontrolle (Target Costing)

Mit dem Erfolgscontrolling soll nicht nur der → Erfolg aus dem laufenden Geschäft gesteuert werden, sondern es soll auch Informationen für die Phasen der Produktentwicklung und -konstruktion bereitstellen. Da sich die Zielkostenplanung auf den gesamten Lebenszyklus des Produktes bezieht, ist der Aufbau einer → Produktlebenszyklusrechnung anzustreben. Für das → Zielkostenmanagement ist die Idee grundlegend, dass Kosten für neu zu entwickelnde Produkte auf Basis der Marktanforderungen zu bestimmen sind. Eine alleinige Ausrichtung auf die bereits vorhandenen Technologien, die sich in den Plankosten des Unternehmens ausdrücken, gilt als nicht ausreichend. Kostenvorgaben werden daher idealtypisch aus der Differenz zwischen den Preisvorstellungen der Kunden (= Umsatz) und den Gewinnvorstellungen im Unternehmen abgeleitet. Sollen Vorgaben für einzelne Produktkomponenten ermittelt werden, wird mithilfe einer wertanalytischen Vorgehensweise eine Spaltung dieser Kostenvorgabe vorgenommen.

6. Verrechnungspreise

→ Verrechnungspreise werden eingesetzt, um Entscheidungen zwischen selbstständigen Divisionen im Unternehmen abzustimmen. Anstelle einer als zu komplizierten angesehenen → Budgetierung (= Planabstimmung) soll der Preismechanismus wie in einer Volkswirtschaft die Abstimmung vereinfachen. Neben dieser Aufgabe der Koordination der Divisionen tritt die Aufgabe der Erfolgsermittlung: Die einzelne Division soll ihren Beitrag zum Gesamterfolg des Unternehmens erkennen können. Daher dient diese Erfolgsgröße auch häufig als Basis für Vergütungen von Divisionsmanagern. → Verrechnungspreise werden im wesentlichen auf Basis von Marktpreisen oder, wenn die Voraussetzungen dafür nicht vorliegen, auf Basis von Kosten gebildet. Im internationalen Konzern tritt neben die beiden genannten Zwecke die Steuerminimierung als dritter Zweck hinzu, wobei einer damit einhergehenden Erfolgsverlagerung in Niedrigsteuerländer durch den so genannten → Fremdvergleich Grenzen gesetzt sind.

7. Kennzahlen

Um Ergebnisse von Entscheidungen und Handlungen zu messen (→ Performance Measurement), werden → Kennzahlen eingesetzt. Kennzahlen sind quantitative Größen, im Erfolgscontrolling werden überwiegend monetäre → Erfolgsgrößen verwendet, entweder in der absoluten Form wie z. B. der Betriebserfolg oder in relativer Form als Rentabilität. Kennzahlen sollen für die Planung, Steuerung und Kontrolle geeignet sein, eine wichtige Anforderung ist daher, dass sie aus dem Zielsystem des Unternehmens abgeleitet sind; es sollten operationalisierte Ziele sein. In jüngster Zeit haben sich besonders die wertorientierten Kennzahlen (→ Shareholder-Value-Konzept; siehe auch → Kennzahlen, wertorientierte) wie z.B. der Economic Value Added in den Unternehmen verbreitet. Von diesen Kennzahlen erhoffen sich die Anteilseigner des Unternehmens, dass ihre Ziele mit den persönlichen Einkommenszielen des Managements so verknüpft werden können, dass Zielharmonie hergestellt wird.

8. Balanced Scorecard

Im Erfolgscontrolling dominieren die monetären Ziele für die Planung, Steuerung und Kontrolle. Monetäre Größen haben z.B. die Nachteile, dass sie nicht direkt handlungsleitend sind und dass sie als Spätindikatoren gelten. In einem Kennzahlensystem, dass zur Steuerung von Mitarbeitern eingesetzt wird, sind daher quantitative Ziele vorzusehen, die von Mitarbeitern direkt beeinflusst werden können. Ein solches System wurde mit der → Balanced Scorecard entwickelt. Es enthält vier Perspektiven von denen drei Perspektiven ausdrücklich nicht-finanzielle Bereiche abdecken sollen: Kunden-, Interne Prozess- sowie Lern- und Wachstumsperspektive. Für jeden dieser Bereiche, unter Einbeziehung der finanziellen Perspektive, sollen Kennzahlen entwickelt werden. Die → Balanced Scorecard ergänzt daher das Erfolgscontrolling im Hinblick auf nicht-monetäre Zielgrößen.

9. Vergütungssysteme
Die bisher vorgestellten Controlling-Instrumente sind nur die wichtigsten und schließen sich nicht gegenseitig aus, ein kombinierter Einsatz ist durchaus möglich. Die Betrachtung dieser Instrumente im Führungssystem bleibt jedoch unvollständig, solange nicht beachtet wird, dass alle diese Instrumente sich auf die Vergütung von Managern auswirken können. Für das Erfolgscontrolling sind daher insbesondere die monetären Anreize des Vergütungssystems relevant. Eine Anreizwirkung wird z.B. von variablen Anteilen am Gehalt und von der Beteiligung am Erfolg und am Kapital erwartet. Siehe auch → Lohn- und Gehaltsmodelle.

Hinweise
- Zu den *angrenzenden Wissensgebieten* siehe → Abschlusserstellung nach US-GAAP, → Balanced Scorecard, → Benchmarking, → Beteiligungscontrolling, → Bilanzanalyse, → Controlling, Grundlagen, → Controlling, Informationssysteme, → Controlling, Internationales, → Dienstleistungscontrolling, → Einkaufscontrolling, → Finanzcontrolling, → Internationale Rechnungslegung nach IFRS, → Investitionscontrolling, → Jahresabschluss, → Kennzahlen, finanzwirtschaftliche, → Kennzahlen, wertorientierte, → Konzernabschluss, → Logistikcontrolling, → Lohn- und Gehaltsmodelle, → Marketingcontrolling, → Ökologiecontrolling, → Profit Center, → Qualitätscontrolling, → Risikocontrolling, → Supply Chain Controlling, → Unternehmensbewertung.
- Speziell zu den *alternativen Verrechnungspreisen* siehe → Verrechnungspreise, → Verrechnungspreise, duale, → Verrechnungspreise, internationale, → Verrechnungspreise, kostenorientierte, → Verrechnungspreise, marktorientierte, → Verrechnungspreise, verhandlungsorientierte.

Literatur: Brühl, R.: Controlling. Grundlagen des Erfolgscontrollings, München, Wien, 2004; Coenenberg, A. G.: Kostenrechnung und Kostenanalyse, 5. Auflage, Stuttgart, 2003; Drury, C.: Management and Cost Accounting, 6. Auflage, London, 2004; Ewert, R., Wagenhofer, A.: Interne Unternehmensrechnung, 5. Auflage, Berlin, 2003; Hahn, D., Hungenberg, H.: PuK - Wertorientierte Controllingkonzepte, 6. Auflage, Wiesbaden, 2001; Horngren, C. T., Datar, S. M., Foster, G.: Cost Accounting, 11. Auflage, Upper Saddle River, 2003, Reichmann, T.: Controlling mit Kennzahlen und Managementberichten, 6. Auflage, Wiesbaden, 2001.

Website des Autors: http://www.escp-eap.de/lehrstuehle/bruhl/?id=34

Erfolgsgrößen
werden berechnet, um den Erfolg zu dekomponieren. Die verschiedenen Schritte werden wesentlich durch die Anspruchsgruppen geprägt. So sind folgende Erfolgsgrößen üblich: (1) Erfolg vor Zinsen und Steuern (→ EBIT), (2) Erfolg vor Steuern (→ EBT), (3) Erfolg nach Steuern (→ EAT).

Erfolgskonten
werden eingerichtet, um Veränderungen des Eigenkapitals (= erfolgswirksame Vorgänge) nach Erfolgsquellen differenziert zu buchen. Sie sind Unterkonten des passiven Bestandskontos Eigenkapital. Unterschieden wird zwischen Aufwandskonten und Ertragskonten. In Aufwandskonten werden die eigenkapitalmindernden Geschäftsvorfälle, wie Löhne, Materialverbrauch oder Mietzahlungen, im Soll gebucht. In Ertragskonten werden die eigenkapitalerhöhenden Vorfälle, wie Umsatzerlöse oder Zinsgutschriften, im Haben gebucht. Die Salden der Erfolgskonten werden in einem Erfolgssammelkonto gegengebucht, dem so genannten Gewinn- und Verlustkonto (GuV), dessen Saldo den erwirtschafteten Gewinn oder Verlust darstellt und über das Konto Eigenkapital abgeschlossen wird.

Erfolgsplanung
siehe → Plan-GuV-Rechnung.

Erfolgsquellenanalyse
siehe → Ergebnisquellenanalyse.

Erfolgswirtschaftliche Bilanzanalyse
siehe → Bilanzanalyse, erfolgswirtschaftliche.

Erfüllungsgarantie
siehe → Vertragserfüllungsgarantie.

Erfüllungsrisiko
(*default risk*), siehe → Forwards.

ERG
(Schweiz), Abk. für → Exportrisikogarantie, Schweiz; siehe → Exportrisikogarantie (ERG) und → Investitionsrisikogarantie (IRG), Schweiz.

Ergänzungs-Category
Warengruppen, die einen guten Verbrauchernutzen schaffen, indem sie ungeplante Käufe generieren und zusätzliche Konsumentenbedürfnisse befriedigen und somit das Image des Händlers als Full-Service-Einkaufsstätte verstärken. Pflicht- und Ergänzungs-Category sind als Umsatz- und Absatztreiber eines Sortimentes zu betrachten. Siehe auch → Category Management.

Ergebnis der gewöhnlichen Geschäftstätigkeit
(*Profit or Loss from Ordinary Activities, Income or Loss from Continuing Operations*). Gemäß § 275 HGB umfasst das Ergebnis der gewöhnlichen Geschäftstätigkeit das → Betriebsergebnis und das → Finanzergebnis. Unter Hinzurechnung des außerordentlichen Ergebnisses abzüglich der Steuern vom Einkommen und Ertrag sowie der sonstigen Steuern ergibt sich der Jahresüberschuss. Gemäß IFRS ermittelt sich das Ergebnis der gewöhnlichen Geschäftstätigkeit ebenfalls aus dem Betriebsergebnis und dem Finanzergebnis, allerdings abzüglich der Ertragsteuern und des Anteils der Minderheitsgesellschafter am Ergebnis.

Ergebniscontrolling
(bei Dienstleistungen). Gegenstand des Ergebniscontrolling ist zum einen die Messung der *Zufriedenheit* der Kunden mit der erhaltenen Dienstleistung (Gesamtzufriedenheit). Zum anderen müssen im Rahmen des Ergebniscontrollings die Kosten und Erlöse einer Dienstleistung in Beziehung zueinander gesetzt werden, um den Erfolgsbeitrag der betreffenden Leistungen bestimmen zu können (→ Erfolgscontrolling). Der erstgenannte Aspekt ist dem *Effektivitätscontrolling*, der zweitgenannte dem *Effizienzcontrolling* zuzurechnen. Siehe auch → Dienstleistungscontrolling.

Ergebnisquellenanalyse
Ergebnis, der im Rahmen einer → Bilanzanalyse meist durchführten Aufbereitung des Analysematerials. Zugleich Teil der strukturellen Ergebnisanalyse. Die Ergebnisquellenanalyse geht von der Gewinn- und Verlustrechnung aus, in der regelmäßig bereits eine nach Ergebnisquellen gegliederte Darstellung des Periodenergebnisses erfolgt (→ Jahresabschluss nach deutschem Recht, → Internationale Rechnungslegung nach IFRS, → Abschlusserstellung nach US-GAAP).
Die dabei praktizierte Form der Erfolgsspaltung kann jedoch dahingehend kritisiert werden, dass in den einzelnen Ergebnisbereichen auch Erträge und Aufwendungen enthalten sein können, die nicht regelmäßig anfallen, bilanzpolitisch motiviert sind (Bilanzpolitik) oder als betriebsfremd anzusehen sind. In besonderem Maße trifft diese Kritik auf die Rechnungslegung nach IAS/IFRS (→ Internationale Rechnungslegung nach IFRS) und nach US-GAAP (→ Abschlusserstellung nach US-GAAP) zu, weil dabei – nach den jüngsten Reformen – kein Ausweis eines außerordentlichen Ergebnisses mehr statthaft ist.

Aber auch an dem bei Rechnungslegung nach HGB (→ Jahresabschluss nach deutschem Recht) grundsätzlich möglichen bzw. gebotenen Ausweis eines außerordentlichen Ergebnisses wird bemängelt, dass die hierfür in Frage kommenden Ergebniskomponenten aus Sicht der → Bilanzanalyse zu eng definiert sind.
Vor diesem Hintergrund geht es bei einer Ergebnisquellenanalyse i.W. darum, Ergebniskomponenten, die unter vergleichsweise konstanten Bedingungen auch in Hinkunft erwartet werden können, von unregelmäßig auftretenden, nicht planbaren Komponenten zu trennen. Kriterien, die hierfür herangezogen werden können, sind: (1) Nachhaltigkeit; (2) Betriebszugehörigkeit; (3) Periodenbezogenheit. Vor allem bei externer Bilanzanalyse (→ Bilanzanalyse, externe) stellt sich dabei regelmäßig das Problem, dass die verfügbaren Informationen nicht für eine zweifelsfreie Klassifikation sämtlicher Ergebnisbestandteile und deren Zusammensetzung ausreichen. In diesen Fällen muss man sich mit pauschalen oder typisierenden Betrachtungen behelfen.
Siehe auch → Balanced Scorecard und → Kennzahlen, wertorientierte, jeweils mit Literaturangaben.

Erhaltene Anzahlungen
auf Bestellungen dürfen nach § 268 (5) S. 2 HGB von der Position → Vorräte offen abgesetzt werden, sofern ihr Ausweis nicht unter den Verbindlichkeiten erfolgt. Nach → IAS/IFRS und → US-GAAP ist ein offenes Absetzen von den → Vorräten verboten. Erhaltene Anzahlungen auf Vorräte sind grundsätzlich als kurzfristige Verbindlichkeit zu bilanzieren.

ERI
Abk. für → Einheitliche Richtlinien für Inkassi.

ERIC
Abk. für → Earnings less Riskfree Interest Charge.

Erlebnisorientierung
Konsumenten-Trend, der die zunehmende Bedeutung von Werten wie Hedonismus, Lebensgenuss und Selbstentfaltung ausdrückt. Siehe auch → Eventmarketing.

Erlebnisorientierung
In der Konsumentenforschung wird seit vielen Jahren eine zunehmende Freizeit-, Genuss-, und Erlebnisorientierung festgestellt. Deutsche Verbraucher schätzen sich als Erlebniskonsumenten ein, d.h. Erlebniswerte nehmen im Entscheidungsprozess für Marken eine relevante Stellung ein. Die Vermittlung von Informationen über eine → Marke im Rahmen von Erlebnissen steht dabei im Mittelpunkt. Die Besucher von → Events besuchen diese aktiv. In diesem Fall ist davon auszugehen, dass das → Involvement bei einer Botschaft über eine Marke im Rahmen eines Events sehr groß ist. Siehe auch → Eventmanagement und → Eventmarketing, jeweils mit Literaturangaben.

Erlebniswelt
Der Gesamteindruck der vermittelten Erlebnisse zu einem Angebot ergibt die Erlebniswelt. Unter einem Erlebnis versteht man den subjektiv wahrgenommenen, durch das Produkt und die marketingpolitischen Maßnahmen vermittelten Beitrag zur Lebensqualität der Konsumenten. Durch Marken sollen sinnliche Erlebnisse in der Gefühls- und Erfahrungswelt der Konsumenten verankert werden und einen realen Beitrag zur Lebensqualität leisten. Das eigene Angebot soll durch die Vermittlung spezifischer Erlebnisse eindeutig positioniert und sich von der Konkurrenz abheben.
Siehe auch → Konsumentenverhalten (mit Literaturangaben).
Literatur: Weinberg, P.; Diehl, S. (2001): Erlebniswelten für Marken, in: Esch, F.-R. (Hrsg.): Moderne Markenführung, 3. Aufl., Wiesbaden 2001, S. 185-207.

Erlösfunktion
→ Funktion, die den Erlös E (auch Umsatz) in Abhängigkeit von der abgesetzten Menge x eines Gutes ausdrückt: E = E(x). Liegt die abgesetzte Menge als Funktion des Stückpreises p vor, kann E auch als Funktion dieses Stückpreises angegeben werden: E = E(x(p)) = E(p).

ERM
Abk. für Entity Relationship Model; siehe auch → Plandatenbasis (→ Unternehmensplanung).

Erneuerungsschein
(*Talon*). Gegen Vorlage des Erneuerungsscheins erhält der Inhaber bei → effektiven Stücken einen neuen → Bogen und somit neue → Zinsscheine.

Eröffnungsbilanz
wird vom Gesetzgeber auch die gem. § 242 HGB zur Wahrung der Bilanzidentität notwendige und regelmäßig zu Beginn jedes Geschäftsjahres aufzustellende, i.R. aus der Schlussbilanz des Vorjahres abgeleitete Bilanz genannt.
Siehe auch → Sonderbilanzen (mit Literaturangaben).

Eröffnungsinventar
gem. §240 HGB hat der Kaufmann zu Beginn seines Gewerbes seine Grundstücke, seine Forderungen und Schulden, den Betrag seines baren Geldes sowie seine sonstigen Vermögensgegenstände genau zu verzeichnen; dies hat mengen- und wertmäßig zu geschehen.
Siehe auch → Sonderbilanzen (mit Literaturangaben).

eRoom
Anwendung, bei der beispielsweise Teamarbeit (siehe auch → Groupware-Systeme) auf eine zentrale Plattform im Internet verlagert und Arbeitsteams ein digitaler Arbeitsplatz im World Wide Web zur Verfügung gestellt wird, auf deren Grundlage räumlich verteilte Teams in virtuellen Projektgruppen zusammenzuarbeiten.

ERP
Abk. für *Enterprise Resource Planning*; siehe auch → ERP-Systeme und → Unternehmensplanung, jeweils mit Literaturangaben.

ERP
Abk. für *European Recovery Program*. Europäisches Wiederaufbauprogramm der USA nach dem Zweiten Weltkrieg, das zum ERP-Sondervermögen des Bundes geführt hat.

ERP-Systeme (Enterprise Resource Planning-Systeme)

ERP-Systeme (Enterprise Resource Planning-Systeme)

von Professor Dr. Dieter Blessing – Fachhochschule Aargau Nordwestschweiz

1. Charakterisierung und Ursprung
Bei ERP-Systeme handelt es sich um → Anwendungssysteme, welche Lösungen zur Abwicklung und Führung betriebswirtschaftlicher Aufgaben enthalten. ERP-Systeme sind als → Standardsoftware realisiert und bestehen aus unterschiedlichen → Modulen, welche die Funktionalbereiche eines Unternehmens abdecken. Da die Module i.d.R. untereinander durch eine einheitliche Datenbank integriert sind (→ Datenintegration), spricht man oftmals von Komplettlösungen. Diese ermöglichen die durchgängige, funktionsübergreifende Bearbeitung von Geschäftsprozessen.
ERP-Systeme sind seit den 1980er Jahren am Markt verfügbar. Der Schwerpunkt lag zunächst bei der Ausführung operativer Aufgaben (Abrechnung, Verwaltung, Disposition) in Form von Transaktionen. Erst später erfolgte eine Ausdehnung auf die im Namen angedeuteten Führungsfunktionen (Planung, Kontrolle).

Viele ERP-Systeme entstanden als Erweiterung von Softwarelösungen zur Produktionsplanung und -steuerung (→ MRP II). Eine andere Gruppe von Systemen ging aus der ebenfalls früh durch Rechner unterstützten Finanzbuchhaltung hervor (→ Finanzbuchhaltungssystem).

Somit zählen sowohl branchenbezogene als auch branchenunabhängige Module zu den ERP-Systemen. Während sich der branchenbezogene Anteil bislang vorwiegend auf die Industrie bezog, wird zunehmend auch → Branchensoftware für andere Wirtschaftszweige zu den ERP-Systemen gezählt.

2. Anpassbarkeit

Obwohl ERP-Systeme als Standardsoftware realisiert sind, lassen sie sich für verschiedene Einsatzzwecke anpassen. Dadurch ist eine Verwendung für unterschiedliche Unternehmensgrößen, Branchen und Geschäftsprozesse möglich.

Für die Anpassung der Software gibt es drei Möglichkeiten: (1) Beim → *Customizing* wird der Programmablauf über das Einstellen von Parametern in Tabellen gesteuert (z. B. Zahlungsbedingungen oder Mehrwertsteuer-Sätze). Diese Möglichkeit ist vom Hersteller im System vorgesehen und die Änderungen gehen auch bei einem neuen Release (→ Releasewechsel) nicht verloren. Die meisten Anpassungen werden auf diesem Wege vorgenommen. (2) Bei einer *Programmmodifikation* wird der Programmcode der Software verändert. Dadurch ist es möglich, die Software für nicht vom Hersteller vorgesehene Spezialfälle zu verändern. Allerdings werden bei einem Releasewechsel die Änderungen des Programmcodes nicht übernommen. (3) Durch *Programmergänzungen* wird der Lösungsumfang der Software erweitert, ohne in den vorhandenen Programmcode einzuwirken. ERP-Systeme beinhalten hierfür eine → Entwicklungsumgebung. Voraussetzung für die Integration mit anderen Systemen ist, dass der Hersteller die Schnittstellen des ERP-Systems offen legt.

3. Module

Die von ERP-Systemen abgedeckten Lösungen orientieren sich an den Funktionalbereichen von Unternehmen: (1) Im *Vertrieb* unterstützt die Software den gesamten Kundenkontakt, der über die Bearbeitung von Anfragen, Angeboten und Bestellungen bis zur Lieferung und Fakturierung reicht. (2) Der Bereich *Produktionsplanung und -steuerung* (→ MRP II) kommt speziell in Industrieunternehmen zum Einsatz. Die Verfahren sorgen für die Bearbeitung von Fertigungsaufträgen unter Abgleich von Mengen, Terminen und Kapazitäten. Auch die Materialwirtschaft (Lagerhaltung und Materialbedarfsplanung) zählt zur Produktionsplanung und -steuerung. (3) Die *Beschaffung* beinhaltet Funktionen, um Bestellungen auszulösen, zu erstellen und gegebenenfalls zu mahnen. (4) Kern des *Finanz- und Rechnungswesens* (→ Finanzbuchhaltungssystem) ist die Verwaltung aller Konten eines Unternehmens durch die Finanzbuchhaltung. Weitere Bestandteile sind die Debitoren- und Kreditorenbuchhaltung, die Kosten- und Leistungsrechnung (Controlling) sowie das Finanzmanagement. (5) Mit der Finanzbuchhaltung eng verbunden ist das *Personalwesen*. Es umfasst die Lohn- und Gehaltsabrechnung, die Zeiterfassung sowie Funktionen zur Verwaltung der Personaldaten.

Zudem enthalten ERP-Systeme Module für *Basisfunktionen*. Dort können Einstellungen bezüglich des Betriebssystems, der Datenbanken (→ Datenbanksysteme), der Bildschirmmasken, der Formulare sowie die Programmierung vorgenommen werden.

In jüngster Zeit wurden die ERP-Systeme um *neue Module* erweitert, welche die unternehmensübergreifende Abwicklung von Geschäftsprozessen betreffen. Dazu zählen → Customer Relationship Management, → Electronic Commerce, → Electronic Procurement, → Supply Chain Management sowie das Produktdatenmanagement (→ Business Networking). Auch Module für die Versorgung des Managements mit aus den operativen Systemen generierten Führungsinformationen (→ Management-Informationssysteme) können nach einer weiteren Auslegung als Bestandteil von ERP-Systemen gesehen werden.

4. Einführung von ERP-Systemen

Die Einführung eines ERP-Systems stellt ein Projekt dar, das typischerweise in folgenden Phasen abläuft: (1) In der Phase *Analyse* untersucht das Projektteam Ziele, Wirtschaftlichkeit, Geschäftsprozesse (siehe auch → Prozessmanagement) und erstellt die Projektplanung (→ Projektmanagement). (2) In der Phase *Auswahl* findet eine Evaluation der am Markt verfügbaren Systeme und die Entscheidung für einen Hersteller statt. (3) Häufig parallel zur Auswahl erfolgt die Phase *Konzeption*, in der Funktionen, Bildschirmoberflächen, Formulare, Schnittstellen, Hardware, zusätzliche Software sowie die zukünftige Organisation geplant und entworfen werden. (4) Aufgaben der Phase *Realisierung* sind die Anpassung und das Testen der Software. (5) Zur Phase *Inbetriebnahme* zählen die Umsetzung der organisatorischen Änderungen, die Durchführung von Schulungen sowie die → Datenmigration.

Für den Wechsel vom bisherigen zum neuen ERP-System gibt es verschiedene Strategien. Diese unterscheiden sich darin, ob eine Übergangszeit vorgesehen ist (Parallelbetrieb oder → Big Bang) und ob die Einführung vollständig oder für Teilbereiche (→ Big Bang oder sukzessive ERP-Einführung) erfolgt.

Für die Einführung von ERP-Systemen stehen zwischenzeitlich zahlreiche Methoden und Softwaretools zur Verfügung. Diese Hilfsmittel beinhalten Vorgehensmodelle, Checklisten, Vorlagen („Templates") und Referenzlösungen („Best Practices"). Sie zielen einerseits auf den Abgleich der in der Standardsoftware abgebildeten Geschäftsprozesses mit denen des Unternehmens sowie andererseits auf das → Projektmanagement ab. Ein bekanntes Beispiel eines Einführungswerkzeuges ist der → SAP Solution Manager.

5. Einsatzschwerpunkte und Markt

Der Einsatzschwerpunkt von ERP-Systemen lag bislang bei größeren und mittelgroßen Unternehmen. Marktführer in diesem Segment ist SAP mit der Lösung → mySAP ERP, gefolgt von → Oracle und → SSA Global. Am meisten genutzt wird das branchenunabhängig einsetzbare Modul für Finanz- und Rechnungswesen. Die Bereiche Vertrieb, Produktionsplanung und -steuerung sowie Beschaffung sind hauptsächlich für Industrieunternehmen relevant und haben folglich nur eine geringere Verbreitung.

Der Markt für kleinere Unternehmen ist sehr heterogen und vom jeweiligen Land geprägt. Neben einer Vielzahl weniger bekannter Unternehmen gewinnt Microsoft aufgrund vermehrter Unternehmenszukäufe an Bedeutung.

6. Beurteilung

Die Anschaffungskosten von ERP-Systemen sind aufgrund der Kostenverteilung auf mehrere Anwender geringer als bei einer individueller Entwicklung. Die meisten Systeme verfügen zwischenzeitlich über eine umfangreiche Funktionalität und werden von den Herstellern gewartet, weiterentwickelt und an die aktuellen Technologien angepasst.

Als nachteilig kann sich die Abhängigkeit von einem Hersteller erweisen. Für gewünschte Verbesserungen sind die Einwirkungsmöglichkeiten auf den Anbieter nur beschränkt. Auch decken ERP-Systeme aufgrund ihres Charakters als Standardsoftware unternehmensspezifische Besonderheiten nicht immer ab.

ERP-Systeme eignen sich besonders für Abläufe, die in den meisten Unternehmen standardisiert sind und nur eine begrenzte Wettbewerbsdifferenzierung ermöglichen. Für die Kern-Geschäftsprozesse eines Unternehmens hingegen ist der Einsatz nicht immer möglich und vorteilhaft.

Hinweis

Zu den angrenzenden Wissensgebieten siehe → Business Intelligence, → Business Networking, → Controlling-Informationssysteme, → Data Warehouse, → Datenbanksysteme, → Electronic Government, → Management-Informationssysteme (MIS), → Wirtschaftsinformatik, Grundlagen, → Wissensmanagement, → Workflow-Management.

Literatur: Barbitsch, C. E.: Einführung integrierter Standardsoftware – Handbuch für eine leistungsfähige Unternehmensorganisation, München und Wien 1996; Gadatsch, A.: Management von Geschäftsprozessen – Methoden und Werkzeuge für die IT-Praxis, 2. Auflage, Braunschweig und Wiesbaden 2002; Gronau, N.: Industrielle Standardsoftware – Auswahl und Einführung, München und Wien 2001; Mertens, P.: Integrierte Informationsverarbeitung 1 – Operative Systeme in der Industrie, 14. Auflage, Wiesbaden 2004; Stahlknecht, P., Hasenkamp, U.: Einführung in die Wirtschaftsinformatik, 11. Auflage, Berlin 2005.

Internetadressen: (Anbieter von ERP-Systemen) http://www.sap.com, http://www.oracle.com, http://www.ssaglobal.com; (Wissensplattform) http://www.erp-competence-center.de; (Marktübersichten) http://www.nomina.de, http://www.softguide.de, http://www.softselect.de, http://www.silicon.de, http:/www.topsoft.ch; (Nachrichten, Hintergrund) http://www.computerwoche.de.

Ersatzteillogistik
Die Ersatzteillogistik beschäftigt sich mit der organisatorischen Gestaltung und Durchführung des Transportes und der Lagerung von Ersatzteilen.

Ersparnisprämie
variable *Entgeltkomponente*. Die Ersparnisprämie bezieht sich auf den sparsamen Einsatz von Inputfaktoren wie z.B. Roh-, Hilfs- und Betriebsstoffe oder auf eine Reduzierung verschiedener Kostenarten. Bemessungsgrundlage ist hier ein vorgegebener Sollverbrauch, der bei Unterschreitung mit einer Prämie honoriert wird.
Siehe auch → Lohn- und Gehaltsmodelle (mit Literaturangaben).

Erstmarke
hat die zentrale Position innerhalb der Markenhierarchie. Sie ist allgemein die Marke mit der größten Marktbedeutung innerhalb eines Programms und meist auch die mit der ausgeprägtesten Historie. Sie ist damit ein Eckpfeiler für den Unternehmenserfolg. Allerdings hat sich im Laufe der Entwicklung herausgestellt, dass diese Erstmarke nicht in der Lage ist, das gesamte Nachfragepotenzial abzudecken. Daher wird sie vertikal nach oben und/oder nach unten ergänzt. Sie ist damit Ausgangspunkt für vertikale Markentypen (siehe auch → Zweitmarke, → Drittmarke, → Premiummarke, → Luxusmarke, → Gattungsware, → Markenarten).

Erstversicherungsunternehmen
sind Versicherungsunternehmen, deren Hauptgeschäftstätigkeit darin besteht, dass sie Versicherungsgeschäfte mit privaten oder gewerblichen Versicherungsnehmern abschließen, die nicht ihrerseits das Versicherungsgeschäft betreiben.
Siehe auch → Rückversicherungsunternehmen und → Versicherungsbetriebslehre (mit Literaturangaben).

Ertragsbeteiligung
Form der *Mitarbeiterbeteiligung*, die sich an Leistungs- und/oder Marktgrößen als Bemessungsgrundlage orientiert. Dabei wird nicht von der innerbetrieblichen Leistungserstellung ausgegangen, sondern vielmehr an am Markt erzielten Erlösen angeknüpft. Siehe auch → Lohn- und Gehaltsmodelle (mit Literaturangaben).

Ertragsgebirge
bezeichnet einen Produktionszusammenhang mit „S"-förmig, nämlich zunächst überproportional (progressiv), dann unterproportional (degressiv) und ggf. schließlich rückläufig (regressiv) wachsendem → Output bei → *partieller* Faktorvariation und einem *linearen* Verlauf bei → *totaler* Faktorvariation. Das → *Ertragsgesetz* lässt sich damit als eine Ausschnittbetrachtung eines Ertragsgebirges verstehen. Das Ertragsgebirge stellt eine besonders bedeutsame Version einer → Produktionsfunktion dar, die der Definition einer → *Produktionsfunktion vom Typ A* gerecht wird. Siehe auch → Produktions- und Kostentheorie.

Ertragsgesetz
gibt nach den landwirtschaftlichen Untersuchungen von *Turgot* (18. Jhdt.) die Abhängigkeit des Ernteertrags von variablen → Produktionsfaktoren wie Saatgut, Düngemittel oder Arbeitseinsatz wieder. Es drückt einen charakteristischen Verlauf einer → *partiellen* Faktorvariation aus, und zwar einen zunächst überproportional (progressiv), dann unterproportional (degressiv) und schließlich ggf. rückläufig

(regressiv) wachsenden → Output. Dieser Verlauf lässt sich als Ausschnitt eines Produktionszusammenhangs mit einer linearen → *totalen* Faktorvariation, nämlich eines → *Ertragsgebirges*, verstehen. Siehe auch → Produktions- und Kostentheorie.

Ertragswertverfahren

(in der *Unternehmensbewertung*). Das Ertragswertverfahren zählt im Rahmen der Unternehmensbewertung zu den Gesamtbewertungsverfahren. Bei der Anwendung von Ertragswertverfahren wird der Unternehmenswert durch Diskontierung zukünftig erwarteter Unternehmenserträge ermittelt. Üblicherweise erfolgt die Prognose der Unternehmenserträge zweigeteilt nach der Schätzgenauigkeit in einen, mehrere Jahre umfassenden Detailprognosezeitraum und einen Zeitraum nach dem Planungshorizont.

$$UW = \sum_{t=1} \frac{E_t}{(1+r)^t} + \frac{CV_T}{(1+r)^T} + N_0$$

UW = Unternehmenswert
E_t = künftig erwarteter Unternehmensertrag in der Periode t
R = Kalkulationszinsfuß
T = Planungshorizont
CV_T = → Continuing Value (Fortführungswert) zum Zeitpunkt T
N_0 = Barwert der erwarteten Liquidationserlöse aus der Veräußerung des → nicht betriebsnotwendigen Vermögens

Unternehmenserträge können bei Anwendung des Ertragswertverfahrens je nach gewünschter Komplexität bzw. Vereinfachung unterschiedlich definiert werden. Sie sollten aber grundsätzlich den künftig zu erwartenden Nutzen, den sich der Unternehmenseigner aus dem Unternehmen erwarten kann, widerspiegeln. Unter der Voraussetzung ausschließlich finanzieller Ziele sind die finanziellen Zuflüsse an die Unternehmenseigner (im Sinne von Nettozuflüssen bzw. Nettoeinnahmen) als bewertungsrelevante Unternehmenserträge anzusehen.
Siehe auch → Unternehmensbewertung (mit Literaturangaben).
    Literatur: Ballwieser, W.: Unternehmensbewertung, Stuttgart 2004; Drukarczyk, J.: Unternehmensbewertung, 4. Auflage, München 2003; Mandl, G./Rabel, K.: Unternehmensbewertung, Wien 1997.

Erwartungsnutzen

steht für den → Erwartungswert des unsicheren → Nutzenwerts, der durch eine Handlungsalternative erzielt werden kann. Bei Annahme der → Rationalität im Sinne der Axiome rationalen Verhaltens stellt die Wahl der Handlungsalternative, die zum maximalen Erwartungsnutzen führt, das sachgerechte Entscheidungskriterium dar.

Erwartungswert

bezeichnet die durchschnittlich zu erwartende Realisation einer Zufallsvariablen. Bei Vorliegen einer diskreten → Wahrscheinlichkeitsverteilung einer Zufallsvariablen ergibt sich der Erwartungswert als der mit den jeweiligen Eintrittswahrscheinlichkeiten gewichtete Durchschnitt der denkbaren Ergebnisse der Zufallsvariablen.

Erwartungswert-Maxime

siehe → Entscheidungsmaxime.

Erwartungswert-Standardabweichungs-Regel

Entscheidungsregel der normativen → Entscheidungstheorie für Entscheidungssituationen bei Risiko. Während die → Bayes-Regel die Entscheidungsalternative mit dem höchsten Erwartungswert ungeachtet des damit verbundenen Risikos favorisiert und daher von Risikoneutralität ausgeht, können bei dieser Regel auch unterschiedliche Risikoeinstellungen der Entscheidungsträger berücksichtigt werden. Neben dem Erwartungswert (μ) wird daher auch die Varianz (σ^2) bzw. die Standardabweichung (σ) der

Entscheidungskriterien (z. B. Kapitalwerte im Rahmen der Investitionsentscheidung) berücksichtigt, wobei das Risiko umso größer ist, je höher der Wert der Standardabweichung ist.

Die Risikopräferenzfunktion bildet die Abhängigkeit des Risikonutzens, d.h. des Nutzens der Entscheidungsalternativen, vom Erwartungswert und der Standardabweichung ab. Die Risikoeinstellung des Entscheidungsträgers bestimmt den Verlauf dieser Risikopräferenzfunktion. Ein risikoscheuer Entscheidungsträger würde sich bei der Auswahl aus zwei Alternativen mit gleichem Erwartungswert für diejenige entscheiden, die die geringere Standardabweichung aufweist.

Siehe auch → Investitionsrechnungen (Investitionsentscheidungen) unter Unsicherheit (mit Literaturangaben).

Erwerbs- und Wirtschaftsgenossenschaft, österreichische
(öGenG, öGenRevG 1997, öGenKonkVO).

(1) *Definition, Gesellschaftszweck:* Eine Genossenschaft stellt eine Vereinigung nicht geschlossener Mitgliederzahl dar, die der *Förderung des Erwerbs* oder der (Haus-)*Wirtschaft ihrer Mitglieder* dient (§ 1 öGenG). Grundgedanke hinter dieser Form des Zusammenschlusses ist, sich die geschäftliche Macht einer größeren Gruppe zu Nutze zu machen, um dem einzelnen Mitglied finanzielle Vorteile zu verschaffen oder berufliche Hilfestellung zu geben. So ermöglichen *Erwerbsgenossenschaften* teilnehmenden Unternehmen, *im Kollektiv* und damit billiger einzukaufen, zu produzieren oder zu vermarkten, was deren Wettbewerbsfähigkeit erhöht, während *Wirtschaftsgenossenschaften* Privatpersonen Wohnungen, Konsumgüter, Kredite oder ähnliches zu *günstigen Bedingungen* zur Verfügung stellen. Dass die Gesellschaft im Zuge ihrer Tätigkeit selbst Gewinne erwirtschaftet, kann nicht ausgeschlossen werden, jedoch darf sie nicht primär in Gewinnerzielungsabsicht handeln. Allererstes Ziel muss die Förderung der Gesellschafter sein. Zur Verfolgung politischer oder idealer Zwecke kann eine Genossenschaft nicht gegründet werden.

(2) *Wesen, Vermögenssituation:* Die Genossenschaft ist eine *juristische Person* mit selbständigem Vermögen und eigenen Rechten und Pflichten. Aufgrund ihrer *offenen Mitgliederzahl* und der *jederzeitigen Möglichkeit des Ein- und Austritts* aus der Gesellschaft samt Ein- oder Rückzahlung der mit dem übernommenen Geschäftsteil verbundenen Einlage verfügt diese jedoch über *kein festes Stammkapital*. Die Höhe des Grundvermögens der Gemeinschaft hängt jeweils von der zum betreffenden Zeitpunkt vorhandenen Zahl an Gesellschaftern ab, wobei im Genossenschaftsvertrag ein bestimmter Mindestbetrag (Sockelbetrag) vereinbart werden kann, der auch bei einem Ausscheiden von Mitgliedern nicht unterschritten werden darf (§ 5a Abs 2 Z 2 öGenG). Die Genossenschaft gehört zur Gruppe der → *Unternehmer kraft Rechtsform* (§ 2 öUGB) und unterliegt damit unabhängig von der Art ihrer Tätigkeit stets den Vorschriften des Unternehmensrechts (Rechnungslegung nach §§ 189 ff öUGB - doppelte Buchführung, Bilanz, Gewinn- und Verlustrechnung; unternehmensbezogene Geschäftstätigkeit nach §§ 343 ff öUGB).

Literatur: *Dellinger*, Markus (Hrsg), Genossenschaftsgesetz samt Nebengesetzen. Kommentar, Verlag LexisNexis ARD Orac (2005); *Keinert*, Heinz, Österreichisches Genossenschaftsrecht. Lehr- und Handbuch, Manz Verlag (1988); *Krejci*, Heinz, Gesellschaftsrecht, Band II: Kapitalgesellschaften, Genossenschaften, Vereine, Privatstiftungen, Manz Verlag (2006); *Mader*, Peter, Kapitalgesellschaften, 5. Auflage, Orac-Rechtsskriptum, Verlag LexisNexis ARD Orac (2006); *Nowotny*, Georg, Gesellschaftsrecht, Verlag Österreich (2005). Weiterführende Informationen siehe auch Quellenverzeichnis (Bücher, Zeitschriften und Internetadressen) beim Stichwort „ → Gesellschaftsformen, österreichische".

Internetadresse: Österreichischer Genossenschaftsverband (Schulze-Delitzsch) ~ http://www.oegv.info

Erzeugnisprogramm
umfasst die Gesamtheit aller herstellbaren Produkte und Leistungen inklusive der Erzeugnisse, die nicht mehr (Auslaufmodelle) oder noch nicht (Neuentwicklungen) in der Produktion vorkommen.

ESA
Abk. für → Efficient Store Assortments.

E-SCM
Abk. für Electronic Supply Chain Management; siehe → Supply Chain Management, Kapitel 7.

E-Services
siehe → Electronic Government (mit Literaturangaben).

E-Shop
Abk. für Electronic Shop; Website im Internet, über die ein Anbieter Produkte und Dienstleistungen mittels geeigneter → E-Commerce Anwendungen verkauft. Siehe auch → E-Shopping.

E-Shopping
(*Electronic Shopping*) bezeichnet den Einkauf von Produkten und Dienstleistungen durch Endkonsumenten, der ganz oder teilweise unter Inanspruchnahme elektronischer Medien abgewickelt wird (→ Business-to-Consumer). Neben dem Einkauf über das → Internet (→ Online-Shopping) fallen auch der Kauf über das traditionelle Fernsehen (→ Tele-Shopping) und das interaktive Fernsehen unter den Begriff des Electronic Shopping; siehe auch → E-Shop und → E-Commerce.

E-Sourcing
ist ein Teilbereich von → Electronic Procurement, welcher sich mit der Beschaffung sog. direkter Güter bzw. generell mit strategisch bedeutsamen Aktivitäten innerhalb der Beschaffung, z.B. der Ermittlung und Auswahl von Zulieferern, befasst. Analog zum Electronic Procurement erfolgen diese Tätigkeiten beim E-Sourcing mittels internetbasierter Informations- und Kommunikationssysteme.

ESS
Abk. für → Executive Support System.

ESt
Abk. für → Einkommensteuer (deutsche).

EStDV
Abk. für Einkommensteuerdurchführungsverordnung.

EStG
Abk. für Einkommensteuergesetz (deutsches).

EStR
Abk. für Einkommensteuerrichtlinie.

Ethics Officers
siehe → Ethik-Beauftragte.

Ethik-Audits
liefern Instrumente (Berichte, Bilanzen, Statistiken o.ä.), die über die „ethische Qualität" eines Unternehmens informieren und diese gegebenenfalls beurteilen sollen. Sie erfüllen zwei unterschiedliche Funktionen: Sie werden einmal für unternehmensinterne Zwecke benötigt, sind an den besonderen Bedürfnissen des → Ethik-Management ausgerichtete Informations- und Kontrollsysteme, dienen zum anderen externen Anspruchsgruppen, denen eine Unternehmensbewertung nach ethischen Kriterien wichtig ist, als Orientierungshilfe für ihre Anlage- oder Kaufentscheidungen. Audits stellen die Basis für Zertifizierungsprozesse dar, wie sie aus dem → Qualitätsmanagement bekannt sind. Unternehmen versuchen Außenstehenden ihre Werteorientierung dadurch glaubhaft zu versichern, dass sie sich von externen, unabhängigen Auditoren nach klaren und allgemein bekannten Regeln überprüfen lassen (z.B. SA 8000).
Siehe → Unternehmensethik (mit Literaturangaben).
 Internetadressen: (Social Accountability International) http://www.cepaa.org./SA8000; (Caux Round Table) http://www.cauxroundtable.org.

Ethik-Beauftragte
(Ethics Officers) wirken im Auftrag der Geschäftsführung und sind grundsätzlich für alle im Unternehmensalltag anfallenden ethischen Fragestellungen zuständig. Sie sind typischerweise Ansprechpartner für Mitarbeiter bei wahrgenommenen ethischen Problemstellungen, sollen bei ethisch bedenklichen Aktivitäten oder Arbeitsbereichen im Unternehmen beratend und kontrollierend wirken (→ Ethik-Audit) sowie Ethikschulungen und Trainingsprogramme für Mitarbeiter entwickeln und durchführen (siehe auch → Ethik-Management).
Internetadressen: (Ethics Officers Association) http://www.eoa.org.

Ethik-Kodex
ist ein Instrument, mit dem Unternehmen aus eigener Initiative ihr Wertsystem beschreiben und kodifizieren. Sie betonen darin im Regelfall ihre Verantwortung gegenüber der Gesellschaft und ihre Bereitschaft, den moralischen Anliegen ihrer externen wie internen Stakeholder-Gruppen soweit wie möglich nachkommen zu wollen. Siehe auch → Ethik-Management.
Literatur: Bowie, N. E., Unternehmensethikkodizes: können sie eine Lösung sein?, in: Lenk, H. / Maring, M. (Hrsg.), Wirtschaft und Ethik, Stuttgart 1992, S. 337 – 349; Noll, B., Wirtschafts- und Unternehmensethik in der Marktwirtschaft, Stuttgart 2002.

Ethik-Kommission
ist ein von einem Unternehmen geschaffenes Gremium, das außerhalb der Unternehmenshierarchie und auch intern ohne Hierarchie unter Einbindung aller Stakeholdergruppen Lösungen (z.B. durch Entwicklung von Verhaltenskodizes, → Ethik-Kodex) für schwerwiegende unternehmensethische Konflikte suchen soll. Ethik-Kommissionen sind ein unternehmenspolitisches Instrument, einen Dialog im Sinne der Diskursethik zu installieren. Siehe auch → Diskursethik und → Ethik-Management.
Literatur: Steinmann, H./ Löhr, A., Der Beitrag von Ethik-Kommissionen zur Legitimation der Unternehmensführung, in: dies. (Hrsg.), Unternehmensethik, 2. Auflage, Stuttgart 1991, S. 269 – 279.

Ethik-Management
will zielgerichtet, systematisch und aufeinander abgestimmt verbindliche moralische Handlungsmaßstäbe in alle unternehmerischen Entscheidungsprozesse einbinden. Als Ethik-Management wird man daher die Gesamtheit der Bemühungen bezeichnen, mit denen moralische Anliegen *intern* zwischen Mitarbeitern und Abteilungen wie auch in der *externen* Kommunikation gegenüber Markt und Öffentlichkeit zur Geltung gebracht werden. Es hat dabei die Funktion eines *Moralcontrolling*.
So wie die Controllingfunktion im Unternehmen zur Unterstützung und Koordination der erfolgsorientierten Unternehmensführung dient, sorgt das Ethik-Management für die Koordination einer werteorientierten Unternehmensführung. Es basiert daher im Idealfall auf folgenden Elementen: Formulierung eines Leitbildes (→ Ethik-Kodex) und weiterer strategische Weichenstellungen (→ Compliance Ansatz oder → Integrity-Ansatz), Umsetzung über organisationsstrukturelle (→ Ethik-Beauftragte, → Ethik-Kommissionen) und unternehmenskulturelle (→ Führungsethik, Ethik-Training) Lösungen; die Ethikaktivitäten sind durch entsprechende unternehmerische Strategien nach außen den Marktpartnern wie der Öffentlichkeit zu kommunizieren und über Audits zu kontrollieren *(→ Ethik-Audit)*.
Siehe auch → Unternehmensethik (mit Literaturangaben).
Literatur: Noll, B., Wirtschafts- und Unternehmensethik in der Marktwirtschaft, Stuttgart 2002, S. 105 ff.; Wieland, J., Formen der Institutionalisierung von Moral in amerikanischen Unternehmen. Die amerikanische Business-Ethics-Bewegung: Why and how they do it. Bern u.a. 1993.

Ethno-, poly-, regio-, geozentrisches Konzept
abgek. → EPRG-Konzept.

Ethnozentrische Orientierung
Unternehmen bearbeiten nur wenige (ausländische) Kundensegmente, die einem Ländercluster (→ transnationale Zielgruppe) zuzurechnen sind, in dem die Länder dem Heimatmarkt stark ähneln.

Ethos

einer Person oder einer Gruppe (Berufsethos) ist die Summe aller als verbindlich anerkannter Grundüberzeugungen oder Tugenden; siehe auch → Unternehmensethik.

ETL-Prozess

ist ein Verfahren zur Überführung von Daten verschiedener Quellen in eine gemeinsame Datenbasis, i.d.R. ein → Data Warehouse. Der Prozess setzt sich aus drei Schritten zusammen: (1) der Extraktion, (2) der Transformation und (3) dem Laden.

EU

Abk. für Europäische Union, siehe → Europäische Gemeinschaft.

EU-GEN

Abk. für → Europäische Genossenschaft.

EU-GGES

Abk. für Europäische Gegenseitigkeitsgesellschaft, andere Bezeichnung: European Provident Mutual Society (ME); siehe → Gesellschaftsrecht, Europäisches.

Euler Hermes Kreditversicherungs-AG

Die Bundesrepublik Deutschland hat die Geschäftsführung im Zusammenhang mit der Übernahme und Abwicklung der Exportkreditgarantien einem Mandatar-Konsortium übertragen, welchem die Euler Hermes Kreditversicherung-AG und die PricewaterhouseCoopers AG Wirtschaftsprüfungsgesellschaft angehören.

Die Euler Hermes Kreditversicherungs-AG ist federführend ermächtigt, alle die → Exportkreditgarantien des Bundes betreffenden Erklärungen namens und im Auftrag des Bundes abzugeben und entgegenzunehmen. In der Praxis hat sich deswegen eingebürgert, statt von Exportkreditgarantien des Bundes, von „Hermes-Deckungen" zu sprechen.

Zu beachten ist, dass die Euler Hermes Kreditversicherungs-AG neben dem Mandatsgeschäft in ihrer Eigenschaft als privatwirtschaftliches Spezialversicherungsunternehmen auch Versicherungsleistungen in eigenem Namen und auf eigene Rechnung anbietet (→ Kreditversicherungen, privatwirtschaftliche).

Internetadressen: (AuslandsGeschäftsAbsicherung der BRD) www.agaportal.de, www.exportkreditgarantien.de; (Privatwirtschaftliche Spezialversicherungen) www.eulerhermes.com.

EUR

ISO-Code für Euro.

EURIBOR

Abk. für Euro Interbank Offered Rate. EURIBOR ist die „benchmark rate" für den Euro-Geldmarkt; siehe auch → *Geldmarktkredit*. Verfahren: (1) Die auf den Euro bezogenen EURIBOR-Sätze beruhen auf den Angaben (Dateneingaben) von festgelegten erstklassigen Geldhandelsbanken (Panel Banks). EURIBOR ist gesponsert durch die European Banking Federation (FBE) sowie durch die Financial Markets Association (ACI). (2) Jede „Panel"-Bank gibt ihre Daten bis spätestens 10.45 (MEZ/CET) ein, und zwar an allen Tagen, an denen TARGET (Trans-European Automated Real-Time Gross-Settlement) offen ist. Die "Panel"-Banken haben bis 11.00 die Möglichkeit zur Korrektur. EURIBOR wird auf 11.00 Uhr ermittelt und unverzüglich veröffentlicht. (3) EURIBOR-Sätze werden für die international üblichen Laufzeiten von 1 bis 3 Wochen sowie von 1 bis 12 Monaten ermittelt (zum Tagesgeldsatz siehe → *EONIA*).

Literatur: Häberle, S.G.: Handbuch der Außenhandelsfinanzierung, 3. Auflage, München und Wien 2002; HAUFE EXPORT OFFICE, CD-ROM, Freiburg i.Br. o.J. (laufende Ergänzungslieferungen).

Internetadressen: (internationaler Geldmarkt, EURIBOR, EONIA) http://www.euribor.org/html/content/euribor; http://www.euribor.org/html/content/eonia; http://quotes.ubs.com/quotes... .

Eurogeldmarktkredit
umfassende Bezeichnung für → *Geldmarktkredit* (Kurzbezeichnung: Eurokredit).

Eurokredit
Kurzbezeichnung für Eurogeldmarktkredit. Seit Einführung des Euro neutral als → *Geldmarktkredit* bezeichnet, weil Geldmarktkredite in allen gängigen Währungen verfügbar sind.

Euro-Margerite
zwölfblätterige, ist das europäische Umweltzeichen. Sie zählt zu den geprüften → Umweltzeichen, ebenso wie z.B. der → *Blaue Engel* (das deutsche Umweltzeichen).

Euromarktkredit
Kurzbezeichnung für Eurogeldmarktkredit. Seit Einführung des Euro neutral als → *Geldmarktkredit* bezeichnet, weil Geldmarktkredite in allen gängigen Währungen verfügbar sind.

Euro-Methode
Kurzbezeichnung für die am internationalen Geldmarkt übliche Zinsberechnungsmethode; → *Zinsberechnungsmethode, internationale* und → *Geldmarktkredit*.

Europa-AG
Europäische (Aktien)Gesellschaft / SE. Mit der am 8.10.2001 verabschiedeten VO über das Statut der Europa-AG (VO/EG Nr. 2157/2001; ABl.EG L 294 vom 10.11.2001, S. 1) hat der Rat nach zähem Ringen mit Wirkung zum 8.10.2004 die zweite supranationale Rechtsform geschaffen, die durch eine RL zur unternehmerischen Mitbestimmung vom gleichen Tage flankiert wird (RL 2001/86/EG; ABl.EG L 294 vom 10.11.2001, S. 22). Zum 29.12.2004 wurden diese Regelungen mit dem deutschen Einführungsgesetz (SE-EG) umgesetzt.
Die Europa-AG soll die starken Unterschiede zwischen den nationalen Gesellschaftsrechten überwinden helfen und die Konzentration von Wirtschaftskräften im Binnenmarkt fördern. Sie besitzt Rechtspersönlichkeit, ihr Kapital von mind. 120.000 EUR ist in Aktien zerlegt. Die VO sieht vier verschiedene Gründungsformen vor: Verschmelzung, Holding-Gründung, Gründung einer Tochtergesellschaft und die formwechselnde Gründung. Von den beteiligten Gründungsgesellschaften, die ihrerseits nur Kapitalgesellschaften sein dürfen, müssen stets zwei entweder aus verschiedenen Mitgliedstaaten kommen oder seit zwei Jahren eine Tochtergesellschaft oder Zweigniederlassung in einem anderen Mitgliedstaat haben. Hinsichtlich der Ausgestaltung der Leitungsorganisation haben die Gründer ein Wahlrecht zwischen dem dualistischen (z.B. wie in Deutschland mit Vorstand und Aufsichtrat) und dem monistischen (z.B. wie in England mit dem board of directors) System. Problematisch sind die Regelungen zur betrieblichen und unternehmerischen Arbeitnehmermitbestimmung. Vorrangig soll eine Lösung im Verhandlungsweg gefunden und eine Vereinbarung über die Beteiligung der Arbeitnehmer in der Europa-AG zur Sicherung des Rechts auf grenzüberschreitende Unterrichtung, Anhörung, Mitbestimmung und sonstige Beteiligung der Arbeitnehmer getroffen werden. Kommt eine solche Vereinbarung während des vorgeschriebenen Verhandlungszeitraums von sechs Monaten, der einvernehmlich einmal um den gleichen Zeitraum verlängert werden kann, nicht zu Stande, greift grundsätzlich das sog. Prinzip der Besitzstandswahrung. Danach bleibt im Fall der Gründung durch Umwandlung die Regelung zur Mitbestimmung erhalten, die in der Gesellschaft vor der Umwandlung bestanden hat. Im Fall der Gründung durch Verschmelzung oder einer Holding- oder einer Tochter-Gesellschaft soll sich die Zahl der Arbeitnehmervertreter nach dem höchsten Anteil von Arbeitnehmervertretern bemessen, der in den Organen der beteiligten Gesellschaften vor Eintragung der Gesellschaft bestanden hat.
Siehe auch → Gesellschaftsrecht, Europäisches (mit Literaturangaben).
Literatur: *Theisen/Wenz*, Die Europäische Aktiengesellschaft, 2. Aufl., Stuttgart 2005; *Baums (Hrsg.)*, Die Europäische Aktiengesellschaft, Berlin 2004; *Kalss/Hügel (Hrsg.)*, Europäische Aktiengesellschaft, SE-Kommentar, Wien 2004; *Köstler/Jäger*, Die Europäische Aktiengesellschaft, 2. Aufl., Düsseldorf 2004; *Jannott/Frodermann*, Handbuch der Europäischen Aktiengesellschaft, Heidelberg 2005; *Lutter/Hommelhoff (Hrsg.)*, Die Europäische Gesellschaft, Köln 2005; *Neye*, Die Europäi-

sche Aktiengesellschaft, München 2005; *Oplustil/Teichmann (Ed.)*, The European Company – all over Europe, Berlin 2004.

Europäische (Aktien)Gesellschaft
andere Bezeichnung für → Europa-AG.

Europäische (Aktien-)Gesellschaft/Societas Europaea (SE) mit Sitz in Österreich
(SE-VO, subsidiär öSEG, subsidiär öAG-Recht).
Definition, Wesen, Gesellschaftszweck, Firma: Die *Europäische (Aktien-)Gesellschaft/Societas Europaea (SE)* gehört wie die → EWIV und die → SCE zur Gruppe der *gemeinschaftsrechtlichen Gesellschaftsformen*, ist der Rechtsform einer → AG nachgebildet und soll Unternehmenszusammenschlüsse und Konzernbildungen innerhalb Europas erleichtern, um bestehendes wirtschaftliches Potenzial optimal auszuschöpfen. Anders als die österreichische → AG kann die SE deshalb auch nicht von jedermann gegründet werden, sondern setzt das Bestehen von *Gesellschaften mit Sitz in unterschiedlichen Mitgliedstaaten* voraus.
Die SE beruht primär auf der *EG-Verordnung Nr. 2157/2001* (SE-VO). Nicht oder nur unvollständig geregelte Bereiche haben die Mitgliedstaaten in *nationalen Ausführungsgesetzen* näher zu bestimmen (Österreich hat zu diesem Zweck das *öSEG* erlassen). Im Übrigen (so etwa in Bezug auf *Rechnungslegung* oder *Kapitalerhöhung und Kapitalherabsetzung*) kommt das *AG-Recht des jeweiligen Sitzstaates* zur Anwendung (Art 9 SE-VO). Die SE selbst ist als *juristische Person* mit selbständigem Vermögen und eigenen Rechten und Pflichten konzipiert. Die Gesellschafter haften für die Verbindlichkeiten der SE nur *bis zur Höhe der von ihnen übernommenen Einlage* (Art 1 SE-VO). Bei Gründung der SE sind mindestens EUR 120.000 an Kapital zu zeichnen (Art 4 Abs 2 Art SE-VO). Die → *Firma* der SE muss zwingend den Zusatz „SE" enthalten (Art 11 SE-VO). Im Übrigen gelten die firmenrechtlichen/aktienrechtlichen Regelungen des Sitzstaates (Art 9 SE-VO). Die Firma einer SE mit Sitz in Österreich kann daher einen Hinweis auf den Gegenstand des Unternehmens (Sachfirma) oder den Namen eines oder aller Gesellschafter enthalten (Personenfirma). Auch das Führen einer Fantasiefirma oder das Verwenden der Geschäftsbezeichnung ist möglich.
Literatur: *Barnert/Dolezel/Egermann/Illigasch*, Societas Europaea. Das Handbuch für Praktiker in Deutsch/Englisch, Manz Verlag (2005); *Kalss/Hügel* (Hrsg), Europäische Aktiengesellschaft. SE-Kommentar. SE-Verordnung, SE-Gesetz, Arbeitnehmerbeteiligung, Steuerrecht, Linde Verlag (2004); *Krejci*, Heinz, Gesellschaftsrecht, Band II: Kapitalgesellschaften, Genossenschaften, Vereine, Privatstiftungen, Manz Verlag (2006); *Mader*, Peter, Kapitalgesellschaften, 5. Auflage, Orac-Rechtsskriptum, Verlag LexisNexis ARD Orac (2006); *Straube/Aicher* (Hrsg), Handbuch zur Europäischen Aktiengesellschaft, Verlag Österreich (2005). Weiterführende Informationen siehe auch Quellenverzeichnis (Bücher, Zeitschriften und Internetadressen) beim Stichwort „ → Gesellschaftsformen, österreichische". Siehe auch → Gesellschaftsrecht, Europäisches (mit Literaturangaben).

Europäische Gegenseitigkeitsgesellschaft (EU-GGES)
andere Bezeichnung: European Provident Mutual Society (ME); siehe → Gesellschaftsrecht, Europäisches.

Europäische Gemeinschaft
(Europäische Union), gemeinsamer Wirtschaftsraum von z.Zt. 25 europäischen Mitgliedsstaaten in dem bestehende → Handelshemmnisse für den freien Personen-, Güter-, Dienstleistungs- und Kapitalverkehr abgebaut werden mit dem Ziel der Schaffung eines einheitlichen europäischen Binnenmarktes. Trotz der Bezeichnung Binnenmarkt rechnet man die innergemeinschaftlichen Geschäfte (→ Intrahandel) zum → Außenhandel.
Internetadresse: www.ec.europa.eu

Europäische Genossenschaft (EU-GEN)
(*Societas Cooperativa Europaea,* SCE). Mit der am 22.7.2003 erlassenen und am 21.8.2003 in Kraft getretenen Verordnung (VO/EG Nr. 1435/2003; ABl.EG L 207 vom 18.8.2003, S. 1), die ebenfalls

durch eine RL hinsichtlich der Beteiligung der Arbeitnehmer vom gleichen Tage flankiert wird, hat der Rat mit der EU-GEN eine weitere supranationale Rechtsform geschaffen.

Diese ist insbesondere für den Mittelstand attraktiv, da Mitglieder auch natürliche Personen sein können und nur ein Mindestkapital von 30.000 EUR eingesetzt werden muss. Der Zweck der EU-GEN liegt dabei darin, den Bedarf ihrer Mitglieder zu decken und/oder deren wirtschaftliche und/oder soziale Tätigkeiten zu fördern. Insgesamt stehen fünf verschiedene Gründungsvarianten zur Verfügung: die Unternehmer-, die Kooperations-, die Unternehmens-, die Verschmelzungs- und die Umwandlungs-Genossenschaft, wobei immer mind. zwei Gründungsmitglieder dem Recht zweier unterschiedlicher Mitgliedstaaten unterliegen müssen. Wie bei der → *Europa-AG* kann zwischen einem dualistischen und einem monistischen Verwaltungsorgan gewählt werden. Auch die Mitwirkung der Arbeitnehmer einer EU-GEN entspricht inhaltlich der Mitbestimmung in der → *Europa-AG*. Unterschiede ergeben sich dadurch, dass die EU-GEN auch von Einzelpersonen gegründet werden kann. Der deutsche Gesetzgeber hat die EU-GEN fristgemäß zum 18.8.2006 eingeführt.

Siehe auch → Gesellschaftsrecht, Europäisches (mit Literaturangaben).

Literatur: *El Mahi*, Die Europäische Genossenschaft, DB 2004, 967 ff.; Schaffland/Korte, Das Genossenschaftsgesetz im Zeichen der Europäisierung und Internationalisierung, NZG 2006, 253 f.; *Schulze (Hrsg.)*, Europäische Genossenschaft, SCE, Handbuch, Baden-Baden 2004; ders., Die Europäische Genossenschaft (SCE), NZG 2004, 792 ff.

Europäische Genossenschaft/Societas Cooperativa Europaea (SCE), mit Sitz in Österreich
(SCE-VO, subsidiär öSCEG, subsidiär öGenG).

Die *Europäische Genossenschaft/Societas Cooperativa Europaea (SCE)* gehört wie die → EWIV und die → SE zur Gruppe der *gemeinschaftsrechtlichen Gesellschaftsformen*, ist der Rechtsform einer → Genossenschaft nachgebildet und soll die wirtschaftliche oder soziale Tätigkeit grenzüberschreitend kooperierender Mitglieder fördern und/oder deren Bedarf (an Waren oder Dienstleistungen) decken (Art 1 Abs. 3 SCE-VO). Die SCE beruht primär auf der *EG-Verordnung Nr. 1435/2003* (SCE-VO). Nicht oder nur unvollständig geregelte Bereiche haben die Mitgliedstaaten in *nationalen Ausführungsgesetzen* näher zu bestimmen (Österreich hat zu diesem Zweck das *öSCEG* erlassen). Im Übrigen kommt das *Genossenschaftsrecht des jeweiligen Sitzstaates* zur Anwendung (Art 8 SCE-VO).

Die SCE selbst ist als *juristische Person* mit selbständigem Vermögen und eigenen Rechten und Pflichten konzipiert. Aufgrund ihrer *offenen Mitgliederzahl* und der *jederzeitigen Möglichkeit des Ein- und Austritts* aus der Gesellschaft samt Ein- oder Rückzahlung der mit dem übernommenen *Geschäftsanteil* verbundenen Einlage verfügt diese jedoch über *kein festes Grundkapital* (Art 1 Abs 2 SCE-VO).

Die Höhe des Vermögens der Gemeinschaft hängt jeweils von der zum betreffenden Zeitpunkt vorhandenen Zahl an Gesellschaftern ab, wobei im Genossenschaftsvertrag ein bestimmter Mindestbetrag (Sockelbetrag) vereinbart werden muss, der auch bei einem Ausscheiden von Mitgliedern nicht unterschritten werden darf (Art 3 Abs 4 SCE-VO). Die Einzahlungen auf die Geschäftsanteile haben jedoch zu jeder Zeit zumindest € 30.000 zu betragen (Art 3 SCE-VO). Ist in der Satzung nichts anderes bestimmt, haften die Mitglieder der SCE für die Verbindlichkeiten der Gesellschaft nur *bis zur Höhe ihres eingezahlten Geschäftsanteils* (Art 1 Abs 2 SCE-VO). Ist die Haftung der Mitglieder beschränkt, muss die → *Firma* der SCE den Zusatz „mit beschränkter Haftung" enthalten (Art 1 Abs 2 SCE-VO).

Literatur: *Krejci*, Heinz, Gesellschaftsrecht, Band II: Kapitalgesellschaften, Genossenschaften, Vereine, Privatstiftungen, Manz Verlag (2006); *Mader*, Peter, Kapitalgesellschaften, 5. Auflage, Orac-Rechtsskriptum, Verlag LexisNexis ARD Orac (2006). Weiterführende Informationen siehe auch Quellenverzeichnis (Bücher, Zeitschriften und Internetadressen) beim Stichwort „ → Gesellschaftsformen, österreichische". Siehe auch → Gesellschaftsrecht, Europäisches (mit Literaturangaben).

Europäische Privatgesellschaft (EPG)
andere Bezeichnungen: European Private Company (EPC) oder Société Fermée Européene (SFE); siehe → Gesellschaftsrecht, Europäisches.

Europäische Stiftung
andere Bezeichnung: European Foundation; siehe → Gesellschaftsrecht, Europäisches.

Europäische Union (EU)
siehe → Europäische Gemeinschaft.

Europäische wirtschaftliche Interessenvereinigung (EWIV) mit Sitz in Österreich
(EWIV-VO, subsidiär öEWIVG, subsidiär OG-Recht).
Die EWIV ist die älteste Gesellschaftsform des Gemeinschaftsrechts und als grenzüberschreitende Vereinigung zum Zweck der *Förderung des wirtschaftlichen Handelns* ihrer Mitglieder konzipiert. Sie ermöglicht *wirtschaftlich tätigen* natürlichen Personen und Gesellschaften (Art 4 Abs. 1 EWIV-VO) jeder Größe mit Berufskollegen in anderen Mitgliedstaaten zu kooperieren. Ziel dieser *Zusammenarbeit* ist es, den Wirtschaftreibenden das europaweite Erbringen ihrer Leistungen zu erleichtern und damit letztendlich zur Verwirklichung des Konzepts des europäischen Binnenmarktes beizutragen (1. und 2. Erwägungsgrund EWIV-VO).
Die Tätigkeit der EWIV muss in Zusammenhang mit der Erwerbsausübung ihrer Mitglieder stehen (→ *Akzessorietät*), soll sich dabei aber auf das Erbringen bloßer *Hilfeleistungen* beschränken. *Keinesfalls* darf sie die Aufgaben ihrer Mitglieder selbst übernehmen, Gesellschaften im Sinne eines Konzerns leiten (*Konzernleitungsverbot*), mit *Gewinnerzielungsabsicht* arbeiten, sich an ihren Gesellschaftern in irgendeiner Weise beteiligen (*Holdingverbot*) oder mehr als 500 Arbeitnehmer beschäftigen (Art 3 EWIV-VO).
　Literatur: *Krejci*, Heinz, Gesellschaftsrecht, Band I: Allgemeiner Teil und Personengesellschaften, Manz Verlag (2005); *Löffler*, Martin, Die Europäische Wirtschaftliche Interessenvereinigung in Österreich, Verlag LexisNexis ARD Orac (1998); *Nowotny*, Georg, Gesellschaftsrecht, Verlag Österreich (2005); *Schummer*, Gerhard, Personengesellschaften, 6. Auflage, Orac-Rechtsskriptum, Verlag LexisNexis ARD Orac (2006). Weiterführende Informationen siehe auch Quellenverzeichnis (Bücher, Zeitschriften und Internetadressen) beim Stichwort „ → Gesellschaftsformen, österreichische". Siehe auch → Gesellschaftsrecht, Europäisches mit Literaturverzeichnis.

Europäische Wirtschaftliche Interessenvereinigung (EWIV)
Die EWIV wurde mit Wirkung zum 1.7.1989 (VO/EWG Nr. 2137/85 vom 25.7.1985; ABl.EG L 199 vom 31.7.1985, S. 1) als erste supranationale Rechtsform eingeführt und in Deutschland mit dem Ausführungsgesetz vom 14.4.1988 (BGBl. I 1988, S. 514) umgesetzt.
Zweck der EWIV ist, die wirtschaftliche Tätigkeit ihrer Mitglieder zu erleichtern oder zu entwickeln, ohne jedoch für sich selbst Gewinn erzielen zu dürfen. Vielmehr erlaubt sie nur eine Hilfstätigkeit zur Erleichterung grenzüberschreitender Zusammenarbeit. Sie muss deshalb auch mind. aus zwei Mitgliedern bestehen, deren Haupttätigkeit oder Hauptverwaltung in verschiedenen EG-Mitgliedstaaten liegt. Das deutsche Ausführungsgesetz verweist auf die Vorschriften der OHG, sofern nicht die VO oder das Ausführungsgesetz selbst speziellere Regelungen enthält. In Deutschland wird sie fast ausschließlich von Anwälten genutzt.
Siehe auch → Gesellschaftsrecht, Europäisches (mit Literaturangaben).
　Literatur: *Fritz*, Die Europäische Wirtschaftliche Interessenvereinigung, Wien 1997; *Salger/Neye*, Die Europäische wirtschaftliche Interessenvereinigung, in: Münchener Handbuch des Gesellschaftsrechts, Band. 1, 2. Aufl., München 2004; *Selbherr (Hrsg.),* Kommentar zur europäischen wirtschaftlichen Interessenvereinigung (EWIV), Baden-Baden 1995.

Europäischer Betriebsrat
siehe → Betriebsrat.

Europäischer Verein (EU-V)
andere Bezeichnung: European Association (AE); siehe → Gesellschaftsrecht, Europäisches.

Europäisches Gesellschaftsrecht
siehe → Gesellschaftsrecht, Europäisches (mit Literaturangaben).

Europäisches Währungssystem (EWS)

1979 gegründetes internationales Währungssystem. Kernelement des EWS war die Festlegung von Leitkursen für die Währungen der teilnehmenden Länder. Als rechnerische Bezugsgröße des EWS wurde dabei am 1. Januar 1979 die → European Currency Unit (ECU) eingeführt. Innerhalb einer Bandbreite von 2,25 % nach oben wie nach unten durften die → Wechselkurse frei schwanken. Wenn die durch die Bandbreiten bestimmten → Interventionspunkte erreicht wurden, waren die Zentralbanken in den Mitgliedstaaten zur unbegrenzten Kursstützung am → Devisenmarkt verpflichtet, d.h., sie mussten die schwache Währung kaufen und die starke Währung verkaufen. Leitkursanpassungen („Realignments") bei Vorliegen extremer Ungleichgewichtssituationen waren nicht ausgeschlossen. Das EWS ist am 01.01.1999 durch das Nachfolgesystem, das so genannte EWS II, ersetzt worden, das aber aufgrund der zeitgleichen Einführung des € erheblich weniger Bedeutung besitzt als ehedem das ursprüngliche EWS.

EUROPA-Überweisungsauftrag

vereinfachtes Formular und Verfahren zur (kostengünstigen) Abwicklung von → Zahlungsaufträgen im Außenwirtschaftsverkehr in die Mitgliedsländer der EU sowie der EFTA, also beispielsweise auch in die Schweiz und nach Liechtenstein.

European Association (AE)

andere Bezeichnung für Europäischer Verein (EU-V); siehe → Gesellschaftsrecht, Europäisches.

European Cooperative Society

andere Bezeichnung für → Europäische Genossenschaft (EU-GEN).

European Currency Unit (ECU)

ehemalige synthetische Währungseinheit im → Europäischen Währungssystem.

European Foundation

andere Bezeichnung: Europäische Stiftung; siehe → Gesellschaftsrecht, Europäisches.

European Foundation for Quality Management

siehe → EFQM sowie → Qualitätsmanagement.

European Private Company (EPC)

andere Bezeichnungen: Europäische Privatgesellschaft (EPG) oder Société Fermée Européene (SFE); siehe → Gesellschaftsrecht, Europäisches.

European Provident Mutual Society (ME)

andere Bezeichnung: Europäische Gegenseitigkeitsgesellschaft (EU-GGES); siehe → Gesellschaftsrecht, Europäisches.

EU-V

Abk. für Europäischer Verein, andere Bezeichnung: European Association (AE); siehe → Gesellschaftsrecht, Europäisches.

EUWAX

Abk. für European Warrant Exchange. Die EUWAX ist die in Deutschland führende Börse für → Optionsscheine und andere verbriefte → Derivate. Sie ist der Stuttgarter Wertpapierbörse angegliedert; siehe auch → Zertifikat.

EVA

Abk. für → Economic Value Added.

Event

Der Begriff Event bedeutet übersetzt Ereignis, auch mit den Bedeutungen Vorfall, Begebenheit, Ausgang (von mehreren möglichen), Veranstaltung, Sportwettkampf.

Der Begriff Event wird durch folgende Schlagworte charakterisiert: (1) eine Veranstaltung, die zum Ereignis wird, (2) die Einmaligkeit des Ereignisses in der Wahrnehmung der Besucher, (3) die positive Wahrnehmung und die Aktivierung der Besucher, (4) ausführliche Organisation und geplante Inszenierung.

Dabei beschreibt der Begriff des Events nicht eine objektiv messbare Eigenschaft, sondern den subjektiven Eventcharakter einer Veranstaltung oder eines Ereignisses: Das Event entsteht im Kopf desjenigen, der es erlebt.

Zum Ereignischarakter der Veranstaltung kommen noch weitere Aspekte dazu:
(1) Erinnerungswert, Positivität, (2) Einmaligkeit (keine Routine), (3) Aktivierung der Teilnehmer, (4) Zusatznutzen und Effekte für die Teilnehmer, (5) Planung (Geplantheit), (6) Gestaltung, Organisation und Inszenierung, (7) Vielfachheit von Ereignissen, Medien und Wahrnehmungen, (8) Verbindung von Eindrücken und Symbolik.

Der Begriff Event ist subjektiv und unscharf: Der Grundnutzen Veranstaltung wird durch einen Zusatznutzen zum Event, fließende Übergänge sind möglich. Auch das Event selbst ist nicht exakt abgegrenzt: Anreise, Verpflegung, Umfeld und Abreise können in den Gesamteindruck mit einbezogen sein. Da ein Event i.A. kurz (vom Stunden- bis Tage-Bereich) ist, ist die Vorbereitung und Planung ist extrem wichtig, ein Controlling und Steuern während des Events selbst ist nur beschränkt möglich.

Siehe auch → Eventmanagement sowie → Eventmarketing und die dort angegebene Literatur.

Eventmanagement

Eventmanagement

von Professor Dr. Ulrich Holzbaur, Hochschule für Technik und Wirtschaft Aalen und
Dipl.-Wirt.-Ing. (FH) Markus Zeller, InBev Deutschland Vertriebs GmbH & Co. KG, Bremen

1. Charakterisierung

Eventmanagement umfasst zunächst die Frage, was ein → Event auszeichnet und wie man ein Event managt, plant und umsetzt. Events sind erlebnisorientierte organisierte Ereignisse (→ Erlebnisorientierung) und einmalige Veranstaltungen mit hohem Risiko. Eventmanagement beinhaltet alle planenden, organisierenden, überwachenden und steuernden Maßnahmen, die für die Veranstaltung eines Events notwendig sind.

Der gesamte Bogen des Eventmanagements reicht von der Zielsetzung für das Event und der Einbindung in die eigene Unternehmensstrategie bis zur operativen Planung und Durchführung einer Veranstaltung in einem vorgegebenen Rahmen. Dabei ist wichtig, dass im Eventmanagement immer der Kunde im Mittelpunkt steht. Wir haben es deshalb viel mehr mit individuellen Entscheidungen, subjektiven Wahrnehmungen und psychologischen Effekten zu tun als üblicherweise in der Betriebswirtschaft oder Technik.

2. Veranstaltungen

Der Begriff → Event bedeutet übersetzt Ereignis, auch mit den Bedeutungen Vorfall, Begebenheit, Ausgang (von mehreren möglichen), Veranstaltung, Sportwettkampf.

Veranstaltungen lassen sich nach dem Ziel folgendermaßen einteilen:

- Direkt gewinnorientierte Veranstaltungen, die eine Person oder Gruppe aus kommerziellem Interesse durchführt. Der Gewinn kann durch die Teilnahme an sich (Eintrittsgeld, Teilnahmegebühr) oder in Aktionen während des Events (Verkauf, Vertragsabschluß) entstehen. Hier dient der Eventcharakter vor allem dazu, möglichst viele Teilnehmer zu gewinnen und zum Kommen oder zu den gewünschten Handlungen zu aktivieren.
- Nicht direkt gewinnorientierte Veranstaltungen, die eine Person oder Gruppe im Rahmen ihrer Aufgaben und eigenen Ziele durchführt. Hier dient der Eventcharakter neben der Gewinnung der

Teilnehmer vor allem einem positiven Eindruck und der Unterstützung anderer primärer Ziele. Solche Veranstaltungen können kommerziellen (Marketing) oder ideellen Charakter haben. Insbesondere private Veranstaltungen gehören hierzu.

3. Erlebnisorientierung

Ein Event zeichnet sich dadurch aus, dass es ein positives Erlebnis für den Teilnehmer ist. Dies setzt die folgenden beiden Aspekte voraus:

- Aktivierung, Einbindung, Aktivität,
- Positivität, Positive Wahrnehmung, Emotion, Symbolik, Genuss.

Positivität und Aktivierung wechselwirken miteinander: Während ein positives Erleben zur Aktivität beiträgt (Aktivierung, Überwindung von Hemmschwellen) ist die aktive Einbindung ein wichtiger Beitrag zur positiven Wahrnehmung. Die dadurch entstehenden Rückkopplungseffekte können zu unvorhersagbaren Ergebnissen beim Event führen.

Die beiden Rückkopplungskreise wirken aufeinander und hemmen sich gegenseitig, so dass i.A. eine stabile Lösung entsteht: Wo die stabile Lösung und damit der Endzustand dieses Systems liegt, hängt von den Parametern des Events (Planung, Besucher, Randbedingungen) und von vielen zufälligen Einflüssen ab.

Ein Event bzw. eine Veranstaltung steht und fällt mit den Teilnehmern. Je nach Charakter des Events ist es dabei schwierig, zwischen Aktiven (Akteure) und Passiven (Zielgruppen) abzugrenzen. Die Aktivierung der Teilnehmer, die wichtig ist für den Erfolg des Events, führt zum Verwaschen der Grenzen zwischen den Teilnehmergruppen. Eine Aktivierung kann geschehen durch folgende Maßnahmen:

- Aufrufe/Appelle zur Aktivierung, einzelne Kommandos an die Zuschauer, Herausholen einzelner Zuschauer.
- Vermischung von Aktiven und Passiven, auch räumliche Mischung, Förderung der Identifikation mit dem Event.
- Rollentausch von Aktiven und Passiven, z.B. in der Lehre "Prüf den Prof." oder in Diskussionen "Politiker fragen, Bürger antworten".

Die Definition des Erfolgskriteriums beinhaltet auch die monetären Aspekte: Geld spielt eine wichtige Rolle. Dabei geht es nicht nur um die Überprüfung des Kassenbestandes, sondern auch um die Bestimmung des Gewinns und finanzieller Kennzahlen.

4. Eventkonzept

Das Wichtigste beim Eventmanagement und bei der Planung des Events ist, das Ziel festzulegen, zu kennen und im Auge zu behalten. Ein Event passiert nicht von selbst, und es wird auch nicht einfach so veranstaltet. Es wird gezielt geplant, um einen bestimmten Zweck zu dienen. Dieser kann sein:

- Direkter finanzieller Effekt (Einnahmen aus dem Event zuzuordnenden Produkten, insbesondere aus dem Eintritt und dem Verkauf von Waren).
- Direkter Einfluss auf Personen (Informationsvermittlung, Bildung, Politik, Verkauf).
- Erhöhung des Bekanntheitsgrades eines Objekts (Ort, Gebäude, Raum); Anziehung von Personen an eine Veranstaltung oder ein Objekt. Dazu gehört auch die Reise zu einem Ort als solche.
- Initiierung eines Projekts, Gewinnung und Motivation von Teilnehmern, Sponsoren, Öffentlichkeit und Publizität für ein Projekt.
- Übertragung der Positivität des Events auf ein Objekt. Dies kann eine Person oder Institution, ein Produkt oder eine Marke, ein Konzept oder Programm oder ein abstrakter Begriff sein. Die Positivität kann sich in einem Imagegewinn oder in der Zunahme von Attraktivität, Symbolwert, Vertrauen oder Vertrautheit äußern.

Aus den primären Zielen werden sekundäre Ziele, Maßnahmen und Kriterien abgeleitet. Typische sekundäre Ziele sind: eine hohe Teilnehmerzahl, hohe Aktivität der Besucher, umfangreiche Präsenz in den Medien.

5. Eventplanung

I.A. wird die Vorbereitung und Durchführung des Events als Projekt geplant (→ Projektmanagement). Das magische Dreieck des Projektmanagements hat für Events ganz spezielle Ausprägungen und

Randbedingungen. Das Ergebnis, d.h. der Ablauf des Events ist auf einen sehr kurzen Zeitabschnitt konzentriert, wohingegen das Timing bzw. der zeitliche Vorlauf um einen Faktor größer ist, der deutlich über 100 liegt.

Es sind die folgenden Phasen und Meilensteine (MS) des Eventmanagements zu unterscheiden:

- *MS 0 Idee*: Idee des Events wird geboren, Vision und Rahmen "liegen in der Luft"; Initialisierungsphase: Definition und Festlegung des Events, Vorlage für Entscheidungsträger.
- *MS 1 go/nogo*: Entschluss, das Event zu veranstalten oder die Planung abzubrechen, interne Bekanntgabe, Festlegung von Träger und Projektleiter (ab jetzt gibt es das Event intern); Start und Planungsphase: Aufgabenverteilung, Teambildung, Ablaufplanung, Grobplanung.
- *MS 2 goon/stop*: Entscheidung für die Vorbereitung (oder den Abbruch), Mittelfestlegung; going publik: Bekanntgabe des Events (ab jetzt bringt ein Abbruch finanzielle und ideelle Schäden); Vorbereitung und Feinplanung: Vorbereitung und Organisation des Events, Aufträge und Bestellungen, Einladungen.
- *MS 3 point of no return*: Start der Anlaufphase: Aktivierung und Abrufen der Planung, jetzt entstehen Kosten im größeren Umfang (letzte Entscheidungsmöglichkeit, Abbrechen danach kaum möglich); Anlauf und Hochlaufen des Events: Aktivitäten vor Ort, Aufbau, Anlieferung, Anreise.
- *MS 4 doors open*: Start des Events, offizielle Eröffnung und Begrüßung (eventuell später); Aktiv: Ablauf des Events von der Eröffnung bis zur Schließung. Dauer des Verhältnisses Gastgeber - Gast/Besucher.
- *MS 5 Ende*: Ende des Events, offizieller Schluss, Verabschiedung (eventuell früher); Nachlauf: Beendigung des Events Aktivitäten vor Ort, Abbau, Rückgabe, Rückreise.
- *MS 6 Beendigung*: Schluss der Aktivitäten und Rechnungsschluss (soweit möglich); Nachbereitung: abschließende organisatorische Arbeiten und Auswertung, finanzieller Abschluss.
- *MS 7 Projektende*: Projekt abgeschlossen.

Hinweis
Zu den angrenzenden Wissensgebieten siehe → Eventmarketing, → Handelsbetriebslehre, Grundlagen, → Kommunikationspolitik, → Konsumentenverhalten, → Kundenzufriedenheit, → Markenführung, → Marketing, Grundlagen, → Marketing, Internationales, → Marktforschung, → Medienökonomie, → Messemarketing, → Projektmanagement, → Sponsoring, → Werbung.

Literatur: Everke, K. F.: Planung und Organisation offizieller Veranstaltungen. Verlag W. Kohlhammer, Stuttgart, 1988; Fircks, Alexander Frhr. von: Veranstaltungen perfekt organisieren. Ein Handbuch für offizielle und private Anlässe. Ravensburger 1999; Güllemann, Dirk: Veranstaltungsrecht. Vertrags- und Haftungsfragen. Luchterhand, Neuwied 1999; Holzbaur, U.: Management. Kiehl, Ludwigshafen 2000; Maro, F.: Mitreißende Meetings und gelungene Events, in Holzbaur U., Jettinger, E., Knauß, B., Moser, R., Zeller, M.(Hrsg.): Eventmanagement, Metropolitan, Düsseldorf, 2002; Mehrmann, E., Plaetrich, I.: Der Veranstaltungs-Manager - Organisation von betrieblichen Veranstaltungen, Messen, Ausstellung, Kongressen und Tagungen. dtv - Beck, München 1993[1] und 2003; Nufer, G.: Event-Marketing. Theoretische Fundierung und empirische Analyse unter besonderer Berücksichtigung von Imagewirkungen, 2. Auflage, Wiesbaden 2006; Salter, B, Langford-Wood, N.: Successfull Event Management in a week. Hodder & Stoughton, London, 1999. Siehe auch die beim Stichwort → Eventmarketing angegebene Literatur.

Website (Prof. Dr. Holzbaur): www.steinbeis-aalen.de

Eventmarketing

von Dipl.-Wirt.-Ing. (FH) Markus Zeller
InBev Deutschland Vertriebs GmbH & Co. KG, Bremen

1. Marketing durch Events

Unter Marketing durch → Events oder auch Eventmarketing versteht man die Einbindung von Events als Kommunikationsinstrument in die gesamte Unternehmens- oder Markenkommunikation. Die Begriffe Eventmarketing und → Sponsoring überschneiden sich dabei. Eventmarketing steht in Zusammenhang mit Events, die zum Ziel der Markenkommunikation kreiert werden. Der Begriff Sponsoring wird bei Events genutzt, die ohnehin (d.h. i.d.R. auch ohne den Sponsor) geplant sind bzw. stattfinden. Das bedeutet, dass die im Sinne des Eventmarketings entstehenden Events näher an der Marke sind, die kommuniziert werden soll bzw. dichter an der gemeinten Zielgruppe sind, da sie genau zu diesem Zweck entwickelt werden.

Den besonderen Charakter von Events nutzen Markenartikelunternehmen vor dem Hintergrund der Kommunikations- und Informationsflut, durch die es immer schwerer und teurer wird, Verbraucher über klassische Medien zu erreichen. Hinzu kommen die hohe Austauschbarkeit der Produkte, eine Marktsättigung oder auch zunehmende Werberestriktionen. Die zu erreichenden Verbraucher tendieren zu immer mehr Freizeit- und Erlebnisorientierung. Emotionen liegen im Trend. Unternehmen wollen im Rahmen von Events in einem attraktiven, positiven Umfeld eine emotionale Bindung zum Produkt bzw. zur Marke herstellen. Sichtbar wird die zunehmende Bedeutung von Eventmarketing bei der Untersuchung der Marketingetats von Unternehmen. Festzustellen ist eine Umschichtung aus klassischen Media-Etats in Sponsoring- und Event-Budgets.

2. Marke Event

Zur Zieldefinition gehört die Bestimmung der Veranstaltung, d.h. die Festlegung von Art und Namen. Ein Kriterium für den Erfolg einer Veranstaltung ist, wenn sie bzw. ihr Name zu einer Marke wird. Je nach Umfang und Zielsetzung der Veranstaltung kann und muss es daher ein Ziel sein, eine Veranstaltung zum Event und zu einer Marke zu machen. Die folgenden Kriterien können eine Marke Event kennzeichnen: Markenname (→ Marke und → Markenführung), Logo, → Corporate Identity (CI), Image, Botschaft, Positionierung, Bekanntheit, Verfügbarkeit, Veranstalter (Hersteller), Qualität, Berechenbarkeit, Zusatznutzen, → Unique Selling Proposition (USP) etc.

Sinnvollerweise bedeutet der Name auch Inhalt: Ein „Landesturnfest" beschreibt den Inhalt der Veranstaltung. Eine Love Parade weniger, wurde jedoch durch Inhalt, Botschaft und Bekanntheit zur Marke. Die Expo 2000 in Hannover hatte eine sehr hohe Bekanntheit, jedoch war vielen potentiellen Besuchern der Inhalt der Expo nicht klar. Die Differenzierung der Marke Event setzt einen USP voraus. Einfach ausgedrückt geht es darum, zu definieren, was das Einzigartige an einem Event ist: Was ist neu? Was ist anders? Warum sollen die Besucher kommen?

3. Marketing für Events

Das Marketing für Events steht für alle Maßnahmen, die dazu dienen, den Event zu vermarkten. Es umfasst somit alle Aktivitäten, um die Bedürfnisse von möglichen Kunden im Markt zu erkennen und alle Instrumente, um die Bedürfnisse zu befriedigen. Einfach gesagt bringt Marketing das richtige, das gewünschte Produkt an den Kunden. Auf Basis einer Zieldefinition (was will ich mit dem Event erreichen?) und einer Festlegung von Art und Namen des Events lassen sich für das Produkt Event die Marketinginstrumente Produkt-, Preis-, Distributions- und Kommunikationspolitik entwickeln.

Der Marketingmix von Events muss stark darauf ausgelegt sein, sich von Wettbewerbern zu differenzieren. Durch die i.d.R. Einmaligkeit von Events gibt es häufig keine Optimierungsmöglichkeiten bei der Vermarktungsstrategie. Eine Veranstaltung ist letztlich mit einer Dienstleistung zu vergleichen. Marketing für Dienstleistungen beinhaltet, dass ein immaterielles nicht „lagerfähiges" Produkt, das in den unterschiedlichsten denkbaren Ausführungen existiert, erklärt und beworben werden muss. Ein

Produkt wie Waschpulver schränkt die Interpretationen beim Verbraucher ein. Ein Produkt Veranstaltung bietet eine sehr viel breitere Interpretation der Produktinhalte bzw. Produktmerkmale. Der Marketingmix von Events muss darauf ausgelegt sein, eine Differenzierung über Qualität, Service und Zusatznutzen zu erreichen. Die Vermarktung von größeren Events geht über Plakate mit Programmhinweisen hinaus. Wichtige Bausteine sind die Zusammenarbeit mit Medienpartnern und Sponsoren sowie die Presse- und Öffentlichkeitsarbeit.

Im Marketingprozess werden folgende Schritte durchlaufen: Analyse der Marktchancen, Festlegung des Marketingmix, Festlegung und Organisation der Strategie und Umsetzung, Kalkulation von Ertrag und Aufwand, Steuerung und Kontrolle. Das Produkt Event umfasst den Inhalt der Veranstaltung (inkl. Programm, Gastronomie, Grundnutzen, Zusatznutzen), der Preis beinhaltet Eintrittspreise (Konditionen, Rabatte), Preise für Speisen und Getränke, die Distribution beinhaltet den Leistungsort (Ort des Events), den Kartenverkauf sowie die An- und Abreise der Besucher, die Kommunikation beinhaltet → Werbung, → Verkaufsförderung, → Öffentlichkeitsarbeit und → Sponsoring.

Hinweis

Zu den angrenzenden Wissensgebieten siehe → Eventmanagement, → Handelsbetriebslehre, Grundlagen, → Kommunikationspolitik, → Konsumentenverhalten, → Kundenzufriedenheit, → Markenführung, → Marketing, Grundlagen, → Marketing, Internationales, → Marktforschung, → Medienökonomie, → Messemarketing, → Projektmanagement, → Sponsoring, → Werbung.

Literatur: Bremshey, P., Domning, R.: Eventmarketing – Die Marke als Inszenierung. Gabler, Wiesbaden, 2001; Brückner, M., Przyklenk, A.: Event-Marketing. Ueberreuther, Wien, 1998; Erber, S.: Eventmarketing, Erlebnisstrategien für Marken. verlag moderne industrie, München, 2002; Inden, T.: Alles Event? Erfolg durch Erlebnismarketing. verlag moderne industrie, Landsberg, 1993; Kemper, P (Hrsg.).: Der Trend zum Event. suhrkamp, Frankfurt/Main, 2001; Kinnebrock, W.: Integriertes Eventmarketing. Forkel-Verlag, Wiesbaden, 1993; Nickel, O.: Eventmarketing. Grundlagen und Erfolgsbeispiele Vahlen, München 1998; Nufer, G.: Event-Marketing. Theoretische Fundierung und empirische Analyse unter besonderer Berücksichtigung von Imagewirkungen, 2. Auflage, Wiesbaden 2006. Siehe auch die beim Stichwort → Eventmanagement angegebene Literatur.

Event-Shopping
siehe → CEFFT-Shopping.

Event-Sponsoring
Bei Sponsoren setzt sich zunehmend die Erkenntnis durch, dass klassisches Sponsoring (von Einzelpersonen oder Teams) sehr riskant sein kann, da im Falle eines Imageeinbruchs seitens der Gesponserten (beispielsweise hervorgerufen durch Skandale oder Niederlagenserien) auch das Ansehen des Sponsors in Mitleidenschaft gezogen werden kann. Insbesondere internationale Unternehmen agieren deshalb immer häufiger als Sponsoren attraktiver Großveranstaltungen, die auf die Öffentlichkeit eine enorme Anziehungskraft ausüben und bei denen sie dieses Risiko nicht fürchten müssen. Man spricht in diesem Zusammenhang vom Event-Sponsoring.

Im Rahmen des Veranstaltungsmarketing (→ Eventmanagement) lassen sich grundsätzlich die beiden Perspektiven "Marketing bei Veranstaltungen" und "Marketing mit Veranstaltungen" unterscheiden. Bei ersterem werden bereits bestehende Veranstaltungen von Unternehmen als Werbeträger für Botschaften verwendet, um Kommunikationspolitik zu betreiben. Hierfür hat sich der Begriff Event-Sponsoring durchgesetzt. Bei letzterem dagegen handelt es sich um → Event-Marketing. Für Produkte/Marken werden eigens Veranstaltungen initiiert und inszeniert.

Die wichtigsten Vorteile des Event-Sponsoring sind: Die kommunikative Ansprache erfolgt in einem attraktiven (sportlichen) Umfeld. Es lassen sich hohe (internationale) Reichweiten und damit vergleichsweise günstige Tausenderkontaktpreise realisieren. Der Multiplikatoreffekt der Massenmedien kann voll ausgenutzt werden. Angestrebt wird ein positiver Imagetransfer vom Event auf die Marke bzw. das Unternehmen. Nachteilig stehen dem hohe Kosten und eine begrenzte Zahl in Frage kommender (Mega-)Events gegenüber.

Siehe auch → Sponsoring und → Kommunikationsdpolitik, jeweils mit Literaturangaben.

Literatur: Nufer, G.: Wirkungen von Sportsponsoring. Empirische Analyse am Beispiel der Fuß-ball-Weltmeisterschaft 1998 in Frankreich unter besonderer Berücksichtigung von Erinnerungswirkungen bei jugendlichen Rezipienten, Mensch und Buch, Berlin 2002; Nufer, G.: Wirkungen von Event-Sponsoring – Ergebnisse empirischer Analysen zur Fußball-Weltmeisterschaft 1998, in: Horch, H.-D., Heydel, J., Sierau, A. (Hrsg.): Events im Sport. Marketing, Management, Finanzierung, Köln 2004, S. 239-255; Nufer, G.: Event-Marketing. Theoretische Fundierung und empirische Analyse unter besonderer Berücksichtigung von Imagewirkungen, 2., überarb. u. erw. Aufl., Gabler, Wiesbaden 2006

Every-day-low-price-Strategie
(*EDLP-Strategie*) In der → Preispolitik im Einzelhandel lässt sich im Zusammenhang mit Preispromotions zwischen der HILO- (high-low-) und EDLP-(every-day-low-price)-Strategie differenzieren. Die HILO-Strategie unterscheidet zwischen Normal- und Sonderangebotsphasen für ein Produkt, während die EDLP-Strategie auf ein konstantes Preisniveau setzt, das niedriger als der Normalverkaufspreis, aber höher als der Sonderangebotspreis der HILO-Strategie ist. Beide Preisstrategien sprechen in ihren Einkaufsgewohnheiten unterschiedliche Marktsegmente an. Zu weiteren Preisstrategien siehe → Preispolitik, Kap. 3.

Evoked Set
begrenzte, klar profilierte Zahl von kaufrelevanten Alternativen. Siehe auch → Konsumentenverhalten.

Evolutionsstrategien
siehe → Metaheuristiken; siehe auch → Heuristiken.

Evolutionstheoretischer Ansatz
befasst sich mit der Erklärung von Populationen von Organisationen. Er bedient sich der Systematik der Evolutionstheorie mit den Mechanismen der zufälligen Variation und der umweltbedingten Selektion. Übrig bleiben erfolgreiche Organisationsformen. Kritik folgt aus der Problematik der Übertragung biologischer Phänomene auf soziale Systeme. Siehe auch → Organisation, Grundlagen und → Organisationstheorien.

Ewige Anleihe
→ Anleihe ohne Rückzahlungsverpflichtung des → Emittenten. Eine Rückzahlung erfolgt erst nach Kündigung durch den Emittenten.

EWIV
Abk. für → Europäische Wirtschaftliche Interessenvereinigung.

EWS
Abk. für → Europäisches Währungssystem.

Ex Works ... named Place
Kurzbezeichnung: EXW, ab Werk ... benannter Ort; Vertragsformel der von der → Internationalen Handelskammer (ICC) entwickelten → Incoterms.

Executive Information Systems (EIS)
(a) Unterbegriff von → Management-Informationssysteme (MIS); (b) ein spezifisches MIS für das obere Management. Vorrangige Funktionalitäten sind (1) vorstrukturierter Zugriff auf Informationen (→ Information, Grundinformationen) und (2) Kommunikation, insbesondere E-Mail. (→ MIS, Funktionaliät). Siehe auch → Führungsinformationssysteme (FIS).
Literatur: Laudon, K. C., Laudon, J. P. Management Information Systems, Managing The Digital Firm, 9th ed., Upper Saddle River 2006; Mertens, P., Griese, J.: Integrierte Informationsverarbeitung 2, Planungs- und Kontrollsysteme in der Industrie, 9. Auflage, Wiesbaden 2002.

Executive Support Systems (ESS)
(a) Unterbegriff von → Management-Informationssysteme (MIS); (b) ein spezifisches MIS für das obere Management (angelsächsisch: *Executive*). Die ESS-Funktionalität entspricht gängig der → MIS-Funktionalität, was indes nicht zwingend ist.
     Literatur: Laudon, K. C., Laudon, J. P. Management Information Systems, Managing The Digital Firm, 9th ed., Upper Saddle River 2006; Mertens, P., Griese, J.: Integrierte Informationsverarbeitung 2, Planungs- und Kontrollsysteme in der Industrie, 9. Auflage, Wiesbaden 2002.

Existenzgründung

Existenzgründung

von Univ.-Professor Dr. Gerd Walger und Dr. Franz Schencking
IUU Institut für Unternehmer- und Unternehmensentwicklung
an der Universität Witten/Herdecke

1. Charakterisierung
Um eine Existenzgründung handelt es sich bei einer *Unternehmensgründung*, mit der sich eine einzelne oder mehrere natürliche Personen selbstständig machen. Wie der Begriff Existenzgründung zum Ausdruck bringt, gründet der Gründer seine eigene Existenz und damit auch seine wirtschaftliche Existenz neu und stellt sie auf eigene Beine. Häufig findet sich in Literatur und Praxis für die Existenzgründung der i.W. gleichbedeutende Begriff *Entrepreneurship*. Existenzgründung ist ein Prozess, in dem bestimmte Probleme regelmäßig auftreten. Zur Lösung dieser Probleme gibt es verschiedene Beratungsangebote.

2. Prozess der Existenzgründung

a) Grundsatzentscheidung und Businessplan
Existenzgründung ist ein existenzieller Entscheidungsprozess, in dem sich der angehende Gründer der Frage stellt, ob er selbst mit einer Unternehmensidee Unternehmer wird. In diesem Entscheidungsprozess arbeitet der Gründer zugleich seine Unternehmensidee erst zum marktreifen Produkt aus. Er entscheidet sich im Gründungsprozess also selbst, ob er auf der Grundlage der nach und nach sich klärenden Idee den existenziellen Schritt in die unternehmerische Selbstständigkeit geht. Dazu prüft er, ob er mit der aus der Idee entwickelten Leistung am Markt erfolgreich sein kann, und er stellt sich der Frage, ob er bereit ist, seine Existenz für die ausgearbeitete Leistung aufs Spiel zu setzen.
Seine Unternehmensidee entwickelt ein Gründer, indem er sie zu einem Konzept, einem → Businessplan ausarbeitet, der auch als Mittel zur Kapitalbeschaffung dienen kann. Dieser Plan beschreibt alle relevanten Aspekte für die Gründung eines neuen Unternehmens.
In der Ausarbeitung des Businessplans wird die anfänglich abstrakte Idee konkretisiert. Es wird herausgearbeitet, wie die Leistung genau aussieht, wie ihre Vermarktungsmöglichkeiten sind, wie das Unternehmen finanziert werden kann und welche Gewinnmöglichkeiten und Risiken bestehen. Dabei geht es vor allem darum zu klären, ob sich die Idee realisieren lässt.
Mit der Klärung der Idee einhergeht die Entscheidung des Gründers, ob er gründet, ob er Unternehmer wird.
Der Businessplan dient dazu, diesen Klärungsprozess in differenzierter und umfassender Weise zu vollziehen und sich dadurch eine Grundlage für die existenzielle Entscheidung zu schaffen, Unternehmer zu werden. Die unterschiedlichen Aspekte des Businessplans sind dabei untereinander abhängig. Daher lassen sich die einzelnen Aspekte des Businessplans zwar zunächst nacheinander bearbeiten, aber jede wesentliche Veränderung bei einem Aspekt führt zur erneuten Überarbeitung aller übrigen Teile.

b) Unternehmensidee/Produktentwicklung
Die Ausarbeitung der Idee zu einer marktreifen Leistung ist ein zentrales Ziel im Gründungsprozess. Die Idee ist häufig eine Produkt- oder Dienstleistungsidee (vgl. Schumpeter). Nach heutiger Vorstel-

lung ist eine Unternehmensidee etwas Gegenständliches, was man besitzen kann, etwas Fertiges, das zwar noch zu konkretisieren ist, dabei im Kern aber unverändert bleibt.

Entgegen dieser Vorstellung ist die Idee ihrem Wesen nach als Gedanke zu begreifen, als etwas, das gedacht werden will und sich nach und nach entwickelt. Die Idee ist demnach zu Anfang ausgedacht, aber nicht durchdacht und geklärt. Sie bedarf daher, um zu einer reifen Idee zu werden, einer gedanklichen Entwicklung. Die Aufgabe und auch die Chance des Gründers liegt daher darin, seine Idee auszuarbeiten, damit aus ihr am Ende eine fertige und das Unternehmen tragende Idee hervorgeht.

Den Kern der Ausarbeitung der ursprünglichen Idee zu einer reifen Unternehmensidee bildet die Produktentwicklung, die über eine rein technische Entwicklung hinausgeht. Das Produkt wird mit dem Ziel entwickelt, für die Kunden einen Nutzen zu schaffen. Die Produktentwicklung erfordert daher die Erkundung potentieller Kunden und ihrer Bedürfnisse durch die Markt- und Wettbewerbsanalyse.

c) Markt- und Wettbewerbsanalyse

Soweit ein erster Wurf einer Unternehmensidee vorhanden ist, ermöglicht erst die Auseinandersetzung mit dem Markt und dem Kundenbedarf eine erfolgreiche Produktentwicklung und damit eine erfolgreiche Gründung.

Wesentliches Instrument für die Einschätzung des Marktes ist die Markt- und Wettbewerbsanalyse. Sie hat die Aufgabe, ein realistisches Bild über den eigenen Markt zu gewinnen, wer die Kunden für die eigene Leistung sind, welchen Bedarf sie haben, wie groß der Markt ist und wie er sich zukünftig entwickeln wird. Dazu gehört auch die Konkurrenz zu analysieren. Letztes Ziel ist es, eine nachvollziehbare Einschätzung der Anzahl an Kunden und verkaufbaren Leistungen sowie der Verkaufspreise zu gewinnen. Dazu können die klassischen Instrumente der Marktforschung, d.h. Primär- und Sekundärforschung, eingesetzt werden.

Durch die Auswertung von Sekundärquellen, z.B. Datenbanken, kann der Gründer in der Marktanalyse eine erste Einschätzung seines Marktes gewinnen. Um seinen Markt kennen zu lernen, ist es seine Aufgabe, seinen Markt selbst zu erforschen. Da sich dabei neue Gelegenheiten zeigen können, die ihm vorher unbekannt waren, ist Marktforschung ein explorativer Prozess, in dem sich der Gründer seinen Markt erschließt, indem er viel versprechende Hinweise oder Informationen aufgreift und ihnen nachgeht. Es geht darum, die eigene Marktchance unternehmerisch zu erkunden. Vielfach verwendete Instrumente dazu sind Kundeninterviews und Verkaufstests.

Aufgabe der Wettbewerbsanalyse ist es, die eigene Wettbewerbsposition im Verhältnis zu den Konkurrenten zu ermitteln. Die Wettbewerber, ihre Anzahl und die relative Position zu ihnen einschließlich Stärken und Schwächen sowie Chancen und Risiken haben Einfluss auf die eigenen Chancen, Kunden zu gewinnen. Die Wettbewerbsanalyse ist daher eine wichtige Grundlage für die Bestimmung der eigenen Strategie im Wettbewerb um die Kunden.

d) Marketing

Im Marketing arbeitet der Gründer seine Strategie aus, wie er seine Kunden gewinnen und das eigene Unternehmen am Markt positionieren will. Die Aufgabe des Marketing ist es, die Botschaft für die Kunden zu produzieren, warum sie das jeweilige Produkt kaufen sollen, dem Kunden diese Botschaft im Markt mit Hilfe verschiedener Instrumente zu vermitteln und letztlich in Umsatzzahlen umzusetzen.

Das Marketing nimmt die in der Markt- und Wettbewerbsanalyse gewonnenen Erkenntnisse über die Kunden und den Wettbewerb auf. Ziel ist es, eine Botschaft für die Kunden zu produzieren, die ihren Bedarf anspricht und ihnen einen hohen Kundennutzen verheißt. Darüber hinaus wird die jeweilige Botschaft auch im Hinblick auf die Wettbewerber formuliert. Es geht darum, dem Kunden eine einzigartige Leistung anzubieten, die genau seinen Bedarf trifft.

Zur Umsetzung seiner Strategie im Markt stehen dem Gründer grundsätzlich die klassischen vier Marketinginstrumente Produkt- und Preisgestaltung sowie die Gestaltung der Kommunikation und des Vertriebs zur Verfügung.

e) Finanzplanung

Der Finanzplan fußt auf den übrigen Teilen des Businessplans. Er stellt in Planungsrechnungen nichts anderes als die geplante in Geldeinheiten quantifizierte Entwicklung des Unternehmens dar. Der Finanzplan hat die Aufgabe aufzuzeigen, welche finanziellen Auswirkungen das Unternehmensgeschehen haben wird.

Die Ziele des Finanzplans sind vor allem, die Liquidität, den Kapitalbedarf sowie die Rentabilität des Unternehmens zu ermitteln bzw. zu sichern. Dazu besteht ein Finanzplan zumindest aus einer Liquiditätsrechnung und einer Gewinn- und Verlustrechnung. Hinzukommen können Planbilanz und Rentabilitätsrechnungen sowie betriebswirtschaftliche Kennzahlen.

Der wichtigste Teil der Finanzplanung bei Gründungen ist die Liquiditätsrechnung. Ihre Aufgabe ist es, jederzeit die Zahlungsfähigkeit des Unternehmens sicherzustellen und damit dem Konkurs wegen Illiquidität vorzubeugen. Mit ihrer Hilfe werden zukünftige Ein- und Auszahlungen geplant, wobei Verzögerungen beim Mittelzufluss (z.B. aufgrund schlechter Zahlungsmoral) einkalkuliert werden.

f) Gründer

Der Existenzgründer steht in der Freiheit, die Leistung am Markt anbieten zu können, die er erbringen will. Er bestimmt selbst, welche Idee er zu einer marktreifen Leistung ausarbeitet und wann und ob diese marktreif ist.

Für den Gründer ist es wichtig, von der eigenen Leistung überzeugt zu sein - ohne dass dies ausreichend ist. Während in einer nicht selbstständigen Existenz im vorhinein von außen vorgegeben ist, was eine gute Leistung ist, bestimmt sich für den Unternehmer der Erfolg und was eine gute Leistung ist erst am Markt. Hinzukommen muss daher zum einen, den Markterfolg der Leistung, z.B. über Markttests, im vorhinein möglichst weitgehend zu klären. Und es muss beim Gründer zum zweiten die Bereitschaft hinzukommen, das verbleibende Risiko zu scheitern auf sich zu nehmen und zu tragen. Als Unternehmer kommt er immer wieder in die Schwierigkeit, dieses existenzielle Risiko eingehen zu müssen.

In der Frage, ob er das Risiko zu scheitern tragen kann, ist der Unternehmer letztlich auf sich selbst gestellt und zurückgeworfen. Es geht für ihn darum, sich mit diesem Risiko auseinander zu setzen. Da dem Unternehmer niemand diese Entscheidung abnehmen kann, bedarf es dazu seiner persönlichen Selbstständigkeit, d.h. in dieser Frage auf sich selbst Bezug nehmen zu können.

Unternehmer zu sein verlangt daher die existenzielle Entscheidung, sich selbstständig zu machen und sich auf eigene Beine zu stellen. Wesentlicher Sinn des Gründungsprozesses und der Ausarbeitung des Businessplanes ist es, sich diese Entscheidungsfrage selbst vorzulegen und sich ihr zu stellen. Die Ausarbeitung des Businessplans führt dem Gründer zukünftige Aufgaben und Risiken des Unternehmers vor Augen. In diesem Sinne ist der Businessplan Instrument der Selbstreflexion, über das er herausfinden kann, ob er Unternehmer ist.

Über diese Aspekte hinaus gehört zum Businessplan die Ausarbeitung des Geschäftsmodells, in dem die wesentlichen Schritte der Leistungserstellung, die zum Erfolg beitragen, erfasst werden, der Zeitplan inklusive Meilensteine sowie die Executive Summary, die alle wesentlichen Fakten des Gründungsvorhabens prägnant zusammenfasst.

3. Probleme im Gründungsprozess

Im Gründungsprozess treten für den Gründer Probleme auf. Ein Problem ist dabei zunächst das, was der Gründer dafür hält. Es ist eine sich dem Gründer aufdrängende Fragestellung, die nach einer Antwort verlangt, eine Aufgabe, die gelöst werden will, für die er aber selbst keine Lösung hat und zwar, da ihm das Problem selbst nicht klar ist.

Probleme liegen nach Ansicht der Gründer vor allem in den Bereichen Vertrieb und Finanzierung. Im Bereich Vertrieb steht bei den Existenzgründern dabei als Problem die Kundengewinnung und im Finanzierungsbereich die Kreditbesicherung im Vordergrund.

Aus Sicht der Gründer haben diese Probleme zunächst nichts mit ihrem eigenen Vorgehen zu tun. Sie sehen sich selbst nicht als Ursache ihrer Probleme. Was für sie ein Problem ist, ist allerdings immer auch Folge ihres Umgangs mit der jeweiligen Situation. So verdanken sich manche Probleme häufig auch ungenügender Planung und sind insofern auch selbsterzeugt.

Bei der Ausarbeitung des Businessplans lassen Gründer häufig wesentliche Schritte, die zum Businessplan gehören, aus. Für den Erfolg bzw. das Scheitern von Existenzgründungen sind zum einen Marktanalyse und Marketing und zum anderen die persönliche Qualifikation zentrale Faktoren.

- Das gravierendste Problem bei Existenzgründungen ist *fehlende Marktkenntnis* der Gründer, die einhergeht mit mangelnder Kundenorientierung. Bei unzureichender Marktanalyse wissen die Gründer nicht, was ihr Markt ist, wie groß dieser ist und wer ihre Kunden sind. Dies führt zu

Absatz- und letztendlich finanziellen Problemen. Damit eng verknüpft ist, dass aufgrund fehlender Kundenorientierung selten hinreichend genau untersucht wird, welchen Bedarf und welchen Nutzen der Kunde durch ein Produkt hat. Demzufolge fehlt auch die Basis für eine aussagekräftige Finanzplanung.

- Was die *persönliche Qualifikation* betrifft, sind Gründer i.d.R. weder durch Ausbildung noch Berufsleben auf die Situation des Selbstständigkeit vorbereitet. Soweit der Gründer vorher abhängig beschäftigt, im Studium, Ausbildungsverhältnis oder auch arbeitslos war, verlangt die Existenzgründung einen grundlegenden Wandel seiner Existenz. Er muss seine bisherige unselbstständige Existenz aufgeben, sich aus bestehenden Abhängigkeiten lösen und sich selbstständig machen und sich dem Markt stellen.

Des öfteren haben Gründer zwar die Bereitschaft, sich dem Markt zu stellen, allerdings nur, da eine realistische Auseinandersetzung mit dem Risiko und den eigenen Möglichkeiten ausgelassen wird.

4. Beratungsangebote

Gründerberatung knüpft an die verschiedenen Probleme an, die im Gründungsprozess im Zuge der Erstellung des Businessplans auftreten können.

Als Beratungsangebote lassen sich im wesentlichen unterscheiden

- → Gutachterliche Beratungstätigkeit
- → Expertenberatung und
- Persönlichkeitsorientierte Gründerberatung (→ Gründerberatung, persönlichkeitsorientierte).

Die unterschiedlichen Beratungsangebote fußen auf unterschiedlichen Beratungsverständnissen und legen in der Bearbeitung der in der Gründung auftretenden Probleme unterschiedliche Schwerpunkte.

Hinweis

Zu den angrenzenden Wissensgebieten siehe → Aktiengesellschaft, kleine, → Businessplan, → Due Diligence, → Eigenkapital, → Europäisches Gesellschaftsrecht, → Finanzplanung, → Gesellschaftsformen, österreichische, → GmbH, deutsche (sowie viele weitere Gesellschafts- bzw. Rechtsformen), → Going Public, → Insolvenzrecht (deutsches), → Investitionswirtschaft, → Kennzahlen, finanzwirtschaftliche, → Kennzahlen, wertorientierte, → Kreditfinanzierung, kurzfristige, → Kreditfinanzierung, langfristige, → Kreditsicherheiten, → Marketing, Grundlagen, → Mergers & Acquisitions, → Organisation, → Rating-Methoden, kreditwirtschaftliche, → Sanierungsmanagement, → Sonderbilanzen, → Unternehmensplanung, → Venture Capital.

Literatur: (*Zum Gründungsprozess und Aufstellung eines Businessplans*): Timmons, J. (1994a): New Venture Creation: entrepreneurship for the 21st century, 4. Aufl., Boston; Turlais, J. (1999): The business plan, in: Sharma, P., Hrsg. (1999) Guide to starting your own business, New York u.a.), S. 113-149; Walger, G./Schencking, F. (2003) Existenzgründung als existenzielle Entscheidung, in: Walterscheid, K., Hrsg. (2003), Entrepreneurship in Forschung und Lehre. Festschrift für Klaus Anderseck, Frankfurt/M. u.a., S. 39 – 53. (*Zur gründungsspezifischen Marktforschung*): Baaken, T. (1995): Marktanalyse, in: Dieterle, D./Winckler, E.M.; Hrsg. (1995) Gründungsplanung und Gründungsfinanzierung, 2. Aufl., München, S. 101-121. (*Zur persönlichkeitsorientierten Gründerberatung*): Walger, G./Schencking, F. (2001): Kompetenzentwicklung von Existenzgründern. Grundformen und Realisierungsbeispiele, in: Quem-Report (Arbeitsgemeinschaft Qualifikations- Entwicklungs- Management). Schriften zur beruflichen Weiterbildung, Heft 72, Berlin. (*Zum Unternehmertum*): Schumpeter, J. (1931): Theorie der wirtschaftlichen Entwicklung, 3. Aufl., München/Leipzig; Kirzner, I.M. (1978): Wettbewerb und Unternehmertum, Tübingen; Venkataraman, S./Sarasvathy, S.D. (2001): Strategy and Entrepreneurship: Outlines of an Untold Story, in: Hitt, M.A./Freeman, R.E./Harrison, J.S. (2001), The Blackwell handbook of strategic management, Oxford, S. 650 – 668.

Internetadressen: (Institut für Unternehmer- und Unternehmensentwicklung) www.iuu-uni-wh.de; (Datenbank Gründungsförderung) http://db.bmwa.bund.de

Website / Internetadressen der Autoren: (Institut für Unternehmer- und Unternehmensentwicklung) www.iuu-uni-wh.de; Gerd Walger: iuu@iuu-uni-wh.de; Franz Schencking: Schencking@aol.com

Exit
(→ *Private Equity*), Bezeichnung und vorkommend im Rahmen von → Private Equity mit folgenden Formen des Exit (der Desinvestition): (1) Börsengang (→ Going Public), (2) Verkauf des Unternehmens (→ Trade Sale), (3) Verkauf an eine andere Private Equity Gesellschaft (→ Secondary Purchase) oder an Altgesellschafter (→ Buy-back).

Exit Right
(→ *Private Equity*), Vereinbarung im Rahmen einer Gesellschaftervereinbarung, wonach der an der Gesellschaft beteiligte → Private Equity Fonds das Recht hat, unter bestimmten Voraussetzungen, etwa bei Scheitern eines angestrebten Börsengangs oder nach bestimmter Zeit über das Recht auf Einziehung seiner Anteile gegen Abfindung (redemption right), als Gesellschafter wieder auszuscheiden. Siehe auch → Exit (Desinvestition) sowie → Private Equity.

Exkulpation
Der Unternehmer kann sich durch den Nachweis, dass er den → Verrichtungsgehilfen sorgfältig ausgesucht und überwacht hat, der Haftung entziehen. Siehe auch → Produkthaftung.

Exogene Variablen
sind (z.B. in der → Unternehmensplanung) Planungsgrössen (wie z.B. Inflationsraten, Währungsparitäten usw.), die ausserhalb des Planungskontextes erhoben oder festgelegt werden. Sie können von unternehmerischen Entscheidungen nicht beeinflusst werden. Gegensatz: → Entscheidungsvariablen, die vom Unternehmen zu beeinflussen bzw. zu gestalten sind. Siehe auch → Planungsvariablen.

Expansionsfinanzierung
(mit → Venture Capital). Finanzierung der Produktionsausweitung oder von Wachstumsschritten für ein Unternehmen am → Break-even-point u.Ä. durch Bereitstellung von Eigenkapital durch eine Venture Capital-Gesellschaft. Schwerpunkt ist die Verbesserung der Eigenkapitalquote des Beteiligungsunternehmens bei Produktions- und Absatzausweitung, Produktdifferenzierung oder Marktentwicklung. Siehe auch → Venture Capital, → Venture Capital-Beteiligungsvertrag und → Going Public.

Expatriate
werden alle im Ausland eingesetzten Mitarbeiter unabhängig von ihrer nationalen Herkunft bezeichnet. Siehe auch → Personalmanagement, Internationales, → Interkulturelles Management und → Globalisierung.

Expense Center
dezentrale Organisationsform, bei der die Budgetkontrolle im Vordergrund steht, mittels der die Ausgaben, die zur Leistungserstellung notwendig sind, gesteuert werden. Der Expense Center Leiter hat eine geringere Entscheidungskompetenz als bei der häufiger zu findenden Profit Center Organisation. Einzelheiten und Literaturangaben siehe → Profit Center Organisation, Kap.3.

Experiment
(*allgemeine Definition*). Das Experiment ist eine Methode der empirischen Forschung, bei durch die systematische Veränderung einer Variable x, unter Konstanthaltung aller anderen Einflussfaktoren, der Einfluss von x auf eine Größe y festgestellt werden soll. Man variiert bspw. bestimmte Arbeitsbedingungen wie Beleuchtung, Temperatur, Gruppengröße usw. und beobachtet die damit zusammenhängenden Änderungen in der Arbeitsleistung. Ein Experiment kann unter künstlichen Bedingungen in einem Labor stattfinden oder unter Realitätsbedingungen als sog. Feldexperiment. Das größte Problem ist die Einhaltung der Bedingung der Konstanthaltung aller anderen Einflussfaktoren außer dem untersuchten Einflussfaktor.

Experiment
(als → *Marktforschungsmethode*). Mittels Experimenten werden vermutete Ursache-Wirkungs-Zusammenhänge unter kontrollierten Bedingungen überprüft. Das Wesen eines Marktforschungsexpe-

riments besteht darin, dass eine unabhängige Variable (z.B. der Preis) verändert und die Auswirkung dieser Veränderung auf eine abhängige Variable (z.B. die Absatzmenge) gemessen wird. Tests sind Anwendungen von Experimenten im Rahmen der Marktforschung (Beispiele: Storetests, Werbewirkungstests).

Siehe auch → Marktforschungsmethoden und → Marktforschung, jeweils mit Literaturangaben.

Expertenberatung

(bei → *Existenzgründung*). In der Expertenberatung werden von den Anbietern vorgefertigte Konzepte zur Ausarbeitung des → Businessplans eingesetzt und auf den jeweiligen Einzelfall hin angepasst. Diese Form der Beratung beruht auf der Generalisierbarkeit von Lösungsansätzen, sei es bei der Aufstellung des Businessplans oder einer seiner Teilpläne sowie ihrer Realisierung. Dies Vorgehen ermöglicht die Beschleunigung der Ausarbeitung des Businessplans.

Expertenberatung bietet Gründern an, sie bei Gründungsproblemen durch Anwendung standardisierter Methoden, seinen Beratungsprodukten, zu unterstützen. Diese Methoden sind erprobt und müssen nur noch auf die individuellen Bedürfnisse angepasst werden. Durch die Inanspruchnahme von Expertenberatung kann der Gründer auf Konzepte zurückgreifen, die sich für die Gründung bereits bewährt haben, und die die notwendige Zeit für die Ausarbeitung seines Gründungsvorhabens und damit die Zeit bis zum Markteintritt deutlich verkürzen.

Im Zentrum der Beratungsleistungen von Expertenberatern steht die Unterstützung bei der Anfertigung des Businessplans. Dabei werden von den einzelnen Beratungsanbietern unterschiedliche Schwerpunkte gesetzt und sich zum Teil auf einzelne Teile des Businessplans spezialisiert. Eine den gesamten Gründungsprozess umfassende Beratung, bei der die Ausarbeitung des Businessplans im Vordergrund steht, wird angeboten in öffentlich geförderter Beratung von Einzelberatern oder kleinen Beratungsgesellschaften. Mit dem Ziel der Gewinnerzielung beraten den gesamten Gründungsprozess Inkubatoren, die den Gründern darüber hinaus zumeist auch Räume und ein Netzwerk weiterer Dienstleister zur Verfügung stellen. Finanzierungsberatung bieten an Kreditinstitute, → Venture Capital-Gesellschaften, die sich am gründenden Unternehmen mit Eigenkapital beteiligen, sowie → Business Angels, die sich ebenfalls mit Eigenkapital beteiligen und darüber hinaus dem Gründer für die Realisierung seiner Gründung ihre Erfahrung bereitstellen.

Siehe auch → Existenzgründung mit Literaturangaben.

Expertensysteme

sind wissensbasierte Systeme zur Entscheidungsunterstützung, die die Beratungs- und Problemlösungsfähigkeit menschlicher Experten abbilden. Die Kompetenz zumindest eines menschlichen Fachmanns auf einem abgegrenzten Spezialgebiet wird in einer Wissensbasis modelliert, eine Problemlösungskomponente wendet das Wissen zur Aufgabenbewältigung an. Siehe auch → Wissensbasierte Systeme und → Wissensmanagement (mit Literaturangaben).

Expertenverzeichnis

(*Yellow Pages*) hilft bei der Suche von Personen, die im Unternehmen über bestimmte Kompetenzen verfügen. Damit kann z.B. die adäquate Besetzung einer Team-Rolle oder das problemorientierte Auffinden eines Fachexperten unterstützt werden.

Explikative Entscheidungstheorie

siehe → Entscheidungstheorie.

Explikative Methode

des institutionenorientierten Ansatzes. Mit dieser Methode wird der Wandel von Betriebsformen zu erklären versucht. Ansätze sind z.B. Malcom McNair: „ → Wheel of Retailing", Robert Nieschlag: „ → Dynamik der Betriebsformen", Sylvia Berger: „ → Store Erosion".

Explizites Wissen

Explizites Wissen ist standardisierbar, in formaler Sprache beschreibbar, allgemein verfügbar und stabil. Explizites Wissen kann mit Ansätzen des → Wissensmanagements für das Unternehmen als → organisationales Wissen nutzbar gemacht werden. Der Übergang von explizitem zu → implizitem Wissen und umgekehrt ist Inhalt des → SECI-Modells.

Export

Export ist der Übergang von Waren vom Inland in das Ausland, im weiteren Sinn auch von Dienstleistung (auch Ausfuhr genannt, Teilbereich des → Außenhandels).
Bei einer unmittelbaren Geschäftsbeziehung zwischen Hersteller und Abnehmer im Ausland liegt sog. *direkter* Export vor. Ist aber ein inländischer Zwischenhändler (Exporthändler) als → Absatzmittler eingeschaltet, spricht man vom sog. *indirekten* Export. Der → Exporthändler übernimmt dann alle außenwirtschaftlichen Funktionen und Risiken. Er spezialisiert sich auf Absatzregionen im Ausland und/oder auf bestimmte Produktgruppen. Über seine Vertretungen vor Ort bietet er hiesigen Unternehmen quasi erschlossene Märkte an und kann vor Ort die Lagerfunktion übernehmen. In einigen Fällen stellt er Sortimente verschiedener Hersteller zusammen und tritt damit als eigenständiger Nachfrager auf. Nachteilig bei indirekten Exporten ist fehlendes Marketing-Feed-back und die Kostenbelastung durch die Händlermarge.
Tendenziell sprechen damit folgende Gegebenheiten eher für den direkten bzw. indirekten Export:

Direkter Export	Indirekter Export
• Investitionsgüter	• Konsumgüter
• Erklärungsbedürftige Produkte	• Standardartikel
• Einzelfertigungen	• Serienprodukte
• Hohes Absatzvolumen	• Geringes Absatzvolumen
• Gute Marktkenntnisse	• Geringe Marktkenntnisse
• Nahes Bestimmungsland	• Entferntes Bestimmungsland
• Unmittelbarer Kundenkontakt	• Geringer Vertriebsaufwand
• Eigene Distributionsstruktur (Lager, Kundendienst)	• Kurze Absatzwege (bis Exporthändler)
• Exportabteilung	• Inlandsorganisation ausreichend
• Höherer Kapitalbedarf, Risiko und Gewinnmarge	• Geringerer Kapitalbedarf, Risiko und Gewinnmarge

Siehe auch → Außenhandel und → Globalisierung, jeweils mit Literaturangaben.

Export-Bürgschaft
siehe → Bürgschaft des Bundes (Hermes-Bürgschaft).

Exportfactoring
siehe → Factoring.

Exportfinanzierung
siehe → Außenhandelsfinanzierung (Internationale Zahlungs-, Sicherungs- und Finanzierungsinstrumente), mit Literaturangaben.

Exportförderung
Maßnahmen staatlicher und privater Institutionen wie Zuschüsse (z.B. für Auslandsmessen), Risikoübernahme (z.B. → Euler Hermes Exportkreditgarantien), Hilfestellung bei neuen Geschäftskontakten (z.B. durch Wirtschaftsdelegation und Botschaften), Informationen und Beratung durch die Bundesagentur für Außenwirtschaft (→ BfAI), Statistische Ämter, Industrie- und Handelskammern (→ IHK), Auslandshandelskammern (→ AHK), Ländervereine, Banken und Speditionen.

Export-Garantie
siehe → Garantie des Bundes (Hermes-Garantie).

Exporthändler

→ Absatzmittler im → Außenhandel, der seinen Sitz im Exportland hat. Aufgrund seiner Spezialisierung auf bestimmte Märkte und Branchen und seiner Vorortorganisation kann er dem Exportunternehmen quasi einen erschlossenen Auslandsmarkt anbieten und alle Auslandsaktivitäten wie Akquisition vor Ort, Transport, Aus- und Einfuhrabfertigung, Zahlungsverkehr und Finanzierung abdecken. Aus Sicht des Exportunternehmens handelt es sich folglich um ein reines Inlandsgeschäft ohne Auslandsgeschäfts-Risiken.

Exportkreditgarantien des Bundes
(sog. Hermes-Deckungen, Deutschland)
1. Charakterisierung und Organisation: Exportkreditgarantien der Bundesrepublik Deutschland (Bezeichnung bis Mitte 2003: „Ausfuhrgewährleistungen des Bundes") zugunsten deutscher Exporteure und Kreditinstitute (Finanzierungsinstitute), die in der Praxis als Hermes-Deckungen bezeichnet werden, dienen der Absicherung der mit Exportgeschäften verbundenen Käuferrisiken (bestimmte wirtschaftliche Schadenstatbestände) und Länderrisiken (bestimmte politische Schadenstatbestände). Es gilt das Subsidiaritätsprinzip: Ausfuhrdeckungen, die auf dem privaten Versicherungsmarkt allgemein in derselben Art und in demselben Umfang angeboten werden, sollen nicht als Exportkreditgarantien übernommen werden. Der Bund übernimmt Exportkreditgarantien nur, wenn eine vernünftige Aussicht auf einen schadensfreien Verlauf des Exportgeschäfts besteht. In der Praxis führt dieser Grundsatz zu Deckungsausschlüssen und zu Deckungsbeschränkungen. Die Geschäftsführung hat der Bund einem Mandatar-Konsortium übertragen, welchem die Euler Hermes Kreditversicherungs-AG und die PricewaterhouseCoopers AG Wirtschaftsprüfungsgesellschaft angehören. Die Entscheidung über eine Übernahme von Exportkreditgarantien wird im "Interministeriellen Ausschuss für Ausfuhrgarantien und Ausfuhrbürgschaften" getroffen.
2. Formen der Exportkreditgarantien des Bundes (1) Zu unterscheiden sind Exportkreditgarantien, die als Bürgschaften (Hermes-Bürgschaften) und Exportkreditgarantien, die als Garantien (Hermes-Garantien) übernommen werden. (a) → Bürgschaften des Bundes decken Exportgeschäfte mit ausländischen Vertragspartnern, die Staaten, Gebietskörperschaften oder vergleichbare Institutionen sind oder wenn diese für das Forderungsrisiko voll haftende Garanten sind. (b) → Garantien des Bundes decken Exportgeschäfte in allen Fällen anderer ausländischer Vertragspartner. Die nachstehenden Deckungsformen sind entweder Bürgschaften oder Garantien des Bundes. (2) → Fabrikationsrisikodeckungen des Bundes beziehen sich – vereinfacht ausgedrückt – auf Risiken des Exporteurs bis zum Versand der Ware. (3) → Ausfuhrdeckungen (Forderungsdeckungen) des Bundes schützen den Exporteur – vereinfacht ausgedrückt – gegen die Uneinbringlichkeit der Exportforderung aufgrund politischer oder wirtschaftlicher Risiken. Inwieweit die Risiken der Liefer-/Versandphase und das → Warenabnahmerisiko in die Ausfuhrdeckungen (Forderungsdeckungen) einbezogen sind bzw. davon ausgeschlossen sind, muss im Einzelfall – auch unter Einbeziehung der vereinbarten → Incoterms-Klausel – geprüft werden. Die Ausfuhrdeckungen sind zu untergliedern in kurzfristige (a) → Einzeldeckung, (b) → Revolvierende Einzeldeckung und (c) → Ausfuhr-Pauschal-Gewährleistung (APG) sowie → Ausfuhr-Pauschal-Gewährleistung-light (APG-light). Der Bund übernimmt (4) → Finanzkreditdeckungen für Kredite von Banken und anderen Finanzierungsinstituten an ausländische Schuldner, die an Ausfuhrgeschäfte deutscher Exporteure gebunden sind. (5) Neben diesen Regeldeckungsformen übernimmt der Bund Sonderdeckungen, die sich beispielsweise auf Läger im Ausland, auf Bauleistungen im Ausland, auf vom Exporteur zu stellende Garantien (Exporteurgarantien) u.a. beziehen.
3. Gedeckte Risiken und Entgelt: (1) Der Bund definiert die gedeckten wirtschaftlichen und politischen *Risiken* aufgeschlüsselt nach übernommenen Garantien oder Bürgschaften sowie nach den weiteren Formen der Exportkreditgarantien. Der Exporteur ist an jedem Ausfall mit einer Selbstbeteiligung beteiligt, wozu der Bund bestimmte generell gültige Selbstbeteiligungsquoten festgelegt hat, die im Einzelfall aber erhöht werden können. (2) Bei den *Entgelten* sind zu unterscheiden Bearbeitungsentgelte und sog. Deckungsentgelte. Die Entgelte sind unter verschiedenen Merkmalen gestaffelt, so z.B. nach sieben Länderrisikogruppen, nach verschiedenen Käuferkategorien, nach der Laufzeit der Deckung, nach der Art der im Rahmen des Exportgeschäfts gestellten Sicherheit usw.
Siehe auch → Außenhandelsfinanzierung (Internationale Zahlungs-, Sicherungs- und Finanzierungsinstrumente), mit Literaturangaben.

Literatur: Häberle, S.G.: Handbuch der Außenhandelsfinanzierung, 3. Auflage, München und Wien 2002.

Internetadressen: (AuslandsGeschäftsAbsicherung der BRD) www.agaportal.de, www.exportkredit garantien.de.

Exportkreditversicherung
siehe → Kreditversicherungen, privatwirtschaftliche.

Exportleasing
siehe → Leasing.

Exportpreisindex
siehe → Terms of Trade.

Exportrisikogarantie
(ERG, Schweiz) und Investitionsrisikogarantie (IRG, Schweiz). *1. Instrumente:* (1) *Exportrisikogarantie.* Durch die Gewährung einer Exportrisikogarantie (ERG) erleichtert der Bund (Schweiz) die Übernahme von Exportaufträgen, bei denen der Zahlungseingang mit besonderen Risiken verbunden ist. Die Exportgarantie können in der Schweiz niedergelassene und im Handelsregister eingetragene Firmen beanspruchen. Die Exportrisikogarantie versichert das politische und Transferrisiko, das Delkredererisiko hinsichtlich staatlicher Käufer und Garanten sowie von Public Utilities und anerkannter Banken, Exporte von Konsum- und Investitionsgütern, Dienstleistungen, Lizenz- und Know-how-Verträgen und Zahlungsgarantien können durch eine Exportrisikogarantie gedeckt werden. Die Gebühren orientieren sich an den Mindestgebühren der OECD Exportkreditarrangements und richten sich nach Länderrisiko und Garantiedauer. (2) *Investitionsrisikogarantie.* Der Bund (Schweiz) kann mit der Investitionsrisikogarantie (IRG) die Vornahme von Investitionen im Ausland durch Garantien gegen besondere Risiken erleichtern. Die Garantien beschränkten sich auf Investitonen in Entwicklungsländern und Osteuropa. Beteiligungskapital, Leihkapital und Erträge werden mit der Investititionsgarantie allerdings nur mit einer bestimmten Quote versichert. Versichert werden politische und staatliche Maßnahmen im Anlagestaat, welche vom Investor nicht beeinflussbar sind. Eine Investitionsrisikogarantie können schweizerische natürliche und juristische Personen beantragen. Die Gebühren sind je nach Investitionsform unterschiedlich.

2. Organisation: Die Geschäftsstelle für die Exportrisikogarantie und für die Investitonsrisikogarantie wird vom Branchenverband der schweizerischen Maschinen-, Elektro- und Metallindustrie (Swissmem Zürich) im Auftrag des Bundes (Schweiz) geführt. Entscheide über die Erteilung von Exportrisikogarantien werden auf Antrag einer Kommission (der jeweils drei Mitgliedern des Bundes und der Wirtschaft angehören) von folgenden – nach Garantiesummen gestaffelten – Instanzen gefällt: Staatssekretariat für Wirtschaft, Eidg. Volkswirtschaftsdepartement und Eidg. Finanzdepartement. Bei Investitonsrisikogarantien werden die Entscheide vom Eidg. Volkswirtschaftsdepartement im Einvernehmen mit dem Eidg. Departement für auswärtige Angelegenheiten und der Eidg. Finanzverwaltung getroffen.

Internetadressen: (Geschäftsstelle für die Exportrisikogarantie) office@swiss-erg.com, (Geschäftsstelle für die Investitionsrisikogarantie) office@swiss-irg.com, (Staatssekretariat für Wirtschaft, seco) www.seco-admin.ch und info@seco.admin.ch.

Exposure at Default (EAD)
ausstehendem Betrag im Insolvenzzeitpunkt; siehe auch → Loss Given Default (LGD), → Rating-Methoden, kreditwirtschaftliche sowie → Insolvenzrecht.

Exposure
offene → Position. Siehe auch → Währungsmanagement (mit Literaturangaben).

Express Cargo Bill

Ausführliche Bezeichnung: „Express Cargo Bill (not negotiable) for combined transport or port to port shipment". Transportdokument mit Frachtbriefcharakter (not negotiable, nicht begebbar, d.h. ohne Wertpapiereigenschaft) für den kombinierten Transport oder für den Seetransport.

Express-Zertifikate

siehe → Side-Step-Zertifikate; anderer Bezeichnung: MaxiRend-Zertifikate. Siehe auch → Finanzinnovationen (mit Literaturangaben).

Extender

Ausweitung des Programms im gleichen Produktbereich (Range); siehe auch → Flanker.

Extensive Kaufentscheidung

gedanklich gesteuerter intensiver Entscheidungsprozess, bei dem emotionale und kognitive Prozesse stark ausgeprägt sind. Siehe auch → Kaufentscheidung und → Konsumentenverhalten (mit Literaturangaben).

Externalisierung

Übernahme von zusätzlichen Aktivitäten durch den Nachfrager einer → *Dienstleistung* im Rahmen des → Leistungserstellungsprozesses. Führt der Nachfrager einzelne Aktivitäten selbst aus, die zuvor der Anbieter durchgeführt hat, so vermindert sich einerseits der Leistungsumfang des Anbieters und steigt andererseits der *Externalisierungsgrad*. So besitzt z.B. ein italienisches Restaurant einen höheren Externalisierungsgrad als ein entsprechender Lieferservice, da ersteres vom Kunden die Durchführung der Aktivität „An- und Abreise zum Restaurant" erfordert. Das Gegenteil der Externalisierung ist die → Internalisierung.

Externe Bilanzanalyse

siehe → Bilanzanalyse, externe.

Externe Fehlerkosten

können durch Ausschuss, Nacharbeit, Gewährleistung, und Produzentenhaftung entstehen; siehe auch → Qualitätscontrolling.

Externer Faktor

ist ein Produktionsfaktor, der im Rahmen der Leistungserstellung einer konkreten → *Dienstleistung* in den → Leistungserstellungsprozess eingebracht (→ Kundenintegration) und verändert (→ Transformation) wird. Externe Faktoren sind dabei Eigentum des Kunden und gelangen lediglich zeitlich begrenzt in den Verfügungsbereich des Anbieters. Externe Faktoren können sein: (1) Personen, (2) Tiere und Pflanzen, (3) Objekte, (4) Rechte, (5) Nominalgüter, (6) Informationen. Eine effiziente (→ Effizienz) und effektive (→ Effektivität) Integration des externen Faktors in den Leistungserstellungsprozess ist eine Aufgabe des operativen → Dienstleistungsmanagements.

Literatur: Maleri, R.: Grundlagen der Dienstleistungsproduktion, 4. Auflage, Berlin 1997.

Externes Kurssicherungsinstrument

siehe → Kurssicherungsinstrument, externes. Siehe auch → Währungsmanagement (mit Literaturangaben).

Extra-firm-Konflikte

ist die Bezeichnung für Konflikte zwischen einem Unternehmen und der Gesellschaft bzw. gesellschaftlichen Gruppen wie z.B. → Non Government Organizations (NGOs). Siehe auch → inter-firm-Konflikte, → intra-firm-Konflikte und → Unternehmensethik.

Extrahandel

auch → Drittlandshandel. Geschäfte zwischen Unternehmen aus dem Gebiet der → Europäischen Gemeinschaft und Nichtmitgliedsstaaten. Siehe auch → Außenhandel.

Extranet

geschlossenes Netzwerk, das auf der Internettechnologie basiert. Es verbindet über die räumliche Trennung hinweg eine Organisation mit ihren Mitgliedern oder ein Unternehmen mit seinen Lieferanten und Kunden, denen die Unternehmensdaten eingeschränkt offen stehen. Nur autorisierte Netzteilnehmer mit Passwort können Extranetseiten aufrufen. Ein Extranet erleichtert den Informationsaustausch zwischen den Berechtigten und kann so Geschäftsprozesse optimieren.

eXtreme Programming (XP)

siehe → Informationssysteme, Entwicklung.

Extremwerte

sind Maximum- oder Minimumswerte einer → Funktion (vgl. → Maximum und → Minimum). Im Falle $f'(x_0) = 0$ und $f''(x_0) < 0$ hat eine differenzierbare Funktion in x_0 ein lokales Maximum, im Falle $f'(x_0) = 0$ und $f''(x_0) > 0$ ein lokales Minimum (jeweils hinreichende Bedingung).

Extrinsische Anreize

Anreizquelle, bei der die Anreize außerhalb der Arbeitstätigkeit liegen. Siehe auch → intrinsische Anreize sowie → Anreize und → Personalführung.

Extrinsische Motivation

ist auf von außerhalb der Person kommende → Anreize gerichtet (Belohnung oder Bestrafung). Diese ermöglichen eine mittelbare Bedürfnisbefriedigung, vor allem durch Geld. Für Geld kann man sich dann das kaufen, was der unmittelbaren Bedürfnisbefriedigung dient, z.B. Essen, Kleidung, Freizeitgestaltungsmöglichkeiten etc. Siehe auch → *intrinsische Motivation* und → *extrinsische Anreize*. Siehe auch → Managing Motivation.

EXW

ab Werk ... benannter Ort, engl.: ex works ... named place. Vertragsformel der von der → Internationalen Handelskammer (ICC) entwickelten → Incoterms für Außenhandelsgeschäfte.

economag.

Wissenschaftsmagazin für
Betriebs- und Volkswirtschaftslehre

Über den Tellerrand schauen

Ihr wollt mehr wissen...
...und parallel zum Studium in interessanten und spannenden
Artikeln rund um BWL und VWL schmökern?

Dann klickt auf euer neues Online-Magazin:
www.economag.de

Wir bieten euch monatlich und kostenfrei...

...interessante zitierfähige BWL- und VWL-Artikel
   zum Studium,
...Tipps rund ums Studium und den Jobeinstieg,
...Interviews mit Berufseinsteigern und Managern,
...ein Online-Glossar und Wissenstests
...sowie monatlich ein Podcast zur Titelgeschichte.

Abonniere das Online-Magazin kostenfrei unter
www.economag.de.

Oldenbourg

Die ideale Anleitung

Alfred Brink
Anfertigung wissenschaftlicher Arbeiten
Ein prozessorientierter Leitfaden zur Erstellung
von Bachelor-, Master- und Diplomarbeiten in
acht Lerneinheiten

3., überarbeitete Auflage 2007
XII, 247 Seiten | Broschur
€ 17,80 | ISBN 978-3-486-58512-4
Mit E-Booklet Wissenschaftliches Arbeiten in
Englisch

Wie erstelle ich eine wissenschaftliche Arbeit?
Dieser Frage geht der Autor in der bereits dritten
Auflage dieses Buches auf den Grund.

Dabei orientiert er sich am Ablauf der Erstellung
einer Bachelor-, Master- und Diplomarbeit. Dadurch
wird das Buch zum idealen Ratgeber für alle, die
gerade eine Arbeit verfassen. Auch bereits für die
effiziente Vorbereitung einer wissenschaftlichen
Arbeit ist das Buch eine zeitsparende Hilfe.

Da immer mehr Studierende ihre Abschlussarbeit
an einer deutschen Hochschule in englischer
Sprache verfassen, steht für den Leser zu diesem
Thema auch ein vom Autor erstelltes E-Booklet im
Internet zum Download bereit.

Lerneinheit 1: Vorarbeiten
Lerneinheit 2: Literaturrecherche
Lerneinheit 3: Literaturbeschaffung
             und -beurteilung
Lerneinheit 4: Betreuungs- und Expertengespräche
Lerneinheit 5: Gliedern
Lerneinheit 6: Erstellung des Manuskriptes
Lerneinheit 7: Zitieren
Lerneinheit 8: Kontrolle des Manuskriptes

Dr. Alfred Brink ist Dozent, Studienberater für
Betriebswirtschaftslehre und Leiter der Fachbereichs-
bibliothek Wirtschaftswissenschaften an der Westfälischen Wilhelms-Universität Münster.

Oldenbourg

Mathematik, die Spaß macht

Thomas Benesch
Mathematik im Alltag
2008. VIII, 120 S., Br.
€ 14,80
ISBN 978-3-486-58390-8

Die Verwendung von ursprünglichen, im europäischen Raum kaum bekannten Rechenmethoden fördern das Zahlenverständnis und zeigen die Systematik dahinter auf.

Das Buch beschreitet den spannenden Weg, zum Teil vergessene wie auch gänzlich neue Aspekte der Mathematik aufzugreifen. So zeigt die Geschichte von der Entstehung der Zahlen eine Möglichkeit, die Welt der Zahlen neu zu entdecken und Unbekanntes vertraut und für sich nützlich zu machen. Viele Beispiele und Umsetzungsvorschläge runden das Buch ab.

Die Mathematik wiederbeleben damit Sie die Mathematik neu erleben. Eine Mathematik für den Alltag, die Freude macht - das ist das Ziel dieses Buches.

Dipl.-Ing. Dr. Thomas Benesch lehrt am Institut für Publizistik- und Kommunikationswissenschaft der Universität Wien.

Oldenbourg

Mathematisch fit ins Studium

Karl Bosch
Brückenkurs Mathematik
Eine Einführung mit Beispielen und Übungsaufgaben
13., korr. Aufl.2007. X, 272 S., Br.
€ 19,80
ISBN 978-3-486-58410-3

Dieser Brückenkurs hilft den Studierenden vor oder zu Beginn des Studiums die unentbehrlichen mathematischen Grundkenntnisse aufzufrischen oder nachzulernen. Die einzelnen Abschnitte sind nicht aufeinander aufgebaut, sodass sich der Studierende auf die Gebiete konzentrieren kann, in denen er Schwierigkeiten oder Lücken hat.
Am Ende eines jeden Kapitels befinden sich Aufgaben, deren Lösungen sich, zur Kontrolle, im Anhang befinden.

Für das Selbststudium bestens geeigneter Kurs zum raschen und sicheren „Brückenschlag" von den oft nicht ausreichenden Schulmathematik-Kenntnissen zur an der Universität verlangten Mathematikkenntnis. Die Ausgangsvoraussetzungen sind bewusst außerordentlich gering gehalten.

Das Buch richtet sich an alle Studierenden, die in ihrem Studium mit Mathematik zu tun haben.

Dr. Karl Bosch ist emeritierter Professor am Institut für Angewandte Mathematik und Statistik der Universität Hohenheim.

Oldenbourg

Erfolgreiche Verkaufsgespräche

Uwe Jäger
Verkaufsgesprächsführung
Beschaffungsverhalten, Kommunikationsleitlinien,
Gesprächssituationen
2007. VII, 249 Seiten, Broschur
€ 29,80, ISBN 978-3-486-58399-1

Welche kommunikativen Verhaltensregeln können
Verkäufer nutzen und wie werden diese von professionellen Einkäufern interpretiert? Welche Gesprächs-
verläufe können sich im Verkaufszyklus ergeben und
wie sollten Verkäufer hierbei agieren? Wer auf diese
Fragen eine Antwort sucht, sollte dieses Buch lesen.
Die kommunikativen Verhaltensmöglichkeiten im
Verkauf und ihre Interpretation durch den professionellen Einkäufer sind die zentralen Themen dieses
Lehrbuchs. Vor diesem Hintergrund erhält der Leser
einen Überblick über die wichtigsten Gesprächsin-
halte im Verkaufszyklus. Phasenspezifische Handlungsempfehlungen unterstützen die Vorbereitung
einer kundenorientierten und situationsgerechten
Gesprächsführung. Das Lehrbuch dient dem Leser als
Strukturierungshilfe bei der Suche nach eigenen Qualifizierungspotenzialen und liefert Denkanstöße für
die schrittweise Optimierung des Gesprächsverhaltens. Es richtet sich an Personen, die sich im wissenschaftlichen Umfeld mit dem Thema Verkaufsgesprächsführung befassen, an Verkaufstrainer und
an Verkäufer im Business-to-Business-Sektor.

Fazit: Das Buch bietet Strukturierungshilfe bei der
Suche nach eigenen Qualifizierungspotenzialen und
liefert Denkanstöße für die schrittweise Optimierung
des Gesprächsverhaltens.

Prof. Dr. Uwe Jäger ist seit 1997
Professor für Marketing, Vertrieb
und Management an der Hochschule der Medien Stuttgart.

Oldenbourg